U0323236

兽药多组分残留分析技术

Analytical Techniques for Multi-Classes of Veterinary Drug Residues

庞国芳 等 著

Editor-in-chief　Guo-Fang Pang

科学出版社

北京

内 容 简 介

本书共分 22 章。第 1~21 章分别介绍了 β-受体激动剂类、磺胺类、氨基糖苷类、氯霉素类、β-内酰胺类、大环内酯类和林可胺类、硝基呋喃类代谢物、甾类同化激素类、非甾类同化激素类、糖皮质激素类、喹诺酮类、四环素类、镇静剂类、吡唑酮类、喹噁啉类、硝基咪唑类、苯并咪唑类、咪唑骈噻唑类、硫脲嘧啶类、聚醚类和阿维菌素类等 21 类兽药的理化性质与用途、代谢和毒理学、最大允许残留限量，以及样品前处理技术和测定技术研究进展；重点介绍了 68 项适用于畜禽肉和组织、河豚鱼和鳗鱼、蜂蜜、蜂王浆及冻干粉、牛奶和奶粉等基质中 21 类 195 种兽药残留分析的液相色谱-串联质谱测定公定方法。第 22 章介绍了适用于肌肉、蜂蜜、奶粉中 40~100 种兽药多残留的液相色谱-质谱联用分析技术，其中研究开发的基于精确质量数、保留时间等对多组分兽药残留进行定性鉴定的 LC-Q-TOFMS 高分辨质谱新技术，大大地提高了检测精度和效率，展示了未来广阔的应用前景。

本书介绍的兽药残留检测技术和方法，与世界先进技术接轨，具有创新性，对农业、质检、食品安全检测领域有广泛的实用性。同时，对科研和教学也有广泛的参考意义。

图书在版编目（CIP）数据

兽药多组分残留分析技术/庞国芳等著. —北京：科学出版社，2016.3
ISBN 978-7-03-047731-6

Ⅰ. ①兽… Ⅱ. ①庞… Ⅲ. ①兽医学–药物–残留物分析 Ⅳ. ①S859.79

中国版本图书馆 CIP 数据核字（2016）第 050564 号

责任编辑：杨 震 刘 冉／责任校对：张小霞 韩 杨
责任印制：肖 兴／封面设计：铭轩堂

科 学 出 版 社 出版
北京东黄城根北街 16 号
邮政编码：100717
http：//www.sciencep.com
中国科学院印刷厂 印刷
科学出版社发行 各地新华书店经销
*
2016 年 3 月第 一 版 开本：889×1194 1/16
2016 年 3 月第一次印刷 印张：57
字数：1 860 000
定价：298.00 元
（如有印装质量问题，我社负责调换）

Editorial Board

《兽药多组分残留分析技术》各章研究者/著者

1 β-受体激动剂类药物

杨　方　庞国芳　彭　涛　常巧英　刘正才　曹彦忠

2 磺胺类药物

曹彦忠　贾光群　庞国芳　张进杰　石玉秋　曹兴元

3 氨基糖苷类药物

曹兴元　刘晓茂　张进杰　张素霞　张守军　郭彤彤

4 氯霉素类药物

张素霞　夏　曦　曹兴元　庞国芳　林海丹　林　峰

5 β-内酰胺类药物

李学民　段文仲　庞国芳　母　健　刘晓茂　夏　曦

6 大环内酯类和林可胺类药物

段文仲　王　飞　庞国芳　王海洋　李　存　常巧英

7 硝基呋喃类代谢物

张进杰　彭　涛　庞国芳　刘晓茂　曹亚平　王战辉

8 甾类同化激素类药物

夏　曦　王战辉　沈建忠　段文仲　陈瑞春　方晓明

9 非甾类同化激素类药物

许　泓　方晓明　庞国芳　彭　涛　李　存　侯晓林

10 糖皮质激素类药物

刘永明　常巧英　庞国芳　李　金　吴艳萍　沈建忠

11 喹诺酮类药物

李　存　曹彦忠　张素霞　杨　方　贾光群　庞国芳

12 四环素类药物

陈瑞春　郭春海　曹彦忠　李　存　贾光群　江海洋

13 镇静剂类药物

宋文斌　范春林　庞国芳　侯晓林　沈建忠　夏　曦

14 吡唑酮类药物

侯晓林　张素霞　王战辉　庞国芳　谢丽琪　常巧英

15 喹噁啉类药物

谢丽琪　庞国芳　彭　涛　张素霞　侯晓林　温　凯

16 硝基咪唑类药物

王凤池　庞国芳　刘永明　沈建忠　李学民　李　金

17 苯并咪唑类药物

李建成　沈建忠　江海洋　姚家彪　林　峰　庞国芳

18 咪唑骈噻唑类药物

方晓明　曹彦忠　薄海波　李建成　温　凯　江海洋

19 硫脲嘧啶类药物

彭　涛　张进杰　常巧英　曹彦忠　范春林　庞国芳

20 聚醚类药物

薄海波　庞国芳　李连通　李建成　沈建忠　温　凯

21 阿维菌素类药物

林　峰　庞国芳　常巧英　彭　涛　范春林　林海丹

22 兽药多类别多组分残留

常巧英　康　健　卜明楠　赵志远　王　伟　彭　兴　曹亚飞　范春林　庞国芳

List of Contributors

1 β-Agonists

Fang Yang   Guo-Fang Pang   Tao Peng   Qiao-Ying Chang   Zheng-Cai Liu   Yan-Zhong Cao

2 Sulfonamides

Yan-Zhong Cao   Guang-Qun Jia   Guo-Fang Pang   Jin-Jie Zhang   Yu-Qiu Shi   Xing-Yuan Cao

3 Aminoglycosid

Xing-Yuan Cao   Xiao-Mao Liu   Jin-Jie Zhang   Su-Xia Zhang   Shou-Jun Zhang   Tong-Tong Guo

4 Chloramphenicol

Su-Xia Zhang   Xi Xia   Xing-Yuan Cao   Guo-Fang Pang   Hai-Dan Lin   Feng Lin

5 β-Lactams

Xue-Min Li   Wen-Zhong Duan   Guo-Fang Pang   Jian Mu   Xiao-Mao Liu   Xi Xia

6 Macrolides and lincosamides

Wen-Zhong Duan   Fei Wang   Guo-Fang Pang   Hai-Yang Wang   Cun Li   Qiao-Ying Chang

7 Nitrofuran metabolites

Jin-Jie Zhang   Tao Peng   Guo-Fang Pang   Xiao-Mao Liu   Ya-Ping Cao   Zhan-Hui Wang

8 Anabolic steroids

Xi Xia   Zhan-Hui Wang   Jian-Zhong Shen   Wen-Zhong Duan   Rui-Chun Chen   Xiao-Ming Fang

9 Inanabolic steroids

Hong Xu   Xiao-Ming Fang   Guo-Fang Pang   Tao Peng   Cun Li   Xiao-Lin Hou

10 Glucocorticoids

Yong-Ming Liu   Qiao-Ying Chang   Guo-Fang Pang   Jin Li   Yan-Ping Wu   Jian-Zhong Shen

11 Quinolones

Cun Li   Yan-Zhong Cao   Su-Xia Zhang   Fang Yang   Guang-Qun Jia   Guo-Fang Pang

12 Tetracyclines

Rui-Chun Chen   Chun-Hai Guo   Yan-Zhong Cao   Cun Li   Guang-Qun Jia   Hai-Yang Jiang

13 Sedatives

Wen-Bin Song   Chun-Lin Fan   Guo-Fang Pang   Xiao-Lin Hou   Jian-Zhong Shen   Xi Xia

14 Pyrazolones

Xiao-Lin Hou   Su-Xia Zhang   Zhan-Hui Wang   Guo-Fang Pang   Li-Qi Xie   Qiao-Ying Chang

15 Quinoxalines

Li-Qi Xie　Guo-Fang Pang　Tao Peng　Su-Xia Zhang　Xiao-Lin Hou　Kai Wen

16 Nitroimidazoles

Feng-Chi Wang　Guo-Fang Pang　Yong-Ming Liu　Jian-Zhong Shen　Xue-Min Li　Jin Li

17 Benzimidazoles

Jian-Cheng Li　Jian-Zhong Shen　Hai-Yang Jiang　Jia-Biao Yao　Feng Lin　Guo-Fang Pang

18 Imidazothiazoles

Xiao-Ming Fang　Yan-Zhong Cao　Hai-Bo Bo　Jian-Cheng Li　Kai Wen　Hai-Yang Jiang

19 Thioureas

Tao Peng　Jin-Jie Zhang　Qiao-Ying Chang　Yan-Zhong Cao　Chun-Lin Fan　Guo-Fang Pang

20 Polyethers

Hai-Bo Bo　Guo-Fang Pang　Lian-Tong Li　Jian-Cheng Li　Jian-Zhong Shen　Kai Wen

21 Avermectins

Feng Lin　Guo-Fang Pang　Qiao-Ying Chang　Tao Peng　Chun-Lin Fan　Hai-Dan Lin

22 Multi-classes of veterinary drug residues

Qiao-Ying Chang　Jian Kang　Ming-Nan Bu　Zhi-Yuan Zhao　Wei Wang　Xing Peng　Ya-Fei Cao
Chun-Lin Fan　Guo-Fang Pang

前　　言

　　本书是作者团队近 30 年从事兽药残留检测理论与实践研究的一个总结，较全面地综述了兽药残留分析常用的样品前处理技术和测定技术，介绍了 68 项适用于畜禽组织、河豚鱼和鳗鱼、蜂蜜、蜂王浆和冻干粉、牛奶和奶粉等基质中 21 类 195 种兽药多组分残留的分析方法。

　　动物源食品基质复杂，含有蛋白质、脂肪、糖类等多种成分，加之残留的兽药含量甚微、极性差别大，成为兽药多组分残留分析的难点。兽药残留分析中样品前处理一般包括提取、净化步骤，是整个样品分析过程中耗时最长、劳动强度最大、同时也是最易产生误差的一个环节，是实现兽药多组分残留快速检测必须要突破的瓶颈之一。本书介绍了 30 种兽药多残留提取净化技术，依次为固相萃取（SPE）、液液分配（LLP）、基质固相分散萃取（MSPD）、液液萃取（LLE）、分子印迹技术（MIT）、免疫亲和色谱（IAC）、固相微萃取（SPME）、超临界流体萃取（SFE）、超声辅助萃取（UAE）、分散固相萃取（DSPE）、加速溶剂萃取（ASE）、QuEChERS、加压溶剂萃取（PLE）、凝胶渗透色谱（GPC）、液相微萃取（LPME）、分散液液微萃取（DLLME）、磁性固相萃取（MSPE）、微波辅助萃取（MAE）等。其中固相萃取技术以操作简便、回收率高、精密度好的特点，在 21 类兽药残留分析中均得到应用。

　　21 类兽药残留分析中常用的测定技术有液相色谱法：配备质谱检测器（MSD）、紫外检测器（UVD）、二极管阵列检测器（DAD/PDA）、荧光检测器（FLD）、电化学检测器（ECD）、化学发光检测器（CLD）、蒸发光散射检测器（ELSD）；气相色谱法：配备质谱检测器（MSD）、电子捕获检测器（ECD）、氮磷检测器（NPD）、火焰离子化检测器（FID）；免疫分析法：酶联免疫法（ELISA）、胶体金免疫层析法（GICA）、放射免疫法（RIA）、荧光免疫法（FIA）、免疫传感器法（IS）、化学发光酶免疫法（CLEIA）；以及薄层色谱法（TLC）、流动注射法（FIA）、表面等离子体共振技术（SPR）、毛细管电泳法（CE）、微生物法（MA）等，根据实际应用分别在各章中做了介绍。其中 LC-MS、LC-UVD、GC-MS、ELISA 应用最为普遍，特别是 LC-MS/MS 在灵敏度和选择性上的优势，使其成为兽药多残留检测中的重要工具。

　　高分辨质谱技术在定性能力上远超低分辨质谱，适合于大量目标化合物的筛查，并且在全扫描模式下无需考虑目标化合物的数量。目前，在兽药残留分析领域 LC-Orbitrap，LC-TOF/MS，LC-Q-TOF/MS 等高分辨质谱技术得到较为广泛的应用，其筛查方式包括基于精确质量数、色谱保留时间和同位素分布等条件对目标化合物进行定性测定；采用源内碎裂离子作为辅助定性的依据；通过使用四极杆或线性离子阱的过滤和筛选功能，由碰撞池产生目标化合物的全扫描碎片离子信息，用于最终的定性确认。高分辨质谱同样适用于非定向和未知化合物的筛选，在兽药残留分析中将有更大的发展空间和应用前景。

　　本书力求将这一领域先进技术发展和近年来作者团队系列检测技术研究成果呈现给大家，但水平有限，不妥之处在所难免，敬请广大读者批评指正。

中国工程院院士

2016 年 1 月 22 日

Foreword

The book is a summary of the author's team engaged in the research of veterinary drug residues by combining analytical theories with practice for the past 30 years, which deals relatively comprehensively with sample pre-treatment and detection techniques commonly used for analysis of veterinary drug residues, including 68 analytical methods fit for determination of 195 kinds of 21 categories of veterinary drug residues in animal and poultry tissues, fugus and eels, honeys, royal jelly and lyophilized royal jelly power, milk and milk powders, etc.

The matrices of foods of animal origin are complex, containing protein, fat, saccharides, etc., and what is more the content of the residual veterinary drugs is minimal, with big differences in polarities, the issue of which becomes a hard nut to crack for analysis of multi-group veterinary drug residues. The pre-treatment of veterinary drug residues generally consists of extraction and cleanup, the link of which is the most time consuming and labor intensive as well as most susceptible to making errors, and, in other words, it is one of the bottlenecks subject to breaking through if rapid detection of multi-group veterinary drug residues is to be realized. At present, the extraction and cleanup techniques commonly used for multiclass veterinary drug residues mainly include solid-phase extraction (SPE), liquid-liquid partition (LLP), matrix solid-phase dispersion(MSPD), liquid-liquid extraction(LLE), molecular imprinting technology(MIT), immunoaffinity chromatography (IAC), solid phase micro-extraction (SPME), supercritical fluid extraction (SFE), ultrasonic-assisted extraction (UAE), dispersive solid phase extraction (DSPE), accelerated solvent extraction(ASE), QuEChERS, pressurized liquid extraction(PLE), gel permeation chromatography(GPC), liquid phase micro-extraction (LPME), dispersive liquid-liquid micro-extraction (DLLME), magnetic solid phase extraction (MSPE), microwave-assisted extraction (MAE), etc., which are respectively depicted according to their applications in each chapter, among which SPE technique ranks first in the pre-treatment techniques by boasting of easy to operate, high recoveries and good precision.

The commonly used detection techniques for analysis of 21 categories of veterinary drug residues consist of LC: equipped with mass spectrometry detector (MSD), ultraviolet detector (UVD), diode-array detector(DAD)/ photo-diode array detector(PDA), Fluorescence Detector(FLD), electrochemical detector (ECD), chemiluminescent detector (CLD), evaporative light scattering detector (ELSD); GC: equipped with mass spectrometry detector (MSD), electron capture detector (ECD), nitrogen-phosphorus detector (NPD), flame ionization detector (FID); immune-assay method: enzyme linked immunosorbent assays (ELISA), colloidal gold immunochromatographic assay (GICA), radioimmunoassay (RIA), fluorescence immunoassay (FIA), immunosensor (IS), chemiluminescence enzyme immunoassay (CLEIA); and thin layer chromatography (TLC), flow-injection analysis (FIA), surface plasmon resonance (SPR), capillary electrophoresis(CE), microbiological analysis(MA), etc., which are described respectively in each chapter according to their practical applications, among which LC-MS, LC-UVD GC-MS and ELISA are the most popular, especially LC-MS/MS has advantages in sensitivity and selectivity, making it an important instrument for determination of veterinary drug multi-residues.

High-resolution mass spectrometry exceeds far low-resolution mass spectrometry in qualitative ability as it is fit for screening of a large number of target compounds with no need to take into account the quantity of target compounds under full-scan mode. At present, high-resolution techniques such as LC-Orbitrap, LC-TOF/MS, LC-Q-TOF/MS, etc. also get widely used, and their screening modes include qualitative determination of target compounds based on accurate ion mass number，chromatic retention time and isotope distribution; the within-source fragmented ions are adopted as basis for auxiliary qualitative determination; the quadrupole or linear ion trap is adopted for filtering and screening and the full-scan ion message of the target compounds incurred from the collision pool is used for final qualitative confirmation. High-resolution mass spectrometry likewise is applicable for screening of non-targeted and unknown compounds，which will boast of greater development room and application prospects in the fields of veterinary drug residue analysis.

This book aims to present the advanced development in this field and a series of analytical technology outcomes achieved by our team in recent years，but owing to our limited knowledge，there must be mistakes in this book. Welcome your criticism and corrections.

Guo-Fang Pang

Academician of Chinese Academy of Engineering

22nd Jan，2016

目　录

Contents

Contents

· xix ·

1　β-受体激动剂类药物

1.1　概　　述

1.1.1　理化性质与用途

β-受体激动剂（β-agonists）属于苯乙醇胺类药物（phenethylamines，PEA），是儿茶酚胺、肾上腺素和去甲肾上腺素的化学类似物。其具有苯乙醇胺结构母核，在苯环上含有的取代基包括 β-羟胺（仲胺）侧链，在侧链的取代基一般为 N-叔丁基、N-异苯基或 N-烷基苯，可以与酸成盐。按照苯环上取代基的不同，可分为苯胺型（aniline-type）和苯酚型（phenol-type），而苯酚型 β-受体激动剂又分为邻苯二酚型、间苯二酚型以及水杨醇型，基本结构如图 1-1 所示。其中，苯胺型由于含有芳伯氨基，具有中等极性，氨基基团常用于衍生化反应；苯酚型由于含有酚羟基，极性也较高。

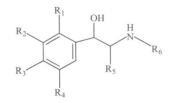

图 1-1　β-受体激动剂基本结构图

1.1.1.1　理化性质

β-受体激动剂多为白色或类白色的结晶粉末，常以盐酸盐或硫酸盐形式存在。常见药物的理化性质见表 1-1。

1.1.1.2　用途

（1）治疗呼吸道疾病

β-受体激动剂也被称为 β-肾上腺素能受体激动剂，在医学或兽医学临床上主要用于扩张支气管和增加肺通气量，可治疗支气管哮喘、阻塞性肺炎、平滑肌痉挛和休克等病症。根据 β-受体激动剂在组织-选择性生理学范围的不同，将 β-受体分为 β_1、β_2 两种。该类药物能与绝大多数组织细胞膜上 β-受体发生作用。β-受体激动剂主要的药理作用表现为：松弛平滑肌；抑制炎性细胞释放介质；抑制胆碱酯能神经传递；降低血管通透性和减轻水肿的形成；增加黏液的清除等。其作用时限的长短取决于剂量的大小。β-受体激动剂对支气管、子宫和血管平滑肌的 β_2 受体具有一定选择性，β-受体激动剂进入体内后与平滑肌表面的具有高亲和力状态的 β_2-肾上腺素能受体结合并相互作用，借助核苷酸耦合蛋白，激活腺苷酸活化酶，该酶将三磷酸腺苷转变成 3,5-环磷酸腺苷（cAMP），cAMP 在细胞内浓度增加，cAMP 作为一种传递信使引起细胞内的蛋白激酶 A 的脱磷酸作用，并抑制肌球蛋白的磷酸化，使其轻链激酶的活性降低，刺激了细胞内的 Ca^{2+} 泵，使细胞内的 Ca^{2+} 排出细胞外，细胞内 Ca^{2+} 浓度下降，造成细胞内粗细丝微细结构发生改变，导致肌节延长，使气道平滑肌松弛，从而达到支气管扩张的目的。同时还有较强的抗过敏和明显增强支气管纤毛活动的作用，并作用于溶酶体，促进黏液溶解，有利于痰液的排出。而 β-受体激动剂的心脏效应是由于心脏 β_1 和 β_2 受体直接兴奋的综合作用，以及随后介导的代偿性血管扩张效应的结果。应用 β-受体激动剂后，动脉血氧分压可下降或上升，取决于两种 β-受体的综合效应。同时该类药物可引起广泛的代谢改变，主要表现为血 K^+ 浓度降低。

表 1-1 常见 β-受体激动剂的理化性质

化合物	CAS 号	结构式	分子式	分子量	密度/(g/cm³)	沸点/℃	折光率	闪点/℃	蒸气压/mmHg[a]	类型
马布特罗 (mabuterol)	56341-08-3		$C_{13}H_{18}ClF_3N_2O$	310.74	1.278	375.9	1.516	181.1	2.57×10^{-6}	苯胺类
马喷特罗 (mapenterol)	95656-68-1		$C_{14}H_{20}ClF_3N_2O$	324.77	1.25	389.8	1.514	189.6	8.92×10^{-7}	苯胺类
克伦丙罗 (clenproperol)	38339-11-6		$C_{11}H_{16}Cl_2N_2O$	263.17	1.281	399.2	1.584	195.2	4.35×10^{-7}	苯胺类
克伦特罗 (clenbuterol)	37148-27-9		$C_{12}H_{18}Cl_2N_2O$	277.19	—	161	—	—	—	苯胺类
溴代克伦特罗 (bromchlorbuterol)	37153-52-9		$C_{12}H_{18}BrClN_2O$	321.64	1.424	430.3	1.59	214	3.61×10^{-8}	苯胺类

续表

化合物	CAS 号	结构式	分子式	分子量	密度/(g/cm³)	沸点/℃	折光率	闪点/℃	蒸气压/mmHg[a]	类型
甲基克伦特罗(methylclenbuterol)	38339-21-8		$C_{13}H_{20}Cl_2N_2O$	291.22	1.223	417.3	1.569	206.2	1.04×10^{-7}	苯胺类
溴布特罗(bromobuterol)	41937-02-4		$C_{12}H_{18}Br_2N_2O$	366.10	1.591	456.2	1.603	229.7	4.1×10^{-9}	苯胺类
西马特罗/塞曼特罗(cimaterol)	54239-37-1		$C_{12}H_{17}N_3O$	219.29	1.14	436.6	1.573	217.8	2.15×10^{-8}	苯胺类
西布特罗(cimbuterol)	54239-39-3		$C_{13}H_{19}N_3O$	233.31	—	—	—	—	—	苯胺类
羟甲基克伦特罗(hydroxymethyl clenbuterol)	38339-18-3		$C_{12}H_{18}Cl_2N_2O_2$	293.19	1.338	484.5	1.6	246.8	3.36×10^{-10}	苯胺类

兽药多组分残留分析技术

·4·

续表

化合物	CAS 号	结构式	分子式	分子量	密度 /(g/cm^3)	沸点 /℃	折光率	闪点 /℃	蒸气压 /mmHg^a	类型
莱克多巴胺 (ractopamine)	97825-25-7	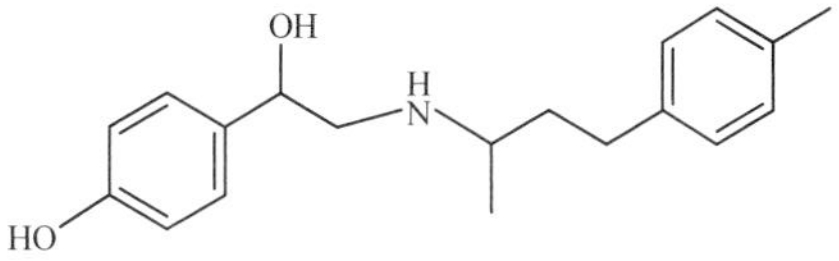	$C_{18}H_{23}NO_3$	301.39	1.189	520.5	1.608	165.3	1.16×10^{-11}	苯酚类
利妥特灵/利君托 (ritodrine)	26652-09-5	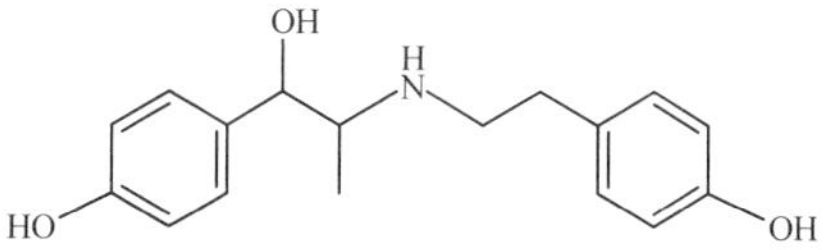	$C_{17}H_{21}NO_3$	287.36	1.213	512.3	1.618	175.6	2.55×10^{-11}	苯酚类
沙丁胺醇 (salbutamol)	18559-94-9	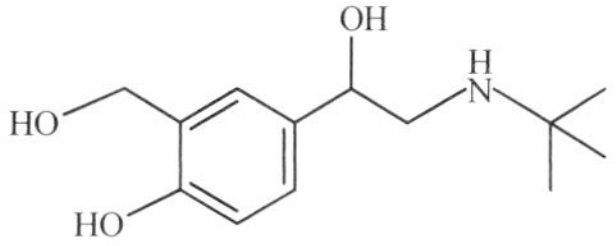	$C_{13}H_{21}NO_3$	239.31	1.152	433.5	1.566	159.5	2.78×10^{-8}	苯酚类
妥布特罗 (tulobuterol)	41570-61-0	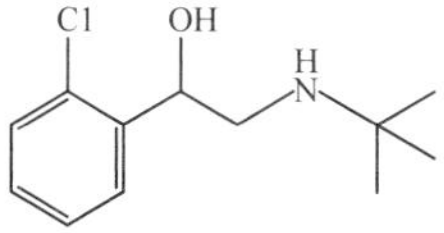	$C_{12}H_{18}ClNO$	227.73	—	338.2	—	158.3	3.9×10^{-5}	苯酚类
班布特罗 (bambuterol)	81732-65-2	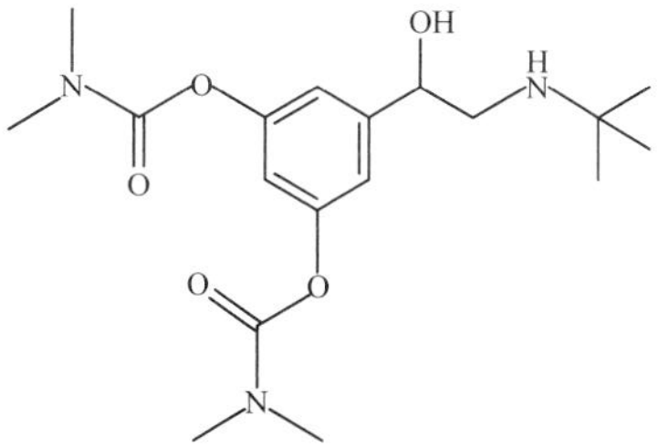	$C_{18}H_{29}N_3O_5$	367.45	—	—	—	—	—	苯酚类
苯氧丙酚胺 (isoxsuprine)	395-28-8	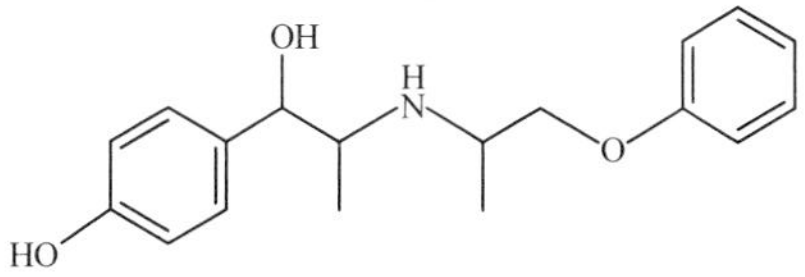	$C_{18}H_{23}NO_3$	301.39	—	508.3	—	261.2	3.74×10^{-11}	苯酚类

续表

化合物	CAS号	结构式	分子式	分子量	密度/(g/cm³)	沸点/℃	折光率	闪点/℃	蒸气压/mmHg[a]	类型
奥西那林（orciprenaline）	586-06-1	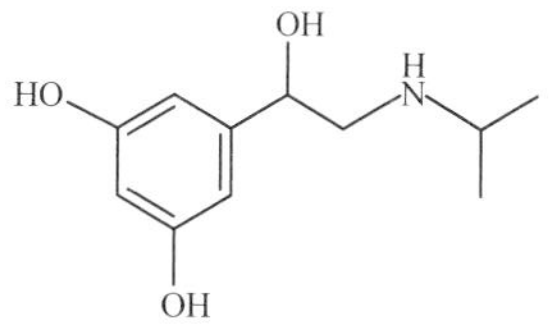	$C_{11}H_{17}NO_3$	211.26	1.199	417.5	1.579	179.7	1.02×10^{-7}	苯酚类
特布它林（terbutaline）	23031-25-6	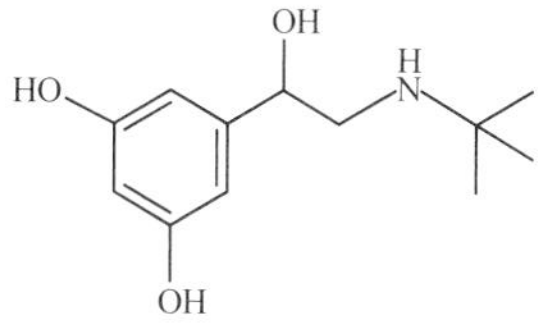	$C_{12}H_{19}NO_3$	225.29	—	417.9	—	183.7	3.42×10^{-7}	苯酚类
非诺特罗（fenoterol）	13392-18-2	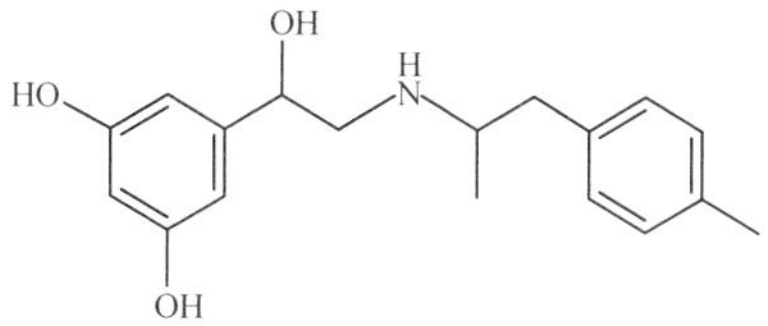	$C_{17}H_{21}NO_4$	303.36	—	181-183	—	—	—	苯酚类
异丙肾上腺素（isoprenaline）	7683-59-2	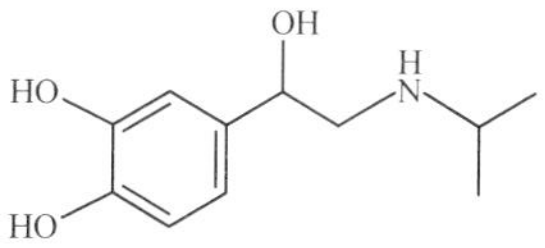	$C_{11}H_{17}NO_3$	211.26	—	128	—	—	—	苯酚类
苯乙醇胺 a 2-(4-(nitrophenyl)butan-2-ylamino)-1-(4-methoxyphenyl)ethanol	105219-56-52	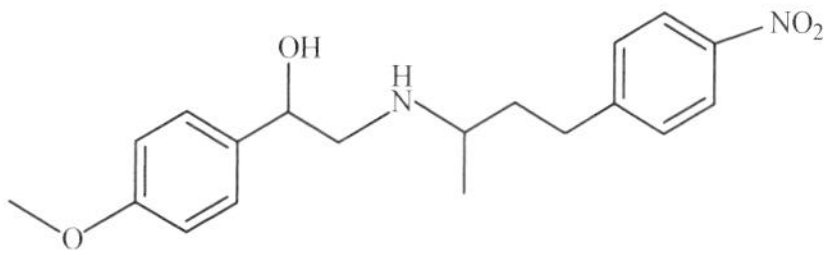	$C_{19}H_{24}N_2O_4$	344.41	—	178-181	—	—	—	苯酚类

a. 1 mmHg=133.322 Pa

（2）再分配效应

β-受体激动剂在生物体内还具有"再分配效应"。通过对小鼠、牛、羊、猪等动物的大量研究发现，使用 β-受体激动剂可以显著增加动物骨骼肌的重量，同时减少脂肪的重量，但对整体的体重没有显著的影响，且对不同性别、不同年龄段、不同种类的动物均有作用。通过"再分配"可使体内脂肪分解加强，血中游离脂肪酸增加，摄入的能量不再形成脂肪贮存于体内，而是立即为蛋白质的合成所利用，并抑制蛋白质分解和促使胰岛素释放和糖原分解加强，因此它具有营养重分配的作用。动物食入后，脂肪在体内沉积减少，且提高了胴体的瘦肉率和饲料转化率，并可以减少蛋白的分解。因而常被一些动物饲养者违法使用。

1.1.2 代谢和毒理学

1.1.2.1 体内代谢过程

β-受体激动剂在动物体内吸收快，半衰期长，消除缓慢，在肝脏中去甲基后，大部分从尿中排出。克伦特罗在胃肠道吸收快，人或动物食用后 15～20 min 即起作用，2～3 h 血浆浓度达到峰值，作用维持时间持久。

β-受体激动剂饲养动物后，会在动物体内（尤其是内脏）产生蓄积性残留，其中，在眼组织、肺组织、毛发中均有较为明显的蓄积，食用组织中以肝、肾中残留最高，肌肉脂肪中最低。牛以 3 mg/(kg BW) 口服盐酸克伦特罗，给药后 48 h，残留最高的组织是肺，其次是肝和肾，脂肪组织残留为 1.1 mg/kg，在肝、肾中残留更高，在肝脏中总残留超过脂肪的 4 倍，骨骼肌的总残留浓度为肝脏的 1/15，与脂肪组织的残留大致相同。药物残留与给药剂量和休药期长短密切相关。按 5 mg/kg 日粮添加量喂猪，连续给药 21 天，无休药期，克伦特罗在肝组织中的残留量可达 320 μg/kg；停药 6 天后，肝组织中的残留量为 290 μg/kg；停药 15 天后，残留量为 128 μg/kg；停药 30 天，残留量为 24 μg/kg。

1.1.2.2 毒理学与不良反应

（1）毒理学

对 β-受体激动剂的毒理学研究以克伦特罗最为充分。

克伦特罗对大鼠和小鼠急性毒性属于中等程度，其经口 LD_{50} 分别为 147 mg/(kg BW) 和 126 mg/(kg BW)，给药后约 5 min 动物出现呼吸困难、瘫软和抽搐等症状，死亡发生较快。对狗的急性毒性相对较低，经口 LD_{50} 为 400～800 mg/(kg BW)。父代染毒时毒性更强，静脉给药 LD_{50} 为 30～85 mg/(kg BW)。主要中毒症状为昏迷、心动过速、强直性阵挛性抽搐。短期毒性主要以心肌损伤为指标，大鼠和小鼠的 30 天喂养试验结果表明，克伦特罗最大无作用剂量（NOEL）分别为 2.5 mg/(kg BW) 和 1 mg/(kg BW)。重复染毒的主要症状为心动过速，较高剂量时则发生心肌坏死。在对猕猴进行为期 26 周的研究中，对心肌的 NOEL 为 25 μg/(kg BW)。以 1 μg/kg、50 μg/kg、100 μg/kg 三个剂量的盐酸克伦特罗对大鼠进行 30 天灌胃染毒，发现中、高剂量组肝、肾脏器系数明显减小，但心、脑、脾及其他脏器并没有出现这样的结果，可能与盐酸克伦特罗在肝、肾中有更大量的残留而造成蓄积毒性有关。经口给予大鼠 1 mg/kg 盐酸克伦特罗连续 45 天，发现肾上腺脏器系数明显增大，病理显示肾上腺皮质激素细胞增生，说明长期服用克伦特罗会导致肾上腺分泌功能过度，对机体产生不利影响。以 12.6 mg/kg、18.9 mg/kg、28.9 mg/kg、42.8 mg/kg、63 mg/kg 剂量的盐酸克伦特罗，采用剂量递增蓄积系数法进行 20 天染毒试验，结果蓄积系数 $K=5.26$，属轻度蓄积性。

有研究报道，克伦特罗还可导致猪染色体畸变，应用剂量越高畸变率越高，出现染色单体畸变和染色体型畸变，诱发恶性肿瘤，并认为对人体也会导致相似的结果。两年期的致癌试验未发现致癌效应，但动物试验表明克伦特罗等 β-受体激动剂具有一定的生殖内分泌毒性。

（2）不良反应

对动物的影响：①扩张气管，影响肌肉蛋白质、脂肪代谢及肝脏中的糖代谢，严重影响动物正常的生长发育；②糖降解作用不足，导致猪肉品质下降；③容易发生蹄损伤和跛行，大运动量会造成死亡，高温条件更容易发生。

对人的影响：①心肌收缩加强，心率加快，产生心悸、心慌，对原有心脑血管疾病、糖尿病、冠心病、甲状腺功能亢进、青光眼、前列腺肥大者可导致心动过速，室性期前收缩，甚至中毒性心肌炎、心肌梗死，心电图可呈 S-T 段压与 T 波倒置或低平等现象；②面颈、四肢肌肉颤动，有恶心、呕吐、头晕乏力、手抖甚至不能站立等现象；③孕妇中毒可导致癌变、胎儿致畸。

1.1.3 最大允许残留限量

由于 β-受体激动剂具有"再分配效应"，常被一些饲料生产商和家畜生产者违法使用于家畜养殖中。β-受体激动剂用于人类的治疗剂量较低，但在用于家畜饲养时，剂量常加大至治疗剂量的 5～10 倍，一般饲料添加剂量都超过 5 mg/kg。动物应用后，短期内会产生较高的残留量，并在体内长时间残留，一些特殊人群（如老人、孕妇、心脏机能较差者）食用后，会产生明显的肌肉震颤、行走不稳、心律失常、恶心、晕眩等中毒症状，对于高血压、心脏病患者危害更大，甚至危及生命。运动员如果食用了，其尿样就有可能在尿检中出现阳性。因此，欧盟在 96/22/EC 中明令禁止 β-受体激动剂作生长促进剂使用；我国农业部发布的第 176 号公告《禁止在饲料和动物饮用水中使用的药物品种目录》和第 193 号公告《食品动物禁用的兽药及其它化合物清单》明确将 β-受体激动剂列入禁用物质名单；其他大多数国家都严禁在动物饲养过程中使用 β-受体激动剂，但美国、日本等国家允许使用其中的莱克多巴胺，并设定了最大允许残留限量（MRL）值，见表 1-2。

表 1-2 美国、日本设定盐酸莱克多巴胺的 MRL 值

残留标示物	基质	MRL/(mg/kg)
盐酸莱克多巴胺	牛肉	0.03（美国）、0.01（日本）
	牛肝	0.09（美国）、0.04（日本）
	牛肾	0.09（日本）
	牛脂肪	0.01（日本）
	牛可食用下水	0.04（日本）
	猪肉	0.05（美国）、0.01（日本）
	猪肝	0.15（美国）、0.04（日本）
	猪肾	0.09（日本）
	猪脂肪	0.01（日本）
	猪可食用下水	0.04（日本）

1.1.4 残留分析技术

1.1.4.1 前处理方法

目前，β-受体激动剂分析涉及的动物源基质主要包括尿液、肝、肾、血液、肌肉等，液液萃取、固相萃取、超临界萃取、双相渗析膜分离等现代前处理技术不断应用到 β-受体激动剂的残留分析中来。

（1）提取方法

样品的处理方式会对 β-受体激动剂残留分析最终结果产生影响。例如，肝脏在均质过程可能会激活一些降解酶，导致克伦特罗残留量显著降低；而肝脏和肌肉不经过均质处理，直接在−30℃条件下保存，克伦特罗残留浓度在 5 个月内没有显著变化。

β-受体激动剂，尤其是苯酚型药物如沙丁胺醇，在生物样品中往往会形成结合物，如与葡糖苷酸酶、硫酸酯蛋白相结合。因此，在样品提取前需要先进行水解，释放出游离态的药物。目前常用的水解方法包括酶解、酸水解和碱水解。酸水解法中采用的多为稀盐酸、稀磷酸或高氯酸溶液，在水解除络合作用的同时，还有去除蛋白的作用；碱水解则一般在高温水浴下进行，用于去除蛋白之间二硫键；酶解则是现在采用最多的方法，常用的酶主要有枯草杆菌蛋白酶、葡萄糖醛酸酶、硫酸酯酶、芳

基硫酸酯酶等，使用时通过调节样品的 pH，使之达到最佳酶解效果。

Haasnoot 等[1]研究发现，在尿中约有 85%的非诺特罗是以葡萄糖苷酸酶化-硫酸酯蛋白化结合物形式存在。Bogd 等[2]对有无酶解步骤对肝脏中沙丁胺醇的提取效果进行比较试验，发现酶解后的结果明显高于未酶解的，约有 40%～45%的沙丁胺醇以结合态存在。他们在测定沙丁胺醇时，对 β-盐酸葡萄糖醛苷酶-芳基硫酸酯酶的用量、酶解时间和水解环境进行了研究。当 pH 为 5.2，酶量为 1000 个单位，温度 37℃，水解 2 h 后测得的沙丁胺醇含量趋于稳定。但是，目前还没有数据证明生物样品中的克伦特罗是以结合态的形式存在。

对于以游离态存在的药物，可以直接采用缓冲液或有机溶剂进行提取，影响提取效率的主要为有机溶剂的选择性和缓冲液的 pH。常见的提取溶液有乙酸钠缓冲液（pH 5.2）、0.1 mol/L 高氯酸溶液、3%三氯乙酸、乙腈、乙酸乙酯等。刘敏等[3]比较了乙酸铵提取法、乙腈直接提取法及 10%碳酸钠-乙腈溶液提取法对猪肝脏中 9 种 β-受体激动剂残留的提取效果。结果表明，乙酸铵提取法对非诺特罗和喷布特罗等药物的回收率较低（小于 20%）；乙腈直接提取法可有效提取出喷布特罗，其回收率达 79%，但对非诺特罗的回收率仅为 32%；而 10%碳酸钠-乙腈溶液提取 9 种药物的效果明显好于其他两种方法，除了非诺特罗的回收率为 72%外，其他 8 种药物的回收率均在 80%以上。基于此建立的猪肝脏中 9 种 β-受体激动剂残留检测的高效液相色谱-串联质谱法（LC-MS/MS），在优化条件下，9 种药物在 0.50～25 μg/kg 范围内线性关系良好，相关系数（r）均大于 0.99；在 0.50 μg/kg、2.0 μg/kg、10 μg/kg 三个加标水平的回收率为 71%～105%，相对标准偏差（RSD）均小于 15%；9 种药物的检出限均达 0.2 μg/kg。

（2）净化方法

β-受体激动剂残留分析常用的净化方法有液液分配法（LLP）、固相萃取法（SPE）、基质固相分散萃取法（MSPD）等。

1）液液分配（liquid liquid partition，LLP）

采用 LLP 净化提取液中克伦特罗等 β-受体激动剂时，往往需将 pH 调到 10 以上，再采用乙酸乙酯等有机溶剂进行萃取。对于沙丁胺醇等极性较高的药物，需要在提取溶剂中加入相应的极性组分如异丙醇等来提高萃取效率。金玉娥等[4]建立了同时检测 11 种 β-受体激动剂（包括沙丁胺醇、特布它林、塞曼特罗、塞布特罗、莱克多巴胺、克伦特罗、溴布特罗、苯氧丙酚胺、马布特罗、马喷特罗、溴代克伦特罗）在猪肉及猪肝脏中残留量的 LC-MS/MS 方法。将样品粉碎后，用 pH 5.2 的乙酸钠缓冲液提取，经 β-盐酸葡萄糖醛苷酶-芳基硫酸酯酶水解，以高氯酸调节 pH，离心沉淀蛋白，分离得上清液，再用异丙醇-乙酸乙酯（6+4，v/v①）萃取，再过阳离子交换柱净化、吹干后，用 LC-MS/MS 测定，同位素内标定量。目标化合物的回收率在 89.4%～110.5%之间，RSD 为 1.1%～2.8%，方法的最低检出限为 0.25 μg/kg。van der Vlis 等[5]建立了一种在线液液电萃取-等速电泳-毛细管区带电泳-电喷雾质谱（EE-ITP-CZE-ESP-MS）方法分析盐酸克伦特罗、沙丁胺醇、特布它林和非诺特罗。在高电场力作用下，通过液液萃取快速将离子化的 β-受体激动剂从低导电率的有机溶剂萃取到一个小体积的缓冲溶液中，而 ITP 使分析物远离液-液界面，再经毛细管区带电泳-电喷雾质谱测定。盐酸克伦特罗、沙丁胺醇和特布它林的检测限可达到 2×10^{-9} mol/L，非诺特罗为 5×10^{-9} mol/L。

2）固相萃取（solid phase extraction，SPE）

β-受体激动剂主要采用阳离子交换和反相 SPE 柱进行净化。近年来，以 SPE 为分离载体的免疫亲和柱（IAC）和分子印迹柱（MIP）等也开始应用。

Whaites 等[6]将牛尿酸化后，用阳离子交换树脂净化，洗脱后再用乙酸乙酯萃取，衍生化后用气相色谱-质谱（GC-MS）检测，内标法定量。增加取样量到 50 mL 时，克伦特罗检测限可达到 0.01 ng/mL，平均回收率超过 70%，变异系数（CV）低于 15%。Liu 等[7]测定猪肌肉和肝脏中 20 种 β-受体激动剂，样品经 β-葡萄糖醛酸酶水解后，用 PCX SPE 柱净化，使用 LC-MS/MS 测定。在肌肉和肝脏中，检测

① 本书用 v/v 表示体积比

限（CC$_\alpha$）范围分别为 0.05～0.23 μg/kg 和 0.05～0.57 μg/kg，检测能力（CC$_\beta$）范围分别为 0.11～0.4 μg/kg 和 0.16～0.79 μg/kg。金玉娥等[4]测定猪肉及猪肝脏中 11 种 β-受体激动剂，异丙醇-乙酸乙酯（6+4，v/v）萃取液采用 MCX 阳离子交换柱净化，目标化合物的回收率在 89.4%～110.5%之间，RSD 为 1.1%～2.8%。

聂建荣等[8]建立了动物尿液中克伦特罗、莱克多巴胺、沙丁胺醇、西马特罗、马布特罗、妥布特罗、班布特罗、马喷特罗、塞布特罗、齐帕特罗、福莫特罗、氯丙那林、特布它林、喷布特罗和溴布特罗等 15 种 β-受体激动剂的分析方法。样品用高氯酸溶液酸解及沉淀蛋白质，经 HLB SPE 柱净化、富集后，用 LC-MS/MS 测定。15 种 β-受体激动剂在 0.25 μg/L、1.0 μg/L、10 μg/L 添加水平下的回收率为 62.1%～107%，RSD 为 3.5%～9.9%，定量限（LOQ）为 0.25 μg/L。Koole 等[9]则用标准密度的 C$_8$提取盘，从人尿和牛尿中提取净化克伦特罗，再用甲醇-0.01 mol/L 氢氧化钠（25+75，v/v）洗脱，高效液相色谱（HPLC）测定。克伦特罗的回收率为 85%，检测限为 10 ng/mL。

Zhang 等[10]以丙烯酰胺为功能单体，二甲基丙烯酸乙二醇酯（EGDMA）作为交联剂，采用本位聚合方法合成了嵌入铜（Ⅱ）的聚合物，对小牛血清蛋白（BSA）具有较强的结合性。该聚合物被用作固定克伦特罗多克隆抗体（pAb）的新型载体，制备出 IAC 柱。0.1 g 该固相填料对克伦特罗的最大吸附容量为 616 ng，食物样品中的提取回收率为 84.4%～95.2%，RSD 为 9.3%～15.5%。反复使用 30 余次，仍然具有特异性识别。

Van Hoof 等[11]为减小基质效应对液相色谱-质谱（LC-MS）定量的影响，对 Clean Screen Dau（CSD）和 MIP SPE 柱净化尿液中 β-受体激动剂的效果进行了比较。首先制备出 β-受体激动剂的 MIP 柱，通过使用不同的制备材料、洗脱溶液和洗脱溶剂，优化出适宜的净化条件。实验显示，CSD 对一些 β-受体激动剂存在假阴性结果，而 MIP 的选择性更好。

3）基质固相分散萃取（matrix solid-phase dispersion，MSPD）

最常用的 MSPD 吸附剂主要为 C$_{18}$。Horne 等[12]采用 MSPD 技术对牛肝中的克伦特罗进行提取净化，使传统操作过程得到简化。首先将酶解后的组织试样与 MSPD 等级的 C$_{18}$吸附剂均匀混合后填柱，用不同的溶剂对杂质和目标物分别进行洗脱，采用放射免疫方法检测，方法回收率在 86%～96%之间。洪振涛等[13]将均质后的试样与 C$_{18}$、石墨化碳黑、中性 Al$_2$O$_3$混合研磨后装入层析柱，分别用正己烷和氨化甲醇洗涤和洗脱试样中的克伦特罗和沙丁胺醇，再用 GC-MS 测定。添加浓度为 0.05～25.0 μg/kg 时，样品回收率在 94.82%～107.69%之间，CV 小于 5.52%，克伦特罗和沙丁胺醇的检出限分别为 0.0096 μg/kg 和 0.0078 μg/kg。

4）超临界流体萃取（supercritical fluid extraction，SFE）

随着新的净化技术的发展，一些新技术如超临界流体萃取法（SFE）等，也开始应用到 β-受体激动剂残留分析的前处理中。Jimenez-Carmona 等[14]对离子对-SFE 提取净化食品基质（饲料、冷冻干燥的牛奶和肝）中克伦特罗的技术进行了研究。将食品基质与硅藻土混合，再加入樟脑磺酸，作为抗衡离子与克伦特罗形成极性很小的离子对，使之更容易溶解于超临界 CO$_2$。SFE 在 383 bar①、40℃下动态提取 30 min。方法回收率在 12%～87%之间，RSD 为 15%。

1.1.4.2 测定方法

目前国内外用于检测动物源产品中 β-受体激动剂的方法和手段逐渐增多，主要有感官识别、光谱分析、色谱分析、免疫分析和生物传感器技术等。

（1）感官识别法

可以从动物胴体的颜色和品质上来判断。含有 β-受体激动剂（特别是克伦特罗）的肉色较深，较鲜艳，脂肪层非常薄，在腹股沟的脂肪层内毛细血管分布较密，甚至呈充血状态。内脏实质器官（心、肝、肾）充血肿胀，用手指触之酥软呈脂肪变性；间质器官如肺、气管切面见泡沫、气肿等病变特征，有时有少量"汗水"渗出肉面。而健康肉呈淡红色，肉质弹性好，也不会有"出汗"现象。感官检验

———————————
① 1 bar=10^5 Pa

法可用于对含有 β-受体激动剂动物源产品的粗略判断，主观性较强，可为消费者购买放心肉提供一定的参考。

（2）光谱分析技术（spectroscopy）

由于克伦特罗等 β-受体激动剂溶于水和乙醇，可直接用水进行提取，而且克伦特罗等既可显芳香第一胺类的鉴别反应，也可显氯化物的鉴别反应。因此，采用分光光度计检测，可在 243 nm 与 296 nm 的波长处得到最大吸收峰。分光光度法在常温下有较好的稳定性。由于 β-受体激动剂在生物样品中含量甚微，该方法检测限过高，达不到残留分析要求，目前只限于药品本身的常规分析。

（3）免疫分析技术（immunoassay）

免疫分析技术主要应用于动物源产品中 β-受体激动剂残留样品的筛选，具有灵敏度和特异性高、快速简便，且一次能检测大量样品的特点。但在某些反应中有交叉反应，存在假阳性结果，以及对未知化合物不能测定，因此在实际应用中受到一定限制。

1）酶联免疫吸附法（enzyme linked immunosorbent assay，ELISA）

ELISA 的基本原理基于抗原抗体反应进行的测定。目前，国内外已研制出用于克伦特罗、沙丁胺醇、莱克多巴胺等 β-受体激动剂残留检测的商品化 ELISA 试剂盒。该方法样品前处理简单，批量检测成本低，适合对活体动物做大批量样品的快速检测。欧盟等国家已将此作为"筛选法"，用于宰前尿检、血检及屠宰场的检疫。缺点是该法结果假阳性率较高，疑似阳性的样本需要用仪器方法确证。Sawaya 等[15]采用 ELISA 法从羊尿和羊眼组织样品中筛查残留克伦特罗的阳性样品。在尿样中最低检测限为 0.272 ng/g，在眼组织样中最低检测限为 1.54 ng/g。经 GC-MS 确证，所有筛选出的"阳性"样品均为阴性。但该方法具有很大的实用价值，缩短了大量样品的筛查时间，并避免了假阴性的发生。Pleadin 等[16]采用 ELISA 作为定量筛选方法测定猪组织中莱克多巴胺浓度。给猪连续口服饲喂莱克多巴胺 28 天，停药的 1、3 和 8 天后屠宰，测定肾脏、肝脏、肌肉、脑和心脏组织中莱克多巴胺的残留量。该方法的平均回收率在 70%～90%之间，RSD 小于 13%。

2）胶体金免疫层析法（colloidal gold immunochromatographic assay，GICA）

GICA 的基本原理是利用微孔滤膜的渗滤浓缩和毛细管作用，使抗原抗体反应在固相膜上快速进行，然后用胶体金标记的抗体来进行直接显色。由于胶体金肉眼可见，故阴性反应者在膜上呈现红色斑点，阳性反应则不会形成红色斑点。张敏娟等[17]分别用 GICA 法和 ELISA 法对猪尿样品进行检测，两种方法阳性吻合率为 85.71%，当生猪尿样中克伦特罗的浓度大于 2700 ppt①时，吻合率达 91.67%。该法仪器设备简单，试剂安全，对操作者没有太高的专业技术要求，能实现现场检测；缺点是反应线颜色受反应时间影响较大。

3）放射免疫分析法（radioimmunoassay，RIA）

RIA 法是利用同位素标记的抗原与未标记的抗原同抗体发生竞争性抑制反应的放射性同位素体外微量分析方法。目前国外已有运用 RIA 测定克伦特罗的试剂盒产品。该法具有特异性强、灵敏度高、操作简便、准确快速、易标准化等优点，但是由于所用仪器较昂贵，对条件要求较苛刻，并且放射性同位素对操作人员有一定的伤害，从而限制了广泛应用。Horne 等[12]采用 RIA 技术测定牛肝中克伦特罗的残留量，结合 MSPD 提取净化技术，使传统操作过程得到简化。该方法回收率在 86%～96%之间。

4）荧光免疫分析法（fluoroimmunoassay，FIA）

FIA 是利用三价稀土离子及其螯合物等荧光物质作为示踪物，代替同位素、酶和化学发光物质，标记抗原、抗体、核酸探针等物质的一种免疫分析方法。当免疫反应发生后，根据荧光强度和相对荧光强度比值，判断反应体系中分析物的浓度，从而达到定量分析的目的。时瑾等[18]采用时间分辨荧光免疫技术（TRFIA），建立了猪尿中克伦特罗的间接竞争免疫分析方法。以克伦特罗-BSA 为免疫原，制备抗体；克伦特罗与卵清蛋白（OVA）的联结物包被 96 孔板为固相抗原，与游离克伦特罗共同竞争有限的抗体，用稀土离子 Eu^{3+} 标记的羊抗兔抗体进行示踪。该方法的灵敏度为 0.01 μg/L，测量范

---

① ppt，parts per trillion，10^{-12} 量级

围为 0.01～25 µg/L，平均回收率为 99.7%，RSD 为 3.9%；与盐酸异丙肾上腺素的交叉反应率为 0.01%，与沙丁胺醇、盐酸肾上腺素、重酒石酸去甲肾上腺素无交叉反应。8 条不同时间进行的克伦特罗-TRFIA 的效应点值 ED80、ED50、ED20 分别为（0.07±0.01）µg/L、（1.47±0.11）µg/L 和（23.6±0.56）µg/L。尿样经 TRFIA 和 ELISA 试剂盒同时检测克伦特罗，两者的相关系数为 0.932，结果相符。该法具有灵敏度高、操作简便、示踪物稳定、定量分析量程宽、无放射性污染和应用范围广等优点，在疾病诊断、疗效观察等医学研究领域应用较多，但由于对温度的强烈依赖性和荧光强度取决于激发波长，因此在药物残留分析方面应用较少。

（4）生物传感器技术（biosensor）

其原理为待测物与分子识别元件特异性结合后，所产生的复合物（或光、热等）通过信号转换器转变为可以输出的电信号、光信号等，从而达到分析检测的目的。利用生物传感器可检测动物尿液、血清中 β-受体激动剂的含量。肖红玉等[19]利用抗原抗体专一性结合而导致电化学变化的原理设计成了免疫生物传感器，克伦特罗的检出限为 0.1 µg/L，线性范围为 0.1～8.1 µg/L，检测时间在 20 min 以内。通过对 100 个已知阳性样品和 100 个已知阴性样品的测试，准确率为 97%。Chen 等[20]研制了以 F_0F_1-ATP 酶为动力蛋白的生物传感器，测定食品中的克伦特罗。标记 F1300 的内色素细胞荧光探针被用作检测由 F_0F_1-ATP 酶合成的 ATP 驱动的质子通量的 pH 指示剂。此外，F_0F_1 ATP 酶的 F1β 亚基附着在"抗 β 抗体-生物素-抗生物素蛋白-生物素-第二抗体（特异性针对克伦特罗）"系统，作为生物传感器来检测克伦特罗残留。捕获机理是抗原-抗体反应，而检测基于旋转催化 ATP 合成过程中 pH 变化引起的荧光变化。结果表明，F_0F_1-ATP 酶的活性受不同负载的影响，这种新的生物传感器可用于超痕量（10^{-12} g/L）克伦特罗的检测。该类方法具有灵敏度高、特异性强、样品前处理简单、检测迅速、携带方便、能重复利用并能实现现场检测和在线检测等优点。

（5）流动注射化学发光技术（flow injection-chemiluminescence，FI-CL）

FI-CL 的原理是基于把一定体积的液体试样注射到一个运动着的、无空气间隔的由适当液体组成的连续载流中。被注入的试样在向前运动过程中由于对流和扩散作用而分散成一个个具有浓度梯度的试样带，试样带与载流中某些组分发生化学反应，产生某种可以被检测的物质，然后被载带到检测器中连续记录其吸光度、电极电位或其他物理参数。试样流过检测器的流通池时，这些参数连续地发生变化。典型的检测仪输出信号呈峰形，其高度或面积与待测物浓度有关。陈丽莉等[21]设计了一种快速检测猪肉中盐酸克伦特罗的 FI-CL 免疫分析方法。由辣根过氧化物酶（HRP）催化的鲁米诺和过氧化氢-尿素加合物的化学发光反应，可通过 4-联苯硼酸得到增强。在竞争性免疫反应后，上清酶标复合物由 FI-CL 法进行检测。在优化条件下，测定克伦特罗的线性范围为 0.05～9 µg/L（r=0.9959），检出限为 0.02 µg/L。该方法已经成功应用于猪肉中克伦特罗残留的检测。

（6）色谱技术（chromatography）

色谱作为一种高效分离分析技术，是目前 β-受体激动剂残留分析中应用最广的分析手段，主要包括气相色谱法（GC）、高效液相色谱法（HPLC）、毛细管电泳法（CE）、气相色谱-质谱联用法（GC-MS）、液相色谱-质谱联用法（LC-MS）等。

1）高效液相色谱法（high performance liquid chromatography，HPLC）

HPLC 是近年来发展较快的 β-受体激动剂残留分析技术之一。采用高压泵、高效固定相和高灵敏度的检测器，具有重现性好、分离效率高等优点。结合紫外检测器（UVD）、二极管阵列检测器（DAD）、荧光检测器（FLD）、电化学检测器（ECD）等，对 β-受体激动剂的检测限可以达到 µg/kg 级别。

Miyazaki 等[22]采用 HPLC-UVD 检测动物组织中克伦特罗，采用 ODS 柱分离，0.01 mol/L 磷酸盐缓冲溶液（pH 3.5）-乙腈（7+3，v/v）为流动相，流速 0.9 mL/min，在 209 nm 或 242 nm 检测，测定低限为 5 ng/g，回收率为 75.1%～86.4%。Tsai 等[23]采用 HPLC-DAD 检测猪血浆和组织中的克伦特罗和沙丁胺醇残留。Nova-pak C_{18} 色谱柱分离，沙丁胺醇流动相为乙腈-水（15+85，v/v），克伦特罗流动相为乙腈-水（30+70，v/v），流速 1.0 mL/min，检测波长 210 nm（克伦特罗）和 196 nm（沙丁胺醇）。克伦特罗和沙丁胺醇的检测低限分别为 0.2 µL/L 和 0.1 µL/L；血浆中沙丁胺醇的平均回收率为 86.7%，克伦特罗为 80.0%；肌肉中沙丁胺醇的平均回收率为 64.2%，克伦特罗为 62.9%。

Hashimoto 等[24]采用 HPLC-FLD 检测肉中的沙丁胺醇。在 ODS 柱（TSKgel-ODS 80Ts）上分离，流动相为 0.05 mol/L 磷酸盐缓冲液（pH 3.0）-乙腈（92+8，v/v），激发波长为 225 nm，发射波长为 310 nm。方法测定低限为 5 ng/g，在 100 ppb①添加水平的回收率为 77.6%～81.5%。

安洪泽等[25]采用反相 HPLC-UVD-FLD 法测定猪饲料中克伦特罗、沙丁胺醇、非诺特罗、莱克多巴胺和班布特罗。在 C$_{18}$ 色谱柱上，以甲醇-0.1%甲酸水溶液为流动相进行梯度洗脱，流速 1 mL/min，UVD 检测波长 249 nm（克伦特罗），FLD 激发波长 226 nm、发射波长 306 nm（沙丁胺醇、非诺特罗、莱克多巴胺和班布特罗）进行串联检测。方法检测限（LOD）为 20 μg/kg，LOQ 为 50 μg/kg，平均回收率范围为 86.7%～103.5%，CV 范围为 1.5%～9.5%。

一些 β-受体激动剂具有电化学活性，可在电极上发生氧化反应，可采用 ECD 检测，来提高灵敏度。Turberg 等[26]采用 HPLC-ECD 检测了猪血清和猴血浆中莱克多巴胺残留。HPLC 采用等度洗脱，电压为+700 mV，运行时间 6.5 min。方法线性范围为 0.5～40 ng/mL，LOQ 为 2 ng/mL。Zhang 等[27]采用 HPLC-库仑电极检测系统对猪肝中的克伦特罗残留情况进行分析。四个电极串联使用，电位分别为 450 mV、600 mV、650 mV 和 680 mV，从而避免了其他 ECD 检测中 β-受体激动剂能在高电位作用下被不可逆的氧化的缺点，提高了 HPLC 的选择性和精密度。同时，研究了流动相 pH 对保留时间和峰高的影响和克伦特罗在石墨电极上的电化学行为。该方法线性良好，检测限为 1.2 ng/g。

2）气相色谱法（gas chromatography，GC）

GC 与电子捕获检测器（ECD）、氮磷检测器（NPD）、氢火焰离子化检测器（FID）等结合，检测 β-受体激动剂具有检测精密度高、分离度好，能分离其同位素、同分异构体、对映体等优点，但也具有样品需要衍生化，不能定性等缺点。

用 GC 测定 β-受体激动剂通常需要衍生化来提高检测灵敏度，最常用的衍生化技术是硅烷化技术，常用的衍生化试剂是双（三甲基硅烷基）三氟乙酰胺（BSTFA）。尽管有用环状二甲基硅烷吗啉（DMS）、甲基硼酸（MBA）等作为衍生化试剂的报道，由于其使用有一定的局限（如对特布它林无法生成衍生物），而限制了使用范围。采用 BSTFA 进行衍生化反应如图 1-2。

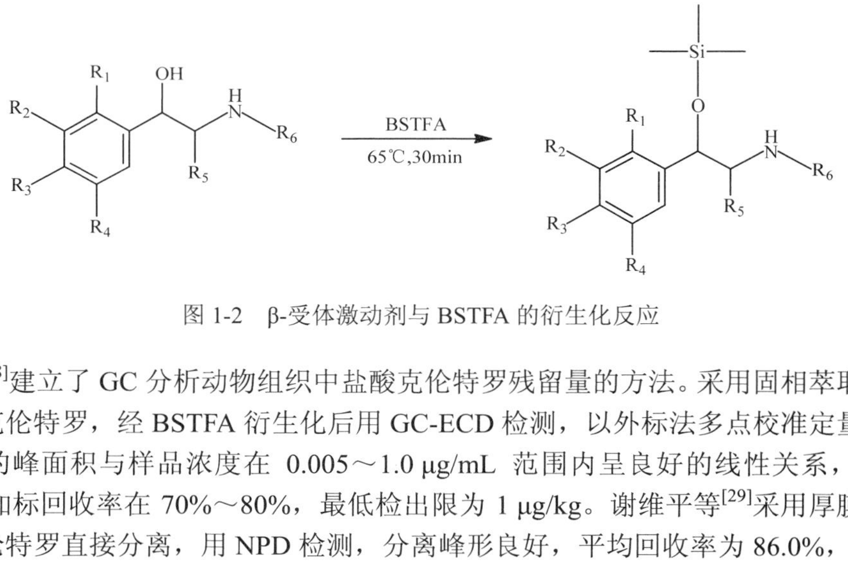

图 1-2　β-受体激动剂与 BSTFA 的衍生化反应

崔晓明等[28]建立了 GC 分析动物组织中盐酸克伦特罗残留量的方法。采用固相萃取分离富集动物组织中的盐酸克伦特罗，经 BSTFA 衍生化后用 GC-ECD 检测，以外标法多点校准定量。测得动物组织中克伦特罗的峰面积与样品浓度在 0.005～1.0 μg/mL 范围内呈良好的线性关系，相关系数大于 0.999，肉样的加标回收率在 70%～80%，最低检出限为 1 μg/kg。谢维平等[29]采用厚膜非极性柱对未经衍生化的克伦特罗直接分离，用 NPD 检测，分离峰形良好，平均回收率为 86.0%，RSD 为 5.0%，相关系数为 0.9993，线性范围为 0.1～40.0 mg/L，检测限为 0.03 mg/L。黄盈煜等[30]提取内脏组织中的克伦特罗后，用乙酸酐衍生化，再采用 GC-NPD 检测。该方法线性范围为 5～250 μg/kg，最小检测浓度为 0.011 μg/mL。Engelmann 等[31]采用固相微萃取（SPME）提取净化样品中的克伦特罗，在进样口

① ppb，parts per billion，10^{-9} 量级

硅烷化衍生后，用 GC-FID 测定其六甲基二硅衍生物，检测灵敏度可以达到 1.1 ppb。

3）毛细管电泳法（capillary electrophoresis，CE）

CE 具有分离效率高、分析速度快、重现性好、样品和试剂用量少等优点，同时具有很大的操作灵活性，许多分离参数如缓冲液的组成、pH、毛细管的类型、所用电场的波形等都可以调节，分离效率可达几百万理论塔板数，被视为高效的分离技术之一。Gausepohl 等[32]利用 CE-UVD 来检测尿样中克伦特罗对映体的残留情况。样品用己烷-叔丁基甲基醚（99.5+0.5，v/v）提取后，电动注射进样（50 s，10 kV），磷酸盐缓冲液（pH 3.3）和羟乙基-β-环糊精作为手性选择剂。整个分析时间小于 15 min，以 S-(–)-布拉洛尔为内标，克伦特罗对映体的检测限为 0.5 ng/mL。管月清等[33]采用 CE-ECD 法测定了肉制品中克伦特罗和沙丁胺醇的含量。考察了缓冲液酸度和浓度、分离电压、氧化电位和进样时间等实验参数对分离检测的影响，在最佳实验条件下，工作电极为直径 300 μm 的碳圆盘电极，检测电位为 +950 mV（vs. SCE），缓冲液为 40 mmol/L 硼砂溶液（pH 7.4），分离电压 18 kV，在 8 min 内即可实现二者的分离，且在两个数量级的范围内呈良好的线性关系，LOD 分别为 1.11×10^{-7} mol/L 和 9.80×10^{-8} mol/L，且抗坏血酸对其检测不产生干扰。

（7）色-质联用分析法（chromatography-mass spectrometry analysis）

将色谱的高分离能力与质谱的定性能力结合起来，组成的联用分析技术，不仅可以取长补短，起到方法间的协同作用，提高方法的灵敏度、准确度以及对复杂混合物的分辨能力，同时还能获得两种手段各自单独使用时所不具备的某些功能。应用于 β-受体激动剂残留分析的主要是气相色谱-质谱法（GC-MS）、液相色谱-质谱法（LC-MS）以及毛细管电泳-质谱法（CE-MS）。

1）气相色谱-质谱法（gas chromatography-mass spectrometry，GC-MS）

GC-MS 是 β-受体激动剂残留检测中使用最多的分析方法，具有很高的特异性，能在多种残留物同时存在的情况下对某种特定的残留物进行定性和定量分析。

Solans 等[34]采用 GC-MS 分析尿样中 β-受体激动剂的残留情况。样品经 β-葡萄糖醛酸酶芳基硫酸酯酶水解后，用 Bond-Elut Certify 提取，β-受体激动剂通过 N-甲基-N-三甲基硅烷基三氟乙酰胺（MSTFA）衍生后，再由 GC-MS 在全扫描（Scan）模式下分析，选择离子监测（SIM）模式定量。朱坚等[35]对 GC-MS 同时测定肝、肾和肉中 11 种 β-受体激动剂残留的方法进行了研究。样品经 pH 5.2 的乙酸钠缓冲溶液提取，提取液用 β-盐酸葡萄糖醛苷酶芳基硫酸酯酶水解，用高氯酸沉淀蛋白质，经异丙醇乙酸乙酯（6+4，v/v）液液分配，再经阳离子交换树脂（SCX）小柱净化后，用 BSTFA 衍生化，以美托洛尔为内标，GC-MS 在电子轰击（EI）电离源、SIM 模式下检测。方法回收率为 71%～94%，CV 为 4.6%～18.7%，最低检测限为 0.002～0.0005 mg/kg。孟娟等[36]采用类似的技术测定了动物组织中克伦特罗、沙丁胺醇、妥布特罗、特布它林、喷布特罗、心得安、倍他索洛尔、非诺特罗等 8 种 β-受体激动剂的残留量。GC-MS 在 EI 电离源、SIM 模式下检测，方法回收率范围为 51.9%～101.7%，RSD 为 2.7%～16.0%。田苗[37]建立了猪肉、猪肝、猪肾中 10 种 β-受体激动剂残留量的检测方法。样品经乙酸钠缓冲溶液提取后，依次经液液萃取、阳离子交换柱净化，再经 BSTFA-三甲基氯硅烷（TMCS）（99+1，v/v）衍生，GC-MS 检测。该方法线性关系良好，相关系数 r^2 大于 0.996，检出限为 1～5 μg/kg；对猪组织样品的室内平均回收率为 59%～77%，RSD 为 0.87%～7.0%，室间平均回收率为 63%～76%，RSD 为 1.5%～12.6%。

Amendola 等[38]采用气相色谱-离子阱质谱（GC-MS^n）分析尿样中克伦特罗的残留情况。克伦特罗衍生物用 EI 源电离，通过三级质谱得到了充分的结构信息。MS1 为 m/z 335～337，MS2 为 m/z 300，但在四级质谱中没有发现进一步确证的结构信息，并且没有提高信噪比。MS3 的灵敏度优于 0.2 μg/L，线性范围在 0.5～5 μg/L 之间。作者认为，与 GC-MS 和气相色谱-串联质谱（GC-MS/MS）相比，GC-MS^3 也是 β-受体激动剂确证检测的良好手段。

Batjoens 等[39]采用 GC-MS 对动物粪便中 β-受体激动剂的残留情况进行分析。通过不同的离子化模式（EI、CI）、不同的衍生化方法以及串联质谱比较研究，获得了大量的质谱信息。在 EI 电离方式下，部分 β-受体激动剂 TMS 衍生物的质谱断裂途径参见图 1-3。

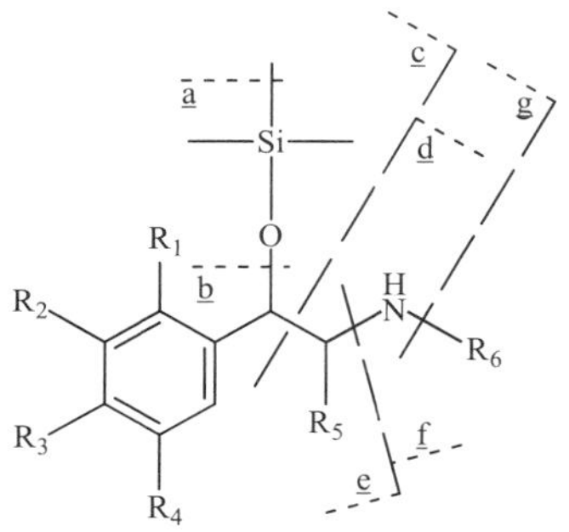

图 1-3　部分 β-受体激动剂 TMS 衍生物的 EI 断裂途径

2）液相色谱-质谱联用法（liquid chromatography-mass spectrometry，LC-MS）

HPLC 方法由于检测器选择性的限制，导致灵敏度相对较低。但随着电喷雾（ESI）接口技术的成熟，使 LC-MS 在 β-受体激动剂分析领域迅速得到发展。同时，由于串联质谱技术（MS/MS）的出现，质谱检测器的选择性和灵敏度得到了进一步的提升，定性同时进行定量，使得 LC-MS 在 β-受体激动剂检测领域得到普及，并逐步取代 GC-MS 成为应用最为广泛的现代分析技术。

Caloni 等[40]采用 LC-MS 技术对经 ELISA 试剂盒筛选的代乳制品中阳性结果进行了复核，可以同时确证沙丁胺醇、马布特罗、克伦特罗和特布它林。马布特罗、克伦特罗和特布它林的检测低限为 250 ng/mL，沙丁胺醇为 2.5 μg/L，方法回收率为 84%～90.2%。

刘畅等[41]建立了动物源性食品中 15 种 β-受体激动剂残留的 LC-MS/MS 检测方法。选用 β-盐酸葡萄糖醛苷酶-芳基硫酯酶水解，PCX 柱净化，以乙腈-甲醇-0.4%甲酸（30+4+66，v/v）作为流动相，LC-MS/MS 检测。采用外标法定量，15 种 β-受体激动剂的平均回收率为 54.0%～98.9%，最低检出浓度为 0.04～0.33 μg/kg。Liu 等[7]利用 LC-MS/MS 技术，在 ESI 正离子、多反应监测（MRM）模式下，建立了猪肝和猪肉中 20 种 β-受体激动剂的测定方法。为减小基质效应的影响，采用基质添加标准曲线定量，CC_α 为 0.05～0.23 μg/kg（猪肉）、0.05～0.57 μg/kg（猪肝），CC_β 为 0.11～0.4 μg/kg（猪肉）、0.16～0.79 μg/kg（猪肝）。孙志文等[42]利用 LC-MS/MS 测定了猪肌肉组织中苯乙醇胺 A 的残留量。色谱柱为 ACQUITY UPLC BEH C_{18} 柱（2.1 mm×50 mm，1.7 μm），流动相为乙腈-0.1%甲酸水溶液（30+70，v/v），流速 0.3 mL/min，在 ESI 正离子模式下，采用 MRM 模式检测。方法检测限为 0.2 μg/kg。

王娟等[43]建立了 LC-MS/MS 同时检测牛奶中 10 种 β-受体激动剂残留量的方法。样品经沉淀蛋白质，酸性水溶液提取，MCX 固相萃取柱净化，LC-MS/MS 方法测定。采用 Thermo Hypersil Gold（150 mm×2.1 mm，5 μm）色谱柱分离，5 mmol/L 乙酸铵水溶液-甲醇为流动相，梯度洗脱。方法线性相关系数 r 均大于 0.999；克伦特罗 LOD 为 1.68 μg/kg，其余 9 种 β-受体激动剂在 0.146～0.203 μg/kg 之间；克伦特罗 LOQ 为 3.37 μg/kg，其余 9 种在 0.290～0.407 μg/kg 之间；3 个添加水平下，10 种 β-受体激动剂平均回收率在 91%～127%之间。聂建荣等[8]建立动物尿液中 15 种 β-受体激动剂的 LC-ESI-MS/MS 同时分析方法。样品用高氯酸溶液酸解及沉淀蛋白质，经 HLB 固相萃取小柱净化、富集后，以甲醇和 0.1%甲酸水溶液作为流动相进行梯度洗脱，采用 MRM 模式进行定性和定量分析。15 种 β-受体激动剂在 0.25～20 μg/L 的范围内线性关系良好（$r \geqslant 0.9995$）；在 0.25 μg/L、1.0 μg/L、10 μg/L 添加水平下，方法回收率为 62.1%～107%，RSD 为 3.5%～9.9%；LOQ 为 0.25 μg/L。

Fan 等[44]应用高效液相色谱-线性离子阱质谱（HPLC-LIT-MS）法建立了同时测定动物源食品中 25 种 β-受体激动剂残留的分析方法。样品水解后用 5%三氯乙酸提取，然后用 MCX 柱结合甲醇进行净化。以甲醇和 0.1%甲酸水作为梯度洗脱的流动相，Supelco Ascentis Express RP-酰胺柱进行 LC 分离后，在 ESI+、多重反应监测（CRM）模式下进行测定，将由氘标记的 9 种 β-受体激动剂作内标进行定量。分析物的线性范围为 5～200 μg/L，线性相关系数大于或等于 0.995；添加回收率在 46.6%～118.9%之间，RSD 为 1.9%～28.2%；方法 CC_α 和 CC_β 范围分别为 0.05～0.49 μg/kg 和 0.13～1.64 μg/kg。

在 LC-ESI-MS 分析中，β-受体激动剂的断裂途径参见图 1-4。

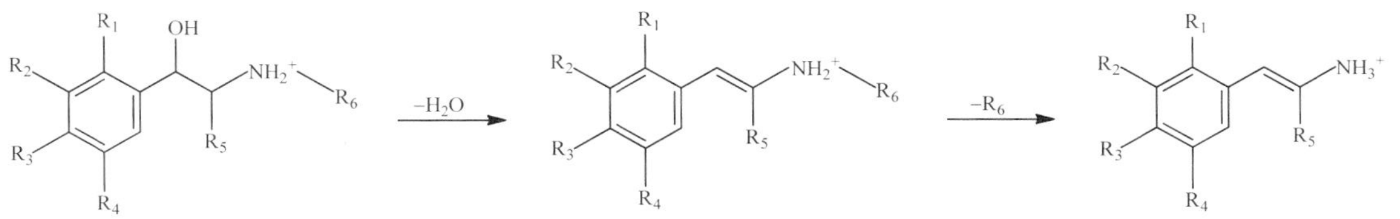

图 1-4 β-受体激动剂 ESI 质谱断裂途径

3）毛细管电泳-质谱法（capillary electrophoresis-mass spectrometry，CE-MS）

毛细管电泳-质谱技术（CE-MS）在 β-受体激动剂的分析中应用较少。

Anurukvorakun 等[45]采用非水毛细管电泳-质谱（NACE-MS）技术建立了猪肉中痕量 β-受体激动剂（克伦特罗、沙丁胺醇、特布特罗等）的测定方法。NACE 采用甲醇-乙腈-冰醋酸（66+33+1，v/v，含 18 mmol/L 乙酸铵）缓冲溶液，电压 28 kV，飞行时间质谱（TOF-MS）采用甲醇-水（80+20，v/v，含 5 mmol/L 乙酸铵）为鞘液，水动力和电动力联合进样，提高了方法灵敏度。该方法对所有分析物的检测限均为 0.3 ppb，线性范围为 0.8~1000 ppb，相关系数 r^2 大于 0.999，方法回收率为 69%~80%，RSD 小于 17.7%。通过与 LC-MS/MS 方法进行比较验证，没有发现统计学差异。van der Vlis 等[5]建立了一种在线液液电萃取-等速电泳-毛细管区带电泳-电喷雾质谱（EE-ITP-CZE-ESP-MS）方法分析盐酸克伦特罗、沙丁胺醇、特布它林和非诺特罗。在高电场力作用下，通过液液萃取快速将离子化的 β-受体激动剂从低导电率的有机溶剂萃取到一个小体积的缓冲溶液中，而 ITP 使分析物远离液-液界面，再经毛细管区带电泳-电喷雾质谱测定。盐酸克伦特罗、沙丁胺醇和特布它林的检测限可达到 $2×10^{-9}$ mol/L，非诺特罗为 $5×10^{-9}$ mol/L。

1.2 公 定 方 法

1.2.1 河豚鱼、鳗鱼、烤鳗、牛奶和奶粉中 12 种 β-受体激动剂类药物残留量的测定 液相色谱-串联质谱法[46]

1.2.1.1 适用范围

适用于河豚鱼、鳗鱼、烤鳗、牛奶和奶粉中溴布特罗、塞曼特罗、克伦特罗、克伦潘特、羟甲基氨克伦特罗、苯氧丙酚胺、马布特罗、莱克多巴胺、利托君、沙丁胺醇、特布它林和妥布特罗等 12 种 β-兴奋剂残留量的液相色谱-串联质谱测定。

1.2.1.2 方法原理

样品经稀酸水解、高氯酸沉淀蛋白后，残留的 β-兴奋剂以乙酸乙酯与异丙醇混合溶剂萃取，混合型阳离子交换反相吸附固相萃取柱净化，液相色谱-串联质谱进行测定，内标法定量。

1.2.1.3 试剂和材料

甲醇、乙腈和乙酸铵均为色谱纯；异丙醇、乙酸乙酯、甲酸、高氯酸、盐酸、氢氧化钠、氨水和氯化钠均为分析纯。

10 mol/L 氢氧化钠溶液：称取 40 g 氢氧化钠至 100 mL 水中，混匀。

0.1 mol/L 高氯酸溶液：移取 0.4 mL 高氯酸至 100 mL 水中，混匀。

0.1 mol/L 盐酸溶液：移取 0.85 mL 盐酸至 100 mL 水中，混匀。

5 mmol/L 乙酸铵溶液：称取 0.385 g 乙酸铵至约 800 mL 水中，加入 2 mL 甲酸，定容至 1000 mL，混匀。

甲醇-0.1%甲酸溶液：移取 0.1 mL 甲酸于约 50 mL 水中，加入 10 mL 甲醇，以水定容 100 mL，混匀。

标准物质：溴布特罗、塞曼特罗、克伦特罗、克伦潘特、羟甲基氨克伦特罗、苯氧丙酚胺、马布特罗、莱克多巴胺、利托君、沙丁胺醇、特布它林和妥布特罗，纯度大于 98.0%。

内标标准物质：盐酸克伦特罗-D9、盐酸莱克多巴胺-D5、沙丁胺醇-D3，纯度大于 98.0%。

标准储备液（100 μg/mL）：准确称取适量（精确到 0.1 mg）的溴布特罗、塞曼特罗、克伦特罗、克伦潘特、羟甲基氨克伦特罗、苯氧丙酚胺、马布特罗、莱克多巴胺、利托君、沙丁胺醇、特布它林和妥布特罗，用甲醇分别配制成 100 μg/mL 的标准储备液，–20℃冰箱中保存。

混合标准储备液（1 μg/mL）：分别准确量取 1.0 mL 的标准储备液至 100 mL 容量瓶中，用甲醇稀释至刻度，–20℃冰箱中保存。

内标储备液（100 μg/mL）：准确称取适量（精确到 0.1 mg）的克伦特罗-D9、莱克多巴胺-D5、沙丁胺醇-D3 对照品，用甲醇配制成 100 μg/mL 的标准储备液。

内标工作液（10 ng/mL）：分别准确量取适量的同位素内标储备液至同一容量瓶中，用甲醇稀释定容成浓度为 10 ng/mL 的同位素内标工作液，–20℃下冰箱中保存。

基质标准工作溶液：以空白基质溶液将混合标准储备液与内标工作液稀释至适当浓度，现用现配。

混合型阳离子交换反相吸附固相萃取柱：60 mg/3 mL，使用前依次用 3 mL 甲醇和 3 mL 水活化，保持柱体湿润。

1.2.1.4　仪器和设备

高效液相色谱-串联质谱仪：配电喷雾电离（ESI）源；天平：感量 0.1 mg 和 0.01 g；组织捣碎机；高速冷冻离心机：转速可达 15000 r/min，制冷可达 4℃；离心机：4000 r/min；漩涡振荡器；电热恒温振荡水槽；pH 计；旋转蒸发仪；固相萃取装置；氮吹仪。

1.2.1.5　样品前处理

（1）河豚鱼、鳗鱼和烤鳗样品

1）试样制备

河豚鱼、鳗鱼取连皮的鱼肉，将皮、肉分离后取鱼皮置于微波炉中加热后连同鱼肉、鳗鱼制品取所有可食部分一并放入组织捣碎机均质，充分混匀，装入清洁容器内，并标明标记。

制样操作过程中必须防止样品受到污染或发生残留物含量的变化。试样于–18℃以下保存，新鲜或冷冻的组织样品可在 2～6℃贮存 72 h。

2）提取

准确称取 5 g（精确到 0.01 g）测试样品于 50 mL 聚丙烯离心管内，加入 50 μL 10 ng/mL 的内标溶液，加入 20 mL 0.1 mol/L 盐酸溶液，涡旋混匀，于 37℃下避光水浴振荡 16 h（过夜），取出冷却至室温，加入 5 mL 0.1 mol/L 高氯酸溶液，涡旋混匀，4℃下 15000 r/min 离心 10 min，分取 10 mL 上清液转移至另一 50 mL 离心管内。用 10 mol/L 氢氧化钠溶液调节 pH 至 9.7±0.3，加入约 2 g 氯化钠后，再加 25 mL 异丙醇-乙酸乙酯（3+2，v/v），涡动提取 2 min，4500 r/min 离心 5 min，取出上清液至另一 50 mL 离心管中。再在下层水相中加 15 mL 乙酸乙酯-异丙醇（7+3，v/v），涡动提取 1 min，4500 r/min 离心 5 min，合并有机相，40℃下旋转蒸发至近干，加入 5 mL 0.1 mol/L 盐酸溶液，涡动 1 min，待净化。

3）净化

将提取步骤所得溶液以约 1 mL/min 的流速全部过混合型阳离子交换反相吸附固相萃取柱，依次用 3 mL 水、3 mL 2%甲酸水溶液和 2 mL 甲醇淋洗，抽干，用 5 mL 5%氨水甲醇溶液洗脱，洗脱液于 40℃下以氮气吹至近干，以 0.5 mL 甲醇-0.1%甲酸溶液溶解，涡动混匀，过 0.2 μm 滤膜，供液相色谱-串联质谱仪测定。

（2）牛奶和奶粉样品

1）试样制备

取不少于 500 g 有代表性的牛奶或奶粉，充分混匀，分为二份，置于样品瓶中，密封，并做上标记。牛奶置于 4℃冰柜中避光保存，奶粉则在室温下置于干燥器保存。

2）提取

牛奶：准确称取 10 g（精确到 0.01 g）牛奶样品于 50 mL 聚丙烯离心管内，加入 50 μL 10 ng/mL 的内标物，加入 20 mL 0.1 mol/L 盐酸溶液，涡旋混匀，于 37℃下避光水浴振荡 16 h（过夜），取出冷却至室温，涡旋混匀，4℃下 15000 r/min 离心 10 min，分取 10 mL 上清液转移至另一 50 mL 离心管内。加入 5 mL 0.1 mol/L 高氯酸溶液，用 10 mol/L 氢氧化钠溶液调节 pH 至 9.7±0.3，加入约 2 g 氯化钠，再加入 25 mL 异丙醇-乙酸乙酯（3+2，v/v），涡动提取 2 min，4500 r/min 离心 5 min，取出上清液至另一 50 mL 离心管中。再在下层水相中加 15 mL 乙酸乙酯-异丙醇（7+3，v/v），涡动提取 1 min，4500 r/min 离心 5 min，合并有机相，40℃下旋转蒸发至近干，加入 5 mL 0.1 mol/L 盐酸溶液，涡动 1 min，待净化。

奶粉：取 12.5 g 奶粉于烧杯中，加适量 35～50℃水将其溶解，待冷却至室温后，加水至总重量为 100 g，充分混匀后准确称取 10 g（精确到 0.01 g）样品于 50 mL 聚丙烯离心管中，其余步骤同牛奶样品提取。

3）净化

将上述提取净化所得溶液以约 1 mL/min 的流速全部过混合型阳离子交换反相吸附固相萃取柱，依次用 3 mL 水、3 mL 2%甲酸水溶液和 2 mL 甲醇淋洗，抽干，用 5 mL 5%（v/v）氨水甲醇溶液洗脱，洗脱液于 40℃下以氮气吹至近干，以 0.5 mL 甲醇-0.1%甲酸溶液（1+9，v/v）溶解，涡动混匀，过 0.2 μm 滤膜，供液相色谱-串联质谱仪测定。

1.2.1.6　测定

（1）液相色谱条件

色谱柱：Acquity UPLC BEH C$_{18}$，1.7 μm，55 mm×2.1 mm（内径）或相当者；流动相：A 为 5 mmol/L 乙酸铵溶液，B 为 0.1%甲酸乙腈，梯度洗脱，洗脱程序见表 1-3；流速：0.25 mL/min；柱温：30℃；进样量：10 μL。

表 1-3　梯度洗脱程序

时间/min	A/%	B/%
0.00	85	15
1.0	85	15
2.0	30	70
2.5	30	70
3.0	85	15
5.0	85	15

（2）质谱条件

离子源：电喷雾源（ESI），正离子模式；扫描方式：多反应监测（MRM）；毛细管电压：1.5 kV；源温度：120℃；去溶剂温度：450℃；锥孔气流（氮气）：45 L/Hr；去溶剂气流（氮气）：700 L/Hr；碰撞气压（氩气）：2.20×10^{-6} Pa；驻留时间：0.20 s。12 种 β-兴奋剂药物的保留时间、定性定量离子对及锥孔电压、碰撞能量见表 1-4。

表 1-4　12 种 β-兴奋剂类药物保留时间、定性定量离子对及锥孔电压、碰撞能量

化合物	保留时间/min	定性离子对(m/z)	定量离子对(m/z)	锥孔电压/V	碰撞能量/eV
莱克多巴胺	2.00	302＞164	302＞164	25	15
		302＞284			12
沙丁胺醇	0.75	240＞148	240＞148	20	18
		240＞166			13
塞曼特罗	0.84	220＞160	220＞160	18	15
		220＞202			10
克伦潘特	2.25	291＞203	291＞203	20	15
		291＞273			10

化合物	保留时间/min	定性离子对(m/z)	定量离子对(m/z)	锥孔电压/V	碰撞能量/eV
克伦特罗	2.15	277＞203 277＞259	277＞203	26	15 11
溴布特罗	2.20	367＞293 367＞349	367＞293	18	18 13
妥布特罗	2.13	228＞119 228＞154	228＞154	21	25 16
马布特罗	2.25	311＞237 311＞293	311＞237	20	16 11
特布它林	0.78	226＞125 226＞152	226＞152	20	22 16
利托君	1.25	288＞121 288＞270	288＞270	20	20 12
苯氧丙酚胺	2.22	302＞150 302＞284	302＞150	20	22 14
羟甲基氨克伦特罗	1.95	293＞203 293＞275	293＞203	18	15 12
克伦特罗-D_9	2.13	286＞204	286＞204	26	15
沙丁胺醇-D_3	0.75	243＞151	243＞151	20	18
莱克多巴胺-D_5	2.00	308＞168	308＞168	25	15

注：采用克伦特罗-D_9定量的化合物有克伦潘特、克伦特罗、溴布特罗、妥布特罗、马布特罗、苯氧丙酚胺

采用沙丁胺醇-D_5定量的化合物有沙丁胺醇、塞曼特罗、特布它林

采用莱克多巴胺-D_5定量的化合物有莱克多巴胺、利托君、羟甲基氨克伦特罗

（3）定性测定

每种被测组分选择 1 个母离子，2 个以上子离子，在相同实验条件下，样品中待测物质的保留时间与混合基质标准校准溶液中对应浓度标准校准溶液的保留时间偏差在±2.5%之内；且样品谱图中各组分定性离子的相对丰度与浓度接近的混合基质标准校准溶液谱图中对应的定性离子的相对丰度进行比较，偏差不超过表 1-5 规定的范围，则可判定为样品中存在对应的待测物。

表 1-5　定性确证时相对离子丰度的最大允许偏差

相对离子丰度 K	$K>50\%$	$20\%<K<50\%$	$10\%<K<20\%$	$K\leqslant10\%$
允许的相对偏差	±20	±25	±30	±50

（4）定量测定

内标法定量：用混合标准工作溶液分别进样，以分析化合物和内标化合物的峰面积比为纵坐标，以分析化合物和内标化合物的浓度比为横坐标作标准工作曲线，用标准工作曲线对样品进行定量，标准工作液和待测液中 12 种药物的响应值均应在仪器线性响应范围内。12 种 β-兴奋剂药物的保留时间、母离子和子离子见表 1-4。12 种 β-兴奋剂药物的标准物质的多反应监测（MRM）色谱图见图 1-5。

1.2.1.7　分析条件的选择

（1）提取净化条件的选择

1）提取溶剂的选择

β-兴奋剂的提取方法主要有液液提取法和固相提取法（SPE）。除饲料中因直接添加 β-兴奋剂外，β-兴奋剂在生物体内经过吸收、转化、代谢，部分 β-兴奋剂可能成为结合型，如与葡糖苷酸酶、硫酸

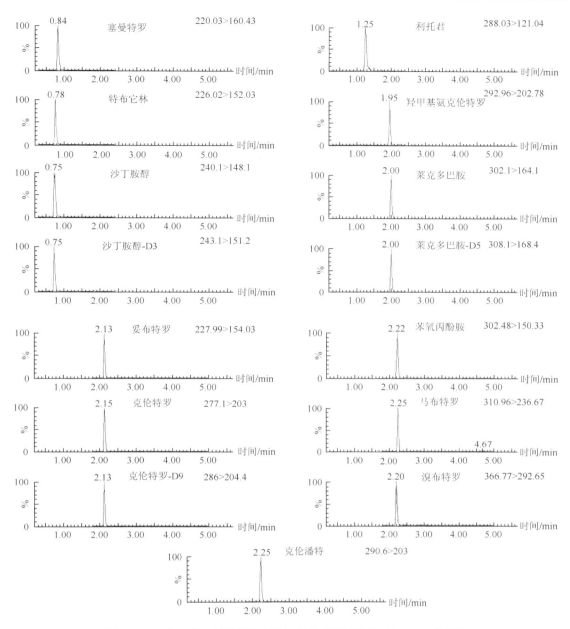

图 1-5　12 种 β-兴奋剂类药物标准物质的多反应监测（MRM）色谱图

酯蛋白相结合。Boyd 等[2]曾做过对比试验，比较有无酶水解步骤对沙丁胺醇测试结果的影响，结果发现，酶水解后所测得的结果明显高于未水解的（采用 RIA 方法测试），有 40%～45%沙丁胺醇是以结合物形式存在于肝样品中。而 Haasnoot 等[1]报道，费诺特罗在尿样中大约 85%是以葡糖苷酸酶化-硫酸酯蛋白化结合物形式存在，但是对于克伦特罗没有数据证明是以结合的形式存在。

　　水解主要包括酸解和酶解。酶制剂本身及其水解的样品往往可产生大量干扰物质，且酶解条件受酶种类、样品基质及水解条件不同而有所不同，而酸解的分析结果与酶解相近，且产生的干扰物质较少。本方法采用酸解方式进行水解，除使可能以结合态形式存在的化合物游离出来外，同时也使样品基质分散，便于提取。

　　样品中 β-兴奋剂常见的提取溶剂有甲醇、乙酸乙酯、叔丁基甲醚、乙酸乙酯-异丙醇、乙酸乙酯-正丁醇等。本方法结合 12 种 β-兴奋剂不同的极性，采用不同比例的乙酸乙酯-异丙醇进行提取（添加水平 5.0 μg/kg，提取一次），结果见表 1-6，如果提取溶剂中异丙醇比例过高，会出现不容易分层，而且浓缩不干的情况，所以，本实验中采用 15 mL 乙酸乙酯-异丙醇（4+6，v/v）提取一次后，再采用

10 mL 乙酸乙酯-异丙醇（7+3，v/v）进行提取，提取回收率比较好，而且容易操作。

表 1-6　不同比例的乙酸乙酯-异丙醇混合溶剂对 β-兴奋剂的提取回收（添加水平 5.0 μg/kg）

乙酸乙酯/异丙醇	1	2	3	4	5	6	7	8	9	10	11	12
10：0	3.21	2.73	3.42	3.35	2.47	4.13	3.12	3.34	4.24	1.13	1.67	3.23
9：1	3.97	3.18	3.52	3.70	4.92	2.97	3.31	3.96	5.79	2.16	2.99	3.62
8：2	3.78	3.19	3.00	3.65	3.51	4.89	3.22	3.84	4.98	2.09	2.62	2.73
7：3	5.43	3.75	3.97	4.32	5.89	3.77	3.34	4.81	5.85	2.90	3.01	3.96
6：4	4.11	2.72	3.42	3.39	3.80	4.52	3.77	4.47	4.99	2.35	2.36	3.11
5：5	3.48	3.01	2.78	3.50	3.08	5.19	3.81	4.69	4.39	3.95	1.90	2.90
4：6	5.03	2.28	3.60	3.41	5.42	4.12	3.73	5.78	5.91	2.73	2.25	3.53
3：7	3.39	2.06	3.58	3.28	2.79	5.30	2.90	5.12	3.93	1.43	1.49	3.26

注：1. 溴布特罗；2. 塞曼特罗；3. 克伦特罗；4. 克伦潘特；5. 羟甲基氨克伦特罗；6. 苯氧丙酚胺；7. 马布特罗；8. 莱克多巴胺；9. 利托君；10. 沙丁胺醇；11. 特布它林；12. 妥布特罗

2）pH 的选择

根据 β-兴奋剂在酸性情况下溶于水溶液，在碱性情况下溶于有机溶剂，本实验中将 12 种 β-兴奋剂在不同 pH 的乙酸钠缓冲液（0.2 mol/L）用乙酸乙酯-异丙醇（4+6，v/v）进行提取，得到结果见图 1-6（添加水平 10.0 μg/kg），因此本方法中调节 pH 为 9.4～10 范围内进行有机溶剂的提取，提取效率对 12 种 β-兴奋剂都较为稳定。

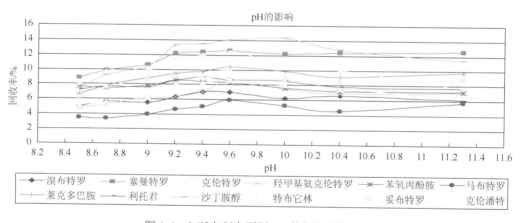

图 1-6　β-兴奋剂在不同 pH 的提取回收情况

3）净化方法

β-兴奋剂最常用的净化手段是固相萃取法（SPE）、免疫亲和色谱法（IAC）和液液净化法等。常用于 β-兴奋剂提取的固相柱有硅藻土、C_2、C_8、C_{18}、硅胶、强阳离子交换柱和弱阳离子交换柱等，所用的 SPE 柱有 Bond Elut C_{18} 柱、C_{18} 和硅酸柱、酸洗硅酸柱、Bond-Elm Certify 柱、Clean screen DAU cartridge 柱等，也有用 C_{18} 柱与 SCX 离子交换树脂串联的净化方法。本方法采用 C_{18} 与 SCX 结合性质的 Oasis MCX 固相萃取柱，取得了良好的净化效果，并比较了 Oasis MCX 与 SCX 的洗脱曲线，见图 1-7。从图 1-7 中可以看出，至少要 6 mL 5%氨水甲醇溶液才能完全洗脱 SCX 柱上的沙丁胺醇。因此，实验中采用 5%氨水甲醇溶液 5 mL 洗脱，12 种 β-兴奋剂都取得了较好的回收率。

4）过滤膜的影响

取含 12 种 β-兴奋剂的标准溶液分别过 0.22 μm 有机相和水相滤膜，发现有机相滤膜对克伦特罗、妥布特罗有明显的吸附作用，而过水相滤膜基本上没有损失，因此本方法采用过水相滤膜后进样。

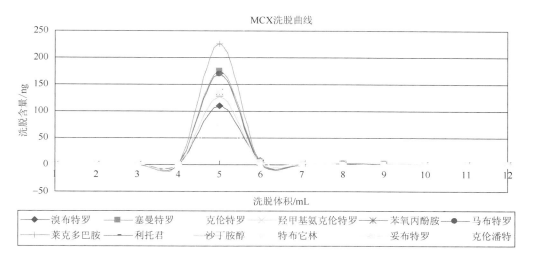

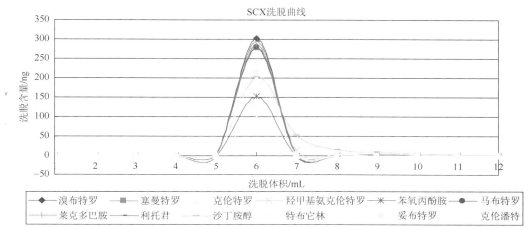

图 1-7　12 种 β-兴奋剂在 MCX 与 SCX 固相萃取柱上的洗脱曲线

洗脱溶剂：5%氨水甲醇溶液，1～3 为淋洗液，4～12 为洗脱液

5）基质干扰实验

因上样液中的杂质对 β-兴奋剂药物的检测有一定基质效应，所以本方法中的标准曲线都是以空白基质的提取液来稀释和配置的。

（2）仪器条件的选择

1）内标法和外标法的比较

由于所分析的 12 种化合物的结构差异比较大，研究中对内标法和外标法定量进行了比较，由于尚不能获得 12 种化合物的同位素内标，本方法采用莱克多巴胺、克伦特罗、沙丁胺醇三种同位素内标，实验证明内标法定量准确性明显高于外标法，尤其是对沙丁胺醇和特布它林这种绝对回收率较低的药物，回收率明显改善，这主要是由于同位素内标能很好地校正方法过程中的损失，以及基质带来的干扰和影响。因此，选择内标法定量。

2）检测条件的确定

按照质谱测定的一般要求，先对各化合物进行全扫描，随后对每个化合物确定扫描离子，采用选择离子模式以提高其检测灵敏度。选择两对离子进行 MRM 监测即可满足，其中母离子和子离子按照每种化合物的质谱图和结构特性选取。

在所分析的化合物中，各物质极性强弱不同，如特布它林、沙丁胺醇等含有极性较强的酚羟基官能团，而克伦特罗和莱克多巴胺极性相对较弱，因此需要采用梯度洗脱方式来进行分离。试验证明，在梯度洗脱条件下这 12 种物质均能较好分离。

1.2.1.8　线性范围和测定低限

各化合物的线性范围和相关系数见表 1-7，在此浓度范围中的添加水平可以用内标法定量，得出的结果可靠。线性方程中 Y 为药物和内标物峰面积的比值，X 为药物和内标物浓度的比值。

表 1-7　12 种 β-兴奋剂线性范围、相关系数测定低限

化合物	标准溶液浓度范围/(ng/mL)	线性方程	相关系数 r	测定低限/(μg/kg)		
				河豚鱼、鳗鱼和烤鳗	牛奶	奶粉
溴布特罗	0.10～10.0	$Y=1611.14X+119.18$	0.9934	0.10	0.05	0.4
塞曼特罗	0.10～10.0	$Y=486.65X-0.503994$	0.9923	0.50	0.25	2.0
克伦特罗	0.10～10.0	$Y=2193.72X+58.2684$	0.9973	0.10	0.05	0.4
克伦潘特	0.10～10.0	$Y=1510.79X+79.5014$	0.9964	0.10	0.05	0.4
羟甲基氨克伦特罗	0.10～10.0	$Y=246.028X+18.3256$	0.9924	0.50	0.25	2.0
苯氧丙酚胺	0.10～10.0	$Y=1045.43X-52.0501$	0.9968	0.50	0.25	2.0
马布特罗	0.10～10.0	$Y=135.509X+9.4686$	0.9938	0.10	0.05	0.4
莱克多巴胺	0.10～10.0	$Y=1752.86X-4.34058$	0.9933	0.50	0.25	2.0
利托君	0.10～10.0	$Y=649.882X-11.6333$	0.9933	0.50	0.25	2.0
沙丁胺醇	0.10～10.0	$Y=942.116X+19.2388$	0.9955	0.10	0.05	0.4
特布它林	0.10～10.0	$Y=624.804X+55.8369$	0.9975	0.50	0.25	2.0
妥布特罗	0.10～10.0	$Y=7276.67X+208.094$	0.9976	0.10	0.05	0.4

1.2.1.9　方法回收率和精密度

以不含 β-兴奋剂类药物的河豚鱼、活鳗、烤鳗、牛奶和奶粉样品作为基质，对于 12 种 β-兴奋剂进行了四个浓度水平的添加回收率实验，实验结果见表 1-8。对于河豚鱼、活鳗及烤鳗样品，莱克多巴胺、沙丁胺醇、塞曼特罗、克伦潘特、克伦特罗添加浓度为 0.1 μg/kg、0.2 μg/kg、0.5 μg/kg、1.0 μg/kg，溴布特罗、妥布特罗、马布特罗、特布它林、利托君、苯氧丙酚胺、羟甲基氨克伦特罗添加浓度为 0.5 μg/kg、1.0 μg/kg、2.5 μg/kg、5.0 μg/kg，回收率在 81.0%～97.3%，相对标准偏差在 6.0%～15.0%；对于牛奶样品，莱克多巴胺、沙丁胺醇、塞曼特罗、克伦潘特、克伦特罗添加浓度为 0.05 μg/kg、0.1 μg/kg、0.25 μg/kg、0.5 μg/kg，溴布特罗、妥布特罗、马布特罗、特布它林、利托君、苯氧丙酚胺、羟甲基氨克伦特罗添加浓度为 0.25 μg/kg、0.5 μg/kg、1.25 μg/kg、2.5 μg/kg 回收率在 82.5%～97.4%，相对标准偏差在 7.0%～16.4%；对于奶粉样品，莱克多巴胺、沙丁胺醇、塞曼特罗、克伦潘特、克伦特罗添加浓度 0.4 μg/kg、0.8 μg/kg、2.0 μg/kg、4.0 μg/kg，溴布特罗、妥布特罗、马布特罗、特布它林、利托君、苯氧丙酚胺、羟甲基氨克伦特罗添加浓度为 2.0 μg/kg、4.0 μg/kg、10 μg/kg、20 μg/kg，回收率在 82.2%～94.6%，相对标准偏差在 7.8%～14.8%。

表 1-8　12 种 β-兴奋剂添加回收率和精密度实验结果（$n=10$）

化合物	添加浓度/(μg/kg)	鳗鱼		烤鳗		河豚鱼		添加浓度/(μg/kg)	牛奶		添加浓度/(μg/kg)	奶粉	
		回收率/%	RSD/%	回收率/%	RSD/%	回收率/%	RSD/%		回收率/%	RSD/%		回收率/%	RSD/%
莱克多巴胺	0.1	81.0	12.8	84.8	12.8	90.4	10.5	0.05	91.8	11.9	0.4	92.2	13.6
	0.2	81.5	13.1	84.1	8.8	88.9	9.9	0.10	89.3	8.1	0.8	91.8	11.0
	0.5	82.5	12.8	86.0	11.1	89.9	14.5	0.25	92.7	8.1	2.0	91.4	9.7
	1.0	84.3	14.0	87.2	10.5	94.7	10.7	0.50	91.9	12.6	4.0	94.6	10.6
沙丁胺醇	0.1	84.8	12.7	88.0	11.3	89.7	11.0	0.05	89.7	11.0	0.4	93.2	9.5
	0.2	84.4	8.2	87.0	15.0	90.7	9.1	0.10	90.5	11.0	0.8	91.9	12.3
	0.5	88.7	11.6	85.0	9.0	90.9	14.4	0.25	90.3	7.0	2.0	92.2	13.4
	1.0	87.1	8.4	88.7	12.2	90.8	7.8	0.50	91.6	11.2	4.0	93.0	14.2

续表

化合物	添加浓度/(μg/kg)	鳗鱼 回收率/%	RSD/%	烤鳗 回收率/%	RSD/%	河豚鱼 回收率/%	RSD/%	添加浓度/(μg/kg)	牛奶 回收率/%	RSD/%	添加浓度/(μg/kg)	奶粉 回收率/%	RSD/%
塞曼特罗	0.1	85.2	12.5	87.4	10.6	86.6	10.7	0.05	86.4	13.5	0.4	86.7	12.1
	0.2	93.9	10.3	83.2	12.2	90.6	12.9	0.10	86.3	10.3	0.8	87.9	11.8
	0.5	87.2	13.1	85.0	10.3	92.4	7.9	0.25	86.8	13.1	2.0	87.6	12.0
	1.0	89.5	9.7	88.9	9.3	91.8	10.6	0.50	87.5	13.4	4.0	86.3	14.0
克伦潘特	0.1	86.8	12.9	84.2	11.6	87.7	13.3	0.05	86.7	8.1	0.4	88.5	14.8
	0.2	89.5	14.4	84.0	12.0	87.3	12.2	0.10	91.7	14.3	0.8	87.5	11.4
	0.5	86.9	10.4	87.6	10.4	90.4	9.4	0.25	91.0	13.8	2.0	88.5	11.9
	1.0	87.3	10.1	88.0	9.4	89.9	8.4	0.50	89.9	12.7	4.0	88.1	13.0
克伦特罗	0.1	88.5	13.5	86.4	10.2	85.6	11.2	0.05	93.0	9.6	0.4	94.1	10.0
	0.2	90.4	14.0	84.9	9.7	87.1	9.8	0.10	94.7	10.8	0.8	91.9	12.1
	0.5	89.6	13.2	86.7	11.2	91.7	10.0	0.25	93.2	9.7	2.0	91.8	9.5
	1.0	93.3	12.1	87.1	10.7	92.0	12.6	0.50	93.6	10.8	4.0	91.3	13.0
溴布特罗	0.1	86.7	14.4	83.7	11.1	89.4	11.5	0.25	87.7	8.8	2.0	86.6	11.2
	0.2	93.5	10.9	84.7	11.6	92.5	11.2	0.50	88.9	10.9	4.0	84.9	13.3
	0.5	90.5	14.4	87.7	11.5	90.2	13.3	1.25	88.5	8.6	10.0	88.2	8.6
	1.0	90.9	12.2	86.6	8.2	92.7	10.8	2.50	87.1	10.1	20.0	86.2	8.6
妥布特罗	0.5	89.5	10.8	86.0	14.2	90.5	12.6	0.25	88.1	11.0	2.0	88.9	9.5
	1.0	91.8	12.8	85.0	11.0	92.8	10.8	0.50	89.9	9.6	4.0	85.1	8.2
	2.5	93.2	11.1	89.9	7.3	95.7	7.7	1.25	87.8	11.4	10.0	90.4	12.4
	5.0	92.0	9.3	90.0	11.3	92.9	6.0	2.50	91.2	13.6	20.0	90.7	11.6
马布特罗	0.5	82.8	13.1	85.6	11.7	90.5	12.0	0.25	87.6	13.0	2.0	82.2	11.8
	1.0	89.2	13.4	85.5	12.5	91.4	10.3	0.50	89.7	12.9	4.0	82.8	13.5
	2.5	91.2	12.6	86.4	11.4	90.6	9.8	1.25	83.7	8.1	10.0	86.2	9.1
	5.0	96.9	9.4	86.9	12.7	90.8	10.2	2.50	86.7	10.0	20.0	88.0	11.6
特布它林	0.5	85.9	10.5	91.4	11.5	88.8	11.7	0.25	85.5	16.4	2.0	87.2	14.2
	1.0	92.1	13.3	89.8	12.7	87.4	14.5	0.50	88.7	12.1	4.0	84.6	12.2
	2.5	94.6	8.4	93.5	8.3	91.6	9.6	1.25	87.0	12.6	10.0	88.5	10.6
	5.0	91.9	9.2	90.3	9.7	89.2	10.2	2.50	86.4	7.6	20.0	86.7	13.8
利托君	0.5	83.9	12.0	87.6	11.8	88.8	11.1	0.25	86.0	12.5	2.0	88.6	11.3
	1.0	83.8	12.0	87.4	12.0	94.2	8.3	0.50	87.6	13.6	4.0	86.1	14.1
	2.5	84.2	6.3	87.6	10.1	93.5	10.4	1.25	82.5	13.9	10.0	85.5	10.3
	5.0	90.0	10.4	90.7	8.3	91.1	8.4	2.50	89.0	11.8	20.0	83.8	7.8
苯氧丙酚胺	0.5	82.4	12.4	90.8	11.0	88.0	11.2	0.25	87.9	14.1	2.0	87.9	11.4
	1.0	86.3	13.3	85.5	10.7	90.0	10.3	0.50	88.8	11.6	4.0	87.3	14.1
	2.5	87.3	12.5	86.9	11.6	90.0	12.4	1.25	88.1	13.0	10.0	87.2	10.6
	5.0	91.9	12.2	87.5	9.6	93.7	8.8	2.50	89.8	14.5	20.0	87.1	11.0
羟甲基氨克伦特罗	0.5	87.3	13.1	90.2	12.2	90.4	11.6	0.25	85.1	8.3	2.0	86.0	13.5
	1.0	94.6	8.3	90.1	9.6	90.7	11.1	0.50	87.7	14.2	4.0	87.9	14.7
	2.5	97.3	8.8	88.8	12.3	91.5	10.2	1.25	87.4	11.6	10.0	88.9	14.7
	5.0	95.1	7.4	91.3	8.3	91.8	7.2	2.50	86.6	12.9	20.0	86.1	11.1

1.2.1.10 重复性和再现性

在重复性试验条件下，获得的两次独立测试结果的绝对差值不超过重复性限（r），如果差值超过重复性限（r），应舍弃试验结果并重新完成两次单个试验的测定。在再现性试验条件下，获得的两次独立测试结果的绝对差值不超过再现性限（R）。被测物的含量范围、重复性和再现性方程见表1-9。

表1-9　12种β-兴奋剂含量范围及重复性和再现性方程

化合物	基质	含量范围/(μg/kg)	重复性限 r	再现性限 R
莱克多巴胺	河豚鱼、鳗鱼、烤鳗	0.1～1.0	lg r=1.2554 lg m-0.8080	lg R=1.0324 lg m-0.4984
	牛奶	0.05～0.5	lg r=0.9423 lg m-0.7681	lg R=0.9808 lg m-0.5091
	奶粉	0.4～4.0	lg r=1.0250 lg m-10.706	lg R=1.0194 lg m-0.5622
沙丁胺醇	河豚鱼、鳗鱼、烤鳗	0.1～1.0	lg r=1.2767 lg m-0.4946	lg R=1.0380 lg m-0.5013
	牛奶	0.05～0.5	lg r=0.9634 lg m-0.4150	lg R=0.9812 lg m-0.4887
	奶粉	0.4～4.0	lg r=1.0291 lg m-0.7085	lg R=0.9754 lg m-0.5549
塞曼特罗	河豚鱼、鳗鱼、烤鳗	0.1～1.0	lg r=1.1148 lg m-0.7804	lg R=1.0153 lg m-0.5039
	牛奶	0.05～0.5	lg r=1.0971 lg m-0.6762	lg R=0.9191 lg m-0.4941
	奶粉	0.4～4.0	lg r=1.1077 lg m-0.6913	lg R=0.9225 lg m-0.4898
克伦潘特	河豚鱼、鳗鱼、烤鳗	0.1～1.0	lg r=1.0797 lg m-0.6752	lg R=0.8926 lg m-0.5742
	牛奶	0.05～0.5	lg r=0.9467 lg m-0.6084	lg R=1.0066 lg m-0.4705
	奶粉	0.4～4.0	lg r=1.1021 lg m-0.6751	lg R=1.0096 lg m-0.4702
克伦特罗	河豚鱼、鳗鱼、烤鳗	0.1～1.0	lg r=1.0062 lg m-0.7697	lg R=0.9598 lg m-0.4974
	牛奶	0.05～0.5	lg r=0.9884 lg m-0.7787	lg R=1.0564 lg m-0.5136
	奶粉	0.4～4.0	lg r=1.0816 lg m-0.6544	lg R=1.0757 lg m-0.5569
溴布特罗	河豚鱼、鳗鱼、烤鳗	0.5～5.0	lg r=1.0360 lg m-0.5762	lg R=1.0858 lg m-0.5339
	牛奶	0.25～2.5	lg r=0.8930 lg m-0.7134	lg R=1.0330 lg m-0.4531
	奶粉	2.0～20.0	lg r=0.9310 lg m-0.6180	lg R=1.0842 lg m-0.5120
妥布特罗	河豚鱼、鳗鱼、烤鳗	0.5～5.0	lg r=1.1378 lg m-0.4915	lg R=0.9408 lg m-0.5826
	牛奶	0.25～2.5	lg r=0.9054 lg m-0.4936	lg R=0.9751 lg m-0.5611
	奶粉	2.0～20.0	lg r=1.1843 lg m-0.6298	lg R=0.9575 lg m-0.4913
马布特罗	河豚鱼、鳗鱼、烤鳗	0.5～5.0	lg r=0.9981 lg m-0.6873	lg R=1.0205 lg m-0.5182
	牛奶	0.25～2.5	lg r=0.9825 lg m-0.6372	lg R=0.9335 lg m-0.4684
	奶粉	2.0～20.0	lg r=0.9124 lg m-0.6297	lg R=0.9722 lg m-0.4504
特布它林	河豚鱼、鳗鱼、烤鳗	0.5～5.0	lg r=0.9798 lg m-0.7052	lg R=1.0387 lg m-0.4810
	牛奶	0.25～2.5	lg r=0.9366 lg m-0.7328	lg R=0.9715 lg m-0.4991
	奶粉	2.0～20.0	lg r=0.9934 lg m-0.7355	lg R=0.9570 lg m-0.5358
利托君	河豚鱼、鳗鱼、烤鳗	0.5～5.0	lg r=0.9654 lg m-0.7129	lg R=0.9735 lg m-0.4816
	牛奶	0.25～2.5	lg r=0.9585 lg m-0.7316	lg R=0.9326 lg m-0.4887
	奶粉	2.0～20.0	lg r=1.0999 lg m-0.7742	lg R=1.0122 lg m-0.6059
苯氧丙酚胺	河豚鱼、鳗鱼、烤鳗	0.5～5.0	lg r=1.1228 lg m-0.8142	lg R=0.9505 lg m-0.5014
	牛奶	0.25～2.5	lg r=0.9632 lg m-0.7558	lg R=0.9840 lg m-0.5208
	奶粉	2.0～20.0	lg r=0.9789 lg m-0.6768	lg R=0.9506 lg m-0.5540
羟甲基氨克伦特罗	河豚鱼、鳗鱼、烤鳗	0.5～5.0	lg r=1.0170 lg m-0.7182	lg R=0.9794 lg m-0.4680
	牛奶	0.25～2.5	lg r=0.9891 lg m-0.7396	lg R=1.0012 lg m-0.4684
	奶粉	2.0～20.0	lg r=0.9186 lg m-0.4970	lg R=0.9677l g m-0.4824

参 考 文 献

[1] Haasnoot W，Stouten P，Lommen A，Cazemier G，Hooijerink D，Schilt R. Determination of fenoterol and rectopamine in urine by enzyme immunoassay. Analyst，1994，119（12）：2675-2680

[2] Boyd D，O'Keeffe M，Smyth M R. Matrix solid-phase dispersion as a multiresidue extraction technique for β-agonists in bovine liver tissue. Analyst，1994，119（7）：1467-1470

[3] 刘敏，刘戎，王立琦，贺利民，贺倩倩，张高奎. 猪肝中β-受体激动剂多残留的样品前处理方法比较及同时检测. 分析测试学报，2012，31（3）：290-295

[4] 金玉娥，郭德华，郑烨，汪国权. 液质联用仪测定动物源性食品中11种β2-受体激动剂的研究. 质谱学报，2007，28（4）：193-201

[5] van der Vlis E，Mazereeuw M，Tjaden U R，Irth H，van der Greef J. Combined liquid-liquid electroextraction-isotachophoresis for loadability enhancement in capillary zone electrophoresis-mass spectrometry. Journal of Chromatography A，1995，712（1）：227-234

[6] Whaites L X，Murby E J. Determination of clenbuterol in bovine urine using gas chromatography mass spectrometry following clean up on an ion-exchange resin. Journal of Chromatography B：Biomedical Sciences and Applications，1999，728（1）：67-73

[7] Liu C，Ling W T，Xu W D，Chai Y F. Simultaneous determination of 20 beta-agonists in pig muscle and liver by high-performance liquid chromatography/tandem mass spectrometry. Journal of AOAC International，2011，94（2）：420-427

[8] 聂建荣，朱铭立，连槿，潘云山，邓香连，胡翠萍. 高效液相色谱-串联质谱法检测动物尿液中的15种β-受体激动剂. 色谱，2010，28（8）：759-764

[9] Koole A，Jetten A C，Luo Y，Franke J P，de Zeeuw R A. Rapid extraction of clenbuterol from human and calf urine using empore C8 extraction disks. Journal of Analytical Toxicology，1999，23（7）：632-635

[10] Zhang S，Wang J，Li D，Huang J，Yang H，Deng A. A novel antibody immobilization and its application in immunoaffinity chromatography. Talanta，2010，82（2）：704-709

[11] Van Hoof N，Courtheyn D，Antignac J P，Van de Wiele M，Poelmans S，Noppe H，De Brabander H. Multi-residue liquid chromatography/tandem mass spectrometric analysis of beta-agonists in urine using molecular imprinted polymers. Rapid Communications in Mass Spectrometry，2005，19（19）：2801-2808

[12] Horne E，O'Keeffe M，Desbrow C，Howells A. A novel sorbent for the determination of clenbuterol in bovine liver. Analyst，1998，123（12）：2517-2520

[13] 洪振涛，张卫锋，何文彪，朱孟丽，聂建荣. 快速测定动物组织中β-兴奋剂的新方法. 广东农业科学，2005，4：84-86.

[14] Jimenez-Carmona M M，Tena M T，de Castro M D L. Ion-pair-supercritical fluid extraction of clenbuterol from food samples. Journal of Chromatography. A，1995，711（2）：269-276

[15] Sawaya W N，Lone K，Husain A，Dashti B，Saeed T. Screening for beta-agonists in sheep urine and eyes by an enzyme-linked immunosorbent assay in the state of Kuwait. Food Control，2000，11（1）：1-5

[16] Pleadin J，Persi N，Vulic A，Milic D，Vahcic N. Determination of residual ractopamine concentrations by enzyme immunoassay in treated pig's tissues on days after withdrawal. Meat Science，2012，90（3）：755-758

[17] 张敏娟，蒋皓，张少东. 滴金免疫技术速测盐酸克伦特罗试验报告. 肉品卫生，2003，12：24-25

[18] 时瑾，黄飚，张莲芬，宓晓黎，许赣荣，金坚. 盐酸克伦特罗的高灵敏时间分辨荧光免疫分析. 卫生研究，2006，35（6）：798-801

[19] 肖红玉，柴春彦，刘国艳，史贤明. 检测克伦特罗的免疫生物传感器的研制. 中国卫生检验杂志，2006，16（1）：1-3

[20] Chen C S，Li X J. Application of a biosensor for super-sensitive detector of clenbuterol. New Zealand Journal of Agricultural Research，2007，50（5）：689-695

[21] 陈丽莉，章竹君，付爱华. 流动注射化学发光免疫分析检测猪肉中的盐酸克伦特罗残留. 分析试验室，2011，30（2）：6-8

[22] Miyazaki T，Nakajima T，Hashimoto T，Kokubo Y. Determination of clenbuterol in animal tissues by high performance liquid chromatography. Food Hygiene and Safety Science，1995，36（2）：269-273

[23] Tsai C E，Kondo F. Liquid chromatographic determination of salbutamol and clenbuterol residues in swine serum and muscle. Microbios，1994，80（325）：251-258

[24] Hashimoto T，Sasamoto T，Miyazaki T，Kokubo Y，Nakazawa H. Fluorometric determination of salbutamol in meat by HPLC with solid-phase extraction. Food Hygiene and Safety Science，1995，36（6）：754-758

[25] 安洪泽，张素霞，沈建忠，程林丽，刘金凤. 高效液相色谱-紫外串联荧光检测法测定猪饲料中五种 β-兴奋剂. 饲料工业，2008，29（6）：54-56

[26] Turberg M P，Rodewald J M，Coleman M R. Determination of ractopamine in monkey plasma and swine serum by high-performance liquid chromatography with electrochemical detection. Journal of Chromatography B：Biomedical Sciences and Applications，1996，675（2）：279-285

[27] Zhang X Z，Gan X R，Zhao F N. Determination of clenbuterol in pig liver by high-performance liquid chromatography with a coulometric electrode array system. Analytica Chimica Acta，2003，489（1）：95-101

[28] 崔晓明，解成喜，靳智. 固相萃取-气相色谱法测定动物组织中盐酸克伦特罗残留量. 分析测试技术与仪器，2004，10（3）：173-175

[29] 谢维平，黄盈煜，胡桂莲. 气相色谱法直接测定动物组织中盐酸克伦特罗的残留量. 色谱，2003，21（2）：192

[30] 黄盈煜，谢维平，胡桂莲. 衍生气相色谱法测定盐酸克伦特罗. 中国公共卫生，2004，20（1）：101-102

[31] Engelmann M D，Hinz D，Wenclawiak B W. Solid-phase micro extraction（SPME）and headspace derivatization of clenbuterol followed by GC-FID and GC-SIMMS quantification. Analytical and Bioanalytical Chemistry，2003，375（3）：460-464

[32] Gausepohl C，Blaschke G. Stereoselective determination of clenbuterol in human urine by capillary electrophoresis. Journal of Chromatography B，1998，713（2）：443-446

[33] 管月清，楚清脆，叶建农. 肉制品中 β-兴奋剂的毛细管电泳-电化学检测方法. 华东师范大学学报（自然科学版），2005，（2）：85-90

[34] Solans A，Carnicero M，de la Torre R，Segura J. Comprehensive screening procedure for detection of stimulants，narcotics，adrenergic drugs，and their metabolites in human urine. Journal of analytical toxicology，1995，19（2）：104-114

[35] 朱坚，李波，方晓明，陈家华，杨景贤. 气相色谱-质谱法测定肝、肾和肉中 11 种 β-受体激动剂残留量. 质谱学报，2005，26（3）：129-137

[36] 孟娟，邵兵，吴国华，薛颖. 气相色谱-质谱法同时测定动物性食品中 8 种 β-兴奋剂的残留量. 中国卫生检验杂志，2005，15（6）：641-643

[37] 田苗. 猪组织中 10 种 β-兴奋剂类兽药残留量的气相色谱-质谱法检测. 分析测试学报，2010，29（7）：712-716.

[38] Amendola L，Colamonici C，Rossi F，Botrè F. Determination of clenbuterol in human urine by GC-MS-MS-MS：confirmation analysis in antidoping control. Journal of chromatography. B，Analytical technologies in the biomedical and life sciences，2002，773（1）：7-16

[39] Batjoens P，Courtheyn D，De Brabander H F，Vercammen J，De Wasch K，Logghe M. Gas chromatographic-tandem mass spectrometric analysis of clenbuterol residues in faeces. Journal of Chromatography. A，1996，750（1/2）：133-139

[40] Caloni F，Montana M，Pasqualucci C，Brambilla G，Pompa G. Detection of beta 2-agonists in milk replacer. Veterinary Research Communications，1995，19（4）：285-293

[41] 刘畅，吴小虎，徐伟东，柴逸峰. LC-MS/MS 测定动物源性食品中 15 种 β-受体激动剂残留的研究. 药物分析杂志，2008，28（12）：2085-2089

[42] 孙志文，闫小峰. 猪肌肉组织中苯乙醇胺 A 残留液相色谱-串联质谱检测方法. 中国兽医杂志，2011，47（4）：72-74

[43] 王娟，李秀琴，张庆合，王志华，李红梅. 液相色谱-串联质谱法检测牛奶中 10 种 β-兴奋剂. 食品安全质量检测技术，2009，1（1）：51-56

[44] Fan S，Miao H，Zhao Y F，Chen H J，Wu Y N. Simultaneous detection of residues of 25 beta-agonists and 23 beta-blockers in animal foods by high-performance liquid chromatography coupled with linear ion trap mass spectrometry. Journal of Agricultural and Food Chemistry，2012，60（8）：1898-1905

[45] Anurukvorakun O，Buchberger W，Himmelsbach M，Klampel C W，Suntornsuk L. A sensitive non-aqueous capillary electrophoresis-mass spectrometric method for multiresidue analyses of beta-agonists in pork. Biomedical Chromatography，2010，24（6）：588-599

[46] GB/T 22950—2008 河豚鱼、鳗鱼和烤鳗中 12 种 β-兴奋剂残留量的测定　液相色谱-串联质谱法.北京：中国标准出版社，2008

[47] GB/T 22965—2008 牛奶和奶粉中 12 种 β-兴奋剂残留量的测定　液相色谱-串联质谱法. 北京：中国标准出版社，2008

2 磺胺类药物

2.1 概 述

2.1.1 理化性质与用途

磺胺类药物（sulfonamides，SAs）是指具有对氨基苯磺酰胺结构的一类药物的总称，是一类用于预防和治疗细菌感染性疾病的化学治疗药物。因其化学结构与对氨基苯甲酸（PABA）相似，能竞争性地争夺二氢叶酸合成酶，使细菌的二氢叶酸合成受阻，最终影响核酸的合成而抑菌。

2.1.1.1 理化性质

SAs 一般为白色或微黄色结晶性粉末，无臭，长期暴露于日光下，颜色会逐渐变黄。SAs 性质稳定，可保存数年。微溶于水，易溶于乙醇和丙酮，在氯仿和乙醚中几乎不溶。除磺胺脒为碱性外，其他 SAs 因含有芳伯胺基和磺酰胺基而呈酸碱两性，可溶解于酸性和碱性溶液。SAs 的 pK_a 一般在 5～8 之间，等电点为 3～5，少数的 pK_a 在 8.5～10.5 之间。部分 SAs 的酸性较碳酸弱，易于吸收空气中的二氧化碳而析出沉淀。常见 SAs 的分子式、理化性质、药动学特征见表 2-1。

2.1.1.2 用途

SAs 抗菌机制是通过抑制叶酸的合成而抑制细菌的生长繁殖。对 SAs 敏感的细菌不能利用周围环境中的叶酸，只能利用结构较叶酸简单的 PABA，在细菌二氢叶酸合成酶和还原酶的参与下，合成四氢叶酸，以供细菌生长繁殖。而 SAs 的化学结构与 PABA 相似，能与 PABA 互相竞争二氢叶酸合成酶，从而阻碍敏感菌叶酸的合成而发挥抑菌作用[1]。SAs 为广谱抑菌剂，对多种革兰氏阳性菌和一些革兰氏阴性菌有效。高度敏感的病原菌有链球菌、肺炎球菌、沙门氏菌、大肠杆菌和脑膜炎球菌；中度敏感菌有葡萄球菌、产气荚膜杆菌、巴氏杆菌、变形杆菌和痢疾杆菌；放线菌和弓形虫也很敏感，但对螺旋体、结核杆菌、病毒及除球虫、阿米巴原虫以外的原虫无效。SAs 的体外试验证明，对猪丹毒杆菌无效，对金黄色葡萄球菌也基本无效；SAs 对立克次氏体不但不能抑制，反而能刺激其生长。

2.1.2 代谢和毒理学

2.1.2.1 体内代谢过程

SAs 在体内主要通过乙酰化、羟基化和结合等三种途径进行代谢。同一种 SA 在不同养殖动物体内的代谢情况是不同的，如磺胺间甲氧嘧啶（SMM）在不同鱼、虾体内的代谢情况就有很大差别；同一药物，不同的剂量、给药次数和给药途径也都会有不同的代谢结果[2]；不同种类的 SAs 的代谢情况也是不同的，如磺胺间二甲氧嘧啶（SDM）和 SMM 在虹鳟鱼体内的代谢情况就不相同[3]。代谢周期也因 SAs 的结构不同而差异较大。短效 SAs 如磺胺甲噁唑（SMZ）、磺胺二甲基嘧啶（SM₂）的半衰期小于 8 h；中效 SAs 如磺胺嘧啶（SD）的半衰期在 10 h 以上；长效 SAs 半衰期大于 30 h，如磺胺间二甲氧嘧啶（SDM）的半衰期达到 1 周。有研究证明，血浆蛋白结合率同样影响 SAs 的血药浓度与组织分布，只是结合率低影响较小[4]。Uno 报道在虹鳟鱼和黄尾鲕体内，SMM 和乙酸化 SMM 的蛋白结合率都很低[5]。常见 SAs 的药代动力学参数见表 2-1。

2.1.2.2 毒理学与不良反应

SAs 的不良反应主要表现为急性中毒和慢性中毒。①急性中毒：多发生于静脉注射其钠盐时，速度过快或剂量过大。主要表现为神经兴奋、共济失调、肌无力、呕吐、昏迷、厌食和腹泻等。牛、山羊还可见到视觉障碍、散瞳，雏鸡中毒时出现大批死亡。②慢性中毒：主要由于剂量偏大、用药时间过长而引起。主要症状为：a. 泌尿系统损伤，出现结晶尿、血尿和蛋白尿等；b. 抑制胃肠道菌丛，导致消化系统障碍和草食动物的多发性肠炎等；c. 造血机能破坏，出现溶血性贫血、凝血时间延长和

表 2-1　SAs 的理化性质和药代动力学参数

化合物	结构式	CAS 号	饱和蒸气压/kPa	分子式	分子量	熔点/℃	达峰时间 T_{max}/h	半衰期 $T_{1/2}$/h	蛋白结合率/%	乙酰化率% 血	乙酰化率% 尿	表观分布容积/(L/kg)	尿排泄率/%	尿中原药/%	溶剂	保存方式
氨苯磺胺（sulfanilamide, SN）		63-74-1	10.4	$C_6H_8N_2O_2S$	172.0307	164.5~166.5	—	—	—	—	—	—	—	—	易溶于丙酮、沸水，略溶于乙醇，不溶于水、苯，溶于乙醚、氯仿	避光保存
磺胺异噁唑（sulfisoxazole, SIZ）		127-69-5	4.79	$C_{11}H_{13}N_3O_3S$	267.0678	192~197	—	10.5	73~87	38	58	—	—	73~87	易溶于盐酸、碱溶液，略溶于乙醇，不溶于水	避光保存
磺胺二甲基异噁唑（sulfisomidine, SIM₂）		515-64-0	7.4	$C_{12}H_{14}N_4O_2S$	278.0839	243（分解）	—	—	—	—	—	—	—	—	易溶于盐酸、碱溶液，略溶于乙醇，极微溶于水乙醚或氯仿	避光保存
磺胺二甲基嘧啶（sulfamethazine, SM₂）		57-68-1	7.5	$C_{12}H_{14}N_4O_2S$	278.0839	197~200	2~3	1.5~4	90	20	60	0.335	73~85	70	易溶于盐酸、碱溶液，溶于热乙醇，不溶于水和乙醚	避光保存
磺胺甲氧哒嗪（sulfamethoxypyridazine, SMP）		80-35-3	7.2	$C_{11}H_{14}N_4O_3S$	280.0631	182~183	—	—	—	—	—	—	—	—	易溶于稀酸或稀碱溶液，略溶于二甲基甲酰胺、丙酮，微溶于热乙醇，儿乎不溶于水	避光保存
磺胺甲氧吡嗪（sulfametopyrazine, SMPZ）		14441-76-0	6.1	$C_{11}H_{14}N_4O_3S$	280.0631	173~175	—	37.9	80~95	—	—	—	10~50	50	易溶于稀酸或稀碱溶液，微溶于乙醇，儿乎不溶于水	避光保存
磺胺甲噁唑（sulfamethoxazole, SMZ）		723-46-6	5.4	$C_{10}H_{11}N_3O_3S$	253.0522	168~172	—	10~12	65	38	58	—	50~60	—	易溶于稀酸或稀碱溶液，略溶于乙醇，儿乎不溶于水	避光保存

续表

化合物	结构式	CAS 号	饱和蒸气压/kPa	分子式	分子量	熔点/℃	达峰时间 T_{max}/h	半衰期 $T_{1/2}$/h	蛋白结合率/%	乙酰化率/% 血	乙酰化率/% 尿	表观分布容积/(L/kg)	尿排泄率/%	尿中原药/%	溶剂	保存方式
磺胺甲基嘧啶 (sulfamerazine, SM₁)		127-797-7	7.0	$C_{11}H_{12}N_4O_2S$	264.0682	234~238	—	—	—	—	—	—	—	—	溶于稀盐酸或碱溶液, 略溶于丙酮, 微溶于乙醇, 极微溶于水, 几乎不溶于乙醚, 氯仿	避光保存
磺胺对甲氧嘧啶 (sulfamethoxydiazine, SMD)		18179-67-4	7.0	$C_{11}H_{12}N_4O_3S$	280.0631	210~214	4	38.2	70~89	15	32	0.2~0.7	57	30~50	溶于碱溶液, 微溶于乙醇, 稀盐酸, 几乎不溶于乙醚, 水	避光保存
磺胺邻二甲氧嘧啶 (sulfadoxine)		2447-57-6	5.9	$C_{12}H_{14}N_4O_4S$	310.0737	190~194	—	169	86	—	—	0.14	—	13	易溶于稀酸或碱溶液, 略溶于丙酮, 微溶于乙醇, 几乎不溶于水	避光保存
磺胺间甲氧嘧啶 (sulfamonomethoxine, SMM)		1220-83-3	6.5	$C_{11}H_{12}N_4O_3S$	280.0631	204~206	6	36~48	85~90	5	10	—	50~60	—	易溶于稀盐酸或碱溶液, 略溶于丙酮, 不溶于乙醇, 水	避光保存
磺胺嘧啶 (sulfadiazine, SD)		22199-08-2	6.4	$C_{10}H_{10}N_4O_2S$	250.0526	252~256	4	10~15	50	40	15~40	0.36	57	27~34	溶于稀盐酸或碱溶液, 略溶于乙醇, 丙酮, 几乎不溶于水	避光保存
磺胺脲 (sulfaguanidine, SG)		57-67-0	11.3	$C_7H_{10}N_4O_2S$	214.0526	190~193	—	—	—	—	—	—	—	—	溶于稀盐酸或沸水, 微溶于乙醇, 丙酮, 水	避光保存
磺胺醋酰 (Sulfacetamide, SA)		6613-83-8	6.1	$C_8H_{10}N_2O_3S$	214.0526	182~184	—	—	—	—	—	—	—	—	溶于乙醇, 微溶于水或乙醚, 几乎不溶于苯或氯仿	避光保存
磺胺苯吡唑 (sulfaphenazole, SPP)		526-08-9	6.09	$C_{15}H_{14}N_4O_2S$	314.0839	179~183	—	—	—	—	—	—	—	—	易溶于无机酸, 碱溶液, 微溶于乙醇, 几乎不溶于水	避光保存

续表

化合物	结构式	CAS号	饱和蒸气压/kPa	分子式	分子量	熔点/℃	达峰时间 T_{max}/h	半衰期 $T_{1/2}$/h	蛋白结合率/%	乙酰化率/% 血	乙酰化率/% 尿	表观分布容积/(L/kg)	尿排泄率/%	尿中原药/%	溶剂	保存方式
磺胺噻唑（sulfathiazole, ST）	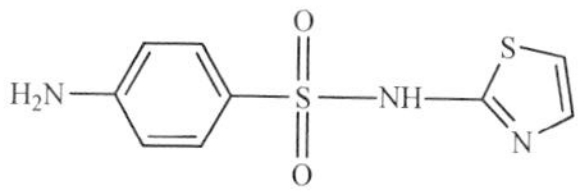	72-14-0	7.2	$C_9H_9N_3O_2S_2$	255.0137	200~204	—	4	82	—	—	0.18	—	73~87	溶于沸水、丙酮、稀盐酸或碱溶液，微溶于乙醇，极微溶于冷水，不溶于乙醚或氯仿	避光保存
磺胺甲噻二唑（sulfamethizole, SMT）	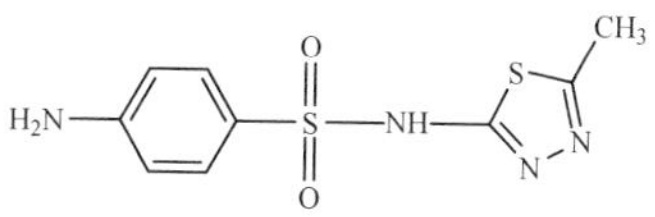	144-82-1	5.45	$C_9H_{10}N_4O_2S_2$	270.3313	208~211	—	2	85	—	—	0.335	—	95	在稀矿酸和强碱液中易溶，在甲醇、乙醇、丙酮、沸水、乙醚中溶解，在水、氯仿中几乎不溶，在苯中不溶	避光保存
磺胺氯哒嗪（sulfachloropyridazine, SPD）	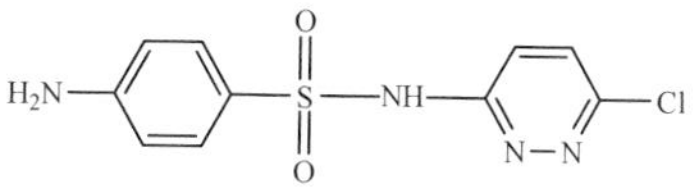	80-32-0	5.1	$C_{10}H_9ClN_4O_2S$	284.72	—	—	—	—	—	—	—	—	—	溶于稀盐酸、碳酸钠水溶液，溶于水（37℃, mg/100 mL）	避光保存
磺胺间二甲氧嘧啶（sulfadimethoxine, SDM）	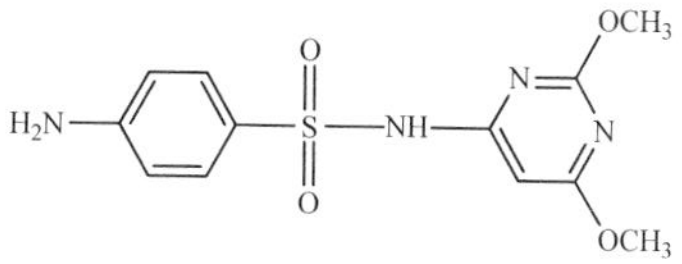	122-11-2	6.2	$C_{12}H_{14}N_4O_4S$	310.33	201~203	—	37.9	80~89	—	—	—	—	5~19	溶于稀盐酸、碳酸钠水溶液，溶于水（37℃, mg/100 mL）	避光保存
磺胺喹噁啉（sulfaquinoxaline, SQX）	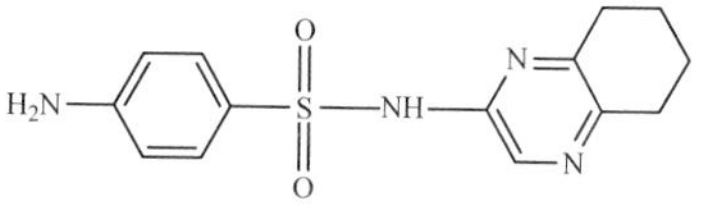	59-40-5	5.5	$C_{14}H_{12}N_4O_2S$	300.34	248~255	—	—	—	—	—	—	—	—	在乙醇中极微溶解，在水或乙醚中几乎不溶，在氢氧化钠溶液中易溶	避光保存
磺胺苯酰（sulfabenzamide, SB）	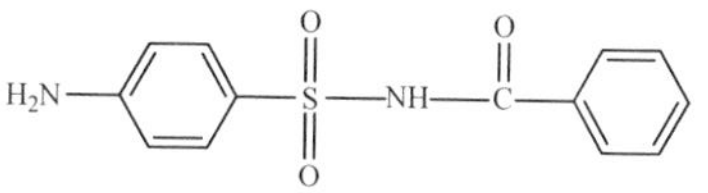	127-71-9	—	$C_{13}H_{12}N_2O_3S$	276.31	180~184	—	—	—	—	—	—	—	—	溶于稀盐酸、碳酸钠水溶液，溶于水（37℃, mg/100 mL）	—

注：血/脑脊液浓度比为30:50

毛细血管渗血；d. 肝脏损害，发生黄疸，肝功能减退，严重者可发生急性肝坏死；e. 甲状腺肿大及功能减退偶有发生；f. 偶可发生无菌性脑膜炎，有颈项强直等表现；g. 致畸，动物试验发现有致畸作用；h. 幼畜或幼禽免疫系统抑制、免疫器官出血及萎缩；i. 家禽慢性中毒时，增重减慢，蛋鸡产蛋率下降，蛋破损率和软蛋率增加；j. 连续过量使用磺胺药物对鱼体的不良影响，主要表现在使肝、肾的负荷过重，导致颗粒性白细胞缺乏症、急性及亚急性溶血性贫血以及再生障碍性贫血。由于 SAs能抑制大肠杆菌的生长，妨碍 B 族维生素在肠内的合成，故使用超过 1 周以上者，应同时给予维生素B 以预防其缺乏[6]。

2.1.3　最大允许残留限量

在动物饲养过程中，SAs 广泛用于预防和治疗细菌感染性疾病和原虫病等，具有广谱、稳定、经济、易用等特点。SAs 常配合抗菌增效剂作为饲料添加剂预防疾病的发生和促进动物生长，其不合理使用易在动物组织中造成残留。一方面，残留的药物可能对人的健康造成潜在的危害；另一方面，兽药残留问题也是目前动物源产品贸易中的主要壁垒。因此，许多国家和地区制定了 SAs 的最大允许残留限量（maximum residue limit，MRL）。中国、欧盟和日本规定的动物源食品中 SAs 总残留量的 MRLs值见表 2-2 和表 2-3。

表 2-2　中国和欧盟制定的动物源食品中 SAs 的 MRLs（μg/kg）

化合物	残留标志物	动物种类	靶组织	MRL
SAs 总量	SAs	所有食品动物	肌肉	100
			脂肪	100
			肝	100
			肾	100
			奶	100
SM$_2$	SM$_2$	牛	奶	25

表 2-3　日本制定的动物源食品中 SAs 的 MRLs（μg/kg）

化合物	动物种类	靶组织	MRL
磺胺苯酰 （sulfabenzamide）	陆生哺乳动物	肌肉、脂肪、肝、肾、可食用下水	100
	乳制品	奶	10
磺胺溴二甲嘧啶钠 （sulfabromomethazine sodium）	牛	肌肉、脂肪、肝、肾、可食用下水	100
	乳制品	奶	10
乙酰磺胺 （sulfacetamide）	陆生哺乳动物	肌肉、脂肪、肝、肾、可食用下水	100
	乳制品	奶	10
磺胺氯哒嗪 （sulfachlorpyridazine）	牛	肌肉、脂肪、肝、肾、可食用下水	100
	猪	肌肉、脂肪、肝、肾、可食用下水	50
磺胺嘧啶 （sulfadiazine）	陆生哺乳动物	肌肉、脂肪、肝、肾、可食用下水	100
	乳制品	奶	70
	家禽	肌肉、脂肪、肝、肾、可食用下水	100
		蛋	20
	水产品	鲑形目	100
磺胺二甲氧嘧啶 （sulfadimethoxine）	猪	肌肉、肝	200
		脂肪	50
		肾、可食用下水	100

化合物	动物种类	靶组织	MRL
磺胺二甲氧嘧啶 （sulfadimethoxine）	除猪外其他陆生哺乳动物	肌肉、脂肪、肝、肾、可食用下水	50
	乳制品	奶	20
	鸡	肌肉、脂肪、肝、肾、可食用下水	50
	除鸡外其他家禽	肌肉、脂肪、肝、肾、可食用下水	100
		蛋	1000
	水产品	鲑形目等	100
磺胺二甲基嘧啶 （sulfadimidine）	陆生哺乳动物	肌肉、脂肪、肝、肾、可食用下水	100
	乳制品	奶	25
	家禽	肌肉、脂肪、肝、肾、可食用下水	100
		蛋	10
磺胺邻二甲氧嘧啶 （sulfadoxine）	猪	肌肉、脂肪、肝、肾	100
		可食用下水	20
	除猪外	肌肉、脂肪、肝、肾、可食用下水	100
	乳制品	奶	60
磺胺乙氧哒嗪 （sulfaethoxypyridazine）	牛、猪	肌肉、脂肪、肝、肾、可食用下水	100
	乳制品	奶	10
磺胺胍 （sulfaguanidine）	陆生哺乳动物	肌肉、脂肪、肝、肾、可食用下水	100
	乳制品	奶	10
磺胺甲基嘧啶 （sulfamerazine）	家畜产品	肌肉、脂肪、肝、肾、可食用下水	100
新诺明 （sulfamethoxazole）	陆生哺乳动物、家禽	肌肉、脂肪、肝、肾、可食用下水	20
磺胺甲氧哒嗪 （sulfamethoxypyridazine）	猪	肌肉	30
		脂肪、肝、肾	50
		可食用下水	100
2-（4-氨基苯磺酰基）-5-氨基苯磺酰胺 （sulfamoildapsone）	猪	肌肉、脂肪、肾	100
		可食用下水	300
磺胺甲氧嘧啶 （sulfamonomethoxine）	牛	肌肉	10
		脂肪、肝、肾、可食用下水	50
	猪	肌肉	30
		脂肪、肝、肾、可食用下水	50
	除牛、猪外其他陆生哺乳动物	肌肉、脂肪、肝、肾、可食用下水	100
	其余所有食品动物	肌肉、脂肪、肝、肾、可食用下水	100
磺胺 （sulfanilamide）	牛、猪	肌肉、脂肪、肝、肾、可食用下水	100
	乳制品	奶	10
乙酰磺胺对硝基苯 （sulfanitran）	陆生哺乳动物	肌肉、脂肪、肝、肾、可食用下水	20
	家禽	肌肉、脂肪、肝、肾、可食用下水	100
		蛋	20

化合物	动物种类	靶组织	MRL
磺胺吡啶（sulfapyridine）	牛、猪	肌肉、脂肪、肝、肾、可食用下水	100
	乳制品	奶	10
磺胺喹噁啉（sulfaquinoxaline）	陆生哺乳动物	肌肉、脂肪、肝、肾、可食用下水	100
	乳制品	奶	10
	鸡	肌肉、脂肪、肝、肾、可食用下水	50
	除鸡外其他家禽	肌肉、脂肪、肝、肾、可食用下水	100
		蛋	10
磺胺噻唑（sulfathiazole）	陆生哺乳动物	肌肉、脂肪、肝、肾、可食用下水	100
	乳制品	奶	90
	家禽	肌肉、脂肪、肝、肾、可食用下水	100
磺胺沙唑（sulfatroxazole）	陆生哺乳动物	肌肉、脂肪、肝、肾、可食用下水	100
	乳制品	奶	100
磺胺二甲基异噁唑（sulfisozole）	鱼类	鲑形目、鲈形目等	100

2.1.4 残留分析技术

2.1.4.1 前处理方法

（1）提取方法

SAs 检测常用的样品提取方法有液液萃取法（LLE）、加压溶剂萃取法（PLE）、超临界流体萃取法（SFE）、基质固相分散技术（MSPD）等，并辅以超声辅助提取技术、微波提取技术。检测基质主要为动物可食组织、牛奶、鸡蛋、蜂蜜和水产品等。

1）液液萃取（liquid liquid extraction，LLE）

LLE 是经典的样品处理方法。因为 SAs 不易溶于非极性有机溶剂，而易溶于极性有机溶剂，可以选用乙腈、氯仿、二氯甲烷、丙酮、乙酸乙酯或者混合溶剂作为提取液。Cai 等[7]用乙腈提取，正己烷除脂，乙酸乙酯反提，超高效液相色谱-串联质谱（UPLC-MS/MS）在 15 min 内测定肉中的 24种 SAs。方法的回收率为 67.8%～113.9%。Lopes 等[8]采用低温快速液液萃取技术（LLE-FPVLT），建立了一种新型的检测猪肝脏中 15 种 SAs 的多残留分析方法。在猪肝脏样品中加入乙腈，取上清液离心并用液氮浸没 15 秒，分离乙腈层，蒸干后中加入 0.1%的甲酸溶液复溶，液相色谱-串联质谱法（LC-MS/MS）检测。该方法线性度相关系数 R^2 为 0.97～0.99；检测限（CC_α）为 107.70～128.65 μg/kg，检测能力（CC_β）为 115.40～157.29 μg/kg，检出限（LOD）为 5.58～16.75 μg/kg，定量限（LOQ）为 18.41～55.26 μg/kg；在 0.5、1.0、1.5 倍 MRL 添加浓度，回收率均高于 70%。Di Sabatino 等[9]用丙酮-氯仿（1+1，v/v）提取多种动物肌肉中的 10 种 SAs，经阳离子交换柱净化后，C_{18} 色谱柱分离，高效液相色谱（HPLC）检测，方法回收率在 66.3%～71.5%之间，LOQ 为 3～14 μg/kg。Wu 等[10]建立了采用 LC-MS/MS 同时测定猪肉及猪肝中 9 种磺胺类药物残留的检测方法。样品经 10%的 Na_2SO_4 溶液和乙腈-氯仿（10+1，v/v）提取，乙腈饱和正己烷去脂，使用乙二胺-N-丙基硅烷（PSA）和十八烷基键合相硅胶（ODS C18-N）两种基质分散净化剂净化，采用 LC-MS/MS 多反应监测（MRM）电喷雾（ESI）正离子模式测定，内标法定量。9 种磺胺检出限为 0.1～0.8 μg/kg，在 5 μg/kg、10 μg/kg、20 μg/kg浓度添加水平，回收率为 74.1%～115.8%，相对标准偏差（RSD）均小于 6.2%。

虽然 SAs 属于酸碱两性物质，但主要呈弱酸性，等电点大都在 3～5 的范围内，具有较高的极性，在酸性条件下 SAs 更易溶解于有机相中。因此，可在酸性条件下用有机溶剂提取，常用磷酸或乙酸调节 pH 以提高提取效率。Zotou 等[11]采用 HPLC 检测禽肉和蛋中的 12 种 SAs。0.6 g 样品加入 5 mL 乙腈和 40 μL 浓磷酸提取，提取液经正己烷液液分配净化提取，Nexus Abselut SPE 柱净化，荧光衍生化后，用 HPLC-荧光检测器（FLD）测定。该方法在 3.0～300 μg/L 范围线性良好；肉的 LOD 为 2～17 μg/kg，平均回收率在 96.9%～108.6%之间；蛋的 LOD 为 2～15 μg/kg，平均回收率在 96.0%～108.4%之间。李锋格等[12]建立了一种 UPLC-MS/MS 方法，测定鸡肝中 12 种 SAs。样品用 1%乙酸-乙腈溶液提取，NH_2 吸附剂净化，正己烷脱脂，UPLC-MS/MS 检测，内标法定量。该方法在 5-100 μg/kg 浓度范围内线性良好（$r^2>0.98$）；在 10～50 μg/kg 添加水平范围内，平均回收率为 72%～121%，RSD 为 1.5%～23.4%；LOD 为 5 μg/kg，LOQ 为 10 μg/kg。刘芃岩等[13]建立了一种同时测定鸡肉中两类共 10 种兽药（包括 3 种磺胺）残留量的 LC-MS/MS 方法。样品经 2%醋酸-乙腈提取，正己烷脱脂，过 ENVI-18 固相萃取柱净化，用 LC-MS/MS 进行定性和定量分析。10 种药物在 0.02～2.0 mg/L 范围内线性良好，相关系数均大于 0.9988；LOD 为 1.10～6.85 μg/kg，LOQ 为 3.68～22.85 μg/kg；样品的平均加标回收率为 68.9%～102.6%，RSD 均小于 8.6%。

　　也有采用水溶液提取动物组织中 SAs 的文献报道，主要是磷酸盐缓冲液。Pang 等[14]报道了采用 LC-MS/MS 测定蜂蜜中 16 种 SAs 的残留检测方法。样品用 pH 2 的磷酸溶液溶解提取，阳离子交换柱和 HLB 柱净化，LC-MS/MS 测定。该方法线性良好（$r \geq 0.995$）；在 1.0～300 μg/kg 添加浓度的回收率为 70.9%～102.5%，RSD 为 2.02%～11.52%；LOQ 在 1.0～12.0 μg/kg 之间。Li 等[15]开发了同时检测鸡肉中 4 种 SAs 和 7 种氟喹诺酮药物的 HPLC 方法。样品用 pH 6.0 磷酸盐缓冲液提取，固相萃取净化后，HPLC 测定。方法平均回收率在 78.0%～105.2%之间，RSD 小于 9.3%；SAs 的 LOQ 为 15.0 ng/g。吴银良等[16]建立了同时测定牛奶中残留的 9 种 SAs 的固相萃取-HPLC 分析方法。牛奶样品经磷酸盐缓冲液稀释后高速离心去除脂肪，过 C_{18} 小柱和氨基固相萃取小柱净化后，用 HPLC 分析。9 种 SAs 标准曲线的线性回归系数均在 0.9999 以上；LOD 为 1.7～2.8 μg/L，LOQ 为 5.7～9.2 μg/L；在 10 μg/L、20 μg/L、40 μg/L 添加水平下，添加回收率为 72.1%～88.3%，RSD 为 2.3%～5.0%。

　　同时，由于 SAs 可以与组织蛋白以糖苷键结合，常采用盐酸、三氯乙酸、高氯酸等释放组织中 SAs 并沉淀蛋白。Sheridan 等[17]开发了同时测定蜂蜜中 14 种 SAs 的残留检测方法。首先采用盐酸水解释放与糖结合的 SAs，再经固相萃取净化后，用 LC-MS/MS 测定。采用该方法对来自 25 个国家的 116 个样品进行分析，38%被发现至少有一种阳性。Mohamed 等[18]用 10%三氯乙酸溶解蜂蜜样品，将 SAs 从蜂蜜中释放出来，再用 Na_2HPO_4 溶液调节至 pH 6.5，乙腈-二氯甲烷（4+1，v/v）提取，离心并过滤后，分取滤液旋蒸至干，复溶后 LC-MS/MS 检测。方法的 LOD 在 0.4～4.5 μg/kg 之间，LOQ 在 1.2～15 μg/kg 之间。Furusawa[19]建立了鸡蛋中 SMM、SDM 和 SQ 的 HPLC 检测方法。鸡蛋采用手持式超声波均质器用高氯酸溶液均质提取，提取液经离心、超滤后，进 HPLC 检测。该方法回收率在 80.3%～88.4%之间，RSD 在 3.4%～5.8%之间；LOD 小于 0.05 μg/g。

　　2）基质固相分散萃取（matrix solid-phase dispersion，MSPD）

　　MSPD 快速样品处理技术是将样品与填料一起混合研磨，使样品均匀分散于固定相颗粒表面，制成半固态后装柱，然后根据"相似相溶"原理选择合适的洗脱剂洗脱。该技术浓缩了传统样品前处理中匀浆、组织细胞裂解、提取、净化等多个过程，避免了待测物在这些过程中的损失，提取净化效率高、耗时短、节省溶剂、样品用量少，但研磨的粒度大小和填装技术的差别会使淋洗曲线有所差异，不易标准化。SAs 前处理中 MSPD 常用填料有 C_{18} 和氧化铝等。

　　张素霞等[20]以 MSPD 和 HPLC 为基础，建立了常用 7 种 SAs 的多残留快速分析方法。将猪肉组织与适量 C_{18} 填料混合研磨，制成半固态装柱，SAs 经二氯甲烷洗脱后直接用反相 HPLC 检测，可在 1 h 内完成测定，LOD 为 0.01～0.1 mg/kg，在 0.1～0.5 mg/kg 添加浓度范围内，7 种 SAs 的平均回收率为 70.6%±20.3%。Long 等[21]开发了牛奶中 8 种 SAs 的残留检测方法。0.5 mL 牛奶加入 2 g C_{18} 键合硅胶混匀，装柱，用 8 mL 正己烷淋洗，8 mL 二氯甲烷洗脱，HPLC 在 270 nm 测定。该方法回收率在（73.1%±7.4%）～（93.7%±2.7%）之间，批内精密度为 2.2%～6.7%。该作者用类似的 MSPD 技术，建立了猪肉[22]和鱼肉[23]中 SAs 的残留分析方法。Zou 等[24]以 C_{18} 为吸附剂，基于 MSPD 技术，建立了蜂蜜中 8 种 SAs 的 HPLC 分析方法。在 10～250 μg/kg 添加浓度范围，方法回收率大于 70%，

RSD 小于 16%，LOD 为 0.4 μg/kg。

　　Kishida 等[25]用中性氧化铝做 MSPD 的吸附剂，与鸡肉混合装柱，不用平衡和洗涤，直接 70%乙醇洗脱，HPLC 检测鸡肉中的 6 种 SAs。该方法平均回收率为 87.6%，RSD 为 0.5%～8.6%。该作者[26]还采用该 MSPD 方法应用于牛奶、鸡肉、牛肉和猪肉中多种 SAs 残留的快速检测，方法回收率大于87.6%，LOD 在 6～40 μg/kg 之间。

　　3）加压溶剂萃取（pressurized liquid extraction，PLE）

　　PLE 又称加速溶剂萃取（ASE），是一种适合于固体和半固体样品前处理的新技术，其基本原理是利用升高温度和压力，增加物质溶解度和溶质扩散速度，提高萃取的效率。与传统提取方式相比，PLE 速度快、溶剂用量少、萃取效率高、待测组分回收率好，可实现全自动安全操作，是一种极具吸引力的样品前处理新技术，在 SAs 的残留分析方面也有文献报道。

　　游辉等[27]建立了同时测定牛肉中 5 种 SAs 残留量的 PLE-HPLC 法。以乙腈为萃取剂，在 120℃、10 MPa 条件下用 PLE 仪提取样品中的目标物，提取液经冷冻除脂净化后，采用 HPLC 分析。该方法在 0.01～0.10 g/L 范围内线性关系良好（r=0.999），LOD 为 0.011 mg/kg，加标回收率在 89.0%～107.8%范围内，RSD 小于 5.3%。Yu 等[28]建立了一种同时测定猪、牛、鸡的肌肉、肝脏和肾脏中 18 种 SAs的分析方法。样品用乙腈在 70℃、1400 psi 压力下，用 PLE 提取，再经亲水-亲脂平衡介质固相萃取柱净化、浓缩后，应用 HPLC 和 LC-MS/MS 分析。HPLC 和 LC-MS/MS 的 LOD 和 LOQ 均分别为 3 μg/kg和 10 μg/kg，线性相关系数平均值高于 0.9980，方法的回收率为 71.1%～118.3%，RSD 小于 13%。

　　游辉等[29]对之前建立的牛肉中 5 种 SAs 残留量的 PLE-HPLC 分析方法进行了改进，将 MSPD 与PLE 结合，通过优化样品处理条件，确定选取 1.0 g 牛肉样品与 3.0 g 弗罗里硅土混合，以乙腈为萃取剂在 120℃、10 MPa 条件下用 PLE 仪提取样品中的 SAs。5 种 SAs 在 0.5～10.0 mg/kg 范围内线性关系良好（r≥0.9995），LOD 为 0.011～0.030 mg/kg，加标回收率为 89%～109%，RSD 为 0.5%～4.3%。Gentili 等[30]也采用类似技术建立了肉和婴儿食品中 13 种 SAs 的残留分析方法。1 g 样品与 2 g C_{18} 吸附剂混匀，装入 PLE 萃取池，10 mL 水在 160℃和 100 atm① 压力下提取，取 100 μL 提取液直接LC-MS/MS 分析。该方法回收率在 70%～101%之间，日间精密度低于 8.5%，LOD 为 2.6 ppb。

　　4）超临界流体萃取（supercritical fluid extraction，SFE）

　　处于超临界状态的流体密度大，黏度低，扩散系数大，它可同时完成萃取和分离，具有简单快速、分离效率高、选择性好、无需使用有机溶剂、可实现操作自动化等优点。较之常规萃取方法，超临界CO_2 流体萃取可以在接近室温（35～40℃）的 CO_2 气体罩下进行提取，有效地防止热敏性物质的氧化和逸散，从而完整保留生物活性，而且能把高沸点、低挥发度、易热解的物质在其沸点温度下萃取出来。一般要加入改性剂（如甲醇、丙酮等）来改善分析物在 CO_2 中的溶解度，同时降低操作温度和压力，缩短萃取时间。

　　Parks 等[31]采用 SFE 提取鸡组织中的 3 种 SAs，不加改性剂，用在线吸附阱吸附，经中性氧化铝柱净化后，HPLC 测定。肝脏、鸡胸肉和鸡大腿肉中的平均回收率分别为 89%、95%和 77%，检测限优于 100 ppb。Maxwell 等[32]也采用 SFE 提取鸡肝中的 SMZ、SDM 和 SQX，超临界流体 CO_2 浓度为1.042 g/mL，流速为 2.5～2.7 L/min，在 40℃、680 bar 条件下持续提取 40 min，再经中性氧化铝柱在线净化后检测。该方法回收率在 71.6%～96.9%之间，线性范围为 0.05～1 μg/kg。Pensabene 等[33]将鸡蛋与硅藻土混合后，加到含有中性氧化铝的萃取池中，在 680 bar、40℃下用 CO_2 提取，该方法的 LOD能达到 25 μg/kg。

　　5）固相微萃取（solid phase micro extraction，SPME）

　　SPME 是利用待测物在基体和萃取相间的非均相平衡，使待测组分扩散吸附到石英纤维表面的固定相涂层，待吸附平衡后，再与气相色谱或高效液相色谱联用，分离和测定待测组分。该技术不需要使用柱填充物和有机溶剂进行洗脱，集萃取、富集和解析于一体，常见的有管内固相微萃取（in-tube

---

　　① 1 atm=1.01325×10^5 Pa

SPME)、整体柱微萃取（PMME）和纤维针式固相微萃取（Fiber-SPME）等方式。

Wen 等[34]采用 In-SPME-HPLC 技术，在线测定了牛奶中的 5 种 SAs。样品用乙醇提取，磷酸缓冲液稀释、离心后，用聚（甲基丙烯酸-乙烯乙二醇二甲基丙烯酸酯）毛细管柱进行 SPME 在线萃取，HPLC 测定。在 20～5000 ng/mL 范围内线性良好，方法检测限在 1.7～22 ng/mL 之间，RSD 小于 10%。Alaburda 等[35]采用 65 μm 厚的聚二甲基硅氧烷/二乙烯基苯（PDMS/DVB）固相微萃取萃取头提取肉中 SDZ、STZ、SMR、SM₂、SMMX、SMXZ、SQX 和 SDMX，采用液相色谱-质谱（LC-MS）测定。该方法 LOD 为 16～39 μg/kg，RSD 小于 15%。彭英等[36]使用原位聚合法，将聚（甲基丙烯酸-乙二醇二甲基丙烯酸酯）直接键合到经聚多巴胺膜修饰的不锈钢丝表面，作为 SPME 纤维涂层，并与 HPLC 联用，建立了一种检测牛奶中 4 种 SAs 残留的分析方法。在毛细管中灌好预聚合液后，插入经聚多巴胺修饰的不锈钢丝，封端 60℃下聚合 4 h 后拔出。萃取纤维涂层活化后浸没在经稀释和离心处理过的加标牛奶样品溶液中，经静态解吸后进行分析。确定最佳条件是：pH 5，30℃下萃取 50 min，在乙腈-0.1%甲酸（20+80，v/v）二元液中解吸 12 min。方法检测限在 2～10 μg/L 之间，RSD 小于 7%。

（2）净化方法

SAs 常用的净化方法主要有液液分配法（LLP）、固相萃取法（SPE）、QuEChERS、分子印迹技术（MIP）、免疫亲和色谱法（IAC）及在线自动净化法等。

1）液液分配（liquid liquid partition，LLP）

LLP 通过分析物在互不相溶的两相中的溶解度和分配系数的不同，达到将分析物和杂质分离的目的。LLP 时容易产生乳化现象，在提取时应当注意振荡速度，按"缓-快-缓"进行操作，同时，在 LLP 时常加入无水硫酸钠以提高回收率，并减少杂质的浸出。Potter 等[37]建立了一种快速分析鱼组织中 17 种 Sas 和 2 种磺胺增效剂的 LC-MS/MS 方法。分析物用乙腈-水（50+50，v/v）提取，离心，先加入正己烷 LLP 净化除脂，再加入氯仿 LLP 提取净化，蒸干，复溶后进样检测。该方法 LOD 在 0.1～0.9 ng/g 之间，回收率在 30%～100%之间，RSD 在 4%～23%之间。徐维海等[38]建立了 HPLC 法同时分离并检测鱼、虾等水产品中 14 种 SAs。样品经无水硫酸钠脱水后，乙腈提取药物，再用乙腈饱和正己烷 LLP 脱脂净化，HPLC 检测。该方法的 LOD 为 0.01～0.02 mg/kg，样品的加标回收率为 66%～92%。Stoev 等[39]建立了肉和肾脏中 10 种常用 SAs 的 HPLC-FLD 定量分析方法。先用乙酸乙酯提取，用丙酮再提取一次，蒸干后，用水-二氯甲烷 LLP 净化 3 次，有机相蒸干复溶后，进 HPLC 测定。在 1 μg/kg、5 μg/kg、10 μg/kg 添加浓度，方法平均回收率分别为 64%、68%和 75%，LOQ 为 0.5～1 μg/kg。

2）固相萃取（solid phase extraction，SPE）

SPE 利用吸附剂将液体样品中的目标化合物吸附，使其与样品基体、干扰物质分离，然后通过洗脱液洗脱或加热解吸附，分离和富集目标物。与传统的 LLP 相比，SPE 不需要大量有机溶剂，不产生乳化现象，可净化很小体积的样品，是目前兽药残留分析中样品前处理的主流技术。动物源食品中 SAs 净化可以用的 SPE 填料类型较多，包括正相柱（硅胶柱、硅藻土柱、碱性氧化铝柱）、反相柱（C₁₈柱、HLB 柱）和离子交换柱（阳离子交换柱、阴离子交换柱），另外，还可联合用柱。

A. 硅胶柱

Alaburda 等[35]建立了牛奶中 STZ、SMZ 和 SDM 的残留检测方法。采用二氯甲烷提取，硅胶固相萃取柱净化，提取物经荧光胺衍生化后，用反相 HPLC-FLD 检测。方法 LOD 为 0.3 μg/L，STZ 和 SMZ 的 LOQ 为 1 μg/L，SDM 为 2.5 μg/L，变异系数（CV）为 4.4%～6.6%，STZ、SMZ 和 SDM 的平均回收率分别为 63.2%、91.2%和 63.2%。Shao 等[40]测定猪肉、猪肝、猪肾中 17 种 SAs 时用无水硫酸钠除水，乙腈提取，正己烷除脂，提取液蒸干后，氯仿-正己烷（1+9，v/v）复溶，Sep-Pak 硅胶柱（正己烷活化）净化，依次用甲醇-丙酮（1+1，v/v）和丙酮洗脱分析物，LC-MS/MS 检测。方法回收率在 52%～120%之间，LOD 在 0.01～1.0 μg/kg 之间。董丹等[41]采用类似技术建立了鸡肉中 17 种 SAs 残留量的 LC-MS/MS 测定方法。样品经过匀浆、乙腈提取、正己烷脱脂、硅胶 SPE 柱净化后进行 LC-MS/MS 分析。以稳定同位素 ¹³C₆-磺胺二甲基嘧啶作为内标，采用多反应监测（MRM）定量。方法 LOD 为 0.02～1 μg/kg，17 种 SAs 的加标回收率为 52.3%～124.9%，RSD 为 1.0%～17.6%。

B. 碱性氧化铝柱

李俊锁等[42]建立了鸡肝组织中中 7 种 SAs 的 HPLC 方法。样品加入无水硫酸钠后用乙腈提取，正己烷 LLP 脱脂和碱性氧化铝 SPE 柱净化，乙腈-水（75+25，v/v）洗脱，HPLC 测定。在 0.05～0.5 mg/kg 添加浓度范围内，该方法回收率在 68.8%～100.0%之间，CV 在 1.3%～12%之间；LOD 为 0.01～0.03 mg/kg，LOQ 低于 0.05 mg/kg。我国农业部标准《动物源食品中磺胺类药物残留的检测方法-高效液相色谱法》[43]中组织样品经乙腈提取，正己烷 LLP 分配，提取液浓缩至近干，用 3 mL 乙腈-水（95+5，v/v）溶解残留物，再过碱性氧化铝 SPE 柱，吹干，用 5 mL 乙腈-水（75+25，v/v）洗脱，用 0.017 mol/L 磷酸定容至 10 mL，过 0.45 μm 微孔滤膜后，进 HPLC 测定。该方法在鸡肌肉和肝脏组织中的 LOD 为 10～20 μg/kg，回收率在 80.9%～100.4%之间，室内 CV 为 10.2%，室间 CV 为 18.5%。

C. 弗罗里硅土柱

Granja 等[44]建立了蜂蜜中 ST、SM_2 和 SDM 的残留分析方法。蜂蜜样品采用 30%NaCl 溶解，再用二氯甲烷 LLE 提取，用弗罗里硅土 SPE 柱净化，HPLC 检测，磺胺吡啶作为内标定量。ST、SM_2 和 SDM 的 LOD 分别为 3 μg/kg、4 μg/kg、5 μg/kg；在 100 μg/kg 添加水平，ST、SM_2 和 SDM 的平均回收率分别为 61.0%、94.5%和 86.0%。

D. C_{18} 柱

de la Cruz 等[45]采用 LC-MS/MS 检测鸡蛋中的 SDM、SMZ、SQXNa、SAM、SCP、SMR、SMTZ、SMXZ、STZ 和 SMPD 等 10 种 SAs。以 SDZ 为内标，乙腈提取后旋蒸至 1 mL，再用乙腈和水预处理的 C_{18} SPE 柱净化，乙腈洗脱，蒸干复溶后，用 LC-MS/MS 测定。该方法回收率为 87%～116%，RSD 为 8.5%～27.2%；CC_α 在 101.0～122.1 ng/g 之间，CC_β 在 114.5～138.8 ng/g 之间。Heller 等[46]同时建立鸡蛋中 15 种 SAs 的 HPLC-UVD 和 LC-离子阱质谱（MS^n）分析方法。样品用乙腈提取，经 C_{18} SPE 柱净化后，用 HPLC 和 LC-MS^2 测定。该方法的确证浓度可以达到 5～10 ng/g，HPLC 的定量范围在 50～200 ppb 之间。Krivohlavek 等[47]建立了一种快速分析蜂蜜中 11 种 SAs 的残留检测方法。蜂蜜样品经匀浆提取，用 C_{18} SPE 柱净化后，采用 LC-MS 测定，方法 LOD 可达到 25 μg/kg。Zou 等[48]建立了猪肉、猪肝、鸡肉、牛肉中 12 种 SAs 的 HPLC 方法。组织样品用乙腈提取，经 9-芴基甲基氯甲酸酯（FMOC-Cl）衍生化后，过 C_{18} SPE 柱净化，HPLC 紫外检测器（UVD）测定。方法添加回收率在 70%以上，RSD 低于 13.7%，LOD 在 3～5 μg/kg 之间。

E. HLB 柱

郭根和等[49]采用 HLB 柱净化了对虾样品中的 5 种 SAs。样品用二氯甲烷提取，氮气吹干后用 3 mL 磷酸盐缓冲液-乙腈（95+5，v/v）复溶，过 HLB 柱净化，5 mL 甲醇洗脱，HPLC-UVD 检测。方法 LOD 达到 2 μg/kg，相关系数在 0.9997 以上；在 100 μg/kg、50 μg/kg、10 μg/kg 三个添加水平，方法回收率在 71%～90%之间，RSD<10%。Li 等[50]开发了虾中 18 种兽药（包括 SQX 等 SAs）的 LC-MS^n 分析方法。均质后的样品用 5%三氯乙酸提取，提取液用 HLB SPE 柱净化，LC-MS^n 测定，SAs 的确证浓度在 10～20 ng/g 之间。Vargas Mamani 等[51]建立了牛奶中 SM_2、SQX 和 SMZ 的残留分析方法。样品经蛋白沉降后，用 HLB SPE 柱净化，采用 HPLC-DAD 测定，方法 LOQ 均低于药物的 MRL。

F. 阴离子交换柱

Ito 等[52]采用 Bond Elut PSA SPE 柱净化了动物肝脏和肾脏中的 10 种 SAs。样品采用乙酸乙酯提取，蒸干后溶解于 5 mL 乙酸乙酯-正己烷（50+50，v/v），过 Bond Elut PSA SPE 柱净化，用 5 mL 乙腈-0.05 mol/L 甲酸铵溶液（20+80，v/v）洗脱，再 HPLC 检测。在 0.5 μg/kg、0.1 μg/kg 添加水平，方法回收率为 70.8%～98.2%，RSD 小于 7.0%；LOD 为 0.3 μg/kg。

吴银良等[53]建立了一种鸡肝中 7 种 SAs 残留量固相萃取-反相 HPLC 分析方法。样品用乙酸乙酯提取，经无水硫酸钠除水后，过氨基 SPE 柱净化，用 2 mL 乙酸乙酯淋洗，真空抽干，再用 2 mL 乙腈-甲醇-水-乙酸混合溶液（2+2+9+0.2，v/v）洗脱，蒸干复溶后，用 HPLC-DAD 在 270 nm 检测。7 种 SAs 标准曲线的线性回归系数均在 0.999 以上，线性范围为 25～10000 μg/L；LOD 在 8～12 μg/kg 之间；在 50 μg/kg、100 μg/kg、200 μg/kg 添加浓度水平下，方法回收率在 69.6%～91.3%之间，RSD

在 4.3%～8.0%之间。张艳等[54]建立了固相萃取-反相 HPLC 同时分析动物肌肉中 5 种 SAs 残留的方法。样品中加入无水硫酸钠，用乙酸乙酯提取，提取液经氨基 SPE 柱净化后，用 1.5%乙酸乙醇溶液洗脱，洗脱液用 HPLC 检测。鸡肉和猪肉中 5 种 SAs 的加标回收率在 73.2%～97.3%之间，RSD 在 2.5%～11.6% 范围内；SM_2、SMM 和 SMZ 的 LOD 和 LOQ 分别为 3 μg/kg 和 10 μg/kg，SDM 和 SQ 分别为 7 μg/kg 和 25 μg/kg。Wu 等[55]报道了采用 HPLC 检测牛奶中 8 种 SAs 的残留分析方法。牛奶样品用乙酸乙酯提取，再用氨基 SPE 柱净化，HPLC-PDA 测定。方法回收率在 70.5%～89.0%之间，LOD 在 0.8～1.5 μg/L 之间。

G. 阳离子交换柱

林海丹等[56]建立了 HPLC 测定鳗鱼及其制品中 8 种 SAs 残留量的方法。样品经二氯甲烷提取，氮气吹干，用 1.0 mL 1%乙酸-甲醇（65+35，v/v）溶解，加 3 mL 正己烷 LLP 除脂，下层加 5%乙酸溶液稀释至 3 mL，过 MCX 阳离子 SPE 柱净化，用 2 mL 5%乙酸溶液-甲醇（50+50，v/v）淋洗，用 10 mL 5%氨化甲醇洗脱，蒸干复溶后，供 HPLC 测定，外标法定量。在 0.1 mg/kg 添加水平的回收率为 80%～93%，方法 LOQ 为 0.02 mg/kg。Di Sabatino 等[9]用丙酮-氯仿（1+1，v/v）提取多种动物肌肉中的 10 种 SAs，经阳离子交换柱净化后，HPLC 检测，方法回收率在 66.3%～71.5%之间，LOQ 为 3～14 μg/kg。Stubbings 等[57]用乙腈提取动物组织中的几类碱性药物（包括 SAs），经无水硫酸钠干燥后，用冰醋酸调节酸性，再过强阳离子交换（SCX）SPE 柱净化，该方法回收率在 53%～104%之间。

Forti 等[58]用二氯甲烷-丙酮（50+50，v/v）提取鸡蛋里的 10 种 SAs，提取液用乙酸酸化后，用经丙酮-二氯甲烷-乙酸（47.5+47.5+5，v/v）平衡的阳离子交换 SPE 柱净化，甲醇-氨水（97.5+2.5，v/v）洗脱，LC-MS/MS 测定，以 $^{13}C_6$-SMZ 为内标定量。方法回收率在 35.8%～107%之间，RSD 小于 21%；CC_α 在 16.1～20.5 μg/kg 之间，CC_β 在 16.9～25.7 μg/kg 之间。Maudens 等[59]采用 HPLC-FLD 检测了蜂蜜中的 12 种 SAs。样品经酸水解，再采用 LLP 和强阳离子交换 SPE 柱净化，HPLC-FLD 柱后衍生化测定。该方法 LOD 为 1～2 ng/g，LOQ 为 2～5 ng/g，线性系数 R^2 大于 0.997。Gamba 等[60]建立了牛奶中 7 种 SAs 的 HPLC-DAD 方法。样品用氯仿-乙腈混合溶液提取，过阳离子交换 SPE 柱净化，HPLC-DAD 测定。方法 CC_α 在 110 μg/kg 左右，回收率高于 56%。

H. 联合用柱

Tarbin 等[61]报道了采用 LC-MS 和 GC-MS 测定鸡蛋中 SAs 的残留分析方法。样品用乙腈提取，经乙酸酸化后，先过 Bond-Elut SCX 柱（已用 5%乙酸乙腈活化）净化，甲醇、乙腈依次淋洗，用 5%氨化乙腈洗脱，洗脱液在重力作用下再过 Bond-Elut SAX 柱（已用 5%氨水乙腈活化），用 5%乙酸乙腈洗脱，蒸干洗脱液，用水复溶，LC-MS 检测，或用二氯甲烷复溶，重氮甲烷和五氟丙酸酐衍生化后，GC-MS 检测。该方法在 100 μg/kg 和 25 μg/kg 添加水平进行验证，GC-MS 回收率在 54%～135.5%之间，LC-MS 回收率在 33%～92%之间。Pang 等[14]报道了采用 LC-MS/MS 测定蜂蜜中 16 种 SAs 的残留检测方法。样品用 pH 2 的磷酸溶液溶解提取，先后用阳离子交换 SPE 柱和 HLB 柱净化，LC-MS/MS 测定。该方法在 1.0～300 μg/kg 添加浓度的回收率为 70.9%～102.5%，RSD 为 2.02%～11.52%；LOQ 在 1.0～12.0 μg/kg 之间。吴银良等[16]测定牛奶中 9 种 SAs 残留，牛奶样品用磷酸盐缓冲液稀释后，高速离心去除脂肪，再依次过 C_{18} SPE 柱和氨基 SPE 柱净化，HPLC 分析。9 种 SAs 的 LOD 为 1.7～2.8 μg/L，LOQ 为 5.7～9.2 μg/L；在 10 μg/L、20 μg/L、40 μg/L 添加水平下，添加回收率为 72.1%～88.3%，RSD 为 2.3%～5.0%。

3）免疫亲和色谱（immunoaffinity chromatography，IAC）

IAC 以抗原抗体的特异性、可逆性免疫结合反应为基础，当含有待测组分的样品通过 IAC 柱时，固定抗体选择性地结合待测物，其他不被识别的样品杂质则不受阻碍地流出 IAC 柱，经洗涤除去杂质后将抗原-抗体复合物解离，待测物被洗脱，样品得到净化。其优点在于对目标化合物的高效、高选择性保留能力，特别适用于复杂样品痕量组分的净化与富集。

Li 等[62]用 SAs 多克隆抗血清制成 IAC 柱来净化猪肉中的 SAs 残留。在 4-氨基苯磺胺 N_1 位连接间隔臂制得抗 SAs 特异性抗体，与免疫吸附剂混合制备 IAC 柱，用于净化猪肉中 SMM、SDM 和 SQX。

样品用甲醇-水（8+2，v/v）提取，过 IAC 净化后，用 HPLC-UVD 检测。该方法的 LOD 为 1～2 μg/kg；在 10～100 μg/kg 添加浓度内，回收率为 70.8%～94.1%，RSD 在 3.4%～12.9%之间。龚明辉[63]利用抗 SM$_2$簇特异性单克隆抗体制备了 IAC 柱，对鸡肉中的 SM$_2$、SDM 和 SM$_1$进行测定。利用高亲和力 SM$_2$单克隆抗体与溴化氰活化的 Sepharose 4B 进行偶联，制备免疫亲和吸附剂，对 3 种 SAs 的动态柱容量为 195～16181 ng/mL gel，绝对柱容量为 335～404 ng/mg IgG。该 IAC 柱每三天使用一次，重复 12 次后，SM$_2$的柱容量仍能达到 795 ng/mL gel，满足 SAs 残留分析的要求。鸡肉样品经甲醇-水（8+2，v/v）提取，取一半提取液，加 35 mL PBS 稀释，过 IAC 柱净化，用 4 mL 甲醇洗脱，HPLC-UVD 检测。该方法的 LOD 为 3 μg/kg，在 10～50 μg/kg 添加浓度，回收率为 75.4%～98.5%，RSD 小于 7.4%。Li 等[64]以 SMZ 为半抗原制备单克隆抗体，该单克隆抗体对 6 种 SAs 的交差率在 31%～112%之间，与溴化氰活化的 Sepharose 4B 进行偶联，获得的免疫亲和吸附剂来制备 IAC 柱，该 IAC 柱对 13 种喹诺酮和 6 种 SAs 具有吸附性。用该 IAC 柱净化猪肉和鸡肉中的 6 种 SAs，LC-MS/MS 检测，方法回收率为 72.6%～107.6%，RSD 为 11.3%～15.4%，LOQ 为 0.5～3 μg/kg。

4）QuEChERS（Quick，Easy，Cheap，Effective，Rugged，Safe）

QuEChERS 是由美国农业部 Anastassiades 教授于 2003 年开发的，一种用于农产品检测的快速样品前处理技术。其原理与 HPLC 和 SPE 相似，利用吸附剂填料与基质中的杂质相互作用，吸附杂质从而达到除杂净化的目的。具有回收率高，精确度好；可分析的化合物范围广；分析速度快；溶剂使用量少，污染小；操作简便；装置简单等优势。

李锋格等[12]建立了一种基于 QuEChERS 前处理技术的 UPLC-MS/MS 残留分析方法，用于测定鸡肝中 12 种 SAs、19 种喹诺酮类和 8 种苯并咪唑类药物及其代谢物。样品用 1%乙酸乙腈溶液提取，4.5 mL 提取液中加入 200 mg 氨基（NH$_2$）吸附剂，涡旋 2 min，4500 r/min 离心 10 min，移取 3 mL 上清液氮气吹干，加入 1 mL 甲醇-DMSO-水（10+50+40，v/v）复溶，加入 2 mL 正己烷脱脂，过滤后 LC-MS/MS 测定。39 种药物在 5～100 μg/kg 添加浓度范围内线性良好（r^2＞0.98）；在 10～50 μg/kg 添加水平范围内，平均回收率为 72%～121%，RSD 为 1.5%～23.4%；39 种药物的 LOD 为 5 μg/kg，LOQ 为 10 μg/kg。曲斌等[65]也建立了一种以 QuEChERS 方法作为样品前处理技术的 UPLC-MS/MS 方法，测定猪肝中 20 种 SAs 残留。猪肝样品以 SDM-D6 为内标，置于 DisQuE 萃取管（50 mL，内含 4 g 硫酸镁、1 g 氯化钠、1 g 柠檬酸三钠二水结晶盐、0.5 g 柠檬酸氢二钠半水结晶盐）中，用乙腈提取，上清液加入 DisQuE 净化管（15 mL，内含 900 mg 硫酸镁、150 mg PSA、150 mg C$_{18}$）净化，上清液蒸干复溶后，用 UPLC-MS/MS 测定。在 10～200 μg/kg 范围内，各药物均呈良好的线性关系，高中低浓度回收率在 70%～115%之间，精密度小于 15%。Posyniak 等[66]开发了一种快速、低成本分析鸡肉中 6 种 SAs 的 HPLC 方法。样品用乙腈提取，1 mL 提取液中加入 25 mg C$_{18}$吸附剂，混合振荡，上清液蒸干后用 pH 3.5 乙酸缓冲液复溶，荧光胺衍生化，HPLC-FLD 测定。该方法回收率超过 90%，LOD 在 1～5 μg/kg 之间。

5）分子印迹技术（molecular imprinting technology，MIT）

MIT 利用模板分子（印迹分子）与聚合物单体接触时会形成多重作用点，通过聚合过程这种作用就会被记忆下来，当模板分子除去后，聚合物中就形成了与模板分子空间构型相匹配的具有多重作用点的空穴，这样的空穴将对模板分子及其类似物具有选择识别特性，以此分子印迹聚合物（MIP）作为吸附净化材料，建立选择性样品处理方法。

Xu 等[67]制备了一种新型的 SM$_2$的 MIP-涂层搅拌棒，该 MIP 的涂层厚度大约为 20 μm，RSD 为 6.7%。分别通过电子显微镜、红外光谱扫描、热重分析和耐溶剂性对 MIP 进行研究，与非印迹聚合物（NIP）-涂层作比较，对 MIP-涂层的吸附容量和选择性进行了详细的评价，MIP-涂层表现出较高的吸附能力和选择性。MIP-涂层的饱和吸附量是甲苯中 NIP 涂层的 4.6 倍以上，经 MIP-涂层搅拌棒吸附萃取后，可以检测到 0.2 μg/L 的 SM$_2$。同时，该 MIP-涂层对模板类似物也具有选择性吸附能力。以此建立了采用 MIP-涂层搅拌棒吸附萃取生物样品中 8 种 SAs 的 HPLC 测定方法，并对萃取条件（萃取溶剂、萃取时间、解吸溶剂、解吸时间和搅拌速度）进行了优化。该方法的线性范围分别为 1.0～

100 μg/L，LOD 为 0.20～0.72 μg/L，已成功应用于猪肉、猪肝和鸡肉样品的分析。

6）在线自动净化（automate online clean up）

在线自动净化具有 SPE 的高富集性，同时具有提取时间少、有机溶剂用量少和重现性好等优点。Naoto 等[68]开发了鸡蛋中 SMZ、SMM、SDM 和 SQ 的在线自动分析方法。鸡蛋样品采用 Ultrafree®-MC/PL 离心式超滤系统处理，以 Mightysil® RP-4 GP 作为色谱柱，流动相为28%乙醇溶液，光电二极管阵列检测器（PDA）检测。一个样品的分析时间小于 30 min，乙醇的用量小于 5 mL。在添加浓度 0.1 ppm、0.2 ppm、0.4 ppm 和 1.0 ppm①水平，方法回收率优于 80.9%，RSD 在 1.3%～4.7%之间；SMZ 的 LOQ 为 0.060 ppm，SMM 为 0.045 ppm，SDM 为 0.044 ppm，SQ 为 0.093。Pereira 等[69]建立了同时在线净化检测牛奶中 SMX 和 TMP 的二维 HPLC 法。牛奶样品离心后，取 15 μL 直接注入柱切换 HPLC 系统，先过 RAM C$_{18}$-BSA 柱，0～5 min 用 0.01 mol/L pH 6.0 磷酸盐缓冲液-乙腈（95+5，v/v）冲洗，去除蛋白，5 min 后用 0.01 mol/L pH 6.0 磷酸盐缓冲液-乙腈（83+17，v/v）冲洗，将分析物冲入 C$_{18}$ 分析柱；再以 0.01 mol/L pH 5.0 磷酸盐缓冲液-乙腈（82+18，v/v）为流动相，分离分析，UVD 在 265 nm 处检测。SMX 和 TMP 的线性范围分别为 25～800 ng/mL 和 50～400 ng/mL，LOD 分别为 15 ng/kg、25 ng/kg；不同浓度样品添加回收率为 94.4%～103.5%，CV 小于 15%。Fang 等[70]建立了在线 SPE-HPLC 检测方法，可同时检测鸡蛋、猪肉中的 SM$_1$ 等 10 种 SAs。HPLC 原有的进样六通阀被替换为在线的预浓缩柱，SAs 在柱上富集，然后被流动相洗脱。整个样品分析过程在 35 min 内完成。混合标准溶液浓度为 1 ng/mL 时，方法 CV 在 2.5%～7.8%之间；添加浓度为 4 μg/kg、6 μg/kg、8 μg/kg 时，鸡蛋的回收率为 69.5%～81.47%，猪肉的回收率为 66.35%～85.59%。

2.1.4.2　测定方法

随着兽药残留分析技术的发展，仪器分析方法在残留检测领域的地位越来越受到重视，动物源基质中 SAs 残留分析常用仪器分析技术见表 2-4。LC-MS/MS 具有高效快速、灵敏高、重复性好及提供确证信息等优点，已经逐渐成为 SAs 残留分析中最常用的方法；而免疫分析技术也已成为 SAs 残留分析的研究热点，但如何提高免疫分析法的灵敏度，避免假阳性结果的出现，还有待进一步研究。

（1）高效液相色谱法（high performance liquid chromatography，HPLC）

HPLC 是 SAs 残留分析的国际公认方法，但也有一定的局限性，主要表现在样品前处理步骤较多，分析时间长，不利于快速筛选，特别是在多残留分析时，很难实现色谱上的完全分离，而梯度洗脱的运用，可以一次分析更多的药物种类。随着超高效液相色谱（ultra performance liquid chromatography，UPLC）的发展，它同时实现了高分离度、高灵敏度和高分析速度，目前已经大量应用于 SAs 的残留分析。SAs 是酸碱两性药物，其保留能力与流动相的 pH、柱填料类型等有关。流动相一般为乙腈、甲醇、水，并常加入甲酸、乙酸、磷酸、磷酸盐缓冲液以及醋酸铵等，改善色谱分离，提高灵敏度。常用的色谱柱为 C$_{18}$ 柱和苯基柱，通过紫外检测器（ultraviolet detector，UVD）、二极管阵列检测器（diode-array detector，DAD；photo-diode array detector，PDA）、荧光检测器（fluorescence detection，FLD）、质谱检测器（mass spectrometry detector，MSD）、电化学检测器（electrochemical detector，ECD）以及化学发光检测器（chemiluminescent detector，CLD）等进行检测。

1）紫外检测器（UVD）和二极管阵列检测器（DAD/PDA）

SAs 结构中带有苯环，还具有较强的紫外吸收[71]，紫外检测常用的波长范围为 260-280 nm。

万春花等[72]建立了动物组织中的 15 种 SAs 的 HPLC 分析方法。样品用乙腈提取，经正己烷 LLP 净化和 SPE 净化后，进 HPLC 分析。采用 C$_{18}$ 色谱柱，柱温30℃，以乙腈-0.02%磷酸为流动相，流速 1.0 mL/min，梯度洗脱，在 268 nm 下测定。方法加标回收率在 80.3%～92.3%之间，灵敏度满足残留分析要求。Pecorelli 等[73]建立了同时测定动物肌肉中 10 种 SAs 的 HPLC 分析方法。匀浆后的样品用乙酸乙酯提取，阳离子交换 SPE 柱净化后，用 HPLC-DAD 在 270 nm 检测。方法按照 2002/657/EC 对特异性、灵敏度、准确度等进行验证，性能指标满足 SAs 残留分析的要求。赵海香等[74]以 MSPD 和

---

① ppm，parts per million，10^{-6} 量级

HPLC 技术为基础，采用低毒的乙酸乙酯为洗脱溶剂，建立了与环境友好的鱼肉组织中 8 种 SAs 的多残留快速分析法。采用 C_{18} 柱分离，柱温 30℃，50 mmol/L NaH_2PO_4-乙腈（70+30，v/v）为流动相，流速 0.7 mL/min，270 nm 紫外检测。8 种 SAs 被有效分离，在 0.01～1.0 μg/mL 范围内线性相关系数在 0.9999 以上；添加回收率为 76.0%～115.0%，RSD 小于 6.4%；仪器 LOD 均为 0.01 μg/mL，方法 LOD 为 0.02 μg/g。

Kishida 等[75]建立了鸡血浆中 SMM、SDM 及其 N_4-乙酰基代谢物的 HPLC 分析方法。样品用 4 mol/L 硫酸铵溶液均质提取，离心后用 HPLC 检测。在聚乙二醇反相色谱柱上分离，0.001 mol/L 乙酸钠为流动相，PDA 测定。在 0.1 μg/mL、0.5 μg/mL、1.0 μg/mL 添加浓度，方法回收率大于 78%，RSD 小于 4%；LOQ 优于 0.09 μg/mL。Jen 等[76]建立了猪下水中 SAs 的残留分析方法。样品用乙酸乙酯提取，HPLV-UVD 测定，ODS 反相色谱柱分离。在 0.05～10 μg/mL 范围，方法线性良好（$r>0.9999$），适用于猪下水中 SAs 的测定。Kishida 等[77]采用 HPLC-PDA 还检测了鸡血浆、肌肉、肝脏和鸡蛋中的 SMM、SDM 及其 N_4-羟基乙酰化代谢产物。样品用乙醇在手持式超声波匀浆器中提取，以反相 C_4 柱为分离色谱柱，乙醇-1%乙酸为流动相，梯度洗脱，PDA 检测。方法回收率大于 90%，RSD 小于%，LOQ 优于 30 ng/g。

Kishida 等[78]还开发了原料乳中 SMM、SDM 及其 N_4-乙酰基代谢物的 HPLC 分析方法。样品用乙醇-乙酸（97+3，v/v）提取，Hisep 屏蔽疏水相（SHP）色谱柱分离，pH 3.1 0.1%乙酸-乙醇（75+25，v/v）为流动相，PDA 测定。在添加浓度 25～500 ng/mL 的回收率均大于 81%，RSD 小于 5%；LOQ 优于 25 ng/mL。Tolika 等[79]开发了牛奶中 SDZ、STZ、SMTH、SMZ、SMPZ、SMMX、SMXZ、SIX、SDMX、SQX 等 10 种 SAs 的 HPLC-PDA 检测方法。用乙酸乙酯、正己烷、异丙醇混合提取，以 0.1%甲酸-乙腈-甲醇为流动相，梯度洗脱，在 265 nm 检测。3 个添加水平下的回收率在 93.9%～115.9%之间，RSD 低于 8.8%；CC_α 为 101.61～106.84 μg/kg，CC_β 为 105.64～119.01 μg/kg。张丽媛等[80]应用以离子液体为基础的均相液液微萃取技术，建立了酸奶样品中 SD、SMI、SM_2 和 SMZ 的 HPLC 分析法。通过加盐和调节酸奶样品的 pH，将酸奶样品中的蛋白质和脂类除去。用 C_{18} 色谱柱分离，柱温 35℃，流动相为 0.1%甲酸乙腈溶液和 pH 3 的 0.1%甲酸，梯度洗脱，流速 0.5 mL/min，进样量 20 μL，检测波长 265 nm。SD、SMI、SM_2 和 SMZ 的 LOD 分别为 8.17 μg/L、7.43 μg/L、6.71 μg/L、7.51 μg/L。应用该方法对 4 种酸奶样品进行分析，加标回收率在 95.78%～104.38%之间，RSD 低于 5.23%。

2）荧光检测器（FLD）

FLD 选择性强、灵敏度高，用于 SAs 的残留分析，样品的净化要求可以相对降低。但是 SAs 本身没有或只有较弱的荧光，不能直接用 FLD 检测，可以利用 SAs 结构中的氨基，通过柱前或柱后衍生，生成强荧光物质后进行检测。SAs 常用衍生化试剂主要是荧光胺，激发波长通常为 405～420 nm，发射波长为 485～495 nm。

Costi 等[81]报道了采用 HPLC-FLD 测定动物肌肉中 8 种 SAs 的残留检测方法。样品采用超分子溶剂微萃取提取后，用荧光胺进行原位衍生，再用 HPLC-FLD 测定。方法回收率在 98%～109%之间，重复性为 1.8%～3.6%，重现性为 3.3%～6.1%，LOQ 为 12～44 μg/kg。苏敏等[82]建立了动物肝脏中常见的 10 种 SAs 残留量的 HPLC-FLD 同时测定方法。样品用无水硫酸钠和乙腈提取，荧光胺柱前衍生化，用 HPLC-FLD 测定，外标法定量。RP18 色谱柱分离，柱温 55℃，进样量 50 μL，流动相为乙腈及 0.01 mol/L 磷酸二氢钾溶液，洗脱梯度，激发波长 405 nm，发射波长 495 nm。方法线性相关系数 $r>0.999$；LOD 为 2～10 μg/kg；在 5～100 μg/kg 添加水平范围内，平均回收率为 70.6%～90.2%，RSD 为 4.1%～7.6%。Stoev 等[39]建立了肉和肾脏中 10 种常用 SAs 的 HPLC-FLD 定量分析方法。用乙酸乙酯和丙酮提取，经 LLP 净化后，进 HPLC 测定。方法 LOQ 为 0.5～1 μg/kg；在 1 μg/kg、5 μg/kg、10 μg/kg 添加浓度，方法平均回收率分别为 64%、68%和 75%。Salisbury 等[83]建立了肌肉、肝脏和肾脏中 8 种 SAs 的 HPLC-FLD 测定方法。样品提取物用 pH 3.0 的缓冲液-乙腈（60+40，v/v）复溶，过滤后置入自动进样器中，程序进样，荧光胺柱前衍生，C_{18} 色谱柱分离，流动相为 0.02 mol/L 磷酸-乙腈（60.5+39.5，v/v），FLD 激发波长 405 nm，发射波长 495 nm，内标法定量。在 0.05～0.2 μg/g 添加浓度，方法回收率为 96%～99%，CV 为 4%～10%；LOD 在 0.01～0.015 μg/g 之间。Zotou 等[11]采用 HPLC-FLD 检测禽肉和蛋中的 12 种 SAs。样品用乙腈和浓磷酸提取，经 LLP 和 SPE 净化后，用荧光胺衍生化，再进 HPLC-FLD 测定。用 RP-18 色谱柱分离，甲醇-0.05 mol/L 乙酸缓冲液（pH 3.4）梯度洗脱。该方法在 3.0～300 μg/L 范围线性良好；肉的 LOD 为 2～17 μg/kg，平均回收率在 96.9%～108.6%之间；蛋的 LOD 为 2～15 μg/kg，平均回收率在 96.0%～108.4%之间。Bernal 等[84]开发了检测蜂蜜中 13 种 SAs 的 HPLC-FLD 分析方法。样品用甲醇提取，HPLC 梯度洗脱，用荧光胺在线柱前衍生化后，FLD 测定。方法回收率在 56%～96%，RSD 低于 10%，LOQ 在 4～15 ng/g 之间。

Maudens 等[59]采用 HPLC-FLD 检测了蜂蜜中的 12 种 SAs。样品经酸水解，再采用 LLP 和强阳离子交换 SPE 柱净化，HPLC-FLD 柱后衍生化测定。该方法 LOD 为 1～2 ng/g，LOQ 为 2～5 ng/g，线性系数 R^2 大于 0.997。Gehring 等[85]也建立了鲶鱼、虾和鲑鱼组织中 14 种 SAs 的柱后衍生 HPLC-FLD 检测方法。

3）质谱检测器（MSD）

随着液相色谱-质谱联用技术（LC-MS）的发展，特别是色谱-质谱接口技术的完善和超高效液相色谱-串联质谱技术（UPLC-MS/MS）的出现，LC-MS 已经大量应用于 SAs 的残留分析，成为目前 SAs 最灵敏的分析检测手段。在 LC-MS 分析中，一般采用尺寸较小的柱子，以乙酸或其他有机酸调节流动相的 pH 以便于汽化。SAs 测定通常采用电喷雾（ESI）接口，正离子扫描。

Shao 等[40]建立了猪组织（肉、肝、肾）中 17 种 SAs 的 LC-MS/MS 检测方法。样品用无水硫酸钠除水，乙腈提取，正己烷除脂，Sep-Pak 硅胶柱净化后，LC-MS/MS 检测，甲醇-0.1%甲酸溶液为流动相，梯度洗脱，ESI+、MRM 模式监测。方法回收率在 52%～120%之间，LOD 在 0.01～1.0 μg/kg 之间。金明等[86]建立了牛肝中 7 种 SAs 残留量的 UPLC-MS/MS 测定方法。样品经乙腈提取后，过 MCX 阳离子交换 SPE 柱净化，利用 UPLC-MS/MS 检测。色谱柱为 ACQITY UPLC™ C18柱，进样体积 5 μL，流动相为 0.2%甲酸甲醇溶液-0.2%甲酸溶液，梯度洗脱，ESI+、MRM 模式监测。该方法 LOD 为 0.02 μg/g；加标回收率为 70.6%～112.5%，RSD 为 2.6%～14.3%。我国国家标准 GB/T 20759—2006[87]规定了畜禽肉中 16 种 SAs 残留的检测方法。用乙腈提取，正己烷脱脂后，LC-MS/MS 检测。色谱柱为 Lichrospher 100 RP-18（5 μm, 250 mm×4.6 mm i.d.），流动相为乙腈-0.01 mol/L 乙酸铵溶液（12+88, v/v），流速 0.8 mL/min，柱温 35℃，进样量 40 μL，分流比 1∶3，ESI+、MRM 模式监测，外标法定量。方法 LOQ 为 2.5～40.0 μg/kg；添加水平 2.5～600.0 μg/kg 范围，回收率在 65.9%～110.1%之间，RSD 在 2.63%～12.67%之间。

刘正才等[88]建立了快速测定鳗鱼中 11 种 SAs 残留量的 UPLC-MS/MS 方法。采用乙腈-二氯甲烷混合溶剂提取，SPE 柱净化后，以 UPLC-MS/MS 测定。色谱柱为 Acquity UPLC BEH C18柱，流动相为 5 mmol/L 乙酸铵-0.2%（体积分数）甲酸和甲醇，梯度洗脱，流速 0.2 mL/min，进样量 10 μL，ESI+、MRM 模式分析，外标法定量。该方法的线性范围为 0～50 μg/kg，相关系数均大于 0.990；在 2.0 μg/kg、5.0 μg/kg、10 μg/kg、20 μg/kg 添加水平范围内的回收率为 63%～95%，RSD 为 1.0%～10.0%；LOQ 均小于 6 μg/kg。我国国家标准 GB/T 22951—2008[89]规定了豚鱼、鳗鱼中 18 种 SAs 残留量的 LC-MS/MS 测定方法。用乙腈提取，用正己烷脱脂后，供 LC-MS/MS 测定。色谱柱为 Atlantis C18（3 μm, 150 mm×2.1 mm），流动相为乙腈-0.1%甲酸-甲醇，梯度洗脱，流速 0.2 mL/min，柱温 35℃，进样量 20 μL，ESI+、MRM 模式监测，内标法定量。方法 LOQ 均为 5.0 μg/kg；在添加水平 5～50.0 μg/kg 范围内，回收率在 65.9%～110.1%之间，RSD 在 2.63%～12.67%之间。

郭伟等[90]应用 UPLC-MS/MS 分析牛乳中 24 种 SAs 残留。样品经改良的 QuEChERS 技术提取和净化，采用 BEH C18色谱柱分离，0.25%乙酸和乙腈作为流动相进行梯度洗脱，UPLC-MS/MS 在 ESI 正离子、MRM 模式下检测。24 种药物在 5～100 μg/kg 浓度范围内线性良好，相关系数 r 均大于 0.99；在 5～50 μg/kg 添加浓度水平，平均回收率在 64.2%～110.9%之间，RSD 为 3.2%～13.1%；方法 LOD 为 0.21～1.62 μg/kg。佘永新等[91]利用 UPLC-MS/MS 联用技术，建立了一种能在 10 min 内快速分离和测定牛奶中 24 种 SAs 残留的方法。样品经匀浆、超声、乙腈重复提取、氮吹浓缩，流动相溶解，饱和正己烷脱脂。采用 ACQUITY UPLC^{TM} BEH C$_{18}$ 柱分离,以乙腈-0.2%乙酸为流动相,梯度洗脱,目标分析物使用 UPLC-MS/MS 进行测定。以保留时间和离子对进行定性和定量,在 ESI+和 MRM 监测模式下进行样品分析。该方法 LOD 为 0.04～1.35 μg/kg,在 1～200 μg/L 范围内线性关系良好,回收率为 61%～117%,RSD 为 2.92%～18.98%。我国国家标准 GB/T 22966—2008[92]规定了牛奶和奶粉中 16 种 SAs 残留量的 LC-MS/MS 测定方法。用高氯酸溶液提取,Oasis HLB 固相萃取柱净化,LC-MS/MS 测定。色谱柱为 C$_{18}$(5 μm,150 mm×2.1 mm)柱,柱温 30℃,进样量 10 μL,流动相为 0.1%乙酸-甲醇,梯度洗脱,流速 0.2 mL/min,ESI+、MRM 模式扫描。外标法定量。方法 LOQ 为 1.0～4.0 μg/kg;牛奶回收率在 72.2%～94.9%之间,RSD 在 3.12%～8.45%之间;奶粉回收率在 79.1%～95.9%之间,RSD 在 2.35%～7.89%之间。

　　Thompson[93]建立了蜂蜜中 7 种 SAs 的 LC-MS/MS 分析方法。样品经酸水解后,过滤,直接进 LC-MS/MS 检测。采用梯度洗脱程序,在线自动净化,通过六通阀切换将净化后的分析物注入质谱系统。该方法回收率为 93.3%～101.9%,LOD 为 0.5～2 μg/kg。我国国家标准 GB/T 18932.17—2003[94]规定了蜂蜜中 16 种 SAs 的残留检测方法。用 pH 2 磷酸溶液提取,经阳离子交换柱和 Oasis HLB 固相萃取柱净化后,用 LC-MS/MS 检测。色谱柱为 Lichrospher®100 RP-18(5 μm,250 mm×4.6 mm i.d.),流动相为乙腈-0.01 mol/L 乙酸铵溶液(12+88,v/v),流速 0.8 mL/min,柱温 35℃,进样量 40 μL,分流比 1:3,ESI+、MRM 模式监测。在添加水平 1.0～300.0 μg/kg 内,其回收率在 70%～110%之间,RSD 在 2.65%～11.52%之间;LOD 为为 1.0～12.0 μg/kg。我国国家标准 GB/T 22947—2008[95]规定了蜂王浆中 18 种 SAs 残留量的 LC-MS/MS 测定方法。用去离子水提取,三氯乙酸沉淀蛋白,Oasis MCX 离子交换柱净化后,LC-MS/MS 测定。色谱柱为 Atlantis C$_{18}$(3 μm,150 mm×2.1 mm),流动相为乙腈-0.1%甲酸-甲醇,梯度洗脱,流速 0.2 mL/min,柱温 35℃,进样量 20 μL,ESI+、MRM 模式监测,内标法定量。方法 LOQ 均为 5.0 μg/kg;添加水平 5.0～50.0 μg/kg 范围,回收率为 74.9%～123.0%,RSD 为 2.12%～8.91%。

　　刘佳佳等[96]利用 LC-MS/MS 联用技术,建立了一种在 28 min 内快速分离和测定鸡肉、猪肉、牛肉、羊肉、蜂蜜、牛奶中 24 种 SAs 残留的方法。样品用乙腈和乙酸乙酯提取,经正己烷 LLP 净化后,进 LC-MS/MS 分析。采用 Eclipse XDB-C$_{18}$ 色谱柱,柱温 30℃,样品温度 25℃,进样体积 5 μL,流动相为乙腈和 0.2%乙酸溶液,流速 0.20 mL/min,梯度洗脱,ESI 正离子扫描,MRM 模式检测。该方法 LOD 为 0.27～7.45 μg/kg,LOQ 为 0.957～9.89 μg/kg;在 5～300 μg/L 范围内线性关系良好,在 10 μg/kg、20 μg/kg、50 μg/kg 三个添加浓度上的回收率为 60.8%～122.9%,RSD 为 0.01%～19%。

　　Huang 等[97]建立了一种液相色谱-四极杆串联线性离子阱质谱(LC-QqLIT)方法,分析动物组织中的 SAs。样品处理采用快速单管提取/多组分分配吸附净化技术(SEP/MAC),LC-QqLIT 在正离子化模式下进行 66 Da(NLS)中性丢失扫描及 m/z 108 母离子扫描(PreS),获得 SAs 全面的质子化分子离子峰,其中包括 N_4-乙酰基和羟胺代谢产物以及其可能的二聚体。另外,母离子扫描引起的结果自动提高了子离子谱图的采集,并且能够在一次分析中同时筛查、描绘和确认大量 SAs。该方法的准确度(67%～116%)、精密度(RSD<25%)和灵敏度(LOQ≤7.5 ng/g)能满足 SAs 的检测标准。通过将基质独立 SEP/MAC 方法和具有多参数匹配算法的低分辨 LC-QqLIT 结合,可以作为一个有价值的半定向筛查方法,用于快速筛查和对实际样品进行可靠的定量/确证分析。Heller 等[46]还建立了同时检测鸡蛋中 15 种 SAs 的 LC-MS^n 分析方法。样品用乙腈提取,经 C$_{18}$ SPE 柱净化后,用 LC-MS^2 测定。该方法的确证浓度可以达到 5～10 ng/g,定量范围在 50～200 ppb 之间。

　　液相色谱-四极杆-飞行时间质谱(LC-qTOF-MS)也开始用于 SAs 的筛选检测。Turnipseed 等[98]开发了 LC-qTOF-MS 筛查牛奶中多种 SAs 的方法。样品用乙腈提取,分子量截留过滤器净化后,用 LC-qTOF-MS 检测。采集 TOF 的 MS1 数据,通过保留时间和准确质量数筛查,准确度可以达到 97%,在关注水平的线性和回收率都可以接受。另外,[M+H]$^+$离子的二级质谱数据被用于确证。Peters 等[99]采用 LC-qTOF-MS 建立了鸡蛋、鱼、肉中 100 种兽药(包括 SAs)的筛查方法。该方法线性良好,回归系数平方大于 0.99;在 4～400 μg/kg 浓度范围,平均质量误差为 3 ppm,平均 SigmaFit 值为 0.04;

方法回收率在 70%～100%之间，重复性为 8%～15%，重现性为 15%～20%；灵敏度满足限量要求。

4）电化学检测器（ECD）

ECD 是一种灵敏和便宜的检测方法，采用 HPLC-ECD 测定 SAs 残留要比 DAD 灵敏一个数量级，但由于 SAs 对电极有污染并使其失活，需对电极进行预处理或采用脉冲循环电位扫描再生电极。

王建华等[100]采用 HPLC-ECD 法测定了鸡肉中 3 种 SAs 的残留量。用氯仿提取，氮气吹干，残渣溶于 KH_2PO_4 中，用正己烷脱脂，水相进 HPLC-ECD 分析。用 C_{18} 色谱柱，流动相为甲醇-0.01 mol/L KH_2PO_4（pH 6，体积比 25：75），检测电位 1.0 V，与 UVD 相比，ECD 有更高的灵敏度和选择性，LOD 为磺胺嘧啶 0.02 ng，磺胺甲氧哒嗪 0.06 ng，磺胺甲基异噁唑 0.07 ng；测得回收率和 RSD 分别为：磺胺嘧啶 75%、11%，磺胺甲氧哒嗪 80%、8.0%，磺胺甲基异噁唑 82%、9.0%。Carrazon 等[101]采用反相 HPLC-ECD，开发了检测磺胺甲基嘧啶、磺胺嘧啶和邻苯二甲酰基磺胺噻唑混合物的分析方法。并用玻-碳电极研究了磺胺甲基嘧啶氧化的电化学特性。当 pH 7.0，磺胺甲基嘧啶的浓度为 2.0×10^{-5}～1.0×10^{-4} mol/L 时，限制电流是扩散控制的。固定电极和旋转电极的差分脉冲伏安法检测限分别为 5.9×10^{-6} 和 3.3×10^{-6} mol/L。李曙光等[102]建立了一步有机溶剂提取、HPLC 分离、多孔石墨电极阵列检测器检测 10 种 SAs 在鸡肉中残留量的方法。采用乙腈-氯仿（10+1，v/v）提取，10 种 SAs 的提取收率均大于 50%；研究了 SAs 在多孔石墨电极上的氧化还原特征，确定检测电势为 455 mV、560 mV、630 mV、670 mV 和 710 mV；优化了 HPLC 分离条件，Hypersil BDS C_{18} 色谱柱，pH 5 30 mmol/L 磷酸二氢钠和乙腈线性梯度洗脱，40 min 内实现 10 种药物的基线分离。方法的 LOD 为：磺胺二甲基异噁唑 40 μg/kg，磺胺、磺胺嘧啶、磺胺甲基嘧啶、磺胺二甲基嘧啶、磺胺吡啶、磺胺噻唑、磺胺甲噻二唑、磺胺氯哒嗪和磺胺甲基异噁唑均为 20 μg/kg；在 0.1～2.0 mg/L 浓度范围内呈现良好的线性关系，相关系数 r 均大于 0.9978。该电极再生方法简单，可实现在线清洗，适用于食用畜禽产品中 SAs 残留量的分析。

Rao 等[103]报道了一种快速简便测定 SAs 的 HPLC-ECD 方法。将导电的掺杂硼的金刚石薄膜电极用于磺胺嘧啶、磺胺甲基嘧啶和磺胺二甲基嘧啶的电化学分析。循环伏安法、流动注射分析和 HPLC-ECD 检测等方法用于 SAs 的氧化反应研究。在金刚石电极上，比在两种新研磨的玻璃碳（GC）电极上，得到重复性更高的循环伏安图，本底电流在 10 min 快速达到稳定。3 种 SAs 的检测限可达到为 50 nmol/L，动态线性范围为三个数量级。Preechaworapun 等[104]采用掺硼金刚石（BDD）电极的安培检测器的检测了鸡蛋中的 SD、SM_2、SMM 和 SDM。流体动力学伏安图的最佳电势为 1100 mV，Ag/AgCl，并用于 HPLC-ECD 检测。回收率为 90%～107.7%，LOD 为 50～100 μg/kg。

5）化学发光检测器（CLD）

近年来开发的 HPLC-CID 是一个很有发展前途的高灵敏度检测方法，它通过双（2,2）三氯苯基草酸酯（TCPO）与过氧化氢作用，激发荧光体而发光。化学发光反应的发光值同反应物的浓度、比例、反应介质和混合管长度等因素有关。

Soto-Chinchilla 等[105]首次采用 HPLC-CID 来检测牛奶中 7 种 SAs。分析物经 HPLC 分离后，在化学发光系统，在咪唑催化下用荧光胺衍生。在不同的过氧草酸酯测试中，双[4-硝基-2-（3,3,9-丁氧羰基）苯基]草酸酯提供了更高的灵敏度和稳定性，避免了沉淀的问题。该方法 LOD 为 5 ng/mL，样品添加浓度在 5 ng/mL、10 ng/mL、20 ng/mL 时，回收率分别为 71.44%～94.94%、41.74%～71.87%、53.1%～96.79%。但该方法衍生化过程较繁琐，不适用于批量样品的分析。

（2）气相色谱法（gas chromatography，GC）

20 世纪 90 年代，GC 已经被广泛应用于食品中药物残留的检测。在早期的 SAs 残留分析中，GC 法应用较多，主要的检测器为电子捕获检测器（electron capture detector，ECD。随着质谱技术的发展，气相色谱-质谱联用法（gas chromatography-mass spectrometry，GC-MS）也有用于 SAS 的残留分析。

1）电子捕获检测器（ECD）

由于 ECD 的灵敏度高，许多杂质对其均有影响，样品处理比较复杂，净化要求较高，对操作人员专业性要求比较强，在常规检测实验室应用受到一定限制，且 GC 法因重氮甲烷试剂易爆炸而不宜采用。在 HPLC 方法成熟应用于动物源食品中 SAs 残留检测之后，GC-ECD 方法逐渐被淘汰。

我国早期制定的 SAs 残留检测标准方法就是 GC 法。检验检疫行业标准 SN 0221—93[106]规定了鸡肉中磺胺甲氧嘧啶和磺胺喹噁啉残留量的测定方法。样品用乙腈提取，正己烷 LLP 净化，重氮甲烷甲酯化后，用 GC-ECD 测定。色谱柱为熔融石英毛细管柱，进样口温度 280℃，检测器温度 300℃，载气、尾吹气均为氮气，流速分别为 7 mL/min、50 mL/min。磺胺甲氧嘧啶和磺胺喹噁啉的 LOQ 分别为 0.005 mg/kg、0.010 mg/kg，回收率在 75%～105%之间。SN 0498—95[107]规定了肉中磺胺间二甲氧嘧啶残留量的检测方法。样品用乙腈提取，浓缩后，加盐酸溶液及乙醚-正己烷（1+1，v/v）净化，乙酸乙酯反提，再采用重氮甲烷甲基衍生化，GC-ECD 测定。该方法 LOQ 为 0.01 mg/kg，回收率在 74%～107%之间。

2）质谱检测器（MSD）

气相色谱-质谱联用法（GC-MS）也是 SAs 残留监控中的确证方法之一。GC-MS 方法不但灵敏度高，而且能提供分析物结构信息，但在检测时需去掉 SAs 分子中极性基团（如氨基），进行衍生化，才能达到满意效果，处理步骤繁琐。MS 一般采用电子轰击（EI）电离源。如果重氮甲烷甲基化后杂质仍比较多的，可以进一步用硅胶 SPE 柱或 LLP 净化，或用五氟丙酸酐（PFPA）衍生。PFPA 衍生化后可以采用化学离子化（CI）电离源。

徐小妹等[108]建立了用 GC-MS 法测定猪组织中的磺胺二甲基嘧啶的方法。用氯仿-丙酮萃取样品，用硅胶和 SCX 离子交换 SPE 柱净化，再用 0.1 mol/L 磷酸二氢钠和甲基叔丁基醚 LLP 净化，有机相蒸干后，进行甲基化和甲硅烷化双衍生化，GC-MS 法测定。在 m/z 为 299 和 305 时，分别测定磺胺二甲基嘧啶衍生物与内标离子的丰度比，定量测定。添加浓度在 0.05 ppm、0.2 ppm 和 0.4 ppm 时，方法回收率在 86%～114%之间，RSD 在 2.8%～9.0%之间；LOD 为 0.01～0.02 ppm。Reeves[109]建立了牛奶中 9 种 SAs 的多残留 GC-MS 检测方法。样品中加入盐酸羟胺后，用乙酸乙酯提取，环己基 SPE 柱净化，经甲基-氨基-3-氟代烷衍生化后，GC-MS 检测。采用正化学离子化（PCI）电离源，选择离子监测（SIM）模式检测。该方法 LOD 为 10 μg/L。

（3）毛细管电泳法（capillary electrophoresis，CE）

CE 或高效毛细管电泳（HPCE）是一类以毛细管为分离通道，以高压直流电场为驱动力的新型液相分离分析技术，近年来发展迅猛并得到广泛应用。与 GC 和 LC 相比，CE 分离度高、快速、进样量少、有机溶剂消耗少、样品前处理要求低，已用于多种基质中 SAs 残留的检测。但由于 CE 进样量小，也限制了其检测灵敏度。

Ackermans 等[110]采用毛细管区带电泳分析技术，测定了猪肉样品中的 16 种 SAs 残留。样品用乙腈均质提取，离心后的上清液直接进行毛细管区带电泳分析，压力注射时间 10 s，进样体积 18 nL，Polymicro Technology 毛细管柱（长 116.45 cm，进样与检测的距离为 109.75 cm，i.d. 50 μm），pH 为 7.0 时分离效果最佳。方法线性相关系数达到 0.999，LOD 在 2～9 mg/kg 之间。Lamba 等[111]建立了采用胶束毛细管电泳-FLD 检测牛奶中 5 种 SAs 的残留分析方法。SAs 的荧光胺衍生物，以 13.32 mmol/L 磷酸氢二钠、6.67 mmol/L 磷酸二氢钾和 40 mmol/L 十二烷基硫酸钠缓冲液（pH 7.5）为胶束相，正电压 21 kV、25℃分离，利用 UG-11 激发滤光片和 495 nm 发射滤光片进行检测，7 min 内完成分离检测。该方法的 LOD 为 1.59～7.68 nmol/L，回收率为 85%～114%。You 等[112]等报道了一种采用 CE-柱端-ECD 检测尿液中 SDZ 和 SMZ 的分析方法。Ag/AgCl 电极电位为 1.1 V，方法 LOD 为 0.1 μmol/L，校准曲线的线性范围 3 个数量级，SDZ 峰值电流和迁移时间的 RSD 分别为 2.3%和 2.7%，SMZ 为 0.8%和 1.3%。

（4）薄层色谱法（thin layer chromatography，TLC）

随着现代仪器分析技术的发展，TLC 技术由于受到操作、灵敏度等因素的影响，在残留分析中的应用逐渐减少。

Sherma 等[113]采用 TLC 方法检测蜂蜜中的 ST。提取液用氧化铝-阴离子交换 SPE 柱净化，布拉顿-马歇尔重氮化偶合试剂显色，定量硅胶 TLC 分离检测。该方法定量范围为 0.1～1 ppm。Reimer 等[114]用 TLC 检测沙丁鱼中 SDZ、SMRZ、SMTZ、SDMX 和 SP 等 5 种 SAs 残留。采用了 MSPD 提取方法，

样品与 C_{18} 混匀装柱，10%甲苯正己烷溶液洗涤，二氯甲烷洗脱，蒸干后用 HPTLC 检测，乙酸乙酯-正丁醇-甲醇-氨水（35+45+15+2，v/v）为展开剂，荧光胺喷雾后检测。该方法线性范围在 0~2 ppm 之间，5 种 SAs 的 LOD 在 0.04~0.10 ppm 之间，LOQ 在 0.07~0.44 ppm 之间，平均回收率为 57%~63%。

（5）免疫分析技术（immunoanalysis）

1）酶联免疫吸附法（enzyme linked immunosorbent assay，ELISA）

ELISA 具有灵敏度高、特异性强、操作简便、快速的特点，有利于对大批量样品进行快速筛选检测。

Haasnoot 等[115]将磺胺噻唑衍生物连接到小牛血清蛋白（BSA）上，免疫小鼠，制备出针对 SAs 通用结构的单克隆抗体。通过优化单克隆抗体 27G3 的间接竞争 ELISA（ciELISA）方案，8 种结构不同的 SAs 的 IC_{50} 均小于 100 ng/mL 或 5 ng/孔。该研究小组[116]又采用类似技术将 SAs 的芳氨基与 BSA、匙孔血蓝蛋白（KLH）和辣根过氧化物酶（HRP）偶联，制备了 8 种不同 SAs 的多克隆抗体。利用这些抗血清和辣根过氧化物酶结合物开发的直接竞争 ELISA 试剂盒（cdELISAs）表现出较高的敏感性（IC_{50} 为 0.2~8.0 ng/mL）和高特异性，并于之前制备的单克隆抗体进行了比较。李君华等[117]采用重氮化法合成免疫抗原，通过免疫 BALB/c 小鼠进行融合，获得高特异、高灵敏度的单克隆抗体。在建立磺胺二甲嘧啶单克隆抗体杂交瘤细胞株和阻断 ELISA 的基础上，研制出一种一步法检测磺胺二甲嘧啶的 ELISA 快速检测试剂盒。结果表明，该试剂盒检测范围为 0.5~40.5 μg/L，检测时间为 30 min，IC_{50} 为 1.4 μg/L，LOD 达 0.1 μg/L。经大量现场试验，猪肉组织的 LOD 为 1 μg/kg，猪饲料为 1 μg/kg，猪尿为 1.8 μg/L，牛奶为 1.5 μg/L，测试的平均回收率在 70%~110%之间。Zhou 等[118]以一种新型半抗原和单克隆抗体为基础，建立了 ciELISA 试验方法，用来检测食用动物组织中的 SAs 残留。以这种新型半抗原和载体分子偶联作为抗原免疫小鼠，免疫后的小鼠脾脏细胞可产生针对 SAs 的特异性抗体。所获得的单克隆抗体 4E5 对 16 种不同结构的 SAs 具有交叉反应。利用得到的单克隆抗体，建立并优化了 ciELISA 方法，该方法仅利用磷酸盐缓冲液就可快速提取、检测组织中的磺胺类药物。利用该方法对鸡肉中磺胺类药物进行检测，可检出范围为 1.5~22.3 μg/kg，回收率为 70.6%~121%，RSD 小于 24.1%。

2）胶体金免疫层析法（immune colloidal gold technique，GICT）

胶体金免疫层析是以胶体金作为示踪标志物应用于抗原抗体的一种新型的免疫标记技术。胶体金是由氯金酸（$HAuCl_4$）在还原剂如白磷、抗坏血酸、枸橼酸钠、鞣酸等作用下，聚合成为特定大小的金颗粒，并由于静电作用成为一种稳定的胶体状态，称为胶体金。胶体金在弱碱环境下带负电荷，可与蛋白质分子的正电荷基团形成牢固的结合。胶体金免疫层析法因其快速、简便、灵敏度高的优点成为近几年用于牛奶、鸡蛋中残留检测的新方法。

Verheijen 等[119]由抗 SD 的多克隆抗体制备了胶体金试纸条，并建立了一步测试免疫分析方法。测试中的捕获试剂是被固定在该试纸条横向流动膜的 SD-卵清蛋白（OVA）偶联物。在测试过程中，150 μL 的液体样品（缓冲液、尿液或牛奶）被加入试纸条的样品孔，在膜上迁移。样品里的分析物越多，与膜上固定的 SD 竞争结合检测试剂中有限抗体的效率就越高。样品中足够量的 SD 将阻止检测试剂中抗体与固定在膜上 SD 的结合。因此，阳性样本在读出区域将不显示测试线。应用该试纸条测试牛尿中 SD 的 LOD 为 10 ng/mL，牛奶为 20 ng/mL。该试纸条的主要优势是可在 10 min 获得结果，且所有试剂均包含在试纸条中，但该试纸条仅适用于定性测定，测试线的存在与否，仅分别表示样品中 SD 浓度的低或高。Wang 等[120]探讨和建立了一种快速免疫层析法检测鸡蛋和鸡肉中的磺胺嘧啶。基于竞争的反应机理，磺胺嘧啶-BSA 偶联物被固定于硝酸纤维素膜的检测区内作为捕获试剂；磺胺嘧啶的单克隆抗体偶联在胶体金颗粒上，作为检测试剂。该半定量测定方法可在 15 min 之内完成。磺胺嘧啶的 LOD 能达到 5 μg/kg，且不易被其他 SAs 干扰；在 10 μg/kg、20 μg/kg 和 100 μg/kg 添加水平，鸡蛋的回收率为 71%~97%，肌肉为 71%~95%。与 ELISA 方法和 HPLC 方法结果一致。

表 2-4　动物源基质中常用的 SAs 残留分析技术

基质	化合物	提取方法	净化方法	参数	检测方法	文献
牛奶	SMZ, SDZ, SDM, STZ, SQX, SPD, SCP, SMR	乙腈提取，加入含 0.1%甲酸试管中氮吹至 0.5 mL	用 0.1%甲酸预处理的 3000 Da 滤膜，17000 g 离心 15 min	回收率: 54%~154%; RSD: 9%~33%	LC-TOF-MS	[98]
牛奶	SDZ, SPD, SMZ, SMM, SDTX, SQX	氯仿-丙酮	阴离子交换柱	回收率: 56%; CCα: 110 μg/kg	LC-DAD	[60]
牛奶	SDZ, SQX, SMTH, SDM	8 mol/L 盐酸提取	DSC-18 SPE 净化	LOD: 13.2~16.7 μg/kg; 回收率: 99%~123%	LC-PDA	[121]
牛奶	STZ, SMTZ, SDM	二氯甲烷提取	硅胶 SPE 柱净化，荧光胺柱前衍生化	LOD: 0.3~2.5 μg/L; RSD: 4.4%~6.4%; 回收率: 63.2%~91.2%	LC-FLD	[35]
牛奶	SDZ, SMZ, SMX, SDX, SDM	乙腈提取		回收率: 90%~125%; RSD: 2.1%~7.9%	LC-MS/MS	[122]
牛奶	SDZ, STZ, SMTH, SMZ, SMPZ, SMMX, SMXZ, SZX, SDMX, SQX	乙酸乙酯-正己烷 (62.5+37.5, v/v), 异丙醇混合溶剂提取		回收率: 93.9%~115.9%; RSD: 小于 8.8%; LOD: 2.3~9.7 μg/kg	LC-DAD	[79]
牛奶	AMTZ, SQX, SMTX	30%三氯乙酸, McIlvaine pH 4 缓冲液依次提取	HLB SPE 柱净化	回收率: 83%~112%; RSD: 2.6%~6.5%; LOD: 20 ng/mL	LC-DAD	[51]
牛奶	SDZ, STZ, SMTZ, SMXP, SMM, SCP, SMT, SMTX, SQX	磷酸缓冲液提取	C18 SPE 和 NH2 SPE 柱净化	回收率: 72.1%~88.3%; RSD: 2.3%~5.0%; LOD: 1.7~2.8 μg/L	LC-DAD	[16]
牛奶	SMD, SDZ, STZ, SMTZ, SMPD, SMM, SMOZ, SDMT	无水硫酸钠，加 30%氯化钠	氨基 SPE 柱净化	回收率: 72.9%~85.9%; RSD: 3.7%~7.1%; CCα: 10.6~11.1 μg kg	LC-DAD	[55]
蜂蜜	STZ, SPD, SMR, SME, SMP, SCP, SMX, SMM, SSX, SPM, SQM	盐酸水解	HLB SPE 净化	LOD: 0.5~5 μg/kg; 回收率: 52%~85%	LC-MS/MS	[17]
蜂蜜	STZ, SMZ, SDTX	2 mol/L 盐酸水解，加 30%氯化钠，二氯甲烷提取	弗罗里硅土 SPE 柱净化	LOD: 3.3~4.6 μg/kg; 回收率: 61%~95%	LC-UVD	[44]
蜂蜜	SCP, SDZ, SDT, SDX, SMR, SMTX, SMZ, SMP, SMX, SME, SAD, SPD, SQX, STZ, SSZ, SIP	10%三氯乙酸水解, Na2HPO4 (pH 12) 调至 pH 6.5, 乙腈-二氯甲烷 (4+1, v/v) 提取		回收率: 35%~69%; LOD: 0.4~4.5 μg/kg; RSD: 4%~9%	LC-MS/MS	[18]
蜂蜜	STZ, SPD, SDZ, SMA, SMMT, SCPD, SMTX, SDMX	C18 作吸附剂, MSPD 提取	9-FMOC-CL 柱前衍生化, 硅胶 SPE 柱净化	回收率: 大于 70%; RSD: 小于 16%	LC-FLD	[24]
鸡蛋	SDX, SMR, SPD, SFX, SDZ, SMZ, STZ, SCP, SMTZ, SMZ, SMM	0.1 mol/L EDTA 处理的硅藻土装入不锈钢萃取池，乙腈水、丙酮淋洗，最后 1:1 的乙腈 pH 6 缓冲液	苯池超声 15 min 后，依次用碱性溶液、-0.01 mol/L 琥珀酸缓冲液 (1+1, v/v) 在 70℃, 1500 psi 下 PLE 提取	回收率: 58%~78%; RSD: 8%~22%	UPLC-MS/MS	[123]
鸡蛋	SAT, STZ, SMZ, SMP, SMT, SCP, SMX, SDMX, SQX	乙腈提取	C18 SPE 净化	回收率: 87%~116%; RSD: 8.5%~27.2%; CCα: 101.0~122.1 μg/kg	LC-MS/MS	[45]
鸡蛋	SDZ, STZ, SMZ, SPZ, SCZ, SMM, SDT, SQX	二氯甲烷-丙酮 (50+50, v/v) 提取, 乙酸酸化	芳香族磺酸阴离子交换柱	RSD: 小于 21%; CCα: 16.1~20.5 μg/kg	LC-MS/MS	[58]

续表

基质	化合物	提取方法	净化方法	参数	检测方法	文献
虾	SDZ, SMR, SCP, SDMT, SQX	不同 pH 水相提取	在线 SPE 净化	回收率：77%~115%; CV：小于 15%	UPLC-MS/MS	[124]
肉	SDZ, SPZ, STZ, SMZ, SMPZ, SMM, SCZ, SMTZ, SSX, SQZ, SDMZ, SG, SA, SAA, SIM, SD, STZ, SP, SM	0.1 mol/L EDTA-乙腈提取, 氮吹, 水复溶			UPLC-MS/MS	[125]
肉	SMO, SMZ, SME, SMT, SMP, SCP, SMX, SMM, SDM, SSA, SB, PST, SDO, SQX, SNT, SNZ	乙腈提取	正己烷除脂, 乙酸乙酯反提	回收率：67.8%~113.9%	UPLC-MS/MS	[7]
肉	SDZ, STZ, SMR, SMT, SMMX, SMXZ, SQX, SDMX	SPME: PDMS/DVB 提取		LOD：16~39 μg/kg; RSD：小于 15%	LC-MS	[20]
肉	SDX, STZ, SMR, SDM, SMTZ, SMMX, SCD, SDZ, SDMX, SQX	丙酮-氯仿 (1+1, v/v)	阴离子交换 SPE 柱净化	回收率：66.3%~71.5%	LC-UVD	[9]
肉	SMO, SMT, SMR, SMZ, SIM, SMM, SDM, SPD, SCP, SMP, SDZ, SQX	MSPD: 2 g C18 作分散剂与 1 g 样品混合装柱, 用 10 mL 甲醇洗脱, 0℃		回收率：89%~101%; LOD：0.08~0.35 μg/kg	LC-MS/MS	[126]
肉	SIM, SDZ, SPD, SMR, SMO, SMZ, SMT, SMP, SMM, SCP, SMX, SQX, SDM	样品与 C18、硅藻土混合装柱, 用 10 mL 水在 160℃, 100 atm 萃取	冷冻后, 10000 r/min 离心	回收率：70%~100%; RSD：7%~9%; LOD：0.6~2.6 μg/kg	LC-MS/MS	[30]
鸡肉	SDZ, SPD, STZ, SMD	pH 6.0 磷酸缓冲液提取	HLB 净化, 荧光衍生化	回收率：78.0%~105.2%; RSD：9.3%; LOQ：0.2~4.0 μg/kg; LOD：1.10~6.85 μg/kg	LC-FLD	[15]
鸡肉	SDZ, SMZ, SMXZ	2%乙酸-丙酮提取	正己烷 LLP 除脂, ENVI-18 SPE 净化	回收率：68.9%~102.6%; RSD：8.6%	LC-MS/MS	[13]
猪肉	SMT, SCT, SPD, SDZ, SCPD, SMXZ, SMZ, SSX, SMMX, SDX, SMPD, SDTX, STZ, SMTZ, SM, SPZ	乙腈提取	正己烷 LLP 除脂	回收率：75.4%~97.3%; RSD：3.5%~14.1%; LOD：1.0~12.0 μg/kg	LC-MS/MS	[127]
猪肉、猪肝、鸡肉、牛肉	SDZ, SMTZ, STZ, SDTX, SMRZ, SPD, SMTX, SMTZ, SQX, SMT, SMMX, SCPD	乙腈提取	C18 SPE 净化, FMOC-Cl 柱前衍生化, 硅胶 SPE 柱净化	回收率：77%~103.3%; RSD：7.1%~11.2%	LC-FLD	[48]
猪肉、猪肝、猪肾	SA, SIM, SDZ, SPD, STZ, SMR, SMO, SME, SMT, SMP, SCP, SMX, SIX, SMO, SDM, SQX, SNT	无水硫酸钠+乙腈提取	正己烷 LLP 除脂, Sep-Pak silica 柱净化	回收率：52%~120%; LOD：0.01~1.0 μg/kg	LC-MS/MS	[40]
鸡组织	ST, SA, SDZ, SDM, STZ, SMX, SQX, SCP, SMR, SMT, SMD, SNT, SIX, SDMD, SPD, SMPD, SMXL	乙腈提取	正己烷 LLP 除脂, Silica 柱净化	回收率：52.3%~124.9%; LOD：0.02~1 μg/kg; RSD：1.0%~17.6%	LC-MS/MS	[41]
鸡肝	SDZ, SMT, SDMD, SQX, SDM, SMM, SMPD, SMX, ST, SPD, SMR, SCP	1%乙酸-乙腈提取	氨基柱净化, HEX 脱脂	回收率：72%~121%; RSD：1.5%~23.4%; LOD：5 μg/kg	UPLC-MS/MS	[12]
肝、肾	SDZ, SMA, SDM, SMPD, SSZ, SMMX, SMTX, SSX, SDMX, SQX	乙酸乙酯提取	Bond Elut PSA 柱净化	回收率：70.8%~98.2%; RSD：小于 7.0%; LOD：30 μg/kg	LC-MS/MS	[52]

2.2　公定方法

2.2.1　河豚鱼、鳗鱼中18种磺胺残留量的测定　液相色谱-串联质谱法[89]

2.2.1.1　适用范围

用于河豚鱼、鳗鱼中18种磺胺（磺胺嘧啶、磺胺噻唑、磺胺吡啶、磺胺甲基嘧啶、磺胺-6-甲氧嘧啶、磺胺甲噻二唑、磺胺二甲基嘧啶、磺胺甲氧哒嗪、磺胺对甲氧嘧啶、磺胺氯哒嗪、磺胺甲基异噁唑、磺胺邻二甲氧嘧啶、磺胺二甲基异噁唑、磺胺苯酰、磺胺氯吡嗪、磺胺苯吡唑、磺胺间二甲氧嘧啶、磺胺喹噁啉）残留量液相色谱-串联质谱测定。方法检出限均为5.0 μg/kg。

2.2.1.2　方法原理

河豚鱼、鳗鱼中磺胺类药物残留用乙腈提取，离心，上清液经无水硫酸钠脱水后，用氮气浓缩仪吹至近干，残渣用乙腈-0.01 mol/L乙酸铵溶液溶解，用正己烷脱脂，过0.2 μm滤膜后，样品溶液供液相色谱-串联质谱仪测定，内标法定量。

2.2.1.3　试剂和材料

甲醇、乙腈、甲酸、正己烷：色谱纯；乙酸铵：优级纯；无水硫酸钠：分析纯，经650℃灼烧4 h，置于干燥器中备用。

0.01 mol/L乙酸铵溶液：称取0.77 g乙酸铵溶于1000 mL水中。

定容液：乙腈-0.01 mol/L乙酸铵溶液（3+22，v/v），量取12 mL乙腈和88 mL乙酸铵溶液混合均匀；0.1%甲酸溶液：吸取1.0 mL甲酸，用水稀释至1000 mL。

18种磺胺标准物质：纯度≥99%。

0.1 mg/mL标准储备溶液：准确称取适量的每种磺胺标准物质，用甲醇分别配成0.1 mg/mL的标准储备溶液，该溶液在4℃保存。

5.0 μg/mL磺胺混合标准工作溶液：分别吸取各标准储备溶液0.5 mL移至10 mL容量瓶中，用甲醇稀释至刻度，配成5.0 μg/mL混合标准工作溶液。该溶液在4℃保存。

磺胺内标物质：磺胺甲基异噁唑-D4、磺胺嘧啶-D4、磺胺噻唑-D4。纯度≥99%。

5.0 μg/mL磺胺甲基异噁唑-D4、磺胺嘧啶-D4、磺胺噻唑-D4内标标准储备溶液：称取适量磺胺甲基异噁唑-D4，磺胺嘧啶-D4，磺胺噻唑-D4标准物质，用甲醇分别配成0.1 mg/mL，该溶液在4℃保存。

磺胺混合内标工作溶液：分别吸取磺胺甲基异噁唑-D4，磺胺嘧啶-D4，磺胺噻唑-D4储备溶液0.5 mL移至10 mL容量瓶中，用甲醇稀释至刻度，配成浓度为5 μg/mL混合内标工作溶液。该溶液在4℃保存。

基质标准工作溶液：吸取不同体积混合标准工作溶液和4 μL混合内标工作溶液，用空白样品提取液配成5.0 ng/mL、10.0 ng/mL、20.0 ng/mL、50.0 ng/mL、100.0 ng/mL不同浓度的基质标准工作溶液。当天配制。

2.2.1.4　仪器和设备

液相色谱-串联质谱仪：配有电喷雾离子源。分析天平：感量0.1 mg，0.01 g。离心管：50 mL。均质器。液体混匀器。离心机。氮气浓缩仪。浓缩管：10 mL。

2.2.1.5　样品前处理

（1）试样制备

从全部样品中取出有代表性样品约1 kg，充分搅碎，混匀，均分成两份，分别装入洁净容器内。密封作为试样，标明标记。在抽样和制样的操作过程中，应防止样品受到污染或发生残留物含量的变化。将试样于−18℃冷冻保存。

（2）提取净化

称取10 g试样，精确至0.01 g。置于50 mL离心管中，加入20 μL内标工作溶液，然后加入20 g

无水硫酸钠和 25 mL 乙腈，均质 2 min，以 3000 r/min 离心 3 min。上清液转移至 50 mL 容量瓶中，残渣再加入 20 mL 乙腈，重复上述操作一次。合并提取液，用乙腈定容至刻度后，混匀。吸取 10 mL 至浓缩管中，在 45℃水浴中氮气吹至近干。准确加入 1 mL 定容液和 1 mL 正己烷溶解残渣，涡旋 1 min，以 3000 r/min 离心 3 min，吸取上层正己烷弃去，再加入 1 mL 正己烷，重复上述步骤，直至下层水相变成透明液体。取下层清液，过 0.2 μm 滤膜后，用液相色谱-串联质谱仪测定。

按上述操作步骤制备样品空白提取液。

2.2.1.6 测定

（1）液相色谱条件

色谱柱：Atlantis，3 μm，150 mm×2.1 mm（内径）或相当者；流动相：A 为乙腈，B 为 0.1%甲酸溶液，C 为甲醇。梯度洗脱条件见表 2-5；流速：0.2 mL/min；柱温：35℃；进样量：20 μL。

表 2-5　流动相梯度条件

时间/min	A/%	B/%	C/%
0.00	10.0	80.0	10.0
3.00	20.0	70.0	10.0
8.00	35.0	55.0	10.0
12.00	70.0	20.0	10.0
12.01	10.0	80.0	10.0
17.00	10.0	80.0	10.0

（2）质谱条件

离子源：电喷雾离子源；扫描方式：正离子扫描；检测方式：多反应监测；电喷雾电压：5500 V；雾化气压力：0.076 MPa；气帘气压力：0.069 MPa；辅助气流速：6 L/min；离子源温度：350℃；定性离子对、定量离子对、碰撞气能量和去簇电压见表 2-6。

表 2-6　18 种磺胺的定性离子对、定量离子对、碰撞气能量和去簇电压

化合物	定性离子对（m/z）	定量离子对（m/z）	碰撞气能量/V	去簇电压/V	保留时间/min
磺胺嘧啶	251/156 251/185	251/156	23 27	55 50	4.45
磺胺噻唑	256/156 256/107	256/156	22 32	55 47	4.77
磺胺吡啶	250/156 250/184	250/156	25 25	50 60	5.39
磺胺甲基嘧啶	265/156 265/172	265/156	25 24	50 60	6.20
磺胺-6-甲氧嘧啶	281/156 281/215	281/156	25 25	65 50	7.75
磺胺甲噻二唑	271/156 271/107	271/156	20 32	50 50	7.76
磺胺二甲基嘧啶	279/156 279/204	279/156	22 20	55 60	7.83
磺胺甲氧哒嗪	281/156 281/215	281/156	25 25	65 50	8.01
磺胺对甲氧嘧啶	281/156 281/215	281/156	25 25	65 50	8.75
磺胺氯哒嗪	285/156 285/108	285/156	23 35	50 50	8.91
磺胺甲基异噁唑	254/156 254/147	254/156	23 22	50 45	9.29
磺胺邻二甲氧嘧啶	311/156 311/108	311/156	31 35	70 55	9.29

续表

化合物	定性离子对（m/z）	定量离子对（m/z）	碰撞气能量/V	去簇电压/V	保留时间/min
磺胺二甲基异噁唑	268/156 268/113	268/156	20 23	45 45	9.72
磺胺苯酰	277/156 277/108	277/156	20 35	85 85	10.50
磺胺氯吡嗪	285/156 285/108	285/156	24 37	53 53	10.85
磺胺苯吡唑	315/156 315/160	315/156	32 35	55 55	11.11
磺胺间二甲氧嘧啶	311/156 311/218	311/156	31 27	70 70	11.12
磺胺喹噁啉	301/156 301/208	301/156	25 28	42 42	11.22

（3）液相色谱-串联质谱测定

用基质混合标准工作溶液分别进样，以各标准峰面积与内标峰面积的比值为纵坐标，以各标准工作溶液浓度与内标溶液浓度的比值为横坐标，绘制标准工作曲线，用标准工作曲线对样品进行定量，样品溶液中 18 种磺胺的响应值均应在仪器测定的线性范围内。在上述色谱条件和质谱条件下，18 种磺胺的参考保留时间见表 2-6。18 种磺胺的标准多反应监测（MRM）色谱图见图 2-1。

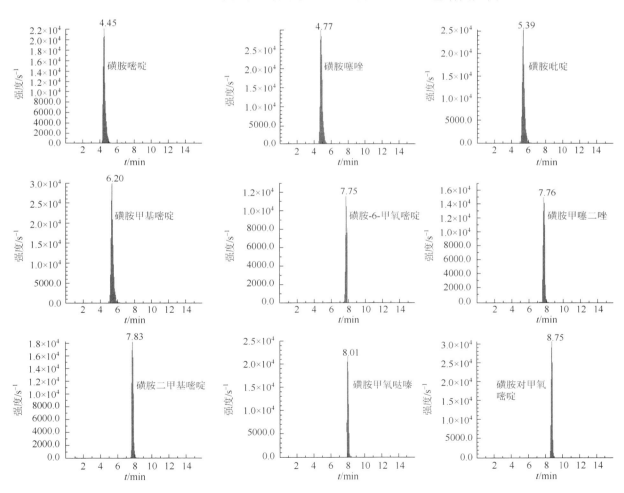

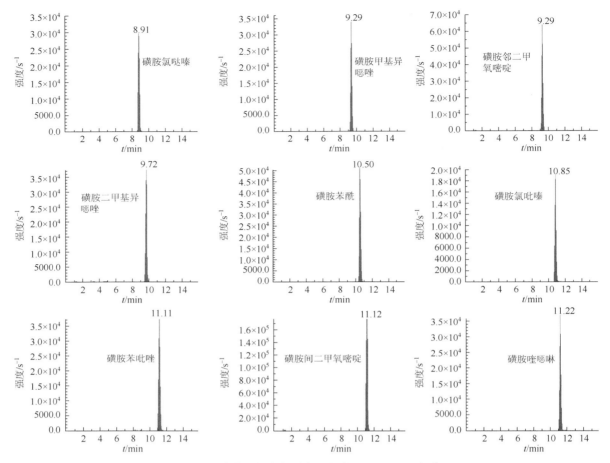

图 2-1　18 种磺胺标准物质多反应监测（MRM）色谱图

2.2.1.7　分析条件的选择

（1）样品前处理方法的优化

重点对比了三氯甲烷提取，硅胶柱净化；Na_2EDTA-Mcllvaine 缓冲溶液提取，Oasis HLB 固相萃取柱净化；乙腈提取，氧化铝柱净化和乙腈提取蒸干后用正己烷去除脂肪这四种提取净化体系。实验发现用三氯甲烷提取时，提取出的脂肪较多，过硅胶柱后，磺胺的回收率很低。Na_2EDTA-Mcllvaine 缓冲溶解提取，用 Oasis HLB 固相萃取柱净化，回收率在 40%～80%之间，且不稳定。因此前两种方法不适用河豚鱼和鳗鱼中多种磺胺的测定。后两种方法，回收率和净化效果均很好，但因为乙腈提取，氧化铝柱净化时，用甲醇-水（15+85，v/v）洗脱吸附在氧化铝柱上的磺胺残留，在蒸干时特别费时。因此本方法选择乙腈提取后，用正己烷去掉脂肪的方法制备样品。

（2）质谱条件的优化

采用注射泵直接进样方式，以 5 μL/min 将每种 5 μL/mL 的磺胺标准溶液分别注入离子源中，在正离子检测方式下对每种磺胺进行一级质谱分析（Q1 扫描），得到每种磺胺的分子离子峰，对每种磺胺的准分子离子峰进行二级质谱分析（子离子扫描），得到碎片离子信息，然后再对得到的每种磺胺的二级质谱的去簇电压（DP）、碰撞气能量（CE）、电喷雾电压、雾化气和气帘气压力进行优化，使每种磺胺的分子离子与特征碎片离子产生的离子对强度达到最大时为最佳，得到每种磺胺的二级质谱图，见图 2-2。

从图 2-2 中选择每种磺胺的定性离子对和定量离子对，将液相色谱和串联四极杆质谱仪联机，再对离子源温度、辅助气流速进行优化，使样液中每种磺胺的离子化效率达到最佳。

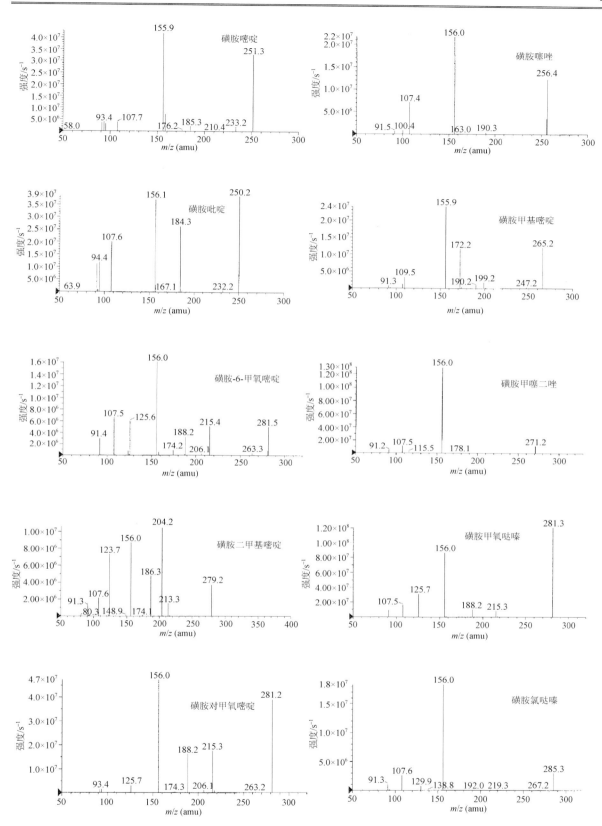

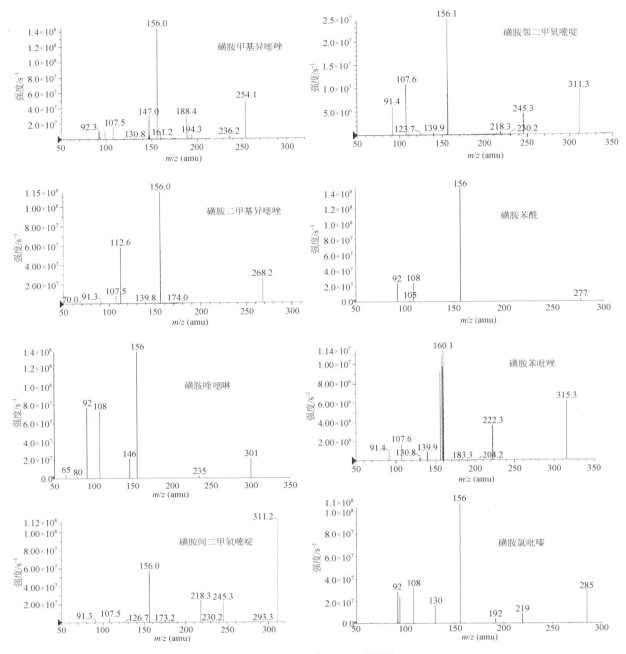

图 2-2　18 种磺胺二级质谱图

2.2.1.8　线性范围和测定低限

根据磺胺类药物的灵敏度，用样品空白提取液配成一系列质基标准工作溶液，在选定的色谱条件和质谱条件下进行测定，进样量 20 μL，用峰面积对基质标准工作溶液中被测组分的浓度作图，其线性范围、线性方程和线性相关系数见表 2-7。

表 2-7　18 种磺胺的线性范围、线性方程和相关系数

化合物	线性范围/ng	线性方程	相关系数
磺胺甲噻二唑	0.4～20	$Y=11000X+1810$	0.9993
磺胺二甲基异噁唑	0.4～20	$Y=2720X+3010$	0.9995
磺胺氯哒嗪	0.4～20	$Y=3220X+9460$	0.9996
磺胺嘧啶	0.4～20	$Y=2030X+3400$	0.9999

续表

化合物	线性范围/ng	线性方程	相关系数
磺胺甲基异噁唑	0.4～20	$Y=1610X+1840$	0.9998
磺胺噻唑	0.4～20	$Y=3090X+2330$	0.9995
磺胺-6-甲氧嘧啶	0.4～20	$Y=4530X+3850$	0.9996
磺胺甲基嘧啶	0.4～20	$Y=2090X+10500$	0.9996
磺胺邻二甲氧嘧啶	0.4～20	$Y=3790X+6270$	0.9991
磺胺吡啶	0.4～20	$Y=993X+7410$	0.9997
磺胺对甲氧嘧啶	0.4～20	$Y=3840X+7620$	0.9999
磺胺甲氧哒嗪	0.4～20	$Y=634X+506$	0.9997
磺胺二甲基嘧啶	0.4～20	$Y=357X-843$	0.9948
磺胺苯吡唑	0.4～20	$Y=2000X+3180$	0.9999
磺胺间二甲氧嘧啶	0.4～20	$Y=834X-3490$	0.9989
磺胺喹噁啉	0.4～20	$Y=506X+357$	1.0000
磺胺苯酰	0.4～20	$Y=834X-3490$	0.9989
磺胺氯吡嗪	0.4～20	$Y=506X+357$	1.0000

由此可见，在该方法操作条件下，18 种磺胺类药物在 5.0～250.0 µg/kg 浓度范围时，响应值均在仪器线性范围之内。以每种磺胺峰高的信噪比大于 5 确定每种磺胺的检测限（LOD）为 2.0 µg/kg。18 种磺胺的定量限（LOQ）均为 5.0 µg/kg。

2.2.1.9 方法回收率和精密度

用不含磺胺类药物的河豚鱼、鳗鱼样品进行添加回收率和精密度实验，样品添加不同浓度标准后，放置 1 h，使标准被样品充分吸收，然后按本方法进行提取和净化，用液相色谱-串联四极杆质谱测定，其回收率和精密度结果见表 2-8。从表 2-8 可以看出，本方法在添加水平 5～50 µg/kg，其回收率在 84.5%～97.1%之间，相对标准偏差在 2.4%～8.9%之间，说明该方法重现性很好。

表 2-8 河豚鱼中磺胺添加回收率和精密度实验结果（$n=10$）

化合物	添加水平/(µg/kg)	平均回收率/%	RSD/%	化合物	添加水平/(µg/kg)	平均回收率/%	RSD/%
磺胺嘧啶	5	87.3	4.1	磺胺氯哒嗪	5	96.0	5.1
	10	93.9	6.6		10	92.4	6.0
	20	87.9	3.3		20	90.0	3.7
	50	88.4	7.0		50	87.0	4.7
磺胺噻唑	5	86.8	4.5	磺胺甲基异噁唑	5	88.5	5.8
	10	88.3	6.4		10	94.9	4.3
	20	89.4	6.9		20	97.0	5.6
	50	90.8	6.8		50	90.2	6.2
磺胺吡啶	5	93.1	8.1	磺胺邻二甲氧嘧啶	5	95.6	4.5
	10	91.1	5.8		10	91.5	5.9
	20	93.2	8.3		20	92.3	6.1
	50	95.0	6.2		50	93.6	2.4
磺胺甲基嘧啶	5	91.4	5.9	磺胺二甲基异噁唑	5	88.3	5.4
	10	94.0	6.0		10	91.3	4.2
	20	97.1	6.1		20	86.4	5.6
	50	90.8	5.1		50	91.8	5.5

续表

化合物	添加水平/(μg/kg)	平均回收率/%	RSD/%	化合物	添加水平/(μg/kg)	平均回收率/%	RSD/%
磺胺-6-甲氧嘧啶	5	91.9	7.3	磺胺苯酰	5	94.5	5.8
	10	87.9	5.7		10	87.6	8.9
	20	91.7	7.7		20	89.1	8.2
	50	92.7	7.6		50	90.0	8.1
磺胺甲噻二唑	5	92.2	5.0	磺胺氯吡嗪	5	88.0	3.6
	10	88.0	6.9		10	89.0	6.5
	20	93.5	7.2		20	88.3	5.1
	50	86.2	6.5		50	90.8	6.0
磺胺二甲基嘧啶	5	89.7	5.0	磺胺苯吡唑	5	87.0	5.7
	10	95.5	6.4		10	87.3	4.2
	20	91.3	3.7		20	94.1	6.1
	50	90.5	4.0		50	94.7	6.5
磺胺甲氧哒嗪	5	93.1	6.0	磺胺间二甲氧嘧啶	5	88.3	5.4
	10	89.1	4.2		10	91.3	4.2
	20	95.8	8.1		20	86.4	5.6
	50	97.1	7.2		50	91.8	5.5
磺胺对甲氧嘧啶	5	93.1	4.3	磺胺喹噁啉	5	89.1	6.7
	10	93.4	6.6		10	95.9	7.1
	20	93.0	6.5		20	84.5	7.7
	50	93.4	5.4		50	88.9	6.8

2.2.1.10　重复性和再现性

在重复性试验条件下，获得的两次独立测试结果的绝对差值不超过重复性限（r），如果差值超过重复性限（r），应舍弃试验结果并重新完成两次单个试验的测定。在再现性试验条件下，获得的两次独立测试结果的绝对差值不超过再现性限（R）。被测物的含量范围、重复性和再现性方程见表 2-9。

表 2-9　含量范围及重复性和再限性方程

化合物	含量范围/(μg/kg)	重复性限 r	再现性限 R
磺胺嘧啶	5.0～50.0	lg r=0.9134 lg m−1.2486	lg R=0.7576 lg m−0.6647
磺胺噻唑	5.0～50.0	lg r=0.4987 lg m−0.7916	lg R=0.7604 lg m−0.5415
磺胺吡啶	5.0～50.0	lg r=1.0801 lg m−1.4641	lg R=1.0237 lg m−0.9181
磺胺甲基嘧啶	5.0～50.0	lg r=0.7337 lg m−1.1786	lg R=0.7223 lg m−0.3664
磺胺-6-甲氧嘧啶	5.0～50.0	lg r=0.8785 lg m−0.9986	lg R=0.6006 lg m−0.3779
磺胺甲噻二唑	5.0～50.0	lg r=1.0598 lg m−1.3411	lg R=0.8516 lg m−0.5966
磺胺二甲基嘧啶	5.0～50.0	lg r=0.8247 lg m−1.1906	lg R=1.0778 lg m−1.1102
磺胺甲氧哒嗪	5.0～50.0	lg r=1.2441 lg m−1.7816	lg R=0.7558 lg m−0.5215
磺胺对甲氧嘧啶	5.0～50.0	lg r=0.8356 lg m−1.1511	lg R=0.9473 lg m−1.0112
磺胺氯哒嗪	5.0～50.0	lg r=0.4952 lg m−0.7540	lg R=0.6980 lg m−0.5740
磺胺甲基异噁唑	5.0～50.0	lg r=0.8986 lg m−0.8891	lg R=0.9931 lg m−0.9022
磺胺邻二甲氧嘧啶	5.0～50.0	lg r=0.8167 lg m−1.2076	lg R=0.8500 lg m−0.7679
磺胺二甲基异噁唑	5.0～50.0	lg r=1.0607 lg m−1.3448	lg R=1.0283 lg m−1.0395
磺胺苯酰	5.0～50.0	lg r=0.7389 lg m−1.0551	lg R=0.7702 lg m−0.6410
磺胺氯吡嗪	5.0～50.0	lg r=0.9811 lg m−1.1361	lg R=1.0456 lg m−0.9163
磺胺苯吡唑	5.0～50.0	lg r=0.9412 lg m−1.1662	lg R=0.6812 lg m−0.5496
磺胺间二甲氧嘧啶	5.0～50.0	lg r=0.7920 lg m−0.9668	lg R=1.1192 lg m−1.2056
磺胺喹噁啉	5.0～50.0	lg r=1.0760 lg m−1.4935	lg R=0.8271 lg m−0.8028

注：m 为两次测定值的平均值

2.2.2 蜂王浆中 18 种磺胺残留量的测定 液相色谱-串联质谱法[95]

2.2.2.1 适用范围

适用于蜂王浆中 18 种磺胺（磺胺嘧啶、磺胺噻唑、磺胺吡啶、磺胺甲基嘧啶、磺胺间甲氧嘧啶、磺胺甲噻二唑、磺胺二甲基嘧啶、磺胺甲氧哒嗪、磺胺对甲氧嘧啶、磺胺氯哒嗪、磺胺甲基异噁唑、磺胺邻二甲氧嘧啶、磺胺二甲基异噁唑、磺胺苯酰、磺胺氯吡嗪、磺胺苯吡唑、磺胺间二甲氧嘧啶、磺胺喹噁啉）残留量液相色谱-串联质谱测定。方法检出限均为 5.0 µg/kg。

2.2.2.2 方法原理

蜂王浆中磺胺类药物残留用去离子水提取，三氯乙酸沉淀蛋白，离心后，上清液经 Oasis MCX 离子交换柱或相当的固相萃取柱净化，用氨水-甲醇溶液（1+19，v/v）洗脱并蒸干，残渣用乙腈-0.01 mol/L 乙酸铵溶液溶解，过 0.2 µm 滤膜后，样品溶液供液相色谱-串联质谱仪测定，内标法定量。

2.2.2.3 试剂和材料

甲醇、乙腈：色谱纯；乙酸铵、三氯乙酸、甲酸、氨水：分析纯；0.01 mol/L 乙酸铵溶液：称取 0.77 g 乙酸铵溶于 1000 mL 水；2%甲酸溶液：吸取 2 mL 甲酸用水稀释至 100 mL；50%三氯乙酸溶液：称取 20 g 三氯乙酸溶于 20 mL 水中；氨水-甲醇溶液：（1+19，v/v），吸取 5 mL 氨水与 95 mL 甲醇混合均匀；乙腈-0.01 mol/L 乙酸铵溶液（3+22，v/v）：量取 12 mL 乙腈与 88 mL 乙酸铵溶液混合均匀。18 种磺胺标准物质：纯度≥99%。

0.1 mg/mL 标准储备溶液：准确称取适量的每种磺胺标准物质，用甲醇分别配成 0.1 mg/mL 的标准储备溶液，该溶液在 4℃保存。

5.0 µg/mL 磺胺混合标准工作溶液：分别吸取各标准储备溶液 0.5 mL 移至 10 mL 容量瓶中，用甲醇稀释成 5.0 µg/mL 混合标准工作溶液。该溶液在 4℃保存。

磺胺内标物质：磺胺甲基异噁唑-D4、磺胺嘧啶-D4、磺胺噻唑-D4。纯度≥99%。

0.1 mg/mL 磺胺甲基异噁唑-D4、磺胺嘧啶-D4、磺胺噻唑-D4 内标储备溶液：称取适量磺胺甲基异噁唑-D4，磺胺嘧啶-D4，磺胺噻唑-D4 标准物质，用甲醇分别配成 0.1 mg/mL。该溶液在 4℃保存。

混合内标工作溶液：分别吸取磺胺甲基异噁唑-D4，磺胺嘧啶-D4，磺胺噻唑-D4 储备溶液各 0.5 mL 移至 10 mL 容量瓶中，用甲醇稀释至刻度，该溶液在 4℃保存。

基质标准工作溶液：吸取不同体积标准工作溶液和 20 µL 混合内标工作溶液，用空白样品提取液配成 5.0 ng/mL、10.0 ng/mL、20.0 ng/mL、50.0 ng/mL、100.0 ng/mL 不同浓度的基质标准工作溶液。当天配制。

Oasis MCX 柱或相当者：150 mg，6 mL。用前依次用 5 mL 甲醇和 10 mL 水处理。保持柱体湿润。

2.2.2.4 仪器和设备

液相色谱-串联质谱仪：配有电喷雾离子源；分析天平：感量 0.1 mg 和 0.01 g；具塞的聚丙烯试管：50 mL；振荡器；液体混匀器；固相萃取装置；玻璃贮液器：50 mL；氮气浓缩仪；浓缩管：10 mL。

2.2.2.5 样品前处理

（1）试样制备

对于冷冻的实验室样品，待其解冻后将其搅拌均匀。分出 0.5 kg 作为试样。制备好的试样置于样品瓶中，密封，并作上标记。将试样于–18℃冷冻保存。

（2）提取

称取 2 g 试样，精确至 0.01 g。置于 50 mL 具塞的聚丙烯试管中，加入 20 µL 内标工作溶液，然后加入 20 mL 水，于液体混匀器上快速混匀 1 min，再置于振荡器上振荡提取 10 min，加入 0.5 mL 三氯乙酸溶液，快速摇动 30 s，以 3000 r/min 离心 5 min，移取上清液至三角瓶中，再向残渣中加入 15 mL 水，重复上述步骤，合并上清液，待净化。

（3）净化

将塞有玻璃棉的玻璃贮液器连到 Oasis MCX 柱上，把上清液倒入玻璃贮液器中，调节流速小于

3 mL/min，待样液完全流出后，依次用 5 mL 甲酸溶液和 5 mL 甲醇洗柱，弃去全部流出液。最后用 5 mL 氨水-甲醇溶液洗脱，收集洗脱液于 10 mL 浓缩管中。用氮气浓缩仪于 50℃吹干。准确加入 1.0 mL 乙腈-0.01 mol/L 乙酸铵溶液溶解残渣，样液过 0.2 μm 滤膜后，供液相色谱-串联质谱仪测定。

按上述提取净化步骤，制备用于配制系列基质标准工作溶液的空白样品提取液。

2.2.2.6 测定

（1）液相色谱条件

色谱柱：Atlantis C$_{18}$，3 μm，150 mm×2.1 mm（内径）或相当者；流动相：A 为乙腈，B 为 0.1% 甲酸水溶液，C 为甲醇。梯度洗脱条件见表 2-5；流速：0.2 mL/min；柱温：35℃；进样量：20 μL。

（2）质谱条件

离子源：电喷雾离子源；扫描方式：正离子扫描；检测方式：多反应监测；电喷雾电压：5500 V；雾化气压力：0.076 MPa；气帘气压力：0.069 MPa；辅助气流速：6 L/min；离子源温度：350℃；定性离子对、定量离子对、碰撞气能量和去簇电压见表 2-6。

（3）液相色谱-串联质谱测定

用基质标准工作溶液分别进样，以各标准峰面积与内标峰面积的比值为纵坐标，以各标准工作溶液浓度与内标溶液浓度的比值为横坐标，绘制标准工作曲线，用标准工作曲线对样品进行定量，样品溶液中 18 种磺胺的响应值均应在仪器测定的线性范围内。在上述色谱条件和质谱条件下，18 种磺胺的保留时间见表 2-6。18 种磺胺的标准多反应监测（MRM）色谱图见图 2-1。

2.2.2.7 分析条件的选择

（1）样品提取液的选择

分别使用三个不同溶液作为蜂王浆样品提取液，在同一添加水平，相同实验条件下对蜂王浆样品进行回收率实验，实验数据见表 2-10。

表 2-10 不同提取液回收率的比较（%）

化合物	水	0.1 mol/L 盐酸	0.2 mol/L 磷酸盐缓冲溶液
磺胺嘧啶	99.5	115.0	90.2
磺胺噻唑	111.0	116.0	107.0
磺胺吡啶	118.0	344.0	135.0
磺胺甲基嘧啶	86.4	60.0	37.5
磺胺间甲氧嘧啶	86.1	114.0	82.4
磺胺甲噻二唑	107.0	80.9	95.4
磺胺二甲基嘧啶	103.0	280.0	62.3
磺胺甲氧哒嗪	110.0	151.0	101.0
磺胺对甲氧嘧啶	111.0	163.0	118.0
磺胺氯哒嗪	97.4	97.4	95.9
磺胺甲基异噁唑	103.0	124.0	98.2
磺胺邻二甲氧嘧啶	86.7	109.0	72.3
磺胺二甲基异噁唑	101.0	140.0	103.0
磺胺苯酰	91.0	234.0	70.3
磺胺氯吡嗪	78.8	178.0	60.2
磺胺苯吡唑	82.2	243.0	50.9
磺胺间二甲氧嘧啶	90.1	258.0	65.2
磺胺喹噁啉	80.7	369.0	34.7

从表 2-10 中数据可以看出，当用 0.1 mol/L 盐酸作为提取液时，经过内标校正回收率在 60.0%～369% 之间，特别是磺胺吡啶、磺胺对甲氧嘧啶、磺胺二甲基嘧啶、磺胺甲氧哒嗪、磺胺间二甲氧嘧啶、磺胺苯吡唑、磺胺喹噁啉、磺胺苯酰和磺胺氯吡嗪的回收率均超过了 150%。当用 0.2 mol/L 磷酸盐缓冲溶液时，经过内标校正回收率在 34.7%～135.0%，特别是磺胺甲基嘧啶、磺胺二甲基嘧啶、磺胺间二甲氧嘧啶、磺胺苯吡唑、磺胺喹噁啉和磺胺氯吡嗪的回收率均低于 70%。当用水作为提取液时，经过内标校正，18 种磺胺的回收率在 78.8%～118.0% 之间，整体上要好于 0.1 mol/L 盐酸和 0.2 mol/L 磷酸盐缓冲溶液，因此在本方法中选择水作为蜂王浆样品提取液。

（2）提取液 pH 的确定

对于建立兽药多残留前方法来说，选择合适的 pH 样品提取液是至关重要的，因为不同 pH 的目标物质过柱时要求其样液的 pH 也不同，为了找出磺胺类药物过 Oasis MCX 柱最佳 pH，蜂王浆样品经三氯乙酸沉淀蛋白后，提取液的 pH 即为 1.0，将提取液分别调至 pH=1.0、pH=2.0、pH=3.0、pH=4.0 四个不同的 pH，在其他条件相同的情况下，进行回收率实验，实验数据列于表 2-11。从表 2-11 可以看出，磺胺甲噻二唑、磺胺间甲氧嘧啶、磺胺二甲基嘧啶、磺胺邻二甲氧嘧啶随着 pH 的增大，回收率越来越低，当 pH=3.0 时，其回收率低于 70%，而在 pH=1.0 时，回收率均在 80% 以上，相对比较稳定，整体比较要好于其他三个水平。因此，在本方法中确定 pH=1.0 为样液过 Oasis MCX 柱时的最佳 pH。

表 2-11 不同 pH 提取液回收率的比较（%）

化合物	pH=1.0	pH=2.0	pH=3.0	pH=4.0
磺胺嘧啶	104.0	119.0	102.0	105.0
磺胺噻唑	96.2	94.6	93.6	108.0
磺胺吡啶	108.0	103.0	93.8	74.9
磺胺甲基嘧啶	80.4	84.8	81.6	84.8
磺胺间甲氧嘧啶	86.1	75.8	64.2	59.0
磺胺甲噻二唑	98.9	101.0	92.4	78.1
磺胺二甲基嘧啶	83.4	65.5	45.2	33.6
磺胺甲氧哒嗪	96.7	82.4	78.0	64.3
磺胺对甲氧嘧啶	109.0	114.0	103.0	102.0
磺胺氯哒嗪	116.0	119.0	112.0	108.0
磺胺甲基异噁唑	99.5	106.0	106.0	106.0
磺胺邻二甲氧嘧啶	78.1	79.5	55.7	49.7
磺胺二甲基异噁唑	96.0	96.9	107.0	112.0
磺胺苯酰	90.8	78.8	79.2	73.5
磺胺氯吡嗪	79.5	69.2	67.4	66.3
磺胺苯吡唑	85.5	88.9	82.3	76.9
磺胺间二甲氧嘧啶	112.0	120.0	124.0	106.0
磺胺喹噁啉	81.7	92.7	98.1	83.9

2.2.2.8 线性范围和测定低限

根据磺胺类药物的灵敏度，用样品空白溶液配成一系列基质标准工作溶液，在选定的色谱条件和质谱条件下进行测定，进样量 20 μL，用峰面积对基质标准工作溶液中被测组分的浓度作图，其线性范围、线性方程和线性相关系数见表 2-12。

表 2-12 18 种磺胺的线性范围、线性方程和相关系数

化合物	线性范围/ng	线性方程	相关系数
磺胺嘧啶	1.0~50	$Y=3220X+9460$	0.9996
磺胺噻唑	1.0~50	$Y=2000X+3180$	0.9999
磺胺吡啶	1.0~50	$Y=4530X+3850$	0.9996
磺胺甲基嘧啶	1.0~50	$Y=3090X+2330$	0.9995
磺胺间甲氧嘧啶	1.0~50	$Y=357X-843$	0.9948
磺胺甲噻二唑	1.0~50	$Y=2720X+3010$	0.9995
磺胺二甲基嘧啶	1.0~50	$Y=357X-843$	1.0000
磺胺甲氧哒嗪	1.0~50	$Y=3790X+6270$	0.9991
磺胺对甲氧嘧啶	1.0~50	$Y=2090X+10500$	0.9996
磺胺氯哒嗪	1.0~50	$Y=2030X+3400$	0.9999
磺胺甲基异噁唑	1.0~50	$Y=1610X+1840$	0.9998
磺胺邻二甲氧嘧啶	1.0~50	$Y=834X-3490$	0.9989
磺胺二甲基异噁唑	1.0~50	$Y=634X+506$	0.9997
磺胺苯酰	1.0~50	$Y=834X-3490$	0.9989
磺胺氯吡嗪	1.0~50	$Y=506X+357$	1.0000
磺胺苯吡唑	1.0~50	$Y=993X+7410$	0.9997
磺胺间二甲氧嘧啶	1.0~50	$Y=3840X+7620$	0.9999
磺胺喹噁啉	1.0~50	$Y=2000X+3180$	0.9999

由此可见，在该方法操作条件下，18 种磺胺在 2~100 μg/kg 范围内呈线性关系，以每种磺胺峰高的信噪比大于 5 来确定方法的最小检出限。18 种磺胺的检测限（LOD）均为 2.0 μg/kg，定量限（LOQ）均为 5.0 μg/kg。

2.2.2.9 方法回收率和精密度

用不含磺胺类药物的蜂王浆样品进行添加回收率和精密度实验，样品添加不同浓度标准后，摇匀，放置 1 h，使标准被样品充分吸收，然后按本方法进行提取和净化，用液相色谱-串联四极杆质谱测定，其回收率和精密度结果见表 2-13。从表 2-13 可以看出，本方法在添加水平 5~50 μg/kg，其回收率在 80.2%~112.6%，相对标准偏差在 2.1%~8.9%。

表 2-13 蜂王浆中磺胺添加回收率和精密度实验结果 （n=10）

化合物	添加水平/(μg/kg)	平均回收率/%	RSD/%	化合物	添加水平/(μg/kg)	平均回收率/%	RSD/%
磺胺嘧啶	5	104.9	5.1	磺胺氯哒嗪	5	96.5	6.5
	10	109.6	7.3		10	97.3	6.2
	20	99.0	4.7		20	95.9	4.1
	50	107.0	8.9		50	110.5	3.6
磺胺噻唑	5	99.5	4.3	磺胺甲基异噁唑	5	105.8	4.9
	10	98.5	5.0		10	109.1	7.3
	20	95.8	2.1		20	97.9	5.6
	50	108.0	6.6		50	112.6	5.9
磺胺吡啶	5	92.8	7.5	磺胺邻二甲氧嘧啶	5	86.5	4.6
	10	89.0	3.0		10	93.4	6.7
	20	94.4	5.3		20	91.6	4.0
	50	91.3	4.9		50	96.9	4.8

续表

化合物	添加水平/(μg/kg)	平均回收率/%	RSD/%	化合物	添加水平/(μg/kg)	平均回收率/%	RSD/%
磺胺甲基嘧啶	5	82.9	5.5	磺胺二甲基异噁唑	5	92.1	6.8
	10	86.8	6.7		10	88.9	6.2
	20	84.8	4.3		20	93.0	3.8
	50	82.5	3.5		50	93.2	6.0
磺胺间甲氧嘧啶	5	92.2	3.3	磺胺苯酰	5	93.4	3.6
	10	91.5	5.3		10	91.6	5.1
	20	93.0	4.0		20	94.8	4.4
	50	98.2	4.3		50	102.5	4.7
磺胺甲噻二唑	5	95.4	6.6	磺胺氯吡嗪	5	91.0	3.7
	10	97.9	7.9		10	90.5	5.3
	20	96.1	4.7		20	89.3	5.3
	50	100.2	6.3		50	96.1	4.9
磺胺二甲基嘧啶	5	97.4	2.7	磺胺苯吡唑	5	98.6	3.0
	10	94.5	7.8		10	86.7	7.6
	20	94.1	3.6		20	80.2	3.1
	50	97.4	2.4		50	84.4	4.6
磺胺甲氧哒嗪	5	95.3	4.0	磺胺间二甲氧嘧啶	5	105.5	3.2
	10	94.7	5.6		10	102.3	8.6
	20	92.2	4.0		20	87.4	5.3
	50	92.9	3.0		50	82.6	8.6
磺胺对甲氧嘧啶	5	94.4	5.3	磺胺喹噁啉	5	86.4	7.9
	10	97.5	5.0		10	83.4	6.1
	20	98.1	4.5		20	84.2	6.0
	50	94.9	4.8		50	85.8	8.3

2.2.2.10 重复性和再现性

在重复性试验条件下，获得的两次独立测试结果的绝对差值不超过重复性限（r），如果差值超过重复性限（r），应舍弃试验结果并重新完成两次单个试验的测定。在再现性试验条件下，获得的两次独立测试结果的绝对差值不超过再现性限（R）。被测物的含量范围、重复性和再现性方程见表2-14。

表2-14 含量范围及重复性和再限性方程

化合物	含量范围/(μg/kg)	重复性限 r	再现性限 R
磺胺嘧啶	5.0～50.0	$\lg r = 1.3195 \lg m - 1.5661$	$\lg R = 1.2613 \lg m - 1.2872$
磺胺噻唑	5.0～50.0	$\lg r = 1.4281 \lg m - 1.7573$	$\lg R = 1.3766 \lg m - 1.3357$
磺胺吡啶	5.0～50.0	$\lg r = 0.9337 \lg m - 1.0499$	$\lg R = 1.1830 \lg m - 0.9735$
磺胺甲基嘧啶	5.0～50.0	$\lg r = 1.2787 \lg m - 1.4852$	$\lg R = 1.2050 \lg m - 1.1419$
磺胺间甲氧嘧啶	5.0～50.0	$\lg r = 1.3061 \lg m - 1.6252$	$\lg R = 1.1186 \lg m - 1.0905$
磺胺甲噻二唑	5.0～50.0	$\lg r = 1.0851 \lg m - 1.4269$	$\lg R = 1.1774 \lg m - 1.1627$
磺胺二甲基嘧啶	5.0～50.0	$\lg r = 0.9582 \lg m - 1.1850$	$\lg R = 1.0745 \lg m - 1.0287$
磺胺甲氧哒嗪	5.0～50.0	$\lg r = 1.3423 \lg m - 1.2995$	$\lg R = 1.3141 \lg m - 0.9663$
磺胺对甲氧嘧啶	5.0～50.0	$\lg r = 0.8920 \lg m - 1.0160$	$\lg R = 0.9875 \lg m - 0.9051$
磺胺氯哒嗪	5.0～50.0	$\lg r = 1.4154 \lg m - 1.4363$	$\lg R = 1.3900 \lg m - 1.1803$
磺胺甲基异噁唑	5.0～50.0	$\lg r = 0.8369 \lg m - 1.0303$	$\lg R = 1.0966 \lg m - 1.1560$

续表

化合物	含量范围/(μg/kg)	重复性限 r	再现性限 R
磺胺邻二甲氧嘧啶	5.0～50.0	lg r=1.0991 lg m−1.1818	lg R=1.0857 lg m−0.9053
磺胺二甲基异噁唑	5.0～50.0	lg r=1.1470 lg m−1.2670	lg R=1.4686 lg m−1.3792
磺胺苯酰	5.0～50.0	lg r=1.0569 lg m−1.2776	lg R=1.4528 lg m−1.4866
磺胺氯吡嗪	5.0～50.0	lg r=0.8449 lg m−1.1208	lg R=0.9769 lg m−0.8218
磺胺苯吡唑	5.0～50.0	lg r=1.1813 lg m−1.4811	lg R=1.3630 lg m−1.3707
磺胺间二甲氧嘧啶	5.0～50.0	lg r=1.0477 lg m−1.3232	lg R=1.3350 lg m−1.3173
磺胺喹噁啉	5.0～50.0	lg r=0.9185 lg m−1.0654	lg R=1.3522 lg m−1.1577

注：m 为两次测定值的平均值

2.2.3　畜禽肉中 16 种磺胺残留量的测定　液相色谱-串联质谱法[87]

2.2.3.1　适用范围

适用于牛肉、羊肉、猪肉、鸡肉和兔肉中 16 种磺胺残留量液相色谱-串联质谱的测定。方法检出限：磺胺甲噻二唑为 2.5 μg/kg；磺胺醋酰、磺胺嘧啶、磺胺吡啶、磺胺二甲基异噁唑、磺胺甲基嘧啶、磺胺氯哒嗪、磺胺-6-甲氧嘧啶、磺胺邻二甲氧嘧啶、磺胺甲基异噁唑为 5.0 μg/kg；磺胺噻唑、磺胺甲氧哒嗪、磺胺间二甲氧嘧啶为 10.0 μg/kg；磺胺对甲氧嘧啶、磺胺二甲嘧啶为 20.0 μg/kg；磺胺苯吡唑为 40.0 μg/kg。

2.2.3.2　方法原理

畜禽肉中磺胺类药物残留用乙腈提取，离心后，上清液用旋转蒸发器浓缩近干，残渣用流动相溶解，并用正己烷脱脂后，样品溶液供液相色谱-串联质谱仪测定，外标法定量。

2.2.3.3　试剂和材料

乙腈：色谱纯；异丙醇、正己烷、乙酸铵：分析纯。

无水硫酸钠：分析纯，经 650℃灼烧 4 h，置于干燥器中备用；流动相：乙腈+0.01 mol/L 乙酸铵溶液（12+88，v/v）。

磺胺醋酰、磺胺甲噻二唑、磺胺二甲基异噁唑、磺胺氯哒嗪、磺胺嘧啶、磺胺甲基异噁唑、磺胺噻唑、磺胺-6-甲氧嘧啶、磺胺甲基嘧啶、磺胺邻二甲氧嘧啶、磺胺吡啶、磺胺对甲氧嘧啶、磺胺甲氧哒嗪、磺胺二甲基嘧啶、磺胺苯吡唑、磺胺间二甲氧嘧啶标准物质：纯度≥99%。

16 种磺胺标准储备溶液：0.1 mg/mL。准确称取适量的每种磺胺标准物质，用甲醇配成 0.1 mg/mL 的标准储备溶液，该溶液在 4℃保存可使用 2 个月。

基质混合标准工作溶液：根据每种磺胺的灵敏度和仪器线性范围用空白样品提取液配成不同浓度（ng/mL）的基质混合标准工作溶液，基质混合标准工作溶液在 4℃保存，可使用 1 周。

2.2.3.4　仪器和设备

液相色谱-串联质谱仪：配有电喷雾离子源；匀质器；旋转蒸发器；液体混匀器；离心机；分析天平：感量 0.1 mg，0.01 g；移液器：1 mL，2 mL；鸡心瓶：100 mL；样品瓶：2 mL，带聚四氟乙烯旋盖。

2.2.3.5　样品前处理

（1）试样制备

从全部样品中取出有代表性样品约 1 kg，充分搅碎，混匀，均分成两份，分别装入洁净容器内。密封作为试样，标明标记。在抽样和制样的操作过程中，应防止样品受到污染或发生残留物含量的变化。将试样于−18℃冷冻保存。

（2）样品提取和净化

称取 5 g 试样，精确至 0.01 g，置于 50 mL 离心管中，加入 20 g 无水硫酸钠和 20 mL 乙腈，均质 2 min，以 3000 r/min 离心 3 min。上清液倒入 100 mL 鸡心瓶中，残渣再加入 20 mL 乙腈，重复上述操作一次。合并提取液,向鸡心瓶中加入 10 mL 异丙醇,用旋转蒸发器于 50℃水浴蒸干,准确加入 1 mL 流动相和 1 mL 正己烷溶解残渣。转移至 5 mL 离心管中,涡旋 1 min,以 3000 r/min 离心 3 min,吸取上层正己烷弃去,再加入 1 mL 正己烷,重复上述步骤,直至下层水相变成透明液体。按上述操作步骤制备样品空白提取液。取下层清液,过 0.2 μm 滤膜后,用液相色谱-串联质谱仪测定。

2.2.3.6　测定

（1）液相色谱条件

色谱柱:Lichrospher 100 RP-18,5 μm,250 mm×4.6 mm i.d.或相当者;流动相:乙腈+0.01 mol/L 乙酸铵溶液（12+88,v/v）;流速:0.8 mL/min;柱温:35℃;进样量:40 μL;分流比:1∶3。

（2）质谱条件

离子源:电喷雾离子源;扫描方式:正离子扫描;检测方式:多反应监测;电喷雾电压:5500 V;雾化气压力:0.076 MPa;气帘气压力:0.069 MPa;辅助气流速:6 L/min;离子源温度:350℃;定性离子对、定量离子对、碰撞气能量和去簇电压见表 2-15。

表 2-15　16 种磺胺的定性离子对、定量离子对、碰撞气能量和去簇电压

化合物	定性离子对(m/z)	定量离子对(m/z)	碰撞气能量/V	去簇电压/V	保留时间/min
磺胺醋酰	215/156 215/108	215/156	18 28	40 45	2.61
磺胺甲噻二唑	271/156 271/107	271/156	20 32	50 50	4.54
磺胺二甲基异噁唑	268/156 268/113	268/156	20 23	45 45	4.91
磺胺氯哒嗪	285/156 285/108	285/156	23 35	50 50	5.20
磺胺嘧啶	251/156 251/185	251/156	23 27	55 50	6.54
磺胺甲基异噁唑	254/156 254/147	254/156	23 22	50 45	8.41
磺胺噻唑	256/156 256/107	256/156	22 32	55 47	9.13
磺胺-6-甲氧嘧啶	281/156 281/215	281/156	25 25	65 50	9.48
磺胺甲基嘧啶	265/156 265/172	265/156	25 24	50 60	9.93
磺胺邻二甲氧嘧啶	311/156 311/108	311/156	31 35	70 55	11.29
磺胺吡啶	250/156 250/184	250/156	25 25	50 60	11.62
磺胺对甲氧嘧啶	281/156 281/215	281/156	25 25	65 50	12.66
磺胺甲氧哒嗪	281/156 281/215	281/156	25 25	65 50	17.28
磺胺二甲基嘧啶	279/156 279/204	279/156	22 20	55 60	17.95
磺胺苯吡唑	315/156 315/160	315/156	32 35	55 55	22.29
磺胺间二甲氧嘧啶	311/156 311/218	311/156	31 27	70 70	28.97

（3）液相色谱-串联质谱测定

用混合标准工作溶液分别进样,以工作溶液浓度（ng/mL）为横坐标,峰面积为纵坐标,绘制标准工作曲线,用标准工作曲线对样品进行定量,样品溶液中 16 种磺胺的响应值均应在仪器测定的线

性范围内。在上述色谱条件和质谱条件下，16 种磺胺的参考保留时间见表 2-15。16 种磺胺混合标准总离子流图见图 2-3 和图 2-4。

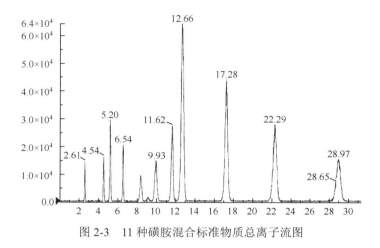

图 2-3　11 种磺胺混合标准物质总离子流图

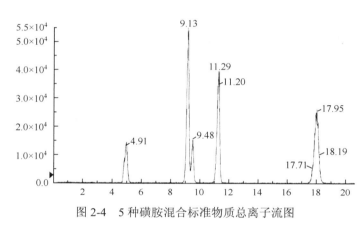

图 2-4　5 种磺胺混合标准物质总离子流图

2.2.3.7　分析条件的选择

参见 2.2.1.7。

2.2.3.8　线性范围和测定低限

根据磺胺类药物的灵敏度，用样品空白溶液配成一系列质基标准工作溶液，在选定的色谱条件和质谱条件下进行测定，进样量 40 μL，用峰面积对基质标准工作溶液中被测组分的浓度作图，其线性范围、线性方程和线性相关系数见表 2-16。

表 2-16　16 种磺胺的线性范围、线性方程和相关系数

化合物	线性范围/ng	线性方程	相关系数
磺胺醋酰	0.4～20	$Y=11000X+1810$	0.9993
磺胺甲噻二唑	0.2～10	$Y=2720X+3010$	0.9995
磺胺嘧啶	0.4～20	$Y=3220X+9460$	0.9996
磺胺氯哒嗪	0.4～20	$Y=2030X+3400$	0.9999
磺胺甲基异噁唑	0.4～20	$Y=1610X+1840$	0.9998
磺胺甲基嘧啶	0.4～20	$Y=3090X+2330$	0.9995
磺胺吡啶	0.4～20	$Y=4530X+3850$	0.9996
磺胺对甲氧嘧啶	1.6～80	$Y=2090X+10500$	0.9996
磺胺甲氧哒嗪	0.8～40	$Y=3790X+6270$	0.9991

续表

化合物	线性范围/ng	线性方程	相关系数
磺胺苯吡唑	2.4~120	$Y=993X+7410$	0.9997
磺胺间二甲氧嘧啶	0.8~40	$Y=3840X+7620$	0.9999
磺胺二甲基异噁唑	0.4~20	$Y=634X+506$	0.9997
磺胺-6-甲氧嘧啶	0.4~20	$Y=357X-843$	0.9948
磺胺噻唑	0.8~40	$Y=2000X+3180$	0.9999
磺胺邻二甲氧嘧啶	0.4~20	$Y=834X-3490$	0.9989
磺胺二甲基嘧啶	1.6~80	$Y=506X+357$	1.0000

由此可见，在该方法操作条件下，磺胺甲噻二唑 1.0~25.0 μg/kg，磺胺醋酰、磺胺嘧啶、磺胺氯哒嗪、磺胺甲基异噁唑、磺胺甲基嘧啶、磺胺吡啶、磺胺二甲基异噁唑 2.0~50.0 μg/kg，磺胺甲氧哒嗪、磺胺间二甲氧嘧啶、磺胺噻唑在 4.0~100.0 μg/kg，磺胺甲氧嘧啶、磺胺二甲基嘧啶在 8.0~200.0 μg/kg，磺胺苯吡唑在 12.0~300.0 μg/kg 浓度范围时，响应值均在仪器线性范围之内。同时，磺胺甲噻二唑的检测限（LOD）为 0.5 μg/kg，磺胺醋酰、磺胺嘧啶、磺胺氯哒嗪、磺胺甲基异噁唑、磺胺甲基嘧啶、磺胺吡啶、磺胺二甲基异噁唑的检测限（LOD）为 1.0 μg/kg，磺胺甲氧哒嗪、磺胺间二甲氧嘧啶、磺胺噻唑的检测限（LOD）为 2.0 μg/kg，磺胺甲氧嘧啶、磺胺二甲基嘧啶的检测限为 4.0 μg/kg，磺胺苯吡唑的检测为 6.0 μg/kg，每种磺胺检测限峰高的信噪比大于 5。磺胺甲噻二唑的定量限（LOQ）为 1.0 μg/kg，磺胺醋酰、磺胺嘧啶、磺胺氯哒嗪、磺胺甲基异噁唑、磺胺甲基嘧啶、磺胺吡啶、磺胺二甲异噁唑的定量限（LOQ）为 2.0 μg/kg，磺胺甲氧哒嗪、磺胺间二甲氧嘧啶、磺胺噻唑的定量限（LOQ）为 4.0 μg/kg，磺胺甲氧嘧啶、磺胺二甲嘧啶定量限（LOQ）为 8.0 μg/kg，磺胺苯吡唑的定量限（LOQ）为 12.0 μg/kg。

2.2.3.9 方法回收率和精密度

用不含磺胺类药物的家禽组织样品进行添加回收率和精密度实验，样品添加不同浓度标准后，放置 1 h，使标准被样品充分吸收，然后按本方法进行提取和净化，用液相色谱-串联四极杆质谱测定，其回收率和精密度结果见表 2-17。从表 2-17 可以看出，本方法在 2.5 μg/kg、30.0 μg/kg、50.0 μg/kg 和 600.0 μg/kg 四个添加水平，其回收率在 75.4%~97.3%之间，相对标准偏差在 2.4%~14.1%之间，说明该方法重现性很好。

表 2-17 畜禽肉中磺胺添加回收率和精密度实验结果（$n=8$）

化合物	添加水平/(μg/kg)	平均回收率/%	RSD/%	化合物	添加水平/(μg/kg)	平均回收率/%	RSD/%
磺胺醋酰	5	77.5	8.7	磺胺甲氧哒嗪	10	92.6	6.6
	10	96.6	8.3		20	87.4	10.0
	50	81.6	6.3		100	88.5	9.6
	100	82.5	14.1		200	78.2	7.6
磺胺甲噻二唑	2.5	92.8	5.4	磺胺苯吡唑	30	83.0	9.3
	5	87.5	6.6		60	82.5	8.8
	25	93.6	8.2		300	84.2	4.4
	50	86.0	7.3		600	78.3	7.2
磺胺嘧啶	5	85.5	4.7	磺胺间二甲氧嘧啶	10	83.8	8.5
	10	87.3	9.6		20	86.5	9.3
	50	85.6	6.2		100	84.2	4.4
	100	86.2	8.5		200	78.3	7.2

续表

化合物	添加水平/(μg/kg)	平均回收率/%	RSD/%	化合物	添加水平/(μg/kg)	平均回收率/%	RSD/%
磺胺氯哒嗪	5	95.3	5.6	磺胺二甲基异噁唑	5	81.7	12.2
	10	91.3	9.5		10	76.4	5.8
	50	88.0	10.3		50	75.4	8.9
	100	82.0	5.6		100	84.4	7.3
磺胺甲基异噁唑	5	85.2	8.9	磺胺-6-甲氧嘧啶	5	92.9	7.7
	10	86.8	8.7		10	86.9	8.6
	50	85.1	9.6		50	88.9	10.0
	100	83.0	12.7		100	86.8	10.8
磺胺甲基嘧啶	5	85.7	8.3	磺胺噻唑	10	84.0	7.4
	10	88.1	5.8		20	83.4	4.9
	50	88.8	7.9		100	84.7	3.5
	100	88.7	5.4		200	81.8	6.1
磺胺吡啶	5	92.0	7.5	磺胺邻二甲氧嘧啶	5	97.3	2.6
	10	88.2	4.0		10	88.8	6.1
	50	85.0	6.4		50	92.9	9.7
	100	79.7	5.7		100	93.9	2.4
磺胺对甲氧嘧啶	20	91.6	5.5	磺胺二甲嘧啶	20	90.8	4.1
	40	90.1	9.1		40	96.9	6.3
	200	93.2	8.4		200	90.9	4.0
	400	93.2	5.9		400	91.3	3.9

2.2.3.10　重复性和再现性

在重复性试验条件下，获得的两次独立测试结果的绝对差值不超过重复性限（r），如果差值超过重复性限（r），应舍弃试验结果并重新完成两次单个试验的测定。在再现性试验条件下，获得的两次独立测试结果的绝对差值不超过再现性限（R）。被测物的含量范围、重复性和再现性方程见表 2-18。

表 2-18　含量范围及重复性和再现性方程

化合物	含量范围/(μg/kg)	重复性限 r	再现性限 R
磺胺醋酰	5.0～100.0	$\lg r = 0.8332 \lg m - 0.8908$	$\lg R = 0.8867 \lg m - 0.4736$
磺胺甲噻二唑	2.5～50.0	$\lg r = 1.1482 \lg m - 1.2062$	$\lg R = 0.8720 \lg m - 0.6719$
磺胺二甲基异噁唑	5.0～100.0	$\lg r = 0.9169 \lg m - 0.9498$	$\lg R = 0.9721 \lg m - 0.7648$
磺胺氯哒嗪	5.0～100.0	$\lg r = 1.0370 \lg m - 1.1040$	$\lg R = 0.7629 \lg m - 0.4811$
磺胺嘧啶	5.0～100.0	$\lg r = 1.0066 \lg m - 1.0967$	$\lg R = 0.8626 \lg m - 0.7077$
磺胺甲基异噁唑	5.0～100.0	$\lg r = 1.0039 \lg m - 1.1020$	$\lg R = 0.7669 \lg m - 0.4725$
磺胺噻唑	10.0～200.0	$\lg r = 0.8958 \lg m - 0.8754$	$\lg R = 0.7792 \lg m - 0.5137$
磺胺-6-甲氧嘧啶	5.0～100.0	$\lg r = 0.8156 \lg m - 0.7523$	$\lg R = 0.8422 \lg m - 0.6139$
磺胺甲基嘧啶	5.0～100.0	$\lg r = 1.2468 \lg m - 1.4415$	$\lg R = 0.9169 \lg m - 0.7024$
磺胺邻二甲氧嘧啶	5.0～100.0	$\lg r = 1.1848 \lg m - 1.4131$	$\lg R = 0.8869 \lg m - 0.6944$
磺胺吡啶	5.0～100.0	$\lg r = 0.9672 \lg m - 1.0260$	$\lg R = 0.8551 \lg m - 0.6716$
磺胺对甲氧嘧啶	20.0～400.0	$\lg r = 0.7789 \lg m - 0.5842$	$\lg R = 0.7880 \lg m - 0.4602$
磺胺甲氧哒嗪	10.0～200.0	$\lg r = 0.8173 \lg m - 0.8225$	$\lg R = 0.7385 \lg m - 0.4498$
磺胺二甲基嘧啶	20.0～400.0	$\lg r = 0.9702 \lg m - 0.9970$	$\lg R = 0.8554 \lg m - 0.5892$
磺胺苯吡唑	30.0～600.0	$\lg r = 1.0839 \lg m - 1.1994$	$\lg R = 1.0431 \lg m - 0.8233$
磺胺间二甲氧嘧啶	10.0～200.0	$\lg r = 1.0697 \lg m - 1.3020$	$\lg R = 0.7637 \lg m - 0.4218$

注：m 为两次测定值的算术平均值

2.2.4　蜂蜜中 16 种磺胺残留量的测定　液相色谱-串联质谱法[94]

2.2.4.1　适用范围

适用于蜂蜜中 16 种磺胺残留量液相色谱-串联质谱测定。方法检出限：磺胺甲噻二唑为 1.0 μg/kg；磺胺醋酰、磺胺嘧啶、磺胺吡啶、磺胺二甲基异噁唑、磺胺甲基嘧啶、磺胺氯哒嗪、磺胺-6-甲氧嘧啶、磺胺邻二甲氧嘧啶、磺胺甲基异噁唑为 2.0 μg/kg；磺胺噻唑，磺胺甲氧哒嗪、磺胺间二甲氧嘧啶为 4.0 μg/kg；磺胺甲氧嘧啶、磺胺二甲嘧啶为 8.0 μg/kg；磺胺苯吡唑为 12.0 μg/kg。

2.2.4.2　方法原理

蜂蜜中磺胺类药物残留用磷酸溶液（pH=2）提取，过滤后，经阳离子交换柱和 Oasis HLB 或相当的固相萃取柱净化，用甲醇洗脱并蒸干，残渣用乙腈+0.1 mol/L 乙酸铵溶解。样品溶液供液相色谱-串联质谱仪测定，外标法定量。

2.2.4.3　试剂和材料

甲醇、乙腈、庚烷磺酸钠（$C_7H_{15}SO_3Na\cdot H_2O$）：色谱纯。磷酸、乙酸铵、磷酸二氢钾、磷酸氢二钾：优级纯。

磷酸溶液：pH=2。1000 mL 水中加入 1 mL 磷酸，在 pH 计上再滴加磷酸以调节溶液 pH=2。

磷酸盐缓冲溶液：0.2 mol/L，pH=8。分别称取 1.05 g 磷酸二氢钾和 33.46 g 磷酸氢二钾，用水溶解，定容至 1000 mL。

庚烷磺酸钠溶液：0.5 mol/L。称取 11 g 庚烷磺酸钠，用水溶解，定容至 100 mL。

磺胺醋酰、磺胺甲噻二唑、磺胺二甲基异噁唑、磺胺氯哒嗪、磺胺嘧啶、磺胺甲基异噁唑、磺胺噻唑、磺胺-6-甲氧嘧啶、磺胺甲基嘧啶、磺胺邻二甲氧嘧啶、磺胺吡啶、磺胺对甲氧嘧啶、磺胺甲氧哒嗪、磺胺二甲嘧啶、磺胺苯吡唑、磺胺间二甲氧嘧啶标准物质：纯度≥99%。

16 种磺胺标准储备溶液：0.1 mg/mL。准确称取适量的每种磺胺标准物质，用甲醇配成 0.1 mg/mL 的标准储备溶液，该溶液在 4℃保存可使用 2 个月。

磺胺混合标准工作溶液：根据每种磺胺的灵敏度和仪器线性范围用空白样品提取液配成不同浓度（ng/mL）的混合标准工作溶液，混合标准工作溶液在 4℃保存，可使用 1 周。

阳离子交换柱：苯磺酸型，500 mg，3 mL。用前分别用 5 mL 甲醇和 10 mL 水处理。保持柱体湿润。Oasis HLB 柱或相当者：60 mg，3 mL。用前分别用 3 mL 甲醇和 6 mL 水处理，保持柱体湿润。

2.2.4.4　仪器和设备

液相色谱-串联质谱仪：配有电喷雾离子源。固相萃取真空装置。旋转蒸发器。液体混匀器。分析天平：感量 0.1 mg 和 0.01 g 各一台。真空泵。移液器：1 mL，2 mL。鸡心瓶：150 mL。样品瓶：2 mL，带聚四氟乙烯旋盖。玻璃贮液器：50 mL。pH 计：测量精度±0.02。

2.2.4.5　样品前处理

（1）试样制备

对无结晶的实验室样品，将其搅拌均匀。对有结晶的样品，在密闭情况下，置于不超过 60℃的水浴中温热，振荡，待样品全部融化后搅匀，冷却至室温。分出 0.5 kg 作为试样。制备好的试样置于样品瓶中，密封，并做上标记。将试样于常温下保存。

（2）提取

称取 5 g 试样，精确至 0.01 g。置于 150 mL 三角瓶中，加入 25 mL 磷酸溶液，于液体混匀器上快速混匀 1 min，使试样完全溶解。

（3）净化

将塞有玻璃棉塞的玻璃贮液器连到苯磺酸型阳离子交换柱上，把样液倒入玻璃贮液器中，在减压情况下使样液以≤3 mL/min 的流速通过苯磺酸型阳离子交换柱，待样液完全流出后，分别用 5 mL 磷酸溶液和 5 mL 水洗柱，弃去全部流出液。最后用 40 mL 磷酸盐缓冲溶液洗脱，收集洗脱液于 100 mL 平底烧瓶中。在洗脱液中加入 1.5 mL 庚烷磺酸钠溶液，然后用磷酸调至 pH=6。

按上述方法将调好 pH 的洗脱液过 Oasis HLB 或相当的固相萃取柱，调节流速≤3 mL/min，待洗脱液完全流出后，再用 3 mL 水洗柱，弃去全部流出液。在 65 kPa 负压下，减压抽干 5 min，最后用 10 mL 甲醇洗脱，洗脱液收集于 150 mL 鸡心瓶中。用旋转蒸发器于 45℃水浴中减压蒸发至干。准确加入 1.0 mL 流动相溶解残渣，供液相色谱-串联质谱仪测定。

2.2.4.6　测定

（1）液相色谱条件

色谱柱：Lichrospher®100 RP-18 5 μm 250 mm×4.6 mm i.d. 或相当者；流动相：乙腈+0.01 mol/L 乙酸铵溶液（12+88）；流速：0.8 mL/min；柱温：35℃；进样量：40 μL；分流比：1∶3。

（2）质谱条件

离子源：电喷雾离子源；扫描方式：正离子扫描；检测方式：多反应检测；电喷雾电压：5500 V；雾化气压力：0.076 MPa；气帘气压力：0.069 MPa；辅助气流速：6 L/min；离子源温度：350℃；定性离子对、定量离子对、碰撞气能量和去簇电压见表 2-15。

（3）液相色谱-串联质谱测定

用混合标准工作溶液分别进样，以峰面积为纵坐标，工作溶液浓度（ng/mL）为横坐标，绘制标准工作曲线，用标准工作曲线对样品进行定量，样品溶液中 16 种磺胺的响应值均应在仪器测定的线性范围内。在上述色谱条件和质谱条件下，16 种磺胺的参考保留时间见表 2-15。16 种磺胺的标准总离子流图见图 2-3 和图 2-4。

2.2.4.7　分析条件的选择

（1）样品提取液 pH 的选择

分别使用五个不同 pH 的磷酸溶液作为蜂蜜样品提取液，在同一添加水平，相同实验条件下对蜂蜜样品进行回收率实验，实验数据见表 2-19。

表 2-19　不同 pH 的磷酸溶液对磺胺回收率（%）的影响

化合物	pH=1	pH=2	pH=3	pH=4	pH=5
磺胺醋酰	96.9	96.2	88.3	72.1	57.3
磺胺甲噻二唑	92.3	93.3	89.6	73.1	58.7
磺胺嘧啶	95.7	95.6	93.5	82.6	73.4
磺胺氯哒嗪	89.3	92.1	91.6	70.0	55.1
磺胺甲基异噁唑	94.8	99.7	99.3	82.3	68.2
磺胺甲基嘧啶	89.9	93.5	90.1	86.9	75.6
磺胺吡啶	93.2	96.1	88.3	67.2	60.4
磺胺对甲氧嘧啶	91.2	93.8	91.6	79.7	71.6
磺胺甲氧哒嗪	88.9	90.5	90.5	80.5	66.0
磺胺苯吡唑	92.5	93.0	92.2	87.6	72.1
磺胺间二甲氧嘧啶	91.3	94.0	95.8	68.7	66.0
磺胺二甲基异噁唑	94.5	94.4	92.1	75.6	57.3
磺胺-6-甲氧嘧啶	98.4	99.2	93.8	86.3	67.6
磺胺噻唑	99.3	99.2	95.4	83.1	62.7
磺胺邻二甲氧嘧啶	95.7	96.2	91.3	76.8	51.7
磺胺二甲嘧啶	98.9	99.1	95.1	81.0	70.4

从表 2-19 中数据可以看出，在 pH=1～3 范围内，16 种磺胺的回收率基本上在 85%以上，而在 pH=2 时，16 种磺胺的回收率基本上在 90%以上，为最高。当 pH＞3 时，随 pH 的增大而回收率明显下降，因此在本方法中选择 pH=2 的磷酸溶液作为蜂蜜样品提取液。

（2）洗脱剂浓度和用量的选择

为了确定从阳离子交换柱上洗脱磺胺类药物时所需磷酸盐缓冲溶液的浓度和用量，根据以往的经验和苯磺酸型阳离子交换柱的特点，分别用五个浓度的磷酸盐缓冲溶液（pH=8）和不同体积进行实验，实验数据见表 2-20。

表 2-20　磷酸盐缓冲溶液浓度和用量对磺胺回收率（％）的影响

化合物	缓冲溶液浓度/(mol/L)					洗脱体积/mL				
	0.05	0.1	0.2	0.3	0.4	10	20	30	40	50
磺胺醋酰	86.0	98.4	99.8	98.5	97.2	42.1	53.7	83.5	98.8	99.0
磺胺甲噻二唑	75.6	92.4	96.3	97.2	96.8	40.2	56.3	91.6	97.3	97.6
磺胺嘧啶	80.5	94.6	95.7	96.2	95.5	36.8	60.3	95.1	96.3	97.0
磺胺氯哒嗪	63.5	91.0	97.2	95.7	95.4	57.7	66.2	90.9	97.3	97.0
磺胺甲基异噁唑	89.6	92.6	97.3	96.2	95.5	55.4	61.0	8.8	97.7	97.5
磺胺甲基嘧啶	82.2	95.0	99.3	97.1	98.3	37.5	48.7	76.4	99.6	99.6
磺胺吡啶	79.7	89.8	95.5	95.3	95.4	25.2	37.5	67.1	96.9	96.0
磺胺对甲氧嘧啶	79.9	91.2	96.4	94.4	95.7	33.6	51.4	70.2	95.7	95.5
磺胺甲氧哒嗪	75.7	87.4	96.4	94.4	95.7	33.6	51.4	70.2	96.7	96.5
磺胺苯吡唑	52.3	79.6	94.7	94.6	94.6	35.7	50.6	89.3	94.8	94.2
磺胺间二甲氧嘧啶	56.8	88.5	92.6	93.5	92.6	36.2	48.0	83.1	93.5	93.5
磺胺二甲基异噁唑	76.5	87.6	97.8	97.7	96.8	50.5	79.6	92.9	97.6	97.3
磺胺-6-甲氧嘧啶	68.2	85.7	96.9	96.8	96.4	55.1	86.7	96.5	96.4	95.8
磺胺噻唑	70.4	87.1	98.4	98.7	97.9	36.5	78.9	95.2	97.4	98.7
磺胺邻二甲氧嘧啶	58.2	79.6	96.1	97.2	97.2	33.1	75.6	97.6	97.1	97.7
磺胺二甲基嘧啶	64.1	82.6	98.1	98.3	97.8	47.5	82.3	98.5	98.6	98.0

从表 2-20 中数据可以看出，磷酸盐缓冲溶液浓度在 0.05～0.2 mol/L 区间，随着浓度的增加其磺胺类药物的回收率逐步增高，而当磷酸盐缓冲溶液的浓度≥0.2 mol/L 后，其回收率是基本稳定的。但用上述洗脱液再过 Oasis HLB 柱，其磺胺药物的回收率又随样液中磷酸盐的浓度增大而降低，这可能是高浓度的磷酸盐对 Oasis HLB 柱吸附磺胺类药物产生屏蔽效应所致，因此本方法选择 0.2 mol/L 磷酸盐缓冲溶液作为苯磺酸型阳离子交换柱的洗脱剂；磺胺类药物的回收率随着 0.2 mol/L 磷酸盐缓冲溶液的用量增加而增高，但当磷酸盐缓冲溶液的用量达到 40 mL，8 种磺胺的回收率均达到 95%以上，即使再增大洗脱剂的用量，其回收率趋于稳定，因此，洗脱剂的用量确定为 40 mL。

（3）过 Oasis HLB 柱样液 pH 的确定

采用固相萃取技术净化样品，其 pH 对其回收率的影响是很大的，不同 pH 的目标物质过柱时要求其样液的 pH 也不同，为了找出磺胺类药物过 Oasis HLB 柱最佳 pH，用磷酸将 40 mL 0.2 mol/L 磷酸盐缓冲溶液分别调至 6 个不同的 pH，相同量的标准，进行回收率实验，实验数据列于表 2-21。从表 2-21 可以看出，过 Oasis HLB 固相萃取柱时，16 种磺胺在 pH=2～6 范围内，随 pH 的增大，其响应值也相应增高，当达到 pH=6 左右时，其响应值达到最大值，因此，在本方法中确定 pH=6 为样液过 Oasis HLB 柱时的最佳 pH。

表 2-21　过 Oasis HLB 固相萃取柱时样品溶液 pH 对磺胺响应值的影响

化合物	pH=2	pH=3	pH=4	pH=5	pH=6	pH=7
磺胺醋酰	40000	43200	43900	72000	69200	51100
磺胺甲噻二唑	34600	37200	52700	50100	57900	59000
磺胺嘧啶	87900	95000	132000	109000	116000	115000
磺胺氯哒嗪	50400	42400	59500	92600	106000	108000

续表

化合物	pH=2	pH=3	pH=4	pH=5	pH=6	pH=7
磺胺甲基异噁唑	45900	43800	60700	64300	100100	96600
磺胺甲基嘧啶	71700	98400	70400	84900	128010	139000
磺胺吡啶	94100	103000	98900	151000	225000	194000
磺胺对甲氧嘧啶	199000	225000	259000	274000	344000	321000
磺胺甲氧哒嗪	143000	247000	211000	264000	285000	283000
磺胺苯吡唑	98000	111000	185000	192000	226000	217000
磺胺间二甲氧嘧啶	13400	140000	192000	280000	346000	308000
磺胺二甲基异噁唑	41200	61200	98000	105000	176500	152000
磺胺-6-甲氧嘧啶	48900	67000	132000	104000	191000	183000
磺胺噻唑	210000	154000	289000	331000	570000	647000
磺胺邻二甲氧嘧啶	135000	175000	331000	260000	524000	491000
磺胺二甲基嘧啶	113000	102000	191000	206000	293000	281000

（4）质谱条件的优化

参见 2.2.1.7（2）。

2.2.4.8 线性范围和测定低限

参见 2.2.3.8。

2.2.4.9 方法回收率和精密度

用不含磺胺类药物的蜂蜜样品进行添加回收率和精密度实验，样品添加不同浓度标准后，摇匀，放置 1 h，使标准被样品充分吸收，然后按本方法进行提取和净化，用液相色谱-串联四极杆质谱测定，其回收率和精密度结果见表 2-22。从表 2-22 可以看出，本方法在添加水平 1.0～300.0 μg/kg，其回收率在 70%～110% 之间，相对标准偏差在 2.0%～11.5% 之间。

表 2-22　蜂蜜中磺胺添加回收率和精密度实验结果（n=10）

化合物	添加水平/(μg/kg)	平均回收率/%	RSD/%	化合物	添加水平/(μg/kg)	平均回收率/%	RSD/%
磺胺醋酰	2	77.1	5.2	磺胺甲氧哒嗪	4	89.8	8.7
	5	77.7	5.9		10	92.0	7.9
	10	77.3	5.0		20	80.2	3.1
	50	78.7	3.8		100	75.2	6.5
磺胺甲噻二唑	1	78.7	4.7	磺胺苯吡唑	12	85.0	7.0
	2.5	80.0	6.8		30	83.8	5.0
	5	79.3	8.8		60	86.4	2.0
	25	77.9	7.9		300	77.6	4.3
磺胺嘧啶	2	84.7	9.7	磺胺间二甲氧嘧啶	4	90.4	6.7
	5	86.6	9.1		10	81.9	8.0
	10	86.4	3.0		20	89.8	5.1
	50	77.5	5.1		100	74.4	4.3
磺胺氯哒嗪	2	82.1	11.5	磺胺二甲基异噁唑	2	90.2	7.0
	5	85.7	9.4		5	75.5	5.7
	10	77.2	4.1		10	76.9	4.4
	50	78.6	6.6		50	87.5	3.3

续表

化合物	添加水平/(μg/kg)	平均回收率/%	RSD/%	化合物	添加水平/(μg/kg)	平均回收率/%	RSD/%
磺胺甲基异噁唑	2	83.0	8.2	磺胺-6-甲氧嘧啶	2	95.6	3.0
	5	87.8	10.2		5	88.9	9.8
	10	97.8	3.9		10	94.8	4.4
	50	80.5	6.3		50	102.5	4.7
磺胺甲基嘧啶	2	81.8	10.9	磺胺噻唑	4	85.3	5.2
	5	83.3	8.2		10	70.9	2.9
	10	89.4	4.7		20	76.5	4.1
	50	81.6	5.0		100	86.7	4.7
磺胺吡啶	2	87.9	8.4	磺胺邻二甲氧嘧啶	2	97.4	2.7
	5	85.0	6.9		5	86.5	8.2
	10	84.1	5.6		10	92.1	2.7
	50	77.9	5.4		50	95.4	3.8
磺胺甲氧嘧啶	8	91.3	6.2	磺胺二甲基嘧啶	8	95.0	3.3
	20	84.2	6.0		20	82.4	6.6
	40	88.9	3.4		40	92.4	3.9
	200	76.4	4.1		200	94.8	3.0

2.2.4.10　重复性和再现性

在重复性试验条件下,获得的两次独立测试结果的绝对差值不超过重复性限(r),如果差值超过重复性限(r),应舍弃试验结果并重新完成两次单个试验的测定。在再现性试验条件下,获得的两次独立测试结果的绝对差值不超过再现性限(R)。被测物的含量范围、重复性和再现性方程见表2-23。

表 2-23　含量范围及重复性和再现性方程

化合物	含量范围/(μg/kg)	重复性限 r	再现性 R
磺胺醋酰	2.0~50.0	$\lg r = 0.9358 \lg m - 1.0259$	$\lg R = 0.1539 \lg m + 0.0561$
磺胺甲噻二唑	2.0~50.0	$\lg r = 1.0841 \lg m - 1.0704$	$\lg R = 1.0744 \lg m - 0.6765$
磺胺二甲基异噁唑	2.0~50.0	$\lg r = 0.8428 \lg m - 0.8760$	$\lg R = 0.7392 \lg m - 0.5488$
磺胺氯哒嗪	2.0~50.0	$\lg r = 0.9705 \lg m - 1.0008$	$R = 0.1414 \, m + 0.2000$
磺胺嘧啶	2.0~50.0	$\lg r = 1.2712 \lg m - 1.2329$	$\lg R = 0.8401 \lg m - 0.5495$
磺胺甲基异噁唑	2.0~50.0	$\lg r = 1.0624 \lg m - 1.0368$	$\lg R = 0.9819 \lg m - 0.7392$
磺胺噻唑	4.0~100.0	$\lg r = 1.0918 \lg m - 1.0852$	$\lg R = 0.9107 \lg m - 0.6442$
磺胺-6-甲氧嘧啶	2.0~50.0	$\lg r = 1.0931 \lg m - 1.1693$	$\lg R = 1.0980 \lg m - 0.8558$
磺胺甲基嘧啶	2.0~50.0	$\lg r = 1.1531 \lg m - 1.2676$	$\lg R = 0.7928 \lg m - 0.5102$
磺胺邻二甲氧嘧啶	2.0~50.0	$\lg r = 0.9147 \lg m - 0.8606$	$\lg R = 0.7911 \lg m - 0.4748$
磺胺吡啶	2.0~50.0	$\lg r = 0.8943 \lg m - 0.8190$	$\lg R = 0.8292 \lg m - 0.5530$
磺胺对甲氧嘧啶	8.0~200.0	$\lg r = 1.0755 \lg m - 1.0745$	$\lg R = 1.1364 \lg m - 0.8346$
磺胺甲氧哒嗪	4.0~100.0	$\lg r = 1.1270 \lg m - 1.1279$	$\lg R = 1.1294 \lg m - 0.8120$
磺胺二甲基嘧啶	8.0~200.0	$\lg r = 1.0379 \lg m - 1.0642$	$\lg R = 1.0498 \lg m - 0.7143$
磺胺苯吡唑	12.0~300.0	$\lg r = 1.1421 \lg m - 1.2258$	$\lg R = 1.0512 \lg m - 0.8053$
磺胺间二甲氧嘧啶	4.0~100.0	$\lg r = 0.8598 \lg m - 0.8796$	$\lg R = 0.9760 \lg m - 0.6733$

注:m为两次测定值的平均值

2.2.5　牛奶和奶粉中 16 种磺胺残留量的测定　液相色谱-串联质谱法[92]

2.2.5.1　适用范围

适用于牛奶和奶粉中 16 种磺胺（磺胺醋酰、磺胺甲基嘧啶、磺胺吡啶、磺胺甲氧哒嗪、、磺胺对甲氧嘧啶、磺胺氯哒嗪、磺胺甲基异噁唑、磺胺邻二甲氧嘧啶、磺胺-6-甲氧嘧啶、磺胺二甲基嘧啶、磺胺喹噁啉、磺胺嘧啶、磺胺噻唑、磺胺甲噻二唑、甲氧苄氨嘧啶和磺胺二甲基异噁唑）残留量液相色谱-质谱/质谱测定。牛奶中 16 种磺胺残留量的方法检出限均为 1.0 μg/kg；奶粉中 16 种磺胺残留量的方法检出限均为 4.0 μg/kg。

2.2.5.2　方法原理

用高氯酸溶液提取试样中磺胺类药物残留，Oasis HLB 固相萃取柱净化，甲醇洗脱，液相色谱-质谱/质谱仪测定，外标法定量。

2.2.5.3　试剂和材料

高氯酸：优级纯。甲醇、乙酸：色谱纯。

高氯酸溶液：pH=2，1000 mL 水中加入 1 mL 高氯酸，再用水调至 pH=2。0.1%乙酸溶液：100 mL 水中加入 0.1 mL 乙酸。甲醇-乙酸溶液（1+19，v/v）：量取 50 mL 甲醇与 950 mL 乙酸溶液混合。

磺胺醋酰、磺胺甲基嘧啶、磺胺吡啶、磺胺甲氧哒嗪、磺胺对甲氧嘧啶、磺胺氯哒嗪、磺胺甲基异噁唑、磺胺邻二甲氧嘧啶、磺胺-6-甲氧嘧啶、磺胺二甲基嘧啶、磺胺喹噁啉、磺胺嘧啶、磺胺噻唑、磺胺甲噻二唑、甲氧苄氨嘧啶和磺胺二甲基异噁唑标准物质：纯度≥95%。

0.1 mg/mL16 种磺胺标准储备溶液：准确称取适量的每种磺胺标准物质，用甲醇配成 0.1 mg/mL 的标准储备溶液，该溶液在 4℃保存。

1 μg/mL 磺胺混合标准中间溶液：分别吸取 1 mL 标准储备溶液移至 100 mL 容量瓶中，用甲醇定容至刻度。该溶液在 4℃保存。

基质混合标准工作溶液：根据每种磺胺的灵敏度和仪器线性范围用空白样品提取液配成不同浓度（ng/mL）的基质混合标准工作溶液，基质混合标准工作溶液在 4℃保存。

2.2.5.4　仪器和设备

液相色谱-串联四极杆质谱仪，配有电喷雾离子源。分析天平：感量 0.1 mg 和 0.01 g。超声波萃取仪。涡旋振荡器。固相萃取装置。氮气吹干仪。真空泵。pH 计：测量精度±0.02 pH 单位。贮液器：通过转接头连接于 Oasis HLB 固相萃取柱上。10 mL 具刻度离心管。Oasis HLB 固相萃取柱或相当者：60 mg，3 mL。使用前在柱上塞上一小块脱脂棉，再分别用 3 mL 甲醇和 5 mL 高氯酸溶液活化；保持柱体湿润。

2.2.5.5　样品前处理

（1）试样制备

将牛奶从冰箱中取出，放置至室温，摇匀，备用。牛奶置于 4℃冰箱中避光保存，奶粉常温避光保存。

（2）提取

牛奶：称取 2 g 试样，精确到 0.01 g，置于 50 mL 具塞塑料离心管中，加入 25 mL 高氯酸溶液，涡旋振荡器振荡提取 1 min，超声波萃取 10 min。

奶粉：称取 0.5 g 试样，精确到 0.01 g，置于 50 mL 具塞塑料离心管中，加入 25 mL 高氯酸溶液，于涡旋振荡器振荡提取 1 min，超声波萃取 10 min。

（3）净化

将提取步骤所得的溶液全部转移到储液器中，再用 5 mL 高氯酸溶液洗离心管，洗液合并到贮液器，以约 1 mL/min 的流速全部过 HLB 固相萃取柱，待样液完全流出后，用 5 mL 水淋洗柱，抽干，用 3 mL 甲醇洗脱于 10 mL 具刻度离心管中，洗脱液于 40℃用氮气吹至约 0.2 mL 时停止浓缩，用甲醇-乙酸溶液补至 1 mL。漩涡混匀，过 0.2 μm 滤膜，供液相色谱串联质谱分析。

将取牛奶阴性样品 2 g，奶粉阴性样品 0.5 g，按上述提取净化步骤操作。

2.2.5.6 测定

（1）液相色谱条件

色谱柱：C$_{18}$，5 μm，150 mm×2.1 mm（内径）或相当者；色谱柱温度：30℃；进样量：10 μL；流动相梯度及流速见表 2-24。

表 2-24 液相色谱梯度洗脱条件

时间/min	流速/(μL/min)	0.1%乙酸水溶液/%	甲醇/%
0.00	200	75	25
5.00	200	55	45
8.00	200	20	80
10.00	200	20	80
10.10	200	75	25
13.00	200	75	25

（2）质谱条件

离子化模式：电喷雾正离子模式（ESI+）；质谱扫描方式：多反应监测（MRM）；鞘气压力：15 unit；辅助气压力：20 unit；正离子模式电喷雾电压（IS）：4000 V；毛细管温度：320℃；源内诱导解离电压：10 V；Q1，Q3 分辨率：Q1 为 0.2，Q3 为 0.7；碰撞气：高纯氩气；碰撞气压力：1.5 mTorr[①]；其他质谱参数及保留时间见表 2-25。

表 2-25 16 种磺胺的定性离子对、定量离子对和碰撞气能量

化合物	定性离子对（m/z）	定量离子对（m/z）	裂解能量/eV	保留时间/min
磺胺醋酰	215.05/155.91	251.05/155.91	10	3.74
	215.05/107.98		22	
甲氧苄氨嘧啶	291.14/229.94	291.14/229.94	25	4.66
	291.14/260.90		21	
磺胺嘧啶	251.05/155.96	251.05/155.96	18	4.56
	251.05/107.97		25	
磺胺噻唑	256.02/155.99	256.02/155.99	16	4.84
	256.02/108.05		22	
磺胺吡啶	250.07/155.98	250.07/155.98	16	5.09
	250.07/184.01		19	
磺胺甲基嘧啶	265.06/155.91	265.06/155.91	18	5.61
	265.06/171.94		14	
磺胺对甲氧嘧啶	281.06/155.90	281.06/155.90	17	6.62
	281.06/107.91		27	
磺胺甲噻二唑	271.02/155.86	271.02/155.86	12	6.60
	271.02/107.96		21	
磺胺二甲基嘧啶	279.08/185.98	279.08/185.98	16	6.67
	279.08/155.99		18	
磺胺甲氧哒嗪	281.07/155.98	281.07/155.98	17	7.26
	281.07/107.98		22	
磺胺甲基异噁唑	254.05/155.99	254.05/155.99	16	7.49
	254.05/107.91		24	

① 1 Torr=1 mmHg=133.3 Pa

续表

化合物	定性离子对（m/z）	定量离子对（m/z）	裂解能量/eV	保留时间/min
磺胺-6-甲氧嘧啶	281.06/155.94	281.06/155.94	19	7.68
	281.06/107.90		28	
磺胺二甲基异噁唑	268.06/155.92	268.06/155.92	12	7.93
	268.06/107.94		26	
磺胺氯哒嗪	285.02/156.00	285.02/156.00	16	8.03
	285.02/107.97		25	
磺胺邻二甲氧嘧啶	311.08/155.96	311.08/155.96	20	9.13
	311.08/107.98		32	
磺胺喹噁啉	301.07/155.99	301.07/155.99	17	9.40
	301.07/107.91		20	

（3）液相色谱-串联质谱测定

在仪器最佳工作条件下，对混合基质标准校准溶液进样，以峰面积为纵坐标，混合基质校准溶液浓度为横坐标绘制标准工作曲线，用标准工作曲线对样品进行定量，样品溶液中待测物的响应值均应在仪器测定的线性范围内。上述色谱和质谱条件下，标准品多反应监测色谱图见图2-5。

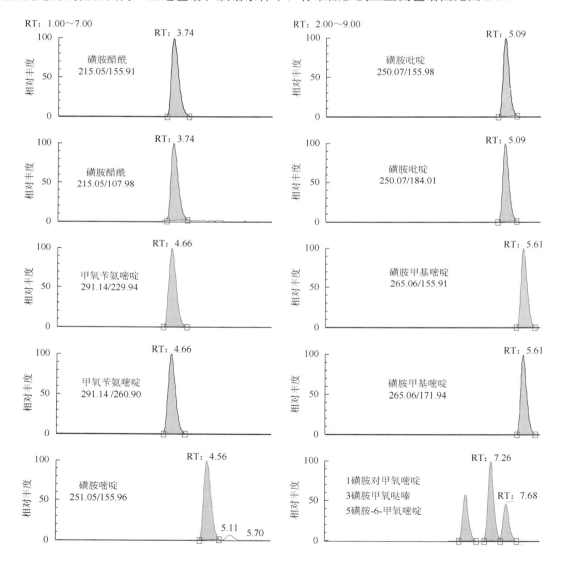

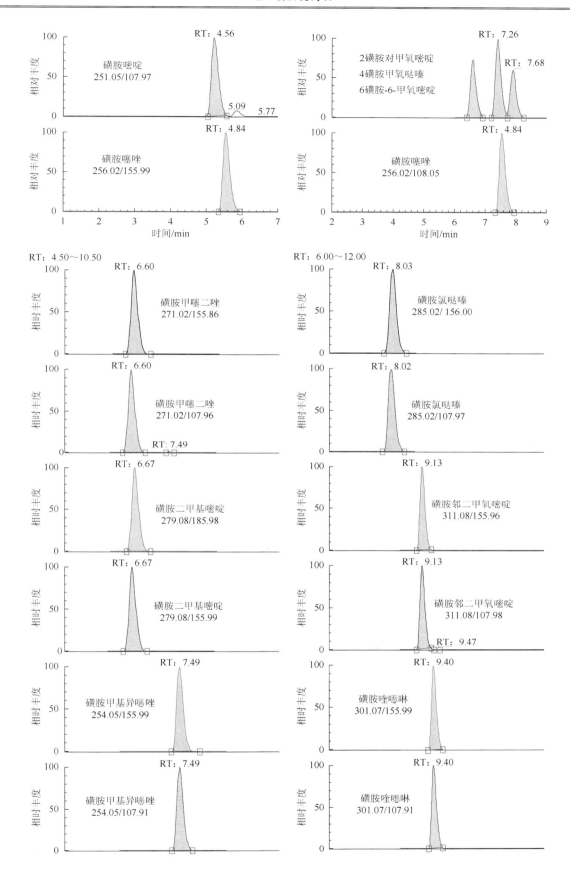

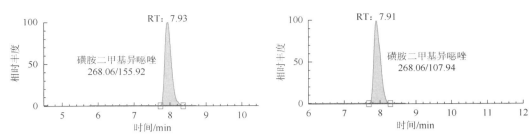

图 2-5　16 种磺胺标准物质多反应监测色谱图

图中前面的为定量色谱图，后面的为定性色谱图

2.2.5.7　分析条件的选择

（1）提取净化方法的优化

由于甲氧苄氨嘧啶和其他磺胺的结构有差别，而它们具有不同的 pK_a 和溶剂亲和力，难以在常用的有机溶剂中同时提取。尝试用乙酸乙酯、酸化乙酸乙酯、乙腈乙酸乙酯混合溶液、氯仿丙酮混合溶液作为提取剂，提取 2 次，结果多数磺胺可被提出，回收率在 50%～84% 之间，但甲氧苄氨嘧啶几乎就没被提取出来。若调节样品为碱性则多数磺胺不能被提出。

考虑到后续的净化过程，对 0.33 mol/L 高氯酸及水按三个不同的比例（1+4，2+3，3+2）进行混合，5 mL 溶液中加入待测的 16 种物质，过 MCX 柱，用 5 mL 水，5 mL 甲醇淋洗，5 mL 25% 氨水甲醇洗脱，浓缩后仪器分析，发现单纯做试剂添加，16 种物质回收率在 95% 以上。于是利用 0.33 mol/L 高氯酸+水（1+4，v/v）对牛奶进行提取 2 次，离心后上清液过 MCX 柱净化，25% 氨水甲醇洗脱，浓缩后仪器分析，结果发现，磺胺醋酰回收率在 10% 以下，磺胺二甲基异噁唑的回收率在 40% 左右，其他 14 种磺胺的回收率在 65%～110% 之间。后在提取剂中加入不同比例的甲醇，磺胺类药物残留回收率未见明显改观。继续利用高氯酸溶液提取，过 HLB 柱净化，利用不同浓度的高氯酸提取过 HLB 柱，用水淋洗，甲醇洗脱。当高氯酸的浓度太大时，对 HLB 柱有影响，磺胺回收率会很低，调节高氯酸的 pH 为 2 时，试剂添加中磺胺的回收率在 95 以上，在此条件下对牛奶中的磺胺进行提取并净化，如果对提取液进行离心，上清液过 HLB 柱，磺胺二甲氧嘧啶和磺胺喹噁啉的回收率在 40%～50%，其他磺胺回收率在 70%～105%；如果用乳浊液直接上 HLB 柱，16 种磺胺都在都获得较高的回收率。按照牛奶样品的预处理条件来处理奶粉样品，单纯采用 pH 为 2 的高氯酸溶液作为提取剂，以乳浊液的形式通过 HLB 柱，用水淋洗，甲醇洗脱，回收率会同样较高。

在洗脱过程中，做洗脱曲线，可知前 2 mL 甲醇会将将分析物全部洗脱下来，所以采用 3 mL 甲醇洗脱。同时磺胺类药物热不稳定，在 40℃ 氮吹吹干，就有将近 20% 的损失，浓缩一步应注意不能将其完全吹干，待洗脱液吹至约 0.2 mL 时，利用定容液将其补至 1 mL。定容液的选择使最后进仪器样液的比例与流动相的初始值接近。

（2）色谱条件的建立

实验采用了 0.1% 乙酸-甲醇做流动相，采用时间梯度洗脱，在 150 mm×2.1 mm i.d.，粒度 5 μm，的 C_{18} 柱分离待测组分，分析物在最大程度上得到了分离，且峰对称尖锐，加之质谱的高选择性，通过 MRM 色谱图能够较好地定性定量 16 种分析物，无内源干扰物影响组分的测定。

（3）质谱条件的优化

用蠕动泵以 10 μL/min 注入 1 μg/mL 的 16 种磺胺混合标准溶液来确定各化合物的最佳质谱条件，包括选择特征离子对，优化电喷雾电压、鞘气、辅助气、碰撞能量等质谱分析条件。分析物的混标液进入 ESI 电离源，在正、负离子扫描方式下分别对分析物进行一级全扫描质谱分析，得到分子离子峰。16 种分析物在正模式下均有较高的响应，负模式下信号值很低。然后对各分子离子峰进行二级质谱分析（多反应监测 MRM 扫描），得到碎片离子信息。

2.2.5.8　线性范围和测定低限

根据每种磺胺类药物的灵敏度，用牛奶、奶粉样品空白溶液配成一系列基质标准工作溶液，在选定的色谱条件和质谱条件下进行测定，进样量 10 μL，用峰面积对基质标准工作溶液中被测组分的浓度作图，其线性范围、线性方程和线性相关系数见表 2-26。本方法采用基质添加标准来校对样品的含量以消除基质的干扰。

表 2-26　16 种磺胺的线性范围、线性方程和相关系数

化合物	线性范围/(ng/mL)	牛奶		奶粉	
		线性方程	相关系数 R^2	线性方程	相关系数 R^2
磺胺醋酰	1～50	$Y=165589X-35198.6$	0.9992	$Y=102135X+32301.6$	0.9964
甲氧苄氨嘧啶	1～50	$Y=360504X+567469$	0.9979	$Y=199260X+23429.4$	0.9956
磺胺嘧啶	1～50	$Y=173537X+79154$	0.9992	$Y=93039X+28479$	0.9973
磺胺噻唑	1～50	$Y=178863X-22094$	0.9985	$Y=92059.2X+41523.8$	0.9956
磺胺吡啶	1～50	$Y=182646X-89376.5$	0.9980	$Y=103444X+27594.5$	0.9972
磺胺甲基嘧啶	1～50	$Y=198460X-38388$	0.9996	$Y=89261X+6268.78$	0.9959
磺胺对甲氧嘧啶	1～50	$Y=131609X-39705.8$	0.9976	$Y=67081.6X+10186.6$	0.9967
磺胺甲噻二唑	1～50	$Y=140212X-56809.80$	0.9994	$Y=92198.2X-12492.9$	0.9947
磺胺二甲基嘧啶	1～50	$Y=247522X+596038$	0.9980	$Y=95653.4X+11938.4$	0.9966
磺胺甲氧哒嗪	1～50	$Y=226695X-28002.7$	0.9994	$Y=84155.4X+7669.72$	0.9959
磺胺甲基异噁唑	1～50	$Y=159460X-3973.41$	0.9996	$Y=87211.2X-5172.65$	0.9945
磺胺-6-甲氧嘧啶	1～50	$Y=109821X+9546.14$	0.9981	$Y=56737.8X-8218.55$	0.9952
磺胺二甲基异噁唑	1～50	$Y=125239X-27177.9$	0.9996	$Y=86239.2X-1608.86$	0.9946
磺胺氯哒嗪	1～50	$Y=111105X-41689.8$	0.9983	$Y=62342.1X+17304.9$	0.9978
磺胺邻二甲氧嘧啶	1～50	$Y=133057X-26988.4$	0.9995	$Y=81911.1X+7016.18$	0.9962
磺胺喹噁啉	1～50	$Y=128592X-6794.54$	0.9999	$Y=78415.2X-7938.15$	0.9931

由此可见，在该方法操作条件下，磺胺醋酰、磺胺甲基嘧啶、磺胺吡啶、磺胺甲氧哒嗪、磺胺对甲氧嘧啶、磺胺氯哒嗪、磺胺甲基异噁唑、磺胺二甲氧嘧啶、磺胺-6-甲氧嘧啶、磺胺二甲基嘧啶、磺胺喹噁啉、磺胺嘧啶、磺胺噻唑、磺胺甲噻二唑、甲氧苄氨嘧啶和磺胺二甲基异噁唑等 16 种磺胺在 1～50 ng/mL（对应牛奶中磺胺类药物残留在 0.5～25.0 μg/kg 范围内，对应奶粉中磺胺类药物残留在 2.0～100.0 μg/kg 范围内），响应值均在仪器线性范围之内。同时，牛奶中 16 种磺胺的检测限（LOD）为 0.50 μg/kg，奶粉中 16 种磺胺的检测限（LOD）为 2.0 μg/kg。牛奶中 16 种磺胺的方法检测限（LOQ）为 1.0 μg/kg，奶粉中 16 种磺胺的方法检测限（LOQ）为 4.0 μg/kg，完全能满足世界各国对进口牛奶及奶粉中磺胺类药物残留的要求。

2.2.5.9　方法回收率和精密度

用不含磺胺类药物的牛奶和奶粉样品进行添加回收率和精密度实验，样品添加不同浓度标准后，放置 1 h，使标准被样品充分吸收，然后按本方法进行提取和净化，用液相色谱-串联四极杆质谱测定，其回收率和精密度结果见表 2-27。从表 2-27 可以看出，本方法牛奶在添加水平 1.0～10.0 μg/kg 其回收率在 72.2%～94.9%之间，相对标准偏差在 3.1%～8.7%之间；奶粉在添加水平 4.0～40.0 μg/kg 其回收率在 79.0%～95.9%之间，相对标准偏差在 2.4%～7.9%之间，说明该方法重现性很好。

表 2-27　牛奶和奶粉中 16 种磺胺添加回收率和精密度实验数据（$n=10$）

化合物	添加水平/(μg/kg)	牛奶		添加水平/(μg/kg)	奶粉		化合物	添加水平/(μg/kg)	牛奶		添加水平/(μg/kg)	奶粉	
		回收率/%	RSD/%		回收率/%	RSD/%			回收率/%	RSD/%		回收率/%	RSD/%
磺胺醋酰	1	86.7	4.3	4	87.7	4.2	磺胺二甲基嘧啶	1	92.2	7.5	4	91.3	7.0
	2	94.9	4.0	8	95.9	2.4		2	90.7	5.0	8	90.5	4.0
	5	83.3	7.6	20	85.1	7.1		5	86.6	7.5	20	86.5	7.1
	10	91.1	3.1	40	91.6	4.7		10	88.2	4.4	40	85.5	5.1

续表

化合物	添加水平/(μg/kg)	牛奶		添加水平/(μg/kg)	奶粉		化合物	添加水平/(μg/kg)	牛奶		添加水平/(μg/kg)	奶粉	
		回收率/%	RSD/%		回收率/%	RSD/%			回收率/%	RSD/%		回收率/%	RSD/%
甲氧苄氨嘧啶	1	82.8	5.0	4	84.5	4.9	磺胺甲氧哒嗪	1	79.6	7.7	4	81.0	4.6
	2	92.3	5.9	8	92.9	3.7		2	80.8	7.5	8	83.6	5.5
	5	91.8	7.3	20	93.4	5.4		5	82.9	7.9	20	81.9	4.9
	10	85.9	3.8	40	85.3	4.6		10	84.9	3.7	40	84.8	4.7
磺胺嘧啶	1	75.9	7.8	4	79.9	7.6	磺胺甲基异噁唑	1	84.7	7.7	4	85.6	6.7
	2	85.1	7.0	8	87.9	5.6		2	89.3	6.7	8	87.9	3.0
	5	79.9	6.2	20	83.0	7.9		5	85.6	7.9	20	85.6	6.9
	10	84.0	4.1	40	90.2	5.4		10	88.8	4.8	40	85.1	5.5
磺胺噻唑	1	74.4	5.2	4	82.3	5.6	磺胺-6-甲氧嘧啶	1	81.1	7.4	4	82.6	5.3
	2	84.3	7.7	8	90.0	5.6		2	89.2	7.4	8	88.8	5.3
	5	90.1	7.2	20	89.2	6.6		5	81.7	8.5	20	83.6	6.7
	10	84.9	4.2	40	87.4	4.8		10	88.1	4.8	40	85.0	5.3
磺胺吡啶	1	83.1	7.9	4	83.9	7.8	磺胺二甲基异噁唑	1	80.4	6.8	4	83.9	4.7
	2	84.8	6.4	8	85.4	6.4		2	86.3	7.5	8	87.6	5.5
	5	82.9	5.8	20	84.8	6.8		5	78.5	8.3	20	79.0	6.1
	10	86.1	3.7	40	87.4	5.5		10	82.4	4.8	40	85.1	5.0
磺胺甲基嘧啶	1	82.6	6.6	4	84.2	5.1	磺胺氯哒嗪	1	80.4	6.7	4	82.7	5.8
	2	89.9	6.6	8	88.6	5.4		2	88.4	7.2	8	89.2	6.1
	5	83.8	7.6	20	81.5	3.6		5	72.2	6.2	20	80.3	7.1
	10	87.1	4.0	40	83.7	4.1		10	94.3	4.4	40	87.0	3.3
磺胺对甲氧嘧啶	1	90.4	7.5	4	89.0	6.7	磺胺邻二甲氧嘧啶	1	80.1	8.7	4	83.3	5.4
	2	82.4	7.3	8	87.1	7.1		2	87.1	8.3	8	88.4	6.3
	5	83.1	7.6	20	82.2	6.5		5	86.6	8.4	20	86.9	7.3
	10	84.7	5.0	40	84.3	4.4		10	88.7	4.1	40	86.9	4.2
磺胺甲噻二唑	1	81.0	6.9	4	84.3	6.9	磺胺喹噁啉	1	76.8	7.3	4	79.7	6.7
	2	85.2	7.8	8	86.0	6.2		2	85.0	8.2	8	87.7	6.5
	5	84.6	7.9	20	84.1	5.9		5	85.0	7.0	20	84.7	7.1
	10	87.8	3.7	40	84.7	5.6		10	83.1	5.5	40	81.5	4.3

2.2.5.10　重复性和再现性

　　在重复性试验条件下，获得的两次独立测试结果的绝对差值不超过重复性限（r），如果差值超过重复性限（r），应舍弃试验结果并重新完成两次单个试验的测定。在再现性试验条件下，获得的两次独立测试结果的绝对差值不超过再现性限（R）。被测物的含量范围、重复性和再现性方程见表 2-28和表 2-29。

表 2-28　牛奶中 16 种磺胺的含量范围及重复性和再现性方程

化合物	含量范围/(μg/kg)	重复性限 r	再现性限 R
磺胺醋酰	1.0～10.0	$r=0.1246\,m-0.0258$	$\lg R=0.9901\lg m-0.7530$
甲氧苄氨嘧啶	1.0～10.0	$r=0.1256\,m-0.0120$	$\lg R=1.0445\lg m-0.7378$
磺胺嘧啶	1.0～10.0	$r=0.0539\lg m+0.0761$	$\lg R=0.9231\lg m-0.6967$
磺胺噻唑	1.0～10.0	$r=0.0887\,m+0.0917$	$\lg R=1.0098\lg m-0.7388$
磺胺吡啶	1.0～10.0	$r=0.0780\,m-0.0200$	$R=0.1148\,m+0.1102$
磺胺甲基嘧啶	1.0～10.0	$r=0.1441\,m-0.0111$	$\lg R=1.0873\lg m-0.8579$

续表

化合物	含量范围/(μg/kg)	重复性限 r	再现性限 R
磺胺对甲氧嘧啶	1.0~10.0	$r=0.08071\ m+0.0311$	$R=0.1432\ m+0.0450$
磺胺甲噻二唑	1.0~10.0	$r=0.05701\ m+0.0927$	$\lg R=0.8796\ \lg m-0.7162$
磺胺二甲基嘧啶	1.0~10.0	$r=0.1295\ m-0.0419$	$\lg R=1.0005\ \lg m-0.7305$
磺胺甲氧哒嗪	1.0~10.0	$r=0.0931\ m+0.0568$	$\lg R=0.9650\ \lg m-0.7389$
磺胺甲基异噁唑	1.0~10.0	$r=0.1916\ m-0.1244$	$R=0.2223\ m-0.1158$
磺胺-6-甲氧嘧啶	1.0~10.0	$r=0.1120\ m+0.1091$	$R=0.1974\ m+0.0107$
磺胺二甲基异噁唑	1.0~10.0	$r=0.1140\ m+0.0009$	$\lg R=0.9369\ \lg m-0.6713$
磺胺氯哒嗪	1.0~10.0	$r=0.1032\ m+0.0174$	$\lg R=0.9275\ \lg m-0.6757$
磺胺邻二甲氧嘧啶	1.0~10.0	$r=0.1024\ m+0.0568$	$R=0.1950\ m+0.0190$
磺胺喹噁啉	1.0~10.0	$r=0.0868\ m+0.0562$	$\lg R=0.8876\ \lg m-0.6692$

注：m 为两次测定结果的算术平均值

表2-29　奶粉中16种磺胺的含量范围及重复性和再现性方程

化合物	含量范围/(μg/kg)	重复性限 r	再现性限 R
磺胺醋酰	4.0~40.0	$r=0.0724\ m-0.0506$	$R=0.1401\ m-0.0420$
甲氧苄氨嘧啶	4.0~40.0	$r=0.0420\ m+0.2797$	$\lg R=1.0080\lg m-0.8965$
磺胺嘧啶	4.0~40.0	$r=0.0350\ m+0.1973$	$R=0.1098\ m+0.3870$
磺胺噻唑	4.0~40.0	$\lg r=0.9093\lg m-0.9891$	$\lg R=0.9854\lg m-0.7468$
磺胺吡啶	4.0~40.0	$r=0.0765\ m-0.0391$	$\lg R=0.8938\lg m-0.7084$
磺胺甲基嘧啶	4.0~40.0	$r=0.0820\ m-0.0366$	$R=0.1537\ m-0.0274$
磺胺对甲氧嘧啶	4.0~40.0	$r=0.0797\ m+0.1291$	$R=0.1095\ m+0.5516$
磺胺甲噻二唑	4.0~40.0	$r=0.0733\ m+0.0625$	$R=0.1192\ m+0.2682$
磺胺二甲基嘧啶	4.0~40.0	$r=0.0806\ m+0.2465$	$R=0.1302\ m-0.3570$
磺胺甲氧哒嗪	4.0~40.0	$r=0.0903\ m+0.3444$	$\lg R=0.9325\lg m-0.6883$
磺胺甲基异噁唑	4.0~40.0	$r=0.0859\ m+0.1110$	$R=0.1723\ m+0.2209$
磺胺-6-甲氧嘧啶	4.0~40.0	$r=0.0987\ m+0.2212$	$\lg R=0.9198\lg m-0.6099$
磺胺二甲基异噁唑	4.0~40.0	$r=0.1079\ m+0.3761$	$\lg R=1.0344\lg m-0.7879$
磺胺氯哒嗪	4.0~40.0	$r=0.1066\ m+0.4361$	$\lg R=0.9201\lg m-0.6035$
磺胺邻二甲氧嘧啶	4.0~40.0	$r=0.1004\ m+0.1214$	$\lg R=0983\lg m-0.7116$
磺胺喹噁啉	4.0~40.0	$r=0.1185\ m-0.0554$	$R=0.1395\ m+0.1706$

注：m 为两次测定结果的算术平均值

参 考 文 献

[1] 林艺远. 养殖场须正确使用磺胺类药物. 福建畜牧兽医，2008，30（4）：73-74

[2] 王群，马向东，李绍伟. HPLC法研究磺胺类药物在水产动物体内的代谢和残留. 海洋科学，1999，6：33-36

[3] Ueno R. Pharmacokinetics and bioavailability of sulfamonomethoxine in cultured eel fish. Pathology，1998，33（4）：297-301

[4] 唐雪莲，王群，李健. 渔用抗菌药物代谢动力学和残留的研究现状. 海洋湖沼通报，2002，2：62-70

[5] Uno K，Aoki T，Ueno R，Maeda I. Pharmacokinetics and metabolism of sulphamonomethoxine in rainbow trout（*Oncorhynchus Mykiss*）and yellowtail（*Seriola Quinqueradiata*）following bolus intravascular administration. Aquaculture，1997，153（1）：1-8

[6] 段建国，宋蓓，赵尚清. 慎重磺胺类药物的使用. 中国现代临床医学杂志，2006，5（1）：55

[7] Cai Z，Zhang Y，Pan H. Simultaneous determination of 24 sulfonamide residues in meat by ultra-performance liquid

chromatography tandem mass spectrometry. Journal of Chromatography A，2008，1200（2）：144-155

[8] Lopes R P，Augusti D V，Francisco-de-Souza L，Santos F A，Lima J A，Vargas E A，Augusti R. Development and validation（according to the 2002/657/EC regulation）of a method to quantify sulfonamides in porcine liver by fast partition at very low temperature and LC-MS/MS. Analytical-Methods，2011，3（3）：606-613

[9] Di Sabatino M，Di Pietra A M，Benfenati L. Determination of 10 sulfonamide residues in meat samples by liquid chromatography with ultraviolet detection. Journal of AOAC International，2007，90（2）：598-603

[10] Wu S X，Gong M J，Zhu W Y，Liu Y F，Liu B. Determination of nine sulfonamide residues in pork and pig liver by high performance liquid chromatography-tandem mass spectrometry. Fenxi-Shiyanshi，2012，31（2）：79-83

[11] Zotou A，Vasiliadou C. LC of sulfonamide residues in poultry muscle and eggs extracts using fluorescence pre-column derivatization and monolithic silica column. Journal of Separation Science，2010，33（1）：11-22

[12] 李锋格，苏敏，李晓岩，张洪霞，姚伟琴，窦辉，张万权. 分散固相萃取-超高效液相色谱-串联质谱法测定鸡肝中磺胺类、喹诺酮类和苯并咪唑类药物及其代谢物的残留量. 色谱，2011，29（2）：120-125

[13] 刘芃岩，姜宁，王英峰，晏利芝. 高效液相色谱-电喷雾串联质谱法同时测定鸡肉中残留的磺胺类和氟喹诺酮类兽药. 色谱，2008，26（3）：348-352

[14] Pang G F，Cao Y Z，Zhang J J，Jia G Q，Fan C L，Li X M，Liu Y M，Li Z Y，Shi Y Q. Simultaneous determination of 16 sulfonamides in honey by liquid chromatography/tandem mass spectrometry. Journal of AOAC International，2005，88（5）：1304-1311

[15] Li C，Jiang H Y，Zhao S J，Zhang S X，Ding S Y，Li J C，Li X W，Shen J Z. Simultaneous determination of fluoroquinolones and sulfonamides in chicken muscle by liquid chromatography with fluorescence and ultraviolet detection. Chromatographia，2008，68（1-2）：117-121

[16] 吴银良，赵莉，刘勇军，姜艳彬，刘兴国，沈建忠. 固相萃取-高效液相色谱法同时测定牛奶中残留的 9 种磺胺类药物. 色谱，2007，25（5）：728-731

[17] Sheridan R，Policastro B，Thomas S，Rice D. Analysis and occurrence of 14 sulfonamide antibacterials and chloramphenicol in honey by solid-phase extraction followed by LC/MS/MS analysis. Journal of Agricultural and Food Chemistry，2008，56（10）：3509-3516

[18] Mohamed R，Hammel Y A，LeBreton M H，Tabet J C，Jullien L，Guy P A. Evaluation of atmospheric pressure ionization interfaces for quantitative measurement of sulfonamides in honey using isotope dilution liquid chromatography coupled with tandem mass spectrometry techniques. Journal of Chromatography A，2007，1160（1-2）：194-205

[19] Furusawa N. Rapid high-performance liquid chromatographic determining technique of sulfamonomethoxine，sulfadimethoxine，and sulfaquinoxaline in eggs without use of organic solvents. Analytica Chimica Acta，2003，481（2）：255-259

[20] 张索霞，李俊锁，钱传范. 猪肌肉组织中磺胺类药物的 MSPD 净化和 HPLC 测定. 畜牧兽医学报，1999，30（6）：51-53

[21] Long A R，Short C R，Barker S A. Method for the isolation and liquid chromatographic determination of eight sulfonamides in milk. Journal of Chromatography，1990，502（1）：87-94

[22] Long A R，Hsieh L C，Malbrough M S. Multiresidue method for the determination of sulfonamides in pork tissue. Journal of Agricultural and Food Chemistry，1990，38（2）：423-426

[23] Long A R，Hsieh L C，Malbrough M S，Short C R，Barker S A. Matrix solid phase dispersion isolation and liquid chromatographic determination of sulfadimethoxine in catfish（Ictalurus punctatus）muscle tissue. Journal of the Association of Official Analytical Chemists，1990，73（6）：868-871

[24] Zou Q H，Wang J，Wang X F，Liu Y，Han J，Hou F，Xie M X. Application of matrix solid-phase dispersion and high-performance liquid chromatography for determination of sulfonamides in honey. Journal of AOAC International，2008，91（1）：252-257

[25] Kishida K，Furusawa N. Matrix solid-phase dispersion extraction and high-performance liquid chromatographic determination of residual sulfonamides in chicken. Journal of Chromatography A，2001，937（1-2）：49-55

[26] Kishida K，Furusawa N. Toxic/harmful solvents-free technique for HPLC determination of six sulfonamides in meat. Journal of Liquid Chromatography and Related Technologies，2003，26（17）：2931-2939

[27] 游辉，于辉，武彦文，汪雨，刘聪，陈舜琼. 快速溶剂萃取-高效液相色谱法同时测定牛肉中 5 种磺胺类药物残留. 化学通报，2010，73（9）：854-857

[28] Yu H，Tao Y，Chen D，Wang Y，Huang L，Peng D，Dai M，Liu Z，Wang X，Yuan Z. Development of a high performance liquid chromatography method and a liquid chromatography-tandem mass spectrometry method with the pressurized

liquid extraction for the quantification and confirmation of sulfonamides in the foods of animal origin. Journal of Chromatography B，2011，879（25）：2653-2662

[29] 游辉，于辉，武彦文，陈舜琼. 快速溶剂萃取-基质固相分散-高效液相色谱法测定牛肉中 5 种磺胺类药物残留.分析测试学报，2010，29（10）：1087-1090

[30] Gentili A，Perret D，Marchese S，Sergi M，Olmi C，Curini R. Accelerated solvent extraction and confirmatory analysis of sulfonamide residues in raw meat and infant foods by liquid chromatography electrospray tandem mass spectrometry. Journal of Agricultural and Food Chemistry，2004，52（15）：4614-4624

[31] Parks O W，Maxwell R J. Isolation of sulfonamides from fortified chicken tissues with supercritical CO_2 and in-line adsorption. Journal of Chromatographic Science，1994，32（7）：290-293

[32] Maxwell R J，Lightfield A R. Multiresidue supercritical fluid extraction method for the recovery at low ppb levels of three sulfonamides from fortified chicken liver. Journal of Chromatography B，1998，715（2）：431-435

[33] Pensabene J W，Fiddler W，Parks O W. Isolation of sulfonamides from whole egg by supercritical fluid extraction. Journal of Chromatographic Science，1997，35（6）：270-274

[34] Wen Y，Zhang M，Zhao Q. Monitoring of five sulfonamide antibacterial residues in milk by in-tube solid-phase microextraction coupled to high-performance liquid chromatography. Journal of Agricultural and Food Chemistry，2005，53（22）：8468-8473

[35] Alaburda J，Ruvieri V，Shundo L，de Almeida A P，Tiglea P，Sabino M. Sulfonamides in milk by high performance liquid chromatography with pre-column derivatization and fluorescence detection. Pesquisa Agropecuaria Brasileira，2007，42（11）：1587-1592

[36] 彭英，张雅玲，李文超，何欢，杨绍贵，孙成. 固相微萃取-高效液相色谱法同时测定牛奶中四种磺胺类药物残留的研究. 持久性有机污染物论坛 2012 暨第七届持久性有机污染物全国学术研讨会论文集，2012：29-30

[37] Potter R A，Burns B G，van de Riet J M，North D H，Darvesh R. Simultaneous determination of 17 sulfonamides and the potentiators ormetoprim and trimethoprim in salmon muscle by liquid chromatography with tandem mass spectrometry detection. Journal of AOAC International，2007，90（1）：343-348

[38] 徐维海，林黎明，朱校斌，王新亭. 水产品中 14 种磺胺类药物残留的 HPLC 法同时测定. 分析测试学报，2004，23（1）：122-124

[39] Stoev G，Michailova A. Quantitative determination of sulfonamide residues in foods of animal origin by high-performance liquid chromatography with fluorescence detection. Journal of chromatography A，2000，871（1-2）：37-42

[40] Shao B，Dong D，Wu Y，Hu J，Meng J，Tu X，Xu S. Simultaneous determination of 17 sulfonamide residues in porcine meat，kidney and liver by solid-phase extraction and liquid chromatography-tandem mass spectrometry. Analytica Chimica Acta，2005，546（2）：174-181

[41] 董丹，邵兵，吴永宁，吴国华，薛颖，徐淑坤，涂晓明，张彦锋. 液相色谱-电喷雾串联四极杆质谱法测定鸡肉中 17 种磺胺类药物的残留. 色谱，2005，23（4）：404-407

[42] 李俊锁，李西旺，魏广智，沈建中，张素霞. 鸡肝组织中磺胺类药物多残留分析法. 畜牧兽医学报，2002，33（5）：468-472

[43] 农牧发[2001]38 号. 动物源食品中磺胺类药物残留的检测方法-高效液相色谱法

[44] Granja R H，Niño A M，Rabone F，Salerno A G. A reliable high-performance liquid chromatography with ultraviolet detection for the determination of sulfonamides in honey. Analytica Chimica Acta，2008，613（1）：116-119

[45] de la Cruz M N S，Soares R F，Marques A S F，de Aquino-Neto F R. Development and validation of analytical method for sulfonamide residues in eggs by liquid chromatography tandem mass spectrometry based on the comission decision 2002/657/EC. Journal of the Brazilian Chemical Society，2011，22（3）：454-461

[46] Heller D N，Ngoh M A，Donoghue D，Podhorniak L，Righter H，Thomas M H. Identification of incurred sulfonamide residues in eggs：Methods for confirmation by liquid chromatography-tandem mass spectrometry and quantitation by liquid chromatography with ultraviolet detection. Journal of Chromatography B，2002，774（1）：39-52

[47] Krivohlavek A，Šmit Z，Baštinac M，Zuntar I，Plavic-Plavsic F. The determination of sulfonamides in honey by high performance liquid chromatography-Mass spectrometry method（LC/MS）. Journal of Separation Science，2005，28（13）：1434-1439

[48] Zou Q H，Xie M X，Wang X F，Liu Y，Wang J，Song J，Gao H，Han J. Determination of sulphonamides in animal tissues by high performance liquid chromatography with pre-column derivatization of 9-fluorenylmethyl chloroformate. Journal of Separation Science，2007，30（16）：2647-2655

[49] 郭根和，潘成，苏德森，饶秋华，陈涵贞. 高效液相色谱法测定对虾中五种磺胺类药物残留. 现代科学仪器，2005，1：70-71

[50] Li H，Kijak P J，Turnipseedb S B，Cui W. Analysis of veterinary drug residues in shrimp：A multi-class method by liquid chromatography-quadrupole ion trap mass spectrometry. Journal of Chromatography B，2006，836（1-2）：22-38

[51] Vargas Mamani M C，Reyes Reyes F G，Rath S. Multiresidue determination of tetracyclines，sulphonamides and chloramphenicol in bovine milk using HPLC-DAD. Food Chemistry，2009，117（3）：545-552

[52] Ito Y，Oka H，Ikai Y，Matsumoto H，Miyazaki Y，Nagase H. Application of ion-exchange cartridge clean-up in food analysis. V. Simultaneous determination of sulphonamide antibacterials in animal liver and kidney using high-performance liquid chromatography with ultraviolet and mass spectrometric detection. Journal of Chromatography A，2000，898（1）：95-102

[53] 吴银良，刘素英，单吉浩，王海. 固相萃取-高效液相色谱法测定鸡肝中磺胺类药物残留量. 分析化学，2005，33（12）：1713-1716

[54] 张艳，吴银良. 固相萃取-高效液相色谱法测定动物肉组织中磺胺类药物的残留. 色谱，2005，23（6）：636-638

[55] Wu Y，Li C，Liu Y，Shen J. Validation method for the determination of sulfonamide residues in bovine milk by HPLC. Journal of Chromatographia，2007，66（3）：191-195

[56] 林海丹，谢守新，吴映漩. 高效液相色谱法同时测定鳗鱼及其制品中八种磺胺类药物. 食品科学，2005，26（1）：176-179

[57] Stubbings G，Tarbin J，Cooper A，Sharman M，Bigwood T，Robb P. A multi-residue cation-exchange clean up procedure for basic drugs in produce of animal origin. Analytica Chimica Acta，2005，547（1）：262-268

[58] Forti A F，Scortichini G. Determination of ten sulphonamides in egg by liquid chromatography-tandem mass spectrometry. Analytica Chimica Acta，2009，637（1-2）：214-219

[59] Maudens K E，Zhang G F，Lambert W E. Quantitative analysis of twelve sulfonamides in honey after acidic hydrolysis by high-performance liquid chromatography with post-column derivatization and fluorescence detection. Journal of chromatography A，2004，1047（1-2）：85-92

[60] Gamba V，Terzano C，Fioroni L，Moretti S，Dusi G，Galarini R. Development and validation of a confirmatory method for the determination of sulphonamides in milk by liquid chromatography with diode array detection. Analytica Chimica Acta，2009，637（1-2）：18-23

[61] Tarbin J A，Clarke P，Shearer G. Screening of sulphonamides in egg using gas chromatography-mass-selective detection and liquid chromatography-mass spectrometry. Journal of Chromatography B，1999，729（1-2）：127-138

[62] Li J S，Li X W，Yuan J X，Wang X. Determination of sulfonamides in swine meat by immunoaffinity chromatography. Journal of AOAC International，2000，83（4）：830-836

[63] 龚明辉. 免疫亲和色谱-高效液相色谱法检测鸡肌肉中的3种磺胺类药物. 福建省畜牧兽医学会2009年学术年会论文集，2009：26-29

[64] Li C，Wang Z，Cao X，Beier R C，Zhang S，Ding S，Li X，Shen J. Development of an immunoaffinity column method using broad-specificity monoclonal antibodies for simultaneous extraction and cleanup of quinolone and sulfonamide antibiotics in animal muscle tissues. Journal of Chromatography A，2008，1209（1-2）：1-9

[65] 曲斌，朱志谦，陆桂萍，蒋天梅，耿士伟，吴玲. QuEChERS-UPLC-MS/MS 快速测定猪肝中 20 种磺胺类药物残留. 药物分析杂志，2012，32（8）：1457-1464

[66] Posyniak A，Zmudzki J，Mitrowska K. Dispersive solid-phase extraction for the determination of sulfonamides in chicken muscle by liquid chromatography. Journal of Chromatography A，2005，1087（1-2）：259-264

[67] Xu Z，Song C，Hu Y，Li G. Molecularly imprinted stir bar sorptive extraction coupled with high performance liquid chromatography for trace analysis of sulfa drugs in complex samples. Talanta，2011，85（1）：97-103

[68] Naoto F. Determination of sulfonamide residues in eggs by liquid chromatography. Journal of AOAC International，2002，85（4）：848-852

[69] Pereira A V，Cass Q B. High-performance liquid chromatography method for the simultaneous determination of sulfamethoxazole and trimethoprim in bovine milk using an on-line clean-up column. Journal of Chromatography B，2005，826（1-2）：139-146

[70] Fang G Z，He J X，Wang S. Multiwalled carbon nanotubes as sorbent for on-line coupling of solid-phase extraction to high-performance liquid chromatography for simultaneous determination of 10 sulfonamides in eggs and pork. Journal of Chromatography A，2006，1127（1/2）：12-17

[71] 李俊锁，邱月明，王超. 兽药残留分析. 上海：上海科学技术出版社，2002

[72] 万春花，龙洲雄，胡海山，鄢兵. RP-HPLC 法同时测定动物组织中十五种磺胺类药物残留. 食品科学，2007，28（10）：493-496

[73] Pecorelli I，Bibi R，Fioroni L，Galarini R. Validation of a confirmatory method for the determination of sulphonamides in muscle according to the European Union regulation 2002/657/EC. Journal of Chromatography A，2004，1032（1-2）：23-29

[74] 赵海香，邓维，尚艳芬，赵孟彬，丁明玉. 基于低毒溶剂的 MSPD/HPLC 法同时测定鱼肉中 8 种磺胺类药物残留. 食品科学，2009，30（04）：178-181

[75] Kishida K，Nishinari K，Furusawa N. Liquid chromatographic determination of sulfamonomethoxine，sulfadimethoxine，and their N_4-acetyl metabolites in chicken plasma. Chromatographia，2005，61（1-2）：81-84

[76] Jen J F，Lee H L，Lee B N. Simultaneous determination of seven sulfonamide residues in swine wastewater by high-performance liquid chromatography. Journal of Chromatography A，1998，793（2）：378-382

[77] Kishida K，Furusawa N. Simultaneous determination of sulfamonomethoxine，sulfadimethoxine，and their hydroxy/N4-acetyl metabolites with gradient liquid chromatography in chicken plasma，tissues，and eggs. Talanta，2005，67（1）：54-58

[78] Kishida K，Furusawa N. Application of shielded column liquid chromatography for determination of sulfamonomethoxine，sulfadimethoxine，and their N_4-acetyl metabolites in milk. Journal of Chromatography A，2004，1028（1）：175-177

[79] Tolika E P，Samanidou V F，Papadoyannis I N. Development and validation of an HPLC method for the determination of ten sulfonamide residues in milk according to 2002/657/EC. Journal of Separation Science，2011，34（14）：1627-1635

[80] 张丽媛，王颖，张东杰. IL-HLLME-HPLC 法测定酸奶中磺胺类抗生素. 食品与机械，2013，29（6）：71-75

[81] Costi E M，Sicilia M D，Rubio S. Multiresidue analysis of sulfonamides in meat by supramolecular solvent microextraction，liquid chromatography and fluorescence detection and method validation according to the 2002/657/EC decision. Journal of Chromatography A，2010，1217（40）：6250-6257

[82] 苏敏，李世雨，许宝香，李晓岩，徐超一. 荧光胺衍生化液相色谱法检测动物肝脏中 10 种磺胺残留方法探讨. 现代仪器，2008，2：21-23

[83] Salisbury C D C，Sweet J C，Munro R. Determination of sulfonamide residues in the tissues of food animals using automated precolumn derivatization and liquid chromatography with fluorescence detection. Journal of AOAC International，2004，87（5）：1264-1268

[84] Bernal J，Nozal M J，Jiménez J J，Martín M T，Sanz E. A new and simple method to determine trace levels of sulfonamides in honey by high performance liquid chromatography with fluorescence detection. Journal of Chromatography A，2009，1216（43）：7275-7280

[85] Gehring T A，Griffin B，Williams R，Geiseker C，Rushing L G，Siitonen P H. Multiresidue determination of sulfonamides in edible catfish，shrimp and salmon tissues by high-performance liquid chromatography with postcolumn derivatization and fluorescence detection. Journal of Chromatography B，2006，840（2）：132-138

[86] 金明，周围，刘红卫，魏善明. 超高压液相色谱质谱联用法同时测定牛肝中七种磺胺类药物. 分析试验室，2009，28（2）：16-20

[87] GB/T 20759—2006 畜禽内中 16 种磺胺类药物残留的测定 液相色谱-串联质谱法. 北京：中国标准出版社，2006

[88] 刘正才，杨方，李耀平，余孔捷，王武军，叶松生. UPLC-MS/MS 对鳗鱼中 26 种喹诺酮类及磺胺类抗生素药物残留的快速测定. 分析化学，2008，36（12）：1683-1689

[89] GB/T 22951—2008 河豚鱼、鳗鱼中十八种磺胺残留量的测定 液相色谱-串联质谱法. 北京：中国标准出版社，2008

[90] 郭伟，刘永，刘宁，魏冬旭. 超高效液相色谱串联质谱分析牛乳中 24 种磺胺类药物残留. 分析化学，2009，37（11）：1638-1644

[91] 佘永新，刘佳佳，王静，刘永，王荣艳，曹维强. 超高压液相色谱-串联四极杆质谱法对牛奶中 24 种磺胺类药物残留的检测. 分析测试学报，2008，27（12）：1313-1317

[92] GB/T 22966—2008 牛奶和奶粉中 16 种磺胺残留量的测定 液相色谱-串联质谱法. 北京：中国标准出版社，2008

[93] Thompson T S，Noot D K. Determination of sulfonamides in honey by liquid chromatography-tandem mass spectrometry. Analytica Chimica Acta，2005，551（1-2）：168-176

[94] GB/T 18932.17—2003 蜂蜜中 16 种磺胺残留量的测定方法 液相色谱-串联质谱法. 北京：中国标准出版社，2003

[95] GB/T 22947—2008 蜂王浆中十八种磺胺残留量的测定 液相色谱-串联质谱法. 北京：中国标准出版社，2008

[96] 刘佳佳，佘永新，刘洪斌，王静，吕晓玲，王淼，史晓梅，徐思远，肖航. 高效液相色谱-串联质谱法同时测定动物源性食品中 24 种磺胺类药物残留. 分析实验室，2011，30（2）：9-13

[97] Huang C，Guo B，Wang X，Li J，Zhu W，Chen B，Ouyang S，Yao S. A generic approach for expanding homolog-targeted

residue screening of sulfonamides using a fast matrix separation and class-specific fragmentation-dependent acquisition with a hybrid quadrupole-linear ion trap mass spectrometer. Analytica Chimica Acta, 2012, 737 (1-2): 83-98

[98] Turnipseed S B, Storey J M, Clark S B, Miller K E. Analysis of veterinary drugs and metabolites in milk using quadrupole time-of-flight liquid chromatography-mass spectrometry. Journal of Agricultural and Food Chemistry, 2011, 59 (14): 7569-7581

[99] Peters R J B, Bolck Y J C, Rutgers P, Stolker A A M, Nielen M W F. Multi-residue screening of veterinary drugs in egg, fish and meat using high-resolution liquid chromatography accurate mass time-of-flight mass spectrometry. Journal of Chromatography A, 2009, 1216 (46): 8206-8216

[100] 王建华, 林黎明, 陈长法. 鸡肉中多种磺胺兽药残留量测定的高效液相色谱-电化学检测法. 分析测试学报, 2002, 21 (4): 79-81

[101] Carrazon J M, Recio A D, Diez L M. Electroanalytical study of sulphamerazine at a glassy-carbon electrode and its determination in pharmaceutical preparations by HPLC with amperometric detection. Talanta, 1992, 39 (6): 631-635

[102] 李曙光, 赵静玫, 王文霞, 金郁, 杜昱光. 高效液相色谱电化学阵列检测器检测 10 种磺胺药物在鸡肉中的残留. 分析化学, 2005, 33 (4): 442-446

[103] Rao T N, Sarada B V, Tryk D A, Fujishima A. Electroanalytical study of sulfa drugs at diamond electrodes and their determination by HPLC with amperometric detection. Journal of Electroanalytical Chemistry, 2000, 491(1-2): 175-181

[104] Preechaworapun A, Chuanuwatanakul S, Einaga Y, Grudpan K, Motomizu S, Chailapakul O. Electroanalysis of sulfonamides by flow injection system/high-performance liquid chromatography coupled with amperometric detection using boron-doped diamond electrode. Talanta, 2006, 68 (5): 1726-1731

[105] Soto-Chinchilla J J, Gámiz-Gracia L, García-Campaña A M, Imai K, García-Ayuso L E. High performance liquid chromatography post-column chemiluminescence determination of sulfonamide residues in milk at low concentration levels using bis[4-nitro-2- (3, 6, 9-trioxadecyloxycarbonyl) phenyl] oxalate as chemiluminescent reagent. Journal of chromatography A, 2005, 1095 (1-2): 60-67

[106] SN 0221—93 出口禽肉中磺胺甲氧嘧啶、磺胺喹噁啉残留量检验方法. 北京: 中国标准出版社, 1993

[107] SN 0498—95 出口肉类中磺胺间二甲氧嘧啶残留量检验方法. 北京: 中国标准出版社, 1995

[108] 徐小妹, 许孙曲. 用 GC-MS 法测定动物组织中的磺胺二甲嘧啶. 江苏调味副食品, 1998, 2: 26

[109] Reeves V B. Confirmation of multiple sulfonamide residues in bovine milk by gas chromatography-positive chemical ionization mass spectrometry. Journal of Chromatography B, 1999, 723 (1-2): 127-137

[110] Ackermans M T, Beckers J L, Everaerts F M, Hoogland H, Tomassen M J. Determination of sulphonamides in pork meat extracts by capillary zone electrophoresis. Journal of Chromatography A, 1992, 596 (1): 101-109

[111] Lamba S, Sanghi S K, Asthana A, Shelke M. Rapid determination of sulfonamides in milk using micellar electrokinetic chromatography with fluorescence detection. Analytica Chimica Acta, 2005, 552 (1-2): 110-115

[112] You T, Yang X, Wang E. Determination of sulfadiazine and sulfamethoxazole by capillary electrophoresis with end-column electrochemical detection. Analyst, 1998, 123 (11): 2357-2360

[113] Sherma J, Bretschneider W, Dittamo M, Dibiase N, Huh, Schwartz D P. Spectrometric and thin-layer chromatographic quantification of sulfathiazole residues in honey. Journal of Chromatography A, 1989, 463 (1): 229-233

[114] Reimer G J, Suarez A. Development of a screening method for five sulfonamides in salmon muscle tissue using thin-layer chromatography. Journal of Chromatography A, 1991, 555 (1-2): 315-320

[115] Haasnoot W, Pre J D, Cazemier G, Kemmers-Voncken A, Verheijen R, Jansen B J M. Monoclonal antibodies against a sulfathiazole derivative for the immunochemical detection of sulfonamides. Food and Agricultural Immunology, 2000, 12 (1): 127-138

[116] Haasnoot W, Pre J D, Cazemier G, Kemmers-Voncken A, Bienenmann-Ploum M, Verheijen R. Sulphanamide antibodies: From specific polyclonals to generic monoclonals. Food and Agricultural Immunology, 2000, 12(1): 15-30

[117] 李君华, 米振杰, 李志平, 金世清, 陈宝明, 吴萌. 磺胺二甲嘧啶药物残留 ELISA 检测试剂盒的研制及初步应用. 中国畜牧杂志, 2013, 49 (9): 78-81

[118] Zhou Q, 谢冰. 一种基于新型半抗原和单克隆抗体的用于食用动物组织中磺胺类药物检测的 ELISA 方法的建立. 中国畜牧兽医, 2014, 41 (3): 236

[119] Verheijen R, Stouten P, Cazemier G, Haasnoot W. Development of a one step strip test for the detection of sulfadimidine residues. Analyst, 1998, 123 (12): 2437-2441

[120] Wang X, Li K, Shi D, Jin X, Xiong N, Peng F, Peng D, Bi D. Development and validation of an immunochromatographic assay for rapid detection of sulfadiazine in eggs and chickens. Journal of Chromatography B, 2007, 847 (2): 289-295

[121] Papadoyannis I N，Samanidou V F，Tolika E P. Development and validation of an HPLC confirmatory method for the residue analysis of four sulphonamides in cow's milk according to the European Union decision 2002/657/EC. Journal of Liquid Chromatography and Related Technologies，2008，31（9）：1358-1372

[122] van Rhijn J A，Lasaroms J J，Berendsen B J，Brinkman U A. Liquid chromatographic-tandem mass spectrometric determination of selected sulphonamides in milk. Journal of Chromatography A，2002，960（1-2）：121-133

[123] Jiménez V，Rubies A，Centrich F，Companyó R，Guiteras J. Development and validation of a multiclass method for the analysis of antibiotic residues in eggs by liquid chromatography-tandem mass spectrometry. Journal of Chromatography A，2011，1218（11）：1443-1451

[124] Li H，Kijak P J. Development of a quantitative multiclass/multiresidue method for 21 veterinary drugs in shrimp. Journal of AOAC International，2011，94（2）：394-406

[125] McDonald M，Mannion C，Rafter P. A confirmatory method for the simultaneous extraction，separation，identification and quantification of tetracycline，sulphonamide，trimethoprim and dapsone residues in muscle by ultra-high-performance liquid chromatography-tandem mass spectrometry according to Commission Decision 2002/657/EC. Journal of Chromatography A，2009，1216（46）：8110-8116

[126] Sergi M，Gentili A，Perret D，Marchese S，Materazzi S，Curini R. MSPD extraction of sulphonamides from meat followed by LC tandem MS determination. Chromatographia，2007，65（11-12）：757-761

[127] 庞国芳，曹彦忠，张进杰，贾光群，范春林，李学民，刘永明，石玉秋. 液相色谱-串联质谱同时测定家禽组织中 16 种磺胺残留. 分析化学，2005，33（9）：1252-1256

3 氨基糖苷类药物

3.1 概　　述

3.1.1 理化性质与用途

氨基糖苷类（aminoglycosides，AGs）药物是一类含有两个或两个以上氨基糖和氨基环醇，并通过糖苷键连接而成的苷类抗生素。AGs 是通过各种放线菌发酵产生的，来源于链霉菌属（*Streptomyces*）的品种及其衍生物有链霉素、妥布霉素、大观霉素等；来源于小单胞菌属（*Micromonospora*）的品种及其衍生物有庆大霉素和小诺米星；也有来源于微生物发酵产物的人工合成物，如卡那霉素等。除链霉素和双氢链霉素的环多醇为链霉胍外，其他 AGs 的环多醇通常为 2-脱氧链霉胺。常见 AGs 的结构式如图 3-1 所示。

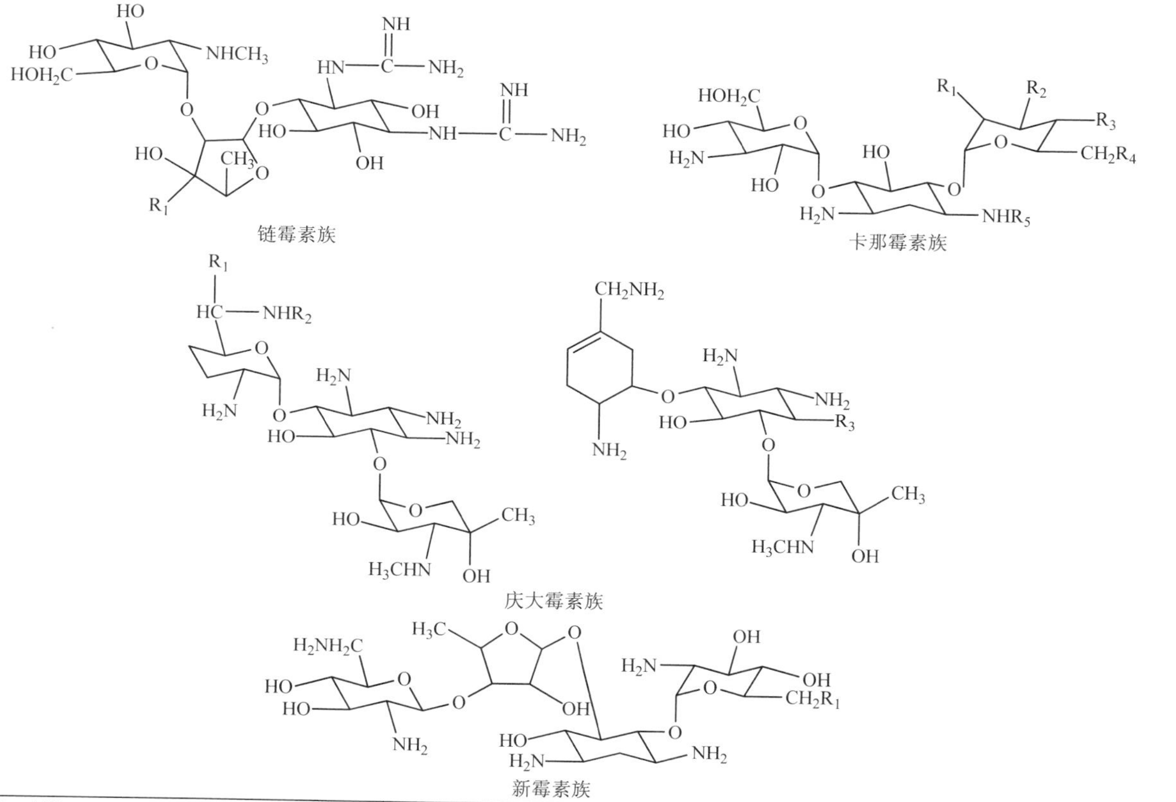

分类（母核）	中文名称	英文名称	R_1	R_2	R_3	R_4	R_5
链霉素族	链霉素	Streptomycin	—CHO				
	双氢链霉素	Dihydrostreptomycin	—CH$_2$OH				
卡那霉素族	卡那霉素 A	Kanamycin A	—OH	—OH	—OH	—NH$_2$	—H
	卡那霉素 B	Kanamycin B	—NH$_2$	—OH	—OH	—NH$_2$	—H
	卡那霉素 C	Kanamycin C	—NH$_2$	—OH	—OH	—OH	—H
	地贝卡星	Dibekacin	—NH$_2$	—H	—H	—NH$_2$	—H
	妥布霉素	Tobramycin	—NH$_2$	—H	—OH	—NH$_2$	—H
	丁胺卡那霉素	Amikacin	—OH	—OH	—OH	—NH$_2$	—COCH(OH)CH$_2$CH$_2$NH$_2$
庆大霉素族	庆大霉素 C$_1$	Gentamicin C$_1$	—CH$_3$	—CH$_3$			
	庆大霉素 C$_{1a}$	Gentamicin C$_{1a}$	—H	—H			
	庆大霉素 C$_2$	Gentamicin C$_2$	—CH$_3$	—H			
	沙加霉素	Sagamicin	—H	—CH$_3$			
	紫苏霉素	Sisomicin			—NH$_2$		
	萘替米星	Netilmicin			—NHCH$_2$CH$_3$		
新霉素族	新霉素 B	Neomycin B	—NH$_2$				
	巴龙霉素	Paromomycin	—OH				

图 3-1　常见 AGs 的化学结构

3.1.1.1　理化性质

AGs 的结构和理化性质相似，属于碱性化合物，极性高，易溶于水，能与无机酸（如硫酸或盐酸）或有机酸成盐。其硫酸盐为白色或近白色结晶性粉末，具吸湿性，易溶于水，但在多数有机溶剂中难溶[1]。该类化合物多为结构差异性小的化合物的混合物，如庆大霉素由氨基糖基团甲基化程度不同的 3 种化合物组成，新霉素由立体化学异构的化合物组成。AGs 的理化性质如表 3-1 所示。

表 3-1　常见 AGs 的理化性质

化合物	CAS 号	分子式	分子量	熔点/℃	比旋光度[α]D	溶解度	性质和稳定性
丁胺卡那霉素（amikacin）	37517-28-5	$C_{22}H_{43}N_5O_{13}$	585.29	203～204	+99	在水中极易溶解，在甲醇中几乎不溶	白色或类白色结晶性粉末，几乎无臭，无味
庆大霉素 C_1（gentamicin C_1）	25876-10-2	$C_{21}H_{43}N_5O_7$	477.32	94～100	+158	易溶于水，极微溶于乙醇，不溶于乙醚和氯仿	白色粉末，水溶液对热稳定
庆大霉素 C_{1a}（gentamicin C_{1a}）	26098-04-4	$C_{19}H_{39}N_5O_7$	449.29	—	+165.8	易溶于水，极微溶于乙醇，不溶于乙醚和氯仿	白色粉末，水溶液对热稳定
庆大霉素 C_2（gentamicin C_2）	25876-11-3	$C_{20}H_{41}N_5O_7$	463.30	107～124	+160	易溶于水，极微溶于乙醇，不溶于乙醚和氯仿	白色粉末，水溶液对热稳定
卡那霉素 A（kanamycin A）	59-01-8	$C_{18}H_{36}N_4O_{11}$	484.24	硫酸盐 250℃以上分解	+146	硫酸盐易溶于水，微溶于低级醇，不溶于非极性溶剂	白色粉末，无味，有引湿性，对热稳定。①5%氨水中，水浴沸腾 60 min，保持活性的90%；②pH 6～8 水溶液稳定；③HCl 加热回流 30 min，完全失去活性
卡那霉素 B（kanamycin B）	4696-76-8	$C_{18}H_{37}N_5O_{10}$	483.25	178～182	+114	溶于水、甲酰胺，微溶于氯仿、异丙醇，不溶于乙醇、丙酮等	HCl 加热回流 30 min，保持原有活性的20%，并不随加热时间延长而发生变化，常温保持两年以上效价不降低
卡那霉素 C（kanamycin C）	2280-32-2	$C_{18}H_{36}N_4O_{11}$	484.24	270℃以上分解	+126	溶于水，微溶于甲酰胺，不溶于甲醇、乙醇、丙酮、氯仿、苯、石油醚等	HCl 加热回流 10 min，保持原有活性的60%，20 min 后保持原有活性的 20%，30 min 后保持原有活性的5%
妥布霉素（tobramycin）	32986-56-4	$C_{18}H_{37}N_5O_9$	467.51	178	+128	易溶于水（1 份产品溶于 1.5 份水），极微溶于乙醇（1 份产品溶于 2000 份乙醇），不溶于氯仿、乙醚	白色固体
萘替米星（netilmicin）	56391-56-1	$C_{21}H_{41}N_5O_7$	475.58	—	+164	易溶于水	白色结晶性粉末，其水溶液较稳定
紫苏霉素（sisomicin）	32385-11-8	$C_{19}H_{37}N_5O_7$	447.27	198～201	+189	易溶于水，不溶于甲醇、乙醇、丙酮、氯仿、乙酸乙酯、苯和乙醚中，游离碱能溶于水，微溶于氯仿	白色粉末，对酸、碱、热比较稳定

续表

化合物	CAS 号	分子式	分子量	熔点/℃	比旋光度[α]$_D$	溶解度	性质和稳定性
新霉素 （neomycin）	1404-04-2	$C_{23}H_{46}N_6O_{13}$	614.31	—	+80（B） +120（C）	易溶于水，极微溶于乙醇，不溶于乙醚和氯仿	白色粉末，有引湿性
双氢链霉素 （dihydrostreptomycin）	128-46-1	$C_{21}H_{41}N_7O_{12}$	583.28	190～195（分解）	左旋	易溶于水，微溶于甲醇	白色粉末
链霉素 （streptomycin）	57-92-1	$C_{21}H_{39}N_7O_{12}$	581.27	—	左旋	易溶于水，难溶于醇，不溶于甲苯和氯仿	白色粉末
安普霉素 （apramycin）	37321-09-8	$C_{21}H_{41}N_5O_{11}$	539.58	—	—	易溶于水，不溶于甲醇、氯仿、乙酸乙酯	白色结晶粉末，有引湿性
大观霉素 （spectinomycin）	1695-77-8	$C_{14}H_{24}N_2O_7$	332.35	—	—	易溶于水，在乙醇、氯仿或乙醚中几乎不溶	白色或类白色结晶粉末

3.1.1.2　用途

通过与细菌的核糖体不可逆结合，AGs 能干扰细菌的蛋白质合成，造成细胞膜损坏，从而抑制细菌的生长。AGs 属静止期杀菌药，其杀菌作用具有浓度依赖性，仅对需氧菌有效，尤其是对需氧革兰氏阴性杆菌的抗菌作用强，具有明显的抗生素后效应和初次接触效应。

AGs 主要用于敏感需氧革兰氏阴性杆菌所致的全身感染。虽然近年来有多种头孢菌素类和喹诺酮类药物在临床广泛应用，但由于 AGs 对铜绿假单胞菌、肺炎杆菌、大肠杆菌等常见革兰氏阴性杆菌的抑制作用强，所以仍然被用于治疗需氧革兰氏阴性杆菌所致的严重感染，如脑膜炎以及呼吸道、泌尿道、皮肤软组织、胃肠道、烧伤、创伤和骨关节感染等。对于败血症、肺炎、脑膜炎等革兰氏阴性杆菌引起的严重感染，单独应用 AGs 治疗时可能疗效不佳，需联用其他对革兰氏阴性杆菌具有强大抗菌活性的抗菌药，如广谱半合成青霉素、第三代头孢菌素类和喹诺酮类等。同时，AGs 在碱性环境中抗菌活性增强。

3.1.2　代谢和毒理学

3.1.2.1　体内代谢过程

AGs 极性强，几乎不能通过胃肠道吸收，因此很少采用口服，仅作肠道消毒用，而一般通过注射给药，注射后能够很快分布到全身。全身给药多采用肌内注射，吸收迅速且完全。AGs 与血浆蛋白的结合率较低，使其在大多数组织中浓度都较低，脑脊液中浓度不到 1%，即使在脑膜发炎时也达不到有效浓度。而在肾皮质和内耳的内、外淋巴液中浓度较高。AGs 主要以原形经肾小球滤过排泄。肾衰竭患者可延长 20～30 倍以上，从而导致药物蓄积中毒，这可以解释它们的肾脏毒性和耳毒性。

3.1.2.2　毒理学与不良反应

（1）耳毒性

耳毒性包括前庭功能障碍和耳蜗听神经损伤。前庭功能障碍表现为头昏、视力减退、眼球震颤、眩晕、恶心、呕吐和共济失调；耳蜗听神经损伤表现为耳鸣、听力减退和永久性耳聋。AGs 的耳毒性直接与其在内耳淋巴液中药物浓度较高有关，可损害内耳柯蒂氏器内外毛细胞的能量产生和利用，引起细胞膜内 Na$^+$、K$^+$-ATP 酶功能障碍，造成毛细胞损伤。临床上应避免与高效利尿药或顺铂等其他有耳毒性的药物合用。

（2）肾脏毒性

AGs 主要以原形由肾脏排泄，还可通过细胞膜吞噬作用使药物大量蓄积在肾皮质，从而引起肾毒性，轻则引起肾小管肿胀，重则引起肾小管急性坏死，但一般不损伤肾小球。肾毒性通常表现为蛋白尿、管型尿、血尿等，严重时可产生氮质血症和导致肾功能降低。肾功能减退可使 AGs 血浆浓度升高，这又进一步加重肾功能损伤和耳毒性。各种 AGs 的肾毒性取决于其在肾皮质中的聚积量和其对肾小管的损伤能力。

（3）神经肌肉麻痹

最常见于大剂量腹膜内或胸膜内应用后，也偶见于肌内或静脉注射后。其原因可能是药物与 Ca^{2+} 络合，使体液内的 Ca^{2+} 含量降低，或与 Ca^{2+} 竞争，抑制神经末梢乙酰胆碱（Ach）的释放，并降低突触后膜对 ACh 的敏感性，造成神经肌肉接头传递阻断，引起呼吸肌麻痹，可致呼吸停止。肾功能减退、血钙过低和重症肌无力患者易发生，静脉注射葡萄糖酸钙和新斯的明能对抗阻断作用。

3.1.3　最大允许残留限量

在动物饲养过程中，通常使用的 AGs 包括链霉素、庆大霉素、新霉素、大观霉素、安普霉素等，常用于治疗大肠杆菌、沙门氏菌、巴氏杆菌等需氧革兰氏阴性杆菌引起的感染性疾病。目前一些国家和组织制定的 AGs 的最大允许残留限量（maximum residue limit，MRL）见表 3-2。

表 3-2　主要国家和组织制定的 AGs 的 MRLs（mg/kg）

AGs	牛	羊	猪	家禽
中国				
链霉素/双氢链霉素	0.6（肌肉、脂肪、肝脏）、1（肾脏）、0.2（牛奶）			
庆大霉素	0.1（肌肉、脂肪） 0.2（奶） 2（肝脏） 5（肾脏）		0.1（肌肉、脂肪） 2（肝脏） 5（肾脏）	
新霉素	0.5（肌肉、脂肪、肝脏、鸡蛋、奶）、10（肾脏）			
大观霉素	0.5（肌肉）、2（脂肪、肝脏、鸡蛋）、5（肾脏）、0.2（牛奶）			
安普霉素			0.1（肾脏）	
美国				
双氢链霉素	2（肾） 0.5（其他组织）		2（肾） 0.5（其他组织）	
庆大霉素	0.125（牛奶） 0.75（肾）	1.25（肾）	0.4（脂肪） 0.4（肾） 0.3（肝） 0.1（肌肉）	0.1（食用组织） 0.75（肝） 0.25（肌肉）
新霉素	7.2（肾） 7.2（脂肪） 3.6（肝脏） 1.2（肌肉） 0.15（牛奶）	7.2（肾） 7.2（脂肪） 3.6（肝脏） 1.2（肌肉）	7.2（肾） 7.2（脂肪） 3.6（肝脏） 1.2（肌肉）	
链霉素	2（肾） 0.5（其他组织）		2（肾） 0.5（其他组织）	2（肾） 0.5（其他组织）
大观霉素	4（肾） 0.25（肌肉）			0.1（食用组织）
欧盟				
双氢链霉素	0.5（脂肪） 1（肾）		0.5（脂肪） 1（肾）	

续表

AGs	牛	羊	猪	家禽
庆大霉素	0.5（肝）		0.5（肝）	
	0.5（肌肉）		0.5（肌肉）	
	0.05（脂肪）			
新霉素	0.75（肾） 0.2（肝） 0.05（肌肉）			
	0.5（脂肪）	0.5（脂肪）	0.5（脂肪）	0.5（脂肪）
	5（肾）	5（肾）	5（肾）	5（肾）
	0.5（肝）	0.5（肝）	0.5（肝）	0.5（肝）
	0.5（肌肉）	0.5（肌肉）	0.5（肌肉）	0.5（肌肉）
	1.5（奶）	1.5（奶）	1.5（奶）	1.5（奶）
链霉素	0.5（脂肪）		0.5（脂肪）	0.5（脂肪）
	1（肾）		1（肾）	1（肾）
大观霉素	0.5（肝） 0.5（肌肉） 0.5（脂肪） 5（肾） 1（肝） 0.3（肌肉）	0.5（脂肪） 5（肾） 1（肝） 0.3（肌肉）	0.5（肝） 0.5（肌肉） 0.5（脂肪） 5（肾） 1（肝） 0.3（肌肉）	0.5（肝） 0.5（肌肉） 0.5（脂肪） 5（肾） 1（肝） 0.3（肌肉）
日本				
双氢链霉素	0.3（食用组织）		0.3（食用组织）	
	0.6（脂肪） 1（肾） 0.6（肝） 0.6（肌肉） 0.2（奶）		0.6（脂肪） 1（肾） 0.6（肝） 0.6（肌肉）	
庆大霉素			2（食用组织） 0.1（脂肪）	0.1（食用组织） 0.1（脂肪）
			5（肾）	0.1（肾）
			2（肝）	0.1（肝）
			1（肌肉）	0.1（肌肉）
新霉素	0.5（食用组织）	0.5（食用组织）	0.5（食用组织）	
	0.5（脂肪）	0.5（脂肪）	0.5（脂肪）	
	10（肾）	10（肾）	10（肾）	
	0.5（肝）	0.5（肝）	0.5（肝）	
	0.5（肌肉）	0.5（肌肉）	0.5（肌肉）	
链霉素	0.5（牛奶） 0.6（肌肉） 1（肾） 0.6（肝） 0.6（肌肉）		0.6（肌肉） 1（肾） 0.6（肝） 0.6（肌肉）	0.6（肌肉） 1（肾） 0.6（肝） 0.6（肌肉）
			0.1（食用组织）	
大观霉素	1（食用组织） 2（脂肪） 5（肾） 2（肝） 0.5（肌肉）			0.4（食用组织） 2（脂肪） 5（肾） 2（肝） 0.5（肌肉）

3.1.4 残留分析技术

3.1.4.1 前处理方法

目前，AGs 残留检测涉及的主要基质有蜂蜜、牛奶，以及肝脏、肾脏、肌肉等动物组织。这些基质往往含有较多蛋白质和氨基酸，使 AGs 易与蛋白质和脂类等混杂在一起，导致色谱柱污染。样品的预处理是为了除去混杂物以免污染色谱柱和干扰 AGs 的分离分析[1]。样品前处理主要包括提取、净化和浓缩等步骤。

（1）提取方法

生物样品中 AGs 难以用非极性有机溶剂提取，常用水溶液和极性溶剂提取，采用的提取方法主要有液液萃取法（LLE）、加速溶剂萃取法（ASE）和基质固相分散法（MSPD）等。

1）液液萃取（liquid liquid extraction，LLE）

AGs 具有水溶性，可以用乙腈、水等极性溶剂直接提取。同时，在提取时还可加入三氟乙酸、三氯乙酸、高氯酸等溶液沉淀蛋白质，将生物样品与酸溶液混匀或一起均质。

Kowalski 等[2]用毛细管电泳法（CE）检测蛋黄中的链霉素，采用乙腈作提取溶剂，同时沉淀蛋白质，回收率可达 71.8%。Kumar 等[3]建立了检测动物肾脏和蜂蜜中 10 种 AGs 的测定方法。肾脏用水溶液提取，蜂蜜用水溶解，经弱阳离子交换柱固相萃取净化后，液相色谱-三重四极杆质谱（LC-MS/MS）检测。蜂蜜和肾脏中的定量限（LOQ）分别为 2～125 μg/kg 和 25～264 μg/kg，日间相对标准偏差（RSD）分别为 6%～26% 和 2%～21%。Tao 等[4]应用 LC-MS/MS 建立了同时测定肌肉、肝脏（猪、鸡和牛）、肾脏（猪和牛）、牛奶和鸡蛋中 15 种 AGs 的全自动分析方法。匀浆后的样品用磷酸二氢钾缓冲液（含乙二胺四乙酸）萃取，用羧酸柱进行自动固相萃取净化，LC-MS/MS 测定。10 种 AGs 的检测限（CC_α）和检测能力（CC_β）值范围分别为 8.1～11.8 μg/kg 和 16.4～21.8 μg/kg；方法回收率范围为 71%～108%。

Vinas 等[5]在检测蜂蜜、牛奶、鸡蛋和肝脏中链霉素和双氢链霉素时，用 0.5 mol/L 高氯酸溶液水解，释放蛋白结合态的分析物，并沉淀蛋白质，上清液用饱和氢氧化钠溶液调至中性后，进高效液相色谱（HPLC）检测，回收率良好，链霉素的检出限（LOD）为 7.5 μg/kg，双氢链霉素为 15 μg/kg。Almeida 等[6]建立了测定家禽、猪、马和牛肾脏中 10 种 AGs 残留的分析方法。使用含有三氟乙酸的磷酸盐缓冲液提取后，进行中和，再用阳离子交换柱净化，LC-MS/MS 测定。方法 CC_α 和 CC_β 分别为 1036～12293 μg/kg 和 1073～14588 μg/kg；LOQ 为 27～688 μg/kg；家禽肾脏中所有待测物的回收率大于 90%，RSD 小于 15%。孙雷等[7]采用 10 mmol/L KH_2PO_4 溶液（含 0.4 mmol/L EDTA 和 2%三氯乙酸）涡旋振荡提取动物组织中的 8 种 AGs，调节 pH 7.5～8.0 后，再用 CBX 固相萃取柱净化，UPLC-MS/MS 测定。8 种 AGs 的 LOD 为 5 μg/kg，LOQ 为 10 μg/kg；方法平均回收率为 83.0%～114.1%，批内 RSD 为 1.1%～11.4%，批间 RSD 为 2.1%～8.9%。

2）加速溶剂萃取（accelerated solvent extraction，ASE）

加速溶剂萃取是在提高的温度（50～200℃）和压力（1000～3000 psi 或 10.3～20.6 MPa）下用溶剂萃取固体或半固体样品的新颖样品前处理方法。

Ding 等[8]报道了定量测定生物样品中林可霉素的分析方法。样品先冻干，碾磨成粉，再用 ASE 提取。实验发现，用乙腈-水（7+3，v/v）在 100℃、100 bar 提取 15 min，循环 3 次，效果最佳。再经固相萃取柱净化后，LC-MS/MS 测定，方法回收率在 77%～88% 之间。Yuan 等[9]开发采用 ASE 提取动物源食品中林可霉素和大观霉素等残留分析方法。采用磷酸盐缓冲液提取，三氯乙酸沉淀蛋白，再用 C_{18} 固相萃取柱净化，经衍生化后，用气相色谱（GC）和气相色谱-质谱（GC-MS）测定。作者对 ASE 的压力、温度、循环次数等参数进行了优化。林可霉素和大观霉素 GC 方法的 LOQ 分别为 16.4 μg/kg 和 21.4 μg/kg，GC-MS 分别为 4.1 μg/kg 和 5.6 μg/kg；在 20～200 μg/kg 添加范围，GC 方法的回收率为 73%～99%，RSD 小于 17%；在 5～20 μg/kg 添加范围，GC-MS 的回收率为 70%～93%，RSD 小于 21%。

3）基质固相分散萃取（matrix solid-phase dispersion，MSPD）

MSPD 是将样品直接与合适的固相填料一起混合、研磨，使样品均匀分散于固体相颗粒表面，基于固相填料与样品中的目标化合物产生各种作用力，将目标物与样品基质分离，再用洗脱液洗脱，达到分离和富集目标化合物的目的。MSPD 可有效避免在前处理中目标化合物的损失，提高检测限。

Bogialli 等[10]利用 EDTA 冲洗过的海沙作为固相填料，与牛奶混合装柱，采用 MSPD 法提取牛奶中的 9 种 AGs。用 70℃热水洗脱，调至 pH 4.1，过滤后进 LC-MS/MS 检测。该方法外标法定量的回收率在 70%～92%之间，内标法定量的回收率在 80%～107%之间，RSD 小于 11%；LOQ 在 2～13 μg/L 之间。罗瑞峰等[11]将猪肉与酸化氧化铝混合碾磨，采用 MSPD 法提取残留的链霉素。再经 C₁₈ 固相萃取柱净化后，用 HPLC-柱后衍生化检测。该方法线性范围为 10～200 μg/kg，回收率 77.4%～86.5%，RSD 为 2.0%～3.53%，检测限为 5 μg/kg。

（2）净化方法

目前 AGs 残留检测中的净化方法主要有液液分配法（LLP）、固相萃取法（SPE）、分子印迹技术（MIT）以及在线痕量富集技术等。

1）液液分配（liquid liquid partition，LLP）

由于 AGs 的强极性，在酸性 pH 范围内不能被提取到有机相中，仍保留在水相。LLP 法可以将有机干扰成分从水相直接转入有机相中，减少杂质对色谱峰的影响。Schermerhorn 等[12]使用 30%三氯乙酸沉淀牛奶中的蛋白质形成水相，再先后使用二氯甲烷、正己烷和乙酸乙酯进行 LLP 净化，去除水相中的杂质，HPLC 检测。在 100 ng/mL、200 ng/mL、400 ng/mL 添加水平，方法平均回收率分别为 80%、76%和 77%，变异系数（CV）分别为 18%、6%和 9%。

2）固相萃取（solid phase extraction，SPE）

SPE 作为样品前处理技术，在实验室已得到广泛应用，利用固体吸附剂将液体样品中的目标化合物吸附，与样品的基体以及干扰化合物分离，再通过洗脱液洗脱或加热解吸附等方法，得到被净化和富集的目标化合物。

Cabanes 等[13]建立了生物体液中庆大霉素的分析方法。用硅胶柱从血浆和尿液中分离庆大霉素，再用邻苯二醛柱前衍生，妥布霉素作内标物，HPLC-荧光检测器（FLD）测定。方法 LOD 达 0.3 mg/L；在 0～10 mg/L 浓度范围，线性关系良好。

崔阳等[14]建立了猪可食性组织（心、肝、肺、肾、肌肉和脂肪）中林可霉素和庆大霉素的超高效液相色谱-电喷雾串联质谱（UPLC-ESI-MS/MS）的同时测定方法。样品经 2%三氯乙酸溶液提取，C₁₈ 固相萃取柱净化后，采用 UPLC-MS/MS 进行定性和定量分析。2 种药物分别在 0.01～2 mg/kg 浓度范围内线性良好，相关系数 R^2 均大于 0.999；以高、中、低三个浓度水平进行添加回收率实验，平均回收率在 76%～89.4%之间，RSD 为 8.1%～11.4%，林可霉素和庆大霉素的 LOD 分别为 0.005 mg/kg、0.018 mg/kg。

Kaufman 等[15]用三氯乙酸提取猪肉、鱼和牛肝中的 11 种 AGs 并沉淀蛋白质，采用弱阴离子交换 SPE 柱净化提取液，除去酸性杂质，再用 LC-MS/MS 检测。高选择性固相萃取步骤净化提取物，尽可能减少对质谱信号的抑制。该方法 LOD 为 15～40 ppb。

姜莉等[16]采用磷酸溶液提取牛奶中链霉素，提取液用苯磺酸阳离子交换柱和 C₁₈ 固相萃取柱净化，链霉素用甲醇从 C₁₈ 固相萃取柱上洗脱，经浓缩蒸干，残渣用 0.01 mol/L 庚烷磺酸钠溶解，用柱后衍生 HPLC-FLD 检测。在 0.01～0.10 mg/kg 的添加水平下，方法回收率为 78.3%～80.2%，CV 为 7.4%～12.4%；方法 LOD 为 0.005 mg/kg。

3）分子印迹技术（molecular imprinting technology，MIT）

当模板分子（印迹分子）与聚合物单体接触时会形成多重作用点，通过聚合过程这种作用就会被记忆下来，当模板分子除去后，聚合物中就形成了与模板分子空间构型相匹配的具有多重作用点的空穴，这样的空穴将对模板分子及其类似物具有选择识别特性。可以将这种选择识别特性应用于药物的识别与净化。

Ji 等[17]以甲基丙烯酸为功能单体，乙二醇二甲基丙烯酸酯为交联剂，链霉素为模板分子制备了分子印迹聚合物（MIP）。与非印迹聚合物（NIP）相比，该 MIP 对链霉素、双氢链霉素、庆大霉素和大观霉素具有高的吸附能力和识别特异性。将该 MIP 作为 SPE 柱填料，用于净化蜂蜜样品中的 4 种 AGs。经 LC-MS/MS 测定，链霉素、双氢链霉素、庆大霉素和大观霉素的 LOD 分别为 4.5 μg/kg、1.8 μg/kg、2.4 μg/kg、6.0 μg/kg，LOQ 分别为 15 μg/kg、6 μg/kg、8 μg/kg、20 μg/kg；方法回收率在 90%～110%

之间，日内和日间 RSD 分别为 4.4%～12.0%和 6.8～14.6%。

4）在线自动净化（automate online clean up）

Babin 等[18]报道了一种在线检测牛肝脏、肾脏以及肌肉组织中的双氢链霉素、庆大霉素和新霉素的 LC-MS/MS 方法。采用自动净化/分析系统，可以在 6 h 内完成 24 个样品的检测。样品提取液加入离子对试剂后，通过在线反相 SPE 柱净化，接着在 Nucleosil C_{18} 色谱柱上分离，采用 LC-MS/MS 检测。这种在线自动净化非常简单，并且可以减小离子抑制/增强效应，可以对牛组织中的 3 种 AGs 准确定量。该方法在 50～5000 ppb 范围呈良好线性；肾脏样品中双氢链霉素、庆大霉素和新霉素的回收率分别为 76%、57%和 51%，LOD 为 0.1 μg/kg、0.1 μg/kg、0.4 μg/kg。

3.1.4.2 测定方法

目前 AGs 残留检测常用的测定方法主要有免疫分析法、微生物法和仪器分析法等。

（1）免疫分析法（immunoassay）

免疫分析法适用于复杂基质中痕量组分的分离和检测，是以抗原、抗体的特异性结合和可逆性反应为基础的分析技术，具有较高的选择性和灵敏度。AGs 的免疫分析主要有酶联免疫吸附法、免疫胶体金技术、放射免疫法和免疫传感器等。

1）酶联免疫吸附法（enzyme linked immunosorbent assay，ELISA）

ELISA 是将可溶性的抗原或抗体结合到聚苯乙烯等固相载体上，利用抗原抗体结合专一性进行免疫反应的定性和定量检测方法。由于酶的催化效率很高，可极大地放大反应效果，从而使测定方法达到很高的敏感度。

Loomans 等[19]以新霉胺为半抗原，通过碳二亚胺（EDC）偶联到预活化的载体蛋白（钥孔虫戚血蓝蛋白）上，免疫兔子，获得对庆大霉素、卡那霉素和新霉素特异性吸附的多克隆抗体，以此建立了牛奶中庆大霉素、卡那霉素和新霉素残留的竞争性 ELISA 检测方法。在原料奶（无样品预处理）中，庆大霉素、卡那霉素和新霉素的 50%抑制水平（IC_{50}）分别为 9 ng/mL、21 ng/mL 和 113 ng/mL。王忠斌等[20]报道了 AGs 多残留的 ELISA 分析方法。以新霉素的降解产物新霉胺为半抗原，采用戊二醛合成新霉胺免疫原，制备出针对多种 AGs 的多克隆抗体，并使用高碘酸盐法制备新霉胺的酶标抗原，建立 AGs 的 cdELISA 方法。该方法对新霉素、庆大霉素和卡那霉素的检测限分别为 0.2 mg/kg、0.15 mg/kg 和 0.35 mg/kg，满足 AGs 多残留免疫检测的要求。

Solomun 等[21]建立了一种能快速、灵敏地定性筛查动物源食品（肉类、肝脏、肾脏、蛋、奶）中新霉素的 ELISA 方法，并按照欧盟要求进行了方法验证。该方法的 LOD 为 5.7 μg/kg（肾脏）～29.3 μg/kg（牛奶），LOQ 为 11.4 μg/kg（肾）～59.7 μg/kg（鸡蛋）；添加回收范围为 65.8%～122.8%，CV 为 5.9%～28.6%。

Chen 等[22]建立了猪组织中庆大霉素的 ELISA 检测方法。用庆大霉素-小牛血清蛋白（BSA）偶联物免疫兔子，15 次免疫后收集抗血清。优化免疫试剂浓度，间接竞争 ELISA（ciELISA）的 IC_{50} 为 0.98 ng/mL，直接竞争 ELISA（cdELISA）的 IC_{50} 为 0.92 ng/mL。通过优化其他参数，cdELISA 与其他 AGs 不发生交叉反应，可以在 45 min 内完成。在 25～200 μg/kg 添加浓度范围，该 cdELISA 方法的回收率在 64.7%～101.2%之间，CV 在 4.5%～12.1%之间；肌肉中的 LOD 为 6.2 μg/kg，肝脏为 3.6 μg/kg，肾脏为 2.7 μg/kg。Jin 等[23]利用单克隆抗体，建立了动物血浆和奶中庆大霉素的 cdELISA 分析方法。该单抗与其他 AGs 没有交叉反应。方法 LOD 分别为 0.9 ng/mL（PBS）、1.0 ng/mL（血浆）和 0.5 ng/mL（奶）；在 25～100 ng/mL 添加范围，回收率在 85%～112%之间。

Jin 等[24]制备了卡那霉素的单克隆抗体 IgG1，该单抗对卡那霉素有高度特异性，以此建立了动物血浆和乳汁中卡那霉素的 cdELISA 检测方法。该方法在 PBS 中的 LOD 为 1.1 ng/mL，血浆中为 1.4 ng/mL，乳汁中为 1.0 ng/mL。

张桂贤[25]将链霉素与 BSA 和卵清蛋白（OVA）偶联，免疫 BALB/C 小鼠，筛选出能稳定分泌单抗的 IgG2b 型单抗细胞株。注入小鼠腹腔，制备腹水，获得效价为 1∶51200 的单克隆抗体，并建立 ciELISA 方法。经优化后，该方法在 1～10000 ng/mL 之间线性关系良好，相关系数为 0.9726，IC_{50}

为 33.03 ng/mL，LOD 为 1.0 ng/mL。交叉反应实验表明，与双氢链霉素交叉率达 127%，与庆大霉素、卡那霉素、新霉素无交叉反应。应用于牛奶和鸡肉中的链霉素分析，牛奶中的回收率在 68.8%～78.1%之间，鸡肉中的回收率在 54.7%～61.2%之间。范国英等[26]研制出快速检测奶中链霉素残留的阻断 ELISA 试剂盒，用方阵滴定法确定阻断 ELISA 试剂盒中 mAb 和 GaMIgG HRP 的工作浓度，灵敏度为 0.37 μg/L，具有较高的回收率和准确度，与双氢链霉素的交叉反应为 115%，与其他抗菌药物交叉率小于 0.001%。

Tanaka 等[27]建立了 ciELISA 法测定鸡的血浆中大观霉素。以大观霉素-BSA 偶联物作为免疫原，免疫兔子，获得多克隆抗体，对双氢大观霉素和四氢大观霉素的交叉反应率分别为 44.0%和 13.8%，而对其他抗生素没有交叉反应。该方法的 LOD 为 2 ng/mL，平均回收率达到 97%～110%。

Burkin 等[28]以多种偶联方式制备安普霉素免疫原和包被抗原，并选出一种与其他类似物没有交叉反应的作为包被抗原。以此建立了猪肾和牛肉中安普霉素的竞争性 ELISA 检测方法。该方法的 LOD 为 0.015 ng/mL，IC_{20}～IC_{80} 动态范围为 0.03～1.8 ng/mL，由于具有高的灵敏度，可以通过稀释提取液来消除基质效应；添加回收实验表明，方法回收率为 85%～105%。

2）胶体金免疫层析（immune colloidal gold technique，GICT）

GICT 是以胶体金作为示踪标志物应用于抗原抗体的一种新型的免疫标记技术。胶体金是由氯金酸（$HAuCl_4$）在还原剂如白磷、抗坏血酸、枸橼酸钠、鞣酸等作用下，聚合成为特定大小的金颗粒，并由于静电作用成为一种稳定的胶体状态。胶体金在弱碱环境下带负电荷，可与蛋白质分子等生物大分子的正电荷基团形成牢固的结合，由于这种结合是静电结合，所以不影响蛋白质的生物特性。根据胶体金的一些物理性状，如高电子密度、颗粒大小、形状及颜色反应等再进行检测。

Verheijen 等[29]开发了一种基于竞争性免疫测定的胶体金试纸条方法。检测试剂由包被有抗（双氢）链霉素单克隆抗体的胶体金粒子组成，捕获试剂是被固定在该试验装置的横向流动膜上的链霉素-BSA 偶联物。在测试过程中，试纸条样品阱中滴入三滴原料奶，并在膜上迁移。样品中的分析物越多，与膜上固定的链霉素竞争检测试剂中有限抗体的作用就越强，样品中足够量的（双氢）链霉素将抑制膜上固定的链霉素与检测试剂结合，导致读出区域中测试线消失。原料乳中链霉素和双氢链霉素的 LOD 分别为 160 ng/mL 和 190 ng/mL。该试纸条可以在 10 min 内得出结果，且不需要其他试剂和仪器，适合基层推广使用。倪同浩[30]采用单克隆抗体技术和 GICT 技术，成功研制了链霉素胶体金免疫层析试纸条。采用柠檬酸三钠还原法制备胶体金，胶体金标记抗体经纯化后吸附在玻璃纤维素膜上；将检测线（Str-OVA）和质控线（羊抗鼠 IgG）分别包被在硝酸纤维素膜上。分别经过处理干燥后与样品垫、吸水纸组装成试纸条。使用试纸条对链霉素标准液检测，LOD 为 100 ng/mL，且对新霉素、庆大霉素、卡那霉素、阿米卡星、恩诺沙星、氨苄青霉素、磺胺喹噁啉无交叉反应。实验初步建立了牛奶、奶粉、蜂蜜等样本的样品处理方法，并用 ELISA 方法和试纸条进行验证，结果表明试纸条能够基本满足检测要求。

3）放射免疫法（radioimmunoassay，RIA）

RIA 是利用放射性元素标记的分析物与样品中的分析物竞争性结合有特殊位点的受体，受体存在于微生物细胞表面并被添加到样品中，然后利用液体闪烁仪计数，通过检测放射性元素标记的分析物量，推算出样品中分析物的含量。

秦燕等[31]对比研究了 ELISA 和 CharmII RIA 法检测鸡肝中链霉素残留的结果。在 ELISA 方法中，链霉素在 0.5～128.0 μg/L 的范围内线性良好，LOQ 为 0.03 mg/kg；在 RIA 方法中，链霉素在 25～500 μg/L 的范围内相关性较好，筛选水平为 0.2 mg/kg。两种方法的检测限、精密度和回收率均符合鸡肝链霉素残留监控的 MRL 要求。龙朝阳等[32]用放射标记的药物与样品中的残留药物竞争可利用的细胞受体部位，样品经离心，除去上清液，沉淀在 β-闪烁液中重新悬浮，用液体闪烁计测量放射强度，确定了试剂的阴性控制点和筛选水平。结果得出，链霉素和庆大霉素分别在 0～50 μg/L、0～25 μg/L 呈良好的线性关系。与 ELISA 法比较，RIA 法前处理简单、快速，可用于动物源食品中 AGs 的快速检测，但由于存在放射性污染，实验操作难以控制，费用较高，目前已较少应用。

4）免疫传感器（immunosensor）

免疫传感器就是利用抗原（抗体）对抗体（抗原）的识别功能而研制成的生物传感器，它将传统的免疫测试和生物传感技术融为一体，集两者的诸多优点于一身，不仅减少了分析时间，提高了灵敏度和测试精度，也使得测定过程变得简单，易于实现自动化，有着广阔的应用前景。

Haasnoot 等[33]应用与 4 种特异性抗体的混合物组合的四通道光学生物传感器，构成了竞争性抑制免疫测定法的生物传感器（BIA），用于同时检测重组脱脂牛奶中的 5 种 AGs。庆大霉素、新霉素、卡那霉素和链霉素衍生物通过氨基偶合，被固定到该生物传感器芯片的传感器表面。牛奶（从脱脂奶粉复原）用 4 种抗体混合物进行 10 倍稀释，通过四个串联连接的通道注入。注射再生溶液（0.2 mol/L NaOH+20%乙腈）之前所测得的响应值可以指示复原乳中 AGs 的存在与否。该方法的 LOD 在 15～60 ng/mL 之间，总计运行时间为 7 min。Baxter 等[34]也利用光学生物传感器检测巴氏灭菌奶中的链霉素。链霉素-己二酰肼结合物与牛甲状腺球蛋白偶联，免疫绵羊获得多克隆抗体，该抗体与双氢链霉素的交叉反应率为 106%，但与其他抗生素没有交叉反应。链霉素也被固定到一种 CM5 传感芯片，以提供一个稳定的、可重复使用的表面。该方法不需前处理和脱脂，可用于直接分析全脂牛奶样品，5 min 即可获得结果。方法的 LOD 为 4.1 μg/L；CV 为 3.5%～7.6%。Ferguson 等[35]报道了采用免疫生物传感器检测牛奶、蜂蜜、猪肾、猪肌肉中链霉素和双氢链霉素残留的方法。选用的抗体具有高度的特异性，与其他 AGs 和抗生素没有交叉反应。链霉素衍生物用于制备稳定、可重复使用的传感器芯片表面。对多种样品进行了检测，LOD 分别为：牛奶 30 μg/kg，蜂蜜 15 μg/kg，肾组织 50 μg/kg，肌肉组织 70 μg/kg。

（2）微生物法（microbiological analysis）

微生物效价法是利用样品中抗生素抑制特定菌株的生长来检测抗生素的方法，是当前各国药典推荐的测定抗生素的主要方法。微生物法具有操作简单、花费少等优点，而且微生物法多利用抗生素在琼脂培养基内的扩散作用，根据量反应平行线原理，比较标准品与供试品对接种试验菌产生抑菌圈的大小来定量确定残留量。因此，在实际检测中，微生物法的影响因素较多，菌种不易筛选，精确度和灵敏度较低。但微生物法不需要大型仪器、样品可批量处理，如能开发出合适的样品前处理方法，微生物法也有一定的应用前景。该法在 AGs 检测中有一定的应用[36]，主要有杯碟法、棉拭法、纸片法和氯化三苯基四氮唑法。

1）杯碟法（cylinder plate method）

我国出入境检验检疫行业标准 SN 0536—1996[37]采用杯碟法检测肉中卡那霉素残留量，最低检测限为 0.5 mg/kg，样品加标回收率为 83.7%～97.0%。蔡金华等[38]用 10%的三氯乙酸提取牛奶中的链霉素，冷冻离心分离，用枯草芽孢杆菌作为检定菌进行测定，在添加浓度 0.2 mg/kg、0.8 mg/kg 和 1.6 mg/kg 水平的平均回收率为 97.6%。陈光哲等[39]用 pH 1.5 的抽提缓冲液浸泡、均质、离心、沉淀样品，在样品中的链霉素被抽提后，吸取上清液注入牛津杯，与含枯草杆菌液的检定平板贴合，培养，根据抑菌圈有无及大小判定结果，对照标准曲线，求得链霉素的残留量，检测低限为 1.25 μg/kg。王苏华等[40]以葡萄球菌为测试菌种，琼脂扩散法检测鸡蛋中的新霉素，获得的最低检出限为 0.25 mg/kg。

2）棉拭法（sweb test on premises，STOP）

棉拭法是检测胴体内可疑抗生素残留的现场试验方法。在美国、加拿大等国家，试剂已商品化，可从肾脏、肝脏、肌肉采样，通过棉拭周围有无抑菌圈和大小判定抗生素的残留。王琴等[41]采用棉拭法测定实验鸡蛋黄、蛋清中残留的青霉素和链霉素。棉拭法简便易行，在几分钟内即可完成操作，16～18 h 即可获得结果，是简便而又有一定准确性的检测动物组织内抗生素残留的方法。

3）纸片法（paper disc，PD）

这是目前常用的一种方法。用圆滤纸从肾脏（或乳）取样，与含有枯草杆菌等细菌的营养琼脂贴合、培养，观察抑菌圈大小检查有无抗生素残留，本法具有广域的灵敏性。杨文友等[42]筛选枯草芽胞杆菌、藤黄八叠球菌、蜡样芽孢杆菌三株试验菌株，分别制备营养琼脂检测平板。标准抗菌性物质，对三株试验菌株敏感性不同，分为青霉素、链霉素、四环素（氯霉素）、磺胺、呋喃等五类。采取肾、肝、肌肉组织，直接滤纸片法，32℃±1℃，15～18 h，培养，呈抑菌圈者，表示抗菌性物质残留阳性。建立的抗菌性物质残留简易生物分类快速筛选方法简便、省时、省费用、灵敏度高，回收良好，为确证提供了线索。

4）氯化三苯基四氮唑法（tripheye tetrazollium chloride，TTC）

TTC 与抗生素反应的显色作用可以检测抗生素残留，其原理是嗜热链球菌在牛乳中生长时会将无色的 TTC 还原为红色的三苯甲唑。当牛奶中存在抗生素时，会抑制嗜热链球菌的生长，TTC 则无法被还原。黄怡君等[43]用 TTC 法检测了牛奶中的抗菌药物，链霉素、庆大霉素和卡那霉素的最低检测浓度分别为 660 μg/kg、620 μg/kg 和 6200 μg/kg。但是 TTC 法检测时间较长，灵敏度低。

（3）仪器分析法

1）共振散射光谱法（resonance scattering spectral，RSS）

Jiang 等[44]采用共振散射光谱分析法测定水溶液中痕量庆大霉素。在 pH 3.2～6.2 醋酸盐缓冲介质中，十二烷基苯磺酸钠分别与硫酸庆大霉素、硫酸妥布霉素、硫酸卡那霉素、硫酸新霉素等 AGs 相互作用形成缔合物，在 320 nm、340 nm、420 nm、470 nm 有四个散射峰，浓度与共振散射强度成正比，硫酸庆大霉素、硫酸妥布霉素、硫酸卡那霉素、硫酸新霉素的定量浓度范围分别为 0.072～5.04 mg/L、0.128～7.04 mg/L、0.240～4.80 mg/L、0.076～6.84 mg/L，LOD 分别为 0.010 mg/L、0.031 mg/L、0.090 mg/L、0.070 mg/L，具有很好的选择性和灵敏度。Wang 等[45]用镉碲量子点为探针，采用瑞利共振散射法检测依替米星、异帕米星和丁胺卡那霉素。该方法可用于人血浆和尿液中 AGs 的检测。依替米星、异帕米星和丁胺卡那霉素的线性范围分别为 0.085～7.2 μg/mL、0.0067～1.2 μg/mL、0.017～6.0 μg/mL，LOD 分别为 0.025 μg/mL、0.0051 μg/mL、0.0020 μg/mL。

2）薄层色谱法（thin layer chromatography，TLC）

TLC 作为一种定性鉴别 AGs 的方法，操作简单，分析结果直观。扫描密度计与 TLC 技术相结合产生了高效薄层色谱法（high performance thin layer chromatography，HPTLC）。目前，正相和反相 TLC 均可检测链霉素、卡那霉素、庆大霉素和托普霉素等，分别在硅胶和 C18 板上分离药物。Bhogte 等[46]采用衍生化试剂 4-氯-7-硝基苯-2-氧杂-1,1-二唑（NBD-CL）及荧光光密度分析法的 HPTLC，测定了血浆和尿中庆大霉素的含量。其血浆中 LOQ 为 20～100 μg/mL，尿中为 10～50 μg/mL。Medina 等[47]将血样酸化，以潮霉素 B 作强化剂，结合于共聚物键合硅胶，用二乙胺-甲醇洗脱，洗脱液用 TLC 分析，展开液为丙酮-乙醇-氨水。潮霉素 B 于酸性下荧光衍生化，紫外灯检测，新霉素和庆大霉素的 LOD 为 50 ng/kg。

3）毛细管电泳法（capillary electrophoresis，CE）

CE 是一种高效的分离技术，它能将数百种成分同时分离，且样品用量少，但其在处理痕量级的残留样品时存在灵敏度不够高的缺点。采用 CE 检测 AGs 时检测器的选择很重要，激光诱导荧光检测器（LIF）的灵敏度最高。

Kowalski 等[2]报道了采用 CE 检测鸡蛋中链霉素残留的方法。用未涂层的石英毛细管柱分离，分离缓冲液为 30 mmol/L 的磷酸二氢钠、5 mmol/L 的硼酸和 5 mmol/L 四硼酸钠，分析物在 200 nm 处检测。整个分析过程为 7 min。方法在 0.16～2.0 μg/g 范围线性良好，r 为 0.999。

Serrano 等[48]采用胶束电动毛细管电泳（MEKC）-LIF 检测牛奶中的卡那霉素、丁胺卡那霉素、新霉素和巴龙霉素。经磺基吲哚菁琥珀酰亚胺酯（Cy5）衍生化，MEKC 分离 20 min 后，LIF 检测。采用硼酸盐缓冲液（35 mmol/L，pH 9.2）含 55 mmol/L 的 SDS 作为阴离子表面活性剂，20%乙腈作为有机改性剂。动态范围为 10～500 μg/L，日内精密度为 3.8%～5.3%；用于牛奶样品检测，检测限可达 0.5～1.5 μg/kg，平均回收率在 89.4%～93.3%之间。

Yu 等[49]用毛细管区带电泳（CZE），柱后衍生化和 LIF 法测定牛奶样品中的卡那霉素 A、丁胺卡那霉素、妥布霉素。分离缓冲液为 50 mmol/L 醋酸钠（pH 5.0）含 0.5 mmol/L 溴化十六烷基三甲基铵。柱后衍生化反应在自制的同轴间隙反应器中进行，柱后衍生化溶液为 35 mmol/L 四硼酸钠缓冲液（pH 10.0）、30%甲醇、1.0 mmol/L 萘-2,2 二甲醛和 8.0 mmol/L 2-巯基乙醇。方法线性范围为

$2.1 \times 10^{-5} \sim 5.0 \times 10^{-2}$ g/L，检测限为 $7 \times 10^{-6} \sim 2 \times 10^{-5}$ g/L，回收率为 81.6%～93.1%。Hsiao 等[50]也建立了 CZE 检测农产品中链霉素残留的方法。方法 LOD 为 1.22 μg/mL，回收率为 95.3%～103.0%，RSD 为 1.00%～4.20%。

4）气相色谱法（gas chromatography，GC）

GC 适用于分析热稳定、易挥发的物质，AGs 具有高极性和难挥发性，用 GC 法检测需要进行柱前衍生化，以提高其挥发性。Preu 等[51]建立了采用 GC-电子捕获检测器（ECD）检测庆大霉素 C1、C1a、C2 和卡那霉素 A 的残留分析方法。以三甲基硅烷咪唑（TMSI）和七氟丁酸酐（HFBIO）为衍生化试剂，通过两步衍生化后，用 GC-ECD 检测，可疑样品用 GC-电子电离（EI）-质谱（MS）确证。在 2～200 μg 质量范围，该方法线性有效。陶燕飞等[52]建立了检测动物可食性组织中林可霉素和大观霉素残留量的 GC 方法。用硅烷化试剂 N,O-双（三甲基硅烷基）乙酰胺（BSTFA）和乙腈作为衍生化试剂，在密闭 75℃恒温箱中衍生反应 1 h，选用填充材料为 5%苯基和 95%二甲基聚硅氧烷的毛细管柱为色谱柱。大观霉素的 LOQ 为 40 μg/kg，在 40～10000 μg/kg 的添加水平下，回收率为 73.2%～85.7%。

5）高效液相色谱法（high performance liquid chromatography，HPLC）

HPLC 常用于难挥发、强极性物质的分离检测，因其专一性强和灵敏度高，在药物检测中得到广泛的应用。AGs 水溶性好、极性大且分子量高，特别适合于采用 HPLC 法检测。目前，利用液相色谱检测 AGs 的方法主要有紫外检测法、荧光检测法、电化学检测法、蒸发光散射检测法、化学发光检测等。

A. 紫外检测法（ultraviolet detector，UVD）

由于 AGs 没有特征的紫外吸收生色基团，常根据其分子中的活泼基团（如氨基和羰基）与衍生化试剂反应生成有紫外吸收的物质，再采用 UVD 检测。

董晓庆等[53]采用柱前衍生化、HPLC-UVD 检测鸡组织中链霉素的残留量。用三氯乙酸沉淀蛋白质，ODS-C_{18}柱净化，1, 1-萘醌-4-磺酸钠（NQS）柱前衍生化反应，HPLC-UVD 在 252 nm 检测。流动相为乙腈-醋酸盐缓冲液（pH 3.3）-水（10+10+80，v/v），流速 0.3 mL/min，柱温 35℃。在 200 μg/mL、100 μg/mL、50 μg/mL 添加浓度，方法回收率分别为 75%～90%、70%～86%、64%～75%，CV 均小于 10%；在肌肉、肝脏和肾脏中链霉素的 LOD 分别为 120 μg/kg、123 μg/kg 和 218 μg/kg。Feng 等[54]建立了一种快速分析血浆中痕量妥布霉素的 HPLC 方法。采用 1-异硫代氰酸萘基酯（NITC）与血浆中的妥布霉素在 70℃衍生化反应，加入甲胺/乙腈溶液消耗掉过量的衍生化试剂，缩短分析时间。衍生物用 Purospher STAR RP-18e 色谱柱分离，流动相为乙腈-水（50+50，v/v），UVD 在 230 nm 检测。方法线性范围为 0.93～9.34 mg/L，LOD 可达 0.23 mg/L，回收率超过 99%，日内 RSD 小于 2.1%，日间 RSD 小于 5.2%。Fennell 等[55]建立了牛奶和动物组织中庆大霉素的 HPLC-UVD 测定方法。样品用 KH_2PO_4-Na_2SO_4 溶液（pH 8.8）提取，经 SPE 柱净化后，用邻苯二甲醛（OPA）衍生化，HPLC-UVD 在 330 nm 处检测。庆大霉素的 4 种同分异构体分离良好，出峰位置没有干扰。牛奶和组织中庆大霉素的 LOD 分别为 0.6 μg/kg 和 1 μg/kg，CV 分别为 2.5%和 8.1%，回收率超过 90%。

B. 荧光检测法（fluorescence detector，FLD）

AGs 本身不产生荧光，也需要衍生化反应后，才能采用 FLD 检测。

陈晓红等[56]报道了蜂蜜中链霉素的 HPLC-FLD 检测方法。采用 50%三氯乙酸提取，在 C_{18} 柱上以 0.01 mol/L 1-庚烷磺酸钠+乙腈为流动相分离，用氢氧化钠和 NQS 双试剂柱后衍生化，在激发波长 263 nm 和发射波长 447 nm 下，用 FLD 检测，获得的回收率为 87.9%～93.8%。周萍等[57]建立了蜂王浆中链霉素的残留分析方法。用高氯酸提取，经羧基柱和 C_{18} 小柱的净化后，HPLC-柱后衍生-FLD 检测。流动相为 20%乙腈水溶液加 1.1 g 庚烷磺酸钠和 0.052 g 1, 1-萘-4-磺酸钠，用乙酸调 pH 3.3；色谱柱为 Hypersil ODS2（150 mm×4.6 mm，4 μm）；流速 1.0 mL/min；衍生剂为 0.2 mol/L NaOH，流速 0.4 mL/min；柱温 50℃，衍生温度 50℃；检测波长为 λ_{ex}=263 nm，λ_{em}=435 nm。该方法回收率在 74.7%～95.3%之间，方法灵敏度达到了 5 μg/kg。姜莉等[58]用磷酸溶液提取鲜牛奶中的链霉素，用苯磺酸阳离子交换柱和 C_{18} 固相萃取柱净化，用 0.01 mol/L 庚烷磺酸钠溶液溶解，HPLC 分离，柱后衍生，FLD

在激发波长 263 nm 和发射波长 435 nm 测定。方法线性范围为 0.01～0.10 mg/kg，回收率为 78.3%～80.2%，CV 为 7.4%～12.4%；方法 LOD 为 0.005 mg/kg。Edder 等[59]开发了肉、奶、蜂蜜等动物源食品中链霉素残留的 HPLC 测定方法。用高氯酸提取动物源食品中的链霉素，阳离子交换和 C_{18} 柱固相萃取净化，离子对 LC 分离，NQS 柱后衍生化，FLD 测定（激发波长为 260 nm，发射波长为 435 nm）。蜂蜜、牛奶、肉、肝和肾中的 LOD 分别为 0.005 mg/kg、0.03 mg/kg、0.03 mg/kg、0.1 mg/kg 和 0.1 mg/kg，LOQ 分别为 0.01 mg/kg、0.05 mg/kg、0.05 mg/kg、0.2 mg/kg 和 0.2 mg/kg；方法回收率超过 80%。

Vinas 等[60]采用离子对 HPLC 分析了食品中链霉素和双氢链霉素残留。该方法采用了一种新型的 LC 色谱固定相（具有酰胺基团和三甲基硅封端的配体），有效避免了拖尾。以乙腈-10 mmol/L 戊磺酸（pH 3.3）（6+94，v/v）为流动相，等度洗脱，流速 1 mL/min；NQS 柱后衍生，FLD 检测。链霉素和双氢链霉素的 LOD 分别为 7.5 μg/kg 和 15 μg/kg。该方法适用于蜂蜜、牛奶、鸡蛋、肝脏等食品基质中链霉素和双氢链霉素的测定。Posyniak 等[61]在检测猪肉、肝和肾中庆大霉素和新霉素残留时，提取物经 C_{18} 固相萃取柱净化后，用 9-芴基甲基氯甲酸酯进行柱前衍生化，反相 HPLC 分离，FLD 检测，激发波长为 260 nm，发射波长为 315 nm。庆大霉素线性范围在 0.1～1.0 mg/kg 之间，新霉素在 0.2～1.0 mg/kg 之间；LOD 分别为 0.05 mg/kg 和 0.10 mg/kg，LOQ 分别为 0.1 mg/kg 和 0.20 mg/kg；回收率分别为 76%～86% 和 77%～83%。

C. 电化学法（electrochemical detector，ECD）

常用的 ECD 方法是脉冲电化学法（pulse electrochemical detection，PED），是一种无需衍生化过程可直接检测的方法。PED 在色谱分离阶段需在酸性环境下进行，而检测阶段需在高 pH 环境中，所以一般在柱后加入氢氧化钠等强碱性物质，将流动相调至碱性。官斌等[62]建立了阴离子交换色谱-脉冲安培检测分析牛奶中新霉素残留量的方法。采用三氯乙酸沉淀蛋白，弱阳离子交换固相萃取柱富集净化，分析柱为 CarboPac PA10（250 mm×4 mm i. d.），流动相为 10×10^{-3} mol/L NaOH 溶液，流速 0.5 mL/min，工作电极为金电极，参比电极为 Ag/AgCl，对电极为钛。该方法线性范围为 10.0～160.0 ng/mL；在 10～160 mg/kg 添加水平下，回收率为 50.3%～76.9%。Braganoski 等[63]采用 HPLC-PED 方法，检测了脑脊髓中的丁胺卡那霉素。方法线性范围在 0.06～4.0 μg/mL 之间，LOQ 达 0.06 μg/mL，回收率接近 100%。

D. 蒸发光散射法（evaporative light scattering detector，ELSD）

ELSD 已被应用于 AGs 的检测，它与 UVD 或 FLD 不同，其响应不依赖于样品的光学特性，任何挥发性低于流动相的样品均能被检测，且不受其官能团的影响。Megoulas 等[64]报道了采用反相 HPLC-ELSD 检测农产品中卡那霉素 A 和 B 的方法。用 Spherisorb ODS-2 C_{18} 柱分离，流动相为水-乙腈（60+40，v/v，含 11.6 mmol/L 七氟丁酸），流速 1 mL/min。该方法对于卡那霉素 A 的线性范围为 0.6～28 μg/mL，$r>0.9998$，卡那霉素 B 的线性范围为 4～36 μg/mL，$r>0.9994$；它们的 LOD 分别为 0.2 μg/mL 和 1.4 μg/mL。

E. 化学发光检测（chemiluminescent detector，CLD）

Serrano 等[65]采用 HPLC-CLD 定量检测人血浆和尿液样品中的丁胺卡那霉素。血浆用乙醇/碳酸钠混合溶液稀释后离心，然后将上层清液直接注入 HPLC 分析。反相色谱柱（C_{18}）分离 20 min，二价铜离子是发光氨/过氧化氢化学发光系统的催化剂，AGs 可以与其发生一系列复杂的反应，因此可以检测 AGs。该方法线性范围为 0.15～2.0 μg/mL；LOD 为 50 μg/L；回收率超过 92%，日内、日间 RSD 均小于 9%。

6）液相色谱-质谱联用法（liquid chromatography-mass spectrametery，LC-MS）

质谱仪是目前兽药残留分析中灵敏度最高的检测仪器，同时还可以进行化合物的结构鉴定。而色谱-质谱联用法是目前对复杂样品进行定性、定量分析的最佳方法。在兽药残留检测应用中，由于目标物浓度低、样品基质复杂，液相色谱-串联质谱（LC-MS/MS）技术已成为残留分析的主要发展方向。AGs 因其结构中含有多个伯胺或仲胺基团而呈弱碱性，在质谱上有较强的正离子响应，用正离子方式检测比负离子方式有更高的灵敏度。常用的质谱电离源有电喷雾电离源（ESI）和大气压化学电离源

（APCI），而 ESI 源更适合溶液中极性较强、呈离子态的 AGs。

A. 电喷雾电离（ESI）

Granja 等[66]采用 LC-MS/MS 测定蜂蜜中的链霉素。色谱分离采用 Gemini C_{18} 柱（50 mm×2 mm），5 mmol/L 七氟丁酸（HFBA）-乙腈（85+15，v/v）为流动相，流速 0.2 mL/min，在 ESI 正离子模式下，多反应监测（MRM）采集数据。该方法在 5 µg/kg、10 µg/kg、15 µg/kg 和 20 µg/kg 添加浓度下，回收率可以达到近 100%，检测限可达到 4.7 µg/kg。Cherlet 等[67]开发了牛组织和牛奶中双氢链霉素的残留分析方法。组织样品用 10 mmol/L 的磷酸盐缓冲液（含 2%三氯乙酸）提取，奶用 50%三氯乙酸稀释，经 CBA SPE 柱净化后，用 LC-MS/MS 测定。色谱柱为 Nucleosil（5 µm）C_{18} 柱，流动相为 20 mmol/L HFBA 和乙腈，ESI 电离，MRM 检测，链霉素为内标定量。组织和牛奶的 LOQ 分别为 10 ng/g 和 1 ng/mL，LOD 为 1.9～4.2 ng/g 和 0.6 ng/mL。van Bruijnsvoort 等[68]建立了蜂蜜和牛奶中的链霉素和双氢链霉素的 LC-MS/MS 分析方法。用含有庚烷磺酸钠的磷酸盐提取，SPE 净化，LC-MS/MS 在 ESI 源电离测定。蜂蜜中两种药物的 LOQ 分别为 2 µg/kg 和 1 µg/kg，牛奶中分别为 l0 µg/kg 和 5 µg/kg。Bogialli 等[10]用 MSPD 提取牛奶中的链霉素和双氢链霉素，LC-ESI-MS/MS 测定。该方法外标法定量的回收率在 70%～92%之间，内标法定量的回收率在 80%～107%之间，RSD 小于 11%；LOQ 在 2～13 µg/L 之间。

Heller 等[69]报道了牛血浆、牛奶和牛肾样品中庆大霉素的 LC-MS/MS 测定方法。样品用三氯乙酸提取，经 C_{18} 柱净化后，LC-MS/MS 检测。流动相中加入三氟乙酸，可以洗脱所有的分析物。串联质谱在 ESI 正离子、选择反应监测（SRM）模式测定。血浆和尿样品用妥布霉素为内标定量，奶和肾脏用外标法定量。3 种样品中庆大霉素的 LOQ 分别为 3.3 ng/g、4.5 ng/g 和 26 ng/g；线性范围分别为 1～5000 ng/mL、2.5～2500 ng/mL 和 10～50000 ng/g。

Kajita 等[70]采用 LC-MS/MS 同时检测牛奶中 9 种 AGs，包括链霉素、双氢链霉素、大观霉素、新霉素、卡那霉素、庆大霉素、越霉素 A、阿泊拉霉素和妥布霉素。用 0.01 mol/L 含 2%三氯乙酸的磷酸二氢钾溶液提取，经混合型阳离子交换柱（Oasis WCX 和 MCX）净化，LC-MS/MS 检测。色谱柱为 TSK-gel VM pak 25（50 mm×2.0 mm i.d.），流动相为 0.1%甲酸和含 0.1%甲酸的乙腈，梯度洗脱，ESI 电离，MRM 模式检测。在 0.01 µg/g 或 0.1 µg/g 添加水平下的回收率为 66.1%～110.8%，CV 小于 17.1%；LOQ 为 0.01 µg/g。van Holthoon 等[71]采用甲基化内标法结合 LC-MS/MS 定量测定动物组织中的 8 种 AGs。提取液用弱阳离子交换 SPE 柱浓缩净化，在 C_{18} 柱上用离子对色谱分离，进串联质谱检测。肾脏中 AGs 的线性范围为 750～20000 µg/kg，回收率为 94%～111%，日内 RSD 为 2.5%～7.4%，日间 RSD 为 2.2%～17.3%；肌肉中的线性范围为 50～10000 µg/kg，回收率为 83%～128%，日内 RSD 为 2.2%～17.3%。Berrada 等[72]建立了一种用 ASE 提取和 LC-MS/MS 结合的方法，同时检测肉类中的双氢链霉素、大观霉素、螺旋霉素、链霉素、替米考星和泰乐菌素。用含 1 mmol/L HFBA 和甲醇作为离子对流动相梯度洗脱分离，ESI 电离，MRM 模式检测，以地红霉素和紫苏霉素作为内标。方法回收率为 70%～96%，目标化合物的 LOD 为 1～6 µg/kg，日内、日间 RSD 分别小于 15%和 16%。Lehotay 等[73]开发了一种用来筛选和鉴定牛肾、牛肝和牛肉中 9 种 AGs 的高通量定性方法。使用一次性吸管提取净化，由 UPLC-MS/MS 在 3 min 内分析测定。该方法可以分析新霉素、链霉素、双氢链霉素、壮观霉素、卡那霉素、庆大霉素、安普霉素、丁胺卡那霉素和潮霉素，以及新霉素的降解产物巴龙霉素。妥布霉素被用作内标物。在所有的牛肉组织中，除潮霉素的回收率为 61%外，其他 AGs 的回收率在 70%～120%之间；基质提取物中最低校准水平低至 0.005 µg/g，接近筛查的检出限。孙雷等[7]建立了动物源食品中大观霉素、链霉素、双氢链霉素、丁胺卡那霉素、卡那霉素、安普霉素、庆大霉素和新霉素等 8 种 AGs 残留的超高效液相色谱-串联质谱（UPLC-MS/MS）方法。采用 KH_2PO_4 溶液振荡提取，调节 pH 7.5～8.0 后，过 CBX 固相萃取柱净化，UPLC-MS/MS 测定。8 种 AGs 的 LOD 为 5 µg/kg，LOQ 为 10 µg/kg；方法平均回收率为 83.0%～114.1%，批内 RSD 为 1.1%～11.4%，批间 RSD 为 2.1%～8.9%。

B. 大气压化学电离（APCI）

Hornish 等[74]开发了牛肾、肝、肉和脂肪中大观霉素的定量确证分析方法。采用 LC-MS/MS 分析，反相色谱柱分离，流动相为甲醇和1%乙酸，APCI源电离，监测母离子[M+H]$^+$的4个碎片：m/z 98、116、158、189。该方法的确证水平可达到0.1 μg/g。

3.2　公　定　方　法

3.2.1　奶粉、牛奶、河豚鱼、鳗鱼和蜂王浆中链霉素、双氢链霉素和卡那霉素残留量的测定　液相色谱-串联质谱法[75-77]

3.2.1.1　适用范围

适用于奶粉、牛奶、河豚鱼、鳗鱼和蜂王浆中链霉素、双氢链霉素和卡那霉素残留量的测定。方法检出限：牛奶、河豚鱼、鳗鱼、蜂王浆均为10.0 μg/kg，奶粉为80.0 μg/kg。

3.2.1.2　方法原理

试样中的抗生素用磷酸溶液提取，三氯乙酸沉淀蛋白，用苯磺酸型和羧酸型固相萃取柱净化。液相色谱-串联质谱仪（ESI+）检测，外标法定量。

3.2.1.3　试剂和材料

甲醇、乙腈：色谱纯。甲酸、浓磷酸、磷酸氢二钾（K$_2$HPO$_4$）、三氯乙酸（C$_2$HCl$_3$O$_2$）、庚烷磺酸钠（C$_7$H$_{15}$NaO$_3$S·H$_2$O）：优级纯。

5%磷酸溶液（1+19，v/v）：取50 mL浓磷酸，用水定容至1 L。

0.2 mol/L磷酸盐缓冲溶液：pH=8.5。称取34.8 g磷酸氢二钾用水溶解，定容至1 L，用氢氧化钠溶液调节pH=8.5。

三氯乙酸溶液：50%，质量分数。取20 g三氯乙酸，用水定容至20 mL

0.01 mol/L庚烷磺酸钠溶液：称取2.20 g庚烷磺酸钠，用水溶解，定容至1 L。

SPE洗脱溶液：取4 mL甲酸，用0.01 mol/L庚烷磺酸钠溶液定容至100 mL。

25%甲醇溶液（1+3，v/v）：取25 mL甲醇，用水定容至100 mL。

标准物质：纯度均≥98%。

1.0 mg/mL标准储备溶液：称取适量的链霉素、双氢链霉素和卡那霉素标准物质，分别用0.3%乙酸水溶液溶解并配制成1.0 mg/mL的标准储备溶液。避光保存于-18℃冰柜中。

0.1 μg/mL混合标准溶液：吸取适量链霉素、双氢链霉素和卡那霉素标准贮备溶液，用0.3%乙酸水稀释成0.1 μg/mL的混合标准溶液。避光保存于-18℃冰柜中。

苯磺酸型固相萃取柱（500 mg，3 mL）或相当者。使用前依次用5 mL甲醇和10 mL水预处理，保持柱体湿润。

羧酸型固相萃取柱（500 mg，3 mL）或相当者。使用前依次用5 mL甲醇和10 mL水预处理，保持柱体湿润。

滤膜：0.2 μm。

3.2.1.4　仪器和设备

液相色谱-串联四极杆质谱仪，配有电喷雾离子源。分析天平：感量0.1 mg和0.01 g。液体混匀器。固相萃取装置。振荡器。真空泵：真空度应达到80 kPa。微量注射器：25 μL，100 μL。pH计：测量精度±0.02 pH单位。具塞离心管：100 mL。刻度离心管：5 mL。贮液器：50 mL。离心机：转速4000 r/min以上。

3.2.1.5　样品前处理

（1）试样制备

实验样品混合均匀，分出0.5 kg作为试样。试样置于-18℃冰柜，避光保存。

（2）牛奶和奶粉待测样品的制备

1）牛奶样品提取和初净化

称取牛奶样品8 g（精确到0.01 g），置于100 mL离心管中，加入30 mL 5%磷酸溶液，置于振荡器上振荡提取 10 min，加入 3 mL 三氯乙酸溶液涡旋混合后在 4000 r/min 下离心 10 min。上清液全部倒入下接苯磺酸型固相萃取柱的贮液器中，在固相萃取装置上使样液以小于 2 mL/min 的流速通过萃取柱，待样液全部通过固相萃取柱后，依次用 5 mL 5%磷酸溶液和 10 mL 水洗涤苯磺酸型固相萃取柱，弃去全部流出液。用 20 mL 磷酸盐缓冲溶液洗脱至 50 mL 离心管中。

2）奶粉样品提取和初净化

称取奶粉样品 1 g（精确到 0.01 g），置于 100 mL 离心管中，加入 8 mL 水，涡旋混合后，再加入 30 mL 磷酸溶液，置于振荡器上振荡提取 10 min，加入 3 mL 三氯乙酸溶液涡旋混合后在 4000 r/min 下离心 10 min。上清液全部倒入下接苯磺酸型固相萃取柱的贮液器中，在固相萃取装置上使样液以小于 2 mL/min 的流速通过萃取柱，待样液全部通过固相萃取柱后，依次用 5 mL 5%磷酸溶液和 10 mL 水洗涤苯磺酸型固相萃取柱，弃去全部流出液。用 20 mL 磷酸盐缓冲溶液洗脱至 50 mL 离心管中。

3）样品溶液再净化

上述洗脱液倒入下接羧酸型固相萃取柱的贮液器中，在固相萃取装置上使样液以小于 2 mL/min 的流速通过萃取柱，待样液全部通过固相萃取柱后，依次用 10 mL 水和 10 mL 25%甲醇溶液洗涤羧酸型固相萃取柱，弃去全部流出液。减压抽干羧酸型固相萃取柱 30 min。用 2 mL SPE 洗脱液洗脱至 5 mL 刻度离心管中，用 SPE 洗脱液定容至 2.0 mL，混匀后过 0.2 μm 滤膜，供液相色谱-串联质谱测定。

4）基质混合标准校准溶液的制备

A. 牛奶基质混合标准校准溶液的制备

称取五个阴性牛奶样品 10 g（精确到 0.01 g），分别置于 100 mL 具塞离心管中，加入适量混合标准溶液，其余按上述提取净化步骤操作完成，制成链霉素、双氢链霉素和卡那霉素含量均为 5.0 μg/kg、10.0 μg/kg、20.0 μg/kg、100.0 μg/kg 和 200.0 μg/kg 的基质标准溶液。

B. 奶粉基质混合标准校准溶液的制备

称取五个阴性奶粉样品 1 g（精确到 0.01 g），分别置于 100 mL 具塞离心管中，加入适量混合标准溶液，其余按上述提取净化步骤操作完成，制成链霉素、双氢链霉素和卡那霉素含量均为 40.0 μg/kg、80.0 μg/kg、160.0 μg/kg、800.0 μg/kg 和 1600.0 μg/kg 的基质标准溶液。其余按上述提取净化步骤操作完成。

（3）河豚鱼和鳗鱼待测样品的制备

1）样品提取和初净化

称取河豚鱼或鳗鱼样品 10 g（精确到 0.01 g），置于 100 mL 离心管中，加入 30 mL5%磷酸溶液，均质 3 min，并用 5%磷酸溶液清洗均质器刀头合并洗涤液，加入 3 mL 三氯乙酸溶液涡旋混合后在 4000 r/min 下离心 10 min。上清液全部倒入下接苯磺酸型固相萃取柱的贮液器中，在固相萃取装置上使样液以小于 2 mL/min 的流速通过萃取柱，待样液全部通过固相萃取柱后，依次用 5 mL 5%磷酸溶液和 10 mL 水洗涤苯磺酸型固相萃取柱，弃去全部流出液。用 20 mL 磷酸盐缓冲溶液洗脱至 50 mL 离心管中。

2）样品溶液再净化

上述洗脱液倒入下接羧酸型固相萃取柱的贮液器中，在固相萃取装置上使样液以小于 2 mL/min 的流速通过萃取柱，待样液全部通过固相萃取柱后，依次用 10 mL 水和 10 mL 25%甲醇溶液洗涤羧酸型固相萃取柱，弃去全部流出液。减压抽干羧酸型固相萃取柱 30 min。用 2 mL SPE 洗脱液洗脱至 5 mL 刻度离心管中，用 SPE 洗脱液定容至 2.0 mL，混匀后过 0.2 μm 滤膜，供液相色谱-串联质谱测定。

3）基质混合标准校准溶液的制备

称取五个阴性河豚鱼或鳗鱼样品 10 g（精确到 0.01 g），分别置于 100 mL 具塞离心管中，加入适量混合标准溶液，其余按上述提取净化步骤操作完成，制成链霉素、双氢链霉素和卡那霉素含量均为 5.0 μg/kg、10.0 μg/kg、20.0 μg/kg、100.0 μg/kg 和 200.0 μg/kg 的基质标准溶液。

（4）蜂王浆待测样品的制备

1）样品提取和初净化

称取蜂王浆样品 10 g（精确到 0.01 g），置于 100 mL 离心管中，加入 30 mL 5%磷酸溶液，均质 3 min

并用 5%磷酸溶液清洗均质器刀头合并洗涤液,加入 3 mL 三氯乙酸溶液涡旋混合后在 4000 r/min 下离心 10 min。上清液全部倒入下接苯磺酸型固相萃取柱的贮液器中,在固相萃取装置上使样液以小于 2 mL/min 的流速通过萃取柱,待样液全部通过固相萃取柱后,依次用 5 mL 5%磷酸溶液和 10 mL 水洗涤苯磺酸型固相萃取柱,弃去全部流出液。用 20 mL 磷酸盐缓冲溶液洗脱至 50 mL 离心管中。

2)样品溶液再净化

上述洗脱液倒入下接羧酸型固相萃取柱的贮液器中,在固相萃取装置上使样液以小于 2 mL/min 的流速通过萃取柱,待样液全部通过固相萃取柱后,依次用 10 mL 水和 10 mL 甲醇溶液洗涤羧酸型固相萃取柱,弃去全部流出液。减压抽干羧酸型固相萃取柱 30 min。用 2 mL SPE 洗脱液洗脱至 5 mL 刻度离心管中,用 SPE 洗脱液定容至 2.0 mL,混匀后过 0.2 μm 滤膜,供液相色谱-串联质谱测定。

3)基质混合标准校准溶液的制备

称取五个阴性蜂王浆样品 10 g(精确到 0.01 g),分别置于 100 mL 具塞离心管中,加入适量混合标准溶液,其余按上述提取净化步骤操作完成,制成链霉素、双氢链霉素和卡那霉素含量均为 5.0 μg/kg、10.0 μg/kg、20.0 μg/kg、100.0 μg/kg 和 200.0 μg/kg 的基质标准溶液。

3.2.1.6 测定

(1)液相色谱条件

色谱柱:Atlantis-C$_{18}$,3.5 μm,150 mm×2.1 mm(内径)或相当者;柱温:40℃;进样量:30 μL;流动相:流动相:流动相 A 为 0.1%甲酸水溶液,流动相 B 为 0.1%甲酸乙腈溶液,流动相 C 为甲醇。梯度洗脱条件见表 3-3。

表 3-3 液相色谱梯度洗脱条件

时间/min	流速/(μL/min)	流动相 A/%	流动相 B/%	流动相 C/%
0	200	85	10	5
3.01	200	60	35	5
6.00	200	60	35	5
6.01	200	85	10	5
16.00	200	85	10	5

(2)质谱条件

离子源:电喷雾离子源(ESI);扫描方式:正离子扫描;检测方式:多反应监测(MRM);电喷雾电压(IS):5000 V;辅助气(AUX)流速:7 L/min;辅助气温度(TEM):550℃;聚焦电压(FP):150 V;链霉素、双氢链霉素和卡那霉素的质谱参数见表 3-4。

表 3-4 链霉素、双氢链霉素和卡那霉素的质谱参数

化合物	定性离子对(m/z)	定量离子对(m/z)	去簇电压(DP)/V	采集时间/ms	碰撞能量(CE)/V
链霉素	582/263 582/246	582/263	110	100	45 55
双氢链霉素	584/263 584/246	584/263	100	100	43 55
卡那霉素	485/163 485/324	485/163	50	100	34 23

(3)定性确证

每种被测组分选择 1 个母离子,2 个以上子离子,在相同实验条件下,样品中待测物质的保留时间与混合基质标准校准溶液中对应组分的保留时间偏差在±2.5%之内;且样品谱图中各组分的相对离子丰度与浓度接近的混合基质标准校准溶液谱图中对应的相对离子丰度进行比较,偏差不超过表 1-5 规定的范围,则可判定样品中存在对应的待测物。

（4）定量测定

外标法定量：在仪器最佳工作条件下，对链霉素、双氢链霉素和卡那霉素的混合基质标准校准溶液进样测定，以混合基质标准校准溶液浓度为横坐标，以峰面积为纵坐标，绘制标准工作曲线，用标准工作曲线对待测样品进行定量，样品溶液中待测物的响应值均应在仪器测定的线性范围内。链霉素、双氢链霉素和卡那霉素的多反应监测（MRM）色谱图见图3-2。

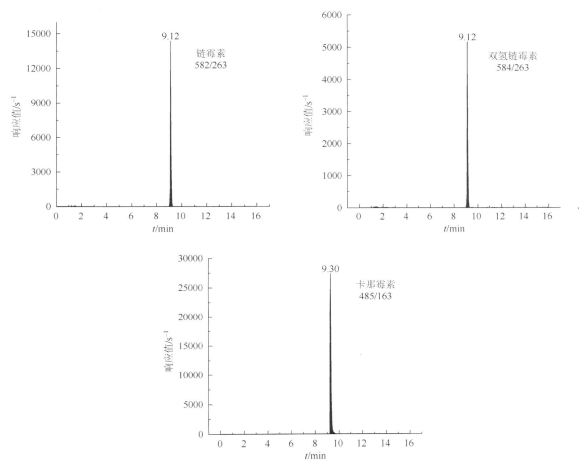

图 3-2　链霉素、双氢链霉素和卡那霉素的多反应监测（MRM）色谱图

3.2.1.7　分析条件的选择

（1）提取净化条件的选择

1）样品中蛋白质沉淀剂的选择

实验表明，样品中的蛋白质对质谱测定的影响较大，有效地除去测定溶液中的蛋白质是样品提取和净化的关键所在。本方法实验了用三氯乙酸、硫酸锌和亚铁氰化钾混合溶液及钨酸钠三种脱蛋白的方法，试验表明，30 mL 5%磷酸溶液提取，三氯乙酸脱蛋白效果较好。对三氯乙酸溶液（50%，质量分数）加入量优化实验结果见表3-5。

表 3-5　不同三氯乙酸溶液（50%，质量分数）加入量对结果的影响

三氯乙酸溶液（50%，质量分数）加入量	2 mL	3 mL	3.5 mL	4 mL
链霉素	12500	29400	28400	27400
双氢链霉素	25800	57100	56500	54600
卡那霉素	48100	80100	78500	77100

从表 3-5 中看出，试样用 30 mL 5% 磷酸溶液提取加入 3 mL 三氯乙酸溶液（50%，质量分数）时，脱蛋白效果最好，三种抗生素响应信号最高。

2）固相萃取柱的选择

本方法实验了 Oasis HLB（60 mg，3 mL）、BAKERBOND SPE™（500 mg，3 mL）、SUPELCLEAN™ LC-SCX（500 mg，3 mL）、羧基和 BAKERBOND SPE™ C$_{18}$（500 mg，3 mL）单柱和双柱及不同搭配的净化效果和回收率。实验表明，BAKERBOND SPE™ 苯磺酸型阳离子交换柱和羧酸型（500 mg，3 mL）双柱净化效果和回收率最高。因此，本方法选择这两个固相萃取柱为净化柱。

3）苯磺酸固相萃取柱洗脱条件的选择

被测物从样品中提取出来，经过苯磺酸固相萃取柱，目标物被吸附于萃取柱上。用 5 mL 磷酸溶液和 10 mL 水洗涤萃取柱后，大部分杂质被除去了。吸附在萃取柱上的分析物残留，再用 20 mL K$_2$HPO$_4$ 缓冲溶液洗脱，通过实验确定洗脱效率最高时缓冲溶液的 pH 和浓度，即为最佳洗脱条件。

用阴性奶粉样品，添加相同量的标准，按相同方法，用不同 pH 和浓度的磷酸盐溶液做条件实验，实验数据见表 3-6。

表 3-6　缓冲溶液最佳洗脱条件实验结果

K$_2$HPO$_4$ 缓冲溶液浓度/(mol/L)	缓冲溶液 pH	链霉素响应值/s^{-1}	双氢链霉素响应值/s^{-1}	卡那霉素响应值/s^{-1}
0.2	8	13780	27360	29980
	8.5	21450	46230	57420
	9	24910	52740	67420
	9.5	28410	53840	71230
	10	27410	51240	69710
	10.5	11370	21700	24610
0.3	8	14120	19410	23670
	8.5	20710	42180	47460
	9	24110	48470	59780
	9.5	25770	49370	61410
	10	24300	48410	61140
	10.5	11440	17810	19100

从表 3-6 中看出，磷酸盐缓冲溶液的浓度为 0.2 mol/L、pH 为 9.5 时，三种抗生素响应信号最高。

用阴性河豚鱼样品，添加相同量的标准，按相同方法，用不同 pH 和浓度的磷酸盐溶液做条件实验，实验数据见表 3-7。

表 3-7　缓冲溶液最佳洗脱条件实验结果

K$_2$HPO$_4$ 缓冲溶液浓度/(mol/L)	缓冲溶液 pH	链霉素响应值/s^{-1}	双氢链霉素响应值/s^{-1}	卡那霉素响应值/s^{-1}
0.2	7	17900	26500	30700
	7.5	20600	41800	51400
	8	23700	45600	68700
	8.5	25600	51300	70500
	9	25800	50100	69100
	9.5	19300	41000	51200
0.3	7	11800	20700	29600
	7.5	17700	39100	48400
	8	18900	41400	52400
	8.5	19700	46400	67100
	9	20200	45900	63100
	9.5	17400	39800	53000

从表 3-7 中看出，磷酸盐缓冲溶液的浓度为 0.2 mol/L、pH 为 8.5 时，三种抗生素响应信号最高。

用阴性蜂王浆样品，添加相同量的标准，按相同方法，用不同 pH 和浓度的磷酸盐溶液做条件实验，实验数据见表 3-8。

表 3-8　缓冲溶液最佳洗脱条件实验结果

K_2HPO_4缓冲溶液浓度/(mol/L)	缓冲溶液 pH	链霉素响应值/s^{-1}	双氢链霉素响应值/s^{-1}	卡那霉素响应值/s^{-1}
0.2	6.5	14600	28400	31500
	7	25700	51700	68900
	7.5	28900	57300	76900
	8	30100	60800	94500
	9	26800	61200	74500
	10	15300	31000	41200
0.3	6.5	15000	29400	31600
	7	26700	52100	56400
	7.5	27100	56400	75400
	8	28700	57300	79400
	9	24300	58000	63100
	10	12400	19800	23000

从表 3-8 中看出，磷酸盐缓冲溶液的浓度为 0.2 mol/L、pH 为 8.0 时，三种抗生素响应信号最高。

4）淋洗液的选择

考察了用 10 mL 不同浓度的甲醇水作为淋洗液淋洗固相萃取柱，选择最优的淋洗液甲醇浓度，实验数据见表 3-9。

表 3-9　不同浓度的甲醇水作为淋洗液对结果的影响

甲醇浓度	0%	10%	20%	25%	30%	40%
链霉素响应值/s^{-1}	19500	21400	27900	29400	25300	15200
双氢链霉素响应值/s^{-1}	41300	42600	54900	57100	51200	30900
卡那霉素响应值/s^{-1}	68100	69700	78200	80100	76300	51300

从表 3-9 中看出，10 mL 25%甲醇水作为淋洗液淋洗，可以有效地去除杂质，消除基质干扰，三种抗生素响应信号最高。

5）洗脱液的选择

本方法选用 C_{18} 色谱柱，而氨基糖苷类药物在 C_{18} 色谱柱上保留效果不理想，因此在定容液中加入庚烷磺酸钠作为离子对试剂，增强其在 C_{18} 色谱柱上的保留，实验数据见表 3-10。

表 3-10　不同浓度的庚烷磺酸钠溶液作为定容液对结果的影响

庚烷磺酸钠溶液浓度	0.01 mol/L	0.02 mol/L	0.03 mol/L
链霉素响应值/s^{-1}	29400	21400	20800
双氢链霉素响应值/s^{-1}	57100	45700	44700
卡那霉素响应值/s^{-1}	80100	58900	57600

羧基柱作为弱的阳离子交换柱，需要在酸性条件下把被测物洗脱下来，考察了用 2 mL 不同浓度的甲酸 0.01 mol/L 庚烷磺酸钠水溶液作为洗脱液，选择最优的洗脱液甲酸浓度，实验数据见表 3-11。

表 3-11　不同浓度的甲酸 0.01 mol/L 庚烷磺酸钠水溶液作为洗脱液对结果的影响

甲酸浓度	2%	3%	4%	5%	6%
链霉素响应值/s^{-1}	18500	22300	29400	27600	16300
双氢链霉素响应值/s^{-1}	35800	56800	57100	55400	32400
卡那霉素响应值/s^{-1}	56100	71500	80100	78600	55900

从表 3-10 和表 3-11 中看出，2 mL 4%甲酸 0.01 mol/L 庚烷磺酸钠水溶液作为洗脱液，三种抗生素回收率最高，而且 2 mL 4%甲酸 0.01 mol/L 庚烷磺酸钠水溶液能够完全把被测物从羧基柱上洗脱下来，不用浓缩可以直接过膜待测。

（2）测定条件的选择

1）液相色谱条件的选择

本方法选取 ZORBAX SB-C$_{18}$（3.5 μm，150 mm×2.1 mm），Atlantis-C$_{18}$（3 μm，150 mm×2.1 mm）和 Symmetry-C$_{18}$（3 μm，150 mm×2.1 mm）三种液相分析柱进行实验，三种柱子链霉素、双氢链霉素和卡那霉素的检测灵敏度和分离效果进行比较，结果发现，Atlantis-C$_{18}$分析柱，灵敏度和分离度都较理想。因此，选择该柱为分析柱。为了优化流动相，对比了甲醇+甲酸水溶液、乙腈+甲酸水及甲醇+乙腈+甲酸水溶液作流动相的色谱效果，实验表明，甲醇+乙腈+甲酸水溶液作为流动相并采用梯度洗脱时，链霉素、双氢链霉素和卡那霉素分离度和灵敏度较高。

2）质谱条件的选择

取链霉素、双氢链霉素和卡那霉素标准 10 μg/mL，以 10 μL/min 流速该标准溶液注入离子源，找到定性、定量离子对，同时对去簇电压（DP）、聚焦电压（FP）、碰撞气能量（CE）及碰撞室出口电压（CXP）等参数进行优化，使各种参数达到最佳。

3.2.1.8　线性范围和测定低限

链霉素、双氢链霉素和卡那霉素浓度为 5.0 μg/L、10.0 μg/L、20.0 μg/L、50.0 μg/L、100.0 μg/L 和 200.0 μg/L，在规定的色谱质谱条件下，进样量 30 μL，进行测定，用溶液浓度对链霉素、双氢链霉素和卡那霉素定量离子对的响应值峰面积作图，得到的标准曲线是呈线性关系的，符合定量要求，见表 3-12。

表 3-12　链霉素、双氢链霉素、卡那霉素的线性范围、线性方程和相关系数

基质	化合物	线性范围/(μg/kg)	回归方程	相关系数
牛奶和奶粉	链霉素	5.0～200.0	$Y=246.3+2120X$	0.9997
	双氢链霉素	5.0～200.0	$Y=696+8950X$	0.9998
	卡那霉素	5.0～200.0	$Y=1960+31500X$	0.9994
河豚鱼和鳗鱼	链霉素	5.0～200.0	$Y=2270+6620X$	0.9992
	双氢链霉素	5.0～200.0	$Y=6380+2250X$	0.9997
	卡那霉素	5.0～200.0	$Y=13800+4680X$	0.9995
蜂王浆	链霉素	5.0～200.0	$Y=1490+1690X$	0.9991
	双氢链霉素	5.0～200.0	$Y=4160+5750X$	0.9960
	卡那霉素	5.0～200.0	$Y=11100+2730X$	0.9995

牛奶样中链霉素、双氢链霉素和卡那霉素添加为 10.0 μg/kg，奶粉样中链霉素、双氢链霉素和卡那霉素添加为 80.0 μg/kg 时，其信噪比均大于 10，获得较好的回收率及精密度，由此确定牛奶中链霉素、双氢链霉素和卡那霉素的检出限均为 10.0 μg/kg，奶粉中链霉素、双氢链霉素和卡那霉素的检出限均为 80.0 μg/kg。河豚鱼、鳗鱼和蜂王浆样品中链霉素、双氢链霉素和卡那霉素添加为 10.0 μg/kg 时，其信噪比均大于 10，获得较好的回收率及精密度，由此确定链霉素、双氢链霉素和卡那霉素的

检测低限分别为 10.0 μg/kg。

3.2.1.9 方法回收率和精密度

用阴性样品做添加回收和精密度实验，样品添加不同浓度标准后，按本方法进行提取、净化和测定，每个添加水平重复 11 次，链霉素、双氢链霉素和卡那霉素添加量均为 5.0 μg/kg、10.0 μg/kg、20.0 μg/kg 和 50.0 μg/kg，其平均回收率及相对标准偏差见表 3-13。

表 3-13 链霉素、双氢链霉素和卡那霉素添加回收率实验数据（$n=11$）

化合物	添加水平 /(μg/kg)	牛奶和奶粉		河豚鱼和鳗鱼		蜂王浆	
		平均回收率/%	RSD/%	平均回收率/%	RSD/%	平均回收率/%	RSD/%
链霉素	5	97.3	5.8	90.5	6.8	94.4	7.7
	10	95.9	5.9	91.2	6.5	92.7	6.4
	20	96.4	6.4	95.7	7.1	94.8	6.7
	50	97.0	6.0	94.4	7.1	93.4	6.9
双氢链霉素	5	96.4	6.8	98.2	7.3	96.7	7.1
	10	93.8	5.7	94.0	7.4	94.7	7.1
	20	94.9	5.5	94.6	6.4	94.5	7.0
	50	94.8	5.9	96.1	7.8	94.5	6.9
卡那霉素	5	95.2	5.8	93.1	6.2	95.8	7.1
	10	98.7	6.0	92.7	5.5	93.6	6.3
	20	95.9	5.2	96.5	7.7	94.7	6.9
	50	95.6	5.2	94.4	7.1	95.4	6.4

从表 3-13 中看出，在四个添加水平，牛奶和奶粉样品平均回收率在 93.8%～97.3%之间，相对标准偏差在 5.2%～6.8%之间；河豚鱼和鳗鱼样品平均回收率在 90.5%～98.2%之间，相对标准偏差在 5.5%～7.8%之间；蜂王浆样平均回收率在 92.7%～96.7%之间，相对标准偏差在 6.3%～7.7%之间，说明方法的回收率和精密度良好。

3.2.1.10 重复性和再现性

在重复性试验条件下，获得的两次独立测试结果的绝对差值不超过重复性限（r），如果差值超过重复性限（r），应舍弃试验结果并重新完成两次单个试验的测定。在再现性试验条件下，获得的两次独立测试结果的绝对差值不超过再现性限（R）。被测物的含量范围、重复性和再现性方程见表 3-14。

表 3-14 含量范围及重复性和再现性方程

化合物	基质	含量范围/(μg/kg)	重复性限 r	再现性限 R
链霉素	牛奶和奶粉	5.0～200.0	$\lg r=0.8448 \lg m-0.8428$	$\lg R=0.9102 \lg m-0.8145$
	河豚鱼和鳗鱼	5.0～200.0	$\lg r=1.1141 \lg m-1.0366$	$\lg R=0.9080 \lg m-0.8333$
	蜂王浆	5.0～200.0	$\lg r=1.1244 \lg m-1.0316$	$\lg R=1.1401 \lg m-1.0213$
双氢链霉素	牛奶和奶粉	5.0～200.0	$\lg r=0.8990 \lg m-0.9508$	$\lg R=0.9449 \lg m-0.9205$
	河豚鱼和鳗鱼	5.0～200.0	$\lg r=1.2478 \lg m-1.0861$	$\lg R=1.0584 \lg m-0.9876$
	蜂王浆	5.0～200.0	$\lg r=1.1797 \lg m-1.0162$	$\lg R=1.0232 \lg m-0.9838$
卡那霉素	牛奶和奶粉	5.0～200.0	$\lg r=0.8896 \lg m-0.9208$	$\lg R=0.7263 \lg m-0.6916$
	河豚鱼和鳗鱼	5.0～200.0	$\lg r=0.8670 \lg m-0.8214$	$\lg R=0.7085 \lg m-0.6047$
	蜂王浆	5.0～200.0	$\lg r=0.9810 \lg m-1.0029$	$\lg R=0.9953 \lg m-0.9844$

注：m 为两次测定结果的算术平均值

3.2.2 **蜂蜜中链霉素、双氢链霉素和卡那霉素残留量的测定** **液相色谱-串联质谱法**[78]

3.2.2.1 适用范围

适用于蜂蜜中链霉素、双氢链霉素和卡那霉素残留量液相色谱-串联质谱测定。方法检出限：链霉素、双氢链霉素和卡那霉素的检出限均为 5.0 μg/kg。

3.2.2.2 方法原理

蜂蜜试样中的抗生素用磷酸盐缓冲溶液提取，用 Oasis HLB 固相萃取柱和羧酸型固相萃取柱或相当者净化。液相色谱-串联质谱仪（ESI+）检测，外标法定量。

3.2.2.3 试剂和材料

甲醇、乙腈：色谱纯。甲酸、磷酸氢二钾（K_2HPO_4）、庚烷磺酸钠（$C_7H_{15}NaO_3S \cdot H_2O$）：优级纯。

0.2 mol/L 磷酸盐缓冲溶液：pH=8.0。称取 34.8 g 磷酸氢二钾，用水溶解，定容至 1 L，用磷酸调节 pH=8.0。

0.01 mol/L 庚烷磺酸钠溶液：称取 2.20 g 庚烷磺酸钠，用水溶解，定容至 1 L。

SPE 洗脱溶液：取 4 mL 甲酸，用 0.01 mol/L 庚烷磺酸钠溶液定容至 100 mL。

20%甲醇溶液（1+3，v/v）：取 25 mL 甲醇，用水定容至 100 mL。

标准物质纯度均≥98%。

1.0 mg/mL 标准储备溶液：称取适量的链霉素、双氢链霉素和卡那霉素标准物质，分别用 0.3%乙酸水溶液溶解并配制成 1.0 mg/mL 的标准储备溶液。避光保存于−18℃冰柜中。

0.1 μg/mL 混合标准溶液：吸取适量链霉素、双氢链霉素和卡那霉素标准储备溶液，用 0.3%乙酸水稀释成 0.1 μg/mL 的混合标准溶液，避光保存于−18℃冰柜中。

Oasis HLB 固相萃取柱（60 mg，3 mL）或相当者：使用前依次用 5 mL 甲醇和 10 mL 水预处理，保持柱体湿润。

羧酸型固相萃取柱（500 mg，3 mL）或相当者：使用前依次用 5 mL 甲醇和 10 mL 水预处理，保持柱体湿润。

滤膜：0.2 μm。

3.2.2.4 仪器和设备

液相色谱-串联四极杆质谱仪，配有电喷雾离子源。分析天平：感量 0.1 mg 和 0.01 g。液体混匀器。固相萃取装置。均质器。真空泵：真空度应达到 80 kPa。微量注射器：25 μL，100 μL。pH 计：测量精度±0.02 pH 单位。三角瓶：200 mL。贮液器：50 mL。

3.2.2.5 样品前处理

（1）试样制备

实验样品混合均匀，分出 0.5 kg 作为试样。试样置于−18℃冰柜，避光保存。

（2）待测样品溶液的制备

称取蜂蜜样品 10 g（精确到 0.01 g），置于 200 mL 三角瓶中，加入 20 mL 0.2 mol/L 磷酸盐缓冲溶液，涡旋混合 5 min 后，全部倒入下接 Oasis HLB 固相萃取柱的贮液器中，此 Oasis HLB 固相萃取柱下面用适配器接羧酸型固相萃取柱，在固相萃取装置上使样液以小于 2 mL/min 的流速依次通过 Oasis HLB 固相萃取柱和羧酸型固相萃取柱，待样液全部通过两支固相萃取柱后，依次用 10 mL 水和 10 mL 20%甲醇溶液洗涤两支固相萃取柱，弃去全部流出液和 Oasis HLB 固相萃取柱。减压抽干羧酸型固相萃取柱 30 min。用 2 mL SPE 洗脱液洗脱至 5 mL 刻度离心管中，用 SPE 洗脱液定容至 2.0 mL，混匀后过 0.2 μm 滤膜，供液相色谱-串联质谱测定。

（3）基质混合标准校准溶液的制备

称取五个阴性蜂蜜样品 10 g（精确到 0.01 g），分别置于 200 mL 三角瓶加入适量混合标准溶液，制成链霉素、双氢链霉素和卡那霉素含量均为 2.5 μg/kg、5.0 μg/kg、10.0 μg/kg、50.0 μg/kg 和 100.0 μg/kg 的基质标准溶液。其余按上述步骤操作完成。

3.2.2.6　测定条件

（1）液相色谱条件

色谱柱：Atlantis-C$_{18}$，3.5 μm，150 mm×2.1 mm（内径）或相当者；柱温：40℃；进样量：30 μL；流动相：流动相 A 为 0.1%甲酸水溶液，流动相 B 为 0.1%甲酸乙腈溶液，流动相 C 为甲醇。梯度洗脱条件见表 3-3。

（2）质谱条件

离子源：电喷雾离子源（ESI）；扫描方式：正离子扫描；检测方式：多反应监测（MRM）；电喷雾电压（IS）：5000 V；辅助气（AUX）流速：7 L/min；辅助气温度（TEM）：550℃；聚焦电压（FP）：150 V；链霉素、双氢链霉素和卡那霉素的质谱参数见表 3-4。

3.2.2.7　分析条件的选择

（1）提取净化条件的选择

1）提取液的选择

氨基糖苷类药物具有较强的极性，羧酸型柱是弱阳离子交换柱，因此提取液的 pH 及缓冲液的浓度对结果尤为重要，本方法实验了用阴性蜂蜜样品，添加相同量的标准，按相同方法，用不同 pH 和不同浓度的磷酸盐溶液作为提取液做条件实验，实验数据见表 3-15 和表 3-16。

表 3-15　0.2 mol/L 磷酸盐缓冲溶液不同 pH 对结果的影响

pH	7.0	7.5	8.0	9.0	9.5
链霉素响应值/s^{-1}	17800	27200	28700	20500	16300
双氢链霉素响应值/s^{-1}	35900	53800	55900	56200	33600
卡那霉素响应值/s^{-1}	58600	78400	79500	67300	55900

表 3-16　pH=8.0 不同磷酸盐缓冲溶液浓度对结果的影响

磷酸二氢钾浓度	0.1 mol/L	0.2 mol/L	0.3 mol/L
链霉素响应值/s^{-1}	20300	28700	25800
双氢链霉素响应值/s^{-1}	41200	55900	51400
卡那霉素响应值/s^{-1}	67200	79500	72300

从表 3-15 和表 3-16 中看出，磷酸盐缓冲溶液的浓度为 0.2 mol/L、pH 为 8.0 时，三种抗生素响应信号最高。

2）固相萃取柱的选择

本方法实验了 Oasis HLB（60 mg，3 mL）、BAKERBOND SPE™（500 mg，3 mL）、SUPELCLEAN™ LC-SCX（500 mg，3 mL）、羧酸型（500 mg，3 mL）和 BAKERBOND SPE™ C$_{18}$（500 mg，3 mL）单柱和双柱及不同搭配的净化效果和回收率。实验表明，Oasis HLB（60 mg，3 mL）串联羧酸型（500 mg，3 mL）双柱净化效果最好和回收率最高。因此，本方法选择这两个固相萃取柱为净化柱。

3.2.2.8　线性范围和测定低限

链霉素、双氢链霉素和卡那霉素浓度为 2.5 μg/L、5.0 μg/L、10.0 μg/L、20.0 μg/L、50.0 μg/L 和 100.0 μg/L，在规定的色谱质谱条件下，进样量 30 μL，进行测定，用溶液浓度对链霉素、双氢链霉素和卡那霉素定量离子对的响应值峰面积作图，得到的标准曲线是呈线性关系的，符合定量要求，链霉素相关系数为 R=0.9991，其回归方程为 $Y=1340+1560X$，线性范围范围为 2.5～100.0 μg/kg，双氢链霉素相关系数为 R=0.9994，其回归方程为 $Y=4220+1010X$，线性范围范围为 2.5～100.0 μg/kg，卡那霉素相关系数为 R=0.9989，其回归方程为 $Y=7140+1620X$，线性范围范围为 2.5～100.0 μg/kg，有良好的线性关系。链霉素、双氢链霉素和卡那霉素添加为 5.0 μg/kg 时，其信噪比均大于 10，获得较好的回收率及精密度，由此确定链霉素、双氢链霉素和卡那霉素的检测低限分别为 5.0 μg/kg。

3.2.2.9　方法回收率和精密度

用阴性样品做添加回收和精密度实验，样品添加不同浓度标准后，按本方法进行提取、净化和测定，每个添加水平重复 11 次，链霉素、双氢链霉素和卡那霉素添加量均为 2.5 μg/kg、5.0 μg/kg、10.0 μg/kg 和 25.0 μg/kg，其平均回收率及相对标准偏差见表 3-17。从表 3-17 中看出，四个添加水平回收率在 91.35%～97.54% 之间，相对标准偏差在 5.54%～7.47% 之间，说明方法的回收率和精密度良好。

表 3-17　链霉素、双氢链霉素和卡那霉素添加回收率实验数据（n=11）

化合物	链霉素				双氢链霉素				卡那霉素			
添加水平 /(μg/kg)	2.5	5.0	10.0	25.0	2.5	5.0	10.0	25.0	2.5	5.0	10.0	25.0
测定回收率/%	104.0	96.6	95.8	101.2	101.6	92.4	93.8	103.2	95.6	98.6	91.9	101.6
	87.5	89.3	86.3	86.2	87.2	84.6	91.1	87.9	84.9	89.6	91.0	101.2
	85.6	101.8	92.6	94.0	95.6	91.2	85.1	92.4	98.4	84.3	102.0	92.4
	106.0	96.0	89.9	100.4	98.4	89.6	90.9	85.3	89.6	87.5	95.3	96.8
	98.4	94.6	95.4	87.3	84.5	92.6	84.9	92.8	87.2	102.4	84.0	84.8
	95.6	91.4	85.3	105.2	98.0	87.4	83.1	94.8	96.8	98.8	93.8	86.4
	87.2	87.9	95.2	92.8	101.6	96.2	98.7	96.0	99.2	96.8	85.0	100.0
	97.2	99.4	93.5	90.8	95.2	96.6	87.5	84.2	90.2	103.8	99.5	96.4
	90.5	97.2	98.1	97.6	104.8	90.2	93.7	102.8	98.3	105.4	95.1	99.6
	103.2	101.0	97.9	97.6	102.8	105.2	104.3	103.2	102.4	98.6	104.5	99.6
	96.0	105.0	105.3	104.0	103.2	88.4	91.7	95.2	103.6	97.6	97.0	97.2
平均回收率/%	95.56	96.38	94.12	96.10	97.54	92.22	91.35	94.35	95.11	96.67	94.46	96.00
标准偏差 SD	7.14	5.34	5.66	6.43	6.58	5.58	6.30	6.81	6.22	6.78	6.39	5.77
RSD/%	7.47	5.54	6.01	6.69	6.74	6.05	6.90	7.22	6.54	7.01	6.77	6.01

3.2.2.10　重复性和再现性

在重复性试验条件下，获得的两次独立测试结果的绝对差值不超过重复性限（r），如果差值超过重复性限（r），应舍弃试验结果并重新完成两次单个试验的测定。在再现性试验条件下，获得的两次独立测试结果的绝对差值不超过再现性限（R）。被测物的含量范围、重复性和再现性方程见表 3-18。

表 3-18　含量范围及重复性和再现性方程

化合物	含量范围/(μg/kg)	重复性限 r	再现性限 R
链霉素	2.5～100.0	lg r=1.3130 lg m−1.0831	lg R=1.1699 lg m−1.0069
双氢链霉素	2.5～100.0	lg r=1.0309 lg m−0.9123	lg R=1.1031 lg m−1.0132
卡那霉素	2.5～100.0	lg r=0.9354 lg m−0.9475	lg R=1.0934 lg m−1.0202

注：m 为两次测定结果的算术平均值

参 考 文 献

[1] 付启明，欧晓明，刘红玉. 农产品中氨基糖苷类抗生素的残留检测方法研究进展. 农药，2009，48（11）：784-790

[2] Kowalski P，Oledzka I，Okoniewski P，Switala M，Lamparczyk H. Determination of streptomycin in eggs yolk by capillary electrophoresis. Chromatographia，1999，50（1-2）：101-104

[3] Kumar P，Rubies A，Companyo R，Centrich F. Determination of aminoglycoside residues in kidney and honey samples by hydrophilic interaction chromatography-tandem mass spectrometry. Journal of Separation Science，2012，35（20）：2710-2717

[4] Tao Y，Chen D，Yu H，Huang L，Liu Z，Cao X，Yan C，Pan Y，Liu Z，Yuan Z. Simultaneous determination of 15

aminoglycoside（s）residues in animal derived foods by automated solid-phase extraction and liquid chromatography-tandem mass spectrometry. Food Chemistry，2012，135（2）：676-683

[5] Vinas P，Balsalobre N，Hemandez-Cordoba M. Liquid chromatography on an amide stationary phase with post-column derivatization and fluorimetric detection for the determination of streptomycin and dihydrostreptomycin in foods. Talanta，2007，72（2）：808-812

[6] Almeida M P，Rezende C P，Souza L F，Brito R B. Validation of a quantitative and confirmatory method for residue analysis of aminoglycoside antibiotics in poultry，bovine，equine and swine kidney through liquid chromatography-tandem mass spectrometry. Food Additives & Contaminants，2012，29（4）：517-525

[7] 孙雷，张骊，黄耀凌，汪霞，王树槐. 超高效液相色谱-串联质谱法检测动物源食品中 8 种氨基糖苷类药物残留. 质谱学报，2009，30（1）：61-65

[8] Ding Y，Zhang W，Gu C，Xagoraraki I，Li H.Determination of pharmaceuticals in biosolids using accelerated solvent extraction and liquid chromatography/tandem mass spectrometry. Journal of Chromatography A，2011，1218（1）：10-16

[9] Yuan Z，Huang L，Yu G，Yu H，Pan Y，Wang Y，Tao Y，Chen D. Simultaneous determination of lincomycin and spectinomycin residues in animal tissues by gas chromatography-nitrogen phosphorus detection and gas chromatography-mass spectroscopy with accelerated solvent extraction. Food Additives & Contaminants，2011，28（2）：145-154

[10] Bogialli S，Curini R，Di Corcia A，Lagana A，Mele M，Nazzari M. Simple confirmatory assay for analyzing residues of aminoglycoside antibiotics in bovine milk：Hot water extraction followed by liquid chromatography-tandem mass spectrometry. Journal of Chromatography A，2005，1067（1-2）：93-100

[11] 罗瑞峰，马小宁. 柱后衍生高效液相色谱法测定猪肉中的链霉素残留. 化学分析计量，2006，15（3）：22-24

[12] Schermerhorn P G，Chu P S，Kijak P J. Determination of spectinomycin residues in bovine milk using liquid chromatography with electrochemical detection. Journal of Agricultural and Food Chemistry，1995，43（8）：2122-2125

[13] Cabanes A，Cajal Y，Haro I，Garcia Anton J M，Reig F，Arboix M. Gentamycin determination in biological fluids by HPLC，using tobramycin as internal standard. Journal of Liquid Chromatography & Related Technologies，1991，14（10）：1989-2010

[14] 崔阳. 应用 UPLC-MS/MS 研究林可霉素-庆大霉素注射剂在猪体内的残留. 哈尔滨：东北农业大学硕士论文，2011

[15] Kaufman A，Maden K. Determination of 11 aminoglycosides in meat and liver by liquid chromatography with tandem mass spectrometry. Journal of AOAC International，2005，88（4）：1118-1125

[16] 姜莉，赵守成. 柱后衍生-荧光检测高效液相色谱法快速测定鲜牛奶中链霉素残留量. 分子科学学报，2005，21（1）：20-24

[17] Ji S，Zhang F，Luo X，Yang B，Jin G，Yan J，Liang X. Synthesis of molecularly imprinted polymer sorbents and application for the determination of aminoglycosides antibiotics in honey. Journal of Chromatography A，2013，1313（1-2）：113-118

[18] Babin Y，Fortier S. A high-throughput analytical method for determination of aminoglycosides in veal tissues by liquid chromatography/tandem mass spectrometry with automated cleanup. Journal of AOAC International，2007，90（5）：1418-1426

[19] Loomans E E M G，van Wihenburg J，Koets M，van Amerongen A. Neamin as an immunogen for the development of a generic ELISA detecting gentamicin，kanamycin，and neomycin in milk. Journal of Agricultural and Food Chemistry，2003，51（3）：587-593

[20] 王忠斌，王向红，徐蓓，乔好，王凤侠，王硕. 氨基糖苷类药物多残留酶联免疫分析方法的研究. 中国食品学报，2008，8（5）：120-125

[21] Solomun B，Bilandzic N，Varenina I，Scortichini G. Validation of an enzyme-linked immunosorbent assay for qualitative screening of neomycin in muscle，liver，kidney，eggs and milk. Food Additives and Contaminants，2011，28（1）：11-18

[22] Chen Y，Shang Y，Li X，Wu X，Xiao X. Development of an Enzyme-linked immunoassay for the detection of gentamicin in swine tissues. Food Chemistry，2008，108（1）：304-309

[23] Jin Y，Jang J W，Han C H，Lee M H. Development of ELISA and immunochromatographic assay for the detection of gentamicin. Journal of Agricultural and Food Chemistry，2005，53（20）：7639-7643

[24] Jin Y，Jang J W，Han C H，Lee M H. Development of immunoassay for the detection of kanamycin in veterinary fields. Journal of Veterinary Science，2006，7（2）：111-117

[25] 张桂贤. 链霉素单克隆抗体的制备及其初步应用研究. 重庆：西南大学硕士论文，2006

[26] 范国英，王建华，王自良，张改平，邓润广，杨继飞. 链霉素残留快速检测阻断 ELISA 试剂盒的研制及其性能测定. 中国兽医杂志，2008，44（1）：82-84

[27] Tanaka T，Ikebuchi H，Sawada J I，Okada M，Kido Y. Easy enzyme-linked immunosorbent assay for spectinomycin in

chicken plasma. Journal of AOAC International，1996，79（2）：426-430

[28] Burkin M，Galvidis I. Immunochemical detection of apramycin as a contaminant in tissues of edible animals. Food Control，2013，34（2）：408-413

[29] Verheijen R，Osswald I K，Dietrich R，Haasnoot W. Development of an one step strip test for the detection of（dihydro）streptomycin residues in raw milk. Food and Agricultural Immunology，2000，12（1）：31-40

[30] 倪同浩. 链霉素胶体金免疫层析快速检测试纸条的研制. 扬州：扬州大学硕士论文，2009

[31] 秦燕，鲍伦军，朱柳明. 鸡肝中链霉素残留的 2 种免疫分析法. 华南农业大学学报，2003，24（4）：89-91

[32] 龙朝阳，高燕红. 动物源食品中氨基糖苷类抗生素残留的放射免疫筛选法. 华南预防医学，2005，31（6）：45-46

[33] Haasnoot W，Cazemier G，Koets M，van Amerongen A. Single biosensor immunoassay for the detection of five aminoglycosides in reconstituted skimmed milk. Analytical Chimica Acta，2003，488（1）：53-60

[34] Baxter G A，Ferguson J P，O'Connor M C，Elliott C T. Detection of streptomycin residues in whole milk using an optical immnunobiosensor. Journal of Agricultural and Food Chemistry，2001，49（7）：3204-3207

[35] Ferguson J P，Baxter G A，McEvoy J D G，Stead S，Rawlings E，Sharman M. Detection of streptomycin and dihydrostreptomycin residues in milk，honey and meat samples using an optical biosensor. The Analyst，2002，127（7）：951-956

[36] 杨智洪，杜根成，乔宏兴，张华，王莹，高振波，王川庆. 链霉素残留检测方法的研究进展. 上海畜牧兽医通讯，2005，5：2-4

[37] SN 0536—1996 出口肉品中卡那霉素残留量检验方法 杯碟法. 北京：中国标准出版社，1996

[38] 蔡金华，刘雅妮，顾欣. 链霉素在牛奶中残留的微生物学检测方法. 中国兽药杂志，2004，38（11）：7-9

[39] 陈光哲，朱慰先，陈家斌. 肉类食品链霉素残留量检测方法研究. 江苏农业科学，2001，5：55-57

[40] 王苏华，周杨. 鸡蛋中新霉素残留的微生物学检测方法. 中国兽药杂志，2003，37（2）：16-19

[41] 王琴，张荣，唐华书. 鸡胴体内青、链霉素残留的检测. 四川畜牧兽医，1990，4：10-12

[42] 杨文友，周成军，梁铮，曾云. 屠猪抗菌性物质残留检测方法应用研究. 肉品卫生，1997，3：5-12

[43] 黄怡君，姜也文，胡松华. TTC 法检测牛奶中的抗菌药物. 中国奶牛，2006，9：40-42

[44] Jiang Z L，Huang W X. Determination of trace gentamycin by resonance scattering spectral method. Journal of Sichuan Normal University，2008，31（1）：118-121

[45] Wang L，Peng J J，Liu Z W，He Y Q. Resonance rayleigh-scattering spectral method for the determination of some aminoglycoside antibiotics using Cd Te quantum dots as a probe. Luminescence，2010，25（6）：424-430

[46] Bhogte C P，Patravale V B，Devarajan P V. Fluorodenistometric evaluation of gentamicin from plasma and urine by high-performance-thin-layer Chromatography. Journal of Chromatography B，1997，694（2）：443-447

[47] Medina M B，Unruh J J. Solid-phase clean up and TLC of veterinary aminoglycosides. Journal of Chromatography B，1995，663（1）：127-135

[48] Serrano J M，Silva M. Trace analysis of aminoglycoside antibiotics in bovine milk by MEKC with LIF detection. Electrophroesis，2006，27（23）：4703-4710

[49] Yu C Z，He Y Z，Fu G N，Xie H Y，Gan W E. Determination of kanamycin a，amikacin and tobramycin residues in milk by capillary zone electrophoresis with post-column derivatization and laser-induced fluorescence detection. Journal of Chromatography B，2009，877（3）：333-338

[50] Hsiao Y M，Ko J L，Lo C C. Determination of tetracycline and streptomycin in mixed fungicide products by capillary zone electrophoresis. Journal of Agricultural and Food Chemistry，2001，49（4）：1669-1674

[51] Preu M，Guyot D，Petz M. Development of a gas chromatography-mass spectrometry method for the analysis of aminoglycoside antibiotics using experimental design for the optimization of the derivatization reactions. Journal of Chromatography A，1998，818（1-2）：95-108

[52] 陶燕飞，于刚，陈冬梅，王玉莲，袁宗辉. 动物可食性组织中林可霉素和大观霉素残留检测方法——气相色谱法. 中国农业科技导报，2008，10（S2）：63-68

[53] 董晓庆，程培英，陈绍辉，曲桂娟. 鸡组织中链霉素残留检测方法的研究. 吉林农业大学学报，2005，27（3）：339-340

[54] Feng C H，Lin S J，Wu H L，Chen S H. Trace analysis of tobramycin in human plasma by derivatization and high-performance liquid chromatography with ultraviolet detection. Journal of Chromatography B，2002，780（2）：349-354

[55] Fennell M A，Uboh C E，Sweeney R W，Soma L R. Gentamicin in tissue and whole milk：An improved method for extraction and clean up of samples for quantitation on HPLC. Journal of Agricultural and Food Chemistry，1995，43（7）：1849-1852

[56] 陈晓红，刘小莉，董明盛，陈惠兰. 高效液相色谱法测定蜂产品中链霉素残留量. 食品科学，2004，25（1）：155-158

[57] 周萍，胡福良，章征天，余秀珍. 高效液相色谱法测定蜂王浆中链霉素残留. 中国蜂业，2006，57（7）：5-7

[58] 姜莉，赵首成. 柱后衍生荧光检测高效液相色谱法快速测定鲜牛奶中链霉素残留量. 分子科学学报，2005，21（1）：20-23

[59] Edder P，Cominoli A，Corvi C. Determination of streptomycin residues in food by solid-phase extraction and liquid chromatography with post-column derivatization and flurometric detection. Journal of Chromatography A，1999，830（2）：345-351

[60] Vinas P，Balsalobre N，Hemandez-Cordoba M. Liquid chromatography on an amide stationary phase with post-column derivatization and fluorimetric detection for the determination of streptomycin and dihydrostreptomycin in foods. Taltanta，2007，72（2）：807-817

[61] Posyniak A，Zmudzki J，Niedzielska J. Sample preparation for residue determination of gentamicin and neomycin by liquid chromatography. Journal of Chromatography A，2001，914（1-2）：59-66

[62] 官斌，袁东星. 牛奶样品中新霉素残留量的离子色谱法测定. 分析实验室，2007，26（7）：1-4

[63] Braganoski G，Hoogmartens J，Allegaert K，Adams E. Determination of amikacin in cerebrospinal fluid by high-performance liquid chromatography with pulsed electrochemical detection. Journal of Chromatography B，2008，867（1）：149-152

[64] Megoulas N C，Koupparis M A. Direct determination of kanamycin in raw materials，veterinary formulation and culture media using a novel liquid chromatography-evaporative light scattering method. Analytica Chimica Acta，2005，547（1）：64-72

[65] Serrano J M，Silva M. Determination of amikacin in body fluid by high-performance liquid-chromatography with chemiluminescence detection. Journal of Chromatography B，2006，843（1）：20-24

[66] Granja R，Montes Niño A M，Zucchetti R A M，Montes Niño R E，Patel R. Determination of streptomycin residues in honey by liquid chromatography-tandem mass spectrometry. Analytica Chimica Acta，2009，637（1-2）：64-67

[67] Cherlet M，De Baere S，De Backer P. Quantitative determination of dihydrostreptomycin in bovine tissues and milk by liquid chromatography-electrospray ionization-tandem mass spectrometry. Journal of Mass Spectrometry，2007，42（5）：647-656

[68] van Bruijnsvoort M，Ouink S J M，Jonker K M，de Boer E. Determination of streptomycin and dihydrostreptomycin in milk and honey by liquid chromatography with tandem mass spectrometry. Journal of Chromatography A，2004，1058（1-2）：137-142

[69] Heller D N，Peggins J O，Nochetto C B，Smith M L，Chiesa O A，Moulton K. LC/MS/MS measurement of gentamicin in bovine plasma，urine，milk，and biopsy samples taken from kidneys of standing animals. Journal of Chromatography B，2005，821（1）：22-30

[70] Kajita H，Akutsu C，Hatakeyama E，Komukai T. Simultaneous determination of aminoglycoside antibiotics in milk by liquid chromatography with tandem mass spectrometry. Journal of the Food Hygienic Society of Japan，2008，49（3）：185-189

[71] van Holthoon F L，Essers M L，Mulder P J，Stead S L，Caldow M，Ashwin H M，Sharman M. A generic method for the quantitative analysis of aminoglycosides（and spectinomycin）in animal tissue using methylated internal standards and liquid chromatography tandem mass spectrometry. Analytica Chimica Acta，2009，637（1-2）：135-143

[72] Berrada H，Moltó J C，Mañes J，Font G. Determination of aminoglycoside and macrolide antibiotics in meat by pressurized liquid extraction and LC-ESI-MS. Journal of Separation Science，2010，33（4-5）：522-529

[73] Lehotay S J，Mastovska K，Lightfield A R，Nunez A，Dutko T，Ng C，Bluhm L. Rapid analysis of aminoglycoside antibiotics in bovine tissues using disposable pipette extraction and ultrahigh performance liquid chromatography-tandem mass spectrometry. Journal of Chromatography A，2013，1313（1-2）：103-112

[74] Hornish R E，Wiest J R. Quantitation of spectinomycin residues in bovine tissues by ion exchange high-performance liquid chromatography with post-column derivatization and confirmation by reversed-phase high performance liquid chromatography-atmospheric pressure chemical ionization tandem mass spectrometry. Journal of Chromatography A，1998，812（1-2）：123-133

[75] GB/T 22969—2008 牛奶和奶粉中链霉素、双氢链霉素和卡那霉素残留量的测定 液相色谱-串联质谱法. 北京：中国标准出版社，2008

[76] GB/T 22954—2008 河豚鱼和鳗鱼中链霉素、双氢链霉素和卡那霉素残留量的测定 液相色谱-串联质谱法. 北京：中国标准出版社，2008

[77] GB/T 22945—2008 蜂王浆中链霉素、双氢链霉素和卡那霉素残留量的测定 液相色谱-串联质谱法. 北京：中国标准出版社，2008

[78] GB/T 22995—2008 蜂蜜中链霉素、双氢链霉素和卡那霉素残留量的测定 液相色谱-串联质谱法. 北京：中国标准出版社，2008

4 氯霉素类药物

4.1 概　　述

4.1.1 理化性质与用途

氯霉素（chloramphenicol，CAP）是由委内瑞拉链霉菌产生的一种广谱抗生素，是自然界中发现的第一个带氮原子的化合物，也是世界上首种完全由合成方法大量制造的抗生素，其左旋体结构具有抗菌活性。氯霉素类抗生素（chloramphenicols，CAPs）又称为酰胺醇类抗生素（amphenicols），包括氯霉素、甲砜霉素（Thiamphenicol，TAP）以及棕榈氯霉素等。主要药物结构如表 4-1 所示。

表 4-1　氯霉素类抗生素的化学结构

化合物	CAS 号	分子式/分子量	R_1	R_2
氯霉素 （chloramphenicol，CAP）	56-75-7	$C_{11}H_{12}O_5N_2Cl_2$ /322.0124	—NO_2	—OH
琥珀氯霉素 （chloramphenicol succinate）	3544-94-3	$C_{15}H_{16}O_8N_2Cl_2$ /422.0284	—NO_2	—$OCOCH_2CH_2COOH$
棕榈氯霉素 （chloramphenicol palmitate）	530-43-8	$C_{27}H_{42}O_6N_2Cl_2$ /560.2420	—NO_2	—$OCOC_{15}H_{31}$
甲砜霉素 （thiamphenicol，TAP）	15318-45-3	$C_{12}H_{15}O_5NCl_2S$ /355.0048	—SO_2CH_3	—OH
氟甲砜霉素/氟苯尼考 （florfenicol，FF）	76639-94-6	$C_{12}H_{14}O_4NCl_2SF$ /357.0005	—SO_2CH_3	—F
乙酰氯霉素 （cetafenicol）	735-52-4	$C_{13}H_{15}O_4NCl_2$ /319.0378	—$COCH_3$	—OH

4.1.1.1 理化性质

CAP 为白色针状结晶，味极苦，属中性有机化合物，微溶于水，水溶液性质稳定，且耐热，易溶于乙醇、乙二醇、丙二醇和乙酰胺，但不溶于植物油。为降低 CAP 对造血系统的毒性，增加水溶性和生物利用度等，曾对 CAP 进行了结构改造。例如将 CAP 与琥珀酸、硬脂酸、泛酸以及棕榈酸等反应制成各种氯霉素酯，如棕榈酸氯霉素、琥珀酸氯霉素（单酯）。这些酯类作为 CAP 前药，进入体内后经酶解释放出 CAP 发挥药效，借此可降低 CAP 的毒性，延长作用时间，提高其血浓度。棕榈氯霉素俗称无味氯霉素，为白色滑腻结晶粉末，熔点 86～92℃，不溶于水、石油醚，易溶于醇类、氯仿、乙醚及苯。比旋光度$[\alpha]_D^{25}$+24.6°（C=5，无水乙醇）。琥珀酸氯霉素为淡黄色结晶性粉末，易溶于稀碱和乙醇，不溶于乙醚和氯仿。

TAP 是 CAP 化学结构中硝基（—NO_2）被甲砜基（—CH_3SO_2）取代的衍生物，为无色无臭结晶性粉末，味微苦，为中性物质，对光和热稳定，有吸湿性，室温下水中溶解度为 0.5%～1%，醇中溶解度约为 5%，其稳定性与溶解度不受 pH 的影响。氟甲砜霉素（FF）是 TAP 的单氟衍生物，是美国先灵-葆雅 Schering-Plough 公司在 20 世纪 80 年代后期研制开发的氯霉素类动物专用药物，化学名称 D(+)-苏-1-对甲砜基苯基-2-二氯乙酰基-3-氟丙醇，化学式 $C_{12}H_{14}Cl_2NO_4SF$，相对分子质量 358.22。FF

为白色或类白色的结晶性粉末，无臭，在二甲基甲酰胺中极易溶解，在甲醇中溶解，在冰醋酸中略溶，在水或氯仿中极微溶解，0.5%水溶液 pH 应为 4.5～6.5。

4.1.1.2　用途

CAPs 的抗菌作用机理主要是干扰细菌蛋白质的合成。它们可与 50S 亚基结合，对 70S 核糖体有效，而对 80S 核糖体无作用，从而达到杀菌的选择性。但不同结构的 CAPs 具体抗菌机理有区别。CAP 与 TAP 抗菌机理相同，它们可与 50S 亚基结合，抑制其转肽酶所催化的反应，致使核蛋白体变性，导致氨基酰 tRNA 与肽酰 tRNA 不能与转移酶结合，使氨基酸不能借助肽链连接，抑制肽链的生成。在 CAP 作用下可能生成不具备完整功能、长短不一的蛋白质，从而抑制细菌生长。FF 的抗菌机理与其不同，它能与 50S 核糖体亚基结合，并能抑制蛋白质合成中的关键酶——肽转移酶的活性。

CAP 属广谱抗生素，能抑制细菌蛋白质的合成，但对革兰氏阴性菌较强，如大肠杆菌、沙门氏菌、伤寒杆菌、副伤寒杆菌、痢疾杆菌、产气杆菌、肺炎杆菌、肺炎球菌、链球菌、葡萄球菌、白喉杆菌、炭疽杆菌等。对各种立克次氏体、原虫及部分病毒也有一定的抑制作用。CAP 自 1948 年上市以来一直是治疗伤寒、副伤寒和沙门氏菌病的首选药物。对乳房炎也有很好的疗效。CAP 内服吸收良好，但注射吸收较缓慢，主要滞留在局部。吸收后全身分布，并能透过血-脑和胎盘屏障。TAP 的抗菌谱与 CAP 基本相似，对金葡菌、沙门氏菌、大肠杆菌、肺炎杆菌等作用较 CAP 略差。TAP 在体内呈现较强的抗菌活力。在感染性实验中，其保护作用可超过 CAP，主要原因在于 TAP 在肝内不易被代谢失活，血中游离型 TAP 浓度高。

FF 抗菌谱与抗菌活性略优于 CAP 与 TAP，对革兰氏阳性和阴性细菌均有效，尤其对多杀性巴氏杆菌、胸膜肺炎放线菌、肺炎霉形体和链球菌的作用效果更好。其对牛呼吸道病病原菌的 50% 抑菌浓度（MIC_{50}）与 90% 抑菌浓度（MIC_{90}）分别为：溶血性巴斯德氏菌 0.5 μg/mL、1.0 μg/mL；多杀性巴斯德氏菌 0.5 μg/mL、0.5 μg/mL；昏睡嗜血杆菌 0.25 μg/mL、0.5 μg/mL。对猪胸膜肺炎放线杆菌的 MIC 为 0.20～1.56 μg/mL。对耐 CAP 和耐 TAP 的痢疾志贺氏菌、伤寒沙门氏菌、克雷伯氏肺炎菌、大肠杆菌的最低抑菌浓度（MIC）均为 0.50 μg/mL。FF 对绝大多数革兰氏阴性和革兰氏阳性水产病原菌呈高度抗菌活性，CAP 和 TAP 耐药菌株对其也敏感，体外 MIC 一般为 0.3～1.6 μg/mL，如报道的杀鲑气单胞菌：0.26～1.6 μg/mL；嗜水气单胞菌：0.4 μg/mL；迟钝爱德华氏菌：0.4～1.6 μg/mL；鲇鱼爱德华氏菌：0.25 μg/mL；嗜冷黄杆菌：0.00098～16 μg/mL；杀鱼巴斯德菌：0.004～0.6 μg/mL；鳗弧菌：0.2～0.8 μg/mL；鲁氏耶尔森菌：0.6～10 μg/mL 等。FF 主要用于治疗牛、猪、禽及鱼类的细菌性疾病（如大肠埃希氏菌、克雷伯氏杆菌、溶血性巴氏杆菌、多杀性巴氏杆菌、奇异变形杆菌、金黄色葡萄球菌、胸膜肺炎放线杆菌与伤寒沙门氏菌等）。

4.1.2　代谢和毒理学

4.1.2.1　体内代谢过程

（1）CAP

大部分 CAP 在肝中与葡萄糖醛酸结合而失活，少部分降解为芳胺。约 10% 原形 CAP 经肾脏排泄，亦能通过乳汁分泌。肝或肾功能障碍使消除延长，易发生蓄积中毒。CAP 在鲤鱼、鳟鱼、草鱼、银鲫、对虾等体内的药代动力学研究已有报道。在草鱼和复合四倍体异育银鲫体内 CAP 的比较药代动力学中，单次注射给药，采用高效液相色谱法测定血液中 CAP 的浓度，CAP 消除半衰期分别为草鱼 11.9 h，高倍体鲫鱼 11.1 h。CAP 在鲤鱼和鳟鱼体内的药代动力学研究表明，CAP 消除半衰期分别为：鲤鱼 10.5 h，鳟鱼 10.4 h。研究结果均显示 CAP 在体内代谢的半衰期长，残留高。

（2）TAP

TAP 在绵羊和奶牛体内的药代动力学研究也有报道。通过静脉注射、肌肉注射、口服三种途径给绵羊投药，结果发现肌肉注射和静脉注射药物吸收较口服给药吸收快，而且给药早期血浆浓度也相应较高；而口服给药血药浓度较低，但维持时间较长，至少维持 24 h。肌肉注射后 TAP 几乎完全吸收，10～20 min 内血浆中药物浓度达到峰值，生物利用度达到 87.5%；而口服给药 10 min 后血浆中可以检测到药物，6 h 后血浆浓度才达到峰值 2.5 μg/mL。TAP 在绵羊体内的表观分布容积平均为 1 L/kg，生物半衰期平均为 1.5 h。对 10 头小牛和 6 头哺乳期奶牛进行药代动力学试验，试验结果表明：肌肉注射 TAP，在牛体内 15 min 后被快速吸收，生物利用度达到 84%，药物广泛分布在体液内，表观分布容积为 0.91 L/kg，生物半衰期为 1.75 h。

（3）FF

FF 在动物体内吸收迅速、分布广泛、生物利用度高，在水产动物、鸡、绵羊、猪等动物组织中的药代动力学均有报道。鱼经口投药（给药剂量为 10 mg/kg）后 3 h，所有组织器官中有很高浓度的 FF，至给药后 10.3 h，血药浓度达到峰值 4.0 mg/mL；猪经胃管灌服 100 mL 药水（给药剂量为 2.25 mg/mL）后 1 h，血药浓度即达 2.25 mg/mL。鸡、牛、马和牛静脉注射的半衰期分别为 12.2 h、173 min、0.9～2.7 h 和 159 min。FF 在动物体内主要代谢产物是氟苯尼考胺（FFa）和氟苯尼考醇。FF 及其代谢产物主要经尿和胆汁排泄，仅少量经粪便排出。FF 临床用药剂量小，在动物体内呈全身性分布，但各组织器官药物浓度不同。血液和肌肉中药物浓度相近，脑中药物浓度较低，表明分布时存在着血脑屏障；在肾和肺中浓度很高，可很好地用于防治畜禽呼吸道和泌尿道感染。

用 ^{14}C 标记的 FF 饲喂大西洋鲑鱼，结果发现 FF 及其代谢物与黑色素有较高的结合力，FF 在鱼肌肉组织中主要代谢产物为 FFa。对大西洋鲑鱼进行 10 mg/kg 体重单剂量静脉注射、口服和多剂量饲喂试验，用高效液相色谱法定量，结果显示静脉注射血药浓度-时间符合两室开放模型，口服符合一室开放模型、一级吸收和一级消除动力学模型。该研究在室内用 X 放射物质标记药饵以 10 mg/(kg wc·d) 剂量连续投喂大西洋鲑鱼，投药期平均血药浓度为 8.42 μg/mL；在野外消除代谢研究中同剂量连续投喂 10 d，结果停药 1 d 后在大西洋鲑鱼组织中已检测不出 FF，而其代谢产物 FFa 在肝脏中消除较肌肉组织中慢，生物半衰期分别为 56 h 和 49 h，停药 21 d 后肝脏和肌肉中均检测不到 FFa。

用 36 只健康肉鸡，分别以 15 mg/kg 和 30 mg/kg 两种剂量静注、肌注，用高效液相色谱法测定血浆中的药物浓度，用 3P97 药代动力学程序软件处理药-时数据。静注药-时数据符合二室开放模型，肌注药-时数据符合一室开放模型，试验结果表明：FF 在鸡体内吸收好，分布快，消除也快，静注、肌注后曲线下面积 AUC 与剂量呈正比关系，各参数无剂量依赖性。

FF 静注及肌注在绵羊体内的药代动力学试验结果表明：FF 肌注后曲线下面积 AUC 与剂量呈比例关系，在绵羊体内吸收好，分布快，消除缓慢。

对健康猪和感染了传染性胸膜肺炎放线杆菌猪进行 FF 的体内药代动力学试验，用 18 头感染了胸膜肺炎放线杆菌的猪作为试验动物，以 20 mg/kg 体重剂量分别静注、肌注、口服三种途径给药，用高效液相色谱法测定血浆中 FF 浓度，药代动力学参数采用 MCPKP 软件程序处理。肌注和口服给药后最高血药浓度分别为 4.00 μg/mL 和 8.11 μg/mL，生物利用度分别达到 122.7% 和 112.9%。试验结果表明，在感染猪体内 FF 吸收迅速完全，分布广泛，消除缓慢，而且 FF 在健康猪和感染菌猪体内的药代动力学参数在统计学上并无明显差异。

FF 的代谢试验表明，其在鲑鱼体内主要代谢为可萃取的残留物质；在猪、家禽、牛组织中主要代谢为不可萃取的残留物质，但这些物质水解后转化为可定量萃取的代谢产物——FFa。对 FFa 进行分析可更准确定量组织中 FF 的相关总代谢产物。总之，动物组织中 FF 和其代谢产物最终通过水解都转化为可定量的 FFa。

4.1.2.2 毒理学与不良反应

CAPs 抗菌谱广，抗菌作用强，但其毒副作用也不容忽视。CAP 主要抑制人的造血功能，TAP 主要抑制人的免疫功能，毒性作用均较大；而新型氯霉素类抗生素 FF 毒性作用较小，主要对动物胚胎有毒性作用。

CAP 对人的造血系统和消化系统具有严重的毒性作用，还会引起视神经炎和皮疹等不良反应。CAP 对人体造血系统的毒性极大，能使白细胞减少，引起再生障碍性和溶血性贫血及血小板减少等现象；另外还会损害视力，引起急性中毒性表皮松懈症，使眼睑粘连及产生角膜瘢痕。CAP 对新生儿、早产儿、肝肾功能不全的患者以及老年人的影响更大。近年，就有儿童服用 CAP 过量和老年妇女使用 CAP 眼药膏导致死亡事件的报道。因此，CAP 在人医上已于 20 世纪 80～90 年代停止使用；在兽医临床上，包括我国在内的许多国家已禁止将 CAP 用于食品动物。

TAP 也具有血液系统毒性，主要表现为可逆性的红细胞生成抑制，但未见再生障碍性贫血的报道。TAP 具有较强的免疫抑制作用，约比 CAP 强 6 倍，对疫苗接种期间的动物或免疫功能严重缺损的动物应禁用，欧共体和美国均禁用于食品动物。

而 FF 结构中以—CH₃SO₂ 取代 CAP 上与抑制骨髓造血机能有关的—NO₂，极大降低了对动物和人体的毒性，无潜在致再生障碍性贫血危险。而且，有研究表明，FF 没有致畸、致癌和致突变作用。FF 不会引起染色体结构性或数量上的畸变；在 S9 激活系统存在条件下，不会导致小鼠淋巴瘤 L5178Y 细胞内 TK 位点发生突变；在急性或亚急性给药条件下，不会诱发骨髓细胞染色体畸变；通过检查微核，也未发现有致突变作用。但是，繁殖毒性试验表明，FF 具有胚胎毒性，使 F1 代雄性大鼠附睾重量明显减轻，F2 幼仔的哺乳指标降低，存活率也降低，因此建议培育的种牛以及怀孕、哺乳期的牛（包括奶牛）禁用。

4.1.3　最大允许残留限量

在动物饲养过程中，过去的几十年，CAP 和 TAP 在兽医临床抗感染治疗中发挥了举足轻重的作用，但由于 CAP 存在严重的再生障碍性贫血、粒状白细胞缺乏症等疾病，随着公众对其潜在毒性、残留和耐药性的广泛关注，近些年来，包括中国在内的许多国家陆续禁止了它在兽医临床上的使用。TAP 血液系统毒性不及氯霉素，但免疫抑制作用比 CAP 强，现除我国与日本外，欧共体和美国均禁用于食品动物。取而代之的是新型氯霉素类抗生素——FF。自 20 世纪 90 年代以来，FF 已开始逐渐在全球范围内使用。目前国内商品名有氟苯尼考、氟尔康、安达灵等，剂型有注射剂、粉剂、饮水剂、预混剂等。目前一些主要国家和组织规定的最大允许残留限量（maximum residue limit，MRL）见表 4-2。

4.1.4　残留分析技术

4.1.4.1　前处理方法

动物组织中含有大量蛋白质、脂肪、糖类、维生素、无机盐、水分等，这些样品基质的存在不但干扰待测物的检测，而且污染仪器和降低设备使用寿命，因此需要选择合理有效的前处理方法，降低动物基质成分对 CAPs 残留分析的影响。

（1）水解方法

CAP 在动物的肝、肾、血液中有超过 50%以轭合物的形式存在，对葡萄糖醛酸轭合物可加入 β-葡萄糖醛酸酶处理样品。另外，组织中还有与蛋白结合的药物，可用酸或二硫苏糖醇水解后测定。

Kaufmann 等[1]采用 β-葡萄糖苷酸酶水解肾脏组织中葡萄糖醛酸轭合的 CAP，经固相萃取净化后，液相色谱-串联质谱（LC-MS/MS）测定。方法检测限（CCα）为 0.011 μg/kg。Ashwin 等[2]用 β-葡萄糖苷酸酶水解猪肾中葡萄糖醛酸轭合的 CAP，经提取净化后用 LC-MS/MS 测定。方法 CCα 为 0.1 μg/kg，检测能力（CCβ）为 0.2 μg/kg。Aresta 等[3]也采用 β-葡萄糖苷酸酶水解尿液中轭合的 CAP。Gantverg 等[4]测定动物肌肉组织和尿液中的 CAP。肌肉组织用二硫苏糖醇释放蛋白结合药物，再用乙酸乙酯提取；尿液则用磷酸缓冲液稀释后，加 β-葡萄糖苷酸酶水解轭合药物，再用乙酸乙酯提取，经 C₁₈ 固相萃取柱净化后，用 LC-MS/MS 测定。该方法回收率大于 80%，相对标准偏差（RSD）为 13.4%～29.2%，检出限（LOD）为 0.02 μg/kg。

（2）提取方法

CAPs 提取方法主要有常规的液液萃取（LLE），并可结合超声波辅助提取（UAE）、微波辅助提取（MAE）等手段来保证萃取效率。另外，超临界流体萃取（SFE）、固相微萃取（SPME）和分散液液微萃取（DLLME）作为新的高效低污染提取技术，近年来也在 CAPs 的分析中得到应用。

1）液液萃取（liquid liquid extraction，LLE）

动物基质中 CAPs 的检测，其提取溶剂分为有机溶剂和水溶液两类。

表 4-2　主要国家和组织制定的 CAPs 的 MRLs

MRL/(mg/kg 或 mg/L)

国家组织	化合物	牛	羊	猪	家禽	鱼	其他
中国	氟苯尼考	0.2（肌肉）（泌乳期禁用） 3（肝）（泌乳期禁用） 0.3（肾）（泌乳期禁用）	0.2（肌肉）（泌乳期禁用） 3（肝）（泌乳期禁用） 0.3（肾）（泌乳期禁用）	0.3（肌肉） 2.0（肝） 0.5（皮+脂） 0.5（肾）	0.1（肌肉）（产蛋期禁用） 0.2（皮+脂）（产蛋期禁用） 2.5（肝）（产蛋期禁用） 0.75（肾）（产蛋期禁用）	1.0（肌肉+皮）	0.1（肌肉） 0.2（脂肪） 2.0（肝） 0.3（肾）
	甲砜霉素	0.05（肌肉） 0.05（脂肪） 0.05（肝） 0.05（肾） 0.05（奶）	0.05（肌肉） 0.05（脂肪） 0.05（肝） 0.05（肾）	0.05（肌肉） 0.05（脂肪） 0.05（肝） 0.05（肾）	0.05（肌肉） 0.05（皮+脂） 0.05（肝） 0.05（肾）	0.05（皮+脂）	
	氯霉素及其盐、酯（包括琥珀氯霉素）	所有食品动物的所有可食组织不得检出					
美国	氟苯尼考	0.3（肌肉） 3.7（肝）		0.2（肌肉） 2.5（肝）		1（鲶鱼） 1（鲑鱼）	
欧盟	氟苯尼考	0.2（肌肉） 3（肝） 0.3（肾）	0.2（肌肉） 3（肝） 0.3（肾）	0.3（肌肉） 2.0（肝） 0.5（皮+脂） 0.5（肾）	0.1（肌肉） 0.2（皮+脂） 2.5（肝） 0.75（肾）	1 精肉和皮，自然比例的（有鳍鱼类）	0.1 精肉（所有产食动物品种，除了牛、绵羊、山羊、猪、家禽和有鳍鱼类） 0.2 脂肪（所有产食动物品种，除了牛、绵羊、山羊、猪、家禽和有鳍鱼类） 2 肝（所有产食动物品种，除了牛、绵羊、山羊、猪、家禽和有鳍鱼类） 0.3 肾（所有产食动物品种，除了牛、绵羊、山羊、猪、家禽和有鳍鱼类）

续表

MRL/(mg/kg 或 mg/L)

国家组织	化合物	牛	羊	猪	家禽	鱼	其他
欧盟	甲砜霉素	0.05（肌肉）	0.05（肌肉）	0.05（肌肉）	0.05（肌肉）		
		0.05（脂肪）	0.05（脂肪）	0.05（脂肪）	0.05（脂肪）		
		0.05（肝）	0.05（肝）	0.05（肝）	0.05（肝）		
		0.05（肾）	0.05（肾）	0.05（肾）	0.05（肾）		
		0.05（奶）	0.05（奶）				
	氯霉素及其盐、酯（包括琥珀氯霉素）	禁用	禁用				
	氟苯尼考	0.2（肌肉）	0.2（肌肉）	0.2（肌肉）	0.1（肌肉）	0.2 鱼贝类（限鲑鳟形目）	
		0.3（脂肪）	0.3（脂肪）	0.2（脂肪）	0.3（脂肪）	0.03 鱼贝类（限鲈形目）	
		0.2（肝）	0.3（肝）	0.2（肝）	3（肝）	0.2 鱼贝类（限鳗鲡目）	
		0.2（肾）	0.3（肾）	0.2（肾）	0.5（肾）	0.2 鱼贝类（限其他鱼）	
		0.2（可食用下水）	0.3（可食用下水）	0.2（可食用下水）	0.5（可食用下水）	0.1 鱼贝类（限甲壳类）	
						0.1 鱼贝类（限有壳软体动物）	
						0.02 鱼贝类（限鲈形目）	
日本	甲砜霉素	0.02（肌肉）		0.02（肌肉）	0.02（肌肉）		
		0.02（脂肪）		0.02（脂肪）	0.04（脂肪）		
		0.02（肝）		0.02（肝）	0.05（肝）		
		0.02（肾）		0.02（肾）	0.02（肾）		
		0.02（可食用下水）		0.02（可食用下水）	0.02（可食用下水）		
		0.05（奶）					
	氯霉素及其盐、酯（包括琥珀氯霉素）	禁用					

A. 有机溶剂提取

常用的有机溶剂有乙酸乙酯、乙腈、甲醇和丙酮等，也可以进行不同比例混合后提取。提取溶剂中常加入无水硫酸钠、氯化钠等，除去样品中水分的同时，盐析蛋白质，提高提取效率。乙酸乙酯既能有效提取CAPs，又能减少蛋白质等水溶性杂质被萃取到溶剂中，是采用最多的提取溶剂。

Rodziewicz 等[5]建立了奶粉中 CAP 的残留分析方法。用乙酸乙酯采取 LLE 方法提取，脂肪用正己烷除去，LC-MS/MS 测定。方法回收率为 90.2%～96.3%，日内 RSD 小于 12%，日间 RSD 小于 15%；CCα 为 0.09 μg/kg，CCβ 为 0.11 μg/kg。Xia 等[6]用乙酸乙酯提取鸡肝、猪肝中 CAP，正己烷除脂后，Oasis HLB 固相萃取柱净化，超高效液相色谱-串联质谱（UPLC-MS/MS）检测。方法回收率为 95.5%～106.7%，RSD 小于 12.2%，方法 LOD 小于 0.02 μg/kg。Chou 等[7]用乙酸乙酯提取猪肉、猪肝、猪肾、牛肉、牛肝、鱼和鸡肉中的 TAP 和 FF，正己烷除脂后，LC-MS/MS 检测。方法回收率为 72.5%～97.6%，定量限（LOQ）均为 1.0 ng/g。蒋定国等[8]用含有 1%高氯酸的乙酸乙酯提取牛奶中的 CAP，提取液浓缩干后用 0.5 mol/L 高氯酸溶液溶解，正己烷去除脂溶性杂质，高效液相色谱（HPLC）测定。高氯酸可以很好的去除蛋白。方法 LOD 为 11 μg/kg，平均回收率为 88.0%～97.7%，RSD 为 5.3%～6.4%。

Wang 等[9]建立了牛奶中 CAP 的快速分析方法。用乙腈提取后，LC-MS/MS 测定。方法 LOD 为 0.05 μg/kg，LOQ 为 0.2 μg/kg；回收率在 88.8%～100.6%之间，RSD 小于 15%。Tian[10]采用乙腈提取牛奶中包括CAP在内的29种药物，C8固相萃取柱净化后，采用 LC-MS/MS 检测。方法回收率为 71%～107%，RSD 小于 13.7%；CAP 的 LOQ 为 0.03 μg/kg。Lu 等[11]用乙腈提取鸡蛋、牛奶、蜂蜜中的 CAP，固相萃取柱净化后，LC-MS/MS 检测。平均回收率在 95.8%～102.3%之间，日内和日间 RSD 分别小于 7.13%和8.89%。Cronly 等[12]开发了牛奶和蜂蜜中 CAP 的检测方法。牛奶中加入 NaCl 后直接用乙腈提取，蜂蜜先加水稀释后，再用乙腈提取，提取液用正己烷除脂，LC-MS/MS 测定。牛奶中的 CCα 和 CCβ 分别为 0.07 μg/L 和 0.11 μg/L，蜂蜜中分别为 0.08 μg/kg 和 0.13 μg/kg。

Vargas Mamani 等[13]采用甲醇提取牛奶中的 CAP 等药物，经固相萃取净化后，HPLC 测定。方法回收率和灵敏度均满足残留分析要求。

van de Riet 等[14]采用丙酮提取水产品中的 CAP、TAP、FF 和 FFa，提取液再用二氯甲烷反萃取，蒸干后，用稀酸溶解，正己烷除脂，液相色谱-质谱（LC-MS）测定。方法回收率在 71%～107%之间，RSD 小于 10%；CAP 和 FF 的 CCα 为 0.1 ng/g，TAP 为 0.3 ng/g，FFa 为 1.0 ng/g。

大部分 CAPs 是中等极性化合物，在乙酸乙酯、乙腈等有机溶剂中均有较高的溶解度，但 FF 代谢物——FFa 分子中含有碱性的氨基，常在碱性条件下提取。Xie 等[15]建立了鸡蛋中 TAP、FF、FFa 的 HPLC 分析方法。样品用乙酸乙酯-乙腈-氨水（49+49+2，v/v）提取，正己烷除脂后，HPLC-荧光检测器（FLD）测定。方法 LOD 为 1.5 μg/kg（TAP、FF），0.5 μg/kg（FFa），LOQ 为 5 μg/kg（TAP、FF），2 μg/kg（FFa）；回收率为 86.4%～93.8%（TAP）、87.4%～92.3%（FF）、89.0%～95.2%（FFa），日内和日间 RSD 分别小于 6.7%和 10.8%。Zhang 等[16]用 2%氨水-乙酸乙酯提取鸡肉中 CAP、TAP、FF、FFa，蒸干提取液后，5%乙酸水溶液复溶，正己烷脱脂，MCX 固相萃取柱净化，LC-MS/MS 检测。方法 LOD：CAP 为 0.1 μg/kg，TAP、FFa 为 1 μg/kg，FF 为 0.2 μg/kg，回收率在 95.1%～107.3%之间，日内和日间 RSD 分别小于 10.9%和 10.6%。彭涛等[17]用 LC-MS/MS 同时测定虾中的 CAP、TAP 和 FF。均质后的样品采用碱化乙酸乙酯提取，浓缩提取物经去除脂肪、C18固相萃取柱净化后，采用 LC-MS/MS 检测。方法 LOD 为：CAP 和 FF 0.01 ng/g，TAP 0.05 ng/g；在添加浓度 0.1～2.0 ng/g 范围内，CAP 回收率为 73.9%～96.0%，TAP 为 78.6%～99.5%，FF 为 74.9%～103.7%，RSD 均小于 6.4%。

B. 水溶液提取

纯水可以用来提取动物基质中的 CAPs。Aerts 等[18]报道了多个实验室检测 CAP 的协同研究。动物肌肉经匀浆后加适量水提取后，再过 C8 或 C18固相萃取柱净化，HPLC-紫外检测器（UVD）在 278 nm 检测。方法 LOD 为 1.5 μg/kg；在添加浓度为 10 μg/kg 时，不同实验室的平均回收率为 55.1%，变异系数（CV）为 18.0%，满足不同实验室分析 CAP 残留的要求。但该法回收率不高，可能是水不适合于提取组织里的 CAPs 药物。Fernandez-Torres 等[19]在水中采用酶探针结合超声波辅助提取（UAE）

鱼肉和蚌中包括 CAP、TAP 在内的 11 种抗生素及其 5 种代谢物。对影响提取效率的因素，如酶种类、提取溶剂的种类、超声波的强度与时间等进行了优化，当用 5 mL 水提取，超生 5 min 时，效果最佳。提取物用二氯甲烷净化后，HPLC 测定。方法技术指标满足残留分析要求。该研究小组[20]又开发了酶探针结合微波辅助提取（MAE）鱼肉和蚌中包括 CAP、TAP 在内的 11 种抗生素及其 5 种代谢物的方法。当用 5 mL 水，50 W 微波提取 5 min 时，效果最佳。提取物用二氯甲烷净化后，LC-MS 测定。方法回收率在 70%～100% 之间。

也有采用磷酸、磷酸盐缓冲液、醋酸缓冲液、Mcllvaine 缓冲液等来提取 CAPs。Rocha Siqueira 等[21]用磷酸提取鸡蛋、虾、鱼、鸡、猪、牛肉中的 CAP，再用乙酸乙酯反萃取，LC-MS/MS 检测。方法回收率在 85%～120% 之间，RSD 小于 20%，LOQ 为 0.1 μg/kg。Santos 等[22]用 pH 6.0 0.1 mol/L 的磷酸缓冲液提取虹鳟鱼中的 CAP，离心后，用正己烷除脂，乙酸乙酯反萃取，蒸干提取液后，用水复溶，C_{18} 柱净化，LC-MS/MS 测定，方法 CC_α 为 0.267 μg/kg。Ramos 等[23]用 pH 7.0 的磷酸缓冲液提取虾组织中的 CAP，C_{18} 固相萃取柱净化，LC-MS 测定。方法回收率为 101%～110%，日间 CV 小于 7.1%；CC_α 为 0.02 ng/g，LOQ 为 0.2 ng/g。谢孟峡等[24]对鸡肉、猪肉、猪肝、鸭肝等动物组织样品中的 CAP 残留检测方法进行了研究。用乙酸乙酯和磷酸盐缓冲溶液提取，用硅胶和 C_{18} 固相萃取柱净化，经衍生化后用气相色谱-质谱（GC-MS）测定。该方法的加标回收率在 80%～100% 之间，RSD 小于 20%，方法 LOD 为 0.1 μg/kg。Verzegnassi 等[25]采用醋酸缓冲液稀释蜂蜜样品，经固相萃取净化后，LC-MS/MS 测定。在 0.1 μg/kg、0.2 μg/kg、0.5 μg/kg 添加水平，CAP 的准确度优于 15%，重复性和重现性分别为 12% 和 18%；CC_α 和 CC_β 均优于 0.1 μg/kg。Wang 等[26]用 Mcllvaine 缓冲液-甲醇（8+2，v/v）提取牛奶中的 CAP、TAP 等 10 种抗生素，固相萃取柱净化后，UPLC 测定。在 0.1 μg/g、0.5 μg/g、2.5 μg/g 添加水平，方法回收率分别为 52.1%～68.0%、70.1%～81.0% 和 76.2%～101.0%，LOD 和 LOQ 分别在 0.003～0.022 μg/g 和 0.01～0.08 μg/g 之间。

也有采用三氯乙酸（TCA）溶液等提取，可以沉淀蛋白，提高回收率。Han 等[27]测定牛奶中 CAP 时，在牛奶中加入 15% TCA 沉淀蛋白，震荡离心，过 0.45 μm 滤膜，HPLC-UVD 检测。方法回收率为 97.1%～101.9%，RSD 为 1.1%～2.2%。

2）超临界流体萃取（supercritical fluid extraction，SFE）

超临界流体（supercritical fluid，SF）是处于临界温度（T_c）和临界压力（p_c）以上，介于气体和液体之间的流体。SF 具有气体和液体的双重特性，密度和液体相近，黏度与气体相近，但扩散系数约比液体大 100 倍。由于溶解过程包含分子间的相互作用和扩散作用，因而 SF 对许多物质有很强的溶解能力。而 SFE，就是 SF 的强溶解能力特性，从动、植物中提取各种有效成分，再通过减压将其释放出来的过程。SFE 提取可以不使用有机试剂，并可方便连接各种灵敏的检测器。Pensabene 等[28]开发了一种不使用有机溶剂的 SFE 提取方法，分析鸡蛋中的 CAP 残留。样品与弗罗里硅土混合后，超临界 CO_2 在 10000 psi、80℃下，以 3.0 L/min 流速提取，累积用量 150 L，再用甲醇-水洗脱，经 C_8 色谱柱分离，HPLC-UVD 在 280 nm 检测。该方法平均回收率为 81.2%。与常规分析方法相比，结果没有明显差异。Liu 等[29]对虾中 CAP、TAP 和 FF 的原位衍生 SFE 的应用进行了研究。采用气相色谱/负化学电离-质谱法（GC/NCI-MS）检测。对 SFE 的参数（改性剂、温度、压力、提取时间和提取模式）和原位衍生条件（收集溶剂和衍生化试剂）进行优化。最佳萃取条件为：600 μL 乙酸乙酯作为改性剂，在 25 MPa 压力、60℃下，超临界二氧化碳静态萃取 5 min，动态萃取 10 min；原位衍生条件为：200 μL N,O-双（三甲基硅）三氟乙酰胺（BSTFA）-三甲基氯硅烷（TMCS）（99+1）加入 20 mL 乙酸乙酯，作为收集溶剂。该方法在 20～5000 pg/g 范围呈线性，LOD 在 8.7～17.4 pg/g 之间（选择离子监测模式），RSD 小于 15.3%。

3）固相微萃取（solid phase microextraction，SPME）

SPME 是在固相萃取技术上发展起来的一种微萃取分离技术，是一种集采样、萃取、浓缩和进样于一体的无溶剂样品微萃取新技术。与固相萃取技术相比，SPME 操作更简单，携带更方便，操作费用也更加低廉；另外，克服了固相萃取回收率低、吸附剂孔道易堵塞的缺点。Aresta 等[3]开发了利用

SPME 提取尿液中 CAP 的方法。作者对三种商品化的纤维进行了比较，Carbowax/TPR-100 的提取效果最佳；对影响该纤维吸附的因素（提取时间、温度、pH、盐浓度）和解吸条件（解吸和进样时间、解吸溶剂组成）进行了优化。CAP 经 SPME 提取、洗脱后，用 HPLC-UVD 检测。方法线性范围在 37～1000 ng/mL 之间；日内和日间 RSD 分别为 5.5%～6.2% 和 8.7%～9.0%；LOD 和 LOQ 分别为 37 ng/mL 和 95 ng/mL。Huang 等[30]基于 SPME 技术，建立了聚合物整体柱微萃取（PMME）方法，提取蜂蜜、全奶和鸡蛋中 CAP。以聚（甲基丙烯酸-乙二醇二甲基丙烯酸酯）毛细管整体柱作为萃取介质，对萃取条件进行优化。当样品用 pH 4.0 20 mmol/L 磷酸盐缓冲液稀释，直接流过毛细管整体柱时，效果最佳。采用 LC-MS 测定，方法回收率在 85%～102% 之间，RSD 为 2.1%～8.9%；蜂蜜、全奶和鸡蛋的 LOD 分别为 0.02 ng/g、0.04 ng/mL 和 0.04 ng/g。

4）分散液液微萃取（dispersive liquid-liquid microextraction，DLLME）

DLLME 技术由于其萃取时间短、操作简便，是水样分析的前处理方法之一，它建立于三相溶剂体系。在分散剂的作用下，萃取剂以微小液滴的形式分散在样品溶液中，形成乳浊液，从而对溶液中的分析物进行微萃取。采用离心，可将萃取剂沉积于溶液底部，与溶液分离。Chen 等[31]采用 DLLME 方法提取蜂蜜中的 CAP。30 μL 1, 1, 2, 2-四氯乙烷（提取溶剂）与 1.00 mL 乙腈（分散剂）混合，用注射器快速注入 5 mL 样品中，形成浑浊溶液，CAP 被提取到四氯乙烷液滴中。通过离心分层，分析物保留在底层溶剂中，再采用 HPLC-UVD 检测。求得 CAP 的富集因子为 68.2，方法 LOD 为 0.6 μg/kg，RSD 小于 4.3%。在此研究基础上，该作者[32]又开发蜂蜜中 TAP 的 DLLME 提取技术。30 μL 1, 1, 2, 2-四氯乙烷与 1.0 mL 乙腈混合，用注射器快速注入 5 mL 样品中，TAP 被提取到四氯乙烷液滴中，离心分层，TAP 保留在底层溶剂中，再采用 HPLC-UVD 检测。TAP 的富集因子为 87.9，方法 LOD 为 0.1 μg/kg，RSD 小于 6.2%。

（3）净化方法

对动物基质进行样品预处理，是保证残留检测结果可靠的前提。通常初步的提取液中 CAPs 浓度很低，还含有许多脂肪等共萃取物，这些共萃取物如果存在于最终的样品溶液中，不仅会损害检测仪器，还会降低柱效以及干扰检测结果，影响色谱分离及检测的正常进行。常用的净化方法有液液分配（LLP）、固相萃取（SPE）、基质固相分散（MSPD）和免疫亲和色谱（IAC）等。

1）液液分配（liquid liquid partition，LLP）

LLP 作为一种常规的净化方法在 CAPs 残留分析中应用广泛，常用正己烷或异辛烷除去提取液中的脂类物质。但 LLP 易出现乳化现象，对操作者的经验和技巧有一定的要求。一般 LLP 净化后还需要进一步的净化措施如固相萃取来处理样液。

van de Riet 等[14]采用丙酮提取水产品中的 CAP、TAP、FF 和 FFa，提取液再用二氯甲烷反萃取，蒸干后，用稀酸溶解，正己烷 LLP 除脂，LC-MS 测定。方法回收率在 71%～107% 之间，RSD 小于 10%；CAP 和 FF 的 CC_α 为 0.1 ng/g，TAP 为 0.3 ng/g，FFa 为 1.0 ng/g。Rocha Siqueira 等[21]用磷酸提取鸡蛋、虾、鱼、鸡、猪、牛肉中的 CAP，再用乙酸乙酯 LLP 反萃取，LC-MS/MS 检测。方法回收率在 85%～120% 之间，RSD 小于 20%，LOQ 为 0.1 μg/kg。Rodziewicz 等[33]用乙酸乙酯提取均质后动物样品，蒸干提取液，用乙腈复溶，加入正己烷 LLP 净化，再用 LC-MS/MS 测定。方法回收率在 76.3%～100.3% 之间，CC_α 在 0.137～0.205 ng/g 之间，LOQ 为 0.1 ng/g。

2）固相萃取（solid phase extraction，SPE）

用于 CAPs 残留分析的 SPE 柱填料种类较多，主要有 C_{18}、HLB、MCX、Chem Elut、Florsil 等。

A. C_{18} 柱

彭涛等[17]用碱化乙酸乙酯提取虾中的 CAP、TAP 和 FF，浓缩提取物经 LLP 去除脂肪后，加入 0.05% 醋酸溶液复溶，过 C_{18} SPE 柱（用 5 mL 甲醇，5 mL 水平衡），3 mL 水洗涤，3 mL 甲醇-水（60+40，v/v）洗脱，采用 LC-MS/MS 检测。方法 LOD 为：CAP 和 FF 0.01 ng/g，TAP 0.05 ng/g；在添加浓度 0.1～2.0 ng/g 范围内，CAP 回收率为 73.9%～96.0%，TAP 为 78.6%～99.5%，FF 为 74.9%～103.7%，RSD 均小于 6.4%。Santos 等[22]用 pH 6.0 0.1 mol/L 的磷酸缓冲液提取虹鳟鱼中的 CAP，离心后，用正

己烷 LLP 除脂，乙酸乙酯反萃取，蒸干提取液后，用水复溶，过 C$_{18}$ SPE 柱净化，LC-MS/MS 测定，方法 CC$_\alpha$ 为 0.267 μg/kg。

Tian[10]分析牛奶中的 CAP，乙腈提取液过 C$_{18}$ SPE 柱净化后，采用 LC-MS/MS 检测。方法回收率为 71%～107%，RSD 小于 13.7%；CAP 的 LOQ 为 0.03 μg/kg。Silva 等[34]用乙酸乙酯提取羊奶中的 CAP，再用 C$_{18}$ SPE 净化，气相色谱-电子捕获检测器（GC-ECD）检测。方法回收率为 69.87%～73.71%，RSD 为 5.8%～13.4%；LOD 和 LOQ 分别为 0.030 μg/kg 和 0.10 μg/kg。

Vue 等[35]采用 C$_{18}$ SPE 柱富集和分离淡水鱼血浆中的 FF，再用 HPLC-UVD 检测。方法回收率为 84%～104%，RSD 小于 8%；LOQ 为 30 ng/mL。

Gantverg 等[4]测定尿液中的 CAP，用磷酸缓冲液稀释后，加 β-葡萄糖苷酸酶水解轭合药物，再用乙酸乙酯提取，经 C$_{18}$ 固相萃取柱净化后，用 LC-MS/MS 测定。方法回收率大于 80%，RSD 为 13.4%～29.2%，LOD 为 0.02 μg/kg。

B. HLB 柱

Shen 等[36]采用乙酸乙酯提取肌肉和肝脏中的 CAP、TAP、FF 和 FFa，冷冻除脂后，再用正己烷 LLP 净化，接着过 HLB 柱，经衍生化后，用气相色谱-质谱（GC-MS）测定。方法回收率在 78.5%～105.5%之间，RSD 小于 17%；CAP 的 LOD 为 0.1 μg/kg，TAP、FF 和 FFa 的 LOD 为 0.5 μg/kg。

占春瑞等[37]建立了一种同时测定水产品中 TAP 和 FF 残留的分析方法。样品经乙酸乙酯提取，正己烷 LLP 除脂，过 HLB 柱净化，用 3 mL 10%甲醇淋洗，5 mL 甲醇洗脱，洗脱液用氮气吹干，1 mL 10% 乙腈溶液定容，UPLC-UVD 测定。TAP 和 FF 的平均回收率分别为 80.0%和 95.8%，RSD 分别为 5.6% 和 11.2%，LOD 分别为 10 μg/kg、5 μg/kg。Gikas 等[38]用 HLB 柱净化海产品中的 CAP，方法回收率达与 90%，LOQ 为 0.02 μg/kg。

Chen 等[39]测定牛奶中 CAP 时，直接过 HLB 柱净化，水淋洗后，抽干 5 min，正己烷淋洗脱脂，乙酸乙酯洗脱，蒸干洗脱液后，醋酸铵-乙腈（90+10，v/v）复溶，用 UPLC-MS/MS 检测。方法回收率 94.9%～103.6%。Vargas Mamani 等[13]采用甲醇提取牛奶中的 CAP 等药物，经 HLB 柱净化后，HPLC 测定。方法回收率和灵敏度均满足残留分析要求。Wang 等[26]用 McIlvaine 缓冲液-甲醇（8+2，v/v）提取牛奶中的 CAP 和 TAP，过 HLB 净化后，UPLC 测定。方法回收率分别在 52.1%～101.0%之间，LOD 和 LOQ 分别在 0.003～0.022 μg/g 和 0.01～0.08 μg/g 之间。

Ishii 等[40]建立了蜂蜜和皇浆中 CAP 的残留分析方法。蜂蜜用水稀释，皇浆用 1%偏磷酸-甲醇（4+6，v/v）提取，提取液过 HLB 柱净化，LC-MS/MS 测定。蜂蜜和皇浆中 LOQ 分别为 0.3 ng/g 和 1.5 ng/g，回收率均为 92%。Verzegnassi 等[25]采用醋酸缓冲液稀释蜂蜜样品，经 HLB 柱净化后，LC-MS/MS 测定。方法准确度优于 15%，重复性和重现性分别为 12%和 18%；CC$_\alpha$ 和 CC$_\beta$ 均优于 0.1 μg/kg。

C. MCX 柱

FFa 为弱碱性化合物，常用 MCX 等阳离子交换柱进行净化。以酸性溶液上样，再用碱性有机溶剂洗脱。Zhang 等[41]建立了同时检测鱼、虾和猪肉中 FF 和 FFa 的 GC-ECD 方法。提取液旋转蒸干，5%乙酸溶液复溶后，加入正己烷除脂，离心后过 MCX 柱（3 cm^3，60 mg）净化，5%乙酸-甲醇（80+20，v/v）淋洗，10%氨化甲醇溶液洗脱，收集洗脱液，氮气吹干，衍生化后上机分析。该方法测得鱼、虾和猪肉中 FF、FFa 平均回收率分别为 81.7%～109.7%、94.1%～103.4%、71.5%～91.4%；FF 和 FFa 的 LOD 分别为 0.5 ng/g、1 ng/g。该作者[16]提取鸡肉中 CAP、TAP、FF、FFa，蒸干提取液后，用 5% 乙酸水溶液复溶，正己烷脱脂，MCX 柱净化，LC-MS/MS 检测。方法 LOD：CAP 为 0.1 μg/kg，TAP、FFa 为 1 μg/kg，FF 为 0.2 μg/kg，回收率在 95.1%～107.3%之间，日内和日间 RSD 分别小于 10.9%和 10.6%。

D. Chem Elut 柱

Rønning 等[42]将血浆和尿液直接通过 Chem Elut SPE 柱，正己烷淋洗净化，乙酸乙酯洗脱，蒸干后用甲醇-水（3+4，v/v）复溶，LC-MS/MS 测定。方法 CC$_\alpha$ 为 0.02 μg/kg，CC$_\beta$ 为 0.04 μg/kg，室内 RSD 小于 25%。Rodziewicz 等[43]用水稀释尿液，过 Chem Elut SPE 柱净化，乙酸乙酯洗脱，LC-MS/MS

测定。方法平均回收率在91%～100%之间，室内 RSD 小于9%，室间 RSD 小于10%；CC_α 和 CC_β 分别为 0.08 μg/kg，为 0.1 μg/kg。

E. Florsil 柱

Nagata 等[44]用乙酸乙酯提取动物肌肉和鱼肉中的 TAP、FF、CAP，浓缩至干，用 3% NaCl 溶液复溶，正己烷 LLP 去除脂肪，过 Florisil 柱净化后，HPLC-UVD 测定。方法回收率达与 74.1%，LOD 为 0.01 ppm。李鹏等[45]建立了动物组织中 CAP、TAP 和 FF 残留量的方法。用乙酸乙酯提取，正己烷 LLP 去脂肪，蒸干后用乙醚复溶，过 Florisil 柱进一步净化，SPE 柱依次用乙醚-甲醇（7+3，v/v）和乙醚活化，5 mL 乙醚淋洗，5 mL 乙醚-甲醇（7+3，v/v）洗脱，以甲苯为反应介质，用 N,O-双（三甲基硅基）三氟乙酰胺（BSTFA）-三甲基氯硅烷（TMCS）（99+1，v/v）进行硅烷化衍生，GC-MS 测定。CAP 的 LOD 可达到 0.03 μg/kg，TAP 和 FF 可达到 0.2 μg/kg；方法回收率为 80.0%～111.5%，RSD 为 1.2%～15.4%。

F. 联合用柱

为了保证净化效果，提高检测灵敏度，联合用柱越来越多用在 CAPs 的残留分析中。Shen 等[46]用 pH 6.88 的磷酸盐缓冲液-乙酸乙酯提取海产品、蜂蜜、肉等动物源食品中的 CAP，正己烷 LLP 去除脂肪，接着用硅胶柱和 C_{18} 柱净化，衍生化后，用 GC 测定。方法 LOD 为 0.1 μg/kg，平均回收率为 75%～120%，RSD 为 5.4%～8.1%。Pfenning 等[47]用碱性乙酸乙酯和乙腈提取虾中的 CAP、TAP、FF 和 FFa，提取液蒸干用水复溶，酸化后，用正己烷 LLP 除去脂肪，再过丙磺酸（PRS）柱和 C_{18} 柱净化。C_{18} 柱用甲醇洗脱，PRS 柱用碱性甲醇洗脱，蒸干洗脱液，用乙腈复溶，经 Sylon BFT 衍生后 GC 测定。方法回收率为 84%～101%，CV 为 5.3%～12.8%；LOQ 为 5 ng/g。Fujita 等[48]用甲醇-1%偏磷酸提取蜂花粉中的 CAP 后，用聚合物 SPE 柱和中性氧化铝柱联合净化，LC-MS/MS 检测。方法回收率为 98%～113%，CC_α 在 0.05～0.07 μg/kg 之间，CC_β 在 0.08～0.12 μg/kg 之间。谢文等[49]采用 10% 偏磷酸沉淀蜂王浆和蜂蜜中的蛋白质，上清液经乙酸乙酯提取，自制硅胶柱和 HLB 柱净化，LC-MS/MS 检测。该方法对不同基质样品的加标回收率为 91%～107%，RSD 小于 10%；蜂蜜和蜂王浆的 LOD 分别为 0.1 μg/kg 和 0.2 μg/kg。

G. 其他

Lu 等[11]用乙腈提取鸡蛋、牛奶、蜂蜜中的 CAP，提取液经以多壁碳纳米管作为吸附剂材料的 SPE 柱净化后，LC-MS/MS 检测。平均回收率在 95.8%～102.3%之间，日内和日间 RSD 分别小于 7.13% 和 8.89%。

3）基质固相分散萃取（matrix solid-phase dispersion，MSPD）

MSPD 可同时实现样品的均质、提取和净化。在 MSPD 中吸附剂与样品一起混合研磨，样品均匀分散于吸附剂键合相，形成一个独特的色谱固定相。吸附剂同时起着支持剂、分散剂、吸附剂、净化剂的作用，待测物在吸附剂、洗脱液和样品基质之间进行吸附与分配，最终达到萃取与净化双重效果。常用 MSPD 吸附剂主要有 C_{18} 等。

奉夏平等[50]将匀浆后的组织样品放入研钵中，加入石墨化碳黑和 C_{18} 混匀，研磨。在层析柱中依次加入无水硫酸钠、氧化铝、C_{18}，敲实、压紧后，把研磨的混合物装入层析柱中，在混合物上再加入无水硫酸钠，敲实、压紧，制备成 MSPD 柱，用正己烷淋洗柱子，抽干，再用乙酸乙酯洗脱。CAP 经衍生化后用 GC-MS 测定。该方法 LOD 为 5 pg/g，回收率在 95.88%～107.69%之间。Kubala-Drincic 等[51]采用 MSPD 提取净化动物肌肉中的 CAP。肌肉与 C_{18} 填料混合装柱，分别用正己烷和乙腈-水（5+95，v/v）洗涤，乙腈-水（50+50，v/v）洗脱，乙酸乙酯反提，蒸干后用 Sylon HTP 衍生化，GC 测定。在 5 μg/kg、10 μg/kg、15 μg/kg 添加浓度，平均回收率分别为 93%、96%和 98%，RSD 为 13%、11%和 3%；LOD 和 LOQ 分别为 1.6 μg/kg 和 4.0 μg/kg。Lu 等[52]开发了一种检测甲鱼组织中 CAP 的在线 MSPD-LC-MS/MS 快速检测方法（见图 4-1）。将匀浆后甲鱼组织与 C_{18} 填料混合装入 MSPD 柱中，用超纯水作为淋洗溶剂，流速为 0.2 mL/min，淋洗 5 min，乙腈-水（80+20，v/v）作为萃取剂，流速为 0.4 mL/min，提取 5 min。该方法将 MSPD 与 LC-MS/MS 在线连接，显著缩短了样品处理时间。

方法回收率为 92.05%～98.07%，RSD 小于 4.2%，日内和日间 RSD 分别为 2.05%～8.33%和 3.05%～10.17%。

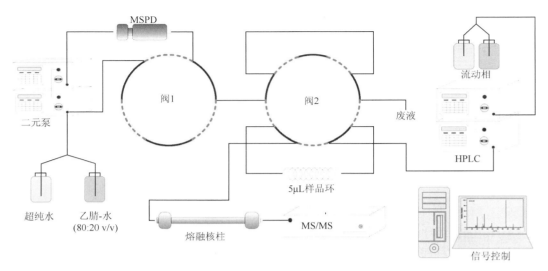

图 4-1　在线 MSPD-HPLC-MS/MS 系统图

黑线表明阀在位置 A，红线表示阀在位置 B

4）免疫亲和色谱（immunoaffinity chromatography，IAC）

IAC 利用抗原-抗体反应原理进行净化，具有高度的选择性，是目前净化效果最好的方法。基于 IAC 方法的检测限主要决定于取样量和分析仪器的灵敏度。

Van de Water 等[53]将抗 CAP 单克隆抗体与溴化氰活化的琼脂糖偶联，制备 IAC 柱，用于猪肉中 CAP 的净化。猪肉提取液中的 CAP 被 IAC 柱吸附，用甲醇洗脱后，HPLC 测定。该方法平均回收率为 70%，损失主要是在提取过程，而在净化过程中几乎没有损失。Zhang 等[54]用抗 CAP 的单克隆抗体与溴化氢-活性琼脂糖 4B 制备 IAC 柱，该 IAC 柱动态柱容量为 3265 ng/mL 硅胶。鸡组织提取液加入该 IAC 柱净化，衍生后，用 GC-ECD 测定。鸡肉的回收率为 86.6%～96.9%，鸡肝为 74.3%～96.9%；鸡肉的 LOQ 为 0.05 ng/g，鸡肝为 0.1 ng/g。Stidl 等[55]利用抗 CAP 抗体制备了 IAC 柱，并对 IAC 柱上样溶剂、流速和洗脱溶剂、流速、体积等进行了优化。用于虾中 CAP 检测的净化，一根 IAC 柱可以至少重复使用 12 次。经 HPLC-UVD 测定，该方法平均回收率为 68%，RSD 为 4%，LOD 为 1.8 ng/g。Gude 等[56]将商品化的由抗 CAP 多克隆抗体制备的 IAC 柱用于猪肉、猪肝、猪肾和猪尿中 CAP 残留分析的净化。当重复使用超过 100 次后，该 IAC 柱容量有了显著降低。采用 GC-ECD 测定，猪肉、猪肝、猪肾和猪尿的平均回收率分别为 69%、54%、62%和 95%；猪肉的 LOD 为 0.2 μg/kg，猪肝、猪肾为 2.0 μg/kg，猪尿为 0.4 μg/kg。

van de Water 等[57]又将抗 CAP 单克隆抗体与羰基活化的支持物偶联，制备 IAC 柱，用于鸡蛋和奶中 CAP 的净化。该 IAC 柱可以重复使用 30 次，而柱容量不会下降。鸡蛋匀浆后的上清液和脱脂奶直接加到 IAC 柱中，用 0.2 mol/L 甘氨酸和 0.5 mol/L pH 2.8 NaCl 洗脱后，HPLC 测定，没有发现基质干扰。牛奶的回收率为 99%，通过增大取样量，LOD 可以降低到 20 ng/kg。Gallo 等[58]用乙腈提取牛奶中的 CAP，经以 α-1-酸性糖蛋白（AAG）为载体的 IAC 柱净化后，用液相色谱-离子阱质谱（LC-MS^n）测定。方法灵敏度满足 0.30 ppb 的检测要求，其他技术指标符合欧盟指令 2002/657/EC 的规定。

Luo 等[59]利用 FFa 作为模板分子，与牛血清白蛋白（BSA）和卵白蛋白（OVA）分别合成免疫原和包被原，免疫兔子制备多克隆抗体。用纯化的抗体与蛋白 A-琼脂糖 Cl 4B 制备 IAC 柱，用于净化、提取猪肉中的 TAP、FF 和 FFa。IAC 柱用甲醇-甲酸（9+1，v/v）洗脱后，LC-MS/MS 检测。该方法回收率在 85.2%～98.9%之间，CV 小于 9.8%；LOD 为 0.12～0.6 μg/kg，LOQ 为 0.4～4.0 μg/kg。循环使用 15 次后，该 IAC 柱的动态柱容量还能达到 512 ng/mL 硅胶。

5）分子印迹技术（molecular imprinting technology，MIT）

当模板分子（印迹分子）与聚合物单体接触时会形成多重作用点，通过聚合过程这种作用就会被记忆下来，当模板分子除去后，聚合物中就形成了与模板分子空间构型相匹配的具有多重作用点的空穴，这样的空穴将对模板分子及其类似物具有选择识别特性。MIT 的发展为 CAPs 的前处理提供了新的净化手段。

毕建玲[60]以 CAP 为模板分子，甲基丙烯酸（MAA）为功能单体，通过对模板分子与单体的比例、聚合温度以及模板分子与交联剂比例等因素的优化，制备性能优良的分子印迹聚合物（MIP）。当模板分子、功能单体与交联剂比例为 1∶4∶24，聚合温度为 60℃，所制备的 CAP MIP 微粒的吸附效果最佳。以该 MIP 微粒作为 SPE 吸附剂，优化活化、上样、淋洗和洗脱条件，得到优化的 SPE 条件为：5 mL 甲醇、5 mL 乙腈和 5 mL 水活化；2 mL 10%的乙醇溶液上样；3 mL 20%乙腈溶液淋洗；2 mL 乙腈洗脱。用于食品基质中 CAP 的分析，方法回收率在 74.3%～96.7%之间。陈小霞等[61]制备了 CAP 的 MIP SPE 柱，并通过对其吸附能力、解吸条件等特性的研究，确定了该 SPE 柱的上柱、淋洗和洗脱条件。结果表明，与传统的 C_{18} 柱相比，该 MIP SPE 柱可采用甲醇含量较高的甲醇-水混合溶剂作为淋洗溶剂，用乙腈含量为 40%的乙腈-水作为洗脱溶剂，且比传统 C_{18} 柱具有更大的柱容量。该 MIP SPE 已应用于实际生物样品中 CAP 的检测。Rejtharova 等[62]开发了新的奶、蜂蜜、尿液中低浓度 CAP 的净化方法。以合成的 MIP 作为 SPE 填料，并与常规 C_{18} SPE 进行了对比，净化效果满足分析要求。与 GC-MS 结合，技术性能满足欧盟指令 2002/657/EC 的规定。Rodziewicz 等[63]制备了 CAP 的 MIP，用于奶粉中 CAP 的净化，LC-MS/MS 检测。方法回收率为 104%～111%，CC_{α} 和 CC_{β} 分别为 0.06 μg/kg 和 0.09 μg/kg。Suarez-Rodriguez 等[64]采用不同的功能单体和聚合条件，制备了 CAP 的多种 MIPs。通过 HPLC 测试，获得对 CAP 具有高度选择性的 MIP，与荧光竞争流动分析结合，用于生物样品中 CAP 的测定。

Guo 等[65]以 CAP 为模板，乙烯基吡啶作为功能单体，EDMA 做交联单体，十二烷基硫酸钠（SDS）做表面活性剂，在水中聚合制得的 CAP 的 MIP，并用其作为 MSPD 的吸附剂，代替常规的 C_{18} 吸附剂，用于检测鱼体内的 CAP。HPLC 测定，方法回收率在 89.8%～101.43%之间，LOD 为 1.2 ng/g，LOQ 为 3.9 ng/g。张燕等[66]以 CAP 为模板分子，4-乙烯吡啶为功能单体，乙二醇二甲基丙烯酸酯（EDMA）为交联剂，偶氮二异丁腈（AIBN）为引发剂，四氢呋喃为致孔剂，模板分子、功能单体、交联剂按照比例 1∶1∶10 聚合，制备的 MIP 对 CAP 的特异性吸附达 54.42 μmoL/g，可在 10 min 内快速达到吸附平衡。以此建立了 CAP 分子印迹吸附检测方法，开发了 CAP 新型检测试剂盒，简化了前处理步骤。

McNiven 等[67]以合成的 CAP-甲基红共轭物为模板，选用二乙胺基乙基甲基丙烯酸酯为功能单体，制备了 MIP。该 MIP 可重复使用，能快速高效地检测 CAP，对 TAP 也有一定的识别检测能力（交叉反应率 60%）。该 MIP 与 HPLC 联用，用于血清中 CAP 含量的分析，LOD 为 5 g/mL。作者又采用原位聚合的方式，在 HPLC 色谱柱中聚合 MIP，与前者相比，柱容量显著降低，但分离 CAP 和 TAP 的能力提高，LOD 为 3 g/mL。Levi 等[68]也采用 CAP-甲基红共轭物为模板，甲基丙烯酸乙酯为功能单体，按照 1∶2 的比例，合成了 MIP，对 CAP 可以特异性识别。MIP 净化后，通过 HPLC 测定，可以检测血清中 3～1000 μg/mL 的 CAP。

Ge 等[69]以 FF 为模版分子，丙烯酰胺为功能单体，EGDMA 为交联剂，制备了 FF 的 MIP。以此建立了一种在线 MIP SPE 净化，流动注射荧光检测肝脏和肉中 FF 的方法。该方法 LOD 为 $3.4×10^{-7}$ g/mL，RSD 为 3.5%。

6）分散固相萃取（dispersive solid phase extraction，DSPE）

与 SPE 相比，DSPE 更加简便和快速，以此发展起来的 QuEChERS（Quick，Easy，Cheap，Rugged，Safe）技术已在残留分析中大量采用。

严忠雍等[70]建立了以 N-丙基乙二胺（PSA）为分散吸附剂快速净化水产品中 CAP 残留量的方法。样品先用乙酸乙酯提取，用 PSA 吸附净化后，通过 UPLC-MS/MS 测定，氘代同位素内标法定量。方法在 0.1～10.0 µg/kg 的添加范围内的平均回收率为 85.9%～102.3%，RSD 为 3.67%～5.24%，LOQ 为 0.1 µg/kg。该方法快速简便，可用于水产品中 CAP 的日常检测。胡红美等[71]用乙酸乙酯萃取水产品中的 CAP 和 FF，经正己烷 LLP 初步净化后，再加入 PSA 进一步净化，经硅烷化试剂衍生后，用 GC-ECD 检测。该方法 CAP 和 FF 的 LOD 分别为 0.1 µg/kg、0.3 µg/kg；在鲫鱼、青蟹、南美白对虾中的回收率分别为 82%～106%、87%～111% 和 91%～98%，RSD 分别为 2.3%～4.9%、2.4%～4.5% 和 1.4%～4.1%。Sniegocki 等[72]采用 QuEChERS 技术净化牛奶中的 CAP。均质的奶样用乙腈提取，加入硫酸镁和氯化钠进行 DSPE 净化，LC-MS/MS 测定。方法回收率在 90%～110% 之间，室内 RSD 小于 12%；CC_α 和 CC_β 分别为 0.10 µg/kg 和 0.15 µg/kg。

4.1.4.2　测定方法

CAPs 残留分析的测定方法主要有微生物法、免疫分析法、薄层色谱法、毛细管电泳法、色谱及色质联用法等。基于抗原抗体特异性反应建立起来的免疫学测定方法具有灵敏度较高、特异性强、预处理简单、分析时间短等优点，目前已经研制出一些成熟的试剂盒产品，使用方便，有着广阔的应用前景；色谱方法可检出样品中痕量的残留药物，具有检测限低、精确度高等特点；而色质谱联用技术更是目前唯一有效的确证手段，但是存在着操作复杂、时间长、成本较高的问题。

（1）微生物法（microbiological analysis，MA）

微生物法的主要原理是样品中如有抗生素残留，则会对培养基中的细菌产生抑菌圈，可以根据抑菌圈的有无及大小来判定结果。此种方法简便、费用低，但耗时长，敏感性和专一性低，易漏检，也会出现假阳性，引起误判，仅适用于对高残留量样品进行筛检。梅先芝等[73]采用棉签法（STOP）测定鲤鱼肌肉组织残留的 CAP，用棉签采集组织液后，置于枯草杆菌培养基中，保温过夜，观察抑菌圈有无及大小判断残留。该方法 LOD 为 1.00 µ/g。焦彦朝等[74]采用氯化三苯基四氮唑法（TTC）测定鲤鱼肌肉组织 CAP 残留，通过用 TTC 染色，量取抑菌圈直径，计算检测限及回收率。该方法平均回收率为 51.3%～69.2%，LOD 为 0.25 µg/g。

（2）免疫分析法（immunoassay，IA）

基于抗原与抗体特异性反应的免疫分析技术，一直是兽药残留快速检测和样品筛选方法的研究热点。CAPs 的二氯酰胺醇和硝基苯结构与大分子蛋白结合后可作为完全抗原，并有效制备相应的抗体。从 20 世纪 80 年代后期开始，免疫法在众多的 CAPs 残留检测方法中发展迅速。免疫法主要包括酶联免疫吸附法（ELISA）、放射免疫分析法（RIA）、胶体金免疫层析法（GICT）、免疫传感器（IS）、荧光免疫分析法（FIA）等。其中，使用最普遍的是 ELISA 方法。

1）酶联免疫吸附法（enzyme linked immunosorbent assay，ELISA）

ELISA 作为筛选方法，样品处理简单，样品通量大，检测成本低，不需复杂仪器设备，与一般仪器方法相比，检测限更低，且选择性高。因此，ELISA 方法在现场监控和日常大批量检测工作中有着广阔的应用前景。

Campbell 等[75]于 1984 年率先报道了采用竞争 ELISA 方法检测 CAP 残留。采用市售的酶联抗兔免疫球蛋白抗体和添加底物，样品中游离的 CAP 和固定在固相上的 CAP 与特异性兔抗体竞争性结合，酶活性与样品中 CAP 的浓度成反比，用分光光度法测定。整个分析过程小于 24 h。该 ELISA 方法的定量范围在 1～100 ng/mL 之间；对琥珀酸 CAP 和 TAP 具有交叉反应。何方洋等[76]用重氮化方法将 CAP 与牛血清白蛋白（BSA）和卵清蛋白（OVA）偶联，制备免疫抗原和包被抗原，ELISA 鉴定。将偶联抗原用弗氏佐剂乳化后免疫兔子，制备多克隆抗体，硫酸铵沉淀法初步纯化，亲和层析法进一步纯化。建立竞争 ELISA 法检测 CAP，方法 LOD 为 0.3 ng/mL。魏书林等[77]利用活化酯法合成 CAP 抗原，作为免疫原免疫兔子得到 CAP 的单克隆抗体，建立了 CAP 间接竞争 ELISA 方法。结果显示抗体效价可达 1∶640000，半数抑制剂浓度（IC_{50}）为 1.3 ng/mL，LOD 达到 0.05 ng/mL，线性检测范围为 0.1～36.45 ng/mL，在 0.5 ng/g、1 ng/g、2.5 ng/g、5 ng/g 添加浓度水平，鸡肌肉组织中的回收率为 55.4%～119%。

Tao 等[78]开发了一种竞争性的间接化学发光酶联免疫分析方法（CL-ELISA），检测牛奶和鸡肉中

CAP 残留。由于该多克隆抗体的独特特性，特殊反应系统和改进提取方法，优化条件后（吐温-20 的浓度，PB 的浓度和 pH，温育时间和温度），方法 LOD 可达到 0.92 ng/L，定量范围在 3.16～3035 ng/L 之间，IC_{50} 为 17.29 ng/L。牛奶和鸡肉中的回收率分别为 104.9%～114.8%和 101.0%～118.8%，CV 为 3.0%～14.6%和 9.5%～14.4%。该作者[79]又建立了一种高灵敏度的化学发光酶免疫测定方法（CLEIA）测定牛奶中的 CAP。在优化条件下，在增强剂：3（10'-吩噻嗪基）丙烷-1-磺酸盐（SPTZ）和 4-吗啉（MORP）的存在下，通过辣根过氧化物酶（HRP-C）催化化学发光反应（ECR）。该 HRP 化学发光的 LOD 为 0.33 pg/孔。结果证明，这种新的增强剂可以显著提高 HRP 催化的 ECR 的光输出，提高检测灵敏度。Jiang 等[80]也开发了牛奶、奶粉、蜂蜜、鸡蛋和鸡肉中 CAP 的 CL-ELISA 方法。方法 LOD 为 0.7 ng/L，定量范围在 2.1～92.4 ng/L 之间，IC_{50} 为 13.6 ng/L，灵敏度显著优于传统的 ELISA 方法。在 5～60 ng/L 添加浓度，方法回收率为 72.1%～116.0%，CV 为 4.2%～20.2%。

Wu 等[81]开发了间接竞争 ELISA 方法检测动物可食组织中的 FFa。FFa 通过戊二醛法共价连接到载体蛋白上作为免疫原，免疫获得多克隆抗体。该抗体的 IC_{50} 为 3.34 μg/L。样品用乙酸乙酯-氢氧化铵（90+10，v/v）提取后，用该 ELISA 方法检测。猪肉、鸡肉和鱼的 LOD 分别为 3.08 μg/kg、3.3 μg/kg 和 3.86 μg/kg，回收率在 64.6%～124.7%之间，CV 为 11.3%～25.8%。

部分已发表的 CAPs 的 ELISA 方法见表 4-3。

表 4-3 部分动物源产品中 CAPs 的 ELISA 检测方法

化合物	基质	样品前处理	检测方法	检测限	参考文献
CAP	牛奶 鸡肉	缓冲液稀释 溶剂提取	间接 CL-ELISA	0.92 ng/L	[78]
FFa	猪肌肉、鸡肉、鱼	酸性水解，溶剂提取	间接 ELISA	3.08 μg/kg, 3.3 μg/kg, 3.86 μg/kg	[81]
CAP	牛奶	溶剂提取	间接 BS-ELISA	0.042 ng/mL	[82]
FF, FFa	猪肌肉	酸性缓冲液提取，稀释	间接 ELISA	1.6 ng/g	[83]
CAP	羊血清	无前处理	直接 ELISA	0.1 ng/mL	[84]
TAP	鳝鱼	溶剂提取	间接 ELISA	0.16 μg/L	[85]
CAP	鸡肉	溶剂提取	间接 CL-ELISA	6 ng/L	[86]
CAP	虾	溶剂提取	间接 CL-ELISA	0.01 ng/L	[87]
CAP	脱脂牛奶	缓冲液稀释	间接 CL-ELISA	0.05 ng/mL	[88]
CAP	海鲜、肉、蜂蜜	溶剂提取	ELISA 检测	0.3 μg/kg	[89]
CAP	肌肉、鸡蛋、蜂蜜 牛奶	溶剂提取，SPE 净化 除脂，溶剂提取	ELISA 检测	0.018 μg/kg, 0.0076 μg/kg, 0.063 μg/kg 0.22 μg/kg, 0.11 μg/kg	[90]
CAP	猪组织（肌肉、肾脏）	溶剂提取，SPE	ELISA 检测	0.1 ng/g	[91]
CAP	虾	缓冲液提取 溶剂提取	ELISA 检测	0.25 μg/kg 0.1 μg/kg	[92]
CAP	牛奶 肉、鸡蛋	缓冲液稀释 缓冲液提取	间接 ELISA	8 μg/kg	[93]
CAP	牛奶	除脂、过滤	间接 BS-ELISA	1 μg/kg	[94]

2）放射免疫分析法（radioimmunoassay，RIA）

RIA 技术是使用以放射性同位素（如 ^{125}I、^{32}P、^3H 等）作标记的抗原或抗体，利用同位素标记的抗原和未标记的抗原与抗体发生竞争抑制反应，用 γ 射线探测仪或液体闪烁计数器测定 γ 射线或 β 射线的放射性强度，来测定抗体或抗原含量的技术。近年来有研究人员采用该技术对动物组织中的 CAP 残留进行了检测。尽管该方法灵敏度非常高（RIA 通常为 10^{-9} g、10^{-12} g，甚至 10^{-15} g），应用范围广，但进行 RIA 需使用昂贵的计数器，且存在放射线辐射和污染等问题，因此在兽药残留检测领域的应用和发展受到了一定的限制，并逐步为其他免疫分析方法所取代。

Arnold 等[95]开发了 RIA 法测定鸡蛋、牛奶、动物肌肉中的 CAP 残留。当采用高特异性的羊抗血清时，除了酰基侧链的代谢物外，交叉反应并不显著，TAP 并不反应。净化的目的是除去脂质，脱脂牛奶可以直接稀释检测。该方法 LOD 为 0.2 μg/kg，1 μg/kg 以上的 CAP 能被准确定量，回收率为 85%，与 GC-ECD 的结果相比没有显著差异。徐美奕等[96]采用 RIA 法测定了对虾中 CAP 残留量，方法 LOD 为 0.15×10^{-12}，可作为水产品中 CAP 残留量的有效检测手段。黄晓蓉等[97]建立了 RIA 受体免疫分析方法快速筛检烤鳗中 CAP 残留，灵敏度高，LOD 可达 0.3 μg/kg。

利用抗生素功能基与微生物细胞结合部位的结合反应特性，集 RIA、ELISA、生物发光技术、液体闪烁技术为一体进行抗生素残留的快速检测，亦得到较广泛研究和应用。美国食品与药品管理局（FDA）推荐使用的 CHARM II 快速筛检方法，样品处理简单，检测时间短，基本满足实际样品检测的需要。McMullen 等[98]应用此方法检测蜂蜜中的 CAP 残留，LOD 为 0.3 μg/kg。倪梅林等[99]也用 CHARM II 快速筛检虾仁中 CAP 残留量，精密度为 5.5%，LOQ 能达到 0.1 μg/kg。

3）荧光免疫分析（fluoroimmunoassay，FIA）

FIA 是利用免疫反应的高度特异性和标记示踪物的高度灵敏性相结合而建立的一类非放射性的新兴检测技术。近年来以其特出的优点逐渐为人们所重视。郭艳宏等[100]采用反相微乳技术合成了荧光稀土铕二氧化硅纳米颗粒，用其与 CAP 单克隆抗体结合制备 CAPs 残留物免疫检测探针，对牛奶中 CAP 及其琥珀酸盐同步检测，简便快速，30 min 内得出结果。与 TAP、庆大霉素、磺胺二甲基嘧啶之间无交叉反应，特异性好，未发现非特异性吸附问题。Li 等[101]利用单克隆抗体建立了时间分辨-荧光免疫分析（TR-FIA）方法检测水产品中的 CAP。方法 LOD 为 0.04 ng/g，LOQ 为 0.15 ng/g；批内 CV 小于 10%，批间 CV 小于 13.3%；平均回收率在 83.7%～109.6%之间，CV 为 8.3%～1.5%；与 ELISA 方法相比具有很好的相关性。Zhang 等[102]采用 Eu^{3+} 标记抗 CAP 单克隆抗体，开发了一种新型的双标记 TR-FIA 方法检测猪组织中的 CAP。方法 LOD 为 0.06 ng/g，在添加浓度 0.1～5 ng/g 范围，猪肉中的回收率为 102%～121%。分析结果与 ELISA 和 GC-MS 方法的相关性为 0.92～0.98。Gasilova 等[103]建立了一种荧光偏振免疫分析（FPIA）方法用于检测牛奶中的 CAP。选择双抗体和荧光素标记抗原的最佳配对，对使用饱和硫酸铵溶液处理牛奶样品进行了优化，对测试过程的分析特性进行了确定。整个分析过程不超过 10 min，方法 LOD 为 20 μg/kg。

4）免疫传感器（immunesensor，IS）

免疫传感器就是利用抗原（抗体）对抗体（抗原）的识别功能而研制成的生物传感器。作为一种新兴的生物传感器中，免疫传感器以其鉴定物质的高度特异性、敏感性和稳定受到青睐，它的问世使传统的免疫分析发生了很大的变化。免疫传感器主要包括表面等离子体共振（SPR）和电化学免疫传感器（ECIS）等。

A. 表面等离子体共振（surface plasmon resonance，SPR）

Ferguson 等[104]采用涂有 CAP 衍生物和抗体的传感器芯片，开发了快速检测禽肉、蜂蜜、虾、牛奶中 CAP 和葡糖苷酸 CAP 残留的 SPR 分析方法。该抗体对葡糖苷酸 CAP 的交叉反应率为：73.8%（禽肉）、69.2%（蜂蜜）、75.7%（虾）、84.8%（奶），与其他化合物没有交叉反应。脂肪含量小于 3.5%的牛奶可以直接检测，禽肉、蜂蜜、虾需要用乙酸乙酯提取后再用传感器测定。方法 CC_α 为：0.005 μg/kg（禽肉）、0.02 μg/kg（蜂蜜）、0.04 μg/kg（虾）、0.04 μg/kg（奶），CC_β 分别为：0.02 μg/kg、0.02 μg/kg、0.07 μg/kg、0.05 μg/kg。Ashwin 等[2]采用 SPR 传感器筛选检测蜂蜜、虾及动物内脏中的 CAP 和葡糖苷酸 CAP。样品中分析物经酶解，溶剂提取，并用 SPE 净化后，用 SPR 测定。方法 CC_α 为 0.1 μg/kg，CC_β 为 0.2 μg/kg。Fernández 等[105]开发了一种基于黄金衍射光栅表面等离子体的新型便携式六通道 SPR 传感器，用于牛奶样品中 CAP 的检测。用两种类型含聚乙二醇（PEG）的巯基烷基试剂制备形成混合自组装单分子层（m-SAM），将芯片与半抗原蛋白共价结合，使生物功能化。将样品或标准品与特异性多克隆抗体混合，并注入传感器装置。缓冲液中 CAP 的 LOD 为 0.26 μg/L。牛奶样品只需 5 倍稀释后即可进行检测，而无须其他净化步骤。

B. 电化学免疫传感器（electrochemical immunosensor，ECIS）

宋巍巍等[106]以 OVA-CAP 偶联物为包被抗原，并将其包被到聚苯乙烯反应板上。在孵育反应中，样品中的 CAP 与 OVA-CAP 竞争结合 CAP 单克隆抗体,洗涤后加入碱性磷酸酶(ALP)标记的二抗,经再次孵育及洗涤后加入对硝基苯磷酸(pNPP)底物液。反应终止后用线性导数伏安法记录 pNPP 水解产物的氧化峰电流。实验结果表明,用免疫传感法检测 CAP 的灵敏度高于传统的间接竞争 ELISA 方法。该方法检测 CAP 的 LOD 为 0.064 μg/L,检测线性范围为 0.15～600 μg/L,测试牛奶样品的平均回收率为 89.8%。另外,由于电化学免疫传感器体积较小,便于携带,操作简单,可实现牛乳样品中 CAP 残留的现场检测。谢东华等[107]研制了基于 CAP 抗体包被 Fe_3O_4/Au 金磁纳米微粒(GMP)和三乙撑四胺铜(Ⅱ)(CuL)共固定修饰平面热解石墨电极的安培免疫传感器,用于测定鱼肉中 CAP 含量。该免疫传感器利用外加磁场,将抗 CAP-GMP 吸引到 CuL 修饰的 PRG 电极表面制备而成。CuL 对 H_2O_2 还原具有良好的电催化能力,当该传感器在含 CAP 样品液中温育后,CAP 与电极表面的抗 CAP 的免疫结合物导致 CuL 对 H_2O_2 的催化还原电流(I)降低,电流下降值和 CAP 浓度成正比,可用于 CAP 定量测定。在 25℃的 pH 6.5 磷酸盐缓冲液中温育 30 min,该传感器对 CAP 的检测线性范围为 0.6～110 ng/mL,LOD 为 0.092 ng/mL,添加回收率在 97%～104%之间。Kim 等[108]制备了 CAP 的安培免疫传感器。在被黏结到导电高分子(聚 TTCA)层的改性树枝状硫化镉纳米粒子(CdS)上共价固定抗 CAP 乙酰转移酶(抗-CAT)抗体。为了提高传感器探头的灵敏度,金纳米粒子、树枝状聚合物和 CdS 纳米颗粒被沉积到聚合物层。用扫描电子显微镜(SEM)和透射电子显微镜(TEM)测定粒径。树枝状聚合物、CdS 和抗-CAT 的固定用能量破坏性分析法(EDS)、X 射线光电子能谱法(XPS)和石英晶体微天平(QCM)技术证实。基于游离和标记-CAP 竞争性结合抗-CAT 的活性位点的免疫反应,来检测 CAP 含量。肼用于 CAP 标记,在–0.35 V,可电化学催化 H_2O_2 的减少。优化条件下,该传感器在 50～950 pg/mL 浓度范围呈良好线性,LOD 为 45 pg/mL,并用于肉样中 CAP 的测定。

C. 其他

Que 等[109]基于金纳米粒子(AuNP)催化 4-硝基苯酚(4-NP)还原反应,开发了一种新的竞争型免疫传感系统,采用紫外-可见光(UV-vis)分光光度计检测蜂蜜和牛奶中的 CAP。直径为 16 nm 的 AuNP 用 CAP-BSA 结合物合成和官能化,被用作包被在聚苯乙烯微量滴定板(MTP)上的抗-CAP 单克隆抗体的竞争物。在目标 CAP 存在的情况下,AuNP 上标记的 CAP-BSA,与目标 CAP 竞争结合 MTP 上固定的抗体。MTP 上 CAP-BSA-AuNP 结合物随着样品中目标 CAP 的增多而减少。当向 MTP 加入 4-NP 和 $NaBH_4$,携带的 AuNP 将 4-NP 催化还原为 4-氨基苯酚(4-AP),而 4-AP 可以用 UV-vis 分光光度计检测。实验表明,在 403 nm 的吸光度值会随着样品中 CAP 浓度的增加而增大。方法在 0.1～100 ng/mL 范围内,呈良好线性;LOD 可达到 0.03 ng/mL;批内、批间 CV 分别小于 5.5%和 8.0%;回收率在 92%～112%之间。

Gaudin 等[110]基于 CAP 溶液对抗 CAP 多克隆抗体与传感器上固定的 CAP 的结合的抑制,开发了一种免疫生物传感器。响应值与样品中 CAP 的浓度成反比。该研究对两种不同的抗体和两个固定 CAP 的方法进行了比较,通过 ELISA 测试发现抗体质量对分析的影响很大,而且固定 CAP 的方法是关键点。经过优化后,该传感器可检测 CAP 及其葡萄糖醛酸结合物,LOD 可达到 0.1 μg/L,整个分析时间不超过 3 min,并可用于胆汁、尿液和肉中 CAP 的测定。

5)胶体金免疫层析法(immune colloidal gold technique,GICT)

胶体金是由氯金酸在还原剂如柠檬酸三钠、白磷、枸橼酸钠、鞣酸等的作用下,聚合成为特定大小的金颗粒,在静电作用下形成的一种稳定的胶体状态。胶体金在弱碱环境下带负电荷,可与蛋白质分子的正电荷基团牢固结合。由于这种结合是静电结合,所以胶体金能稳定、迅速地吸附蛋白质,而蛋白质的生物活性无明显改变,不影响蛋白质的生物学特性。将 CAPs 单克隆抗体-胶体金复合物包被在胶体金结合垫上,并将人工合成的 CAPs 抗原包被在硝酸纤维素薄膜表面作为检测线(T 线),其与待测样品中 CAPs 竞争结合胶体金标记的 CAPs 单克隆抗体,并以颜色直观显示检测的定性结果。该方法检测浓度可达到 ng/mL 水平,成为 CAP 残留现场监控的有效筛检手段。

李余动等[111]为建立用于快速检测样品中 CAP 残留含量的 GICA 试纸条,采用免疫竞争法,将抗

CAP 单克隆抗体-胶体金复合物包被在胶体金结合垫上，并将人工合成的 CAP 抗原包被在硝酸纤维素薄膜表面作为检测线，其与待测样品中 CAP 竞争结合胶体金标记的 CAP 单克隆抗体，并能以颜色直观显示检测的定性结果。检测虾肉等组织试样时，灵敏度最低值可达到 1 ng/mL，只需 5~10 min，与类似物无交叉反应。王自良等[112]以 BSA-CAP-HS 免疫 Balb/C 小鼠，用细胞融合技术筛选抗 CAP 单克隆抗体（CAP mAb）杂交瘤细胞，体内诱生腹水法制备 CAP mAb，并鉴定其免疫学特性；依据 GICA 原理，以 CAP mAb 为金标抗体，研制 CAP 残留快速检测金标试纸，并对其性能进行测定。结果表明，该金标试纸的标准曲线呈典型的 S 形，符合拟合曲线，目测 LOD 为 0.5 μg/L，其敏感性与竞争 ELISA 试剂盒相当，符合率为 100%。肖治理等[113]为研究应用检测 CAP 的 GICA 技术，采用柠檬酸三钠还原法制备胶体金颗粒，标记抗 CAP 单克隆抗体，将 CAP 偶联抗原和羊抗鼠二抗分别结合于硝酸纤维膜作为检测线和质控线，研制 CAP 胶体金快速检测试纸条。通过优化试验，确定最佳标记 pH 为 8.5、最佳标记量为 36 μg/mL、最佳抗原包被浓度和最佳二抗包被浓度分别为 0.5 mg/mL、1.0 mg/mL。经过试验制成的试纸条 LOD 为 2 ng/mL，检测时间 5~8 min，肉眼即可判断结果。桑丽雅等[114]应用 GICA 技术，研制一种水产品中 CAP 免疫胶体金快速检测试剂条。将制备的金溶液以最适蛋白标记量标记抗 CAP 单克隆抗体制成金标抗体，将羊抗鼠 IgG、CAP-BSA 和金标抗体三者经过反复调试优化，以适宜质量浓度和包被量分别包被到硝酸纤维素（NC）膜和胶体金结合垫上。NC 膜经 37℃恒温干燥 32 h 或 25℃恒温干燥 7 天后，和样品垫、胶体金结合垫、吸水垫及其他辅料组装成试剂条。经实验，该试剂板对水产品中 CAP 的 LOD 为 0.3 μg/kg，假阳性率 4%，假阴性率为 2%，常温保质期在 6 个月以上。

　　6）免疫 PCR 法（immuno polymerase chain reaction，IPCR）

　　IPCR 是利用抗原抗体反应的特异性和 PCR 扩增反应的极高灵敏性而建立的一种微量抗原检测技术。是用一段已知 DNA 分子标记抗体作为探针，用此探针与待测抗原反应，PCR 扩增黏附在抗原抗体复合物上的这段 DNA 分子，电泳定性，根据特异性 PCR 产物的有无，来判断待测抗原是否存在。刘京[115]在制备 CAP 全抗原的基础上，研制抗 CAP 单克隆抗体，利用抗 CAP 单克隆抗体建立 IPCR 分析法，检测牛奶中 CAP 的残留。以 BSA、OVA 为载体蛋白，采用 EDC 法制备 CAP 全抗原，免疫小鼠，制备抗 CAP 多克隆抗体。采用细胞融合和杂交瘤分选技术，经过筛选和亚克隆，成功获得能稳定分泌抗 CAP 单克隆抗体的细胞株 1B7，接种于 Balb/c 小鼠腹腔，得到的小鼠腹水经纯化后效价为 1：512000。以该抗体建立 ELISA 竞争抑制标准曲线，IC_{50} 和 LOD 分别为 7.39 ng/mL、0.24 ng/mL，与 CAPs 的交叉率高达 2052.8%，与其他药物未见明显交叉。当抗原包被浓度为 10 μg/mL，生物素酰化抗体的工作浓度为 1：64000，亲和素工作浓度为 10 μg/mL，生物素标记的 DNA 投入量为 10 pg 时，建立的 IPCR 方法 LOD 为 1.380 pg/mL，批内、批间 CV 均小于 10%。用于牛奶样品中 CAP 检测时，回收率为 86.8%~106.0%，RSD 为 4.94%~7.51%。

　　（3）薄层色谱法（thin layer chromatography，TLC）

　　TLC 将适宜的固定相涂布于玻璃板、塑料或铝基片上，成一均匀薄层。待点样、展开后，根据比移值（Rf）与适宜的对照物按同法所得的色谱图的比移值（Rf）作对比，用以进行药品的鉴别、杂质检查或含量测定的方法。Dreassi 等[116]报道了采用平面色谱（PC）测定牛血浆中 TAP 含量的方法。用含有 2 mol/L 碳酸钠的乙酸乙酯溶液提取，提取液蒸干后复溶于甲醇中。在平板上点样，色谱条件为 HPTLC-NH₂、HPTLC-CN 和 HPTLC-Si 60 色谱柱，流动相（展开剂）是乙酸乙酯-甲醇（5+1，v/v）和乙酸乙酯-冰醋酸（100+1，v/v）。方法平均回收率为 81.5%，LOD 为 0.06~0.07 μg/mL。

　　（4）流动注射-电化学检测法（flow injection-electrochemical detection，FL-ECD）

　　流动注射（FL）是把一定体积的试样溶液注入一个流动着的，非空气间隔的试剂溶液（或水）载流中，被注入的试样溶液流入反应盘管，形成一个区域，并与载流中的试剂混合、反应，再进入到流通检测器进行测定分析及记录。Agüi 等[117]发现由于碳纤维的表面积的增加，0.0~+2.6 V 重复方波（SW）伏安扫描圆柱形碳纤维微电极（CFMEs）的电化学活化会显著增强 CAP 的阴极电流。CAP 的循环伏安图表明，这是薄层电解总电流的贡献。在活化纤维上 CAP 的减少浓度比为 6.5×10^7 μA cm^{-2} mol^{-1}L。

在此基础上，开发了 SW 伏安 CFMEs 检测奶中的 CAP 残留，并对活化中涉及的化学及电化学变量进行了优化。方法在 $1.0 \times 10^{-7} \sim 1.0 \times 10^{-5}$ mol/L 呈良好线性，LOD 为 15 ng/mL，回收率大于 97%。Chuanuwatanakul 等[118]采用循环伏安法对 CAP 在掺杂硼的金刚石薄膜（BDD）电极的电化学性能进行研究。当用 pH 6 0.1 mol/L 磷酸盐缓冲液-1%乙醇时，得到 CAP 的最高电流响应。在 $0.1 \sim 10$ mmol/L 范围，CAP 浓度与电流响应呈线性关系。采用流动注射分析奶中 CAP 含量，装有 BDD 电极的薄层流池作为电流检测器，在-0.7 V（Ag/AgCl 电极）进行实验。在 $0.1 \sim 50$ μmol/L 时，电流响应与 CAP 浓度呈线性，LOD 为 0.03 μmol/L，回收率为 93.9% $\sim$ 103%。

（5）毛细管电泳法（capillaryelectrophoresis，CE）

CE 兼有高压电泳的高速、高分辨率和液相色谱（LC）灵活高效的优点，可简化样品前处理，多残留分析自动化，但是由于样品量太少，限制了检测灵敏度。

Kowalski 等[119]建立了测定禽组织中 CAP、TAP 和 FF 的 CE 方法。样品用乙腈提取和除蛋白，SPE 净化后用 CE 测定。用未涂层熔融石英毛细管柱（57 cm×75 μm i.d.）分离，25 mmol/L 十水四硼酸钠溶液作为分离缓冲液，电压 20 kV，温度 22℃。方法运行时间小于 7 min，回收率大于 82.2%。该作者[120]又开发了动物组织中 CAP、TAP 和 FF 的胶束电动色谱（MEKC）测定方法。组织样品用乙腈提取和去除蛋白，再用 C_{18} 柱净化，MEKC 检测。方法 LOD 为 $1.3 \sim 7.8$ ng/g，LOQ 为 $4.5 \sim 26.1$ ng/g；日内和日间精密度分别小于 8.4%和 14.9%；样品添加回收率超过 77.2%。Zhang 等[121]基于荧光标记的 CAP 半抗原与游离 CAP 竞争结合数量有限的抗 CAP 抗体原理，开发了动物源食品中 CAP 的毛细管电泳免疫分析-激光诱导荧光（CEIA-LIF）检测方法。聚（N-异丙基丙烯酰胺）（pNIPA）水凝胶加入分离液中，作为动态调节剂以降低吸附和提高重现性。方法线性范围为 $0.008 \sim 5$ μg/L，LOD 为 0.0016 μg/L，是常规 ELISA 方法的 20 倍。该方法在 15 min 可达到平衡，CE 在 5 min 内分离得到分析结果。用于动物源食品分析，LOD 为 0.1 μg/kg。

Kowalski 等[122]建立了血浆中 FF 的 CE-UVD 检测方法。样品处理简单，不需要梯度洗脱和衍生，线性范围在 $0.05 \sim 10$ μg/mL 之间，LOD 为 0.015 μg/mL。与 HPLC 方法相比，灵敏度更高，分析时间仅为 1/2。该作者[123]还建立了火鸡血液中 TAP 的 CE 分析方法。线性范围在 $0.2 \sim 500$ μg/mL 之间，LOD 为 70 ng/mL，LOQ 为 200 ng/mL。Jin 等[124]采用碳纤维微盘阵列电极，在-1.00 V 恒电位（相对于饱和甘汞电极）建立了血清中 CAP 的 CZE 柱端安培检测方法。分离缓冲液为 8.4×10^{-4} mol/L HOAc 和 3.2×10^{-3} mol/L NaOAc，电压 20 kV，进样电压 5 kV，进样时间 5 s。方法 LOD 为 9.1×10^{-7} mol/L，RSD 为 1.1%（迁移时间）和 2.3%（电泳峰值电流）。

Vera-Candioti 等[125]建立了牛奶中 CAP 的毛细管区带电泳-二极管阵列检测器（CZE-DAD）分析方法。采用阶乘和中心复合设计使优化实验数量减少。多重响应标准用于优化 CZE 的分离，在缩短分析时间的同时，具有良好的峰值分辨率和低毛细管电流。牛奶样品用三氯乙酸沉淀蛋白，再用二氯甲烷 LLP，过 SPE 净化后，进 CE 分析。方法 LOD 和 LOQ 分别为 30 μg/L 和 100 μg/L，回收率在 93.08% $\sim$ 102.89%之间。Santos 等[126]开发了一种简单快速地测定牛奶中 CAP 的 CE 方法。牛奶沉淀蛋白后，用 C_{18} 柱净化，CE-UVD 在 210 nm 测定。58.5 cm 熔融石英毛细管分离，2.7×10^{-2} mol/L 磷酸二氢钾和 4.3×10^{-2} mol/L 四硼酸钠（pH 8）作为分离缓冲液，电压 18 kV，温度 25℃。方法回收率为 72%，RSD 小于 5%。

（6）高效液相色谱法（high performance liquid chromatography，HPLC）

CAPs 分子结构中含有一个不游离的氨，为中等极性化合物，可用反相液相色谱法（RP-LC）进行分离。非极性烷基键合相是目前应用最广泛的柱填料，其中十八烷基硅烷键合相在 RP-LC 分析中发挥着主要作用，一般采用 C_{18} 分析柱，少数用 C_8 柱或苯基柱。采用的流动相主要有甲醇或乙腈与醋酸盐缓冲液、磷酸缓冲液或水，也有用离子对色谱。CAPs 结构中有发色基团，具有紫外吸收，检测时可使用紫外检测器（ultraviolet detector，UVD）或二极管阵列检测器（photo-diode array，PDA；diode-array detector，DAD）。CAP 的检测波长可选择 214 nm、254 nm 或 278 nm。在 214 nm 处 CAP 的检测灵敏度最高，但样品提取液的色谱图上会有许多内源性化合物的干扰峰；而在 278 nm 检测时干扰峰较少。TAP

和 FF 一般在 224 nm、225 nm 或 230 nm 进行检测。此外，TAP、FF 也有采用荧光检测器（fluorescence detector，FLD）测定的报道。表 4-4 列出了部分动物源食品中 CAPs 残留的 HPLC 检测方法。

1）UVD 和 DAD/PDA

Li 等[127]建立了猪肉和猪肝中 CAP 的 HPLC-PDA 测定方法。猪肉和猪肝的回收率分别为 91.3%～94.2% 和 93.1 和 103.7%，CV 分别为 1.4%～4.3% 和 1.1%～11.2%；LOD 为 5 ng/mL，LOQ 为 15 ng/mL。杨大进等[128]用 HPLC-UVD 在 270 nm 处检测家畜和鸡肉、肝脏中的 CAP。样品用乙酸乙酯超声提取后，再用无水硫酸钠脱水浓缩，加 0.5 mol/L 高氯酸-正己烷 LLP 净化，HPLC 检测。方法回收率在 82.1%～96.6% 之间，RSD 为 5.3%～6.4%。Russel 等[129]报道了检测 CAP 的 HPLC 方法。用乙腈和硫酸铵提取肌肉中 CAP，经正己烷除脂，浓缩后，用 HPLC-UVD 在 254 nm 检测。方法 LOD 为 10 μg/kg，回收率在 71% 左右。Perez 等[130]开发了巴氏杀菌奶中 CAP 的检测方法。用三氯甲烷-丙酮提取，正己烷 LLP 净化，HPLC-UVD 在 275 nm 测定，用乙酸钠缓冲液和乙腈梯度洗脱。在 50 ppb 添加水平，方法回收率为 104.17%。蒋定国等[8]报道了检测牛奶样品中 CAP 的方法。先用含有 1% 高氯酸的乙酸乙酯沉淀蛋白和提取 CAP，浓缩后用 0.5 mol/L 高氯酸溶解，正己烷除脂，HPLC-UVD 在 278 nm 处 CAP。方法 LOD 为 1.1 μg/kg，在 20～100 μg/kg 浓度范围内，平均回收率为 88.0%～97.7%。

近年来，国内外对 FF 残留的研究多是采用 Hormazabal 等[131]报道的 HPLC 法。肌肉组织或肝脏，加水、丙酮提取，离心去除下层残渣，上清液加二氯甲烷 LLP 净化，弃去水层，浓缩至干，加 0.01 mol/L 磷酸氢二钠（pH 2.8）-甲醇（80+20，v/v）复溶，正己烷除脂，下层溶液过滤膜后 HPLC-UVD 测定。用 C18 色谱柱分离，流动相为 0.02 mol/L 的庚烷磺酸盐和 0.025 mol/L 磷酸钠（pH 3.85），与 0.1% 三乙胺甲醇溶液，按照体积比 68∶32 混合，检测波长为 220 nm。组织中目标化合物标准曲线的绘制用峰高测量法和内标法，TAP 作为内标。FF 的回收率为 99%～107%，在肌肉和肝脏中的检测限分别为 20 ng/g 和 50 ng/g。该研究在流动相中加入了离子对试剂-庚烷磺酸钠和三乙胺，使该方法具有了分析速度快、分离效率高的特点。Wrzesinski 等[132]建立了斑点叉尾鮰肉中 FFa 的 HPLC 方法。样品经酸水解、乙酸乙酯提取，SPE 净化后，HPLC-UVD 测定。在添加浓度 0.075～35 μg/g 范围，方法回收率为 85.7%～92.3%，RSD 为 4.8%～17.2%，LOD 为 0.044 μg/g。Vue 等[35]报道了鱼血浆中 FF 的 HPLC 测定方法。从血浆中提取的药物经 C18 固相萃取柱纯化后，用配有 UVD 的 RP-HPLC 检测。该方法操作简单，取样量较少（250 μL），回收率为 84%～104%，精密度不超过 8%，LOD 达到 30 μg/L，适合于各种淡水鱼中 FF 的药代动力学研究。

Nagata 等[44]报道了用 HPLC 测定肌肉和鱼肉中的 TAP、FF 和 CAP。乙酸乙酯提取，提取液浓缩干燥后，残留物溶于 3% 氯化钠溶液中，正己烷脱脂，水相用乙酸乙酯萃取，乙酸乙酯萃取液浓缩干燥后用正丁烷溶解，通过 Florisil 柱净化，ODS 柱分离，225 nm 或 270 nm 紫外检测。该研究发现，乙腈-水作流动相时，溶剂峰会干扰 TAP 出峰；而甲醇-水作流动相，溶剂峰对 TAP 和 FF 出峰都没有干扰。CAP 的添加浓度为 0.1 μg/g 时，方法回收率大于 74.1%，LOD 为 0.01 μg/g。Wang 等[26]用 UPLC-UVD 测定牛奶中的 CAP 和 TAP，样品中加入 20%TCA 以沉淀蛋白，然后用 Mcllvaine 缓冲液-甲醇（8+2，v/v）提取，HLB 净化，纯水淋洗，甲醇洗脱，乙腈-10 mmol/L 乙酸作为流动相，C18 色谱分离。方法回收率为 52.1%～89.6%，RSD 为 5.7%～14.3%，LOD 为 4～7 μg/kg。占春瑞等[37]用乙酸乙酯提取水产品中的 TAP 和 FF，正己烷除脂后，HLB 净化，10% 甲醇淋洗，甲醇洗脱，10% 乙腈复溶上样，UPLC-DAD 检测。方法 LOD 分别为 10 μg/kg（TAP）和 5 μg/kg（FF），回收率在 80%～95.8% 之间。

2）FLD

Xie 等[15]用 RP-LC-FLD 检测鸡蛋中的 TAP、FF 和 FFa。用 1 mL 乙腈-水（30+70，v/v）和 20 mL 乙酸乙酯-乙腈-氨水（49+49+2，v/v）超声提取 5 min 后，氮气吹干，乙腈复溶，正己烷脱脂，C18 色谱柱分离，HPLC-FLD 检测。激发波长为 224 nm，发射波长为 290 nm。方法 LOD 为 1.5 μg/kg（TAP、FF），0.5 μg/kg（FFa），LOQ 为 5 μg/kg（TAP、FF），2 μg/kg（FFa）；回收率为 86.4%～93.8%（TAP）、87.4%～92.3%（FF）、89.0%～95.2%（FFa），日内和日间 RSD 分别小于 6.7% 和 10.8%。

而 CAP 结构中含有芳香族硝基，可以用荧光胺进行衍生化，加上氨基产生荧光，用 FLD 检测。

潘莹宇等[133]建立了对牛奶中 CAP 的残留量进行检测的 HPLC-FLD 检测方法。CAP 还原后在温和条件下与荧光胺发生衍生化反应，采用 C_{18} 色谱柱，以乙腈、四氢呋喃、0.02 mol/L 醋酸钠-醋酸缓冲液（pH 6.0）（16+8+76，v/v）为流动相，流速 1.0 mL/min，柱温 40℃，荧光检测激发波长为 410 nm，发射波长为 508 nm。CAP 检测的线性范围为 0.4～800 μg/L，LOD 为 0.2 μg/L。当空白样品中 CAP 添加水平为 2～40 μg/L 时，方法回收率为 66.6%～92.8%，RSD 为 4.5%～9.4%。

表 4-4 部分动物源食品中 CAPs 残留的 HPLC 检测方法

基质	化合物	样品前处理	色谱条件	参数	检测方法	文献
牛奶、蜂蜜	CAP	牛奶中加入 15%三氯乙酸后振荡离心，过 0.45 μm 滤膜除杂；蜂蜜中加入水溶解，过 0.45 μm 滤膜除杂	C_{18} 色谱柱（250 mm×4.6 mm，5 μm）；流动相：水-甲醇	回收率：97.1%～101.9%；RSD：1.1%～2.2%；LOD：0.1 ng/mL；LOQ：0.3 ng/mL	HPLC-UVD	[27]
鸡蛋	TAP、FF、FFA	1 mL30%乙腈+20 mL 乙酸乙酯-乙腈-氨水（49+49+2，v/v）超声提取 5 min，氮吹至干后，乙腈复溶，正己烷脱脂	C_{18} 色谱柱（250 mm×4.6 mm，5 μm）；流动相：A 乙腈；B 85%磷酸调节 pH 4.8 的 0.01 mol/L 磷酸二氢钠（0.005 mol/L 十二烷基硫酸钠和 0.1%三乙胺）（A+B，35+65，v/v）	LODs：0.5～1.5 μg/kg；回收率：86.4%～95.2%；RSD 小于 6.7%	HPLC-FLD 激发波长 224 nm 发射波长 290 nm	[15]
牛奶	CAP、TAP	20%TCA 加入牛奶中，Mcllvaine buffer+甲醇（8+2，v/v）提取；HLB 净化：超纯水淋洗，甲醇洗脱	C_{18} 色谱柱（50 mm×2.1 mm，1.7 μm）；流动相：乙腈-10 mmol/L 草酸	回收率：52.1%～89.6%；RSD：5.7%～14.3%；LOD：0.004～0.007 μg/g	UPLC-UVD	[26]
鱼组织	CAP	CAP-MIP 做 MSPD 吸附剂，甲醇-醋酸（9+1，v/v）洗脱	C_{18} 色谱柱（150 mm×4.6 mm，40 μm）；流动相：乙腈-水（50+50，v/v）	回收率：89.8%～101.43%；LOD：1.2 ng/g	HPLC-UVD 检测波长 278 nm	[65]
蜂蜜	CAP	四氯己烷提取，乙腈做分散溶剂	C_{18} 色谱柱（250 mm×4.6 mm，5 μm）	LOD：0.6 μg/kg；RSD：4.3%	HPLC-UVD	[31]
水产动物	TAP、FF	乙酸乙酯提取，正己烷除脂，HLB 净化，10%甲醇淋洗，甲醇洗脱，10%乙腈复溶	C_{18} 色谱柱（50 mm×2.1 mm，1.7 μm）；流动相：乙腈-10 mmol/L 草酸	LOD：10 μg/kg（TAP），5 μg/kg（FF）；回收率：80.0%～95.8%	UPLC-PDA 检测波长 225 nm	[37]
牛奶	CAP	用荧光胺衍生化，加上氨基产生荧光	C_{18} 色谱柱（250 mm×4.6 mm i.d., 4.0 μm）；流动相：醋酸钠（0.02 mol/L，pH 6.0）-乙腈-四氢呋喃（76+16+8，v/v）	LOD：0.2 μg/L；回收率：66.6%～92.8%；RSD：4.5%	HPLC-FLD 激发波长 410 nm 发射波长 508 nm	[133]
畜禽肌肉、内脏和虾	CAP	乙酸乙酯超声提取，提取液用无水硫酸钠脱水浓缩，0.5 mol/L HClO₄ 溶解残留物，沉淀蛋白质，正己烷除去脂溶性杂质	—	回收率：82.1%～96.6%；RSD：5.3%～6.4%；LOD：1.6 μg/kg，LOQ：3.2 μg/kg	HPLC-UVD 检测波长 278 nm	[128]
猪肉、猪肝	CAP	乙酸乙酯提取，加 4%氯化钠溶液旋蒸，正己烷除脂，弃掉正己烷，水相过 C_{18} SPE，60%甲醇洗脱；Sylon BFT 衍生化，甲苯、水终止反应	C_{18} 色谱柱（250 mm×4 mm i.d., 5 μm）；流动相：水-乙腈	回收率：91.3%～94.2%（猪肉），93.1%～103.7%（猪肝）；RSD：1.4%～4.3%（猪肉），1.1%～11.2%（猪肝）	HPLC-UVD 检测波长 278 nm	[127]
蜂蜜	TAP	四氯己烷提取，乙腈做分散溶剂	—	LOD：0.1 μg/kg；RSD：6.2%	HPLC-VWD	[32]
牛奶	CAP	氯仿-丙酮提取，0.02 mol/L（pH 4.8）醋酸钠复溶，正己烷除脂	流动相：醋酸钠缓冲液-乙腈	回收率：104.17%	HPLC-UVD 检测波长 275 nm	[130]
鱼、蚌类	CAP、TAP	酶探针超声提取：样品冻干，甲醇溶解，水、50 μL 蛋白酶-K，冰浴超声提取 5 min，100 μL 甲酸-二氯甲烷净化，氮吹至干，水复溶	C_{18} 色谱柱（150 mm×4.6 mm，5 μm）；流动相：0.1%甲酸水-乙腈	回收率：59.3%～68.6%；RSD：1.4%～5.5%	TAP：HPLC-FLD 激发波长 260 nm 发射波长 296 nm CAP：HPLC-UVD 检测波长 280 nm	[19]

（7）气相色谱法（gas chromatography，GC）

GC 具有高分离效能、高选择性、高灵敏度等特点。由于 CAPs 分子中含有羟基、氯基、亚氨基，分子极性较大，挥发性和热稳定性差，须对它们的极性官能团进行酯化、硅烷化或酰化，生成热稳定和易挥发的衍生物，才能使用 GC 进行测定。同时，CAPs 均含有电子亲和性强的化学基团，可以采用电子捕获检测器（electron capture detector，ECD）进行测定。虽然 GC 方法分析 CAPs 已经较为成熟，但由于需要衍生化，操作繁琐，因而限制了应用。

1974 年在 AOAC 年会上，提出了当时 CAP 分析最灵敏的 GC 方法。用乙酸乙酯提取动物组织中的 CAP，蒸干后加 4%氯化钠溶液，正己烷脱脂，过硅藻土（Celite）SPE 柱净化，三甲基硅烷（TMS）衍生化后用 GC-ECD 检测。该方法肌肉样品的回收率大于 80%，LOD 小于 1 μg/kg。周金慧等[134]建立了鸡肌肉和鸡肝脏组织中 CAP 残留的 GC-微电子捕获（μECD）检测方法。提取液氮气吹干后，用 Sylon BFT［N,O-双（三甲基硅）三氟乙酰胺（BSTFA）-三甲基氯硅烷（TMCS）（99+1）］衍生化，GC 测定，外标法定量。鸡肌肉组织在 0.1 μg/kg、0.5 μg/kg、1.0 μg/kg 三个添加水平，平均回收率为 90.2%～94.3%，日内 CV 在 4.5%～11.6%之间，日间 CV 在 7.8%～14.3%之间，LOD 为 0.05 μg/kg，LOQ 为 0.10 μg/kg。鸡肝脏组织在 0.2 μg/kg、0.5 μg/kg、1.0 μg/kg 三个添加水平，平均回收率为 82.9%～90.8%，日内 CV 在 7.0%～11.2%之间，日间 CV 在 7.9%～14.5%之间，LOD 为 0.10 μg/kg，LOQ 为 0.20 μg/kg。Kubala-Drincic 等[51]建立了动物肌肉中的 CAP 的 GC-ECD 检测方法。MSPD 提取液蒸干后用 Sylon HTP［六甲基二硅烷-TMCS-吡啶（3+1+9）］衍生化，GC 测定。在 5 μg/kg、10 μg/kg、15 μg/kg 添加浓度，平均回收率分别为 93%、96%和 98%，RSD 为 13%、11%和 3%；LOD 和 LOQ 分别为 1.6 μg/kg 和 4.0 μg/kg。Cerkvenik-Flajs[135]报道了采用 GC-ECD 测定肌肉中的 CAP 残留。方法 CC_α 和 CC_β 分别为 0.07 μg/kg 和 0.12 μg/kg，重复性和重现性分别小于 8%和 9%。宫向红等[136]报道了用 GC 检测水产品中的 CAP。乙酸乙酯提取试样，加 BSTFA-TMCS（99+1）试剂超声波水浴中硅烷化衍生，用 GC-ECD 测定，外标法定量。添加水平为 0.2～2.0 μg/kg 时回收率大于 85%，RSD 为 0.9%～2.7%，LOD 为 0.1 μg/kg。钟惠英等[137]改进了 GC 测定水产品中 CAP 残留量的方法。以标准加入法绘制校正曲线，硅烷化试剂衍生后未经氮气吹干，而采取加大定容溶剂量，直接上机分析，加标回收率在 76.0%～109.0%之间。若采用以往常用的方法，即标准工作液不经过样品前处理步骤直接经氮气吹干并硅烷化后定容上机分析，会使样品的测定值严重偏高。Ding 等[138]建立了鱼和虾中 CAP 的 GC-μECD 检测方法。用乙酸乙酯提取，正己烷 LLP 净化，Sylon BFT 试剂衍生化后，进 GC 测定。方法 LOD 为 0.04 ng/g，LOQ 为 0.1 ng/g，鱼的平均回收率为 70.8%～90.8%，虾为 69.9%～86.3%。

彭莉等[139]研究了牛奶中 CAP 残留的 GC 测定方法。提取液蒸干后用硅烷化试剂在 50℃衍生 30 min 后测定。该方法在添加浓度为 0.1～1.0 ng/mL 时，CAP 的回收率为 71.2%～87.8%，批间 CV 为 14.3%～19.7%，LOD 为 0.04 μg/L，LOQ 为 0.1 μg/L。Silva 等[34]报道了利用 GC-ECD 检测山羊奶中 CAP 的方法。方法回收率在 69.87%～73.71%之间，LOD 和 LOQ 分别为 0.030 μg/kg 和 0.10 μg/kg。

Zhang 等[41]建立了同时检测鱼、虾和猪肉中 FF 和 FFa 的 GC-ECD 方法。提取液氮气吹干，衍生化后上机分析。该方法测得鱼、虾和猪肉中 FF、FFa 平均回收率分别为 81.7%～109.7%、94.1%～103.4%、71.5%～91.4%；FF 和 FFa 的 LOD 分别为 0.5 ng/g、1 ng/g。Pfenning 等[47]应用 GC-ECD 测定虾中的 CAP、TAP、FF 和 FFa。样品用碱性乙酸乙酯提取后，经 PRS 和 C_{18} 柱联合净化后，用 Sylon BFT 衍生化，甲苯-水终止反应，离心，有机相进 GC-ECD 测定，以 meta-硝基氯霉素（mCAP）为内标定量。CAP、FF、FFa 和 TAP 的平均回收率分别为 88%、101%、91%和 84%，日间 RSD 分别为 5.3%、9.4%、12.8%和 7.4%，LOD 分别为 0.7 ng/g、1.4 ng/g、2.4 ng/g 和 1.3 ng/g。该作者[140]还建立了原料奶中 CAP、TAP 和 FF 的 GC-ECD 检测方法。样品用乙腈提取，C_{18} 柱净化，Sylon BFT 衍生化后，加入甲苯，并用水终止反应，有机相进 GC 检测，以 mCAP 为内标定量。CAP、TAP 和 FF 的 LOD 分别为 1 μg/kg、2.1 μg/kg、1.5 μg/kg，回收率分别为 92%、100%和 104%，日间 CV 分别为 6.1%、6.7%和 6.0%。

（8）联用技术

由于世界各国对 CAPs 在动物源食品中残留限量的要求逐渐严格，并需要提供化合物的确证信息，使得各国研究人员不断优化残留检测各个环节，力求最大限度地提高检测灵敏度和准确度。近年来快速发展的色谱-质谱等联用技术集分离、结构鉴定和定量检测于一体，因为具有高灵敏度并能提供结构信息而成为残留分析的研究热点。目前,用于 CAPs 残留分析的主要有气相色谱-质谱法(gas chromatography-mass spectrometry,GC-MS)和液相色谱-质谱法(liquid chromatography-mass spectrometry,LC-MS)等。

1)气相色谱-质谱法(GC-MS)

CAPs 经硅烷化衍生后,在质谱电离源进行电离,都会产生几个丰度较大的碎片离子,便于进行定性鉴别,且灵敏度高,可以达到 ng 级。当采用选择离子模式(SIM)监测时,灵敏度可达到 pg 级以下。CAPs 的 GC-MS 分析可以采用电子轰击源(EI)和负离子化学源(NCI)两种电离方式,不同离子源对同一药物的离子碎裂过程产生不同的影响,可结合药物化学结构选择合适的离子源,提高检测灵敏度。目前,CAPs 大多采用 NCI 的模式,其 TMS 衍生物的质谱碎裂图见图 4-2[29]。

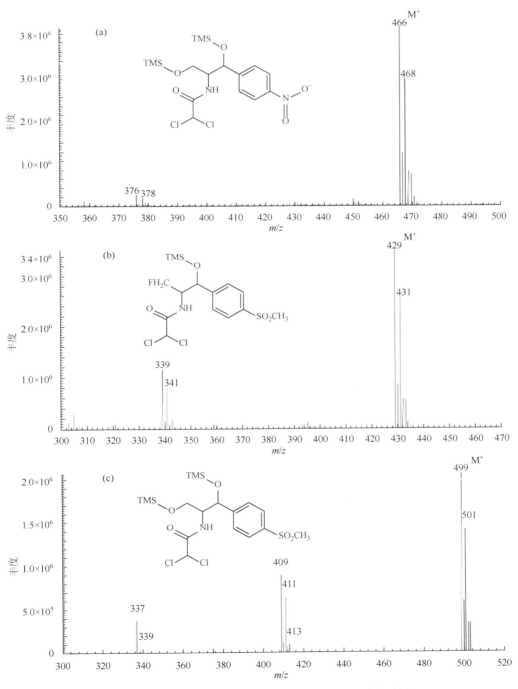

图 4-2　CAPs 的 TMS 衍生物在 NCI 模式下的质谱碎裂图

(a)CAP;(b)FF;(c)TAP

谢孟峡等[141]采用 GC-NCI/MS 检测肌肉、猪肝等动物组织中 CAP 的残留。乙酸乙酯和磷酸盐缓冲液提取，经硅胶柱和 C$_{18}$ 柱净化、富集，BSTFA 衍生化后，GC-MS 检测。方法 LOD 为 0.1 μg/kg，加标回收率在 80%～100% 之间，RSD 小于 20%。该方法灵敏度高，但样品处理过于复杂。路平等[142]对 GC-MS 法检测鸡肉中的 CAP 进行了研究。乙酸乙酯提取，正己烷净化，BSTFA-TMCS 衍生化，GC-NCI/MS 测定。SIM 扫描，方法 LOD 为 0.1 μg/kg，在 0.5～50 μg/kg 范围内呈线性相关，回收率为 70.0%～94.0%。我国农业部 2006 年发布了国家标准《动物源食品中氯霉素残留量的测定气相色谱-质谱法》（农业部 781 公告-1-2006）[143]。该标准适用于猪、鸡肝脏、肌肉中 CAP 残留量的检测。采用乙腈-4%氯化钠水溶液、乙酸乙酯重复提取，正己烷除去脂肪杂质，C$_{18}$ 固相萃取柱进一步净化，氮气吹干后进行 BSTFA-TMCS 衍生化反应，定容后用 GC-NCI/MS 测定。此方法灵敏度较好，在鸡肉、鸡肝中的 LOD 为 0.1 μg/kg，LOQ 为 0.5 μg/kg；在 0.5～5 μg/kg 添加浓度范围内的平均回收率为 60%～110%。奉夏平等[50]报道了采用 MSPD 结合大体积进样 GC-MS 测定组织中的 CAP 残留。将匀浆后的组织样品用 MSPD 净化，经衍生化后用 GC-NCI/MS 测定。在 GC-MS 上用 NCI 和 SIM 模式进行测定，提高了测定的灵敏度和抗干扰能力。采用程序升温汽化大体积进样，进样量为 100 μL，是常规进样量的 100 倍，使得方法的 LOD 降低了 2 个数量级，达到了 5 pg/g。采用 MSPD 替代 SPE，大大简化了样品前处理步骤，提高了方法的准确度和精密度。加标浓度为 0.01～10.0 ng/g 时，回收率在 95.88%～107.69% 之间，CV 小于 5.92%。Van Ginkel 等[144]报道了尿、蛋、肉中 CAP 的 GC-MS 检测方法。尿液调至 pH 5.2，β-葡萄糖醛酸酶水解，经 Extrelut 柱和 C$_{18}$ 柱净化；蛋和肉用乙酸乙酯提取，氧化铝柱净化。蒸干洗脱液后，Sylon BFT 衍生化，用 GC-NCI/MS 测定，方法 LOD 可达到 0.1 μg/kg。

李鹏等[45]报道了 CAP、TAP 和 FF 在动物组织中多残留的 GC-MS 方法。样品经乙酸乙酯提取，正己烷脱脂，再用 Florisil 柱净化，甲苯为反应介质，用 BSTFA-TMCS 进行硅烷化处理，mCAP 作为内标进行 GC-NCI/MS 测定。选择离子分别为 mCAP：m/z 432、466、468 和 470；CAP：m/z 376、378、466 和 468；TAP：m/z 409、411、499 和 501；FF：m/z 339、341、429 和 431。CAP、TAP 和 FF 的 LOD 分别为 0.03 μg/kg、0.2 μg/kg 和 0.2 μg/kg。Shen 等[36]采用乙酸乙酯提取肌肉和肝脏中的 CAP、TAP、FF 和 FFa，冷冻除脂后，再用正己烷 LLP 净化，接着过 HLB 柱，经 BSTFA+1% TMCS 衍生化后，用 GC-NCI/MS 测定。SIM 监测，方法回收率在 78.5%～105.5% 之间，RSD 小于 17%；CAP 的 LOD 为 0.1 μg/kg，TAP、FF 和 FFa 为 0.5 μg/kg。Azzouz 等[145]报道了检测动物可食组织中 CAP、TAP、FF 的 GC-MS 方法。样品经去除蛋白、脱脂，连续 SPE 净化后，GC-MS 测定。方法在 0.4～2.7 ng/kg 之间，回收率在 92%～101% 之间，日内、日间 RSD 小于 7%。该作者[146]还报道了检测牛奶中 CAP、TAP、FF 的 GC-MS 方法。样品经去除蛋白、连续 SPE 净化后，GC-MS 测定。方法在 0.6～5000 ng/kg 范围内呈线性，LOD 在 0.2～1.2 ng/kg 之间。

Börner 等[147]建立了鸡蛋中 CAP 的气相色谱-高分辨质谱（GC-HRMS）测定方法。样品用乙腈提取后，正己烷脱脂，硅胶 SPE 柱净化，Sylon HTP 衍生化，GC-HRMS 在 NCI 电离，SIM 模式下检测离子 m/z 466、468、470 和 471，以 mCAP 和 D5-CAP 为内标定量。方法 LOD 和 LOQ 分别为 0.3 μg/kg 和 0.5 μg/kg，CV 小于 10%。Impens 等[92]建立了虾中 CAP 的气相色谱-串联质谱（GC-MS/MS）确证方法。样品用乙酸乙酯提取，正己烷 LLP 净化，再用 C$_{18}$ SPE 净化，用 N-甲基-N-（三甲基硅烷基）三氟乙酰胺（MSTFA）衍生后，进 GC-MS/MS，采用 NCI 电离，分析确证。该方法可以确证 0.1 μg/kg 浓度水平的 CAP 残留。杨欣等[148]建立虾仁中 CAP 的气相色谱-时间串联质谱（GC/ITMS-MS）检测方法。样品中加入 CAP 氘代同位素内标，用乙酸乙酯提取，正己烷脱脂肪，经 C$_{18}$ 柱净化，Sylon BFT 衍生后进样，采用 GC/ITMS-MS，多级反应离子监测（MRM）检测。方法的 LOQ 为 0.3 ng/g；0.3 ng/g、0.5 ng/g 和 1.0 ng/g 加标水平的平均回收率分别为 104%、111% 和 95%，RSD 小于 20%。

表 4-5 综述了近十年来部分动物源食品中 CAPs 残留检测的 GC 和 GC-MS 分析方法。

表 4-5　部分动物源食品中 CAPs 残留检测的 GC 方法

基质	化合物	样品前处理	参数	检测方法	文献
牛奶、山羊奶、人奶	CAP、TAP、FF	乙腈提取，超纯水复溶，HLB 净化，BSTFA+1% TMCS 衍生化	回收率：大于 90%；LOD：0.2 ng/kg	GC-MS	[146]
动物组织	CAP、TAP、FF	水-乙腈（4+6, v/v）提取，上清液过 0.2 μm 滤膜，氮吹至 200 μL 水复溶，加 pH 7 水复溶，HLB 净化，乙酸乙酯洗脱，BSTFA+1% TMCS 衍生化 70℃ 20 min	回收率：92%～101%；RSD：小于 7%	GC-MS	[145]
虾	CAP、TAP、FF	SFE 原位衍生：600 μL 乙酸乙酯作改性剂，CO$_2$ 静态提取 5 min，25 MPa，60℃动态提取 10 min	CC$_\alpha$：8.7～17.4 pg/g；RSD：小于 15.3%	GC-MS	[29]
羊奶	CAP	乙酸乙酯提取，C$_{18}$ SPE 净化	RSD：5.8%～13.4%；回收率：69.87%～73.71%；LOD：0.030 μg/kg	GC-ECD	[34]
鸡猪肉、肝	CAP、TAP、FF、FFa	乙酸乙酯提取，冷冻后正己烷 LLP 除脂，HLB 净化，BSTFA+1% TMCS 衍生化	回收率：78.0%～105.5%；RSD：小于 17%；LOD：0.1～0.5 μg/kg	GC-MS	[36]
牛奶	CAP	—	CC$_\alpha$：0.11 μg/kg；CC$_\beta$：0.14 μg/kg	GC-MS	[149]
牛奶	CAP	乙腈溶解样品后，均质提取，蒸干乙腈后，水复溶，C$_{18}$ SPE 净化	回收率：98.7%～102.0%；RSD：小于 15%	GC-MS/MS	[150]
甲壳动物	CAP	乙腈-4%NaCl 溶液（1+1, v/v）提取，正己烷除脂，水饱和乙酸乙酯提取，C$_{18}$ SPE 净化	CC$_\alpha$：0.07 μg/kg；回收率：大于 95%	GC-MS	[151]
动物组织	CAP、TAP、FF	乙酸乙酯提取，正己烷除脂，Florisil SPE 柱净化，Sylon BFT 衍生化	LOD：0.03 μg/kg（CAP），0.2 μg/kg（TAP、FF）；RSD：1.2%～15.4%；回收率：80.0%～111.5%	GC-MS	[45]
虹鳟	CAP	0.1 mol/L 磷酸盐缓冲液（pH 6.0）匀浆，离心，正己烷除脂，乙酸乙酯提取，氮气吹干，C$_{18}$ SPE 柱净化，甲醇洗脱	CC$_\alpha$：0.267 μg/kg；CC$_\beta$：0.454 μg/kg	GC-MS	[22]
蜂蜜、海产品、肉等	CAP	pH 6.88 PBS 溶解，加入 3 g 无水硫酸钠，10 mL 乙酸乙酯提取，旋转蒸干，甲醇复溶，加入 4% NaCl，正己烷除脂，水相用乙酸乙酯反提，硅胶和 C$_{18}$ 柱 SPE 净化	回收率：75%～120%；RSD：5.4%～8.1%	GC-ECD	[46]
肌肉	CAP	MSPD 提取：肌肉和 C$_{18}$ 混合装柱后，正己烷、水-乙腈（95+5, v/v）依次淋洗，乙腈-水（50+50, v/v）洗脱，乙酸乙酯 LLP，蒸干，Sylon HTP 衍生化	LOD：1.6 μg/kg；LOQ：4.0 μg/kg；回收率：93%～98%	GC-ECD	[51]
虾	CAP、TAP、FF、FFa	碱性乙酸乙酯提取，乙腈 LLP，蒸干，酸化复溶液后，正己烷除脂，PRS 和 C$_{18}$ SPE 依次净化，洗脱液蒸干后，乙腈复溶，Sylon BFT 衍生化	回收率：84%～101%；RSD：小于 12.8%	GC-ECD	[47]
牛奶	CAP、TAP、FF	乙腈提取，蒸干，水复溶，C$_{18}$ SPE 净化，蒸干洗脱液后 Sylon BFT 衍生化	回收率：92%～104%；RSD：小于 6.7%	GC-ECD	[140]
猪肉、猪肝、猪肾、猪尿	CAP	多克隆抗体 IAC 柱净化	回收率：54%～95%；LOD：0.2～2.0 μg/kg	GC-ECD	[56]
鸡蛋	CAP	乙腈提取，硅胶 SPE 柱净化	CV：小于 10%；LOD：0.3 μg/kg；LOQ：0.5 μg/kg	GC/HRMS GC-ECD	[147]

2）液相色谱-质谱法（LC-MS）

LC-MS 方法较成熟，既可以简化样品前处理过程，又能达到检出限的要求，使 LC-MS 用于 CAPs 残留分析的报道越来越多，也成为美国 FDA 推荐使用的 CAP 确证方法。由于其灵敏度比荧光检测器（FLD）高 1 个数量级，能方便地对 μg/kg 含量的兽药残留组分进行检测和结构确证，有逐渐取代 GC-MS 成为 CAPs 残留分析主流的趋势。而近年来，超高效液相色谱-串联质谱（UPLC-MS/MS）和液相色谱-飞行时间质谱（LC-TOF/MS）在残留分析中的大量应用，更使得 LC-MS 成为 CAPs 残留分析的热点。LC-MS 常用的电离源一般为电喷雾电离源（ESI）、大气压化学电离源（APCI），以及新出现的大气压光电电离源（APPI）。

A. 液相色谱-单级质谱（LC-MS）

Delephine 等[152]建立了用液相色谱-粒子束接口-质谱（LC-PB/MS）测定牛肉中 CAP 的方法。用胡椒丁醚处理动物组织，乙酸乙酯提取，经正己烷-四氯化碳-水 LLP 净化后，用 C_{18} 色谱柱分离，甲醇-0.2%甲酸（43+57，v/v）为流动相，LC-PB/MS 测定。方法 LOD 为 2 μg/kg，回收率达到 99%。

Hormazábal 等[153]建立了肉、奶、鸡蛋和蜂蜜中 CAP 的 LC-MS 检测方法。用乙腈提取，SPE 净化后进仪器检测。采用 APCI 电离，负离子监测，SIM 定量。方法 LOQ 为 1 ng/g（奶、肉）、2 ng/g（鸡蛋、蜂蜜）。

Penney 等[154]建立了牛奶、鸡蛋、鸡肉、鸡肝、牛肉和牛肾中 CAP 的 LC-MS 检测方法。用乙腈提取，正己烷除脂，LC-MS 测定。Inertsil ODS-2 色谱柱分离，ESI 负离子监测。该方法在 0.5～5.0 ng/g 范围呈线性；平均回收率为 80%～120%，RSD 小于 12%；LOD 在 0.2～0.6 ng/g 之间。Van de Riet 等[14]报道了水生动物中 CAP、TAP、FF 及 FFa 的多残留检测方法。用丙酮提取动物组织，提取液用二氯甲烷进行 LLP，正己烷脱脂，Hypersil C_{18}-BD 色谱柱分离，水-乙腈-0.1%乙酸作流动相，梯度洗脱，ESI 电离，SIM 模式测定。CAP、TAP、FF 和 FFa 的选择离子分别为 m/z 321、354、356 和 248，方法 LOD 分别为 0.1 ng/g、0.3 ng/g、0.1 ng/g 和 1.0 ng/g，回收率为 71%～107%。

Takino 等[155]报道了采用 LC-APPI-MS 测定鱼肉中 CAP 残留的方法。乙腈提取，正己烷 LLP 后进仪器检测。对 APPI 离子源参数进行优化，CAP 在此电离模式下获得较为简单的质谱图，可以观察到较强的[M-H]⁻信号。与 APCI 电离方式相比，APPI 图谱信噪比（S/N）更好。该方法回收率为 87.4%～102.5%，LOD 为 0.1～0.27 μg/kg。

B. 液相色谱-串联质谱（LC-MS/MS）

秦燕等[156]报道了动物肌肉中 CAP 残留检测方法。样品用乙酸乙酯提取，仅需 LLP 净化后，用 C_{18} 色谱柱分离，以甲醇-水为流动相，LC-MS/MS 检测。方法平均回收率为 77%～90%，RSD 小于 15%，LOD 为 0.03 μg/kg。Tyagi 等[157]采用 LC-MS/MS 测定虾中的 CAP。匀浆样品用乙酸乙酯提取，⁵D-CAP 作为内标，LC-MS/MS 在 ESI 负离子、MRM 模式下监测离子 m/z 321/152、m/z 321/257 和 m/z 321/194。该方法在 0.10～2.00 μg/L 范围呈线性，$CC_α$ 和 $CC_β$ 分别为 0.06 μg/kg 和 0.10 μg/kg。

Bononi 等[158]报道了采用 LC-MS/MS 检测蜂胶提取物中 CAP 的方法。水醇和羟基提取物用乙酸乙酯稀释，净化后进仪器分析。采用 ESI 负离子，SRM 模式监测。Quon 等[159]报道了测定蜂蜜中 CAP 的 LC-MS/MS 残留分析方法。用乙酸乙酯提取，反相 SPE 净化后，用 RP-LC-MS/MS 分析。ESI 负离子、MRM 模式监测母离子 m/z 321 或 323 的 4 个子离子。

Gallo 等[58]报道了用液相色谱-离子阱质谱（LC-MSⁿ）测定牛奶中的 CAP 的方法。用乙腈提取，经以 α-1-酸性糖蛋白（AAG）为载体的 IAC 柱净化后，进 LC-MSⁿ分析。在 ESI、负离子模式下，以[M-H]⁻为母离子，检测 2 个碎片离子，MRM 模式监测。方法性能指标满足 CAP 确证检测的要求。陈小霞等[160]建立了鸡肉中 3 种 CAPs 残留的 LC-ESI-MS/MS 测定方法。样品经乙酸乙酯提取后，液液分配去除脂肪，乙酸乙酯反提取，过滤膜后，XDB-C_{18} 色谱柱分离，乙腈-水作为流动相，进行梯度洗脱。质谱采用 ESI 电离，负离子扫描，多反应监测（MRM）模式检测。CAP 的 LOD 为 0.01 ng/g，回收率范围为 69.0%～92.8%。陶昕晨等[161]建立了 LC-MS/MS 法同时检测虾肉和猪肉中 CAP、TAP、FF 和其代谢产物 FFa 残留。以 2%碱性乙酸乙酯提取，浓缩定容后直接进仪器检测。采用甲醇和 5 mmol/L 乙酸铵以 0.25 mL/min 流速梯度洗脱，ESI 电离源，负离子，选择反应监测（SRM）模式检测。4 种药物在 0.1～20 μg/L 的范围内线性良好；在添加量为 1.00～5.00 μg/kg 时，平均回收率在 78.17%～99.86%之间，RSD 在 2.18%～9.27%之间；CAP、TAP、FF 和 FFa 的 LOD 分别为 0.001 μg/kg、0.020 μg/kg、0.002 μg/kg 和 0.003 μg/kg。

C. 液相色谱-飞行时间质谱（LC-TOF-MS）

Peters 等[162]开发了一种利用 LC-TOF-MS 测定肉、鱼和蛋中 100 种兽药（包括 CAPs）的筛查方法。在 4～400 μg/kg 添加浓度的平均质量测量误差为 3 ppm，与基质差异关系不大，但会随着浓度增加而略微降低。SigmaFit 值为 0.04，也会随着浓度增加而降低，但随着基质复杂性增加而增加。方法重复性为 8%～15%，随着浓度增加而降低；重现性为 15%～20%，在基质和浓度差异下略有不同。该方法的准确度为 70%～100%。

部分动物源基质中 CAPs 残留检测的 LC-MS 检测方法见表 4-6。

表 4-6 部分动物源基质中 CAPs 残留检测的 LC-MS 检测方法

基质	化合物	样品前处理	色谱条件	参数	检测方法	文献
甲鱼组织	CAP	匀浆后组织与 C18 填料混合，乙腈淋洗，乙腈-水（80+20, v/v）作为萃取剂，MSPD 提取	Halo core-shell C18 色谱柱（50 mm×2.1 mm, 2.7 μm）；流动相：0.1%甲酸水溶液-乙腈	回收率：92.05%～98.07%；RSD：小于 4.20%	LC-MS/MS	[52]
牛奶	CAP	用去离子水稀释，加入乙腈超声提取，氮吹至 2 mL 后加水过膜检测	MGIII-C18 色谱柱；流动相：5 mmol/L 醋酸铵-甲醇（60+40, v/v）	LODs：0.05 μg/kg 回收率：88.8%～100.6%；RSD：小于 15%	LC-MS/MS	[9]
鱼、蚌类	CAP、TAP	2 g 真空冷冻干燥样品，加 5 mL 去离子水，50 μL 蛋白激酶-K，50 W 5 min 激光照射提取，离心后，加入 100 μL 甲酸 5 mL 二氯甲烷 LLP，有机相蒸干后去离子水复溶	C18 色谱柱（150 mm×4.6 mm i.d., 5 μm）；流动相：0.1%甲酸-乙腈	回收率：70%～100%；LOD：2～3 ng/g	LC-MS/MS	[20]
牛奶	CAP	直接用 HLB 净化：水淋洗，真空抽干 5 min 后，正己烷淋洗，乙酸乙酯洗脱，蒸干，5 mmol 醋酸铵-乙腈（90+10, v/v）复溶	BEH C18 色谱柱；流动相：5 mmol 醋酸铵-乙腈	回收率：98.1%～104.5%；LOD：0.009 ppb	UPLC-MS/MS	[39]
牛奶	CAP	乙腈提取，加入 3 g 无水硫酸钠 1 g 氯化钠，超声提取 20 min，提取液蒸干后，乙腈复溶，水稀释，上 C18 SPE 净化，水，甲醇-水（1+4, v/v）淋洗，乙腈洗脱	C18 色谱柱；流动相：0.2%甲酸-甲醇	回收率：71%～107%；RSDs：小于 13.7%；LOD：0.3 ppb	LC-MS/MS	[10]
奶粉	CAP	CAP-d5 作为内标。提取后，样品经 MIP 净化	C18 色谱柱	回收率：104%～111%；CCα：0.06 μg/kg	LC-MS/MS	[63]
鸡蛋、蜂蜜、牛奶	CAP	水稀释样品后，乙腈提取，用多壁碳纳米管作为 SPE 吸附剂 SPE 提取净化，水淋洗，有机溶剂洗脱	C18 色谱柱（50 mm×2.1 mm, 2.7 μm）；流动相：0.1%甲酸-乙腈	回收率：95.8%～102.3%	LC-MS/MS	[11]
猪肉	TAP、FF、FFa	IAC 免疫亲和柱净化提取的样品，甲醇-甲酸（9+1, v/v）洗脱	Shield RP C18 色谱柱；流动相：乙腈-水	回收率：85.2%～98.9%；RSD 小于 9.8%；LOD：0.12～0.6 μg/kg	LC-MS/MS	[59]
鸡肝、猪肝	CAP	乙酸乙酯提取，正己烷除脂，SPE 净化	BEH C18 色谱柱	回收率：95.5%～106.7%；RSD 小于 12.2%；LOD：0.02 μg/kg	UPLC-MS/MS	[6]
蜂蜜	CAP	蜂蜜提取前加水稀释，蜂蜜、牛奶中加氯化钠后乙腈提取，正己烷除脂，提取液蒸干后，流动相复溶	C18 色谱柱；流动相：0.1%乙酸-0.1%乙酸乙腈	CCα：0.07～0.08 μg/L	LC-MS/MS	[12]
鸡、鸡蛋、虾、猪、鱼、牛	CAP	磷酸提取，乙酸乙酯 LLP	C18 色谱柱；流动相：水-甲醇	回收率：85%～120%；RSD 小于 20%；LOQ：0.1 ng/g	LC-MS/MS	[21]
猪肉、猪肝、猪肾、牛肉、牛肝、鱼、鸡肉	TAP、FF	乙酸乙酯提取，正己烷除脂	XTerra 苯基柱；流动相：0.1%甲酸-甲醇	回收率：72.5%～97.6%	LC-MS/MS	[7]
尿液	CAP	水稀释后 Chem Elut SPE 柱净化，乙酸乙酯洗脱	Phenomenex Luna C18 色谱柱	回收率：91%～100%；RSD：小于 9%；CCα：0.08 μg/kg；CCβ：0.10 μg/kg	LC-MS/MS	[43]
蜂蜜	CAP	甲醇-1%偏磷酸提取；两步 SPE 净化浓缩：聚合物柱和中性氧化铝柱	C18 色谱柱；流动相：10 mmol/L 醋酸铵-乙腈（7+3, v/v）	回收率：98%～113%；CCα：0.05～0.07 μg/kg	LC-MS/MS	[48]
鸡肉	CAP、FF、FFa、TAP	2%氨水-乙酸乙酯提取，5%乙酸酸化复溶，正己烷脱脂 MCX 净化：5%乙腈淋洗，甲醇-氨水（90+10, v/v）洗脱	XTerra C18 色谱柱（100 mm×2.1 mm i.d., 5 μm）；流动相：水-乙腈	LOD：0.1（CAP）、0.2（FF）、1 μg/kg（TAP 和 FFa）；回收率：95.1%～107.3%；RSD：小于 10.9%	LC-MS/MS	[16]

续表

基质	化合物	样品前处理	色谱条件	参数	检测方法	文献
奶粉	CAP	无水硫酸钠、乙酸乙酯 LLE 提取，蒸干提取液后，乙腈复溶，正己烷除脂	Phenomenex Luna C$_{18}$ 色谱柱；流动相：乙腈-水	CC$_\alpha$: 0.09 μg/kg, CC$_\beta$: 0.11 μg/kg; 日内 RSD: 小于 12%，日间 RSD 小于 15%	LC-MS/MS	[5]
虾	CAP	乙酸乙酯提取后，蒸干，1 mol/L 醋酸铵+石油醚复溶，弃掉上层有机相后，异辛烷净化后弃掉，乙酸乙酯反提，蒸干复溶	C$_{18}$ 色谱柱（150 mm×4 mm, i.d., 5 μm）；流动相：10%乙腈-90%乙腈（40+60, v/v）	CC$_\alpha$: 0.06 μg/kg, CC$_\beta$: 0.10 μg/kg	LC-MS-MS	[157]
蜂胶	CAP	蜂胶用水稀释后乙酸乙酯提取，过 0.45 μm 滤膜除去不溶性杂质	Gemini C$_{18}$ 色谱柱（100 mm×2 mm i.d., 5 μm）；流动相：水-甲醇	LOD: 0.05 μg/kg，; LOQ: 0.15 μg/kg; RSD: 6%～10%	LC-MS/MS	[158]
蜂蜜、牛奶、鸡蛋	CAP	甲基丙烯酸-乙二醇二甲基丙烯酸酯聚合的毛细管柱做提取介质，20 mmol/L 磷酸 pH 4 溶解样品后，高速离心，上清过 0.22 μm 滤膜，进行 PMME 提取，解吸溶剂：甲醇-水（60+40，v/v）	C$_{18}$ 色谱柱；流动相：10%甲醇-甲醇	回收率：85%～102%; RSD: 2.1%～8.9%; LOD: 0.02 ng/g（蜂蜜）、0.04 ng/mL（牛奶和鸡蛋）	LC-MS/MS	[30]
动物组织	CAP	乙酸乙酯提取，蒸干，乙腈-正己烷 LLP 净化	Phenomenex C$_{18}$ 色谱柱；流动相：乙腈-水	回收率：76.3%～100.3%; LOD: 0.137～0.205 ng/g; LOQ: 0.10 ng/g	LC-MS/MS	[33]
牛奶、奶制品	CAP	加入无水硫酸钠和乙酸乙酯后提取，蒸干，乙腈-正己烷 LLP 净化	Luna C$_{18}$ 色谱柱（150 mm×2 mm i.d., 5 μm）；流动相：水-80%乙腈	CC$_\alpha$: 0.08 μg/kg; CC$_\beta$: 0.10 μg/kg	LC-MS/MS	[163]
肉、蛋、蜂蜜、血浆、尿、海鲜、奶	CAP	尿液和血浆用 Chem Elut 柱提取净化，乙酸乙酯洗脱，正己烷除脂；其他用乙腈提取，氯仿除水，蒸干提取溶液后甲醇-水（3+4, v/v）复溶	Purospher Star RP C$_{18}$ 色谱柱（55 mm×4 mm i.d., 3 μm）；流动相：0.1%甲酸-甲醇	CC$_\alpha$: 0.02 μg/kg; CC$_\beta$: 0.04 μg/kg; RSD: 小于 25%	LC-MS/MS	[42]
蜂蜜	CAP	蜂蜜用水稀释后乙酸乙酯提取，提取液蒸干后，水复溶，SPE: 乙腈-水洗脱，乙酸乙酯反提，蒸干，水相复溶	XTerra C$_{18}$ 色谱柱（150 mm×2 mm i.d., 3.5 μm）	—	LC-MS/MS	[159]
蜂蜜、蜂王浆	CAP	蜂王浆用 1%偏磷酸-甲醇（4：6）提取，蜂蜜用水稀释，HLB 净化	RP C$_{18}$ 色谱柱；流动相：10 mmol/L 醋酸铵-乙腈	回收率：92%; LOQ: 0.3 ng/g（蜂蜜）、1.5 ng/g（蜂王浆）	LC-MS/MS	[40]
肾脏、蜂蜜	CAP	葡糖苷酶酶解肾脏中葡萄糖键合 CAP，Extrelut 净化，二氯甲烷洗脱	BEH C$_{18}$ 色谱柱（2.1 mm×50 mm, 1.7 μm）；流动相：10%乙腈-乙腈（分别加入25%氨水，比例为 0.1%）	CC$_\alpha$: 0.007 μg/kg（蜂蜜）、0.011 μg/kg（肾脏）	UPLC-MS/MS	[1]
蜂蜜、蜂王浆	CAP	10%偏磷酸溶解样品，上层溶液用乙酸乙酯提取，硅胶柱和 HLB 柱依次净化	XDB C$_8$ 色谱柱（150 mm×4.6 mm, 5 μm）；流动相：乙腈-5 mmol/L 醋酸铵溶液	回收率：91%～107%; RSD: 小于 10%; LOD: 0.1 μg/kg（蜂蜜）、0.2 μg/kg（蜂王浆）	LC-MS/MS	[49]
蟹肉	CAP	乙酸乙酯提取，蒸干，甲醇-氯化钠溶液复溶，正己烷除脂过滤	C$_{18}$ 色谱柱	回收率：67%～86%; RSD: 小于 1%	LC-MS/MS	[164]
肌肉	CAP	无水硫酸钠、乙腈提取，蒸干，甲醇-乙腈-水（2+1+1, v/v）复溶，正己烷 LLP 除脂	流动相：20 mmol/L pH 4.5 醋酸铵-乙腈（60+40, v/v）	回收率：74.8%～103.9%; RSD: 6.6%～16.4%	LC-MS/MS	[165]
牛奶	CAP	乙腈提取，pH 7.4 PBS 复溶，α-1-酸性糖蛋白亲和色谱净化，乙腈-10%醋酸（30+70, v/v）洗脱	流动相：20 mmol/L pH 4.6 醋酸铵-乙腈（60+40, v/v）	回收率：69.5%～83.1%; RSD: 8.9%～13.3%	LC-MS/MS	[58]
虾	CAP、FF、TAP	碱性乙酸乙酯提取 LLP 脱脂，C$_{18}$ 柱净化	XTerra C$_{18}$ 色谱柱（150 mm×2.1 mm, 3.5 μm）；流动相：甲醇-10 mmol/L 醋酸铵溶液（30+70, v/v）	LOD: 0.01 ng/g（CAP、FF）、0.05 ng/g（TAP）; 回收率：73.9%～96.0%（CAP）、78.6%～99.5%（TAP）、74.9%～103.7%（FF）; RSD: 小于 6.4%	LC-MS/MS	[17]

基质	化合物	样品前处理	色谱条件	参数	检测方法	文献
牛奶、鸡蛋、组织	CAP	乙腈提取，正己烷除脂，10 mmol/L 醋酸铵-乙腈复溶	C$_{18}$ ODS-2 色谱柱	回收率：80%～120%；CC$_\alpha$：0.2～0.6 ng/g	LC-MS	[154]
鸡肉、海产品、蜂蜜	CAP	乙酸乙酯提取，蒸干，异辛烷-三氯甲烷（2+3，v/v），Tris 缓冲液复溶；蜂蜜：0.01 mol/L pH 9.3 碳酸铵缓冲液溶解，碳酸铵淋洗，甲醇洗脱	Superspher RP-18 色谱柱（125 mm×3 mm i.d.，4 μm）流动相：乙腈-10 mmol/L pH 3.0 甲酸铵溶液（40+60，v/v）	LOD: 0.1 ng/g（肉）、0.05 ng/g（蜂蜜）；回收率：46%～63%	LC-MS/MS	[166]
海产品	CAP	乙酸乙酯提取，无水硫酸钠除水，HLB 净化，甲醇洗脱	Xterra C$_{18}$ 色谱柱（150 mm×2.1 mm i.d.，3.5 μm）；流动相：2%氨水-乙腈（60+40，v/v）	LOD：0.1 ng/mL；LOQ：0.02 μg/kg；回收率：大于90%	LC-MS/MS	[38]
鱼肉	CAP	无水硫酸钠、乙酸乙酯提取，蒸干后，乙腈-正己烷（1+1，v/v）复溶，蒸干乙腈，复溶	Zorbax eclipse XDB C$_{18}$ 色谱柱（150 mm×2.1 mm，5 μm）；流动相：10 mmol/L 醋酸铵溶液-甲醇	回收率：89.3%～102.5%；LOD: 0.1 μg/kg（黄尾鱼肉）0.27 μg/kg（比目鱼肉）	LC-APPI-MS	[155]
虾	CAP	pH 7.0 磷酸缓冲液超声提取，C$_{18}$ SPE 净化，水、5%乙腈依次淋洗，30%乙腈洗脱，乙酸乙酯反提，蒸干，流动相复溶上样	C$_8$ 色谱柱；流动相：乙腈-水（25+75，v/v）	CC$_\alpha$: 0.02 ng/g; LOQ: 0.2 ng/g；CV: 1.0%～7.1%	LC-MS	[23]
水产	CAP、TAP、FF、FFa	丙酮提取，二氯甲烷 LLP，去除水相，蒸干后，稀酸稀释，正己烷除脂	C$_{18}$-BD 色谱柱；流动相：水-乙腈	回收率：71%～107%；CC$_\alpha$: 0.1 ng/g（FF、CAP）、0.3 ng/g（TAP）、1.0 ng/g（FFa）	LC-MS	[14]
肉、海产品	CAP	加醋酸钠缓冲液，二氯甲烷-乙醚（75+25，v/v）提取，硅胶 SPE 净化，正己烷柱上除脂，0.05 mol/L 磷酸氢二钾-乙酸乙酯洗脱	SymmetryShield RP C$_{18}$ 色谱柱（150 mm×2.1 mm i.d.，3.5 μm）；流动相：水-乙腈	RSD：14%～17%；LOD：0.01 μg/kg	LC-MS/MS	[167]
蜂蜜	CAP	pH 5 0.1 mol/L 醋酸钠溶解样品，HLB 净化，水-甲醇淋洗，甲醇洗脱，蒸干，缓冲液复溶后，乙腈-二氯甲烷（4+1，v/v）反提	Symmetry Shield RP$_{18}$ 色谱柱（150 mm×2.1 mm i.d.，3.5 μm）；流动相：水-乙腈	RSD：小于12%；CC$_\alpha$、CC$_\beta$：均小于 0.1 μg/kg	LC-MS/MS	[25]
猪肉、牛奶、鸡肉、蜂蜜、尿液	CAP	乙腈提取（丙酮提取尿液），氯仿去除水分，蒸干有机相后，LMS SPE 净化	Purospher Star RP-18 色谱柱（55×2.1 mm，3 μm）；流动相：甲醇-0.15%甲酸	LOQ: 1 ng/mL（猪肉和牛奶）、2 ng/mL（鸡蛋和蜂蜜）、3 ng/mL（尿液）	UPLC-MS	[153]

4.2　公　定　方　法

4.2.1　河豚鱼、鳗鱼和烤鳗中氯霉素、甲砜霉素和氟苯尼考残留量的测定　液相色谱-串联质谱法[168]

4.2.1.1　适用范围

适用于河豚鱼、鳗鱼和烤鳗中氯霉、甲砜霉素和氟苯尼考及其代谢物氟苯尼考胺（florfenicol amine）残留量的液相色谱-串联质谱测定。方法检出限：河豚鱼、鳗鱼和烤鳗中氯霉素为 0.1 μg/kg、甲砜霉素、氟苯尼考和氟苯尼考胺为 1.0 μg/kg。

4.2.1.2　方法原理

样品中的氯霉素、甲砜霉素、氟苯尼考和氟苯尼考胺在碱性条件下，用乙酸乙酯提取，提取液旋转蒸发挥干，残渣以水溶解，经正己烷液液分配脱脂。液相色谱-串联质谱仪检测，氯霉素、甲砜霉素和氟苯尼考以内标法峰面积定量，氟苯尼考胺以外标法峰面积定量。

4.2.1.3　试剂和材料

甲醇：色谱纯。乙酸乙酯、正己烷：分析纯。氨水：25%～28%（g/g）。无水硫酸钠：分析纯，使用前经 650℃灼烧 4 h。

标准物质：氯霉素、甲砜霉素和氟苯尼考，纯度≥99.5%；氟苯尼考胺，纯度≥98.0%。

内标标准液：氘代氯霉素（d_5-氯霉素），100 μg/mL，溶剂为乙腈，氘化度≥98%。

100 μg/mL 标准储备液：分别准确称取适量的氯霉素、甲砜霉素、氟苯尼考和氟苯尼考胺标准物质，用甲醇分别配成 100 μg/mL 的标准储备液，该溶液于–18℃保存。

1 μg/mL 氯霉素、甲砜霉素和氟苯尼考混合标准储备液：分别准确吸取 1.00 mL 氯霉素、甲砜霉素和氟苯尼考标准储备液，移至 100 mL 容量瓶中，用甲醇配成 1 μg/mL 的氯霉素、甲砜霉素和氟苯尼考混合标准储备液。该溶液于–18℃保存。

1 μg/mL 氟苯尼考胺标准储备液：准确吸取 1.00 mL 氟苯尼考胺标准储备液，移至 100 mL 容量瓶中，用甲醇配成 1 μg/mL 的氟苯尼考胺标准储备液。该溶液于–18℃保存。

20 ng/mL 氯霉素、甲砜霉素和氟苯尼考混合标准中间液：准确吸取 1.00 mL 混合标准储备液，移至 50 mL 容量瓶中，用水配成 20 ng/mL 的氯霉素、甲砜霉素和氟苯尼考混合标准中间液。该溶液于 4℃保存。

20 ng/mL 氟苯尼考胺标准中间液：准确吸取 1.00 mL 氟苯尼考胺标准储备液，移至 50 mL 容量瓶中，用水配成 20 ng/mL 的氟苯尼考胺标准中间液。该溶液于 4℃保存。

1 μg/mL 内标标准储备液：准确吸取 1.00 μL 内标标准液，移至 10 mL 容量瓶中，用甲醇配成 1 μg/mL 内标标准储备液。该溶液于–18℃保存。

20 ng/mL 内标标准中间液：准确吸取 1.00 mL 内标标准储备液，移至 50 mL 容量瓶中，用水配成 20 ng/mL 的内标标准中间液。该溶液于 4℃保存。

氯霉素、甲砜霉素和氟苯尼考混合基质标准工作溶液：根据每种标准的灵敏度和仪器线性范围，临用时吸取一定量的混合标准中间液和内标标准中间液，用空白基质溶液配成适当浓度的混合基质标准工作液，每毫升该混合基质标准工作溶液含有 0.15 ng 氘代氯霉素（d_5-氯霉素）。

氟苯尼考胺基质标准工作溶液：根据标准的灵敏度和仪器线性范围，临用时吸取一定量的标准中间液，用空白基质溶液配成适当浓度的氟苯尼考胺基质标准工作液。

滤膜：0.2 μm。

4.2.1.4　仪器和设备

液相色谱-串联质谱仪：配有电喷雾离子源；分析天平：感量 0.1 mg 和 0.01 g；离心机：≥4000 r/min；小型台式离心机：≥13000 r/min；组织捣碎机；匀浆机；减压旋转蒸发仪；超声波水浴；旋涡振荡器；聚丙烯离心管：带盖，50 mL，1.5 mL；鸡心瓶：25 mL；具塞比色管：50 mL。

4.2.1.5　样品前处理

（1）试样制备

从所取全部样品中取出有代表性样品可食部分约 500 g，用组织捣碎机充分捣碎均匀，装入洁净容器，密封，并标明标记。制样操作过程中必须防止样品受到污染或发生残留物含量的变化。将试样于–18℃冰箱中保存。

（2）提取

称取 5 g 试样，精确至 0.01 g，置于 50 mL 聚丙烯离心管中，加入内标标准中间液 75.0 μL，加入 25 mL 乙酸乙酯，0.75 mL 氨水，3 g 无水硫酸钠，匀浆提取 30 s，4000 r/min 离心 5 min，上清液转移至 50 mL 比色管中，另取一 50 mL 离心管加入 20 mL 乙酸乙酯，0.60 mL 氨水，洗涤匀浆刀头 10 s，洗涤液移入第一支离心管中，用玻棒搅动残渣，旋涡振荡提取 1 min，超声波振荡提取 5 min，4000 r/min 离心 5 min，上清液合并至 50 mL 比色管，乙酸乙酯定容至 50.0 mL。摇匀后移取 10.0 mL 乙酸乙酯提取液于 25 mL 鸡心瓶，45℃减压旋转浓缩至干。

（3）净化

鸡心瓶中的残渣用 2.00 mL 水溶解，旋涡振荡混匀，超声 5 min，加入 3 mL 正己烷旋涡振荡混合 30 s，静置分层，弃掉上层的正己烷，再加 3 mL 正己烷旋涡振荡混合 30 s，静置分层，移取部分下层的水相于 1.5 mL 的聚丙烯离心管，13000 r/min 离心 5 min，经 0.2 μm 滤膜过滤后，供液相色谱-串联质谱测定氯霉素、甲砜霉素和氟苯尼考。另吸取 100 μL 滤液于液相进样瓶，加入 400 μL 水，混匀，供液相色谱-串联质谱测定氟苯尼考胺。

（4）空白基质溶液的制备

称取 5 g 空白样品，精确至 0.01 g，除不加入内标标准中间液，其他按上述提取净化步骤操作。

4.2.1.6　测定

（1）液相色谱条件

1）氯霉素、甲砜霉素和氟苯尼考测定：

色谱柱：SUPELCO Discovery C$_{18}$，5 μm，150 mm×2.1 mm（内径）或相当者；柱温：40℃；流动相：甲醇-水（2+3，v/v）；流速：0.30 mL/min；进样量：20 μL。

2）氟苯尼考胺测定：

色谱柱：Intersil C$_8$-3，5 μm，150 mm×4.6 mm（内径）或相当者；柱温：40℃；流动相：甲醇-水（4+1，v/v）；流速：0.30 mL/min；进样量：10 μL。

（2）质谱条件

离子源：电喷雾离子源（ESI）；扫描方式：负离子扫描（氯霉素、甲砜霉素和氟苯尼考测定）；正离子扫描（氟苯尼考胺测定）；检测方式：多反应选择离子检测（MRM）；电喷雾电压（IS）：–4200 V（氯霉素、甲砜霉素和氟苯尼考测定）；4500 V（氟苯尼考胺测定）；雾化气、气帘气、辅助加热气、碰撞气均为高纯氮气及其他合适气体；使用前应调节各气体流量以使质谱灵敏度达到检测要求；辅助气温度（TEM）：600℃；定性离子对、定量离子对、采集时间、去簇电压及碰撞能量见表 4-7。

表 4-7　氯霉素、甲砜霉素、氟苯尼考、氘代氯霉素（d$_5$-氯霉素）和氟苯尼考胺的质谱参数

化合物	定性离子对（m/z）	定量离子对（m/z）	采集时间/ms	去簇电压/V	碰撞能量/V
氯霉素	320.9/257.0	320.9/152.0	200	−55	−16
	320.9/152.0				−26
甲砜霉素	353.9/290.3	353.9/185.2	200	−55	−17
	353.9/185.2				−27
氟苯尼考	356.0/336.0	356.0/336.0	200	−55	−14
	356.0/185.2				−27
氘代氯霉素（d$_5$-氯霉素）	326.0/157.0	326.0/157.0	200	−55	−26
氟苯尼考胺	248.3/230.2	248.3/130.2	200	45	18
	248.3/130.2				33

（3）定性测定

每种被测组分选择 1 个母离子，2 个以上子离子，在相同实验条件下，样品中待检测物质和内标物的保留时间之比，也就是相对保留时间，与标准溶液中对应的相对保留时间偏差在±2.5%之内；且样品谱图中各组分定性离子的相对丰度与浓度接近的标准溶液谱图中对应的定性离子的相对丰度进行比较，偏差不超过表 1-5 规定的范围，则可判定为样品中存在对应的待测物。

（4）定量测定

氯霉素、甲砜霉素和氟苯尼考测定以内标法定量：在仪器最佳工作条件下，对基质标准工作溶液进样，以标准溶液中被测组分峰面积和氘代氯霉素（d$_5$-氯霉素）峰面积的比值为纵坐标，标准溶液中被测组分浓度与氘代氯霉素（d$_5$-氯霉素）浓度的比值为横坐标绘制标准工作曲线，用标准工作曲线对样品进行定量，样品溶液中待测物的响应值均应在仪器测定的线性范围内。

氟苯尼考胺测定以外标法定量：在仪器最佳工作条件下，对基质标准工作溶液进样，以标准溶液中被测组分峰面积为纵坐标，标准溶液中被测组分浓度为横坐标绘制标准工作曲线，用标准工作曲线对样品进行定量，样品溶液中待测物的响应值均应在仪器测定的线性范围内。

氯霉素、甲砜霉素和氟苯尼考标准物质的多反应监测色谱图见图 4-3，氘代氯霉素的多反应监测

色谱图见图 4-4，氟苯尼考胺标准物质的多反应监测色谱图见图 4-5。

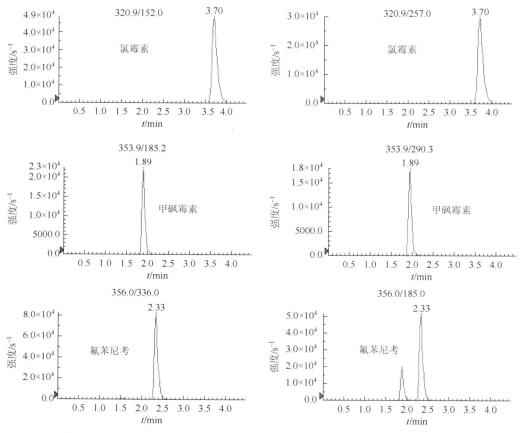

图 4-3　氯霉素、甲砜霉素和氟苯尼考标准物质的多反应监测（MRM）色谱图

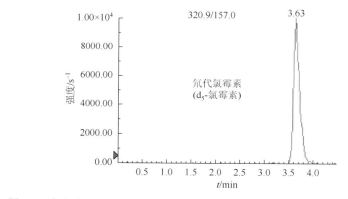

图 4-4　氘代氯霉素（d₅-氯霉素）标准物质的多反应监测（MRM）色谱图

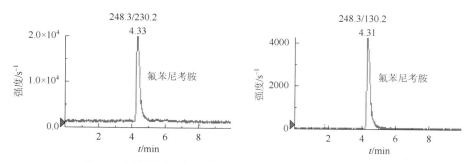

图 4-5　氟苯尼考胺标准物质的多反应监测（MRM）色谱图

4.2.1.7 分析条件的选择

（1）提取净化条件的选择

1）样品提取液的选择

氯霉素、甲砜霉素、氟苯尼考易溶于乙酸乙酯、乙腈。试验表明，采用碱化乙酸乙酯可提高甲砜霉素回收率，使上述三个化合物回收率都符合要求，对于氟苯尼考胺，碱性条件下，使其呈游离态，更易被有机溶剂提取。试验表明用碱化乙酸乙酯提取，达到满意的提取效率。因此本实验选用碱化乙酸乙酯作为提取溶剂。分别用乙酸乙酯-25%氨水（100+1）、乙酸乙酯-25%氨水（100+2）和乙酸乙酯-25%氨水（100+3）的碱性乙酸乙酯作为提取液，在同一添加水平，相同实验条件下，四者均能达到满意的回收率。但乙酸乙酯-25%氨水（100+3）的碱性乙酸乙酯的回收率实验更稳定。因此在本方法中选择含有乙酸乙酯-25%氨水（100+3）的碱性乙酸乙酯作为提取液。

2）净化条件的选择

样品的乙酸乙酯萃取液中含有类脂物，需净化。通过实验以水-正己烷液液分配除脂，效果明显且回收率高。

3）残渣溶解度实验

样品的乙酸乙酯萃取液浓缩后，残渣用水溶解。分别用 1 mL、2 mL、3 mL 水溶解残渣，结果表明 1 mL、2 mL、3 mL 水溶解残渣，氯霉素和氟苯尼考的回收率无明显差异，回收理想。而以 1 mL 水溶解残渣，甲砜霉素、氟苯尼考胺的回收率稍低，因此采用 2 mL 水溶解残渣，且超声 5 min。

（2）仪器条件的优化

1）质谱条件的优化

蠕动泵以 10 μL/min 的流速连续注射 0.1 mg/L 的氯霉素类和氟苯尼考胺标准溶液入 TurboIonSpray 电离源中，氯霉素类结构上有氯原子，在负离子检测模式的灵敏度高，而氟苯尼考胺结构中不含有氯原子，在正离子检测模式的灵敏度高。分别在负离子检测模式下对三种氯霉素类和在正离子检测模式下对氟苯尼考胺进行一级质谱分析（Q1扫描），在得到分子离子峰，对各准分子离子峰进行二级质谱分析（子离子扫描），得到碎片离子信息，氯霉素类二级质谱见图4-6。由此确定定性用的各离子对。

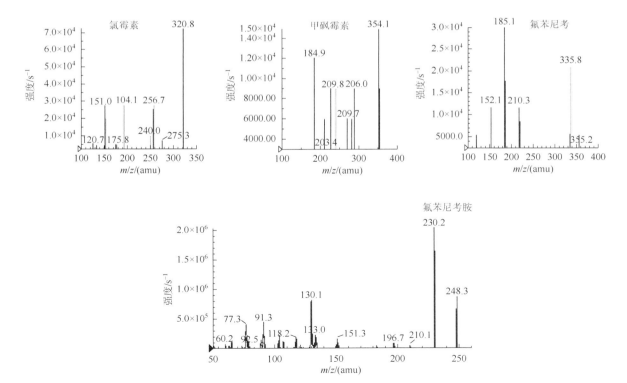

图 4-6　氯霉素、甲砜霉素、氟苯尼考和氟苯尼考胺的子离子全扫描色谱图

采用 MRM 模式采集数据,选择驻留时间为 200 ms,优化各离子对的去簇电压(DP),碰撞气能量(CE),聚焦电压(FP),入口电压(EP),碰撞池出口电压(CXP)。

　　2)色谱条件的优化

　　采用"T"三通方式,即蠕动泵以 10 μL/min 的流速连续注射 0.1 mg/L 的氯霉素类标准溶液,流动相则以 300 μL/min 的流速与氯霉素类标准溶液混合后进入离子源来进行优化。当分别用 0.1%甲酸、0.1%乙酸、1 mmol/L 醋酸铵溶液代替流动相组成中的水,未发现氯霉素类和氟苯尼考胺灵敏度的明显变化。有报道指出在负离子模式下用乙腈代替流动相中的甲醇会增强信号强度[14]。实验以乙腈-水作为流动相,未观察到氯霉素类灵敏度的显著提高。本方法以甲醇-水作为流动相,灵敏度已足以满足要求。对于氯霉素类检测,经比较多家品牌的色谱柱,结果表明在普通 C_{18} 的 2.1 mm 内径的色谱柱都可满足,采用了 Discovery C_{18} 柱。氟苯尼考胺在普通的 C_{18} 不易保留,出峰时间太快,所以考虑采用 C_8 柱,实验表明其在 C_8 柱上有较好的保留,本方法采用 Intersil C_8-3 柱分析氟苯尼考胺。

4.2.1.8　线性范围和测定低限

　　内标法测定氯霉素类,用水配成 0 μg/L、0.050 μg/L、0.10 μg/L、0.50 μg/L、1.0 μg/L、2.0 μg/L 和 5.0 μg/L 的混合氯霉素类的标准工作液,每毫升该混合标准工作溶液含有 1.5 ng 氯霉素-D5。在选定的色谱和质谱条件下进行测定,以标准工作溶液被测组分峰面积与标准工作溶液内标物峰面积的比值对标准溶工作液被测组分浓度与标准工作溶液内标物浓度的比值作线性回归曲线。其线性方程、相关系数见表 4-8。外标法测定氟苯尼考胺,用水配成 0 μg/L、0.050 μg/L、0.10 μg/L、0.20 μg/L、0.40 μg/L 和 1.0 μg/L 标准工作液,峰面积法定量,其线性方程、相关系数见表 4-8。

表 4-8　氯霉素、甲砜霉素和氟苯尼考的定量离子对、线性方程、相关系数

化合物	定量离子对	线性方程	相关系数
氯霉素	320.9/152.0	$Y=4.55X-0.0472$	1.000
甲砜霉素	353.9/185.2	$Y=1.49X-0.00995$	0.9999
氟苯尼考	356.0/336.0	$Y=6.99X-0.088$	1.000
氟苯尼考胺	248.3/130.2	$Y=2.67\times10^5X-1.101\times10^3$	0.9994

　　本方法的氯霉素的检出限(LOQ)为 0.10 μg/kg,甲砜霉素、氟苯尼考和氟苯尼考胺的检出限(LOQ)为 1.0 μg/kg。

　　实验中发现样品基质对质谱的离子化有干扰,所以采用基质配曲线校正基质的干扰。

4.2.1.9　方法回收率和精密度

　　用不含氯霉素类的河豚鱼、鳗鱼及烤鳗样品进行添加回收和精密度实验。添加回收率和精密度结果见表 4-9。

表 4-9　氯霉素、甲砜霉素室内添加回收率和精密度实验结果 ($n=10$)

化合物	添加浓度/(μg/kg)	鳗鱼		河豚鱼		烤鳗	
		平均回收率/%	RSD/%	平均回收率/%	RSD/%	平均回收率/%	RSD/%
氯霉素	0.1	92.0	8.7	93.2	12.1	96.7	15.1
	0.2	96.2	18.9	96.7	8.2	97.9	7.2
	0.5	99.0	3.9	95.6	4.5	97.6	8.0
	1.0	92.0	5.0	95.1	3.4	95.9	2.4
甲砜霉素	1.0	102.0	13.0	91.6	11.3	85.7	6.4
	2.0	92.6	10.0	91.3	7.5	91.2	8.7
	4.0	96.4	12.1	88.9	8.9	92.1	12.5
	10.0	94.3	10.5	88.2	7.3	87.8	6.0

续表

化合物	添加浓度 /(μg/kg)	鳗鱼		河豚鱼		烤鳗	
		平均回收率/%	RSD/%	平均回收率/%	RSD/%	平均回收率/%	RSD/%
氟苯尼考	1.0	95.0	8.1	92.6	9.4	97.0	7.2
	2.0	95.2	8.3	102.0	12.0	97.1	10.8
	4.0	98.0	7.9	92.5	9.0	95.9	6.0
	10.0	98.0	13.8	89.4	5.4	91.8	5.5
氟苯尼考胺	1.0	97.7	5.6	96.1	7.9	93.7	12.8
	2.0	95.7	5.2	91.3	5.8	93.4	6.4
	4.0	95.4	4.3	94.4	7.1	95.7	9.6
	8.0	102.0	6.7	93.5	5.1	96.3	3.0

从表 4-9 可见，在四个不同添加水平，鳗鱼、河豚鱼和烤鳗中氯霉素、甲砜霉素、氟苯尼考和氟苯尼考胺的平均回收率在 85.7%～102.0%，相对标准偏差在 2.4%～18.9%。

4.2.1.10　重复性和再现性

在重复性试验条件下，获得的两次独立测试结果的绝对差值不超过重复性限（r），如果差值超过重复性限（r），应舍弃试验结果并重新完成两次单个试验的测定。在再现性试验条件下，获得的两次独立测试结果的绝对差值不超过再现性限（R）。被测物的含量范围、重复性和再现性方程见表 4-10。

表 4-10　含量范围及重复性和再现性方程

化合物	含量范围/(μg/kg)	样品基质	重复性限 r	再现性限 R
氯霉素	0.10～1.00	河豚鱼	$\lg r = 1.13 \lg m + 0.691$	$\lg R = 1.07 \lg m + 0.677$
		鳗鱼	$\lg r = 0.979 \lg m + 0.762$	$\lg R = 1.00 \lg m + 0.762$
		烤鳗	$\lg r = 1.11 \lg m + 0.635$	$\lg R = 1.01 \lg m + 0.632$
甲砜霉素	1.00～10.0	河豚鱼	$\lg r = 0.753 \lg m - 0.0331$	$\lg R = 1.08 \lg m - 0.0622$
		鳗鱼	$\lg r = 0.99 1 \lg m - 0.170$	$\lg R = 0.996 \lg m - 0.150$
		烤鳗	$\lg r = 0.883 \lg m - 0.0969$	$\lg R = 104 \lg m - 0.111$
氟苯尼考	1.00～10.0	河豚鱼	$\lg r = 0.985 \lg m - 0.146$	$\lg R = 0.997 \lg m - 0.127$
		鳗鱼	$\lg r = 0.956 \lg m - 0.159$	$\lg R = 0.981 \lg m - 0.130$
		烤鳗	$\lg r = 0.973 \lg m - 0.115$	$\lg R = 1.01 \lg m - 0.148$
氟苯尼考胺	1.00～8.00	河豚鱼	$\lg r = 1.09 \lg m - 0.179$	$\lg R = 0.974 \lg m - 0.143$
		鳗鱼	$\lg r = 1.12 \lg m - 0.190$	$\lg R = 0.983 \lg m - 0.170$
		烤鳗	$\lg r = 1.17 \lg m - 0.200$	$\lg R = 0.969 \lg m - 0.177$

注：m 为两次测定结果的算术平均值

4.2.2　可食动物肌肉、肝脏和水产品中氯霉素、甲砜霉素和氟苯尼考残留量的测定　液相色谱-串联质谱法[169]

4.2.2.1　适用范围

适用于可食动物肌肉、肝脏、鱼和虾中氯霉素、甲砜霉素和氟苯尼考残留量的液相色谱-串联质谱测定。方法检出限：氯霉素为 0.1 μg/kg、甲砜霉素和氟苯尼考为 1.0 μg/kg。

4.2.2.2　方法原理

试样中的氯霉素、甲砜霉素和氟甲砜霉素残留以碱性乙酸乙酯提取，提取液旋转蒸发挥干，残渣以水溶解，经正己烷液液分配脱脂后供高效液相色谱-串联质谱仪分析，内标法峰面积定量。

4.2.2.3　试剂和材料

甲醇、乙酸乙酯、正己烷为色谱级；氨水（25%）；无水硫酸钠：650℃灼烧 4 h，冷却后储于密封容器中备用；标准品氯霉素、甲砜霉素和氟甲砜霉素，纯度≥99.5%；氯霉素-D5，纯度≥98%。

标准贮备液：准确称取适量的氯霉素、甲砜霉素和氟甲砜霉素标准物质，用甲醇配成 100 μg/mL 的标准储备液，该溶液于−18℃下保存期一年；混合标准储备液：准确吸取一定量标准储备液于 50.0 mL 容量瓶中，用水稀释至刻度，1 mL 该溶液分别含 20 ng 的氯霉素、甲砜霉素和氟甲砜霉素，该溶液于 4℃下保存期三个月。

内标标准储备液 1：准确吸取 100 μL 氯霉素-D5 标准液于 10.0 mL 容量瓶中，用甲醇稀释至刻度，该溶液于 4℃保存。保存期半年；内标标准储备液 2：准确吸取 1.00 mL 内标标准储备液于 50.0 mL 容量瓶中，用水稀释至刻度。该溶液于 4℃保存。保存期三个月。

混合标准工作溶液：根据每种标准的灵敏度和仪器线性范围，临用时吸取一定量的混合标准储备液和内标标准储备液，用水配成适当浓度的混合标准工作液。

4.2.2.4　仪器和设备

液相色谱-串联质谱仪：配有电喷雾离子源；分析天平：感量 0.1 mg 和 0.01 g；离心机：4000 r/min；高速台式离心机：13000 r/min；组织捣碎机；匀质器；转蒸发器；超声波；液体混匀器；聚丙烯离心管：50 mL，1.5 mL，具塞；鸡心瓶：25 mL；比色管：50 mL，具塞。

4.2.2.5　样品前处理

（1）试样制备

取样品约 500 g 用肉类组织捣碎机绞碎，装入洁净容器作为试样，密封，并标明标记。将试样于−18℃冰箱中保存。

（2）提取

称取 5 g 试样，精确至 0.01 g。置于 50 mL 聚丙烯离心管中，加入中间浓度内标溶液 75.0 μL，加入 15 mL 乙酸乙酯，0.45 mL 氢氧化铵，5 g 无水硫酸钠，匀质提取 30 s，以 4000 r/min 离心 5 min，上清液转移至 50 mL 比色管中。另取一 50 mL 离心管，加入 15 mL 乙酸乙酯，0.45 mL 氢氧化铵，洗涤匀质刀头 10 s，洗涤液移入第一支离心管中，用玻棒搅动残渣，于液体混匀器上涡旋提取 1 min，超声波提取 5 min，以 4000 r/min 离心 5 min，上清液合并至 50 mL 比色管中。残渣再加入 15 mL 乙酸乙酯，重复上述操作，合并全部上清液至 50 mL 比色管中，用乙酸乙酯定容至 50 mL。摇匀后移取 10 mL 乙酸乙酯提取液于 25 mL 鸡心瓶中，在 45℃旋转浓缩至干。

（3）净化

鸡心瓶中的残渣用 3 mL 水溶解，超声 5 min，加入 3 mL 正己烷涡旋混合 30 s，静置分层，弃掉上层的正己烷，再加 3 mL 正己烷涡旋混合 30 s，静置分层，移取 1 mL 水相于 1.5 mL 的聚丙烯离心管中，以 13000 r/min 离心 5 min，过 0.2 μm 滤膜后，供液相色谱-串联质谱测定。

4.2.2.6　测定

（1）液相色谱条件

色谱柱：Discovery C_{18} 色谱柱，5 μm，150 mm×2.1 mm（内径）或相当者；柱温：40℃；流动相：甲醇+水（40+60，v/v）；流速：0.30 mL/min；进样量：20 μL。

（2）质谱条件

离子源：电喷雾离子源；扫描方式：负离子扫描；检测方式：多反应监测（MRM）；电喷雾电压：−1750 V；雾化气、气帘气、辅助加热气、碰撞气均为高纯氮气及其他合适气体；使用前应调节各气体流量以使质谱灵敏度达到检测要求；辅助气温度：500℃；定性离子对、定量离子对、采集时间、去簇电压及碰撞能量见表 4-7。

（3）定性测定

每种被测组分选择 1 个母离子，2 个以上子离子，在相同实验条件下，样品中待测物和内标物的保留时间之比，也就是相对保留时间，与标准溶液中对应的相对保留时间偏差在±2.5%之内；且样品中各组分定性离子的相对丰度与浓度接近的标准溶液中对应的定性离子的相对丰度进行比较，偏差不超过表 1-5 规定的范围，则可判定为样品中存在对应的待测物。

（4）定量测定

在仪器最佳工作条件下，对基质混合标准工作溶液进样，以标准溶液中被测组分峰面积和氘代氯霉素（d_5-氯霉素）峰面积的比值为纵坐标，标准溶液中被测组分浓度与氘代氯霉素（d_5-氯霉素）浓度的比值为横坐标绘制标准工作曲线，用标准工作曲线对样品进行定量，样品溶液中待测物的响应值均应在仪器测定的线性范围内。内标法定量。

4.2.2.7 分析条件的选择

（1）提取净化条件的选择

1）样品提取液的选择

甲砜霉素、氟苯尼考易溶于乙酸乙酯、乙腈。试验表明，采用碱化乙酸乙酯可提高甲砜霉素回收率，使上述两个化合物回收率都符合要求，因此本实验选用碱化乙酸乙酯作为提取溶剂。分别用乙酸乙酯-25%氨水（100+1）、乙酸乙酯-25%氨水（100+2）和乙酸乙酯-25%氨水（100+3）的碱性乙酸乙酯作为提取液，在同一添加水平，相同实验条件下，三者均能达到满意的回收率。但乙酸乙酯-25%氨水（100+3）的碱性乙酸乙酯的回收率实验更稳定。因此在本方法中选择含有乙酸乙酯-25%氨水（100+3）的碱性乙酸乙酯作为提取液。

2）净化条件的选择

样品的乙酸乙酯萃取液中含有类脂物，需净化。通过实验以水-正己烷液液分配除脂，效果明显且回收率高。

3）残渣溶解度实验

样品的乙酸乙酯萃取液浓缩后，残渣用水溶解。分别用 1 mL、2 mL、3 mL 水溶解残渣，结果表明 1 mL、2 mL、3 mL 水溶解残渣，氯霉素和氟苯尼考的回收率无明显差异，回收理想。而以 3 mL 水溶解残渣，且超声 5 min，甲砜霉素的回收率最高。因此采用 3 mL 水溶解残渣，且超声 5 min。

（2）仪器条件的优化

1）质谱条件的优化

蠕动泵以 10 μL/min 的流速连续注射 0.1 mg/L 的氯霉素类标准溶液入 TurboIonSpray 电离源中，在负离子检测方式下对三种氯霉素类进行一级质谱分析（Q1 扫描），得到分子离子峰，对各准分子离子峰进行二级质谱分析（子离子扫描），得到碎片离子信息。由此确定定性用的各离子对。采用 MRM 模式采集数据，选择驻留时间为 200 ms，优化各离子对的去簇电压（DP），碰撞气能量（CE），聚焦电压（FP），入口电压（EP），碰撞池出口电压（CXP）。

2）色谱条件的优化

采用"T"三通方式，即蠕动泵以 10 μL/min 的流速连续注射 0.1 mg/L 的氯霉素类标准溶液，流动相则以 300 μL/min 的流速与氯霉素类标准溶液混合后进入离子源来进行优化。当分别用 0.1%甲酸、0.1%乙酸、1 mmol/L 醋酸铵溶液代替流动相组成中的水，未发现氯霉素灵敏度的明显变化。实验以乙腈-水（30+70，v/v）作为流动相，未观察到 CAP 灵敏度的显著提高。以甲醇-水（40+60，v/v）作为流动相，灵敏度足以满足要求。

4.2.2.8 线性范围和测定低限

用水配成 0 μg/L、0.05 μg/L、0.1 μg/L、0.5 μg/L、1.0 μg/L、2.0 μg/L 和 5.0 μg/L 的混合标准工作液，每毫升该混合标准工作溶液含有 3 ng 氘代氯霉素。在选定的色谱和质谱条件下进行测定，以标准工作溶液被测组分峰面积与标准工作溶液内标物峰面积的比值对标准工作液被测组分浓度与标准工作溶液内标物浓度的比值作线性回归曲线。其线性方程、相关系数见表 4-11。

表 4-11　氯霉素、甲砜霉素和氟苯尼考的定量离子对、线性方程、相关系数

化合物	定量离子对	线性方程	相关系数
氯霉素	320.9/152.0	$Y=3.41X+0.109$	0.9998
甲砜霉素	354.0/185.0	$Y=1.75X+0.0174$	0.9997
氟苯尼考	356.0/336.0	$Y=4.16X-0.0168$	0.9997

4.2.2.9　方法回收率和精密度

用不含氯霉素类的肌肉、鱼肉、虾肉和肝脏样品进行添加回收和精密度实验。添加回收率和精密度结果见表 4-12。

表 4-12　添加回收率和精密度实验结果（$n=10$）

化合物	添加浓度 /(μg/kg)	肌肉		肝脏		虾肉		鱼肉	
		平均回收率/%	RSD/%	平均回收率/%	RSD/%	平均回收率/%	RSD/%	平均回收率/%	RSD/%
氯霉素	0.1	97.8	10.7	100.0	11.9	113.0	9.4	118.0	5.1
	0.5	97.9	10.7	98.0	8.8	107.0	4.2	112.0	6.0
	1.0	113.0	4.0	105.0	9.9	109.0	7.2	108.0	9.3
甲砜霉素	1.0	101.0	14.0	104.0	11.6	96.4	13.3	97.0	16.0
	2.0	104.0	13.7	97.1	14.5	98.9	8.4	97.3	13.0
	4.0	99.8	14.2	77.3	8.4	96.1	10.2	91.7	9.9
氟苯尼考	1.0	99.0	12.6	103.0	16.4	93.0	9.7	90.0	10.5
	2.0	100.0	9.0	106.0	13.6	83.9	4.7	92.9	10.1
	4.0	108.0	6.5	99.1	16.2	86.4	5.8	86.2	9.5

从表 4-12 中可见，添加水平在 0.1～4.0 μg/kg，肌肉、肝脏、鱼肉和虾肉中氯霉素、甲砜霉素和氟苯尼考的平均回收率在 77.3%～118.0%，相对标准偏差在 4.0%～16.4%。

4.2.2.10　重复性和再现性

在重复性试验条件下，获得的两次独立测试结果的绝对差值不超过重复性限（r），如果差值超过重复性限（r），应舍弃试验结果并重新完成两次单个试验的测定。在再现性试验条件下，获得的两次独立测试结果的绝对差值不超过再现性限（R）。被测物的含量范围、重复性和再现性方程见表 4-13 和表 4-14。

表 4-13　氯霉素、甲砜霉素和氟苯尼考的含量范围及重复性和再现性方程（基质为动物肌肉）

化合物	含量范围/(μg/kg)	重复性限 r	再现性限 R
氯霉素	0.0500～1.00	$r=0.075\,m+0.0186$	$R=0.1142\,m+0.0174$
甲砜霉素	0.500～4.00	$r=0.252\,m+0.103$	$R=0.264\,m+0.102$
氟苯尼考	0.500～4.00	$\lg r=0.9116\lg m-0.618$	$\lg R=0.916\lg m-0.617$

注：m 为两次测定结果的算术平均值

表 4-14　氯霉素、甲砜霉素和氟苯尼考的含量范围及重复性和再现性方程（基质为动物肝脏）

化合物	含量范围/(μg/kg)	重复性限 r	再现性限 R
氯霉素	0.0500～1.00	$r=0.143\,m+0.0034$	$R=0.196\,m+0.0049$
甲砜霉素	0.500～4.00	$r=0.228\,m+0.187$	$R=0.292\,m+0.0622$
氟苯尼考	0.500～4.00	$r=0.164\,m+0.0519$	$R=0.205\,m+0.036$

注：m 为两次测定结果的算术平均值

参 考 文 献

[1] Kaufmann A，Butcher P. Quantitative liquid chromatography/tandem mass spectrometry determination of chloramphenicol residues in food using sub-2 microm particulate high-performance liquid chromatography columns for sensitivity and speed. Rapid communications in mass spectrometry，2005，19（24）：3694-3700

[2] Ashwin H M，Stead S L，Taylor J C，Startin J R，Richmond S F，Homer V，Bigwood T，Sharman M. Development and validation of screening and confirmatory methods for the detection of chloramphenicol and chloramphenicol glucuronide using SPR biosensor and liquid chromatography-tandem mass spectrometry. Analytica Chimica Acta，2005，529（1-2）：103-108

[3] Aresta A，Bianchi D，Calvano C D，Zambonin C G. Solid phase microextraction-liquid chromatography（SPME-LC）determination of chloramphenicol in urine and environmental water samples. Journal of Pharmaceutical and Biomedical Analysis，2010，53（3）：440-444

[4] Gantverg A，Shishani I，Hoffman M. Determination of chloramphenicol in animal tissues and urine：Liquid chromatography-tandem mass spectrometry versus gas chromatography-mass spectrometry. Analytica Chimica Acta，2003，483（1-2）：125-135

[5] Rodziewicz L，Zawadzka I. Rapid determination of chloramphenicol residues in milk powder by liquid chromatography-electrospray ionization tandem mass spectrometry. Talanta，2008，75（3）：846-850

[6] Xia X，Li X，Ding S，Shen J. Validation of a method for the determination of chloramphenicol in poultry and swine liver by ultra-performance liquid chromatography coupled with tandem mass spectrometry. Journal of AOAC International，2010，93（5）：1666-1671

[7] Chou K Y，Cheng T Y，Chen C M，Hung P L，Tang Y Y，Chung-Wang Y J，Shih Y C. Simultaneous determination of residual thiamphenicol and florfenicol in foods of animal origin by HPLC/electrospray ionization-MS/MS. Journal of AOAC International，2009，92（4）：1225-1232

[8] 蒋定国，杨大进，方从容，文玉雪，王玉莲，王竹天. 高效液相色谱法测定牛奶中氯霉素残留量的研究. 中国食品卫生杂志，2003，15（1）：36-38

[9] Wang H，Zhou X，Liu Y，Yang H，Guo Q. Simultaneous determination of chloramphenicol and aflatoxin M1 residues in milk by triple quadrupole liquid chromatography-tandem mass spectrometry. Journal of Agricultural and Food Chemistry，2011，59（8）：3532-3538

[10] Tian H. Determination of chloramphenicol，enrofloxacin and 29 pesticides residues in bovine milk by liquid chromatography-tandem mass spectrometry. Chemosphere，2011，83（3）：349-355

[11] Lu Y，Shen Q，Dai Z，Zhang H. Multi-walled carbon nanotubes as solid-phase extraction adsorbent for the ultra-fast determination of chloramphenicol in egg，honey，and milk by fused-core C18-based high-performance liquid chromatography-tandem mass spectrometry. Analytical and Bioanalytical Chemistry，2010，398（4）：1819-1826

[12] Cronly M，Behan P，Foley B，Malone E，Martin S，Doyle M，Regan L. Rapid multi-class multi-residue method for the confirmation of chloramphenicol and eleven nitroimidazoles in milk and honey by liquid chromatography-tandem mass spectrometry（LC-MS）. Food Additives and Contaminants，2010，27（9）：1233-1246

[13] Vargas Mamani M C，Reyes Reyes F G，Rath S. Multiresidue determination of tetracyclines，sulphonamides and chloramphenicol in bovine milk using HPLC-DAD. Food Chemistry，2009，117（3）：545-552

[14] Van de Riet J M，Potter R A，Christie-Fougere M，Burns B G. Simultaneous determination of residues of chloramphenicol，thiamphenicol，florfenicol，and florfenicol amine in farmed aquatic species by liquid chromatography/mass spectrometry. Journal of AOAC International，2003，86（3）：510-514

[15] Xie K，Jia L，Yao Y，Xu D，Chen S，Xie X，Pei Y，Bao W，Dai G，Wang J，Liu Z. Simultaneous determination of thiamphenicol，florfenicol and florfenicol amine in eggs by reversed-phase high-performance liquid chromatography with fluorescence detection. Journal of Chromatography B，2011，879（23）：2351-2354

[16] Zhang S，Liu Z，Guo X，Cheng L，Wang Z，Shen J. Simultaneous determination and confirmation of chloramphenicol，thiamphenicol，florfenicol and florfenicol amine in chicken muscle by liquid chromatography-tandem mass spectrometry. Journal of Chromatography B，2008，875（2）：399-404

[17] 彭涛，李淑娟，储晓刚，蔡云霞，李重九. 高效液相色谱/串联质谱法同时测定虾中氯霉素、甲砜霉素和氟甲砜霉素残留量. 分析化学，2005，33（4）：463-466

[18] Aerts R M，Keukens H J，Werdmuller G A. Liquid chromatographic determination of chloramphenicol residues in meat：Interlaboratory study. Journal of AOAC International，1989，72（4）：570-576

[19] Fernandez-Torres R，Bello Lopez M A，Olias Consentino M，Callejon Mochon M，Perez-Bernal J L. Application of enzymatic probe sonication extraction for the determination of selected veterinary antibiotics and their main metabolites in fish and mussel samples. Analytica Chimica Acta，2010，675（2）：156-164

[20] Fernandez-Torres R，Lopez M A，Consentino M O，Mochon M C，Payan M R. Enzymatic-microwave assisted extraction and high-performance liquid chromatography-mass spectrometry for the determination of selected veterinary antibiotics in fish and mussel samples. Journal of Pharmaceutical and Biomedical Analysis，2011，54（5）：1146-1156

[21] Rocha Siqueira S R，Luiz Donato J，de Nucci G，Reyes Reyes F G. A high-throughput method for determining chloramphenicol residues in poultry，egg，shrimp，fish，swine and bovine using LC-ESI-MS/MS. Journal of Separation Science，2009，32（23-24）：4012-4019

[22] Santos L，Barbosa J，Castilho M C，Ramos F，Ribeiro C A F，da Silveira M I N. Determination of chloramphenicol residues in rainbow trouts by gas chromatography-mass spectometry and liquid chromatography-tandem mass spectometry. Analytica Chimica Acta，2005，529（1-2）：249-256

[23] Ramos M，Muñoz P，Aranda A，Rodriguez I，Diaz R，Blanca J. Determination of chloramphenicol residues in shrimps by liquid chromatography-mass spectrometry. Journal of Chromatography B，2003，791（1-2）：31-38

[24] 谢孟峡，刘媛，邱月明，韩杰，刘宜孜. 固相萃取-气相色谱质谱测定动物组织中氯霉素的残留量. 分析化学，2005，33（1）：1-4

[25] Verzegnassi L，Royer D，Mottier P，Stadler R H. Analysis of chloramphenicol in honeys of different geographical origin by liquid chromatography coupled to electrospray ionization tandem mass spectrometry. Food Additives and Contaminants，2003，20（4）：335-342

[26] Wang L，Li Y Q. Simultaneous determination of ten antibiotic residues in milk by UPLC. Chromatographia，2009，70（1）：253-258

[27] Han J，Wang Y，Yu C，Li C，Yan Y，Liu Y，Wang L. Separation，concentration and determination of chloramphenicol in environment and food using an ionic liquid/salt aqueous two-phase flotation system coupled with high-performance liquid chromatography. Analytica Chimica Acta，2011，685（2）：138-145

[28] Pensabene J W，Fiddler W，Donoghue D J. Isolation of chloramphenicol from whole eggs by supercritical fluid extraction with in-line collection. Journal of AOAC International，1999，82（6）：1334-1339

[29] Liu W L，Lee R J，Lee M R. Supercritical fluid extraction in situ derivatization for simultaneous determination of chloramphenicol，florfenicol and thiamphenicol in shrimp. Food Chemistry，2010，121（3）：797-802

[30] Huang J F，Zhang H J，Feng Y Q. Chloramphenicol extraction from honey，milk，and eggs using polymer monolith microextraction followed by liquid chromatography-mass spectrometry determination. Journal of Agricultural and Food Chemistry，2006，54（25）：9279-9286

[31] Chen H，Ying J，Chen H，Huang J，Liao L. LC determination of chloramphenicol in honey using dispersive liquid-liquid microextraction. Chromatographia，2008，68（7-8）：629-634

[32] Chen H，Chen H，Liao L，Ying J，Huang J. Determination of thiamphenicol in honey by dispersive liquid-liquid microextraction with high-performance liquid chromatography. Journal of Chromatographic Science，2010，48（6）：450-455

[33] Rodziewicz L，Zawadzka I. Determination of chloramphenicol residues in animal tissues by LC-MS/MS method. Roczniki Państwowego Zakładu Higieny，2006，57（1）：31-37

[34] Silva L T，da Silva J R，Silva L T，Druzian J I. Optimization and intralaboratorial validation of method for analysis of chloramphenicol residues in goat milk by GC/ECD. Quimica Nova，2010，33（1）：90-96

[35] Vue C，Schmidt L J，Stehly G R，Gingerich W H. Liquid chromatographic determination of florfenicol in the plasma of multiple species of fish. Journal of Chromatography B，2002，780（1）：111-117

[36] Shen J，Xia X，Jiang H，Li C，Li J，Li X，Ding S. Determination of chloramphenicol，thiamphenicol，florfenicol，and florfenicol amine in poultry and porcine muscle and liver by gas chromatography-negative chemical ionization mass spectrometry. J Chromatogr B，2009，877（14-15）：1523-1529

[37] 占春瑞，郭平，陈振桂，王远兴，胡志国. 超高效液相色谱法测定水产品中甲砜霉素和氟甲砜霉素残留. 分析化学，2008，36（4）：525-528

[38] Gikas E，Kormali P，Tsipi D，Tsarbopoulos A. Development of a rapid and sensitive SPE-LC-ESI MS/MS method for the determination of chloramphenicol in seafood. Journal of Agricultural and Food Chemistry，2004，52（5）：1025-1030

[39] Chen X B，Wu Y L，Yang T. Simultaneous determination of clenbuterol，chloramphenicol and diethylstilbestrol in bovine milk by isotope dilution ultraperformance liquid chromatography-tandem mass spectrometry. Journal of Chromatography B，2011，879（11-12）：799-803

[40] Ishii R，Horie M，Murayama M，Maitani T. Analysis of chloramphenicol in honey and royal jelly by LC/MS/MS. Journal of the Food Hygienic Society of Japan，2006，47（2）：58-65

[41] Zhang S，Sun F，Li J，Cheng L，Shen J. Simultaneous determination of florfenicol and florfenicol amine in fish，shrimp，and swine muscle by gas chromatography with a microcell electron capture detector. Journal of AOAC International，2006，89（5）：1437-1441

[42] Rønning H T，Einarsen K，Asp T N. Determination of chloramphenicol residues in meat，seafood，egg，honey，milk，plasma and urine with liquid chromatography-tandem mass spectrometry，and the validation of the method based on 2002/657/EC. Journal of Chromatography A，2006，1118（2）：226-233

[43] Rodziewicz L，Zawadzka I. Determination of chloramphenicol in animal urine by liquid chromatography-tandem mass spectrometry. Bulletin of the Veterinary Institute in Pulawy，2008，52（3）：431-434

[44] Nagata T，Saeki M. Simultaneous determination of thiamphenicol，florfenicol，and chloramphenicol residues in muscles of animals and cultured fish by liquid chromatography. Journal Liquid Chromatography，1992，15（12）：2045-2056

[45] 李鹏，邱月明，蔡慧霞，孔莹，唐英章，王大宁，谢孟峡. 气相色谱-质谱联用法测定动物组织中氯霉素、氟甲砜霉素和甲砜霉素的残留量. 色谱，2006，24（1）：14-18

[46] Shen H Y，Jiang H L. Screening，determination and confirmation of chloramphenicol in seafood，meat and honey using ELISA，HPLC-UVD，GC-ECD，GC-MS-EI-SIM and GCMS-NCI-SIM methods. Analytica Chimica Acta，2005，535（1-2）：33-41

[47] Pfenning A P，Roybal J E，Rupp H S，Turnipseed S B，Gonzales S A，Hurlbut J A. Simultaneous determination of residues of chloramphenicol，florfenicol，florfenicol amine，and thiamphenicol in shrimp tissue by gas chromatography with electron capture detection. Journal of AOAC International，2000，83（1）：26-30

[48] Fujita K，Ito H，Nakamura M，Watai M，Taniguchi M. Determination of chloramphenicol residues in bee pollen by liquid chromatography/tandem mass spectrometry. Journal of AOAC International，2008，91（5）：1103-1109

[49] 谢文，丁慧瑛，章晓氢，郑自强，奚君阳，俞春燕. 高效液相色谱串联质谱测定蜂蜜、蜂王浆中氯霉素残留. 分析化学，2005，33（12）：1767-1770

[50] 奉夏平，张亮，张卓恒，陈卫国. MSPD-PTV/GC/MS 测定动物源性食品中的氯霉素. 中山大学学报（自然科学版），2005，44（2）：65-68

[51] Kubala-Drincic H，Bazulic D，Sapunar-Postruznik J，Grubelic M，Stuhne G. Matrix solid-phase dispersion extraction and gas chromatographic determination of chloramphenicol in muscle tissue. Journal of Agricultural and Food Chemistry，2003，51（4）：871-875

[52] Lu Y，Zheng T，He X，Lin X，Chen L，Dai Z. Rapid determination of chloramphenicol in soft-shelled turtle tissues using on-line MSPD-HPLC-MS/MS. Food Chemitry，2012，134（1）：533-539

[53] Van de Water C，Haagsma N. Determination of chloramphenicol in swine muscle tissue using a monoclonal antibody-mediated clean-up procedure. Journal of Chromatography，1987，411：415-421

[54] Zhang S，Zhou J，Shen J，Ding S，Li J. Determination of chloramphenicol residue in chicken tissues by immunoaffinity chromatography cleanup and gas chromatography with a microcell electron capture detector. Journal of AOAC International，2006，89（2）：369-373

[55] Stidl R，Cichna-Markl M. Sample clean-up by sol-gel immunoaffinity chromatography for determination of chloramphenicol in shrimp. Journal of Sol-Gel Science and Technology，2007，41（2）：175-183

[56] Gude T，Preiss A，Rubach K. Determination of chloramphenicol in muscle，liver，kidney and urine of pigs by means of immunoaffinity chromatography and gas chromatography with electron-capture detection. Journal of Chromatography B，1995，673（2）：197-204

[57] Van de Water C，Tebbal D，Haagsma N. Monoclonal antibody-mediated clean-up procedure for the high-performance liquid chromatographic analysis of chloramphenicol in milk and eggs. Journal of Chromatography，1989，478（1）：205-215

[58] Gallo P，Nasi A，Vinci F，Guadagnuolo G，Brambilla G，Fiori M，Serpe L. Development of a liquid chromatography/electrospray tandem mass spectrometry method for confirmation of chloramphenicol residues in milk after alfa-1-acid glycoprotein affinity chromatography. Rapid Communications in Mass Spectrometry，2005，19（4）：574-579

[59] Luo P J，Chen X，Liang C L，Kuang H，Lu L M，Jiang Z G，Wang Z H，Li C，Zhang S X，Shen J Z. Simultaneous

determination of thiamphenicol，florfenicol and florfenicol amine in swine muscle by liquid chromatography-tandem mass spectrometry with immunoaffinity chromatography clean-up. Journal of Chromatography B，2010，878（2）：207-212

[60] 毕建玲. 氯霉素分子印迹聚合物的制备及其在食品残留分析中的应用. 武汉：华中科技大学硕士论文，2008

[61] 陈小霞，岳振峰，郑卫平，谢丽琪，梁世中. 氯霉素分子烙印固相萃取柱的制备及萃取条件优化. 华南理工大学学报（自然科学版），2004，32（7）：51-55

[62] Rejtharova M，Rejthar，L. Determination of chloramphenicol in urine，feed water，milk and honey samples using molecular imprinted polymer clean-up. Journal of Chromatography A，2009，1216（46）：8246-8253

[63] Rodziewicz L，Zawadzka I. Determination of chloramphenicol residues in milk powder using molecular imprinted polymers（MIP）by LC-MS/MS. Roczniki Państwowego Zakładu Higieny，2010，61（3）：249-252

[64] Suarez-Rodriguez JL，Díaz-García ME. Fluorescent competitive flow-through assay for chloramphenicol using molecularly imprinted polymers. Biosensors & Bioelectronics，2001，16（9-12）：955-961

[65] Guo L，Guan M，Zhao C，Zhang H. Molecularly imprinted matrix solid-phase dispersion for extraction of chloramphenicol in fish tissues coupled with high-performance liquid chromatography determination. Analytical and Bioanalytical Chemistry，2008，392（7-8）：1431-1438

[66] 张燕，何佳琪，崔涛，段振娟. 禁用兽药氯霉素人工抗体的制备及特异吸附性. 天津科技大学学报，2007，22（3）：9-11

[67] McNiven S，Kato M，Levi R，Yano K，Karube I. Chloramphenicol sensor based on an in situ imprinted polymer. Analytica Chimica Acta，1998，365（1-3）：69-74

[68] Levi R，McNiven S，Piletsky S A，Cheong S H，Yano K，Karube I. Optical detection of chloramphenicol using molecularly imprinted polymers. Analytical Chemistry，1997，69（11）：2017-2021

[69] Ge S，Yan M，Cheng X，Zhang C，Yu J，Zhao P，Gao W. On-line molecular imprinted solid-phase extraction flow-injection fluorescence sensor for determination of florfenicol in animal tissues. Journal of Pharmaceutical and Biomedical Analysis，2010，52（4）：615-619

[70] 严忠雍，张小军，梅光明，李佩佩，龙举. N-丙基乙二胺快速净化结合 UPLC-MS/MS 测定水产品中氯霉素残留量. 中国渔业质量与标准，2013，3（1）：65-69

[71] 胡红美，郭远明，雷科，张小军，严忠雍，何依娜，尤炬炬，刘琴. 分散固相萃取净化-气相色谱法测定水产品中氯霉素和氟苯尼考. 食品科学，2014，35（8）：231-235

[72] Sniegocki T，Posyniak A，Gbylik-Sikorska M，Zmudzki J. Determination of chloramphenicol in milk using a QuEChERS-based on liquid chromatography tandem mass spectrometry method. Analytical Letters，2014，47（4）：568-578

[73] 梅先芝，焦彦朝，何家香. 棉签法测定鲤鱼肌肉组织残留氯霉素的研究. 贵州畜牧兽医，1997，21（4）：3-4

[74] 焦彦朝，何家香，梅先芝. 微生物检定法测定鲤鱼肌肉组织残留氯霉素. 中国饲料，2000，5：22-24

[75] Campbell G S，Mageau R P，Schwab B，Johnston R W. Detection and quantitation of chloramphenicol by competitive enzyme-linked immunoassay. Antimicrobial Agents and Chemotherapy，1984，25（2）：205-211

[76] 何方洋，冯才伟，张航. 氯霉素全抗原合成及多克隆抗体的制备. 中国兽医科技，2003，33（3）：51-54

[77] 魏书林，史为民，彭莉，沈建忠，原蕾，崔伟. 鸡肌肉组织中氯霉素残留 ELISA 检测方法的研究. 中国兽医杂志，2004，40（9）：7-9

[78] Tao X，Zhu J，Niu L，Wu X，Shi W，Wang Z，Jiang H，Shen J. Detection of ultratrace chloramphenicol residues in milk and chicken muscle samples using a chemiluminescent ELISA. Analytical Letters，2012，45（10）：1254-1263

[79] Tao X，Wang W，Wang Z，Cao X，Zhu J，Niu L，Wu X，Jiang H，Shen J. Development of a highly sensitive chemiluminescence enzyme immunoassay using enhanced luminol as substrate. Luminescence，2014，29（4）：301-306

[80] Jiang H，Zhu J，Wang X，Wang Z，Niu L，Tao X，Wu X，Shi W，Shen J. An ultrasensitive chemiluminescent ELISA for determination of chloramphenicol in milk，milk powder，honey，eggs and chicken muscle. Food and Agricultural Immunology，2014，25（1-2）：137-148

[81] Wu J E，Chang C，Ding W P，He D P. Determination of florfenicol amine residues in animal edible tissues by an indirect competitive ELISA. Journal of Agricultural and Food Chemistry，2008，56（18）：8261-8267

[82] Wang L，Zhang Y，Gao X，Duan Z，Wang S. Determination of chloramphenicol residues in milk by enzyme-linked immunosorbent assay：Improvement by biotin-streptavidin-amplified system. Journal of Agricultural and Food Chemistry，2010，58（6）：3265-3270

[83] Luo P J，Jiang H Y，Wang Z H，Feng C M，He F Y，Shen J Z. Simultaneous determination of florfenicol and its metabolite florfenicol amine in swine muscle tissue by a heterologous enzyme-linked immunosorbent assay. Journal of AOAC

International，2009，92（3）：981-988

[84] Wesongah J O，Murilla G A，Guantai A N，Elliot C，Fodey T，Cannavan A. A competitive enzyme-linked immunosorbent assay for determination of chloramphenicol. Journal of Veterinary Pharmacology and Therapeutics，2007，30（1）：68-73

[85] Hao K，Guo S，Xu C. Development and optimization of an indirect enzyme-linked immunosorbent assay for thiamphenicol. Analytical Letters，2006，39（6）：1087-1100

[86] Zhang S，Zhang Z，Shi W， Eremin S A， Shen J. Development of a chemiluminescent ELISA for determining chloramphenicol in chicken muscle. Journal of Agricultural and Food Chemistry，2006，54（16）：5718-5722

[87] Xu C，Peng C，Hao K，Jin Z，Wang W. Chemiluminescence enzyme immunoassay（CLEIA）for the determination of chloramphenicol residues in aquatic tissues. Luminescence，2006，21（2）：126-128

[88] Lin S，Han SQ，Liu YB，Xu WG，Guan GY. Chemiluminescence immunoassay for chloramphenicol. Analytical and Bioanalytical Chemistry，2005，382（5）：1250-1255

[89] Shen J，Zhang Z，Yao Y，Shi W，Liu Y，Zhang S. A monoclonal antibody-based time-resolved fluoroimmunoassay for chloramphenicol in shrimp and chicken muscle. Analytica Chimica Acta，2006，575（2）：262-266

[90] Scortichini G，Annunziata L，Haouet M N，Benedetti F，Krusteva I，Galarini R. ELISA qualitative screening of chloramphenicol in muscle，eggs，honey and milk：method validation according to the Commission Decision 2002/657/EC criteria. Analytica Chimica Acta，2005，535（1-2）：43-48

[91] Posyniak A，Zmudzki J，Niedzielska J. Evaluation of sample preparation for control of chloramphenicol residues in porcine tissues by enzyme-linked immunosorbent assay and liquid chromatography. Analytica Chimica Acta，2003，483（1-2）：307-311

[92] Impens S，Reybroeck W，Vercammen J，Courtheyn D，Ooghe S，de Wasch K. Screening and confirmation of chloramphenicol in shrimp tissue using ELISA in combination with GC-MS2 and LC-MS2. Analytica Chimica Acta，2003，483（1-2）：153-163

[93] Kolosova A Y，Samsonova J V，Egorov A M. Competitive ELISA of chloramphenicol：influence of immunoreagent structure and application of the method for the inspection of food of animal origin. Food and Agricultural Immunology，2000，12（2）：115-125

[94] Van de Water C，Haagsma N. Sensitive streptavidin-biotin enzyme-linked immunosorbent assay for rapid screening of chloramphenicol residues in swine muscle tissue. Journal—Association of Official Analytical Chemists，1990，73（1）：534-540

[95] Arnold D，Somogyi A. Trace analysis of chloramphenicol residues in eggs，milk，and meat：Comparison of gas chromatography and radioimmunoassay. Journal—Association of Official Analytical Chemists，1985，68（5）：984-990

[96] 徐美奕，孟庆勇. 养殖对虾中氯霉素残留的放射免疫分析. 食品科学，2003，24（12）：110-112

[97] 黄晓蓉，郑晶，杨方，钱疆，陈彬. 放射性受体免疫分析方法快速筛检烤鳗中氯霉素残留. 水产养殖，2003，24（4）：16-18

[98] McMullen S E，Lansden J A，Schenck F J. Modifications and adaptations of the Charm II rapid antibody assay for chloramphenicol in honey. Journal of Food Protection，2004，67（7）：1533-1536

[99] 倪梅林，章再婷，李佐卿. 虾仁中氯霉素残留量的放射免疫测定. 中国卫生检验杂志，2006，16（10）：1266-1280

[100] 郭艳宏，李飞，邹明强，金涌，李锦丰，陈野. 用于检测氯霉素类残留物的荧光免疫检测试纸条的研制. 化学试剂，2010，32（6）：496-498

[101] Li X，Hu Y，Huo T，Xu C. Comparison of the determination of chloramphenicol residues in aquaculture tissues by time-resolved fluoroimmunoassay and with liquid chromatography and tandem mass spectrometry. Food and Agricultural Immunology，2006，17（3-4）：191-199

[102] Zhang Z，Liu J，Yao Y，Jiang G. A competitive dual-label time-resolved fluoroimmunoassay for the simultaneous determination of chloramphenicol and ractopamine in swine tissue. Chinese Science Bulletin，2011，56（15）：1543-1547

[103] Gasilova N V，Eremin S A. Determination of chloramphenicol in milk by a fluorescence polarization immunoassay. Journal of Analytical Chemistry，2010，65（3）：255-259

[104] Ferguson J，Baxter A，Young P，Kennedy G，Elliott C，Weigel S，Gatermann R，Ashwind H，Stead S，Sharman M. Detection of chloramphenicol and chloramphenicol glucuronide residues in poultry muscle，honey，prawn and milk using a surface plasmon resonance biosensor and Qflex® kit chloramphenicol. Analytica Chimica Acta，2005，529（1-2）：109-113

[105] Fernández F，Hegnerová K，Piliarik M，Sanchez-Baeza F，Homola J，Marco M P. A label-free and portable multichannel surface plasmon resonance immunosensor for on site analysis of antibiotics in milk samples. Biosensors and

Bioelectronics，2010，26（4）：1231-1238

[106] 宋巍巍，丁明星，张挪威，刘海峰，徐明刚，刘国艳，柴春彦. 伏安免疫法检测牛奶中氯霉素残留. 分析化学，2007，35（12）：1731-1735

[107] 谢东华，于宁，王峰，杨欣. 鱼肉中氯霉素检测用抗体包被金磁纳米微粒修饰安培免疫传感器. 传感技术学报，2009，22（10）：1371-1377

[108] Kim D M，Rahman M A，Do M H，Ban C，Shim Y B. An amperometric chloramphenicol immunosensor based on cadmium sulfide nanoparticles modified-dendrimer bonded conducting polymer. Biosensors and Bioelectronics，2010，25（7）：1781-1788

[109] Que X，Tang D，Xia B. Gold nanocatalyst-based immunosensing strategy accompanying catalytic reduction of 4-nitrophenol for sensitive monitoring of chloramphenicol residue. Analytica Chimica Acta，2014，830（1）：42-48

[110] Gaudin V，Maris P. Development of a biosensor-based immunoassay for screening of chloramphenicol residues in milk. Food and Agricultural Immunology，2001，13（2）：77-86

[111] 李余动，张少恩，吴志刚，张晓辉，袁彩君，叶晓娟. 胶体金免疫层析法快速检测氯霉素残留. 中国食品卫生杂志，2005，17（5）：416-419

[112] 王自良，王建华，杨艳艳，杨继飞，张海棠，范国英，张改平. 抗氯霉素单克隆抗体杂交瘤细胞株的筛选及金标试纸检测方法的建立. 西北农林科技大学学报（自然科学版），2006，34（5）：6-12

[113] 肖治理，曾文亮，王弘，沈玉栋，孙远明，杨金易. 氯霉素胶体金免疫层析快速检测试纸条的研制. 食品与机械，2013，29（4）：55-62

[114] 桑丽雅，吴茂生，黄奕雯，盛慧萍，柳爱春. 氯霉素胶体金快速检测试剂条的研制及在水产品中的应用. 食品科学，2013，34（12）：351-355

[115] 刘京. 建立免疫 PCR 方法检测牛奶中氯霉素的残留. 南昌：南昌大学硕士论文，2013

[116] Dreassi E，Corbini G，Ginanneschi V，Corti P，Furlanetto S. Planar chromatographic and liquid chromatography analysis of thiamphenicol in bovine and human plasma. Journal of AOAC International，1997，80（4）：746-750

[117] Agüí L，Guzmán A，Yáñez-Sedeño P，Pingarrón J M. Voltammetric determination of chloramphenicol in milk at electrochemically activated carbon fibre microelectrodes. Analytica Chimica Acta，2002，461（1）：65-73

[118] Chuanuwatanakul S，Chailapakul O，Motomizu S. Electrochemical analysis of chloramphenicol using boron-doped diamond electrode applied to a flow-injection system. Analytical Sciences，2008，24（4）：493-498

[119] Kowalski P，Plenis A，Oledzka I. Optimization and validation of capillary electrophoretic method for the analysis of amphenicols in poultry tissues. Acta Poloniae Pharmaceutica，2008，65（1）：45-50

[120] Kowalski P，Plenis A，Oledzka I，Konieczna L. Optimization and validation of the micellar electrokinetic capillary chromatographic method for simultaneous determination of sulfonamide and amphenicol-type drugs in poultry tissue. Journal of Pharmaceutical and Biomedical Analysis，2011，54（1）：160-167

[121] Zhang C，Wang S，Fang G，Zhang Y，Jiang L. Competitive immunoassay by capillary electrophoresis with laser-induced fluorescence for the trace detection of chloramphenicol in animal-derived foods. Electrophoresis，2008，29（16）：3422-4328

[122] Kowalski P，Konieczna L，Chmielewska A，Oledzka I，Plenis A，Bieniecki M，Lamparczyk H. Comparative evaluation between capillary electrophoresis and high-performance liquid chromatography for the analysis of florfenicol in plasma. Journal of Pharmaceutical and Biomedical Analysis，2005，39（5）：983-989

[123] Kowalski P. Capillary electrophoretic determination of thiamphenicol in turkeys serum and its pharmacokinetic application. Journal of Pharmaceutical and Biomedical Analysis，2007，43（1）：222-227

[124] Jin W，Ye X，Yu D，Dong Q. Measurement of chloramphenicol by capillary zone electrophoresis following end-column amperometric detection at a carbon fiber micro-disk array electrode. Journal of Chromatography B，2000，741（2）：155-162

[125] Vera-Candioti L，Olivieri A C，Goicoechea H C. Development of a novel strategy for preconcentration of antibiotic residues in milk and their quantitation by capillary electrophoresis. Talanta，2010，82（1）：213-221

[126] Santos S M，Henriques M，Duarte A C，Esteves V I. Development and application of a capillary electrophoresis based method for the simultaneous screening of six antibiotics in spiked milk samples. Talanta，2007，71（2）：731-737

[127] Li T L，Chung-Wang Y J，Shih Y C. Determination and confirmation of chloramphenicol residues in swine muscle and liver. Journal of Food Science，2002，67（1）：21-28

[128] 杨大进，蒋定国，王竹天，方从容，文玉雪，王玉莲. 畜禽肌肉、内脏及虾中氯霉素残留量的检测技术研究. 卫生研究，2004，33（2）：198-201

[129] Ruessel H A. Determination of chloramphenicol in animal tissues. Chromatographia，1978，11（6）：341-343

[130] Perez N，Gutierrez R，Noa M，Diaz G，Luna H，Escobar I，Munive Z. Liquid chromatographic determination of multiple sulfonamides，nitrofurans，and chloramphenicol residues in pasteurized milk. Journal of AOAC International，2002，85（1）：20-24

[131] Hormazabal V，Steffenak I，Yndestad M. Simultaneous determination of residues of florfenicol and the metabolite florfenicol amine in fish tissues by high-performance liquid chromatography. Journal of Chromatography A，1993，616（1）：161-165

[132] Wrzesinski C L，Crouch L S，Endris R. Determination of florfenicol amine in channel catfish muscle by liquid chromatography. Journal of AOAC International，2003，86（3）：515-520

[133] 潘莹宇，许茜，康学军，张建新. 高效液相色谱-荧光检测法测定牛奶中氯霉素的残留量. 色谱，2005，23（6）：577-580

[134] 周金慧，张素霞，沈建忠，孙志文，陈玲. 鸡组织中氯霉素残留的气相色谱-微电子捕获检测方法研究. 中国兽药杂志，2006，40（1）：16-19

[135] Cerkvenik-Flajs V. Performance characteristics of an analytical procedure for determining chloramphenicol residues in muscle tissue by gas chromatography-electron capture detection. Biomedical Chromatography，2006，20（10）：985-992

[136] 宫向红，徐英江，张秀珍，刘丽娟. 水产品中氯霉素残留量气相色谱检测方法的探讨. 食品科学，2006，27（7）：222-224

[137] 钟惠英，杨家锋，徐开达. 气相色谱法定量分析水产品中的氯霉素（CAP）残留量. 中国卫生检验杂志，2006，16（2）：183-185

[138] Ding S，Shen J，Zhang S，Jiang H，Sun Z. Determination of chloramphenicol residue in fish and shrimp tissues by gas chromatography with a microcell electron capture detector. Journal of AOAC International，2005，88（1）：57-60

[139] 彭莉，程江，高岚，岳秀英，熊浩山，王海波，吴晓岚. 牛奶中氯霉素残留的气相色谱测定法研究. 中国兽药杂志，2006，40（9）：14-17

[140] Pfenning A P，Madson M R，Roybal J E，Turnipseed S B，Gonzales S A，Hurlbut J A，Salmon G D. Simultaneous determination of chloramphenicol，florfenicol，and thiamphenicol residues in milk by gas chromatography with electron capture detection. Journal of AOAC International，1998，81（4）：714-720

[141] 谢孟峡，刘媛，邱月明，韩杰，刘宜孜. 固相萃取-气相色谱质谱测定动物组织中氯霉素的残留量. 分析化学，2005，33（1）：1-4

[142] 路平，曲志娜，谭维泉，刘爽，张桂金，郑增忍，郭福生，蒋正军. 气相色谱-质谱法测定鸡肉组织中氯霉素残留的研究. 中国动物检疫，2005，22（10）：27-29

[143] 农业部781号公告-1-2006. 动物源食品中氯霉素残留量的测定 气相色谱-质谱法. 北京：中国标准出版社，2006

[144] Van Ginkel L A，van Rossum H J，Zoontjes P W，van Blitterswijk H，Ellen G，van der Heeft E. Development and validation of a gas chromatographic-mass spectrometric procedure for the identification and quantification of residues of chloramphenicol. Analytica Chimica Acta，1990，237（1）：61-69

[145] Azzouz A，Souhail B，Ballesteros E. Determination of residual pharmaceuticals in edible animal tissues by continuous solid-phase extraction and gas chromatography-mass spectrometry. Talanta，2011，84（3）：820-828

[146] Azzouz A，Jurado-Sanchez B，Souhail B，Ballesteros E. Simultaneous determination of 20 pharmacologically active substances in cow's milk，goat's milk，and human breast milk by gas chromatography-mass spectrometry. Journal of Agricultural and Food Chemistry，2011，59（9）：5125-5132

[147] Börner S，Fry H，Balizs G，Kroker R. Confirmation of chloramphenicol residues in egg by gas chromatography/high-resolution mass spectrometry and comparison of quantitation with gas chromatography-electron capture detection. Journal of AOAC International，1995，78（5）：1153-1160

[148] 杨欣，周蕊，赵云峰，吴永宁. 虾仁中氯霉素的同位素稀释技术GC/ITMS-MS测定方法的建立. 卫生研究，2005，34（5）：584-587

[149] Śniegocki T. Determination of chloramphenicol residues in milk by gas and liquid chromatography mass spectrometry methods. Bulletin of the Veterinary Institute in Pulawy，2007，51（1）：59-64

[150] Śniegocki T，Posyniak A，Żmudzki J. Validation of the gas chromatography-mass spectrometry method for the determination of chloramphenicol residues in milk. Bulletin of the Veterinary Institute in Pulawy，2006，50（3）：353-357

[151] Polzer J，Hackenberg R，Stachel C，Gowik P. Determination of chloramphenicol residues in crustaceans：Preparation and evaluation of a proficiency test in Germany. Food Additives and Contaminants，2006，23（11）：1132-1140

[152] Delepine B，Sanders P. Determination of chloramphenicol in muscle using a particle beam interface for combining liquid

chromatography with negative-ion chemical ionization mass spectrometry. Journal of Chromatography，1992，582（1-2）：113-121

[153] Hormazábal V，Yndestad M. Simultaneous determination of chloramphenicol and ketoprofen in meat and milk and chloramphenicol in egg，honey，and urine using liquid chromatography-mass spectrometry. Journal of Liquid Chromatography and Related Technologies，2001，24（16）：2477-2486

[154] Penney L，Smith A，Coates B，Wijewickreme A. Determination of chloramphenicol residues in milk，eggs，and tissues by liquid chromatography/mass spectrometry. Journal of AOAC International，2005，88（2）：645-653

[155] Takino M，Daishima S，Nakahara T. Determination of chloramphenicol residues in fish meats by liquid chromatography-atmospheric pressure photoionization mass spectrometry. Journal of Chromatography A，2003，1011（1-2）：67-75

[156] 秦燕，朱柳明，张美金，林峰，林海丹. 液相色谱-电喷雾串联质谱法测定动物肌肉组织中的氯霉素残留. 分析测试学报，2005，24（4）：17-20

[157] Tyagi A，Vernekar P，Karunasagar I，Karunasagar I. Determination of chloramphenicol in shrimp by liquid chromatography-electrospray ionization tandem mass spectrometry（LC-ESI-MS-MS）. Food Additives and Contaminants，2008，25（4）：432-437

[158] Bononi M，Tateo F. Liquid chromatography/tandem mass spectrometry analysis of chloramphenicol in propolis extracts available on the Italian market. Journal of Food Composition and Analysis，2008，21（1）：84-89

[159] Quon D，Carson M C，Nochetto C，Heller D N，Butterworth F. Peer validation of a method to confirm chloramphenicol in honey by liquid chromatography-tandem mass spectrometry. Journal of AOAC International，2006，89（2）：586-593

[160] 陈小霞，岳振峰，吉彩霓，梁世中. 高效液相色谱-电喷雾电离三级四极杆质谱测定鸡肉中氯霉素、甲砜霉素和氟甲砜霉素的残留量. 色谱，2005，23（1）：92-95

[161] 陶昕晨，黄和，廖建萌，高平，黄国方，曾丹丹. 高效液相色谱-串联质谱法同时检测虾肉和猪肉中氯霉素、甲砜霉素、氟苯尼考和其代谢产物氟苯尼考胺残留. 中国食品学报，2014，14（1）：232-238

[162] Peters R J B，Bolck Y J C，Rutgers P，Stolker A A M，Nielen M W F. Multi-residue screening of veterinary drugs in egg，fish and meat using high-resolution liquid chromatography accurate mass time-of-flight mass spectrometry. Journal of Chromatography A，2009，1216（46）：8206-8216

[163] Jani G，Shukla J，Bhagwat S. Determination of chloramphenicol residues in milk and milk-products using LC/MS/MS. Asian Journal of Chemistry，2006，18（4）：3040-3048

[164] Rupp H S，Stuart J S，Hurlbut J A. Liquid chromatography/tandem mass spectrometry analysis of chloramphenicol in cooked crab meat. Journal of AOAC International，2005，88（4）：1155-1159

[165] Vinci F，Guadagnuolo G，Danese V，Salini M，Serpe L，Gallo P. In-house validation of a liquid chromatography/electrospray tandem mass spectrometry method for confirmation of chloramphenicol residues in muscle according to Decision 2002/657/EC. Rapid Communications in Mass Spectrometry，2005，19（22）：3349-3355

[166] Bogusz M J，Hassan H，Al-Enazi E，Ibrahim Z，Al-Tufai M. Rapid determination of chloramphenicol and its glucuronide in food products by liquid chromatography-electrospray negative ionization tandem mass spectrometry. Journal of Chromatography B，2004，807（2）：343-356

[167] Mottier P，Parisod V，Gremaud E，Guy P A，Stadler R H. Determination of the antibiotic chloramphenicol in meat and seafood products by liquid chromatography-electrospray ionization tandem mass spectrometry. Journal of Chromatography A，2003，994（1-2）：75-84

[168] GB/T 22959—2008 河豚鱼、鳗鱼和烤鳗中氯霉素、甲砜霉素和氟苯尼考残留量的测定 液相色谱-串联质谱法. 北京：中国标准出版社，2008

[169] GB/T 20756—2006 可食动物肌肉、肝脏和水产品中氯霉素、甲砜霉素和氟苯尼考残留量的测定方法 液相色谱-串联质谱法. 北京：中国标准出版社，2006

5　β-内酰胺类药物

5.1　概　　述

5.1.1　理化性质与用途

β-内酰胺类药物（β-lactams）是历史最悠久的抗微生物药物，也是种类最多和最重要的一类抗生素。其结构特点是含有自然界中罕见的 β-内酰胺基母核。按照母核结构的差异可分为青霉素类（penicillins，PENs）、头孢菌素类（cephalosporins，CEPs）、头霉素类（cephamycins）、碳青霉烯类（carbapenems）和单环 β-内酰胺类（monobactams），其基本结构见图 5-1。其中，PENs 和 CEPs 发展最为迅速，品种众多。一些常见天然与半合成 PENs、CEPs 的化学结构见表 5-1 和表 5-2。

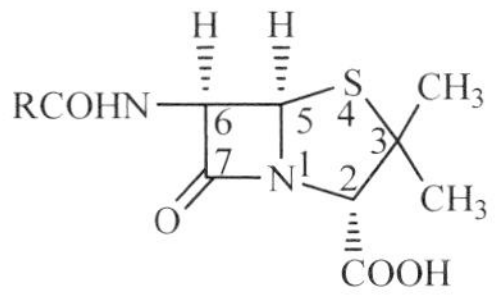

青霉素类 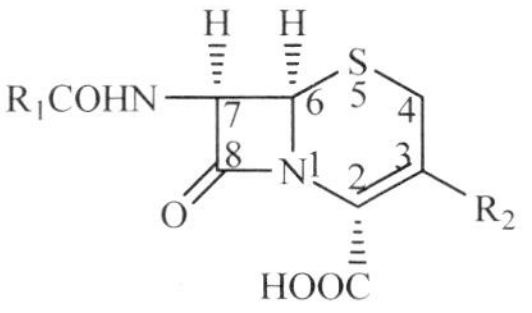　　　　头孢菌素类

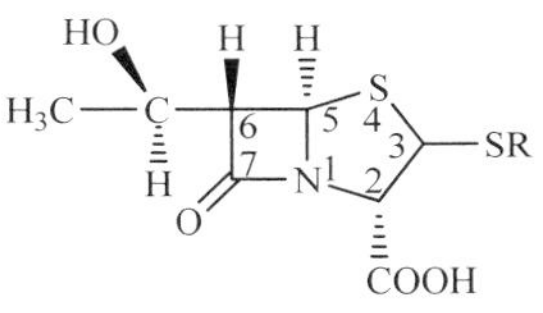

碳青霉烯类 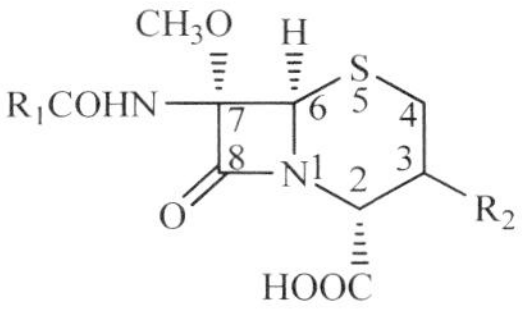　　　　头霉素类

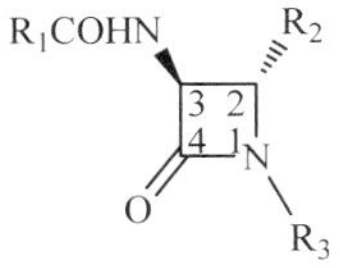

单环 β-内酰胺类

图 5-1　β-内酰胺类药物的基本结构

表 5-1　常见天然与半合成青霉素类药物的化学结构

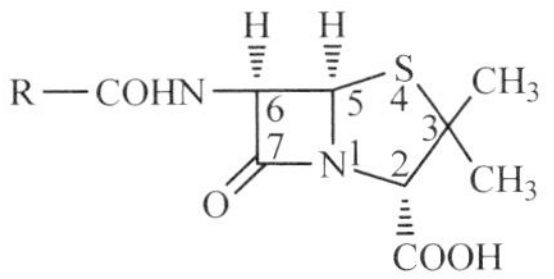

化合物	CAS 号	R	化合物	CAS 号	R
青霉素 G 苄青霉素 (benzyl penicillin, penicillin G)	265989-30-8	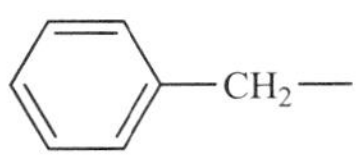	苯唑青霉素/ 苯唑西林 (oxacillin)	66-79-5	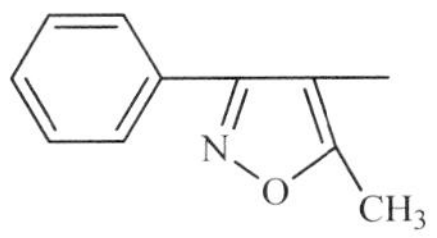
青霉素 V 苯氧甲基青霉素 (penicillin V)	87-08-1	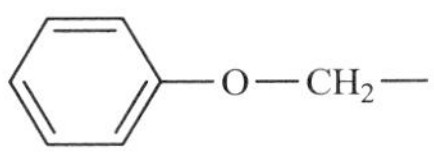	邻氯青霉素/ 氯唑西林 (cloxacillin)	61-72-3	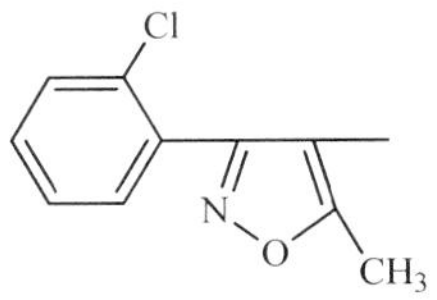

化合物	CAS 号	R	化合物	CAS 号	R
苯氧乙基青霉素 （phenethicillin）	147-55-7		吩羧青霉素 （ticarcillin）	34787-01-4	
叠青霉素 （azidocillin）	17243-38-8		双氯青霉素/ 双氯西林 （dicloxacillin）	3116-76-5	
甲氧苯青霉素 （methicillin）	7246-14-2		甲烯氨苄青霉素 （metampicillin）	6489-97-0	
乙氧萘青霉素/ 萘夫西林 （nafcillin）	147-52-4		氟氯青霉素 （flucloxacillin）	5250-39-5	
氨苄青霉素/ 氨苄西林 （ampicillin）	69-53-4		阿洛西林 （azlocillin）	37091-66-0	
羟氨苄青霉素/ 阿莫西林 （amoxicillin， amoxil）	26787-78-0		羧苄青霉素 （carbenicillin）	4697-36-3	
环烯氨苄青霉素 （epicillin）	26774-90-3		磺苄青霉素 （sulbenicillin）	41744-40-5	
哌拉青霉素/ 哌拉西林 （piperacillin）	61477-96-1		海他青霉素 （hetacillin）	3511-16-8	
氮脒青霉素 （mecillinam）	32887-01-7		甲氧西林 （methicillin）	132-92-3	
替卡西林 （ticarcillin）	34787-01-4		苄星青霉素 普鲁卡因青霉素 （procaine, penicillin G）	54-35-3	

表 5-2　常见天然与半合成头孢菌素类药物的化学结构

化合物	CAS 号	R₁	R₂
头孢噻吩（cefalothin）	153-61-7	噻吩-CH_2-	$-O-COCH_3$
头孢唑啉（cefazolin）	25953-19-9	四氮唑-CH_2-	$-S-$ 5-甲基-1,3,4-噻二唑
头孢匹林（cefapirin）	21953-23-7	吡啶-$S-CH_2-$	$-OCOCH_3$
头孢噻呋（ceftiofur）	80370-57-6	2-氨基噻唑-C(=NOCH₃)-	$-S-CO-$噻吩
头孢氨苄（cefalexin）	15686-71-2	苯基-CH(NH₂)-	$-H$
头孢羟氨苄（cefadroxil）	50370-12-2	HO-苯基-CH(NH₂)-	$-H$
头孢拉定（cefradin）	38821-53-3	环己二烯基-CH(NH₂)-	$-H$
头孢呋辛（cefuroxime）	55268-75-2	呋喃-C(=NOCH₃)-	$-OCONH_2$
头孢噻肟（cefotaxime）	63527-52-6	2-氨基噻唑-C(=NOCH₃)-	$-OCOCH_3$
头孢甲肟（cefmenoxime）	65085-01-0	2-氨基噻唑-C(=NOCH₃)-	$-S-$ 1-甲基四氮唑
头孢吡肟（cefepime）	88040-23-7	2-氨基噻唑-C(=NOCH₃)-	甲基吡咯烷基
头孢喹肟（cefquinome）	84957-30-2	2-氨基噻唑-C(=NOCH₃)- (甲氧胺)	四氢喹啉鎓

β-内酰胺类药物具有下列结构特征：①基本结构由母核和侧链两部分组成。母核部分均含有一个四元的 β-内酰胺环，内酰胺环通过 N 原子及其邻近的碳原子与第二个五元环或六元环相稠合。PENs

的稠合环是氢化噻唑环，母核结构是 6-氨基青霉烷酸（6-amino penicillanic acid，6-APA）；CEPs 的稠合环为氢化噻嗪环，母核结构是 7-氨基头孢霉烷酸（7-amino cephalosporanic acid，7-ACA）。②β-内酰胺环中 N 原子对位的 C 原子上连有酰胺基侧链（RCONH—）。③母核结构中两个稠合环不共面，PENs 沿 N1—C5 轴折叠，CEPs 沿 N1—C6 轴折叠。④PENs 母核含有三个手性碳原子，八个旋光异构体中只有绝对构型 2S、5R、6R 具有活性，所以全合成比较困难。CEPs 母核含有两个手性碳，具有活性的绝对构型是 6R、7R，其药效还与 RCONH—取代基的手性碳原子有关。

5.1.1.1　理化性质

β-内酰胺类药物多为有机酸，但难溶于水。PENs 和 CEPs 游离羧基的酸性相当强（pK_a 2.5～2.8），易与无机碱或有机碱成盐。临床上一般用其钾盐或钠盐，易溶于水，但难溶于有机溶剂；有机碱盐的溶解性恰好相反。β-内酰胺类还具有旋光性，可进行相关测定。

PENs β-内酰胺环的羧基和 N 原子的未共用电子对不能共轭，故易受亲电试剂进攻，也易受亲核试剂的进攻。母核部分（6-APA）无紫外吸收性质，其分子的紫外吸收通常来自侧链上的苯环，缺乏特征性。CEPs β-内酰胺环中的 N 原子的未共用电子对与氢化噻嗪环的双键共轭，母核结构（7-ACA）具有 O=C—N—C=C 共轭体系，在 260 nm 附近具有较强和特征性的紫外吸收，也使 β-内酰胺环结构趋于稳定。另外，CEPs 的四元-六元环稠合系统的张力较 PENs 的四元-五元环稠合系统小，所以 CEPs 较 PENs 稳定。

β-内酰胺类药物的化学性质不稳定。β-内酰胺环是该类药物化学结构中最不稳定的部分，在中性或生理条件下即可发生水解或分子重排而失去药效，酸、碱、某些重金属离子（氧化剂）、羟胺或细菌的青霉素酶（一种 β-内酰胺酶）能加速降解反应。由于侧链结构的不同，各种药物的稳定性存在差异。例如在稀酸（pH 4.0）、室温条件下，就可进行分子内重排，使其失去抗菌活性。而胃酸的酸性很强，可导致酰胺侧链的水解和 β-内酰胺环开环而使 PENs 失去活性。因此，青霉素 G 不能口服，需要通过肌肉注射。同时，由于 β-内酰胺类药物极性较强，在醇溶液中也不能稳定存在。氧化剂、金属离子或提高温度均可加快其分解过程。

5.1.1.2　用途

β-内酰胺类药物的抗菌作用强，可用于治疗各种球菌和革兰氏阳性菌引起的疾病。

各种 β-内酰胺类药物的作用机制相似，通过抑制胞壁黏肽合成酶，即一类青霉素结合蛋白（penicillin binding proteins，PBPs），从而阻碍细胞壁黏肽的合成，使细菌胞壁缺损，菌体膨胀裂解。此外，还可以触发细菌的自溶酶活性，达到对细菌的致死效应。缺乏自溶酶的突变菌株则表现出耐药性。因为哺乳动物无细胞壁，不受 β-内酰胺类药物的影响，所以该类药物具有对细菌的选择性杀菌作用，对宿主毒性小。目前已经证实，细菌胞浆膜上特殊蛋白 PBPs 是 β-内酰胺类药物的作用靶位，各种细菌细胞膜上的 PBPs 数目、分子量、对 β-内酰胺类药物的敏感性都不同，但分类学上相近的细菌，其 PBPs 类型及生理功能也相似。例如大肠杆菌有七种 PBPs：PBP1A、PBP1B 与细菌延长有关，氨苄青霉素、青霉素 G、头孢噻吩等与 PBP1A、PBP1B 有高度的亲和力，可使细菌的生长繁殖和延伸受到抑制，并溶解死亡；PBP2 与细菌形状有关，亚胺培南与氮脒青霉素能选择性地与其结合，使细菌形成大圆形细胞，影响细菌渗透压的稳定，导致细菌溶解死亡；PBP3 功能与 PBP1A 相同，但数量较少，其与中隔形成和细菌分裂有关。多数 PENs 或 CEPs 主要与 PBP1 和/或 PBP3 结合，形成球形体和丝状体，使细菌发生变形萎缩，逐渐溶解死亡。PBP1、PBP2、PBP3 是细菌存活、生长繁殖所必需的，而 PBP4、PBP5、PBP6 与羧肽酶活性有关，对细菌的生存繁殖无重要性，抗生素与之结合后，对细菌的存活影响不大。

β-内酰胺类药物的抗菌谱较窄，大部分仅对革兰氏阳性菌和少数革兰氏阴性菌有效果，对大多数革兰氏阴性菌则无效。这与其抗菌机理有关，因为革兰氏阳性菌细胞壁的黏肽含量比革兰氏阴性菌的高，所以对革兰氏阳性菌比较敏感。

PENs 使用一段时间后，抗菌作用会下降。原因主要是金葡菌或其他一些细菌对 PENs 产生了耐药性。产生的耐药机制有很多种，其中最重要的机制是某些耐药细菌能产生 β-内酰胺酶，比如青霉素

酶、头孢菌素酶等。这些酶能使 β-内酰胺环开环降解，从而失去抗菌活性。虽然一些对酶稳定的新型
β-内酰胺类药物也可进入细菌细胞质周区，但其与诱导产生的 β-内酰胺酶结合生成无活力的屏障（非
水解屏障），使药物不能到达靶位。此外，耐药机制还有其他解释，例如，将抗生素主动泵出细胞壁
而使药物不能发挥作用；或细菌细胞壁通透性的改变，使抗菌药物无法进入细胞内；另外就是 PBPs
的改变使药物亲和力降低。金黄色葡萄菌除酶解使 PENs 失效外，还可通过其他机制（如细胞渗透障
碍、靶向物质改变）产生耐药性，使 PENs 对金葡菌无效。

5.1.2　代谢和毒理学

5.1.2.1　体内代谢过程

（1）青霉素类

口服能吸收的 PENs 主要有青霉素 V、氨苄西林、阿莫西林、苯唑西林、氯唑西林、双氯西林以
及氟氯西林等。青霉素 G 不能口服，易被胃酸降解，需要通过肌肉注射。PENs 吸收后广泛分布于组
织、体液中，胸、腹腔和关节腔液中浓度约为血清浓度的 50%，但不易透入眼、骨组织、无供血区域
和脓腔中，易透入有炎症的组织。PENs 难以透过血-脑屏障,在无炎症脑脊液中浓度仅为血浓度的 1%～
3%；而在有炎症的脑脊液中透入浓度提高，并达到治疗浓度。

PENs 可与蛋白结合：苯唑西林类属于高蛋白结合率的类别，蛋白质结合率大于 90%；而青霉素、
替卡西林属于中等蛋白结合率的类别，蛋白结合率约为 60%；而氨基青霉素、哌拉西林、美洛西林等
为低蛋白结合率的类别，蛋白结合率约为 20%。

PENs 的消除主要经肾小球滤过（10%）和肾小管分泌（90%）。经肾排泄约占 60%～80%，其次
为肝代谢，约为 10%～20%。苯唑西林经肾排泄和肝排泄（肝转化约为 45%）。PENs 的半衰期一般较
短，约 0.5～1 h。由于 PENs 属于时间依赖性的抗生素，所以必须每日多次给药，以保持足够的作用
时间。

（2）头孢菌素类

头孢氨苄口服吸收迅速而安全，在体内与蛋白质结合率较低，吸收后广泛分布于组织中，肾、肝
中浓度最高，胆汁中浓度为血清浓度的 1～4 倍。在体内不代谢，可透过胎盘屏障，可在滑膜液、心
包液中达到最高血药浓度，主要以原型经肾脏排出。

头孢噻呋在动物体内的生物转化主要是脱去 3 位上的硫代呋喃羧基，生成去呋喃甲酰基头孢噻
呋。去呋喃甲酰基头孢噻呋具有完整的 β-内酰胺环，并以其共轭体形式存在，保持与头孢噻呋相近的
抗菌活性。其中一部分去呋喃甲酰基头孢噻呋通过 3 位取代基上的巯基与半胱氨酸或谷胱甘肽结合，
形成去呋喃甲酰基头孢噻呋与半胱氨酸或谷胱甘肽二硫化物，另一部分形成去呋喃甲酰基头孢噻呋二
聚物，其余部分与蛋白质结合成复合物。由于以上的结合过程具有可逆性，因此结合产物可以充当去
呋喃甲酰基头孢噻呋在血浆及组织液中的储存库，延长其半衰期和有效作用时间。在不同动物体内生
物转化有所差异。

放射性标记的头孢喹肟在牛、猪、马和狗体内的代谢研究结果表明，各种代谢途径中只检测到头
孢喹肟的原形药物，没有检测到其他代谢物。

5.1.2.2　毒理学与不良反应

（1）青霉素类

PENs 无明显毒性，是化疗指数最大的抗生素。但若大剂量静脉滴注或鞘内给药，也可因脑脊液
药物浓度过高，导致抽搐、肌肉阵挛及严重精神症状等。

PENs 过敏反应较为常见，在各种药物中居首位。青霉素过敏反应包括速发型过敏反应和迟发型
过敏反应，前者临床表现有过敏性休克、荨麻疹等，属 IgE 介导的超敏反应；后者临床表现为斑丘疹、
接触性皮炎等，T 细胞可能参与这类反应。过敏反应是由 PENs 中含有的一些杂质引起的。引起过敏
反应的物质基本有两种：一种是外源性的，在青霉素的生产过程中，因为青霉素的裂解生成的一些青
霉噻唑酸，与蛋白质结合形成抗原而导致过敏。如果通过纯化方法（比如固相蛋白酶分解法）去除青

霉噻唑蛋白，可减少青霉噻唑蛋白含量从而降低过敏反应。另一种是内源性过敏源，主要是一些高聚物。青霉素的 β-内酰胺环开环之后，形成各种衍生物，包括青霉噻唑多肽、青霉噻唑蛋白、青霉噻唑聚合物等，有二聚、三聚、四聚和五聚体等，聚合程度越高，过敏反应则越强。生产过程的许多环节如成盐、干燥、温度、pH 等均可发生聚合反应，因此降低多聚物，提高药品质量，是减少发生过敏反应的途径之一。

（2）头孢菌素类

过敏反应为 CEPs 最危险的不良反应，文献报道发生率为 0.5%～10%。临床主要表现为皮疹、荨麻疹、药疹和嗜酸性白细胞增多、药物热、哮喘，严重者可致药物过敏性休克，甚至死亡。与 PENs 相比，CEPs 过敏反应发生率相对较低，但近年来随着在临床上的滥用增多，其过敏反应发生率也呈上升趋势。在抗生素引起的严重过敏反应中，CEPs 占到了 15%，而第 3 代 CEPs 的过敏反应发生率居 CEPs 之首。

5.1.3　最大允许残留限量

β-内酰胺类药物是一类非常重要的抗菌药物，在人医和兽医上应用十分广泛。由于过敏反应和细菌耐药性等原因，许多国家都对该类药物在动物上的使用以及在动物源食品中的残留进行了严格的监控。欧盟、美国、日本等国家和地区都制定了牛奶、肌肉和肾脏等动物源食品中该类药物的最大允许残留限量（maximum residue limit，MRL），我国农业部 235 号公告也对其 MRL 做了严格规定。世界主要国家和地区规定的 β-内酰胺类药物的 MRLs 见表 5-3。

5.1.4　残留分析技术

5.1.4.1　前处理方法

（1）提取方法

β-内酰胺类药物属于酸性、极性化合物，目前报道的提取方法主要为液液萃取（LLE），常用的提取溶液主要有水[1, 2]、有机溶剂[3-8]、酸性缓冲溶液[9-14]以及混合溶液（水、酸和有机溶剂中的两种或三种以一定比例混合配制）[15-17]等。为了防止该类药物与动物组织中的大分子化合物形成共价键，样品提取后要进行蛋白沉淀，常用的脱蛋白试剂有甲醇、乙腈、2-丙醇、硫酸、钨酸钠、酸化乙腈（pH 4.0～4.4）等[18]，以达到同时去除蛋白质和萃取 β-内酰胺类药物的目的。但是青霉素 G、氨苄青霉素、羟氨苄青霉素等药物不耐酸，在酸性条件下易分解[19]，因此提取液中加入酸性溶液时，应防止该类 β-内酰胺类化合物发生水解。

1）水提取

我国国家标准 GB/T 18932.25—2005[1]建立了检测蜂蜜中青霉素 G、青霉素 V、乙氧萘青霉素、苯唑青霉素、邻氯青霉素、双氯青霉素残留量的测定方法。样品加入去离子水进行提取，经液体混匀器进行快速混合，完全溶解样品。然后经 HLB 固相萃取柱进行净化，甲醇洗脱，收集洗脱液氮气吹干，乙腈复溶后，进行液相色谱-质谱（LC-MS）测定。该方法测得 6 种 PENs 药物的平均回收率为 86.1%～94.3%；青霉素 G、青霉素 V、苯唑青霉素的检出限（LOD）为 1.0 μg/kg，邻氯青霉素、双氯青霉素的 LOD 为 2.0 μg/kg，乙氧萘青霉素的 LOD 为 0.5 μg/kg。Goto 等[2]采用电喷雾电离（ESI）质谱选择性反应监测（SRM）模式高通量分析动物组织（牛和猪肌肉、肝脏和肾脏）中的 PENs 残留。取 5 g 样品加入 5 mL 超纯水后，经高速混匀器混合，离心后经超滤器进行净化，超滤器经 1%吐温-20 和超纯水冲洗，然后离心收集超滤液（13000 r/min，20℃，30 min），超滤液直接进行分析。药物在 0.05、1 ppm 添加浓度水平回收率为 70%～115%，变异系数（CV）为 0.7%～14.8%，LOD 为 0.002 ppm。

2）酸性溶液提取

赵军等[20]建立了一种在同一个色谱体系下同时测定生物样品中头孢拉定、头孢氨苄、头孢克洛、氨苄青霉素、阿莫西林等 5 种 β-内酰胺类抗生素的高效液相色谱（HPLC）方法。血清样品按 1∶1（体积比）加入 6%三氯乙酸溶液沉淀蛋白，然后离心取上清液定容后，进样分析。尿样以 1∶100（体积

表 5-3　主要国家和地区规定的 β-内酰胺类药物的 MRLs

化合物	中国			欧盟			美国			日本		
	动物种类	靶组织	MRL/(mg/kg)	动物种类	靶组织	MRL/(mg/kg)	动物种类	靶组织	MRL/(mg/kg)	动物种类	靶组织	MRL/(mg/kg)
苯唑西林	牛、羊、猪、家禽、鱼及其他	肌肉	0.3									
		脂肪	0.3									
		肝脏	0.3									
		肾脏	0.3									
		奶	0.03									
阿莫西林	牛、羊、猪、家禽、鱼及其他	肌肉	0.05	牛、羊、猪、家禽、鱼及其他	肌肉	0.05				牛	肌肉	0.04
		脂肪	0.05		脂肪	0.05					脂肪	0.04
		肝脏	0.05		肝脏	0.05					肝脏	0.04
		肾脏	0.05		肾脏	0.05					肾脏	0.04
		奶	0.01		奶	0.004		奶	0.01		奶	0.008
											可食用下水	0.04
									猪	肌肉	0.04
										脂肪	0.04
										肝脏	0.04
										肾脏	0.04
										可食用下水	0.03
氨苄西林	牛、羊、猪、家禽、鱼及其他	肌肉	0.05									
		脂肪	0.05									
		肝脏	0.05									
		肾脏	0.05									
		奶	0.01									
苄星青霉素、普鲁卡因青霉素	牛、羊、猪、家禽、鱼及其他	肌肉	0.05									
		脂肪	0.05									
		肝脏	0.05									
		肾脏	0.05									
		奶	0.004									

续表

化合物	中国 动物种类	中国 靶组织	中国 MRL/(mg/kg)	欧盟 动物种类	欧盟 靶组织	欧盟 MRL/(mg/kg)	美国 动物种类	美国 靶组织	美国 MRL/(mg/kg)	日本 动物种类	日本 靶组织	日本 MRL/(mg/kg)
氯唑西林	牛、羊、猪、家禽、鱼及其他	肌肉	0.3									
		脂肪	0.3									
		肝脏	0.3									
		肾脏	0.3									
		奶	0.03									
头孢氨苄	牛	肌肉	0.2	牛	肌肉	0.2				牛	肌肉	0.2
		脂肪	0.2		脂肪	0.2					脂肪	0.2
		肝脏	0.2		肝脏	0.2					肝脏	0.2
		肾脏	1.0		肾脏	1.0					肾脏	1.0
		奶	0.1		奶	0.1					奶	0.1
											可食用下水	0.2
头孢喹肟	牛	肌肉	0.05	牛	肌肉	0.05	牛	肌肉	0.05	牛	肌肉	0.05
		脂肪	0.05		脂肪	0.05		脂肪	0.05		脂肪	0.05
		肝脏	0.1		肝脏	0.1		肝脏	0.1		肝脏	0.1
		肾脏	0.2		肾脏	0.2		肾脏	0.2		肾脏	0.2
		奶	0.02		奶	0.02		奶	0.02		奶	0.02
	猪	肌肉	0.05	猪	肌肉	0.05	猪	肌肉	0.05	猪	肌肉	0.05
		皮+脂	0.05		皮+脂	0.05		皮+脂	0.05		皮+脂	0.05
		肝脏	0.1		肝脏	0.1		肝脏	0.1		肝脏	0.1
		肾脏	0.2		肾脏	0.2		肾脏	0.2		肾脏	0.2
头孢噻呋	牛	肌肉	1.0	牛、羊、猪、家禽、鱼及其他	肌肉	1.0	牛	肌肉	1.0	牛	肌肉	1.0
		脂肪	2.0		脂肪	2.0		脂肪	2.0		脂肪	2.0
		肝脏	2.0		肝脏	2.0		肝脏	0.4		肝脏	2.0
		肾脏	6.0		肾脏	6.0		肾脏			肾脏	6.0
		奶	0.1		奶	0.01		奶	0.1		奶	0.1
											可食用下水	2.0
	猪	肌肉	1.0				猪	肌肉	2.0	猪	肌肉	1.0
		脂肪	2.0					肝脏	3.0		脂肪	2.0
		肝脏	2.0					肾脏	0.25		肝脏	2.0
		肾脏	6.0								肾脏	6.0
											可食用下水	2.0

比）稀释后直接进 HPLC 分析。5 种抗生素可在 20 min 内分离；LOD 可达到 0.12～0.35 μg/mL；在血清中的回收率均大于 94.6%，在尿样中的回收率大于 88.3%。罗道栩等[21]采用 75%的三氯乙酸溶液沉淀牛奶中的蛋白质，并提取氨苄青霉素残留，在酸性条件下，提取液中的氨苄青霉素与甲醛加热生产 2-羟基-3-苯基-6-甲基吡嗪（氨苄青霉素荧光衍生物），用带有荧光检测器（FLD）的 HPLC 在激发波长 346 nm，发射波长 420 nm 条件下测定该衍生物，外标法定量。方法 LOD 为 1 μg/L，定量限（LOQ）为 2 μg/L，回收率为 70%～110%，批内 CV 小于 10%，批间 CV 小于 15%。Santos 等[22]建立了一种检测牛奶中 6 种抗生素（包括氨苄西林、阿莫西林、氯唑西林、青霉素）残留的毛细管电泳（CE）方法。牛奶样品用 20%三氯乙酸溶液沉淀蛋白，混合液涡动混匀，4000 r/min 离心 10 min，收集上清液，0.4 μm 滤膜过滤，C_{18} 固相萃取柱净化以后，进行 CE 分离。6 种抗生素在 2.5 μg/mL、5 μg/mL 添加浓度水平平均回收率大于 72%，相对标准偏差（RSD）小于 5%。

Ang 等[23]采用 HPLC-FLD 检测鲶鱼和鲑鱼组织中阿莫西林残留。样品先用磷酸缓冲液（pH 4.5）提取，然后用三氯乙酸溶液沉淀鲶鱼和鲑鱼中的蛋白质，C_{18} 固相萃取柱净化后，液液分配除去非极性干扰物。提取液与甲醇和三氯乙酸在 100℃反应 30 min，荧光衍生物经醚提取，浓缩，HPLC 检测。鲶鱼组织中阿莫西林在 2.5～20 ppb 添加浓度范围内平均回收率大于 80%，鲑鱼组织中阿莫西林平均回收率大于 75%，CV 小于 6%；鲶鱼组织中阿莫西林的 LOD 和 LOQ 分别为 0.5 ppb、1.2 ppb；鲑鱼组织中的 LOD 和 LOQ 分别为 0.8 ppb、2.0 ppb。Boison 等[24]建立了一种改进的方法检测动物组织中青霉素 G 残留。组织样品用水提取，提取液用钨酸钠、硫酸沉淀蛋白，然后经 C_{18} 固相萃取柱净化。青霉素 V 和苄青霉素用 1 mL 60%乙腈-35%水-5% 0.2 mol/L 磷酸盐缓冲液洗脱，加入 1 mL 1, 2, 4-三唑氯化汞溶液进行衍生化，65℃反应 30 min。该方法对萃取牛奶中的青霉素效果非常好，使用该方法，样品中的蛋白质通常会变性，留在液液界面。该方法测得肝脏、肾脏和肌肉组织中青霉素 G 的 LOD 为 5 μg/kg。

3）有机溶剂提取

黄百芬等[25]建立了一种用液相色谱-串联质谱（LC-MS/MS）快速测定牛奶中 6 种 PENs 残留的方法。吸取 5 mL 牛奶样品于 50 mL 离心管中，摇匀，加入 5 mL 乙腈，涡流混合 60 s，再加入 10 mL 乙腈涡流，1800 r/min 离心 5 min，取 10 mL 上清液，用氮气吹干，加入 3 mL 磷酸盐缓冲液（pH 4.5），涡流 15 s，经 HLB 柱净化和 0.3 μm 微孔滤膜过滤后，用 LC-MS/MS 测定。6 种 PENs 的 LOD 为 0.02～0.19 ng/mL；在 0.2～2.0 ng/mL 线性范围内，相关系数为 0.991，回收率大于 90%，方法精密度为 4.87%。

4）混合溶液提取

Mastovska 等[15]以乙腈-水（4+1，v/v）提取牛肾脏中 β-内酰胺类抗生素，再用 C_{18} 柱进行固相萃取净化，建立了 11 种 β-内酰胺类抗生素（阿莫西林、氨苄西林、头孢唑林、头孢氨苄、氯唑西林、头孢噻呋 DCCD、脱乙酰头孢匹林、双氯青霉素、乙氧萘青霉素、苯唑西林、青霉素 G）的 LC-MS/MS 检测方法。除头孢噻呋 DCCD 平均回收率为 60%外，其他 β-内酰胺类抗生素的平均回收率为 87%～103%。Lihl 等[26]采用乙腈-0.1 mol/L 磷酸盐溶液（4+1，v/v）提取牛肌肉组织中青霉素 G、青霉素 V、苯唑西林、氯唑西林和双氯西林，再用二氯甲烷液液分配净化，经过自动固相萃取净化后，用 HPLC-光化学降解-电化学检测器（ECD）检测。该方法测得 PENs 的平均回收率为 60%～103%，CV 为 6%～11%。

（2）净化方法

目前文献报道动物组织中 β-内酰胺类药物的净化方法主要有：液液分配（LLP）、固相萃取（SPE）和基质固相分散技术（MSPD）等。

1）液液分配（liquid liquid partition，LLP）

在早期的样品净化方法中，主要应用 LLP 实现样品的净化。样品经过提取后含有较多杂质，初提液不能直接进行仪器分析，需要再进行一步净化除去干扰物质。对于有机酸类 β-内酰胺类药物，酸化后其结构中的羧基电离被抑制，使药物呈中性，可通过 LLP 对其进行有效的净化。Meetsehen 等[10]测定了动物源性食品中 7 种 PENs 残留，经乙醚-二氯甲烷 LLP 净化后，回收率在 41%～92%之间。

Lihl 等[26]检测牛肌肉组织中 5 种青霉素，采用乙腈-磷酸盐溶液提取，二氯甲烷 LLP 净化。但这种方法不适用于两性 β-内酰胺类药物提取，尤其是青霉素 G，因此在 LLP 中，酸化后立即加入二氯甲烷或氯仿提取，避免因时间过长而药物分解。该方法测得 PENs 的平均回收率为 60%～103%，CV 为 6%～11%。LLP 存在操作费时、需要溶剂量大、实验结果重复性差、易产生乳化现象等问题，在 β-内酰胺类药物残留分析中的应用越来越少。

2）固相萃取（solid phase extraction，SPE）

SPE 不需要大量的有机溶剂，不易产生乳化现象，不仅更有效，而且更容易实现自动、快速萃取动物源食品中残留的痕量药物。Marazuela 等[27]综述了动物源食品中 β-内酰胺类兽药残留检测的前处理技术，将 SPE 列为最有效的净化手段。在 β-内酰胺类药物的 SPE 净化中，主要采用反相填料，如 C_{18}[6, 16, 28]、HLB[8, 11, 22, 29]等。

A. HLB 柱

在反相 SPE 净化时，上样溶液中的有机溶剂可能会增加淋洗强度，不利于目标化合物的保留，因此需先浓缩去除有机溶剂，再进行 SPE 净化。

Becker 等[5]用乙腈-水提取牛奶、牛肉和牛肾脏中 15 种 β-内酰胺类抗生素，旋转蒸发去除有机溶剂，pH 8.5 的磷酸盐缓冲液复溶后，用以亲水-亲脂平衡材料（二乙烯基苯-co-N-乙烯基吡咯烷酮聚合物）为吸附基质的 Oasis HLB 柱净化，乙腈-水（1+1，v/v）为洗脱液，回收率为 71%～116%。Sørensen 等[29]建立了一种同时检测肌肉、肝脏和肾脏组织中 7 种 PENs 的多残留检测方法。样品经硫酸和钨酸钠沉淀蛋白后，经磷酸盐缓冲液提取，采用 Oasis HLB 柱净化。HLB 柱用 2 mL 甲醇、2 mL 水活化，上样后，用 2 mL 25 mmol/L 磷酸盐缓冲液（pH 9.0）淋洗，抽干后，用 4 mL 乙腈洗脱。接着采用乙醚进行 LLP 净化。净化液采用苯甲酸酐和 1, 2, 4-三唑汞试剂进行衍生化后，HPLC-紫外检测器（UVD）分析。该方法测得阿莫西林、青霉素 G、氨苄西林、苯唑西林、氯唑西林、萘夫西林的 LOD 为 8.9～11.1 μg/kg，双氯西林为 18.3～29.9 μg/kg；平均回收率在 58%～82%之间。白国涛等[30]测定牛肉中 9 种 CEPs 药物残留时，采用 Oasis HLB 净化，乙腈-水（7+3，v/v）洗脱，回收率为 74%～119%。张琦等[31]建立了牛奶中阿莫西林、头孢氨苄、氨苄西林和青霉素 V 的检测方法。试验分别比较了 Oasis HLB 柱、C_{18} 柱、Oasis MAX 柱的回收率，结果表明 HLB 柱回收率最高，除了阿莫西林外，其余 3 种抗生素的平均回收率均高于 70%。

B. C_{18} 柱

C_{18} SPE 柱也广泛用于 β-内酰胺类药物残留检测。

Terada 等[32]使用 Sep-Pak C_{18} 柱净化海产品中的青霉素 G。Sep-Pak C_{18} 柱首先用 20 mL 甲醇、20 mL 水、2 mL 2%氯化钠溶液预洗，提取液以 2 mL/min 的速度过柱，然后依次用 10 mL 2%氯化钠溶液和 10 mL 甲醇-水-20%氯化钠溶液（3+15+2，v/v）淋洗，最后青霉素 G 用 19 mL 水洗脱。在牛肝脏、肾脏、肌肉中添加 1 μg/g 浓度的回收率为 75.0%～92.6%，RSD 为 2.35%～4.06%，LOD 为 0.05 μg/g。Bioson 等[24]用 Bond Elut C_{18} 柱代替 Sep-Pak C_{18} 柱，在研究中发现，Sep-Pak C_{18} 柱填料的碳含量小于 14%，而 Bond Elut C_{18} 柱的碳含量为 18%。实验结果表明，为了从 SPE 柱中得到大于 70%的回收率，C_{18} 柱填充料的碳含量至少应为 17%。因此，在使用 SPE 净化的方法中，要使药物的损失最小，必须考虑 SPE 柱的碳含量。此外，缓冲溶液的浓度、种类以及洗脱溶液的用量等因素都会对回收率有影响。实验表明，当磷酸盐的浓度低于 0.07 mol/L 时，回收率也随之降低，特别是两性 β-内酰胺类药物，更需一定的缓冲溶液，使其保留在 SPE 柱上；同时，为防止磷酸盐缓冲液进入洗脱液阻塞色谱柱，洗脱前要先用水淋洗。

C. 阴离子交换柱

阴离子交换 SPE 柱能有效地保留有机弱酸类 β-内酰胺类药物。

Meetsehen 等[10]采用气相色谱（GC）方法测定动物源食品（牛肉、牛肝脏、牛肾脏、脂肪组织和牛奶）中 7 种 PENs 的残留。样品用乙腈在酸性条件下提取，然后加入氯化钠和二氯甲烷进行 LLP 净化，接着用阴离子交换柱净化。上样后，经 0.1%磷酸溶液淋洗，乙腈洗脱。该方法测得动物源食品中 7 种 PENs 的平均回收率为 50%～80%，LOD 小于 3 μg/kg。Preu 等[33]建立了牛肉中青霉素的 GC 方法。样品经乙腈和磷酸盐缓冲液（pH 2.2）提取，多种溶剂对 LLP 净化后，再采用阴离子交换柱进行净化，净化液氮吹蒸干后，加入 100 μL 重氮甲烷进行衍生化，使用 GC-氮磷检测器（NPD）或气相色谱-质谱（GC-MS）进行检测。该方法测得青霉素的 LOD 为 3 μg/kg。

3）基质固相分散萃取（matrix solid-phase dispersion，MSPD）

MSPD 是一种快速样品处理技术。其基本操作是把样品直接与适量的反相键合硅胶一起混合研磨，使样品被均匀分散于固定相颗粒表面制成半固态，装入层析柱中，然后采用类似 SPE 的操作进行洗涤和洗脱。MSPD 技术使用样品量少，要求检测方法具有较高的灵敏度。Karageorgou 等[34]用 Strata-X 做吸附剂，MSPD 法提取牛奶中 5 种 PENs 药物。Strata-X 吸附剂经 2 mL 甲醇和 2 mL 水活化，加入牛奶样品进行混合，超声波水浴中超声 10 min 进行匀质，随后样品转移至一个空的贮存器进行压缩，真空干燥吸附剂。接着加入 5 mL 水（含 1%丙酮）淋洗吸附剂，分析物分别用 1 mL 甲醇、1 mL 乙腈洗脱，蒸干，再用 Oasis HLB 柱净化，HPLC 检测。方法检测限（CCα）为 35.2～56.3 μg/kg，检测能力（CCβ）为 39.9～61.9 μg/kg；RSD 小于 16%。

4）分散固相萃取（dispersive solid phase extraction，DSPE）

分散固相萃取是美国农业部于 2003 年提出使用的一种新的样品前处理技术。该技术是选择对不同种类药物都具有良好溶解性能的溶液作为提取剂，净化吸附剂直接分散于待净化的提取液中，吸附基质中的干扰成分。该方法回收率高，前处理时间短，溶剂使用量少，操作简便，具有很好的发展前景和推广价值。Mastovska 等[15]测定牛肾脏中 11 种 β-内酰胺类抗生素，取 1 g 样品至 50 mL 离心管中，加入 2 mL 水和 8 mL 乙腈进行提取，涡动混匀，剧烈晃动 5 min，离心收集上清液。然后在上清液中加入 500 mg C₁₈ 吸附剂，涡动混匀，晃动 30 s，离心。取 5 mL 上清液转移至带刻度的试管中，旋蒸至体积小于 1 mL，用水定容至 1 mL，滤膜过滤后进 LC-MS 分析。除头孢噻呋代谢物（去呋喃甲酰基头孢噻呋）回收率低外，其他化合物的回收率均在 87%～103%之间。

5）QuEChERS（Quick，Easy，Cheap，Effective，Rugged，Safe）

QuEChERS 是近年来国际上最新发展起来的一种用于农产品检测的快速样品前处理技术。原理与 HPLC 和 SPE 相似，都是利用吸附剂填料与基质中的杂质相互作用，吸附杂质从而达到除杂净化的目的。Karageorgou 等[34]采用基于超声辅助 MSPD 方法，开发出 QuEChERS 技术提取与净化牛奶中的阿莫西林、氨苄西林、苯唑西林、双氯西林和氯唑西林。用乙腈提取后，200 mg Strata-X、150 mg MgSO₄、50 mg PSA、50 mg C₁₈ 作为 QuEChERS 净化剂，采用 HPLC 进行检测。方法的日内精密度低于 16%，5 种药物的 CCα 为 35.2～56.3 μg/kg，CCβ 为 39.9～61.9 μg/kg，满足欧盟法规 2002/657/EC 要求。Pérez-Burgos 等[35]建立了一种 LC-MS/MS 同时检测牛肉中 7 种 CEPs 残留的 QuEChERS 方法。样品经乙腈-水（80+20，v/v）提取后，采用 QuEChERS 方法进行净化。将 10 mL 样品提取液加入含有 150 mg PSA、150 mg C₁₈ 吸附剂和 900 mg MgSO₄ 的试剂盒。然后轻轻晃动 5 min，3500 r/min 离心 5 min 收集上清液。取 5 mL 上清液氮气吹干，200 μL 水复溶后上样分析。结果显示，采用传统 SPE 方法的 LOQ 稍低（0.1～10 μg/kg），两种净化方法的 LOQ 均低于 MRLs，但 QuEChERS 方法精密度高于 SPE 方法，两种方法均获得较好的回收率，除头孢氨苄外，其他药物回收率均高于 85%。

6）分子印迹技术（molecular imprinting technology，MIT）

MIT 以待测物为模板分子，通过共价键结合或非共价键结合聚合物单体，然后将聚合物单体交联，再将模板分子从聚合物中提取出来，聚合物内部就留下了模板分子的印迹，成为能选择性吸附待测物的功能高分子材料-分子印迹聚合物（MIP）。Cederfur 等[36]合成了以青霉素 G 为模板的高选择性 MIP 填料。称取 1 mmoL/L 青霉素 G 至硼硅玻璃管中，加入乙腈超声溶解，加入甲基丙烯酸溶解青霉素 G，预聚合反应混合物放在冰上进行冷却，氮吹 10 min。然后在 Rayonet 光化学反应器中，在 350 nm、4℃下共聚反应 24 h，反应结束后进行离心，收集大小为 25～50 μm 的聚合物。将颗粒物分别用甲醇-乙酸（1+4，v/v）、甲醇、乙腈和甲醇进行孵育，然后真空干燥颗粒物。制备 MIP 后，合成聚合物文库，然后从文库中筛选与青霉素 G 结合的聚合物，对 MIP 进行放射性配体竞争结合试验。研究发现，该

MIP 填料与其他几种 PENs 交叉反应率小于 19%，萘夫西林和苯唑西林交叉反应率小于 1%，与头孢匹林和其他结构不相关的抗生素（氯霉素、四环素、氨苯砜和红霉素）的交叉反应率低于 0.01%。Zhang 等[37]甲基丙烯酸作为功能单体，乙二醇二甲基丙烯酸酯做交联剂，偶氮二异丁腈作为引发剂合成青霉素 G 的 MIP 填料，净化牛奶中青霉素 G。牛奶经乳酸杆菌发酵形成酸奶，取 10 mL 牛奶加入 10 mg MIP，混匀 5 min 进行提取，分离青霉素 G MIP 后，牛奶继续进行发酵。该方法测得青霉素 G 的灵敏度达 10 μg/kg。

7）免疫亲和色谱（immunoaffinity chromatography，IAC）

IAC 是用色谱柱技术，把抗体固定在适当的支持物上，制备出用于样品分离纯化的 IAC 柱，其再与色谱联用，达到很好的分离检测效果。利用抗体与抗原/半抗原可逆的生物专一性相互作用来达到净化和富集分析物的目的。具有高度的选择性和特异性，特别适用于复杂样品基质中痕量组分的分离和富集。将 IAC 作为理化测定技术的样品净化手段，使样品前处理大大简化，通常一次层析即可使待测物得到高度净化和富集；同时，使用多种抗体制备的 IAC 柱（MIAC）使免疫分析具备了处理多残留组分的能力。Dietrich 等[38]通过免疫小鼠获得抗氨苄西林单克隆抗体。纯化后的 Mab 1D1 与 CNBr 活化的 Sepharose 4B 偶联，制备出 IAC 柱。该 IAC 柱对氨苄西林和氯唑西林的吸附量分别为 6.6 μg/mL 和 5.4 μg/mL。缓冲液中阿莫西林、氨苄西林、氯唑西林、双氯西林、青霉素 G 和苯唑西林在 IAC 柱的回收率分别为 67%～100%。陈号[39]以青霉素类药物母核 6-氨基青霉烷酸（6-APA）偶联牛血清蛋白（BSA）和卵清白蛋白（OVA）分别合成两种免疫原和包被原，制备出高效价的抗 6-APA 的抗血清，经活性检测后被纯化，纯化的 IgG 偶联 CNBr 活化的 Sepharose 4B 制备 IAC 柱，采用 HPCE 方法对 IAC 柱柱效进行初步评价。建立的青霉素 G 标准曲线在 1～100 μg/mL 范围内线性良好，青霉素 G 样品添加回收率为 76.38%～94.67%，CV 为 5.67%～15.91%。

（3）衍生化方法

1）紫外检测衍生

β-内酰胺环母体的紫外检测波长在 200～235 nm 之间，紫外吸收缺乏特征性，干扰组分影响较大，因此应用液相色谱检测时往往需要衍生化，使其具有特征吸收。衍生化分为柱前和柱后两种。其中，柱后衍生需另外加泵、反应芯、T 型混合器、脱气机等，操作复杂；而广泛使用的柱前衍生化是在咪唑或 1, 2, 4-三唑催化下，将青霉素反应形成青霉烷酸硫醇汞衍生物[23]。

Sørensen 等[29]采用 HPLC 测定动物组织中 7 种 PENs 时，用苯甲酸酐衍生化药物结构中的氨基，降低化合物极性，再用 1, 2, 4-三唑-氯化汞衍生化，60℃恒温水浴衍生化 1 h，使其生成最大吸收为 323 nm 的衍生物。7 种 PENs 的 LOD 为 8.9～20.9 μg/kg，平均回收率在 58%～82%之间。刘媛等[40]建立了反相 HPLC 分析鸡肉、猪肉、猪皮、猪脂肪等动物组织样品中阿莫西林残留量的方法。对 4 种动物组织样品采用磷酸盐缓冲溶液提取、三氯乙酸沉淀蛋白，C₁₈ 固相萃取柱净化，然后采用 1, 2, 4-三唑-氯化汞衍生化试剂，60℃恒温水浴衍生化 1 h，HPLC 在 323 nm 处检测。该方法测得阿莫西林在 8.6～860 μg/L 线性范围内线性相关（$r=0.9997$）；动物组织样品中阿莫西林的加标回收率为 70.9%～86.8%，RSD 为 3.2%～16.4%；LOD 低于 10 μg/kg；批内、批间 RSD 均小于 10%。

Beconi-Barker 等[41]建立了猪肉、肝脏、肾脏以及脂肪组织中头孢噻呋及其代谢物残留量的 HPLC 方法。采用赤藻糖醇盐缓冲液提取，碘代乙酰胺柱前衍生，加入 3 mL 碘乙酰胺，涡动混匀后室温放置 30 min，用 5%磷酸溶液调至 pH 2.5～2.6，然后将组织样品离心，C₁₈ 固相萃取柱净化，HPLC 在 266 nm 检测。方法回收率在 70%～95%之间，LOD 为 100 μg/kg。

2）荧光检测衍生

也有反应形成荧光衍生物的衍生化方法报道。

罗道栩等[21]用三氯乙酸溶液沉淀牛奶蛋白并提取氨苄青霉素残留，将氨苄青霉素和甲醛在酸性条件下加热生成 2-羟基-3-苯基-6-甲基吡嗪，再用 FLD 进行检测。荧光检测激发波长为 346 nm，发射波长为 422 nm。该方法测得氨苄青霉素的 LOD 为 1 μg/L，LOQ 为 2 μg/L，回收率为 70%～110%，批内 CV 小于 10%，批间 CV 小于 15%。Popelka 等[42]采用柱前衍生化法检测鸡肉中 5 种 PENs。样品经

0.01 mol/L 磷酸盐缓冲液（pH 6.5）匀质，30%三氟乙酸沉淀蛋白，离心过滤，上清液经甲醛衍生化（100℃反应 45 min），然后经二乙醚提取，HPLC-FLD 检测，激发波长和发射波长分别为 346 nm、422 nm。方法测得 5 种药物的 LOD 为 5 μg/kg。Iwaki 等[43]采用柱前荧光衍生化测定 PENs，衍生化时首先碱性水解待测物，使 β-内酰胺环打开产生伯胺基团，该功能基又与 7-氟-4-硝基苯-2-草酸-1,3-二唑反应，产生具有荧光特性的物质，激发波长为 470 nm，发射波长为 530 nm。该方法 LOD 为 30～85 ng/mL，线性范围为 0.2～100 μg/mL。

　　CEPs 也可以通过衍生化反应后采用荧光检测器测定。Meng 等[44]建立了一种检测人血浆中头孢氨苄的 HPLC-FLD 柱前衍生化方法。头孢氨苄在 5 mmol/L 硼酸盐溶液（pH 8.5）中经芴甲氧羰酰氯（FMOC-Cl）进行衍生化，25℃反应 15 min，衍生化产物经 XDB-C$_{18}$ 色谱柱分离，激发波长和发射波长分别为 268 nm、314 nm。该方法测得血浆中头孢氨苄的 LOD 为 0.014 μg/mL，线性范围为 0.0234～58.5 μg/mL。Blanchin 等[45]建立了一种检测血浆和尿液中 6 种 CEPs（头孢克洛、头孢氨苄、头孢拉定、头孢沙定、头孢甘酸和头孢羟氨苄）的 HPLC 方法。采用荧光胺柱后衍生化，衍生化系统为 4.5 m×0.25 mm i.d.的 PTPE 毛细管线圈，衍生剂流速为 0.25 mL/min，在室温下反应，驻留时间为 10.6 s。血浆中的回收率为 88.7%～105.6%，尿液中的回收率为 86.2%～113.6%。作者比较了荧光检测和紫外检测在相同色谱条件下的线性关系、重复性和检测限。结果显示，荧光检测灵敏度约为紫外检测灵敏度的两倍，荧光检测 6 种 CEPs 的 LOD 为 0.3～1.8 mg/L，紫外检测的 LOD 为 0.6～2.7 mg/L。

　　3）气相色谱检测衍生

　　β-内酰胺类药物为强极性、热不稳定性和难挥发性化合物，采用气相色谱测定时，需要进行甲酯化衍生反应来提高其挥发性和降低极性。Preu 等[33]建立了牛肉中青霉素的 GC 检测方法。样品净化液用氮吹蒸干后，加入 100 μL 重氮甲烷进行衍生化，再用 GC-NPD 或 GC-MS 进行检测。该方法测得青霉素的 LOD 为 3 μg/kg。Meetsehen 等[10]用 GC 测定动物组织中 7 种 PENs。用重氮甲烷衍生化，形成易挥发的青霉素甲基酯类化合物，有效提高了检测灵敏度和再现性，其回收率在 46%～73%之间。

5.1.4.2　测定

　　β-内酰胺类药物的残留检测方法已有大量报道，主要有微生物检测法、免疫检测法、色谱法以及色质联用法，而色谱法主要包括液相色谱法（LC）、气相色谱法（GC）和薄层色谱法（TLC）等。免疫检测法的优点在于费用相对较低，便于使用，方便携带，适合现场开展工作，具有高选择性和灵敏度，具有很大的发展前景；而微生物法和理化检测法则较为成熟。20 世纪 90 年代以后，在 β-内酰胺类药物残留分析方法中 LC 法占绝对优势，并随着质谱技术的发展，色质联用仪器的逐步普及，液相色谱-串联质谱（LC-MS/MS）技术以其选择性好、灵敏度高、分析速度快、不需衍生化、可同时定性定量等优点成为目前 β-内酰胺类药物残留分析中最主要的手段。

　　（1）微生物法

　　微生物法是建立在抗生素能抑制细菌生长原理的基础上，能简单快速地测定所有抗生素残留的一种筛选检测技术。这些传统检测方法的主要优点是廉价，易于操作和适于大量样品的筛选，但所需时间长，显色状态需通过肉眼判断，易产生误差。同时，由于具备抑菌作用的抗生素种类繁多，而动物源食品中干扰物质又多，结果造成假阳性率较高，方法缺乏特异性。Stead 等[46]对微生物法测定牛奶中 10 种抗生素（包括 6 种 β-内酰胺类药物）进行了评价。取 100 μL 牛奶至琼脂平板，经塑料膜密封后放置水浴锅中孵育（64℃）3 h，Delvo 检测试剂盒判定检测终点。当添加水平在欧盟规定的残留限量水平时，检出阳性结果的正确率为 100%。Wachira 等[47]使用低成本的微生物方法测定鸡组织中的青霉素 G。采用蜡样芽孢杆菌和枯草芽孢杆菌琼脂扩散，在 pH 7 的条件下，在测试板上测定肝脏和肾脏样品中青霉素 G 的浓度均低于 MRL（50 ng/g），且 2 倍的 LOD 也低于 MRL，可有效地用于青霉素 G 的常规筛查。Ang 等[7]对微生物法和 LC 法测定牛奶中阿莫西林和氨苄青霉素进行了对比。微生物法操作如下：将样品加至平板孔内，每份样品 4 个平板，对照样品单独加样。然后将平板置 64℃孵育 3 h，孵育后测定抑菌圈。将 10 ng/mL 设定为曲线的校准点，绘制标准曲线，校准平均值获得药物浓度。结果表明两种方法测定结果一致，但 LC 法比微生物法灵敏度高。

（2）薄层色谱法（thin layer chromatography，TLC）

TLC 在兽药残留的快速筛选检测方面应用广泛，特别是高效薄层色谱法（HPTLC）的斑点原位扫描定量、定性和高效分离材料弥补了常规 TLC 在灵敏度和重复性方面的不足，还保持了 TLC 的简便、快速和样品容量大的优点，可使用正相或反相，分辨率几乎与 HPLC 相当。动物组织中残留的氨苄西林、苄青霉素和苯甲氧基青霉素有采用 TLC 分析的报道，固定相主要是硅胶或纤维素[48]。除个别学者使用自动射线照相色谱检测闪烁计数器定量外，其他的 TLC 方法多使用生物抑制法进行检测和定量。这种技术的缺点是操作复杂、时间长、重现性较差，而且灵敏度低，LOD 通常为 50 μg/kg。Grzelak 等[49]建立了一种检测牛奶中头孢乙腈、头孢呋辛的 TLC 分析方法。该方法采用的 TLC 板为 Si 60 F254（10 cm×20 cm），分离获得的条带在 254 nm 波长处进行检测。TLC 平板用正己烷除去牛奶样品中的脂肪，再用甲醇-甲苯-乙酸乙酯-98%甲酸（5+20+65+10，v/v）作为展开剂，结果显示头孢乙腈回收率为 97.66%，头孢呋辛为 86.13%。卢英强等[50]建立了一种快速鉴定动物皮肤或肌肉组织中青霉素的 TLC 方法，将组织匀浆，经 0.2 mol/L H$_2$SO$_4$ 酸化，用 3 倍体积的乙酸乙酯浸泡 24 h，分离提纯后，置 75℃水浴中浓缩。TLC 展开系统：氯仿-苯-冰乙酸（2+2+1，v/v），展开后，室温条件下自然干燥 15 min，取出层析板，计算 Rf 值和观察色斑。结果发现，从动物组织中分离提纯青霉素获得的色斑与青霉素标准品色斑和 Rf 值完全相同，层析色谱清晰。

（3）毛细管电泳法（capillary electrophoresis，CE）

CE 具有高柱效、分析时间短、样品范围宽等特点。但由于电渗流的不稳定，CE 的重现性较差，且进样量太小，造成检测灵敏度较低。目前，CE 已发展出多种不同的分离模式，如毛细管区带电泳（CAE）、胶束电动毛细管色谱（MEKC）、毛细管等电聚焦（CIEF）、毛细管凝胶电泳（CGE）和毛细管等速电泳（CITP）等[51]，使其在抗生素分析中得到快速发展。陈号[39]采用 HPCE 方法来评价青霉素 G IAC 柱的柱效。采用涂层石英毛细管柱（50 μm×60 cm），分离电压 18 kV，二极管阵列检测器（DAD）检测波长 198 nm，温度 25℃，缓冲液为 30 mmol/L 硼砂缓冲液（pH3.8）。HPCE 检测标准曲线在 1～100 μg/mL 范围内线性良好，青霉素 G 样品添加回收率为 76.38%～94.67%，CV 为 5.67%～15.91%。朱丹成[52]用 CAE 测定氨苄青霉素的含量，缓冲液为 25 mmol/L 硼砂缓冲液（pH7.98），在 4 min 内出峰，电压以 16 kV 为佳，测定 LOD 为 4 mg/L，加样回收率为 97.9%～102.4%，RSD 小于 3%。Santos 等[22]采用 50.5 cm 熔融石英 CAE，以 25 mmol/L 磷酸缓冲液（pH 6.8）为电泳缓冲液，20 min 内检测了牛奶中的 14 种常用 CEPs，LOD 在 0.42～0.16 μg/mL 之间。姚晔等[53]采用 MEKC 法分离检测 5 种 β-内酰胺类抗生素。缓冲液为 20 mmol/L Na$_2$HPO$_4$-20 mmol/L NaH$_2$PO$_4$（pH 8.5），20 mmol/L 十二烷基硫酸钠和体积分数 25%甲醇，在 18 kV 电压下 5 种抗生素在 15 min 内达到基线分离。各组分线性关系良好，LOD 为 5.3～8.1 mg/L，进样精密度 RSD 为 3.8%～5.5%。该研究表明，对分子结构特别相近的抗生素，通过表面活性剂胶束固定相与有机添加剂协同作用来改善分离效果是可行的。Bailón-Pérez 等[3]采用毛细管电泳-串联质谱（CE-MS/MS）法检测了鸡肉中 9 种 PENs（萘夫西林、双氯西林、氯唑西林、苯唑西林、氨苄西林、青霉素 G、阿莫西林、青霉素 V 和哌拉西林）残留。鸡肉样品经乙腈提取后，采用 Oasis HLB 柱和氨基柱分别进行净化，CE 分离柱为填充硅胶柱（96 cm×360 μm，50 μm），缓冲液为 60 mmol/L 醋酸铵缓冲液（pH 6.0），离子阱质谱仪（MS^n），ESI 电离源，多反应监测（MRM）模式检测。该方法测得鸡肉样品的 LOD 为 8～12 μg/kg。

（4）气相色谱法（gas chromatography，GC）

β-内酰胺类药物为强极性、热不稳定性和难挥发性化合物，采用 GC 测定时，需要进行甲酯化衍生反应来提高其挥发性和降低极性。常用的检测器主要有氮磷检测器（nitrogen-phosphorus detector，NPD）和质谱检测器（mass spectrometry detector，MSD）等。由于 GC 方法前处理步骤繁锁，目前已很少用于 β-内酰胺类药物残留的实际检测。Preu 等[33]建立了牛肉中青霉素的 GC 同位素稀释检测方法。样品经乙腈和磷酸盐缓冲液（pH 2.2）提取，NaCl、二氯甲烷和 Na$_2$SO$_4$ 除去水，旋转蒸干后，分别采用石油醚/磷酸盐缓冲液（pH 7）、磷酸盐缓冲液（pH 7）/乙醚、磷酸盐缓冲液（pH 7）/二氯甲烷、磷酸/二氯甲烷进行 LLP，然后采用阴离子交换柱进行净化，再用磷酸盐缓冲液（pH 2.2）/二氯甲烷进行 LLP 净化，氮吹蒸干后，用重氮甲烷进行衍生化，使用 GC-NPD 或 GC-MS 进行检测。采用熔融石英的交联甲基聚硅氧烷胶毛细管柱（30 m×0.25 mm，0.25 μm）进行分析，程序性升温模式分离，电子电离（EI），选择离子（SIM）模式监测。该方法测得青霉素的 LOD 为 3 μg/kg。该试验比较了使用不同内标和不使用内标检测青霉素 G 的区别，发现使用 ^{13}C 同位素内标回收率较好。Meetsehen 等[10]用 GC 测定牛奶和动物组织中 7 种 PENs。用重氮甲烷衍生化，形成易挥发的青霉素甲基酯类化合物，有效提高了检测灵敏度和再现性。采用毛细管柱（30 m×0.26 mm，0.1 μm）进行分析，程序升温模式分离，进样体积 3 μL。方法回收率在 46%～73% 之间，牛奶和组织中 PENs 的 LOD 小于 3 μg/kg。

（5）高效液相色谱法（high performance liquid chromatography，HPLC）

20 世纪 90 年代以后，HPLC 成为 β-内酰胺类药物残留检测中应用最广泛的方法。由于 β-内酰胺类药物在结构上都含有羧酸基团，早期采用离子交换色谱（一般选用阴离子交换柱）来分离测定。对于两性离子型化合物，在流动相中添加离子对试剂来调节容量因子，改善分离效果，即侧链含酸性基团的加酸抑制剂并加碱性反离子；侧链含碱性基团的，加有机胺类化合物或选择含胺的缓冲溶液，或选择低 pH 的乙酸缓冲溶液。但因所用流动相的 pH 往往低于 β-内酰胺类药物稳定的最佳 pH 而造成检测效果不甚理想，近几年已改用反相色谱法分析。常用的检测器主要是浓度型的紫外检测器（ultraviolet detector，UVD）、荧光检测器（fluorescence detector，FLD）和电化学检测器（electrochemical detector，ECD）。

1）UVD 检测

刘媛等[40]报道了动物组织中阿莫西林的残留检测方法。样品用三氯乙酸沉淀蛋白，固相萃取净化和富集，经 1,2,4-三唑-氯化汞衍生化后，采用 Inertsil ODS-3（250 mm×4.6 mm，5 μm）分离，以 0.5 mol/L 磷酸盐缓冲液-乙腈（80+20，v/v）为流动相，流速为 1.0 mL/min，在 323 nm 波长处检测，建立了反相 HPLC 分析鸡肉、猪肉、猪皮、猪脂肪等动物组织样品中阿莫西林残留量的方法。该方法线性范围为 8.6～860 μg/L；采用外标法定量，加标回收率为 70.9%～86.8%，RSD 为 3.2%～16.4%；LOD 低于 10 μg/kg。Boison 等[24]建立了 1,2,4-三唑-氯化汞柱前衍生，测定动物组织中苄青霉素的 HPLC 方法。青霉素 V 和苄青霉素经 60% 乙腈-35% 水-5% 0.2 mol/L 磷酸盐缓冲液进行洗脱，紫外最大吸收波长为 325 nm，较大的波长减少了干扰组分。该方法测得肝脏、肾脏和肌肉组织中青霉素 G 的 LOD 为 5 μg/kg。Terada 等[54]利用 HPLC-UVD 测定牛奶中青霉素 G、青霉素 V 和氨苄青霉素残留量。采用甲醇-水-0.2 mol/L 磷酸盐缓冲液（pH 4.0）（5+13+2，v/v，含 11 mmol/L 1-庚烷磺酸钠）作为流动相，LiChrosorb RP-18 色谱柱分离，检测波长为 210 nm。牛奶中青霉素 G、青霉素 V 和氨苄青霉素在添加浓度 0.5 μg/g、0.1 μg/g 的回收率均大于 87%，RSD 为 1.17%～4.98%，LOD 为 0.03 μg/g。Beconi-Barker 等[41]建立了猪组织中头孢噻呋及其代谢物残留的检测方法。采用赤藓糖醇盐缓冲液提取，碘代乙酰胺柱前衍生，HPLC-UVD 检测。经 BDS Hypersil C$_{18}$ 色谱柱（250 mm×4.6 mm，5 μm）分离，流速为 1.0 mL/min，紫外检测波长为 266 nm。方法回收率在 70%～95% 之间，LOD 为 100 μg/kg。赵军等[20]以乙酸-乙酸钠缓冲液（pH 3.6）-甲醇（75+25，v/v）为流动相，采用 Dupout C$_8$ 色谱柱（300 mm×4.6 mm）分离，254 nm 紫外检测，测定了血清中的头孢拉定、头孢氨苄、头孢克洛、氨苄青霉素和阿莫西林。LOD 可分别达到 0.18 μg/mL、0.21 μg/mL、0.12 μg/mL、0.35 μg/mL 和 0.25 μg/mL；血清回收率均大于 94.6%。

2）FLD 检测

罗道栩等[21]测定了牛奶中氨苄青霉素，在酸性条件下提取液中的氨苄青霉素与甲醛加热生成 2-羟基-3-苯基-6-甲基吡嗪（氨苄青霉素荧光衍生物），以磷酸盐缓冲液-乙腈（75+25，v/v）为流动相，采用 Supelco Discovery C$_8$ 柱（250 mm×4.6 mm，5 μm）分离，FLD 检测，激发波长为 346 nm，发射波长为 422 nm。方法 LOD 为 1 μg/L，LOQ 为 2 μg/L，回收率为 70%～110%，批内 CV 在 10% 以内，批间 CV 小于 15%。Ang 等[23]采用 HPLC-FLD 检测鲶鱼和鲑鱼组织中阿莫西林残留。样品先用磷酸缓冲液（pH 4.5）提取，然后用三氯乙酸溶液沉淀鲶鱼和鲑鱼中的蛋白质，C$_{18}$ 固相萃取柱净化后，LLP 除去非极性干扰物。提取液与甲醇和三氯乙酸在 100℃反应 30 min，荧光衍生物经醚提取，浓缩，

HPLC-FLD 检测。鲶鱼组织中阿莫西林在 2.5～20 ppb 添加浓度范围内平均回收率大于 80%，鲑鱼组织中阿莫西林平均回收率大于 75%，CV 小于 6%；鲶鱼组织中阿莫西林的 LOD 和 LOQ 分别为 0.5 ppb、1.2 ppb；鲑鱼组织中 LOD 和 LOQ 分别为 0.8 ppb、2.0 ppb。但是这种方法对于没有氨基的 PENs 不适用。

Meng 等[44]建立了一种检测人血浆中头孢氨苄的 HPLC-FLD 方法。头孢氨苄在 5 mmoL/L 硼酸盐溶液（pH 8.5）中经芴甲氧羰酰氯（FMOC-Cl）进行衍生化，25℃反应 15 min，衍生化产物经 XDB-C$_{18}$ 色谱柱分离，流动相为水-乙腈（10+90，v/v），等度洗脱，流速为 1.0 mL/min，激发波长和发射波长分别为 268 nm、314 nm。该方法测得血浆中头孢氨苄 LOD 为 0.014 μg/mL，线性范围为 0.0234～58.5 μg/mL。Blanchin 等[45]建立了检测血浆中头孢克洛、头孢氨苄、头孢拉定、头孢沙定、头孢甘酸和头孢羟氨苄的 HPLC-FLD 方法。采用荧光胺柱后衍生化，衍生化系统为 4.5 m×0.25 mm i.d. 的 PTPE 毛细管线圈，衍生剂流速为 0.25 mL/min，在室温下反应，驻留时间为 10.6 s。血浆中的回收率为 88.7%～105.6%，6 种 CEPs 的 LOD 为 0.3～1.8 mg/L。

3）ECD 检测

ECD 是根据电化学原理和物质的电化学性质进行检测的。在液相色谱中对那些没有紫外吸收或不能发出荧光但具有电活性的物质，可采用电化学检测法。若在分离柱后采用衍生技术，还可将它扩展到非电活性物质的检测。Lihl 等[26]采用 HPLC-光化学降解-ECD 检测牛肌肉组织中青霉素 G、青霉素 V、苯唑西林、氯唑西林和双氯西林。分析物经 LiChroCART 色谱柱（250 mm×4 mm，5 μm）分离，流动相为乙腈-0.2 moL/L 磷酸盐缓冲液（pH 3.0）（35+65，v/v，含 2 mmoL/L Na$_2$EDTA），等度洗脱；ECD 电压为+0.65 V（vs. Ag-AgCl），该方法测得 PENs 的平均回收率为 60%～103%，CV 为 6%～11%，相比 225 nm 波长处检测 PENs，灵敏度提高了 5 倍。

（6）液相色谱-质谱联用法（liquid chromatography-massspectrometry，LC-MS）

LC-MS 是目前残留分析中最重要的分离分析方法之一。作为一种高灵敏度和高选择性的检测技术，可用于目标化合物确证。并随着仪器不断改进，其检出限也越来越低，提供的碎片信息更可靠，广泛应用于食品安全残留检测。而液相色谱-四极杆串联质谱技术（LC-MS/MS）目前已成为 β-内酰胺药物残留确证分析最常用的手段。

1）液相色谱-单极质谱法（LC-MS）

Blanchflower 等[55]使用 LC-ESI-MS 测定了肌肉、肾、牛奶中的青霉素 G、青霉素 V、苯唑青霉素、邻氯青霉素和双氯青霉素。使用萘夫西林做内标，药物经 Intersil ODS-2 色谱柱（150 mm×4.6 mm，5 μm）分离，流速为 150 μL/min，流动相为乙腈-水-三乙胺（27+73+0.5，v/v）和乙腈-水-三乙胺（23+77+0.5，v/v），流速为 0.5 mL/min，ESI 电离，正离子检测。药物在 200 ng/g 添加浓度下，平均回收率为 87.5%～110%，RSD 为 1.1%～7.3%。Msagati 等[56]用 LC-ESI-MS 检测牛奶、肉、肾脏中的阿莫西林、氯唑西林、青霉素 V 和青霉素 G。流动相为水-甲醇（含 25 mmoL/L 乙酸，75+25，v/v），流速为 0.15 mL/min，进样体积 20 μL，色谱柱为 C$_{18}$ Higgins Clipeus（150 mm×3 mm，5 μm），MS 在正离子下进行监测。该方法测得肾脏和肝脏中青霉素 G 和青霉素 V 的 LOD 为 1 ng/kg，牛奶为 0.7 μg/L；肾脏和肝脏中氨苄西林的 LOD 为 1.4 μg/kg，牛奶为 1.7 μg/L；肾脏和肝脏中青霉素 G 的 LOQ 分别为 1.1 μg/kg、0.01 μg/kg，青霉素 V 的 LOQ 分别为 0.4 μg/kg、0.01 μg/kg。

Keever 等[57]检测牛奶中头孢噻呋，样品超速离心后 LC-ESI-MS 检测。经 Nova pak C$_{18}$ 色谱柱进行分离，流动相为水和乙腈（含有 1%乙酸和 25 mmoL/L 七氟丁酸酐），流速为 1 mL/min；采用 ESI 电离源，正离子扫描检测。牛奶中头孢噻呋的 LOD 为 10 ppb，LOQ 为 25 ppb。

Holstege 等[8]测定了牛奶中氨苄西林、阿莫西林、青霉素 G、青霉素 V、氯唑西林、头孢匹林和头孢噻呋，用乙腈提取，Oasis HLB 柱净化，LC-MS 检测。1%乙酸水-甲醇做流动相，Luna C$_{18}$ 色谱柱（250 mm×4.6 mm，5 μm）进行梯度洗脱，流速为 0.5 mL/min，采用 ESI 正离子模式电离。该方法测得 7 种药物的 LOQ 为 0.2～2 μg/mL。Tyczkowska 等[58]用 LC-ESI-MS 检测牛奶中 β-内酰胺类抗生素。用乙腈-甲醇-水（2+1+1，v/v）与牛奶混合，离心后直接进样。样品 LC-UVD 分析采用 18%乙腈溶液（含 0.25%磷酸、0.25 mmoL/L 辛烷溶液中含 0.3%三乙胺、4.75 mmoL/L 十二烷基溶液）作为流动相，等度洗脱，苯基柱（250 mm×4.6 mm，3 μm）分离，流速为 1 mL/min，紫外检测波长为 200～350 nm。接着该研究采用 LC-ESI-MS 验证 LC-UVD 检测的准确性，流动相为乙腈、1%乙酸溶液（pH 3.0）（40+60，v/v），等度洗脱，流速为 0.3 mL/min，ESI 电离，选择离子模式（SIM）检测。与 LC-UVD 相比，LC-ESI-MS 提高了灵敏度，改善了选择性，方法 LOD 为 0.1 mg/L。Bruno 等[59]检测牛奶中 10 种 β-内酰胺药物，采用 SPE 提取净化，LC-MS 检测。经 C_{18} 反相色谱柱（250 mm×4.6 mm，5 μm）进行分离，流动相为甲醇和水，梯度洗脱，流速为 1 mL/min；ESI 电离源，碰撞诱导解离，正离子模式电离。该方法测得 β-内酰胺类药物的回收率在 70%～108%之间，RSD 为 5%～11%，LOQ 为 0.4～3 ng/mL。

Voyksner 等[60]用 ESI 接口，源内碰撞解离（CID）技术，对 PENs 裂解机理做了探讨。研究发现，在 ESI 正离子、CID 电压为 160 V 时，得到质子化分子离子[M+H]$^+$强度较高，β-内酰胺环开环后，得到共有特征离子$[C_6H_9HSO_2+H]^+$，m/z 160；进一步脱 COOH，得到$[C_6H_9HSO_2+H-COOH]^+$，m/z 114；酰胺部分裂解，产生化合物的特征离子。采用 ESI 负离子时，得到准分子离子[M-H]$^-$，CID 碰撞后，β-内酰胺环开环，脱去中性分子 CO_2 和 H_2O，形成$[M-H-CO_2]^-$和$[M-H-H_2O]^-$，但离子强度较正离子电离弱。

2）液相色谱-串联质谱法（LC-MS/MS）

黄百芬等[25]建立一种用 LC-MS/MS 快速测定牛奶中 6 种 PENs 残留的方法。分析物经色谱柱 Waters Atlantis ODS C_{18} 柱（150 mm×2.1 mm，5 μm）进行分离，用 0.1%甲酸和乙腈作为流动相，梯度洗脱，流速 1 mL/min，ESI 电离源，正离子模式监测。在 26 min 内，6 种 PENs 得以分离；6 种 PENs 的 LOD 为 0.02～0.19 ng/mL；在 0.2～2.0 ng/mL 线性范围内，相关系数为 0.991，回收率大于 90%，方法精密度为 4.87%。Riediker 等[14]报道了 LC-ESI-MS/MS 检测牛奶中阿莫西林、氨苄青霉素、氯唑青霉素、苯唑西林和青霉素 G 的方法。采用 YMC ODS-AQ 色谱柱（50 mm×2 mm，3 μm）进行分离，流动相为 0.1%甲酸溶液和 0.1%甲酸-乙腈（35+75，v/v），流速为 0.5 mL/min；正离子模式下进行 ESI 电离，多反应监测模式（MRM）检测。该方法回收率在 76%～94%之间，LOQ 为 0.40～1.10 μg/kg。Bogialli 等[61]用 LC-MS/MS 检测牛肉、肝脏、肾脏和牛奶中两种两性青霉素（阿莫西林和氨苄西林）。采用 Altima C_{18} 色谱柱（250 mm×4.6 mm，5 μm）进行分离，甲醇-水（均含有 10 mmol/L 甲酸）作为流动相，梯度洗脱，流速 0.15 mL/min，ESI 正离子电离，SRM 模式进行检测。该方法测得阿莫西林和氨苄西林的 LOQ 小于 1 ppb，回收率为 74%～95%，RSD 小于 9%。Xi 等[62]开发了一种 LC-MS/MS 同时测定和确认狗血浆中阿莫西林和克拉维酸。血浆样品采用简单乙腈脱蛋白，然后将上清液直接用水稀释。在 Phenomenex Luna C_8 反相柱上分离，用 0.1%甲酸和乙腈梯度洗脱，流速 0.25 mL/min，ESI 负离子源，MRM 模式进行检测。阿莫西林和克拉维酸在 0.5～500 ng/mL 范围内线性良好；阿莫西林和克拉维酸的 CC_α 分别为 0.06 ng/mL 和 0.08 ng/mL，CC_β 均低于 0.5 ng/mL；在标准曲线范围内获得了可接受的精密度和准确度；在三个添加水平下（0.5 ng/mL、50 ng/mL 和 500 ng/mL），阿莫西林和克拉维酸回收率分别为 102%和 115%，RSD 小于 15%。

Feng 等[63]提出了一种快速、灵敏的确认牛肾脏中头孢噻呋代谢产物（DCCD）的方法。利用磷酸盐缓冲液提取，固相萃取净化，超高效液相色谱（UPLC）-MS/MS 检测，氘代内标定量。该方法以 0.1%甲酸溶液和 0.1%甲酸乙腈溶液为流动相，Phenomenex Kinetex C_{18} 柱（50 mm×2.1 mm，2.6 μm）进行分离，梯度洗脱，流速为 0.3 mL/min，柱温 30℃。采用 ESI 电离源，正离子监测，毛细管电压为 2.5 kV。基质校准曲线线性范围为 25～2000 ng/g；添加浓度为 50～1000 ng/g 时，回收率为 97.7%～100.2%，CV 小于等于 10.1%；确认限为 50 ng/g。白国涛等[30]采用 UPLC-MS/MS 测定了牛肉中 9 种 CEPs 残留量的方法。以乙腈-水（含 0.05%甲酸）为流动相，Acquity UPLC BEH C_{18} 柱（50 mm×2.1 mm，1.7 μm）进行梯度洗脱，流速 0.3 mL/min，柱温 30℃。头孢呋辛采用负离子检测，其他 8 种 CEPs 均采用 ESI 正离子、MRM 模式检测。9 种 CEPs 在 5 min 内达到分离；头孢呋辛的 LOQ 为 10 μg/kg，头孢洛宁和头孢噻呋的 LOQ 为 0.5 μg/kg，其他 CEPs 的 LOQ 均为 1.0 μg/kg；加标回收率为 74.2%～

119%，精密度小于等于 15%。

　　Ghidini 等[13]用 10%乙酸提取牛奶中 7 种 β-内酰胺类药物（青霉素 G、氨苄西林、苯唑西林、阿莫西林、双氯西林、头孢氨苄、头孢匹林），离心过膜后，LC-MS/MS 检测。采用反相色谱柱 Merck-LiChrospher 100 RP 18（250 mm×4 mm，5 μm）进行分离，流动相为 0.1%甲酸溶液和 0.1%甲酸乙腈溶液，梯度洗脱，流速为 1 mL/min，ESI 电离源，正离子扫描。该方法测得 7 种药物的回收率在 28%～82%之间，LOD 为 1～5 μg/L。Fagerquist 等[16]用 LC-ESI-离子阱质谱（MS″）检测肾脏中阿莫西林、头孢菌素、头孢唑林、青霉素 G 等 11 种 β-内酰胺类药物。采用色谱柱 YMC ODS-AQ（50 mm×4.6 mm，3 μm）进行分离，0.1%甲酸水和 0.1%甲酸乙腈作为流动相，梯度洗脱，流速为 0.3 mL/min；采用 ESI 电离源，正离子检测，金属毛细管温度为 230℃。该方法测得 11 种 β-内酰胺类药物的 LOD 为 10～100 ng/g。Heller 等[64]使用 LC-ESI-MS″ 方法测定了牛奶中 7 种 β-内酰胺类抗生素残留。采用 0.1%甲酸水-甲醇（9+1，v/v）和甲醇作为流动相，YMC 反相色谱柱（150 mm×2 mm，5.0 μm）进行分离，梯度洗脱，流速 0.3 mL/min，ESI 电离源，正离子扫描。可以检测到牛奶中苄青霉素的 LOD 为 5 μg/L，氨苄西林、羟氨苄青霉素、邻氯青霉素、头孢匹林、头孢噻呋、头孢唑啉的 LOD 为 10 μg/L。

　　动物源基质中 β-内酰胺类药物的部分 LC 分析方法见表 5-4。

表 5-4　动物源基质中 β-内酰胺类药物的部分 LC 分析方法

编号	基质	化合物	前处理	仪器方法	文献
1	牛奶	阿莫西林、氨苄西林、苯唑西林、氯唑西林、双氯西林	MSPD 提取，HLB SPE 净化	LC-DAD	[34]
2	猪牛肉，肝脏，肾脏	青霉素 G、氨苄青霉素、苯唑西林、邻氯青霉素、萘夫西林、双氯西林	硫酸和钨酸钠沉淀蛋白，HLB SPE 净化，乙醚 LLP 净化	LC-UVD	[29]
3	牛奶	阿莫西林、吡硫头孢菌素、氯唑西林、青霉素 G、氨苄青霉素、头孢噻呋	超速离心	LC-UVD	[58]
4	牛奶	阿莫西林、氨苄青霉素	三氯乙酸沉淀蛋白，乙腈提取	LC-FLD	[7]
5	牛奶、肾脏、肝脏	氨苄青霉素、邻氯青霉素、青霉素 V、青霉素 G	Et₄NCl 和乙腈；支撑液膜提取	LC-MS	[56]
6	牛奶	阿莫西林、氨苄西林、氯唑西林、苯唑西林、青霉素 G	0.1 mol/L 磷缓提取，正己烷 LLP，C₁₈ SPE 净化	LC-MS	[14]
7	牛奶	头孢噻呋	超速离心	LC-MS	[57]
8	肉、肾脏、奶	青霉素 V、青霉素 G、邻氯青霉素、苯唑西林、双氯青霉素	乙腈提取，二氯甲烷 LLP 净化	LC-MS	[55]
9	猪组织	阿莫西林及其代谢物 AMA	10 mmoL/L KH₂PO₄（pH 4.5）提取	LC-MS/MS	[12]
10	牛奶	青霉素 G、氨苄青霉素、阿莫西林、苯唑西林、双氯西林、头孢氨苄、吡硫头孢菌素	10%乙酸提取	LC-MS/MS	[13]
11	牛肾脏	阿莫西林、氨苄西林、头孢唑林、头孢氨苄、氯唑西林、头孢噻呋 DCCD、脱乙酰头孢匹林、双氯青霉素、乙氧萘青霉素、苯唑西林、青霉素 G	乙腈-水（4+1）提取，C₁₈ SPE 净化	LC-MS/MS	[15]
12	牛肾脏	去乙酰头孢匹林、阿莫西林、DCCD、氨苄西林、头孢唑林、青霉素 G、苯唑西林、氯唑西林、萘夫西林、双氯西林	水-乙腈提取，dispersive-SPE 净化	LC-MSMS	[17]
13	肉	青霉素 G、氨苄青霉素、萘夫西林	水提取	LC-MS/MS	[2]
14	牛肉、肾脏、牛奶	阿莫西林、氨苄西林、头孢氨苄、头孢匹林、头孢唑林、头孢哌酮、苯唑西林、氯唑西林、双氯西林、头孢洛宁、青霉素 G、青霉素 V、硫酸头孢喹肟和去乙酰头孢匹林、萘夫西林	乙腈提取，酶解肾脏样品，HLB SPE 净化	LC-MS/MS	[5]
15	肾脏	去乙酰头孢菌素、阿莫西林、吡硫头孢菌素、氨苄青霉素、头孢唑林、青霉素 G、苯唑青霉素、邻氯青霉素、萘夫西林、二氯青霉素	乙腈-水提取，C₁₈ SPE 净化	LC-MS/MS	[16]
16	牛肉、肾、肝、牛奶	阿莫西林、氨苄青霉素	水提取，MSPD 净化	LC-MS/MS	[61]

编号	基质	化合物	前处理	仪器方法	文献
17	牛奶	氨苄青霉素、阿莫西林、青霉素 G、青霉素 V、邻氯青霉素、头孢噻呋、吡硫头孢菌素	乙腈提取，HLB SPE 净化	LC-MS/MS	[8]
18	牛奶	阿莫西林、氨苄青霉素、氯唑西林、苯唑西林、青霉素 G	超速离心，磷酸酸化正己烷 LLP 除脂，C_{18} SPE 净化	LC-MS/MS	[14]
19	牛奶	头孢噻呋代谢物（去呋喃甲酰基头孢噻呋）	离心，0.4%二硫赤藓糖醇提取，HLB SPE 净化	LC-MS/MS	[65]
20	牛奶	头孢噻呋代谢物（去呋喃甲酰基头孢噻呋）	乙腈提取，C_{18} SPE 净化	LC-MS/MS	[6]
21	牛奶	阿莫西林、氨苄青霉素、邻氯西林、青霉素 G、吡硫头孢菌素、头孢噻呋、头孢唑林	反相 SPE 提取净化	LC-MS/MS	[64]

（7）免疫分析法（immunoassay，IA）

IA 是以抗原与抗体的特异性、可逆性结合反应为基础的分析技术，具有单独一种理化分析技术难以达到的选择性和灵敏度，非常适用于复杂基质中痕量组分的分离或检测。与常规理化分析技术相比，IA 法具有特异性强、灵敏度高、方便快捷、成本低、安全可靠等优点，成为临床、生物医药、环境化学以及兽药残留分析中一种有力的分析手段。目前用于 β-内酰胺类药物残留分析的 IA 方法主要有放射免疫测定法（RIA）和酶联免疫吸附法（ELISA）。

1）放射免疫分析法（radioimmunoassay，RIA）

RIA 利用放射性物质作为抗体的偶联物，通过同位素标记来检测抗原抗体。该方法的基本原理是微生物细胞表面存在着能与各种 β-内酰胺类抗生素共有功能基团相结合的特异性位点，能与各种 β-内酰胺类抗生素发生相应的微生物受体反应。检测 β-内酰胺类药物残留时，RIA 方法使用了两种试剂：经过 ^{14}C 标记的青霉素 G 和微生物受体结合物（微生物细胞上的特异性受体）。检测时，先加入微生物受体结合物并进行温浴。当检测的样品存在 β-内酰胺类兽药残留时，样品中残留的 β-内酰胺类兽药立即与微生物受体结合物的相关位点相结合，使得后来加入反应的 ^{14}C 标记的青霉素 G 无法结合到这些位点上。最后通过检测结合到微生物受体上的 ^{14}C 标记的青霉素 G 数量来判断样品中的兽药残留量。张佳[66]利用 RIA 建立了快速筛检动物组织中 β-内酰胺类药物残留的方法。称取均质好的试样，加入 MSU 萃取缓冲液，涡旋振荡后 80℃孵育 30 min，然后置冰水内 10 min，离心后吸取上清液。取出组织中的 β-内酰胺类药物 Charm Ⅱ检测试剂盒，加入样品测试液（M2 缓冲液），加入闪烁液后读取 ^{14}C 的 cpm 值。分别添加青霉素 G 钾 25 μg/kg、氨苄西林 50 μg/kg、阿莫西林 50 μg/kg、邻氯青霉素 300 μg/kg、双氯青霉素 200 μg/kg、头孢噻呋 150 μg/kg 于样品中，该方法测得其结果全部为阳性。

2）酶联免疫吸附法（enzyme linked immunosorbent assays，ELISA）

ELISA 法使用酶进行标记，避免了同位素标记的放射性污染和标记物的稳定性问题，操作方便、仪器简单。同时，ELISA 法分析速度快，能同时筛选大量的样品，是批量样品快速筛选的理想检测方法，但也有假阳性高、不能准确定量的缺点，需要配合色谱类仪器进行分析。陆彦等[67]通过碳化二亚胺法（EDC）将氨苄西林上的羧基与血蓝蛋白（KLH）偶联，免疫小鼠制备抗氨苄西林的单克隆抗体，与其他同类药物的交叉反应很低。以此建立的间接竞争 ELISA 法检测牛奶中氨苄西林，LOD 为 0.4 ng/ml。Xie 等[68]等利用戊二醛法以头孢氨苄为半抗原制备多抗，建立间接竞争 ELISA 方法。结果显示，头孢氨苄和头孢羟氨苄的 IC_{50} 为 1.5 ng/mL，LOD 均为 0.5 ng/mL，交叉反应率为：头孢羟氨苄 96%、头孢噻呋 36.6%、头孢匹林 40.6%、头孢唑啉 46.5%、头孢噻肟 30.2%、头孢噻吩 33.1%。Samsonova 等[69]采用间接 ELISA 法测定牛奶中的氨苄青霉素，该抗体与其他几种 PENs 交叉反应率小于 17%，LOD 为 5.0 ng/mL。Strasser 等[70]采用戊二醛法以氨苄西林为半抗原，合成免疫抗原，制备对多种 PENs 有较好交叉反应的多抗及单抗，并建立直接竞争 ELISA 法。该方法测得氨苄西林的 LOD 为 0.5～1 ng/mL，利用该抗体测得人工污染青霉素 G 的回收率为 89%～97%。

（8）表面等离子体共振技术（surface plasmon resonance，SPR）

SPR 是一种测量界面结构的高灵敏度的光学反射技术。它已成为生物传感、生物医学、生物化学、生物制药等领域的结合现象的标准测量技术。表面等离子体是一种存在电介质常量相反的两种介质界面的电荷密度震荡行为。这种电荷密度波与金属绝缘体界面处存在的边界 TM 极化电磁波有关。这种波的电场在界面处最大并瞬逝在两种介质中。任何折射率的变化或结合事件都会带来 SPR 共振的变化。目前，一种以 SPR 为基础的生物传感器检测技术已经用于 β-内酰胺类药物残留分析。Dillon 等[71]使用 SPR 免疫传感器检测牛奶中头孢氨苄残留。首先将头孢氨苄、BSA 连接到传感膜表面的葡聚糖凝胶上，然后通过微射流取样操作系统将待测样品连续注射通过传感膜表面，抗原抗体特异性结合后，传感膜表面复合物浓度发生变化，再利用 SPR 检测器把抗原抗体反应的情况实时反应在传感图上。该方法检测范围在 0.24～3.91 μg/mL 之间。

5.2　公定方法

5.2.1　畜禽肉中 9 种青霉素残留量的测定　液相色谱-串联质谱法[11]

5.2.1.1　适用范围

适用于牛、羊、猪和鸡肉中 9 种青霉素残留量的液相色谱-串联质谱法测定。方法检出限：萘夫西林为 0.25 μg/kg；青霉素 G 为 0.5 μg/kg；哌拉西林、青霉素 V、苯唑西林为 1.0 μg/kg；阿莫西林、氨苄西林、氯唑西林、双氯西林为 2.0 μg/kg。

5.2.1.2　方法原理

试样中 9 种青霉素残留，用 0.15 mol/L 磷酸二氢钠（pH 8.5）缓冲溶液提取，经离心，上清液用固相萃取柱净化，液相色谱-串联质谱仪测定，外标法定量。

5.2.1.3　试剂和材料

甲醇、乙腈均为色谱纯；磷酸二氢钠（NaH_2PO_4）、氢氧化钠、乙酸均为优级纯；乙腈+水（1+1，v/v）：量取 50 mL 乙腈与 50 mL 水混合；氢氧化钠溶液：5 mol/L。称取 20 g 氢氧化钠，用水溶解，定容至 100 mL；磷酸二氢钠缓冲溶液：0.15 mol/L。称取 18.0 g 磷酸二氢钠，用水溶解，定容至 1000 mL，然后用氢氧化钠溶液调节至 pH 8.5。

阿莫西林、氨苄西林、哌拉西林、青霉素 G、青霉素 V、苯唑西林、氯唑西林、萘夫西林、双氯西林 9 种青霉素标准物质：纯度≥99%。

9 种青霉素标准储备溶液：准确称取适量的每种标准物质，分别用水配制成浓度为 1.0 mg/mL 的标准储备溶液。储备液贮存在–18℃冰柜中。

9 种青霉素标准工作溶液：根据需要吸取适量的每种青霉素标准储备溶液，用空白样品提取液稀释成适当浓度的基质混合标准工作溶液。

BUND ELUT C_{18} 固相萃取柱或相当者：500 mg，6 mL。使用前分别用 5 mL 甲醇、5 mL 水和 10 mL 磷酸二氢钠缓冲溶液预处理，保持柱体湿润。

5.2.1.4　仪器和设备

液相色谱-串联四极杆质谱仪，配有电喷雾离子源；分析天平：感量 0.1 mg 和 0.01 g；振荡器；固相萃取真空装置；贮液器：50 mL；微量注射器：25 μL，100 μL；刻度样品管：5 mL，精度为 0.1 mL；离心机：带有 50 mL 具塞离心管；pH 计：测量精度 0.02 pH 单位。

5.2.1.5　样品前处理

称取 3 g 试样（精确到 0.01 g）置于 50 mL 离心管中，加入 25 mL 磷酸二氢钠缓冲溶液，于振荡器上振荡 10 min，然后，以 4000 r/min 离心 10 min，把上层提取液移至下接 BUND ELUT C_{18} 固相萃取柱的贮液器中，以 3 mL/min 的流速通过固相萃取柱后，用 2 mL 水洗柱，弃去全部流出液。用 3 mL 乙腈+水洗脱，收集洗脱液于刻度样品管中，用乙腈+水定容至 3 mL，摇匀后，过 0.2 μm 滤膜，供液相色谱-串联质谱仪测定。按照上述操作步骤制备空白样品提取液。

5.2.1.6　测定

（1）液相色谱条件

色谱柱：SunFire™ C₁₈，3.5 μm，150 mm×2.1 mm（内径）或相当者；流动相梯度程序及流速见表 5-5；柱温：30℃；进样量：20 μL。

表 5-5　流动相梯度程序及流速

时间/min	流速/(μL/min)	水（含 0.3%乙酸，%）	乙腈（含 0.3%乙酸，%）
0.00	200	95.0	5.0
3.00	200	95.0	5.0
3.01	200	50.0	50.0
13.00	200	50.0	50.0
13.01	200	25.0	75.0
18.00	200	25.0	75.0
18.01	200	95.0	5.0
25.00	200	95.0	5.0

（2）质谱条件

离子源：电喷雾离子源；扫描方式：正离子扫描；检测方式：多反应监测；电喷雾电压：5500 V；雾化气压力：0.055 MPa；气帘气压力：0.079 MPa；辅助气流速：6 L/min；离子源温度：400℃；定性离子对、定量离子对和去簇电压（DP）、聚焦电压（FP）、碰撞气能量（CE）及碰撞室出口电压（CXP）见表 5-6。

表 5-6　9 种青霉素的定性离子对、定量离子对、去簇电压、聚焦电压、碰撞气能量和碰撞室出口电压

化合物	定性离子对（m/z）	定量离子对（m/z）	碰撞气能量/V	去簇电压/V	聚焦电压/V	碰撞室出口电压/V
阿莫西林	366/114 366/208	366/208	30 19	21	90	10
氨苄西林	350/192 350/160	350/160	23 20	20	90	10
哌嗪西林	518/160 518/143	518/143	35 35	27 25	90	10
青霉素 G	335/160 335/176	335/160	20 20	23	90	10
青霉素 V	351/160 351/192	351/160	20 15	40	90	10
苯唑西林	402/160 402/243	402/160	20 20	23	90	10
氯唑西林	436/160 436/277	436/160	21 22	20	90	10
萘夫西林	415/199 415/171	415/199	23 52	23	90	10
双氯西林	470/160 470/311	470/160	20 22	20	90	10

（3）定性测定

选择每种待测物质的一个母离子，两个以上子离子，在相同实验条件下，样品中待测物质的保留时间，与基质标准溶液中对应物质的保留时间偏差在±2.5%之内；样品谱图中各定性离子相对丰度与浓度接近的基质标准溶液的谱图中离子相对丰度相比，偏差不超过表 1-5 规定的范围，则可判定为样品中存在对应的待测物。

（4）定量测定

用 9 种青霉素标准储备溶液配成的基质混合标准溶液分别进样，以标准工作溶液浓度为横坐标，以峰面积为纵坐标，绘制标准工作曲线。用标准工作曲线对样品进行定量，样品溶液中 9 种青霉素的响应值均应在仪器测定的线性范围内。在上述色谱条件下，9 种青霉素标准物质的总离子流图见图 5-2。

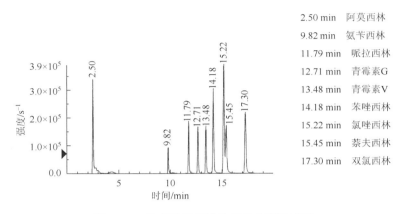

2.50 min	阿莫西林
9.82 min	氨苄西林
11.79 min	哌拉西林
12.71 min	青霉素G
13.48 min	青霉素V
14.18 min	苯唑西林
15.22 min	氯唑西林
15.45 min	萘夫西林
17.30 min	双氯西林

图 5-2　9 种青霉素标准物质的总离子流图

5.2.1.7　分析条件的选择

（1）固相萃取柱的选择

在本方法的研究中，用 Oasis HLB 固相萃取柱、BUND ELUT C_{18} 固相萃取柱、ENVI-18 固相萃取柱、Octadecyl C_{18} 固相萃取柱、LiChrolut EN 固相萃取柱和 Sep-Pak C_{18} 固相萃取柱共六种固相萃取柱对 9 种青霉素的提取效率和净化效果进行了比较。实验发现，Sep-Pak C_{18} 固相萃取柱回收低（只有 50%～60%），且净化效果也不理想，这是该固相萃取柱填料中含碳量小于 14%所致，Sep-Pak C_{18} 固相萃取柱不适合本方法。Oasis HLB 固相萃取柱、ENVI-18 固相萃取柱、LiChrolut EN 固相萃取柱和 Octadecyl C_{18} 固相萃取柱的回收率均好，但样品溶液过柱速度较慢，样品预处理时间长，还存在着不同批次之间回收率的显著差异。BUND ELUT C_{18} 固相萃取柱对 9 种青霉素的提取效率和净化效果较好，9 种青霉素回收率的重现性也优于其他固相萃取柱。因此，本方法选择 BUND ELUT C_{18} 固相萃取柱净化样品。

（2）提取溶液的选择

分别用去离子水、4%氯化钠溶液和磷酸二氢钠缓冲溶液（0.15 mol/L，pH 8.5）作为提取液，完成样品中 9 种青霉素回收率实验。实验发现，当用去离子水和 4%氯化钠溶液作为提取液时，阿莫西林和氨苄西林的回收率均小于 30%，其他七种青霉素在 78.5%～102.0%范围，结果见表 5-7。因此，去离子水和 4%氯化钠溶液不能作为阿莫西林和氨苄西林的提取液。

由于磷酸二氢钠缓冲溶液浓度和 pH 对阿莫西林和氨苄西林的回收率影响较大，分别配制 0.033～0.2 mol/L 不同浓度的磷酸二氢钠缓冲溶液和 0.15 mol/L pH 分别为 3.0～9.5 磷酸二氢钠缓冲溶液，完成阿莫西林和氨苄西林的回收率实验，结果见表 5-8。实验表明，在磷酸二氢钠浓度 0.033～0.1 mol/L 时，阿莫西林回收率重现性不好，磷酸二氢钠浓度超过 0.17 mol/L 时，峰形变宽，样液过柱慢。阿莫西林在磷酸二氢钠浓度超过 0.05 mol/L 时其回收率已经满足工作需要，因此，确定 0.15 mol/L 的磷酸二氢钠缓冲溶液作为提取液。磷酸二氢钠缓冲溶液 pH 对阿莫西林回收率的影响大于氨苄西林，当磷酸二氢钠缓冲溶液 pH 为 8.0～9.0 时，阿莫西林和氨苄西林均获得满意的回收率。当磷酸二氢钠缓冲溶液 pH 超过 9.0 时，哌拉西林的回收率逐渐降低。因此，确定磷酸二氢钠缓冲溶液 pH 是 8.5。

表 5-7　三种提取液对 9 种青霉素回收率的影响

化合物	去离子水/%	4%氯化钠溶液/%	磷酸盐缓冲溶液/%（pH 9.0）
阿莫西林	12.1	18.5	75.8
氨苄西林	21.6	25.8	89.3
哌拉西林	86.2	85.3	87.3
青霉素 G	81.5	91.5	98.5
青霉素 V	89.0	89.3	85.9
苯唑西林	94.3	102.0	89.5
氯唑西林	87.6	97.5	87.6
萘夫西林	90.8	86.5	91.5
双氯西林	101.3	95.3	95.1

表 5-8　磷酸二氢钠缓冲溶液不同浓度和 pH 对阿莫西林和氨苄西林回收率的影响

磷酸盐浓度/(mol/L)	阿莫西林/%	氨苄西林/%	0.15 mol/L 磷酸盐溶液 pH	阿莫西林/%	氨苄西林/%
0.033	75.1	68.3	4.2	21.5	52.0
0.05	86.7	89.2	5.1	45.8	55.1
0.066	88.9	96.4	6.0	50.2	57.9
0.083	96.1	95.1	6.9	67.7	75.2
0.10	94.5	87.9	7.5	75.2	89.8
0.12	97.6	96.2	8.0	88.6	95.2
0.15	98.5	97.3	8.5	97.6	97.6
0.17	99.7	96.8	9.0	94.1	94.2
0.20	101.2	95.6	9.5	93.7	97.1

（3）固相萃取柱洗脱条件的选择

本方法比较了用 1 mL、2 mL、3 mL、4 mL 乙腈-水（1+1，v/v）作为固相萃取柱的洗脱剂，对 9 种青霉素回收率产生的影响，结果见表 5-9。实验表明，当洗脱剂用量小于 3 mL 时，阿莫西林、氨苄西林和青霉素 V 的回收率偏低，其他 6 种青霉素的回收率为 85.7%～96.1%。当洗脱剂用量为 3 mL 时，9 种青霉素回收率为 95.6%～102.4%。当洗脱剂用量为 4 mL 时，9 种青霉素回收率没有明显改善。因此，本方法选用 3 mL 乙腈-水（1+1，v/v）作为固相萃取柱的洗脱剂。

表 5-9　固相萃取柱洗脱剂用量对回收率（%）的影响

化合物	1 mL 洗脱剂	2 mL 洗脱剂	3 mL 洗脱剂	4 mL 洗脱剂
阿莫西林	77.1	85.7	95.6	94.8
氨苄西林	16.7	72.7	98.6	97.9
哌拉西林	81.2	92.8	97.3	98.5
青霉素 G	80.8	94.1	96.9	102.3
青霉素 V	76.7	96.1	98.3	97.6
苯唑西林	85.8	94.2	101.2	97.7
氯唑西林	82.2	93.4	97.6	101.2
萘夫西林	83.6	94.7	100.4	98.7
双氯西林	84.6	92.8	102.4	97.6

（4）液相色谱分析柱的选择

分别对 μBondapak C_{18} 300 mm×4.0 mm 色谱柱和 SunFire^{TM} 3.5 μm C_{18} 150 mm×2.1 mm 色谱柱进行了比较。实验发现，这两种色谱柱的灵敏度均能满足要求，但 μBondapak C_{18} 300 mm×4.0 mm 色谱柱对氯唑西林和萘夫西林分离度不如 SunFire^{TM} 3.5 μm C_{18} 150 mm×2.1 mm 色谱柱好，μBondapak C_{18}

柱流速在 1.5 mL/min，进质谱仪之前必须分流，而分流时对 9 种青霉素结果的测定产生一定误差，而使用 SunFire™ 3.5 μm C$_{18}$ 柱不需分流，定量准确度优于 μBondapak C$_{18}$ 柱，通过以上对两种色谱柱的比较，本方法选用 SunFire™ 3.5 μm C$_{18}$ 150 mm×2.1 mm 为 9 种青霉素的分析柱。

（5）质谱条件的确定

采用注射泵直接进样方式，以 5 μL/min 分别将阿莫西林、氨苄西林、哌拉西林、青霉素 G、青霉素 V、苯唑西林、氯唑西林、萘夫西林、双氯西林标准溶液注入离子源，用正离子检测方式对 9 种青霉素进行一级质谱分析（Q1 扫描），得到质子化分子离子峰分别为 366、350、518、335、351、402、436、415 和 470，再对分子离子进行二级质谱分析（子离子扫描），得到碎片离子信息。9 种青霉素二级质谱图见图 5-3。然后对去簇电压（DP），碰撞气能量（CE），电喷雾电压、雾化气和气帘气压力进行优化，使分子离子与特征碎片离子对强度达到最佳。然后将质谱仪与液相色谱联机，再对离子源温度，辅助气流速进行优化，使样液中 9 种青霉素离子化效率达到最佳。

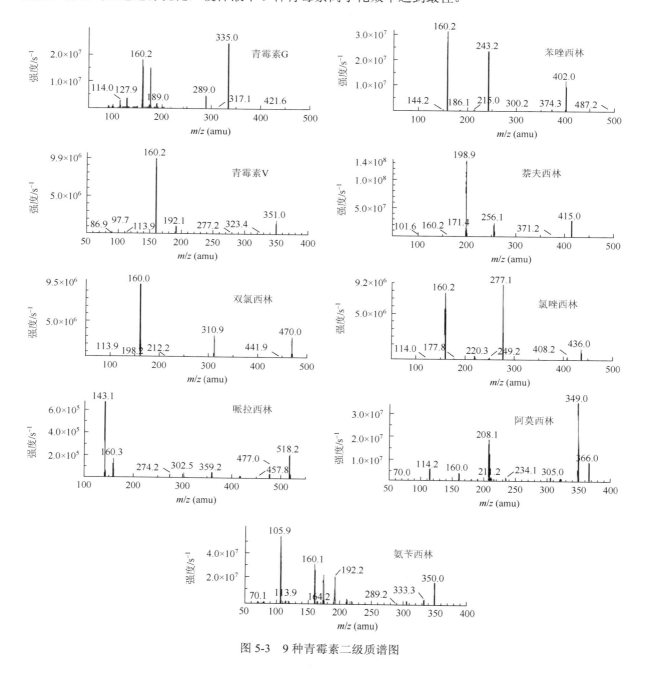

图 5-3　9 种青霉素二级质谱图

5.2.1.8 线性范围和测定低限

配制含哌拉西林、青霉素 G、青霉素 V、苯唑西林、萘夫西林浓度分别为 1.0 ng/mL、5.0 ng/mL、10 ng/mL、50 ng/mL、100 ng/mL、200 ng/mL；阿莫西林、氨苄西林、氯唑西林、双氯西林浓度分别为 2.0 ng/mL、10 ng/mL、20 ng/mL、100 ng/mL、200 ng/mL、400 ng/mL 的样品基质混合标准溶液，在选定的条件下进行测定，进样量为 20 μL，用峰面积对标准溶液中各被测组分的浓度作图，哌拉西林、青霉素 G、青霉素 V、苯唑西林、萘夫西林的绝对量分别在 0.02～4 ng 范围；阿莫西林、氨苄西林、氯唑西林、双氯西林的绝对量分别在 0.04～8 ng 范围内均呈线性关系，符合定量要求，其线性方程和校正因子见表 5-10。

表 5-10　9 种青霉素线性方程和校正因子

化合物	检测范围/ng	线性方程	校正因子（R）
阿莫西林	0.04～8	$Y=6670X+1480$	0.9992
氨苄西林	0.04～8	$Y=13800X+2170$	0.9992
哌拉西林	0.02～4	$Y=4450X+2020$	0.9999
青霉素 G	0.02～4	$Y=10500X+1550$	0.9999
青霉素 V	0.02～4	$Y=14400X+1120$	0.9995
苯唑西林	0.02～4	$Y=16600X+936$	0.9994
氯唑西林	0.04～8	$Y=10000X+1070$	0.9997
萘夫西林	0.02～4	$Y=30800X+852$	0.9991
双氯西林	0.04～8	$Y=6410X+703$	0.9995

在该方法操作条件下，9 种青霉素在添加水平 0.25～20 μg/kg（LOD～10 LOD）范围时，各自的测定响应值在仪器线性范围之内。同时，样品中萘夫西林的添加浓度为 0.25 μg/kg；青霉素 G 的添加浓度为 0.5 μg/kg；哌拉西林、青霉素 V、苯唑西林的添加浓度为 1.0 μg/kg；阿莫西林、氨苄西林、氯唑西林、双氯西林的添加浓度为 2.0 μg/kg 时，所测谱图的信噪比远大于 10。因此，确定本方法的检出限，萘夫西林为 0.25 μg/kg；青霉素 G 为 0.5 μg/kg；哌拉西林、青霉素 V、苯唑西林为 1.0 μg/kg；阿莫西林、氨苄西林、氯唑西林、双氯西林为 2.0 μg/kg。

5.2.1.9 方法回收率和精密度

用不含青霉素的样品进行添加回收率和精密度实验，样品中添加 0.25～20 μg/kg（1 LOD～10 LOD）四个不同水平的 9 种青霉素标准后，摇匀，使标准物与样品充分吸收，然后按本方法进行提取和净化，用高效液相色谱-串联质谱仪测定，其回收率和精密度见表 5-11。从表 5-11 可以看出，本方法回收率数据在 73.1%～105.6%之间，室内四个添加水平的相对标准偏差均在 3.29%～9.87%之间。

表 5-11　9 种青霉素添加回收率实验数据（$n=10$）

化合物	LOD		2 LOD		4 LOD		10 LOD	
	平均回收率/%	RSD/%	平均回收率/%	RSD/%	平均回收率/%	RSD/%	平均回收率/%	RSD/%
阿莫西林	73.1	9.87	75.6	8.97	73.6	7.98	78.6	9.25
氨苄西林	82.6	8.59	85.7	6.17	89.7	8.25	97.2	7.86
哌拉西林	81.7	7.69	90.9	7.59	98.2	7.47	95.7	5.65
青霉素 G	85.9	4.76	92.5	4.12	103.4	5.68	89.8	7.46
青霉素 V	86.4	7.15	89.6	7.65	96.5	4.25	93.4	4.39
苯唑西林	90.7	5.29	97.3	5.89	85.6	7.36	90.5	8.14
氯唑西林	89.2	7.13	84.7	4.13	97.2	5.10	87.6	9.07
萘夫西林	82.5	6.53	105.6	8.69	95.9	6.61	94.3	8.16
双氯西林	87.3	8.45	91.7	9.04	82.4	8.35	97.1	3.29

5.2.1.10 方法适用性

采用本方法对羊肉、猪肉、牛肉、鸡肉，在 0.25～20 μg/kg（LOD～10 LOD）四个不同水平的 9 种青霉素进行添加回收率实验，检查方法的适用性，其分析结果见表 5-12，从表 5-12 可以看出，四种动物样品在四个添加水平 9 种青霉素的回收率在 70.4%～107.6%之间，相对标准偏差在 6.32%～11.37%之间，说明方法的适用性良好。

表 5-12　鸡、猪、牛和羊肉中 9 种青霉素添加回收率实验数据（n=10）

化合物	牛肉				猪肉				羊肉				鸡肉			
	LOD	2 LOD	4 LOD	10 LOD	LOD	2 LOD	4 LOD	10 LOD	LOD	2 LOD	4 LOD	10 LOD	LOD	2 LOD	4 LOD	10 LOD
阿莫西林	73.5	74.6	80.2	79.6	71.8	83.4	78.1	79.2	70.5	72.4	77.1	78.6	70.4	71.2	85.6	74.9
氨苄西林	81.6	87.2	97.6	94.1	82.1	87.2	97.1	81.5	90.2	87.5	80.5	96.2	80.2	89.6	97.4	89.6
哌拉西林	85.2	97.5	85.1	90.4	84.6	90.8	98.6	86.7	86.7	97.4	92.3	98.5	90.1	82.7	105.7	91.2
青霉素 G	86.4	89.7	91.2	101.5	80.2	85.6	102.3	95.3	92.1	85.6	87.6	103.4	87.5	97.8	81.7	94.3
青霉素 V	92.3	107.6	89.3	91.7	85.7	101.2	87.1	97.4	82.5	104.2	91.2	95.6	105.6	92.5	84.5	103.4
苯唑西林	97.4	86.4	101.7	97.4	92.6	89.5	82.4	87.6	81.1	87.1	86.7	93.7	86.5	96.2	91.6	85.7
氯唑西林	89.2	92.5	85.2	99.1	101.2	90.7	92.5	86.2	92.3	101.4	80.5	82.5	85.4	100.7	93.9	88.6
萘夫西林	102.4	91.9	94.8	86.5	81.5	82.3	87.6	90.7	87.1	91.3	97.6	87.6	95.7	82.3	104.2	92.3
双氯西林	91.5	86.7	82.7	105.4	97.4	86.5	85.4	100.5	80.5	89.6	101.7	92.3	81.8	86.4	93.5	98.5
平均回收率/%	88.8	90.5	89.8	94.0	86.3	88.6	90.1	89.5	84.8	90.7	88.4	92.0	87.0	88.8	93.1	90.9
标准偏差 SD	8.54	8.96	7.21	7.95	9.19	5.60	8.03	7.17	6.98	9.57	8.22	7.87	9.89	9.26	8.39	8.04
RSD/%	9.61	9.91	8.03	8.46	10.65	6.32	8.92	8.01	8.23	10.51	9.30	8.55	11.37	10.43	9.01	8.84

5.2.1.11 重复性和再现性

在重复性试验条件下，获得的两次独立测试结果的绝对差值不超过重复性限（r），如果差值超过重复性限（r），应舍弃试验结果并重新完成两次单个试验的测定。在再现性试验条件下，获得的两次独立测试结果的绝对差值不超过再现性限（R）。被测物的含量范围、重复性和再现性方程见表 5-13。

表 5-13　9 种青霉素含量范围及重复性和再现性方程

化合物	含量范围/(μg/kg)	重复性限 r	再现性限 R
阿莫西林	2.0～20	lg r=0.9248lg m−1.3073	lg R=0.9881lg m−0.9461
氨苄西林	2.0～20	lg r=0.9511lg m−1.3831	lg R=0.9857lg m−0.9464
哌拉西林	1～10	r=0.0182 m+0.0362	lg R=0.9930lg m−0.9616
青霉素 G	0.5～5	lg r=0.3252lg m−1.3260	lg R=0.9683lg m−0.9527
青霉素 V	1～10	lg r=1.4963lg m−1.7513	lg R=1.0201lg m−0.9754
苯唑西林	1～10	lg r=0.8719lg m−1.4323	lg R=0.9921lg m−0.9616
氯唑西林	2～20	lg r=0.8313lg m−1.3317	lg R=0.9973lg m−0.9582
萘夫西林	0.25～2.5	lg r=0.9980lg m−1.4927	R=0.1081 m+0.0004
双氯西林	2～20	lg r=1.2800lg m−1.6791	lg R=1.0343lg m−0.9823

注：m 为两次测定结果的算术平均值

5.2.2 牛奶和奶粉中 9 种青霉素残留量的测定 液相色谱-串联质谱法[72]

5.2.2.1 适用范围

适用于牛奶和奶粉中 9 种青霉素残留量液相色谱-串联质谱测定。方法检出限：牛奶中氨苄西林、萘夫西林为 1 μg/kg，阿莫西林、哌拉西林、青霉素 G、青霉素 V、氯唑西林为 2 μg/kg，苯唑西林、双氯西林为 4 μg/kg；奶粉中氨苄西林、萘夫西林为 8 μg/kg，阿莫西林、哌拉西林、青霉素 G、青霉素 V、氯唑西林为 16 μg/kg，苯唑西林、双氯西林为 32 μg/kg。

5.2.2.2 方法原理

牛奶和奶粉中阿莫西林、氨苄西林、哌拉西林、青霉素 G、青霉素 V、苯唑西林、氯唑西林、萘夫西林和双氯西林残留，用乙腈-水溶液提取，固相萃取柱净化，高效液相色谱-串联质谱测定，外标法定量。

5.2.2.3 试剂和材料

乙腈、乙酸均为液相色谱纯；磷酸氢二钠、氢氧化钠均为分析纯。

5 mol/L 氢氧化钠溶液：100 g 氢氧化钠溶解于 450 mL 水中，加水定容至 500 mL。0.1 mol/L 磷酸盐缓冲溶液：6 g 磷酸氢二钠溶解于 450 mL 水中，用氢氧化钠溶液调节 pH 8，加水至 500 mL，使用前配制。乙腈-水溶液（3+1，v/v）：300 mL 乙腈与 100 mL 水混合。乙腈-水溶液（1+1，v/v）：100 mL 乙腈与 100 mL 水混合。

9 种青霉素标准物质纯度均大于等于 98%。

标准储备液：分别适量称取标准品（精确至 0.0001 g），用乙腈-水溶液配制成 100 μg/mL 的标准储备液。

混合标准中间工作液：取标准储备液各 1 mL 至 100 mL 容量瓶中，用乙腈-水溶液定容至刻度，配制成混合标准工作液，浓度为 1 μg/mL。

标准工作液：根据需要，吸取一定量的混合标准中间工作液，用空白样品提取液稀释至所需浓度，现用现配。

HLB 固相萃取柱或相当者：500 mg，6 mL。使用前依次用 3 mL 甲醇、3 mL 水和 3 mL 磷酸盐缓冲溶液活化。

5.2.2.4 仪器和设备

高效液相色谱-串联质谱仪：配有电喷雾离子源（ESI）；分析天平：感量为 0.01 g；离心机；旋涡混合器；旋转蒸发仪；固相萃取装置；pH 计。

5.2.2.5 样品前处理

（1）试样制备

牛奶样品：取均匀样品约 250 g 装入洁净容器作为试样，密封置 4℃下保存，并标明标记。奶粉样品：取均匀样品约 250 g 装入洁净容器作为试样，密封，并标明标记。

（2）提取

牛奶样品称取约 4 g（准确至 0.01 g）于 50 mL 具塞离心管中，奶粉样品称取约 0.5 g（准确至 0.01 g）并加入 4 mL 水于 50 mL 具塞离心管中，混匀。加入 20 mL 乙腈-水溶液高速振荡提取 2 min 后，3000 r/min 离心 10 min，移取上清液过滤至鸡心瓶中。再用 10 mL 乙腈-水溶液重复提取一次，合并上清液于同一鸡心瓶中。

（3）净化

将提取液于 45℃下旋转蒸发至约 7 mL 左右，加入 2 mL 磷酸盐缓冲液，混匀后，转移到已活化的 HLB 固相萃取柱上，再用 2 mL 磷酸盐缓冲液洗涤鸡心瓶两次，洗液一并转移到柱上，控制流速小于 2 mL/min。用 3 mL 水淋洗并抽干萃取柱，用 4 mL 乙腈-水溶液洗脱并收集于 10 mL 带刻度的玻璃管中（控制流速小于 2 mL/min）。用水定容至 4.0 mL，涡漩混合后，过 0.22 μm 滤膜供 HPLC-MS/MS 分析。

（4）空白基质溶液的制备

将取牛奶阴性样品 4 g，奶粉阴性样品 0.5 g（精确到 0.01 g），按上述提取净化步骤操作。

5.2.2.6 测定

（1）液相色谱条件

色谱柱：苯基柱，5 μm，150 mm×2.1 mm（内径）或相当者；色谱柱温度：30℃；进样量：15 μL；流动相梯度及流速见表 5-14。

表 5-14 液相色谱梯度洗脱条件

时间/min	流速/(μL/min)	0.1%甲酸水溶液/%	甲醇/%
0.00	200	80	20
6.00	200	20	80
8.00	200	20	80
8.01	200	80	20
10.0	200	80	20

（2）质谱条件

离子化模式：电喷雾正离子模式（ESI）；质谱扫描方式：多反应监测（MRM）；鞘气压力：30 unit；辅助气压力：8 unit；正离子模式电喷雾电压（IS）：4000 V；毛细管温度：320℃；源内诱导解离电压：10 V；Q1 为 0.4，Q3 为 0.7；碰撞气：高纯氩气；碰撞气压力：1.5 mTorr；其他质谱参数见表 5-15。

表 5-15 被测物的保留时间、采集窗口、监测离子对和裂解能量

化合物	采集窗口/min	检测离子对（m/z）	裂解能量/eV	保留时间/min
阿莫西林	0～3.5	366.08/113.86*	22	2.17
		366.08/348.87	10	
氨苄西林	3.5～5.8	350.08/105.94	20	5.26
		350.08/159.91*	13	
哌拉西林	5.8～12	518.07/142.92	34	6.66
		518.07/159.94*	12	
青霉素 G	5.8～12	335.08/159.86*	12	6.85
		335.08/175.91	14	
青霉素 V	5.8～12	351.07/113.81	33	7.11
		351.07/159.92*	11	
苯唑西林	5.8～12	402.08/159.85*	12	7.37
		402.08/242.81	15	
氯唑西林	5.8～12	436.04/160.01*	12	7.67
		436.04/276.85	16	
萘夫西林	5.8～12	415.10/170.90*	36	7.76
		415.10/198.96	13	
双氯西林	5.8～12	470.00/159.98*	13	8.04
		470.00/310.78	18	

注：*表示定量离子对

（3）定性测定

每种被测组分选择 1 个母离子，2 个以上子离子，在相同实验条件下，样品中待测物质的保留时间，与混合基质标准校准溶液中对应的保留时间偏差在±2.5%之内；且样品谱图中各组分定性离子的相对丰度与浓度接近的混合基质标准校准溶液谱图中对应的定性离子的相对丰度进行比较，偏差不超过表 1-5 规定的范围，则可判定为样品中存在对应的待测物。

（4）定量测定

在仪器最佳工作条件下，对混合基质标准校准溶液进样，以峰面积为纵坐标，混合基质校准溶液浓度为横坐标绘制标准工作曲线，用标准工作曲线对样品进行定量，样品溶液中待测物的响应值均应在仪器测定的线性范围内。上述色谱和质谱条件下，标准品的保留时间参见表5-15。9种青霉素标准物质多反应监测（MRM）色谱图见图5-4。

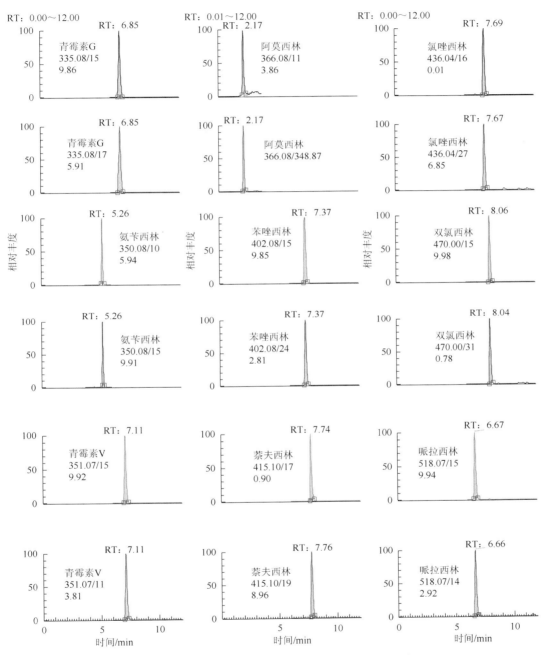

图5-4 9种青霉素标准物质多反应监测（MRM）色谱图

吸取适量混合标准工作溶液，用空白基质溶液稀释成所需浓度的标准校准溶液。阴性样品中添加标准溶液，按上述步骤操作，测定后计算样品添加的回收率。

5.2.2.7 分析条件的选择

（1）沉淀剂的选择

在本方法的研究中，根据牛奶和奶粉中蛋白质含量高的特点，首先要选择合适的沉淀剂去除蛋白，从而减小或去除对测定的干扰。分别用乙腈、三氯乙酸、乌酸钠、复合沉淀剂 1：Carrez I（0.36 mol/L $K_4F_e(CN)_6 \cdot 3H_2O$）和 Carrez II（1.04 mol/L $Z_nSO_4 \cdot 7H_2O$）、复合沉淀剂 2：（1.5%五磺基水杨酸、85%甲醇和 25%蒸馏水）。实验发现，用三氯乙酸、乌酸钠和复合沉淀剂 2 的沉淀效果不好，溶液浑浊，离心也不能使其澄清，对测定的干扰比较大。用乙腈、复合沉淀剂 1（各 150 μL）的沉淀效果好，离心后的上清液非常澄清，但无论是用乙腈、甲醇、磷酸盐缓冲液以及乙腈-水的混合液做提取液，9 种青霉素的回收率普遍较低，尤其是阿莫西林和安苄西林回收率均低于 50%。所以实验选择用乙腈来沉淀蛋白。

（2）提取液的选择

分别用磷酸二氢钠溶液、用不同体积比乙腈-磷酸二氢钠溶液（0.05 mol/L，pH8.5）（5+2，v/v）、乙腈、用不同体积比的乙腈-水作为提取液，做添加回收率试验。实验发现，当用磷酸二氢钠缓冲液作为提取液不能沉淀蛋白，过固相萃取柱比较困难。用不同体积比乙腈-磷酸二氢钠溶液（0.05 mol/L，pH 8.5）做提取液时，9 种青霉素的回收率均不高。用乙腈做提取剂时，阿莫西林和氨苄西林回收率较低。用不同体积比乙腈-水做提取剂时，发现乙腈体积比大，易于青霉素 G、青霉素 V、苯唑西林、氯唑西林、萘夫西林、双氯西林提取，而阿莫西林和氨苄西林较低，而水的体积比大利于阿莫西林和氨苄西林的提取，对氯唑西林、萘夫西林、双氯西林提取率较低。所以配制不同比例的乙腈-水溶液作为提取剂，乙腈-水的比例为 1：1、2：1、3：1、4：1、5：1。实验发现当乙腈-水比例为 3：1 时，9 种青霉素的回收率均较高，且蛋白沉淀较好，所以实验选择乙腈-水（3+1，v/v）作为提取剂。

（3）固相萃取柱的选择

在本方法的实验过程中，先后使用了 BUND ELUT C_{18} 固相萃取柱（3 cm³ 和 6 cm³）、Oasis HLB 固相萃取柱（3 cm³ 和 6 cm³）。结果发现 C_{18} 柱两种规格对阿莫西林的保留均不完全，Oasis HLB 固相萃取柱（3 cm³ 和 6 cm³）对 9 种青霉素的保留较好，3 cm³ HLB 柱过柱较慢，流速不好控制。6 cm³ HLB 固相萃取柱的净化效果最好，柱体不容易堵塞，回收率稳定，故选择 6 cm³ HLB 固相萃取柱为净化柱。在洗脱剂的选择上，3 mL 乙腈能将其完全洗脱，但许多杂质也被淋洗下来。实验了不同比例的乙腈-水溶液作洗脱液，结果发现已腈-水（1+1，v/v）4 mL 便能将 9 种青霉素完全淋洗下来（如图 5-5 所示），这样降低了洗脱强度，减少了洗脱液中的杂质，降低了对分析物测定的干扰。

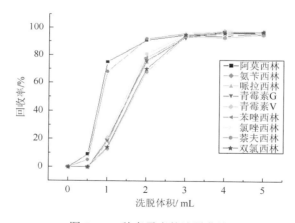

图 5-5　9 种青霉素的洗脱曲线

（4）液相色谱分析柱的选择

实验采用了 0.1%乙酸-乙腈做流动相，采用时间梯度洗脱，在 150 mm×2.1 mm（i.d.），填料颗粒直径 4.6 μm 的苯基柱分离待测组分，分析物在最大程度上得到了分离，且峰对称尖锐，加之质谱的高选择性，通过 MRM 色谱图能够较好的定性定量 9 种分析物，无内源干扰物影响组分的测定。

5.2.2.8　线性范围和测定低限

根据每种青霉素类药物的灵敏度，用水配成一系列标准工作溶液，牛奶、奶粉样品空白溶液配成一系列基质标准工作溶液，在选定的色谱条件和质谱条件下进行测定，进样量 15 μL，用分析物峰面积与选定内标的峰面积比率对基质标准工作溶液中被测组分的浓度作图，其线性范围、线性方程和线性相关系数见表 5-16。由不同基质的线性方程可知基质对分析物的测定有一定的干扰，方法采用基质添加标准来校对样品的含量以消除基质的干扰。

表 5-16 9 种青霉素线性方程和校正因子

化合物	检测范围/(ng/mL)	水		牛奶		奶粉	
		线性方程	校正因子 R^2	线性方程	校正因子 R^2	线性方程	校正因子 R^2
阿莫西林	1～50	$Y=25857.2X-15776.5$	0.9987	$Y=10538.1X+3464.29$	0.9999	$Y=3446.2X-6744.62$	0.9850
氨苄西林	1～50	$Y=16622.4X-1201.61$	0.9996	$Y=19035.9X+2892.58$	0.9981	$Y=12174.6X-21721.5$	0.9926
哌拉西林	1～50	$Y=106798X-59047$	0.9977	$Y=37092.4X-22657.7$	0.9970	$Y=17766X-35792.1$	0.9918
青霉素 G	1～50	$Y=81878.4X-6125.03$	0.9977	$Y=32647.9X+52910$	0.9978	$Y=10962.1X-15029.2$	0.9950
青霉素 V	1～50	$Y=53891.1X-24.3109$	0.9972	$Y=26632.8X+15152.7$	0.9951	$Y=21632.5X-26574.5$	0.9972
苯唑西林	1～50	$Y=18984.9X-20426.5$	0.9975	$Y=16168X-32514.4$	0.9947	$Y=10705.7X-36004.8$	0.9888
氯唑西林	1～50	$Y=46903.3X-44114.8$	0.9988	$Y=33095.9X-32877.2$	0.9942	$Y=18159.4X-33679.7$	0.9903
萘夫西林	1～50	$Y=208923X-38030.3$	0.9988	$Y=165669X-80082.5$	0.9955	$Y=96810.3X-13408.6$	0.9960
双氯西林	1～50	$Y=8968.12X-29249.3$	0.9980	$Y=5456.1X-91133.87$	0.9977	$Y=3660.38X-27410.3$	0.9943

在该方法操作条件下，9 种青霉素在添加水平 1～320 μg/kg 范围时，各自的测定响应值在仪器线性范围之内。牛奶中氨苄西林、萘夫西林添加浓度为 1 μg/kg，阿莫西林、哌拉西林、青霉素 G、青霉素 V、氯唑西林添加浓度为 2 μg/kg，苯唑西林、双氯西林添加浓度为 4 μg/kg；奶粉中氨苄西林、萘夫西林添加浓度为 8 μg/kg，阿莫西林、哌拉西林、青霉素 G、青霉素 V、氯唑西林添加浓度为 16 μg/kg，苯唑西林、双氯西林添加浓度为 32 μg/kg，所测谱图的信噪比远大于 10%。因此，确定本方法的检出限，牛奶中氨苄西林、萘夫西林为 1 μg/kg，阿莫西林、哌拉西林、青霉素 G、青霉素 V、氯唑西林为 2 μg/kg，苯唑西林、双氯西林为 4 μg/kg；奶粉中氨苄西林、萘夫西林为 8 μg/kg，阿莫西林、哌拉西林、青霉素 G、青霉素 V、氯唑西林为 16 μg/kg，苯唑西林、双氯西林为 32 μg/kg。

5.2.2.9 方法回收率和精密度

本方法用不含青霉素的牛奶和奶粉添加混合标液做回收率和精密度试验，添加四个水平，每个水平测定 10 次，平均回收率和变异系数见表 5-17。从表 5-17 可以看出，本方法牛奶样品的回收率在62.4%～114.6%之间，室内四个添加水平的相对标准偏差均在 4.2%～16.6%之间；奶粉样品的回收率在 67.12%～109.3%之间，室内四个添加水平的相对标准偏差均在 2.7%～13.4%之间。

表 5-17 牛奶和奶粉中 9 种青霉素添加回收率和精密度数据（$n=10$）

化合物	牛奶			奶粉		
	添加值/(μg/kg)	回收率/%	RSD/%	添加值/(μg/kg)	回收率/%	RSD/%
阿莫西林	2	75.55～102.3	10.7	16	75.00～106.3	11.4
	4	83.15～101.3	7.6	32	86.72～103.3	5.2
	10	80.33～94.76	4.6	80	91.31～103.2	3.7
	20	74.35～100.7	8.3	160	84.87～98.81	6.1
氨苄西林	1	75.41～107.4	10.7	8	67.12～102.5	12.2
	2	70.78～89.31	8.4	16	86.18～102.4	5.7
	5	70.64～81.81	4.2	40	89.00～96.92	2.7
	10	77.86～95.12	6.7	80	86.53～100.2	5.1

续表

化合物	牛奶			奶粉		
	添加值/(μg/kg)	回收率/%	RSD/%	添加值/(μg/kg)	回收率/%	RSD/%
哌拉西林	2	69.77～108.2	16.6	16	75.06～109.3	13.4
	4	71.07～101.9	12.4	32	79.12～105.6	8.7
	10	72.89～102.4	10.8	80	76.31～98.73	7.7
	20	86.82～97.28	5.1	160	86.85～98.90	3.7
青霉素 G	2	69.52～105.9	13.3	16	74.50～101.2	9.7
	4	78.07～100.6	7.5	32	75.87～104.7	9.8
	10	70.24～96.48	12.0	80	78.00～99.57	7.5
	20	78.07～100.6	8.2	160	89.50～98.10	3.2
青霉素 V	2	78.45～103.2	9.4	16	71.75～107.8	12.5
	4	77.45～108.2	10.4	32	83.41～105.3	6.9
	10	87.69～108.4	7.0	80	76.21～97.25	8.9
	20	87.29～95.77	3.9	160	84.67～100.2	6.1
苯唑西林	4	76.72～108.7	11.3	32	79.50～98.28	6.3
	8	90.02～104.5	4.8	64	88.89～106.8	6.5
	20	83.79～100.8	5.5	160	87.14～109.3	6.1
	40	82.64～98.51	6.1	320	84.13～98.10	7.2
氯唑西林	2	64.52～102.2	14.6	16	70.25～104.8	12.9
	4	74.62～103.5	11.7	32	74.65～108.8	11.4
	10	76.57～95.33	6.4	80	81.43～102.2	8.4
	20	84.42～98.02	5.4	160	85.45～97.13	4.4
萘夫西林	1	62.40～114.6	16.3	8	74.87～98.03	10.9
	2	81.65～98.05	6.1	16	70.68～95.06	8.9
	5	82.20～95.16	4.4	40	83.55～97.37	4.9
	10	84.56～98.78	6.6	80	89.00～96.92	2.7
双氯西林	4	70.62～104.8	11.3	32	76.03～106.9	11.5
	8	84.39～109.7	7.9	64	74.62～106.2	12.3
	20	74.57～106.7	11.5	160	80.83～101.8	7.7
	40	82.56～98.64	6.4	320	84.83～98.73	5.0

5.2.2.10　重复性和再现性

在重复性试验条件下，获得的两次独立测试结果的绝对差值不超过重复性限（r），如果差值超过重复性限（r），应舍弃试验结果并重新完成两次单个试验的测定。在再现性试验条件下，获得的两次独立测试结果的绝对差值不超过再现性限（R）。被测物的含量范围、重复性和再现性方程见表 5-18 和表 5-19。

表 5-18　牛奶中 9 种青霉素的添加浓度及重复性和再现性方程

化合物	含量范围/(μg/kg)	重复性限 r	再现性限 R
阿莫西林	2～20	$r=0.1438\,m-0.1230$	$\lg R=0.8798\lg m-0.7535$
氨苄西林	1～10	$\lg r=0.8003\lg m-0.7054$	$\lg R=0.8472\lg m-0.5663$
哌拉西林	2～20	$\lg r=0.6720\lg m-0.4876$	$\lg R=0.5448\lg m-0.2461$
青霉素 G	2～20	$\lg r=0.5915\lg m-0.3613$	$R=0.1357\,m+0.6113$

续表

化合物	含量范围/(μg/kg)	重复性限 r	再现性限 R
青霉素 V	2~20	lg r=0.7195 lg m−0.5850	lg R=0.7104 lg m−0.5232
苯唑西林	4~40	r=0.1679 m−0.4464	R=0.1625 m−0.0465
氯唑西林	2~20	r=0.0767 m+0.3501	lg R=0.7925 lg m−0.4350
萘夫西林	1~10	r=0.1312 m−0.0023	R=0.1415 m+0.1296
双氯西林	4~40	r=0.1846 m+0.1196	lg R=0.7925 lg m−0.4491

注：m 为两次测定结果的算术平均值

表 5-19　奶粉中 9 种青霉素的添加浓度及重复性和再现性方程

化合物	含量范围/(μg/kg)	重复性限 r	再现性限 R
阿莫西林	16~160	r=0.1456 m−0.9982	lg R=0.8679 lg m−0.5442
氨苄西林	8~80	r=0.1436 m+0.0039	lg R=0.6306 lg m−0.2773
哌拉西林	16~160	r=0.6697 m+1.6895	lg R=0.6389 lg m−0.2682
青霉素 G	16~160	lg r=0.8869 lg m−0.7144	lg R=0.7058 lg m−0.3888
青霉素 V	16~160	lg r=0.53 lg m−0.19	lg R=0.6895 lg m−0.3633
苯唑西林	32~320	r=0.0748 m+1.0403	R=0.0878 m+0.7408
氯唑西林	16~160	lg r=0.6879 lg m−0.4898	lg R=1.0076 lg m−0.8924
萘夫西林	8~80	r=0.0446 m+2.1090	lg R=0.3926 lg m+0.0716
双氯西林	32~320	r=0.0564 m+3.2365	lg R=0.7409 lg m−0.3706

注：m 为两次测定结果的算术平均值

5.2.3　河豚鱼和鳗鱼中 9 种青霉素残留量的测定　液相色谱-串联质谱法[73]

5.2.3.1　适用范围

适用于河豚鱼和鳗鱼中阿莫西林、氨苄西林、哌拉西林、青霉素 G、青霉素 V、苯唑西林、氯唑西林、萘夫西林、双氯西林 9 种青霉素残留量的液相色谱-串联质谱测定。方法检出限：萘夫西林、青霉素 G、哌拉西林、青霉素 V、苯唑西林为 1.0 μg/kg；阿莫西林、氨苄西林、氯唑西林、双氯西林为 2.0 μg/kg。

5.2.3.2　方法原理

河豚鱼和鳗鱼中阿莫西林、氨苄西林、哌拉西林、青霉素 G、青霉素 V、苯唑西林、氯唑西林、萘夫西林、双氯西林 9 种青霉素残留，用乙腈提取，旋转蒸发除去乙腈，用水定容，液相色谱-串联质谱仪测定，外标法定量。

5.2.3.3　试剂和材料

甲醇、乙腈：色谱纯；正己烷、氨水为分析纯；乙腈饱和的正己烷：取 100 mL 正己烷和 50 mL 乙腈于 250 mL 分液漏斗中，振摇 1 min，静置分层后，弃掉乙腈。

乙腈提取液：将 100 mL 乙腈与 0.6 mL 氨水，充分混合。

标准物质纯度≥99%。

1.0 mg/mL 9 种青霉素标准储备溶液：准确称取适量的每种标准物质，分别用水配制成浓度为 1.0 mg/mL 的标准储备溶液。储备液贮存在−18℃冰柜中。

9 种青霉素标准工作溶液：根据需要吸取适量的每种青霉素标准储备溶液，用水稀释成适当浓度的混合标准工作溶液。

5.2.3.4　仪器和设备

液相色谱-串联四极杆质谱仪：配有电喷雾离子源；分析天平：感量 0.1 mg、0.01 g；微量注射器：25 μL，100 μL；刻度样品管：5 mL，精度为 0.1 mL；均质器；高速冷冻离心机：带有 50 mL 具塞离心管，转速达到 10000 r/min 以上。

5.2.3.5　样品前处理

（1）试样制备

从全部样品中取出有代表性样品约 1 kg，充分搅碎，混匀，均分成两份，分别装入洁净容器内。密封后作为试样，标明标记。在抽样和制样的操作过程中，应防止样品受到污染或发生残留物含量的变化。将试样于−18℃保存。

（2）试样溶液的制备

称取 5 g 试样（精确到 0.01 g）置于 50 mL 离心管中，加入 20 mL 乙腈提取液，使用均质器均质 1 min，提取液使用高速冷冻离心机在 10℃，10000 r/min 离心 10 min，把上层提取液移至另一离心管中。用 15 mL 乙腈提取液重复提取一次，合并两次的提取液，并加入 10 mL 乙腈饱和的正己烷，振荡 1 min，弃掉正己烷。把提取液移至 100 mL 鸡心瓶中，在 40℃旋转蒸发除去乙腈。加入 2 mL 水溶解残渣，混匀，样液过 0.2 μm 滤膜，供液相色谱-串联质谱仪测定。

（3）空白样品添加标准混合工作溶液的制备

分别准确移取适量 9 种青霉素标准混合工作溶液，添加到 5.0 g 样品中，按照上述步骤操作，配制萘夫西林、青霉素 G、哌拉西林、青霉素 V、苯唑西林为 1.0 μg/kg、2.0 μg/kg、4.0 μg/kg、10 μg/kg；阿莫西林、氨苄西林、氯唑西林、双氯西林为 2.0 μg/kg、4.0 μg/kg、8.0 μg/kg、20 μg/kg 四个样品添加标准混合工作溶液，供液相色谱-串联质谱仪测定。

5.2.3.6　测定

（1）液相色谱条件

色谱柱：ZORBAX SB-C18，3.5 μm，150 mm×2.1 mm（内径）或相当者；流动相组成、流速及梯度程序见表 5-20；柱温：30℃；进样量：20 μL。

表 5-20　流动相梯度程序及流速

时间/min	流速/(μL/min)	水/%，含 0.1%乙酸	乙腈/%
0.00	200	95.0	5.0
3.00	200	95.0	5.0
3.01	200	50.0	50.0
13.00	200	50.0	50.0
13.01	200	25.0	75.0
18.00	200	25.0	75.0
18.01	200	95.0	5.0
25.00	200	95.0	5.0

（2）质谱条件

离子源：电喷雾离子源；扫描方式：正离子扫描；检测方式：多反应监测；电喷雾电压：5500 V；雾化气压力：0.055 MPa；气帘气压力：0.079 MPa；辅助气流速：6 L/min；离子源温度：400℃；定性离子对、定量离子对和去簇电压（DP）、碰撞气能量（CE）见表 5-6。

（3）定性测定

选择每种待测物质的一个母离子，两个以上子离子，在相同实验条件下，样品中待测物质的保留时间，与基质标准溶液中对应物质的保留时间偏差在±2.5%之内；样品谱图中各定性离子相对丰度与浓度接近的基质标准溶液的谱图中离子相对丰度相比，偏差不超过表 1-5 规定的范围，则可判定为样品中存在对应的待测物。

（4）定量测定

用空白样品添加标准混合工作溶液分别进样，以标准工作溶液浓度为横坐标，以峰面积为纵坐标，绘制标准工作曲线。用标准工作曲线对样品进行定量，样品溶液中 9 种青霉素的响应值均应在仪器测定的线性范围内。在上述色谱条件下，9 种青霉素标准物质的多反应监测（MRM）色谱图见图 5-6。

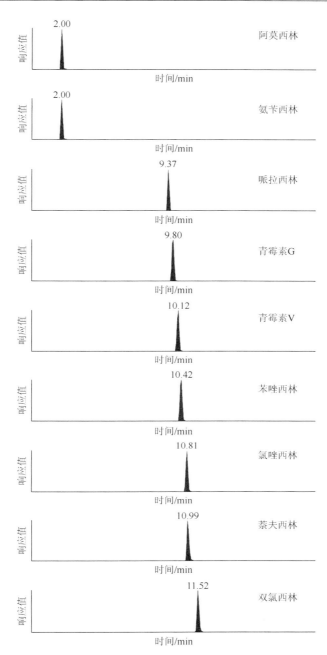

图 5-6 9 种青霉素标准物质的多反应监测（MRM）色谱图

5.2.3.7 分析条件的选择

（1）提取溶液的选择

在本方法的研究中，根据河豚鱼和鳗鱼样品的特点和被测物的性质，利用乙腈具有脱蛋白质的作用，采用乙腈作为提取液，消除基质对 9 种青霉素的干扰。分别完成河豚鱼、鳗鱼中 9 种青霉素用乙腈提取回收率实验，详见表 5-21 和表 5-22。实验发现，当两种样品用乙腈提取时，阿莫西林和氨苄西林的回收率范围为 10.3%～35.5%，其他七种青霉素的回收率范围为 89.7%～98.4%；阿莫西林和氨苄西林是两性青霉素，提取液的 pH 对阿莫西林和氨苄西林回收率影响较大，对此，用含不同浓度氨水制成系列乙腈提取液，比较了含不同浓度氨水的乙腈提取液对 9 种青霉素回收率的影响，见表 5-21 和表 5-22。当用乙腈+氨水=100 mL+0.6 mL 作为提取液时，9 种青霉素回收率的回收率范围为 94.7%～102.5%。因此，本方法使用乙腈+氨水（100+0.6，v/v）作为提取液。

表 5-21　河豚鱼样品用乙腈+氨水提取对 9 种青霉素回收率的影响

化合物	乙腈	乙腈+氨水（100+0.2）	乙腈+氨水（100+0.4）	乙腈+氨水（100+0.6）	乙腈+氨水（100+0.8）
阿莫西林	15.1	76.2	88.6	94.7	93.2
氨苄西林	35.5	79.7	89.5	96.4	92.9
哌拉西林	95.2	96.6	97.1	96.7	98.2
青霉素 G	94.7	96.4	94.5	94.8	95.1
青霉素 V	96.8	97.2	96.2	98.4	97.8
苯唑西林	94.1	95.4	97.1	94.9	96.1
氯唑西林	97.5	96.1	95.7	102.5	97.4
萘夫西林	95.7	94.3	96.9	97.4	97.5
双氯西林	98.4	95.8	97.3	101.9	95.9

表 5-22　鳗鱼样品用乙腈+氨水提取对 9 种青霉素回收率的影响

化合物	乙腈	乙腈+氨水（100+0.2）	乙腈+氨水（100+0.4）	乙腈+氨水（100+0.6）	乙腈+氨水（100+0.8）
阿莫西林	10.3	74.6	89.1	94.7	92.8
氨苄西林	29.6	78.9	87.7	95.6	95.7
哌拉西林	94.8	93.8	94.8	96.7	95.1
青霉素 G	96.2	97.2	95.4	97.2	94.2
青霉素 V	97.1	96.9	94.2	95.7	97.8
苯唑西林	89.7	95.1	93.8	97.1	94.3
氯唑西林	93.5	94.7	97.5	96.8	97.4
萘夫西林	94.7	96.3	98.2	102.3	95.3
双氯西林	96.3	97.2	95.4	100.9	102.3

（2）液相色谱分析柱的选择

分别使用 μBondapak C$_{18}$ 300 mm×4.0 mm 色谱柱和 ZORBAX SB-C$_{18}$ 3.5 μm 150 mm×2.1 mm 色谱柱对 9 种青霉素的色谱行为进行了比较。实验发现，这两种色谱柱的灵敏度均能满足要求，μBondapak C$_{18}$ 柱流速在 1.5 mL/min，进质谱仪之前必须分流，而分流时对 9 种青霉素结果的测定产生一定误差，而使用 ZORBAX SB-C$_{18}$，3.5 μm，150 mm×2.1 mm 柱不需分流，定量准确度优于 μBondapak C$_{18}$ 柱，通过以上对两种色谱柱的比较，本方法选用 ZORBAX SB-C$_{18}$，3.5 μm，150 mm×2.1 mm 为 9 种青霉素的分析柱。

5.2.3.8　线性范围和测定低限

配制含哌拉西林、青霉素 G、青霉素 V、苯唑西林、萘夫西林浓度分别为 1.25～100 ng/mL（0.5～40 LOD）；阿莫西林、氨苄西林、氯唑西林、双氯西林浓度分别为 2.5～200 ng/mL（0.5～40 LOD）的样品基质混合标准溶液，在选定的条件下进行测定，进样量为 20 μL，用峰面积对标准溶液中各被测组分的浓度作图，哌拉西林、青霉素 G、青霉素 V、苯唑西林、萘夫西林的绝对量分别在 0.025～2 ng 范围；阿莫西林、氨苄西林、氯唑西林、双氯西林的绝对量分别在 0.05～4 ng 范围内均呈线性关系，符合定量要求，其线性方程和校正因子见表 5-23。

表 5-23　9 种青霉素线性方程和校正因子

化合物	检测范围/ng	线性方程	校正因子（R）
阿莫西林	0.05～4	Y=6670X+1480	0.9992
氨苄西林	0.05～4	Y=13800X+2170	0.9992
哌拉西林	0.025～2	Y=4450X+2020	0.9999

续表

化合物	检测范围/ng	线性方程	校正因子（R）
青霉素 G	0.025～2	$Y=10500X+1550$	0.9999
青霉素 V	0.025～2	$Y=14400X+1120$	0.9995
苯唑西林	0.025～2	$Y=16600X+936$	0.9994
氯唑西林	0.05～4	$Y=10000X+1070$	0.9997
萘夫西林	0.025～2	$Y=30800X+852$	0.9991
双氯西林	0.05～4	$Y=6410X+703$	0.9995

在该方法操作条件下，9 种青霉素在添加水平 1.0～20 μg/kg（LOD～10 LOD）范围时，各自的测定响应值在仪器线性范围之内。同时，样品中萘夫西林、青霉素 G、哌拉西林、青霉素 V、苯唑西林的添加浓度为 1.0 μg/kg；阿莫西林、氨苄西林、氯唑西林、双氯西林的添加浓度为 2.0 μg/kg 时，所测谱图的信噪比远大于 10。因此，确定本方法的检出限，萘夫西林、青霉素 G、哌拉西林、青霉素 V、苯唑西林为 1.0 μg/kg；阿莫西林、氨苄西林、氯唑西林、双氯西林为 2.0 μg/kg。

5.2.3.9 方法回收率和精密度

用不含青霉素的河豚鱼和鳗鱼样品进行添加回收率和精密度实验，样品中添加 1.0～20 μg/kg（LOD～10 LOD）四个不同水平的 9 种青霉素标准后，摇匀，使标准物与样品充分吸收，然后按本方法进行提取和净化，用高效液相色谱-串联质谱仪测定，其回收率和精密度见表 5-24。从表 5-24 可以看出，本方法回收率数据在 81.4%～109.7%之间，室内四个添加水平的相对标准偏差均在 2.43%～7.12%之间。

表 5-24 河豚鱼和鳗鱼中 9 种青霉素添加回收率（%）（n=10）

化合物	河豚鱼				鳗鱼			
	LOD	2 LOD	4 LOD	10 LOD	LOD	2 LOD	4 LOD	10 LOD
阿莫西林	84.3	97.8	98.7	98.3	82.4	87.5	89.8	94.0
氨苄西林	86.1	96.2	91.3	99.7	86.3	89.4	91.6	89.6
哌拉西林	87.6	91.5	94.0	89.9	89.6	91.2	93.4	92.7
青霉素 G	90.2	97.0	89.7	96.4	91.0	86.3	94.5	93.6
青霉素 V	86.2	102.6	86.9	92.4	94.5	85.1	89.9	95.1
苯唑西林	92.3	91.8	92.1	93.5	93.7	89.7	87.3	94.8
氯唑西林	87.1	89.6	95.6	95.7	90.8	92.5	90.4	88.7
萘夫西林	89.2	89.6	90.8	94.8	87.6	94.0	93.2	86.8
双氯西林	86.2	92.3	109.7	91.2	81.4	96.1	91.5	91.3
平均回收率/%	87.7	94.2	94.3	94.7	88.6	90.2	91.3	91.8
标准偏差 SD	2.47	4.39	6.71	3.24	4.60	3.62	2.22	2.93
相对标准偏差 RSD/%	2.81	4.66	7.12	3.42	5.18	4.02	2.43	3.19

5.2.3.10 重复性和再现性

在重复性试验条件下，获得的两次独立测试结果的绝对差值不超过重复性限（r），如果差值超过重复性限（r），应舍弃试验结果并重新完成两次单个试验的测定。在再现性试验条件下，获得的两次独立测试结果的绝对差值不超过再现性限（R）。被测物的含量范围、重复性和再现性方程见表 5-25。

表 5-25　9种青霉素含量范围及重复性限和再现性限方程

化合物	含量范围/(μg/kg)	重复性限 r	再现性限 R
萘夫西林	1.0～10	lg r=0.8315 lg m−1.0541	lg R=0.9712 lg m−0.6843
青霉素 G	1.0～10	lg r=0.8373 lg m−1.0657	lg R=0.9763 lg m−0.6907
哌拉西林	1.0～10	lg r=0.8282 lg m−1.0580	lg R=0.9738 lg m−0.6887
苯唑西林	1.0～10	lg r=0.8202 lg m−1.0640	lg R=0.9772 lg m−0.6915
青霉素 V	1.0～10	lg r=0.8481 lg m−1.0388	lg R=0.9697 lg m−0.6697
阿莫西林	2.0～20	lg r=0.8303 lg m−1.0072	lg R=0.9778 lg m−0.6846
氨苄西林	2.0～20	lg r=0.8305 lg m−1.0055	lg R=0.9322 lg m−0.6577
氯唑西林	2.0～20	lg r=0.8194 lg m−1.0017	lg R=0.9743 lg m−0.6800
双氯西林	2.0～20	lg r=0.8384 lg m−1.0151	lg R=0.9731 lg m−0.6789

注：m 为两次测定结果的算术平均值

5.2.4　蜂蜜中 6 种青霉素残留量的测定　液相色谱-串联质谱法[1]

5.2.4.1　适用范围

适用于蜂蜜中青霉素 G、青霉素 V、乙氧萘青霉素、苯唑青霉素、邻氯青霉素、双氯青霉素残留量的液相色谱-串联质谱测定。方法检出限：青霉素 G、青霉素 V、苯唑青霉素为 1.0 μg/kg；邻氯青霉素、双氯青霉素为 2.0 μg/kg；乙氧萘青霉素为 0.5 μg/kg。

5.2.4.2　方法原理

蜂蜜中青霉素 G、青霉素 V、乙氧萘青霉素、苯唑青霉素、邻氯青霉素、双氯青霉素残留，用去离子水溶解后，溶液用 Oasis HLB 或相当的固相萃取柱净化，液相色谱-串联质谱仪测定，外标法定量。

5.2.4.3　试剂和材料

甲醇、乙腈：色谱纯；乙酸：优级纯；乙腈+水（1+3，v/v）：量取 25 mL 乙腈与 75 mL 水混合。

Oasis HLB 固相萃取柱或相当者：500 mg，6 mL。使用前分别用 5 mL 甲醇和 10 mL 水预处理，保持柱体湿润。

标准物质：纯度≥99%。

标准储备溶液：准确称取适量的每种标准物质，分别用乙腈配制成浓度为 1.0 mg/mL 的标准储备溶液。储备液贮存在−18℃冰柜中。

标准工作溶液：根据需要吸取适量标准储备溶液，用空白样品提取液稀释成适当浓度的基质混合标准工作溶液。

5.2.4.4　仪器和设备

液相色谱-串联四极杆质谱仪：配有电喷雾离子源（ESI）；分析天平：感量 0.1 mg 和 0.01 g 各一台；液体混匀器；固相萃取真空装置；贮液器：50 mL；微量注射器：25 μL，100 μL；刻度样品管：5 mL，精度为 0.1 mL；真空泵：真空度应达到 80 kPa；pH 计：测量精度±0.02；氮气吹干仪。

5.2.4.5　样品前处理

（1）试样制备

对无结晶的实验室样品，将其搅拌均匀。对有结晶的样品，在密闭情况下，置于不超过 60℃的水浴中温热，振荡，待样品全部融化后搅匀，迅速冷却至室温。分出 0.5 kg 作为试样。制备好的试样置于样品瓶中，密封，并做上标记。将试样于常温下保存。

（2）试样溶液的制备

称取 5 g 试样（精确到 0.01 g）置于 150 mL 三角瓶中，加入 25 mL 去离子水，于液体混匀器上快速混合 1 min，使试样完全溶解。样液移至下接 Oasis HLB 柱的贮液器中，以小于或等于 3 mL/min 的流速通过 Oasis 固相萃取柱后，用 5 mL 水洗柱，弃去全部流出液。在 65 kPa 的负压下，减压抽干

20 min，最后用 3 mL 甲醇洗脱，收集洗脱液于刻度样品管中，于 40℃水浴中用氮气吹干仪吹干，用乙腈定容至 1 mL，摇匀后，供液相色谱-串联质谱仪测定。

5.2.4.6 测定

（1）液相色谱条件

色谱柱：SunFire™ C$_{18}$ 3.5 μm，150 mm×2.1 mm（内径）或相当者；流动相及流速见表 5-26；柱温：30℃；进样量：20 μL。

表 5-26 液相色谱梯度洗脱条件

时间/min	流速/(μL/min)	水（含 0.4%乙酸，%）	乙腈/%
0.00	200	60.0	40.0
15.00	200	35.0	65.0
15.01	200	60.0	40.0
25.01	200	60.0	40.0

（2）质谱条件

离子源：电喷雾离子源（ESI）；扫描方式：正离子扫描；检测方式：多反应监测；电喷雾电压：5500 V；雾化气压力：0.055 MPa；气帘气压力：0.079 MPa；辅助气流速：6 L/min；离子源温度：400℃；定性离子对、定量离子对和去簇电压（DP）、聚焦电压（FP）、碰撞能量（CE）及碰撞室出口电压（CXP）见表 5-27。

表 5-27 6 种青霉素的定性离子对、定量离子对、去簇电压、聚焦电压、碰撞气能量和碰撞室出口电压

化合物	定性离子对（m/z）	定量离子对（m/z）	碰撞气能量/V	去簇电压/V	聚焦电压/V	碰撞室出口电压/V
青霉素 G	335/160 335/176	335/160	20 23	45	200	11
青霉素 V	351/160 351/192	351/160	20 15	40	200	11
苯唑青霉素	402/160 402/243	402/160	22 20	45	200	11
邻氯青霉素	436/160 436/277	436/160	22 22	50	200	11
乙氧萘青霉素	415/199 415/256	415/199	21 23	45	200	11
双氯青霉素	470/160 470/311	470/160	21 21	50	200	11

（3）定性测定

在相同实验条件下，样品中待测物质与同时检测的标准品具有相同的保留时间，并且所选择的两对离子丰度比相一致，则可判定为样品中存在该残留。

（4）定量测定

在仪器最佳工作条件下，用青霉素 G、青霉素 V、乙氧萘青霉素、苯唑青霉素、邻氯青霉素、双氯青霉素标准储备溶液配成的基质混合标准溶液分别进样，以标准工作溶液浓度为横坐标，以峰面积为纵坐标，绘制标准工作曲线。用标准工作曲线对样品进行定量，样品溶液中青霉素 G、青霉素 V、乙氧萘青霉素、苯唑青霉素、邻氯青霉素、双氯青霉素的响应值均应在仪器测定的线性范围内。

在上述色谱条件下，青霉素 G、青霉素 V、乙氧萘青霉素、苯唑青霉素、邻氯青霉素、双氯青霉素的总离子流图见图 5-7，保留时间和离子丰度比见表 5-28。

表 5-28　6 种青霉素的保留时间和离子丰度比

化合物	离子对丰度比/%	保留时间/min
青霉素 G	100；87	7.44
青霉素 V	100；9.6	9.21
苯唑青霉素	100；76	10.56
邻氯青霉素	100；83	12.49
乙氧萘青霉素	100；13	13.05
双氯青霉素	100；42	15.60

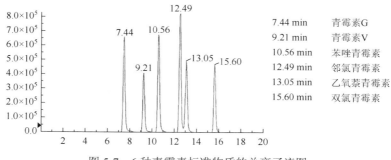

图 5-7　6 种青霉素标准物质的总离子流图

5.2.4.7　分析条件的选择

（1）净化样品固相萃取柱的选择

在本方法的研究中，用 Oasis HLB 固相萃取柱、BUND ELUT C_{18} 固相萃取柱、ENVI-18 固相萃取柱、Octadecyl C_{18} 固相萃取柱、LiChrolut EN 固相萃取柱和 Sep-Pak C_{18} 固相萃取柱共六种固相萃取柱对 6 种青霉素的提取效率和净化效果进行了比较。实验发现，Sep-Pak C_{18} 固相萃取柱回收率低（只有 50%～60%），且净化效果也不理想，这是该固相萃取柱填料中含碳量小于 14%所致。BUND ELUT C_{18} 固相萃取柱、ENVI-18 固相萃取柱、LiChrolut EN 固相萃取柱和 Octadecyl C_{18} 固相萃取柱的回收率均好，但样品溶液过柱速度较慢，样品预处理时间长，还存在着不同批次之间回收率的显著差异。而使用 Oasis HLB 固相萃取柱净化样品回收率较好，净化效果也令人满意，特别适用于本方法。因此本方法选择 OasisHLB 固相萃取柱净化样品。

（2）提取溶液的选择

分别用去离子水、4%氯化钠溶液和 0.1 mol/L 磷酸二氢钠缓冲溶液（pH 9.0）作为提取液，完成蜂蜜样品中 6 种青霉素回收率实验。实验发现，三种提取液的回收率均在 78.5%～102.0%范围，回收率数据见表 5-29。用去离子水作为提取液对蜂蜜样品进行测定，获得了较好净化效果。用三种提取液制备的蜂蜜基质混合标准溶液测定后，获得的 6 种青霉素灵敏度无显著差异，同时用去离子水作为提取液还避免了样液中残存的盐对检测仪器造成的不良影响。因此，本方法选择去离子水作为蜂蜜中 6 种青霉素的提取液。

表 5-29　三种提取液对回收率（%）的影响

化合物	去离子水	4%氯化钠溶液	磷酸二氢钠缓冲溶液（pH 9.0）
青霉素 G	81.5	91.5	78.5
青霉素 V	89.0	89.3	85.9
苯唑青霉素	94.3	102.0	89.5
邻氯青霉素	87.6	97.5	87.6
乙氧萘青霉素	90.8	86.5	91.5
双氯青霉素	101.3	95.3	95.1

（3）Oasis HLB 固相萃取柱洗脱剂和用量的选择

本方法比较了用乙腈和甲醇作为 Oasis HLB 固相萃取柱的洗脱剂，对 6 种青霉素回收率产生的影响。实验发现，用乙腈作洗脱剂，用量在 3 mL 以内，6 种青霉素均能从 Oasis HLB 柱上完全洗脱下来。但重复性不如甲醇好，因此，本方法选用甲醇作为 Oasis HLB 柱的洗脱剂。

分别用 0.5～5 mL 甲醇对 6 种青霉素完成洗脱条件实验，结果见表 5-30。从表 5-30 可以看出：Oasis HLB 固相萃取柱用 3 mL 甲醇洗脱 6 种青霉素的回收率均在 90%以上，因此，本方法选用 3 mL 甲醇作为 Oasis HLB 柱的洗脱剂用量。

表 5-30 Oasis HLB 固相萃取柱洗脱剂用量对回收率（%）的影响

体积 mL	青霉素 G	青霉素 V	乙氧萘青霉素	苯唑青霉素	邻氯青霉素	双氯青霉素
1.0	72.6	78.5	76.5	78.3	78.1	75.1
1.5	78.3	80.3	84.3	79.6	79.6	88.3
2.0	89.6	84.7	94.3	82.9	86.1	94.7
2.5	96.1	95.4	97.6	85.7	91.6	96.3
3.0	95.7	98.2	95.8	93.7	95.5	95.2
3.5	94.3	96.9	96.1	95.9	97.9	97.3
4.0	96.4	97.3	94.8	94.2	96.3	98.7
5.0	96.8	98.5	95.9	96.7	101.8	96.4

（4）液相色谱分析柱的选择

分别对 μBondapak C$_{18}$ 300 mm×4.0 mm 色谱柱和 SunFire^{TM} 3.5 μm C$_{18}$ 150 mm×2.1 mm 色谱柱进行了比较。实验发现，这两种色谱柱的灵敏度均能满足要求，但 μBondapak C$_{18}$ 300 mm×4.0 mm 色谱柱对邻氯青霉素和乙氧萘青霉素分离度不如 SunFire^{TM} 3.5 μm C$_{18}$ 150 mm×2.1 mm 色谱柱好，μBondapak C$_{18}$ 柱流速在 1.5 mL/min，进质谱仪之前必须分流，而分流时对 6 种青霉素结果的测定产生一定误差，而使用 SunFire^{TM} 3.5 μm C$_{18}$ 柱不需分流，定量准确度优于 μBondapak C$_{18}$ 柱，通过以上对两种色谱柱的比较，本方法选用 SunFire^{TM} 3.5 μm C$_{18}$ 150 mm×2.1 mm 为 6 种青霉素的分析柱。

5.2.4.8 线性范围和测定低限

配制含青霉素 G、青霉素 V、苯唑青霉素、乙氧萘青霉素浓度分别为 1.0 ng/mL、5.0 ng/mL、10 ng/mL、50 ng/mL、100 ng/mL、200 ng/mL；邻氯青霉素、双氯青霉素浓度分别为 2.0 ng/mL、10 ng/mL、20 ng/mL、100 ng/mL、200 ng/mL、400 ng/mL 的蜂蜜基质混合标准溶液，在选定的条件下进行测定，进样量为 20 μL，用峰面积对标准溶液中各被测组分的浓度作图，青霉素 G、青霉素 V、苯唑青霉素、乙氧萘青霉素的绝对量分别在 0.02～4 ng 范围；邻氯青霉素、双氯青霉素的绝对量分别在 0.04～8 ng 范围内均呈线性关系，符合定量要求，其线性方程和校正因子见表 5-31。

表 5-31 6 种青霉素线性方程和校正因子

化合物	检测范围/ng	线性方程	校正因子（R）
青霉素 G	0.02～4	$Y=10500X+1550$	0.9999
青霉素 V	0.02～4	$Y=14400X+1120$	0.9995
苯唑青霉素	0.02～4	$Y=16600X+936$	0.9994
邻氯青霉素	0.04～8	$Y=10000X+1070$	0.9997
乙氧萘青霉素	0.02～4	$Y=30800X+852$	0.9991
双氯青霉素	0.04～8	$Y=6410X+703$	0.9995

由此可见，在该方法操作条件下，6 种青霉素在添加水平 0.5～80 μg/kg 范围时，各自的测定响应值在仪器线性范围之内。同时，样品中青霉素 G、青霉素 V、苯唑青霉素的添加浓度为 1.0 μg/kg；乙

氧萘青霉素的添加浓度为 0.5 μg/kg；邻氯青霉素、双氯青霉素的添加浓度为 2.0 μg/kg 时，所测谱图的信噪比远大于 10。因此，确定本方法的检出限，青霉素 G、青霉素 V、苯唑青霉素为 1.0 μg/kg；邻氯青霉素、双氯青霉素为 2.0 μg/kg；乙氧萘青霉素为 0.5 μg/kg。

5.2.4.9　方法回收率和精密度

用不含青霉素的蜂蜜样品进行添加回收率和精密度实验，样品中添加不同浓度标准后，摇匀，使标准物与样品充分吸收，然后按本方法进行提取和净化，用高效液相色谱-串联质谱仪测定，其回收率和精密度见表 5-32。从表 5-32 可以看出，本方法回收率在 81.2%～106.2%之间，室内四个添加水平的相对标准偏差均在 4.13%～9.19%之间。

表 5-32　6 种青霉素室内添加回收率实验数据（$n=10$）

化合物	青霉素 G				青霉素 V				苯唑青霉素			
测定次数	第一水平	第二水平	第三水平	第四水平	第一水平	第二水平	第三水平	第四水平	第一水平	第二水平	第三水平	第四水平
1	87.6	82.3	81.2	91.5	82.3	92.5	91.5	89.2	98.3	84.3	88.1	83.6
2	88.9	87.6	86.7	97.0	91.5	86.5	89.6	85.7	89.2	89.1	89.3	91.5
3	91.3	92.5	91.8	86.2	87.1	81.7	86.1	86.1	86.5	92.6	96.1	87.2
4	93.4	90.8	102.4	82.2	86.0	83.6	86.7	86.9	85.1	90.4	105.9	86.4
5	88.1	87.1	98.7	91.8	85.6	96.4	98.1	95.1	91.5	84.1	83.1	98.9
6	90.3	96.2	91.5	87.5	86.1	85.0	94.3	87.8	90.5	83.7	85.1	85.1
7	102.4	86.9	86.1	92.4	84.9	87.1	82.7	91.5	105.7	97.5	91.7	85.6
8	97.6	92.4	92.7	102.4	92.4	93.8	88.9	86.2	82.7	103.7	101.2	81.4
9	85.7	99.1	103.4	85.6	95.7	96.6	97.1	82.4	94.9	87.2	84.7	88.9
10	95.7	100.7	84.6	95.4	98.5	88.1	92.4	84.7	84.5	92.2	95.1	95.4
平均回收率/%	92.1	91.6	91.9	91.3	90.0	89.1	90.7	87.6	90.9	90.5	92.0	88.4
标准偏差 SD	5.19	5.84	7.59	5.95	4.98	5.34	4.92	3.62	7.11	6.40	7.51	5.43
RSD/%	5.63	6.38	8.25	6.53	5.59	5.99	5.42	4.13	7.82	7.08	8.16	6.14
化合物	邻氯青霉素				乙氧萘青霉素				双氯青霉素			
测定次数	第一水平	第二水平	第三水平	第四水平	第一水平	第二水平	第三水平	第四水平	第一水平	第二水平	第三水平	第四水平
1	89.3	86.7	85.7	84.7	89.1	84.6	86.9	94.8	91.0	81.5	81.2	85.6
2	84.2	83.0	86.1	91.5	91.8	88.1	91.8	89.3	102.6	87.1	87.3	82.4
3	99.0	89.2	94.8	86.2	96.7	96.2	98.1	95.4	89.1	89.3	88.9	89.7
4	87.2	91.8	81.7	82.1	100.8	92.4	87.6	91.0	87.6	95.2	95.6	92.5
5	86.1	95.7	86.4	84.7	105.8	106.2	95.1	102.7	85.3	82.8	94.2	94.8
6	95.1	85.1	83.7	92.8	95.3	85.7	91.7	85.9	87.1	84.5	90.4	84.3
7	83.7	97.8	92.4	90.8	88.1	81.9	101.8	93.4	83.8	89.2	84.7	87.9
8	89.5	87.5	85.9	95.7	86.7	97.3	89.2	101.5	91.5	87.1	83.5	95.8
9	91.0	81.9	98.1	94.6	94.2	104.2	94.7	87.2	91.8	86.2	84.7	90.7
10	81.4	78.6	95.2	87.5	94.8	85.7	86.3	91.3	93.5	94.7	91.8	86.4
平均回收率/%	88.6	88.6	89.0	89.1	94.3	92.2	92.3	93.2	90.3	87.0	88.2	89.0
标准偏差 SD	5.38	5.15	5.61	4.65	5.88	8.48	5.11	5.57	5.29	4.06	4.78	4.48
RSD/%	6.07	5.81	6.31	5.22	6.23	9.19	5.53	5.98	5.86	4.67	5.42	5.03

5.2.4.10　方法适用性

采用本方法对葵花蜜、荞麦蜜、棉花蜜、油菜蜜和梧桐蜜等 11 个不同蜜种，在 2.0 μg/kg，10 μg/kg，20 μg/kg，40 μg/kg 四个添加水平对 6 种青霉素进行添加回收率实验，其分析结果见表 5-33，从表 5-33 可以看出，用 11 种蜂蜜在四个添加水平检查方法的适用性，6 种青霉素的回收率在 80.6%～ 106.1% 之间，相对标准偏差在 2.53%～9.02% 之间，并且所做空白样品实验也证明，在 6 种青霉素出峰区域未见干扰峰，说明方法的适用性是好的。

表 5-33　11 种蜂蜜 6 种青霉素添加回收率实验数据

化合物	青霉素 G				青霉素 V				苯唑青霉素			
蜜种	第一水平	第二水平	第三水平	第四水平	第一水平	第二水平	第三水平	第四水平	第一水平	第二水平	第三水平	第四水平
洋槐	87.5	92.5	92.1	87.1	85.6	91.3	85.2	87.2	94.6	89.3	81.6	89.1
紫云英	89.1	87.1	86.2	86.9	87.9	86.4	81.5	92.3	97.2	81.6	87.9	96.7
椴树	95.1	86.2	91.7	96.2	92.1	87.3	87.2	84.1	86.1	92.5	95.3	87.5
荆条	96.4	82.9	88.2	100.4	88.2	89.0	97.2	85.9	98.1	89.7	97.1	105.4
油菜	100.5	86.2	85.1	82.7	96.4	96.4	86.1	90.2	84.6	96.2	92.0	98.3
棉花	105.3	95.1	95.2	95.1	95.7	85.6	82.7	87.6	87.2	86.4	81.6	104.8
葵花	98.2	84.3	92.6	90.2	98.6	89.7	86.4	98.6	84.3	86.1	89.7	86.2
荞麦	82.8	82.4	83.7	82.1	81.3	80.6	80.6	82.8	83.7	81.9	79.6	82.9
桂花	86.4	93.7	89.7	86.5	91.5	100.8	96.4	96.1	105.8	87.6	83.4	84.1
枣花	96.2	91.7	84.6	93.1	99.0	104.3	92.3	91.6	102.4	94.3	88.0	86.0
老瓜头	84.9	86.3	104.3	87.5	85.1	92.4	81.5	84.8	84.6	96.5	86.1	86.1
平均回收率/%	92.9	88.0	88.9	89.8	91.0	91.3	87.0	89.2	91.7	89.3	87.5	91.6
标准偏差 SD	7.31	4.45	3.94	5.78	5.92	6.94	5.87	5.06	8.15	5.20	5.74	8.25
相对标准偏差 RSD/%	7.87	5.06	4.43	6.44	6.50	7.60	6.75	5.67	8.89	5.82	6.56	9.02
化合物	邻氯青霉素				乙氧萘青霉素				双氯青霉素			
蜜种	第一水平	第二水平	第三水平	第四水平	第一水平	第二水平	第三水平	第四水平	第一水平	第二水平	第三水平	第四水平
洋槐	98.2	84.9	85.6	81.2	92.8	89.3	93.0	91.5	96.3	88.0	87.2	89.3
紫云英	85.1	83.1	85.6	85.2	98.7	86.2	87.2	98.4	98.1	87.5	86.1	91.5
椴树	88.2	86.1	89.1	83.9	105.1	97.1	89.4	89.4	86.5	85.6	85.7	87.2
荆条	86.1	92.7	91.8	89.2	96.1	105.8	103.8	86.2	84.9	84.1	86.4	86.2
油菜	95.3	91.7	84.7	85.4	86.8	99.5	89.2	86.9	91.4	95.6	95.1	87.3
棉花	92.7	96.7	89.1	84.7	103.5	97.0	86.1	88.1	104.8	90.4	95.7	90.5
葵花	104.3	106.1	82.4	91.8	91.6	94.3	95.7	102.8	85.0	85.4	96.2	88.3
荞麦	81.9	80.3	81.9	80.7	86.2	85.7	82.6	84.3	81.8	81.7	80.8	86.4
桂花	89.7	81.2	89.0	97.5	87.1	87.4	91.7	98.4	87.3	95.2	84.9	92.4
枣花	93.7	82.0	86.2	89.7	91.8	94.8	98.5	97.5	86.4	90.4	81.9	87.2
老瓜头	82.6	82.3	85.1	82.4	95.4	86.5	88.0	87.6	89.3	84.6	83.6	91.5
平均回收率/%	90.7	87.9	86.4	86.5	94.1	93.0	91.4	91.9	90.2	88.0	87.6	88.9
标准偏差 SD	6.92	8.06	3.04	5.08	6.44	6.52	6.07	6.24	6.91	4.48	5.53	2.25
相对标准偏差 RSD/%	7.62	9.17	3.52	5.87	6.84	7.01	6.65	6.79	7.66	5.08	6.31	2.53

5.2.4.11　重复性和再现性

在重复性试验条件下，获得的两次独立测试结果的绝对差值不超过重复性限（r），如果差值超过重复性限（r），应舍弃试验结果并重新完成两次单个试验的测定。在再现性试验条件下，获得的两次独立测试结果的绝对差值不超过再现性限（R）。被测物的含量范围、重复性和再现性方程见表5-34。

表 5-34　6 种青霉素含量范围及重复性和再现性方程

化合物	含量范围/(g/kg)	重复性限 r	再现性限 R
青霉素 G	1～40	lg r=1.0027 lg m-1.0946	lg R=0.8860 lg m-0.6277
青霉素 V	1～40	lg r=0.9809 lg m-1.1480	lg R=0.9572 lg m-0.6451
苯唑青霉素	1～40	lg r=0.7579 lg m-0.9166	lg R=0.8137 lg m-0.6173
邻氯青霉素	2～80	lg r=0.9364 lg m-1.0862	lg R=0.8489 lg m-0.5625
乙氧萘青霉素	0.5～20	lg r=1.0233 lg m-1.1511	lg R=0.8311 lg m-0.6066
双氯青霉素	2～80	lg r=1.0171 lg m-1.1383	lg R=0.8018 lg m-0.5164

注：m 为两次测定结果的算术平均值

5.2.5　蜂蜜中 5 种头孢菌素残留量的测定　液相色谱-串联质谱法[76]

5.2.5.1　适用范围

适用于蜂蜜中头孢唑啉、头孢匹林、头孢氨苄、头孢洛宁、头孢喹肟残留量的液相色谱-串联质谱测定。方法检出限：头孢唑啉为 10 μg/kg；头孢匹林、头孢氨苄、头孢洛宁、头孢喹肟为 2.0 μg/kg。

5.2.5.2　方法原理

蜂蜜中头孢唑啉、头孢匹林、头孢氨苄、头孢洛宁、头孢喹肟残留，用磷酸二氢钠缓冲溶液提取，固相萃取柱净化，液相色谱-串联质谱仪测定，外标法定量。

5.2.5.3　试剂和材料

甲醇、乙腈：色谱纯；磷酸二氢钠（NaH_2PO_4）、氢氧化钠、乙酸为分析纯。

5 mol/L 氢氧化钠溶液：称取 20 g 氢氧化钠，用水溶解，定容至 100 mL。0.15 mol/L 磷酸二氢钠缓冲溶液：称取 18.0 g 磷酸二氢钠，用水溶解，定容至 1000 mL，然后用氢氧化钠溶液调节至 pH=8.5。

标准物质：头孢唑啉、头孢匹林、头孢氨苄、头孢洛宁、头孢喹肟纯度≥99%。

1.0 mg/mL 5 种头孢菌素标准储备溶液：准确称取每种标准物质，分别用水配制成浓度为 1.0 mg/mL 的标准储备溶液。储备液贮存在–18℃冰柜中。

5 种头孢菌素标准混合工作溶液：根据需要吸取适量的每种头孢菌素标准储备溶液，用空白样品提取液制成适当浓度的基质混合标准工作溶液。

固相萃取柱：Oasis HLB 固相萃取柱或相当者，500 mg，6 mL。使用前依次用 5 mL 甲醇、5 mL 水和 10 mL 磷酸二氢钠缓冲溶液预处理，保持柱体湿润。

5.2.5.4　仪器和设备

液相色谱-串联四极杆质谱仪，配有电喷雾离子源；分析天平：感量 0.1 mg、0.01 g；固相萃取真空装置；贮液器：50 mL；微量注射器：25 μL，100 μL；刻度样品管：5 mL，精度为 0.1 mL；氮气浓缩仪。

5.2.5.5　样品前处理

（1）试样制备

对无结晶的实验室样品，将其搅拌均匀。对有结晶的样品，在密闭情况下，置于不超过 60℃ 的水浴中温热，振荡，待样品全部融化后搅匀，冷却至室温。分出 0.5 kg 作为试样。制备好的试样置于样品瓶中，密封，并做上标记。将试样于常温下保存。

（2）试样溶液的制备

称取 5 g 试样（精确到 0.01 g）置于 150 mL 三角瓶中，加入 25 mL 磷酸二氢钠缓冲溶液，溶解样品，混匀，用氢氧化钠溶液，调节至 pH 8.5。把样品提取液移至下接 Oasis HLB 固相萃取柱的贮液器中，以 3 mL/min 的流速通过固相萃取柱，先用 5 mL 磷酸二氢钠缓冲溶液洗涤三角瓶并过柱，再用 2 mL 水洗柱，弃去全部流出液。用 2 mL 乙腈洗脱，收集洗脱液于刻度样品管中，在 40℃氮气吹干，用 2 mL 水溶解残渣，摇匀后，过 0.2 μm 滤膜，供液相色谱-串联质谱仪测定。按照上述操作步骤制备空白样品提取液。

5.2.5.6 测定

（1）液相色谱条件

色谱柱：ZORBAX SB-C18，3.5 μm，150 mm×2.1 mm（内径）或相当者；流动相梯度程序及流速见表 5-35；柱温：30℃；进样量：20 μL。

表 5-35 流动相梯度程序及流速

时间/min	流速/(μL/min)	水/%，含 0.1%乙酸	乙腈/%
0.00	200	95.0	5.0
2.00	200	95.0	5.0
2.01	200	40.0	60.0
8.00	200	40.0	60.0
8.01	200	95.0	5.0
15.00	200	95.0	5.0

（2）质谱条件

离子源：电喷雾离子源；扫描方式：正离子扫描；检测方式：多反应监测；电喷雾电压：5500 V；雾化气压力：0.055 MPa；气帘气压力：0.079 MPa；辅助气流速：6 L/min；离子源温度：400℃；定性离子对、定量离子对和去簇电压（DP）、碰撞气能量（CE）见表 5-36。

表 5-36 5 种头孢菌素的定性离子对、定量离子对、去簇电压、碰撞气能量

化合物	定性离子对（m/z）	定量离子对（m/z）	碰撞气能量/V	去簇电压/V
头孢唑啉	456/324；456/156	456/324	17；24	50
头孢匹林	424/292；424/152	424/292	23；34	45
头孢氨苄	348/158；348/174	348/158	14；22	40
头孢洛宁	459/152；459/123	459/152	29；18	35
头孢喹肟	529/134；529/396	529/134	21；19	49

（3）定性测定

选择每种待测物质的一个母离子，两个以上子离子，在相同实验条件下，样品中待测物质的保留时间，与基质标准溶液中对应物质的保留时间偏差在±2.5%之内；样品谱图中各定性离子相对丰度与浓度接近的基质标准溶液的谱图中离子相对丰度相比，偏差不超过表 1-5 规定的范围，则可判定为样品中存在对应的待测物。

（4）定量测定

用基质标准混合工作溶液分别进样，以标准工作溶液浓度为横坐标，以峰面积为纵坐标，绘制标准工作曲线。用标准工作曲线对样品进行定量，样品溶液中 5 种头孢菌素的响应值均应在仪器测定的线性范围内。在上述色谱条件下，5 种头孢菌素标准物质的多反应监测（MRM）色谱图见图 5-8。

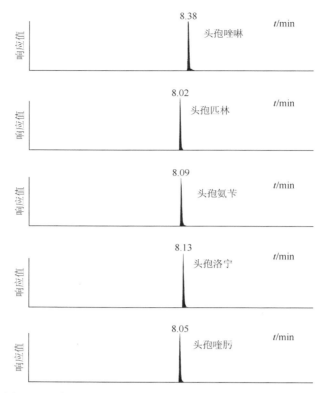

图 5-8　5 种头孢菌素标准物质的多反应监测（MRM）色谱图

5.2.5.7　分析条件的选择

（1）固相萃取柱的选择

在本方法的研究中，用 Oasis HLB 固相萃取柱、BUND ELUT C$_{18}$ 固相萃取柱、ENVI-18 固相萃取柱、Octadecyl C$_{18}$ 固相萃取柱、LiChrolut EN 固相萃取柱和 Sep-Pak C$_{18}$ 固相萃取柱共六种固相萃取柱对 5 种头孢菌素的提取效率和净化效果进行了比较。实验发现，Sep-Pak C$_{18}$ 固相萃取柱回收率低（只有 50%～60%），且净化效果也不理想，Sep-Pak C$_{18}$ 固相萃取柱不适合本方法。ENVI-18 固相萃取柱、LiChrolut EN 固相萃取柱和 Octadecyl C$_{18}$ 固相萃取柱的回收率均好，但样品溶液过柱速度较慢，样品预处理时间长，有的还存在着不同批次之间回收率的不稳定。Oasis HLB 固相萃取柱、BUND ELUT C$_{18}$ 固相萃取柱对 5 种头孢菌素的提取效率和净化效果较好，5 种头孢菌素回收率的重现性也优于其他固相萃取柱。而 Oasis HLB 固相萃取柱样品溶液过柱速度优于 BUND ELUT C$_{18}$ 固相萃取柱，因此，本方法选用 Oasis HLB 固相萃取柱作为样品净化柱。

（2）提取溶液的选择

在本方法的研究中，根据蜂蜜样品的特点和被测物的性质，确定磷酸二氢钠缓冲溶液作为提取液。通过回收率实验，比较了提取液中磷酸二氢钠缓冲溶液浓度和 pH 值对 5 种头孢菌素回收率的影响，结果见表 5-37 和表 5-38。

表 5-37　提取液浓度对 5 种头孢菌素回收率（%）的影响

化合物	0.05 mol/L	0.083 mol/L	0.10 mol/L	0.15 mol/L	0.17 mol/L	0.20 mol/L
头孢唑啉	87.1	89.7	94.6	96.4	95.8	97.1
头孢匹林	82.6	84.2	92.5	94.8	95.1	95.8
头孢氨苄	86.5	89.6	91.2	92.5	91.9	93.1
头孢洛宁	88.6	92.2	94.4	97.8	98.3	97.9
头孢喹肟	89.6	95.9	94.7	97.9	98.2	99.7

表 5-38 提取液 pH 对 5 种头孢菌素回收率（%）的影响

化合物	6.0	7.0	7.5	8.0	8.5	9.0
头孢唑啉	76.8	89.7	90.4	96.9	97.6	89.8
头孢匹林	71.2	86.6	90.5	94.6	96.8	95.7
头孢氨苄	76.8	83.4	85.6	95.9	96.6	90.8
头孢洛宁	79.8	84.6	89.1	96.5	97.1	94.6
头孢喹肟	78.9	82.2	90.7	93.7	95.4	92.5

从表 5-37 和表 5-38 可以看出，当提取液中磷酸二氢钠浓度为 0.15 mol/L，pH 为 8.5 时，5 种头孢菌素回收率最佳，因此，本方法使用 pH 8.5，0.15 mol/L 磷酸二氢钠溶液作为提取液。

（3）固相萃取柱洗脱条件的选择

本方法比较了用 1 mL、2 mL、3 mL 乙腈作为固相萃取柱的洗脱剂，对 5 种头孢菌素回收率产生的影响，结果见表 5-39。实验表明，当洗脱剂用量为 2 mL 时，5 种头孢菌素的回收率为 94.5%～98.7%。当洗脱剂用量为 3 mL 时，5 种头孢菌素回收率没有明显改善。因此，本方法选用 2 mL 乙腈作为固相萃取柱的洗脱剂。

表 5-39 固相萃取柱洗脱剂用量对回收率（%）的影响

化合物	1 mL 洗脱剂	2 mL 洗脱剂	3 mL 洗脱剂
头孢唑啉	92.7	98.7	97.6
头孢匹林	89.2	95.2	96.3
头孢氨苄	86.7	94.5	95.9
头孢洛宁	96.7	98.1	96.3
头孢喹肟	95.8	96.9	95.4

（4）液相色谱分析柱的选择

分别使用 μBondapak C_{18} 300 mm×4.0 mm 色谱柱和 ZORBAX SB-C_{18} 3.5 μm 150 mm×2.1 mm 色谱柱对 5 种头孢菌素的色谱行为进行了比较。实验发现，这两种色谱柱的灵敏度均能满足要求，但 μBondapak C_{18} 300 mm×4.0 mm 色谱柱流速在 1.5 mL/min，进质谱仪之前必须分流，而分流时对 5 种头孢菌素结果的测定产生一定误差，而使用 ZORBAX SB-C_{18} 3.5 μm 150 mm×2.1 mm 柱不需分流，定量准确度优于 μBondapak C_{18} 柱，通过以上对两种色谱柱的比较，本方法选用 ZORBAX SB-C_{18} 3.5 μm 150 mm×2.1 mm 为 5 种头孢菌素的分析柱。

（5）质谱条件的确定

采用注射泵直接进样方式，以 5 μL/min 分别将头孢唑啉、头孢匹林、头孢氨苄、头孢洛宁、头孢喹肟标准溶液注入离子源，用正离子检测方式对 5 种头孢菌素进行一级质谱分析（Q1 扫描），得到质子化分子离子峰分别为 456、424、348、459、529，再对分子离子进行二级质谱分析（子离子扫描），得到碎片离子信息。然后对去簇电压（DP），碰撞气能量（CE），电喷雾电压、雾化气和气帘气压力进行优化，使分子离子与特征碎片离子对强度达到最佳。然后将质谱仪与液相色谱联机，再对离子源温度，辅助气流速进行优化，使样液中 5 种头孢菌素离子化效率达到最佳。

5.2.5.8 线性范围和测定低限

配制含头孢匹林、头孢氨苄、头孢洛宁、头孢喹肟、头孢唑啉浓度分别为 2.5～1000 ng/mL 的样品基质混合标准溶液（0.5～40 LOD），在选定的条件下进行测定，进样量为 20 μL，用峰面积对标准溶液中各被测组分的浓度作图，头孢唑啉、头孢匹林、头孢氨苄、头孢洛宁、头孢喹肟的绝对量分别在 0.05～20 ng 范围内均呈线性关系，符合定量要求，其线性方程和校正因子见表 5-40。

表 5-40　5 种头孢菌素线性方程和校正因子

化合物	检测范围/ng	线性方程	校正因子（R）
头孢唑啉	0.25～20	$Y=30800X+15700$	0.9999
头孢匹林	0.05～4	$Y=274000X+249000$	0.9997
头孢氨苄	0.05～4	$Y=546000X+617000$	0.9999
头孢洛宁	0.05～4	$Y=124000X+110000$	0.9997
头孢喹肟	0.05～4	$Y=182000X+222000$	0.9996

在该方法操作条件下，5 种头孢菌素在添加水平 2～100 μg/kg（LOD～10 LOD）范围时，各自的测定响应值在仪器线性范围之内。同时，样品中头孢唑啉的添加浓度为 10 μg/kg；头孢匹林、头孢氨苄、头孢洛宁、头孢喹肟的添加浓度为 2.0 μg/kg 时，所测谱图的信噪比远大于 10。因此，确定本方法的检出限头孢唑啉为 10 μg/kg；头孢匹林、头孢氨苄、头孢洛宁、头孢喹肟为 2.0 μg/kg。

5.2.5.9　方法回收率和精密度

用不含 5 种头孢菌素的样品进行添加回收率和精密度实验，样品中添加 2～100 μg/kg（LOD～10 LOD）四个不同水平的 5 种头孢菌素标准后，摇匀，使标准物与样品充分吸收，然后按本方法进行提取和净化，用高效液相色谱-串联质谱仪测定，其回收率和精密度见表 5-41。从表 5-24 可以看出，本方法回收率数据在 84.2%～102.5%之间，室内四个添加水平的相对标准偏差均在 3.89%～9.08%之间。

表 5-41　5 种头孢菌素添加回收率实验数据（$n=10$）

化合物	LOD		2 LOD		4 LOD		10 LOD	
	平均回收率/%	RSD/%	平均回收率/%	RSD/%	平均回收率/%	RSD/%	平均回收率/%	RSD/%
头孢唑啉	85.6	7.69	89.1	4.36	89.6	7.96	91.7	8.04
头孢匹林	86.7	7.93	92.4	6.89	95.4	6.84	93.8	6.14
头孢氨苄	84.2	6.32	95.3	5.08	98.1	5.35	94.3	6.58
头孢洛宁	87.2	7.24	91.7	8.10	102.5	6.48	94.1	3.89
头孢喹肟	93.7	4.98	96.5	4.87	91.5	4.57	97.9	9.08

5.2.5.10　方法适用性

采用本方法对油菜蜜、椴树蜜、荆条蜜、紫云英蜜、洋槐蜜、葵花蜜、荞麦蜜、枣花蜜、苜蓿蜜、党参蜜、五味子蜜、黄芪蜜十二个蜜种，在 2～100 μg/kg（LOD～10 LOD）四个不同水平的 5 种头孢菌素进行添加回收率实验，检查方法的适用性，其分析结果见表 5-42，从该表 5-42 可以看出，十二个蜜种在四个添加水平 5 种头孢菌素的回收率在 80.2%～107.8%之间，相对标准偏差在 2.82%～10.56%之间，说明方法的适用性良好。

5.2.5.11　重复性和再现性

在重复性试验条件下，获得的两次独立测试结果的绝对差值不超过重复性限（r），如果差值超过重复性限（r），应舍弃试验结果并重新完成两次单个试验的测定。在再现性试验条件下，获得的两次独立测试结果的绝对差值不超过再现性限（R）。被测物的含量范围、重复性和再现性方程见表 5-43。

表 5-42 不同蜜种 5 种头孢菌素添加回收率实验数据 ($n=10$)

化合物	油菜蜜				椴树蜜				荆条蜜				紫云英蜜			
	LOD	2 LOD	4 LOD	10 LOD	LOD	2 LOD	4 LOD	10 LOD	LOD	2 LOD	4 LOD	10 LOD	LOD	2 LOD	4 LOD	10 LOD
头孢噻啉	85.6	89.2	96.6	90.1	82.1	87.2	97.1	81.5	91.2	87.5	80.5	96.2	86.2	89.6	97.4	89.6
头孢匹林	92.2	97.5	88.1	90.4	84.6	90.8	98.6	86.7	89.7	83.4	92.3	98.5	90.1	82.7	105.7	91.2
头孢氨苄	86.4	85.7	91.2	101.5	80.2	85.6	102.3	95.3	93.1	85.6	87.6	103.4	87.5	97.8	81.7	94.3
头孢洛宁	92.3	97.6	89.3	91.7	85.7	101.2	87.1	97.4	82.5	104.2	91.2	95.6	105.6	92.5	84.5	103.4
头孢喹肟	97.4	105.8	101.7	97.4	92.6	89.5	82.4	87.6	86.1	87.1	86.7	93.7	86.5	96.2	91.6	85.7
平均回收率/%	90.8	95.2	93.4	94.2	85.0	90.9	93.5	89.7	88.5	89.6	87.7	97.5	91.2	91.8	92.2	92.8
标准偏差 SD	4.85	7.90	5.68	5.03	4.74	6.12	8.38	6.54	4.23	8.34	4.64	3.73	8.21	5.99	9.74	6.67
相对标准偏差 RSD/%	5.34	8.30	6.08	5.33	5.57	6.74	8.96	7.30	4.78	9.31	5.30	3.82	9.00	6.53	10.56	7.18

化合物	洋槐蜜				荞麦蜜				枣花蜜				黄芪蜜			
	LOD	2 LOD	4 LOD	10 LOD	LOD	2 LOD	4 LOD	10 LOD	LOD	2 LOD	4 LOD	10 LOD	LOD	2 LOD	4 LOD	10 LOD
头孢噻啉	94.6	87.2	97.6	94.1	92.1	87.2	97.1	81.5	81.2	85.5	80.5	86.2	80.2	89.6	97.4	89.6
头孢匹林	85.2	97.5	85.1	90.4	84.6	90.8	98.6	86.7	86.7	97.4	92.3	88.5	90.1	82.7	105.7	91.2
头孢氨苄	86.4	89.7	91.2	101.5	86.2	85.6	102.3	95.3	84.1	85.6	87.6	81.6	87.5	97.8	81.7	94.3
头孢洛宁	94.3	107.6	89.3	91.7	85.7	101.2	87.1	97.4	82.5	104.2	91.2	85.6	105.6	92.5	84.5	103.4
头孢喹肟	97.4	86.4	101.7	97.4	92.6	89.5	82.4	87.6	81.1	87.1	86.7	93.7	86.5	96.2	91.6	85.7
平均回收率/%	91.6	93.7	93.0	95.0	88.2	90.9	93.5	89.7	83.1	92.0	87.7	87.1	90.0	91.8	92.2	92.8
标准偏差 SD	5.43	8.93	6.64	4.50	3.80	6.12	8.38	6.54	2.34	8.44	4.64	4.44	9.46	5.99	9.74	6.67
相对标准偏差 RSD/%	5.93	9.54	7.14	4.73	4.31	6.74	8.96	7.30	2.82	9.18	5.30	5.10	10.50	6.53	10.56	7.18

化合物	苜蓿蜜				党参蜜				五味子蜜			
	LOD	2 LOD	4 LOD	10 LOD	LOD	2 LOD	4 LOD	10 LOD	LOD	2 LOD	4 LOD	10 LOD
头孢噻啉	81.6	87.2	97.6	94.1	82.1	87.2	97.1	94.1	90.2	87.5	80.5	86.2
头孢匹林	85.2	97.5	85.1	90.4	84.6	90.8	98.6	90.4	86.7	97.4	92.3	88.5
头孢氨苄	86.4	89.7	91.2	101.5	80.2	85.6	102.3	101.5	92.1	85.6	87.6	103.4
头孢洛宁	92.3	107.6	89.3	91.7	85.7	101.2	87.1	91.7	82.5	104.2	91.2	95.6
头孢喹肟	97.4	86.4	101.7	97.4	92.6	89.5	82.4	97.4	81.1	87.1	86.7	93.7
平均回收率/%	88.6	93.7	92.9	95.0	85.0	90.9	93.5	95.0	86.5	92.4	87.7	97.5
标准偏差 SD	6.26	8.93	6.54	4.50	4.74	6.12	8.38	4.50	4.75	8.10	4.64	3.73
相对标准偏差 RSD/%	7.06	9.54	7.04	4.73	5.57	6.74	8.96	4.73	5.49	8.77	5.30	3.82

表 5-43　5 种头孢菌素含量范围及重复性限和再现性限

化合物	含量范围/(μg/kg)	重复性限 r	再现性限 R
头孢唑啉	10～100	lg r=0.9465lg m−0.7255	lg R=0.9569lg m−0.6176
头孢匹林	2.0～20	lg r=0.9466lg m−0.7656	lg R=0.9680lg m−0.6771
头孢氨苄	2.0～20	lg r=0.9428lg m−0.7628	lg R=0.9494lg m−0.6452
头孢洛宁	2.0～20	r=0.1357 m+0.1326	lg R=0.9066lg m−0.6211
头孢喹肟	2.0～20	lg r=0.9421lg m−0.7610	lg R=0.9280lg m−0.6885

注：m 为两次测定结果的算术平均值

5.2.6　河豚鱼和鳗鱼中 5 种头孢菌素残留量的测定　液相色谱-串联质谱法[75]

5.2.6.1　适用范围

适用于河豚鱼和鳗鱼中头孢唑啉、头孢匹林、头孢氨苄、头孢洛宁、头孢喹肟残留量的液相色谱-串联质谱测定。方法检出限：头孢唑啉为 10 μg/kg；头孢匹林、头孢氨苄、头孢洛宁、头孢喹肟为 2.0 μg/kg。

5.2.6.2　方法原理

河豚鱼和鳗鱼中头孢唑啉、头孢匹林、头孢氨苄、头孢洛宁、头孢喹肟残留，用乙腈提取，旋转蒸发除去乙腈，用水定容，液相色谱-串联质谱仪测定，外标法定量。方法的检出限：头孢唑啉为 10 μg/kg；头孢匹林、头孢氨苄、头孢洛宁、头孢喹肟为 2.0 μg/kg。

5.2.6.3　试剂和材料

甲醇、乙腈：色谱纯；乙酸、正己烷为分析纯；乙腈饱和的正己烷：取 100 mL 正己烷和 50 mL 乙腈于 250 mL 分液漏斗中，振摇 1 min，静置分层后，弃掉乙腈。

头孢唑啉、头孢匹林、头孢氨苄、头孢洛宁、头孢喹肟标准物质纯度≥99%。

1.0 mg/mL5 种头孢菌素标准储备溶液：准确称取适量的每种标准物质，分别用水配制成浓度为 1.0 mg/mL 的标准储备溶液。储备液贮存在−18℃冰柜中。

5 种头孢菌素标准混合工作溶液：根据需要吸取适量的每种头孢菌素标准储备溶液，用水稀释成适当浓度的标准混合工作溶液。

5.2.6.4　仪器和设备

液相色谱-串联四极杆质谱仪：配有电喷雾离子源；分析天平：感量 0.1 mg、0.01 g；均质器；微量注射器：25 μL，100 μL；刻度样品管：5 mL，精度为 0.1 mL；高速冷冻离心机：带有 50 mL 具塞离心管，转速达到 10000 r/min 以上；氮气浓缩仪。

5.2.6.5　样品前处理

（1）试样制备

从全部样品中取出有代表性样品约 1 kg，充分搅碎，混匀，均分成两份，分别装入洁净容器内。密封后作为试样，标明标记。在抽样和制样的操作过程中，应防止样品受到污染或发生残留物含量的变化。将试样于−18℃保存。

（2）试样溶液的制备

称取 5 g 试样（精确到 0.01 g）置于 50 mL 离心管中，加入 20 mL 乙腈，使用均质器均质 1 min，提取液使用高速冷冻离心机在 10℃，10000 r/min 离心 10 min，把上层提取液移至另一离心管中。用 15 mL 乙腈重复提取一次，合并两次的提取液，并加入 10 mL 乙腈饱和的正己烷，振荡 1 min，弃掉正己烷。把提取液移至 100 mL 鸡心瓶中，在 40℃旋转蒸发除去乙腈，用 2 mL 水溶解残渣，摇匀后，样液过 0.2 μm 滤膜，供液相色谱-串联质谱仪测定。

（3）空白样品添加标准混合工作溶液的制备

分别准确移取适量 5 种头孢菌素标准混合工作溶液，添加到 5.0 g 样品中，按照上述步骤操作，制得头孢唑啉浓度分别为 10 μg/kg、20 μg/kg、40 μg/kg、100 μg/kg；头孢匹林、头孢氨苄、头孢洛宁、头孢喹肟浓度分别为 2.0 μg/kg、4.0 μg/kg、8.0 μg/kg、20 μg/kg 四个样品添加标准混合工作溶液，供液相色谱-串联质谱仪测定。

5.2.6.6　测定

（1）液相色谱条件

色谱柱：ZORBAX SB-C$_{18}$，3.5 μm，150 mm×2.1 mm（内径）或相当者；流动相组成、流速及梯度程序见表 5-35；柱温：30℃；进样量：20 μL。

（2）质谱条件

离子源：电喷雾离子源；扫描方式：正离子扫描；检测方式：多反应监测；电喷雾电压：5500 V；雾化气压力：0.055 MPa；气帘气压力：0.079 MPa；辅助气流速：6 L/min；离子源温度：400℃；定性离子对、定量离子对和去簇电压（DP）、碰撞气能量（CE）见表 5-36。

（3）定性测定

选择每种待测物质的一个母离子，两个以上子离子，在相同实验条件下，样品中待测物质的保留时间，与基质标准溶液中对应物质的保留时间偏差在±2.5%之内；样品谱图中各定性离子相对丰度与浓度接近的基质标准溶液的谱图中离子相对丰度相比，偏差不超过表 1-5 规定的范围，则可判定为样品中存在对应的待测物。

（4）定量测定

用空白样品添加标准混合工作溶液分别进样，以标准工作溶液浓度为横坐标，以峰面积为纵坐标，绘制标准工作曲线。用标准工作曲线对样品进行定量，样品溶液中 5 种头孢菌素的响应值均应在仪器测定的线性范围内。在上述色谱条件下，5 种头孢菌素标准物质的多反应监测（MRM）色谱图见图 5-6。

5.2.6.7　分析条件的选择

（1）提取溶液的选择

在本方法的研究中，根据河豚鱼和鳗鱼样品的特点和被测物的性质，利用乙腈具有脱蛋白质的作用，本方法采用乙腈作为提取液，消除基质对 5 种头孢菌素的干扰。分别完成河豚鱼、鳗鱼中 5 种头孢菌素用乙腈提取不同次数回收率实验，详见表 5-44 和表 5-45。实验发现，当两种样品用乙腈提取一次时，5 种头孢菌素的回收率范围为 80.6%～87.5%；用乙腈提取两次，5 种头孢菌素的回收率范围为 96.7%～101.4%，满足工作要求，因此，本方法使用乙腈作为提取液。

表 5-44　鳗鱼样品用乙腈提取 5 种头孢菌素的回收率

化合物	一次提取回收率/%	两次提取回收率/%
头孢唑啉	82.8	98.6
头孢匹林	81.2	96.7
头孢氨苄	80.6	101.2
头孢洛宁	84.1	98.7
头孢喹肟	86.3	99.2

表 5-45　河豚鱼样品用乙腈提取 5 种头孢菌素的回收率

化合物	一次提取回收率/%	两次提取回收率/%
头孢唑啉	85.7	97.8
头孢匹林	86.3	101.4
头孢氨苄	87.5	98.9
头孢洛宁	85.1	97.9
头孢喹肟	84.5	98.8

（2）液相色谱分析柱的选择

分别使用 μBondapak C$_{18}$ 300 mm×4.0 mm 色谱柱和 ZORBAX SB-C$_{18}$ 3.5 μm 150 mm×2.1 mm 色谱柱对 5 种头孢菌素的色谱行为进行了比较。实验发现，这两种色谱柱的灵敏度均能满足要求，但 μBondapak C$_{18}$ 300 mm×4.0 mm 色谱柱流速在 1.5 mL/min，进质谱仪之前必须分流，而分流时对 5 种头孢菌素结果的测定产生一定误差，而使用 ZORBAX SB-C$_{18}$ 3.5 μm 150 mm×2.1 mm 柱不需分流，定量准确度优于 μBondapak C$_{18}$ 柱，通过以上对两种色谱柱的比较，本方法选用 ZORBAX SB-C$_{18}$ 3.5 μm 150 mm×2.1 mm 为 5 种头孢菌素的分析柱。

5.2.6.8　线性范围和测定低限

配制含头孢匹林、头孢氨苄、头孢洛宁、头孢喹肟、头孢唑啉浓度分别为 2.5～200 ng/mL、2.5～200 ng/mL、2.5～200 ng/mL、2.5～200 ng/mL、12.5～1000 ng/mL 的样品基质混合标准溶液（0.5～40 LOD），在选定的条件下进行测定，进样量为 20 μL，用峰面积对标准溶液中各被测组分的浓度作图，头孢唑啉、头孢匹林、头孢氨苄、头孢洛宁、头孢喹肟的绝对量分别在 0.05～40 ng 范围内均呈线性关系，符合定量要求，其线性方程和校正因子见表 5-40。

在该方法操作条件下，5 种头孢菌素在添加水平 2～100 μg/kg（LOD～10 LOD）范围时，各自的测定响应值在仪器线性范围之内。同时，样品中头孢唑啉的添加浓度为 10 μg/kg；头孢匹林的添加浓度为 2.0 μg/kg；头孢氨苄的添加浓度为 2.0 μg/kg；头孢洛宁的添加浓度为 2.0 μg/kg；头孢喹肟的添加浓度为 2.0 μg/kg 时，所测谱图的信噪比远大于 10。因此，确定本方法的检出限头孢唑啉为 10 μg/kg；头孢匹林为 2.0 μg/kg；头孢氨苄为 2.0 μg/kg；头孢洛宁为 2.0 μg/kg；头孢喹肟为 2.0 μg/kg。

5.2.6.9　方法回收率和精密度

用不含 5 种头孢菌素的样品进行添加回收率和精密度实验，样品中添加 2～100 μg/kg（LOD～10 LOD）四个不同水平的 5 种头孢菌素标准后，摇匀，使标准物与样品充分吸收，然后按本方法进行提取和净化，用高效液相色谱-串联质谱仪测定，其回收率和精密度见表 5-46。从表 5-46 可以看出，本方法回收率数据在 91.4%～109.1%之间，室内四个添加水平的相对标准偏差均在 1.53%～6.52%之间。

表 5-46　河豚鱼和鳗鱼中 5 种头孢菌素添加回收率实验数据（n=10）

化合物	河豚鱼				鳗鱼			
	LOD	2 LOD	4 LOD	10 LOD	LOD	2 LOD	4 LOD	10 LOD
头孢唑啉	92.6	97.3	94.2	97.5	94.9	97.1	97.4	97.1
头孢匹林	97.8	95.1	97.1	91.4	98.4	96.2	96.5	96.4
头孢氨苄	101.8	94.8	91.9	94.7	96.3	98.1	91.4	98.2
头孢洛宁	95.3	97.2	105.6	107.8	109.1	104.2	95.2	105.6
头孢喹肟	91.8	94.1	98.7	94.3	97.4	98.5	102.5	94.2
平均回收率/%	95.9	95.7	97.5	97.1	99.2	98.8	96.6	98.3
标准偏差 SD	4.08	1.46	5.23	6.34	5.67	3.14	4.01	4.33
RSD/%	4.25	1.53	5.37	6.52	5.72	3.18	4.16	4.41

5.2.6.10　重复性和再现性

在重复性试验条件下，获得的两次独立测试结果的绝对差值不超过重复性限（r），如果差值超过重复性限（r），应舍弃试验结果并重新完成两次单个试验的测定。在再现性试验条件下，获得的两次独立测试结果的绝对差值不超过再现性限（R）。被测物的含量范围、重复性和再现性方程见表 5-47。

表5-47 5种头孢菌素含量范围及重复性限和再现性限方程

化合物	含量范围/(μg/kg)	重复性限 r	再现性限 R
头孢唑啉	10～100	lg r=0.9719 lg m−1.0535	lg R=0.8908 lg m−0.5148
头孢匹林	2.0～20	lg r=1.2213 lg m−1.1577	R=0.1947 m+0.1223
头孢氨苄	2.0～20	lg r=1.0504 lg m−1.0257	lg R=0.9167 lg m−0.6055
头孢洛宁	2.0～20	lg r=1.0704 lg m−1.1173	lg R=0.8523 lg m−0.6099
头孢喹肟	2.0～20	lg r=0.6656 lg m−0.7313	lg R=0.9261 lg m−0.6502

注：m 为两次测定结果的算术平均值

5.2.7 牛奶和奶粉中4种头孢菌素残留量的测定 液相色谱-串联质谱法[74]

5.2.7.1 适用范围

牛奶和奶粉中头孢匹林、头孢氨苄、头孢洛宁、头孢喹肟残留量的液相色谱-串联质谱测定。牛奶的方法检出限：头孢匹林、头孢氨苄、头孢洛宁、头孢喹肟为 4.0 μg/kg；奶粉的方法检出限为：头孢匹林、头孢氨苄、头孢洛宁、头孢喹肟为 32 μg/kg。

5.2.7.2 方法原理

牛奶和奶粉中头孢匹林、头孢氨苄、头孢洛宁、头孢喹肟残留，用乙腈、磷酸盐缓冲溶液提取，固相萃取柱净化，液相色谱-串联质谱仪测定，外标法定量。

5.2.7.3 试剂和材料

甲醇、乙腈：色谱纯；磷酸二氢钠（NaH_2PO_4）、氢氧化钠、乙酸、正己烷：优级纯。

乙腈-水溶液（3+1，v/v）：量取 60 mL 乙腈和 20 mL 水充分混合。乙腈饱和的正己烷：取 100 mL 正己烷和 50 mL 乙腈于 250 mL 分液漏斗中，振摇 1 min，静置分层后，弃掉乙腈。5 mol/L 氢氧化钠溶液：称取 20 g 氢氧化钠，用水溶解，定容至 100 mL。0.10 mol/L 磷酸二氢钠缓冲溶液：称取 12.0 g 磷酸二氢钠，用水溶解，定容至 1000 mL，然后用氢氧化钠溶液调节至 pH8.5。

头孢匹林、头孢氨苄、头孢洛宁、头孢喹肟标准物质纯度≥99%。

1.0 mg/mL 四种头孢菌素标准储备溶液：准确称取适量的每种标准物质，分别用水配制成浓度为 1.0 mg/mL 的标准储备溶液。储备液贮存在−18℃冰柜中。

四种头孢菌素标准混合工作溶液：根据需要吸取适量的每种头孢菌素标准储备溶液，用水制成适当浓度的混合标准工作溶液。

Oasis HLB 固相萃取柱或相当者：500 mg，6 mL。使用前依次用 5 mL 甲醇、5 mL 水和 10 mL 磷酸二氢钠缓冲溶液预处理，保持柱体湿润。

5.2.7.4 仪器和设备

液相色谱-串联四极杆质谱仪，配有电喷雾离子源；分析天平：感量 0.1 mg、0.01 g；固相萃取真空装置；贮液器：50 mL；微量注射器：25 μL，100 μL；均质器；高速冷冻离心机：带有 50 mL 具塞离心管，转速达到 10000 r/min 以上；刻度样品管：5 mL，精度为 0.1 mL；旋转浓缩仪；氮气浓缩仪。

5.2.7.5 样品前处理

（1）试样制备

从全部样品中取出有代表性样品约 1 kg，充分混匀，均分成两份，分别装入洁净容器内。密封后作为试样，标明标记。在抽样和制样的操作过程中，应防止样品受到污染或发生残留物含量的变化。将试样于−18℃保存。

（2）试样溶液的提取

a. 牛奶：称取 5 g 试样（精确到 0.01 g）置于 50 mL 离心管中，加入 20 mL 乙腈，使用均质器均质 1 min，提取液使用高速冷冻离心机在 10℃ 10000 r/min 离心 10 min，把上层提取液移至另一离心管中。用 15 mL 乙腈-水溶液重复提取一次，合并两次的提取液，并加入 10 mL 乙腈饱和的正己烷，振荡 1 min，弃掉正己烷。把提取液移至 100 mL 鸡心瓶中，在 40℃用旋转浓缩仪旋转蒸发除去乙腈。

b. 奶粉：称取 0.5 g 试样（精确到 0.01 g）置于 50 mL 离心管中，加入 4.0 mL 水，使奶粉充分溶解，加入 20 mL 乙腈，使用均质器均质 1 min，提取液使用高速冷冻离心机在 10℃ 10000 r/min 离心 10 min，把上层提取液移至另一离心管中。用 15 mL 乙腈水溶液重复提取一次，合并两次的提取液，并加入 10 mL 乙腈饱和的正己烷，振荡 1 min，弃掉正己烷。把提取液移至 100 mL 鸡心瓶中，在 40℃用旋转浓缩仪旋转蒸发除去乙腈。

（3）试样溶液的净化

向已除去乙腈的样品溶液中加入 20 mL 磷酸二氢钠缓冲溶液，然后用氢氧化钠溶液调节至 pH=8.5。把样品提取液移至下接 Oasis HLB 固相萃取柱的贮液器中，以 3 mL/min 的流速通过固相萃取柱，先用 5 mL 磷酸二氢钠缓冲溶液洗涤鸡心瓶并过柱，再用 2 mL 水洗柱，弃去全部流出液。用 2 mL 乙腈洗脱，收集洗脱液于刻度样品管中，在 40℃氮气浓缩仪吹干，用 2 mL 水溶解残渣，摇匀后，过 0.2 μm 滤膜，供液相色谱-串联质谱仪测定。

（4）空白样品添加标准混合工作溶液的制备

a. 牛奶分别准确移取适量四种头孢菌素标准混合工作溶液，添加到 5.0 g 样品中，按照上述步骤操作，制得头孢匹林、头孢氨苄、头孢洛宁、头孢喹肟浓度分别为 4.0 μg/kg、8.0 μg/kg、16 μg/kg、40 μg/kg 四个样品添加标准混合工作溶液，供液相色谱-串联质谱仪测定。

b. 奶粉分别准确移取适量四种头孢菌素标准混合工作溶液，添加到 0.5 g 样品中，按照上述提取净化步骤操作，制得头孢匹林、头孢氨苄、头孢洛宁、头孢喹肟浓度分别为 32 μg/kg、64 μg/kg、128 μg/kg、320 μg/kg 四个样品添加标准混合工作溶液，供液相色谱-串联质谱仪测定。

5.2.7.6　测定

（1）液相色谱条件

色谱柱：ZORBAX SB-C$_{18}$，3.5 μm，150 mm×2.1 mm（内径）或相当者；流动相组成、流速及梯度程序见表 5-35；柱温：30℃；进样量：20 μL。

（2）质谱条件

离子源：电喷雾离子源；扫描方式：正离子扫描；检测方式：多反应监测；电喷雾电压：5500 V；雾化气压力：0.055 MPa；气帘气压力：0.079 MPa；辅助气流速：6 L/min；离子源温度：400℃；定性离子对、定量离子对和去簇电压（DP）、碰撞气能量（CE）见表 5-36。

（3）定性测定

选择每种待测物质的一个母离子，两个以上子离子，在相同实验条件下，样品中待测物质的保留时间，与基质标准溶液中对应物质的保留时间偏差在±2.5%之内；样品谱图中各定性离子相对丰度与浓度接近的基质标准溶液的谱图中离子相对丰度相比，偏差不超过表 1-5 规定的范围，则可判定为样品中存在对应的待测物。

（4）定量测定

用基质标准混合工作溶液分别进样，以标准工作溶液浓度为横坐标，以峰面积为纵坐标，绘制标准工作曲线。用标准工作曲线对样品进行定量，样品溶液中四种头孢菌素的响应值均应在仪器测定的线性范围内。在上述色谱条件下，4 种头孢菌素标准物质的多反应监测（MRM）色谱图见图 5-6。

5.2.7.7　分析条件的选择

（1）固相萃取柱的选择

在本方法的研究中，用 Oasis HLB 固相萃取柱、BUND ELUT C$_{18}$ 固相萃取柱、ENVI-18 固相萃取柱、Octadecyl C$_{18}$ 固相萃取柱、LiChrolut EN 固相萃取柱和 Sep-Pak C$_{18}$ 固相萃取柱共六种固相萃取柱对四种头孢菌素的提取效率和净化效果进行了比较。实验发现，Sep-Pak C$_{18}$ 固相萃取柱回收率低（只有 50%～60%），且净化效果也不理想，Sep-Pak C$_{18}$ 固相萃取柱不适合本方法。ENVI-18 固相萃取柱、LiChrolut EN 固相萃取柱和 Octadecyl C$_{18}$ 固相萃取柱的回收率均好，但样品溶液过柱速度较慢，样品预处理时间长，有的还存在着不同批次之间回收率的不稳定。Oasis HLB 固相萃取柱、BUND ELUT C$_{18}$ 固相萃取柱对四种头孢菌素的提取效率和净化效果较好，四种头孢菌素回收率的重现性也优于其他固相萃取柱。而 Oasis HLB 固相萃取柱样品溶液过柱速度优于 BUND ELUT C$_{18}$ 固相萃取柱，因此，本方法选用 Oasis HLB 固相萃取柱作为样品净化柱。

（2）提取溶液的选择

在本方法的研究中，根据牛奶样品的特点和被测物的性质，确定磷酸二氢钠缓冲溶液作为提取液。通过回收率实验，比较了提取液中磷酸二氢钠缓冲溶液浓度和 pH 对四种头孢菌素回收率的影响，结果见表 5-48 和表 5-49。

表 5-48　提取液浓度对四种头孢菌素回收率（%）的影响

化合物	0.05 mol/L	0.083 mol/L	0.10 mol/L	0.15 mol/L	0.17 mol/L
头孢匹林	85.6	93.2	96.5	94.8	91.1
头孢氨苄	89.5	96.6	97.2	92.5	89.9
头孢洛宁	86.6	95.2	98.4	97.8	90.3
头孢喹肟	85.6	94.9	99.7	97.9	92.2

表 5-49　提取液 pH 对六种头孢菌素回收率（%）的影响

化合物	6.0	7.0	7.5	8.0	8.5	9.0
头孢匹林	71.2	81.6	90.5	94.6	96.8	95.7
头孢氨苄	56.8	69.4	78.6	86.9	94.6	90.8
头孢洛宁	39.8	58.6	76.1	89.5	97.1	94.6
头孢喹肟	68.9	76.2	89.7	92.7	95.4	92.5

从表 5-48 和表 5-49 可以看出，当提取液中磷酸二氢钠浓度为 0.10 mol/L，pH 为 8.5 时，四种头孢菌素回收率最佳，因此，本方法使用 pH 8.5，0.10 mol/L 磷酸二氢钠溶液作为提取液。

5.2.7.8　线性范围和测定低限

配制含头孢匹林、头孢氨苄、头孢洛宁、头孢喹肟浓度分别为 2.5～200 ng/mL 的样品基质混合标准溶液（0.5 LOD 奶粉～20 LOD 牛奶），在选定的条件下进行测定，进样量为 20 μL，用峰面积对标准溶液中各被测组分的浓度作图，头孢匹林、头孢氨苄、头孢洛宁、头孢喹肟的绝对量分别在 0.04～2 ng 范围内均呈线性关系，符合定量要求，其线性方程和校正因子见表 5-40。

在该方法操作条件下，四种头孢菌素对牛奶样品在添加水平（LOD～10 LOD）4.0～40 μg/kg，对奶粉样品在添加水平（LOD～10 LOD）20～200 μg/kg 范围时，各自的测定响应值在仪器线性范围之内。同时，牛奶样品中头孢匹林、头孢氨苄、头孢洛宁、头孢喹肟的添加浓度为 4.0 μg/kg，奶粉样品中头孢匹林、头孢氨苄、头孢洛宁、头孢喹肟的添加浓度为 20 μg/kg 时，所测谱图的信噪比远大于 10。因此，确定本方法牛奶的检出限：头孢匹林、头孢氨苄、头孢洛宁、头孢喹肟为 4.0 μg/kg；奶粉的检出限：头孢匹林、头孢氨苄、头孢洛宁、头孢喹肟为 20 μg/kg。

5.2.7.9　方法回收率和精密度

用不含四种头孢菌素的样品进行添加回收率和精密度实验，牛奶样品中添加 4.0～40 μg/kg（LOD～10 LOD），奶粉样品中添加 20～200 μg/kg（LOD～10 LOD），四个不同水平的四种头孢菌素标准后，摇匀，使标准物与样品充分吸收，然后按本方法进行提取和净化，用高效液相色谱-串联质谱仪测定，其回收率和精密度见表 5-50。从表 5-50 可以看出，本方法回收率在 80.2%～107.6% 之间，室内四个添加水平的相对标准偏差均在 6.32%～10.65% 之间。

表 5-50 牛奶和奶粉中四种头孢菌素添加回收率（%）（$n=10$）

化合物	牛奶				奶粉			
	LOD	2 LOD	4 LOD	10 LOD	LOD	2 LOD	4 LOD	10 LOD
头孢匹林	85.2	97.5	85.1	90.4	84.6	90.8	98.6	86.7
头孢氨苄	86.4	89.7	91.2	101.5	80.2	85.6	102.3	95.3
头孢洛宁	92.3	107.6	89.3	91.7	85.7	101.2	87.1	97.4
头孢喹肟	97.4	86.4	101.7	97.4	92.6	89.5	82.4	87.6
平均回收率/%	88.8	90.5	89.8	94.0	86.3	88.6	90.1	89.5
标准偏差 SD	8.54	8.96	7.21	7.95	9.19	5.60	8.03	7.17
RSD/%	9.61	9.91	8.03	8.46	10.65	6.32	8.92	8.01

5.2.7.10 重复性和再现性

在重复性试验条件下，获得的两次独立测试结果的绝对差值不超过重复性限（r），如果差值超过重复性限（r），应舍弃试验结果并重新完成两次单个试验的测定。在再现性试验条件下，获得的两次独立测试结果的绝对差值不超过再现性限（R）。被测物的含量范围、重复性和再现性方程见表 5-51。

表 5-51 四种头孢菌素含量范围及重复性限和再现性限方程

化合物	含量范围/(μg/kg)	重复性限 r	再现性限 R
头孢匹林	4.0～200	lg $r=1.0589$ lg $m-1.1748$	lg $R=1.0218$ lg $m-0.6945$
头孢氨苄	4.0～200	lg $r=1.0614$ lg $m-1.1774$	lg $R=1.0270$ lg $m-0.7020$
头孢洛宁	4.0～200	lg $r=1.0609$ lg $m-1.1771$	lg $R=1.0609$ lg $m-1.1771$
头孢喹肟	4.0～200	lg $r=1.0653$ lg $m-1.1887$	lg $R=1.0241$ lg $m-0.6985$

注：m 为两次测定结果的算术平均值

参 考 文 献

[1] GB/T 18932.25—2005 蜂蜜中青霉素 G、青霉素 V、乙氧青霉素、苯唑青霉素、邻氯青霉素、双氯青霉素残留量的测定方法液相色谱-串联质谱法. 北京：中国标准出版社，2005

[2] Goto T，Ito Y，Yamada S，Matsumoto H，Oka H. High-throughput analysis of tetracycline and penicillin antibioticsin animal tissues using electrospray tandem mass spectrometry with selected reaction monitoring transition. Journal of Chromatography A，2005，1100（2）：193-199

[3] Bailón-Pérez M I，García-Campaña A M，Del Olmo Iruela M，Cruces-Blanco C，Gámiz Gracia L.Multiresidue determination of penicillins in environmental waters and chicken muscle samples by means of capillary electrophoresis-tandem mass spectrometry. Electrophoresis，2009，30（10）：1708-1717

[4] Daeseleire E，De Ruyck H，Van Renterghem R. Confirmatory assay for the simultaneous detection of penicillins and cephalosporins in milk using liquid chromatography/tandem mass spectrometry. Rapid Commun Mass Spectrom，2000，14（15）：1404-1409

[5] Becker M，Zittlau E，Petz M. Residue analysis of 15 pencillins and cephalosporins in bovine muscle，kidney and milk by liquid chromatography-tandem mass spectrometry.Analytica Chimica Acta，2004，520（1-2）：19-32

[6] Makeswaran S，Patterson I，Points J. An analytical method to determine conjugated residues of ceftiofur in milk using liquid chromatography with tandem mass spectrometry. Analytica Chimica Acta，2005，529（1-2）：151-157

[7] Ang C Y W，Luo W H，Call V L，Righter H F. Comparison of liquid chromatography with microbial inhibition assay for determination of incurred amoxicillin and ampicilin residues in milk. Journal of Agricultural and Food Chemistry，1997，45（11）：4351-4356

[8] Holstege D M，Puschner B，Whitehead G，Galey F D. Screening and mass spectral confirmation of β-lactam antibiotic residues in milk using LC-MS/MS. Journal of Agricultural and Food Chemistry，2002，50（2）：406-411

[9] Wang J. Confirmatory determination of six penicillins in honey by liquid chromatography/electrospray ionization-tandem

mass spectrometry. Journal of AOAC International，2004，87（1）：45-55

[10] Meetsehen U，Petz M. Proceedings of the Euro residue conference on residues of veterinary drugs in food. Z Lebensm UntersForsch，1991，193：337-343

[11] GB/T 20755—2006 畜禽肉中九种青霉素类药物残留量的测定　液相色谱-串联质谱法.北京：中国标准出版社，2006

[12] Reyns T，Cherlet M，De Baere S，De Backer P，Croubels S. Rapid method for the quantification of amoxicillin and its major metabolites in pig tissues by liquid chromatography-tandem mass spectrometry with emphasis on stability issues. Journal of Chromatography B，2008，861（1）：108-116

[13] Ghidini S，Zanardi E，Varisco G，Chizzolini R. Residues of β-lactam antibiotics in bovine milk：Confirmatory analysis by liquid chromatography tandem mass spectrometry after microbial assay screening. Food Additives and Contaminants，2003，20（6）：528-534

[14] Riediker S，Diserens J M，Stadler R H. Analysis of β-lactam antibiotics in incurred raw milk by rapid test methods and liquid chromatography coupled with electrospray ionization tandem mass spectrometry. Journal of Agricultural and Food Chemistry，2001，49（9）：4171-4176

[15] Mastovska K，Lightfield A R. Streamlining methodology for the multiresidue analysis of β-lactam antibiotics in bovine kidney using liquid chromatography-tandem mass spectrometry. Journal of Chromatography A，2008，1202（2）：118-123

[16] Fagerquist C K，Lightfield A R. Confirmatory analysis of β-lactam antibiotics in kidney tissue by liquid chromatography/ electrospray ionization selective reaction monitoring ion trap tandem massspectrometry. Rapid Communications in Mass Spectrometry，2003，17（7）：660-671

[17] Fagerquist C K，Lightfield A R，Lehotay S J. Confirmatory and quantitative analysis of β-Lactam antibiotics in bovine kidney tissue by dispersive solid-phase extraction and liquid chromatography-tandem mass spectrometry. Analytical Chemistry，2005，77（5）：1473-1482

[18] 李俊锁，邱月明，王超. 兽药残留分析.上海：上海科学出版社.2002：313

[19] 孙雷，张骊，汪霞，王树槐，毕言峰，徐倩. 超高效液相色谱-串联质谱法对动物源性食品中 13 种 β-内酰胺类药物残留的检测. 分析测试学报，2009，28（5）：576-580

[20] 赵军，朱晨，王晖. 反相高效液相色谱法同时测定多种 β-内酰胺类抗生素. 山东大学学报，2006，36（3）：69-72

[21] 罗道栩，邓国东，肖田安，曾平. 牛奶中氨苄青霉素残留检测方法研究.中国兽药杂志，2002，36（12）：21-23

[22] Santos S M，Henriques M，Duarte A C，Esteves V I. Development and application of a capillary electrophoresis based method for the simultaneous screening of six antibiotics in spiked milk samples. Talanta，2007，71（2）：731-737

[23] Ang C Y W，Luo W，Hansen E B Jr，Freeman J P，Thompson H C Jr. Determination of amoxicillin in catfish and salmon tissues by liquid chromatography with precolumn formaldehyde derivatization. Journal of AOAC International，1996，79（2）：389-396

[24] Bosion J O，Salisbury C D，Chan W，MacNeil J D. Determination of penicillin G residues in edible animal tissues by liquid chromatography. Journal—Association of Official Analytical Chemists，1991，74（3）：497-501

[25] 黄百芬，任一平，蔡增轩，莫燕霞. LC-MS/MS 测定牛奶中六种青霉素类抗生素残留. 中国食品卫生杂志，2001，19（1）：32-35

[26] Lihl S，Rehorek A，Petz M. High-performance liquid chromatographic determination of penicillins by means of automated solid-phase extraction and photochemical degradation with electrochemical detection. Journal of Chromatography A，1996，729（1-2）：229-235

[27] Marasuela M D，Bogialli S. A review of novel strategies of sample preparation for the determination of antibacterial residues in foodstuffs using liquid chromatography-based analytical methods. Analytica Chimica Acta，2009，645（1-2）：5-17

[28] Riediker S，Stadler R H. Simultaneous determination of five β-lactam antibiotics in bovine milk using liquid chromatography coupled with electrospray ionization tandem mass spectrometry. Analytical Chemistry，2001，73（7）：1614-1621

[29] Sørensen L K，Snor L K，Elkær T，Hansen H. Simultaneous determination of seven penicillins in muscle，liver and kidney tissues from cattle and pigs by a multiresidue high-performance liquid chromatographic method. Journal of Chromatography B，1999，734（2），307-318

[30] 白国涛，储晓刚，潘国卿，李秀琴，雍伟. 超高效液相色谱-串联质谱法测定牛肉中 9 种头孢菌素类药物残留. 色谱，2009，27（4）：417-420

[31] 张琦，叶能胜，谷学新，郝晓丽，刘妮. 固相萃取-胶束电动色谱法测定牛奶中的 4 种 β-内酰胺类抗生素. 色谱，2008，26（6）：682-686

[32] Terada H，Asanoma M，Sakabe Y. Studies on residual antibacterials in foods：III. High-performance liquid chromatographic determination of penicillin g in animal tissues using an on-line pre-column concentration and purification system. Journal of Chromatography A，1985，318：299-306

[33] Preu M，Petz M.Isotope dilution GC-MS of benzylpenicillin residues in bovine muscle. Analyst，1998，123（12）：2785-2788

[34] Karageorgou E G，Samanidou V F. Development and validation according to European Union Decision 2002/657/EC of an HPLC-DAD method for milk multi-residue analysis of penicillins and amphenicols based on dispersive extraction by QuEChERS in MSPD format. Journal of Separation Science，2011，34（15）：1893-1901

[35] Pérez-Burgos R，Grzelak E M，Gokce G，Saurina J，Barbosa J，Barrón D.Quechers methodologies as an alternative to solid phase extraction（SPE）for the determination and characterization of residues of cephalosporins in beef muscle using LC-MS/MS. Journal of Chromatography B，2012，899（1）：57-65

[36] Cederfur J，Pei Y X，Zihui M，Kempe M. Synthesis and screening of a molecularly imprinted polymer library targeted for penicillin G. Journal of Combinatorial Chemistry，2003，5（1）：67-72

[37] Zhang J，Wang H，Liu W，Bai L，Lu J.Synthesis of molecularly imprinted polymer for sensitive penicillin determination in milk. Analytical Letters，2008，41（18）：3411-3419

[38] Dietrich R，Usleber E，Märtlbauer E. The potential of monoclonal antibodies against ampicillin for the preparation of a multi-immunoaffinity chromatography for penicillins. Analyst，1998，123（12）：2749-2754

[39] 陈号. 青霉素类药物族特异性抗体及 IAC 柱的制备. 合肥：安徽农业大学硕士学位论文，2008

[40] 刘媛，丁岚，谢孟峡，刘素英，杨清峰，单吉浩. 动物组织中阿莫西林残留的液相色谱分析方法研究. 色谱. 2003，21（6）：541-544

[41] Beconi-Barker M G，Roof R D，Millerioux L，Kausche F M，Vidmar T J，Smith E B，Callahan J K，Hubbard V L，Smith G A，Gilbertson T J. Determination of ceftiofur and its desfuroylceftiofur-related metabolites in swine tissues by high-performance liquid chromatography. Journal of Chromatography B，1995，673（2）：231-244

[42] Popelka P，Nagy J，Germuska R，Marcinčák S，Jevinová P，De Rijk A. Comparison of various assay used for detection of beta-lactam antibiotics inpoultry meat. Food Additives & Contaminants，2005，22（6）：557-562

[43] Iwaki K，Okumura N，Yamazaki M，Nimura N，Kinoshita T. Precolumn derivatization technique for high-performance liquid chromatographic determination of penieillinswith fluorescence detection. Journal of Chromatography A，1990，504（2）：359-367

[44] Meng X，Peng J. Liquid chromatographic analysis of cephalexin in human plasma by fluorescence detection of the 9-fluorenylmethyl chloroformate derivative. Analytical Letters，2009，42（12）：1844-1854

[45] Blanchin M D，Fabre H，Mandrou B. Fluorescamine post-column derivatization for the HPLC determination of cephalosporins in plasma and urine. Journal of Liquid Chromatography，1988，11（14）：2993-3010

[46] Stead S L，Ashwin H，Richmond S F，Sharman M，Langeveld P C，Barendse J P，Stark J，Keely B J. Evaluation and validation according to international standards of the Delvotest SP-NT screening assay for antimicrobial drugs in milk. International Dairy Journal，2008，18（1）：3-11

[47] Wachira W M，Shitandi A，Ngure R. Determination of the limit of detection of penicillin G residues in poultry meat using a low cost microbiological method. International Food Research Journal，2011，18（3）：1148-1153

[48] 陈号，彭开松，朱良强，祁克宗. 动物源食品中 β-内酰胺类药物残留分析方法的研究进展. 中国兽药杂志，2008，42（5）：42-45

[49] Grzelak E M，Malinowska I，Choma I M. Determination of cefacetrile and cefuroxime residues in milk by thin-layer chromatography. Journal of Liquid Chromatography & Related Technologies，2009，32（44）：2043-2049

[50] 卢英强，宣兆艳，崔佰君，徐晶华，祁柏宇，刘莉，张林庆，于广池. TLC 法鉴定皮肤及肌肉组织中的青霉素. 吉林大学学报（医学版），2003，29（6）：780-782

[51] Setford SJ，Van Es RM，Blankwater YJ，Kröger S.Receptor binding protein amperometric affinity sensor for rapid β-lactam quantification in milk. Analytica Chimica Acta，1999，398（1）：13-22

[52] 朱丹成. 毛细管区带电泳法测定氨苄青霉素的含量. 安徽医药，2001，12（4）：304-306

[53] 姚晔，邓宁，余沐洋，何建波. 胶束电动毛细管电泳法分离检测 5 种 β-内酰胺类抗生素. 食品科学，2011，32（16）：253-256

[54] Terada H，Sakabe Y. Studies on residual antibacterials in foods. IV. Simultaneous determination of penicillin G，penicillin V and ampicillin in milk by high-performance liquid chromatography.Journal of Chromatography A，1985，348：379-387

[55] Blanchflower W J，Hewitt S A，Kennedy D G. Confirmatory assay for the simultaneous detection of five penicillins in

muscle，kidney and milk using liquid chromatography-electrospray mass spectrometry. Analyst，1994，119（12）：2595-2601

[56] Msagati T A M，Nindi M M. Determination of β-lactam residues in foodstuffs of animal origin using supported liquid membrane extraction and liquid chromatography-mass spectrometry. Food Chemistry，2007，100（2）：836-844

[57] Keever J，Voyksner R D，Tyczkowska K L. Quantitative determination of ceftiofur in milk by liquid chromatography electrospray mass spectrometry. Journal of Chromatography A，1998，794（1-2）：57-62

[58] Tyczkowska K L，Voyksner R D，Straub R F，Aronson A L. Simultaneous multiresidue analysis of beta-lactam antibiotics in bovine milk by liquid chromatography with ultraviolet detection and confirmation by electrospray mass spectrometry. Journal of AOAC International，1994，77（5）：1122-1131

[59] Bruno F，Curini R，Di Corcia A，Nazzari M，Samperi R. Solid-phase extraction followed by liquid chromatography-mass spectrometry for trace determination of β-lactam antibiotics in bovine milk. Journal of Agricultural and Food Chemistry，2001，49（7）：3463-3470

[60] Voyskner R D，Pack T. Investigation of collisional-activation decomposition process and spectra in the transport regions of an electrospray single-quadrupole mass spectrometry. Rapid Communications in Mass Spectrometry，1991，5（6）：263-268

[61] Bogialli S，Capitolino V，Curini R，Di Corcia A，Nazzari M，Sergi M. Simple and rapid liquid chromatography-tandem mass spectrometry confirmatory assay for determining amoxicillin and ampicillin in bovine tissues and milk. Journal of Agricultural and Food Chemistry，2004，52（11）：3286-3291

[62] Xi W Y，He L M，Guo C N，Cai Q R，Zeng Z L. Simultaneous determination of amoxicillin and clavulanic acid in dog plasma by high-performance liquid chromatography tandem mass spectrometry. AnalyticalLetters，2012，45（13）：1764-1776

[63] Feng S，Chattopadhaya C，Kijak P，Chiesa O A，Tall E A. A determinative and confirmatory method for ceftiofur metabolite desfuroylceftiofur cysteine disulfide in bovine kidney by LC-MS/MS. Journal of Chromatography B，2012，898（1）：62-68

[64] Heller D N，Ngoh M A. Electrospray ionization and tandem ion trap mass spectrometry for the confirmation of seven beta-lactam antibiotics in bovine milk. Rapid Communications in Mass Spectrometry，1998，12（24）：2031-2040

[65] Becker M，Zittlau E，Petz M. Quantitative determination of ceftiofur-related residues in bovine raw milk by LC-MS/MS with electrospray ionization. European Food Research and Technology，2003，217（5）：449-456

[66] 张佳. 放射性受体分析法快速筛检动物组织中β-内酰胺类兽药残留. 福州：福建农林大学硕士学位论文，2007

[67] 陆彦，王金洛，徐福洲，李永清，杨兵，戴小华，吴国娟. 抗氨苄青霉素单克隆抗体的制备及初步鉴定. 动物医学进展，2005，26（2）：67-70

[68] Xie H，Ma W，Liu L，Chen W，Peng C，Xu C，Wang L. Development and validation of an immunochromatographic assay for rapid multi-residues detection of cephems in milk. Analytica Chimica Acta，2003，634（1）：129-133

[69] Samsonova Z V，Shchelokova O S，Ivanova N L，Rubtsova M Y，Egorov A M. Enzyme-linked immunosorbent assay of ampicillin in milk. Applied Biochemistry and Microbiology，2005，41（6）：589-595

[70] Strasser A，Usleber E，Schneider E，Dietrich R，Burk C，Martlbauer E.Improved enzyme immunoassay for group-specific determination of penicillins in milk. Food and Agricultural Immunology，2003，15（2）：135-143

[71] Dillon P P，Daly S J，Browne J G，Manning B M，Loomans E，Amerongen A V，Kennedy R O. Application of an immunosensor for the detection of the beta-laetam antibiotic，cephalexin. Food and Agricultural Immunology，2003，15（3-4）：225-234

[72] GB/T 22975—2008 牛奶和奶粉中阿莫西林、氨苄西林、哌拉西林、青霉素 G、青霉素 V、苯唑西林、氯唑西林、萘夫西林和双氯西林残留量的测定 液相色谱-串联质谱法. 北京：中国标准出版社，2008

[73] GB/T 22952—2008 河豚鱼和鳗鱼中阿莫西林、氨苄西林、哌拉西林、青霉素 G、青霉素 V、苯唑西林、氯唑西林、萘夫西林、双氯西林残留量的测定 液相色谱-串联质谱法. 北京：中国标准出版社，2008

[74] GB/T 22989—2008 牛奶和奶粉中头孢匹林、头孢氨苄、头孢洛宁、头孢喹肟残留量的测定 液相色谱-串联质谱法. 北京：中国标准出版社，2008

[75] GB/T 22960—2008 河豚鱼和鳗鱼中头孢唑啉、头孢匹林、头孢氨苄、头孢洛宁、头孢喹肟残留量的测定 液相色谱-串联质谱法. 北京：中国标准出版社，2008

[76] GB/T 22942—2008 蜂蜜中头孢唑啉、头孢匹林、头孢氨苄、头孢洛宁、头孢喹肟残留量的测定 液相色谱-串联质谱法. 北京：中国标准出版社，2008

6 大环内酯类和林可胺类药物

6.1 概　　述

大环内酯类药物（macrolide，MAL）是一个庞大和重要的抗生素类群。1957 年，Woodward 首次使用"大环内酯"这一名称来描述这类化合物。绝大多数 MALs 由链霉菌属产生，少数由小单孢菌属产生。本类药物中，红霉素是第一个在临床上取得广泛应用的药物，目前已发现的 MALs 达 100 多种。这类抗生素的结构、理化性质和生物学效应很相似，其共有的特征是抗革兰氏阳性菌活性、抗支原体活性和低毒性；结构中含有十二元、十四元或十六元内酯环母核，并通过苷键连接有 1～3 个中性或碱性糖链（见图 6-1）。属十四元大环的有红霉素、竹桃霉素；属十六元大环的有泰乐菌素、吉他霉素（又名北里霉素）和螺旋霉素。替米考星和美罗沙霉素是泰乐菌素的半合成衍生物，相比于其他 MALs 有相似或更强的抗菌活性。在 20 世纪 50 年代后期 MALs 开始应用于兽医临床，当时红霉素仅作为青霉素的替代品。随着更多 MALs 的出现和商品化，MALs 已经广泛用于畜禽细菌性和支原体感染的化学治疗。特别是在低剂量下 MALs 具有良好的促生长作用，因此亦是重要的饲料药物添加剂，有些已经成为畜禽专用抗生素，如泰乐菌素、替米考星、吉他霉素等。

红霉素（ERM）　　　　　　　　　　竹桃霉素（OLD）

	R₁	R₂	R₃
红霉素 A	—OH	—CH₃	—H
红霉素 B	—H	—CH₃	—H
红霉素 C	—OH	—H	—H

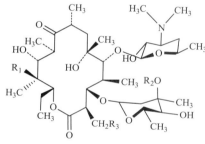

螺旋霉素（SPI）-mycarosyl

	R₁	R₂
螺旋霉素 I	—H	-mycarosyl
螺旋霉素 II	—COCH₃	-mycarosyl
螺旋霉素III	—COCH₂CH₃	-mycarosyl
新螺旋霉素 I	—H	—H
新螺旋霉素 II	—COCH	—H
新螺旋霉素III	—COCH₂CH₃	—H

吉他霉素（KIT）和交沙霉素（JOS）

	R₁	R₂
北里霉素 A₁	—H	—COCH₂CH(CH₃)₂
北里霉素 A₂（交沙霉素）	—COCH₃	—COCH₂CH(CH₃)₂
北里霉素 A₃	—COCH₃	—COCH₂CH₃
北里霉素 A₄	—H	—COCH₂CH₃

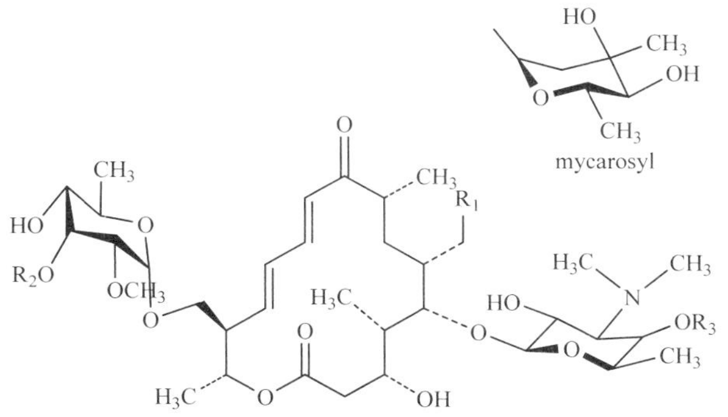

泰乐菌素（TYL）-mycarosyl

	R_1	R_2	R_3
泰乐菌素 A	—CHO	—CH$_3$	-mycarosyl
泰乐菌素 B	—CHO	—CH$_3$	—H
泰乐菌素 C	—CHO	—H	-mycarosyl
泰乐菌素 D	—CH$_2$OH	—CH$_3$	-mycarosyl

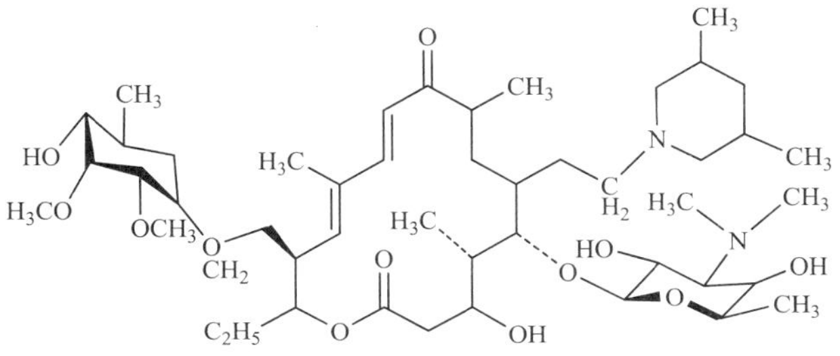

替米考星(TILM)

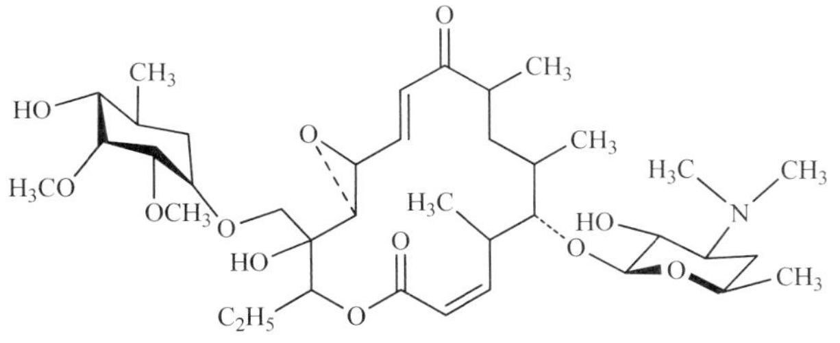

美罗沙霉素(MIS)

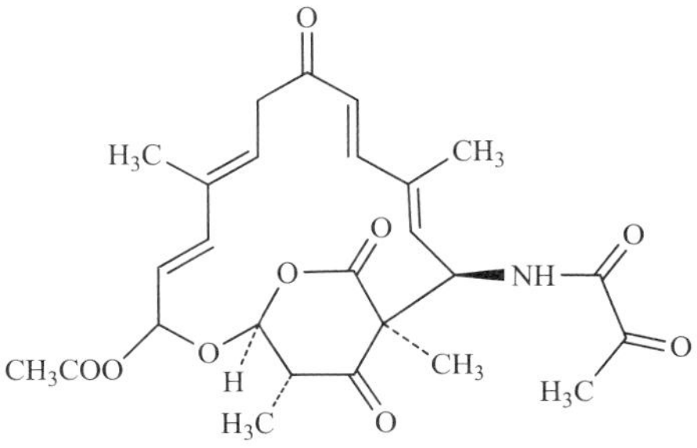

塞地卡霉素(SED)

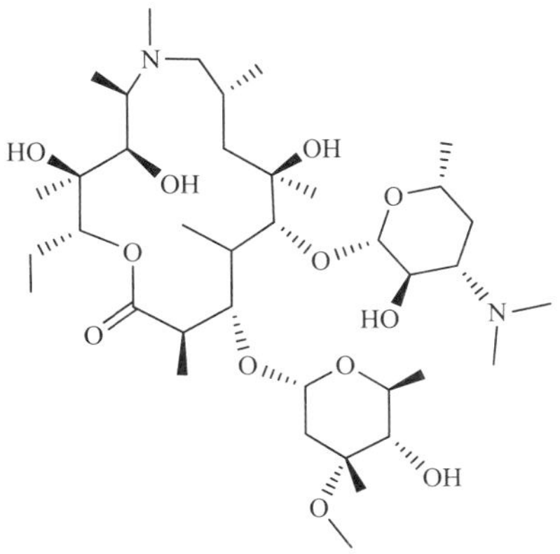

阿奇霉素(AZM)

图 6-1　MALs 的化学结构

林可胺类药物（Lincosamide）又称林可霉素类药物，由美国于 1962 年首先报道，是链霉菌产生的一种强效、窄谱的抑菌性抗革兰氏阳性菌抗生素。经过 20 多年的研究开发，已发展成为以林可霉素和克林霉素为主的林可霉素族，结构式如图 6-2。

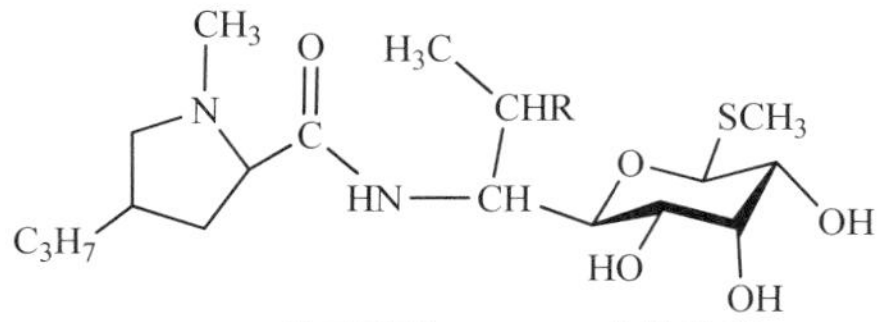

R=OH，林可霉素；R=Cl，克林霉素

图 6-2　林可胺类抗生素的化学结构

6.1.1　理化性质与用途

6.1.1.1　理化性质

（1）大环内酯类

MALs 的结构特征是含有一个被高度取代的十四元或十六元内酯环配糖基，内酯环通过苷键与 1 个或 2 个糖链（甲氨基糖或中性糖）连接。连接的配糖基一般在自然界中较少见，主要有红霉糖（L-cladinose）、脱氧氨基己糖（D-desosamine）、霉菌糖（L-mycinose）、碳霉糖（L-mycarose）、氨基碳霉糖（D-mycaminose）等种类。另外在大环结构中还含有烷基、羟基、氧烷基、酮基或醛基，多数还含有共轭二烯或不饱和酮。根据构成内酯环骨架原子数目或紫外吸收特征可对 MALs 进行分类（见表 6-1）。多数 MALs 在 200~300 nm 之间存在吸收峰，含有共轭碳-碳双键或不饱和酮的药物在此范围内呈现强的紫外吸收，借此可建立 UV 检测法。但红霉素和竹桃霉素仅在 210 nm 处呈弱吸收。MALs 的醇羟基可被酰化成酯，酮基或醛基能与羰基试剂反应。MALs 结构中含有苷羟基、醛基、氨基等还原性基团，可与斐林试剂、茴香醛-硫酸试剂发生显色反应，亦可用于建立电化学检测方法。

MALs 为无色弱碱性化合物（赛地卡霉素呈中性），分子量较高（500~900），多呈负的旋光性。由其整体结构决定，MALs 易溶于有一定极性的有机溶剂，如甲醇、乙腈、乙酸乙酯、氯仿、乙醚等，在水和弱极性溶剂中微溶。由于氨基糖结构中叔胺基可以被离子化，因此在酸性水溶液中也有相当的溶解度。

MALs 在干燥状态下相当稳定，但其水溶液稳定性差。在酸性条件（pH<4）下，苷键易发生水解，氨基糖苷结构较中性糖苷稳定的多，正常水解碱性糖苷的条件往往导致大环结构分解；碱性条件（pH>9）能使内酯环开裂；在 pH 6.8 的水溶液中相对较稳定，此时水溶性下降，抗菌活性最高。MALs 的盐或酯较游离形式稳定。

表 6-1　MALs 的理化性质

n	药物（主成分）	分子式/分子量	熔点（℃）	$[\alpha]_D$	pK_a	λ_{max}（nm）	CAS 号
14	红霉素（erythromycin，ERM）	$C_{37}H_{67}O_{13}N$/733.4613	135~140	−73.5（甲醇）	8.8	280（弱）	114-07-8
15	阿奇霉素（Azithromycin，AZM）	$C_{38}H_{72}O_{12}N_2$ 749.00	113~115	—		—	83905-01-5
	竹桃霉素（oleandomicin，OLD）	$C_{35}H_{61}O_{12}N$/687.4194	177	−50.0（甲醇）	8.6	287（弱）	7060-74-4
16	螺旋霉素（spiramycin，SPI）	$C_{45}H_{78}O_{15}N_2$/886.5403	134~137	−96.0（甲醇）		232（强）	8025-81-8
	泰乐菌素（tylosin，TYL）	$C_{46}H_{77}O_{17}N$/915.5192	128~132	−46.0（甲醇）		282（强）	1401-69-0
	替米考星（timicosin，TILM）	$C_{46}H_{80}O_{13}N_2$/869.5661	—	+12.8（甲醇）	7.4 8.5	283（强）	108050-54-0

n	药物（主成分）	分子式/分子量	熔点（℃）	$[\alpha]_D$	pK_a	λ_{max}（nm）	CAS 号
16	北里霉素（kitasamycin，KIT）	$C_{40}H_{67}O_{14}N$/785.4652	—	−66.0（氯仿）	6.7	232（强）	1392-21-8
	交沙霉素（josamycin，JOS）	$C_{42}H_{69}O_{15}N$/827.4668	120～121	−55.0（氯仿）	7.1	232（强）	16846-24-5
	美罗沙霉素（mirosamycin，MIS）	$C_{37}H_{61}O_{13}N$/727.4143	102～106	−31.0	—	218（中等）	—
17	塞地卡霉素（sedecamycin，SED）	$C_{26}H_{35}O_9N$/505.2312	—	—	—	226（强）	—

注：n，大环骨架的原子数目

（2）林可胺类

林可霉素的盐酸盐为白色结晶性粉末，微臭或有特殊臭味，味苦，易溶于水或甲醇，略溶于乙醇。20%水溶液的 pH 为 3.0～5.5，pK_a 为 7.6。性质较稳定。

克林霉素的盐酸盐为白色或类白色晶粉，易溶于水。

6.1.1.2 用途

（1）大环内酯类

MALs 属中谱抗生素，对革兰氏阳性菌和支原体具有突出的抗菌活性，对螺旋体、立克次氏体和霉形体亦有效。其中，ERM 对革兰氏阳性菌作用最强；TYL 对支原体作用强，主要用于防治鸡慢性呼吸道病、传染性鼻窦炎、猪痢疾、萎缩性鼻炎和犊牛支原体肺炎，对猪的支原体肺炎预防效果好，无明显治疗作用；KIT 抗菌谱较广，对某些革兰氏阴性菌如鸡嗜血杆菌、大肠杆菌以及螺旋体、立克次氏体也有作用，可预防和治疗鸡慢性呼吸道病、猪喘气病、细菌性肺炎以及由密螺旋体、大肠弯曲杆菌、梭菌等引起的下痢及肠炎；TILM 抗菌活性优于 KIT，尤其是对胸膜肺炎放线杆菌、溶血性巴氏杆菌、多杀性巴氏杆菌及畜禽支原体作用最强，对奶牛乳房炎的各类致病菌也表现出比 TYL 更强的体外抗菌活性。

MALs 的抗菌作用机制在于干扰菌体蛋白质的合成。MALs 与敏感菌的核糖体 50 s 亚基结合，抑制转肽酶的催化作用，阻碍肽链的生成和延长。一般浓度下主要具有抑菌作用，高浓度时则呈现杀菌作用。

与其他抗菌药物相比，MALs 对由一般细菌引起的呼吸系统感染很有效，它对青霉素耐药的革兰氏阳性菌有抗菌活性，对青霉素耐药的金葡菌有较强抗菌活性，对弯曲杆菌、幽门螺杆菌、鸟结核分枝杆菌亦有较强的抗菌活性。临床上主要用于治疗敏感菌引起的呼吸道、消化道和泌尿生殖系统感染，如肺炎、细菌性肠炎、产后感染、乳房炎等，肌注剂量一般为 2～50 mg/kg。除抗菌作用以外，MALs 的其他作用，如破坏与抑制细菌生物膜形成、免疫、抗炎等，已开始应用于临床治疗。

（2）林可胺类

林可胺类药物抗菌谱与大环内酯类相似，对革兰氏阳性菌如葡萄球菌、溶血性链球菌和肺炎球菌等有较强的抗菌作用，对破伤风梭菌、产气荚膜芽孢杆菌、支原体（猪、鸡）也有抑制作用，但对革兰氏阴性菌无效。其中，林可霉素与大观霉素合用，对鸡支原体病或大肠杆菌病的效力超过单一药物。其盐酸盐、棕榈酸酯盐酸盐用于内服，磷酸酯用于注射。

6.1.2 代谢和毒理学

6.1.2.1 体内代谢过程

（1）大环内酯类

MALs 一般内服吸收良好，但应注意胃液对药物的破坏作用。OLE 吸收相对较快，JOS、ERM 和 KIT 吸收较慢。

MALs 在体内分布广泛，由于 MALs 的弱碱性和脂溶性，其分布特点是组织/血浆比值高（5～10∶1），血药浓度不高，但组织分布于细胞内移行性良好。其在低 pH 的组织特别是肺组织中浓度较高，一般是肝＞肺＞肾＞血浆，肌肉和脂肪中浓度最低。MALs 属少数在肺组织内具有较高浓度分布的抗生素之一。给药途径对 MALs 的残留分布有很大的影响，如 KIT 内服时，肝组织残留水平最高，而注射时，肾组织残留水平最高。另外，注射部位常保持高浓度的药物残留。TILM 在牛肝、肾和注射部位残留浓度最高，放射标记研究表明皮下注射 3 天和第 14 天后，肝、肾中原型药物分别比肌肉、脂肪中高 40～80 倍和 20 倍。

内服时，少量 MALs 会被胃液酸解脱去 1 个或 2 个糖链，但在体内，MALs 主要在肝脏内代谢。已发现 TYL 在猪和牛体内的代谢产物有泰乐菌素 B（酸解产物）、泰乐菌素 C（脱甲基产物）、泰乐菌素 D（还原产物）和二氢泰乐菌素 B，含量均低于原型药物；SPI 的代谢过程很复杂，已知的主要产物有新螺旋霉素（SPI 被胃液酸解产物）和半胱氨酸缩合物，并且有资料显示这些代谢产物可能构成了 SPI 残留的主要部分；ERM 的主要代谢途径是去氧氨基糖链的 N-脱甲基反应，产物基本上失去抗菌活性；KIT 和 JOS 的主要代谢途径是羟化；TILM 主要是 N-脱甲基；OLE 在体内不被代谢，但三乙酰基竹桃霉素可产生多个代谢产物。绝大部分 MALs 及其代谢产物可较快地经胆管排泄，少部分经肾排泄。所以，胆汁内一般维持很高的药物浓度（高于组织浓度十至上百倍）。在胃肠道内少量的 MALs 可被重吸收。总的来说，SPI 排泄最慢，其次是 TYL，OLE 排泄最快。

（2）林可胺类

林可霉素内服吸收不完全，猪内服的生物利用度仅为 20%～50%，约 1 h 血药浓度达到峰值；肌注吸收良好，0.5～2 h 血药浓度可达到峰值。药物广泛分布于各种体液和组织中，包括骨骼，还能扩散进入胎盘。肝、肾中药物浓度最高，但脑脊液中的药物浓度即使在炎症时也达不到有效浓度。内服给药时，约 50% 的林可霉素在肝脏代谢，代谢产物仍具活性。原药及代谢物通过胆汁、尿与乳汁排出，在粪便中可持续排出数日，使敏感微生物受到抑制。肌注给药的半衰期为：马 8.1 h、黄牛 4.1 h、水牛 9.3 h、猪 6.8 h。

克林霉素内服吸收比林可霉素好，血药浓度达到峰值时间比林可霉素快。犬静注的半衰期为 3.2 h；肌注的生物利用度为 87%，半衰期为 3.6 h。分布、克林霉素代谢特征与林可霉素相似，但血浆蛋白结合率高，可达 90%。

林可胺类药物最大的特点是能渗透到骨组织和胆汁中，且骨髓中的药物浓度与血液中的药物浓度基本相同，而胆汁中的药物浓度比血液中的药物浓度高 3～5 倍。在临床上，林可胺类药物是治疗急、慢性骨髓炎和肝脓肿的首选药物。另外，林可胺类药物也可用于治疗腹膜炎和吸入性肺炎等疾病。

6.1.2.2　毒理学与不良反应

（1）大环内酯类

MALs 可分成两组：后期上市品种（JOS、TILM 等）和老品种（ERM、SPI 等）。老品种主要是造成胃肠道反应、神经系统毒性、心脏毒性，其次也偶尔引起肾损害、耳毒性、过敏性紫癜、肥厚性幽门损害、肝损害、过敏反应等不良反应。其中，胃肠道反应是上述比例最高的不良反应，达到 81.61%。后期上市品种不良反应则主要是肝损害，包括转氨酶升高、胆汁淤积、黄疸以及其他肝功能异常，肝损害的比例（71.24%）远高于老品种（0.37%），尤其罗红霉素对肝脏损害最大。因此，在上述药物使用期间要监测动物肝功能，对肝功能不良或是老年动物应谨慎给药。后期品种的突出性质表现为，在引起胃肠道反应方面（2.94%）远低于老品种引起的不良反应；其次，后期品种中也偶尔有引起心脏毒性、耳毒性、神经系统毒性、过敏性休克的报道。另外，犬猫内服 ERM 可引起其呕吐、腹痛、腹泻等症状，临床应慎用；TYL 不能与聚醚类抗生素合用，否则会导致后者的毒性增强；TILM 因为其毒作用的靶器官是心脏，可引起负性心力效应，因此不能静脉注射，否则可引起牛、猪、马以及灵长类动物死亡。综上所述，MALs 毒性低，变态性反应少。

MALs 可引起过敏反应、过敏性休克以及过敏性紫癜，严重者可引起动物过敏致死。文献显示MALs 引起的过敏反应发生率为 8%，过敏性休克发生率为 2%，过敏性紫癜发生率为 1% 左右，过敏致死发生率为 0.18%。其中 ERM、SPI 引起的过敏反应较 JOS 严重。

　　流行病学调查发现，细菌对 MALs 耐药机制主要是药物结合部位的甲基化阻止药物与靶位的结合，降低药物与靶位的结合效率，从而产生耐药性。其他机制还有细菌细胞膜的泵机制和核糖体蛋白发生基因突变而导致的耐药。由于临床药物的不合理使用，特别是在饲料中添加亚剂量的抗菌药物使得暴露在持续低浓度药物下的细菌在选择压力下易产生耐药性，使能表达的甲基化酶（耐药因子）的细菌大量繁殖，通过耐药质粒的转移使敏感菌转化为耐药菌，从而造成扩散。

　　（2）林可胺类

　　林可胺类药物属于低毒至无毒药物。大剂量内服林可霉素有胃肠道反应，主要有呕吐、腹泻，严重时可产生腹绞痛、腹部压痛、严重水样或脓血样腹泻，伴发热、口渴、精神萎靡等症状。家兔对林可霉素敏感，易引起严重反应或死亡，不宜使用。偶见林可霉素可造成结晶尿的产生。未见与克林霉素毒性反应相关的报道。

　　林可胺类与 MALs 的抗菌机制相似，都是作用于细菌核糖体的 50 s 亚基，但林可胺类对革兰氏阴性菌无效，它对葡萄球菌、溶血性链球菌和肺炎球菌等革兰氏阳性菌有较强的抗菌作用。因此，在不合理用药情况下，革兰氏阳性菌在该类药物的选择压力下，获得耐药性的菌株将会增加。

6.1.3　最大允许残留限量

　　动物源食品中林可胺类药物残留可引起肾功能障碍和革兰氏阳性菌耐药性增加；而 MALs 药物残留可引起过敏反应和导致携带耐药因子的菌株扩散。因此，美国、欧盟、日本和中国等国家和组织都对动物源食品中这两类药物的最大允许残留限量（maximum residue limit，MRL）都做了严格规定，具体见表 6-2。

表 6-2　主要国家和组织制定的林可胺类和 MALs 的 MRLs

欧盟	
化合物	MRLs/（mg/kg）
红霉素	0.2（肌肉）（所有食品动物）
	0.2（脂肪）（所有食品动物）
	0.2（肝）（所有食品动物）
	0.2（肾）（所有食品动物）
	0.04（奶）（所有食品动物）
	0.15（蛋）（所有食品动物）
林可霉素	0.1（肌肉）（所有食品动物）
	0.05（脂肪）（所有食品动物）
	0.5（肝）（所有食品动物）
	1.5（肾）（所有食品动物）
	0.15（奶）（所有食品动物）
	0.05（蛋）（所有食品动物）
替米考星	0.05（肌肉）（所有食品动物，除家禽）
	0.05（脂肪）（所有食品动物，除家禽）
	1.0（肝）（所有食品动物，除家禽）
	1.0（肾）（所有食品动物，除家禽）
	0.05（奶）（所有食品动物）
	0.075（肌肉）（家禽）
	0.075（皮+脂）（家禽）
	1.0（肝）（家禽）
	0.25（肾）（家禽）

续表

欧盟		
化合物	MRLs/（mg/kg）	
泰乐菌素	0.1（肌肉）（所有食品动物）	
	0.1（脂肪）（所有食品动物）	
	0.1（肝）（所有食品动物）	
	0.1（肾）（所有食品动物）	
	0.05（奶）（所有食品动物）	
	0.2（蛋）（所有食品动物）	

中国						
化合物	MRLs/（mg/kg）					
	牛	羊	猪	家禽	鱼	其他
乙酰异戊酰泰乐菌素			0.05（肌肉）			
			0.05（皮+脂肪）			
			0.05（肝）			
			0.05（肾）			
红霉素			0.2（肌肉）（所有食品动物）			
			0.2（脂肪）（所有食品动物）			
			0.2（肝）（所有食品动物）			
			0.2（肾）（所有食品动物）			
			0.04（奶）（所有食品动物）			
			0.15（蛋）（所有食品动物）			
吉他霉素			0.2（肌肉）	0.2（肌肉）		
			0.2（肝）	0.2（肝）		
			0.2（肾）	0.2（肾）		
林可霉素	0.1（肌肉）	0.1（肌肉）	0.1（肌肉）	0.1（肌肉）		
	0.1（脂肪）	0.1（脂肪）	0.1（脂肪）	0.1（脂肪）		
	0.5（肝）	0.5（肝）	0.5（肝）	0.5（肝）		
	1.5（肾）	1.5（肾）	1.5（肾）	1.5（肾）		
	0.15（奶）	0.15（奶）		0.05（鸡蛋）		
替米考星	0.1（肌肉）	0.1（肌肉）	0.1（肌肉）	0.075（肌肉）		
	0.1（脂肪）	0.1（脂肪）	0.1（脂肪）	0.075（皮+脂）		
	1.0（肝）	1.0（肝）	1.5（肝）	1.0（肝）		
	0.3（肾）	0.3（肾）	1.0（肾）	0.25（肾）		
		0.05（绵羊奶）				
泰乐菌素	0.2（肌肉）		0.2（肌肉）	0.2（肌肉）		
	0.2（脂肪）		0.2（脂肪）	0.2（脂肪）		
	0.2（肝）		0.2（肝）	0.2（肝）		
	0.2（肾）		0.2（肾）	0.2（肾）		
	0.05（奶）			0.2（鸡蛋）		

美国	
化合物	MRLs/（mg/kg）
红霉素	0.1 所有可食用组织（肉牛、猪）
	0.125 所有可食用组织（鸡）
	0（奶）
	0.025（蛋）

续表

美国		
化合物	MRLs/（mg/kg）	
林可霉素	0.1（肌肉）	
	0.6（肝）	
替米考星	0.1（肌肉）　　0.1（肌肉）　　0.1（肌肉）	
	1.2（肝）　　　1.2（肝）　　　7.5（肝）	
泰乐菌素		0.2（肌肉）（牛、猪和鸡）
		0.2（脂肪）（牛、猪和鸡）
		0.2（肝）（牛、猪和鸡）
		0.2（肾）（牛、猪和鸡）
		0.05（奶）
		0.2（蛋）

日本		
化合物	MRLs/（mg/kg）	
乙酰异戊酰泰乐菌素	0.04（肌肉）　　0.04（肌肉）	
	0.04（脂肪）　　0.04（脂肪）	
	0.04（肝）　　　0.04（肝）	
	0.04（肾）　　　0.04（肾）	
	0.04（可食用下水）　0.04（可食用下水）	
红霉素	0.05（肌肉）　0.3（肌肉）　0.05（肌肉）　0.05（肌肉）	0.2鱼贝类（限鲑形目）
	0.05（脂肪）　0.2（脂肪）　0.05（脂肪）　0.05（脂肪）	0.06鱼贝类（限鲈形目）
	0.05（肝）　　0.3（肝）　　0.05（肝）　　0.05（肝）	0.2鱼贝类（限鳗鲡目）
	0.05（肾）　　0.3（肾）　　0.05（肾）　　0.05（肾）	
	0.05（可食用下水）　0.3（可食用下水）　0.05（可食用下水）　0.05（可食用下水）	
	0.04（奶）　　0.04（奶）　　　　　　　　　0.09（鸡蛋）	
林可霉素	0.2（肌肉）　0.2（肌肉）　0.2（肌肉）　0.2（肌肉）	0.1鱼贝类（限鲑形目）
	0.05（脂肪）　0.05（脂肪）　0.3（脂肪）　0.3（脂肪）	0.05鱼贝类（限鲈形目）
	0.4（肝）　　0.4（肝）　　0.5（肝）　　0.5（肝）	0.1鱼贝类（限鳗鲡目）
	0.9（肾）　　0.9（肾）　　1.5（肾）　　0.5（肾）	
	0.2（可食用下水）　0.2（可食用下水）　0.05（可食用下水）　0.02（可食用下水）	
	0.15（奶）　　0.15（奶）　　　　　　　　　0.1（鸡蛋）	
替米考星	0.1（肌肉）　0.1（肌肉）　0.1（肌肉）　0.07（肌肉）	
	0.1（脂肪）　0.1（脂肪）　0.1（脂肪）　0.07（皮+脂）	
	1.0（肝）　　1.0（肝）　　1.5（肝）　　1.0（肝）	
	0.3（肾）　　0.3（肾）　　1.0（肾）　　0.25（肾）	
	0.5（可食用下水）　0.3（可食用下水）　1.0（可食用下水）　1.0（可食用下水）	
	0.05（奶）　　0.05（奶）	
泰乐菌素	0.05（肌肉）　0.1（肌肉）　0.05（肌肉）　0.05（肌肉）	0.1鱼贝类（限鲑形目）
	0.05（脂肪）　0.1（脂肪）　0.05（脂肪）　0.05（脂肪）	0.1鱼贝类（限鲈形目）
	0.05（肝）　　0.1（肝）　　0.05（肝）　　0.05（肝）	0.1鱼贝类（限鳗鲡目）
	0.05（肾）　　0.1（肾）　　0.05（肾）　　0.05（肾）	
	0.05（可食用下水）　0.1（可食用下水）　0.05（可食用下水）　0.05（可食用下水）	
	0.05（奶）　　0.05（奶）　　　　　　　　　0.2（鸡蛋）	

6.1.4　残留分析技术

6.1.4.1　前处理方法

（1）提取

1）大环内酯类

MALs 呈弱碱性，微溶于水，在水溶液中一般容易分解[1]，尤其是在酸性条件下更不稳定。常用的提取试剂有甲醇、乙腈、乙醚，以及偏磷酸-甲醇、Tris 缓冲溶液、MCI-Vain-EDTA 缓冲溶液、硼酸盐缓冲溶液等混合溶剂和缓冲溶液。

赵东豪等[2]采用乙腈提取猪肉中的 MALs，再用正己烷脱脂，C_{18} 柱净化，4%氨化甲醇洗脱后，液相色谱-串联质谱（LC-MS/MS）在多反应监测（MRM）模式进行定量和定性分析。替米考星和吉他霉素的检测限（LOD）为 0.1 μg/kg，红霉素、泰乐菌素、罗红霉素和交沙霉素为 0.05 μg/kg；6 种药物在 50 μg/kg、100 μg/kg 和 200 μg/kg 添加水平上，回收率均在 62.2%～102%之间，相对标准偏差（RSD）在 2.7%～16%之间。Hammel 等[3]建立了蜂蜜中包括 8 种 MALs 等 42 种兽药的多残留检测方法。主要采取液液萃取（LLE）的方法进行药物的提取，尝试了四种不同萃取溶剂（乙腈、TCA+乙腈、NFPA+乙腈、酸性水解后加入乙腈），并应用超声提取方法进行样品处理，通过实验比较，不同类药物的萃取效果差别较大，但实验表明，乙腈对于 MALs 的萃取是十分有效的。Croteau 等[4]比较了一些溶剂对血浆和肝脏样品中 ERM 的萃取效率，包括氯仿、二氯甲烷、乙酸乙酯、异戊醇-正己烷、叔丁基甲醚、乙醚和正己烷。结果表明叔丁基甲醚和乙醚萃取的回收率最高，共萃取杂质最少。

Horie 等[5]用 0.3%偏磷酸-甲醇（7+3，v/v）提取，高效液相色谱（HPLC）法同时检测肉中 5 种 MALs。添加浓度 1.0 μg/g 水平上的回收率为 70.8%～90.4%，LOD 为 0.05 μg/g。李存等[6]建立了猪组织中替米考星残留的检测方法。用乙腈和磷酸二氢钾缓冲液提取，然后进行固相萃取柱净化，HPLC检测。肌肉和肝脏的 LOD 分别为 0.01 μg/g 和 0.025 μg/g，定量限（LOQ）分别为 0.02 μg/g 和 0.05 μg/g；肌肉在 0.02～2.0 μg/g 添加范围内，平均回收率在 84.2%～96.6%之间，变异系数（CV）在 5.0%～8.2%之间；肝脏在 0.05～5.0 μg/g 添加范围内，平均回收率在 82.0%～92.8%之间，CV 在 5.8%～11.3%之间。Draisci 等[7]用磷酸盐缓冲液-氯仿提取牛肉、牛肝和牛肾中的 MALs。样品中加入 2 mL 磷酸缓冲液和 10 mL 氯仿涡旋振荡，离心，收集氯仿层，经固相萃取净化后，LC-MS/MS 检测。该方法泰乐菌素的回收率为 83%～90%，替米考星为 82.5%～89%，红霉素为 80.4%～86.3%，RSD 均低于 14.9%。

Dubois 等[8]用 pH 10.5 的 tris 缓冲液提取肉、肾、肝以及鸡蛋、牛奶中的 5 种 MALs，用钨酸钠沉淀蛋白，固相萃取柱净化，最后 LC-MS/MS 分析。在添加浓度 0.5～2 MRL 时，回收率为 80%～110%，RSD 为 2%～13%。夏敏等[9]采用 MCI-Vain-EDTA 缓冲溶液提取肉中 5 种 MALs，提取液通过 C_{18} 固相萃取柱净化，LC-MS/MS 测定。方法回收率约为 50%～60%。

2）林可胺类

林可胺类药物常用的提取溶剂一般为碳酸盐缓冲液和乙腈等。

徐锦忠等[10]建立了蜂蜜中林可霉素和氯林可霉素的残留检测方法。样品用 0.1 mol/L 碳酸钠-碳酸氢钠缓冲液（pH 9.0）提取，经固相萃取净化，氮气吹干浓缩，甲醇-水（30+70，v/v）复溶后，LC-MS/MS 测定。两种抗生素的 LOD 为 0.1 μg/kg，LOQ 为 0.5 μg/kg；在 1.0～200 μg/L 浓度范围线性良好（$r^2 >$ 0.996）；在 1.0 μg/kg、5.0 μg/kg、20.0 μg/kg 添加水平，两种抗生素的平均回收率为 80%～110%，日内测定结果的 RSD 小于 8%，日间小于 15%。赵明等[11]用碳酸盐缓冲液（pH 9.0）提取蜂蜜中的林可霉素，用 C_{18} 固相萃取柱净化，甲醇和乙腈洗脱，氮气吹干，残渣用流动相溶解后，用 HPLC 测定。样品平均回收率为 93.02%±1.22%，日内 CV 为 0.54%～1.58%，日间 CV 为 0.27%～1.49%，方法 LOD 为 0.1 μg/mL。

3）大环内酯类和林可胺类

跨种类药物残留分析，特别是在提取过程中，需要综合考虑药物理化性质，尽量选择适用性强的溶剂。在 MALs 和林可胺类药物残留的同时分析中，最为常用的溶剂是乙腈，而且必要时可以采用加压溶剂萃取（PLE）等辅助手段来提高萃取效率。

孙雷等[12]建立了动物源食品中林可霉素、克林霉素、吡利霉素、红霉素、泰乐菌素、螺旋霉素、替米考星、竹桃霉素、吉他霉素、克拉霉素、阿奇霉素、罗红霉素和交沙霉素等13种林可胺类和MALs残留检测的超高效液相色谱（UPLC）-MS/MS方法。组织样品经乙腈提取，无水硫酸钠脱水，离心后，收集上清液，用正己烷去除脂肪等杂质，然后用UPLC-MS/MS检测。13种药物在5～200 µg/L浓度范围内呈现良好的线性关系，相关系数R^2均大于0.990；13种药物在动物组织中的LOD均为1 µg/kg，LOQ均为2.5 µg/kg；在2.5 µg/kg、25 µg/kg、100 µg/kg浓度水平，13种药物的回收率为72%～104%，批内批间RSD为4.8%～14.3%。Juan等[13]采用PLE提取肉和牛奶中5种MALs和2种林可霉素类药物。2.5 mL（或2.5 g）样品中加入11 g的海沙和0.5 g EDTA，充分混合之后，装入不锈钢提取池，在末端进行纤维薄膜过滤器的密封。PLE的温度为40℃，压力为1500 psi。第一个循环用100%的乙腈提取，25%的流量，然后是10 min的静电期，获得的提取液用石油醚进行脱脂，离心后进行浓缩，乙腈复溶后，LC-MS/MS检测。该方法完全满足欧盟残留检测的要求。Jiménez等[14]建立了鸡蛋中41种药物（包括大环内酯类和林可胺类）的残留分析方法。以乙腈-琥珀酸缓冲液（1+1，v/v）作为提取液，PLE在70℃、1500 psi下提取，静电循环为3 min，在同样的温度和压力下补加一定量的提取液之后，进行第二个循环。收集所有提取液，浓缩后，复溶，UPLC-MS/MS分析。该方法的错误率控制在10%以内，重复性RSD均在10%～20%之间。

（2）净化方法

兽药残留分析的净化步骤非常关键，通过净化起到去除生物样品中的脂肪、蛋白等干扰物质的目的，同时也可以提高检测灵敏度，延长仪器和色谱柱的寿命。MALs和林可胺类药物前处理过程中涉及的净化方法主要有液液分配、固相萃取、基质固相分散等。

1）液液分配（liquid liquid partition，LLP）

LLP是利用待测组分与样品杂质在互不相溶的两种液体里溶解性不同而得到净化的一种方法。其优点是溶剂易得，而且价格便宜。但也存在一定的缺点，包括乳化现象的形成和待测物在两相中存在互相的溶解性[15]。氯仿和二氯甲烷常用于从水或碱性溶液中萃取MALs，缺点在于毒性高且易污染环境。Draisci等[16]利用磷酸盐缓冲液、水和氯仿进行牛组织中MALs药物的提取及LLP净化，经涡动离心后液体分为三层：上层为水相，中层为组织相，下层为氯仿相，收集下层进一步固相萃取净化后，进LC-MS/MS测定。方法回收率在80.4%～90.2%之间，RSD小于14.9%；LOQ在20～150 µg/kg之间。

2）固相萃取（solid phase extraction，SPE）

与LLP相比，SPE不需要使用大量有机溶剂，处理过程中不会产生乳化现象，能简化样品的处理过程，但是SPE柱的使用成本较高。尽管如此，SPE仍然是MALs和林可胺类药物样品净化中的主流技术。在MALs和林可胺类药物残留分析中，常用的SPE柱主要有基于反相机理的C_{18}柱和HLB柱，以及基于离子交换机理的SCX柱和WCX柱等。从文献报道的结果来看，SCX柱和HLB柱对MALs和林可胺类药物的净化效果较好[17]。

反相C_{18} SPE是许多中等或低极性药物常用的净化方法。Thompson等[18]应用C_{18} SPE柱对蜂蜜中的泰乐菌素和林可霉素进行净化。C_{18}柱用5 mL甲醇和5 mL水进行活化，蜂蜜首先与10 mL的碳酸盐缓冲液进行混合稀释后上柱，用4 mL 5%的甲醇-水和4 mL 70%的甲醇-水洗涤，再用甲醇和乙腈进行洗脱，浓缩后LC-MS检测。在0.01 µg/g、0.5 µg/g、10 µg/g三个添加浓度水平，林可霉素和泰乐菌素的平均回收率为84%～107%；LOD为：泰乐菌素0.01 µg/g，林可霉素0.007 µg/g。陈明等[19]报道了牛奶中克林霉素残留量的检测方法。牛奶样品用20%乙酸溶液和水超声振荡提取，离心后，上清液过C_{18}固相萃取柱，用4 mL水淋洗，再用6 mL甲醇洗脱，经氮吹仪吹干后，用流动相溶解定容至1 mL，过0.22 µm滤膜后，进行HPLC分析。克林霉素浓度在1.0～10.0 µg/mL范围内与峰面积呈良好的线性关系，平均回收率为80.3%～93.9%，CV为1.23%～3.47%，LOD为0.5 µg/mL。谢文等[20]建立了蜂王浆中5种MALs残留量的HPLC方法，并对Oasis HLB和C_{18}固相萃取柱的净化效果进行了比较。首先使用 HLB（3 mL，60 mg）和（6 mL，500 mg）两种规格的小柱，加入 50 ng 混合标准溶液后，用甲醇-水（2+8，v/v）洗涤，虽可去除样品中色素等杂质，但结果显示 MALs 同时也被不同程度地洗脱下来，降低了方法回收率；同样条件用于 C_{18} 柱，MALs 损失率较小。因此该方法选用 C_{18} 固相萃取柱进行净化。5 种 MALs 在 0.002~0.05 mg/L 范围内具有良好的线性关系，加标回收率和相对标准偏差较好。

HLB 吸附剂是由亲脂性二乙烯苯和亲水性 N-乙烯基吡咯烷酮两种单体按一定比例聚合成的大孔共聚物。它以反相保留机理为主，并通过一个特殊的极性捕获基团来增加对极性物质的保留以提供较好的水浸润性[21]。Adams 等[22]在蜂蜜样品中加入磷酸缓冲液，置于 45℃水浴中 10 min，再涡旋以使蜂蜜均匀散开，用 Oasis HLB 柱进行净化。SPE 柱用甲醇和提取液活化，上样后用 40%的甲醇洗涤，0.5%氨化乙腈洗脱，氮气吹干后复溶于 50%的甲醇-水中检测，建立了蜂蜜中林可胺类药物的测定方法。刘正才等[23]用 Oasis HLB 固相萃取小柱对烤鳗中 13 种林可胺类和 MALs 进行净化。SPE 柱先用甲醇和水活化，样品液流干后用 5%甲醇洗涤，再用甲醇洗脱，吹干、复溶并过滤后，LC-MS/MS 测定。研究者比较了 HLB 与 C_{18} 萃取柱的净化和富集效果，发现前者相对较好，在 0~100 µg/L 范围内，峰面积与质量浓度有良好的线性关系，相关系数大于 0.99，在 1.0 µg/kg、2.0 µg/kg、4.0 µg/kg 三个浓度水平进行添加回收实验，平均回收率为 70.26%~124.22%，RSD 为 1.31%~16.00%。

由于 MALs 呈弱碱性，还可以采用基于阳离子交换机理的 SPE 柱净化。张敬平等[24]用甲醇提取鸡肝中 6 种 MALs，然后用 Bond Elut SCX 固相萃取柱净化，LC-MS 检测。该方法的 LOD 为 1~10 µg/L，在 0.05~0.7 µg/mL 范围内线性关系良好，相关系数大于 0.996；在 0.5 µg/g、0.1 µg/g 两个添加水平下，回收率范围为 78.5%~93.4%，RSD 小于 7.2%。该研究比较了三种不同保留机理的 SPE 柱对 MALs 的富集效果：反相保留机理的 Bond Elut C_{18} 柱（100 mg，1 mL）和 Oasis HLB 柱（200 mg，3 mL），离子交换保留机理的 Bond Elut SCX 柱（500 mg，3 mL），以及混合保留机理的 Bond Elut Plexa 柱（200 mg，3 mL）。结果表明 SCX 柱和 HLB 柱的保留效果较好，最终从净化效果考虑，选择 SCX 柱作为样品净化柱。

3）基质固相分散萃取（matrix solid-phase dispersion，MSPD）

MSPD 的原理是将涂渍有 C_{18} 等多种聚合物的担体固相萃取材料与样品一起研磨，得到半干状态的混合物并将其作为填料装柱，然后用不同的溶剂淋洗柱子，将各种待测物洗脱下来。其优点是浓缩了传统样品前处理中的样品匀化、组织细胞裂解、提取、净化等过程，不需要进行组织匀浆、沉淀、离心、pH 调节和样品转移等操作步骤，避免了样品的损失，使分析者能同时制备、萃取和净化样品[25]。Bogialli 等[26]的研究表明，对于 MALs 来说，热水可作为一种较好的萃取剂而避免了有机溶剂的使用，且不会影响方法的准确度。将牛奶分散于硅藻土中，最终目标分析物将在 70℃加热的状态下通过 30 mmol/L 的甲酸作用下经过 MSPD 柱洗脱下来，洗脱液经过 pH 值调节和过滤，可直接用 HPLC 分析测定，牛奶中 MALs 的回收率可达到 68%~86%。Frenich 等[27]利用 MSPD 进行了鸡蛋中 MALs 的提取与净化处理，首先将 0.5 g 鸡蛋与 2 g 的 C_{18} 担体材料进行玻璃杵均匀混合，直到均一黄色物质出现为止，然后装柱（含 2 g 硅酸镁载体，并事先过夜加热至 130℃活化处理），经甲醇、乙腈、35%氨水-甲醇（0.04%，v/v）进行洗脱，最后氮吹浓缩后复溶后 UPLC-MS/MS 分析。方法回收率在 60%~119%之间，RSD 小于 25%；LOQ 小于等于 5 µg/kg。

6.1.4.2 测定方法

MALs 种类较多，结构相似，对于该类药物的安全使用和残留检测一直是各国关注的焦点和研究的重点。而林可胺类药物常常与 MALs 同时使用，因此需要进行多残留同时分析。目前，国内外关于 MALs 和林可胺类药物残留分析的文献较多，其检测方法主要包括微生物法、免疫分析法（IA）、薄层色谱法（TLC）、毛细管电泳法（CE）、气相色谱法（GC）、高效液相色谱法（HPLC）、气质联用法（GC-MS）和液质联用法（LC-MS）等。总体说来，大多仪器分析技术基本都可用于两类药物的残留检测，以 HPLC 和 LC-MS 最为常见。随着残留分析技术的发展，CE 和 TLC 由于灵敏度达不到要求而逐渐被色质联用法所代替。

（1）微生物法（microbiological analysis）

微生物法是经典的 MALs 含量测定方法。王敏等[28]利用微生物生长抑制的原理，对 6 种 MALs 残留进行了定性检测。该方法通过 MALs 敏感菌 Bacillus stearothermophilus 细菌的生长与否，来判断 MALs 的存在。该方法对多种基质的动物源食品检测限低，能够达到食品中 MALs 的 MRL 的 1/2，操作简单且不需要复杂的仪器设备，可作为有效的筛选方法。Nouws 等[29]建立了微生物法测定牛奶中 MALs 等多种类药物的残留量。该方法以枯草杆菌、藤黄微球菌、大肠杆菌、表皮葡萄球菌等作为试验用菌株，通过平板上抑制区域的大小来判断药物残留量的多少，除了少数几种药物，大多数待测抗生素的灵敏度都能满足欧盟所规定的牛奶中抗生素 MRLs 的要求，待测的 48 种抗生素均未超过欧盟所规定的 MPLs。在规定 MRLs 水平上，7 种培养板的平均 CV 为 4.5%～9.8%。黄晓蓉等[30]利用微生物抑制法检测了肉类、水产品及蛋中的 MALs 残留量，方法的 LOD 值为 0.05 mg/kg。采用藤黄微球菌 ATCC9341、枯草芽胞杆菌 ATCC6633、蜡样芽孢杆菌蕈状变种 ATCC11778 为敏感菌，一次操作可同时检测肉类、水产品及蛋中的四大类抗生素残留。微生物法作为筛选方法具有简便、快速、易操作等优点，但由于固有的局限性，结果可比性差，方法灵敏度不佳，达不到准确定性定量分析的目的，逐渐被仪器分析方法所取代。

（2）薄层色谱法（thin layer chromatography，TLC）

TLC 法用薄层板将样品提取液中被测物展开分离后，测定样品与标准样品吸收光变化或采用发射光薄层扫描法来测定被测物含量。Ramirez 等[31]采用了高效薄层色谱（HPTLC）-生物自显影方法进行牛奶中红霉素等药物的多残留检测。该方法采用枯草杆菌作为检测目标微生物，残留的抗生素用乙腈进行提取，石油醚进行除脂后，用二氯甲烷进行分离。该方法完全满足牛奶中残留限量的要求，平均回收率达 90%～100%，CV 为 7.2%～21.3%。这种高效薄层色谱分析大大地缩短了分析时间，并有效地改善了红霉素等药物的敏感性。韩南银等[32]建立 TLC 法来检查蜂蜜中残留的红霉素。以固相萃取对红霉素进行了提取，极性的硅胶作固定相，乙酸乙酯-乙醇-15%醋酸铵混合液（86+38+76，v/v）为展开剂，浓硫酸-香草醛-95%乙醇混合（4+0.33+36，v/v）作为显色剂，其 LOD 可达 5 mg/kg。

（3）毛细管电泳法（capillary electrophoresis，CE）

作为分离技术中的一种，CE 有较高的分离效率，可同时分析多种待测成分，且所需时间较少，并能准确定量。但是，也存在一些缺点，比如对于上样量较少的样品来说，往往灵敏度不够[33]。此种方法用于 MALs 和林可胺类药物残留分析的报道较少。李向丽等[34]基于泰乐菌素能增强联吡啶钌 $[Ru(bpy)_3^{2+}]$电化学发光信号的现象，结合 CE 分离技术，建立了动物组织和蜂蜜中泰乐菌素测定的新方法。实验分别对检测和分离条件进行了优化，在优化条件下，泰乐菌素在浓度 0.05～10.00 μg/mL 范围内具有良好的线性关系，LOD 为 0.02 μg/mL，用于实际样品中泰乐菌素的测定，回收率为 80.0%～95.0%。

（4）气相色谱法（gas chromatography，GC）

MALs 和林可胺类药物的分子量均较大，而且结构中含有较多的极性基团，直接采用 GC 分析是不行的，必须经过衍生化后才可以进行 GC 分析。

Luo 等[35]建立了鲑鱼组织中林可霉素的 GC 检测方法。采取磷酸缓冲液提取鲑鱼组织中的林可霉素，经 C_{18} 固相萃取净化后，用 N,O-双（三甲基硅烷基）三氟乙酰胺作衍生化试剂进行衍生，形成一个三甲基硅烷基，再进行 GC 分析，氮磷检测器（nitrogen-phosphorus detector，NPD）检测。该方法在 25～250 ng/g 浓度范围内线性较好，相关系数 r 为 0.9994；在 50 ng/g、100 ng/g、200 ng/g 三个添加浓度水平上，平均回收率均大于 80%，RSD 均小于 6%；LOD 为 1.7 ppb，LOQ 为 3.8 ppb。陶燕飞等[36]建立了动物可食性组织中林可霉素和大观霉素残留量的 GC 测定方法。提取物中加入 500 μL 硅烷化试剂（BSTFA）和 100 μL 乙腈，涡旋混合 1 min，密封，75℃恒温箱中衍生化反应 1 h 后，GC 分离后 NPD 测定。该衍生化产物较为稳定，密封情况下至少一周不会降解，但应避免置于潮湿环境中。林可霉素的 LOQ 为 30 μg/kg，在 30～3000 μg/kg 添加水平，回收率为 73.2%～85.7%。该作者[37]还应用 GC-NPD 和气相色谱-质谱（GC-MS）建立了一种定性、定量测定动物性食品中林可霉素和大观霉素残留的多维分析方法。该方法采用磷酸盐缓冲进行液加速溶剂萃取（ASE），三氯乙酸脱蛋白，加入十二烷磺酸钠作为离子对试剂进行 C_{18} 固相萃取净化，洗脱液吹干后用 BSTFA 衍生化，进行 GC-NPD 分析和 GC-MS 确认。这两种药物在 GC-NPD 方法中的 LOQ 分别为 16.4 μg/kg 和 21.4 μg/kg，在 GC-MS 方法中的 LOQ 分别为 4.1 μg/kg 和 5.6 μg/kg；添加水平为 20～200 μg/kg 时，GC-NPD 方法的回收率为 73%～99%，RSD 小于 17%；添加水平为 5～20 μg/kg 时，GC-MS 方法的回收率为 70%～93%，RSD 小于 21%。Takasuki 等[38]建立了组织中 ERM、OLE、SPI、KIT、TYL 的气相色谱-质谱（GC-MS）分析方法。肉样经甲醇提取、LLP 后，再使用硅胶固相萃取柱净化以除去干扰物质。提取物在铂的催化下加氢，打开碳碳双键结构，并在 0.3 mol/L 盐酸中水解脱去中性糖链，水解产物在醋酸酐-吡啶中酰化生成醋酸酯。衍生化的目的在于降低待测物的分子量和极性，而使用醋酸酐酰化较硅烷化得到的衍生物分子量更小，可提高质谱检测的灵敏度。

（5）高效液相色谱法（high performance liquid chromatography，HPLC）

HPLC 可分析沸点在 500℃以上、大分子、强极性和热稳定性差的化合物，在兽药残留分析中得以广泛应用[39]。MALs 和林可胺类药物常用的检测器有紫外检测器（ultraviolet detector，UVD）和二极管阵列检测器（diode-array detector，DAD；photo-diode array detector，PDA），也有采用电化学检测器（electrochemical detector，ECD）和荧光检测器（fluorescence detector，FLD）的报道。

1）UVD、DAD/PDA 检测

Prats 等[40]建立了不同动物组织中的泰乐菌素残留量的 HPLC 法。该方法应用氯仿或乙酸乙酯在碱性的条件下提取肌肉、肝脏、肾脏和脂肪组织中的泰乐菌素，使用 C_{18} 反相色谱柱进行分离，乙腈-水（含 0.04 mol/L 的磷酸氢二钠，pH 2.4）为流动相，最后用 UVD 进行检测。在 50～500 μg/kg 的添加浓度范围内线性良好，LOQ 可达到 50 ppb。孔科等[41]将肉鸡中的肌肉、肝脏、肾脏和脂肪组织制备匀浆后，用乙腈、石油醚和二氯甲烷液液分配净化泰乐菌素，浓缩后用乙腈定容，以乙腈-甲醇-0.005 mol/L 磷酸二氢铵溶液（60+30+10，v/v）为流动相，HPLC 分离，UVD 进行检测。样品前处理最终溶液中的泰乐菌素 LOD 为 0.05 mg/L，在肌肉、脂肪、肝脏和肾脏组织中的 LOD 均为 0.10 mg/L，标准曲线的线性范围为 0.10～6.40 mg/L。张永创[42]建立了猪肉中替米考星残留量的检测方法。以乙腈、水、四氢呋喃为流动相，HPLC-DAD 在波长 290 nm 检测，进样量为 100 μL。方法 LOD 为 0.01 μg/g，LOQ 为 0.02 μg/g。刘晔等[43]测定猪肝中的 MALs，样品经甲醇提取后，用 SCX 固相萃取柱进行净化，再以 0.025 mol/L 磷酸缓冲液-乙腈（pH 2.5）为流动相，在 C_{18} 分离柱上梯度洗脱，HPLC-DAD 检测，方法 LOD 为 0.01～0.037 μg/mL，在 0.2～20 μg/mL 范围内峰面积与质量浓度成良好线性关系，相关系数大于 0.998。王斌、李存、王雪敏等[44-46]分别建立了动物（牛、猪、鸡）肺脏、猪组织、羊组织中替米考星残留量的 HPLC 检测方法。样品用乙腈提取，C_{18} 固相萃取柱净化，UVD 在 290 nm 波长测定。方法 LOD 为 0.01 mg/kg，LOQ 为 0.04 mg/kg；在 0.04 mg/kg、0.1 mg/kg、1.0 mg/kg、10.0 mg/kg 添加水平，方法平均回收率在 76.8%～94.1%之间，CV 在 2.7%～8.6%之间。

杨方等[47]利用 HPLC 法同时检测水产品中螺旋霉素和泰乐菌素药物残留。以乙腈和 pH 2.5 磷酸缓冲溶液的混合液作流动相，在 Meck Purospher ST AR RP_{18}（250 mm×4.6 mm，5 μm）色谱柱上梯度洗脱、分离，在 232 nm、287 nm 分别对螺旋霉素及泰乐菌素进行紫外检测。方法平均回收率为 82.2%～89.0%，RSD 为 6.24%～9.83%。刘永涛、苏秀华等[48, 49]建立了检测水产品肌肉组织中螺旋霉素、替米考星、泰乐菌素、北里霉素的 UPLC 检测方法。以乙腈-25 mmol/L 磷酸二氢铵（pH 2.5，含 10%乙腈）为流动相，ACQUITY UPLC BEH C_{18} 色谱柱分离，UVD（232 nm-螺旋霉素，287 nm-泰乐菌素）测定。方法平均回收率为 70%～102%，RSD 为 2.9%～11.2%，螺旋霉素、替米考星、泰乐菌素和北里霉素的 LOD 分别为 25 μg/kg、25 μg/kg、50 μg/kg、75 μg/kg。

吴宁鹏等[50]建立了牛奶中替米考星残留量的检测方法。样品经乙腈提取，C_{18} 柱净化处理，290 nm 波长下进行 HPLC 测定。在添加浓度 0.025 μg/mL、0.05 μg/mL、0.10 μg/mL 水平，方法的平均回收率在 72.1%～85.8%之间，日内 CV 在 7.0%～10.7%之间，日间 CV 在 3.5%～5.4%之间，LOD 为 0.005 μg/mL。García-Mayor 等[51]建立了羊奶中 MALs 残留的 HPLC-DAD 检测方法。样品经氢氧化钠和乙酸乙酯去除蛋白后，用碱水解除脂，HPLC-DAD 测定。方法的回收率为 55%～77%，RSD 为 1%～6.5%。王海涛等[52]建立了牛奶中替米考星、泰乐菌素和螺旋霉素残留量的 HPLC 同时检测方法。以甲醇为提取液，SCX 固相萃取柱净化，0.05 mol/L 磷酸二氢钠溶液-乙腈为流动相，在 ORBAX Eclipse XDB C_{18}（5 μm，150 mm×4.6 mm id）反相色谱柱上进行分离，梯度洗脱，流速 1 mL/min，用 DAD 检测。替米考星、泰乐菌素和螺旋霉素的 LOD 分别为 30 μg/kg、20 μg/kg、40 μg/kg，线性范围为 20～800 μg/kg，平均回收率为 88.8%～99.4%，RSD 为 2.2%～8.9%。

赵明[53]建立了蜂蜜中林可霉素残留的 HPLC 检测方法。样品经提取、净化、反相 HPLC 分离后，用 DAD 进行检测。流动相为硼砂缓冲液（pH 5.0）-甲醇-乙腈（70+26+4，v/v），流速为 1.0 mL/min，进样量为 20 μL，检测波长为 204 nm。在 1.0～20 μg/mL 范围内，线性关系良好，方法 LOD 为 75 ng/g，平均回收率为 93.02%，日内 CV 小于 1.58%，日间 CV 小于 1.49%。

2）ECD 检测

Hanada 等[54]建立了鼠肝脏中红霉素检测的 HPLC-ECD 检测方法。氧化红霉素的检测池电势为+1100 mV，线性范围为 0.5～100.0 μg/g，而后应用于临床静脉给药后的浓度测定，完全符合红霉素在小动物药动学研究中的特点，因此该方法是可靠的。Luo 等[55]建立了反相 HPLC 用于鱼组织中林可霉素残留的检测方法。组织样品用磷酸二氢钾缓冲液（pH 4.5）进行提取，C_{18} 柱净化，50%乙腈进行洗脱，再使用乙酸乙酯进行提取，最后用离子对 HPLC-ECD 检测。鱼肉的 LOD 可以达到 7 ng/g，LOQ 可以达到 17 ng/g；鱼皮的 LOD 可以达到 12 ng/g，LOQ 可以达到 24 ng/g。

3）FLD 检测

于慧娟等[56]采用 HPLC-FLD 技术建立了对虾中红霉素残留量的测定方法。以乙腈为提取溶剂，40 mg/mL 的 NaCl 水溶液溶解残渣，正己烷去脂、二氯甲烷反萃取，再向乙腈溶液中加入 100 μL 0.1 moL 的 KH_2PO_4（pH 7.5）和 100 μL 2.5 mg/mL 的衍生试剂（FMOC-CL），于 40℃衍生化反应 1 h，HPLC-FLD 测定，激发波长 255 nm，发射波长 315 nm。方法 LOD 为 150 μg/kg，回收率在 75%以上。汪金菊[57]建立了鸡体内阿奇霉素及消除规律研究的 HPLC-FLD 方法。试验样品（血浆、肌肉、肝脏）经过氢氧化钠碱化后，用正己烷提取净化，吸取适量有机层 45℃氮气吹干，再加入衍生试剂 9-芴基氯甲酸酯和硼酸盐缓冲液置于 50℃水浴锅中衍生 40 min，最后加入甘氨酸作为终止液，上机检测。试验采用 Agilent C_{18} 柱（4.6 mm×250 mm）作为分离色谱柱，选择 0.05 mol/L 磷酸盐缓冲液（含 0.2%三乙胺）-乙腈（29+71，v/v，pH 5.8）混合液为流动相，激发波长为 265 nm，发射波长为 315 nm，流速 1.2 mL/min，柱温 35℃，进样量为 20 μL。测得血浆中阿奇霉素 LOD 为 0.02 μg/mL，肌肉和肝脏为 0.03 μg/g，LOQ 三者均为 0.04 μg/mL，标准曲线的线性范围为 0.04～5 μg/mL。

（6）液相色谱-质谱法（LC-MS）

一般在多残留分析中，尤其是进行液质联用分析中，可以将林可胺类和 MALs 进行同时分析，且能够满足兽药残留分析的要求，极大的提高样品通量，减少实验室前处理的工作量。

Thompson 等[18]建立了 LC-大气压化学电离（APCI）-MS 法检测蜂蜜中的林可霉素和泰乐菌素。采用反相色谱 C_8 分析柱，流动相分别为 0.1%三氟乙酸-乙腈和 0.1%三氟乙酸-水，梯度洗脱模式，流速为 0.5 mL/min。质谱条件中探针温度为 550℃，离子源温度为 150℃。定量分析中采取选择性离子监测（SIM）模式。该方法中林可霉素和泰乐菌素的平均回收率为 84%～107%，林可霉素的 LOD 为 0.007 μg/g，泰乐菌素的 LOD 为 0.01 μg/g。徐锦忠等[58]建立了蜂蜜中 MALs 抗生素：红霉素、罗红霉素、替米卡星、泰乐菌素、北里霉素、交沙霉素、竹桃霉素及螺旋霉素 I 的高效液相色谱-电喷雾-串联质谱（LC-ESI-MS/MS）检测方法。样品经 0.1 mol/L Na_2CO_3-$NaHCO_3$（pH 9.3）提取，Oasis HLB 固相萃取柱净化，反相液相色谱分离后进行质谱分析。在选择反应监测模式（SRM）下进行特征母离子-子离子对信号采集。根据保留时间和母离子及两个特征子离子信息进行定性分析，以基峰离子进行定量。MALs 残留的 LOD 为 0.2 μg/kg，LOQ 为 1.0 μg/kg；在 5.0～200 μg/L 时峰强度与质量浓度的线性关系良好（R^2＞0.99）。Benetti 等[59]建立了蜂蜜中泰乐菌素残留的 LC-MS/MS 检测方法。利用 Tris 缓冲液进行提取，HLB 固相萃取柱进行净化处理，C_{18} 柱进行分离，0.01 mol/L 乙酸铵和乙腈作为流动相，流速为 0.25 mL/min。方法确证参数 $CC_\alpha < 3$ ng/g，$CC_\beta < 5$ ng/g。阮祥春等[60]建立了蜂蜜中林可霉素残留的 HPLC-ESI-MS/MS 检测方法。色谱柱为 Hypersil BDS-C$_{18}$ 250 mm×4.6 mm，检测波长 204 nm，流动相为 20 mmol/L 乙酸铵水溶液-甲醇（50+50，v/v），电离方式为 ESI 正离子扫描，检测方式为多反应监测（MRM）。在 2.5 ng/g、5.0 ng/g、10.0 ng/g 三个添加水平，林可霉素的平均回收率为 95.1%±3.3%，日内测定结果的 RSD 小于 5.3%，日间测定结果的 RSD 小于 8.5%，LOD 为 0.1 ng/g。

Bogialli 等[61]建立了一种简单、快速的确证方法检测鸡蛋中的三种 MALs。该分析方法只需要进行一步乙腈提取即可以进行 LC-MS/MS 检测。以交沙霉素为内标定量，MALs 的回收率可以达到 85%～102%，LOQ 为 0.2～0.5 ng/g，RSD 不高于 13%。Spisso 等[62]建立了鸡蛋中聚醚类、MALs 和林可霉素类等三类抗生素的 LC-MS/MS 检测方法。该方法直接采取乙腈提取，不需要任何净化步骤。质谱采取正离子、MRM 模式采集数据，LOD 可达到 0.04～1.6 μg/kg，LOQ 为 0.14～5.3 μg/kg，红霉素（浓度为 5 μg/kg）的 RSD 为 18.6%，林可霉素（浓度为 75 μg/kg）的 RSD 为 20.2%。

Aguilera-Luiz 等[63]报道了用 UPLC-MS/MS 同时检测了牛奶中的 18 种兽药（包括 MALs、喹诺酮类和磺胺类等）。该方法只需要经过乙腈进行一次提取，而不需要经过任何净化步骤，回收率可以达到 70%～110%，LOD 为 1～4 μg/kg。郭春海等[64]建立了牛奶和奶粉中 6 种 MALs 的残留检测方法，该方法采用乙腈提取目标物，Oasis HLB 固相萃取柱净化，液相色谱-串联质谱测定，外标法定量。牛奶中 6 种 MALs 的 LOQ 为 1 μg/kg，奶粉的 LOQ 为 8 μg/kg；6 种分析物在 0～100 μg/L 浓度范围内呈良好线性，线性相关系数>0.992；添加回收率在 88.3%～104.4%之间，RSD 在 3.67%～8.52%之间。谢丽琪等[65]建立了牛奶中洁霉素、氯洁霉素、红霉素、螺旋霉素、交沙霉素、泰乐菌素、竹桃霉素等 7 种林可酰胺类及大环内酯类药物残留量的确证方法。用乙腈萃取样品中 7 种林可酰胺类及大环内酯类抗生素，然后用正己烷脱脂，旋转蒸发仪浓缩，以 Luna C$_{18}$ 色谱柱分离，在正离子模式下以 ESI 串联质谱仪进行测定。在 20 μg/kg、50 μg/kg、200 μg/kg 三个浓度水平进行验证试验，方法的线性范围为 20～200 μg/kg，总体平均回收率为 74.5%～97.5%，RSD 为 2.7%～11.3%。

Chiaochan 等[66]建立了鸡肉中多种药物（包括 2 种林可胺类药物和 4 种 MALs）的 LC-MS/MS 检测方法。使用 2% TCA 的水-乙腈混合物（1+1，v/v）进行提取，正己烷除脂后进行 LC-MS/MS 分析。在 0.5 MRL、MRL、1.5 MRL 的添加浓度水平，回收率为 53%～99%，检测限范围为 0.1～10 μg/kg。Chicoa 等[67]使用 0.1 mol/L EDTA 和水-甲醇的混合物进行鸡肉样品中 MALs 提取，不需经过净化处理环节，采用 Waters Acquity UPLC-MS/MS 进行分析。方法性能指标满足欧盟指令要求。Codony 等[68]利用水和甲醇的混合物（含偏磷酸）进行分析物的提取，阳离子交换 SPE 柱进行净化处理，C$_{18}$ 柱分离，水和乙腈（含三氟乙酸）作为流动相，ESI 正离子模式进行质谱分析。该方法的回收率可达 56%～93%，RSD 小于 12%，完全满足欧盟残留标准要求。Draisci 等[69]报道了同时检测牛组织中残留的替米考星、泰乐菌素和红霉素等 3 种 MALs 的 LC-MS/MS 检测方法。替米考星、泰乐菌素和红霉素的 LOQ 分别为：20 μg/kg（肌肉）和 150 μg/kg（肝、肾），300 μg/kg（肌肉）和 40 μg/kg（肝、肾），50 μg/kg（肌肉、肝）和 80 μg/kg（肾）。邱元进等[70]建立了畜禽产品中维吉尼亚霉素 M1 和 S1 的残留检测方法。样品以甲醇-乙腈溶液（1+1，v/v）提取，上清液经 0.01 mol/L 磷酸二氢铵溶液稀释后，Oasis HLB 固相萃取小柱净化，Luna C$_{18}$ 色谱柱分离，以乙腈和含 0.1%甲酸的 5 mmol/L 乙酸铵水溶液作为流动相进行梯度洗脱，ESI 正离子模式电离，MRM 模式检测，外标法定量。该方法对两物质线性范围均为 0.15～10.0 μg/L，相关系数 r^2 均大于 0.999；LOQ 均为 0.25 μg/kg；在不同基质中，0.25 μg/kg、0.50 μg/kg、2.5 μg/kg 三个添加水平的平均回收率范围为 71.2%～98.4%，精密度范围为 3.6%～15.4%。Rezende 等[71]优化了固相萃取结合 LC-MS/MS 测定肾脏中林可霉素、克林霉素、替米考星、红霉素和泰乐菌素残留的分析方法，并对该方法监测和控制动物源食品中这些抗生素的可靠性进行了验证。应用 LC-MS/MS 在正电离模式测定分析物并依据欧盟 2002/657/EC 对方法进行确认。方法 CC_α 值的范围为 5.3%～21.1%，高于 MRLs；添加水平范围为 0.5～1.5 倍 MRL 时，所有分析物的添加回收率高于 92.5%，方法重复性（n=54）和重新性（n=108）分别小于 21.6%和 21.4%。

刘永涛等[72]建立了水产品中喹烯酮、喹乙醇和 5 种 MALs 同时测定的 LC-MS/MS 方法。以乙腈-10 mmol/L 甲酸铵溶液为流动相,流速为 0.3 mL/min,以 Hypersil GOLD 为色谱分离柱,用配有 ESI 的三重四极杆质谱在正离子、MRM 下采集数据,进行定性定量分析。在 1~1000 ng/mL 范围内,7 种药物线性关系良好;在鲫鱼、南美白对虾和甲鱼的空白肌肉中以 2~10 μg/kg 浓度添加时,方法回收率为 67.52%~108.89%,RSD 为 4.2%~14%;LOD 为 1 μg/kg,LOQ 为 2 μg/kg。徐锦忠等[73]建立了水产品中 MALs(红霉素、罗红霉素、替米卡星、泰乐菌素、北里霉素、交沙霉素、竹桃霉素、螺旋霉素和林可胺类药物(林可霉素和氯林可霉素)的 LC-ESI-MS/MS 检测方法。在 SRM 模式下进行信号采集,MALs 的 LOD 为 0.1~0.2 μg/kg,LOQ 为 1.0 μg/kg,在虾、鳗鱼和带鱼中的平均回收率为 64%~114%,RSD 均小于 12%。苏秀华[74]建立了水产品中替米考星的 HPLC 和 LC-MS/MS 方法,并进行了两种方法的比较。前者的 LOQ 可以达到 20 μg/kg,后者则能够达到 5 μg/kg。HPLC 法中替米考星在 0.02~2.0 μg/g 添加范围内,平均回收率为 78.90%~85.17%;LC-MS/MS 法中,加标 0.2 μg/g 时,样品回收率为 70.14%~93.12%。

Dubois 等[75]还建立了同时检测组织(肌肉、肝、肾)、鸡蛋和牛奶中替米考星、泰乐菌素、红霉素、螺旋霉素和交沙霉素等 5 种 MALs 残留的 LC-ESI-MS/MS 方法。采用 Purospher C_{18} 柱分离,0.1 mol/L 乙酸铵和乙腈为流动相,梯度洗脱,流速 0.7 mL/min,ESI 正离子在 MRM 模式监测。所有样品监测 4 个子离子,离子比重现性在 2.4%~15%范围;所有药物灵敏度由于 1/2MRL。Sin 等[76]建立了一种灵敏检测牛奶和动物组织中林可胺类药物的 LC-ESI-MS/MS 方法。样品经乙腈进行两次提取后,用正己烷除脂,然后用 C_{18} 分析柱分离,甲酸、乙腈和甲酸铵溶液为流动相,流速 0.2 mL/min。在 25~3000 μg/kg 浓度范围内,具有较好的线性,平均回收率可达到 94.4%~107.8%,CV 为 1.3%~7.8%。

(7)免疫分析法(immune analysis,IA)

免疫分析是以抗原与抗体的特异性、可逆性结合反应为基础的分析技术,适用于复杂基质中痕量组分的分离或检测,于 20 世纪 80 年代逐渐应用于药物残留分析。MALs 和林可胺类药物残留的免疫分析中主要采用酶联免疫吸附法(enzyme linked immunosorbent assay,ELISA)、荧光免疫分析法(fluoroimmunoassay,FIA)以及免疫层析检测方法(immunochromatographic assay,ICA)。

Silverlight 等[77]报道了替米考星的 ELISA 测定法。选择与替米考星结构相关的 desmycocin(tylosinB DES)合成模拟替米考星的半抗原和人工抗原,载体为卵清蛋白(OVA)。直接竞争 ELISA 结果表明,DES 抗体能识别替米考星和泰乐菌素,交叉反应率分别为 100%和 96%。利用 DES 抗体建立的 ELISA 检测肺组织中的替米考星,LOD 为 0.01 mg/kg。由于该 ELISA 方法在抗原制备和抗体获取上存在困难,在 MALs 残留分析中的使用还很少见。何方洋等[78]通过对林可霉素分子结构进行改造,合成了半抗原及人工抗原免疫动物,制备了林可霉素的鼠单克隆抗体,利用获得的单抗建立了 ELISA 方法。该方法的灵敏度为 0.2 μg/L;对林可霉素的交叉反应率为 100%,对克林霉素、红霉素、泰乐菌素、链霉素、卡那霉素的交叉反应率均小于 1%;在 20 μg/kg 和 40 μg/kg 添加水平的鸡肉样品中回收率范围为 83.5%~96.5%,CV 小于 15%。

Ye 等[79]建立了一种间接竞争 FIA 法来检测牛奶中的磺胺二甲嘧啶、泰乐菌素和链霉素残留量。牛血清蛋白(BSA)连接的半抗原固定于载玻片上,此系统包括四块载玻片,其中包括密封忌水的 96 孔板,样品的处理类似于 ELISA 方法,针对三种药物的单克隆抗体可满足其同时检测。二抗物质带有一个 Cy5 分子,可以产生荧光,其信号强弱可被扫描监测。该方法的 LOD 分别为 3.26 ng/mL(磺胺二甲嘧啶)、2.01 ng/mL(链霉素)、6.37 ng/mL(泰乐菌素),远远低于规定的泰乐菌素的 MRL。

Le 等[80]开发了一种 ICA 方法,应用在肌肉、肝脏、鱼和鸡蛋中残留泰乐菌素和替米考星的检测。该方法基于竞争原理,通过扫描最佳纳米金标记单克隆抗体量,来有效改善其灵敏度。用新型纳米金粒子标记,利用 ICA 法,10 分钟便可完成测定。对于泰乐菌素和替米考星,视觉 LOD 值分别为 10 ng/g 和 20 ng/g;泰乐菌素和替米考星基质标准曲线范围为 0.1~100 ng/mL;泰乐菌素和替米考星的 IC_{50} 值为分别 2.9 ng/mL 和 4.1 ng/mL;回收率范围在 71.5%~103.2%之间;添加浓度为 10~100 ng/g 时,其 CV 小于 14.1%。该 ICA 的分析结果与 ELISA 和 HPLC 的测定结果一致。

6.2　公　定　方　法

6.2.1　畜禽肉中 9 种大环内酯类和林可胺类药物残留量的测定　液相色谱-串联质谱法[81]

6.2.1.1　适用范围

适用于牛肉、猪肉、羊肉和鸡肉中林可霉素、竹桃霉素、红霉素、替米考星、泰乐菌素、克林霉素、螺旋霉素、吉他霉素和交沙霉素残留量的液相色谱-串联质谱测定。方法检出限均为 1.0 μg/kg。

6.2.1.2　方法原理

畜禽肉中 9 种大环内酯类抗生素（林可霉素、竹桃霉素、红霉素、替米考星、泰乐菌素、克林霉素、螺旋霉素、吉他霉素和交沙霉素）的残留用乙腈提取，提取液用正己烷去除脂肪后浓缩，再用磷酸盐溶液溶解后，经 Oasis HLB 固相萃取柱净化，甲醇洗脱，洗脱液浓缩定容后，供液相色谱-串联质谱法测定。内标法定量。

6.2.1.3　试剂和材料

甲醇、乙腈、正己烷：色谱纯；甲酸铵、磷酸氢二钠、氢氧化钠、氯化钠：优级纯。

氯化钠溶液：2%。称取 10.0 g 氯化钠，溶解于 500 mL 水中。

磷酸盐缓冲溶液：0.1 mol/L。6.0 g 磷酸氢二钠溶解于 450 mL 水中，用氢氧化钠饱和溶液调节 pH=8，用水定容至 500 mL。使用前配制。

甲醇+水溶液（2+3，v/v）：400 mL 甲醇与 600 mL 水混合。使用前配制。

甲酸铵溶液：0.1 mmol/L。0.63 g 甲酸铵加水溶解至 1000 mL。

林可霉素、竹桃霉素、红霉素、替米考星、泰乐菌素、克林霉素、螺旋霉素、吉他霉素、交沙霉素和罗红霉素标准物质：纯度≥95%。

标准储备溶液：1.0 mg/mL。准确称取每种标准物质 10.0 mg 分别放入 10 mL 容量瓶中，用甲醇溶解并定容至刻度，混匀。4℃保存。

混合标准储备溶液：10.0 μg/mL。分别吸取 0.1 mL 各标准储备溶液于 10 mL 容量瓶中，用甲醇定容至刻度。4℃保存，可使用 1 周。

混合标准工作溶液：1.0 μg/mL。吸取 1.0 mL 混合标准储备溶液于 10 mL 容量瓶中，用甲醇定容至刻度。用前配制。

内标储备溶液：1.0 mg/mL。准确称取 10.0 mg 罗红霉素于 10 mL 容量瓶中，用甲醇溶解定容至刻度，混匀。4℃保存。

中间浓度内标溶液：10.0 μg/mL。吸取 0.1 mL 内标储备溶液于 10 mL 容量瓶中，用甲醇定容至刻度。4℃保存。

内标工作溶液：1.0 μg/mL。吸取 1.0 mL 中间浓度内标标准溶液于 10 mL 容量瓶中，用甲醇定容至刻度。用前配制。

基质标准工作溶液：分别吸取 1.0 μL、2.0 μL、5.0 μL、10.0 μL、50.0 μL 混合标准工作溶液，加入 10.0 μL 内标工作溶液，用样品空白提取液定容至 1.0 mL，配成 1.0 ng/mL、2.0 ng/mL、5.0 ng/mL、10.0 ng/mL、50.0 ng/mL 浓度系列基质标准工作溶液。用前配制。

Oasis HLB 固相萃取柱：500 mg，6 mL，或相当者。使用前，分别用 10 mL 甲醇、10 mL 水、5 mL 氯化钠溶液和 5 mL 磷酸盐缓冲溶液活化，保持柱体湿润。

滤膜：0.2 μm。

6.2.1.4　仪器和设备

液相色谱-串联质谱仪：配有电喷雾离子源；天平：感量 0.01 g，0.0001 g；固相萃取装置；氮气浓缩仪；具塞聚丙烯离心管：50 mL；离心机。

6.2.1.5　样品前处理
（1）试样制备

从全部样品中取出有代表性样品约 1 kg，充分搅碎，混匀，均分成两份，分别装入洁净容器内。密封后作为试样，标明标记。在抽样和制样的操作过程中，应防止样品受到污染或发生残留物含量的变化。将试样于−18℃保存。

（2）提取

称取 5 g 试样，精确至 0.01 g，置于 50 mL 离心管中，加入 10.0 μL 内标工作溶液和 15.0 mL 乙腈，于振荡器上剧烈振荡 10 min。以 4200 r/min 的转速离心 5 min，取上清液于另一离心管中，加入 2.0 g 氯化钠和 10.0 mL 正己烷，于振荡器上剧烈振荡 10 min。4200 r/min 的转速离心 10 min，小心吸取中间乙腈层 12.0 mL 于另一离心管中，用氮气浓缩仪于 55℃水浴中吹至近干。

（3）净化

用 7 mL 磷酸盐缓冲溶液分两次溶解残液，使样液以小于 1.0 mL/min 的流速通过 Oasis HLB 固相萃取柱。样液全部流出后，再用 10 mL 水和 5 mL 甲醇+水溶液洗柱，弃去全部流出液，固相萃取柱用真空泵抽干 1 h。再用 10 mL 甲醇洗脱于 15 mL 锥形试管中，用氮气浓缩仪于 55℃水浴中吹至近干，准确加入 1.0 mL 甲酸铵溶液溶解残渣。用阴性样品，按上述步骤制备空白样品提取液。过 0.2 μm 滤膜后，供液相色谱-串联质谱仪测定。

6.2.1.6　测定
（1）液相色谱条件

色谱柱：Intersil C_{18}，3 μm，150 mm×2.1 mm 或相当者；进样量：20 μL；流速：0.5 mL/min；柱温：20℃；流动相：A：0.1 mmol/L 甲酸铵溶液，B：乙腈。梯度洗脱条件见表 6-3。

表 6-3　梯度洗脱条件

时间（min）	流速（mL/min）	A	B
0.0	0.50	95	5
1.0	0.50	95	5
6.0	0.50	40	60
6.1	0.50	5	95
10.0	0.50	5	95
10.1	0.50	95	5
20.0	0.50	95	5

（2）质谱条件

离子源：电喷雾离子源；扫描方式：正离子扫描；检测方式：多反应监测；电喷雾电压：5500 V；雾化气压力：0.069 MPa；气帘气压力：0.69 MPa；辅助气流速：0.414 MPa；离子源温度：350℃；碰撞室出口电压：2.0 V；定性离子对、定量离子对、碰撞能量和去簇电压，见表 6-4。

表 6-4　9 种抗生素定性离子对、定量离子对、碰撞能量和去簇电压

化合物	定性离子对(m/z)	定量离子对(m/z)	碰撞能量（V）	去簇电压（V）	保留时间（min）
林可霉素	407.2/126.1 407.2/359.2	407.2/126.1	37 24	50 50	6.96
竹桃霉素	688.4/158.2 688.4/544.3	688.4/158.2	70 42	30 30	7.36
红霉素	734.3/158.2 734.3/576.3	734.3/158.2	42 28	50 50	8.06
替米考星	869.4/174.2 869.4/132.1	869.4/174.2	62 70	90 90	8.36
泰乐菌素	916.4/174.2 916.4/145.1	916.4/174.2	54 55	80 80	8.48

续表

化合物	定性离子对(m/z)	定量离子对(m/z)	碰撞能量（V）	去簇电压（V）	保留时间（min）
克林霉素	425.2/126.1 425.2/377.3	425.2/126.1	45 28	53 53	8.51
螺旋霉素	843.3/142.2 843.3/174.2	843.3/142.2	48 50	60 60	8.67
吉他霉素	772.3/215.2 772.3/109.1	772.3/215.2	43 42	70 70	8.83
交沙霉素	828.3/174.2 828.3/109.1	828.3/174.2	45 45	80 80	9.14

（3）定性测定

在相同实验条件下，待测样品溶液中被测物的保留时间与基质标准工作溶液中被测物的保留时间的比值，偏差在±2.5%之内。并且，待测样品溶液中，被测物中各定性离子相对丰度与浓度接近的基质标准工作溶液中被测物的各定性离子相对丰度的比值，偏差不超过表1-5规定的范围，则可判定为样品中存在对应的待测物。

（4）定量测定

在仪器最佳工作条件下，以基质标准工作溶液浓度为横坐标，以峰面积为纵坐标，绘制标准工作曲线。用基质标准工作溶液的工作曲线对样品进行定量，应使样品溶液中九种大环内酯类抗生素的响应值在仪器测定的线性范围内。在上述色谱条件和质谱条件下，9 种大环内酯类抗生素的参考保留时间见表6-4，9 种抗生素的标准物质多反应监测（MRM）色谱图见图6-3。

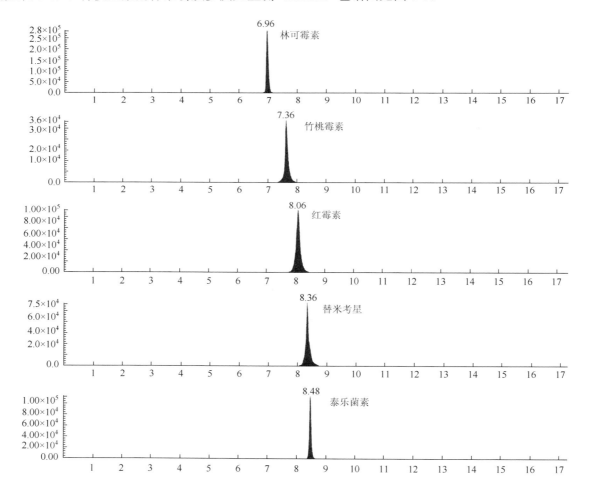

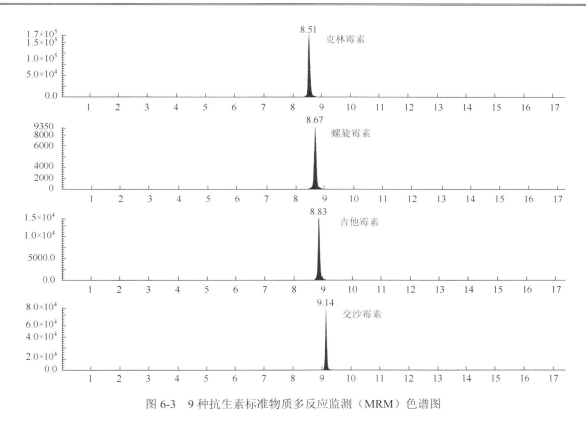

图 6-3　9 种抗生素标准物质多反应监测（MRM）色谱图

6.2.1.7　分析条件的选择

（1）提取溶液的选择

根据相关文献资料，从动物组织中提取大环内酯类药物的主要提取溶液有磷酸盐缓冲溶液、0.3%磷酸-甲醇（7+3，v/v）溶液、乙腈、甲醇，对此进行了对比实验，实验结果见表 6-5。

表 6-5　不同提取溶液的提取效果（%）

提取液	林可霉素	竹桃霉素	红霉素	替米考星	泰乐菌素	克林霉素	螺旋霉素	吉他霉素	交沙霉素
0.1 mol/L 磷酸盐缓冲溶液	10.4	40.8	95.4	91.2	61.6	66.9	88.9	45.3	61.0
0.3%磷酸-甲醇（7+3）溶液	8.72	39.3	36.9	41.1	24.1	50.0	26.0	22.7	26.4
甲醇	36.0	63.7	94.9	110.0	131.0	138.0	147.0	49.0	73.3
乙腈	89.9	74.0	93.9	103.0	84.5	126.0	123.4	73.6	64.9

从表 6-5 中数据可以看出，当用磷酸盐缓冲溶液作为提取液时，林可霉素、竹桃霉素、吉他霉素的回收率小于 50%；当用 0.3%磷酸-甲醇（7+3，v/v）溶液作为提取液时，除克林霉素外，其他 8 种大环内酯类抗生素的回收率均小于 50%；当用甲醇作为提取液时，林可霉素、吉他霉素的回收率小于50%；当用乙腈作为提取液时，9 种大环内酯类抗生素的回收率在 64.9%～126.0%范围。所以本方法采用乙腈作为提取液。

（2）样液浓缩对回收率的影响

大环内酯类抗生素大部分对热不稳定，在实验中发现，在 55℃水浴中浓缩样液的浓缩程度对回收率的影响很大，结果见表 6-6。表 6-6 数据证明，样液蒸干后，大环内酯类药物的回收率远远低于蒸至近干的回收率。因此，本方法样液浓缩时，蒸至近干为好。

表 6-6　不同浓缩程度对回收率（%）的影响

化合物	蒸干	蒸至近干
林可霉素	70.8	82.0
竹桃霉素	70.4	78.4
红霉素	59.3	78.0
替米考星	77.6	72.0
泰乐菌素	86.0	85.6
克林霉素	68.3	70.0
螺旋霉素	85.8	83.2
吉他霉素	51.6	68.8
交沙霉素	39.3	97.6

（3）过固相萃取柱时，缓冲溶液对回收率的影响

考虑到过固相萃取柱时，不同缓冲溶液对回收率的影响很大。实验了 0.1 mol/L 磷酸盐缓冲液、0.1 mol/L 碳酸盐缓冲液、0.2 mol/L 乙酸盐缓冲液对回收率的影响，对比结果见表 6-7。从表 6-7 数据可以看出，当使用 0.1 mol/L 磷酸盐缓冲溶液过固相萃取柱时，9 种大环内酯的回收率均在 65% 以上，其他两种缓冲溶液的回收率，只有个别品种能达到 70%，大部分均在 40% 以下。因此，本方法选择 0.1 mol/L 磷酸盐缓冲溶液，作为固相萃取柱的缓冲溶液。

表 6-7　三种缓冲溶液对回收率的影响（%）

化合物	0.1 mol/L 磷酸盐	0.2 mol/L 乙酸盐	0.1 mol/L 碳酸盐
林可霉素	92.0	1.7	20.9
竹桃霉素	78.4	—	76.2
红霉素	78.0	27.7	37.5
替米考星	72.0	71.1	24.1
泰乐菌素	85.6	7.4	15.2
克林霉素	70.0	22.6	2.6
螺旋霉素	83.2	3.4	1.1
吉他霉素	68.8	1.1	1.5
交沙霉素	67.6	1.1	1.1

（4）不同 pH 的缓冲溶液对回收率（%）的影响

在对 0.1 mol/L 磷酸盐缓冲溶液最佳 pH 范围进行的选择实验中发现，当 pH=8 时，9 种大环内酯类抗生素的回收率均在 50% 以上，而其余的 pH 范围均低于 50%。实验结果见表 6-8。

表 6-8　不同 pH 值的缓冲溶液对回收率的影响（%）

化合物	3	4	5	6	7	8	9	10
林可霉素	66.9	96.0	77.7	116.0	102.0	92.0	111.0	33.8
竹桃霉素	66.6	79.4	62.3	66.8	77.2	78.4	72.8	80.2
红霉素	6.30	30.4	41.6	55.2	40.4	78.0	113.0	74.4
替米考星	8.32	4.31	3.38	45.0	42.3	72.0	94.2	103.2
泰乐菌素	56.6	81.8	58.6	83.0	58.0	85.6	72.6	66.0
克林霉素	49.4	58.0	43.6	47.0	50.4	70.0	63.4	41.8
螺旋霉素	3.28	5.73	5.08	15.6	3.04	83.2	83.0	15.5
吉他霉素	7.38	18.64	8.16	11.78	13.4	68.8	73.6	8.3
交沙霉素	14.7	52.4	21.2	42.8	32.4	67.6	21.6	21.4

（5）不同固相萃取柱对回收率的影响

在前述选定条件下，对 Varian C₁₈、Oasis HLB 和 Bakerbond spe C₁₈ 三种固相萃取柱的萃取效率进行了比较，结果见表 6-9。结果表明 Oasis HLB 固相萃取柱的效果最理想。因此，本方法选择 Oasis HLB 固相萃取柱为净化柱。

表 6-9　不同固相萃取柱对回收率的影响（%）

化合物	Varian C₁₈	Oasis HLB	Bake 柱
林可霉素	133.8	92.0	68.4
竹桃霉素	61.0	78.4	39.2
红霉素	6.30	78.0	54.0
替米考星	54.6	72.0	124.0
泰乐菌素	56.6	85.6	106.0
克林霉素	49.4	70.0	69.4
螺旋霉素	82.4	83.2	99.8
吉他霉素	7.38	68.8	22.6
交沙霉素	1.47	97.6	9.3

（6）洗脱剂用量的选择

根据文献记载，对固相萃取柱洗脱基本采用甲醇，对甲醇的洗脱用量进行了实验，结果见表 6-10。结果表明，用 15 mL 甲醇就可以洗脱完全。

表 6-10　洗脱剂体积对回收率的影响（%）

化合物	第一次 10 mL		第二次 5 mL		第三次 5 mL	
	A 组	B 组	A 组	B 组	A 组	B 组
林可霉素	82.6	83.1	9.4	9.2	N.D.	N.D.
竹桃霉素	72.1	69.8	6.3	6.5	N.D.	N.D.
红霉素	65.4	67.3	10.6	9.7	N.D.	N.D.
替米考星	68.3	67.2	3.7	4.0	N.D.	N.D.
泰乐菌素	79.7	80.8	5.9	5.7	N.D.	N.D.
克林霉素	65.2	64.2	4.8	4.6	N.D.	N.D.
螺旋霉素	75.6	73.5	7.6	7.9	N.D.	N.D.
吉他霉素	66.2	67.4	2.6	2.5	N.D.	N.D.
交沙霉素	90.7	87.4	6.9	7.2	N.D.	N.D.

6.2.1.8　线性范围和测定低限

配制浓度分别为 1.0 ng/mL、2.0 ng/mL、5.0 ng/mL、10.0 ng/mL、50.0 ng/mL 的混合标准溶液，在选定的条件下进行测定，进样量为 50 μL，用峰高对标准溶液中各被测组分的浓度作图。林可霉素、竹桃霉素、红霉素、替米考星、泰乐菌素、克林霉素、螺旋霉素、吉他霉素、交沙霉素的绝对量在 0.05～2.5 ng 范围内均呈线性关系，其线性方程和相关系数见表 6-11。

表 6-11　9 种抗生素线性方程和相关系数

化合物	检测范围（ng/mL）	线性方程	相关系数
林可霉素	1.0～50.0	$Y=0.175X+0.034$	0.9977
竹桃霉素	1.0～50.0	$Y=0.0372X+0.014$	1.0000
红霉素	1.0～50.0	$Y=0.0902X+0.035$	1.0000

化合物	检测范围（ng/mL）	线性方程	相关系数
替米考星	1.0～50.0	$Y=0.0848\,X+0.057$	0.9991
泰乐菌素	1.0～50.0	$Y=0.0903\,X+0.0327$	1.0000
克林霉素	1.0～50.0	$Y=0.059\,X+0.0.0325$	0.9994
螺旋霉素	1.0～50.0	$Y=0.00659\,X+0.0016$	0.9988
吉他霉素	1.0～50.0	$Y=0.0119\,X+0.00282$	0.9992
交沙霉素	1.0～50.0	$Y=0.0469\,X+0.0329$	0.9970

该方法操作条件下，9 种抗生素在添加水平 1.0～50 μg/kg 范围时，响应值在仪器线性范围之内，所测谱图的信噪比 S/N 大于 5。因此，根据最终样液所代表的试样量、定容体积、进样量和进行测定时所受的干扰情况，确定本方法林可霉素、竹桃霉素、红霉素、替米考星、泰乐菌素、克林霉素、螺旋霉素、吉他霉素、交沙霉素的检出限为 1.0 μg/kg。

6.2.1.9　方法回收率和精密度

用不含 9 种抗生素的牛肉样品进行添加回收和精密度实验，样品中添加 1.0 μg/kg、2.0 μg/kg、5.0 μg/kg、10.0 μg/kg 不同浓度标准后，摇匀，使标准样品充分吸收，然后按本方法进行提取、净化、测定，其回收率和精密度见表 6-12。从表 6-12 可以看出，本方法平均回收率在 79.4%～106.3% 之间，室内四个水平相对标准偏差均在 9.9% 以内。

表 6-12　9 种抗生素添加回收率与精密度实验数据（n=10）

化合物	添加水平（μg/kg）	平均回收率(%)	RSD（%）	化合物	添加水平（μg/kg）	平均回收率(%)	RSD（%）
克林霉素	1.0	92.7	8.2		5.0	89.9	6.5
	2.0	82.2	7.2		10.0	84.2	4.9
林可霉素	1.0	99.4	9.9	替米考星	1.0	84.3	7.4
	2.0	92.0	8.8		2.0	87.3	6.2
	5.0	86.2	6.4		5.0	79.4	4.7
	10.0	83.9	7.0		10.0	85.9	5.0
交沙霉素	1.0	105.6	9.7	泰乐菌素	1.0	106.3	8.5
	2.0	88.1	8.7		2.0	84.6	7.7
	5.0	88.9	6.9		5.0	84.5	6.4
	10.0	88.4	6.0		10.0	79.9	5.2
红霉素	1.0	102.8	9.7	竹桃霉素	1.0	79.9	6.3
	2.0	89.7	8.8		2.0	103.2	8.8
	5.0	85.4	7.0		5.0	85.4	6.1
	10.0	85.6	5.6		10.0	87.0	7.3
螺旋霉素	1.0	89.6	8.9	吉他霉素	1.0	82.8	7.8
	2.0	84.7	8.4		2.0	103.0	9.7
	5.0	79.9	5.3		5.0	89.0	8.1
	10.0	86.9	5.7		10.0	82.2	7.1

6.2.1.10　方法的适用性

采用本方法对有代表性的屠宰动物羊肉、鸡肉、牛肉、猪肉等，在 1.0 μg/kg、2.0 μg/kg、5.0 μg/kg、10.0 μg/kg 四个添加水平，对 9 种抗生素进行添加回收率实验，其分析结果见表 6-13。在 9 种抗生出峰区域未见干扰峰，样品的回收率在 75.0%～119.9%之间，所做空白样品实验也表明，对于羊肉、鸡肉、牛肉、猪肉等样品，本方法的适用性很好。

表 6-13 方法的适用性添加回收率（%）

添加水平 （μg/kg）	牛肉				羊肉				猪肉				鸡肉			
	1	2	5	10	1	2	5	10	1	2	5	10	1	2	5	10
克林霉素	110.3	79.7	88.3	85.0	114.3	76.8	83.6	79.4	76.7	114.4	82.3	88.4	82.2	76.5	80.6	81.8
林可霉素	112.4	79.4	91.8	79.4	76.9	108.4	112.3	81.6	80.0	76.9	76.8	80.2	82.1	76.4	88.3	79.2
交沙霉素	114.3	89.7	76.3	82.4	119.8	1176.	116.3	118.5	76.4	78.2	81.6	79.3	118.3	115.2	119.3	115.4
红霉素	116.9	106.8	94.3	92.4	119.9	118.4	114.3	117.6	76.3	80.8	75.2	79.2	75.5	83.4	76.9	78.1
螺旋霉素	77.5	116.2	81.6	92.5	75.3	118.3	76.8	76.7	85.6	119.3	76.4	77.7	75.0	75.2	79.3	78.4
替米考星	76.4	88.3	79.4	86.9	119.2	76.6	79.4	78.9	75.2	81.3	79.9	77.6	77.6	91.2	79.6	77.4
泰乐菌素	114.2	78.6	92.7	90.6	85.9	79.3	76.4	88.1	78.6	79.2	85.4	81.0	75.4	81.8	76.2	79.3
竹桃霉素	80.5	106.3	79.2	94.3	82.3	95.4	76.5	78.0	77.1	81.7	80.9	76.3	82.4	79.3	88.0	76.9
吉他霉素	82.3	110.3	113.6	78.4	75.1	76.2	78.3	81.0	112.3	79.4	82.1	113.6	79.1	108.2	93.4	77.7

6.2.1.11 重复性和再现性

在重复性试验条件下，获得的两次独立测试结果的绝对差值不超过重复性限（r），如果差值超过重复性限（r），应舍弃试验结果并重新完成两次单个试验的测定。在再现性试验条件下，获得的两次独立测试结果的绝对差值不超过再现性限（R）。被测物的含量范围、重复性和再现性方程见表 6-14。

表 6-14 含量范围及重复性和再现性方程

化合物	含量范围（μg/kg）	重复性限 r	再现性限 R
林可霉素	1.0～10.0	lg r=1.0940 lg m−1.4214	lg R=0.9331 lg m−0.8335
竹桃霉素	1.0～10.0	lg r=1.0632 lg m−1.4236	R=0.1461 m−0.0124
红霉素	1.0～10.0	lg r=0.8820 lg m−1.3150	lg R=1.0196 lg m−0.8527
替米考星	1.0～10.0	lg r=1.1543 lg m−1.4568	R=0.1157 m+0.0094
泰乐菌素	1.0～10.0	lg r=1.1137 lg m−1.4373	lg R=1.3973 lg m−1.1955
克林霉素	1.0～10.0	r=0.0436 m−0.0137	lg R=1.4436 lg m−1.1911
螺旋霉素	1.0～10.0	lg r=1.1521 lg m−1.4711	lg R=0.9930 lg m−0.8379
吉他霉素	1.0～10.0	lg r=0.7018 lg m−1.2580	lg R=1.0171 lg m−1.0072
交沙霉素	1.0～10.0	lg r=0.9971 lg m−1.4369	lg R=0.9865 lg m−0.7972

注：m 为两次测定值的算术平均值

6.2.2 蜂蜜中 8 种大环内酯类和林可胺类药物残留量的测定 液相色谱-串联质谱法[82]

6.2.2.1 适用范围

适用于蜂蜜中林可霉素、红霉素、螺旋霉素、替米考星、泰乐菌素、交沙霉素、吉他霉素、竹桃霉素残留量液相色谱-串联质谱测定。方法检出限均为 2.0 μg/kg。

6.2.2.2 方法原理

蜂蜜中残留的林可霉素、红霉素、螺旋霉素、替米考星、泰乐菌素、交沙霉素、吉他霉素、竹桃霉素用三羟甲基氨基甲烷（Tris）缓冲溶液（pH=9）提取，过滤后，经 Oasis HLB 固相萃取柱净化，用甲醇洗脱并蒸干，残渣用乙腈-0.01 mol/L 乙酸铵溶液溶解，过 0.2 μm 滤膜后，样品溶液供液相色谱-串联质谱仪测定，内标法定量。

6.2.2.3　试剂和材料

甲醇、乙腈：色谱纯；三羟甲基氨基甲烷（Tris）、氯化钙（$CaCl_2 \cdot 2H_2O$）、乙酸铵、盐酸：优级纯。

淋洗液：甲醇溶液（2+3，v/v）。量取 40 mL 甲醇与 60 mL 水混合；0.01 mol/L 乙酸铵溶液：称取 0.77 g 乙酸铵溶于 1000 mL 水中；0.2 mol/L 三羟甲基氨基甲烷（Tris）缓冲溶液：称取 12.0 g 三羟甲基氨基甲烷和 7.35 g 氯化钙，放入 1000 mL 烧杯中，加入 800 mL 水溶解，用盐酸调至 pH 为 9.0，再用水定容至 1000 mL。定容液：乙腈-0.01 mol/L 乙酸铵溶液（3+17，v/v）。量取 15 mL 乙腈和 85 mL 乙酸铵溶液混合均匀。

标准物质纯度≥99%。

0.1 mg/mL 标准储备溶液：准确称取适量的各标准物质，用甲醇分别配成 0.1 mg/mL 的标准储备溶液。该溶液在 4℃保存。1.0 μg/mL 混合标准工作溶液：吸取各标准储备溶液 0.1 mL 移至 10 mL 容量瓶中，用甲醇稀释至刻度。该溶液在 4℃保存。

内标物质：罗红霉素、克林霉素，纯度≥99%。

0.1 mg/mL 罗红霉素、克林霉素内标储备溶液：准确称取适量的罗红霉素、克林霉素标准物质，用甲醇配成 0.1 mg/mL 的内标储备溶液。该溶液在 4℃保存。1.0 μg/mL 混合内标工作溶液：分别吸取罗红霉素和克林霉素内标储备溶液 0.1 mL 移至 10 mL 容量瓶中，用甲醇稀释至刻度。该溶液在 4℃保存。

基质标准工作溶液：吸取不同体积混合标准工作溶液和 20 μL 混合内标工作溶液，用空白样品提取液配成 2.0 ng/mL、5.0 ng/mL、10.0 ng/mL、20.0 ng/mL、50.0 ng/mL 不同浓度的基质标准工作溶液。当天配制。

Oasis HLB 固相萃取柱或相当者：200 mg，6 mL。使用前依次用 5 mL 甲醇和 10 mL 水活化，保持柱体湿润。

6.2.2.4　仪器和设备

液相色谱-串联质谱仪：配有电喷雾离子源；分析天平：感量 0.1 mg 和 0.01 g；氮气浓缩仪；液体混匀器；贮液器：50 mL；真空泵：最大负压 80 kPa；固相萃取装置；吹干管：10 mL。

6.2.2.5　样品前处理

（1）试样制备

对无结晶的实验室样品，将其搅拌均匀。对有结晶的样品，在密闭情况下，置于不超过 60℃的水浴中温热，振荡，待样品全部融化后搅匀，冷却至室温。分出 0.5 kg 作为试样。制备好的试样置于样品瓶中，密封，并作上标记。将试样于常温下保存。

（2）提取

称取 2 g 试样，精确至 0.01 g。置于 150 mL 三角瓶中，加入 20 μL 混合内标工作溶液，加入 25 mL Tris 缓冲溶液，于液体混匀器上快速混匀 1 min，使试样完全溶解。

（3）净化

将塞有玻璃棉的玻璃贮液器连到 Oasis HLB 固相萃取柱上，把样液倒入玻璃贮液器中，调节流速小于 3 mL/min，待样液完全流出后，依次用 5 mL 水和 5 mL 淋洗液洗柱，弃去全部流出液。减压抽干 20 min，然后用 5 mL 甲醇洗脱，收集洗脱液于 10 mL 吹干管中。用氮气浓缩仪于 50℃吹干。准确加入 1.0 mL 定容液溶解残渣，过 0.2 μm 滤膜后，供液相色谱-串联质谱仪测定。

按上述操作步骤，制备用于配制系列基质标准工作溶液的样品空白提取液。

6.2.2.6　测定

（1）液相色谱条件

色谱柱：Atlantis C_{18}，3 μm，150 mm×2.1 mm（内径）或相当者；流速：0.2 mL/min；柱温：30℃；进样量：20 μL；流动相：A 为乙腈，B 为 0.1%甲酸溶液，C 为甲醇。梯度洗脱条件见表 6-15。

表 6-15　梯度洗脱条件

时间/min	A/%	B/%	C/%
0.00	90.0	5.0	5.0
5.00	5.0	90.0	5.0
9.00	5.0	90.0	5.0
9.10	90.0	5.0	5.0
17.0	90.0	5.0	5.0

（2）质谱条件

离子源：电喷雾离子源；扫描方式：正离子扫描；检测方式：多反应监测；电喷雾电压：5500 V；雾化气压力：0.069 MPa；气帘气压力：0.069 MPa；辅助气流速：7 L/min；离子源温度：450℃；定性离子对、定量离子对、碰撞能量和去簇电压见表 6-4。

（3）定性测定

被测组分选择 1 个母离子，2 个以上子离子，在相同的试验条件下，样品中待测物质的保留时间与标准溶液中对应的保留时间偏差±2.5%之内；且样品中各组分定性离子的相对丰度与浓度接近的标准溶液中对应的定性离子的相对丰度进行比较，若偏差不超过表 1-5 规定的范围，则可判定样品中存在对应的待测物。

（4）定量测定

在仪器的最佳工作条件下，用基质标准工作溶液分别进样，以各标准溶液中被测组分峰面积与内标物峰面积的比值为纵坐标，以各标准溶液被测组分浓度与内标物浓度的比值为横坐标，绘制标准工作曲线，用标准工作曲线对样品进行定量。样品溶液中林可霉素、红霉素、螺旋霉素、替米考星、泰乐菌素、交沙霉素、吉他霉素、竹桃霉素的响应值均应在仪器测定的线性范围内。在上述色谱条件和质谱条件下，林可霉素、红霉素、螺旋霉素、替米考星、泰乐菌素、交沙霉素、吉他霉素、竹桃霉素的参考保留时间见表 6-16。林可霉素、红霉素、螺旋霉素、替米考星、泰乐菌素、交沙霉素、吉他霉素、竹桃霉素的标准物质多反应监测（MRM）色谱图见图 6-4。

表 6-16　林可霉素、红霉素、螺旋霉素、替米考星、泰乐菌素、交沙霉素、吉他霉素、竹桃霉素保留时间

化合物	保留时间/min
林可霉素	7.61
红霉素	9.96
螺旋霉素	8.91
替米考星	9.56
泰乐菌素	10.04
交沙霉素	11.33
吉他霉素	10.62
竹桃霉素	9.72

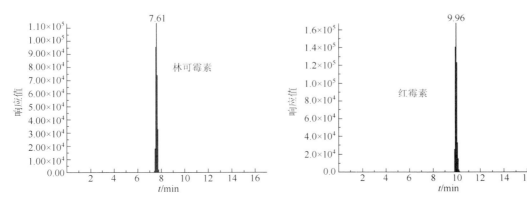

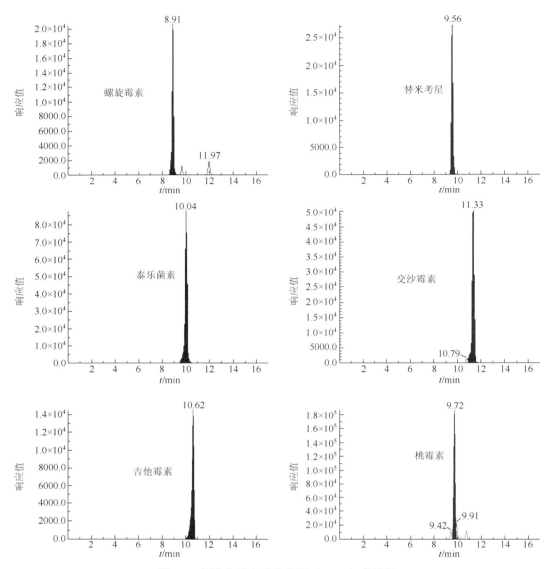

图 6-4　标准物质多反应监测（MRM）色谱图

6.2.2.7　分析条件的选择

（1）提取溶液的选择

从样品中提取大环内酯类药物的主要提取溶液有 0.1 mol/L 磷酸盐缓冲溶液、0.1 mol/L 碳酸氢钠缓冲溶液、0.1 mol/L Tris 缓冲溶液，对此进行了对比实验，实验结果见表 6-17。

表 6-17　不同提取溶液的提取效果（%）

提取液	林可霉素	红霉素	螺旋霉素	替米考星	泰乐菌素	交沙霉素	吉他霉素	竹桃霉素
0.1 mol/L 磷酸盐缓冲溶液	85.3	57.8	70.1	91.2	85.5	73.7	92.6	67.9
0.1 mol/L 碳酸氢钠缓冲溶液	139.0	84.2	68.3	82.5	122.0	84.5	110.0	108.0
0.1 mol/L Tris 缓冲溶液	114.0	83.5	102.0	115.0	99.6	98.2	101.0	93.7

从表 6-17 中数据可以看出，当用磷酸盐缓冲溶液作为提取液时，红霉素、螺旋霉素、交沙霉素、竹桃霉素的回收率小于 80%；当用碳酸氢钠溶液作为提取液时，螺旋霉素的回收率不到 70%；而且回收率变化幅度比较大（68.3%～139%）；当用 Tris 缓冲溶液作为提取液时，回收率在 83.5%～115.0% 范围，而且回收率相对比较稳定。所以本方法采用 0.1 mol/L Tris 缓冲溶液作为提取溶液。

（2）不同 pH 的缓冲溶液对回收率（%）的影响

在对 0.1 mol/L Tris 缓冲溶液最佳 pH 范围进行的选择实验中发现，当 pH 在 5～11 范围内变化时，林可霉素、竹桃霉素、吉他霉素抗生素回收率相对都比较高而且稳定。而红霉素、螺旋霉素、替米考星、交沙霉素、泰乐菌素的回收率变化较大，从 42.0% 到 110.0%，当 pH=8～9 时，8 种药物的回收率均在 80% 以上，所以本方法选择缓冲溶液的 pH=9。实验结果见表 6-18。

表 6-18　不同 pH 的缓冲溶液对回收率的影响（%）

化合物	pH=5	pH=6	pH=7	pH=8	pH=9	pH=10	pH=11
林可霉素	112.0	110.2	119.0	116.0	113.0	118.0	110.0
红霉素	56.6	69.8	75.5	85.7	81.1	71.9	74.2
螺旋霉素	59.6	69.4	92.4.0	108.2	102.5	110.0	86.7
替米考星	42.0	71.5	76.5	86.0	85.8	87.4	69.7
泰乐菌素	70.3	75.0	78.0	83.8	86.0	92.3	68.2
交沙霉素	62.8	73.2	70.0	89.0	85.0	75.0	81.1
吉他霉素	103.0	119.3	106.2	118.1	111.0	113.0	106.0
竹桃霉素	110.0	111.5	98.6	96.7	103.0	101.0	103.0

（3）不同固相萃取柱对回收率的影响

在前述选定条件下，对 Oasis MCX（150 mg）、Oasis HLB（200 mg）和 Oasis HLB（500 mg）三种固相萃取柱的萃取效率进行了比较。从性能上说 Oasis HLB（200 mg）和 Oasis HLB（500 mg）没有区别，但是由于上述两种固相萃取柱的填料粒度不同，Oasis HLB（200 mg）粒度为 30 μm，Oasis HLB（500 mg）粒度为 60 μm，从而影响样液从固相萃取柱滴下的速度，导致回收率的差异。结果表明 Oasis HLB（200 mg）固相萃取柱的效果最理想。因此，本方法选择 Oasis HLB（200 mg）固相萃取柱为净化柱。实验结果见表 6-19。

表 6-19　不同固相萃取柱对回收率的影响（%）

化合物	Oasis MCX（150 mg）	Oasis HLB（200 mg）	Oasis HLB（500 mg）
林可霉素	53.5	107.0	97.6
红霉素	0.1	113.0	91.0
螺旋霉素	10.1	108.0	63.4
替米考星	46.8	103.0	91.0
泰乐菌素	0.7	97.0	87.9
交沙霉素	0.0	95.5	23.2
吉他霉素	0.2	84.0	77.9
竹桃霉素	40.6	93.4	61.2

6.2.2.8　线性范围和测定低限

配制浓度分别为 2.0 ng/mL、5.0 ng/mL、10.0 ng/mL、50.0 ng/mL 的混合标准溶液，在选定的条件下进行测定，进样量为 20 μL，用峰高对标准溶液中各被测组分的浓度作图。8 种抗生素的绝对量在 0.04～1.0 ng 范围内均呈线性关系，其线性方程和相关系数见表 6-20。

表 6-20　线性方程和相关系数

化合物	检测范围/(ng/mL)	线性方程	相关系数
林可霉素	2.0～50.0	$Y=0.0844X+0.0802$	0.9999
红霉素	2.0～50.0	$Y=0.0249X+0.0134$	0.9999
螺旋霉素	2.0～50.0	$Y=0.00343X+0.00238$	0.9997

化合物	检测范围/(ng/mL)	线性方程	相关系数
替米考星	2.0~50.0	$Y=0.0142X+0.00762$	0.9996
泰乐菌素	2.0~50.0	$Y=0.0229X+0.011$	0.9983
交沙霉素	2.0~50.0	$Y=0.0326X+0.000385$	0.9992
吉他霉素	2.0~50.0	$Y=0.00922X+0.00406$	0.9986
竹桃霉素	2.0~50.0	$Y=0.0261X+0.0188$	0.9997

该方法操作条件下，8 种抗生素在添加水平 2.0~50 μg/kg 范围时，响应值在仪器线性范围之内，所测谱图的信噪比 S/N 大于 5。8 种药物检出限均为 2.0 μg/kg。

6.2.2.9　方法回收率和精密度

用不含上述 8 种抗生素的蜂蜜样品进行添加回收和精密度实验，样品中添加 2.0 μg/kg、5.0 μg/kg、10.0 μg/kg、50.0 μg/kg 不同浓度标准后，摇匀，使样品充分吸收，然后按本方法进行提取、净化、测定，其回收率和精密度见表 6-21。从表 6-21 可以看出，本方法回收率在 77.7%~100.0%之间，室内四个水平相对标准偏差均在 9.4%以内，说明方法的回收率和精密度良好。

表 6-21　添加回收率与精密度实验数据（$n=10$）

化合物	添加水平/(μg/kg)	平均回收率/%	RSD/%	化合物	添加水平/(μg/kg)	平均回收率/%	RSD/%
林可霉素	2	100.0	8.8	泰乐菌素	2	86.4	5.0
	5	99.4	9.4		5	84.4	2.8
	10	95.7	3.8		10	86.7	2.5
	50	94.9	6.8		50	88.8	3.8
红霉素	2	85.7	2.7	交沙霉素	2	80.6	7.3
	5	86.2	4.7		5	86.0	4.2
	10	87.7	4.6		10	77.7	3.2
	50	90.8	4.0		50	84.0	3.7
螺旋霉素	2	83.9	4.3	吉他霉素	2	79.3	5.8
	5	83.7	3.8		5	83.4	3.7
	10	82.8	2.9		10	79.3	5.6
	50	87.7	5.1		50	82.6	4.4
替米考星	2	84.9	5.6	竹桃霉素	2	83.0	5.4
	5	87.6	3.4		5	83.0	3.8
	10	90.4	6.1		10	83.8	3.9
	50	89.3	3.0		50	84.6	3.5

6.2.2.10　方法的适用性

采用本方法对有代表性的荞麦蜜、洋槐蜜、荆条蜜、油菜蜜、紫云英蜜，在 2.0 μg/kg、5.0 μg/kg、10.0 μg/kg、50 μg/kg 四个添加水平，对林可霉素、红霉素、螺旋霉素、替米考星、泰乐菌素、交沙霉素、吉他霉素、竹桃霉素进行添加回收率实验，其分析结果见表 6-22。在八种抗生素出峰区域未见干扰峰。得到的回收率比较稳定，方法实用性较好。

表6-22　方法的适用性添加回收率（%）

基质	荞麦蜜				洋槐蜜				荆条蜜				油菜蜜				紫云英蜜			
添加水平 /(μg/kg)	2	5	10	50	2	5	10	50	2	5	10	50	2	5	10	50	2	5	10	50
林可霉素	228	231	207	148	181	174	185	138	162	193	185	144	744	442	289	157	228	231	207	148
红霉素	86	105	99	95	123	123	122	109	112	127	126	122	103	126	127	111	86	105	99	95
螺旋霉素	120	121	101	106	131	111	111	109	49	46	34	53	102	121	113	110	120	121	101	106
替米考星	61	88	73	76	74	76	68	69	65	81	66	87	81	79	86	80	61	88	73	76
泰乐菌素	127	115	113	103	144	135	127	127	133	135	133	132	131	133	129	122	127	115	113	103
交沙霉素	117	126	119	109	125	119	117	111	126	125	127	114	104	119	118	102	117	126	119	109
吉他霉素	126	114	109	101	125	124	118	118	123	128	126	121	144	129	120	109	126	114	109	101
竹桃霉素	109	104	107	91	115	119	112	106	105	124	122	118	104	127	129	110	109	104	107	91
平均回 收率/%	122	126	116	104	127	123	120	111	109	120	115	111	189	160	139	113	122	126	116	104
SD	48	44	39	21	30	27	32	20	37	43	46	29	225	115	62	22	48	44	39	21
RSD/%	40	35	34	20	23	22	27	18	34	36	40	26	119	72	45	19	40	35	34	20

6.2.2.11　重复性和再现性

在重复性试验条件下，获得的两次独立测试结果的绝对差值不超过重复性限（r），如果差值超过重复性限（r），应舍弃试验结果并重新完成两次单个试验的测定。在再现性试验条件下，获得的两次独立测试结果的绝对差值不超过再现性限（R）。被测物的含量范围、重复性和再现性方程见表6-23。

表6-23　含量范围及重复性和再现性方程

化合物	含量范围/(μg/kg)	重复性限 r	再现性限 R
林可霉素	2.0～50.0	lg r=1.0510 lg m－1.2650	lg R=0.8656 lg m－0.6520
红霉素	2.0～50.0	lg r=1.0335 lg m－1.2251	lg R=1.1108 lg m－0.9901
螺旋霉素	2.0～50.0	lg r=0.8702 lg m－1.1014	lg R=1.1028 lg m－1.0160
替米考星	2.0～50.0	lg r=1.0934 lg m－1.3491	lg R=0.9621 lg m－0.8070
泰乐菌素	2.0～50.0	lg r=0.9707 lg m－1.1463	lg R=0.8157 lg m－0.6801
交沙霉素	2.0～50.0	lg r=0.9379 lg m－1.1770	lg R=0.8571 lg m－0.7565
吉他霉素	2.0～50.0	lg r=1.0208 lg m－1.3386	lg R=0.9598 lg m－0.9004
竹桃霉素	2.0～50.0	lg r=0.9757 lg m－1.2742	lg R=0.8863 lg m－0.5849

注：m为两次测定值的算术平均值

6.2.3　蜂王浆和蜂王浆冻干粉中8种大环内酯类和林可胺类药物残留量的测定　液相色谱-串联质谱法[83]

6.2.3.1　适用范围

适用于蜂王浆和蜂王浆冻干粉中林可霉素、红霉素、替米考星、泰乐菌素、克林霉素、螺旋霉素、吉他霉素和交沙霉素残留量的液相色谱-串联质谱测定。方法检出限：蜂王浆中的林可霉素、红霉素、替米考星、泰乐菌素、交沙霉素、螺旋霉素、克林霉素、吉他霉素均为2.0 μg/kg；蜂王浆冻干粉中的林可霉素、红霉素、克林霉素、泰乐菌素、交沙霉素均为2.0 μg/kg，替米考星、螺旋霉素、吉他霉素均为5.0 μg/kg。

6.2.3.2　方法原理

蜂王浆和蜂王浆冻干粉中林可霉素、红霉素、替米考星、泰乐菌素、克林霉素、螺旋霉素、吉他霉素和交沙霉素的残留用Tris提取液提取，提取液经Oasis HLB固相萃取柱净化，甲醇洗脱，洗脱液浓缩定容后，供液相色谱-串联质谱法测定。外标法定量。

6.2.3.3　试剂和材料

甲醇、乙腈：色谱纯；乙酸铵、盐酸、三羟甲基氨基甲烷（Tris，$C_4H_{11}NO_3$）、氯化钙（$CaCl_2 \cdot 2H_2O$）：分析纯。

甲醇溶液：（2+3，v/v）。400 mL 甲醇与 600 mL 水混合；0.01 mol/L 乙酸铵溶液：0.77 g 乙酸铵溶解于水中，定容于 1000 mL 容量瓶中；定容液：0.01 mol/L 乙酸铵溶液+乙腈（17+3）；Tris 提取液：称取 12.0 g 三羟甲基氨基甲烷和 7.35 g 氯化钙溶解于水中，用盐酸调节 pH 为 9，定容于 1000 mL。

标准物质：林可霉素（CAS 7179-49-9）、红霉素（CAS 59319-72-1）、替米考星（CAS 108050-54-0）、泰乐菌素（CAS 74610-55-2）、螺旋霉素（CAS 8025-81-8）、克林霉素（CAS 21462-39-5）、吉他霉素（CAS 1392-21-8）和交沙霉素（CAS 16846-24-5）纯度≥95%。

标准储备溶液Ⅰ：1.0 mg/mL。分别准确称取每种标准物质适量，分别放入相对应的 10 mL 容量瓶中，用甲醇溶解并定容至刻度，混匀。4℃保存。

标准储备溶液Ⅱ：10.0 μg/mL。分别吸取 0.1 mL 各标准储备溶液，分别放入相对应的 10 mL 容量瓶中，用甲醇定容至刻度。4℃保存。

标准工作溶液：2.0 μg/mL。分别吸取 2.0 mL 标准储备溶液，分别放入相对应的 10 mL 容量瓶中，用甲醇定容至刻度。

Oasis HLB 固相萃取柱或相当者：500 mg，6 mL。使用前，依次用 10 mL 甲醇和 10 mL 水活化，在抽真空前的各步骤中，都保持柱体湿润。

6.2.3.4　仪器和设备

液相色谱-串联质谱仪：配有电喷雾离子源；天平：感量 0.01 g，0.0001 g；固相萃取装置；氮气浓缩仪；具塞聚丙烯离心管：50 mL；离心机；超声波清洗仪；pH 计；振荡器。

6.2.3.5　样品前处理

（1）试样制备

从全部样品中取出有代表性样品约 200 g，充分混匀，均分成两份，分别装入洁净容器内。密封后作为试样，标明标记。在抽样和制样的操作过程中，应防止样品受到污染或发生残留物含量的变化。将蜂王浆试样于-18℃保存。蜂王浆冻干粉试样密封保存，防止吸潮。

（2）提取

称取 2 g 蜂王浆试样（蜂王浆冻干粉取 1 g），精确至 0.01 g，置于 50 mL 离心管中，加入 10.0 mL tris 提取液，于振荡器上剧烈振荡 10 min。以 18000 g 离心力离心 10 min，取上清液以小于 1.0 mL/min 的流速通过 Oasis HLB 固相萃取柱。再加入 10.0 mL Tris 提取液，于振荡器上剧烈振荡 10 min。以 18000 g 离心力离心 10 min，取上清液以小于 1.0 mL/min 的流速通过 Oasis HLB 固相萃取柱。

（3）净化

待样液全部流出后，依次用 10 mL 水和 10 mL 甲醇溶液洗柱，弃去全部流出液，将固相萃取柱用真空泵减压抽干 1 h。再用 10 mL 甲醇洗脱于 15 mL 氮吹管中，用氮气浓缩仪于 50℃水浴中吹至近干，准确加入 1.0 mL 定容液后，于超声波清洗仪中溶解残渣。过 0.2 μm 滤膜后，供液相色谱-串联质谱仪测定。

（4）蜂王浆用基质标准混合工作溶液的制备

分别吸取 1.0 μL、2.0 μL、5.0 μL、25 μL 的林可霉素、红霉素、替米考星、泰乐菌素、克林霉素、螺旋霉素、吉他霉素和交沙霉素标准工作溶液，依次加入相对应的阴性样品中，按上述提取净化步骤制备林可霉素、红霉素、替米考星、泰乐菌素、克林霉素、螺旋霉素、吉他霉素和交沙霉素分别为 2.0 ng/mL、5.0 ng/mL、10.0 ng/mL、50.0 ng/mL 四个浓度水平的系列基质标准混合工作溶液。蜂王浆冻干粉用基质标准混合工作溶液的制备：分别吸取 1.0 μL、2.0 μL、5.0 μL、25 μL 林可霉素、红霉素、克林霉素、泰乐菌素、交沙霉素标准工作溶液和 2.5 μL、5.0 μL、10.0 μL、25 μL 的替米考星、螺旋霉素、吉他霉素标准工作溶液，依次加入相对应的阴性样品中，按上述提取净化步骤制备林可霉素、红霉素、克林霉素、泰乐菌素、交沙霉素分别为 2.0 ng/mL、4.0 ng/mL、10.0 ng/mL、50.0 ng/mL 和替米考星、螺旋霉素、吉他霉素分别为 5.0 ng/mL、10.0 ng/mL、20.0 ng/mL 50.0 ng/mL 四个浓度水平的系列基质标准混合工作溶液。

6.2.3.6　测定

（1）液相色谱条件

色谱柱：Atlantis C_{18}，3 μm，150 mm×2.1 mm（内径）或相当者；流动相：A 为乙腈，B 为 0.1% 甲酸水溶液，C 为甲醇。梯度洗脱条件见表 6-15；流速：0.2 mL/min；柱温：30℃；进样量：20 μL。

（2）质谱条件

离子源：电喷雾离子源；扫描方式：正离子扫描；检测方式：多反应监测；电喷雾电压：5500 V；雾化气压力：0.24 MPa；辅助气流速：0.4 L/min；离子源温度：550℃；碰撞室出口电压：2.0 V；定性离子对、定量离子对、碰撞气能量和去簇电压，见表 6-4。

（3）定性测定

被测组分选择 1 个母离子，2 个以上子离子，在相同的试验条件下，样品中待测物质的保留时间与标准溶液中对应的保留时间偏差±2.5%之内；且样品中各定性离子相对丰度与浓度接近的基质标准工作溶液中被测物的各定性离子相对丰度的比值 k，偏差不超过表 1-5 规定的范围，则可判定为样品中存在对应的待测物。

（4）定量测定

在仪器最佳工作条件下，以基质标准工作溶液浓度为横坐标，以峰面积为纵坐标，绘制标准工作曲线。用基质标准工作溶液的工作曲线对样品进行定量，应使样品溶液中林可霉素、红霉素、替米考星、泰乐菌素、克林霉素、螺旋霉素、吉他霉素和交沙霉素的响应值在仪器测定的线性范围内。

在上述色谱条件和质谱条件下，林可霉素、红霉素、替米考星、泰乐菌素、克林霉素、螺旋霉素、吉他霉素和交沙霉素的保留时间见表 6-4。林可霉素、红霉素、替米考星、泰乐菌素、克林霉素、螺旋霉素、吉他霉素和交沙霉素的标准物质多反应监测（MRM）色谱图见图 6-3。

6.2.3.7　分析条件的选择

（1）提取溶液的选择

对不同 pH 条件下 Tris 溶液从蜂王浆中提取大环内酯类药物的效率进行了对比实验，实验结果见表 6-24。

表 6-24　不同提取溶液的提取效果（峰高，峰面积）

pH	林可霉素		红霉素		替米考星		泰乐菌素		螺旋霉素		吉他霉素		克林霉素		交沙霉素	
	峰高	峰面积	峰高	峰面积	峰高	峰面积	峰高	峰面积	峰高	峰面积	峰高	峰面积	峰高	峰面积	峰高	峰面积
5.3	979	6920	491	3360	691	5250	635	51700	48	461	19	165	47	3030	54	418
6.0	1140	8080	425	3510	786	5850	633	53800	61	498	74	681	77	4990	19	154
7.0	1130	8170	1700	12500	1420	9750	1410	118000	121	749	42	459	70	4540	10	69
8.0	166000	10800	52800	341000	5130	34700	5190	425000	2640	18800	51	1080	177000	1190000	67	449
8.5	242000	16500	70300	454000	4480	31300	5590	457000	2260	15800	93	903	204000	1360000	91	574
9.0	239000	16300	87600	569000	4420	33000	64200	533000	4340	31700	103	1410	219000	1440000	142	1120
9.5	248000	16600	103000	681000	4720	31400	67100	563000	4280	29500	93	1210	219000	1430000	158	1070

从表 6-24 中数据可以看出，提取液的 pH 条件对蜂王浆中提取大环内酯类药物的效率有很大影响。对于峰高：测定林可霉素，合适的 pH 条件范围是在 8.5、9.0、9.5 之间；测定红霉素，合适的 pH 条件范围是在 8.0、8.5、9.0、9.5 之间，并随着 pH 的增加而增加；测定替米考星，合适的 pH 条件范围是在 8.0、8.5、9.0、9.5 之间；测定泰乐菌素，合适的 pH 条件范围是在 9.0、9.5 之间；测定螺旋霉素，合适的 pH 条件范围是在 8.0、8.5、9.0、9.5 之间；测定吉他霉素，合适的 pH 条件范围是在 8.5、9.0、9.5 之间；测定克林霉素，合适的 pH 条件范围是在 8.0、8.5、9.0、9.5 之间；测定交沙霉素，最合适

的 pH 条件范围是在 9.0、9.5 之间。

　　对于峰面积：林可霉素在 pH 条件范围 8.5、9.0、9.5 之间没有明显变化，在 pH 条件范围 8.0、8.5、9.0、9.5 之间没有明显变化，红霉素随着 pH 的增加而增加；替米考星在 pH 条件范围 8.0、8.5、9.0、9.5 之间没有明显变化，测定泰乐菌素在 pH 条件范围 9.0、9.5 之间没有明显变化，螺旋霉素在 pH 为 9.0 时最高，吉他霉素在 pH 为 9.0 时最高，克林霉素在 pH 条件范围 9.0、9.5 最大，交沙霉素最合适的 pH 条件范围是在 9.0、9.5 之间；所以本方法采用 pH 为 9 的 Tris 溶液作为提取液。

　　（2）质谱条件的优化

　　采用注射泵直接进样方式，以 20 μL/min 的速度将大环内酯类抗生素混合标准溶液注入离子源，用正离子检测方式对 8 种大环内酯类抗生素进行一级质谱分析（Q1 扫描），得到质子化分子离子峰分别为 407、734、869、916、425、843、772、828，再对质子化分子离子进行二级质谱分析（子离子扫描），得到碎片离子信息。然后对去簇电压（DP），碰撞气能量（CE），电喷雾电压、雾化气等进行优化，使分子离子与特征碎片离子对强度达到最佳。然后将质谱仪与液相色谱联机，再对离子源温度，辅助气流速进行优化，使样液中 8 种抗生素离子化效率达到最佳。

　　（3）液相色谱-串联质谱测定质谱条件

　　用系列基质混合标准工作溶液，分别进样。在仪器最佳工作条件下，以基质混合标准工作溶液浓度为横坐标，以峰面积为纵坐标，绘制标准工作曲线。用标准工作曲线对样品进行定量，样品溶液中八种大环内酯类抗生素的响应值均应在仪器测定的线性范围内。

6.2.3.8　线性范围和测定低限

　　用空白基质溶液配制不同浓度的混合标准溶液，在选定的条件下进行测定，进样量为 20 μL，用峰高对标准溶液中各被测组分的浓度作图。林可霉素、红霉素、替米考星、泰乐菌素、螺旋霉素、克林霉素、吉他霉素和交沙霉素的绝对量在 0.04～1.00 ng 范围内均呈线性关系，其线性方程和相关系数见表 6-25。

表 6-25　8 种抗生素线性方程和相关系数

化合物	检测范围/(ng/mL)	线性方程	相关系数
林可霉素	2.0～50.0	$Y=0.175\,X+0.034$	0.9977
红霉素	2.0～50.0	$Y=0.0902\,X+0.035$	1.0000
替米考星	2.0～50.0	$Y=0.0848\,X+0.057$	0.9991
泰乐菌素	2.0～50.0	$Y=0.0903\,X+0.0327$	1.0000
螺旋霉素	2.0～50.0	$Y=0.00659\,X+0.0016$	0.9988
克林霉素	2.0～50.0	$Y=0.01659\,X+0.0044$	0.9988
吉他霉素	2.0～50.0	$Y=0.0119\,X+0.00282$	0.9992
交沙霉素	2.0～50.0	$Y=0.0469\,X+0.0329$	0.9970

　　该方法操作条件下，8 种抗生素在添加水平 2.0～50 μg/kg 范围时，响应值在仪器线性范围之内，信噪比 S/N 大于 5。根据最终样液所代表的试样量，定容体积，进样量和进行测定时所受的干扰情况，确定本方法蜂王浆：林可霉素、红霉素、替米考星、泰乐菌素、交沙霉素、螺旋霉素、克林霉素、吉他霉素均为 2.0 μg/kg；冻干粉：林可霉素、红霉素、克林霉素、泰乐菌素和交沙霉素均为 2.0 μg/kg，替米考星、螺旋霉素、吉他霉素均为 5.0 μg/kg。

6.2.3.9　方法回收率和精密度

　　用不含 8 种抗生素的蜂王浆样品进行添加回收和精密度实验，样品中添加 2.0 μg/kg、4.0 μg/kg、8.0 μg/kg、20.0 μg/kg 不同浓度标准后，摇匀，使标准样品充分吸收，然后按本方法进行提取、净化、测定，其回收率和精密度见表 6-26。实验数据表明，本方法回收率在 80.0%～101.9% 之间，室内四个水平相对标准偏差在 3.7%～15.1% 之间。

表 6-26 8 种抗生素添加回收率与精密度实验数据（$n=10$）

化合物	添加水平/(μg/kg)	平均回收率/%	RSD/%	化合物	添加水平/(μg/kg)	平均回收率/%	RSD/%
林可霉素	2	94.9	6.8	螺旋霉素	2	87.6	5.9
	4	94.9	8.4		4	93.1	9.5
	8	101.9	7.5		8	95.8	8.0
	20	98.0	7.2		20	92.2	8.8
红霉素	2	97.1	8.0	克林霉素	2	98.4	4.6
	4	98.0	4.9		4	98.1	3.7
	8	96.6	7.3		8	93.7	7.5
	20	94.1	5.9		20	90.5	6.4
替米考星	2	94.2	7.6	吉他霉素	2	87.9	6.8
	4	98.7	10.0		4	80.0	6.4
	8	92.7	8.2		8	99.6	5.2
	20	85.8	8.6		20	86.4	6.7
泰乐菌素	2	89.6	3.7	交沙霉素	2	89.4	15.1
	4	86.8	10.0		4	91.8	13.0
	8	96.6	10.3		8	94.2	8.1
	20	91.9	12.7		20	94.2	8.1

6.2.3.10 方法的适用性

采用本方法分别对蜂王浆中 8 种抗生素在 1 LOD（2.0 μg/kg）、2 LOD（4.0 μg/kg）、4 LOD（8.0 μg/kg）、10 LOD（20.0 μg/kg）四个添加水平，冻干粉在 1 LOD（林可霉素、红霉素、克林霉素、泰乐菌素和交沙霉素均为 2.0 μg/kg，替米考星、螺旋霉素、吉他霉素均为 5.0 μg/kg）、2 LOD（林可霉素、红霉素、克林霉素、泰乐菌素和交沙霉素均为 4.0 μg/kg，替米考星、螺旋霉素、吉他霉素均为 10.0 μg/kg）、4 LOD（林可霉素、红霉素、克林霉素、泰乐菌素和交沙霉素均为 8.0 μg/kg，替米考星、螺旋霉素、吉他霉素均为 20.0 μg/kg）、10 LOD（林可霉素、红霉素、克林霉素、泰乐菌素和交沙霉素均为 20 μg/kg，替米考星、螺旋霉素、吉他霉素均为 50 μg/kg）四个添加水平，对 8 种抗生素进行添加回收率实验，其分析结果见表 6-27 和表 6-28。在 8 种抗生素出峰区域未见干扰峰，样品的回收率在 72.5%～110.0% 之间，所做空白样品实验也表明，对于蜂王浆和冻干粉样品，本方法的适用性很好。

表 6-27 方法的适用性添加回收率（%，$n=10$）

化合物	蜂王浆/(μg/kg)				冻干粉/(μg/kg)			
	1 LOD	2 LOD	4 LOD	10 LOD	1 LOD	2 LOD	4 LOD	10 LOD
林可霉素	105.0	92.9	110.0	99.3	88.0	94.4	98.9	97.0
红霉素	95.5	92.9	96.4	96.2	97.9	99.8	96.0	90.7
替米考星	108	96.4	85.9	87.3	90.7	96.6	95.9	93.2
泰乐菌素	90.0	85.9	86.1	94.5	83.7	83.9	94.4	89.2
螺旋霉素	85.7	97.6	94.9	95.3	86.3	96.4	94.7	85.2
克林霉素	96.1	102.0	97.9	95.4	85.2	95.3	96.1	95.5
吉他霉素	85.3	77.1	99.1	83.7	94.3	86.3	95.6	90.9
交沙霉素	72.5	79.4	92.3	84.7	91.6	85.6	102.6	90.2

表 6-28　冻干粉中 8 种抗生素适用性实验数据（%）

添加水平/(μg/kg)	林可霉素				红霉素				替米考星			
	2.0	4.0	8.0	20.0	2.0	4.0	8.0	20.0	5.0	10.0	20.0	50.0
1	92.3	89.9	96.6	100.0	93.2	102.0	93.2	97.8	97.9	79.6	105.0	94.9
2	82.7	101.0	86.5	92.8	103.0	93.2	109.0	90.2	109.0	73.9	89.6	88.1
3	77.9	81.0	94.4	100.0	101.0	105.0	100.0	95.2	95.8	106.0	87.4	79.4
4	87.7	88.3	90.4	98.8	92.4	92.9	103.0	91.0	105.0	86.0	85.8	90.3
5	91.7	94.2	95.3	112.0	100.0	106.0	82.5	103.0	104.0	111.0	95.1	91.1
6	95.0	102.0	106.0	98.5	80.5	110.0	106.0	88.6	89.9	108.0	90.8	93.9
7	81.6	90.9	113.0	96.6	94.4	98.3	97.0	88.6	90.8	89.2	107.0	99.7
8	85.9	105.0	114.0	88.0	110.0	101.0	83.6	85.4	88.9	94.6	94.0	87.2
9	92.5	106.0	103.0	90.3	97.7	93.1	97.0	78.4	103.0	102.0	85.8	103.0
10	92.7	85.7	89.7	93.4	107.0	96.3	88.6	88.4	81.7	109.0	92.0	81.2
平均回收率/%	88.0	94.4	98.9	97.0	97.9	99.8	96.0	90.7	96.6	95.9	93.2	90.9
标准偏差(SD)	6.55	9.16	9.79	6.91	8.59	6.04	9.41	7.50	9.01	13.81	7.97	8.18
相对标准偏差(RSD)/%	5.76	8.65	9.68	6.71	8.41	6.02	9.03	6.80	8.71	13.25	7.43	7.43

添加水平/(μg/kg)	泰乐菌素				螺旋霉素				克林霉素			
	2.0	4.0	8.0	20.0	5.0	10.0	20.0	50.0	2.0	4.0	8.0	20.0
1	70.6	79.5	94.3	76.3	105.0	105.0	104.0	83.0	76.3	91.5	96.5	89.0
2	88.2	74.9	93.4	73.2	97.3	87.8	103.0	74.9	104.0	94.5	109.0	80.8
3	83.0	88.4	85.3	84.9	76.3	86.2	89.9	78.2	97.6	93.1	99.6	76.7
4	79.9	74.7	89.4	86.0	91.9	107.0	95.8	91.3	95.0	89.4	102.0	87.5
5	94.9	88.5	82.9	74.7	98.1	93.2	97.0	87.3	91.7	96.1	93.6	77.5
6	86.9	93.9	92.7	105.0	79.8	82.4	88.0	98.2	95.1	101.0	94.9	89.7
7	90.2	86.1	105.0	99.8	76.9	93.2	109.0	90.2	103.0	90.1	97.1	87.1
8	76.2	83.1	87.6	90.6	75.8	102.0	76.5	76.8	102.0	97.7	92.0	83.0
9	84.5	88.6	104.0	105.0	75.1	116.0	93.0	78.7	93.6	99.8	85.1	108.0
10	83.0	81.7	109.0	96.9	86.4	91.0	91.1	93.0	94.4	108.0	84.9	102.0
平均回收率/%	83.7	83.9	94.4	89.2	86.3	96.4	94.7	85.2	95.3	96.1	95.5	79.9
标准偏差(SD)	8.37	7.52	9.40	13.64	12.86	11.08	9.84	9.34	8.30	5.96	7.66	28.57
相对标准偏差(RSD)/%	7.01	6.31	8.87	12.18	11.09	10.67	9.32	7.95	7.91	5.73	7.32	22.83

添加水平/(μg/kg)	吉他霉素				交沙霉素			
	5.0	10.0	20.0	50.0	2.0	4.0	8.0	20.0
1	75.4	75.0	99.5	80.7	76.9	72.6	103.0	90.1
2	86.8	89.7	87.2	73.8	81.4	81.2	94.4	81.4
3	75.5	72.0	97.6	92.2	104.0	80.8	104.0	94.2
4	98.2	87.9	103.0	77.3	91.9	87.3	93.2	78.3
5	86.7	82.6	90.1	79.1	89.1	95.0	103.0	86.8
6	88.6	85.7	99.4	98.4	85.6	93.4	103.0	79.5
7	88.5	82.5	87.5	94.2	102.0	94.4	107.0	95.7
8	84.6	84.9	98.5	98.8	91.6	79.0	108.0	102.0
9	86.1	89.7	95.3	92.5	100.0	97.1	104.0	99.1
10	94.3	86.3	95.6	90.9	94.0	75.6	106.0	94.8
平均回收率/%	86.5	83.6	95.4	87.79	91.6	85.6	102.6	90.2
标准偏差(SD)	8.22	7.10	5.67	10.45	9.63	10.42	4.82	9.28
相对标准偏差(RSD)/%	7.10	5.94	5.40	9.18	8.82	8.92	4.94	8.37

6.2.3.11 重复性和再现性

在重复性试验条件下，获得的两次独立测试结果的绝对差值不超过重复性限（r），如果差值超过重复性限（r），应舍弃试验结果并重新完成两次单个试验的测定。在再现性试验条件下，获得的两次独立测试结果的绝对差值不超过再现性限（R）。被测物的含量范围、重复性和再现性方程见表 6-29。

表 6-29 含量范围及重复性和再现性方程

化合物	含量范围/(μg/kg)	重复性限 r	再现性限 R
林可霉素	2.0～50.0	lg r=0.9392 lg m−1.0304	lg R=0.8741 lg m−0.5182
红霉素	2.0～50.0	lg r=0.7974 lg m−0.9811	lg R=1.0506 lg m−0.5775
替米考星	2.0～50.0	lg r=1.0318 lg m−0.9859	lg R=0.9853 lg m−0.5561
泰乐菌素	2.0～50.0	lg r=1.0569 lg m−0.9993	lg R=0.8513 lg m−0.5616
克林霉素	2.0～50.0	lg r=1.0798 lg m−1.1495	lg R=0.8854 lg m−0.4146
螺旋霉素	2.0～50.0	lg r=0.9125 lg m−0.9751	lg R=1.0432 lg m−0.5917
吉他霉素	2.0～50.0	lg r=1.1001 lg m−1.0250	lg R=1.1453 lg m−0.7665
交沙霉素	2.0～50.0	lg r=1.4389 lg m−1.4185	lg R=1.1227 lg m−0.6965

注：m 为两次测定值的算术平均值

6.2.4 河豚鱼、鳗鱼中 8 种大环内酯类和林可胺类药物残留量的测定 液相色谱-串联质谱法[84]

6.2.4.1 适用范围

适用于河豚鱼和鳗鱼中林可霉素、竹桃霉素、红霉素、替米考星、泰乐菌素、螺旋霉素、吉他霉素和交沙霉素残留量的液相色谱-串联质谱测定。方法检出限：河豚鱼中的林可霉素、竹桃霉素、红霉素、替米考星、泰乐菌素、螺旋霉素、吉他霉素和交沙霉素均为 2.0 μg/kg。鳗鱼中的林可霉素、红霉素、泰乐菌素、吉他霉素均为 2.0 μg/kg，螺旋霉素、竹桃霉素、交沙霉素、替米考星均为 5.0 μg/kg。

6.2.4.2 方法原理

河豚鱼和鳗鱼中林可霉素、竹桃霉素、红霉素、替米考星、泰乐菌素、螺旋霉素、吉他霉素和交沙霉素的残留用 Tris 缓冲溶液提取后，经 Oasis HLB 固相萃取柱净化，甲醇洗脱，洗脱液浓缩定容后，液相色谱-串联质谱法测定，内标法定量。河豚鱼中的林可霉素、竹桃霉素、红霉素、替米考星、泰乐菌素、螺旋霉素、吉他霉素和交沙霉素均为 2.0 μg/kg。鳗鱼中的林可霉素、红霉素、泰乐菌素、吉他霉素均为 2.0 μg/kg，螺旋霉素、竹桃霉素、交沙霉素、替米考星均为 5.0 μg/kg。

6.2.4.3 试剂和材料

甲醇、乙腈：色谱纯；乙酸铵、三羟甲基氨基甲烷（tris，$C_4H_{11}NO_3$）、氯化钙（$CaCl_2 \cdot 2H_2O$）、盐酸：分析纯。

甲醇溶液：2+3。400 mL 甲醇与 600 mL 水混合；0.01 mol/L 乙酸铵溶液：0.77 g 乙酸铵溶解于水中，定容于 1000 mL 容量瓶中；定容液：0.01 mol/L 乙酸铵溶液+乙腈（17+3，v/v）；tris 溶液：称取 12.0 g 三羟甲基氨基甲烷、7.35 g 氯化钙溶解于 1000 mL 水中，用盐酸调节 pH 为 9。

标准物质纯度≥95%。

标准储备溶液Ⅰ：1.0 mg/mL。依次准确称取每种标准物质适量，分别放入相应的 10 mL 容量瓶中，用甲醇溶解并定容至刻度，混匀。4℃保存；标准储备溶液Ⅱ：10.0 μg/mL。依次吸取 0.1 mL 各标准储备溶液Ⅰ，分别放入相应的 10 mL 容量瓶中，用甲醇定容至刻度。4℃保存。

标准工作溶液：2.0 μg/mL。依次吸取 2.0 mL 混合标准储备溶液Ⅱ，分别放入相应的 10 mL 容量瓶中，用甲醇定容至刻度。

内标储备溶液：1.0 mg/mL。准确称取 10.0 mg 罗红霉素于 10 mL 容量瓶中，用甲醇溶解定容至刻度，混匀。4℃保存。

中间浓度内标溶液：10.0 μg/mL。吸取 0.1 mL 内标储备溶液于 10 mL 容量瓶中，用甲醇定容至刻度。4℃保存。

内标工作溶液：1.0 μg/mL。吸取 1.0 mL 中间浓度内标标准溶液于 10 mL 容量瓶中，用甲醇定容至刻度。

测定河豚鱼用基质标准混合工作溶液：分别吸取 1.0 μL、2.0 μL、5.0 μL、25.0 μL 标准工作溶液，依次加入相应的试剂瓶中，再分别加入 20.0 μL 内标工作溶液，用样品空白提取液定容至 1.0 mL。配成林可霉素、竹桃霉素、红霉素、替米考星、泰乐菌素、螺旋霉素、吉他霉素和交沙霉素分别为 2.0 ng/mL、4.0 ng/mL、10.0 ng/mL、50.0 ng/mL 的四个浓度水平的系列基质标准混合工作溶液；

测定鳗鱼用基质标准混合工作溶液：分别吸取林可霉素、红霉素、泰乐菌素、吉他霉素各 1.0 μL、2.0 μL、5.0 μL、25.0 μL 标准工作溶液和螺旋霉素、竹桃霉素、交沙霉素、替米考星各 2.5 μL、5.0 μL、10.0 μL、25.0 μL 标准工作溶液，依次加入相应的试剂瓶中，再分别加入 20.0 μL 内标工作溶液，用样品空白提取液定容至 1.0 mL。配成林可霉素、红霉素、泰乐菌素、吉他霉素分别为 2.0 ng/mL、4.0 ng/mL、10.0 ng/mL、50.0 ng/mL 和螺旋霉素、竹桃霉素、交沙霉素、替米考星分别为 5.0 ng/mL、10.0 ng/mL、20.0 ng/mL 50.0 ng/mL 的四个浓度水平的系列基质标准混合工作溶液。

Oasis HLB 固相萃取柱：500 mg，6 mL，或相当者。使用前，先后用 10 mL 甲醇和 10 mL 水活化，在抽真空前的各步骤中，都保持柱体湿润。

6.2.4.4　仪器和设备

液相色谱-串联质谱仪：配有电喷雾离子源；天平：感量 0.01 g，0.0001 g；固相萃取装置；氮气浓缩仪；具塞聚丙烯离心管：50 mL；离心机：20000 g 离心力（或相当于 12000 r/mi）；超声波清洗仪；pH 计；振荡器。

6.2.4.5　样品前处理

（1）试样制备

从全部样品中取出有代表性样品约 1 kg，充分搅碎，混匀，均分成两份，分别装入洁净容器内。密封后作为试样，标明标记。在抽样和制样的操作过程中，应防止样品受到污染或发生残留物含量的变化。将试样于 -18℃ 保存。

（2）提取

称取 5 g 试样，精确至 0.01 g，置于 50 mL 离心管中，加入 20.0 μL 内标工作溶液和 10.0 mL tris 溶液，于振荡器上剧烈振荡 10 min。以 12000 r/mi 转速离心 10 min，取上清液以小于 1.0 mL/min 的流速通过 Oasis HLB 固相萃取柱。再加入 10.0 mL tris 溶液，于振荡器上剧烈振荡 10 min。以 12000 r/mi 转速离心 10 min，取上清液以小于 1 mL/min 的流速通过 Oasis HLB 固相萃取柱。

（3）净化

待样液全部流出后，先后用 10 mL 水和 10 mL 甲醇溶液洗柱，弃去全部流出液，将固相萃取柱用真空泵抽干 1 h。再用 10 mL 甲醇洗脱于 15 mL 氮吹管中，用氮气浓缩仪于 50℃ 水浴中吹至近干，准确加入 1.0 mL 定容液，于超声波仪中超声波助溶残渣。用阴性样品，按上述步骤制备空白样品提取液。过 0.2 μm 滤膜后，供液相色谱-串联质谱仪测定。

按上述操作步骤，制备用于配制系列基质标准工作溶液的空白样品提取液。

6.2.4.6　测定

（1）液相色谱条件

色谱柱：Atlantis C18，内径 3 μm，150 mm×2.1 mm（内径）或相当者；流动相 A：乙腈；流动相 B：0.1%甲酸水溶液；流动相 C：甲醇；梯度洗脱条件见表 6-15；流速：0.2 mL/min；柱温：30℃；进样量：20 μL。

（2）质谱条件

离子源：电喷雾离子源；扫描方式：正离子扫描；检测方式：多反应监测；电喷雾电压：5500 V；雾化气压力：0.24 MPa；辅助气流速：0.4 L/min；离子源温度：550℃；碰撞室出口电压：2.0 V；定性离子对、定量离子对、碰撞气能量和去簇电压，见表 6-4。

（3）定性测定

被测组分选择 1 个母离子，2 个以上子离子，在相同的试验条件下，样品中待测物质的保留时间与标准溶液中对应的保留时间偏差±2.5%之内；且待测样品溶液中，被测物中各定性离子相对丰度与浓度接近的基质标准工作溶液中被测物的各定性离子相对丰度的比值 k，偏差不超过表 1-5 规定的范围，则可判定为样品中存在对应的待测物。

（4）定量测定

在仪器的最佳工作条件下，用基质标准混合工作溶液分别进样，以各标准溶液中被测组分峰面积与内标物峰面积的比值为纵坐标，以各标准溶液被测组分浓度（ng/mL）与内标物浓度的比值为横坐标，绘制标准工作曲线，用标准工作曲线对样品进行定量。用基质标准混合工作溶液的工作曲线对样品进行定量，应使样品溶液中林可霉素、竹桃霉素、红霉素、替米考星、泰乐菌素、螺旋霉素、吉他霉素和交沙霉素的响应值在仪器测定的线性范围内。在上述色谱条件和质谱条件下，林可霉素、竹桃霉素、红霉素、替米考星、泰乐菌素、螺旋霉素、吉他霉素和交沙霉素的参考保留时间见表 6-4。

林可霉素、竹桃霉素、红霉素、替米考星、泰乐菌素、螺旋霉素、吉他霉素和交沙霉素的标准物质多反应监测（MRM）色谱图见图 6-3。

6.2.4.7　分析条件的选择

（1）提取溶液的选择

本方法对比实验了动物组织中提取大环内酯类药物的主要提取溶液，包括磷酸盐缓冲溶液、0.3%偏磷酸-甲醇溶液、乙腈、Tris 溶液和乙酸盐溶液等，实验结果见表 6-30。

表 6-30　不同提取溶液的提取效果（河豚鱼，50 μg/kg，%）

提取液	林可霉素	竹桃霉素	红霉素	替米考星	泰乐菌素	螺旋霉素	吉他霉素	交沙霉素
0.1 mol/L 磷酸盐缓冲溶液	153.0	N/A	298.0	1910	39.7	N/A	N/A	N/A
0.3%偏磷酸-甲醇溶液（7+3）	1.83	106	30～106	90.3	72.0	71.4	77.7	88.4
乙腈	29.3	85.0	37.2	13.1	74.1	31.4	34.3	24.0
Tris 溶液	99.1	96.5	95.4	87.7	78.8	78.4	92.6	90.1
0.1 mol/L 乙酸盐溶液	117.0	117.0	96.8	58.1	67.7	154.0	80.4	80.7

从表 6-30 中数据可以看出，当用 0.1 mol/L 磷酸盐缓冲溶液作为提取液时，8 种大环内酯类抗生素的回收率结果不可信；当用 0.3%偏磷酸-甲醇溶液（7+3）作为提取液时，除林克霉素的回收率小于 70%、红霉素的回收率非常不稳定（30%～106%），其他 6 种大环内酯类抗生素的回收率大于 70%；当用乙腈作为提取液时，除竹桃霉素、泰乐菌素的回收率大于 70%外，其他 6 种大环内酯类抗生素的回收率均小于 31.4%；当用 0.1 mol/L 乙酸盐溶液作为提取液时，螺旋霉素的回收率为 154.0%、替米考星的回收率小于 70%，其他 6 种大环内酯类抗生素的回收率均大于 70%；当用 Tris 溶液作为提取液时，8 种大环内酯类抗生素的回收率在 78.4%～99.1%范围。所以本方法采用 Tris 溶液作为提取液。

（2）不同固相萃取柱对回收率的影响

在前述选定条件下，对 Varian C_{18}、Oasis HLB（500）、Oasis HLB（200）、MCX 和 Bakerbond spe C_{18} 五种固相萃取柱的萃取效率进行了比较，结果见表 6-31。结果表明 Oasis HLB（500）固相萃取柱的效果最理想。因此，本方法选择 Oasis HLB（500）固相萃取柱为净化柱。

表 6-31　不同固相萃取柱对回收率的影响（河豚鱼，50 μg/kg，%）

化合物	Varian C_{18}	Oasis HLB（500）	Oasis HLB（200）	MCX	Bake 柱
林可霉素	37.8	66.9	1.04	7.76	N/A
竹桃霉素	69.1	95.8	77.6	150.0	N/A
红霉素	81.6	88.4	75.9	182.0	N/A

续表

化合物	Varian C$_{18}$	Oasis HLB（500）	Oasis HLB（200）	MCX	Bake 柱
替米考星	23.8	68.2	28.6	15.9	N/A
泰乐菌素	67.9	71.0	68.4	3.80	N/A
螺旋霉素	63.0	63.7	37.9	196.0	N/A
吉他霉素	57.1	70.0	63.1	3.90	N/A
交沙霉素	65.2	92.2	67.8	3.85	N/A

（3）内标的选择

大环内酯测定的内标物选择主要有罗红霉素和林可霉素，其对比实验结果见表 6-32。

表 6-32　不同内标的选择（河豚鱼，50 µg/kg，%）

内标物	林可霉素	竹桃霉素	红霉素	替米考星	泰乐菌素	螺旋霉素	吉他霉素	交沙霉素
罗红霉素	117.0	98.3	89.1	76.5	85.5	99.0	82.0	86.6
林可霉素	—	244.0	106.3	94.2	277.0	28.5	96.5	96.4

从表 6-32 中数据可以看出，当用林可霉素为内标时，只有替米考星、吉他霉素、交沙霉素 3 种大环内酯类抗生素中的回收率在 94.2%～96.5%之间；当用罗红霉素为内标时，8 种大环内酯类抗生素的回收率在 76.5%～117.0%范围。所以本方法采用罗红霉素作为内标。

6.2.4.8　线性范围和测定低限

配制浓度分别为 2.0 ng/mL、4.0 ng/mL、10.0 ng/mL、50.0 ng/mL 的四个浓度水平的系列基质标准混合工作溶液，在选定的条件下进行测定，进样量为 20 µL，用峰高对标准溶液中各被测组分的浓度作图。林可霉素、竹桃霉素、红霉素、替米考星、泰乐菌素、螺旋霉素、吉他霉素、交沙霉素的绝对量在 0.04～1.0 ng 范围内均呈线性关系，其线性方程和相关系数见表 6-33。

表 6-33　8 种抗生素线性方程和相关系数

大环内酯	检测范围/(ng/mL)	线性方程	相关系数
林可霉素	2.0～50.0	$Y=0.175\,X+0.034$	0.9977
竹桃霉素	2.0～50.0	$Y=0.0372\,X+0.014$	1.0000
红霉素	2.0～50.0	$Y=0.0902\,X+0.035$	1.0000
替米考星	2.0～50.0	$Y=0.0848\,X+0.057$	0.9991
泰乐菌素	2.0～50.0	$Y=0.0903\,X+0.0327$	1.0000
螺旋霉素	2.0～50.0	$Y=0.00659\,X+0.0016$	0.9988
吉他霉素	2.0～50.0	$Y=0.0119\,X+0.00282$	0.9992
交沙霉素	2.0～50.0	$Y=0.0469\,X+0.0329$	0.9970

该方法操作条件下 8 种抗生素在添加水平 2.0～50 µg/kg 范围时，响应值在仪器线性范围之内，信噪比 S/N 大于 5。根据最终样液所代表的试样量，定容体积，进样量和进行测定时所受的干扰情况，确定本方法测定河豚鱼中的林可霉素、竹桃霉素、红霉素、替米考星、泰乐菌素、螺旋霉素、吉他霉素和交沙霉素均为 2.0 µg/kg；鳗鱼中的林可霉素、红霉素、泰乐菌素、吉他霉素均为 2.0 µg/kg，螺旋霉素、竹桃霉素、交沙霉素、替米考星均为 5.0 µg/kg。

6.2.4.9　方法回收率和精密度

用不含 8 种抗生素的河豚鱼样品进行添加回收和精密度实验，样品中添加 2.0 µg/kg、4.0 µg/kg、

8.0 μg/kg、10.0 μg/kg 不同浓度标准后，摇匀，使标准样品充分吸收，然后按本方法进行提取、净化、测定，其回收率和精密度见表 6-34。从表 6-34 可以看出，本方法回收率在 83.4%~106.6% 之间，室内四个水平相对标准偏差均在 14.2% 以内，说明方法的回收率和精密度良好。

表 6-34　8 种抗生素添加回收率与精密度实验数据（n=10）

化合物	添加水平/(μg/kg)	平均回收率/%	RSD/%	化合物	添加水平/(μg/kg)	平均回收率/%	RSD/%
林可霉素	2	91.0	7.4	替米考星	2	86.8	5.9
	2	93.9	4.4		2	94.2	7.5
	8	92.5	5.4		8	86.8	4.9
	10	87.2	7.2		10	88.6	12.7
竹桃霉素	2	106.6	12.5	泰乐菌素	2	85.8	4.9
	2	103.1	14.2		2	88.9	7.8
	8	90.3	7.0		8	88.7	8.2
	10	91.2	7.3		10	91.9	7.7
红霉素	2	98.1	7.4	螺旋霉素	2	96.2	5.3
	2	93.0	3.1		2	87.8	7.6
	8	85.3	5.5		8	92.4	7.4
	10	93.4	8.8		10	94.4	5.8
吉他霉素	2	96.4	8.3	交沙霉素	2	89.6	7.6
	2	99.1	9.3		2	89.1	10.9
	8	84.9	3.7		8	83.6	6.2
	10	83.4	6.2		10	89.4	3.8

6.2.4.10　方法的适用性

采用本方法，对河豚鱼和鳗鱼在 1 LOD、2 LOD、4 LOD、10 LOD 四个添加水平的 8 种抗生素进行添加回收率实验，其分析结果见表 6-35 和表 6-36。河豚鱼中 8 种抗生素的 1 LOD 为 2.0 μg/kg、2 LOD 为 4.0 μg/kg、4 LOD 为 8.0 μg/kg、10 LOD 为 20.0 μg/kg。鳗鱼中，1 LOD 为林可霉素、红霉素、泰乐菌素、吉他霉素 2.0 μg/kg，螺旋霉素、竹桃霉素、交沙霉素、替米考星 5.0 μg/kg；2 LOD 为林可霉素、红霉素、泰乐菌素、吉他霉素 4.0 μg/kg，螺旋霉素、竹桃霉素、交沙霉素、替米考星 10.0 μg/kg；4 LOD 为林可霉素、红霉素、泰乐菌素、吉他霉素 8.0 μg/kg，螺旋霉素、竹桃霉素、交沙霉素、替米考星 20.0 μg/kg；10 LOD 为林可霉素、红霉素、泰乐菌素、吉他霉素 20.0 μg/kg，螺旋霉素、竹桃霉素、交沙霉素、替米考星 50.0 μg/kg。在这四个添加水平，8 种抗生素出峰区域未见干扰峰，河豚鱼样品的回收率在 75.4%~124.0% 之间、鳗鱼样品的回收率在 70.7%~106.0% 之间，所做空白样品实验也表明，对于河豚鱼和鳗鱼样品，本方法的适用性很好。

表 6-35　方法的适用性添加回收率（%，n=10）

化合物	河豚鱼/(μg/kg)				鳗鱼/(μg/kg)			
	1 LOD	2 LOD	4 LOD	10 LOD	1 LOD	2 LOD	4 LOD	10 LOD
林可霉素	91.03	93.92	92.47	87.15	80.42	89.07	84.70	85.81
红霉素	98.09	93.00	85.32	93.40	90.40	85.49	86.08	84.12
替米考星	86.78	94.24	86.79	88.60	81.59	84.96	82.25	83.05
泰乐菌素	85.77	88.92	88.72	91.89	80.05	86.94	85.88	81.01
螺旋霉素	96.15	87.75	92.42	94.35	83.28	80.89	86.61	83.32
竹桃霉素	106.60	103.14	90.26	91.23	77.95	85.93	84.86	82.32
吉他霉素	96.37	99.12	84.94	83.44	79.55	78.95	81.60	77.89
交沙霉素	89.62	89.10	83.55	89.38	84.69	86.29	81.26	80.00

表 6-36　8 种抗生素添加回收率与精密度实验数据（鳗鱼，%）

化合物	林可霉素				竹桃霉素				红霉素			
添加水平/(μg/kg)	2.0	4.0	8.0	20.0	5.0	10.0	20.0	50.0	2.0	4.0	8.0	20.0
1	81.3	79.0	75.4	91.9	75.1	78.1	84.5	81.9	87.0	72.8	77.2	80.6
2	91.6	91.0	83.7	84.2	91.1	84.4	88.8	73.3	105.0	98.3	79.0	81.9
3	72.1	99.2	72.8	93.2	80.5	98.1	74.1	75.9	88.3	90.9	77.0	96.6
4	75.7	104.0	74.8	87.0	76.7	78.8	82.9	82.9	96.7	80.8	92.5	93.4
5	76.8	92.6	89.6	96.1	79.3	89.1	80.7	93.0	83.9	98.1	97.6	94.1
6	73.7	82.6	83.7	81.1	80.5	78.2	80.1	87.4	78.6	91.1	83.3	83.3
7	82.5	94.8	82.8	84.5	73.1	82.5	91.2	86.0	96.9	74.5	84.1	82.5
8	80.4	74.7	92.9	75.8	73.3	85.7	83.1	83.1	87.6	91.5	86.2	81.6
9	87.9	83.6	106.0	92.0	78.2	85.1	89.9	79.2	88.2	74.1	91.4	74.1
10	82.2	89.2	85.3	72.3	71.7	99.3	93.3	80.5	91.8	82.8	92.5	73.1
平均回收率/%	80.42	89.07	84.70	85.81	77.95	85.93	84.86	82.32	90.40	85.49	86.08	84.12
标准偏差(SD)	7.63	10.28	11.65	9.08	7.18	8.88	6.97	6.90	8.30	11.44	8.36	9.63
相对标准偏差(RSD)/%	6.14	9.15	9.87	7.79	5.59	7.63	5.92	5.68	7.51	9.78	7.20	8.10

化合物	替米考星				泰乐菌素				螺旋霉素			
添加水平/(μg/kg)	5.0	10.0	20.0	50.0	2.0	4.0	8.0	20.0	5.0	10.0	20.0	50.0
1	82.7	87.3	83.5	72.7	96.4	88.5	93.8	77.1	76.9	80.9	83.9	82.7
2	72.1	73.1	89.1	87.0	75.3	84.0	83.6	87.0	86.5	75.3	88.5	88.7
3	83.9	91.3	85.5	72.8	74.9	78.7	95.8	91.7	90.1	81.3	85.9	75.2
4	82.7	88.8	73.0	77.3	71.8	82.3	85.3	76.6	79.4	87.9	88.1	93.6
5	73.0	95.8	77.8	99.4	74.1	97.4	88.6	85.1	94.6	78.4	80.9	80.6
6	87.5	78.4	75.6	83.1	83.8	101.0	77.6	76.5	81.2	72.5	99.6	88.8
7	85.2	76.6	92.8	75.9	86.1	85.1	89.0	77.3	75.7	74.1	84.3	78.2
8	77.9	79.1	84.6	91.5	78.0	90.2	78.3	83.4	89.9	92.5	75.2	81.8
9	85.1	92.0	74.4	83.1	75.1	78.5	79.7	75.9	84.4	75.4	88.5	85.4
10	85.8	87.2	86.2	87.7	85.0	83.7	87.1	79.5	74.1	90.6	91.2	78.2
平均回收率/%	81.59	84.96	82.25	83.05	80.05	86.94	85.88	81.01	83.28	80.89	86.61	83.32
标准偏差(SD)	6.63	8.95	8.13	10.41	9.53	8.60	7.26	6.76	8.32	8.86	7.45	6.90
相对标准偏差(RSD)/%	5.41	7.60	6.69	8.64	7.63	7.48	6.23	5.48	6.93	7.17	6.46	5.75

化合物名称	吉他霉素				交沙霉素			
添加水平/(μg/kg)	2.0	4.0	8.0	20.0	5.0	10.0	20.0	50.0
1	78.0	75.0	89.7	85.6	71.3	88.7	106.0	76.8
2	74.3	73.5	81.5	84.9	89.5	85.6	92.4	78.4
3	78.5	77.2	97.7	86.8	80.2	82.1	74.9	80.6
4	86.0	80.9	75.4	70.2	73.7	77.1	74.9	76.4
5	92.9	72.8	72.3	75.0	77.4	88.0	72.6	79.1
6	79.9	85.6	87.9	70.7	93.5	95.5	75.7	84.8
7	71.7	90.5	72.6	75.0	81.2	76.7	78.3	95.4
8	79.5	75.3	89.4	79.4	95.9	93.6	85.2	78.9
9	71.8	78.1	74.4	73.3	86.3	85.2	78.4	74.2
10	82.9	80.6	75.1	78.0	97.9	90.4	74.2	75.4
平均回收率/%	79.55	78.95	81.60	77.89	84.69	86.29	81.26	80.00
标准偏差(SD)	8.21	7.12	11.00	7.88	11.06	7.32	13.01	7.72
相对标准偏差(RSD)/%	6.53	5.62	8.98	6.14	9.36	6.32	10.57	6.17

6.2.4.11　重复性和再现性

在重复性试验条件下，获得的两次独立测试结果的绝对差值不超过重复性限（r），如果差值超过重复性限（r），应舍弃试验结果并重新完成两次单个试验的测定。在再现性试验条件下，获得的两次独立测试结果的绝对差值不超过再现性限（R）。被测物的含量范围、重复性和再现性方程见表 6-37。

表 6-37　被测物含量范围及重复性限和再现性限方程

化合物	含量范围/(μg/kg)	重复性限 r	再现性限 R
林可霉素	2.0～50.0	lg r=1.0319 lg m−1.0199	lg R=1.1879 lg m−0.6782
竹桃霉素	2.0～50.0	lg r=0.7337 lg m−0.7835	lg R=0.8225 lg m−0.4402
红霉素	2.0～50.0	lg r=0.9962 lg m−1.0136	lg R=0.9399 lg m−0.4795
替米考星	2.0～50.0	lg r=1.2925 lg m−1.2341	lg R=1.0931 lg m−0.5760
泰乐菌素	2.0～50.0	lg r=0.8905 lg m−1.0104	lg R=0.9828 lg m−0.5994
螺旋霉素	2.0～50.0	lg r=1.0276 lg m−1.1067	lg R=0.8969 lg m−0.4389
吉他霉素	2.0～50.0	lg r=0.9403 lg m−1.0077	lg R=0.9771 lg m−0.5434
交沙霉素	2.0～50.0	lg r=0.8163 lg m−0.9362	lg R=0.9073 lg m−0.5037

注：m 为两次测定值的算术平均值

6.2.5　牛奶和奶粉中 6 种大环内酯类药物残留量的测定　液相色谱-串联质谱法[85]

6.2.5.1　适用范围

适用于牛奶和奶粉中螺旋霉素、吡利霉素、竹桃霉素、替米考星、红霉素、泰乐菌素残留量的高效液相色谱-串联质谱测定。方法的检出限：牛奶为 1 μg/kg，奶粉为 8 μg/kg。

6.2.5.2　方法原理

牛奶和奶粉中螺旋霉素、吡利霉素、竹桃霉素、替米考星、红霉素、泰乐菌素残留，用乙腈提取，固相萃取柱净化，高效液相色谱-串联质谱测定，外标法定量。

6.2.5.3　试剂和材料

乙腈、甲醇、乙酸、甲酸铵：液相色谱纯；磷酸氢二钠、氢氧化钠：分析纯。

甲醇-水溶液（3+7，v/v）：300 mL 甲醇与 700 mL 水混合；5 mol/L 氢氧化钠溶液：称取 20 g 氢氧化钠，用水溶解，定容至 100 mL；0.1 mol/L 磷酸盐缓冲溶液：6 g 磷酸氢二钠溶解于 450 mL 水中，用氢氧化钠溶液调节 pH=8，加水至 500 mL，使用前配制；0.1 mol/L 甲酸铵溶液：0.63 g 甲酸铵加水溶解至 1000 mL。

螺旋霉素、吡利霉素、竹桃霉素、替米考星、红霉素、泰乐菌素标准品纯度均≥98%。

标准储备液：分别精确称取适量标准品，用甲醇配制成 100 μg/mL 的标准储备液。

混合标准中间工作液：取标准储备液各 1 mL 至 100 mL 容量瓶中，用甲醇定容至刻度，配制成混合标准工作液，浓度为 1 μg/mL。

HLB 固相萃取柱或相当者：500 mg，6 mL。使用前依次用 3 mL 甲醇、3 mL 水和 3 mL 磷酸盐缓冲溶液预处理。

6.2.5.4　仪器和设备

高效液相色谱-串联质谱仪：配有电喷雾离子源（ESI）；离心机：转速大于 3000 r/min；旋涡混合器；旋转蒸发仪；氮吹仪；固相萃取装置。

6.2.5.5　样品前处理

（1）试样制备

a. 牛奶：取均匀样品约 250 g 装入洁净容器作为试样，密封置 4℃下保存，并标明标记。

b. 奶粉：取均匀样品约 250 g 装入洁净容器作为试样，密封，并标明标记。

（2）提取

a. 牛奶：称取 4 g，准确至 0.01 g，牛奶样品于 50 mL 具塞离心管中，加入 20 mL 乙腈振荡提取

2 min 后，3000 r/min 离心 10 min，移取上清液过滤至鸡心瓶中。再用 10 mL 乙腈重复提取一次，合并上清液于同一鸡心瓶中。

b. 奶粉：称取 0.5 g，准确至 0.01 g，奶粉样品，加入 4 mL 水于 50 mL 具塞离心管中，混匀。加入 20 mL 乙腈振荡提取 2 min 后，3000 r/min 离心 10 min，移取上清液过滤至鸡心瓶中。再用 10 mL 乙腈重复提取一次，合并上清液于同一鸡心瓶中。

（3）净化

将提取液于 45℃下旋转蒸发至约 4 mL 左右，加入 2 mL 磷酸盐缓冲液，混匀后，转移到已条件化的 HLB 固相萃取柱上，再用 2 mL 磷酸盐缓冲液洗涤鸡心瓶两次，洗液一并转移到柱上，以小于 2 mL/min 流速滴下。接着依次用 3 mL 水和 2 mL 甲醇-水溶液淋洗并抽干柱，最后用 6 mL 乙腈洗脱并收集于 10 mL 带刻度的玻璃管中（此过程流速小于 2 mL/min）。洗脱液在 45℃水浴上氮气吹至约 1 mL，用甲酸胺溶液定容至 2 mL，涡漩混合后，过 0.45 μm 滤膜供 HPLC-MS/MS 分析。

（4）空白基质溶液的制备

将取牛奶阴性样品 4 g，奶粉阴性样品 0.5 g，精确到 0.01 g，按上述提取净化步骤操作。

6.2.5.6　测定

（1）液相色谱条件

色谱柱：苯基柱，5 μm，150 mm×2.1 mm（内径）或相当者；色谱柱温度：30℃；进样量：15 μL；流动相梯度及流速见表 6-38。

表 6-38　液相色谱梯度洗脱条件

时间/min	流速/(μL/min)	0.1%甲酸水溶液/%	甲醇/%
0.00	200	80	20
6.00	200	20	80
8.00	200	20	80
8.01	200	80	20
10.0	200	80	20

（2）质谱条件

离子化模式：电喷雾正离子模式（ESI+）；质谱扫描方式：多反应监测（MRM）；鞘气压力：15 unit；辅助气压力：20 unit；正离子模式电喷雾电压（IS）：4000 V；毛细管温度：350℃；源内诱导解离电压：10 V；Q1 为 0.7，Q3 为 0.7；碰撞气：高纯氩气；碰撞气压力：1.5 mTorr；监测离子对和裂解能量见表 6-39。

表 6-39　监测离子对和裂解能量

化合物	检测离子对（m/z）	裂解能量/eV	保留时间/min
螺旋霉素	843.50/173.87*	36	4.73
	843.50/540.09	29	
吡利霉素	411.12/111.98*	25	4.78
	411.12/363.02	14	
竹桃霉素	688.46/158.20*	35	5.62
	688.46/544.30	20	
替米考星	869.57/173.83*	41	5.83
	869.57/155.89	37	
红霉素	734.18/157.88*	33	6.12
	734.18/576.13	20	
泰乐菌素	916.36/173.80*	38	6.33
	916.36/772.18	28	

注：*表示定量离子对

（3）定性测定

每种被测组分选择 1 个母离子，2 个以上子离子，在相同实验条件下，样品中待测物质的保留时间，与混合基质标准校准溶液中对应的保留时间偏差在 ±2.5% 之内；且样品谱图中各组分定性离子的相对丰度与浓度接近的混合基质标准校准溶液谱图中对应的定性离子的相对丰度进行比较，偏差不超过表 1-5 规定的范围，则可判定为样品中存在对应的待测物。

（4）定量测定

在仪器最佳工作条件下，对混合基质标准校准溶液进样，以峰面积为纵坐标，混合基质校准溶液浓度为横坐标绘制标准工作曲线，用标准工作曲线对样品进行定量，样品溶液中待测物的响应值均应在仪器测定的线性范围内。上述色谱和质谱条件下，标准物质多反应监测（MRM）色谱图见图 6-5。

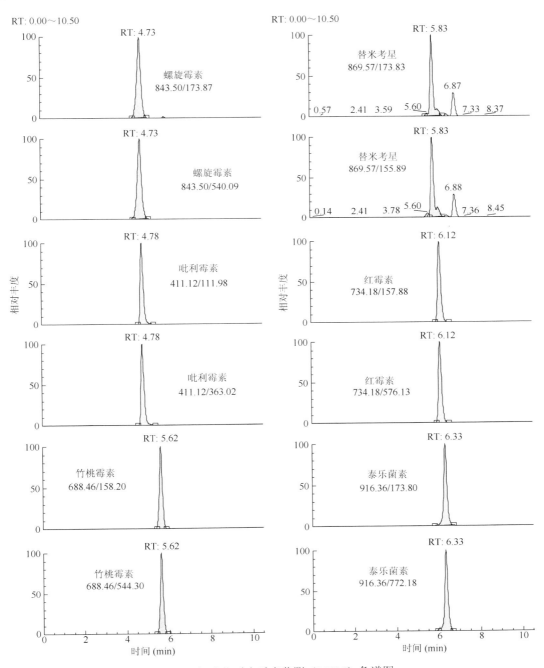

图 6-5　标准物质多反应监测（MRM）色谱图

6.2.5.7　分析条件的选择

（1）提取

牛奶和奶粉基质为高蛋白质高脂肪样品，甲醇、乙腈以及复合共沉淀剂都能有效的沉淀蛋白。根据样品特点，参考文献，实验了甲醇-0.3%偏磷酸、甲醇-磷酸盐缓冲液、甲醇+复合沉淀剂[Carrez I (0.36M $K_4F_e(CN)_6 \cdot 3H_2O$)和 Carrez II (1.04M $Z_nSO_4 \cdot 7H_2O$)]、乙腈+乙酸乙酯、乙腈、甲醇等。甲醇、甲醇-0.3%偏磷酸体系和甲醇-磷酸盐缓冲液体系沉淀蛋白不理想，高速离心后溶液仍然混浊。甲醇+复合沉淀剂、乙腈+乙酸乙酯体系能够有效沉淀蛋白，但对大环内酯的回收率均不高。甲醇+复合沉淀剂体系可能是因为和复合沉淀剂形成了共沉淀，不利于提取；乙腈+乙酸乙酯体系乙腈能沉淀蛋白，但乙酸乙酯对牛奶中这六种大环内酯提取效率不高，同时乙酸乙酯提取出大量杂质，干扰组分的测定。用纯乙腈既能有效沉淀蛋白又能保证回收率，故实验选取乙腈作提取剂。

（2）净化

在本方法的实验过程中，先后使用了 BUND ELUT C_{18} 固相萃取柱（3 cm³ 和 6 cm³）、Oasis HLB 固相萃取柱（3 cm³ 和 6 cm³）。结果发现 C_{18} 柱两种规格、3 cm³ HLB 柱回收率较 6 cm³ HLB 柱低，浓缩液过柱比较费时流速不好控制。6 cm³ HLB 固相萃取柱的净化效果最好，柱体不容易堵塞，回收率稳定，故选择 6 cm³ HLB 固相萃取柱为净化柱。在淋洗液的选择上，考虑到一定量的有机溶剂能够淋洗到部分干扰成分，实验了不同比例甲醇-水做淋洗液，甲醇的比例由小到大，2 mL 淋洗并吹干。结果表明，当甲醇的比例增大到 40%，吡利霉素、螺旋霉素开始淋洗出柱体。所以实验选取 2 mL 甲醇-水（3+7）做淋洗液。

在洗脱体积的选择上，通过图 6-6 累积洗脱曲线上可以看出 5 mL 的甲醇才能够将这六种大环内酯完全洗脱下来。

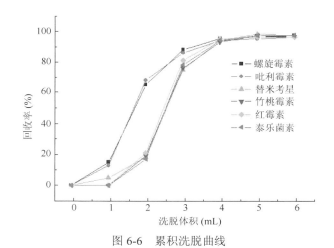

图 6-6　累积洗脱曲线

（3）监测离子的确定

用蠕动泵以 10 μL/min 注入 1 μg/mL 的混合标准溶液来建立确定各化合物的最佳质谱条件，包括选择特征离子对，优化电喷雾电压、鞘气、辅助气、碰撞能量等质谱分析条件。分析物的混标液进入 ESI 电离源，在正、负离子扫描方式下分别对分析物进行一级全扫描质谱分析，得到分子离子峰。5 种分析物均在正模式下有较高的响应，负模式下信号值很低。然后对各分子离子峰进行二级质谱分析（多反应监测 MRM 扫描），得到碎片离子信息。其具体的质谱条件为：鞘气压力，30 unit；辅助气压力，5 unit；正离子扫描模式；电喷雾电压，4000 V；毛细管温度，320℃；源内诱导解离电压，10 V；Q1 和 Q3 狭缝宽度为 0.7；碰撞气为高纯氩气，碰撞气压力为 1.5 mTorr。

6.2.5.8　线性范围和测定低限

用定溶液配成 0～100 ng/mL（相当于牛奶样品 0～200 μg/kg）一系列标准工作溶液，用牛奶、奶粉样品空白溶液配成一系列基质标准工作溶液，在选定的色谱条件和质谱条件下进行测定，进样量

15 µL，用分析物峰面积对基质标准工作溶液中被测组分的浓度作图，其线性范围、线性相关系数见表 6-40。由不同基质的线性方程可知基质对分析物的测定有一定的影响，所以方法采用基质添加标准来校对样品的含量以消除基质的干扰。

表 6-40 线性方程和范围、相关系数

化合物	基质	线性范围/(ng/mL)	线性方程	相关系数 R^2
螺旋霉素	牛奶	0～100	$Y=-15264+21920.3X$	0.9922
	奶粉	0～100	$Y=3901.55+38296X$	0.9933
吡利霉素	牛奶	0～100	$Y=468.167+189318X$	0.9922
	奶粉	0～100	$Y=880.281+218313X$	0.9955
替米考星	牛奶	0～100	$Y=14008.8+60578.4X$	0.9980
	奶粉	0～100	$Y=582.581+58911.7X$	0.9879
竹桃霉素	牛奶	0～100	$Y=297.653+129961X$	0.9966
	奶粉	0～100	$Y=53543.5+194827X$	0.9977
红霉素	牛奶	0～100	$Y=796.535+99474X$	0.9954
	奶粉	0～100	$Y=798.628+158933X$	0.9849
泰乐菌素	牛奶	0～100	$Y=3603.93+70622.8X$	0.9985
	奶粉	0～100	$Y=291.146+73778.5X$	0.9987

根据最终样液所代表的试样量，定容体积，进样量和进行测定时所受的干扰情况，牛奶中竹桃霉素、红霉素、替米考星、泰乐菌素、螺旋霉素、吡利霉素为 1 µg/kg，奶粉中竹桃霉素、红霉素、替米考星、泰乐菌素、螺旋霉素、吡利霉素为 8 µg/kg。

6.2.5.9 方法回收率和精密度

用阴性样品做添加回收和精密度实验，样品添加不同浓度标准后，按本方法进行提取、净化和测定，分析结果见表 6-41。从表 6-41 看出，牛奶样品添加量在 1～10 ng/g 之间，分析物的平均回收率为 81.5%～94.3%，相对标准偏差为 4.2%～9.0%；奶粉样品添加量在 8～80 ng/g 之间，分析物的平均回收率为 81.9%～96.1%，相对标准偏差为 3.3%～10.0%。

表 6-41 添加回收率与精密度实验数据（$n=10$）

化合物	牛奶			奶粉		
	添加水平/(ng/g)	平均回收率/%	RSD/%	添加水平/(ng/g)	平均回收率/%	RSD/%
螺旋霉素	1	81.7	4.5	8	88.0	8.0
	2	87.4	7.0	16	90.7	7.5
	5	88.8	6.2	40	92.6	8.9
	10	87.4	7.6	80	89.1	9.4
吡利霉素	1	88.7	7.6	8	87.3	8.2
	2	84.6	7.4	16	81.9	8.4
	5	89.2	6.2	40	82.7	9.5
	10	84.5	5.9	80	87.1	6.0
替米考星	1	90.5	9.0	8	84.4	8.4
	2	88.1	6.6	16	94.4	6.8
	5	90.7	6.3	40	90.3	7.7
	10	88.1	6.7	80	91.4	7.7

化合物	牛奶			奶粉		
	添加水平/(ng/g)	平均回收率/%	RSD/%	添加水平/(ng/g)	平均回收率/%	RSD/%
竹桃霉素	1	94.3	8.1	8	87.5	10.0
	2	85.3	8.8	16	88.6	5.5
	5	87.4	7.4	40	96.1	8.2
	10	84.4	7.0	80	87.7	7.1
红霉素	1	81.5	7.9	8	82.4	6.2
	2	88.2	5.0	16	89.4	3.3
	5	88.2	5.6	40	93.7	7.6
	10	85.6	4.2	80	87.8	5.6
泰乐菌素	1	81.6	4.5	8	92.6	8.9
	2	82.2	5.3	16	87.3	6.7
	5	89.9	5.8	40	94.1	6.4
	10	82.6	7.8	80	88.0	9.1

6.2.5.10　重复性和再现性

在重复性试验条件下，获得的两次独立测试结果的绝对差值不超过重复性限（r），如果差值超过重复性限（r），应舍弃试验结果并重新完成两次单个试验的测定。在再现性试验条件下，获得的两次独立测试结果的绝对差值不超过再现性限（R）。被测物的含量范围、重复性和再现性方程见表 6-42 和表 6-43。

表 6-42　牛奶中 6 种分析物的含量范围及重复性和再现性方程

化合物	含量范围/(μg/kg)	重复性限 r	再现性限 R
螺旋霉素	1~10	$\lg r = 1.1344 \lg m - 0.8765$	$\lg R = 0.8221 \lg m - 0.4995$
吡利霉素	1~10	$r = 0.1762\,m - 0.0356$	$R = 0.2104\,m + 0.1712$
竹桃霉素	1~10	$\lg r = 0.9909 \lg m - 0.8121$	$\lg R = 1.1010 \lg m - 0.5519$
替米考星	1~10	$r = 0.135\,m + 0.0002$	$R = 0.4061\,m - 0.3118$
红霉素	1~10	$\lg r = 0.8294 \lg m - 0.9144$	$\lg R = 0.8442 \lg m - 0.6306$
泰乐菌素	1~10	$\lg r = 1.1755 \lg m - 0.8883$	$\lg R = 0.9544 \lg m - 0.5613$

注：m 为两次测定值的算术平均值

表 6-43　奶粉中 6 种分析物的含量范围及重复性和再现性方程

化合物	含量范围/(μg/kg)	重复性限 r	再现性限 R
螺旋霉素	8~80	$\lg r = 0.9740 \lg m - 0.6973$	$\lg R = 0.8565 \lg m - 0.4092$
吡利霉素	8~80	$r = 0.1811\,m - 0.0675$	$R = 0.2055\,m + 1.1866$
竹桃霉素	8~80	$r = 0.1387\,m + 0.2924$	$R = 0.3701\,m - 1.4134$
替米考星	8~80	$r = 0.1374\,m + 0.2364$	$R = 0.3727\,m - 2.1249$
红霉素	8~80	$\lg r = 0.8404 \lg m - 0.6594$	$\lg R = 0.8448 \lg m - 0.5026$
泰乐菌素	8~80	$\lg r = 1.0699 \lg m - 0.8131$	$\lg R = 0.9585 \lg m - 0.5348$

注：m 为两次测定值的算术平均值

参 考 文 献

[1] 李岩，邵兵，徐锁洪. 动物性食品中大环内酯类抗生素残留分析. 中国卫生检验杂志，2005，15（10）：1275-1277
[2] 赵东豪，贺利民，聂建荣，彭聪，连槿，刘雅红. HPLC-MS/MS 检测猪肉中六种大环内酯类抗生素. 分析试验室，

2009，28（1）：117-119

[3] Hammel Y A，Mohamed R，Gremaud E，LeBreton M H，Guy P A. Multi-screening approach to monitor and quantify 42 antibiotic residues in honey by liquid chromatography-tandem mass spectrometry. Journal of Chromatography A，2008，1177（1）：58-76

[4] Croteau D，Vallee F，Bergeron M G，LeBel M. High-performance liquid chromatographic assay of erythromycin and its esters using electrochemical detection. Journal of Chromatography B，1987，419：205-212

[5] Horie M，Saito K，Ishii R，Yoshida T，Haramaki Y，Nakazawa H. Simultaneous determination of five macrolide antibiotics in meat by high-performance liquid chromatography.Joumal of Chromatography A，1998，812（1）：295-302

[6] 李存，沈建忠，江海洋，张素霞，丁双阳，李建成，孔莹. 猪组织中替米考星残留的高效液相色谱检测方法研究. 畜牧兽医学报，2005，36（10）：1075-1078

[7] Draisci R，Palleschi L，Ferretti E，Achene L，Cecilia A. Confirmatory method for macrolide residues in bovine tissues by micro-liquid chromatography-tandem mass spectrometry. Journal of Chromatography A，2001，926（1）：97-104

[8] Dubois M，Fluchard D，Sior E，Delahaut P. Identification and quantification of five macrolide antibiotics in several tissues，eggs and milk by liquid chromatography-electrospray tandem mass spectrometry. Journal of Chromatography B，2001，753（2）：189-202

[9] 夏敏，贾丽，季怡萍. 液相色谱-质谱法同时检测畜禽肉中 5 种大环内酯类抗生素. 分析测试学报，2004，23（S1）：217-219

[10] 徐锦忠，吴斌，丁涛，沈崇钰，赵增运，陈惠兰，蒋原. 高效液相色谱-电喷雾串联质谱法测定蜂蜜中的林可胺类抗生素残留. 色谱，2006，24（5）：436-439

[11] 赵明，曾明华，余林生，许世富. 高效液相色谱法检测蜂蜜中林可霉素残留的方法研究. 蜜蜂杂志，2008，28（5）：5-7

[12] 孙雷，张骊，王树槐，汪霞. 超高效液相色谱-串联质谱法对动物源食品中 13 种林可胺类及大环内酯类药物残留的检测. 分析测试学报，2009，28（9）：1058-1061

[13] Juan C，Carlos Moltó J，Mañes J. Determination of macrolide and lincosamide antibiotics by pressurised liquid extraction and liquid chromatograry tandem mass spectrometry in meat and milk. Food Control，2010，21（12）：1703-1709

[14] Jiménez V，Rubies A，Centrich F，Companyó R，Guiteras J. Development and validation of a multiclass method for the analysis of antibioticresidues in eggs by liquid chromatography-tandem mass spectrometry. Journal of Chromatography A，2011，1218（3）：1443-1451

[15] Zhang G D，Terry J A V，Bartlett M G. Bioanalytical methods for the determination of antipsychotic drugs.Biomedical Chromatography，2008，22（7）：671-687

[16] Draisci R，Palleschi L，Ferretti E，AcheneL，Cecilia A. Confirmatory method for macrolide residues in bovine tissues by micro-liquid chromatography-tandem mass spectrometry. Journal of Chromatography A，2001，926（1）：97-104

[17] 李俊锁，邱月明，王超. 兽药残留分析. 上海：上海科学技术出版社，2002：413-458

[18] Thompson T S，Noot D K，Calvert J，Pernal S F. Determination of lincomycin and tylosin residues in honey using solid-phase extraction and liquid chromatography-atmospheric pressure chemical ionization mass spectrometry. Journal of Chromatography A，2003，1020（2）：241-250

[19] 陈明，耿志明，王冉，魏瑞成. 牛奶中克林霉素残留量的反相高效液相色谱测定方法. 江西农业学报，2007，19（8）：103-105

[20] 谢文，丁慧瑛，奚君阳，钱艳，黄雷芳. 蜂王浆产品中 5 种大环内酯类抗生素残留量的高效液相色谱-质谱/质谱检测方法. 色谱，2007，25（3）：404-407

[21] 钮伟民，刘晔，戴军，张敬平，王洪新. 动物性食品中大环内酯类抗生素的 HPLC 分析. 食品与机械，2007，23（6）：95-98

[22] Adams S J，Fussell R J，Dickinson M，Wilkins S，Sharman M. Study of the depletion of lincomycin residues in honey extracted from treated honeybee（Apis mellifera L.）colonies and the effect of the shook swarm procedure.Analytica Chimica Acta，2009，637（1）：315-320

[23] 刘正才，杨方，林永辉，张琼，刘素珍，苏芝娇，潘迎芬. 超高效液相色谱串联质谱法测定鳗鱼中大环内酯类和林可酰胺类抗生素残留量的研究. 福建分析测试，2010，19（3）：1-5

[24] 张敬平，刘晔，戴军，钮伟民，王洪新.HPLC-ESI-MS 法测定鸡肝中的大环内酯类抗生素. 食品工业科技，2009，2：292-295

[25] 李向丽，谭贵良，江迎鸿，刘垚. 动物源性食品中大环内酯类抗生素残留分析方法. 广东农业科学，2009，6：181-183

[26] Bogialli S，Di Corcia A，Laganà A，Mastrantoni V，Sergi M. A simple and rapid confirmatory assay for analyzing

antibiotic residues of the macrolide class and lincomycin in bovine milk and yoghurt：hot water extraction followed by liquid chromatography/tandem mass spectrometry. Rapid Communications in Mass Spectrometry，2007，21（2）：237-246

[27] Frenich A G，Aguilera-Luiz M D M，Luis Martínez Vidal J，Romero-González R. Comparison of several extraction techniques for multiclass analysis of veterinary drugs in eggs using ultra-high pressure liquid chromatography-tandem mass spectrometry. Analytica Chimica Acta，2010，661（2）：150-160

[28] 王敏，郭德华，顾鸣，韩丽，杨惠琴，陈墨莲，曹艳. 动物源性食品中大环内酯类药物残留的快速筛选方法. 中国卫生检验杂志，2007，17（3）：400-406

[29] Nouws J，van Egmond H，Smulders I，Loeffen G，Schouten J，Stegeman H. A microbiological assay system for assessment of raw milk exceeding EU maximum residue levels. International Dairy Journal，1999，9：85-90

[30] 黄晓蓉，郑晶，吴谦，陈彬，汤敏英. 食品中多种抗生素残留的微生物筛检方法研究. 食品科学，2007，28（8）：418-421

[31] Ramirez A，Gutiérrez R，Diaz G，González C，Pérez N，Vega S，Noa M. High-performance thin-layer chromatography-bioautography for multiple antibiotic residues in cow's milk. Journal of Chromatography B，2003，784（2）：315-322

[32] 韩南银，周婷. 蜂蜜中红霉素残留量的检测. 食品科学，2003，24（2）：118

[33] McGlinchey T A，Rafter P A，Regan F，McMahon G P. A review of analytical methods for the determination of aminoglycoside and macrolide residues in food matrices. Analytica Chimica Acta，2008，624（1）：1-15

[34] 李向丽，谭贵良，刘蠡，江迎鸿. 毛细管电泳联用电化学发光法测定食品中泰乐菌素的研究. 广东农业科学，2009，8：234-237

[35] Luo W，Yin B，Ang C Y，Rushing L，Thompson H C. Determination of lincomycin residues in salmon tissues by gas chromatography with nitrogen-phosphorus detection.Journal of Chromatography B，1996，687（2）：405-411

[36] 陶燕飞，于刚，陈冬梅，王玉莲，袁宗辉. 动物可食性组织中林可霉素和大观霉素残留检测方法-气相色谱法. 中国农业科技导报，2008，10（S2）：63-68

[37] Tao Y，Chen D，Yu G，Yu H，Pan Y，Wang Y，Huang L，Yuan Z. Simultaneous determination of lincomycin and spectinomycin residues in animal tissues by gas chromatography-nitrogen phosphorus detection and gas chromatography-mass spectroscopy with accelerated solvent extraction. Food Additives and Contaminants，2011，28（2）：145-154

[38] Takasuki K，Suziki S，Sato N. Determination of erythromycin in plasma using Gas chromatography.Association of Official Analytical Chemists，1987，70（4）：718-720

[39] 刘晔. 动物性食品中大环内酯类抗生素残留的 HPLC 分析. 无锡：江南大学硕士学位论文，2008

[40] Prats C，Francesch R，Arboix M. Determination of tylosin residues in different animal tissues by high performance liquid chromatography.Journal of Chromatography B，2001，766（1）：57-65

[41] 孔科，袁宗辉，范盛先，王大菊，卿柳庭，周诗其，杨尔宁，操继跃. 高效液相色谱法检测泰乐菌素在肉鸡组织中的残留. 中国兽医学报，1999，19（5）：489-491

[42] 张永创. 高效液相色谱检测猪肉中残留替米考星的评价. 航空航天医药，2010，21（10）：1767-1769

[43] 刘晔，王洪新，戴军，钮伟民，陈尚卫，朱松. 固相萃取-高效液相色谱法测定猪肝中的大环内酯类抗生素. 食品与发酵工业，2008，34（5）：162-165

[44] 王斌，石玉祥，李存，王雪敏. 高效液相色谱法测定动物肺脏中替米考星残留量. 中国动物检疫，2010，27（3）：47-49

[45] 李存，沈建忠. 猪组织中替米考星残留的高效液相色谱检测方法. 中国畜牧兽医学会 2004 学术年会暨第五届全国畜牧兽医青年科技工作者学术研讨会论文集（下册）：1168-1173

[46] 王雪敏，石玉祥，李存. 羊组织中替米考星残留的检测方法研究. 中国动物检疫，2008，25（11）：34-35

[47] 杨方，李耀平，方宇，刘正才. 高效液相色谱法同时检测水产品中螺旋霉素与泰乐菌素药物残留. 理化检验-化学分册，2007，43（4）：272-274

[48] 刘永涛，艾晓辉，邹世平，杨红. 水产品中螺旋霉素、替米考星、泰乐菌素与北里霉素残留量的超高效液相色谱-紫外检测法同时测定. 分析测试学报，2010，29（3）：316-320

[49] 苏秀华，吴成业，钱卓真. 水产品中替米考星残留分析方法的探讨. 福建水产，2009，3：30-34

[50] 吴宁鹏，周红霞，郭芙蓉，班付国. 牛奶中替米考星残留量的检测方法研究. 中国兽药杂志，2006，40（12）：8-10

[51] García-Mayor M A，Garcinuño R M，Fernández-Hernando P，Durand-Alegría J S. Liquid chromatography-UV diode-array detection method for multi-residue determination of macrolide antibiotics in sheep's milk.Journal of Chromatography A，2006，1122（1）：76-83

[52] 王海涛，张睿睾，段宏安，姚燕林. 高效液相色谱法同步检测牛奶中替米考星、泰乐菌素和螺旋霉素残留量. 分析实验室，2008，27（7）：98-102

[53] 赵明. 蜂蜜中林可霉素残留检测方法的研究. 合肥：安徽农业大学硕士学位论文，2008

[54] Hanada E，Ohtani H，Kotaki H，Sawada Y，Iga T. Determination of erythromycin concentrations in rat plasma and liver by high-performance liquid chromatography with amperometric detection. Journal of Chromatography B，1997，692（2）：478-482

[55] Luo W，Hansen E B，Ang C Y J. Determination of lincomicin residue in salmon tissues by ion-pair reverse-phase liquid chromatography with electrochemical detection. Journal of AOAC International，1996，79（4）：839-843

[56] 于慧娟，沈晓盛，李庆，黄冬梅，陈轶男，菅乐东. 高效液相色谱-荧光法测定对虾组织中红霉素的残留量. 分析试验室，2006，25（4）：82-85

[57] 汪金菊. HPLC-FLD 法检测鸡体内阿奇霉素残留及消除规律研究. 合肥：安徽农业大学硕士学位论文，2010

[58] 徐锦忠，吴宗贤，杨雯筌，杨功俊，陈正行，丁涛，沈崇钰，吴斌，蒋原. 液相色谱-电喷雾串联质谱测定蜂蜜中 8 种大环内酯类药物残留. 分析化学，2007，35（2）：166-170

[59] Benetti C，Dainese N，Biancotto G，Piro R，Mutinelli F. Unauthorised antibiotic treatments in bee keeping Development and validation of a method to quantify and confirm tylosin residues in honey using liquid chromatography-tandem mass spectrometric detection.Analytica Chimica Acta，2004，520（1-2）：87-92

[60] 阮祥春，曾明华，赵明. HPLC-ESI-MS/MS 检测蜂蜜中林可霉素残留. 安徽农业科学，2009，37（5）：1889-1891

[61] Bogialli S，Ciampanella C，Curini R，Di Corcia A，Laganà A. Development and validation of a rapid assay based on liquid chromatography-tandem mass spectromtetry for determining macrolide antibiotic residues in eggs.Journal of Chromatography A，2009，1216（40）：6810-6815

[62] Spisso B F，Ferreira R G，Pereira M U，Monteiro M A，Cruz T A，da Costa R P，Lima A M B，da Nóbrega A W. Simultaneous determination of polyether ionophores，macrolides and lincosamides in hen eggs by liquid chromatography-electrospray ionization tandem mass spectrometry using a simple solvent extraction. Analytica Chimica Acta，2010，682（1-2）：82-92

[63] Aguilera-Luiz M M，Vidal J L M，Romero-González R，Frenich A G. Multi-residuedetermination of veterinary drugs in milk by ultra-high-pressure liquid chromatography-tandem mass spectrometry.Journal of Chromatography A，2008，1205（1-2）：10-16

[64] 郭春海，陈瑞春，艾连峰，刘宝圣. 液相色谱-串联质谱法测定牛奶和奶粉中 6 种大环内酯类药物的残留量. 食品工业科技，2012，33（6）：79-86

[65] 谢丽琪，岳振峰，唐少冰，陈小霞，吉彩霓，华红慧. 高效液相色谱串联质谱法测定牛奶中林可酰胺类和大环内酯类抗生素残留量的研究. 分析试验室，2008，27（3）：5-8

[66] Chiaochan C，Koesukwiwat U，Yudthavorasit S，Leepipatpiboon N. Efficient hydrophilic interaction liquid chromatography-tandem mass spectrometry for the multiclass analysis of veterinary drugs in chicken muscle. Analytica Chimica Acta，2010，682（1-2）：117-129

[67] Chico J，Rúbies A，Centrich F，Companyó R，Prat M D，Granados M. High-throughput multiclass method for antibiotic residue analysis by liquid chromatography-tandem mass spectrometry. Journal of Chromatography A，2008，1213（2）：189-199

[68] Codony R，Compañó R，Granados M，García-Regueiro J A，Prat M D. Residue analysis of macrolides in poultry muscle by liquid chromatography-electrospray mass spectrometry. Journal of Chromatography A，2002，959（1）：131-141

[69] Draisci R，Palleschi L，Ferretti E，Achene L，Cecilia A. Confirmation method for macrolide residues in bovine tissues by micro-liquid chromatography-tandem mass spectrometry.Journal of Chr omatography A，2001，926（1）：97-104

[70] 邱元进，杨方，刘正才，林永辉，刘素珍. 液相色谱-串联质谱法检测畜禽产品中维吉尼亚霉素 M1 和 S1 残留. 色谱，2012，30（5）：463-467

[71] Rezende C P，Souza L F，Almeida M P，Dias P G，Diniz M H，Garcia J C. Optimisation and validation of a quantitative and confirmatory method for residues of macrolide antibiotics and lincomycin in kidney by liquid chromatography coupled to mass spectrometry. Food Additives and Contaminants，2012，29（4）：587-595

[72] 刘永涛，刘振红，丁运敏，艾晓辉，杨红. HPLC-MS/MS 同时测定水产品中喹烯酮、喹乙醇和 5 种大环内酯类抗生素残留. 分析试验室，2010，29（8）：44-47

[73] 徐锦忠，储晓刚，胡小钟，丁涛，吴斌，沈崇钰，蒋原. 液相色谱在线净化-电喷雾串联质谱测定水产品中大环内酯和林可胺类药物残留. 分析试验室.2009，28（12）：26-30

[74] 苏秀华. 水产品中替米考星残留检测方法的研究. 福州：福建农林大学硕士学位论文，2010

[75] Dubois M，Fluchard D，Sior E. Identification and quantificati on of five macrolide antibiotics in several tissues and milk by liquid chromatography-electrospray tandem mass spectrometry.Journal of Chromatography B，2001，753（2）：189-202

[76] Sin D W，Wong Y，Ip A C. Quantitative analysis of lincomycin in animal tissues and bovine milk by liquid chromatography electrospray ionization tandem mass spectrometry. Journal of Pharmaceutical and Biomedical Analysis，2004，34（3）：651-659

[77] Silverlight J J，Brown A J，Jackman R. Antisera to tilmicosin for use in ELISA and for immunohistochemistry.Food and Agricultural Immunology，1999，11（4）：321-328

[78] 何方洋，万宇平，何丽霞，罗晓琴. 酶联免疫吸附法检测鸡肉中林可霉素. 湖北畜牧兽医，2010，3：7-10

[79] Ye B C，Li S，Zuo P，Li X. Simultaneous detection of sulfamethazine，streptomycin，and tylosin in milk by microplate-array based SMM-FIA.Food Chemistry，2008，106（2）：797-803

[80] Le T，He H Q，Niu X D，Chen Y，Xu J. Development of an immunochromatographic assay for detection of tylosin and tilmicosin in muscle，liver，fish and eggs. Food and Agricultural Immunology，2013，24（4）：467-480

[81] GB/T 20762—2006 畜禽肉中林可霉素、竹桃霉素、红霉素、替米考星、泰乐菌素、克林霉素、螺旋霉素、吉它霉素、交沙霉素残留量的测定方法 液相色谱-串联质谱法. 北京：中国标准出版社，2006

[82] GB/T 22941—2008 蜂蜜中林可霉素、红霉素、螺旋霉素、替米考星、泰乐菌素、交沙霉素、吉他霉素、竹桃霉素残留量的测定 液相色谱-串联质谱法. 北京：中国标准出版社，2008

[83] GB/T 22946—2008 蜂王浆和蜂王浆冻干粉中林可霉素、红霉素、替米考星、泰乐菌素、螺旋霉素、克林霉素、吉他霉素、交沙霉素残留量的测定 液相色谱-串联质谱法. 北京：中国标准出版社，2008

[84] GB/T 22964—2008 河豚鱼、鳗鱼中林可霉素、竹桃霉素、红霉素、替米考星、泰乐菌素、螺旋霉素、吉他霉素、交沙霉素残留量的测定 液相色谱-串联质谱法. 北京：中国标准出版社，2008

[85] GB/T 22988—2008 牛奶和奶粉中螺旋霉素、吡利霉素、竹桃霉素、替米卡星、红霉素、泰乐菌素残留量的测定 液相色谱-串联质谱法. 北京：中国标准出版社，2008

7 硝基呋喃类代谢物

7.1 概　　述

7.1.1 理化性质与用途

硝基呋喃类（nitrofurans，NFs）药物是人工合成的具有 5-硝基呋喃结构的广谱抗菌药物，常见的 NFs 主要包括呋喃唑酮（furazolidone，FZD）、呋喃西林（nitrofurazone，NFZ）、呋喃妥因（nitrofurantoin，NFT）、呋喃它酮（furaltadone，FTD）和硝呋柳肼（nifursol，NFS）。NFs 对大多数革兰氏阳性菌和革兰氏阴性菌有杀灭作用，曾广泛应用于预防和治疗沙门氏菌、大肠埃希氏菌感染引起的消化道疾病，并在多种动物的抗原虫感染方面效果良好。同时，NFs 还曾作为牛、猪、禽以及水产动物的饲料添加剂，起到防病促生长的作用[1]。近年来，研究表明 NFs 具有潜在的致突变和致癌性，为了保障消费者的健康，各国政府纷纷禁止在食品动物上使用 NFs。然而，由于其显著的临床治疗效果和促生长作用，以及廉价易得的特点，仍然存在违法使用的现象。

7.1.1.1 理化性质

NFs 的结构相似，在呋喃核的 5 位引入硝基基团，在 2 位通常由亚甲胺基与不同的基团相连，包括烷基、酰基、羟烷基、羧基等。NFs 为黄色的粉末或结晶性粉末，无臭，无味或味微苦。呋喃唑酮几乎不溶于水和乙醇，微溶于氯仿，不溶于乙醚，易溶于二甲基甲酰胺及硝基甲烷中；呋喃西林难溶于水，微溶于乙醇，几乎不溶于乙醚、三氯甲烷；呋喃妥因溶于二甲基亚砜、丙酮，微溶于水、乙醇，几乎不溶于三氯甲烷。呋喃唑酮的 pK_a 为 7.7，呋喃妥因的 pK_a 为 7.2。典型的 NFs 性质见表 7-1。

表 7-1　NFs 的理化性质

化合物中文名称	化合物英文名称	结构式	CAS 号	分子式	分子量	熔点 /℃	沸点 /℃	特点
呋喃唑酮	Furazolidone, FZD		67-45-8	$C_8H_7N_3O_5$	225.16	134.87	374.17	黄色结晶性粉末，无臭味苦，遇碱分解，在光照下渐变色
呋喃它酮	Furaltadone, FTD		139-91-3	$C_{13}H_{16}N_4O_6$	324.29	197.02	466.65	柠檬黄色细微结晶性粉末，无臭，味苦
呋喃西林	Nitrofurazone, NFZ		59-87-0	$C_6H_6N_4O_4$	198.14	143.84	361.87	黄色结晶性粉末，无臭，味苦，日光下色渐变深
呋喃妥因	Nitrofurantoin, NFT		67-20-9	$C_8H_6N_4O_5$	238.16	212.60	500.00	黄色针状晶体，有微臭和苦味，遇光颜色变深
硝呋柳肼	Nifursol, NFS		16915-70-1	$C_{12}H_7N_5O_9$	365.22	215-220	—	鲜黄色结晶或黄色粉末，无味，在酸性溶液中不稳定，对光敏感

7.1.1.2 用途

NFs 能够作用于微生物的氧化还原酶系统，抑制乙酰辅酶 A，干扰微生物糖类的代谢，从而起抑菌作用[2]。具有广谱抗菌作用，对大多数革兰氏阳性菌、革兰氏阴性菌、某些真菌和原虫都具有杀灭作用。在低浓度下对上述病原体有抑制作用，高浓度则有杀灭作用，其抗菌力不受血液、粪便、脓汁和组织分解产物影响，外用对组织刺激性小，细菌对本类药物亦较少产生耐药性[3]。近年来研究表明，NFs 通过氧化性应激和麦角固醇的生物合成对克鲁氏锥虫有一定的作用，尤其是在鲨烯环氧酶的水平上[4, 5]。

NFs 因其具有抑菌性和杀菌性而广泛用于家禽、家畜、水产、蜜蜂等动物传染病的预防与治疗，部分品种具有促生长的作用，曾用作饲料添加剂。该类药物内服后，吸收较少，吸收的部分在体内迅速被破坏，血药浓度较低，不易达到有效浓度，不宜用于全身感染的治疗。其中，呋喃唑酮口服经胃肠道很少吸收，在肠内能保持较高浓度，可用于治疗细菌和原虫引起的腹泻、结肠炎和霍乱等肠道感染和球虫病等消化道疾病[6, 7]；呋喃西林曾用于禽白痢病和兔球虫病，但毒性太大，现多外用于局部抗感染，抗菌活性存在于非离子结构中，不受体液 pH 的影响，除对铜绿假单胞杆菌无效外，足以杀死大部分引起伤口感染的常见致病菌，且极少产生耐药性；呋喃妥因口服吸收好，作为口服抗菌药物主要从小肠远端吸收，排泄也快[8]，同时以原型从尿中排出，有利于治疗尿路感染，故常用于治疗泌尿道生殖系统感染[9]；而硝呋柳肼是一种生长促进剂，可防止火鸡的黑头病等。

7.1.2 代谢和毒理学

7.1.2.1 体内代谢过程

NFs 在动物体内迅速分解，其原药稳定性只有数小时。NFs 在动物体内代谢作用机制比较复杂，最终能够形成与蛋白质紧密结合的稳定代谢产物，其作用机制是：硝基化合物经微粒体酶系 NADPH 细胞色素 C 还原酶参与，进行还原反应，大多数硝基化合物可被硝基还原酶还原，先生成亚硝基及羟胺中间体，再形成芳伯胺，最后形成与蛋白质紧密结合的稳定代谢产物。呋喃唑酮、呋喃它酮、呋喃西林、呋喃妥因、硝呋柳肼的代谢产物见图 7-1。

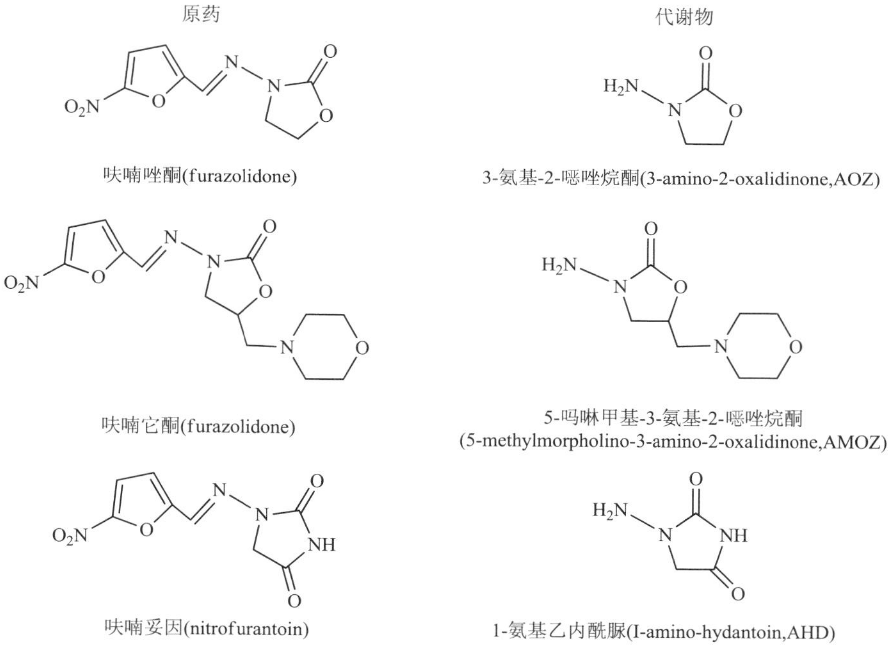

原药 代谢物

呋喃唑酮(furazolidone)

3-氨基-2-噁唑烷酮(3-amino-2-oxalidinone, AOZ)

呋喃它酮(furazolidone)

5-吗啉甲基-3-氨基-2-噁唑烷酮
(5-methylmorpholino-3-amino-2-oxalidinone, AMOZ)

呋喃妥因(nitrofurantoin)

1-氨基乙内酰脲(1-amino-hydantoin, AHD)

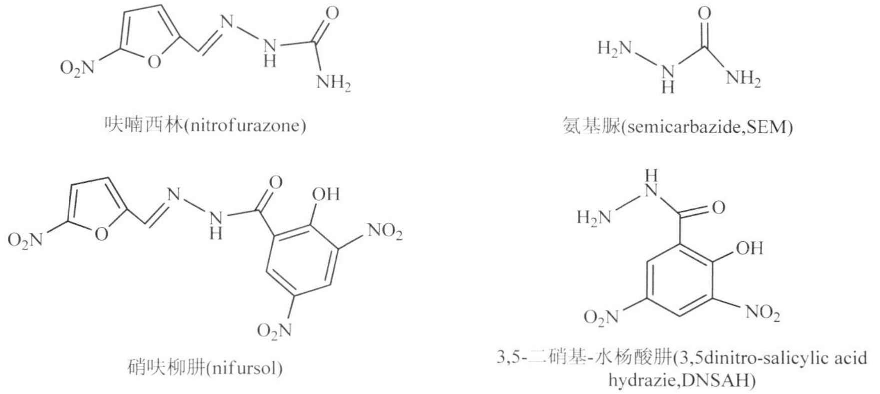

呋喃西林(nitrofurazone)

氨基脲(semicarbazide,SEM)

硝呋柳肼(nifursol)

3,5-二硝基-水杨酸肼(3,5dinitro-salicylic acid hydrazie,DNSAH)

图 7-1 NFs 及其代谢物的结构图

以呋喃唑酮为例，进入动物体内后，代谢非常迅速。在罗非鱼肌肉中呋喃唑酮和 AOZ 的含量分别在停药 6 h 后和停药"零时"达到最高，24 h 后呋喃唑酮含量就低于检出限，而肌肉中 AOZ 的含量在 528 h 后才低于 1 μg/kg，肌肉中呋喃唑酮和 AOZ 的消除半衰期分别为 9.34 h 和 38.2 h。家兔灌服呋喃唑酮后，15 min 即可在静脉血中测得药物原形，AOZ 在服药后 1 h 被检出。用呋喃唑酮饲喂种鸡，停药后 1 天采集的种蛋中 AOZ 残留量最高，此后随时间逐渐递减，5 天后趋于稳定，并保持在 2 μg/kg 左右。蛋清中残留量较高，蛋黄中残留量较低，对刚孵化的雏鸡和饲养 20 天的小鸡，其残留量范围为 0.7～12 μg/kg，成鸡代谢物残留量范围为 0.5～2.7 μg/kg，代谢物残留按种鸡-种蛋-雏鸡-成鸡的生物链条传递。

同时，研究还表明，代谢物 AOZ 在动物体内消除缓慢。饲喂猪 7 天，停药后 4 周，在肝脏、肌肉和肾脏仍能测出 AOZ；饲喂鸡 14 天，停药后 21 天，仍能测出 AOZ。通过 ^{13}C 同位素标记呋喃唑酮的代谢研究发现，其代谢物可以与蛋白紧密结合，形成稳定的残留物。肝脏是主要的药物代谢器官，蛋白结合态的残留物也主要累积在肝脏。通过检测猪肝样品中的呋喃唑酮，发现蛋白结合态的残留物可以至少存在 6 周以上，甚至在蒸煮、烘烤、磨碎和微波加热过程中也无法有效降解。

其他 NFs 具有相似的代谢特性。

7.1.2.2 毒理学

NFs 对畜禽有一定毒性，动物大剂量或长期连续应用易引起中毒性反应。尤其以呋喃西林的毒性反应为最强，呋喃妥因次之，呋喃唑酮的毒性为呋喃西林的十分之一。畜禽对 NFs 毒性反应的症状为兴奋、惊厥或瘫痪的急性神经症状以及全身出血；反刍动物则为消化障碍等慢性中毒反应症状；人体的不良反应主要为胃肠反应、溶血性贫血、血小板减少性紫癜、多发性神经炎、神经炎、眼部损害、急性肝坏死和嗜酸性白细胞增多为特征的过敏反应，也可引起消化道反应。

同时，NFs 也是一类具有致癌和诱导有机体产生突变的物质。小白鼠和大白鼠的毒性研究表明，呋喃唑酮可以诱发乳腺癌和支气管癌，并且存在剂量反应关系。高剂量呋喃唑酮喂鱼，可诱导鱼的肝脏发生肿瘤，能影响细胞的染色体交换和对损伤的修复，可使 DNA 单链发生内部交链从而抑制 DNA 的合成，并且能够抑制 RNA 和蛋白质的合成。鼠伤寒沙门氏菌回复突变试验（Ames）和 SOS 修复试验（SOS-chromostest）也证实了呋喃唑酮是一种强致突变剂。繁殖毒性结果表明，呋喃唑酮能减少精子的数量和胚胎的成活率。NFs 对细胞染色体的损伤比硝基咪唑类更强，因为它们具有较高的电子亲和力，而电子亲和力与诱变性是紧密相关的。呋喃西林构效关系活性定量分析显示，其诱变性与硝基相连碳原子的电子密度有关，电子密度高，可促进诱变性，因为高电子密度可稳定呋喃唑环并促进其与 DNA 反应的可能性。另外硝基为亲电子基团，易与谷胱甘肽（GSH）结合，从而使体内 GSH 浓度显著下降，当 GSH 浓度下降到一定水平时出现毒性反应。

近年来研究证明，NFs 的代谢物也具有相当大的毒性和副作用，能诱导有机体基因突变，有致畸胎的诱导作用，且能诱发癌症，因而受到人们的高度重视。蛋白结合态的呋喃唑酮残留物，在人胃的弱酸性条件下，侧链可以从蛋白结合态的母体分子上解离下来，AOZ 代谢成为 β-羟乙基肼，而该物质具有致突变和致癌的作用。

7.1.3 最大允许残留限量

研究表明 NFs 能够诱导突变并具有致癌性和慢性毒性，为了保障消费者的健康安全，目前，绝大多数国家已经明令禁止该类药物用于食品动物的生产饲养。澳大利亚于 1992 年撤销了 NFs 的最高残留限量，禁止其使用；欧盟于 1993 年在 2377/90/EEC 的附录Ⅳ中[10]规定禁止将呋喃西林、呋喃妥因和呋喃唑酮用于食品动物，1995 年又将呋喃唑酮列入，并规定检测动物源产品中 NFs 的方法灵敏度的最低要求为 1.0 μg/kg[11]；加拿大于 1997 年将 NFs 列为禁用药物；2002 年，美国 FDA 公布了禁止在食品动物中使用的药物名单，其中包括呋喃西林、呋喃唑酮等 NFs；2006 年，日本实施的"肯定列表制度"也将 NFs 列入禁用物质清单。我国农业部于 2002 年颁布了 193 号公告，将 NFs 列入《食品动物禁用兽药及其他化合物清单》，在动物性食品中不得检出[12]。

7.1.4 残留分析技术

NFs 在动物体内代谢快，半衰期短，检测原药不足以反映真实的残留水平和用药情况。在 NFs 的检测方法研究中，历经了从检测原型药物到检测代谢物的发展历程，而对 NFs 代谢物残留量的分析，已成为当前研判 NFs 滥用与否的重要技术手段。同时，由于组织中结合残留物的浓度可能非常低，需要采用高灵敏度的检测技术，液相色谱-色谱/质谱法（LC-MS/MS）和免疫学方法如酶联免疫吸附法（ELISA），已成为国际上最常用的硝基呋喃代谢物残留检测方法。

7.1.4.1 前处理方法

NFs 属于光敏物质，对太阳光特别敏感，因此样品前处理的操作必须避免在强烈光照下进行。

（1）样品洗涤

近年来研究发现，NFs 代谢物特别是氨基脲（SEM）产生机理复杂、来源多样，滥用呋喃西林并不是导致检出 SEM 的唯一原因[13]。为了准确反映 NFs 的真实使用情况，降低外源性物质对检测结果的干扰，在部分动物源食品中只测定结合态代谢物，洗去游离态代谢物，可以降低误判的风险。

郭德华等[14]依次用甲醇、乙醇和乙醚溶剂提取，使动物源性样品中呋喃唑酮、呋喃西林、呋喃它酮、呋喃妥因等 4 种 NFs 游离态代谢物进入提取液，而结合态代谢物保留在残渣中。在酸性条件下用 2-硝基苯甲醛分别衍生游离态和结合态代谢物，经乙酸乙酯提取浓缩后，用 LC-MS/MS 检测，同位素内标法定量，将两者测定结果相加即得到样品中 NFs 代谢物的残留总量。我国国家标准《GB/T 21311—2007 动物源性食品中硝基呋喃类药物代谢物残留量检测方法 高效液相色谱/串联质谱法》[15]对于肌肉、内脏、鱼、虾和肠衣等组织样品，采用甲醇-水（1+1，v/v）充分洗涤后，弃去溶液，只分析结合态的 NFs 代谢物，避免外源性污染干扰。

（2）水解和衍生化

NFs 代谢物主要以蛋白结合物形态存在于有机体组织中，只有在适当的酸性条件下，才能释放出来，通常采用稀盐酸水解组织中的蛋白结合态代谢物。同时，NFs 代谢物均为小分子化合物，SEM、AOZ、AHD、AMOZ 和 DNSAH 的相对分子质量分别为 75.1、102.1、115.1、201.2 和 242.1，质谱检测时特征离子少，背景干扰大，检测灵敏度很低，给定性和定量分析带来困难。衍生化则可以增加分子质量，增强化合物的色谱保留，使化合物远离质谱的高噪音质量区，增加特征碎片离子的选择性，提高质谱响应。因此，研究者通过对代谢物的自由氨基进行衍生化，增大化合物的分子量，形成一个具有较好质谱特性的化合物，再进行分析。

通常采用邻硝基苯甲醛（2-NBA）作为衍生化试剂，但需要较长的反应时间，一般要求在 37℃下衍生 16 h。为了缩短衍生化的时间，Alexander 等[16]希望用其他芳香族醛（如吡啶-3-羧基甲醛、2,2-二硝基苯甲醛、2-羟基-5-硝基苯甲醛）来提高检测灵敏度或缩短反应时间。然而，并没有明显的改善。实验发现，衍生化反应率大约为 70%，且在不同浓度水平下未观察到显著变化。丁磊等[17]比较了 40℃

恒温振荡 16 h、水浴超声 1 h、恒温静置 16 h 等 3 种条件下 2-NBA 的衍生效率。研究发现，除 AOZ 外，其他 3 种呋喃代谢物衍生效率在 40℃水浴超声 1 h 条件下的产率最高。庞国芳等[18]对比了 2-NBA 和对硝基苯甲醛（4-NBA）的衍生化效果。结果发现，用 4-NBA 做衍生化试剂，衍生产物灵敏度较低，衍生时间的延长对质谱信号没有提高，而背景噪音的干扰增加较大。

目前，2-NBA 是常用的衍生化试剂。衍生化反应机理可归纳为：在酸性条件下，衍生剂的酮醛基团（—CHO）与不同代谢物的含氮亲核基团氨基（—NH₂）发生醛胺亲核加成反应。通过衍生化，NFs 代谢物衍生产物的相对分子质量分别达到了 208.2、248.2、235.2、334.3 和 375.3，增大分子质量的同时提高了离子化效率和质谱检测灵敏度。蛋白结合态 NFs 代谢物在酸性条件下，同步水解和衍生化反应过程见图 7-2。

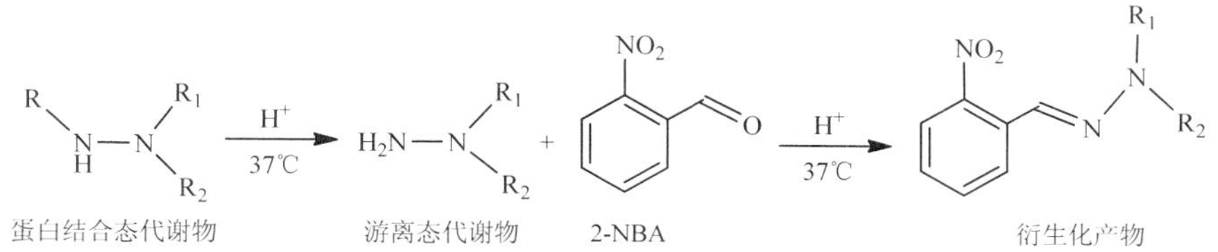

图 7-2 蛋白结合态 NFs 代谢物的同步水解和衍生化过程

也有研究者采用邻氯苯甲醛（2-CBA）或 2-萘醛（NTA）作为衍生化试剂。朱坚[19]建立了用 LC-MS 法测定鸡肉和水产品虾中 NFs 代谢物 AOZ 和 AMOZ 残留量的方法。样品经酸水解，用邻氯苯甲醛衍生化，再经 SPE 柱净化后，用 LC-MS 检测，检测低限为 0.3×10^{-9} 数量级。林黎明等[20]分别以邻氯苯甲醛和邻硝基苯甲醛作为衍生化试剂，用 EN SPE 柱净化，以 AMOZ-d5、AOZ-d4 作内标，采用 LC-MS 分析鸡组织及蛋中 4 种硝基呋喃类代谢产物。方法回收率为 85%～90%，检出限可达 0.5 μg/kg。Chumanee 等[21]在测定虾肉中 4 种 NFs 代谢物中，引入了一种新的衍生化试剂——2-萘醛（NTA）。20 g 虾肉样品在 0.2 mol/L HCl 的酸性条件下，加入 20 mmol/L 的 NTA、0.12 g NaOAc、1 g KCl，37℃避光过夜反应。衍生化之后用乙酸乙酯提取，最后用正己烷液萃取除脂。衍生化的 NFs 代谢物在 ChromSpher 5 C₁₈ 柱（250 mm×4.6 mm，5 μm）上进行分离，洗脱顺序为 NTAHD＜NTSEM＜NTAOZ＜NTAMOZ，二极管阵列检测器（DAD）进行测定，NTAHD 的检测波长为 310 nm，其余为 308 nm。在 1 μg/kg、1.5 μg/kg、2 μg/kg 三个浓度水平水平进行添加回收实验，回收率高于 86%，变异系数（CV）小于 14%。AHD、AOZ、SEM、AMOZ 的定量限（LOQ）分别为 0.7803 μg/kg、0.7973 μg/kg、0.6973 μg/kg 和 0.9118 μg/kg，检出限（LOD）均在 0.2 μg/kg 左右。该方法为 NFs 代谢物的检测提供了更多的选择。

（3）提取和净化

NFs 代谢物检测过程中常用的样品提取、净化方法包括液液分配法（LLP）、固相萃取法（SPE）和沉淀法等，近年来超临界流体萃取（SFE）、基质固相分散技术（MSPD）等也有应用。

1）沉淀法（precipitation）

对于奶粉、蛋粉等高蛋白、高脂肪样品，在水解、衍生化蛋白结合态硝基呋喃代谢物后，可加入蛋白质沉淀剂 ZnSO₄ 和 K₄Fe（CN）₆，有效去除奶粉、蛋粉中的蛋白，避免提取、净化过程中的乳化、胶化现象。彭涛等[22]用 LC-MS/MS 法同时测定奶粉中呋喃唑酮、呋喃它酮、呋喃西林和呋喃妥因的代谢物。盐酸水解奶粉中蛋白结合的代谢物，同时加入 2-硝基苯甲醛，37℃过夜衍生化。加入 ZnSO₄，调至 pH 7.0 后，再加入 K₄Fe（CN）₆ 去除蛋白。然后用乙酸乙酯提取，正己烷净化，分析物采用电喷雾电离（ESI）正离子、多反应监测（MRM）模式检测，内标法定量。在添加浓度 0.5～2 μg/kg 范围内，内标法回收率为 89.5%～110.3%；相对标准偏差（RSD）小于 11.3%；AMOZ、AOZ 方法 LOD 为 0.05 μg/kg，SEM、AHD 为 0.1 μg/kg。

对于蜂王浆样品，三氯乙酸是一种很好的蛋白沉淀剂，同时其较强的酸性又可以提供合适的酸性反应环境。丁涛等[23]报道了 LC-MS/MS 测定蜂王浆中呋喃唑酮、呋喃西林、呋喃妥因和呋喃它酮 4

种 NFs 代谢物残留的方法。以三氯乙酸作为蜂王浆的蛋白质沉淀剂，同时提供衍生化反应所需的酸性环境。实验发现 pH 7～7.5 时，AHD、AOZ、SEM 和 AMOZ 代谢物的衍生产物提取效率最高，分别为 92.1%、95.1%、91.4%和 94.3%。在不同的 pH 条件下，4 种代谢物的衍生产物的萃取效率影响不一样。对于 AHD 而言，当 pH 8～10 时，萃取效率极低；对于 AMOZ 而言，当 pH 3～5 时，完全不能将其从水相中提取至有机相中。AOZ 和 SEM 对 pH 的敏感程度不是很高，但是在弱碱性条件下（pH 7～7.5），提取效率最高。因此，在进行提取步骤的时候，需要进行比较准确的 pH 调节，才可以最大限度地提取 4 种代谢物的衍生产物。

2）液液分配（liquid liquid partition，LLP）

NFs 代谢物的 LLP，一般是在 pH 7 的水溶液中与乙酸乙酯进行两相分配[24, 25]。但这种方法有时出现乙酸乙酯和水相分层不彻底的情况，易产生干扰，从而影响回收。特别是对高蛋白、高脂肪、高淀粉的样品，可加入少量的十二烷基磺酸钠以缓解乳化现象[26]。为达到更好的净化效果，也常采用正己烷对提取液做进一步净化。

Lopez 等[27]应用 10%氯化钠溶液来溶解蜂蜜，离心之后取上清液过 Oasis HLB 固相萃取柱，用洗脱液进行水解和衍生化反应。调节 pH 7.15～7.25 之后，用正己烷 LLP 除脂，然后再乙酸乙酯 LLP。有机相浓缩后用甲醇和水复溶，过 0.2 μm 的 PTFE 滤膜完成样品的前处理。Rodziewicz[28]建立了牛奶中 NFs 代谢物的 LC-MS 方法。牛奶样品经离心（3500 r/min，10 min，4℃）去除上层脂质层后进行水解衍生化，冷却至室温后，加入磷酸钠和 NaOH 调节 pH，再用乙酸乙酯进行 LLP，收集有机相蒸干并复溶于流动相中，过滤膜后上 LC-MS/MS 检测。

同时，样品溶液的 pH 对萃取效率有很大的影响。丁涛等[23]试验了不同 pH 对回收率的影响，发现 pH 在 7.0～7.5 时，AHD、AOZ、SEM、AMOZ 衍生化产物的提取效率最高，分别为 92.1%、95.1%、91.4%、94.3%。

3）固相萃取法（solid phase extraction，SPE）

SPE 广泛应用于动物组织样品中 NFs 代谢物的净化。主要有基于反相保留原理的 C_{18}、HLB、EN、CN 柱，基于离子交换原理的 MAX 柱等，多种原理的串联柱、复合用柱也被大量采用，显著提高了净化效果。

彭涛等[29]对普通 C_{18} SPE 柱和以乙烯吡咯烷酮-二乙烯基苯共聚物为吸附剂的 Oasis HLB SPE 柱进行比较，发现后者对分析物有很强的选择性保留，而大多数基质干扰物则保留较弱。共聚物吸附剂可能通过 π-π 作用而使硝基-芳烃衍生物保留。Hormazábal 等[30]应用 85%三氯乙酸来提取猪肉中的 NFs 代谢物，正己烷 LLP 除脂，然后进行衍生化反应，选择 Oasis HLB 柱进行净化，乙腈-水（70+30，v/v）作为洗脱液进行洗脱，而后加入一定体积的三氯甲烷从洗脱液中萃取出目标化合物，经离心去除水相，转移有机相后蒸干，复溶于水中，过滤膜后用 LC-MS 检测。庞国芳等[18]应用 LiChrolut EN 柱对禽肉中经过水解和衍生化的 NFs 代谢物进行净化，采取 pH 7.4 的缓冲液淋洗 SPE 柱，再用乙酸乙酯进行洗脱，氮气吹干后用流动相进行复溶，最后用仪器测定。该方法重点研究了不同处理步骤对结果的影响。研究发现，当衍生化后反应溶液调 pH 并用乙酸乙酯提取两次，这种方法有时会出现乳化现象，乙酸乙酯和水相分层不彻底，易产生干扰，从而影响回收率。另一方面则是比较 4 种不同的 SPE 柱的净化效果和回收：Oasis MAX（60 mg，3 mL，Waters）、Oasis HLB（60 mg，3 mL，Waters）、C_{18}（500 mg，3 mL，J.T. Baker）、LiChrolut EN（200 mg，3 mL，Merck）。结果发现，LiChrolut EN 柱的净化效果和回收率优于另外三种 SPE 柱。林黎明等[20]比较了 MAX、HLB 复合柱法、EN SPE 单柱法、HLB 单柱法和乙酸乙酯 LLP 方法，比较了甲醇-乙酸洗脱液和乙酸乙酯洗脱液的效果，最终确定主要采用的提取和净化步骤是：对于肉类组织采用 EN SPE 柱净化，乙酸乙酯洗脱；对于肝、虾等易产生高度混浊滤液的样品则先采用乙酸乙酯提取，再用 EN SPE 柱净化。实验表明，MAX、HLB 复合柱法操作较繁，并要求严格控制洗脱液的 pH；而单纯采用 LLP 法，对某些复杂样品净化效果不佳。实验研究了在样品处理过程中添加适量硅藻土，与样品同时研磨，改变其黏稠性，再进行水解，可明显提高净化效果，回收率可达 70%～95%，实验表明 HLB 柱与 EN 柱有同样的效果。

　　王媛等[31]提取水产品中的 NFs 代谢物，为了去除提取物中的水溶性杂质，采取 LLP 的方法，将被测物萃取到有机相中，进行初步净化。将衍生化之后的上清液调至 pH 7.0 左右，然后用 30 mL 乙酸乙酯分两次萃取，可以达到良好的效果。进一步的净化采用 C_{18}-CN 混合柱，洗脱 SPE 柱时，比较了 2 mL 甲醇和 5 mL 乙酸乙酯对 4 种组分的洗脱效果。用 5 mL 乙酸乙酯洗脱时，AMOZ 的回收率偏低，仅为 50%，其他 3 个组分可以满足残留检测要求，回收率在 90%～110%；采用 2 mL 甲醇洗脱，各组分的回收率都高于 80%，但甲醇用量过大也会使杂质与目标化合物一起被洗脱出来。Conneely 等[32]建立了动物肝脏组织中 NFs 代谢物的 LC-MS/MS 方法。绞碎匀浆的肝脏组织经甲醇和水洗涤，然后再依次经预冷的甲醇、乙醇和乙醚洗涤，离心后保留下层固相样品，加入盐酸溶液和酶进行水解和衍生化反应，经乙酸乙酯提取三次后用氮气吹干，复溶于 Tris 缓冲液中（pH 6.3），然后用两种串联的 SPE 柱纯化。先用 Oasis MAX 柱净化，以甲醇、水和 Tris 缓冲液（pH 6.3）进行活化，随后用 2% 氨水淋洗，甲醇进行洗脱。洗脱液用氮吹浓缩后复溶于水中。第二级净化柱为 Oasis HLB，用甲醇和水进行活化，50% 的甲醇溶液（含 2% 的乙酸）进行洗涤，之后应用 90% 的甲醇溶液（含 2% 的氨水）洗脱衍生化代谢物。洗脱液氮气吹干后复溶于水-乙腈（2+1，v/v）溶液中，过滤膜后 LC-MS/MS 分析。肝脏样品的分析相对更为困难，容易产生干扰和严重的离子抑制现象，串接的 SPE 方法纯化样品并保证了回收率，是处理复杂基质样品的有效手段。

　　4）超临界流体萃取（supercritical fluid extraction，SFE）

　　SFE 具有高效快速、节约溶剂等优点，但是需要在专门的仪器中才能实现。Arancibia 等[33]利用 SFE 技术来提取、净化尿液中的呋喃妥因及其代谢物。使用 SFE-400 超临界萃取装置，10 mL 的不锈钢管作为提取柱，熔融的石英管作为限流装置，乙腈作为修饰剂，乙腈-CO_2 混合提取液的流动速度为 0.5 mL/min，压力为 2500 psi，炉温和限流器的温度为 80℃，萃取时间为 20 min。萃取液采用高效液相色谱-紫外检测器（HPLC-UVD）在 310 nm 测定。呋喃妥因的线性范围为 10.9～378.0 μmol/L（R=0.9995），其代谢物为 $3.0×10^{-3}$～21.0 μmol/L（R=0.9992）；检测限分别为 12.1 μmol/L 和 0.9 μmol/L。

　　5）加速溶剂萃取（accelerated solvent extraction，ASE）

　　安强等[34]建立了利用 ASE-HPLC 快速测定动物源食品中 NFs 代谢产物的方法。称取已捣碎的样品 10.0 g，与 20 g 硅藻土混合均匀，填入 33 mL 的萃取池中，萃取池放入 ASE 仪的加热炉腔内，在设定的萃取条件下完成萃取过程。作者优化了萃取溶剂、萃取温度、萃取压力、萃取时间等条件。最佳萃取溶剂为体积比 1∶1 的甲醇-三氯乙酸（0.68 mol/L），最佳萃取温度 100℃，最佳萃取压力 $1.0×10^7$ Pa，最佳萃取时间 10 min×3 次。萃取液冷却过滤后，用邻氯苯甲醛衍生化，NaOH 调至 pH 7.0，乙酸乙酯 LLP，再过 C_{18}-CN 混合 SPE 柱净化，用 HPLC-UVD 检测。方法 LOD（S/N=3）为：SEM 0.005 μg/mL，AHD 0.005 μg/mL，AMOZ 0.005 μg/mL，AOZ 0.005 μg/mL；添加浓度 5.0 mg/kg 时的回收率分别为：SEM 88.6%±3.8%，AHD 82.9%±4.9%，AMOZ 89.3%±3.9%，AOZ 93.7%±3.8%。Tao 等[35]利用 ASE 和超声波加速衍生技术建立了鲤鱼和黄鳝中 4 种 NFs 代谢物的测定方法。采用 ASE 提取分析物，超声波中衍生反应 1 h，再用 SPE 进行净化。方法的 CC_{α} 在 0.07～0.13 μg/kg 之间，CC_{β} 在 0.31～0.49 μg/kg 之间，方法回收率为 77.2%～97.4%。与传统方法相比，该方法大大缩短了前处理时间。

　　6）固相支撑液液萃取（solid-supported-liquid-liquid extraction，SSLLE）

　　祝伟霞等[36]采用硅藻土 SSLLE 和平行蒸发联用前处理技术进行净化和富集，建立了鸡肉、蜂蜜、牛奶中呋喃唑酮代谢物（AOZ）、呋喃它酮代谢物（AMOZ）、呋喃妥因代谢物（AHD）和呋喃西林代谢物（SEM）的超高效液相色谱-串联质谱（UHPLC-MS/MS）确证方法。NFs 代谢物经衍生化后，采用超高效 1.7 μm C_{18} 柱分离 4 种待测物，同位素内标法定量。AOZ 和 AMOZ 的最低检测限为 0.1 μg/kg，AHD 和 SEM 为 0.25 μg/kg；3 个不同添加水平时该方法回收率为 85.6%～104.3%，RSD 为 3.2%～9.5%。样液在柱中的平衡时间是影响回收率的重要参数，该研究分别测定不同平衡时间对萃取效率的影响，结果表明 30 min 时溶液能与硅藻土填料形成牢固的支撑作用。同时优化了不同体积乙酸乙酯的萃取效率，20 mL 乙酸乙酯回收率为 85%，40 mL 乙酸乙酯在重力作用下能完全萃取固相萃取柱中 4 种 NFs 代谢物。

7）基质固相分散萃取（matrix solid-phase dispersion，MSPD）

曹文卿等[37]采用 MSPD 技术，经 LLP 净化，同位素内标定量，建立了蛋黄粉中呋喃它酮、呋喃西林、呋喃妥因和呋喃唑酮等 NFs 代谢物残留的 LC-MS/MS 测定方法。利用硅藻土为基质分散剂对蛋黄粉进行基质分散，三氯乙酸溶液沉淀蛋白并提供水解环境，2-硝基苯甲醛衍生化，乙酸乙酯 LLP 等前处理手段对蛋黄粉中的 NFs 代谢产物进行了提取和净化。该方法 LOQ 为 0.5 μg/kg，线性范围为 0.5～6.0 μg/kg，室内验证回收率范围为 90.06%～109.8%，RSD 为 2.0%～7.7%。该方法适用于残留检测实验室对蛋黄粉类基质中 NFs 代谢产物的监控检测。

7.1.4.2 测定方法

在已经发表有关 NFs 残留检测方法的文献中，早期的报道大多数是检测原药。然而，由于 NFs 对光敏感，且具有代谢快速的特点，在动物体内的半衰期不过数小时，在动物组织中通常不太可能检出原药残留。因此，残留检测的标识物已经变为它们的代谢产物。目前，国内外报道的 NFs 代谢物残留检测方法主要有酶联免疫法（ELISA）、液相色谱法（LC）和液相色谱-质谱联用法（LC-MS）等。

（1）高效液相色谱法（high performance liquid chromatography，HPLC）

采用液相色谱检测 NFs 代谢物的报道很少，这是因为常规 LC 测定技术难以满足检测可食性组织中 NFs 代谢物的灵敏度要求，不过仍然可以用于方法学研究等。

Arancibia 等[33]建立了尿液中呋喃妥因及其代谢物的 HPLC-UV 检测方法。该方法使用 SFE 萃取尿液中呋喃妥因及其代谢物，以 LC-18-DB（250 mm×4.6 mm，5 μm）为 LC 分析柱，流动相为乙腈-水（85+15，v/v），流速为 0.2 mL/min，检测波长为 310 nm。呋喃妥因的保留时间为 13.38 min，其代谢物为 10.20 min；呋喃妥因的线性范围为 10.9～378.0 μmol/L（R=0.9995），其代谢物为 $3.0×10^{-3}$～21.0 μmol/L（R=0.9992）；检测限分别为 12.1 μmol/L 和 0.9 μmol/L。Chumanee 等[21]建立了虾肉中 4 种 NFs 代谢物残留的 HPLC-DAD 检测方法。20 g 虾肉样品在 0.2 mol/L HCl 的酸性条件下，加入 20 mmol/L 的 NTA、0.12 g NaOAc、1 g KCl，37℃避光过夜反应。衍生化之后用乙酸乙酯提取，最后用正己烷 LLP 除脂。NTA 衍生化的代谢物在 ChromSpher 5 C_{18} 柱（250 mm×4.6 mm，5 μm）上分离，乙腈-5 mmol/L 酸铵（pH 7.5）作为流动相，流速为 1 mL/min，整个梯度洗脱程序时间为 40 min，洗脱顺序为：NTAHD＜NTSEM＜NTAOZ＜NTAMOZ，NTAHD 的检测波长为 310 nm，其余为 308 nm。在 1 μg/kg、1.5 μg/kg、2 μg/kg 三个浓度水平进行添加回收实验，回收率均高于 86%，CV 小于 14%。AHD、AOZ、SEM、AMOZ 的 LOQ 分别为 0.7803 μg/kg、0.7973 μg/kg、0.6973 μg/kg、0.9118 μg/kg，LOD 均在 0.2 μg/kg 左右。该方法单纯应用 LC 技术，LOQ 就能够达到 1 μg/kg 以下，为 NFs 代谢物的检测提供了更多的选择。

（2）胶束动电毛细管色谱法（micellar electrokinetic capillary chromatography，MEKC）

Wickramanayake 等[38]首次建立了 NFs 及其代谢物（NFM）的胶束动电毛细管色谱测定方法。选用脱氧胆酸钠（SDC）作为形成胶束的表面活性剂，采取中央组合实验设计（CCD）的方法优化分离条件，对缓冲液中硼酸盐与磷酸的浓度比、运行电解质的 pH、电压等实验参数进行优化。表面活性剂浓度对分辨率的影响是非常显著的。在优化条件下（80 mmol/L SDC，pH 9.0，20 mmol/L 硼酸盐+20 mmol/L 磷酸，16 kV），8 对连续峰的分辨率在 1.9～11.8 之间。由于代谢物缺乏具备 UV 活性的发色团，采用 2-NBA 进行衍生化。为了模仿同时分析样品中 NFs 和衍生化 NFM 的提取程序，含水样品（用 2-NBA 预衍生）用 C_{18} SPE 柱富集。SPE 柱经水洗涤后，用弱洗脱特性的小体积有机溶剂（正己烷）去除过量的 2-NBA，分析物用乙腈洗脱。采用开发的方法，所有分析物迁移时间[t(mig)]的重现性都非常好，绝对 t(mig) 的 RSD 小于 1%，t(mig) 比率的 RSD 小于 0.2%，峰面积比率的 RSD 为 4%。所有化合物的 LOD（S/N=3）在 0.19～2.0 μg/mL 之间。

（3）液相色谱-质谱联用法（liquid chromatography-mass spectrometry，LC-MS）

LC-MS 串联技术拥有高效的分离能力，出色的检测灵敏度和较强的克服杂质干扰能力，是目前测定 NFs 代谢物最主要的技术手段，而 LC-MS/MS 则是最常用的方法。

1）液相色谱-单级质谱法（LC-MS）

LC-MS 是将单四极杆质谱仪作为一种检测器与 LC 连接，是 LC-MS 仪的早期产品。与 LC-MS/MS

相比，在灵敏度和选择性上都要相差不少，主要用在 NFs 及其代谢物检测技术的早期开发上。

1996 年 Horne 等[39]开发了 AOZ 和 AMOZ 的 LC-MS 检测方法。用邻硝基苯甲醛衍生，经 LLP 后，用 LC-MS 测定，肝脏样品的检测限为 10 μg/kg。朱坚[19]建立了鸡肉和虾中 AOZ 和 AMOZ 残留量的 LC-MS 测定方法。样品用酸水解，邻氯苯甲醛衍生化，经 SPE 柱净化后，用 LC-MS 检测。在电喷雾电离（ESI）正离子、选择离子监测（SIM）模式下，方法检测低限为 0.3×10^{-9} 数量级。林黎明等[20]建立了鸡组织及蛋中 4 种 NFs 代谢产物的 LC-MS 方法。用 AMOZ-d5，AOZ-d4 作内标，经 EN SPE 柱净化，以乙腈-0.1%甲酸为流动相，采用梯度洗脱，可在 15 min 内将 4 种代谢产物完全分离并进行测定。方法回收率为 85%～90%，检出限可达 0.5 μg/kg。徐维海等[40]采用 LC-MS 方法研究呋喃唑酮及其代谢产物 AOZ 在罗非鱼体内的残留规律。在大气压化学电离源（APCI）电离模式下，呋喃唑酮及其代谢物 AOZ 的检出限分别为 10 μg/kg 和 1 μg/kg。

2）液相色谱-质谱/质谱法（LC-MS/MS）

由于出色的灵敏度、选择性，而且还能够提供禁用药物确证所需的结构信息，LC-MS/MS 已成为 NFs 代谢物检测最常用的方法，也是大多数国家和组织认可的方法。

A. 组织样品分析

Alexander 等[16]首次报道用 LC-MS/MS 同时分析动物肌肉组织中 4 种 NFs 代谢物的方法。分析物被酸性水解后从组织中释放，用 2-硝基苯甲醛衍生化，利用 SPE 净化样品，LC-MS/MS 在 ESI 正离子、MRM 模式下检测。4 种 NFs 代谢物 AOZ、AMOZ、SEM、AHD 的 LOD 分别为 0.5 ng/g、0.5 ng/g、3.0 ng/g、5.0 ng/g，LOQ 分别为 2.5 ng/g、2.5 ng/g、10.0 ng/g、10.0 ng/g，测定响应值的线性范围从检测限到 800 ng/g 之间。彭涛等[29]也率先在国内报道了用 LC-MS/MS 测定动物组织中 NFs 代谢物的方法。盐酸水解组织中蛋白结合代谢物，同时加入 2-硝基苯甲醛，37℃过夜衍生。上清液调 pH 7.0 后，用 Oasis HLB 柱净化。采用 ESI 电离，正离子，选择反应监测（SRM）模式检测。三离子原则，外标法定量。LOQ 为 AMOZ、AOZ 0.1 ng/g，SEM、AHD 0.5 ng/g；LOD 为 AMOZ、AOZ 0.05 ng/g，SEM、AHD 0.1 ng/g，低于欧盟规定的 1 μg/kg 的方法灵敏度要求。在添加浓度 0.5～10 ng/g 范围内，AMOZ 回收率为 65.4%～91.3%，SEM 回收率为 62.7%～94.6%，AHD 回收率为 63.9%～89.4%，AOZ 回收率为 67.8%～90.9%，RSD 均小于 4.8%。庞国芳等[18]建立了用 LC-MS/MS 测定禽肉组织中 AOZ、AMOZ、SEM 和 AHD 4 种 NFs 代谢物的方法。0.2 mol/L 盐酸水解禽肉组织中与蛋白结合的 NFs 代谢物，用 2-硝基苯甲醛 37℃衍生 16 h。上清液调 pH 7.4 后，用 LiChrolut EN 柱净化，乙酸乙酯洗脱，流动相定容。采用 ESI 电离，正离子扫描，MRM 模式检测。标准曲线用空白禽肉样品添加标准与样品同步操作获得，并用其进行外标定量。在添加浓度 0.5～10 μg/kg 范围内，4 种代谢物的平均回收率在 70.2%～89.1%之间；LOD 为 AMOZ、AOZ 0.1 μg/kg，SEM、AHD 0.2 μg/kg；4 种代谢物 LOQ 均为 0.5 μg/kg；10 次测定结果 RSD 在 5.59%～10.10%之间。Verdon 等[41]采用 LC-MS/MS 方法，测定了火鸡肌肉中的 5 种 NFs（呋喃西林、呋喃唑酮、呋喃它酮、呋喃妥因、硝呋柳肼）的代谢产物 SEM、AOZ、AMOZ、AHD、DNSAH。将水解、衍生的过程从 37℃ 16 h 缩短至 55℃ 4 h，结果表明对测定并无显著影响。采用乙酸乙酯提取，内标法定量，由于 DNSAH 暂无同位素内标，采用由另一化合物硝呋酚酰肼得到的水杨酸肼作为内标校正。该方法同样适用于其他家禽肌肉、蜂蜜、鸡蛋和猪组织，LOQ 均低于 0.5 μg/kg。Bock 等[25]验证了检测鸡肉和虾肉中的 4 种 NFs 代谢物的确证方法，并进行了不确定度评价。方法用稳定同位素标记的代谢物进行内标法定量，不同的样品基质以及样品状态（新鲜或者冻干样品）均会导致内标的回收率发生变化，从而影响方法的准确度，因此需要同时应用内标和基质标准曲线才能实现准确定量。在稳定性试验中，样品可以在–25℃下保存 12 个月。方法的 CC_{α} 为 0.1～0.7 μg/kg，CC_{β} 为 0.1～0.9 μg/kg，CV 在 7%～17%之间。赵善仓等[42]开发了畜产品中 4 种 NFs 代谢物残留的超高效液相色谱-串联质谱（UPLC-MS/MS）快速检测方法。样品经衍生化后，用乙酸乙酯提取，正己烷净化，流动相定容。采用 ESI 电离，正离子扫描，MRM 方式采集数据，外标法定量。在添加浓度为 0.1～2.0 μg/kg 范围内，4 种代谢物的平均回收率在 67.3%～85.0%之间，10 次测定结果的 CV 在 2.0%～9.7%之间；最低检出限均达到 0.15 μg/kg；在 0.1～20.0 ng/mL 的线性范围内，

相关系数 r 均大于 0.99。实现了样品检测的快速和高灵敏，适用于猪肉和猪肝中 NFs 代谢物的残留检测。刘红卫等[43]采用 UPLC-MS/MS，ESI 电离，正离子模式，对肠衣中 4 种 NFs 代谢物残留量进行定性定量检测。用甲醇、水脱脂去除部分杂质，经 Oasis HLB 小柱富集净化后，用 Waters ACQUITY UPLC™ BEH C$_{18}$ 色谱柱分离，以 0.3%乙酸乙腈溶液和 0.3%乙酸溶液为流动相，梯度洗脱。在 MRM 模式下以保留时间和离子对（母离子和两个子离子）信息比较进行定性，以响应值高的子离子进行定量。该法的检出限为 0.2～0.5 μg/kg，加标回收率为 86%～97%，RSD 小于 10%。

B. 蜂产品分析

丁涛等[23]报道了 LC-MS/MS 测定蜂王浆中呋喃唑酮、呋喃西林、呋喃妥因和呋喃它酮 4 种 NFs 代谢物残留的方法。以三氯乙酸作为蜂王浆的蛋白质沉淀剂，同时提供衍生化反应所需的酸性环境；使用 4 种同位素内标，补偿了衍生化效率、衍生后样品溶液的 pH 及光照对定量结果所产生的影响，极大地提高了定量的准确性。实验结果表明，呋喃它酮代谢物的 LOD 可以达到 0.03 μg/kg，其他 3 种代谢物可以达到 0.05 μg/kg（S/N 大于 5）；呋喃它酮代谢物的 LOQ 可以达到 0.20 μg/kg，其他 3 种代谢物可以达到 0.25 μg/kg（S/N 大于 10）；线性范围为 0.4～20 ng/mL，添加回收率为 97.7%～104.8%（内标校正），RSD 为 2.7%～9.7%。Khong 等[44]建立了检测蜂蜜中 NFs 代谢物的同位素稀释 LC-MS/MS 方法。HPLC 分析柱为反相 C$_{18}$ 柱（150 mm×2.1 mm，3.5 μm），流动相为水（含 0.025%的乙酸）和乙腈，采取线性梯度洗脱的方式，流速为 0.3 mL/min，分析物在正离子模式进行分析，ESI 源，源温为 300℃，毛细管电压为 5.5 kV，扫描模式为 MRM。氘代化的 NFs 代谢物随样品一起衍生化，以内标法进行准确定量。NFs 的检测灵敏度达到 1.0 μg/kg，在此浓度进行添加回收实验，回收率为 82%～112%。AHD、AMOZ、AOZ、SEM 的 CC$_\alpha$ 分别为 0.46 μg/kg、0.07 μg/kg、0.12 μg/kg、0.36 μg/kg，CC$_\beta$ 分别为 0.56 μg/kg、0.12 μg/kg、0.18 μg/kg、0.43 μg/kg。在筛查市场上蜂蜜的用药情况时，100 多个蜂蜜样品中的 14%含有 AOZ，21%含有 SEM。余建新等[45]采用微量化样品前处理技术，以邻硝基苯甲醛为衍生剂，ESI 正离子、MRM 方式建立了蜂蜜中 4 种 NFs 代谢物残留量同时测定的 LC-MS/MS 方法。方法的检出限为 0.02～0.3 ng/g，线性范围均大于 10^2，线性方程的相关系数 r 大于 0.997，回收率为 79.0%～95.6%。

C. 乳、蛋分析

彭涛等[22]用 LC-MS/MS 法同时测定奶粉中呋喃唑酮、呋喃它酮、呋喃西林和呋喃妥因的代谢物。盐酸水解奶粉中蛋白结合的代谢物，同时加入 2-硝基苯甲醛，37℃过夜衍生化。加入硫酸锌，调 pH 7.0 后，再加入亚铁氰化钾去除蛋白。然后用乙酸乙酯提取，正己烷净化，分析物采用 ESI 正离子、MRM 模式检测，内标法定量。在添加浓度 0.5～2 μg/kg 范围内，内标法回收率为 89.5%～110.3%；RSD 小于 11.3%。AMOZ、AOZ 的 LOD 为 0.05 μg/kg，SEM、AHD 为 0.1 μg/kg。Chu 等[46]应用 LC-MS/MS 方法检测了牛奶中的 NFs 代谢物的残留量。液相色谱的流动相为甲醇和 20 mmol/L 乙酸铵，串联质谱在 APCI 正离子模式下，应用 MRM 进行采集数据。每个监测离子对的驻留时间为 150 ms，离子源温度为 350℃，离子喷雾电压为 5.5 kV。此方法中 4 种药物的回收率为 83%～104%，CV 均小于 13%；AOZ、SEM、AHD 和 AMOZ 的 LOD 分别为 0.1 ng/g、0.2 ng/g、0.2 ng/g、0.1 ng/g，LOQ 为 0.2 ng/g。

曹文卿等[37]建立了蛋黄粉中呋喃它酮、呋喃西林、呋喃妥因和呋喃唑酮等 NFs 代谢物残留的 LC-MS/MS 测定方法。利用硅藻土为基质分散剂对蛋黄粉进行基质分散，三氯乙酸溶液沉淀蛋白并提供水解环境，2-硝基苯甲醛衍生化，乙酸乙酯液液萃取等前处理手段对蛋黄粉中的硝基呋喃代谢产物进行了提取和净化，LC-MS/MS 检测。方法测定低限为 0.5 μg/kg，线性范围为 0.5～6.0 μg/kg，室内验证回收率范围为 90.06%～109.8%，RSD 为 2.0%～7.7%。Bock 等[24]建立了鸡蛋中 NFs 代谢物的 LC-MS/MS 方法，并进行了验证。AHD 和 SEM 的 CC$_\alpha$ 和 CC$_\beta$ 均在 0.2 μg/kg 左右，AMOZ 的 CC$_\alpha$ 和 CC$_\beta$ 在 0.05 μg/kg 左右，AOZ 的 CC$_\alpha$ 和 CC$_\beta$ 低于 0.05 μg/kg。

D. 血浆、血清分析

Radovnikovic 等[47]建立了 UHPLC-MS/MS 方法用于动物血浆中（牛、羊、马和猪）的 4 种 NFs 代谢物（AHD、AOZ、SEM、AMOZ）的确证检测。血浆样品用 2-硝基苯甲醛衍生化，随后用有机溶剂萃取，萃取液浓缩，然后通过 UHPLC-MS/MS 分析。该方法根据欧盟委员会决议 2002/657/EC 进行了验证。AHD、AOZ、SEM 和 AMOZ 的回收率分别为 72%、74%、57% 和 71%；CC_α 分别为 0.070 μg/kg、0.059 μg/kg、0.071 μg/kg 和 0.054 μg/kg。这种方法可作为农场兽药监控制的替代方法。Tai 等[48]应用 LC-MS/MS 测定了畜牧场及肉品市场猪血清中 4 种 NFs 药物代谢物残留。样品通过水解蛋白质键合的药物代谢物，并与 2-硝基苯甲醛衍生化，通过乙酸乙酯 LLP 进行净化，然后将乙酸乙酯层用氮气流蒸发至干，将残余物重新溶解于 50% 甲醇溶液，0.22 μm 过滤器过滤后，采用 ZORBAX eclipse XDB-C$_{18}$ 柱分离，ESI 正离子模式电离，在 MRM 模式下进行 LC-MS/MS 分析。方法 LOQ 为 0.2 ppb；SEM、AOZ、AHD 和 AMOZ 的回收率分别为 75.0%～97.6%、90.0%～92.6%、92.0%～84.4% 和 94.0%～94.2%，其标准偏差分别为 0.06、0.04、0.06 和 0.05；对 950 个样品进行了检测，其中 2 例样品中 AOZ 和 AH 和呈阳性，其测定的浓度范围为 2.5～19.4 ppb。

（4）免疫分析法（immunoanalysis，IA）

免疫学分析方法是基于抗原-抗体特异性反应建立起来的测定方法，具有简单、快速、处理样品量大、灵敏度较高、特异性强等诸多优点，缺点是假阳性率较高。

1）酶联免疫吸附法（enzyme linked immunosorbent assay，ELISA）

Cooper 等[49]首先应用 AOZ 的衍生物 CPAOZ 连接 HAS 制备完全免疫抗原，并成功得到敏感性高、特异性强的多克隆抗体，对除 AOZ 以外的 NFs 代谢物和其他化合物几乎不存在交叉反应。IC_{50} 值为 0.065 μg/L，可检测出样品中的 AOZ 的浓度为 0.3 μg/kg，为呋喃唑酮代谢物的免疫分析方法奠定了基础。随后，Cooper 等[50]又建立了虾组织中 AOZ 的 ELISA 分析方法，方法检测限为 0.1 μg/kg，批内和批间 RSD 分别为 18.8% 和 38.2%。Cheng 等[51]建立了鱼中 AOZ 的 ELISA 检测方法。通过得到敏感性和特异性较好的多克隆抗体，对样品中经衍生化反应后的 NPAOZ 进行检测。兔多抗由免疫抗原（2-NP-HXA-AOZ）免疫产生，AOZ 的 IC_{50} 为 0.14 μg/kg，检测限为 0.025 μg/kg，远远低于欧盟所要求的 1 μg/kg。应用此方法，检测了 370 份实际鱼肉样品，以 AOZ 的浓度为 0.3 μg/kg 作为判定界限，此 ELISA 方法的敏感性为 100%，与 HPLC 相比（0.3 μg/kg）特异性为 98.5%，并没有出现假阴性结果。Diblikova 等[52]应用 ELISA 方法检测动物组织中 AOZ 的残留量。对于虾肉、禽肉、牛肉、猪肉的无假阳性检测浓度水平为 0.4 μg/kg，在虾肉中添加浓度水平为 0～32.1 μg/kg 的范围内，ELISA 与 LC-MS/MS 方法的相关性为 0.999，而在禽肉中添加浓度水平为 0～10.5 μg/kg 的范围内，两种方法的相关性也很好。沈美芳等[53]的研究表明，运用 ELISA 法测定水产品中 AOZ 残留时，稀释倍数对回收率影响显著，乙酸乙酯提取次数、光照条件和放置时间对测定结果无显著影响。用该方法对鱼、虾、蟹进行加标回收率试验，0.60～6.00 μg/kg 加标水平的回收率为 87%～111.8%，CV 为 1.76%～12.57%。

蒋宏伟[54]应用 ELISA 技术，用针对兔 IgG 的羊抗体包被微量反应板，对蜂蜜、猪肉、牛肉、蛋粉、奶粉、牛尿等动物产品中的 AOZ、AMOZ 进行了检测。作者认为该 ELISA 法采用了 AOZ 或 AMOZ 特异性抗体，精确度、灵敏度均较高，具有经济、操作简便、检测时间短等优点，适合于大量动物产品样本中呋喃唑酮、呋喃它酮残留量检测的快速筛选。Pimpitak 等[55]建立了虾肉中 AMOZ 的 ELISA 方法。该方法获得了针对 AMOZ 的两种高特异性单克隆抗体，其中一种仅仅针对呋喃它酮和 AMOZ 产生高特异性结合，不与其他化合物发生交叉反应。竞争 ELISA 方法中其 IC_{50} 针对 AMOZ 和呋喃它酮分别为 5.33 ng/mL、1.33 ng/mL，检测限可以达到 0.16 μg/kg。

王钦晖等[56]采用间接竞争 ELISA 方法测定了猪肉中呋喃妥因代谢物 AHD。在酶标板微孔条上预包被偶联抗原，样本中的残留物 AHD 经衍生化后和微孔条上预包被的偶联抗原竞争抗呋喃妥因代谢物的衍生物抗体，加入酶标二抗后，用 TMB 底物显色，样本吸光值与其所含残留物 AHD 代谢物的含量成负相关，与标准曲线比较即得出样本中呋喃妥因代谢物的残留量。

Vass 等[57]应用分子模拟研究抗原的合成，获得呋喃西林代谢物 SEM 的多克隆抗体，并建立直接竞争 ELISA 方法。得到的 SEM 多抗 IC_{50} 为 0.06～2.28 μg/L，线性范围为 0.01～0.2 μg/L。在 0.5～20 μg/kg 范围内，方法的回收率在 82%～105% 之间，CV 小于 15.5%。在没有假阴性结果的前提下，肌肉中方法的灵敏度可达到 0.3 μg/kg。Cooper 等[58]建立了鸡肉中 SEM 的 ELISA 方法，与呋喃西林的交叉反应率为 1.7%，在一定范围内与其他呋喃类药物几乎不存在交叉反应。方法 CC_β 为 0.25 μg/kg，此方法同时也可用于鸡蛋和鸡肝样品中 SEM 的检测。

2）胶体金免疫层析法（immune colloidal gold technique，GICT）

潘心红等[59]用小牛血清蛋白（BSA）偶联的 AMOZ 免疫小鼠，制得杂交瘤细胞，得到纯化好的抗 AMOZ 单克隆抗体，并制得胶体金试纸条。用胶体金试纸半定量法直接测定鱼肉中呋喃它酮代谢物 AMOZ 的含量。结果表明，与 AOZ、AHD 无交叉反应，检测灵敏度可达 2.5 μg/kg，回收率在 80%～91% 之间，相关性良好。该方法测定的结果与 HPLC 法相符，无显著性差异。

3）荧光免疫分析法（fluoroimmunoassay，FIA）

沈玉栋等[60]首次建立了呋喃西林代谢物 SEM 的荧光偏振免疫分析（FPIA）方法。通过设计合成新的 SEM 半抗原 CEPSEM，偶联载体蛋白后免疫新西兰大白兔，制备亲和力高、特异性好的多克隆抗体。在示踪物浓度为 0.5 nmol/L，抗体稀释度为 1/100 的优化条件下，IC_{50} 为 47.9 μg/L，检出限为 8.3 μg/L，线性范围为 15.8～145.7 μg/L。该方法特异性强，和其他相关兽药交叉反应小于 0.1%，稳定性好，批内 RSD 小于 2.5%，批间 RSD 小于 6.3%。

4）免疫传感器（immunosensor）

Yang 等[61]在传统的无标记电化学阻抗滴定免疫传感器的基础上，建立了一种快速可靠的电化学方法检测 AOZ。AOZ 单克隆抗体（AOZ-McAb）通过 EDC 和 NHS 所产生的稳定的酰基氨基酯中间体在金电极上包被，它可冷凝自组装单层（SAM）上的抗体。通过电化学阻抗谱（EIS）测量 AOZ 和 AOZ-McAb 免疫反应前后的电荷转移电阻的相对变化而实现对 AOZ 的检测。在优化条件下，电荷转移电阻的相对变化与 AOZ 浓度的对数值成比例，在 20.0～1.0×10^4 ng/mL（$r = 0.9987$）之间。同时，这个免疫传感器对 AOZ 具有很高的选择性，对 AMOZ、SEM 和 AHD 没有显著反应。在实际样品的 AOZ 检测中具有良好的效果。

5）生物芯片（biochip）

O'Mahony 等[62]将基于化学发光生物芯片阵列感测技术应用到蜂蜜中 NFs 残留筛查。通过这种复合技术，4 种 NFs 代谢物可以被同时检测。分别针对各代谢物的特异性抗体被点到生物芯片上，竞争性分析通过化学发光反应展开。该方法按照欧盟法规 2002/657/EC 的规定进行了验证。采用相似的提取方法，即用 Oasis SPE 提取，再用 2-NBA 衍生化，乙酸乙酯萃取，与 UPLC-MS/MS 方法进行了比较。该生物芯片阵列感测技术可以检测执行限浓度（1 μg/kg）下的 4 种代谢物，AHD、AOZ 和 AMOZ 的检测能力低于 0.5 μg/kg，SEM 低于 0.9 μg/kg，IC_{50} 从 0.14 μg/kg（AMOZ）到 2.19 μg/kg（SEM）。这种生物芯片技术在食品安全研究领域具有很好的应用前景。

7.2　公定方法

7.2.1　动物源食品中硝基呋喃类代谢物残留量的测定　液相色谱-串联质谱法[63-65]

7.2.1.1　适用范围

本方法适用于猪肉、牛肉、鸡肉、猪肝、水产品（鱼类、虾蟹类和贝类）、牛奶、奶粉和蜂蜜中呋喃它酮代谢物（5-吗啉甲基-3-氨基-2-噁唑烷基酮，AMOZ）、呋喃西林代谢物（氨基脲，SEM）、呋喃妥因代谢物（1-氨基-2-内酰脲，AHD）和呋喃唑酮代谢物（3-氨基-2-噁唑烷酮，AOZ）残留量液相色谱-串联质谱测定。方法检出限：猪肉、牛肉、鸡肉、猪肝、水产品（鱼类、虾蟹类和贝类）中 AMOZ、SEM、AHD 和 AOZ 的检出限均为 0.5 μg/kg；牛奶中 AMOZ、SEM、AHD 和 AOZ 的检出限均为 0.2 μg/kg；奶粉中 AMOZ、SEM、AHD 和 AOZ 的检出限均为 1.6 μg/kg。蜂蜜中 AMOZ 和 AOZ 的检出限为 0.2 μg/kg；SEM 和 AHD 的检出限为 0.5 μg/kg。

7.2.1.2　方法原理

猪肉、牛肉、鸡肉、猪肝、水产品（鱼类、虾蟹类和贝类）试样中残留的硝基呋喃类代谢物在酸性条件下用 2-硝基苯甲醛衍生化，用 Oasis HLB 或性能相当的固相萃取柱净化。电喷雾离子化，液相色谱-串联质谱检测。用外标法或同位素标记的内标法定量。

　　牛奶或奶粉试样用三氯乙酸水解并脱蛋白，硝基呋喃类代谢物在酸性条件下用2-硝基苯甲醛衍生化，用Oasis HLB或性能相当的固相萃取柱净化。液相色谱-串联质谱仪（ESI+）检测。用内标法或外标法定量。

　　蜂蜜试样中残留的硝基呋喃类抗生素代谢物在酸性条件下用2-硝基苯甲醛衍生化，用Oasis HLB或相当的固相萃取柱净化。电喷雾离子化，液相色谱-串联质谱检测，外标法定量。

7.2.1.3　试剂和材料

　　甲醇、乙腈、乙酸乙酯：色谱纯。磷酸氢二钾（K_2HPO_4）、乙酸、二甲亚砜、盐酸、氢氧化钠：优级纯。2-硝基苯甲醛（$C_7H_5NO_3$，2-NBA）：优级纯，含量≥99%。

　　磷酸氢二钾溶液：0.1 mol/L。称取17.4 g磷酸氢二钾，用水溶解，定容至1000 mL。

　　盐酸：0.2 mol/L。量取17 mL浓盐酸用水定容至1000 mL。

　　氢氧化钠溶液：1 mol/L。称取40 g氢氧化钠，用水溶解，定容至1000 mL。

　　衍生剂：含2-硝基苯甲醛0.05 mol/L。称取0.075 g 2-硝基苯甲醛溶于10 mL二甲亚砜，现用现配。

　　样品定容溶液：10 mL乙腈，0.3 mL乙酸，用水稀释到100 mL。

　　四种硝基呋喃代谢物标准物质：纯度均≥99%。

　　四种硝基呋喃代谢物内标标准物质：5-吗啉甲基-3-氨基-2-噁唑烷基酮的内标物，D_5-AMOZ；氨基脲的内标物，$^{13}C^{15}N$-SEM；1-氨基-2-内酰脲的内标物，$^{13}C_3$-AHD；3-氨基-2-噁唑烷基酮的内标物，D_4-AOZ。四种内标标准物质的纯度均≥99%。

　　四种硝基呋喃代谢物标准贮备溶液：1.0 mg/mL。称取适量的四种硝基呋喃代谢物标准物质，分别用甲醇稀释成1.0 mg/mL的标准贮备液。避光保存于–18℃冰柜中，可使用6个月。

　　四种硝基呋喃代谢物混合标准溶液：0.1 μg/mL。吸取适量四种硝基呋喃代谢物的标准贮备溶液，用甲醇稀释成0.1 μg/mL的混合标准溶液，避光保存于–18℃冰柜中，可使用3个月。

　　四种硝基呋喃代谢物内标标准贮备溶液：1.0 mg/mL。称取适量的四种硝基呋喃代谢物内标标准物质，分别用甲醇配成1.0 mg/mL的标准贮备液。避光保存于–18℃冰柜中，可使用6个月。

　　四种硝基呋喃代谢物内标标准溶液：0.1 μg/mL。移取适量的四种硝基呋喃代谢物内标标准贮备溶液，用甲醇稀释成0.1 μg/mL的混合内标标准溶液，避光保存于–18℃冰柜中，可使用3个月。

　　Oasis HLB固相萃取柱：60 mg，3 mL。使用前分别用5 mL甲醇和10 mL水预处理，保持柱体湿润。

　　5-甲基吗啉-3-氨基-2-唑烷基酮、氨基脲、1-氨基-2-内酰脲和3-氨基-2-唑烷基酮混合标准工作溶液：1.0 μg/mL。吸取适量四种硝基呋喃代谢物的标准贮备溶液，用甲醇配成1.0 μg/mL的混合标准工作溶液，标准工作溶液避光贮存在–18℃冰柜中，保存期为3个月，使用前回温到室温。

　　5-甲基吗啉-3-氨基-2-唑烷基酮、氨基脲、1-氨基-2-内酰脲和3-氨基-2-唑烷基酮混合基质标准校准溶液：称取7个蜂蜜空白样品（称样量为4 g）于50 mL棕色离心管中，其中6个空白样品中分别加入适量四种硝基呋喃代谢物的混合标准工作溶液，按照样品操作步骤同步操作。使最终样液中5-甲基吗啉-3-氨基-2-唑烷基酮和3-氨基-2-唑烷基酮的浓度均分别为0 ng/mL，0.5 ng/mL，1.0 ng/mL，2.0 ng/mL，5.0 ng/mL，10.0 ng/mL，20.0 ng/mL；氨基脲、1-氨基-2-内酰脲的浓度均分别为0 ng/mL，1.0 ng/mL，2.0 ng/mL，5.0 ng/mL，10.0 ng/mL，20.0 ng/mL，50.0 ng/mL作为基质标准校准溶液，该基质标准校准溶液即配即用。

7.2.1.4　仪器和设备

　　液相色谱-串联四极杆质谱仪，配有电喷雾离子源。分析天平：感量0.1 mg和0.01 g各一台。液体混匀器。固相萃取装置。氮气吹干仪。恒温振荡水浴。真空泵：真空度应达到80 kPa。微量注射器：25 μL，100 μL。棕色具塞离心管：25 mL，50 mL。pH计：测量精度±0.02 pH单位。储液器：50 mL。离心机：转速4000 r/min以上。

7.2.1.5　样品前处理

　　（1）猪肉、牛肉、鸡肉、猪肝、鱼类、虾蟹类和贝类样品

1）试样制备

实验室样品用组织捣碎机绞碎，分出 0.5 kg 作为试样。试样置于－18℃冰柜，避光保存。

2）样品称取和脱脂

称取样品 2 g（精确到 0.01 g），置于 50 mL 棕色离心管中，加入 10 mL 甲醇-水混合溶液（2+1，v/v），均质 1 min，再用 5 mL 甲醇-水混合溶液洗涤均质器刀头，二者合并 4000 r/min 离心 5 min，吸取上清液弃掉。向每个离心管中加入适量混合内标标准溶液，使四种硝基呋喃代谢物内标物最终测定浓度均为 2.0 ng/mL。

3）水解和衍生化

向上述离心管中加入 10 mL 0.2 mol/L 盐酸溶液均质 1 min，用 10 mL 0.2 mol/L 盐酸溶液洗涤均质器刀头，二者合并后加入 0.3 mL 衍生剂，用液体混匀器混匀，置于 37℃恒温振荡水浴中避光反应 16 h。

4）净化

上述衍生溶液放置至室温后，加入 5 mL 0.1 mol/L 磷酸氢二钾溶液，用 1 mol/L 氢氧化钠溶液调节溶液 pH 约为 7.4，4000 r/min 离心 10 min，上清液（若待测样品含脂肪较多，上清液加 5 mL 正己烷，振荡 2 min，4000 r/min 离心 10 min 吸取并弃掉正己烷）倒入下接 Oasis HLB 固相萃取柱的贮液器中，在固相萃取装置上使样液以小于 2 mL/min 的流速通过 Oasis HLB 柱，待样液全部通过固相萃取柱后用 10 mL 水洗涤固相萃取柱，弃去全部流出液。用真空泵在 65 kPa 负压下抽干 Oasis HLB 固相萃取柱 15 min。用 5 mL 乙酸乙酯洗脱被测物于 25 mL 棕色离心管中，使用氮气吹干仪，在 40℃水浴中吹干，用样品定容液溶解并定容至 1.0 mL，混匀后过 0.2 μm 滤膜用液相色谱-串联质谱测定。

5）混合基质标准校准溶液的制备

称取五个阴性样品，每个样品为 2 g（精确到 0.01 g），置于 50 mL 棕色离心管中，加入 10 mL 甲醇-水混合溶液（2+1，v/v），均质 1 min，再用 5 mL 甲醇-水混合溶液洗涤均质器刀头，二者合并 4000 r/min 离心 5 min，吸取上清液弃掉。分别加入适量混合标准溶液，制成四种硝基呋喃代谢物含量均为 0.5 μg/kg、1.0 μg/kg、2.0 μg/kg、4.0 μg/kg 和 8.0 μg/kg 的基质标准溶液，再分别加入适量混合内标溶液，含量均为 2.0 ng/mL。其他按照样品的水解衍生化和净化步骤操作。

（2）牛奶或奶粉样品

1）试样制备

实验室样品混合均匀，分出 0.5 kg 作为试样。试样置于－18℃冰柜，避光保存。

2）牛奶样品脱蛋白、水解和衍生化

称取牛奶样品 8 g（精确到 0.01 g），置于 50 mL 棕色离心管中，加入 15 mL 三氯乙酸溶液。向上述离心管中加入 0.2 mL 衍生剂，再加入适量混合内标溶液，使四种硝基呋喃代谢物内标物最终定容浓度均为 2.0 ng/mL。用液体混匀器混匀，置于 37℃恒温振荡水浴中避光反应 16 h。离心管取出后放置至室温，在 10000 r/min 下离心 10 min，上清液倒入另一棕色离心管中。

3）奶粉样品脱蛋白、水解和衍生化

称取奶粉样品 1 g（精确到 0.01 g），置于 50 mL 棕色离心管中，加入 8 mL 水，涡旋混合后，再加入 15 mL 三氯乙酸溶液。向上述离心管中加入 0.2 mL 衍生剂，再加入适量混合内标溶液，使四种硝基呋喃代谢物内标物最终定容浓度均为 2.0 ng/mL。用液体混匀器混匀，置于 37℃恒温振荡水浴中避光反应 16 h。离心管取出后放置至室温，在 10000 r/min 下离心 10 min，上清液倒入另一棕色离心管中。

4）样品溶液净化

上述衍生溶液加入 5 mL 0.1 mol/L 磷酸氢二钾溶液，用 4 mol/L 氢氧化钠溶液调节溶液 pH 约为 7.4，在 10000 r/min 下离心 10 min，上清液倒入下接 Oasis HLB 固相萃取柱的贮液器中，在固相萃取装置上使样液以小于 2 mL/min 的流速通过 Oasis HLB 固相萃取柱，待样液全部通过固相萃取柱后用

20 mL 20%甲醇水淋洗固相萃取柱,弃去全部流出液。抽干 Oasis HLB 固相萃取柱 15 min。用 5 mL 乙酸乙酯洗脱,收集洗脱液于 25 mL 棕色离心管中,在氮气吹干仪上 45℃水浴吹干,准确加入 1.0 mL 样品定容溶液溶解残渣,混匀后过 0.2 μm 滤膜,供液相色谱-串联质谱测定。

5)牛奶混合基质标准校准溶液的制备

称取五个阴性牛奶样品,每个样品为 8 g(精确到 0.01 g)。分别加入适量混合标准溶液,制成四种硝基呋喃代谢物含量均为 0.1 μg/kg、0.2 μg/kg、0.5 μg/kg、1.0 μg/kg 和 2.0 μg/kg 的基质标准溶液,再分别加入适量混合内标溶液,含量均为 2.0 ng/mL。其他按样品的水解衍生化和净化步骤操作。

6)奶粉混合基质标准校准溶液的制备

称取五个阴性奶粉样品,每个样品为 1 g(精确到 0.01 g)。分别加入适量混合标准溶液,制成四种硝基呋喃代谢物含量均为 0.8 μg/kg、1.6 μg/kg、4.0 μg/kg、8.0 μg/kg 和 16.0 μg/kg 的基质标准溶液,再分别加入适量混合内标溶液,含量均为 2.0 ng/mL。其他按样品的水解衍生化和净化步骤操作。

(3)蜂蜜样品

1)试样制备

对无结晶的实验室样品,将其搅拌均匀。对有结晶的样品,在密闭情况下,置于不超过 60℃的水浴中温热,振荡,待样品全部融化后搅匀,迅速冷却至室温。分出 0.5 kg 作为试样。制备好的试样置于样品瓶中,密封,并做上标记。将试样于常温下保存。

2)水解和衍生化

称取 4 g 试样(精确到 0.01 g)于 50 mL 棕色离心管中,加入 5 mL 0.2 mol/L 盐酸溶液和 0.15 mL 衍生剂,涡旋混合 1 min,置于 37℃恒温箱中保持 16 h。

3)净化

将上述衍生溶液取出放置至室温,加入 3 mL 0.1 mol/L 磷酸氢二钾溶液,用 1 mol/L 氢氧化钠溶液调节溶液 pH 约 7.4,倒入下接 Oasis HLB 固相萃取柱的贮液器中,在固相萃取装置上使样液以小于 2 mL/min 的流速通过 Oasis HLB 柱,待样液全部通过固相萃取柱后用 6 mL 水洗固相萃取柱,弃去全部流出液。用真空泵在 65 kPa 负压下抽干 Oasis HLB 固相萃取柱 10 min。再用 4 mL 乙酸乙酯洗脱被测物,洗脱液全部收集于 25 mL 棕色离心管中,并在氮气吹干仪上 40℃水浴吹干,1 mL 样品定容液定容。定容液混匀后过 0.45 μm 滤膜,滤液供液相色谱-串联质谱测定。

4)混合基质标准校准溶液的制备

称取五个阴性样品,每个样品为 4 g(精确到 0.01 g),置于 50 mL 棕色离心管中,分别加入适量混合标准溶液,制成四种硝基呋喃代谢物含量均为 0.2 μg/kg、0.5 μg/kg、1.0 μg/kg、2.0 μg/kg 和 8.0 μg/kg 的基质标准溶液,再分别加入适量混合内标溶液,含量均为 2.0 ng/mL。其他按照样品的水解衍生化和净化步骤操作。

7.2.1.6 测定

(1)液相色谱条件

1)猪肉、牛肉、鸡肉、猪肝、鱼类、虾蟹类和贝类样品

色谱柱:Atlantis-C$_{18}$,3.5 μm,150 mm×2.1 mm(内径)或相当者;柱温:35℃;进样量:40 μL。流动相及流速见表 7-2。

表 7-2 液相色谱梯度洗脱条件

时间/min	流速/(μL/min)	0.3%乙酸水溶液/%	0.3%乙酸乙腈溶液/%
0.00	200	80	20
3.00	200	50	50
8.00	200	50	50
8.01	200	80	20
16.00	200	80	20

2）牛奶或奶粉样品

色谱柱：Atlantis C$_{18}$，3.5 μm，150 mm×2.1 mm（内径）或相当者；柱温：35℃；进样量：40 μL。梯度洗脱参考条件见表 7-3。

表 7-3　液相色谱梯度洗脱条件

时间/min	流速/(μL/min)	0.1%甲酸水溶液/%	0.1%甲酸乙腈溶液/%
0.00	200	80	20
3.00	200	50	50
8.00	200	50	50
8.01	200	80	20
16.00	200	80	20

3）蜂蜜样品

色谱柱：ZORBAX SB-C$_{18}$，3.5 μm，150 mm×2.1 mm（内径）或相当者；柱温：30℃；进样量：40 μL。流动相及流速见表 7-4。

表 7-4　液相色谱梯度洗脱条件

时间/min	流速/(μL/min)	0.4%乙酸水溶液/%	乙腈/%
0.00	200	70	30
3.00	200	70	30
3.01	200	20	80
8.00	200	20	80
8.01	200	70	30
15.00	200	70	30

（2）质谱条件

离子源：电喷雾离子源（ESI）；扫描方式：正离子扫描；检测方式：多反应监测（MRM）；电喷雾电压（IS）：5000 V；辅助气（AUX）流速：7 L/min；辅助气温度（TEM）：480℃；聚焦电压（FP）：150 V；碰撞室出口电压（CXP）：11 V；去簇电压（DP）：45 V；四种硝基呋喃代谢物和内标衍生物的定性离子对、定量离子对，采集时间及碰撞能量质谱参数见表 7-5。

表 7-5　四种硝基呋喃代谢物和内标衍生物的质谱参数

化合物	定性离子对（m/z）	定量离子对（m/z）	采集时间/ms	碰撞能量/V
5-吗啉甲基-3-氨基-2-噁唑烷基酮的衍生物（2-NP-AMOZ）	335/291 335/128	335/291	100	18 16
氨基脲的衍生物（2-NP-SEM）	209/192 209/166	209/166	150	17 15
1-氨基-2-内酰脲的衍生物（2-NP-AHD）	249/134 249/178	249/134	200	19 22
3-氨基-2-噁唑烷基酮的衍生物（2-NP-AOZ）	236/134 236/192	236/134	100	19 17
5-吗啉甲基-3-氨基-2-噁唑烷基酮内标物的衍生物（2-NP-D5-AMOZ）	340/296	340/296	100	18
氨基脲内标物的衍生物（2-NP-13C15N-SEM）	212/168	212/168	100	15
1-氨基-2-内酰脲内标物的衍生物（2-NP-13C3-AHD）	252/134	252/134	100	32
3-氨基-2-噁唑烷基酮内标物的衍生物（2-NP-D4-AOZ）	240/134	240/134	100	22

（3）定性测定

每种被测组分选择 1 个母离子，2 个以上子离子，在相同实验条件下，样品中待测物质和内标物的保留时间之比，也就是相对保留时间，与混合基质标准校准溶液中对应的相对保留时间偏差在±2.5%之内；

且样品谱图中各组分定性离子的相对丰度与浓度接近的混合基质标准校准溶液谱图中对应的定性离子的相对丰度进行比较，偏差不超过表1-5规定的范围，则可判定为样品中存在对应的待测物。

（4）定量测定

内标法定量：在仪器最佳工作条件下，四种硝基呋喃代谢物的混合基质标准校准溶液进样测定，以混合基质标准校准溶液中待测物浓度为横坐标，以待测物的峰面积与其同位素内标物的峰面积的比值为纵坐标，绘制标准工作曲线，用标准工作曲线通过仪器软件中的内标定量程序对待测样品进行定量，样品溶液中待测物的响应值均应在仪器测定的线性范围内。四种硝基呋喃代谢物和内标物衍生物的标准物质多反应监测(MRM)色谱图见图7-3。

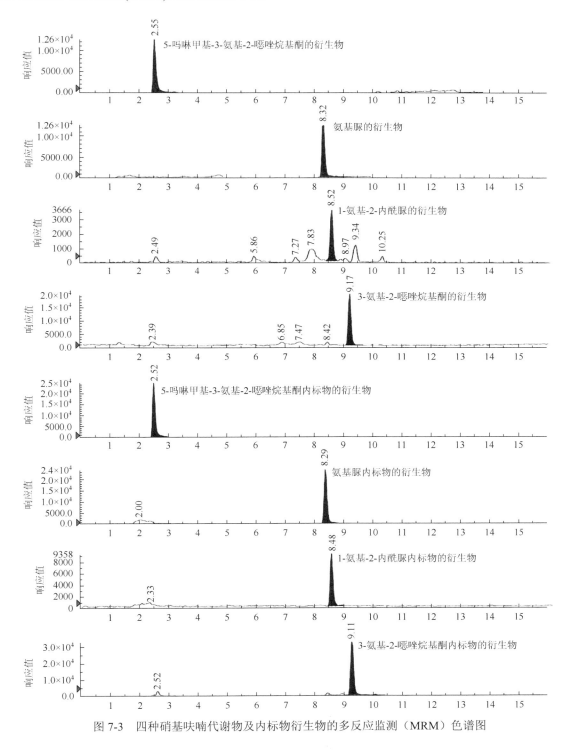

图 7-3　四种硝基呋喃代谢物及内标物衍生物的多反应监测（MRM）色谱图

7.2.1.7 分析条件的选择和优化

（1）衍生化条件的选择

本方法用 2-NBA 和 4-NBA 两种衍生剂，对比了阳性样品中 AOZ、AMOZ、SEM 和 AHD 残留的衍生化效果，结果发现，2-NBA 比 4-NBA 灵敏度高。因此，选择 2-NBA 作为衍生剂。还对比了不同衍生剂用量对测定结果的影响。用灵敏度最低的 AHD 标准溶液，分别加入衍生剂 0.05 mg，0.1 mg，0.2 mg，0.5 mg，1.0 mg，5.0 mg，10 mg 进行测定，响应值和衍生剂用量的关系结果见表 7-6。

表 7-6　衍生剂用量对测定结果（响应信号峰面积）的影响

衍生剂用量/mg	0.05	0.1	0.2	0.5	1.0	5.0	10
响应信号（峰面积）	6000	8000	9000	9500	10000	10000	10000
干扰情况	无	无	无	无	无	稍有	有

从表 7-5 中看出，衍生剂加入量少于 1.0 mg，可能使被测物衍生不完全，若用量多于 1.0 mg，则在氮气吹干时，会有衍生剂结晶物，不易被流动相溶解，测定时有干扰。选择衍生剂用量为 1.0 mg。

另外，实验对比了衍生溶液不同 pH 对测定结果的影响。阳性样品水解衍生后，加入 3 mL 0.1 mol/L K_2HPO_4 缓冲溶液，用 NaOH 溶液调到不同 pH。不同 pH 时四种代谢物的测定响应值见表 7-5。从表 7-7 可看出，衍生溶液 pH 在 7.0～7.5 之间时，四种代谢物的测定响应值最高，本方法选 pH 为 7.4。

表 7-7　不同 pH 四种硝基呋喃代谢物的响应信号（峰面积）

pH	3.0	5.0	6.0	6.5	7.0	7.5	8.0	9.0
2-NP-AOZ	5000	5700	7200	7700	8500	9200	8700	7500
2-NP-AMOZ	5500	5100	6900	8000	8300	9000	8900	7800
2-NP-SEM	4900	5200	6500	7200	7900	8800	8500	6900
2-NP-AHD	4200	4700	6000	7100	8100	8200	7900	7200

（2）净化条件的选择

实验了两种样品净化方式，一是衍生溶液调 pH 后用乙酸乙酯提取两次，离心合并乙酸乙酯层氮气吹干定容。这种方式提取效率较好，但是操作步骤比较繁琐，乙酸乙酯层不能全部取出。有时还出现乙酸乙酯和水相分层不彻底的情况，易产生干扰，从而影响结果准确性。二是采用固相萃取柱净化，比较了 Oasis Max（60 mg，3 mL Waters）、Oasis HLB（60 mg，3 mL Waters）、Oasis HLB（500 mg，3 mL Waters）、H2O-Philic DVB（60 mg，3 mL，Speedisk）、C18（500 mg，3 mL，J.T. Baker）和 EN（200 mg，3 mL，MERCK）六种固相萃取柱的提取效率和净化效果，结果见表 7-8。从结果表明，Oasis HLB（60 mg，3 mL Waters）、Oasis HLB（500 mg，3 mL Waters），和 EN（200 mg，3 mL，MERCK）柱的提取效率和净化效果都较理想，操作步骤比较简单，适合于大批量样品检测。进一步的比较表明，Oasis HLB（60 mg，3 mL Waters）柱的重现性比 EN（200 mg，3 mL，MERCK）柱好。同时，考虑到 Oasis HLB（500 mg，3 mL Waters）柱成本较高，因此，选择 Oasis HLB（60 mg，3 mL Waters）萃取柱作为样品净化柱。

表 7-8　不同萃取柱四种硝基呋喃代谢物的响应信号（峰面积）

萃取柱名称	Oasis Max 60 mg，3 mL	Oasis HLB 60 mg，3 mL	Oasis HLB 500 mg，6 mL	EN 200 mg，3 mL	H2O-Philic DVB 60 mg，3 mL	C18 500 mg，3 mL
2-NP-AOZ	5500	8500	8600	7900	6500	6000
2-NP-AMOZ	5800	8800	8700	8000	6300	6500
2-NP-SEM	4000	8100	8200	7800	6000	5700
2-NP-AHD	1000	7800	7800	7000	5400	5500

（3）液相色谱条件的选择

1）猪肉、牛肉、鸡肉、猪肝、鱼类、虾蟹类和贝类样品

比较了 Pinnacle II C_{18}，5 μm，150 mm×2.1 mm；Inertsil ODS-3，5 μm，150 mm×2.1 mm，ZORBAX SB-C_{18}，3.5 μm，150 mm×2.1 mm 和 Atlantis-C_{18}，3 μm，150 mm×2.1 mm 四种液相分析柱对四种硝基呋喃代谢物的分离效果，结果发现，Atlantis-C_{18} 分析柱，灵敏度和分离度都较理想。因此，选择该柱为分析柱。

为了优化流动相，对比了甲醇+乙酸水溶液、乙腈+乙酸水溶液作流动相的色谱效果，实验表明，乙腈+0.3%乙酸水溶液作为流动相并采用梯度洗脱时，四种代谢物的衍生物分离度和灵敏度较高。流动相梯度洗脱条件见表 7-2。

2）牛奶或奶粉样品

比较了 Inertsil ODS-3，5 μm，150 mm×2.1 mm，ZORBAX SB-C_{18}，3.5 μm，150 mm×2.1 mm 和 Atlantis-C_{18}，3 μm，150 mm×2.1 mm 三种液相分析柱对四种硝基呋喃代谢物的分离效果，结果发现，Atlantis-C_{18} 分析柱，灵敏度和分离度都较理想。因此，选择该柱为分析柱。

为了优化流动相，对比了甲醇+甲酸水溶液、乙腈+甲酸水溶液做流动相的色谱效果，实验表明，乙腈+0.1%乙酸水溶液作为流动相并采用梯度洗脱时，四种代谢物的衍生物分离度和灵敏度较高。流动相梯度洗脱条件见表 7-3。

3）蜂蜜样品

比较了 Pinnacle II C_{18}，5 μm，150 mm×2.1 mm；Hypersil C_{18} 5 μm，150 mm×4.6 mm；Inertsil ODS-3，5 μm，150 mm×2.1 mm，ZORBAX SB-C_{18}，3.5 μm，150 mm×2.1 mm，四种液相分析柱对四种硝基呋喃代谢物的分离效果，结果发现，ZORBAX SB-C_{18}，3.5 μm，150 mm×2.1 mm 分析柱，灵敏度和分离度都较理想。因此，选择该柱为分析柱。

为了优化流动相，对比了甲醇+乙酸铵水溶液、乙腈+乙酸水溶液作流动相的色谱效果，实验表明，乙腈+0.4%乙酸水溶液作为流动相并采用梯度洗脱时，四种代谢物的衍生物分离度和灵敏度较高。流动相梯度洗脱条件见表 7-4。

（4）质谱条件的选择

取四种硝基呋喃代谢物标准溶液 20 μg/mL，用 2-NBA 衍生化，分别得到 2-NBA-AOZ，2-NBA-AMOZ，2-NBA-SEM，2-NBA-AHD 标准衍生溶液。以 5 μL/min 流速分别将四种代谢物标准溶液的衍生物注入离子源。在正离子检测方式下分别对其进行一级质谱分析（Q1 扫描）得到分子离子峰。再对分子离子进行二级质谱分析（子离子扫描），得到二级质谱图，见图 7-4。然后再对去簇电

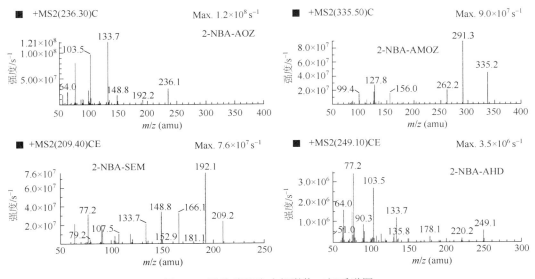

图 7-4 四种硝基呋喃代谢物二级质谱图

压（DP）、聚焦电压（FP）、碰撞气能量（CE）及碰撞室出口电压（CXP）等参数进行优化，使分子离子与特征碎片离子强度达到最大，确定最佳质谱参数。将液相色谱与质谱联机，对雾化气流量，雾化室温度，喷雾针位置等参数进一步优化，使各种参数达到最佳。

（5）定量方式的选择

实验了外标法和内标法两种定量方式。标准溶液和样品溶液基质相同时，二者区别不大。标准溶液和样品溶液基质不同时，硝基呋喃代谢物衍生物的离子化效率不同，用内标法定量更准确。

7.2.1.8　线性范围和测定低限

（1）猪肉、牛肉、鸡肉、猪肝、鱼类、虾蟹类和贝类样品

按方法制备四种硝基呋喃代谢物衍生物浓度分别为 0.5 ng/mL、1.0 ng/mL、5.0 ng/mL、10 ng/mL、20 ng/mL 和 50 ng/mL 的基质混合标准溶液，在选定的条件下进行测定，进样量为 40 μL，用峰面积对标准溶液中各被测组分的浓度作图，四种硝基呋喃代谢物在 0.5～50.0 ng/mL 范围内呈线性关系，符合定量要求，其线性范围、线性方程和校正因子见表 7-9。

表 7-9　四种硝基呋喃代谢物线性方程和校正因子

硝基呋喃代谢物	线性范围/(ng/mL)	线性方程	校正因子（R）
2-NP-AOZ	0.5～50.0	$Y=47700X-8780$	0.9955
2-NP-AMOZ	0.5～50.0	$Y=19800X-7240$	0.9942
2-NP-SEM	0.5～50.0	$Y=5760X-1770$	0.9927
2-NP-AHD	0.5～50.0	$Y=23900X-3910$	0.9988

在方法规定的操作条件下，样品中四种硝基呋喃代谢物的添加浓度为 0.5 μg/kg 时，所测谱图的信噪比大于 10，高于仪器最小检知量。因此，猪肉、牛肉、鸡肉、猪肝、鱼类、虾蟹类和贝类样品中测定低限确定为 0.5 μg/kg。

（2）牛奶和奶粉样品

按方法制备四种硝基呋喃代谢物衍生物浓度分别为 1.0 ng/mL、2.0 ng/mL、5.0 ng/mL、10 ng/mL、20 ng/mL 和 100 ng/mL 的基质混合标准溶液，在选定的条件下进行测定，进样量为 40 μL，用峰面积对标准溶液中各被测组分的浓度作图，四种硝基呋喃代谢物在 1.0～100.0 ng/mL 范围内呈线性关系，符合定量要求，其线性范围、线性方程和校正因子见表 7-10。

表 7-10　四种硝基呋喃代谢物线性方程和校正因子

硝基呋喃代谢物	线性范围/(ng/mL)	线性方程	校正因子（R）
2-NP-AOZ	1.0～100.0	$Y=77800X-16900$	0.9960
2-NP-AMOZ	1.0～100.0	$Y=14500X-2000$	1.0000
2-NP-SEM	1.0～100.0	$Y=5020X-6080$	0.9999
2-NP-AHD	1.0～100.0	$Y=34700X-14100$	0.9990

在方法规定的操作条件下，牛奶和奶粉中四种硝基呋喃代谢物的添加浓度分别为 0.2 μg/kg 和 1.6 μg/kg 时，所测谱图的信噪比大于 10，高于仪器最小检知量。因此，牛奶和奶粉样品中四种硝基呋喃代谢物的测定低限分别为 0.2 μg/kg 和 1.6 μg/kg。

（3）蜂蜜样品

按方法制备 2-NBA-AOZ 和 2-NBA-AMOZ 浓度分别为 0.5 ng/mL、1.0 ng/mL、5.0 ng/mL、10 ng/mL、20 ng/mL 和 50 ng/mL；2-NBA-SEM 和 2-NBA-AHD 浓度分别为 1.0 ng/mL、5.0 ng/mL、10 ng/mL、20 ng/mL、50 ng/mL 和 100 ng/mL 的蜂蜜空白样品基质混合标准溶液，在选定的条件下进行测定，进样量为 40 μL，用峰面积对标准溶液中各被测组分的浓度作图，2-NBA-AOZ 和 2-NBA-AMOZ 的绝对

量在 0.02~2.0 ng 范围内线性关系；2-NBA-SEM 和 2-NBA-AHD 的绝对量在 0.04~4.0 ng 范围内呈线性关系，符合定量要求，其线性方程和校正因子见表 7-11。

表 7-11 四种硝基呋喃代谢物线性方程和校正因子

抗生素名称	检测范围/ng	线性方程	校正因子（R）
2-NBA-AOZ	0.02~2.0	$Y=85800X+13400266$	1.0000
2-NBA-AMOZ	0.02~2.0	$Y=33300X-25.3$	0.9999
2-NBA-SEM	0.04~4.0	$Y=14100X+3260$	0.9997
2-NBA-AHD	0.04~4.0	$Y=4030X+266$	0.9994

在方法规定的操作条件下，AOZ 和 AMOZ 在添加水平 0.2~4 μg/kg 范围时；SEM 和 AHD 在添加水平 0.5~10 μg/kg 范围时，响应值均在仪器线性范围之内。同时，样品中 AOZ、AMOZ 的添加浓度为 0.2 μg/kg；SEM、AHD 的添加浓度为 0.5 μg/kg 时，所测谱图的信噪比大于 10，高于仪器最小检知量。因此，蜂蜜样品中 AOZ、AMOZ 测定低限为 0.2 μg/kg；SEM、AHD 测定低限为 0.5 μg/kg。

7.2.1.9 方法回收率和精密度

（1）猪肉、牛肉、鸡肉、猪肝、鱼类、虾蟹类和贝类样品

用阴性样品做添加回收和精密度实验，样品添加不同浓度标准后，按本方法进行提取、净化和测定，分析结果见表 7-12。从表 7-12 中看出，四个添加水平回收率在 85.3%~89.3% 之间，相对标准偏差在 6.11%~10.09% 之间，说明方法的回收率和精密度良好。

表 7-12 四种硝基呋喃代谢物添加回收率实验数据（$n=10$）

化合物	2NP-AOZ				2NP-AMOZ				2NP-SEM				2NP-AHD			
添加水平 /(μg/kg)	0.25	0.50	1.00	2.50	0.25	0.50	1.00	2.50	0.25	0.50	1.00	2.50	0.50	1.00	2.00	5.00
测定回收率/%	85.0	97.4	92.0	91.2	95.6	90.7	86.8	83.2	86.5	85.3	91.2	78.4	96.0	87.3	90.0	92.1
	87.0	79.0	85.6	85.6	76.2	91.0	76.4	90.4	92.5	79.8	86.0	87.7	78.5	94.0	79.0	85.2
	99.0	91.9	79.2	86.8	92.5	77.2	92.0	86.2	73.5	82.4	90.1	90.2	75.3	89.4	82.8	77.7
	81.0	88.1	92.8	97.0	97.8	97.7	91.8	75.2	81.2	92.4	93.8	93.9	92.5	76.1	95.0	81.5
	78.0	76.3	82.6	79.0	91.0	91.7	84.2	84.2	94.0	89.6	85.6	82.4	98.6	85.5	90.0	90.1
	89.0	94.7	77.5	84.9	82.2	93.4	78.2	91.9	96.6	76.8	77.4	94.0	94.5	94.9	85.2	88.9
	94.8	86.1	82.4	81.2	74.2	94.0	98.6	78.3	78.3	92.2	83.6	88.5	81.0	82.8	78.0	91.2
	94.0	95.6	84.0	85.2	96.4	87.9	92.0	91.5	96.6	84.2	96.6	79.0	93.0	78.5	95.4	78.4
	85.4	89.6	88.8	84.1	97.1	75.4	84.2	94.6	88.0	91.9	84.4	82.2	94.0	97.5	86.4	82.5
	77.5	85.0	91.3	78.8	89.7	85.8	95.2	99.9	93.2	98.3	74.0	86.6	77.5	82.2	97.2	85.8
平均回收率/%	87.07	88.77	85.62	85.38	89.27	88.48	87.94	87.54	88.04	87.29	86.27	86.29	88.09	86.82	87.90	85.34
标准偏差 SD	7.24	6.98	5.41	5.52	8.73	7.20	7.24	7.56	8.06	6.68	7.01	5.64	8.59	7.16	6.79	5.22
RSD/%	8.31	7.89	6.32	6.47	9.78	8.14	8.23	8.64	9.15	7.65	8.13	6.54	10.09	8.25	7.72	6.11

不同样品中四种硝基呋喃代谢物的添加回收率及精密度分析结果见表 7-13。从表 7-13 中看出，5 种样品添加回收率（Rec）在 82.3%~92.3% 之间，相对标准偏差（CV）在 5.79%~9.56% 之间，说明方法的适用性良好。

表 7-14　不同样品中四种硝基呋喃代谢物添加平均回收率实验数据（n=10）

样品	2NP-AOZ		2NP-AMOZ		2NP-SEM		2NP-AHD	
	Rec/%	CV/%	Rec/%	CV/%	Rec/%	CV/%	Rec/%	CV/%
猪肉	87.5	8.47	89.2	6.88	83.6	6.46	82.9	7.56
牛肉	86.7	9.12	87.8	8.24	85.7	7.82	87.2	8.12
鸡肉	89.2	8.64	88.5	7.89	88.9	6.58	86.3	6.87
猪肝	83.6	9.56	82.9	9.13	84.6	8.28	88.9	7.88
河豚鱼	91.6	6.48	92.3	7.28	90.1	5.79	89.6	6.24
虾	85.2	8.12	85.6	8.32	82.6	6.85	82.3	7.42
扇贝	86.6	7.56	87.8	6.15	87.2	7.14	85.2	6.58

（2）牛奶和奶粉样品

用阴性样品做添加回收和精密度实验，样品添加不同浓度标准后，按本方法进行提取、净化和测定，分析结果见表 7-15。从表 7-15 看出，四个添加水平回收率在 90.3%～94.1% 之间，相对标准偏差在 4.15%～7.00% 之间，说明方法的回收率和精密度良好。

表 7-15　四种硝基呋喃代谢物添加回收率实验数据（n=10）

化合物	2NP-AMOZ				2NP-SEM				2NP-AHD				2NP-AOZ			
添加水平 /(µg/kg)	0.1	0.2	0.5	1.0	0.1	0.2	0.5	1.0	0.1	0.2	0.5	1.0	0.2	0.4	1.0	2.0
测定回收率/%	95.6	90.7	86.8	83.2	85.0	97.4	92.0	91.2	86.5	85.3	91.2	98.4	96.0	87.3	90.0	92.1
	96.2	91.0	96.4	90.4	87.0	99.0	85.6	85.6	92.5	99.8	86.0	87.7	98.5	94.0	99.0	85.2
	92.5	97.2	92.0	86.2	99.0	91.9	99.2	86.8	93.5	82.4	90.1	90.2	95.3	89.4	92.8	97.7
	97.8	97.7	91.8	95.2	81.0	88.1	92.8	97.0	81.2	92.4	93.8	93.9	92.5	96.1	95.0	81.5
	91.0	91.7	84.2	84.2	98.0	96.3	82.6	99.0	94.0	89.6	85.6	82.4	98.6	85.5	90.0	90.1
	82.2	93.4	98.2	91.9	89.0	94.7	97.5	84.9	96.6	96.8	97.4	94.0	94.5	94.9	85.2	88.9
	94.2	94.0	98.6	98.3	94.8	86.1	82.4	91.2	98.3	92.2	83.6	88.5	81.0	92.8	98.0	91.2
	96.4	87.9	92.0	91.5	94.0	95.6	94.0	85.2	96.6	84.2	96.6	99.0	93.0	98.5	95.4	98.4
	97.1	95.4	84.2	94.6	85.4	89.6	88.8	84.1	88.0	91.9	84.4	82.2	94.0	97.5	86.4	92.5
	89.7	85.8	95.2	99.9	97.5	95.0	91.3	98.8	93.2	98.3	94.0	86.6	97.5	82.2	97.2	85.8
平均回收率/%	93.3	92.5	91.9	91.5	91.1	93.4	90.6	90.4	92.0	91.3	90.3	90.3	94.1	91.8	92.9	90.3
标准偏差 SD	4.72	3.84	5.38	5.69	6.38	4.25	5.77	5.98	5.30	5.99	5.13	5.96	5.07	5.47	4.84	5.32
RSD/%	5.06	4.15	5.85	6.22	7.00	4.56	6.37	6.62	5.76	6.56	5.69	6.60	5.39	5.96	5.21	5.89

不同样品中四种硝基呋喃代谢物的添加回收率及精密度分析结果见表 7-16。从表 7-16 中看出，两种样品添加回收率（Rec）在 89.3%～92.3% 之间，相对标准偏差（RSD）在 4.91%～8.27% 之间，说明方法的适用性良好。

表 7-16　不同样品中四种硝基呋喃代谢物添加回收率实验数据（n=10）

样品	2NP-AMOZ		2NP-SEM		2NP-AHD		2NP-AOZ	
	Rec/%	RSD/%	Rec/%	RSD/%	Rec/%	RSD/%	Rec/%	RSD/%
牛奶	92.3	4.91	91.4	5.60	91.0	5.60	92.1	5.18
奶粉	91.8	6.86	90.4	7.68	89.3	8.27	90.4	5.41

（3）蜂蜜样品

用不含硝基呋喃代谢物的蜂蜜样品做添加回收和精密度实验，样品添加不同浓度标准后，按本方法进行提取、净化和测定，分析结果见表7-17。从表7-17中看出，四个添加水平回收率在87.3%～97.5%之间，相对标准偏差在4.06%～7.62%之间，说明方法的回收率和精密度良好。

表 7-17　四种硝基呋喃代谢物添加回收率实验数据

化合物	AOZ				AMOZ				SEM				AHD			
添加水平 /(μg/kg)	0.25	0.50	1.00	2.50	0.25	0.50	1.00	2.50	0.25	0.50	1.00	2.50	0.50	1.00	2.00	5.00
测定回收率/%	95.0	97.4	92.0	91.2	95.6	90.7	86.8	83.2	96.5	85.3	91.2	88.4	96.0	97.3	90.0	92.1
	87.0	101.0	85.6	85.6	100.2	91.0	96.4	90.4	92.5	99.8	86.0	87.7	102.5	94.0	99.0	85.2
	99.0	91.9	99.2	86.8	92.5	102.2	92.0	86.2	103.5	102.4	90.1	90.2	105.3	89.4	82.8	87.7
	81.0	88.1	92.8	97.0	97.8	97.7	91.8	95.2	101.2	92.4	93.8	93.9	92.5	96.1	95.0	81.5
	102.0	96.3	82.6	89.0	91.0	91.7	84.2	84.2	94.0	89.6	85.6	82.4	98.6	85.5	90.0	90.1
	89.0	94.7	87.5	84.9	102.2	93.4	88.2	91.9	96.6	96.8	87.4	94.0	94.5	94.9	85.2	88.9
	94.8	86.1	82.4	81.2	104.2	94.0	98.6	88.3	102.3	92.2	83.6	88.5	101.0	102.8	98.0	91.2
	94.0	95.6	94.0	95.2	96.4	87.9	92.0	91.5	96.6	84.2	90.6	89.0	93.0	98.5	95.4	88.4
	85.4	89.6	88.8	84.1	97.1	95.4	84.2	94.6	88.0	91.9	84.4	82.2	94.0	97.5	86.4	82.5
	101.5	85.0	91.3	85.8	89.7	85.8	95.2	89.9	93.2	98.3	94.0	86.6	97.5	82.2	97.2	85.8
平均回收率/%	92.87	92.57	89.62	88.08	96.67	92.98	90.94	89.54	96.44	93.29	88.67	88.29	97.49	93.82	91.90	87.34
标准偏差 SD	7.08	5.28	5.29	5.02	4.72	4.74	5.00	4.07	4.83	6.03	3.79	3.99	4.32	6.31	5.80	3.55
RSD/%	7.62	5.70	5.91	5.70	4.88	5.10	5.50	4.55	5.01	6.46	4.30	4.52	4.43	6.73	6.31	4.06

对洋槐蜜等11个蜜种，在2个添加水平对四种硝基呋喃代谢物进行添加回收率实验，其分析结果见表7-18，从表7-18可以看出，用11种蜂蜜在2个添加水平检查方法的选择性，在四种硝基呋喃代谢物出峰区域未见干扰峰，其回收率在88.4%～94.5%之间，相对标准偏差在4.39%～8.40%之间，说明方法对不同蜜种有广泛的适用性。

表 7-18　11种蜂蜜中四种硝基呋喃代谢物添加回收率实验

代谢物	AOZ		AMOZ		SEM		AHD	
添加水平 /(μg/kg)	第一水平	第二水平	第一水平	第二水平	第一水平	第二水平	第一水平	第二水平
洋槐蜜	102	87.0	104.6	99.4	101.2	82.2	99.7	96.6
紫云英蜜	94.0	83.0	86.0	92.2	97.0	92.0	93.6	86.4
椴树蜜	85.0	88.9	92.0	82.1	96.5	88.9	102.1	80.5
荆条蜜	82.5	90.6	91.5	94.5	88.0	95.2	89.3	98.2
油菜蜜	94.5	89.5	98.7	97.6	98.5	82.3	98.5	88.1
棉花蜜	89.5	89.3	100.2	86.6	93.0	93.5	88.7	81.6
葵花蜜	84.0	92.9	89.5	92.4	86.5	87.0	95.7	94.7
荞麦蜜	80.0	81.3	84.5	82.7	82.5	86.1	81.8	85.8
桂花蜜	94.0	85.8	90.8	92.7	103.0	89.8	83.7	87.7
枣花蜜	101.1	94.0	96.8	91.7	91.5	93.8	90.6	87.8
老瓜头蜜	98.6	90.3	83.8	87.1	102.2	91.4	96.6	86.9
平均回收率/%	91.38	88.42	92.58	90.82	94.54	89.29	92.75	88.57
标准偏差 SD	7.68	3.88	6.76	5.62	6.81	4.47	6.54	5.70
RSD/%	8.40	4.39	7.31	6.18	7.21	5.01	7.05	6.44

7.2.1.10　重复性和再现性

在重复性试验条件下，获得的两次独立测试结果的绝对差值不超过重复性限（r），如果差值超过重复性限（r），应舍弃试验结果并重新完成两次单个试验的测定。在再现性试验条件下，获得的两次独立测试结果的绝对差值不超过再现性限（R）。被测物的含量范围、重复性和再现性方程见表 7-19 至表 7-21。

表 7-19　含量范围及重复性和再现性方程（猪肉、牛肉、鸡肉、猪肝、鱼类、虾蟹类和贝类样品）

化合物	含量范围/(μg/kg)	重复性限 r	再现性限 R
2-NP-AMOZ	0.2～2	$r=0.0966\ m+0.0048$	$\lg R=1.1707\ \lg m-06600$
2-NP-SEM	0.2～2	$\lg r=1.0512\ \lg m-0.9801$	$\lg R=1.0002\ \lg m-0.8848$
2-NP-AHD	0.5～5	$\lg r=1.0349\ \lg m-0.9565$	$\lg R=1.0083\ \lg m-0.8949$
2-NP-AOZ	0.2～2	$\lg r=0.9919\ \lg m-0.9195$	$\lg R=0.8278\ \lg m-0.8431$

注：m 为两次测定结果的算术平均值

表 7-20　含量范围及重复性和再现性方程（牛奶或奶粉样品）

化合物	含量范围/(μg/kg)	重复性限 r	再现性限 R
2-NP-AMOZ	0.2～5.0	$\lg r=0.8950\ \lg m-1.0874$	$\lg R=0.9448\ \lg m-0.7116$
2-NP-SEM	0.2～5.0	$\lg r=1.1209\ \lg m-1.0110$	$\lg R=0.9787\ \lg m-0.7317$
2-NP-AHD	0.2～5.0	$\lg r=0.8502\ \lg m-1.0206$	$\lg R=1.0293\ \lg m-0.7095$
2-NP-AOZ	0.2～5.0	$\lg r=1.0710\ \lg m-0.8852$	$\lg R=0.9933\ \lg m-0.7008$

注：m 为两次测定结果的算术平均值

表 7-21　含量范围及重复性和再现性方程（蜂蜜样品）

化合物	含量范围/(μg/kg)	重复性限 r	再现性限 R
2-NP-AMOZ	0.2～4	$\lg r=0.9656\ \lg m-1.0897$	$\lg R=0.9625\ \lg m-0.7128$
2-NP-SEM	0.5～10	$\lg r=0.9660\ \lg m-1.1445$	$\lg R=0.9152\ \lg m-0.6513$
2-NP-AHD	0.5～10	$\lg r=0.9844\ \lg m-1.0935$	$R=0.2058\ m+0.0119$
2-NP-AOZ	0.2～4	$r=0.0735\ m+0.0016$	$\lg R=1.0813\ \lg m-0.7982$

注：m 为两次测定结果的算术平均值

参 考 文 献

[1] 祝伟霞，刘亚风，梁炜. 动物性食品中硝基呋喃类药物残留检测研究进展. 动物医学进展，2010，31（2）：99-102

[2] 生成选. 动物源性食品硝基呋喃类药物残留调查分析与综合预防控制技术研究. 农业环境科学学报，2006，25：429-434

[3] 刘莎莎，吕爱先. 动物性食品中兽药残留的危害及对策. 山东畜牧兽医，2007，29（2）：28-29

[4] Gerpe A，Alvarez G，Benítez D，Boiani L，Quiroga M，Hernández P，Sortino M，Zacchino S，González M，Cerecetto H. 5-Nitrofuranes and 5-nitrothiophenes with anti-Trypanosoma cruzi activity and ability to accumulate squalene. Bioorganic & Medicinal Chemistry，2009，17（21）：7500-7509

[5] Gerpe A，Odreman-Nuñez I，Draper P，Boiani L，Urbina JA，González M，Cerecetto H. Heteroallyl-containing 5-nitrofuranes as new anti-Trypanosoma cruzi agents with a dual mechanism of action. Bioorganic & Medicinal Chemistry，2008，16（1）：569-577

[6] 郭桢，连瑾，吴淑君. 动物源性食品中呋喃唑酮及其代谢物的检测. 广东农业科学，2005，5：57-59

[7] 操玉涛，陈孝煊，吴志新. 口灌呋喃唑酮对中华鳖消化道菌群的影响. 华中农业大学学报，2000，19（2）：163-165

[8] 傅国，李宁毅. 硝基呋喃类和硝基咪唑类药物的研究进展. 青岛大学医学院院报，2003，39（4）：486-491

[9] 王庆伟，刘雪英，李平，程建峰. 呋喃唑酮的不良反应及防治. 中国医院药学杂志，2000，20（3）：183-184

[10] Council Regulation（EEC）No 2377/90 of 26 June 1990. Laying down a Community procedure for the establishment of

maximum residue limits of veterinary medicinal products in foodstuffs of animal origin（OJ L 224，18.8.1990，p. 1）

[11] Commission Decision No. 2003/181/EC of 13 March 2003. Amending Decision 2002/657/EC as regards the setting of minimum required performance limits（MRPLs）for certain residues in food of animal origin（notified under document number C（2003）764）

[12] 中华人民共和国农业部第 193 号公告，2002

[13] de la Calle M B，Anklam E. Semicarbazide：Occurrence in food products and state-of-the-art in analytical methods used for its determination. Analytical and Bioanalytical Chemistry，2005，382（4）：968-977

[14] 郭德华，汪国权，王东辉，李波，王敏，金玉娥，陈笑梅. 高效液相色谱-串联质谱法测定动物源性食品中硝基呋喃类代谢物残留量. 化学分析计量，2005，14（4）：16-18

[15] GB/T 21311—2007 动物源性食品中硝基呋喃类药物代谢物残留量检测方法 高效液相色谱/串联质谱法. 北京：中国标准出版社，2007

[16] Alexander L，Peter Z，Wolfgang L. Determination of the metabolites of nitrofuran antibiotics in animal tissue by high-performance liquid chromatography-tandem mass spectrometry. Journal of Chromatography A，2001，939（1-2）：49-58

[17] 丁磊，蒋俊树，顾亮，徐彦辉. 高效液相色谱串联质谱法快速测定水产品中硝基呋喃类代谢物研究. 现代农业科技，2010，11：336-340

[18] 庞国芳，张进杰，曹彦忠，范春林，李学民，郭彤彤，曹亚萍，刘永明. 高效液相色谱-串联质谱法测定家禽组织中硝基呋喃类抗生素代谢物残留的研究. 食品科学，2005，26（10）：160-165

[19] 朱坚. 高效液相色谱-质谱法检测肉和水产品中硝基呋喃类药物的代谢物残留量. 质谱学报，2003，24（增刊）：121-122

[20] 林黎明，林回春，刘心同，王曼霞，张鸿伟，王建华，邱芳. 固相萃取高效液相色谱-质谱法测定动物组织中硝基呋喃代谢产物. 分析化学，2005，33（5）：707-710

[21] Chumanee S，Sutthivaiyakit S，Sutthivaiyakit P. New reagent for trace determination of protein-bound metabolites of nitrofurans in shrimp using liquid chromatography with diode array detector. Journal of Agricultural and Food Chemistry，2009，57（5）：1752-1759

[22] 彭涛，储晓刚，杨强，李刚，李建中，李重九. 高效液相色谱/串联质谱法测定奶粉中的硝基呋喃代谢物. 分析化学，2005，33（8）：1073-1076

[23] 丁涛，徐锦忠，沈崇钰，吴斌，陈惠兰，朱春，赵增运，蒋原，刘飞. 高效液相色谱-串联质谱联用测定蜂王浆中的四种硝基呋喃类药物的代谢物. 色谱，2006，24（5）：432-435

[24] Bock C，Stachel C，Gowik P. Validation of a confirmatory method for the determination of residues of four nitrofurans in egg by liquid chromatography-tandem mass spectrometry with the software InterVal. Analytica Chimica Acta，2007，586：348-358

[25] Bock C，Gowik P，Stachel C. Matrix-comprehensive in-house validation and robustness check of a confirmatory method for the determination of four nitrofuran metabolites in poultry muscle and shrimp by LC-MS/MS. Journal of Chromatography B，2007，856（1-2）：178-189

[26] 钱卓真，位绍红，余颖，姜琳琳，魏博娟，苏秀华. 高效液相色谱-串联质谱法测定鲍鱼中硝基呋喃类代谢物残留量. 福建水产，2010，6（2）：43-52

[27] Lopez M I，Feldlaufer M F，Williams A D，Chu P S. Determination and confirmation of nitrofuran residues in honey using LC-MS/MS. Journal of Agricultural and Food Chemistry，2007，55（4）：1103-1108

[28] Rodziewicz L. Determination of nitrofuran metabolites in milk by liquid chromatography-electrospray ionization tandem mass spectrometry. Journal of Chromatography B，2008，864（1-2）：156-160

[29] 彭涛，邱月明，李淑娟，陈冬东，安娟，蔡慧霞. 高效液相色谱-串联质谱法测定动物肌肉中硝基呋喃类抗生素代谢物. 检验检疫科学，2003，13（6）：23-25

[30] Hormazábal V，Norman Asp T. Determination of the metabolites of nitrofuran antibiotics in meat by liquid chromatography-mass spectrometry. Journal of Liquid Chromatography & Related Technologies，2004，27（17）：2759-2770

[31] 王媛，蔡友琼，贾东芬，于慧娟，黄冬梅，史永富，钱蓓蕾，史志霞. 高效液相色谱法检测水产品中硝基呋喃类代谢物残留量. 分析测试室，2009，28（12）：86-92

[32] Conneely A，Nugent A，O'Keeffe M，Mulder P P J，van Rhijn J A，Kovacsics L，Fodor A，McCracken R J，Kennedy D G. Isolation of bound residues of nitrofuran drugs from tissue by solid-phase extraction with determination by liquid chromatography with UV and tandem mass spectrometric detection. Analytica Chimica Acta，2003，483（1-2）：91-98

[33] Arancibia V，Valderrama M，Madariaga A，Zúñiga M C，Segura R. Extraction of nitrofurantoin and its toxic metabolite from urine by supercritical fluids. Quantitation by high performance liquid chromatography with UV detection. Talanta，2003，61（3）：377-383

[34] 安强，王伟，柳育良. QSE-HPLC 快速测定动物源食品中硝基呋喃代谢产物. 广东科技，2009，223：43-44

[35] Tao Y F，Chen D M，Wei H M，Pan Y H，Liu Z L，Huang L L，Wang Y L，Xie S Y，Yuan Z H. Development of an accelerated solvent extraction，ultrasonic derivatisation LC-MS/MS method for the determination of the marker residues of nitrofurans in freshwater fish. Food Additives & Contaminants，2012，29（5）：736-745

[36] 祝伟霞，袁萍，杨冀州，郭俊峰，孙转莲. 固相支撑液液萃取-平行蒸发前处理技术测定动物源性食品中 4 种硝基呋喃类代谢物. 食品科技，2011，36（2）：300-303

[37] 曹文卿，张鸿伟，牛增元，汤志旭，罗忻，蔡发，马昕，陈世山. 高效液相色谱-质谱/质谱法测定蛋黄粉中硝基呋喃代谢产物. 分析试验室，2009，28（5）：105-108

[38] Wickramanayake P U，Tran T C，Hughes J G，Macka M，Simpson N，Marriott P J. Simultaneous separation of nitrofuran antibiotics and their metabolites by using micellar electrokinetic capillary chromatography. Electrophoreeis，2006，27（20）：4069-4077

[39] Horne E，Cadogan A，O'Keeffe M，Hoogenboom L A. Analysis of protein-bound metabolites of furazolidone and furaltadone in pig liver by high performance liquid chromatography and liquid chromatography mass spectrometry. Analyst，1996，121（10）：1463-1468

[40] 徐维海，林黎明，朱校斌，王新亭，张干. HPLC/MS 法对呋喃唑酮及其代谢物 AOZ 在罗非鱼体内残留研究. 上海水产大学学报，2005，14（1）：35-39

[41] Verdon E，Couedor P，Sanders P. Multi-residue monitoring for the simultaneous determination of five nitrofurans（furazolidone，furaltadone，nitrofurazone，nitrofurantoine，nifursol）in poultry muscle tissue through the detection of their five major metabolites（AOZ，AMOZ，SEM，AHD，DNSAH）by liquid chromatography coupled to electrospray tandem mass spectrometry. In-house validation in line with Commission Decision 657/2002/EC. Analytica Chimica Acta，2007，586（1-2）：336-347

[42] 赵善仓，李增梅，刘宾，邓立刚，毛江胜，赵平娟. 超高效液相色谱串联质谱法测定畜产品中硝基呋喃类抗生素代谢物残留的研究. 中国兽药杂志，2008，42（7）：17-21

[43] 刘红卫，高志莹，周围，周小平，高黎红. UPLC-MS/MS 法测定肠衣中四种硝基呋喃类代谢物残留量. 中国兽药杂志，2008，42（11）：20-23

[44] Khong S P，Gremaud E，Richoz J，Delatour T，Guy P A，Stadler R H，Mottier P. Analysis of matrix-bound nitrofuran residues in worldwide-originated honeys by isotope dilution high-performance liquid chromatography-tandem mass spectrometry. Journal of Agricultural and Food Chemistry，2004，52（17）：5309-5315

[45] 余建新，胡小钟，林雁飞，王鹏，李亚飞，李晶. 液相色谱-串联质谱联用法测定蜂蜜及水产品中硝基呋喃类抗生素代谢物残留量. 分析科学学报，2004，20（4）：382-384

[46] Chu P S，Lopez M I. Determination of Nitrofuran Residues in Milk of Dairy Cows Using Liquid Chromatography-Tandem Mass Spectrometry. Journal of Agricultural and Food Chemistry，2007，55（6）：2129-2135

[47] Radovnikovic A，Moloney M，Byrne P，Danaher M. Detection of banned nitrofuran metabolites in animal plasma samples using UHPLC-MS/MS. Journal of Chromatography B，2011，879（2）：159-166

[48] Tai T F，Chen T W，Chien Y L，Lin L C. Determination of four nitrofuran metabolites in pig serum by liquid chromatography tandem mass spectrometry（LC-MS-MS）. Journal of the Chinese Society of Animal Science，2012，39（2）：125-137

[49] Cooper K M，Caddell A，Elliott C T，Kennedy D G. Production and characterisation of polyclonal antibodies to a derivative of 3-amino-2-oxazolidinone，a metabolite of the nitrofuran furazolidone. Analytica Chimica Acta，2004，520（1-2）：79-86

[50] Cooper K M，Elliott C T，Kennedy D G. Detection of 3-amino-2-oxazolidinone（AOZ），a tissue-bound metabolite of the nitrofuran furazolidone，in prawn tissue by enzyme immunoassay. Food Additives and Contaminants，2004，21（9）：841-848

[51] Cheng C C，Hsieh K H，Lei Y C，Tai Y T，Chang T H，Sheu S Y，Li W R，Kuo T F. Development and Residue Screening of the Furazolidone Metabolite，3-Amino-2-oxazolidinone（AOZ），in Cultured Fish by an Enzyme-Linked Immunosorbent Assay. Journal of Agricultural and Food Chemistry，2009，57（13）：5687-5692

[52] Diblikova I，Cooper K M，Kennedy D G，Franek M. Monoclonal antibody-based ELISA for the quantification of nitrofuran metabolite 3-amino-2-oxazolidinone in tissues using a simplified sample preparation. Analytica Chimica Acta，

2005，540（2）：285-292

[53] 沈美芳，宋红波，耿雪冰，吴光红. 酶联免疫法测定水产品中呋喃唑酮代谢物 AOZ 的残留. 水产学报，2006，30（4）：520-524

[54] 蒋宏伟. 酶联免疫技术在动物产品中硝基呋喃类药物残留检测的应用. 陕西农业科学，2006，5：53-55

[55] Pimpitak U，Putong S，Komolpis K，Petsom A，Palaga T. Development of a monoclonal antibody-based enzyme-linked immunosorbent assay for detection of the furaltadone metabolite，AMOZ，in fortified shrimp samples. Food Chemistry，2009，116（3）：785-791

[56] 王钦晖，张俊升，张兴荣，贾柱元. 酶联免疫法测定生猪肉中呋喃妥因代谢物的残留量. 畜牧兽医科技信息，2010，5：35-36

[57] Vass M，Diblikova I，Cernoch I，Franek M. ELISA for semicarbazide and its application for screening in food contamination. Analytica Chimica Acta，2008，608（1）：86-94

[58] Cooper K M，Samsonova J V，Plumpton L，Elliott C T，Kennedy D G. Enzyme immunoassay for semicarbazide-The nitrofuran metabolite and food contaminant. Analytica Chimica Acta，2007，592（1）：64-71

[59] 潘心红，邓艳芬，李军涛，刘穗星. 用胶体金试纸法直接测定鱼肉中硝基呋喃类残留的方法探讨. 中国卫生检验杂志，2011，21（3）：568-569

[60] 沈玉栋，张世伟，蔡肇婷，雷红涛，肖治理，王弘，孙远明. 呋喃西林代谢物荧光偏振免疫检测方法研究. 分析测试学报，2009，8（1）：27-31

[61] Yang G，Jin W，Wu L，Wang Q，Shao H，Qin A，Yu B，Li D，Cai B. Development of an impedimetric immunosensor for the determination of 3-amino-2-oxazolidone residue in food samples. Analytica chimica acta，2011，706（1）：120-127

[62] O'Mahony J，Moloney M，McConnell R I，Benchikh E O，Lowry P，Furey A，Danaher M. Simultaneous detection of four nitrofuran metabolites in honey using a multiplexing biochip screening assay. Biosensors & Bioelectronics，2011，26（10）：4076-4081

[63] GB/T 20752—2006 猪肉、牛肉、鸡肉、猪肝和水产品中硝基呋喃类代谢物残留量的测定方法　液相色谱-串联质谱法. 北京：中国标准出版社，2006

[64] GB/T 22987—2008 牛奶和奶粉中呋喃它酮、呋喃西林、呋喃妥因和呋喃唑酮代谢物残留量的测定　液相色谱-串联质谱法. 北京：中国标准出版社，2008

[65] GB/T18932.24—2005 蜂蜜中呋喃它酮、呋喃西林、呋喃妥因和呋喃唑酮代谢物残留量的测定方法　液相色谱-串联质谱法. 北京：中国标准出版社，2005

8 甾类同化激素类药物

8.1 概　述

同化激素（anabolic hormones）是残留毒理学意义最重要的药物之一。同化激素具有强的蛋白质同化作用，即主要通过增强同化代谢、抑制异化或氧化代谢，促进蛋白质沉积，降低脂肪比率，从而提高饲料转化率，达到大幅度提高动物养殖经济效益的目的。畜牧业使用同化激素（非治疗用途）已有50年的历史，与体育运动中使用违禁药物或兴奋剂的时间同样悠久，它们可以看作药物滥用问题的两个侧面。从残留危害和引起争议的角度讲，同化激素已被认为是与抗生素具有同样重要影响的兽药残留。

同化激素可以分为：甾体类同化激素（anabolic steroids，ASs）、非甾体类雌性激素以及 β₂-受体激动剂。ASs 狭义上只包括雄性激素的同化激素，而广义上 ASs 包括性激素和肾上腺皮质激素，其中残留意义较为重要的种类有雄激素（androgens）、雌激素（estrogens）、孕激素（progestins）和糖皮质激素（glucocorticoids）。本章主要介绍性激素。

8.1.1 理化性质与用途

8.1.1.1 理化性质

ASs 结构均有 1，2-环戊烷并多氢菲基本母核（见图 8-1），甾核由 A、B、C 和 D 环稠合而成。A、B、C 为六元环，D 为五元环。一般在 A/B 和 C/D 稠合处含有角甲基，D 环 C-17 有侧链。环中常含有双键、不饱和酮或芳环，侧链为烷烃、羟基、酮基或酯等含氧基团和卤素，常见的 ASs 理化性质见表 8-1 至表 8-3。

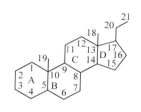

图 8-1　甾体类激素的基本结构

ASs 呈白色或乳白色结晶粉末。由于结构中有多个含氧基团，熔点较高（可达 200～300℃）。ASs 属脂溶性化合物，弱极性或中等极性，难溶于水，溶于极性有机溶剂和植物油，在氯仿、乙醚、二氯甲烷和乙酸乙酯等有机溶剂中有较高的溶解度。含酚羟基的 ASs（如雌激素）溶于无机强碱（pH≥12）。

ASs 分子含羟基、酮基、双键和卤素，这些是 ASs 的主要活性基团，可发生酰化、缩合（成肟、腙）、成醚、氧化、重氮偶合等反应。遇硫酸等强酸发生呈色或荧光反应，反应机制可能包括酮基的质子化形成碳正离子，再与 HSO_4^- 作用。

ASs 的 A 环一般含有共轭双键，在 200～400 nm 有较强的 UV 吸收（$\varepsilon \approx 10^4$）。根据 A 环的 UV 吸收特性可将 ASs 分为以下三类（见图 8-2）：

（1）A 环为酚结构（雌激素特征），$\lambda_{max} \approx 281$ nm；

（2）A 环为 α，β-不饱和酮结构（Δ^4-3-酮），$\lambda_{max} \approx 240$ nm（239～244 nm）（窄峰）；

（3）A 环为 $\Delta^{1,4}$-3-二烯酮结构，$\lambda_{max} \approx 238$ nm（宽峰）[1]。

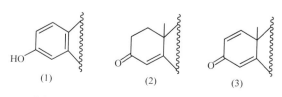

图 8-2　ASs 的 A 环结构与紫外吸收特征

表 8-1 常见雄激素及其理化性质

序号	中文名称	英文名称	CAS 号	分子式	分子量	熔点/℃	结构式
1	去氢睾酮（勃地龙）	1-Dehydrotestosterone，Boldenone，BOL	846-48-0	$C_{19}H_{26}O_2$	286.1933	—	
2	氯睾酮	4-Chlorotestosterone，Clotebol，CTS	1093-58-9	$C_{19}H_{27}ClO$	322.1700	—	
3	去氢甲睾酮（大力补）	Methandienone，Dianabol，DIA	72-63-9	$C_{20}H_{28}O_2$	300.4351	163～167	
4	氟羟甲睾酮	Fluoxymesterone，FLO	76-43-7	$C_{20}H_{29}FO_3$	336.2101	278	
5	美睾酮（1-甲氢睾酮）	Mesterolone，MES	1424-00-6	$C_{20}H_{32}O_2$	304.2404	—	
6	甲基睾酮	Methyltestosterone，MTS	58-18-4	$C_{20}H_{30}O_2$	302.2246	163～167	
7	苯丙酸诺龙	Nandrolone 3-phenylpropionate，PNT	62-90-8	$C_{27}H_{34}O_3$	406.2058	93～99	
8	19-去甲睾酮（诺龙）	19-nortestosterone，Nandrolone，17βNT	434-22-0	$C_{18}H_{26}O_2$	274.1933	—	

续表

序号	中文名称	英文名称	CAS 号	分子式	分子量	熔点/℃	结构式
9	乙基去甲睾酮（乙诺酮）	Norethand-rolone，NOE	52-78-8	$C_{20}H_{30}O_2$	302.2246	130～136	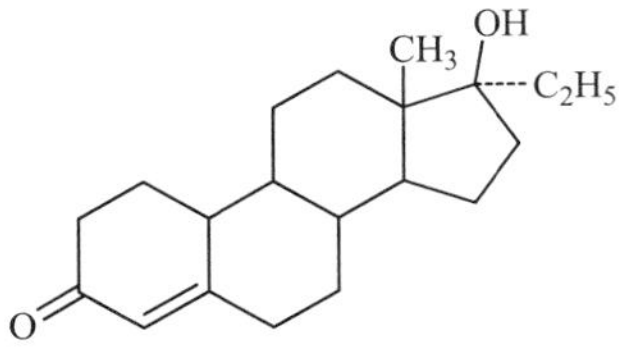
10	羟甲烯龙（康复龙）	Oxymetholone，OXY	434-07-1	$C_{21}H_{32}O_3$	332.2351	174～182	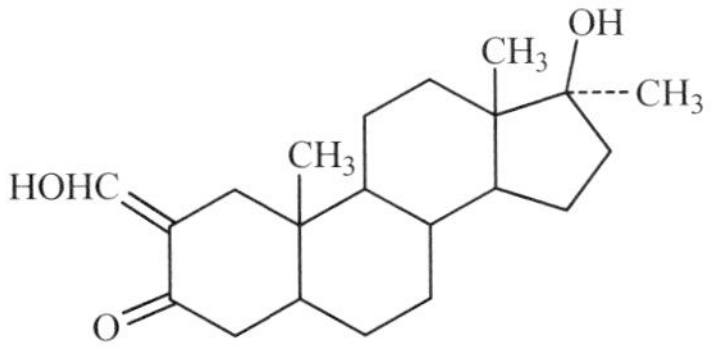
11	吡唑甲基睾酮（康力龙，司坦唑）	Stanzolol，STA	10418-03-8	$C_{21}H_{32}N_2O$	328.2515	153～156 230～242	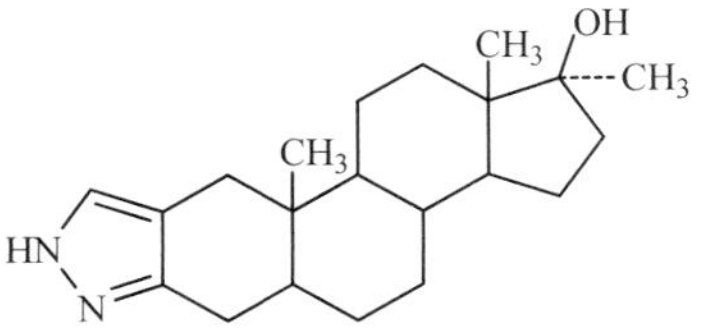
12	去甲雄三烯睾酮（群勃龙）	Trenbolone，TRE	10161-33-8	$C_{18}H_{22}O_2$	270.1620	183～186	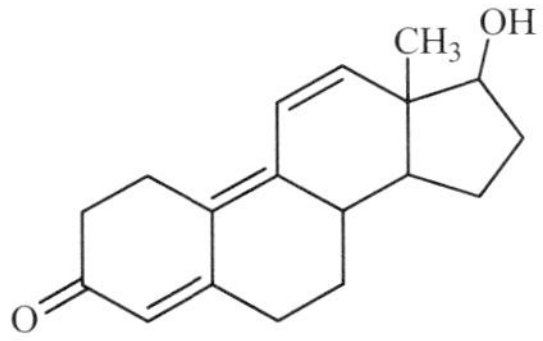
13	表睾酮	Epitestosterone，ETS	481-30-1	$C_{19}H_{28}O_2$	288.2089	—	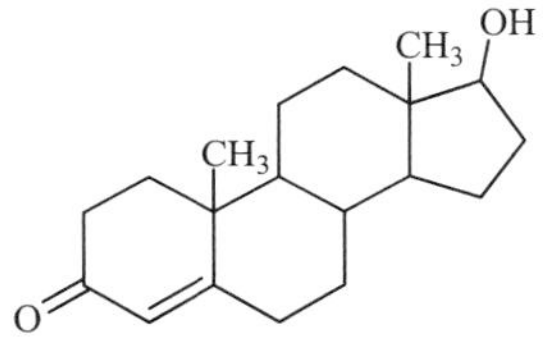
14	丙酸睾酮	Testosterone-propionate，PTS	57-85-2	$C_{22}H_{32}O_3$	344.2351	118～123	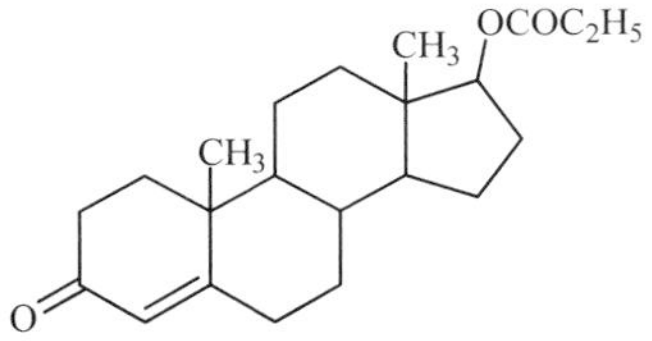

表 8-2　常见雌激素及其理化性质

序号	中文名称	英文名称	CAS 号	分子式	分子量	熔点/℃	结构式
1	雌二醇	β-estradiol，17βES	50-28-2	$C_{18}H_{24}O_2$	272.1766	173～179	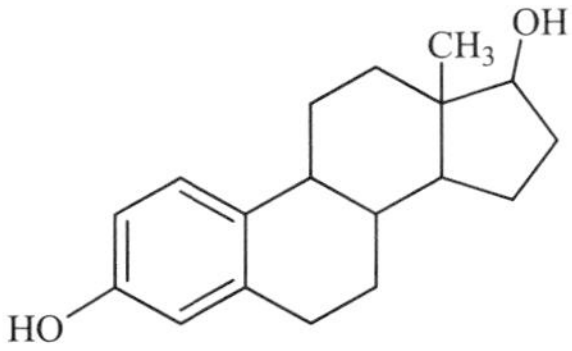
2	雌三醇	Estriol，EST	50-27-1	$C_{18}H_{24}O_3$	288.1725	282	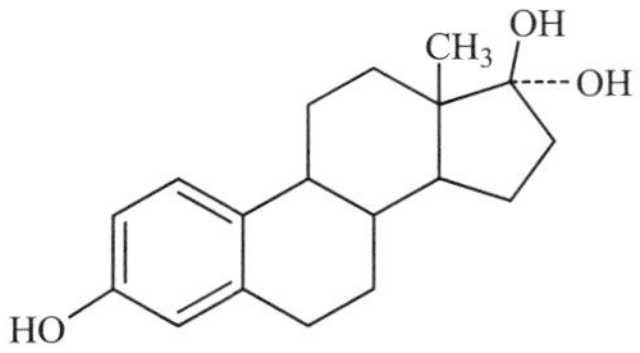

续表

序号	中文名称	英文名称	CAS 号	分子式	分子量	熔点/℃	结构式
3	炔雌醇	Ethinyl estradiol，EES	57-63-6	C$_{20}$H$_{24}$O$_2$	296.1766	180~186	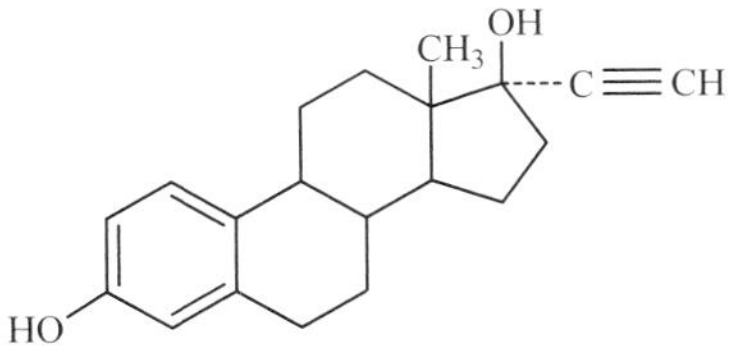
4	雌酮	Estrone，ESN	53-16-7	C$_{18}$H$_{22}$O$_2$	270.1620	256~262	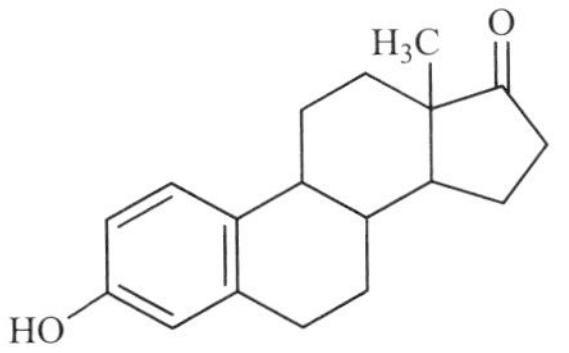
5	苯甲酸雌二醇	Estradiol-benzoate，BES	50-50-0	C$_{25}$H$_{28}$O$_3$	376.2038	191~196	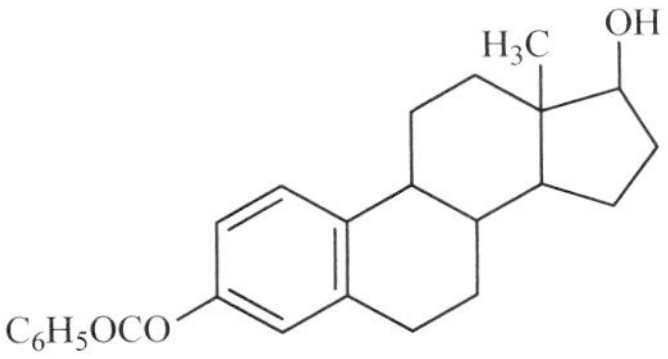
6	戊酸雌二醇	Estradiol valerate，ESV	979-32-8	C$_{23}$H$_{32}$O$_3$	356.4984	144	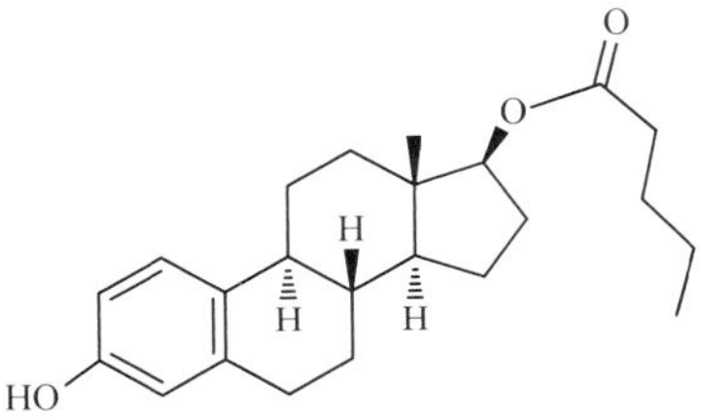

表 8-3　常见孕激素及其理化性质

序号	中文名称	英文名称	CAS 号	分子式	分子量	熔点/℃	结构式
1	孕酮	Progesterone，PG	57-83-0	C$_{21}$H$_{30}$O$_2$	314.2246	121~137（α），121（β）	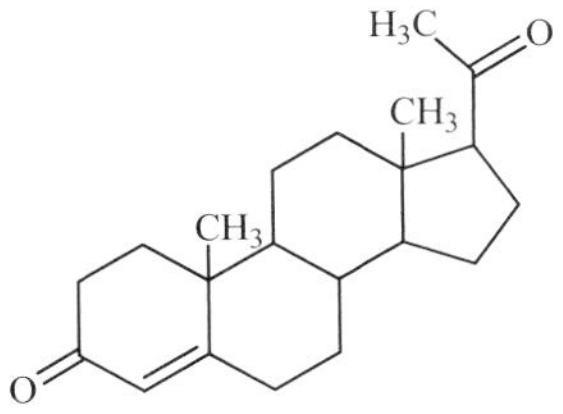
2	醋酸氯地孕酮	Chlormadinone acetate，CHM	302-22-7	C$_{23}$H$_{29}$ClO	404.1754	206~214.5	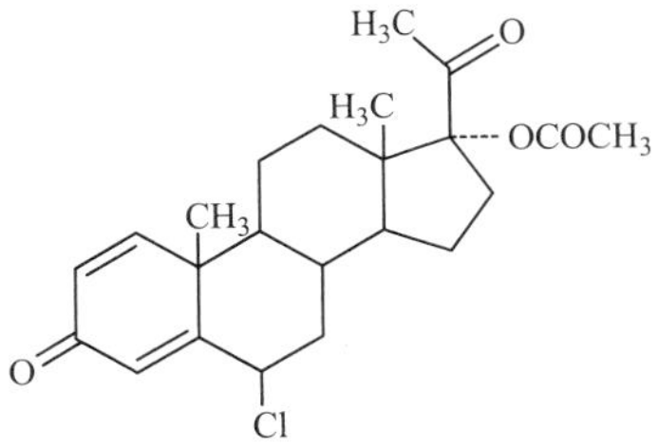
3	醋酸地马孕酮	Delmadinone acetate，DEL	13698-49-2	C$_{23}$H$_{27}$ClO	402.915	—	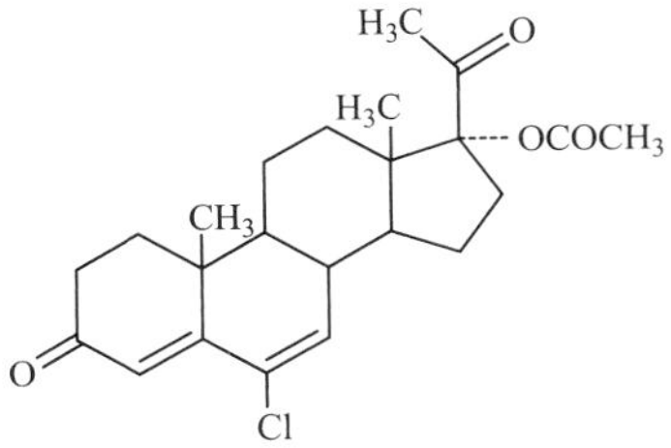

序号	中文名称	英文名称	CAS 号	分子式	分子量	熔点/℃	结构式
4	醋酸羟孕酮	Hydroxyprogest-erone acetate，HPA	302-23-8	$C_{23}H_{32}O_4$	372.2301	—	
5	己酸孕酮	17α-hydroxy-pr-ogesterone caproate，HPC	630-56-8	$C_{27}H_{40}O_4$	428.2927	119~122	
6	醋酸甲羟孕酮	Medroxyproges-terone 17-acetate，MED	71-58-9	$C_{24}H_{34}O_4$	386.2457	202~208	
7	醋酸美仑孕酮	Melengestrol acetate，MEL	2919-66-6	$C_{25}H_{32}O_4$	396.2301	—	
8	醋酸甲地孕酮	Megestrol acetate，MEG	595-33-5	$C_{24}H_{32}O_4$	384.2300	213~220	
9	炔诺酮	Norethindrone，Norethisterone，NOR	68-22-4	$C_{20}H_{26}O_2$	298.1933	202~208	
10	左炔诺孕酮	Norgestrel，NOG	6533-00-2	$C_{21}H_{28}O_2$	312.2089	204~212	

续表

序号	中文名称	英文名称	CAS 号	分子式	分子量	熔点/℃	结构式
11	苯甲孕酮	Algestone acetophenide，ALG	24356-94-3	$C_{29}H_{36}O_4$	448.2614	—	
12	醋酸氟孕酮	Flurogestone acetate，FLG	2529-45-5	$C_{23}H_{31}FO_5$	406.4876	266～269	

8.1.1.2 用途

ASs 的同化活性主要表现为：同化代谢；肌肉/脂肪比率增加；提高基础代谢，改善饲料转化率；抑制氧化代谢作用，减少物质消耗；刺激促红细胞素生成，或直接作用于骨髓造血系统使红细胞生成增加；在骨骼肌细胞中已发现有雄激素和雌激素受体，表明 ASs 能直接作用于肌细胞导致肌肉增生。雌激素和孕激素还可抑制发情，避孕，增加食欲，以达到增重的目的。

8.1.2 代谢和毒理学

8.1.2.1 体内代谢过程

由于激素类物质在细胞内具有专一性受体，很小的剂量即能产生作用，故 ASs 用量极小，代谢和消除迅速，且体内代谢产物相当复杂。ASs 口服易吸收，但首过效应（first-pass effect）较严重，影响药效。吸收后在血液中与专一性运输蛋白可逆性结合以增加溶解性，仅游离的 ASs 发挥药效。游离 ASs 特别是内源性物质在肝组织内被迅速代谢失活，如雌酮、睾酮和孕酮的血浆半衰期一般都低于10 min。所以，多数 ASs 使用缓释剂型以非肠道方式给药，如埋植剂、油性注射剂等，但这种给药方式通常使注射部位长期保持高浓度的激素，一旦被食用者摄入会产生危险。在食用组织中，肝、肾和脂肪组织中残留量较高，肌肉和血浆较低。孕酮在脂肪中浓度最高，肝、肾组织中以代谢物为主，肌肉、血浆中以原药为主。在体内经过Ⅰ相和Ⅱ相代谢反应后，ASs 及其代谢物均属多羟基物质，在动物尿液、胆汁或肝、肾组织中轭合物的比例通常很高。80%的群勃龙及其代谢物以轭合物形式随尿和胆汁排出。

8.1.2.2 毒理学与不良反应

长期使用或摄入雄激素会干扰人体正常的激素平衡，男性出现睾丸萎缩、胸部扩大、早秃、肝、肾功能障碍或肝肿瘤，女性出现雄性化，月经失调、肌肉增生、毛发增多等；长期摄入雌激素会导致女性化、性早熟、抑制骨骼和精子发育，特别是雌激素类物质具有明显的致癌效应，可导致女性及其女性后代生殖器官畸形和癌变，对于儿童则更明显。

8.1.3 最大允许残留限量

由于具有促进动物体内营养物质沉积和改善生产性能的作用，ASs 曾被大量用于畜牧养殖。然而，滥用 ASs 会造成其在动物组织中不同程度的残留，20 世纪 80 年代以来，许多国家或组织通过立法限制或禁止在食品动物饲养中使用同化激素。我国农业部公告第 176 号已经明确将炔诺酮、群勃龙等 ASs 列入禁止使用的药物名录[2]。世界主要国家和组织对 ASs 的最大允许残留限量（maximum residue limit，MRL）和使用规定见表 8-4。

表 8-4　世界主要国家和组织制定的 ASs 的 MRLs[3-5]

国家或组织	动物种类	药物及其 MRLs/(mg/kg)											
		醋酸氟孕酮	苯甲酸雌二醇*	丙酸睾酮*	苯丙酸诺龙*	群勃龙	醋酸甲羟孕酮	甲基睾酮	雌二醇	戊酸雌二醇	醋酸氯地孕酮	炔诺孕酮	炔诺酮
中国	牛羊猪家禽鱼其他	0.001（奶）	所有食品动物,所有可食组织	所有食品动物,所有可食组织	所有食品动物,所有可食组织	禁用,不得检出	禁用,不得检出	禁用,不得检出	饲料和动物饮水禁用,不得检出	饲料和动物饮水禁用,不得检出	饲料和动物饮水禁用,不得检出	饲料和动物饮水禁用,不得检出	饲料和动物饮水禁用,不得检出
欧盟	牛羊猪家禽鱼其他	5×10^{-4}（肌肉）5×10^{-4}（脂肪）5×10^{-4}（肝）5×10^{-4}（肾）0.001（奶）	所有食品动物,所有可食组织	所有食品动物,所有可食组织	所有食品动物,所有可食组织	禁用,不得检出	禁用,不得检出	禁用,不得检出	饲料和动物饮水禁用,不得检出	饲料和动物饮水禁用,不得检出	饲料和动物饮水禁用,不得检出	饲料和动物饮水禁用,不得检出	饲料和动物饮水禁用,不得检出
美国	牛羊猪家禽鱼其他		所有食品动物,所有可食组织	所有食品动物,所有可食组织	所有食品动物,所有可食组织	禁用,不得检出	禁用,不得检出	禁用,不得检出	饲料和动物饮水禁用,不得检出	饲料和动物饮水禁用,不得检出	饲料和动物饮水禁用,不得检出	饲料和动物饮水禁用,不得检出	饲料和动物饮水禁用,不得检出

* 允许作治疗用, 但不得检出

8.1.4　残留分析技术

8.1.4.1　前处理方法

由于基质复杂, ASs 的残留量极低, 再加上样品提取和纯化的过程非常繁琐, 导致最后的回收率较低, 使得样品中 ASs 多组分残留的检测具有一定的难度。不但要求有高灵敏度的检测方法, 而且也需要相应高效的提取和净化方法。一般固体样品需要经过粉碎或冷冻干燥均质化后, 在适当条件下水解, 将结合态的 ASs 解离出来, 然后经有机溶剂提取和净化后进行分析。

（1）水解方法

ASs 在动物体内常以结合态形式存在, 如硫酸酯、葡萄糖醛酸苷等。为提高方法提取效率, 必须通过水解使 ASs 游离出来。水解方法一般有三种: 酸解、碱解和酶解。

Rambaud 等[6]建立了人头发中 ASs 多残留的气相色谱-串联质谱（GC-MS/MS）检测方法。样品经磨碎后在 50℃条件下用甲醇提取, 用甲醇化钠（MeONa）和 HCl 进行酸性水解后, 用乙酸乙酯再次提取, 再用 NaOH 中和, GC-MS/MS 分析。方法定量限（LOQ）可达 0.1~10 μg/kg, 平均回收率为 50%。

Kaklamanos 等[7]建立了肌肉组织中的 20 种 ASs 的液相色谱-串联质谱（LC-MS/MS）检测方法。样品用含枯草杆菌的 pH 9.5 Tris 缓冲液进行碱水解, 叔丁基甲醚提取, 55℃旋转蒸干, 加入甲醇-水（4+1, v/v）涡动混匀, 然后采用正己烷除脂, 再用 Oasis HLB 和氨基柱分别进行净化后, LC-MS/MS 检测。该方法检测限（CCα）为 0.03~0.14 ng/g, 检测能力（CCβ）为 0.05~0.24 ng/g。

酶解的作用条件温和, 可避免 ASs 在强酸、高温等条件下被破坏, 且由于酶的催化活性, 水解效率高, 被广泛使用。酶解常采用 β-葡萄糖醛酸苷酶和芳基硫酸酯酶, 通常在 37℃酶解数小时。Marchand 等[8]利用气相色谱-质谱（GC-MS）检测了肉中的 ASs。冻干样品用甲醇-醋酸缓冲液提取后, 通过葡萄糖醛酸酶和硫酸酯酶解离待测药物（52℃孵育 15 小时，pH 5.2），再用醋酸缓冲液液液分配，过 ENVI-Chrom P 柱净化后，分别按酚结构药物和 D_4-3-酮类药物进行衍生化，再用 GC-MS 分析。该方法测得 23 种 ASs 的检测限（LOD）为 5～100 ng/kg，其方法学指标符合欧盟标准。

（2）提取方法

ASs 残留的提取主要采用液液萃取（LLE）的方法。近年来，一些新的提取技术，如微波辅助提取（MAE）、加速溶剂萃取（ASE）、超临界流体萃取（SFE）也开始应用到 ASs 残留的提取中。

1）液液萃取（liquid liquid extraction，LLE）

ASs 种类较多，残留浓度较低（ng/kg～μg/kg），且样品基质较为复杂，使残留分析变得较为困难。一般来说，肉、脂肪、肾脏和肝脏常采用有机溶剂进行 LLE 提取，同时进行研磨、冷冻-干燥和匀质，然后进行多步骤液液分配净化或固相萃取净化。一般常以甲醇为提取溶剂，乙腈、乙醚、叔丁基甲醚等也可作为其提取剂。

秦燕等[9]建立了动物肌肉组织中多种 ASs 的 LC-MS/MS 分析方法。样品加醋酸缓冲溶液均质，经酶水解后，再加甲醇超声提取，用叔丁基甲醚 LLE 至少两次后，再用反相固相萃取柱净化，用 LC-MS/MS 在多反应监测（MRM）模式下定性及定量分析。该方法测得 10 种 ASs 的 LOQ 为 0.5～1.0 μg/kg，平均回收率为 55%～77%，相对标准偏差（RSD）为 7.1%～35%。Blasco 等[10]建立了肉中 ASs 残留检测的 LC-MS/MS 分析方法。样品经酶解后用甲醇提取，然后用 C_{18} 和氨基柱固相萃取净化，结合使用正离子和负离子切换模式进行质谱分析，方法 LOD 和 LOQ 都低于 0.5 ng/g。Vanhaecke 等[11]建立了牛肉中 34 种 ASs（10 种雌激素、14 种雄激素和 10 种孕激素）残留的超高效液相色谱-串联质谱（UPLC-MS/MS）检测方法。样品经甲醇匀质，正己烷除脂，乙醚 LLE 后，采用硅胶柱和氨基柱净化。UPLC-MS/MS 采用大气压化学电离源（APCI）在正离子和负离子模式下采集数据。该方法的 CC_α 为 0.04～0.88 μg/kg，CC_β 为 0.12～1.9 μg/kg，日内变异系数（CV）与日间 CV 均低于 20%，线性关系良好（$r > 0.99$）。

徐锦忠等[12]用乙腈提取了鸡肉和鸡蛋中的睾酮、甲基睾酮、群勃龙、去氢睾酮、诺龙、美睾酮、康力龙、丙酸诺龙、丙酸睾酮和苯丙酸诺龙。超声提取后用正己烷液液分配除脂，LC-MS/MS 在选择反应监测（SRM）、正离子模式下进行定性及定量分析。方法 LOQ 为 0.5 μg/kg，平均回收率为 73.4%～108.9%，RSD 为 3.4%～13.4%。实验比较了乙腈、叔丁基甲醚和乙酸乙酯的提取效率，发现几种溶剂的提取回收率相差不大，乙酸乙酯和叔丁基甲醚提取后脂肪较多，而乙腈提取液中则较少。

曾东平等[13]建立了猪肉中 8 种性激素（己烯雌酚、甲基睾酮、炔诺酮、17α-乙炔雌二醇、雌二醇、6α-甲基-17α-羟基孕酮、苯甲酸雌二醇和醋酸氯地孕酮）的 GC-MS 检测方法。样品用乙醚提取，然后使用甲醇-水和石油醚进行液液分配，氮气吹干提取液后，用水和乙醚进行再次提取，然后用氨基固相萃取柱净化，再经衍生化反应后进 GC-MS 分析。8 种 ASs 的平均回收率大于 70%，批内 CV 为 2.7%～12%，批间 CV 为 5.9%～12%；LOD 和 LOQ 分别为 0.94～1.92 μg/kg、3.13～8.03 μg/kg。贺利民等[14]在碱性条件下用叔丁基甲醚提取肌肉组织及鸡蛋中的 11 种 ASs，经过冷冻离心脱脂净化后，LC-MS/MS 检测。动物肌肉和鸡蛋中睾酮、甲基睾酮、去氢睾酮、美睾酮及康力龙的 LOD 是 0.3 μg/kg，回收率是 62.3%～105%，RSD 为 0.5%～15%；群勃龙、诺龙、丙酸诺龙、丙酸睾酮、苯丙酸诺龙的回收率大于 50%，RSD 小于 16%。实验比较了甲醇、乙腈、乙酸乙酯和叔丁基甲醚等溶剂或其混合物的提取效果，发现叔丁基甲醚的提取回收率高且易于浓缩。Saeed 等[15]在对肉制品中同化激素残留水平调查中，也采用叔丁基甲醚提取，药物经免疫亲和柱净化后，GC-MS 检测分析。6 种 ASs 的平均回收率是 77%～99%。

2）超临界流体萃取（supercritical fluid extraction，SFE）

SFE 是跟索氏提取法类似的一项技术，区别是提取过程中使用超临界流体作为溶剂，最常用的超临界流体是二氧化碳。这项技术的主要优点是高扩散率、低黏度和较小的表面张力[16]。Stolker 等[17]将 SFE 应用于动物组织中醋酸甲地孕酮、醋酸甲羟孕酮、醋酸氯睾酮和醋酸美仑孕酮的检测。采用二氧化碳为超临界流体，氧化铝作为吸附剂来提取待检测化合物。经提取后的激素再进行碱性酶解和衍生化处理，最后上 GC-MS 分析。方法 LOD 可以达到 2 μg/kg，重复性为 4%～42%（$n = 9$），再现性为

2%～39%。Din 等[18]使用 SFE 技术提取牛肉中的群勃龙，采用甲醇增加溶解性，并减少基质干扰。用含 10%甲醇的二氧化碳在 400 atm、75℃下提取 60 min，回收率可达到 98%。

3）加速溶剂萃取（accelerated solvent extraction，ASE）

ASE 是利用升高温度和压力，增加物质溶解度和溶质扩散速度，提高萃取的效率。与传统提取方式相比，ASE 速度快、溶剂用量少、萃取效率高、待测组分回收率好，可实现全自动安全操作。Hooijerink 等[19]采用 ASE 建立了一种检测肾脂肪中 6 种孕激素（醋酸氟羟孕酮、地马孕酮醋酸酯、醋酸甲地孕酮、氯地孕酮、醋酸美仑孕酮、醋酸甲羟孕酮）的分析方法。ASE 装置中装有氧化铝、无水硫酸钠和肾脂肪，混合后，用乙腈进行在线提取，再冷冻除去脂肪，C_{18} 固相萃取柱净化，LC-MS/MS 进行检测。该方法的 CC_{α} 为 0.3～0.9 ng/g，CC_{β} 小于等于 2 ng/g，回收率为 17%～58%。

4）微波辅助萃取（microwave-assisted extraction，MAE）

MAE 可加热搅拌样品，有助于提高固体样品的提取效率。同时，MAE 提取时间短，可用于替代索式提取法，但仍其需要其他的提取与净化步骤。Wang 等[20]采用动态微波辅助提取（DMAE）与盐析液液萃取（SLLE）相结合方法检测鱼组织中 9 种 ASs。该方法提取过程见图 8-3。ASs 药物在微波辅助下采用乙腈-水提取，乙腈-醋酸铵溶液中进行分配，LC-MS/MS 检测。该方法的 LOD 为 0.03～0.15 ng/g，回收率为（75.3%±4.9%）～（95.4%±6.2%）。

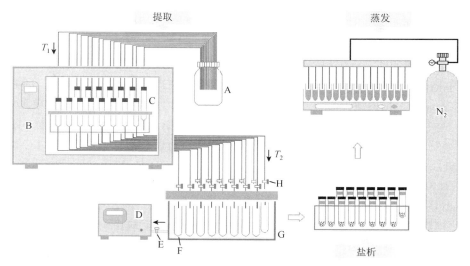

图 8-3　动态微波辅助提取（DMAE）-盐析液液萃取（SLLE）装置流程图[20]
A. 盛溶剂（乙腈或水）容器；B. 微波；C. 萃取容器；D. 真空泵；E. 真空阀；F. 收集管；G. 真空 SPE 管；H. 流速控制阀

（3）净化方法

为了去除或减少生物样品中的脂肪、蛋白质等其他杂质，并浓缩分析物，提高分析灵敏度，初步提取出来的样品溶液通常需要进一步净化。常见的净化方法包括液液分配（LLP）、固相萃取（SPE）、免疫亲和色谱（IAC）和凝胶渗透色谱（GPC）等。

1）液液分配（liquid liquid partition，LLP）

LLP 是一种初级的净化技术，根据目标物在互不混溶的液体间的溶解度不同，达到富集分离净化效果。虽然 LLP 需要用大量的有机溶剂，萃取时间长，分离效率低，萃取过程易乳化或沉淀[21]，但仍然在残留分析中广泛应用。目前，LLP 已经从简单的一步溶剂萃取发展到用复杂的多相分配体系提取和净化分析物。

江洁等[22]建立了水产品中多种激素的高效液相色谱法（HPLC）。在样品处理方法上，鱼肉采用乙醚进行均质处理后超声振荡，水浴减压蒸干提取液后，加入甲醇进行溶解，再利用石油醚进行 LLP 萃取脂溶性杂质，离心去除石油醚层，再次蒸干甲醇溶液，加入一定量的水清洗后进行乙醚反萃取，最终浓缩后上样。通过回收率、相对标准偏差的评价，该方法对雌二醇、睾酮、甲基睾酮及孕酮的测定准确可靠，回收率大于 70%，RSD 为 1.27%～6.92%，LOD 为 0.05～0.1 μg/mL。Vanhaecke 等[11]利用甲醇提取牛肉中的 34 种 ASs，正己烷脱脂后再使用二乙醚进行 LLP，最后用硅胶柱和氨基柱进行净化。方法 LOD 可达到 0.04～0.88 μg/kg，LOQ 为 0.12～1.9 μg/kg。Zeng 等[23]建立了猪组织中 8 种 ASs 的 GC-MS 检测方法。样品经乙醚提取，涡动混匀后离心，氮吹蒸干，加入甲醇-水（4+1，v/v）和石油醚，涡动混匀后离心，旋转蒸干至终体积为 0.5 mL，再加入水，用石油醚进行提取，氮气吹至终体积为 0.5 mL，然后用氯仿和甲烷进行溶解，硅胶和氨基柱进行净化。在 2.5～50 μg/kg 的添加浓度范围内，方法回收率可达 67.7%～120%，批内 CV 为 0.4%～12%，批间 CV 为 6.4%～11%。林奕芝等[24]采用 GC-MS 测定肉中雌二醇、戊酸雌二醇、炔雌醚和苯甲酸雌二醇的残留量。样品用乙腈超声提取，提取液经二氯甲烷反萃取后浓缩至干，残留物经固相萃取柱净化后，再进行衍生化反应，在选择离子监测（SIM）模式下用 GC-MS 测定。该方法 4 种组分分离较好，LOD 小于等于 20 ng/g，回收率为 84.6%～92.4%，CV 小于或等于 1.2%。

2）固相萃取（solid phase extraction，SPE）

SPE 是一种由液固萃取和柱色谱技术结合形成的样品前处理技术，具有分离效率高、选择性好、有机溶剂用量少，易与各类检测方法联用等优点。ASs 残留分析常用的 SPE 柱种类有 C_{18}、HLB、氨基、硅胶、氧化铝、石墨化碳黑（GCB）、氰基柱以及复合用柱等。

A. C_{18} 柱

王炼等[25]采用酶水解-HPLC 法测定肉及牛奶中的 11 种 ASs。碎肉用乙腈超声提取，水浴蒸干后加入 KH_2PO_4 缓冲液（牛奶直接加入 KH_2PO_4 缓冲液），再加 β-葡萄糖醛酸酐酶，37℃恒温水解 24 h，用 KH_2PO_4 缓冲液稀释后过 ENVI-18 SPE 柱，乙腈洗脱，HPLC 检测。11 种激素的 LOD 为 0.009～0.020 mg/kg，平均回收率为 51%～107%，RSD 为 0.77%～6.42%，相关系数为 0.9995～0.9999。Xu 等[26]用反相 C_{18} 柱纯化富集了肌肉组织中的 10 种 ASs。甲醇和水进行活化后上样，10%的甲醇溶液淋洗，最后用甲醇洗脱，浓缩后上 LC-MS/MS 分析。方法平均回收率范围为 70%～89%，CV 为 7.1%～19.1%；LOD 为 0.06～0.22 μg/kg，LOQ 为 0.12～0.54 μg/kg。班付国等[27]用乙酸乙酯提取水产品中的群勃龙，提取液氮气吹干，加入 20%甲醇溶液溶解，再进行 C_{18} 柱净化。C_{18} 柱用 3 mL 甲醇、3 mL 水活化，用 3 mL 40%甲醇溶液淋洗，吹干，用 3 mL 甲醇洗脱，洗脱液氮气吹干，残留物加 80%甲醇溶液 0.5 mL 溶解，过膜后供 LC-MS 测定。不同基质中，群勃龙在 2～100 ng/mL 的浓度范围内呈现良好的线性相关，相关系数在 0.994 以上，回收率为 74.2%～119%，批内 CV 为 1.0%～9.0%，批间 CV 为 0.3%～8.5%。

B. 氨基柱

张鸿伟等[28]建立了同时检测肌肉中 16 种 ASs 的液相色谱-四极杆/离子阱质谱（LC-Q/Trap-MS）方法。肌肉中的 ASs 采用乙腈超声辅助提取，正己烷脱脂，二氯甲烷-甲醇（8+2，v/v）定容后经氨基 SPE 柱净化。将定容后的提取液加载至氨基 SPE 上，收集流出液，然后用二氯甲烷-甲醇（8+2，v/v）进行洗脱，合并流出液和洗脱液，氮气吹干，LC-Q/Trap-MS 检测，内标法定量。结果表明，16 种 ASs 线性关系良好（$r \geqslant 0.999$），LOQ 为 0.029～0.36 μg/kg，3 个添加水平（0.5 μg/kg、2.0 μg/kg 和 20 μg/kg）下的回收率为 89.9%～118%，RSD 为 6.3%～16.2%。

C. 氰基柱

Impens 等[29]建立了快速检测肾脂肪中 ASs 残留的 GC-MS/MS 方法。乙腈提取液中加入正己烷除脂，氮吹蒸干，加入 10 mL 正己烷溶解，依次加入 2.5 mL 0.1 mol/L NaOH 和 1.25 mL 1.0 mol/L mgCl₂ 进行皂化，60℃孵育 30 min，3000 r/min 离心 5 min，将上清液旋转蒸干。加入 2.5 mL 正己烷复溶，然后经氰基柱净化。氰基柱用乙酸乙酯、正己烷平衡，上样，正己烷淋洗，乙酸乙酯-正己烷（90+10，v/v）洗脱，洗脱液氮气吹干，分析物经三甲基硅醚衍生化后，GC-MS/MS 检测。方法 LOD 为 2～50 μg/kg，CC_α 为 1～6 μg/kg，CC_β 为 2～10 μg/kg。

D. 硅胶柱

Marchand 等[8]采用 GC-MS 检测肉中的超痕量 ASs。醋酸盐缓冲液（提取液）中加入葡萄糖醛酸酶/芳基硫酸酯酶，52℃酶解 15 h（pH 5.2），再转移至硅胶 SPE 柱净化。SPE 柱已经乙酸乙酯、甲醇、水活化，正己烷淋洗干扰物，正己烷-乙醚（70+30，v/v）洗脱，洗脱液旋转蒸干，衍生后，用 GC-MS 测定。该方法测得 23 种 ASs 的 LOD 为 5～100 ng/kg。

E. 氧化铝柱

Rejtharova 等[30]开发一种用于测定动物脂肪组织中 6 种 ASs（四烯雌酮、醋酸甲羟孕酮、醋酸甲地孕酮、醋酸美仑孕酮、乙酰氧基和氯地孕酮乙酸酯）残留的检测方法。采用甲醇提取，待提取液旋转蒸干后，加入 2 mL 甲苯-正己烷（5+9，v/v）溶解。采用氧化铝柱净化，上样后，氧化铝柱依次用 5 mL 甲苯-正己烷（5+9，v/v）、10 mL 甲苯和 5 mL 甲苯-乙醇（99+1，v/v）淋洗，分析物再用甲苯-乙醇（99+1，v/v）洗脱，洗脱液于 40℃下旋转蒸干。加入 0.5 mL 甲醇-水溶液（6+4，v/v）超声溶解，0.2 μm 滤膜过滤后 LC-MS/MS 测定。该方法已按照 2002/657/EC 进行验证，LOD 范围在 0.3～1.7 ng/g 之间，回收率为 80%～105%。

F. 交联葡聚糖柱

林奕芝等[24]采用 GC-MS 测定肉中雌二醇、戊酸雌二醇、炔雌醚和苯甲酸雌二醇的残留量。样品用乙腈超声提取，经二氯甲烷反萃取后浓缩至干，残留物经交联葡聚糖 LH-20 柱净化，共负荷 3 次，总量约 0.4 mL，然后洗提。弃去最先的 4.5 mL 洗提液，分取后面 5 mL，氮气浓缩至干，衍生化反应后，GC-MS 在 SIM 模式下测定。该方法 LOD 小于等于 20 ng/g，回收率为 84.6%～92.4%，CV 小于或等于 1.2%。

G. 复合用柱

在 ASs 残留净化中复合用柱应用也比较多。

Schmidt 等[31]建立了 LC-MS/MS 方法测定牛肉中 ASs。样品经过 Tris 碱化处理后进行酶解 16 h，然后用叔丁基甲醚进行提取，取有机层浓缩至干后用甲醇-水进行复溶，再用正己烷 LLP 除脂，然后 SPE 净化。首先过 HLB 柱，HLB 柱用 5 mL 甲醇和 5 mL 水活化，上样后，用 5 mL 水和 5 mL 甲醇-水（40+60，v/v）淋洗，5 mL 丙酮洗脱，收集洗脱液。再用氨基柱净化，氨基柱经 5 mL 甲醇和 5 mL 丙酮活化，将 HLB 柱洗脱液上样，收集流出液进行浓缩，复溶于乙腈-水中。该方法的 CC_α 为 0.15～0.79 μg/kg，CC_β 为 0.19～1.10 μg/kg，平均回收率为 96.0%～104.5%。Kaklamanos 等[32]建立了牛血清中 12 种 ASs 的 LC-MS/MS 检测方法。血清样品经过蛋白沉淀后，选择 HLB 柱和氨基柱分别进行净化处理。HLB 柱用甲醇-水（40+60，含 2%氨水，v/v）和水淋洗，然后用丙酮-甲醇（80+20，v/v）进行洗脱，收集洗脱液。洗脱液直接经氨基柱净化，收集流出液，浓缩至干，复溶于甲醇后上样。方法 LOQ 为 0.02～0.12 ng/mL，LOD 为 0.01～0.07 ng/mL，回收率为 70.2%～118.2%。Kaklamanos 等[7]还建立了肌肉组织中的 20 种 ASs 的 LC-MS/MS 检测方法。样品用碱水解，叔丁基甲醚提取，除脂后，用 HLB 和氨基柱分别进行净化。HLB 柱用甲醇、水活化，分别用 2%氨水溶液（含 5%甲醇）、2%氨水溶液（含 40%甲醇）淋洗，丙酮-甲醇（80+20，v/v）洗脱，收集洗脱液。洗脱液直接过氨基柱，收集流出液，氮气吹干。该方法 LOD 为 0.03 ng/g，LOQ 为 0.05～0.24 ng/g，回收率为 78.7%～119.4%。

Galarini 等[33]利用 C_{18}-氨基串联柱纯化了尿液中的诺龙。C_{18} 柱用甲醇和水进行柱前活化，45%的甲醇溶液进行洗涤，同时将串接在 C_{18} 柱下的氨基柱进行活化，以乙酸乙酯洗脱氨基柱中的分析物，氮气吹干后，复溶于乙酸乙酯后再进行衍生化，最后进行 GC-MS/MS 分析。该方法的 LOQ 为 1.9 μg/L，LOD 为 1.5 μg/L，回收率为 90%～110%。

Yang 等[34]建立了一种检测猪肉、牛肉、虾肉、牛奶和猪肝中 50 种 ASs 的 UPLC-MS/MS 残留方法。样品经酶解，甲醇提取后，加入超纯水稀释，然后采用 GCB 柱净化，GCB 柱依次用 6 mL 二氯甲烷-甲醇（70+30，v/v）、甲醇、水进行活化，上样后，用 1 mL 甲醇淋洗，真空泵抽干，接着用氨基柱净化，氨基柱用 4 mL 二氯甲烷-甲醇（70+30，v/v）进行活化，直接放在 GCB 柱下，用 8 mL 二氯甲烷-甲醇（70+30，v/v）进行洗脱，将洗脱液氮吹至干，分析物加入 1 mL 甲醇-水（1+1，v/v）复溶后，用 UPLC-MS/MS 分析。方法 LOQ 为 0.04～2.0 μg/kg，平均回收率为 76.9%～121.3%，RSD 为 2.4%～21.2%。

3）免疫亲和色谱（immunoaffinity chromatography，IAC）

IAC 的原理是将抗体固定在固相载体材料上，制成免疫亲和吸附剂，将样品溶液通过吸附剂，样品中的目标化合物因与抗体发生免疫亲和作用而被保留在固相吸附剂上。然后用缓冲液或有机溶剂作为洗脱剂，使目标化合物与抗体解离，从而使目标化合物被萃取和纯化。与传统的 SPE 相比，利用抗原-抗体结合机制进行净化的 IAC 柱具有更好的选择性，净化效果好，可重复多次使用，但是一般只能用于单组分或特定种类化合物残留的净化。

徐燕等[35]将去氢甲睾酮多克隆抗体同 CNBr-Sepharose 4B 进行偶联，制成了对去氢甲睾酮具有特异性免疫性吸附的 IAC 柱，并优化了制备和使用条件；同时，用间接竞争酶联免疫（ELISA）和 HPLC 法对该 IAC 柱的性能进行了评价。CNBr-Sepharose 4B 偶联抗体的最佳反应时间为 2.5 h，抗体最佳初始质量浓度为 0.5 mg/mL，IAC 的柱容量约为 1700 ng DMT/g 干胶，最佳洗脱溶液为 80%甲醇溶液。该柱平均加标回收率为 97.87%，重复使用三次后，回收率仍不低于 90%。Gasparini 等[36]建立了一种同时检测牛尿中诺龙、群勃龙残留的 LC-MS/MS 确证分析方法。牛尿用 β-葡糖苷酸酶过夜酶解，冷却至室温后，离心收集上清液，过 IAC 柱净化。IAC 柱用淋洗液活化后上样，淋洗液和水淋洗，甲醇-水（70+30，v/v）洗脱，氮气吹干，甲醇-水（50+50，v/v）复溶上样。方法 CC_α 为 0.54～0.60 μg/L，回收率大于 64%，批间 RSD 为 1.6%～5.7%，批内 RSD 为 1.6%～6.0%。

4）凝胶渗透色谱（gel permeation chromatography，GPC）

GPC 是根据分析物的相对分子质量或者体积进行分离，相对分子质量大的先流出，相对分子质量小的后流出，适用于脂肪等大分子物质中小分子药物的净化。Kaklamanos 等[37]采用 GPC 净化了肾脂肪中促孕激素（醋酸甲羟孕酮、醋酸甲地孕酮和醋酸美仑孕酮）。样品经正己烷稀释后，加入二氯甲烷，再用 GPC 净化。GPC 采用 1000 mm×25 mm 内径玻璃色谱柱，填充生物珠（S-X3，200～400 目）进行净化，流速为 5 mL/min，最大耐受压力 150 psi，紫外检测波长设定为 254 nm。收集 35～44 min 流出液，40℃水浴旋转蒸干，复溶后，反相 LC-MS/MS 分析。该方法的 CC_α 为 0.20～0.22 ng/g，CC_β 为 0.33～0.38 ng/g，回收率为 72.0%～89.2%。

5）基质固相分散萃取（matrix solid phase dispersion，MSPD）

MSPD 是一种快速、简单、廉价、高效耐用的样品处理技术，其基本操作是把样品直接与适量的反相键合硅胶一起混合研磨，使样品被均匀分散于固定相颗粒表面制成半固态，装入层析柱中，然后采用类似 SPE 的操作进行洗涤和洗脱。MSPD 避免了样品匀化、转溶、乳化、浓缩造成的待测物损失。MSPD 技术使用样品量少，要求检测方法具有较高的灵敏度。Dong 等[38]开发了基于 MSPD 原理的净化技术，净化水产品中的雌激素。采用乙腈提取鱼肉和虾肉中 4 种雌激素（17β-雌二醇、雌三醇、4-羟雌二醇和 2-甲氧基雌二醇），涡动混匀，再加入硫酸镁和氯化钠，混匀后，冷冻离心。将上清液转移，加入 50 mg 乙二胺-N-丙基硅烷（PSA）和 100 mg 无水硫酸镁，涡动混匀后离心。上清液过膜后，直接采用 HPLC-荧光检测器（FLD）分析。4-羟雌二醇平均回收率为 60%，其他 3 种药物平均回收率高于 80%，日内 RSD 小于 12%。

6）涡流色谱萃取（turbulent flow chromatography，TFC）

涡流色谱技术是利用大粒径填料使流动相在高流速下产生涡流状态，从而对生物样品进行净化与富集。现已经发展成为一种直接进样、快速净化和分离生物样品的前处理技术。Moeller 等[39]开发和验证了一种定量检测马血清中 35 种 ASs 的方法，可同步检测血清中的雄激素、雌激素、孕激素及其代谢产物。该方法采用二维液相系统（2D-LC），在线 TFC 提取，带有电喷雾离子源（ESI）的 LC-MS/MS 测定，通过 SRM 或选择离子监测（SIM）对分析物进行鉴定和定量。2D-LC-TFC-MS/MS 具体参数：一维分离时采用 Thermo Cyclone P 提取柱（50 mm×0.5 mm，60 μm）进行稀释血清样品提取，二维分离采用 ACE C_{18} 分析柱（100 mm×2.1 mm，3 μm）进行反相梯度洗脱，柱温为 30℃；流动相分别为 0.2%甲酸溶液、甲醇、乙腈-异丙醇-丙酮（60+30+10，v/v）和含 0.1%氨水的水-乙腈（98+2，v/v）；四元泵用于在线样品提取，二元泵用于反相梯度分离。进样后，血清中分析物经 TFC 提取，然后转移至二维色谱分离，采用 MS/MS 检测。该研究对分析物的回收率及基质效应进行了评价，大多数分析物的日间及日内 CV 均低于 20%，准确度差异在 20%以内；其 LOD 及 LOQ 分别为 0.025～10 ng/mL 和 0.125～25 ng/mL。该方法已应用于英国良种马内源性甾醇类物质的监测。

（4）衍生化方法

由于 ASs 的沸点高不易挥发，通过化学衍生可以增加样品的挥发度或提高检测灵敏度，从而利于气相色谱（GC）检测，在 ASs 的残留检测中通常采用硅烷化和酰化等衍生法。而 HPLC 的化学衍生法则是在一定条件下利用化学衍生试剂或标记试剂与样品组分进行化学反应，产物有利于检测或分析[40]。衍生化方法主要有：硅烷化法、酰化法、酯化法、卤化法、环化法。

1）硅烷化衍生

硅烷化是 ASs 最普遍的衍生化方式，常用的硅烷化试剂有：三甲基硅烷（TMS）、双（三甲基硅烷基）氟乙酰胺（BSTFA）、N-甲基-N-三甲基硅烷基三氟乙酰胺（MSTFA）和 N,O-双（三甲硅基）乙酰胺（BSA）等。ASs 结构中凡含活泼氢原子基团均可发生硅烷化反应，如羟基、酚羟基、可烯醇化的酮基、氨基、羧基、硫酸等，生成 TMS 醚、TMS 烯醇醚、TMS 胺或 TMS 酯衍生物。一般还需加入催化剂以提高对位阻基团的硅烷化能力。常用的催化剂包括叠氮基三甲基硅烷、N-三甲基咪唑（TMSim）、三甲基氯硅烷（TMCS）、三甲基碘硅烷（TMIS）和乙酸钾。除乙酸钾外，大部分催化剂自身也是硅烷化试剂。TMCS 和 TMIS 可产生卤酸，反应液中需加入酸受体物质，如吡啶等。目前，ASs 残留检测主要采用 MSTFA 进行硅烷化衍生。

Marchand 等[8]采用 GC-MS 检测肉中的超痕量 ASs。SPE 洗脱液旋转蒸干后，通过液液分配将 ASs 分为两类：含 D4-3-酮类和酚结构类。D4-3-酮类具体衍生条件：加入 MSTFA-TMIS-DTT（1000+5+5，v/v/w）60℃孵育 40 min；酚结构类具体衍生条件：MSTFA-I_2（1000+4，v/v），室温反应，再用 GC-MS 测定。该方法测得 23 种 ASs 的 LOD 为 5～100 ng/kg。

Impens 等[41]建立了检测肾脂肪和肉中雌激素、孕激素和雄激素残留的 GC-MS/MS 方法。SPE 洗脱液氮气吹干后，采用 MSTFA 进行衍生。将样品转移至自动进样小瓶内，氮气吹干，加入 25 μL mSTFA 涡动混匀，进行衍生后，用气相色谱-离子阱-多级质谱法（GC-IT-MS^n）检测。该方法测得雌激素、孕激素和雄激素的 CC_α 为 0.5～5 μg/kg，CC_β 为 0.5～2.5 μg/kg。

Yamada 等[42]报道了采用 GC-MS/MS 同时检测马尿中多种蛋白同化类固醇主要代谢物的方法。尿液经 β-葡萄糖醛酸酶水解后，用 Sep-Pak C_{18} Plus SPE 柱净化，洗脱液氮气吹干后，加入叠氮基三甲基硅烷，80℃衍生化反应 30 min 后，用 GC-MS/MS 在 MRM 模式下检测。方法 LOD 为 5～50 ng/mL，平均回收率为 71.3%～104.8%，CV 为 1.1%～9.5%。

Kootstra 等[43]建立了尿液中 ASs 多残留检测的 GC-MS 方法。该方法采用 TMS 进行衍生，主要用于定性和半定量分析低剂量的 ASs。衍生化条件为：加入 30 μL TMS，60℃孵育 1 h，衍生化产物氮气吹干（60℃），加入异辛烷超声溶解后，GC-MS 检测。该方法在添加浓度为 1 μg/L 时，测得 ASs 的 CC_α 为 0.06～0.77 μg/L，CC_β 为 0.09～0.46 μg/L；添加浓度为 2 μg/L 时，测得 ASs 的 CC_α 为 0.26～0.54 μg/L，CC_β 为 0.44～0.92 μg/L，准确度为 92.6%～122.2%。

2）酰化衍生

酰化也是较为常用的衍生化方法，主要针对 ASs 的羟基、可烯醇化的酮基和氨基。衍生化试剂可分为三类：酰氯、全氟代酸酐和含有活性酰基的化合物（如酰基咪唑）。常用的酰化试剂有七氟丁酸酐（HFBA）、五氟苯甲酰氯、N-甲基-双-三氟代乙酰胺和三甲基乙酸酐等。酰化衍生物易于制备，一般将待测物溶于吡啶或四氢呋喃，加入过量的酰化剂即可。

曾东平等[13]建立了猪肌肉中甲基睾酮、炔诺酮、17α-乙炔雌二醇、雌二醇、6α-甲基-17α-羟基孕酮、苯甲酸雌二醇和醋酸氯地孕酮等 8 种性激素残留的 GC-MS 检测方法。猪肌肉样品经过乙醚提取，氨基 SPE 柱净化，浓缩后，加入 50 μL hFBA-丙酮（1+4，v/v），于 60℃静置衍生反应 1 h，再加入 700 μL 甲苯和 500 μL 双蒸水，混匀离心后取上层供 GC-MS 检测。在 2.5～50 μg/kg 浓度范围保持良好线性，相关系数大于 0.97；在 2.5 μg/kg、10 μg/kg、50 μg/kg 添加水平下，8 种性激素的回收率为 67.7%～148%；方法 LOD 为 0.94～2.41 μg/kg，LOQ 为 3.13～8.03 μg/kg。李青等[44]采用乙醚和石油醚提取畜禽肉及内脏中的雌二醇，在净化、吹干的试样残渣中加入 1 mL 衍生剂 HFBA，超声 20 min，氮气吹干，再加入 0.5 mL 异辛烷，混匀后 GC-电子捕获检测器（ECD）检测。方法 LOD 为 0.5 μg/kg，回收率为 84.0%～93.0%。

我国国家标准 GB/T 22967—2008[45]、GB/T 20749-2006[46]分别检测牛奶、奶粉中 β-雌二醇残留量和牛尿中 β-雌二醇残留量。样品经过 β-葡糖苷酸酶和芳基硫酸苷酶水解和 HLB SPE 柱净化后，洗脱液氮气吹干后，用五氟苯甲酰氯于 60℃衍生化 15 min，再用 GC-MS 测定，内标法定量。牛奶和牛尿的 LOD 均为 0.25 μg/kg，奶粉的 LOD 为 2 μg/kg，牛奶中回收率为 84.1%～95.3%。

3）羟胺衍生化

羟胺衍生化又称为肟化。肟是含有羰基的醛、酮类化合物与羟胺类物质作用生成的一类化合物。羟胺衍生化是根据甾体类激素的酮基可提供进行亲核加成部位的性质，以羟胺类物质为衍生化试剂，将甾体类激素的酮基在一定条件下与羟胺类物质进行亲核加成反应，生成肟类物质。常见的试剂如盐酸羟胺、O-甲基羟胺、O-苯基羟胺、O-丁基羟胺、O-五氟苄基羟胺，生成肟或烷基肟，也常作为保护 ASs 酮基的方法。

Regal 等[47]建立了牛血清中雌激素的 LC-MS/MS 检测方法。血清样品经乙腈提取和正己烷除脂，氮气吹干，然后用 1.5 mol/L 羟胺溶液（pH 10）进行羟胺衍生化，90℃反应 30 min，衍生化产物用叔丁基甲醚提取，浓缩后复溶于甲醇-水中，最后用 LC-MS/MS 分析。方法 $CC_α$ 为 6.00～19.46 ng/L，$CC_β$ 为 11.84～33.02 ng/L。

4）其他衍生方法

Athanasiadou 等[48]对增强 ESI 电离的化学衍生化方法进行了综述，具有很好的参考意义。以 19-去甲雄酮为例，分别列举了其羰基（图 8-4）、羟基（图 8-5）可发生的化学衍生化方法及衍生化产物。

8.1.4.2　测定方法

有关动物源基质中 ASs 残留检测方法的报道很多，主要是免疫分析法和色谱分析法。免疫分析法主要有酶联免疫测定法（ELISA）、放射免疫测定法（RIA）和胶体金免疫试纸法（GICA）；色谱分析法主要有气相色谱法（GC）、气质联用法（GC-MS）、高效液相色谱法（HPLC）和液质联用法（LC-MS）。长期以来，GC-MS 和 ELISA 一直是 ASs 残留分析的主要手段；但近年来，HPLC 和 LC-MS 的应用越来越多，新的筛查技术（如分子生物学检测方法）也开始有研究报道。

（1）气相色谱法（gas chromatography，GC）

GC 以气体为流动相，用于残留药物的检测，具有高效能、高选择性、高灵敏度、分析速度快和应用范围广等特点。对于 ASs 残留分析，较早之前有过相关报道，但已逐渐被 GC-MS 方法取代。李青等[44]建立了 GC-ECD 测定畜禽肉及内脏中雌二醇残留量的方法。采用乙醚和石油醚提取，旋转蒸干后，石油醚溶解残渣，甲醇-水（4+1，v/v）LLP 净化，在吹干的试样残渣中加入 1 mL HFBA，超声 20 min，再用氮气吹干，加入 0.5 mL 异辛烷，混匀后 GC-ECD 检测。色谱柱为 SE-54，载气为氦气，进样口温度为 290℃，检测器温度为 300℃。方法 LOD 为 0.5 μg/kg，回收率为 84.0%～93.0%。

（2）气相色谱-质谱联用法（gas chromatography-mass spectrometry，GC-MS）

GC-MS 法是目前 ASs 残留检测中采用较多的方法。在各国颁布的标准方法中，GC-MS 通常作为其最后的确证方法。ASs 可以采用电子电离（EI）和化学电离（CI）的方式检测。

1）电子电离（EI）

Fritsche 等[49]建立了牛肌肉组织中雄激素、雌激素的 GC-MS 检测方法。极性 ASs 通过甲醇-水混合液提取后，用 C_{18} SPE 柱净化，而非极性 ASs 则需要氨基柱进一步净化，最后混合后用 MSTFA-TMIS-DTE（1000+2+2，v/v）硅烷化衍生，GC-MS 测定。分析柱为 DB-5 mS 毛细管柱，载气为氦气，进样口温度 260℃，质谱接口温度 290℃，EI 源，电子能量为 70 eV，离子源温度为 180℃。该方法 LOD 为 0.02～0.1 μg/kg，C_{19} 和 C_{21} 甾类激素的添加回收率分别为 56%～79%和 54%～114%。Seo 等[50]用 GC-MS 同时测定了鸡肉中的雌二醇、睾酮等多种激素。样品经甲醇-水超声波提取，冷冻后过滤除脂，C_{18} SPE 柱净化后，GC-MS 测定。DB-1 mS 柱分离，载气为氦气，进样口温度为 250℃，质谱接口温度为 280℃，EI-SIM 模式检测。方法 LOD 可达 0.1～0.4 μg/kg，合成和天然生长激素的总体回收率为 68%～106%。Marchand 等[8]利用 GC-MS 检测肉中的 23 种 ASs。通过 LLP 将 ASs 分为两类：含 D4-3-酮类和酚结构类。两类化合物分别在 60℃和室温，分别用 MSTFA-TMIS-DTT 和 MSTFA-I₂ 进行衍生，再用 GC-MS 测定。酚结构药物用 MN-δ3 柱分离，D4-3-酮类药物用 OV-1 柱分离，进样口温度为 250℃。该方法的 LOD 为 5～100 ng/kg。陈捷等[51]建立了不同动物肌肉组织中 ASs 残留的 GC-MS 检测方法。样品经组织捣碎、用 β-葡糖苷酸酶/芳基硫酸酯酶溶液酶解和超声提取后，用叔丁基甲醚萃取，再进行反相 SPE 净化，衍生化后进行 GC-MS 测定。采用 DB-1 毛细管柱分离，载气为 He，不分流进样，进样口温度 280℃，接口温度 280℃，EI 源，溶剂延迟 10 min。该方法 LOD 可达 1.0～2.0 μg/kg；在 2.0 μg/kg 添加水平上，平均回收率可达 62.5%～80.5%，RSD 为 12.5%～26.8%。Kootstra 等[43]建立了尿液中 ASs 多残留检测的 GC-MS 方法。采用了两种不同的衍生化试剂：HFBA 和 TMS，主要用于定性和半定量分析低剂量的 ASs。质谱条件为：He 为载气，Factor Four VF-17MS 色谱柱分离，EI 离子源，SIM 模式检测，质谱源温度为 250℃，四极杆温度为 120℃，进样口温度分别为 260℃（HFBA 衍生化产物）和 250℃（TMS 衍生化产物）。该方法在添加浓度为 1 μg/L 时，测得 ASs 的 CCα 为 0.06～0.77 μg/L，CCβ 为 0.09～0.46 μg/L；添加浓度为 2 μg/L 时，测得 ASs 的 CCα 为 0.26～0.54 μg/L，CCβ 为 0.44～0.92 μg/L。

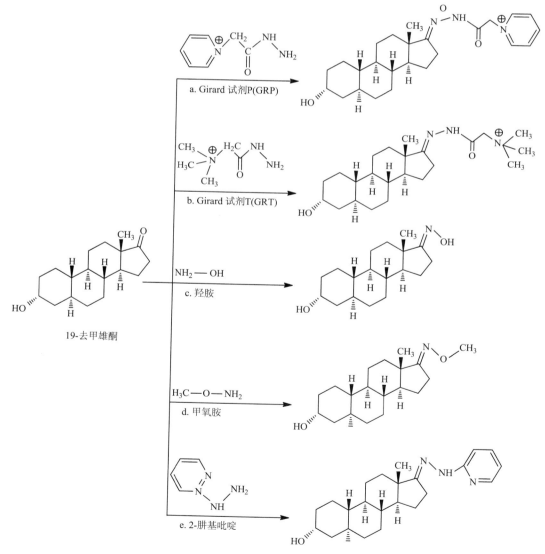

图 8-4　19-去甲雄酮羰基衍生化反应及其产物[48]

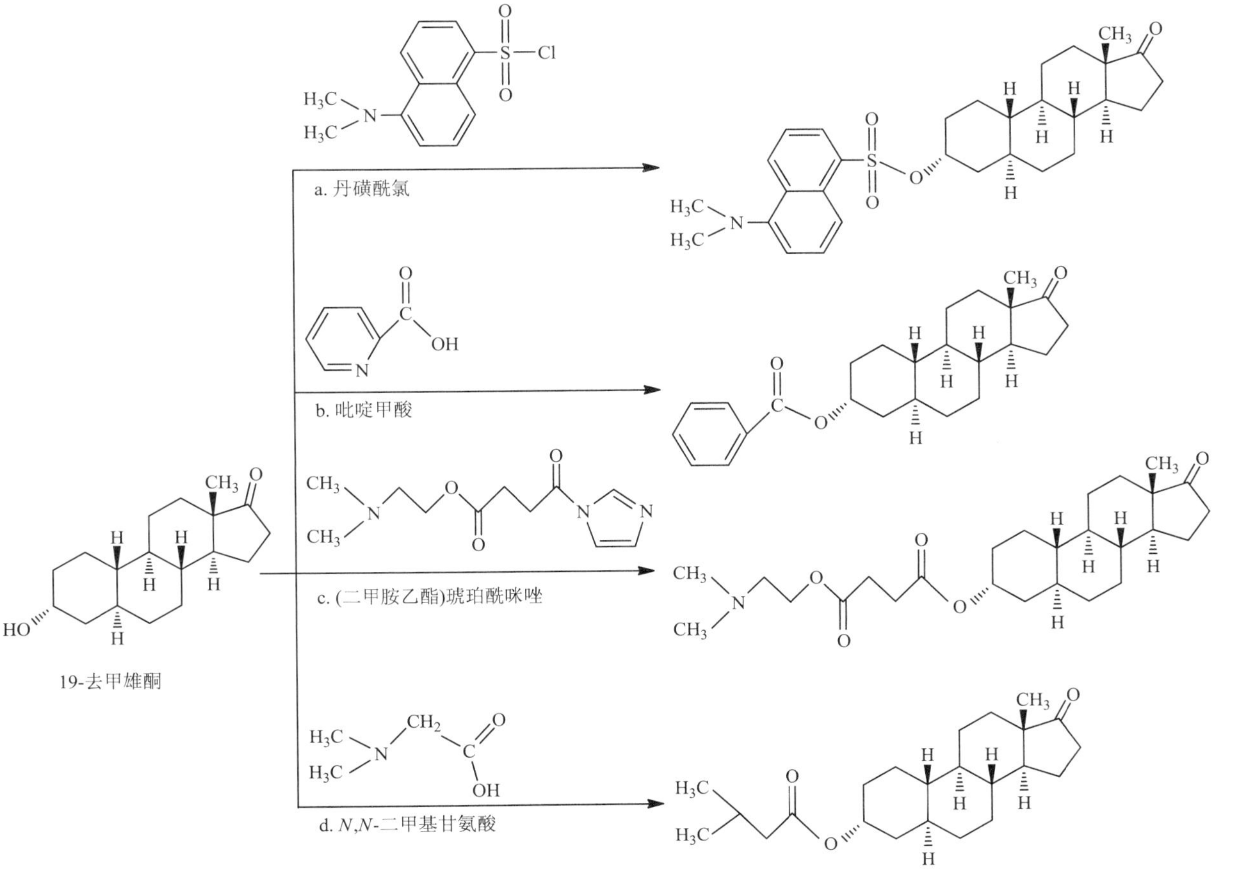

图 8-5 19-去甲雄酮羟基衍生化反应及其产物[48]

Yamada 等[42]报道了采用 GC-MS/MS 同时检测马尿中蛋白同化类固醇主要代谢物的方法。尿液经 β-葡萄糖醛酸酶水解后,用 Sep-Pak C$_{18}$ Plus SPE 柱净化,再经叠氮基三甲基硅烷衍生化后,GC-MS/MS 离子源为 EI 源,在 MRM 模式下检测。该方法的 LOD 为 5~50 ng/mL,平均回收率和 CV 分别为 71.3%~104.8%、1.1%~9.5%。Gaillard 等[52]采用 GC-MS/MS 方法检测了人头发中的 ASs。采用甲醇提取,碱性水解后,再用乙酸乙酯提取,用氨基柱和硅胶柱进行 SPE 净化,MSTFA 衍生化反应后,GC-MS/MS 分析。CP SIL 8 CB 色谱柱分离,载气为氦气,脉冲不分流进样,质谱接口温度为 300℃,离子源温度为 160℃,四极杆温度为 70℃,初始炉温为 80℃;EI 电离,碰撞气为 Ar。方法 LOD 小于等于 6.2 ng/g,平均添加回收率在 61%~94%之间,日内 CV 小于 15.2%。Rambaud 等[6]建立了人头发中 ASs 多残留检测方法。Δ4-3 酮类化合物用 MSTFA-TMIS-DTE(1000+5+5,v/v/w)衍生,群勃龙用 MSTFA-I$_2$ 衍生化,苯酚类固醇用 MSTFA 衍生后,GC-MS/MS 分析。用 OV-1 毛细管柱分离,载气为 He,脉冲不分流进样,质谱接口温度为 320℃,碰撞气为 Ar,EI 电离后采用 SRM 模式分析。方法 LOQ 可达 0.1~10 μg/kg,平均回收率为 50%。

Impens 等[53]建立了牛尿中 ASs 多残留的气相色谱-离子阱质谱(GC-MS^n)检测方法。采用非极性 BPX-5 柱(25 m×0.22 mm,ID 0.25 μm)分离,氦气作为载气,程序升温,进样口温度为 250℃,分流室气流速度为 60 mL/min,采取无分流进样模式;离子源温度 200℃,传输线温度 275℃,EI 电离,离子化能量为 70 eV。当 GC-MS^2 分析时,测得 17 种 ASs 的 CC$_β$ 为 1~10 μg/L;GC-MS^3 分析时,测得 CC$_β$ 为 2~10 μg/L,可用于 ASs 常规检测。

2)化学电离(CI)

我国国家标准 GB/T 22967—2008[45]采用 GC-负化学电离源(NCI)-MS 检测牛奶和奶粉中 β-雌二醇残留量。样品经过 β-葡糖苷酸酶和芳基硫酸苷酶水解和 HLB SPE 柱净化后,用五氟苯甲酰氯衍生化（60℃放置 15 min），再用 GC-NCI-MS 在 SIM 模式下测定，色谱柱为 HP-5MS（30 m×0.25 mm，0.25 μm），载气为氦气，梯度洗脱，流速 1.0 mL/min，选择离子监测，进样量 1 μL，D4-β-雌二醇为内标定量。牛奶的 LOD 为 0.25 μg/kg，奶粉的 LOD 为 2 μg/kg。GB/T 20749—2006[46]采用类似的方法测定了牛尿中的 β-雌二醇。

动物源基质中 ASs 的部分 GC-MS 残留检测方法见表 8-5。

表 8-5　动物源基质中 ASs 的部分 GC-MS 残留检测方法

ASs 药物	基质	水解类型	样品前处理	测定技术	方法学指标	文献
17β-ES，PG 等	肉牛肌肉	—	提取：甲醇溶液； 净化：冷冻脂肪过滤，C8 柱、Si-NH2 柱； 衍生化：MSTFA+NH4I+DTE	GC-EI-QqQ-MS	LOD：0.1～0.4 μg/kg	[50]
ETS，PG，ESN，EST，17β-ES 等	牛肌肉	—	提取：甲醇溶液； 净化：C8 柱、Si-NH2 柱； 衍生化：MSTFA+TMIS	GC-EI-QqQ-MS	LOD：0.02～0.1 μg/kg 回收率：56%～95%	[54]
BOL，CHM，17α-/17β-ES，EES，NOR，MED，MEG，MTS，NOR，NOG，PG，17β-TRE，CTS 等	牛肌肉、尿	肌肉：枯草杆菌 A 蛋白酶 尿：无	肌肉： 提取：乙醚； 衍生化：HFBA；MSTFA+DTE 尿： 提取：C18 柱； 净化：C18 柱、NH2 柱； 衍生化：HFBA；MSTFA+DTE	GC-EI-QqQ-MS	LOD：0.1～3.6 μg/kg	[55]
TRE，NOE，MTS，EES，PG，MEL，CHM，MED，MEL 等	肝，肌肉	β-葡糖苷酸酶	提取：醋酸盐缓冲液（0.2 mol/L，pH 5.2）； 净化：Envi-ChromP 柱、Si-NH2 柱； 衍生化：MSTFA+TMIS+DTT；MSTFA-I2	HRGC-EI-QqQ-MS	LOD：5～100 ng/kg	[56]
17α-/17β-TRE，17α-/17β-NT，NOE，MTS，EES 等	肝，肌肉	*Helix pomatia* 酶	提取：甲醇+醋酸盐缓冲液； 净化：Envi-ChromP 柱、Si-NH2 柱； 衍生化：MSTFA+TMIS+DTT；MSTFA-I2	HRGC-EI-QqQ-MS	LOD：5～100 ng/kg	[8]
MTS，BOL，CTS，TRE，PNT，MED，CHM，MEG，MEL 等	板油、肉	—	提取：醋酸钠缓冲液，微波热溶解，甲醇溶液； 净化：Si-NH2 柱； 衍生化：MSTFA^{2+}	GC-EI-IT-MS^n	LOD：0.5～5 μg/kg	[41]
MTS，BOL，CTS，TRE，NOE，MED，CHM，MEG，MEL 等	板油	—	提取：热溶解+乙腈溶液； 净化：CN 柱； 衍生化：MSTFA^{2+}	GC-EI-IT-MS^n、GC-MS/MS	LOD：1～6 μg/kg	[29]
17β-ES，MEG 等	肉	—	提取：乙腈、异丙醇； 净化：C18 柱； 衍生化：DTE+TMIS+MSTFA	GC-EI-IT-MS^n、GC-MS/MS	LOD：0.1～0.4 μg/kg	[57]
MTS，NOR，EES，BOL，17β-ES，ESN，EST，PG，MEG，CHM 等	猪尿	β-葡糖苷酸酶	提取：乙腈（中性条件）； 净化：C18 柱、NH2 柱； 衍生化：HFBA	GC-EI-QqQ-MS、GC-MS/MS	LOD：0.25 μg/kg 回收率：77%～111%	[58]
17α-EES，EST，PTS，17β-ES，ESN，MED，PG，PTS，CHM，BES 等	饲料	—	提取：乙腈溶液超声； 净化：C18 柱； 衍生化：HFBA，微波加速衍生	GC-EI-QqQ-MS	LOD：1.05～8.27 μg/kg 回收率：58.1%～111%	[59]

注：QqQ-MS 为三重四极杆质量分析器；IT-MS^n 为离子阱质量分析器

（3）高效液相色谱法（high performance liquid chromatography，HPLC）

HPLC 是 20 世纪 70 年代发展起来的一种高效、快速的分离分析技术，可同时测定多种激素残留。与 GC 相比较，HPLC 不受样品挥发性和热稳定性的限制，特别适合于高沸点、大分子、强极性和热稳定性差的化合物的分离分析，缺点是检测灵敏度稍差，溶剂消耗量大，且很多溶剂对人体健康有一定的损害。主要采用的检测器有紫外检测器（ultraviolet detector，UVD）/二极管阵列检测器（diode-array detector，DAD）和荧光检测器（Fluorescence Detector，FLD）。

1）UVD/DAD 检测

郁倩[60]建立了畜禽肉中同时检测雌三醇、雌二醇、炔雌醇和雌酮等 4 种 ASs 的 HPLC 方法。色谱分离采用 Eclipse XDB C$_{18}$（4.6 mm×150 mm，5 μm）色谱柱，流动相为乙腈和水，梯度洗脱，流速 1.0 mL/min，DAD 在 210 nm 检测。4 种雌激素分离效果良好，标准曲线相关系数 r 大于 0.9993，方法 LOD 为 3.9~4.9 ng/g，回收率为 68%~106%，RSD 小于 6%。Liu 等[61]建立了猪肉中醋酸群勃龙、β-群勃龙的 HPLC 分析方法。样品用水和乙酸乙酯匀质，振荡分层后，有机相用无水 Na$_2$SO$_4$ 干燥，再经硅胶柱净化后，HPLC-UVD 检测。采用 Capcell pak C$_{18}$ 色谱柱（250 mm×4.6 mm i.d.，5 μm）分离，甲醇-水（70+30，v/v）等度洗脱，流速 1.0 mL/min，检测波长为 340 nm。醋酸群勃龙、β-群勃龙的 LOD 分别为 0.12 μg/kg 和 0.22 μg/kg，LOQ 分别为 0.37 μg/kg 和 0.66 μg/kg，RSD 小于等于 13.25%。邹琴[62]建立了罗非鱼中甲基睾酮残留测定的 HPLC 方法。样品经乙醚超声提取，石油醚净化，以 ODS-C$_{18}$ 柱分离，77%甲醇溶液为流动相，流速 1.0 mL/min，UVD 检测波长为 254 nm，外标法定量。该方法在 40~10000 μg/L（μg/kg）范围内线性关系良好，LOD 在 3~27 μg/L（μg/kg）范围内，LOQ 在 8~80 μg/L（μg/kg）范围内；平均加标回收率在 75.9%~94.1%之间，CV 在 1.31%~6.63%之间。

吴启陆等[63]对鸡蛋中雌二醇、雌酮、雌三醇和睾酮等 4 种 ASs 的残留检测方法进行了研究。用甲醇提取，上清液用 0.22 μm 微孔滤膜过滤后，HPLC-UVD 检测。色谱柱为 ZORBAX EcLipse XDB-C$_{18}$ 柱，流动相为乙腈-甲醇-四氢呋喃-0.01 moL/L 醋酸钠溶液（20+20+10+50，v/v），等度洗脱，流速 1.0 mL/min，检测波长为 270 nm。方法 LOD 为 0.01 μg/mL，平均回收率为 75.8%~104.3%。

Koole 等[64]报道了牛尿中 ASs 的 HPLC 多残留检测方法。采用 HypersilÒ ODS（150 mm×4.6 mm i.d.，5 μm）分析柱，乙腈和水为流动相，梯度洗脱，DAD 在 190~400 nm 范围检测。雄激素的 LOD 为 0.5~5 ng，雌激素为 5~10 ng。

2）FLD 检测

Dong 等[38]建立了检测鱼和虾中雌二醇、雌三醇、4-羟雌甾二醇和 2-甲氧基雌二醇的 HPLC-FLD 方法。样品经乙腈提取，MSPD 净化，HPLC-FLD 测定。分析柱为 vp-ODS-C$_{18}$ 柱，流动相为甲醇-水（65+35，v/v）溶液，流速 1.0 mL/min，激发波长为 280 nm，发射波长为 310 nm。除 4-羟雌甾二醇为 60%外，其他 3 种雌激素的回收率均大于 80%，仪器精密度小于 8%，方法精密度小于 13%，LOD 为 0.02~0.44 μg/mL，LOQ 为 0.06~1.34 μg/mL，可用于水产样品中雌激素定量分析研究。

（4）液相色谱-质谱联用法（liquid chromatography-mass spectrometry，LC-MS）

针对 ASs 的残留分析，GC 技术需要进行衍生化，样品的前处理相对比较麻烦；而随着 LC-MS 技术的发展，越来越多的研究人员将这一技术应用到 ASs 的残留分析中，样品一般不需要衍生化，而且可以对待测物进行定性和定量分析。LC-MS 既可以采用电喷雾电离（ESI），也可以采用大气压化学电离（APCI），已逐渐成为分析 ASs 残留的主要手段。

1）电喷雾电离（ESI）

黄士新等[65]用液相色谱-单四极质谱（LC-MS）法分析了猪尿中的丙酸睾酮。色谱柱为 Waters Sunfire™ C$_{18}$ 柱，流动相为乙腈-0.2%甲酸（81+19，v/v），ESI 电离，正离子扫描，SIM 模式定量检测。该方法在 1~100 μg/L 的浓度水平上，平均回收率为 70.13%~83.33%，LOD 为 1.0 μg/L。

黄冬梅等[66]建立了水产品中苯丙酸诺龙和诺龙残留量的 LC-MS/MS 检测方法。色谱柱为 CAPCELL PAK C$_{18}$ 柱，流动相为 0.1%甲酸溶液和 0.1%甲醇溶液，梯度洗脱，流速 0.25 mL/min，ESI 正离子模式电离，MRM 扫描。在 0.005~0.25 μg/mL 范围内线性关系良好；在不同浓度添加水平下，两种激素的回收率分别为 84.2%~91.3%、76.8%~98.6%，RSD 分别为 6.8%~13.6%、3.3%~11.3%；LOD 均为 5.0 μg/kg。徐锦忠等[12]建立了鸡肉和鸡蛋中合成类固醇类激素睾酮、甲基睾酮、群勃龙、去氢睾酮、诺龙、美睾酮、康力龙、丙酸诺龙、丙酸睾酮及苯丙酸诺龙的 LC-MS/MS 多残留检测方法。用 C$_{18}$ 色谱柱分离，以甲醇和 0.1%甲酸水溶液作为流动相，梯度洗脱，流速 0.25 mL/min，ESI 电离，在

SRM 模式下定性及定量分析。方法的 LOQ 为 0.5 μg/kg，平均回收率为 73.4%～108.9%，RSD 为 3.4%～13.4%。陈晓红等[67]建立了牛奶中 21-羟基孕酮、17-羟基孕酮、炔孕酮、甲羟孕酮、醋酸甲地孕酮、醋酸氯地孕酮、醋酸甲羟孕酮和孕酮等 8 种孕激素残留的 UPLC-MS/MS 检测方法。色谱柱为 Shim-pack XR-ODS II 柱，流动相为 0.1%甲酸（含 5 mmol/L 乙酸铵）和 90%乙腈溶液，梯度洗脱，流速 0.25 mL/min，ESI 电离，正离子扫描，MRM 检测。在 0.5～50.0 μg/kg 范围内具有良好的线性，相关系数大于 0.999，LOQ 在 0.1～0.5 μg/kg 之间，添加回收率为 73.0%～97.5%。Regal 等[47]建立了牛血清中雌激素（苯甲酸雌二醇）的 LC-MS/MS 检测方法。样品经 1.5 mol/L 羟胺溶液（pH 10）羟胺衍生化后，用 LC-MS/MS 分析。HPLC 分离柱为 Synergi 2.5 μm Fusion-RP 100A（100 mm×2 mm）柱，流动相为水和甲醇（均含 0.1%甲酸），梯度洗脱，流速 1.0 mL/min，采用 ESI、正离子扫描，MRM 检测。方法 CC_α 为 6.00～19.46 ng/L，CC_β 为 11.84～33.02 ng/L。Nielen 等[68]利用 LC-MS/MS 法分析牛毛发中的睾酮含量。色谱柱为 Waters Symmetry C_8 柱，流动相为乙腈-水-甲酸（80+20+2，v/v）和乙腈-甲酸（100+2，v/v），梯度洗脱，流速 0.3 mL/min，采用 ESI、正离子扫描，MRM 模式定量检测。该方法的 LOD 可达到 2～5 ng/g，回收率在 97%～105%之间。

张鸿伟等[28]建立了同时检测肌肉中 16 种 ASs 的 LC-Q/Trap-MS 方法。采用 CAPCELL PAK C_{18} MG III 柱（150 mm×2.0 mm，5.0 μm）分离，0.1%甲酸-乙腈溶液和 0.1%甲酸-5 mmol/L 甲酸铵为流动相，梯度洗脱，流速为 0.4 mL/min，采用 ESI 电离，正离子模式，预设定 MRM-信息依赖性采集（IDA）-增强子离子扫描（EPI）模式检测，在线 EPI 谱库确证，内标法定量。16 种 ASs 线性关系良好（r≥0.999），LOQ 为 0.029～0.36 μg/kg，3 个添加水平（0.5 μg/kg、2.0 μg/kg 和 20 μg/kg）下的回收率为 89.9%～118%，RSD 为 6.3%～16.2%。

2）大气压化学电离（APCI）

Kaklamanos 等[7]建立了检测肌肉中 20 种 ASs 的 LC-MS/MS 方法。样品经水解、叔丁基甲醚提取，正己烷 LLP 净化，HLB 和氨基 SPE 柱净化后，用 LC-MS/MS 检测。色谱柱为 ODS C_{18} 柱（150 mm×4.6 mm，5 μm），流动相为水和甲醇，梯度洗脱，流速为 0.7 mL/min。APCI 电离源进行正负离子扫描，MRM 模式定量。20 种 ASs 的 CC_α 为 0.03～0.14 μg/kg，CC_β 为 0.05～0.24 μg/kg，回收率为 78.8%～119.4%，RSD 为 1.9%～14.1%。Vanhaecke 等[11]建立了牛肉中 34 种 ASs（10 种雌激素、14 种雄激素和 10 种孕激素）残留的 UPLC-MS/MS 检测方法。用 Hypersil 色谱柱（100 mm×2.1 mm，1.9 μm）分离，流动相为甲醇和水，梯度洗脱，流速 0.3 mL/min，APCI 源在正负离子模式下采集数据，MRM 检测。方法的 CC_α 为 0.04～0.88 μg/kg，CC_β 为 0.12～1.9 μg/kg，日内与日间 CV 均低于 20%，线性关系良好（r>0.99）。Schmidt 等[31]采用 LC-MS/MS 检测牛肉中 ASs（17β-TRE，17β-BOL，17α-MTS，STA 等），色谱柱为 Luna C_{18}（150 mm×2 mm，5 μm），流动相为乙腈-水（35+65，v/v）和乙腈，柱温为 40℃，梯度洗脱，流速为 0.5 mL/min，APCI 正离子，MRM 模式检测。方法的 CC_α 为 0.15～0.79 μg/kg，CC_β 为 0.19～1.10 μg/kg，回收率为 95%～104%，RSD 为 10.7%～19.5%。

动物源基质中 ASs 的部分 HPLC 或 LC-MS 残留检测方法见表 8-6。

表 8-6　动物源基质中 ASs 的部分 HPLC 和 LC-MS 残留检测方法

ASs 药物	基质	水解类型	样品前处理	测定技术	方法学指标	文献
TRE，BOL，17β-NT，STA，DIA，MTS 等	鸡蛋	—	提取：甲醇；净化：冷冻过滤除脂，TBME LLP	LC/ESI-MS/MS	CC_α: 0.20～0.44 ng/g；CC_β: <1.03 ng/g 回收率：66.3%～82.8%；RSD：2.4%～11%	[69]
17β-NT，TRE，MTS，19-NOR，BOL 等	肉、牛奶、肝	β-葡萄糖醛酸酶/芳香基硫酸酯酶	提取：甲醇；净化：石墨化碳黑柱，NH_2 柱	LC/ESI-MS/MS	LOQ: 0.04～2.0 μg/kg 回收率：76.9%～121.3%；RSD：2.4%～21.2%	[34]
17β-NT，MTS，ETS，MED，PG，PTS，EST，17β-ES，EES，ESN	猪、牛、鸡和鱼肌肉	β-葡萄糖醛酸酶/芳香基硫酸酯酶	提取：TBME；净化：C_{18} 柱	LC/ESI-MS/MS	LOD: 0.06～0.22 μg/kg；LOQ: 0.12～0.54 μg/kg 回收率：64%～89%；RSD：7.1%～20.3%	[26]

ASs 药物	基质	水解类型	样品前处理	测定技术	方法学指标	文献
17β-TRE，NOE，17α-MTS 等	肉	枯草杆菌蛋白酶 A	提取：TBME；净化：正己烷去脂，Oasis HLB 柱	LC/APCI-MS/MS	$CC_α$：0.05～0.15 µg/kg；$CC_β$：0.09～0.25 µg/kg 回收率：83%～104%；RSD：<7%	[70]
β-ES，EES，α-/β-BOL，MTS，TRE，MEL，MEG，MED 等	肉	枯草杆菌蛋白酶 A/pH9.5 Tris 缓冲液	提取：TBME；净化：正己烷去脂，Oasis HLB 柱和 NH_2 柱	LC/APCI-MS/MS	$CC_α$：0.03～0.14 µg/kg；$CC_β$：0.05～0.24 µg/kg 回收率：78.8%～119.4%；RSD：1.9%～14.1%	[7]
α-/β-TRE，16β-OH STA，FLO，MED，MEG，MEL，MTS 等	牛肌肉	蜗牛液（*Helix pomatia* juice）	提取：乙酸乙酯-乙醚；净化：Strata-X SPE 柱	UPLC/ESI-MS/MS	$CC_α$：0.09～0.19 µg/kg；$CC_β$：0.15～0.32 µg/kg 回收率：98%～102%；RSD：3.1%～5.8%	[71]
MEG，MED，CHM，MEL	板油	—	提取：SFE；净化：提取装置中放置氧化铝净化	LC/APCI（+）-MS^n	$CC_α$：0.5 µg/kg RSD：16%～19%	[72]
EST，17β-ES，ESN，TRE，17β-NT，MTS，STA 等	肉、肝、肾、牛奶	蜗牛液（*Helix pomatia* juice）	提取：甲醇；净化：Oasis HLB、硅胶和 NH_2 柱	LC/ESI-MS/MS	LOD：猪肉 0.007～0.3 µg/kg；鸡肉 0.003～0.06 µg/kg；肝脏 0.05～0.3 µg/kg；肾脏 0.003～0.3 µg/kg 回收率：64%～104%	[73]
17β-TRE，17β-BOL，17α-MTS，STA 等	牛肌肉	蛋白酶 XIV	提取：TBME；净化：Oasis HLB 和 NH_2 柱	LC/APCI（+）-MS/MS	$CC_α$：0.15～0.79 µg/kg；$CC_β$：0.19～1.10 µg/kg 回收率：95%～104%；RSD：10.7%～19.5%	[31]
TRE，BOL，17β-NT，DIA，STA，17α-MTS，MEG，PG，MED 等	鸡、牛、羊肌肉	—	提取：乙腈超声辅助提取；净化：正己烷脱脂，NH_2 柱	LC-Q/Trap-MS	LOQ：0.029～0.36 µg/kg 回收率：89.9%～118%；RSD：6.3%～16.2%	[28]
17β-ES，17α-ES，17β-EES，ESN，EST，MTS，NOE，α-BOL，β-BOL，FLO，β-TRE，PG，MED，NOG，MEG，MEL，CHM 等	牛肌肉	—	提取：醋酸盐缓冲液-甲醇，MAE；净化：过滤除杂质；正己烷除脂；Si 柱	LC-QqQ-MS HR Orbitrap MS	MS/MS：$CC_α$ 为 0.04～0.88 µg/kg Orbitrap：$CC_α$ 为 0.07～2.50 µg/kg；RSD<20%	[74]
β-TRE 等	猪肉	—	提取：水和乙酸乙酯；净化：Strata 硅胶柱	LC-UVD LC-MS	LC-UV：LOD 为 0.12 µg/kg（TBA）、0.22 µg/kg（β-TB）；LOQ 为 0.37 µg/kg（TBA）、0.66 µg/kg（β-TB）RSD≤13.25%	[61]
MEL，ETS，α-BOL，β-BOL，MTS，α-TRE，β-TRE 等	肌肉	地衣芽孢杆菌蛋白酶 VIII	提取：甲醇；净化：C_{18} 柱，NH_2 柱	LC/ESI-MS/MS	$CC_α$：0.02～0.33 µg/kg；$CC_β$：0.13～0.50 µg/kg 回收率：86%～107%；RSD：5%～22%	[75]
17α-ES 等	尿	—	提取：乙醚；净化：IAC	LC/ESI-MS/MS	$CC_α$：0.54～0.60µg/L；回收率>64%；RSD：1.6%～5.7%	[76]
EST，β-ES，α-ES，ESN 等	奶粉	—	提取：水-乙腈超声；净化：正己烷除脂，NH_2 柱	UPLC/ESI-TOF/MS	LOD：0.11～0.30 µg/kg；LOQ：0.37～1.0 µg/kg 回收率：61%～137%；RSD：1.0%～22.6%	[77]
MTS，TRE，BOL，17β-NT，MES，STA，PTS，PNT 等	鸡肉、鸡蛋	—	提取：乙腈超声；净化：正己烷脱脂	LC/ESI-MS/MS	LOQ：0.5 µg/kg 回收率：73.4%～108.9%；RSD：3.4%～13.4%	[12]
CHM，MED，MEG，PTS，MTS，17β-NT	酸奶	—	提取：甲醇超声；净化：LC-C_{18} 柱	UPLC/ESI-MS/MS	LOD：0.011～0.05 µg/kg；LOQ：0.037～0.36 µg/kg 回收率：72%～124%；RSD：8%～24%	[78]

续表

ASs 药物	基质	水解类型	样品前处理	测定技术	方法学指标	文献
MTS，PTS，PNT，BOL，STA，TRE，DIA，MED，17β-NT，PG，ESN，17β-ES，EST，EES 等	鸡肉、猪肉	—	提取：TBME；净化：C_{18} 柱	LC/ESI-MS/MS	LOD：0.2～0.5 μg/kg；LOQ：0.5～1.0 μg/kg 回收率：56.2%～112.3%；RSD：2.6%～13.2%	[79]
ETS，17β-NT，MTS，PG，17β-ES，EST，ESN，EES 等	肌肉	β-葡糖苷酸酶/芳基硫酸酯酶	提取：甲醇超声；净化：C_{18} 柱	LC/ESI-MS/MS	LOD：0.5～1.0 μg/kg 回收率：55%～77%；RSD：7.1%～35%	[9]
PG，17β-NT，MTS，PTS，PNT，DIA，BOL，TRE，STA，MED 等	动物尿液	β-葡萄糖醛酸酶/芳香基硫酸酯酶	净化：C_{18} 柱	LC/ESI-MS/MS	LOD：0.2～0.5 μg/L；LOQ：0.5～1.0 μg/L 回收率：59%～118%；RSD：1.0%～11.2%	[80]
MEG，MEL，MED 等	板油	—	提取：ASE；净化：C_{18} 柱	LC/ESI（+）-QqQ-MS^n	CC_β：<2 ng/g 回收率：17%～58%；准确度：100%～135%	[19]
α-BOL，CHM，17α-/17β-ES，EES，FLO，MED，MEG，17α-MTS，NOE，NOG，PG，16β-OH-STA，17α-TRE 等	肉	枯草杆菌蛋白酶	提取：甲醇；净化：C_{18} 柱，NH_2 柱	LC/ESI（+/−）-QqQ-MS^n	CC_α、CC_β<0.5 ng/g	[10]
PG，β-BOL，MED，MEG，MEL，FLO，16-β-OH-STA 等	牛肉	—	提取：乙腈；净化：无水硫酸钠盐析	LC/ESI（+/−）-QqQ-MS^n	CC_α：0.11～0.46 μg/kg；CC_β：0.19～0.79 μg/kg 准确度：94.6%～102.6%；RSD：4.4%～11.8%	[81]
17βES，EST	鱼、虾	—	提取：乙腈；净化：MSPD	HPLC-FLD	回收率：>80%（除 4-羟雌甾二醇为 60%外）；RSD：<12%	[38]

注：HR Orbitrap MS 为静电场轨道阱高分辨质谱；Q/Trap-MS 为四极杆/离子阱质谱；TOF/MS 为飞行时间质谱

（5）化学发光分析法（chemiluminescence analysis，CL）

化学发光是一种特殊的发光现象，产生于化学反应过程中。反应产物在反应中受激发处于激发态，当从激发态跃迁回基态时，以光辐射的形式释放出一定的能量。发光强度与被测物的浓度有正比关系，借此可进行定量分析。Xie 等[82]建立了一种检测鱼肉中甲基睾酮的流动注射化学发光分析方法。流动注射化学发光简易装置示意图见图 8-6。操作如下：$Na_2S_2O_3$ 溶液（b）、H_2SO_4 溶液（c）、$KMnO_4$ 溶液（d）分别通过蠕动泵以相同的流速泵入流通池。甲基睾酮溶液（a）通过采样环注入，而后被载流水载入混合阀。流动池中的发光信号由光电倍增管检测。完整的化学发光强度-时间曲线被记录用来定量甲基睾酮的浓度。结果发现，甲基睾酮可在高锰酸钾-硫酸介质中增强化学发光强度。优化条件后，甲基睾酮在 $3.0×10^{-8}$～$8.0×10^{-8}$ g/mL 浓度范围内响应呈线性关系，甲基睾酮的 LOD 为 $1.0×10^{-8}$ g/mL，鱼肉中回收率为 88.0%～113.8%，平均 RSD 为 1.66%。

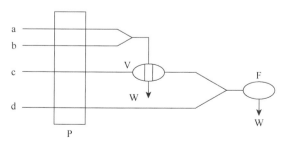

图 8-6　流动注射化学发光装置示意图[82]

P：蠕动泵；F：流通池；V：进样阀；W：废液
a：样品；b：$Na_2S_2O_3$ 溶液；c：H_2SO_4 溶液；d：$KMnO_4$ 溶液

（6）免疫分析法（immunoassay，IA）

免疫分析法实际上是一种以抗体或抗原为分析试剂的特殊分析方法。免疫分析法包括酶联免疫分析法（ELISA）、放射免疫分析法（RIA）和胶体金免疫层析分析法（GICA），这三种方法具有特异性强、灵敏度高（可达 10^{-12}g）、操作简单等优点，逐渐成为 ASs 残留初筛的常用方法。然而，也存在其产生的分析信号反差较高、灵敏试剂弱以及假阳性结果出现率偏高等缺点。

1）放射免疫分析法（radioimmunoassay，RIA）

RIA 是利用被测定的抗原物质和其标记物（标记抗原）同特异性抗体之间存在着竞争性的结合的放射性同位素体外微量分析方法，由于对人体具有放射性危害而较少应用。徐美奕等[83]应用 RIA 法检测了养殖与野生军曹鱼肌肉中生长激素及雌二醇、孕酮、睾酮等 3 种 ASs 的残留量。通过预实验确定鱼肉激素提取液加入量为药盒建议量的 2 倍。在放免试管中分别加入 GH、E2、P、T 标准抗原或待测的鱼肉激素提取液、^{125}I 标记抗原、抗体，在 37℃下的温育时间分别为 2.5 h、1.5 h、0.5 h 和 1 h，待免疫反应达到平衡后，4℃下离心（3600 r/min）20 min，弃去上清液，用计数器分别测量各反应管沉淀物的放射性计数（cpm），用 SPSS 统计软件绘制剂量反应曲线，计算待测鱼肉中的 ASs 残留量。养殖军曹鱼中 3 种 ASs 残留量分别为 50.92×10^{-12}、2.08×10^{-9}、0.44×10^{-9}，野生军曹鱼中 3 种 ASs 残留量分别为 29.78×10^{-12}、1.28×10^{-9}、0.08×10^{-9}。

2）酶联免疫分析法（enzyme-linked immunosorbent assay，ELISA）

ELISA 利用抗原抗体之间专一性嵌合特性，对检体进行检测。由于结合于固体承载物（一般为塑胶孔盘）上之抗原或抗体仍可具有免疫活性，因此设计其嵌合机制后，配合酶呈色反应，即可显示特定抗原或抗体是否存在，并可利用呈色之深浅进行定量分析。根据待测样品与嵌合机制的不同，ELISA 可设计出各种不同类型的检测方式，主要以夹心法（sandwich）、间接法（indirect）以及竞争法（competitive）三种为主，具有灵敏度高、特异性好，操作简便等特点，但是存在很难实现多残留分析，存在交叉污染，容易出现假阳性等缺点。夹心法主要用来测大分子物质，而兽药作为一种小分子物质，夹心法很少使用。本章主要介绍间接竞争 ELISA 法和直接竞争 ELISA 法。

A. 间接竞争 ELISA 法

Peng 等[84]建立了一种检测猪肉中醋酸甲羟孕酮的间接竞争 ELISA 检测方法。采用碳化二亚胺和混合酸酐法将药物与牛血清白蛋白（BSA），免疫获得抗体。该方法 LOD 为 0.096 ng/g，可食组织的回收率范围为 72%～91%，工作浓度范围为 0.1～8.1 ng/g。郭金花[85]也开发了醋酸甲羟孕酮的 ELISA 试剂盒。将肟化后的醋酸甲羟孕酮分别与 BSA 和卵血清蛋白（OVA）通过混合酸酐法交联，制备免疫抗原 MPA-BSA 和包被抗原 MPA-OVA。以该免疫原免疫兔子后获得的抗血清为基础设计了间接竞争 ELISA 法。IC_{50} 为 4.95 ng/mL，线性范围为 0～100 ng/mL，LOD 范围为 0.1～0.3 ng/mL，批内 CV 小于 15%，批间 CV 小于 20%。Jiang 等[86]采用间接竞争 ELISA 检测牛尿中 19-去甲睾酮残留。该方法将药物与半抗原偶联免疫 BALB/c 小鼠获得杂交瘤细胞，获得 mAbs 亲和力为 2.6×10^9～4.7×10^9，滴度为 0.64×10^5～2.56×10^5，IC_{50} 为 0.55～1.0 ng/mL。样品用 10%甲醇作为稀释液，进行 20 倍稀释。建立的间接竞争 ELISA 检测方法的检测范围是 0.004～85.8 ng/mL，LOD 是 0.002 ng/mL，IC_{50} 为 0.55 ng/mL。刘剑波等[87]应用间接竞争 ELISA 法测定了醋酸甲羟孕酮在动物源可食组织中的残留量，并采用 GC-MS 方法加以确证。比较 GC-MS 确证方法与 ELISA 方法所得结果，两者的检测结果相关性良好。

B. 直接竞争 ELISA 法

Jiang 等[88]还建立了一种检测牛可食性组织中 19-去甲睾酮的直接竞争酶联免疫吸附试验方法（dcELISA）方法。通过细胞融合过程产生高特异性的单克隆抗体（mAbs），并且建立了基于 mAbs 的异源性直接竞争 ELISA 法。方法工作浓度范围是 0.004～19 ng/mL，IC_{50} 和 LOD 分别为 0.28 ng/mL、0.002 ng/mL（0.01 mol/L 磷酸盐缓冲液中，pH 7.4）。与 β-勃地酮交叉反应率为 6.9%，与群勃龙交叉反应率为 1.2%。实测样检测时直接竞争 ELISA 方法与 GC-MS 相关系数分别为 0.9918（牛肉）、0.9834（牛肝）、0.9976（牛肾）。Sawaya 等[89]应用直接 ELISA 方法检测了羊尿液和鸡肉中的雌激素含量。用 GC-MS 方法检测雌激残留，结果为阴性，为了确证其残留限度，再用 ELISA 方法进行检测。ELISA

试剂盒购自德国 R-Biopharm gmbH 公司。炔雌醇在尿液中含量范围为 0～0.9 ppb，在鸡肉组织中含量范围为 0～0.3 ppb。研究发现，0.3 ppb 作为 ELISA 临界点来判定样品的阴性或阳性较为合理。所有样品经 GC-MS 确证分析都为阴性，此结果表明基质对于 ELISA 检测存在一定的影响。

3) 胶体金免疫层析分析法（colloidal gold immunochromatographic assay，GICA）

GICA 是以胶体金作为示踪标志物应用于抗原抗体的一种新型的免疫标记技术。胶体金是由氯金酸（$HAuCl_4$）在还原剂如白磷、抗坏血酸、枸橼酸钠、鞣酸等作用下，聚合成为特定大小的金颗粒，并由于静电作用成为一种稳定的胶体状态。胶体金在弱碱环境下带负电荷，可与蛋白质分子（抗体）等的正电荷基团形成牢固的结合。根据胶体金结合物的免疫学特性，因而广泛地应用于免疫学、组织学、病理学和细胞生物学等领域。GICA 具有成本低，不需要特殊的仪器设备，使用方便快速，便于基层使用和现场使用的优点，现已开始在残留筛查中使用。

刘丽强[90]研制了用于检测 19-去甲睾酮残留的竞争性胶体金免疫层析试纸条。检测线和质控线分别用金标点样仪喷涂 0.5 mg/mL 的 19-去甲睾酮-OVA 包被抗原和 0.2 mg/mL 的羊抗兔 IgG 二抗。检测添加 19-去甲睾酮的猪尿样本时，LOD 为 200 ng/mL，通过使用 Imag J 软件对试纸条进行定量分析，可以得到的 LOD 为 25 ng/mL。Jiang 等[91]建立了检测牛肉和猪肉中 19-去甲睾酮的胶体金免疫分析方法。采用改良碳二亚胺法合成人工抗原（见图 8-7），免疫 BALB/c 小鼠获得 mAbs。胶体金试纸条在 PBS 中 LOD 为 1 ng/mL，牛肉和猪肉中 LOD 均为 2 μg/kg，结果可在 10 min 内读出。田壮[92]建立了胶体金快速检测技术，确保能对 19-去甲基睾酮进行准确、快速、高灵敏度的检测。选择用 20 nm 左右的胶体金纳米粒子标记 19-去甲睾酮抗体，标记 pH 为 8.6，标记浓度为 7.2 μg（抗体）/mL（金），最终 LOD 可达到 5 ng/mL。

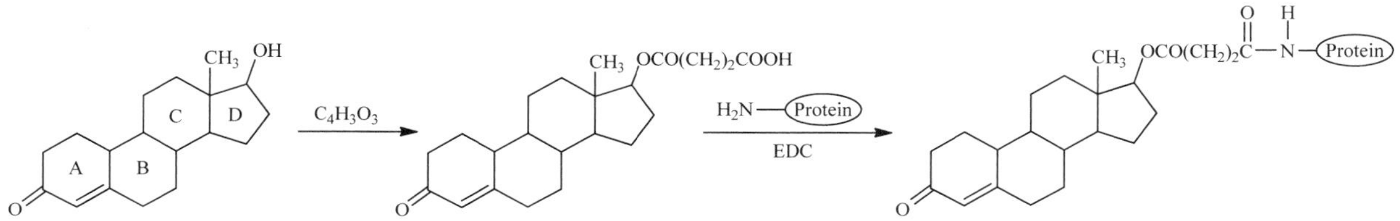

图 8-7 采用 EDC 法合成 19-去甲睾酮人工抗原方法[91]

Wei 等[93]建立了炔诺酮的胶体金检测方法。应用了带有氨基功能基团的中空硅胶颗粒，可用于固定金颗粒，再连接辣根过氧化物酶（HRP）标记的二抗用来检测炔诺酮抗原，LOD 可以达到 3.58 pg/mL，重复性、稳定性、灵敏度均较好。

（7）组学技术

为了能够高效地追踪 ASs 滥用情况，有必要开发新的筛选技术进行非法药物筛查。基于转录组学、蛋白质组学、代谢组学等"omic"技术，可以通过间接检测其生理作用的方法来发现蛋白同化激素滥用。

Riedmaier 等[94]介绍了应用这些组学技术寻找 ASs 生物标志物（biomarker）及检测其残留的潜力。该研究组[95]通过鉴定牛血细胞中潜在的基因表达生物标志物，监管 ASs 使用。采用实时定量反转录聚合酶联反应（qRT-PCR）定量 mRNA 基因表达改变，而血液细胞是寻找生物标志物的理想材料。据报道，ASs 可影响不同血细胞的 mRNA 基因表达。试验选择 18 头小母牛，平均分成两组，每组 9 头。一组为空白对照组，另一组给予醋酸群勃龙和雌二醇复方制剂，连续给药 39 天。采取 3 个点血样检测其 mRNA 表达情况，通过生物标志物图谱筛选候选基因。结果显示，醋酸群勃龙和雌二醇能够显著影响甾体类受体（ER-α 和 GR-α）、细胞凋亡调控元件 Fas、炎性白细胞介素（IL-1α、IL-1β、IL-6）、MHC II、CK、MTPN、RBM5 和 β-肌动蛋白 mRNA 基因的表达。通过主成分分析（PCA）显示这些基因是血液中醋酸群勃龙和雌二醇联合使用的潜在标志物。

2011 年，Anizan 等[96]采用甾体类靶向 II 相代谢物分析，调查分析了动物繁殖过程中天然甾体类固醇激素滥用情况。研究采用给动物外源给药雄烯二酮，寻找潜在的生物标志物，监测甾体类固醇激素在动物体内的残留状况。该研究首次建立了样品制备方法，尿液需先冻干，然后加入纯水溶解，经乙酸乙酯 LLE 提取，SAX 固相萃取柱净化，用水和甲醇-水（25+75，v/v）进行淋洗，用 0.2%甲酸甲醇和 10%氨化甲醇分别进行洗脱，氮气吹干后，甲醇-水（20+80，v/v）复溶，UPLC-MS/MS 测定，结果筛选到葡萄糖醛酸本胆烷醇酮、硫酸表雄酮等代谢产物。Regal 等[97]通过 HPLC-线性离子阱静电场轨道阱组合式高分辨质谱（LTQ-Orbitrap）来获取代谢物组学数据。血清样品从饲养的奶牛中收集，或者从畜牧饲养不使用性激素（雌二醇-17β 或其酯苯甲酸雌二醇和孕激素）的奶牛中收集。经过适当的数据处理和多变量统计分析（OPLS-DA），有可能突出重要的血清代谢修饰，从而管理雌二醇和孕激素的使用。这些差异被用来建立预测模型，去监控管理这些激素在牛中的非法使用。雌激素和孕激素的潜在生物标志物被指出，但还需要结构解释和说明。

基于 ASs 引起的生理学变化，采用组学技术开发新的筛选方法，并用于检测其残留含量，这项技术将极具前景。一些非常灵敏的方法，如定量 RT-PCR、质谱，能够定量基因、蛋白表达或代谢物的细微变化，在生物信息学统计工具的帮助下，可以从实验数据中获取有价值的信息。总之，利用组学技术发现新的物质、监测畜牧业药物滥用，将是未来的挑战。

8.2 公 定 方 法

8.2.1 牛肝和牛肉中睾酮、表睾酮、孕酮残留量的测定 液相色谱-串联质谱法[98]

8.2.1.1 适用范围

适用于牛肝和牛肉中睾酮、表睾酮、孕酮残留量的液相色谱-串联质谱测定。方法检出限：肝脏中睾酮、表睾酮、孕酮为 0.5 mg/kg，肌肉中睾酮、表睾酮为 0.1 mg/kg，孕酮为 0.5 mg/kg。

8.2.1.2 方法原理

牛肝和牛肉中的睾酮、表睾酮、孕酮药物残留经酶解后用甲醇叔丁基甲醚提取，提取液用 C_{18} 固相萃取柱净化，肝脏样品需再经硅胶固相萃取柱净化，洗脱液浓缩定容后，供液相色谱-串联质谱测定。

8.2.1.3 试剂和材料

乙腈、甲醇、叔丁基甲醚、正己烷：色谱纯；三氯甲烷、甲酸铵：分析纯。

β-葡糖苷酸酶/硫酸酯酶：H-2 型，*Helix pomatia*。磷酸盐缓冲液：1.0 mol/L。称取 13.6 g 磷酸二氢钾溶于 100 mL 水中，称取 8.7 g 磷酸氢二钾溶于 50 mL 水中，分别取 70 mL 磷酸二氢钾水溶液和 28 mL 磷酸氢二钾水溶液，混匀后调节 pH 为 5.0，置 4℃中可保存 1 周。饱和氯化钠水溶液。水饱和乙酸乙酯。

睾酮、表睾酮、孕酮标准物质：纯度≥99%。氘代睾酮（d_5-睾酮）、氘代孕酮（d_9-孕酮）内标标准物质：纯度≥98%。

标准储备溶液：100 μg/mL。准确称取适量的睾酮、表睾酮、孕酮标准物质，用甲醇分别配制成 100 μg/mL 的标准储备溶液，-18℃贮存，可使用 6 个月。

标准工作溶液：5 μg/mL。分别吸取 5 mL 睾酮、表睾酮、孕酮标准储备溶液至 100 mL 容量瓶中，以甲醇稀释并定容，此标准工作溶液的浓度为 5 μg/mL。-18℃贮存，可使用 6 个月。

混合标准工作溶液：50 μg/L。分别吸取 1.00 mL 睾酮、表睾酮、孕酮标准工作液至 100 mL 容量瓶中，以甲醇稀释并定容，此混合工作溶液的浓度为 50 μg/L。-18℃贮存，可使用 3 个月。

内标储备溶液：100 μg/mL。准确称取适量的氘代睾酮（d_5-睾酮）、氘代孕酮（d_9-孕酮）标准品，用甲醇分别配制成 100 μg/mL 的内标储备溶液，-18℃贮存，可使用 6 个月。

内标工作溶液：5 μg/mL。分别吸取 5 mL 氘代睾酮（d_5-睾酮）、氘代孕酮（d_9-孕酮）内标储备溶液至 100 mL 容量瓶中，以甲醇稀释并定容。-18℃贮存，可使用 6 个月。

内标混合工作溶液：25 μg/L。分别吸取 0.50 mL 氘代睾酮（d_5-睾酮）、氘代孕酮（d_9-孕酮）内标工作溶液至 100 mL 容量瓶中，以甲醇稀释并定容。-18℃贮存，可使用 3 个月。

基质混合标准工作溶液：根据每种标准的灵敏度和仪器线性范围，吸取一定量的混合标准工作溶液和内标工作溶液，用空白样品提取液配成系列浓度的基质混合标准工作溶液。当天配制。

C$_{18}$固相萃取柱：500 mg，6 mL。使用前依次用 6 mL 甲醇、6 mL 水活化。硅胶固相萃取柱：200 mg，6 mL。使用前用 6 mL 正己烷活化。

8.2.1.4　仪器和设备

液相色谱-串联质谱仪，配有电喷雾离子源；分析天平：感量 0.1 mg 和 0.01 g；匀质机；高速组织匀浆机；低温高速离心机：转速大于 4000 r/min；高速离心机：转速大于 12000 r/min；超声波；旋涡振荡器；振荡水浴；氮气浓缩仪；固相萃取装置；旋转蒸发器；KD 浓缩瓶。

8.2.1.5　样品前处理

（1）试样制备

取样品约 500 g 用组织捣碎机捣碎，装入洁净容器作为试样，密封，并标明标记。将试样于-18℃保存。

（2）酶解

准确称取 5 g 试样，准确至 0.01 g，置于 50 mL 离心管中，依次加入 200 μL 内标混合工作溶液、10 mL 磷酸缓冲液，以 14000 r/min 均质 30 s，加入 60 μL 葡萄糖苷酸酶/硫酸酯酶，混匀 30 s，置于 37℃恒温振荡水浴中酶解 16 h。

（3）提取

酶解后的样品溶液加 10 mL 甲醇，混匀 2 min，置冰浴中放置 5 min，在 5℃以 4000 r/min 离心 10 min，上清液转移至 50 mL 离心管中，下层沉淀再用 5 mL 甲醇重复上述操作一次，合并上清液至上述 50 mL 离心管中，向离心管中加入 15 mL 叔丁基甲醚，振摇 5 min，以 4000 r/min 离心 5 min，上层溶液转移至 125 mL 分液漏斗中，下层溶液依次再用 15 mL、10 mL 叔丁基甲醚提取二次，合并上层溶液至上述分液漏斗中，加入 10 mL 饱和氯化钠水溶液，振摇 30 s，静置分层，上层溶液转移至梨形瓶中，在 40℃旋转蒸发至干，残渣中加入 1.5 mL 甲醇，涡旋 1 min，超声 5 min，再加入 20 mL 水，混匀，待净化。

（4）净化

将样品提取液转移至已活化的 C$_{18}$固相萃取柱上，用 5 mL 水洗涤梨形瓶，洗涤液合并至 C$_{18}$固相萃取柱中，以≤2 mL/min 流速使样液通过固相萃取柱，待样液过柱后，用 5 mL 水淋洗 C$_{18}$固相萃取柱，弃去淋洗液，用 10 mL 甲醇将待测组分从 C$_{18}$固相萃取柱上洗脱，洗脱液转移至梨形瓶中，在 40℃旋转蒸发至干。肌肉样品用 0.5 mL 甲醇溶解残渣，涡旋 1 min，加入 0.5 mL 水混匀，过 0.2 μm 滤膜，供液相色谱-串联质谱测定。

肝脏样品的洗脱液蒸干后，向梨形瓶中加入 0.5 mL 三氯甲烷，涡旋 1 min，加入 5 mL 正己烷，超声 1 min，然后转移至已活化的硅胶固相萃取柱中，以 1 mL/min 流速使样液通过固相萃取柱，待样液过柱后，用 5 mL 正己烷淋洗硅胶固相萃取柱，弃去淋洗液，用 6 mL 水饱和乙酸乙酯洗脱待测组分，洗脱液转移至 KD 接收瓶中，在 40℃旋转蒸发至干，加 0.5 mL 甲醇，涡旋 1 min，加入 0.5 mL 水混匀，过 0.2 μm 滤膜，供液相色谱—串联质谱测定。

称取阴性样品，按上述提取净化步骤制备空白样品提取液，用于配制系列基质混合标准工作溶液。

8.2.1.6　测定

（1）液相色谱条件

色谱柱：C8 色谱柱，5 μm，150 mm×2.1 mm（内径）；柱温：40℃；进样量：20 μL；流动相、流速及梯度洗脱条件见表 8-7。

表 8-7　流动相、流速及梯度洗脱条件

时间/min	流速/(mL/min)	乙腈/%	3 mmol/L 甲酸铵/%
0.00	0.200	30	70
10.00	0.200	85	15
15.00	0.200	85	15

续表

时间/min	流速/(mL/min)	乙腈/%	3 mmol/L 甲酸铵/%
15.01	0.200	30	70
23.01	0.200	30	70

（2）质谱条件

离子源：电喷雾离子源；扫描方式：正离子扫描；检测方式：多反应监测；雾化气、气帘气、辅助加热气、碰撞气均为高纯氮气及其他合适气体；使用前应调节各气体流量以使质谱灵敏度达到检测要求；喷雾电压、去簇电压、碰撞能等电压值应优化至最佳灵敏度；定性离子对、定量离子对、去簇电压和碰撞能量见表 8-8。

表 8-8　睾酮、表睾酮和孕酮及内标物的质谱参数

化合物	定性离子对（m/z）	定量离子对（m/z）	定量用内标物	采集时间/ms	去簇电压/V	碰撞能量/V
睾酮	289/97 289/109	289/97	氘代睾酮	100	65	35 39
表睾酮	289/97 289/109	289/97	氘代睾酮	100	65	35 39
孕酮	315/109 315/97	315/109	氘代孕酮	100	54	38 37
氘代睾酮（d_5-睾酮）	294/100	294/100	—	100	57	35
氘代孕酮（d_9-孕酮）	324/100	324/100	—	100	50	34

（3）定性测定

每种被测组分选择 1 个母离子，2 个以上子离子，在相同实验条件下，样品中待测物质的保留时间与标准溶液中对应的保留时间偏差在 ±2.5% 之内；且样品中各组分定性离子的相对丰度与浓度接近的标准溶液中对应的定性离子的相对丰度进行比较，偏差不超过表 1-5 规定的范围，则可判定为样品中存在对应的待测物。

（4）定量测定

在仪器最佳工作条件下，对基质混合标准工作溶液进样，以标准溶液中被测组分峰面积和内标物峰面积的比值为纵坐标，标准溶液中被测组分浓度与内标物浓度的比值为横坐标绘制标准工作曲线，用标准工作曲线对样品进行定量，样品溶液中待测物的响应值均应在仪器测定的线性范围内。内标法定量。睾酮、表睾酮和孕酮标准物质的多反应监测（MRM）色谱图见图 8-8。

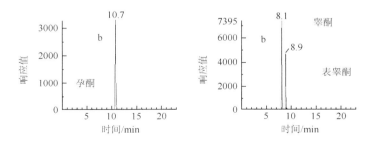

图 8-8　孕酮、睾酮、表睾酮标准物质的多反应监测（MRM）色谱图

8.2.1.7　分析条件的选择

（1）净化富集条件的选择

1）样品提取方法的选择

动物组织中的甾体类同化激素会形成葡糖苷酸轭合物，样品提取时需加入 β-葡糖酶/硫酸酶水解

后再行提取。甾体类同化激素属脂溶性物质，在极性有机溶剂中溶解度较大，利用其在不同有机溶剂中的溶解度差异，可去除部分干扰物，因此选用甲醇-叔丁基甲醚体系提取。

2）净化条件的选择

甾体类同化激素在动物体内残留水平低，内源性干扰物质较多，仅通过单纯的液液萃取或简单的固相萃取净化很难达到理想的净化效果，试验中采用极性较低的 C_{18} SPE 柱去除极性较大的干扰杂质，继而再用极性较大的硅胶 SPE 小柱去除极性较弱的干扰物，从试验结果来看这种采用二种极性相反的固相萃取材料进行样品净化、富集的方法可有效地去除样品基体带来的干扰物。与加拿大食品检验局方法相比，采用这种双极性固相萃取净化方式也减少了多次液液萃取的繁琐，缩短了提取时间，提高了工作效率。

（2）液相色谱条件的选择

液相色谱与质谱联用时由于质谱离子源对液相色谱的流动相成分有一定的限制，为保证获得最大限度的离子化效率，流动相选用了乙腈-甲酸铵体系。动物组织成分复杂，在现有分析条件下，对本方法所测定的三种激素仍存在一定的干扰，且睾酮与表睾酮化学结构相近，若采用等度洗脱难以获得理想的分离效果，经试验采用乙腈-甲酸铵梯度洗脱方式，实现了睾酮与表睾酮的有效分离，也最大限度地减少了样品基质对测定的干扰。

（3）质谱条件的选择

用蠕动泵以 10 μL/min 的流速分别连续注射 1 mg/L 的三种类固醇激素和二种同位素内标标准溶液入质谱，对五个待测物质进行一级质谱分析（Q1 扫描），得到分子离子峰（M+1）$^+$，优化喷雾气（NEB）、气帘气（CUR）、辅助加热气等气路参数，优化各待测组分分子离子峰的去簇电压（DP），聚焦电压（FP），入口电压（EP），对分子离子峰（M+1）$^+$进行二级质谱分析（子离子扫描），得到睾酮、表睾酮、孕酮、氘代睾酮（d_5-睾酮）、氘代孕酮（d_9-孕酮）的二级质谱。选择强度较高、干扰少的离子对作为监测离子对。采用 MRM 模式采集数据，选择驻留时间为 200 ms，优化各离子对的碰撞能量（CE），碰撞池出口电压（CXP）。

在定量方式上采用了二种稳定性同位素内标，以氘代睾酮（d_5-睾酮）为睾酮、表睾酮的定量参照物，以氘代孕酮（d_9-孕酮）作为孕酮的定量参照物，减少了样品处理过程及质谱离子化过程给待测物质带来的定量误差，大大提高定量的准确性。

8.2.1.8　线性范围和测定低限

用甲醇-水配制浓度睾酮、表睾酮浓度均为 0、0.25 μg/L、0.5 μg/L、1.0 μg/L、2.5 μg/L，孕酮浓度为 0、1.25 μg/L、2.5 μg/L、5.0 μg/L、12.5 μg/L 的混合标准工作液，每毫升该混合标准工作溶液分别含有 5 ng 氘代睾酮（d_5-睾酮）和氘代孕酮（d_9-孕酮）。在选定的色谱和质谱条件下进行测定，以标准工作溶液被测组分峰面积与标准工作溶液内标物峰面积的比值对标准溶工作液被测组分浓度与标准工作溶液内标物浓度的比值作线性回归曲线。其线性方程、相关系数见表 8-9。

表 8-9　睾酮、表睾酮、孕酮的定量离子对、线性方程、相关系数

化合物	定量离子对	线性方程	相关系数
睾酮	289.3/97.3	$Y=0.0795X+0.0124$	0.9999
表睾酮	289.3/97.3	$Y=0.0477X+0.00496$	0.9993
孕酮	315.2/109.3	$Y=0.0604X+0.0168$	0.9997

综合考虑各待测组分的质谱信号信噪比及检测工作的实际需要，确定动物组织（肌肉）中的睾酮、表睾酮的测定低限（LOQ）为 0.10 μg/kg，孕酮的测定低限（LOQ）为 0.5 μg/kg，动物组织（肝）中的睾酮、表睾酮和孕酮的测定低限（LOQ）均为 0.5 μg/kg。

8.2.1.9　方法回收率和精密度

用不含类固醇残留物的动物肌肉和动物肝脏样品进行添加回收和精密度实验。添加回收率和精密

度结果见表 8-10 和表 8-11。

表 8-10　空白动物肌肉标准添加回收率室内试验结果（n=10）

化合物	表睾酮				孕酮				睾酮			
添加浓度/(ng/g)	0.050	0.10	0.20	0.50	0.25	0.50	1.00	2.50	0.050	0.10	0.20	0.50
回收率/%	88.6	70.8	87.0	111	94.8	82.0	85.8	102	124	107	90.5	108
	83.0	105	90.5	104	87.2	83.8	84.4	94.8	105	88	98.0	107
	53.0	90.5	79.5	107	82.8	84.2	77.9	93.2	125	100	83.5	108
	53.0	85.5	84.5	97.0	80.0	85.4	81.2	88.4	93.8	86.5	93.5	100
	93.0	88.2	75.5	105	87.6	83.0	80.9	91.6	98.6	112	103	101
	50.8	91.9	101	98.2	90.4	81.4	84.7	94.0	108	79.2	98.0	108
	96.0	101	74.0	104	90.4	81.0	85.1	108	114	93.2	95.5	108
	68.2	81.6	96.5	105	87.2	86.4	93.9	101	92.2	96.7	92.5	106
	58.6	115	85.0	114	108	94.2	96.0	110	114	113	110	110
	80.2	129	86.0	101	92	107	91.2	110	105	134	109	105
平均回收率/%	72.4	95.9	86.4	105	90.1	86.8	86.1	99.4	108	101	97.3	106
RSD/%	24.5	17.8	11.0	5.05	8.59	9.19	6.81	8.10	10.6	15.9	8.37	3.14

从表 8-10 可见，动物肌肉中睾酮在添加水平 0.05～0.5 μg/kg，其平均回收率在 97.3%～108.2%，相对标准偏差在 3.1%～15.9%之间；表睾酮在添加水平 0.05～0.5 μg/kg，其平均回收率在 72.4%～104.6%，相对标准偏差在 5.0%～24.5%之间；孕酮在添加水平 0.25～2.5 μg/kg，其平均回收率在 86.1%～99.4%，相对标准偏差在 6.8%～9.2%之间。

表 8-11　空白动物肝组织标准添加回收率室内试验结果（n=10）

化合物	表睾酮				孕酮				睾酮			
添加浓度/(ng/g)	0.25	0.50	1.00	2.50	0.25	0.50	1.00	2.50	0.25	0.50	1.00	2.50
回收率/%	80.4	119	101	107	83.6	95.0	89.0	94.4	101	103	101	107
	109	107	97.2	108	90.0	94.8	89.8	85.6	102	109	98.9	110
	114	121	97.2	116	104	92.2	78.6	88.8	91.2	109	95.7	109
	120	116	102	114	105	90.0	93.7	86.4	110	113	109	110
	108	117	101	119	112	99.2	84.5	96.8	100	103	103	110
	126	122	104	134	90.8	95.8	85.5	92.0	106	113	107	115
	110	116	100	115	92.0	93.0	88.2	94.0	106	109	101	115
	111	90.8	104	120	111	92.6	86.2	96.4	101	96.6	101	114
	113	117	104	132	103	94.4	82.3	91.6	101	100	100	114
	118	112	109	115	91.2	87.2	87.1	92.0	97.2	105	105	111
平均回收率/%	111	114	102	118	110	93.4	86.5	91.8	102	106	103	112
RSD/%	11.0	8.04	3.48	7.46	10.0	3.52	4.83	4.21	5.10	5.21	3.84	2.42

从表 8-11 可见，动物肝脏中睾酮在添加水平 0.25～2.5 μg/kg，其平均回收率在 101.6%～111.7%，相对标准偏差在 2.4%～5.2%之间；表睾酮在添加水平 0.25～2.5 μg/kg，其平均回收率在 101.9%～118.0%，相对标准偏差在 3.5%～11.0%之间；孕酮在添加水平 0.25～2.5 μg/kg，其平均回收率在 86.5%～98.2%，相对标准偏差在 3.5%～10.0%之间。

8.2.1.10　重复性和再现性

在重复性试验条件下，获得的两次独立测试结果的绝对差值不超过重复性限（r），如果差值超过重复性限（r），应舍弃试验结果并重新完成两次单个试验的测定。在再现性试验条件下，获得的两次独立测试结果的绝对差值不超过再现性限（R）。被测物的含量范围、重复性和再现性方程见表 8-12

和表 8-13。

表 8-12　含量范围及重复性和再现性方程（基质为肌肉）

化合物	含量范围/（μg/kg）	重复性限 r	再现性限 R
睾酮	0.05～0.5	$r=0.0732m+0.0229$	$R=0.072m+0.0268$
表睾酮	0.05～0.5	$r=0.143m+0.0287$	$R=0.0149m+0.0168$
孕酮	0.25～2.5	$r=0.0739m+0.0716$	$R=0.218m+0.0178$

注：m 为两次测定结果的算术平均值

表 8-13　含量范围及重复性和再现性方程（基质为肝脏）

化合物	含量范围/（μg/kg）	重复性限 r	再现性限 R
睾酮	0.25～2.5	$r=0.102m+0.0216$	$R=0.153m+0.0008$
表睾酮	0.25～2.5	$r=0.207m$	$R=0.183m+0.0321$
孕酮	0.25～2.5	$r=0.0805m+0.0811$	$R=0.0926m+0.0677$

注：m 为两次测定结果的算术平均值

8.2.2　牛奶和奶粉中醋酸美仑孕酮、醋酸氯地孕酮和醋酸甲地孕酮残留量的测定　液相色谱-串联质谱法[99]

8.2.2.1　适用范围

适用于牛奶和奶粉中醋酸美仑孕酮、醋酸氯地孕酮和醋酸甲地孕酮残留量的液相色谱-串联质谱测定。方法检出限：牛奶中醋酸美仑孕酮、醋酸甲地孕酮和醋酸氯地孕酮检测限均为 2 μg/kg；奶粉中醋酸美仑孕酮、醋酸甲地孕酮和醋酸氯地孕酮的检测限均为 20 μg/kg。

8.2.2.2　方法原理

从牛奶样品中提取脂肪后，用乙腈提取，皂化后，经氰丙基型固相萃取柱净化，C₁₈ 色谱柱分离，液相色谱-串联质谱检测，外标法定量。

8.2.2.3　试剂和材料

乙腈、甲醇、乙酸乙酯、正己烷：色谱纯；氯化镁（MgCl₂·6H₂O）、氢氧化钠、甲酸、25%氨水、95%乙醇、石油醚、无水硫酸钠：分析纯。

乙酸乙酯+正己烷（1+19，v/v）：量取 10 mL 乙酸乙酯与 190 mL 正己烷混合。乙酸乙酯+正己烷（1+4，v/v）：量取 40 mL 乙酸乙酯与 160 mL 正己烷混合。1.0 mol/L 氯化镁溶液：称取 20.3 g 氯化镁，用水溶解并定容到 100 mL。0.1 mol/L 氢氧化钠溶液：称取 1.00 g 氢氧化钠，用水溶解并定容到 250 mL。乙腈+水（7+3，v/v）：量取 700 mL 乙腈与 300 mL 水混合，摇匀。

标准物质：醋酸美仑孕酮、醋酸氯地孕酮和醋酸甲地孕酮，纯度≥97%。

1000 μg/mL 标准储备溶液：准确称取醋酸美仑孕酮、醋酸氯地孕酮和醋酸甲地孕酮标准物质各 0.0500 g 于 50 mL 容量瓶中，用甲醇溶解并定容。标准储备溶液于 4℃保存。

100 μg/mL 混合标准溶液 I。分别吸取 10.0 mL 醋酸美仑孕酮、醋酸氯地孕酮和醋酸甲地孕酮标准储备液于 100 mL 容量瓶中，用甲醇定容。该混合标准溶液于 4℃保存。

1.0 μg/mL 混合标准溶液 II。取 1.0 mL 混合标准溶液 I 于 100 mL 容量瓶中，用甲醇定容。该混合标准溶液于 4℃保存。

基质混合标准工作溶液：根据需要，取适量的混合标准溶液 II，用空白样品提取液配成不同浓度的基质混合标准溶液。标准工作溶液现用现配。

氰丙基固相萃取柱或相当者：3 mL/500 mg。使用前分别用 5 mL 乙酸乙酯和 6 mL 正己烷淋洗，保持柱体湿润。

8.2.2.4　仪器和设备

液相色谱-串联质谱仪：配有电喷雾离子源（ESI）。分析天平：感量 0.1 mg 和 0.01 g。氮气浓缩仪。固相萃取装置：配有真空泵。低温离心机：−5℃至室温，最大转速 5000 r/min。液体混匀器。恒温水浴。微波炉。移液器：10～100 μL 和 100～1000 μL。

8.2.2.5　样品前处理

（1）试样制备

取样品 500 g 搅拌混匀，装入洁净容器作为试样，密封，并标明标记。如果制备好的试样不立刻测定，则将测试样置于 4℃中保存。

（2）样品称量

a. 牛奶样品　称取 10 g（精确到 0.01 g）牛奶样品，置于 50 mL 具塞聚丙烯离心管中。

b. 奶粉样品　称取 1 g 样品（精确到 0.01 g），置于 50 mL 具塞聚丙烯离心管中，然后加入 8 倍质量的水溶解后混匀。

（3）样品提取

加 1.0 mL 氨水，混匀。加入 10 mL 95%乙醇，混匀后加入 10 mL 乙酸乙酯，振摇 1 min，再加入 10 mL 石油醚，同样振摇 1 min，以 4000 r/min 离心 5 min，吸取上层提取液通过装有 15 g 无水硫酸钠的玻璃柱过滤到 50 mL 具塞聚丙烯离心管中。再用 8 mL 乙酸乙酯和 8 mL 石油醚重复提取残液一次，以 4000 r/min 离心 5 min，提取液过相同的无水硫酸钠的玻璃柱，用 5 mL 乙酸乙酯淋洗无水硫酸钠柱后，合并提取液，提取液于 60℃用氮气浓缩仪吹干。

加入 5 mL 乙腈，于 60℃水浴中保持 3 min，使脂肪融化。涡旋 1 min，于−5℃以 4000 r/min 离心 7 min，吸取上清液至 15 mL 具塞聚丙烯离心管中，再向沉淀物中加入 5 mL 乙腈重复提取一次，合并上清液。向合并的乙腈提取液中加入 2 mL 正己烷，涡旋 1 min，于−5℃以 4000 r/min 离心 5 min，弃去正己烷层，再用 2 mL 正己烷重复洗涤乙腈相，弃去正己烷层。乙腈提取液于 60℃用氮气浓缩仪吹干。

（4）皂化

向乙腈提取液中依次加入 4 mL 正己烷、1 mL 氢氧化钠溶液和 0.5 mL 氯化镁溶液，于液体混匀器上快速混匀 10 s，在 60℃水浴中保持 15 min，于−5℃以 4000 r/min 离心 5 min，吸取上清液至 15 mL 离心管中。向沉淀物中再加入 4 mL 正己烷，混匀，于 60℃水浴中加热 15 min 后，于−5℃以 4000 r/min 离心 5 min，合并上清液。于 60℃用氮气浓缩仪吹干，用 1.0 mL 正己烷溶解残渣，待净化。

（5）净化

将上述样液移入氰丙基固相萃取柱中，用 2 mL 正己烷分两次润洗玻璃试管，洗液也移入固相萃取柱中。待样液流出后，依次用 5 mL 正己烷和 6 mL 乙酸乙酯+正己烷溶液（1+19，v/v）淋洗固相萃取柱，淋洗液流出后，固相萃取柱抽干 2 min，最后用 3.5 mL 乙酸乙酯+正己烷溶液（1+4，v/v）洗脱，洗脱液收集于另一 15 mL 离心管中，于 60℃用氮气浓缩仪吹干。残余物用 1 mL 乙腈+水（7+3，v/v）涡旋溶解，过滤膜，供液相色谱-串联质谱测定。

8.2.2.6　测定

（1）液相色谱条件

色谱柱：C_{18}柱，3 μm，50 mm×2.0 mm（内径）或相当者；柱温：30℃；流速：0.3 mL/min；进样量：10 μL；梯度洗脱，洗脱程序见表 8-14。

表 8-14　液相色谱梯度洗脱程序

时间/min	0.1%甲酸水溶液/%	乙腈含 0.1%甲酸/%
0	90	10
1.0	20	80
7.0	20	80
8.0	90	10

（2）质谱条件

离子源：正离子电喷雾；扫描方式：多反应检测 MRM；电喷雾电压：4000 V；离子源温度：350℃；雾化气、气帘气、辅助气：均为高纯氮气，使用前调节各气流流量，以使质谱仪灵敏度达到检测要求；定性离子对，定量离子对，去簇电压和碰撞能量见表 8-15。

表 8-15　定性离子对，定量离子对，去簇电压和碰撞能量

化合物	定性离子对（m/z）	定量离子对（m/z）	去簇电压/V	碰撞能量/V
醋酸美仑孕酮	397/337	397/337	120	5
	397/279		120	28
醋酸氯地孕酮	405/345	405/345	80	6
	405/309		80	13
醋酸甲地孕酮	385/325	385/325	130	6
	385/267		130	16

（3）定性测定

每种被测组分选择 1 个母离子，2 个以上子离子，在相同实验条件下，样品中待测物质的保留时间与混合基质标准溶液中对应物质的保留时间偏差在 ±2.5% 之内；且样品谱图中各定性离子的相对丰度与浓度接近的混合基质标准溶液谱图中对应的定性离子的相对丰度进行比较，若偏差不超过表 1-5 规定的范围，则可判断样品中存在对应的待测物。

（4）定量测定

在仪器最佳工作条件下，用混合基质标准校准溶液分别进样，以峰面积为纵坐标，以混合基质标准校准溶液浓度为横坐标，绘制标准工作曲线，用标准工作曲线对样品进行定量，样品溶液中待测物的响应值均应在仪器测定的线性范围内。在上述色谱条件下，醋酸美仑孕酮、醋酸氯地孕酮和醋酸甲地孕酮标准物质的多反应检测（MRM）色谱图见图 8-9。

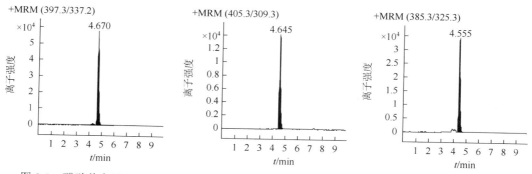

图 8-9　醋酸美仑孕酮、醋酸氯地孕酮和醋酸甲地孕酮标准物质的多反应监测（MRM）色谱图

8.2.2.7　分析条件的选择

（1）提取方法

在提取样品时，需先用碱处理，使牛奶中酪蛋白钙盐溶解，并降低其吸附力，加入乙醇，使乙醇溶解物溶于其中，加入石油醚可使分层清晰。试验中用乙腈提取后，离心时温度控制在 -5℃，可以使试液中的脂肪固化得到更好的离心分层效果。

（2）净化方法

为确定最佳的洗脱范围，在牛奶添加 20 μg/kg 浓度的醋酸美仑孕酮、醋酸氯地孕酮和醋酸甲地孕酮标准溶液后，按本方法提取处理后，活化氰丙基固相萃取柱，过柱后，然后分段收集淋洗液、氮吹至干、用 1.0 mL 甲醇定容后进样，得到淋洗曲线图（图 8-10）。由图 8-10 可见，用 3 mL 乙酸乙酯+正己烷溶液（1+4，v/v）可以把醋酸美仑孕酮、醋酸氯地孕酮和醋酸甲地孕酮淋洗洗脱下来，所以本

法淋洗洗脱液乙酸乙酯+正己烷溶液（1+4，v/v）用量定为 3.5 mL。

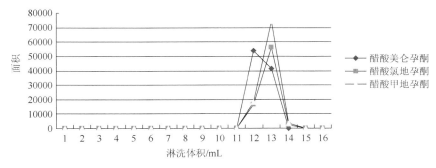

图 8-10　淋洗曲线图：淋洗体积 0～5 mL 正己烷；

淋洗体积 6～11 mL 乙酸乙酯+正己烷溶液（1+19，v/v）

淋洗体积 12～16 mL 乙酸乙酯+正己烷溶液（1+4，v/v）

8.2.2.8　方法回收率和精密度

在牛奶和奶粉样品中添加醋酸美仑孕酮、醋酸氯地孕酮和醋酸甲地孕酮，每一添加水平取独立样 10 个，按上述步骤处理样品，添加水平和回收率结果见表 8-16。从表 8-16 可以看出，牛奶和奶粉样品中添加醋酸美仑孕酮、醋酸氯地孕酮和醋酸甲地孕酮在四个添加水平的平均回收率在 86.5%～91.3%之间，相对标准偏差在 4.3%～9.5%之间。

表 8-16　牛奶和奶粉样品中添加醋酸美仑孕酮、醋酸氯地孕酮和醋酸甲地孕酮回收率结果（$n=10$）

基质	化合物	添加水平/(µg/kg)	回收率/%										平均回收率/%	RSD%
牛奶	醋酸美仑孕酮	2.0	79.50	85.6	93.4	82.3	88.7	83.6	84.3	92.6	102	74.6	86.7	9.0
		4.0	89.7	93.6	83.4	87.1	93.8	84.6	91.8	87.6	82.1	102	89.6	6.7
		10.	91.5	95.4	87.1	93.6	94.7	86.1	84.7	88.6	82.3	98.3	90.2	5.8
		20	93.6	84.6	89.4	92.8	87.1	85.3	94.5	92.8	94.1	82.5	89.7	5.0
	醋酸氯地孕酮	2.0	78.4	86.7	82.4	93.7	86.4	87.4	92.1	85.4	96.3	76.1	86.5	7.4
		4.0	86.1	87.3	93.8	92.4	88.3	92.4	83.5	89.4	84.3	80.4	87.8	4.9
		10	92.6	93.4	88.4	87.2	92.9	85.8	94.7	93.2	96.4	85.6	91.0	4.3
		20	92.4	95.1	87.1	85.4	89.8	92.8	84.2	90.5	97.5	93.4	90.8	4.7
	醋酸甲地孕酮	2.0	88.6	76.8	84.4	91.7	88.6	84.6	87.6	89.6	76.4	101	86.9	8.2
		4.0	83.5	86.4	89.7	76.4	88.6	93.4	84.3	86.4	85.3	97.1	87.1	6.5
		10	94.3	88.4	91.7	83.6	85.6	90.4	92.6	87.5	84.1	94.3	89.3	4.5
		20	88.7	93.4	94.5	91	90.6	86.5	83	94.2	82.3	93.2	89.7	5.0
奶粉	醋酸美仑孕酮	20	88.6	79.6	84.6	93.4	87.4	82.5	89.4	90.6	97.5	89.4	88.3	5.9
		40	84.1	89.3	91.5	96.8	82.6	88.6	87.6	93.4	88.7	94.1	89.7	4.9
		100	89.7	83.4	94.6	84.5	92.4	87.6	91.4	88.7	93.8	97.1	90.3	4.9
		200	91.2	94.7	90.3	88.6	82.4	95.1	84.6	86.4	94.5	95.4	90.3	5.2
	醋酸氯地孕酮	20	84.6	78.4	88.5	83.6	92.4	87.2	102	84.2	96.7	89.1	88.7	7.8
		40	88.7	85.6	93.1	82.4	89.1	93.4	84.5	82	94.8	84.5	87.8	5.4
		100	92.4	95.4	84.2	85.1	88.6	90.2	82.4	92.4	94.4	97.5	90.3	5.6
		200	94.1	86.5	97.4	82.4	92.8	87.4	83.7	93.1	89.1	92.3	89.9	5.4
	醋酸甲地孕酮	20	91.2	76.4	82.4	88.6	92.5	84.3	82	92.8	78.1	104	87.2	9.5
		40	86.2	84.5	94.2	87.6	82.6	83	81.4	93.4	82.4	101	87.6	7.4
		100	92.4	89.6	85.4	82	97.1	93.1	87.4	85.3	93.8	94.6	90.1	5.4
		200	94.5	92.3	90.8	84.2	86.7	92.5	83.7	94.2	97.4	96.5	91.3	5.4

8.2.2.9　线性范围和测定低限

醋酸美仑孕酮、醋酸氯地孕酮和醋酸甲地孕酮浓度在 5～200 ng/mL 范围内，峰面积和浓度成良好的线性关系，线性相关系数大于 0.998。牛奶样品中醋酸美仑孕酮、醋酸氯地孕酮和醋酸甲地孕酮最低浓度确定定量测定限（LOQ，S/N＞10）均为 2 μg/kg。奶粉样品中醋酸美仑孕酮、醋酸氯地孕酮和醋酸甲地孕酮最低浓度确定定量测定限（LOQ，S/N＞10）均为 20 μg/kg。

8.2.2.10　重复性和再现性

在重复性试验条件下，获得的两次独立测试结果的绝对差值不超过重复性限（r），如果差值超过重复性限（r），应舍弃试验结果并重新完成两次单个试验的测定。在再现性试验条件下，获得的两次独立测试结果的绝对差值不超过再现性限（R）。被测物的含量范围、重复性和再现性方程见表 8-17 和表 8-18。

表 8-17　牛奶中三种孕酮的含量范围及重复性和再现性方程

化合物	含量范围/(mg/kg)	重复性限 r	再现性限 R
醋酸美仑孕酮	0.002～0.020	$\lg r = 0.7576 \lg m - 0.9527$	$\lg R = 0.9725 \lg m - 0.5187$
醋酸氯地孕酮	0.002～0.020	$\lg r = 0.8868 \lg m - 0.9084$	$\lg R = 0.9314 \lg m - 0.4942$
醋酸甲地孕酮	0.002～0.020	$\lg r = 0.8718 \lg m - 0.9059$	$\lg R = 0.8964 \lg m - 0.4976$

注：m 为两次测定值的平均值

表 8-18　奶粉中三种孕酮的含量范围及重复性和再现性方程

化合物	含量范围/(mg/kg)	重复性限 r	再现性限 R
醋酸美仑孕酮	0.020～0.200	$\lg r = 0.9336 \lg m - 0.9724$	$\lg R = 0.9876 \lg m - 0.5460$
醋酸氯地孕酮	0.020～0.200	$\lg r = 0.6814 \lg m - 0.4461$	$\lg R = 0.9166 \lg m - 0.4235$
醋酸甲地孕酮	0.020～0.200	$\lg r = 0.9876 \lg m - 0.9798$	$\lg R = 0.9636 \lg m - 0.5525$

注：m 为两次测定值的平均值

8.2.3　牛奶和奶粉中 α-群勃龙、β-群勃龙、19-乙烯去甲睾酮和 epi-19-乙烯去甲睾酮残留量的测定　液相色谱-串联质谱法[100]

8.2.3.1　适用范围

适用于牛奶和奶粉中 α-群勃龙、β-群勃龙、19-乙烯去甲睾酮和 epi-19-乙烯去甲睾酮残留量的高效液相色谱-串联质谱测定。方法检出限：牛奶中 α-群勃龙、β-群勃龙、19-乙烯去甲睾酮和 epi-19-乙烯去甲睾酮为 1 μg/kg，奶粉中 α-群勃龙、β-群勃龙、19-乙烯去甲睾酮和 epi-19-乙烯去甲睾酮为 5 μg/kg。

8.2.3.2　方法原理

试样在 pH 5.0 条件下加酶水解，乙腈-乙酸乙酯提取，凝胶色谱净化，用高效液相色谱-串联质谱测定，外标法定量。

8.2.3.3　试剂和材料

乙腈、乙酸乙酯、环己烷、甲醇、乙酸均为液相色谱纯；乙酸钠：分析纯；无水硫酸钠：分析纯：经 650℃灼烧 4 h，置于干燥器内备用。

β-葡萄糖苷酸酶/芳基硫酸酯酶：β-glucuronidase/aryl sulfatase，100000 unit/mL。

0.02 mol/L 乙酸钠缓冲液（pH=5.0）：称取无水乙酸钠 0.82 g 溶于 500 mL 水中，用乙酸调节 pH=5.0。甲醇溶液（7+3，v/v）：30 体积的水与 70 体积的甲醇混匀。乙酸乙酯-环己烷（1+1，v/v）：50 体积的乙酸乙酯与 50 体积的环己烷混匀。

α-群勃龙、β-群勃龙（β-trenbolone，CAS：10161-33-8）、19-乙烯去甲睾酮（nortestosterone，CAS：434-22-0）和 epi-19-乙烯去甲睾酮（epi-nortestosterone，CAS：4409-34-1）标准品：纯度大于或等于 98%。

标准储备液：分别精确称取适量标准品，用乙腈配制成 100 μg/mL 的标准储备液。

混合标准中间工作液：取标准储备液各 1 mL 至 100 mL 容量瓶中，用乙腈定容至刻度，配制成混合标准工作液，浓度为 1 μg/mL。

8.2.3.4　仪器和设备

高效液相色谱-串联质谱仪：配有电喷雾离子源（ESI）。凝胶色谱仪。分析天平：感量 0.1 mg 和 0.01 g。离心机。恒温水浴摇床。涡旋混合器。旋转蒸发仪。

8.2.3.5　样品前处理

（1）试样制备

a. 牛奶　取均匀样品约 250 g 装入洁净容器作为试样，密封置 4℃下保存，并标明标记。

b. 奶粉　取均匀样品约 250 g 装入洁净容器作为试样，密封，并标明标记。

（2）提取

牛奶样品称取约 5 g（准确至 0.01 g）于 50 mL 具塞离心管中，奶粉样品称取约 1 g（准确至 0.01 g）并加入 5 mL 水于 50 mL 具塞离心管中，混匀。

在称取好样品的离心管中加入 5 mL 乙酸钠缓冲液和 20 μL β-葡萄糖苷酸酶/芳基硫酸酯酶，摇匀后盖好塞子置于恒温水浴摇床上，37℃振荡水解过夜。待水解液冷却至室温后，首先加入 5 mL 乙腈，振摇，以沉淀蛋白，然后再加入 20 mL 乙酸乙酯，涡旋振荡提取 2 min 后，3000 r/min 离心 10 min，移取上清液通过 5 g 无水硫酸钠过滤至鸡心瓶中。再用 20 mL 乙酸乙酯重复提取一次，合并上清液于同一鸡心瓶中。

（3）净化

1）凝胶色谱条件

净化柱：22 g S-X$_3$ Bio-Beads 填料，200 mm×25 mm（内径）或相当者；流动相：乙酸乙酯-环己烷，流速：5.0 mL/min；定量环：5 mL；净化程序：0～10 min 弃去洗脱液，10～15.5 min 收集洗脱液。

2）凝胶色谱净化

将提取液在 45℃下蒸至近干，用乙酸乙酯-环己烷（50+50，v/v）定容至 10 mL 的玻璃试管中，按上述条件净化。净化后将收集的洗脱液蒸干，用 1 mL 甲醇-水旋涡振荡溶解，过 0.45 μm 滤膜供 HPLC-MS/MS 分析。

（4）空白基质溶液的制备

将取牛奶阴性样品 5 g，奶粉阴性样品 1 g（精确到 0.01 g），按上述提取净化步骤操作。

8.2.3.6　测定

（1）液相色谱条件

色谱柱：C$_{18}$，5 μm，150 mm×2.1 mm（内径）或相当者；色谱柱温度：30℃；进样量：20 μL；流动相梯度及流速见表 8-19。

表 8-19　液相色谱梯度洗脱条件

时间/min	流速/(μL/min)	0.1%乙酸水溶液/%	乙腈/%
0.00	200	80	20
6.00	200	65	35
8.00	200	65	35
8.10	200	80	20
10.0	200	80	20

（2）质谱条件

离子化模式：电喷雾正离子模式（ESI+）；质谱扫描方式：多反应监测（MRM）；鞘气压力：15 unit；辅助气压力：20 unit；正离子模式电喷雾电压（IS）：4000 V；毛细管温度：320℃；源内诱导解离电压：10 V；Q1 为 0.4，Q3 为 0.7；碰撞气：高纯氩气；碰撞气压力：1.5 mTorr；其他质谱参数见表 8-20。

表 8-20　被测物的保留时间、采集窗口、监测离子对和裂解能量

化合物	保留时间/min	检测离子对（m/z）	裂解能量/eV
β-群勃龙	8.93	271.16/253.08*	21
		271.16/199.08	21
α-群勃龙	9.47	271.16/253.08*	21
		271.16/199.08	21
19-乙烯去甲睾酮	10.28	275.18/239.10*	15
		275.18/257.12	25
epi-19-乙烯去甲睾酮	11.64	275.18/239.10*	15
		275.18/257.12	25

* 为定量离子对，对于不同质谱仪器，仪器参数可能存在差异，测定前应将质谱参数优化到最佳

（3）定性测定

每种被测组分选择 1 个母离子，2 个以上子离子，在相同实验条件下，样品中待测物质的保留时间，与混合基质标准校准溶液中对应的保留时间偏差在±2.5%之内；且样品谱图中各组分定性离子的相对丰度与浓度接近的混合基质标准校准溶液谱图中对应的定性离子的相对丰度进行比较，偏差不超过表 1-5 规定的范围，则可判定为样品中存在对应的待测物。

（4）定量测定

在仪器最佳工作条件下，对混合基质标准校准溶液进样，以峰面积为纵坐标，混合基质校准溶液浓度为横坐标绘制标准工作曲线，用标准工作曲线对样品进行定量，样品溶液中待测物的响应值均应在仪器测定的线性范围内。上述色谱和质谱条件下，标准物质多反应监测（MRM）色谱图见图 8-11。

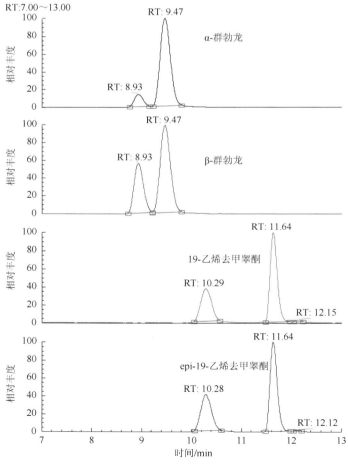

图 8-11　标准物质多反应监测（MRM）色谱图

8.2.3.7　分析条件的选择

（1）酶解

群勃龙和 19-去甲睾酮在样品中往往与蛋白等物质稳定结合，文献多采用 β-葡萄糖苷酸酶/芳基硫酸酯酶水解。但酶解条件各有差异（包括酶的用量、酶解温度和时间、不同缓冲液体系及 pH 等）。实验发现牛奶和奶粉液样品在 pH=5.0 左右，用 400 个单位酶用量，在 37℃酶解 6 个小时以上，分析物即可完全水解，回收率较高。

（2）提取净化

乙酸乙酯能有效地提取出样品中群勃龙和 19-去甲睾酮的残留。但牛奶和奶粉为高蛋白样品，乙酸乙酯不能沉淀蛋白，提取溶液易乳化。乙腈能很好地沉淀蛋白，但提取效果不如乙酸乙酯，且浓缩时比较费时。试验发现 5 mL 乙腈+20 乙酸乙酯提取两次，能沉淀蛋白提高提取效率。

固相萃取技术是比较有效的净化手段，本方法对硅胶柱、C₁₈柱、混合型柱、免疫亲和柱以及 C₁₈-氨基柱串联均做了实验，结果发现了 C₁₈柱、硅胶柱、混合型柱的净化效果均不佳，回收率不高。考虑到 GPC 对油脂蛋白等大分子有较好的去除能力，实验了 GPC 净化方法。标准和基质 GPC 色谱图见图 8-12。由图 8-12 可知，目标化合物 10～15 min 中可被流动相从 GPC 色谱柱中淋洗出来，所以设定 GPC 的程序为 0～10 min 弃去林洗液，10～15 min 收集林洗液。这样就可以除去样品中的大部分杂质，尽管仍有部分干扰物存在但不影响组分的测定。

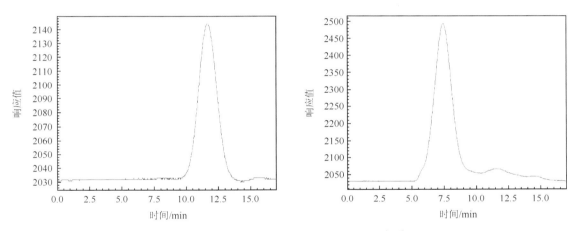

图 8-12　混合标准溶液和牛奶基质的 GPC 色谱图

（3）仪器条件的选择

1）色谱柱和流动相的选择

α-群勃龙、β-群勃龙、19-乙烯去甲睾酮和 epi-19-乙烯去甲睾酮为两对旋光异构体具有相同的分子量和特征碎片，所以色谱条件的分离成为了检测这两对异构体的必要手段。用 0.1%的乙酸水溶液与乙腈作流动相，采用时间梯度洗脱，在 Inertsil ODS-3（2.01 mm×150 mm，5 μm）柱上，四种物质可有效分离。但对于两种规格的 ZORBAX SB-C18（3.0 mm×100 mm，3.5 μm 和 2.1 mm×150 mm，5 μm）均不能使 α、β-群勃龙完全分离。

2）监测离子的确定

用蠕动泵以 10 μL/min 注入 1 μg/mL 的混合标准溶液来建立确定各化合物的最佳质谱条件，包括选择特征离子对，优化电喷雾电压、鞘气、辅助气、碰撞能量等质谱分析条件。分析物的混标液进入 ESI 电离源，在正、负离子扫描方式下分别对分析物进行一级全扫描质谱分析，得到分子离子峰。5 种分析物均在正模式下有较高的响应，负模式下信号值很低。然后对各分子离子峰进行二级质谱分析（多反应监测 MRM 扫描），得到碎片离子信息。其具体的质谱条件为：鞘气压力，30 unit；辅助气压力，5 unit；正离子扫描模式；电喷雾电压，4000 V；毛细管温度，320℃；源内诱导解离电压，10 V；Q1 为 0.4、Q3 为 0.7；碰撞气为高纯氩气，碰撞气压力为 1.5 mTorr。分析物的保留时间采集窗口确定定性定量离子对及碰撞能量见表 8-24。

8.2.3.8　线性范围和测定低限

　　用定溶液配成一系列标准工作溶液，用牛奶、奶粉样品空白溶液配成一系列基质标准工作溶液，在选定的色谱条件和质谱条件下进行测定，进样量 15 μL，用分析物峰面积对基质标准工作溶液中被测组分的浓度作图，其线性范围（相当牛奶样品质量 0～20 μg/kg，相当奶粉样品质量 0～100 μg/kg）线性方程和线性相关系数见表 8-21。由不同基质的线性方程可知基质分析物的测定影响不大，但仍有一定的干扰，固方法采用基质添加标准来校对样品的含量以消除基质的干扰。

表 8-21　线性方程和范围、相关系数

化合物	基质溶液	线性范围/(ng/mL)	线性方程	相关系数 R^2
β-群勃龙	溶液	0～50	$Y=632.603+46521.4X$	0.9964
	牛奶	0～50	$Y=5058.06+45495.1X$	0.9985
	奶粉	0～50	$Y=5654.49+40596.6X$	0.9938
α-群勃龙	溶液	0～50	$Y=51680.1+261292X$	0.9960
	牛奶	0～50	$Y=40593.2+304151X$	0.9992
	奶粉	0～50	$Y=77717.3+283336X$	0.9948
β-19-乙烯去甲睾酮	溶液	0～50	$Y=-11966.1+48869.1X$	0.9969
	牛奶	0～50	$Y=-3659.51+454454X$	0.9975
	奶粉	0～50	$Y=-5107.99+46424.7X$	0.9963
α-19-乙烯去甲睾酮	溶液	0～50	$Y=-6455.35+135714X$	0.9967
	牛奶	0～50	$Y=20549.6+147846X$	0.9992
	奶粉	0～50	$Y=-2794.14+140029X$	0.9960

　　根据最终样液所代表的试样量，定容体积，进样量和进行测定时所受的干扰情况，牛奶中 α-群勃龙、β-群勃龙、19-乙烯去甲睾酮和 epi-19-乙烯去甲睾酮的检测低限为 1 μg/kg，奶粉中 α-群勃龙、β-群勃龙、19-乙烯去甲睾酮和 epi-19-乙烯去甲睾酮为 5 μg/kg。

8.2.3.9　方法回收率和精密度

　　用阴性样品做添加回收和精密度实验，样品添加不同浓度标准后，按本方法进行提取、净化和测定，牛奶和奶粉样品在四个添加水平的分析结果见表 8-22 和表 8-23。从表 8-22 和表 8-23 中看出，牛奶样品四种分析物的平均回收率为 80.8%～87.5%，相对标准偏差为 2.99%～8.53%，奶粉样品在四个添加水平，四种分析物的平均回收率为 79.4%～90.5%，相对标准偏差为 4.09%～8.82%。

表 8-22　牛奶的回收率及精密度（$n=10$）

化合物	β-群勃龙				α-群勃龙				19-乙烯去甲睾酮				epi-19-乙烯去甲睾酮			
添加水平/(μg/kg)	1	2	5	10	1	2	5	10	1	2	5	10	1	2	5	10
测定值/(μg/kg)	0.81	1.56	4.33	8.33	0.91	1.61	3.82	8.24	0.75	1.48	3.90	8.40	0.76	1.69	3.84	8.56
	0.88	1.64	4.22	9.07	0.79	1.58	3.72	9.03	0.86	1.52	4.00	8.55	0.96	1.63	4.63	8.26
	0.91	1.68	4.23	9.42	0.87	1.62	3.76	8.78	0.90	1.64	3.93	8.82	0.88	1.68	4.75	8.51
	0.76	1.66	4.53	7.85	0.73	1.60	3.96	8.88	0.76	1.66	4.34	8.66	0.76	1.76	3.94	8.83
	0.81	1.58	3.81	7.99	0.90	1.55	4.34	7.99	0.85	1.69	4.37	8.07	0.91	1.78	4.04	7.61
	0.80	1.66	3.68	8.40	0.83	1.63	4.22	8.18	0.80	1.74	4.48	8.29	0.83	1.80	4.18	9.11
	0.89	1.49	3.69	8.57	0.87	1.53	4.27	8.12	0.88	1.71	4.40	8.14	0.89	1.74	4.38	7.81
	0.85	1.52	4.04	8.48	0.94	1.47	4.50	8.16	0.89	1.72	4.86	8.35	0.80	1.85	4.51	9.43
	0.83	1.64	4.37	9.20	0.92	1.64	4.43	8.61	0.75	1.57	4.89	8.50	0.87	1.53	4.66	9.67
	0.86	1.82	4.22	7.74	0.94	1.92	4.80	9.25	0.76	1.88	4.59	8.77	0.94	1.67	4.68	8.01

续表

化合物	β-群勃龙				α-群勃龙				19-乙烯去甲睾酮				epi-19-乙烯去甲睾酮			
添加水平/(μg/kg)	1	2	5	10	1	2	5	10	1	2	5	10	1	2	5	10
平均值/(μg/kg)	0.84	1.63	4.11	8.50	0.87	1.62	4.18	8.53	0.82	1.66	4.38	8.45	0.86	1.71	4.36	8.58
平均回收率/%	84.0	81.3	82.2	85.0	86.9	80.8	83.7	85.3	82.0	83.0	87.5	84.5	85.7	85.6	87.2	85.8
标准偏差	0.048	0.092	0.294	0.574	0.068	0.120	0.357	0.444	0.062	0.115	0.353	0.253	0.071	0.092	0.338	0.685
相对标准偏差/%	5.66	5.69	7.14	6.76	7.77	7.41	8.53	5.20	7.57	6.93	8.06	2.99	8.30	5.40	7.75	7.99

表 8-23　奶粉的回收率及精密度 (n=10)

化合物	β-群勃龙				α-群勃龙				19-乙烯去甲睾酮				epi-19-乙烯去甲睾酮			
添加水平/(μg/kg)	5	10	25	50	5	10	25	50	5	10	25	50	5	10	25	50
测定值/(μg/kg)	4.16	7.56	19.12	42.86	4.42	7.80	19.51	40.77	4.62	8.16	22.50	48.10	4.66	8.19	20.20	43.50
	4.56	7.95	18.56	46.97	4.78	8.64	20.00	41.80	4.15	7.38	22.00	41.66	4.63	7.90	21.23	42.77
	4.71	8.12	17.62	48.48	4.69	7.83	22.20	46.40	4.34	7.94	20.65	46.72	4.25	8.14	22.80	43.33
	3.92	8.03	19.09	38.42	4.56	7.77	19.18	40.04	4.73	8.02	20.58	37.19	4.18	8.51	20.68	43.52
	4.06	8.50	18.85	40.39	4.23	8.36	21.62	38.51	4.10	8.90	22.51	40.02	4.23	9.21	20.98	46.74
	4.24	7.64	18.91	41.24	4.62	7.85	21.87	42.85	4.59	8.75	22.10	40.41	4.77	8.89	22.01	42.38
	4.65	7.79	20.70	36.99	4.79	7.55	23.04	45.16	4.08	8.79	24.39	44.87	4.07	9.46	22.62	40.52
	4.78	8.41	22.35	40.08	4.70	8.40	22.25	45.84	4.82	8.05	24.55	42.13	4.44	7.82	23.37	42.39
	4.48	9.30	21.58	39.58	3.79	8.86	24.56	42.49	3.91	8.62	22.21	41.99	4.80	8.55	24.52	45.84
	3.76	8.04	21.66	39.72	3.75	8.45	23.83	46.42	4.12	8.16	24.75	45.91	4.42	7.18	23.20	44.26
平均值/(μg/kg)	4.33	8.13	19.84	41.47	4.43	8.15	21.81	43.03	4.35	8.28	22.62	42.90	4.44	8.38	22.16	43.53
平均回收率/%	86.6	81.3	79.4	82.9	88.7	81.5	87.2	86.1	86.9	82.8	90.5	85.8	88.9	83.8	88.6	87.1
SD	0.353	0.507	1.595	3.657	0.389	0.442	1.797	2.822	0.320	0.479	1.500	3.410	0.259	0.686	1.376	1.779
RSD/%	8.15	6.23	8.04	8.82	8.78	5.43	8.24	6.56	7.36	5.78	6.63	7.95	5.82	8.19	6.21	4.09

8.2.3.10　重复性和再现性

在重复性试验条件下，获得的两次独立测试结果的绝对差值不超过重复性限（r），如果差值超过重复性限（r），应舍弃试验结果并重新完成两次单个试验的测定。在再现性试验条件下，获得的两次独立测试结果的绝对差值不超过再现性限（R）。被测物的含量范围、重复性和再现性方程见表 8-24 和表 8-25。

表 8-24　牛奶中四种分析物的含量范围及重复性和再现性方程

化合物	含量范围/(μg/kg)	重复性限 r	再现性限 R
β-群勃龙	1～10	$\lg r = 1.3046 \lg m - 1.0259$	$\lg R = 1.005 \lg m - 0.6902$
α-群勃龙	1～10	$\lg r = 0.8278 \lg m - 0.7811$	$\lg R = 0.9415 \lg m - 0.6367$
19-乙烯去甲睾酮	1～10	$\lg r = 0.9121 \lg m - 0.8603$	$\lg R = 0.9049 \lg m - 0.5791$
epi-19-乙烯去甲睾酮	1～10	$\lg r = 1.1868 \lg m - 0.9711$	$\lg R = 0.8888 \lg m - 0.5975$

注：m 为两次测定结果的算术平均值

表 8-25　奶粉中四种分析物的含量范围及重复性和再现性方程

化合物	含量范围/(μg/kg)	重复性限 r	再现性限 R
β-群勃龙	5～50	$\lg r = 1.1785 \lg m - 1.2094$	$\lg R = 1.2993 \lg m - 0.9517$
α-群勃龙	5～50	$\lg r = 0.7749 \lg m - 0.5326$	$\lg R = 0.9135 \lg m - 0.6682$
19-乙烯去甲睾酮	5～50	$\lg r = 0.8205 \lg m - 0.5518$	$\lg R = 0.8513 \lg m - 0.7618$
epi-19-乙烯去甲睾酮	5～50	$\lg r = 0.8629 \lg m - 0.7944$	$\lg R = 0.7029 \lg m - 0.4504$

注：m 为两次测定结果的算术平均值

8.2.4　牛肌肉、肝、肾中的 α-群勃龙、β-群勃龙残留量的测定　液相色谱-串联质谱法[101]

8.2.4.1　适用范围

适用于牛肌肉、肝、肾中 α-群勃龙、β-群勃龙残留量的液相色谱-串联质谱测定。检出限均为 2 µg/kg。

8.2.4.2　方法原理

试样在 pH=5.0 条件下加酶水解，用乙酸乙酯提取群勃龙残留，经凝胶色谱净化仪（GPC）和硅胶柱净化，高效液相色谱-串联质谱测定，外标法定量。

8.2.4.3　试剂和材料

甲醇、乙酸、乙腈：色谱纯；乙酸乙酯、环己烷、丙酮、正己烷：分析纯；β-葡萄糖苷酸酶/芳基硫酸酯（β-glucuronidase/aryl sulfatase）：100000 unit/mL。

乙酸乙酯+环己烷（50+50，v/v）、丙酮+正己烷（10+90，v/v）、丙酮+正己烷（30+70，v/v）。

乙酸钠缓冲液：0.02 mol/L，pH=5.0。称取无水乙酸钠 0.82 g 溶于 500 mL 水中，用乙酸调节 pH=5.0。

α-群勃龙、β-群勃龙标准物质：纯度≥98%。

标准储备溶液：分别精确称取 α-群勃龙、β-群勃龙标准物质各 0.0100 g，用乙腈溶解并定容至 100 mL，配制成 100 µg/mL 的标准储备溶液。此溶液–18℃冷冻保存，可使用 6 个月。

混合标准工作溶液：取标准储备溶液各 5 mL 至 50 mL 容量瓶中，用乙腈定容，配制成混合标准工作溶液，浓度为 10 µg/mL，此溶液–18℃冷冻保存，可使用 3 个月。

硅胶固相萃取柱：500 mg，3 mL；使用前用 5 mL 丙酮+正己烷预处理，保持柱体湿润。

8.2.4.4　仪器和设备

高效液相色谱仪配有紫外检测器。高效液相色谱-串联质谱仪：配有电喷雾离子源（ESI）。凝胶色谱仪。均质器。旋转蒸发仪。旋涡混合器。离心机：最大转速 5000 r/min。氮气浓缩仪。恒温水浴摇床。

8.2.4.5　样品前处理

（1）试样制备

牛肌肉、肝、肾组织用组织捣碎机绞碎，分出 0.5 kg 作为试样备用。制备好的试样置于–18℃冰柜中避光保存。

（2）试样的称取

称取 5 个阴性样品，每个样品为 5 g（精确到 0.01 g），置于 50 mL 具塞离心管中，再分别加入不同量混合标准工作溶液，使各被测组分的浓度均为 2.5 ng/mL、5 ng/mL、10 ng/mL、50 ng/mL、100 ng/mL。

（3）提取

向上述盛有 5 个阴性样品的 50 mL 具塞离心管中，加入 5 mL 乙酸钠缓冲溶液和 20 µL β-葡萄糖苷酸酶/芳基硫酸酯，摇匀后盖好塞子置于恒温水浴摇床上，37℃振荡水解过夜（≥5 h）。待水解液冷却至室温后，加入 20 mL 乙酸乙酯，在均质器上以 10000 r/min 的速度均质提取 1 min 后，3000 r/min 离心 10 min，将上清液过滤至鸡心瓶中。再用 20 mL 乙酸乙酯重复提取一次，合并上清液于同一鸡心瓶中。

（4）净化

1）凝胶色谱仪条件

净化柱：22 g S-X3 Bio-Beads 填料，200～400 目，200 mm×25 mm（i.d.），或相当者；流动相：乙酸乙酯+环己烷（50+50，v/v），流速：5.0 mL/min；定量环：5 mL；净化程序：0～10.5 min 弃去洗脱液，10.5～15.5 min 收集洗脱液，15.5～18 min 弃去洗脱液。

2）GPC 及硅胶固相萃取净化

将提取液在 45℃下蒸至近干，用乙酸乙酯+环己烷定容至 10 mL 的玻璃试管中，按 GPC 条件净化。净化后将收集的洗脱液蒸干，用 3 mL 丙酮+正己烷漩涡振荡溶解残渣，将溶液转移到预洗过的硅胶柱上的贮液器中，然后再用 3 mL 丙酮+正己烷（10+90，v/v）溶解一次，将合并的溶解液过硅胶柱，接着用 3 mL 丙酮+正己烷（10+90，v/v）淋洗硅胶柱，最后用 5 mL 丙酮+正己烷洗脱分析物并收集。洗脱液用氮气浓缩仪在 60℃水浴中吹干，用 1 mL 流动相漩涡振荡溶解，过 0.45 μm 滤膜，供高效液相色谱和高效液相色谱-串联质谱测定。

（5）试样溶液的制备

称取待测样品 5 g（精确到 0.01g）于 50 mL 带塞离心管中，按上述提取净化步骤操作。

（6）空白基质溶液的制备

称取阴性样品 5 g（精确到 0.01g）于 50 mL 带塞离心管中，按上述提取净化步骤操作。

8.2.4.6 测定

（1）液相色谱条件

色谱柱：Inertsil C$_{18}$，5rt，150 mm sil C 液相色谱-串联质或相当者；流动相：0.1%乙酸水溶液+乙腈（62+38，v/v）；流速：0.3 mL/min；色谱柱温度：35℃；进样量：20 unit。

（2）质谱条件

离子源 ESI，正模式；雾化喷嘴压力：35.0 psi；干燥气流量：9.0 L/min；干燥气温度：350℃；毛细管电压、去集簇电压、碰撞电压等电压值应优化至最优灵敏度；检测离子对见表 8-26。

表 8-26 被测物的保留时间、母离子和子离子

化合物	保留时间/min	母离子（m/z）	子离子（m/z）	
β-群勃龙	6.5	271	253*	199
α-群勃龙	7.2	271	253*	199

＊ 为定量离子

（3）定性测定

每种被测组分选择 1 个母离子，2 个以上子离子，在相同实验条件下，样品中待测物质的保留时间，与基质混合标准校准溶液中对应的保留时间偏差在±2.5%之内；且样品谱图中各组分定性离子的相对丰度与浓度接近的基质混合标准校准溶液谱图中对应的定性离子的相对丰度进行比较，偏差不超过表 1-5 规定的范围，则可判定为样品中存在对应的待测物。

（4）定量测定

在仪器最佳工作条件下，对基质混合标准校准溶液进样，以峰面积为纵坐标，基质混合校准溶液浓度为横坐标绘制标准工作曲线，用标准工作曲线对样品进行定量，样品溶液中待测物的响应值均应在仪器测定的线性范围内。上述色谱和质谱条件下，标准选择离子流图见图 8-13。

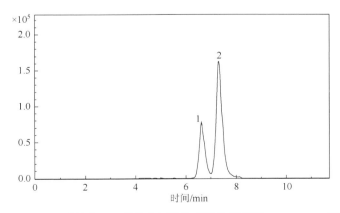

图 8-13 α-群勃龙、β-群勃龙标准物质的选择离子 LC-MS-MS 图

1. β-群勃龙；2. α-群勃龙

8.2.4.7 分析条件的选择

（1）酶解

群勃龙在样品中往往与蛋白等物质稳定结合，文献多采用 β-葡萄糖苷酸酶/芳基硫酸酯酶水解。但酶解条件各有差异（包括酶的用量、酶解温度和时间、不同缓冲液体系及 pH 等）。实验发现样品在乙酸钠缓冲体系（pH=5.0）中，用 20 个单位酶用量，在 37℃水域酶解 5~16 h，分析物可完全水解，回收率较高。

（2）提取净化

群勃龙为酯溶性化合物，实验发现用乙酸乙酯可从酶解液中有效提取出被测物。固相萃取技术是比较有效的净化手段。本方法对硅胶柱、C_{18} 柱、混合型柱、免疫亲和柱以及 C_{18}-氨基柱串联均作了实验，结果发现了以上萃取柱的净化效果均不佳，仍有内源干扰物影响组分的测定。考虑到动物组织中油脂蛋白等大分子较多，实验用了 GPC 净化提取液。由图 8-21 可知，群勃龙标准 10.5~15 min 中可被流动相从 GPC 色谱柱中林洗出来，所以设定 GPC 的程序为 0~10.5 min 弃去淋洗液，10.5~15.5 min 收集淋洗液，然后再淋洗 3 min 凝胶柱。这样就可以除去肝脏肾脏肌肉样品中的部分杂质。但从图 8-14 中可以看出仍有较多的杂质，所以，需要进一步净化。

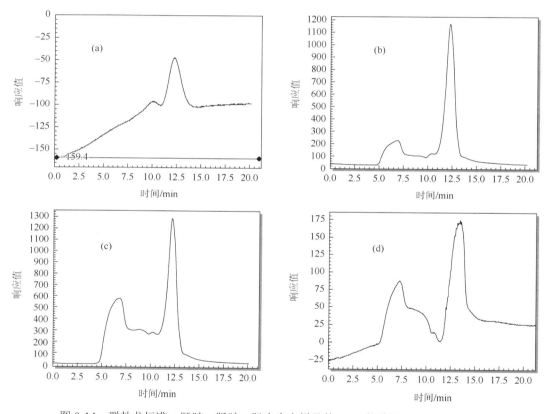

图 8-14　群勃龙标准，肝脏、肾脏、肌肉空白样品的 GPC 色谱图（UV：250 nm）

（a）α，β-群勃龙混标色谱图；（b）肾脏空白样品色谱图；（c）肝脏空白样品色谱图；（d）肌肉空白样品色谱图

考虑到群勃龙是弱极性化合物，考察了硅胶固相萃取柱的净化条件。淋洗液和洗脱液均用 5 mL 实验了不同丙酮和正己烷比例下的回收率，实验结果见表 8-27 和表 8-28。

表 8-27　淋洗液比例对回收率的影响

淋洗液比例（丙酮：正己烷）	0：100	5：95	10：90	15：85
β-群勃龙回收率/%	0	0	0	2.4
α-群勃龙回收率/%	0	0	0	1.5

表 8-28　洗脱液比例对回收率的影响

洗脱液比例（丙酮：正己烷）	20：80	30：70	40：60	50：50
β-群勃龙回收率/%	42.7	97.4	98.1	96.8
α-群勃龙回收率/%	45.4	96.4	97.1	97.0

由表 8-27 实验结果得出，用丙酮-正己烷（10+90，v/v）淋洗液 5 mL，去杂效果最好，待测物没有被洗脱。由表 8-28 试验结果可知，当丙酮正己烷的体积比大于 3：7 时，5 mL 的洗脱液可将分析物完全解吸。但实验发现丙酮的比例大于 3：7 时，过多的杂质也被洗脱，所以实验选择丙酮-正己烷（3：7，v/v）做洗脱液。

（3）仪器条件的选择

1）HPLC 仪器条件的选择

参考各种文献的报道，先后选择了 Cloversil ODS-U 5 μm 4.6 mm×250 mm，ZORBAX Eclipse XDB-C_{18} 4.6 mm×150 mm 5 μm，Diamonsil（TM）钻石 C_{18} 5 μm 150 mm×4.6 mm。其中 Diamonsil（TM）钻石 C_{18} 柱对被测物的分离效果及峰形均满足要求且无干扰峰影响测定结果。在流动相选择上，采用水-乙腈-甲醇（50+20+30，v/v/v）三元体系，有机溶液含量较高可缩短分析时间，但在肝脏样品中有杂质干扰 β-群勃龙的测定，最终，选择了上述体系可将干扰峰与分析物色谱峰完全分离，不影响组分的测定。

2）HPLC-MS 仪器条件的选择（监测离子的确定）

按照质谱测定的一般要求，先对各化合物进行全扫描，随后对各个化合物确定监测离子，采用选择离子模式以提高检测灵敏度。监测离子的确定是按每种化合物的质谱图和结构特性选取。

8.2.4.8　线性范围和测定低限

按照本方法制备四种分析物浓度分别为 2.5 ng/mL、5 ng/mL、10 ng/mL、50 ng/mL 和 100 ng/mL 的基质混合标准溶液，在选定的条件下进行测定，用峰面积对标准溶液中各被测组分的浓度作图，两种分析物浓度在 2.5～100 ng/mL 范围内呈良好线性。其线性方程和相关系数见表 8-29。

表 8-29　HPLC-MS 法的线性范围和相关系数

化合物	线性方程	相关系数	线性范围
β-群勃龙	$Y=6.83\times10^3X+3.52\times10^4$	0.9995	1～100 ng/g
α-群勃龙	$Y=1.67\times10^4X+1.32\times10^5$	0.9995	1～100 ng/g

由此可见，在方法规定的操作条件下，样品中分析物的添加浓度为 2 μg/kg 时，所测谱图的信噪比大于 10，高于仪器最小检知量。因此，本方法测定低限确定为 2 μg/kg。

8.2.4.9　方法回收率和精密度

用阴性样品做添加回收和精密度实验，样品添加不同浓度标准后，按本方法进行提取、净化和测定，分析结果见表 8-30。从表 8-30 中看出，样品添加量在 2～10 ng/g 之间，六种分析物的平均回收率为 78.5%～84.0%，相对标准偏差为 3.54%～7.89%。

表 8-30　各基质样品的回收率及精密度（n=10）

基质	肝脏						肾脏						肌肉					
化合物	β-群勃龙			α-群勃龙			β-群勃龙			α-群勃龙			β-群勃龙			α-群勃龙		
添加水平/(μg/kg)	2	5	10	2	5	10	2	5	10	2	5	10	2	5	10	2	5	10
测定值/(μg/kg)	1.46	4.22	7.44	1.45	3.58	7.65	1.49	4.34	8.84	1.56	3.78	8.62	1.64	3.94	7.98	1.56	4.21	8.06
	1.55	4.56	8.62	1.56	4.16	8.73	1.45	4.68	7.27	1.64	4.52	8.06	1.62	3.89	8.48	1.48	4.36	7.88
	1.72	3.71	7.72	1.84	3.94	8.19	1.72	3.74	8.51	1.72	3.94	7.88	1.84	4.32	7.65	1.49	3.88	8.34

续表

基质	肝脏						肾脏						肌肉					
化合物	β-群勃龙			α-群勃龙			β-群勃龙			α-群勃龙			β-群勃龙			α-群勃龙		
添加水平 /(μg/kg)	2	5	10	2	5	10	2	5	10	2	5	10	2	5	10	2	5	10
测定值 /(μg/kg)	1.62	4.38	8.84	1.64	3.80	8.39	1.54	3.99	7.89	1.84	4.28	8.34	1.57	4.23	8.73	1.58	3.78	8.19
	1.56	4.14	7.98	1.68	4.12	8.11	1.67	4.21	7.35	1.47	3.68	7.82	1.64	3.77	8.19	1.49	4.52	8.39
	1.48	4.52	8.48	1.74	4.32	8.24	1.54	4.36	8.54	1.84	4.23	8.34	1.58	4.21	8.34	1.71	3.94	8.11
	1.49	4.38	8.42	1.59	4.21	7.31	1.63	3.88	8.42	1.58	3.73	7.76	1.74	4.34	7.82	1.45	4.28	8.73
	1.51	4.01	7.89	1.69	4.37	7.38	1.59	3.97	7.34	1.49	4.41	7.88	1.59	4.48	8.34	1.72	4.23	8.19
	1.76	3.99	7.39	1.58	3.99	8.56	1.75	4.21	8.11	1.71	4.20	7.88	1.49	3.94	8.42	1.54	3.77	8.34
	1.74	4.11	7.56	1.42	4.09	7.69	1.77	4.23	7.99	1.68	3.99	8.22	1.43	3.91	7.34	1.67	4.21	9.01
平均值 /(μg/kg)	1.59	4.20	8.03	1.62	4.06	8.03	1.62	4.16	8.03	1.65	4.08	8.08	1.61	4.10	8.13	1.57	4.12	8.32
平均回收率/%	79.5	84.0	80.3	81.0	81.2	80.3	80.8	83.2	80.3	82.7	81.5	80.8	80.7	82.1	81.3	78.5	82.4	83.2
标准偏差 SD	0.11	0.26	0.52	0.13	0.24	0.49	0.11	0.27	0.56	0.13	0.29	0.29	0.12	0.24	0.43	0.10	0.26	0.33
RSD/%	7.18	6.29	6.50	7.89	5.91	6.13	6.88	6.57	7.00	7.88	7.22	3.54	7.19	5.86	5.24	6.32	6.27	3.98

8.2.4.10　重复性和再现性

在重复性试验条件下，获得的两次独立测试结果的绝对差值不超过重复性限（r），如果差值超过重复性限（r），应舍弃试验结果并重新完成两次单个试验的测定。在再现性试验条件下，获得的两次独立测试结果的绝对差值不超过再现性限（R）。被测物的含量范围、重复性和再现性方程见表 8-31。

表 8-31　两种群勃龙的含量范围及重复性和再现性方程

化合物	含量范围/(μg/kg)	重复性限 r	再现性 R
β-群勃龙	2~40	lg r=0.4376 lg m−0.7122	lg R=0.6430 lg m−0.5267
α-群勃龙	2~40	lg r=0.4990 lg m−0.7543	lg R=0.8253 lg m−0.7207

注：m 为两次测定结果的算术平均值

8.2.5　牛尿中 α-群勃龙、β-群勃龙、19-乙烯去甲睾酮和 epi-19-乙烯去甲睾酮残留量的测定　液相色谱-串联质谱法[102]

8.2.5.1　适用范围

适用于牛尿中 α-群勃龙、β-群勃龙、19-乙烯去甲睾酮和 epi-19-乙烯去甲睾酮残留量的高效液相色谱-串联质谱测定。方法检出限均为 2 μg/L。

8.2.5.2　方法原理

试样在 pH=5.0 条件下加酶水解，经免疫亲和柱净化，用高效液相色谱-串联质谱测定，外标法定量。方法检出限：牛尿中 α-群勃龙、β-群勃龙、19-乙烯去甲睾酮和 epi-19-乙烯去甲睾酮均为 2 μg/L。

8.2.5.3　试剂和材料

甲醇、乙腈、乙酸：色谱纯；β-葡萄糖苷酸酶/芳基硫酸酯（β-glucuronidase/aryl sulfatase）：100000 unit/mL。

氢氧化钠溶液：1 mol/L。10 g 氢氧化钠溶于 250 mL 水中。

盐酸溶液：1 mol/L。吸取 20.8mL 浓盐酸溶于水中，定容至 250 mL。

免疫亲和柱淋洗缓冲储备液和柱储存缓冲储备液：免疫亲和柱附带。

柱淋洗缓冲溶液：量取 1 mL 储备溶液与 19 mL 水混溶，临用前现配。

柱储存缓冲溶液：量取 1 mL 储备溶液与 4 mL 水混溶，临用前现配。甲醇+水溶液（70+30，v/v）。

α-群勃龙、β-群勃龙、19-乙烯去甲睾酮和 epi-19-乙烯去甲睾酮标准物质：纯度≥98%。

标准储备溶液：分别精确称取 α-群勃龙、β-群勃龙、19-乙烯去甲睾酮和 epi-19-乙烯去甲睾酮标准物质各 0.0100 g，用乙腈溶解并定容至 100 mL，配制成 100 μg/mL 的标准储备溶液。此溶液−18℃冷冻保存，可使用 6 个月。

混合标准工作溶液：取标准储备溶液各 5 mL 至 50 mL 容量瓶中，用乙腈定容至刻度，配制成混合标准工作溶液，浓度为 10 μg/mL，此溶液−18℃冷冻保存，可使用三个月。

群勃龙/19-乙烯去甲睾酮免疫亲和柱：带有柱淋洗缓冲储备溶液和柱储存缓冲储备溶液，在 2～8℃保存。

8.2.5.4 仪器和设备

高效液相色谱-串联质谱仪：配有电喷雾离子源（ESI）。离心机：最大转速 5000 r/min。恒温水浴摇床。旋涡混合器。氮气浓缩仪。固相萃取装置。

8.2.5.5 样品前处理

（1）试样制备

取新鲜牛尿迅速冷冻作为试样备用。制备好的试样置于−18℃冰柜中避光保存。

（2）试样称取

取 5 个阴性样品，将冷冻尿液融化混匀，取部分样品以转速 4000 r/min 离心 10 min。然后，每个样品分别量取 5 mL（精确到 0.01 mL）于 15 mL 具塞离心管中，再分别加入不同量混合标准工作溶液，使各被测组分的浓度均为 2.5 ng/mL、5 ng/mL、10 ng/mL、50 ng/mL、100 ng/mL。

（3）水解

分别将上述离心管溶液，用 1 mol/L 的盐酸调节尿样 pH 在 4.9～5.1 之间，接着加入 40 μL β-葡萄糖苷酸酶/芳基硫酸酯，摇匀后盖好塞子置于恒温水浴摇床上 37℃振荡水解 2 h。待水解液冷却至室温后，加入 4 mL 柱淋洗缓冲溶液，用 1 mol/L 氢氧化钠溶液调整尿样 pH 在 7～9 之间。

（4）免疫亲和柱净化

首先将柱中储存缓冲溶液过柱，再用 15 mL 柱淋洗缓冲溶液平衡柱子。然后，将水解处理好的尿样过柱，接着依次用 8 mL 柱淋洗缓冲溶液、5 mL 水淋洗柱子。最后，用 4 mL 甲醇+水溶液洗脱分析物并收集于带刻度的试管中（上述过程过柱流速应≤2 mL/min）。洗脱液用氮气浓缩仪在 60℃水浴中吹至约 1 mL，用流动相定容至 2 mL，漩涡振荡混合，过 0.45 μm 滤膜供 HPLC-MS-MS 测定。

（5）试样溶液的制备

将冷冻尿液样品融化混匀，取部分样品以转速 4000 r/min 离心 10 min。然后，量取 5 mL（精确到 0.01 mL）于 15 mL 具塞离心管中。按上述步骤操作。

（6）空白基质溶液的制备

将阴性冷冻尿液样品融化混匀，取部分样品以转速 4000 r/min 离心 10 min。然后，量取 5 mL（精确到 0.01 mL）于 15 mL 具塞离心管中。按上述步骤操作。

8.2.5.6 测定

（1）液相色谱条件

色谱柱：Inertsil C_{18}，5 μm，150 mm×2.1 mm（i.d.）或相当者；流动相：0.1%乙酸水溶液+乙腈（62+38，v/v）；流速：0.3 mL/min；色谱柱温度：35℃；进样量：20 μL。质谱条件：离子源：ESI，正模式；雾化喷嘴压力：35.0 psi；干燥气流量：9.0 L/min；干燥气温度：350℃；毛细管电压、去集簇电压、碰撞电压等电压值应优化至最优灵敏度；检测离子对见表 8-32。

表 8-32　四种被测物的保留时间、母离子和子离子

化合物	保留时间/min	母离子 (m/z)	子离子 (m/z)	
β-群勃龙	6.5	271	253*	199
α-群勃龙	7.2	271	253*	199
19-乙烯去甲睾酮	8.4	275	257*	239
epi-19-乙烯去甲睾酮	11.4	275	257*	239

* 为定量离子

（2）定性测定

　　每种被测组分选择 1 个母离子，2 个以上子离子，在相同实验条件下，样品中待测物质的保留时间，与基质混合标准校准溶液中对应的保留时间偏差在±2.5%之内；且样品谱图中各组分定性离子的相对丰度与浓度接近的基质混合标准校准溶液谱图中对应的定性离子的相对丰度进行比较，偏差不超过表 1-5 规定的范围，则可判定为样品中存在对应的待测物。

（3）定量测定

　　在仪器最佳工作条件下，对基质混合标准校准溶液进样，以峰面积为纵坐标，基质混合校准溶液浓度为横坐标绘制标准工作曲线，用标准工作曲线对样品进行定量，样品溶液中待测物的响应值均应在仪器测定的线性范围内。上述色谱和质谱条件下，标准品选择离子质量色谱图见图 8-15。

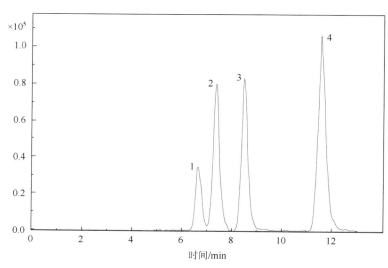

图 8-15　α-群勃龙、β-群勃龙、19-乙烯去甲睾酮和 epi-19-乙烯去甲睾酮标准品的选择离子 LC-MS-MS 图
1. β-群勃龙；2. α-群勃龙；3. 19-乙烯去甲睾酮；4. epi-19-乙烯去甲睾酮

8.2.5.7　分析条件的选择

（1）酶解

　　群勃龙和 19-去甲睾酮在样品中往往与蛋白等物质稳定结合，文献多采用 β-葡萄糖苷酸酶/芳基硫酸酯酶水解。但酶解条件各有差异（包括酶的用量、酶解温度和时间、不同缓冲液体系及 pH 等）。实验发现牛尿液样品在 pH=5.0 左右，用 400 个单位酶用量，在 37℃酶解 2 h，分析物即可完全水解，回收率较高。

（2）提取净化

　　固相萃取技术是比较有效的净化手段，本方法对硅胶柱、C₁₈ 柱、混合型柱、免疫亲和柱和 C₁₈-氨基柱串联作了实验，结果发现了 C₁₈ 柱、硅胶柱、混合型柱的净化效果均不佳，即使用 C₁₈-氨基柱串联法处理样品，HPLC-MS 所得图谱仍有干扰，如图 8-16 所示。而群勃龙/19-乙烯去甲睾酮免疫亲和柱，不仅净化效果好且操作简便回收率高，故本方法采用免疫亲和柱净化样品。

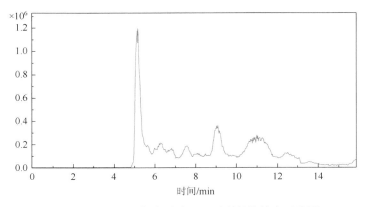

图 8-16 C₁₈-氨基柱串联法处理后所得的总离子流图

（3）仪器条件的选择

1）色谱柱和流动相的选择

用 0.1%的乙酸水溶液与乙腈作流动相，在体积比为 38∶62 时，在 Inertsil ODS-3（2.01 mm×150 mm，5 μm）柱上，四种物质可有效分离。0.1%的乙酸水溶液能够使四种分析物离子化。但对于两种规格的 ZORBAX SB-C₁₈（3.0 mm×100 mm，3.5 μm 和 2.1 mm×150 mm，5 μm）均不能使 α, β-群勃龙完全分离。

2）监测离子的确定

按照质谱测定的一般要求，先对各化合物进行全扫描，随后，对各个化合物确定监测离子，采用选择离子模式以提高检测灵敏度。监测离子的确定是按每种化合物的质谱图和结构特性选取的，具体如图 8-17。

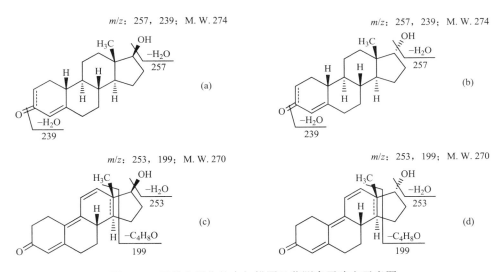

图 8-17 四种分析物的全扫描图及监测离子确定示意图

（a）19-乙烯去甲睾酮；（b）epi-19-乙烯去甲睾酮；（c）β-群勃龙；（d）α-群勃龙

8.2.5.8 线性范围和测定低限

按照本方法制备四种分析物浓度分别为 2.5 ng/mL、5 ng/mL、10 ng/mL、50 ng/mL 和 100 ng/mL 的基质混合标准溶液，在选定的条件下进行测定，用峰面积对标准溶液中各被测组分的浓度作图，四种分析物浓度在 2.5～100 ng/mL 范围内呈良好线性，符合定量要求，其线性方程和相关系数见表 8-33。

由此可见，在方法规定的操作条件下，样品中四种分析物的添加浓度为 2 μg/L 时，所测谱图的信噪比大于 10，高于仪器最小检知量。因此，本方法测定低限确定为 2 μg/L。

表 8-33 线性方程、线性范围和相关系数

化合物	线性方程	相关系数	线性范围/(ng/mL)
β-群勃龙	$Y=6.83\times10^3\,X+3.52\times10^4$	0.9995	2.5~100
α-群勃龙	$Y=1.67\times10^4\,X+1.32\times10^5$	0.9995	2.5~100
19-乙烯去甲睾酮	$Y=1.58\times10^4\,X+1.01\times10^5$	0.9996	2.5~100
epi-19-乙烯去甲睾酮	$Y=2.80\times10^4\,X+2.97\times10^5$	0.9996	2.5~100

8.2.5.9 方法回收率和精密度

用阴性样品做添加回收和精密度实验，样品添加不同浓度标准后，按本方法进行提取、净化和测定，分析结果见表 8-34。从表 8-34 中看出，样品添加量在 2~10 ng/mL 之间，四种分析物的平均回收率为 72.8%~84.0%，相对标准偏差为 6.07%~11.0%。

表 8-34 尿样的回收率及精密度（$n=10$）

化合物	β-群勃龙			α-群勃龙			19-乙烯去甲睾酮			epi-19-乙烯去甲睾酮		
添加水平/(ng/mL)	2	5	10	2	5	10	2	5	10	2	5	10
测定次数 1	1.36	3.62	7.44	1.40	3.68	6.79	1.52	4.34	6.84	1.56	3.78	7.62
2	1.52	4.86	8.62	1.68	4.16	7.77	1.36	3.68	7.37	1.64	4.52	8.06
3	1.72	5.01	7.72	1.84	3.94	8.09	1.32	3.74	8.00	1.72	3.94	7.88
4	1.52	4.18	7.84	1.84	3.80	8.09	1.44	3.84	7.89	1.84	3.80	7.80
5	1.36	4.74	7.98	1.68	3.70	8.00	1.4	4.01	7.05	1.47	3.48	7.88
6	1.48	4.52	8.48	1.64	3.56	8.24	1.44	4.56	7.54	1.84	4.23	8.40
7	1.47	3.91	8.12	1.57	4.21	7.31	1.57	3.88	7.42	1.58	3.70	7.56
8	1.53	4.01	6.89	1.49	4.37	7.08	1.42	3.97	6.64	1.49	4.11	6.88
9	1.76	3.88	7.3	1.58	3.99	8.56	1.60	4.11	7.11	1.71	4.20	7.88
10	1.80	4.11	7.56	1.72	4.09	7.60	1.70	4.23	6.99	1.68	3.99	8.22
平均值/(ng/mL)	1.55	4.28	7.79	1.68	3.95	7.75	1.48	4.04	7.28	1.65	3.98	7.78
平均回收率/%	77.5	85.6	77.9	84.0	79.0	77.5	74.0	80.8	72.8	82.5	79.6	77.8
标准偏差 SD	0.16	0.47	0.55	0.14	0.26	0.56	0.12	0.28	0.44	0.13	0.30	0.51
RSD/%	10.1	11.0	7.05	8.56	6.64	7.17	8.00	6.87	6.07	7.78	7.60	6.56

8.2.5.10 重复性和再现性

在重复性试验条件下，获得的两次独立测试结果的绝对差值不超过重复性限（r），如果差值超过重复性限（r），应舍弃试验结果并重新完成两次单个试验的测定。在再现性试验条件下，获得的两次独立测试结果的绝对差值不超过再现性限（R）。被测物的含量范围、重复性和再现性方程见表 8-35。

表 8-35 四种分析物的含量范围及重复性和再现性方程

化合物	含量范围/(μg/L)	重复性限 r	再现性限 R
β-群勃龙	2~40	$\lg r=0.923\lg m-0.879$	$\lg R=0.871\lg m-0.546$
α-群勃龙	2~40	$\lg r=0.828\lg m-0.820$	$\lg R=0.863\lg m-0.571$
19-乙烯去甲睾酮	2~40	$\lg r=0.711\lg m-0.831$	$\lg R=0.458\lg m-0.606$
epi-19-乙烯去甲睾酮	2~40	$\lg r=0.708\lg m-0.716$	$\lg R=0.9841\lg m-0.881$

注：m 为两次测定结果的算术平均值

参 考 文 献

[1] Roth J，Eger K，Troschutz R. Parmaceutical Chemistry. Volume 2. Drug analysis. New Ellis Horwood LTD，1991：450

[2] 中华人民共和国农业部公告第 176 号，2002

[3] European Union. Council Directive 81/602/EEC of 31 July 1981 concerning the prohibition of certain substances having a hormonal action and of any substances having a thyrostatic action. Official Journal of the European Union，L 222 of 7-8，1981：32-33

[4] European Union. Council Directive 96/22/EC of 29 April 1996 concerning the prohibition on the use in stock farming of certain substances having a hormonal or thyrostatic action and of agonists，and repealing Directives 81/602/EEC，88/146/EEC and 88/299/ EEC. Official Journal of the European Union，L 125 of 23. 5. 1996，3-9

[5] US Food and Drug Administration Steroid Hormones. http://www. fda. gov/Animal Veterinary/Safety Health/ProductSafety-Information/ucm055436 htm，2002

[6] Rambaud L，Monteau F，Deceuninck Y，Bichon E，André F，Le Bizec B. Development and validation of a multi-residue method for the detection of a wide range of hormonal anabolic compounds in hair using gas chromatography-tandem mass spectrometry. Analytica Chimica Acta，2007，586（1-2）：93-104

[7] Kaklamanos G，Theodoridis G，Dabalis T. Determination of anabolic steroids in muscle tissue by liquid chromatography-tandem mass spectrometry. Journal of Chromatography A，2009，1216（46）：8072-8079

[8] Marchand P，le Bizec B，Gade C，Monteau F，André F. Ultra trace detection of a wide range of anabolic steroids in meat by gas chromatography coupled to mass spectrometry. Journal of Chromatography A，2000，867（1-2）：219-233

[9] 秦燕，陈捷，张美金. 动物肌肉组织中甾类同化激素多组分残留的液相色谱-质谱检测方法. 分析化学，2006，34（3）：298-302

[10] Blasco C，van Poucke C，van Peteghem C. Analysis of meat samples for anabolic steroids residues by liquid chromatography/tandem mass spectrometry. Journal of Chromatography A，2007，1154（1-2）：230-239

[11] Vanhaecke L，Bussche JV，Wille K，Bekaert K，De Brabander HF. Ultra-high performance liquid chromatography-tandem mass spectrometry in high-throughput confirmation and quantification of 34 anabolic steroids in bovine muscle. Analytica Chimica Acta，2011，700（1-2）：70-77

[12] 徐锦忠，张晓燕，丁涛，吴斌，沈崇钰，蒋原，刘飞. 高效液相色谱-串联质谱法同时检测鸡肉和鸡蛋中合成类固醇类激素和糖皮质激素. 分析化学，2009，37（3）：341-346

[13] 曾东平，林翠萍，曾振灵，黄显会，贺利民. 气相色谱-质谱法检测猪肌肉中 8 种性激素的残留. 中国农业科学，2008，41（9）：2776-2782

[14] 贺利民，黄显会，方炳虎，黄士新，曹莹，陈建新，曾振灵，陈杖榴. 超高效液相色谱-串联质谱法测定动物肌肉组织和鸡蛋中残留的 11 种甾体激素类药物. 色谱，2008，26（6）：714-719

[15] Saeed T，Naimi I，Ahmad N，Sawaya N. Assessment of the levels of anabolic compounds in Kuwait meat industry：optimization of a multiresidue method and the results of a preliminary survey. Food Control 1999，10（3）：169-174

[16] 虞淼，吴淑春. 食品中性激素多组分残留分析方法的概述. 食品工业科技，2010，2：378-381

[17] Stolker A A M，Zoontjes P W，van Ginkel L A. The use of supercritical fluid extraction for the determination of steroids in animal tissues. Analyst，1998，123（12）：2671-2676

[18] Din N，Bartle K D，Clifford A A. An investigation of supercritical fluid extraction of trenbolone from beef. Journal of High Resolution Chromatography，1996，19（8）：465-469

[19] Hooijerink H，van Bennekom E O，Nielen M W F. Screening for gestagens in kidney fat using accelerated solvent extraction and liquid chromatography electrospray tandem mass spectrometry. Analytica Chimica Acta，2003，483（1-2）：51-59

[20] Wang H，Zhou X Q，Zhang Y Q，Chen H Y，Li G J，Xu Y，Zhao Q，Song W T，Jin H Y，Ding L. Dynamic microwave-assisted extraction coupled with salting-out liquid-liquid extraction for determination of steroid hormones in fish tissues. Journal of Agricultural and Food Chemistry，2012，60（41）：10343-10351

[21] 杨春蕾，曹学丽. 基于液-液萃取机理的新型环境样品前处理方法研究进展. 中国农学通报，2011，27（6）：242-248

[22] 江洁，林洪，付晓婷，卢伟丽，王冬梅. 水产品中多种激素残留测定的高效液相色谱法. 海洋水产研究，2007，28（6）：67-71

[23] Zeng D P，Lin C P，Zeng Z L，Huang X H，He L M. Multi-residue determination of eight anabolic steroids by GC-MS in muscle tissues from pigs. Agricultural Sciences in China，2010，9（2）：306-312

[24] 林奕芝，司徒潮满，刘奋，梁伟，戴京晶. GC-MS 法测定肉中雌激素残留量方法的研究. 中国卫生检验杂志，2007，17（7）：1165-1167

[25] 王炼，杨元，王林. 酶水解-高效液相色谱法测定肉类食品及牛奶中 11 种甾体激素. 理化检验-化学分册，2007，43（6）：484-487

[26] Xu C L，Chu X G，Peng C F，Jin Z Y，Wang L Y. Development of a faster determination of 10 anabolic steroids residues in animal muscle tissues by liquid chromatography tandem mass spectrometry，Journal of Pharmaceutical and Biomedical Analysis，2006，41（2）：616-621

[27] 班付国，陈蔷，宋志超，贾振民，吴宁鹏，彭丽. 超高效液相色谱-串联质谱法测定水产品中群勃龙残留方法研究. 中国兽药杂志，2010，44（10）：46-50

[28] 张鸿伟，蔡雪，林黎明，陈亮珍，梁成珠，鲍蕾，汤志旭，牛增元，王凤美. 液相色谱-四极杆/离子阱质谱同时确证和测定肌肉中 16 种同化甾体激素残留. 色谱，2012，30（10）：991-1001

[29] Impens S，Courtheyn D，De Wasch K，De Brabander H F. Faster analysis of anabolic steroids in kidney fat by downscaling the sample size and using gas chromatography-tandem mass spectrometry. Analytica Chimica Acta，2003，483（1-2）：269-280

[30] Rejtharova M，Rejthar L. Development and validation of an LC-MS/MS method for the determination of six gestagens in kidney fats. Food Additives and Contaminants：Part A，2013，30（6）：995-999

[31] Schmidt K S，Stachel C S，Gowik P. In-house validation and factorial effect analysis of a liquid chromatography-tandem mass spectrometry method for the determination of steroids in bovine muscle. Analytica Chimica Acta，2009，637（1-2）：156-164

[32] Kaklamanos G，Theodoridis G A，Dabalis T，Papadoyannis I. Determination of anabolic steroids in bovine serum by liquid chromatography-tandem mass spectrometry. Journal of Chromatography B，2011，879（2）：225-229

[33] Galarini R，Piersanti A，Falasca S，Salamida S，Fioroni L. A confirmatory method for detection of a banned substance：The validation experience of a routine EU laboratory. Analytica Chimica Acta，2007，586（1-2）：130-136

[34] Yang Y，Shao B，Zhang J，Wu Y N，Duan H J. Determination of the residues of 50 anabolic hormones in muscle，milk and liver by very-high-pressure liquid chromatography-electrospray ionization tandem mass spectrometry. Journal of Chromatography B，2009，877（5-6）：489-496

[35] 徐燕，王云，张勋，伍娟，董英. 去氢甲睾酮多克隆抗体免疫亲和柱的制备研究. 中国食品学报，2011，11（7）：195-199

[36] Gasparini M，Curatolo M，Assini W，Bozzoni E，Tognoli N，Dusi G. Confirmatory method for the determination of nandrolone and trenbolone in urine samples using immunoaffinity cleanup and liquid chromatography-tandem mass spectrometry. Journal of Chromatography A，2009，1216（46）：8059-8066

[37] Kaklamanos G，Theodoridis G，Dabalis T. Gel permeation chromatography clean-up for the determination of gestagens in kidney fat by liquid chromatography-tandem mass spectrometry and validation according to 2002/657/EC. Journal of Chromatography A，2009，1216（46）：8067-8071

[38] Dong X Z，Zhao L X，Guo G S，Lin J M. Development and application of dispersion solid-phase extraction for estrogens in aquatic animal samples. Analytical Letters，2009，42（1）：29-44

[39] Moeller B C，Stanley S D. The development and validation of a turbulent flow chromatography tandem mass spectrometry method for the endogenous steroid profiling of equine serum. Journal of Chromatography B，2012，905（1）：1-9

[40] 陈溪，董伟峰，赵景红，林维宣. 类固醇（甾体）激素类兽药残留检测方法现状. 检验检疫科学，2007，17（S1）：93-98

[41] Impens S，De Wasch K，Cornelis M，De Brabander HF. Analysis on residues of estrogens，gestagens and androgens in kidney fat and meat with gas chromatography-tandem mass spectrometry. Journal of Chromatography A，2002，970（1-2）：235-247

[42] Yamada M，Aramaki S，Hosoe T，Kurosawa M，Kijima-Suda I，Saito K，Nakazawa H. Characterization and quantification of fluoxymesterone metabolite in horse urine by gas chromatography/mass spectrometry. Analytical Sciences，2008，24（7）：911-914

[43] Kootstra P R，Zoontjes P W，van Tricht E F，Sterk S S. Multi-residue screening of a minimum package of anabolic steroids in urine with GC-MS. Analytica Chimica Acta，2007，586（1-2）：82-92

[44] 李青，张东霞，方赤光，刘万山. 畜禽肉及动物内脏中雌二醇残留量的测定. 中国公共卫生，2004，20（12）：1510

[45] GB/T 22967—2008 牛奶和奶粉中 β-雌二醇残留量的测定（气相色谱-负化学电离质谱法）. 北京：中国标准出版社，2008

[46] GB/T 20749—2006　牛尿中 β-雌二醇残留量的测定　气相色谱-负化学电离质谱法. 北京：中国标准出版社，2006

[47] Regal P，Nebot C，Diaz-Bao M，Barreiro R，Cepeda A，Fente C. Disturbance in sex-steroid serum profiles of cattle in response to exogenous estradiol：A screening approach to detect forbidden treatments. Steroids，2011，76（4）：365-375

[48] Athanasiadou I，Angelis Y S，Lyris E，Georgakopoulos C. Chemical derivatization to enhance ionization of anabolic steroids in LC-MS for doping-control analysis. TrAC-Trend in Analytical Chemistry，2013，42：137-156

[49] Fritsche S，Schmidt G，Steinhart H. Gas chromatographic-mass spectrometric determination of natural profiles of androgens，progestogens and glucocorticoids in muscle tissue of male cattle. European Food Research and Technology，1999，209（6）：393-399

[50] Seo J，Kim H，Chung B C，Hong J. Simultaneous determination of anabolic steroids and synthetic hormones in meat by freezing-lipid filtration，solid-phase extraction and gas chromatography-mass spectrometry. Journal of Chromatography A，2005，1067（1-2）：303-309

[51] 陈捷，秦燕，张美金. 气相色谱-质谱法检测动物肌肉组织中残留的甾类同化激素. 色谱，2006，24（1）：19-22

[52] Gaillard Y，Vayssette F，Balland A，Pépin G. Gas chromatographic-tandem mass spectrometric determination of anabolic steroids and their esters in hair：Application in doping control and meat quality control. Journal of Chromatography B，1999，735（2）：189-205

[53] Impens S，van Loco J，Degroodt J M，De Brabander H. A downscaled multi-residue strategy for detection of anabolic steroids in bovine urine using gas chromatography tandem mass spectrometry （GC-MS^3）. Analytica Chimica Acta，2007，586（1-2）：43-48

[54] Hartmann S，Steinhart H. Simultaneous determination of anabolic and catabolic steroid hormones in meat by gas chromatography-mass spectrometry. Journal of Chromatography B，1997，704（1-2）：105-117

[55] Daeseleire E，Vandeputte R，van Peteghem C. Validation of multi-residue methods for the detection of anabolic steroids by GC-MS in muscle tissues and urine samples from cattle. Analyst，1998，123（12）：2595-2598

[56] Le Bizec B，Marchand P，Maume D，Monteau F，André F. Monitoring anabolic steroids in meat-producing animals. Review of current hyphenated mass spectrometric techniques. Chromatographia，2004，59（1S）：S3-S11

[57] Fuh M R，Huang S Y，Lin T Y. Determination of residual anabolic steroid in meat by gas chromatography-ion trap-mass spectrometer. Talanta，2004，64（2）：408-414

[58] 湛嘉，俞雪钧，李佐卿，谢东华，黄绍棠，樊苑牧，陈树兵，彭锦峰. 气质联用法同时测定猪尿中的 20 种同化激素. 分析化学，2009，37（2）：251-254

[59] Xu X，Zhao X，Zhang Y P，Li D，Su R，Yang Q L，Li X Y，Zhang H H，Zhang H Q，Wang Z M. Microwave-accelerated derivatization prior to GC-MS determination of sex hormones. Journal of Separation Science，2011，34（12）：1455-1462

[60] 郁倩. 动物性食品中和水中雌激素残留污染检测的研究. 无锡：江南大学硕士学位论文，2008

[61] Liu X，Abd El-Aty A M，Choi J H，Khay S，Mamun M I R，Jeon H R，Lee S H，Chang B J，Lee C H，Shin H C，Shim J H. Analytical procedure to simultaneously measure trace amounts of trenbolone acetate and β-trenbolone residues in porcine muscle using HPLC-UVD and MS. Journal of Separation Science，2008，31（22）：3847-3856

[62] 邹琴. 甲基睾丸酮在罗非鱼体内的消解规律及其检测方法的研究. 湛江：广东海洋大学硕士学位论文，2010

[63] 吴启陆，沈清. 高效液相色谱同时测定鸡蛋中 4 种激素残留量的方法. 安徽农业科学，2005，33（5）：852-878

[64] Koole A，Franke J P，de Zeeuw R A. Multi-residue analysis of anabolics in calf urine using high-performance liquid chromatography with diode-array detection. Journal of Chromatography B，1999，724（1）：41-51

[65] 黄士新，曹莹，孙亚云，蒋音，王蓓. LC-MS 法分析猪尿液中的丙酸睾酮. 2005 年全国有机质谱学术交流会论文集，2005：298-300

[66] 黄冬梅，史永富，王媛，蔡友琼. HPLC-MS/MS 测定水产品中苯丙酸诺龙、诺龙残留量. 食品科学，2010，31（22）：394-397

[67] 陈晓红，盛雪飞，金米聪. 超快速液相色谱-串联质谱联用法测定牛奶中 8 种孕激素残留研究. 中国卫生检验杂志，2010，20（11）：2671-2675

[68] Nielen M W F，Lasaroms J J P，Mulder P P J，Hende J V，van Rhijn J A，Groot M J. Multi residue screening of intact testosterone esters and boldenone undecylenate in bovine hair using liquid chromatography electrospray tandem mass spectrometry. Journal of Chromatography B，2006，830（1-2）：126-134

[69] Zeng Z L，Liu R，Zhang J H，Yu J X，He L M，Shen X G. Determination of seven free anabolic steroid residues in eggs by high-performance liquid chromatography-tandem mass spectrometry. Journal of Chromatographic Science，2013，51（3）：229-236

[70] Kaklamanos G，Theodoridis G，Papadoyannis I N，Dabalis T. Determination of anabolic steroids in muscle tissue by liquid

chromatography-tandem mass spectrometry. Journal of Agricultural and Food Chemistry，2007，55（21）：8325-8330

[71] Malone E M，Elliott C T，Kennedy D G，Regan L. Development of a rapid method for the analysis of synthetic gro-wth promoters in bovine muscle using liquid chromatography tandem mass spectrometry. Analytica Chimica Acta，2009，637（1-2）：112-120

[72] Stolker A A M，Zoontjes P W，Schwillens P L W J，Kootstra P R，van Ginkel L A，Stephany R W，Brinkman U A T. Determination of acetyl gestagenic steroids in kidney fat by automated supercritical fluid extraction and liquid chromat-ography ion-trap mass spectrometry. Analyst，2002，127（6）：748-754

[73] Shao B，Zhao R，Meng J，Xue Y，Wu G H，Hu J Y，Tu X M. Simultaneous determination of residual hormonal chemicals in meat，kidney，liver tissues and milk by liquid chromatography tandem mass spectrometry. Analytica Chimica Acta，2005，548（1-2）：41-50

[74] Vanhaecke L，van Meulebroek L，De Clercq N，Vanden Bussche J. High resolution orbitrap mass spectrometry in comparison with tandem mass spectrometry for confirmation of anabolic steroids in meat. Analytica Chimica Acta，2013，767（1-2）：118-127

[75] Pedersen M，Andersen J H. Confirmatory analysis of steroids in muscle using liquid chromatography-tandem mass spectrometry. Food Additives and Contaminants：Part A，2011，28（4）：428-437

[76] Meunier-Solère V，Maume D，André F，Le Bizec B. Pitfalls in trimethylsilylation of anabolic steroids New derivatisation approach for residue at ultra-trace level. Journal of Chromatography B，2005，816（1-2）：281-288

[77] 王和兴，周颖，姜庆五. 超高效液相色谱-四极杆飞行时间串联质谱法同时分析奶粉中 9 种雌激素. 分析化学，2011，39（9）：1323-1328

[78] 张爱芝，王全林，陈立仁. 酸奶中违禁性激素多残留同时测定方法. 中国乳品工业，2009，37（11）：48-51

[79] 陈慧华，应永飞，吴平谷，韦敏珏，朱聪英，屈健，陈熳茜. 液相色谱-串联质谱同时测定动物组织中 22 种同化激素. 分析化学，2009，37（2）：181-186

[80] 应永飞，朱聪英，陈慧华，吴平谷，韦敏珏，周文海，陈勇. 动物尿液中 15 种甾类同化激素的液相色谱-串联质谱同时测定. 分析测试学报，2008，27（12）：1308-1312

[81] Malone E，Elliott C，Kennedy G，Savagea D，Regan L. Surveillance study of a number of synthetic and natural growth promoters in bovine muscle samples using liquid chromatography-tandem mass spectrometry. Food Additives and Contaminants：Part A，2011，28（5）：597-607

[82] Xie X H，Ouyang X Q，Guo L Q，Lin X C，Chen G N. Determination of methyltestosterone using flow injection with chemiluminescence detection. Luminescence，2005，20（3）：231-235

[83] 徐美奕，方富永，蔡琼珍，黄霞云. RIA 法检测湛江海域军曹鱼体内生长激素及类固醇激素的残留. 海洋环境科学，2008，27（4）：375-377

[84] Peng C F，Xu C L，Jin Z Y，Chu X G，Wang L Y. Determination of anabolic steroid residues （medroxyprogesterone acetate） in pork by ELISA and comparison with liquid chromatography tandem mass spectrometry. Journal of Food Science，2006，71（1）：44-50

[85] 郭金花. 食品中残留醋酸甲羟孕酮酶免疫检测方法研究. 无锡：江南大学硕士学位论文，2006

[86] Jiang J Q，Zhang H T，Fan G Y，Ma J Y，Wang Z L，Wang J H. Preparation of monoclonal antibody based indirect competitive ELISA for detecting 19-nortestosterone residue. Chinese Science Bulletin，2011，56（25）：2698-2705

[87] 刘剑波，彭池方，胥传来，金征宇. 酶联免疫和气质联用检测动物不同组织中残留甲羟孕酮. 食品科学，2007，28（3）：257-260

[88] Jiang J Q，Zhang H T，Li G L，Yang X F，Li R F，Wang Z L，Wang J H. Establishment and optimization of monoclonal antibody-based heterologous dcELISA for 19-nortestosterone residue in bovine edible tissue. Journal of Food Science，2012，77（4）：63-69

[89] Sawaya W N，Lone K P，Husain A，Dashti B，Al-Zenki S. Screening for estrogenic steroids in sheep and chicken by the application of enzyme-linked immunosorbent assay and a comparison with analysis by gas chromatography-mass spectrometry. Food Chemistry，1998，63（4）：563-569

[90] 刘丽强. 19-去甲睾酮胶体金免疫层析试纸条的研制. 无锡：江南大学硕士学位论文，2007

[91] Jiang J Q，Wang Z L，Zhang H T，Zhang X J，Liu X Y，Wang S H. Monoclonal antibody-based ELISA and colloidal gold immunoassay for detecting 19-nortestosterone residue in animal tissues. Journal of Agricultural and Food Chemistry，2011，59（18）：9763-9769

[92] 田壮. 食品中甾体激素残留免疫与分析技术与方法研究. 无锡：江南大学博士学位论文，2010

[93] Wei Q，Xin X D，Du B，Wu D，Han Y Y，Zhao Y F，Cai Y Y，Li R，Yang M H，Li H. Electrochemical immunosensor

for norethisterone based on signal amplification strategy of graphene sheets and multienzyme functionalized mesoporous silica nanoparticles. Biosensors and Bioelectronics，2010，26（2）：723-729

[94] Riedmaier I，Becker C，Pfaffl M W，Meyer H H D. The use of omic technologies for biomarker development to trace functions of anabolic agents. Journal of Chromatography A，2009，1216（46）：8192-8199

[95] Riedmaier I，Tichopad A，Reiter M，Pfaffl M W，Meyer H H D. Identification of potential gene expression biomarkers for the surveillance of anabolic agents in bovine blood cells. Analytica Chimica Acta，2009，638（1）：106-113

[96] Anizan S，Nardo D D，Bichon E，Monteau F，Cesbron N，Antignac J P，Le Bizec B. Targeted phase II metabolites profiling as new screening strategy to investigate natural steroid abuse in animal breeding. Analytica Chimica Acta，2011，700（1-2）：105-113

[97] Regal P，Anizan S，Antignac J P，Le Bizec B，Cepeda A，Fente C. Metabolomic approach based on liquid chromatography coupled to high resolution mass spectrometry to screen for the illegal use of estradiol and progesterone in cattle. Analytica Chimica Acta，2011，26，700（1-2）：16-25

[98] GB/T 20758—2006 牛肝和牛肉中睾酮、表睾酮、孕酮残留量的测定方法 液相色谱-串联质谱法. 北京：中国标准出版社，2006

[99] GB/T 22973—2008 牛奶和奶粉中醋酸美仑孕酮、醋酸氯地孕酮和醋酸甲地孕酮残留量的测定 液相色谱-串联质谱法. 北京：中国标准出版社，2008

[100] GB/T 22976—2008 牛奶和奶粉中 α-群勃龙、β-群勃龙、19-乙烯去甲睾酮和epi-19-乙烯去甲睾酮残留量的测定 液相色谱-串联质谱法. 北京：中国标准出版社，2008

[101] GB/T 20760—2006 牛肌肉、肝、肾中的 α-群勃龙、β-群勃龙残留量的测定 液相色谱-串联质谱法. 北京：中国标准出版社，2006

[102] GB/T 20761—2006 牛尿中 α-群勃龙、β-群勃龙、19-乙烯去甲睾酮和epi-19-乙烯去甲睾酮残留量的测定方法 液相色谱-串联质谱法. 北京：中国标准出版社，2006

9 非甾类同化激素类药物

9.1 概　　述

同化激素（anabolic hormones，ASs）有强的蛋白质同化作用，主要通过增强同化代谢、抑制异化或氧化代谢，可提高蛋白质沉积，降低脂肪比率，从而提高饲料转化率，达到大幅度提高动物养殖经济效益的目的。畜牧业中使用同化激素已有 50 年的历史，同化激素是残留毒理学意义最重要的药物之一。同化激素可以分为：甾类同化激素（anabolic steroids，ASs）、非甾类同化激素（nonsteroid anabolic hormones）以及 β_2-受体激动剂。本章主要介绍非甾类同化激素。

非甾类同化激素主要是非甾类雌性激素，是指一类与甾类雌激素有着不同化学结构但却同样具有雌激素效应的物质，主要有二苯乙烯类（stilbenes）和雷索酸内酯或二羟基苯甲酸类酯类（resorcylic acid lactones，RALs）化合物。

9.1.1　理化性质与用途

9.1.1.1　理化性质

非甾类同化激素的极性和溶解性与 ASs 相似，为无色结晶或白色结晶性粉末，属脂溶性化合物，呈弱极性或中等极性，不溶于水，易溶于氯仿、乙醚等中等极性溶剂。分子结构中含有酚羟基和碳碳双键、酮基及酚羟基组成的长共轭体系，因此可以溶于稀碱溶液，在 240～300 nm 有较强的 UV 吸收，个别化合物具有荧光性质。

二苯乙烯类非甾类同化激素为人工合成的非甾体类雌激素，包括己烯雌酚（diethylstilbestrol，DES）、己烷雌酚（hexestrol，HES）、双烯雌酚（dienestrol，DIS）、丁烯雌酚（dimethylstilbestrol，DMS）等。目前国内应用最为广泛的合成雌激素是 1938 年首次在英国伦敦大学研制成功的 DES。常见二苯乙烯类非甾类同化激素的理化性质见表 9-1。

表 9-1　常见二苯乙烯类非甾类同化激素的理化性质

化合物	结构式	CAS 号	分子式	分子量	熔点/℃
己烯雌酚（diethylstilbestrol，DES）		6898-97-1	$C_{18}H_{20}O_2$	268.3502	169～172
己烷雌酚（hexestrol，HES）		84-16-2	$C_{18}H_{22}O_2$	270.40	186～188
双烯雌酚（dienestrol，DIS）		84-17-3	$C_{18}H_{18}O_2$	266.33	228～233
丁烯雌酚（dimethylstilbestrol，DMS）		552-80-7	$C_{16}H_{16}O_2$	240.32	178

RALs 非甾体同化激素的极性和溶解性与甾类同化激素相似，不溶于水，易溶于氯仿、乙醚等中等极性溶剂。分子结构中含有由碳碳双键、酮基及酚羟基组成的长共轭体系，强碱条件下发生解离[1]。包括玉米赤霉醇（α-玉米赤霉醇，α-zearalanol，ZER）、β-玉米赤霉醇（β-zearalanol，TAL）、玉米赤霉酮（zearalanone，ZAN）、玉米赤霉烯酮（zearalenone，ZON）、α-玉米赤霉烯醇（α-zearalenol，α-ZOL）和β-玉米赤霉烯醇（β-zearalenol，β-ZOL），其结构相似，见表 9-2。ZER（商品名为 Ralgro®）曾作为生长促动剂广泛应用于畜牧业，尤其是反刍动物，具有快速育肥作用。ZER 的代谢产物主要有 TAL、ZAN。ZON 是又称 F-2 毒素，是由镰刀菌产生的一种霉菌毒素。ZON 在玉米、小麦等谷物中自然产生，分布广泛。ZON 的代谢产物为α-ZOL 和β-ZOL。此外，ZER 是 ZON 的还原产物。RALs 的转化关系见图 9-1[2]。

表 9-2　常见 RALs 类非甾类同化激素的理化性质

化合物	结构式	CAS 号	分子式	分子量	熔点/℃
玉米赤霉醇 （α-zearalanol， zeranol， ZER）		26538-44-3	$C_{18}H_{26}O_5$	322.4	182～184
β-玉米赤霉醇 （β-zearalanol， taleranol， TAL）		42422-68-4	$C_{18}H_{26}O_5$	322.4	134～137
玉米赤霉酮 （zearalanone， ZAN）		5975-78-0	$C_{18}H_{24}O_5$	320.38	184～186
玉米赤霉烯酮 （zearalenone， ZON）		17924-92-4	$C_{18}H_{22}O_5$	318.36	187～189
α-玉米赤霉烯醇 （α-zearalenol， α-ZOL）		36455-72-8	$C_{18}H_{24}O_5$	320.38	158～161
β-玉米赤霉烯醇 （β-zearalenol， β-ZOL）		71030-11-0	$C_{18}H_{24}O_5$	320.38	137～139

9.1.1.2　用途

非甾体类同化激素主要通过与雌激素受体（estrogen receptors，ER）中的配体结合域结合，可引起 ER 的构型变化，所形成的复合物移至胞核，与 DNA 模板结合，从而调节靶基因转录和蛋白质的合成。非甾类同化激素与甾类同化激素具有相似的同化活性，主要表现为：同化代谢；肌肉/脂肪比率增加；提高基础代谢，改善饲料转化率；抑制异化代谢作用，减少物质消耗；刺激促红细胞素生成，或直接作用于骨髓造血系统使红细胞生成增加；在骨骼肌细胞中已发现有雄激素、雌激素和糖皮质激素受体，表明甾类同化激素可能直接作用于肌细胞导致肌肉增生。雌激素和孕激素还可抑制发情，避孕，增加食欲，以达到增重的目的。

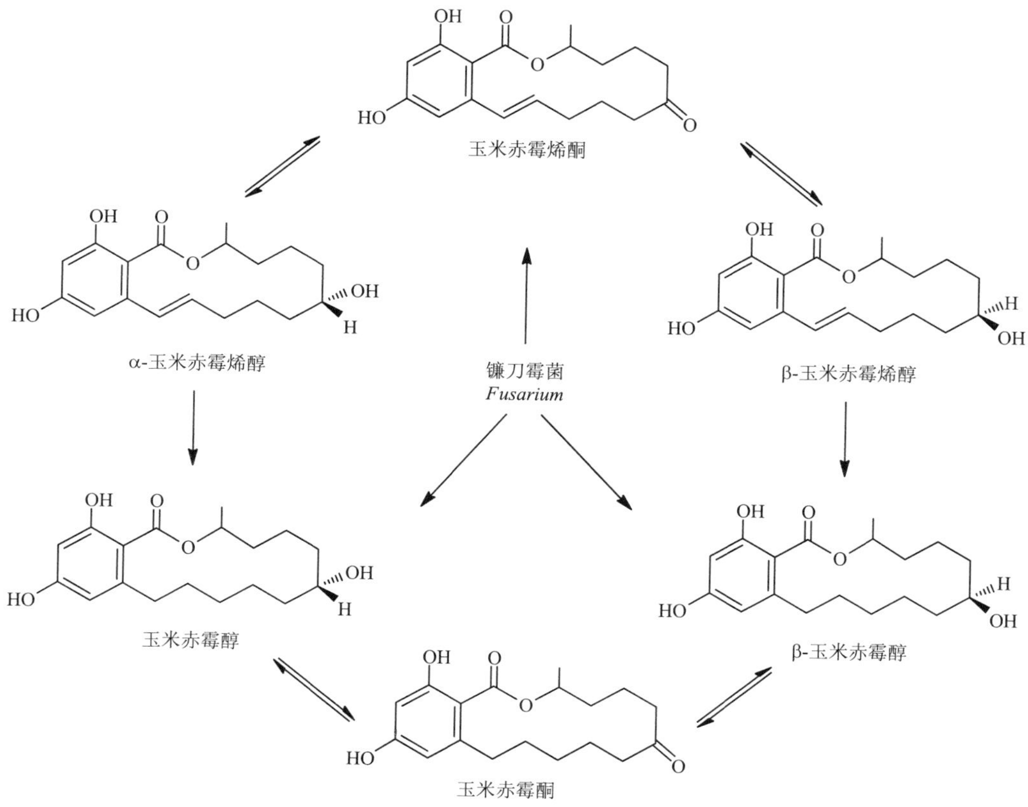

图 9-1　RALs 的转化关系

　　DES 等二苯乙烯类非甾类同化激素目前在临床上主要用于治疗卵巢功能不全或垂体功能异常引起的各种疾病、闭经、子宫发育不全、功能性子宫出血、绝经期综合征、老年性阴道炎及退奶等。另外，DES 还被用作那些产后不选择母乳喂养的妇女的抗哺乳药，或作为女用口服避孕药，还可用来治疗乳腺癌和前列腺癌。其口服作用为雌二醇的 2～3 倍。在兽医临床上，DES 主要用于不明显发情动物的催情，还可用来治疗胎衣不下、排出死胎、治疗子宫炎等。

　　ZER 是一种效果理想的皮埋增重剂，其作用机理，一般认为它能直接或间接作用于脑下垂体和胰脏，提高体内生长激素和胰岛素水平，促进动物机体蛋白质的合成，提高饲料利用率，从而产生促增重作用。ZOL 和 ZON 同样具有雌激素活性。ZER、TAL、ZAN 均具有弱雌激素作用，α-ZOL 和 ZON 的雌激素作用相当，β-ZOL 仅为 ZON 的 1/4～1/3。

9.1.2　代谢和毒理学

9.1.2.1　体内代谢过程

　　DES 内服后可由消化道吸收，但牛、羊在瘤胃中被破坏，首过效应较严重。DES 吸收后迅速由肾脏排泄，在体内维持时间较短，在动物尿液、胆汁或肝、肾组织中轭合物比例较高，牛尿液和胆汁中 DES-葡萄糖醛酸轭合物达 60% 以上。DES 的羟化反应产物可与蛋白质或核酸等生物大分子共价结合形成结合残留，或损害酶系统和遗传物质，被认为与其致癌性有关。

　　ZER 代谢产生 TAL 和 ZAN。ZER 的主要代谢产物为 ZAN。TAL 是 ZER 的立体异构体，虽然也是 ZER 的代谢产物，但数量很少。ZER 转化为 ZAN 在不同物种间转化比例差异很大，在 0.59%（鼠）-23%（犬）之间不等。此外，ZER 氧化成 ZAN 是一可逆过程，在 ZER 转化成 ZAN 的同时，ZAN 又还原成 ZER 和 TAL。排泄出的 ZER 及其代谢产物既有游离态的也有结合态的，人中 99% 为结合态，犬中 1% 为结合态。Ingerowski 等[3]对牛肝脏、肌肉和子宫中 ZER 的生物转化进行了研究，结果表明，在 NAD-或 NADP-依赖性肝微粒体酶的存在下，ZER 广泛氧化成 ZAN，但这种氧化反应在肌肉和子宫中进行很少。

ZON 的代谢产物存在两种异构体：α-ZOL 和 β-ZOL。Zollner 等[4]检测猪肉中的 ZON 及其代谢物。猪饲喂含有 ZON 的饲料，然后再检测猪尿中的 ZON 及其代谢物，发现有 60%的 ZON 在体内转化为 α-ZOL 和 β-ZOL，比例为 3∶1。而其代谢产物 ZER、TAL 几乎没有，ZAN 量则比较多。当动物摄入 ZON 后，由胃肠道持续吸收，再经肝肠循环后排出体外。ZON 主要有两条代谢途径与葡萄糖醛酸结合，还原为 ZOL，不在体内蓄积，且在不同动物体内代谢产物不同：在牛体内主要降解为 β-ZOL，猪体内为 α-ZOL，而在老鼠体内则以自由的 ZON 存在。

9.1.2.2 毒理学与不良反应

DES 是亲脂性物质，较稳定，不易降解，易在人和动物脂肪及组织中残留，长期服用会导致肝脏损伤。此外，DES 在水源和土壤中也很难降解，还可以通过食物链在体内富积而导致其他慢性疾病。DES 应用早期就曾有人报道过 DES 对小鼠具有致癌性，但当时没有引起人们的重视。直到 20 世纪 70 年代大量的动物试验才证明在孕期服用 DES 会增加其后代患生殖道癌症的风险[5]，如阴道和子宫颈透明细胞腺癌、阴道癌、子宫内膜癌、睾丸异常等。孕期服用 DES 易导致男性后代睾丸异常、发育不全、精子计数减少和精子活力下降等一系列生殖系统问题[6]。Halldin 等和 Berg 等分别报道，将 DES 注入鹌鹑胚蛋的蛋黄中，结果发现后代雄性个体出现雌性化现象[7, 8]。Shukuwa 等[9]发现，DES 会导致雄鼠催乳素细胞密度明显增加。当水体中 DES 浓度为 1 ng/mL 时，可导致雄性日本青鳉两性化；5～10 ng/mL 则完全雌性化[10]。另外，DES 还会导致雄性后代睾丸网增生、生殖道癌变、睾丸和前列腺减轻以及影响生殖道对雄激素的反应能力等[11, 12]。孕期服用 DES 会导致胎儿早产、影响胎儿性别分化和生长发育，还会导致胎儿脑瘫痪、失明和其他神经缺陷。Papiemik 等[13]就孕期服用 DES 对孕妇分娩情况是否有影响进行了对照试验，结果发现试验组其早产率和产后大出血均高于对照组，而死胎率和夭折率则低于对照组。另外，DES 等在环境中降解很慢，能在食物链中高度富集而造成残留超标。

ZER 对大鼠有胚胎毒性作用。ZER 排出动物体外后，还可经饮水和食物造成二次污染和环境污染。薄存香等[14]将交配成功的 Wistar 大鼠随机分成溶剂对照组（阴性对照）、阳性对照组（乙酰水杨酸）和实验组（ZER：1 mg/kg、10 mg/kg、100 mg/kg 3 个剂量组），实验组大鼠于妊娠 7～16 天灌胃染毒，各组大鼠均于妊娠 20 天处死。剖腹取子宫称重，记录活胎、死胎、吸收胎数，测量胎仔发育指标并检查其畸形。结果发现，高剂量组孕鼠全部流产；中高剂量组孕鼠的增重明显低于阴性对照组，差异有统计学意义（$P=0.000$），且活胎减少，死胎和吸收胎增加（$P=0.000$），胎仔平均体重、身长、尾长明显低于阴性对照组，差异有统计学意义（$P=0.000$）；小剂量组与阴性对照组相比差异无统计学意义；中、低剂量组胎鼠的外观、内脏和骨骼均未见明显畸形。实验表明，在该条件下，10 mg/kg 以上剂量的 ZER 对大鼠有胚胎毒性作用。

动物通常是通过喂食被污染的谷类、玉米、小麦等粮食作物及饲料摄入 ZON。ZON 的毒性主要表现在两个方面，其一是发育生殖毒性，其二是它可以参与肿瘤发生过程；另外，还具有免疫毒性、肝毒性、神经毒性等。ZON 进入动物或人的体内后，在体内可产生类似雌激素的作用，从而造成动物及人的雌激素水平提高。这种雌激素作用已在大鼠、小鼠、家禽和猪的实验中得到证实，这种作用对猪的影响最大，症状包括外生殖器肿大、阴道和直肠脱垂、生殖系统肿瘤等。同时还能导致发情期延长、性冲动降低、不育、胎儿木乃伊化、流产、死胎及身材矮小、产奶停止，激素失调和许多其他异常。每日喂食 25 mg ZON 可导致绵羊的排卵率和怀孕率降低，而 800 ppm 的 ZON 则可导致火鸡的产蛋率下降。给牛喂食含 ZON 的饲料，可导致牛的生殖器出血、受孕率降低。因而 ZON 及其代谢物可导致动物严重的生殖问题。正因如此 ZON 及其代谢物在粮食及动植物中的残留可能威胁到食品安全，人们可通过食用被污染的粮食或肉、奶等动物性食物直接摄入 ZON，从而对人的健康构成潜在威胁。ZON 的另一主要毒性表现在于它会影响肿瘤的发生过程。Tomaszewski 等[15]在增生和有腺癌发生的妇女子宫内膜中检出了 ZON，而正常子宫内膜中未检出，提示 ZON 对子宫腺癌的发生可能有一定作用。ZON 还可能产生一些免疫毒性和器官毒性。Pestka 等[16]以拌饲方式给予小鼠 10 mg/kg ZON，发现小鼠对单核细胞增生李斯特氏杆菌的抵抗力显著降低，但没有组织病理学改变。Maaroufi 等[17]给雌性大鼠腹膜内注射 ZON（115～510 mg/kg BW），48 h 后 ALT、AST、ALP、血清肌酐、胆红素等生化指标，以及红细胞压积、平均红细胞容积（MCV）、血小板和白细胞等血液学参数发生改变，表明 ZON 有一定的肝毒性。

9.1.3　最大允许残留限量

从 20 世纪 70 年代末，世界各国开始关注和重视非甾类同化激素的残留及危害问题，并先后颁布法令，严格限制这类药物在食品动物中的使用。欧盟 96/22/EC 指令规定的《动物及其制品禁用物质列表》就包括苯乙烯、苯乙烯衍生物及其盐类和酯类；96/23/EC 指令规定的《动物及其排泄物、体液、组织以及动物制品、动物饲料和饮水中禁用药》也包括了二羟基苯甲酸内酯类（含 zeranol）。香港的《公众卫生（动物及禽鸟）（化学物残余）规例》规定，禁止使用 DIS、DES、HES。韩国、日本等亚洲国家也早已规定，禁止在国内养殖业中使用激素类物质，禁止进口含有雌激素的动物及动物性食品。我国农业部第 193 号公告《食品动物禁用的兽药及其它化合物清单》明确禁止 DES 及其盐、酯及制剂，ZER 及其制剂用于所有食品动物。《中华人民共和国动物及动物源食品残留监控计划》中规定该类药在所有食品动物可食组织中的最大允许残留限量（maximum residue limit，MRL）为不得检出。美国虽然禁止 DES 的使用，但允许在绵羊中使用 ZER，规定 MRLs 为 0.02 mg/kg。日本也制定了 ZER 的 MRLs，见表 9-3。

表 9-3　日本、美国制定的 ZER 的 MRLs

化合物	动物	组织	MRLs/(mg/kg)	国家
玉米赤霉醇 Zeranol ZER	绵羊	脂肪、肾脏、肝脏、肌肉	0.02	美国
	牛	肌肉、脂肪	0.002	日本
		肝	0.01	
		肾、可食用下水	0.02	
	猪	肌肉、脂肪、肝、肾、可食用下水	0.002	
	除牛、猪外其他陆生哺乳动物	肌肉、脂肪、肝、肾、可食用下水	0.02	
	其余所有食品动物	肌肉、脂肪、肝、肾、可食用下水、奶、蛋、蜂蜜	0.002	

9.1.4　残留分析技术

9.1.4.1　前处理方法

生物样品中的非甾类同化激素类药物常与葡糖苷酸、硫酸形成轭合物，这些轭合物极性和水溶性较高、热稳定性差，与原形药物性质差异大，前处理中容易损失，需要将其水解后再处理。文献报道的主要有酶水解和酸水解方法。

（1）水解方法

1）酶水解

非甾类同化激素类药物的酶水解常使用芳基硫酸酯酶、葡糖醛酸糖苷酶及其混合物。

Yang 等[18]利用酶水解提取肌肉（猪肉、牛肉和虾）、牛奶和肝脏中的 50 种同化激素类药物（包括 DIS、HES 和 DES）。在 5 g 样品中加入 10 mL 乙酸盐缓冲液（0.2 mol/L，pH 5.2），再加入 100 μL 葡糖醛酸糖苷酶/芳基硫酸酯酶，37℃过夜，甲醇提取，固相萃取柱净化，液相色谱-串联质谱（LC-MS/MS）检测。方法的定量限（LOQ）为 0.04～2.0 μg/kg，平均回收率为 76.9%～121.3%，变异系数（CV）为 2.4%～21.2%。许泓等[19]利用酶水解提取动物源性食品中 DES、HES 和 DIS 残留。5.0 g 样品，用叔丁基甲基醚提取，在 40℃水浴氮吹仪中吹去残余叔丁基甲基醚后，加入 80 μL β-葡糖苷酸酶，于 52℃烘箱中放置过夜，为保证酶解效率须将叔丁基甲基醚除净。提取液硅胶柱净化，LC-MS/MS 测定。方法对 DES、DIS 的检出限（LOD）为 0.05 ng/g，在 0.5～10 ng/g 范围内回收率为 84%～108%，对 HES 的 LOD 为 0.025 ng/g，在 0.25～5 ng/g 范围内回收率为 59%～87%。

彭涛等[2]利用酶水解提取动物肝脏中的 RALs（TAL、α-ZOL、β-ZOL、ZER、ZAN、ZON）。在约 5.0 g 均质后的动物肝脏样品中加入 10 mL 乙酸钠缓冲溶液（0.05 mol/L）和 0.025 mL β-葡萄糖苷酸/硫酸酯复合酶，旋涡混匀，于 37℃水浴中振荡水解 12 h，乙醚提取，HLB 固相萃取柱净化，LC-MS/MS 检测。在添加浓度 1～4 μg/kg 范围内，方法回收率在 70%～90%之间，相对标准偏差（RSD）小于 20%；6 种 RALs 的判断限（CCα）在 0.17～0.31 μg/kg 之间，检测能力（CCβ）在 0.26～0.42 μg/kg 之间。曹莹等[20]利用酶水解提取鸡肝脏中 ZER 残留。取 5.0 g 鸡肝匀浆于 50 mL 离心管中，加入 5 mL 50 mmol/L的乙酸钠缓冲液，加入 25 μL β-葡萄糖苷酸酶，旋涡混匀，于 37℃培养箱中酶解 12 h，乙醚提取，液相色谱-质谱（LC-MS）分析，方法的 LOQ 为 4 ng/g，回收率为 65.0%～86.4%，CV 为 5.1%～15.4%。

Kathrin 等[21]利用酶水解方法提取牛尿液中二苯乙烯类化合物（DES、DIS、HES）与 RALs（ZER、TAL、α-ZOL、β-ZOL 和 ZON）。5 mL 尿液样品中加入 2 mL 乙酸钠缓冲液（2 mol/L，pH 5.2），加入 100 μL蜗牛液（Helix pomatia juice），37℃避光放置 16 h 或 50℃放置 3 h，水解完成后氢氧化钠溶液（2 mol/L）调 pH 9.0±0.1，5 mL 乙醚提取 2 次，固相萃取柱净化，LC-MS/MS 分析。方法检测二苯乙烯类化合物和RALs 的 LOD 分别低于 1 μg/L 和 1.5 μg/L，回收率分别为 99.2%～106.0%和 99.4%～107.9%。

2）酸水解

文献也有报道非甾类同化激素类药物常与脂蛋白类结合，所以用酸水解可以提高回收率。Barkatina等[22]认为与酶水解相比较，酸水解更有利于提高回收率，因为食物中的非甾类同化激素类药物主要与脂蛋白类广泛结合，与葡糖醛酸的结合物较少。将 10 g 彻底绞碎的肉样品中加入 25 mL 水，均质 2 min后转移到平底烧瓶，加入 50 mL 乙醚，振荡 30 min 后转移到分液漏斗，收集乙醚层并经无水硫酸钠过滤，乙醚重复提取 1 次，合并提取液并蒸干。5～10 mL 乙醚和约 1 mL 浓盐酸加到蒸干的提取物中，调 pH 1～2，55℃水浴旋转蒸馏，残留物转移到分液漏斗，加入 100 mL 水、15 g 硫酸铵和 25 mL 三氯甲烷，收集三氯甲烷层并经无水硫酸钠过滤，检测肉和肉制品中 DES 等药物残留，该方法 LOD 分别为 0.2 mg/L 和 0.3 mg/L，回收率为 75%～80%。

（2）提取方法

非甾类同化激素残留分析主要采用液液萃取（LLE）的方法提取。近年来，一些新的提取技术，如超声波辅助提取（UAE）、加速溶剂萃取（ASE）等也开始应用到非甾类同化激素残留的提取中。

1）液液萃取（liquid liquid extraction，LLE）

A. 二苯乙烯类

二苯乙烯类化合物在弱极性和中等极性的有机溶剂中有较好的溶解性，常用的有机溶剂有甲醇、乙醚、叔丁基甲基醚、乙酸乙酯、三氯甲烷和乙腈等。

Yang 等[18]用甲醇提取猪肉、牛肉、虾、牛奶和肝脏的水解液，经固相萃取柱净化后，LC-MS/MS检测。DIS、HES 和 DES 的 LOQ 为 0.04～2.0 μg/kg，平均回收率为 76.9%～121.3%，CV 为 2.4%～21.2%。应永飞等[23]建立了动物组织中 DIS、HES 和 DES 残留量的检测方法。试样中的药物经甲醇超声提取后，过 HLB 固相萃取柱净化、氮吹至干，用流动相溶解后进行 LC-MS/MS 测定，以 D8-DES为内标进行定量分析。方法 LOD 为 0.2 μg/kg，LOQ 均为 0.5 μg/kg；加标浓度在 0.5～10 μg/kg 范围内，动物组织中 DIS、HES 和 DES 的回收率为 78.8%～110.9%，批内 RSD 小于或等于 8.0%。

许泓等[19]利用叔丁基甲基醚提取动物源性食品中 DES、HES 和 DIS 残留，经硅胶固相萃取柱净化后，LC-MS/MS 测定。方法对 DES、DIS 的 LOD 为 0.05 ng/g，在 0.5～10 ng/g 范围内回收率为 84%～108%；对 HES 的 LOD 为 0.025 ng/g，在 0.25～5 ng/g 范围内回收率为 59%～87%。Reuvers 等[24]先用叔丁基甲醚提取组织样品中的 DES 残留，再用 1 mol/L 氢氧化钠提取，经 C18 固相萃取柱净化后，HPLC检测。该方法 LOD 为 0.5～2.0 μg/kg，回收率为 66%。

张琴等[25]用乙醚提取鸡肉样品中的 DES，经 IAC 净化后，仪器检测。高效液相色谱（HPLC）检测方法的 LOD 为 22.2 ng/g，回收率为 63.7%～67.6%；气相色谱-质谱（GC-MS）检测方法的 LOD 为 0.33 ng/g，回收率为 54.1%～67.3%。van Peteghem 等[26]用乙醚提取肉水解液中的 DES 残留，过固相萃取柱净化后，放射免疫（RIA）测定。LOD 达 0.07 ng/g，回收率为 64%～115%。

Li 等[27]用乙腈-丙酮溶液（4+1，v/v）提取鸡和虾组织中的 DES，三氯甲烷脱脂，ELISA 检测。该方法的 LOD 为 600 pg/mL，回收率大于 79.5%，日内、日间 CV 低于 6%。

尹怡等[28]用乙酸乙酯超声提取水产品中的 DES，过弗罗里硅土（Florisil）小柱进行净化，GC-MS 测定。方法回收率大于 80%，LOD 为 0.5 μg/kg。吴银良等[29]用 10%碳酸钠溶液和乙酸乙酯提取动物组织中 DES、DIS 和 HES，硅胶固相萃取柱净化，GC-MS 分析。方法的 LOD 为 0.30 μg/kg（DES）、0.10 μg/kg（HES）和 0.15 μg/kg（DIS）；在 0.5～4.0 μg/kg 添加水平，回收率为 73.0%～86.5%，RSD 为 1.0%～7.2%。

Coffin 等[30]利用 DES 溶解于碱性溶液的性质，用 NaOH 溶液和三氯甲烷反复萃取动物组织中的 DES 残留，衍生化后，气相色谱（GC）检测。其 LOD 可达 2～10 μg/L，回收率为 70%～110%。Tirpenou 等[31]用苯和 NaOH 溶液提取样品中的 DES，经硅胶柱净化后 GC 检测，方法回收率达到 81%。

B. RALs

RALs 属于二羟基苯甲酸内酯类化合物，其苯环上都有 2 个羟基，呈弱酸性，具有高度相似的化学结构和性质，文献报道的提取溶剂有乙醚、叔丁基甲基醚、乙腈和甲醇等。

彭涛等[2]对乙醚、丙酮、正己烷和乙酸乙酯对 RALs 的提取效率进行了比较研究，结果显示乙醚的提取效率最高。动物肝脏中 RALs 在酸性环境中经 β-葡萄糖苷酸/硫酸酯复合酶水解后，加入无水乙醚，振荡提取，经 HLB 固相萃取柱净化后，LC-MS/MS 检测。在添加浓度 1～4 μg/kg 范围内，方法回收率在 70%～90%之间，RSD 小于 20%。6 种 RALs 的 CC_α 在 0.17～0.31 μg/kg 之间，CC_β 在 0.26～0.42 μg/kg 之间。曹莹等[20]用乙醚提取鸡肝酶解液，经液液分配净化后，用 LC-MS 分析 ZER 残留。方法的 LOQ 为 4 ng/g，回收率为 65.0%～86.4%，CV 为 5.1%～15.4%。方晓明等[32]用乙醚提取鸡肝 β-葡糖苷酸酶酶解液，氢氧化钠抽提，C_{18} 小柱净化后，用 HPLC 检测。样品的加标平均回收率为 72.0%～80.4%，RSD 为 8.3%～13.9%，LOQ 为 5 μg/kg。Shin 等[33]用叔丁基甲基醚提取老鼠血清中的 ZON，经液液分配净化后，HPLC 分析。方法回收率为 79.3%～96.2%，日内和日间 CV 低于 12.1%，LOQ 为 10 ng/mL。

Xia 等[34]采用乙腈提取牛奶中的 ZER、TAL、ZAN、ZON、α-ZOL 和 β-ZOL，过 MAX 柱净化后，LC-MS/MS 分析。方法平均回收率为 92.6%～112.5%，CV 低于 11.4%，LOD 和 LOQ 分别为 0.01～0.05 μg/L 和 0.05～0.2 μg/L。张清杰等[35]用乙腈提取牛奶和奶粉中的 6 种玉米赤霉醇及其类似物，经免疫亲和柱净化后，用 HPLC 检测。方法添加回收率均为 80%～110%，CV 均小于 12%。钱卓真等[36]利用乙腈提取水产品中的 ZER、TAL、ZAN、ZON、α-ZOL 和 β-ZOL，乙腈饱和正己烷脱脂，氨基固相萃取柱净化后，LC-MS/MS 分析。方法 LOQ 为 1.0 μg/kg，回收率为 75.9%～103.8%，RSD 为 3.90%～13.5%。Zhang 等[37]采用甲醇提取牛肌肉中的 ZER、TAL、ZAN 和 α-ZOL，经免疫亲和柱（IAC）净化，衍生化后，用 GC-MS 检测。该方法 LOD 为 0.5 μg/kg，在 1.0～5.0 μg/kg 添加范围内，回收率为 79.6%～110.7%，CV 为 3.2%～11.4%。

C. 二苯乙烯类和 RALs 同时提取

Kathrin 等[21]利用乙醚同时提取牛尿液中二苯乙烯类化合物（DES、DIS、HES）和 RALs（ZER、TAL、α-ZOL、β-ZOL 和 ZON）。5 mL 尿液样品中加入 2 mL 乙酸钠缓冲液（2 mol/L，pH 5.2），加入 100 μL 蜗牛液（Helix pomatia juice），37℃避光放置 16 h 或 50℃放置 3 h，水解完成后，用氢氧化钠溶液（2 mol/L）调 pH 9.0±0.1，5 mL 乙醚提取 2 次，旋转蒸干，加入 1.5 mL 甲醇和 3 mL 水，2 mL 正己烷洗涤 2 次，弃掉正己烷层，固相萃取柱净化，LC-MS/MS 分析。方法检测二苯乙烯类化合物和 RALs 的 LOD 分别低于 1 μg/L 和 1.5 μg/L，回收率分别为 99.2%～106.0%和 99.4%～107.9%。

2）加速溶剂萃取（accelerated solvent extraction，ASE）

ASE 是指在提高的温度（50～200℃）和压力（1000～3000 psi 或 10.3～20.6 MPa）下用溶剂萃取固体或半固体样品的新颖样品前处理方法。与传统提取方式相比，ASE 速度快、溶剂用量少、萃取效率高、待测组分回收率好，可实现全自动安全操作。在非甾类同化激素残留分析的前处理也有文献报道。

Gadzała-Kopciuch 等[38]建立了 ASE 提取组织中的 ZON 及其代谢产物 α-ZOL。使用鸡肌肉和肝脏组织进行添加回收试验，对甲醇-水、乙腈-水，以及它们的不同比例混合进行比较。结果发现，乙腈-水（84+16，v/v）回收率最高（ZON 和 α-ZOL 的回收率分别为 95.4%和 97.9%），共萃取杂质少；正己烷脱脂会影响回收率；纯溶剂（甲醇、乙腈、三氯甲烷等）提取的回收率较差。ASE 的最佳条件为：压力 1500 psi，温度 200℃，静态萃取时间 5 min，静态循环 5 次，冲洗溶剂体积为池容积的 75%（约 11 mL）。该方法检测 ZON 和 α-ZOL 的 LOD 分别为 8.10 ng/g 和 14.02 ng/g，LOQ 分别为 24.30 ng/g 和 42.06 ng/g。

3）超声辅助萃取（ultrasound-assisted extraction，UAE）

UAE 是利用超声波辐射压强产生的强烈机械振动、扰动效应、乳化、扩散、击碎和搅拌等多级效应，增大物质分子运动频率和速度，增加溶剂穿透力，从而加速目标成分进入溶剂，促进提取的进行。优点是萃取速度快，价格低廉、效率高。有文献报道采用 UAE 技术来提高非甾类同化激素的萃取效率。

Zhang 等[39]以甲醇为提取溶剂，常温超声 30 min，提取肉中的 DES，再在碱性条件下（pH 10.3）用氯仿分三次萃取，化学发光方法检测。方法的回收率为 93.1%～104.5%，CV 低于 3.0%，LOD 为 0.75～1.12 pg/mL。应永飞等[23]以甲醇为提取溶剂，在 60℃下超声 5 min，提取动物组织中的 DIS、DES、HES 等二苯乙烯类药物，LC-MS/MS 测定。方法的 LOD 为 0.2 μg/kg，LOQ 为 0.5 μg/kg；在 0.5～10 μg/kg 添加浓度范围内，回收率为 78.8%～110.9%，批内 RSD 小于等于 8.0%。周建科等[40]采用 UAE 方法提取中老年奶粉中的 DES。奶粉样品中加入石油醚，超声萃取 5 min，离心，弃去石油醚，再加入乙腈，超声萃取 5 min，离心，取下层乙腈，氮气浓缩并定容至 0.2 mL，进 HPLC 测定。DES 的 LOD 为 0.025 mg/L，RSD 在 1.55%～3.46%之间，平均回收率在 85.0%以上。

（3）净化方法

经典的净化处理方法主要有液液分配（LLP），随着科学技术的发展和兽药残留检测要求的不断提高，各种新技术、新手段也被用来作为生物样品中非甾类同化激素的样品前处理方法，包括固相萃取（SPE）、分子印迹（MIT）、免疫亲和色谱（IAC）、固相微萃取（SPME）、基质固相分散法（MSPD）等。

1）液液分配（liquid liquid partition，LLP）

LLP 是利用样本中的待测物与干扰物在互不相溶的两种溶剂（溶剂对）中分配系数的差异进行分离的净化方法，通常使用一种能与水相溶的极性溶剂和一种不与水相溶的非极性溶剂配对来进行分配，经过反复多次分配，使待测物与杂质分离。LLP 是最常用的净化手段，常与其他方法结合用于提取液的脱脂等。

Shin 等[33]采用 LLP 方法提取和净化老鼠血清中的 ZON。在老鼠血清中加入叔丁基甲基醚，涡动混合，离心，有机层氮气吹干，加入乙腈-0.1%三乙胺溶液（50+50，v/v）复溶，涡动混合，离心后，取上清液 HPLC 分析。该方法回收率为 79.3%～96.2%，日内和日间 CV 低于 12.1%，LOQ 为 10 ng/mL。曹莹等[20]利用 LLP 净化鸡肝脏中 ZER 残留。鸡肝酶解液中加入乙醚，旋涡振荡，离心，吸取上层液，旋转蒸发至干后，加入二氯甲烷和 1 mol/L 氢氧化钠溶解，上清液用乙酸调节 pH 5，用乙醚 LLP 净化，收集上层溶液，旋转蒸发至干，残余物用 0.3%乙酸-乙腈（55+45，v/v）溶解，供 LC-MS 分析。该方法的 LOQ 为 4 ng/g，回收率为 65.0%～86.4%，CV 为 5.1%～15.4%。

2）固相萃取（solid phase extraction，SPE）

SPE 利用吸附剂将液体样品中的目标化合物吸附，使其与样品基体、干扰物质分离，然后通过洗脱液洗脱或加热解吸附，分离和富集目标物。与传统 LLP 相比，SPE 不需要大量有机溶剂，不产生乳化现象，可净化很小体积的样品，是目前兽药残留分析中样品前处理的主流技术。但 SPE 易将共存干扰物萃取出来，且富集倍数有限。

A. 二苯乙烯类

在二苯乙烯类化合物的分析方法中，硅胶柱、HLB 柱、石墨化碳黑（GCB）柱、氨基柱（NH₂）

和硅藻土柱等都被用于动物基质中二苯乙烯类的净化。

许泓等[19]采用硅胶 SPE 柱净化动物源食品中的 DES、HES 和 DIS 残留。用 6 mL 正己烷分两次预洗硅胶柱，流速 4 mL/min；上样，流速 2 mL/min，在样品试管中加入 3 mL 淋洗液（乙酸乙酯-正己烷，6+94，v/v），混合后过柱，流速 2 mL/min；用 3 mL 淋洗液以 3 mL/min 流速淋洗，2 mL 空气流以 4 mL/min 流速吹过硅胶柱；用 6 mL 洗脱液（乙酸乙酯-正己烷，25+75，v/v）洗脱，流速 2 mL/min，2 mL 空气流以 6 mL/min 流速吹过硅胶柱，收集洗脱液，氮气吹干，加 1 mL 流动相（乙腈-水，70+30，v/v）溶解后，供 LC-MS/MS 测定。该方法对 DES、DIS 的 LOD 为 0.05 ng/g，在 0.5～10 ng/g 范围内，回收率为 84%～108%；对 HES 的 LOD 为 0.025 ng/g，在 0.25～5 ng/g 范围内，回收率为 59%～87%。吴银良等[29]也利用硅胶 SPE 柱净化动物组织中 DES、DIS 和 HES。在碱性条件下用乙酸乙酯提取，提取液过硅胶 SPE 柱（5 mL 正己烷、5 mL 乙酸乙酯活化），依次用 2 mL 正己烷、2 mL 正己烷-乙酸乙酯（85+15，v/v）混合溶剂淋洗，并抽干，用 4 mL 正己烷-乙酸乙酯（80+20，v/v）混合溶剂洗脱，收集洗脱液，GC-MS 分析。方法的 LOD 为 0.30 μg/kg（DES）、0.10 μg/kg（HES）和 0.15 μg/kg（DIS）；在 0.5～4.0 μg/kg 添加水平，回收率为 73.0%～86.5%，RSD 为 1.0%～7.2%。Lohne 等[41]用乙腈提取鱼肉中的 DES、DIS 和 HES，然后用硅胶 SPE 柱净化，LC-MS/MS 测定。DIS、DES 和 HES 的平均回收率分别为 119%、99% 和 104%，RSD 分别为 18%、11% 和 15%；LOD 低于 0.21 ng/g，LOQ 在 0.18～0.65 ng/g 之间。

徐英江等[42]用 HLB 柱净化草鱼血液、肌肉和肝脏中的 DES。采用 10%碳酸钠和乙酸乙酯提取，提取液用 1 mL 甲醇溶解残留物，再加 9 mL 水稀释，过 SPE 柱。HLB 小柱依次用 10 mL 乙酸乙酯、10 mL 甲醇和 10 mL pH 3 的盐酸溶液活化，上样后，用 10 mL 水-甲醇（9+1，v/v）淋洗，抽干，再用 10 mL 正己烷淋洗，抽干，用 5 mL 乙酸乙酯洗脱。控制整个过程流速不超过 2 mL/min。收集洗脱液，氮吹至近干，流动相复溶、过膜，进 LC-MS/MS 测定。该方法 LOD 可达 0.5 μg/kg，LOQ 可达 1.0 μg/kg；DES 的平均回收率在 85.0%～108% 之间，批内 RSD 在 7.12%～8.65% 之间；DIS 的平均回收率在 73.1%～80.2% 之间，批内 RSD 在 5.02%～7.49% 之间。

丁雅韵等[43]采用基质固相分散（MSPD）提取和净化动物肝脏中的 DES，洗脱液再过碱性硅藻土和硅胶 SPE 柱净化。1.5 mL KOH 溶液（0.25 mol/L）加入 0.50 g 硅藻土中，剧烈振荡，静置 15 min，转移到底部有筛板的固相萃取空柱中，在固相萃取装置上用 20 mL 甲苯-异辛烷（1+9，v/v）淋洗，抽干。MSPD 洗脱液残渣用 100 μL 甲苯和 0.4 mL 异辛烷溶解并定量转移到硅藻土柱上，用 10 mL 甲苯-异辛烷（1+9，v/v）淋洗，抽干，用 10 mL 水饱和的乙醚洗脱，收集洗脱液，N₂ 吹干，再用 100 μL 二氯甲烷-乙酸乙酯（1+1,v/v）溶解并定量转移到硅胶柱上。硅胶柱已用 5 mL 二氯甲烷-乙酸乙酯（1+1，v/v）和 5 mL 正己烷活化。上样后用 5 mL 正己烷淋洗，5 mL 二氯甲烷-乙酸乙酯（1+1，v/v）洗脱，洗脱液 N₂ 吹干，衍生化后，进 GC-MS 测定。该方法 LOD 低于 1 μg/kg，回收率为 81.6%～100.9%，RSD 为 8.7%～13.2%。

Yang 等[18]报道了猪肉、牛肉、虾、牛奶和肝脏中的 50 种同化激素类（包括 DIS、HES 和 DES）的残留分析方法。采用 GCB 串联 NH₂ SPE 柱对样品进行了净化。样品经酶解和甲醇提取后，提取液用超纯水稀释，以 3～5 mL/min 的速度过 SPE 柱净化。GCB 柱分别用 6 mL 二氯甲烷-甲醇（70+30，v/v）、6 mL 甲醇和 6 mL 水平衡。提取液全部通过 GCB 柱后，用 1 mL 甲醇洗涤，真空抽干 GCB 柱，NH₂ 柱用 4 mL 二氯甲烷-甲醇（70+30，v/v）平衡后接在 GCB 柱下部，8 mL 二氯甲烷-甲醇（70+30，v/v）洗脱，洗脱液氮气吹干，1 mL 甲醇-水（1+1，v/v）复溶后，LC-MS/MS 检测。该方法的 LOQ 为 0.04～2.0 μg/kg，平均回收率为 76.9%～121.3%，CV 为 2.4%～21.2%。该研究同时比较了 C₁₈ 柱串联 NH₂ 柱和 HLB 柱串联 NH₂ 柱的净化效果。结果发现，GCB-NH₂、C₁₈-NH₂ 和 HLB-NH₂ 都可以取得满意的回收率，但 C₁₈-NH₂ 和 HLB-NH₂ 净化会产生较强的基质抑制效应，DIS、HES 和 DES 的基质抑制率为 58%～88%，GCB-NH₂ 净化的基质抑制率为 28%～36%。

B. RALs

强阴离子交换柱（MAX）、NH₂ 柱等常被用于动物基质中 RALs 的净化。

Xia 等[34]采用 MAX 柱净化牛奶中的 ZER、TAL、ZAN、ZON、α-ZOL 和β-ZOL。在 5 mL 牛奶中加入 5 mL 乙腈，涡动 30 s，9000 r/min 离心 5 min（4℃），取上清液，加入 1.0 mL 氨水（2.5 mol/L）和 10 mL 水，混匀后过 MAX 柱（2 mL 乙腈和 2 mL 水平衡），2 mL 5%氨水和 0.5 mL 乙腈洗涤，真空干燥 2 min，3 mL 乙酸-乙腈溶液（2+98，v/v）洗脱，50℃水浴中氮气吹干，0.5 mL 水-乙腈（50+50，v/v）复溶，过 0.22 μm 微孔滤膜后，LC-MS/MS 分析。该方法平均回收率为 92.6%～112.5%，CV 低于 11.4%，LOD 和 LOQ 分别为 0.01～0.05 μg/L 和 0.05～0.2 μg/L。钱卓真等[36]利用 NH_2 柱净化水产品中的 ZER、TAL、ZAN、ZON、α-ZOL 和β-ZOL。样品经乙腈提取，正己烷脱脂，下层乙腈溶液旋转蒸发至干，乙腈饱和正己烷溶解备用。将 NH_2 柱用 5 mL 乙酸乙酯、5 mL 正己烷平衡。取提取液过柱，流速不超过 1 mL/min，再依次用 5 mL 正己烷、5 mL 正己烷-乙酸乙酯（60+40，v/v）淋洗，4 mL 正己烷-乙酸乙酯（20+80，v/v）和 4 mL 乙酸乙酯洗脱。洗脱液于 50℃下氮气吹干，1 mL 乙腈-水溶液（20+80，v/v）定容，过 0.22 μm 微孔滤膜后，LC-MS/MS 分析。该方法 LOQ 为 1.0 μg/kg，回收率为 75.9%～103.8%，RSD 为 3.90%～13.5%。

C. 二苯乙烯类和 RALs 同时净化

动物源基质中的二苯乙烯类化合物和 RALs 也可以采用 SPE 进行同时净化。

Rúbies 等[44]建立了 SPE-LC-MS 方法检测动物尿液中的 TAL、ZER、HES、DES 和 DIS 等药物。尿液酶解后用 HLB 固相萃取柱净化，LC-MS/MS 检测。该方法的回收率为 71.4%～106.4%；CC_α 为 0.2～0.9μg/L，CC_β 为 0.3～1.0 μg/L。Kathrin 等[21]建立了采用 SPE 同时净化牛尿中二苯乙烯类化合物（DES、DIS、HES）和 RALs（ZER、TAL、α-ZOL、β-ZOL 和 ZON）的方法。5 mL 尿液样品中加入 2 mL 乙酸钠缓冲液（2 mol/L，pH 5.2），加入 100 μL 蜗牛液（Helix pomatia juice），37℃避光放置 16 h 或 50℃放置 3 h，水解完成后用 2 mol/L 氢氧化钠溶液调 pH 9.0±0.1，5 mL 乙醚提取 2 次，旋转蒸干，加入 1.5 mL 甲醇和 3 mL 水，2 mL 正己烷洗涤 2 次，弃掉正己烷层，过已用 5 mL 甲醇和 5 mL 水平衡的 HLB 柱（6 cm^3，200 mg），5 mL 甲醇和 5 mL 甲醇-水（55+45，v/v）洗涤，5 mL 丙酮洗脱，洗脱液再过经 5 mL 甲醇和 5 mL 丙酮平衡的 aminopropyl 柱（500 mg，3 mL），流出液蒸干后，用 100 μL 乙腈-水（1+1，v/v）复溶，LC-MS/MS 分析。该方法检测二苯乙烯类化合物和 RALs 的 LOD 分别低于 1 μg/L 和 1.5 μg/L，回收率分别为 99.2%～106.0%和 99.4%～107.9%。

3）分子印迹技术（molecular imprinting technology，MIT）

MIT 是指为获得在空间结构和结合位点上与模板分子相匹配的聚合物制备技术，是一门源于高分子化学、生物化学、材料化学等的交叉学科。MIT 就是仿照抗原-抗体的形成机理，在印迹分子（imprinted molecule）周围形成高交联的刚性高分子，除去印迹分子后在聚合物的网络结构中留下具有结合能力的反应基团，对模板分子表现出高度的选择识别能力。

马金余等[45]以 DES 为模板分子，α-甲基丙烯酸为功能单体，二甲基丙烯酸乙二醇酯为交联剂，合成了 DES 分子印迹聚合物（MIP）。所得白色块状聚合物经研碎、过筛、用丙酮沉降聚合物颗粒，除去过细粉末，得到粒径为 35～45 μm 之间的聚合物颗粒。以该 MIP 为填料制成 SPE 小柱，应用于 DES 残留分析的样品前处理，并比较了该 MIP 柱与传统 C_{18} 柱对 DES 保留行为的差异。结果表明，该 MIP 柱对 DES 有较好的富集分离效果，对加标鸡肉样进行了含量测定，回收率为 98.7%～99.6%，CV 小于 1.3%，且该小柱活化后能重复使用。Jiang 等[46]采用表面 MIT 技术合成了一种简单的氨基功能化硅胶印迹材料，用于 SPE 净化处理 DES。与非印迹聚合颗粒相比，制备的 DES-MIP 吸附剂具有良好的吸附容量、显著的选择性、可结合性和快速结合动力学特征。最大静态吸附容量为 62.58 mg/g，在 50 mg/L 水平的相对选择性因子值为 61.7，吸附剂平衡在 10 min 内完成。该 MIP-SPE 用于鱼肉中 DES 的测定，回收率超过 87.5%，RSD 小于 11.6%。刘瑛等[47]应用 MIT 技术，以邻苯二胺为功能单体、DES 为模板，采用循环伏安法在玻碳电极表面合成了性能稳定的 DES-MIP 膜，并用 50%乙醇溶液迅速去除模板，得到对 DES 响应的 MIP 电化学传感器。研究了此 MIP 传感器的分析性能，建立了以 $K_3Fe(CN)_6$ 为电子传递媒介的间接分析法。在 1.0×10^{-7}～5.1×10^{-6} mol/L 范围内，DES 的浓度与 $K_3Fe(CN)_6$ 的相对峰电流变化呈线性关系。选择性实验表明，此传感器对结构相似的分子有较强的抗干扰能力。

4）免疫亲和色谱（immunoaffinity chromatography，IAC）

IAC 以抗原抗体的特异性、可逆性免疫结合反应为基础，当含有待测组分的样品通过 IAC 柱时，固定抗体选择性地结合待测物，其他不被识别的样品杂质则不受阻碍地流出 IAC 柱，经洗涤除去杂质后将抗原-抗体复合物解离，待测物被洗脱，样品得到净化。其优点在于对目标化合物的高效、高选择性保留能力，特别适用于复杂样品痕量组分的净化与富集。

张琴等[25]以 DES 为半抗原制备单克隆抗体，该抗体对 DES、HES 和 DIS 的交叉反应率分别为 100%、111.36%和 299.54%，IC$_{50}$ 分别为 42.54 ng/mL、38.20 ng/mL 和 14.20 ng/mL。选用固定抗体的浓度约为 5 mg/mL 凝胶与溴化氰活化的琼脂糖 4B 偶联，偶联率在 71.64%～90%之间，制备 IAC 柱的动态柱容量和绝对柱容量分别为 446.47～645.50 ng/mL 凝胶和 90.47～141.10 ng/mL 抗体。鸡肉样品经乙醚提取，IAC 净化，80%甲醇洗脱后，仪器测定。HPLC 检测方法的 LOD 为 22.2 ng/g，回收率为 63.7%～67.6%；GC-MS 检测方法的 LOD 为 0.33 ng/g，回收率为 54.1%～67.3%。

Zhang 等[37]采用 IAC 技术净化牛肌肉中的 ZER、TAL、ZAN 和α-ZOL。采用 ZER 的单克隆抗体与溴化氰活化的琼脂糖 4B 偶联（偶联率为 96.3%），制备了 IAC 柱，ZER、TAL、ZAN 和α-ZOL 的动态柱容量分别为 2639.7 ng/mL、2840.3 ng/mL、2731.5 ng/mL、2736.3 ng/mL 溶胶，绝对柱容量分别为 406.1 ng/mg、437.0 ng/mg、420.2 ng/mg、421.0 ng/mg MAb。选择甲醇-水（30+70，v/v）为洗涤剂，甲醇为洗脱剂。20 天内重复使用 15 次后，动态柱容量下降至 1236.4 ng/mL、1330.0 ng/mL、1175.8 ng/mL、1243.5 ng/mL 溶胶，仍能满足残留检测的需要。牛肉经匀质后，甲醇提取，冷冻去脂，提取液过 IAC 柱，然后用磷酸缓冲液、水及甲醇-水（30+70，v/v）洗涤 IAC 柱，甲醇洗脱，N$_2$ 吹干，衍生化后，用 GC-MS 检测。该方法 LOD 为 0.5 μg/kg，在 1.0-5.0 μg/kg 添加范围内，回收率为 79.6%～110.7%，CV 为 3.2%～11.4%。王清等[48]建立了动物源性食品中 6 种玉米赤霉醇类化合物残留量的复合免疫亲和柱净化、LC-MS/MS 分析方法。鱼肉、肝脏、牛奶、蜂蜜经 β-葡萄糖苷酸/硫酯酸复合酶酶解后用乙醚提取，提取液经氮气吹干，残渣用 50%乙腈溶液复溶后过滤，滤液用 PBS 溶液稀释，经复合 IAC 柱富集净化后供 LC-MS/MS 检测。该方法 LOD 在 0.04～0.10 μg/kg 之间，平均回收率为 70.9%～95.6%，RSD 为 2.0%～11.8%。王昕等[49]建立了 IAC-HPLC 法检测牛奶中 6 种玉米赤霉醇及类似物的方法。样品经 IAC 柱净化后，用 HPLC 检测。结果表明，该方法 LOD 均为 0.05 μg/L，平均回收率在 54.22%～90.76%之间，CV 小于 9.44%。

5）固相微萃取（solid phase micro extraction，SPME）

SPME 是利用待测物在基体和萃取相间的非均相平衡，使待测组分扩散吸附到石英纤维表面的固定相涂层，待吸附平衡后，再与 GC 或 HPLC 联用，分离和测定待测组分。该技术不需要使用柱填充物和有机溶剂进行洗脱，集萃取、富集和解析于一体。

邓爱妮等[50]建立了 SPME-HPLC 法测定鸡肉组织和奶粉中的 DES。分别考察了聚二甲基硅氧烷（PDMS，100 μm）和聚丙烯酸酯（PA，85 μm）两种萃取头纤维涂层对 DES 的萃取效果。结果表明，PA 涂层萃取纤维头对 DES 萃取效果显著高于 PDMS 涂层萃取纤维头。由于 DES 的双酚结构，使其极性得到增强，而具有非极性的 PDMS 涂层萃取头主要用于非极性化合物的萃取。因此，选用适合于萃取极性化合物的 PA（85 μm）涂层萃取头；选择 30 min 作为最佳萃取时间；解吸时间确定为 10 min；在萃取溶液中不加盐；解析液为甲醇-水（70+30，v/v），萃取液 pH 5.93～6.20，搅拌速度 600 r/min。操作步骤为：取 1.0 g 绞碎的鸡肉试样或 3.0 g 奶粉试样，加少量甲醇，振荡并离心，取出上清液，0.45 μm 滤膜过滤，放入磁力搅拌子，推动 SPME 装置的手柄，将萃取头（首次使用前用甲醇活化 20 min，室温条件下风干）浸入待测溶液内，以 600 r/min 的速度进行搅拌萃取。萃取完成后，将萃取头转移到装有 40 μL 流动相的自制解吸装置中静态解吸，然后将解吸液直接在 230 nm 进行 HPLC 分析。该方法 LOD 为 0.006 μg/mL，测定结果的 CV 小于 5%，应用于鸡肉组织和奶粉中 DES 检测，三个加标水平的回收率为 81.9%～93.1%。Yang 等[51]报道了采用碳纳米管增强的中空纤维 SPME（CNTs-HF-SPME）处理乳制品中 DES 的 HPLC 分析方法。中空纤维的壁孔用多壁碳纳米管（MWCNTs）填充，DES 被

MWCNTs 选择性吸附，甲醇解吸后，HPLC 测定。作者对影响 CNTs-HF-SPME 效果的因素，如中空纤维的长度、萃取和解吸时间、萃取温度、搅拌速度、样品溶液的 pH 值、有机溶剂和盐的量等，进行优化。在优化条件下，该方法 LOD 为 5.1 μg/L，回收率良好。

6）基质固相分散（matrix solid-phase dispersion，MSPD）

MSPD 是将样品与填料一起混合研磨，使样品均匀分散于固定相颗粒表面，制成半固态后装柱，然后根据"相似相溶"原理选择合适的洗脱剂洗脱。该技术浓缩了传统样品前处理中匀浆、组织细胞裂解、提取、净化等多个过程，避免了待测物在这些过程中的损失，提取净化效率高、耗时短、节省溶剂、样品用量少，但研磨的粒度大小和填装技术的差别会使淋洗曲线有所差异，不易标准化。

A. 二苯乙烯类

尹怡等[28]建立了 MSPD-GC-MS 法测定水产品中 DES 残留量，并对 MSPD 与 SPE 的净化效果进行了比较。称取 5 g 已绞碎混匀的肌肉于 50 mL 具塞离心管中，加入 5 g Florisil 与 20 mL 乙酸乙酯，涡动混合 2 min，4500 r/min 离心 5 min，将上清液转移至 100 mL 梨形瓶中，在剩余样品中继续加入 15 mL 乙酸乙酯，重复上述操作，合并上清液，于 40℃旋转蒸发至干，分 2 次加入 10 mL 乙酸乙酯溶解残留物，并转移至 50 mL 离心管中，加入 5 g 的 Florisil，涡动混合 2 min，4500 r/min 离心 5 min，上清液氮气吹干，衍生化，GC-MS 检测。该方法回收率大于 90%，LOD 为 0.3 μg/kg，与 SPE 法相比，MSPD 法更灵敏、简便、省时以及节省溶剂。

丁雅韵等[43]采用 MSPD 和 SPE 结合的方法提取并净化动物肝脏中的 DES。称取 0.5 g 匀浆后的样品于玻璃研钵中，加入 2 g 左右的 C$_{18}$ 填料（用 30 mL 的乙酸乙酯、正己烷淋洗后风干），用研杵轻轻研磨使其混合均匀，在通风橱中自然风干 1 h，均匀装入 10 mL 注射器筒，用注射器活塞轻压到 3.5 mL 左右。用 8 mL 正己烷分两次洗涤玻璃研钵和研杵，并将洗涤液淋洗柱子，弃去淋洗液；再用 8 mL 乙酸乙酯分两次洗涤玻璃研钵和研杵，并用洗涤液洗脱柱子，收集乙酸乙酯洗脱液。氮气吹干后，SPE 进一步净化，经衍生化后，用毛细管 GC-MS 检测。该方法 LOD 低于 1 μg/kg，不同 DES 添加量的回收率为 81.6%～100.9%，CV 为 8.7%～13.2%。

刘宏程等[52]采用 MSPD 法提取和净化牛奶中的 DES、HES 和 DIS。比较了 3 种填料 C$_{18}$、Florisil 和 N-丙基乙二胺（PSA）对牛奶中 DES、HES 和 DIS 的净化效果。C$_{18}$ 净化效果差，蛋白等共萃物多；Florisil 对 3 种雌激素吸附能力弱，脱蛋白净化效果中等，共萃物多，选择性差；而 PSA 对弱酸性的雌激素有离子作用吸附力。结果表明，PSA 净化效果最好。操作步骤为：称取 1 g 均质样品于研钵中，用稀氨水调 pH 8.5，加 1 g PSA 填料，在通风橱中放置 30 min，挥干水分，充分研磨，均匀装入底部垫上滤纸的 10 mL 注射器，上层再垫一片滤纸，并把填料轻轻压紧。用 5 mL 二氯甲烷-甲醇（97+3，v/v）冲洗，再用 5 mL 二氯甲烷-甲醇（80+20，v/v）洗脱，洗脱液用氮气吹至近干，流动相溶解定容至 0.25 mL，经 0.45 μm 滤膜过滤后，HPLC 检测。该方法平均回收率为 84.1%～93.5%，RSD 为 3.5%～7.8%；DES、HES 和 DIS 的 LOD 分别为 0.004 mg/kg、0.004 mg/kg 和 0.006 mg/kg，LOQ 分别为 0.01 mg/kg、0.01 mg/kg 和 0.02 mg/kg。

Li 等[53]采用 MSPD 提取净化奶和肉中的 6 种雌激素（包括 DIS）。以 C$_{18}$ 和 Florisil 为混合填料，乙腈洗脱后，LC-MS/MS 测定。该方法 LOD 为 0.11～0.81 μg/L，LOQ 为 0.61～2.20 μg/L；回收率在 59.6%～128.5%之间，RSD 为 1.2%～8.0%。

B. RALs

Lagana 等[54]采用 MSPD 方法提取和净化鱼组织中的 ZON、α-ZOL 和 β-ZOL，方法分别以反相（C$_{18}$）和正相（中性氧化铝）填料作为基质分散剂，GCB 柱进一步净化，LC-MS/MS 检测。结果，在 100 ng/g 的添加水平，C$_{18}$ 为填料的回收率为 83%～103%，CV 低于 11%；中性氧化铝为填料的回收率为 67%，CV 低于 18%，LOD 为 0.1～1.0 ng/g。该作者[55]又优化了 C$_{18}$MSPD 方法，取匀浆的肌肉和肝脏组织 0.50 g 放置于玻璃研钵中，再加入 C$_{18}$ 填料 2.0 g，充分研磨、混合，肉酱可以干燥或成粉状，将混合物加到底部有滤板的聚四氟乙烯柱中，15 mL 甲醇-水（7+3，v/v）、10 mL 水、10 mL 酸化甲醇（10 mmol/L 甲酸）和 3 mL 甲醇洗涤，15 mL 二氯甲烷-甲醇（8+2，v/v）洗脱，40℃水浴中氮气吹干，250 μL 乙腈-甲醇-水（37+16+47，v/v）复溶，LC-MS/MS 分析。并利用该方法研究了虹鳟鱼体内中 ZON 的代谢情况。

7）凝胶渗透色谱（gel permeation chromatography，GPC）

GPC 柱内装有一定孔径的填料，柱中可供分子通行的路径有粒子间的间隙（较大）和粒子内的通孔（较小）。当样品溶液流经色谱柱时，较大的分子被排除在粒子的小孔之外，只能从粒子间的间隙通过，速率较快；而较小的分子可以进入粒子中的小孔，通过的速率要慢得多。经过一定长度的 GPC 柱，分子根据相对分子质量被分开，相对分子质量大的淋洗时间短，相对分子质量小的淋洗时间长，从而达到分离净化目的。李佩佩等[56]建立了 GPC-SPE/HPLC 法测定水产品中 DES 的分析方法。样品经乙醚超声提取和漩涡振荡后以乙酸乙酯-环己烷（1+1，v/v）为流动相进行 GPC 净化，再过 HLB 柱进一步净化，HPLC 在 254 nm 波长下测定，外标法定量。结果显示 DES 在 0.02～2.0 mg/L 质量浓度范围内呈良好的线性关系，线性系数（r）大于 0.999；空白样品在 10.0 μg/kg、50.0 μg/kg、200 μg/kg 三个加标水平下的平均回收率为 84%～93%，RSD 小于 6.0%；LOQ 为 5.0 μg/kg。

8）分散固相萃取（dispersive solid phase extraction，DSPE）

DSPE 是美国农业部于 2003 年起提出使用的一种新的样品前处理技术。该技术的核心在于选择对不同种类的农药都具有良好溶解性能的乙腈作为提取剂，净化吸附剂直接分散于待净化的提取液中，吸附基质中的干扰成分，具有操作简便，处理快速等优点，在多农残分析中大量应用，目前也开始在兽残分析中使用。

唐晓姝[57]建立了牛奶、酸奶、鸡肉、鸡肝、牛肉等动物源食品中 4 种雌激素（包括 DES）的 DSPE-LC-MS/MS 分析方法。样品中加入乙腈沉淀蛋白质，用无水 MgSO4 去除水分，再用 PSA 极性吸附剂分散固相萃取净化，LC-MS/MS 测定，达到简单、快速、低成本和高回收率的目的。在优化条件下，该方法的 LOD 为 0.66～8.26 μg/L，在三个水平下的加标回收率为 75.00%～109.33%，RSD 为 0.24%～9.23%。Wozniak 等[58]开发了一种 QuEChERS（Quick，Easy，Cheap，Rugged，Safe）方法净化肌肉样品中的 RALs 和二苯乙烯类药物。用乙酸乙酯提取，再用硫酸镁和醋酸钠分离水相和有机相，有机相中加入 C18、PSA 和硫酸镁作 DSPE 净化后，进 LC-MS/MS 测定。方法回收率在 83%～115% 之间，室内重现性小于 22%；几种药物的 CCα 和 CCβ 分别低于 0.23 μg/kg 和 0.39 μg/kg。

9.1.4.2 测定方法

目前，国内外报道的动物源基质中非甾类同化激素的检测方法主要有高效液相色谱法（HPLC）、气相色谱法（GC）、毛细管电泳法（CE）、液相色谱-质谱法（LC-MS）、气相色谱-质谱法（GC-MS）、伏安法、流动注射-化学发光检测法（FI-CL）以及免疫分析法（IA）等。

（1）伏安法（voltammetry）

伏安法是一种电化学分析方法，根据指示电极电位与通过电解池的电流之间的关系，而获得分析结果，包括循环伏安法（cyclic voltammetry，CV）和差示脉冲伏安扫描法（differential pulse voltammetry，DVP）等。Biryol 等[59]利用酚羟基的电化学活性，分别研究了使用 CV 和 DVP 来检测血清中的 DES 含量。结果显示，CV 的检测范围为 2×10⁻⁵～6×10⁻⁴ mol/L，DVP 的检测范围分别为 1×10⁻⁵～1×10⁻³ mol/L（甲醇溶液）和 4×10⁻⁵～6×10⁻⁴ mol/L（乙腈溶液）。CV 的 LOD 为 1.12×10⁻⁵ mol/L，DVP 的 LOD 分别为 8.85×10⁻⁶ mol/L（甲醇溶液）和 1.14×10⁻⁵ mol/L（乙腈溶液）。

（2）流动注射-化学发光检测法（flow injection-chemiluminescence，FI-CL）

CLD 是近年来发展起来的一种快速、灵敏的新型检测器，其原理是基于某些物质在常温下进行化学反应，生成处于激发态势反应中间体或反应产物，当它们从激发态返回基态时，就发射出光子。由于物质激发态的能量是来自化学反应，故叫作化学发光。当分离组分从色谱柱中洗脱出来后，立即与适当的化学发光试剂混合，引起化学反应，导致发光物质产生辐射，其光强度与该物质的浓度成正比。Zhang 等[39]报道了采用流动注射-化学发光（FI-CL）方法筛选肌肉、牛肉、羊肉和猪肉中的 DES。样品经甲醇超声辅助提取，三氯甲烷脱脂，在硫酸溶液中用铈（IV）-罗丹明 6G 化学发光体系测定。该方法的线性范围为 0.75～1.12 pg/mL，回收率为 93.1%～104.5%，日内和日间 CV 低于 3.0%。

（3）毛细管电泳法（capillary electrophoresis，CE）

CE 是一类以毛细管为分离通道，以高压直流电场为驱动力的新型液相分离分析技术，具有分离度高、快速、进样量少、有机溶剂消耗少、样品前处理要求低，已用于多种基质中非甾类同化激素残留的检测。但由于 CE 进样量小，也限制了其检测灵敏度。林子俺等[60]建立了水产品中 HES、DES 及 DIS 残留的 CE-UVD 检测法，并研究了缓冲体系的酸度、浓度、添加剂、分离电压、进样时间以及温度等对组分分离的影响。雌酚类物质由于 2 个苯环上各有 1 个羟基，在碱性条件下极易电离形成带负电荷的离子，有利于减缓迁移速率以达到分离，随着 pH 的升高，毛细管内层表面的负电荷增加，电渗流加大，迁移时间相应缩短，但分离效果不显著，当 pH 大于 10.0 时，被测组分的迁移时间逐渐增长，分离趋势明显。在检测波长为 200 nm，分离电压为 20 kV，运行缓冲液为 50 mmol/L 硼砂-25 mmol/L 氢氧化钠（pH 12.3，含 30%的 N,N-二甲基甲酰胺）的条件下，3 种目标组分在 14 min 内达到基线分离；HES、DES 与 DIS 的质量浓度与峰面积分别在 210～120 mg/L、110～100 mg/L、110～100 mg/L 范围内呈良好线性，相关系数（r^2）分别为 0.9998、0.9992、0.9994；LOD 为 0.3～0.9 mg/L。

（4）气相色谱法（gas chromatography，GC）

非甾类同化激素可以采用 GC 进行分析，但必须在 GC 分析之前将其衍生成挥发性的衍生物。由于操作较为繁琐，目前采用逐渐减少。Coffin 等[30]报道了用 GC 检测动物组织中的 DES 残留。利用 DES 溶解于碱性溶液的性质，用 NaOH 溶液和三氯甲烷反复萃取，三氟醋酸酐作为衍生化试剂，电子捕获检测器（ECD）检测。其检测限可达 2～10 μg/L，回收率为 70%～110%。Tirpenou 等[31]对 Coffin 的研究方法进行了改进。用苯溶液和 NaOH 溶液提取样品中的 DES，提取液经硅胶柱净化后检测，回收率达到 81%。Barkatina 等[22]使用中等极性的 HP-50 毛细管柱和 ECD 检测肉和肉制品中 DES 等药物残留。样品用乙醚提取，盐酸酸化水解，经硅胶柱分离，再用 C_{18} 固相萃取柱净化，然后经三氟醋酸酐或七氟丁酸酐衍生化，GC 检测。该方法的 LOD 分别为 0.2 mg/L 和 0.3 mg/L，回收率为 75%～80%。

（5）高效液相色谱法（high performance liquid chromatography，HPLC）

HPLC 是残留分析的国际公认方法，选择性强、灵敏度高。但是，因为样品前处理步骤较多，操作繁琐，分析时间长，不宜于残留检测的快速筛选。近年来，在 HPLC 基础上发展起来的超高效液相色谱（ultra performance liquid chromatography，UPLC），是基于小颗粒填料的一种创新技术，它同时实现了高分离度、高灵敏度和高分析速度，目前也已经应用于非甾类同化激素的残留分析。非甾类同化激素 HPLC 检测主要采用紫外检测器（ultraviolet detector，UVD）、二极管阵列检测器（diode-array detector，DAD；photo-diode array detector，PDA）、荧光检测器（fluorescence detector，FLD）、蒸发光散射检测器（evaporative light scattering detector，ELSD）以及电化学检测器（electrochemical detector，ECD）等。

1）UVD，DAD/PDA

UVD 是 HPLC 方法中常用的检测器。非甾类同化激素的分子结构中含有酚羟基和碳碳双键、酮基及酚羟基组成的长共轭体系，可以溶于稀碱溶液，在 240～300 nm 有较强的 UV 吸收。

刘宏程等[52]建立了 HPLC-UVD 法分析牛奶中 DES、HES 和 DIS。采用 MSPD 技术提取和净化，以 20 mmol/L 磷酸-乙腈（42+58，v/v）为流动相，在 Xterra C_{18}（250 mm×4.6 mm，5 μm）色谱柱上分离；或者，以 20 mmol/L 磷酸-乙腈（60+40，v/v）为流动相，在 Hypersil C_{18}（250 mm×4.6 mm，5 μm）色谱柱上分离；流速 1.0 mL/min，柱温 30℃，进样 20 μL，紫外波长 230 nm 检测。3 种雌激素的平均回收率为 84.1%～93.5%，RSD 为 3.5%～7.8%；DES、HES 和 DIS 的 LOD 分别为 0.004 mg/kg、0.004 mg/kg 和 0.006 mg/kg，LOQ 分别为 0.01 mg/kg、0.01 mg/kg 和 0.02 mg/kg。

张清杰等[35]采用 HPLC-UVD 法检测牛奶和奶粉中的 ZER、TAL、ZAN、ZON、α-ZOL 和β-ZOL。样品用乙腈提取，IAC 柱净化，HPLC-UVD 检测。色谱柱为 Cloversil-C_{18}（4.6 mm×250 mm），流动相为乙腈-甲醇-水（43+7+50，v/v），流速为 0.80 mL/min，柱温为室温，波长为 265 nm，进样量为 20 μL。牛奶和奶粉中 ZER、TAL、ZAN、ZON、α-ZOL 和β-ZOL 的添加回收率均为 80%～110%，CV 均小

于 12%；牛奶的 LOD 为 2.0 μg/L，奶粉的 LOD 为 0.4 μg/kg。方晓明等[32]建立了 HPLC-UVD 测定鸡肝中 ZER 的方法。样品经 β-葡糖苷酸酶水解，乙醚提取，氢氧化钠抽提，C$_{18}$ 固相萃取柱净化后，用 Zorbax SB-Phenyl 柱（250 mm×416 mm i. d.，5 μm）分离，以乙腈-0.3%三氟乙酸水溶液（40+60，v/v）为流动相，流速为 0.80 mL/min，柱温为室温，进样量为 10 μL，262 nm 波长处检测。方法平均回收率为 72.0%～80.4%，CV 为 8.3%～13.9%，LOQ 为 5 μg/kg。

Koole 等[61]报道了采用 HPLC-DAD 同时测定牛尿中 20 种同化激素（包括二苯乙烯类和 RALs）的分析方法。用 RP-Select B 色谱柱分离，乙腈-水为流动相，梯度洗脱，乙腈比例按照凹形曲线由 43%上升到 76%，各药物获得良好分离。以标准溶液校正的保留时间和 UV 光谱图定性，降低了标准偏差原始值的约 25%。方法 LOD 在 5～10 ng 之间。

2）FLD

FLD 具有较强的选择性和较高的灵敏度，是残留分析中常采用的检测器。DES 等二苯乙烯类需要衍生化才可以用 FLD 检测，文献报道很少；RALs 中只有 ZON、α-ZOL、β-ZOL 可以用 FLD 检测。

Chen 等[62]等采用 4-（4，5-diphenyl-1H-imidazol-2-yl）benzoyl chloride（DIB-Cl）为衍生化试剂，建立了尿液中 DES 的 HPLC-FLD 检测方法。0.5 mL 尿液样品中加入 0.05 mL 浓盐酸，80℃水解 60 min，待室温后加入 200 mL 3 mol/L NaOH 中和，C$_{18}$ 柱净化，3 mL 乙酸乙酯洗脱，40℃水浴中氮气吹干，200 μL 乙酸乙酯复溶，再加入 200 μL 2.5 mmol/L DIB-Cl 乙腈溶液和 3 μL 3 mol/L 三乙胺乙腈溶液于 40℃衍生化 30 min，用 20 μL 1 mol/L hCl 溶液终止反应，取 20 μL hPLC 分析。C$_{18}$ 色谱柱（250 mm×4.6 mm，5 μm）分离，流动相为甲醇-水（96+4，v/v），流速为 1.0 mL/min，采用程序荧光检测：0～8.5 min，激发波长（λ_{ex}）为 200 nm、发射波长（λ_{em}）为 300 nm；8.5～20 min，λ_{ex} 为 350 nm、λ_{em} 为 460 nm。结果，DES 的 LOD 为 0.5 ng/mL，回收率为 78.5%～88.3%，CV 低于 6.4%。

Shin 等[33]建立了 HPLC-FLD 方法检测老鼠血清中的 ZON。血清样品经叔丁基甲基醚提取，HPLC-FLD 分析，以为乙腈-0.1%三乙胺溶液（pH 6，50+50，v/v）为流动相，在 C$_{18}$ 色谱柱（250 mm×4.6 mm i.d.，5 μm）上分离，λ_{ex} 和 λ_{em} 分别为 246 nm 和 460 nm。该方法回收率为 79.3%～96.2%，日内和日间 CV 低于 12.1%，LOQ 为 10 ng/mL。

3）ELSD

ELSD 是一种通用型的检测器，可检测挥发性低于流动相的任何样品，而无需发色基团。ELSD 的响应值与样品的质量成正比，因而能用于测定样品的纯度或者检测未知物。ELSD 灵敏度比示差折光检测器高，对温度变化不敏感，基线稳定，适合于 HPLC 梯度洗脱。

江勇等[63]建立了 HPLC-ELSD 检测肉产品中 DES 等药物的残留分析方法。称取样品 5 g 于具塞三角瓶中，加甲醇 10.0 mL，超声处理 10 min，取上清液离心后用 HPLC-ELSD 分析。经试验确定 HPLC 和 ELSD 的条件：色谱柱 Diamonsil™ C$_{18}$ ODS（250 mm×4.6 mm. i.d.，5 μm），流动相为 5%乙酸和乙腈，梯度洗脱，流速 1.0 mL/min，进样量 10 μL，柱温 30℃；ELSD 增益值为 7，温度 40℃，载气为空气，压力 3.4 bar。按信噪比（S/N）为 3 计算，该方法 DES 的 LOD 为 0.0058 mg/kg，回收率为 85.2%，CV 为 3.18%。

4）ECD

ECD 是测量物质的电信号变化。具有氧化还原性质的化合物，如含硝基、氨基等有机化合物以及无机阴、阳离子等物质，均可采用 ECD 检测。ECD 又包括极谱、库仑、安培和电导检测器等，前三种统称为伏安检测器，用于具有氧化还原性质化合物的检测，而电导检测器主要用于离子检测。

Reuvers 等[24]用 HPLC-ECD 检测动物可食用组织中的 DES 残留。组织样品先用叔丁基甲醚提取，1 mol/L 氢氧化钠再次提取，用 C$_{18}$ 固相萃取柱净化，以甲醇-0.05 mol/L 磷酸缓冲液（pH 3.5）（67+33，v/v）为流动相，在 Nucleosil C$_{18}$ 色谱柱分离，ECD 在+0.90 V 检测。该方法 LOD 为 0.5～2.0 μg/kg，回收率为 66%。万美梅等[64]建立了动物组织中 DES 的 HPLC-ECD 检测方法。色谱柱为 Hypersil ODS C$_{18}$ 柱（5 μm，4.6 mm×250 mm），流动相为乙腈-0.007 mol/L 磷酸二氢铵（48+52，v/v，pH3.5），柱温为 32℃，流速为 1.0 mL/min。ECD 参数设置：模式为前处理（pretreat），工作电位 0.9 V，前处理

控制设为停止，零点控制设为准备，后时间 30 min，前处理循环 8 次，前处理电位 1 为 1.4 V，前处理电位 2 为–0.4 V，前处理时间 1 为 200 ms，前处理时间 2 为 300 ms，前处理时间 3 为 500 ms，峰宽 0.10 min，电极为氧化电极，仪器灵敏度 0.5 μA。DES 浓度在 0.2～100 ng/g 范围内具有良好线性关系，相关系数为 0.9995；各组织不同添加浓度的平均回收率均为 80%，日内 CV 小于 3.60%，日间 CV 小于 3.72%；LOD 为 0.2 ng/g。

（6）气相色谱-质谱法（GC-MS）

目前，单独使用 GC 分离检测非甾类同化激素的方法报道较少，GC 与 MS 检测器联用，具有较宽的应用范围和更高的灵敏度，而且能提供分析物结构信息，是非甾类同化激素残留监控中的确证方法之一。但 GC-MS 在检测时也需要进行衍生化，处理步骤较为繁琐。

丁雅韵等[43]采用 GC-MS 方法检测动物肝脏中残留的 DES 残留。提取液经氮气吹干后，加入 100 μL 乙腈-N-甲基-N-三甲基硅烷三氟乙酰胺（MSTFA）-三甲基氯硅烷（TMCS）（120+80+1，v/v），振荡、密封，60℃水浴衍生 15 min，冷却后 GC-MS 分析。采用 DB-5 mS 石英毛细管色谱柱（30 m× 0.25 mm）分离，载气为高纯 He，恒流 1 mL/min，起始柱温 160℃，保持 1 min 后以 15℃/min 的速率升至 290℃，保持 5 min，进样口温度 250℃，不分流进样，进样量 1 μL；MS 采用电子电离（EI）源，源温 200℃，电子能量 70 eV，检测电压 450 V，选择离子监测（SIM）模式，检测质荷比为 383、397、412 和 413 的 4 种碎片离子。该方法的 LOD 低于 1 μg/kg，不同 DES 添加量的回收率为 81.6%～100.9%，CV 为 8.7%～13.2%。尹怡等[28]建立了 GC-MS 法测定水产品中 DES 残留量。洗脱液于 40℃水浴氮气吹干，加 100 μL 体积比为 99∶1 的 N,O-双-（三甲基硅基）三氟乙酰胺（BSTFA）/TMCS，旋涡混合 30 s，80℃加热 30 min，冷却后用 N$_2$ 吹干，加入 0.5 mL 正己烷，旋涡混合 10 s，GC-MS 检测。色谱条件：载气为氦气，流速为 1.0 mL/min，进样口温度为 250℃，不分流进样，分流出口开启时间 1 min，进样体积 1 μL，柱程序升温分离；质谱条件：离子源温度 230℃，四极杆温度 150℃，接口温度 280℃，溶剂延迟 10 min，检测器关闭时间 29 min，SIM 模式检测。方法回收率大于 80%，LOD 低于 0.5 μg/kg。吴银良等[29]建立了动物组织中 DES、DIS 和 HES 残留量的 GC-MS 分析方法。提取液均分成两份后经氮气吹干，分别用 BSTFA 和七氟丁酸酐（HFBA）衍生，GC-MS 分析，采用 SIM 进行测定，外标法定量。方法的 LOD 为 0.30 μg/kg（DES）、0.10 μg/kg（HES）和 0.15 μg/kg（DIS）；在 0.5～4.0 μg/kg 添加水平，回收率为 73.0%～86.5%，RSD 为 1.0%～7.2%。钟惠英等[65]建立了动物肌肉中 DES、DIS 和 HES 残留量的 GC-MS 测定方法。选用 DB-17MS 毛细管柱，SIM 模式测定，双酚 A-D16 作内标物，内标法定量。3 种检测物的 LOD 均能达到 0.1 μg/kg；在 0.5 μg/kg、2.00 μg/kg、8.00 μg/kg 添加水平，回收率为 73.0%～119%，RSD 为 3.5%～14%；检测物含量在 1.0～80 ng/mL 范围内，其含量与该化合物峰面积和内标物峰面积之比呈良好的线性相关，相关系数为 0.9992～0.9996。Casademont 等[66]开发了同时检测尿液中 12 种同化激素（包括 DES、DIS 和 HES）的 GC-MS 方法。样品用 C$_{18}$ 柱提取，碱性氧化铝和硅胶 SPE 柱净化，用 HFBA 将酮基衍生为烯醇衍生物后，GC-MS 在 SIM 模式下测定，内标法定量。该方法回收率为 72%～110%，CV 为 6%～15%；LOD 为 0.5 ng/mL。

Zhang 等[37]建立了 GC-MS 方法检测牛肌肉中的 ZER、TAL、ZAN 和α-ZOL 残留。牛肉经匀质后，甲醇提取，冷冻去脂，提取液过 IAC 柱，甲醇洗脱，N$_2$ 吹干，BSTFA 衍生化，最后用 GC-MS 检测。载气：氦气；反应气：甲烷；进样口温度：250℃；检测器温度：280℃；柱温：初始温度：120℃，保持 0 min，30℃/min 程序化升温至 280℃，保持 9 min；恒压；无分流模式；进样体积为 2.0 μL；离子源：EI；离子源温度：230℃；四极杆温度：150℃；传输线温度为 280℃；电子能量：70 eV；选择 m/z 433 作为 ZER 和 TAL 的定量离子，ZAN 为 m/z 449，α-ZOL 为 m/z 446，采用外标定量法。方法线性范围为 0.4～20.0 μg/L，LOD 为 0.5 μg/kg；在 1.0～5.0 μg/kg 添加范围内，方法回收率为 79.6%～110.7%，CV 为 3.2%～11.4%。Matraszek-Zuchowska 等[67]报道了采用 GC-MS 测定牛肉中 ZER、TAL、α-ZOL、β-ZOL 和 ZAN 残留量的方法。用乙醚两次 LLE 提取，SPE 净化，MSTFA-碘化铵-二硫苏糖醇（1000+2+5，v/v）衍生后，GC-MS 在 EI+模式下分析。在 1 μg/kg 添加水平，回收率在 83.7%～94.5% 之间，CV 小于<25%；方法 CC$_α$ 在 0.58～0.82 μg/kg 之间，CC$_β$ 在 0.64～0.94 μg/kg 之间。Blokland

等[68]开发了肉和尿液中 6 种 RALs 的 GC-MS 分析方法。采用负化学源电离（NCI），尿液中 6 种化合物的 CC_α 在 0.06～0.35 μg/L 之间，CC_β 在 0.11～0.60 μg/L 之间；实验室内重现性小于 54.2%。

（7）液相色谱-质谱法（LC-MS）

LC-MS 已经大量应用于非甾类同化激素的残留分析，是目前最灵敏的分析检测手段，还可以提供化合物结构信息，不用衍生化，只是仪器设备昂贵，限制了应用范围。

朱勇等[69]建立了同时测定牛奶中 DES 等药物残留量的超高效液相色谱-串联质谱（UPLC-MS/MS）分析方法。牛奶样品直接经 HLB 小柱净化，水和正己烷淋洗，乙酸乙酯洗脱后进行分析。采用 Acquity UPLC® BEH C_{18} 色谱柱（50 mm×2.1 mm，1.7 μm）进行分离，以乙酸铵溶液（5 mmol/L）-乙腈作为流动相进行梯度洗脱，多反应监测（MRM）方式测定，同位素稀释内标法定量。DES 在牛奶样品中的 LOD 为 0.04 ng/g；在 0.50～1.0 ng/g 加标水平下的回收率为 94%～107%，RSD 均小于 10%。Chen 等[70]也建立了牛奶中 DES 的同位素稀释 UPLC-MS/MS 测定方法。样品直接用 HLB 柱提取净化，洗脱液 N2 吹干后用流动相溶解，进 UPLC-MS/MS 分析。Acquity UPLC BEH C_{18} 柱分离，DES-D^8 为内标定量。整个分析时间约为 50 min，技术指标满足欧盟要求。Yang 等[18]利用 LC-电喷雾（ESI）-MS/MS 检测肌肉、牛奶和肝脏中的 50 种同化激素（包括 DIS、HES 和 DES）。样品经酶水解（芳基硫酸酯酶/葡糖醛酸糖苷酶，37℃过夜），甲醇提取，GCB 和 NH_2 固相萃取柱净化，LC-ESI-MS/MS 检测。方法 LOQ 为 0.04～2.0 μg/kg，平均回收率为 76.9%～121.3%，CV 为 2.4%～21.2%。Lohne 等[41]采用 LC-MS/MS 测定鱼肉中的 DES、DIS 和 HES。样品用乙腈提取，硅胶 SPE 柱净化，LC-MS/MS 检测。采用反相 C_8 柱分离，ESI⁻电离源。DIS、DES 和 HES 的平均回收率分别为 119%、99% 和 104%，RSD 分别为 18%、11% 和 15%；LOD 低于 0.21 ng/g，LOQ 在 0.18～0.65 ng/g 之间。

彭涛等[2]建立了 LC-MS/MS 方法检测动物肝脏中的 TAL、α-ZOL、β-ZOL、ZER、ZAN 和 ZON。肝脏样品经酶水解，乙醚提取，HLB 固相萃取柱净化，LC-MS/MS 检测。LC 条件：色谱柱为 C_{18} 液相色谱柱（50 mm×2.0 mm i.d.，2 μm），柱温 40℃，流速 0.2 mL/min，进样量 10 μL，流动相为乙腈-水，梯度洗脱；质谱条件：电离方式为 ESI⁻，毛细管电压为 3.0 kV，源温度为 120℃，去溶剂温度为 350℃，锥孔气流为氮气（100 L/h），去溶剂气流为氮气（600 L/h），碰撞气压为氩气（2.60×10⁻⁴ Pa），MRM 检测。在添加浓度 1～4 μg/kg 范围内，方法回收率在 70%～90% 之间，RSD 小于 20%；6 种 RALs 的 CC_α 在 0.17～0.31 μg/kg 之间，CC_β 在 0.26～0.42 μg/kg 之间。Xia 等[34]建立了 UPLC-ESI-MS/MS 方法检测牛奶中的 ZER、TAL、ZAN、ZON、α-ZOL 和β-ZOL 残留。用乙腈提取，MAX 柱净化，UPLC-MS/MS 分析。LC 条件：采用 C_{18} 色谱柱（50 mm×2.1 mm i.d.，1.7 μm），柱温 30℃，流动相为水-乙腈，梯度洗脱，流速为 0.3 mL/min，进样量为 10 μL；质谱条件：电离方式为 ESI⁻，毛细管电压为 2.8 kV，源温度为 110℃，去溶剂温度为 350℃，锥孔气流为氮气（30 L/h），去溶剂气流为氮气（600 L/h），碰撞气压为氩气（3.2×10⁻³ mbar），MRM 检测。方法平均回收率为 92.6%～112.5%，CV 低于 11.4%，方法的 LOD 和 LOQ 分别为 0.01～0.05 μg/L 和 0.05～0.2 μg/L。Kaklamanos 等[71]介绍了用 LC-MS/MS 测定牛血清中 12 种合成类固醇药物（包括 ZER 和 TAL）残留的方法。蛋白质沉淀后，血清样品由 HLB 柱和 NH_2 柱萃取净化。大气压化学电离（APCI）的正和负电离模式下进行了多反应监测（MRM），每个母离子包含两个或（在大多数情况下）三个产物离子。该方法 CC_α 范围为 0.01～0.07 ng/mL 和 CC_β 介于 0.02～0.12 ng/mL 之间；回收率为 70.2%～118.2%。

Kathrin 等[21]建立了 LC-MS/MS 方法同时检测牛尿液中二苯乙烯类化合物（DES、DIS、HES）和 RALs（ZER、TAL、α-ZOL、β-ZOL 和 ZON）。尿液样品用酶水解，乙醚提取，SPE 净化，LC-MS/MS 分析。LC 条件：色谱柱为 C_{18}（150 mm×2 mm，5 μm）和一个 C_{18} 保护柱（4 mm×2 mm），流动相为水和甲醇-乙腈（50+50，v/v），梯度洗脱，流速为 550 μL/min，柱温 40℃，自动进样器温度为 10℃，进样量 20 μL；质谱条件：电离方式为 ESI⁻，源温度 450℃，喷雾电压为 -4500 V，氮气为雾化气（40 psi）、气帘气（20 psi）和碰撞气（5 psi），MRM 检测。方法检测二苯乙烯类化合物和 RALs 的 LOD 分别低于 1 μg/L 和 1.5 μg/L，回收率分别为 99.2%～106.0% 和 99.4%～107.9%。Han 等[72]报道了采用同位素稀释-LC-MS 方法测定猪肉、鸡肉和牛肉中的 ZER、TAL 和 DES。样品经酶解、提取和 SPE 净化后，用 LC-MS 测定。在 0.05～15 μg/kg 添加范围，方法相对扩展不确定度在 2%～15% 之间。

（8）免疫分析法（immunoassay，IA）

免疫分析方法以抗原抗体的特异性反应为基础，以高特异性、高灵敏度著称，可使分析过程简化，适用于复杂基质中痕量组分的分析。主要有化学发光酶免疫法（CLEIA）、放射免疫法（RIA）、放射受体分析法（RRA）、酶联免疫吸附法（ELISA）、时间分辨荧光免疫（TRFIA）和免疫传感器等。

1）化学发光酶免疫法（chemiluminescence enzyme immunoassay，CLEIA）

CLEIA 是用参与某一化学发光反应的酶如辣根过氧化物酶（horseradish peroxidase，HRP）或碱性磷酸酶（alkaline phosphate，ALP）来标记抗原或抗体，在与待测样品中相应的抗原（抗体）发生反应后，形成固相包被抗体-待测抗原-酶标记抗体复合物，经洗涤后，加入底物（发光剂），酶催化和分解底物发光，由光量子阅读系统接收，光电倍增管将光信号转变为电信号并加以放大，再把他们传送至计算机数据处理系统，计算出待测物的浓度。

Zhu 等[73]建立了牛奶和尿液中 ZER 的 CLEIA 检测方法。5 mL 样品中加入 15 μL β-葡糖苷酸酶/芳基硫酸酯酶于 37℃ 酶解 16 h，匀浆 3 min，加入 10 mL 乙腈，3500 r/min 离心 10 min，上清液于 40℃ 水浴中氮气吹干，10 mL 纯水复溶，MAX SPE 柱净化，4 mL 甲酸-甲醇溶液（5+95，v/v）洗脱，40℃ 水浴中氮气吹干，1 mL 磷酸缓冲液复溶。在微量板中加入 100 μL ZER-鸡卵清白蛋白（OVA）碳酸盐缓冲液（1∶5000），4℃ 包被 16 h，洗涤 3 次，37℃ 封闭 1 h（150 μL 每孔），洗涤 3 次，加入 50 μL 抗 ZER 抗体（1∶8000000），37℃ 封闭 30 min，洗涤 5 次，加入 100 μL 化学发光底物液，酶标仪检测。方法的 LOD 为 50 ng/L，回收率为 84.7%～123.6%。Jiang 等[74]开发了牛组织中 ZER 及其代谢物的 CLEIA 检测方法。模拟分析物半抗原与小牛血清蛋白（BSA）结合，免疫获得单克隆抗体，该抗体对 ZAN 具有很高的交叉反应性。该方法的 LOD 为 0.05 μg/kg；回收率超过 75%，CV 小于 15%。

2）放射免疫分析法（radioimmunoassay，RIA）

RIA 是利用同位素标记的与未标记的抗原同抗体发生竞争性抑制反应，反应后分离并测量放射性而求得未标记抗原的量。自 20 世纪 70 年代被首次用于检测动物尿液中 DES 残留以来，RIA 被广泛地用于动物肌肉肝脏、尿液、牛奶中 DES 残留检测及 DES 在动物组织中代谢规律的研究上。

van Peteghem 等[26]用 RIA 测定肉中 DES 残留。样品经酶水解，乙醚提取，过 SPE 柱净化后，RIA 测定。LOD 达 0.07 ng/g，回收率为 64%～115%。O'keeffe 等[75]取小母牛颈部肌肉进行 RIA 分析检测 DES。样品粗提物经 C_{18} 柱纯化，DES 的 LOD 可达 40 pg/g。Gaspar 等[76]用反相 C_{18} 柱抽提和纯化尿液，对 22 份未经添加 DES 的动物尿液和 76 份已知不同添加浓度的动物尿液进行 RIA 分析。未经处理的样品 DES 测量值平均为 0.07 ng/mL；添加值 1 ng/mL 时，添加样本所测值与实际值相关系数为 0.982。Stitch 等[77]认为尿液中存在一种与 DES 结构相似的酚类化合物，这被作为尿液检测中假阳性出现比较高的一种解释。RIA 与其他技术联合，如 HPLC-RIA、Celite-RIA 可以有效地去除样品中杂质对 DES 检测的干扰、富集待测 DES、提高检测灵敏度。

3）放射受体分析法（radio receptor assay，RRA）

RRA 是以受体蛋白作为特异性联结剂，测定待测物（配体）的一种竞争性放射分析法。受体是细胞内的一种蛋白质，它能与配体特异结合，且有高度亲和力。它与 RIA 的分析原理基本相似，不同的是，RIA 法是通过抗体与分析物结合，而 RRA 是通过受体与分析物结合。Arts 等[78]用 RRA 法测定小牛尿液中 DES，LOD 可达 0.6 ng/mL。他们给小牛注射 50 mg DES，然后用 RRA 法测定尿液，发现在用 DES 处理后第 9 天仍然可以在尿液中检测出，与同时用 ELISA 检测的结果近似。

4）酶联免疫分析法（enzyme-link immunosorbent assay，ELISA）

ELISA 是采用抗原与抗体的特异反应将待测物与酶连接，然后通过酶与底物产生颜色反应，用于定量测定，灵敏度高，操作安全，不需要昂贵的仪器，可以满足大批量快速测定的需求。

Goldstein 等[79]用 ELISA 测定动物组织、细胞、亚细胞中 DES 含量，检测灵敏度是 10 ng/mL，与同时用 RIA 测定的结果相近。Sawaya 等[80]对绵羊尿液和鸡肉做添加试验，尿液的添加值为 0.5～5 ng/mL，用乙酸钠缓冲液稀释尿液，再经 C_{18} 柱纯化，ELISA 法测得绵羊尿液中 DES 的回收率为 90%～

106%；鸡肉的添加值为 0.2～1.5 ng/mL，样本经叔丁基甲基醚反复抽提，C_{18} 柱纯化，测得鸡肉中 DES 的回收率为 49%～68%。Li 等[27]建立了鸡和虾组织中 DES 的 ELISA 检测方法。鸡和虾组织经乙腈-丙酮溶液（4+1，v/v）提取，三氯甲烷脱脂，ELISA 检测。该方法的 LOD 为 600 pg/mL，回收率大于 79.5%，日内、日间 CV 低于 6%。

王鹤佳等[81]建立了牛尿中 ZER 残留的 ELISA 检测方法。牛尿样品 6000 r/min 离心 10 min，上清液过 0.45 μm 滤膜，取 0.5 mL，加入 3 mL 50 mmol/L 醋酸钠缓冲液（pH 4.8）；加入 8 μL β-葡糖醛酸酶/芳基酯酶，37℃孵育 3 h，C_{18} 柱净化，用 3 mL 甲醇和 2 mL 50 mmol/L 醋酸钠缓冲液（pH 4.8）分别平衡 C_{18} 柱，加入 0.5 mL 样品，2 mL 50 mmol/L 醋酸钠缓冲液（pH 4.8）和 3 mL 40%甲醇洗涤 C_{18} 柱，正压吹干，1 mL 80%甲醇洗脱，氮气吹干，用 0.5 mL 稀释液溶解残留物，取 50 μL 用于 ELISA 检测。方法的 LOD 为 0.6 ng/mL，50%抑制浓度（IC_{50}）为 3.0 ng/mL；以 10 ng/mL、21 ng/mL 和 35 ng/mL 浓度添加空白牛尿，回收率在 70.0%～116.0%之间，CV 在 6.0%～15.9%之间。贺艳等[82]建立了 ELISA 法检测牛肉中 ZER 残留，在 1 g 牛肉样品中加入 2 mL 去离子水和 8 μL 葡糖苷酸酶/芳基硫酸酯酶，37℃水浴酶解 2 h，8 mL 乙腈振荡 10 min，3000 g 以上离心 5 min，取上清 5 mL 加入 2 mL 三氯甲烷和 6 mL 正己烷，涡动振荡 10 min，3000 g 以上离心 5 min，去除上层正己烷，取中间层吹干后复溶，ELISA 分析。方法的 LOD 为 1.0 μg/kg，添加回收率在 72.4%～98.6%之间。Ana 等[83]采用 ELISA 方法筛查牛尿中的 ZON。分析了 50 份样品，除了 4 周岁小牛样本外，均为阳性，最大浓度为 241.1 ng/mL。

5）时间分辨荧光免疫分析法（time-resolved fluoroimmunoassay，TRFIA）

TRFIA 是一种非同位素免疫分析技术，它用镧系元素标记抗原或抗体，根据镧系元素螯合物的发光特点，用时间分辨技术测量荧光，同时检测波长和时间两个参数进行信号分辨，通过时间延迟，去除非特异性荧光干扰，在固定时间检测特异性荧光，解决了自然背景干扰问题，极大地提高了分析灵敏度。Du 等[84]利用生物素-链亲和素放大系统建立了 DES 的 TRFIA 分析方法。铕（Eu）标记的抗生蛋白链菌素衍生物与铕和二亚乙基三胺五乙酸酸酐偶联作为标记抗生蛋白链菌素，与生物素结合的羊抗鼠 IgG 作为免疫测定中铕标记的抗生蛋白链菌素与抗 DES 抗体之间的电桥，通过测定 Eu^{3+} 水杨酸（SA）在 615 nm 荧光强度定量测定 DES。该方法的线性范围广（0.001～1000.0 ng/mL），检测血清中 DES 的 LOD 为 0.81 pg/mL，回收率为 97.4%～107.8%，CV 为 1.32%-4.04%。

6）免疫传感器（immunosensor，IS）

免疫传感器法是将高灵敏的传感技术与特异性免疫反应结合起来，用以监测抗原抗体反应的生物传感器，具备了免疫分析的高选择性又兼有电化学分析的高灵敏性，易于实现残留检测仪器的便携化、微型化和自动化，具有快速、灵敏、选择性高、操作简便等特点。

Liu 等[85]建立了基于中空二氧化硅-纳米金-多壁碳纳米管（MSN-GNPs-MWCNTs）复合材料和辣根过氧化物酶-抗体-普鲁士蓝-多壁碳纳米管（HRP-Ab-GNPs-PB-MWCNTs）检测牛奶中 DES 的电化学免疫传感器法。MSN-GNPs-MWCNTs 复合材料作为固定基质可以增强电极的电活性和稳定性，HRP-Ab-GNPs-PB-MWCNTs 作为标记物用来改进电极的催化活性。方法的 LOD 为 0.12 ng/mL，回收率为 92%～107%。王传现等[86]建立了电化学免疫传感器法检测动物组织和奶粉样品中的 DES。将纳米金（AuNP）修饰在电极上，然后将石墨烯（Gr）-壳聚糖（CS）复合物饰于玻碳电极表面，通过循环伏安法对修饰的电极进行表征。以[Fe（CN）$_6$]$^{3-/4-}$为氧化-还原探针，基于 DES 抗原抗体反应引起 [Fe（CN）$_6$]$^{3-/4-}$探针的电流响应的变化，来实现对 DES 的检测。DES 的质量浓度在 0.5～1500.0 ng/mL 范围，与峰电流呈良好的线性关系，相关系数为 0.985，LOD 为 0.1 ng/mL。检测猪肉、牛肉、鸭肉和奶粉中 DES 的回收率分别为 71.2%～117.7%、80.5%～110.1%、80.8%～117.8%和 72.3%～117.2%。

Feng 等[87]采用纳米多孔 PtCo 合金作为抗体的载体制备免疫传感器，将 ZER 抗体偶联到玻碳电极，结果发现无酶的米多孔 PtCo 合金免疫传感器对抗原抗体反应具有极强的点催化活性，检测牛尿中的 ZER 的检测限为 13 pg/mL。Feng 等[88]又将纳米蒙脱石转化为钠蒙脱石（Na-Mont），用于硫堇（TH）、辣根过氧化物酶（HRP）和次级抗 ZER 抗体（Ab2）的固化。修饰后的微粒（Na-Mont-TH-HRP- Ab2）被用作免疫传感器检测 ZER 的标记物。采用固定有一级抗体（Ab1），表面用玻碳电极（GCE）修饰的纳米多孔金膜（NPG）制备免疫传感器。在 0.01～12 ng/mL 浓度范围，ZER 的相关系数 r 为 0.9996；LOD 为 3 pg/mL。

9.2　公　定　方　法

9.2.1　牛猪肝肾和肌肉组织中玉米赤霉醇、玉米赤霉酮、己烯雌酚、己烷雌酚、双烯雌酚残留量的测定　液相色谱-串联质谱法[89]

9.2.1.1　适用范围

牛猪肝肾和肌肉组织中玉米赤霉醇、玉米赤霉酮、己烯雌酚、己烷雌酚、双烯雌酚残留量的液相色谱-串联质谱测定。方法检出限：牛猪肝肾和肌肉组织中玉米赤霉醇、玉米赤霉酮和己烷雌酚为 0.5 μg/kg；己烯雌酚和双烯雌酚为 1.0 μg/kg。

9.2.1.2　方法原理

试样中玉米赤霉醇、玉米赤霉酮、己烯雌酚、己烷雌酚、双烯雌酚残留，用叔丁基甲基醚和乙酸盐缓冲溶液加酶解剂分别提取，硅胶固相萃取柱净化后浓缩，用液相色谱-串联质谱仪测定，保留时间和离子丰度比定性，内标法定量。

9.2.1.3　试剂和材料

甲醇、乙腈、乙酸乙酯、正己烷、二氯甲烷、叔丁基甲基醚：色谱纯；乙酸、乙酸钠（CH₃COONa·3H₂O）：优级纯。

乙酸盐缓冲溶液：0.2 mol/L，pH=5.2。称取 2.72 g 乙酸和 12.95 g 乙酸钠溶解于 800 mL 水中，用氢氧化钠溶液调节 pH 至 5.2±0.1，加水定容至 1000 mL。

氢氧化钠：优级纯；氢氧化钠溶液：3 mol/L。称取 120 g 氢氧化钠溶于 1000 mL 去离子水中；

溶解液：正己烷+二氯甲烷（60+40，v/v）。量取 60 mL 正己烷与 40 mL 二氯甲烷混合。

淋洗液：乙酸乙酯+正己烷（6+94，v/v）。量取 6 mL 乙酸乙酯与 94 mL 正己烷混合。

洗脱液：乙酸乙酯-正己烷（60+40，v/v）。量取 60mL 乙酸乙酯与 40 mL 正己烷混合。

β-葡糖苷酸酶：H-2 型，含 β-葡糖苷酸酶 124400 units/mL，硫酸酯酶 3610 units/mL。

激素及代谢物标准物质：玉米赤霉醇（包括 α-玉米赤霉醇和 β-玉米赤霉醇，各 50%）、玉米赤霉酮：纯度≥97%；己烯雌酚，纯度≥99%；己烷雌酚、双烯雌酚：纯度≥98%。

激素及代谢物标准溶液：分别准确称取适量的玉米赤霉醇、玉米赤霉酮、己烯雌酚、双烯雌酚和己烷雌酚标准物质，用甲醇配制成 1.0 mg/mL 标准储备溶液。再根据需要以甲醇配制成不同浓度的混合标准溶液作为标准工作溶液，保存于 4℃冰箱中，可使用 3 个月。

内标标准物质：氘代玉米赤霉醇（包括 α-玉米赤霉醇-4 氘代和 β-玉米赤霉醇-4 氘代，各 50%），纯度≥99%；己烯雌酚-8 氘代，纯度≥98%。

内标标准溶液：准确称取适量玉米赤霉醇-4 氘代和己烯雌酚-8 氘代标准物质，用甲醇分别配制成 1.0 mg/mL 内标标准储备溶液。再以甲醇稀释成与 5 ng/mL 玉米赤霉醇和己烯雌酚峰面积或峰高相当浓度的混合内标标准工作溶液，保存于 4℃冰箱中，可使用 3 个月。

硅胶固相萃取柱：500 mg，3 mL。使用前用 6 mL 正己烷分两次预洗硅胶柱，流速均为 4 mL/min。

9.2.1.4　仪器和设备

液相色谱-串联质谱联用仪：配有大气压化学电离源；分析天平：感量 0.1 mg 和 0.01 g；自动固相萃取仪或固相萃取装置；高速均质器：转速大于 10000 r/min；氮气浓缩仪；涡旋振荡器；离心机：转速大于 3000 r/min；pH 计：测量精度±0.2 pH 单位；具塞试管：25 mL，50 mL；微量注射器：25 μL，100 μL。

9.2.1.5　样品前处理

（1）样品制备

取有代表性样品 500 g，绞碎后搅拌均匀，制成实验室样品。试样分为两份，置于样品盒中，密封，并做上标记。制备好的试样置于−18℃冰柜保存。

（2）试样称取

称取 5 个阴性样品，每个样品为 5 g（精确到 0.01 g），置于 50 mL 离心管中，分别加入不同量混合标准工作溶液，使玉米赤霉醇、玉米赤霉酮和己烷雌酚的浓度为 1.25 ng/mL、2.5 ng/mL、5.0 ng/mL、12.5 ng/mL、25 ng/mL；己烯雌酚和双烯雌酚的浓度为 2.5 ng/mL、5.0 ng/mL、10 ng/mL、25 ng/mL、50 ng/mL。再分别加入适量内标标准工作溶液，使内标物浓度均为 10 ng/mL。

（3）提取

加入 20 mL 叔丁基甲基醚，在 10000 r/min 转速下高速均质 1 min。3000 r/min 离心 5 min，将上清液全部转移至另一 50 mL 具塞试管中备用。离心管中的残渣置于通风橱中挥发 30 min，加入 15 mL 乙酸盐缓冲液，高速均质 1 min，3000 r/min 离心 5 min，将上清液全部转移至另一 25 mL 具塞试管中，并在氮气浓缩仪上于 40℃ 水浴中吹去残余叔丁基甲基醚后，加入 80 μL β-葡糖苷酸酶混匀，于 52℃ 烘箱中放置过夜。在此缓冲溶液中加入氢氧化钠溶液将溶液 pH 值调至 7，加入 10 mL 叔丁基甲基醚，充分混合，3000 r/min 离心 2 min。移取叔丁基甲基醚层与前述的叔丁基甲基醚提取液混合，在氮气浓缩仪上于 40℃ 水浴中吹干。加入 1 mL 溶解液，涡旋 30 s 溶解，待净化。

（4）净化

把样液转入硅胶固相萃取柱，流速为 2 mL/min，在样品试管中加入 3 mL 淋洗液，混合后过柱，流速为 2 mL/min，用 3 mL 淋洗液以 3 mL/min 的速度淋洗，加入 2 mL 空气以 4 mL/min 的速度吹过硅胶柱。用 6 mL 洗脱液洗脱，流速为 2 mL/min，加入 2 mL 空气以 6 mL/min 的速度吹过硅胶柱，收集洗脱液。将洗脱液在氮气浓缩仪上于 40℃ 水浴中吹干，加入 1 mL 流动相，涡旋 30 s 溶解。溶液经滤膜过滤后，供液相色谱-串联质谱测定。

（5）试样溶液的制备

称取待测样品 5 g（精确到 0.01 g）于 50 mL 离心管中，加入内标标准工作溶液，使内标物含量均为 2.0 μg/kg，按上述步骤操作。

（6）空白基质溶液的制备

称取阴性样品 5 g（精确到 0.01 g）于 50 mL 棕色离心管中，按上述步骤操作。

9.2.1.6　测定

（1）液相色谱条件

色谱柱：ZORBAX Eclipse SB-C$_8$，3.5 μm，150 mm×4.6 mm，或相当者；柱温：25℃；流动相：乙腈-水（70+30，v/v）；流速：1.0 mL/min；进样量：50 μL。

（2）质谱条件

离子化方式：大气压化学电离；扫描方式：负离子扫描；检测方式：多反应监测（MRM）；离子源温度：325℃；雾化气压力：10 psi；气帘气压力：15 psi；辅助气 1 压力：35 psi；喷雾器电流：–5 μA；电喷雾电压：–4500 V；定性离子对、定量离子对、碰撞能量和去簇电压见表 9-4。

表 9-4　5 种激素及代谢物的定性离子对、定量离子对、碰撞能量和去簇电压

化合物	定性离子对（m/z）	定量离子对（m/z）	碰撞气能量/V	去簇电压/V
玉米赤霉醇	321.1/277.2	321.1/277.2	–35	–100
	321.1/303.2		–35	–100
玉米赤霉酮	319.3/205.1	319.3/205.1	–42	–126
	319.3/160.9		–34	–126
玉米赤霉醇-4 氘代	325.1/208.9	325.1/263.1	–36	–100
	325.1/263.1		–38	–100
己烯雌酚	267.0/222.1	267.0/222.1	–40	–90
	267.0/237.1		–40	–90
双烯雌酚	265.0/221.1	265.0/235.1	–35	–90
	265.0/235.1		–32	–90

化合物	定性离子对（m/z）	定量离子对（m/z）	碰撞气能量/V	去簇电压/V
己烷雌酚	269.0/119.0	269.0/134.0	−22	−75
	269.0/134.0		−46	−75
己烯雌酚-8 氘代	275.1/227.9	275.1/245.0	−40	−73
	275.1/245.0		−40	−74

（3）定性测定

每种被测组分选择 1 个母离子，2 个以上子离子，在相同实验条件下，样品中待测物质和内标物的保留时间之比，也就是相对保留时间，与混合基质标准校准溶液中对应的相对保留时间偏差在±2.5%之内；样品谱图中各组分定性离子的相对丰度与浓度接近的混合基质标准校准溶液谱图中对应的定性离子的相对丰度进行比较，偏差不超过表 1-5 规定的范围，则可判定为样品中存在对应的待测物。

（4）定量测定

在仪器最佳工作条件下，基质混合标准工作溶液分别进样，以工作溶液浓度为横坐标，峰面积为纵坐标，绘制标准工作曲线。采用内标法进行定量测定。样品溶液中玉米赤霉醇、己烯雌酚、己烷雌酚和双烯雌酚激素的响应值应在工作曲线范围内。在上述色谱条件和质谱条件下，标准物质液相色谱-串联质谱的多反应监测（MRM）色谱图见 9-2。

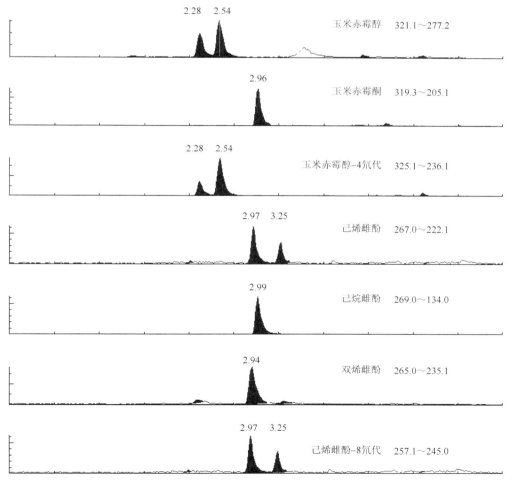

图 9-2　玉米赤霉醇、玉米赤霉酮、己烯雌酚、己烷雌酚、双烯雌酚标准物质及玉米赤霉醇-4 氘代、己烯雌酚-8 氘代
内标物的多反应监测（MRM）色谱图

9.2.1.7　分析条件的选择

（1）被测物的提取

本方法试验了用乙酸乙酯和叔丁基甲基醚（MTBE）进行提取，其结果见表 9-5。由表 9-5 可见，乙醚和 MTBE 提取玉米赤霉醇和玉米赤霉酮的效率相当，而对于二苯乙烯类激素则 MTBE 作为提取溶剂回收率较好，因而最终选取 MTBE 作为提取溶剂。

表 9-5　不同溶剂提取对回收率的影响

提取溶剂	化合物	回收率/%
甲醇，乙醚	ZER&TAL	78
	ZEAR	76
	DES	32
	HEX	34
	DEN	24
乙酸乙酯	ZER&TAL	50
	ZEAR	48
	DES	43
	HEX	55
	DEN	46
MTBE	ZER&TAL	80
	ZEAR	82
	DES	81
	HEX	75
	DEN	72

动物源性样品中玉米赤霉醇和二苯乙烯类激素以两种形式存在，即游离态和与蛋白结合态，加入β-葡糖苷酸酶可使结合态的玉米赤霉醇和二苯乙烯类激素水解成游离态。本实验在基质中添加结合了单葡萄糖醛酸的己烯雌酚标准物质，模拟比较酶解前后己烯雌酚的回收率，结果表明酶解后回收率提高 30% 以上，因而在实际样品测定中酶解是必不可少的步骤。本方法采用两步提取：先用 MTBE 提取样品中游离态的组分，转移出 MTBE 后，将样品残渣中残余 MTBE 除净，将乙酸盐缓冲液中加入残渣后，加入酶解剂水解，中和后用 MTBE 抽提，这样可保证游离态的和与蛋白结合态的玉米赤霉醇和二苯乙烯类激素都能有效提取。

（2）固相萃取净化

LC-MS/MS 具有较高的检测灵敏度，但复杂的基质背景会抑制目标化合物的离子化效率，大大降低被测组分的检测灵敏度，而且样品净化程度对结果重现性也有很大的影响。本方法采用硅胶柱进行 SPE 净化处理，比较了不同牌号的硅胶柱，发现美国 J. T. Baker 公司 Bakerbond SPE Sillica Gel（SiOH）Column（500 mg）回收率相对较高，因而最终选择用 Bakerbond SPE 硅胶柱。

本方法检测的 5 种类雌激素及代谢物要求限量低，基质复杂，因此考虑应用自动固相萃取仪（ASPE）减少人为因素误差，提高重现性。对淋洗液比例、洗脱液比例、洗脱液用量各项参数进行优化，结果见表 9-6 至表 9-8。

表 9-6　淋洗液比例对回收率的影响（淋洗液用量 6 mL）

淋洗液比例（乙酸乙酯：正己烷）	回收率/%				
	ZER+TAL	ZEAR	DES	DEN	HEX
0：100	0	0	0	0	0
2：98	0	0	0	0	0
4：96	0	0	0	0	0

续表

淋洗液比例（乙酸乙酯：正己烷）	回收率/%				
	ZER+TAL	ZEAR	DES	DEN	HEX
6：94	0	0	0	0	0
10：90	0	0	24.6	25.1	23.7

表 9-7　洗脱液比例对回收率的影响（先用乙酸乙酯-正己烷[6+94]淋洗，再行洗脱）

洗脱液比例（乙酸乙酯：正己烷）	回收率/%				
	ZER+TAL	ZEAR	DES	DEN	HEX
20：80	0	0	27.2	26.80	27.5
40：60	46.8	49.3	85.3	86.0	85.9
60：40	89.5	90.0	86.2	85.9	86.4
80：20	90.1	89.8	86.9	86.2	86.1

表 9-8　洗脱液用量对回收率的影响（分三次洗脱，每次用量 3 mL）

洗脱液用量/mL	回收率/%				
	ZER+TAL	ZEAR	DES	DEN	HEX
0～3	20.2	20.5	34.3	35.0	35.6
4～6	70.0	69.1	49.9	50.4	50.1
7～9	0	0	0	0	0

实验检测的目标物为两类，玉米赤霉醇及代谢物和二苯乙烯类激素。两类物质性质上存在差别，因而在确定最终实验条件时需兼顾两类物质。由表 9-7 可见，淋洗液比例只能选用乙酸乙酯-正己烷（6+94，v/v），6 mL。由表 9-8 实验结果得出，应用乙酸乙酯-正己烷（60+40，v/v）洗脱液可得到全部目标物较高的回收率。由表 9-9 实验结果得出，应用 6 mL 洗脱液能将待测物洗脱约 90%，再增加洗脱液用量回收率没有明显提高，但吹干时间将延长。最终确定了本实验淋洗液比例、洗脱液比例、洗脱液用量各项参数。

（3）质谱条件的优化

采用注射泵直接进样方式，以 5 μL/min 将玉米赤霉醇、玉米赤霉酮、己烯雌酚、己烷雌酚和双烯雌酚的标准溶液分别注入串联质谱的离子源中。一级质谱分析（Q1，母离子扫描）比较了电喷雾电离（ESI）的正方式和负方式，5 种被测物均在负方式条件下得到了较高的响应值，确定了准分子离子峰[M—1]，优化了去簇电压（DP）。对被测物的准分子离子碰撞后，进行二级质谱分析（MS2，子离子扫描），得到子离子质谱图，见图 9-3。

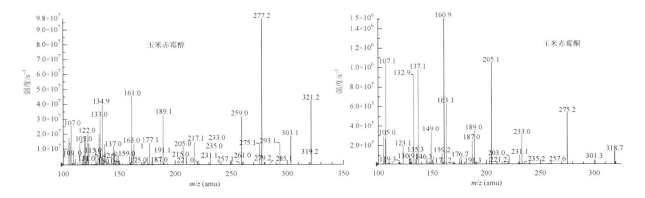

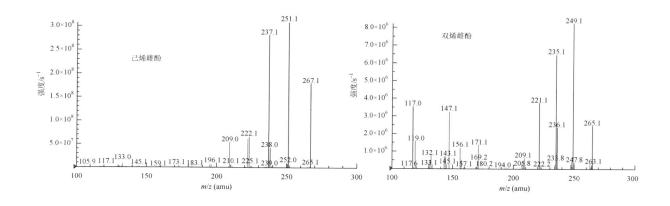

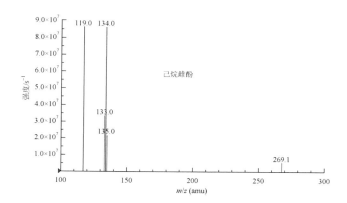

图 9-3   五种化合物二级质谱图

对每种被测物选定的子离子进行碰撞气能量（CE）的优化。在连接了液相色谱仪后，尝试采用大气压化学电离（APCI）负方式进行测定，发现 APCI（－）电离方式检测灵敏度更高些。通过对 APCI（－）条件下离子源温度、雾化气压力、气帘气压力、辅助气 1 压力、喷雾器电流等参数优化，确定了本方法最终分析参数。以优化后本方法提供的参数对被测物进行检测，玉米赤霉醇、玉米赤霉酮和己烷雌酚的方法最低检出限可达 0.25 μg/kg，己烯雌酚和双烯雌酚的方法检出限为 0.5 μg/kg，可满足日常检测和残留监控要求。

（4）HPLC 条件的优化

本方法先后试用了 Waters 公司、Agilent 公司、Merck 公司等多个品牌的 C$_{18}$ 和 C$_{8}$ 柱，经比较 Agilent 公司的 ZORBAX SB C$_{8}$（150 mm×4.6 mm，3.5 μm）对玉米赤霉醇和二苯乙烯类激素的分析柱效更好一些。

采用 APCI 电离时，乙腈为首选流动相，流速 1 mL/min。在此前提下试验了不同流动相比例和梯度程序。由于流速较高，乙腈比例不宜低，最终选定乙腈-水＝70+30。对比了不同梯度洗脱程序的分离结果，没有明显改善，因而选定了固定比例流动相。

9.2.1.8   线性范围和检测低限

配制玉米赤霉醇、玉米赤霉酮和己烷雌酚的标准浓度分别为 1.25 ng/mL、2.5 ng/mL、12.5 ng/mL、25 ng/mL，己烯雌酚、双烯雌酚的标准浓度分别为 2.5 ng/mL、5.0 ng/mL、25 ng/mL、50 ng/mL 的混合标准溶液，以本方法的测试条件，进样 50 μL 进行测定，用经过内标校正的峰面积对标准溶液中各被测组分的浓度作图，其各目标物在检测范围内均呈线性关系，线性方程和相关系数见表 9-9。

由于被测物均为禁用兽药，因此，实验以最高残留限量（MRL）的 1/2 为检出限，10 倍的 MRL 为检测上限，从表 9-9 数据可知，在此范围被测物含量与质量色谱峰面积呈线性关系。

表 9-9 被测物线性方程和相关系数

化合物	检测范围/（ng/mL）	线性方程	相关系数
玉米赤霉醇	1.25～25	$Y=-2.08\times10^4x+2.66\times10^4$	0.9968
玉米赤霉酮	1.25～25	$Y=-7.32\times10^2x+1.01\times10^5$	0.9988
己烯雌酚	2.5～50	$Y=-4.01\times10^3x+2.58\times10^3$	0.9979
己烷雌酚	1.25～25	$Y=2.34\times10^3x+3.79\times10^3$	0.9986
双烯雌酚	2.5～50	$Y=1.29\times10^3x+1.19\times10^3$	0.9997

9.2.1.9 方法回收率和精密度

用不含玉米赤霉醇、玉米赤霉酮和己烯雌酚、双烯雌酚、己烷雌酚的牛肌肉样品做添加回收和精密度试验，样品添加不同浓度标准后，按本方法进行样品制备、净化和测定，分析结果见表 9-10。由表 9-10 结果看到，在相当方法检出限 0.25/0.50 μg/kg，回收率为 62.9%～117.6%，相对标准偏差为 13.67%～21.63%；在方法限量 0.5/1.0 μg/kg，回收率为 65.5%～119%，相对标准偏差为 13.42%～24.19%。

用不含玉米赤霉醇、玉米赤霉酮和己烯雌酚、双烯雌酚、己烷雌酚的牛猪肝肾和肌肉组织样品分别做添加回收率和精密度试验，验证方法的适用性。样品添加不同浓度标准后，按本方法进行样品制备、净化和测定，分析结果见表 9-11。由表 9-11 结果看到，在相当方法检出限 0.25/0.50 μg/kg，回收率为 64.8%～115.0%，相对标准偏差为 8.20%～29.44%；在方法限量 0.5/1.0 μg/kg，回收率为 60.2%～104.4%，相对标准偏差为 4.33%～17.25%。

表 9-10 5 种激素及代谢物添加回收率实验数据（$n=10$）

化合物	ZER+TAL				ZEAR				DES				DEN				HEX			
添加水平/（μg/kg）	0.25	0.5	1.0	5.0	0.25	0.5	1.0	5.0	0.5	1.0	5.0	10	0.5	1.0	5.0	10	0.25	0.5	2.5	5.0
1	66.5	103.2	108.5	71.8	58.2	79.7	72.3	72.9	85.6	102.1	97.2	90.7	71.0	95.4	110.0	90.8	88.6	73.6	78.0	87.5
2	71.1	92.9	96.1	111.5	64.8	73.5	89.5	69.9	97.4	108.6	100.9	73.9	103.8	57.4	104.9	84.9	97.0	72.2	84.2	79.1
3	70.0	102.8	107.7	80.4	54.6	80.4	93.1	75.7	96.5	108.7	102.5	82.0	73.4	74.6	108.1	71.8	86.5	63.7	79.6	79.1
4	74.1	91.3	109.4	85.8	62.6	81.9	82.9	89.7	97.4	104.9	101.8	74.7	80.7	71.6	101.9	71.0	80.9	79.3	78.2	85.4
5	68.4	99.1	108.9	89.1	62.3	79.7	91.5	73.4	92.1	103.3	94.8	70.4	61.0	63.0	106.1	79.1	93.9	69.4	70.1	87.6
6	79.1	88.9	107.6	87.3	70.0	82.7	81.3	91.5	71.8	105.1	90.4	88.1	60.3	65.5	101.4	71.4	97.2	60.8	70.2	78.1
7	77.9	93.2	108.5	91.7	70.0	86.1	86.2	75.1	74.3	95.2	95.7	70.5	66.2	67.5	105.0	72.0	98.0	65.7	70.2	80.8
8	80.4	88.8	106.4	81.8	70.5	83.2	82.4	84.4	80.1	92.7	97.8	73.4	81.4	105.8	106.6	70.6	91.9	64.1	70.6	87.3
9	83.8	89.3	102.5	100.1	71.8	82.7	82.8	109.8	86.6	101.9	100.7	109.6	66.4	81.1	99.9	109.7	91.5	87.2	70.3	100.5
10	71.8	94.4	92.7	90.5	50.6	83.3	76.4	109.1	79.4	97.9	93.5	96.3	82.7	83.8	73.6	103.9	66.9	67.9	72.8	99.4
平均回收率/%	74.31	95.02	106.6	87.43	64.13	80.90	84.90	79.08	86.90	102.5	97.64	77.96	74.73	75.10	105.5	76.45	91.75	68.60	75.14	83.11
标准偏差 SD	5.72	5.49	5.88	10.92	7.30	3.36	6.51	14.73	9.57	5.35	3.98	13.04	13.09	15.15	10.37	14.55	9.49	8.03	5.14	8.02
相对标准偏差 CV/%	7.69	5.77	5.52	12.49	11.39	4.16	7.66	18.63	11.02	5.22	4.07	16.72	17.52	20.18	9.83	19.03	10.34	11.71	6.84	9.65

表 9-11 不同基质中添加回收率（%）实验数据

化合物	ZER+TAL				ZEAR				DES				DEN				HEX			
添加水平/（μg/kg）	0.25	0.5	1.0	5.0	0.25	0.5	1.0	5.0	0.5	1.0	5.0	10	0.5	1.0	5.0	10	0.25	0.5	2.5	5.0
牛肝	70.0	84.1	87.6	94.3	57.0	69.3	81.6	73.7	60.2	60.2	70.2	102.4	64.8	67.6	98.3	94.9	74.9	84.2	60.2	89.7
牛肾	70.8	86.4	85.2	88.3	65.3	71.8	85.2	108.2	72.7	78.6	71.1	105.3	67.6	75.8	90.7	103.0	76.3	83.3	62.3	86.4
牛肌肉组织	83.8	89.3	102.5	100.1	71.8	82.7	82.8	109.8	86.6	101.9	100.7	109.6	66.4	81.1	99.9	109.7	91.5	87.2	70.3	100.5

化合物	ZER+TAL				ZEAR				DES				DEN				HEX			
添加水平/(μg/kg)	0.25	0.5	1.0	5.0	0.25	0.5	1.0	5.0	0.5	1.0	5.0	10	0.5	1.0	5.0	10	0.25	0.5	2.5	5.0
猪肝	66.1	79.8	89.9	90.5	69.0	75.4	78.2	97.7	84.4	72.7	88.7	104.9	112.5	75.6	98.0	103.9	112.9	104.4	106.7	91.0
猪肾	72.5	81.9	82.3	86.7	71.0	75.5	77.7	109.1	88.0	82.9	73.7	107.4	115.0	71.2	82.4	89.9	104.4	102.4	76.2	90.9
猪肌肉组织	73.4	88.1	84.0	88.2	73.9	81.9	69.6	107.6	88.1	84.4	67.6	86.5	68.5	77.7	88.7	95.8	74.9	86.5	60.3	96.3
平均值/%	72.77	84.93	88.58	91.35	68.00	76.10	79.18	101.0	80.00	80.12	78.67	102.7	82.47	74.83	93.00	99.53	89.15	91.33	72.67	92.47
标准偏差 SD	5.97	3.67	7.33	5.04	6.12	5.34	5.48	14.10	11.29	13.82	13.13	8.29	24.28	4.79	6.88	7.25	16.57	9.48	17.84	5.07
相对标准偏差 CV/%	8.20	4.33	8.27	5.51	9.01	7.02	6.92	13.96	14.12	17.25	16.69	8.08	29.44	6.40	7.40	7.28	18.59	10.38	24.56	5.48

9.2.1.10　重复性和再现性

在重复性试验条件下，获得的两次独立测试结果的绝对差值不超过重复性限（r）。如果差值超过重复性限，应舍弃试验结果并重新完成两次单个试验的测定。在再现性试验条件下，获得的两次独立测试结果的绝对差值不超过再现性限（R），牛猪组织中玉米赤霉醇、玉米赤霉酮、己烯雌酚、己烷雌酚、双烯雌酚的含量范围、重复性和再现性方程见表 9-12。

表 9-12　含量范围及重复性和再现性方程

化合物	含量范围/(μg/kg)	重复性限 r	再现性 R
玉米赤霉醇	0.25～5	$\lg r = 0.9695 \lg m - 0.7326$	$\lg R = 0.8152 \lg m - 0.6343$
玉米赤霉酮	0.25～5	$\lg r = 1.1888 \lg m - 0.5939$	$\lg R = 1.2064 \lg m - 0.5195$
己烯雌酚	0.5～10	$\lg r = 1.0198 \lg m - 0.8763$	$\lg R = 1.0846 \lg m - 0.5621$
双烯雌酚	0.5～10	$\lg r = 0.5401 \lg m - 0.2908$	$\lg R = 0.8781 \lg m - 0.2471$
己烷雌酚	0.25～5	$\lg r = 0.9546 \lg m - 0.7379$	$\lg R = 0.9088 \lg m - 0.4473$

注：m 为两次测定结果的算术平均值

9.2.2　牛尿中玉米赤霉醇、己烯雌酚、己烷雌酚、双烯雌酚残留量的测定　液相色谱-串联质谱法[90]

9.2.2.1　适用范围

适用于牛尿中玉米赤霉醇、己烯雌酚、己烷雌酚、双烯雌酚残留量的液相色谱-串联质谱法测定。方法检出限：玉米赤霉醇和己烷雌酚为 0.5 μg/L；己烯雌酚和双烯雌酚为 1.0 μg/L。

9.2.2.2　方法原理

免疫亲和柱内含有的特异性抗体选择性地与牛尿试样中己烯雌酚、己烷雌酚、双烯雌酚和玉米赤霉醇结合，形成抗体-抗原复合体，用水淋洗柱除去杂质，用洗脱剂洗脱吸附在柱上的目标物，收集洗脱液。试液用液相色谱-串联质谱仪测定，保留时间和离子丰度比定性，内标法定量。

9.2.2.3　试剂和材料

甲醇、乙醇、乙腈：色谱纯。

淋洗液：将 Randox 试剂盒中提供的淋洗原液用去离子水按 1：20 稀释。

洗脱液：乙醇+水（70+30，v/v）。量取 70 mL 乙醇与 30 mL 去离子水混合。

储备液：将 Randox 试剂盒中提供的储备原液用去离子水按 1：5 稀释。

激素标准物质：玉米赤霉醇（包括 α-玉米赤霉醇和 β-玉米赤霉醇，各 50%）纯度≥97%；己烯雌酚，纯度≥99%；己烷雌酚，纯度≥98%；双烯雌酚，纯度≥98%。

激素标准溶液：分别准确称取适量的玉米赤霉醇、己烯雌酚、己烷雌酚和双烯雌酚标准物质，用甲醇配制成 1.0 mg/mL 标准储备溶液。再根据需要以甲醇配制成不同浓度的混合标准溶液作为标准工作溶液，保存于 4℃冰箱中，可使用 3 个月。

内标标准物质：玉米赤霉醇-4 氘代（包括 α-玉米赤霉醇-4 氘代和 β-玉米赤霉醇-4 氘代，各 50%），纯度≥99%；己烯雌酚-8 氘代，纯度≥98%。

内标标准溶液：准确称取适量玉米赤霉醇-4 氘代和己烯雌酚-8 氘代标准物质，用甲醇分别配制成 1.0 mg/mL 标准储备溶液。再以甲醇稀释成适用浓度的混合内标标准工作溶液，保存于 4℃冰箱中，可使用 3 个月。

免疫亲和层析柱：Randox（英国）或相当者；玉米赤霉醇免疫亲和层析柱：亲和柱的最大容量为 100 ng 玉米赤霉醇；二苯乙烯免疫亲和层析柱：亲和柱的最大容量为 50 ng 己烯雌酚，50 ng 己烷雌酚，50 ng 双烯雌酚。

9.2.2.4 仪器和设备

液相色谱-串联质谱联用仪：配有大气压化学电离源；离心机：转速大于 3000 r/min；氮气浓缩仪；涡旋振荡器。

9.2.2.5 样品前处理

（1）试样制备

取有代表性样品，制成实验室样品。试样分为两份，置于样品瓶中，密封，并做上标记。将试样置于 2～8℃下保存。

（2）样品称取

取 5 个阴性牛尿样品，每个 10 mL，于 50 mL 离心管中，3000 r/min 离心 15 min。向 5 支 10 mL 试管中，分别加入不同量混合标准工作溶液，使玉米赤霉醇和己烷雌酚的浓度为 1.25 ng/mL、2.5 ng/mL、5.0 ng/mL、12.5 ng/mL、25 ng/mL；己烯雌酚和双烯雌酚的浓度为 2.5 ng/mL、5.0 ng/mL、10 ng/mL、25 ng/mL、50 ng/mL。再分别加入适量混合内标标准工作溶液，使其浓度均为 10 ng/mL。加入 3 mL 离心后牛尿的上清液，涡旋 30 s 溶解，待净化。

（3）净化

用 15 mL 淋洗液分两次预洗免疫亲和层析柱，流速不大于 3 mL/min。上样，自然流速。用 5 mL 淋洗液以不大于 2 mL/min 的速度淋洗，等体积重复淋洗一次，再用 5 mL 去离子水以不大于 2 mL/min 的速度淋洗。用 4 mL 洗脱液洗脱，流速不大于 2 mL/min，收集洗脱液。将洗脱液在氮气浓缩仪上于 40℃水浴中吹干，加入 1 mL 流动相，涡旋 30 s 溶解。溶液经滤膜过滤后，供液相色谱-串联质谱测定。

（4）试样溶液的制备

取经 3000 r/min 离心 15 min 后待测样品 3 mL 于 50 mL 离心管中，加入内标标准工作溶液，使其含量均为 2.0 μg/kg。按上述步骤操作。

（5）空白基质溶液的制备

取经 3000 r/min 离心 15 min 后阴性样品 3 mL 于 50 mL 离心管中，按上述步骤操作。

9.2.2.6 测定

（1）液相色谱条件

色谱柱：ZORBAX Eclipse SB-C$_8$，3.5 μm，150 mm×4.6 mm，或相当者；柱温；25℃；流动相：乙腈-水（70+30，v/v）；流速：1.0 mL/min；进样量：50 μL。

（2）质谱条件

离子化方式：大气压化学电离；扫描方式：负离子扫描；检测方式：多反应监测（MRM）；离子源温度：325℃；雾化气压力：15 psi；气帘气压力：10 psi；辅助气 1 压力：35 psi；喷雾器电流：−5 μA；电喷雾电压：−4500 V；定性离子对、定量离子对、碰撞能量和去簇电压见表 9-4。

9.2.2.7　分析条件的选择

（1）试样制备

牛尿为液体样品，可直接取 10 mL 牛尿于 50 mL 离心管中，3000 r/min 离心 15 min 后，将尿液中少量悬浮物沉淀，取 3 mL 上清液，加入含有玉米赤霉醇-4 氘代和己烯雌酚-8 氘代内标物的试管中，涡旋 30 s 溶解混匀，即可。

（2）免疫亲和柱净化

本方法对比实验了 Euroclone 公司和 Randox 公司两种免疫亲和柱。Euroclone 公司的免疫亲和柱对玉米赤霉醇和二苯乙烯类激素同时吸附，操作较为简单，但由于该柱的柱容量较小（玉米赤霉醇 10 ng，己烯雌酚 10 ng，己烷雌酚 5 ng，双烯雌酚 5 ng），用于多组分分析回收率的重现性较差。Randox 公司的免疫亲和柱分为玉米赤霉醇净化柱和二苯乙烯类激素净化柱两种，该柱操作较前者略复杂，但柱容量较大（玉米赤霉醇 100 ng，己烯雌酚 50 ng，己烷雌酚 50 ng，双烯雌酚 50 ng），检测灵敏度高，回收率重现性较好。因此，最终本实验选择了 Randox 公司的免疫亲和柱。柱平衡、淋洗和被测物的洗脱，所用溶液以及流速控制，均按照 Randox 公司试剂盒中提供的使用操作说明书执行。

（3）质谱条件的优化

采用注射泵直接进样方式，以 5 μL/min 将玉米赤霉醇、己烯雌酚、己烷雌酚和双烯雌酚的标准溶液分别注入串联质谱的离子源中。一级质谱分析（Q1，母离子扫描）比较了电喷雾电离（ESI）的正方式和负方式，4 种被测物均在负方式条件下得到了较高的响应值，确定了准分子离子峰（M—1），优化了去簇电压（DP）。对被测物的准分子离子碰撞后，进行二级质谱分析（MS2，子离子扫描），得到子离子质谱图，见图 9-3。对每种被测物选定的子离子进行碰撞气能量（CE）的优化。在连接了液相色谱仪后，尝试采用大气压化学电离（APCI）负方式进行测定，发现 APCI（−）电离方式检测灵敏度更高些。通过对 APCI（−）条件下离子源温度、雾化气压力、气帘气压力、辅助气 1 压力、喷雾器电流等参数优化，以优化后本方法提供的参数对被测物进行检测，玉米赤霉醇和己烷雌酚的方法最低检出限可达 0.25 μg/kg，己烯雌酚和双烯雌酚的方法检出限为 0.5 μg/kg，可满足日常检测和残留监控的玉米赤霉醇为 0.5 μg/kg，二苯乙烯类激素残留为 1 μg/kg 要求。

（4）HPLC 条件的优化

玉米赤霉醇和二苯乙烯类激素多采用 C_{18} 柱进行分离，也有用 C_8 柱的报道[12-15]，但采用 LC-MS-MS 分析时，更多关注的是柱效和检出限，而对分离度不作为重点。先后试用了 Waters 公司、Agilent 公司、Merck 公司等多个品牌的 C_{18} 和 C_8 柱，经比较 Agilent 公司的 ZORBAX SB C8（150 mm×4.6 mm，3.5 μm）对玉米赤霉醇和二苯乙烯类激素的分析效果更好一些。

采用 APCI 电离时，乙腈为首选流动相，流速 1 mL/min。在此前提下试验了不同流动相比例和梯度程序。由于流速较高，乙腈比例不宜低，最终选定乙腈-水=70+30。对比了不同梯度洗脱程序的分离结果，没有明显改善，因而选定了固定比例流动相。

9.2.2.8　线性范围和检测低限

配制玉米赤霉醇、己烷雌酚的浓度分别为 1.25 ng/mL、2.5 ng/mL、12.5 ng/mL、25 ng/mL，己烯雌酚、双烯雌酚的浓度分别为 2.5 ng/mL、5.0 ng/mL、25 ng/mL、50 ng/mL 的混合标准溶液，以本方法的测试条件，进样 50 μL 进行测定，用经过内标校正的峰面积对标准溶液中各被测组分的浓度作图，其各目标物在检测范围内均呈线性关系，线性方程和相关系数见表 9-9。由于被测物均为禁用兽药，因此，实验以最低检测限（MRL）的 1/2 为最低检测，10 倍的 MRL 为上限进行检测。从表 9-9 数据可知，在此范围被测物含量与质量色谱峰面积呈线性关系。

9.2.2.9　方法回收率和精密度

用不含玉米赤霉醇和己烯雌酚、双烯雌酚、己烷雌酚的牛尿样品做添加回收和精密度试验，样品添加不同浓度标准后，按本方法进行样品制备、净化和测定，分析结果见表 9-13。由表 9-13 结果看到，在相当方法检出限 0.25/0.50 μg/kg，回收率为 62.9%～117.6%，相对标准偏差为 13.67%～21.63%；在方法限量 0.5/1.0 μg/kg，回收率为 65.5%～119%，相对标准偏差为 13.42%～24.19%。

表 9-13　4 种激素添加回收率实验数据 (n=10)

化合物	ZER+TAL				DES				DEN				HEX			
添加水平 /(μg/kg)	0.25	0.5	1.0	5.0	0.5	1.0	5.0	10	0.5	1.0	5.0	10	0.25	0.5	2.5	5.0
1	70.3	87.1	98.8	101.3	62.8	64.0	113.3	83.4	88.1	100.8	107.3	82.7	119.4	89.6	88.5	88.7
2	79.9	80.9	90.4	85.5	116.5	99.7	111.2	94.1	64.9	116.7	117.6	93.2	117.6	86.0	118.1	100.0
3	76.6	87.8	85.6	94.4	79.7	86.7	86.7	107.9	92.3	118.0	63.1	107.5	106.9	97.3	108.7	115.8
4	77.4	84.3	112.4	106.2	69.5	67.9	87.3	102.9	78.2	115.2	68.4	102.9	117.6	105.0	95.9	110.4
5	69.3	82.4	87.9	100.7	68.9	88.8	94.2	97.9	79.5	115.3	71.5	97.7	81.5	68.2	108.4	104.9
6	62.9	83.1	115.9	101.5	95.5	70.1	97.0	88.8	107.1	95.1	116.9	101.4	80.5	78.1	64.5	109.3
7	91.3	95.6	98.7	93.0	94.5	88.2	107.8	126.8	106.9	68.7	101.5	106.5	116.7	66.2	65.1	87.2
8	67.0	81.2	104.6	93.3	87.3	81.1	113.4	100.0	85.6	111.8	100.1	88.1	107.9	79.5	62.4	109.0
9	97.6	87.1	102.3	104.8	94.6	71.1	105.0	102.5	101.1	85.3	124.9	100.1	110.9	74.0	73.2	117.7
10	116.0	119.0	105.8	105.3	113.1	75.2	105.1	88.3	69.9	65.5	112.9	92.7	99.0	74.4	66.3	104.4
平均回收率/%	80.83	85.3	99.29	96.99	84.34	80.81	101.4	100.2	87.83	105.2	93.30	97.50	106.0	83.74	88.95	103.2
标准偏差 SD	16.38	11.45	10.08	6.75	18.24	11.43	10.17	12.32	14.69	20.03	22.57	8.03	14.49	12.56	21.48	10.27
RSD/%	20.27	13.42	10.16	6.96	21.63	14.15	10.03	12.30	16.73	19.04	24.19	8.24	13.67	15.00	24.15	9.95

9.2.2.10　重复性和再现性

在重复性试验条件下,获得的两次独立测试结果的绝对差值不超过重复性限(r),如果差值超过重复性限(r),应舍弃试验结果并重新完成两次单个试验的测定。在再现性试验条件下,获得的两次独立测试结果的绝对差值不超过再现性限(R)。被测物的含量范围、重复性和再现性方程见表 9-14。

表 9-14　含量范围及重复性和再现性方程

化合物	含量范围/(μg/L)	重复性限 r	再现性 R
玉米赤霉醇	0.25～5	$\lg r=0.9656 \lg m-1.0897$	$\lg R=0.9625 \lg m-0.7128$
己烯雌酚	0.5～10	$\lg r=0.7192 \lg m-0.2685$	$\lg R=0.7883 \lg m-0.2926$
双烯雌酚	0.5～10	$\lg r=0.5312 \lg m-0.3127$	$\lg R=0.7507 \lg m-0.2487$
己烷雌酚	0.25～5	$\lg r=0.7728 \lg m-0.4185$	$\lg R=0.8698 \lg m-0.2830$

注:m 为两次测定结果的算术平均值

9.2.3　河豚鱼、鳗鱼和烤鳗中玉米赤霉醇、玉米赤霉酮、己烯雌酚、己烷雌酚、双烯雌酚残留量的测定　液相色谱-串联质谱法[91]

9.2.3.1　适用范围

适用于河豚鱼、鳗鱼及烤鳗中玉米赤霉醇、玉米赤霉酮、己烯雌酚、己烷雌酚、双烯雌酚残留量的液相色谱-串联质谱测定。方法检出限:均为 1.0 μg/kg。

9.2.3.2　方法原理

河豚鱼、鳗鱼及烤鳗中玉米赤霉醇、玉米赤霉酮、己烯雌酚、己烷雌酚、双烯雌酚残留,用叔丁基甲基醚和乙酸盐缓冲液加酶解剂提取试,经硅胶柱净化,用液相色谱-串联质谱仪测定,内标法定量。

9.2.3.3　试剂和材料

叔丁基甲基醚、甲醇、乙腈、乙酸乙酯、正己烷、二氯甲烷:色谱纯;乙酸、氢氧化钠:优级纯;乙酸钠($CH_3COONa \cdot 3H_2O$)分析纯。

　　3 mol/L 氢氧化钠溶液：称取 120 g 氢氧化钠溶于 1000 mL 去离子水中；0.2 mol/L 乙酸盐缓冲液（pH=5.2）：称取 2.52 g 乙酸和 12.95 g 乙酸钠溶解于 800 mL 水中，用氢氧化钠溶液调节 pH 至 5.2±0.1，加水定容至 1000 mL；溶解液：正己烷-二氯甲烷（3+2，v/v）；淋洗液：乙酸乙酯-正己烷（3+47，v/v）；洗脱液：乙酸乙酯-正己烷（3+2，v/v）。

　　β-葡糖苷酸酶/硫酸酯复合酶：含 β-葡糖苷酸酶 124400 units/mL，硫酸酯酶 3610 units/mL。

　　激素及代谢物标准物质：玉米赤霉醇（包括 α-玉米赤霉醇和 β-玉米赤霉醇，各 50%）纯度≥97%；玉米赤霉酮，纯度≥97%；己烯雌酚，纯度≥99%；己烷雌酚，纯度≥98%；双烯雌酚，纯度≥98%。

　　标准溶液：分别准确称取适量的玉米赤霉醇、玉米赤霉酮、己烯雌酚、双烯雌酚和己烷雌酚标准物质，用甲醇配制成 1 mg/mL 标准贮备溶液。再根据需要以甲醇配制成不同浓度的混合标准溶液作为标准工作溶液，保存于 4℃冰箱中。

　　内标标准物质：α-玉米赤霉烯醇-4 氘代，纯度≥99%；己烯雌酚-8 氘代，纯度≥98%。

　　内标标准溶液：准确称取适量 α-玉米赤霉烯醇-4 氘代和己烯雌酚-8 氘代标准物质，用甲醇分别配制成 1 mg/mL 标准贮备溶液。再以甲醇稀释成适用浓度的混合内标工作溶液，保存于 4℃冰箱中。

　　硅胶固相萃取柱：500 mg，3 mL。

9.2.3.4 仪器

　　液相色谱-串联质谱联用仪：配有电喷雾电离源；分析天平：感量 0.1 mg 和 0.01 g；自动固相萃取仪或固相萃取装置；高速均质器：转速大于 10000 r/min；氮气吹干仪；烘箱：控温精度±1℃；涡旋振荡器；离心机：转速大于 3000 r/min；pH 计：测量精度±0.3 pH 单位；具塞离心管：25 mL，50 mL；微量注射器：100 μL。

9.2.3.5 样品前处理

　　（1）试样制备

　　取有代表性样品 500 g，绞碎后搅拌均匀，制成实验室样品。试样分为两份，置于样品盒中，密封，并做上标记。将试样于-18℃下保存。

　　（2）样品称取

　　称取 5 个阴性样品，每个样品为 5 g（精确到 0.1g），将上述样品置于 50 mL 离心管中分别加入适量混合标准工作溶液，使各被测组分玉米赤霉醇、玉米赤霉酮、己烷雌酚、己烯雌酚和双烯雌酚的浓度分别为 2.5 ng/mL、5.0 ng/mL、10 ng/mL、25 ng/mL、50 ng/mL。再分别加入适量内标标准工作溶液，使其浓度均为 10 ng/mL。

　　（3）提取

　　加入 20 mL 叔丁基甲基醚，在 10000 r/min 均质 1 min。3000 r/min 离心 5 min，将上清液全部转移至另一 50 mL 具塞离心管中备用。离心管中的残渣置于通风橱中挥发 30 min，加入 15 mL 乙酸盐缓冲液，高速均质 1 min，3000 r/min 离心 5 min，将上清液全部转移至另一 25 mL 具塞试管中，并在氮吹仪上于 40℃水浴中吹去残余叔丁基甲基醚后，加入 80 μL β-葡糖苷酸酶混匀，于 52℃烘箱中放置过夜。在此缓冲溶液中加入氢氧化钠溶液将溶液 pH 调至 7，加入 10 mL 叔丁基甲基醚，充分混合，3000 r/min 离心 2 min。移取叔丁基甲基醚层与前述的叔丁基甲基醚提取液混合，在氮吹仪上于 40℃水浴中吹干。加入 1 mL 溶解液，涡旋 30 s 溶解，待净化。

　　（4）净化

　　固相萃取净化条件：用 6 mL 正己烷分两次预洗硅胶柱，流速均为 4 mL/min。上样，流速为 2 mL/min，在样品试管中加入 3 mL 淋洗液，混合后过柱，流速为 2 mL/min，用 3 mL 淋洗液以 3 mL/min 的速度淋洗，加入 2 mL 空气以 4 mL/min 的速度吹过硅胶柱。用 6 mL 洗脱液洗脱，流速为 2 mL/min，加入 2 mL 空气以 6 mL/min 的速度吹过硅胶柱，收集洗脱液。将洗脱液在氮吹仪上于 40℃水浴中吹干，加入 1 mL 流动相，涡旋 30 s 溶解。溶液过 0.2 μm 滤膜后，供液相色谱-串联质谱测定。

　　（5）实测样品溶液的制备

　　称取待测样品 5 g（精确到 0.1 g）于 50 mL 离心管中，加入内标工作溶液，使其最终定容浓度均为 10 ng/mL。按上述步骤操作。

（6）空白基质溶液的制备

称取阴性样品 5 g（精确到 0.1 g）于 50 mL 离心管中，按上述步骤操作。

（7）基质标准工作溶液

将标准工作溶液及内标标准工作溶液混合后在氮吹仪中吹干，以基质提取液溶解，涡旋 30 s 后即为基质标准工作溶液。

9.2.3.6　测定

（1）液相色谱条件

色谱柱：ZORBAX Eclipse SB-C$_8$，3.5 μm，150 mm×4.6 mm（内径）或相当者；柱温：25℃；流动相：乙腈-水（7+3，v/v）；流速：0.5 mL/min；进样量：50 μL。

（2）质谱条件

离子化方式：电喷雾电离；扫描方式：负离子扫描；检测方式：多反应监测（MRM）；离子源温度：350℃；雾化气压力：0.083 MPa；气帘气压力：0.1240 MPa；辅助气 1 压力：0.2756 MPa；辅助气 2 压力：0.2412 MPa；喷雾器电流：−5 μA；电喷雾电压：−4500 V；定性离子对、定量离子对、碰撞能量和去簇电压见表 9-15。

表 9-15　5 种激素及代谢物的定性离子对、定量离子对、碰撞能量和去簇电压

化合物	定性离子对（m/z）	定量离子对（m/z）	碰撞气能量/V	去簇电压/V
玉米赤霉醇	320.6/277.2	321.1/277.2	−42	−110
	321.1/161.0		−40	−100
玉米赤霉酮	318.7/160.8	318.7/160.8	−40	−110
	318.7/107.0		−45	−110
α-玉米赤霉烯醇-4 氘代	322.9/159.9	322.9/159.9	−50	−90
	322.9/130.1		−43	−90
己烯雌酚	266.9/251.0	266.7/251.0	−35	−90
	266.9/237.1		−40	−90
双烯雌酚	264.7/249.1	264.7/249.1	−36	−80
	264.7/235.0		−36	−80
己烷雌酚	269.0/118.9	269.0/134.0	−23	−70
	269.0/134.0		−52	−70
己烯雌酚-8 氘代	275.0/258.9	275.0/258.9	−37	−90
	275.0/245.0		−42	−90

（3）定性测定

每种被测组分选择 1 个母离子，2 个以上子离子，在相同实验条件下，样品中待测物质和内标物的保留时间之比，也就是相对保留时间，与混合基质标准校准溶液中对应的相对保留时间偏差在 ±2.5%之内；且样品谱图中各组分定性离子的相对丰度与浓度接近的混合基质标准校准溶液谱图中对应的定性离子的相对丰度进行比较，偏差不超过表 1-5 规定的范围，则可判定为样品中存在对应的待测物。

（4）定量测定

配制系列混合基质标准工作溶液分别进样，绘制标准工作曲线。检查仪器性能，确定线性范围。用色谱数据工作站或选取与样品含量接近含有内标的标准工作液进行定量。样品溶液中玉米赤霉醇、玉米赤霉酮、己烯雌酚、己烷雌酚、双烯雌酚的响应值应在工作曲线范围内。标准物质多反应监测（MRM）色谱图见图 9-4。

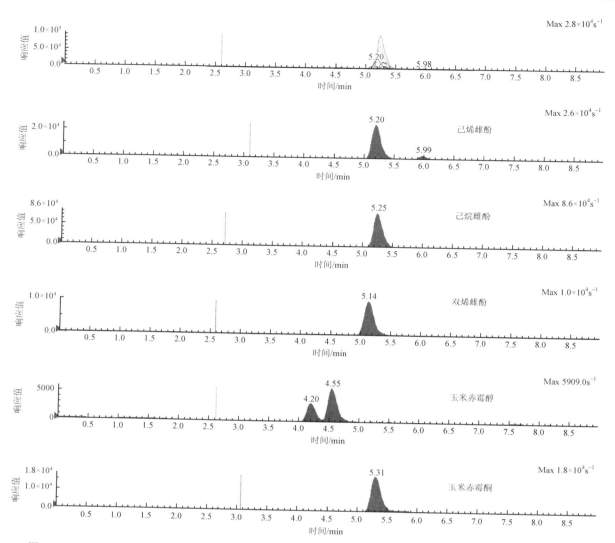

图 9-4　玉米赤霉醇、玉米赤霉酮、己烯雌酚、己烷雌酚、双烯雌酚标准物质多反应监测（MRM）色谱图

9.2.3.7　分析条件的选择

被测物的提取、净化参见 9.2.1.7 节。

质谱条件条件的优化：采用注射泵直接进样方式，以 5 μL/min 将玉米赤霉醇、玉米赤霉酮、己烯雌酚、己烷雌酚和双烯雌酚的标准溶液分别注入串联质谱的离子源中。一级质谱分析（Q1，母离子扫描）比较了电喷雾电离（ESI）的正方式和负方式，5 种被测物均在负方式条件下得到了较高的响应值，确定了准分子离子峰[M-1]，优化了去簇电压（DP）。对被测物的准分子离子碰撞后，进行二级质谱分析（MS2，子离子扫描），得到子离子质谱图，见图 9-3。

对每种被测物选定的子离子进行碰撞气能量（CE）的优化。通过对电喷雾电离（−）条件下离子源温度、雾化气压力、气帘气压力、辅助气 1 压力、辅助气 2 压力、喷雾器电流等参数优化，确定了本方法最终分析参数。以优化后本方法提供的参数对被测物进行检测，玉米赤霉醇、玉米赤霉酮、己烷雌酚、己烯雌酚和双烯雌酚的方法检出限为 1 μg/kg 的要求。

9.2.3.8　线性范围和检测低限

配制玉米赤霉醇、玉米赤霉酮、己烷雌酚、己烯雌酚、双烯雌酚的标准浓度分别为 2.5 ng/mL、5.0 ng/mL、25 ng/mL、50 ng/mL 的混合标准溶液，以本方法的测试条件，进样 50 μL 进行测定，用峰面积对标准溶液中各被测组分的浓度作图，其各目标物在检测范围内均呈线性关系，线性方程和相关系数见表 9-16。

表 9-16　被测物线性方程和相关系数

化合物	检测范围/(ng/mL)	线性方程	相关系数
玉米赤霉醇	2.5～50	$Y=-2.08\times10^4x+2.66\times10^4$	0.9968
玉米赤霉酮	2.5～50	$Y=-7.32\times10^2x+1.01\times10^5$	0.9988
己烯雌酚	2.5～50	$Y=-4.01\times10^3x+2.58\times10^3$	0.9979
己烷雌酚	2.5～50	$Y=2.34\times10^3x+3.79\times10^3$	0.9986
双烯雌酚	2.5～50	$Y=1.29\times10^3x+1.19\times10^3$	0.9997

由于被测物均为禁用兽药，因此，实验以最低检测限（MRL）的 1/2 为检测低限，10 倍的 MRL 为检测上限，从表 9-16 数据可知，在此范围被测物含量与质量色谱峰面积呈线性关系。

9.2.3.9　方法回收率和精密度

用不含玉米赤霉醇、玉米赤霉酮和己烯雌酚、双烯雌酚、己烷雌酚的河豚鱼和鳗鱼样品做添加回收和精密度试验，样品添加不同浓度标准后，按本方法进行样品制备、净化和测定，分析结果见表 9-17 和表 9-18。由表 9-17 结果看到，鳗鱼在相当方法检出限 1.0 μg/kg，回收率为 70.95%～105.1%，相对标准偏差为 9.45%～22.41%；表 9-18 结果看到，河豚鱼在相当方法检出限 1.0 μg/kg，回收率为 70.80%～109.4%，相对标准偏差为 9.37%～19.41%。

表 9-17　鳗鱼中 5 种激素及代谢物添加回收率实验数据

化合物	ZER+TAL				ZEAR				DES				DEN				HEX			
添加水平/(μg/kg)	1.0	2.0	5.0	10	1.0	2.0	5.0	10	1.0	2.0	5.0	10	1.0	2.0	5.0	10	1.0	2.0	5.0	10
1	96.5	105.0	117.0	101.8	107.0	102	108.9	99.7	75.5	94.8	67.6	92.5	94.8	94.8	80.5	82.4	62.6	86.0	88.2	102.0
2	82.4	119.0	110.6	93.6	95.6	99.6	103.6	102.3	64.6	101.5	89.9	88.1	101.0	61.5	83.4	83.5	68.7	90.1	78.3	105.1
3	87.0	114.0	103.7	99.6	103.0	114.0	107.6	108.4	68.1	103.4	93.5	83.9	61.1	95.4	100.0	105.2	80.2	100.2	71.6	93.2
4	85.9	94.7	104.4	100.5	94.0	98.9	105.4	100.1	97.4	87.5	92.7	83.9	95.7	97.5	87.1	81.4	83.6	82.8	98.0	92.3
5	81.9	111.0	107.4	97.6	107.0	104.6	110.2	103.2	92.1	100.8	95.1	82.6	103.0	103.0	100.0	102.0	52.0	75.5	80.5	91.8
6	100.0	107.0	105.6	104.2	115.0	96.3	99.4	97.8	65.3	102.4	65.2	87.9	110.0	110.0	68.2	105.0	60.4	64.0	78.6	94.8
7	108.0	116.0	106.1	98.9	119.0	106.0	103.7	104.7	91.2	98.2	91.2	90.2	114.0	109.0	74.2	93.2	51.7	88.7	82.7	92.4
8	102.0	120.0	104.9	85.5	88.4	108.7	115.0	102.9	98.2	96.3	89.8	83.5	109.0	101	76.8	90.1	75.5	90.8	79.9	86.9
9	85.0	97.4	103.2	84.8	108.0	101.0	105.5	106.8	107.0	102.7	93.2	100.3	120.0	88.7	72.9	104.5	104.0	87.2	81.4	102.0
10	89.2	103.8	98.7	107.1	114.3	102.5	104.4	107.3	115.0	97.7	91.7	97.8	94.5	87.0	78.8	103.4	70.8	84.3	82.5	97.0
平均回收率/%	91.79	108.8	106.2	97.36	105.1	103.4	106.4	103.3	87.44	98.53	86.99	89.07	100.3	94.79	82.19	95.07	70.95	84.96	82.17	95.75
标准偏差 SD	9.15	8.72	4.88	7.39	9.93	5.17	4.29	3.51	18.02	4.85	10.99	6.18	16.24	13.96	10.80	10.09	15.90	9.70	6.95	5.69
相对标准偏差 CV/%	9.97	8.02	4.60	7.59	9.45	5.00	4.04	3.40	20.60	4.92	12.63	6.94	16.19	14.72	13.14	10.62	22.41	11.42	8.46	5.94

表 9-18　河豚鱼中 5 种激素及代谢物添加回收率实验数据

化合物	ZER+TAL				ZEAR				DES				DEN				HEX			
添加水平/(μg/kg)	1.0	2.0	5.0	10	1.0	2.0	5.0	10	1.0	2.0	5.0	10	1.0	2.0	5.0	10	1.0	2.0	5.0	10
1	97.2	117.0	107.6	97.8	111.0	108.0	105.7	103.0	94.9	105	68.8	83.4	91.6	73.9	88.0	99.1	73.0	74.3	78.5	85.4
2	104.0	110.3	100.3	102.5	87.3	100.5	106.2	104.0	88.4	98.8	73.1	73.4	95.9	93.3	88.5	98.3	68.9	84.9	84.1	68.9
3	118.0	102.8	104.9	110.4	94.7	99.4	104.7	99.7	75.1	88.6	81.3	82.0	84.8	83.4	94.2	100.3	60.3	107.0	82.6	78.9
4	107.0	116.0	107.2	99.6	98.5	102.7	103.8	98.9	59.3	98.7	81.8	81.2	63.5	94.8	91.7	102.4	69.1	77.8	73.1	91.2

续表

化合物	ZER+TAL				ZEAR				DES				DEN				HEX			
添加水平 /(μg/kg)	1.0	2.0	5.0	10	1.0	2.0	5.0	10	1.0	2.0	5.0	10	1.0	2.0	5.0	10	1.0	2.0	5.0	10
5	119.0	111.0	106.5	104.2	113.0	103.6	98.2	93.7	77.3	88.3	93.5	78.6	65.3	82.8	87.5	88.9	70.2	95.5	88.3	66.4
6	119.0	103.0	109.0	107.1	103.0	99.5	104.8	86.4	79.5	83.4	96.2	75.4	56.7	81.7	86.9	91.2	56.3	84.6	90.9	93.7
7	90.2	97.8	107.5	98.9	99.1	95.6	109.5	95.6	94	69.8	93.8	69.0	61.2	91.1	85.4	97.0	104.0	75.4	60.2	79.9
8	110.2	113.0	103.8	101.1	86.5	97.1	106.2	83.2	77.2	88.7	94.4	75.2	67.6	98.7	84.8	94.8	79.4	87	84.5	83.7
9	108.6	102.9	105.0	107.6	82.5	102.3	105.9	78.0	74.8	81.9	88.9	81.4	73.3	83.7	83.9	87.9	56.9	81.5	83.6	96.4
10	121.0	97.4	110.4	105.4	80.4	100.1	110.0	88.0	96.7	80.1	90.2	83.5	57.6	78.6	80.4	85.2	70.2	88.8	81.7	84.5
平均回收率/%	109.4	107.1	106.2	103.4	95.6	100.9	105.5	93.05	81.72	88.33	86.2	78.31	71.75	86.2	87.13	94.51	70.8	85.68	80.75	82.9
标准偏差 SD	10.26	7.23	2.87	4.18	11.40	3.50	3.24	8.80	11.70	10.39	9.54	4.87	14.20	7.89	3.91	5.87	13.75	9.88	8.72	9.83
相对标准偏差 CV/%	9.37	6.75	2.70	4.04	11.93	3.47	3.08	9.46	14.32	11.77	11.07	6.22	19.79	9.15	4.49	6.21	19.41	11.5	10.79	11.86

9.2.3.10　重复性和再现性

在重复性条件下，获得的两次独立测试结果的绝对差值不超过重复性限 r，在再现性条件下，获得的两次独立测试结果的绝对差值不超过再现性限 R，鱼肉组织中玉米赤霉醇、玉米赤霉酮、己烯雌酚、己烷雌酚、双烯雌酚的含量范围及再现性方程见表 9-19。

表 9-19　含量范围及重复性和再现性方程

化合物	含量范围/(μg/kg)	重复性限 r	再现性 R
玉米赤霉醇	1.0～10	$\lg r = 0.9656 \lg m - 1.0897$	$\lg R = 0.9625 \lg m - 0.7128$
玉米赤霉酮	1.0～10	$\lg r = 0.9660 \lg m - 1.1445$	$\lg R = 0.9152 \lg m - 0.6513$
己烯雌酚	1.0～10	$\lg r = 0.9844 \lg m - 1.0935$	$\lg R = 0.2058 \lg m + 0.0119$
双烯雌酚	1.0～10	$\lg r = 0.0735 \lg m + 0.0016$	$\lg R = 1.0813 \lg m - 0.7982$
己烷雌酚	1.0～10	$\lg r = 0.9760 \lg m - 1.0445$	$\lg R = 0.9252 \lg m - 0.6613$

注：m 为两次测定结果的算术平均值

如果差值超过重复性限 r，应舍弃试验结果并重新完成两次单个试验的测定。

9.2.4　牛奶和奶粉中玉米赤霉醇、玉米赤霉酮、己烯雌酚、己烷雌酚、双烯雌酚残留量的测定　液相色谱-串联质谱法[92]

9.2.4.1　适用范围

适用于牛奶和奶粉中玉米赤霉醇、玉米赤霉酮、己烯雌酚、己烷雌酚、双烯雌酚残留量的液相色谱-串联质谱法测定。方法检出限：牛奶中玉米赤霉醇、玉米赤霉酮、己烷雌酚、己烯雌酚和双烯雌酚为 1.0 μg/L；奶粉中玉米赤霉醇、玉米赤霉酮、己烷雌酚、己烯雌酚和双烯雌酚为 8.0 μg/kg。

9.2.4.2　方法原理

牛奶和奶粉中玉米赤霉醇、玉米赤霉酮、己烯雌酚、己烷雌酚、双烯雌酚残留，用乙腈作为蛋白沉淀剂和提取剂进行提取，阴离子固相萃取柱进行净化，用液相色谱-串联质谱仪测定，内标法定量。

9.2.4.3　试剂和材料

甲醇、乙腈：色谱纯；氨水、甲酸、氢氧化钠：分析纯。

5 mol/L 氢氧化钠溶液：称取 200 g 氢氧化钠，用蒸馏水定容到 1 L。

淋洗液：氨水-水（1+19，v/v）；洗脱液：甲酸-甲醇（1+19，v/v）。

激素及代谢物标准物质：玉米赤霉醇（包括 α-玉米赤霉醇和 β-玉米赤霉醇，各 50%）纯度 ≥97%；玉米赤霉酮，纯度 ≥97%；己烯雌酚，纯度 ≥99%；己烷雌酚，纯度 ≥98%；双烯雌酚，纯度 ≥98%。

标准溶液：分别准确称取适量的玉米赤霉醇、玉米赤霉酮、己烯雌酚、双烯雌酚和己烷雌酚标准物质，用甲醇配制成 1 mg/mL 标准贮备溶液。再根据需要以甲醇配制成不同浓度的混合标准溶液作为标准工作溶液，保存于 4℃冰箱中。

内标标准物质：α-玉米赤霉烯醇-4 氘代，纯度 ≥99%；己烯雌酚-8 氘代，纯度 ≥98%。

内标标准溶液：准确称取适量玉米赤霉烯醇-4 氘代和己烯雌酚-8 氘代标准物质，用甲醇分别配制成 1 mg/mL 标准贮备溶液。再以甲醇稀释成适用浓度的混合内标工作溶液，保存于 4℃冰箱中。

基质标准工作溶液：将标准工作溶液及内标工作溶液混合后在氮吹仪中吹干，以基质提取液溶解，涡旋 30 s 后即为基质标准工作溶液。

Oasis MAX 阴离子固相萃取柱或相当者：60 mg，3 mL。

9.2.4.4 仪器和设备

液相色谱-串联质谱联用仪：配有电喷雾电离源；自动固相萃取仪或固相萃取装置；氮气吹干仪；涡旋振荡器；离心机：转速大于 3500 r/min；高速离心机：转速大于 9000 r/min，温度可控制在 4℃。

9.2.4.5 样品前处理

（1）试样制备

牛奶：取 50 mL 新鲜或解冻的牛奶混合均匀，3500 r/min 离心 5 min，取下层；奶粉：取 12.5 g 奶粉于烧杯中，加适量 35～50℃水将其慢慢溶解，转移至 100 mL 容量瓶中，待冷却至室温，用水定容混匀。取 50 mL，以 3500 r/min 离心 5 min，取下层。

（2）样品量取

于 50 mL 离心管中，分别加入不同量混合标准工作溶液，使各被测组分玉米赤霉醇、玉米赤霉酮、己烷雌酚、己烯雌酚和双烯雌酚的浓度为 2.5 ng/mL、5.0 ng/mL、10 ng/mL、25 ng/mL、50 ng/mL。再分别加入适量内标标准工作溶液，使其浓度均为 10 ng/mL，在氮吹仪上于 40℃水浴中吹干。取 5 个阴性样品，每个样品为 5 mL，置于上述离心管中涡旋混合后，加 10 mL 乙腈，涡旋混合 3 min，3500 r/min 离心 10 min，取上清液于离心管中，再向样品中加入 5 mL 乙腈，同前操作，合并提取液，50℃下氮吹至体积小于 0.1 mL。加水 10 mL，用 5 mol/L NaOH 调节 pH 至 11.0，4℃，9000 r/min 离心 5 min，备用。

（3）提取净化

固相萃取净化条件：先用 2 mL 甲醇、2 mL 水将柱子活化，流速均为 4 mL/min。将样品上清液上柱，流速为 1 mL/min，依次用 1 mL 淋洗液、0.5 mL 甲醇以 3 mL/min 的速度淋洗，通入 20 mL 空气以 4 mL/min 的速度吹过 Oasis mAX 柱。用 4 mL 洗脱液洗脱，流速为 1 mL/min，加入 30 mL 空气以 6 mL/min 的速度吹过 Oasis mAX 柱，收集洗脱液。将洗脱液在氮吹仪上于 40℃水浴中吹干，加入 1 mL 流动相，涡旋 30 s 溶解。溶液过 0.2 μm 滤膜后，供液相色谱-串联质谱测定。

（4）基质提取液

空白样品，除不加入标准工作溶液和内标工作溶液外，其他操作同上述步骤处理后得到的溶液。

（5）实测样品溶液的制备

取待测样品 5 mL 于 50 mL 离心管中，加入适量内标标准工作溶液，使其最终定容浓度均为 10 ng/mL。按上述步骤操作。

（6）空白基质溶液的制备

取阴性样品 5 mL 于 50mL 离心管中，按上述步骤操作。

9.2.4.6 测定

（1）液相色谱条件

色谱柱：ZORBAX Eclipse SB-C$_8$，3.5 μm，150 mm×4.6 mm（内径）或相当者；柱温：25℃；流动相：乙腈-水（7+3，v/v）；流速：0.5 mL/min；进样量：50 μL。

（2）质谱条件

离子化方式：电喷雾电离；扫描方式：负离子扫描；检测方式：多反应监测（MRM）；离子源温度：350℃；雾化气压力：0.083 MPa；气帘气压力：0.1240 MPa；辅助气 1 压力：0.2756 MPa；辅助气 2 压力：0.2412 MPa；喷雾器电流：−5 μA；电喷雾电压：−4500 V；定性离子对、定量离子对、碰撞能量和去簇电压见表 9-20。

表 9-20　5 种激素及代谢物的定性离子对、定量离子对、碰撞能量和去簇电压

化合物	定性离子对（m/z）	定量离子对（m/z）	碰撞气能量/V	去簇电压/V
玉米赤霉醇	320.6/277.2	321.1/277.2	−42	−110
	321.1/161.0		−40	−100
玉米赤霉酮	318.7/160.8	318.7/160.8	−40	−110
	318.7/107.0		−45	−110
玉米赤霉烯醇-4 氘代	322.9/159.9	322.9/159.9	−50	−90
	322.9/130.1		−43	−90
己烯雌酚	266.9/251.0	266.7/251.0	−35	−90
	266.9/237.1		−40	−90
双烯雌酚	264.7/249.1	264.7/249.1	−36	−80
	264.7/235.0		−36	−80
己烷雌酚	269.0/118.9	269.0/134.0	−23	−70
	269.0/134.0		−52	−70
己烯雌酚-8 氘代	275.0/258.9	275.0/258.9	−37	−90
	275.0/245.0		−42	−90

9.2.4.7　分析条件的选择

（1）被测物的提取

牛奶成分复杂，除水分外还含有蛋白质、脂肪和多种微量元素，样品的提取是实验的关键。参照相关文献考察了叔丁基甲醚、乙腈作为被测物提取剂对样品处理结果的影响。研究表明，采用叔丁基甲醚作为提取溶液，提取中极易发生乳化现象，且回收率偏低。改用乙腈提取后，溶液未出现乳化现象，并且回收率提高。因此本方法采用乙腈作为蛋白沉淀剂和提取剂。

（2）固相萃取净化

本方法首先选用了 OasisHLB 柱进行净化，但灵敏度较低，后改用美国 Waters 公司 Oasis mAX 柱（60 mg）进行 SPE 净化处理后，灵敏度及回收率相对较高。本方法检测的 5 种类雌激素及代谢物要求限量低，基质复杂，因此考虑应用自动固相萃取仪（ASPE）减少人为因素误差，提高重现性。对淋洗液比例、洗脱液比例、洗脱液用量各项参数进行优化，结果见表 9-21 至表 9-23。

表 9-21　淋洗液比例对回收率的影响（淋洗液用量 2 mL）

淋洗液比例（氨水：水）	回收率/%				
	ZER+TAL	ZEAR	DES	DEN	HEX
0：100	0	0	0	0	0
2：98	0	0	0	0	0
4：96	0	0	0	0	0
5：95	0	0	0	0	0
6：94	10.5	12.3	14.6	15.1	13.7

表 9-22 洗脱液比例对回收率的影响（先用 1 mL 氨水-水[5+95]淋洗，0.5 mL 甲醇淋洗，再进行洗脱）

洗脱液比例（甲酸：甲醇）	回收率/%				
	ZER+TAL	ZEAR	DES	DEN	HEX
2：98	0	0	16.1	23.5	17.5
3：97	45.9	43.8	65.3	66.0	75.9
4：96	71.5	86.0	84.6	83.1	87.9
5：95	80.1	89.8	87.9	85.8	88.5

表 9-23 洗脱液用量对回收率的影响（分三次洗脱，每次用量 3 mL）

洗脱液用量/mL	回收率/%				
	ZER+TAL	ZEAR	DES	DEN	HEX
0～3	31.2	28.5	32.6	31.7	33.4
4～6	51.7	59.3	53.5	56.8	54.9
7～9	0	0	0	0	0

实验检测的目标物为两类，玉米赤霉醇及代谢物和二苯乙烯类激素。两类物质性质上存在差别，因而在确定最终实验条件时需兼顾两类物质。由表 9-21 可见，淋洗液比例选用氨水-水（5+95，v/v），2 mL，被测物基本上没有丢失。由表 9-22 实验结果得出，应用甲酸-甲醇（5+95，v/v）洗脱液可得到全部目标物较高的回收率。由表 9-23 实验结果得出，应用 6 mL 洗脱液能将待测物洗脱约 90%，再增加洗脱液用量回收率没有明显提高，但吹干时间将延长。最终确定了本实验淋洗液比例、洗脱液比例、洗脱液用量各项参数。

（3）质谱条件的优化

采用注射泵直接进样方式，以 5 μL/min 将玉米赤霉醇、玉米赤霉酮、己烯雌酚、己烷雌酚和双烯雌酚的标准溶液分别注入串联质谱的离子源中。一级质谱分析（Q1，母离子扫描）比较了电喷雾电离（ESI）的正方式和负方式，5 种被测物均在负方式条件下得到了较高的响应值，确定了准分子离子峰[M-1]，优化了去簇电压（DP）。对被测物的准分子离子碰撞后，进行二级质谱分析（MS2，子离子扫描），得到子离子质谱图，见图 9-3。对每种被测物选定的子离子进行碰撞气能量（CE）的优化。在连接了液相色谱仪后，采用电喷雾电离（ESI）负方式进行测定。通过对 ESI（−）条件下离子源温度、雾化气压力、气帘气压力、辅助气 1 压力、辅助气 2 压力、喷雾器电流等参数优化，确定了本方法最终分析参数。以优化后本方法提供的参数对被测物进行检测，玉米赤霉醇、玉米赤霉酮、己烷雌酚、己烯雌酚和双烯雌酚的方法检出限为 1.0 μg/kg。

（4）HPLC 条件的优化

本方法先后试用了 Waters 公司、Agilent 公司、Merck 公司等多个品牌的 C_{18} 和 C_8 柱，经比较 Agilent 公司的 ZORBAX SB C8（150 mm×4.6 mm，3.5 μm）对玉米赤霉醇和二苯乙烯类激素的分析柱效更好一些。采用 ESI 电离时，乙腈作为流动相，流速 0.5 mL/min。在此前提下试验了不同流动相比例和梯度程序。由于流速较高，乙腈比例不宜低，最终选定乙腈-水=70+30。对比了不同梯度洗脱程序的分离结果，没有明显改善，因而选定了固定比例流动相。

9.2.4.8 线性范围和检测低限

配制玉米赤霉醇、玉米赤霉酮、己烷雌酚、己烯雌酚、双烯雌酚的标准浓度分别为 2.5 ng/mL、5.0 ng/mL、25 ng/mL、50 ng/mL 的混合标准溶液，以本方法的测试条件，进样 50 μL 进行测定，用峰面积对标准溶液中各被测组分的浓度作图，其各目标物在检测范围内均呈线性关系，线性方程和相关系数见表 9-16。由于被测物均为禁用兽药，因此，实验以残留监控计划规定的最低检测限（MRL）1.0 μg/kg 的 1/2 为检测低限，10 倍的 MRL 为检测上限，从表 9-16 数据可知，在此范围被测物含量与质量色谱峰面积呈线性关系。本方法检出限虽可以做到 0.5 μg/kg，但根据残留监控计划规定的 MRL，并考虑到方法的通用性，将方法的检出限定在 1.0 μg/kg。

9.2.4.9　方法回收率和精密度

用不含玉米赤霉醇、玉米赤霉酮和己烯雌酚、双烯雌酚、己烷雌酚的牛奶、奶粉样品做添加回收和精密度试验，样品添加不同浓度标准后，按本方法进行样品制备、净化和测定，分析结果见表 9-24 和表 9-25。由表 9-24 结果看到，牛奶在相当方法检出限 1.0 μg/L，回收率为 64.13%～91.75%，相对标准偏差为 7.69%～17.52%，表 9-25 结果看到，奶粉在相当方法检出限 10 μg/kg，回收率为 67.33%～78.67%，相对标准偏差为 8.81%～9.37%。

表 9-24　牛奶中 5 种激素及代谢物添加回收率实验数据（n=10）

化合物	ZER+TAL				ZEAR				DES				DEN				HEX			
添加水平/(μg/L)	1	2	5	10	1	2	5	10	1	2	5	10	1	2	5	10	1	2	5	10
1	66.5	103.2	108.5	71.8	58.2	79.7	72.3	72.9	85.6	102.1	97.2	90.7	71.0	95.4	110.0	90.8	88.6	73.6	78.0	87.5
2	71.1	92.9	96.1	111.5	64.8	73.5	89.5	69.9	97.4	108.6	100.9	73.9	103.8	57.4	104.9	84.9	97.0	72.2	84.2	79.1
3	70.0	102.8	107.7	80.4	54.6	80.4	93.1	75.7	96.5	108.7	102.5	82.0	73.4	74.6	108.1	71.8	86.5	63.7	79.6	79.1
4	74.1	91.3	109.4	85.8	62.6	81.9	82.9	89.7	97.4	104.9	101.8	74.7	80.7	71.6	101.9	71.0	80.9	79.3	78.2	85.4
5	68.4	99.1	108.9	89.1	62.3	79.7	91.5	73.4	92.1	103.3	94.8	70.4	61.0	63.0	106.1	79.1	93.9	69.4	70.1	87.6
6	79.1	88.9	107.6	87.3	70.0	82.7	81.3	91.5	71.8	105.1	90.4	88.1	60.3	65.5	101.4	71.4	97.2	60.8	70.2	78.1
7	77.9	93.2	108.5	91.7	70.0	86.1	66.2	75.1	74.3	95.2	95.7	70.5	66.2	67.5	105.0	72.0	98.0	65.7	70.2	80.8
8	80.4	88.8	106.4	81.8	70.5	83.2	82.4	84.4	80.1	92.7	97.8	73.4	81.4	105.8	106.6	70.6	91.9	64.1	70.6	87.3
9	83.8	89.3	102.5	100.1	71.8	82.7	82.8	109.8	86.6	101.9	100.7	109.6	66.4	81.1	99.9	109.7	91.5	87.2	70.3	100.5
10	71.8	94.4	92.7	90.5	50.6	83.3	76.4	109.1	79.4	97.9	93.5	96.3	82.7	83.8	73.6	103.9	66.9	67.9	72.8	99.4
平均回收率/%	74.31	95.02	106.6	87.43	64.13	80.90	84.90	79.08	86.90	102.5	97.64	77.96	74.73	75.10	105.5	76.45	91.75	68.60	75.14	83.11
标准偏差 SD	5.72	5.49	5.88	10.92	7.30	3.36	6.51	14.73	9.57	5.35	3.98	13.04	13.09	15.15	10.37	14.55	9.49	8.03	5.14	8.02
CV/%	7.69	5.77	5.52	12.49	11.39	4.16	7.66	18.63	11.02	5.22	4.07	16.72	17.52	20.18	9.83	19.03	10.34	11.71	6.84	9.65

表 9-25　奶粉中 5 种激素及代谢物添加回收率实验数据（n=10）

化合物	ZER+TAL				ZEAR				DES				DEN				HEX			
添加水平/(μg/kg)	10	20	50	100	10	20	50	100	10	20	50	100	10	20	50	100	10	20	50	100
1	86.5	88.3	102.3	98.5	74	78.8	85.7	74.2	63.5	85.1	81	91.4	66.5	83.3	79.5	69.6	72.1	84.4	70	81.4
2	74.2	83.6	91.5	108.2	79.3	82.6	93.6	78.8	59.9	82	76.1	101	72.5	91.3	92.6	72.8	68.3	79.6	81.5	83.6
3	75.1	96.7	100.6	89.6	60.9	81.5	93.8	68.4	71.7	91.3	73.8	94.8	61.9	102	88.5	70.9	58.5	81.3	84.6	94.3
4	93.4	79.85	104.7	90.7	63.7	94.6	92.6	81.2	66.1	96.9	76.6	104	73	94.2	81	60.7	63.4	88.2	79.9	83.5
5	69.5	89.9	103.9	94.4	65.9	79.8	87.9	86.4	80.1	93.6	95.2	85.2	59.8	66.5	76.5	86.3	70.3	79.6	81.3	88.1
6	80.3	92.4	93.4	88.9	68.5	102.3	96.1	98.2	86.7	95.8	92.5	83.6	64.2	72.5	85.1	102.3	83.5	80.1	82.4	81.9
7	78.4	95.2	107.3	97.3	71	83.8	91.5	87.9	89.5	93.3	96.3	73.6	77.6	77.6	78.5	82.4	58.1	75.6	79.1	102.1
8	81.6	78.9	105.2	91.5	66.8	86.6	101	79.1	58.4	101	104.1	72	71.3	102.6	86.6	88.5	63.5	84.2	83.5	94.6
9	78.1	91.6	84.3	104.1	67.5	92.7	96.6	74.6	92.9	106	96.2	71.3	65.1	104.3	77.8	93.5	71.2	82.7	81.7	100.8
10	69.6	93.8	94.3	92.3	57.8	93.3	109	86.2	77.5	109	94.9	96.3	61.4	97.8	93.5	96.3	65.3	73.9	82.6	97.6
平均回收率/%	78.67	89.02	98.75	95.55	67.54	87.6	94.78	81.5	74.63	95.4	88.67	87.32	67.33	89.21	83.96	82.33	67.42	80.96	80.66	90.79
标准偏差 SD	7.37	6.28	7.47	6.47	6.23	7.74	6.61	8.51	12.58	8.44	10.71	12.09	5.93	13.49	6.21	13.43	7.50	4.23	4.07	8.03
CV/%	9.37	7.06	7.57	6.77	9.23	8.84	6.98	10.44	16.86	8.85	12.08	13.85	8.81	15.12	7.39	16.32	11.12	5.22	5.05	8.85

9.2.4.10 重复性和再现性

在重复性试验条件下，获得的两次独立测试结果的绝对差值不超过重复性限（r），如果差值超过重复性限（r），应舍弃试验结果并重新完成两次单个试验的测定。在再现性试验条件下，获得的两次独立测试结果的绝对差值不超过再现性限（R）。被测物的含量范围、重复性和再现性方程见表 9-26 和表 9-27。

表 9-26　牛奶中的含量范围及重复性和再现性方程

化合物	含量范围/(μg/kg)	重复性限 r	再现性 R
玉米赤霉醇	1.0～10	lg r=0.9656 lg m−1.0897	lg R=0.9625 lg m−0.7128
玉米赤霉酮	1.0～10	lg r=0.9660 lg m−1.1445	lg R=0.9152 lg m−0.6513
己烯雌酚	1.0～10	lg r=0.9844 lg m−1.0935	lg R=0.2058 lg m+0.0119
双烯雌酚	1.0～10	lg r=0.0735 lg m+0.0016	lg R=1.0813 lg m−0.7982
己烷雌酚	1.0～10	lg r=0.9760 lg m−1.0445	lg R=0.9252 lg m−0.6613

注：m 为两次测定结果的算术平均值

表 9-27　奶粉中的含量范围及重复性和再现性方程

化合物	含量范围/(μg/kg)	重复性限 r	再现性 R
玉米赤霉醇	10～100	lg r=0.9656 lg m−1.0897	lg R=0.9625 lg m−0.7128
玉米赤霉酮	10～100	lg r=0.9660 lg m−1.1445	lg R=0.9152 lg m−0.6513
己烯雌酚	10～100	lg r=0.9844 lg m−1.0935	lg R=0.2058 lg m+0.0119
双烯雌酚	10～100	lg r=0.0735 lg m+0.0016	lg R=1.0813 lg m−0.7982
己烷雌酚	10～100	lg r=0.9760 lg m−1.0445	lg R=0.9252 lg m−0.6613

注：m 为两次测定结果的算术平均值

9.2.5　动物源性食品中玉米赤霉醇残留量的测定　液相色谱-串联质谱法[93]

9.2.5.1　适用范围

适用于动物肌肉、肝脏、鱼肉、蛋和牛奶中玉米赤霉醇、β-玉米赤霉醇和玉米赤霉烷酮残留量的高效液相色谱-串联质谱的测定。方法检出限为 1 μg/kg。

9.2.5.2　方法原理

样品经 β-葡萄糖苷酸/硫酸酯复合酶水解后，用乙醚提取，提取液经液液分配、HLB 固相萃取柱净化后，用液相色谱-串联质谱仪测定，外标法定量。

9.2.5.3　试剂和材料

甲醇、乙腈：色谱纯；无水乙醚、三氯甲烷、氢氧化钠、乙酸钠（NaAc·3H$_2$O）、冰醋酸：分析纯；磷酸：纯度大于 85%。

0.5 mol/L 氢氧化钠溶液：称取 20 g 氢氧化钠，用水溶解并定容至 1 L。

0.05 mol/L 乙酸钠缓冲溶液：称取 6.8 g 乙酸钠，用 950 mL 水溶解，冰醋酸调节 pH 至 4.8，定容至 1 L。

磷酸溶液（1+4，v/v）：10 mL 磷酸和 40 mL 水混合。

甲醇-水溶液（1+1，v/v）：50 mL 甲醇和 50 mL 水混合。

β-葡糖苷酸酶/硫酸酯酶：96000 unit/mL β-葡糖苷酸酶；390 unit/mL 硫酸酯酶（H-2，Form helix pomatia）。

玉米赤霉醇、β-玉米赤霉醇和玉米赤霉烷酮标准物质：纯度≥99%。

100 μg/mL 标准储备溶液：分别准确称取适量标准品（精确至 0.1 mg），用乙腈溶解，配制成浓度为 100 μg/mL 的标准储备溶液。−18℃以下冷冻避光保存。

10 μg/mL 和 1.0 μg/mL 的混合标准中间溶液：分别准确吸取 1.0 mL 和 0.10 mL 标准储备溶液于 10 mL 容量瓶中，用乙腈定容至刻度，配制成浓度为 10 μg/mL 和 1.0 μg/mL 混合标准中间溶液。0～4℃冷藏避光保存。

基质混合标准工作溶液：根据需要，取适量的混合标准中间溶液，用空白样品提取液配成不同浓度的基质混合标准溶液。基质混合标准工作溶液现用现配。

Oasis HLB 固相萃取柱或相当者：500 mg/6 mL。使用前分别用 5 mL 甲醇和 5 mL 水预淋洗。滤膜：0.20 μm。

9.2.5.4 仪器和设备

液相色谱-串联质谱仪：配有电喷雾离子源（ESI）；组织捣碎机；分析天平：感量 0.1 mg 和 0.01 g；移液器：10～100 μL、100～1000 μL；均质器：10000 r/min；涡旋混合器；恒温振荡器；离心机：4000 r/min；pH 计：测量精度±0.02pH 单位；氮吹仪；固相萃取装置；具塞离心管：50 mL；刻度试管：10 mL。

9.2.5.5 样品前处理

（1）试样制备

实验室样品用组织捣碎机绞碎，分出 0.5 kg 作为试样。试样置于−18℃冰箱，避光保存。

（2）水解

称取 5 g 试样（精确至 0.01 g）于 50 mL 具塞离心管中，加入 10 mL 乙酸钠缓冲溶液和 0.025 mL β-葡萄糖苷酸/硫酸酯复合酶，旋涡混匀，于 37℃水浴中振荡 12 h。

（3）提取

水解后加入 15 mL 无水乙醚，振荡提取 5 min 后，以 4000 r/min 离心 2 min，将上清液转移至浓缩瓶中，再用 15 mL 无水乙醚重复提取一次，合并上清液，40℃以下旋转浓缩至近干。残留物加 1.0 mL 三氯甲烷溶解后，转入 10 mL 离心管中，再用 3 mL 氢氧化钠溶液润洗浓缩瓶后转移至同一离心管中，旋涡混匀，以 4000 r/min 离心 2 min，吸取上层氢氧化钠溶液。再用 3 mL 氢氧化钠溶液重复润洗、萃取一次，合并氢氧化钠溶液，加入 1 mL 磷酸溶液，混匀后待净化。

（4）净化

将样品提取液转入 HLB 固相萃取柱。用 5 mL 水、5 mL 甲醇-水溶液淋洗，弃去；再用 10 mL 甲醇进行洗脱，收集洗脱液。整个固相萃取净化过程控制流速不超过 2 mL/min。洗脱液在 40℃以下用氮气吹干。残留物用 1.0 mL 乙腈溶解，旋涡混匀后，过 0.2 μm 滤膜，供仪器测定用。

9.2.5.6 测定

（1）液相色谱条件

色谱柱：C_{18}，2 μm，50 mm×2.0 mm（内径）或相当者；柱温：40℃；流速：0.2 mL/min；进样量：5 μL；流动相及梯度洗脱条件见表 9-28。

表 9-28 流动相及梯度洗脱条件

时间/min	乙腈/%	水/%
0	25	75
5	70	30
6	70	30
9	25	75

（2）质谱条件

电离方式：电喷雾电离（ESI）；离子源喷雾电压（IS）：3500 V；离子源温度（TEM）：350℃；Gas Flow：11 L/min；Nebulizer：40 psi；Delta EMV（−）：600 V；扫描方式：负离子扫描；检测方式：多反应监测（MRM），监测条件见表 9-29。

表 9-29 多反应监测条件

化合物	母离子（m/z）	子离子（m/z）	去簇电压/V	碰撞能量/V
β-玉米赤霉醇	321.1	277.2*	160	17
		303.2	160	17
玉米赤霉醇	321.1	277.2*	170	16
		303.2	170	16
玉米赤霉烷酮	319.1	275.1*	170	16
		301.1	170	16

注：* 表示定量离子对

（3）定性测定

每种被测组分选择 1 个母离子，2 个以上子离子，在相同实验条件下，样品中待测物质的保留时间与混合基质标准溶液中对应物质的保留时间偏差在±2.5%之内；且样品谱图中各定性离子的相对丰度与浓度接近的混合基质标准溶液谱图中对应的定性离子的相对丰度进行比较，若偏差不超过表 1-5 规定的范围，则可判断样品中存在对应的待测物。

（4）定量测定

在仪器最佳工作条件下，用混合基质标准校准溶液分别进样，以峰面积为纵坐标，以混合基质标准校准溶液浓度为横坐标，绘制标准工作曲线，用标准工作曲线对样品进行定量，样品溶液中待测物的响应值均应在仪器测定的线性范围内。在上述色谱条件下，β-玉米赤霉醇、玉米赤霉醇和玉米赤霉烷标准物质的多反应监测（MRM）色谱图见图 9-5 至图 9-7。

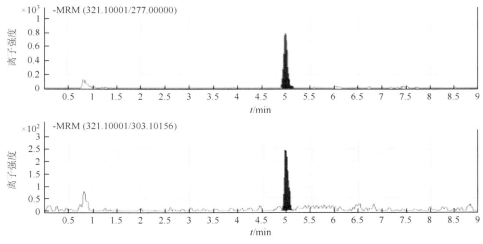

图 9-5 β-玉米赤霉醇标准物质的多反应监测（MRM）色谱图

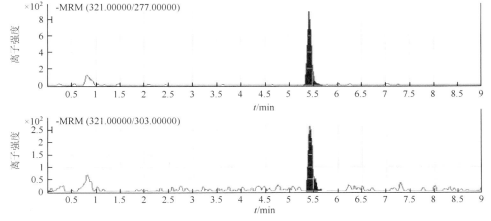

图 9-6 玉米赤霉醇标准物质的多反应监测（MRM）色谱图

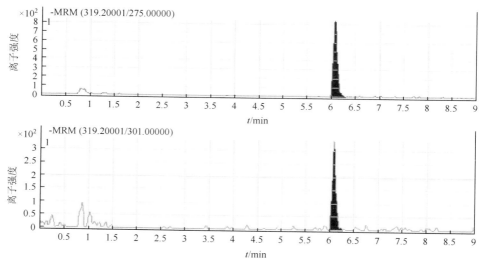

图 9-7　玉米赤霉烷酮标准物质的多反应监测（MRM）色谱图

9.2.5.7　分析条件的选择

（1）色谱分离条件的选择

采用反相 C_{18} 柱分离，以乙腈-水作流动相，并采用梯度洗脱，结果发现，玉米赤霉醇及其代谢物的分离效果满意。

（2）质谱条件的选择

串联质谱采用 MRM 模式检测，β-玉米赤霉醇：选择离子对 m/z 321.1→277.2 和 m/z 321.1→303.2 作为定性离子，m/z 321.1→277.2 作为定量离子（峰强度最大）；α-玉米赤霉醇：选择离子对 m/z 321.1→277.2 和 m/z 321.1→303.2 作为定性离子，m/z 321.1→277.2 作为定量离子；玉米赤霉烷酮：选择离子对 m/z 319.1→275.1 和 m/z 319.1→301.1 作为定性离子，m/z 319.1→275.1 作为定量离子。

（3）定性、定量方法

进行样品测定时，如果检出的色谱峰保留时间与标准品的保留时间偏差在±2.5%之内，并且在扣除背景后的样品谱图中，各定性离子的相对丰度与浓度接近的同样条件下得到的标准溶液谱图相比，误差不超过表 1-5 规定的范围，则可判断样品中存在对应的被测物。选择丰度最大的特征子离子的峰面积，按外标法定量。

9.2.5.8　标准曲线及测定低限

采用外标法定量时，为了消除基体对检测的影响，通常采用与待测样品相同或相近的基体标准溶液予以校正。因此，以空白样品的基体配制工作溶液，在浓度 1～100 μg/L 范围内（n=5），得到浓度与峰面积呈良好线性，线性相关系数（r）大于 0.998。

根据回收率试验，能定量测得的最低浓度为测定低限（LOQ，S/N＞10），LOQ 为 1 μg/kg，其满足最高限量（1 μg/kg）的检测要求。以下分别为空白样品和添加样品（1 μg/kg）的色谱图。

9.2.5.9　方法回收率和精密度

取适量标准品加入到 5 g 空白样品中，使添加量相当于 1 μg/kg、2 μg/kg、5 μg/kg 和 10 μg/kg，进行样品处理和测定，采用外标法计算回收率。制作工作曲线时应与添加样品同时进行，以空白样品的基体配制标准液。表 9-30 为回收率结果，由表 9-30 可见，加标平均回收率为 68.2%～82.0%，相对标准偏差（RSD）为 7.7%～12.5%。

9.2.5.10　重复性和再现性

在重复性试验条件下，获得的两次独立测试结果的绝对差值不超过重复性限 r，试样中 β-玉米赤霉醇、玉米赤霉醇和玉米赤霉烷酮的添加浓度范围及重复性方程见表 9-31。如果两次测定值的差值超过重复性限 r，应舍弃试验结果并重新完成两次单个试验的测定。在再现性试验条件下，获得的两次独立测试结果的绝对差值不超过再现性限 R，试样中 β-玉米赤霉醇、玉米赤霉醇和玉米赤霉烷酮的含量范围及再现性方程见表 9-31。

表 9-30　方法回收率和精密度（$n=10$）

化合物	添加量/(μg/g)	猪肝		牛肉		鱼肉		鸡蛋		牛奶	
		平均回收率/%	RSD/%	平均回收率/%	RSD/%	平均回收率/%	RSD/%	平均回收率/%	RSD/%	平均回收率/%	RSD/%
β-玉米赤霉醇	1	71.5	11.6	70.4	10.4	68.2	8.3	70.5	8.4	71.8	9.0
	2	75.6	11.8	73.7	11.2	72.1	10.8	75.5	10.5	73.1	10.9
	5	78.9	11.2	72.9	12.5	73.4	8.6	78.1	12.5	74.4	11.3
	10	80.7	9.9	80.9	10.5	76.6	8.3	80.5	8.6	80.1	9.3
玉米赤霉醇	1	70.8	11.7	69.6	10.0	69.1	8.8	70.5	9.1	70.1	8.4
	2	77.0	11.1	70.9	9.7	74.2	9.0	74.1	8.9	75.1	9.5
	5	80.4	11.6	71.3	7.7	72.8	10.7	72.6	10.1	76.2	10.7
	10	80.6	9.3	79.0	8.0	82.0	8.5	76.2	11.2	79.7	9.9
玉米赤霉烷酮	1	71.6	10.7	68.2	8.1	73.1	8.9	70.0	9.4	72.2	10.3
	2	78.4	10.8	71.8	10.1	71.4	10.6	72.8	9.6	73.9	12.3
	5	76.5	11.1	69.6	10.2	76.7	9.7	72.2	11.3	71.4	11.6
	10	79.4	10.1	77.8	8.2	81.1	10.1	78.8	8.8	79.5	8.9

表 9-31　含量范围及重复性和再现性方程

样品基质	化合物	含量范围/(mg/kg)	重复性限 r	再现性限 R
猪肝	β-玉米赤霉醇	1～10	lg r=0.8606 lg m−0.5384	lg R=0.8733 lg m−0.6027
	玉米赤霉醇	1～10	lg r=0.7493 lg m−0.4374	lg R=0.7921 lg m−0.5394
	玉米赤霉烷酮	1～10	lg r=0.8784 lg m−0.4589	lg R=0.9282 lg m−0.5556
牛肉	β-玉米赤霉醇	1～10	lg r=0.8631 lg m−0.5030	lg R=0.8991 lg m−0.5027
	玉米赤霉醇	1～10	lg r=0.8856 lg m−0.4319	lg R=0.9176 lg m−0.4831
	玉米赤霉烷酮	1～10	lg r=0.8908 lg m−0.4348	lg R=0.9502 lg m−0.5151
鱼肉	β-玉米赤霉醇	1～10	lg r=0.7819 lg m−0.4295	lg R=0.8055 lg m−0.4915
	玉米赤霉醇	1～10	lg r=0.8561 lg m−0.4574	lg R=0.8319 lg m−0.4961
	玉米赤霉烷酮	1～10	lg r=0.8210 lg m−0.4293	lg R=0.8665 lg m−0.4813
牛奶	β-玉米赤霉醇	1～10	lg r=0.8646 lg m−0.4740	lg R=0.8734 lg m−0.4988
	玉米赤霉醇	1～10	lg r=0.7127 lg m−0.3924	lg R=0.7366 lg m−0.4683
	玉米赤霉烷酮	1～10	lg r=0.8694 lg m−0.4643	lg R=0.8338 lg m−0.4808
鸡蛋	β-玉米赤霉醇	1～10	lg r=0.9540 lg m−0.4414	lg R=1.0037 lg m−0.5340
	玉米赤霉醇	1～10	lg r=0.9201 lg m−0.5016	lg R=0.8850 lg m−0.5286
	玉米赤霉烷酮	1～10	lg r=0.8760 lg m−0.4387	lg R=0.7395 lg m−0.4509

注：m 为两次测定值的平均值

参　考　文　献

[1] Lone K P. Natural sex steroids and their xenobiotic analogs in animal production：growth，carcass quality，pharmacokinetics，metabolism，mode of action，residues，methods and epidemiology. Critical Reviews in Food Science and Nutrition. 1997，37（2）：193-209

[2] 彭涛，李晓娟，陈冬东，代汉慧，于静，朱明达，马微，唐英章. 高效液相色谱-串联质谱法同时测定动物肝脏中玉米赤霉醇及其类似物残留量. 分析化学，2010，38（4）：469-474

[3] Ingerowski G H，Stan H J. In vitro metabolism of the anabolic drug zeranol. Journal of Environmental Pathology and Toxicology，1977，2：1173-1182

[4] Zollner P，Jodlbauer J，Kleinova M，Kahlbacher H，Kuhn T，Hochsteiner W，Lindner W. Concentration levels of zearalenone and its metabolites in urine，muscle tissue，and liver samples of pigs fed with mycotoxin-contaminated oats. Journal of Agricultural and Food Chemistry，2002，50：2494-2501

[5] Hethst A L，Ulfelder H，Poskanzer D C. Association of maternal stilbestrol therapy with tumor appearance in young women. The New England Journal of Medicine，1971，284：878-881

[6] Orenberg C L. DES：The Complete Story. New York：St. Martins Press，1981

[7] Halldin K，Bery C，Brandt I，Brunstrom B. Altered sexual behavior in the Japanese quail as an endpoint for endocrine disruption. Toxicology Letters，1998，95（Supplement 1）：70-71

[8] Berg C，Halldin K，Fridolfsson A K，Brandt I，Brunström B. The avian egg as a test system for endocrine disrupters：effects of diethylstilbestrol and ethynylestradiol on sex organ development. The Science of the Total Environment，1999，233：57-66

[9] Shukuwa K，Izumi S I，Hishikawa Y，Ejima K，Inoue S，Muramatsu M，Ouchi Y，Kitaoka T，Koji T. Diethylstilbestrol increases the density of prolactin cells in male mouse pituitary by inducing proliferation of prolactin cells and transdifferentiation of gonadotropic cells. Histochemistry and Cell Biology，2006，126（1）：111-123

[10] 李俊锁，邱月明，王超. 兽药残留分析. 上海：上海科学技术出版社，2002，2：106-107

[11] Behrens G H，Petersen P M，Grotmol T，S ϕ rensen D R，Torjesen P，Tretli S，Haugen B. Reproductive function in male rats after brief in utero exposure to diethylstilbestrol. International Journal of Andrology，2000，23（6）：366-371

[12] Hendry W J，Weaver B P，Naccarato T R，Khan S A. Differential Progression of neonatal diethylstilbestrol-induced disruption of the hamster testis and seminal vesicle. Reproductive Toxicology，2006，21（3）：225-240

[13] Papiemik E，Pons J C，Hessabi M. Obstet reveal outcome in 454 women exposed to diethylstilbestrol during their fetal life：a case-control analysis. Journal de Gynecologie，Obstetrique et Biologie de la Reproduction（Paris），2005，34（1）：33-40

[14] 薄存香，张振玲，郭启明，刘衍忠，李莉，谢琳. 玉米赤霉醇对大鼠的胚胎毒性. 癌变·畸变·突变，2006，5（3）：211-213

[15] Tomaszewski J，Miturski R，Semczuk A，Kotarski J，Jakowicki J. Tissue zearalenone concentration in normal，hyperplastic and neoplastic human endometrium. Ginekologia Polska，1998，69（5）：363-366

[16] Pestka J J，Tai J H，Witt M F，Dixon D E，Forsell J H. Suppression of immune response in the B6C3F1 mouse after dietary exposure to the fusarium mycotoxins deoxynivalenol（vomitoxin）and zearalenone. Food and Chemical Toxicology，1987，25（4）：297-304

[17] Maaroufi K，Chekir L，Creppy E E，Ellouz F，Bacha H. Zearalenone induces modifications of haematological and biochemical parameters in rats. Toxicon，1996，34（5）：535-540

[18] Yang Y，Shao B，Zhang J，Wu Y，Duan H. Determination of the residues of 50 anabolic hormones in muscle，milk and liver by very-high-pressure liquid chromatography-electrospray ionization tandem mass spectrometry. Journal of Chromatography B，2009，877（5-6）：489-496

[19] 许泓，林安清，古珑，唐丹舟，何佳. 自动固相萃取/高效液相色谱-质谱/质谱检测动物源性食品中残留二苯乙烯类激素的方法研究. 分析测试学报，2007，26（1）：20-23

[20] 曹莹，黄士新，王蓓，孙亚云，王迪楼. LC-MS 法分析鸡肝中的玉米赤霉醇. 分析测试学报，2004，23（9）：249-251

[21] Kathrin S，Carolin S，Petra G. Development and in-house validation of an LC-MS/MS method for the determination of stilbenes and resorcylic acid lactones in bovine urine. Analytical and Bioanalytical Chemistry，2008，391（3）：1199-1210

[22] Barkatina E N，Volkovich S V，Venger O N，Murokh V I，Kolomiets N D，Shulyakovskaya O V. Simultaneous determination of diethylstilbestrol，testosterone，and 17 β-estradiol residues in meat and meat products using gas-liquid chromatography. Journal of Analytical Chemistry，2001，56（8）：740-743

[23] 应永飞，朱聪英，陈慧华，吴平谷，周文海. 液相色谱-串联质谱法测定动物组织中 1,2-二苯乙烯类药物残留的研究. 质谱学报，2004，29（6）：343-345

[24] Reuvers T，Perogordo E，Jimenez R. Rapid screening method for the determination of diethylstilbestrol in edible animal tissue by column liquid chromatography with electrochemical detection. Journal of Chromatography，1991，564（1）：477-484

[25] 张琴，单国强，岳磊，刘雅红. 己烯雌酚单克隆抗体免疫亲和柱的制备及应用. 中国兽医杂志，2007，43（10）：17-19

[26] van Peteghem C H，van Haver G M. Chromatographic purification and radio-immunoassay，or diethylstilbestrol residues in meat. Analytica Chimica Acta，1986，182，293-298

[27] Li W，Meng M，He F，Wan Y，Xue H，Liu W，Yin W，Xu J，Feng C，Wang S，Lu X，Liu J，Xi R. Preparation of an anti-diethylstilbestrol monoclonal antibody and development of an indirect competitive ELISA to detect diethylsti-

lbestrol in biological samples. Chinese Science Bull，2011，56（8）：749-754

[28] 尹怡，朱新平，郑光明，马丽莎，吴仕辉，戴晓欣，谢文平. 基质固相分散法与固相萃取法在检测水产品中己烯雌酚残留中的应用. 分析测试技术与仪器，2011，17（4）：211-216

[29] 吴银良，刘素英，侯东军，沈建忠，王海，单吉浩. 气相色谱-质谱法测定动物组织中三种 1，2-二苯乙烯类药物的残留量. 色谱，2006，24（5）：462-465

[30] Coffin D E，Pilon J C. Gas chromatographic determination of diethylstilbestrol residues in animal tissues. Journal of AOAC International，1973，56（2）：352-357

[31] Tirpenou A E，Kilikidis S D，Kamarianos A P. Modified method for election capture gas -liquid chromatographic determination of diethylstilbestrol residues in urine of fattened bulls. Journal of AOAC International，1983，66（5）：1230-1233

[32] 方晓明，陈家华，唐毅锋. 高效液相色谱法测定鸡肝中玉米赤霉醇的残留量. 色谱，2003，21（2）：158-161

[33] Shin B S，Hong S H，Kim H J，Yoon H S，Kim D J，Hwang S W，Lee J B，Yoo S D. Development of a sensitive LC assay with fluorescence detection for the determination of zearalenone in rat serum. Chromatographia，2009，69（3-4）：295-299

[34] Xia X，Li X，Ding S，Zhang S，Jiang H，Li J，Shen J. Ultra-high-pressure liquid chromatography-tandem mass spectrometry for the analysis of six resorcylic acid lactones in bovine milk. Journal of Chromatography A，2009，1216（12）：2587-2591

[35] 张清杰，谢洁，果旗，江帆，王彦斐，王雄，聂长明. 免疫亲和柱-高效液相色谱法检测乳制品中玉米赤霉醇及其类似物. 中国乳品工业，2011，39（12）：34-35

[36] 钱卓真，刘智禹，邓武剑，魏博娟. 高效液相色谱-串联质谱法测定水产品中玉米赤霉醇类激素药物残留量. 南方水产科学，2011，7（1）：62-68

[37] Zhang W，Wang H，Wang J，Li X，Jiang H，Shen J. Multiresidue determination of zeranol and related compounds in bovine muscle by gas chromatography/mass spectrometry with immunoaffinity cleanup. Journal of AOAC International，2006，89（6）：1677-1681

[38] Gadzała-Kopciuch R，Cendrowski K，Cesarz A，Kiełbasa P，Buszewski B. Determination of zearalenone and its metabolites in endometrial cancer by coupled separation techniques. Analytical and Bioanalytical Chemistry，2011，401（7）：2069-2078

[39] Zhang Q，Li J，Ma T，Zhang Z. Chemiluminescence screening assay for diethylstilbestrol in meat. Food Chemistry，2008，111（2）：498-502

[40] 周建科，张前莉，韩康，张立，赵飞宝. 中老年奶粉中双酚 A 和己烯雌酚的反相高效液相色谱测定. 食品工业科技，2007，28（2）：233-234

[41] Lohne J J，Andersen W C，Casey C R，Turnipseed S B，Madson M R. Analysis of stilbene residues in aquacultured finfish using LC-MS/MS. Journal of Agricultural and Food Chemistry，2013，61（10）：2364-2370

[42] 徐英江，孙岩，任传博，薛敬林，刘慧慧，田秀慧，黄会，宫向红. 己烯雌酚及代谢物在草鱼体内的组织分布及药物代谢动力学研究. 现代食品科技，2014，30（6）：103-109

[43] 丁雅韵，徐晓云，谢孟峡，杨清峰，刘素英. 动物组织中己烯雌酚残留的基体固相扩散-气相色谱-质谱分析方法研究. 分析化学，2003，31（11）：1356-1359

[44] Rúbies A，Cabrera A，Centrich F. Determination of synthetic hormones in animal urine by high-performance liquid chromatography/mass spectrometry. Journal of AOAC International，2007，90（2）：626-632

[45] 马金余，陈波，姚守拙，刘程. 己烯雌酚印迹分子聚合物合成及其在残留分析中的应用. 分析化学，2005，33（10）：1413-1416

[46] Jiang X，Zhao C，Jiang N，Zhang H，Liu M. Selective solid-phase extraction using molecular imprinted polymer for the analysis of diethylstilbestrol. Food Chemistry，2008，108（1）：1061-1067

[47] 刘瑛，管良慧，黄新，宋启军. 己烯雌酚分子印迹传感器的制备及其性能研究. 分析化学，2010，38（4）：569-572

[48] 王清，王国民，郗存显，李贤良，陈冬东，唐柏彬，张雷，赵华. 复合免疫亲和柱净化-液相色谱-串联质谱法同时测定动物源性食品中 6 种玉米赤霉醇类化合物和氯霉素残留量. 色谱，2014，32（6）：640-646

[49] 王昕，姚佳，果旗，里南，江帆，王雄，张建新. IAC-HPLC 法检测牛奶中黄曲霉毒素和玉米赤霉醇及类似物质量分数. 中国乳品工业，2014，42（6）：38-40

[50] 邓爱妮，陶艳玲，张昱，郭智勇，王邃. 固相微萃取高效液相色谱法测定食品中己烯雌酚. 化学研究与应用，2011，23（5）：639-643

[51] Yang Y，Chen J，Shi Y. Determination of diethylstilbestrol in milk using carbon nanotube-reinforced hollow fiber solid-phase microextraction combined with high-performance liquid chromatography. Talanta，2012，97（8）：222-228

[52] 刘宏程，邹艳红，黎其万，佴注. 高效液相色谱分离牛奶中己烯雌酚、己烷雌酚和双烯雌酚. 分析化学，2008，36（2）：245-248

[53] Li J J，Zou M Q，Liu X L，Yun C L，Qi X H，Zhang X F. Determination of estrogens in animal-derived food by matrix solid-phase dispersion extraction coupled with ultra performance liquid chromatography-quadruple time of flight mass spectrometry. Analytical Methods，2013，5（4）：1004-1009

[54] Lagana A，Bacaloni A，Castellano M. Sample preparation for determination of macrocyclic lactone mycotoxins in fish tissue，based on on-line matrix solid-phase dispersion and solid-phase extraction cleanup followed by liquid chromatography/tandem mass spectrometry. Journal of AOAC International，2003，86（4）：729-736

[55] Lagana A，Faberi A，Fago G. Application of an innovative matrix solid-phase dispersion-solid-phase extraction-liquid chromatography-tandem mass spectrometry analytical methodology to the study of the metabolism of the estrogenic mycotoxin zearalenone in rainbow trout liver and muscular tissue. International Journal of Environmental Analytical Chemistry，2004，84（13）：1009-1016

[56] 李佩佩，郭远明，陈雪昌，张小军，梅光明，刘琴. 凝胶渗透色谱-固相萃取/高效液相色谱法同时测定水产品中甲基睾酮与己烯雌酚. 分析测试学报，2013，32（2）：267-270

[57] 唐晓姝. DSPE-LC-MS/MS 法测定动物源食品中雌激素及 US-Fenton 法降解水中己烯雌酚的研究. 合肥：安徽农业大学硕士论文，2013

[58] Wozniak B，Zuchowska I M，Zmudzki J. Determination of stilbenes and resorcylic acid lactones in bovine，porcine and poultry muscle tissue by liquid chromatography-negative ion electrospray mass spectrometry and QuEChERS for sample preparation. Journal of Chromatography B，2013，940（1-2）：15-23

[59] Biryol I，Salc B，Erdik E. Voltammetric investigation of diethylstilbestrol. Journal of Pharmaceutical and Biomedical Analysis，2003，32：1227-1234

[60] 林子俺，庞纪磊，黄慧，郑江南，张兰. 水产品中己烷雌酚、己烯雌酚与双烯雌酚残留的毛细管电泳测定. 分析测试学报，2010，29（1）：55-58

[61] Koole A，Franke J P，de Zeeuw R A. Multi-residue analysis of anabolics in calf urine using high performance liquid chromatography with diode-array detection. Journal of Chromatography B，1999，724（1）：41-51

[62] Chen P，Sun H，Wang X，Zhao Z，Pang Y. Sensitive determination of diethylstilbestrol by high performance liquid chromatography with fluorescence detection with 4-（4，5-diphenyl-1H-imidazol-2-yl）benzoyl chloride as a labeling reagent. Analytical Methods，2012，4（12）：4049-4052

[63] 江勇，朱群英，倪永年，黄伟华. HPLC-ELSD 同时检测肉产品中四环素类抗生素和己烯雌酚. 南昌大学学报，2007，31（2）：143-146

[64] 万美梅，陈杖榴，刘雅红，谭滇湘. 动物组织中己烯雌酚残留的高效液相色谱/电化学检测方法研究. 中国兽药杂志 2004，38（7）：4-6

[65] 钟惠英，柴丽月，杨家锋，郑丹，柳海. 动物肌肉中己烯雌酚、双烯雌酚、己烷雌酚和双酚 A 的测定. 分析试验室，2013，32（12）：116-121

[66] Casademont G，Perez B，Garcia Regueiro J A. Simultaneous determination，in calf urine，of twelve anabolic agents as heptafluorobutyryl derivatives by capillary gas chromatography-mass spectrometry. Journal of Chromatography B，1996，686（1）：189-198

[67] Matraszek-Zuchowska I，Wozniak B，Zmudzki J. Determination of zeranol and its metabolites in bovine muscle tissue with Gas-Chromatography-Mass-Spectrometry. Bulletin in the Veterinary Institute in Pulawy，2012，56（3）：335-342

[68] Blokland MH，Sterk SS，Stephany RW，Launay FM，Kennedy DG，van Ginkel LA. Determination of resorcylic acid lactones in biological samples by GC-MS. Discrimination between illegal use and contamination with fusarium toxins. Analytical and Bioanalytical Chemistry，2006，384（5）：1221-1227

[69] 朱勇，陈国，杨挺，吴银良，皇甫伟国. 同位素稀释超高效液相色谱串联质谱法同时测定牛奶中的克伦特罗、氯霉素与己烯雌酚. 分析测试学报，2011，30（4）：430-434

[70] Chen X，Wu Y，Yang T. Simultaneous determination of clenbuterol，chloramphenicol and diethylstilbestrol in bovine milk by isotope dilution ultraperformance liquid chromatography–tandem mass spectrometry. Journal of Chromatography B，2011，879（11-12）：799-803

[71] Kaklamanos G，Theodoridis G A，Dabalis T，Papadoyannis I. Determination of anabolic steroids in bovine serum by liquid chromatography-tandem mass spectrometry. Journal of Chromatography B，2011，89（2）：225-229

[72] Han H，Kim B，Lee SG，Kim J. An optimised method for the accurate determination of zeranol and diethylstilbestrol in animal tissues using isotope dilution-liquid chromatography/mass spectrometry. Food Chemistry，2013，140（1-2）：44-51

[73] Zhu J，Tao X，Ding S，Shen J，Wang Z，Wang Y，Xu F，Wu X，Hu T，Zhu A，Jiang H. Micro-plate chemiluminescence enzyme immunoassay for determination of zeranol in bovine milk and urine. Analytical Letters，2012，45（17）：2538-2548

[74] Jiang H，Wang W，Zhu J，Tao X，Li J，Xia X，Wen K，Xu F，Wang Z，Chen M，Li X，Wu X，Wang S，Ding S. Determination of zeranol and its metabolites in bovine muscle and liver by a chemiluminescence enzyme immunoassay：compared to an ultraperformance liquid chromatography tandem mass spectroscopy method. Luminescence，2014，29（4）：393-400

[75] O'Keeffe M，Hopkins J P. Application of sorbent extraction chromatography to the purification of diethylstilbestrol extracted from muscle tissue and determined by radioimmunoassay. Journal of Chromatography，1989，489（1）：199-204

[76] Gaspar P，Maghuin，Rogister G. Rapid extraction and purification of diethylstilboestrol in bovine urine hydrolysates using reversed-phase C$_{18}$ column before determination by radioimmunoassay. Journal of Chromatography，1985，328（1）：413-416

[77] Stitch S R，Toumba J K，Groen M B，Funke C W，Leemhuis J，Vink J，Woods G F. Extraction，isolation，and structure of a new phenolic constituent of female urine. Nature，1980，287（5784）：738-740

[78] Arts C J M，van Baak M J，van der Greef J，Witkamp R F. The oestrogen radio-receptor assay as multi-screening method for diethylstilbestrol（DES），zeranol（ZER）and ethynloestradiol（EE2）and its comparison with conventional immunoassay for ZER and EE2. Journal of Veterinary Pharmacology and Therapeutics，1997，20（s1）：304-305

[79] Goldstein P. Biological response and quantitation of diethylstilbestrol via enzyme-linked immunosorbent assay. Washington，American Chemical Society. 1991，451：280-292

[80] Sawaya W N，Lone K P，Husain A，Dashti B，Al-Zenki S. Screening for estrogenic steroids in sheep and chicken by the application of enzyme-linked immunosorbent assay and a comparison with analysis by gas chromatography-mass spectrometry. Journal of Agricultural and Food Chemistry，1998，63（4）：563-569

[81] 王鹤佳，史为民，沈建忠，唐宁，王平. 牛尿中玉米赤霉醇残留酶联免疫检测方法的研究. 中国兽医杂志，2004，40（11）：9-11

[82] 贺艳，郑文杰，赵卫东，刘煊. 酶联免疫法检测动物源性产品中玉米赤霉醇残留. 食品研究与开发，2009，30（6）：124-127

[83] Ana V，Jelka P，Nina P，Mario M. Analysis of naturally occurring zearalenone in feeding stuffs and urine of farm animals in croatia. Journal of Immunoassay and Immunochemistry，2012，33（4）：369-376

[84] Du L，Cheng S，Wang S. Determination of diethylstilbestrol based on biotin-streptavidin-amplified time-resolved fluoro-immunoassay. Luminescence，2012，27（1）：28-33

[85] Liu S，Lin Q，Zhang X，et al. Electrochemical immunosensor based on mesoporous nanocomposites and HRP-functionalized nanoparticles bioconjugates for sensitivity enhanced detection of diethylstilbestrol. Sensors and Actuators B：Chemical，2012，166-167：562-568

[86] 王传现，韩丽，颜妍，倪昕路，吴珺，陈昌云，邵科峰，宋青，赵波. 基于纳米金-石墨烯-壳聚糖复合物修饰电极的免疫传感器检测己烯雌酚. 中国食品学报，2012，12（12）：130-136

[87] Feng R，Zhang Y，Yu H，Wu D，Ma H，Zhu B，Xu C，Li H，Du B，Wei Q. Nanoporous PtCo-based ultrasensitive enzyme-free immunosensor for zeranol detection. Biosensors and Bioelectronics，2013，42：367-372

[88] Feng R，Zhang Y，Li H. Ultrasensitive electrochemical immunosensor for zeranol detection based on signal amplification strategy of nanoporous gold films and nano-montmorillonite as labels. Analytica Chimica Acta，2013，758：72-79

[89] GB/T 20766—2006 牛猪肝肾和肌肉组织中玉米赤霉醇、玉米赤霉酮、己烯雌酚、己烷雌酚、双烯雌酚残留量的测定方法 液相色谱-串联质谱法. 北京：中国标准出版社，2006

[90] GB/T 20767—2006 牛尿中玉米赤霉醇、己烯雌酚、己烷雌酚、双烯雌酚残留量的测定方法 液相色谱-串联质谱法. 北京：中国标准出版社，2007

[91] GB/T 22963—2008 河豚鱼、鳗鱼和烤鳗中玉米赤霉醇、玉米赤霉酮、己烯雌酚、己烷雌酚、双烯雌酚残留量的测定 液相色谱-串联质谱法. 北京：中国标准出版社，2008

[92] GB/T 22992—2008 牛奶和奶粉中玉米赤霉醇、玉米赤霉酮、己烯雌酚、己烷雌酚、双烯雌酚残留量的测定 液相色谱-串联质谱法. 北京：中国标准出版社，2008

[93] GB/T 23218—2008 动物源性食品中玉米赤霉醇残留量的测定 液相色谱-串联质谱法. 北京：中国标准出版社，2008

10 糖皮质激素类药物

10.1 概 述

糖皮质激素（glucocorticoids，GCs）是由肾上腺皮质束状带分泌的一类甾体激素，主要为皮质醇（cortisol），具有调节糖、脂肪和蛋白质的生物合成和代谢的作用，还具有抑制免疫应答、抗炎、抗毒、抗休克作用。称其为"糖皮质激素"是因为其调节糖类代谢的活性最早为人们所认识。GCs 与肾上腺皮质分泌的调节体内水和电解质平衡的盐皮质激素（mineralocorticoid）统称为肾上腺皮质激素（adrenocortical hormones）。

10.1.1 理化性质与用途

10.1.1.1 理化性质

GCs 的基本结构特征包括肾上腺皮质激素所具有的 C3 的羰基、Δ4 和 17β 酮醇侧链以及 GCs 独有的 17α-OH 和 11β-OH。GCs 这个概念不仅包括具有上述特征和活性的内源性物质，还包括很多经过结构优化的具有类似结构和活性的人工合成药物。目前，GCs 是临床应用较多的一类药物。GCs 根据其血浆半衰期分短、中、长效三类。短效激素包括：氢化可的松、可的松；中效激素包括：强的松、强的松龙、甲基强的松龙、氟羟强的松龙；长效激素包括：地塞米松、倍他米松等药。常见 GCs 的理化性质见表 10-1。

表 10-1 常见 GCs 的理化性质

序号	化合物	结构式	分子量	分子式	CAS 号	熔点/℃
1	氢化可的松（hydrocortisone）		362.46	$C_{21}H_{30}O_5$	50-23-7	213～220
2	可的松（cortisone）		360.45	$C_{21}H_{28}O_5$	53-06-5	220～228
3	强的松/泼尼松（prednisolone）		358.43	$C_{21}H_{26}O_5$	53-03-2	233～235
4	强的松龙/泼尼松龙（hydroprednisone）		360.45	$C_{21}H_{28}O_5$	50-24-8	240～241

序号	化合物	结构式	分子量	分子式	CAS 号	熔点/℃
5	甲基强的松龙/甲基泼尼松龙（methylprednisolone）		374.48	$C_{22}H_{30}O_5$	83-43-2	228～237
6	氟羟强的松龙（fluoxyprednisolone）		394.44	$C_{21}H_{27}FO_6$	124-94-7	260～263
7	地塞米松（dexamethasone）		392.46	$C_{22}H_{29}FO_5$	50-02-2	255～264
8	倍他米松（betamethasone）		392.47	$C_{22}H_{29}FO_5$	378-44-9	231～234
9	曲安奈德（triamcinolone）		434.53	$C_{24}H_{31}FO_6$	76-25-5	274～278
10	氟米松（flumethasone）		410.46	$C_{22}H_{28}F_2O_5$	2135-17-3	237～240.9
11	氟氢可的松（fludrocortisone）		380.45	$C_{21}H_{29}FO_5$	127-31-1	244～246

续表

序号	化合物	结构式	分子量	分子式	CAS 号	熔点/℃
12	倍氯米松（beclometasone）	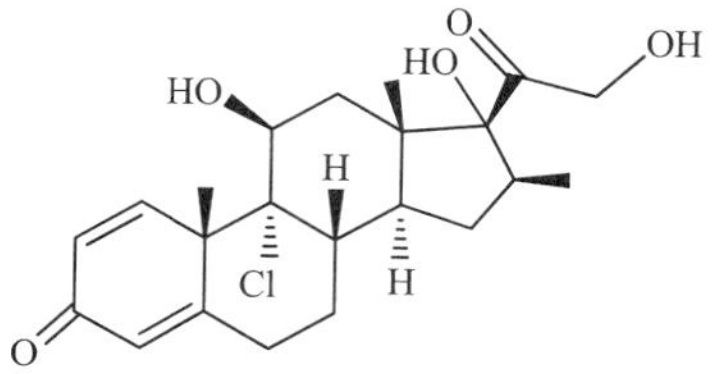	408.92	$C_{22}H_{29}ClO_5$	4419-39-0	217～222

10.1.1.2　用途

（1）抗炎作用

GCs 能降低毛血管通透性，能抑制对各种刺激因子引起的炎症反应能力，以及机体对致病因子的反应性。这种作用在于 GCs 能使小血管收缩，增强血管内皮细胞的致密程度，减轻静脉充血，减少血浆渗出，抑制白细胞的游走、浸润和巨噬细胞的吞噬功能。这些作用明显减轻炎症早期的红、肿、热、痛等症状的发生与发展。GCs 产生抗炎作用的另一机制是抑制白细胞破坏的同时，又有稳定溶酶体膜，使其不易破裂，减少溶酶体中水解酶类和各种因子释放的作用。这些酶有组织蛋白酶、溶菌酶、过氧化酶、前激肽释放因子、趋化因子、内源性致热因子等。大剂量的 GCs 稳定溶酶体膜就可抑制由这些酶或因子所引起的局部或全身的病理变化，减缓或改善炎症引起的局部或全身反应。对炎症晚期，大剂量 GCs 能抑制胶原纤维和黏蛋白的合成，抑制组织修复，阻碍伤口愈合。

（2）抗过敏反应

过敏反应是一种变态反应，它是抗原与机体内抗体或与致敏的淋巴细胞相互结合、相互作用而产生的细胞或组织反应。GCs 能抑制抗体免疫引起的速发性变态反应，以及免疫复合体引起的变态反应或细胞性免疫引起的延缓性变态反应，为一种有效的免疫抑制剂。GCs 的抗过敏作用很可能在于抑制巨噬细胞对抗原的吞噬和处理，抑制淋巴细胞的转化，增加淋巴细胞的破坏与解体，抑制抗体的形成而干扰免疫反应。GCs 的抗炎作用实际上起着抑制免疫反应的基础作用。

（3）抗毒素作用

GCs 能增加机体的代谢能力而提高机体对不利刺激因子的耐受力，降低机体细胞膜的通透性，阻止各种细菌的内毒素侵入机体细胞内的能力，提高机体细胞对内毒素的耐受性。GCs 不能中和毒素，而且对毒性较强的外毒素没有作用。GCs 抗毒素作用另一途径与稳定溶酶体膜密切相关。这种作用减少溶酶体内各种致炎、致热内源性物质的释放，减轻对体温调节中枢的刺激作用，降低毒素致热源性的作用。因此，用于治疗严重中毒性感染如败血症时，常具有迅速而良好的退热作用。

（4）抗休克作用

大剂量 GCs 有增强心肌收缩力，增加微循环血量，减轻外周阻力，降低微血管的通透性，扩张小动脉，改善微循环，增强机体抗休克的能力。由于 GCs 能改善休克时的微循环，改善组织供氧，减少或阻止细胞内溶酶体的破裂，减少或阻止蛋白水解酶的释放，阻止蛋白水解酶作用下多肽的心肌抑制因子（myocardio-depressnat factor，MDF）的产生。MDF 具有抑制心肌收缩，降低心输出量的作用。在休克过程中，这种作用又加剧微循环障碍。GCs 能阻断休克的恶性循环，可用于各种休克，如中毒性休克、心源性休克、过敏性休克及低血容量性休克等。

（5）其他作用

对有机物代谢及其他作用，GCs 有促进蛋白质分解，使氨基酸在肝内转化，合成葡萄糖和糖元的作用；同时，又有抑制组织对葡萄糖的摄取，因而有升血糖的作用。GCs 类的皮质醇（氢化可的松）结构与醛固酮有类似之处，故能影响水盐代谢。长期大剂量应用 GCs，会引起体内钠潴留和钾的排出增加，但比盐皮质激素的作用弱。GCs 能增进消化腺的分泌机能，加速胃肠黏膜上皮细胞的脱落，使黏膜变薄而损伤。故可诱发或加剧溃疡病的发生。

10.1.2 代谢和毒理学

10.1.2.1 体内代谢过程

GCs 易从胃肠道吸收，尤其是单胃动物，给药后很快奏效，血中峰浓度一般在 2 h 内出现。天然皮质激素持效时间短，人工合成的作用时间长，一次给药可持效 12～24 h。吸收进入血液的 GCs 大部分与皮质激素转运蛋白结合，还有少量与白蛋白结合，结合者暂无生物活性，仅 10%的 GCs 为游离型，可直接作用于靶器官细胞呈现特异性作用。游离型 GCs 在肝脏或靶细胞内代谢清除后，结合型的激素就被释放出来，以维持动物体内的血浆浓度。肝脏是 GCs 的主要代谢器官，大部分 GCs 与葡萄糖醛酸或硫酸结合，失去活性，水溶性增强，与部分游离型一起从尿中排出。反刍动物主要从尿中排出，其他动物可从胆汁排出。

10.1.2.2 毒理学与不良反应

在临床应用中，长期或大剂量应用 GCs 有可能产生以下不良反应：

（1）医源性肾上腺皮质机能亢进

长期大剂量应用 GCs 造成的由于体内 GCs 水平过高的一系列症状，包括肌肉萎缩（长期氮负平衡造成）多发生于四肢的大肌肉群；皮肤变薄；向心性肥胖；痤疮；体毛增多；高血压；高血脂；低血钾（会与肌肉萎缩合并造成肌无力）；尿糖升高；骨质疏松。

（2）诱发或加重感染或使体内潜在的感染病灶转移

这主要是因为 GCs 只有抗炎的作用，真正对造成感染的病原体并不能产生杀灭作用，而且 GCs 还会抑制免疫，降低机体抵御细菌、病毒和真菌感染的能力，这极大地增加了感染病灶恶化和扩散的概率。

（3）造成消化性溃疡

GCs 有刺激胃酸和胃蛋白酶分泌的作用，会降低胃黏膜对消化液的抵御能力，可以诱发或加重胃或十二指肠溃疡，称甾体激素溃疡。甾体激素溃疡的特征有：表浅、多发、易发生在幽门前窦部，症状较少呈隐匿性，出血和穿孔率很高。

（4）诱发胰腺炎和脂肪肝

GCs 可使胰液分泌增加、变黏稠，或使胆胰壶腹括约肌、胰管收缩，或降低胰腺的微循环，直接损伤胰腺组织，促使胰腺炎的发生。长期超生理剂量应用 GCs 可引起脂肪的代谢紊乱，表现为向心性肥胖，诱发脂肪肝。

（5）影响胎儿发育

妊娠前三个月孕妇使用 GCs 可引起胎儿发育畸形，妊娠后期大剂量应用会抑制胎儿下丘脑-垂体前叶，造成肾上腺皮质萎缩，发生产后皮质机能不全的症状。

（6）医源性肾上腺皮质功能不全

由于长时间使用 GCs 引起下丘脑-垂体前叶-肾上腺皮质轴产生负反馈调节，内源性肾上腺皮质激素的分泌会受到抑制，突然停药后会产生反跳现象和停药反应，停药半年内受到惊吓发生严重应激状态会表现肾上腺皮质功能不全症状，表现为恶心、呕吐、食欲不振、低血糖、低血压、休克等。

（7）诱发精神分裂症和癫痫

GCs 可增强多巴胺-β-羟化酶和苯乙醇胺-N-甲基转换酶的活性，增加去甲肾上腺素、肾上腺素的合成。去甲肾上腺素能抑制色氨酸羟化酶活性，降低中枢神经系统血清素浓度，扰乱两者递质的平衡，出现情绪及行为异常。可见欣快感、激动、不安、谵妄、定向力障碍、失眠、情绪异常、诱发或加重精神分裂症、类躁狂抑郁症，甚至有自杀者。大剂量还可诱发癫痫发作或惊厥。

10.1.3 最大允许残留限量

GCs 同 β-受体激动剂和合成类固醇激素一样，具有增加体重和脂肪再分配的作用，常被一些养殖户超标超量使用。但是，残留于动物源食品中的此类药物会对人体产生严重的毒副作用。因此，我国严格规定，GCs 禁止在饲料中添加使用，而且对于用作治疗目的的一些药物，如地塞米松和倍他米松，也制订了严格的最大允许残留限量（maximum residue limit，MRL）。世界主要国家和组织制定的 GCs 的 MRLs 见表 10-2。

表 10-2　世界主要国家和组织制定的 GCs 的 MRLs（μg/kg）

化合物	动物	靶组织	中国	欧盟	日本	美国
倍他米松 （betamethasone）	牛/猪	肌肉、肾	0.75	0.75	0.8	
		肌肉、脂肪、肾、可食用下水			0.3	
		肝	2.0	2.0	2.0	
	牛	奶	0.3	0.3		
	除牛、猪外所有食品动物	肌肉、肝、脂肪、肾、可食用下水、奶、蜂蜜			0.3	
地塞米松 （dexamethasone）	牛/猪/马	肌肉、肾	0.75	0.75		
		肝	2	2		
	牛	奶	0.3	0.3		
甲基强的松龙 （methylprednisolone）	牛	肌肉、脂肪、肝、肾			10	
		肌肉、脂肪、肝、肾、可食用下水				10
		奶			10	10
强的松 （prednisolone）	牛	肌肉、脂肪			4	4
		肾、肝			10	
		肝、肾、可食用下			10	
		奶		6		
	其余所有食品动物	肌肉、脂肪、肝、肾、可食用下水、蛋、蜂蜜			0.7	
氢化可的松 （hydrocortisone）	牛	奶				10

10.1.4　残留分析技术

10.1.4.1　前处理方法

（1）水解方法

由于 GCs 会与内源性的葡萄糖醛酸结合，以结合态形式存在于生物基质中，在分析 GCs 残留时，常需要使用酶水解样品，释放出游离态的 GCs。使用最多的是 β-葡萄糖醛苷酶/芳基硫酸酯酶等。

Yang 等[1]利用酶水解提取肌肉（猪肉、牛肉和虾）、牛奶和肝脏中的 50 种同化激素（包括曲安西龙、泼尼松、可的松、氢化可的松、泼尼松龙、氟米松、醋酸氟氢可的松、甲泼尼龙、倍氯米松、地塞米松、曲安奈德、氟轻松、布地奈德、丙酸氯倍他索等 GCs）。在 5 g 样品中加入 10 mL 乙酸盐缓冲液（0.2 mol/L，pH 5.2），再加入 100 μL 葡糖醛酸糖苷酶/芳基硫酸酯酶，37℃过夜，甲醇提取，固相萃取柱净化，液相色谱-串联质谱（LC-MS/MS）检测。方法的定量限（LOQ）为 0.04～2.0 μg/kg，平均回收率为 76.9%～121.3%，变异系数（CV）为 2.4%～21.2%。李存等[2]在猪肝脏样品中加入 50 μL 的 β-葡萄糖醛苷酶/芳基硫酸酯酶，在 10 mL 乙酸铵溶液中，40℃下酶解 2 h。在 0.75 μg/kg、1.5 μg/kg 和 2.0 μg/kg 添加水平下，样品中地塞米松和倍他米松的回收率在 97.3%～111% 之间。韩立等[3]利用酶水解提取动物尿液样品中泼尼松、泼尼松龙、甲基泼尼松龙、地塞米松、倍他米松、倍氯米松、醋酸氟氢可的松、醋酸可的松和氢化可的松等 9 种 GCs，准确吸取尿液试样 5.0 mL，置于 50 mL 离心管内，用乙酸调 pH 5.2，加入 0.02 mol/L 乙酸铵缓冲液 5.0 mL，再加入 β-盐酸葡萄糖醛苷酶/芳基硫酸酯酶 50 μL，涡旋混匀，于 37℃±1℃避光振荡 16 h。乙酸乙酯提取，HLB 柱串联氨基柱净化，LC-MS/MS 分析。方法的检出限（LOD）为 0.5 ng/mL，LOQ 为 1.0 ng/mL，回收率为 55.0%～106.2%，批内、批间 CV 均低于 15.4%。

Van Den Hauwe 等[4]使用蜗牛液（*Helix pomatia* juice）水解牛肝脏样品，建立了可以检测 11 种 GCs（倍他米松、地塞米松、氟米松、泼尼松、泼尼松龙、甲泼尼龙、氟氢可的松、曲安西龙、曲安奈德、倍氯米松和可的松）的 LC-MS/MS 方法，并对酶水解的温度、pH 和水解时间进行了优化。结果显示，在 pH 5.2、40℃、时间不超过 4 h 时，可以取得满意的水解效果。

（2）提取方法

GCs 残留分析主要采用液液萃取（LLE）的提取方法。近年来，一些新的提取技术，如加压溶剂萃取（PLE）、超声辅助萃取（UAE）、固相微萃取（SPME）等也开始应用到 GCs 残留的提取中。

1）液液萃取（liquid liquid extraction，LLE）

LLE 是最为常用的 GCs 提取方法，提取溶剂主要包括甲醇、乙腈、甲基叔丁基醚、乙醚、乙酸乙酯以及缓冲溶液等。

牛晋阳等[5]建立了猪肉中 GCs 多残留分析方法。样品经甲醇提取，免疫亲和柱净化后，采用 LC-MS/MS 进行检测分析。GCs 的线性范围均为 0.5～100 μg/kg，低、中、高 3 种质量浓度加标回收率均为 78%～101%，LOD 为 0.2～2 μg/kg。崔晓亮等[6]开发了牛奶中 12 种 GCs 残留的分析方法。试样中加入 pH 5.20 的醋酸盐缓冲溶液和甲醇，超声提取，去除部分蛋白质，然后用正己烷脱脂，依次经 HLB 柱、硅胶柱和氨基柱等固相萃取柱浓缩和净化后，LC-MS/MS 测定。该法的 LOD 为 0.02～0.38 μg/kg，LOQ 为 0.07～1.27 μg/kg；添加水平为 2 μg/kg 和 0.4 μg/kg 时，加标回收率为 69.3%～94.3%，相对标准偏差（RSD）为 3.5%～16.7%。Van den Hauwe 等[7]报道了检测牛肾脏、肌肉和毛发中 GCs 的方法。样品经酶水解后，用甲醇提取，固相萃取柱净化后用 LC-MS/MS 测定。方法性能指标满足残留分析要求。徐锦忠等[8]建立了鸡肉和鸡蛋中泼尼松、泼尼松龙、地塞米松、氟氢可的松、甲基泼尼松、倍氯米松及氢化可的松多残留检测方法。样品经乙腈超声提取，正己烷脱脂净化后，进行 LC-MS/MS 定性及定量分析。该方法的 LOQ 为 0.5 μg/kg；在 0.5 μg/kg、1.0 μg/kg 和 5.0 μg/kg 浓度添加水平，平均回收率为 73.4%～108.9%，RSD 为 3.4%～13.4%。Zhang 等[9]建立了检测血浆中地塞米松和地塞米松磷酸钠的分析方法。采用乙腈-甲醇混合溶液提取并沉淀蛋白，LC-MS/MS 测定。该方法在 0.5～500 μg/L 呈线性（*r* 大于 0.99），日内和日间的 CV 小于 10%，LOQ 为 0.5 μg/L。

李飞等[10]建立了速冻调制肉制品中 7 种 GCs（泼尼松、泼尼松龙、地塞米松、倍他米松、氟氢可的松乙酸盐、倍氯米松、氢化可的松）的残留检测方法。样品经乙酸乙酯提取后，过硅胶固相萃取柱净化，最后用乙腈定容，LC-MS/MS 测定。方法的 LOD 为 0.2～1.0 μg/kg，LOQ 为 0.5～2.0 μg/kg；添加回收率范围为 85.0%～96.4%，RSD 为 2.3%～6.1%。Shearan 等[11]开发了牛肉、肾脏、肝脏和脂肪组织中地塞米松的检测方法。牛肉、肾脏、肝脏用乙酸乙酯提取，脂肪用乙醚提取，经净化后，用高效液相色谱（HPLC）检测。该方法的 LOD 可达到 0.01 mg/kg。Mazzarino 等[12]通过调节 pH 后，采用甲基叔丁基醚提取尿液中的 16 种合成 GCs，经 LC-MS/MS 测定，方法 LOD 在 1～50 ng/mL 之间。Earla 等[13]采用甲基叔丁基醚提取兔眼组织中的地塞米松和泼尼松龙，净化后用 LC-MS/MS 测定。地塞米松和泼尼松龙的 LOQ 为 2.7 ng/mL 和 11.0 ng/mL，日内和日间精密度为 13.3% 和 11.1%，准确度为 19.3% 和 12.5%。Zou 等[14]利用乙醚-环己烷混合溶液提取血浆中的倍他米松，在 0.5 mL 血浆中加入 3 mL 乙醚-环己烷（4+1，v/v），涡动混合 3 min，4000 r/min 离心 10 min，有机层氮气吹干，150 μL 流动相复溶，LC-MS/MS 分析。该方法的回收率为 92.5%～106.5%，LOQ 为 0.1 ng/mL。Salem 等[15]采用乙醚-环己烷提取血液中的倍他米松及其乙酸和磷酸酯，固相萃取净化后，LC-MS/MS 测定。倍他米松的 LOD 为 0.50 ng/mL，其乙酸酯的 LOD 为 1.00 ng/mL，在 2.0～200.0 ng/mL 范围呈良好线性。

邹晓春等[16]用乙酸钠-乙酸缓冲溶液匀浆，超声振荡，对肉中 5 种 GCs 进行提取，再用 HLB 固相萃取小柱净化，LC-MS/MS 测定。在不同浓度水平下各 GCs 的平均加标回收率均在 86.2%～102.8% 之间，相对标准偏差（RSD）均小于 10.4%；LOD 为 0.026～0.093 μg/kg，LOQ 在 0.087～0.31 μg/kg 之间。

2）加压溶剂萃取（pressurized liquid extraction，PLE）

PLE 是指在较高的温度（50～200℃）和压力（1000～3000 psi 或 10.3～20.6 MPa）下，用溶剂萃

取固体或半固体样品的新颖的样品前处理方法。与传统提取方式相比，PLE速度快、溶剂用量少、萃取效率高、待测组分回收率好，可实现全自动安全操作。Chen等[17]建立了牛、猪、羊可食组织中8种GCs（泼尼松、泼尼松龙、氢化可的松、甲基强的松龙、地塞米松、倍他米松、丙酸倍氯米松和氟氢可的松）的测定方法。以正己烷-乙酸乙酯（50+50，v/v）为提取溶剂，在1500 psi和50℃下进行加压溶剂萃取，再进行LC-MS/MS分析。在0.5～6 μg/kg添加浓度范围内，方法回收率在70.1%～103.1%之间，LOQ在0.5～2 μg/kg之间。

3）超声辅助萃取（ultrasound-assisted extraction，UAE）

UAE是利用超声波辐射压强产生的强烈机械振动、扰动效应、乳化、扩散、击碎和搅拌等多级效应，增大物质分子运动频率和速度，增加溶剂穿透力，从而加速目标成分进入溶剂，促进提取的进行。优点是萃取速度快，价格低廉、效率高。崔晓亮等[6]利用UAE提取牛奶中的12种GCs。称取5.0 g均匀的牛奶试样，置于50 mL离心管中，加入10 mL醋酸-醋酸钠缓冲溶液（0.2 mol/L，pH 5.20）和35 mL甲醇，超声振荡5 min，于0℃下10000 r/min离心10 min，正己烷脱脂，固相萃取柱净化，LC-MS/MS分析。该方法的LOD为0.02～0.38 μg/kg，LOQ为0.07～1.27 μg/kg，回收率为69.3%～94.3%，RSD为3.5%～16.7%。Caretti等[18]采用三氟乙酸溶液在UAE条件下提取牛奶中的13种GCs，经富集和净化后，用LC-MS/MS测定，地塞米松-D4为内标定量。方法回收率超过70%，日内精密度小于12%。

4）固相微萃取（solid phase microextraction，SPME）

SPME是在固相萃取技术上发展起来的一种微萃取分离技术，是一种集采样、萃取、浓缩和进样于一体的无溶剂样品微萃取新技术。与固相萃取技术相比，SPME操作更简单，携带更方便，操作费用也更加低廉；另外，克服了固相萃取回收率低、吸附剂孔道易堵塞的缺点。Ebrahimzadeh等[19]报道了采用基于载体介导转运的三相中空纤维微萃取技术提取牛奶、血清中地塞米松磷酸钠的方法。以含有5%（w/v）Aliquate-336的正辛醇作为载体，将地塞米松磷酸钠从7.5 mL pH 3酸性溶液（源相）萃取到有机相中，并含浸在中空纤维的孔中，最后再24 μL pH 9.5位于中空纤维内腔里面（接收相）的碱性溶液萃取。提取基于从源相到接收相抗衡离子的梯度而发生。作者对影响提取效率的参数进行优化。在优化条件下，预浓缩因子为276，LOD为0.2 μg/L，线性范围为1～1000 μg/L，RSD小于7.2%。

（3）净化方法

GCs的净化通常采用液液分配（LLP）、沉淀、固相萃取（SPE）来完成，近年来也有使用免疫亲和色谱（IAC）、基质固相分散（MSPD）以及QuEChERS等净化技术的报道。

1）液液分配（liquid liquid partition，LLP）

样品中的脂肪通常加入正己烷进行LLP去除。

李存等[2]用乙腈提取猪肝脏中的地塞米松和倍他米松。在猪肝脏样品中加入15 mL乙腈，混匀后以4000 r/min离心2 min，收集提取液于50 mL离心管中，在残渣中加入10 mL乙腈，匀质30 s，以4000 r/min离心2 min，合并两次提取液，加入10 mL正己烷和4 mL乙酸乙酯，涡旋混合1 min后，以4000 r/min离心2 min，然后吸取中间层于50 mL梨形瓶中，加入5 mL正丙醇，在50℃水浴中旋转浓缩至干，用1 mL甲醇溶解残渣，待全部残渣溶解后加入10 mL纯水，混匀后C18固相萃取柱净化，进行LC-MS/MS分析，同位素内标法定量分析。地塞米松和倍他米松的LOD分别为0.12 μg/kg和0.14 μg/kg，LOQ分别为0.42 μg/kg和0.47 μg/kg；在添加浓度0.75～2.0 μg/kg范围内，平均添加回收率为97.3%～111%。

李飞等[10]用乙酸乙酯提取速冻调制肉制品中的GCs，正己烷LLP去除杂质，LC-MS/MS测定。方法的LOD为0.2～1.0 μg/kg，LOQ为0.5～2.0 μg/kg，添加回收率范围为85.0%～96.4%，RSD为2.3%～6.1%。

徐锦忠等[8]用乙腈超声提取鸡肉和鸡蛋中泼尼松、泼尼松龙、地塞米松、氟氢可的松、甲基泼尼松、倍氯米松及氢化可的松，正己烷LLP脱脂净化后，进行LC-MS/MS分析。该方法的LOQ为0.5 μg/kg；在0.5 μg/kg、1.0 μg/kg和5.0 μg/kg浓度添加水平，平均回收率为73.4%～108.9%，RSD

为 3.4%～13.4%。

Zhang 等[20]采用 LLP 技术提取净化血浆和尿液中的氢化可的松和泼尼松龙。1 mL 样品中加入 6 mL 乙酸乙酯，混匀，室温静置 10 min，1789 g 离心 20 min，收集乙酸乙酯层，水相再用 1 mL 乙酸乙酯萃取 1 次，静置，离心，合并乙酸乙酯层，40℃水浴氮气吹干，250 μL 甲醇复溶，HPLC 检测。方法的回收率为 88.4%～104.4%；尿液中泼尼松龙的 LOD 和 LOQ 分别为 1.7 ng/mL 和 5.2 ng/mL，氢化可的松的 LOD 和 LOQ 为 0.8 ng/mL 和 2.5 ng/mL；血浆中泼尼松龙的 LOD 和 LOQ 分别为 1.0 ng/mL 和 3.0 ng/mL。

2）沉淀法（precipitation）

生物基质（如牛奶）中含有大量的蛋白质，会干扰 GCs 残留分析，常采用试剂沉淀的方法来去除。通常加入氢氧化钠、三氯乙酸、三氟乙酸等溶液脱蛋白。

李飞等[10]用乙酸乙酯提取组织中的 GCs，残渣中加入 0.1 mol/L 氢氧化钠溶液 10 mL，混匀，再加乙酸乙酯 20 mL，涡旋混合，振动 15 min，8000 r/min 离心 15 min，移取乙酸乙酯层，合并两次提取液，LC-MS/MS 测定。方法的 LOD 为 0.2～1.0 μg/kg，LOQ 为 0.5～2.0 μg/kg，添加回收率范围为 85.0%～96.4%，RSD 为 2.3%～6.1%。侯亚莉等[21]在碱性条件下用乙酸乙酯提取牛肉中地塞米松、倍他米松和倍氯米松，正己烷 LLP 脱脂，固相萃取柱净化后，进行 LC-MS/MS 分析。方法的 LOD 和 LOQ 为 0.5 μg/kg 和 2.0 μg/kg；方法回收率在 77.6%～97.9%之间，批内 CV 为 2.5%～7.9%，批间 CV 为 3.1%～8.7%。Iglesias 等[22]在牛肝中加入氢氧化钠溶液，再用乙酸乙酯提取地塞米松，蒸干，乙腈复溶后，用正己烷 LLP，再用 HPLC 测定。方法回收率 80%以上，LOD 为 0.2 ppb，重现性为 10.7%，重复性为 6.2%～8.9%。

Caretti 等[18]用纯水将 5 mL 牛奶稀释到 20 mL，加入 300 μL 三氟乙酸酸化，涡动混匀 1 min，超声 5 min，6000 r/min 离心 10 min，再用 10 mL 2%三氟乙酸溶液洗涤蛋白沉淀物 2 次，C$_{18}$ 固相萃取柱净化后用 LC-MS/MS 测定。13 种 GCs 的回收率超过 70%，日间 RSD 小于 12%。Cherlet 等[23]向牛奶中加入三氯乙酸沉淀蛋白，过滤，再用固相萃取柱净化，LC-MS/MS 测定。地塞米松的 LOQ 为 0.15 ng/mL，LOD 为 41 pg/mL；检测限（CC$_\alpha$）和检测能力（CC$_\beta$）分别为 0.48 ng/mL 和 0.76 ng/mL；方法回收率高于 56%。该作者[24]采用类似的方法检测牛血浆中的地塞米松，加入三氯乙酸沉淀蛋白后，用乙酸乙酯提取，LC-MS/MS 测定，方法 LOQ 可以达到 1 ng/mL。

3）固相萃取（solid phase extraction，SPE）

GCs 残留净化常用的 SPE 柱填料主要有 C$_{18}$、HLB、氨基、MCX 和硅胶等。

李存等[2]将猪肝提取液在 50℃水浴中旋转浓缩至干，用 1 mL 甲醇溶解残渣，待全部残渣溶解后加入 10 mL 纯水，混匀后过 C$_{18}$ 固相萃取柱净化，进行 LC-MS/MS 分析，内标法定量。地塞米松和倍他米松的 LOD 分别为 0.12 μg/kg 和 0.14 μg/kg，LOQ 分别为 0.42 μg/kg 和 0.47 μg/kg；在添加浓度 0.75～2.0 μg/kg 范围内，平均添加回收率为 97.3%～111%。该作者[25]还开发了牛奶中地塞米松和倍他米松的残留检测方法。样品直接过 C$_{18}$ 固相萃取柱富集净化，洗脱后 LC-MS/MS 分析。技术指标满足法规要求。Van den Hauwe 等[4]用 C$_{18}$ 固相萃取柱净化牛肝中的 11 种 GCs，LC-MS/MS 检测。禁用 GCs 的 CC$_\alpha$ 和 CC$_\beta$ 在 0.08～0.38 μg/kg 之间，倍他米松、地塞米松、强的松龙和甲基强的松龙在 0.1～0.5 μg/kg 之间。

吴敏等[26]采用 SPE 技术净化猪肉中地塞米松、倍他米松和倍氯米松。在提取液中加入磷酸盐缓冲溶液，在弱酸性条件下过 HLB 固相萃取柱，使待测物保持正离子态而被吸附在固相萃取柱上。依次用 5 mL 水、磷酸盐缓冲溶液、水淋洗，再用 2 mL 二氯甲烷洗脱，LC-MS/MS 检测。方法回收率在 83%～96%之间，地塞米松、倍他米松和倍氯米松的 LOQ 分别为 1 μg/kg、1 μg/kg、2 μg/kg。Hidalgo 等[27]建立了尿液中地塞米松的气相色谱-质谱（GC-MS）检测方法。样品经酶解后，过 HLB 柱净化，衍生化后，用 GC-MS 测定。该方法比较了 HLB 和 C$_{18}$ 固相萃取柱的净化效果，发现 HLB 净化效果好、回收率高，可以显著降低基质的本底信号，方法 LOD 可以达到 0.2 ng/mL。邹晓春等[16]用乙酸钠-乙酸缓冲溶液提取肉中 5 种 GCs，再过 HLB 柱净化，LC-MS/MS 测定。平均加标回收率在 86.2%～

102.8%之间，RSD 小于 10.4%。

李飞等[10]建立了速冻调制肉制品中 GCs 的残留检测方法。样品经乙酸乙酯提取后，过硅胶 SPE 柱净化，最后用乙腈定容，经 LC-MS/MS 测定。采用外标峰面积法进行定量，该方法的 LOD 分别为 0.2 μg/kg、0.5 μg/kg、1.0 μg/kg，LOQ 分别为 0.5 μg/kg、1.0 μg/kg、2.0 μg/kg；添加回收率范围为 85.0%～96.4%，RSD 为 2.3%～6.1%。Mallinson 等[28]分析牛、猪和羊肝、肉中的地塞米松，样品在氢氧化钠存在的条件下用乙酸乙酯提取，离心，有机相过硅胶 SPE 柱净化，再用 HPLC 测定。肝脏和肌肉的回收率分别大于 70%和 60%，LOD 为 1.4 ppb。

侯亚莉等[21]建立了牛肉中地塞米松、倍他米松和倍氯米松的残留分析方法。样品在碱性条件下经乙酸乙酯提取，正己烷 LLP 脱脂，通过 MCX 固相萃取柱净化后，进行 LC-MS/MS 分析。方法的 LOD 和 LOQ 分别为 0.5 μg/kg 和 2.0 μg/kg，三种药物添加水平为 0.5 μg/kg、2 μg/kg 和 50 μg/kg 时，方法的回收率在 77.6%～97.9%之间。Salem 等[15]采用乙醚-环己烷提取血液中的倍他米松及其乙酸和磷酸酯，MCX 固相萃取柱净化后，LC-MS/MS 测定。倍他米松的 LOD 为 0.50 ng/mL，其乙酸酯的 LOD 为 1.00 ng/mL，在 2.0～200.0 ng/mL 范围呈良好线性。

为了提高净化效果，也有采取联合用柱的方式进行净化。

Shao 等[29]建立同时测定猪肉、猪肝、猪肾中 16 种 GCs 的残留分析方法。酶解液首先用石墨化碳黑（ENVI-Carb）柱净化，然后再用氨基柱进一步净化，LC-MS/MS 测定。16 种药物的线性范围在 1～250 μg/L 之间，LOQ 在 0.1～1.0 μg/kg 之间，在添加浓度 0.4～2.0 μg/kg 的回收率为 81.0%～112.3%。Kaklamanos 等[30]联合使用 HLB 和氨基 SPE 柱净化肌肉组织中的 GCs。肌肉组织经水解，甲基叔丁基醚提取，正己烷脱脂，氮气吹干，甲醇-水（1+9，v/v）复溶，Oasis HLB 净化，HLB 柱用 3 mL 甲醇活化和 3 mL 平衡，上样后用 3 mL 含 5%甲醇的 2%氨水溶液（v/v）、3 mL 含 40%甲醇的 2%氨水溶液（v/v）和 3 mL 水分别洗涤，3 mL 丙酮-甲醇（80+20，v/v）洗脱，洗脱液直接通过已用 3 mL 丙酮-甲醇（80+20，v/v）预淋洗的氨基柱，收集流出液，于 55℃水浴中氮气吹干，加入 600 μL 甲醇复溶，再于 55℃水浴中氮气吹干后，加入 100 μL 甲醇复溶，LC-MS/MS 检测。方法的 CCα 和 CCβ 分别为 0.03～0.14 ng/g 和 0.05～0.24 ng/g。崔晓亮等[6]联合使用 HLB、硅胶、氨基 SPE 柱净化牛奶中的 12 种 GCs。试样经甲醇提取，正己烷脱脂，SPE 净化。HLB 柱依次用 6 mL 甲醇、6 mL 水活化后，将试样溶液过柱，先用 6 mL 水淋洗，再用 6 mL 甲醇洗脱；洗脱液用氮气吹干后，加入 3 mL 正己烷溶解，过硅胶柱，用 6 mL 正己烷淋洗，再用 6 mL 水饱和的乙酸乙酯洗脱；洗脱液用氮气吹干后，加入 3 mL 甲醇-乙酸乙酯（40+60，v/v）溶解，过氨基柱，收集流出液，再用 3 mL 甲醇-乙酸乙酯（40+60，v/v）洗脱，合并流出液，用氮气吹干，加入甲醇溶解，用 LC-MS/MS 测定。该法的 LOD 为 0.02～0.38 μg/kg，LOQ 为 0.07～1.27 μg/kg；回收率为 69.3%～94.3%，RSD 为 3.5%～16.7%。

4）免疫亲和色谱（immunoaffinity chromatography，IAC）

IAC 以抗原抗体的特异性、可逆性免疫结合反应为基础，当含有待测组分的样品通过 IAC 柱时，固定抗体选择性地结合待测物，其他不被识别的样品杂质则不受阻碍地流出 IAC 柱，经洗涤除去杂质后将抗原-抗体复合物解离，待测物被洗脱，样品得到净化。其优点在于对目标化合物的高效、高选择性保留能力，特别适用于复杂样品痕量组分的净化与富集。Bagnati 等[31]报道了采用 IAC 提取牛尿中地塞米松和倍他米松的检测方法。以含地塞米松抗体的硅胶填料装柱，制备 IAC 柱，连入 HPLC 系统，用作在线提取和净化。尿液直接进样，收集 HPLC 净化后的组分，经浓缩、N, O-双（三甲基硅烷基）三氟乙酰胺（BSTFA）衍生化后，采用 GC-MS 测定。方法 LOD 为：地塞米松 0.1 ng/mL，倍他米松 0.2 ng/mL。牛晋阳等[5]建立了猪肉中 GCs 多残留分析方法。样品经甲醇提取，IAC 柱净化后，采用 LC-MS/MS 检测分析。在低、中、高 3 种质量浓度加标回收率均为 78%～101%，LOD 为 0.2～2 μg/kg。

5）基质固相分散萃取（matrix solid phase dispersion，MSPD）

MSPD 是将样品与填料一起混合研磨，使样品均匀分散于固定相颗粒表面，制成半固态后装柱，然后根据"相似相溶"原理选择合适的洗脱剂洗脱。该技术浓缩了传统样品前处理中匀浆、组织细胞裂解、提取、净化等多个过程，避免了待测物在这些过程中的损失，提取净化效率高、耗时短、节省溶剂、样品用量少，但研磨的粒度大小和填装技术的差别会使淋洗曲线有所差异，不易标准化。Dési 等[32]报道了采用 MSPD 技术净化牛奶中地塞米松和氢化波尼松残留的方法。研究比较了 C$_{18}$、C$_8$、C$_4$、C$_2$、Phenyl 等填料的净化效果，发现 C$_2$ 填料净化后共萃取的脂肪较少，且过柱速度更快，将提取、净化、浓缩合为一步，简化和加快了样品前处理步骤。该方法取 4 g 的 C$_2$ 吸附剂，用 5 mL 甲醇冲洗 2 次后与 10 g 牛奶样品充分混合，加入 3 mL 乙腈再次充分混合，静置 5 min，加入 8 mL 水混合，抽干，20 mL 水洗涤，真空抽干 5 min 后，连在弗罗里硅土 SPE 柱（用 5 mL 正己烷和 10 mL 乙腈平衡）上面，用 20 mL 乙腈洗脱，洗脱液于 55℃下氮气吹干，2 mL 乙腈复溶，1 mL 正己烷液液萃取 3 次，乙腈层氮气吹干后，用 250 μL 流动相复溶，HPLC 检测。地塞米松和氢化波尼松的 LOD 分别为 0.075 μg/kg 和 0.50 μg/kg，回收率分别为 52.9%～64.7%和 59.0%～64.1%，RSD 分别为 3.0%～4.1%和 2.9%～5.1%。

　　6）QuEChERS（Quick，Easy，Cheap，Effective，Rugged，Safe）

　　QuEChERS 是近年来国际上最新发展起来的一种用于农产品检测的快速样品前处理技术。其原理与 HPLC 和 SPE 相似，都是利用吸附剂填料与基质中的杂质相互作用，吸附杂质从而达到除杂净化的目的。连英杰等[33]建立鸡肉中 4 种 GCs 多残留的 QuEChERS/超高效液相色谱-串联质谱（UPLC-MS/MS）同时测定方法。称取 5.00 g 鸡肉样品于 50 mL 离心管中，加入 10 mL 乙酸乙酯，均质 1 min，再加入 pH 12 氢氧化钠缓冲液 5 mL，涡旋 1 min，4000 r/min 离心 5 min，收集上清液移入 50 mL 离心管，试样残渣中再加入 10 mL 乙酸乙酯均质离心重复提取一次，合并上清液。离心管中加入 0.6 g 分散剂（PSA 50 mg，bulk carbograph 7.5 mg，C$_{18}$EC 50 mg，硫酸镁 50 mg），涡旋 2 min 净化，4000 r/min 离心 5 min，取上层液体过有机滤膜，采用 UPLC-MS/MS 检测。4 种药物在相应的浓度范围内线性良好，相关系数均大于 0.991；在 3 个加标水平下的平均回收率为 84.4%～94.1%，RSD 为 7.5%～12.5%；LOD 和 LOQ 分别为 0.37～9.55 μg/kg 及 1.11～28.65 μg/kg。

10.1.4.2　测定方法

　　GCs 的测定方法主要有毛细管电泳法（CE）、高效液相色谱法（HPLC）、液相色谱-质谱法（LC-MS）、气相色谱-质谱法（GC-MS）和免疫学方法（IA）等。

　　（1）毛细管电泳法（capillary electrophoresis，CE）

　　1）毛细管区带电泳（capillary zone electrophoresis，CZE）

　　CZE 是 CE 中最常见的分离模式，是以弹性石英毛细管为分离通道，以高压直流电场为驱动力，依据样品中各组分之间淌度和分配行为上的差异而实现分离的电泳分离分析方法。CZE 用以分析带电溶质，样品中各个组分因为迁移率不同而分成不同的区带。Baeyens 等[34]建立了检测泪液中地塞米松磷酸钠及其代谢物地塞米松的 CZE 方法。电泳缓冲液为 100 mmol/L 四硼酸钠缓冲液，电压为 25 kV，5 kPa 压力进样，时间 20 s，毛细管柱的总长度为 64.5 cm、有效长度为 56.0 cm、内径为 50 μm、外径为 375 μm，柱温为 25℃，二极管阵列（DAD）检测器在 190～600 nm 全波长扫描。该方法的 LOD 和 LOQ 分别为 0.5 μg/mL 和 2.0 μg/mL，线性范围为 2～100 μg/mL。

　　2）毛细管胶束电动力学色谱（micellar electrokinetic capillary chromatography，MECC）

　　MECC 为一种基于胶束增溶和电动迁移的新型液体色谱，在缓冲液中加入离子型表面活性剂作为胶束剂，利用溶质分子在水相和胶束相分配的差异进行分离。MECC 柱效高，流行平面没有谱带扩展，散热好，胶束本身处于动态，和离子接触多，分离效率高。由于应用的表面活性剂的种类不同，明显改变分离效果，加有机感性剂，可改变 MECC 选择性，从而大大提高分离效能。适合于中性物质的分离，还可以分析离子，亦可区别手性化合物，而且，成本低，操作简单。Noé 等[35]建立了检测血清中泼尼松龙的 MECC 方法。血清样品经 C$_{18}$ 固相萃取柱净化，在一定的压力（20 mbar，0.06 min）下注入熔融石英毛细管（i.d. 50 mm，总长度 66 cm，有效长度 49.5 cm），自动进样器的温度为 20℃±0.1℃，毛细管炉的温度为 25℃±0.1℃，采用 30 kV 恒压（电流为 65 mA）在 10 min 内分离，磷酸盐-四硼酸盐缓冲液（pH 8.0，20 mmol/L）用于定量测定泼尼松龙，紫外检测器（UVD）在 254 nm 检测。该方法的线性范围为 0.5～4 μg/mL，相关系数为 0.990，LOD 为 250 ng/mL，LOQ 为 500 ng/mL。

3）加压毛细管电色谱（pressurized capillary electrochromatography，pCEC）

pCEC 是近年发展起来的一种新型微分离分析技术，它整合了 CE 与 HPLC 的优点，通过在填充有 HPLC 填料的毛细管电色谱柱两端施加高压直流电场，样品在 CE 柱中的保留行为同时受到电渗流及其在流动相与固定相之间分配系数的影响，双重分离机制大大提高了样品分离能力，适用于复杂生物样品中待测物的分离。结合毛细管柱上检测技术，pCEC 可与 UVD、荧光检测器（FLD）、激光诱导荧光检测器（LIF）、电化学检测器（ECD）及质谱（MS）等多种检测手段联用。李博祥等[36]采用反相 pCEC-UVD 技术，建立了一种高效、简便的 GCs 分析方法，适用于毛发中 GCs 的检测。使用 C_{18} 反相毛细管填充柱（内径 100 μm，毛细管全长 45 cm，有效长度 20 cm，ODS 填料粒径 3 μm），流动相为 1.5 mmol/L 的 Tris-乙腈溶液（pH 8.0，65+35，v/v），检测波长为 245 nm、分离电压为−10 kV、反压阀压力为 10.5 MPa、泵流速为 0.05 mL/min，进行等度洗脱，倍他米松、地塞米松、泼尼松、泼尼松龙、醋酸泼尼松龙、醋酸氢化可的松、醋酸可的松、皮质脂酮等 8 种 GCs 在 20 min 内实现快速分离。各组分的质量浓度线性范围达到 3 个数量级，迁移时间和峰面积的 RSD 分别小于 4.8%和 7.4%；不同浓度 GCs 的回收率为 71%～85%；方法 LOQ 分别为：泼尼松龙 0.72 μg/g、泼尼松 0.72 μg/g、倍他米松 0.59 μg/g、地塞米松 1.37 μg/g、醋酸可的松 1.41 μg/g、醋酸泼尼松龙 1.07 μg/g、醋酸氢化可的松 1.03 μg/g、皮质脂酮 1.36 μg/g。

（2）高效液相色谱法（high performance liquid chromatography，HPLC）

在 HPLC 检测中，反相 C_{18} 色谱柱是目前 GCs 分离最常用的液相色谱柱，而酸性流动相有助于改善峰形，通常采用甲醇或乙腈-甲酸溶液，甲酸的浓度通常采用 0.1%～0.5%，也有采用乙酸铵溶液和三氟乙酸溶液的报道。GCs 常用的检测器主要有紫外检测器（ultraviolet detector，UVD）、荧光检测器（fluorescence detector，FLD）和化学发光检测器（electrochemical detector，CLD）等。

1）紫外检测器（UVD）和二极管阵列检测器（DAD/PDA）

UVD 是 HPLC 方法中常用的检测器。GCs 在紫外（200～400 nm）有强吸收，但在 200 nm 处基质干扰严重；多数 GCs 有共轭双键，在 240 nm 有强吸收，基质干扰减少，采用最多。

Shearan 等[11]建立了牛组织中地塞米松的反相 HPLC-UVD 检测方法。肌肉、肾脏和肝脏用乙酸乙酯提取，脂肪用乙醚提取，甲泼尼龙作为内标，C_{18} 固相萃取柱净化后，用 C_{18} 柱（250 mm×4.6 mm，5 μm）分离，甲醇-水（70+30，v/v）为流动相，在 254 nm 处检测。地塞米松的 LOD 为 0.01 mg/kg。

Dèsi 等[32]建立了牛奶中地塞米松和泼尼松龙残留检测方法。采用 MSPD 提取和净化，C_{18} 色谱柱（250 mm×4.6 mm，5 μm）分离，流动相为水和乙腈，梯度洗脱，流速为 1 mL/min，柱温 40℃，进样量为 100 μL，DAD 在 240 nm 检测。地塞米松和泼尼松龙的 LOD 分别为 0.075 μg/kg 和 0.50 μg/kg，回收率分别为 52.9%～64.7%和 59.0%～64.1%，RSD 分别为 3.0%～4.1%和 2.9%～5.1%。

Grippa 等[37]建立了 HPLC 方法测定马血清中的氢化可的松、地塞米松等药物。用乙酸乙酯提取，氮气吹干后，甲醇复溶，进 HPLC 分析。C_{18} 柱分离，流动相为乙腈-水（51+49，v/v，含 0.1%三氟乙酸），流速 1 mL/min，254 nm 处检测，以丙磺舒为内标定量。方法 LOQ 为 0.25 μg/mL，批内和批间 CV 分别为 3%～6%和 9%～15%。Zhang 等[20]建立了检测血浆和尿液中氢化可的松和泼尼松龙的 HPLC-DAD 方法。使用乙酸乙酯提取，Hypersil-ODS 色谱柱（125 mm×4.0 mm，5.0 μm）分离，流动相采用甲醇-水（60+40，v/v），流速 1 mL/min，进样量 20 μL，柱温 25℃，DAD 在 200～380 nm 检测。方法的回收率为 88.4%～104.4%；尿液中泼尼松龙的 LOD 和 LOQ 分别为 1.7 ng/mL 和 5.2 ng/mL，氢化可的松的 LOD 和 LOQ 为 0.8 ng/mL 和 2.5 ng/mL；血浆中泼尼松龙的 LOD 和 LOQ 分别为 1.0 ng/mL 和 3.0 ng/mL。盛欣等[38]建立了测定血液和尿液中倍他米松的 HPLC-UVD 法。以乙酸乙酯为萃取剂、泼尼松为内标。用 C_{18} 柱（250 mm×4.6 mm，5 μm）分离，甲醇-水（60+40，v/v）为流动相，检测波长 240 nm 测定。倍他米松在血液和尿液中的线性范围为 0.1～20 μg/mL，r^2 大于 0.999；LOD 均为 0.02 μg/mL；平均回收率为 91%～104%，日内、日间 RSD 小于 4.6%。

2）荧光检测器（FLD）

FLD 也是 HPLC 常用的一种检测器。用紫外线照射色谱馏分，当试样组分具有荧光性能时，即可检出。FLD 选择性高，只对荧光物质有响应；灵敏度也高，最低检出限可达 10～12 μg/mL，适合于各种荧光物质的痕量分析，也可用于检测不发荧光但经化学反应后可发荧光的物质。Wu 等[39]建立了血浆中倍他米松和地塞米松的 HPLC-FLD 检测方法。血浆经 C_{18} 固相萃取柱净化，洗脱液用离心蒸发器 60℃蒸干，加入 100 μL 1-乙氧基-4-（二氯-S-三嗪基）萘（1.0 mmol/L）溶解，再加入约 50 mg 碳酸钾，40℃水浴振荡反应 1 h 后，用 C_{18} 色谱柱分离，乙腈-水（60+40，v/v）作为流动相，FLD 检测（激发波长 360 nm，发射波长 410 nm）。方法线性范围在 2.5～50.0 pmol 之间，LOQ 为 80.0 fmol/20 μL，回收率均优于 90%。

3）化学发光检测器（CLD）

CLD 的原理是某些物质在常温下进行化学反应，生成处于激发态势反应中间体或反应产物，当它们从激发态返回基态时，就发射出光子。由于物质激发态的能量是来自化学反应，故叫作化学发光，其光强度与该物质的浓度成正比。这种检测器不需要光源，也不需要复杂的光学系统，只要有恒流泵，将化学发光试剂以一定的流速泵入混合器中，使之与柱流出物迅速而又均匀地混合，产生化学发光，通过光电倍增管将光信号变成电信号，就可进行检测。CLD 有设备简单、价廉、线性范围宽、快速、灵敏等优点。

Iglesias 等[22]建立了牛肝脏中地塞米松的 HPLC-CLD 检测方法。采用氢氧化钠溶液和乙酸乙酯提取组织样品，离心后蒸干，乙腈复溶，正己烷脱脂，以乙腈-0.5 mmol/L 乙酸铵溶液（pH 6.0，40+70，v/v）为流动相，C_{18} 色谱柱分离，发光氨作为化学发光试剂，CLD 检测。方法回收率高于 80%，LOD 达到 0.2 ppb。Zhang 等[40]建立了在线电解生成[Cu（HIO_6）$_2$]$^{5-}$-发光氨化学发光-HPLC 法检测猪肝脏中的 7 种 GCs。基于 GCs 对[Cu（HIO_6）$_2$]$^{5-}$-发光氨的化学发光信号的增敏作用，流动注射在线电解生成[Cu（HIO_6）$_2$]$^{5-}$-发光氨，化学发光检测 GCs。采用 Nucleosil RP-C_{18} 色谱柱（250 mm×4.6 mm i.d.，5 μm）分离，乙腈-1.0 mmol/L 乙酸铵溶液（pH 6.8，40+60，v/v）为流动相，流速为 8 mL/min。在添加浓度 5～50 ng/g 范围，方法回收率在 88%～106%之间，RSD 为 2.0%～6.9%。

（3）气相色谱-质谱法（gas chromatography-mass spectrometry，GC-MS）

GCs 中含有多个羟基极性基团，不挥发、热稳定性差，因此必须进行衍生化后（主要包括硅烷化、酰化）才能进行 GC 分析。一般多用 N,O-二（三甲基硅烷）乙酰胺、三甲基硅烷咪唑和三甲基氯硅烷的混合物对 GCs 硅烷化衍生，检测 GCs 的三甲基硅烷（TMS）衍生物。硅烷化试剂可对多个基团同时进行衍生化，产物挥发性高、产生的碎片离子易于辨认。GCs 既可以用电子电离源（EI），也可采用化学电离源（CI）。

1）EI 电离

Bagnati 等[31]报道了采用 GC-MS 检测牛尿中地塞米松和倍他米松的方法。样品经在线 IAC 净化后在 60℃空气吹干，加 20 μL 乙酸钠甲醇溶液（1 mg/mL），涡动混匀，吹干，加 8 μL 无水吡啶和 24 μL N,O-双（三甲基硅烷基）三氟乙酰胺，100℃反应 2 h，反应生成地塞米松和倍他米松的四甲基硅烷衍生物，采用 GC-MS 在电子电离（EI）正离子、选择离子监测（SIM）模式下测定。方法 LOD 为：地塞米松 0.1 ng/mL，倍他米松 0.2 ng/mL。Fritsche 等[41]报道了检测肉中 GCs 的 GC-MS 方法。分析物采用溶剂提取，硅胶和氨基 SPE 柱净化，三甲基硅烷衍生化后，GC-MS 测定。方法 LOQ 为 0.02～0.1 μg/kg。Pozo 等[42]采用 GC-MS 方法开展甲泼尼龙的代谢研究。尿样经制备液相色谱分离收集后，用甲氧基三甲基硅烷衍生，GC-MS 用 EI 电离，全扫描（full scan）模式监测。Shibasaki 等[43]也开发了 GC-MS 方法用于血浆中强的松龙的药代动力学研究。泼尼松龙、泼尼松、可的松、可的松的血浆浓度通过 GC-MS 分析，同位素内标定量。

2）CI 电离

Hidalgo 等[27]建立了尿液中地塞米松的 GC-MS 检测方法。采用固相萃取柱净化，洗脱液 45℃缓慢氮气吹干，加入 50 μL 乙腈和 200 μL 氯铬酸吡啶（50 mg/mL）和乙酸钠（25 mg/mL）的混合溶液，充分混匀后在密闭的玻璃瓶子中 90℃反应 3 h，GC-MS 测定。采用负化学电离源（NCI）电离，方法 LOD 可以达到 0.2 ng/mL。Courtheyn 等[44]也建立了 GC-NCI-MS 检测动物排泄物中倍他米松和曲安奈德的分析方法。通过优化衍生化程序，加入氯铬酸吡啶、重铬酸钾氧化，将衍生化时间有 3 h 缩短为 10 min。

（4）液相色谱-质谱法（liquid chromatography-mass spectrometry，LC-MS）

在 GCs 残留分析中，HPLC 法难以区分互为差向异构体的地塞米松和倍他米松，而 GC-MS 虽然可以做定性分析，但是需要复杂的衍生化过程。随着 LC-MS 技术的发展，已经成为检测这类药物的首选。主要采用电喷雾电离（ESI）和大气压化学电离（APCI）两种电离方式。

1）APCI 电离

Cherlet 等[23]建立了定量测定牛奶中地塞米松的 LC-APCI-MS/MS 检测方法。10 mL 牛奶中加入 20%三氯乙酸（w/v），涡动混匀后离心，沃特曼滤纸过滤，C_{18} 固相萃取柱净化，LC-MS/MS 检测。方法 CC_α 和 CC_β 分别为 0.48 ng/mL 和 0.76 ng/mL。该作者等[24]还采用类似的技术建立了牛血浆和组织中地塞米松的测定方法。方法 LOQ 为：肌肉、肾 0.375 ng/g，肝 1 ng/g，血浆 1 ng/mL；LOD 为：肌肉 0.09 ng/g，肾 0.13 ng/g，肝 0.33 ng/g。

2）ESI 电离

A. 单级质谱（LC-MS）

Pavlovic 等[45]报道了采用液相色谱-单级四极杆质谱（LC-MS）测定牛尿中皮质醇、可的松、泼尼松龙和泼尼松的方法。样品过滤、酶解和 SPE 净化后，进 LC-MS 分析。Restek Ultra II Allure Biphenyl 色谱柱分离，等度洗脱，在 ESI^-、SIM 模式下，监测离子$[M+COOH]^-$、$[M-H^+]^-$和$[M-H^+-CH_2O]^-$，以氟米松为内标定量。方法 RSD 小于 17%。Panderi 等[46]报道了采用 ESI 技术检测绵羊血浆中地塞米松的 LC-MS 方法。使用 65%甲醇-水溶液（含 0.1%甲酸，v/v）作为流动相，流速 0.30 mL/min。在 ESI 正离子、SIM 模式下检测。方法线性范围在 6～1000 ng/mL 之间，日内、日间 RSD 均小于 24.1%，方法 LOD 和 LOQ 分别为 1 ng/mL 和 6 ng/mL。

B. 串联质谱（LC-MS/MS）

Chen 等[17]建立了牛、猪、羊可食组织中 8 种 GCs 的 LC-MS/MS 测定方法。样品采用 PLE 提取，LC-MS/MS 在 ESI 负离子模式下，采用选择反应监测（SRM）测定。在 0.5～6 μg/kg 添加浓度范围内，方法回收率在 70.1%～103.1%之间，LOQ 在 0.5～2 μg/kg 之间。Shao 等[29]建立了 LC-MS/MS 同时测定猪肉、猪肝、猪肾中 16 种 GCs 的残留分析方法。经 BEH C_{18} 色谱柱分离后，在 ESI 负离子模式下采用 LC-MS/MS 测定。16 种药物的线性范围在 1～250 μg/L 之间；LOQ 在 0.1～1.0 μg/kg 之间；在添加浓度 0.4～2.0 μg/kg 范围，回收率为 81.0%～112.3%。Tölgyesi 等[47]建立了一种应用 LC-MS/MS 同时测定牛肌肉、肝脏和肾脏样品中 8 种 GCs 残留的方法。该作者首次应用 LC-MS/MS 测定了牛组织中甲泼尼松及其主要代谢物。研究表明，较强的样品净化效果能够产生更加干净的监测基线，可以在 MS/MS 检测器中设置较高的电子倍增电压（DeltaEMV）。EMV 为 500 V 时信号的响应得到了改善，但是噪声水平没有变化，因此，总体灵敏度和分析限得到了提高。在 HPLC 分离中，使用 Kinetex phenyl-hexyl core-shell 柱，使地塞米松和其 β-差向异构体、β-米松在 12 min 内被洗脱并能够实现基线分离，进一步提高了灵敏度。每种基质中 GCs 的 LOQ 和 LOD 范围分别为 0.01～13.3 μg/kg 和 0.01～0.1 μg/kg。Dusi 等[48]建立了同时测定肝脏中 9 种 GCs 的 LC-MS/MS 方法。肝组织经酶解后萃取，Oasis HLB 固相萃取柱净化，采用 LC-MS/MS 在 ESI 模式下，以氘标记内标物进行定量测定。分析样品中浓度大约为 1 μg/kg 的 GCs 均能被检测到，所有待测物的回收率均高于 62%，重复性和再现性分别均低于 7.65%和 15.5%。Deceuninck 等[49]采用 UPLC-MS/MS 技术建立了肝脏样品中地塞米松、倍他米松、泼尼松龙和甲泼尼龙的残留分析方法。通过选择性较强的样品前处理，结合 UPLC-MS/MS 高灵敏度测定系统，将地塞米松和倍他米松两种异构体有效分离，可以定性和定量测定复杂生物基质中这 4 种 GCs。结果表明，该方法具有较好的重复性，即使在非常低的浓度水平也能鉴定化合物。Tölgyesi 等[50]建立了猪脂肪中 5 种 GCs（泼尼松龙、甲基强的松、氟米松、地塞米松和甲泼尼龙）的 LC-MS/MS 检测方法。样品用正己烷溶解，甲醇-水（50+50，v/v）提取，HLB 柱净化后，进 LC-MS/MS 分析。以 pH 5.4 甲醇-乙酸缓冲液为流动相，Ascentis Express Fused-Core type 色谱柱分离，等度洗脱，7.5 min 内完成分离测定。方法平均回收率在 81%～100%之间，室内重现性为 8.0%～20.5%；具有限量化合

物的 CC_α 为 4.5～11.9. μg/kg，禁用化合物为 0.1～0.2 μg/kg；方法 LOD 在 0.1～0.3 μg/kg 之间。

Li 等[25]建立了同位素稀释 LC-ESI-MS/MS 法，快速同时测定牛奶中的地塞米松和倍他米松。样品直接用 C_{18} 固相萃取柱净化，洗脱液氮气吹干，流动相溶解，采用 Hypercarb 色谱柱，以乙腈-水-甲酸溶液（95+5+0.5，v/v）为流动相，进行 LC-MS/MS 检测，D-4 地塞米松作为同位素内标进行定量分析。虽然地塞米松和倍他米松互为差向异构体，Hypercarb C_{18} 液相色谱柱很容易将它们快速分离，且峰形较好，在空白组织中未见干扰。研究还发现，GCs 在 ESI 质谱中的准分子离子峰有[M+H]$^+$、[M−H]$^-$、[M+HCOO]$^-$ 等多种形式。该方法选择[M+HCOO]$^-$作为准分子离子峰，并对质谱条件进行优化。优化后各离子对锥孔电压均为 25 V，m/z 437/361 和 m/z 441/363 两离子对碰撞能量为 20 eV，m/z 437/307.4 离子对碰撞能量为 35 eV。该方法用于牛奶中地塞米松和倍他米松的残留检测，单个样品的总分析时间约 35 min。崔晓亮等[6]建立了 UPLC-MS/MS 检测牛奶中的 12 种 GCs（泼尼松、泼尼松龙、可的松、氢化可的松、甲基强的松龙、地塞米松、倍氯米松、氟米松、醋酸氟氢可的松、布地耐德、曲安奈德、氟轻松）残留的方法。牛奶试样经甲醇提取，正己烷脱脂，SPE 净化，UPLC-MS/MS 分析。色谱柱为 C_{18} 柱（100 mm×1.0 mm i.d.，1.7 μm），柱温 40℃，样品温度 10℃，进样体积 2 μL，流动相为 0.1%甲酸溶液和甲醇，线性梯度洗脱，流速 0.1 mL/min；ESI$^-$电离，毛细管电压 3.00 kV，锥孔电压 45 V，射频透镜 1 和 2 的电压分别为 27.0 V 和 0.0 V，离子源温度 99℃，脱溶剂温度 350℃，脱溶剂气流量 500 L/h，碰撞梯度为 2.0，多反应监测（MRM）模式检测。该方法的 LOD 为 0.02～0.38 μg/kg，LOQ 为 0.07～1.27 μg/kg，回收率为 69.3%～94.3%，RSD 为 3.5%～16.7%。

Yang 等[1]利用 LC-ESI-MS/MS 检测肌肉、牛奶和肝脏中的 50 种同化激素（包括曲安西龙、泼尼松、可的松、氢化可的松、泼尼松龙、氟米松、醋酸氟氢可的松、甲泼尼龙、倍氯米松、地塞米松、曲安奈德、氟轻松、布地奈德、丙酸氯倍他索等 GCs）。样品经芳基硫酸酯酶/葡糖醛酸糖苷酶于 37℃过夜水解，甲醇提取，石墨化炭黑和氨基 SPE 柱净化，LC-ESI-MS/MS 测定。方法 LOQ 为 0.04～2.0 μg/kg，平均回收率为 76.9%～121.3%，CV 为 2.4%～21.2%。

童颖等[51]建立了同时测定猪血浆中二丙酸倍他米松及其代谢物倍他米松的 LC-MS/MS 法。血浆样品经酸化后以乙醚-环己烷（4+1，v/v）提取，LC-MS/MS 分析。以 Hedera ODS-2（150 mm×2.1 mm，5 μm）为分析柱，流动相为 5 mmol/L 醋酸铵溶液（含 0.1%乙酸）-甲醇，梯度洗脱。二丙酸倍他米松、倍他米松及内标布地奈德的监测离子对分别为 m/z 563.2（[M+CH$_3$COO]$^-$）→483.1、m/z 451.2（[M+CH$_3$COO]$^-$）→361.0 和 m/z 489.3（[M+CH$_3$COO]$^-$）→357.1。二丙酸倍他米松血药浓度在 26.85～644.4 ng/L 范围内线性关系良好，倍他米松血药浓度在 10.62～637.2 ng/L 范围内线性关系良好。雍莉等[52]建立了 LC-MS/MS 方法同时测定血浆中的肾上腺素、去甲肾上腺素、可的松和氢化可的松。样品经乙腈沉淀蛋白和萃取后，15000 r/min 离心 5 min，取上清液进样分析。ESI 正离子检测，MRM 方式定量分析。肾上腺素、去甲肾上腺素、可的松和氢化可的松在 0.02～200.00 ng/mL 浓度范围内线性良好，相关系数均大于 0.999，LOD 分别为 4.13 pg/mL、4.64 pg/mL、4.29 pg/mL 和 4.52 pg/mL，日内和日间精密度分别为 1.19%～5.42%和 2.16%～6.04%，用于血浆样品分析，加标回收率为 80.0%～109.0%，样品测定精密度为 3.93%～7.57%。Leporati 等[53]采用 LC-MS/MS 开发了尿液中泼尼松龙及其 4 种代谢物的分析方法，LOD 在 0.35～0.42 ng/mL 之间。

（5）免疫分析法（immunoassay，IA）

1）放射免疫分析法（radioimmunoassay，RIA）

RIA 将放射性的灵敏度与免疫的特异度融合于一体，既简便准确，又灵敏可靠。Blahova 等[54]报道了采用 RIA 测定血清、血浆和尿液中的氢化可的松的方法。采用 RIA 试剂盒直接检测样品中氢化可的松的含量，无需提取，而尿液样品既可以直接检测也可以提取后检测。样品与包被有氢化可的松示踪剂（^{125}I 标记）的单克隆抗体孵育 1 h，水平 400 r/min 振荡 1 h，多通道 γ 计数器检测，标准曲线计算氢化可的松的浓度。该 RIA 方法的线性范围为 3.64～725 ng/mL，LOQ 为 3.64 ng/mL，CV 为 0.27%～13.9%。采用 HPLC 和该 RIA 方法对 66 份鲤鱼样品进行分析，相关性为 HPLC=0.9454RIA+0.40676，相关系数为 0.815。

2）酶联免疫分析法（enzyme linked immunosorbent assays，ELISA）

ELISA 是采用抗原与抗体的特异反应将待测物与酶连接，并将已知的抗原或抗体吸附在固相载体表面，使抗原抗体反应在固相载体表面进行，用洗涤法将液相中的游离成分洗除，然后通过酶与底物产生颜色反应，用于定量测定，灵敏度高，操作安全，不需要昂贵的仪器，可以满足大批量快速筛选的需求。

Roberts 等[55]报道了采用 ELISA 方法检测马尿中的地塞米松。药物-蛋白结合物被固定在微孔板上，抗体与样品或标准品和药物-蛋白结合物竞争。抗体与固定在微孔板上的药物-蛋白结合物结合的比例可以被原位测定，而达到定量目的。该方法在 0.75 ng/mL、1.5 ng/mL、5.0 ng/mL 三个添加浓度回收率为 102.0%～141.7%。与 RIA 法比较，并经 GC-MS 验证，该 ELISA 方法不仅快捷、方便，而且准确率高。胡拥明等[56]分别以地塞米松、倍他米松、双氟米松为半抗原制备抗体，结果发现地塞米松抗体的群选性最强，对双氟米松、倍他米松、曲安西龙和泼尼松龙的交叉反应率分别为 120%、73%、37%和 21%，对其他 3 种内源性类 GCs 交叉反应率均小于 0.1%。由此建立了间接竞争 ELISA 方法检测鸡肌肉组织中的 GCs。1 g 组织样本，加入 3 mL 的蒸馏水，涡旋混合 1 min，加入 4 mL 的乙酸乙酯，摇动样本 30 min，4℃下 2000 r/min 离心 10 min，吸取 1 mL 的上清液于玻璃试管中，50℃时在适当的氮气流下进行挥发干燥，将残渣溶解于 0.5 mL 10%甲醇的 PBS 溶液，ELISA 检测。该方法的回收率为 61.3%～80.3%，CV 小于 15%，地塞米松、倍他米松、双氟米松的 LOD 分别为 0.14 ng/mL、0.56 ng/mL 和 0.21 ng/mL。同时，将 ELISA 方法与 LC-MS 法对比，相关系数为 0.9981，表明两者具有很高的相关性。Kolanovic 等[57]建立了可以在欧盟 MRL 或要求检出水平（RPL）下快速、灵敏地定性筛查测定牛奶与尿液中地塞米松、倍他米松、氟米松和泼尼松龙，以及肝脏样品中地塞米松、氟米松和泼尼松龙的 ELISA 方法。依据欧盟 2002/657/EC 标准，通过测定 CCβ、特异性、LOD、LOQ、回收率、实验室内重现性、线性和耐用性等对建立的定性筛查方法进行确认。牛奶、尿及肝脏样本的 LOD 分别为 0.2 μg/kg、1.2 μg/kg 和 0.6 μg/kg，LOQ 分别为 0.3 μg/kg、1.2 μg/kg 和 1.4 μg/kg。地塞米松、氟米松、β-米松和泼尼松龙的添加回收率分别为 68%～131%、57%～120%、60%～155%、23%～32%，CV 在 1.6%～21.2%之间。所有被测基质中 CCβ 低于 MRL/RPL。通过适度改变肝脏和牛奶样品前处理中一些关键因素对可靠性进行评价，结果发现未对 GCs 检测造成任何不良影响。

10.2　公定方法

10.2.1　河豚鱼、鳗鱼及烤鳗中 9 种糖皮质激素残留量的测定　液相色谱-串联质谱法[58]

10.2.1.1　适用范围

适用于河豚鱼、鳗鱼及烤鳗中 9 种糖皮质激素（泼尼松龙、泼尼松、氢化可的松、可的松、甲基泼尼松龙、倍他米松、地塞米松、倍氯米松、醋酸氟氢可的松）残留量的液相色谱-串联质谱测定。方法检出限：泼尼松龙、泼尼松、氢化可的松、可的松、甲基泼尼松龙、倍他米松、地塞米松为 0.2 μg/kg；倍氯米松、醋酸氟氢可的松为 1.0 μg/kg。

10.2.1.2　方法原理

河豚鱼、鳗鱼及烤鳗中泼尼松龙、泼尼松、氢化可的松、可的松、甲基泼尼松龙、倍他米松、地塞米松、倍氯米松、醋酸氟氢可的松 9 种糖皮质激素残留，加入无水硫酸钠，用乙酸乙酯提取，提取液浓缩后，经过硅胶固相萃取柱净化，液相色谱-串联质谱仪测定，外标法定量。方法检出限：泼尼松龙、泼尼松、氢化可的松、可的松、甲基泼尼松龙、倍他米松、地塞米松为 0.2 μg/kg；倍氯米松、醋酸氟氢可的松为 1.0 μg/kg。

10.2.1.3　试剂和材料

甲醇、乙腈、乙酸乙酯、正己烷、丙酮：色谱纯；甲酸：优级纯。

丙酮-正己烷溶液：丙酮+正己烷（2+3，v/v）。量取 200 mL 丙酮与 300 mL 正己烷混匀。无水硫酸钠：分析纯。在 650℃马弗炉中灼烧 6 h，储存于干燥器中。

泼尼松龙、泼尼松、氢化可的松、可的松、甲基泼尼松龙、倍他米松、地塞米松、倍氯米松、醋酸氟氢可的松（CAS：514-36-3）标准物质：纯度≥98%。

1.0 mg/mL 标准储备溶液：分别准确称取适量的糖皮质激素标准物质，用甲醇溶解，分别配制成 1.0 mg/mL 储备溶液。配成的标准储备液应在温度低于−20℃冰箱中保存。

5.0 μg/mL 标准工作溶液：分别准确吸取适量的糖皮质激素标准储备溶液，用甲醇分别配制成 5.0 μg/mL 标准工作溶液。配成的标准工作溶液应在温度低于 4℃冰箱中保存。

混合标准工作溶液 I：分别吸取适量的氢化可的松和可的松标准工作溶液，用甲醇配成浓度为 0.05 μg/mL 的混合标准工作溶液。此溶液应在温度低于 4℃冰箱中保存。测定样品使用时，用 20%乙腈溶液将混合标准工作溶液 I 配成不同浓度的混合标准工作溶液。

混合标准工作溶液 II：分别吸取适量的泼尼松龙、泼尼松、甲基泼尼松龙、倍他米松、地塞米松、倍氯米松、醋酸氟氢可的松标准工作溶液，用甲醇配成泼尼松龙、泼尼松、甲基泼尼松龙、倍他米松、地塞米松为 0.05 μg/mL，倍氯米松、醋酸氟氢可的松为 0.25 μg/mL 的混合标准工作溶液。此溶液应在温度低于 4℃冰箱中保存。

基质混合标准工作溶液：测定样品使用时，用空白样品提取液将混合标准工作溶液 II 配成不同浓度的基质混合标准工作溶液。此溶液应现用现配。

Cleanert Silica 固相萃取柱或相当者：500 mg，6 mL。使用前用 6 mL 正己烷预处理，保持柱体湿润。

10.2.1.4 仪器和设备

液相色谱-串联质谱仪：配有电喷雾离子源（ESI）；分析天平：感量 0.1 mg 和 0.01 g；固相萃取真空装置；真空泵：真空度应达到 80 kPa；均质器；振荡器；高速冷冻离心机：转速 13000 r/min；旋转蒸发器；氮气浓缩仪；具塞塑料离心管：50 mL；样品管：10 mL；梨形瓶：150 mL。

10.2.1.5 样品前处理

（1）试样制备

从全部样品中取出有代表性样品约 1 kg，充分搅碎，混匀，均分成两份，分别装入洁净容器内。密封作为试样，注明标记。在抽样和制样的操作过程中，应防止样品受到污染或发生残留物含量的变化。将试样于−18℃冷冻保存。

（2）提取

称取 5 g 试样（精确到 0.01 g），置于 50 mL 具塞塑料离心管中，加入 10 g 无水硫酸钠，加 25 mL 乙酸乙酯，用均质器均质 1 min，在振荡器振荡 20 min，以 10000 r/min 离心 10 min，取上清液至梨形瓶中。再用 25 mL 乙酸乙酯提取一次，合并上清液，用旋转蒸发器于 45℃水浴上减压蒸发至近干，用 1 mL 乙酸乙酯和 5 mL 正己烷溶解。

（3）净化

将提取液移至经预处理的 Cleanert Silica 固相萃取柱中，用 6 mL 正己烷洗涤梨形瓶和萃取柱，弃去全部流出液。减压抽干 1 min，用 6 mL 丙酮+正己烷（2+3，v/v）洗脱，收集洗脱液于 10 mL 样品管中，用氮气浓缩仪吹干，用 1 mL 20%乙腈溶液溶解残渣，以 4000 r/min 离心 5 min，上清液过 0.2 μm 滤膜，供液相色谱-串联质谱仪测定。

10.2.1.6 测定

（1）液相色谱条件

色谱柱：Atlantis C_{18}，3 μm，150 mm×2.1 mm（内径）或相当者；柱温：30℃；进样量：20 μL；流动相、流速和梯度洗脱条件见表 10-3。

表 10-3 流动相、流速和梯度洗脱条件

时间/min	流速/(μL/min)	乙腈/%	0.1%甲酸溶液/%
0.00	200	20	80
10.00	200	70	30

续表

时间/min	流速/(μL/min)	乙腈/%	0.1%甲酸溶液/%
13.00	200	90	10
13.01	200	20	80
20.00	200	20	80

（2）质谱条件

离子源：电喷雾离子源（ESI）；扫描方式：负离子扫描；检测方式：多反应监测；气帘气压力：0.138 MPa；雾化气压力：0.276 MPa；辅助加热气压力：0.138 MPa；离子源温度：500℃；定性离子对，定量离子对，去簇电压和碰撞能量见表 10-4。

表 10-4　糖皮质激素的定性离子对，定量离子对，去簇电压和碰撞能量

化合物	保留时间/min	定性离子对（m/z）	定量离子对（m/z）	去簇电压/V	碰撞能量/V
泼尼松龙	11.63	405/329	405/329	−30	−25
		405/359		−30	−15
泼尼松	11.72	403/327	403/327	−19	−21
		403/357		−19	−15
氢化可的松	11.79	407/331	407/331	−28	−25
		407/361		−28	−15
可的松	11.96	405/329	405/329	−22	−24
		405/359		−22	−15
甲基泼尼松龙	12.71	419/343	419/343	−32	−23
		419/373		−32	−16
倍他米松	13.00	437/361	437/361	−25	−24
		437/391		−25	−15
地塞米松	13.10	437/361	437/361	−25	−24
		437/391		−25	−15
倍氯米松	13.43	453/377	453/377	−22	−20
		453/407		−22	−17
醋酸氟氢可的松	14.58	467/421	467/421	−28	−17
		467/349		−28	−32

（3）定性测定

每种被测组分选择 1 个母离子，2 个子离子，在相同实验条件下，样品中待测物质的保留时间与混合标准工作溶液的保留时间偏差在 ±2.5% 之内；且样品谱图中各组分监测离子的相对丰度与浓度接近的混合标准工作溶液谱图中对应的监测离子的相对丰度进行比较，偏差不超过表 1-5 规定的范围，则可判定为样品中存在对应的待测物。

（4）定量测定

外标法定量。在仪器最佳工作条件下，对混合标准工作溶液 I 和基质混合标准工作溶液分别进样，以峰面积为纵坐标，浓度为横坐标绘制标准工作曲线，用标准工作曲线对样品进行定量，样品溶液中待测物的响应值均应在仪器测定的线性范围内。在上述色谱条件下，九种糖皮质激素的参考保留时间见表 10-4，9 种糖皮质激素的多反应监测（MRM）色谱图见图 10-1。

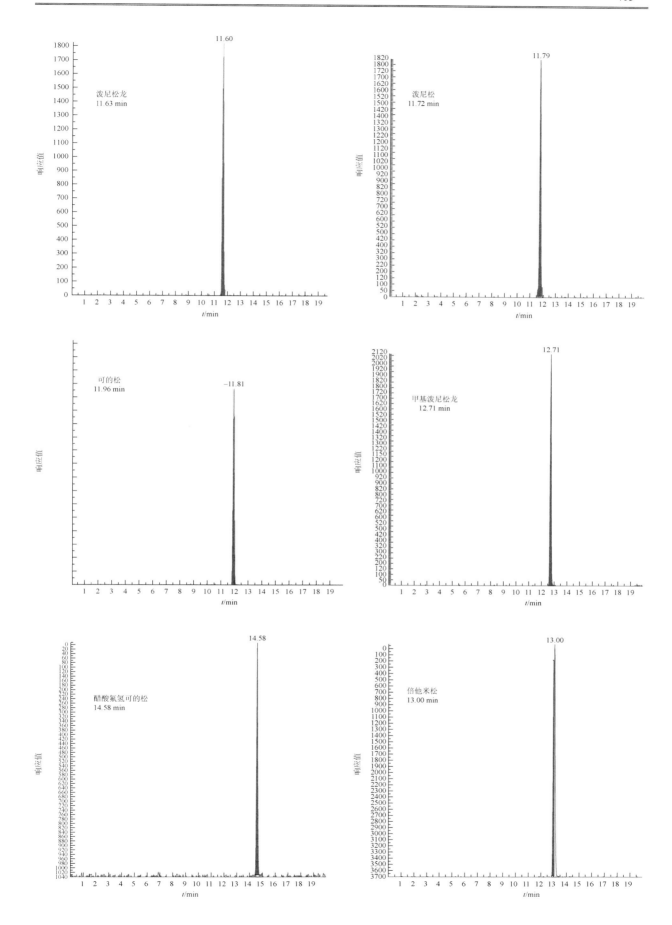

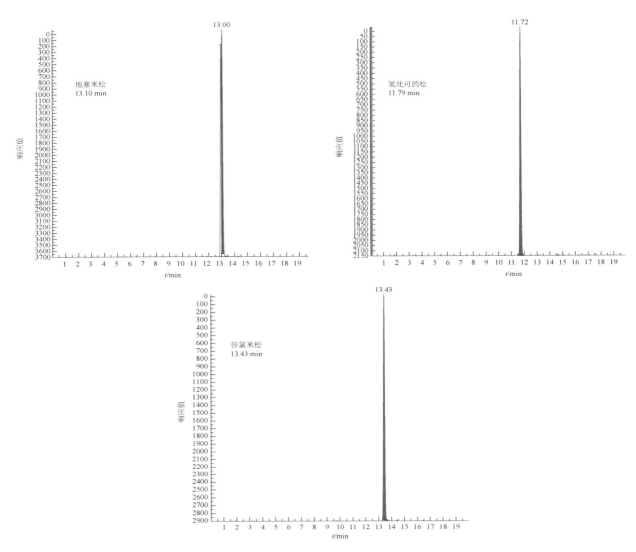

图 10-1　9 种糖皮质激素的多反应监测（MRM）色谱图

10.2.1.7　分析条件的优化

（1）提取净化条件的优化

糖皮质激素药物属于脂溶性激素，在结构上都是环戊烷多氢菲衍生物，所以采用乙酸乙酯作为提取剂能够有效地从河豚鱼、鳗鱼及烤鳗样品提取此类药物。在参考农业部 1031 号公告-2-2008 方法基础上，首先对样品的提取步骤进行了实验，在实验中发现，称取样品后，先进行氢氧化钠溶液的皂化步骤，然后用乙酸乙酯提取，虽然经过皂化后，提取的油脂相对较少，并且经过 Cleanert Silica 固相萃取柱的净化后，泼尼松龙、泼尼松、氢化可的松、可的松、甲基泼尼松龙、倍他米松、地塞米松的回收率也令人满意，但倍氯米松、醋酸氟氢可的松的回收率很低。先用乙酸乙酯提取一次后，再进行氢氧化钠皂化，倍氯米松、醋酸氟氢可的松的回收率有所提高，但回收率仍然达不到 60%，这说明氢氧化钠的皂化步骤影响倍氯米松、醋酸氟氢可的松的提取。所以本方法在进行河豚鱼、鳗鱼及烤鳗样品样品的提取步骤时，减少了皂化步骤。在确定的方法中，称取 5 g 样品后，加入 15 g 无水硫酸钠，以减少水分，分散鱼肉组织和防止鱼肉样品在振荡时产生结块，加入 25 mL 乙酸乙酯，用均质器均质 1 min，在振荡器振荡 20 min，以 10000 r/min 离心 10 min，取上清液至梨形瓶中。再用 25 mL 提取一次，合并上清液，用旋转蒸发器于 45℃水浴上减压蒸发至近干，用 1 mL 乙酸乙酯和 5 mL 正己烷溶解，待净化。本方法对乙酸乙酯的提取效率也进行了实验。在对添加了高浓度的糖皮质激素混合标准工作溶液的河豚鱼肉样品用乙酸乙酯提取二次后，再用 25 mL 乙酸乙酯提取一次，按照本方法规定的操作步骤进行测定，未检出糖皮质激素残留。

在本方法的研究中，主要对 Cleanert Silica 固相萃取柱的净化效果和洗脱效率进行了实验。取 500 μL 浓度为 0.05 μg/mL 的糖皮质激素混合标准工作溶液，在氮气吹干仪上吹干，用 1 mL 乙酸乙酯和 5 mL 正己烷溶解，用移液器分三次移至已用 6 mL 正己烷预处理的 Cleanert Silica 固相萃取柱中，分别三次收集流出物于 10 mL 样品管中；然后用 3×2 mL 正己烷洗涤 Cleanert Silica 固相萃取柱，分三次将收集流出物于 10 mL 样品管中；再用 3×2 mL 丙酮+正己烷（4+6）洗脱剂洗脱固相萃取柱，分三次收集流出物于 10 mL 样品管中；将九个样品管用氮气吹干仪吹干，分别用 1 mL 20%乙腈水溶解，液相色谱-串联质谱仪测定。经过试验发现，1 mL 乙酸乙酯和 5 mL 正己烷，6 mL 正己烷均未将糖皮质激素洗脱下来，6 mL 丙酮+正己烷（4+6）可以将萃取柱上的糖皮质激素洗脱下来。另外用乙酸乙酯和正己烷可将大部分油脂和干扰物洗脱下来。所以，Cleanert Silica 固相萃取柱的净化效果令人满意。本方法也对 Oasis HLB 固相萃取柱进行了实验，对于河豚鱼、鳗鱼及烤鳗样品的净化，无论从操作步骤、洗脱条件和净化效果都不如 Cleanert Silica 固相萃取柱。

（2）色谱和质谱条件的优化

本方法采用 AB 公司生产的 3200 Q TRAP 型号液相色谱-串联质谱仪进行条件实验。由于 9 种糖皮质激素化合物极性存在一定差异，所以采用梯度洗脱方法实现分离。由于泼尼松龙和可的松，倍他米松和地塞米松的母离子和子离子完全相同，在质谱上无法区分，所以必须通过色谱实现分离，另外，由于倍氯米松、醋酸氟氢可的松出峰较晚，并且灵敏度相对较低，这就要求流动相中乙腈和水的比例要达到即能达到倍氯米松、醋酸氟氢可的松分离，又要使倍氯米松、醋酸氟氢可的松的灵敏度达到要求，所以本方法最终采用的梯度洗脱程序见下表 10-1。本方法经过优化梯度程序，实现了九种化合物的分离。

在 ESI（−）模式下，糖皮质激素化合物形成[M-H+HCOOH]形式的分子离子峰，通过碰撞处理，子离子扫描进一步得到定量和定性子离子碎片峰，进而采用 MRM 模式进行监测。本方法还对气帘气压力，雾化气压力，辅助加热气压力，去簇电压，碰撞能量进行了优化，使方法灵敏度达到了检测需要。

10.2.1.8 线性范围和测定低限

根据糖皮质激素的灵敏度，用甲醇配成泼尼松龙、泼尼松、氢化可的松、可的松、甲基泼尼松龙、倍他米松、地塞米松为 0.05 μg/mL，倍氯米松、醋酸氟氢可的松为 0.25 μg/mL 的混合标准工作溶液。分别取 10 μL，20 μL，40 μL，100 μL，500 μL，1000 μL 混合标准工作溶用甲醇配成一系列 1 mL 溶液，在选定的色谱条件和质谱条件下进行测定，进样量 20 μL，以混合标准工作溶液被测组分峰面积与混合标准工作溶液浓度作线性回归曲线。其线性范围、线性方程、相关系数见表 10-5。

表 10-5 糖皮质激素线性范围、线性方程和相关系数

化合物	线性范围/ng	线性方程	相关系数 R^2
泼尼松龙	0.01～1.0	$Y=129X+243$	0.9999
泼尼松	0.01～1.0	$Y=149X+151$	1.0000
氢化可的松	0.01～1.0	$Y=128X+163$	0.9999
可的松	0.01～1.0	$Y=103X+289$	1.0000
甲基泼尼松龙	0.01～1.0	$Y=136X+20.1$	1.0000
倍他米松	0.01～1.0	$Y=393X+14$	1.0000
地塞米松	0.01～1.0	$Y=393X+494$	1.0000
倍氯米松	0.05～5.0	$Y=182X+540$	1.0000
醋酸氟氢可的松	0.05～5.0	$Y=61.8X+23$	1.0000

该方法操作条件下，泼尼松龙、泼尼松、氢化可的松、可的松、甲基泼尼松龙、倍他米松、地塞米松在 0.2 μg/kg，倍氯米松、醋酸氟氢可的松在 1.0 μg/kg 添加水平时，响应值在仪器线性范围内，信噪比大于 5。根据最终样液所代表的试样量，定容体积，进样量和进行测定时所受的干扰情况，确定本方法泼尼松龙、泼尼松、氢化可的松、可的松、甲基泼尼松龙、倍他米松、地塞米松的检出限为 0.2 μg/kg；倍氯米松、醋酸氟氢可的松为 1.0 μg/kg。

10.2.1.9 方法回收率和精密度

分别对河豚鱼、鳗鱼、烤鳗、鲫鱼、香鱼、黄颡鱼进行了九种糖皮质激素残留的检测，实验发现，在所有样品中均检出不同浓度的内源性激素氢化可的松和可的松。所以在进行方法的回收率和精密度实验时，氢化可的松和可的松的浓度添加只能此基础上进行添加。本方法分别用河豚鱼、鳗鱼及烤鳗样品进行添加回收率和精密度实验，样品中添加不同浓度标准后，摇匀，使样品充分吸收，然后按本方法进行提取和净化，液相色谱-串联质谱仪测定，其回收率和精密度见表 10-6。从表 10-6 可以看出，本方法回收率数据在 60%～115% 之间，室内四个水平相对标准偏差基本在 20% 以内。

表 10-6 添加回收率实验数据

化合物	添加水平/(μg/kg)	回收率/%									平均回收率/%	RSD/%
		鳗鱼			烤鳗			河豚鱼				
泼尼松龙	0.2	60.9	69.8	86.1	73.3	86.6	98.9	92.9	92.3	90.1	83.4	15.1
	0.4	76.7	87.9	87.3	98.7	91.0	87.4	89.7	70.9	94.5	87.1	9.8
	1.0	62.1	80.5	72.6	91.2	89.7	92.1	113.0	107.0	115.0	93.7	15.9
	5.0	78.3	77.5	61.8	95.3	92.2	91.3	75.6	69.2	73.1	79.4	14.3
泼尼松	0.2	79.0	83.4	84.1	97.5	97.3	92.1	102.0	93.0	104.0	92.5	9.4
	0.4	79.0	82.2	70.5	92.4	89.9	92.8	79.5	78.4	95.9	84.5	10.1
	1.0	75.1	82.9	82.6	93.5	80.7	83.7	82.4	73.3	83.4	82.0	7.0
	5.0	82.1	84.5	63.4	103.0	91.9	101.0	81.9	72.3	73.0	83.7	15.8
氢化可的松	0.2	86.6	94.6	89.3	90.3	91.3	91.1	89.1	86.4	81.9	89.0	4.1
	0.4	102.0	107.0	105.0	98.6	93.1	98.2	103.0	94.5	99.4	100.1	4.6
	1.0	85.4	96.8	94.5	104.0	103.0	107.0	113.0	88.9	111.0	100.4	9.6
	5.0	82.5	78.9	72.1	98.9	92.0	97.7	77.2	106.0	114.0	91.0	15.7
可的松	0.2	85.1	92.7	83.4	98.4	99.1	95.8	92.9	107.0	110.0	96.0	9.2
	0.4	86.5	92.2	90.9	93.9	87.1	87.4	89.7	70.9	106.0	89.4	10.2
	1.0	75.1	84.1	88.5	98.6	107.0	96.9	112.0	107.0	117.0	98.5	14.0
	5.0	79.4	80.3	61.3	92.0	95.4	85.0	81.5	93.2	91.7	84.4	12.5
甲基泼尼松龙	0.2	74.8	70.2	67.8	95.5	96.0	91.1	97.1	81.7	88.3	84.7	13.6
	0.4	77.8	82.3	84.9	94.4	94.6	86.3	80.7	90.7	94.0	87.3	7.3
	1.0	70.5	74.2	80.3	85.4	79.9	85.3	90.6	70.3	82.4	79.9	8.8
	5.0	81.2	87.3	68.9	85.9	85.3	89.2	77.0	72.0	70.5	79.7	9.8
倍他米松	0.2	86.6	86.8	94.4	106.0	92.6	93.1	102.0	88.4	82.9	92.5	8.1
	0.4	82.8	86.7	87.6	82.9	85.3	85.4	114.0	112.0	114.0	94.5	15.0
	1.0	82.4	84.6	96.4	87.2	82.0	86.9	88.6	66.6	89.6	84.9	9.6
	5.0	73.3	82.8	61.0	85.9	86.1	102.0	66.6	70.8	60.9	76.6	17.8
地塞米松	0.2	85.4	85.6	93.2	83.1	92.3	85.6	106.0	87.7	82.6	89.1	8.2
	0.4	85.8	83.7	83.2	84.4	87.2	87.1	97.9	108.0	109.0	91.8	11.4
	1.0	81.4	83.9	85.9	87.9	81.2	89.6	86.0	64.0	86.1	82.9	9.2
	5.0	78.1	88.2	65.1	86.6	86.5	104.0	65.7	68.9	60.1	78.1	18.4

续表

化合物	添加水平/(μg/kg)	回收率/%									平均回收率/%	RSD/%
		鳗鱼			烤鳗			河豚鱼				
倍氯米松	1.0	77.5	68.0	80.1	99.3	102.0	91.6	97.8	93.7	94.3	89.4	12.9
	2.0	66.4	75.4	79.1	77.3	81.1	87.6	97.0	105.0	110.0	86.5	16.9
	5.0	82.1	75.1	71.4	88.4	84.3	88.9	85.7	72.4	83.7	81.3	8.2
	25.0	86.4	86.1	72.8	86.1	86.9	98.7	74.0	73.5	73.2	82.0	11.0
醋酸氟氢可的松	1.0	89.5	74.4	88.9	82.5	66.8	83.5	75.2	77.3	63.8	78.0	11.6
	2.0	54.9	55.2	62.2	88.8	95.4	95.5	74.0	90.1	81.3	77.5	21.4
	5.0	65.3	66.1	65.2	92.8	92.2	84.3	85.4	83.2	90.3	80.5	14.6
	25.0	71.1	73.8	75.8	92.3	96.7	99.2	71.7	73.3	79.1	81.4	13.9

10.2.1.10 重复性和再现性

在重复性试验条件下，获得的两次独立测试结果的绝对差值不超过重复性限（r），如果差值超过重复性限（r），应舍弃试验结果并重新完成两次单个试验的测定。在再现性试验条件下，获得的两次独立测试结果的绝对差值不超过再现性限（R）。被测物的含量范围、重复性和再现性方程见表 10-7。

表 10-7 含量范围及重复性和再现性方程

化合物	含量范围/(μg/kg)	重复性限 r	再现性限 R
泼尼松龙	0.2~5.0	$\lg r = 0.8594 \lg m - 0.7782$	$R = 0.1703\, m + 0.0319$
泼尼松	0.2~5.0	$r = 0.2100\, m - 0.0006$	$\lg R = 1.0798 \lg m - 0.6196$
氢化可的松	0.2~5.0	$\lg r = 1.0962 \lg m - 0.7226$	$\lg R = 1.1142 \lg m - 0.6614$
可的松	0.2~5.0	$\lg r = 0.9552 \lg m - 0.7584$	$R = 0.2366\, m - 0.0041$
甲基泼尼松龙	0.2~5.0	$\lg r = 1.0621 \lg m - 0.7187$	$\lg R = 0.9643 \lg m - 0.6423$
倍他米松	0.2~5.0	$\lg r = 1.0686 \lg m - 0.6899$	$\lg R = 1.1585 \lg m - 0.6168$
地塞米松	0.2~5.0	$\lg r = 1.1217 \lg m - 0.6900$	$\lg R = 1.1882 \lg m - 0.6229$
倍氯米松	1.0~25	$\lg r = 0.9993 \lg m - 0.7222$	$\lg R = 0.8613 \lg m - 0.4783$
醋酸氟氢可的松	1.0~25	$r = 0.109\,2\, m + 0.1279$	$\lg R = 0.9292 \lg m - 0.5915$

注：m 为两次测定结果的算术平均值

参 考 文 献

[1] Yang Y，Shao B，Zhang J，Wu Y，Duan H. Determination of the residues of 50 anabolic hormones in muscle，milk and liver by very-high-pressure liquid chromatography electrospray ionization tandem mass spectrometry. Journal of Chromatography B，2009，877（5-6）：489-496

[2] 李存，吴银良，杨挺. 同位素稀释高效液相色谱串联质谱法测定猪肝中地塞米松和倍他米松残留量. 分析化学，2010，38（2）：271-274

[3] 韩立，宋善道，李华岑，刘素梅，班付国，宋志超. 液相色谱-串联质谱法测定动物尿液中糖皮质激素类药物. 中国兽药杂志 2011，45（5）：26-29

[4] Van den Hauwe O，Dumoulin F，Antignac J P，Bouche M P，Elliott C，Van Peteghem C. Liquid chromatographic-mass spectrometric analysis of 11 glucocorticoid residues and an optimization of enzymatic hydrolysis conditions in bovine liver. Analytica Chimica Acta，2002，473（1-2）：127-134

[5] 牛晋阳，时宏霞. 液质法测定猪肉中八种糖皮质激素残留. 食品科学，2010，31（12）：212-214

[6] 崔晓亮，邵兵，赵榕，孟娟，涂晓明. 超高效液相色谱-串联电喷雾四极杆质谱法同时测定牛奶中 12 种糖皮质激素的残留. 色谱，2006，24（3）：213-217

[7] Van Den Hauwe O，Dumoulin F，Elliott C，Van Peteghem C. Detection of synthetic glucocorticoid residues in cattle tissue and hair samples after a single dose administration using LC-MS/MS. Journal of Chromatography B，2005，817（2）：215-223

[8] 徐锦忠，张晓燕，丁涛，吴斌，沈崇钰，蒋原，刘飞. 高效液相色谱-串联质谱法同时检测鸡肉和鸡蛋中合成类固醇类激素和糖皮质激素. 分析化学，2009，37（3）：341-346

[9] Zhang M，Moore G A，Jensen B P，Begg E J，Bird P A. Determination of dexamethasone and dexamethasone sodium phosphate in human plasma and cochlear perilymph by liquid chromatography/tandem mass spectrometry. Journal of Chromatography B，2011，879（1）：17-24

[10] 李飞，谷丽丽，张岩，赵宝华. 液相色谱-串联质谱法检测速冻调制肉制品中糖皮质激素类药物残留. 食品科学，2010，31（2）：154-156

[11] Shearan P，O'Keeffe M，Smyth M R. Reversed-phase high-performance liquid chromatographic determination of dexamethasone in bovine tissue. Analyst，1991，116（12）：1365-1368

[12] Mazzarino M，de la Torre X，Botrè F. A screening method for the simultaneous detection of glucocorticoids，diuretics，stimulants，anti-oestrogens，beta-adrenergic drugs and anabolic steroids in human urine by LC-ESI-MS/MS. Analytical and Bioanalytical Chemistry，2008，392（4）：681-698

[13] Earla R，Boddu S H S，Cholkar K，Hariharan S，Jwala J，Mitra A K. Development and validation of a fast and sensitive bioanalytical method for the quantitative determination of glucocorticoids-Quantitative measurement of dexamethasone in rabbit ocular matrices by liquid chromatography tandem mass spectrometry. Journal of Pharmaceutical and Biomedical Analysis，2010，52（4）：525-533

[14] Zou J，Dai L，Ding L，Xiao D，Bin Z，Fan H，Liu L，Wang G. Determination of betamethasone and betamethasone 17-monopropionate in human plasma by liquid chromatography positive/negative electrospray ionization tandem mass spectrometry. Journal of Chromatography B，2008，873（2）：159-164

[15] Salem I I，Alkhatib M，Najib N. LC-MS/MS determination of betamethasone and its phosphate and acetate esters in human plasma after sample stabilization. Journal of Pharmaceutical and Biomedical Analysis，2011，56（5）：983-991

[16] 邹晓春，刘红河，刘桂华. 高效液相色谱-串联质谱法同时测定肉类食品中 5 种肾上腺皮质激素. 中国卫生检验杂志，2009，19（4）：729-831

[17] Chen D，Tao Y，Liu Z，Zhang H，Liu Z，Wang Y，Huang L，Pan Y，Peng D，Dai M，Wang X，Yuan Z. Development of a liquid chromatography-tandem mass spectrometry with pressurized liquid extraction for determination of glucocorticoid residues in edible tissues. Journal of Chromatography B，Analytical Technologies in the Biomedical and Life Sciences，2011，879（2）：174-180

[18] Caretti F，Gentili A，Ambrosi A，Rocca L M，Delfini M，Di Cocco M E，D'Ascenzo G. Residue analysis of glucocorticoids in bovine milk by liquid chromatography-tandem mass spectrometry. Analytical and Bioanalytical Chemistry，2010，397（6）：2477-2490

[19] Ebrahimzadeh H，Yamini Y，Ara K M，Kamarei F. Three-phase hollow fiber microextraction based on carrier-mediated transport combined with HPLC-UV for the analysis of dexamethasone sodium phosphate in biological samples. Analytical Methods，2011，3（9）：2095-2101

[20] Zhang Y，Wu H，Ding Y，et al. Simultaneous determination of cortisol and prednisolone in body fluids by using HPLC-DAD coupled with second-order calibration based on alternating trilinear decomposition. Journal of Chromatography B，2006，840（）：116-123

[21] 侯亚莉，徐飞，李海燕，周德刚，李晓薇，丁双阳. 液相色谱-电喷雾串联四极杆质谱法同时测定牛肉中地塞米松、倍他米松和倍氯米松残留. 中国农学通报，2008，24（1）：127-131

[22] Iglesias Y，Fente C A，Vázquez B，Franco C，Cepeda A，Mayo S，Gigosos P G. Determination of dexamethasone in bovine liver by chemiluminescence high-performance liquid chromatography. Journal of Agricultural and Food Chemistry，1999，47（10）：4275-4279

[23] Cherlet M，De Baere S，De Backer P. Quantitative determination of dexamethasone in bovine milk by liquid chromatography-atmospheric pressure chemical ionization-tandem mass spectrometry. Journal of Chromatography B，2004，805（1）：57-65

[24] Cherlet M，De Baere S，Croubels S，De Backer P. Quantitative determination of dexamethasone in bovine plasma and tissues by liquid chromatography-atmospheric pressure chemical ionization-tandem mass spectrometry to monitor residue depletion kinetics. Analytica Chimica Acta，2005，529（1-2）：361-369

[25] Li C，Wu Y，Yang T，Zhang Y. Rapid simultaneous determination of dexamethasone and betamethasone in milk by liquid chromatography tandem mass spectrometry with isotope dilution. Journal of Chromatography A. 2010，2010，1217（3）：411-414

[26] 吴敏，郑向华，齐士林，洪煜琛，周昱. 超高效液相色谱-串联质谱测定猪肉中地塞米松、倍他米松和倍氯米松. 理化检验-化学分册，2010，46（11）：1282-1285

[27] Hidalgo O H，López M J，Carazo E A，Larrea M S A，Reuvers T B A. Determination of dexamethasone in urine by gas chromatography with negative chemical ionization mass spectrometry. Journal of Chromatography B，2003，788（1）：137-146

[28] Mallinson E T，Dreas J S，Wilson R T，Henry A C. Determination of dexamethasone in liver and muscle by liquid chromatography and gas chromatography/mass spectrometry. Journal of Agricultural and Food Chemistry，1995，43（1）：140-145

[29] Shao B，Cui X，Yang Y，Zhang J，Wu Y. Validation of a solid-phase extraction and ultra-performance liquid chromatographic tandem mass spectrometric method for the detection of 16 glucocorticoids in pig tissues. Journal of AOAC International，2009，92（2）：604-611

[30] Kaklamanos G，Theodoridis G，Papadoyannis I N，Dabalis T. Determination of anabolic steroids in muscle tissue by liquid chromatography-tandem mass spectrometry. Journal of Chromatography A，2009，1216（46）：8072-8079

[31] Bagnati R，Ramazza V，Zucchi M，Simonella A，Leone F，Bellini A，Fanelli R. Analysis of dexamethasone and betamethasone in bovine urine by purification with an "on-line" immunoaffinity chromatography-high-performance liquid chromatography system and determination by gas chromatography-mass spectrometry. Analytical Biochemistry，1996，235：119-126

[32] Dési E，Kovács Á，Palotai Z，Kende A. Analysis of dexamethasone and prednisolone residues in bovine milk using matrix solid phase dispersion-liquid chromatography with ultraviolet detection. Microchemical Journal，2008，89（1）：77-81

[33] 连英杰，林升航，曾琪，吴敏，徐敦明，林立毅，周昱，黄志强. QuEChERS/超高效液相色谱-电喷雾串联质谱法检测鸡肉中 11 种激素类药物残留. 食品安全质量检测学报，2014，5（2）：384-392

[34] Baeyens V，Varesio E，Veuthey J L，Gurny R. Determination of dexamethasone in tears by capillary electrophoresis. Journal of Chromatography B，1997，692（1）：222-226

[35] Noé S，Böhler J，Keller E，Frahm A W. Determination of prednisolone in serum：method development using solid-phase extraction and micellar electrokinetic chromatography. Journal of Pharmaceutical and Biomedical Analysis，1998，18（3）：471-476

[36] 李博祥，郑敏敏，卢兰香，吴晓苹. 加压毛细管电色谱-紫外检测法分析糖皮质激素及其在头发检测中的应用. 色谱，2011，29（8）：798-804

[37] Grippa E，Santini L，Castellano G，Gatto M T，Leone M G，Saso L. Simultaneous determination of hydrocortisone，dexamethasone，indomethacin，phenylbutazone and oxyphenbutazone in equine serum by high-performance liquid chromatography. Journal of Chromatography B，2000，738（1）：17-25

[38] 盛欣，廖林川，颜有仪，杨林，刘晓敏，詹兰芬，王智慧. RP-HPLC 测定人血液和尿液中的倍他米松. 华西药学杂志，2011，26（2）：179-181

[39] Wu S，Wu H，Chen S. Determination of betamethasone and dexamethasone in plasma by fluorogenic derivatization and liquid chromatography. Analytica Chimica Acta，1995，307（1）：103-107

[40] Zhang Y，Zhang Z，Song Y，Wei Y. Detection of glucocorticoid residues in pig liver by high-performance liquid chromatography with on-line electrogenerated [Cu(HIO$_6$)$_2$]$^{5-}$-luminol chemiluminescence detection. Journal of Chromatography A，2007，1154（1-2）：260-268

[41] Fritsche S，Schmidt G，Steinhart H. Gas chromatographic-mass spectrometric determination of natural profiles of androgens，progestogens，and glucocorticoids in muscle tissue of male cattle. European Food Research and Technology，1999，209（6）：393-399

[42] Pozo O J，Marcos J，Matabosch X，Ventura R，Segura J. Using complementary mass spectrometric approaches for the determination of methylprednisolone metabolites in human urine. Rapid Communications in Mass Spectrometry，2012，26（5）：541-553

[43] Shibasaki H，Nakayama H，Furuta T，Kasuya Y，Tsuchiya M，Soejima A，Yamada A，Nagasawa T. Simultaneous determination of prednisolone，prednisone，cortisol，and cortisone in plasma by GC-MS：Estimating unbound prednisolone concentration in patients with nephrotic syndrome during oral prednisolone therapy. Journal of Chromatography B，2008，870（2）：164-169

[44] Courtheyn D，Vercammen J，Logghe M，Seghers H，De Wasch K，De Brabander H. Determination of betamethasone and triamcinolone acetonide by GC-NCI-MS in excreta of treated animals and development of a fast oxidation procedure for derivatisation of corticosteroids. The Analyst，1998，123（12）：2409-2414

[45] Pavlovic R，Chiesa L，Soncin S，Panseri S，Cannizzo F T，Biolatti B，Biondi P A. Demiantion of cortisol，cortisone，prednisolone and prednisone in bovine urine by liquid chromatography-electrospray ionization single quadrupole mass

spectrometry. Journal of Liquid Chromatography and Related Technologies，2012，35（1-4）：444-457

[46] Panderi I，Gerakis A，Zonaras V，Athanasiou L，Kazanis M. Development and validation of a liquid chromatography-electrosprayionization mass spectrometric method for the determination of dexamethasone in sheep plasma. Analytica Chimica Acta，2004，504（2）：299-306

[47] Tölgyesi A，Sharma V K，Fekete S，Lukonics D，Fekete J. Simultaneous determination of eight corticosteroids in bovine tissues using liquid chromatography-tandem mass spectrometry. Journal of Chromatography B，2012，906（1）：75-84

[48] Dusi G，Gasparini M，Curatolo M，Assini W，Bozzoni E，Tognoli N，Ferretti E. Development and validation of a liquid chromatography-tandem mass spectrometry method for the simultaneous determination of nine corticosteroid residues in bovine liver samples. Analytica Chimica Acta，2011，700（1-2）：49-57

[49] Deceuninck Y，Bichon E，Monteau F，Antignac J P，Bizec B Le. Determination of MRL regulated corticosteroids in liver from various species using ultra high performance liquid chromatography-tandem mass spectrometry（UHPLC）. Analytica Chimica Acta，2011，700（1-2）：137-143

[50] Tölgyesi A，Sharma V K，Fekete J. Development and validation of a method for determination of corticosteroids in pig fat using liquid chromatography-tandem mass spectrometry. Journal of Chromatography B，2011，879（5-6）：403-410

[51] 童颖，潘虹，孙成龙，辛晓斐，丁黎，马鹏程. 小型猪血浆中二丙酸倍他米松及其代谢物倍他米松的 LC-MS/MS 同时测定方法的建立及在药动学研究中的应用. 药学进展，2014，38（4）：290-295

[52] 雍莉，王宇，邹晓莉，朱岚，谢螳旭，李龙江. HPLC/MS/MS 同时测定血浆肾上腺素、去甲肾上腺素、可的松和氢化可的松的方法建立. 四川大学学报（医学版），2014，45（1）：142-146

[53] Leporati M，Capra P，Cannizzo F T，Biolatti B，Nebbia C，Vincenti M. Determination of prednisolone metabolites in beef cattle. Food Additives & Contaminants，2013，30（6）：1044-1054

[54] Blahova J，Dobsikova R，Svobodova Z，Kalab P. Simultaneous determination of plasma cortisol by high performance liquid chromatography and radioimmunoassay methods in fish. Acta Veterinaria Brno，2007，76（1）：71-77

[55] Roberts C J，Jackson L S. Development of an ELISA using a universal method of enzyme-labelling drug-specific antibodies. Part I：Detection of dexamethasone in equine urine. Journal of Immunological Methods，1995，181（2）：157-166

[56] 胡拥明，王利兵，袁媛，陈伟，边爱，马伟，胥传来. 糖皮质激素 ELISA 检测方法的建立及群选性抗体的筛选. 食品科学，2009，30（24）：331-336

[57] Kolanovic B S，Bilandzic N，Varenina I. Validation of a multi-residue enzyme-linked immunosorbent assay for qualitative screening of corticosteroids in liver，urine and milk. Food Additives and Contaminants，2011，28（9）：1175-1186

[58] GB/T 22957—2008 河豚鱼、鳗鱼及烤鳗中九种糖皮质激素残留量的测定　液相色谱-串联质谱法. 北京：中国标准出版社，2008

11　喹诺酮类药物

11.1　概　　述

11.1.1　理化性质和用途

喹诺酮（quinolones，QNs）又称吡啶酮酸类或吡酮酸类，是以 1，4-二氢-4-氧吡啶-3-羧酸为基本母环结构的化合物，是从萘啶酸或吡酮酸演化而来的合成抗菌药物，其基本结构如图 11-1 所示。
1962 年，Lesher 等[1]发现第一个 QNs——萘啶酸（nalidixic acid），并通过对其进行结构改造和修饰，增强了它的生物学和药理学活性。A 环是抗菌作用必需结构，必须与芳环或杂环骈合，而 B 环可作较大改变，可以是苯环、吡啶环、嘧啶环等。QNs 的基本结构中皆含有 N1 位取代基和 C3 位羧酸，新的衍生物主要是改变 N1 位上的基团，同时在 C6、C7 和 C8 位上连接不同的基团[2]。

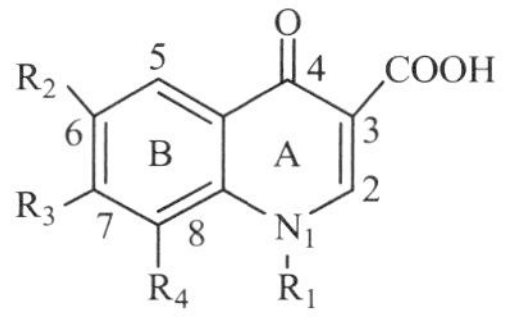

图 11-1　QNs 的基本结构

C6 位引入氟原子成为 FQs 结构的显著特点。其与 DNA 旋转酶结合能力提高了 2~17 倍，可增强对 DNA 螺旋酶的抑制作用；对革兰氏阳性菌的抗菌活性增强，对细胞的穿透力提高了 1~70 倍。N1 位取代基对化合物的生物活性有很大影响。N1 修饰以环丙基或噁嗪基可扩大抗菌谱，增强对衣原体、支原体及分枝杆菌的抗菌活性；噁嗪基还可提高水溶性，使药物在体内不被代谢，以原形经尿排泄。C7 的结构主要影响药物的抗菌谱、作用强度及药代动力学。引入哌嗪基可增强对金黄色葡萄球菌和绿脓杆菌的抗菌作用；哌嗪基 4 位被甲基取代后，可增强抗革兰氏阳性菌的活性，并增加吸收，延长血浆药物半衰期。C8 的结构改造主要影响药物的药代动力学性质和光毒性[3]。加入氟原子可增加口服吸收率，延长半衰期。C5 位引入氨基可增加吸收和组织分布，在 C6、C8 二氟喹诺酮中的 C5 位引入氨基可增强体内外抗菌活性。常用 QNs 的结构见表 11-1。

1997 年，Aandriole 提出用 Schellhore[4]整理的 Aandriole-Schellhore 分类方法将 QNs 分为四代，国际学术界也按照此方法将 QNs 的发展分为四个阶段：第一代 QNs，主要代表是萘啶酸，只对大肠杆菌、痢疾杆菌、肺炎杆菌、变形杆菌及沙门氏菌等有效；对革兰氏阳性菌、绿脓杆菌作用弱或无效。因疗效不佳、又易产生耐药性，临床已很少使用。第二代 QNs，主要有吡哌酸和氟甲喹等。其抗菌谱比萘啶酸明显扩大，对大肠杆菌、痢疾杆菌等有较强的抗菌活性，且对绿脓杆菌有效。第三代 QNs，通过化学结构修饰在主环 C6 位引入氟原子，故又称氟喹诺酮类（fluoroquinolones，FQs）[5, 6]。其抗菌谱进一步扩大，抗菌活性更强，对革兰氏阳性菌如金黄色葡萄球菌、链球菌及革兰氏阴菌等有效，也是兽医临床中广泛应用的抗革兰氏阳性菌与阴性菌及霉形体的有效抗菌药。第四代 QNs 是在 20 世纪 90 年代后期上市，除具有第三代药物的优点外，抗菌谱进一步扩展到衣原体等病原体，且对革兰氏阳性菌和厌氧菌的活性强于环丙沙星（CIP）等。此类药物具有吸收迅速、分布广泛、血药浓度高、半衰期长以及生物利用度高等优点。

11.1.1.1　理化性质

QNs 均为白色或淡黄色结晶性粉末。多数熔点在 200℃以上（熔融伴随分解），形成盐后熔点可超过 300℃。一般易溶于稀碱、稀酸溶液和冰乙酸，在 pH 6~8 的水中溶解度最低，在甲醇、氯仿、乙醚等多数溶剂中难溶或不溶。形成盐后易溶于水。常用 QNs 理化性质见表 11-1。

表 11-1　常用 QNs 的理化性质[7-9]

分类	化合物	结构式	CAS 号	分子式	分子量	开发单位，上市时间
第一代	萘啶酸（nalidixic acid，NAL）		389-08-2	$C_{12}H_{12}N_2O_3$	232.241	Division of Sterling Drug，1964
	噁喹酸（oxolinic acid，OXO）		14698-29-4	$C_{13}H_{11}NO_5$	261.235	Warner-Lambert，1968
	吡咯酸（piromidic acid，PIR）		19562-30-2	$C_{14}H_{16}N_4O_3$	288.302	大日本制药，1969
第二代	西诺沙星（cinoxacin，CIN）		28657-80-9	$C_{12}H_{10}N_2O_5$	262.223	礼来（Eli Lilly），1970
	氟甲喹（flumequine，FLU）		42835-25-6	$C_{14}H_{12}FNO_3$	261.248	—
	吡哌酸（pipernidic acid，PIP）		51940-44-4	$C_{14}H_{17}N_5O_3$	303.322	Laboratoire Roger Bellon，1974
第三代	氟啶酸/依诺沙星（enoxacin，ENO）		74011-58-8	$C_{15}H_{19}FN_4O_4$	338.334	大日本制药，1982
	氟哌酸/诺氟沙星（norfloxacin，NOR）		70458-96-7	$C_{16}H_{18}FN_3O_3$	319.336	日本杏林制药，1983

续表

分类	化合物	结构式	CAS 号	分子式	分子量	开发单位，上市时间
第三代	甲氟哌酸/培氟沙星（perfloxacin，PEF）		70458-96-7	$C_{17}H_{20}FN_3O_3$	333.321	Laboratoire Roger Bellon，1984
	氟嗪酸/氧氟沙星（ofloxacin，OFL）		82419-36-1	$C_{18}H_{20}FN_3O_4$	361.367	日本第一制药（Daiichi），1986
	环丙氟哌酸/环丙沙星（ciprofloxacin，CIP）		85721-33-1	$C_{17}H_{19}ClFN_3O_3$	367.803	拜耳（Bayer），1987
	洛美沙星（lomefloxacin，LOM）		98079-51-7	$C_{17}H_{19}F_2N_3O_3$	351.357	日本北陆制药，1990
	托氟沙星（tosufloxacin，TOS）		100490-36-6	$C_{26}H_{23}F_3N_4O_6S$	576.544	日本富山化学，1990
	替马沙星（temafloxacin，TEM）		108319-06-8	$C_{21}H_{18}F_3N_3O_3$	417.381	雅培（Abbott），1991
	芦氟沙星（rufloxacin，RUF）		101363-10-4	$C_{17}H_{18}FN_3O_3S$	363.414	Mediolanum S.P.A.，1992

续表

分类	化合物	结构式	CAS号	分子式	分子量	开发单位，上市时间
第三代	氟罗沙星（fleroxacin，FLE）		79660-72-3	$C_{17}H_{18}F_3N_3O_3$	369.338	日本杏林制药，1992
	加替沙星（gatifloxacin，GAT）		112811-59-3	$C_{19}H_{22}FN_3O_4$	375.394	日本杏林制药
	氨氟沙星（amifloxacin，AMI）		86393-37-5	$C_{16}H_{19}FN_4O_3$	334.349	
	乙基环丙沙星/恩诺沙星*（enrofloxacin，ENR）		93106-60-6	$C_{19}H_{22}FN_3O_3$	359.423	拜耳（Bayer），1978
	沙拉沙星*（sarafloxacin，SAR）		98105-99-8	$C_{20}H_{17}F_2N_3O_3$	385.356	雅培（Abbott），1995
	双氟哌酸/二氟沙星*（difloxacin，DIF）		98106-17-3	$C_{21}H_{19}F_2N_3O_3$	399.387	雅培（Abbott），1984
	甲基环丙沙星/达氟沙星*（danofloxacin，DAN）		112398-08-0	$C_{19}H_{20}FN_3O_3$	357.379	辉瑞（Pfizer），1990

分类	化合物	结构式	CAS 号	分子式	分子量	开发单位，上市时间
第三代	麻保沙星*（marbofloxacin，MAR）		115550-35-1	$C_{17}H_{19}FN_4O_4$	362.363	Vetoquinol，1995
	依巴沙星*（ibafloxacin，IBA）		91618-36-9	$C_{15}H_{14}FNO_3$	275.275	Smith Kline
	奥比沙星*（orbifloxacin，ORB）		113617-63-3	$C_{19}H_{20}F_3N_3O_3$	395.376	Danippon，1995
	普拉沙星（pradofloxacin，PRA）		195532-12-8	$C_{21}H_{21}FN_4O_3$	396.423	拜耳（Bayer）
	宾氟沙星*（binfloxacin，BIN）		108437-28-1	$C_{19}H_{22}FN_3O_3$	359.394	辉瑞（Pfizer），1990
第四代	司帕沙星（sparfloxacin，SPA）		110871-86-8	$C_{19}H_{22}FN_3O_3$	359.395	大日本制药，1993
	那氟沙星（nadifloxacin，NAD）		124858-35-1	$C_{19}H_{21}FN_2O_4$	360.381	大冢制药，1993

分类	化合物	结构式	CAS 号	分子式	分子量	开发单位,上市时间
第四代	左旋氧氟沙星（levofloxacin, LEV）		100986-85-4	$C_{18}H_{20}FN_3O_4$	361.374	日本第一制药（Daiichi），1994
	格帕沙星（grepafloxacin, GRE）		119914-60-2	$C_{19}H_{22}FN_3O_3$	359.387	大冢制药，1997
	曲伐沙星（trovafloxacin, TRO）		147059-72-1	$C_{20}H_{15}F_3N_4O_3$	416.356	辉瑞（Pfizer），1998
	西他沙星（sitafloxacin, SIT）		127254-12-0	$C_{19}H_{18}ClF_2N_3O_3$	409.814	日本第一制药（Daiichi），2008
	加雷沙星（garenoxacin, GAR）		194804-75-6	$C_{23}H_{20}F_2N_2O_4$	426.413	Toyama，2007
	贝西沙星（besifloxacin, BES）		141388-76-3	$C_{19}H_{21}ClFN_3O_3$	393.839	Bausch & Lomb，2009
	安妥沙星（antofloxacin, ANT）		—	$C_{18}H_{21}FN_4O_4$	376.347	上海药物研究所，2009

注：＊动物专用 QNs

11.1.1.2 用途

QNs 的作用机理主要是通过抑制细菌 DNA 螺旋酶活性[10]，并与 DNA 的 SOS 修复有关联。除此之外，新黏肽水解酶或自溶酶的产生也可产生杀菌作用。作用机理主要是：①抑制 DNA 螺旋酶，DNA

螺旋酶是 DNA 拓扑异构酶 II 型，它担负染色体或质粒 DNA 的拓扑学转变，是细菌生长和发育所必需的酶，其作为复杂的基因产物的一部分，具有调节 DNA 三级构型的功能。QNs 的作用靶位是 DNA 螺旋酶，当药物作用使 DNA 螺旋酶活性丧失时，DNA 超螺旋合成受到阻断，染色体复制和基因转录中止，造成细菌死亡。②诱导 DNA 的 SOS 修复，作用靶位可能是诱导了 DNA 的 SOS 修复，使药物在发挥作用的同时引起 DNA 错误复制，从而造成基因突变，细菌死亡。③新的黏肽水解酶或自溶酶产生[10, 11]。

QNs 的抗菌谱广，对革兰氏阳性菌如金黄色葡萄球菌，链球菌、肺炎球菌，革兰氏阴性杆菌和球菌以及淋球菌具有高度抗菌活性，包括大肠杆菌、沙门氏菌、痢疾杆菌、流感杆菌、肺炎杆菌、绿脓杆菌均有极高的抗菌活性。此外，对某些霉形体，衣原体、螺旋体也有极强的抑制作用。对病毒、真菌、原虫等无效。FQs 为杀菌药，杀菌浓度与抑菌浓度相同或为后者的 2～4 倍，浓度太大杀菌作用会减弱，故不宜大剂量使用。

11.1.2 代谢和毒理学

11.1.2.1 体内代谢过程

FQs 除 NOR 吸收率低（约为给药量的 15%）外，多数药物口服后吸收迅速且较为完全，通常吸收率可达 60% 或更高，血药峰浓度在给药后 1～2 h 即可到达，但不同种类的动物会有明显的个体差异。通常单胃动物在口服 FQs 后可以迅速吸收；对反刍动物和马属动物，口服 FQs 后全身血药浓度要低于治疗水平的浓度。例如，成年反刍动物的口服 ENR 生物利用度只有 10%，而与之相比，单胃动物的口服生物利用度可达 80% 以上[12, 13]。马静脉外给药有异常高的生物利用度，这可能是肝肠循环的结果。钙、铁、镁、铝等离子能与 FQs 发生螯合，影响内服药物的吸收，降低生物利用度和血药浓度。

FQs 体内分布广，组织浓度较高，可进入一般抗生素不易到达的部位，如在软组织，在唾液、鼻分泌物、鼻黏液以及支气管上皮中有很高浓度。在狗中，ENR 在胆汁和尿液中的浓度超过血浆浓度 10～20 倍。给母羊注射 NOR 后，奶中 NOR 浓度为血清浓度的 40 倍。ENR 与 CIP 的血浆浓度相似时，ENR 进入奶中的浓度为 CIP 的 2 倍。在脑脊液中浓度较低，比血浆低，但患脑膜炎时，其浓度增加，可达到血浆浓度的 50%。

QNs 的血浆蛋白结合率低，多为 20%～50%。ENR 在牛和兔中的蛋白结合率分别为 56% 和 53%，在马、猪、狗和鸡中则分别为 22%、27%、27% 和 21%，CIP 和 NOR 的血浆蛋白结合率都不超过 45%。组织中的蛋白结合率低于血浆。

QNs 的主要排泄途径可以分为三类：①经肾脏，如 ENR、ORB、OFL、TEM 和 LOM。②经肝胆系统，如 DIF、PEF。胆汁分泌可以导致肠肝循环，引起肠内药物的富集，可以延长机体内某种化合物残留时间[14]。③通过肾脏和肝胆系统共同消除的药物，如 MAR、DAN、NOR、CIP 和 ENO[15]。另外，药物经肠黏膜主动分泌也是 QNs 排泄的一种机制。各种 QNs 在肾脏的排泄程度各异。LEV 和 GAT 主要通过肾脏来消除，其中肾脏中 LEV 的清除率要比肌酐的清除率高出约 60%。这一点表明其与肾小球滤过作用和肾小管部分都有关[16]。后来又进一步证实同时服用一定剂量的丙磺舒或西咪替丁，可使某些 QNs 的肾清除率增加 24%～35%[17]。丙磺舒也可以延长 GAT 和 CIP 的消除半衰期。

QNs 在不同动物体内代谢程度不同，代谢产物也不同。ENR 在猪体内有 50% 转化为 CIP，在鸡中则几乎测不到。NOR 在肉鸡体内有 4 种代谢产物，即乙基诺氟沙星、甲酰诺氟沙星、氨基诺氟沙星和去乙基诺氟沙星。在猪体内，主要转化为 N-去乙基代谢物和氧化代谢物。QNs 的主要生物转化机制见表 11-2。

表 11-2　QNs 的主要生物转化机制[9]

机制	药物
哌嗪环氧化	氟哌酸→氧氟哌酸
N-去烷氧化	恩诺沙星→环丙沙星，培氟沙星→氟哌酸
羟化	萘啶酸→羟基萘啶酸

续表

机制	药物
葡萄糖醛酸结合	氟哌酸→葡萄糖醛酸氟哌酸
硫氧化	环丙沙星→硫氧环丙沙星
乙酰化	氟哌酸→N-乙酰氟哌酸

11.1.2.2　毒理学与不良反应

QNs 的毒性主要取决于用药剂量和动物种类[18]。一般导致胃肠道的紊乱如呕吐、腹泻。在较高剂量，出现站立不稳、烦躁不安、嗜睡等中枢神经系统症状。高血浆浓度可以产生急性毒性反应，可能由于过多的组胺释放。在犬猫中也有关于这些副作用的报道。此外，兽医治疗中毒性反应还包括幼畜关节病（特别是犬），以及对眼的毒性（包括猫视网膜变性和由某些 QNs 引起的囊下白内障）。所有上市的 QNs 都会发生光敏感化反应，尤其是 PEF，而 NOR 和 CIP 很少发生。QNs 的作用机制主要影响原核细胞的 DNA 合成，但其个别品种的药物已在真核细胞内显示出致突变作用，研究人员已证明 ENR 在实验动物中显示一定的致突变和胚胎毒作用[19]，OXO、NAL 对大鼠有潜在的致癌作用。

QNs 广泛用于兽医临床，已出现细菌耐药性。动物性食品中残留较低浓度的 QNs 容易诱导人类致病菌产生耐药性。耐药机制有二：①细菌 DNA 螺旋酶的改变，与细菌高浓度耐药有关[20, 21]。②细菌细胞膜孔蛋白通道的改变或缺失与低浓度耐药有关。耐药菌株 DNA 螺旋酶的活性改变主要由于 gyrA 基因突变所致[22, 23]。耐药性问题也是 QNs 在畜牧养殖业使用争论和政策附带结果的最大源头。目前，首先是在临床分离的肺炎克雷伯氏菌[24]中发现了一种质粒介导的 QNs 耐药基因（quinolone resistance，qnr）和后来又在大肠杆菌中发现的[25]。对于浓度依赖性抗菌药，qnr 通过保护 DNA 促旋酶（而不是拓扑异构酶Ⅳ）免受 CIP 的抑制来发挥其作用[26]。qnr 基因使细菌对 QNs 敏感性稍稍降低，以致在临床认为 qnr 株仍然是敏感菌。由于 qnr 的功能使得拓扑异构酶突变株在正常可以杀死细菌的药物浓度下也可以生存[27]。

11.1.3　最大允许残留限量

QNs 在兽医临床广泛和大量的使用会导致其在动物性食品中的残留，严重危害人类的健康。为了保护消费者的健康安全，我国、欧盟、美国、日本等都已制定了 QNs 在各动物组织中的最大允许残留限量（maximum residue limit，MRL）[25, 28, 29]，如表 11-3 所示。因弯曲杆菌耐 QNs 菌株的出现，美国 FDA 于 2005 年已禁止 ENR 作为饲料添加剂用于禽类[30]。日本也于 2006 年 5 月 29 日开始实行了更为严格的"肯定列表制度"[31]，制定了 QNs 的 MRLs。

表 11-3　QNs 在各动物组织中的 MRLs（μg/kg）[11]

药物名称	残留标示物	动物类别	组织	欧盟	中国	美国	日本
		除猪、牛、绵羊、山羊和家禽之外所有食品动物	肌肉	100	100		200
			脂肪	50	50		100
			肝/肾	200	200		400
		猪	肌肉	100	100		100
			脂肪	50	50		100
达氟沙星（danofloxacin）	danofloxacin		肝	200	200		50
			肾	200	200		200
			其他可食用下水				50
		牛、	肌肉	200	200	200	200
			脂肪	100	100		100
			肝	400	400	200	400
			肾	400	400		400

续表

药物名称	残留标示物	动物类别	组织	欧盟	中国	美国	日本
			奶	30	30		50
			其他可食用下水				400
达氟沙星（danofloxacin）	danofloxacin	绵羊、山羊	肌肉	200	200		200
			脂肪	100	100		100
			肝/肾	400	400		400
			奶	30	30		50
			其他可食用下水				400
		家禽	肌肉	200	200		200
			皮+脂	100	100		100
			肝/肾	400	400		400
			其他可食用下水				400
二氟沙星（difloxacin）	difloxacin	除牛、绵羊、山羊和家禽之外所有食品动物	肌肉	300	400		
			脂肪	100	100		
			肝	800	1400		
			肾	600	800		
		牛、绵羊、山羊	肌肉	400	400		
			脂肪	100	100		
			肝	1400	800		
			肾	800	800		
		猪	肌肉	400	300		20
			脂肪	100	400		20
			肝	800	1900		20
			肾	800	600		20
			其他可食用下水				20
		家禽	肌肉	300	300		
			脂肪	400	100		
			肝	1900	800		
			肾	600	600		
恩诺沙星（enrofloxacin）	enrofloxacin+ciprofloxacin	除牛、绵羊、山羊、猪、兔和家禽之外所有食品动物	肌肉	100	100		50
			脂肪	100	100		50
			肝	200	300		100
			肾	200	200		100
			其他可食用下水				100
		牛	肌肉	100	100		50
			脂肪	100	100		50
			肝	300	100	100	100
			肾	200	200		100
			奶	100	300		50
			其他可食用下水				100
		绵羊、山羊	肌肉	100	100		50
			脂肪	100	100		50
			肝	300	100		100
			肾	200	200		100
			奶	100	300		50
			其他可食用下水				100

续表

药物名称	残留标示物	动物类别	组织	欧盟	中国	美国	日本
恩诺沙星 （enrofloxacin）	enrofloxacin+ciprofloxacin	猪	肌肉	100	100		50
			脂肪	100	100		50
			肝	200	200	500	100
			肾	300	300		100
			其他可食用下水				50
		兔	肌肉	100	100		50
			脂肪	100	100		50
			肝	200	200		100
			肾	300	300		100
			其他可食用下水				100
		家禽	肌肉	100	100		50
			皮+脂	100	100		50
			肝	200	200		100
			肾	300	200		100
			其他可食用下水				50
氟甲喹 （flumequine）	flumequine	除牛、绵羊、山羊、猪、家禽和有鳍鱼类之外所有食品动物	肌肉	200			50
			脂肪	250			1000
			肝	500			500
			肾	1000			3000
			其他可食用下水				200
		牛、猪、绵羊、山羊	肌肉	200	500		50
			脂肪	300	1000		1000
			肝	500	500		500
			肾	1500	3000		3000
			奶	50	50		100
			其他可食用下水				200
		家禽	肌肉	400	500		50
			脂肪	250	1000		1000
			肝	800	500		500
			肾	1000	3000		3000
			其他可食用下水				200
		有鳍鱼	肉+皮	600	500		
		鱼贝类（限鲑形目）					500
		鱼贝类（限鲈形目）					40
		鱼贝类（限其他鱼）					600
麻保沙星 （marbofloxacin）	marbofloxacin	牛	肌肉	150			100
			脂肪	50			50
			肝	150			100
			肾	150			150
			奶	75			75
			其他可食用下水				50
		猪	肌肉	150			50
			脂肪	50			50
			肝	150			50
			肾	150			100
			其他可食用下水				50

续表

药物名称	残留标示物	动物类别	组织	欧盟	中国	美国	日本
噁喹酸 （oxolinic acid）	oxolinic acid	猪	肌肉	100	100		20
			脂肪	50	50		20
			肝/肾	150	150		20
			其他可食用下水				20
		牛	肌肉				100
			脂肪				50
			肝/肾				100
			其他可食用下水				100
		鸡	肌肉	100	50		30
			脂肪	50			100
			肝/肾	150	300		40
			蛋				
			其他可食用下水				60
		有鳍鱼	皮+肉	100			
		鱼贝类（限鲑形目）					100
		鱼贝类（限鳗鲡目）					100
		鱼贝类（限鲈形目）					60
		鱼贝类（限其他鱼）					50
		鱼贝类（限甲壳类）					30
沙拉沙星 （sarafloxacin）	sarafloxacin	鸡/火鸡	肉	10	10		10
			脂肪		20		20
			肝	100	80		80
			肾		80		80
			其他可食用下水				80
		鲑鱼 鱼贝类（限鲑形目）	皮+肉	30	30		30
氧氟沙星 （ofloxacin）	ofloxacin	鸡	肉、脂肪、肝脏、肾脏以及其他可供食用的部分				50
奥比沙星 （orbifloxacin）	orbifloxacin	猪、牛	奶、肉、脂肪、肝脏、肾脏以及其他可供食用的部分				20
诺氟沙星 （norfloxacin）	norfloxacin	猪、鸡	肉、脂肪、肝脏、肾脏以及其他可供食用的部分				20
		其他家禽	肉、脂肪、肝脏、肾脏以及其他可供食用的部分				100

11.1.4　残留分析技术

QNs 的分析方法也受到了较大的关注，有关其分析方法的报道也日益增多。近年来，已有多篇文章专门对 QNs 的分析方法进行了综述[32-37]。

11.1.4.1　前处理方法

（1）提取方法

QNs 残留分析主要采用液液萃取（LLE）的提取方法。近年来，一些新的提取技术，如超声辅助萃取（UAE）、加速溶剂萃取（ASE）、微波辅助萃取（MAE）、超临界流体萃取（SFE）、分散液液微萃取（DLLME）等也开始应用到 QNs 残留的提取中。

QNs 属于两性化合物，不溶于非极性溶剂，溶于极性有机溶剂以及水溶性有机溶剂或酸性、碱性水溶液中。在组织样品提取过程中，通常采用振荡等操作来完成的，有时也使用超声、均质等方法，大部分方法的提取需要重复两次进行，使用的提取溶剂 5～100 mL 不等。常用的有机溶剂包括乙酸乙酯、丙酮、乙腈、乙醇、甲醇、三氯甲烷或二氯甲烷、乙腈-水溶液等。常用的酸（碱）性有机溶剂包括：磷酸-乙腈、乙酸-乙腈、三氯乙酸-乙腈、高氯酸-乙腈、氨水-乙腈、乙酸-甲醇、三氯乙酸-甲醇、$HClO_4$-H_3PO_4-甲醇、三氯乙酸溶液等。常用的水溶液包括：10%高氯酸水溶液、磷酸水溶液、HCl溶液、EDTA-Mcilvaine 缓冲液、磷酸盐缓冲溶液、甲酸铵缓冲液（pH 3.25）、NaOH 溶液等。

1）液液萃取（liquid liquid extraction，LLE）

由于 QNs 为酸碱两性物质，LLE 方法通过调节水相的 pH 来使得被分析物由其中一相转移到另一相，从而实现分析物的提取。Tyczkowska[38]等研究发现，使用碱化溶剂处理奶样品时，碱化溶剂有助于药物的释放。使用酸化或碱化的乙腈/甲醇提取 ENR、CIP 等 QNs 时，较使用单纯有机溶剂的效果要强，提取杂质少，回收率高。Roybal 等[39, 40]专门研究了甲醇、乙醇、丙酮、二氯甲烷等对组织中 SAR、DAN、ENR 和 CIP 等 QNs 的提取效率。实验发现，使用酸化的甲醇或酸化的丙酮（pH 3.0）较单一或混合纯有机溶剂能有效改善提取效率，回收率可达 70%～90%，可能是在酸性条件下，质子化的 QNs 与样品基质的吸附作用减弱的缘故，利于药物的释放。

氯仿、二氯甲烷、乙酸乙酯等常用作 LLE 的溶剂，也可用缓冲液与三氯甲烷或二氯甲烷合并进行提取和净化 QNs[41, 42]，有时还可加入 NaCl 等以增强溶剂的离子强度进一步提高 QNs 在有机相中的转移效率，但处理过程复杂、费时，并需要大量的有机溶剂。乙酸乙酯适用于多种基质中 QNs 的提取，特别是第一代和第二代QNs的提取（如OXO、FLU等）[43-46]，乙酸乙酯的用量一般为20～100 mL，采用普通的涡动混合或振荡即可完成提取。QNs 为酸碱两性物质，介质中水分含量约1%时，对 QNs的解离状态具有调节作用，无水硫酸钠常被用来提高乙酸乙酯的提取效率，无水硫酸钠的使用量影响待测物的回收率，5 mL 样品中加入 4 g 无水硫酸钠时，乙酸乙酯的提取效率最高[40]。Meinertz 等[47]发现，使用乙腈-水（1+1，v/v）提取鲶鱼组织中的 SAR 及其他 QNs 时，乙腈-水不但可以有效溶解和提取 SAR，而且提取杂质较少。另外，从样品基质提取后，通常会用正己烷、乙醚等非极性溶剂进行脱脂。

Schneider 等[48]用 LLE 法净化鸡组织中的 CIP、ENR、DAN、SAR、DIF、NOR、ORB 和去乙烯基环丙沙星（desethylene ciprofloxacin）。1.0 g 组织中加入 3 mL 乙腈和 0.25 mL 浓氨水，均质后离心 5 min（肝脏：2205 g；肌肉：2791 g），取上清液。重复提取 2 次，合并上清液于 50 mL 离心管中，加入 3 mL 正己烷、3 mL 乙醚和 0.25 mL 1 mol/L 氯化钠溶液，涡动混合 15 s，取下层溶液置于玻璃管中，40℃水浴中氮气吹干，吹干后在玻璃管中加入 2.0 mL 0.1 mol/L 磷酸盐缓冲液（pH 9.0），涡动 15 s复溶，过滤后 LC 分离，荧光检测器定量，多级串联质谱（MS^n）确证。在 10～200 ng/g 的添加水平，回收率为 60%～93%，去乙烯基环丙沙星、NOR、CIP、DAN、ENR、ORB、SAR 和 DIF 在肝脏组织中的检出限（LOD）分别为 0.3 ng/g、1.2 ng/g、2 ng/g、0.2 ng/g、0.3 ng/g、1.5 ng/g、2 ng/g、0.3 ng/g；肌肉组织中的 LOD 分别为 0.1 ng/g、0.2 ng/g、1.5 ng/g、0.1 ng/g、0.2 ng/g、0.5 ng/g、0.6 ng/g、0.2 ng/g。

2）超声辅助萃取（ultrasound-assisted extraction，UAE）

UAE 是利用超声波辐射压强产生的强烈机械振动、扰动效应、乳化、扩散、击碎和搅拌等多级效应，增大物质分子运动频率和速度，增加溶剂穿透力，从而加速目标成分进入溶剂，促进提取的进行。优点是萃取速度快、价格低廉、效率高。王金秋等[49]利用 UAE 提取猪肌肉中 13 种 QNs，样品用 8 mL Na₂EDTA-Mcllvaine 缓冲溶液超声提取 15 min，10000 r/min 离心 5 min，残留组织用磷酸盐缓冲液（pH 7.4）重复提取 1 次，合并上清液，提取液超声 15 min，10000 r/min 离心 5 min，HLB 柱固相净化，超高效液相色谱-串联质谱（UPLC-MS/MS）测定；13 种药物在 5.0 µg/kg、50.0 µg/kg、100.0 µg/kg三个浓度水平添加，回收率为 64.55%～117.62%，日内变异系数（CV）小于 14.28%，日间 CV 小于

12.81%，LOD 均为 1.0 μg/kg，定量限（LOQ）均为 5.0 μg/kg。刘辉等[50]用 UAE 提取水产品样品中 QNs 和磺胺类药物，3.00 g 样品加入 3.0 g 无水硫酸钠和 15.0 mL 乙腈-乙酸乙酯（3+2，v/v）混合液，高速涡旋振荡混合 30 s，超声 10 min，12000 r/min 离心 5 min，氨基 SPE 柱净化，UPLC-MS/MS 检测。14 种药物的 LOD 均为 1 μg/kg，回收率为 81.2%～116%，相对标准偏差（RSD）为 0.72%～9.8%。

3）超临界流体萃取（supercritical fluid extraction，SFE）

SFE 是用超临界流体作为萃取剂，从各种组分复杂的样品中，把所需要的组分分离提取出来的一种分离萃取的新技术。超临界流体的性质介于气体和液体之间，既有液体的高密度，能溶解各种不溶于气体的物质，又有气体的黏度小、渗透力强等特点，可以快速、高效地将被测物从样品基质中萃取出来。超临界流体萃取具有萃取效率和选择性高、省时、萃取溶剂（如 CO_2）易挥发、提取物较为"干净"、环境污染少、操作条件易于改变等特点。Shen 等[51]采用 SFE 分离鸡肌肉组织中的 NOR 和 OFL，使用含 20%甲醇（v/v）的超临界 CO_2，温度为 80℃，压力为 300 大气压，流速为 3 mL/min，收集萃取液 40℃旋转蒸干，10 mL 流动相复溶，高效液相色谱（HPLC）分析，NOR 和 OFL 的回收率为 70%～87%，LOQ 为 5 ng/g。

4）分散液液微萃取（dispersive liquid liquid microextraction，DLLME）

DLLME 是将合适的分散剂和萃取剂的混合溶剂通过微量进样器快速注入到样品溶液中，萃取溶剂以微滴形式分散在溶液中形成浑浊溶液，此时样品溶液中的目标分析物被萃取到萃取剂微滴中。然后，通过离心实现相分离，富集有目标分析物的萃取剂沉积于溶液底部。最后，使用微量进样器移取沉积相注入色谱仪器进行分析检测。DLLME 方法操作简单、快速、成本低、富集倍数大，现已成功应用于多种痕量有机物的分析检测。Tsai 等[52]建立了 DLLME 方法净化猪肌肉组织中的 SAR、DAN、NAL、OXO、ENR、FLU 和哌啶。5 g 组织置于 50 mL 离心管，加入 5 mL 乙腈（含 50 μL 70%～72%高氯酸），均质器均质后，加入 2 g 无水硫酸镁和 1 g 氯化钠，振荡混合 1 min，10000 r/min 离心 4 min，取 1.5 mL 含有 300 μL 二氯甲烷（作为提取溶剂）的上层乙腈溶液（作为分散溶剂）快速注入有 7.5 mL 纯水的 10 mL 试管，涡动混合 30 s，3000 r/min 离心 4 min，用 1 mL 注射器将澄清溶液转移至小瓶，少量甲醇洗涤注射器 2 次，洗涤液放入同一小瓶，40℃氮气吹干，500 μL 水-乙腈-高氯酸（70%～72%）混合溶液（10+2+88，v/v/v）复溶，过 0.45 μm 滤膜，HPLC 分析。方法回收率和 LOD 分别为 93.0%～104.7%和 5.6～23.8 μg/kg。Moema 等[53]采用 DLLME 方法提取鸡肝样品中的 6 种 QNs。对分散剂类型和用量，提取剂类型和用量以及分散剂中磷酸浓度和组成、pH 等参数进行了优化，净化后 HPLC 分析。线性范围为 30～500 μg/kg，相关系数范围为 0.9945～0.9974；标准偏差（SD）为 4%～7%，在三个浓度水平（50 μg/kg、100 μg/kg 和 300 μg/kg）的添加回收率为 83%～102%；LOD 和 LOQ 分别为 5～19 μg/kg 和 23～62 μg/kg。Alexandra 等[54]建立了 DLLME-UPLC-MS/MS 法检测原料乳中的 17 种 QNs 和 14 种 β-内酰胺类药物（青霉素和先锋霉素），并根据欧盟在决议 2002/547/EC 对方法进行验证。DLLME 萃取效率取决于多项参数，如萃取物和分散溶剂的性质、体积、pH、盐浓度、搅拌时间和离心时间。采用多变量优化法对这些变量进行准确优化。Plackett-Burman 设计选择出影响最大的参数，Doehlert 设计获取最优条件并应用条件，用两种不同的 pH 萃取目标组分（酸性 QNs 和 β-内酰胺类 pH 为 3，其他 QNs 的 pH 为 8），使用基质匹配标准曲线定量，羟氨苄青霉素 LOQ 为 0.3 ng/g，CIP 为 6.6 ng/g，CV 低于 15%，检测限（CC_α）为 4.1～104.8 ng/g，检测能力（CC_β）为 4.2～109.7 ng/g，这些值均很接近于此研究中目标药物的 MRL，回收率为 72%～110%。

5）微波辅助萃取（microwave-assisted extraction，MAE）

MAE 是利用微波加热的特性对物料中目标成分进行选择性萃取的方法。它是通过调节微波加热的参数，利用极性分子可迅速吸收微波能量的特性来加热一些具有极性的溶剂，对样品进行微波加热，这样可有效加热目标成分，以利于目标成分的萃取和分离。由于微波加热是利用分子极化或离子导电效应直接对物质进行加热，且是由内及外的内部加热，因此热效率高、升温快速均匀，大大缩短了萃取时间，提高了萃取效率。Hermo 等[55]对传统提取方法和 MAE 提取猪肌肉组织中 QNs 进行了比较。实验结果表明，MAE 的净化效果更好、杂质干扰少，可以获得比传统提取方法略低的 LOD 和 LOQ。

徐昊妍[56]建立了QNs残留的MAE方法。5.0 g鸡肌肉样品置于50 mL聚四氟乙烯微波罐中，加入7.5 mL水匀质后，加入17.5 mL 0.3%磷酸乙腈，25 mL正己烷，微波60℃，15 min，以4500 r/min离心10 min，收集上清液于50 mL分液漏斗中。将离心后的鸡肉残渣用5 mL 0.3%磷酸乙腈溶液淋洗，合并上清液。上清液于50℃下用N_2吹干后，用2 mL流动相定容，过0.45 μm微孔滤膜后，液相色谱-串联质谱（LC-MS/MS）测定。方法回收率为66%～97.2%，日内和日间的SD分别为0.95%～10.4%和3.8%～13.6%，LOD为2.7～6.7 ng/g。

6）加速溶剂萃取（accelerated solvent extraction，ASE）

ASE是利用在一定温度和压强下，溶剂所具有的特殊物理化学性质来对固体和半固体物质进行萃取，也称为加压液体萃取（pressurized liquid extraction，PLE）、加压流体萃取（pressurized fluid extraction，PFE）或增强的溶剂萃取（enhanced solvent extraction，ESE）。该方法具有速度快、溶剂使用量少、重复性好等特点。厉文辉等[57]采用ASE提取鱼肉中的QNs（OFL、NOR、CIP、SAR、FLE、LOM、DIF、ENR）、磺胺与大环内酯类药物。将草鱼等样品去皮、去骨，切碎后匀浆，冷冻干燥处理后，经研钵研磨均匀。称取0.10 g干鱼样品，加入1.5 g硅藻土混合均匀，萃取池（34 mL）底部铺上1 cm厚的硅藻土层，将混匀好的样品填入萃取池，并加入20 ng替代物。萃取条件压力10.34 MPa、温度70℃、静态萃取时间5 min、冲洗溶剂体积为池容积的60%、氮气吹扫时间120 s、静态循环2次。将萃取池置于ASE 350上，进行加温加压萃取。收集的萃取液转移至心形瓶，37℃水浴真空旋转蒸发至不再有馏出物。向心形瓶中加入100 mL超纯水溶解提取物，涡旋振荡后摇匀，HLB固相萃取柱净化，C_{18}柱对药物进行分离，LC-MS/MS检测。22种QNs、磺胺和大环内酯类抗生素药物的回收率为66%～120%，RSD分别为0.7%～16%，方法LOD为0.02～0.6 μg/kg。Rodriguez等[58]采用PLE提取婴儿食品中的NOR、CIP、LOM、DAN、ENR和SAR。提取溶液为乙腈-50 mmol/L pH 3.0磷酸溶液（80+20，v/v），萃取温度为80℃，萃取压力2000 psi，静态萃取时间5 min，静态循环3次。结果QNs的回收率为69%～107%。Herranz等[59]采用PLE提取食用蛋中的CIP、SAR和ENR。提取溶液为乙腈-50 mmol/L pH 3.0磷酸盐溶液（50+50，v/v），设置萃取条件为压力1500 psi，温度70℃，静态萃取时间5 min，冲洗溶剂体积为池容积的50%，静态循环3次。结果回收率为67%～90%，RSD低于17%，CC_α为17～24 ng/g，CC_β为30～41 ng/g。Yu等[60]采用ASE提取动物源食品中15种QNs（MAR、ENO、FLE、OFL、PEF、LOM、DAN、ENR、ORB、CIN、DAT、SAR、DIF、NAL和FLU），优化了萃取温度和压力、ASE次数等。提取后用OasisHLB柱净化，HPLC与LC-MS/MS同时测定。添加浓度为10～800 μg/kg时，HPLC测定QNs在猪和牛肌肉、肝脏和肾脏以及鸡和鱼等样品中的的添加回收率范围为70.6%～111.1%，RSD小于15%；在HPLC方法中15种QNs的LOD和LOQ分别为3 μg/kg和10 μg/kg，而在LC-MS/MS方法中分别为0.3 μg/kg和1 μg/kg。

（2）净化方法

经典的净化处理方法有固相萃取（SPE）。随着科学技术的发展和兽药残留检测要求的不断提高，各种新技术、新手段也被用来作为生物样品中QNs的样品前处理方法，主要包括：固相微萃取（SPME）、基质固相分散萃取（MSPD）、分散固相萃取（DSPE）、分子印迹（MIP）、免疫亲和色谱（IAC）等。

1）固相萃取（solid phase extraction，SPE）

QNs的SPE净化方法主要用于极性溶剂提取组织样品后的净化。通常在SPE净化前需要用正己烷进行脱脂。常用的SPE填料主要包括硅胶基C_{18}、聚乙烯-苯乙烯-二乙烯苯等聚合物（如PSDVB、ENV^+、SBD-RPS、HLB、Strata X等）、离子交换剂（如SCX、PRS、MPC）和纳米纤维等[61]。QNs为酸碱两性物质，所以SPE固相基质对QNs的保留主要依靠样品载液的pH。Golet等[62]将样品溶液调节为pH 3.0，用MPC固相萃取柱净化，回收率达80%以上。Ferdig等[63]专门比较了三种不同的聚合固相萃取柱Oasis HLB、Isolute ENV^+、Lichrolut EN^+和三种不同的硅胶基反相柱Chromabond C_8、Chromabond Tetracycline、Bakerbond phenyl的保留、净化效果，结果发现，以上6种是柱对两性QNs均能有很好的回收率，而对酸性QNs如OXO、FLU的回收率较差。Bailac等[42]建立了SPE-HPLC方法检测鸡组织中的7种QNs（CIP、DAN、ENR、SAR、DIF、OXO、FLU）。比较了Oasis HLB、Oasis mAX

和 SDB-RPS 固相萃取柱的净化效果，除了 CIP 在 Oasis MAX 柱的回收率低于 25%，其他 QNs 在 3 种 SPE 柱都可以取得满意的回收率，而 SDB-RPS 用于样品前处理效果最好，回收率为 58%～107%，LOD 为 10～30 μg/kg。Samanidoua 等[64]用 HLB 固相萃取柱净化鱼肉中的 7 种 QNs（CIP、ENR、SAR、DAN、OXO、NAL、FLU）。1 g 鱼肉中加入 5 mL 0.1 mol/L NaOH 溶液和 0.2 g NaCl，涡动 1 min，超声 15 min 后，3500 r/min 离心 10 min，取上清液。再向组织中加入 3 mL 0.1 mol/L NaOH 溶液和 0.1 g NaCl，涡动、超声、离心，重复提取 1 次，合并上清液，0.2 μm 滤膜过滤，HLB 固相萃取柱净化。方法的回收率为 90%～132%，RSD 低于 20%，LOQ 为 6～8 μg/kg。赵思俊等[65]建立了 SPE-HPLC 法检测动物肌肉组织中 7 种 QNs 的残留。该方法采用在不借助高速离心的条件下（3500 r/min），用较短时间（涡动 10 s，离心 5 min），以 0.05 mol/L 磷酸盐溶液（pH 7.0）提取两次、HLB 固相萃取柱净化的前处理方法。应用该方法在 3 h 内可完成 32 个组织样品的前处理（包括提取、净化）。在整个提取、净化过程中仅使用了不到 5 mL 甲醇。猪肉、鸡肉中的平均回收率为 70.4%～105.8%。邓思维等[66]建立了纳米纤维 SPE-HPLC 检测汤液中 5 种 QNs 的分析方法，样品经 EDTA-Mcllvaine 缓冲溶液（pH 4）提取后，纳米纤维（磺化聚苯乙烯-聚乙烯吡咯烷酮共纺物纤维）SPE 小柱净化富集，水淋洗，2%氨化甲醇洗脱，HPLC-FLD 于激发波长 280 nm、发射波长 450 nm 处进行检测，流动相为甲醇-水-磷酸（25+75+0.1，v/v/v，三乙胺调至 pH 2.8）。FLE、NOR、SAR、CIP 和 ORB 的回收率为 72.1%～110.3%；日内 RSD 为 1.6%～4.3%，日间 2.0%～4.3%，LOD 为 1.2-5.4 g/L，LOQ 为 3.9-18 g/L。

2）固相微萃取（solid phase microextraction，SPME）

SPME 具有操作简便、不需溶剂、萃取速度快，便于实现自动化以及易于与色谱、电泳等高效分离检测手段联用，并适用于气体、液体和固体样品分析的、新颖的样品前处理技术等突出的优点。与 SPE 相比，SPME 法具有萃取相用量更少、对待测物的选择性更高、溶质更易洗脱等特点。黄京芳等[67]采用毛细管整体柱管内 SPME 与 HPLC 在线联用测定血浆中的 OFL、CIP、NOR、ENR 和 SAR。经过对 5 种 QNs 在整体柱上的萃取条件进行系统优化，选用 25 mmol/L 磷酸盐缓冲液（pH 4.1）为固相微萃取携带液，解吸液和流动相均为 25 mmol/L 磷酸盐缓冲液（pH 2.1）-甲醇-乙腈（72+20+8，v/v/v），萃取时间为 10 min，萃取流速为 0.04 mL/min。结果在测定血浆中的 5 种 QNs 时，无基质干扰现象，LOD 为 1.1～2.6 μg/L。Theodoridis 等[68]建立了 SPME 方法净化尿液中的 CIP、奎宁、萘普生、氟哌啶醇和紫杉醇，离线 HPLC-DVD 检测。研究发现 CIP 在中性环境萃取效率最高，萃取液为 0.9% NaCl 溶液，解吸液为甲醇，萃取时间为 20 min。CIP 的回收率为 85%，LOQ 为 0.4 μg/mL。

3）基质固相分散萃取（matrix solid phase dispersion，MSPD）

MSPD 是将样品与填料一起混合研磨，使样品均匀分散于固定相颗粒表面，制成半固态后装柱，然后根据"相似相溶"原理选择合适的洗脱剂洗脱。该技术浓缩了传统样品前处理中匀浆、组织细胞裂解、提取、净化等多个过程，避免了待测物在这些过程中的损失，提取净化效率高、耗时短、节省溶剂、样品用量少，但研磨的粒度大小和填装技术的差别会使淋洗曲线有所差异，不易标准化。乔凤霞等[69]以 C18 为 MSPD 分散剂，采用 MSPD 技术进行样品前处理，建立了 MSPD-HPLC 法分析牛奶和蜂蜜中 4 种 QNs 的方法，2.5 ng/g 和 10.0 ng/g 添加水平，平均加标回收率为 81.9%～11.6%，RSD 低于 7%，LOD 为 0.05 μg/L。王炼等[70]建立了 MSPD-LC-MS/MS 方法测定畜禽肉和牛奶中的 β-内酰胺类、大环内酯类和 QNs 等 20 种兽药残留，样品与 C18 填料（粒径 40～75 μm）混合，进行 MSPD 提取，以甲醇洗脱待测物，氮气吹扫，流动相溶解残余物后分析，方法的 LOD 和 LOQ 分别为 0.05～3.05 g/kg 和 0.16～10.0 g/kg，禽畜肉和牛奶样品的回收率分别为 73.8%～101.5%和 71.2%～95.3%，RSD 分别为 2.0%～13.5%和 2.0%～14.1%。

4）分散固相萃取（dispersive solid-phase extraction，DSPE）

DSPE 是在 SPME 的基础上发展起来的一种新型样品前处理技术。Tsai 等[52]建立了 DSPE 方法净化猪肌肉组织中的 SAR、DAN、NAL、OXO、ENR、FLU 和哌啶。5 g 肌肉组织置于 50 mL 离心管，加入 5 mL 乙腈（含 50 μL 70%～72%高氯酸），均质后加入 2 g 无水硫酸镁和 1 g 氯化钠，振荡混合 1 min，10000 r/min 离心 4 min，取 1.5 mL 上层乙腈溶液加入装有 30 mg 分散吸附剂（PSA）的离心管中，立即加入 10 μL 1 mol/L 氢氧化钠溶液，涡动混合 10 s，6500 r/min 离心 1 min 后，用玻璃移液管尽可能移去溶液层，固体吸附剂用氮气吹干，500 μL 解吸溶液（水-乙腈-70%-72%高氯酸溶液）（10+2+88，v/v）加到干燥的吸附剂中，涡动混合 30 s，6500 r/min 离心 1 min，过 0.45 μm 滤膜，HPLC 分析。回收率为 95.5%～111.0%，LOD 为 7.5～26.3 μg/kg。曹鹏等[71]建立了 DSPE-UPLC-MS/MS 同时检测食材中 11 种 QNs 的方法。样品用 5%甲酸乙腈溶液提取后加入盐析剂分层，提取液中加入 C_{18} 和 PSA 填料进行净化，浓缩后经 C_{18} 色谱柱分离，用电喷雾离子源正离子多反应监测模式串联质谱进行检测。11 种药物在 1.0～100.0 μg/kg 范围内具有较好的线性关系，相关系数均大于 0.998。该方法的 LOD 为 1.8～3.1 μg/kg，LOQ 为 6.0～10.3 μg/kg；11 种药物的回收率为 70.1%～100.3%，RSD 为 2.42%～10.88%。

QuEChERS 是近年来国际上最新发展起来的一种用于农产品检测的快速样品前处理技术。其原理与 DSPE 相似，都是利用吸附剂填料与基质中的杂质相互作用，吸附杂质从而达到除杂净化的目的。曲斌等[72]建立了生鲜牛乳中 8 种 QNs 的 QuEChERS-UPLC-MS/MS 测定方法。取生鲜牛乳样品 5 g，加入 5 mL 0.1 mol/L 的 EDTA-Mcllvaine 缓冲液（pH 4.0）和 20 mL 乙腈，振荡提取 20 min，再加入 Bond-Elut QuEChERS 萃取剂振荡提取 5 min，4℃下 1000 r/min 离心 5 min，取上清液 10 mL 置于净化管，涡旋 1 min，4℃下 1000 r/min 离心 5 min，取上清液，氮气吹干，复溶后 UPLC-MS/MS 测定。方法对 QNs 的测定线性范围为 2.0～100 μg/kg，在 2.0 μg/kg、10 μg/kg、100 μg/kg 低、中、高 3 个浓度的回收率为 80%～120%，批内、批间 RSD 小于 20%。Karami-Osboo 等[73]报道了使用 QuEChERS 分散液-液微萃取法萃取测定牛奶样品中的 6 种 QNs（MAR、NOR、CIP、DIF、ENR 和 DAN）。DAN 和其他 QNs 的 LOD 分别低于 2.5 μg/kg 和 15 μg/kg，回收率为 69.2%～104.8%，日内和日间 RSD 分别为 2.1%～11.1%和 1.6%～6.5%。曹慧等[74]采用 QuEChERS-UPLC-MS/MS 技术同时测定乳制品中磺胺类和 QNs 残留。样品加乙腈提取，经 QuEChERS 净化后，采用 C_{18} 色谱柱分离，以乙腈和 0.1%的甲酸水溶液为流动相进行梯度洗脱，采用电喷雾-正离子多反应监测模式，内标法定量。在 1～200 μg/L 的质量浓度范围内，磺胺类和 QNs 的相关系数均大于 0.9965，该方法的 LOD 在 0.3～2.5 μg/kg 之间，LOQ 在 1.0～7.5 μg/kg 之间；添加 10 μg/kg、20 μg/kg、50 μg/kg 三个浓度水平，磺胺类和 QNs 的平均回收率在 71.6%～120.7%之间，RSD 在 0.1%～7.2%之间。

5）分子印迹技术（molecular imprinting technology，MIT）

MIT 是指为获得在空间结构和结合位点上与模板分子相匹配的聚合物制备技术，是一门源于高分子化学、生物化学、材料化学等的交叉学科。分子印迹就是仿照抗原-抗体的形成机理，在印迹分子（imprinted molecule）周围形成高交联的刚性高分子，除去印迹分子后在聚合物的网络结构中留下具有结合能力的反应基团，对模板分子表现出高度的选择识别能力。MIT 作为净化方法被广泛用于 QNs 的前处理，如分子印迹固相萃取（molecularly imprinted solid-phase extraction，MISPE）[75, 76]、磁性分子印迹聚合物萃取（magnetic molecularly imprinted polymer extraction，MMIPE）[77]、水兼溶性分子印迹固相萃取（water-compatible molecularly imprinted solid-phase extraction）[78]等。

刘芃岩等[79]建立了复合模板印迹聚合物净化 LC-MS 法测定鱼肉中 QNs 残留。该研究同时以 LEV 和 CIP 为模板分子，α-甲基丙烯酸（MAA）为功能单体，三羟甲基丙烷三甲基丙烯酸酯（TRIM）为交联剂，合成了复合模板分子印迹聚合物（MIP），以此聚合物制备 MIP-SPE 柱，富集净化鱼肉样品，结合高效液相色谱-离子阱质谱（HPLC-ITMS）同时测定鱼肉中 10 种 QNs 残留量的方法。采用 2%醋酸乙腈提取样品，提取液经正己烷脱脂后，过自制的复合模板 MIP-SPE 柱净化，以 0.05%甲酸溶液和乙腈为流动相，梯度洗脱程序进行色谱分离，离子阱质谱进行定性和定量分析。方法的回收率为 80.6%～104.6%，RSD 小于 8.6%，LOD 为 0.11～0.25 μg/kg，LOQ 为 0.35～0.84 μg/kg。汪雪雁等[80]建立了分子印迹固相萃取-高效毛细管电泳检测鸡肉中 ENR 的方法。以 ENR 为模板分子，MAA 为功能单体，乙二醇二甲基丙烯酸酯（EDMA）为交联剂，制备了 ENR 的 MIP。以该聚合物为固相萃取材料制备 MIP-SPE 柱，采用高效毛细管电泳分离，紫外检测器检测。结果 ENR 的 LOD 为 92.02 μg/kg，LOQ 为 336.04 μg/kg，回收率为 77.84%～86.52%，RSD 为 2.18%～3.76%。Sun 等[78]在甲醇-水体系中以 OFL 为模板分子、MAA 为功能单体合成水兼溶性 MIP，并以此聚合物为吸附剂制备 SPE 柱，分离净化尿液中的 9 种 QNs（PIP、OFL、ENO、PEF、NOR、CIP、ENR、GAT、SAR）。结果显示，对 QNs 具有高亲和力，净化后 HPLC 检测，LOD 为 0.036~0.10 μg/mL。Urraca 等[81]采用 MIP 微球选择性萃取鸡肌肉样品中的 6 种 QNs，用组合筛选的方法选择最佳聚合物合成的功能单体和交联剂。MIP 的制备使用 ENO 作为模板，MAA 和三氟甲基丙烯酸混合作为功能单体，EDMA 作为交联剂与其他材料相比显示出较高的 QNs 识别特性。使用二氧化硅作为骨架制备 MIP 球状粒子，聚合物装填于固相萃取柱内，用体积比为 20：80 的乙腈-水（含 0.005%三氟乙酸，pH 3.0）冲洗，含 5%三氟乙酸的甲醇洗脱，HPLC 或者液相色谱-质谱（LC-MS）检测。鸡肌肉样品中目标 QNs 的回收率为 68%~102%，RSD 为 3%~4%（n=18），LOD 为 0.2~2.7 μg/kg。

6）免疫亲和色谱（immunoaffinity chromatography，IAC）

IAC 是以免疫结合反应为基础的柱色谱技术。其原理是将抗体与惰性基质偶联制成免疫吸附剂，装柱。当待测组分流经 IAC 柱时，抗原与相应抗体进行选择性结合，其余杂质则流出 IAC 柱。再利用适宜的洗脱剂将抗原洗脱，使待测物得到有效分离、净化和浓缩。并且 IAC 柱再生处理后可重复使用。混合抗体免疫亲和柱（multi-immunoaffinity，MIAC）和高效免疫亲和色谱（high-performance immunoaffinity chromatography，HPIAC）是其发展方向。MIAC 是指含多种抗体或群特异性抗体的 IAC 柱，它能同时对多种组分进行分离净化，具备了处理多残留组分的能力。HPIAC 多采用键合相硅胶或控制孔径的玻璃珠，是 IAC 的选择性和 HPLC 高效分离的完美结合。

Holtzapple 等[82]以 SAR 为半抗原制备抗体并与蛋白 G 偶联，制备免疫亲和色谱柱，采用自动在线免疫亲和色谱方法提取鸡肝脏中的 4 种 QNs，免疫亲和色谱柱洗涤后，QNs 被直接洗脱到苯基反相色谱柱，以 2%乙酸-乙腈（85+15，v/v）为流动相，等度洗脱，荧光检测器检测，激发和发射波长分别为 280 nm 和 444 nm。结果发现，样品基质无干扰杂质，净化良好。在 3 个添加浓度（20 ng/g、50 ng/g 和 100 ng/g）的回收率为 85.7%~93.5%，SD 低于 5%，LOQ 为 1 ng/mL，CIP、ENR、SAR、DIF 的 LOD 分别为 0.47 ng/mL、0.32 ng/mL、0.87 ng/mL 和 0.53 ng/mL。在另外一项研究中，Holtzapple 等[83]以 SAR 为半抗原制备高亲和力的单克隆抗体并与蛋白 G 偶联，制备 HPIAC，将 HPIAC 直接与 HPLC 连接，分离和检测血清中的 2 种 QNs。由于抗体的高选择性，该方法没有使用有机溶剂和传统的液相色谱柱。ENR 的回收率为 89%~102%，平均回收率为 94%，LOD 为 0.8 ng/mL；SAR 的回收率为 91%~106%，平均回收率为 98%，LOD 为 1.7 ng/mL。Holtzapple 等[84]还建立了在线 HPIAC-反相 HPLC-FLD 方法检测牛血清中的 4 种 QNs（CIP、ENR、SAR、DIF）。HPIAC 与反相 HPLC 相连接，FLD 的激发和发射波长分别为 280 nm 和 444 nm。CIP、ENR、SAR、DIF 的平均回收率分别为 99.2%、102.3%、97.8%和 101.4%，平均日内 RSD 和平均日间 RSD 分别为 3.0%和 4.9%，LOD 分别为 3.2 ng/mL、1.8 ng/mL、4.7 ng/mL 和 2.8 ng/mL，4 种 QNs 的 LOQ 为 3.2 ng/mL。Li 等[85]建立了新型 MIAC 方法，将磺胺类和 QNs 的广谱特异性单克隆抗体同时偶联与 Sepharose 4B，制备出可以同时分离和净化猪和鸡肌肉组织中 13 种 QNs 和 6 种磺胺类药物的 IAC 柱，LC-MS/MS 检测。以磺胺甲噁唑为半抗原制备的一种新型单克隆抗体对 6 种磺胺类药物的交叉反应率为 31%~112%，通过优化相关条件，所制备 IAC 柱可以同时分离净化 QNs 和磺胺类药物。动物组织中 19 种药物的回收率为 72.6%~107.6%，日内和日间的 SD 分别低于 11.3%和 15.4%，LOQ 为 0.5~3.0 ng/g。赵思俊等[86]利用 IAC 净化技术建立了可同时检测动物肝脏组织中 10 种 QNs（MAR、CIP、NOR、DAN、LOM、ENR、SAR、DIF、OXO 和 FLU）的 HPLC 检测方法。对利用 QNs 抗体制备的 IAC 柱的性能、操作条件进行了考察和优化。抗体的偶联量为 5 g/L，其对 10 种 QNs 的柱容量为 3.75~6.67 μmol/L gel（1425~2135 mg/L gel），选用甲醇-PBS（7+3，v/v）作为洗脱溶液，连续使用 12 次后，QNs 的柱容量仍能达到初始柱容量的 38%~45%。IAC 柱重复使用 20 次后，药物的回收率与样品的净化效果无明显变化。动物肝脏组织样品用 PBS 溶液提取，IAC 柱净化，HPLC-FLD 检测，方法的线性范围为 0.15~200 μg/L，相关系数大于 0.9989，LOD 为 0.05~0.15 μg/kg，10 种 QNs 在动物肝脏的平均回收率为 74.7%~94.8%，RSD 为 3.9%~12.1%。

11.1.4.2 测定方法

国内外报道用于 QNs 残留分析的检测方法主要有高效液相色谱法（HPLC）、毛细管电泳测定法

（CE）等，也有报道用气相色谱法（GC）、高效薄层色谱法（HPTLC）、液相色谱-质谱联用法（LC-MS）、免疫分析方法（IA）等方法。

（1）高效液相色谱法（high performance liquid chromatography，HPLC）

HPLC 是最常用的分离方法，通常使用 C_{18}/C_8 等色谱柱，但有些情况下也引入苯基或氨基键合的固定相。多数方法使用经端基封闭处理的色谱柱甚或高纯硅质柱，防止由于色谱柱填料残留的硅醇基（硅羟基）和金属杂质而导致的色谱峰拖尾。也可以在流动相中加入季铵盐、烷基硫酸钠或烷基磺酸钠等离子对试剂，它们可与质子化的待测物以及三乙胺（TEA）或季铵盐形成离子对，而 TFA 或季铵盐可与待测物竞争残留的活性硅醇基，能够获得更好的保留、洗脱，和更大程度的分离效果。流动相组成主要是乙腈-水，有时也使用乙腈-甲醇-水、乙腈-四氢呋喃（THF）-水或乙腈-二甲胺-水等，也有报道使用乙腈-甲醇-四氢呋喃-水四元溶剂体系，少数文献报道有使用甲醇-水为流动相。多残留分析常采用梯度洗脱方法，为改善峰形常在流动相中加入扫尾剂，可以减少硅醇基的电离，加入四氢呋喃（THF），也可以减少拖尾峰。磷酸盐缓冲液、柠檬酸盐缓冲液、草酸缓冲液等经常用于将流动相控制 pH 2~4，可以降低其与 QNs 阳离子之间的相互影响，获得较好的分离。

HPLC 常用的检测器包括紫外检测器（ultraviolet detector，UVD）、二极管阵列检测器（diode-array detector，DAD）、荧光检测器（fluorescence detector，FLD）、电化学发光检测器（electrogenerated chemiluminescence detector，ECLD），以及 UVD 和 FLD 联用等。

1）荧光检测器（FLD）

QNs 分子的基本结构属于喹啉酮类或氮杂喹啉酮类，具有很好的荧光性，常使用 FLD 检测器，但不同 QNs 的荧光光谱又相差较大。在使用荧光检测法进行 QNs 多残留检测时，可采用程序波长检测法，使每个分析物的检测波长处于其自身波长范围内，提高检测灵敏度和选择性。

Rambla-Alegre 等[87]报道了采用 HPLC-FLD 程序荧光波长检测鸡蛋和牛奶中的 DAN、DIF、FLU 和 MAR 的方法。程序荧光检测波长：0~9.3 min，λ_{ex}=260 nm，λ_{em}=366 nm，检测 FLU；9.3~20 min，λ_{ex}=280 nm，λ_{em}=450 nm，检测 MAR、DAN 和 DIF。四种 QNs 的回收率为 96%~113.7%，RSD 小于 10%，LOD 和 LOQ 分别为 0.03~1.8 μg/kg 和 0.5~6 μg/kg。Herrera-Herrera 等[88]报道了采用 HPLC-FLD 检测牛、绵羊和山羊奶中 7 种碱性 QNs（FLE、CIP、LOM、DAN、ENR、SAR 和 DIF）的方法。样品用三氯乙酸-甲醇提取，HLB 固相萃取柱净化，HPLC-FLD 检测，激发和发射波长分别为 280 nm 和 450 nm。研究发现，在流动相中添加 1-乙基-3-甲基咪唑四氟硼酸盐（1-ethyl-3-methylimidazolium tetrafluoroborate，EMIm-BF4）色谱分离效果要优于添加 1-丁基-3-甲基咪唑四氟硼酸盐（1-butyl-3-methylimidazolium tetrafluoroborate），流动相为含 3 mmol/L EMIm-BF4 和 10 mmol/L 乙酸铵的水溶液（乙酸调 pH 3.0）-乙腈（87+13，v/v），在 Nova-Pak C_{18}（150 mm×3.9 mm，4 μm）色谱柱上分离，18 min 内良好分离了 7 种 QNs，且没有干扰。在牛奶中 QNs 的回收率为 94%~113%，LOD 为 0.5~6.8 μg/L；在山羊奶中 QNs 的回收率为 79%~92%，LOD 为 0.6~7.7 μg/L；在绵羊奶中 QNs 的回收率为 73%~87%，LOD 为 0.6~8.1 μg/L。Haritova 等[89]建立了 HPLC-FLD 法检测禽类血清样品中的 QNs。反相色谱柱分离，CIP 和 ENR 的激发和发射波长分别设定在 277 nm 和 418 nm，DIF 为 295 nm 和 500 nm，MAR 为 338 nm 和 425 nm。流动相为乙腈和磷酸盐缓冲液中，流速为 1 mL/min。标准曲线的线性范围为 10~1000 ng/mL。ENR 不干扰 CIP、DIF 和 MAR 的测定，用来作为 DIF 和 MAR 检测的内标。批间 RSD 为 1.73%~13.21%，批内 RSD 为 1.11%~7.18%，平均回收率高于 85%。Rambla-Alegre 等[90]还建立了检测尿液中 QNs 的 HPLC 方法。样品无需前处理，直接进样检测。检测 CIP、LOM、OFL、LEV 和莫西沙星（moxifloxacin）时，以 0.15 mol/L 十二烷基硫酸钠、12.5%丙醇和 0.5%三乙胺（pH 3.0）为流动相，激发波长为 285 nm，发射波长为 465 nm；检测 LOM、OFL 和 moxifloxacin 时，以 0.05 mol/L 十二烷基硫酸钠、2.5%丙醇和 0.5%三乙胺（pH 3.0）为流动相，激发波长为 295 nm，发射波长为 485 nm。在 5 ng/mL、50 ng/mL 和 500 ng/mL 3 个添加水平，方法回收率为 84.3%~116.2%，RSD 低于 8.4%，5 种 QNs 的 LOD 低于 0.5 ng/mL，LOQ 为 1 ng/mL。

李存等[91]建立了同时检测动物肌肉组织中 9 种 QNs（MAR、OFL、LOM、CIP、DAN、ENR、

SAR、OXO、FLU）和磺胺类药物的 HPLC-FLD 检测方法。动物肌肉组织样品用磷酸盐缓冲液提取，HLB 固相萃取柱净化，洗脱液氮气吹至近干，磷酸盐缓冲液复溶，采用甲酸水溶液-乙腈体系作为流动相，梯度洗脱，FLD 测定。程序荧光检测波长：0～11 min，λ_{ex}=297 nm，λ_{em}=515 nm；11～25 min，λ_{ex}=280 nm，λ_{em}=450 nm；25～55 min，λ_{ex}=320 nm，λ_{em}=365 nm。方法的线性良好，相关系数（r）大于 0.9987；平均回收率为 70.6%～103.4%，RSD 为 1.2%～11.4%；QNs 的 LOD 为 0.04～0.4 µg/kg。潘媛等[92]建立了 HPLC-FLD 法检测动物源性食品中 6 种 QNs 的方法。鱼、肉及肝脏等样品需经过乙腈-0.1 mol/L KH_2PO_4 缓冲液提取，乙腈饱和的正己烷洗涤去除油脂；蛋及乳制品样品用正己烷饱和的乙腈提取，乙腈饱和的正己烷去脂。方法的回收率为 82%～105%，RSD 为 40%～12%，NOR、CIP、SAR 及 DAN 的 LOD 为 5.0 µg/kg，ENR、DIF 为 3.0 µg/kg。Stoilova 等[93]建立了 HPLC-FLD 法同时测定 6 种动物源基质中 9 种常用 QNs。该方法使用乙腈萃取，Oasis HLB 固相萃取柱净化，以甲酸水溶液、甲醇和乙腈作为流动相，C_{18} 色谱柱分离，梯度洗脱，多波长激发/发射荧光检测器分析。9 种 QNs 的 LOD 和 LOQ 分别为 3～50 µg/kg 和 7.5～100 µg/kg。回收率为 77%～120%，其 RSD 小于 30%。Takeda 等[94]建立了一种有效筛查多种动物和水产品中 QNs 的 HPLC-FLD 法。目标分析物包括 MAR、OFL、NOR、CIP、ENR、DAN、ORB、DIF、SAR、OXA、NAL 和 FLU。样品包括 10 种不同的食物产品：肉（牛、猪和鸡）、肝脏（鸡）、生鱼（虾和鲑鱼）、鸡蛋和加工食品（火腿、香肠和鱼香肠）。乙腈-甲醇（1+1，v/v）提取，经带有 Fe^{3+} 的固相化金属螯合亲和柱净化，以甲醇-水-甲酸（15+85+0.1，v/v）作为流动相，反相色谱柱分离，FLD 在不同激发/发射波长下进行检测（OFL、NOR、CIP、ENR、DAN、ORB、DIF 和 SAR：295 nm/455 nm；MAR：295 nm/495 nm；OXA、NAL 和 FLU：320 nm/365 nm），NOR/OFL，ORB/DIF 和 ENR/DAN 不能完全分离。最佳条件下，日内和日间回收率分别为 88.5%（56.1%～108.6%）和 78.7%（44.1%～99.5%），RSD 分别为 7.2%（0.7%～18.4%）和 6.8%（1.4%～16.6%）；LOQ 为 0.8 µg/kg（DAN）-6.5 µg/kg（SAR）。

2）紫外检测器和二极管阵列检测器（UVD/DAD/PDA）

有些 QNs 如 PIR 和 MAR 的自身荧光较弱，多采用 UVD 或 DAD 来测定。Tsai 等[52]建立了 HPLC-DAD 方法检测猪肌肉组织中的 SAR、DAN、NAL、OXO、ENR、FLU 和哌啶。DLLME 提取和净化，流动相为含有 3.7 mmol/L 无水硫酸镁和十二烷基硫酸钠的乙腈-0.05 mol/L NaH_2PO_4（pH 2.5）（35+65，v/v），在 Cosmosil $5C_{18}$-AR-II（5 µm，250 mm×4.6 mm）色谱柱上分离。方法回收率为 93.0%～104.7%，LOD 为 5.6～23.8 µg/kg。Bailac 等[42]建立了 SPE-LC-UVD 方法检测鸡组织中的 7 种 QNs（CIP、DAN、ENR、SAR、DIF、OXO、FLU）。流动相为乙腈-柠檬酸缓冲液（12+88，v/v），方法比较不同色谱柱的分离效果，包括 Kromasil C_8 柱（4.6 mm i.d.×250 mm）、Inertsil C_8 柱（4.6 mm i.d.×250 mm）、Zorbax Eclipse XDB-C_8 柱（4.6 mm i.d.×150 mm）、Lichrospher C_{18} 柱（4.6 mm i.d.×250 mm）和 Nucleosil C_{18} 柱（4.6 mm i.d.×250 mm）。结果发现，使用 C_{18} 柱色谱峰会变宽，而 C_8 色谱柱色谱峰会更好，Inertsil C_8 和 Zorbax Eclipse XDB-C_8 可以使 SAR 和 ENR 达到基线分离，Zorbax Eclipse XDB-C_8 柱分离效果最好。OXO、FLU 在 250 nm 检测，其他 QNs 在 280 nm 检测。方法回收率为 58%～107%，LOD 为 10～30 µg/kg。Evaggelopoulou 等[95]报道了 HPLC-DAD 法检测鱼和乌颊鱼中 7 种 QNs。Perfectsil ODS-3（250 mm×4 mm，5 µm）的色谱柱进行分离，梯度洗脱，流动相为含 0.1%三氟乙酸（pH 1）的乙腈和甲醇，DAD 在 255 nm 下检测酸性 QNs（OXO、FLU 和 NAL），275 nm 下检测 CIP、DAN、ENR 和 SAR。

3）紫外检测器串联荧光检测器（UVD-FLD）

在色谱分析中还将 UVD 和 FLD 串联使用，可实现荧光性 QNs 和非荧光性 QNs 的同步检测。Marazuela 等[96]利用 UVD 和 FLD 串联检测牛奶中 CIP、ENR、MAR、DAN 和 SAR 残留。其中 MAR 利用 UVD 在 298 nm 检测，其他 QNs 使用 FLD 检测，激发和发射波长分别为 280 nm 和 440 nm。流动相为 25 mmol/L 正磷酸溶液（NaOH 调 pH 3.0）和乙腈，梯度洗脱，色谱柱为极性封端 AQUA™ C_{18} 柱（4.0 mm×3.0 mm，5 µm）。方法回收率为 80%～103%，RSD 低于 6.6%，LOD 为 0.5～3 ng/mL，LOQ 为 2.4～10 ng/mL。

4）电化学发光检测器（ECLD）

ECLD 是对电极施加一定的电压进行电化学反应，电极反应产物之间或电极反应产物与体系中某种组分之间进行化学反应产生发光，通过测量发光光谱强度来测定物质含量的一种痕量分析方法，具有灵敏度高、选择性好、操作简便、易于控制，并且实验中的一些试剂可重复使用等优点[97]。Yao 等[98] 在研究氟喹诺酮的电化学发光性质时发现，在中性磷酸盐缓冲溶液中，电位在 0～1.8 V 范围内进行扫描基本没有电化学发光；同样条件下，过硫酸根有较弱的电化学发光；但当氟喹诺酮和过硫酸根同时存在时，同样条件下进行电位扫描可以产生非常强的电化学发光现象，发光强度大概是单独过硫酸根存在时的 350 倍。Sun 等[99] 研究发现 OFL 在 NaNO$_3$ 溶液中可以直接产生电化学发光现象，结合 HPLC 建立了一种简单灵敏的检测血清中 OFL 含量的新方法。在最佳实验条件下，OFL 检测的线性范围是 $1.0 \times 10^{-8} \sim 4.0 \times 10^{-6}$ g/mL，LOD 是 4×10^{-9} g/mL。

（2）液相色谱-质谱联用法（liquid chromatography-mass spectrometry，LC-MS）

LC-MS 分析 QNs 主要采用电喷雾电离（electrospray ion source，ESI）和大气压化学电离（atmospheric pressure chemical ionization，APCI）两种接口。APCI 已被用于具有源内碰撞诱导解离（collision-induced dissociation，CID）技术的 LC-MS 和 LC-MS/MS，而 ESI 是一种大气压下软电离技术，操作和维护方便，特别适用于极性分子的气化和离子化，是目前 QNs 的 LC-MS 分析采用最多的电离技术。

1）大气压化学电离（APCI）

Doerge 等[100] 开发了测定鲶鱼肌肉中 4 种 QNs 的 LC-APCI-MS/MS 方法。单级质谱采用源内 CID 优化质子化分子，产生强度相近的碎片离子，选择离子监测（SIM）用于灵敏度测试，每种药物监测 3 个碎片离子，仪器的 LOD 可以达到 0.8～1.7 ppb，通过标准品和添加样品的碎片离子的丰度比的比较，进行确证；串联质谱（MS/MS）用来增强方法的特异性和灵敏度，在多反应监测（MRM）模式下，监测中性丢失（CNL）离子[MH[BOND]$_{18}$]$^+$，仪器的 LOD 可以达到 0.08～0.16 ppb。饶勇等[101] 建立了牛奶中诺氟沙星、氧氟沙星、麻保沙星、培氟沙星、环丙沙星、洛美沙星、达氟沙星、恩诺沙星、沙拉沙星、二氟沙星等 10 种氟喹诺酮类药物残留检测的 LC-APCI-离子阱质谱（MS^n）确证方法。牛奶经三氯乙酸和乙腈沉淀蛋白、聚合物反相 Strata-X 固相萃取柱净化、ODS2 分离后，用 LC-APCI-MS^n 测定。对诺氟沙星、培氟沙星、环丙沙星、恩诺沙星和沙拉沙星等 5 种药物进行了定量方法学验证：在 1.0～100.0 ng/mL 范围内线性良好（$r > 0.99$）；在 1.0 ng/mL、10.0 ng/mL、100.0 ng/mL 浓度水平的添加回收率为 60.6%～101.0%，日内变异系数（CV）≤17.5%，日间 CV≤22.1%；LOD 为 0.2～0.8 ng/mL，LOQ 为 0.8～2.8 ng/mL。

2）电喷雾电离（ESI）

Voimer 等[102] 报道了多种 QNs 的 LC-ESI-MS/MS 多残留检测方法，讨论了 QNs 的结构、理化性质、流动相 pH 对色谱分离、保留值和 ESI 的影响，以及 QNs 的裂解途径和各种 MS/MS 分析模式在 QNs 残留分析和代谢中的应用。Schilling 等[103] 报道了鲶鱼组织中 SAR 的 LC-ESI-MS/MS 确证方法。作者主要通过调节碰撞室电压，优化 MS/MS 测定条件，利用 CID-MS/MS 进一步确定 SAR 的裂解途径。m/z 386 [M+H]$^+$ 为准分子离子峰，结合保留时间对确证 SAR 具有重要意义，[M+H−H$_2$O]$^+$、[M+H−CO$_2$]$^+$ 是与羧基有关的裂解产生的碎片，将上述三个离子峰作为监测离子，在 MRM 模式下进行确证分析。Paschoal 等[104] 建立了罗非鱼中 FLU、OXO、SAR、DAN、ENR、CIP 的 LC-ESI-四极杆飞行时间串联质谱（QToF-MS/MS）检测方法。10%三氯乙酸-甲醇（80+20，v/v）提取，SPE 净化，C$_{18}$ 色谱柱分离，0.1%乙酸-水-0.1%乙酸-乙腈为流动相，QToF 技术使单个样品质荷比（m/z）的误差小于 10 ppm。赵海香等[105] 采用 UPLC-MS/MS 在正离子模式下通过 MRM 方式同时测定了猪肉和鸡肉中 3 种四环素和 2 种 QNs 的残留量。残留药物经 Mcllvaine-Na$_2$EDTA 缓冲溶液（pH 4.0）提取后，采用多壁碳纳米管（WMCNTs）固相萃取柱净化，甲酸-乙腈（5+95，v/v）洗脱，UPLC-MS/MS 进行定性、定量分析。方法的分析时间为 10 min，线性范围为 5～500 μg/L。除金霉素的 LOD 为 15 μg/L 外，其余 4 种药物均为 5 μg/L；在加标水平分别为 50 μg/L、100 μg/L、200 μg/L 时，5 种药物的加标回收率为 76%～90%，RSD 均小于 9%。彭涛等[106] 采用 RP-LC-MS/MS 同时测定鸡肉中的 5 种 QNs。均质后的鸡肉样品采用磷酸盐缓冲溶液和乙腈的混合溶液提取。提取液经正己烷 LLP 去除脂肪后，用 C_{18} SPE 柱净化，氨化甲醇洗脱，洗脱液用氮气吹干，流动相定容后，分析物采用 LC-MS/MS，ESI 正离子，MRM 模式检测，外标法定量。在添加浓度 2.5～10 μg/kg 范围内，5 种 QNs 的回收率在 79.8%～95.1%之间；RSD 均小于 11.7%；CIP、DAN、ENR 的 LOD 为 0.5 μg/kg，SAR 为 1.0 μg/kg，FLU 为 0.1 μg/kg。岳振峰等[107]建立了动物组织样品中 16 种 QNs 多残留量的 LC-MS/MS 测定方法。用酸性乙腈萃取样品中的 16 种 QNs 残留，然后用正己烷脱脂，旋转蒸发浓缩，以 Inertsil C8-3 色谱柱分离，在正离子模式下以 ESI 串联质谱进行测定。在 10 μg/kg、50 μg/kg、100 μg/kg 三个加标水平下进行了验证试验，方法的线性范围为 10～100 μg/kg，平均回收率为 62.4%～102%，RSD 为 1.4%～11.9%。Junza 等[108]建立了 LC-MS/MS 和 UPLC-MS/MS 方法检测牛奶中的 QNs、青霉素类和头孢菌素类残留，并对两种方法进行了比较。结果显示 UPLC 技术具有快速、灵敏和分离良好等优点。Hou 等[109]建立了 UPLC-ESI-MS/MS 方法同时检测牛奶中的 38 种兽药（包括 11 种 QNs）。使用酸化的乙腈萃取样品，Oasisi MCX 固相萃取柱净化，C_{18} 色谱柱梯度洗脱，LC-MS/MS 检测。方法 CC_α 为 0.01～0.08 μg/kg，CC_β 为 0.02～0.11 μg/kg；46 种分析物的平均回收率为 87%～119%，RSD 低于 15%。

（3）气相色谱-质谱联用法（gas chromatography-mass spectrometry，GC-MS）

QNs 属于极性化合物，在 GC 分析之前必须将其衍生成挥发性的衍生物。由于操作繁琐，这种方法主要是在 20 世纪有所报道，目前很少采用。由于酯化反应衍生化容易生成强极性化合物，所以 QNs 的衍生方法通常使用还原-脱羧衍生方法（$NaBH_4$）法。Takatsuki 等[110]以 H_2 为载气，DB-S 硅基柱分离待测物。用 $NaBH_4$ 法衍生化后进行 GC-MS 检测，建立了鱼组织中 OXO、NAL、PIR 的检测方法。在 0.1 mg/kg 的添加水平，回收率为 95.6%，RSD 为 7.7%；在 0.01 mg/kg 添加水平，回收率为 72.9%，RSD 为 13.3%；方法的 LOD 为 0.001 mg/kg。

（4）薄层色谱法（thin layer chromatography，TLC）

TLC 是将固定相（如硅胶）薄薄地均匀涂敷在底板（或棒）上，试样点在薄层一端，在展开罐内展开，由于各组分在薄层上的移动距离不同，形成互相分离的斑点，测定各斑点的位置及其密度就可以完成对试样的定性、定量分析的色谱法。Juhel-Gaugain 等[111]利用硅胶-60 为固定相，甲醇-氨水为展开剂，建立了猪肉中 NOR、CIP、DAN、ENR、OXO、FLU、NAL 等 7 种 QNs 的 HPTLC 方法。样品经提取净化后，展板晾干后在 312 nm 检测。该方法的回收率为 96%～100%，ENR、CIP、DAN 和 NOR 的 LOD 为 15 μg/kg，FLU、OXO 和 NAL 的 LOD 为 5 μg/kg。周源等[112]采用胶束薄层色谱法测定体液中 NOR 和 FLE 含量。方法以聚酰胺层析板为固定相，使用 0.01 mol/L 的十二烷基磺酸钠（SDS）水溶液作为展开剂，并将 EDTA 溶液加入到展开剂中避免了 NOR-金属离子络合物的生成，改善了分离条件。在此条件下，分离后的 NOR 和 FLE 其 Rf 值分别为 0.62 和 0.80。试样斑点经薄层色谱扫描仪用荧光法扫描定量，激发波长为 278 nm（NOR）和 285 nm（FLE）。两个化合物的线性范围分别是 0～90 ng/斑点（NOR）和 0～80 ng/斑点（FLE），在血样和尿样中回收率为 98%～102%，RSD 小于 5.2%。

（5）毛细管电泳法（capillary electrophoresis，CE）

CE 与 HPLC 一样属于液相分离技术，现在成为一种与 HPLC 相互补充的分离分析方法。Aura 等[113]对 CE 分离 13 种 QNs 的方法进行了研究，为预测电泳淌度，所有组分的质子化宏常数用 pH-电位滴定测定。该作者证明离子化的 QNs 的电泳淌度可以用 Offord 方程来表示，迁移等级由它们的荷质比决定。25 mmol/L 的四硼酸钠缓冲液（pH 9.3）是一种有效的电泳系统，可以通过毛细管区带电泳（capillary zone electrophoresis，CZE）对 12 种 QNs 进行分离，此方法是分离 QNs 衍生物的一般方法。CIP、NOR 和 OFL 等具有类似结构特性的 QNs 均可通过毛细管胶束电动色谱（micellar electrokinetic capillary，MEKC）分离。实验结果证明了 CE 法可以从复杂混合物中同时测定 QNs，可代替常用的 HPLC 测定法。

Lombardo-Agüí 等[114]利用 CE-氦镉激光诱导荧光检测不同水中的 6 种 QNs（OFL、LOM、NOR、DAN、ENR 和 SAR），波长为 325 nm，以 125 mmol/L 磷酸（pH 2.8）甲醇（64+36，v/v）为分离缓

冲液，在 70 cm 长的石英毛细管分离待测物。方法的回收率为 83.3%～117.5%，LOD 为 0.3～1.9 ng/L，LOQ 为 1.0～6.6 ng/L。Barrón 等[115]用二氯甲烷和 NaOH 提取，SPE 净化，CE 分离，NOR 作为内标，DAD 检测鸡组织中的 OXO 和 FLU 残留。OXO 和 FLU 的回收率分别为 94% 和 84%，OXO 的 LOD 和 LOQ 分别为 15 μg/kg 和 48 μg/kg，FLU 的 LOD 和 LOQ 分别为 10 μg/kg 和 30 μg/kg。该作者[116]还采用 CE-DAD 技术，MAR 作为内标，检测了肌肉组织中 ENR 和 CIP 残留。ENR 和 CIP 的线性范围为 10～300 mg/kg，ENR 和 CIP 的回收率分别为 74% 和 54%，LOD 低于 25 mg/kg。

McCourt 等[117]建立了毛细管区带电泳-电喷雾-串联质谱（CZE-ESI-MS/MS）技术分析 9 种 QNs 的方法。采用奎宁作为内标，120 mmol/L 碳酸铵（pH 9.12）作为缓冲液，在涂层石英毛细管上分离。9 种 QNs 分离良好，迁移时间和质谱离子检测精度小于 1%，峰面积和峰高精度小于 5%。Lara 等[118]建立了牛奶中 8 种 QNs 的 CZE-MS/MS 方法。方法的线性良好（r^2 为 0.989～0.992），回收率为 81%～110%，LOD 和 LOQ 分别低于 6 ppb 和 24 ppb。

近年来，MEKC 逐渐发展成为 CE 中最重要的模式之一，其分离能力的改善主要依靠缓冲溶液组成和性质、阴离子和阳离子表面活性剂、两性离子表面活性剂、手性表面活性剂以及环糊精和蛋白质类大分子修饰 MEKC 的应用，从而使得 MEKC 在生物、化学、医药、环保、食品等领域中获得了广泛的应用。Meng 等[119]建立了一种激光诱导荧光-MEKC 法来检测食品中 5 种 QNs（DAN、ENR、CIP、LOM 和 NOR），碲化镉量子点作为荧光背景物质。最佳的运行缓冲液由 20 mmol/L 十二烷基硫酸钠、7.2 mg/L 量子点和 10 mmol/L 硼酸盐（pH 8.8）组成，分离电压为 20 kV。在此条件下，5 种 QNs 在 8 min 内成功分离，LOD 为 0.003～0.008 mg/kg，线性范围 0.01～10 mg/kg，平均回收率为 81.4%～94.6%。

（6）自组装环荧光显微成像技术（self-ordered ring fluorescence microscopic imaging technique）

自组装环（self-ordered ring，SOR）荧光显微成像技术是通过分析物在环线上沉积后，运用倒置荧光显微镜，以电荷耦合元件摄像系统作为显微镜图像获取技术采集图像，将图像信号转换成电信号输入计算机进行数据读取及图像处理，然后应用软件对获得图像读取相关参数进行分析。它具有背景干扰小、耗样量少、简单、快速及对环境无污染等优点。邓凤玉等[120]采用自组装环荧光显微成像技术测定生物样品中的托氟沙星（TOS），在 pH 10.50 的氨-氯化铵缓冲溶液和聚乙烯醇-124（PVA-124）介质中，以 Mn^{2+} 和十六烷基三甲基溴化胺（CTMAB）为敏化剂，TOS 在疏水性玻片表面形成自组装环，建立了检测 TOS 的快速方法。当点样体积为 0.20 μL 时，线性范围为 4.05×10^{-14}～4.28×10^{-13} mol/ring，LOD 为 4.10×10^{-15} mol/ring；兔子灌喂 TOS 药片后血清中 TOS 浓度的加标回收率为 90.0%～105.0%，RSD 为 1.9%～3.3%；羊组织样品中 TOS 加标回收率在 92.0%～101.0%，RSD 小于 2.7%。Dong 等[121]在疏水性载玻片上，利用 SOR 荧光显微成像技术，以 Zn^{2+} 和 CTMAB 作为增敏剂，PVA-124 及氨-氯化铵缓冲溶液（pH 10.00）为介质，建立了鸡血清、鸡肉、鸡脂中司帕沙星（SPA）残留量测定方法。滴定体积为 0.20 μL，测定范围在 1.38×10^{-13}～2.03×10^{-12} mol/ring 之间（或 6.90×10^{-8} mol/L）；以甲醇或乙腈为提取剂，SPA 在所有添加水平的回收率均为 90.74%～106.61% 内，RSD 小于 3.0%。

（7）生物传感器法（biosensor）

1）分子印迹传感器（molecularly imprinted sensor）

当模板分子（印迹分子）与聚合物单体接触时会形成多重作用点，通过聚合过程这种作用就会被记忆下来，当模板分子除去后，聚合物中就形成了与模板分子空间构型相匹配的具有多重作用点的空穴，这样的空穴将对模板分子及其类似物具有选择识别特性。Xuan-Anh 等[122]建立了基于分子印迹聚合物（MIP）的非竞争性荧光偏振（FP）方法来检测牛奶中的 ENR。FP 是一种荧光标记检测技术，它把荧光物质标记在特定物质分子，使原本微弱的反应信号转化成较强的荧光信号，同时在光路的合适位置分别加上起偏器和检偏器就可测出待测物的偏振荧光强度，大大提高了方法的灵敏度和特异性。FP 法不需分离游离和结合的示踪物，而且所有测定在溶液中进行，可以达到真正的平衡，因而具有所需的样品量少、灵敏度高、重复性好、操作简便等多种优势。QNs 本身具有较强的荧光可建立非竞争的直接 FP 方法，方法对 ENR 的 LOD 为 36 ng/L 远低于其在牛奶中的 MRL，而且对 DAN 也有明显的交叉反应。有机溶剂是常用且非常有效的样品提取及蛋白沉淀试剂，然而抗体通常难以耐受较高浓度的有机溶剂。MIP 是一种化学合成的识别分子，对有机溶剂有着很高的耐受力，该方法用两倍于牛奶样品体积的乙腈提取药物，再用缓冲液 1 倍稀释便可基本消除基质干扰，直接进行荧光偏振检测，这说明其至少可耐受 30%的乙腈。

2）表面等离子共振传感器（surface plasmon resonance sensor）

表面等离子共振（SPR）技术具有灵敏度高、操作简单、能够实时监测反应的动态过程，只需对样品进行简单的预处理，无需进行标记，也可以无需纯化各种生物组分，耗样量少，检测时间短，已被广泛应用于各个研究领域。Marchesini 等[123]建立了基于 SPR 的双通道检测方法来筛选鸡肉中的 QNs 残留。其中 1 号通道加入广谱性多抗可同时检测 NOR、CIP、ENR、SAR 和 DIF 五种化合物，其半数抑制浓度（IC_{50}）在 2～10 ng/L，平均回收率 74%；2 号通道选择特异性多抗检测 FLU 的 IC_{50} 为 2.7 ng/L，平均回收率 88%。同时将此方法与高解析 LC-QTOF/MS 串联，可在筛选后及时进行质谱确证。Huet 等[124]建立了鱼肉、鸡肉和鸡蛋中 13 种 QNs（NOR、SAR、DIF、CIP、PEF、OFL、FLU、OXO、DAN、ENR、MAR、LOM 和 ENO）的 SPR 残留检测方法。以 NOR 为标准参照，在鸡肉、鸡蛋和鱼肉中的 CC_α 分别为 0.13 μg/kg、0.29 μg/kg 和 0.30 μg/kg，IC_{50} 分别为 1 μg/kg、1.5 μg/kg 和 3.1 μg/kg，在鸡蛋和鸡肉基质中的检测范围为 0.1～10 μg/kg，在鱼肉基质中的检测范围为 0.1～100 μg/kg。Mellgren 等[125]研制了检测牛奶中 ENR 及其代谢物 CIP 的 SPR 免疫传感器，其探头表面覆盖着可更换的固定有 ENR 的传感膜，当固定 ENR 与制备的抗体发生结合反应时，引起探头表面折射系数变化，同时折射角发生位移，借此对样品中待测物进行测定。ENR 和 CIP 的 LOD 为 1.5 μg/kg，回收率分别为 90%和 86%，RSD 分别为 8.3%和 7.5%。

（8）免疫分析法（Immunoassay，IA）

免疫学分析方法以抗原抗体的特异性反应为基础的，以高特异性、高灵敏度著称，可使分析过程简化，适合复杂基质中痕量组分的分析。QNs 结构中含有羧基，故多采用羧基与载体蛋白游离氨基进行反应，将 QNs 与载体连接合成人工抗原，进而免疫动物产生特异性抗体。由于 QNs 的主要结构部分相同或相似，因此某一 QNs 的抗体通常对其他 QNs 存在一定的交叉反应。常采用的方法主要有酶联免疫吸附（ELISA）、胶体金免疫层析（CGIA）、化学发光酶免疫分析（CLEIA）、荧光偏振免疫分析方法（FPIA）和磁微粒酶联免疫技术（MPEIA）等。

1）酶联免疫分析法（enzyme-link immunosorbent assay，ELISA）

ELISA 已广泛应用于兽药和农药残留的快速筛选检测。大多数 ELISA 方法的标记物是酶，但是也有应用其他标记物建立的方法，如化学发光法和电化学法。相对于微生物学方法和色谱方法而言，ELISA 方法可以适用于大量样本的快速分析，灵敏度高，成本低，不需要昂贵复杂的仪器，在残留检测中有着非常突出的优势。除了常用的 96 孔酶标板，一些实验室已经开始使用 384 或 1536 孔的酶标板，可以显著提高工作效率。

姜金庆等[126]建立了同时检测多种 QNs 的 ELISA 分析方法。以碳二亚胺（EDC）二步法合成 CIP 人工抗原，免疫新西兰大白兔制备多克隆抗体，建立 QNs 药物多残留的 ELISA 检测方法。标准曲线在 PBS 中的线性检测范围为 0.2～376 ng/mL，IC_{50} 为 8 ng/mL，LOD 为 0.1 ng/mL；抗体对 ENR、NOR 和 PEF 均能特异性识别，IC_{50} 值分别为 7.3 ng/mL、10.6 ng/mL 和 13.2 ng/mL；标准品稀释液中 NaOH 和甲醇的最高容忍度分别为 10%和 30%。牛奶中添加 5 ng/mL、20 ng/mL 和 50 ng/mL 的标准品，CIP、ENR、NOR 和 PEF 的回收率分别为 93%～108%、96%～110%、92.5%～104%和 93%～102%。Bucknall 等[127]制备了 NOR 的多克隆抗体，采用 ELISA 检测牛奶、羊肾脏中 NOR、ENR、CIP、FLU 和 NAL 残留，方法的回收率为 64.2%～110.6%，日内和日间 RSD 分别低于 11.2%和 10.5%，LOD 低于 4 mg/kg。Huet 等[128]制备的 SAR 单克隆抗体对 SAR、NOR、FLU 等 15 种 QNs 都有交叉反应性。鸡肌肉、鸡蛋、肾脏等组织经甲醇磷酸盐提取后，用建立的 ELISA 方法进行检测，LOD 为 10～200 ng/g。Lu 等[129]以 PEF 为半抗原，与牛血清白蛋白偶联，免疫动物制备抗体，该抗体具有高敏感性，在缓冲液中对 PEF 的 IC_{50} 为 6.7 ppb，对 FLE、ENR、OFL 的交叉反应性分别为 116%、88%和 10%，在 0.5 ppb、5 ppb、

10 ppb、50 ppb 和 100 ppb 添加水平，平均回收率为 87%～103%，日间和日内 RSD 分别低于为 13.6% 和 10.9%，方法的 LOQ 为 0.5 ppb。Van Coillie 等[130]利用制备的 FLU 人工抗原免疫产蛋鸡，收集鸡蛋并对 IgY 进行分离、鉴定，建立间接竞争 ELISA 方法，用于测定牛奶中的 FLU。生牛奶中 FLU 的 LOD 为 12.5 μg/kg，平均回收率为 73.7%。Sheng 等[131]建立了检测牛奶中 OFL、MAR 和 FLE 的直接竞争 ELISA 方法，LOD 为 0.20～0.53 ng/mL。Holtzapple 等[132, 133]制备了 SAR 的单克隆抗体和多克隆抗体，使用分子力学和量子力学的方法获得了的三维分子模型，并讨论了交叉反应与结构的关系和不同结构部分对免疫结合反应的作用，使得对待测物与抗体的结合有了更好的理解，由此也说明利用计算机和分子模型技术设计半抗原和预测抗体选择性是可行的。Jiang 等[134]以辣根过氧化物酶（HRP）标记羊抗兔二抗来识别磺胺类药物（SAs）的多克隆抗体，以碱性磷酸酶 ALP 标记羊抗鼠二抗来识别 QNs 单克隆抗体，从而实现在同一个反应体系中同时检测牛奶中 22 种 SAs 和 13 种 QNs 残留的双显色酶联免疫吸附试验（DC-ELISA）。该 DC-ELISA 方法对 SAs 和 QNs 的 LOD 分别为 5.8 μg/L 和 2.4 μg/L；SAs 和 QNs 在牛奶中 10～100 μg/L 添加浓度，SAs 的添加回收率为 67%～101%，CV 为 8.1%～16.4%；QNs 的添加回收率为 72%～105%，CV 为 4.8%～9.3%。

2）胶体金免疫层析法（colloidal gold-based immunochromatographic assay，CGIA）

CGIA 是 20 世纪 70 年代开始发展起来的一种以胶体金作为标记物，让其和蛋白质等各种大分子物质结合，再利用抗原抗体反应以达到检测目的的一种新型的免疫标记技术。胶体金技术具有方便快捷、特异性强、敏感、稳定性强、不需要特殊设备和试剂、结果判断直观等优点，目前已开始应用于小分子物质的检测，如毒素、药残、环境监测等领域，随着胶金技术的逐步推广，替代 ELISA 方法成为各检测机构、广大基层部门进行样本大规模筛选的首选方法势在必行。刘烜等[135]建立用于快速检测肉、鱼、虾等组织中 QNs 残留的 CGIA 方法。采用免疫竞争法，将抗 QNs 单克隆抗体-胶体金复合物包被在胶体金结合垫上，并将人工合成的 QNs 抗原包被在硝酸纤维素薄膜表面作为检测线（T 线），以颜色直观显示检测的定性结果，灵敏度最低值可达到 10 ng/mL。Sheng 等[131]建立了检测牛奶中 OFL、MAR 和 FLE 的 CGIA 方法，LOD 为 0.02～0.05 ng/mL。

3）化学发光酶免疫法（chemiluminescence enzyme-linked immunoassay，CLEIA）

CLEIA 由化学发光分析系统和酶联免疫反应系统两部分构成。化学发光分析系统是指化学发光物质或者酶经催化氧化反应释放大量自由基使之形成一个不稳定的激发态中间体，待其恢复到稳定基态后，多余的能量以光子的形式发射出来，经发光信号测量仪器可检测其发光强度。而酶联免疫反应系统是指经催化反应参与发光的酶标记的生物活性物质（抗原或抗体）进行特异性抗原抗体免疫反应后，形成抗原-抗体免疫反应复合物。然后根据测定的发光强度和催化反应参与发光的标记酶的关系进行定量分析。CLEIA 具有设备仪器简单、操作方便、灵敏度高、特异性强、专一性、线性动力学范围广、易实现自动化和不具有放射性污染诸多优点。李源珍等[136]建立可同时检测牛奶中 OFL、MAR、FLE 残留的直接竞争化学发光酶免疫法（dc-CLEIA），方法的 LOD 分别为 0.01 ng/mL、0.03 ng/mL、0.04 ng/mL。牛奶中的 OFL、MAR、FLE 用 7.5% 的三氯乙酸提取，200 ng/mL、100 ng/mL、50 ng/mL、20 ng/mL、10 ng/mL 5 个添加水平的平均回收率在 75.4%～94.1% 之间。张慧丽等[137]建立了 CLEIA 法测定牛奶中 ENR 残留，将牛奶样品中的 ENR 与标记有碱性磷酸酶的 ENR 同时与限量的特异性固相 ENR 抗体进行竞争结合反应，通过分离未结合的标记抗原，测定标记抗原与抗体复合物化学发光强度，经相应的数学函数计算出待测抗原的含量，快速地测定牛奶中 ENR 残留量，方法的 LOD 为 239.9 pg/mL，检测范围为 350～1000 pg/mL，批内与批间 RSD 均小于 15%。

4）荧光偏振免疫分析法（fluorescence polarization immunoassay，FPIA）

FPIA 与 ELISA 方法相比较，FPIA 简化了操作步骤且缩短了操作时间，把非均相的反应系统转换为均相的反应系统，是一种简单、可靠、快速和高效的免疫分析方法。Mi 等[138]建立了可同时检测牛奶中 5 种 QNs 和鸡肉中 6 种 QNs 残留的单试剂 FPIA 方法。以最佳荧光标记物 SAR-5-羧基荧光素与 QNs 广谱识别性单克隆抗体制备了免疫复合物单试剂，所建立的单试剂 FPIA 灵敏度高且反应速度快，将样品与单试剂充分混合后不需要进一步温育便可直接检测。本方法对 CIP 的 LOD 为 0.75 ng/mL，

IC_{50} 为 2.17 ng/mL，检测范围为 1.2～4.0 ng/mL，该方法对牛奶中 5 种 QNs 的 CC_β 均小于 15 ng/mL，对鸡肉中 6 种 QNs 的 CC_β 均小于 50 ng/mL，添加空内牛奶和鸡肉样本的平均回收率为 77.8%～116%，CV 低于 17.4%。宋佩等[139]以异硫氰酸荧光素（FITC）标记沙拉沙星（SAR）合成荧光标记物，采用薄层色谱法提纯，优化了反应时间、标记物和抗体的工作浓度，建立了 SAR 的快速 FPIA 分析法。该方法测定 SAR 在缓冲液中的 IC_{50} 为 43.2 μg/L，检测范围为 5.7～327 μg/L；同时考察了 FPIA 测定 SAR 的动力学过程及对其他 4 种 QNs 的交叉反应。结果表明 CIP、ENR、DAT 及 OFL 的交叉反应率分别为 3.3%、1.8%、1.7% 和 0.7%；在牛奶和猪尿中 SAR 的回收率分别为 71%～94% 和 74%～102%。

5）磁微粒酶联免疫法（magnetic particle-based enzyme immunoassay，MPEIA）

MPEIA 将磁微粒应用到 ELISA 中，取代传统的酶标板固相载体，并利用磁性微珠在磁场下能够进行分离的原理，磁微粒与单克隆抗体连接，即为免疫磁珠，与相对应的检测抗原结合后，在磁场的作用下，特异结合的抗原与其他未反应物质分离，最后通过酶联免疫显色反应测定抗原含量。MPEIA 克服了普通 ELISA 测定中的一些缺点，更具优越性。Zhang 等[140]制备了 CIP 的特异性单克隆抗体，建立了 MPEIA 法检测鸡肌肉中的 CIP，在 0.3～24.3 ng/mL 浓度范围内，IC_{50} 和 LOD 分别为 2.27 ng/mL 和 0.25 ng/mL。在鸡肌肉中，CIP 添加量为 8 ng/mL、20 ng/mL 和 40 ng/mL 时，回收率均大于 79%。建立的 MPEIA 分析法和 ELISA 呈现出极好的相关性。抗 CIP 单克隆抗体与 8 种 QNs 有着较高的交叉反应率：ENR（110.1%）、SAR（99.7%）、DIF（75.1%）、DAN（89.8%）、NOR（110.3%）、LOM（65.2%）、OFL（75.1%）和 FLU（45.0%）。此方法具有分离简单、反应均匀、检测快速（30 min 内）和结果稳定等优点。

11.2　公定方法

11.2.1　鳗鱼及制品中 15 种喹诺酮类药物残留量的测定　液相色谱-串联质谱法[141]

11.2.1.1　适用范围

适用于鳗鱼及制品中 15 种喹诺酮（氟罗沙星、氧氟沙星、依诺沙星、诺氟沙星、环丙沙星、恩诺沙星、洛美沙星、达氟沙星、奥比沙星、二氟沙星、沙拉沙星、司帕沙星、噁喹酸、萘啶酸、氟甲喹）残留量的液相色谱-串联质谱测定。15 种喹诺酮检测低限均为 5 μg/kg。

11.2.1.2　方法原理

鳗鱼及制品中十五种喹诺酮类药物残留，采用乙腈提取，提取液经正己烷液液分配脱脂后，以强阳离子固相萃取小柱净化，液相色谱-串联质谱法测定，外标法定量。

11.2.1.3　试剂和材料

乙腈、甲醇：色谱纯；正己烷、浓氨水、甲酸、乙酸铵：分析纯。

无水硫酸钠：650℃灼烧 4 h，冷却后储于密封容器中备用。

氨水+甲醇：25+75。量取 25 mL 氨水，以甲醇定容 100 mL，混匀。

甲酸溶液：0.1%。移取 1 mL 甲酸，以水定容 1 L。

乙酸铵缓冲液：10 mmol/L。称取 0.77 g 乙酸铵，溶于约 700 mL 水中，以甲酸调节 pH=4.6，以水定容 1 L。

15 种喹诺酮类药物标准物质：纯度均≥98%。

标准贮备溶液：100 mg/L。准确称取 15 种喹诺酮类药物标准物质各 10.0 mg，分别用甲醇溶解并定容至 100 mL，该标准贮备液置于 4℃冰箱中可保存 1 个月。

标准工作溶液：根据需要取适量标准贮备液，以甲酸溶液+乙腈（9+1，v/v）稀释成适当浓度的混合标准工作溶液。标准工作溶液要现配现用。

强阳离子交换柱（SCX SPE 柱）或相当者：500 mg，3 mL。用前依次以 3 mL 甲醇、3 mL 水、3 mL 10 mmol/L 乙酸铵缓冲液活化，保持柱体湿润。

11.2.1.4　仪器和设备

液相色谱-串联四极杆质谱仪，配有电喷雾离子源；分析天平：感量 0.1 mg 和 0.01 g；组织捣碎机；旋涡振荡器；分散器：转速应达到 10000 r/min；超声波发生器；氮气浓缩仪；固相萃取装置；真空泵：真空度应达到 80 kPa；微量注射器：1～5 mL，100～1000 μL；离心机：转速应达到 4000 r/min。

11.2.1.5 样品前处理

（1）试样制备

鳗鱼去头，将皮、肉分离后先取鱼皮置于微波炉中，以中高功率加热 30 s 后取出切成小块，将鱼肉切成小块，将二者一并放入组织捣碎机均质，充分混匀，装入清洁容器内，并标明标记。鳗鱼制品取可食部分切成小块，放入组织捣碎机均质，充分混匀，装入清洁容器内，并标明标记。制样操作过程中必须防止样品受到污染或发生残留物含量的变化。试样于-18℃以下保存，新鲜或冷冻的组织样品可在 2～6℃贮存 72 h。

（2）提取

称取 5 g 试样（精确至 0.01 g）置于 50 mL 聚丙烯离心管中，加入约 5 g 无水硫酸钠，25 mL 乙腈，使用分散器，在 10000 r/min 分散提取 30 s，4000 r/min 离心 5 min，上清液转移至 50 mL 比色管中，另取一 50 mL 离心管加入 15 mL 乙腈，洗涤分散刀头 10 s，洗涤液移入第一支离心管中，用玻棒搅动残渣，旋涡振荡提取 1 min，超声波振荡提取 5 min，4000 r/min 离心 5 min，上清液合并至 50 mL 比色管，残渣再加入 15 mL 乙腈，旋涡振荡提取 1 min，4000 r/min 离心 5 min，上清液合并至 50 mL 比色管，乙腈定容至 50.0 mL。摇匀后移取 10.0 mL 乙腈提取液，以 2×5 mL 正己烷振摇脱脂，使用氮气浓缩仪在 35℃下氮吹至近干，加入 3 mL 乙酸铵缓冲液，涡旋振荡 30 s，待净化。

（3）净化

将提取步骤所得的溶液以约 1 mL/min 的流速全部过强阳离子固相萃取小柱，抽干，先后以 1.5 mL 甲醇、3 mL 氨水+甲醇洗脱，合并洗脱液，35℃下氮吹至近干，以甲酸溶液+乙腈（9+1）定容至 1 mL，过 0.22 μm 滤膜，供液相色谱串联质谱分析。

（4）空白基质溶液的制备

称取阴性样品 5 g（精确至 0.01 g），按上述步骤操作。

11.2.1.6 测定

（1）液相色谱条件

色谱柱：C$_{18}$，5 μm，150 mm×2.1 mm，或相当者；柱温：30℃；流速：200 μL/min；进样量：20 μL；梯度洗脱，洗脱程序见表 11-4。

表 11-4 液相色谱梯度洗脱程序

时间/min	流速/（μL/min）	乙腈	甲醇	0.1%甲酸
0	300	2	20	78
4.00	300	5	20	75
8.00	300	10	20	70
10.00	300	40	20	40
15.00	300	40	20	40
15.50	300	2	20	78
22.00	300	2	20	78

（2）质谱条件

离子源：电喷雾源 ESI；扫描方式：多反应监测（MRM），正离子模式；离子源温度：490℃；雾化气、气帘气、辅助加热气、碰撞气均为高纯氮气及其他合适气体；使用前应调节各气体流量以使质谱灵敏度达到检测要求；喷雾电压、去集簇电压、碰撞能等电压值应优化至最优灵敏度；定性离子对、定量离子对、去簇电压和碰撞能量见表 11-5。

表 11-5　15 种喹诺酮类药物的质谱参数

化合物	定性离子对（m/z）	定量离子对（m/z）	碰撞气能量/V	碰撞池出口电压/V	保留时间/min
氟罗沙星	370.4/326.4	370.4/326.4	30	70	5.14
	370.4/269.4		40	70	
氧氟沙星	362.4/318.4	362.4/318.4	30	60	5.88
	362.4/261.3		40	60	
依诺沙星	321.1/303.4	321.1/303.4	35	70	6.11
	321.1/232.2		48	70	
诺氟沙星	320.4/276.6	320.4/276.6	26	50	6.86
	320.4/233.2		30	50	
环丙沙星	332.4/288.3	332.4/288.3	25	60	7.67
	332.4/245.3		33	60	
恩诺沙星	360.6/316.4	360.6/316.4	30	60	8.41
	360.6/245.4		40	60	
洛美沙星	352.3/308.4	352.3/308.4	28	60	8.42
	352.3/265.4		33	60	
达氟沙星	358.3/340.3	358.3/340.3	40	80	8.55
	358.3/283.4		40	80	
奥比沙星	396.3/352.3	396.3/352.3	27	60	9.46
	396.3/295.4		35	60	
二氟沙星	400.4/356.2	400.4/356.2	28	60	9.93
	400.4/299.3		42	60	
沙拉沙星	386.4/342.3	386.4/342.3	28	60	10.83
	386.4/299.2		43	60	
司帕沙星	393.3/349.4	393.3/349.4	30	80	13.07
	393.3/292.4		38	80	
噁喹酸	262.3/244.2	262.3/244.2	30	70	16.26
	262.3/216.3		42	70	
萘啶酸	233.3/215.2	233.3/215.2	24	60	17.78
	233.3/187.4		36	60	
氟甲喹	262.3/244.3	262.3/244.3	30	70	18.25
	262.3/202.3		49	70	

（3）定性测定

每种被测组分选择 1 个母离子，2 个以上子离子，在相同实验条件下，样品中待测物质的保留时间与混合基质标准校准溶液中对应浓度标准校准溶液的保留时间偏差在±2.5%之内；且样品谱图中各组分定性离子的相对丰度与浓度接近的混合基质标准校准溶液谱图中对应的定性离子的相对丰度进行比较，偏差不超过表 1-5 规定的范围，则可判定为样品中存在对应的待测物。

（4）定量测定

外标法定量：在仪器最佳工作条件下，对混合基质标准校准溶液进样，以峰面积为纵坐标，混合基质校准溶液浓度为横坐标绘制标准工作曲线，用标准工作曲线对样品进行定量，样品溶液中待测物的响应值均应在仪器测定的线性范围内。在上述色谱条件下，15 种喹诺酮类药物的参考保留时间见表 11-5，15 种喹诺酮类药物的多反应监测（MRM）色谱图见图 11-2。

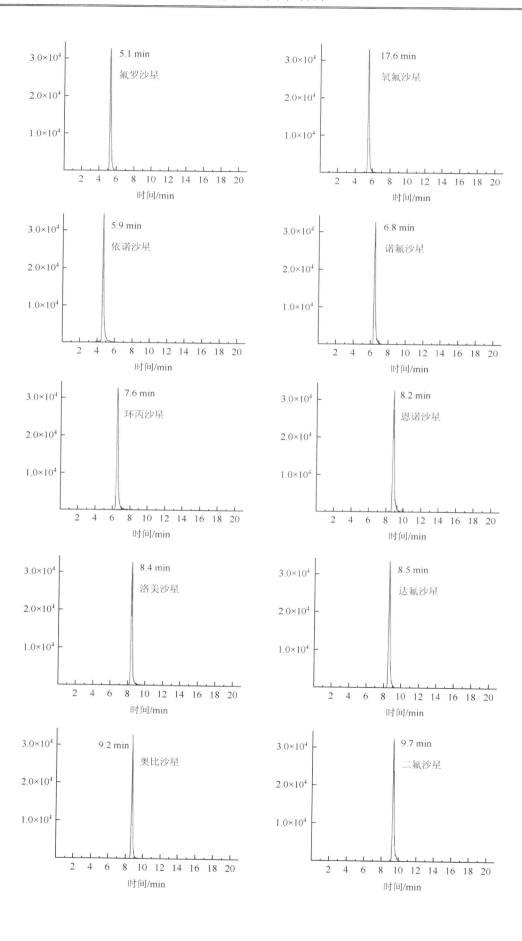

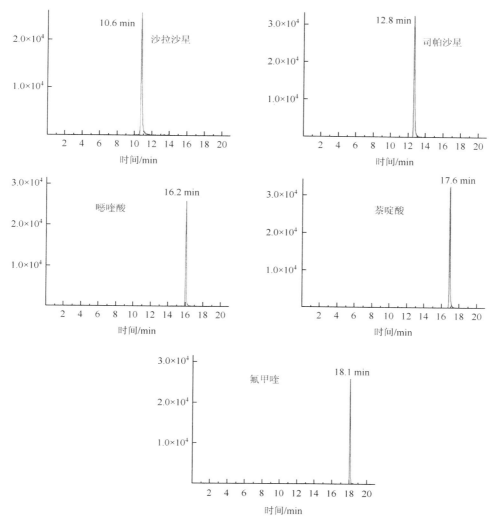

图 11-2　15 种喹诺酮类药物的多反应监测（MRM）色谱图

11.2.1.7　分析条件的选择

（1）提取液选择

喹诺酮类药物为酸碱两性物质，其提取方法可分为 3 种主要类型，一种是在中性条件下用有机溶液萃取，这类药物也可以在碱性条件下提取，如用氨水乙腈溶液提取，还可以在酸性条件下提取，如采用乙酸乙腈溶液等。基体中的水分对喹诺酮类药物的提取有影响，本方法曾先后参照文献，采用了10%氨水乙腈溶液、1%乙酸乙腈溶液及乙腈进行提取，结果发现，对于鳗鱼及制品中喹诺酮类药物的提取，这三种溶剂在提取效率上无明显差异，本方法选用乙腈作为提取溶剂。由于鳗鱼肉质脂质含量较高，在提取时易结团，故需加入无水硫酸钠。

（2）净化条件选择

酸-碱液液萃取是净化喹诺酮类药物的基本方法，如可通过调节 pH 后采用氯仿等有机溶剂萃取以达到净化目的。近年来，固相萃取成为动物源性食品中药物残留分析的主要净化方式，有多种商品化固相萃取小柱可以选择。对于喹诺酮类药物，有报道采用正相固相萃取小柱如氰基柱、氨基柱及离子交换小柱如羧基柱、苯磺酸柱等。近年来使用较多的净化方式为将提取溶剂上柱、强阳离子交换小柱净化、氨水甲醇洗脱。

在试验中发现若直接采用乙腈提取液上柱，噁喹酸、萘啶酸及氟甲喹不能完全被固相萃取小柱吸附，因此，在采用乙腈提取后需要将有机相换为乙酸铵溶液过柱净化以提高回收率。试验发现，采用甲醇即可较完全洗脱噁喹酸、萘啶酸与氟甲喹，而对于其他 12 种喹诺酮类残留则需要采用氨水甲醇洗脱。在制作了淋洗曲线后,确定了洗脱液先后为 1.5 mL 甲醇、3 mL 25%氨水甲醇依次洗脱(表 11-6)。

表 11-6　洗脱液体积与回收率(%)关系

化合物	甲醇			25%氨水甲醇			
	1 mL	1.5 mL	2 mL	1 mL	2 mL	3 mL	4 mL
氟罗沙星	—	—	—	61.0	88.8	97.7	97.5
氧氟沙星	—	—	—	48.8	75.9	94.6	95.7
依诺沙星	—	—	—	56.6	68.9	93.9	96.5
诺氟沙星	—	—	—	58.4	73.2	91.7	95.5
环丙沙星	—	—	—	62.2	75.8	97.8	96.9
恩诺沙星	—	—	—	50.7	89.3	94.8	94.3
洛美沙星	—	—	—	66.3	87.7	95.4	95.6
达氟沙星	—	—	—	59.6	71.3	97.1	91.5
奥比沙星	—	—	—	86.5	91.2	95.8	96.3
二氟沙星	—	—	—	70.1	89.2	92.3	97.1
沙拉沙星	—	—	—	61.2	86.4	98.0	98.9
司帕沙星	—	—	—	75.6	89.9	98.5	98.6
噁喹酸	83.1	97.6	98.1	—	—	—	—
萘啶酸	86.3	96.6	97.1	—	—	—	—
氟甲喹	88.2	95.4	97.8	—	—	—	—

(3)质谱条件优化

采用注射泵直接进样方式,以 8 μL/min 将 15 种喹诺酮类药物的标准溶液分别注入串联质谱的离子源中。采用正离子扫描方式进行一级质谱分析,确定了准分子离子峰(M+1),优化了去集簇电压。对被测物的准分子离子碰撞后,进行二级质谱分析,得到子离子质谱图,优化了碰撞能量,此外,还对离子源温度、雾化气、气帘气、辅助气等参数进行了优化。

(4)色谱条件选择

采用多反应监测模式的液相色谱-串联质谱仪进行分析时,并不要求各组分在液相色谱上进行完全分离,但由于氟甲喹与噁喹酸两种物质的相对分子量一致,且丰度最大的子离子亦一致,因而这两种物质的完全分离尤为重要。本方法选择了 YMC Pack Pro C_{18} 柱(150 mm×2.1 mm,5 μm)与 Agillent ZORBAX Eclipse XDB-C_{18} 柱(150 mm×4.6 mm,5 μm)进行了试验,选择了洗脱条件,试验证明,在梯度洗脱条件下这 15 种物质均能较好分离。

(5)喹诺酮类药物的稳定性

喹诺酮类药物较稳定,有资料表明如恩诺沙星、氟甲喹、噁喹酸、沙拉沙星等药物在鱼皮中浓度含量较高,因而在制样时考虑到需要将鱼皮与鱼肉混合匀浆。鉴于鳗鱼皮难以搅碎,因而采用微波加热的方式。本方法试验了在中高功率(功率为 500 W)微波加热 30 s、1 min、1.5 min 三种条件下喹诺酮类药物的稳定性,试验证明,在该功率下,30 s 与 1 min 的加热时间不会破坏喹诺酮类药物的稳定性,同时经加热后鱼皮可以容易地与鱼肉一并进行匀浆,故在样品制备时,采用中高功率加热 30 s。

喹诺酮类药物高浓度的贮备液在甲醇中可保存 3 个月以上,但水相中低浓度工作液极易降解,应临用时现配。由于如诺氟沙星等一些喹诺酮类药物对光不稳定,应避光存放,同时在操作过程中要尽可能使用棕色玻璃器皿。

另外,试验中还发现氮吹时的温度对一些喹诺酮类药物的回收率有影响,温度过高回收率有所下降,建议浓缩时的温度不超过 40℃。

11.2.1.8 线性范围和测定低限

在本方法所确定的实验条件下，以峰面积和标准曲线作图，在 0~100 ng/mL 范围内呈良好线性关性，15 种喹诺酮类药物标准曲线的回归方程与相关系数如表 11-7。

表 11-7 15 种喹诺酮类药物的回归方程与相关系数

化合物	回归方程	相关系数
氟罗沙星	$y=5.14\times10^3x+2.55\times10^3$	0.9995
氧氟沙星	$y=6.13\times10^3x+2.82\times10^3$	0.9984
依诺沙星	$y=7.61\times10^3x+6.97\times10^3$	0.9946
诺氟沙星	$y=1.83\times10^3x+1.3\times10^3$	0.9986
环丙沙星	$y=2.5\times10^3x+2.42\times10^3$	0.9991
恩诺沙星	$y=681x+20.2$	0.9997
洛美沙星	$y=8.46\times10^3x+7.89\times10^3$	0.9990
达氟沙星	$y=5.35\times10^3x-1.28\times10^3$	0.9992
奥比沙星	$y=2.73\times10^4x+2.11\times10^4$	0.9987
二氟沙星	$y=6.16\times10^3x+3.65\times10^3$	0.9985
沙拉沙星	$y=4.21\times10^3x+435$	0.9987
司帕沙星	$y=1.5\times10^4x+4.71\times10^3$	0.9986
噁喹酸	$y=742x+1.05\times10^3$	0.9988
萘啶酸	$y=3.88\times10^3x+2.48\times10^3$	0.9988
氟甲喹	$y=3.53\times10^3x+3.01\times10^3$	0.9990

用不含喹诺酮类药物的活鳗、烤鳗为样品，15 种喹诺酮添加量相当于 5.0 μg/kg 时，在获得满意的回收率的同时，其信噪比大于 10。因此。确定本方法 15 种喹诺酮的检出限为 5.0 μg/kg。

11.2.1.9 方法回收率和精密度

以不含喹诺酮类药物的活鳗、烤鳗样品作为基质，进行 5 μg/kg、10 μg/kg、20 μg/kg、40 μg/kg 四个浓度水平的添加回收实验，其回收率与精密度分别见表 11-8。表 11-8 实验数据显示，15 种喹诺酮类药物回收率在 77.7%~93.0% 之间，相对标准偏差在 3.53%~18.32% 之间。

表 11-8 添加回收与精密度试验结果

化合物	基质	添加浓度/(μg/kg)	平均回收率/%	RSD/%	化合物	基质	添加浓度/(μg/kg)	平均回收率/%	RSD/%
氟罗沙星	活鳗	5	78.7	10.20	烤鳗	5	92.2	7.71	
		10	82.7	13.28		10	82.3	8.57	
		20	80.5	15.25		20	87.4	11.61	
		40	77.7	14.73		40	88.0	7.49	
	烤鳗	5	88.3	9.61	奥比沙星	活鳗	5	80.0	5.19
		10	83.6	6.76		10	85.8	9.28	
		20	87.8	7.37		20	83.8	5.67	
		40	86.3	4.83		40	81.7	7.82	
氧氟沙星	活鳗	5	86.6	8.99	烤鳗	5	89.0	11.11
		10	92.0	8.01		10	86.2	8.41	
		20	87.8	5.12		20	87.9	8.87	
		40	85.5	10.86		40	84.7	8.15	
	烤鳗	5	82.8	6.51	二氟沙星	活鳗	5	84.2	9.31
		10	83.5	6.66		10	85.5	6.28	
		20	87.8	7.37		20	88.7	5.41	
		40	84.7	9.92		40	86.0	6.51	

化合物	基质	添加浓度/(μg/kg)	平均回收率/%	RSD/%	化合物	基质	添加浓度/(μg/kg)	平均回收率/%	RSD/%
依诺沙星	活鳗	5	78.6	11.26	沙拉沙星	烤鳗	5	82.1	8.10
		10	88.7	8.61			10	83.4	8.93
		20	87.1	10.14			20	86.4	9.48
		40	86.6	12.90			40	83.0	7.02
	烤鳗	5	88.3	8.81		活鳗	5	82.6	7.65
		10	81.1	6.20			10	86.6	8.61
		20	83.9	7.66			20	85.0	10.84
		40	84.1	7.78			40	83.3	9.29
诺氟沙星	活鳗	5	81.5	10.47		烤鳗	5	81.4	6.70
		10	88.3	8.64			10	86.5	8.42
		20	84.6	8.57			20	87.4	9.50
		40	85.9	9.08			40	87.9	4.98
	烤鳗	5	88.4	9.42	司帕沙星	活鳗	5	80.7	6.93
		10	83.3	7.05			10	85.2	9.20
		20	90.2	12.68			20	86.1	8.27
		40	87.9	6.27			40	84.3	11.99
环丙沙星	活鳗	5	78.3	9.13		烤鳗	5	93.8	9.57
		10	89.2	7.52			10	84.7	8.61
		20	90.0	6.97			20	87.8	5.64
		40	87.3	10.02			40	81.3	8.74
	烤鳗	5	86.7	6.98	噁喹酸	活鳗	5	84.3	12.44
		10	82.8	9.46			10	90.2	11.52
		20	85.9	6.90			20	82.7	11.68
		40	84.5	6.59			40	84.6	12.74
恩诺沙星	活鳗	5	83.6	12.56		烤鳗	5	84.4	18.32
		10	92.4	7.26			10	85.4	14.60
		20	86.6	9.78			20	89.6	11.39
		40	87.3	6.84			40	80.4	8.12
	烤鳗	5	84.0	11.19	萘啶酸	活鳗	5	79.3	3.53
		10	79.9	5.27			10	86.2	7.01
		20	81.5	10.89			20	86.3	7.04
		40	80.1	14.19			40	83.0	10.88
洛美沙星	活鳗	5	78.7	9.79		烤鳗	5	85.2	10.96
		10	88.4	11.12			10	89.4	10.86
		20	84.1	8.81			20	91.4	5.53
		40	87.5	8.83			40	86.3	8.81
	烤鳗	5	84.0	10.01	氟甲喹	活鳗	5	82.1	11.50
		10	85.5	8.61			10	89.6	6.52
		20	88.5	10.72			20	89.6	10.41
		40	82.6	6.44			40	84.8	6.96
达氟沙星	活鳗	5	79.7	9.12		烤鳗	5	84.7	7.67
		10	88.0	13.75			10	86.6	11.61
		20	92.5	8.78			20	89.5	6.67
		40	85.7	12.99			40	85.6	7.15

11.2.1.10　重复性和再现性

在重复性试验条件下，获得的两次独立测试结果的绝对差值不超过重复性限（r），如果差值超过重复性限（r），应舍弃试验结果并重新完成两次单个试验的测定。在再现性试验条件下，获得的两次独立测试结果的绝对差值不超过再现性限（R）。被测物的含量范围、重复性和再现性方程见表11-9。

表 11-9　15 种喹诺酮类药物的含量范围及重复性和再现性方程

化合物	含量范围/(μg/kg)	基质	重复性限 r	再现性限 R
氟罗沙星	5.0～40.0	鳗鱼	$r=0.3161\,m$	$R=0.3605\,m$
		烤鳗	$r=0.2849\,m+0.0348$	$R=0.3615\,m$
氧氟沙星	5.0～40.0	鳗鱼	$r=0.3021\,m$	$R=0.2989\,m+0.1299$
		烤鳗	$r=0.2876\,m$	$R=0.2769\,m+0.3248$
依诺沙星	5.0～40.0	鳗鱼	$r=0.188\,m+0.9684$	$R=0.1599\,m+1.2851$
		烤鳗	$r=0.309\,m$	$R=0.3126\,m$
诺氟沙星	5.0～40.0	鳗鱼	$r=0.154\,m+1.6128$	$R=0.2026\,m+1.2268$
		烤鳗	$r=0.2193\,m+0.1127$	$R=0.2648\,m+0.1211$
环丙沙星	5.0～40.0	鳗鱼	$r=0.2041\,m+0.5605$	$R=0.2825\,m+0.133$
		烤鳗	$r=0.1835\,m+0.6098$	$R=0.2694\,m+0.4192$
恩诺沙星	5.0～40.0	鳗鱼	$r=0.2218\,m+0.9717$	$R=0.2233\,m+1.0813$
		烤鳗	$r=0.3156\,m+0.3862$	$R=0.3701\,m$
洛美沙星	5.0～40.0	鳗鱼	$r=0.2151\,m+0.6519$	$R=0.2306\,m+0.77$
		烤鳗	$r=0.196\,m+0.1157$	$R=0.219\,m+0.1681$
达氟沙星	5.0～40.0	鳗鱼	$r=0.4957\,m$	$R=0.3672\,m+0.0593$
		烤鳗	$r=0.2522\,m+0.8514$	$R=0.2765\,m+0.4918$
奥比沙星	5.0～40.0	鳗鱼	$r=0.2325\,m$	$R=0.2604\,m+0.5997$
		烤鳗	$r=0.211\,m$	$R=0.2561\,m+0.2304$
二氟沙星	5.0～40.0	鳗鱼	$r=0.3163\,m+0.3587$	$R=0.3397\,m+0.488$
		烤鳗	$r=0.2893\,m$	$R=0.3672\,m+0.0593$
沙拉沙星	5.0～40.0	鳗鱼	$r=0.2919\,m$	$R=0.3031\,m$
		烤鳗	$r=0.21\,m$	$R=0.25\,m$
司帕沙星	5.0～40.0	鳗鱼	$r=0.2505\,m+0.4917$	$R=0.2588\,m+0.2871$
		烤鳗	$r=0.1776\,m$	$R=0.2902\,m$
噁喹酸	5.0～40.0	鳗鱼	$r=0.3958\,m$	$R=0.385\,m+0.4632$
		烤鳗	$r=0.2007\,m+1.1761$	$R=0.2693\,m+1.3156$
萘啶酸	5.0～40.0	鳗鱼	$r=0.249\,m+0.4497$	$R=0.4044\,m+0.4361$
		烤鳗	$r=0.196\,m+0.2194$	$R=0.3641\,m$
氟甲喹	5.0～40.0	鳗鱼	$r=0.243\,m+0.4749$	$R=0.2886\,m+0.6808$
		烤鳗	$r=0.453\,m$	$R=0.2032\,m+0.6735$

注：m 为两次测定结果的算术平均值

11.2.2　蜂蜜中 14 种喹诺酮类药物残留量的测定　液相色谱-串联质谱法[142]

11.2.2.1　适用范围

本方法适用于蜂蜜中十四种喹诺酮（依诺沙星、诺氟沙星、麻保沙星、氟罗沙星、环丙沙星、氧氟沙星、达氟沙星、恩诺沙星、奥比沙星、沙拉沙星、司帕沙星、二氟沙星、噁喹酸、氟甲喹）残留量液相色谱-串联质谱测定。十四种喹诺酮方法检出限均为 2 μg/kg。

11.2.2.2　方法原理

蜂蜜中喹诺酮类药物残留用磷酸盐缓冲溶液（pH=3）提取，过滤后，经 Oasis HLB 或相当的固相萃取柱净化，用氢氧化铵甲醇溶液洗脱并蒸干，残渣用定容液溶解，过 0.2 μm 滤膜后，样品溶液供液相色谱-串联质谱仪测定，外标法定量。

11.2.2.3　试剂和材料

乙腈、甲醇（HPLC 级，迪马公司），磷酸、乙酸、氢氧化铵、磷酸二氢钾、磷酸氢二钾（优级纯，天津化学试剂二厂），依诺沙星、诺氟沙星、麻保沙星、氟罗沙星、环丙沙星、氧氟沙星、达氟沙星、恩诺沙星、奥比沙星、沙拉沙星、司帕沙星、二氟沙星、噁喹酸、氟甲喹标准品（德国 sigma-aldrich 公司），Oasis HLB 固相萃取柱（500 mg/6 mL，美国 Waters 公司），水为高纯水。

磷酸盐缓冲溶液：0.05 mol/L。称取 5.68 g 磷酸氢二钠和 1.36 g 磷酸二氢钾，放入 1000 mL 烧杯中，加入 800 mL 水溶解，用磷酸调至 pH=3.0，再用水定容至 1000 mL。氢氧化铵甲醇溶液：（1+19，v/v）。吸取 10 mL 氢氧化铵与 190 mL 甲醇混合。定容液：乙腈+0.01 mol/L 乙酸溶液（1+4，v/v）。量取 100 mL 乙腈与 400 mL 0.01 mol/L 乙酸溶液混合。

喹诺酮标准储备溶液：1 mg/mL。准确称取适量的每种喹诺酮标准物质，用氢氧化铵甲醇溶液配成 1 mg/mL 的标准储备溶液，该溶液在 4℃保存可使用 6 个月。中间浓度喹诺酮混合标准储备溶液：10 mg/L。分别吸取 0.1 mL 标准储备溶液放入 10 mL 容量瓶中，用定容液定容至刻度。喹诺酮基质混合标准工作溶液：吸取不同体积中间浓度混合标准储备溶液，用空白样品提取液配成 5 ng/mL、10 ng/mL、50 ng/mL、100 ng/mL 不同浓度的基质混合标准工作溶液。当天配制。

11.2.2.4　仪器和设备

API 3000 液相色谱-串联四极杆质谱仪，配有电喷雾离子源（美国 AB 公司），1100 液相色谱仪（美国 Agilent 公司），Turbo Vap LV 氮气浓缩仪（美国 Caliper 公司），550A pH 计（美国 Thermo Orion 公司），MilliQ 去离子水发生器（美国 Millipore 公司），VORTEX-2 涡旋混合器（美国 Scientific Industries 公司）。

11.2.2.5　样品前处理

（1）提取

称取 5 g 试样（精确至 0.01 g），置于 150 mL 三角瓶中，加入 30 mL 0.05 mol/L 磷酸盐缓冲溶液（pH=3），于液体混匀器上快速混匀 1 min，使试样完全溶解。

（2）净化

将塞有玻璃棉的玻璃贮液器连到 Oasis HLB 固相萃取柱上，把样液倒入玻璃贮液器中，调节流速≤3 mL/min 使样液通过 Oasis HLB 固相萃取柱，待样液完全流出后，分别用 5 mL 水和 5 mL 甲醇+水（3+7）洗柱，弃去全部流出液。固相萃取柱在 65 kPa 负压下，减压抽干 30 min，然后用 5 mL 氢氧化铵甲醇溶液（1+19）洗脱，收集洗脱液于 10 mL 锥形试管中。在 50℃用氮气浓缩仪吹干。准确加入 1.0 mL 定容液溶解残渣，过 0.2 μm 滤膜后，供液相色谱-串联质谱仪测定。

按上述提取净化操作步骤，制备用于配制系列基质标准工作溶液的样品空白提取液。

11.2.2.6　测定

（1）色谱条件

色谱柱：Inertsil ph-3 5 μm 150 mm×2.1 mm i.d；柱温：40℃；进样量：40 μL；流动相：A：乙腈，B：0.01 mol/L 乙酸溶液，梯度洗脱条件见表 11-10。

表 11-10　梯度洗脱条件

时间/min	流速/(mL/min)	A：乙腈/%	B：0.01 mol/L 乙酸溶液/%
0.00	0.3	85.0	15.0
4.00	0.3	5.0	95.0
8.00	0.3	5.0	95.0
8.01	0.3	85.0	15.0
18.00	0.3	85.0	15.0

（2）质谱条件

离子源：电喷雾离子源；扫描方式：正离子扫描；检测方式：多反应监测；电喷雾电压：5500 V；雾化气压力：0.083 MPa；气帘气压力：0.069 MPa；辅助气流速：6 L/min；离子源温度：500℃；去簇电压：45 V；定性离子对、定量离子对、碰撞气能量和碰撞池出口电压见表 11-11。

表 11-11　十四种喹诺酮的定性离子对、定量离子对、碰撞气能量和碰撞池出口电压

化合物	定性离子对（m/z）	定量离子对（m/z）	碰撞气能量/V	碰撞池出口电压/V
依诺沙星	321/234 321/257	321/234	32 28	18
诺氟沙星	320/276 320/233	320/276	26 36	18
麻保沙星	363/320 363/277	363/320	23 27	18
氟罗沙星	370/326 370/269	370/326	29 39	19
环丙沙星	332/288 332/245	332/288	27 35	19
氧氟沙星	362/318 362/261	362/318	29 40	19
达氟沙星	358/314 358/283	358/314	27 35	21
恩诺沙星	360/316 360/245	360/316	29 39	19
奥比沙星	396/352 396/295	396/352	27 35	21
沙拉沙星	386/342 386/299	386/342	28 40	20
司帕沙星	393/349 393/292	393/349	29 36	20
二氟沙星	400/356 400/299	400/356	29 42	19
噁喹酸	262/244 262/216	262/244	27 41	13
氟甲喹	262/202 262/244	262/202	46 28	13

11.2.2.7　分析条件的选择

（1）三种固相萃取柱萃取效率的比较

用常用的 C$_{18}$ 固相萃取柱、Oasis HLB 固相萃取柱和苯磺酸型阳离子交换柱等三种固相萃取柱，对 14 种喹诺酮类药物的萃取效率进行了对比研究，实验结果见表 11-12。从表 11-12 中数据中可以看出，Oasis 固相萃取柱萃取效率最高，6 次实验的平均回收率均在 80% 以上；C$_{18}$ 固相萃取柱次之，平均回收率在 70% 左右；苯磺酸阳离子交换柱的平均回收率大部分在 50%～70% 之间，而对噁喹酸，氟甲喹两种药物来说，回收率只有 4%～7%。并且 Oasis HLB 固相萃取柱使用起来更方便，稳定性更好。因此，本方法采用 Oasis HLB 固相萃取柱为净化柱。

表 11-12　三种固相萃取柱萃取效率比较（%）

化合物	Oasis HLB 柱	C$_{18}$柱	阳离子交换柱
依诺沙星	80.8	70.3	62.5
诺氟沙星	81.0	70.1	56.3
麻保沙星	94.9	70.5	50.6
氟罗沙星	100.3	72.4	56.1
环丙沙星	82.8	72.0	51.3
氧氟沙星	98.3	72.3	51.7
达氟沙星	97.3	73.1	56.8
恩诺沙星	92.5	75.7	71.6
奥比沙星	99.5	73.9	65.5
沙拉沙星	80.9	71.7	67.7
司帕沙星	96.0	70.6	58.7
二氟沙星	90.0	77.3	71.5
噁喹酸	95.7	67.8	7.1
氟甲喹	92.5	76.2	3.7

（2）缓冲溶液 pH 的选择

采用固相萃取净化样品，其 pH 对提取效率及回收率的影响很大，不同目标物质过柱时要求其样液的 pH 也不同，为了找出喹诺酮类药物过 Oasis HLB 柱时的最佳 pH，用磷酸将磷酸盐缓冲溶液调至 6 个不同 pH，然后添加相同量的标准，进行回收率实验，实验数据见表 11-13，从表 11-13 中数据可以看出，总体上来说，14 种喹诺酮类药物 pH 在 2～4 时，回收率在 90% 以上，而 pH=3 时大部分品种回收率最高；pH 在 5～8 时，个别品种如沙拉沙星、诺氟沙星、依诺沙星回收率在 85% 以下。因此，本方法确定 pH=3 为样液过 Oasis HLB 固相萃取柱时的最佳 pH。

表 11-13　不同 pH 的缓冲溶液过 Oasis HLB 柱时对回收率（%）的影响

化合物	pH=2	pH=3	pH=4	pH=5	pH=6	pH=7	pH=8
依诺沙星	94.5	96.8	95.6	90.5	83.5	82.5	82.9
诺氟沙星	89.7	102.0	99.0	88.2	86.5	80.8	91.6
麻保沙星	93.8	97.6	96.8	90.6	88.7	84.5	89.6
氟罗沙星	98.3	106.0	104.0	101.0	95.0	94.7	105.0
环丙沙星	83.8	93.5	91.6	85.1	92.9	82.4	104.0
氧氟沙星	96.8	96.5	93.8	88.6	88.5	102.0	106.0
达氟沙星	94.5	99.7	100	101.0	90.5	98.5	93.5
恩诺沙星	94.4	104.0	97.0	90.0	95.0	85.0	91.8
奥比沙星	94.8	96.7	90.7	83.6	88.5	93.5	96.5
沙拉沙星	101	102	93.7	91.7	88.0	69.1	76.5
司帕沙星	95.3	93.5	88.7	81.4	82.2	86.3	90.0
二氟沙星	109	110	106	102	100.0	84.3	97.8
噁喹酸	98.8	99.6	95.0	94.0	95.6	87.3	98.7
氟甲喹	96.3	97.8	95.5	89.3	89.5	101.0	110.0

（3）洗脱液的选择

为了找出从 Oasis HLB 固相萃取柱上洗脱喹诺酮类药物的最佳洗脱液，配成不同比例的 10 个甲醇水和甲醇+氨水（19+1，v/v）溶液。每个洗脱液取 5 mL，进行洗脱回收率实验，其实验数据见

表 11-14。从表 11-14 中的数据可以看出，10%～30%甲醇水溶液不能从 Oasis HLB 柱上洗下喹诺酮类药物，从 40%到 80%甲醇水溶液洗脱效率依次增加，但差异很大，如沙拉沙星、环丙沙星、氧氟沙星、依诺沙星、达氟沙星、诺氟沙星、麻保沙星，用 5 mL 80%甲醇水就能完全洗脱下来，而氟甲喹、二氟沙星、噁喹酸只能被洗脱下 0.2%～8.1%。用 5 mL 甲醇作洗脱剂这三种喹诺酮类药物也只能洗出 70%～80%。而用 5 mL 甲醇+氨水溶液（19+1，v/v）作洗脱液，能将 14 种喹诺酮完全洗脱下来，所以选择用 30%甲醇水溶液先洗去部分的干扰物后，再用甲醇+氨水溶液（19+1，v/v）洗脱吸附在 Oasis HLB 固相萃取柱上的喹诺酮类药物。

表 11-14　不同配比的洗脱液对回收率（%）的影响

化合物	10%甲醇	20%甲醇	30%甲醇	40%甲醇	50%甲醇	60%甲醇	70%甲醇	80%甲醇	100%甲醇	甲醇+氨水（19+1）
依诺沙星	0	0	0	30.8	70.9	105.0	109.0	105.0	101.0	100.2
诺氟沙星	0	0	0	15.0	37.8	104.0	110.0	107.0	106.2	104.3
麻保沙星	0	0	0	8.53	39.4	88.2	91.5	100	101.2	102.5
氟罗沙星	0	0	0	3.2	17.4	79.4	75.5	95.6	96.9	96.8
环丙沙星	0	0	0	3.3	25.3	99.0	102	101.0	102.0	101.0
氧氟沙星	0	0	0	7.48	34.7	87.6	90.1	100.0	102.1	103.0
达氟沙星	0	0	0	2.3	16.6	91.4	90.3	103.0	103.0	102.0
恩诺沙星	0	0	0	0.3	0.3	40.9	52.5	79.4	95.0	98.0
奥比沙星	0	0	0	2.1	14.3	93.5	88.6	86.9	98.7	98.5
沙拉沙星	0	0	0	0.1	0.3	56.2	64.6	99.3	99.2	99.4
司帕沙星	0	0	0	0.1	0	42.2	47.5	81.2	95.8	98.8
二氟沙星	0	0	0	0	0	2.4	2.9	8.1	89.0	96.2
噁喹酸	0	0	0	0	0.1	0	0.1	3.3	78.2	98.6
氟甲喹	0	0	0	0	0	0	0.1	0.2	68.5	98.7

（4）质谱条件的优化

采用注射泵直接进样方式，以 5 µL/min 将每种 5 µL/mL 的喹诺酮标准溶液分别注入离子源中，在正离子检测方式下对每种喹诺酮进行一级质谱分析（Q1 扫描），得到每种喹诺酮的分子离子峰，对每种喹诺酮的准分子离子峰进行二级质谱分析（子离子扫描），得到碎片离子信息，然后再对得到的每种喹诺酮的二级质谱对去簇电压（DP）、碰撞气能量（CE）、电喷雾电压、雾化气和气帘气压力进行优化，使每种喹诺酮的分子离子与特征碎片离子产生的离子对强度达到最大时为最佳，得到每种喹诺酮的二级质谱图，见图 11-3。

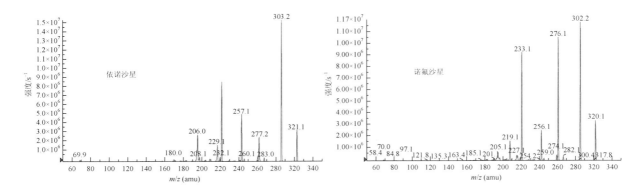

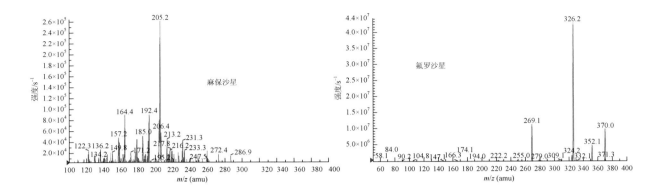

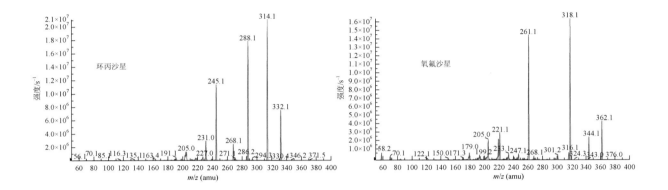

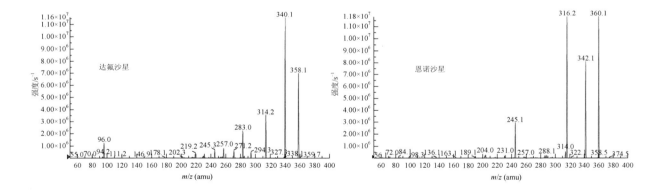

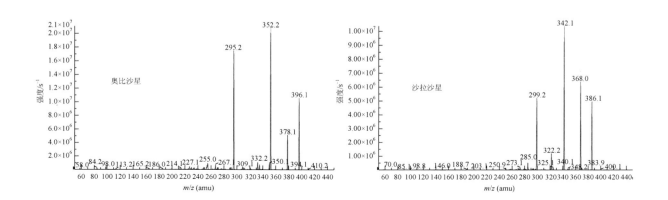

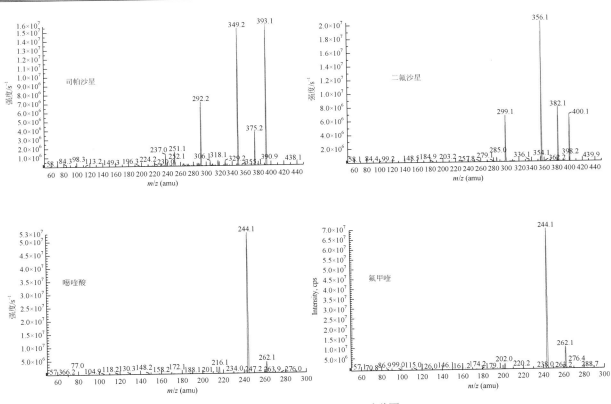

图 11-3 十四种喹诺酮二级质谱图

从图 11-3 中选择每种喹诺酮的定性离子对和定量离子对，将液相色谱和串联四极杆质谱仪联机，再对离子源温度、辅助气流速进行优化，使样液中每种喹诺酮的离子化效率达到最佳。

11.2.2.8 线性范围和检测低限

根据喹诺酮类药物的灵敏度，用样品空白溶液配成一系列基质标准工作溶液，在选定的色谱条件和质谱条件下进行测定，进样量 40 μL，用峰面积对基质标准工作溶液中被测组分的浓度作图，其线性范围、线性方程和线性相关系数见表 11-15。

表 11-15　十四种诺喹酮类药物的线性范围、线性方程和相关系数

化合物	线性范围	线性方程	相关系数
依诺沙星	0.2～20 ng	$Y=212000X-429000$	0.9990
诺氟沙星	0.2～20 ng	$Y=43100X-28400$	0.9995
麻保沙星	0.2～10 ng	$Y=6620X+8090$	0.9985
氟罗沙星	0.2～10 ng	$Y=145000X-233000$	0.9999
环丙沙星	0.08～20 ng	$Y=94900X+511$	0.9993
氧氟沙星	0.2～10 ng	$Y=176000X-249000$	0.9987
达氟沙星	0.2～10 ng	$Y=137000X-290000$	0.9999
恩诺沙星	0.2～20 ng	$Y=80600X-89700$	0.9990
奥比沙星	0.2～10 ng	$Y=129000X-124000$	0.9996
沙拉沙星	0.2～20 ng	$Y=81600X-53000$	0.9990
司帕沙星	0.4～20 ng	$Y=23300X-76100$	0.9978
二氟沙星	0.2～20 ng	$Y=112000X-112000$	0.9994
噁喹酸	0.08～10 ng	$Y=110000X+23200$	0.9996
氟甲喹	0.4～20 ng	$Y=59500X+100000$	0.9998

　　由此可见，在该方法操作条件下，环丙沙星在 0.4～100.0 μg/kg，噁喹酸在 0.4～50.0 μg/kg，恩诺沙星、沙拉沙星、二氟沙星、依诺沙星、诺氟沙星在 1.0～100.0 μg/kg，氧氟沙星、达氟沙星、氟罗沙星、奥比沙星、麻保沙星在 1.0～50.0 μg/kg，氟甲喹在 2.0～100.0 μg/kg 浓度范围内，响应值均在仪器线性范围之内。以每种喹诺酮峰高的信噪比大于 5 来确定方法的最小检出限。十四种喹诺酮的最小检出限（LOD）均为 1.0 μg/kg，定量限（LOQ）均为 2.0 μg/kg。

11.2.2.9　方法回收率和精密度

　　用不含喹诺酮类药物的蜂蜜样品进行添加回收率和精密度实验，样品添加不同浓度标准后，放置1 h，使标准被样品充分吸收，然后按本方法进行提取和净化，用液相色谱-串联四极杆质谱测定，其回收率和精密度结果见表 11-16。从表 11-16 可以看出，本方法在 2.0 μg/kg、5.0 μg/kg、20.0 μg/kg 和50.0 μg/kg 四个添加水平，其回收率在 71.8%～126.0%之间，相对标准偏差在 1.6%～13.6%之间，说明该方法重现性很好。用不同蜜种进行方法适用性实验，实验数据见表 11-17。从表 11-17 的数据可以得知，只有荞麦蜜和冬蜜中部分喹诺酮的回收率低于 70%，而其他蜜种中喹诺酮的回收率均在 70%以上，说明该方法适用于不同蜜种中喹诺酮残留的检测。

表 11-16　蜂蜜中喹诺酮添加回收率（%）和精密度实验结果

分析物	依诺沙星/(μg/kg)				诺氟沙星/(μg/kg)				麻保沙星/(μg/kg)				氟罗沙星/(μg/kg)			
添加水平 测定次数	2	5	20	50	2	5	20	50	2	5	20	50	2	5	20	50
1	117.0	85.2	81.5	80.5	81.4	76.9	83.4	86.7	89.5	93.6	98.2	89.5	99.4	101.0	82.8	92.2
2	126.0	84.6	83.2	69.8	81.2	76.2	86.4	88.2	87.0	94.0	97.3	90.5	106.0	98.3	80.2	80.2
3	87.9	87.0	83.0	73.4	82.1	75.1	87.5	85.8	82.0	87.4	86.2	97.5	99.9	104.0	82.5	84.5
4	95.8	93.5	84.1	70.5	73.8	80.8	82.8	86.0	84.0	90.2	87.1	98.5	95.1	105.0	80.7	77.0
5	92.6	89.9	83.1	70.0	77.7	76.0	81.8	85.3	93.5	88.6	86.9	85.5	96.3	107.0	78.1	78.9
6	95.0	87.0	87.9	82.4	80.4	77.9	79.8	85.3	96.0	89.8	85.7	91.2	102.0	101.0	78.7	85.1
7	126.0	89.0	87.7	69.0	78.8	77.1	80.7	80.8	95.0	97.8	80.4	83.4	105.0	105.0	77.0	80.8
8	122.0	88.2	86.1	67.6	88.3	72.2	86.8	82.4	91.5	86.8	86.4	94.0	108.0	101.0	76.5	75.3
9	122.0	85.0	89.3	65.7	77.9	72.9	83.5	82.2	83.0	82.6	83.7	79.5	108.0	104.0	73.3	78.6
10	125.0	84.1	87.2	64.0	80.3	76.0	76.4	86.4	82.0	81.6	74.9	80.6	104.0	100.0	76.3	71.2
平均回收率/%	110.9	87.4	85.3	71.3	80.2	76.1	82.9	84.9	88.4	89.2	86.7	89.0	102.4	102.6	78.6	80.4
标准偏差（SD）	15.1	2.8	2.5	5.7	3.7	2.4	3.5	2.3	5.5	5.0	6.9	6.7	4.4	2.6	2.8	5.5
相对标准偏差 （RSD）/%	13.6	3.2	2.9	7.9	4.7	3.2	4.2	2.7	6.2	5.6	8.0	7.5	4.3	2.5	3.6	6.9
分析物	环丙沙星/(μg/kg)				氧氟沙星/(μg/kg)				达氟沙星/(μg/kg)				恩诺沙星/(μg/kg)			
添加水平 测定次数	2	5	20	50	2	5	20	50	2	5	20	50	2	5	20	50
1	97.2	84.4	82.7	83.0	98.6	98.6	90.9	90.3	103.0	93.6	85.6	86.1	100.0	93.4	87.8	95.3
2	87.3	79.8	86.4	82.8	110.0	98.3	88.4	81.5	104.0	93.1	85.6	74.3	94.7	89.8	93.5	93.0
3	85.4	83.1	87.7	81.4	96.2	103.0	90.0	85.9	106.0	98.7	88.2	82.3	102.0	92.8	94.3	93.3
4	81.5	80.6	85.9	81.3	93.5	104.0	86.4	77.8	103.0	98.3	86.7	78.4	95.2	92.7	92.6	94.3
5	83.1	79.7	84.6	81.6	96.6	107.0	84.6	76.3	106.0	99.9	84.8	74.1	95.2	90.2	92.8	93.8
6	83.9	81.1	79.9	79.4	99.1	102.0	87.3	86.6	97.0	94.2	87.7	80.2	96.8	93.6	86.2	91.2
7	81.6	80.3	86.3	74.7	106.0	104.0	85.9	83.0	102.0	92.4	87.6	76.5	92.9	90.0	91.4	85.3
8	95.5	75.8	88.3	79.6	109.0	102.0	81.7	76.9	112.0	90.3	85.8	72.9	101.0	83.7	96.7	89.0
9	80.2	76.3	83.0	78.9	113.0	105.0	81.1	76.5	109.0	92.5	83.6	73.9	96.4	87.0	91.7	90.3
10	81.5	77.5	78.2	81.8	110.0	101.0	83.2	72.4	106.0	93.4	86.3	68.1	96.0	88.6	86.3	88.4
平均回收率/%	85.7	79.9	84.3	80.5	103.2	102.5	86.0	80.7	104.8	94.6	86.2	76.7	97.0	90.2	91.3	91.4
标准偏差（SD）	6.0	2.8	3.3	2.5	7.1	2.7	3.3	5.7	3.9	3.0	1.3	4.9	3.0	3.2	3.5	3.1
相对标准偏差 （RSD）/%	7.0	3.4	3.9	3.0	6.9	2.7	3.9	7.0	3.7	3.2	1.6	6.4	3.1	3.5	3.8	3.4

续表

分析物	奥比沙星/(μg/kg)				沙拉沙星/(μg/kg)				司帕沙星/(μg/kg)			
测定次数 / 添加水平	2	5	20	50	2	5	20	50	2	5	20	50
1	97.9	96.8	84.5	91.1	95.0	79.5	80.5	85.3	91.6	97.5	69.6	89.8
2	94.0	93.5	85.7	85.2	93.8	76.0	87.1	85.6	87.2	94.0	70.4	78.3
3	90.3	93.1	82.8	90.4	97.7	79.1	85.3	85.8	83.8	103.0	70.4	85.3
4	90.3	97.0	78.0	81.2	87.7	79.1	85.7	86.1	80.5	96.2	67.6	82.7
5	84.9	94.2	77.8	78.6	92.7	77.7	83.3	89.2	81.7	103.0	66.6	72.7
6	88.2	85.8	79.9	80.5	86.9	79.7	84.3	85.2	80.6	91.5	67.3	78.1
7	91.2	88.7	75.3	84.2	89.4	79.2	88.2	77.7	81.0	89.7	65.6	77.7
8	89.1	85.5	71.8	77.4	98.0	75.3	90.9	83.6	80.2	86.6	61.0	75.7
9	87.2	88.2	73.8	80.6	94.7	74.8	84.0	83.8	81.6	90.5	62.1	76.1
10	88.0	87.3	72.9	74.7	95.2	76.4	79.4	84.2	78.3	88.3	62.6	74.1
平均回收率/%	90.1	91.0	78.3	82.4	93.1	77.7	84.9	84.7	82.7	94.0	66.3	79.1
标准偏差（SD）	3.7	4.4	4.9	5.4	3.9	1.9	3.4	2.9	3.7	5.5	3.3	5.1
相对标准偏差（RSD）/%	4.1	4.8	6.3	6.5	4.2	2.4	4.0	3.4	4.5	5.9	4.9	6.4

分析物	二氟沙星/(μg/kg)				噁喹酸/(μg/kg)				氟甲喹/(μg/kg)			
测定次数 / 添加水平	2	5	20	50	2	5	20	50	2	5	20	50
1	96.3	89.9	88.7	93.7	96.5	91.6	102.0	96.9	102.0	91.5	97.2	98.8
2	96.0	84.1	92.1	93.2	98.4	91.8	105.0	94.5	101.0	87.6	101.0	96.3
3	100.0	90.0	92.8	92.9	107.0	91.7	103.0	95.9	98.5	89.3	107.0	98.7
4	88.6	88.2	93.9	91.1	95.7	91.8	103.0	95.5	98.9	87.2	104.0	95.9
5	94.1	87.4	90.6	91.3	97.0	86.8	106.0	96.8	86.8	89.0	103.0	100.0
6	95.5	87.7	88.2	101.0	108.0	93.6	96.8	95.6	106.0	87.6	97.6	100.0
7	92.0	87.1	93.9	90.5	97.4	90.3	103.0	95.0	96.6	89.9	102.0	95.5
8	96.0	80.1	94.2	95.0	104.0	83.3	101.0	94.7	103.0	83.0	102.0	99.9
9	94.3	80.9	93.5	92.9	103.0	89.3	101.0	93.4	108.0	83.3	103.0	97.1
10	95.0	85.3	88.0	90.9	101.1	87.8	94.9	93.2	106.6	87.1	98.9	93.4
平均回收率/%	94.8	86.1	91.6	93.3	100.8	89.8	101.6	95.2	100.7	87.6	101.6	97.6
标准偏差（SD）	3.0	3.4	2.5	3.1	4.5	3.1	3.4	1.3	6.2	2.7	3.0	2.3
相对标准偏差（RSD）/%	3.1	4.0	2.7	3.3	4.5	3.4	3.4	1.3	6.1	3.1	3.0	2.3

表 11-17　不同蜜种中喹诺酮类药物添加回收率实验数据

蜜种	油菜/(μg/kg)				荆条/(μg/kg)				洋槐/(μg/kg)				椴树/(μg/kg)				葵花/(μg/kg)			
分析物 / 添加水平	2	5	20	50	2	5	20	50	2	5	20	50	2	5	20	50	2	5	20	50
依诺沙星	80.5	96.4	90.0	107.0	98.5	87.2	86.0	92.0	77.5	89.0	71.4	83.5	77.0	82.2	79.0	79.6	73.5	92.0	94.0	109.0
诺氟沙星	81.0	94.2	83.8	105.0	98.5	82.0	89.5	89.6	93.0	90.6	99.2	107.0	71.0	79.2	89.5	82.3	88.0	83.6	103.5	100.0
麻保沙星	85.6	87.9	96.4	81.6	82.0	83.6	84.0	84.3	94.0	85.2	93.0	86.2	89.0	82.2	83.0	76.5	82.0	87.2	92.0	87.6
氟罗沙星	88.5	106.4	92.5	94.5	78.0	95.2	86.5	89.7	107.5	88.0	107.0	110.0	72.5	85.4	90.0	89.5	104.0	93.6	108.0	111.0
环丙沙星	71.5	88.0	86.5	97.9	92.0	73.0	74.5	78.6	81.0	93.2	96.5	110.0	74.5	82.4	87.5	87.1	80.5	103.4	91.5	89.9
氧氟沙星	95.0	92.8	101.2	106.0	105.5	84.2	79.0	88.1	108.5	88.6	114.0	105.0	77.0	88.6	90.5	96.3	103.0	103.2	100.5	107.0
达氟沙星	90.5	116.2	93.3	104.0	92.0	97.8	84.0	87.4	89.5	99.6	105.0	96.0	72.0	77.4	87.0	87.8	100.5	95.0	89.5	103.0
恩诺沙星	83.5	95.8	79.6	97.4	99.0	93.2	98.0	99.4	97.0	101.4	104.0	102.0	96.0	93.8	93.5	97.8	98.5	98.6	98.5	95.8
奥比沙星	91.0	92.8	85.7	84.1	83.0	79.0	91.0	86.2	101.0	89.6	107.0	97.6	95.5	90.8	84.0	80.2	94.0	98.2	98.5	94.0

续表

蜜种	油菜/(μg/kg)				荆条/(μg/kg)				洋槐/(μg/kg)				椴树/(μg/kg)				葵花/(μg/kg)			
添加水平 分析物	2	5	20	50	2	5	20	50	2	5	20	50	2	5	20	50	2	5	20	50
沙拉沙星	74.5	84.2	88.6	99.6	82.0	78.0	82.5	79.4	103.5	90.0	82.4	80.8	73.0	85.8	78.0	83.9	95.5	75.6	86.5	96.8
司帕沙星	87.0	81.4	92.2	83.7	83.5	93.2	92.0	96.1	100.0	88.0	113.0	88.6	106.0	88.4	89.5	78.1	93.5	87.2	94.5	90.0
二氟沙星	85.5	81.6	82.5	91.3	98.5	90.8	95.0	94.2	101.5	95.8	108.0	86.9	104.5	97.8	91.0	76.6	102.0	89.6	91.0	80.7
噁喹酸	101.5	96.8	96.7	97.9	105.5	84.0	96.5	82.0	100.5	97.2	111.0	108.0	76.5	82.0	74.0	80.7	104.0	98.6	88.5	101.0
氟甲喹	111.5	92.8	87.2	86.4	99.0	96.6	99.5	83.6	103.0	94.4	109.0	96.8	94.0	86.4	81.0	74.5	104.0	101.2	97.5	95.7

蜜种	苕子/(μg/kg)				枇杷/(μg/kg)				冬蜜/(μg/kg)				桂花/(μg/kg)				荞麦/(μg/kg)			
添加水平 分析物	2	5	20	50	2	5	20	50	2	5	20	50	2	5	20	50	2	5	20	50
依诺沙星	74.0	75.2	71.5	89.5	80.0	89.8	76.0	83.5	102.5	82.8	81.0	75.6	89.0	104.0	81.0	91.9	86.0	75.4	68.5	78.4
诺氟沙星	112.5	87.8	99.0	109.0	85.5	92.8	83.5	96.3	64.0	73.6	68.5	62.8	147.5	96.2	87.5	87.4	62.0	72.8	71.0	77.3
麻保沙星	83.0	91.2	83.0	87.6	79.0	82.4	82.0	89.7	71.0	73.2	68.0	68.2	76.0	77.2	78.5	86.4	72.0	72.2	70.0	68.2
氟罗沙星	71.0	103.8	93.5	104.0	83.0	98.4	95.5	99.0	70.5	74.8	82.5	63.7	70.0	92.8	91.0	99.2	62.5	66.4	69.0	63.4
环丙沙星	79.0	99.6	96.5	101.0	76.0	103.6	87.5	84.6	68.5	69.0	87.5	80.5	94.5	100.2	82.5	85.5	56.0	67.2	78.0	77.3
氧氟沙星	76.5	98.6	104.0	102.0	90.0	103.2	102.5	94.6	72.5	82.0	89.5	77.4	74.0	97.8	91.5	94.8	66.0	74.2	72.0	70.6
达氟沙星	72.0	90.2	97.0	95.7	73.0	98.0	101.0	90.3	86.5	76.6	69.5	74.8	74.5	92.0	91.5	94.4	81.0	89.2	80.0	97.2
恩诺沙星	100.5	97.0	104.0	99.8	83.0	92.0	101.5	93.0	62.0	79.0	80.5	85.7	87.0	101.0	87.0	91.1	86.0	71.0	77.0	75.0
奥比沙星	87.5	105.2	84.5	97.3	82.5	82.8	86.0	101.0	72.0	72.2	75.5	74.7	80.5	82.0	78.0	94.8	98.0	71.8	69.5	70.0
沙拉沙星	86.0	80.4	82.0	81.0	85.5	88.2	77.0	83.5	63.0	68.2	72.5	77.0	82.0	93.0	79.5	78.5	75.5	78.8	69.0	65.6
司帕沙星	100.5	93.6	93.0	94.7	104.0	77.4	90.0	102.0	65.0	79.0	81.0	66.3	90.5	81.6	83.5	102.0	71.0	67.4	67.0	65.6
二氟沙星	113.0	94.8	108.0	90.3	103.0	81.8	77.5	86.3	70.0	76.6	74.0	77.4	99.0	89.0	76.5	89.8	80.5	70.2	71.0	68.0
噁喹酸	105.0	103.8	92.0	100.0	98.0	97.2	86.5	102.0	73.5	83.4	73.0	82.2	102.0	92.8	87.5	98.7	87.5	77.2	71.0	70.0
氟甲喹	111.5	102.2	109.0	97.7	107.0	80.6	91.0	96.1	80.0	82.6	81.0	63.1	108.5	90.8	89.5	98.1	87.0	71.6	68.5	68.7

11.2.2.10　重复性和再现性

在重复性试验条件下，获得的两次独立测试结果的绝对差值不超过重复性限（r），如果差值超过重复性限（r），应舍弃试验结果并重新完成两次单个试验的测定。在再现性试验条件下，获得的两次独立测试结果的绝对差值不超过再现性限（R）。被测物的含量范围、重复性和再现性方程见表 11-18。

表 11-18　含量范围及重复性和再现性方程

化合物	含量范围/(μg/kg)	重复性限 r	再现性 R
依诺沙星	2.0～20.0	$\lg r = 1.0100\ \lg m - 0.8398$	$\lg R = 1.1213\ \lg m - 0.6173$
诺氟沙星	2.0～20.0	$\lg r = 0.9824\ \lg m - 1.2982$	$\lg R = 0.9984\ \lg m - 0.6945$
麻保沙星	2.0～20.0	$\lg r = 0.9376\ \lg m - 1.2655$	$\lg R = 1.0068\ \lg m - 0.5621$
氟罗沙星	2.0～20.0	$\lg r = 1.2342\ \lg m - 1.4332$	$\lg R = 1.0854\ \lg m - 0.8657$
环丙沙星	2.0～20.0	$\lg r = 1.0544\ \lg m - 1.3812$	$\lg R = 0.7999\ \lg m - 0.5863$
氧氟沙星	2.0～20.0	$\lg r = 0.8264\ \lg m - 1.2088$	$\lg R = 1.3111\ \lg m - 0.9888$
达氟沙星	2.0～20.0	$\lg r = 1.0812\ \lg m - 1.3742$	$\lg R = 0.8569\ \lg m - 0.7198$
恩诺沙星	2.0～20.0	$\lg r = 0.8140\ \lg m - 1.0683$	$\lg R = 1.1002\ \lg m - 0.9321$
奥比沙星	2.0～20.0	$\lg r = 1.0032\ \lg m - 1.3366$	$\lg R = 1.2902\ \lg m - 0.9265$
沙拉沙星	2.0～20.0	$\lg r = 0.9146\ \lg m - 1.2046$	$\lg R = 0.7675\ \lg m - 0.5894$

续表

化合物	含量范围/(μg/kg)	重复性限 r	再现性 R
司帕沙星	2.0～20.0	lg r=1.0844 lg m-1.3444	lg R=0.8562 lg m-0.6052
二氟沙星	2.0～20.0	lg r=0.7067 lg m-1.0336	lg R=0.9339 lg m-0.5986
噁喹酸	2.0～20.0	lg r=1.0998 lg m-1.4398	lg R=0.8570 lg m-0.6139
氟甲喹	2.0～20.0	lg r=0.9411 lg m-1.1668	lg R=1.0733 lg m-0.7792

注：m 为两次测定值的算术平均值

11.2.3　牛奶和奶粉中 7 种喹诺酮类药物残留量的测定　液相色谱-串联质谱法[143]

11.2.3.1　适用范围

适用于牛奶和奶粉中恩诺沙星、达氟沙星、环丙沙星、沙拉沙星、奥比沙星、二氟沙星和麻保沙星残留检测的制样和液相色谱-串联质谱测定。方法检测限：牛奶中恩诺沙星、达氟沙星、环丙沙星、沙拉沙星、奥比沙星、二氟沙星和麻保沙星均为 1 μg/kg；奶粉中恩诺沙星、达氟沙星、环丙沙星、沙拉沙星、奥比沙星、二氟沙星和麻保沙星均为 4 μg/kg。

11.2.3.2　方法原理

试样用乙腈和磷酸盐缓冲溶液提取，Oasis HLB 固相萃取柱净化，5%氨水甲醇溶液洗脱，液相色谱-串联质谱测定，外标法定量。

11.2.3.3　试剂和材料

甲醇、乙腈、磷酸、甲酸：色谱纯；磷酸氢二钠（$Na_2HPO_4 \cdot 12H_2O$）、磷酸二氢钾（KH_2PO_4）、氨水：优级纯。

磷酸盐缓冲溶液（0.05 mol/L）：称取 5.68 g 磷酸氢二钠和 1.36 g 磷酸二氢钾，放入 1000 mL 烧杯中，加入 800 mL 水溶解，用磷酸调至 pH=3.0，再用水定容至 1000 mL。

5%氨水甲醇溶液：吸取 50 mL 氨水与 950 mL 甲醇混合；甲酸溶液（pH=3.0）：量取 500 mL 水，用甲酸调 pH 到 3.0；25%甲醇溶液：量取 250 mL 甲醇用水稀释到 1000 mL。

甲醇-甲酸溶液（15+85，v/v）：量取 30 mL 甲醇与 170 mL 甲酸溶液混合。

标准物质纯度：≥95%。

标准储备溶液：0.1 mg/mL。准确称取适量的每种标准物质，用甲醇配成 0.1 mg/mL 的标准储备溶液，该溶液在 4℃保存。

混合标准中间溶液：1 μg/mL。分别吸取 1 mL 标准储备溶液放入 100 mL 容量瓶中，用甲醇定容至刻度。该溶液在 4℃保存。

混合标准工作溶液：根据需要用空白样品提取液配不同浓度的混合标准工作溶液，混合标准工作溶液在 4℃保存。

Oasis HLB 固相萃取柱或相当者：60 mg，3 mL。使用前分别用 5 mL 甲醇和 5 mL 水和 5 mL 磷酸盐缓冲溶液活化，保持柱体湿润。

11.2.3.4　仪器和设备

液相色谱-串联四极杆质谱仪，配有电喷雾离子源；分析天平：感量 0.1 mg 和 0.01 g；涡旋振荡器；固相萃取装置；氮气吹干仪；真空泵：最大负压 80 kPa；pH 计：测量精度±0.02 pH 单位；贮液器：通过转接头连接于 Oasis HLB 固相萃取柱上；离心机；旋转蒸发仪；具刻度离心管：10 mL。

11.2.3.5　样品前处理

（1）试样制备

将牛奶从冰箱中取出，放置至室温，摇匀，备用。牛奶置于 4℃冰箱中避光保存，奶粉常温避光保存。

（2）提取

a. 牛奶样品：称取 2 g 试样，精确到 0.01 g，置于 50 mL 具塞塑料离心管中，加入 10 mL 乙腈，于涡旋振荡器振荡提取 1 min，5000 r/min 离心 5 min，上清液过滤到鸡心瓶中，在残渣中加入 5 mL 磷酸盐缓冲溶液，10 mL 乙腈，重复以上步骤，合并上清液，于 50℃旋转蒸发，至乙腈全部蒸出。加入 5 mL 磷酸盐缓冲溶液，混匀。

b. 奶粉样品：称取 0.5 g 试样，精确到 0.01 g，置于 50 mL 具塞塑料离心管中，加入 6 mL 磷酸盐缓冲溶液，涡旋混匀，再加入 10 mL 乙腈，于涡旋振荡器振荡提取 1 min，5000 r/min 离心 5 min，上清液过滤到鸡心瓶中，在残渣中加入 5 mL 磷酸盐缓冲溶液，10 mL 乙腈，重复以上步骤，合并上清液，于 50℃旋转蒸发，至乙腈全部蒸出。加入 5 mL 磷酸盐缓冲溶液，混匀。

（3）净化

将提取步骤所得的样液转移到贮液器中，再用 5 mL 磷酸盐缓冲溶液洗鸡心瓶，洗液合并到贮液器，以约 1 mL/min 的流速全部过 HLB 固相萃取小柱，待样液完全流出后，先后以 4 mL 水、4 mL 25%甲醇水溶液淋洗，抽干，用 4 mL 5%氨水甲醇溶液洗脱于 10 mL 具刻度离心管中，洗脱液于 50℃，氮气吹至约 0.2 mL 时停止浓缩，用甲醇-甲酸溶液定容至 1 mL，5000 r/min 离心 5 min，过 0.2 μm 滤膜，供液相色谱串联质谱分析。

（4）空白基质溶液的制备

将取牛奶阴性样品 2 g，奶粉阴性样品 0.5 g，按上述提取净化步骤操作。

11.2.3.6　测定

（1）液相色谱条件

色谱柱：C$_{18}$，5 μm，150 mm×2.1 mm（内径）或相当者；色谱柱温度：30℃；进样量：15 μL；流动相梯度及流速见表 11-19。

表 11-19　液相色谱梯度洗脱条件

时间/min	流速/（μL/min）	0.1%乙酸水溶液/%	甲醇/%
0.00	200	80	20
5.00	200	40	60
9.00	200	40	60
9.10	200	80	20
11.00	200	80	20

（2）质谱条件

离子化模式：电喷雾正离子模式（ESI+）；质谱扫描方式：多反应监测（MRM）；鞘气压力：15 unit；辅助气压力：20 unit；正离子模式电喷雾电压（IS）：4000 V；毛细管温度：320℃；源内诱导解离电压：10V；Q1，Q3 分辨率：Q1 为 0.4，Q3 为 0.7；碰撞气：高纯氩气；碰撞气压力：1.5 mTorr；其他质谱参数和保留时间见表 11-20。

表 11-20　7 种喹诺酮类药物保留时间、定性离子对、定量离子对和裂解能量

化合物	保留时间/min	定性离子对（m/z）	定量离子对（m/z）	裂解能量/eV
恩诺沙星	5.66	360.10/315.97	360.14/316.08	19
		360.10/244.86		24
达氟沙星	6.18	358.14/339.83	358.14/340.00	22
		358.14/313.80		32
环丙沙星	6.51	332.30/288.14	332.30/288.14	15
		332.30/244.88		23
沙拉沙星	6.17	386.11/341.77	386.10/341.77	19
		386.11/298.83		25
奥比沙星	6.71	396.05/352.01	396.05/352.01	20
		396.05/394.98		25

续表

化合物	保留时间/min	定性离子对（*m/z*）	定量离子对（*m/z*）	裂解能量/eV
二氟沙星	7.06	400.12/355.71	400.12/355.71	18
		400.12/298.85		30
麻保沙星	7.05	363.15/319.91	363.15/319.91	17
		363.15/344.95		20

（3）定性测定

每种被测组分选择 1 个母离子，2 个以上子离子，在相同实验条件下，样品中待测物质的保留时间，与混合基质标准校准溶液中对应的保留时间偏差在 ±2.5% 之内；且样品谱图中各组分定性离子的相对丰度与浓度接近的混合基质标准校准溶液谱图中对应的定性离子的相对丰度进行比较，偏差不超过表 1-5 规定的范围，则可判定为样品中存在对应的待测物。

（4）定量测定

在仪器最佳工作条件下，对混合基质标准校准溶液进样，以峰面积为纵坐标，混合基质校准溶液浓度为横坐标绘制标准工作曲线，用标准工作曲线对样品进行定量，样品溶液中待测物的响应值均应在仪器测定的线性范围内。标准品多反应监测色谱图见图 11-4。

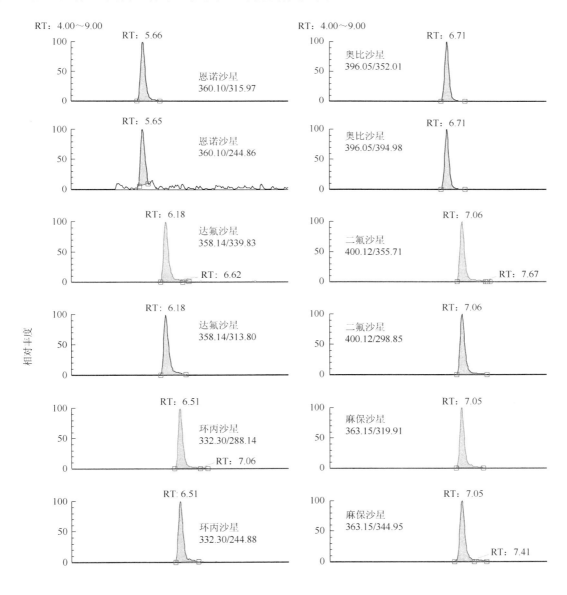

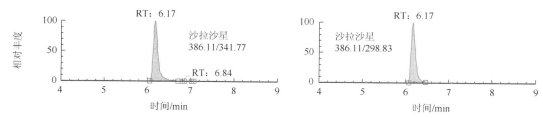

图 11-4　七种喹诺酮标准物质多反应监测（MRM）色谱图
图中前面的为定量色谱图，后面的为定性色谱图

11.2.3.7　分析条件的选择

（1）样品前处理方法的优化

牛奶和奶粉中含有大量的脂肪和蛋白质，传统的提取方法容易产生乳化现象。尝试用 10%三氯乙酸：乙腈（9：1）[6]作为提取剂，采用 HLB，60 mg/3 cm³（Waters Oasis）净化，7 种喹诺酮的回收率在 43%~64%之间。将 1%偏磷酸：乙腈（7：3）作为提取剂，浓缩乙腈后同样采用 HLB，60 mg/3cm³（Waters Oasis）净化，回收率较低。结果表明，加入沉淀剂以后提取溶液容易净化，但是回收率偏低，可能在沉淀蛋白的同时造成药物的络合或挟裹，造成损失。鉴于乙腈本身具有沉淀蛋白的作用，且条件较为温和，采用乙腈及酸化乙腈作为提取剂，经过大量的试验确定了乙腈及酸化乙腈的用量；通过结果比较，乙腈与酸化乙腈没有显著差异，最终确定以乙腈作为提取溶剂的实验方案。试验证明，提取两次的回收率远大于提取一次。参考 GB/T 20757—2006《蜂蜜中十四种喹诺酮类药物残留量的测定方法液相色谱法-串联质谱法》[142]，提取剂中加入 pH=3 磷酸盐溶液，同时解决了乙腈沉淀蛋白能力较强，第二次提取时牛奶和奶粉中的固状物不能充分在乙腈中溶解出现絮状沉淀的问题。

固相萃取技术是比较有效的净化手段，本方法对比了 HLB，60 mg/3 cm³（Waters Oasis）、MCX 60 mg/3 cm³（Waters Oasis）、BOND ELUT-SCX，500 mg/3 mL 三种固相萃取柱的净化效果，试验表明三种固相萃取柱的净化效果均良好，但 HLB 柱回收率略高，因此本方法选择 HLB 柱作为净化柱。由于采用 HLB 柱净化，上样液中不能含有太多的乙腈，因此需要将提取液中的乙腈蒸干。

洗脱时，做流出曲线，采用 3 mL 5%氨水甲醇可将 7 种喹诺酮完全洗脱下来，所以采用 4 mL 5%氨水甲醇作为洗脱液。该七种药物中达氟沙星热稳定性差，在 45℃氮吹吹干，就有将近 50%的损失，浓缩一步应注意不能将其完全吹干，待洗脱液吹至约 0.2 mL 时，利用定容液将其补至 1 mL。

（2）色谱条件的建立

实验采用了 0.1%乙酸-甲醇做流动相，采用梯度洗脱，在 150 mm×2.1 mm（i.d.），粒度 5 μm 的 C₁₈柱上，分析物得到了有效的分离，且峰形对称尖锐。

（3）质谱条件的优化

用蠕动泵以 10 μL/min 注入 1 μg/mL 的 7 种喹诺酮混合标准溶液来确定各化合物的最佳质谱条件，包括选择特征离子对，优化电喷雾电压、鞘气、辅助气、碰撞能量等质谱分析条件。来确定各化合物的最佳质谱条件，包括选分析物的混标液进入 ESI 电离源，在正、负离子扫描方式下分别对分析物进行一级全扫描质谱分析，得到分子离子峰。7 种分析物在正模式下均有较高的响应，负模式下信号值很低。然后对各分子离子峰进行二级质谱分析（多反应监测 MRM 扫描），得到碎片离子信息。其具体的质谱条件为：鞘气压力，30 unit；辅助气压力，5 unit；正离子扫描模式；电喷雾电压，4000 V；毛细管温度，320℃；源内诱导解离电压，10V；Q1 和 Q3 狭缝宽度为 0.4、0.7；碰撞气为高纯氩气，碰撞气压力为 1.5 mTorr。分析物的保留时间采集窗口确定定性定量离子对及碰撞能量见表 11-11。

（4）定量方式的选择

实验对比了外标法和内标法两种定量方式，由于只有氘代环丙沙星和氘代恩诺沙星两种，且采用外标法定量回收率较高，精密度较好，因此，用外标法定量。

11.2.3.8 线性范围和测定低限

根据 7 种喹诺酮药物的灵敏度，用样品空白溶液配成一系列基质标准工作溶液，在选定的色谱条件和质谱条件下进行测定，进样量 15 μL，用峰面积对基质标准工作溶液中被测组分的浓度作图，其线性范围、线性方程和线性相关系数见表 11-21。本方法采用基质添加标准来校对样品的含量以消除基质的干扰。

表 11-21　7 种喹诺酮的线性范围、线性方程和相关系数

化合物	线性范围/(ng/mL)	牛奶		奶粉	
		线性方程	相关系数（R^2）	线性方程	相关系数（R^2）
麻保沙星	1～50	$Y=28665.4X-10875.6$	0.9990	$Y=27440.3X+19222.6$	0.9919
环丙沙星	1～50	$Y=45045X+292253$	0.9966	$Y=28835.2X+108741$	0.9928
恩诺沙星	1～50	$Y=139688X-30868.9$	0.9993	$Y=52564.3X+93006.8$	0.9955
达氟沙星	1～50	$Y=55825.2X+19100.4$	0.9980	$Y=80297.8X+207748$	0.9927
奥比沙星	1～50	$Y=69823.9X-11494$	0.9978	$Y=87896.2X+55121.5$	0.9957
二氟沙星	1～50	$Y=77495.4X-30026.5$	0.9994	$Y=44793.3X+50776.1$	0.9951
沙拉沙星	1～50	$Y=72221.3X-35552$	0.9987	$Y=48700.3X+177179$	0.9920

由此可见，在该方法操作条件下，麻保沙星、环丙沙星、恩诺沙星、达氟沙星、奥比沙星、二氟沙星和沙拉沙星等 7 种喹诺酮在 1～50 ng/mL（对应牛奶中喹诺酮类药物残留在 0.5～25.0 μg/kg 范围内，对应奶粉中喹诺酮类药物残留在 2.0～100.0 μg/kg 范围内），响应值均在仪器线性范围之内。同时，牛奶中 7 种喹诺酮的检出限（LOD）为 0.50 μg/kg，奶粉中 7 种喹诺酮的检出限（LOD）为 2.0 μg/kg。牛奶中 7 种喹诺酮的方法检出限（LOQ）为 1.0 μg/kg，奶粉中 7 种喹诺酮方法检出限（LOQ）为 4.0 μg/kg。

11.2.3.9　方法回收率和精密度

用不含待测 7 种喹诺酮类药物的牛奶和奶粉样品进行添加回收率和精密度实验，样品添加不同浓度标准后，放置 1 h，使标准被样品充分吸收，然后按本方法进行提取和净化，用液相色谱-串联四极杆质谱测定，其回收率和精密度结果见表 11-22 和表 11-23。本方法牛奶在添加水平 1.0～10.0 μg/kg 其回收率在 83.6%～102.0% 之间，相对标准偏差在 3.61%～9.47% 之间；奶粉在添加水平 4.0～40.0 μg/kg 其回收率在 84.1%～94.1% 之间，相对标准偏差在 3.26%～10.45% 之间；说明该方法重现性很好。

表 11-22　牛奶中 7 种喹诺酮添加回收率和精密度实验数据

化合物	麻保沙星				环丙沙星				达氟沙星				恩诺沙星			
添加值/(μg/kg)	1	2	5	10	1	2	5	10	1	2	5	10	1	2	5	10
测定值/(μg/kg)	0.81	1.85	3.89	8.94	0.89	1.74	4.26	8.85	1.07	1.75	4.40	8.54	0.92	1.69	5.05	8.44
	0.90	1.91	3.96	8.77	0.83	1.64	4.56	8.77	1.01	1.83	4.49	8.61	0.96	1.59	4.86	8.96
	0.86	1.88	4.55	8.75	0.77	1.46	5.01	8.22	0.87	1.83	4.31	8.44	1.02	1.57	4.71	8.82
	0.98	2.01	4.75	8.57	0.81	1.85	4.97	8.95	1.04	1.95	5.10	8.15	0.87	1.71	4.40	7.94
	0.84	1.76	4.04	8.14	0.86	1.67	4.20	8.97	0.97	1.79	3.85	7.85	0.98	1.82	4.37	8.39
	0.95	1.91	3.87	8.97	0.80	1.78	3.69	8.55	1.05	1.81	3.88	8.67	0.86	1.62	4.04	9.01
	1.00	1.73	4.47	9.20	0.90	1.73	4.23	8.42	1.07	1.68	4.45	8.31	0.90	1.72	4.73	8.84
	1.01	1.94	4.10	8.96	0.87	1.82	4.56	9.23	1.03	1.82	4.31	8.72	0.98	1.74	4.51	8.09
	1.08	1.90	4.16	8.30	0.83	1.72	4.32	7.91	1.09	1.87	4.59	9.21	0.88	1.73	4.81	8.21
	1.03	1.79	4.31	8.12	0.87	1.65	4.55	8.36	0.99	1.79	4.50	9.06	0.97	1.52	4.49	9.22
平均值/(μg/kg)	0.95	1.87	4.21	8.67	0.84	1.71	4.44	8.62	1.02	1.81	4.39	8.56	0.94	1.67	4.60	8.59
回收率/%	94.6	93.4	84.2	86.7	84.2	85.4	88.7	86.2	102.0	90.6	87.8	85.6	93.5	83.6	92.0	85.9
RSD/%	9.47	4.61	7.10	4.34	5.06	6.43	8.74	4.66	6.21	3.95	8.12	4.71	5.91	5.47	6.38	5.07

化合物	奥比沙星				沙拉沙星				二氟沙星			
添加值/(μg/kg)	1	2	5	10	1	2	5	10	1	2	5	10
测定值/(μg/kg)	0.95	1.71	4.79	8.27	0.84	1.76	4.79	8.78	1.05	1.76	4.83	9.27
	0.86	1.79	4.56	7.97	0.86	1.89	4.68	9.12	1.08	1.88	4.47	9.22
	0.90	1.86	4.60	9.15	0.88	1.91	4.66	9.38	0.89	1.89	4.96	8.46
	1.05	1.83	4.60	9.25	0.89	1.78	4.23	8.96	0.93	1.93	4.94	9.43
	0.84	1.63	4.33	9.15	0.90	1.73	4.35	8.72	0.89	1.85	4.82	8.96
	0.91	1.92	3.86	9.36	0.72	1.70	4.54	8.59	1.02	1.80	4.76	8.44
	0.95	1.68	4.29	8.94	0.89	1.90	5.04	8.91	0.98	1.79	5.07	9.33
	1.00	1.75	4.64	8.63	0.79	1.68	5.10	8.45	1.04	1.99	4.98	8.56
	0.95	1.68	4.91	8.78	0.97	1.56	5.19	9.25	0.96	1.81	4.29	8.67
	0.92	1.65	4.75	8.34	0.96	1.68	4.48	8.47	1.01	1.89	5.02	9.46
平均值/(μg/kg)	0.93	1.75	4.53	8.78	0.87	1.76	4.71	8.86	0.99	1.86	4.81	8.98
回收率/%	93.2	87.6	90.7	87.8	87.0	88.0	94.1	88.6	98.6	92.9	96.3	89.8
RSD/%	6.80	5.49	6.71	5.35	8.52	6.47	6.86	3.61	6.73	3.73	5.21	4.59

表 11-23　奶粉中 7 种喹诺酮添加回收率和精密度实验数据

化合物	麻保沙星				环丙沙星				达氟沙星				恩诺沙星			
添加值/(μg/kg)	4	8	20	40	4	8	20	40	4	8	20	40	4	8	20	40
测定值/(μg/kg)	3.05	8.12	16.63	37.34	3.73	7.63	15.20	36.32	3.24	6.69	14.91	37.59	3.56	6.27	16.53	37.09
	3.04	7.82	15.75	36.87	3.70	7.22	16.69	35.84	3.54	7.10	15.37	34.43	3.01	6.16	16.47	36.61
	3.97	7.27	16.83	33.84	3.75	7.10	18.42	35.06	3.45	6.89	16.51	35.04	3.67	7.14	17.69	36.16
	3.25	7.66	16.09	34.52	3.85	6.96	19.37	33.49	3.57	6.96	18.62	33.63	3.46	6.65	16.09	35.63
	3.46	7.34	18.74	34.21	4.01	6.86	15.41	32.98	2.82	6.52	16.67	36.04	3.20	6.81	17.92	36.08
	3.68	7.28	17.41	33.52	3.64	6.91	15.43	35.33	3.40	7.16	16.48	34.08	3.38	7.18	15.71	35.29
	4.05	6.95	19.20	35.78	3.72	6.19	18.28	36.46	3.44	6.64	18.78	35.27	3.60	7.00	20.31	35.56
	3.88	7.55	18.12	34.05	3.80	6.69	19.72	37.85	4.05	7.25	17.22	32.71	3.58	7.45	19.69	33.80
	3.89	7.38	17.85	35.86	3.56	6.76	18.05	36.71	3.38	7.15	16.59	35.63	3.75	8.01	17.85	32.71
	3.67	7.94	18.28	36.21	3.72	6.01	17.68	35.59	3.58	6.79	17.01	32.87	3.26	6.86	18.06	34.11
平均值/(μg/kg)	3.59	7.53	17.49	35.22	3.75	6.83	17.42	35.56	3.45	6.92	16.82	34.73	3.45	6.95	17.63	35.30
回收率/%	89.9	94.1	87.5	88.1	93.7	85.4	87.14	88.94	86.2	86.4	84.1	86.8	86.2	86.9	88.2	88.3
RSD/%	10.45	4.72	6.55	3.86	3.26	6.87	9.51	4.12	8.93	3.63	7.23	4.33	6.76	7.83	8.52	3.87

化合物	奥比沙星				沙拉沙星				二氟沙星			
添加值/(μg/kg)	4	8	20	40	4	8	20	40	4	8	20	40
测定值/(μg/kg)	3.62	7.31	17.63	35.48	3.98	7.22	16.75	34.12	3.84	6.73	17.29	36.76
	3.86	7.14	15.93	32.64	3.81	6.79	16.95	32.20	3.42	7.00	16.60	33.55
	4.07	6.59	15.44	33.80	3.15	6.64	18.69	34.60	3.71	7.69	18.69	36.41
	3.42	7.31	15.80	33.32	3.82	6.89	16.77	33.00	3.73	6.93	17.23	35.63
	3.30	7.10	18.90	34.12	3.32	7.59	18.94	34.52	3.30	6.78	21.59	32.36
	3.83	6.92	16.28	33.16	3.74	6.49	15.43	37.36	3.54	7.44	16.27	32.84
	3.81	8.04	20.03	32.60	3.17	7.31	19.56	35.76	3.58	7.63	20.59	36.89
	3.63	6.93	19.97	31.68	4.04	6.92	19.44	34.28	3.32	7.59	19.41	36.61
	3.56	6.77	18.25	36.16	3.86	7.25	18.56	35.96	3.38	6.84	18.85	32.53
	3.24	7.52	19.11	35.92	3.92	7.20	17.69	37.60	3.29	7.12	19.21	34.75

续表

化合物	奥比沙星				沙拉沙星				二氟沙星			
添加值/(μg/kg)	4	8	20	40	4	8	20	40	4	8	20	40
平均值/(μg/kg)	3.63	7.16	17.73	33.89	3.68	7.03	17.88	34.94	3.51	7.17	18.57	34.83
回收率/%	90.9	89.6	88.7	84.7	92.0	87.9	89.4	87.4	87.8	89.7	92.9	87.1
RSD/%	7.25	5.79	9.98	4.49	9.17	4.83	7.67	4.99	5.70	5.24	9.34	5.35

11.2.3.10 重复性和再现性

在重复性试验条件下，获得的两次独立测试结果的绝对差值不超过重复性限（r），如果差值超过重复性限（r），应舍弃试验结果并重新完成两次单个试验的测定。在再现性试验条件下，获得的两次独立测试结果的绝对差值不超过再现性限（R）。被测物的含量范围、重复性和再现性方程见表 11-24 和表 11-25。

表 11-24 牛奶中 7 种喹诺酮的含量范围及重复性和再现性方程

化合物	含量范围/(μg/kg)	重复性限 r	再现性限 R
恩诺沙星	1.0～10.0	$r=0.1313\ m-0.0985$	$R=0.2018\ m-0.1500$
达氟沙星	1.0～10.0	$r=0.0942\ m-0.0351$	$\lg R=1.1637\ \lg m-0.9122$
环丙沙星	1.0～10.0	$r=0.0737\ m+0.0168$	$R=0.1221\ m+0.1099$
沙拉沙星	1.0～10.0	$r=0.0783\ m-0.0281$	$R=0.1240\ m+0.0584$
奥比沙星	1.0～10.0	$r=0.0690\ m-0.0087$	$\lg R=1.0398\ \lg m-0.8377$
二氟沙星	1.0～10.0	$r=0.0905\ m-0.0343$	$R=0.1710\ m-0.0612$
麻保沙星	1.0～10.0	$\lg r=1.0992\ \lg m-1.0940$	$\lg R=1.0162\ \lg m-0.8046$

表 11-25 奶粉中 7 种喹诺酮的含量范围及重复性和再现性方程

化合物	含量范围/(μg/kg)	重复性限 r	再现性限 R
恩诺沙星	4.0～40.0	$\lg r=0.9319\ \lg m-0.9356$	$\lg R=1.0695\ \lg m-0.9456$
达氟沙星	4.0～40.0	$\lg r=1.0358\ \lg m-1.0438$	$R=0.1782\ m-0.0346$
环丙沙星	4.0～40.0	$\lg r=0.7928\ \lg m-0.8237$	$\lg R=0.9275\ \lg m-0.7228$
沙拉沙星	4.0～40.0	$r=0.0746\ m+0.1785$	$\lg R=0.8883\ \lg m-0.6491$
奥比沙星	4.0～40.0	$r=0.0712\ m+0.0610$	$R=0.1109\ m+0.2602$
二氟沙星	4.0～40.0	$\lg r=0.9401\ \lg m-0.9084$	$\lg R=0.9051\ \lg m-0.6383$
麻保沙星	4.0～40.0	$\lg r=0.9285\ \lg m-0.8998$	$\lg R=0.8448\ \lg m-0.5742$

参 考 文 献

[1] Lesher G Y，Froelich E J，Gruett M D，Bailey J H，Brundage R P. 1，8-Naphthyridine derivatives：A new class of chemotherapeutic agents. Journal of Medicinal and Pharmaceutical Chemistry，1962，91（5）：1063-1065

[2] Greene C E，Budsberg S C. Veterinary use of quinolones. In：Hooper D C，Wolfson J S，Eds. Quinolone Antibacterial Agents. 2nd ed. American Society for Microbiology，Washington，DC：1993

[3] Ferguson J，Dawe R. Phototoxicity in quinolones：Comparison of ciprofloxacin and grepafloxacin. Journal of Antimicrobial Chemotherapy，1997，40（SA）：93-98

[4] Schellhore C. Classification of quinolones by V Andiole. Infection，1998，26（1）：64-68

[5] Owens J，Ambrose P G. Pharmacodynamics of quinolones. In：Nightingale C H，Murakawa T，Owens Jr R C，Eds. Antimicrobial Pharmacodynamics in Theory and Clinical Practice. New York：Marcel Dekker，Inc.，2007：155-176

[6] Ball P. Quinolone generations: Natural history or natural selection. Journal of Antimicrobial Chemotherapy, 2000, 46(S1): 17-24

[7] 陈杖榴，肖田安. 人工合成抗菌药-氟喹诺酮类. 中国家禽，2002, 24（11）：35-37

[8] 陈杖榴，邱银生，曾振灵. 国内外兽药研制开发与市场动态. 中国兽药杂志，2002, 36（3）：42-46

[9] 赵思俊. 动物组织中喹诺酮类药物多残留检测方法的研究. 北京：中国农业大学博士论文，2007

[10] Gellert M, Mizuuchi K, Odea M H, Itoh T, Tomizawa J I. Nalidixic acid resistance: A second genetic character involved in DNA gyrase activity. Proceedings of the National Academy of Sciences, 1977, 74（11）：4772-4776

[11] Zechiedrich E L, Cozzarelli N R. Roles of topoisomerase IV and DNA gyrase in DNA unlinking during replication in Escherichia coli. Genes and Development, 1995, 9（22）：2859-2869

[12] Greene C E, Budsberg S C. Veterinary use of quinolones. In: Hooper D C, Wolfson J S, Eds. Quinolone Antimicrobial Agents, American Society for Microbiology, Washington, DC, 1993: 473-488

[13] Vancutsem P M, Babish J G, Schwark W S. The fluoroquinolone antimicrobials: Structure, antimicrobial activity, pharmacokinetics, clinical use in domestic animals and toxicity. Cornell Veterinarian, 1990, 80（2）：173-186

[14] Federal Register 8122, (Feb 18), 1998

[15] Karablut N, Drusano G L. Pharmacokinetics of the quinolone antimicrobial agents. In: Hooper D C, Wolfson J S, Eds. Quinolone Antimicrobial Agents, American Society for Microbiology, Washington, DC, 1993: 195-223

[16] Okazaki O, Kojima C, Hakusui H, Nakashima M. Enantioselective disposition of ofloxacin in humans. Antimicrobial Agents and Chemotherapy, 1991, 35（10）：2106-2109

[17] Aminimanizani A, Beringer P, Jelliffe R. Comparative pharmacokinetics and pharmacodynamics of the newer fluoroquinolone antibacterials. Clinical Pharmacokinetics, 2001, 40（3）：69-187

[18] Bertino J, Fish D. The safety profile of the fluoroquinolones. Clinical Therapeutics, 2000, 22（7）：798-817

[19] Hopper D C, Wolfson J S. Mode of action of the new quinolones: New data. European Journal of Clinical Microbiology, 1991, 10（4）：223-231

[20] Kato J, Nishimura Y, Imamura R. Niki H, Hiraga S, Suzuki H. New topoismerase essential for chromosome segregation in E.coli. Cell, 1990, 63（2）：393-404

[21] Neu H C. The crisis in antibiotic resistance. Science, 1992, 257（5073）：1064-1073

[22] Yoshida H, Kojima T, Yamagishi J, Nakamura S. Quinolone-resistant mutations of the gyrA gene of Escherichia coli. Molecular and General Genetics, 1988, 211（1）：1-7

[23] Takiff H E, Salazar L, Guerrero C, Philipp W, Huang W M, Kreiswirth B, Cole S T, Jacobs W R J, Telenti A. Cloning and nucleotide sequence of Mycobacterium tuberculosis gyrA and gyrB genes and detection of quinolone resistance mutations. Antimicrobial Agents and Chemotherapy, 1994, 38（4）：773-780

[24] Martinez-Martinez L, Pascual A, Jacoby G A. Quinolone resistance from a transferable plasmid. The Lancet, 1998, 351（9105）：797-799

[25] Wang M, Tran J H, Jacoby G A, Zhang Y, Wang F, Hooper D C. Plasmid-mediated quinolone resistance in clinical isolates of Escherichia coli from Shanghai, China. Antimicrobial Agents and Chemotherapy, 2003, 47（7）：2242-2248

[26] Tran J H, Jacoby G A. Mechanism of plasmid-mediated quinolone resistance. Proceedings of the National Academy of Sciences, 2002, 99（8）：5638-5642

[27] European Commission, Regulation 99/508/EEC of 9th March 1999. Official Journal of European Communities, 1999, L60: 305

[28] 动物性食品中兽药最高残留限量. 中华人民共和国农业部公告第 235 号，2002

[29] Federal Register. May 22, 1997, 62: 27944-27947

[30] FDA: FDA Announces Final Decision About Veterinary Medicine. FDA News, July 28, 2005. http://www.fda.gov/bbs/topics/news/2005/new01212.html

[31]《食品中农业化学品残留限量》编委会. 食品中农业化学品残留限量. 食品卷：日本肯定列表制度. 北京：中国标准出版社，2006

[32] Carlucci G. Analysis of fluoroquinolones in biological fluids by high-performance liquid chromatography. Journal of Chromatography A, 1998, 812（1-2）：343-367

[33] Andreu V, Blasco C, Picó Y. Analytical strategies to determine quinolone residues in food and the environment. TrAC Trends in Analytical Chemistry, 2007, 26（6）：534-556

[34] Hernández-Arteseros J A, Barbosa J, Companó R, Prat M D. Analysis of quinolone residues in edible animal products. Journal of Chromatography A, 2002, 945（1-2）：1-24

[35] Belal F，Al-Majed A A，Al-Obaid A M. Methods of analysis of 4-quinolone antibacterials. Talanta，1999，50（4）：765-786

[36] Kotretsou S I. Determination of aminoglycosides and quinolones in food using tandem mass spectrometry：A review. Critical Reviews in Food Science and Nutrition，2004，44（3）：173-184

[37] Niessen W M. Analysis of antibiotics by liquid chromatography-mass spectrometry. Journal of Chromatography A，1998，812（1-2）：53-75

[38] Tyczkowska K L，Voyksner R D，Anderson K L，Papich M G. Simultaneous determination of enrofloxacin and its primary metabolite ciprofloxacin in bovine milk and plasma by ion-pairing liquid chromatography. Journal of Chromatography B，1994，658（2）：341-348

[39] Roybal J E，Pfenning A P，Turnipseed S B，Walker C C，Hurlbut J A. Determination of four fluoroquinolones in milk by liquid chromatography. Journal of AOAC International，1997，80（5）：982-987

[40] Roybal J E，Walker C C，Pfenning A P，Turnipseed S B，Storey J M，Gonzales S A，Hurlbut J A. Concurrent determination of four fluoroquinolones in catfish，shrimp，and salmon by liquid Chromatography with fluorescence detection. Journal of AOAC International，2002，85（6）：1293-1301

[41] Matsuoka M，Banno K，Sato T. Analytical chiral separation of a new quinolone compound in biological fluids by high-performance liquid chromatography. Journal of Chromatography B，1996，676（1）：117-124

[42] Bailac S，Ballesteros O，Jiménez-Lozano E，Barrón D，Sanz-Nebota V，Navalón A，Vílchez J L，Barbosa J. Determination of quinolones in chicken tissues by liquid chromatography with ultraviolet absorbance detection. Journal of Chromatography A，2004，1029（1-2）：145-151

[43] Ikai Y，Oka H，Kawamura N，Yamada M，Harada K，Suzuki M，Nakazawa H. Improvement of chemical analysis of antibiotics：XVI. Simple and rapid determination of residual pyridonecarboxylic acid antibacterials in fish using a prepacked amino cartridge. Journal of Chromatography A，1989，477（1-2）：397-406

[44] Guyonnet J，Pacaud M，Richard M，Doisi A，Spavone F，Hellings Ph. Routine determination of flumequine in kidney tissue of pig using automated liquid chromatography. Journal of Chromatography B，1996，679（1-2）：177-184

[45] Takatsuki K. Gas chromatographic/mass spectrometric determination of oxolinic，nalidixic，and piromidic acid in fish. Journal of AOAC International，1992，75（6）：982-987

[46] Saitanu K，Kobayashi H，Chalermchaikit T，Kondo F. Simple and rapid method for determination of oxolinic acid in tiger shrimp（penaeus monodon） by high-performance liquid chromatography. Journal of food protection，1996，59（2）：199-201

[47] Meinertz J R，Dawson V K，Gingerich W H. Liquid chromatographic determination of sarafloxacin residues in channel catfish muscle tissue. Journal of AOAC International，1994，77（4）：871-875

[48] Schneider M J，Donoghue D J. Multiresidue analysis of fluoroquinolone antibiotics in chicken tissue using liquid chromatography-fluorescence-multiple mass spectrometry. Journal of Chromatography B，2002，780（1）：83-92

[49] 王金秋，马建民，夏曦，李晓薇，丁双阳. 超高效液相色谱-串联质谱法同时测定猪肌肉中 13 种喹诺酮药物残留. 质谱学报，2014，35（2）：185-192

[50] 刘辉，谭素娴. 固相萃取-超高效液相色谱-串联质谱法测定水产品中多种兽药的残留量. 理化检验（化学分册），2014，50（4）：439-443

[51] Shen J Y，Kim M R，Lee C J，Kim I S，Lee K B，Shim J H. Supercritical fluid extraction of the fluoroquinolones norfloxacin and ofloxacin from orally treated-chicken breast muscles. Analytica Chimica Acta，2004，513（2）：451-455

[52] Tsai W H，Chuang H Y，Chen H H，Huang J J，Chen H C，Cheng S H，Huang T C. Application of dispersive liquid-liquid microextraction and dispersivemicro-solid-phase extraction for the determination of quinolones in swine muscle by high-performance liquid chromatography with diode-array detection. Analytica Chimica Acta，2009，656（1）：56-62

[53] Moema D，Nindi M M，Dube S. Development of a dispersive liquid-liquid microextraction method for the determination of fluoroquinolones in chicken liver by high performance liquid chromatography. Analytica Chimica Acta. 2012，730（1）：80-86

[54] Alexandra J，Noemi D G，Alberto Z G，Dolores B，Oscar B，José B，Alberto N. Multiclass method for the determination of quinolones and beta-lactams in raw cow milk using dispersive liquid-liquid microextraction and ultra high performance liquid chromatography-tandem mass spectrometry. Journal of Chromatography A，2014，1356（1-2）：10-22

[55] Hermo M P，Barrón D，Barbosa J. Determination of residues of quinolones in pig muscle：Comparative study of classical and microwave extraction techniques. Analytica Chimica Acta，2005，539（s1-2）：77-82

[56] 徐昊妍. 氟喹诺酮类抗生素残留的微波辅助萃取方法的研究. 吉林大学硕士学位论文，2010

[57] 厉文辉，史亚利，高立红，刘杰民，蔡亚岐. 加速溶剂萃取-高效液相色谱-串联质谱法同时检测鱼肉中喹诺酮、磺

胺与大环内酯类抗生素. 分析测试学报，2010，29（10）：987-992

[58] Rodriguez E，Villoslada F N，Moreno-Bondi M C，Marazuela M D. Optimization of a pressurized liquid extraction method by experimental design methodologies for the determination of fluoroquinolone residues in infant foods by liquid chromatography. Journal of Chromatography A，2010，1217（5）：605-613

[59] Herranz S，Moreno-Bondi M C，Marazuela M D. Development of a new sample pretreatment procedure based on pressurized liquid extraction for the determination of fluoroquinolone residues in table eggs. Journal of Chromatography A，2007，1140（1-2）：63-70

[60] Yu H，Tao Y，Chen D，Pan Y，Liu Z，Wang Y，Huang L，Dai M，Peng D，Wang X，Yuan Z. Simultaneous determination of fluoroquinolones in foods of animal origin by a high performance liquid chromatography and a liquid chromatography tandem mass spectrometry with accelerated solvent extraction. Journal of Chromatography B，2012，885/886：150-159

[61] Wang S，Wen J，Cui L，Zhang X，Wei H，Xie R，Feng B，Wu Y，Fan G. Optimization and validation of a high performance liquid chromatography method for rapid determination of sinafloxacin，a novel fluoroquinolone in rat plasma using a fused-core C_{18}-silica column. Journal of Pharmaceutical and Biomedical Analysis，2010，51（4）：889-893

[62] Golet E M，Strehler A，Alder A C，Giger W. Determination of fluoroquinolone antibacterial agents in sewage sludge and sludge-treated soil using accelerated solvent extraction followed by solid-phase extraction. Analytical Chemistry，2002，74（21）：5455-5462

[63] Ferdig M，Kaleta A，Vo T D T，Buchberger W. Improved capillary electrophoretic separation of nine（fluoro）quinolones with fluorescence detection for biological and environmental samples. Journal of Chromatography A，2004，1047（2）：305-311

[64] Samanidoua V，Evaggelopoulou E，Trötzmüller M，Guo X，Lankmayr E. Multi-residue determination of seven quinolones antibiotics in gilthead seabream using liquid chromatography-tandem mass spectrometry. Journal of Chromatography A，2008，1203（2）：115-123

[65] 赵思俊，李存，江海洋，李炳玉，沈建忠. 高效液相色谱检测动物肌肉组织中 7 种喹诺酮类药物的残留，分析化学，2007，35（6）：786-790

[66] 邓思维，邓剑军，王婷婷，王羽，康学军. 纳米纤维固相萃取-高效液相色谱-荧光检测麻辣烫汤液中喹诺酮类药物. 分析化学，2014，42（8）：1171-1176

[67] 黄京芳，冯钰锜，林幸华. 聚合物整体柱管内固相微萃取-高效液相色谱在线联用测定血浆中的氟喹诺酮类药物. 中国药学杂志，2009，44（12）：941-945

[68] Theodoridis G，Lontou M A，Michopoulos F，Sucha F M M，Gondova T. Study of multiple solid-phase microextraction combined off-line with high performance liquid chromatography Application in the analysis of pharmaceuticals in urine. Analytica Chimica Acta，2004，516（1）：197-204

[69] 乔凤霞，孙汉文，刘广宇，梁淑轩. 基质固相分散-牛奶、蜂蜜中喹诺酮的多残留分析. 河北大学学报（自然科学版），2008，28（6）：620-624

[70] 王炼，黎源倩，王海波，官艳丽. 基质固相分散-超高效液相色谱-串联质谱法同时测定畜禽肉和牛奶中 20 种兽药残留. 分析化学，2011，39（2）：203-207

[71] 曹鹏，牟妍，高飞，耿金培，张禧庆，隋涛，梁君妮，沙美兰，关丽丽. 分散固相萃取-超高效液相色谱-串联质谱法同时检测火锅食材中 11 种喹诺酮类药物. 色谱，2013，31（9）：862-868

[72] 曲斌，朱志谦，陆桂萍，蒋天梅，耿士伟，郭良雪. QuEChERS-UPLC-MS/MS 快速测定生鲜牛乳中的氟喹诺酮类药物残留. 中国畜牧兽医，2014，40（s1）：50-54

[73] Karami-Osboo R，Shojaee Aliabadi M H，Miri R，Kobarfard F，Javidnia K. Simultaneous determination of six fluoro-quinolones in milk by validated QuEChERS-DLLME HPLC-FLD. Analytical methods，2014，6（15）：5632-5638

[74] 曹慧，陈小珍，朱岩，李祖光，武晓光，祝颖. QuEChERS-超高效液相色谱-串联质谱技术同时测定乳制品中磺胺类和喹诺酮类抗生素残留. 食品科技，2013，38（6）：323-329

[75] Prieto A，Schrader S，Bauer C，Möder M. Synthesis of a molecularly imprinted polymer and its application for microextraction by packed sorbent for the determination of fluoroquinolone related compounds in water. Analytica Chimica Acta，2011，685（2）：146-152

[76] Caro E，Marcé R M，Cormack P A G，Sherrington D C，Borrull F. Novel enrofloxacin imprinted polymer applied to the solid-phase extraction of fluorinated quinolones from urine and tissue samples. Analytica Chimica Acta，2006，562（2）：145-151

[77] Chen L，Zhang X，Xu Y，Du X，Sun X，Sun L，Wang H，Zhao Q，Yu A，Zhang H，Ding L. Determination of fluoroquinolone antibiotics in environmental water samples based on magnetic molecularly imprinted polymer extraction

followed by liquid chromatography–tandem mass spectrometry. Analytica Chimica Acta，2010，662（1）：31-38

[78] Sun H，Qiao F. Recognition mechanism of water-compatible molecularly imprinted solid-phase extraction and determination of nine quinolones in urine by high performance liquid chromatography. Journal of Chromatography A，2008，1212（1-2）：1-9

[79] 刘芃岩，申杰，刘磊. 复合模板印迹聚合物净化液相色谱-质谱联用法测定鱼肉中氟喹诺酮类残留. 分析化学，2012，40（5）：693-698

[80] 汪雪雁，檀华蓉，祁克宗，邵黎，李慧，薛秀恒，谢英. 分子印迹固相萃取-高效毛细管电泳法检测鸡肉中的恩诺沙星残留. 色谱，2010，28（11）：1107-1110

[81] Urraca J L，Castellari M，Barrios C A，Moreno-Bondi M C. Multiresidue analysis of fluoroquinolone antimicrobials in chicken meat by molecularly imprinted solid-phase extraction and high performance liquid Chromatography. Journal of Chromatography A，2014，1343（1-2）：1-9

[82] Holtzapple C K，Buckley S A，Stanker L H. Immunosorbents coupled on-line with liquid chromatography for the determination of fluoroquinolones in chicken liver. Journal of Agricultural and Food Chemistry，1999，47（7）：2963-2968

[83] Holtzapple C K，Pishko E J，Stanker L H. Separation and quantification of two fluoroquinolones in serum by on-line high-performance immunoaffinity chromatography. Analytical Chemistry，2000，72（17）：4148-4153

[84] Holtzapple C K，Buckley S A，Stanker L H. Determination of four fluoroquinolones in milk by on-line immunoaffinity capture coupled with reversed-phase liquid chromatography. Journal of AOAC International，1999，82（4）：607-613

[85] Li C，Wang Z，Cao X，Beier R C，Zhang S，Ding S，Li X，Shen J. Development of an immunoaffinity column method using broad-specificity monoclonal antibodies for simultaneous extraction and cleanup of quinolone and sulfonamide antibiotics in animal muscle tissues. Journal of Chromatography A，2008，1209（1-2）：1-9

[86] 赵思俊，郑增忍，曲志娜，江海洋，张素霞，沈建忠. 免疫亲和色谱-HPLC-FLD 法测定动物肝脏中 10 种喹诺酮类药物残留. 分析化学，2009，37（3）：335-340

[87] Rambla-Alegre M，Collado-Sánchez M A，Esteve-Romero J，Carda-Broch S. Quinolones control in milk and eggs samples by liquid chromatography using a surfactant-mediated mobile phase. Analytical and Bioanalytical Chemistry，2011，400（5）：1303-1313

[88] Herrera-Herrera A V，Hernández-Borges J，Rodríguez-Delgado M Á. Fluoroquinolone antibiotic determination in bovine，ovine and caprine milk using solid-phase extraction and high-performance liquid chromatography-fluorescence detection with ionic liquids as mobile phase additives. Journal of Chromatography A，2009，1216（43）：7281-7287

[89] Haritova A M，Petrova D K，Stanilova S A. A simple HPLC method for detection of fluoroquinolones in serum of avian species. Journal of Liquid Chromatography and Related Technologies，2012，35（8）：1130-1139

[90] Rambla-Alegre M，Esteve-Romero J，Carda-Broch S. Validation of a MLC method with fluorescence detection for the determination of quinolones in urine samples by direct injection. Journal of Chromatography B，2009，877（27）：3975-3981

[91] 李存，江海洋，吴银良，王战辉，赵思俊，李建成，石玉祥，沈建忠. 高效液相色谱-荧光-紫外串联法测定动物肌肉组织中多类药物残留. 分析化学，2009，37（8）：1102-1106

[92] 潘媛，牛华，程晓云，祝红昆，申南玉，李波，冯雷，珠娜，牛之瑞. 高效液相色谱法检测六种氟喹诺酮类兽药残留前处理的优化. 分析实验室，2011，30（5）：69-72

[93] Stoilova N A，Surleva A R，Stoev G. Simultaneous determination of nine quinolones in food by liquid chromatography with fluorescence detection. Food Analytical Methods，2013，6（3）：803-813

[94] Takeda N，Gotoh M，Matsuoka T. Rapid screening method for quinolone residues in livestock and fishery products using immobilised metal chelate affinity chromatographic clean-up and liquid chromatography-fluorescence detection. Food Additives and Contaminants，2011，28（9）：1168-1174

[95] Evaggelopoulou E N，Samanidou V F，Michaelidis B. Development and validation of an LC-DAD method for the routine analysis of residual quinolones in fish edible tissue and fish feed. Application to farmed gilthead sea bream following dietary administration. Journal of Liquid Chromatography and Related Technologies，37（15）：2142-2161

[96] Marazuela M D，Moreno-Bondi M C. Multiresidue determination of fluoroquinolones in milk by column liquid chromatography with fluorescence and ultraviolet absorbance detection. Journal of Chromatography A，2004，1034（1）：25-32

[97] Rodríguez Cáceres M I，Guiberteau Cabanillas A，Galeano Díaz T，Martínez Canas M A. Simultaneous determination of quinolones for veterinary use by high-performance liquid chromatography with electrochemical detection. Journal of Chromatography B，2010，878（27）：398-402

[98] Yao W，Wang L，Wang H，Zhang X. Cathodic electrochemiluminescence behavior of norfloxacin/peroxydisulfate system in purely aqueous solution. Electrochimica Acta，2008，54（2）：733-737

[99] Sun Y，Zhang Z，Xi Z. Direct electrogenerated chemiluminescence detection in high-performance liquid chromatography for determination of ofloxacin. Analytica Chimica Acta，2008，623（1）：96-100

[100] Doerge D R，Bajic S. Multiresidue determination of quinolone antibiotics using liquid chromatography coupled to atmospheric-pressure chemical ionization mass spectrometry and tandem mass spectrometry. Rapid Communications in Mass Spectrometry，1995，9（11）：1012-1016

[101] 饶勇，曾振灵，杨桂香，陈杖榴. 液相色谱-质谱联用检测牛奶中氟喹诺酮类药物残留的确证方法. 中国农业科学，2007，40（5）：1033-1041

[102] Volmer D，Mansoori B，Locke S J. Study of 4-quinolone antibiotics in biological samples by short-column liquid chromatography coupled with electrospray ionization tandem mass spectrometry. Analytical Chemistry，1997，69（20）：4143-4155

[103] Schilling J B，Cepa S P，Menacherry S D，Bavda L T，Heard B M. Liquid chromatography combined with tandem mass spectrometry for the confirmation of sarafloxacin in catfish tissue. Analytical Chemistry，1996，68（11）：1905-1909

[104] Paschoal J A R，Reyes F G R，Rath S. Quantitation and identity confirmation of residues of quinolones in tilapia fillets by LC-ESI-MS-MS QtoF. Analytical and Bioanalytical Chemistry，2009，394（8）：2213-2221

[105] 赵海香，孙艳红，丁明玉，陈丽梅，邓维，赵孟彬. 多壁碳纳米管净化/超高效液相色谱串联质谱同时测定动物组织中四环素与喹诺酮多残留. 分析测试学报，2011，30（6）：635-639

[106] 彭涛，雍炜，安娟，储晓刚，唐英章，李重九. 反相高效液相色谱/质谱法同时测定鸡肉中 5 种喹诺酮药物残留. 分析化学，2007，34（S1）：10-14

[107] 岳振峰，林秀云，唐少冰，陈小霞，吉彩霓，华红慧，刘昱. 高效液相色谱-串联质谱法测定动物组织中的 16 种喹诺酮类药物残留. 色谱，2007，25（4）：491-495

[108] Junza A，Amatya R，Barrón D，Barbosa J. Comparative study of the LC-MS/MS and UPLC-MS/MS for the multiresidue analysis of quinolones，penicillins and cephalosporins in cow milk，and validation according to the regulation 2002/657/EC. Journal of Chromatography B，2011，9（25）：2601-2610

[109] Hou X，Chen G，Zhu L，Yang T，Zhao J，Wang L，Wu Y. Development and validation of an ultra high performance liquid chromatography tandem mass spectrometry method for simultaneous determination of sulfonamides，quinolones and benzimidazoles in bovine milk. Journal of Chromatography B，2014，962（1）：20-29

[110] Takatsuki K. Gas chromatographic-mass spectrometric determination of oxolinic acid in fish selected ion monitoring. Journal of Chromatography，1991，538（1）：259-267

[111] Juhel-Gaugain M，Abjean J P. Screening of quinolone residues in pig muscle by planar chromatography. Chromatographia，1998，47（1-2）：101-104

[112] 周源，冯育林. 胶束薄层荧光法同时测定体液中诺氟沙星和氟罗沙星含量的研究. 分析测试学报，2004，23（2）：81-83

[113] Aura R，Gabriel H，Gergely V. Separation and determination of quinolone antibacterials by capillary electrophoresis. Journal of Chromatographic Science，2014，52（8）：919-925

[114] Lombardo-Agüí M，Gámiz-Gracia L，García-Campaña A M，Cruces-Blanco C. Sensitive determination of fluoroquinolone residues in waters by capillary electrophoresis with laser-induced fluorescence detection. Analytical and Bioanalytical Chemistry，2010，396（4）：1551-1557

[115] Barrón D，Jiménez-Lozano E，Bailac S，Barbosa J. Simultaneous determination of flumequine and oxolinic acid in chicken tissues by solid phase extraction and capillary electrophoresis. Analytica Chimica Acta，2003，477（2）：21-27

[116] Barrón D，Jime´nez-Lozano E，Cano J，Barbosa J. Determination of residues of enrofloxacin and its metabolite ciprofloxacin in biological materials by capillary electrophoresis. Journal of Chromatography B，2001，759（1）：73-79

[117] McCourt J，Bordin G，Rodríguez A R. Development of a capillary zone electrophoresis -electrospray ionisation tandem mass spectrometry method for the analysis of fluoroquinolone antibiotics. Journal of Chromatography A，2003，990（1-2）：259-269

[118] Lara F J，Garcia-Campana A M，Ales-Barrero F，Bosque-Sendra J M. Multiresidue method for the determination of quinolone antibiotics in bovine raw milk by capillary electrophoresis-tandem mass spectrometry. Analytical Chemistry，2006，78（22）：7665-7673

[119] Meng H L，Chen G H，Guo X，Chen P，Cai Q H，Tian Y F. Determination of five quinolone antibiotic residues in foods by micellar electrokinetic capillary chromatography with quantum dot indirect laser-induced fluorescence. Analytical

and Bioanalytical Chemistry，2014，406（13）：3201-3208

[120] 邓凤玉，黄春秀，刘颖. Mn²⁺-CTMAB 敏化自组装环荧光显微成像技术测定甲苯磺酸妥舒沙星. 光谱学与光谱分析，2014，34（2）：445-449

[121] Dong C Y，Liu Y Y，Liu Y. Determination of sparfloxacin concentrations in chicken serums and residues in chicken tissues and manures using self-ordered ring fluorescence microscopic imaging technique. Spectroscopy and Spectral Analysis，2012，32（10）：2759-2764

[122] Xuan-Anh T，Acha V，Haupt K，Bui B T S. Direct fluorimetric sensing of UV-excited analytes in biological and environmental samples using molecularly imprinted polymer nanoparticles and fluorescence polarization. Biosensors and Bioelectronics，2012，36（1）：22-28

[123] Marchesini G R，Haasnoot W，Delahaut P，Gercek H，Nielen M W F. Dual biosensor immunoassay directed identification of fluoroquinolones in chicken muscle by liquid chromatography electrospray time-of-flight mass spectrometry. Analytica Chimica Acta，2007，586（1-2）：259-268

[124] Huet A C，Charlier C，Singh G，Godefroy S B，Leivo J，Vehniaeinen M，Nielen M W F，Weigel S，Delahaut P. Development of an optical surface plasmon resonance biosensor assay for（fluoro）quinolones in egg，fish，and poultry meat. Analytica Chimica Acta，2008，623（2）：195-203

[125] Mellgren C，Sternesjo A. Optical immunobiosensor assay for determining enrofloxacin and ciprofloxacin in bovine milk. Journal of AOAC International，1998，81（2）：394-397

[126] 姜金庆，杨雪峰，王自良，常新耀，王三虎，刘兴友. 氟喹诺酮类药物多残留间接竞争 ELISA 检测方法的建立. 中国预防兽医学报，2011，33（11）：887-892

[127] Bucknall S，Silverlight J，Coldham N，Thorne L，Jackman R. Antibodies to the quinolones and fluoroquinolones for the development of generic and specific immunoassays for detection of these residues in animal products. Food Additives and Contaminants，2003，20（3）：221-228

[128] Huet A C，Charlier C，Tittlemier S A，Singh G，Benrejeb S，Delahaut P. Simultaneous determination of（fluoro）quinolone antibiotics in kidney，marine products，eggs，and muscle by enzyme-linked immunosorbent assay（ELISA）. Journal of Agricultural and Food Chemistry，2006，54（8）：2822-2827

[129] Lu S，Zhang Y，Liu J，Zhao C，Liu W，Xi R. Preparation of anti-pefloxacin antibody and development of an indirect competitive enzyme-linked immunosorbent assay for detection of pefloxacin residue in chicken liver. Journal of Agricultural and Food Chemistry，2006，54（19）：6995-7000

[130] Van Coillie E，De Block J，Reybroeck W. Development of an indirect competitive ELISA for flumequine residues in raw milk using chicken egg yolk antibodies. Journal of Agricultural and Food Chemistry，2004，52（16）：4975-4978

[131] Sheng W，Li Y，Xu X，Yuan M，Wang S. Enzyme-linked immunosorbent assay and colloidal gold-based immunochromatographic assay for several（fluoro）quinolones in milk. Microchimica Acta，2011，173（3-4）：307-316

[132] Holtzapple C K，Buckley S A，Stanker L H. Production and characterization of monoclonal antibodies against sarafloxacin and cross-reactivity studies of related fluoroquinolones. Journal of Agricultural and Food Chemistry，1997，45（5）：1984-1990

[133] Holtzapple C K，Buckley S A，Stanker L H. Development of antibodies against the fluoroquinolone sarfloxacin and molecular modeling studies of cross-reactive compounds. Food and Agricultural Immunology，1997，9（1）：13-26

[134] Jiang W，Wang Z，Beier R C，Jiang H，Wu Y，Shen J. Simultaneous determination of 13 fluoroquinolone and 22 sulfonamide residues in milk by a dual-colorimetric enzyme-linked immunosorbent assay. Analytical Chemistry，2013，85（4）：1995-1999

[135] 刘烜，郑文杰，贺艳，赵卫东，桑丽雅，张少恩. 胶体金免疫层析法快速检测组织样品中喹诺酮类药物残留. 食品研究与开发，2009，30（5）：131-134

[136] 李源珍，生威，刘恩梅，韩静，秦沛，王硕. 化学发光酶免疫法测牛奶中 3 种喹诺酮类药物. 食品开发与研究，2013，34（16）：78-81

[137] 张慧丽，于斐，张静，吴拥军，屈凌波. 化学发光酶免疫分析法快速测定牛奶中恩诺沙星的含量. 中国食品卫生杂志，2011，23（5）：398-401

[138] Mi T，Wang Z，Eremin S A，Shen J，Zhang S. Simultaneous determination of multiple（fluoro）quinolone antibiotics in food samples by a one-step fluorescence polarization immunoassay. Journal of Agricultural and Food Chemistry，2013，61（39）：9347-9355

[139] 宋佩，孟萌，Eremin S A，张太昌，田溪，薛虎寅，张昱，尹永梅，郗日沫. 荧光偏振免疫分析方法快速检测沙拉沙星残留. 分析化学，2012，40（8）：1247-1251

[140] Zhang B，Du D L，Meng M. A magnetic particle-based competitive enzyme immunoassay for rapid determination of ciprofloxacin：A potential method for the general detection of fluoroquinolones. Analytical Letters，2014，47（7）：1134-1146

[141] GB/T 20751—2006 鳗鱼及制品中十五种喹诺酮类药物残留量的测定方法　液相色谱-串联质谱法. 北京：中国标准出版社，2006

[142] GB/T 20757—2006 蜂蜜中十四种喹诺酮类药物残留量的测定方法　液相色谱-串联质谱法. 北京：中国标准出版社，2006

[143] GB/T 22985—2008 牛奶和奶粉中恩诺沙星、达氟沙星、环丙沙星、沙拉沙星、奥比沙星、二氟沙星和麻保沙星残留量的测定　液相色谱-串联质谱法. 北京：中国标准出版社，2008

12 四环素类药物

12.1 概　　述

四环素类药物（tetracyclines，TCs）是由放线菌产生的一类广谱抗生素，以并四苯母核的化学结构而得名，主要包括天然的金霉素（chlortetracycline，CTC）、四环素（tetracycline，TC）和土霉素（oxytetracycline，OTC），以及半合成的多西环素（doxycycline，DC）、甲烯土霉素（metacycline，MTC）、二甲胺四环素（minocyclne，MNC）、去甲金霉素（demeclocycline，DMCT）、甲氯环素（meclocycline，MCC）和罗利环素（rolitetracycline，RTC）等。TCs 主要抑制细菌蛋白合成，广泛用于预防和治疗多种细菌及立克次氏体、衣原体、支原体等引起的感染性疾病。

12.1.1　理化性质与用途

12.1.1.1　理化性质

常用 TCs 理化性质见表 12-1。

表 12-1　常用 TCs 的理化性质

化合物	结构式	CAS 号	分子式	分子量	熔点/℃
金霉素 （chlortetracycline，CTC）		57-62-5	$C_{22}H_{23}CLN_2O_8$	478.88	168～169
四环素 （tetracycline，TC）		60-54-8	$C_{22}H_{24}N_2O_8$	444.44	172～174
土霉素 （oxytetracycline，OTC）		79-57-2	$C_{22}H_{24}N_2O_9$	460.44	183
多西环素（强力霉素、脱氧土霉素） （doxycycline，DC）		564-25-0	$C_{22}H_{24}N_2O_8$	444.44	206～209

续表

化合物	结构式	CAS 号	分子式	分子量	熔点/℃
甲烯土霉素（美他环素）（metacycline，MTC）		914-00-1	$C_{22}H_{22}N_2O_8$	442.42	—
二甲胺四环素（米诺环素）（minocyclne，MNC）		10118-90-8	$C_{23}H_{27}N_3O_7$	457.48	—
去甲金霉素（地美环素）（demeclocycline，DMCT）		127-33-3	$C_{21}H_{21}ClN_2O_8$	464	174
甲氯环素（meclocycline，MCC）		2013-58-3	$C_{22}H_{21}ClN_2O_8$	476.87	—
罗利环素（rolitetracycline，RTC）		751-97-3	$C_{27}H_{33}N_3O_8$	527.57	—

　　TCs 可溶于酸、碱、醇等极性溶剂，在正丁醇、丙酮、乙腈和乙酸乙酯中溶解度不同，微溶于水，不溶于饱和烷烃、乙醚和氯仿。该类药物均为两性化合物，在结构中都含有酸性的酚羟基和烯醇羟基及碱性的二甲胺基，pK_a 值分别为 2.8～3.4、7.2～7.8、9.1～9.7。TCs 含有苯环、酮基和烯醇组成的共轭体系，具有两个发色团，在 260 nm 和 355 nm 附近具有强 UV 吸收。TCs 在强碱条件下或在金属离子存在时显示强荧光性质。

　　TCs 在干燥条件下固体都比较稳定，但见光可变色。在酸性及碱性条件都不够稳定，易发生水解。TCs 临床常为盐酸盐，该盐性质稳定，且易溶于水。但水溶液稳定性较差，注射用为粉针剂，临用时新鲜配制。TCs 在近中性条件下能与多种金属离子形成不溶性螯合物，与钙或镁离子形成不溶性的钙盐或镁盐，与铁离子形成红色络合物，与铝离子形成黄色络合物。TCs 还易与基质中蛋白质和固定相中的硅醇基键合。

在酸性溶液中（pH 2～6），TCs 可发生可逆的差向异构，比例可达 40%～60%，如差向四环素（4-epitetracycline，4-epiTC）、差向金霉素（4-epichlortetracycline，4-epiCTC）、差向土霉素（4-epioxytetracycline，4-epiOTC）和差向多西环素（4-epidoxycycline，4-epiDC）。TCs 的差向异构体药理活性极低或没有，而毒副作用增加。一些阴离子如磷酸根、柠檬酸根、醋酸根等能加速 TCs 的差向异构化反应。TC、CTC 很容易差向异构化，而 OTC 较稳定。

12.1.1.2 用途

TCs 为兽医临床常用的抗生素，抗菌作用不强，为广谱抑菌剂。对 TCs 敏感菌有链球菌、布氏杆菌、嗜血杆菌、大肠杆菌、巴氏杆菌、沙门氏杆菌、炭疽杆菌等；对金黄色葡萄球菌现时多有耐药性。总之，TCs 对革兰氏阳性菌的作用强度不如青霉素类和头孢菌素类，对革兰氏阴性菌的作用强度不如氨基苷类和氯霉素，对结核杆菌、绿脓杆菌及伤寒杆菌均无效。TCs 的抗菌作用强弱顺序：MNC、DC、MTC、CTC、TC、OTC。

TCs 主要与 30S 小亚基结合，进而干扰氨基酸 tRNA 与 30S 小亚基结合，使氨酰基 tRNA 不能进入 mRNA 上的受位，抑制了蛋白质合成时的肽链延长。此外，它还可以阻止已合成的蛋白质肽链释放。TCs 对 70S 和 80S 核蛋白体都有作用，但抑制作用有所不同。细菌对该类抗生素有主动转运体系使药物特异性地透过进入菌体内，动物细胞却有主动外排该抗生素的机制，因而对 70S 核蛋白体的作用更敏感，对细菌的蛋白质合成能更有效地抑制。TCs 与 30S 小亚基结合，但其结合力较弱，通常大多数为可逆的，即使能抑制甲酸蛋氨酸 tRNA 与 30S 小亚基结合，但其抑制的程度仅为抑制其他氨基酸 tRNA 的 1/10。鉴于此作用机理，本类抗生素的作用仅呈现为抑菌作用，而不是杀菌作用。

兽医临床上多用 OTC 治疗肠道多种病原菌感染。其临床应用有：①治疗沙门氏杆菌引起的犊牛白痢、雏鸡白痢及大肠杆菌性的仔猪黄痢、白痢；②治疗鸡巴氏杆菌引起的霍乱；③对猪喘气病和猪肺疫、猪肺炎霉形体引起的猪喘气病和巴氏杆菌引起的猪肺疫有效，与卡那霉素 B（猪喘平）联合使用可提高疗效；④局部应用于各动物组织中坏死杆菌感染引起的坏死或子宫脓肿炎症；⑤可用于血孢子虫感染的牛边缘边虫病、泰勒焦虫病、放线菌病、钩端螺旋体病等；⑥CTC 多用作饲料添加剂用于动物促生长，也可用作局部用药如软膏剂。

12.1.2 代谢和毒理学

12.1.2.1 体内代谢过程

TC 口服易吸收，但不完全。口服吸收的速度和程度可因动物种属和胃肠内容物的多寡而异。单胃动物以鸡吸收为快，口服 1～2 h 可达到峰值浓度；肉食动物和杂食动物可能在 2～4 h；多胃动物则更缓慢需在 4～8 h 才达峰值浓度。药物的吸收部位主要在胃及小肠前部。其吸收程度受钙、镁、铁、铝等金属离子结合沉淀而减少，OTC 的吸收较 TC 慢，但血液中的消除速度较快，血清中半衰期短。肌内注射给药时，一般 5～10 min 可在血液中出现，达到峰浓度时间也需要 1～2 h。增加剂量可增加血中浓度和持效时间，但有一定限度。

TCs 主要分布于细胞外液，可进入腹腔、胸腔、胎儿循环及乳汁中，但不通过血脑屏障进入脑脊液。TCs 在乳汁中的浓度可达到血浆中浓度的 50%～60%，患乳房炎动物的乳汁中的浓度更高，动物注射给药后 6 h 乳汁中药物浓度达到峰值，48 h 后仍能检测到药物残留。TCs 易在牙齿和骨骼组织中沉淀。

肾脏是 TCs 主要的排泄器官。重复给药时，一般临床剂量，在尿液中以原形方式排出的药物都能达到尿中抑制敏感菌生长的所需浓度。TCs 相当一部分可由胆汁排入肠道，并再被吸收利用，形成"肝肠循环"，进而延长药物在体内持效时间，这种循环利用方式与给药途径无关。

12.1.2.2 毒理学与不良反应

TCs 在肝组织中富集，造成肝损害，还可造成过敏反应、二重感染、致畸胎作用。长时间摄入 TCs 残留超标的食品可抑制白细胞吞噬能力，另外，TC 还可抑制淋巴细胞的转化，尤其在病原攻击时表现出很强的抑制能力。TC 可在牙齿骨骼的钙质素区内沉积，并长时间残留，引起牙齿黄染，俗称

"四环素牙"，使出生的幼儿乳牙釉质发育不全并出现黄色沉积，引起畸形或生长抑制。TCs 常用其盐酸盐，具有刺激性，肌内注射可产生局部炎症。大剂量或长时间注射给药也能招致动物的消化机能失常。

由于该类药物化学结构相似，细菌又易产生耐药性，所以也易产生交叉耐药性。产生耐药性的原因可能是细菌对本类抗生素的通透性下降，致使菌体内药物浓度低下而达不到抑菌作用。

12.1.3　最大允许残留限量

TCs 在兽医临床广泛用于动物疾病的防治和促进生长，极易导致动物源性食品中药物残留和诱导耐药菌株，许多国家和地区对 TCs 规定了最大允许残留限量（maximum residue limit，MRL），并实施监控。世界主要国家和地区对 TCs 的 MRLs 规定见表 12-2。

表 12-2　世界主要国家和地区对 TCs 的 MRLs 规定

国家/国际组织	化合物	标示残留物	动物	组织	MRLs/(μg/kg, μg/L)
欧盟	TC、OTC、CTC（总量）	母体+异构体	所有食品动物	肌肉 肝脏 肾脏 蛋 牛奶	100 300 600 200 100
中国	OTC、TC、CTC（总量）	母体+异构体	所有食品动物	肌肉 肝脏 肾脏 蛋 鱼肉 虾肉 牛奶 羊奶	100 300 600 200 100 100 100 100
中国	DC	DC	牛（泌乳牛禁用）	肌肉 肝脏 肾脏	100 300 600
			禽（产蛋鸡禁用）	肌肉 肝脏 肾脏 皮+脂肪	100 300 600 300
			猪	肌肉 肝脏 肾脏 皮+脂肪	100 300 600 300
美国	TC	母体+异构体	小牛、猪、绵羊、鸡、火鸡	肌肉 肝脏 脂肪/肾脏	2000 6000 12000
	OTC	母体+异构体	肉牛、乳牛、小牛、猪、绵羊、鸡、火鸡、鱼类和龙虾	肌肉 肝脏 脂肪/肾脏 乳	2000 6000 12000 300
	CTC	母体+异构体	肉牛、非泌乳期乳牛、小牛、猪、羊、鸡、火鸡和鸭	肌肉 肝脏 脂肪/肾脏	2000 6000 12000
			鸡、其他家禽	蛋	400

续表

国家/国际组织	化合物	标示残留物	动物	组织	MRLs/(μg/kg，μg/L)
	DC	DC	猪、鸡	肌肉、脂肪、肝脏、肾脏、可食用下水	50
			鱼贝类（限鲈形目）	肉	
			牛	肌肉/脂肪	100
			火鸡、鸭、其他家禽	肌肉	
			牛	肝脏、可食用下水	300
			火鸡、鸭、其他家禽	脂肪、肝脏、可食用下水	
			牛、火鸡、鸭、其他家禽	肾脏	600
日本	OTC	母体+异构体	鱼贝类	肉	200
			马	肌肉	100
				脂肪	10
				肝脏	300
				肾脏	600
	OTC、TC、CTC（总量）	母体+异构体	绵羊、牛、猪、鸡、火鸡、鸭、其他家禽	肾脏	1200
			鹿、山羊、其他陆生哺乳动物	肾脏	600
			绵羊、牛、猪	肝脏	600
			鹿、山羊、其他陆生哺乳动物	肝脏	300
			绵羊、牛、猪、火鸡、鸡、其他家禽	可食用下水	600
			鹿、马、其他陆生哺乳动物	可食用下水	300
			鸡、其他家禽	蛋	400
			鹿、山羊、其他陆生哺乳动物	脂肪	300
			绵羊、牛、猪、火鸡、鸡、鸭、其他家禽	肌肉/脂肪	200
			鹿肉、山羊、其他陆生哺乳动物	肌肉	100
			蜂蜜	蜂蜜	300

12.1.4　残留分析技术

12.1.4.1　前处理方法

（1）提取方法

TCs 在弱酸性溶液中比较稳定，此外，TCs 分子能与多种金属离子形成螯合物或络合物，易于与基质蛋白质和固定相中的硅醇基键合，因此，常在弱酸性溶剂中加入 Na₂EDTA 来提取 TCs。常用的提取溶剂包括 Mcllvaine 缓冲溶液[1-3]、Na₂EDTA 溶液[4]、柠檬酸溶液[5]、磷酸盐[6]、氨水[7]、水[8]、20%三氯乙酸溶液[9]、乙腈（1 mmol/L 三氯乙酸调 pH 4.0）[10]、Na₂EDTA-Mcllvaine 缓冲溶液[11-15]、EDTA-Mcllvaine 缓冲溶液-乙腈[16]、Mcllvaine 缓冲溶液-乙腈[17]、EDTA-乙腈[18]、0.1 mol/L 琥珀酸钠溶液（pH 4.0）[19]琥珀酸盐（0.1 mol/L，pH 4.0）-甲醇[20]、柠檬酸盐缓冲液-乙腈[21]和草酸-乙腈[22]等。TCs 检测常用的样品提取方法有液液萃取（LLE）、超声辅助萃取（UAE）、加速溶剂萃取（ASE）、液相微萃取（LPME）等。

1）液液萃取（liquid liquid extraction，LLE）

LLE 是兽药残留分析中最常用的提取方法。通过机械性振荡，用试剂将分析物从液态/固态样品基质中提取出来。其特点是简单，但也有易于乳化，消耗试剂多等缺点。

Wang 等[8]利用高温态水的化学行为与有机溶剂相似的原理，采用亚临界水提取技术对样品进行预处理，以 5.5 mL 的水在 100℃下加热 5 min（盐酸调 pH 2.0）提取动物性食品中的 CTC、OTC 残留，高效液相色谱（HPLC）检测，回收率为 82.1%～90.0%。与采用乙酸乙酯作提取溶剂的超声提取方法进行比较，后者对几种抗生素的提取率仅为 52.0%～74.2%。结果表明高温态亚临界水的提取效率高，且样品无需净化和浓缩，避免了使用有机溶剂对环境造成的污染。Castellari 等[7]采用氨水提取猪和牛毛发中的 OTC。取 250 mg 干净的毛发用 8 mL 0.1 mol/L 氨水在 40℃水浴中超声提取 30 min，0.5 mol/L 盐酸中和提取液，25 mL EDTA-Mcllvaine 缓冲溶液（pH 4.0）稀释，Sep-Pak Plus C_{18} 柱净化，超高效液相色谱-串联质谱（UPLC-MS/MS）检测。OTC 的检出限（LOD）为 9.2 ng/g。连文浩等[23]采用 Na_2EDTA-Mcllvaine 缓冲溶液（pH 4.0）提取鳗鱼组织中的 CTC、TC、OTC。5.0 g 鳗鱼组织中加入 20 mL Na_2EDTA-Mellvaine 缓冲溶液，涡动混合，以 4000 r/min 转速离心 10 min，水层移入 150 mL 分液漏斗中，离心管内的残留物按上述步骤重复提取一次，合并水相到同一分液漏斗中。加入正己烷 20 mL，用振荡器剧烈振荡 5 min 后静置分层，固相萃取柱（SPE）净化，UPLC-MS/MS 分析。方法的平均回收率为 70.6%～93.4%，相对标准偏差（RSD）为 6.3%～10.5%，定量限（LOQ）为 5.0 μg/kg。Li 等[11]以 0.1 mol/L Na_2EDTA-Mcllvaine 缓冲溶液提取，在线 SPE-HPLC 检测蜂蜜中五种 TCs。分别用甲醇、Na_2EDTA-Mcllvaine 溶液预先活化以 C_{18} 为固相吸附剂的 SPE 柱，测得在 50～1000 ng/g 浓度范围内几种 TCs 的线性关系良好，LOD 为 5～12 ng/g。Yang 等[24]开发了基于双水相萃取的离子液体-阴离子表面活性剂萃取方法，应用于蜂蜜中 TC 和 OTC 的提取。样品用 Na_2EDTA 溶液混合，再加入十二烷基硫酸钠、离子液体 1-辛基-3-甲基咪唑溴化物和氯化钠，超声振荡，离心，形成了含水的两相，分析物在上层溶液中。作者对影响提取效率的因素，如离子液体的体积、盐的种类和量、pH、提取时间和温度等也进行了比较研究。在优化条件下，TC 和 OTC 的回收率在 85.5%～110.9%之间，RSD 小于 6.9%，LOD 分别为 5.8 μg/kg 和 8.2 μg/kg。Song 等[25]也开发了一种基于离子液体的液液微萃取方法提取鸡蛋中的 TC、OTC、DC 和 CTC。离子液体 1-丁基-3-甲基咪唑鎓六氟磷酸盐被证明具有最佳的性能。在优化条件下，方法回收率在 58.6%～95.3%之间，CV 小于 6.2%；LOD 为 2.0～12 ng/g。

2）加速溶剂萃取（accelerated solvent extraction，ASE）

ASE 是指在高的温度（50～200℃）和压力（1000～3000 psi 或 10.3～20.6 MPa）下，用溶剂萃取固体或半固体样品的新颖样品前处理方法。与传统提取方式相比，ASE 速度快、溶剂用量少、萃取效率高、待测组分回收率好，可实现全自动安全操作，在 TCs 残留分析的前处理也有文献报道。

Yu 等[10]采用 ASE 提取猪、鸡和牛肌肉、肝脏中的 CTC、TC、OTC、MNC、MTC、DMCT 和 DC 残留。乙腈（1 mmol/L 三氯乙酸调 pH 4.0）为提取溶液，经优化后的 ASE 的最佳条件为：压力 65 bar，温度 60℃，静态萃取时间 5 min，静态循环 2 次，冲洗溶剂体积为池容积的 50%。HPLC 检测，方法的 LOD 和 LOQ 分别小于 10 μg/kg 和 15 μg/kg，平均回收率为 75.0%～104.9%，变异系数（CV）低于 10%。Blasco 等[9]建立了 ASE 方法提取牛、猪、家禽和羔羊肌肉组织中 CTC、TC、OTC 和 DC 残留。水为提取溶液，经优化后的 ASE 的最佳条件为：压力 1500 psi，温度 70℃，静态萃取时间 5 min，静态循环 1 次，冲洗溶剂体积为池容积的 60%，提取液经 HLB 柱净化，高效液相色谱-串联质谱（LC-MS/MS）检测。方法平均回收率高于 89%，日内和日间 CV 分别低于 15%和 17%；LOQ 为 0.5～1.0 μg/kg，检测限（CC_α）和检测能力（CC_β）分别为 101～116 μg/kg 和 112～130 μg/kg。

3）超声辅助萃取（ultrasonic-assisted extraction，UAE）

UAE 是利用超声波辐射压强产生的强烈机械振动、扰动、乳化、扩散、击碎和搅拌等多级效应，增大物质分子运动频率和速度，增加溶剂穿透力，从而加速目标成分进入溶剂，促进提取的进行；优点是萃取速度快，价格低廉、效率高。也有报道采用 UAE 技术来提高 TCs 的萃取效率。

Zhou 等[14]采用 Na_2EDTA-Mcllvaine 缓冲溶液（pH 4.0）提取蜂胶中的 CTC、TC、OTC、DC，在 2.0 g 蜂胶中加入 20 mL 的 Na_2EDTA-Mcllvaine 缓冲溶液，超声辅助萃取 30 min（50℃，100 W，40 kHz），SPE 净化，HPLC 检测。方法的 LOQ 为 100～150 ng/g，回收率为 61.9%～88.5%，CV 为 4.80%～13.2%。

Zhao 等[26]测定牛奶中的 OTC、TC、CTC、MTC 和 DC 时，10 mL 牛奶用 1 mol/L 盐酸调 pH 4.0，超声波辅助萃取 5 min，8000 g 离心 10 min，取上清液，30 mL 正己烷萃取 2 次，取下层的水相。有机相用 2 mL 水洗涤 1 次，水相真空旋蒸浓缩至小于 10 mL，甲醇定容至 10 mL，0.22 μm 滤膜过滤，取 20 μL 进样，HPLC 分析。方法的回收率为 88%，CV 低于 4.3%，LOD 为 10～25 ng/mL。

4）液相微萃取（liquid phase microextraction，LPME）

LPME 是一个基于分析物在样品及小体积的有机溶剂（或受体）之间平衡分配的过程，是在 LLE 的基础上发展起来的。与 LLE 相比，LPME 可以提供与之媲美的灵敏度，甚至更佳的富集效果；同时，该技术集采样、萃取和浓缩于一体，灵敏度高，操作简单，而且还具有快捷、廉价等特点；另外，它所需要的有机溶剂也是非常少的（几微升至几十微升），是一项环境友好的样品前处理新技术，特别适合于环境样品中痕量、超痕量污染物的测定。

Shariati 等[6]建立了载体介导的中空纤维 LPME 方法，提取和净化牛奶、人血浆和水样品中的 TC、OTC、DC。11.0 mL 样品和 0.05 mol/L Na$_2$HPO$_4$（9.1≤pH≤9.5）加到有 4 mm×14 mm 搅拌棒的 12.0 mL 小瓶中，放置到搅拌器上，用 25 μL 的微量注射器吸取 25 μL 提取缓冲液（0.1 mol/L h$_3$PO$_4$，1.0 mol/L NaCl，pH 1.6），将针头插入中空纤维的管中，将中空纤维浸入 10%季铵盐（Aliquat-336）-辛醇溶液中（w/v）约 10 s，使针头中充满该溶液，然后将中空纤维浸入水中约 10 s，以去除中空纤维表面的季铵盐（Aliquat-336）-辛醇溶液；缓慢推出微型注射器的柱塞使提取溶液进入中空纤维，用铝箔封闭中空纤维的一端，将中空纤维放入样品小瓶中，提取 35 min 后取出中空纤维，微型注射器吸取提取溶液，直接进样 HPLC 分析。方法的萃取百分率为 24.8%～44.5%，CV 为 4.3%～8.9%，LOD 为 0.5～1.0 μg/L。

（2）净化方法

目前国内外有关生物样品中 TCs 残留的样品净化方法主要有固相萃取（SPE）、磁性固相萃取（MSPE）、固相微萃取（SPME）、基质固相分散（MSPD）、分子印迹技术（MIT）、限进介质（RAM）、金属螯合亲和层析（MCAC）等技术。

1）固相萃取（solid phase extraction，SPE）

SPE 不需要大量有机溶剂，不产生乳化现象，可净化很小体积的样品，被广泛用于分离和净化样品中的 TCs。SPE 柱通常选择基于反相保留机理的 HLB、C$_{18}$、Strata-X 净化，也有采用基于阴离子交换机理的 SAX、MAX 等，此外还可联合用柱，以提高净化效果。

Peres 等[12]采用 C$_{18}$ SPE 柱净化蜂蜜中的 OTC、TC 和 CTC。3 g 蜂蜜中加入 15 mL 0.1 mol/L Na$_2$EDTA-Mcllvaine 缓冲溶液（pH 4.0）提取，C$_{18}$ SPE 柱分别用 5 mL 甲醇和 5 mL 0.1 mol/L Na$_2$EDTA-Mcllvaine 缓冲溶液平衡，5 mL 样品上样通过 SPE 柱，2.5 mL mcllvaine 缓冲液-甲醇（85+15，v/v）和 2.5 mL 水洗涤，减压干燥 2 min，2.5 mL 乙腈再次洗涤，减压干燥 1 min，3.0 mL 乙酸乙酯-甲醇（75+25，v/v）洗脱，30～35℃水浴中氮气吹干，1 mL 甲醇-水（15+85，v/v）复溶，过滤后 HPLC 检测。方法的回收率为 86%～111%，CV 低于 11%，LOD 和 LOQ 分别为 8 μg/kg 和 25 μg/kg。由于 TCs 容易与金属离子螯合，一般采用 EDTA 对 SPE 柱进行预处理，可以有效避免 TCs 在 SPE 柱的损失，提高回收率。Suárez 等[27]采用多壁碳纳米管（MWNTs）吸附净化水样中的 TCs，并与毛细管电泳-质谱（CE-MS）串联分析，方法 LOD 在 0.30～0.69 μg/L 之间，回收率为 98.6%～103.2%。Aoyama 等[28]报道，未经 EDTA 处理的 C$_{18}$ 柱由于硅胶基表明的硅烷醇基的存在及残余的金属离子易与 TCs 结合，而影响净化效果和回收率，将 EDTA 加入上样液中或预处理 SPE 柱，则可以获得较好效果。以聚苯乙烯-二乙烯基苯（PS/DVB）为填料的反相柱与烷基键合硅胶柱相比，PS/DVB 填料本身具有疏水性和可再生性，不需要键合烷基链，因此不存在 TCs 与残余硅羟基结合产生的峰形拖尾现象。Blasco 等[9]采用 HLB 固相萃取柱净化牛、猪、家禽和羔羊肌肉组织中的 CTC、TC、OTC 和 DC。方法以水为提取溶液，ASE 提取，提取液经 HLB 固相萃取柱净化，5 mL 甲醇和 5 mL 水活化，提取液过柱后，2 mL 甲醇-水（95+5，v/v）洗涤，2 mL 甲醇洗脱（10 mmol/L 甲酸酸化），洗脱液吹干，1 mL 甲醇-水（50+50，v/v）复溶，LC-MS/MS 检测。方法平均回收率高于 89%，日内和日间 CV 分别低于 15%和 17%，LOQ

为 0.5～1.0 μg/kg，CC_α 和 CC_β 分别为 101～116 μg/kg 和 112～130 μg/kg。Koesukwiwat 等[29]采用 HLB 柱净化牛奶中的 3 种 TCs，回收率在 72.01%～97.39%之间，RSD 小于 11.08%。Andersen 等[30]也采用 HLB 柱净化虾和牛奶中的 TC、OTC 和 CTC，回收率超过 75%，RSD 小于 10%。Xu 等[31]则采用 HLB 柱净化蜂王浆中的 TC、OTC、CTC 和 DC，方法回收率在 62%～115%之间，CV 为 3.4%～16.3%。Wang 等[32]采用 Strata-X SPE 柱净化蜂蜜中的 OTC、TC、CTC 和 DC。5 g 蜂蜜用 15 mL 0.1 mol/L 乙酸钠溶液（pH 4.5）稀释，搅拌器 1000 r/min 搅拌 5 min，过滤后过 SPE 柱（10 mL 甲醇、10 mL 水和 10 mL 0.1 mol/L 乙酸钠溶液平衡），SPE 柱真空干燥 5 min，5 mL 乙酸乙酯洗脱，洗脱液 40℃旋转蒸干，0.25 mL 甲醇-0.01 mol/L 盐酸溶液（20+80，v/v）复溶，HPLC 检测。方法的回收率为 95.3%～103.5%，CV 低于 2.79%，LOD 为 2.12～5.12 μg/mL。

庞国芳 等[13]比较了单一固相萃取柱净化（Oasis HLB）和双柱净化（HLB 和 Carboxylic acid 阴离子交换柱）禽肉中 OTC、TC、CTC、DC 的效果。禽肉样品用 0.1 mol/L Na$_2$EDTA-Mcllvaine 缓冲溶液（pH 4）提取，提取液以不超过 3 mL/min 的流速通过 HLB 固相萃取柱，5 mL 甲醇-水（5+95，v/v）洗涤，减压抽干 20 min，15 mL 乙酸乙酯洗脱，洗脱液在减压下以不超过 3 mL/min 的流速通过 Carboxylic acid 阴离子交换柱，5 mL 甲醇洗柱，减压抽干 5 min，4 mL 乙腈-甲醇-0.01 mol/L 草酸溶液（2+1+7，v/v）洗脱于 5 mL 样品管中，定容至 4 mL，紫外检测器于 350 nm 测定。在 5～100 μg/kg 添加水平，方法回收率为 60%～100%，RSD 在 16%以内；OTC、TC 的 LOD 为 2 μg/kg，CTC、DC 的 LOD 为 5 μg/kg。实验发现，单独使用 HLB 柱净化，在 4.3 min、4.9 min、5.5 min 和 8.2 min 均有比较大的干扰峰存在，当 OTC、TC、CTC、DC 含量小于 0.010 mg/kg，对检测结果均有影响，而采用 HLB 和 Carboxylic acid 阴离子交换柱双柱净化，从 4 min 到 18 min 之间均无干扰峰，改进了净化效果，减少了基质干扰，提高了方法的准确度。Jia 等[33]采用 HLB 和 MAX 柱联合净化水样中的 6 种 TCs 及其 10 种代谢物。经 MAX 净化后，LC-MS/MS 色谱峰出峰范围内的干扰峰消失，方法回收率为 34%～113%，LOD 为 0.8～17.5 ng/L。

2）磁性固相萃取（magnetic solid phase extraction，MSPE）

MSPE 是一种以磁性或可磁化的材料作吸附剂基质的一种固相萃取技术。在 MSPE 过程中，磁性吸附剂不直接填充到吸附柱中，而是被添加到样品的溶液或悬浮液中，将目标分析物吸附到分散的磁性吸附剂表面，在外部磁场作用下就可使目标分析物与样品基质分离开来。与普通的 SPE 技术相比，MSPE 萃取过程简单化，不需要昂贵的设备，化学物质的使用量大为减少，且没有二次污染产生。MSPE 不仅能萃取溶液中的目标分析物，还能萃取悬浮液中的目标分析物，且由于样品中的杂质一般都是反磁性物质，能有效地避免杂质的干扰。因此，MSPE 被人们越来越多的应用于环境、食品、生物、医药等领域中样品的分离和富集。

Rodriguez 等[34]采用 MSPE 方法净化牛奶中的 CTC、TC、OTC，牛奶样品直接经 MSPE 净化，酸化甲醇洗脱。在 50 mL 牛奶中加入 0.3 g 硅烷化磁性 SPE 填料，搅拌 20 min 使均匀分散，静置 5 min，用磁铁分离硅烷化磁性填料，10 mL 的 EDTA（1 mmol/L）洗涤，3×1.5 mL 乙酸甲醇溶液（1 mmol/L）洗脱，取 0.5 mL 洗脱液，加入 0.5 mL 的 EDTA 溶液（1 mmol/L），硼酸盐缓冲剂稀释至 10 mL，紫外-可见分光光度计 540 nm 检测。方法的线性范围为 0.03～0.60 mg/L，LOD 为 10 μg/L，平均回收率为 91.0%～97.0%，CV 低于 5%。

3）固相微萃取（solid phase microextraction，SPME）

SPME 的选择性是根据"相似相溶"原理，结合被测物的极性、沸点和分配系数，通过选用具有不同涂层材料的纤维萃取头而实现的。SPME-HPLC 技术已经在涂层材料和操作方式两方面获得了较大的发展，在操作方式上，除最初的手动 SPME-HPLC 继续获得发展外，管内 SPME-HPLC（in-tube-SPME-HPLC）等新开发的操作方式也取得很快发展。

Wen 等[16]以生物相容性的聚合整体毛细管柱作为吸附媒介，利用在线管内 SPME-HPLC 对鱼肉中 CTC、TC、OTC 和 DC 进行分析检测。取 1.0 g 鲫鱼肌肉样品，加入 10 mL 0.01 mol/L 的 EDTA-MacIlvaine 缓冲液（pH 4.0），手动混合 10 min，4℃避光静置 30 min，12000 r/min 离心 5 min，上清液 SPME 净化，HPLC 检测。在 100～10000 ng/g 浓度范围内抗生素的线性关系良好，LOD 为 16～30 ng/g，回收率为 68.1%～75.9%，日内和日间 CV 分别低于 4.22%和 5.71%。整体毛细管由于增大了与样品溶液的接触面积，使目标物的提取效率更高，样品前处理简便快捷，无需处理鱼肉中的蛋白和脂肪。Hu 等[35]以 TC 为模板，合成了分子印迹聚合物（MIPs），涂层 SPME 纤维，用以净化鸡肉和牛奶中的痕量 TC、OTC、DC 和 CTC，并采用在线 HPLC 方法检测。方法回收率均超过 71.6%，LOD 在 1.0～2.3 μg/L 之间。Tsai 等[36]报道了采用分散固相微萃取（dispersive-SPME）净化奶中 TC、OTC、CTC 和 DC 的方法。作者发现，基于硅胶的吸附剂，尤其是用伯胺、仲胺或羧基官能化的，在有机环境下，其吸附容量比聚合物吸附剂更高。用乙腈萃取，并加盐促进分配后，TCs 用少量的伯胺和仲胺硅胶吸附剂吸附，解吸后用 HPLC 检测。方法回收率为 97.1%～104.1%，LOD 在 7.9～35.3 ng/g 之间。

4）金属螯合亲和层析（metal chelate affinity chromatographic，MCAC）

MCAC 是将吸附材料经 CuSO$_4$ 溶液处理，含有 TCs 的提取液经 MCAC 净化，TCs 与结合在琼脂凝胶柱上的 Cu 螯合而被专一性地吸附在柱填料上，再以 EDTA-McIlvaine 缓冲液洗脱，达到与其他杂质分离的目的。

Stubbings 等[37]利用在线 MCAC-HPLC 检测动物组织中的 TCs 残留。25 μL CuSO$_4$ 溶液（50 g/L）和 500 μL 纯水活化 MCAC 柱，提取液以 0.36 mL/min 流速上样，500 μL 纯水、500 μL 甲醇、500 μL 纯水分别洗涤，KH$_2$PO$_4$-EDTA-McIlvaine 缓冲液洗脱，KH$_2$PO$_4$-EDTA-McIlvaine 缓冲液-甲醇-乙腈和 KH$_2$PO$_4$-EDTA-McIlvaine 缓冲液分别平衡以再生 MCAC 柱。方法检测 OTC 和 TC 的 LOD 为 10 μg/kg，检测 CTC 和 DMCT 的 LOD 为 20 μg/kg，回收率为 50%～80%。Cooper 等[38]报道了采用在线 MCAC-HPLC 测定动物组织和鸡蛋中 TCs 的方法。用乙酸乙酯提取，蒸干后用甲醇复溶，在线 MCAC-HPLC 检测。当添加浓度为 25 μg/kg 时，TC、OTC、CTC 和 DMCT 的回收率在 42%～101%之间，LOD 优于 10 μg/kg。Croubels 等[39]用琥珀酸钠缓冲液和甲醇均质提取动物组织和鸡蛋样品中的 TCs，离心后，MCAC 净化，再经阳离子交换萃取膜富集后，HPLC 检测。TCs 的回收率为 40%～70%，RSD 小于 10%；LOD 在 0.42～1.38 ng/g 之间，LOQ 在 2～5 ng/g 之间。

5）基质固相分散萃取（matrix solid phase dispersion，MSPD）

MSPD 是将样品与 C$_{18}$、氧化铝等吸附剂一起混合研磨，使样品均匀分散于固定相颗粒表面，制成半固态后装柱，然后选择合适的洗脱剂洗脱。MSPD 技术浓缩了传统样品前处理中匀浆、提取、净化等过程，避免了待测物在这些过程中的损失，具有提取净化效率高、节省溶剂、样品用量少等优点。

张素霞等[40]建立了牛奶中 CTC、TC、OTC 和 DC 残留的 MSPD 提取和净化方法。称取 22 g C$_{18}$ 填料，装入 50 mL 玻璃注射器，分别用两倍柱体积的正己烷、二氯甲烷和甲醇依次洗涤，真空干燥；称取 2 g 干燥后的 C$_{18}$ 填料置于玻璃研钵中，分别加入 0.05 g Na$_2$EDTA 和草酸，将 0.5 mL 牛奶样品加至 C$_{18}$ 填料上，用玻璃杵轻轻研磨 30 s，使样品与填料均匀混合，取 5 mL 玻璃注射器，下端垫一片滤纸，加无水硫酸钠至 0.2 mL 体积，将样品装入，上垫一片滤纸，压至体积为 4.2 mL；用 8 mL 正己烷洗涤，真空抽干后用乙酸乙酯-乙腈（1+3，v/v）洗脱于鸡心瓶中，加 0.1 mL 乙二醇，用旋转蒸发仪除去溶剂，残留物用 0.4 mL 甲醇-乙腈-0.01 mol/L 草酸（2+3+5，v/v）溶解，涡动混合 15 s，转至玻璃离心管中，2000 g 离心 10 min；取上清液进样，HPLC 测定。方法的平均回收率为 78.7%～90.2%，CV 在 2.4%～1.18%之间，LOD 为 0.02～0.05 μg/mL。Mu 等[41]分别采用硅酸镁（Florisil）、硅胶和 C$_{18}$ 作为 MSPD 吸附剂，建立了牛奶中 TC、OTC 和 DC 的残留方法。将吸附剂与牛奶样品按 4：1 混合后装入注射器，用 6 mL 正己烷洗涤脱脂，6 mL 0.1 mol/L 柠檬酸水溶液-甲醇（1+9，v/v）洗脱，洗脱液氮气吹干，0.5 mL 甲醇复溶，0.45 μm 滤膜过滤，CE 分析。结果显示，采用 C$_{18}$ 的回收率最高，平均回收率为 93.4%～102%，LOD 为 0.0745～0.0808 μg/mL。

6）分子印迹技术（molecular imprinting technology，MIT）

MIT 是通过化学手段人工合成的高分子仿生材料。在目标分子（模板分子）的存在下交联聚合，然后洗脱除去模板分子，在立体空穴和作用位点上与模板分子具有互补的结构，又具有模板分子可回收重复使用的优点，因此在分子识别中有着特殊的选择性。

李倩等[42]用沉淀聚合的方法以 DC 为模板分子合成对 TC、OTC、CTC 具有特异性识别的 MIPs。1 mmoL 盐酸强力霉素、60 mL 乙腈、8 mmoL 甲基丙烯酸（MAA）、16 mmoL 三羟甲基丙烷三甲基丙烯酸酯和 45 mg 偶氮二异丁腈（ABIN）混合，通氮除氧后，60℃磁力搅拌反应 24 h，获得 MIPs。识别性能和物理特性验证表明，该 MIPs 对 TCs 有特异性吸附作用，并具有良好的稳定性。以该 MIPs 作为填料制备 SPE 小柱，净化条件为：5 mL 甲醇活化，10 mL 水溶液上样，3 mL 5%甲酸水溶剂淋洗，6 mL 1%甲酸-甲醇溶液洗脱。该小柱最大载样量为 0.2 mg，平均回收率为 72.31%～90.85%，CV 低于 10%。Sun 等[43]以 TC 作为模版，MAA 为功能单体，乙二醇二甲基丙烯酸酯（EGDMA）为交联剂，甲醇为溶剂，环己醇和十二烷醇作为混合致孔溶剂，首次采用原位 MIT 技术制备了 TC 印迹整体柱，并对合成条件和性能进行优化和评估。该整体柱与 C_{18} SPE 柱连接，被用于牛奶和蜂蜜中 TCs 的净化，方法回收率在 73.3%～90.6%（牛奶）和 62.6%～82.3%（蜂蜜）之间。Hu 等[35]以 TC 为模板，丙烯酰胺为功能单体通过三羟甲基丙烷三甲基丙烯酸酯合成 MIPs，涂层 SPME 纤维，采用在线 HPLC 检测鸡肉和牛奶中的痕量 TC、OTC、DC、CTC。方法回收率均超过 71.6%。实验与用普通涂层得到的回收率进行了比较，结果 MIPs 涂层对 TCs 的提取效果令人满意。

7）限进介质（restricted access materials，RAM）

RAM 也称为限制进入固定相，是一种新型在线样品预处理填料，同时兼具分离和富集功能，通过控制填料的孔径和对其外表面进行亲水性修饰，使得亲水性外表面与生物样品中大分子物质不发生不可逆的变性和吸附，进而在死体积或近于死体积的情况下被洗脱除去。具有避免被分析物由于前处理所造成的损失，减少传统生物样品制备时的繁琐步骤，节省人力和物力且易于实现自动化等优点。Chico 等[44]将二醇基键合在多孔硅胶孔外表面，C_8 烷基链键合在内表面作限进介质材料，在线 RAM-HPLC 检测牛奶中 TCs。以 Mg（NO_3）$_2$·$6H_2O$ 作为柱后衍生试剂，测得牛奶的 CV 为 6%～9.2%；方法提高了分析物的可检测性，但所测 OTC、TC 的回收率仅为 50%和 67%。

12.1.4.2　测定方法

TCs 的残留测定方法已有大量文献报道，主要有微生物检测法、免疫分析法、薄层色谱法、毛细管电泳法、液相色谱法、液相色谱-质谱法等。目前，一些新兴的检测技术，如传感器技术、流动注射法、表面等离子共振技术等也开始在 TCs 残留分析中应用。

（1）微生物法（microbiological analysis）

微生物法是测定抗生素的基本分析方法，其优点在于不需要复杂的样品前处理、不需要精密仪器、操作简便和检测费用低廉等，适用于大量样品的筛选，缺点是特异性较差，且不能用于定量检测。常用于 TCs 测定的是蜡状芽孢杆菌（ATCC11778），其对 CTC 的灵敏度为 0.005 mg/L，对 CTC 和 OTC 的灵敏度均为 0.025 mg/L，对 MNC 的灵敏度为 0.001～0.002 mg/L。

林修光等[45]建立了用标准纸片法快速测定鸡肉中 TCs 残留量的微生物检测方法。准确称取鸡肉样品 10.0 g，加入 20 mL 磷酸盐缓冲液（pH 4.5），3000～4000 r/min 均质 2 min，静置 10 min 以上，4000 r/min 离心 10 min，取上清液检验。未出现抑菌圈者则判为 TCs 抗生素阴性，检验液与 0.05 mg/kg 标准溶液如同样产生 10 mm 以上明显的抑菌圈时，需进行加热确认试验。取两支试管分别加入检验液、0.2 mg/kg TCs 标准稀释液各 4 mL，置于沸水浴中加热 30 min，取两个试验平皿分别放置纸片为加热检验液、加热的 0.2 mg/kg TCs 标准稀释液、未加热的检验液、未加热的 0.2 mg/kg 标准稀释液等四种溶液后，置于 35℃孵育 17 h 观察结果，未加热的检验液和 0.2 mg/kg 标准稀释液出现正常的抑菌圈，加热的检验液和 0.2 mg/kg 标准稀释液不出现抑菌圈，可判为 TCs 抗生素阳性。该方法的灵敏度为 0.05 mg/kg。De Wasch 等[46]采用微生物抑制测试筛选检测猪肉和鸡肉中的 TCs 残留。冻猪肉和鸡肉块用接种枯草芽孢杆菌的培养基（pH 6）筛选。Mwangi 等[47]采用蜡样芽孢杆菌琼脂扩散方法，选用三个中等 pH 和两种家禽器官进行微生物检测，确定 OTC 的 LOD，并评价其能否在 MRLs 水平可靠地检测家禽组织的 OTC。LOD 受生长介质的 pH 和抗生素浓度的影响，在低 pH 下，检测到肝脏和肾脏样品中 OTC 的抑制区显著增加，检测结果均低于 MRLs（肾脏 600 ng/g，肝脏 1200 ng/g）。蜡状芽孢杆菌板在 pH 7 的条件下能有效地对 OTC 进行常规筛查，在肝脏和肾脏中的 LOD 分别为

131.3 ng/mL 和 33.4 ng/mL。

（2）免疫分析法（immunoassay，IA）

免疫分析法是以抗原与抗体的特异性、可逆性结合反应为基础的分析技术，免疫分析技术最突出的优点是操作简单，速度快、分析成本低。TCs 残留分析主要采用酶联免疫吸附法（ELISA）、胶体金免疫层析法（GICA）和放射免疫分析法（RIA）。

1）酶联免疫分析法（enzyme linked immunosorbent assay，ELISA）

ELISA 是可以对大批样本进行定性、定量测定的方法，具有灵敏度高、特异性强、操作简便、快速的特点。

Jeon 等[48]采用生物素与亲和素介导的竞争性 ELISA 分析牛奶中的 TC。将 TC 与卵清蛋白偶联制备羊抗 TC 多克隆抗体，结果 LOD 为 0.048 μg/L。使用该法处理的样品无需净化和稀释，结果灵敏度高，并且所测的几种物质未发现交叉反应。Zhang 等[49]合成三种新的免疫源制备兔抗 TC 多克隆抗体，建立间接竞争酶联免疫吸附法（ic-ELISA），添加回收率为 74%～116%，新免疫原的合成可为牛奶中 TCs 残留检测提供新的筛选方法。Lee 等[50]采用半定量 ELISA 测定猪血浆中的 OTC、CTC 和 TC 含量。

Pastor-Navarro 等[51]合成 TCs 的酰胺和重氮衍生物选择性半抗原，制备多克隆抗体，筛选蜂蜜中残留 TCs，LOD 为 0.4 ng/mL，回收率达到 79%～108%。该法提供了一步合成半抗原的新途径，但物质的交叉反应均超过 10%。Jeon 等[52]报道了基于生物素-抗生物素介导的 ELISA 方法，测定蜂蜜中的 TC。用 pH 7.2 的 PBS-EDTA 测定缓冲液配置和稀释 TC 标准品，不需要任何前处理，直接 ELISA 测定。方法 LOD 为 0.19 μg/L，LOQ 为 0.38 μg/L，回收率为 95%～101%，与结构相似物没有发现交叉反应。

Le 等[53]基于金霉素-牛血清白蛋白（CTC-BSA）作为免疫原产生的单克隆抗体建立了快速、灵敏测定动物组织中 CTC 残留的 ELISA 方法。改进的 ELISA 方法中半数抑制浓度（IC_{50}）为 0.66 ng/mL。鸡肉和鸡肝中 CTC 的添加回收率范围分别为 78.8%～92.2%和 80.3%～90.2%，CV 分别为 3.2%～9.5%和 6.5%～10.2%；LOD 分别为 0.06 ng/g 和 0.07 ng/g。该作者[54]还应用高灵敏度和特异性单克隆抗体建立了改进的 ic-ELISA 测定鸡肉和鸡蛋中 DC 残留。应用杂交瘤技术制备 DC 单克隆抗体，测定灵敏度、特异性，精密度和准确度等参数对改进的 ic-ELISA 方法进行了评价。在最佳实验条件下，在 0.01～100 ng/mL 范围内绘制标准曲线，IC_{50} 值为（1.32±0.18）ng/mL，LOD 为（0.14±0.02）ng/g；添加水平为 50～600 ng/g 时，鸡肝、鸡肉和鸡蛋中 DC 的回收率分别为 84.6%～85.5%、88.2%～89.1%和 84.4%～89.3%，CV 分别为 5.1%～9.3%、3.7%～11.3%和 4.7%～9.8%。

2）胶体金免疫层析法（colloidal gold immunochromatographic assay，GICA）

GICA 因其快速、简便、灵敏度高的优点成为近几年用于牛奶、鸡蛋中 TCs 残留检测的新方法。

檀尊社等[55]建立了快速检测水产品中 TCs 残留的 GICA 方法。采用竞争模式，将抗 TC 单克隆抗体-胶体金复合物包被在胶体金结合垫上，并将人工合成的 TC 抗原包被在硝酸纤维素薄膜表面作为检测线，残留药物与待测样品中 TC 竞争结合胶体金标记的 TC 单克隆抗体，以颜色直观显示检测结果。试剂灵敏度最低值可达 100 ng/mL，仅需 5～10 min，与 CTC、OTC、DC 等 TCs 有很强的交叉反应，而与沙丁胺醇、莱克多巴胺等其他兽药无交叉反应。方莹等[56]也建立了快速检测 TC 残留的 GICA 方法。将制备的胶体金颗粒与抗 TC 单克隆抗体结合形成抗 TC 单克隆抗体-金标复合物标记在胶体金结合垫上。并将 TC 人工抗原包被在硝酸纤维素膜上作为检测线，待测样品中相应 TCs 竞争结合胶体金标记的抗 TCs 单克隆抗体，以颜色直观显示检测的定性结果。检测肉类样品，灵敏度最低值可达到 10 ng/mL，只需 3～5 min，与其他兽药无交叉反应。Le 等[57]建立了一种利用胶体金标记单克隆抗体一步侧流免疫层析技术快速检测猪组织中 DC 残留的方法。为了进行测定，引入了一个对其他 TCs 具有较低交叉反应的 DC 胶体金标记单克隆抗体，命名为 2.3/3A6。测试带对 DC 的灵敏度低达 7 ng/mL，IC_{50} 为（22±2）ng/mL。该测试可在 10 min 内完成，裸眼视觉评估 LOD 为 20 ng/mL；在 20 ng/g、40 ng/g 和 80 ng/g 三个水平，添加回收率分别为 81%～95%（肌肉）、81%～92%（肝脏），日内和日间 CV 分别为 3%~6% 和 4%~8%。

3）放射免疫分析法（radioimmunoassay，RIA）

RIA 是一种应用放射性同位素的敏感性和抗原抗体反应的特异性结合而成的体外微量分析方法，原理使放射性标记抗原和未标记抗原（待测物）与不足量的特异性抗体竞争性地结合，反应后分离并测量放射性而求得未标记抗原的量。

Meyer 等[58]将一种商业化的适用于血液、尿液、牛奶和组织中 TCs 分析的 RIA 方法，改进用于水样中 TCs 的分析，方法 LOD 约为 1.0 ppb，半定量水平为 1~20 ppb。检测结果通过了液相色谱-质谱（LC-MS）的确证。

（3）薄层色谱法（thin layer chromatography，TLC）

TLC 是一种设备简单、操作方便、分离速度快、灵敏度及分辨率较高的色谱分析方法。

张启华等[59]报道了蜂蜜中 TCs 残留量的薄层色谱测定法。残留在蜂蜜中的 TCs 在经 Sep-Pak C_{18} 小柱固相萃取处理后，用高效正相硅胶 TLC 分离，展开剂为：氯仿-乙酸乙酯-甲醇-乙腈-5.0 mol/L 氨水（3+1+3+0.5+1，v/v），待展开距离达到 75 mm 时取出。展开剂挥发后，先后喷上 0.20 mol/L 的氯化镁溶液和 100 g/L 的三乙醇胺-乙醇溶液，晾干后用紫外灯在 365 nm 下观察荧光点。对阳性样品利用薄层扫描仪在狭缝 2×2、测定波长 280 nm、参比波长 320 nm 的条件下进行反射吸收测定。根据标样中 DC、OTC、TC 的 Rf 值与样点中抗生素的 Rf 值来定性，利用外标法进行定量。在蜂蜜中的添加量为 0.05 ng、0.10 ng、0.20 ng 时，DC、OTC 和 TC 的回收率分别为 91.6%~100.3%、84.5%~103.1% 和 77.0%~103.2%，DC、OTC、TC 的 LOD 分别为：7.09 ng、5.49 ng 和 6.11 ng。Weng 等[60]开发了采用 TLC 测定饲料中 TC、CTC 和 OTC 的方法。硅胶层先用 10%Na-EDTA（pH 8~9）喷涂，在二氯甲烷-甲醇-水中展开后，浸渍在液体石蜡-己烷（30+70，v/v）中，在荧光密度 400 nm 下检测。方法 LOQ 为 TC 和 CTC 杂质的 0.2%，OTC 杂质的 0.1%。Meisen 等[61]报道了采用高效薄层色谱（HPTLC）-紫外光谱（UV）和红外线基质辅助激光解吸/电离正交飞行时间质谱（IR-MALDI-o-TOF-MS）测定 4 种 TCs 的方法。分析物在正相硅胶和水可湿润的混合 C_{18} 反相层展开分离后，UV 测定，分离的、明确标识的 TCs 谱带再用 MS 分析。定量范围在 20 ng~1 μg 之间，LOD 为 5 ng。

（4）流动注射法（flow-injection analysis，FIA）

FIA 是一种可摆脱溶液化学分析平衡理论的束缚，在非热力平衡条件下对处于液流中能够重现处理样品和试剂带区的定量流动分析技术，具有精度高、分析速度快以及易于实现自动化等特点。

王皓等[62]采用 FIA-化学发光法（chemiluminescence，CL）法测定血样和尿样中的 DC。在 0.8 mol/L 的 HNO_3 酸性介质中，DC 与 0.5 mmol/L 的 Ce（Ⅳ）反应，产生化学发光，采用 10 μmol/L 的罗丹明 6G 增敏，蠕动泵的转速为 30 r/min，利用 FIA 技术建立了简易、快速测定 DC 的化学发光法。化学发光强度在 $1.0×10^{-8}$~$1.0×10^{-6}$ g/mL 范围内与 DC 的浓度呈现良好的线性关系；LOD 为 $2×10^{-9}$ g/mL；测定血样和尿样中的 DC 回收率为 97%~117.4%，CV 低于 4.5%。Rodriguez 等[34]采用 FIA-分光光度法检测牛奶中 CTC、TC 和 OTC 残留。牛奶样品直接经 MSPE 净化，酸化甲醇洗脱，FIA 分离，紫外-可见分光光度计在 540 nm 处检测。该方法的线性范围为 0.03~0.60 mg/L，LOD 为 10 μg/L，平均回收率为 91.0%~97.0%，CV 低于 5%。经 MSPE-HPLC 和 SPE-HPLC 方法验证，差异不显著。

（5）毛细管电泳法（capillary electrophoresis，CE）

CE 具有操作简单、色谱柱不受样品污染、分析速度快、分离效率高、样品用量少、运行成本低等优点。

陈天豹等[63]用 CE 对蜂蜜中的 TC、OTC、DC 和 CTC 进行了分离测定。毛细管为 50 μm i.d.×57 cm（有效长度 50 cm），毛细管在每次使用前先用 0.1 mol/L 的 NaOH 在高压（138 kPa）下清洗 5 min，后用水洗 5 min，再用电泳缓冲液洗 2 min。TCs 的等电点（pI）在 4~6，在 pH 2~8 范围内较稳定。磷酸氢二钠-柠檬酸的 pH 缓冲范围为 2.6~7.6，且磷酸盐和柠檬酸在短波长下光吸收低，不会增加基线噪音，降低了可检测浓度，随 pH 的降低，毛细管表面的负电荷减少，电渗流减弱，实验结果显示出峰时间相应延长，pH 3.2 时分离效果较佳。电泳缓冲液中添加一种或几种有机试剂，对样品的溶解性、电渗流大小和分辨率等都有较大的影响。TCs 在磷酸氢二钠-柠檬酸电泳缓冲液中溶解性较差，因此需在电泳缓冲液中添加一定量的乙腈以解决溶解性差的问题，方法采用的缓冲液为 0.02 mol/L 磷酸氢二钠-0.01 mol/L 柠檬酸缓冲液（pH 3.2，含体积分数为 12%的乙腈）。蜂蜜样品经水稀释后 1000 r/min 离心 5 min，CE-UVD 检测，检测波长为 270 nm。TC、OTC 和 DC 的 LOD 为 20 μg/L，CTC 为 40 μg/L，回收率大于 89.6%，CV 为 0.5%～3.4%。Casado-Terrones 等[64]用毛细管区带电泳（CZE）分离检测蜂蜜中的 8 种 TCs。以 150 mmol/L 硼酸钠（pH 9.8）-2.5%异丙醇作背景缓冲溶液，目标抗生素在 16 min 内全部出峰，LOD 为 23.9～49.3 mg/kg，蜂蜜的加标回收率为 55%～89%。

Kowalski[65]采用带有泡状检测池的 CE 在 6 min 内对鱼肉样品中的 TC、OTC 和 DC 进行了检测。方法使用石英毛细管柱（57 cm×75 μm i.d.），3.45 kPa 压力进样 5 s，分离电压为 20 kV，分离温度为 22℃，UVD 在 270～280 nm 检测。TC、OTC 和 DC 的回收率分别为 84.0%、80.6%和 89.2%，CV 低于 6.2%，LOD 为 1.3～1.8 ng/g，LOQ 为 4.3～5.9 ng/g。Miranda 等[66]开发了测定鸡肉中 TC、OTC 和 DC 的 CZE-UVD 分析方法。样品经 C_{18} SPE 和 Amberlite XAD 7 离子交换树脂净化后，进 CE 分析。分离缓冲液含有 30 mmol/L 磷酸钠、2 mmol/L Na_2EDTA 和 2.5% 2-丙醇（pH 12），分离电压 14 kV，动态注入 5 s，360 nm 测定。整个分析时间小于 12 min。方法回收率为 85%～95%，RSD 小于 5%；C_{18} SPE 净化方法的 LOD 为 61～68 μg/kg，Amberlite XAD 7 净化方法的 LOD 为 81～89 μg/kg。

Nozal 等[67]报道了采用 CE 测定水样中 TC、OTC 和 DC 的方法。样品采用 STRATA-X 小柱富集净化，经流歧管与 CE 在线分析。方法分析范围在 7～45 g/L 之间，LOD 为 2 g/L；回收率为 99%～106%，RSD 小于 7.5%。

Mu 等[41]建立了牛奶中 TC、OTC 和 DC 残留的 CE 分析法。样品经 MSPD 净化，CE 分析，电泳缓冲液为 30 mmol/L Na_2HPO_4 和 1 mmol/L EDTA-Mcllvaine 缓冲液（pH 11.5），石英毛细管柱（50 cm×75 μm i.d.，有效长度 40.5 cm）分离，30 mbar 压力进样 3 s，分离电压为 25 kV，分离温度为 25℃，UVD 在 268 nm 检测。方法的平均回收率为 93.4%～102%，LOD 为 0.0745～0.0808 μg/mL。Santos 等[68]报道了采用 CE 分析牛奶中 TC 等抗生素的残留分析方法。样品经沉淀蛋白后，用 C_{18} SPE 柱净化，CE 测定。毛细管柱为熔融硅胶柱（58.5 cm×75 μm i.d.），分离缓冲液为 $2.7×10^{-2}$ mol/L KH_2PO_4 和 $4.3×10^{-2}$ mol/L $Na_2B_4O_7$ 缓冲液（pH 8），分离电压为 18 kV，0.5 psi 静态注入 3 s，分离温度为 25℃，UVD 在 210 nm 测定。在添加浓度 2.5～5 μg/mL，回收率超过 72%，RSD 小于 5%。Wang 等[69]以场强样品堆积-电迁移注射在线富集，毛细管电泳-质谱联用（CE-MS）检测牛奶中的 TCs。35 mmol/L 三羟甲基氨基甲烷-1.1%甲酸-5%甲醇-15%乙腈作为分离缓冲溶液，方法 LOD 为 7.14～14.90 ng/mL。研究表明，与未在线富集方法相比，场放大进样检测灵敏度提高 6～7 倍；将毛细管检测部分折成"Z"字形，加热吹成泡状是增加检测灵敏度的有效措施。

（6）高效液相色谱法（high performance liquid chromatography，HPLC）

HPLC 的灵敏度、特异性高，可用于动物血液、肌肉、肝脏、肾脏等样品中 TCs 残留量的分析。由于 TCs 易与反相硅胶柱上残留的硅醇基产生不可逆性吸附，导致色谱峰拖尾，因此通常需要在流动相中加入各种扫尾剂，如草酸、磷酸、柠檬酸、甲酸及磷酸氢二钠等，以改善峰形。目前，用于 TCs 的 HPLC 分析的主要有紫外检测器（UVD）、荧光检测器（FLD）、化学发光检测器（CLD）、电化学检测器（ECD）等。

1）紫外检测器（ultraviolet detection，UVD）

TCs 有很好的紫外吸收特性，摩尔吸收系数较大。它们在酸性溶液中的紫外最大吸收波长一般在 350～380 nm 之间，而在这个波长段附近，体液和组织内的化合物很少有吸收，因此干扰较少，可提高灵敏度。采用 UVD 或二极管阵列检测器（DAD/PDA）检测，其检测限可以达到 ng/g 或 ng/mL。对不同的样品，通过选择合适的流动相，可以提高其选择性，改善色谱峰形，降低信噪比；而且分析时间一般较短（8～16 min）。

Samanidou 等[5]对牛肉中 MNC、OTC、TC、CTC、DC 残留进行 HPLC-DAD 检测。以 0.3 mol/L 柠檬酸溶液（pH 4）提取样品，采用高交联度的球状聚合体吸附剂为填料的萃取柱对样品进行净化，以甲醇-乙腈-0.01 mol/L 草酸溶液（30+30+40，v/v）为洗脱剂对 5 种 TCs 进行洗脱。在浓度为 0.5～15.0 μg/mL 线性范围内，牛肉样品的加标回收率为 98.7%～103.3%，方法的 LOQ 为 25.0～40.0 μg/kg。该实验以氨基苯甲酸为内标物加入到所测样品中，降低了因被测物性质不稳定带来的误差，结果重现性好。庞国芳等[13]建立了 HPLC-UVD 法同时测定禽肉中 TC、OTC、CTC 和 DC 残留的分析方法。禽肉样品用 0.1 mol/L Na₂EDTA-Mellivaine 缓冲液提取，上清液用 HLB 固相萃取柱和 Carbolicacid 阴离子交换柱净化，用流动相洗脱定容后，用 UVD 于 350 nm 测定。在 5～100 mg/kg 添加水平，回收率为 60%～100%，RSD 在 16%以内；TC、OTC 的 LOD 为 2 mg/kg，CTC 和 DC 的 LOD 为 5 mg/kg。Ryuji 等[70]提出了一种简化了的食用鱼和小虾中药物残留的 HPLC 检测方法。测定 TC 和 OTC 时，以甲醇-草酸（1+9，v/v）的混合溶液为流动相，用 28%的氨水调节 pH 7.0，紫外检测波长 360 nm，在信噪比（S/N）为 3 时 LOD 为 0.02 μg/g。Shalaby 等[71]通过对不同方法的每一步评价，优化并验证了一种测定鸡肉和肝脏中 TC 残留的 HPLC-DAD 分析方法。该方法采用 2 mL 20%的三氯乙酸和柠檬酸盐缓冲液（pH 4）进行 UAE 提取，离心后取上清液，经 C₁₈固相萃取柱净化后，用反相色谱柱（Nuclosil 100 1825 cm×4.6 mm i.d.，5 μm）梯度洗脱，DAD 在 351 nm 检测。结果表明，在线性范围为 50～5000 ng 时，校准曲线线性关系良好（r^2 大于等于 0.999）；鸡肉及肝脏中的准确度分别为 71.88%～92.44.3%和 68.88%～84.84%，精密度均低于 10%；OTC、TC、CTC 和 DC 的 LOD 分别为 4.4 ng、5 ng、13 ng 和 10 ng，LOQ 分别为 10 ng、13 ng、27 ng 和 22 ng。Yu 等[10]建立了一种简单、快速定量测定猪、鸡和牛肌肉和肝脏样品中 OTC、TC、CTC、MNC、MTC、DMCT 和 DC 的 HPLC 分析方法。使用 ASE 仪以三氯乙酸/乙腈溶液萃取 HPLC-UVD 检测。肌肉和肝脏中所有化合物的 LOD 均低于 10 μg/kg，LOQ 不超过 15 μg/kg；平均回收率为 75.0%～104.9%，RSD 小于 10%。Lee 等[72]采用 HPLC 方法分析韩国市场上牛肉、猪肉、鸡肉、鳗鱼、比目鱼、石斑鱼、鲷鱼、鲈鱼和牡蛎样品中的 TCs 等 13 种抗生素。经分析发现，猪肉和鳗鱼中 OTC 的含量分别为 0.01 mg/kg 和 0.05 mg/kg。Fletouris 等[73]建立了可食性动物组织中 OTC 及其代谢物 4-epiOTC 的离子对 HPLC 分析方法。样品用 2 mol/L 硫酸调 pH 2.7，乙腈提取，经硫酸铵溶液和 0.1 mol/L 磷酸净化后，HPLC-UVD 测定。Nucleosil 100-5 C18 色谱柱分离，乙腈-0.01 mol/L 磷酸氢二钠（20+80，v/v，含四丁基铵和辛烷磺酸盐，pH 3.8）等度洗脱，UVD 在 370 nm 测定。方法回收率超过 82.6%，RSD 小于 6%；肌肉和脂肪中的 LOQ 为 30 ng/g，肝脏和肾脏中的 LOQ 为 50 ng/g。

　　张素霞等[40]建立了牛奶中 TCs 残留的 HPLC-UVD 分析法。用 MSPD 技术处理样品，以甲醇-乙腈-0.01 mol/L 草酸（2+3+5，v/v）为流动相，C₁₈色谱柱（250 mm×4.6 mm i.d.，5 μm）分离，流速为 1.0 mL/min，检测波长为 365 nm，进样体积为 20 μL。在 0.1～0.5 μg/mL 添加浓度范围内，4 种 TCs（CTC、TC、OTC 和 DC）的平均回收率为 78.7%～90.2%，CV 在 2.4%～18.8%之间，测得样品的 LOD 为 0.02～0.05 μg/mL。Kaale 等[74]采用 PS/DVB 为填料的反相柱检测牛奶中 OTC 残留。以 20%（v/v）三氯乙酸沉淀蛋白，乙酸-水（pH 4.5）-乙腈（4+68+28，v/v）为流动相，UVD 检测波长为 354 nm。在 100～1000 ng/mL 范围内呈良好线性（r^2=0.9995），日内 RSD 为 0.8%，样品中 OTC 的 LOD 为 30 ng/mL。该方法无需使用离子对试剂，结果有较高的稳定性和重现性。Furuawa[75]建立了采用非有机溶剂测定牛奶中 OTC 残留的 HPLC-DAD 分析方法。该方法没有采用常用的 C₁₈柱或 C₈柱，而是用 C₄柱分离，TCs 更不易保留，所需的流动相有机极性强度和量均减小，可采用无有机溶剂的流动相。OTC 在 0.1～1.0 μg/mL 添加浓度范围，回收率为 80%～84%，RSD 为 4.2%～5.3%；LOQ 为 0.08 μg/mL。Fletouris 等[76]报道了采用离子对 HPLC 分析羊奶中 OTC 残留标示物的方法。样品经酸化，用乙腈提取，硫酸铵溶液和磷酸净化后，HPLC-UVD 测定。Nucleosil C₁₈色谱柱分离，同时含有正负电荷的离子对试剂为流动相。方法回收率超过 86%，RSD 小于 4.6%；LOD 为 20 μg/kg。Fritz 等[77]开发了同时测定牛奶中 TC、4-epiTC 和 OTC 的反相 HPLC-PDA 方法。牛奶经提取后用 Discovery SPE DSC-18 柱净化，室温下用 Waters Symmetry C₁₈色谱柱分离，0.01 mol/L 草酸溶液-乙腈-甲醇（150+20+20，v/v）为流动相，整个分析小于 8 min。方法 LOD 为 2.0 μg/L；在添加浓度 0.25 μg/mL、0.5 μg/mL、1.0 μg/mL 和 1.5 μg/mL，TC、4-epiTC 和 OTC 的平均回收率分别为 91.5%、71.5%和 83.1%，日内 RSD 小于 4%，日间小于 7%。

Viñas 等[78]采用反相 HPLC-UVD 测定蜂蜜中的 TCs。采用弱酸性溶液（含 EDTA，以释放蛋白和糖结合态的药物）提取，苯基 SPE 柱净化后，HPLC-UVD 测定。色谱柱键合的酰胺基固定相阻断了 TCs 与残留硅醇基的结合，避免了拖尾峰的出现。以乙腈和草酸为流动相梯度洗脱，所有药物分离良好。方法线性、准确度、灵敏度、精密度均满足残留分析要求，LOD 在 15～30 ng/g 之间。

2）荧光检测器（fluorescence detection，FLD）

在一定 pH 范围内，TCs 及其部分衍生物可以产生荧光，因此可用荧光测定。TCs 与一些金属离子有很强的螯合能力，并能生成有色螯合物，其中以铀、锌、铜、铝、镁等离子的螯合物尤为稳定，可用于鉴别、测定 TCs 的含量。一些螯合物在一定 pH 条件下的荧光强度增强，为荧光测定提供了基础。

Lu 等[79]报道了采用 HPLC-FLD 同时测定 OTC、DC、TC 和 CTC 的方法。用反相 C_{18} 色谱柱分离，甲醇-醋酸钠缓冲液（含乙二胺四乙酸二钠和氯化钙，pH 8.1）作流动相，梯度洗脱，FLD 在激发波长（λ_{ex}）380 nm，发射波长（λ_{em}）532 nm 测定。OTC、DCTC 和 CTC 的 LOD 分别为 0.1 μg/L、0.5 μg/L、0.3 μg/L 和 0.4 μg/L。Spisso 等[80]建立了检测牛奶中 OTC、TC、CTC 的 HPLC-FLD 方法。以 Symmetry Shield™ RP^8 色谱柱（150 mm×4.6 mm i.d.，3.5 μm）分离，流动相为 0.01 mol/L 草酸和乙腈，流速为 1 mL/min，梯度洗脱，用醋酸镁在二甲基甲酰胺中的柱后衍生增强荧光，FLD 检测，λ_{ex}=385 nm，λ_{em}=500 nm。方法的回收率为 61%～115%，CV 为 5%～15%；测得牛奶中 OTC、TC、CTC 的 LOD 为 5～35 μg/kg，LOQ 为 50 μg/kg，CC_α 分别为 109 μg/kg、108 μg/kg 和 124 μg/kg，CC_β 分别为 119 μg/kg、117 μg/kg 和 161 μg/kg。Schneider 等[81]对鸡肉中 OTC、CTC、TC 进行 HPLC-FLD 检测。以 0.1 mol/L 丙二酸盐（含 50 mmol/L mg^{2+}，浓氨水调 pH 6.5）和甲醇为流动相，梯度洗脱，流速为 0.5 mL/min，XDB-苯基色谱柱（3.0 mm×150 mm，3.5 μm）分离，FLD 检测，λ_{ex}=375 nm，λ_{em}=535 nm。方法回收率为 63%～95%，OTC、TC、CTC 的 LOD 分别为 1 ng/g、1.5 ng/g 和 5 ng/g，在无需柱后衍生的前提下该方法可获得较强的荧光。Peres 等[12]建立了 HPLC-FLD 方法检测蜂蜜中的 OTC、TC 和 CTC。用 Na_2EDTA-Mcllvaine 缓冲溶液提取，SPE 净化，XDB-C_8 色谱柱（4.6 mm×250 mm，5 μm）分离，流动相 A 为 0.075 mol/L 二水乙酸钠、0.035 mol/L 二水氯化钙、0.025 mol/L Na_2EDTA，用 5 mol/L 氢氧化钠调 pH 6.5，流动相 B 为甲醇-水（95+5，v/v），梯度洗脱，FLD 检测，λ_{ex}=390 nm，λ_{em}=512 nm。方法的回收率为 86%～111%，CV 低于 11%；LOD 和 LOQ 分别为 8 μg/kg 和 25 μg/kg。

3）化学发光检测器（chemiluminescence detection，CLD）

CLD 是近年来发展起来的一种快速、灵敏的新型检测器，具有设备简单、价廉、线性范围宽等优点。其原理是分离组分从色谱柱中洗脱出来后，与适当的化学发光试剂混合，引起化学反应，导致发光物质产生辐射，其光强度与该物质的浓度成正比。CLD 不需要光源，也不需要复杂的光学系统，只要有恒流泵，将化学发光试剂以一定的流速泵入混合器中，使之与柱流出物迅速而又均匀地混合产生化学发光，通过光电倍增管将光信号变成电信号，就可进行检测。

张琰图等[82]基于 TCs 能够强烈增敏通过恒电流电解方法在线电生 BrO^- 和鲁米诺之间产生的化学发光，建立了 HPLC 分离，柱后化学发光检测牛奶中 TC、OTC、CTC 和 DC 的方法。准确移取 5 mL 鲜奶于 10 mL 容量瓶中，加入乙腈混匀后静置 10 min，然后 10000 r/min 离心，将上清液移入 25 mL 容量瓶中用乙腈洗涤定容。以 Nucleosil RP-C_{18}（250 mm×4.6 mm，i.d.，5 μm）为色谱柱，0.05 mol/L 磷酸二氢钾（pH 2.5）-乙腈（30+70，v/v）为流动相，流速 1.2 mL/min，柱温 25℃。将一根长为 10 cm 的无色玻璃管（内径为 2 mm，外径为 3.5 mm）加工缠绕成直径为 0.8 cm 的平面螺旋管作为检测流通池并将其放置在光电倍增管前面，使用恒流泵分别将电解液和鲁米诺溶液以 2.0 mL/min 的流速通过相应的管道泵入分析系统，同时开启恒电位仪（控制电解电流为 0.2 mA）和高压泵，待基线平稳后，用进样器将 20 μL 的 TC、OTC、CTC、DC 标准液（或样品溶液）注入色谱柱，经色谱柱分离后与鲁米诺及电生的 BrO^- 溶液混合，在流通池中产生化学发光，记录色谱图，根据色谱峰高进行定量分析。该方法 LOD 为 0.002～0.008 μg/mL，回收率为 90%～115%，RSD 为 2.0%～3.6%。Morandi 等[83]开发一种基于铕敏化发光检测的 HPLC 方法，用于测定牛奶中的 TC 残留。镧系元素阳离子的电子发射性能被用作铕（Ⅲ）络合 TC 指纹。提取和纯化过程的优化提供了一种简单和方便的途径来制备稳定的 TC 样品，可以安全地抵抗冷冻循环。该方法首次用于牛奶中 TC 的测定，各项性能指标满足欧盟指令 2002/657/EC 的要求，假符合率（β 错误）低于 5%。

Wan 等[84]利用 TCs 可增强高锰酸钾-亚硫酸钠-β-环糊精体系在磷酸溶液中的化学发光强度，建立了蜂蜜中 OTC、TC 和 MTC 的 HPLC-CLD 方法。以柠檬酸和磷酸盐溶液提取，XAD-2 树脂柱净化，XDB-C_{18}色谱柱分离，乙腈和 0.001 mol/L 磷酸为流动相，CLD 检测。该方法用于蜂蜜中 TCs 的分析，线性为 0.5～1000.0 ng/mL，LOD 为 0.9～5.0 ng/mL，日内 RSD 为 3.1%～7.4%，日间 RSD 为 2.2%～8.6%。

Valverde 等[85]报道了采用 HPLC-CLD 测定水样中 TC、OTC、CTC、DMCT、DC 和 MCC 的分析方法。CLD 测定基于在硫酸介质中光照射 TC 会增强铈（Ⅳ）-罗丹明 B 系统的化学发光。采用 Aquasil-C_{18}色谱柱分离，乙腈和 0.1 mol/L 磷酸缓冲液梯度洗脱，使用光反应器组成的 PFA 管式反应器线圈和 8 W 氙气灯进行光衍生化。方法日内 RSD 小于 10%，LOD 在 0.12～0.34 μg/L 之间。

4）电化学检测器（electrochemical detection，ECD）

ECD 主要有安培、极谱、库仑、电位、电导等检测器，属选择性检测器，可检测具有电活性的化合物。目前它已在各种无机和有机阴阳离子、生物组织和体液的代谢物、食品添加剂、环境污染物、生化制品、农药及医药等的测定中获得了广泛的应用。Zhao 等[26]采用 HPLC-库仑电极阵列法检测牛奶中的 OTC、TC、CTC、MTC 和 DC。牛奶样品用 1 mol/L 盐酸调 pH 4.0，超声 5 min，8000 g 离心 10 min，取上清液，30 mL 正己烷萃取 2 次，取下层的水相。有机相用 2 mL 水洗涤 1 次，水相真空旋蒸低于 10 mL，甲醇定容至 10 mL，0.22 μm 滤膜过滤，取 20 μL 进样，HPLC-库仑电极阵列法分析。色谱柱为 C_{18}反相柱（150 mm×4 mm i.d.，5 μm），流动相为二水磷酸二氢钠溶液（pH 2.2，0.05 mol/L）-乙腈（78+22，v/v），流速为 1 mL/min；四电极的点位分别为 400 mV、660 mV、680 mV 和 700 mV，第一个电极用于去除共萃取的干扰物质，其他 3 个电极用于定量，检测的最大电位为 700 mV。该方法的回收率为 88%，CV 低于 4.3%，OTC、TC、CTC、MTC 和 DC 的 LOD 分别为 12.5 ng/mL、20 ng/mL、25 ng/mL、10 ng/mL 和 25 ng/mL。

（7）液相色谱-质谱联用法（liquid chromatography-mass spectrometry，LC-MS）

随着 LC-MS 技术的发展，特别是电喷雾（ESI）技术的完善，LC-MS 因其快速、灵敏度高、可提供结构信息、对净化要求小等优点，已逐渐成为 TCs 残留分析的主要手段。

Cherlet 等[19]采用 LC-ESI-MS/MS 检测猪组织中的 TC、4-epi TC、CTC、4-epi CTC、OTC、4-epi OTC、DC 和 4-epi DC 残留。用 0.1 mol/L 琥珀酸钠溶液（pH 4.0）提取，PLRP-S polymeric 反相色谱柱（250 mm×4.6 mm，8 μm）分离，柱温为 60℃，流动相 A 为 0.001 mol/L 草酸-0.5%甲酸-3%四氢呋喃溶液，流动相 B 为四氢呋喃，梯度洗脱；采用 ESI^+方式检测，毛细管电压为 7 V，锥孔电压为 130 V，离子源温度为 80℃，毛细管温度为 200℃。方法 LOD 为 0.5～4.5 ng/g。Dasenaki 等[86]采用 UPLC-MS/MS 测定了鱼肉、猪肉和禽肉中的 5 种 TCs。样品用甲醇-乙腈（50+50，v/v，含 0.05%甲酸）提取，以 Zorbax Eclipse Plus C_{18}色谱柱分离，乙腈-0.1%甲酸为流动相，梯度洗脱，流速 0.1 mL/min，在 MS/MS 模式下监测碎片离子，各项指标满足欧盟指令 2002/657/EC 的要求。Granelli 等[87]开发了利用 LC-MS/MS 筛选检测动物肌肉和肾脏中 19 种抗生素（包括 TCs）的分析方法。样品采用 70%甲醇提取，用水稀释后，进 LC-MS/MS 检测。整个分析时间约为 15 min，可作为一种快速筛查方法。该作者[88]在此基础上又对方法进行了优化，使之可以确证检测猪肉和牛肉中的该 19 种抗生素残留，整个分析时间缩短到 7 min，方法参数按照欧盟指令 2002/657/EC 的要求进行了验证。

岳振峰等[15]建立了牛奶中 TC、CTC、OTC、DC、DMC、MTC、MNC、4-epi TC、4-epi CTC、4-epi OTC 的多残留 LC-MS/MS 测定方法。以 pH 4.0 的 EDTA-Mcllvaine 缓冲溶液为提取溶液，HLB 固相萃取柱净化，采用 Inertsil C_8-3（150 mm×2.1 mm，5 μm）反相色谱柱分离，流动相为甲醇和 0.01 mol/L 三氟乙酸，梯度洗脱，流速 0.3 mL/min，进样量为 30 μL。雾化气流速 6.0 L/min，气

帘气流速 10.0 L/min，喷雾电压为 4500 V，去溶剂温度为 500℃，去溶剂气流 700 L/min，碰撞气流 6.0 L/min（N₂），离子化模式为 ESI⁺，多反应监测（MRM）模式检测。该方法的 LOD 为 0.5～10 μg/kg，LOQ 为 50 μg/kg；线性范围为 50～1200 μg/L，添加回收率为 74.4%～101%，RSD 为 1.8%～8.3%。Koesukwiwat 等[89]采用 LC-MS/MS 检测牛奶中的 TC、CTC、OTC 等 10 种抗生素。用 SymmetryShield RP18 色谱柱（150 mm×2.1 mm，3.5 μm）分离，柱温 35℃，流动相 A 为乙腈-水（5+95，v/v），流动相 B 为 1 mmol/L 草酸乙腈-水（5+95，v/v），梯度洗脱，流速为 0.3 mL/min，进样量为 5.0 μL；采用 ESI 正离子方式检测，毛细管电压为 3.0 kV，锥孔电压为 130 V，离子源温度为 80℃，雾化温度为 300℃。在 12 min 内达到基线分离，回收率为 70%～106%。贾薇等[90]用 LC-MS/MS 法测定牛奶中 4 种 TCs 残留。样品经固相萃取后，采用 BDS 柱分离，以乙腈-水-甲酸为流动相，采用 ESI 离子源，以正离子检测方式进行一级、二级质谱分析。牛奶中 TC、OTC 及 MTC 的 LOD 可达 0.1 μg/mL，CTC 的 LOD 可达 0.1 μg/mL；TC、OTC 及 MTC 的浓度在 0.1～5.0 μg/mL 内呈线性，CTC 浓度在 0.2～10.0 μg/mL 内均呈线性。连英杰等[91]建立了利用 UPLC-ESI-MS/MS 同时测定原料奶及奶粉中 OTC、TC、CTC、DC 等 4 种药物的分析方法。样品经少量高氯酸沉淀蛋白、低温冷冻除脂后，用 C₁₈ 色谱柱分离，以 0.1%甲酸水和乙腈为流动相进行梯度洗脱，ESI 正离子模式扫描，MRM 检测，外标法定量。4 种 TCs 在 1～1000 ng/mL 浓度范围内线性关系良好；方法 LOQ 为原料奶 5 μg/kg，奶粉 25 μg/kg；在 10 μg/kg、50 μg/kg、100 μg/kg 水平下，加标回收率为 73.4%～99.4%，RSD 为 0.8%～14.3%。范志影等[92]建立了反相 LC-MS/MS 同时测定生鲜乳中 TC、CTC、OTC 和 DC 等药物残留的分析方法。结果表明，在 1～80 μg/L 有较好的线性关系，方法 LOD 在 0.1～1 μg/L 之间，回收率在 81%～119%之间，RSD 在 1.23%～14.80%之间。

　　Carrasco-Pancorbo 等[93]报道了蜂蜜中 CTC、DMCT、DC、MTC、MINO、OTC、TC 和 RTC 等 8 种 TCs 的残留分析方法。提取物经 RP-C₁₈ 色谱柱分离后，用 DAD 和电喷雾-飞行时间质谱（ESI-Tof-MS）检测和确证。通过线性梯度分离，8 种 TCs 在 10 分钟内出峰，分离良好，理论塔板数在 2328～19448 之间；方法 LOD 在 0.02～1.03 μg/kg 之间（DAD）和 0.05～0.76 μg/kg 之间（ESI⁻-Tof-MS）；在 10 μg/kg、25 μg/kg、50 μg/kg、100 μg/kg 浓度水平，添加回收率为 72%～98%。

　　常见 TCs 残留检测的部分 HPLC 和 LC-MS 方法分析条件见表 12-3。

表 12-3　常见 TCs 残留检测的部分 HPLC 和 LC-MS 方法分析条件

化合物	基质	色谱柱	流动相	检测条件	灵敏度	文献
TC，OTC，CTC	虾、牛奶	极性封尾 C₈	（牛奶：0.1 mol/L 草酸，虾：0.1%甲酸）+乙腈+甲醇（75+18+7，v/v/v）	UV：370 nm	LOQ：50 ng/g	[30]
OTC，TC，CTC	水产品	C₁₈	水-乙腈-N，N 二甲基甲酰-乙醇胺-Na₂HPO₄（760+240+60+5+2.5，v/v/g）	UV：254 nm	LOD：0.004～0.007 μg/mL	[72]
OTC，4-epi OTC	动物食用组织	C₁₈	乙腈-0.01 mol/L Na₂HPO₄（20+80，v/v）	UV：370 nm	LOD：12.4～17.5 ng/g	[73]
OTC	鲜奶	高分子反相柱	乙酸-水（pH 4.5）-乙腈（4+68+28，v/v）	UV：254 nm	LOD：30 ng/mL	[74]
OTC，4-epi OTC	羊奶	C₁₈	乙腈-0.01 mol/L Na₂HPO₄ 溶液（含：5 mmol/L 辛烷磺酸钠、3 mmol/L 四丁基硫酸氢铵、0.01%依地酸四钠，浓磷酸调 pH 3.8）（20+80，v/v）	UV：370 nm	CC_β：OTC：114.6 μg/kg；4-epi OTC：115.5 μg/kg	[76]
TC，OTC，CTC，DC	蜂胶	C₁₈	0.01 mol/L 草酸（pH 4.0）-甲醇-乙腈（70+10+20，v/v）	UV：350 nm	LOQ：100～150 ng/g	[14]
TC，OTC，MNC，CTC，MTC，DC	牛奶、蜂蜜	C₁₈	梯度洗脱：A：NaH₂PO₄（pH 3.0，0.01 mol/L）；B：乙腈	UV：350 nm	LOD：10.2～18.8 μg/L	[43]
CTC，TC，OTC	牛奶	ODS	0.01 mol/L 草酸溶液-甲醇-乙腈（64+18+18，v/v）	UV：360 nm	LOD：10 μg/L	[34]
TC，OTC，CTC，DC，MN，MTC	蜂蜜	Amide-C₁₈	梯度洗脱：A：10 mmol/L 草酸（pH 3）；B：乙腈	DAD：270、355 nm	LOD：15～30 ng/g	[78]

续表

化合物	基质	色谱柱	流动相	检测条件	灵敏度	文献
TC，OTC，CTC，DC	鱼肌肉	ODS	甲醇-乙腈-0.02 mol/L 草酸溶液（pH 3.0）（20+20+60，v/v）	DAD：355 nm	LOD：16～30 ng/g	[16]
TC，4-epiTC，OTC	牛奶	C_{18}	0.010 mol/L 草酸水溶液-乙腈-甲醇（150+20+20，v/v）	DAD：280、365 nm	LOD：2.0 μg/L	[77]
TC，OTC，CTC，DC	水、牛奶	ODS	梯度洗脱：A：10 mmol/L 草酸（pH 3）；B：甲醇	DAD：360 nm	LOD：0.9～3.5 ng/mL	[36]
OTC，TC，CTC	鸡肌肉	C_8-3 反相柱	梯度洗脱：A：0.1 mol/L 丙二酸盐，50 mmol/L mg^{2+}，浓氨水调 pH 6.5；B：甲醇	FLD：λ_{ex}：375 nm λ_{em}：535 nm	LOD：1.0～1.5 ng/g	[81]
OTC，TC，CTC，DC	牛奶、水	C_{18}	梯度洗脱：A：水；B：乙腈；C：0.01 mol/L 草酸	FLD：λ_{ex}：374 nm λ_{em}：495 nm	LOD：15～30 ng/L	[44]
OTC，TC，MTC	蜂蜜	XDB-C_{18}	乙腈-0.001 mol/L 磷酸（16+64，v/v）	CLD	LOD：0.9～5.0 ng/mL	[84]
OTC，TC，CTC，DC	蜂蜜	RP$_{18}$	梯度洗脱：A：甲醇；B：乙腈；C：草酸（5 mmol/L）	瑞利散射：λ_{ex}：370 nm λ_{em}：370 nm	LOD：2.12～5.12 μg/mL	[32]
OTC，TC，CTC，MTC，DC	牛奶	C_{18}	$NaH_2PO_4·2H_2O$（pH 2.2，0.05 mol/L）-乙腈（78+22，v/v）	库仑阵列电化学检测器	LOD：10～25 ng/mL	[26]
CTC，OTC，TC	牛奶	RP$_{18}$	梯度洗脱：A：5%乙腈（1 mmol/L 草酸）-水；B：95%乙腈-水（1 mmol/L 草酸）	ESI-MS/MS	LOD：0.65～2.64 ng/mL	[89]
OTC	鱼肌肉、皮	C_{18}	0.1%甲酸水溶液-甲醇（1+9，v/v）	ESI-MS/MS	LOD：4 μg/kg	[94]
CTC，DMC，MNC，OTC，TC	肉样品	HSS T3 UPLC 柱	梯度洗脱：A：50 mL 乙腈、3 mL 甲酸加水至 1 L；B：50 mL 水 3 mL 加水至 1 L	Tof-MS	CC_β：108.9～697 μg/kg	[95]
CTC；DMC，DC，MTC，MNC，OTC，TC，RTC	蜂蜜	C_{18}	梯度洗脱：A：0.02 mol/L 草酸-0.01 mol/L 三乙胺（pH 2）；B：乙腈	DAD；ESI-Tof-MS	LOD：UV：0.02～1.03 μg/kg；ESI-Tof-MS：0.05～0.76 μg/kg	[93]
OTC，TC，CTC	动物组织	ODS-80 Ts 柱	梯度洗脱：A：0.05%甲酸水溶液；B：甲醇（含 0.05%甲酸）	ESI-MS/MS	LOD：0.002 μg/kg	[96]
TC，CTC，OTC，DC，DMC，MTC，MNC，4-epiTC，4-epiCTC，4-epiOTC	牛奶	C_8-3 反相柱	梯度洗脱：A：甲醇；B：0.01 mol/L 三氟乙酸	ESI-MS/MS	LOD：0.05～10 μg/kg	[15]
CTC，OTC，TC，DC	肌肉、肾脏	C_{18}	梯度洗脱：A：乙腈；B：0.2%甲酸水溶液（含 0.1 mmol/L 草酸）	ESI-MS/MS	LOD：3～6 μg/kg	[87]
OTC，TC，CTC，DC	蜂乳	C_{18}	梯度洗脱：A：0.1%甲酸水溶液；B：甲醇	ESI-MS/MS	LOD：1.0 μg/kg	[31]
TC，OTC，CTC，DC	龙虾、蜂蜜、鸭肉	C_{18}	甲醇-乙腈-100 mmol/L 草酸溶液（1+2+7，v/v）	ESI-MS/MS	LOD：0.1～0.3 μg/kg	[1]
CTC，OTC，TC，DC	猪肌肉、牛肌肉	C_{18}	梯度洗脱：A：0.2%甲酸水溶液（含 0.1 mmol/L 草酸）；B：乙腈	ESI-MS/MS	LOD：6 μg/kg	[88]
OTC，TC，DMTC，CTC，DC	鱼组织	C_{18}	梯度洗脱：A：0.1%甲酸水溶液；B：乙腈	ESI-MS/MS	LOQ：31.3～78.1 μg/kg；CC_β：12.4～31.0 μg/kg	[86]

（8）传感器技术（sensor）

传感器是利用物理效应、化学效应、生物效应，把被测的物理量、化学量、生物量等转换成符合需要的电量，并按照一定的规律转换成可用输出信号的器件或装置。目前已在 TCs 残留检测开始应用。

Pellegrini 等[97]建立了电化学传感器方法检测牛奶中 TC、OTC、CTC 的残留。方法通过测定抗菌药物抑制大肠杆菌 ATCC 11303 生长的二氧化碳生成率变化进行定量，以 348 ppm、1253 ppm、1745 ppm、2881 ppm、6600 ppm 的标准二氧化碳浓度制备标准曲线，取 0.5 mL 的牛奶样品进行细菌培养，电化学传感器检测二氧化碳的浓度。该方法分析时间约 120 min，所需样品量约 0.5 mL，不需要前处理，CV 为 0.8%～2.4%，LOD 为 25 μg/L。

Shen 等[98]开发了用葡聚糖凝胶 G-50 微球作为固相支持物的流动荧光传感器用于测定水样中的 TC。封装在 CTAB 胶束结构中的 TC 荧光衍生物被保留在装入荧光流动池的微球表面，测量 TC 衍生物的天然荧光。DI 水通过破坏胶束结构，使 TC 衍生物从微球表面剥离。以 DI 水为载体，为固相支持物的再生提供了方便。在优化条件下，该方法线性范围为 3～500 μg/L，LOD 为 1.0 μg/L。

Moreira 等[99]报道了采用新的电位膜传感器测定 TC 的方法。以 2-乙烯基吡啶为功能单体，AmION（Ⅰ）作为增塑 PVC 膜的中性离子载体，合成 MIP 膜传感器。并对亲脂性盐和各种国外常见离子的影响进行测试。该传感器对 TC+离子具有显著的高灵敏度、稳定性和选择性，被成功应用于生物流体样品中 TC+离子的测定。Chao 等[100]以 TC 为模版合成 MIP 作为碲化镉（CdTe）量子点（QD）的荧光猝灭剂，并开发了检测 TC 的传感器。采用 MAA 和烯丙基硫醇连接体的链增长聚合合成了 MAA-MIP-QD 复合物。对 MIP-QD 复合物进行红外光谱和扫描电镜表征，并通过荧光猝灭的佩兰和斯特恩沃尔默模型进行评价。该传感器应用于牛血清检测，平均回收率为 96%（牛血清白蛋白）和 91%（胎牛血清），RSD 为 3.6%和 4.8%。

（9）表面等离子共振技术（surface plasmon resonance，SPR）

SPR 传感技术是一项新兴的生物化学检测技术，可以无标记实时监测表面生物分子之间的反应，并能对反应进行快速简便而比较精确的动力学分析，所以相对于 ELISA 等传统技术，具有无须标记、高速、高灵敏度等特点，目前在化学、生物检测、食品安全等研究中应用日益广泛。

Moeller 等[101]采用 SPR 技术间接法检测牛奶和蜂蜜中的 TC 残留。方法的原理是根据 TC 对革兰氏阳性菌的抗菌机制，TC 可以从操纵子（Tet Operator，TetO）中释放 46.6 kDa 的阻遏蛋白（Tet repressor protein，TetR），TetR 是将一个生物短双链 DNA 序列绑定到一个链霉亲和素生物传感器芯片上，如果样品中存在 TC 将与 TetR 偶联，诱导 TetO 和 TetR 的构象变化和亲和常数减少，根据亲和常数的变化定量检测样品中的 TC 残留。该方法检测牛奶中 TC 的 LOD 为 15 μg/L，蜂蜜中 TC 的 LOD 为 25 μg/kg。

12.2　公定方法

12.2.1　蜂蜜中土霉素、四环素、金霉素、强力霉素残留量的测定　液相色谱-串联质谱法[102]

12.2.1.1　适用范围

适用于蜂蜜中土霉素、四环素、金霉素、强力霉素残留量的测定。方法检出限：土霉素、四环素为 0.001 mg/kg；金霉素、强力霉素为 0.002 mg/kg。

12.2.1.2　方法原理

蜂蜜试样中四环素族抗生素残留，用 0.1 mol/L Na_2EDTA-McIlvaine（pH=4.0±0.05）缓冲溶液提取提取液经离心后，上清液用 Oasis HLB 或相当的固相萃取柱和阴离子交换柱净化，液相色谱-串联质谱仪测定，外标法定量。

12.2.1.3　试剂和材料

甲醇、乙腈、乙酸乙酯：色谱纯；磷酸氢二钠（$Na_2HPO_4 \cdot 2H_2O$）：优级纯；柠檬酸（$C_6H_8O_7 \cdot H_2O$）、乙二胺四乙酸二钠（Na_2EDTA·$2H_2O$）、草酸：分析纯。

磷酸氢二钠溶液：0.2 mol/L。称取 28.41 g 磷酸氢二钠，用水溶解，定容至 1000 mL。

柠檬酸溶液：0.1 mol/L。称取 21.01 g 柠檬酸，用水溶解，定容至 1000 mL。

Mcllvaine 缓冲溶液：将 1000 mL 0.1 mol/L 柠檬酸溶液与 625 mL 0.1 mol/L 磷酸氢二钠溶液混合，必要时用 NaOH 或 HCl 调 pH=4.0±0.05。

Na$_2$EDTA-Mcllvaine 缓冲溶液：0.1 mol/L。称取 60.5 g 乙二胺四乙酸二钠放入 1625 mL Mcllvaine 缓冲溶液中，使其溶解，摇匀。

甲醇+水（1+19，v/v）：量取 5 mL 甲醇与 95 mL 水混合。

土霉素、四环素、金霉素、强力霉素标准物质：纯度≥95%。

土霉素、四环素、金霉素、强力霉素标准贮备溶液：0.1 mg/mL。准确称取适量的土霉素、四环素、金霉素、强力霉素标准物质，分别用甲醇配成 0.1 mg/mL 的标准储备液。储备液贮存在−18℃冰柜中。

土霉素、四环素、金霉素、强力霉素基质混合标准工作溶液：根据需要吸取适量土霉素、四环素、金霉素、强力霉素标准贮备溶液，用空白样品提取液稀释成适当浓度的基质混合标准工作溶液，基质混合标准工作溶液在 4℃保存，可使用 3 天。

Oasis HLB 固相萃取柱或相当者：500 mg，6 mL。使用前分别用 5 mL 甲醇和 10 mL 水预处理，保持柱体湿润。

阴离子交换柱：羧酸型，500 mg，3 mL。使用前用 5 mL 乙酸乙酯预处理，保持柱体湿润。

12.2.1.4　仪器和设备

液相色谱-串联四极杆质谱仪，配有电喷雾离子源；分析天平：感量 0.1 mg 和 0.01 g；液体混匀器；固相萃取真空装置；贮液器：50 mL；微量注射器：25 μL，100 μL；刻度样品管：5 mL，精度为 0.1 mL；真空泵：真空度应达到 80 kPa；离心管：50 mL；平底烧瓶：100 mL；pH 计：测量精度±0.02。

12.2.1.5　样品前处理

（1）试样制备

对无结晶的实验室样品，将其搅拌均匀。对有结晶的样品，在密闭情况下，置于不超过 60℃的水浴中温热，振荡，待样品全部融化后搅匀，迅速冷却至室温。分出 0.5 kg 作为试样。制备好的试样置于样品瓶中，密封，并做上标记。将试样于常温下保存。

（2）提取

称取 6 g 试样（精确到 0.01 g）置于 150 mL 三角瓶中，加入 30 mL Na$_2$EDTA-Mcllvaine 缓冲溶液，于液体混匀器上快速混合 1 min，使试样完全溶解。样液倒入 50 mL 离心管中，以 3000 r/min 离心 5 min，待净化。

（3）净化

将上清液移至下接 Oasis HLB 柱的贮液器中，以≤3 mL/min 通过 Oasis 固相萃取柱后，用 5 mL 甲醇-水洗柱，弃去全部流出液。在 65 kPa 的负压下，减压抽干 20 min，最后用 15 mL 乙酸乙酯洗脱，收集洗脱液于 100 mL 圆底烧瓶中。

按上述方法使洗脱液在减压情况下以≤3 mL/min 的流速通过阴离子交换柱，待洗脱液全部流出后，用 5 mL 甲醇洗柱，弃去全部流出液。在 65 kPa 负压下，减压抽干 5 min，再用 4 mL 流动相洗脱，收集洗脱液于 5 mL 样品管中，定容至 4 mL，供液相色谱-串联质谱仪测定。

12.2.1.6　测定

（1）液相色谱条件

色谱柱：Inertsil C$_8$-3，5 μm，150 mm×2.1 mm（内径）或相当者；流动相：乙腈+甲醇+0.4%甲酸溶液（18+4+78，v/v/v）；流速：0.2 mL/min；柱温：25℃；进样量：20 μL。

（2）质谱条件

离子源：电喷雾离子源；扫描方式：正离子扫描；检测方式：多反应监测；电喷雾电压：5500 V；雾化气压力：0.055 MPa；气帘气压力：0.079 MPa；辅助气流速：6 L/min；离子源温度：430℃；去簇电压：55 V；定性离子对、定量离子对和碰撞气能量见表 12-4。

表 12-4　四种四环素族抗生素定性离子对、定量离子对和碰撞气能量

化合物	定性离子对（m/z）	定量离子对（m/z）	碰撞气能量/V
土霉素	461/426		29
	461/443	461/426	20
	461/381		35
四环素	445/410		28
	445/154	445/410	40
	445/428		20
金霉素	479/444		32
	479/154	479/444	40
	479/462		27
强力霉素	445/428		27
	445/410	445/428	27
	445/154		40

（3）液相色谱-串联质谱测定

用土霉素、四环素、金霉素、强力霉素基质混合标准溶液分别进样，以峰面积为纵坐标，工作溶液浓度为横坐标绘制标准工作曲线，用标准工作曲线对样品进行定量，样品溶液中土霉素、四环素、金霉素、强力霉素的响应值均应在仪器测定的线性范围内。土霉素、四环素、金霉素、强力霉素标准总离子流图见图 12-1。在上述色谱条件下，土霉素、四环素、金霉素、强力霉素的参考保留时间分别为 3.33 min、3.89 min、8.04 min、12.07 min。

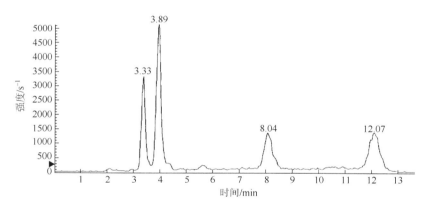

图 12-1　土霉素、四环素、金霉素、强力霉素标准物质总离子流图
3.33 min，土霉素；3.89 min，四环素；8.04 min，金霉素；12.07 min，强力霉素

12.2.1.7　分析条件的选择

（1）提取净化条件的优化

1）净化样品固相萃取柱的选择

在本方法的研究中，用蜂蜜样品实验了 Oasis HLB 固相萃取柱、C_{18} 固相萃取柱、阴离子交换柱（醋酸型）和阳离子交换柱（苯磺酸型）对四种抗生素的提取效率和净化效果。实验发现，阳离子交换柱回收率低（只有 50%～60%），且净化效果也不理想，而 C_{18} 固相萃取柱则存在着不同批次之间回收率的显著差异。而使用 Oasis HLB 固相萃取柱和阴离子交换柱净化样品回收率均在 70%以上，净化效果也令人满意。因此本方法选择 Oasis HLB 固相萃取柱和阴离子交换柱双柱提取和净化样品。

2）提取液 pH 对回收率的影响

本方法用 0.1 mol/L Na_2EDTA-McIlvaine 缓冲溶液提取蜂蜜样品中四种抗生素残留。实验发现，提取液的 pH 不同，对回收率有较大影响。用 6 个不同 pH 的提取液，按规定方法进行回收率实验，回收率数据见表 12-5。

表 12-5　0.1mol/L Na₂EDTA-Mcllvaine 缓冲溶液 pH 对回收率的影响

pH	土霉素/%	四环素/%	金霉素/%	强力霉素/%
3.0	66.7	81.8	80.0	76.5
3.5	79.4	82.8	80.0	80.9
4.0	82.3	86.2	81.4	79.9
4.5	76.9	80.3	79.9	75.9
5.0	74.4	78.4	72.6	72.0
5.5	72.0	73.9	58.2	76.1

从表 12-5 可以看出：四环素、金霉素在 pH=3～4.5 区间内，回收率是基本稳定的，当 pH＞5.0 时，回收率随 pH 的增大而降低；土霉素、强力霉素从 pH=3.0 起，随 pH 的增大而增大，当 pH=4 时，达到最大值，而后又随 pH 的增大，其回收率逐步降低。因此，本方法选择 pH=4.0 的 0.1 mol/L Na₂EDTA-Mcllvaine 缓冲溶液作为蜂蜜中四种抗生素的提取液。

　　3）Oasis HLB 固相萃取柱洗脱剂的选择

本方法实验了乙腈、甲醇、甲醇-乙酸乙酯混合液、乙酸乙酯作为 Oasis HLB 固相萃取柱的洗脱剂，比较了不同洗脱剂的净化效果。实验发现，用乙腈、甲醇作洗脱剂，用量在 5 mL 以内，四种抗生素均能从 Oasis HLB 柱上完全洗脱下来。但绝大多数样品在土霉素和四环素出峰区域内有干扰峰，影响其定量，若遇到颜色深或成分复杂的蜜样，对土霉素和四环素的影响更严重。使用不同配比的甲醇乙酸乙酯溶液，净化效果比甲醇、乙腈好，仍对土霉素、四环素的测定有干扰。使用乙酸乙酯作洗脱剂，虽然用量稍多些，但对不同蜂蜜样品，均能获得令人满意的净化效果和较高回收率。因此，本方法选用乙酸乙酯作为 Oasis HLB 柱的洗脱剂。

　　4）Oasis HLB 固相萃取柱和阴离子交换柱洗脱剂用量的选择，实验数据见表 12-6 和表 12-7。

表 12-6　Oasis HLB 固相萃取柱洗脱剂用量对回收率（%）的影响

体积	土霉素/%	四环素/%	金霉素/%	强力霉素/%
第 1 毫升	12.9	4.1	33.8	33.3
第 2 毫升	46.8	38.9	51.0	48.6
第 3 毫升	24.4	39.3	11.6	14.6
第 4 毫升	5.6	16.0	2.2	2.4
第 5 毫升	2.7	3.1	1.0	0.7
第 6 毫升	5.5	0.71	0.4	0.5
第 7 毫升	8.1			
第 8 毫升	3.8			
第 9 毫升	1.4			
第 10 毫升	0.4			
第 11 毫升	0.1			
第 12 毫升	0.1			

表 12-7　阴离子交换柱洗脱剂用量对回收率（%）的影响

体积	土霉素/%	四环素/%	金霉素/%	强力霉素/%
第 1 毫升	55.8	32.7	18.3	16.7
第 2 毫升	41.0	61.4	76.1	77.4
第 3 毫升	2.0	3.8	4.5	4.7
第 4 毫升	0.7	0.9	0.7	0.7
第 5 毫升	0.4	0.5	0.4	0.3

表 12-6 和表 12-7 中数据表明，Oasis HLB 固相萃取柱用 15 mL 乙酸乙酯洗脱和阴离子交换柱用 4 mL 流动相洗脱其四种四环素的回收率均在 99%以上。

（2）液相色谱分析柱和流动相的选择

在 GB/T 18932.4-2002 国家标准研究的基础上，对 μBondapak C$_{18}$ 300 mm×4.0 mm 色谱柱和 Inertsil C$_8$ 150 mm×2.1mm 色谱柱进行了比较，实验发现，这两种色谱柱分离度和灵敏度均能满足要求，但 μBondapak C$_{18}$ 柱流速在 1.5 mL/min，进质谱仪之前必须分流，而分流时对四种四环素结果的测定产生一定误差，而使用 Inertsil C$_8$ 柱，不需分流，定量准确度优于 μBondapak C$_{18}$ 柱，并且又对所使用的流动相进行了比较，比较结果见表 12-8。

表 12-8 两种色谱柱 LC-MS-MS 测定的比较

色谱柱	流动相	流速 /(mL/min)	是否分流进样	离子化情况	灵敏度	流动相中盐在离子源结晶情况
Inertsil C$_8$-3	乙腈+甲醇+0.01 mol/L 草酸溶液（20+10+70，v/v/v）	0.2	否	好	好	无
μBondapak C$_{18}$	乙腈+甲醇+0.4% 甲酸溶液（18+4+78，v/v/v）	1.5	是	稍差	稍差	有

通过以上对两种色谱柱的比较，本方法选用 Inertsil C$_8$-3 为四环素族抗生素的分析柱。

（3）质谱条件的确定

采用注射泵直接进样方式，以 5 μL/min 分别将土霉素、四环素、金霉素、强力霉素标准溶液注入离子源，用正离子检测方式对四种四环素族抗生素进行一级质谱分析（Q1 扫描），得到分子离子峰分别为 461，445，479 和 445，再对准分子离子进行二级质谱分析（子离子扫描），得到碎片离子信息。土霉素、四环素、金霉素、强力霉素二级质谱图。然后对去簇电压（DP），碰撞气能量（CE），电喷雾电压、雾化气和气帘气压力进行优化，使分子离子与特征碎片离子对强度达到最佳。然后将质谱仪与液相色谱联机，再对离子源温度，辅助气流速进行优化，使样液中四种四环素族抗生素离子化效率达到最佳。

12.2.1.8 线性范围和测定低限

配制含土霉素、四环素、金霉素、强力霉素浓度分别为 0.002 μg/mL、0.005 μg/mL、0.010 μg/mL、0.050 μg/mL、0.100 μg/mL、0.200 μg/mL 和 0.500 μg/mL 的基质混合标准溶液，在选定的条件下进行测定，进样量为 40 μL，用峰面积对标准溶液中各被测组分的浓度作图，土霉素、四环素、金霉素、强力霉素的绝对量分别在 0.8～20 ng 范围内均呈线性关系，符合定量要求，其线性方程和校正因子见表 12-9。

表 12-9 土霉素、四环素、金霉素、强力霉素线性方程和校正因子

化合物	检测范围/ng	线性方程	校正因子（R）
土霉素	0.8～20	$Y=5610X+13400$	0.9996
四环素	0.8～20	$Y=13500X+16400$	0.9997
金霉素	0.8～20	$Y=6700X-2280$	0.9999
强力霉素	0.8～20	$Y=12100X-4530$	0.9997

由此可见，在该方法操作条件下，土霉素、四环素、金霉素、强力霉素在添加水平 0.002～0.100 mg/kg 范围时，响应值在仪器线性范围之内。同时，样品中土霉素、四环素的添加浓度为 0.001 mg/kg；金霉素、强力霉素的添加浓度为 0.002 mg/kg 时，所测谱图的信噪比大于 5，高于仪器最小检知量。因此，可以确定本方法测定低限，土霉素、四环素为 0.001 mg/kg；金霉素、强力霉素为 0.002 mg/kg。土霉素、四环素、金霉素、强力霉素二级质谱图见图 12-2，检出限总离子流图见图 12-3。

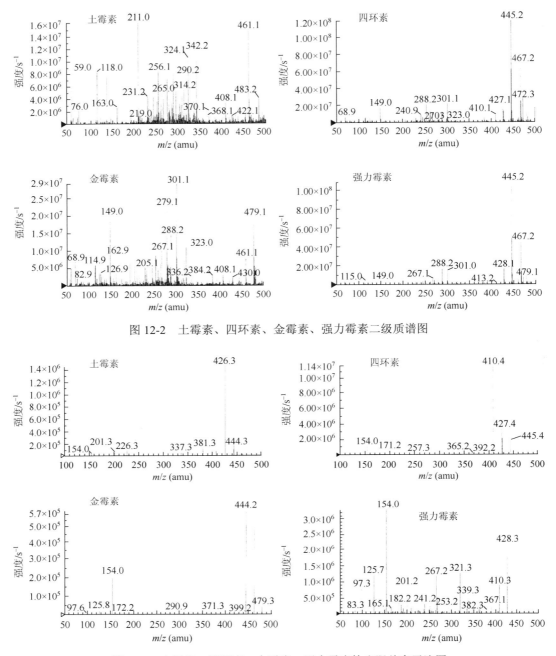

图 12-2 土霉素、四环素、金霉素、强力霉素二级质谱图

图 12-3 土霉素、四环素、金霉素、强力霉素检出限总离子流图

12.2.1.9 方法回收率、精密度和适用性

用不含四环素族抗生素的蜂蜜样品进行添加回收和精密度实验，样品中添加不同浓度标准后，摇匀，使标准样品充分吸收，然后按本方法进行提取和净化，用高效液相色谱-串联质谱仪测定，其回收率和精密度见表 12-10。从表 12-10 可以看出，本方法回收率在 70%～120% 之间，室内四个水平相对标准偏差均在 18% 以内。

采用本方法对葵花蜜、荞麦蜜、棉花蜜、油菜蜜、梧桐蜜等 11 个不同蜜种，在 0.002 mg/kg, 0.010 mg/kg, 0.050 mg/kg, 0.100 mg/kg 四个添加水平对土霉素、四环素、金霉素、强力霉素进行添加回收率实验，其分析结果见表 12-11。从表 12-11 可以看出，用 11 种蜂蜜在 4 个添加水平检查方法的选择性，四种四环素族抗生素的回收率在 82%～93% 之间，相对标准偏差在 4.83%～9.02% 之间，并且所做空白样品实验也证明，在四种四环素族抗生素出峰区域未见干扰峰，说明方法的选择性是好的。

表 12-10 四环素族抗生素添加回收率（%）实验数据（$n=10$）

测定次数	土霉素				四环素				金霉素				强力霉素			
	第一水平	第二水平	第三水平	第四水平	第一水平	第二水平	第三水平	第四水平	第一水平	第二水平	第三水平	第四水平	第一水平	第二水平	第三水平	第四水平
1	95.0	97.4	102.0	91.2	75.5	90.7	86.8	83.2	96.5	79.3	81.2	78.4	96.0	77.3	80.0	92.1
2	87.0	99.1	100.2	88.2	78.5	91.0	76.4	90.4	92.5	99.8	86.0	80.1	82.5	104.0	89.0	75.2
3	99.0	91.9	102.0	86.8	82.5	74.6	86.0	72.5	103.5	79.8	89.4	97.7	80.5	89.4	85.8	92.7
4	81.0	98.1	92.8	97.0	90.0	77.7	81.8	90.1	93.5	85.9	83.8	93.9	82.5	86.1	95.0	81.5
5	102.0	96.3	100.0	99.0	91.0	81.7	84.2	100.3	94.0	79.6	85.6	92.4	85.5	75.5	90.0	101.0
6	89.0	104.0	102.4	84.9	82.0	83.4	88.2	91.9	74.8	86.8	97.4	94.0	94.5	84.9	81.2	78.9
7	74.8	86.1	82.4	102.0	76.4	84.0	98.6	103.0	72.5	78.4	83.6	88.5	80.0	85.8	78.0	91.2
8	84.0	105.0	84.0	103.0	86.4	83.9	92.0	91.5	84.0	80.1	80.6	99.6	83.0	90.5	95.4	98.4
9	85.4	89.6	88.8	110.0	77.1	75.4	79.8	80.5	88.0	91.9	84.4	86.5	74.0	77.5	86.4	72.5
10	79.5	85.0	81.6	95.8	79.7	83.8	71.2	89.9	73.0	98.3	94.0	96.6	93.5	82.2	87.2	95.8
平均回收率/%	87.99	95.25	93.62	95.79	81.85	82.62	84.50	89.33	87.23	85.99	86.60	90.77	85.20	85.32	86.80	87.93
标准偏差 SD	8.25	6.93	8.75	8.04	5.60	5.60	7.80	8.94	10.79	8.12	5.45	7.25	7.20	8.33	5.89	10.09
RSD/%	9.37	7.28	9.34	8.40	6.78	6.78	9.24	10.01	12.38	9.45	6.29	7.99	8.45	9.77	6.79	11.47

表 12-11 11 种蜂蜜四环素族抗生素添加回收率（%）实验

蜜种	土霉素				四环素				金霉素				强力霉素			
	第一水平	第二水平	第三水平	第四水平	第一水平	第二水平	第三水平	第四水平	第一水平	第二水平	第三水平	第四水平	第一水平	第二水平	第三水平	第四水平
洋槐	95.0	104.0	90.6	107.0	84.6	89.0	80.2	96.4	97.5	85.0	101.8	97.5	98.5	92.7	76.6	86.6
紫云英	74.0	82.5	92.2	83.0	76.0	76.0	91.0	92.2	97.0	82.1	87.0	92.0	99.0	93.6	90.8	100.0
椴树	85.0	83.5	89.2	78.9	72.0	88.6	86.2	82.9	96.5	95.0	95.6	80.9	86.0	85.3	97.0	80.5
荆条	92.5	97.3	95.6	90.6	81.5	87.0	92.0	84.5	88.0	94.4	94.0	95.2	93.5	79.3	81.0	98.2
油菜	94.5	90.8	91.0	88.9	98.7	88.6	76.0	77.6	98.5	91.1	80.2	82.3	81.5	88.5	77.8	84.1
棉花	79.5	80.3	90.8	79.3	80.0	79.7	101.0	76.6	93.0	87.3	83.4	83.5	77.0	88.7	95.0	101.0
葵花	101.0	106.0	98.6	92.9	79.5	78.8	80.6	82.4	86.5	93.2	98.8	87.0	88.5	80.7	76.0	94.7
荞麦	94.0	94.5	83.8	81.3	74.5	89.5	79.2	82.7	82.5	84.3	78.8	76.1	78.8	81.8	81.2	85.8
桂花	84.0	90.0	90.8	85.8	80.8	90.4	85.8	72.7	103.0	83.3	85.6	84.2	87.5	73.7	80.4	77.7
枣花	83.5	99.2	97.2	84.0	96.8	79.1	78.8	87.7	91.5	77.5	97.6	93.8	79.0	90.6	87.8	87.8
老瓜头	86.5	82.0	86.2	90.3	83.8	80.7	88.8	87.1	88.0	91.5	88.2	94.8	89.0	76.6	79.2	86.9
平均回收率/%	88.14	91.83	91.45	87.45	82.56	84.31	85.42	83.89	92.91	88.03	90.09	87.94	87.12	84.68	83.85	89.41
标准偏差 SD	7.95	9.11	4.41	8.02	8.42	5.39	7.42	6.88	6.19	6.06	7.86	7.06	7.66	6.70	7.47	7.91
RSD/%	9.02	9.93	4.83	9.17	10.20	6.40	8.69	8.20	6.66	6.89	8.73	8.03	8.80	7.91	8.91	8.84

12.2.1.10 重复性和再现性

在重复性试验条件下，获得的两次独立测试结果的绝对差值不超过重复性限（r），如果差值超过重复性限（r），应舍弃试验结果并重新完成两次单个试验的测定。在再现性试验条件下，获得的两次独立测试结果的绝对差值不超过再现性限（R）。被测物的含量范围、重复性和再现性方程见表 12-12。

表 12-12　含量范围及重复性和再现性方程

化合物	含量范围/(mg/kg)	重复性限 r	再现性限 R
土霉素	0.002~0.100	lg r=0.966 8 lg m−0.868 6	lg R=1.009 6 lg m−0.659 7
四环素	0.002~0.100	lg r=0.948 4 lg m−0.837 0	lg R=1.161 1 lg m−0.231 7
金霉素	0.002~0.100	lg r=0.839 5 lg m−1.087 2	lg R=0.906 0 lg m−0.813 6
强力霉素	0.002~0.100	lg r=0.920 9 lg m−0.846 2	lg R=0.989 9 lg m−0.650 4

注：m 为两次测定结果的算术平均值

12.2.2　蜂蜜中土霉素、四环素、金霉素、强力霉素残留量的测定　液相色谱-紫外检测法[103]

12.2.2.1　适用范围

蜂蜜中土霉素、四环素、金霉素、强力霉素残留量的测定。方法检出限：土霉素、四环素、金霉素、强力霉素均为 0.010 mg/kg。

12.2.2.2　方法原理

蜂蜜试样中四环素族抗生素残留用 0.1 mol/L Na$_2$EDTA-Mcllvaine（pH=4.0±0.05）缓冲溶液提取，经离心后，上清液用 Oasis HLB 或相当的固相萃取柱和阴离子交换柱净化，紫外检测器高效液相色谱仪测定，外标法定量。

12.2.2.3　试剂和材料

甲醇、乙腈：一级色谱纯；磷酸氢二钠（Na$_2$HPO$_4$·2H$_2$O）：优级纯；乙酸乙酯：分析纯，重蒸馏；柠檬酸（C$_6$H$_8$O$_7$·H$_2$O）、乙二胺四乙酸二钠（Na$_2$EDTA·2H$_2$O）、草酸：分析纯。

磷酸氢二钠溶液：0.2 mol/L。称取 28.41 g 磷酸氢二钠，用水溶解，定容至 1000 mL；柠檬酸溶液：0.1 mol/L。称取 21.01 g 柠檬酸，用水溶解，定容至 1000 mL；Mcllvaine 缓冲溶液：将 1000 mL 0.1 mol/L 柠檬酸溶液与 625 mL 0.1 mol/L 磷酸氢二钠溶液混合，必要时用 NaOH 或 HCl 调 pH=4.0±0.05；4.11 Na$_2$EDTA-Mcllvaine 缓冲溶液：0.1 mol/L。称取 60.5 g 乙二胺四乙酸二钠放入 1625 mL Mcllvaine 缓冲溶液中，使其溶解，摇匀；甲醇+水（1+19，v/v）：量取 5 mL 甲醇与 95 mL 水混合。

土霉素、四环素、金霉素、强力霉素标准物质：纯度≥95%。

土霉素、四环素、金霉素、强力霉素标准溶液：0.1 mg/mL。准确称取适量的土霉素、四环素、金霉素、强力霉素标准物质，分别用甲醇配成 0.1 mg/mL 的标准储备液。储备液贮存在−18℃。根据需要用流动相逐级稀释成适当浓度的混合标准工作溶液，混合标准工作溶液在 4℃保存，可使用 3 天。

Oasis HLB 固相萃取柱或相当者：500 mg，6 mL。使用前分别用 5 mL 甲醇和 10 mL 水预处理，保持柱体湿润。

阴离子交换柱：羧酸型，500 mg，3 mL。使用前用 5mL 乙酸乙酯预处理，保持柱体湿润。

12.2.2.4　仪器和设备

高效液相色谱仪：配有紫外检测器；分析天平：感量 0.1 mg, 0.01g；液体混匀器；固相萃取真空装置；贮液器：50 mL；微量注射器：25 μL，100 μL；刻度样品管：5 mL，精度为 0.1 mL；真空泵：真空度应达到 80 kPa；离心管：50 mL；平底烧瓶：100 mL；pH 计：测量精度±0.02。

12.2.2.5　样品前处理

（1）试样制备

对无结晶的实验室样品，将其搅拌均匀。对有结晶的样品，在密闭情况下，置于不超过 60℃的水浴中温热，振荡，待样品全部融化后搅匀，迅速冷却至室温。分出 0.5 kg 作为试样。制备好的试样置于样品瓶中，密封，并标明标记。将试样于常温下保存。

（2）提取

称取 6 g 试样，精确到 0.01 g。置于 150 mL 三角瓶中，加入 30 mL Na$_2$EDTA-Mcllvaine 缓冲溶液，于液体混匀器上快速混合 1 min，使试样完全溶解，样液倒入 50 mL 离心管中，以 3000 r/min 离心 5 min，待净化。

（3）净化

将上清液倒入下接 Oasis HLB 柱或相当者的贮液器中，上清液以≤3 mL/min 的流速通过 Oasis 或相当的固相萃取柱，待上清液完全流出后，用 5 mL 甲醇-水洗柱，弃去全部流出液。在 65 kPa 的负压下，减压抽干 20 min，最后用 15 mL 乙酸乙酯洗脱，收集洗脱液于 100 mL 圆底烧瓶中。

按上述方法使洗脱液在减压情况下以≤3 mL/min 的流速通过阴离子交换柱，待洗脱液全部流出后，用 5 mL 甲醇洗柱，弃去全部流出液。在 65 kPa 负压下，减压抽干 5 min，再用 4 mL 流动相洗脱，收集洗脱液于 5 mL 样品管中，定容至 4 mL，供液相色谱仪测定。

12.2.2.6　测定

（1）液相色谱条件

色谱柱：μBondapak C$_{18}$，10 μ，300 mm×3.9 mm 或相当者；流动相：乙腈+甲醇+0.01 mol/L 草酸溶液（20+10+70，v/v/v）；流速：1.5 mL/min；柱温：25℃；检测波长：350 nm；进样量：100 μL。

（2）液相色谱测定

根据样品溶液中土霉素、四环素、金霉素、强力霉素含量的情况，选定峰高相近的标准工作溶液，标准工作溶液和样品溶液中土霉素、四环素、金霉素、强力霉素的响应值均应在仪器测定的线性范围内。对标准工作溶液和样品溶液等体积参差进行测定。在上述色谱条件下，土霉素、四环素、金霉素、强力霉素色谱峰的分离度应大于 1.2，其参考保留时间分别是 4.0 min、4.8 min、9.6 min、14.0 min。土霉素、四环素、金霉素、强力霉素标准物质色谱图见图 12-4。

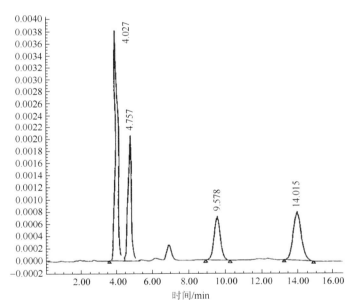

图 12-4　土霉素、四环素、金霉素、强力霉素标准物质色谱图

4.027 min，土霉素；4.757 min，四环素；9.578 min，金霉素；14.015 min，强力霉素

12.2.2.7　分析条件的选择

（1）提取净化条件的选择

1）净化柱的选择

在该项研究中，使用 Oasis HLB 固相萃取柱、C$_{18}$ 固相萃取柱、阴离子交换柱（醋酸型）和阳离子交换柱（苯磺酸型）进行了提取和净化实验。实验发现，使用阳离子交换柱和 C$_{18}$ 固相萃取柱都存在着不尽如人意的地方，阳离子交换柱回收率低（只有 50%～60%），且净化效果也不理想，而 C$_{18}$ 固相萃取柱则存在着不同批次之间回收率的显著差异。而使用 Oasis HLB 固相萃取柱和阴离子交换柱净化样品消除了不同批次交换柱之间回收率的差异，保证了回收率均在 70% 以上，净化效果也达到了令人满意的效果，因此本方法选择 Oasis HLB 固相萃取柱和阴离子交换柱作为净化柱。

2）提取液 pH 对回收率的影响

分别用 6 个不同 pH 的 0.1 mol/L Na$_2$EDTA-Mcllvaine 缓冲溶液作为提取液，按规定方法进行回收率实验，回收率数据见表 12-13。

表 12-13　0.1mol/L Na$_2$EDTA-Mcllvaine 缓冲溶液 pH 对回收率的影响

pH	OTC	TC	CTC	DOXYTC
3.0	66.7	81.8	80.0	76.5
3.5	79.4	82.8	80.0	80.9
4.0	82.3	86.2	81.4	79.9
4.5	76.9	80.3	79.9	75.9
5.0	74.4	78.4	72.6	72.0
5.5	72.0	73.9	58.2	76.1

从表 12-13 中数据可以看出：四环素、金霉素在 pH=3～4.5 区间内，回收率是基本稳定的，当 pH＞5.0 时，回收率随 pH 的增大而降低；土霉素、强力霉素从 pH=3.0 起，随 pH 的增大而增大，当 pH=4 时，达到最大值，而后又随 pH 值的增大，其回收率逐步降低，因此，本方法选择 pH=4.0 的 0.1 mol/L Na$_2$EDTA-Mcllvaine 缓冲溶液做为测定蜂蜜中土霉素、四环素、金霉素和强力霉素的提取液。

3）Oasis HLB 柱洗脱剂的选择

使用 Oasis HLB 柱作为净化柱，用乙腈、甲醇、甲醇-乙酸乙酯混合液、乙酸乙酯作为洗脱剂进行了比较。实验发现，用乙腈、甲醇作洗脱剂，土霉素、四环素、金霉素、强力霉素在 5 mL 之内均能从 Oasis HLB 柱完全洗脱下来，但绝大多数样品在土霉素和四环素出峰的时间区域内有干扰峰，影响其定量，若遇到颜色深或成分复杂的蜜样，在土霉素和四环素出峰之前仪器的响应值根本回不到基线，无法对其测定。而使用不同配比的甲醇乙酸乙酯溶液，虽然干扰远比使用甲醇、乙腈要好得多，但在测定较低添加水平（如 0.01～0.02 mg/kg）的土霉素、四环素时，也同样存在着干扰峰，仍对测定产生一定的影响。而使用乙酸乙酯作洗脱剂，虽然用量稍多些，但无论是测定什么样品，均能获得令人满意的效果和回收率，因此，本方法选用乙酸乙酯作为 Oasis HLB 柱的洗脱剂。

4）洗脱剂用量的选择

Oasis HLB 固相萃取柱和阴离子交换柱洗脱剂用量的选择，实验数据见表 12-14 和表 12-15。表 12-14 和表 12-15 中数据表明，Oasis HLB 固相萃取柱用 15 mL 乙酸乙酯洗脱和阴离子交换柱用 4 mL 流动相洗脱其四种四环素的回收率均在 99% 以上。

表 12-14　Oasis HLB 固相萃取柱洗脱剂用量对回收率（%）的影响

体积	土霉素	四环素	金霉素	强力霉素
第 1 毫升	12.9	4.1	33.8	33.3
第 2 毫升	46.8	38.9	51.0	48.6
第 3 毫升	24.4	39.3	11.6	14.6
第 4 毫升	5.6	16.0	2.2	2.4
第 5 毫升	2.7	3.1	1.0	0.7
第 6 毫升	5.5	0.71	0.4	0.5
第 7 毫升	8.1			
第 8 毫升	3.8			
第 9 毫升	1.4			
第 10 毫升	0.4			
第 11 毫升	0.1			
第 12 毫升	0.1			

表 12-15　阴离子交换柱洗脱剂用量对回收率（%）的影响

体积	土霉素	四环素	金霉素	强力霉素
第 1 毫升	55.8	32.7	18.3	16.7
第 2 毫升	41.0	61.4	76.1	77.4
第 3 毫升	2.0	3.8	4.5	4.7
第 4 毫升	0.7	0.9	0.7	0.7
第 5 毫升	0.4	0.5	0.4	0.3

（2）色谱条件的确定

1）检测波长的选择

使用紫外分光光度计对土霉素、四环素、金霉素、强力霉素进行扫描，发现这四种四环素族抗生素的最大吸收波长均在 340～380 nm 之间，并且吸收谱带较宽，为确定这四种四环素族抗生素最佳测定波长，又分别用高效液相色谱仪对这四种四环素族抗生素分别在不同波长下进行测定，测定结果见表 12-16。

表 12-16　在不同测定波长，四种四环素族抗生素（每种 20 ng）响应值（峰高）

波长/nm	OTC	TC	CTC	DOXYTC
340	4068	1935	690	724
345	4237	2028	708	755
350	4467	2191	795	756
355	4570	2188	791	738
360	4495	2184	850	701
365	4336	2152	897	655
370	3865	1998	920	572
375	3291	1624	886	453
380	2583	1318	853	357

从表 12-16 中可以看出，土霉素、四环素和强力霉素最大吸收波长均在 350～355 nm 之间，而金霉素的最大吸收波长却在 365 nm，因土霉素、四环素的灵敏度明显高于金霉素和强力霉素，所以，重点考虑金霉素和强力霉素的灵敏度，在强力霉素最大吸收波长 350 nm 时，金霉素的峰高（795）仍比强力霉素的峰高（756）还高，因此只有选择 350 nm 作为检测波长，才能使这两种四环素族抗生素都能满足欧盟及德国进口蜂蜜合同所规定的限量要求，所以选择了 350 nm 作为本方法的最佳检测波长。若只检测土霉素、金霉素和四环素三种抗生素则检测波长选择 365 nm。

2）液相色谱分析柱和流动相的选择

分别使用 Nova-Pak C$_{18}$ 150 mm×3.9 mm，Symmetryshield RP18 150 mm×3.9 mm，μBondapak C$_{18}$ 300 mm×4.0 mm 三种液相色谱柱对土霉素、四环素、金霉素、强力霉素进行对比试验，实验发现 Nova-Pak C$_{18}$ 柱分离度尚可，但峰较宽，峰形也有拖尾现象，且灵敏度低；Symmetryshield RP18 柱虽然峰形好，但出峰时间太早，（土霉素、四环素的出峰时间均在 2.5 min 之前），并且土霉素和四环素不能完全分离，复杂样品中的杂质对土霉素有干扰。当减少有机相配比，土霉素和四环素出峰时间后移到 3 min 以后，两个峰能完全分离，但金霉素和强力霉素的灵敏度明显下降，不能满足欧盟及德国进口蜂蜜合同规定的限量要求。只有 μBondapak C$_{18}$ 色谱柱即能做到各被测组分峰的完全分离又能满足限量要求，所以本方法选择 μBondapak C$_{18}$ 柱作为四环素族抗生素的分析柱。

12.2.2.8　线性范围和测定低限

分别配制含土霉素、四环素、金霉素、强力霉素浓度分别为 0.01 μg/mL、0.02 μg/mL、0.04 μg/mL、0.06 μg/mL、0.1 μg/mL、0.2 μg/mL、0.3 μg/mL、0.4 μg/mL、0.5 μg/mL、0.6 μg/mL、0.7 μg/mL、0.8 μg/mL、

0.9 μg/mL、1.0 μg/mL 的混合标准溶液，在选定的色谱条件下进行测定，进样量为 100 mL，用峰高对标准溶液中各被测组分的绝对量作图，土霉素、四环素、金霉素、强力霉素的绝对量分别在 1～100 ng、1～90 ng、1～100 ng、1～100 ng 范围内均呈线性关系，符合定量要求，其线性方程和校正因子见表 12-17。

表 12-17　土霉素、四环素、金霉素、强力霉素线性方程和校正因子

化合物	线性方程	校正因子（R）
土霉素	$Y=123+125X$	0.99960
四环素	$Y=72.8+78.4X$	0.99952
金霉素	$Y=16.2+27.6X$	0.99993
强力霉素	$Y=6.22+26.7X$	0.99999

由此可见，在该方法操作条件下，土霉素、四环素、金霉素、强力霉素在添加水平 0.01～0.6 mg/kg 范围时，响应值在仪器线性范围之内。同时，样品添加 0.06 μg 的土霉素、四环素、金霉素、强力霉素标准或添加浓度均为 0.01 mg/kg 时，所测谱图的信噪比分别为 17 倍、12 倍、5 倍、5 倍，高于仪器最小检知量，因此，可以确定本方法测定低限为 0.01 mg/kg，完全能满足欧盟进口蜂蜜对四环素族抗生素残留的要求。

12.2.2.9　方法回收率和精密度

用不含四环素族抗生素的蜂蜜样品进行添加回收和精密度实验，样品添加不同浓度标准后，摇匀，放置 1 h，使标准样品充分吸收，然后按本方法进行提取和净化，用高效液相色谱仪测定，其回收率和精密度见表 12-18。

表 12-18　土霉素、四环素、金霉素、强力霉素回收率（%）和精密度实验数据（$n=10$）

化合物	添加水平/(mg/kg)					
	0.01		0.05		0.50	
	平均回收率/%	CV/%	平均回收率/%	CV/%	平均回收率/%	CV/%
土霉素	87.8	12.9	93.0	7.6	99.5	8.6
四环素	89.0	11.4	87.2	7.3	93.3	7.7
金霉素	84.6	16.7	80.9	12.4	87.5	8.2
强力霉素	97.1	11.3	85.6	11.9	85.3	10.3

从表 12-18 中回收率及精密度数据可以看出，本方法回收率数据全部在 70%～120%之间，室内三个水平变异系数均在 17%以内。

12.2.2.10　重复性和再现性

在重复性试验条件下，获得的两次独立测试结果的绝对差值不超过重复性限（r），如果差值超过重复性限（r），应舍弃试验结果并重新完成两次单个试验的测定。在再现性试验条件下，获得的两次独立测试结果的绝对差值不超过再现性限（R）。被测物的含量范围、重复性和再现性方程见表 12-19。

表 12-19　含量范围及重复性和再现性方程

化合物	含量范围/(mg/kg)	重复性限 r	再现性限 R
土霉素	0.010～0.20	$\lg r=0.8520 \lg m-1.5307$	$\lg R=0.9393 \lg m-0.9810$
四环素	0.010～0.20	$\lg r=0.5242 \lg m-1.9931$	$\lg R=0.8693 \lg m-0.8950$
金霉素	0.010～0.20	$r=0.0267 m-0.0012$	$\lg R=0.7271 \lg m-1.1455$
强力霉素	0.010～0.20	$r=0.0236 m-0.0035$	$\lg R=0.6227 \lg m-1.2716$

注：m 为两次测定结果的算术平均值

12.2.3　可食动物肌肉中土霉素、四环素、金霉素、强力霉素残留量的测定　液相色谱-紫外检测法[104]

12.2.3.1　适用范围

适用于牛肉、羊肉、猪肉、鸡肉和兔肉中土霉素、四环素、金霉素、强力霉素残留量的测定。方法检出限：土霉素、四环素、金霉素、强力霉素均为 0.005 mg/kg。

12.2.3.2　方法原理

用 0.1 mol/L Na$_2$EDTA-Mcllvaine（pH=4.0±0.05）缓冲溶液提取可食动物肌肉中四环素族抗生素残留，提取液经离心后，上清液用 Oasis HLB 或相当的固相萃取柱和羧酸型阳离子交换柱净化，液相色谱-紫外检测器测定，外标法定量。

12.2.3.3　试剂和材料

甲醇、乙腈、乙酸乙酯为色谱纯；磷酸氢二钠为优级纯；柠檬酸、乙二胺四乙酸二钠、草酸为分析纯；0.2 mol/L 磷酸氢二钠溶液；0.1 mol/L 柠檬酸溶液；Mcllvaine 缓冲溶液：将 1000 mL 0.1 mol/L 柠檬酸溶液与 625 mL 0.2 mol/L 磷酸氢二钠溶液混合，必要时用 NaOH 或 HCl 调 pH=4.0±0.05；0.1 mol/L Na$_2$EDTA-Mcllvaine 缓冲溶液；甲醇+水（1+19，v/v）溶液。

土霉素、四环素、金霉素、强力霉素标准物质，纯度≥95%。

标准贮备溶液：准确称取适量的标准物质，分别用甲醇配成 0.1 mg/mL 的标准储备液，贮存在–18℃冰柜中。

混合标准工作溶液：根据需要稀释成适当浓度的混合标准工作溶液，混合标准工作溶液在 4℃保存 3 天。

Oasis HLB 固相萃取柱或相当者，500 mg，6 mL，使用前分别用 5 mL 甲醇和 10 mL 水预处理，保持柱体湿润；

阳离子交换柱：羧基型，500 mg，3 mL，使用前用 5 mL 乙酸乙酯预处理，保持柱体湿润；

12.2.3.4　仪器和设备

液相色谱仪：配有紫外检测器；分析天平：感量 0.1 mg，0.01 g；液体混匀器；固相萃取装置；贮液器：50 mL；高速冷冻离心机：最大转速 13000 r/min；刻度样品管：5 mL，精度为 0.1 mL；真空泵：真空度应达到 80 kPa；振荡器；平底烧瓶：100 mL；pH 计：测量精度±0.02。

12.2.3.5　样品前处理

（1）试样制备

从全部样品中取出有代表性样品约 1 kg，充分搅碎，混匀，均分成两份，分别装入洁净容器内。密封作为试样，标明标记。在抽样和制样的操作过程中，应防止样品受到污染或发生残留物含量的变化。将试样于–18℃冷冻保存。

（2）提取

称取 6 g 绞碎、混匀的肉样，精确到 0.01 g，置于 50 mL 具塞离心管中，加入 30 mL 0.1 mol/L Na$_2$EDTA-Mcllvaine 缓冲溶液（pH=4），于液体混匀器上快速混合 1 min，再用振荡器振荡 10 min，以 4000 r/min 离心 10 min，上清液倒入另一离心管中，残渣中再加入 20 mL 缓冲溶液，重复提取一次，合并上清液，待净化。

（3）净化

将上清液倒入下接 Oasis HLB 柱或相当者的贮液器中，上清液以≤3 mL/min 的流速通过 Oasis 或相当的固相萃取柱，待上清液完全流出后，用 5 mL 甲醇+水洗柱，弃去全部流出液。在 65 kPa 的负压下，减压抽干 20 min，最后用 15 mL 乙酸乙酯洗脱，收集洗脱液于 100 mL 圆底烧瓶中。

按上述方法使洗脱液在减压情况下以≤3 mL/min 的流速通过羟基阳离子交换柱，待洗脱液全部流出后，用 5 mL 甲醇洗柱，弃去全部流出液。在 65 kPa 负压下，减压抽干 5 min，再用 4 mL 流动相洗脱，收集洗脱液于 5 mL 样品管中，定容至 4 mL，供液相色谱-紫外检测器测定。

12.2.3.6 测定

（1）液相色谱条件

色谱柱：Mightsil RP-18 gP，3 μm，150 mm×4.6 mm 或相当者；流动相：乙腈+甲醇+0.01 mol/L 草酸溶液（2+1+7，v/v/v）；流速：0.5 mL/min；柱温：25℃；检测波长：350 nm；进样量：60 μL。

（2）液相色谱测定

将混合标准工作溶液分别进样，以浓度为横坐标，峰面积为纵坐标，绘制标准工作曲线，用标准工作曲线对样品进行定量，样品溶液中土霉素、四环素、金霉素、强力霉素的响应值均应在仪器测定的线性范围内。在上述色谱条件下，土霉素、四环素、金霉素、强力霉素的参考保留时间分别为 4.82 min、5.42 min、10.32 min、15.45 min。土霉素、四环素、金霉素、强力霉素标准液相色谱图见图 12-5。

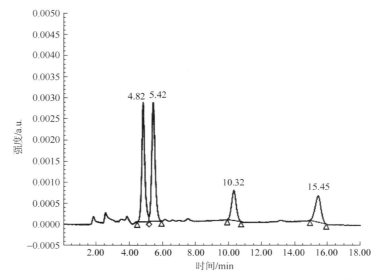

图 12-5 土霉素、四环素、金霉素、强力霉素标准物质液相色谱图

12.2.3.7 分析条件选择

（1）提取净化条件的优化

本方法对比了用 Oasis HLB 单一固相萃取柱净化和 Oasis HLB 固相萃取柱、羧酸型阳离子交换柱双柱净化的净化效果。实验发现，只用 Oasis HLB 固相萃取柱净化，在 4.3 min、4.9 min、5.5 min 和 8.2 min 均有比较大的干扰峰存在，当土霉素、四环素、金霉素和强力霉素含量小于 0.010 mg/kg，对检测结果均有影响，如图 12-6 所示；而采用 Oasis HLB 和羧酸型阳离子交换柱双柱净化，从 4 min 到 18 min 之间均无干扰峰，见图 12-7。因此，在 AOAC 995.09 标准方法的基础上，增加了羧酸型阳离子交换柱净化步骤，改进了净化效果，减少了基质干扰，提高了方法的准确度。因此，增加羧酸型阳离子交换柱净化步骤是十分必要的。

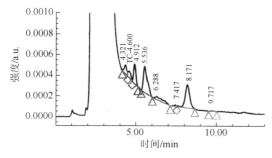

图 12-6 Oasisi HLB 固相萃取柱净化后样品空白图

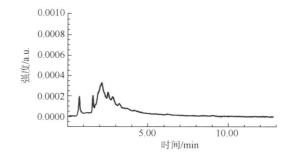

图 12-7 Oasis HLB 和羧酸型双固相萃取柱净化后样品空白图

（2）色谱柱的选择

分别使用 μBondapak C$_{18}$ 10 μm（300 mm×4 mm），Inertsil C$_8$-3 5 μm（150 mm×2.1 mm）和 Mightsil RP-18 gP，3 μm（150 mm×4.6 mm）3 种液相色谱柱对土霉素、四环素、金霉素、强力霉素的分离度和灵敏度进行了对比试验。实验发现，这 3 种液相色谱柱对 4 种四环素族抗生素的分离效果均很好，但检测灵敏度存在很大差异，μBondapak C$_{18}$ 柱和 Inertsil C$_8$-3 5 μm 柱土霉素和四环素检出限为 0.005 mg/kg、金霉素和强力霉素检出限为 0.010 mg/kg，而 Mightsil RP-18 gP 柱土霉素和四环素检出限为 0.002 mg/kg，金霉素和强力霉素检出限为 0.005 mg/kg，灵敏度比前两个分析柱高 1 倍，因此，本方法采用 mightsil RP-18 gP 柱作为四环素族抗生素的分析柱。

12.2.3.8 线性范围和测定低限

分别配制含土霉素、四环素、金霉素、强力霉素质量浓度为 0.002 μg/mL、0.005 μg/mL、0.010 μg/mL、0.050 μg/mL、0.100 μg/mL、0.200 μg/mL、0.300 μg/mL、0.400 μg/mL、0.500 μg/mL 的混合标准溶液。进样量为 60 μL，在选定的色谱条件下进行测定，用峰高对混合标准溶液中各组分的绝对量作图。土霉素、四环素、金霉素、强力霉素分别在 0.12～30 ng、0.12～30 ng、0.12～30 ng、0.12～30 ng 范围内呈线性关系，因此，添加水平在 0.005～0.200 mg/kg 范围时，响应值在仪器的线性范围之内。其线性方程和线性相关系数见表 12-20。

表 12-20 四环素族抗生素的线性范围和线性方程

化合物	线性范围/ng	线性方程	相关系数
土霉素	0.12～30	$Y=69.2X+60.7$	0.9998
四环素	0.12～30	$Y=65.8X+42.1$	0.9998
金霉素	0.12～30	$Y=29.9X-3.29$	0.9999
强力霉素	0.12～30	$Y=55.6X-10.3$	0.9999

当这 4 种四环素族抗生素的添加浓度均为 0.005 mg/kg 时，所测谱图的信噪比分别为 17、12、5、5 倍。因此，确定土霉素、四环素检出限为 0.002 mg/kg，金霉素、强力霉素为 0.005 mg/kg，满足世界各国对动物组织中四环素族抗生素限量测定的要求。

12.2.3.9 方法回收率和精密度

用不含四环素族抗生素的动物组织样品进行 0.005 mg/kg、0.010 mg/kg、0.050 mg/kg 和 0.100 mg/kg 四个添加水平回收率和精密度实验，结果列于表 12-21。从表 12-21 可以看出，在 0.005～0.100 mg/kg 添加范围内，回收率在 60%～96% 之间，相对标准偏差在 7.05%～15.19% 之间，说明本方法的重现性和适用性是好的。

表 12-21 动物肌肉中四环素族抗生素添加回收率（%）及精密度实验数据（$n=10$）

测定次数	土霉素/(mg/kg)				四环素/(mg/kg)				金霉素/(mg/kg)				强力霉素/(mg/kg)			
	0.005	0.010	0.050	0.100	0.005	0.010	0.050	0.100	0.005	0.010	0.050	0.100	0.005	0.010	0.050	0.100
1	60.0	90.0	82.0	77.0	80.0	90.0	84.0	76.0	60.0	70.0	74.0	67.0	60.0	70.0	78.0	67.0
2	80.0	60.0	68.0	88.0	60.0	70.0	68.0	78.0	80.0	60.0	76.0	75.0	60.0	60.0	64.0	76.0
3	60.0	70.0	86.0	87.0	80.0	70.0	88.0	86.0	60.0	60.0	62.0	72.0	60.0	60.0	74.0	73.0
4	60.0	70.0	76.0	79.0	60.0	70.0	74.0	68.0	60.0	80.0	72.0	64.0	80.0	70.0	64.0	74.0
5	60.0	60.0	74.0	70.0	60.0	70.0	74.0	71.0	60.0	60.0	68.0	68.0	60.0	60.0	62.0	67.0
6	80.0	60.0	66.0	76.0	60.0	60.0	68.0	85.0	60.0	60.0	62.0	74.0	60.0	80.0	74.0	73.0
7	80.0	70.0	74.0	78.0	60.0	60.0	76.0	75.0	80.0	70.0	64.0	68.0	80.0	70.0	68.0	67.0
8	80.0	60.0	78.0	84.0	80.0	60.0	68.0	72.0	60.0	60.0	74.0	75.0	60.0	60.0	70.0	74.0
9	60.0	80.0	79.0	88.0	60.0	80.0	80.0	96.0	60.0	60.0	68.0	80.0	60.0	60.0	62.0	86.0
10	60.0	70.0	92.0	69.0	60.0	70.0	92.0	71.0	60.0	60.0	72.0	77.0	60.0	70.0	60.0	72.0

测定次数	土霉素/(mg/kg)				四环素/(mg/kg)				金霉素/(mg/kg)				强力霉素/(mg/kg)			
	0.005	0.010	0.050	0.100	0.005	0.010	0.050	0.100	0.005	0.010	0.050	0.100	0.005	0.010	0.050	0.100
平均回收率/%	68.0	69.0	77.5	79.6	66.0	70.0	77.2	77.8	64.0	64.0	69.2	72.0	64.0	66.0	67.6	72.9
SD	10.33	9.94	7.85	7.01	9.66	9.43	8.60	8.72	8.43	6.99	5.18	5.08	8.43	6.99	6.17	5.67
RSD/%	15.19	14.41	10.13	8.81	14.64	13.47	11.40	11.20	13.18	10.93	7.49	7.05	13.18	10.59	9.12	7.77
猪肉	60.0	70.0	74.0	86.0	60.0	70.0	76.0	77.0	60.0	60.0	74.0	77.0	60.0	60.0	76.0	73.0
牛肉	60.0	70.0	84.0	76.0	80.0	80.0	74.0	72.0	60.0	70.0	72.0	76.0	60.0	70.0	72.0	79.0
羊肉	60.0	60.0	78.0	72.0	60.0	70.0	88.0	71.0	60.0	60.0	82.0	69.0	80.0	70.0	68.0	69.0
鸡肉	80.0	80.0	76.0	82.0	80.0	60.0	80.0	82.0	80.0	70.0	68.0	82.0	80.0	70.0	66.0	76.0
兔肉	80.0	70.0	68.0	75.0	60.0	70.0	72.0	81.0	60.0	60.0	76.0	71.0	60.0	60.0	82.0	67.0

12.2.3.10　重复性和再现性

在重复性试验条件下，获得的两次独立测试结果的绝对差值不超过重复性限（r），如果差值超过重复性限（r），应舍弃试验结果并重新完成两次单个试验的测定。在再现性试验条件下，获得的两次独立测试结果的绝对差值不超过再现性限（R）。被测物的含量范围、重复性和再现性方程见表 12-22。

表 12-22　含量范围及重复性和再现性方程

化合物	含量范围/(mg/kg)	重复性限 r	再现性限 R
土霉素	0.005～0.100	lg r=0.8738 lg m−0.9302	lg R=0.9322 lg m−0.7613
四环素	0.005～0.100	lg r=0.8725 lg m−0.8862	lg R=0.9504 lg m−0.8435
金霉素	0.005～0.100	lg r=0.9107 lg m−0.7725	lg R=0.8911 lg m−0.3712
强力霉素	0.005～0.100	lg r=0.9218 lg m−0.7395	lg R=0.8761 lg m−0.3350

注：m 为两次测定结果的算术平均值

12.2.4　河豚鱼、鳗鱼中土霉素、四环素、金霉素、强力霉素残留量的测定　液相色谱-紫外检测法[105]

12.2.4.1　适用范围

适用于河豚鱼、鳗鱼中土霉素、四环素、金霉素、强力霉素残留量的液相色谱-紫外法测定。方法检出限均为 0.010 mg/kg。

12.2.4.2　方法原理

用 0.1 mol/L Na$_2$EDTA-Mcllvaine（pH=4.0±0.05）缓冲溶液提取河豚鱼、鳗鱼中四环素族抗生素残留，提取液经离心后，上清液用 Oasis HLB 固相萃取柱和羧酸型阳离子交换柱净化，液相色谱-紫外检测器测定，外标法定量。

12.2.4.3　试剂和材料

甲醇、乙腈、乙酸乙酯、正己烷：色谱纯；柠檬酸（C$_6$H$_8$O$_7$·H$_2$O）、磷酸氢二钠、乙二胺四乙酸二钠（Na$_2$EDTA·2H$_2$O）、草酸：分析纯；甲酸：优级纯。

0.1 mol/L 柠檬酸溶液：称取 21.01 g 柠檬酸，用水溶解，定容至 1000 mL；0.2 mol/L 磷酸氢二钠溶液：称取 28.41 g 磷酸氢二钠，用水溶解，定容至 1000 mL；Mcllvaine 缓冲溶液：将 1000 mL 0.1 mol/L 柠檬酸溶液与 625 mL 0.2 mol/L 磷酸氢二钠溶液混合，用 NaOH 或 HCl 调 pH=4.0±0.05；0.1 mol/L Na$_2$EDTA-Mcllvaine 缓冲溶液：称取 60.5 g 乙二胺四乙酸二钠放入 1625 mL mcllvaine 缓冲溶液中，使其溶解，摇匀；0.01 mol/L 草酸溶液：称取 1.26 g 草酸用水溶解，定容至 1000 mL；2%甲酸溶液：量取 2 mL 甲酸，用水稀释至 1000 mL；甲醇溶液：（1+19，v/v）量取 5 mL 甲醇和 95 mL 水混合；洗脱液：乙腈-甲醇-0.01 mol/L 草酸溶液（2+1+7，v/v/v）。

土霉素、四环素、金霉素、强力霉素标准物质：纯度≥95%。

0.1 mg/mL 标准储备溶液：准确称取适量的土霉素、四环素、金霉素、强力霉素标准物质，分别用甲醇配成 0.1 mg/mL 的标准储备液。储备液于−18℃贮存。

6.0 μg/mL 中间浓度混合标准溶液：分别吸取 0.6 mL 标准储备溶液移至 10 mL 容量瓶中，用甲醇稀释成 6.0 μg/mL 的标准混合溶液。该溶液于−18℃贮存。

混合标准工作溶液：用洗脱液将中间浓度混合标准溶液稀释成 0.005 μg/mL、0.010 μg/mL、0.050 μg/mL、0.100 μg/mL、0.200 μg/mL 不同浓度的混合标准工作溶液，混合标准工作溶液需当天配制。

Oasis HLB 固相萃取柱或相当者：500 mg，6 mL。使用前分别用 5 mL 甲醇和 10 mL 水预处理，保持柱体湿润。

阳离子交换柱：羧酸型，500 mg，3 mL。使用前用 5 mL 乙酸乙酯预处理，保持柱体湿润。

12.2.4.4 仪器与设备

液相色谱仪：配有紫外检测器；分析天平：感量 0.1 mg，0.01 g；液体混匀器；固相萃取装置；贮液器：50 mL；高速冷冻离心机：最大转速 13000 r/min；刻度样品管：5 mL，精度为 0.1 mL；真空泵：最大真空度 80 kPa；振荡器；具塞聚丙烯离心管；pH 计：测量精度±0.02。

12.2.4.5 样品前处理

（1）试样制备

从全部样品中取出有代表性样品约 1 kg，充分搅碎，混匀，均分成两份，分别装入洁净容器内。密封作为试样，标明标记。在抽样和制样的操作过程中，应防止样品受到污染或发生残留物含量的变化。将试样于−18℃冷冻保存。

（2）提取

称取 6 g 试样，精确到 0.01 g，置于 50 mL 具塞聚丙烯离心管中，加入 20 mL Na$_2$EDTA-Mcllvaine 缓冲溶液，于液体混匀器上快速混合 1 min，再用振荡器振荡 10 min，10000 r/min 离心 10 min，上层提取液倒入另一具塞离心管中，残渣中再加入 15 mL Na$_2$EDTA-Mcllvaine 缓冲溶液，重复提取一次，合并提取液。鳗鱼样品的提取液中加入 20 mL 正己烷，振荡 5 min，以 4000 r/min 离心 5 min，弃去正己烷相，水相部分待净化。

（3）净化

将提取液倒入下接 Oasis HLB 固相萃取柱的贮液器中，提取液以小于 3 mL/min 的流速通过固相萃取柱，待提取液完全流出后，用 5 mL 甲醇溶液洗柱，弃去全部流出液。固相萃取柱减压抽干 40 min，然后用 15 mL 乙酸乙酯洗脱，下接预先处理好的阳离子交换柱，调节流速小于 3 mL/min，待乙酸乙酯全部流出后，取下 Oasis HLB 柱，用 5 mL 甲醇淋洗阳离子交换柱，弃去全部流出液。阳离子交换柱减压抽干 5 min，再用 4 mL 洗脱液洗脱，收集洗脱液于 5 mL 样品管中，定容至 4 mL，过 0.2 μm 滤膜后，供液相色谱-紫外检测器测定。

12.2.4.6 测定

（1）液相色谱条件

色谱柱：BEH C$_{18}$，1.7 μm，50 mm×2.1 mm（内径）或相当者；流速：0.4 mL/min；柱温：30℃；检测波长：350 nm；进样量：10 μL；流动相：A：乙腈，B：2%甲酸溶液，梯度洗脱条件见表 12-23。

表 12-23 梯度洗脱条件

时间/min	流速/(mL/min)	A/%	B/%
0.00	0.4	0	100
0.50	0.4	10	90
1.50	0.4	30	70
2.50	0.4	74	26
2.51	0.4	0	100
4.00	0.4	0	100

（2）液相色谱测定

将混合标准工作溶液分别进样，以峰面积为纵坐标，浓度为横坐标，绘制标准工作曲线，用标准工作曲线对样品进行定量，样品溶液中土霉素、四环素、金霉素、强力霉素的响应值均应在仪器测定的线性范围内。在上述色谱条件下，土霉素、四环素、金霉素、强力霉素的参考保留时间 1.25 min，1.35 min，1.67 min，1.77 min。土霉素、四环素、金霉素、强力霉素标准液相色谱图见图 12-8。

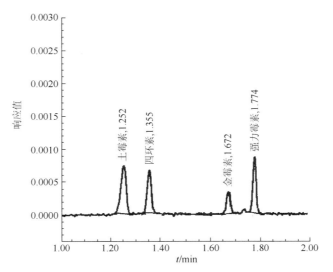

图 12-8　土霉素、四环素、金霉素、强力霉素标准物质液相色谱图

12.2.4.7　结果与讨论

（1）提取净化条件的优化

在本方法研究中，对比了用 Oasis HLB 单一固相萃取柱净化和 Oasis HLB 固相萃取柱、羧酸型阳离子交换柱双柱净化的净化效果。实验发现，只用 Oasis HLB 固相萃取柱净化，在 1.25 min、1.64 min 均有比较大的干扰峰存在，当土霉素、四环素、金霉素和强力霉素含量小于 0.010 mg/kg，对检测结果均有影响，如图 12-9 所示；而采用 Oasis HLB 和羧酸型阳离子交换柱双柱净化，从 1 min 到 2 min 之间均无干扰峰，见图 12-10。因此，本方法在国际 AOAC 标准 AOAC 995.09 的基础上，增加了羧酸型阳离子交换柱净化步骤，改进了净化效果，减少了基质干扰，提高了方法的准确度。因此，增加羧酸型阳离子交换柱净化步骤是十分必要的。

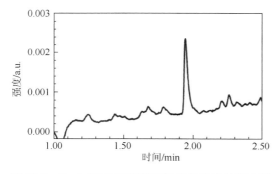

图 12-9　Oasis HLB 固相萃取柱净化后样品空白图

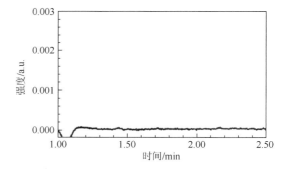

图 12-10　Oasis HLB 和羧酸型双固相萃取柱净化后样品空白图

（2）流动相配比的选择

分别使用恒配比 0.01 mol/L 草酸+乙腈+甲醇（7+2+1，v/v/v）和梯度洗脱（2%甲酸+乙腈）对土霉素、四环素、金霉素、强力霉素的分离度和灵敏度进行了对比试验。实验发现，这两种流动相对 4 种四环素族抗生素的分离效果均很好，但检测灵敏度和保留时间存在很大差异，当使用恒配比

0.01 mol/L 草酸+乙腈+甲醇（7+2+1，v/v/v）作为流动相时，土霉素和四环素检出限为 0.01 mg/kg、金霉素和强力霉素检出限为 0.020 mg/kg，且检测时间长。而使用（2%甲酸+乙腈）作为流动相梯度洗脱时土霉素、四环素、强力霉素检出限为 0.005 mg/kg，金霉素检出限为 0.01 mg/kg，灵敏度比恒配比洗脱要高 1 倍，且检测时间也同时缩短。因此，本方法采用（2%甲酸+乙腈）梯度洗脱作为四环素族抗生素的流动相。

12.2.4.8 线性范围和检测低限

分别配制含土霉素、四环素、金霉素、强力霉素质量浓度为 10.0 ng/mL、20.0 ng/mL、50.0 ng/mL、100.0 ng/mL、200.0 ng/mL、500.0 ng/mL 的混合标准溶液。进样量为 10 μL，在选定的色谱条件下进行测定，用峰高对混合标准溶液中各组分的绝对量作图。土霉素、四环素、金霉素、强力霉素分别在 0.1～50 ng 范围内呈线性关系，因此，添加水平在 10.0～100.0 μg/kg 范围时，响应值在仪器的线性范围之内。其线性方程和线性相关系数见表 12-24。

表 12-24 四环素族抗生素的线性范围和线性方程

化合物	线性范围/ng	线性方程	相关系数
土霉素	0.10～50	$Y=69.2X+60.7$	0.9998
四环素	0.10～50	$Y=65.8X+42.1$	0.9998
金霉素	0.10～50	$Y=29.9X-3.29$	0.9999
强力霉素	0.10～50	$Y=55.6X-10.3$	0.9999

当这 4 种四环素族抗生素的添加浓度均为 10.0 μg/kg 时，所测谱图的信噪比分别为 17、17、12、17 倍。因此，确定土霉素、四环素、金霉素、强力霉素检出限均为 10.0 μg/kg，完全能满足各国对河豚鱼、鳗鱼中四环素族抗生素限量测定的要求。

12.2.4.9 方法回收率和精密度

用不含四环素族抗生素的河豚鱼、鳗鱼样品进行 10.0 μg/kg、20.0 μg/kg、50.0 μg/kg 和 100.0 μg/kg 四个添加水平回收率和精密度实验，结果列于表 12-25 和表 12-26。从表 12-25 和表 12-26 可以看出，在 10.0～100.0 μg/kg 添加范围内，河豚鱼、鳗鱼的回收率在 65.01%～89.03%之间，相对标准偏差在 2.88%～6.19%之间；说明本方法的重现性和适用性是好的。

表 12-25 河豚鱼中四环素族抗生素添加回收率（%）及精密度实验数据（$n=10$）

测定次数	土霉素				四环素				金霉素				强力霉素			
	添加水平/(μg/kg)				添加水平/(μg/kg)				添加水平/(μg/kg)				添加水平/(μg/kg)			
	10.0	20.0	50.0	100.0	10.0	20.0	50.0	100.0	10.0	20.0	50.0	100.0	10.0	20.0	50.0	100.0
1	82.8	90.1	82.1	89.2	87.9	82.2	88.3	80.8	80.3	78.5	75.8	74.4	70.3	70.8	75.0	60.7
2	80.9	85.0	88.0	88.0	87.9	83.4	87.5	86.6	73.6	82.5	78.2	71.0	65.7	68.3	66.8	67.7
3	86.2	79.8	86.0	87.0	89.5	83.0	87.2	82.8	73.8	79.3	71.8	69.4	68.4	69.5	66.4	62.9
4	75.3	88.5	76.0	82.3	91.1	87.6	88.7	84.6	71.8	80.4	80.8	67.7	67.4	68.1	66.8	63.6
5	79.6	84.5	74.8	87.8	87.1	90.5	86.0	79.4	71.9	82.8	74.3	63.6	64.5	63.4	70.1	69.3
6	80.0	82.5	86.0	76.0	90.9	82.3	80.4	81.9	66.2	81.4	78.6	65.7	63.7	64.7	65.4	61.8
7	81.6	83.2	84.0	78.0	93.4	87.9	83.2	78.9	77.0	76.3	76.9	61.5	68.8	67.8	68.8	68.3
8	85.2	78.4	78.0	84.0	84.3	83.5	88.7	79.2	75.4	75.9	72.1	62.6	68.4	70.5	67.8	69.1
9	86.0	75.8	79.0	88.0	90.4	88.3	82.3	80.6	68.5	84.4	78.3	63.8	65.7	72.4	67.5	63.3
10	78.8	78.9	82.0	89.5	87.8	80.4	85.3	80.8	73.8	76.3	74.6	64.7	66.7	74.1	72.3	64.2
Rec./%	81.6	82.7	81.6	85.0	89.0	84.9	85.8	81.6	73.2	79.8	76.1	66.4	67.0	69.0	68.7	65.1
SD	3.49	4.55	4.51	4.78	2.56	3.36	2.91	2.49	4.02	3.02	2.95	4.11	2.08	3.26	2.99	3.20
RSD/%	4.27	5.50	5.53	5.63	2.88	3.95	3.40	3.05	5.49	3.78	3.87	6.19	3.10	4.73	4.35	4.91

表 12-26　鳗鱼中四环素族抗生素添加回收率（%）及精密度实验数据（n=10）

测定次数	土霉素				四环素				金霉素				强力霉素			
	添加水平/(μg/kg)				添加水平/(μg/kg)				添加水平/(μg/kg)				添加水平/(μg/kg)			
	10.0	20.0	50.0	100.0	10.0	20.0	50.0	100.0	10.0	20.0	50.0	100.0	10.0	20.0	50.0	100.0
1	81.8	80.1	82.3	85.2	88.3	87.9	82.2	78.1	72.3	80.3	78.5	64.4	75.0	70.8	68.4	61.7
2	83.4	86.0	88.5	84.0	87.5	87.9	83.4	79.2	66.7	73.6	82.5	70.2	66.8	68.3	65.7	65.4
3	86.2	77.8	86.0	87.0	87.2	89.5	83.0	80.6	68.5	73.8	79.3	69.4	66.4	69.5	66.7	61.4
4	78.3	81.5	79.0	82.6	88.7	91.1	87.6	80.9	67.6	71.8	80.4	67.7	68.1	68.1	66.8	65.6
5	79.4	85.5	77.8	87.4	86.0	87.1	90.5	87.5	67.5	71.9	82.8	61.6	63.4	63.4	70.1	69.3
6	82.0	83.5	76.0	76.9	80.4	90.9	82.3	80.3	65.7	66.2	81.4	63.2	64.7	64.7	65.4	68.1
7	81.3	83.2	84.5	79.2	83.2	93.4	87.9	84.5	63.8	77.0	76.3	64.5	67.8	67.8	68.8	63.4
8	85.2	80.4	78.8	77.0	88.7	84.3	83.5	82.8	65.4	75.4	75.9	62.7	68.4	70.8	68.4	64.7
9	85.0	85.8	79.9	78.0	82.3	90.4	88.3	82.1	67.7	68.5	84.4	64.8	65.7	72.4	65.7	64.8
10	76.8	78.9	82.4	79.5	85.3	87.8	80.4	82.6	69.7	73.8	76.3	65.7	66.7	74.1	66.7	65.7
Rec./%	81.9	82.3	81.5	81.7	85.8	89.0	84.9	81.9	67.5	73.2	79.8	65.4	67.3	69.0	67.3	65.0
SD	3.11	2.97	3.94	4.07	2.91	2.56	3.36	2.72	2.38	4.02	3.02	2.85	3.12	3.26	1.57	2.49
RSD/%	3.79	3.61	4.83	4.98	3.40	2.88	3.95	3.32	3.52	5.49	3.78	4.36	4.63	4.73	2.33	3.82

12.2.4.10　重复性和再现性

在重复性试验条件下，获得的两次独立测试结果的绝对差值不超过重复性限（r），如果差值超过重复性限（r），应舍弃试验结果并重新完成两次单个试验的测定。在再现性试验条件下，获得的两次独立测试结果的绝对差值不超过再现性限（R）。被测物的含量范围、重复性和再现性方程见表 12-27。

表 12-27　含量范围及重复性和再现性方程

化合物	含量范围/(μg/kg)	重复性限 r	再现性限 R
土霉素	0.010～0.100	lg r=0.7662 lg m−0.9133	lg R=0.7471 lg m−0.5893
四环素	0.010～0.100	lg r=0.8236 lg m−1.0007	lg R=0.7912 lg m−0.6623
金霉素	0.010～0.100	lg r=0.6573 lg m−0.7361	lg R=0.6480 lg m−0.4106
强力霉素	0.010～0.100	lg r=1.1171 lg m−1.5142	lg R=1.0096 lg m−1.0132

注：m 为两次测定结果的算术平均值

12.2.5　牛奶和奶粉中土霉素、四环素、金霉素、强力霉素残留量的测定　液相色谱-紫外检测法[106]

12.2.5.1　适用范围

适用于牛奶和奶粉中土霉素、四环素、金霉素、强力霉素残留量的测定。方法检出限：牛奶中土霉素、四环素为 5 μg/kg，金霉素、强力霉素为 10 μg/kg。奶粉中土霉素、四环素为 25 μg/kg，金霉素、强力霉素为 50 μg/kg。

12.2.5.2　方法原理

用 0.1 mol/L Na₂EDTA-Mcllvaine 缓冲溶液提取牛奶和奶粉中四环素族抗生素残留，Oasis HLB 或相当的固相萃取柱和羧酸型阳离子交换柱净化，液相色谱仪测定，外标法定量。

12.2.5.3　试剂和材料

甲醇、乙腈：色谱纯；磷酸氢二钠（Na₂HPO₄·12H₂O）、柠檬酸（C₆H₈O₇·H₂O）、乙二胺四乙酸二钠（Na₂EDTA·2H₂O）、草酸（C₂H₂O₄·2H₂O）：分析纯。

0.2 mol/L 磷酸氢二钠溶液：称取 71.63 g 磷酸氢二钠，用水溶解，定容至 1000 mL。

0.1 mol/L 柠檬酸溶液：称取 21.04 g 柠檬酸，用水溶解，定容至 1000 mL。

Mcllvaine 缓冲溶液：将 625 mL 0.2 mol/L 磷酸氢二钠溶液与 1000 mL 0.1 mol/L 柠檬酸溶液混合，

必要时用 NaOH 或 HCl 调 pH=4.0±0.05。

0.1 mol/L Na$_2$EDTA-Mcllvaine 缓冲溶液：称取 60.50 g 乙二胺四乙酸二钠（4.5）放入 1625 mL mcllvaine 缓冲溶液中，使其溶解，摇匀。

0.01 mol/L 草酸溶液：称取 1.26 g 草酸，用水溶解，定容至 1000 mL。

甲醇-水（1+19，v/v）：量取 5 mL 甲醇与 95 mL 水混匀。

0.01 mol/L 草酸-乙腈溶液（1+1，v/v）：量取 50 mL 草酸溶液与 50 mL 乙腈混匀。

土霉素、四环素、金霉素、强力霉素标准物质：纯度大于等于 96%。

0.1 mg/mL 土霉素、四环素、金霉素、强力霉素标准储备溶液：准确称取适量的土霉素、四环素、金霉素、强力霉素标准物质，分别用甲醇配成 0.1 mg/mL 的标准储备液。储备液于–20℃保存。

土霉素、四环素、金霉素、强力霉素混合标准工作溶液：根据需要用流动相将土霉素、四环素、金霉素、强力霉素标准储备液稀释成所需浓度的混合标准工作溶液，储存于冰箱中，每周配制。

Oasis HLB 固相萃取柱或相当者：500 mg，6 mL。使用前分别用 5 mL 甲醇和 10 mL 水预处理，保持柱体湿润。

羧酸型阳离子交换柱：500 mg，6 mL。使用前用 5 mL 甲醇预处理，保持柱体湿润。

12.2.5.4　仪器和设备

液相色谱仪：配有紫外检测器；分析天平：感量 0.1 mg，0.01 g；涡旋振荡器；冷冻离心机：转速大于 5000 r/min；固相萃取装置；真空泵；氮气吹干仪；pH 计：测量精度±0.02；刻度样品管：10 mL，精度为 0.1 mL。

12.2.5.5　样品前处理

（1）试样制备

将牛奶从冰箱中取出，放置至室温，摇匀，备用。牛奶置于 0～4℃冰箱中避光保存，奶粉常温避光保存。

（2）提取

牛奶试样称取 10 g（精确到 0.01 g），置于 50 mL 具塞塑料离心管中。奶粉试样称取 2 g（精确到 0.01 g），置于 50 mL 具塞塑料离心管中。向试样中加入 20 mL 0.1 mol/L Na$_2$EDTA-Mcllvaine 缓冲溶液，于涡旋振荡器上混合 2 min，于 10℃，5000 r/min 离心 10 min，上清液过滤至另一离心管中。残渣中再加入 20 mL 缓冲溶液，重复提取一次，合并上清液。

（3）净化

将上清液通过处理好的 Oasis HLB 柱，待上清液完全流出后，用 5 mL 甲醇-水淋洗，弃去全部流出液。减压抽干 5 min，最后用 5 mL 甲醇洗脱，收集洗脱液于 10 mL 样品管中。

将收集的洗脱液通过羧酸型阳离子交换柱，待洗脱液全部流出后，用 5 mL 甲醇洗柱，减压抽干，用 4 mL 0.01 mol/L 草酸-乙腈溶液洗脱，收集洗脱液于 10 mL 样品管中，45℃氮气吹至 1.5 mL 左右，流动相定容至 2 mL，供液相色谱-紫外检测器测定。

12.2.5.6　测定

（1）液相色谱测定条件

色谱柱：Kromasil 100-5C$_{18}$，5 µm，150 mm×4.6 mm（内径）或相当者；流动相：0.01 mol/L 草酸溶液-乙腈-甲醇（77+18+5，v/v/v）；流速：1.0 mL/min；柱温：40℃；检测波长：350 nm；进样量：60 µL。

（2）液相色谱测定

将混合标准工作溶液分别进样，以浓度为横坐标，峰面积为纵坐标，绘制标准工作曲线，用标准工作曲线对样品进行定量，样品溶液中土霉素、四环素、金霉素、强力霉素的响应值均应在仪器测定的线性范围内。在上述色谱条件下，土霉素、四环素、金霉素、强力霉素的参考保留时间分别为 3.09 min、3.73 min、8.27 min 和 12.53 min。土霉素、四环素、金霉素、强力霉素标准物质液相色谱图见图 12-11。

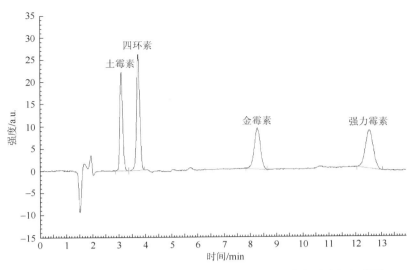

图 12-11　土霉素、四环素、金霉素、强力霉素标准物质液相色谱图

12.2.5.7　分析条件的选择

（1）提取条件的选择

四环素类抗生素分子含有若干亲水的羟基，易溶于水和较低级的伯醇类，在中性和酸性溶液中较稳定。在 pH 3～8 的范围内离子化，在 pH 3 左右以阳离子形式存在，在 pH 7.5 以上时以阴离子形式存在。可与二价、三价金属离子阳离子螯合。

牛奶中含有丰富的蛋白质和钙，影响四环素抗生素的提取。采用了 20%三氯乙酸、硫酸锌-亚铁氢化钾体系、乙腈[5,6]等作为蛋白沉淀剂，虽然蛋白沉淀效果较好，但回收率均较低。用 pH 4.0 的 Mcllvaine-Na₂EDTA 缓冲液提取[1-9]，并在较低温度下离心，可以起到沉淀蛋白的作用，并掩蔽二价阳离子 Ca^{2+} 和 Mg^{2+} 的干扰，可以获得较为满意的回收率，因此选用 pH 4.0 的 Mcllvaine-Na₂EDTA 缓冲液为提取液。

（2）净化条件的优化

在实验中，对比了 WCX、Oasis HLB 单一固相萃取柱和 Oasis HLB 固相萃取柱加羧酸型阳离子交换柱双柱合用的效果。实验发现，WCX 柱净化效果不好且回收率低。单用 Oasis HLB 固相萃取柱净化，也有较大的干扰峰存在，如图 12-12 所示；而采用 Oasis HLB 和羧酸型阳离子交换柱双柱净化，净化效果好，在待测物出峰处无干扰峰，见图 12-13。在对 HLB 柱的洗脱条件上对比了乙酸乙酯、甲醇以及二者一定比例的溶液，见表 12-28。发现随着甲醇比例的提高，回收率会增加，说明甲醇的洗脱效果较好，当甲醇比例达到 50%时和纯甲醇的洗脱效果相差不大，但是考虑到 HLB 的上样液及淋洗液为水溶液，洗脱溶液有乙酸乙酯存在时，需要对柱体抽干很长时间，洗脱液才能顺利的滴下，所以本方法选择甲醇为 HLB 洗脱剂。通过试验，用 5 mL 即可达到完全洗脱的目的。

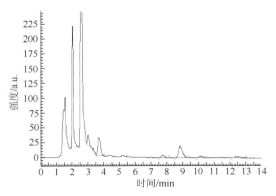

图 12-12　牛奶空白样品经 HLB 固相萃取柱净化后色谱图

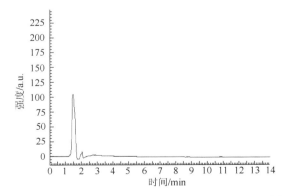

图 12-13　牛奶空白样品经 HLB 和 Carboxylic Acid 双固相萃取柱净化后色谱图

表 12-28　不同溶剂对 HLB 柱的洗脱效果

化合物	洗脱剂（用量 15 mL）			
	乙酸乙酯	甲醇+乙酸乙酯（10+90，v/v）	甲醇+乙酸乙酯（50+50，v/v）	甲醇
土霉素	82.5	83.6	100.8	112.8
四环素	75.6	78.0	99.6	102
金霉素	73.2	74.4	94.6	97
强力霉素	80.7	81.8	99.4	96.2

（3）色谱条件的优化

使用 Kromasil 100-5 C$_{18}$（150 mm×4.6 mm）液相色谱柱对土霉素、四环素、金霉素、强力霉素的进行分析，采用 0.01 mol/L 草酸溶液+乙腈+甲醇溶液（v/v/v）作为流动相，用 70+20+10，75+20+5，80+15+5，77+18+5 等不同比例的溶液进行分离，发现以 77+18+5 比例的流动相可以使 4 种四环素族抗生素达到很好的分离，并且可以在较短时间内出峰。因此选用此比例的溶液作为流动相。

12.2.5.8　线性范围和测定低限

分别配制含土霉素、四环素质量浓度为 25 ng/mL、50 ng/mL、100 ng/mL、200 ng/mL、500 ng/mL、1000 ng/mL（相当于样品浓度 5 μg/kg，10 μg/kg，20 μg/kg，40 μg/kg，100 μg/kg，200 μg/kg），金霉素、强力霉素质量浓度为 50 ng/mL、100 ng/mL、200 ng/mL、500 ng/mL、1000 ng/mL、2000 ng/mL（相当于样品浓度 10 μg/kg，20 μg/kg，40 μg/kg，100 μg/kg，200 μg/kg，400 μg/kg）的混合标准溶液，进样量为 60 μL，在选定的色谱条件下进行测定，用峰面积对混合标准溶液中各组分的浓度作图，其线性方程和线性相关系数见表 12-29。

表 12-29　四环素族抗生素的线性范围、线性方程和相关系数

化合物	线性范围/(ng/mL)	线性方程	相关系数
土霉素	25～1000	$Y=81.72X+191.46$	0.9999
四环素	25～1000	$Y=108.4X+252.98$	0.9992
金霉素	50～2000	$Y=35.07X-269.32$	0.9999
强力霉素	50～2000	$Y=43.52X-32.316$	0.9999

当在牛奶中土霉素、四环素添加浓度均为 5 μg/kg，金霉素、强力霉素为 10 μg/kg 时，所测谱图的信噪比均大于 5。因此，确定牛奶中土霉素、四环素检出限为 5 μg/kg，金霉素、强力霉素为 10 μg/kg。在奶粉中土霉素、四环素添加浓度均为 25 μg/kg，金霉素、强力霉素为 50 μg/kg 时，所测谱图的信噪比均大于 5。因此，确定奶粉中土霉素、四环素检出限为 25 μg/kg，金霉素、强力霉素为 50 μg/kg。满足世界各国对禽肉中四环素族抗生素限量测定的要求。

12.2.5.9　方法回收率和精密度

用不含四环素族抗生素的牛奶和奶粉样品分别进行 4 个水平添加回收率和精密度实验，结果列于表 12-30、表 12-31。从表 12-30 和表 12-31 中的数据可以看出，牛奶样品在 5～100 μg/kg 添加范围内，待测物回收率在 63.7%～98.4% 之间，相对标准偏差在 3.25%～10.16% 之间，奶粉样品在 25～500 μg/kg 添加范围内，待测物回收率在 70.3%～99.2% 之间，相对标准偏差在 4.01%～11.43% 之间，说明本方法的重现性和适用性是好的。

表 12-30　牛奶中四环素族抗生素添加回收率（%）及精密度实验数据（$n=10$）

添加水平 /(μg/kg)	土霉素				四环素				金霉素				强力霉素			
	5	10	25	50	5	10	25	50	10	20	50	100	10	20	50	100
测定值 /(μg/kg)	4.345	8.514	19.88	40.06	3.134	7.160	18.04	35.00	6.349	14.12	39.65	82.29	8.573	14.17	38.98	82.08
	3.830	8.668	24.60	41.87	3.238	6.656	17.98	35.57	7.828	15.36	35.26	80.27	8.339	17.61	37.00	82.83
	4.133	8.122	23.06	43.50	3.535	8.460	19.57	36.08	6.966	14.79	41.05	84.22	6.832	14.39	40.23	86.42

添加水平 /(μg/kg)	土霉素				四环素				金霉素				强力霉素			
	5	10	25	50	5	10	25	50	10	20	50	100	10	20	50	100
测定值 /(μg/kg)	4.118	8.116	20.42	45.69	3.154	7.462	17.16	36.66	8.166	13.99	38.19	82.19	7.517	15.00	39.90	83.50
	3.743	9.316	21.70	42.78	3.716	8.368	18.65	38.07	7.864	15.19	34.95	78.26	7.110	13.32	41.64	94.01
	3.941	9.200	23.48	44.93	3.465	7.634	17.56	38.32	7.999	14.38	42.06	77.88	8.201	16.17	37.60	87.34
	3.566	8.626	19.60	42.04	3.186	6.666	16.67	37.61	7.227	15.90	37.98	77.46	7.776	15.15	39.33	83.46
	4.380	9.294	22.92	43.87	3.370	6.376	20.03	38.38	8.249	16.70	43.75	79.78	8.082	15.58	44.27	84.15
	3.759	9.462	19.26	46.90	3.263	7.848	17.35	38.65	8.573	18.67	39.08	83.56	7.152	13.99	43.79	94.76
	4.061	9.342	21.06	46.33	3.512	7.308	18.08	40.14	6.966	14.47	40.84	84.26	7.584	18.11	39.17	87.64
平均值 /(μg/kg)	3.988	8.866	21.60	43.80	3.357	7.394	18.11	37.45	7.619	15.35	39.28	81.02	7.717	15.35	40.19	86.62
回收率/%	79.75	88.66	86.39	87.60	67.15	73.94	72.43	74.90	76.19	76.79	78.56	81.02	77.17	76.75	80.38	86.62
标准偏差 SD	0.2673	0.5181	1.841	2.181	0.1942	0.7092	1.053	1.591	0.7050	1.437	2.815	2.634	0.5791	1.559	2.402	4.512
RSD/%	6.699	5.844	8.526	4.979	5.783	9.592	5.816	4.248	9.254	9.357	7.168	3.251	7.507	10.16	5.975	5.209

表 12-31　奶粉中四环素族抗生素添加回收率（%）及精密度实验数据（n=10）

添加水平 /(μg/kg)	土霉素				四环素				金霉素				强力霉素			
	25	50	125	250	25	50	125	250	50	100	250	500	50	100	250	500
测定值 /(μg/kg)	18.96	40.82	98.59	216.3	20.89	34.67	109.0	199.2	34.78	78.25	208.9	408.3	36.29	79.11	198.7	432.4
	24.68	42.96	128.3	208.6	21.20	44.74	98.24	200.8	42.16	80.38	219.2	397.8	36.45	83.36	209.5	416.3
	22.00	39.18	107.8	203.6	16.95	38.19	107.6	222.9	37.08	84.30	201.7	415.5	42.66	83.33	229.0	448.9
	20.17	42.13	102.9	244.3	18.54	39.62	114.9	232.2	40.22	86.36	224.1	427.5	34.78	79.88	217.3	439.9
	19.87	44.00	101.3	232.7	19.03	33.86	97.05	206.0	39.05	80.66	199.2	469.7	34.31	83.60	194.9	398.3
	18.81	38.27	99.7	223.6	20.56	42.67	95.97	206.8	31.99	79.38	219.5	424.8	44.59	83.12	236.3	452.9
	18.31	44.86	100.7	230.3	17.47	40.23	101.6	222.8	34.36	80.55	198.9	408.0	36.60	78.22	201.3	406.9
	17.99	45.00	118.9	248.1	18.48	37.16	99.64	223.7	41.35	87.17	232.4	400.4	43.34	87.35	218.3	396.4
	18.04	40.77	101.0	217.3	16.61	34.40	109.8	204.6	38.20	87.65	213.9	414.0	46.82	84.70	202.1	453.4
	21.59	41.44	116.6	234.0	18.19	35.17	98.23	208.3	35.73	91.08	192.5	433.4	38.34	88.50	207.0	446.2
平均值 /(μg/kg)	20.04	41.94	107.6	225.9	18.79	38.07	103.2	212.7	37.49	83.58	211.1	419.9	39.42	83.12	211.4	429.2
回收率/%	80.17	83.89	86.07	90.35	75.17	76.14	82.57	85.10	74.98	83.58	84.43	83.99	78.84	83.12	84.59	85.83
标准偏差 SD	2.152	2.289	10.20	14.63	1.626	3.723	6.579	11.52	3.296	4.320	12.83	20.95	4.506	3.338	13.56	22.70
RSD/%	10.74	5.458	9.476	6.476	8.655	9.778	6.375	5.417	8.79	5.169	6.080	4.988	11.43	4.015	6.415	5.290

12.2.5.10　重复性和再现性

在重复性试验条件下，获得的两次独立测试结果的绝对差值不超过重复性限（r），如果差值超过重复性限（r），应舍弃试验结果并重新完成两次单个试验的测定。在再现性试验条件下，获得的两次独立测试结果的绝对差值不超过再现性限（R）。被测物的含量范围、重复性和再现性方程见表 12-32 和表 12-33。

表 12-32　牛奶中四环素族抗生素含量范围及重复性和再现性方程

化合物	含量范围/(μg/kg)	重复性限 r	再现性限 R
土霉素	5~50	lg r=0.881 lg m−0.812	lg R=0.899 lg m−0.574
四环素	5~50	lg r=1.06 lg m−1.00	lg R=1.00 lg m−0.612
金霉素	10~100	lg r=1.08 lg m−1.15	lg R=0.819 lg m−0.430
强力霉素	10~100	lg r=0.963 lg m−0.903	lg R=0.838 lg m−0.465

注：m 为两次测定结果的算术平均值

表 12-33　奶粉中四环素族抗生素含量范围及重复性和再现性方程

化合物	含量范围/(μg/kg)	重复性限 r	再现性限 R
土霉素	25～250	lg r=0.872 lg m−0.791	lg R=0.834 lg m−0.500
四环素	25～250	lg r=0.996 lg m−1.07	lg R=0.877 lg m−0.542
金霉素	50～500	lg r=0.997 lg m−1.12	lg R=1.12 lg m−1.04
强力霉素	50～500	lg r=0.817 lg m−0.738	lg R=0.860 lg m−0.464

注：m 为两次测定结果的算术平均值

参 考 文 献

[1] Jing T, Gao X D, Wang P, Wang Y, Lin Y F, Hu X Z, Hao Q L, Zhou Y K, Mei S R. Determination of trace tetracycline antibiotics in foodstuffs by liquid chromatography-tandem mass spectrometry coupled with selective molecular imprinted solid-phase extraction. Analytical and Bioanalytical Chemistry, 2009, 393 (8): 2009-2018

[2] Vargas Mamani M C, Reyes Reyes F G, Rath S. Multiresidue determination of tetracyclines, sulphonamides and chloramphenicol in bovine milk using HPLC-DAD. Food Chemistry, 2009, 117 (3): 545-552

[3] Cinquina A L, Longo F, Anastasi G, Giannetti L, Cozzani R. Validation of a high-performance liquid chromatography method for the determination of oxytetracycline, tetracycline, chlortetracycline and doxycycline in bovine milk and muscle. Journal of Chromatography A, 2003, 987 (1-2): 227-233

[4] Andreu V, Vazquez-Roig P, Blasco C, Picó Y. Determination of tetracycline residues in soil by pressurized liquid extraction and liquid chromatography tandem mass spectrometry. Analytical and Bioanalytical Chemistry, 2009, 394 (5): 1329-1339

[5] Samanidou V F, Nikolaidou K I, Papadoyannis I N. Development and validation of an HPLC confirmatory method for the determination of tetracycline antibiotics residues in bovine muscle according to the European Union regulation 2002/657/EC. Journal of Separation Science, 2005, 28 (17): 2247-2258

[6] Shariati S, Yamini Y, Esrafili A. Carrier mediated hollow fiber liquid phase microextraction combined with HPLC-UV for preconcentration and determination of some tetracycline antibiotics. Journal of Chromatography B, 2009, 877 (4): 393-400

[7] Castellari M, Gratacós-Cubarsí M, García-Regueiro J A. Detection of tetracycline and oxytetracycline residues in pig and calf hair by ultra-high-performance liquid chromatography tandem mass spectrometry. Journal of Chromatography A, 2009, 1216 (46): 8096-8100

[8] Wang L, Yang H, Zhang C, Mo Y, Lu X. Determination of oxytetracycline, tetracycline and chloramphenicol antibiotics in animal feeds using subcritical water extraction and high performance liquid chromatography. Analytica Chimica Acta, 2008, 619 (1): 54-58

[9] Blasco C, Di Corcia A, Picó Y. Determination of tetracyclines in multi-specie animal tissues by pressurized liquid extraction and liquid chromatography-tandem mass spectrometry. Food Chemistry, 2009, 116 (4): 1005-1012

[10] Yu H, Tao Y, Chen D, Wang Y, Yuan Z. Development of an HPLC-UV method for the simultaneous determination of tetracyclines in muscle and liver of porcine, chicken and bovine with accelerated solvent extraction. Food Chemistry, 2011, 124 (3): 1131-1138

[11] Li J, Chen L, Wang X, Jin H, Ding L, Zhang K, Zhang H. Determination of tetracyclines residues in honey by on-line solid-phase extraction high-performance liquid chromatography. Talanta, 2008, 75 (5): 1245-1252

[12] Peres G T, Rath S, Reyes F G R. A HPLC with fluorescence detection method for the determination of tetracyclines residues and evaluation of their stability in honey. Food Control, 2010, 21 (5): 620-625

[13] 庞国芳, 曹彦忠, 张进杰, 贾光群, 范春林, 李学民. 高效液相色谱法同时测定禽肉中土霉素、四环素、金霉素、强力霉素残留的研究. 分析测试学报, 2005, 24 (4): 61-63

[14] Zhou J, Xue X, Li Y, Zhang J, Chen F, Wu L, Chen L, Zhao J. Multiresidue determination of tetracycline antibiotics in propolis by using HPLC-UV detection with ultrasonic-assisted extraction and two-step solid phase extraction. Food Chemistry, 2009, 115 (3): 1074-1080

[15] 岳振峰, 邱月明, 林秀云, 吉彩霓. 高效液相色谱串联质谱法测定牛奶中四环素类抗生素及其代谢产物. 分析化学, 2006, 34 (9): 1255-1259

[16] Wen Y, Wang Y, Feng Y Q. Simultaneous residue monitoring of four tetracycline antibiotics in fish muscle by in-tube solid-phase microextraction coupled with high-performance liquid chromatography. Talanta, 2006, 70 (1): 153-159

[17] Shen J, Guo L, Xu F, Rao Q, Xia X, Li X, Ding S. Simultaneous determination of fluoroquinolones, tetracyclines and sulfonamides in chicken muscle by UPLC-MS-MS. Chromatographia, 2010, 71 (5): 383-388

[18] McDonald M, Mannion C, Rafter P. A confirmatorymethod for the simultaneous extraction, separation, identification and quantification of tetracycline, sulphonamide, trimethoprim and dapsoneresidues in muscle by ultra-high-performance liquid chromatography-tandem mass spectrometry according to Commission Decision 2002/657/EC. Journal of Chromatography A, 2009, 1216 (46): 8110-8116

[19] Cherlet M, Schelkens M, Croubels S, De Backer P. Quantitative multi-residue analysis of tetracyclines and their 4-epimers in pig tissues by high-performance liquid chromatography combined with positive-ion electrospray ionization mass spectrometry. Analytica Chimica Acta, 2003, 492 (1-2): 199-213

[20] Cristofani E, Antonini C, Tovo G, Fioroni L, Piersanti A, Galarini R. A confirmatory method for the determination of tetracyclines in muscle using high-performance liquid chromatography with diode-array detection. Analytica Chimica Acta, 2009, 637 (1): 40-46

[21] Schneider M J, Darwish A M, Freeman D W. Simultaneous multiresidue determination of tetracyclines and fluoroquinolones in catfish muscle using high performance liquid chromatography with fluorescence detection. Analytica Chimica Acta, 2007, 586 (1-2): 269-274

[22] Spisso B F, de Araújo Júnior M A G, Monteiro M A, Lima A M B, Pereira M U, Luiz R A, da Nóbrega A W. A liquid chromatography-tandem mass spectrometry confirmatory assay for the simultaneous determination of several tetracyclines in milk considering keto-enol tautomerism and epimerization phenomena. Analytica Chimica Acta, 2009, 656 (1-2): 72-84

[23] 连文浩. 超高效液相色谱-串联质谱法测定鳗鱼中四环素类药物残留. 理化检验-化学分册, 2010, 46 (2): 161-163

[24] Yang X, Zhang S, Yu W, Liu Z, Lei L, Li N, Zhang H, Yu Y. Ionic liquid-anionic surfactant based aqueous two-phase extraction for determination of antibiotics in honey by high-performance liquid chromatography. Talanta, 2014, 124 (1): 1-6

[25] Song J, Zhang Z H, Zhang Y Q. Ionic liquid dispersive liquid-liquid microextraction combined with high performance liquid chromatography for determination of tetracycline drugs in eggs. Analytical Methods, 2014, 6 (16): 6459-6466

[26] Zhao F, Zhang X, Gan Y. Determination of tetracyclines in ovine milk by high-performance liquid chromatography with a coulometric electrode array system. Journal of Chromatography A, 2004, 1055 (1-2): 109-114

[27] Suárez B, Santos B, Simonet BM, Cárdenas S, Valcárcel M. Solid-phase extraction-capillary electrophoresis-mass spectrometry for the determination of tetracyclines residues in surface water by using carbon nanotubes as sorbent material. Journal of Chromatography A, 2007, 1175 (1): 127-132

[28] Aoyama R G, McErlane K M, Erber H, Kitts D D, Burt H M. High-performance liquid chromatographic analysis of oxytetracycline in chinook salmon following administration of medicated feed. Journal of Chromatography A, 1991, 588 (1-2): 181-186

[29] Koesukwiwat U, Jayanta S, Leepipatpiboon N. Validation of a liquid chromatography-mass spectrometry multi-residue method for the simultaneous determination of sulfonamides, tetracyclines, and pyrimethamine in milk. Journal of Chromatography A, 2007, 1140 (1-2): 147-156

[30] Andersen W C, Roybal J E, Gonzales S A, Turnipseed S B, Pfenning A P, Kuck L R. Determination of tetracycline residues in shrimp and whole milk using liquid chromatography with ultraviolet detection and residue confirmation by mass spectrometry. Analytica Chimica Acta, 2005, 529 (1): 145-150

[31] Xu J, Ding T, Wu B, Yang W, Zhang X, Liu Y, Shen C, Jiang Y. Analysis of tetracycline residues in royal jelly by liquid chromatography-tandem mass spectrometry. Journal of Chromatography B, 2008, 868 (1-2): 42-48

[32] Wang L, Peng J, Liu L. A reversed-phase high performance liquid chromatography coupled with resonance Rayleigh scattering detection for the determination of four tetracycline antibiotics. Analytica Chimica Acta, 2008, 630(1): 101-106

[33] Jia A, Xiao Y, Hu J, Asami M, Kunikane S. Simultaneous determination of tetracyclines and their degradation products in environmental waters by liquid chromatography-electrospray tandem mass spectrometry. Journal of Chromatography A, 2009, 1216 (22): 4655-4662

[34] Rodriguez J A, Espinosa J, Aguilar-Arteaga K, Ibarra I S, Miranda J M. Determination of tetracyclines in milk samples by magnetic solid phase extraction flow injection analysis. Microchim Acta, 2010, 171 (3): 407-413

[35] Hu X, Pan J, Hu Y, Huo Y, Li G. Preparation and evaluation of solid-phase microextraction fiber based on molecularly imprinted polymers for trace analysis of tetracyclines in complicated samples. Journal of Chromatography A, 2008, 1188 (2): 97-107

[36] Tsai W H, Huang T C, Huang J J, Hsue Y H, Chuang H Y. Dispersive solid-phase microextraction method for sample

extraction in the analysis of four tetracyclines in water and milk samples by high-performance liquid chromatography. Journal of Chromatography A，2009，1216（12）：2263-2269

[37] Stubbings G，Tarbin J A，Shearer G. On-line metal chelate affinity chromatography clean-up for the high-performance liquid chromatographic determination of tetracycline antibiotics in animal tissues. Journal of Chromatography B，1996，679（1-2）：137-145

[38] Cooper A D，Stubbings G W F，Kelly M，Tarbin J A，Farrington W H H，Shearer G. Improved method for the on-line metal chelate affinity chromatography-high-performance liquid chromatographic determination of tetracycline antibiotics in animal products. Journal of Chromatography A，1998，812（1-2）：321-326

[39] Croubels S M，Vanoosthuyze K E I，van Peteghem C H. Use of metal chelate affinity chromatography and membrane-based ion-exchange as clean-up procedure for trace residue analysis of tetracyclines in animal tissues and egg. Journal of Chromatography B，1997，690（1-2）：173-179

[40] 张素霞，李俊锁，钱传范. 牛奶中四环素类药物多残留分析方法研究-MSPD-HPLC-UV. 畜牧兽医学报，2002，33（1）：51-54

[41] Mu G，Liu H，Xu L，Tian L，Luan F. Matrix solid-phase dispersion extraction and capillary electrophoresis determination of tetracycline residues in milk. Food Analytical Methods，2012，5（1）：148-153

[42] 李倩. 四环素类分子印迹聚合物的合成及其识别性能的研究. 上海兽医研究所硕士论文，2010

[43] Sun X，He X，Zhang Y，Chen L. Determination of tetracyclines in food samples by molecularly imprinted monolithic column coupling with high performance liquid chromatography. Talanta，2009，79（3）：926-934

[44] Chico J，Meca S，Companyó R，Prat M D，Granados M. Restricted access materials for sample clean-up in the analysis of trace levels of tetracyclines by liquid chromatography Application to food and environmental analysis. Journal of Chromatography A，2008，1181（1-2）：1-8

[45] 林修光，寇运同，贾臻，雷质文，李伟才. 用标准纸片法快速测定鸡肉中四环素族残留量. 口岸卫生控制，2001，6（3）：19-21

[46] De Wasch K，Okerman L，Croubels S，De Brabander H，Van Hoof J，De Backer P. Detection of residues of tetracycline antibiotics in pork and chicken meat correlation between results of screening and confirmmatory tests. The Analyst，1998，123（12）：2737-2741

[47] Mwangi W W，Shitandi A，Ngure R. Evaluation of the performance of *Bacillus cereus* for assay of tetracyclines in chicken meat. Journal of Food Safety，2011，31（2）：190-196

[48] Jeon M，Kim J，Paeng K J，Park S W，Paeng I R. Biotin-avidin mediated competitive enzyme-linked immunosorbent assay to detect residues of tetracyclines in milk. Microchemical Journal，2008，88（1）：26-31

[49] Zhang Y，Lu S，Liu W，Zhao C，Xi R. Preparation of anti-tetracycline antibodies and development of an indirect heterologous competitive enzyme-linked immunosorbent assay to detect residues of tetracycline in milk. Journal of Agricultural and Food Chemistry，2007，55（2）：211-218

[50] Lee H J，Lee M H，Ryu P D，Lee H，Cho M H. Enzyme-linked in munosorbent assay for screening the plasma residues of tetracycline antibiotics in pigs. The Journal of Veterinary Medical Science/The Japanese Society of Veterinary Science，2001，63（5）：553-556

[51] Pastor-Navarro N，Morais S，Maquieira A，Puchades R. Synthesis of haptens and development of a sensitive immunoassay for tetracycline residues Application to honey samples. Analytica Chimica Acta，2007，594（2）：211-218

[52] Jeon M，Paeng I R. Quantitative detection of tetracycline residues in honey by a simple sensitive immunoassay. Analytica Chimica Acta，2008，626（2）：180-185

[53] Le T，Yi S H，Zhao Z W，Wei W. Rapid and sensitive enzyme-linked immunosorbent assay and immunochromatographic assay for the detection of chlortetracycline residues in edible animal tissues. Food Additives and Contaminants，2011，28（11）：1516-1523

[54] Le T，Zhao Z，Wei W，Bi D. Development of a highly sensitive and specific monoclonal antibody-based enzyme-linked immunosorbent assay for determination of doxycycline in chicken muscle，liver and egg. Food Chemistry，2012，134（4）：2442-2446

[55] 檀尊社，陆恒，邵伟，张少恩. 胶体金免疫层析法快速检测水产品中四环素类药物残留. 西北农业学报，2010，19（8）：32-37

[56] 方莹，卜令杰，张晓峰，朱振江，吴建祥，张少恩. 四环素胶体金免疫层析试纸条的研制. 中国卫生检验杂志，2009，19（11）：2581-2583

[57] Le T，Yu H，Wang X，Ngom B，Guo Y，Bi D. Development and validation of an immunochromatographic test strip for

rapid detection of doxycycline residues in swine muscle and liver. Food and Agricultural Immunology，2011，22（3）：235-246

[58] Meyer M T，Bumgarner J E，Varns J L，Daughtridge J V，Thurman E M，Hostetler K A. Use of radioimmunoassay as a screen for antibiotics in confined animal feeding operations and confirmation by liquid chromatography/mass spectrometry. Science of the Total Environment，2000，248（2-3）：181-187

[59] 张启华，张志军，田华. 蜂蜜中四环素族抗生素残留量的薄层色谱测定法. 分析测试学报，1998，17（4）：54-57

[60] Weng N，Sun H，Roets E，Hoogmartens J. Assay and purity control of tetracycline，chlortetracycline and oxytetracycline in animal feeds and premixes by TLC densitometry with fluorescence detection. Journal of Pharmaceutical and Biomedical Analysis，2003，33（1）：85-93

[61] Meisen I，Wisholzer S，Soltwisch J，Dreisewerd K，Mormann M，Müthing J，Karch H，Friedrich A W. Normal silica gel and reversed phase thin-layer chromatography coupled with UV spectroscopy and IR-MALDI-o-TOF-MS for the detection of tetracycline antibiotics. Analytical and Bioanalytical Chemistry，2010，398（7-8）：2821-2831

[62] 王皓，王瑞芬，黄玉明. 流动注射化学发光法测定强力霉素. 西南大学学报（自然科学版），2009，29（5）：18-21

[63] 陈天豹，邓文汉，卢菀华，陈儒明，饶平凡. 毛细管电泳法检测蜂蜜中残留的抗生素. 色谱，2001，19（1）：91-93

[64] Casado-Terrones S，Segura-Carretero A，Busi S，Dinelli G，Fernández-Gutiérrez A. Determination of tetracycline residues in honey by CZE with ultraviolet absorbance detection. Electrophoresis，2007，28（16）：2882-2887

[65] Kowalski P. Capillary electrophoretic method for the simultaneous determination oxytetracycline residues in fish samples. Journal of Pharmaceutical and Biomedical Analysis，2008，47（3）：487-493

[66] Miranda J M，Rodríguez J A，Galán-Vidal C A. Simultaneous determination of tetracyclines in poultry muscle by capillary zone electrophoresis. Journal of Chromatography A，2009，1216（15）：3366-3371

[67] Nozal L，Arce L，Simonet B M，Rios A，Valcarcel M. Rapid determination of trace levels of tetracyclines in surface water using a continuous flow manifold coupled to a capillary electrophoresis system. Analytica Chimica Acta，2004，517（1-2）：89-94

[68] Santos S M，Henriques M，Duarte A C，Esteves V I. Development and application of a capillary electrophoresis based method for the simultaneous screening of six antibiotics in spiked milk samples. Talanta，2007，71（2）：731-737

[69] Wang S，Yang P，Cheng Y. Analysis of tetracycline residues in bovine milk by CE-MS with field-amplified sample stacking. Electrophoresis，2007，28（22）：4173-4179

[70] Ryuji U，Koolvara S，Munenori M. A simplified method for the determination of several fish dings in edible fish and shrimp by high-performance liquid chromatography. Food Research International，1999，32（9）：622-633

[71] Shalaby A R，Salama N A，Abou-Raya S H，Emam W H，Mehaya F M. Validation of HPLC method for determination of tetracycline residues in chicken meat and liver. Food Chemistry，2011，124（4）：1660-1666

[72] Lee J B，Chung H H，Chung Y H，Lee K G. Development of an analytical protocol for detecting antibiotic residues in various foods. Food Chemistry，2007，105（4）：1726-1731

[73] Fletouris D J，Papapanagiotou E P. A new liquid chromatographic method for routine determination of oxytetracycline marker residue in the edible tissues of farm animals. Analytical and Bioanalytical Chemistry，2008，391（4）：1189-1198

[74] Kaale E，Chambuso M，Kitwala J. Analysis of residual oxytetracycline in fresh milk using polymer reversed-phase column. Food Chemistry，2008，107（3）：1289-1293

[75] Furusawa N. An organic solvent-free method for determining oxytetracycline in cow's milk. LC-GC North America，2003，21（4）：362-365

[76] Fletouris D J，Papapanagiotou E P，Nakos D S. Liquid chromatographic determination and depletion profile of oxytetracycline in milk after repeated intramuscular administration in sheep. Journal of Chromatography B，2008，876（1）：148-152

[77] Fritz J W，Zuo Y. Simultaneous determination of tetracycline，oxytetracycline，and 4-epitetracycline in milk by high-performance liquid chromatography. Food Chemistry，2007，105（3）：1297-1301

[78] Viñas P，Balsalobre N，López-Erroz C，Hernández-Córdoba M. Liquid chromatography with ultraviolet absorbance detection for the analysis of tetracycline residues in honey. Journal of Chromatography A，2004，1022（1-2）：125-129

[79] Lu H，Jiang Y，Li H，Chen F，Wong M. Simultaneous determination of oxytetracycline，doxycycline，tetracycline and chlortetracycline in tetracycline antibiotics by high-performance liquid chromatography with fluorescence detection. Chromatographia，2004，60（5-6）：259-264

[80] Spisso B F，de Oliveira e Jesus A L，de Araújo M A G，Monteiro M A. Validation of a high-performance liquid chromatographic method with fluorescence detection for the simultaneous determination of tetracyclines residues in bovine milk.

Analytica Chimica Acta，2007，581（1）：108-117

[81] Schneider M J，Braden S E，Reyes-Herrera I，Donoghue D J. Simultaneous determination of fluoroquinolones and tetracyclines in chicken muscle using HPLC with fluorescence detection. Journal of Chromatography B，2007，846（1-2）：8-13

[82] 张琰图，章竹君，孙永华. 高效液相色谱化学发光法检测牛奶中残留四环素类化合物的研究. 化学学报，2006，64（24）：2461-2466

[83] Morandi S，Focardi C，Nocentini M，Puggelli M，Caminati G. Development and validation of europium-sensitized luminescence（ESL）method for the determination of tetracycline residues in milk. Food Analytica Methods，2009，2（4）：271-281

[84] Wan G H，Cui H，Zheng H S，Zhou J，Liu L J，Yu X F. Determination of tetracyclines residues in honey using high-performance liquid chromatography with potassium permanganate-sodium sulfite-β-cyclodextrin chemiluminescence detection. Journal of Chromatography B，2005，824（1-2）：57-64

[85] Valverde R S，Pérez I S，Franceschelli F，Galera M M，García M D G. Determination of photoirradiated tetracyclines in water by high-performance liquid chromatography with chemiluminescence detection based reaction of rhodamine B with cerium（IV）. Journal of Chromatography A，2007，1167（1）：85-94

[86] Dasenaki M E，Thomaidis N S. Multi-residue determination of seventeen sulfonamides and five tetracyclines in fish tissue using a multi-stage LC-ESI-MS/MS approach based on advanced mass spectrometric techniques. Analytica Chimica Acta，2010，672（1-2）：93-102

[87] Granelli K，Branzell C. Rapid multi-residue screening of antibiotics in muscle and kidney by liquid chromatography-electrospray ionization-tandem mass spectrometry. Analytica Chimica Acta，2007，586（1-2）：289-295

[88] Granelli K，Elgerud C，Lundstrom A，Ohlsson A，Sjobery P. Rapid multi-residue analysis of antibiotics in muscle by liquid chromatography-tandem mass spectrometry. Analytica Chimica Acta，2009，637（1-2）：87-91

[89] Koesukwiwat U，Jayanta S，Leepipatpiboon N. Solid-phase extraction for multiresidue determination of sulfonamides，tetracyclines，and pyrimethamine in Bovine's milk. Journal of Chromatography A，2007，1149（1）：102-111

[90] 贾微，孙璐，史向国，陈笑艳，钟大放. 液相色谱质谱联用法测定牛奶中4种四环素类药物残留量. 沈阳药科大学学报，2002，19（2）：96-100

[91] 连英杰，吴敏，黎翠玉，徐敦明，林立毅，周昱. 直接提取-超高压液相色谱-电喷雾串联质谱法检测原料奶及奶制品中的四环素类抗生素. 食品安全质量检测学报，2013，4（2）：289-495

[92] 范志影，刘庆生，石冬冬，田园，马书宇. 液相色谱-串联质谱法同时测定生鲜乳中四环素类和β-内酰胺类药物残留. 中国畜牧杂志，2013，49（9）：74-77

[93] Carrasco-Pancorbo A，Casado-Terrones S，Segura-Carretero A，Fernandez-Gutierrez A. Reversed-phase high-performance liquid chromatography coupled to ultraviolet and electrospray time-of-flight mass spectrometry on-line detection for the separation of eight tetracyclines in honey samples. Journal of Chromatography A，2008，1195（1-2）：107-116

[94] Romero-Gonzalez R，Lopez-Martinez J C，Gomez-Milan E，Garrido-Frenich A，Martínez-Vidal J L. Simultaneous determination of selected veterinary antibiotics in gilthead seabream（Sparus aurata）by liquid chromatography-mass spectrometry. Journal of Chromatography B，2007，857（1）：142-148

[95] Kaufmann A，Butcher P，Maden K，Widmer M. Quantitative multiresidue method for about 100 veterinary drugs in different meat matrices by sub 2-mu m particulate high-performance liquid chromatography coupled to time of flight mass spectrometry. Journal of Chromatography A，2008，1194（1）：66-79

[96] Goto T，Ito Y，Yamadaa S，Matsumoto H，Oka H. High-throughput analysis of tetracycline and penicillin antibiotics in animal tissues using electrospray tandem mass spectrometry with selected reaction monitoring transition. Journal of Chromatography A，2005，1100（2）：193-199

[97] Pellegrini G E，Carpico G，Coni E. Electrochemical sensor for the detection and presumptive identification of quinolone and tetracycline residues in milk. Analytica Chimica Acta，2004，520（1）：13-18

[98] Shen L，Chen M，Chen X. A novel flow-through fluorescence optosensor for the sensitive determination of tetracycline. Talanta，2011，85（3）：1285-1290

[99] Moreira F T C，Kamel A H，Guerreiro R L，Azevedo V，Sales M G F. New potentiometric sensors based on two competitive recognition sites for determining tetracycline residues using flow-through system. Procedia Engineering，2010，5（2）：1200-1203

[100] Chao M R，Hu C W，Chen J L. Comparative syntheses of tetracycline-imprinted polymeric silicate and acrylate on CdTe quantum dots as fluorescent sensors. Biosensors & Bioelectronics，2014，61（3）：471-477

[101] Moeller N, Mueller-Seitz E, Scholz O, Hillen W, Bergwerff A A, Petz M. A new strategy for the analysis of tetracycline residues in foodstuffs by a surface plasmon resonance biosensor. European Food Research and Technology, 2007, 224（3）：285-292

[102] GB/T 18932. 23—2003 蜂蜜中土霉素、四环素、金霉素、强力霉素残留量的测定方法 液相色谱-串联质谱法. 北京：中国标准出版社，2003

[103] GB/T 18932. 4—2002 蜂蜜中土霉素、四环素、金霉素、强力霉素残留量的测定方法 液相色谱-紫外检测法. 北京：中国标准出版社，2002

[104] GB/T 20764—2006 可食动物肌肉中土霉素、四环素、金霉素、强力霉素残留量的测定方法 液相色谱-紫外检测法. 北京：中国标准出版社，2006

[105] GB/T 22961—2008 河豚鱼、鳗鱼中土霉素、四环素、金霉素、强力霉素残留量的测定 液相色谱-紫外检测法. 北京：中国标准出版社，2008

[106] GB/T 22990—2008 牛奶和奶粉中土霉素、四环素、金霉素、强力霉素残留量的测定 液相色谱-紫外检测法. 北京：中国标准出版社，2008

13 镇静剂类药物

13.1 概 述

根据作用特点和效果的不同，镇静剂类药物（sedatives）分为催眠镇静剂和镇痛镇静剂。催眠镇静药物主要起到安定，安抚，减轻动物焦虑、恐惧和攻击行为的作用，即使高剂量用药，动物仍能保持神经意识；镇痛镇静药物主要是缓解疼痛。根据化学结构，催眠镇静剂又分为巴比妥类、苯二氮卓类和吩噻嗪类药物，巴比妥类镇静药副作用较大，使用已逐渐减少，而苯二氮卓类和吩噻嗪类副作用较少；镇痛镇静剂主要为丁酰苯类药物。

13.1.1 理化性质与用途

13.1.1.1 理化性质
（1）巴比妥类

巴比妥类药物（barbiturates）又称巴比妥酸盐，属于巴比妥酸的衍生物，在水溶液中，可发生内酰亚胺醇-内酰胺互变异构，呈现弱酸性，一般制成可溶性钠盐，但其钠盐易吸湿水解成无效物质。常用巴比妥类药物理化性质见表 13-1。

表 13-1 常用巴比妥类药物理化性质

化合物	CAS 号	结构式	理化性质
巴比妥（barbital）	57-44-3		白色结晶粉末；无臭、味微苦；微溶于水，溶于沸水及乙醇，略溶于氯仿或乙醚；pK_a 7.9
苯巴比妥（phenobarbital）	50-06-6		白色结晶粉末；无臭、微苦；熔点 189～191℃；在空气中稳定；微溶于水，溶于热水和乙醇，易溶于碱性溶液；pK_a 7.4
异戊巴比妥（amobarbital）	57-43-2		白色结晶性粉末；无臭，味苦；在乙醇或乙醚中易溶，在氯仿中溶解，在水中极微溶解；在氢氧化钠或碳酸钠溶液中溶解；熔点 155～158.5℃；pK_a 7.49
环己烯巴比妥（cyclobarbital）	52-31-3		白色有光泽结晶；味苦；易溶于乙醇、乙醚，溶于沸水，极微溶于冷水；熔点 171～174℃；pK_a 8.34
戊巴比妥（pentobarbital）	57-33-0		白色结晶性颗粒或白色粉末；微苦；约 127℃分解；不溶于水和乙醇，溶于苯和乙醚；pK_a 8.11

化合物	CAS 号	结构式	理化性质
硫喷妥 （thiopental）	108-73-6	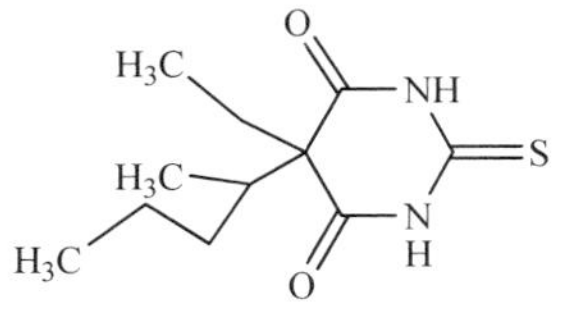	系戊巴比妥钠的 2 位氧原子以硫替换得到，脂溶性升高；pK_a 7.45

（2）苯二氮卓类

苯二氮卓类（benzopazines，BZDs）为 1,4-苯并二氮卓的衍生物，具有一个七原子杂环和两个苯环的基本结构。苯二氮卓类药物具有 1,2 位酰胺键和 4,5 位的亚胺键，酸性或受热条件下不稳定，1,2 位和 4,5 位易水解开环，两个过程同时进行，生成邻氨基二苯酮以及相应的 α-氨基酸类化合物。其中，1,2 位水解产物活性消失。在碱性条件下，4,5 位水解开环产物可以重新环合。因此，这类药物生物利用度高，作用时间长。如艾司唑仑、阿普唑仑、三唑仑和咪达唑仑等苯二氮卓环的 1,2 位拼和成三唑环，稳定性明显增加。常用苯二氮卓类药物理化性质见表 13-2。

表 13-2　常用苯二氮卓类药物理化性质

化合物	CAS 号	结构式	理化性质
地西泮 （diazepam）	439-14-5	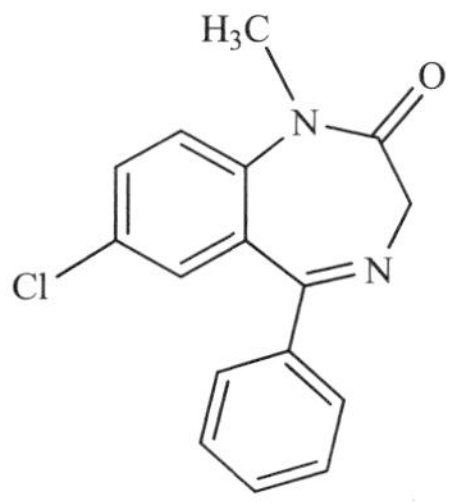	白色或类白色结晶性粉末；无臭，味微苦；熔点 130～134℃；在水中几乎不溶，在乙醇中溶解，pK_a 3.4；在酸性水溶液不稳定，放置或加热即水解产生黄色的 2-甲氨基-5-氯-二苯甲酮和甘氨酸
奥沙西泮 （oxazepam）	604-75-1	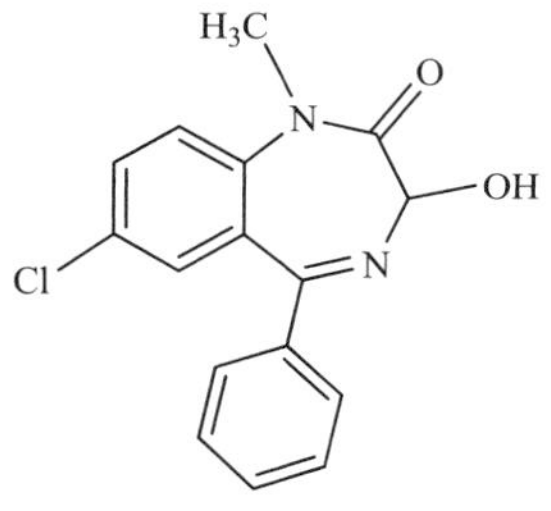	为白色或类白色的结晶性粉末；几乎无臭；对光稳定；熔点 198～202℃（分解）；微溶于乙醇、氯仿，不溶于水；pK_a 11.6（HA），1.8（HB+）；是地西泮在体内的代谢物
艾司唑仑 （estazolam）	29975-16-4	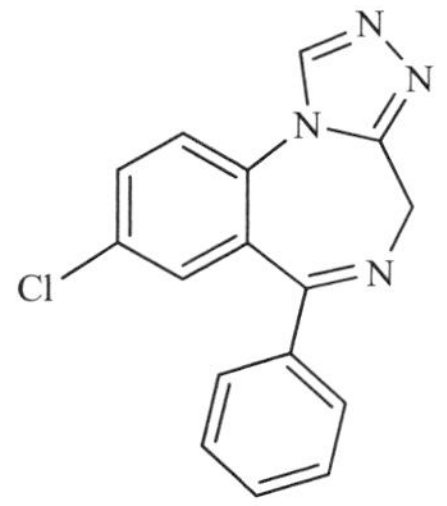	白色或类白色的结晶性粉末；无臭，味微苦；在酸性情况下，室温即可在 5,6 位发生可逆性水解
阿普唑仑 （alprazolam）	28981-97-7	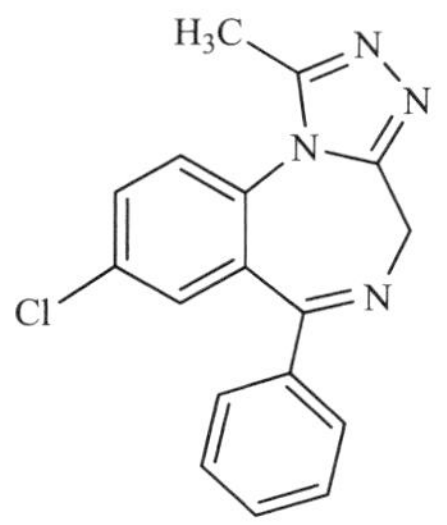	白色或类白色结晶性粉末；熔点 225～231℃；在氯仿中易溶，在水或乙醚中几乎不溶；pK_a 2.4

续表

化合物	CAS 号	结构式	理化性质
三唑仑（triazolam）	28911-01-5		白色或类白色结晶性粉末；无臭；熔点 209～212℃
咪达唑仑（midazolam）	59467-70-8		为亲脂性物质，微溶于水；融合的咪唑环的 2 位上有碱性氮，在 pH<4 的酸性溶液中可形成稳定的水溶性盐；pK_a 3.3
氯氮卓（chlordizepoxide）	58-25-3		淡黄色结晶性粉末；有微臭，味极苦；熔点 236～236.5℃；溶于乙醚、氯仿或二氯甲烷，微溶于水
甲喹酮（methaqualone）	72-44-6		白色结晶性粉末；无臭，苦味；熔点 114～117℃；不溶于水，溶于乙醇、氯仿
替马西泮（temazepam）	846-50-4		白色结晶性粉末；熔点 156～159℃；不溶于水，溶于乙醇、氯仿
氯硝西泮（clonazepam）	1622-61-3		微黄色或淡黄色结晶性粉末；几乎无臭，无味；在丙酮或氯仿中略溶，在甲醇或乙醇中微溶，在水中几乎不溶；熔点 237～240℃

续表

化合物	CAS 号	结构式	理化性质
硝西泮 （nitrazepam）	146-22-5	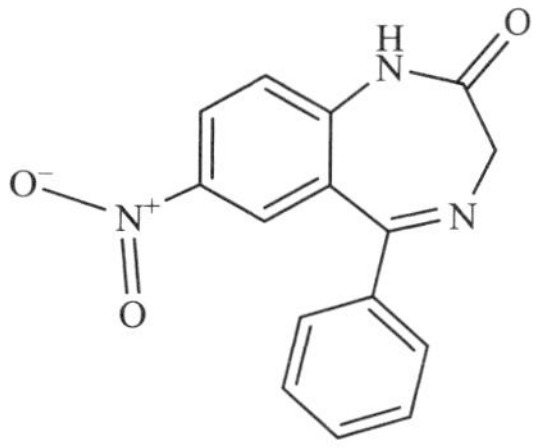	淡黄色结晶性粉末；无臭，无味；熔点 226～229℃
氟硝西泮 （flunitrazepam）	1622-62-4	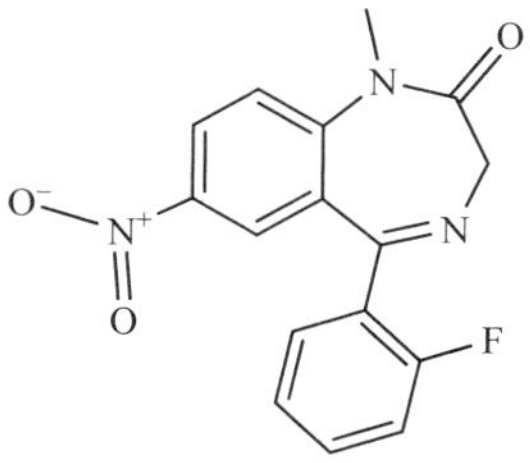	浅黄色结晶；熔点 166～167℃；溶于醇，略溶于水，易溶于乙醇；pK_a 1.8
氟西泮 （flurazepam）	17617-23-1	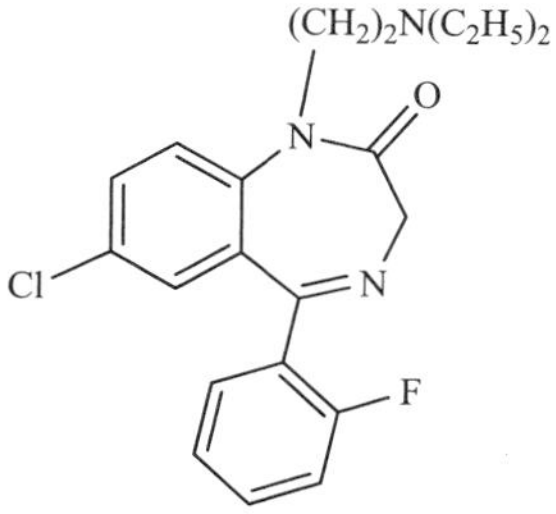	白色棒条状结晶；熔点 77～82℃；极易溶于氯仿，易溶于丙酮、甲醇、乙醇、冰醋酸和乙醚，难溶于环己烷，几乎不溶于水；pK_a 1.8
乙磺氟安定 （elfazepam）	52042-01-0	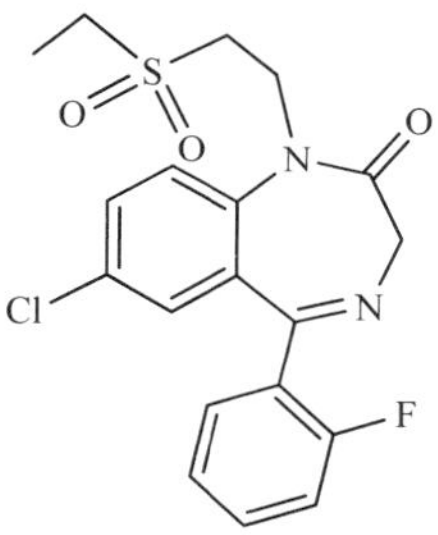	沸点 666.4℃
劳拉西泮 （lorazepam）	846-49-1	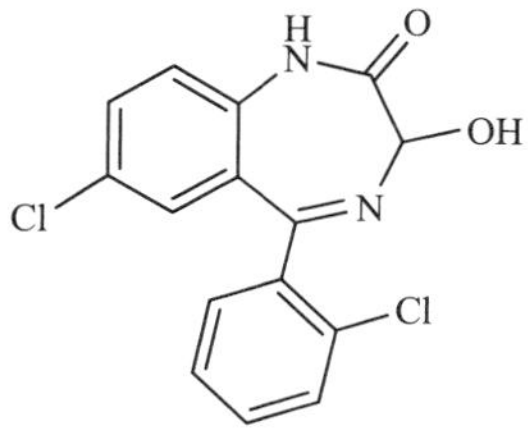	白色结晶；常温常压稳定，避免与氧化剂接触；溶解性（mg/mL）：水 0.08，氯仿 3，乙醇 14，乙酸乙酯 30；熔点 166～168℃

（3）吩噻嗪类

吩噻嗪类镇静剂具有吩噻嗪（硫氮杂蒽）母核结构，母核上氮原子含脂氨基侧链，具有一些相同的化学性质，例如：①含 S、N 的三环共轭的大 π 体系，S、N 与苯环形成 p-π 共轭，具有紫外吸收光谱特征，对光敏感，由于不同的取代基对母核的效应不同，吩噻嗪类药的吸收光谱具有一定的差异性；②硫氮杂蒽环上 S 和 N 都是电子给予体，具有还原性，易氧化变红色；③硫氮杂蒽环上硫原子有两对孤对电子，易与金属离子络合呈色；④吩噻嗪类药物母核上氮原子的碱性极弱，侧链上脂氨基碱性较强。按侧链结构不同，又可分为两类：丙氨基类（如氯丙嗪、乙酰丙嗪、异丙嗪等）和哌嗪类（如奋乃静、氟奋乃静、三氟拉嗪等）。常用吩噻嗪类药物理化性质见表 13-3。

表 13-3 常用吩噻嗪类药物理化性质

化合物	CAS 号	结构式	理化性质
氯丙嗪 （chlorpromazine）	50-53-3		白色或白色结晶性粉末；微臭，味极苦；在水、乙醇或氯仿中不溶；熔点 194～198℃；具吸潮性；吩噻嗪环易被氧化，在空气或日光中放置，渐变为红色；pK_a 9.3
乙酰丙嗪 （acepromazine）	61-00-7		与氯丙嗪相似，2 位的氯被乙酰基取代；橙黄色油状液体；沸点 220～240℃；其马来酸盐为黄色结晶，熔点 135～136℃，溶于水，0.1%水溶液 pH 5.2，无臭，味苦
异丙嗪 （promethazin）	60-87-7		结晶；熔点 60℃；沸点 190～192℃（0.4 kPa）；极易溶于水，溶于乙醇或氯仿，几乎不溶于丙酮或乙醚；几乎无臭，味苦，在空气中日久变为蓝色
三氟拉嗪 （trifluoperzine）	440-17-5		其盐酸盐为白色或微黄色的结晶性粉末；无臭或几乎无臭，味苦；微有引湿性；遇光渐变色；在水中易溶，在乙醇中溶解，在氯仿中微溶，在乙醚中不溶
奋乃静 （perphenazine）	58-38-8		白色或淡黄色结晶性粉末；熔点 94～100℃；几乎不溶于水，溶于稀盐酸；对光敏感，易被氧化，日光照射约 2 h 后，逐渐变色，氧化变色产物可能是由于生成不同的醌式结构显色；pK_a 3.7、7.8
氟奋乃静 （fluphenazine）	69-23-8		暗褐色油状液体；熔点 268～274℃；易溶于水，略溶于乙醇，极微溶于丙酮，不溶于苯、乙醚；无臭，味微苦，遇光易变色
赛拉嗪 （xylazine）	23076-75-9		无色晶体；有杏仁味；微溶于乙醚和氯仿，在乙醇或三氯甲烷中溶解，在石油醚中微溶，在水中不溶
赛拉唑 （xylazol）	123941-49-1		白色结晶；味微苦；在丙酮、三氯甲烷或乙醚中易溶，在石油醚中极微溶，在水中不溶

（4）丁酰苯类

在研究中枢镇痛药哌替啶的衍生物过程中，人们发现哌替啶的哌啶环上的 *N*-甲基为某一类特定基团取代之后，分子产生较强的抗精神分裂作用，由此人们发现了第一个丁酰苯类药物-氟哌啶醇，此后以氟哌啶醇为先导化合物又经过结构改造优化出更多其他药物。常用丁酰苯类药物理化性质见表 13-4。

表 13-4　常用丁酰苯类药物理化性质

化合物	CAS 号	结构式	理化性质
氟哌啶醇 （haloperidol）	52-86-8	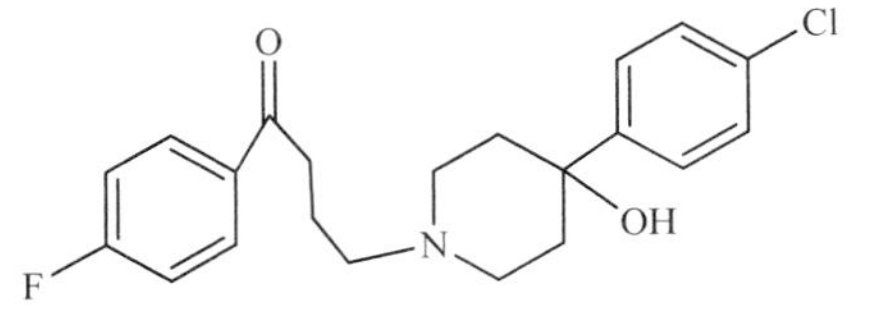	白色或类白色微晶性粉末；无臭，无味；几乎不溶于水，在氯仿中溶解，在乙醇、乙酸乙酯中略溶，在乙醚、异丁醇中微溶；pK_a 8.3；室温避光条件下稳定，自然光下颜色变深；在 105℃干燥时，部分哌啶环脱水降解
阿扎哌隆 （azaperone）	1649-18-9	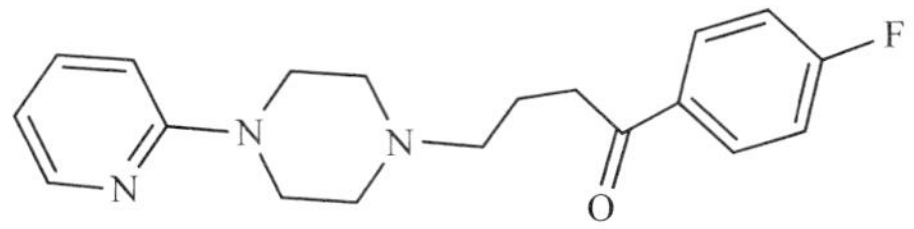	白色或类白色结晶粉末；无臭；熔点 91～93℃；溶于水；碱性
阿扎哌醇 （azaperol）	2804-05-9	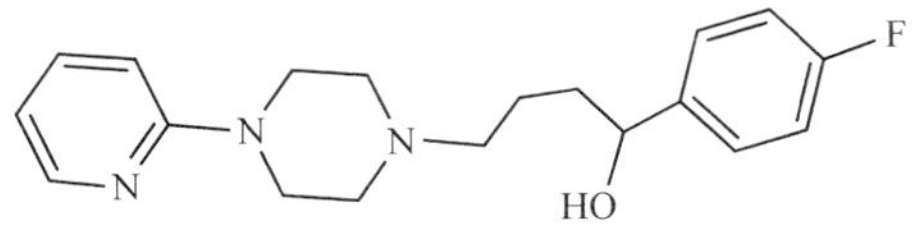	阿扎哌隆还原代谢物；熔点 257.2℃

13.1.1.2　用途

动物适应环境性能不足，或因转群、免疫、运输等饲养管理因素引起畜禽发生应激反应，造成动物生产性能降低，诱发疾病，降低抗病力，降低肉品质，如引起 PSE（苍白、松软、渗出性）肉、DFD（干燥、坚硬、色暗）肉，甚至引起动物心力衰竭性死亡，实践中往往给予一些镇静剂予以预防和减轻应激症状。此外，为缓解动物异常躁动、化学保定和配合麻醉等也常用镇静类药物。镇静类药物还具有降低动物基础代谢，起到减少动物自身损耗，减少死亡率的作用。

（1）巴比妥类

巴比妥类药物是一类作用于中枢神经系统的镇静剂，其应用范围从轻度镇静到完全麻醉，还可以用作镇静、催眠药、抗痉挛和抗癫痫。动物全身麻醉中巴比妥类药物使用较多。目前，巴比妥类药物在临床上很大程度被苯二氮卓类药物替代，后者的副作用远小于巴比妥类。苯巴比妥还是目前最好的兽用抗癫痫药，尤其对癫痫大发作和持续状态有良好效果，主要用于缓解脑炎，破伤风及士的宁中毒引起的惊厥，也可用于犬、猫的镇静和癫痫。兽医临床上巴比妥类多为注射给药，巴比妥类药物脂溶性对影响麻醉作用，脂溶性高，潜伏期短，起效快，麻醉强，持续时间短。根据药效维持时间长短，分为长效，中效和短效麻醉药。临床上麻醉维持时间顺序为：苯巴比妥＞戊巴比妥＞硫戊巴比妥＞硫喷妥＞甲己炔巴比妥。硫喷妥钠为戊巴比妥钠的 2 位氧原子以硫替换得到的药物，可溶于水，用作注射剂。由于硫原子的引入，使药物的脂溶性增大，易于通过血脑屏障，迅速产生作用；但同时也容易被脱硫代谢，生成戊巴比妥，所以为超短时作用的巴比妥类药物。

（2）苯二氮卓类

苯二氮卓类具有镇静催眠、抗焦虑、抗惊厥、肌肉松弛和安定作用，但不同药物作用各有侧重，主要通过阻断中脑网状结构引起的觉醒脑电波发放，和抑制边缘系统诱发电位的后发放、阻滞网状结构的激活起药理作用。如地西泮主要用于家畜肌肉痉挛，癫痫和惊厥。对近 1500 种化合物对动物摄食的影响试验发现，多种苯二氮卓类化合物可促进动物摄食，其中乙磺氟安定的效果最为显著。肌注、灌服及日粮添加均可有效增加动物摄食量及摄食频率，提高日摄食量，反刍动物尤为明显。由于安定类药物代谢周期长，连续使用在体内易产生蓄积作用。

（3）吩噻嗪类

吩噻嗪类药物通过抑制脑干及大脑皮质，产生安静和减低运动性作用；与麻醉性止痛剂合用，具有神经性安定镇痛作用，但同时也有一定的副作用。吩噻嗪类药物在兽医临床上用作化学制动、术前和术后镇静、麻醉前给药、安定镇痛、止吐、止痒、抗热休克、松弛阴茎、缓解破伤风强直等。氯丙嗪主要用于犬猫镇静和麻醉前给药，犬止吐；乙酰丙嗪还具有抗心率失常和抗组胺作用；赛拉嗪主要用于马、牛、羊、犬、猫以及鹿等野生动物的镇静与镇痛药，也用于复合麻醉及化学保定，有时用作猫的催吐；赛拉唑与赛拉嗪作用相似。

（4）丁酰苯类

丁酰苯类药理作用与吩噻嗪类相似，但药效较吩噻嗪类强大。阿扎哌隆主要用于猪镇静。在中等剂量时，降低动物兴奋性，增加合群性；高剂量时，动物卧地。也可用于猪术前和运输中镇静，能防治氟烷引起的恶性高热；偶尔用于马抗焦虑；另外，还用作麻醉前驱药物，使动物产生镇静作用。

13.1.2　代谢和毒理学

13.1.2.1　体内代谢过程

（1）巴比妥类

巴比妥类药物多在肝脏代谢，代谢反应主要为5位取代基上氧化和丙二酰脲环水解，之后形成葡萄糖醛酸和硫酸酯结合物。异戊巴比妥的5位侧链上有支链，具叔碳原子，叔碳上的氢比伯碳和仲碳易氧化，形成羟基，与葡萄糖醛酸结合后溶于水排泄，为中等时效药物。

（2）苯二氮卓类

苯二氮卓类药物均在肝脏降解，通过去乙基、水解或其他途径代谢、产生活性代谢物，代谢物消除缓慢。多种苯二氮卓类药物可以代谢成相同的代谢物。如服用氯氮卓、地西泮或氯硝西泮后，血中产生共同代谢物去甲地西泮和去氧地西泮。在血清中，苯二氮卓类与血清白蛋白紧密结合，在尿中主要以羟化物与葡萄糖醛酸结合物，以及肝脏中生成的相应化合物的形式被清除，尿中只发现少量原型药物。

地西泮口服吸收快而完全，生物利用度约70%。药物本体及其代谢物脂溶性高，易穿透血脑屏障，可通过胎盘，也可分泌入乳汁。地西泮主要在肝脏代谢，极少量原形药物通过尿液排出，代谢途径为N-1位去甲基，N-3位羟基化，血液中主要活性代谢为去氧地西泮和去甲基地西泮，羟化成奥沙西泮，以及与葡萄糖醛酸结合形式排出体外。代谢产物去甲地西泮和去甲羟地西泮（奥沙西泮）等亦有不同程度的药理活性，且能通过肝肠循环，长期用药产生蓄积作用。代谢产物可滞留在血液中数天甚至数周，停药后消除较慢。

（3）吩噻嗪类

吩噻嗪类药物体内代谢非常复杂，产物至少有10种以上，代谢途径主要是氧化。氯丙嗪的代谢过程主要涉及羟化和与葡萄糖醛酸结合、N-氧化、硫原子氧化和脱烷化。赛拉嗪在大多数动物中迅速、广泛的代谢，形成约20种代谢产物，包括遗传毒性代谢物2,6-二甲基苯胺，约70%以游离和结合形式从尿中排出，原形仅占不到10%。赛拉嗪的半衰期：绵羊23 min、马50 min、牛36 min、犬30 min，而代谢物在大多数动物体内的消除持续10~15 h。小鼠口服赛拉嗪的吸收率接近100%，大约70%的药物通过肾排泄，30%通过粪便排泄，半衰期2~3 h；马体内代谢迅速，半衰期短与小鼠相似，在尿液中鉴定出7种代谢物，主要代谢物为4-羟基赛拉嗪和6-甲基赛拉嗪（6-dimethylaniline）；奶牛单次肌肉注射赛拉嗪，有85%的药物通过尿液排泄，24 h后仅在尿液中检测2,6-二甲基苯胺，其他组织未检出。

（4）丁酰苯类

氟哌啶醇口服吸收良好，主要经肝脏代谢，肾脏消除，有首过效应，代谢以氧化性N-脱烷基反应和酮基还原反应为主。阿扎哌隆为另一丁酰苯类镇静剂，兽医仅用于猪，肌肉注射使用。注射后迅速吸收分布，血药浓度0.5~1 h达峰，然后迅速排泄。在肝、肾、心脏浓度较大，肺、肌肉、脂肪和脑组织浓度较低，20%通过尿排出，80%通过粪便排泄，主要通过还原，代谢产生有活性的代谢物阿扎哌醇。

13.1.2.2　毒理学与不良反应

（1）巴比妥类

巴比妥类药物作用于中枢神经系统，其应用范围从轻度镇静到完全麻醉，还可以抗焦虑、催眠、抗痉挛，但具有一定的副作用，常见头晕、嗜睡、乏力、关节肌肉疼痛等，久用可产生耐受性及依赖性，少见皮疹、药热、剥脱性皮炎等过敏反应。

（2）苯二氮卓类

苯二氮卓类药物可引起眩晕、困倦、乏力、精细运动不协调等不良反应，大剂量应用会造成共济失调、运动能力障碍、皮疹、白细胞减少，会引起耐受和依赖性。

（3）吩噻嗪类

氯丙嗪过量会引起共济失调、昏迷、行为改变、体温变化不规则、性激素和下丘脑促激素释放紊乱、食欲增强、低血压和心动过速。

乙酰丙嗪过量会引起强直、震颤、兴奋、血压低等。对马，因阻断 α 受体对阴茎缩肌支配，使阴茎下垂。此外，具有过敏毒性及易产生阻滞型黄疸和多种皮肤病反应。

赛拉嗪在大多数动物上常见的不良反应为唾液分泌增加，马见出汗，偶见癫痫和中枢兴奋。大剂量时，会引起肌肉震颤、心动过缓（房室阻断）、低血压、呼吸抑制、臌胀，犬、猫发生呕吐，猫瞳孔放大，使妊娠后期的母畜流产。牛对赛拉嗪特别敏感；应禁用于心脏病患畜，特别是心脏传导紊乱的动物；忌用于肝、肾疾患动物；不得动脉内给药；与氯胺酮合用，会引起犬"麻醉性死亡"。

（4）丁酰苯类

丁酰苯类毒性相对较小，作用短暂，能引起低血压。静脉注射给药，初期产生兴奋作用。

13.1.3　最大允许残留限量

镇静类药物具有降低动物基础代谢，起到减少动物自身损耗，减少死亡率的作用，但近几年来为提高饲料转化率和获得高额利润，一些不法分子在饲料中随意添加吩噻嗪类和苯二氮卓类等违禁药物饲喂食品动物，对消费者健康构成威胁。世界大多国家禁止应用催眠镇静类药物。我国 2002 年农业部 235 号公告严格禁止催眠镇静类药物氯丙嗪、地西泮及其盐、酯与制剂使用；欧盟也禁止本类药物用于食品动物。世界主要国家和组织对镇静类药物最大允许残留限量（maximum residue limit，MRL）规定见表 13-5。

表 13-5　世界主要国家和组织对镇静类药物的 MRLs 规定

化合物	残留标示物	动物种类	靶组织	MRL/(μg/kg)				
				中国	CAC	欧盟	美国	日本
阿扎哌隆（azaperone）	阿扎哌隆+阿扎哌醇（azaperol）	猪	肌肉	60	60	50（所有食用动物）	—	30（牛）
			皮+脂	60	60	50（所有食用动物）	—	30（牛）
			肝	100	100	50（所有食用动物）	—	30（牛）
			肾	100	100	100（所有食用动物）	—	30（牛）
氯丙嗪（chlorpromazine）	氯丙嗪	所有动物	所有可食组织	ND	—	—	—	—
地西泮（diazepam）	地西泮	所有动物	所有可食组织	ND	—	—	—	—
赛拉嗪（xylazine）	赛拉嗪	产奶动物	奶	—	—	—	—	20（牛肌肉、肝脏、肾脏、脂肪）50（牛其他副产品）
甲喹酮（methaqualone）	甲喹酮	所有食品动物	所有可食组织	ND	—	—	—	—

注："—"未制订；"ND"不得检出

13.1.4 残留分析技术

基于镇静剂的明显毒副作用以及对本类药物使用的严格限制，镇静剂的残留检测方法研究较多，也比较深入。

13.1.4.1 前处理方法

（1）水解方法

巴比妥类药物结构中内酰胺上的 N 可以形成少量的 N-葡萄糖苷结合物，但一般不需水解提取。丁酰苯类药物不与组织结合，也不需要水解。吩噻嗪类药物和苯二氮卓类药物在生物体内往往会形成葡萄糖醛酸结合物，需要水解或酶解后再提取。一般选用 β-盐酸葡萄糖苷酶/芳基硫酸酯酶进行酶解，酶解过程相似。

黄士新等[1]往 2 mL 尿液或血液中加入 50 mmol/L 乙酸钠（pH 4.8）溶液 5.0 mL，再加入 β-盐酸葡萄糖醛苷酶/芳基硫酸酯酶 50 μL，涡旋混匀，于 55℃下避光振荡 2 h，酶解地西泮葡萄糖醛酸结合物，然后用乙酸乙酯振荡提取酶解液，分离上层有机溶剂蒸干，用乙腈溶解残渣，取上清液过滤后用液相色谱-串联质谱（LC-MS/MS）进行检测。该方法加标回收率为 81.6%～105.4%，相对标准偏差（RSD）为 3.8%～13.6%，检出限（LOD）为 0.5 μg/L。孙雷等[2]检测猪肉和猪肾中安眠酮、氯丙嗪、异丙嗪、地西泮、硝西泮、奥沙西泮、替马西泮、咪达唑仑、三唑仑和唑吡旦等 10 种镇静剂类药物残留。2 g 样品加入 6 mL 0.2 mol/L 乙酸铵溶液（pH 5.2），再加入 40 μL 盐酸葡萄糖醛苷酶/芳基硫酸酯酶，于 37℃避光酶解 16 h。调节 pH 呈碱性，分别用乙酸乙酯和叔丁基甲醚进行萃取，高速冷冻离心去除脂肪等杂质，提取液用 LC-MS/MS 检测。10 种镇静剂的 LOD 为 0.5 μg/kg，定量限（LOQ）为 1 μg/kg；3 个添加水平的回收率为 64.5%-111.4%，批内、批间 RSD 均小于 15%。Laloup 等[3]测定尿液和毛发中地西泮及其代谢物，则用 pH 4.6 缓冲液稀释，用 β-葡萄糖醛苷酶 56℃酶解 1 h。

（2）提取方法

1）巴比妥类

乙腈和乙酸乙酯是巴比妥类药物提取中最常用的有机溶剂。

戴晓欣等[4]采用乙酸乙酯提取水产品中的苯巴比妥，回收率在 80.49%～102.42%之间，RSD 为 1.52%～10.15%，方法 LOD 为 10 μg/kg，LOQ 为 30 μg/kg。由于鱼肉的含水量较高，用乙腈和甲醇提取时，会将大量的水和水溶性杂质提取出来，后面旋转蒸发时间长，测定时有干扰；而用乙酸乙酯作提取溶剂，旋转蒸发时间减少近一半，乙酸乙酯更适合作为水产品提取剂。赵海香等[5, 6]提取猪肝与猪肾中 4 种巴比妥药物。样品加入无水硫酸钠和乙腈，30℃下超声提取 30 min，超声功率 450 W，离心后取上清液进一步净化，气相色谱-质谱（GC-MS）测定，外标法定量。4 种药物的 LOD，猪肝中不高于 0.65 μg/kg，猪肾中不高于 1.00 μg/kg；LOQ 在猪肝中不高于 2.20 μg/kg，猪肾中不高于 3.35 μg/kg；4 种药物回收率为 68%～90%，RSD 均低于 10%。该作者[7]还采用加速溶剂萃取（ASE）技术提取猪肉中的巴比妥、异戊巴比妥和苯巴比妥残留。采用乙腈作提取溶剂，压力 10.3 MPa 持续 30 min，溶剂挥发后再进一步固相萃取柱净化。方法平均回收率为 84.0%～103.0%，变异系数（CV）为 1.6%～12%，LOD 为 0.5 μg/kg，LOQ 为 1 μg/kg。

巴比妥类药物呈酸性，酸性条件下以分子状态存在，更易进入有机溶剂，能提高提取效率。

我国检验检疫行业标准 SN/T 2217—2008[8]用酸性乙腈提取鸡肉、猪肉、猪肝和鱼肉中的苯巴比妥、戊巴比妥、异戊巴比妥和司可巴比妥等 6 种巴比妥类药物，LC-MS/MS 测定，方法 LOD 为 1 μg/kg，回收率为 78.6%～110%。Wang 等[9]测定动物和水产品可食性组织中巴比妥类药物，用无水硫酸钠、酸化乙腈提取，30℃下超声波辅助提取 10 min，LC-MS/MS 测定，方法平均回收率 79.6%～108%，CV 小于 11%，LOQ 为 0.5 μg/kg。王勇等[10]先用盐酸（pH 1～2）酸化动物心、肝、脾、肺、肾，再用乙醚提取组织中的苯巴比妥。研究发现乙醚提取效率比乙腈高，但提取杂质也多。血液中的巴比妥类药物，可用酸性缓冲溶液（pH 2）直接沉淀蛋白[11]后进样；或用乙腈-甲醇[12]、乙酸乙酯[13]将巴比妥类药物提取至有机相，有机提取液经离心过滤后一般不再净化，可吹干转换到合适溶剂直接测定或衍生化后测定。如果与其他类药物同时提取，则要综合考虑各因素，采取合适提取溶剂。

2）苯二氮卓类

苯二氮卓类药物主要用乙腈、乙酸乙酯等有机溶剂提取。同时，利用苯二氮卓类药物的碱性特性，在碱性环境下采用有机溶剂提取可提高提取效率。

Gunn 等[14]测定血清和全血中 12 种苯二氮卓类药物（包括阿普唑仑、替马西泮、奥沙西泮、去甲西泮、氯硝西泮、劳拉西泮、地西泮、利眠宁、咪达唑仑、氟硝西泮、7-氨基氯硝西泮和 7-氨基氟硝西泮）时，用 4℃冷乙腈沉淀蛋白，涡动提取，提取液转换溶剂后进超高效液相色谱-串联质谱（UPLC-MS/MS）分析。该方法较为简单，但灵敏度较低。张玉洁等[15]采用乙腈提取猪肉中的地西泮残留，在 30℃水浴中超声提取 10 min。对常用溶剂乙腈、乙酸乙酯、乙腈-水（90+10，v/v）进行比较试验，发现乙腈提取效率最高，杂质最少；乙酸乙酯提取效率也较高，但杂质多于前者。该试验还对 30℃、10 min 超声辅助提取（UAE）和振荡提取两种条件下的提取效率和杂质情况进行了比较，结果发现超声提取效率高，杂质溶解少，而振荡提取的提取效率低，共提取杂质却多于前者。汪丽萍等[16]用乙腈提取猪肉中的地西泮、艾司唑仑、阿普唑仑、三唑仑等 4 种苯二氮卓类药物。地西泮回收率为 60%～70%，RSD 为 7.6%～12.9%，LOD 为 2 μg/kg；艾司唑仑、阿普唑仑、三唑仑等 3 种药物回收率为 60%～115%，RSD 为 3.8%～19.7%，LOD 为 10 μg/kg。我国内贸行业标准 SB/T 10501—2008[17]，用乙腈提取畜禽肉中的地西泮，匀浆肌肉组织加乙腈在超声波水浴中提取 10 min。方法 LOD 为 10 μg/kg，回收率为 70%～99%。

黄士新等[1]测定猪血浆和尿液中的地西泮，对二氯甲烷、正己烷、乙酸乙酯等不同溶剂的提取效率进行了比较，发现乙酸乙酯提取回收率较高且易于浓缩，作为提取溶剂效果最佳。该方法回收率为 81.6%～105.4%，RSD 为 3.8%～13.6%，LOD 为 0.5 μg/L。Jang 等[18]用乙酸乙酯提取唾液中 25 种苯二氮卓类药物，提取液直接进样分析，LOD 为 0.01～0.5 ng/mL，LOQ 为 0.1～0.5 ng/mL，回收率为 81%～95%。孙雷等[19]测定猪肉和肾脏中的甲喹酮、奥西泮、地西泮、硝西泮和替马西泮等 10 种镇静剂。研究发现在酶解后，用氢氧化钠溶液调节体系 pH 9.7±0.2，然后分别用乙酸乙酯和叔丁基甲醚进行提取，再采取低温脱脂、高速离心等办法进行净化，每种药物均获得了满意的回收率，且能很好地去除杂质干扰。10 种镇静剂的 LOD 为 0.5 μg/kg，LOQ 为 1 μg/kg，回收率为 64.5%～111.4%。钱晓东等[20]用含 1%氨水的乙酸乙酯提取水产品中的地西泮及其代谢物，平均回收率为 82.1%～119.0%。但肌肉中的大量脂肪亦被同时提取出，需要进一步脱脂净化。于慧娟等[21]用 1%氨化乙酸乙酯提取鱼类样品中的地西泮及其代谢物去甲地西泮、替马西泮和奥沙西泮残留，平均回收率为 85.7%～105.6%。

谢秀红等[22]建立 GC-MS 法同时定性分析血液中的安定、硝基安定、氯硝安定、三唑仑、艾司唑仑和阿普唑仑残留。样品用乙醚萃取，50℃水浴中 N₂ 吹干，残留物用乙醇溶解后进样分析，方法 LOD 为 5 μg/L。Lee 等[23]用甲醇提取毛发中的地西泮、劳拉西泮、去甲地西泮、奥西泮、替马西泮、咪达唑仑和唑吡坦残留，毛发剪碎后用甲醇 38℃提取 16 h，提取后用固相萃取净化，GC-MS 测定。地西泮、劳拉西泮、去甲地西泮、奥西泮、替马西泮的 LOD 为 5 ng，咪达唑仑和唑吡坦的 LOD 为 10 ng，LOQ 均为 10～20 ng，回收率为 71%～103%。Fernández 等[24]建立了微波辅助萃取（MAE）血浆中阿普唑仑、溴西泮、地西泮、劳拉西泮、氯甲西泮和硝西泮的方法。用 8 mL 氯仿-丙醇（4+1，v/v）于 89℃萃取 13 min，回收率为（89.8%±0.3%）～（102.1%±5.2%）。研究表明，萃取时间明显影响萃取效率。

3）吩噻嗪类

吩噻嗪类药物极性有较大差异，其中，异丙嗪极性较小，而赛拉嗪极性较大，常根据极性用氯仿、乙酸乙酯、乙腈和乙醚等提取。但乙醚易生成过氧化物，对氯丙嗪等药物的萃取率影响较大，常加入维生素 C 以消除过氧化物对吩噻嗪类药物的氧化作用，提高回收率。同时，本类药物均显碱性，在碱性环境下脂溶性升高，用碱性有机溶剂提取，效率提高。

Delahaut 等[25]用乙腈提取猪组织中的乙酰丙嗪、氯丙嗪、丙酰丙嗪、阿扎哌隆等药物。用乙腈振荡提取 15 min，肌肉和肾脏的回收率均大于 90%。洪月玲等[26]比较了甲醇和乙腈提取猪肉及虾肉中氯丙嗪的效率，试验表明乙腈提取率高，杂质少，提取回收率为80%～101%。Tanaka 等[27]用乙腈直接提取血清中的氯丙嗪、左米丙嗪、甲哌丙嗪、奋乃静和异丙嗪等 12 种吩噻嗪类药物后进样测定，回收率为87.6%～99.8%，检测限为 3.2～5.5 ng/mL。李春风等[28]用含 1%浓氨水的乙腈溶液提取水产品中的氯丙嗪、乙酰丙嗪、丙酰丙嗪、异丙嗪、甲苯噻嗪等 5 种吩噻嗪类药物效果较好。采用氨化乙腈溶液提取，可抑制碱性吩噻嗪类化合物的离子化程度，降低极性，从而提高其在乙腈中的溶解度。氨化乙腈还用于均质提取步骤，可提高吩噻嗪类药物提取效率，平均回收率为 75.7%～87.7%，RSD 为 9.0%～15.2%。

Cheng 等[29]报道了用乙酸乙酯提取猪组织中地西泮、氯丙嗪、异丙嗪和安眠酮的方法。对乙腈、0.1 mol/L 盐酸-乙腈（5+95，v/v）、乙酸乙酯、氨水-乙醚（5+95，v/v）、氨水-二氯甲烷（5+95，v/v）、氨水-叔丁基甲基醚（5+95，v/v）和氨水-乙酸乙酯（5+95，v/v）的提取回收率和净化程度进行比较，最后选择乙酸乙酯提取。方法 LOD 为 0.2～0.3 μg/kg，LOQ 为 0.5～1 μg/kg，平均回收率为 87.6%～106.8%。陈国征[30]用乙酸乙酯提取尿液中氯丙嗪，方法 LOD 为 0.05 μg/mL，CV 为 3.05%～4.15%，样品加标回收率为 98.1%～101%。吕燕等[31]用乙酸乙酯和 1 mol/L 氢氧化钠溶液提取猪肝中的氯丙嗪，平均回收率为 80.2%～90.6%，RSD 为 5.9%～8.6%，LOD 为 1 μg/kg。郑水庆等[32]测定血液中的氯丙嗪时，加入同位素内标地西泮-d5，在大于 pH 10 条件下用乙酸乙酯-苯（1+1，v/v）提取，回收率为 79.9%～85.5%，LOD 为 0.3 ng/mL。

Holland 等[33]用氯仿提取肾脏中的赛拉嗪及其代谢物 2，6-二甲基苯胺（2，6-dimethylaniline）。该提取液直接用于硅藻土固相萃取净化后高效液相色谱（HPLC）测定。牛肾中塞拉嗪和 2，6-二甲基苯胺的平均回收率分别为 78.3%和 87.2%，CV 分别为 9.51%和 9.61%；猪肾中塞拉嗪和 2，6-二甲基苯胺的平均回收率分别为 80.8%和 86.7%，CV 分别为 7.33%和 7.10%。

朱砾等[34]建立了血液中氯丙嗪的测定方法。取血清 0.4 mL 加内标安定 120 ng，再加入 1 mol/L NaOH 0.2 mL，加含维生素 C 的乙醚 4 mL，旋涡振荡 2 min，静置 1 h，取上清液 3.5 mL，40℃水浴氮气流下吹干，用 150 μL 流动相溶解残留物，取 60 μL 进行 HPLC 分析。回收率在 92.0%～99.4%之间，LOD 为 10 ng/mL。苏海滨等[35]用特丁基甲醚-乙腈-5 mol/L 氢氧化钠溶液（12+0.2+0.2，v/v）提取牛奶中的乙酰丙嗪、氯丙嗪、赛拉嗪等 8 种镇定剂残留。牛奶中的回收率在 86.29%～92.49%之间，RSD 在 8.99%～20.56%之间；奶粉中的回收率在 81.59%～97.49%之间，RSD 在 1.76%～16.70%之间；牛奶中的 LOD 为 0.1～0.5 μg/kg，奶粉为 0.8～4.0 μg/kg。

4）丁酰苯类

丁酰苯类药物均呈碱性，残留提取同样根据极性和酸碱性选用合适的溶剂提取。

Cerkvenik-Flajs 等[36]用乙腈提取猪肾脏中阿扎哌隆和阿扎哌醇，提取液酸化后用 MCX 固相萃取净化，HPLC 测定。阿扎哌隆和阿扎哌醇的平均回收率分别为 88.2%和 91.2%，实验室内 CV 分别小于 11.0%和 9.0%；LOD 分别为 1.1 μg/kg 和 1.2 μg/kg，LOQ 为 5 μg/kg 和 10 μg/kg。Zawadzka 等[37]用乙腈提取猪肾脏和肝脏中阿扎哌隆，回收率为 91.2%～107.0%，检测限（CCα）和检测能力（CCβ）分别为 125.9 μg/kg 和 160.0 μg/kg。

Aoki 等[38]用 1 mol/L NaOH 碱化动物组织，使阿扎哌隆和阿扎哌隆呈分子态，再加入正己烷，将药物从碱性组织溶液中萃取入正己烷中。两种药物的 LOD 均为 0.025 μg/g，回收率均大于 72%。

我国国家标准 GB/T 20763—2006[39]在碱性条件下用特丁基甲醚提取猪肉中氟哌啶醇、阿扎哌酮和阿扎哌隆等药物，提取效率较高，回收率均大于 90%。

5）多种类同时提取

多种类镇静剂类药物同时提取和测定，大大提高了检测效率。

常青等[40]建立了体液中巴比妥、异戊巴比妥、苯巴比妥、奥沙西泮、地西泮、硝西泮、氯硝西泮、艾司唑仑、阿普唑仑和三唑仑的定性定量分析方法。血浆样品经 0.1 mol/L 氢氧化钠溶液碱化后，用乙酸乙酯萃取，萃取液经氮气吹干，再用乙酸乙酯溶解后进行 GC-MS 分析。10 种药物的回收率均在 92%～117%之间，日内、日间 RSD 在 4.09%～14.26%范围内，LOD 为 2～20 μg/L。Bock 等[41]开发了一种运用 LC-MS/MS 测定猪和牛肾脏中镇静剂阿扎哌隆和它的代谢产物阿扎哌醇、氯丙嗪、丙酰丙嗪和乙酰丙嗪、氟哌啶醇和甲苯噻嗪等药物的方法。使用猪的肾脏作为污染的动物样品，测试和验证了不同种类的溶剂以及萃取和净化方式。提取率最高的方法是采用氨水和乙酸乙酯的混合液，振荡提取，不需固相萃取净化。

Mitrowska 等[42]用乙腈提取猪、牛肾脏中氯丙嗪、丙酰丙嗪、乙酰丙嗪、三氟丙嗪等吩噻嗪类药物，以及阿扎哌隆和阿扎哌醇的药物残留。提取物用 C_{18} 固相萃取柱净化后，用 LC-MS/MS 测定。方法回收率为 73.2%～110.6%，CV 小于 13.0%；CC_α 为：吩噻嗪类 5.8～6.6 μg/kg，阿扎哌隆 105.5 μg/kg，阿扎哌醇 121.4 μg/kg，CC_β 为：吩噻嗪类 6.3～7.6 μg/kg，阿扎哌隆 119.0 μg/kg，阿扎哌醇 140.0 μg/kg。Zhang 等[43]用乙腈同时提取组织中的 11 种镇静剂（苯巴比妥、艾司唑仑、咪达唑仑、地西泮、硝西泮、癸氟奋乃静、氯丙嗪、乙酰丙嗪、氟哌啶醇、塞拉嗪、阿扎哌醇）。通过比较甲醇、乙腈和乙酸乙酯作为提取液，发现乙腈的提取效果最好，杂质少，回收率最高。猪、牛肌肉、肾脏、肝脏中药物回收率在 76.4%～118.6%之间，CV 为 2.2%～19.9%，LOQ 为 0.5～2.0 μg/kg。

（3）净化方法

1）液液分配（liquid liquid partition，LLP）

用与水互溶的有机溶剂提取组织中药物残留，常与脂溶性溶剂配对脱脂。常用的配对溶液有乙腈-正己烷、乙腈水-正己烷、甲醇-正己烷等，以及水溶液和与水不互溶的有机溶剂，通过调节水溶液酸碱性使分析物转入水相或有机相，而达到脱脂或净化水溶性杂质的目的。

A. 巴比妥类

组织中巴比妥类药物的乙腈提取液常与正己烷液液分配脱脂。Wang 等[9]测定动物和水产品可食组织中巴比妥类药物，用酸化乙腈提取后，提取液与正己烷 LLP 脱脂，平均回收率为 79.6%～108%。SN/T 2217—2008[8]用酸性乙腈提取鸡肉、猪肉、猪肝和鱼肉中的苯巴比妥、戊巴比妥、异戊巴比妥、司可巴比妥等 6 种巴比妥类药物，提取液用正己烷 LLP 脱脂，LOD 为 1 μg/kg，回收率 78.6%～110%。戴晓欣等[4]分析水产品中的苯巴比妥，提取物用 10%乙腈的水溶液-正己烷 LLP 脱脂，加标回收率为 80.49%～102.42%，RSD 为 1.52%～10.15%，LOD 为 10 μg/kg，LOQ 为 30 μg/kg。

B. 苯二氮䓬类

苯二氮䓬类也常用乙腈-正己烷溶剂对脱脂。汪丽萍等[16]用乙腈提取猪肉中 4 种苯二氮䓬类镇静剂，乙腈提取液与正己烷 LLP 脱脂。地西泮回收率为 60%～70%，RSD 为 7.6%～12.9%，LOD 为 2 μg/kg；艾司唑仑、阿普唑仑、三唑仑 3 种药物回收率为 60%～115%，RSD 为 3.8%～19.7%，LOD 为 10 μg/kg。钱晓东等[20]将水产品中地西泮及其代谢物用氨化乙酸乙酯提取，提取液蒸干后用乙腈和正己烷 LLP 脱脂，平均回收率为 82.1%～119.0%，RSD 为 2.2%～15.0%。于慧娟等[21]测定鱼类样品中的地西泮及其代谢物（去甲地西泮）、替马西泮和奥沙西泮，提取液蒸干后用乙腈-正己烷 LLP 净化脱脂，平均回收率为 85.7%～105.6%（批内），RSD 为 2.1%～7.6%（批内），LOQ 为 1.0 μg/kg。

C. 吩噻嗪类

洪月玲等[26]用乙腈提取猪肉及虾肉中的氯丙嗪，然后与正己烷 LLP 脱脂，方法 LOD 为 4 μg/kg，回收率为 80%～101%。范盛先等[44]测定猪肾脏中氯丙嗪和异丙嗪残留，用酸化乙腈和正己烷 LLP 净化，氯丙嗪和异丙嗪在猪肾脏中的 LOD 均为 10 μg/kg，组织中添加量为 10 μg/kg 时，氯丙嗪和异丙嗪的平均回收率分别为 83%和 84%，批间 CV 均小于 20%。吕燕等[31]用 1 mol/L 氢氧化钠碱化猪肝，用乙酸乙酯提取氯丙嗪，离心后将乙酸乙酯提取液吹干，残留物用乙腈与正己烷 LLP 脱脂。氯丙嗪平均回收率为 80.2%～90.7%，RSD 小于 8.6%，LOD 为 1 μg/kg。

D. 丁酰苯类

利用丁酰苯类药物酸碱性，通过转换溶剂的酸碱性，将药物转移入有机溶剂或水相，达到净化目的。Aoki 等[38]分析动物组织中丁酰苯类药物残留，将样品溶解在 1 mol/L 氢氧化钠中，用正己烷提取净化水溶性杂质，然后再将阿扎哌隆及其代谢物（阿扎哌醇）从正己烷反萃取入 0.1 mol/L 硫酸，以净化有机脂类。两种药物的 LOD 为 0.025 μg/g，回收率均大于 72%。

E. 多种类同时净化

我国 GB/T 20763—2006[39]测定猪肾和肌肉组织中乙酰丙嗪、氯丙嗪、氟哌啶醇、丙酰二甲氨基丙吩噻嗪、甲苯噻嗪、阿扎哌隆、阿扎哌醇和咔唑心安残留，在碱性条件下用特丁基甲醚提取，提取液与酸性磷酸缓冲液（pH 3）LLP，将待测物转移到水相缓冲液中，再通过碱化缓冲液，将镇静剂反提取到特丁基甲醚中。这样利用分析物在不同酸碱条件下，溶解相的不同，反复萃取，净化多种组织共提物，LC-MS/MS 测定 LOD 在 0.1～0.5 µg/kg 之间，回收率为 78%～102%。

2）固相萃取（solid phase extraction，SPE）

A. 巴比妥类

巴比妥类药物净化常用的 SPE 柱有 HLB 和 C$_{18}$ 等。

Wang 等[9]分析动物和水产品可食组织中的巴比妥类等药物，采用 HLB 净化。提取液溶解在乙酸铵缓冲液-甲醇（9+1，v/v）中上样，依次用乙酸铵缓冲液-甲醇（9+1，v/v）、正己烷、正己烷-乙酸乙酯（95+5，v/v）淋洗，最后用 5 mL 正己烷-乙酸乙酯（50+50，v/v）洗脱，回收率为 79.6%～108%。我国检验检疫行业标准 SN/T 2217—2008[8]也采用类似条件净化方法。反相 SPE 净化分别采用水相和低极性有机相淋洗可充分发挥 SPE 柱的保留机制，净化提取液中的极性和非极性杂质，降低质谱分析的基质效应。

Zhao 等[6]测定猪组织中 3 种巴比妥类药物，乙腈提取液浓缩后用 5 mL 0.1 mol/L K$_2$HPO$_4$（pH 7.4）溶解，过 C$_{18}$ SPE 柱净化，依次用 5 mL 正己烷和 5 mL 正己烷-乙酸乙酯（95+5，v/v）淋洗，正己烷-乙酸乙酯（7+3，v/v）洗脱。LOQ 在猪肝中不高于 2.20 µg/kg，猪肾中不高于 3.35 µg/kg；4 种药物回收率为 68%～90%。陈建虎等[11]测定血液中巴比妥、异戊巴比妥、速可眠和苯巴比妥，用酸性缓冲液提取后，过 C$_{18}$ SPE 柱，再用 5 mL 水清洗，氮气吹干后，用 2 mL 三氯甲烷以 0.5 mL/min 流速洗脱，LOD 为 0.04～0.10 µg/mL，回收率为 80.3%～92.6%。戴晓欣等[4]测定水产品中苯巴比妥，C$_{18}$ 柱依次用 6 mL 水和 6 mL 体积分数为 10%的乙腈溶液淋洗，用 8 mL 二氯甲烷洗脱，回收率在 80.49%～102.42%之间，RSD 为 1.52%～10.15%，LOD 为 10 µg/kg，LOQ 为 30 µg/kg。

B. 苯二氮卓类

苯二氮卓类药物的 SPE 净化柱主要包括 C$_{18}$、HLB、Phenyl 柱等。

汪丽萍等[16]分析猪肉中的苯二氮卓类镇静剂，提取物用 K$_2$HPO$_4$ 溶解后，过 C$_{18}$ 固相萃取柱，依次用 5 mL 蒸馏水和 10 mL 正己烷淋洗，用正己烷-丙酮（5+5，v/v）洗脱。艾司唑仑、阿普唑仑、三唑仑的回收率为 60%～115%，RSD 为 3.8%～9.7%，LOD 为 10 µg/kg。Wang 等[45]用类似 C$_{18}$ 填料特性的多壁碳纳米管净化猪肉中的地西泮、艾司唑仑、阿普唑仑和三唑仑。研究发现多壁碳纳米管填料对上述药物吸附选择性比 C$_{18}$ 更高，效果更好，4 种药物回收率为 75%～104%，CV 为 1.3%～10%，地西泮 LOD 为 2 µg/kg，艾司唑仑、阿普唑仑和三唑仑 LOD 为 5 µg/kg。

钱晓东等[20]建立了 LC-MS/MS 测定鱼类样品中地西泮及其代谢物分析方法。样品用 1%氨化乙酸乙酯提取，HLB 净化，用 10 mL 水-乙腈（9+1，v/v）上样，待样液全部流出后，用 5 mL 水淋洗，抽干，10 mL 乙酸乙酯洗脱。方法 LOQ 均为 1 µg/kg，回收率为 82.1%～119.0%，RSD 为 2.2%～15.0%。于慧娟等[21]检测水产品中地西泮及其代谢物去甲地西泮、替马西泮和奥沙西泮，残留物用乙腈-水溶解，过 HLB SPE 柱净化，分别用 5 mL 5%甲醇-水和 5 mL 水淋洗，再用 10 mL 乙酸乙酯洗脱。待测药物的平均回收率为 82.1%～119.0%。

Borrey 等[46]用 Bond Elute Phenyl 柱提取净化尿中的 15 种苯二氮卓类药物。尿液经酶水解后溶解于 PBS 上样，依次用水、乙腈-水（7+3，v/v）淋洗，用甲醇洗脱，吡啶-乙酸酐衍生化后，进行 GC-MS 测定，各类药物提取率达 80%以上，LOD 为 1.0～1.7 ng/mL。

Lee 等[23]测定毛发中的苯二氮卓类药物，甲醇提取液蒸干后用磷酸盐缓冲液（pH 6）复溶，上 CLEAN SCREEN 小柱净化，依次用水、0.1 mol/L 盐酸溶液、正己烷淋洗，用二氯甲烷-异丙醇-氨水（78+20+2，v/v）洗脱，GC-MS 测定。CLEAN SCREEN 以硅胶为基质的共聚物为填料，硅胶表面聚合有独特的疏水和季胺离子交换官能团，类似于阳离子交换萃取。地西泮、劳拉西泮、去甲地西泮、奥西泮、替马西泮的 LOD 为 5 μg/g，咪达唑仑和唑吡坦的 LOD 为 10 μg/g；LOQ 为 10～20 μg/g，回收率 71%～103%。

C. 吩噻嗪类

吩噻嗪类药物 SPE 净化常用的填料有 MCX、硅藻土、HLB、C$_{18}$ 和碱性氧化铝等。

Cheng 等[29]用 MCX SPE 柱净化猪组织中氯丙嗪、异丙嗪、地西泮和甲喹酮残留。样品溶解在 0.1 mol/L hCl-乙腈（2+98，v/v）中上样，依次用 3 mL 0.1 mol/L hCl 和 2 mL 甲醇淋洗，用 2 mL 氨水-甲醇（2+98，v/v）洗脱。GC-MS 测定，回收率为 87.6%-106.8%。研究还发现，用 HLB 净化，氯丙嗪回收率过低；用 C$_{18}$ 小柱净化，氯丙嗪和异丙嗪回收率过低；最后选择 MCX 小柱。

Holland 等[33]将肾脏中赛拉嗪及其代谢物（2，6-二甲基苯胺）的氯仿提取液直接用硅藻土 SPE 净化。牛肾中塞拉嗪平均回收率为 78.3%，CV 为 9.51%；2，6-二甲基苯胺回收率为 87.2%，CV 为 9.61%；猪肾中赛拉嗪回收率为 80.8%，CV 为 7.33%；2，6-二甲基苯胺回收率为 86.7%，CV 为 7.10%。

李春风等[28]建立了水产品中包括氯丙嗪、乙酰丙嗪、丙酰丙嗪、异丙嗪、甲苯噻嗪等 5 种吩噻嗪类药物的残留分析方法。用 HLB 柱净化，依次用水和 10 mmol/L 硫酸进行淋洗，用乙腈洗脱。LOQ 为 0.5 ng/g，总体平均回收率为 75.7%～87.7%，RSD 为 9.0%～15.2%。

路平等[47]测定猪肝中的氯丙嗪，用 C$_{18}$ 柱对其进行净化处理。用 2 mL 乙腈活化，上样后用 2 mL 水淋洗，氨化乙酸乙酯洗脱，洗脱液氮气吹干后，用乙酸乙酯进行复溶，测定。组织中平均回收率为 76.4%～118.6%，CV 为 2.2%～19.9%，LOQ 为 0.5～2.0 μg/kg。

洪月玲等[26]用乙腈提取猪肉及虾肉中氯丙嗪后，提取液蒸干残留物用 2 mL 甲醇溶解，过碱性氧化铝柱萃取净化，收集流出液直接测定，LOD 为 4 μg/kg，回收率为 80%～101%。

D. 丁酰苯类

丁酰苯类药物属碱性，常用离子交换柱净化。

Adam 等[48]测定猪肝脏中的阿扎哌酮和阿扎哌醇，乙腈提取液用氯化钠缓冲液稀释，过 Bond Elut Certify 阳离子交换 SPE 柱净化，依次用 0.1%乙酸、甲醇淋洗，用 2%氨水-乙酸乙酯洗脱。方法 LOD 为 10 μg/kg，回收率分别为 88.2%和 91.2%。Cerkvenik-Flajs 等[36]测定猪肾中阿扎哌隆和阿扎哌醇，乙腈提取液加乙酸酸化，上 MCX 固相萃取柱净化，分别用水和甲醇淋洗，用三乙胺-甲醇（5+95，v/v）洗脱。方法回收率分别为 88.2%和 91.2%；阿扎哌隆和阿扎哌醇的 CC$_\alpha$ 分别为 1.1 μg/kg、1.2 μg/kg；LOQ 分别为 5 μg/kg、10 μg/kg。

E. 多种类

朱坚等[49]在分析猪肉中地西泮和氯丙嗪的残留时，乙腈提取液中加入 20%氯化钠水溶液，用 0.01 mol/L 硫酸调节 pH 4.8～5.0，过 HLB 净化，用 15 mL 酸性乙腈洗脱。猪肾中地西泮的平均回收率为 76.7%～93.4%，氯丙嗪的平均回收率为 99.4%～101.6%；猪肉中地西泮的平均回收率为 80.1%～85.2%，氯丙嗪的平均回收率为 95.5%～96.4%。Delahaut 等[25]测定猪肌肉和肾脏中吩噻嗪类（氯丙嗪、乙酰丙嗪、丙酰丙嗪）、丁酰苯类（阿扎哌隆和阿扎哌醇）残留。乙腈提取液用 10%氯化钠溶液稀释后，过 HLB 柱，用 0.01 mol/L 硫酸溶液淋洗后，用 2 mL 乙腈洗脱净化。方法回收率均大于 83.3%。

Zhang 等[43]用氨基柱净化，建立了动物组织中包括 11 种镇静剂（苯巴比妥、艾司唑仑、咪达唑仑、地西泮、硝西泮、癸氟奋乃静、氯丙嗪、乙酰丙嗪、氟哌啶醇、塞拉嗪、阿扎哌醇）在内的 30 种药物的残留分析方法。猪、牛肾脏、肝脏和肌肉的乙腈提取液吹干后溶解于 0.5 mL 甲醇中，上氨基柱净化，不经淋洗，直接用 5 mL 甲醇-丙酮（1+1，v/v）和 5 mL 丙酮洗脱。猪肌肉、肾脏、肝脏中 11 种镇静药物回收率在 76.4%～118.6%之间，CV 为 2.2%～19.9%，LOQ 为 0.5～2.0 μg/kg。通过比较 C$_{18}$、HLB 和氨基柱的净化效果，表明氨基柱更适宜。用 C$_{18}$、HLB 净化，氯丙嗪、氟吩噻嗪、地西泮回收率均低于 10%。

Schuh 等[50]描述了一种动物性食品（如肉类和内脏）中 8 种兽用镇静剂（包括氟哌啶醇、氯丙嗪和甲苯噻嗪等）的分析方法。采用乙腈提取，正己烷脱脂，用 MCX SPE 柱（6 mL，500 mg）净化，最后用正己烷在碱性条件下萃取，萃取液再用 LC-MS/MS 分析。该方法被用来测定牛和猪肝脏加标样品中镇静剂残留，LOD 为 0.1～0.5 μg/kg，CC$_\beta$ 优于欧盟基准实验室建议的 10～50 μg/kg 的检测水平。

3）固相微萃取（solid phase microextraction，SPME）

SPME 技术是一种相对较新的样品处理技术，可在线进行色谱分析。基质（气体和液体）中的待测物萃取后吸收进入一种比毛细管厚的薄层硅胶树脂，然后用液相或气相的方法转移待测物进入液相或气相色谱分析，提高净化效率，减小溶剂污染。

Queiroz 等[51]应用 SPME 同时净化测定血浆中苯巴比妥、苯妥英、卡马西平、卡马西平环氧化物、拉莫三嗪和扑米酮等 6 种药物。优化后萃取条件为：1.0 mL 血浆用 15%氯化钠和 3 mL 磷酸钾缓冲液（pH 7.0）改性，65 mm 聚乙二醇-二乙烯基苯纤维于 30℃萃取 30 min，2500 r/min 搅拌 15 min。GC-MS 测定，线性范围为 0.05～40.0 μg/mL，血浆样品 LOQ 为 0.05～0.20 μg/mL，回收率为 90%～144%，CV 为 3.22%～7.73%。Mullett 等[52]应用限性介质材料（RAM）和烷基化二醇硅（ADS）作 SPME 毛细管，自动化直接提取血清中的多种苯二氮卓类药物。方法线性范围为 50～50000 ng/mL，血清中奥沙西泮、替马西泮、去甲西泮和地西泮的 LOD 分别为 26 ng/mL、29 ng/mL、22 ng/mL 和 24 ng/mL，回收率为 97.1%～98.0%。Oliveira 等[53]建立了 SPME-GC-MS 方法测定血浆中的地西泮。SPME 程序：用聚二甲硅氧烷纤维（膜厚度 100 μm）直接萃取，250 μL 血浆加入 10%氯化钠溶液，4.25 mL 磷酸盐缓冲液（0.1 mol/L，pH 6.9）改性，萃取温度 55℃，磁力搅拌器转速 2500 r/min，萃取时间 30 min，然后在 GC 进样口 250℃解吸附 10 min。方法 LOQ 为 10.0 ng/mL，CV 小于 14.0%，回收率大于 80%。Reubsaet 等[54]应用 SPME-GC 方法分析尿和血浆中的奥沙西泮、地西泮、去甲基西泮、氟硝西泮和阿普唑仑。萃取条件：正辛醇包被固定在聚丙烯酸酯纤维作用 4 min，将萃取纤维置于样品（pH 6.0）中萃取 15 min。尿液样品加入 0.3 g/mL 氯化钠后再萃取，血浆样品宜先沉淀蛋白后再萃取，但血浆回收率低于尿液，回收率为 93%～111%，尿液样品的 LOD 为 0.01～0.45 μmol/L，血浆样品 LOD 为 0.01～0.48 μmol/L。Aresta 等[55]建立了 SPME-HPLC 测定尿液中地洛西泮的方法。13.5 mL 尿液加入 1.5 mL 磷酸盐缓冲液（0.5 mol/L，pH 9.7），直接 SPME 30 min，然后转入乙腈-水（40+60，v/v）静态解析附 3 min，最后将萃取针暴露于流动相 4 s，完成上样。研究比较了聚乙二醇和聚二甲基硅氧烷/二乙烯苯两种萃取模板，发现后者更适合该药物的分析。方法 LOD 为 5 ng/mL，LOQ 为 27 ng/mL，回收率为 90%，CV 为 6.9%±0.5%。

4）液相微萃取（liquid phase microextraction，LPME）

以 LLE 为基础的 LPME 技术克服了传统 LLE 的诸多不足，仅使用微升甚至纳升级的有机溶剂即完成萃取分析，具有消耗有机溶剂少、省去所需相分离及合并过程、富集倍数大、可实现联用化、样品用量少等优点。

Ugland 等[56]用 LPME 结合 GC 分析尿和血浆中的地西泮及其主要代谢物（去甲地西泮）。微萃取装置包括多孔空心的聚丙烯纤维管、两根穿过隔膜的导引针和 4 mL 小瓶。充满萃取液的中空纤维管浸入样品液中，带有预浓缩待测物的萃取溶剂 1 μL 直接注入毛细管 GC 中进行分析。30 个样品可同时在振荡器中进行提取，具有较好的样品处理能力。应用氮磷检测器（NPD）进行检测，LOD 可达到 0.02 mmol/mL 和 0.115 mmol/mL；血液中地西泮和去甲地西泮 LOQ 为 0.08 nmol/mL 和 0.38 nmol/mL，尿液中去甲地西泮 LOQ 分别为 0.07 nmol/mL；回收率为 84%～102%，CV 为 3.5%～6.6%。

5）分子印迹技术（molecular imprinting technique，MIT）

MIT 是将与模板分子结合的功能单体与交联试剂共聚，形成人工模拟抗体的高选择性和识别性的印迹聚合物。

Ariffin 等[57]应用甲基丙烯酸、乙二醇二甲基丙烯酸酯制备了地西泮的分子印迹聚合物（MIP），用于提取、净化毛发中的苯二氮卓类药物。MIPs 制备过程如下：溶解地西泮、乙二醇二甲基丙烯酸酯和乙二醇二甲基丙烯酸酯于不含氯仿的乙醇中，加入偶氮二异丁腈，完全溶解后氮吹 5 min，冰浴冷却，在 4℃恒温以便于形成模板单体复合物，长波紫外线灯辐照 24 h 后，将聚合物转移到 60℃水浴 24 h，完成聚合物固化。以相同的方式但无模板（地西泮）制备非印迹聚合物（NIP）。将 MIP 和

NIP 碾碎，过筛至 25～38 μm 大小，用甲醇-乙酸（9+1，v/v）将模板从聚合物颗粒彻底洗脱，真空干燥备用。将 20 mg MIP 装 SPE 小柱，作分子印迹固相萃取（MISPE）净化。用甲醇-25%氢氧化铵水溶液（20+1，v/v）超声提取头发中地西泮 1 h，室温过夜，将提取液蒸发，用甲苯复溶，过 MISPE 小柱，用乙酸-乙腈（15+85，v/v）洗脱。MISPE 结合容量为 110 ng/mg（地西泮/聚合物），回收率为 93%，RSD 为 1.5%，LOD 和 LOQ 分别为 0.09 ng/mg 和 0.14 ng/mg。

6）免疫亲和固相微萃取（immunoaffinity solid phase microextraction）

免疫亲和固相微萃取与 SPME 原理相似，在微萃取小柱上包被待测物特异性抗体，这样萃取小柱可选择性地提取待测溶液中的药物，只不过这种选择性萃取是基于抗原抗体相互吸引的作用力，而不是基于物质的理化性质相互作用。

Lord 等[58]建立了测定苯二氮卓类药物的免疫亲和固相微萃取探针。将相应抗体以共价键固定在玻璃纤维上，抗体与药物亲和常数为 10^9～10^{10}mol，LOD 为 0.001～0.015 ng/mL，但未对实际样品进行测定。

7）QuEChERS（Quick，Easy，Cheap，Effective，Rugged，Safe）

QuEChERS 是在 MSPD 技术的基础上发展起来的一种用于农产品检测的快速样品前处理技术。其步骤可概括为：样品粉碎；溶剂提取分离；加入 $MgSO_4$ 等盐类除水；加入乙二胺-N-丙基硅烷（PSA）等吸附剂除杂；上清液进行分析等五个步骤。

Usui 等[59]建立了 QuEChERS 净化，同时测定血液中苯二氮卓类及其代谢物、巴比妥类、吩噻嗪类的分析方法。前处理分为萃取和分散固相萃取两步：基质中加入硫酸镁和乙酸钠，不锈钢珠振荡提取；提取液离心后，上层乙腈层用 C_{18}、仲二胺和硫酸镁作分散固相萃取净化，离心后的上清液用 LC-MS/MS 分析。方法 LOD 为 0.04～4.43 μg/L，LOQ 为 1～14.7 μg/L，回收率为 39%～127%，日内和日间 CV 分别在 0.5%～12.7%、1.5%～16.6%之间。渠岩等[60]采用 QuEChERS 技术建立了畜禽肉中阿普唑仑、咪达唑仑、三唑仑、艾司唑仑、奥沙西泮、地西泮、硝西泮、氯硝西泮、卡马西平、利多卡因、苯巴比妥、异戊巴比妥和司可巴比妥等 13 种镇静药物残留量的分析方法。称取禽畜肉 15.0 g 于 50 mL Dis QuE 提取管中，加入 15 mL 1%乙酸乙腈溶液，涡旋振荡 5 min，再离心，吸取 7.5 mL 乙腈提取液至 15 mL DisQuE 清除管（含有 150 mg C_{18}）中，涡旋振荡 30 s，离心吸取 100 μL 上清液加入 900 μL 10%甲醇，超高效液相色谱-串联质谱（UPLC-MS/MS）分析。13 种镇静药物的 LOD 为 0.05～3 μg/kg，回收率为 77.4%～100.2%，RSD 为 1.3%～14.8%。

13.1.4.2 测定方法

（1）毛细管电泳法（capillary electrophoresis，CE）

毛细管电泳分离技术分辨率高、分离效率高、样品用量小、分离速度快，在残留分析中有一定的应用，但其准确性和灵敏度不如高效液相色谱（HPLC），同时必须带电荷的物质才可以用毛细管电泳测定，存在一定的限制性。巴比妥类、苯二氮卓类、吩噻嗪类和丁酰苯类，都具有酸碱性，理论上都可以用毛细管电泳分析。

岳美娥等[61]采用毛细管区带电泳同时测定尿液中苯巴比妥、巴比妥、巴比妥酸、戊巴比妥、硫代巴比妥酸、丁巴比妥、异戊巴比妥、环己烯乙烯基巴比妥酸和 N-甲基苯乙烯基巴比妥酸等 9 种巴比妥类药物。以含 4 mg/mL β-环糊精、2 mg/mL α-环糊精的 20 mmol/L 硼砂（pH 10）为基础电解质，分离电压为 25 kV，操作温度为 25℃，200 nm 波长下紫外检测。研究发现，在高 pH 下，酸性分析物解离程度增大，负电荷增多，表观电泳迁移率降低，出峰时间延长；pH 9.5 时分析物在较短时间内取得基线分离。综合考虑迁移时间和分离度，选择 pH 10.0。方法 LOD 为 0.8～3.5 μg/mL，各巴比妥类药物回收率在 86.8%～101.4%之间。Wang 等[62]测定尿液中巴比妥类药物，60 mmol/L pH 11.0 甘氨酸-NaOH 为基础电解质，10 mmol/L pH 5.5 甘氨酸-HCl 为上样缓冲液，司可巴比妥为内标，分离电压 12.5 kV，进样条件：1.4 psi、10 s；毛细管长 60.2 cm，直径 75 μm，检测波长 214 nm。方法 LOD 为 0.26～0.27 μg/mL，LOQ 为 0.87～0.92 μg/mL；巴比妥回收率为 90.27%～106.36%，苯巴比妥回收率为 93.05%～113.60%。

Bechet 等[63]建立了一种检测苯二氮卓类药物的毛细管胶束电动色谱法。分离缓冲液包括甘氨酸和三乙醇胺水溶液（pH 9.0）、SDS、甲醇、甘氨酸、三乙醇胺的浓度对于迁移时间和分辨率的影响也得到研究。10 种苯二氮卓类药物在 25 mmol/L SDS、20%（v/v）甲醇、75 mmol/L 甘氨酸-250 mmol/L 三乙醇胺缓冲液中分离良好。在浓度为 10 mmol/L 时，迁移时间的日间 CV 为 0.3%～0.5%，峰面积的 CV 为 1.7%～1.9%；方法 LOD 和 LOQ 分别为 0.2 μg/g 和 0.7 μg/g。杨晓云等[64]建立了检测异丙嗪和氯丙嗪的 CE-安培检测方法。该方法线性范围为 5×10^{-6}～5×10^{-4} mol/L，LOQ 为 1.5 mg/L，但未对实际样品进行分析。

（2）气相色谱法（gas chromatography，GC）

镇静剂类药物大多含有氯、氮、氧等原子，极性相对较低，可以用 GC 检测，检测器可选用火焰离子化检测器（flame ionization detector，FID）、氮磷检测器（nitrogen-phosphorus detector，NPD）或电子捕获检测器（electron capture detector，ECD）等。

Catalina 等[65]用 GC-FID 检测血液中苯巴比妥、戊巴比妥和仲丁巴比妥。样品净化后，不衍生直接进 GC 分析。脉冲不分流模式进样，毛细管色谱柱分离，程序升温，氢气为载气，FID 检测，采用阿普比妥为内标定量。3 种巴比妥类药物的 LOD 在 2.77～6.9 μg/kg 之间。

Guan 等[66]采用 GC-ECD 检测尿液中 9 种苯二氮卓类药物，样品经水解后，不需要衍生，直接 GC 测定。方法 LOD 在 2～20 ng/mL 之间，CV 为 10%～17%。张玉洁等[15]利用气相色谱-微电子捕获检测器（GC-μECD）检测猪肉中地西泮残留，无需衍生，外标法进行定量，结果在 1～1000 μg/kg 范围内线性良好，相关系数达 0.9994，平均回收率为 83.5%～94.9%，日内 CV 为 2.4%～8.1%，日间 CV 为 3.9%～6.4%。邢丽梅[67]建立了测定血浆及尿液中氟硝西泮代谢物（7-氨基氟硝西泮）、氯硝西泮代谢物（7-氨基氯硝西泮）及硝西泮代谢物（7-氨基硝西泮）的 GC-ECD 分析方法。加入七氟丁酸酐及催化剂 4-吡咯基吡啶，在室温下进行全氟烷化反应，反应完全后，用碱液洗去过量酰化试剂，进行 GC-ECD 分析。方法 LOD 低于 1 ng/mL，回收率在 97.4%～103.2%之间。Ugland 等[56]应用 GC-NPD 检测血液和尿液中地西泮和去甲地西泮。样品不衍生测定，LOD 可达到 0.02 nmol/mL 和 0.115 nmol/mL；尿液和血液中去甲地西泮 LOQ 分别为 0.07 nmol/mL 和 0.380 nmol/mL；血液中地西泮 LOQ 为 0.08 nmol/mL；回收率为 84%～102%。

陈国征等[30]用 GC-NPD 测定尿中盐酸氯丙嗪。用乙酸乙酯为萃取剂，通过 LLE 尿液中微量盐酸氯丙嗪，样品无需衍生，在 DB-1701 石英弹性毛细管柱上分离，NPD 测定。方法 LOD 为 0.05 μg/mL，CV 为 3.05%～4.15%，加标回收率为 98.1%～101%。

（3）气相色谱-质谱法（gas chromatography-mass spectrometry，GC-MS）

1）巴比妥类

巴比妥类药物采用 GC-MS 测定，既可以不衍生直接测定，也可进行甲基化反应，降低药物极性，降低挥发温度，减少药物分解，并提高检测灵敏度。

A. 衍生

赵海香等[68]建立了猪肉中巴比妥、异戊巴比妥、苯巴比妥甲基化衍生 GC-MS 测定方法。提取液残留物吹干后，加 1 mL 丙酮、20 μL 碘甲烷和 50 mg 无水碳酸钾，涡动溶解，52℃甲基化衍生反应 2.5 h，冷至室温，离心，取上清液用 N_2 吹干，乙酸乙酯定容，采用 HP-5 毛细管柱分离，电子轰击电离源（EI）质谱在选择离子（SIM）模式检测，外标法定量。3 种巴比妥类药物的添加标准曲线的线性回归相关系数均在 0.99 以上，线性范围为 2.5～50 μg/kg，回收率为 65%～112%，RSD 为 5.14%～17.2%，LOD 均为 1 μg/kg。该作者[5]还采用微波辅助衍生化方法测定了猪肝和猪肾中巴比妥、异戊巴比妥、司可巴比妥钠和苯巴比妥。残留物中加入衍生化试剂 1 mL 丙酮、150 μL 碘甲烷和 50 mg 碳酸钾，混合均匀密封，放入加有 250 mL 蒸馏水的 500 mL 烧杯中，置于微波炉中，低火档加热，衍生化 8 min 后，取出冷却至室温，离心，移取有机相，N_2 吹干，用乙酸乙酯定容至 1 mL，GC-MS 测定。方法 LOQ 在猪肝中不高于 2.20 μg/kg，猪肾中不高于 3.35 μg/kg；4 种药物的加标回收率为 68%～90%，RSD 均不高于 10%。

B. 不衍生

陈建虎[11]建立了不衍生，直接采用气相色谱-离子阱质谱（GC-MS^n）测定血液中巴比妥、异戊巴比妥、速可眠、苯巴比妥的方法。载气为 He，初始柱温 160℃（保持 1 min），以 15℃/min 的升温速率升温至 280℃（保持 1 min），进样口温度 280℃，离子阱质谱温度为 170℃，接口温度 270℃。巴比妥、苯巴比妥等均为含氮化合物，电负性强，在进行全离子扫描检测时，形成较稳定的[M+1]$^+$峰作为母离子，选用适当 CID 电压，在二级质谱图上清晰地得到由所选母离子产生的特征碎片离子，匹配度提高到 95%以上，同常规的 GC-MS 检测结果相比，GC-MS^n 的信/噪比（S/N）大大提高了灵敏度。该方法巴比妥类药物 LOD 为 0.04～0.10 μg/mL，回收率为 80.3%～92.6%。Saka 等[69]报道了不用衍生化直接测定血浆中异戊巴比妥和苯巴比妥的 GC-MS 方法。由于巴比妥类药物呈酸性，GC-MS 测定吸附效应较大，使灵敏度降低，该作者在进样液中加入 3%甲酸可减少与毛细管吸附，提高灵敏度。方法线性系数大于 0.9995，准确度和精密度满足 FDA 要求。

2）苯二氮卓类

苯二氮卓类药物既可以不用衍生直接 GC-MS 测定，也可以通过衍生化，降低药物气化温度和提高检测灵敏度。

A. 不衍生

常青等[40]建立了血浆中 10 种镇静药（包括奥沙西泮、地西泮、硝西泮、氯硝西泮、艾司唑仑、阿普唑仑和三唑仑等 7 种苯二氮卓类药物）的 GC-MS 快速定性定量分析方法。药物不衍生直接测定，色谱柱为 HP-5MS 毛细管柱，为保证灵敏度，采用脉冲不分流模式进样，根据溶剂的膨胀体积和衬管体积，实现了大体积进样，进样量达 3 μL。MS 采用全扫描（SCAN）模式定性，SIM 模式下采用内标法定量。所测样品色谱分离良好，线性关系良好，药物的回收率均在 92%～111.7%之间，LOD 为 2～20 μg/L。Wang 等[45]用 GC-MS 不衍生测定猪组织中地西泮、艾司唑仑、阿普唑仑、三唑仑残留。检测线性范围为 10～500 ng/mL（地西泮）和 20～1000 ng/mL（艾司唑仑、阿普唑仑、三唑仑）；回收率为 75%～104%，CV 为 1.3%～10%；LOD 为 2 μg/kg（地西泮）和 5 μg/kg（艾司唑仑、阿普唑仑、三唑仑）。汪丽萍等[16]建立了猪肉中地西泮、艾司唑仑、阿普唑仑和三唑仑等 4 种苯二氮卓类药物残留的检测方法。分析物净化后用乙酸乙酯溶解，不衍生直接 GC-MS 测定。质谱采用 EI、SIM 模式检测。地西泮线性范围为 5～100 μg/L，回收率为 60%～70%，RSD 为 7.6%～12.9%，LOD 为 2 μg/kg；艾司唑仑、阿普唑仑、三唑仑的线性范围为 50～1000 μg/L，回收率为 60%～115%，RSD 为 3.8%～19.7%，LOD 为 10 μg/kg。

B. 衍生

苯二氮卓类药物 GC-MS 检测常用的衍生化方法有硅烷化、烷基化和乙酰化，特别是乙酰化方法解决了硅烷化和烷基化衍生需要加热的问题，反应试剂也易于氮气吹干，减少了额外萃取步骤；同时，衍生化产物在几天之内都很稳定，检测峰形良好。

Lee 等[23]测定毛发中的苯二氮卓类残留，提取物用 N-甲基-N-三甲基硅烷三氟乙酰胺（MSTFA）在 70℃硅烷化衍生 30 min，GC-MS 测定。色谱柱为 HP-5MS 毛细管柱（30 m，0.25 mm i.d.，0.25 μm 膜厚），进样口温度 250℃，氦气流速 1.0 mL/min，升温程序：起始温度 100℃，1 min；以 10℃/min 上升至 300℃；维持 15 min；单极质谱，EI 离子源，SIM 方式检测。地西泮、劳拉西泮、去甲地西泮、奥西泮、替马西泮的 LOD 为 5 ng，咪达唑仑和唑吡坦的 LOD 为 10 ng，LOQ 为 10～20 ng，回收率为 71%～103%。

汪丽萍等[70]建立了猪肉中硝西泮、氯硝西泮残留的 GC-MS 检测方法。残留物中加入丙酮 0.5 mL、碘甲烷 20 μL、无水碳酸钾 20 mg，在 60℃下，甲基化衍生反应 30 min，采用 GC-MS 测定，EI、SIM 模式检测。回收率在 80%左右，RSD 为 6.9%～14.9%，LOD 为 16.7 μg/kg。实验发现，用非衍生化 GC-MS 方法检测硝西泮、氯硝西泮时，检测灵敏度较低；同时，因其结构中所含—NH 基团与色谱柱作用，降低了柱效，但通过衍生化反应可以消除影响。

Borrey 等[71]测定尿中 15 种苯二氮卓类药物（包括阿普唑仑、氟硝西泮、氟西泮、凯他唑仑、劳拉西泮、三唑仑以及相应代谢物）。用吡啶-乙酸酐在室温下乙酰化衍生 20 min，再用 GC-MS 测定。各药物回收率达 80%以上，且衍生化产物可稳定 4 天；LOQ 为 0.1～0.5 μg/mL，CV 为 1.1%～4.9%。Papoutsis 等[72]用 GC-MS 同时检测了血液中的阿普唑仑、氟硝西泮、氟西泮、凯他唑仑、劳拉西泮、三唑仑及其代谢物 α-羟基阿普唑仑、7-氨基-氟硝西泮、4-羟基阿普唑仑、脱甲基氟硝西泮、7-氨基脱甲基氟硝西泮、羟乙基氟西泮、N-脱烃基氟胺安定和 α-羟基三唑仑。提取物采用吡啶和乙酸酐作为乙酰化衍生试剂，在室温下衍生 20～30 min 后，为获得最大灵敏度，采用柱头注射法在聚二甲基硅氧烷色谱柱上分离，EI-MS 测定。回收率均高于 74%，CV 为 1.12%～4.94%；LOD 和 LOQ 分别为 0.52～58.47 ng/mL 和 1.58～177.2 ng/mL。

　　3）吩噻嗪类

　　吩噻嗪类药物一般直接测定，不用衍生化。

　　郑水庆等[32]测定了血液中的苯海索、氯丙嗪和氯氮平。在 pH>10 条件下用苯-乙酸乙酯（1+1，v/v）提取，GC-MS 全扫描法进行定性检测。色谱柱为 HP-5MS 毛细管柱（30 m×0.25 mm，0.25 μm），柱温：初温 100℃保持 1 min，以 20℃/min 升至 280℃，保持 15 min；进样口温度 260℃；载气为氦气，流速 1.0 mL/min；分流进样，分流比 20：1；质谱 EI 源温度 230℃，传输线接口温度 280℃，四极杆温度 150℃；SIM 模式定量检测；溶剂延迟 8 min。以地西泮-d5 为内标定量，氯丙嗪 LOD 为 0.3 ng/mL，回收率为 79.9%～85.5%，日内、日间精密度均小于 5.1%。吕燕等[31]测定了猪肝中氯丙嗪残留。猪肝中残留的氯丙嗪在碱性条件下经乙酸乙酯提取后，40℃水浴中旋转蒸发至近干，乙腈-正己烷 LLP 脱脂，C_{18} 柱净化，GC-MS 在 SIM 模式下测定。方法回收率为 80.2%～90.7%，RSD 为 5.9%～8.6%，LOD 为 1 μg/kg。许世富[73]采用 GC-MS 测定了猪肝、猪肉中的氯丙嗪。用氨化乙酸乙酯提取，正己烷脱去脂肪，经 C_{18} 柱净化后，用 2%氨化乙酸乙酯洗脱，GC-MS 测定。采用 EI 电离源方式进行 SIM 检测。方法 LOD 为 1 ng/g，回收率为 78.2%～89.3%，RSD 为 4.34%～6.03%，日内 CV 为 4.35%～5.67%，日间 CV 为 3.97%～5.04%。

　　4）丁酰苯类

　　丁酰苯类药物极性很小，一般净化后不衍生直接测定。

　　Adam[48]采用 GC-MS 测定了猪肝中的阿扎哌隆和阿扎哌醇。色谱分离采用 DB-1 分析柱，初始温度 40℃，维持 1 min，以 30℃/min 升至 140℃，6℃/min 升至 190℃，维持 3 min，30℃/min 升至 250℃，维持 12.3 min，接口传输线 280℃，质谱在 EI、SIM 模式下测定。LOD 为 10 μg/kg。Olmos-Carmona 等[74]采用 GC-MS 测定尿液中丁酰苯类药物。不衍生直接 GC-MS 在 EI、SIM 模式下测定。方法 LOD 分别为 5 μg/L（氯丙嗪、乙酰丙嗪、丙酰丙嗪、阿扎哌隆、开他敏）、50 μg/L（阿扎哌醇）、20 μg/L（塞拉嗪）、50 μg/L（阿扎哌醇）和 10 μg/L（氟哌啶醇），回收率均大于 70%。

　　5）多种类

　　谭贵良等[75]研究建立了同时测定腊肠中地西泮、奥沙西泮、艾司唑仑、阿普唑仑、三唑仑、苯巴比妥、异丙嗪 7 种镇静剂残留的 GC-MS 分析方法。试样中的镇静剂类药物经氨化乙腈和酸化乙腈提取，用 C_{18} 固相萃取柱净化，直接上 GC-MS 分析。采用毛细管色谱柱 DB-5MS（30 m×0.25 mm×0.25 μm）进行分离，EI、SIM 模式下测定，外标法定量（定量离子分别为 256、205、259、279、313、204、72）。结果表明，7 种镇静剂类药物在一定的含量范围内线性关系良好，相关系数大于 0.997；LOD 为 0.020～0.082 mg/L；回收率为 63.20%～88.23%，RSD 为 7.02%～16.89%。

　　（4）高效液相色谱法（high performance liquid chromatography，HPLC）

　　HPLC 是现今最为常用的残留检测仪器之一。镇静剂类药物的疏水性和不挥发性，通常适用反相 HPLC 法进行分离；而其具有紫外和荧光吸收结构特征，可以用紫外检测器（ultraviolet detector，UVD）、二极管阵列检测器（diode-array detector，DAD；photo-diode array detector，PDA）或荧光检测器（fluorescence detector，FLD）检测。

　　1）UVD

　　戴晓欣等[4]建立了水产品中苯巴比妥残留量的 HPLC 测定方法。采用乙腈-水（40+60，v/v）为流动相，在 Kromasil C$_{18}$（250 mm×4.6 mm，5 μm）色谱柱上分离，流速 0.9 mL/min，柱温 30℃，220 nm 波长检测。在 0.05～4.0 μg/mL 范围线性良好，相关系数为 0.9999；方法回收率在 80.49%～102.42% 之间，RSD 为 1.52%～10.15%；方法 LOD 为 10 μg/kg，LOQ 为 30 μg/kg。

Aresta 等[55]建立尿液中地洛西泮的 HPLC 方法。色谱柱为 Supelco sil LC-18-DB（250 mm×4.6 mm i.d.，5 μm），流动相为乙腈-水（65+35，v/v），流速 1 mL/min，室温检测，检测波长为 230 nm。方法 LOD 和 LOQ 分别为 5 ng/mL 和 27 ng/mL，回收率为 90%。

Tanaka 等[27]建立了测定血清中氯丙嗪、左米丙嗪、甲哌丙嗪、奋乃静、异丙嗪等 12 种吩噻嗪类药物的 HPLC-UVD 检测法。Inersil ODS-SP（250 mm×4.6 mm，5 μm）C$_{18}$ 反相色谱柱分离，乙腈-甲醇-30 mmol/L 磷酸二氢钠（pH 5.6）（300+200+500，v/v）为流动相，流速 0.9 mL/min，检测波长 250 nm。方法回收率为 87.6%～99.8%，LOD 为 3.2～5.5 ng/mL。Holland 等[33]建立了牛和猪肾脏中噻拉嗪及其代谢物（2，6-二甲苯胺）的 HPLC-UVD 测定方法。采用 Bondapak phenyl 色谱柱分离，乙腈-乙酸钠-乙酸溶液为流动相，UVD 在 225 nm 检测。两种药物回收率均大于 78%，LOD 为 10 μg/kg，LOQ 为 25 μg/kg。

Zhang 等[76]建立了兔血浆中奥氮平、氟哌啶醇、氯丙嗪、齐拉西酮、利培酮等药物的 HPLC-UVD 检测方法。以丙咪嗪为内标，分析柱为 Agilent Eclipse XDB C$_8$（150 mm×4.6 mm，5 μm），流动相为乙腈和 30 mmol/L 醋酸铵（含 0.05%三乙胺），梯度洗脱，检测波长为 240 nm。方法 LOD 为 2.0 μg/L，线性范围为 2.0～500.0 μg/L，相关系数为 0.998，日内和日间 CV 均小于 7.44%。Kishore 等[13]建立了血液中卡马西平、苯妥英钠、鲁米那和地西泮的 HPLC 检测方法。采用 Waters Spherisorb C$_{18}$ ODS（10 μm，4.6 mm×250 mm）色谱柱分离，甲醇-乙腈-水（42+16+42，v/v）为流动相，UVD 检测波长为 220 nm。方法回收率为 98%～104%，日内和日间 RSD 均小于 6.0%，LOD 在 0.1～0.2 g/L 之间。魏晋梅等[77]建立了 HPLC 同时测定羊肉中的 11 种镇静剂类药物的方法。样品用 1%氨水-乙腈溶液超声提取，色谱柱为 ZORBAX Eclipse Plus C$_{18}$（250 mm×4.6 mm，5 μm），以甲醇-0.1%甲酸为流动相进行梯度洗脱，检测波长为 245 nm 和 254 nm，进样量 10 μL。甲苯噻嗪、唑吡坦、咔唑心安、氟哌啶醇、氯氮卓、丙酰丙嗪、氯丙嗪、奋乃静、氟奋乃静在 0.02～200 μg/mL 范围有良好的线性关系，奥沙西泮和氟哌利多分别在 0.005～200 μg/mL 和 0.05～200 μg/mL 范围有良好的线性关系；11 种药物的平均回收率在 64.0%～121.3%之间，RSD 小于 20%。

2）DAD/PDA

由于 DAD/PDA 能够给出待测物的光谱信息，在定量检测同时，可以初步定性并定量，不过检测的灵敏度不如 UVD。

洪月玲等[26]测定猪肉及虾肉中氯丙嗪，分析柱为 SHIM PACKVP ODS 色谱柱（150 mm×4.6 mm），流动相为乙腈-0.1%磷酸（7+3，v/v），DAD 检测，检测波长为 254 nm。各组织回收率均大于 85%，CV 均小于 10%，LOD 为 4 μg/L。王海娇等[78]应用反相 HPLC 测定猪肉中的地西泮残留，色谱柱采用 C$_{18}$ 柱（2 mm×150 mm，3 μm），流动相为甲醇-水-25 mmol/L 乙酸铵溶液（64.8+35.0+0.2，v/v），流速 0.5 mL/min，DAD 在波长 254 nm 测定。在 100～40 μg/mL 范围内呈线性相关，平均回收率为 80.8%，RSD 小于 5%。

3）FLD

FLD 的灵敏度和选择性都比 UVD 高，适合于具有荧光结构的药物检测。

Cerkvenik-Flajs 等[36]用 HPLC-FLD 测定动物肾脏中的阿扎哌隆及其代谢物阿扎哌酮。色谱分离采用 Li Chrospher 60-RP 反相液相色谱柱，流动相为 pH 4.5 0.05 mol/L 磷酸盐缓冲液-四氢呋喃-乙腈（60+5+35，v/v）和 pH 4.5 0.05 mol/L 磷酸盐缓冲液，梯度洗脱，流速 0.7 mL/min，荧光检测激发波长为 245 nm，发射波长为 345 nm。方法定量线性范围为 10～150 μg/kg；LOD 为 1.2 μg/kg 和 1.1 μg/kg，LOQ 为 10 μg/kg 和 5 μg/kg；平均回收率为 88.2%（阿扎哌隆）和 91.2%（阿扎哌酮）。

（5）液相色谱-质谱法（liquid chromatography-mass spectrometry，LC-MS）

LC-MS 方法灵敏度和特异性高，近来愈加受到关注。而超高效液相色谱（ultra performance liquid

chromatography，UPLC）是近年来发展起来的，以提高色谱柱性能和仪器解析度为核心高速检测系统，与质谱串联，大大提高了检测灵敏度。LC-MS 检测主要采用大气压化学电离源（APCI）和电喷雾电离源（ESI）。

1）巴比妥类

巴比妥类药物呈酸性，高电场下容易失去质子带负电荷，LC-MS 测定时检测负离子灵敏度远远大于正离子。SN/T 2217—2008[8]采用反相 C_{18} 色谱柱分离，乙腈-0.1%甲酸水为流动相，梯度洗脱，流速 0.5 mL/min，ESI 负离子模式监测，串联质谱在多反应监测（MRM）模式下检测，外标法定量。各药物的 LOQ 为 1 μg/kg，回收率为 78.6%～110%。Wang 等[9]建立了动物组织中 7 种巴比妥类药物残留的 UPLC-MS/MS 测定方法。采用 C_{18} 色谱柱，流动相为甲醇-0.01%乙酸，梯度洗脱，采用 ESI 负离子、MRM 模式检测。方法平均回收率在 79.6%（巴比妥）-108%（司可巴比妥）之间，CV 为 3%～11%，LOD 为 0.25～0.5 μg/kg，CC_α 为 0.1～1 μg/kg，CC_β 为 0.13～1.4 μg/kg。

2）苯二氮卓类

钱晓东等[20]建立了 LC-MS/MS 同时测定水产品中地西泮及其代谢物的残留检测方法。使用 CAPCELL PAK C_{18}（100 mm×2.1 mm i.d.，3.5 μm）色谱柱分离，以甲醇和 0.1%甲酸为流动相，梯度洗脱，流速 0.2 mL/min，串联质谱采用 ESI 正离子扫描，MRM 模式监测，内标法定量。实验发现，采用甲醇-水体系时，目标化合物灵敏度高且噪声小；在 ESI^+ 模式下，加入挥发性酸，降低流动相的 pH，有助于待测物的离子化；同时，在低流速下可产生较细的雾滴，有利于产生气相离子，提高待测成分的信号强度。方法 LOQ 均为 1 μg/kg，平均回收率为 82.1%～119.0%，RSD 为 2.2%～15.0%。Gunn 等[14]检测血液和血清中阿普唑仑、羟基地西泮、奥西泮、去甲地西泮、氯硝西泮、劳拉西泮、地西泮、甲氨二氮卓、咪达唑仑、氟硝西泮、7-氨基氯硝西泮和 7-氨基氟硝西泮等 12 种苯二氮卓类药物残留，用水-乙腈（80+20，v/v）提取后直接进样，色谱柱为 BEH C_{18}（50 mm×2.1 mm，1.7 μm），流动相为甲醇-0.1%甲酸，梯度洗脱，流速 0.4 mL/min，串联质谱在 ESI 正离子模式下，采用 MRM 模式检测。方法 LOQ 为 20 ng/mL，LOD 为 0.5～2 ng/mL。Miyaguchi[79]建立了毛发中 13 种镇静催眠药的 LC-Orbitrap-MS 分析方法。5 mg 样品用 3.0 mol/L 磷酸铵溶液（pH 8.4）进行微粉碎，用乙腈提取 2 次，蒸干有机层，再用 50 μL 10%乙腈（含 0.1%甲酸）复溶，过滤，滤液进 LC-Orbitrap-MS 分析。采用多路选择离子监测（multiplexed selected ion monitoring）模式，Q Exactive™ 的四极杆质量过滤器成功地消除了大量干扰，使得检测分析物小峰成为可能。溴替唑仑、地西泮、去甲地西泮、艾司唑仑、氟硝西泮、硝西泮、三唑仑、雷美替胺和唑吡坦的 LOQ 为 1.0 pg/mg，阿普唑仑、去甲氟地西泮、依替唑仑和佐匹克隆为 4.0 pg/mg；在 100 pg/mg 和 2.0 ng/mg 浓度水平下的准确度和精密度满足 FDA 法规要求。

3）吩噻嗪类

李春风等[28]建立了水产品中氯丙嗪、乙酰丙嗪、丙酰丙嗪、异丙嗪和甲苯噻嗪等 5 种吩噻嗪类药物多残留的 LC-MS/MS 确证方法。以 YMC-PackPro C_{18} 色谱柱为分离柱，乙腈-50 mmol/L pH 4.5 乙酸铵溶液为流动相，梯度洗脱，流速 300 μL/min，柱温 30℃，在 ESI 正离子模式下进行测定。方法线性范围为 0.5～5.0 ng/g，总体平均回收率为 75.7%～87.7%，RSD 为 9.0%～15.2%。Zhang 等[43]应用 UPLC-MS/MS 建立了同时测定动物组织中 11 种吩噻嗪类镇静剂的多残留检测方法。采用 BEH C_{18} 色谱柱分离，ESI 正离子串联质谱测定。猪肌肉、肾脏、肝脏中药物回收率在 76.4%～118.6%之间，CV 为 2.2%～19.9%，LOQ 为 0.5～2.0 μg/kg。Zheng 等[80]报道了 LC-MS/MS 同时测定肝脏、肉类、肾脏和脂肪中甲苯噻嗪和 2，6-二甲基苯胺残留量的方法。样品用乙腈提取并用正己烷净化，然后用 C_{18} 反相色谱柱分离和 API 5000 正离子 MRM 模式的三重串联四极杆质谱进行分析。甲苯噻嗪和 2，6-二甲基苯胺的 LOQ 分别为 0.2 μg/kg、5 μg/kg，平均回收率分别为 63.5%和 90.8%。

4）丁酰苯类

Fluchard 等[81]应用 LC-MS/MS 测定猪组织中阿扎哌隆和阿扎哌醇。采用 Purospher model RP_{18} 反相色谱柱，甲醇-0.1 mmol/L 乙酸铵缓冲液为流动相，梯度洗脱，APCI 源电离，串联质谱测定。方法回收率为 70%～106%，CV 不超过 16%。

　　5）多种类

　　Zhang 等[76]建立了兔血浆中奥氮平、氟哌啶醇、氯丙嗪、齐拉西酮和利培酮等药物的 LC-MS/MS 检测方法。分析柱为 Agilent Eclipse XDB C_8（150 mm×4.6 mm，5 μm），流动相为乙腈-30 mmol/L 醋酸铵（含 0.05%三乙胺），梯度洗脱，以丙咪嗪为内标，APCI 正离子模式串联质谱测定。方法 LOD 为 2.0 μg/L；线性范围为 2.0～500.0 μg/L，相关系数为 0.998；日内和日间 CV 均小于 7.44%，回收率为 70%～106%。Delahaut 等[25]建立了同时测定猪肾和肌肉中吩噻嗪类和丁酰苯类药物的残留分析方法。采用 Purospher model RP_{18} 反相色谱柱分离，流动相采用乙腈-0.1 mol/L 乙酸铵，APCI 正离子离子源，MRM 模式监测。肌肉中氯丙嗪、乙酰丙嗪、丙酰丙嗪的 CC_α 为 1.3 μg/kg，CC_β 为 1.5～1.7 μg/kg；肾脏中对应的 LOD 为肌肉中的 2 倍。

　　Zhang 等[82]同时测定了血液和尿液中巴比妥类、吩噻嗪类和苯二氮卓类药物。采用 Acquity UPLC BEH C_{18} 色谱柱，乙酸铵缓冲液-甲醇-乙腈为流动相，梯度洗脱，UPLC-MS/MS 在 ESI 正离子和负离子两种模式下，MRM 模式检测。方法平均回收率为 60.2%～125%；4 个巴比妥类药物的 LOD 为 20～100 mg/L，吩噻嗪类和苯二氮卓类药物的 LOD 为 0.05～2.0 mg/L。渠岩等[60]测定了畜禽肉中 13 种镇静药物（阿普唑仑、咪达唑仑、三唑仑、艾司唑仑、奥沙西泮、地西泮、硝西泮、氯硝西泮、卡马西平、利多卡因、苯巴比妥、异戊巴比妥和司可巴比妥）残留。采用 Waters Aqutity BEH C_{18}（2.1 mm×50 mm，1.7 μm）色谱柱，甲醇-10 mmol/L 乙酸铵溶液为流动相，梯度洗脱，流速 0.4 mL/min，柱温 35℃，进样量 10 μL，ESI 正离子离子源，MRM 监测。13 种镇静药物在空白猪肉中的平均添加回收率为 77.4%～100.2%，LOD 为 0.05～3 μg/kg。孙雷等[2]建立了猪肉和猪肾中安眠酮、氯丙嗪、异丙嗪、地西泮、硝西泮、奥沙西泮、替马西泮、咪达唑仑、三唑仑和唑吡旦等 10 种镇静剂类药物残留的 UPLC-MS/MS 分析方法。采用 BEH C_{18} 色谱柱分离，0.1%甲酸乙腈溶液-0.1%甲酸溶液为流动相，梯度洗脱，ESI 正离子模式电离，MRM 模式检测，基质匹配标准溶液法进行定量。10 种镇静剂在 2～100 μg/L 范围内呈良好的线性关系，10 种镇静剂的 LOD 为 0.5 μg/kg，LOQ 为 1 μg/kg，回收率为 64.5%～111.4%。GB/T 20763—2006[39]规定了猪组织中乙酰丙嗪、氯丙嗪、氟哌啶醇、丙酰二甲氨基丙吩噻嗪、甲苯噻嗪、阿扎哌隆、阿扎哌醇和咔唑心安残留量的 LC-MS/MS 检测方法。色谱柱为 Inertsil ODS 3（5 μm，150 mm×2.1 mm），0.01 mol/L 甲酸铵缓冲液（pH 4）-乙腈-甲醇为流动相，梯度洗脱，柱温 35℃，流速 200 μL/min，进样量 20 μL，ESI 正离子模式下，MRM 检测。各药物的 LOD 在 0.1～0.5 μg/kg 之间。

　　（6）酶联免疫分析法（enzyme linked immunosorbent assays，ELISA）

　　免疫分析技术作为筛选方法具有前处理相对简单，分析速度较快的特点，受到广泛的关注，而 ELISA 技术是残留分析中最为常用的免疫分析方法。

　　王自良[83]选择苯巴比妥苯环对位作为偶联位点，引入活性氨基作为间隔臂，经硝化和还原两步化学反应合成半抗原-对氨基苯巴比妥，并用重氮化法偶联于蛋白，合成免疫原，免疫新西兰白兔获得多克隆抗体。测试 ELISA 效价为 1：6.4×10^5，阻断 ELISA 测定的 IC_{50} 为 14.8 μg/L，与巴比妥交叉反应率为 5.2%。建立 ELISA 方法的灵敏度为 0.88 μg/L，LOD 为 1.0 μg/L，检测猪尿样添加回收率为 95.53%，平均批内和批间 CV 均小于 15%；与其他化合物无交叉反应，不同生物基质对检测结果影响不大。

　　李秋生[84]用混合酸酐法与活化的牛血清白蛋白（BSA）偶联，合成了免疫原和包被抗原。用免疫原免疫小鼠，制备了硝西泮的单克隆抗体，与结构类似物氯硝西泮、地西泮及其代谢物 7-氨基硝西泮、7-氨基氯硝西泮都具有较高交叉反应，而与其他镇静剂交叉反应率很低。以此建立的间接 ELISA 方法，检测尿液的回收率在 62.8%～85.6%之间。王亚宾[85]用地西泮与羟甲基羟胺偶联作半抗原，采用混合酸酐法制得免疫原，并通过免疫获得抗体。建立间接 ELISA 的 IC_{50} 为 0.145 ng/mL，在动物源食品中的 LOD 为 0.1 ng/mL，与其他结构或功能相似的药物交叉率很小，检测食品中安定药物的回收率为 68%～92%，CV 小于 20%。

刘伟等[86, 87]采用混合酸酐法制备出氯丙嗪抗原，免疫小鼠，获取的氯丙嗪单克隆抗体，建立间接竞争 ELISA 的 IC$_{50}$ 为 0.73 ng/mL。并以此建立了鸡肝和猪肝中氯丙嗪的 ELISA 测定方法。方法回收率分别为 88%～95% 和 86%～95%。刘建静[88]合成了氯丙嗪人工免疫原，免疫后获得兔抗氯丙嗪抗血清。以此建立 ELISA 方法检测牛奶中氯丙嗪残留，LOD 为 4.5 ng/mL，添加回收率在 65%～114.6% 之间。孙文佳等[89]还将 ELISA 法与化学发光法结合，建立了氯丙嗪的间接竞争化学发光酶免疫检测方法，其 IC$_{50}$ 为 0.12 µg/L，LOD 为 0.02 µg/L。

Cooper 等[90]制备了阿扎哌醇、丙酰丙嗪和卡拉洛尔的多克隆抗体。阿扎哌醇抗体与阿扎哌隆交叉反应率 28%，丙酰丙嗪抗体与氯丙嗪、乙酰丙嗪交叉反应率为 24.9% 和 11.7%。用三种抗体建立了同时测定动物肾脏中阿扎哌醇、阿扎哌隆、丙酰丙嗪、氯丙嗪、乙酰丙嗪和卡拉洛尔等 6 种药物的 ELISA 检测方法，LOD 分别为 5 µg/kg、15 µg/kg、5 µg/kg、20 µg/kg、5 µg/kg、5 µg/kg。

（7）传感器技术（sensor）

传感器技术发展迅速，在镇静剂分析中，按照识别机制主要有分子印迹传感器和免疫传感器。

1）分子印迹传感器

分子印迹传感器将分子印迹的选择性与传感器的灵敏度结合起来，可以制成高选择性、高灵敏度和长寿命的检测工具。一般将 MIP 作为识别元件固定在传感器界面，分析物与 MIP 的键合作用经传感器转化为电信号并放大，而得以检测。刘晓芳等[91]在一次性丝网印刷电极上原位制备地西泮的分子印迹膜，与便携式电导仪相连接，组装成检测地西泮的电导型传感器，并测试了肉样品中地西泮的含量。该传感器对地西泮具有很高的灵敏度和特异性，LOD 为 0.008 mg/L，线性范围为 0.039～1.25 mg/L，基于肉品的检测回收率为 91.3%～95.0%，可用于现场快速检测。

2）免疫传感器

免疫传感器是将免疫测定法与传感器技术相结合而构建的一类新型生物传感器。将抗原或抗体固定在传感器基体上，通过传感技术使抗原抗体反应时产生的物理、化学、电学或光学上的变化，转变成可检测的信号来测定待测分子的浓度。Salmain 等[92]研制出免疫传感器用于苯巴比妥残留检测，并与 HPLC、ELISA 进行了对比。方法回收率为 100%～110%，CV 为 6%～10%，与 HPLC 结果相关性为 0.95。与 ELISA 方法比较，样品预处理更简单，检测结果更准确。

13.2 公定方法

13.2.1 猪肾和肌肉组织、牛奶和奶粉中 8 种镇定剂残留量的测定 液相色谱-串联质谱法[39, 94]

13.2.1.1 适用范围

适用于猪肾和肌肉组织、牛奶和奶粉中乙酰丙嗪、氯丙嗪、氟哌啶醇、丙酰二甲氨基丙吩噻嗪、甲苯噻嗪、阿扎哌隆、阿扎哌醇、咔唑心安残留量的液相色谱-串联质谱测定。方法检出限：猪肾和肌肉组织中乙酰丙嗪、氯丙嗪、丙酰二甲氨基丙吩噻嗪、咔唑心安均为 0.5 µg/kg；甲苯噻嗪为 0.25 µg/kg；阿扎哌隆为 0.2 µg/kg；阿扎哌醇为 0.15 µg/kg；氟哌啶醇为 0.1 µg/kg；牛奶中乙酰丙嗪、氯丙嗪、丙酰二甲氨基丙吩噻嗪、咔唑心安均为 0.5 µg/L，甲苯噻嗪为 0.25 µg/L，阿扎哌隆为 0.2 µg/L，阿扎哌醇为 0.15 µg/L，氟哌啶醇为 0.1 µg/L；奶粉中乙酰丙嗪、氯丙嗪、丙酰二甲氨基丙吩噻嗪、咔唑心安均为 4.0 µg/kg，甲苯噻嗪为 2.0 µg/kg，阿扎哌隆为 1.6 µg/kg，阿扎哌醇为 1.2 µg/kg，氟哌啶醇为 0.8 µg/kg。

13.2.1.2 方法原理

试样中残留的 8 种镇定剂在碱性条件下用特丁基甲醚提取，并通过向提取液中加入磷酸盐缓冲液（pH=3），使镇定剂被提取到缓冲溶液中，并用特丁基甲醚净化缓冲溶液，改变缓冲溶液为碱性，将镇定剂反提取到特丁基甲醚中，浓缩，定容。供液相色谱-串联质谱仪测定，外标法定量。

13.2.1.3 试剂和材料

乙腈、甲醇、无水乙醇和甲酸：色谱纯；盐酸：优级纯；特丁基甲醚、氢氧化钠、磷酸二氢钾和甲酸铵：分析纯。

　　氢氧化钠溶液：5 mol/L。称取 50.0 g 氢氧化钠用水溶解，定容到 250 mL。

　　磷酸二氢钾溶液：1 mol/L，pH=3，称取 68.045 g 磷酸二氢钾用水溶解，用盐酸将溶液的 pH 调至 3.0，定容到 500 mL。

　　甲酸铵缓冲液：0.1 mol/L，pH=4，称取 6.306 g 甲酸铵用水溶解，用甲酸将 pH 调到 4.0，定容至 1000 mL。

　　甲酸铵缓冲液：0.01 mol/L，pH=4，取甲酸铵缓冲液 100 mL 用水稀释定容到 1000 mL。

　　流动相 A：0.01 mol/L 甲酸铵缓冲液，pH=4，通过 0.2 μm 过滤器过滤。

　　流动相 B：乙腈通过 0.2 μm 过滤器过滤。

　　流动相 C：甲醇通过 0.2 μm 过滤器过滤。

　　混合流动相：将 70 mL 流动相 A，15 mL 流动相 B 以及 15 mL 流动相 C 混合。

　　乙酰丙嗪、阿扎哌隆、咔唑心安、氯丙嗪·盐酸、氟哌啶醇、甲苯噻嗪·盐酸标准品纯度≥99%；丙酰二甲氨基丙吩噻嗪·盐酸，纯度：98%；阿扎哌醇，浓度 10.0 μg/mL（甲醇）。

　　乙酰丙嗪、阿扎哌隆、咔唑心安、氯丙嗪、氟哌啶醇、丙酰二甲氨基丙吩噻嗪、甲苯噻嗪标准储备溶液：0.10 mg/mL。称取适量准物质，分别用无水乙醇，配成 0.10 mg/mL 的标准贮备液。贮备液避光在 2～4℃条件下贮存。每年配制一次。

　　阿扎哌醇标准贮备溶液：1.0 μg/mL，准确移取 1.0 mL 阿扎哌醇标准液于 10 mL 容量瓶中，用无水乙醇定容至刻度，混匀，配成 1.0 μg/mL 的标准贮备液。贮备液避光在 2～4℃条件下贮存。每年配制一次。

　　混合标准储备溶液：吸取适量的标准贮备溶液，用乙腈配制成混合标准储备溶液。在 2～4℃条件下贮存。

　　混合标准工作溶液：根据每种镇定剂及其代谢物的灵敏度和仪器线性范围用空白样品提取液配成不同浓度（ng/mL）的混合标准工作溶液。在 2～4℃条件下避光贮存。

13.2.1.4　仪器和设备

　　液相色谱-串联四极杆质谱仪：配有电喷雾的离子源；电子天平：感量 0.1 mg 和 0.1 g；离心机：最大转速为 10000 r/min；离心管：锥形底玻璃离心管，15 mL 和 10 mL 具塞；锥形底聚丙烯离心管，50 mL，具螺旋盖。聚四氟乙烯膜过滤器：0.2 μm×13 mm；尼龙膜过滤器：0.2 μm×47 mm；液体分配器：1～10 mL 和 5～50 mL；微量移吸器：10～100 μL 和 100～1000 μL；流动相过滤装置；氮气浓缩仪；高速涡流混合器；振荡器；食物调理机；一次性移液管；酸度计：测量精度为±0.02 unit；超声波仪；一次性注射器：1 mL；试样瓶：2.0 mL。

13.2.1.5　样品前处理

　　（1）猪肾和肌肉组织样品

　　1）试样制备

　　猪肾要去除脂肪和其他的非肾脏组织，猪肉要去皮和骨头。将其搅碎拌匀。分出 0.5 kg 作为试样，将制备好的试样密封，并作上标记。将试样置于-18℃条件下贮存。

　　2）提取

　　称取试样 2.00 g（精确到 0.01 g）放入 50 mL 聚丙烯离心管中，加入 200 μL 乙腈进行涡流混合，混合后加入 400 μL 5 mol/L 氢氧化钠溶液，并进行涡流混合 30 s。在 80℃±5℃水浴中放置 1 h。在此期间，要对每个测定样品进行两次涡流混合。1 h 后，将样品从水浴中取出并冷却至室温。加入 12 mL 特丁基甲醚，置于振荡器上高速振荡 15 min，离心 15 min（转速为 4000 r/min）。吸出上清液，定量将特定基甲醚转移到干净的 15 mL 的玻璃离心管内，待净化。

　　3）净化

　　在上述 15 mL 离心管中加入 1 mol/L 磷酸二氢钾溶液（pH=3）3 mL，振荡 10 min，离心 10 min（4000 r/min）。将特丁基甲醚层吸出弃去。在磷酸盐溶液中加入 2 mL 特丁基甲醚，振荡 5 min，离心

5 min（4000 r/min），吸出特丁基甲醚层弃去。然后再在磷酸盐缓冲溶液中加入 2 mL 特丁基甲醚重复上述步骤。加入 1 mL 5 mol/L 氢氧化钠溶液摇匀后加入 10 mL 特丁基甲醚，振荡 15 min，离心 5 min（4000 r/min）。定量吸取特丁基甲醚转移到一个干净的 10 mL 的离心管中。在 40℃条件下用氮吹仪蒸发至干。在浓缩至干的提取物中加入 1000 μL 流动相溶液，进行涡流混合，超声处理 10 min。用 0.2 μm×13 mm 的聚四氟乙烯注射式过滤器过滤样液，将样液转移到试样瓶中，供液相色谱-串联质谱测定。

（2）牛奶和奶粉样品

1）试样制备

将牛奶和奶粉样品分别混合均匀。各自分出 0.5 kg 作为试样，将分出的试样密封，并作上标记。将试样置于 4℃条件下贮存。

2）提取

牛奶样品：称取牛奶试样 2.00 mL 精确到 0.01 mL，放入 50 mL 聚丙烯离心管中，加入 200 μL 乙腈进行涡流混合，混合后加入 400 μL 5 mol/L 氢氧化钠溶液，并进行涡流混合 30 s。在 80℃±5℃水浴中放置 1 h。在此期间，要对每个测定样品进行两次涡流混合。1 h 后，将样品从水浴中取出并冷却至室温。加入 12 mL 特丁基甲醚，置于振荡器上高速振荡 15 min，离心 15 min（转速为 5000 r/min）。吸出上清液，将特丁基甲醚定量转移到干净的 15 mL 的玻璃离心管内，待净化。

奶粉样品：称取奶粉样品 0.25 g（精确到 0.01 g），放入 50 mL 聚丙烯离心管中，加入 1.75 g 水超声溶解得到复原乳，加入 200 μL 乙腈，其余提取步骤同牛奶样品。

3）净化

在上述 15 mL 离心管中加入 1 mol/L 磷酸二氢钾溶液（pH=3）3 mL，振荡 10 min，离心 10 min（5000 r/min）。将特丁基甲醚层吸出弃去。在磷酸盐溶液中加入 2 mL 特丁基甲醚，振荡 5 min，离心 5 min（5000 r/min），吸出特丁基甲醚层弃去。然后再在磷酸盐缓冲溶液中加入 2 mL 特丁基甲醚重复上述步骤。加入 1 mL 5 mol/L 氢氧化钠溶液摇匀后加入 10 mL 特丁基甲醚，振荡 15 min，离心 5 min（5000 r/min）。定量吸取特丁基甲醚转移到一个干净的 10 mL 的离心管中。在 40℃条件下用氮吹仪蒸发至干。在浓缩至干的提取物中加入 1000 μL 流动相溶液，进行涡流混合，超声处理 10 min。用 0.2 μm×13 mm 的聚四氟乙烯注射式过滤器过滤样液，将样液转移到试样瓶中，供液相色谱-串联质谱测定。

13.2.1.6　测定

（1）液相色谱条件

色谱柱：Inertsil ODS-3，5 μm，150 mm×2.1 mm（i.d.），或相当者；柱温：35℃；进样量：20 μL；色谱柱总流量：200 μL/min；流动相及梯度见表 13-6。

表 13-6　流动相及梯度

步骤	运行时间/min	流动相 A/%	流动相 B/%	流动相 C%
0	0.00	70	15	15
1	4.00	70	15	15
2	9.00	40	15	45
3	25.00	35	15	50
4	28.00	35	15	50
5	30.00	70	30	0
6	60.00	70	15	15

（2）质谱条件

离子源：电喷雾离子源；扫描方式：正离子扫描；检测方式：多反应检测（MRM）；电喷雾电压（IS）：5000 V；雾化气压力（CAS1）：482.6 kPa；气帘气压力（CUR）：68.9 kPa；辅助气压力（CAS2）：

482.6 kPa；离子源温度（TEM）：700℃；接口加热：ON；定性离子对、定量离子对，采集时间（Dwell）、去簇电压（DP）、碰撞气能量（CE）、入口电压（EP），及碰撞室出口电压（CXP）见表 13-7。

表 13-7　8 种镇定剂的质谱参数

化合物	定性离子对/amu	定量离子对/amu	采集时间/ms	去簇电压/V	碰撞气能量/V	入口电压/V	出口电压/V
乙酰丙嗪	327.40/58.20	327.40/58.20	200	61.00	68.00	5.00	10.00
	327.40/86.20	327.40/86.20	200	61.00	68.00	5.00	15.60
氯丙嗪	319.30/58.20	319.30/58.20	200	60.00	66.00	10.00	10.00
	319.30/86.20	319.30/86.20	200	60.00	30.00	10.00	7.00
氟哌啶醇	376.40/165.40	376.40/165.40	200	70.00	35.00	11.00	11.00
	376.40/122.90	376.40/122.90	200	70.00	57.00	11.00	11.00
丙酰二甲氨	341.20/58.20	341.20/58.20	200	64.00	59.80	10.60	9.70
	341.20/86.30	341.20/86.30	200	64.00	30.00	10.60	15.00
甲苯噻嗪	221.30/90.10	221.30/90.10	200	85.00	33.00	11.00	8.00
	221.30/164.40	221.30/164.40	200	85.00	38.00	11.00	13.00
阿扎哌隆	328.40/121.00	328.40/121.00	200	60.00	30.00	11.00	10.00
	328.4/147.10	328.40/147.10	200	60.00	30.00	11.00	10.00
阿扎哌醇	330.30/121.00	330.30/121.00	200	60.00	35.00	11.00	12.00
	330.30/149.10	330.30/149.10	200	60.00	40.00	11.00	12.00
	330.30/312.20	330.30/312.20	200	60.00	25.00	11.00	10.00
咔唑心安	299.50/116.20	299.50/116.20	200	83.00	30.00	11.00	11.00
	299.50/222.40	299.50/222.40	200	83.00	30.00	11.00	6.00

（3）定性测定

每种被测组分选择 1 个母离子，2 个以上子离子，在相同实验条件下，样品中待测物质和内标物的保留时间之比，也就是相对保留时间，与混合基质标准校准溶液中对应的相对保留时间偏差在 ±2.5% 之内；且样品谱图中各组分定性离子的相对丰度与浓度接近的混合基质标准校准溶液谱图中对应的定性离子的相对丰度进行比较，偏差不超过表 1-5 规定的范围，则可判定为样品中存在对应的待测物。

（4）定量测定

用混合标准溶液分别进样，以峰面积为纵坐标，工作溶液浓度为横坐标，绘制标准工作曲线，用标准工作曲线对样品进行定量，样品溶液中镇定剂及其代谢产物和 β-阻断剂的响应值均应在仪器测定的线性范围内。在上述的色谱条件和质谱条件下，6 种镇定剂及其代谢产物和 β-阻断剂的参考保留时间见表 13-8。8 种镇定剂标准总离子流图见图 13-1。

表 13-8　8 种镇定剂参考保留时间

化合物	保留时间/min
甲苯噻嗪	5.09
阿扎哌醇	9.17
咔唑心安	11.33
阿扎哌隆	12.99
氟哌啶醇	15.87
乙酰丙嗪	16.55
丙酰二甲氨基丙吩噻嗪	18.82
氯丙嗪	19.72

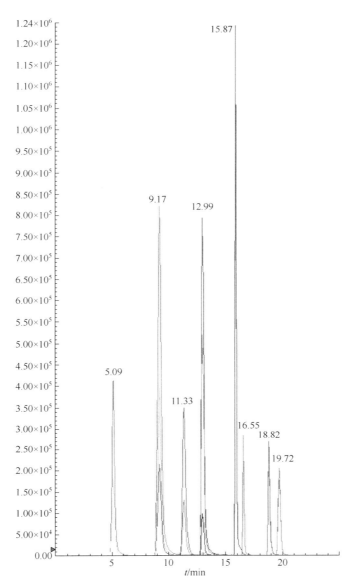

图 13-1 种镇定剂标准物质总离子流图

甲苯噻嗪，5.09 min；阿扎哌醇，9.17 min；咔唑心安，11.33 min；阿扎哌隆，12.99 min；氟哌啶醇，15.87 min；
乙酰丙嗪，16.55 min；丙酰二甲氨基丙吩噻嗪，18.82 min；氯丙嗪，19.72 min

13.2.1.7　分析条件的选择

（1）提取净化条件的选择

在萃取净化方面，在参考文献[93]的基础上，选用猪肾、猪肌肉、原料乳、纯奶粉空白样品，进行了4个水平的添加实验。对于纯奶粉则按照纯奶粉与水的比例调制成复原乳后与鲜奶一样进行测定操作。四种基质中镇定剂及其代谢物和 β-阻断剂添加回收率实验结果见表 13-9 至表 13-12。因此本方法在萃取和净化方面选择采用 5 mol/L 氢氧化钠溶液消化样品，特丁基甲醚萃取镇定剂及其代谢物和 β-阻断剂，加入 pH 3 的磷酸二氢钾溶液使镇定剂反萃取到酸性介质中，使用特丁基甲醚与酸性介质多次液-液分配达到净化目的，再次加入 5 mol/L 氢氧化钠溶液使萃取液变为碱性，再用特丁基甲醚萃取，浓缩，定容。

表 13-9　猪肾中添加不同浓度 8 种镇定剂回收测定结果（n=3）

化合物	丙酰二甲氨基丙吩噻嗪				氯丙嗪				乙酰丙嗪				阿扎哌醇			
添加水平/(μg/kg)	0.75	1.50	3.00	4.80	0.75	1.50	3.00	4.80	0.75	1.50	3.00	4.80	0.225	0.45	0.90	1.44
测定值/(μg/kg)	0.73	1.61	2.79	3.82	0.84	1.40	3.02	4.62	0.62	1.66	2.74	3.62	0.162	0.44	0.92	1.28

续表

化合物	丙酰二甲氨基丙吩噻嗪				氯丙嗪				乙酰丙嗪				阿扎哌醇			
测定值/(μg/kg)	0.52	0.98	2.81	3.55	0.57	1.32	2.31	3.79	0.73	1.50	2.61	4.34	0.188	0.36	0.85	1.36
	0.86	1.23	1.91	4.8	0.52	1.11	3.13	4.27	0.81	1.00	2.43	4.06	0.221	0.42	0.73	1.38
平均回收率/%	93.78	84.89	83.45	84.51	85.78	85.11	94.00	88.06	96.00	92.45	86.44	83.47	84.59	91.33	92.59	93.05

化合物	甲苯噻嗪				氟哌啶醇				阿扎哌隆				咔唑心安			
添加水平/(μg/kg)	0.375	0.75	1.50	2.40	0.15	0.30	0.60	0.96	0.30	0.60	1.20	1.92	0.75	1.50	3.00	4.80
测定值/(μg/kg)	0.275	0.795	1.36	1.97	0.10	0.32	0.61	0.73	0.23	0.58	1.23	1.92	0.65	1.59	2.95	4.49
	0.375	0.711	1.57	2.02	0.13	0.19	0.57	0.89	0.27	0.47	1.18	1.53	0.56	1.26	3.32	5.26
	0.375	0.596	1.16	2.25	0.15	0.28	0.42	0.97	0.28	0.55	1.03	2.14	0.80	0.91	2.33	3.16
平均回收率/%	93.16	93.42	90.89	86.67	84.45	88.11	88.72	89.93	86.67	88.89	95.55	97.05	89.34	83.56	95.55	89.65

表 13-10　猪肌肉中添加不同浓度 8 种镇定剂回收测定结果（n=3）

化合物	丙酰二甲氨基丙吩噻嗪				氯丙嗪				乙酰丙嗪				阿扎哌醇			
添加水平/(μg/kg)	0.75	1.50	3.00	4.80	0.75	1.50	3.00	4.80	0.593	1.43	2.71	4.69	0.222	0.448	0.64	1.07
测定值/(μg/kg)	0.712	1.37	2.63	4.078	0.705	1.41	3.36	5.39	0.81	1.56	1.92	4.92	0.183	0.377	0.93	1.41
	0.763	1.647	1.82	4.94	0.692	1.51	1.94	3.11	0.72	1.12	3.1	3.38	0.231	0.466	0.89	1.44
	0.715	1.197	3.325	3.34	0.75	1.38	2.93	4.68	94.36	91.33	85.89	90.21	94.22	95.63	91.11	88.74
平均回收率/%	93.78	84.89	83.45	84.51	85.78	85.11	94.00	88.06	96.00	92.45	86.44	83.47	84.59	91.33	92.59	93.05

化合物	甲苯噻嗪				氟哌啶醇				阿扎哌隆				咔唑心安			
添加水平/(μg/kg)	0.375	0.75	1.50	2.40	0.15	0.30	0.60	0.96	0.30	0.60	1.20	1.92	0.75	1.50	3.00	4.80
测定值/(μg/kg)	0.38	0.68	1.17	2.32	0.13	0.29	0.54	0.94	0.24	0.57	1.28	1.78	0.61	1.53	3.22	4.87
	0.35	0.73	1.66	2.55	0.14	0.31	0.52	0.65	0.28	0.63	1.12	2.22	0.68	1.59	2.14	3.26
	0.33	0.55	1.49	1.99	0.16	0.23	0.63	1.00	0.30	0.51	1.06	1.21	0.79	1.19	3.04	4.76
平均回收率/%	93.16	93.42	90.89	86.67	84.45	88.11	88.72	89.93	86.67	88.89	95.55	97.05	89.34	83.56	95.55	89.52

表 13-11　原料乳中添加不同浓度 8 种镇定剂回收测定结果（n=10）

化合物	丙酰二甲氨基丙吩噻嗪				氯丙嗪				乙酰丙嗪				阿扎哌醇			
添加浓度/(μg/kg)	0.50	1.00	2.00	4.00	0.50	1.00	2.00	4.00	0.50	1.00	2.00	4.00	0.15	0.30	0.60	1.20
平均回收率/%	88.52	91.39	92.37	90.38	89.61	86.29	89.39	90.29	88.10	89.20	89.93	91.94	91.44	91.45	87.11	87.42
标准偏差	18.18	11.05	11.15	11.64	15.48	12.67	15.21	11.64	15.20	13.96	14.27	8.27	16.04	13.62	12.73	14.25
相对标准偏差%	20.54	12.09	12.07	12.87	17.28	14.68	17.02	12.89	17.25	15.65	15.87	8.99	17.54	14.90	14.61	16.30

化合物	甲苯噻嗪				氟哌啶醇				阿扎哌隆				咔唑心安			
添加浓度/(μg/kg)	0.25	0.50	1.00	2.00	0.10	0.20	0.40	0.80	0.20	0.40	0.80	1.60	0.50	1.00	2.00	4.00
平均回收率/%	89.90	91.38	92.12	90.59	87.60	89.28	86.86	90.72	89.35	88.15	90.07	90.26	89.72	88.58	92.49	90.39
标准偏差	15.09	12.46	10.52	11.59	16.61	14.45	13.90	12.15	16.81	13.84	13.24	12.70	15.00	13.80	10.31	11.06
相对标准偏差%	16.78	13.63	11.42	12.79	18.96	16.19	16.00	13.39	18.82	15.70	14.70	14.08	16.72	15.58	11.15	12.23

表 13-12　纯奶粉中添加不同浓度 8 种镇定剂回收测定结果（n=10）

化合物	丙酰二甲氨基丙吩噻嗪				氯丙嗪				乙酰丙嗪				阿扎哌醇			
添加浓度/(μg/kg)	2.00	4.00	6.00	8.00	2.00	4.00	6.00	8.00	2.00	4.00	6.00	8.00	1.20	2.40	3.60	4.80
平均回收率/%	92.18	90.41	87.24	89.05	90.71	83.68	84.11	88.61	92.85	91.68	90.30	94.13	85.15	89.98	93.36	97.45
标准偏差	11.54	12.53	10.84	8.79	11.73	11.51	11.60	9.17	13.30	15.03	13.29	9.40	2.52	2.02	1.64	3.07
相对标准偏差%	12.52	13.86	12.43	10.69	12.93	13.75	13.79	10.35	14.33	16.39	14.72	9.99	2.96	2.25	1.76	3.15

续表

化合物	甲苯噻嗪				氟哌啶醇				阿扎哌隆				咔唑心安			
添加浓度/(μg/kg)	2.00	4.00	6.00	8.00	0.80	1.60	2.40	3.20	1.60	3.20	4.80	6.40	2.00	4.00	6.00	8.00
平均回收率/%	90.62	86.98	87.52	81.59	88.79	93.52	88.02	87.91	90.80	85.89	86.05	94.65	92.87	91.01	88.04	91.72
标准偏差	10.32	11.59	14.62	8.88	12.75	11.76	12.61	11.71	15.79	13.76	9.92	10.02	8.96	8.62	8.69	9.61
相对标准偏差%	11.39	13.32	16.70	10.88	14.36	12.57	14.33	13.32	17.39	16.02	11.53	10.58	9.65	9.47	9.87	10.48

（2）质谱条件的优化

采用注射泵直接进样方式，以 5 μL/min 将每种 100 ng/mL 的镇定剂标准溶液分别注射入离子源中，在正离子检测法方法下对每种镇定剂进行一级质谱分析（Q1 扫描），得到每种镇定剂的准分子离子峰进行二次质谱分析（子离子扫描），得到碎片离子信息，然后再对得到的每种镇定剂的二级质谱对去簇电压（DP）、碰撞气能量（E）、电喷雾电压、雾化气和气帘气压力进行优化，使每种镇定剂的分子离子与特征碎片离子产生的离子对强度达到最大时为最佳，得到每种镇定剂的二级质谱图，从二级质谱图中选择每种镇定剂的定性离子对和定量离子对，将液相色谱仪和串联四极杆质谱仪联机，再对离子源温度、辅助气流速度进行优化，使样液中每种镇定剂的离子化效率达到最佳。

13.2.1.8 线性范围和测定低限

根据镇定剂的灵敏度，用空白样品按照分析方法配制成一系列基质标准工作液，在选定的色谱条件和质谱条件下进行测定，进样量 20 μL，用峰面积对基质标准工作溶液中被测组分的浓度作图，其线性范围、线性方程和线性相关系数见表 13-13 和表 13-14。

表 13-13 猪肾和猪肌肉样品中 8 种镇定剂的线性范围、线性方程和相关系数

化合物	线性范围/(μg/g)	线性方程	相关系数 r	LOD/(μg/kg)	LOQ/(μg/kg)
乙酰丙嗪	0.50～5.00	$y=2.69\times10^5x+2.27\times10^5$	0.9993	0.50	1.50
氯丙嗪	0.50～5.00	$y=1.62\times10^5x+1.60\times10^5$	0.9970	0.50	1.50
氟哌啶醇	0.10～1.00	$y=4.5\times10^5x+1.21\times10^5$	0.9924	0.10	0.30
丙酰二甲氨基丙吩噻嗪	0.50～5.00	$y=3.80\times10^5x+3.00\times10^5$	0.9896	0.50	1.50
甲苯噻嗪	0.25～2.50	$y=9.22\times10^5x+4.44\times10^4$	0.9986	0.25	0.75
阿扎哌隆	0.20～2.00	$y=1.81\times10^5x+3.51\times10^5$	0.9992	0.20	1.50
阿扎哌醇	0.15～1.50	$y=2.92\times10^6x+2.55\times10^5$	0.9931	0.15	0.45
咔唑心安	0.50～5.00	$y=4.30\times10^5x+6.83\times10^4$	0.9922	0.50	1.50

表 13-14 原料乳和纯奶粉样品中 8 种镇定剂的线性范围、线性方程和相关系数

化合物	线性范围/(μg/g)	线性方程	相关系数 r	原料乳		纯奶粉	
				LOD/(μg/kg)	LOQ/(μg/kg)	LOD/(μg/kg)	LOQ/(μg/kg)
乙酰丙嗪	0.25～16.00	$y=9.3486x+0.1279$	0.9999	0.50	1.50	4.00	12.00
氯丙嗪	0.25～16.00	$y=5.2008x-0.3168$	0.9998	0.50	1.50	4.00	12.00
咔唑心安	0.25～16.00	$y=2.6202x+0.1525$	0.9999	0.50	1.50	4.00	12.00
丙酰二甲氨基丙吩噻嗪	0.25～16.00	$y=6.7389x-0.3014$	0.9999	0.50	1.50	4.00	12.00
甲苯噻嗪	0.125～8.0	$y=11.436x+0.0896$	0.9997	0.25	0.75	2.00	6.00
阿扎哌隆	0.10～6.40	$y=18.814x-0.4179$	0.9999	0.60	1.60	1.60	4.80
阿扎哌醇	0.075～4.80	$y=16.239x-0.1074$	0.9999	0.15	0.45	1.20	3.60
氟哌啶醇	0.05～3.20	$y=15.637x-0.1047$	0.9998	0.10	0.30	0.80	2.40

在该方法操作条件下，对于猪肾和猪肌肉样品，甲苯噻嗪 0.25～2.50 μg/kg，阿扎哌醇 0.15～1.50 μg/kg，

阿扎哌隆 0.20～2.00 μg/kg，氟哌啶醇 0.10～1.00 μg/kg、咔唑心安、乙酰丙嗪、丙酰二甲氨基丙吩噻嗪、氯丙嗪在 0.5～5.00 μg/kg 浓度范围时，响应值均在仪器线性范围之内。对于原料乳和纯奶粉样品，甲苯噻嗪 0.125～8.0 μg/kg，阿扎哌醇 0.075～4.80 μg/kg，阿扎哌隆 0.10～6.40 μg/kg，氟哌啶醇 0.05～3.20 μg/kg、咔唑心安、乙酰丙嗪、丙酰二甲氨基丙吩噻嗪、氯丙嗪在 0.25～16.00 μg/kg 浓度范围时，响应值均在仪器线性范围之内。每种镇定剂的最小检出限峰高的信噪比大于 4。

13.2.1.9 方法回收率和精密度

用不含 8 种镇定剂的猪肾、猪肌肉样品进行添加回收率精密度实验，样品添加不同的浓度标准后，摇匀，放置 2 h，使标准品被样品充分吸收，然后按本方法进行提取和净化，用液相色谱-串联四极杆质谱测定。其回收率和精密度结果见表 13-15。从表 13-15 可以看出，本方法在添加水平 0.15～0.75 μg/kg 到 0.96～4.80 μg/kg，其回收率在 78.7%～103.2% 之间，相对标准偏差在 5.0%～27.8% 之间。

表 13-15 猪肾和猪肉中添加镇定剂回收率和精密度的试验结果 （n=10）

化合物	添加水平/(μg/kg)	猪肾		猪肉	
		平均回收率%	RSD/%	平均回收率%	RSD/%
丙酰二甲氨基丙吩噻嗪	0.75	101.2	15.7	102.4	6.1
	1.5	81.5	22.1	96.8	8.3
	3	88.0	18.0	83.4	23.6
	4.8	85.2	23.0	92.7	14.1
氯丙嗪	0.75	99.9	14.6	99.5	5.0
	1.5	80.6	25.0	96.9	12.0
	3	93.3	21.3	94.1	25.3
	4.8	91.7	18.7	97.5	18.0
乙酰丙嗪	0.75	101.0	14.2	97.2	10.5
	1.5	78.7	27.8	94.9	9.6
	3	85.2	22.0	84.9	18.7
	4.8	86.7	21.1	92.6	13.9
阿扎哌醇	0.23	88.5	16.5	98.7	9.5
	0.45	91.9	10.7	98.2	7.6
	0.9	95.8	17.5	96.7	13.8
	1.44	102.4	7.4	93.7	12.5
甲苯噻嗪	0.38	87.0	17.1	94.8	5.2
	0.75	95.5	12.9	89.4	9.7
	1.5	98.0	10.3	98.2	16.4
	2.4	85.7	13.9	102.4	8.9
氟哌啶醇	0.15	82.0	21.7	100.0	9.9
	0.3	83.7	21.9	99.4	9.2
	0.6	98.9	20.6	101.7	9.1
	0.96	91.9	19.8	88.4	18.9
阿扎哌隆	0.3	82.2	19.5	96.1	6.4
	0.6	93.6	10.5	97.8	6.9
	1.2	103.2	14.0	101.2	8.7
	1.92	99.6	11.4	92.2	18.3
咔唑心安	0.75	95.5	14.3	97.4	9.0
	1.5	83.3	22.0	97.1	13.0
	3	102.1	11.0	93.8	17.6
	4.8	97.7	14.1	90.0	11.8

用不含 8 种镇定剂的原料乳样品进行添加回收率精密度实验，样品添加不同的浓度标准溶液后，摇匀，放置 2 h，使标准品被样品充分吸收，然后按本方法进行提取和净化，用液相色谱-串联四极杆质谱测定。其回收率和精密度结果见表 13-16 和表 13-17。从表 13-18 和表 13-19 回收率及精密度可以看出，本方法在原料乳中添加水平 0.10～0.50 μg/kg 到 0.80～4.00 μg/kg，其回收率在 86.29%～92.49% 之间，相对标准偏差在 8.99%～20.56% 之间；在纯奶粉中添加水平 0.80～2.00 μg/kg 到 2.0～8.00 μg/kg，其回收率在 81.59%～97.49% 之间，相对标准偏差在 1.76%～16.70% 之间。

表 13-16　原料乳中添加镇定剂回收率和精密度的试验结果（$n=10$）

化合物	丙酰二甲氨基丙吩噻嗪				氯丙嗪				乙酰丙嗪				阿扎哌醇			
添加浓度/(μg/kg)	0.50	1.00	2.00	4.00	0.50	1.00	2.00	4.00	0.50	1.00	2.00	4.00	0.15	0.3	0.60	1.20
测定回收率/%	62.00	74.05	107.73	74.06	62.06	88.91	91.91	71.90	61.93	80.03	92.09	84.17	93.00	91.97	107.55	71.77
	78.98	88.98	92.26	89.05	94.07	78.09	70.98	92.86	86.93	95.01	102.88	78.06	60.70	70.88	91.98	63.16
	121.10	109.02	71.27	95.97	111.86	108.87	65.02	107.14	94.89	63.94	76.26	92.09	114.79	110.04	104.72	108.61
	92.99	85.97	79.00	106.92	98.02	92.05	94.03	91.91	82.10	75.03	97.12	88.85	83.68	92.97	81.92	97.13
	98.09	98.00	97.24	87.90	81.03	65.06	109.00	80.95	109.94	99.03	102.16	102.16	108.95	97.99	68.96	81.82
	74.10	94.99	107.18	102.88	78.66	78.93	97.98	98.10	94.89	109.02	94.24	98.92	73.93	83.94	80.00	78.95
	95.97	105.01	93.92	99.14	109.09	102.03	110.01	105.24	107.10	91.96	71.94	103.96	87.16	106.83	75.00	98.09
	108.92	90.98	88.95	80.98	98.02	87.06	86.05	82.86	78.13	81.00	64.03	87.05	97.67	101.00	93.02	100.96
	71.97	76.95	93.92	72.91	77.08	78.00	75.03	93.81	94.03	104.02	92.81	96.03	100.78	69.88	76.98	81.82
	81.10	89.98	92.27	93.95	86.17	83.92	93.93	78.10	71.02	92.93	105.76	88.13	93.77	88.96	90.94	91.87
平均回收率/%	88.52	91.39	92.37	90.38	89.61	86.29	89.39	90.29	88.10	89.20	89.93	91.94	91.44	91.45	87.11	87.42
标准偏差（SD）	18.18	11.05	11.15	11.64	15.48	12.67	15.21	11.64	15.20	13.96	14.27	8.27	16.04	13.62	12.73	14.25
相对标准偏差（RSD）/%	20.56	12.03	12.08	12.87	17.28	14.68	17.01	12.89	17.25	15.65	15.87	8.99	17.58	14.88	14.58	16.30

化合物	甲苯噻嗪				氟哌啶醇				阿扎哌隆				咔唑心安			
添加浓度/(μg/kg)	0.25	0.50	1.00	2.00	0.10	0.20	0.40	0.80	0.20	0.40	0.80	1.60	0.50	1.00	2.00	4.00
测定回收率/%	62.13	70.93	74.04	98.18	62.20	106.85	69.90	97.50	62.04	107.98	71.14	98.07	111.27	71.91	96.91	70.73
	81.06	97.06	88.99	89.09	92.45	91.90	80.94	105.83	88.74	92.02	91.95	108.68	97.89	68.91	90.91	90.24
	111.96	107.96	93.58	106.82	71.07	109.97	106.86	88.33	114.92	67.95	81.21	81.99	71.83	98.13	74.08	86.99
	92.69	82.00	108.26	90.91	85.53	81.93	91.97	71.00	97.91	74.93	108.72	74.92	92.96	88.01	81.04	98.37
	105.98	102.94	84.40	104.09	117.61	63.86	110.03	91.67	75.13	92.02	97.99	89.71	104.93	108.99	107.93	104.88
	89.04	97.92	95.42	92.73	91.82	73.83	82.94	104.17	86.13	88.89	89.93	106.75	61.97	91.01	91.10	80.98
	91.03	84.95	98.99	70.91	108.81	91.90	69.06	100.83	96.86	109.97	106.71	90.99	78.87	104.87	106.96	103.25
	72.09	75.09	105.05	88.18	88.68	100.93	90.97	72.00	108.12	91.88	81.88	68.81	93.66	83.15	94.00	96.75
	100.99	93.94	90.83	73.18	76.10	81.93	76.92	90.00	68.85	74.93	72.49	88.75	88.73	74.91	88.97	79.02
	92.03	101.04	81.65	91.82	81.76	89.72	88.66	85.83	94.76	80.91	98.66	93.89	95.07	95.88	93.04	92.68
平均回收率/%	89.90	91.38	92.12	90.59	87.60	89.28	86.90	90.71	89.35	88.15	90.07	90.26	89.72	88.58	92.49	90.39
标准偏差（SD）	15.09	12.46	10.52	11.58	16.61	14.45	13.90	12.15	16.81	13.84	13.24	12.70	15.00	13.80	10.31	11.06
相对标准偏差（RSD）/%	16.69	13.62	11.41	12.78	18.95	16.18	17.14	13.38	18.81	15.66	14.67	14.08	16.72	15.58	11.15	12.24

表 13-17　纯奶粉中添加镇定剂回收率和精密度的试验结果

化合物	丙酰二甲氨基丙吩噻嗪				氯丙嗪				乙酰丙嗪				阿扎哌醇			
添加浓度/(μg/kg)	0.5	1.00	2.00	4.00	0.50	1.00	2.00	4.00	0.50	1.00	2.00	4.00	0.15	0.3	0.60	1.20
测定回收率/%	85.97	74.05	71.97	92.27	98.10	92.05	87.06	91.91	102.88	94.89	92.09	99.03	87.54	91.45	94.49	97.73
	98.00	88.98	81.10	89.98	105.24	86.05	78.93	77.08	76.26	109.94	107.10	109.02	85.39	89.36	93.37	98.76
	94.99	109.02	93.92	72.91	82.86	78.00	75.03	86.17	97.12	94.89	78.13	91.96	86.55	90.28	95.57	96.66

续表

化合物	丙酰二甲氨基丙吩噻嗪				氯丙嗪				乙酰丙嗪				阿扎哌醇			
测定回收率/%	88.98	93.92	92.27	93.95	93.81	78.66	98.02	91.91	102.16	107.10	96.03	88.85	89.27	91.19	92.39	95.00
	109.02	108.92	76.95	93.92	78.10	109.09	102.03	80.95	109.94	96.03	92.93	78.13	82.47	90.55	94.43	93.59
	93.92	71.97	76.95	93.92	78.66	65.06	87.06	98.10	104.02	71.94	78.13	107.10	84.44	91.49	92.22	97.71
	88.95	81.10	88.98	92.26	109.09	78.93	65.06	105.24	92.93	64.03	96.03	96.03	86.64	89.80	95.55	100.59
	108.92	93.92	109.02	71.27	98.02	87.06	78.93	82.86	78.13	81.00	64.03	87.05	85.55	92.37	93.33	102.38
	71.97	92.27	88.95	80.98	77.08	78.00	75.03	93.81	94.03	104.02	92.81	96.03	82.28	87.77	90.92	99.47
	81.10	89.98	92.27	93.95	86.17	83.92	93.93	78.10	71.02	92.93	105.76	88.13	81.39	85.57	91.36	92.63
平均回收率/%	92.18	90.41	87.24	87.54	90.71	83.68	84.11	88.61	92.85	91.68	90.30	94.13	85.15	89.98	93.36	97.45
标准偏差（SD）	11.54	12.53	10.84	9.04	11.73	11.51	11.60	9.17	13.30	15.03	13.29	9.40	2.52	2.02	1.64	3.07
相对标准偏差（RSD）/%	12.52	13.86	12.43	10.33	12.93	13.75	13.79	10.35	14.33	16.39	14.72	9.99	2.96	2.25	1.76	3.15

化合物	甲苯噻嗪				氟哌啶醇				阿扎哌隆				咔唑心安			
添加浓度/(μg/kg)	0.25	0.50	1.00	2.00	0.10	0.20	0.40	0.80	0.20	0.40	0.80	1.60	0.50	1.00	2.00	4.00
测定回收率/%	93.58	88.18	88.18	90.83	82.94	104.17	69.90	73.83	92.02	107.98	71.14	98.07	91.01	92.96	96.91	78.87
	108.26	90.83	73.18	81.65	69.06	100.83	80.94	91.90	88.89	92.02	91.95	108.68	104.87	104.93	90.91	93.66
	84.40	81.65	91.82	72.09	90.97	72.00	106.86	100.93	109.97	67.95	81.21	81.99	83.15	90.91	74.08	88.73
	92.73	75.09	105.05	88.18	108.81	91.90	108.81	81.93	108.12	91.88	81.88	89.93	74.91	88.97	79.02	98.37
	92.03	91.82	70.91	70.91	88.68	80.94	90.97	85.83	68.85	74.93	72.49	106.71	95.88	93.04	92.68	104.88
	75.09	73.18	105.05	88.18	100.83	106.86	76.92	69.06	98.66	81.88	88.75	89.93	95.07	79.02	74.91	80.98
	92.03	92.03	91.82	70.91	72.00	108.81	88.96	90.97	106.71	98.66	93.89	106.71	103.25	92.68	95.88	103.25
	75.09	105.05	70.91	88.18	91.90	88.96	90.97	108.81	67.95	72.49	98.66	81.88	96.75	96.75	94.00	96.75
	100.99	70.91	73.18	73.18	100.93	90.97	76.92	90.00	91.88	98.66	81.88	88.75	88.73	74.91	88.97	79.02
	92.03	101.04	105.05	91.82	81.76	89.72	88.96	85.83	74.93	72.49	98.66	93.89	95.07	95.88	93.04	92.68
平均回收率/%	90.62	86.98	87.52	81.59	88.79	93.52	88.02	87.91	90.80	85.89	86.05	94.65	92.87	91.01	88.04	91.72
标准偏差（SD）	10.32	11.59	14.62	8.88	12.75	11.76	12.61	11.71	15.79	13.76	9.92	10.02	8.96	8.62	8.69	9.61
相对标准偏差（RSD）/%	11.39	13.32	16.70	10.88	14.36	12.57	14.33	13.32	17.39	16.02	11.53	10.58	9.65	9.47	9.87	10.48

13.2.1.10　重复性和再现性

在重复性试验条件下，获得的两次独立测试结果的绝对差值不超过重复性限（r），如果差值超过重复性限（r），应舍弃试验结果并重新完成两次单个试验的测定。在再现性试验条件下，获得的两次独立测试结果的绝对差值不超过再现性限（R）。被测物的含量范围、重复性和再现性方程见表 13-18 和表 13-19。

表 13-18　猪肾组织中 8 种镇定剂的含量范围及重复性和再线性方程

化合物	含量范围/(μg/kg)	重复性限（r）	再现性限（R）
乙酰丙嗪	0.750～4.800	$r=0.5481\,m-0.2456$	$\lg R=0.9549\lg m+0.0396$
氯丙嗪	0.750～4.800	$r=0.4736\,m-0.1775$	$R=0.4384\,m+0.1224$
氟哌啶醇	0.150～0.960	$\lg r=0.9429\lg m-0.2700$	$\lg R=0.9702\lg m-0.2137$
丙酰二甲氨基丙吩噻嗪	0.750～4.800	$r=0.3609\,m+0.0858$	$R=0.4821\,m+0.0048$
甲苯噻嗪	0.375～2.400	$r=0.3492\,m-0.0062$	$R=0.4150\,m-0.0020$
阿扎哌隆	0.300～1.920	$r=0.4314\,m-0.0707$	$R=0.4547\,m-0.0756$
阿扎哌醇	0.225～1.440	$\lg r=1.3616\lg m-0.5490$	$\lg R=0.9467\lg m-0.4845$
咔唑心安	0.750～4.800	$r=0.2433\,m+0.0504$	$\lg R=1.1332\lg m-0.4501$

注：m 为两次测定结果的算术平均值

表 13-19   牛奶和奶粉中 8 种镇定剂的含量范围及重复性和再现性方程

化合物	含量范围/(μg/kg)	重复性限 r	再现性限 R
乙酰丙嗪	0.50～4.00	lg r=0.749 lg m-1.113	lg R=0.662 lg m+0.436
氯丙嗪	0.50～4.00	lg r=0.5971 lg m-1.0663	lg R=0.7682 lg m+0.4355
氟哌啶醇	0.10～0.80	lg r=0.97153 lg m-1.39365	lg R=0.92256 lg m+0.44711
丙酰二甲氨基丙吩噻嗪	0.50～4.00	lg r=1.0188 lg m-1.4323	lg R=1.5916 lg m+2.2075
甲苯噻嗪	0.25～2.00	lg r=2.4448-3.9187lg m	lg R=3.4365+6.0859lg m
阿扎哌隆	0.20～1.60	lg r=0.6706 lg m-0.1095	lg R=0.6997 lg m+0.3546
阿扎哌醇	0.15～1.20	lg r=1.03479 lg m-1.0999	lg R=1.106 lg m-2.1312
咔唑心安	0.50～4.00	lg r=0.3726 lg m-0.6302	lg R=0.4622 lg m+0.4401

注：m 为两次测定结果的算术平均值

参 考 文 献

[1] 黄士新，张文刚，李丹妮，曹莹，张鑫，蒋音，严凤. 超高效液相色谱-质谱法测定血浆和尿样地西泮. 饲料研究，2009，（2）：49-51

[2] 孙雷，张骊，徐倩，王树槐，汪霞. 超高效液相色谱-串联质谱法检测猪肉和猪肾中残留的 10 种镇静剂类药物. 色谱，2010，28（1）：38-42

[3] Laloup M，Fernandez M M，Wood M，Maes V，De Boeck G，Vanbeckevoort Y，Samyn N. Detection of diazepam in urine，hair and preserved oral fluid samples with LC-MS-MS after single and repeated administration of Myolastan and Valium. Analytical and Bioanalytical Chemistry，2007，388（7）：1545-1556

[4] 戴晓欣，朱新平，吴仕辉，尹怡，马丽莎，陈昆慈，郑光明，潘德博. 固相萃取-高效液相色谱法测定水产品中的苯巴比妥. 食品科学，2012，33（18）：232-235

[5] 赵海香，杨素萍，刘海萍，曲平化. 微波辅助衍生化/气相色谱串联质谱同时测定猪肝与猪肾中 4 种巴比妥药物残留. 分析测试学报，2012，31（12）：1525-1530

[6] Zhao H，Wang L，Qiu Y，Zhou Z，Zhong W，Li X. Multiwalled carbon nanotubes as a solid-phase extraction adsorbent for the determination of three barbiturates in pork by ion trap gas chromatography-tandem mass spectrometry（GC/MS/MS）following microwave assisted derivatization. Analytica Chimica Acta，2007，586（1-2）：399-406

[7] Zhao H，Wang L，Qiu Y，Zhou Z，Li X，Zhong W. Simultaneous determination of three residual barbiturates in pork using accelerated solvent extraction and gas chromatography-mass spectrometry. Journal of Chromatography B，2006，840（2）：139-145

[8] SN/T 2217—2008 动物原性食品中巴比妥类药物残留的检测方法-高效液相色谱-质谱/质谱法. 北京：中国标准出版社，2008

[9] Wang M，Guo B，Huang Z，Duan J，Chen Z，Chen B，Yao S. Improved compatibility of liquid chromatography with electrospray tandem mass spectrometry for tracing occurrence of barbital homologous residues in animal tissues. Journal of Chromatography A，2010，1217（17）：2821-2831

[10] 王勇，黄竹芳，负克明，尉志文，王哲焱. 生物检材中苯巴比妥气相色谱和气相色谱/质谱检测. 中西医结合心脑血管病杂志，2009，7（5）：567-568

[11] 陈建虎. GC-MS/MS 测定血液中巴比妥类安眠药物. 刑事技术，2010，（5）：32-34

[12] Sørensen L K. Determination of acidic and neutral therapeutic drugs in human blood by liquid chromatography-electrospray tandem mass spectrometry. Forensic science international，2011，206（1-3）：119-126

[13] Kishore P，Rajnarayana K，Reddy M S，Sagar J V，Krishna D R. Validated high performance liquid chromatographic method for simultaneous determination of phenytoin，phenobarbital and carbamazepine in human serum. Arzneimittel-Forschung，2003，53（11）：763-768

[14] Gunn J，Kriger S，Terrell A R. Simultaneous determination and quantification of 12 benzodiazepines in serum or whole blood using UPLC/MS/MS. Methods in Molecular Biology，2010，603（1）：107-119

[15] 张玉洁，张素霞，程林丽，沈建忠，梁春来，杨春燕. GC-μECD 法快速检测猪肉地西泮残留. 安徽农业科学，2009，37（18）：8316-8317

[16] 汪丽萍，李翔，孙英，赵海香，邱月明，仲维科，唐英章，王大宁，周志强. 气相色谱/质谱法测定猪肉中 4 种苯

二氮卓类镇静剂残留. 分析化学, 2005, 33 (7): 951-954

[17] SB/T 10501—2008 畜禽肉中地西泮的测定 高效液相色谱法. 北京: 中国标准出版社, 2008

[18] Jang M, Chang H, Yang W, Choi H, Kim E, Yu B H, Oh Y. Development of an LC-MS/MS method for the simultaneous determination of 25 benzodiazepines and zolpidem in oral fluid and its application to authentic samples from regular drug users. Journal of Pharmaceutical and Biomedical Analysis, 2013, 74 (1): 213-222

[19] 孙雷, 张骊, 徐倩, 王树槐, 汪霞. 超高效液相色谱-串联质谱法检测猪肉和猪肾中残留的 10 种镇静剂类药物. 色谱, 2010, 28 (1): 38-42

[20] 钱晓东, 于慧娟, 惠芸华, 金高娃, 冯兵, 沈晓盛. 高效液相色谱-串联质谱法测定水产品中地西泮及其代谢物残留量. 湖南农业科学, 2010, (16): 46-48

[21] 于慧娟, 钱蓓蕾, 黄冬梅, 苏惠, 顾润润, 冯兵. 液相色谱串联质谱法测定大菱鲆和鳜鱼体中地西泮及其代谢物残留的研究. 中国渔业质量与标准, 2011, 1 (1): 54-59

[22] 谢秀红, 李勇勤, 陈坚. 血液中 6 种苯二氮卓类药物的一次提取定性分析法. 职业与健康, 2008, 24 (13): 1258-1259

[23] Lee S, Han E, In S, Choi H, Chung H, Chung K H. Determination of illegally abused sedative-hypnotics in hair samples from drug offenders. Journal of Analytical Toxicology, 2011, 35 (5): 312-315

[24] Fernández P, Vázquez C, Lorenzo R A, Carro A M, Alvarez I, Cabarcos P. Experimental design for optimization of microwave-assisted extraction of benzodiazepines in human plasma. Analytical and Bioanalytical Chemistry, 2010, 397 (2): 677-685

[25] Delahaut P, Levaux C, Eloy P, Dubois M. Validation of a method for detecting and quantifying tranquillisers and a β-blocker in pig tissues by liquid chromatography-tandem mass spectrometry. Analytica Chimica Acta, 2003, 483 (1-2): 335-340

[26] 洪月玲, 郝学飞, 董柯. 动物性食品中氯丙嗪残留的液相色谱法检测. 食品科学, 2009, 30 (14): 269-271

[27] Tanaka E, Nakamura T, Terada M, Shinozuka T, Hashimoto C, Kurihara K, Honda K. Simple and simultaneous determination for 12 phenothiazines in human serum by reversed-phase high-performance liquid chromatography. Journal of Chromatography B, 2007, 854 (1-2): 116-120

[28] 李春风, 岳振峰, 赵凤娟, 华红慧, 韩瑞阳, 李丽苏. 液相色谱串联质谱测定水产品中吩噻嗪类药物残留的研究. 中国兽医学报, 2010, 30 (3): 384-387

[29] Cheng L, Zhang Y, Shen J, Wu C, Zhang S. GC-MS method for simultaneous determination of four sedative hypnotic residues in swine tissues. Chromatographia, 2010, 71 (1-2): 155-158

[30] 陈国征. 气相色谱法测定尿液中盐酸氯丙嗪. 中国卫生检验杂志, 2007, 17 (11): 2003-2004

[31] 吕燕, 杨挺, 赵健, 杨炳建, 李彦. 气相色谱-质谱法测定猪肝中氯丙嗪残留量. 分析试验室, 2008, 27 (3): 119-122

[32] 郑水庆, 王威, 梁晨, 汪蓉, 龚飞君, 吴忠平, 陈永生, 张玉荣, 张润生. GC-MS 同时测定血液中苯海索、氯丙嗪和氯氮平. 法医学杂志, 2011, 27 (4): 271-273

[33] Holland D C, Munns R K, Roybal J E, Hurlbut J A, Long A R. Simultaneous determination of xylazine and its major metabolite, 2, 6-dimethylaniline, in bovine and swine kidney by liquid chromatography. Journal of AOAC International, 1993, 76 (4): 720-724

[34] 朱砾, 翁毅仁, 林治光, 蒋继承, 庄冬梅, 李华芳, 顾牛范. 高效液相色谱法检测氯丙嗪血药浓度. 上海精神医学, 2004, 16 (4): 206-208

[35] 苏海滨, 李百舸, 吴鹏飞, 娄振涛, 赵静, 周寅, 宋文斌. 牛奶和奶粉中八种镇定剂残留量的液相色谱-串联质谱测定. 齐齐哈尔医学院学报, 2011, 32 (4): 514-518

[36] Cerkvenik-Flajs V. Determination of residues of azaperone in the kidneys by liquid chromatography with fluorescence detection. Analytica Chimica Acta, 2007, 586 (1-2): 374-382

[37] Zawadzka I, Rodziewicz L. Determination of azaperone and carazolol residues in animals kidney using LC-MS/MS method. Rocz Panstw Zakl Hig, 2009, 60 (1): 19-23

[38] Aoki Y, Hakamata H, Igarashi Y, Uchida K, Kobayashi H, Hirayama N, Kotani A, Kusu F. Simultaneous determination of azaperone and azaperol in animal tissues by HPLC with confirmation by electrospray ionization mass spectrometry. Journal of Chromatography B, 2009, 877 (3): 166-172

[39] GB/T 20763—2006 猪肾和肌肉组织中乙酰丙嗪、氯丙嗪、氟哌啶醇、丙酰二甲氨基丙吩噻嗪、甲苯噻嗪、阿扎哌隆、阿扎哌醇、咔唑心安残留量的测定 液相色谱串联质谱法. 北京: 中国标准出版社, 2006

[40] 常青, 马虹英, 王方杰, 欧红莲, 邹明. 脉冲不分流进样气相色谱-质谱法分析血浆中的 10 种镇静催眠药. 色谱, 2011, 29 (11): 1082-1086

[41] Bock C, Stachel C S. Development and validation of a confirmatory method for the determination of tranquilisers and a beta-blocker in porcine and bovine kidney by LC-MS/MS. Food Additives and Contaminants, 2013, 30 (6): 1000-1011

[42] Mitrowska K，Posyniak A，Zmudzki J. Rapid method for the determination of tranquilizers and a beta-blocker in porcine and bovine kidney by liquid chromatography with tandem mass spectrometry. Analytica chimica acta，2009，637（1-2）：185-192

[43] Zhang J，Shao B，Yin J，Wu Y N，Duan H J. Simultaneous detection of residues of beta-adrenergic receptor blockers and sedatives in animal tissues by high-performance liquid chromatography/tandem mass spectrometry. Journal of Chromatography B，2009，877（20-21）：1915-1922

[44] 范盛先，黄玲利，袁宗辉，陈品. 猪肾脏中氯丙嗪和异丙嗪残留检测方法的建立. 中国兽医学报，2005，25（4）：412-413

[45] Wang L，Zhao H，Qiu Y，Zhou Z. Determination of four benzodiazepine residues in pork using multiwalled carbon nanotube solid-phase extraction and gas chromatography-mass spectrometry. Journal of Chromatography A，2006，1136（1）：99-105

[46] Borrey D，Meyer E，Lambert W，Van Peteghem C，De Leenheer AP. Simultaneous determination of fifteen low-dosed benzodiazepines in human urine by solid-phase extraction and gas chromatography-mass spectrometry. J Chromatogr B，2001，765（2）：187-197

[47] 路平，曲志娜，谭维泉，郑增忍，蒋正军. 气相色谱-质谱法测定猪肝中氯丙嗪残留的研究. 中国动物检疫，2006，23（7）：30-31

[48] Adam L A. Confirmation of azaperone and its metabolically reduced form，azaperol，in swine liver by gas chromatography/mass spectrometry. Journal of AOAC International，1999，82（4）：815-824

[49] 朱坚，邓晓军，郭德华，李波. LC-MS/MS 同位素稀释法测定食品中地西泮和氯丙嗪残留量. 分析测试学报，2007，26（S1）：239-241

[50] Schuh R，Brandtner M. LC/MS-MS determination of residues of tranquilizers in animal tissue. Ernaehrung，2013，37（2）：53-57

[51] Queiroz M E，Silva S M，Carvalho D，Lanças F M. Determination of lamotrigine simultaneously with carbamazepine，carbamazepine epoxide，phenytoin，phenobarbital，and primidone in human plasma by SPME-GC-TSD. Journal of chromatographic science，2002，40（4）：219-223

[52] Mullett W M，Levsen K，Lubda D，Pawliszyn J. Bio-compatible in-tube solid-phase microextraction capillary for the direct extraction and high-performance liquid chromatographic determination of drugs in human serum. Journal of Chromatography A，2002，963（1-2）：325-334

[53] Oliveira M H D，Queiroz M E C，Carvalho D，Silva S M，Lancas F M. Determination of diazepam in human plasma by solid-phase microextraction and capillary gas chromatography-mass spectrometry. Chromatographia，2005，62（3-4）：215-219

[54] Reubsaet K J，Ragnar N H，Hemmersbach P，Rasmussen K E. Determination of benzodiazepines in human urine and plasma with solvent modified solid phase micro extraction and gas chromatography；rationalisation of method development using experimental design strategies. Journal of Pharmaceutical and Biomedical Analysis，1998，18（4-5）：667-680

[55] Aresta A，Monaci L，Zambonin C G. Determination of delorazepam in urine by solid-phase microextraction coupled to high performance liquid chromatography. Journal of Pharmaceutical and Biomedical Analysis，2002，28（5）：965-972

[56] Ugland H G，Krogh M，Rasmussen K E. Liquid-phase microextraction as a sample preparation technique prior to capillary gas chromatographic-determination of benzodiazepines in biological matrices. Journal of Chromatography B，2000，749（1）：85-92

[57] Ariffin M M，Miller E I，Cormack P A，Anderson R A. Molecularly imprinted solid-phase extraction of diazepam and its metabolites from hair samples. Analytical Chemistry，2007，79（1）：256-262

[58] Lord H L，Rajabi M，Safari S，Pawliszyn J. A study of the performance characteristics of immunoaffinity solid phase microextraction probes for extraction of a range of benzodiazepines. Journal of Pharmaceutical and Biomedical Analysis，2007，44（2）：506-519

[59] Usui K，Hayashizaki Y，Hashiyada M，Funayama M. Rapid drug extraction from human whole blood using a modified QuEChERS extraction method. Legal Medicine，2012，14（6）：286-296

[60] 渠岩，路勇，冯楠，赵俊平，金伟伟，王贵双. 基质固相分散-超高效液相色谱-串联质谱法同时测定畜禽肉中残留的 13 种镇静药物. 食品科学，2012，33（8）：252-255

[61] 岳美娥，徐洁，侯万国. 毛细管区带电泳同时测定尿液中 9 种巴比妥类药物. 化学试剂，2010，32（7）：623-625

[62] Wang Q L，Fan L Y，Zhang W，Cao C X. Sensitive analysis of two barbiturates in human urine by capillary electrophoresis with sample stacking induced by moving reaction boundary. Analytica Chimica Acta，2006，580（2）：200-205

[63] Bechet I，Fillet M，Hubert P，Crommen J. Determination of benzodiazepines by micellar electrokinetic chromatography. Electrophoresis，1994，15（1）：1316-1321

[64] 杨晓云，王立世，莫金垣，陈缵光，谢天尧，席绍峰. 毛细管电泳安培法同时检测异丙嗪和氯丙嗪. 分析化学，1999，27（8）：991

[65] Catalina D，Yady C，Jorge A M，Jaime H R. Validation of an analytical methodology by gas chromatography for the assay of barbiturates in blood samples. Revista Colombiana de Ciencias Químico Farmacéuticas，2008，37（1）：5-17

[66] Guan F，Seno H，Ishii A，Watanabe K，Kumazawa T，Hattori H，Suzuki O. Solid-phase microextraction and GC-ECD of benzophenones for detection of benzodiazepines in urine. Journal of Analytical Toxicology，1999，23（1）：54-61

[67] 邢丽梅. 硝基苯二氮卓类药物及其代谢物的 GC-ECD 分析研究. 沈阳药科大学硕士学位论文，2001

[68] 赵海香，邱月明，汪丽萍，邱静，仲维科，唐英章，王大宁，周志强. 气相色谱-质谱同时测定猪肉中 3 种巴比妥药物残留. 分析化学，2005，33（6）：777-780

[69] Saka K，Uemura K，Shintani-Ishida K，Yoshida K. Determination of amobarbital and phenobarbital in serum by gas chromatography-mass spectrometry with addition of formic acid to the solvent. Journal of Chromatography B，2008，869（1-2）：9-15

[70] 汪丽萍，赵海香，邱月明，唐英章，王大宁，周志强. 硝西泮、氯硝西泮甲基衍生物的气相色谱-质谱分析. 分析测试学报，2005，24（6）：47-51

[71] Borrey D，Meyer E，Lambert W，Van Calenbergh S，Van Peteghem C，De Leenheer AP. Sensitive gas chromatographic-mass spectrometric screening of acetylated benzodiazepines. Journal of Chromatography A，2001，910（1）：105-118

[72] Papoutsis I I，Athanaselis S A，Nikolaou P D，Pistos C M，Spiliopoulou C A，Maravelias C P. Development and validation of an EI-GC-MS method for the determination of benzodiazepine drugs and their metabolites in blood：Applications in clinical and forensic toxicology. Journal of Pharmaceutical and Biomedical Analysis，2010，52（4）：609-614

[73] 许世富. 猪肉中氯丙嗪 GC/MS 残留检测方法的研究. 合肥：安徽农业大学硕士论文，2008

[74] Olmos-Carmona M L，Hernandez-Carrasquilla M. Gas chromatographic-mass spectrometric analysis of veterinary tranquillizers in urine：evaluation of method performance. Journal of Chromatography B，1999，734（1）：113-120

[75] 谭贵良，赵天珍，王文林，李向丽，张娜. 气相色谱-质谱法同时测定腊肠中 7 种镇静剂类药物残留. 现代食品科技，2014，30（2）：274-278

[76] Zhang G，Terry A J，Bartlett M G. Sensitive liquid chromatography/tandem mass spectrometry method for the determination of the lipophilic antipsychotic drug chlorpromazine in rat plasma and brain tissue. Journal of Chromatography B，2007，854（1-2）：68-76

[77] 魏晋梅，罗玉柱，白云旭. 高效液相色谱法同时测定羊肉中的 11 种镇静剂类药物. 食品工业科技，2014，35（10）：95-97

[78] 王海娇，周艳明，森牛. 高效液相色谱法测定猪肉中安定残留量. 中国食品卫生杂志，2006，18（2）：117-118

[79] Miyaguchi H. Determination of sedative-hypnotics in human hair by micropulverized extraction and liquid chromatography/quadrupole-Orbitrap mass spectrometry. Analytical Methods，2014，6（15）：5777-5783

[80] Zheng X，Mi X，Li S，Chen G. Determination of xylazine and 2，6-xylidine in animal tissues by liquid chromatography-tandem mass spectrometry. Journal of Food Science，2013，78（6）：955-959

[81] Fluchard D，Kiebooms S，Dubois M，Delahaut P. Determination of a method for detecting and quantifying azaperone，azaperol and carazolol in pig tissues by liquid chromatography-tandem mass spectrometry. Journal of Chromatography B，2000，744（1）：139-147

[82] Zhang X，Cai X，Zhang X. Rapid simultaneous determination of 42 psychoactive drugs and their metabolites in human plasma and urine by ultra performance liquid chromatography-tandem mass spectrometry. Chinese Journal of Chromatography，2010，28（1）：23-33

[83] 王自良. 苯巴比妥残留免疫学快速检测技术研究. 杨凌：西北农林科技大学博士学位论文，2007

[84] 李秋生. 苯二氮卓类药物残留免疫分析方法的研究. 无锡：江南大学硕士学位论文，2008

[85] 王亚宾. 检测硝基咪唑类药物、莱克多巴胺和安定残留的酶联免疫法的建立. 济南：山东大学硕士学位论文，2011

[86] 刘伟. 5-硝基-2-呋喃醛，氯丙嗪和沙丁胺醇的酶联免疫吸附检测法的研究. 济南：山东大学硕士学位论文，2010

[87] Liu W，Li W，Yin W，Meng M，Wan Y，Feng C，Wang S，Xi R. Preparation of a monoclonal antibody and development of an indirect competitive ELISA for the detection of chlorpromazine residue in chicken and swine liver. Journal of the Science of Food and Agriculture，2010，90（11）：1789-1795

[88] 刘建静. 氯丙嗪酶联免疫检测方法（ELISA）的建立. 北京：中国农业科学院硕士学位论文，2009

[89] 孙文佳，沈玉栋，孙远明，雷红涛，王弘，曾道平，杨金易. 化学发光酶免疫法检测猪肉中氯丙嗪残留. 分析化学，

2012，40（9）：1397-1402

[90] Cooper J，Delahaut P，Fodey T L，Elliott C T. Development of a rapid screening test for veterinary sedatives and the beta-blocker carazolol in porcine kidney by ELISA. Analyst，2004，129（2）：169-174

[91] 刘晓芳，姚冰，刘国艳，柴春彦. 基于分子印迹膜修饰丝网印刷电极的地西泮电化学传感器. 分析测试学报，2010，29（11）：1121-1125

[92] Salmain M，Vessières A，Brossier P，Butler I S，Jaouen G. Carbonylmetalloimmunoassay（CMIA）：A new type of non-radioisotopic immunoassay. Principles and application to phenobarbital assay. Journal of Immunological Methods，1992，148（1-2）：65-75

[93] A Determinative and Confirmatory Method for Tranquillizer Residues in Porcine Kidney and Muscle Tissues by Liquid Chromatography-Mass Spectrometry. 2004/09 Version TRNQ-SPO1. Canadian Food Inspection Agency Saskatoon Laboratory Centre for Veterinary Drug Residues

[94] GB/T 22993—2008 牛奶和奶粉中八种镇定剂残留量的测定　液相色谱-串联质谱法. 北京：中国标准出版社，2008

14 吡唑酮类药物

14.1 概　述

吡唑酮类（pyrazolonderivatives）药物包括安替比林（antipyrine）、氨基比林（aminopyrine）、安乃近（analgin）、异丙安替比林（isopropylantipyrine）、保泰松（phenylbutazone）、羟布宗（oxyphenbutazone）、戊烯保泰松（feprazone）等，具有解热、镇痛、抗炎、抗风湿作用。早在 1884 年，安替比林即已问世，被用作解热镇痛和抗炎药，几年后又合成氨基比林，1911 年将氨基比林与亚硫酸钠反应合成了安乃近，1931 年 Hoffmann-LaRoche 合成了异丙安替比林，1946 年合成具有 3，5-吡唑烷二酮结构的保泰松。但由于安替比林、氨基比林可引起白细胞减少及粒细胞缺乏症等不良反应，具有较强的毒副作用，已被淘汰。目前，临床上使用的吡唑酮类药物主要有安乃近、保泰松、羟布宗、异丙安替比林等，且仅用其与其他药物配伍的复方制剂。

14.1.1　理化性质与用途

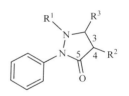

图 14-1　吡唑酮类药物的通用结构

14.1.1.1　理化性质

吡唑酮类药物中，氨基比林、安乃近、保泰松、羟布宗等都是安替比林的衍生物，基本结构是苯胺侧链延长的环状化合物（吡唑酮），根据吡唑环上羰基与氢的位置不同，而呈酸性或碱性。氨基比林、安替比林和安乃近代谢物显碱性；保泰松、羟布宗由于吡唑环的 3，5-二羰基增强了 4 位上的氢，而呈酸性。本类药物通用结构见图 14-1，相关理化特性见表 14-1。

表 14-1　吡唑酮类药物及其代谢物理化性质

化合物	CAS 号	结构式	分子式	分子量	理化性质
安替比林 （antipyrine，AP）	60-80-0	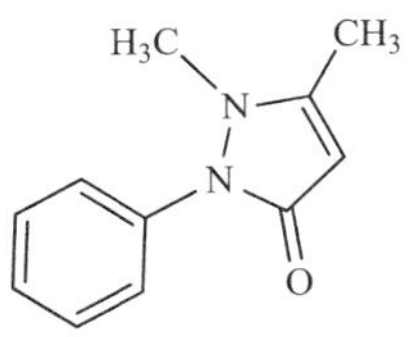	$C_{11}H_{12}N_2O$	188.23	无色晶体或白色结晶性粉末；溶于苯、乙醇、水、氯仿，微溶于醚；无臭，有微苦味；呈碱性，$pK_a=9.86$；熔点 152～154℃
异丙安替比林 （isopropylantipyrine，IPA）	479-92-5	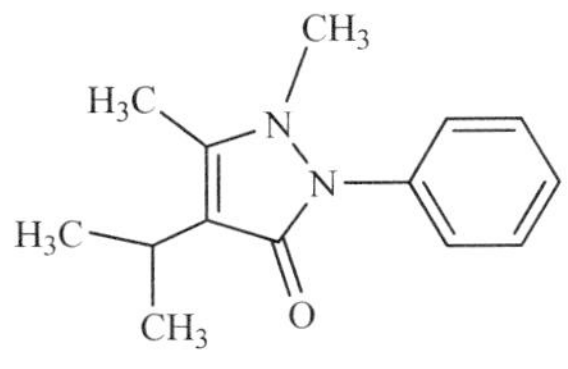	$C_{14}H_{18}N_2O$	230.31	白色或微黄色结晶性粉末；微溶于水，溶于乙醚，易溶于乙醇、二氯甲烷；熔点 102～105℃
去甲安替比林 （norantipyrine，NORA）	89-25-8	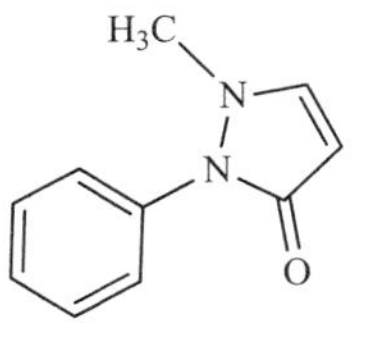	$C_{10}H_{10}N_2O$	174.20	浅黄色粉末；溶于热水、乙醇；熔点 127～131℃

化合物	CAS 号	结构式	分子式	分子量	理化性质
4-羟基安替比林 （4-hydroxyantipyrine，OHA）	1672-63-5		$C_{11}H_{12}N_2O_2$	204.23	溶于水、乙醇；熔点184～186℃
3-羟甲基安替比林 （3-hydroxymethylantipyrine，HMA）	18125-49-0		$C_{11}H_{12}N_2O_2$	204.23	溶于水、乙醇；沸点351.2℃；碱性，$pK_{a1}=0.22$，$pK_{a2}=14.79$
3-羧基安替比林 （3-carboxyantipyrine，CBA）	41405-77-0		$C_{11}H_{10}N_2O_3$	218.21	白色的结晶性粉末；易吸湿，无臭，味微苦；遇光可变质；在乙醇或氯仿中易溶，在水或乙醚中溶解
氨基比林 （aminopyrine）	58-15-1		$C_{13}H_{17}N_3O$	231.29	白色或几乎白色的结晶性粉末；无臭，味微苦；在乙醇或氯仿中易溶，在水或乙醚中溶解；熔点107～109℃；$pK_a=9.96$
安乃近 （analgin/metamizole）	5907-38-0		$C_{13}H_{16}N_3O_4SNa$	333.34	白色或微黄色结晶粉末；易溶于水，略溶于乙醇，不溶于乙醚；$pK_a=4.5$
4-甲氨基安替比林 （4-methylaminoantipyrine，MAA）	519-98-2		$C_{12}H_{15}N_3O$	217.32	安乃近残留标示物；显碱性
4-甲酰氨基安替比林 （4-formylaminoantipyrine，FAA）	1672-58-8		$C_{12}H_{13}N_3O_2$	231.25	安乃近代谢物；无色结晶；熔点192～194℃
4-氨基安替比林 （4-aminoantipyrine，AA）	83-07-8		$C_{11}H_{13}N_3O$	203.24	安乃近代谢物；黄色结晶；熔点109℃；溶于水、苯、甲醇；微溶于乙醚
4-乙酰氨基安替比林 （4-acetamidoantipyrine，AAA）	83-15-8		$C_{13}H_{15}N_3O_2$	245.28	安乃近代谢物；溶于水、甲醇；熔点200～203℃

化合物	CAS 号	结构式	分子式	分子量	理化性质
保泰松 （phenylbutazone）	50-33-9		$C_{19}H_{20}N_2O_2$	308.37	白色粉末状结晶；不溶于水，可溶于乙醇、乙醚、氯仿和苯；熔点为 104～107℃；pK_a=4.4
羟基保泰松/羟布宗 （oxyphenbutazone）	129-20-4		$C_{19}H_{20}N_2O_3$	324.37	白色结晶或结晶性粉末；易溶于乙醇、丙酮，溶于氯仿、苯、醚，不溶于水，易溶于碱性溶液；无臭，味苦；熔点 124～125℃；pK_a=4.5
戊烯保泰松 （feprazone）	30748-29-9		$C_{20}H_{20}N_2O_3$	336.38	白色或类白色结晶性粉末；无臭、味苦；pK_a=5.09

14.1.1.2　用途

吡唑酮类药物能抑制下视丘前列腺素的合成和释放，恢复体温调节中枢感受神经元的正常反应性而起退热作用；同时还通过抑制前列腺素等的合成而起镇痛作用。氨基比林并能抑制炎症局部组织中前列腺素的合成和释放，稳定溶酶体膜，影响吞噬细胞的吞噬作用而起到抗炎作用。安乃近具有较显著的解热作用和较强的镇痛作用，最大优点是水溶性好可以制成注射剂，对顽固性发热有效，解热、镇痛作用较氨基比林快而强，目前仍是临床上主要使用的药物之一[1]。安乃近一般不作首选用药，仅在急性高热、病情急重，无其他有效解热药可用的情况下用于紧急退热，主要以单方和复方制剂用于马、牛、猪骨骼肌肉等运动系统炎症。保泰松的适应症主要是犬和马的骨关节炎、滑液囊炎、风湿和肌肉炎等。

14.1.2　代谢和毒理学

14.1.2.1　体内代谢过程

动物机体内吡唑酮类药物主要通过氧化途径代谢。

大鼠口服安乃近吸收迅速，几乎完全吸收，生物利用度大约 80%；犬和人类口服生物利用度近100%。人、马、猪体内安乃近代谢广泛，安乃近在肠道迅速水解脱磺化甲基生成 MAA，MAA 与血浆蛋白结合不紧密，MAA 经过不完全氧化和脱甲基形成 FAA，MAA 脱甲基生成 AA，AA 乙酰化形成 AAA[2]。在马、猪和牛体内，AAA 占总药时曲线下面积小于 5%，FAA 占 5%～7%，AA 占 6%～21%，MAA 占 74%～89%，为残留标示物。猪静脉注射安乃近后，尿液中 4 个代谢物浓度随时间变化，4 h 后尿液中 AA 是 MAA 浓度的 2 倍。马体内清除半衰期为 4～5 h。给奶牛治疗后，只在首次挤奶中检测到 MAA 和 AA，前 3 次挤奶中检测到 MAA，AAA 未检出[3]。

氨基比林的血浆半衰期为 2～4 h，分布容积 0.7 L/kg，血浆清除率 187 mL/min。代谢途径与安乃近类似。

安乃近和氨基比林的代谢路线见图 14-2。

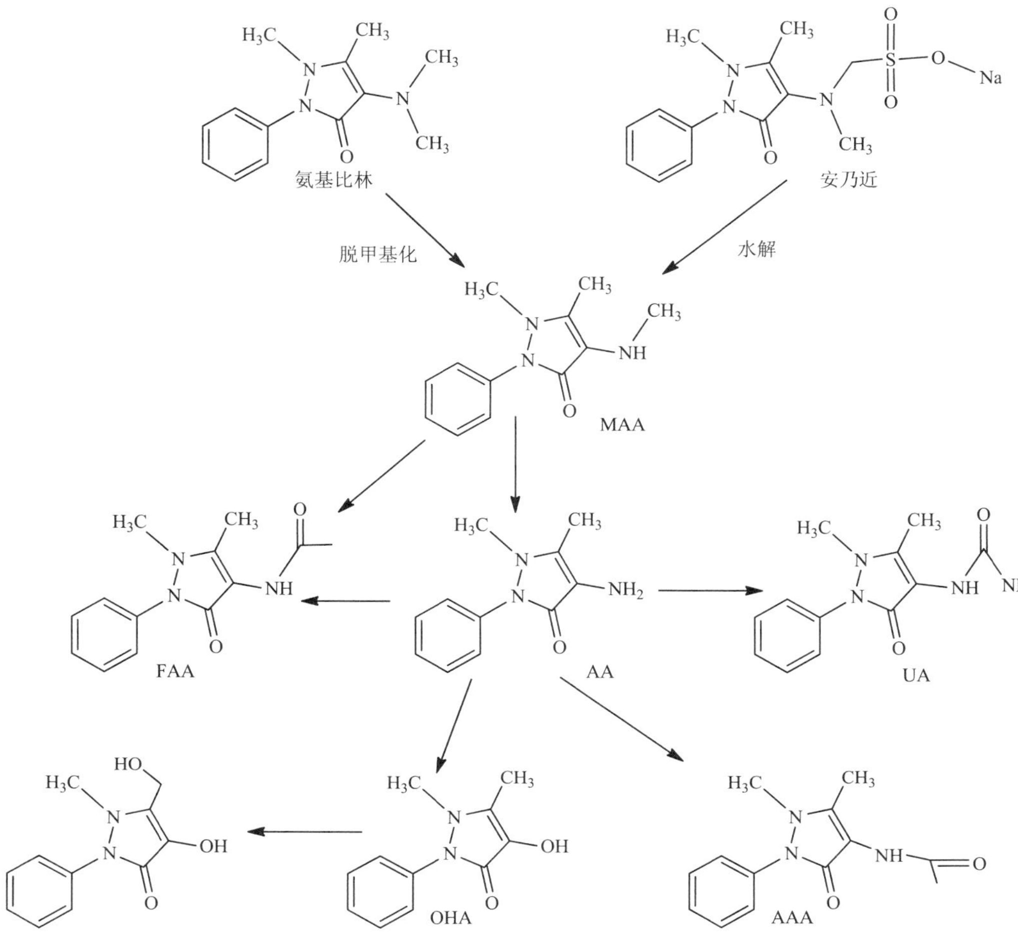

图 14-2 安乃近和氨基比林的代谢路线[4, 5]

人体内安替比林的半衰期为 13～15 h，分布容积 0.5 L/kg，清除率 31 mL/(h·kg)[6]。安替比林通过几种途径代谢，细胞色素 P450 代谢产生的氧化代谢产物，主要通过尿液排泄，人类主要的氧化代谢产物为 HMA、OHA 和 NORA。大鼠体内主要的氧化代谢产物还有 4,4-二羟基安替比林（4,4-dihydroxyantipyrine）。人体内代谢物主要葡萄糖醛酸化蛋白结合，大鼠体内主要硫酸化蛋白结合。安替比林代谢途径见图 14-3。

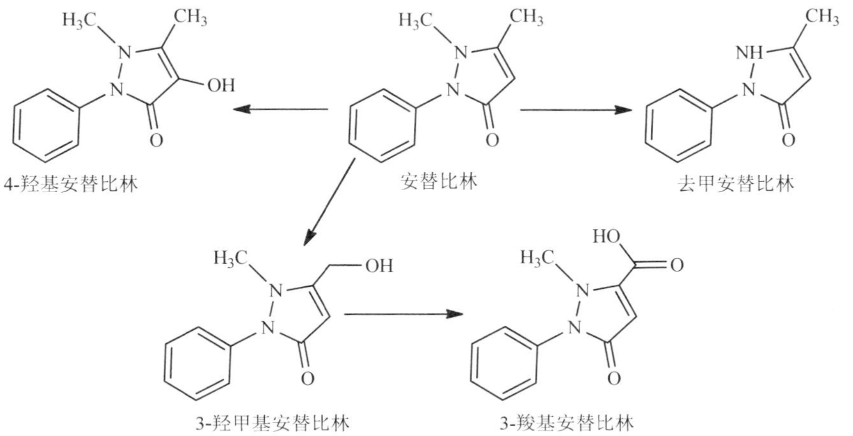

图 14-3 安替比林代谢途径[7]

保泰松口服吸收完全，奶牛口服生物利用度为 54%～69%，马口服生物利用度为 70%，主要分布于血浆和细胞外液，组织结合率较低，V_d 为 120 mL/kg，增加剂量时 V_d 增大，血药浓度不增加。保泰松与血浆蛋白结合率较高，奶牛为 93%～98%，马大于 98%，故重复使用时其稳态血浓度不呈线性增加。保泰松 $T_{1/2}$ 为 56～86 h，主要在肝内代谢，代谢产物羟布宗仍有活性。保泰松诱导肝药酶活性，但是混合功能氧化酶可能饱和。奶牛口服后 8.9～10.5 h 达峰，人口服后 2 h 达峰。犬口服 15 mg/kg 体重，C_{max} 为 49～75 μg/mL[8]。给猪用药后，仅 0.13%的保泰松和 6.8%羟布宗经肾排泄，羟布宗的 $T_{1/2}$ 为 50～75 h，V_d 为 0.15 L/kg，血浆清除率为 2.0 mL/min。两药在体内代谢很慢，如长期使用，易在体内蓄积而发生毒性反应。它们可穿透滑液膜进入滑液膜间隙，并达到血浆浓度的一半左右。保泰松通过肝药酶代谢为羟化物及其葡萄糖醛酸化物，自肾缓慢排泄，仅微量以原型自尿中排出。

14.1.2.2　毒理学与不良反应

安乃近急性毒性很低。小鼠和大鼠的口服急性毒性 LD_{50} 为 3127～4800 mg/kg，在 1000～4000 mg/kg 剂量范围内，所有测试实验动物均表现镇静和震颤。4 个代谢产物急性毒性与原型药物相似。药物临床反应监测表明，超过 150 万例牛应用安乃近没有不良反应，马应用 430 万例中有 8 例不良反应报告，但对造血系统有抑制作用，偶可突发无法预料的粒细胞缺乏症或再生障碍性贫血。其他不良反应包括导致粒细胞减少、严重的过敏和休克虚脱等严重反应[9-11]。安乃近无繁殖毒性，大多致突变实验阴性，无遗传毒性，鼠致癌实验阴性[12]。安乃近急性毒性实验未见有肠道溃疡作用，对犬、猫无呼吸系统和心血管系统作用。口服剂量 100～1000 mg/kg bw，对小鼠中枢神经系统具有影响。

安替比林和氨基比林毒性反应与安乃近类似，但更为严重，目前已淘汰。

保泰松不良反应发生率约 10%～20%，如短程使用不良反应发生较少。对胃肠刺激性较大，可出现恶心、呕吐、腹痛、便秘等，如用时过长或剂量过大风险更高。可抑制骨髓引起粒细胞减少，甚至再生障碍性贫血，肾衰竭、肝损伤，但及时停药可避免。连用 1 周无效者不宜再用，用药超过 1 周应定期检查血象。保泰松与血浆蛋白具有竞争性结合作用，致使某些药物游离而造成过量，如与香豆素抗凝药、一些磺胺药、口服降糖药或苯妥英钠等合用时，会出现这些药物的过量反应。保泰松经肾小管排泄，干扰青霉素、口服降糖药、阿司匹林由肾小管排泌，与阿司匹林合用可使排尿酸和利尿作用明显减弱。

戊烯保泰松毒性类似于丙酸类药苯氧布洛芬或萘普生，毒副作用较保泰松轻，但严重胃肠道不良反应和其他严重不良反应较苯氧布洛芬和萘普生高，易于引起皮疹。

用沙门氏菌 TA97a、TA98、TA100 和 TA102 试验保泰松、羟布宗、安替比林和安乃近致突变作用，前 3 个药物均为阴性，安乃近为弱阳性。雄性小鼠姐妹染色体交换实验 4 种药物均呈现剂量效应关系[13]。

14.1.3　最大允许残留限量

由于吡唑酮类药物存在对胃肠道的不良反应，美国、瑞典、CAC 禁止该类药物用于食品动物，日本的肯定列表也将其列入一律标准（0.01 mg/kg）。1997 年，欧盟为制定动物源性食品中保泰松的 MRL，对保泰松进行评估，但当时的数据未得出动物源性食品中保泰松残留安全水平，因为未指定 MRL，但使用保泰松治疗的动物不得进入人类食物链。美国 FDA 禁止保泰松用于食品动物，未建立休药期，因此在人类消费的肉、奶、蛋中执行零许可（zero tolerance）。加拿大执行与美国相同的药物残留标准，但加拿大动物源性食品残留避免数据库（Food Animal Residue Avoidance Databank）建议牛以 10 mg/kg 体重作为先导剂量口服保泰松，以后每 24 小时口服 5 mg/kg 体重，或每 48 小时 3 mg/kg 体重剂量灌胃，肉执行 60 天休药期，奶 10 天休药期可避免残留[14]。目前，仅对安乃近的最大允许残留限量（maximum residue limit，MRL）进行了规定。中国和欧盟的规定见表 14-2。

表 14-2　中国和欧盟对安乃近的 MRLs

化合物	残留标示物	靶动物	中国	欧盟
安乃近	MAA	牛、猪、马	肌肉、脂肪、肝脏、肾脏：0.2 mg/kg 泌乳动物禁用	肌肉，肝脏，肾脏，脂肪：0.1 mg/kg 牛奶：0.05 mg/kg

14.1.4　残留分析技术

14.1.4.1　前处理方法

（1）水解方法

吡唑酮类药物不与组织形成共价键结合，无需酶解或水解。但安替比林的中间代谢物（NORA、OHA、HMA 和 CBA）由于所含氨基、羧基和羟基与组织蛋白结合，需要酶解后提取。

Inaba 等[7]测定人尿液中安替比林及其代谢物，尿液加入 0.5 mL 柠檬酸盐缓冲液调节至中性，加入 0.1 mL β-葡萄糖醛酸酶（14500 U）和硫酸酯酶（4800 U），在 37℃孵育 1 h 或 2 h 酶解，然后用有机溶剂提取。酶解过程中加入 β-葡萄糖醛酸酶抑制剂——D-葡萄糖二酸 1, 4-内酯，则可提取的 NORA 和 OHA 大幅减少，表明尿液中 NORA 和 OHA 主要与葡萄糖醛酸结合形式存在。对实际样本进行了测定，气相色谱法（GC）测定 NORA 的变异系数（CV）小于 3.1%，HMA 的 CV 为 8.9%；尿液中 NORA 的检测限（LOD）为 1 pg/mL，OHA 为 10 pg/mL；回收率未予报道。Mikati 等[15]测定尿液中安替比林及其代谢物，以氨基安替比林做内标，取 1 mL 尿液调节 pH 4.8～5.0，加入 0.05 mL β-葡萄糖醛酸酶，37℃孵育 3 h 酶解，经提取净化后用高效液相色谱（HPLC）测定。HMA、NORA、安替比林、AA 和 OHA 的绝对回收率分别为 20%、89%、66%、69%和 87%；以 AA 为内标，HMA、NORA、安替比林和 OHA 的相对回收率范围为 88%～127%，CV 范围为 1.2%～4.1%；定量限（LOQ）分别为 8 μg/mL、10 μg/mL、3 μg/mL、10 μg/mL。

（2）提取方法

吡唑酮类药物在中性条件下最稳定，在酸、碱性条件下稳定性降低，应尽快处理，减少药物水解。该类药物的吡唑酮环上的不饱和键易被氧化，提取溶剂中常加入二硫苏糖醇[16]、维生素 C[17]等还原性稳定剂；同时，在操作中应尽量避免高温和光照，避免使用强酸或强碱性溶液。

1）液液萃取（liquid liquid extraction，LLE）

生物基质（血液、尿液、乳汁和组织）中吡唑酮类药物主要采用液液萃取（LLE）的方法进行提取。已报道的保泰松和/或羟布宗提取溶剂主要包括乙腈[18, 19]、乙酸乙酯[20]、乙醚-正己烷[21]、乙腈[22]、酸性溶剂[23]等；安替比林提取溶液有氯仿[24]、硫酸钠-亚硫酸钠溶液[16]等。吡唑酮类药物中氨基比林、安替比林和安乃近代谢物显碱性，而保泰松、羟布宗呈酸性，提取方法往往根据药物酸碱性进行，有所不同。

A. 碱性药物

本类药物在酸碱性条件下易水解，应尽量在中性条件提取和净化；若选择酸碱性条件时，应尽快完成操作。

a. 中性提取

沈金灿等[25]测定牛和猪肌肉组织中残留安乃近的 3 种代谢物 FAA、AA 和 MAA 残留。为保持药物稳定性，选择 pH 7.0 的 0.1 mol/L 的 Na_2SO_4 提取，同时在提取溶液中加入抗氧化剂 20 mmol/L 的 Na_2SO_3，防止氧化。HPLC 测定 FAA 的 LOD 为 12.5 μg/L，AA 为 15.0 μg/L，MAA 为 20.0 μg/L；3 种代谢物的 LOQ 均为 50 μg/L；在添加水平 50～400 μg/kg 范围内，FAA 的回收率为 81.3%～92.5%，AA 为 82.0%～96.0%，MAA 为 80.4%～90.6%，相对标准偏差（RSD）均在 7%以内。该方法用水性溶剂提取，提取液中杂质较多，对后续净化要求较高。

而采用有机溶剂/混合溶剂直接提取的报道较多。Penney 等[26]测定牛肉、猪肉中安乃近及其代谢物残留，用甲醇提取，液相色谱-质谱（LC-MS）测定。方法平均回收率为 82%～128%，FAA、AA 和 MAA 的 LOD 均小于 0.02 μg/g，安乃近 LOD 小于 0.13 μg/g。Inaba 等[7]测定尿液中安替比林及其代谢物，尿液酶解后用 PBS 缓冲液调节 pH 7.4，用同等体积的乙酸乙酯提取 4 次，提取液蒸干后用氯仿复溶。Mikati 等[15]测定尿液中安替比林及其代谢物，尿液酶解后，用乙酸乙酯提取，提取液蒸干后用流动相复溶。张骊等[27]测定猪肉中氨基比林、安替比林和安乃近代谢物残留，样品直接用乙腈提取，提取液高速离心后，取上清液直接液相色谱-串联质谱仪（LC-MS/MS）分析。猪肉中的 LOD 为

2 μg/g，LOQ 为 5 μg/g；平均回收率为 71.9%～100%；批内批间 CV 均小于 10%。

b. 碱性提取

在碱性条件下，氨基比林、安乃近、安替比林及其代谢物更易被有机溶剂提取。

沈金灿等[28]测定牛奶和奶粉中安乃近的 4 个代谢物：FAA、AAA、MAA 和 AA 残留。样品加入 Tris 溶液调节至碱性，再加入乙腈提取，提取液净化后用 LC-MS/MS 测定，AAA、FAA 和 AA 采用外标法定量，MAA 采用内标法定量。FAA 的 LOD 为 0.24 μg/kg，AA 为 0.59 μg/kg，AAA 为 0.20 μg/kg，MAA 为 0.61 μg/kg；在添加量 5～20 μg/kg 范围内，4 种代谢物的回收率在 80.4%～97.9%之间，RSD 均小于 9%。牛奶中含有钙、镁等金属离子，容易与目标化合物形成络合物，影响样品的测定，在样品提取中加入保护剂以避免金属元素对这些化合物的干扰。实验发现，在加入乙腈提取液前，预先在牛奶样品中加入 1.0 mol/L 的碱性 Tris 缓冲液，使其与样品中的金属形成氢氧化物沉淀，而安乃近各代谢物溶解在溶液中，这样降低了金属或其他物质的干扰。同时，牛奶样品中含有大量的蛋白质，能够与药物结合，在提取过程中形成泡沫、浑浊或出现沉淀而干扰测定，而乙腈也可以同时去除蛋白和脂肪。Katz 等[29]测定血浆中安乃近的 4 种代谢物，样品用氢氧化钠溶液碱化后用二氯甲烷提取，提取液蒸干复溶后用 HPLC 测定，以异丙基氨基安替比林为内标定量。FAA 和 AAA 的校正回收率为 96.0%～100%，MAA 和 AA 为 70.6%～87.8%，CV 均低于 6.7%，LOD 为 0.1 μg/mL。

Shively 等[24]测定唾液中安替比林和氨基比林。1 mL 唾液样品中加入 1 mL 1 mol/L 氢氧化钠溶液碱化，再加入氯仿提取，离心后取氯仿层，蒸干后复溶于二氧六环，GC 测定。安替比林和氨基比林的线性范围均为 0～10 μg/mL，CV 为 1.7%和 2.4%，回收率为 87%和 95%。实验表明，碱化液体样品有助于安替比林和氨基比林转移至有机溶剂。Abernethy 等[30]提取血浆中安替比林，1 mL 血浆中加入 1 mL 1 mol/L 氢氧化钠溶液，再加入 6 mL 乙酸乙酯提取，离心，取乙酸乙酯层蒸干复溶后 GC 测定。方法 LOD 为 1 μg/mL，回收率大于 95%，CV 小于 6.6%。

c. 酸性提取

也有在酸性条件下用有机溶剂萃取的报道。酸性条件萃取的优点是共萃取的组织基质较少，但应加大提取溶剂使用量，并使用极性稍强的有机溶剂，以提高萃取效率。

崔景斌等[31]测定血浆中安乃近代谢物，取血浆 0.5 mL，加入内标物异丙氨基安替比林，用 0.1 mL 0.1 mol/L 的 HCl 酸化，加无水乙醚萃取，离心取醚层吹干，残留物用流动相溶解，HPLC 测定。MAA 的绝对回收率为 82.5%，相对回收率为 99%，CV 小于 3.66%。Jedziniak 等[17]测定牛肉中安乃近的 4 种代谢物 FAA、AAA、AA 和 MAA 残留。样品经乙腈-0.33 mol/L 乙酸钠（8+2，v/v）缓冲溶液提取，LC-MS 测定。CV 为 7%～30%，回收率为 45%～95%；FAA、AAA、AA 和 MAA 的检测限（CC_α）分别为 11.6 μg/kg、11.6 μg/kg、12.6 μg/kg 和 113 μg/kg，检测能力（CC_β）分别为 16.5 μg/kg、15.8 μg/kg、16.4 μg/kg 和 139 μg/kg。

B. 酸性药物

a. 中性提取

保泰松和羟布宗极性较低，采用有机溶剂直接提取的报道较多。有机溶剂提取药物的同时，也可以起到脱蛋白的作用。

Marti 等[32]采用乙腈提取血浆中保泰松，上清液直接进 HPLC 分析。以倍他米松做内标，回收率为 83%，LOD 和 LOQ 分别为 0.016 μg/mL 和 0.029 μg/mL。

Dowling 等[22]用乙腈提取牛奶中保泰松等药物残留，乙腈提取液吹干后复溶于正己烷，气相色谱-串联质谱（GC-MS/MS）测定。保泰松的 CC_α 为 0.70 ng/mL，CC_β 为 1.19 ng/mL，回收率为 104%～112%，CV 小于 8%。Dubreil-Cheneau 等[33]用甲醇同时提取牛奶中保泰松和羟布宗等药物，提取液蒸干后复溶于 1 mmol/L 乙酸水溶液-乙腈（8+2，v/v），进 LC-MS/MS 分析。方法回收率为 94.7%～110.0%，CV 为 2.9%～14.7%，CC_α 为 0.10 ng/mL。Jedziniak 等[34]测定牛奶中保泰松和羟布宗，10 mL 牛奶中加入 2 g 乙酸铵，10 mL 乙腈提取，提取液直接 LC-MS/MS 测定，CV 为 7%～28%，回收率为 71%～116%。乙酸铵的盐析作用提高了提取效率，促进离心分层。实验发现，使用乙酸铵盐析比氯化钠更合理，因为使用氯化钠盐析时，质谱测定时微量氯化钠会形成[M+Na]⁺，抑制[M+H]⁺，使检测灵敏度降低；此外，氯化钠不挥发造成质谱离子源污染。

庞国芳等[35]测定牛、猪、羊、鸡肌肉中保泰松残留，采用甲醇-0.25 mg/mL 二硫苏糖醇的乙酸乙酯溶液（1+7，v/v）提取，二硫苏糖醇起稳定剂作用，提取液经固相萃取净化后用 HPLC-紫外检测器测定。方法回收率为 89.0%～111.49%，RSD 在 8% 以内，LOD 为 5.0 mg/kg。

b. 酸性提取

保泰松和羟布宗显酸性，样品酸化后更易被萃取至水不互溶的有机溶剂中。

Marunaka 等[36]测定血液和尿液中的保泰松、羟布宗。以 γ-羟基保泰松为内标，样品先用盐酸酸化，用苯-环己烷（1+1，v/v）萃取，萃取液吹干复溶于甲醇，进 HPLC 测定。保泰松、羟布宗和 γ-羟基保泰松的 LOD 均为 0.05 μg/mL，保泰松、羟布宗回收率分别为 96.7%±1.7% 和 93.1%±3.7%。Singh 等[37]测定血浆中保泰松、羟布宗等 7 种非甾体类抗炎药物，盐酸酸化后样品后用二氯甲烷提取，提取液吹干后复溶于流动相，HPLC 测定。方法回收率为 95%，LOD 为 50～250 ng/mL。Gonzalez 等[38]测定尿液和血浆中保泰松和羟布宗等 17 种非甾体类抗炎药物，样品用 1 mol/L 盐酸调节 pH 2～3，用二乙基醚提取，离心，取有机层，加入饱和碳酸氢钠溶液，液液分配净化水性杂质，取有机层蒸干后气相色谱-质谱（GC-MS）测定。血浆和尿液样品中保泰松和羟布宗的回收率为 41%～68%，LOD 分别为 25 ng/mL 和 10 ng/mL。Simmons 等[23]用三氯乙酸提取血清中保泰松和羟布宗，提取同时也脱蛋白净化，提取液直接进超临界流体色谱（SFC）测定。方法 LOD 为 0.1 μg/mL（保泰松）和 1.0 μg/mL（羟布宗），CV 为 0.24%～4.94%，回收率为 82%～83%。

2）超声辅助萃取（ultrasonic assisted extraction，UAE）

超声萃取利用超声波传递过程中存在着的正负压强交变周期，使提取溶剂和样品之间产生声波空化作用，溶液内气泡的形成、增长和爆破压缩，使固体样品分散，增大样品与萃取溶剂之间的接触面积，提高目标物从固相转移到液相。Gentili 等[39]测定牛奶和牛肉中包括保泰松在内的 15 种非甾体类抗炎药物。牛奶样品用 10 mL 乙腈超声波提取 10 min，提取液离心后，氮气浓缩至 5 mL；牛肉样品依次用乙腈和丙酮提取，合并提取液浓缩至 5 mL。再 0℃离心，除去下层脂肪，用 Oasis HLB 柱净化，LC-MS/MS 测定。牛奶和牛肉中保泰松的 CCα 分别为 0.71 μg/kg 和 0.92 μg/kg，CCβ 分别为 1.23 μg/kg 和 1.84 μg/kg；回收率在 97%～99% 之间，CV 小于 12%。

3）分子滤过提取（molecular ultrafiltration extraction）

分子滤过提取是应用半透膜，根据样品中各物质分子量大小进行滤过而达到提取净化的目的，滤去液体样品中分子量较大的蛋白、氨基酸等杂质，而药物因为分子量较小，能透过滤膜而得到净化。De Veau[40]测定牛血浆中游离的保泰松，经过分子滤过膜滤去血浆中分子量大于 10000 的杂质后，超滤离心液进 HPLC 测定。方法回收率为 91%～93%，CV 为 1%～4%，LOQ 为 2 μg/mL。

（3）净化方法

吡唑酮类药物残留分析的净化方法主要采用液液分配（LLP）和固相萃取（SPE）方法。

1）液液分配（liquid liquid partition，LLP）

LLP 主要通过调节溶液的 pH，改变吡唑酮类药物在水相和有机相中的分配系数，从而达到去除脂溶性和水溶性杂质的目的。

Clark 等[41]用 LC-MS 确证牛肾脏中的保泰松，利用保泰松的酸性特性，样品用等质量的水稀释后，用 25% 氨水碱化，加入乙酸乙酯-乙醚混合溶液进行 LLP，离心，弃去有机层，脱去脂溶性杂质，然后用 6 mol/L HCl 酸化氨水提取液，再与四氢呋喃-正己烷（1+4，v/v）进行 LLP，将药物转移至有机相，弃去水溶性杂质，然后进行固相萃取净化，LC-MS 确证检测。方法 LOD 为 5～10 μg/kg，但未测定回收率。

Shively 等[24]测定唾液中安替比林和氨基比林，1 mL 样品加 1 mL 1 mol/L 氢氧化钠溶液碱化稀释，再与 1 mL 氯仿 LLP 提取净化，收集下层的氯仿提取液，蒸干后复溶于二氧己环，进 GC 测定。安替比林和氨基比林的线性范围均为 0～10 μg/mL，CV 分别为 1.7% 和 2.4%，回收率为 87% 和 95%。

由于安乃近代谢物极性强，在固相萃取柱上保留很弱，经过固相萃取柱净化损失较大，因此沈金灿等[28]在测定牛奶和奶粉中安乃近的 4 个代谢物（FAA、AAA、MAA 和 AA）残留时，在样品加入 Tris 溶液后，用乙腈提取，乙腈提取液与正己烷进行 LLP 脱脂，提取液中的脂肪得到有效去除。MAA 的 LOD 为 0.24 µg/kg，AA 为 0.59 µg/kg，AAA 为 0.20 µg/kg，FAA 为 0.61 µg/kg。在添加量 5～20 µg/kg 范围内，4 种安乃近代谢物的回收率在 80.4%～97.9% 之间，RSD 均小于 9%。Penney 等[26]测定牛奶、牛肉、猪肉中安乃近及其代谢物残留时，直接用甲醇提取，提取液与正己烷 LLP 脱脂后直接进 HPLC 分析。牛奶和猪肉样品的 CV 小于 11%，牛肉样品稍大；平均回收率为 82%～128%，FAA、AA 和 MAA 的 LOD 均小于 0.02 mg/kg，安乃近的 LOD 小于 0.13 mg/kg。

2）固相萃取（solid phase extraction，SPE）

根据吡唑酮类药物酸碱性和极性的差异，选择不同的 SPE 柱进行净化。酸性的保泰松、羟布宗等主要采用 C$_{18}$[22]、苯基[21]、硅胶[41]、硅酸镁[35]、氨基柱[34]、HLB[42]等 SPE 柱净化，碱性的安替比林、安乃近代谢物等主要采用 C$_{18}$[16]、氧化铝[17]等 SPE 柱净化。

A. 酸性药物

a. 反相 SPE 柱

保泰松和羟布宗显酸性，在酸性条件下，增加了反相色谱保留作用，改善了净化效率。Taylor 等[43]测定马血浆中保泰松和羟布宗，血浆用 PBS 溶液稀释后，用 C$_{18}$ SPE 柱净化，依次用 PBS 溶液和正己烷淋洗，用乙酸乙酯-正己烷（1+1，v/v）洗脱，HPLC 测定。保泰松和羟布宗的回收率分别为 53.5%～63.1% 和 43.3%～47.2%，CV 分别为 5.1% 和 4.0%。液态样品可直接用中性或酸性溶液稀释后过 SPE 净化，操作较为简单。Simmons 等[23]提取血清中保泰松和羟布宗，三氯乙酸提取液上 C$_{18}$ 小柱净化，用水淋洗，甲醇洗脱，SFC 测定。保泰松和羟布宗的 LOD 分别为 0.1 µg/mL 和 1.0 µg/mL，CV 为 0.24%～4.94%，回收率在 82%～83% 之间。Caturla 等[21]测定血浆中保泰松和羟布宗，应用柠檬酸缓冲液调节血浆 pH 3.4，上苯基 SPE 柱净化，用正己烷-乙醚（1+1，v/v）洗脱，洗脱液吹干后流动相溶解，HPLC 测定。方法回收率大于 90%，CV 小于 7.5%。该方法的优点是应用柠檬酸缓冲溶液可避免盐酸提取时引起的药物降解。

Dowling 等[22]报道了牛乳中保泰松残留分析方法。乙腈提取液用等体积的 10 mmol/L 的维生素 C 溶液稀释，再用 1 mol/L 盐酸调节 pH 3 后，上 Isolute C$_{18}$ SPE 柱净化，依次用 3 mL 10 mmol/L 维生素 C 溶液和甲醇-水（10+90，v/v）淋洗，抽干后用 3 mL 正己烷-乙醚（50+50，v/v）洗脱。方法的 CC$_\alpha$ 和 CC$_\beta$ 分别为 0.70 ng/mL 和 1.19 ng/mL，回收率为 105.3%，CV 为 6.7%。

Gentili 等[39]测定牛奶和牛肉中保泰松等 15 种非甾体类抗炎药物，牛奶用乙腈提取，牛肉用乙腈和丙酮提取，提取液浓缩后用水稀释，过 HLB SPE 柱净化，用 6 mL 正己烷淋洗，依次用甲醇和丙酮洗脱。LC-MS/MS 测定牛奶和牛肉中保泰松的 CC$_\alpha$ 分别为 0.71 µg/kg 和 0.92 µg/kg，CC$_\beta$ 分别为 1.23 µg/kg 和 1.84 µg/kg，回收率在 97%～99% 之间。

b. 正相 SPE 柱

Jedziniak 等[34]测定牛奶中的保泰松和羟布宗，乙腈提取液上氨基柱 SPE 净化，用 6 mL 甲酸-乙腈（5+95，v/v）洗脱，LC-MS/MS 测定。实验室内 CV 为 7%～28%，回收率为 71%～116%。

庞国芳等[35]分析牛、猪、羊、鸡肌肉中的保泰松残留时，将甲醇-0.25 mg/mL 二硫苏糖醇的乙酸乙酯溶液（1+7，v/v）提取液吹干后，用 5 mL 甲醇-氨水-二氯甲烷-0.25 mg/mL 二硫苏糖醇的乙酸乙酯溶液（1+1+70+70，v/v）溶解，过 VARIAN Bond Elut FL（硅酸镁，2 g）SPE 柱，15 mL 冰乙酸-甲醇-二氯甲烷-乙醚溶液（1+2+47+50，v/v）洗脱，洗脱液用氮气吹至近干后，用流动相溶解，进 HPLC 检测。方法回收率为 89.0%～111.49%，RSD 在 8% 以内，LOD 为 5.0 µg/kg。该研究还对甲醇、乙酸乙酯、甲醇-乙酸乙酯混合液作为 SPE 洗脱液的净化效果进行了比较，发现甲醇洗脱会影响定量，采用冰乙酸-甲醇-二氯甲烷-乙醚溶液（1+2+47+50，v/v）洗脱杂质明显减少，效果最好。

Clark 等[41]用 LC-MS 确证牛肾脏中的保泰松时，组织酸化后用四氢呋喃-正己烷（1+4，v/v）提取，提取液上硅胶 SPE 柱净化，用四氢呋喃-正己烷（1+4，v/v）直接洗脱，确证 LOD 为 5～10 µg/kg，回收率未作测定。

正相机制 SPE 净化，上样样品要尽量不要含有水分，否则影响回收率。

c. 复合 SPE 柱

Taylor 等[43]确证马血浆中保泰松和羟布宗时，C_{18} SPE 柱洗脱液吹干后，复溶于 PBS 缓冲液，再过 Bond-Elut Certify 柱（反相和阳离子交换复合填料）净化，分别用甲醇-PBS 缓冲液（1+9，v/v）、1.0 mol/L 乙酸和正己烷淋洗，二氯甲烷洗脱，衍生化后 GC-MS 确证测定。血液中添加浓度大于 4 μg/mL 时，保泰松和羟布宗可得到确证。

B. 碱性药物

a. 反相 SPE 柱

沈金灿等[16]测定牛和猪肌肉组织中安乃近的 3 种代谢物 FAA、AA 和 MAA 残留时，将 2 mL 水相提取液加入 Bond Elute C_{18} SPE 中，依次用 5 mL 水和 5 mL 甲醇-水（5+95，v/v）淋洗，用 5 mL 甲醇洗脱，LC-MS/MS 测定。方法 LOD 为 5 μg/kg；测定范围为 5~150 μg/kg；FAA、AAA、AA 和 MAA 的回收率分别为 81.6%~94.0%、81.2%~90.2%、82%~101%和 75.0%~86.4%；CV 小于 7%。通过比较 HLB、Bond Elute Certify、Bond Elute C_{18} 的富集和净化效果，发现 HLB 柱对 AA 的回收率差，Bond Elute Certify 对 MAA 的回收率差，而 Bond Elute C_{18} 的回收率均比较理想。

b. 正相 SPE 柱

Jedziniak 等[17]测定牛肉中安乃近的 4 种代谢物（FAA、AAA、AA 和 MAA）残留时，样品的乙腈-乙酸钠溶液提取液用氧化铝 SPE 柱净化，收集流出液进 LC-MS/MS 测定，回收率为 45%~95%，CV 为 7%~30%；MAA 的 CC_{α} 和 CC_{β} 分别为 113 μg/kg 和 139 μg/kg，FAA、AAA 和 AA 的 CC_{α} 和 CC_{β} 均在 11.6~16.5 μg/kg 之间。

Engel 等[44]测定安替比林代谢物 NORA 时，体外肝微粒体酶孵育液用二氯甲烷提取，提取液蒸干后复溶于乙酸乙酯，过硅胶 SPE 小柱净化，用 6 mL 甲醇-乙酸乙酯（1+9，v/v）洗脱，弃去初始的 2 mL，收集后 4 mL，衍生化后用 GC-MS 测定。NORA 的 LOQ 为 5 ng/mL，CV 为 19.4%和 20.7%，回收率为 80%~120%。因为安替比林、NORA 与衍生化试剂 N-（特丁基二甲基硅）-N-甲基三氟乙酰胺均生成相同的产物，干扰 NORA 测定。经过硅胶柱净化，安替比林仍保留在 SPE 小柱上，只有 NORA 被洗脱，避免了测定时的干扰。

3）分子印迹技术（molecular imprinting technology，MIT）

分子印迹技术是一种制备分子印迹聚合物（molecularly imprinted polymer，MIP）的技术。由于 MIP 中具有和目标分子高度互补的功能基团和空腔结构，因此具有对目标分子较好的识别性能。何云华等[45]以甲基丙烯酸为功能单体，乙二醇二甲基丙烯酸酯为交联剂，合成了安乃近的 MIP。所制备的 MIP 与安乃近存在两类不同的结合位点，高亲和力结合位点的离解常数为 9.52×10^{-4} mmol/L，最大表观结合量 67.0 μmol/g；低亲和力结合位点的离解常数为 8.71×10^{-3} mmol/L，最大表观结合量为 240.0 μmol/g。其对氨基比林及安替比林的吸附量均较小，表明制备的安乃近 MIP 具有良好的选择性。

4）液相微萃取（liquid phase microextraction，LPME）

LPME 过程是基于分析物在样品与有机溶剂之间分配平衡的过程，分析物在平衡时的萃取量达到最大。黄星等[46]建立了尿液中氨基比林和安替比林的 LPME-GC 测定方法。在 4 mL 萃取瓶中加入搅拌磁子和 3 mL 尿样，调节至 pH 9，用 10 μL 微量注射器抽取 1 μL 甲苯，将针尖浸入到样液高度一半处，按下微量注射器的活塞，使萃取溶液形成一个小液滴悬挂在针尖上，溶液搅拌速度为 170 r/min，萃取 15 min 后，拉回活塞，直接进 GC 分析。氨基比林、安替比林的 CV 为 8.14%~16.8%，LOD 分别为 1 mg/L、4 mg/L。

14.1.4.2 测定方法

动物源样品中吡唑酮类药物的测定方法主要有流动注射化学发光检测法[10]、超临界流体色谱法（SFC）[22]、毛细管电泳法（CE）[47]、气相色谱法（GC）[18, 22, 48]、高效液相色谱法（HPLC）[18, 33, 37, 49-51]和免疫分析法[52, 53]等。色谱法（包括色质联用法）具有更好的分辨率、灵敏度和重复性，是目前残留分析中采用最多的技术；而免疫分析方法具有简便、快速、灵敏度高等优点，应用于残留分析越来越受到重视。

（1）流动注射-化学发光法（flow injection-chemiluminescence detection，FI-CL）

流动注射-化学发光分析法是将流动注射与化学发光相结合的一种分析方法。流动注射是指在非热力学平衡条件下，在液流中重现处理试样或试剂区带的定量流动分析技术，它具有高精度、高效率、快速的特点。化学发光是基于反应体系中某种物质（反应物、产物、中间体）的分子吸收了反应所释放的能量而由基态跃迁至激发态，然后再从激发态返回基态，同时将能量以光辐射的形式释放出来产生化学发光。基于分子发光强度和被测物含量之间的关系建立的分析方法称为化学发光分析法，具有灵敏度高、线性范围宽、仪器设备简单等优点。将二者结合而产生的流动注射化学发光分析法具有分析速度快、精度高、易实现自动化等特点。何云华等[45]将流动注射、分子印迹技术与化学发光检测方法相结合，分析尿液中的安乃近。利用 MIP 对目标分子的识别和捕获能力，使目标分子吸附在 MIP 上，从而与样品中的共存物质分离，然后进行化学发光检测，消除共存物质的干扰，提高化学发光分析的选择性。向一根 4 mm×15 mm 的玻璃管内填充 10.0 mg 分子印记材料，两端塞少许玻璃棉，使用前，使锰（Ⅳ）溶液和甲醛溶液的合并流通过 MIP 柱，除去 MIP 上的模板分子安乃近。当试剂合并流通过 MIP 柱时，与柱上吸附的安乃近发生化学发光反应，产生发光信号，随着 MIP 中安乃近的不断消耗，发光信号逐渐降低，当其与背景信号相同时，即可认为 MIP 柱中安乃近已经除尽。该方法线性范围为 $1.0×10^{-7}$～$1.0×10^{-5}$ mol/L，LOD 为 $4×10^{-8}$ mol/L，对 $1.0×10^{-6}$ mol/L 安乃近溶液平行测定 7 次，RSD 为 2.4%，可用于尿液中安乃近的直接测定。

（2）超临界流体色谱法（supercritical fluid chromatography，SFC）

SFC 是以超临界流体做流动相，依靠流动相的溶剂化能力来进行分离、分析的色谱过程，是 20 世纪 80 年代发展和完善起来的一种新技术。Simmons 等[23]利用 SFC 测定血清中保泰松和羟布宗。色谱柱为 Deltabond ODS（250 mm×1 mm），流动相为二氧化碳-甲醇（95+5，v/v），泵压为 170 大气压，炉温 85～90℃，紫外检测波长为 240 nm，测定时间为 10～12 min。该方法 LOD 为 0.1 μg/mL（保泰松）和 1.0 μg/mL（羟布宗），CV 为 0.24%～4.94%，回收率在 82%～83% 之间。

（3）毛细管电泳法（capillary electrophoresis，CE）

CE 是在电场作用下，利用毛细管中被分析的带电分子因移动速率的不同而达到分离的目的，是以毛细管为分离通道，以高压直流电场为驱动力的新型液相分离技术。分析时，将毛细管内充满电解液，毛细管两端通高压电，使电解液内带电分子移动到毛细管相反电荷的一端。分子大小不同，电荷比不同，在管中移动的速率也不同，从而到达毛细管终点有快有慢，依此分离不同分子。Perrett 等[54]采用 CE 测定唾液中的安替比林。唾液样品离心后直接进 CE 测定。缓冲液为 25 mmol/L 四硼酸钠和 50 mmol/L SDS（pH 9.6），水动力（hydrodynamic）上样，上样时间 10 s，运行电压 25 kV，温度 25℃，进样量 50 μL，检测波长为 260 nm。该方法回收率为 99.6%±4.8%，LOD 为 10 μmol/L。

（4）气相色谱法（gas chromatography，GC）

GC 具有高效的分离能力和较高的灵敏度，能对样品进行有效分离。同时，满足检测器对待测物单一性的要求，极大地提高了对混合物的分离、定性和定量分析效率。GC 分析安替比林及其代谢物可选用氮磷检测器（nitrogen-phosphorus detector，NPD）[24, 30]和火焰离子化检测器（flame ionization detector，FID）[7]。氨基比林、安替比林及其代谢物可以不衍生直接测定[7]。

1）NPD 检测

Abernethy 等[30]检测血浆中安替比林和氨基比林残留，用 GC-NPD 测定。色谱柱为填充 3%SP-2250 的玻璃柱（1.83 m×2 mm），载气为氦气，流速为 30 mL/min，检测器清洗气为氢气和干燥空气，流速分别为 3 mL/min、50 mL/min，进样口温度 310℃，柱温 230℃，检测器温度 275℃。该方法 LOD 为 1 μg/mL，回收率大于 95%，CV 小于 6.6%。Shively 等[24]测定唾液中的安替比林和氨基比林，氯仿提取液转换溶剂后，不衍生直接进 GC-NPD 测定。色谱柱为装填 3% SP-2250 DB 的玻璃柱，不分流进样，进样体积 1 μL，柱温、进样口温度和检测器温度分别为 230℃、250℃和 275℃，载气为氦气，流速 4 mL/min。安替比林和氨基比林的线性范围均为 0～10 μg/mL，CV 为 1.7%和 2.4%，平均回收率为 87%和 95%。

2）FID 检测

Inaba 等[7]采用 GC 测定了尿液中安替比林代谢物。经酶解的尿液样品用乙酸乙酯提取后，不衍生直接进 GC-FID 测定。色谱柱为装填 3% OV-17 的玻璃柱（2 mm×120 cm），柱温为 195℃，载气为氮气，流速 30 mL/min。尿液中 NORA 的 LOD 为 1 pg/mL，OHA 为 10 pg/mL；NORA 的 CV 小于 3.1%，OHA 为 8.9%。

（5）气相色谱-质谱法（gas chromatography-mass spectrometry，GC-MS）

GC-MS 可以得到质量、保留时间和强度的三维信息，实现了高通量、高效率定性与定量分析。GC-MS 分析前往往需要将羟基、羧基等极性基团进行烷基化衍生后再测定。

1）气相色谱-单四极杆质谱法（GC-MS）

Singh 等[37]建立了测定血浆和尿液中保泰松的 GC-MS 测定方法。样品净化后吹干，加双（三甲基硅基）三氟乙酰胺（BSTFA）于室温衍生后进样，进样量 1 μL，不分流进样，GC-MS 色谱柱为毛细管柱 SE-54（30 m×0.25 mm），升温程序：起始温度 150℃，以 20℃/min 升至 280℃，维持 15 min，进样口温度 250℃，电子轰击电离（EI），选择离子（SIM）检测，每个药物检测 3 个离子。方法回收率为 110%～120%，CV 小于 5%，LOD 为 50 ng/mL。BSTFA 的优点是衍生化反应不用加热，室温即可进行。

Taylor 等[43]采用 GC-MS 确证分析马血液中保泰松和羟布宗的 HPLC 测定结果。净化吹干后的样品中加入 N-甲基-N-（三甲基甲硅烷基）三氟乙酰胺（MSTFA）和 0.2 mol/L 三甲基氢氧化铵的甲醇溶液，立即进 GC-MS 分析，在程序升温中进行柱上（on-column）甲基化衍生，生成甲基化保泰松和二甲基化羟布宗。色谱柱为 SE-54 毛细管柱（30 m×0.25 mm，0.25 μm），进样口温度 250℃，不分流进样 70 s，载气为氦气，压力 15 psi，升温程序：恒温 100℃，维持 2 min，以 21℃/min 升温至 320℃，维持 7.5 min，质谱传输线温度 290℃，离子源温度 175℃，全扫描检测，扫描速度 60～450 amu/s。血液中保泰松和羟布宗可确证 LOD 为 4 μg/mL。该方法采用在线衍生，克服了硅烷化衍生物不稳定的缺点。

Hines 等[47]建立了马血液中保泰松的 GC-MS 分析方法。样品提取物用三甲基氢氧化硫-甲醇溶液（0.2 mol/L）在 80℃下甲烷化衍生 20 min，GC-MS 测定，GC 色谱柱为 Zebron ZB5（30 m×0.25 mm，0.25 μm），载气为氦气，流速 1.1 mL/min，不分流进样，进样口温度 260℃，分流时间为 1.0 min，升温程序：起始温度 90℃，维持 1 min，以 15℃升至 320℃，维持 6 min，质谱离子源温度 250℃，传输线温度 280℃，离子能量 70 eV，EI 电离源，SIM 检测。方法回收率为 102%～104.2%，CV 为 3.2%～3.9%，LOD 为 53 ng/mL。该方法克服了在线衍生化色谱峰形展宽问题。

Gonzalez 等[38]用 GC-MS 测定了马血液和尿中保泰松和羟布宗等 17 种药物。用碘甲烷和无水碳酸钾在 60℃下甲烷化衍生 90 min，GC-MS 测定。色谱柱为硅胶交联包被聚甲基硅氧烷（25 m×0.2 mm i.d.，0.1 μm），载气为氦气，流速 0.65 mL/min，进样口和检测器温度 280℃，升温程序：起始温度 100℃，以 25℃/min 升至 200℃，以 15℃/min 升至 300℃，维持 2.3 min，总运行时间 13 min，进样体积 2 μL，分流比 10∶1，EI 离子源，SIM 检测。在两种基质中，保泰松和羟布宗的 LOD 分别为 25 ng/mL 和 10 ng/mL；血浆样品的回收率为 41%～51%，尿液样品的回收率为 42.9%～68%。甲基化衍生化产物可稳定保存 1 周，比硅烷化衍生物稳定性大大提高。

2）气相色谱-串联质谱法（GC-MS/MS）

与单极质谱相比，串联质谱（MS/MS）选择性更高，可用于高基质背景下痕量目标化合物的定量。

Dowling 等[22]采用 GC-MS/MS 分析牛乳中保泰松等药物的残留量。乳样净化洗脱液吹干后，用七氟丁酸酐（HFAA）-六氟异丙醇（HFPOH）于 60℃衍生 45 min，吹干后，用辛烷溶解，GC-MS/MS 测定。色谱柱为 SE-54/CP Sil 8 型，进样口温度 275℃，进样体积 2 μL，起始温度 100℃，维持 1 min，以 10℃/min 升至 300℃，维持 1 min，运行时间 22 min；电子能量 70 eV，检测器电压 1950 V，碰撞池压力 1.5 mTorr，离子源温度 250℃，传输线温度 290℃，EI 电离，采集正离子，串联质谱多反应监测（MRM）模式检测。保泰松的 CC_α 为 0.70 ng/mL，CC_β 为 1.19 ng/mL，回收率为 105%，CV 小于 6.7%。技术指标符合欧盟 2002/657/EC 指令要求。

Engel 等[44]研究安替比林代谢途径，应用体外肝微粒体酶于 37℃孵育 15 min，然后测定安替比林代谢物。孵育液用二氯甲烷提取，NORA、OHA、HMA 用 N-（特丁基二甲基硅）-N-甲基三氟乙酰胺（MBDSTFA）在室温衍生，GC-MS/MS 测定。色谱柱为毛细管柱 DB 5（30 m×0.25 mm，0.25 μm），不分流进样，进样口温度 280℃，起始温度 80℃，维持 1 min，以 30℃/min 升至 300℃，维持 15 min；EI 离子源，检测正离子，电离源温 150℃，电离能 70 eV，发射电流 200 μA，碰撞池氩气气压 160 MPa，MRM 模式检测。NORA、OHA、HMA 的 CV 分别为 19.4%、14.6%和 20.7%，回收率为 80%～120%，LOQ 均为 5 ng/mL。

（6）高效液相色谱法（high performance liquid chromatography，HPLC）

本类药物的吡唑酮结构具有紫外吸收特性，HPLC 分析主要采用反相色谱分离，紫外检测器（ultraviolet detector，UVD）测定。

1）酸性药物

庞国芳等[35]采用反相 HPLC 测定了动物肌肉中的保泰松。以 0.05 mol/L 乙酸铵溶液-甲醇-乙腈（53+35+12，v/v）为流动相，流速 0.8 mL/min，C_{18} 色谱柱分离，柱温 40℃，检测波长 270 nm。猪肉、牛肉、鸡肉、羊肉的回收率在 75%～105%之间，RSD 在 4.0%～10.0%之间，LOD 为 5 μg/kg。作者对流动相配比进行试验发现，减少甲醇比例，杂质峰的数量显著增加，逐渐出现较大的干扰峰，直至淹没样品峰；减少乙腈的比例，灵敏度会减小，与杂质峰的分离度降低，峰形和回收率又逐步降低，但与样液中的干扰物能完全分开。

Neto 等[18]采用 HPLC-UVD 测定血液中的保泰松和羟布宗。净化后的样品采用 Chrospher RP-18 色谱柱分离，流动相为 0.01 mol/L 乙酸-甲醇（45+55，v/v），流速 1 mL/min，检测波长为 254 nm。方法回收率为 83%～105%，CV 为 4.7%～7.8%，保泰松的 LOD 为 0.5 μg/ml，羟布宗为 1.0 μg/mL。Grippa 等[20]建立了同时测定马血液中保泰松、羟布宗等 4 种药物的 HPLC 方法。色谱分离选用 C_{18} 色谱柱，流动相采用乙腈-水（含 0.1%三氟乙酸和 0.1%三乙胺）（51+49，v/v），流速 1 mL/min，检测波长 254 nm。保泰松、羟布宗的回收率分别为 51.5%±2.7%和 37.9%±0.9%，CV 分别为 5.5%～14.8%和 2.7%～13.6%；保泰松 LOD 为 0.5 μg/mL，羟布宗为 1 μg/mL。Marti 等[32]采用乙腈提取血浆中的保泰松，上清液直接进 HPLC 分析。色谱柱采用 chrosher 60 RP（150 mm×4.6 mm，5 μm），流动相为 0.01 mol/L 乙酸-甲醇（35+65，v/v），流速 1 mL/min，检测波长 240 nm。方法回收率为 83%，LOD 和 LOQ 分别为 0.016 μg/mL 和 0.029 μg/mL。Taylor 等[43]采用 HPLC 测定马血液中保泰松和羟布宗。色谱柱为 Hypersil C_{18}（100 mm×4.6 mm，5 μm），流动相为甲醇-0.1%乙酸溶液（6+4，v/v），流速 1.5 mL/min，检测波长 240 nm。保泰松和羟布宗的回收率分别为 53.5%～63.1%和 43.3%～47.2%；CV 分别为 5.1%和 4.0%，LOQ 为 10 μg/mL。De Veau 测定[40]牛血浆中游离的保泰松，血浆经过分子滤过膜滤去分子量大于 10000 的杂质后，离心取上清，进 HPLC 测定。色谱柱为反相 C_{18}（250 mm×4.6 mm，5 μm），流动相为 0.2 mol/L 磷酸钠缓冲液-甲醇（1+1，v/v），流速 1 mL/min，检测波长 264 nm。方法回收率为 91%～93%，CV 为 1%～4%，LOQ 为 2 μg/mL。Caturla 等[21]将血液提取液蒸干后，用甲醇复溶，反相色谱 C_{18}（250 mm×4.6 mm，5 μm）分离，流动相采用 pH 3 的 0.02 mol/L 硫酸铵-乙腈（45+55，v/v），流速为 1 mL/min，检测波长 240 nm。保泰松和羟布宗的 LOQ 均为 0.05 μg/mL，回收率大于 90%。Marunaka 等[36]测定血液和尿液中的保泰松、羟布宗，样品用盐酸酸化后，萃取至苯-环己烷（1+1，v/v）溶液，萃取液吹干后复溶于甲醇，进 HPLC 测定。色谱柱为 C_{18}（30 cm×4 mm，10 μm），流动相为甲醇-0.01 mol/L 乙酸铵，梯度洗脱，流速 2.0 mL/min，检测波长 254 nm。保泰松、羟布宗和 γ-羟基保泰松的 LOD 均为 0.05 μg/mL，保泰松、羟布宗的回收率分别为 96.7%±1.7%和 93.1%±3.7%。

Haque 等[48]将血浆直接注入 HPLC 系统测定保泰松和羟布宗。采用半通透表面色谱柱 5PM-S5-100-C_{18}（15 cm×4.6 mm）分离，流动相为乙腈-磷酸盐缓冲液（15+85，v/v），流速 1 mL/min，检测波长 270 nm。该方法线性范围为 0.5～20 μg/mL，CV 小于 6%，保泰松和羟布宗的 LOQ 和 LOD 分别为 0.5 μg/mL 和 0.25 μg/mL，分析时间小于 13 min。半通透性表面色谱柱可多次进血清样品，色谱柱含有两种作用机制的固定相，外层为多孔水溶性的聚氧乙烯共价结合在硅胶基质上，内层为脂溶性 C_{18}、C_8、氰基和苯基。半通透性表面色谱柱流动相中有机溶剂含量应低于 25%，pH 为 5.5～7.5，溶液中盐分含量应在 0.05～0.1 mol/L 之间，以防样品中蛋白质沉淀。该方法非常简单，血清样品可直接进 HPLC 测定。

2）碱性药物

Katz 等[29]建立了测定血浆中安乃近 4 种代谢物的 HPLC 方法。样品用氢氧化钠溶液碱化后，用二氯甲烷提取，提取液蒸干，流动相复溶，HPLC 测定。色谱柱为 PBondapak C_{18} 柱（300 mm×3.9 mm），流动相为甲醇-0.01 mol/L 乙酸钠溶液（用盐酸调节 pH 3.0）（8+92，v/v），流速 1.6 mL/min，检测波长 257 nm，用异丙基氨基安替比林为内标定量。FAA 和 AAA 的校正回收率为 96.0%～100%，MAA 和 AA 为 70.6%～87.8%，CV 均低于 6.7%；LOD 均为 0.1 μg/mL。王章阳等[49]建立了同时测定兔血浆中安乃近及其 3 种代谢物（FAA、AA 和 MAA）的 HPLC 方法。以 2-萘-磺酸钠为内标，pH 6.5 的甲醇-水-磷酸盐缓冲液（35+63+2，v/v）为流动相，采用 ODS（15 mm×6 mm）分析柱分离，流速 1.0 mL/min，柱温 35℃，检测波长 260 nm。FAA、AA 和 MAA 平均回收率均接近 100%，LOD 均为 0.15 μg/mL。崔景斌等[31]用 HPLC 测定血浆中的安乃近代谢物 MAA。内标物为异丙氨基安替比林，色谱柱为 YWG-C_{18} 柱（150 mm×5 mm），流动相为 pH 5.5 磷酸盐缓冲液-甲醇（68+32，v/v），流速 2 mL/min，检测波长 254 nm。MAA 的绝对回收率为 82.5%，相对回收率为 99%，CV 小于 3.66%，检测 LOQ 为 0.05 μg/mL。

沈金灿等[25]建立了牛和猪肌肉中安乃近代谢物 FAA、AA 和 MAA 的 HPLC 测定方法。采用 Inertsil ODS 3 色谱柱分离，水和甲醇为流动相，梯度洗脱，流速 1 mL/min，检测波长 265 nm。FAA 的回收率为 81.3%～92.5%，AA 的回收率为 82.0%～96.0%，MAA 的回收率为 80.4%～90.6%；RSD 均在 7% 以内；LOQ 均为 50.0 μg/kg。研究发现，流动相 pH 低于 7.0 时，随着 pH 的降低，各组分在反相色谱柱上的保留降低。虽然各组分分离度并没有明显的降低，但由于保留时间的缩短容易引起目标组分与干扰组分共洗脱，从而影响目标物的测定。同时，在相同的梯度条件下，用甲醇时的保留时间比用乙腈的保留时间长，这使得 FAA 能够与干扰组分实现良好的分离。另外，在中性条件下，不同的水相流动相（20 mmol/L 醋酸铵溶液、20 mmol/L 磷酸盐溶液和纯水）对目标物的分离没有显著的影响，但采用缓冲液体系进行梯度洗脱时，基线会随着含水量的变化产生较大的波动。我国国家标准 GB/T 20747—2006[51]也采用 Inertsil ODS3 色谱柱分离，以水-甲醇为流动相，梯度洗脱，流速 1 mL/min，265 nm 波长处测定 FAA、MAA 和 AA。方法 LOD 在 12.5～20 μg/kg 之间，定量范围为 50～400 μg/kg，回收率为 80%～96%。

Mikati mA 等[15]建立了测定尿液中安替比林及其代谢物的 HPLC 方法。尿液酶解后，用乙酸乙酯提取，提取液蒸干后用流动相复溶，进 HPLC 测定。色谱柱为反相 C_{18} 柱（30 cm×3.9 mm），流动相为含 7.5%乙腈的 0.1 mol/L 乙酸钠溶液（用乙酸调节 pH 6.6），流速 3.5 mL/min，柱温 35℃，检测波长 254 nm。安替比林、NORA、OHA、HMA 的回收率在 97%～105%之间，CV 小于 5%，LOQ 低于 3 μg/mL。

（7）液相色谱-质谱法（liquid chromatography-mass spectrometry，LC-MS）

HPLC 法不能提供结构方面的信息，无法对目标化合物进行确证，也无法分析复杂基质中痕量残留化合物。LC-MS 特别是液相色谱-串联质谱（LC-MS/MS），集液相色谱高效分离与质谱的高鉴定能力于一体，在药物残留分析领域得到了广泛应用，推动了复杂基质（如动物肌肉、肝脏、肾脏）中多残留分析的发展。

由于吡唑酮类药物理化性质的不同（安乃近及其代谢物为碱性药物，而保泰松、羟布宗为酸性药物），一般采取不同电离模式进行质谱测定。

1）碱性药物

安乃近及其代谢物显碱性，质谱检测电离一般选正离子模式。安乃近的二级代谢物 FAA、AA 和

AAA 性质较为稳定，采用外标法定量可以得到满意的结果；而其一级代谢物 MAA 稳定性相对较差，通常采用内标法进行定量。

沈金灿等[16]建立了牛和猪肌肉中安乃近代谢物残留的 LC-MS/MS 分析方法。采用 Atlantis C$_{18}$ 色谱柱（150 mm×2.1 mm，3.5 μm）分离，流动相为 5 mmol/L 乙酸铵溶液（pH 4.5）和乙腈，梯度洗脱，流速 0.3 mL/min；喷雾电压 5.0 kV，去簇电压 40 V，聚焦电压 200 V，碰撞室射入电压 10 V，碰撞室射出电压 15 V，去溶剂温度 450℃，电喷雾（ESI）正离子、MRM 模式检测。FAA 和 AAA 采用外标法定量，AA 和 MAA 以 4-异丙氨基安替比林（4-iso propylaminoantipyrine，IAA）作为内标定量。FAA 和 AA 的 LOD 为 1.0 μg/L，AAA 和 MAA 为 0.5 μg/L；在添加浓度 5～200 ng/g 范围内，FAA 的回收率为 81.6%～94.0%，AAA 为 81.2%～90.2%，AA 为 82%～101%，MAA 为 78.5%～87.0%；RSD 均在 7% 以内。研究表明，采用正离子模式进行质谱检测时，通常需要在溶液中维持一定的酸度使分析物容易质子化而带正电荷；然而 pH 太低，各组分的保留降低，容易与基质组分共洗脱而使其响应受到抑制。在 pH 4.5 条件下，以 5 mmol/L 醋酸铵缓冲体系作为流动相，各组分得到比较好的分离，并且质谱上有较强响应。实验还发现，即使在中性和室温条件下，低浓度的安乃近在缓冲溶液中也容易迅速转化成 MAA。张骊等[27]建立了猪肉中氨基比林、安替比林、安乃近代谢物 FAA、AA、AAA 和 MAA 残留检测超高效液相色谱-串联质谱法（UPLC-MS/MS）。色谱柱为 Waters BEH C$_{18}$（2.1 mm× 5 mm，1.7 μm），流动相为含 0.1% 甲酸的乙腈和 0.1% 甲酸溶液，梯度洗脱，柱温 30℃，流速 0.3 mL/mL；质谱条件为 ESI$^+$、MRM 方式。在 5～500 ng/mL 范围，基质匹配标准曲线呈线性；平均回收率为 71.5%～100%；批内、批间 CV 均小于 10%；LOD 为 2 μg/kg，LOQ 为 5 μg/kg。Jedziniaka 等[17]建立了牛肉中安乃近代谢物 FAA、AA、AAA 和 MAA 残留的 LC-MS/MS 测定方法。样品用 C$_8$ 色谱柱（150 mm× 2.1 mm，3.5 μm）分离，流动相为甲醇-乙腈（8+2，v/v）和 0.01 mol/L 甲酸铵溶液（pH 5.0），流速 0.3 mL/min，梯度洗脱，离子源温度 600℃，毛细管电压 5.5 kV，ESI$^+$、MRM 模式检测。实验室内 CV 为 7%～30%；回收率为 45%～95%；MAA、FAA、AAA 和 AA 的 CC$_\alpha$ 分别为 113 μg/kg、11.6 μg/kg、11.6 μg/kg 和 12.6 μg/kg，CC$_\beta$ 分别为 139 μg/kg、16.5 μg/kg、15.8 μg/kg 和 16.4 μg/kg。张崇等[51]建立了羊肌肉组织中安乃近 4 种主要代谢物（MAA、AA、FAA 和 AAA）的亲水 LC-MS/MS 分析方法。肌肉样品均质后，用体积分数为 5% 的氨水乙腈提取，提取液用 Cleanert PSA 初步净化，60℃氮气吹干，乙腈复溶后过 MAX 柱净化，采用亲水 LC-MS/MS 测定，4 种物质均采用外标法定量。在 5 μg/kg、50 μg/kg、100 μg/kg、1000 μg/kg 4 个添加浓度，方法回收率在 75.02%～116.2% 之间，日内 CV 为 1.63%～15.12%，日间 CV 均小于 11%；MAA、FAA 和 AAA 的 LOD 均为 0.5 μg/kg，AA 为 5 μg/kg。

沈金灿等[28]还建立了牛奶和奶粉中 FAA、AAA、MAA 和 AA 的 LC-MS/MS 检测方法。采用 BEH C$_{18}$ 色谱柱分离，流动相为 5 mmol/L 乙酸铵溶液（pH 4.5）和甲醇，梯度洗脱，流速 0.25 mL/min，柱温 40℃；ESI$^+$、MRM 模式检测，喷雾电压 3 kV，碰撞气为氩气，辅助气为氮气，辅助气流速 750 L/h，辅助气温度 350℃，离子源温度 105℃。FAA、AAA 和 AA 采用外标法定量，MAA 采用 IAA 为内标定量。FAA、AA、AAA、MAA 的 LOD 分别为 0.24 μg/kg、0.59 μg/kg、0.20 μg/kg 和 0.61 μg/kg；在添加量 5～20 μg/kg 范围内，4 种安乃近代谢物的回收率在 80.4%～97.9% 之间，RSD 均小于 9%。

Penney 等[26]建立了牛奶、牛肉、猪肉中安乃近及其代谢物残留的测定方法。色谱柱采用 Inertsil ODS-3 柱，流动相为 0.05 mmol/L 甲酸铵-乙腈，梯度洗脱，流速 0.3 mL/min，LC-ESI$^+$-MS/MS，MRM 模式检测。FAA、AA 和 MAA 的基质匹配标准曲线线性范围为 0.02～0.20 μg/g，安乃近为 0.2～2.0 μg/g；牛奶和猪肉中各药物回收率在 82%～128% 之间，CV 均小于 11%；FAA、AA 和 MAA 的 LOD 小于 0.02 μg/g，安乃近的 LOD 小于 0.13 μg/g。

2）酸性药物

保泰松和羟布宗呈酸性，LC-MS 检测用负离子模式电离。

Clark 等[41]分别采用液相色谱-单极四极杆质谱（LC-MS）和液相色谱-离子阱质谱（LC-MS^n）检测牛肾中保泰松残留。色谱柱为 YMC ODS-AQ 柱（2 mm×100 mm，3 μm），流动相为乙腈和乙酸铵缓冲液，梯度洗脱。LC-MS 测定质谱离子源为 ESI⁻、SIM 模式检测，脱溶剂气为氮气，流速 10 L/min，温度 200℃，源内电压–165 V，雾化气为氮气，气压 80 psi。在 25 μg/kg 添加浓度，5 个样品中有 2 个满足检测确证阳性条件，另外 3 个检测信噪比（S/N）小于 3。而 LC-MSⁿ 则采用 ESI⁻、MRM 模式检测，毛细管电压–3.88 kV，毛细管温度 350℃，检测灵敏度大于 LC-MS，在 5～10 ppb 添加浓度，均可全部检出。

Dubreil-Cheneau 等[33]用甲醇提取牛奶中羟布宗、保泰松等 12 种药物后，直接进 LC-MS/MS 分析。以 C_{18} 色谱柱（150 mm×2 mm，5 μm）分离，流动相为 1 mmol/L 乙酸+乙腈（90+10，v/v）和乙腈，梯度洗脱，流速 0.4 mL/min，三重四极杆质谱以 ESI⁻、MRM 模式检测。质谱条件：样品管和脱溶剂温度为 350℃，毛细管电压 4000 V，鞘气压力为 35 任意单位，辅助气压力为 10 任意单位，离子吹扫气压为 25 任意单位，碰撞气压 1 mTorr，驻留时间 50 ms。方法 CC_β 为 0.5 μg/kg，回收率为 94.7%～110.0%，CV 为 2.9%～14.7%。Gentili 等[39]采用 LC-MS/MS 测定牛奶和牛肉中保泰松等 15 种药物。用 XTerra-MS C_{18}（150 mm×4.6 mm，5 μm）色谱柱分离，流动相为乙腈-甲醇（1+1，v/v，含 0.2 mmol/L 二丁胺）和水，梯度洗脱，流速 1 mL/min，分流比 1:9，10% 进入三重四极杆质谱分析。离子源为涡轮离子喷雾（Turbo Ion Spray），干燥气和源温度为 200℃，负离子源模式，毛细管电压–4500 V，MRM 模式监测。牛奶中保泰松的 CC_α 和 CC_β 分别为 0.71 μg/kg 和 1.23 μg/kg，牛肉中为 0.92 μg/kg 和 1.84 μg/kg；回收率接近 100%。

3）酸性和碱性药物同时检测

本类药物的酸碱性不同，但采用分开进样或电离源正负离子切换方式，可同时测定保泰松、羟布宗、安乃近代谢物等吡唑酮类药物。

Jedziniak 等[34]建立了牛奶中保泰松、羟布宗和安乃近 4 个代谢物等药物的 LC-MS/MS 同时检测方法。样品经乙腈-乙酸铵缓冲溶液提取，提取液分成两份，一份用于直接测定碱性药物安乃近及其代谢物，另一份经氨基 SPE 柱净化后，测定酸性药物保泰松和羟布宗。采用 Phenomenex Luna C_8 色谱柱分离，流动相为甲醇-乙腈（8+2，v/v）和 0.01 mol/L 甲酸铵（pH 5.0），梯度洗脱，流速 0.2 mL/min，ESI 电离，离子源温度 600℃，毛细管电压为–5.5 kV（负离子模式）和+5.5 kV（正离子模式），MRM 模式检测。保泰松和羟布宗为负离子，安乃近代谢物 FAA、AA、AAA 和 MAA 为正离子模式。CV 为 7%～28%，回收率为 71%～116%；MAA 的 CC_α 和 CC_β 分别为 55 μg/kg 和 61 μg/kg，AAA、AA 和 FAA 的 CC_α 和 CC_β 均在 5.2～6.8 μg/kg 之间，保泰松和羟布宗的 CC_α 和 CC_β 均在 2.7～3.2 μg/kg 之间，满足残留测定要求。

（8）免疫分析法（immunoanalysis，IA）

免疫分析方法具有快速简便、灵敏度高等优点，主要用于筛选检测。吡唑酮类药物的免疫学方法研究主要是放射免疫分析法（radioimmunoassay，RIA），集中于 20 世纪 80 年代左右，近年来报道较少。RIA 的原理是放射性标记抗原和未标记抗原（待测物）与不足量的特异性抗体竞争性地结合，反应后分离并测量放射性，而求得未标记抗原的量。

Takatori 等[52]最早制备 4-重氮基安替比林免疫原。AA 在酸性条件下，冰浴，将氨基重氮化，生成 4-重氮基安替比林，再在碱性条件下与牛血清白蛋白偶联，多次免疫家兔获得安替比林抗体，建立了吡唑酮类药物 RIA 方法。通过[³H]标记的安替比林和未标记安替比林竞争性结合安替比林特异性兔抗血清，检测[³H]标记的安替比林进行定量，方法 LOD 为 1 ng，但未对实际样品进行测定。Takatori 等[54]还制备了琥珀酸酐安替比林抗原。由于安替比林缺乏与蛋白偶联的活性基团，而其代谢物 AA 则含有活性氨基。将 AA 和琥珀酸酐分别溶解于二氯甲烷，再将二者混合，室温下反应，反应产物用硅胶薄层层析，展开剂为甲醇-氯仿（90+10，v/v），收取 4-氨基琥珀酸酐-安替比林，再与氯甲酸异丁酯衍生，衍生产物直接与牛血清蛋白偶联，获得完全抗原，再免疫家兔，获得抗体。该抗体的 IC_{50} 分别为：安替比林 6.8 ng/mL，AA 6.4 ng/mL，安乃近 2820 ng/mL，氨丙吡酮 8.5 ng/mL，安乃近 35.5 ng/mL，IPA 1320 ng/mL，氨基比林 2820 ng/mL。以此建立的 RIA 方法，安替比林的 LOD 为 1 ng/mL，与其他吡唑酮类药物无交叉反应，但未对生物样品进行测定。

14.2　公定方法

14.2.1　牛和猪肌肉中安乃近代谢物残留量的测定　液相色谱-串联质谱法[50]

14.2.1.1　适用范围

适用于牛和猪肌肉中 4-甲酰氨基安替比林、4-乙酰氨基安替比林、4-甲基氨基安替比林和 4-氨基安替比林残留量的液相色谱-串联质谱测定。方法检出限：4-甲酰氨基安替比林为 1.8 μg/kg；4-氨基替比林和 4-甲基氨基安替比林为 1.5 μg/kg；4-乙酰氨基安替比林为 1.0 μg/kg。

14.2.1.2　方法原理

肌肉中安乃近代谢物残留用硫酸钠溶液（pH=7）提取，过滤后，经 Bond Elut C_{18} 固相萃取柱或相当者净化后，用甲醇洗脱，氮气吹干。残渣用甲醇+水溶解，供液相色谱-串联质谱仪测定，内标法或外标法定量。

14.2.1.3　试剂和材料

甲醇、乙腈、醋酸铵：色谱纯；硫酸钠、亚硫酸钠：分析纯。

硫酸钠+亚硫酸钠提取溶液：准确称取 14.20 g 无水硫酸钠和 2.52 g 亚硫酸钠，用水溶解，并使其体积达到约 950 mL，然后用 0.5 mol/L 的稀硫酸调节溶液的 pH 至 7.0，用水定容至 1000 mL；淋洗液：甲醇+水（1+19，v/v）；样品定容液：甲醇+水（1+9，v/v）。

4-甲基氨基安替比林、4-乙酰氨基安替比林、4-甲酰氨基安替比林和 4-氨基安替比林标准物质：纯度≥99%。

内标标准物质：4-异丙基氨基安替比林，纯度≥99%。

标准储备溶液：100 mg/L。准确称取适量的各种安乃近代谢物标准物质，用甲醇配制成浓度为 100 mg/L 的标准储备溶液，避光−18℃保存，可使用 3 个月。

混合标准储备溶液：1.0 mg/L。吸取每种适量标准储备溶液，用甲醇稀释成 1.0 mg/L 的混合标准工作溶液，避光−18℃保存，可使用 1 个月。

内标储备溶液：准确称取适量的内标标准物质用甲醇配制成浓度为 100 mg/L 标准储备溶液，避光−18℃保存，可使用 3 个月。

内标工作溶液：0.20 mg/L。吸取适量的内标储备溶液，用甲醇稀释成 0.20 mg/mL 的内标标准工作溶液，避光−18℃保存，可使用 1 个月。

基质混合标准工作溶液：吸取适量的混合标准储备溶液和适量内标工作溶液，用空白样品提取液配成浓度为 1.0 μg/L、5.0 μg/L、10.0 μg/L、20.0 μg/L、40.0 μg/L 和内标浓度为 0.20 mg/L 的基质混合标准工作溶液。当天配制。

Bond Elut C_{18} 固相萃取柱或相当者：500 mg，3 mL。用前分别用 5 mL 甲醇和 5 mL 水处理，保持柱体湿润。

14.2.1.4　仪器和设备

液相色谱-串联质谱仪：配有电喷雾离子源（ESI）；固相萃取装置；氮气浓缩仪；旋涡混匀器；分析天平：感量 0.1 mg 和 0.01 g；真空泵；均质器；移液器：10～100 μL 和 100～1000 μL；聚丙烯离心管：50 mL，具塞；pH 计：测量精度±0.02；低温离心机：可制冷到 4℃；玻璃离心管：15 mL。

14.2.1.5　样品前处理

（1）试样制备

取有代表性的牛或猪肌肉组织，制成实验室样品。试样分为两份，置于样品瓶中，密封，并做上标记。制备好的试样置于−18℃冰柜中避光保存。

（2）提取

称取 5 g 试样，精确至 0.01 g。将上述样品置于 50 mL 聚丙烯离心管中，加入 0.25 mL 浓度为 2.0 mg/L 的内标工作溶液，然后加入 15 mL 硫酸钠+亚硫酸钠提取溶液，均质 1 min，在 10℃以

4000 r/min 离心 5 min。将上清液转移到另一个干净的 50 mL 容量瓶中，残渣再分别加入 15 mL、10 mL 硫酸钠+亚硫酸钠提取溶液提取二次，离心后，合并上清液，并用硫酸钠+亚硫酸钠提取溶液定容至 50 mL，混合均匀，然后用玻璃滤纸过滤，待净化。

（3）净化

取 25 mL 提取液放入 C_{18} 固相萃取柱中，以约 1 mL/min 的流速使样液通过固相萃取柱，待样液全部通过后，依次用 5 mL 水和 5 mL 甲醇+水淋洗液淋洗固相萃取柱，弃去全部流出液，减压抽干固相萃取柱 10 min。最后用 5 mL 甲醇洗脱，洗脱液收集于 15 mL 玻璃离心管中，置于氮气浓缩仪上在 55℃吹至近干，用样品定容液定容至 1.0 mL。定容液混匀后，过 0.45 μm 滤膜，供液相色谱-串联质谱测定。

同时取阴性样品，按上述提取净化步骤制备空白样品提取液，用于配制基质混合标准工作溶液。

14.2.1.6 测定

（1）液相色谱条件

色谱柱：Atlantisd C_{18} 色谱柱，3 μm，150 mm×2.1 mm 或相当者；柱温：30℃；进样量：20 μL；流动相、流速及梯度洗脱条件见表 14-3。

表 14-3 流动相、流速及梯度洗脱条件

时间/(min)	流速/(mL/min)	5 mmol/L NH₄Ac 溶液，pH 4.5	乙腈/%
0	0.30	90	10
10	0.30	20	80
12	0.30	5	95
13	0.30	90	10
18	0.30	90	10

（2）质谱条件

离子源：电喷雾离子源；扫描方式：正离子扫描；检测方式：多反应监测（MRM）；电喷雾电压：5000 V；辅助气流速：7.0 L/min；辅助气温度：450℃；聚焦电压：200 V；碰撞室出口电压：15 V；定性离子对、定量离子对，保留时间、去簇电压及碰撞能量见表 14-4。

表 14-4 安乃近代谢物测定的质谱参数

化合物	保留时间/min	定性离子对（m/z）	定量离子对（m/z）	碰撞气能量/V	去簇电压/V
4-甲酰氨基安替比林	6.28	232/104	232/104	21	36
		232/83		30	36
4-氨基安替比林	6.21	204/159	204/159	19	35
		204/111		19	35
4-甲基氨基安替比林	7.75	218/56	218/56	40	50
		218/97		23	50
4-乙酰氨基安替比林	7.96	246/228	246/228	20	32
		246/104		35	32
4-异丙氨基安替比林(内标)	9.10	246/56	246/56	46	35
		246/125		35	35

（3）定性测定

每种被测组分选择 1 个母离子，2 个以上子离子，在相同实验条件下，样品中待测物质和内标物的保留时间之比，也就是相对保留时间，与基质混合标准工作溶液中对应的相对保留时间偏差在±2.5% 之内；且样品中各组分定性离子的相对丰度与浓度接近的基质混合标准工作溶液中对应的定性离子的相对丰度进行比较，偏差不超过表 1-5 规定的范围，则可判定为样品中存在对应的待测物。

（4）定量测定

在仪器最佳工作条件下，对基质混合标准工作溶液进样，以峰面积为纵坐标，基质混合工作溶液浓度为横坐标绘制标准工作曲线，用标准工作曲线对样品进行定量，样品溶液中待测物的响应值均应在仪器测定的线性范围内。四种安乃近代谢物标准物质和内标物的多反应监测（MRM）色谱图见图14-4。4-甲酰氨基安替比林和4-乙酰氨基安替比林采用外标法定量；4-甲基氨基安替比林和4-氨基安替比林采用内标法进行定量。

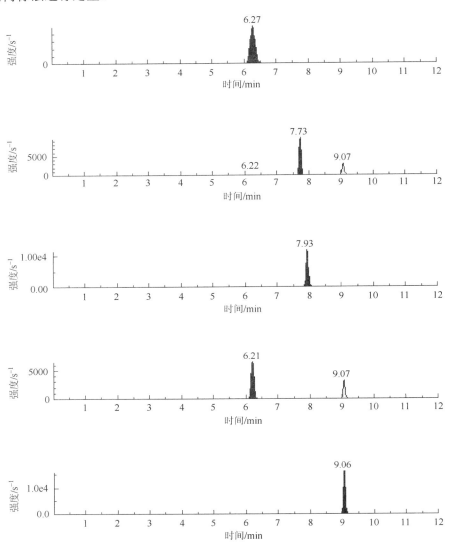

图 14-4　四种安乃近标准物质及内标物的多反应监测（MRM）色谱图

6.27 min，4-甲酰氨基安替比林；6.21 min，4-乙酰氨基安替比林；7.73 min，4-氨基安替比林；7.93 min，4-甲基氨基安替比林；9.06 min，4-异丙氨基安替比林（内标）

14.2.1.7　分析条件的选择

（1）安乃近原药的稳定性研究

在安乃近的体内和体外的稳定性研究中，安乃近均被发现容易转化成活性产物 4-甲基氨基安替比林。在体内研究中，安乃近被吸收进入血液后，迅速、完全地被代谢为活性产物 MAA，再进入体循环，其药理作用主要由 MAA 产生。在体外研究中，Hakan 等[55]最近的研究发现在溶液中安乃近亦容易转化为 MAA，影响其降解的主要因素包括浓度、温度和 pH。

a. 浓度的影响：浓度对于安乃近的降解是一个很重要的因素，通过比较不同浓度的安乃近的降解情况，结果表明在低浓度条件下，安乃近容易迅速降解，而高浓度时则相对稳定；

　　b. 温度的影响：温度是另外一个重要因素，通过比较不同温度下安乃近的降解情况，结果表明温度越高，安乃近降解越快；

　　c. pH 的影响：pH 对安乃近的降解也影响很大，低 pH 容易造成安乃近降解。

　　实验证明了即使是在中性条件、室温条件下，低浓度的安乃近在缓冲溶液中容易迅速转化成 MAA。实验将安乃近由甲醇储备液稀释至缓冲溶液中，采用液相色谱-质谱/质谱方法检测不同时间段安乃近的降解程度，结果如图 14-5 所示。

　　在 2 h 内安乃近在缓冲溶液中几乎完全降解成 MAA。在安乃近原药的加标回收实验中，同样在结果中只检测到了 MAA，而安乃近原药没有被发现。由于安乃近原药容易迅速转化为 MAA，在安乃近的残留研究中，通常不检测安乃近原药，而是检测其标志性代谢物 MAA。为此，本方法没有检测安乃近原药，研究对象为 MAA、AA、FAA、AAA 及 IAA（内标物）。

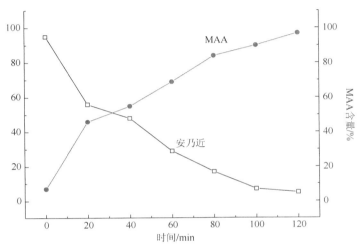

图 14-5　安乃近原药和 MAA 的转化

　　（2）样品前处理条件研究

　　1）提取缓冲溶液

　　根据文献报道[55]安乃近及其系列代谢物，易溶于水或甲醇溶液中，其在中性条件下较为稳定，文献报道的提取方法有用有机溶剂（如乙醚）提取，或将样品离心后直接进样测定。本方法在国内外研究的基础上，采用 pH 7.0 的 0.1 mol/L 的 Na_2SO_4 作为提取缓冲溶液；由于吡唑类化合物吡唑酮环上的不饱和键易被氧化，故需在溶液中加入一定量的抗氧化剂以避免其被氧化，在本研究中通过在提取溶液中加入 20 mmol/L 的 Na_2SO_3 作为抗氧化剂。

　　2）SPE 柱的选择

　　实验室比较了 HLB、Bond Elut Certify（阳离子和 C_{18} 混合型 SPE 柱）、Bond Elute C_{18} 的富集和净化效果，结果表明 HLB 柱对 AA 的回收率差；Bond Elute Certify 对 MAA 的回收率差，而采用 Bond Elut C_{18} 富集和净化，各标准物质过柱后的回收率均比较理想（85%以上），故实验选择 Bond Elut C_{18} 前处理柱对样品进行富集和净化。

　　3）色谱柱的选择

　　比较了 Phenomenex Luna C_{18}、Agilent XDB C_{18} 及 Waters Atlantis dC_{18} 色谱柱的分离效果，结果表明，采用常规的色谱柱如 Phenomenex Luna C_{18} 和 Agilent XDB C_{18} 反相色谱柱，FAA 的保留时间短，峰形差，从而影响检测的灵敏度。而采用 Waters 的 Atlantis dC_{18} 柱，由于该类型色谱柱对极性化合物保留较强，从而使得 FAA 的保留得到增强，同时峰形得到改善，故液质检测时选择 Atlantis dC_{18} 色谱柱作为分析柱。

　　4）流动相的选择

　　质谱采用正离子模式进行检测时，通常需要在溶液中维持一定的酸度以是被分析物容易质子化而带上正电荷，然而 pH 太低，各组分的保留降低，容易与基质组分共洗脱而使其响应受到抑制。通过实验比较发现，在 pH 4.5 条件下，以 5 mmol/L 的醋酸铵缓冲体系作为流动相各组分得到比较好的分离，并且质谱上有较强的响应，故实验选择 pH 4.5 的 5 mmol/L 的醋酸铵缓冲体系作为流动相。

5）质谱条件的选择

液相色谱法进行定量分析，有时一个色谱峰可能包含几种不同的组分，尤其是复杂样品，成分复杂，样品基质容易对目标物质产生干扰。为了消除干扰，实验采用串联质谱的多反应监测技术（MRM），这样得到的总离子色谱图进行了 3 次选择：液相色谱选择组分的保留时间，一级质谱（MS）选择分子量，二级质谱（MS）选择子离子，因此可以尽可能地降低背景基质对谱峰的干扰。然而，样品中的基质效应依然可能对待测化合物的质谱响应产生抑制作用，试验中发现，样品基质对离子化有比较强的抑制作用，不同样品基质对各种安乃近代谢物离子化的抑制情况存在显著差异。为了抵消基质效应的作用，以空白样品提取液作为标准溶液的稀释溶液，可使标准和样品溶液具有同样的离子化条件，从而消除了样品基质效应。

质谱条件的优化：首先采用 2.0 mg/L 的 FAA、AAA、AA、MAA 和 IPA 标准溶液在正离子模式下进行母离子全扫描，确定 FAA、AA、MAA、DAA 和 IPA 的分子离子分别为 m/z 232、246、204、218 和 246，然后分别以这些离子作为母离子，对其子离子进行全扫描。在所用实验条件下，FAA 主要产生 m/z 104.1、83.1、214.2、204.2 等子离子；AAA 主要产生 m/z 228.1、104.1、83.1、56.0 等子离子；AA 主要产生 m/z 159.1、111.1、104.1、187.1、146.2 等子离子；MAA 主要产生 113.1、111.1、143.1 等子离子；IPA 主要产生 125.1、56.0、153.1、204.1 等子离子。选取丰度最强的离子作为各组分的监测离子，优化去簇电压、聚焦电压、射入电压、碰撞电压、碰撞室射出电压、喷雾电压等质谱参数，优化得到的质谱参数为：喷雾电压 5.0 kV；去簇电压 40.0 V；聚焦电压 200.0 V；射入电压 10.0 V；碰撞室射出电压 15.0 V；去溶剂温度 450℃。

6）定量方式的选择

采用 LC-MS-MS 对安乃近四种残留物（FAA、AAA、AA 和 MAA）进行分析时发现，除了 AAA 和 FAA 采用外标法进行定量能够得到理想的回收率外，AA 和 MAA 则无法通过外标法进行准确定量。而通过选择 IAA 作为内标物，对这两种组分进行定量分析，其回收率能够满足残留分析要求。

14.2.1.8　线性范围和测定低限

按照本方法制备 4 种安乃近代谢物浓度分别为 2.5 ng/mL、12.5 ng/mL、25.0 ng/mL、50.0 ng/mL 和 100 ng/mL 的基质混合标准溶液，在选定的条件下进行测定，以峰面积（Y 轴）对相应的安乃近代谢物各组分浓度（X 轴）作图，结果表明，测定的四种组分浓度与对应的峰面积值呈现良好的线性关系（见表 14-5），检出限均小于 2.0 μg/L。

表 14-5　4 种安乃近代谢物线性关系和检测限

化合物	浓度范围/（μg/L）	回归方程（$Y=a+bX$）	相关系数（r）	检出限/（μg/L，S/N>3∶1）
FAA	2.5～100	$Y=2.23\times10^{-3}X+4.63\times10^{-3}$	0.9996	1.8
AA	2.5～100	$Y=8.38\times10^{-3}X+7.49\times10^{-3}$	0.9975	1.5
MAA	2.5～100	$Y=1.24\times10^{-2}X+1.45\times10^{-2}$	0.9977	1.5
AAA	2.5～100	$Y=8.25\times10^{-3}X+7.69\times10^{-2}$	0.9983	1.0

在方法规定的操作条件下，样品中四种安乃近代谢物的添加浓度为 5.0 μg/kg 时，所测谱图的信噪比大于 10，高于仪器最小检知量。因此，本方法测定低限确定为 5.0 μg/kg。

14.2.1.9　方法回收率和精密度

方法回收率和精密度实验，以不含安乃近及其代谢物的猪肉和牛肉为添加基质，质谱的添加水平设定为：5 μg/kg、10 μg/kg、20 μg/kg 和 40 μg/kg 三个添加浓度，每个浓度进行十次实验，测得各种安乃近代谢物的回收率，见表 14-6。方法平均回收率为 75.0%～104%，相对标准偏差为 1.88%～7.09%。

表 14-6 猪肉和牛肉基质中安乃近代谢物的回收率和室内精密度分析结果（$n=10$）

基质	添加水平/(μg/kg)	化合物	平均测定值/(μg/kg)	平均回收率/%	标准偏差/(μg/kg)	RSD/%
猪肉	5	FAA	4.56	91.2	0.140	3.07
		AA	4.10	82.0	0.170	4.14
		MAA	4.02	80.4	0.285	7.09
		AAA	4.51	90.2	0.196	4.34
	10	FAA	9.40	94.0	0.421	4.47
		AA	8.75	87.5	0.312	3.57
		MAA	7.71	77.1	0.333	4.32
		AAA	8.82	88.2	0.323	3.66
	20	FAA	18.4	92.0	0.563	3.06
		AA	19.3	96.5	0.968	5.02
		MAA	15.0	75.0	0.725	4.83
		AAA	17.0	85.0	0.620	3.65
	40	FAA	36.8	92.0	1.24	3.37
		AA	39.1	97.8	1.82	4.65
		MAA	30.3	75.7	1.19	3.93
		AAA	35.5	88.8	0.667	1.88
牛肉	5	FAA	4.08	81.6	0.177	4.34
		AA	4.81	96.2	0.193	4.01
		MAA	4.32	86.4	0.137	3.17
		AAA	4.06	81.2	0.260	6.40
	10	FAA	8.55	85.5	0.291	3.40
		AA	9.76	97.6	0.241	2.47
		MAA	8.07	80.7	0.324	4.01
		AAA	8.81	88.1	0.291	3.30
	20	FAA	17.8	89.0	0.447	2.51
		AA	20.2	101	0.615	3.04
		MAA	15.7	78.5	0.680	4.33
		AAA	17.2	85.9	0.599	3.48
	40	FAA	35.6	89.1	0.803	2.25
		AA	41.6	104	1.69	4.06
		MAA	30.5	76.4	0.736	2.41
		AAA	36.2	90.5	1.62	4.48

14.2.1.10 重复性和再现性

在重复性试验条件下，获得的两次独立测试结果的绝对差值不超过重复性限（r），如果差值超过重复性限（r），应舍弃试验结果并重新完成两次单个试验的测定。在再现性试验条件下，获得的两次独立测试结果的绝对差值不超过再现性限（R）。被测物的含量范围、重复性和再现性方程见表 14-7。

表 14-7 含量范围及重复性和再现性方程

基质	化合物	含量范围/(μg/kg)	重复性限 r	再现性限 R
猪肉	4-甲酰氨基安替比林	5.0～40	$\lg r=0.3970 \lg m-0.6061$	$\lg r=0.7675 \lg m-0.9967$
	4-氨基安替比林	5.0～40	$\lg r=0.6830 \lg m-0.8383$	$\lg r=0.8660 \lg m-1.0902$
	4-甲基氨基安替比林	5.0～40	$\lg r=0.7378 \lg m-1.0216$	$\lg r=1.0072 \lg m-1.2633$
	4-乙酰氨基安替比林	5.0～40	$\lg r=0.6076 \lg m-0.8019$	$\lg r=0.7973 \lg m-1.0027$

基质	化合物	含量范围/(μg/kg)	重复性限 r	再现性限 R
牛肉	4-甲酰氨基安替比林	5.0~40	lg r=0.7292 lg m-0.9556	lg r=0.7527 lg m-0.9779
	4-氨基安替比林	5.0~40	lg r=0.8744 lg m-1.1150	lg r=0.7567 lg m-0.8847
	4-甲基氨基安替比林	5.0~40	lg r=0.8780 lg m-1.0902	lg r=1.1227 lg m-1.3928
	4-乙酰氨基安替比林	5.0~40	lg r=0.6867 lg m-0.9478	lg r=0.9720 lg m-1.2690

注：m 为两次测定结果的算术平均值

14.2.2　牛奶和奶粉中安乃近代谢物残留量的测定　液相色谱-串联质谱法[56]

14.2.2.1　适用范围

适用于牛奶和奶粉中 4-甲酰氨基安替比林、4-乙酰氨基安替比林、4-甲基氨基安替比林和 4-氨基安替比林残留量的液相色谱-串联质谱测定。方法检出限为：对于牛奶，4-甲酰氨基安替比林、4-氨基安替比林、4-甲基氨基安替比林和 4-乙酰氨基安替比林均为 5.0 μg/kg；对于奶粉，4-甲酰氨基安替比林、4-氨基安替比林、4-甲基氨基安替比林和 4-乙酰氨基安替比林均为 40.0 μg/kg。

14.2.2.2　方法原理

牛奶和奶粉中安乃近代谢物残留加入 TRIS 溶液后用乙腈提取，提取液经正己烷脱脂净化，液相色谱-串联质谱仪测定。4-乙酰氨基安替比林、4-甲酰氨基安替比林和 4-氨基安替比林采用外标法定量，4-甲基氨基安替比林采用内标法进行定量。

14.2.2.3　试剂和材料

甲醇、乙腈、乙酸铵：色谱纯；异丙醇、三羟甲基氨基甲烷（TRIS）：分析纯。

1.0 mol/L TRIS 溶液：准确称取 12.1 g 三羟甲基氨基甲烷，用水定容至 100 mL；样品定容溶液：甲醇-水（1+19，v/v）；5 mmol/L 乙酸铵溶液：准确称取 0.385 g 乙酸铵，用 950 mL 水溶解，用乙酸将溶液调至 pH 3.0，再加水定容至 1000 mL。

4-甲基氨基安替比林、4-乙酰氨基安替比林、4-甲酰氨基安替比林和 4-氨基安替比林标准物质：纯度≥99%。

内标标准物质：4-异丙基氨基安替比林（4-isopropylantipyrine，$C_{14}H_{19}N_3O$），纯度≥99%。

100 mg/L 标准储备溶液：准确称取适量的各种安乃近代谢物标准物质，用甲醇配制成浓度为 100 mg/L 的标准储备溶液，避光-18℃保存。

1.0 mg/L 混合标准储备溶液：吸取每种适量标准储备溶液，用甲醇稀释成 1.0 mg/L 的混合标准工作溶液，避光-18℃保存。

100 mg/L 内标储备溶液：准确称取适量的内标标准物质用甲醇配制成浓度为 100 mg/L 标准储备溶液，避光-18℃保存。

1.0 mg/L 内标工作溶液：吸取适量的内标储备溶液，用甲醇稀释成 1.0 mg/mL 的内标标准工作溶液，避光-18℃保存。

基质混合标准工作溶液：吸取适量的混合标准储备溶液和适量内标工作溶液，用空白样品提取液配成浓度为 1.0 μg/L、5.0 μg/L、10.0 μg/L、20.0 μg/L、40.0 μg/L、100 μg/L 和内标浓度为 10.0 μg/L 的基质混合标准工作溶液。当天配制。

14.2.2.4　仪器和设备

液相色谱-串联质谱仪：配有电喷雾离子源（ESI）；旋转蒸发仪；旋涡混匀器；分析天平：感量 0.1 mg 和 0.01 g；移液器：10~100 μL 和 100~1000 μL；带刻度聚丙烯离心管：15 mL 和 50 mL，具塞；低温离心机：转速大于 5000 r/min，可制冷到 4℃；容量瓶：25 mL；鸡心瓶。

14.2.2.5　样品前处理

（1）试样制备

取不少于 500 g 有代表性的牛奶或奶粉，充分混匀，分为两份，置于样品瓶中，密封，并作上标记。牛奶置于4℃冰柜中避光保存，奶粉则在室温下置于干燥器保存。

（2）提取

a. 牛奶样品：称取5 g试样，精确至0.01 g，置于50 mL带刻度的聚丙烯离心管中，加入100 μL内标工作溶液和0.5 mL 1.0 mol/L的TRIS溶液，再加入10 mL乙腈，旋涡混合1 min，振荡提取15 min，4℃下5000 r/min离心5 min，提取液转移至25 mL容量瓶中。再加入8 mL乙腈，重复上述操作，合并提取液，用乙腈定容至25 mL，混匀。

b. 奶粉样品：取12.5 g奶粉，精确至0.01 g，置于100 mL烧杯中，加适量35～50℃水将其溶解，待冷却至室温后，加水至总重量为100 g，充分混匀后准确称取5 g（精确到0.01 g）样品于50 mL聚丙烯离心管中，按牛奶提取步骤进行处理。

（3）净化

取5.0 mL提取液至干净的15 mL离心管中，加入3.0 mL乙腈饱和过的正己烷，漩涡振荡3 min，4℃下5000 r/min离心5 min，弃去正己烷层。

将乙腈层转移至鸡心瓶中，再加入5.0 mL异丙醇，在40℃下旋转蒸发至近干。残渣加入1.0 mL样品定容溶液溶解，混匀后过滤膜，供液相色谱-串联质谱测定。

（4）空白基质溶液的制备

称取阴性样品5 g（精确至0.01 g），按上述提取净化步骤操作。

14.2.2.6 测定

（1）液相色谱条件

色谱柱：C18色谱柱，1.7 μm，50 mm×2.1 mm（内径）或相当者；柱温：40℃；进样量：10 μL；流动相、流速及梯度洗脱条件见表14-8。

表14-8 流动相、流速及梯度洗脱条件

时间/min	流速/(mL/min)	5 mmol/L 乙酸铵溶液（pH 3.0）/%	甲醇/%
0	0.25	95	5
3.0	0.25	85	15
4.0	0.25	10	90
4.1	0.25	95	5
5.5	0.25	95	5

（2）质谱条件

离子源：电喷雾离子源；扫描方式：正离子扫描；检测方式：多反应监测（MRM）；电喷雾电压：3000 V；碰撞气：氩气；辅助气流速：750 L/h；辅助气温度：350℃；离子源温度：105℃；保留时间、定性离子对、定量离子对、碰撞气能量及锥孔电压见表14-9。

表14-9 安乃近代谢物测定的质谱参数

化合物	保留时间/min	定性离子对（m/z）	定量离子对（m/z）	碰撞气能量/eV	锥孔电压/V
4-甲酰氨基安替比林	2.76	232/104	232/104	21	28
		232/83		21	28
4-氨基安替比林	2.95	204/159	204/159	12	30
		204/83		13	30
4-甲基氨基安替比林	2.39	218/56	218/56	15	24
		218/97		13	24
4-乙酰氨基安替比林	2.79	246/228	246/228	13	32
		246/104		22	32
4-异丙氨基安替比林（内标）	3.28	246/56	246/56	16	30
		246/125		13	30

（3）定性测定

每种被测组分选择 1 个母离子，2 个以上子离子，在相同实验条件下，样品中待测物质和内标物的保留时间之比，也就是相对保留时间，与基质混合标准工作溶液中对应的相对保留时间偏差在±2.5% 之内；且样品中各组分定性离子的相对丰度与浓度接近的基质混合标准工作溶液中对应的定性离子的相对丰度进行比较，偏差不超过表 1-5 规定的范围，则可判定为样品中存在对应的待测物。

（4）定量测定

在仪器最佳工作条件下，对基质混合标准工作溶液进样，以峰面积或峰面积比值为纵坐标，基质混合工作溶液浓度为横坐标绘制标准工作曲线。用标准工作曲线对样品进行定量，样品溶液中待测物的响应值均应在仪器测定的线性范围内。四种安乃近代谢物标准物质和内标物的多反应监测（MRM）色谱图见图 14-6。4-甲酰氨基安替比林、4-氨基安替比林和 4-乙酰氨基安替比林采用外标法定量；4-甲基氨基安替比林以 4-异丙基氨基安替比林作为内标，采用内标法进行定量。

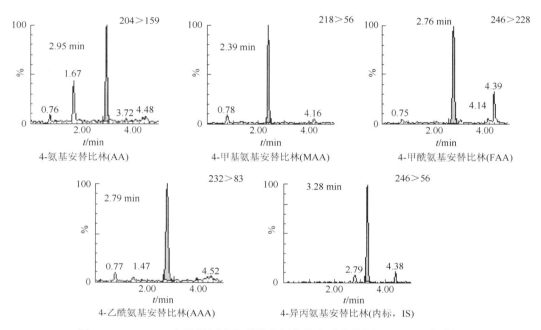

图 14-6　5.0 μg/L 安乃近标准物质及内标物的多反应监测（MRM）色谱图

14.2.2.7　分析条件的选择

（1）样品前处理条件研究

1）提取溶液的选择

牛奶样品含有大量的蛋白质，它们能结合药物，因此对于某些药物的测定，必须先将与蛋白结合的药物游离之后再作进一步处理。因为样品含有大量的蛋白质，蛋白质在测定过程中会形成泡沫、浑浊或出现沉淀而干扰测定。蛋白质还会污染仪器或恶化测定条件，如直接进样用液相色谱分析含蛋白质的体液样品时，蛋白质会沉积在色谱柱上，这不仅影响柱效，而且大大缩短色谱柱的使用寿命。

通常除蛋白的方法是在含蛋白样品中加入适当的沉淀剂或变性剂，使蛋白质脱水而沉淀（如有机溶剂、中性盐），有的是由于蛋白质形成不溶性盐而析出（如一些酸类：三氯醋酸、高氯酸、磷酸、苦味酸），离心后取上清液用于分析。实验比较了不同的蛋白变性剂：甲醇、乙腈、钨酸钠、亚铁氰化钾和硫酸铵对样品提取的影响，结果发现采用甲醇、乙腈、亚铁氰化钾去除牛奶中蛋白，去蛋白效果好，加入蛋白沉淀剂后，容易得到澄清的上清液；而加入钨酸钠或硫酸铵，去蛋白效果差，难以得到澄清溶液。虽然亚铁氰化钾可以有效除去蛋白，实验发现亚采用亚铁氰化钾提取液，样品的提取效果差，这可能是目标化合物容易与亚铁氰化钾发生（络合）反应，导致化合物的损失。采用甲醇沉淀蛋白，甲醇与蛋白形成絮状沉淀；而采用乙腈沉淀蛋白，乙腈与蛋白形成致密沉淀，易离心除去，沉淀效率较甲醇高。故实验选择乙腈作为提取溶剂，不仅能有效提取目标化合物，还能够同时有效去除样品中的蛋白。

2）样品保护剂的选择

由于牛奶中含有丰富的营养元素，如钙、镁等，这些金属的存在容易与目标化合物形成络合物，从而影响样品的测定，故在样品提取中需要加入保护剂以避免金属元素对这些化合物的干扰。实验发现，在加入乙腈提取液前，预先在牛奶样品中加入 1.0 mol/L 的 TRIS 缓冲溶液，能够使其中的金属形成氢氧化物沉淀，有效保护安乃近各代谢物在溶液中的存在形态，而避免金属或其他物质的干扰。

3）样品净化条件的选择

牛奶和奶粉中含有一定的脂肪，因此在样品分析前需要进行净化以除去脂肪。由于安乃近代谢物极性强，在固相萃取柱上保留很弱，经过固相萃取柱净化损失较大，因此实验选用正己烷进行脱脂，通过在乙腈提取液中加入乙腈饱和的正己烷进行液液分配，提取液中的脂肪得到有效去除。

（2）安乃近代谢残留物的测定

1）色谱柱的选择

比较了 Acquity BEH C_{18}，1.7 μm，50 mm×2.1 mm；Acquity BEH C_8，1.7 μm，50 mm×2.1 mm；Inertsil ODS-3，3.5 μm，150 mm×2.1 mm，ZORBAX SB-C_{18}，3.5 μm，150 mm×2.1 mm，四种液相分析柱对八种硫代氨基甲酸酯农药的分离效果，结果发现，采用 Acquity BEH C_{18} 分析柱，所需的分析时间短（5 min 内），并且灵敏度和分离度都比较理想。因此，选择该柱为分析柱。

2）流动相的选择

为了优化流动相，对比了甲醇+5 mmol/L 乙酸铵水溶液（pH 3.0）、乙腈+5 mmol/L 乙酸铵水溶液（pH 3.0）、甲醇+0.1%甲酸水溶液、乙腈+0.1%甲酸水溶液、甲醇+0.1%乙酸水溶液、乙腈+0.1%乙酸水溶液做流动相的色谱效果，实验表明，0.5 mmol/L 乙酸铵水溶液（pH 3.0）水溶液作为流动相并采用梯度洗脱时，安乃近各代谢物的峰形、分离度和灵敏度均较好，故实验选择 pH 为 3.0 的 5 mmol/L 的醋酸铵缓冲体系作为水相流动相；相对于乙腈来说，采用甲醇作为有机相，安乃近各代谢物的峰形和分离度较好，故实验选择甲醇作为有机相。

3）质谱条件的选择

质谱条件的优化：首先采用 2.0 mg/L 的 FAA、AAA、AA、MAA 和 IPA 标准溶液在正离子模式下进行母离子全扫描，确定 FAA、AA、MAA、DAA 和 IPA 的分子离子分别为 m/z 232，246、204、218 和 246，然后分别以这些离子作为母离子，对其子离子进行全扫描。在所用实验条件下，FAA 主要产生 m/z 104.1、83.2、214.2、204.2 等子离子；AAA 主要产生 m/z 228.2、104.1、83.1、204.2 等子离子；AA 主要产生 m/z 83.1、159.1、94.1、187.2 等子离子；MAA 主要产生 56.1、97.1、159.1 等子离子；IPA 主要产生 125.1、56.1、96.1、153.1、204.2 等子离子，各代谢物的二级质谱图见图 14-7。

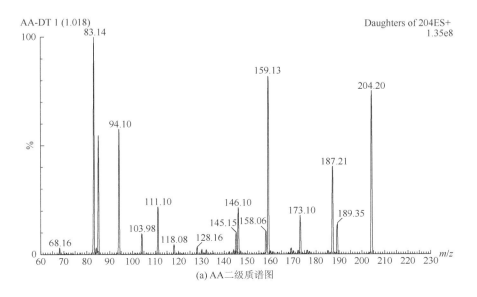

(a) AA二级质谱图

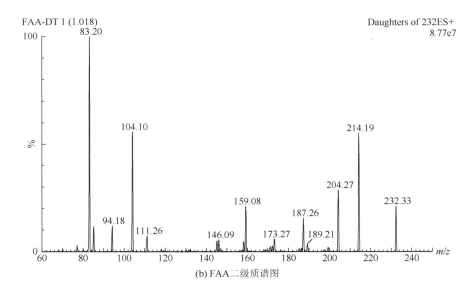

(b) FAA二级质谱图

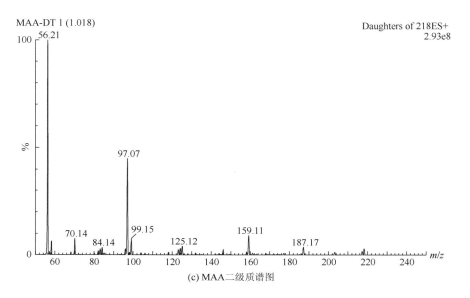

(c) MAA二级质谱图

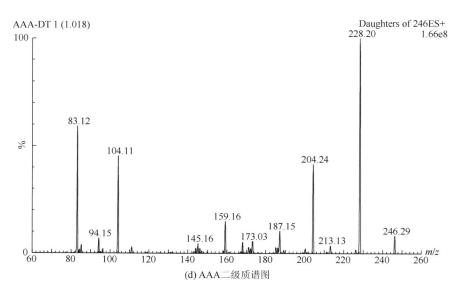

(d) AAA二级质谱图

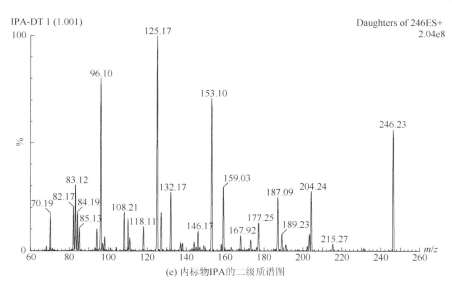

(e) 内标物IPA的二级质谱图

图 14-7　安乃近代谢物的二级质谱图

4）定量方式的选择

采用 LC-MS-MS 对安乃近四种残留物（4-甲酰氨基安替比林、4-乙酰氨基安替比林、4-氨基安替比林和 4-甲基氨基安替比林）进行分析时发现，4-甲酰氨基安替比林、4-乙酰氨基安替比林和 4-氨基安替比林采用外标法进行定量能够得到理想的回收率。而 4-甲基氨基安替比林通过外标法进行定量，其回收率相对较差，本方法在国家标准 GBT 20747—2006[51]的基础上选择 IAA 作为内标物，对 MAA 进行定量分析，其回收率能够满足残留分析要求，故对 4-甲基氨基安替比林采用内标法进行定量分析。

14.2.2.8　线性范围和测定低限

按照本方法制备 4 种安乃近代谢物浓度分别为 1.0 ng/mL、2.0 ng/mL、5.0 ng/mL、10.0 ng/mL、40.0 ng/mL 和 100 ng/mL 的基质混合标准溶液，在选定的条件下进行测定，以峰面积（Y 轴）对相应的安乃近代谢物各组分浓度（X 轴）作图，结果表明，测定的四种组分浓度与对应的峰面积值呈现良好的线性关系（见表 14-10），检出限均小于 2.0 μg/L。

表 14-10　牛奶和奶粉 4 种安乃近代谢物线性关系和检测低限

基质	化合物	浓度范围 /(μg/L)	回归方程（$Y=aX+b$）	相关系数（r）	检出限/(μg/kg)
牛奶	4-甲酰氨基安替比林	1.0～100	$Y=8.310\times10^2X+1.262\times10^3$	0.9999	0.24
	4-氨基安替比林	1.0～100	$Y=4.874\times10^2X+3.651\times10^2$	0.9999	0.59
	4-甲基氨基安替比林	1.0～100	$Y=8.768\times10^{-2}X+6.250\times10^{-2}$	0.9998	0.61
	4-乙酰氨基安替比林	1.0～100	$Y=3.327\times10^2X+5.624\times10^2$	0.9999	0.20
奶粉	4-甲酰氨基安替比林	1.0～100	$Y=6.924\times10^2X+6.270\times10^2$	0.9998	1.9
	4-氨基安替比林	1.0～100	$Y=4.521\times10^2X-2.457\times10^2$	0.9999	4.4
	4-甲基氨基安替比林	1.0～100	$Y=9.251\times10^{-2}X-2.182\times10^{-1}$	0.9976	4.5
	4-乙酰氨基安替比林	1.0～100	$Y=3.554\times10^2X-2.836\times10^1$	0.9998	1.5

在方法规定的操作条件下，牛奶样品中四种安乃近代谢物的添加浓度为 5.0 μg/kg 时，所测谱图的信噪比大于 10，高于仪器最小检知量。因此，本方法对于牛奶中 4-甲酰氨基安替比林、4-乙酰氨基安替比林、4-氨基安替比林和 4-甲基氨基安替比林的测定低限确定为 5.0 μg/kg。对于奶粉，四种安乃近代谢物的添加浓度为 40.0 μg/kg 时，所测谱图的信噪比大于 10，因此本方法对于奶粉中四种安乃近代谢物的测定低限确定为 40.0 μg/kg。

14.2.2.9 方法回收率和精密度

法回收率和精密度实验,以不含安乃近及其代谢物的牛奶和奶粉为添加基质,牛奶的添加水平设定为:5 μg/kg、10 μg/kg、20 μg/kg 和 50 μg/kg 四个添加浓度,奶粉的添加水平设定为:40 μg/kg、80 μg/kg、160 μg/kg 和 400 μg/kg 四个添加浓度,每个浓度进行十次实验,测得各种安乃近代谢物的回收率汇总列表(见表 14-11)。方法的平均回收率为 78.4%~99.4%,相对标准偏差为 2.50%~8.80%。

表 14-11 牛奶和奶粉基质中安乃近代谢物的回收率和室内精密度分析结果(n=10)

基质	添加水平/(μg/kg)	化合物	平均测定值/(μg/kg)	平均回收率/%	RSD/%
牛奶	5	FAA	4.87	97.5	8.80
		AA	4.84	96.7	8.74
		MAA	4.02	80.4	7.09
		AAA	4.51	90.2	4.34
	10	FAA	9.28	92.8	5.23
		AA	8.86	88.6	5.59
		MAA	8.47	84.7	7.58
		AAA	9.51	95.1	7.41
	20	FAA	19.2	96.0	5.18
		AA	16.7	83.7	5.00
		MAA	16.8	84.2	4.66
		AAA	19.6	97.9	5.50
	50	FAA	46.0	91.9	4.80
		AA	42.3	84.7	5.58
		MAA	42.7	85.5	4.99
		AAA	45.0	90.1	4.81
奶粉	40	FAA	32.5	81.2	7.03
		AA	32.6	81.5	5.88
		MAA	31.4	78.4	4.78
		AAA	31.9	79.7	7.01
	80	FAA	78.0	97.5	5.37
		AA	72.6	90.8	7.62
		MAA	70.5	88.1	6.13
		AAA	74.9	93.6	6.76
	160	FAA	157	97.9	3.87
		AA	158	98.8	2.54
		MAA	158	98.4	3.17
		AAA	159	99.4	3.52
	400	FAA	386	96.6	3.77
		AA	371	92.7	2.50
		MAA	385	96.1	3.69
		AAA	377	94.3	4.29

14.2.2.10 重复性和再现性

在重复性试验条件下,获得的两次独立测试结果的绝对差值不超过重复性限(r),如果差值超过重复性限(r),应舍弃试验结果并重新完成两次单个试验的测定。在再现性试验条件下,获得的两次独立测试结果的绝对差值不超过再现性限(R)。被测物的含量范围、重复性和再现性方程见表 14-12。

表 14-12　含量范围及重复性和再现性方程

基质	化合物	含量范围/(μg/kg)	重复性限 r	再现性限 R
牛奶	4-甲酰氨基安替比林	5.0~50	lg r=0.9814 lg m−0.5435	lg R=0.9031 lg m−0.5016
	4-氨基安替比林	5.0~50	lg r=1.0221 lg m−0.6365	lg R=0.9649 lg m−0.5252
	4-甲基氨基安替比林	5.0~50	lg r=0.8383 lg m−0.4033	lg R=0.8449 lg m−0.4098
	4-乙酰氨基安替比林	5.0~50	lg r=1.0333 lg m−0.6554	lg R=0.9731 lg m−0.5472
奶粉	4-甲酰氨基安替比林	40.0~400	lg r=0.8907 lg m−0.2969	lg R=0.9931 lg m−0.5151
	4-氨基安替比林	40.0~400	lg r=1.1079 lg m−0.8764	lg R=1.0879 lg m−0.7730
	4-甲基氨基安替比林	40.0~400	lg r=0.8218 lg m−0.1982	lg R=0.9789 lg m−0.5250
	4-乙酰氨基安替比林	40.0~400	lg r=1.1130 lg m−0.8071	lg R=1.0793 lg m−0.7428

注：m 为两次测定结果的算术平均值

参 考 文 献

[1] 100 years of pyrazolone drugs. An update. Agents & Actions Supplements，1986，19：1-355

[2] CVMP Summary Report Metamizole（2）. http://www. ema. europa. eu/docs/enGB/documentlibrary/MaximumResidueLimits-Report/2009/11/WC500015055. pdf

[3] Commission Regulation（EC）No 2011/2003 of 14 November 2003. Official Journal of the European Union，2003，15（11）：15-17

[4] Breyer-Pfaff U，Harder M，Egberts E H. Plasma levels of parent drug and metabolites in the intravenous aminopyrine breath test. European Journal of Clinical Pharmacology，1982，21（6）：521-528

[5] Volz M，Kellner H M. Kinetics and metabolism of pyrazolones（propyphenazone，aminopyrine and dipyrone）. British Journal of Clinical Pharmacology，1980，10 Suppl 2：299S-308S

[6] Loft S，Poulsen H E. Metabolism of metronidazole and antipyrine in isolated rat hepatocytes. Influence of sex and enzyme induction and inhibition. Biochemical Pharmacology，1989，38（7）：1125-1136

[7] Inaba T，Fischer N E. Antipyrine metabolism in man：Simultaneous determination of norantipyrine and 4-hydroxyantipyrine in urine by gas chromatography. Canadian Journal of Physiology and Pharmacology，1980，58（1）：17-21

[8] Aarbakke J，Bakke O M，Milde E J. Disposition and oxidative metabolism of phenylbutazone in man. European Journal of Clinical Pharmacology，1977，11（5）：359-366

[9] Heit W. Pyrazolone drugs and agranulocytosis. Agents & Actions Supplements，1986，19：283-289

[10] Herxheimer A Y J S. Agranulocytosis and pyrazolone analgesics. Lancet，1984，1：730-735

[11] 梁卯生，董金陵. 解热镇痛药的国内外概况及对其结构调整问题的探讨. 药学通报，1985，20（3）：131-134

[12] National Toxicology Program. Bioassay of 1-phenyl-3-methyl-5-pyrazolone for possible carcinogenicity. National Cancer Institute Carcinogenesis Technical Report Series，1978，141：1-107

[13] Giri A K，Mukhopadhyay A. Mutagenicity assay in *Salmonella* and *in vivo* sister chromatid exchange in bone marrow cells of mice for four pyrazolone derivatives. Mutation Research，1998，420（1-3）：15-25

[14] Phenylbutazone. Veterinary-Systemic. The United States Pharmacopeial Convention，Inc.

[15] Mikati M A，Szabo G K，Pylilo R J. Improved high-performance liquid chromatographic assay of antipyrine，hydroxy-methylantipyrine，4-hydroxyantipyrine and norantipyrine in urine. Journal of Chromatography，1988，433：305-311

[16] 沈金灿，庞国芳，谢丽琪，林燕奎，陈沛金，韩瑞阳. 牛和猪肌肉组织中安乃近代谢物残留的液相色谱-串联质谱分析. 分析化学，2007，（11）：1565-1569

[17] Jedziniak P，Pietruk K，Sledzinska E，Olejnik M，Szprengier-Juszkiewicz T，Zmudzki J. Rapid method for the determination of metamizole residues in bovine muscle by LC-MS/MS. Food Additives and Contaminants，2013，30（6）：977-982

[18] Neto L M，Andraus M H，Salvadori M C. Determination of phenylbutazone and oxyphenbutazone in plasma and urine samples of horses by high-performance liquid chromatography and gas chromatography-mass spectrometry. Journal of Chromatography B，1996，678（2）：211-218

[19] Miksa I R，Cummings M R，Poppenga R H. Multi-residue determination of anti-inflammatory analgesics in sera by liquid chromatography-mass spectrometry. Journal of Analytical Toxicology，2005，29（2）：95-104

[20] Grippa E，Santini L，Castellano G，Gatto M T，Leone M G，Saso L. Simultaneous determination of hydrocortisone，dexamethasone，indomethacin，phenylbutazone and oxyphenbutazone in equine serum by high-performance liquid chromatography. Journal of Chromatography B，2000，738（1）：17-25

[21] Caturla M C，Cusido E. Solid-phase extraction for the high-performance liquid chromatographic determination of indomethacin，suxibuzone，phenylbutazone and oxyphenbutazone in plasma，avoiding degradation of compounds. Journal of Chromatography，1992，581（1）：101-107

[22] Dowling G，Gallo P，Fabbrocino S，Serpe L，Regan L. Determination of ibuprofen，ketoprofen，diclofenac and phenyl-butazone in bovine milk by gas chromatography-tandem mass spectrometry. Food Additives and Contaminants，2008，25（12）：1497-1508

[23] Simmons B R，Jagota N K，Stewart J T. A supercritical fluid chromatographic method using packed columns for phenylb-utazone and oxyphenbutazone in serum，and for phenylbutazone in a dosage form. Journal of Pharmaceutical and Biomedical Analysis，1995，13（1）：59-64

[24] Shively C A，Simons R J，Vesell E S. A sensitive gas-chromatographic assay using a nitrogen-phosphorus detector for determination of antipyrine and aminopyrine in biological fluids. Pharmacology，1979，19（5）：228-236

[25] 沈金灿，庞国芳，谢丽琪，陈沛金，韩瑞阳. 高效液相色谱法分析牛和猪肌肉组织中残留的安乃近药物的三种代谢物. 色谱，2007，（6）：844-847

[26] Penney L，Bergeron C，Wijewickreme A. Simultaneous determination of residues of dipyrone and its major metabolites in milk，bovine muscle，and porcine muscle by liquid chromatography/mass spectrometry. Journal of AOAC International，2005，88（2）：496-504

[27] 张骊，孙雷，刘琪，徐倩，汪霞，徐士新，王树槐. 猪肉中氨基比林、安替比林和安乃近代谢物残留检测超高效液相色谱-串联质谱法研究. 中国畜牧兽医学会动物药品学分会第四届全国会员代表大会暨 2011 学术年会论文集，2011：283-291

[28] 沈金灿，肖陈贵，谢丽琪，熊贝贝，林燕奎，庞国芳. 牛奶中 4 种安乃近代谢物的液相色谱-串联质谱分析. 食品科学，2010，（4）：161-165

[29] Katz E Z，Granit L，Drayer D E，Levy M. Simultaneous determination of dipyrone metabolites in plasma by high-perfor-mance liquid chromatography. Journal of Chromatography，1984，305（2）：477-484

[30] Abernethy D R，Greenblatt D J，Zumbo A M. Antipyrine determination in human plasma by gas--liquid chromatography using nitrogen-phosphorus detection. Journal of Chromatography，1981，223（2）：432-437

[31] 崔景斌，奚念朱，蒋新国. 安乃近代谢物 4-甲氨基安替比林的 HPLC 测定及其鼻腔滴剂在人体的相对生物利用度. 药学学报，1997，（1）：65-68

[32] Marti M I，Sanchez G C，Jimenez H. Determination by high-performance liquid chromatography of phenylbutazone in samples of plasma from fighting bulls. Journal of Chromatography B，2002，769（1）：119-126

[33] Dubreil-Cheneau E，Pirotais Y，Bessiral M，Roudaut B，Verdon E. Development and validation of a confirmatory method for the determination of 12 non steroidal anti-inflammatory drugs in milk using liquid chromatography-tandem mass spectrometry. Journal of Chromatography A，2011，1218（37）：6292-6301

[34] Jedziniak P，Szprengier-Juszkiewicz T，Pietruk K，Śledzińska E，Żmudzki J. Determination of non-steroidal anti-inflammatory drugs and their metabolites in milk by liquid chromatography-tandem mass spectrometry. Analytical and Bioanalytical Chemistry，2012，403（10）：2955-2963

[35] 庞国芳，王飞，曹彦忠，贾光群，李学民，张进杰，范春林，刘永明，石玉秋. 屠宰动物肌肉组织中的保泰松残留量的 LC-UV 测定方法研究. 检验检疫科学，2007，（5）：3-7

[36] Marunaka T，Shibata T，Minami Y. Simultaneous determination of phenylbutazone and its metabolites in plasma and urine by high-performance liquid chromatography. Journal of Chromatography，1980，183（3）：331-338

[37] Singh A K，Jang Y，Mishra U，Granley K. Simultaneous analysis of flunixin，naproxen，ethacrynic acid，indomethacin，phenylbutazone，mefenamic acid and thiosalicylic acid in plasma and urine by high-performance liquid chromatography and gas chromatography-mass spectrometry. Journal of Chromatography，1991，568（2）：351-361

[38] Gonzalez G，Ventura R，Smith A K，de la Torre R，Segura J. Detection of non-steroidal anti-inflammatory drugs in equine plasma and urine by gas chromatography-mass spectrometry. Journal of Chromatography A，1996，719（1）：251-264

[39] Gentili A，Caretti F，Bellante S，Rocca L M，Curini R，Venditti A. Development and validation of two multiresidue liquid chromatography tandem mass spectrometry methods based on a versatile extraction procedure for isolating non-steroidal anti-inflammatory drugs from bovine milk and muscle tissue. Analytical and Bioanalytical Chemistry，2012，404（5）：1375-1388

[40] De Veau E J. Determination of non-protein bound phenylbutazone in bovine plasma using ultrafiltration and liquid chromatography with ultraviolet detection. Journal of Chromatography B，1999，721（1）：141-145

[41] Clark S B，Turnipseed S B，Nandrea G J，Madson M R，Hurlbut J A，Sofos J N. Confirmation of phenylbutazone residues in bovine kidney by liquid chromatography/mass spectrometry. Journal of AOAC International，2002，85（5）：1009-1014

[42] Van Hoof N，De Wasch K，Poelmans S，Noppe H，De Brabander H. Multi-residue liquid chromatography/tandem mass spectrometry method for the detection of non-steroidal anti-inflammatory drugs in bovine muscle: optimisation of ion trap parameters. Rapid Communications in Mass Spectrometry，2004，18（23）：2823-2829

[43] Taylor M R，Westwood S A. Quantitation of phenylbutazone and oxyphenbutazone in equine plasma by high-performance liquid chromatography with solid-phase extraction. Journal of Chromatography A，1995，697（1）：389-396

[44] Engel G，Hofmann U，Eichelbaum M. Highly sensitive and specific gas chromatographic-tandem mass spectrometric method for the determination of trace amounts of antipyrine metabolites in biological material. Journal of Chromatography B，1995，666（1）：111-116

[45] 何云华，吕九如，张红鸽，杜建修. 分子印迹-化学发光分析法测定安乃近. 高等学校化学学报，2005，（4）：642-646

[46] 黄星，马果花，王芳琳，于忠山，白燕平. 液相微萃取-气相色谱法测定尿液中氨基比林、安替比林和巴比妥的研究. 分析试验室，2008，（04）：66-68

[47] Hines S，Pearce C，Bright J，Teale P. Development and validation of a quantitative gas chromatography-mass spectrometry confirmatory method for phenylbutazone in equine plasma. Chromatographia，2004，59（1）：S109-S114

[48] Haque A，Stewart J T. Direct injection HPLC method for the determination of phenylbutazone and oxyphenylbutazone in serum using a semipermeable surface column. Journal of Pharmaceuticaland Biomedical Analysis，1997，16（2）：287-293

[49] 王章阳，晁若冰，王亮明，孟晓红. RP-HPLC 法测定兔血浆中安乃近及其活性代谢物的浓度. 药物分析杂志，1995，15（5）：10-12

[50] GB/T 20747—2006 牛和猪肌肉中安乃近代谢物残留量的测定　液相色谱-紫外检测法和液相色谱-串联质谱法. 北京：中国标准出版社，2006

[51] 张崇，薛飞群，张丽芳，张晓晓，王霄旸，江善祥. 亲水液相色谱-串联质谱法测定羊肌肉组织中安乃近代谢物的残留量. 食品科学，2014，（10）：158-162

[52] Takatori T，Yamaoka A，Terazawa K. Radioimmunoassay for pyrazolone derivatives. Journal of Immunological Methods，1979，29（2）：185-190

[53] Takatori T. Further production and characterization of antibodies reactive with pyrazolone derivatives. Journal of Immunological Methods，1980，35（1-2）：147-155

[54] Perrett D，Ross G A. Rapid determination of drugs in biofluids by capillary electrophoresis. Measurement of antipyrine in saliva for pharmacokinetic studies. Journal of Chromatography A，1995，700（1-2）：179-186

[55] Hakan E，Daniel A C F，Jacob V A. Characterization of the role of physicochemical factors on the hydrolysis of dipyrone. Journal of Pharmaceutical and Biomedical Analysis，2004，35：479-487

[56] GB/T 22971—2008 牛奶和奶粉中安乃近代谢物残留量的测定　液相色谱-串联质谱法. 北京：中国标准出版社，2006

15 喹噁啉类药物

15.1 概 述

喹噁啉类（quinoxaline）是具有喹噁啉-N_1, N_4-二氧化物基本结构的一类化学合成的动物专用药，具有广谱抗菌、提高饲料转化率和促生长作用。1965 年德国拜耳公司以邻硝基苯胺为原料合成喹乙醇，1968 年美国辉瑞公司合成了卡巴氧。目前应用的喹噁啉类药物主要包括喹赛多（cyadox，CYX）、卡巴氧（carbadox，CBX）、喹乙醇（olaquindox，OLQ）、乙酰甲喹（mequindox，MQX）、喹烯酮（quinocetone，QCT）、西若喹多（cinoquidox，CQD）和肼多司（drazidox，DZX）等。本类药物的研究和应用大体分为三方面：第一是在动物疾病治疗作用，第二是在畜牧生产上促生长作用，第三是残留、毒性的研究。

15.1.1 理化性质和用途

15.1.1.1 理化性质

喹噁啉类药物大多难溶于水，溶于二甲亚砜、二甲基甲酰胺等有机溶剂，多呈黄色或淡黄色结晶，遇光不稳定。常用喹噁啉类药物的性质见表 15-1 所示。

表 15-1 常见喹噁啉类药物的理化性质

化合物	CAS 号	分子式	分子量	结构式	理化性质
卡巴氧（carbadox，CBX）	6804-07-5	$C_{11}H_{10}N_4O_4$	262		黄色结晶粉末；不溶于多数有机溶剂，可溶于稀氢氧化钠溶液，不溶于水；熔点 239～240℃
1-脱氧卡巴氧（1-desoxycarbadox）	—	$C_{11}H_{10}N_4O_3$	246		CBX 代谢物
4-脱氧卡巴氧（4-desoxycarbadox）	—	$C_{11}H_{10}N_4O_3$	246		CBX 代谢物
1,4-脱二氧卡巴氧（bisdesoxycarbadox，BDCBX）	55456-55-8	$C_{11}H_{10}N_4O_2$	230		CBX 代谢物
喹赛多（cyadox，CYX）	65884-46-0	$C_{12}H_9N_5O_3$	271		黄色固体;熔点 255～260℃;对光敏感
1-脱氧喹赛多（1-desoxycyadox）	—	$C_{12}H_9N_5O_2$	255		CYX 代谢物

化合物	CAS 号	分子式	分子量	结构式	理化性质
4-脱氧喹赛多 （4-desoxycyadox）	—	$C_{12}H_9N_5O_2$	255		CYX 代谢物
1, 4-脱二氧喹赛多 （1, 4-bisdesoxycyadox，BDCYX）	—	$C_{12}H_9N_5O$	239		CYX 代谢物
喹噁啉-2-羧酸 （3-quinoxaline-2-carboxylic acid，QCA）	879-65-2	$C_9H_6N_2O_2$	174		CBX、CYX 代谢物。微黄绿色结晶粉末；熔点为210℃；当加热到一定温度容易脱羧
喹乙醇/奥喹多司 （olaquindox，OLQ）	23696-28-8	$C_{12}H_{13}N_3O_4$	263		浅黄色粉末；无臭，味苦；不溶于多数有机溶剂，溶于热水，微溶于冷水，在甲醇、乙醇和氯仿中几乎不溶；溶点（熔融分解）为 207～213℃；常温下稳定，对光敏感，光照易分解为棕色或深棕色
喹烯酮 （quinocetone，QCT）	81810-66-4	$C_{18}H_{14}N_2O_3$	306		黄色结晶或无定形粉末；无嗅无味；微溶于甲醇、乙醇，在氯仿、二氧六环、二甲亚砜中溶解，溶于氯；熔点为186～189.0℃，熔融同时分解；对光敏感，较易发生光化学反应
1-脱氧喹烯酮 （1-desoxyquinocetone）	—	$C_{18}H_{14}N_2O_2$	290		QCT 代谢物
4-脱氧喹烯酮 （4-desoxyquinocetone）	—	$C_{18}H_{14}N_2O_2$	290		QCT 代谢物
脱氧喹烯酮 （1, 4-bisdesoxy-quinocetone，BDQCT）	80109-63-3	$C_{18}H_{14}N_2O$	274		QCT 代谢物。淡黄色至黄色结晶性粉末，对光比 QCT 更敏感
乙酰甲喹 （mequindox，MQX）	13297-17-1	$C_{11}H_{10}N_2O_3$	218		浅黄色或黄色结晶性粉末；苦味；颜色渐变深；在丙酮、氯仿、苯中溶解，不溶于水，在甲醇、乙醚和石油醚溶液中微溶；熔点为153～158℃，同时分解
1-脱氧乙酰甲喹 （1-desoxymequindox）	—	$C_{11}H_9N_2O_2$	202		MQX 代谢物

续表

化合物	CAS 号	分子式	分子量	结构式	理化性质
4-脱氧乙酰甲喹 （4-desoxymequindox）	—	$C_{11}H_9N_2O_2$	202		MQX 代谢物
1,4-脱二氧乙酰甲喹 （1,4-bisdesoxymequindox，BDMQX）	—	$C_{11}H_8N_2O$	186		MQX 代谢物
甲基喹噁啉-2-羧酸 （3-methoxyquinoxaline-2-carboxylic acid，MQCA）	55495-69-7	$C_{10}H_8N_2O_3$	204		OLQ、QCT、MQX 代谢物。为白色或类白色晶体，在空气中逐步转变为紫红色
西若喹多 （cinoquidox，CQD）	64557-97-7	$C_{13}H_{12}N_4O_3$	272		黄色结晶；不溶于多数有机溶剂；熔点为 198～199℃
肼多司 （drazidox，DZX）	27314-77-8	$C_{10}H_{10}N_4O_3$	234		密度为 1.55 g/m3；熔点为 352℃

15.1.1.2 用途

喹噁啉类药物可抑制肠道内的有害菌，增加动物对饲料的消化利用能力，促进动物生长发育，增加畜禽瘦肉率。另外，该类药如 CBX、OLQ、MQX、QCT 和 CYX 等能抑制畜禽的革兰阴性菌和部分革兰阳性菌的 DNA 合成，产生抗菌作用，治疗猪痢疾和细菌性肠炎。

CBX 和 OLQ 的使用较早，20 世纪 70 年代曾广泛应用。CBX 主要在美国和加拿大作猪饲料添加剂使用，OLQ 主要在澳大利亚、巴西、日本及我国应用。由于其毒性作用，欧盟于 1998 年禁止了 CBX 和 OLQ 的使用；2004 年起，加拿大也禁止 CBX 用于食品动物[1]；美国仅许可用于育成猪（小于 35 kg）作抗菌治疗，饲料添加 CBX 浓度为 50 ppm，4 月龄大的猪开始使用，宰前 4 周停药[2]；我国禁止使用 CBX，农业部 168 号公告规定 OLQ 只能用作育成猪的饲料添加剂，饲料添加量用量 25～50 ppm，禁用于禽。此外，我国相继研制和批准使用 MQX 和 QCT，QCT 用于猪、禽、仔猪、雏鸡、水产动物的混饲：每 1000 kg 饲料添加 50～75 g，但产蛋鸡禁用。

15.1.2 代谢和毒理学

15.1.2.1 体内代谢过程

喹噁啉类药物代谢研究始于 20 世纪 60 年代末。喹噁啉类在动物体内代谢特点存在共性，其化学结构中的喹噁啉环上的 N→O 键较活泼，先发生脱氧反应，生成脱氧代谢物，再发生侧链断裂反应，生成其他羧酸产物。同一化合物在不同动物的代谢途径基本相似，但主要代谢物和代谢的量存在明显种属差异。大鼠对喹噁啉类的 N→O 基团还原和羟化能力最强，猪对其羧基还原和酰胺水解能力最强，鸡则对羟基氧化能力最强。不同化合物由于侧链不一样，其代谢途径存在明显差异。

猪体内 CBX 很快发生脱氧，生成脱二氧卡巴氧（BDCBX）。与此同时，侧链也很容易断裂，转化成喹噁啉-2-羧酸（QCA）[3]。CBX 及其代谢产物还可以通过另一些途径转化成 QCA，说明 CBX 在动物体内可能首先发生脱氧反应，也最易发生脱氧反应。以 ^{14}C 标记法研究 CBX 在猪、鼠和猴体内的代谢和排泄，饲喂数周后，猪尿液中检测到 15 种代谢物。停药后 72 h 内，74%药物从尿液排出，17%药物从粪便排出。鼠和猴尿液检测到其中 13 种，另外两种之一是甘氨酸-喹啉-2-羧酸结合物[3]。CBX 代谢途径如图 15-1 所示。其中，BDCBX 和联氨（hydrazine）具有遗传毒性和致癌性，代谢物 QCA 无致癌和致突变毒性。

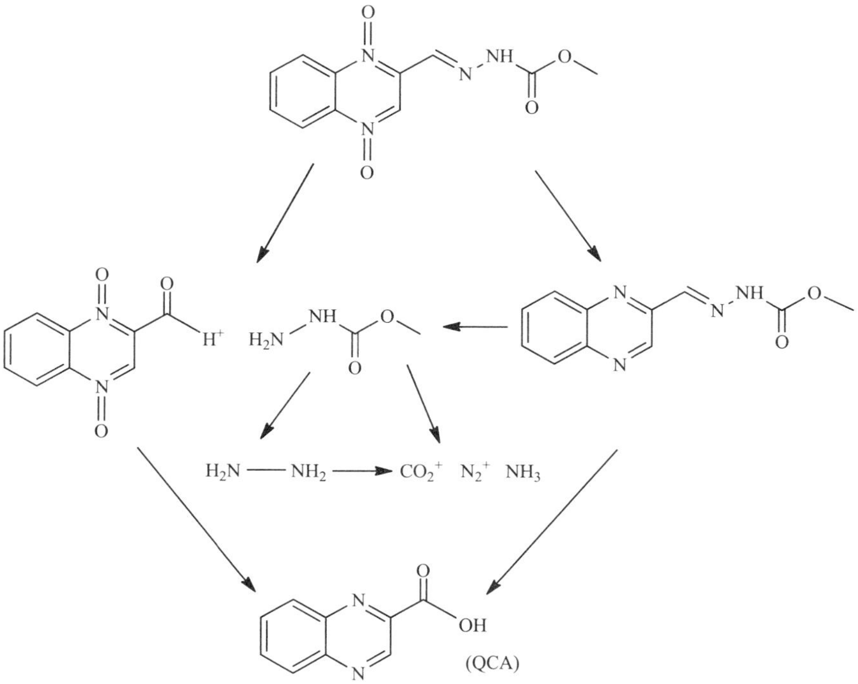

图 15-1　CBX 代谢途径[4]

　　CYX 在猪体代谢途径与 CBX 相似。CYX 在肝微粒体体外孵育体系中主要代谢途径是 N→O 基团还原和酰胺键水解，其次为羟化。猪体内 CYX 可以代谢成 1-脱氧喹赛多、4-脱氧喹赛多和脱二氧喹赛多（BDCYX），BDCYX 为主要代谢产物之一[5]。

　　OLQ 用作促进动物生长饲料添加剂，猪拌料饲喂后吸收迅速，口服药量超过 90%从尿道排出，其余从粪便排出。给药后 1～2 h 血药浓度达峰，然后迅速下降。药物可分布于全身各组织器官，但浓度很低。口服 2 mg/kg bw，肝肾浓度可达 110 ppb 和 52 ppb，肌肉中浓度仅 9 ppb。28 天后肾脏和肌肉中浓度仅为 0.9 ppb 和 0.5～0.8 ppb，肝脏中浓度稍高，为 2 ppb。口服后 70%药物以原型从尿液排出，主要代谢物为还原产物，如 BDOLQ（16%），其余为喹噁啉羧酸衍生物[3]。肝微粒体体外孵育体系代谢研究表明，OLQ 主要代谢途径是 N→O 基团还原，其次包括侧链羟基氧化、N4-脱羟乙基和羟化，且存在种属差异[6, 7]，大鼠的 N→O 基团还原和羟化能力最强，鸡的氧化能力最强，OLQ 的 N→O 基团还原和 N-氧化可相互转化[6]。

　　QCT 口服不易吸收，猪口服的生物利用度为 0.5%[8]，鸡的生物利用度为 3%[9]，表明 QCT 经口服给药吸收进入血液和组织的药物很少，大部分药物以原形从胃肠道排出。猪尿液中仅检测到 3-甲基-喹噁啉-2-羧酸（MQCA）[8, 9]，组织中无原形残留[10]。QCT 在肝微粒体体外孵育体系中的主要代谢途径是 N→O 基团和羰基的还原，其次还包括羟化、烯醇式转化和双键还原[7]。QCT 与同类药物体内代谢途径类似，在动物体内代谢广泛，生成多种代谢物，初级代谢为脱氧代谢生成脱一氧和脱二氧代谢物，次级代谢为侧链代谢或侧链断裂。QCT 在鸡体内先还原脱去一个配位键的氧，形成单氧物，包括 1-脱氧喹烯酮、4-脱氧喹烯酮；接着还原再脱去另一个配位键的氧，形成脱二氧喹烯酮（BDQCT）；最后经过氧化水解，生成代谢物 MQCA[11]。QCT 代谢途径如图 15-2 所示。

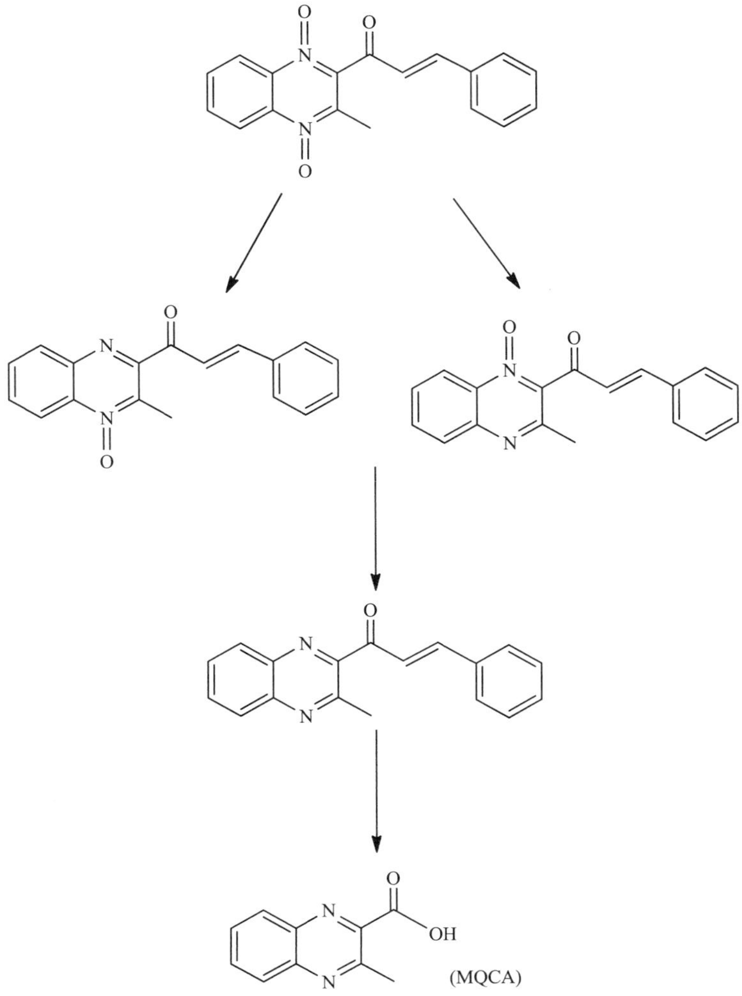

图 15-2 猪和鸡体内 QCT 主要代谢途径

利用放射性标记法测定 MQX 在大鼠、猪和鸡体内的代谢，证明 MQX 与同类药物相似，给药 6 h 最先检测到脱二氧乙酰甲喹（BDMQX），BDMQX 在体内保留时间最长，为主要代谢产物之一。MQX 在肝微粒体体外孵育体系中主要代谢途径是羧基和 N→O 基团的还原，其他代谢途径包括羟化，其主要代谢物在不同动物存在种属差异，大鼠 N→O 基团还原能力最强[7]。

15.1.2.2 毒理学与不良反应

喹噁啉类药物中的 N→O 基团是引起致癌、致畸、致突变等毒害作用的原因之一。若把 N→O 基团脱去，则无致突变性。脱氧速度越快，则诱变性丧失越快，说明它们的诱变性与 N→O 基团存在密切关系。喹噁啉类药物在脱氧代谢过程中伴随氢氧自由基的产生，对细胞组织有很强的破坏作用，引起 DNA 损伤和毒害。OLQ 产生自由基较多，而 MQX 产生较少[12-15]。已有研究证明 100 μmol/L 的 MQX 和 OLQ 对猪肾上腺皮质细胞具有氧化应激毒性[6,12]。当此类药物与猪肾上腺皮质细胞一起孵育，可以产生稳态活性氧，造成氧化损伤，导致谷胱甘肽还原酶（GSH）和过氧化物歧化酶（SOD）下降，而且具有一定的时间和剂量依赖性，随时间延长，毒性增加。喹噁啉类药物之间毒性具有较大差异，毒性顺序是：CBX＞OLQ＞CYX。

毒理研究发现，OLQ 有明显的致癌、致畸、致突变[16-19]、光敏[17]和肾上腺皮质损坏等毒副作用。OLQ 致癌作用具有种属品系差异，对哺乳动物致癌性还需要进一步研究；对某些品系鼠具有遗传毒性和致癌性，但肿瘤为良性，确切机制不明。CBX 与 OLQ 遗传毒性程度不同，CBX 对啮齿类动物具有致癌性和致突变性，OLQ 具有遗传毒性但不具有致癌毒性（仅对啮齿类动物致癌）。不同动物种属对 OLQ 的毒性敏感程度差异较为明显，禽类较敏感（艾维因肉鸡内服 LD$_{50}$为 288.4 mg/kg），鱼类敏感性则相对较低（银鲫肌肉注射 LD$_{50}$ 为 407.4 mg/kg）。OLQ 对小白鼠的蓄积系数为 3～3.3，为中度至明显蓄积；按照 100 mg/kg 和 200 mg/kg 的添加剂量连续饲喂断奶仔猪 39 天，对猪的生长和肝肾功能均有一定毒副作用。

QCT 小白鼠口服 LD$_{50}$ 为 14398 mg/kg 体重，大白鼠口服 LD$_{50}$ 为 8179 mg/kg 体重，近乎无毒，对大鼠最大无作用剂量（NOEL）为 32.8 mg/(kg bw·d)[20]。

15.1.3　最大允许残留限量

欧盟于 1998 年禁止 CBX 和 MQX 作饲料添加剂，并于 2006 年禁止所有喹噁啉药物作为饲料添加剂，要求在动物源食品中不得检出[21]；美国未制定 OLQ 的最大允许残留限量（MRL），许可暂时使用[2]；日本禁止在家禽中使用 CBX 和 OLQ[22]；加拿大于 2001 年禁止 CBX 销售，2007 年开始对进口猪肉执行 CBX "零" 残留标准[1]；我国也禁止使用 CBX，《中华人民共和国兽药典》规定 OLQ 作为抗菌促生长剂，仅限用于 35 kg 以下猪的促生长以及防治仔猪黄痢、白痢、猪沙门氏菌感染，休药期 35 天，禁用于体重超过 35 kg 以上的猪、禽、鱼等其他种类动物[23]。我国近年来研制的 CYX、QCT，其残留限量需要进一步研究。

喹噁啉类残留形式有原药和各种代谢物，其中代谢物 QCA 和 MQCA 在动物体内滞留时间长且含量与总残留关系稳定，能反映残留总量，为残留标示物。目前，CBX 在动物可食性组织中的最大残留限量尚存在争议。世界主要国家和地区对喹噁啉类药物的 MRLs 规定见表 15-2。

表 15-2　世界主要国家和地区对喹噁啉类药物的 MRLs 规定（mg/kg）

药物	残留标示物	动物	残留靶组织	中国	美国	加拿大	欧盟	日本	澳大利亚
OLQ	MQCA	猪	肝脏	0.050	—	—	ND	—	
			肌肉	0.004	—	—	ND	—	
CBX	QCA	猪	肝脏	ND	0.030	ND	ND	ND	ND
			肌肉	ND	0.005	ND	ND	ND	ND
			脂肪、肾脏、副产品	ND	—	—	ND	ND	ND

注："—" 为未明确规定；"ND" 为不得检出

15.1.4　残留分析技术

喹噁啉类残留分析对象主要包括药物原形及其代谢产物。此外，动物组织中喹噁啉类药物经过机体代谢，在动物体内 N1 和 N4 位脱氧，也常检测脱一氧和脱二氧中间代谢产物。中间代谢物进一步代谢为 QCA 或 MQCA，QCA 和 MQCA 在动物体内消除缓慢，分别规定为 CBX 和 OLQ 的残留标示物。各代谢物化学结构式见图 15-1 和图 15-2。这两种残留标示物均呈现酸性特征，常利用这一特征进行残留分析。国内研制的 CYX、QCT 和 MQX 等产品，残留标示物还有待确定。

15.1.4.1　前处理方法

（1）提取方法

喹噁啉类药物不宜在高温高压下进行提取，目前主要采用传统的液液萃取方法（liquid liquid extraction，LLE）来提取动物源基质中的该类药物。本类药物中的 CBX、OLQ 等原形药物及其脱一氧和脱二氧对应的脱氧代谢物不与组织结合，直接提取即可。但在动物体内，CBX 残留标示物为 QCA，CYX 也代谢为 QCA；OLQ 残留标示物为 MQCA，MQX、QCT 也代谢为 MQCA。QCA 和 MQCA 为有机酸，极性较强，在动物体内通过共价键与一些氨基酸或蛋白质结合，以结合态存在，需要利用酶水解或化学水解方法使之先被释放出来再进行提取。

1）直接提取

药物原形以及中间脱氧代谢物不与组织结合，直接提取即可。

Huang 等[24]测定鸡血液、肌肉、肝脏、肾脏和脂肪中 CYX 及其代谢物 BDCYX。血浆用等体积甲醇涡动萃取 2 min；其他组织，2 g 样品先加入 1 mL 水，涡动混合 1 min 后，脂肪样品用甲醇-乙腈

（1+1，v/v）提取，其他样品用乙酸乙酯提取，第一次 4 mL，然后依次为 2×2 mL 提取，涡动混合后，超声提取 5 min，低温离心取有机溶剂层，净化后用高效液相色谱（HPLC）测定。CYX 和 BDCYX 的定量限（LOQ）为 0.025 mg/kg（血浆和组织）；方法回收率在 73%～87%之间，日间相对标准偏差（RSD）小于 9.86%。Zhang 等[25]提取羊组织中 CYX 及其代谢物 BDCYX。5 g 肌肉、肝脏、肾脏加入 2 mL 水、10 mL 乙酸乙酯匀浆，脂肪组织加入 10 mL 乙腈匀浆，重复提取一次，取 2 次提取上清液蒸干，残留物用乙腈-正己烷液液分配净化，乙腈层蒸干用甲醇复溶后 HPLC 测定。CYX 的回收率在 65%～79%之间，日间变异系数（CV）为 6.7%～11.1%；BDCYX 的回收率为 70%～92%，日间 CV 为 4.7%～15.9%；方法检测限（LOD）为 15 μg/kg，LOQ 为 25 μg/kg。He 等[26]用乙腈直接提取血液中的 CYX 代谢物 QCA、BDCYX、1-脱氧喹赛多和 4-脱氧喹赛多。HPLC 测定的检测限（CC_α）为 1.0～4.0 μg/L，检测能力（CC_β）小于 10 μg/L，回收率为 87.4%～93.9%，CV 小于 10%。

Aerts 等[27]采用甲醇-乙腈直接提取猪组织中 CBX 及其代谢物 1-脱氧卡巴氧、4-脱氧卡巴氧和 BDCBX。10 g 匀浆样品（肌肉、肝脏、肾脏）中加入 40 mL 甲醇-乙腈（1+1，v/v），振荡混合 15 min，2000 g 离心 5 min，取上清液进一步净化。HPLC 测定的 LOD 为 0.5～1 μg/kg（CBX）、2～3 μg/kg（BDCBX）、1～2 μg/kg（1-脱氧卡巴氧和 4-脱氧卡巴氧），平均回收率为 81%～87%，CV 为 4%～10%。我国国家标准 GB/T 20746—2006[28]测定牛、猪肝脏和肌肉中 CBX 残留。5 g 试样中加入 5 g 中性氧化铝，25 mL 乙腈-乙酸乙酯（1+1，v/v）混合 5 min 提取，离心取上清液，进一步净化，液相色谱-串联质谱（LC-MS/MS）测定，LOD 为 0.5 μg/kg，回收率为 79%～90%。

Huang 等[29]测定猪、鸡组织中 QCT 及其代谢物 BDQCT，5 g 肌肉/肝脏加 2 mL 水，15 mL 乙酸乙酯；5 g 脂肪加 15 mL 甲醇-乙腈（1+1，v/v），振荡 1 min，超声 1 min，离心取上清液蒸干，残留物用乙腈-异辛烷溶解和液液分配，蒸干乙腈层，复溶后进 HPLC 测定。LOD 和 LOQ 分别为 0.025 mg/kg 和 0.05 mg/kg；猪组织中 QCT 回收率为 69%～85%，CV 为 3.8%～11.2%；BDQCT 回收率为 71%～81%，CV 为 6.9%～11.2%。鸡组织中 QCT 回收率为 67%～82%，CV 为 9.2%～11.9%；BDQCT 回收率为 65%～79%，CV 为 7.7%～10.3%。

Zhang 等[30]测定猪尿中 MQX 及其 4 种代谢物：1-脱氧乙酰甲喹、4-脱氧乙酰甲喹、BDMQX 和 MQCA。5 mL 样品中加 200 μL 甲醇和 60 μL 四氯乙烷，超声波萃取 4 min，离心后 HPLC 测定。方法 LOD 为 0.16～0.28 μg/L，回收率为 72.0%～91.3%，CV 小于 5.2%。

2）水解后提取

A. 碱解后提取

用碱解方法断裂 QCA 或 MQCA 与蛋白质等结合酰胺键，碱性水解液一般用酸中和后，再用有机溶剂萃取，最常用的是乙酸乙酯。在水解过程中，动物组织中部分蛋白质也被水解产生小分子氨基酸和多肽，需要净化水解的干扰物。

Huang 等[29]测定猪和鸡组织中 QCT 代谢物 MQCA，样品采用 3 mol/L 氢氧化钠在 95～100℃碱水解 30～40 min，然后用浓盐酸中和，再用乙酸乙酯振摇 2 min 萃取，取乙酸乙酯提取液进一步净化后用 HPLC 测定。LOQ 为 0.05 mg/kg，LOD 为 0.025 mg/kg，回收率为 74%～84%，CV 为 4.5%～10.8%。Huang 等[24]用 3 mol/L 氢氧化钠溶液在 100℃，维持 30 min，水解鸡血液和组织中 CYX 代谢物 QCA，水解液用盐酸中和，再用乙酸乙酯萃取，乙酸乙酯萃取液中的 QCA 再反萃取至柠檬酸缓冲液，经过阳离子交换柱净化后，再用稀盐酸与三氯甲烷液液分配净化，HPLC 检测。QCA 的 LOQ 为 0.025 mg/kg（血浆和内脏组织）和 0.02 mg/kg（肌肉）；回收率为 70%～87%，日间 RSD 为 7.69%～11.43%。Zhang 等[25]测定羊组织中 CYX 代谢物 QCA，5 g 样品加入 10 mL 3 mol/L 氢氧化钠溶液，100℃碱解 30 min，冷却至室温，加入 4 mL 浓盐酸混匀中和，离心，取上清解离液进一步净化后，采用 HPLC 测定。QCA 的回收率为 70%～82%，日间 CV 为 6.6%-11.1%；LOQ 为 25 μg/kg，LOD 为 15 μg/kg。Hutchinson 等[31]测定猪肝脏中 CBX 代谢物 QCA，5 g 组织加入 3 mol/L 氢氧化钠溶液 10 mL，在 100℃水解样品 30 min，解离与组织结合的 QCA，水解液用 4 mL 浓盐酸充分中和，用乙酸乙酯提取，提取液经液液分配和固相萃取净化后，再用 LC-MS/MS 测定。方法回收率为 89%～109%，CV 为 0.15%～10%，CC_α

和 CC_β 分别为 0.16 μg/kg 和 0.27 μg/kg。

B. 酸解后提取

用氢氧化钠溶液水解血液和组织中 QCA 和 MQCA，需要在 90～100℃高温进行，动物组织中部分蛋白质也会发生分解，产生较多的小分子氨基酸，增加了样品测定的干扰，影响检测。酸性条件下水解主要采用稀酸或稀酸-有机溶剂混合液来水解，加热温度较低，水解产生的游离基质成分较少，酸水解较为彻底，减少 MQCA 和 QCA 的降解损失，并有效释放结合态的 MQCA 和 QCA，效果优于碱性水解。药物水解后转移至酸性水解液，提取时将水解液离心，直接取上清液净化即可，这样水解和提取同步进行。最常用的酸有盐酸和偏磷酸。

Zhang 等[32]建立了鱼、对虾体内 OLQ 代谢标志物 MQCA 的残留测定方法。5 g 样品加入 15 mL 2 mol/L 盐酸溶液，涡动混合 2 min，盖塞于 60℃振荡酸解 1 h，然后 8000 g 离心 10 min，收集酸解上清液，经 MAX 小柱净化后，LC-MS/MS 测定。LOD 和 LOQ 分别为 0.1 ng/g 和 0.25 ng/g，在添加 0.25～50.0 ng/g 水平范围内，平均回收率为 92.7%～104.3%，RSD 小于 6%。吕海鸾等[33]采用 0.2 mol/L 盐酸于 60℃振荡 1 h，水解和提取猪肉、猪肝、猪肾、胖头鱼、对虾和蟹组织中 OLQ 的残留标示物 MQCA，提取上清液直接用 C_{18} 固相萃取柱净化，LC-MS/MS 测定。猪肉、猪肝、猪肾、鱼、对虾和蟹中 MQCA 的 LOD 依次为 0.90 μg/kg、1.51 μg/kg、0.94 μg/kg、1.04 μg/kg、1.62 μg/kg 和 1.80 μg/kg，LOQ 依次为 3.00 μg/kg、5.02 μg/kg、3.13 μg/kg、3.46 μg/kg、5.40 μg/kg、6.00 μg/kg；MQCA 的平均回收率均在 73.6%～89.0%之间，日内 RSD 在 15%以下，日间 RSD 为 20%以下。梅景良等[34]建立了鲤鱼、对虾中 OLQ 及其代谢物 MQCA 的残留分析方法。取 2.5 g 组织加入 7 mL 0.3 mol/L 的 HCl 溶液，振荡提取 2 min，离心转移上清液，残渣再用 6 mL 0.3 mol/L 的 HCl 溶液提取一次，C_{18} 固相萃取柱净化，氮气吹干并用流动相定容后，HPLC 测定。当 OLQ 及 MQCA 在鱼组织中的添加水平分别为 20～200 μg/kg 和 35～200 μg/kg 时，平均回收率分别为 83.5%～87.7%和 79.6%～87.4%；当 OLQ 及 MQCA 在虾组织中的添加水平分别为 15～200 μg/kg 和 30～200 μg/kg 时，平均回收率相应为 74.6%～80.9% 和 81.0%～86.6%；两种组织中两种化合物的批内 RSD 为 0.51%～4.47%，批间 RSD 为 0.66%～7.58%；鲤鱼组织中 OLQ 和 MQCA 的 LOD 分别为 6 μg/kg 和 10 μg/kg，LOQ 分别为 20 μg/kg 和 35 μg/kg；对虾组织中 OLQ 和 MQCA 的 LOD 分别为 4.5 μg/kg 和 8 μg/kg，LOQ 分别为 15 μg/kg 和 30 μg/kg。

Yong 等[35]建立了鸡组织中 QCT 代谢物 MQCA 的测定方法，2 g 样品先在氯仿-乙腈（1+2，v/v）超声波提取 2 次，每次超声提取 10 min，离心后转移两次的提取上清液，组织中再加入 1 mol/L 盐酸，在 90℃水解 1 h，解离与组织结合的药物残留，放置室温后，加入 10 mL 氯仿-乙腈（1+2，v/v）超声波提取 5 min，离心，取有机层蒸干，经进一步净化后，LC-MS/MS 测定。方法回收率为 77.1%～95.2%，CV 小于 15%；CC_α 为 0.24～0.76 μg/kg，CC_β 小于 2.34 μg/kg。

采用偏磷酸水解避免了强酸和强碱的使用，水解液直接用有机溶剂萃取，可简化操作。同时，偏磷酸还可有效沉淀组织蛋白，干扰明显少于碱水解方法。

Horie 等[36]用 0.3%偏磷酸-甲醇（7+3，v/v）同时解离和提取猪肌肉和肝脏中 CBX 及其代谢物 QCA 和 BDCBX，涡旋混匀，振荡提取 10 min，离心，上清液经 HLB 固相萃取柱净化后，LC-MS/MS 测定。在添加浓度为 2.5 ng/g 和 5 ng/g 时，QCA 和 BDCBX 的回收率为 70.2%～86.3%，LOD 均为 1 ng/g。Xu 等[37]测定猪肝中 CYX 代谢物 QCA，用偏磷酸-甲醇-水（2+20+78，v/v）提取，LC-MS/MS 测定回收率仅为 40%，原因是偏磷酸脱蛋白不彻底，QCA 重吸附导致回收率低下；而改用 5%偏磷酸-甲醇（8+2，v/v）提取，回收率增加到 70%。Della 等[38]测定猪肝中 QCA，样品中加入偏磷酸-甲醇-水（2+20+78，v/v）溶液，涡动混合提取 1 min，离心取上清，净化后气相色谱-质谱（GC-MS）测定。方法回收率为 90%～102%，CV 为 1.7%～8.4%，CC_α 和 CC_β 分别为 32 μg/kg 和 34 μg/kg，LOD 为 0.2 μg/kg，LOQ 为 0.7 μg/kg。

Sniegocki 等[39]测定猪肌肉中 CBX 及其代谢物 BDCBX、QCA 和 OLQ 及其代谢物 MQCA，5 g 样品匀浆，加入 6 mL 2%偏磷酸-20%甲醇-水溶液，混匀后超声 15 min 提取，然后低温离心，取上清液进一步净化，LC-MS/MS 测定。方法 CC_α 为 1.04～2.11 μg/kg，CC_β 为 1.46～2.89 μg/kg，回收率范

围为 99.8%～101.2%。Wu 等[40]提取动物组织、鱼肉中的 QCA 和 MQCA，加入 5%偏磷酸-10%甲醇溶液涡动混合提取 2 min，离心，取上清，再重复提取一次，合并两次提取液，再进一步净化，HPLC 测定。MQCA 和 QCA 的 CC_α 为 0.7～2.6 μg/kg，CC_β 为 1.3～5.6 μg/kg，回收率为 70%～110%，RSD 小于 20%。研究发现，提取溶剂中加入适量甲醇可提高药物的溶解性，但甲醇含量超过 10%时，回收率反而低于 60%，原因可能是甲醇含量过高影响了蛋白沉淀，降低了偏磷酸的溶解度和影响了组织蛋白对药物的释放，从而降低提取回收率。实验证明 5%偏磷酸-10%甲醇溶液为最佳。

C. 酶解后提取

酶解的方法比酸/碱水解具有更多优点，可以选择性破坏药物与组织结合键，减少样品基质共提物，但是耗时较长，一般要在 16 h 以上。酶解前，可用甲酸消化和灭活基体的组织活性酶，提高酶解效率。酶解后的样品再用酸性溶剂提取，提取的同时也起到脱蛋白的作用。

Hutchinson 等[41]测定猪肝中 OLQ 和 CBX 的代谢物 MQCA 和 QCA，5 g 均浆样品中加入 8 mL 0.2 mol/L Tris/HCl 缓冲液（pH 9.6）和 50 μL 蛋白酶（protease type XIV，50 mg/mL），混匀后于 55℃过夜酶解，蛋白酶解液放置室温后加入 1 mL 浓盐酸酸化提取，混匀，离心，获得上清液，经净化后，LC-MS/MS 测定。QCA 的 CC_α 和 CC_β 分别为 0.4 μg/kg 和 1.2 μg/kg，MQCA 为 0.7 μg/kg 和 3.6 μg/kg。Merou 等[42]测定猪、牛肌肉和猪肝中 QCA 和 MQCA，5 g 样品中加入 QCA-d4 内标，10 mL 0.1 mol/L Tris 缓冲液（pH 9.5，含 5 mg 枯草杆菌蛋白酶 A），在 52℃孵育 2 h 酶解，酶解上清经固相萃取柱净化后，LC-MS/MS 测定。CBX、MQCA、QCA 的 CC_α 和 CC_β 范围分别为 0.09～0.24 μg/kg 和 0.12～0.41 μg/kg，回收率为 92%～101%（MQCA、QCA）和 60%～62%（CBX），CV 小于 12%。林黎等[43]建立了牛奶和奶粉中 CBX 和 OLQ 代谢物 QCA 和 MQCA 残留量的 LC-MS/MS 法。5 g 牛奶样品加入 10 mL 0.6%甲酸溶液，混匀后于 47℃振摇 1 h，然后加入 3 mL 1.0 mol/L Tris 溶液和 0.3 mL 蛋白酶水溶液，充分混匀，47℃酶解 16～18 h，酶解后的样品溶液加入 20 mL 0.3 mol/L HCl，振荡混匀后离心 15 min，上清液过滤，经固相萃取柱净化后测定。牛奶中 QCA 和 MQCA 的 LOQ 为 0.5 μg/kg，奶粉为 4.0 μg/kg；平均回收率为 68.2%～82.5%，CV 为 3.4%～12%。刘正才等[44]测定动物源食品中 OLQ 代谢残留标识物 MQCA 残留，5 g 均质组织样品加入 8 mL 蛋白复合体消化溶液（0.2 mol/L Tris 缓冲盐溶液含 0.1 mol/L 氯化钙，HCl 溶液调 pH 9.6），混匀，再加入 0.3 mL 10 g/L 蛋白酶溶液，充分混匀后，47℃摇床酶解 16～18 h，酶解液经固相萃取净化后，LC-MS/MS 测定。样品中 MQCA 的 LOQ 为 0.3～0.5 μg/kg，平均回收率在 60.7%～107%之间，RSD 在 4.59%～14.9%之间。

Boison 等[45]采用 0.6%甲酸于 47℃，水浴 1 h，消化和灭活猪肌肉和肝脏中活性酶，然后加 1 mol/L Tris 溶液中和，再加入 1 mL 蛋白酶于 47℃酶解 16～18 h，然后加 0.3 mol/L 盐酸高速振摇 5 min 提取，离心取上清液进一步固相萃取净化，LC-MS/MS 测定。BDCBX 和 QCA 的 LOQ 分别为 0.05 μg/kg 和 0.5 μg/kg，LOD 分别为 0.025 μg/kg 和 0.3 μg/kg，回收率在 80%～120%之间。我国国标 GB/T 22984—2008[46]测定牛奶和奶粉中 CBX 和 OLQ 代谢物残留量，5 g 样品加入 10 mL 0.6%甲酸溶液混匀后于 47℃振荡 1 h，加入 3 mL 1 mol/L Tris 溶液，再加入 0.01 g/mL SIGMA P5147 蛋白酶 0.3 mL，混匀后于 47℃振荡酶解 16～18 h。酶解后，采用 0.1 mol/L EDTA-Mcllvaine 缓冲溶液（pH 4）直接均质提取，LC-MS/MS 测定。MQCA 和 QCA 的回收率为 75%～88%，LOD 为 0.5 μg/kg（牛奶）和 4 μg/kg（奶粉）。研究发现，温度和 pH 对酶的生物活性影响极大，蛋白酶在 pH 8.5、47℃时活性最强。酶解之前，先在样品中加 0.6%（体积分数）的甲酸溶液，置于 47℃空气浴中 1 h，可使牛奶和奶粉中天然存在的其他类型酶失活，然后再用 Tris 缓冲溶液调节 pH，加入蛋白酶酶解。实验表明，与用甲酸水解，乙腈-水（1+1，v/v）提取相比较，该方法效果更好，不仅反应条件温和，且酶解后药物与奶制品分离更为彻底。

（2）净化方法

喹噁啉类药物残留分析主要采用的净化方法有液液分配（LLP）和固相萃取（SPE）方法。LLP 所需时间较长，而喹噁啉类药物不稳定，净化过程不易太长，所以目前最常用的方法是 SPE 技术。

1）液液分配（liquid liquid partition，LLP）

本类药物原形及其脱氧代谢物，直接用有机溶剂提取后，利用药物极性，采用溶剂对 LLP 净化。Huang 等[24]测定鸡血液、肌肉、肝脏、肾脏和脂肪中 CYX 及其代谢物 BDCYX，提取液蒸干后，用乙腈-正己烷 LLP 脱脂，乙腈层再净化后用 HPLC 测定。CYX 和 BDCYX 的 LOQ 为 0.025 μg/g（血浆和组织），方法回收率在 73%～87% 之间，日间 RSD 小于 9.86%。Zhang 等[25]提取羊组织中 CYX 及其代谢物 BDCYX。肌肉、肝脏、肾脏用乙酸乙酯提取，脂肪组织用乙腈提取，提取上清液蒸干，用乙腈-正己烷 LLP 净化，取乙腈层蒸干用甲醇复溶后 HPLC 测定，CYX 回收率为 65%～79%，日间 CV 为 6.7%～11.1%；BDCYX 回收率为 70%～92%，日间 CV 为 4.7%～15.9%；LOD 为 15 μg/kg，LOQ 为 25 μg/kg。

QCA 和 MQCA 与组织结合，需要解离后提取，而解离方法决定了后续的净化步骤；另外，QCA 和 MQCA 呈酸性，在酸性溶液中以分子状态存在，在碱性溶液中以离子态存在，这成为开发 LLP 方法的基础。

碱性水解后的净化过程往往涉及多次 LLP，较为复杂。Hutchinson 等[31]分析猪肝中的 QCA，碱性水解液用浓盐酸中和后，用乙酸乙酯提取，提取液用 0.1 mol/L 磷酸钠（pH 8.0）LLP 反萃取，经 SCX SPE 柱净化后，吹去氢氧化钠-甲醇洗脱液中的甲醇，用盐酸中和，再与乙酸乙酯 LLP 净化，乙酸乙酯层吹干复溶后，用 LC-MS/MS 测定。方法回收率为 89%～111%，CV 为 0.15%～10%，CC_α 和 CC_β 分别为 0.16 μg/kg 和 0.27 μg/kg。Huang 等[24]测定鸡组织中 CYX 的代谢物 QCA 残留，样品经碱性水解，水解液用浓盐酸调节 pH<1 后，用乙酸乙酯提取，提取液再与 0.5 mol/L 柠檬酸缓冲液（pH 8）LLP 反萃取，进一步用离子排阻色谱柱净化，甲醇-水洗脱液用盐酸酸化后，再与氯仿 LLP，蒸干氯仿层，用流动相溶解后，HPLC 分析。鸡组织中 QCA 的 LOQ 为 0.025 mg/kg（内脏组织）和 0.02 mg/kg（肌肉），回收率为 70%～78%，CV 为 7.69%～11.43%。用同样的方法，Huang 等[29]提取和净化猪和鸡组织中 QCT 的代谢物 MQCA，样品的碱性水解液用浓盐酸调节 pH<1 后，用乙酸乙酯提取，提取液再与水 LLP，弃去水相，乙酸乙酯层再用 0.5 mol/L 柠檬酸缓冲液（pH 8）反萃取，反萃取液经离子排阻色谱净化后 HPLC 测定，LOQ 为 0.05 mg/kg，LOD 为 0.025 mg/kg，回收率为 74%～84%，CV 为 4.5%～10.8%。

酸性水解提取液在多数情况下直接经 LLP 转移至有机溶剂中，再进一步处理。Della 等[38]采用偏磷酸-甲醇-水（2+20+78，v/v）水解猪肝脏中 QCA，水解液用乙酸乙酯提取，乙酸乙酯提取液再用 0.1 mol/L 磷酸盐缓冲液（pH 7）LLP 反萃取，水相再经 SPE 净化后，GC-MS 测定。方法回收率为 90%～102%，CV 为 1.7%～8.4%，CC_α 和 CC_β 分别为 32 μg/kg 和 34 μg/kg，LOD 为 0.2 μg/kg，LOQ 为 0.7 μg/kg。Wu 等[40]采用 5%偏磷酸-10%甲醇溶液水解提取猪肝脏中的 QCA 和 MQCA，水解液用乙酸乙酯提取，乙酸乙酯用 0.01 mol/L 磷酸二氢钾缓冲液（用磷酸调节 pH 7.0）LLP 反萃取，磷酸盐缓冲液再用正己烷 LLP 脱脂，脱脂后磷酸盐缓冲液经 SPE 净化后测定。回收率为 70%～110%，CV 小于 20%。实验发现，磷酸二氢钾缓冲液浓度从 0.01～1.0 mol/L（用磷酸调节 pH 7.0）均能达到满意回收率，但是 0.01 mol/L 浓度萃取后杂质含量最少。Sniegocki 等[47]测定猪肉中 CBX 代谢物（脱氧卡巴氧、QCA）和 OLQ 代谢物（MQCA）。样品用含偏磷酸的甲醇水解后，再用乙酸乙酯-二氯甲烷（50+50，v/v）LLP 净化提取，蒸干提取物后用含 0.5%异丙醇的 1%乙酸溶解，LC-MS/MS 测定。CC_α 为 1.04～2.11 μg/kg，CC_β 为 1.46～2.89 μg/kg，回收率在 99.8%～101.2% 之间。

酶解一般在弱碱性条件下进行，酶解液往往加入酸性溶液提取并脱蛋白，酸性提取液经 LLP 转入有机溶剂中，然后再进一步处理。Hutchinson 等[41]测定猪肝中 MQCA 和 QCA 残留，蛋白酶解液放置室温后加入 1 mL 浓盐酸酸化提取，提取液与乙酸乙酯 LLP，乙酸乙酯萃取液再用 0.1 mol/L 磷酸钠缓冲液（pH 8.0）LLP 反萃取，进一步 SPE 净化后，LC-MS/MS 测定。QCA 的 CC_α 和 CC_β 分别为 0.4 μg/kg 和 1.2 μg/kg，MQCA 分别为 0.7 μg/kg 和 3.6 μg/kg。刘正才等[44]用蛋白酶酶解鱼、虾、猪肉、鸡肉、牛肉、猪肝中 OLQ 代谢残留标识物 MQCA。酶解液冷至常温后，加入 0.3 mol/L HCl 溶液振荡提取，上清液加入正己烷 LLP 脱脂，下层水相再用 SPE 净化后，HPLC 测定。MQCA 平均回收率在 60.7%～

107%之间，RSD 在 4.59%～14.9%之间；6 种样品的 LOQ 为 0.3～0.5 μg/kg。

2）固相萃取（solid phase extraction，SPE）

与 LLP 相比，SPE 具有省时省力、经济、节省溶剂、减少溶液乳化、可同时处理多个样品并能自动化的优点，可有效除去样品基质中的干扰物，对被分析物具有很高的浓缩因子，回收率也高。用于净化本类药物的 SPE 类型主要有 MAX、SCX、HLB、C_{18} 等，因为待测物的酸性性质，采用 MAX 净化的文献较多。

A. MAX

Della 等[38]测定猪肝脏中 QCA，采用酸性水解提取，提取液中 QCA 经萃取转移至乙酸乙酯，再用 0.1 mol/L 磷酸盐缓冲液（pH 7）反萃取，反萃取液过 MAX SPE 柱净化，依次用 0.05 mol/L 氢氧化钠溶液、甲醇淋洗，用三氟乙酸-甲醇（2+98，v/v）洗脱，衍生化后用 GC-MS 测定。回收率为 90%～102%，CV 为 1.7%～8.4%。Boison 等[45]测定猪肝中 CBX 代谢物 BDCBX 和 QCA，采用蛋白酶酶解，酶解物加 0.3 mol/L 盐酸 10 mL 酸化提取，提取液离心后上 MAX 小柱净化，用 30 mL 乙酸钠-甲醇（95+5，v/v）淋洗，用 4×3 mL 二氯甲烷洗脱 BDCBX，再用 3 mL 甲酸-乙酸乙酯（2+98，v/v）洗脱 QCA，洗脱液吹干转换溶剂后，进 LC-MS/MS 测定。BDCBX 和 QCA 的 LOQ 为 0.05 μg/kg 和 0.5 μg/kg，LOD 为 0.025 μg/kg 和 0.3 μg/kg，回收率在 80%～120%之间。

Zhang 等[32]测定鱼组织中 OLQ 代谢物 MQCA，样品经 2 mol/L 的盐酸水解后，水解提取液离心后过 MAX SPE 柱（依次用 3 mL 甲醇、3 mL 水活化）净化，用 3 mL 0.05 mol/L 乙酸钠-甲醇溶液（90+10，v/v）淋洗，吹干，用 3 mL 含 2%甲酸的乙酸乙酯洗脱，洗脱液氮气吹干，流动相复溶后，LC-MS/MS 测定。MQCA 的 LOD 和 LOQ 分别为 0.1 ng/g 和 0.25 ng/g，回收率为 92.7%～104.3%，RSD 小于 6%。刘正才等[44]测定鱼、虾、猪肉、鸡肉、牛肉、猪肝中 OLQ 代谢残留标识物 MQCA，样品酶解溶液加入 0.3 mol/L HCl 溶液提取，提取液用正己烷脱脂后，上 MAX SPE 柱净化，依次用 0.05 mol/L 乙酸钠溶液（pH 7.0）-甲醇（19+1，v/v）、水、水-甲醇（4+1，v/v）和甲醇淋洗，用含 2%甲酸的乙酸乙酯洗脱，洗脱液吹干，流动相复溶后，LC-MS/MS 测定。样品中 MQCA 的 LOQ 为 0.3～0.5 μg/kg，平均回收率在 60.7%～107%之间，RSD 在 4.59%～14.9%之间。余海霞等[48]用碱液水解鱼体内 MQCA 结合残留物，水解液用酸中和后，上 MAX 柱净化，待样液全部流出后用含 3 mL 0.05 mol/L 乙酸钠的甲醇溶液淋洗，3 mL 含 2%甲酸的乙酸乙酯溶液洗脱，洗脱液吹干，流动相溶解后，进 HPLC 测定。方法回收率为 80.5%～86.5%，RSD 均小于 6%，方法 LOD 为 4.0 μg/kg。

Wu 等[40]测定动物组织、鱼肉中的 QCA 和 MQCA，0.01 mol/L 磷酸盐缓冲液（pH 7.0）萃取液用 MAX 小柱净化，依次用 3 mL 0.05 mol/L 氢氧化钠溶液和 3 mL 甲醇淋洗，用 3 mL 甲酸-甲醇（2+98，v/v）洗脱，洗脱液转换溶剂后用 HPLC 测定。QCA 和 MQCA 的回收率在 70%～110%之间，CV 小于 20%。实验发现，如选用三氟乙酸-甲醇（2+98，v/v）作洗脱液，在色谱测定时会出现明显的干扰峰，而用甲酸替换三氟乙酸，则干扰峰消失，可能是三氟乙酸具有强烈紫外吸收特性所致。林黎等[43]测定牛奶和奶粉中 CBX 和 OLQ 代谢物残留，酶解液用 0.3 mol/L HCl 酸化，上清液直接上 MAX 小柱（分别用 3 mL 甲醇和 3 mL 水活化）净化，分别用 15 mL 0.05 mol/L 乙酸钠-甲醇（19+1，v/v）、5 mL 甲醇、3 mL 水、5 mL 0.1 mol/L 盐酸和 3 mL 水-甲醇（4+1，v/v）淋洗，抽干后再用 2 mL 乙酸乙酯淋洗，最后用 3 mL 2%甲酸-乙酸乙酯洗脱，洗脱液吹干复溶于 1 mL 甲酸-甲醇（1+99，v/v），用 LC-MS/MS 测定。牛奶中 QCA 和 MQCA 的 LOQ 为 0.5 μg/kg，奶粉为 4.0 μg/kg；平均回收率为 68.2%～82.5%，CV 为 3.4%～12%。实验对比了 Bond Elute Certify 和 Oasis MAX 两种商用柱的净化效果，后者的净化效果和回收率明显优于前者。

B. SCX

Hutchinson 等[31]测定猪肝中 QCA 残留，用 3 mol/L 氢氧化钠溶液水解组织结合态 QCA，水解液用 4 mL 浓盐酸中和，乙酸乙酯萃取，萃取液用 0.1 mol/L 磷酸钠溶液（pH 8.0）反萃取，磷酸钠溶液反萃取经盐酸酸化后过 SCX 柱净化，用 15 mL 0.1 mol/L 的盐酸淋洗，用 5 mL 0.1 mol/L 的氢氧化钠-甲醇（70+30，v/v）洗脱，洗脱液吹干用流动相复溶，LC-MS/MS 测定。回收率为 89%～111%，CV

为 0.15%~10%，CC_α 和 CC_β 分别为 0.16 mg/kg 和 0.27 mg/kg。Hutchinson 等[41]测定猪肝中 MQCA 和 QCA 残留，蛋白酶解液用浓盐酸酸化提取，提取液用乙酸乙酯萃取，乙酸乙酯萃取液再用 0.1 mol/L 磷酸钠缓冲液（pH 8.0）反萃取，取 4 mL 磷酸钠缓冲液（pH 8.0）萃取液，加入 1 mL 浓盐酸酸化后，上 SCX 小柱净化，收集所有流出液，吹干，流动相复溶，LC-MS/MS 测定。QCA 的 CC_α 和 CC_β 分别为 0.4 µg/kg 和 1.2 µg/kg，MQCA 的 CC_α 和 CC_β 分别为 0.7 µg/kg 和 3.6 µg/kg。

C. C_{18}

梅景良等[34]测定鲤鱼、对虾中 OLQ 及其代谢物 MQCA，盐酸水解液直接过 C_{18} SPE 柱净化，依次用 5 mL 甲醇和 3 mL 0.3 mol/L HCl 活化小柱，2 mL 超纯水淋洗，再依次用 3 mL 甲醇和 1 mL 乙腈洗脱，洗脱液氮气吹干后，用 0.5 mL 水-0.5%甲酸水-乙腈-甲醇混合溶液（30+40+5+25，v/v）复溶，离心、过滤后进样检测。OLQ 及 MQCA 的平均回收率分别为 74.6%~80.9%和 81.0%~86.6%，批内 RSD 为 0.51%~4.47%，批间 RSD 为 0.66%~7.58%；鲤鱼组织中 OLQ 及 MQCA 的 LOD 分别为 6 µg/kg 和 10 µg/kg，LOQ 分别为 20 µg/kg 和 35 µg/kg；对虾组织中的 LOD 分别为 4.5 µg/kg 和 8 µg/kg，LOQ 分别为 15 µg/kg 和 30 µg/kg。吕海鸾等[33]采用 0.2 mol/L 盐酸提取水产品中 MQCA，过 C_{18} SPE 柱，依次用 2 mL 水和 1 mL 甲醇淋洗，吹干，再用 3 mL 甲醇和 1 mL 乙腈洗脱，35℃氮气吹干，残渣用 0.5 mL 复溶溶液涡旋振荡溶解 1 min，3900 r/min 离心 15 min，0.22 µm 滤膜过滤后，进行 HPLC 分析。猪肉、猪肝、猪肾、鱼、对虾和蟹中 MQCA 的 LOD 依次为 0.90 µg/kg、1.51 µg/kg、0.94 µg/kg、1.04 µg/kg、1.62 µg/kg 和 1.80 µg/kg，LOQ 依次为 3.00 µg/kg、5.02 µg/kg、3.13 µg/kg、3.46 µg/kg、5.40 µg/kg、6.00 µg/kg；MQCA 的平均回收率均在 73.6%与 89.0%之间，日内 RSD 在 15%以下，日间 RSD 为 20%以下。Li 等[49]测定猪肉和肌肉中 MQX、QCT 及其 11 种代谢物。乙腈-乙酸乙酯提取，酸化，再用乙酸乙酯萃取，过 C_{18} 柱净化后超高效液相色谱-串联质谱（UPLC-MS/MS）测定。方法回收率在 69.1%~113.3%之间，日内 RSD 小于 14.7%，日间 RSD 小于 19.2%，LOD 在 0.05~1.0 µg/kg 之间。

D. HLB

田强兵等[50]建立了水产品中 OLQ 的测定方法。匀浆后的水产品试样经甲醇溶液提取、正己烷除脂后，用 HLB 柱净化。4 mL 甲醇和 4 mL 水活化，10 mL 提取液上样，依次用 4 mL 0.02 mol/L HCl、0.1 mol/L HCl 和水淋洗，用 3 mL 体积分数 40%甲醇溶液洗脱，HPLC 检测。方法 LOD 和 LOQ 分别为 0.02 mg/kg 和 0.05 mg/kg；回收率在 78%~99.6%之间，RSD 小于 7.7%。Horie 等[36]用乙腈提取猪肌肉和肝脏中 CBX 及其代谢物 QCA 和 BDCBX，提取液蒸干后用水复溶，过 Oasis HLB 柱（60 mg）净化，用 8 mL 水洗涤，5 mL 甲醇洗脱，洗脱液吹干，流动相复溶后，LC-MS/MS 测定。QCA 和 BDCBX 的回收率在 70.2%~86.3%之间，LOD 为 1 ng/g。Merou 等[42]测定猪、牛肌肉和猪肝中 QCA 和 MQCA，酶解上清液加 1.5 mL 1.2 mol/L 盐酸酸化，过 HLB 柱净化，用 3 mL 水淋洗，5 mL 乙酸-甲醇（2+98，v/v）洗脱，洗脱液再经正相 SPE 柱净化后，LC-MS/MS 测定。CBX、MQCA、QCA 的 CC_α 和 CC_β 范围分别为 0.09~0.24 µg/kg 和 0.12~0.41 µg/kg，回收率为 92%~101%（MQCA、QCA）和 60%~62%（CBX），CV 小于 12%。

E. 其他

本类药物极性相对中等或较高，采用正相 SPE 吸附剂净化也有研究报道。Aerts 等[27]采用甲醇-乙腈提取猪肾脏和肝脏中 CBX 及其三个脱氧代谢物，猪肌肉、肝脏和肾脏用乙腈-甲醇（1+1，v/v）提取，提取液直接过氧化铝-弗罗里硅土 SPE 柱（下层 8 g 氧化铝，上层 2 g 弗罗里硅土）净化，收集流出液，蒸干后用水复溶，用异辛烷 LLP 脱脂后，用 HPLC 测定。LOD 为 1~5 µg/kg，平均回收率为 81%~87%，CV 为 4%~10%。Merou 等[42]测定猪、牛肌肉和猪肝中 QCA 和 MQCA，HLB 柱的乙酸-甲醇（2+98，v/v）洗脱液再上氨基 SPE 柱净化，先用 5 mL 乙酸-甲醇（5+95，v/v）洗脱 CBX，再用 3.5 mL 氨水-甲醇（1+10，v/v）洗脱 QCA 和 MQCA，合并所有洗脱液，吹干并复溶于 80 µL 甲醇中，LC-MS/MS 测定。CBX、MQCA 和 QCA 的 CC_α 和 CC_β 范围分别为 0.09~0.24 µg/kg 和 0.12~0.41 µg/kg，回收率为 92%~101%（MQCA、QCA）和 60%~62%（CBX），CV 小于 12%。

3）离子排阻色谱（ion-exclusion chromatography）

离子排阻色谱基于样品分子量和体积大小的不同，而对样品进行分离的色谱法。固定相是有一定孔径的多孔填料，小分子量的化合物进入孔中；流动相是可以溶解样品的溶剂；分离过程是按分子量大小的顺序，分子量大的化合物先从柱中洗脱出来。

Huang 等[29]应用色谱填料 AG MP-50（25 cm×10.5 mm，7 g）净化鸡、猪组织中 QCT 代谢物 MQCA。10 mL 0.5 mol/L 的柠檬酸萃取液中加入 2 mL 浓盐酸酸化，注入离子排阻色谱，用 40 mL 1 mol/L 盐酸淋洗，用 50 mL 甲醇-水（1+1，v/v）洗脱，再经过 LLP 净化后，用 HPLC 测定。回收率为 74%～84%，CV 为 4.5%～10.8%，LOD 和 LOQ 分别为 0.025 mg/kg 和 0.05 mg/kg。Huang 等[24]也用 AG MP-50 resin 离子排阻色谱（25 cm×10.5 mm）净化鸡肌肉、肾脏、脂肪和肝脏中 QCA 的残留。在碱性条件下水解结合态的 QCA，水解液用盐酸中和，用乙酸乙酯提取，提取液再用 0.5 mol/L 柠檬酸缓冲液反萃取，柠檬酸萃取液用 2 mL 浓盐酸酸化后，上 AG MP-50 resin 离子排阻色谱柱净化，用 30 mL 1 mol/L HCL 淋洗，用 40 mL 甲醇-水（10+90，v/v）洗脱，洗脱液中加入 2 mL 浓盐酸，再用三氯甲烷反萃取，蒸干萃取液，甲醇复溶后，用 HPLC 测定。QCA 的 LOQ 为 0.025 mg/kg（血浆和内脏组织）和 0.02 mg/kg（肌肉）；回收率为 70%～87%，日间 RSD 为 7.69%～11.43%。Zhang 等[25]用同样规格和型号的离子排阻色谱柱净化羊组织中的 CYX 代谢物 QCA，柠檬酸萃取液用 2 mL 浓盐酸酸化后，上 AG MP-50 resin 离子排阻色谱柱净化，用 50 mL 1 mol/L HCL 淋洗，用 75 mL 甲醇-水（10+90，v/v）洗脱，洗脱液中加入 21 mL 浓盐酸，再用三氯甲烷反萃取，蒸干萃取液，甲醇复溶后，HPLC 测定。QCA 回收率为 70%～82%，日间 CV 为 6.7%～11.1%；LOD 为 15 μg/kg，LOQ 为 25 μg/kg。

4）分子印迹技术（molecular imprinting technology，MIT）

MIT 基本原理为当模板分子（印迹分子）与聚合物单体接触时会形成多重作用点，通过聚合过程这种作用就会被记忆下来，当模板分子除去后，聚合物中就形成了与模板分子空间构型相匹配的具有多重作用点的空穴，这种聚合物叫分子印迹聚合物（MIP），这样的空穴将对模板分子及其类似物具有选择识别特性。

Duan 等[51]建立了基于 MIT 净化动物肌肉中 QCA 和 MQCA 的 HPLC 测定方法。将 QCA 和功能单体二乙胺基甲基丙烯酸乙酯（DEAM）溶解于无水四氢呋喃，在 50℃涡动 2 h，然后加入交联剂乙二醇二甲基丙烯酸酯（EDMA）和引发剂偶氮二异丁腈（AIBN），超声处理 20 min，氮吹脱氧，然后 60℃水浴 24 h 完成聚合，粉碎后得到 MIP。将 100 mg MIP 装入 3 mL SPE 管中，用 5 mL 甲醇，5 mL 水平衡，加入 QCA 和 MQCA 酸性提取液（pH 3.0），以 3.5 mL/min 流速流出，用 2 mL 甲醇淋洗，3 mL 1%乙酸甲醇溶液洗脱，洗脱液吹干复溶于 0.5 mL 甲醇-水（1+1，v/v），过膜后 HPLC 测定。猪、鸡、鱼肌肉中 QCA 和 MQCA 的回收率为 60.0%～119.4%，RSDs 小于 5%；QCA 的 LOD 分别为 0.1 μg/kg、0.3 μg/kg、0.1 μg/kg，MQCA 分别为 0.2 μg/kg、0.3 μg/kg、0.1 μg/kg。魏玉伟[52]采用热引发本体聚合的方法合成 OLQ 的 MIP。在吡啶中加入模板分子 OLQ，超声溶解，依次加入甲基丙烯酸（MAA）、EDMA 和醋酸，在 50℃热引发聚合。将制得的 MIP 于 40℃烘干，作为基质固相分散萃取（MSPD）的吸附剂来特异性吸附肉制品中的 OLQ 残留。将该 MIP 与等量鱼肉充分研磨接触，放置 30 min 后，装入注射器，用 8 mL 正己烷洗涤，抽干后，用乙腈-乙酸乙酯（1+1，v/v）洗脱，洗脱液旋转蒸发至干，用流动相定容后，供 HPLC 测定。鱼肉中添加 1.5 mg/kg 的 OLQ 时，回收率为 89.72%，CV 为 1.59%。

15.1.4.2 测定方法

喹噁啉类药物的测定方法主要包括仪器测定和免疫测定方法。免疫学分析方法较为简单、快速、灵敏度高，但缺乏定性信息，一般作为初筛方法；而色谱方法定量准确，特别是色谱-质谱联用技术在定量的同时，还能定性分析，但所需的仪器昂贵。

（1）气相色谱（gas chromatography，GC）

喹噁啉类药物及其代谢物沸点高，难以气化，不能直接用 GC 进行分析。喹噁啉类原药很难衍生转化为沸点低的物质，但 QCA 和 MQCA 为羧酸类结构，可以通过酯化或硅烷化衍生后，利用 GC 分析检测。我国出入境检验检疫行业标准 SN/T 1016.1—2001[53]规定了出口肉及肉制品中 CBX 代谢物

QCA 残留量的 GC 检验方法。提取的 QCA 用甲醇-硫酸（97+3，v/v）在 60℃水浴中甲酯化衍生 30 min，衍生物用 GC-电子捕获检测器（ECD）测定，外标法定量。该方法的 LOQ 为 30 μg/kg，回收率为 70%～120%。由于该方法灵敏度已不能满足需要，现已不采用。

（2）气相色谱-质谱法（gas chromatography-mass spectrometry，GC-MS）

GC-MS 利用分析物母离子或子离子的结构、分子量等信息，确证分析物，结果准确可靠，而且比 GC 方法具有更高的灵敏度，但 GC-MS 测定本类药物也需要衍生反应，操作较为繁琐。

Della 等[38]建立了气相色谱-电子捕获负化学离子源-质谱（GC-ECNI-MS）检测猪肝中 CBX 主要代谢物 QCA 的方法。提取物用 N-（特丁基二甲基硅）-N-甲基三氟乙酰胺（N-methyl-N-tertbutyldimethyl-lsilyltrifluoroacetamide，MTBSTFA）与 1%叔丁基二甲基氯硅烷（tert-butyldimethylchlorosilane，TMSDAM）在 70℃硅烷化衍生 30 min，冷却后用异辛醇定容，进 GC 分析，采用同位素内标[²H₄]QCA 定量。GC 分离采用 DB-5 MS 毛细管柱（30 m×0.25 mm i.d.，0.25 μm），起始温度 80℃，以 10℃/min 升至 300℃，维持 1 min，进样口温度 250℃，不分流进样，进样量 2 μL，质谱接口温度 280℃，源温和分析器温度为 150℃，发射电流～50 A，ECNI 方式电离，采集负离子，选择离子（SIM）模式检测。该方法回收率为 90%～102%，CV 小于 1.7%～8.4%，LOQ 为 0.7 μg/kg。该研究小组还将净化后的 QCA 用三甲基硅烷基重氮甲烷（trimethylsilyldiazomethane，TMSD）于 60℃甲基化衍生 1 h，再 GC-MS 分析，与 TMSDAM 衍生方法相互印证。两种方法的结果类似，但 TMSD 属易燃物品，操作要注意安全。彭艳等[54]用 GC-MS 检测动物肌肉、肝脏及肾脏中 QCA 的含量，衍生化条件与 Della 相同，GC 分离采用 HP-5 MS（30 m×0.25 mm i.d.，0.25 μm），起始温度 80℃，以 10℃/min 升至 280℃，维持 1 min，进样口温度 250℃，不分流进样，进样量 2 μL，质谱接口温度 280℃，源温和分析器温度为 150℃，负化学电离源电离（NCI），SIM 模式检测。方法回收率为 90%～102%，CV 小于 8.5%；LOQ 为 0.7 μg/kg，LOD 为 1.0 μg/kg。Lynch 等[55]建立了猪肝脏中 CBX 及其代谢物 QCA 的 GC-离子阱质谱（MSⁿ）检测方法。提取物也采用 MTBSTFA 与 1%TMSDAM 在 70℃硅烷化衍生 30 min，再 GC-NCI-MSⁿ检测，QCA 同位素内标定量。方法回收率接近 100%，CV 小于 7.1%，LOD 为 2 μg/kg。

（3）高效液相色谱法（high performance liquid chromatography，HPLC）

喹噁啉类药物及其代谢物多属中等极性，大多选用反相 HPLC 分离，流动相主要选用甲醇、乙腈和水，通过调节三者比例和梯度条件，各药物可得到较好的分离；同时，流动相的 pH 影响待测物的存在形态，需要注意选择合适的 pH 范围。本类药物及其代谢物的共平面共轭结构，具有紫外吸收特性。QCA 和 MQCA 都有三个较强的吸收峰，吸收波长分别为 204 nm、245 nm 和 320 nm；其他几种药物的 UV-Vis 吸收图见图 15-3。因而，本类药物 HPLC 检测最常用的检测器为紫外检测器（ultraviolet detector，UVD）和二极管阵列检测器（diode-array detector，DAD；photo-diode array detector，PDA）。

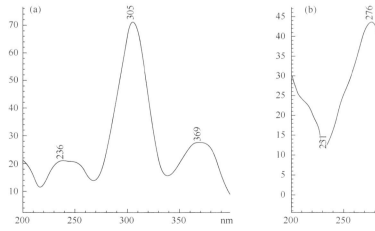

图 15-3　几种喹噁啉类药物的 UV-Vis 光谱图[24]
（a）CYX；（b）BDCYX

1）直接测定

Nasr 等[56]优化和验证了一个测定鸡肉、鸡肝、牛肉、牛肝和牛奶中 CBX 和 OLQ 残留量的 HPLC 方法。采用 C_{18} 柱分离，以 10%乙腈和含 0.3%三乙胺的 0.02 mol/L 磷酸缓冲液（pH 4）作为流动相，梯度洗脱，在 373 nm 波长检测。该方法能够在四分钟能完成分析测定，CBX 和 OLQ 的回收率分别在 89.2%～93.6%和 93.0%～107.2%范围内。张小军等[57]用 HPLC 测定动物组织中 OLQ 残留标示物 MQCA。色谱柱为 Sunfire C_{18} 柱（250 mm×4.6 mm，5 μm），流动相为甲醇–1.0%甲酸（40+60，v/v），流速 1.0 mL/min，柱温 30℃，进样量 50 μL，检测波长 320 nm。猪肉、牛肉、对虾和草鱼的回收率为 82.1%～90.3%，LOQ 为 4.0 μg/kg。实验对同规格的 ZORBAX SB-C_{18}、Sunfire C_{18} 和 X-Bridge C_{18} 三种色谱柱进行了比较，ZORBAX SB-C_{18} 和 X-Bridge C_{18} 出峰较早，但有杂峰干扰，Sunfire C_{18} 出峰相对较晚，且分离效果好。实验还比较了甲醇-1%甲酸（40+60，v/v）、甲醇–0.5%甲酸（30+70，v/v）两组等度洗脱，以及甲醇、水和乙酸-乙酸钠缓冲液梯度洗脱，发现以甲醇–1.0%甲酸（40+60，v/v）作为流动相时，色谱峰形和灵敏度最好。

QCA 和 MQCA 等代谢物与喹恶啉类药物原形极性差异较大，同一色谱条件不易操作，可以分别进样测定。Huang 等[24]测定鸡血液、肌肉、肝脏、肾脏和脂肪中 CYX 及其代谢物，HPLC 色谱柱为 ODS2（5 μm，250 mm×4.6 mm），流速 1 mL/min，色谱柱温度 30℃。CYX 和 BDCYX 的色谱检测条件为：0～8 min，乙腈-水（15+85，v/v），紫外检测波长 305 nm；8～15 min，流动相线性转化为乙腈-水（25+75，v/v），检测波长为 280 nm；而 QCA 的流动相为甲醇-水-甲酸（40+60+10，v/v），检测波长 320 nm。CYX 和 BDCYX 的 LOQ 为 0.025 mg/kg（血和组织），回收率在 73%～87%之间，日间 RSD 小于 9.86%；QCA 的 LOQ 为 0.025 mg/kg（血和内脏组织）和 0.02 mg/kg（肌肉）；回收率为 70%～87%，日间 RSD 为 7.69%～11.43%。Zhang 等[25]用 HPLC 测定羊组织中的 CYX、BDCYX 和 QCA。色谱柱为 RP18（5 μm，4.6 mm×250 mm），流速 1 mL/min。CYX 和 BDCYX 的流动相为乙腈-水，梯度洗脱，紫外检测波长分别为 305 nm 和 280 nm；QCA 的流动相为 1%甲酸水-甲醇（6+4，v/v），检测波长为 320 nm。CYX 的回收率为 65%～79%，日间 CV 为 6.7%～11.1%；BDCYX 的回收率为 70%～92%，日间 CV 为 4.7%～15.9%；QCA 回收率为 70%～82%，日间 CV 为 6.7%～11.1%；三种药物的 LOD 均为 15 μg/kg，LOQ 为 25 μg/kg。Huang 等[29]用 HPLC 测定猪、鸡肉中 QCT 及其代谢物。色谱柱为 Hyper sil ODS2（250 mm×4.6 mm），流速 1 mL/min，QCT 流动相：甲醇-水（55+45，v/v），BDQCT 流动相：甲醇-水（7+3，v/v），MQCA 流动相：1%甲酸水-甲醇（6+4，v/v），检测波长为：312 nm（QCT）、320 nm（BDQCT 和 MQCA）。该方法回收率为 71%～86%，CV 为 4%～12%；LOQ 为 0.05 mg/kg，LOD 为 0.025 mg/kg。

当代谢物与药物原形同时进样测定时，可以采用梯度洗脱，或者在流动相中添加酸，以降低 pH，并增加在反相色谱上的保留性能。梅景良等[34]建立了鱼、虾中 OLQ 和 MQCA 的 HPLC 检测方法。色谱柱为 Inertsil ODS-3 C_{18} 柱（250 mm×4.6 mm，5 μm），流动相由纯水、乙腈、甲醇和 0.5%甲酸水组成，梯度洗脱，柱温 30℃，进样量 100 μL，样品运行时间为 20 min，双波长检测（OLQ 为 372 nm，MQCA 为 320 nm）。鱼组织中 OLQ 和 MQCA 的 LOD 分别为 6 μg/kg 和 10 μg/kg，LOQ 分别为 20 μg/kg 和 35 μg/kg；虾中的 LOD 分别为 4.5 μg/kg 和 8 μg/kg，LOQ 分别为 15 μg/kg 和 30 μg/kg。Zhang 等[30]测定猪尿中 MQX 及其 4 种代谢物：1-脱氧乙酰甲喹、4-脱氧乙酰甲喹、BDMQX 和 MQCA。5 mL 样品中加 200 μL 甲醇和 60 μL 四氯乙烷，超声波萃取 4 min，离心后 HPLC 测定。C_{18} 色谱柱（5 μm，4.6 mm×250 mm）分离，流动相为甲醇-乙腈-水（26+26+48，v/v，含 0.1%三氟乙酸），流速 1 mL/min，进样量 10 μL，检测波长 320 nm。方法 LOD 为 0.16～0.28 μg/L，回收率为 72.0%～91.3%，CV 小于 5.2%。Wu 等[40]检测动物肌肉、肝脏和鱼肉中 MQCA 和 QCA，用 Eclipse XDB C_{18} 色谱柱（250 mm×4.6 mm i.d.）分离，柱温 30℃，流动相为甲醇-1%甲酸（35+65，v/v，pH 2.7～3.1），流速 1.0 mL/min，检测波长为 320 nm。QCA 和 MQCA 的 CC_{α} 为 0.7～2.6 μg/kg，CC_{β} 为 1.3～5.6 μg/kg，回收率为 70%～110%，CV 小于 20%。

2）柱后衍生测定

1-脱氧卡巴氧和 4-脱氧卡巴氧主要采用 HPLC 柱后衍生方法测定。Aerts 等[27]测定猪肝、肌肉、肾脏中 CBX、BDCBX、1-脱氧卡巴氧和 4-脱氧卡巴氧残留,采用柱切换 HPLC 系统-柱后衍生化检测。富集柱为 C_{18} Corasil(60 mm×4.6 mm,3～5.0 μm),流动相为水,流速 0.6 mL/min;色谱分析柱为 C_{18} 柱(200 mm×3 mm,5 μm),流动相为 0.01 mol/L 乙酸钠缓冲液(乙酸调节 pH 6)-乙腈(85+15,v/v),流速 0.5 mL/min;柱后衍生试剂为 0.5 mol/L 氢氧化钠溶液,流速 0.3 mL/min,衍生化反应管(2 m×0.5 mm);420 nm 检测。时间序列为:0 min,进样和淋洗;20 min,切换六通阀柱反冲,检测器自动调零;25 min,复位六通阀;35 min,结束。该方法各药物的 LOD 为 0.5～1 μg/kg(CBX)、2～3 μg/kg(BDCBX)、1～2 μg/kg(1-脱氧卡巴氧和 4-脱氧卡巴氧);回收率在 81%～87%之间,CV 为 4%～10%。但是,在这种色谱条件下,QCA 不保留,出峰过早与溶剂杂质峰重合而无法检测。Binnendijk 等[58]也采用柱切换 HPLC-柱后衍生的方法测定动物产品中 CBX 及其代谢物。富集柱为 Sep-Pak C_{18}(10 mm×2.1 mm),流动相为水,流速 0.3 mL/min;色谱分析柱为 Chromaspher C_{18}(100 mm×3 mm),流动相为 0.01 mol/L 乙酸钠缓冲液(乙酸调 pH 6)-乙腈(86+14,v/v),流速 0.5 mL/min;柱后衍生试剂为 0.5 mol/L 氢氧化钠溶液,流速 0.23 mL/min,衍生化反应管(2 m×0.5 mm);390 nm 检测。时间序列为:0 min,进样和淋洗;20 min,切换六通阀柱,检测器自动调零;25 min,复位六通阀;35 min,结束。猪肾、肌肉和肝中 CBX 的 LOD 为 0.5～1 μg/kg,BDCBX 为 0.5～2 μg/kg;回收率为 83%～95%,RSD 小于 14%。该法还适用于血浆和蛋中 CBX 的测定,回收率在 70%～80%之间。

(4)液相色谱-质谱法(liquid chromatography-mass spectrometry,LC-MS)

由于本类药物的毒性,许多国家严格控制或禁止临床应用,对检测灵敏度提出了更高要求,而 LC-MS 检测灵敏度高、特异性好,应用报道逐渐增多。喹噁啉类药物及其代谢物的 LC-MS 检测主要采用电喷雾电离(ESI)方式,并可选择正离子和负离子两种监测模式;也有采用大气压化学电离(APCI)的测定方法报道。

1)APCI 电离

Merou 等[42]采用 LC-MS/MS 测定猪、牛肌肉和猪肝中 CBX、QCA 和 MQCA。色谱柱为 ODS 柱(150 mm×4.6 mm,5 μm),柱温 30℃,流动相为 1%乙酸和 1%乙酸甲醇溶液,梯度洗脱,流速 0.7 mL/min,采用 APCI 正离子扫描,毛细管电压 320℃,脱溶剂温度 450℃,放电电压 7 μA,多反应监测模式(MRM)检测。CBX、MQCA 和 QCA 的 CC_α 为 0.09～0.24 μg/kg,CC_β 为 0.12～0.41 μg/kg,回收率为 92%～101%(MQCA、QCA)和 60%～62%(CBX),CV 小于 12%。

2)ESI 电离

A. 负离子检测

本类药物的代谢物为酸性物质,LC-MS 检测可选择负离子模式。我国国家标准 GB/T 22984—2008[46]检测牛奶和奶粉中 QCA 和 MQCA。采用 ODS 色谱柱(3 μm,100 mm×2.1 mm)分离,流动相为甲醇-乙腈以及 0.1%甲酸,梯度洗脱,流速 0.2 mL/min,串联质谱(MS/MS)在 ESI 负离子、MRM 模式下检测。牛奶和奶粉中平均回收率为 68.2%～82.5%,RSD 为 3.4%～12%;牛奶中 LOQ 均为 0.5 μg/kg,奶粉中均为 4.0 μg/kg。Sniegocki 等[39]测定猪肉中 CBX 及其代谢物 BDCBX 和 QCA、OLQ 及其代谢物 MQCA,采用 QCA-d4 为内标,LC-MS/MS 测定。色谱柱为 Luna C_8(100 mm×2 mm,3 μm),保护柱为 C_8(4 mm×2 mm,3 μm),流动相为 0.5%异丙醇-1%乙酸溶液和甲醇,梯度洗脱,柱温 25℃,流速 0.4 mL/min,ESI 负离子,毛细管电压–4500 V,脱溶剂温度 400℃,检测器增益电压 2100 V,MRM 模式检测。方法 CC_α 为 1.04～2.11 μg/kg,CC_β 为 1.46～2.89 μg/kg,回收率为 99.8%～101.2%。质谱测定 QCA 和 BDCBX 时表现为基质抑制,MQCA 为基质增强,而采用同位素内标校正后,测定更为准确。

B. 正离子检测

相比负离子检测,采用正离子模式检测的报道更多。检测正离子时,流动相中可加酸来提高检测灵敏度。

Hutchinson 等[31]用 LC-MS/MS 检测猪肝中 QCA,色谱柱为 C_{18}(150 mm×4.60 mm,5 μm),流动相为甲醇-水-乙酸(40+59.6+0.4,v/v),流速 1.0 mL/min,分流 0.2 mL/min,质谱 ESI 正离子,MRM

检测。离子源温 150℃，干燥气和雾化气均为氮气，流速分别为 500 L/h 和 80 L/h。方法回收率为 89%～111%，CV 为 0.15%～10%，CC_α 和 CC_β 分别为 0.16 μg/kg 和 0.27 μg/kg。Horie 等[36]用 LC-MS/MS 测定猪肉和肝脏中 CBX、BDCBX、QCA，采用 C_{18} 色谱柱（100 mm×3.0 mm，2.6 μm），流动相为甲醇、乙腈以及 0.2%甲酸，梯度洗脱，流速 0.30 mL/min，ESI 正离子扫描，MRM 模式监测。QCA 的回收率为 70.2%～86.3%，LOQ 为 1 μg/kg。

Zhang 等[32]建立了鱼肉组织中 OLQ 代谢物 MQCA 的超高效液相色谱（UPLC）-ESI^+-MS/MS 残留分析方法。色谱柱为 UPLC BEH C_{18}（2.1 mm×50 mm，1.7 mm），柱温 40℃，流动相为甲醇和 0.3%甲酸溶液，梯度洗脱，流速 0.3 mL/min，进样体积 10 μL，ESI 正离子扫描，源温 120℃，脱溶剂温度 380℃，毛细管电压 3.5 kV，锥孔电压 25 V，锥孔气流速 60 L/h，去溶剂气流速 600 L/h，锥孔气和碰撞气分别为高纯氮气和氩气。每个样品用时间小于 5 min，LOD 和 LOQ 分别为 0.1 和 0.25 ng/g，回收率为 92.7%～104.3%，RSD 小于 6%。吕海鸾等[33]测定畜产品和水产品中 OLQ 的残留标示物 MQCA 残留，用 UPLC-MS/MS 确证和定量。色谱柱为 ACQUITY BEH C_{18}（50 mm×2.1 mm），进样量 10 μL，流动相为 0.1%甲酸和 0.1%甲酸甲醇溶液，梯度洗脱，流速 0.3 mL/min，ESI 正离子扫描，毛细管电压 2.8 kV，离子源温度 150℃，脱溶剂温度 300℃，碰撞气氩气，脱溶剂气流速为 480 L/h，MRM 模式监测，采用外标法定量。MQCA 的 LOD 为 0.90～1.8 μg/kg，LOQ 为 3.0～6.0 μg/kg，平均回收率均在 73.6%～89.0%之间，日内 RSD 在 15%以下，日间 CV 低于 20%。刘正才等[44]采用 LC-MS/MS 测定动物源食品中 OLQ 代谢物 MQCA 残留量。色谱柱为 Kinetex C_{18}柱（100 mm×3.0 mm，2.6 μm），流动相为甲醇、乙腈以及 0.2%甲酸，梯度洗脱，流速 0.30 mL/min，柱温 35℃，进样量 20 μL，ESI 正离子扫描，MRM 模式监测，电喷雾电压 4500 V，气帘气压力 0.172 MPa（氮气），离子源温度 550℃，雾化气压力 0.379 MPa，辅助气压力 0.379 MPa。MQCA 的 LOQ 分别为：鳗鱼 0.4 μg/kg、虾 0.3 μg/kg、猪肉 0.5 μg/kg、鸡肉 0.3 μg/kg、牛肉 0.5 μg/kg、猪肝 0.5 μg/kg，远低于国内外对 MQCA 的 MRLs 规定，回收率在 60.7%～107%之间，RSD 在 4.59%～14.9%之间。

Hutchinson 等[41]建立了猪肝中 QCA 和 MQCA 的 LC-ESI-MS/MS 确证方法。色谱柱为 C_{18} 柱（150 mm×2.0 mm），流动相为甲醇-乙腈-水-乙酸（10+10+79.6+0.4，v/v），流速 0.2 mL/min，进样体积 15 μL，质谱源温 150℃，ESI^+扫描，MRM 检测 QCA 产物离子 m/z 102 和 75，MQCA 产物离子 m/z 145 和 102，采用稳定氘代同位素内标定量。QCA 的 CC_α 和 CC_β 分别为 0.4 μg/kg 和 1.2 μg/kg，MQCA 分别为 0.7 μg/kg 和 3.6 μg/kg。Boison 等[45]用 LC-MS/MS 测定猪组织中 CBX 和 OLQ 及其代谢物 QCA 和 MQCA 残留。色谱柱为 Nova-Pak C_{18}（2.1 mm×150 mm，4 μm），流动相为 0.04%甲酸-甲醇，梯度洗脱，流速 0.2 mL/min，分流，进入质谱流速为 0.08 mL/min，ESI 正离子、MRM 检测，毛细管电压 2.75 kV，锥孔电压 27 V，源温 100℃，脱溶剂温度 150℃。BDCBX 和 QCA 的 LOQ 分别为 0.05 μg/kg 和 0.5 μg/kg，LOD 分别为 0.025 μg/kg 和 0.3 μg/kg；MQCA 的 LOQ 为 0.5 μg/kg，LOD 为 0.3 μg/kg；回收率在 80%～120%。

Zeng 等[59]开发了一种快速测定猪肌肉、肝脏、肾脏中 MQX 的 5 个代谢物的 LC-MS/MS 方法。样品经酸水解，用 SPE 净化后，进 LC-MS/MS 在 ESI 正离子源下测定。满足确认所需的两对转化离子，以及可接受的相对离子强度。方法 CC_α 在 0.6～2.9 μg/kg 之间，CC_β 介于 1.2～5.7 μg/kg；回收率为 75.3%～107.2%，RSD 小于 12%。Liu 等[60]报道了采用超高效液相色谱-串联质谱（UPLC-MS/MS）测定猪肝脏中 MQX 及其代谢物（1-desoxymequindox 和 BDMQX）的方法。用酸性乙腈提取，Oasis MAX 柱净化后，通过 UPLC 分离，用含 0.1%甲酸的甲醇进行梯度洗脱，色谱分析总时间少于 8 min。ESI-MS/MS 在 MRM 模式下进行数据采集。在 2～100 μg/kg 的添加水平下，方法回收率范围为 80%～85%，日内 CV 小于等于 14.48%，日间 CV 小于等于 14.53%；LOD 范围为 0.58～1.02 μg/kg，LOQ 范围为 1.93～3.40 μg/kg。

C. 正负离子切换检测

还可以通过质谱电离方式切换，同时检测正负离子。Horie 等[36]建立了检测猪肌肉和肝脏中 CBX 及其代谢物 QCA 和 BDCBX 的方法。色谱分离采用 Cadenza CD-C_{18}柱（10 cm×2 mm i.d.），流动相为 0.01%乙酸-乙腈，梯度洗脱，流速 0.2 mL/min，LC-ESI-MS 测定，SIM 模式监测（QCA 检测[M-H]⁻，BDCBX 检测[M+H]⁺）。检测浓度在 0.01～0.5 ng 时，呈良好线性，回收率为 70.2%～86.3%，LOD 均为 1 ng/g。

（5）免疫分析法（immunoassay，IA）

免疫分析技术是以抗原与抗体的特异性、可逆性结合反应为基础的分析方法。免疫反应涉及抗原和抗体之间高度互补的化学、静电、氢键、范德华力和疏水域的相互作用，因此具有高选择性和高灵敏的特点，非常适用于复杂基质中痕量组分的检测。

1）酶联免疫分析法（enzyme linked immunosorbent assays，ELISA）

OLQ 没有合适的活性功能基团可直接连接到载体蛋白，须先将其羟基改造为羧基后才能与载体蛋白偶联。宋春美等[61]采用琥珀酸酐和活化酯法两步合成 OLQ 完全抗原，将 OLQ 与琥珀酸酐在 90℃反应 1 h，生成喹乙醇酯半琥珀酸，再进一步与 N, N-二环己基碳二亚胺，N-羟基琥珀酰亚胺（NHS）室温搅拌反应 8 h，生成 N-羟基琥珀酰亚胺-琥珀酸喹乙醇酯，再反应生成完全抗原喹乙醇蛋白偶联物，路线见图 15-4。宋春美等[62]以此建立了间接竞争 ELISA 法测定 OLQ，半数抑制浓度（IC₅₀）为 1.66 ng/mL，猪肝、猪肉中的平均回收率分别为 77.6%和 79.68%，平均批内和批间 CV 小于 15%。

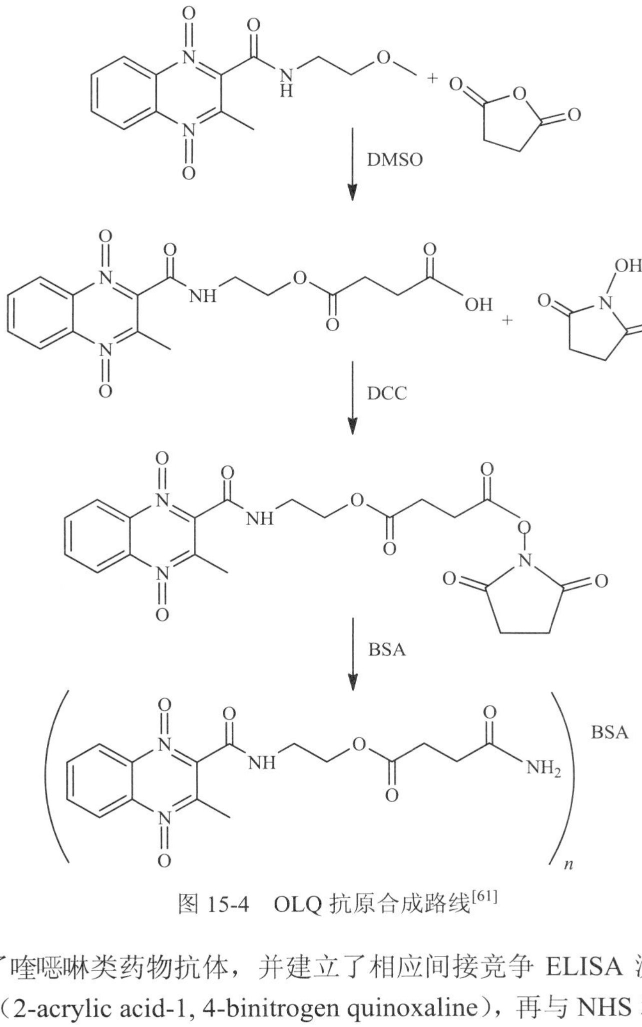

图 15-4　OLQ 抗原合成路线[61]

Cheng 等[63]制备了喹噁啉类药物抗体，并建立了相应间接竞争 ELISA 测定方法。首先合成 2-丙烯酸-1, 4-双氮-喹噁啉（2-acrylic acid-1, 4-binitrogen quinoxaline），再与 NHS 和环己基碳二亚胺盐酸盐（DCC）在吡啶中室温反应 3 h 进行活化酯反应，产物与卵清白蛋白（OVA）或牛血清白蛋白（BSA）偶联，获得包被原或免疫原，免疫动物获得抗体。所得抗体与 OLQ、CBX、MQX、QCT 和 MQCA 的交叉反应率大于 50%，并以此建立了间接竞争 ELISA 方法，检测猪肝中 OLQ、CBX、MQX、QCT 和 MQCA。样品中加入 0.2 mol/L 盐酸，加热 60℃，维持 1 h，将药物水解释放，高速离心水解液，取上清液 ELISA 测定。方法回收率为 80.14%～96.90%，日间 CV 为 5.67%～13.82%，日内 CV 为 6.22%～14.19%，LOD 为 0.03～0.79 μg/kg。冀宝庆[64]建立了测定 OLQ 和 MQCA 的 ELISA 方法。将 MQCA 分别与 BSA、OVA 交联，制备成免疫抗原和包被抗原。用免疫原免疫新西兰白兔制备抗血清，得到针对 MQCA 的多克隆抗体，效价达到了 32000。通过 ELISA 优化，OLQ 的 IC$_{50}$ 达到了 151.89 ng/mL，LOD 为 4.33 ng/mL；MQCA 的 IC$_{50}$ 达到了 3.84 ng/mL，LOD 为 0.25 ng/mL。

Cheng 等[65]建立了检测 MQCA 的特异性间接竞争 ELISA 方法。MQCA 与 NHS 和 DCC 采用活化酯法合成半抗原，再分别与 BSA 和 OVA 偶联，作为免疫原和包被原，免疫小鼠，筛选获得单克隆抗体。由此建立间接竞争 ELISA 分析方法，与 OLQ、CBX、MQX、QCT、CYX 和 QCA 无交叉反应。猪肝中 MQCA 的回收率为 85.44%～100.02%，批内 CV 为 6.64%～10.57%，批间 CV 为 7.29%～10.88%，LOD 为 1.0 μg/kg。袁宗辉等[66]采用与上述 MQCA 相同的活化酯法合成 QCA 完全抗原，研制了 QCA 的 ELISA 检测方法及试剂盒。样品经偏磷酸水解处理释放 QCA，水解上清液用 MAX 柱净化，间接竞争 ELISA 方法测定。组织中 QCA 的 LOD 为 0.6 μg/kg，回收率为 60%～120%。张泽英等[67]将 QCA 与 γ-氨基丁酸（ABA）衍生成喹喔啉-2-甲酰胺丁酸（QCA-ABA），再与 BSA 偶联作为免疫原（QCA-ABA-BSA），将 QCA 与卵清白蛋白（OVA）偶联作为包被原（QCA-OVA），建立了猪可食性组织中 QCA 的间接竞争 ELISA 检测方法。结果表明，最优的 QCA-OVA 包被抗原浓度为 4 μg/mL，抗体稀释倍数为 1∶3.2×10^4，最适检测范围为 0.2～51.2 ng/mL，LOD 为 0.6 μg/kg，对猪肌肉和猪肝脏的添加回收率为 47.4%～87.7%。

2）免疫荧光猝灭检测法（fluorescence quenching immunoassay，FQI）

冀宝庆[64]利用 OLQ 代谢物 MQCA 抗体，建立基于抗体抗原反应和纳米 DNA 技术的荧光猝灭高灵敏检测方法。首先合成纳米磁性粒子和纳米金粒子，将 DNA 与纳米金粒子偶联，得到了纳米探针，代替传统的辣根过氧化物酶（HRP）与二抗偶联后，在流动注射系统中进行免疫反应。对纳米探针上的 DNA 进行变性，收集得到了单链 DNA 序列，再将这些单链 DNA 与另一种粒径更小的，且具有互补寡核苷酸序列的金纳米探针进行杂交信号放大，利用荧光猝灭进行检测。该方法大大改善了检测限，达到了 7.52 pg/mL，检测范围为 8.5～60 pg/mL。Chen 等[59]制备了 MQCA 特异性抗体，利用流动注射系统纳米技术和金纳米粒子的荧光猝灭效应，建立了对 MQCA 的免疫荧光猝灭检测的方法。方法的线性范围 2.5 amol/L～250 fmol/L，LOQ 为 1.4 amol/L，CV 小于 15%，回收率在 89%～108%之间。此方法快速、易于自动化，可对猪肉等实际样品进行检测。

3）胶体金免疫层析法（gold immunechromatographic assay，GICA）

霍如林等[69]研制了胶体金免疫层析法试纸条，用于动物源食品中 OLQ 药物残留的快速检测。将已制备纯化过的 OLQ 多克隆抗体与胶体金结合产生的金标抗体喷涂在玻璃纤维垫上，并将包被抗原 OLA-OVA 和羊抗鼠二抗分别结合在硝酸纤维素膜上，组装成免疫层析快速检测试纸条，并检测试纸条的灵敏度、特异性、准确性和稳定性。将制备的试纸条用于检测猪肉和猪肝样品，结果表明该试纸条可以在 10 min 内完成检测，肉眼观察的 LOD 为 0.05 μg/mL，与结构类似物 CBX、MQX、QCA 的反应交叉性小，该试纸条假阳性率小于 5%，假阴性率为 0，在干燥常温条件下保存 6 个月仍然有效。该研究小组[70]还研究了胶体金免疫层析试纸条快速定量检测猪肝中 OLQ 残留的方法。利用胶体金免疫层析技术，制备了 OLQ 胶体金试纸条，检测了其特异性并建立了 T/C 比值法进行定量检测猪肝中 OLQ 的残留。制备的试纸条可以在 15 min 内完成定性和定量检测，与 CBX、MQX、QCA 几乎无交叉反应。当肝中 OLQ 质量浓度在 1～200 ng/mL 范围内，试纸条有较好的线性关系，LOD 为 6.83 ng/mL，回收率在 90.9%～105.0%之间。

15.2 公定方法

15.2.1 牛、猪肝脏和肌肉中卡巴氧和喹乙醇及代谢物残留量的测定 液相色谱-串联质谱法[28]

15.2.1.1 适用范围

适用于牛、猪肌肉和肝脏中卡巴氧及其代谢物脱氧卡巴氧、喹噁啉-2-羧酸和喹乙醇代谢物 3-甲基喹噁啉-2-羧酸残留量的液相色谱-串联质谱测定。方法检出限：卡巴氧、脱氧卡巴氧、喹噁啉-2-羧酸和 3-甲基喹噁啉-2-羧酸均为 0.5 μg/kg。

15.2.1.2 方法原理

用乙腈+乙酸乙酯（1+1，v/v）溶液提取肌肉和肝脏组织中的卡巴氧，提取液经正己烷脱脂后，旋转蒸发至干，残渣用甲酸（0.1%）+甲醇（19+1，v/v）溶液溶解。样液供液相色谱-串联质谱仪测定，内标法定量。

用甲酸溶液消化试样，使组织中天然存在的酶失活，然后加入蛋白酶水解，盐酸酸化，离心过滤后，过 Oasis MAX 固相萃取柱或相当者净化。先用二氯甲烷洗脱脱氧卡巴氧，再用 2%甲酸乙酸乙酯溶液洗脱喹噁啉-2-羧酸和 3-甲基喹噁啉-2-羧酸，氮气吹干洗脱液，残渣用甲酸+甲醇（19+1，v/v）溶液溶解，样液供液相色谱-串联质谱仪测定，内标法定量。

15.2.1.3 试剂和材料

甲醇、乙腈、甲酸：色谱纯；正己烷、乙酸、浓盐酸、乙酸钠、二甲基甲酰胺、乙酸乙酯：分析纯；中性氧化铝：200～300 目；乙腈+乙酸乙酯溶液：（1+1，v/v）。

甲酸乙酸乙酯溶液：2%。向 400 mL 乙酸乙酯中加入 10 mL 甲酸，用乙酸乙酯定容至 500 mL；甲酸溶液：0.6%。量取 6.0 mL 甲酸，用水溶解、定容至 1 L；甲酸溶液：0.1%。量取 1.0 mL 甲酸，用水溶解、定容至 1 L；甲酸+甲醇溶液：（19+1，v/v）。用 190 mL 甲酸溶液与 10 mL 甲醇混合；盐酸溶液：0.1 mol/L。量取 8.3 mL 浓盐酸，用水溶解、定容至 1 L；盐酸溶液：0.3 mol/L。量取 25 mL 浓盐酸，用水溶解、定容至 1 L；Protease 蛋白酶：Sigma P5147 或相当者，–18℃以下保存；蛋白酶水溶液：0.01 g/mL。称取 1.00 g Protease 蛋白酶，用水溶解、定容至 100 mL，4℃保存；乙酸溶液：10%。量取 100 mL 甲酸，用水溶解、定容至 1 L；乙酸钠溶液：0.05 mol/L，pH=7。称取 6.8 g 乙酸钠用 800 mL 水溶解，再滴加 10%乙酸溶液以调节溶液 pH=7，用水定容至 1 L；乙酸钠+甲醇溶液：（19＋1，v/v）。用 190 mL 乙酸钠溶液与 10 mL 甲醇混合；甲醇+水溶液：（1+4，v/v）；Tris 碱：Sigma T1503 或相当者；Tris 溶液：1.0 mol/L。称取 121 g Tris 碱，用水溶解、定容至 1 L，4℃保存。

卡巴氧、脱氧卡巴氧、喹噁啉-2-羧酸、3-甲基喹噁啉-2-羧酸、喹噁啉-2-羧酸-d4 标准物质：纯度≥99%。

标准储备溶液：100 mg/L。准确称取适量标准物质，卡巴氧用二甲基甲酰胺溶解定容，其余标准物质分别用甲醇溶解定容，配成 100 mg/L 的标准储备液，在–18℃保存，可使用 1 年。

基质混合标准工作溶液：根据灵敏度和使用需要，用空白样品提取液配成不同浓度（μg/L）的基质混合标准工作溶液，在 4℃保存，可使用 1 周。

内标工作溶液：准确称取适量内标标准物质，用甲醇溶解定容，配成 100 μg/L 的标准工作溶液，在 4℃保存，可使用 1 周。

阴离子交换柱：Oasis MAX 60 mg，3 mL，或相当者。用前分别用 3 mL 甲醇和 3 mL 水活化，保持柱体湿润。

15.2.1.4 仪器和设备

液相色谱-串联质谱仪：配有电喷雾离子源；固相萃取装置；氮气浓缩仪；液体混匀器；分析天平：感量 0.1 mg 和 0.01 g；真空泵；均质器；移液器：10～100 μL 和 100～1000 μL；聚丙烯离心管：50 mL，具塞；pH 计：测量精度±0.02 pH 单位；低温离心机：可制冷到 4℃；玻璃离心管：15 mL。

15.2.1.5 样品前处理

（1）试样制备

将牛、猪肝脏和肌肉组织样品充分搅碎，均质，分出 0.5 kg 作为试样，置于清洁样品容器中，密封，并做上标记。将制备好的试样于–18℃以下保存。

（2）卡巴氧的前处理步骤

称取 5 g 试样，精确至 0.01 g。置于 50 mL 聚丙烯离心管中，加入 5 g 中性氧化铝。加入 25 mL 乙腈+乙酸乙酯溶液，于液体混匀器上充分混合 5 min，以 5000 r/min 离心 5 min，将上清液移取至另一干净的 50 mL 离心管，加入 10 mL 正己烷到管内，振荡 2 min，以 5000 r/min 离心 5 min，弃去上层正己烷，将下层清液转移至 150 mL 鸡心瓶中。

重复上述步骤一次，合并 2 次提取液于同一鸡心瓶中，加入一定量的喹噁啉-2-羧酸-d4 标准溶液，使其浓度为 2.0 ng/g，40℃水浴，减压旋转蒸发至干。准确加入 1.0 mL 甲酸+甲醇溶液溶解残渣，过 0.2 μm 滤膜后，供液相色谱-串联质谱仪测定。

（3）脱氧卡巴氧、喹噁啉-2-羧酸、3-甲基喹噁啉-2-羧酸的前处理步骤

称取 5 g 试样，精确至 0.01 g。置于 50 mL 聚丙烯离心管中，加入 10 mL 0.6%甲酸溶液，混匀后，置于 47℃±3℃振荡水浴中振摇 1 h；先加入 3 mL 1.0 mol/L Tris 溶液混匀，再加入 0.3 mL 蛋白酶溶液，充分混匀后，置于 47℃±3℃振荡水浴中酶解 16～18 h。加入 20 mL 0.3 mol/L HCl，振荡 5 min，在 10℃以 5000 r/min 离心 15 min，上清液过滤。将滤液移入 Oasis MAX 固相萃取柱中，待样液全部流出后，用 30 mL 乙酸钠+甲醇溶液淋洗固相萃取柱，真空抽干 15 min。在一支干净的玻璃管内加入一定量的喹噁啉-2-羧酸-d4 标准溶液，使其浓度为 2.0 ng/g，再用 4×3 mL 二氯甲烷将脱氧卡巴氧洗脱至管内，在 45℃用氮气浓缩仪吹干。固相萃取柱再用 3×3 mL 甲醇、3 mL 水、3×3 mL 0.1 mol/L 盐酸和 2×3 mL 甲醇+水溶液溶液分别淋洗，真空抽干 15 min，然后用 2 mL 乙酸乙酯再淋洗固相萃取柱，弃去全部淋出液，最后用 3 mL 甲酸+乙酸乙酯溶液洗脱喹噁啉-2-羧酸和 3-甲基喹噁啉-2-羧酸至试管中，在 45℃用氮气浓缩仪吹干。准确加入 1.0 mL 0.1%甲酸+甲醇溶液溶解残渣，过 0.2 μm 滤膜，供液相色谱-串联质谱仪测定。

15.2.1.6 测定

（1）液相色谱条件

色谱柱：Inertsil ODS-3，3 μm，100 mm×2.1 mm（i.d.）或相当者；流动相：甲醇、乙腈以及 0.1%甲酸溶液，梯度洗脱条件见表 15-3；流速：0.2 mL/min；柱温：30℃；进样量：30 μL。

表 15-3　梯度洗脱条件

时间/min	甲醇/%	乙腈/%	0.1%甲酸/%
0	13	7	80
10.0	45	15	40
10.1	64	16	20
13.1	13	7	80
20.0	13	7	80

（2）质谱条件

离子源：电喷雾离子源；扫描方式：正离子扫描；检测方式：多反应监测；分辨率：单位分辨率；电喷雾电压：5000 V；雾化气流速：8.0 L/min；气帘气流速：7.0 L/min；辅助气流速：5.0 L/min；离子源温度：450℃；定性离子对、定量离子对及其他质谱参数见表 15-4。

表 15-4　各种化合物的定性离子对、定量离子对、去族电压、碰撞电压、碰撞池出口电压

化合物	定性离子对	定量离子对	定量内标离子对	去集簇电压/V	聚焦电压/V	碰撞电压/V	碰撞池出口电压/V
卡巴氧	263.2/90.1 263.2/231.1	263.2/231.1	179.2/133.2	31 31	120 120	49 19	8 18
喹噁啉-2-羧酸	175.0/129.2 175.0/131.2	175.0/131.2	179.2/133.2	26 26	120 120	23 21	12 12
脱氧卡巴氧	231.2/143.2 231.2/99.2	231.2/143.2	179.2/133.2	26 31	140 150	49 31	8 10
3-甲基喹噁啉-2-羧酸	189.2/143.1 189.2/145.1	189.2/145.1	179.2/133.2	26 26	120 120	23 21	12 12

（3）定性测定

每种被测组分选择 1 个母离子，2 个以上子离子，在相同实验条件下，样品中待测物质的保留时间，与混合标准工作溶液中对应的保留时间偏差在±2.5%之内，卡巴氧、喹噁啉-2-羧酸、脱氧卡巴氧、3-甲基喹噁啉-2-羧酸的参考保留时间分别为 9.11 min，9.95 min，14.43 min，10.97 min；样品中各组分定性离子的相对丰度与浓度接近的混合标准工作溶液中对应的定性离子的相对丰度进行比较，偏差不超过表 1-5 规定的范围，则可判定为样品中存在对应的待测物。

（4）定量测定

用混合标准工作溶液分别进样，以分析化合物和内标化合物的峰面积比为纵坐标，以分析化合物和内标化合物的浓度比为横从标作标准工作曲线，用标准工作曲线对样品进行定量，样品溶液中卡巴氧、脱氧卡巴氧、喹噁啉-2-羧酸、3-甲基喹噁啉-2-羧酸的响应值均应在仪器测定的线性范围内。卡巴氧、脱氧卡巴氧、喹噁啉-2-羧酸、3-甲基喹噁啉-2-羧酸的标准总离子流图见图 15-5。

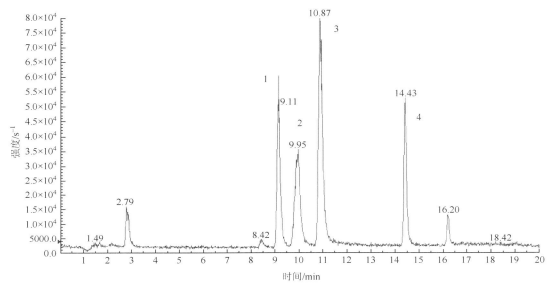

图 15-5　标准样品总离子流图

1. 卡巴氧，9.11 min；2. 喹噁啉-2-羧酸，9.95 min；3.3-甲基喹噁啉-2-羧酸，10.97 min；4.脱氧卡巴氧，14.43 min

15.2.1.7　分析方法的选择

（1）样品处理方法

1）卡巴氧原形药的提取方法

卡巴氧在水和丙酮等极性溶剂中溶解性差，文献中通常选择甲醇-水溶液作为组织提取液，溶液中不可避免地含有大量水溶性蛋白和色素等杂质，这些杂质成分复杂并带有颜色，使提取液混浊，严重影响定性与定量效果，同时污染色谱柱。在选择提取液的试验中，试验发现甲醇-水溶液对卡巴氧提取效果不如乙腈，为此，本研究分别使用乙酸乙酯、乙腈以及二者混合液进行样品提取，试验数据表明，以乙腈作为提取液回收率普遍较低，只有 40%～50%；而采用乙酸乙酯-乙腈（1+1）混合溶剂的提取效果最佳，既能达到满意的回收率，又能减少弱极性杂质的干扰。为此，本研究采用乙酸乙酯-乙腈（1+1）混合溶剂为提取液，在提取前加入中性氧化铝于样品中，提取过程用正己烷脱脂，以减少脂肪的干扰。提取溶液经减压旋转蒸发至干，定容，LC-MS/MS 检测。

2）代谢产物 DCBX、QCA 和 MQCA 的提取方法

DCBX、QCA 和 MQCA 等代谢物在动物体内与蛋白质以结合态存在，通常可采用酸水解、碱水解或酶解的方式将目标化合物与蛋白组织分离，其中酶解的效果最好，不仅反应条件最温和，且与动

物组织分离最为彻底。文献报道温度和 pH 值对酶的生物活性影响极大，本实验方法选用 Protease 蛋白酶进行酶解，Protease 在 pH 8.5、温度 47℃时活性最强。酶解之前，先在样品中加 0.6%的甲酸溶液，置于 47℃空气浴中 1 h，使动物组织中天然存在的酶失活；然后用 Tris 缓冲溶液调节 pH，加入 Protease 蛋白酶，置于 47℃空气浴中过夜（16～18 h）。

在样品溶液中加入 0.3 mol/L HCl，使酶解液酸化后，采用阴离子交换固相萃取柱进行净化，本研究对比了 Bond Elute Certify Ⅱ 和 Oasis MAX 两种商用 SPE 柱的效果，结果表明 Oasis MAX 的净化效果和回收率优于前者，本研究对固相萃取所用溶液、流速控制、淋洗和被测物的洗脱等条件进行优化，根据化合物性质，DCBX、QCA 和 MQCA 需要分两步洗脱，第一步用二氯甲烷洗脱 DCBX，第二步用含 2%甲酸的乙酸乙酯洗脱 QCA 和 MQCA。

（2）液相色谱条件

1）色谱柱的选择

比较了 Phenomenex Luna C_{18}、Waters Atlantis dC_{18} 以及 Inertsil ODS-3 等不同填料色谱柱的分离效果，结果表明，使用 Inertsil ODS-33 μm，2.1×100 mm 色谱柱时，各化合物的出峰时间、分离度和峰形较好。

2）流动相的选择

质谱采用正离子模式进行检测时，通常使用有一定酸度的流动相，以使被分析物容易质子化带上正电荷，从而提高检测的灵敏度，本实验比较了 0.05%～0.3%的甲酸溶液，结果表明，使用 0.1%的甲酸溶液作为流动相各组分得到比较好的分离，并且质谱上有较强的响应，故实验选择 0.1%的甲酸溶液作为流动相。另外，流动相体系还包括甲醇和乙腈，采用梯度洗脱，柱温 30℃，进样量 30 μL。

（3）质谱条件

动物组织的成分复杂，样品基质容易对目标分析物产生干扰，本研究采用电喷雾离子源（ESI）和正离子扫描方式进行 LC-MS/MS 检测，多反应监测模式（MRM）能有效的消除样品基质的干扰，大大提高方法的灵敏度。为了消除样品基质对离子化的抑制作用，在标准溶液和测试样品溶液中都加入已知量的内标 QCA-d4。选取丰度最强的离子作为各组分的监测离子，通过对质谱条件进行优化，使每种化合物的分子离子与特征碎片离子的例子对强度达到最大，四种化合物选定的质谱条件为：离子源温度：450℃；NEB：8.00；CUR：7.00；CAD：5.00；IS：5000.00；EP：10.00。

15.2.1.8　线性范围和测定低限

在上述确定的仪器检测条件下，取一系列标准溶液（n=8），以分析化合物和内标化合物的峰面积比为 Y 轴，以分析化合物和内标化合物的浓度比为 X 轴作标准曲线，结果表明，4 种分析化合物的浓度与峰面积值呈现良好的线性关系（如表 15-5 所示）。

表 15-5　各分析化合物浓度与峰面积的线性关系

化合物	浓度范围/(μg/L)	线性方程	相关系数/(r)	系列标准溶液数值
CBX	0.5～30	$Y=0.357\,X-0.0926$	0.9999	8
QCA	0.5～30	$Y=0.119\,X+0.0324$	0.9997	8
DCBX	0.5～30	$Y=0.191\,X-0.0956$	0.9999	8
MQCA	0.5～30	$Y=0.546\,X-0.196$	0.9998	8

通过样品添加回收实验，确实本方法对动物组织中 CBX、QCA、DCBX、MQCA 的测定低限均为 0.5 μg/kg，对不含目标分析物的猪肉、牛肉、猪肝、牛肝分别添加 0.5 μg/kg。

15.2.1.9　方法回收率和精密度

本方法回收率和精密度试验，以不含 CBX、DCBX、QCA 和 MQCA 的猪肉，猪肝、牛肉、牛肝为添加基质，设定了 0.5 μg/kg、1.0 μg/kg、2.0 μg/kg、5.0 μg/kg 四个添加浓度，每个浓度进行十次试验，测得各种分析物的回收率汇总列表（见表 15-6）。本方法的平均回收率为 76%～97%，变异系数为 2.9%～16.9%。

表 15-6 室内回收率和精密度结果（n=10）

化合物	添加水平	猪肉		牛肉		猪肝		牛肝	
		回收率/%	CV/%	回收率/%	CV/%	回收率/%	CV/%	回收率/%	CV/%
CBX		79.8	13.0	82.0	14.7	80.2	12.9	84.0	14.7
DCBX	0.5	83.0	9.7	82.0	13.3	82.0	12.9	78.0	11.9
QCA		81.8	8.4	80.0	14.7	80.0	12.2	80.0	16.9
MQCA		76.2	13.1	78.0	16.5	78.0	13.1	76.0	14.7
CBX		89.0	3.7	90.0	12.2	90.0	9.2	89.0	11.6
DCBX	1	87.0	5.2	92.0	8.9	87.0	8.4	92.0	6.6
QCA		88.0	5.7	87.0	5.4	88.0	5.3	85.0	6.1
MQCA		86.0	6.4	83.0	9.4	85.0	10.4	85.0	9.1
CBX		89.5	3.6	92.0	5.7	91.0	6.1	92.5	5.0
DCBX	2	96.5	6.6	95.0	6.4	89.0	5.9	96.5	3.8
QCA		93.0	8.2	92.5	8.3	95.0	6.5	95.0	5.5
MQCA		94.5	9.4	94.0	8.5	96.0	7.6	93.0	8.0
CBX		87.2	5.4	85.8	3.7	89.2	4.2	86.8	4.0
DCBX	5	84.6	4.6	83.0	3.6	83.1	3.5	85.0	6.1
QCA		85.4	3.5	86.0	3.9	84.2	4.8	82.8	3.5
MQCA		82.2	2.9	81.4	3.2	82.8	3.5	84.8	5.4

15.2.1.10 重复性和再现性

在重复性试验条件下，获得的两次独立测试结果的绝对差值不超过重复性限（r），如果差值超过重复性限（r），应舍弃试验结果并重新完成两次单个试验的测定。在再现性试验条件下，获得的两次独立测试结果的绝对差值不超过再现性限（R）。被测物的含量范围、重复性和再现性方程见表 15-7。

表 15-7 含量范围及重复性和再现性方程

化合物	含量范围/(μg/kg)	基质	重复性限 r	再现性限 R
卡巴氧	0.5～5.0	猪肉	$\lg r = 0.8440 \lg m - 1.0221$	$\lg R = 0.7889 \lg m - 0.8393$
		猪肝	$\lg r = 0.8338 \lg m - 0.8836$	$\lg R = 0.7944 \lg m - 0.814$
脱氧卡巴氧	0.5～5.0	猪肉	$\lg r = 0.9146 \lg m - 0.9994$	$\lg R = 0.9781 \lg m - 0.7866$
		猪肝	$\lg r = 0.7831 \lg m - 0.9677$	$\lg R = 0.7412 \lg m - 0.7812$
喹噁啉-2-羧酸	0.5～5.0	猪肉	$\lg r = 0.8298 \lg m - 0.9644$	$\lg R = 0.9405 \lg m - 0.8263$
		猪肝	$\lg r = 0.8849 \lg m - 0.913$	$\lg R = 0.7935 \lg m - 0.7782$
3-甲基喹噁啉-2-羧酸	0.5～5.0	猪肉	$\lg r = 0.9715 \lg m - 0.976$	$\lg R = 0.7760 \lg m - 0.7212$
		猪肝	$\lg r = 0.8346 \lg m - 0.9198$	$\lg R = 0.7555 \lg m - 0.7238$

注：m 为两次测定结果的算术平均值

15.2.2 牛奶和奶粉中卡巴氧和喹乙醇代谢物残留量的测定 液相色谱-串联质谱法[46]

15.2.2.1 适用范围

适用于牛奶和奶粉中卡巴氧代谢物喹噁啉-2-羧酸和喹乙醇代谢物 3-甲基喹噁啉-2-羧酸残留量的液相色谱-串联质谱测定。方法检出限：喹噁啉-2-羧酸和 3-甲基喹噁啉-2-羧酸的方法检出限牛奶为 0.5 μg/kg，奶粉为 4.0 μg/kg。

15.2.2.2 方法原理

用甲酸溶液消化试样，使牛奶和奶粉中天然存在的酶失活，然后加入蛋白酶水解，盐酸酸化，离心过滤后，固相萃取柱净化，液相色谱-串联质谱仪测定卡巴氧代谢物喹噁啉-2-羧酸和喹乙醇代谢物 3-甲基喹噁啉-2-羧酸残留，内标法定量。

15.2.2.3 试剂和材料

甲醇、甲酸：色谱纯；乙酸钠、乙酸乙酯：分析纯。

2%甲酸-乙酸乙酯溶液：向 400 mL 乙酸乙酯中加入 10 mL 甲酸，用乙酸乙酯定容至 500 mL；0.6% 甲酸溶液：量取 6.0 mL 甲酸，用水溶解、定容至 1 L；0.1%甲酸溶液。量取 1.0 mL 甲酸，用水溶解、定容至 1 L；甲酸-甲醇溶液（19+1，v/v）：用 190 mL 甲酸溶液与 10 mL 甲醇混合；0.1 mol/L 盐酸溶液：量取 8.3 mL 浓盐酸，用水溶解、定容至 1 L；0.3 mol/L 盐酸溶液：量取 25 mL 浓盐酸，用水溶解、定容至 1 L；Protease 蛋白酶：SigmaP5147 或相当者，−18℃以下保存；0.01 g/mL 蛋白酶水溶液：称取 1.00 g Protease 蛋白酶，用水溶解、定容至 100 mL，4℃保存；10%乙酸溶液：量取 100 mL 乙酸，用水溶解、定容至 1 L；0.05 mol/L 乙酸钠溶液：称取 6.8 g 乙酸钠用 800 mL 水溶解，再滴加 10%乙酸溶液以调节溶液 pH=7，用水定容至 1 L；乙酸钠-甲醇溶液（19+1，v/v）：用 190 mL 乙酸钠溶液与 10 mL 甲醇混合；甲醇-水溶液（1+4，v/v）；Tris 碱：SigmaT1503 或相当者；1.0 mol/L Tris 溶液：称取 121 g Tris 碱，用水溶解、定容至 1 L，4℃保存。

喹噁啉-2-羧酸、3-甲基喹噁啉-2-羧酸、喹噁啉-2-羧酸-d4 标准物质：纯度≥99%。

标准储备液：100 mg/L。准确称取适量标准物质，分别用甲醇溶解定容，配成 100 mg/L 的标准储备液，在−18℃以下保存。

基质混合标准工作溶液：根据灵敏度和使用需要，用空白样品提取液配成不同浓度（μg/L）的混合标准工作溶液，在 4℃保存。

内标工作溶液：准确称取适量喹噁啉-2-羧酸-d4 标准物质，用甲醇溶解定容，配成 100 μg/L 的标准工作溶液，在 4℃保存。

Oasis MAX 固相萃取柱或相当者：60 mg，3 mL。用前分别用 3 mL 甲醇和 3 mL 水活化，保持柱体湿润。

15.2.2.4 仪器和设备

液相色谱-串联质谱仪：配有电喷雾离子源；固相萃取真空装置；吹氮浓缩仪；旋涡振荡器；分析天平：感量 0.1 mg 和 0.01 g；真空泵；低温离心机：可制冷到 4℃，转速大于 5000 r/min；移液器量程：10～100 μL 和 100～1000 μL；聚丙烯离心管：15 mL 和 50 mL，具塞；pH 计：精度±0.02 pH 单位。

15.2.2.5 样品前处理

（1）试样制备

取不少于 500 g 有代表性的牛奶或奶粉，充分混匀，分为两份，置于样品瓶中，密封，并作上标记。牛奶置于 4℃冰柜中避光保存，奶粉则于室温下置于干燥器保存。

（2）提取

a. 牛奶样品：准确称取 5 g 牛奶样品（精确到 0.01 g），置于 50 mL 聚丙烯离心管中，加入一定量的内标溶液，使其浓度为 2.0 ng/g，再加入 10 mL 0.6%甲酸溶液，混匀后，置于（47±3）℃振荡水浴中振摇 1 h；然后先加入 3 mL 1.0 mol/L Tris 溶液，再加入 0.3 mL 蛋白酶水溶液，充分混匀后，置于（47±3）℃振荡水浴中酶解 16～18 h。加入 20 mL 0.3 mol/L 盐酸，振荡 5 min，在 10℃以 5000 r/min 离心 15 min，上清液过滤。

b. 奶粉样品：取 12.5 g 奶粉于烧杯中，加适量 35～50℃水将其溶解，待冷却至室温后，加水至总重量为 100 g，充分混匀后准确称取 5 g 样品（精确到 0.01 g），置于 50 mL 聚丙烯离心管中，按牛奶样品提取步骤进行处理。

（3）净化

将提取步骤所得溶液以约 1 mL/min 的流速全部通过 Oasis MAX 固相萃取柱，分别用 15 mL 乙酸钠-甲醇溶液淋洗固相萃取柱，真空抽干 15 min。再用 5 mL 甲醇、3 mL 水、5 mL 0.1 mol/L 盐酸和 3 mL

甲醇-水溶液分别淋洗，真空抽干 15 min，然后用 2 mL 乙酸乙酯淋洗固相萃取柱，弃去全部淋出液，最后用 3 mL 甲酸乙酸乙酯溶液洗脱喹噁啉-2-羧酸和 3-甲基喹噁啉-2-羧酸，置于 15 mL 聚丙烯离心管中，在 45℃用氮气浓缩仪吹干。准确加入 1.0 mL 甲酸-甲醇溶液溶解残渣，过 0.2 μm 滤膜，供液相色谱-串联质谱仪测定。

（4）空白基质溶液的制备

称取阴性样品 5 g（精确到 0.01 g），按上述提取净化步骤操作。

15.2.2.6　测定

（1）液相色谱条件

色谱柱：ODS，3 μm，100 mm×2.1 mm（内径）或相当者；流动相：甲醇、乙腈以及 0.1%甲酸溶液，时间梯度见表 15-3；流速：0.2 mL/min；柱温：30℃；进样量：30 μL。

（2）质谱条件

离子源：电喷雾离子源；扫描方式：正离子扫描；检测方式：多反应检测；分辨率：单位质量分辨率；电喷雾电压：5000 V；雾化气流速：8.0 L/min；气帘气流速：7.0 L/min；辅助气流速：5.0 L/min；离子源温度：450℃；定性离子对、定量离子对及其他质谱参数见表 15-4。

（3）定性测定

每种被测组分选择 1 个母离子，2 个以上子离子，在相同实验条件下，样品中待测物质的保留时间，与混合标准工作溶液中对应的保留时间偏差在±2.5%之内，喹噁啉-2-羧酸和 3-甲基喹噁啉-2-羧酸的保留时间为 10.10 min 和 11.11 min；样品中各组分定性离子的相对丰度与浓度接近的混合标准工作溶液中对应的定性离子的相对丰度进行比较，若偏差不超过表 1-5 规定的范围，则可判定为样品中存在对应的待测物。

（4）定量测定

用混合标准工作溶液分别进样，以分析化合物和内标化合物的峰面积比为纵坐标，以分析化合物和内标化合物的浓度比为横坐标作标准工作曲线，用标准工作曲线对样品进行定量，样品溶液中喹噁啉-2-羧酸和 3-甲基喹噁啉-2-羧酸的响应值均应在仪器测定的线性范围内。喹噁啉-2-羧酸和 3-甲基喹噁啉-2-羧酸标准物质提取离子流图见图 15-6 和图 15-7。

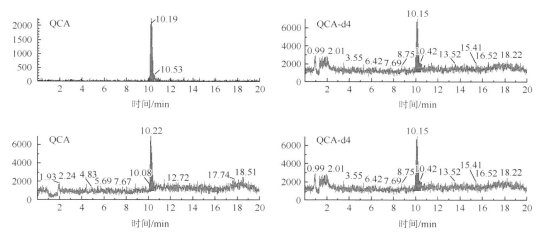

图 15-6　喹噁啉-2-羧酸（QCA）和同位素内标（QCA-d4）标准物质提取离子流图

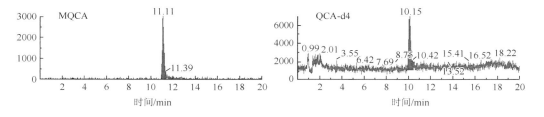

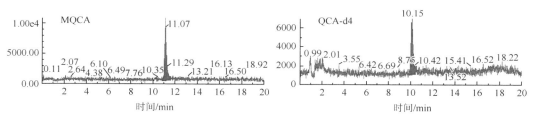

图 15-7　3-甲基喹噁啉-2-羧酸（MQCA）和同位素内标（QCA-d4）标准物质提取离子流图

15.2.2.7　分析条件的选择

（1）前处理方法的选择

1）提取溶剂的选择

QCA 和 MQCA 等代谢物在牛奶和奶粉中与蛋白质以结合态存在，通常可采用酸水解、碱水解或酶解的方式将目标化合物与蛋白组织分离，本研究分别采用 0.1 mol/L EDTA-Mcllvaine 缓冲溶液（pH=4）直接均质提取，用甲酸酶解，以及用乙腈＋水（1+1，v/v）提取相比较，其中 0.1 mol/L EDTA-Mcllvaine 缓冲溶液回收率偏低，小于 50%；乙腈＋水（1+1，v/v）提取则用量比较大，操作繁琐，而且分离效果不是很好；只有酶解的效果最好，不仅反应条件最温和，且与奶制品分离最为彻底。温度和 pH 对酶的生物活性影响极大，所以本方法选用 Protease 蛋白酶进行酶解，Protease 在 pH 8.5、温度 47℃时活性最强。酶解之前，先在样品中加 0.6%的甲酸溶液，置于 47℃空气浴中 1 h，使牛奶和奶粉中天然存在的酶失活；然后用 Tris 缓冲溶液调节 pH，加入 Protease 蛋白酶，置于 47℃空气浴中过夜 16～18h。

2）不同 pH 比较

本实验比较了在不同 pH 条件下的净化效果，结果表明，在 pH=6～7 偏酸性条件下效果最好，相比之下，pH<5 和 pH>8 条件下的回收率都偏低。

3）固相萃取柱选择

在样品溶液中加入 0.3 mol/L HCl，使酶解液酸化后，采用阴离子交换固相萃取柱进行净化，本研究对比了 Bond Elute Certify Ⅱ 和 Oasis MAX 两种商用 SPE 柱的效果，结果表明 Bond Elute Certify Ⅱ 在洗脱之后，回收率低于 30%，挂柱效果明显较差。而 Oasis MAX 的净化效果和回收率优于前者，回收率可以达到 60%以上。本研究对固相萃取所用溶液、流速控制、淋洗和被测物的洗脱等条件进行优化，根据化合物性质，用含 2%甲酸的乙酸乙酯洗脱 QCA 和 MQCA。

（2）液相色谱和质谱条件的优化

参见 15.2.1.7 节。

15.2.2.8　线性范围和测定低限`

在上述确定的仪器检测条件下，取一系列标准溶液（n=8），以分析化合物和内标化合物的峰面积比为 Y 轴，以分析化合物和内标化合物的浓度比为 X 轴作标准曲线，结果表明，2 种分析化合物的浓度与峰面积值呈现良好的线性关系，见表 15-8。

表 15-8　各分析化合物浓度与峰面积的线性关系

化合物	浓度范围/(μg/L)	线性方程	相关系数/(r)	系列标准溶液数值
QCA	0.5～20（牛奶）	$Y=0.0824 X+0.0372$	0.9998	8
	4.0～160（奶粉）	$Y=0.189 X+0.317$	0.9995	8
MQCA	0.5～20（牛奶）	$Y=0.0813 X+0.021$	0.9998	8
	4.0～160（奶粉）	$Y=0.246 X+0.231$	0.9996	8

通过样品添加回收实验，确实本方法对牛奶中 QCA 和 MQCA 的测定低限均为 0.5 μg/kg，对奶粉中为 4.0 μg/kg。对不含目标分析物的牛奶和奶粉分别添加 0.5 μg/kg 和 4.0 μg/kg。

15.2.2.9　方法回收率和精密度

方法回收率和精密度试验，以不含 QCA 和 MQCA 的牛奶和奶粉添加基质，设定了四个添加浓度，每个浓度进行十次试验，测得各种分析物的回收率汇总列表（见表 15-9）。本方法的平均回收率为 68.2%～82.5%，相对标准偏差为 3.4%～11.4%。

表 15-9　各种分析物的室内回收率试验数据（$n=10$）

基质	化合物	添加水平	1	2	3	4	5	6	7	8	9	10	平均值	回收率/%	SD	CV/%
牛奶	QCA	0.5	0.40	0.38	0.40	0.35	0.34	0.39	0.36	0.37	0.42	0.37	0.38	75.6	0.025	6.6
	MQCA		0.39	0.37	0.35	0.32	0.34	0.34	0.33	0.38	0.33	0.31	0.35	69.2	0.026	7.6
	QCA	1.0	0.69	0.75	0.76	0.67	0.73	0.76	0.77	0.86	0.723	0.80	0.75	75.1	0.054	7.2
	MQCA		0.72	0.76	0.78	0.85	0.77	0.74	0.85	0.71	0.71	0.80	0.77	76.9	0.052	6.8
	QCA	2.0	1.31	1.58	1.36	1.37	1.61	1.34	1.44	1.36	1.32	1.75	1.44	72.2	0.150	10.4
	MQCA		1.44	1.30	1.40	1.34	1.30	1.28	1.30	1.26	1.30	1.77	1.37	68.5	0.151	11.1
	QCA	5.0	4.05	4.50	4.12	3.77	4.35	3.77	4.44	3.88	4.04	4.31	4.12	82.5	0.269	6.5
	MQCA		3.81	3.68	3.46	3.69	3.96	3.55	3.85	3.79	3.63	3.48	3.69	73.8	0.164	4.5
奶粉	QCA	4.0	3.20	3.04	3.12	2.80	2.80	3.12	2.88	2.96	2.96	3.28	3.04	75.4	0.021	5.5
	MQCA		3.04	2.96	2.88	2.64	2.80	3.04	2.80	2.64	2.64	2.48	2.80	69.8	0.024	6.8
	QCA	8.0	5.28	5.44	6.00	6.00	6.00	6.00	6.16	6.16	6.08	6.00	5.92	73.9	0.038	5.1
	MQCA		5.68	5.76	5.84	5.76	5.92	6.40	6.80	6.16	6.24	6.40	6.08	76.2	0.046	6.0
	QCA	16.0	11.2	11.6	10.6	13.4	12.7	12.3	11.8	12.0	11.9	12.2	12.0	74.9	0.099	6.6
	MQCA		11.5	11.1	12.0	12.2	13.0	13.6	11.8	11.8	12.5	12.6	12.2	76.3	0.091	6.0
	QCA	40.0	33.6	33.3	33.8	34.8	32.7	32.9	32.2	31.7	31.0	32.4	32.8	82.1	0.139	3.4
	MQCA		31.5	30.9	30.3	29.4	32.0	29.4	29.8	28.6	31.2	31.0	30.4	76.1	0.135	3.5

15.2.2.10　重复性和再现性

在重复性试验条件下，获得的两次独立测试结果的绝对差值不超过重复性限（r），如果差值超过重复性限（r），应舍弃试验结果并重新完成两次单个试验的测定。在再现性试验条件下，获得的两次独立测试结果的绝对差值不超过再现性限（R）。被测物的含量范围、重复性和再现性方程见表 15-10。

表 15-10　含量范围及重复性和再现性方程

化合物	基质	含量范围/(mg/kg)	重复性限 r	再现性限 R
喹噁啉-2-羧酸	牛奶	0.5～5.0	$\lg r=0.8797\lg m-1.0179$	$\lg R=0.8445\lg m-0.6489$
	奶粉	4.0～40.0	$\lg r=0.9561\lg m-1.0554$	$\lg R=0.7578\lg m-0.6163$
3-甲基喹噁啉-2-羧酸	牛奶	0.5～5.0	$\lg r=0.8697\lg m-1.0772$	$\lg R=0.7240\lg m-0.6492$
	奶粉	4.0～40.0	$\lg r=0.9821\lg m-0.9851$	$\lg R=0.8600\lg m-0.5997$

注：m 为两次测定结果的算术平均值

参　考　文　献

[1] Carbadox and Olaquindox as Feed Additives（updated 13 Apr.）. http://www. thepigsite. com/articles/? Display=345

[2] Olaquindox First draft prepared by Dr M. Miller Center for Veterinary Medicine. Food and Drug Administration，Rockville，Maryland，USA. http://www. inchem. org/documents/jecfa/jecmono/v33je05. htm

[3] First Draft Prepared By Adriana Fernández Suárez B A A D. Carbadox. ftp: //ftp. fao. org/ag/agn/jecfa/vetdrug/41-15-carbadox. pdf

[4] IPCS INCHEM HOME. Carbadox. http://www. inchem. org/documents/jecfa/jecmono/v27je07. htm

[5] Liu Z，Huang L，Dai M，Chen D，Tao Y，Wang Y，Yuan Z. Metabolism of cyadox in rat，chicken and pig liver microsomes and identification of metabolites by accurate mass measurements using electrospray ionization hybrid ion

trap/time-of-flight mass spectrometry. Rapid Communications in Mass Spectrometry，2009，23（13）：2026-2034

[6] Liu Z Y，Huang L L，Chen D M，Dai M H，Tao Y F，Yuan Z H. The metabolism and N-oxide reduction of olaquindox in liver preparations of rats，pigs and chicken. Toxicology Letters，2010，195（1）：51-59

[7] Liu Z Y，Huang L L，Chen D M，Yuan Z H. Metabolism of mequindox in liver microsomes of rats，chicken and pigs. Rapid Communications in Mass Spectrometry，2010，24（7）：909-918

[8] 鲁润华，李剑勇，周绪正，张继瑜，李金善. 喹烯酮在猪体内的代谢物研究. 动物医学进展，2005，26（9）：77-79

[9] 薛飞群，李剑勇，李金善，徐忠赞，杜小丽. 喹烯酮在猪、鸡体内的药代动力学研究. 畜牧兽医学报，2002，34（1）：94-97

[10] 李剑勇，李金善，徐忠赞，赵荣材，苗小楼，张继瑜，鲁润华. 高效液相色谱仪检测鸡组织器官喹烯酮残留方法的建立. 动物医学进展，2004，1（5）：100-101

[11] 张丽芳. 饲料中喹烯酮的检测方法与鸡粪中喹烯酮及其代谢物的鉴定研究. 北京：中国农业科学院硕士学位论文，2006

[12] Ihsan A，Wang X，Liu Z，Wang Y，Huang X，Liu Y，Yu H，Zhang H. Long-term mequindox treatment induced endocrine and reproductive toxicity via oxidative stress in male Wistar rats. Toxicology and Applied Pharmacology，2011，252（3）：281-288

[13] Ihsan A，Wang X，Huang XJ，Liu Y，Liu Q，Zhou W，Yuan Z. Acute and subchronic toxicological evaluation of Mequindox in Wistar rats. Regulatory Toxicology and Pharmacology，2010，57（2-3）：307-314

[14] Liu Z Y，Tao Y F，Chen D M，Wang X，Yuan Z H. Identification of carbadox metabolites formed by liver microsomes from rats，pigs and chickens using high-performance liquid chromatography combined with hybrid ion trap/time-of-flight mass spectrometry. Rapid Communications in Mass Spectrometry，2011，25（2）：341-348

[15] Liu J，Ouyang M，Jiang J，Mu P，Wu J，Yang Q，Zhang C，Xu W，Wang L，Huen M S Y，Deng Y. Mequindox induced cellular DNA damage via generation of reactive oxygen species. Mutation Research，2012，741（1-2）：70-75

[16] Bi Y，Wang X，Xu S，Sun L，Zhang L，Zhong F，Wang S，Ding S，Xiao X. Metabolism of olaquindox in rat and identification of metabolites in urine and feces using ultra-performance liquid chromatography/quadrupole time-of-flight mass spectrometry. Rapid Communications in Mass Spectrometry，2011，25（7）：889-898

[17] He Q，Fang G，Wang Y，Wei Z，Wang D，Zhou S，Fan S，Yuan Z. Experimental evaluation of cyadox phototoxicity to Balb/c mouse skin. Photodermatology Photoimmunology and Photomedicine，2006，22（2）：100-104

[18] Ferrando R，Truhaut R，Raynaud J P. Toxicity by relay. III. Safety for the human consumer of the use of Carbadox，a feed additive for swine，as estimated by a 7 years relay toxicity on dogs. Toxicology，1978，11（2）：167-183

[19] Farrington D O，Shively J E. Effect of carbadox on growth，feed utilization，and development of nasal turbinate lesions in swine infected with Bordetella bronchiseptica. Journal of The American Veterinary Medical Association，1979，174（6）：597-600

[20] 张伟. 喹烯酮临床前毒理学研究. 武汉：华中农业大学硕士学位论文，2007

[21] Commission Regulation（EU）No 37/2010 of 22 December 2009. On pharmacologically active substances and their classification regarding maximum residue limits in foodstuffs of animal origin

[22] http://www. mhlw. go. jp/topics/bukyoku/iyaku/syoku-anzen/zanryu2/591228-1. html

[23] 中国兽药典委员会. 中华人民共和国兽药典（2010版）. 北京：中国农业出版社，2011

[24] Huang L，Wang Y，Tao Y，Chen D，Yuan Z. Development of high performance liquid chromatographic methods for the determination of cyadox and its metabolites in plasma and tissues of chicken. Journal of Chromatography B，2008，874（1-2）：7-14

[25] Zhang Y，Huang L，Chen D，Fan S，Wang Y，Tao Y，Yuan Z. Development of HPLC methods for the determination of cyadox and its main metabolites in goat tissues. Analytical Sciences，2005，21（12）：1495-1499

[26] He L，Liu K，Su Y，Zhang J，Liu Y，Zeng Z，Fang B，Zhang G. Simultaneous determination of cyadox and its metabolites in plasma by high-performance liquid chromatography tandem mass spectrometry. Journal of Separation Science，2011，34：1755-1762

[27] Aerts M M，Beek W M，Keukens H J，Brinkman U. Determination of residues of carbadox and some of its metabolites in swine tissues by high-performance liquid chromatography using on-line pre-column enrichment and post-column derivatization with UV-VIS detection. Journal of Chromatography A，1988，456（1）：105-119

[28] GB/T 20746—2006 牛、猪的肝脏和肌肉中卡巴氧和喹乙醇及代谢物残留量的测定液相色谱-串联质谱法. 北京：中国标准出版社，2007

[29] Huang L，Xiao A，Fan S. Development of liquid chromatographic methods for determination of quinocetone and its main

metabolites in edible tissues of swine and chicken. Journal of AOAC International，2005，88（2）：472-478

[30] Zhang J，Gao H，Peng B，Li Y，Li S，Zhou Z. Simultaneous determination of four synthesized metabolites of mequindox in urine samples using ultrasound-assisted dispersive liquid-liquid microextraction combined with high-performance liquid chromatography. Talanta，2012，88（1）：330-337

[31] Hutchinson M J，Young P Y，Hewitt S A，Faulkner D，Kennedy D G. Development and validation of an improved method for confirmation of the carbadox metabolite，quinoxaline-2-carboxylic acid，in porcine liver using LC-electrospray MS-MS according to revised EU criteria for veterinary drug residue analysis. Analyst，2002，127（3）：342-346

[32] Zhang X，Zheng B，Zhang H，Chen X，Mei G. Determination of marker residue of Olaquindox in fish tissue by ultra performance liquid chromatography-tandem mass spectrometry. Journal of Separation Science，2011，34（4）：469-474

[33] 吕海鸾，吴聪明，程林丽，张素霞，沈建忠. 超高效液相色谱-串联质谱法检测畜产品和水产品中 3-甲基喹噁啉-2-羧酸残留. 色谱，2012，（1）：45-50

[34] 梅景良，吴聪明，程林丽，沈建忠，薛麒，钱民怡，邵梦瑜. HPLC 法同步检测鲤鱼、对虾中喹乙醇与 MQCA 残留. 海洋科学，2011，35（11）：41-47

[35] Yong Y，Liu Y，He L，Xu L，Zhang Y，Fang B. Simultaneous determination of quinocetone and its major metabolites in chicken tissues by high-performance liquid chromatography tandem mass spectrometry. Journal of Chromatography B，2013，919（1）：30-37

[36] Horie M，Murayama M. Determination of carbadox metabolites，quinoxaline-2-carboxylic acid and desoxycarbadox，in swine muscle and liver by liquid chromatography/mass spectrometry. Shokuhin Eiseigaku Zasshi，2004，45（3）：135-140

[37] Xu N，Huang L，Liu Z，Pan Y，Wang X，Tao Y，Chen D，Wang Y. Metabolism of cyadox by the intestinal mucosa microsomes and gut flora of swine，and identification of metabolites by high-performance liquid chromatography combined with ion trap/time-of-flight mass spectrometry. Rapid Communications in Mass Spectrometry，2011，25（16）：2333-2344

[38] Della W M S，Lucy P K C，Martin M C L，Sylvia M P S，Hubert P O T. Determination of quinoxaline-2-carboxylic acid，the major metabolite of carbadox，in porcine liver by isotope dilution gas chromatography-electron capture negative ionization mass spectrometry. Analytica Chimica Acta，2004，508（2）：147-158

[39] Sniegocki T，Gbylik-Sikorska M，Posyniak A，Zmudzki J. Determination of carbadox and olaquindox metabolites in swine muscle by liquid chromatography/mass spectrometry. Journal of Chromatography B，2014，944（1）：25-29

[40] Wu Y，Yu H，Wang Y，Huang L，Tao Y，Chen D，Peng D，Liu Z，Yuan Z. Development of a high-performance liquid chromatography method for the simultaneous quantification of quinoxaline-2-carboxylic acid and methyl-3-quinoxaline-2-carboxylic acid in animal tissues. Journal of Chromatography A，2007，1146（1）：1-7

[41] Hutchinson M J，Young P B，Kennedy D G. Confirmation of carbadox and olaquindox metabolites in porcine liver using liquid chromatography-electrospray，tandem mass spectrometry. Journal of Chromatography B，2005，816（1-2）：15-20

[42] Merou A，Kaklamanos G，Theodoridis G. Determination of carbadox and metabolites of carbadox and olaquindox in muscle tissue using high performance liquid chromatography-tandem mass spectrometry. Journal of Chromatography B，2012，881（1）：90-95

[43] 林黎，谢丽琪，欧阳姗，梁宏，叶刚，廖菁菁，庞国芳. 液相色谱-串联质谱法测定牛奶和奶粉中卡巴氧和喹乙醇代谢物的残留量. 分析试验室，2010，29（2）：38-41

[44] 刘正才，杨方，余孔捷，林永辉，李立. 高效液相色谱-串联质谱法测定动物源食品中喹乙醇代谢物残留量. 食品科学，2012，33（12）：210-214

[45] Boison J O，Lee S C，Gedir R G. A determinative and confirmatory method for residues of the metabolites of carbadox and olaquindox in porcine tissues. Analytica Chimica Acta，2009，637（1-2）：128-134

[46] GB/T 22984—2008 牛奶和奶粉中卡巴氧和喹乙醇代谢物残留量的测定 液相色谱-串联质谱法. 北京：中国标准出版社，2008

[47] Sniegocki T，Gbylik-Sikorska M，Posyniak A，Zmudzki J. Determination of carbadox and olaquindox metabolites in swine muscle by liquid Chromatography/mass spectrometry. Journal of Chromatography B，2014，944（1）：25-29

[48] 余海霞，张小军，杨会成，郑斌. 碱水解-高效液相色谱法测定草鱼组织中喹乙醇代谢物的残留. 中国渔业质量与标准，2012，2（1）：67-70

[49] Li Y，Liu K，Beier R C，Cao X，Shen J，Zhang S. Simultaneous determination of mequindox，quinocetone，and their major metabolites in chicken and pork by UPLC-MS/MS. Food Chemistry，2014，160（1）：171-179

[50] 田强兵，任惠丽，李锋刚，杨娟宁. 固相萃取-高效液相色谱法测定水产品中喹乙醇. 分析实验室，2015，34（3）：356-358

[51] Duan Z，Yi J，Fang G，Fan L，Wang S. A sensitive and selective imprinted solid phase extraction coupled to HPLC for simultaneous detection of trace quinoxaline-2-carboxylic acid and methyl-3-quinoxaline-2-carboxylic acid in animal muscles. Food chemistry，2013，139（1）：274-280

[52] 魏玉伟. 基于分子印迹的喹乙醇痕量残留的提取及检测方法研究. 济南：山东师范大学硕士学位论文，2011

[53] SN/T 1016.1—2001 出口肉及肉制品中卡巴氧残留量检验方法 气相色谱法. 北京：中国标准出版社，2001

[54] 彭艳，刘煜. 气质联用法分析动物肌肉、肝脏和肾脏中喹喔啉-2 羧酸的含量. 食品科学，2006（2）：223-226

[55] Lynch M J，Mosher F R，Schneider R P，Fouda H G，Risk J E. Determination of carbadox-related residues in swine liver by gas chromatography/mass spectrometry with ion trap detection. Journal of AOAC International，1991，74（4）：611-618

[56] Nasr J J，Shalan S，Belal F. Determination of carbadox and olaquindox residues in chicken muscles, chicken liver, bovine meat，liver and milk by MLC with UV detection: application to baby formulae. Chromatographia，2013，76（9-10）：523-528

[57] 张小军，郑斌，陈雪昌，余海霞，梅光明. 高效液相色谱法测定动物组织中喹乙醇标示残留物. 食品科学，2010，31（24）：289-292

[58] Binnendijk G M，Aerts M M，Keukens H J，Brinkman U A. Optimization and ruggedness testing of the determination of residues of carbadox and metabolites in products of animal origin. Stability studies in animal tissues. Journal of Chromatography A，1991，541（1-2）：401-410

[59] Zeng D P，Shen X G，He L M，Ding H Z，Tang Y Z，Sun Y X，Fang B H，Zeng Z L. Liquid chromatography tandem mass spectrometry for the simultaneous determination of mequindox and its metabolites in porcine tissues. Journal of Separation Science，2012，35（10-11）：1327-1335

[60] Liu K L，Cao X Y，Wang Z H，Li L X，Shen J Z，Cheng L K，Zhang S X. Analysis of mequindox and its two metabolites in swine liver by UPLC-MS/MS. Analytical Methods，2012，4（3）：859-863

[61] 宋春美，高爱中，职爱民，郅玉宝，侯玉泽，张改平. 喹乙醇人工抗原的合成与鉴定. 西北农业学报，2010，19（7）：1-6

[62] 宋春美. 喹乙醇单克隆抗体的制备及其免疫学快速检测方法的建立. 洛阳：河南科技大学硕士学位论文，2009

[63] Cheng L，Shen J，Wang Z，Zhang Q，Dong X，Wu C，Zhang S. Rapid screening of quinoxaline antimicrobial growth promoters and their metabolites in swine liver by indirect competitive enzyme-linked immunosorbent assay. Food Analytical Methods，2013，6（6）：1583-1591

[64] 冀宝庆. 喹乙醇及其代谢残留的免疫检测技术研究. 无锡：江南大学硕士学位论文，2008

[65] Cheng L，Shen J，Wang Z，Jiang W，Zhang S. A sensitive and specific ELISA for determining a residue marker of three quinoxaline antibiotics in swine liver. Analytical and Bioanalytical Chemistry，2013，405（8）：2653-2659

[66] 袁宗辉，张泽英，彭大鹏. 喹喔啉-2-羧酸残留的酶联免疫检测方法及试剂盒. CN1971279. 2007-05-30

[67] 张泽英，袁宗辉. 可食性动物组织中卡巴氧残留标示物 ELISA 检测方法的建立. 湖北农业科学，2014，53（1）：193-196

[68] Chen W，Jiang Y，Ji B，Zhu C，Liu L，Peng C，Jin MK，Qiao R，Jin Z，Wang L，Zhu S，Xu C. Automated and ultrasensitive detection of methyl-3-quinoxaline-2-carboxylic acid by using gold nanoparticles probes SIA-rt-PCR. Biosensors and Bioelectronics，2009，24（9）：2858-2863

[69] 霍如林，朱爱荣，张林，高峰，周光宏. 胶体金免疫层析法快速检测动物组织中残留的喹乙醇. 食品工业科技，2014，35（41）：297-305

[70] 霍如林，朱爱荣，张林，高峰，周光宏. 胶体金免疫层析法快速定量检测猪肝中喹乙醇残留. 食品工业科技，2014，35（9）：299-302

16 硝基咪唑类药物

16.1 概　　述

硝基咪唑类药物（nitroimidiazoles）为含有硝基杂环结构的抗原虫药物。1954 年合成了甲硝唑用于治疗滴虫、阿米巴病及兰氏贾第鞭毛虫病；1962 年发现甲硝唑对厌氧菌具有强大的抗菌作用，由此硝基咪唑类药物的研究得到深入发展，相继合成出了一系列的药物。本类药物的共同特点是咪唑环上带 N-1-甲基和 5-硝基取代基，只有 C2 位上的取代基不同，主要包括地美硝唑（dimetridazole，DMZ）、甲硝唑（metronidazole，MNZ）、洛硝哒唑（ronidazole，RNZ）、异丙硝唑（ipronidazole，IPZ）、奥硝唑（ornidazole，ORZ）等。

16.1.1　理化性质和用途

16.1.1.1　理化性质

硝基咪唑类药物为白色或淡黄色结晶，遇光易分解，可汽化，长时间干燥易挥发；不同程度地溶于水、丙酮、甲醇、乙醇、氯仿和乙酸乙酯；大多显弱碱性，能溶于酸液，与酸结合成盐，在碱性溶液中不稳定。常见硝基咪唑类药物及其代谢物的理化性质见表 16-1。

表 16-1　常见硝基咪唑类药物及其代谢物的理化性质

化合物	CAS 号	分子式	分子量	结构式	理化性质
甲硝唑（metronidazole，MNZ）	443-48-1	$C_6H_9N_3O_3$	171		白色或微黄色结晶；有微臭，味苦而略咸；在乙醇中略溶，在水或氯仿中微溶，在乙醚中极微溶解；熔点为 159～163℃；pK_{a1}=2.62，pK_{a2}=14.4 碱性
2-羟基甲硝唑（hydroxymetronidazole，MNZOH）	4812-40-2	$C_6H_9N_3O_4$	187.2		甲硝唑代谢物；类白色固体；熔点 118～121℃；pK_{a1}=1.98，pK_{a2}=13.28
2-甲基-5-硝基咪唑-1-乙酸（metronidazole acetic acid）	1010-93-1	$C_6H_7N_3O_4$	185.1		白色或微黄色结晶；吸水性强，有微臭；在乙醇、水中略溶，在乙醚中极微溶解；酸性
1-（β-羟乙基）-5-硝基咪唑 2-羧酸（1-(2-hydroxyethyl)-5-nitroimi-dazol-2-caboxylic acid）	—	$C_6H_7N_3O_5$	201.1		白色或微黄色结晶；易潮解，有微臭；在乙醇、水中略溶，在乙醚中极微溶解；酸性
地美硝唑（dimetidazole，DMZ）	551-92-8	$C_5H_7N_3O_2$	141		白色或浅黄色结晶性粉末；有微臭，味苦而略咸；溶于水，略溶于乙醇，熔点 138～139℃；pK_a=2.8
洛硝哒唑（ronidazole，RNZ）	7681-76-7	$C_6H_8N_4O_4$	200		白色结晶；无特殊气味；水中溶解度 0.25%，微溶于甲醇、乙酸乙酯，不溶于苯、异辛烷、四氯化碳；熔点 168～169℃；沸点 502.3℃；pK_{a1}=1.32，pK_{a2}=12.99

化合物	CAS 号	分子式	分子量	结构式	理化性质
2-羟甲基-1-甲基-5-硝基咪唑 （2-hydroxymethyl-1 methyl-5-nit-roimidazol，HMMNI）	936-05-0	$C_5H_7N_3O_3$	157		为地美硝唑和洛硝哒唑共同代谢物；淡黄色结晶性粉末；熔点 110～112℃；在水中溶解；pK_{a1}=2.2，pK_{a2}=13.3
1-甲基-5-硝基咪唑-2-羧酸 （1-methyl-5-nitroimidazole-2-ca-rboxylic acid，MNICA）		$C_5H_5N_3O_4$	171.1		地美硝唑代谢物；溶于水，在中微溶，微溶于甲醇、乙酸乙酯，不溶于苯、异辛烷
替硝唑 （tinidazole，TIZ）	19387-91-8	$C_8H_{13}N_3O_4S$	247		白色或淡黄色结晶或结晶性粉末；味微苦；在丙酮或氯仿中溶解，在水或乙醇中微溶；熔点 125～129℃；pK_{a1}=2.72，pK_{a2}=14.9
奥硝唑 （ornidazole，ORZ）	16773-42-5	$C_7H_{10}ClN_3O_3$	219		淡黄色结晶性粉末；熔点 74～79℃；在水中溶解；pK_{a1}=27，pK_{a2}=13.3
异丙硝唑 （ipronidazole，IPZ）	14885-29-1	$C_7H_{11}N_3O$	169		密度 1.25 g/cm³；沸点 309.3℃；闪点 140.9℃；蒸汽压 0.00118 mmHg；pK_a=2.57
2-羟基异丙硝唑 （2-（2-hydroxy isopropyl）-1-methyl-5-nitroimidazol，IPZOH）	35175-14-5	$C_7H_{11}N_3O_3$	185		异丙硝唑代谢物；pK_{a1}=2.2，pK_{a2}=13.4
塞克硝唑 （secnidazole，SNZ）	3366-95-8	$C_7H_{11}N_3O_3$	185		白色至类白色或微黄色结晶性粉末；无臭，味苦；熔点 70～76℃；在 0.1 mol/L HCl，0.1 mol/L 氢氧化钠溶解，在甲醇、乙醇、氯仿、乙酸中可溶，微溶于水
特硝唑 （ternidazole，TNZ）	1077-93-6	$C_7H_{11}N_3O_3$	185		白色粉末
氯甲硝唑 （5-chloro-1-methyl-4-nitroimida-zole，CMNI）	4897-25-0	$C_4H_4ClN_3O_2$	161		白色结晶粉末；熔点 148～150℃
4-硝基咪唑 （4-nitroimidazole）	3034-38-6	$C_3H_3N_3O_2$	113		类白色或淡黄色结晶粉末；熔点 302～308℃；闪点 200℃
苯硝咪唑 （5-nitrobenzimidazole）	94-52-0	$C_7H_5N_3O_2$	163		熔点 207～211℃；不溶于水；沸点 475.7℃
卡硝唑 （carnidazole，CNZ）	42116-76-7	$C_8H_{12}N_4O_3S$	244		白色结晶；熔点 142.4℃

16.1.1.2 用途

硝基咪唑类药物具有抗原虫和抗菌活性，也具有很强的抗厌氧菌作用。药物进入易感的微生物细胞后，在无氧或少氧环境和较低的氧化还原电位下，其硝基被电子传递蛋白还原成具有细胞毒性作用的氨基，从而抑制细胞 DNA 的合成，并使已合成的 DNA 降解，破坏 DNA 的双螺旋结构或阻断其转录复制，从而使细胞死亡，发挥其迅速杀灭厌氧菌、有效控制感染的作用[1]。

硝基咪唑类药物的生物活性与其化学结构有密切关系，1-甲基-5-硝基咪唑为该类化合物的生物活性基团。药物抗原虫活性与咪唑环 1 位的亲脂性和负电性有关，抗菌活性与电解还原作用有关。毒性则主要取决于咪唑环 1 位 N 上的侧链。该类化合物的抗滴虫活性与硝基的位阻成反比，位阻越大，活性越低[2]。

硝基咪唑类药物主要用于治疗原虫感染，如牛毛滴虫病、犬贾第虫病、鸡和火鸡组织滴虫病、禽贾第虫病、急性阿米巴痢疾和肠外阿米巴病。另外，还有抗蜜蜂微孢子虫病和阿米巴虫病的作用。MNZ 除能抗滴虫及抗阿米巴原虫外，还对脆弱拟杆菌、黑色素拟杆菌梭状杆菌属、产气荚膜梭状芽孢杆菌等有良好抗菌作用；地美硝唑不仅能抗大肠弧菌、多型性杆菌、链球菌、葡萄球菌和密螺旋体，且能抗组织滴虫、纤毛虫、阿米巴原虫等。添加本类药物于饲料中，可预防螺旋体引起的猪下痢，亦可用于防治禽类的组织滴虫病及六鞭虫病，此外还有增重作用。

16.1.2 代谢和毒理学

16.1.2.1 体内代谢过程

本类药物主要代谢途径和代谢产物是由咪唑环 C2 上的甲基被氧化成羟甲基，如 DMZ 和 RNZ 的代谢物相同，均为 HMMNI，异丙硝唑代谢为 IPZOH，MNZ 代谢产物为 MNZOH。代表性药物的代谢途径与主要代谢产物见图 16-1。

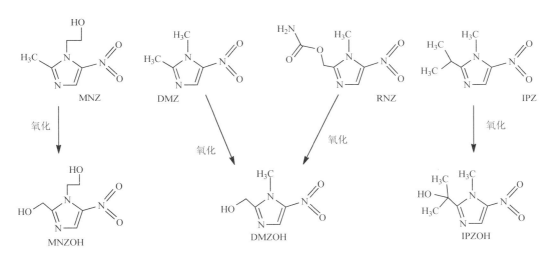

图 16-1 代表性药物的代谢途径与主要代谢产物

口服 MNZ 吸收迅速，其生物利用度为 60%～100%，在 1～2 h 内达到峰浓度，仅少量与血浆蛋白结合，血浆蛋白结合率低于 20%[3-10]。消除半衰期：犬 4.5 h，马 1.5～3.3 h，母鸡 4.5～4.9 h。一次给药可维持 12 h，广泛分布全身组织，可以进入血脑屏障，在脓肿及肝脓胸部位可达到有效浓度。小鼠口服吸收迅速，几乎完全吸收，可以通过胎盘进入胎儿体内，乳汁浓度是血液浓度一半，消除半衰期 11 h，主要通过肾脏排泄，胆汁和粪便排泄较少[1]。MNZ 在肝脏经细胞色素 P-450 代谢，吸收后药物代谢率为 30%～60%，主要代谢途径是羟化、两个侧链氧化和葡萄糖醛酸结合；次要代谢途径是硝基还原和咪唑环断裂[1]。侧链氧化后形成乙醇或乙酸。动物体内代谢产物主要为硫酸和葡萄糖苷酸结合的 MNZ 和 MNZOH，其次为 2-甲基-5-硝基咪唑-1-乙酸、1-（β-羟乙基）-2-羧基-5-硝基咪唑等七种物质[11-13]。MNZ 主要经尿排出体外，以药物原形形式排出的占 6%～18%，MNZOH 占 24%～28%，

2-甲基-5-硝基咪唑-1-乙酸占 12%～20%，1-（β-羟乙基）-2-羧基-5-硝基咪唑占 8%～12%，14%的剂量经粪便排出体外，经由粪便排出时被肠微生物活化为活性中间体。研究表明，MNZOH 也会被微生物活化，有些情况下比母体活性更高[12, 14]。

TNZ 口服，经胃肠道吸收较好，2 h 达到血药峰值。单剂口服 2 g，血药峰浓度为 40～50 μg/mL；24 h 为 11～19 μg/ml；72 h 仍可检出 1 μg/mL。$T_{1/2}$ 为 12～14 h，生物利用度超过 90%。TNZ 在体内各组织内的分布可达到有效浓度并能有效地通过血脑屏障，脑脊液/血液药物浓度比率可达 88%，血浆蛋白结合率为 12%。TNZ 半衰期较 MNZ 长。火鸡和猪口服 DMZ 吸收率大于 75%，主要经肝脏代谢，组织药物浓度肝脏＞肾脏＞肺脏＞脾脏＞脂肪＞肌肉。72 h 内 90%药物经肾脏、粪便和呼吸排出；猪排泄较慢，7 天排泄 75%。代谢物包括醇代谢物 HMMNI 和 N-去甲基代谢物 2-甲基-5 硝基咪唑。组织样品中 DMZ 原药浓度低于其醇式代谢物，N-去甲基代谢物极少。毒性较大的代谢物有 MNICA 和 HMMNI[15]。RNZ 在火鸡和猪体内的代谢产物有 3 种，包括 HMMNI、1-甲基-2-羟甲基-5-乙酰氨咪唑和 1-甲基-氨基甲酰氧甲基-5-乙酰氨咪唑，其主要的代谢产物是 HMMNI，与 DMZ 代谢物相同。

16.1.2.2　毒理学与不良反应

体内外实验证实，硝基咪唑类药物有遗传毒性、致畸和可疑致癌作用[4, 14, 16]。体外染色体畸变试验（CHO 细胞）表明，MNZ 可使 CHO 细胞畸变率明显提高，并存在一定的剂量反应关系[4, 14]。体内骨髓微核试验结果表明小鼠微核率明显高于空白对照组。研究发现，MNZ 对大鼠睾丸有毒性作用，MNZ 可明显增加雌性小鼠淋巴肿瘤发生。繁殖试验表明 MNZ 可增加 F1 代小鼠肿瘤的发生，对 F2 代影响不明显[16, 17]。TNZ 对肺炎克氏柠檬酸菌、大肠杆菌 K12 在浓度为 0.1～1.0 mol/L 时，其突变率为自发突变的 3～4 倍，对中国地鼠 V79 肺细胞无致突变性，仅在 3/4 LD_{50} 剂量时，多染红细胞中的微核数高于正常对照组。大鼠、小鼠口服 TNZ 后，对胎仔无致畸影响。以 SCE 试验（cell proliferation kinetics，CPK）测定 TNZ 对基因的损伤，结果表明 TNZ 体外实验（人血培养）存在基因毒性和细胞毒性。

16.1.3　最大允许残留限量

由于硝基咪唑类药物含有的硝基杂环结构具有细胞诱变性，从而导致具有致癌作用和潜在的致畸作用，已引起了临床的高度重视，可食性动物组织中药物残留问题受到世界各国的关注。目前，硝基咪唑类药物在大多数国家被禁止使用，或对其使用进行严格限制。欧盟已禁止 RNZ、MNZ、IPZ、DMZ 作为兽药和饲料添加剂使用；美国食品与药物管理局（FDA）也禁止 DMZ 和其他硝基咪唑类药物的使用；2003 年加拿大公布了新条例，由于缺乏结合残留物的毒性信息，而取消所有硝基咪唑作为兽药在食品动物中的使用；日本肯定列表制度规定该类药物在动物源性食品中不得检出；我国农牧发[2002]1 号文件《食品动物禁用的兽药及其它化合物清单》中也规定了在食品动物中禁用 DMZ、MNZ 和 RNZ。

16.1.4　残留分析技术

硝基咪唑类药物残留受到各国政府的关注，其残留检测方法研究较多，目前主要采用仪器分析方法。Polzer 等[18]确定了火鸡服用硝基咪唑类药物后应该检测的目标化合物。比较了 MNZ、RNZ、DMZ、IPZ 及其相应的羟基化代谢产物 MNZOH、HMMNI、IPZOH 在火鸡各组织中的含量及稳定性。检测 MNZ 和 RNZ 时应该选择原药作目标化合物；在检测 DMZ 和 IPZ 时，应选择其代谢产物 HMMNI 和 IPZOH 作为目标化合物。

16.1.4.1　前处理方法

前处理中往往涉及浓缩吹干等步骤，本类药物蒸汽压较高，易被溶剂或气流带出损失，所以蒸发温度不宜过高，吹蒸速度不宜过快，不要将样品蒸干，应缓缓吹入氮气或空气。

（1）提取方法

提取是将生物样品中的残留药物通过适宜的溶剂转移出来，并尽量减少共萃取的样品基质。样品基质中硝基咪唑类药物及其羟基代谢物在常温下降解迅速，视网膜和血浆中样品稳定性比肌肉和肝脏中高，合理的方法还应该保证分析物的稳定性。早期研究将样品调节 pH 3，用蛋白酶过夜酶解提取与组织蛋白结合的残留物[19]，但近期研究表明没必要酶解[20, 21]。

1）液液萃取（liquid liquid extraction，LLE）

由于该类药物的碱性性质，在酸性条件下溶于水，在碱性条件下溶于有机溶剂，组织提取物用酸性水溶液复溶后，可用二氯甲烷或正己烷除脂。硝基咪唑类药物的提取用乙酸乙酯[22, 23]、乙腈、二氯甲烷和甲苯[24]等，溶剂极性不同，共萃取的杂质也不同，后续净化方法也不相同。其中应用乙腈和乙酸乙酯的报道最多，禽蛋类样品应用乙腈提取比乙酸乙酯更好，可以避免乳化现象[25]。提取溶剂常加入适量的盐可促使溶剂与样品基质相分离，减少和沉淀共萃取物，其中氯化钠[25, 26]应用最多。提取液常用氮气吹至近干，该步骤很关键，因为过热和干燥可能导致分析物挥发[27]。乙酸乙酯沸点相对较低，加入少量的高沸点溶剂如二甘醇（沸点 241℃）作为保持剂，可防止因蒸发温度过高引起药物挥发损失[20, 28]。

A. 乙腈提取

乙腈沉淀蛋白效果较好，与水性基质互溶，是提取组织中硝基咪唑类药物常用溶剂之一。乙腈用于提取禽肉类样品，回收率在 79%～93%之间[29, 30]。Wang 等[20]用乙腈提取禽肉中 MNZ、DMZ 和 RNZ，回收率在 80%～90%之间，变异系数（CV）小于 14.3%。Thompson 等[30]用乙腈提取动物肾脏、肝脏、牛奶和禽蛋中 6 种硝基咪唑及其代谢物，经免疫传感器测定，DMZ、RNZ、IPZ 的检测能力（CCβ）小于 1 μg/kg，DMZOH、IPZOH 的 CCβ 小于 3 μg/kg，MNZ 和 MNZOH 的 CCβ 小于 2 μg/kg，但未测定回收率。Cronly 等[26]用液相色谱-质谱（LC-MS）测定了牛奶和蜂蜜中的 CNZ、TNZ、TIZ、ORZ、RNZ、DMZ、MNZ、IPZ、IPZOH、HMMNI 和 MNZOH。3 g 蜂蜜加 5 mL 水，完全溶解混匀后，加 10 mL 乙腈、2 g 氯化钠，振摇，离心，上清液用正己烷脱脂后测定；1 mL 牛奶用 2 mL 乙腈、0.5 g 氯化钠提取，振荡离心后取上清液测定。以 HMMNI-d3、MNZOH-d2、DMZ-d3、RNZ-d3 作为内标定量。牛奶的回收率为 90.8%～108.9%，检测限（CCα）和 CCβ 分别为 0.41～1.55 μg/L 和 0.70～2.64 μg/L；蜂蜜中 CCα 和 CCβ 分别为 0.38～1.16 μg/kg 和 0.66～1.98 μg/kg。

B. 乙酸乙酯提取

乙酸乙酯与组织也有一定相溶性，适用于提取中等极性药物，很多研究采用乙酸乙酯提取组织中硝基咪唑类药物，但需要注意的是乙酸乙酯提取液中往往含有较多的脂肪，脱脂净化步骤必不可少。Sun 等[31]用乙酸乙酯提取禽和猪肉中 7 种硝基咪唑（包括 MNZ、RNZ、DMZ、TNZ、ORZ、SNZ 以及 RNZ 和 DMZ 的共同代谢物 HMMNI）。7 种硝基咪唑类药物检测限（LOD）为 0.2 μg/kg，鸡肉、猪肉中药物回收率为 71.4%～99.5%，CV 分别为 6.2%～13.9%和 4.0%～8.7%。Zeleny 等[32]直接用乙酸乙酯提取猪肉中 DMZ、MNZ、RNZ、MNZOH、IPZOH 和 HMMNI，提取液上清液蒸干后流动相复溶，进 LC-MS 测定，回收率为 101%～107%，CCα 和 CCβ 分别为 0.29～0.44 μg/kg 和 0.36～0.54 μg/kg。黎翠玉等[33]采用乙酸乙酯提取动物源食品中 MNZ、DMZ 和 RNZ 及其代谢物 MNZOH、HMMN 残留，LC-MS 测定。方法回收率在 61.1%～108.0%之间，相对标准偏差（RSD）为 1.9%～6.3%，定量限（LOQ）为 0.1 μg/kg。Zhou 等[28]报道用乙酸乙酯提取蜂蜜中 MNZ、RNZ、DMZ、TNZ 和 HMMNI 的残留。MNZ、DMZ、RNZ、TNZ 和 HMMNI 的 LOD 为 1.0～2.0 ng/g，平均回收率为 71.5%～101.4%。刘玉芳等[34]建立了高效液相色谱-串联质谱法（LC-MS/MS）测定盐渍羊肠衣中 2 种硝基咪唑残留量。先用甲醇-丙酮均质，以乙酸乙酯萃取提取盐渍羊肠衣中硝基咪唑类残留物。测定出甲硝唑和洛硝哒唑的 LOD 均为 0.5 ng/mg，甲硝唑和洛硝哒唑的 LOQ 均为 1.0 ng/mg；在添加水平 0.5 ng/mg、1.0 ng/mg、2.0 ng/mg 的回收率为 62.7%～70.37%，RSD 为 3.4%～5.8%。在碱性条件下，本类药物以分子形态存在，易溶于有机溶剂，乙酸乙酯的提取效率提高。Sakamoto 等[35]提取鱼肉中 MNZ、DMZ 和 RNZ 残留。5 g 组织加入 1 g 碳酸氢钠后用乙酸乙酯提取，LC-MS/MS 测定。回收率为 91.2%～107.0%，LOD 为 0.05～0.2 μg/kg。丁涛等[36]用 4 mL 0.25 mol/L 氢氧化钠溶液-乙酸乙酯将蜂王浆中 MNZ、DMZ 和 RNZ 提取至乙酸乙酯相。DMZ 的 LOQ 为 2.0 μg/kg，MNZ 和 RNZ 为 1.0 μg/kg；回收率和 CV 分别为 96.6%～110.6%和 2.1%～7.4%。

　　C. 二氯甲烷提取

　　二氯甲烷与乙酸乙酯化学性质相似，但二氯甲烷密度较大，提取完成离心后基质浮在提取液上方，后续操作应尽量减少二次污染。用二氯甲烷提取时加入无水硫酸钠可以吸去组织中的水分，使组织密度升高，离心时可以完全沉淀到试管底部，有利于后续操作；同时，硫酸钠盐析也可提高提取效率。Cannavan 等[24]根据基质特点，分别用二氯甲烷提取肌肉中的 DMZ，用甲苯提取肝脏和禽蛋中 DMZ。用 D-DMZ 内标，回收率为 93%～102%，CV 为 1.2%～7.7%，绝对回收率接近 80%，但甲苯对 MNZOH 的提取效率很低。高小龙[37]用无水硫酸钠和二氯甲烷振荡提取鸡组织（肌肉、肝脏、肾脏、脂肪）中的 MNZ 和 DMZ 残留。组织中 DMZ 及 DMZOH 的 LOQ 均为 1.0 μg/kg；肌肉平均回收率在 56.9%～76.5%之间，肝脏在 63.3%～72.6%之间，肾脏在 64.2%～73.3%之间，脂肪在 63.5%～75.7%之间；日内 CV 均小于 16%，日间 CV 均小于 15%。

　　D. 其他溶剂提取

　　也有采用其他溶剂提取的报道。GB/T 21318—2007[38]测定猪肉、鸡肉、牛肉、猪肝、鸡肝、牛肝、猪肾、牛肾和鱼肉中 4-硝基咪唑、IPZ、MNZ、RNZ、MNZ、CMNI、DMZ、苯硝咪唑及其代谢物 MNZOH、HMMNI 时，样品用硅藻土混匀，加饱和氯化钠、甲醇-丙酮（3+1，v/v），再均质提取 3 min，离心后取上层液，LC-MS/MS 测定。LOD 达到 0.5～1 μg/kg，回收率为 71.4%～115%。该提取过程类似于 QuEChERS，相对较为简单。Semneiku 等[39]测定鸡血中的 MNZ 和 DMZ 残留，取 1 mL 血清并加入 20%的三氯乙酸甲醇溶液 1 mL，混合后离心，取上清液过滤膜后用高效液相色谱（HPLC）分析。血清中 LOD 为 5 ng/mL，回收率为 82%～94%，CV 小于 10%。

　　2）超声辅助萃取（ultrasonic-assisted extraction，UAE）

　　UAE 是利用超声波辐射压强产生的强烈空化效应、机械振动、扰动效应、高加速度、乳化、扩散、击碎和搅拌作用等多级效应，增大物质分子运动频率和速度，增加溶剂穿透力，从而加速目标成分进入溶剂，促进提取的方法。UAE 适用于匀浆的组织和结构松散的样品（如蜂蜜、牛奶）。GB/T 21318—2007[38]测定奶粉和蜂蜜中的 4-硝基咪唑、IPZ、2-甲硝唑、RNZ、MNZ、CMNI、DMZ、苯硝咪唑残留及其代谢物 MNZOH、HMMNI 时，用 10 mL 饱和氯化钠水溶液和 70 mL 甲醇-丙酮（3+1，v/v）超声波辅助提取 30 min，离心后取上层液体，经固相萃取净化，LC-MS/MS 测定，LOD 达到 0.5～1 μg/kg，回收率为 71.4%～115%。

　　（2）净化方法

　　1）液液分配（liquid liquid partition，LLP）

　　LLP 净化是利用待测物与杂质在互不相溶的两相溶剂中溶解度和分配系数的差异进行的净化。待测物和杂质之间如果有较大极性差异或随着溶液系统 pH 的变化极性有明显改变时，常选用 LLP。LLP 遵循相似相溶原则，选择好两相溶剂，充分利用水相 pH 的调节作用使待测物成游离离子态或结合成中性有机分子，以提高提取效率。本类药物的碱性性质常用作 LLP 净化的基础。在中性和碱性条件下，硝基咪唑类药物呈分子状态，易于由水相转入有机相，清除水溶性杂质；而在酸性条件下，药物呈离子状态，易于由有机相转入水相，清除脂溶性杂质。因此，硝基咪唑类药物 LLP 净化中常通过调节溶剂酸碱性转移药物和清除杂质。液液分配虽然操作方便，但也存在缺点，即需要大量有机溶剂进行多次萃取，而且易乳化，影响回收率，特异性较差。

　　Shen 等[40]用乙酸乙酯提取猪组织中 MNZ、DMZ、DMZOH 和 RNZ，提取液吹干后用稀盐酸-正己烷 LLP 去除脂溶性物质，HPLC 测定。LOD 为 1.0～2.0 μg/kg；肌肉中的平均回收率为 80.1%～83.9%，肝脏组织为 78.9%～82.3%。高小龙[37]测定鸡组织（肌肉、肝脏、肾脏、脂肪）中 MNZ 和 DMZ 残留，用二氯甲烷提取，吹干后，用水-正己烷 LLP 脱脂，HPLC 测定。DMZ 及 DMZOH 的 LOQ 均为 1 μg/kg；肌肉中的平均回收率在 56.9%～76.5%之间，肝脏在 63.3%～72.6%之间，肾脏在 64.2%～73.3%之间，脂肪在 63.5%～75.7%；日内 CV 均小于 16%，日间 CV 均小于 18%。Sorensen 等[29]用乙腈和正己烷提取鱼肉中的 MNZ 和 MNZOH，用正己烷脱脂，将残留物转移至乙腈相，HPLC 测定。鱼肌肉中 2

种药物的 LOD 均为 2.8 μg/kg，鱼皮中 MNZ 的 LOD 为 3 μg/kg，MNZOH 为 5 μg/kg；MNZ 绝对回收率为 93%～81%，MNZOH 为 79%；CV 分别为 3.3%和 3.2%。黎翠玉等[33]测定猪肉、鸡肉和鱼肉中 MNZ、DMZ 和 RNZ 三种硝基咪唑类化合物及两种代谢物 MNZOH、HMMNI 残留。乙酸乙酯提取液蒸干后，用甲醇和正己烷 LLP 除脂，LC-MS/MS 测定。回收率在 61.1%～108.0%之间，RSD 为 1.9%～6.3%，LOQ 为 0.1 μg/kg。Gaugain 等[41]用二氯甲烷提取猪、禽组织中 3 种硝基咪唑类药物，提取液蒸干，用乙酸铵缓冲液-正己烷 LLP 脱脂，再用 SPE 净化，高效薄层色谱（HPTLC）测定。RNZ、DMZ、DMZOH 的 LOD 分别为 2 μg/kg、5 μg/kg、5 μg/kg。GB/T 21318—2007[38]测定动物组织样品中 RNZ、IPZ、MNZ、DMZ、ORZ、4-硝基咪唑、CMNI、苯硝咪唑等 8 种硝基咪唑和 2 种代谢物 MNZOH、HMMNI 残留。用饱和氯化钠-甲醇-丙酮提取后，蒸干有机相，加入乙酸乙酯与氯化钠溶液 LLP 净化，LC-MS/MS 测定。LOD 为 0.5～1 μg/kg，回收率为 71.4%～115%。

Cronly 等[42]测定禽蛋中 MNZ、DMZ、RNZ、IPZ 和羟基化代谢物 MNZOH、HMMNI、IPZOH。禽蛋用乙腈提取，提取液用氯化钠沉淀杂质，用正己烷与乙腈 LLP 脱脂，LC-MS/MS 测定。CCα 为 0.33～1.26 μg/kg，CCβ 为 0.56～2.15 μg/kg，回收率为 87.2%～106.2%。

高小龙[37]测定蜂蜜和蜂王浆中 RNZ、MNZ、DMZ、ORZ 和 TNZ 残留。蜂王浆用盐酸溶解，氯化钠沉淀杂质，正己烷去脂；蜂蜜样品仅用盐酸溶解稀释，取上层酸液加磷酸氢二钾 15 g，用二氯甲烷萃取，盐酸反萃取，过 SCX SPE 柱，用 0.5 mol/L 的磷酸氢二钾溶液（pH 8.8）洗脱，洗脱液再萃取至二氯甲烷，HPLC 检测。通过调节酸碱性，在水相和有机相多次转移，达到净化效果，缺点是较为繁琐。蜂蜜和蜂王浆中 RNZ、MNZ、DMZ、ORZ 和 TNZ 的 LOQ 均为 1.0 μg/kg；平均回收率分别为 59.2%～7.06%和 54.9%～69.1%；CV 小于 18%和 16%。

2）固相萃取（solid phase extraction，SPE）

SPE 是利用固体吸附剂将液体样品中的目标化合物吸附，与样品基质和干扰化合物分离，然后再用洗脱液洗脱或加热解吸附，达到分离和富集目标化合物的目的，其原理与液相色谱类似。与 LLP 相比，SPE 具有使用有机溶剂较少，速度快，可实现自动化，不会发生乳化，净化后残留的杂质相对较少等优点。硝基咪唑类药物属于中等极性，属于碱性化合物，提取液中除分析物以外常含有很多共提物，为了除去这些干扰物，需要进一步采用 SPE 净化。在净化中常用的 SPE 柱有 C_{18}、HLB、硅胶、SCX、MCX、Extrelut NT20 和 XTR 等。

A. 阳离子交换柱

阳离子 SPE 柱是本类药物最常用的净化工具，主要采用 SCX 和 MCX 柱。

SCX 为强阳离子交换柱，质子化的药物分子通过与小柱上苯磺酸基团相互作用而被保留。SCX 对硝基咪唑类药物离子互作力远大于非极性互作力，允许强洗涤溶剂净化[23]。使用 SCX 柱，则要溶于酸性水相上样，洗脱液选用 5%氨水-乙腈溶液，或乙酸乙酯洗脱。Lin 等[22]测定猪肌肉中 5 种硝基咪唑类药物，用 SCX 净化。乙酸乙酯提取液蒸干后用乙酸-乙酸乙酯（1+19，v/v）复溶后上样，依次用丙酮、甲醇、乙腈淋洗，最后用氨水-乙腈（1+19，v/v）洗脱，毛细管电泳（CE）检测。LOD 为 0.3～1.0 μg/kg，LOQ 为 0.9～3.2 μg/kg；日内回收率为 85.4%～96.0%，CV 为 1.3%～3.9%；日间回收率为 83.5%～92.5%，CV 为 1.1%～4.2%。Sun 等[23]用乙酸乙酯提取禽和猪肉中的 MNZ、RNZ、DMZ、TNZ、ORZ、SNZ 和 DMZOH，提取液上 SCX 柱净化，依次用丙酮、甲醇、乙腈淋洗，用氨水-乙腈（5+95，v/v）洗脱。7 种药物的 LOD 为 0.2 μg/kg，回收率为 71.4%～99.5%。Sams 等[43]测定禽蛋中硝基咪唑残留。乙腈提取液用乙酸酸化后用 SCX 净化，依次用丙酮、甲醇和乙腈淋洗，用乙腈-35%氨水（95+5，v/v）洗脱，HPLC 测定。LOD 为 0.5 μg/kg；禽蛋中回收率分别为 65%（DMZ）、87%（RNZ）和 75%（MNZOH）。高小龙[37]采用 HPLC 测定蜂蜜和蜂王浆中的 RNZ、MNZ、DMZ、ORZ 和 TNZ。样品提取液经盐酸反萃取后，上 SCX 柱净化，用 3 mL 水淋洗，除去水溶性物质，最后采用 20 mL pH 8.8 的 0.5 mol/L 的磷酸盐缓冲液洗脱。蜂蜜和蜂王浆中 RNZ、MNZ、DMZ、ORZ 和 TNZ 的 LOQ 均为 1.0 μg/kg，回收率为 59.2%～70.06%和 54.9%～69.1%，CV 分别小于 18%和 16%。

MCX 柱为反相与强阳离子交换混合保留机制的 SPE 柱。Xia 等[21]用 MCX 柱净化猪肾组织中 4

种硝基咪唑及其代谢物（MNZ、HMMNI、MNZOH、RNZ、IPZ、IPZOH、DMZ）的乙酸乙酯提取液。提取液蒸干后用盐酸复溶，上 MCX SPE 小柱，依次用 0.1 mol/L 盐酸，甲醇和 5%氨水淋洗，用含 5%氨水的甲醇-水（70+30，v/v）洗脱。平均回收率为 83%～111%，CV 小于 12%，LOD 和 LOQ 分别为 0.05～0.5 μg/kg 和 0.1～0.5 μg/kg。研究发现，改善净化条件也可以降低基质效应，在 MCX 净化中，洗涤步骤增加 2%（v/v）氨水-10%（v/v）甲醇溶液，洗脱步骤增加 2%（v/v）氨水-30%（v/v）甲醇溶液可明显降低基质效应[21, 44]。王扬等[45]同时测定鱼肌肉中 MNZ、DMZ、ORZ、TNZ 和 RNZ 等 5 种硝基咪唑类药物残留。提取液过 MCX 柱，3.0 mL 水洗柱，3.0 mL 2%浓氨水甲醇溶液洗脱。5 种硝基咪唑类药物的 LOD 均为 1.0 μg/kg，回收率分别为 73.3%、74.7%、62.9%、74.4%和 80.1%，RSD 不大于 10%。

B. 阴离子交换柱

阴离子交换 SPE 也有用于硝基咪唑类药物净化的报道。GB/T 20744—2006[46]测定蜂蜜中 MNZ、DMZ 和 RNZ 残留，乙酸乙酯提取液浓缩后，过 Carboxylic acid SPE 柱净化，依次用乙酸乙酯和乙腈洗涤，用甲醇-乙腈-0.1%甲酸溶液（40+18+42，v/v）洗脱。MNZ 的 LOD 为 0.1 μg/kg，DMZ 和 RNZ 为 0.2 μg/kg；回收率为 69.5%～82.4%。

C. 正相柱

用正相 SPE 柱净化硝基咪唑类药物也能起到良好效果。常用的填料主要有硅胶、氨基和硅藻土。

Cannavan 等[24]建立了 DMZ 的残留分析技术。肌肉用二氯甲烷提取，鸡肝脏和禽蛋用甲苯提取，提取上清液直接上硅胶柱净化，二氯甲烷提取液用甲苯淋洗，甲苯提取液依次用二氯甲烷、正己烷淋洗，丙酮洗脱，液质联用仪分析。DMZ 内标校正回收率为 93%～102%，CV 为 1.2%～7.7%，绝对回收率约 80%。Sakamoto 等[35]测定鱼肉和蜂蜜中的 DMZ、MNZ 和 RNZ，乙酸乙酯提取液蒸干后用乙酸乙酯-正己烷（3+7，v/v）复溶，用硅胶柱净化，乙酸乙酯洗脱。平均回收率为 91.21%～107.0%，CV 为 1.7%～17.1%，LOD 为 0.05～0.2 μg/kg。Sorensen 等[29]将鱼肉中 MNZ 和 MNZOH 的乙腈提取液蒸干后，复溶于乙酸乙酯-正己烷溶液（1+2，v/v）中，过硅胶小柱净化，乙酸乙酯-正己烷（1+2，v/v）淋洗，甲醇-乙酸乙酯（1+9，v/v）洗脱。MNZ 回收率为 81%～93%，MNZOH 回收率为 79%。

氨基柱与硅胶柱净化机制相似，分别通过药物的极性基团与氨基或硅醇基相互作用达到保留，但组织中微量的水分对方法的精密度和重复性具有较大影响，因此在净化前加入无水硫酸钠脱水非常关键。Ho 等[47]用甲苯提取肌肉、肝脏和肾脏中的 MNZ 和 DMZ，提取液用等体积正己烷稀释后，上氨基固相萃取柱净化，用正己烷淋洗，乙酸乙酯-异丙醇（9+1，v/v）洗脱，气相色谱-质谱（GC-MS）测定。回收率为 72%～106%，CV 小于 13%。DMZ 的蒸汽压较高，旋转蒸发和氮气吹干 DMZ 随溶剂挥发而损失，为防止吹干时 DMZ 被溶剂带走，考察了 DMF、甲酸、三氟乙酸等 3 种溶剂和蒸发温度对 DMZ 的保护效果，表明加入保护剂三氟乙酸和二甲基甲酰胺或者蒸发温度降低时，DMZ 的回收率增高。三氟乙酸可做保护剂的可能原因时它与 DMZ 发生反应生成较难挥发的盐。Zhou 等[28]分析蜂蜜中的 MNZ、RNZ、DMZ、TNZ 和 HMMNI，提取液蒸干后用乙酸乙酯-正己烷（2+1，v/v）复溶，氨基柱上加 2 g 无水硫酸钠用于脱水，上样后直接用甲醇-乙酸乙酯（1+4，v/v）洗脱，洗脱液蒸干后用流动相溶解测定。方法 LOD 为 1～2 μg/kg，平均回收率在 71.5%～101.4%之间。研究还发现，上样溶液中加入非极性溶剂-正己烷，可提高药物与极性固定相的相互作用，增加净化效果和回收率。

Extrelut NT20 和 XTR 的填料是硅藻土（Celite 颗粒），属于正相 SPE 柱，也可以用于本类药物净化。Polzer 等[19]应用 Extrelut NT20 柱净化畜禽肌肉提取液中的 DMZ、RNZ、MNZ、IPZ、HMMNI、MNZOH 和 IPZOH。水溶液上样后，用乙酸乙酯-叔丁基甲基醚（1+1，v/v）洗脱。DMZ、RNZ、HMMNI、MNZ 和 MNZOH 的 CC_α 为 0.65～2.8 μg/kg，IPZ 和 IPZOH 的 CC_α 为 5.2～5.3 μg/kg；回收率在 96%～118%之间。该净化的特点为，所有的脂溶性化合物从水溶液中提取出来进入有机相，而水相则保留在固定相上，流出液无乳化，直接蒸发后用于下一步的分析。

D. 反相柱

反相 SPE 也可以用于硝基咪唑类药物净化，常用的 SPE 柱有 HLB 和 C_{18}。

Mottier 等[25]测定鸡肉和禽蛋中的硝基咪唑类药物，乙腈提取液蒸干后用水复溶，上 HLB 柱，用 3 mL 水-甲醇（95+5，v/v）淋洗，甲醇洗脱，LC-MS/MS 测定。DMZ、RNZ、MNZ、IPZ、DMZOH、MNZOH 和 IPZOH 的 CC_α 在 0.12～1.0 μg/kg 之间，CC_β 在 0.22～1.0 μg/kg 之间。Shen 等[40]用乙酸乙酯提取，蒸干后用盐酸溶解，与正己烷 LLP 脱脂，盐酸溶液上 HLB 柱净化，甲醇洗脱，HPLC 测定。DMZOH、MNZ、RNZ 和 DMZ 的 LOD 在 1.0～2.0 μg/kg 之间；猪肉的平均回收率为 80.1%～83.9%，猪肝为 78.9%～82.3%。

高小龙[37]建立了测定鸡可食组织中 DMZ 和 DMZOH 残留的 HPLC 法。鸡组织（肌肉、肝脏、肾脏、脂肪）匀浆后，用无水硫酸钠和二氯甲烷振荡提取，取有机层浓缩，加水溶解，用正己烷去脂，水层过 C_{18} 柱，甲醇洗脱，HPLC 在 320 nm 检测。DMZ 和 DMZOH 的 LOQ 均为 1 μg/kg；肌肉的平均回收率在 56.9%～76.5% 之间，肝脏在 63.3%～72.6% 之间，肾脏在 64.2%～73.3% 之间，脂肪在 63.5%～75.7%；日内 CV 均小于 16%，日间 CV 均小于 18%。Gaugain 等[41]用 C_{18} SPE 净化猪、禽组织中 3 种硝基咪唑类药物，用 5 mL 乙酸铵缓冲液淋洗，用 2 mL 乙酸铵缓冲液-甲醇（1+3，v/v）洗脱，HPTLC 测定。RNZ、DMZ、DMZOH 的 LOD 分别为 2 μg/kg、5 μg/kg、5 μg/kg。

3）凝胶渗透色谱（gel permeation chromatography，GPC）

GPC 是基于体积排阻的分离机理，通过具有分子筛性质的固定相，相对分子质量大的组分先流出（即淋洗时间短），相对分子质量小的后流出（即淋洗时间长），达到净化目的。我国国家标准 GB/T 21318—2007[38]测定猪肉、鸡肉、牛肉、猪肝、鸡肝、牛肝、猪肾、牛肾和鱼肉中 4-硝基咪唑、IPZ、MNZ、RNZ、MNZ、CMNI、DMZ、苯硝咪唑及其代谢物 MNZOH、HMMNI 残留时，取 5 mL 提取液用 GPC 进行净化。净化柱为 GPC Bio Beads SX3（700 mm×25 mm），流动相为乙酸乙酯-环己烷（1+1，v/v），流速为 4.7 mL/min，弃去先留出 90 mL 淋洗液，再收集接下来 90 mL 流出液，最后再用 30 mL 收集，蒸干后，用甲醇溶解再进一步用 C_{18} 小柱净化，LC-MS/MS 测定。方法 LOD 在 0.5～1 μg/kg 之间，回收率为 71.4%～115%。

4）固相微萃取（solid phase microextraction，SPME）

SPME 是在 SPE 基础上发展而来，保留了 SPE 所有的优点，摒弃了需要柱填充物和使用溶剂进行解吸的弊病。它用一支类似进样器的 SPME 装置即可完成全部前处理和进样。该装置针头内有一伸缩杆，上连有一根熔融石英纤维，其表面涂有色谱固定相，一般情况下熔融石英纤维隐藏于针头内，需要时可推动进样器推杆使石英纤维从针头内伸出。分析时先将试样放入带隔膜塞的 SPME 专用容器中，如需要可加入无机盐、衍生剂或对 pH 进行调节，还可加热或磁力转子搅拌。SPME 分为两步，第一步是萃取，将针头插入试样容器中，推出石英纤维对试样中的待分析组分进行萃取；第二步是在进样过程中将针头插入色谱进样器，推出石英纤维中，完成解吸、色谱分析。Huang 等[48]建立了同时测定蜂蜜中 MNZ、RNZ、DMZ 和 TNZ 的 SPME-HPLC 测定方法。固相萃取搅拌棒采用丙基甲基丙烯酸 3-磺酸钾-二乙烯基苯［poly（methacrylic acid-3-sulfopropyl ester potassium salt-co-divinylbenzene）］涂层包被，蜂蜜样品用水稀释后试样容器，直接用涂层棒吸附，包被的固相萃取搅拌棒涡旋 1 h 完成吸附萃取。然后在 pH 2.0 的甲醇-水（9+1，v/v）中解析附 1 h。MNZ 和 RNZ 线性范围为 5.0～200.0 μg/kg，DMZ 和 TNZ 线性范围为 2.0～200.0 μg/kg；LOD 在 0.47～1.52 μg/kg 之间，LOQ 在 1.54～5.00 μg/kg 之间；加标回收率为 71.1%～114%。

5）液相微萃取（liquid phase microextraction，LPME）

LPME 是在液相萃取和 SPME 的基础上发展而来样品前处理技术。采用几至几十微升的萃取溶剂悬挂于微量进样器针端对样品中的分析物进行萃取富集，分析物通过扩散作用分配进入萃取溶剂中。该技术集采样、萃取和浓缩于一体，操作简单，劳动强度小，灵敏度高，同时通过调节被萃取溶液的极性或者酸碱性实现选择性萃取，减少基质干扰。单滴微萃取（single drop microextraction，SDME）利用有机液滴直接悬挂在色谱微量进样器针头上对分析物进行萃取，是 LPME 中最简单的一种。李义坤[49]建立了鸡组织中硝基咪唑类药物的 LPME-GC-MS 方法。用移液管准确移取 5 mL 待测溶液加到萃取小瓶中，加入搅拌子，用微量进样器取正辛醇（萃取溶剂），将针尖浸入到待测溶液中，挤出进样器中 2.5 μL 正辛醇，使形成一个小液滴悬挂在针尖上，在 50℃于 600 r/min 搅拌速度下萃取 20 min，然后抽回悬挂的小液滴转移至微型衍生化试管中，加入 10%二甲基亚砜-甲醇溶液 5 μL，40℃ N_2 吹干，加衍生化试剂 N, O-双（三甲基硅烷基）乙酰胺和异辛烷各 15 μL，漩涡混合，70℃衍生 45 min，注入 GC-MS 进行分析。鸡组织中 DMZ、MNZ、SNZ 和 ORZ 的 LOD 介于 0.5～1.86 μg/kg 之间，加标回收率在 74.5%～89.5%之间，日内 CV 均小 10%，日间 CV 均小于 15%。

6）分子印迹技术（molecular imprinting technology，MIT）

MIT 是以分子印迹聚合物（MIP）为吸附剂的净化手段，与常规吸附剂相比，MIP 特异性更高。Mohamed 等[50]利用 MIP 制备的 SPE 柱对鸡蛋粉中的 4 种硝基咪唑原药和 3 种代谢产物进行净化。使用甲基丙烯酸作为单体，二乙烯基苯为交联剂合成 MIP，以此制备 SPE 柱。SPE 小柱用甲苯、乙腈和水平衡，上样后用水、正己烷淋洗，含 0.5%醋酸的乙腈-水（60+40，v/v）洗脱，LC-MS/MS 检测。方法回收率为 91%～111%；7 种药物的 CC_α 为 0.14～0.73 μg/kg，CC_β 为 0.23～1.0 μg/kg；MNZ 和 MNZOH 的回收率为 39%～86%，CV 小于 20%，其他药物回收率为 70%～110%，CV 小于 16%。Zelnickova 等[51]建立了测定血清、鸡蛋和肌肉样品中的 9 种 5-硝基咪唑以及它们的 3 个羟基化代谢产物的方法。该方法制备了 MIP 柱来净化样品的初级提取物，能够简单、快速、有选择性地从不同基质的提取物中测定 5-硝基咪唑。该方法回收率高、重现性好、提取物干净、背景信号低，LOD 和 LOQ 低于每种基质的所需的最低的性能要求。

16.1.4.2 测定方法

生物基质中硝基咪唑类药物的残留分析主要有免疫学方法（IA）、毛细管电泳法（CE）、薄层色谱法（TLC）、高效液相色谱法（HPLC）和气相色谱法（GC）。早期研究集中于单个或几个化合物的分析，现在多残留高通量分析方法得到了较快发展。随着质谱的推广以及该类药物"零残留量"的执行，使得液相色谱-质谱（LC-MS）和气相色谱-质谱（GC-MS）方法成为研究主流。

（1）薄层色谱法（thin layer chromatography，TLC）

TLC 系将适宜的固定相涂布于玻璃板、塑料或铝基片上，成一均匀薄层。待点样、展开后，根据比移值（Rf）与适宜的对照物按同法所得的色谱图的比移值作对比，用以进行药物的鉴别、杂质检查或含量测定。TLC 是快速分离和定性分析少量物质的一种很重要的实验技术。Meshram 等[52]用 TLC 测定 MNZ 和咪康唑硝酸盐。固定相使用硅胶（silica gel 60 GF254），展开剂为甲苯-氯仿-甲醇（3.0+2.0+0.6，v/v），在 240 nm 波长显像光密度计检测。MNZ、咪康唑硝酸盐的保留因子分别为 0.34 和 0.55；MNZ 线性范围为 300～700 ng/点，咪康唑硝酸盐线性范围 600～1400 ng/点；采用标准加入法测得 MNZ 和咪康唑硝酸盐的回收率分别为 100.13%±1.59%（点高度）、98.92%±0.76%（点面积）和 99.49±1.58%（点高度）、99.63%±1.46%（点面积）。但该方法未对组织中残留样品进行测定。高效薄层色谱法（high performance thin layer chromatography，HPTLC）由经典的 TLC 发展而来，优点是点样量少，分析时间快，分离度和分辨率好，对样品处理要求最低，操作最简便，LOD 可达纳克（ng）至皮克（pg）水平。Gaugain 等[41]报道了用 HPTLC 测定猪和家禽组织中 DMZ、RNZ、DMZOH 残留的方法。固定相为 HPTLC 级硅胶（10 cm×10 cm 或 20 cm×10 cm），展开剂为甲醇和乙酸乙酯，先用甲醇洗脱 3 mm，吹干后再用乙酸乙酯洗脱 4 min，展开后喷吡啶，紫外光 312 nm 检测。RNZ、DMZ、DMZOH 的 LOD 分别为 2 μg/kg、4 μg/kg、5 μg/kg，但未对样品进行定量。

（2）毛细管电泳法（capillary electrophoresis，CE）

CE 是以弹性石英毛细管为分离通道，以高压直流电场为驱动力，依据样品中各组分之间淌度和分配行为的差异而实现分离的分析方法。在一定的电解质溶液中硝基咪唑类药物都带电荷，带电粒子在电场作用下，以不同的速度向其所带电荷相反方向迁移而达到分离。Lin 等[22]采用 CE 测定了猪肉中 5 种硝基咪唑类药物。分离在未涂层熔融石英毛细管（50 cm×50 μm i.d.）完成，背景电解质采用 pH 3.0 缓冲液（包括 25 mmol/L 磷酸钠-0.1 mmol/L 溴化四丁胺），进样时间 5 s，压力 0.5 psi，28 kV 分离电压，选用紫外检测器，在 320 nm 波长检测。方法 LOD 为 1.0 μg/kg，LOQ 为 3.2 μg/kg；回收率为 85.4%～96.0%，CV 为 1.3%～3.92%。Hernandez-Mesa 等[53]建立了牛奶中硝基咪唑药物及其代谢物的 CE 分析方法。分离在未涂层熔融石英毛细管（61.5 cm×50 μm i.d.）完成，泡沫细胞毛细管（bubble cell capillary）光通路，长度 150 μm，检测波长 320 nm，背景电解质为 20 mmol/L 磷酸缓冲液（pH 6.5）和 150 mmol/L SDS 混合溶液，温度 20℃，25 kV 正电压。单个样品测定时间小于 18 min。MNZ、MNZOH、DMZ、RNZ、HMMNI、IPZ、IPZOH、ORZ 和 TIZ 的 LOD 在 0.94～1.8 μg/L 之间，LOQ 为 3.13～6.0 μg/L，回收率为 57%～97.8%。

（3）气相色谱法（gas chromatography，GC）

GC 分离测定具有快速、高效的特点，但只是常规分析法，不能确证分析。在硝基咪唑类药物许可使用的时期，GC 方法得到一定研究，但随着硝基咪唑类药物的禁用，对检测特异性和灵敏度要求提高，GC 方法研究逐渐减少。

RNZ、MNZ、SNZ 和 ORZ 带有羟基，极性较强，热稳定性差，需将羟基通过活泼氢进行硅烷化衍生成极性较弱的衍生物，从而改善挥发性和热稳定性，衍生后增加化合物的分子量，更易于检测。常用的硅烷化试剂主要有 N,O-双（三甲基硅烷基）三氟乙酰胺（BSTFA）和 N,O-双（三甲基硅烷基）乙酰胺（BSA）。而衍生化后的硝基咪唑类药物，主要用低极性色谱柱进行分离。Wood[54]测定血液中 MNZ 时，在氯仿提取物中加入 BSTFA 过夜后，经 GC-火焰离子化检测器（flame ionization detector，FID）检测，色谱柱为 3%OV-1 柱（183 cm×0.04 cm）。以肉豆蔻醇（myristyl alcohol）为内标，平均回收率为 102.9%，LOD 为 1 μg/mL。Bhatia 等[55]建立了测定血液中硝基咪唑类药物 GC 方法。MNZ、ORZ 和 SNZ 用 BSTFA 在室温衍生 1 h，吹干后，用环己烷复溶，进 GC-电子俘获检测器（electron capture detector，ECD）测定。衍生化引入了氟元素，增加了挥发性、灵敏度，减小了色谱柱吸附效应。而 TIZ 本身含有硫原子，不衍生直接测定，也对 ECD 敏感。GC 色谱柱为 3%OV-11 玻璃柱（150 mm×4 mm）。方法回收率为 81%～89%，CV 小于 5%，LOD 为 100 ng/mL。

硝基咪唑类药物结构中含有多个氮原子，沸点较低，提取净化后也可以不衍生直接进行 GC-氮磷检测器（nitrogen-phosphorus detector，NPD）检测。Wang 等[20]建立了禽肉中 DMZ、RNZ 和 MNZ 残留检测的 GC-NPD 检测方法。样品经乙腈提取后用乙酸酸化，过 SCX 柱，用乙腈-甲醇（72+28，v/v）洗脱，洗脱液吹干后溶于甲醇，无需衍生直接 GC 分析。毛细管气相色谱柱为 5%二苯基/95%二甲基聚硅氧烷柱（25 m×0.32 mm i.d.，0.52 mm），进样口和检测口温度分别为 250℃ 和 300℃，不分流进样，溶剂延迟 1.0 min，升温程序为：80℃维持 1 min，以 25℃/min 升温至 173℃，以 2℃/min 升至 185℃，以 30℃/min 升至 260℃，维持 3 min，氮气为载气，流速 1.5 mL/min，氮气补充气 30 mL/min，氢气 4 mL/min，空气 120 mL/min，以磷酸三苯酯（triphenylphosphate）为内标定量。DMZ、RNZ 和 MNZ 的回收率分别为 85%、90% 和 80%，CV 分别为 13.0%、14.3% 和 11.2%；DMZ 和 MNZ 的 LOD 为 0.2 ng/g，，RNZ 为 0.5 ng/g。

（4）气相色谱-质谱法（gas chromatography-mass spectrometry，GC-MS）

GC-MS 是确证方法，也是测定硝基咪唑类药物的成熟方法之一。与 GC 检测类似，本类药物可用 BSTFA 和 BSA 进行硅烷化衍生后测定。而 BSA 使用较多，因为 BSTFA 衍生时，生成含氟的副产物增加负化学电离源（NCI）质谱检测器的背景噪声；且使用电子轰击电离源（EI）的质谱检测器，BSTFA 衍生的重复性不如 BSA 好。但是，HMMNI 和 RNZ 与 BSA 衍生化反应生成的产物一样，不能区别 HMMNI 和 RNZ。衍生化后的硝基咪唑类药物多用低极性色谱柱进行分离。

李义坤[49]应用 GC-EI-MS 技术测定了鸡组织中 DMZ、MNZ、CNZ 和 ORZ 残留。用 15 μL 10% 二甲基亚砜-甲醇溶液溶解提取液残渣，加衍生化试剂 BSA 和异辛烷各 15 μL，漩涡混合，70℃衍生 45 min 后，GC-EI-MS 测定。色谱柱为 VF-5 MS 柱（30 m×0.25 mm×0.25 μm），载气为氦气，流速 0.9 mL/min，无分流进样，进样量 1 μL，进样口温度 250℃，升温程序：初始温度 100℃，保持 1 min，10℃/min 升至 180℃，保持 1 min，20℃/min 升至 280℃，EI 电离源，电离能量 70 eV，溶剂延迟 3 min，离子阱温度 150℃，传输线温度 260℃，歧管温度 40℃，电子倍增管电压 1550 V，选择离子监测（SIM）模式检测。鸡组织中 DMZ、MNZ、ORZ 的 LOD 为 0.5～1.86 μg/L；加标回收在 74.5%～89.5%之间；日内 CV 均小 10%，日间 CV 均小于 15%。汪纪仓[56]建立了猪肌肉、脂肪、肝脏和肾脏中 RNZ、MNZ、DMZ、ORZ 和 SNZ 的气相色谱-串联质谱（GC-EI-MS/MS）检测方法。提取液残留物加 BSA 和异辛烷各 50 μL，50℃下衍生 60 min，GC-MS/MS 测定。色谱柱为 VF-5 MS 柱（30 m×0.25 mm），载气为氦气，不分流进样，进样体积 2 μL，进样口温度 250℃，升温程序：起始温度 100℃，10℃/min 升到 180℃，保持 1 min，20℃/min 升到 280℃，保持 2 min，EI 源，70 eV，阱温 150℃，灯电流 10 μA，电子倍增管电压 1650 V。5 种药物标准溶液浓度在 0.005～1.6 μg/mL 时呈良好线性关系；RNZ 的 LOD 可达 0.2 μg/kg，DMZ、MNZ 和 ORZ 为 1 μg/kg；回收率在 69%～82%之间。

Polezer 等[19]建立了火鸡和猪组织中 4 种硝基咪唑类药物及其羟基代谢物的 GC-NCI-MS 测定方法。样品经酶解后提取，提取液过 Extrelut NT20 SPE 柱净化，用 BSA 在 50℃下衍生化 60 min 后，GC-NCI-MS 测定。色谱柱为 ZB 5 柱（0.25 μm 95%甲基-5%苯基柱），进样 1 μL，不分流进样，进样口温度 285℃，升温程序：起始温度 85℃，1 min，10℃/min 升到 100℃，5℃/min 升到 140℃，10℃/min 升到 190℃，30℃/min 升到 290℃，保持 5 min，质谱条件：EI 源，70 eV，NCI 电离，电离气为甲烷，源温 160℃，SIM 模式检测。DMZ、RNZ、MNZ、IPZ、HMMNI、MNZOH 和 IPZOH 分别以各自同位素内标定量。MNZ、RNZ、HMMNI 和 MNZOH 的 LOD 为 0.65～2.8 μg/kg，IPZ 和 IPZOH 为 5.2 μg/kg；方法回收率为 95%～120%。

Ho 等[47]建立了禽和猪组织中 DMZ 和 MNZ 的气相色谱-电子捕获负离子质谱（GC-ECNI-MS）法，该方法更为灵敏。样品用甲苯萃取，萃取液与等体积正己烷混合过氨基 SPE 柱净化，洗脱液吹干，再加入 0.1 mL BSA，70℃衍生 30～45 min 后，进样分析。色谱柱为 DB-5 ms 毛细管柱（30 m×0.25 mm i.d.，0.25 μm），升温程序：80℃，以 10℃/min 升至 220℃，30℃/min 升至 300℃，维持 2 min，进样口温度 250℃，不分流进样，质谱接口温度 280℃，源温 150℃，发射电流 50 A，SIM 模式检测。DMZ 的 LOD 为 0.6～1.5 μg/kg，LOQ 为 1.7～1.9 μg/kg，回收率为 101%～106%，CV 为 7.7%～11%；MNZ 的 LOD 为 0.1～0.2 μg/kg，LOQ 为 0.3～0.7 μg/kg，回收率为 72%～90%，CV 为 14%～23%。

（5）高效液相色谱法（high performance liquid chromatography，HPLC）

与 GC 相比，HPLC 不受待测物的极性、热稳定性、挥发性等的限制，可同时检测更多的种类，大量文献采用 HPLC 检测各种基质中的硝基咪唑类药物。HPLC 主要配以紫外检测器（ultraviolet detector，UVD）或二极管阵列检测器（diode-array detector，DAD；photo-diode array detector，PDA），硝基咪唑类药物最大吸收波长在 301～312 nm 之间，紫外检测波长越大，杂质干扰就越少，因此一般设在 300 nm 以上，多数为 320 nm。色谱分离主要采用反相色谱，流动相由弱极性有机溶剂如乙腈或甲醇，与弱酸性溶液如甲酸、乙酸或磷酸等组成。硝基咪唑类药物属两性或碱性化合物，较高 pH 可明显增加其分离效果和保留时间。Sun 等[23]发现低含量乙腈可以有效分离极性药物如 MNZOH、RNZ 和 MNZ，而高含量乙腈可以快速有效洗脱低极性药物 ORZ；同时，甲醇可以改善峰形和缩短分析时间。因此，合适甲醇和乙腈比例可以优化分离和峰形。流动相多采用乙腈、甲醇、缓冲液或水等度或梯度洗脱。

Zhou 等[28]用 C$_{18}$ 反相色谱分离，流动相为乙腈-0.01 mol/L 乙酸钠缓冲液（9+91，v/v），流速 0.8 mL/min，315 nm 波长检测蜂蜜中 5 种硝基咪唑类药物（MNZ、DMZ、RNZ、TNZ 和 HMMNI）。方法 LOD 为 1.0～2.0 μg/kg，平均回收率为 71.5%～101.4%。Huang 等[48]应用 HPLC 同时测定蜂蜜中 MNZ、RNZ、DMZ 和 TNZ。色谱柱为 Thermo LC-18（250 mm×4.6 mm i.d.，5 μm），流动相为乙腈-10 mmol/L 乙酸钠缓冲液（用乙酸调节 pH 6.5）（15+85，v/v），检测波长 320 nm，流速 1.0 mL/min，进样体积 20 μL。方法 LOD 和 LOQ 分别为 0.47～1.52 μg/kg 和 1.54～5.0 μg/kg，回收率为 71.1%～114%。高小龙[57]测定蜂蜜和蜂王浆中 RNZ、MNZ、DMZ、ORZ 和 TNZ 残留，采用 Hypersli ODS$_2$ 色谱柱，流动相为水-乙腈（90+10，v/v），流速 1 mL/min，320 nm 紫外检测。蜂蜜和蜂王浆中 RNZ、MNZ、DMZ、ORZ 和 TNZ 的 LOQ 均为 1.0 μg/kg，回收率分别为 59.2%～70.6%和 54.9%～69.1%，CV 分别小于 18%和 16%。

Sams 等[43]应用 HPLC-UVD 测定禽蛋和猪肉中的 3 种硝基咪唑药物。色谱柱为 Genesis C$_{18}$

column（250×3.0 mm，4 mm i.d.），流动相为 pH 4 的 0.01 mol/L 磷酸二氢钾溶液-乙腈（90+10，v/v），检测波长 320 nm。方法 LOD 均为 0.5 µg/kg；回收率分别为 75%（DMZ），77%（RNZ）和 81%（MNZOH）；CV 分别为 16.4%、11.3%和 14.0%。高小龙[37]建立了 HPLC 测定鸡组织中 DMZ 和 DMZOH 的方法。用 Hypersli ODS$_2$ 色谱柱分离，流动相为水-甲醇（86+14，v/v），320 nm 紫外检测。DMZ 及 DMZOH 的 LOQ 均为 1.0 µg/kg；肌肉平均回收率在 56.9%～76.5%之间，肝脏在 63.3%～72.6%之间，肾脏在 64.2%～73.3%之间，脂肪在 63.5%～75.7%；日内 CV 均小于 16%，日间 CV 均小于 15%。王扬等[45]采用 HPLC-UVD 测定了鱼肌肉中 MNZ、DMZ、ORZ、TNZ 和 RNZ 残留。应用 C$_{18}$ 色谱柱分离，以醋酸铵缓冲液-乙腈（86+14，v/v）为流动相，320 nm 紫外检测。5 种硝基咪唑类药物的 LOD 均为 1.0 µg/kg；罗非鱼中 MNZ、DMZ、ORZ、TNZ 及 RNZ 的回收率分别为 73.3%、74.7%、62.9%、74.4%、80.1%；测定 RSD 不大于 10%。Sorensen 等[29]测定鱼肉中 MNZ 和 MNZOH 残留，用反相 C$_{18}$ 色谱柱分离，流动相分别为乙腈-甲醇-pH 3.0 磷酸溶液（3+9+88，v/v）和乙腈-pH 3.0 磷酸溶液（8+2，v/v），梯度洗脱，紫外 325 nm 波长检测。MNZ 的 LOD 为 3 µg/kg，MNZOH 为 5 µg/kg；MNZ 平均绝对回收率为 81%～93%，MNZOH 为 79%；CV 分别为 3.3%和 3.2%。

（6）液相色谱-质谱法（liquid chromatography-mass spectrometry，LC-MS）

随着 LC 与 MS 接口瓶颈解决，采用 LC-MS 技术测定硝基咪唑类药物的研究报道不断增多，主要有热喷雾电离源（TSI）、大气压化学电离源（APCI）和电喷雾电离源（ESI）三种离子化方式。LC-MS 可分析 GC-MS 所不能分析的强极性、难挥发、热不稳定性的化合物，但在测定中内源性基质引起的离子抑制效应较为常见，通过改变质谱条件、提高色谱分离效能、应用合适的内标物可克服基质效应。

1）热喷雾电离源（TSI）

TSI 是最早应用的 LC-MS 接口，但存在重复性差、定量效果差的缺点，现在已很少应用。Cannavan 等[24]建立了禽组织和蛋中 DMZ 的 LC-MS 测定方法。色谱柱为 ODS3（250 mm×4 mm i.d.），流动相为甲醇-0.05 mol/L 乙酸铵（1+1，v/v），质谱采用 TSI 离子源接口，离子源和四极杆温度分别为 250℃ 和 100℃，SIM 模式检测。方法 LOD 小于 1 ng/g，回收率为 93%～102%。

2）大气压化学电离源（APCI）

APCI 借助电晕放电启动气相离子化，形成单电荷的准分子离子，适合测定极性较小的化合物。Sams 等[43]研究了液相色谱-大气压化学电离-质谱（LC-APCI-MS）方法检测禽肉和蛋中 DMZ、RNZ 及其共同代谢物 MNZOH。色谱柱为 Prodigy ODS$_3$ 柱（250 mm×3.2 mm i.d.，5 µm），流动相为乙腈-0.05 mol/L 乙酸铵（13+87，v/v），流速 0.5 mL/min，电晕放电电压 3.22 kV，高压透射电压（lens voltage）0.0 V，锥孔电压 10 V，锥孔电压偏移距 5 V，源温 140℃，APCI 探针温度 500℃，正离子、SIM 模式检测，每种物质检测 2 个离子。方法 LOD 为 0.1 µg/kg（DMZ、RNZ）和 0.5 µg/kg（MNZOH）；平均回收率为 65%（DMZ）、87%（RNZ）和 75%（MNZOH），RSD 分别为 22%、11% 和 14%。殷居易等[58]采用 LC-APCI-MS/MS 方法对肉中 MNZ、DMZ、TNZ、RNZ 的残留量进行分析。采用 Waters Sunfire C$_{18}$ 色谱柱分离，流动相为 0.1%甲酸和 0.1%甲酸乙腈溶液，梯度洗脱，APCI 源正离子监测，离子源雾化温度 450℃，碰撞气（CAD）、气帘气（CUR）、雾化气（NEB）流量分别为 6 mL/min、6 mL/min、12 mL/min，多反应监测（MRM）模式检测。MNZ、DMZ、TNZ、RNZ 的 LOQ 均 0.2 µg/kg，LOD 为 0.05 µg/kg；猪、鸡肉、小龙虾去壳肉的平均回收率为 73%～93%，日内、日间 RSD 小于 10%。

3）电喷雾电离源（ESI）

ESI 适用于极性较大的化合物，也是目前硝基咪唑类药物 LC-MS 分析采用最多的电离技术。

Hurtaud-Pessel 等[27]建立了鸡肉中 MNZ、RNZ、DMZ 和 HMMNI 等 4 种硝基咪唑类药物的液相色谱-电喷雾-单四极质谱（LC-ESI-MS）分析方法。样品用乙酸乙酯萃取，除脂后进样分析。色谱柱为 Waters Symmetry C$_{18}$（150×3.9 mm i.d.，5 µm），流动相为乙腈-甲醇-0.2%甲酸（6+13+81，

v/v)，流速 0.6 mL/min，ESI 正离子、SIM 模式检测，RNZ-d3 为内标定量。方法 LOD 在 5 μg/kg 以下，回收率在 73%～97%之间，CV 为 17%～26%。Zeleny 等[32]采用 LC-ESI-MS/MS 测定猪肉中 6 种硝基咪唑类药物。用 C_{18}（150 mm×3 mm i.d.5 μm）色谱柱分离，以 10 mmol/L 甲酸铵（pH 3.5）-乙腈（90+10，v/v）和 10 mmol/L 甲酸铵（pH 3.5）-乙腈（10+90，v/v）为流动相，梯度洗脱，流速 0.4 mL/min，ESI^+电离，源温 700℃，气帘气 103.42 kPa，喷雾气和涡轮气分别为 344.74 kPa、482.63 kPa，喷雾电压 2000 V，MRM 检测。方法回收率为 101%～107%；CC_α 和 CC_β 分别为 0.29～0.44 μg/kg 和 0.36～0.54 μg/kg。黎翠玉等[33]采用 LC-ESI-MS/MS 测定动物肉中 MNZ、DMZ 和 RNZ 三种硝基咪唑类化合物及两种代谢物 MNZOH、HMMNI 残留。色谱柱为 Atlantis T3 色谱柱（2.1 mm×150 mm，3 μm），流动相为水-乙腈，梯度洗脱，流速 0.25 mL/min，柱温 30℃，进样量 2 μL，ESI 电离源，离子源温度 500℃，去簇电压 70 V，入口电压 10 V，出口电压 13 V，锥孔反吹气流量 350 L/h，脱溶剂气温度 350℃，脱溶剂气流 750 L/h，正离子扫描，MRM 检测。方法回收率在 61.1%～108.0%之间，RSD 为 1.9%～6.3%，LOQ 均为 0.1 μg/kg。Xia 等[21]还报道超高效液相色谱-电喷雾-串联质谱（UPLC-ESI-MS/MS）测定猪肾中 6 种硝基咪唑药物的方法。用 Acquity BEH C_{18}（50 mm×2.1 mm i.d.，1.7 μm）色谱柱分离，水-乙腈梯度洗脱，毛细管电压 2.8 kV，离子源温度 110℃，去溶剂温度 350℃，ESI 正离子、MRM 模式检测，同位素内标定量。方法 LOD 为 0.005～0.5 μg/kg，LOQ 为 0.1～0.5 μg/kg，平均回收率为 83%～111%，CV 小于 12%，每个样品测定时间仅需要 4 min。

Mottier 等[25]采用同位素内标法测定了鲜蛋、肉和鱼中 DMZ、RNZ、MNZ 和 IPZ 等 4 个硝基咪唑类药物以及羟基代谢物 MNZOH 和 IPZOH。色谱柱为 Symmetry Shield C_{18}（15 cm×2.1 mm，3.5 μm），0.1%甲酸溶液和 0.1%甲酸乙腈溶液为流动相，梯度洗脱，流速 0.3 mL/min，进样量 30 μL，TurboIon 喷雾气和气帘气均为氮气，流速 7.5 L/min 和 10 mL/min，离子源温度 350℃，毛细管电压 1.2 kV，去簇电压 20 V，ESI 电离，MRM 检测，内标法定量。方法 CC_α 为 0.07～0.36 μg/kg，CC_β 为 0.11～0.60 μg/kg；鲜蛋、肌肉和加工蛋中的回收率为 88%～111%。Xia 等[59]测定肌肉和禽蛋中 MNZ、DMZ、RNZ 和 HMMNI 残留。采用 C_8 色谱柱分离，流动相为 0.2%乙酸和乙腈，梯度洗脱，LC-MS/MS 检测，ESI^+、MRM 模式测定。禽蛋的回收率为 50%～86%，LOD 为 0.05～0.25 μg/kg；鸡肉回收率为 66%～115%，LOD 为 0.07～0.27 μg/kg；猪肉回收率为 79%～111%，LOD 为 0.07～0.26 μg/kg。

丁涛等[36]用 LC-MS/MS 测定蜂王浆中 MNZ、DMZ 和 RNZ 残留。使用氢氧化钠溶液溶解样品，以乙酸乙酯提取后测定。采用 Waters symmetry C_{18} 色谱柱（15 mm×2.1 mm. i.d.，5 μm）分离，5 mmol/L 醋酸铵溶液和甲醇为流动相，梯度洗脱，ESI 电离源，正离子检测，源内诱导解离电压（SID）10 V，第一重四极杆分辨率（Q1）为 0.4，利用高选择性反应监测（H-RSM）技术降低了基质干扰，氘代二甲硝唑为内标定量，增加了定量的准确性。DMZ 的 LOD 为 1.0 μg/kg，LOQ 为 2.0 μg/kg；MNZ 和 RNZ 的 LOD 为 0.5 μg/kg，LOQ 为 1.0 μg/kg；方法回收率为 96.6%～110.6%，RSD 为 2.1%～7.4%。Sakamoto 等[35]采用反相 C_{18} 色谱柱分离，甲醇-水为流动相，梯度洗脱，ESI^+-MS/MS 在选择反应监测（SRM）模式下检测，同位素内标（DMZ-d3、MNZ-C_2，N_2 和 RNZ-d3）定量，测定了蜂蜜和鱼肉中 MNZ、DMZ 和 RNZ。平均回收率为 91.2%～107.0%，LOD 为 0.05～0.2 μg/kg。Cronly 等[26]用 LC-ESI-MS/MS 测定牛奶和蜂蜜中 MNZ、DMZ、RNZ、IPZ 及其羟基代谢物（MNZOH、HMMNI 和 IPZOH），以及 ORZ、TNZ、CNZ 和 TIZ 等共 11 种硝基咪唑类药物。色谱柱为 Zorbax Eclipse Plus C18（100 mm×2 mm，1.8 μm），柱温 45℃，流动相为 0.1%甲酸和 0.1%甲酸乙腈溶液，梯度洗脱，流速 0.5 mL/min，MS/MS 采用 ESI^+ 模式检测。奶样品的 CC_α 和 CC_β 分别为 0.41～1.55 μg/L 和 0.70～2.64 μg/L，蜂蜜样品分别为 0.38～1.16 μg/kg 和 0.66～1.98 μg/kg。GB/T 20744—2006[46]也采用反相 HPLC，乙腈-甲酸溶液为流动相，串联质谱在 ESI^+、MRM 模式下检测蜂蜜中 MNZ、DMZ 和 RNZ 残留。方法 LOD 为 0.1～0.2 μg/kg。

常见硝基咪唑类药物的 LC-MS 分析方法见表 16-2。

表 16-2　硝基咪唑类药物的 LC-MS 分析方法简表

化合物	基质	提取	净化	测定	分析参数	参考文献
MNZ，RNZ，DMZ，HMMNI	鸡肉	乙酸乙酯	0.2%甲酸水-正己烷+四氯化碳	LC-ESI⁺-MS	LOD：小于 5 µg/kg 回收率：73%～97% RSD：17%～26%	[27]
MNZ，DMZ，RNZ	猪肉	乙酸乙酯	甲醇-正己烷	LC-ESI⁺-MS/MS	回收率：61.1%～108.0% RSD：1.9%～6.3% LOQ：0.1 µg/kg	[33]
MNZ，HMMNI，MNZOH，RNZ，IPZ，IPZOH，DMZ	猪肾	乙酸乙酯	MCX	LC-ESI-MS/MS	LOD：0.005～0.5 µg/kg LOQ：0.1～0.5 µg/kg 回收率：83%～111%	[21]
DMZ，MNZ，RNZ，HMMNI	猪肝	乙酸乙酯	MCX	LC-ESI⁺-MS/MS	回收率：83%～98% RSD：小于 19.2% LOD：0.1～0.5 µg/kg	[44]
DMZ	禽组织蛋	肝脏、禽蛋：甲苯肌肉：二氯甲烷	硅胶柱	LC-TSI-/MS	LOD：小于 1 ng/g 回收率：93%～102%	[24]
DMZ，RNZ，HMMNI	禽肉禽蛋	乙腈	SCX	LC-APCI-MS	LOD：0.1～0.5 µg/kg 回收率：65%～87%	[43]
DMZ，RNZ，MNZ，IPZ，MNZOH，IPZOH	鲜蛋肉鱼	禽蛋：乙腈肉：乙酸乙酯	HLB	LC-ESI⁺-MS/MS	CCα：0.07～0.36 µg/kg CCβ：0.11～0.60 µg/kg 回收率：88%～111%	[25]
MNZ，DMZ，RNZ，IPZ，TNZ，CNZ，ORZ，TIZ，IPZOH，HMMNI，MNZOH	禽蛋	乙腈	—	LC-ESI⁺-MS/MS	回收率：58%～77% RSD：3.7%～11.3% CCα：0.33～1.26 µg/kg	[60]
DMZ，RNZ，MNZ	鱼肉蜂蜜	乙酸乙酯	硅胶柱	LC-ESI⁺-MS/MS	回收率：91.2%～107.0% LOD：0.05～0.2 µg/kg	[35]
CNZ，TNZ，TIZ，ORZ，RNZ，DMZ，MNZ，IPZ，IPZ-OH，HMMNI，MNZ-OH	牛奶蜂蜜	乙腈	乙腈-正己烷	LC-ESI⁺-MS/MS	回收率：90.8%～108.9% CCα：0.41～1.55 µg/L CCβ：0.70～2.64 µg/L	[26]
DMZ，HMMNI，RNZ，MNZ，MNZOH，IPZ，IPZOH	猪血液	pH 3 NaCl-KH₂PO₄缓冲液	Chromabond XTR	LC-APCI-MS/MS	回收率：58%～123% CCα：0.03～0.82 µg/L	[61]
MNZ，DMZ RNZ，IPZ，MNZOH，ORZ HMMNI，TIZ，IPZOH	血浆	乙腈	—	LC-ESI⁺-MS/MS	回收率：50.4%～72.7% RSD：4.5%～15.1% CCα：0.5～1.5 ng/mL	[62]
RNZ，MNZ，DMZ，HMMNI	猪尿	乙酸乙酯	MCX	LC-ESI⁺-MS/MS	回收率：83%～107% RSD：小于 16% LOD：0.03～0.05 ng/mL	[63]

（7）免疫分析法（immuno analysis，IA）

免疫学检测方法是基于抗原-抗体反应原理设计的测定药物残留的分析方法。免疫分析不需要复杂仪器设备，降低了检测成本，且灵敏度高，操作简便快速。目前，硝基咪唑类药物残留分析中采用较多的免疫方法主要有酶联免疫分析方法和免疫传感器方法。

1）酶联免疫分析法（enzyme linked immunosorbent assay，ELISA）

ELISA 的基础是抗原或抗体的固相化以及抗原或抗体的酶标记。结合在固相载体表面的抗原或抗体仍保持其免疫学活性，酶标记的抗原或抗体既保留其免疫学活性，又保留酶的活性，让抗体与酶复合物结合，然后通过显色来检测。

MNZ 是一种小分子，本身并不具备免疫原性，必须将其与具有免疫原性的载体蛋白相偶联生成完全抗原才具有免疫原性。由于 MNZ 本身没有氨基、羟基或羧基等活性基团，需要进行结构改造。Wang 等[64]测定动物源食品中硝基咪唑类药物，首先在碱性条件下将 RNZ 的 2 位酯键水解生成 MNZOH，MNZOH 与戊二醛合成 MNZ 半抗原，分别采用混合酸酐法将半抗原与小牛血清蛋白（BSA）

反应生成包被抗原，用碳二亚胺法（EDC）将半抗原与血蓝蛋白反应生成免疫抗原，获得了硝基咪唑类药物的单克隆抗体，用间接显色 ELISA 法检测硝基咪唑抗体。方法的 IC_{50} 分别为 0.20 ng/mL（MNZ）、4.0 ng/mL（TNZ）、0.17 ng/mL（DMZ）和 0.24 ng/mL（ORZ），与 MNZ、TNZ、DMZ、RNZ、ORZ 和 SNZ 的交叉反应率分别为 100%、5%、121%、82%、16% 和 20%，与其他结构或功能相似的药物交叉率很小。在食品中的 LOD 为 0.1 ng/mL，检测鸡肉、鸡肝和虾肉中硝基咪唑类药物的回收率为 74.0%~90.6%，CV 小于 14%。

也可以将硝基还原为氨基后再与蛋白偶联。Huet 等[65]用水合肼法将 MNZ 硝基还原成氨基，再用 EDC 法合成抗原，以避免载体蛋白自身的氨基和羧基在交联剂作用下发生自身交联，从而最大限度地减少反应副产物的生成。免疫过程中，在合成抗原的诱导下，机体产生针对载体 BSA 决定簇和半抗原决定簇的抗体。以此建立了检测禽蛋和鸡肉中 MNZ、DMZ、RNZ、IPZ 以及 MNZOH 等 5 种硝基咪唑类药物的 ELISA 法。样品用乙腈萃取，正己烷除脂后，ELISA 检测。不同药物回收率在 18%~98% 之间；蛋和鸡肉中 DMZ 的 LOD 分别小于 1 μg/kg 和 2 μg/kg，MNZ 的 LOD 小于 10 μg/kg，RNZ 和 HMMNI 的 LOD 均小于 20 μg/kg，而 IPZ 的 LOD 小于 40 μg/kg。

2）免疫传感器（bioimmunosensor）

免疫传感器由偶联抗原/抗体分子的生物敏感膜与信号转换器组成的，将抗原抗体特异性免疫反应信号转化为其他信号再进行检测。硝基咪唑类药物检测主要采用光学免疫传感器，光学免疫传感器使用光敏元件作为信息转换器。将涂有抗体的光纤浸入溶液中来检测溶液里的抗原，溶液中抗原与抗体结合，再将结合了抗体的光纤浸入含有被荧光标记的抗原溶液里，带有荧光指示剂的抗原会与竞争抗体结合，在光纤的另一端加上光源，将返回一个荧光信号。待测试抗体的浓度越高，就有更多的荧光标记抗原与其结合，返回的荧光信号就越强。Thompson 等[30]研制了检测动物肝脏、肾脏、禽蛋、牛奶和血清中硝基咪唑类药物的光纤免疫传感器。通过免疫绵羊 MNZ-蛋白结合物获取多克隆抗体，交叉反应表明所获得的多克隆抗体可以结合至少 7 种主要硝基咪唑及其代谢物（包括 RNZ、IPZ、MNZ、MNZOH、HMMNI 和 IPZOH），样品用乙腈提取离心后直接测定。DMZ 的 CC_β 小于 1 μg/kg 或 mg/L。Connolly 等[66]也利用硝基咪唑多克隆抗体，制备了可同时测定禽肉中 DMZ、MNZ、RNZ、MNZOH 和 HMMNI 的光纤生物传感器。DMZ、MNZ 和 RNZ 的 CC_β 小于 1 ppb，另外两种代谢物的 CC_β 小于 2 ppb。

16.2　公　定　方　法

16.2.1　牛奶和奶粉中甲硝唑、洛硝哒唑、二甲硝唑及其代谢物残留量的测定　液相色谱-串联质谱法[67]

16.2.1.1　适用范围

适用于牛奶和奶粉中甲硝唑、洛硝哒唑、二甲硝唑及其代谢物残留量的高效液相色谱-串联质谱测定。方法检出限：牛奶中甲硝唑、洛硝哒唑、二甲硝唑为 0.5 μg/kg，羟基甲硝唑为 1 μg/kg，1-甲基-2-羟甲基-5-硝基咪唑为 2.5 μg/kg；奶粉中甲硝唑、洛硝哒唑、二甲硝唑 2.5 μg/kg，羟基甲硝唑为 5 μg/kg，1-甲基-2-羟甲基-5-硝基咪唑为 12.5 μg/kg。

16.2.1.2　方法原理

用乙腈-乙酸乙酯提取牛奶和奶粉中甲硝唑、洛硝哒唑、二甲硝唑及其代谢物残留，阳离子固相萃取柱净化，高效液相色谱-串联质谱测定，内标法定量。

16.2.1.3　试剂和材料

乙腈、乙酸乙酯、甲醇、丙酮、乙酸、氨水：色谱纯；无水硫酸钠，分析纯：经 650℃灼烧 4 h，置于干燥器内备用；氨水-乙腈（1+19，v/v）：量取 5 mL 氨水，用乙腈定容至 100 mL。

标准品：甲硝唑、洛硝哒唑、二甲硝唑、羟基甲硝唑、1-甲基-2-羟甲基-5-硝基咪唑、氘代洛硝哒唑（RNZ-D3）、氘代羟基甲硝哒唑（MZNOH-D2）和氘代 1-甲基-2-羟甲基-5-硝基咪唑（HMMNI-D3）：纯度均大于等于 98%。

标准储备液：分别精确称取适量标准品，用甲醇配制成 100 μg/mL 的标准储备液。

混合标准中间工作液：取标准储备液各 1 mL 至 100 mL 容量瓶中，用甲醇定容至刻度，配制成混合标准工作液，浓度为 1 μg/mL。

内标标准储备溶液：称取适量氘代内标标准品，用甲醇溶解成浓度为 200 μg/mL 储备液。

内标混合标准中间工作液：量取适量标准储备液，用甲醇定配制成内标混合标准中间工作液，浓度为 1 μg/mL。

阳离子固相萃取柱：500 mg，3 mL，使用前依次用 3 mL 甲醇、3 mL 乙酸乙酯活化。

16.2.1.4　仪器和设备

高效液相色谱-串联质谱仪：配有电喷雾离子源（ESI）；离心机；分析天平：感量 0.1 mg 和 0.01 g；旋涡混合器；旋转蒸发仪；氮吹仪；固相萃取装置。

16.2.1.5　样品前处理

（1）试样制备

a. 牛奶：取均匀样品约 250 g 装入洁净容器作为试样，密封置 4℃下保存，并标明标记。

b. 奶粉：取均匀样品约 250 g 装入洁净容器作为试样，密封，并标明标记。

（2）提取

牛奶样品称取 5 g（准确至 0.01 g）于 50 mL 具塞离心管中，奶粉样品称取 1 g（准确至 0.01 g）并加入 5 mL 水，往称取好的样品中加入 25 μL 100 ng/mL 内标混合液，混匀。

在称取好样品离心管中首先加入 5 mL 乙腈以沉淀蛋白，然后再加入 20 mL 乙酸乙酯，振荡提取 2 min 后，3000 r/min 离心 10 min，移取上清液并通过 5 g 无水硫酸钠过滤至鸡心瓶中。再用 20 mL 乙酸乙酯重复提取一次，合并上清液于同一鸡心瓶中。

（3）净化

将提取液于 45℃下旋转蒸发至约 2 mL 左右，然后转移到已活化的固相萃取柱上，再用 5 mL 乙酸乙酯洗涤鸡心瓶两次，洗液一并转移到固相萃取柱上，以小于 2 mL/min 流速滴下。接着依次用 3 mL 丙酮，3 mL 甲醇，2 mL 氨水-乙腈（5+95，v/v）淋洗，最后用 5 mL 氨水-乙腈（5+95）洗脱并收集（此过程流速小于 2 mL/min）。洗脱液在 45℃水浴上用氮气小心吹至近干，用水定容至 1 mL，涡漩混合后，过 0.45 μm 滤膜供 HPLC-MS/MS 分析。

（4）空白基质溶液的制备

将取牛奶阴性样品 5 g，奶粉阴性样品 1 g（精确到 0.01 g），按上述提取净化步骤操作。

16.2.1.6　测定

（1）液相色谱条件

色谱柱：C_{18}，5 μm，150 mm×2.1 mm（内径）或相当者；色谱柱温度：30℃；进样量：15 μL；流动相梯度及流速见表 16-3。

表 16-3　液相色谱梯度洗脱条件

时间/min	流速/(μL/min)	0.1%乙酸水溶液/%	乙腈/%
0.00	200	80	20
6.00	200	65	35
8.00	200	65	35
8.10	200	80	20
10.0	200	80	20

（2）质谱条件

离子化模式：电喷雾正离子模式（ESI⁺）；质谱扫描方式：多反应监测（MRM）；鞘气压力：15 unit；辅助气压力：20 unit；正离子模式电喷雾电压（IS）：4000 V；毛细管温度：320℃；源内诱导解离电

压：10 V；Q1 为 0.4，Q3 为 0.7；碰撞气：高纯氩气；碰撞气压力：1.5 mTorr；保留时间、监测离子对和裂解能量见表 16-4。

表 16-4　被测物的保留时间、监测离子对和裂解能量

化合物	保留时间/min	检测离子对(m/z)	裂解能量/eV
羟基甲硝唑	3.74	188.04/122.96*	13
		188.04/125.94	18
1-甲基-2-羟甲基-5-硝基咪唑	4.82	158.06/140.01*	12
		158.06/112.05	19
甲硝唑	4.79	172.09/128.00*	15
		172.09/82.03	25
洛硝哒唑	5.76	201.05/139.98*	12
		201.051/110.0	17
二甲硝唑	6.43	142.07/96.03*	16
		142.07/81.03	29
氘代羟基甲硝哒唑	3.74	190.05/124.97	12
氘代 1-甲基-2-羟甲基-5-硝基咪唑	4.82	161.06/143.00	13
氘代洛硝哒唑	4.79	204.04/143.00	11

注：*表示定量离子对

（3）定性测定

每种被测组分选择 1 个母离子，2 个以上子离子，在相同实验条件下，样品中待测物质的保留时间，与混合基质标准校准溶液中对应的保留时间偏差在±2.5%之内；且样品谱图中各组分定性离子的相对丰度与浓度接近的混合基质标准校准溶液谱图中对应的定性离子的相对丰度进行比较，偏差不超过表 1-5 规定的范围，则可判定为样品中存在对应的待测物。

（4）定量测定

在仪器最佳工作条件下，对混合基质标准校准溶液进样，以被测物峰面积和内标峰面积的比值为纵坐标，混合基质校准溶液浓度为横坐标绘制标准工作曲线，用标准工作曲线对样品进行定量，样品溶液中待测物的响应值均应在仪器测定的线性范围内。上述色谱和质谱条件下，标准物质多反应监测（MRM）色谱图见图 16-2。

16.2.1.7　分析条件的选择

（1）提取净化

牛奶样品为高蛋白液态样品，参考文献试验了不同的提取剂，乙腈甲醇能很好地沉淀蛋白，但对罗硝唑的提取率只有 60%左右且浓缩时比较费时。乙酸乙酯能很好地提取出五种目标分析物但是不能沉淀蛋白，提取溶液很容易乳化。5 g 样品先加入 5 mL 乙腈来沉淀蛋白，再加入 20 mL 乙酸乙酯来提取分析物，便解决了以上单一有机溶剂提取时遇到的问题。所以方法提取溶液选择 5 mL 乙腈+20 乙酸乙酯提取两次。

硝基咪唑类药物为两性化合物，在弱酸性溶液中呈分子状态。根据其性质，在添加水平 5 μg/kg，试验了不同类型的固相萃取柱，包括 C_{18} 柱（反相萃取柱），硅胶、氧化铝柱（正相萃取柱），SCX 柱（强阴离子交换柱）。结果表明，用 C_{18} 柱净化效果较差，基质影响比较严重；用硅胶柱和氧化铝柱处理的净化效果也不好且五种药物的绝对回收率小于 60%；而用 SCX 柱不仅可以消除干扰而且回收率在 90%以上。这是因为强阳离子交换柱上的磺酸基能有效的吸附质子化的硝基咪唑类药物，即使是极性强的有机溶剂亦不能洗脱。这样就可以用丙酮、甲醇淋洗掉大部分干扰成分，然用 5%氨水-乙腈置换洗脱目标分析物。由洗脱曲线（见图 16-3）可知前 2 mL 洗脱液未将分析物洗脱下来，而后 4 mL 洗脱液可将 5 种药物从固相萃取柱上完全洗脱下来。同时硝基咪唑类药物热不稳定，在氮吹一步应注意不能将其完全吹干，若完全吹干就会降低方法的回收率，尤其是二甲硝咪唑吹干后会损失 30%左右。

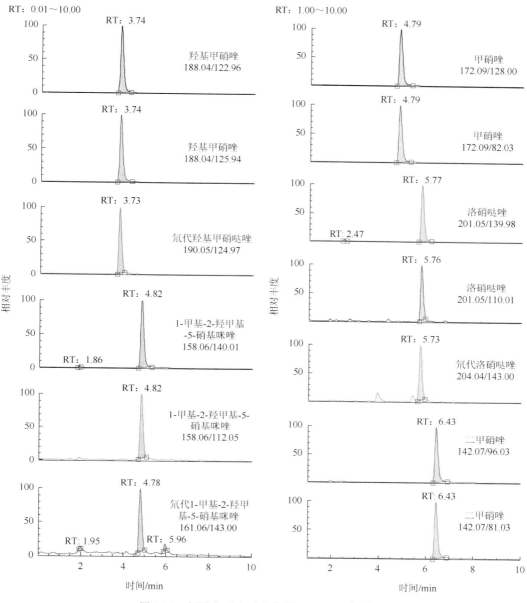

图 16-2 标准物质多反应监测（MRM）色谱图

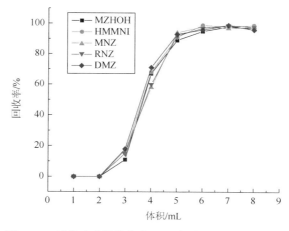

图 16-3 硝基咪唑类药物在 SCX 柱上的累积洗脱曲线

（2）色谱条件的建立

实验采用了 0.1%乙酸-乙腈做流动相，采用时间梯度洗脱，在 150 mm×2.1 mm（i.d.），填料颗粒直径 4.6 μm 的苯基柱分离待测组分，分析物在最大程度上得到了分离，且峰对称尖锐，加之质谱的高选择性，通过 MRM 色谱图能够较好的定性定量 5 种分析物，无内源干扰物影响组分的测定。

（3）质谱条件的建立

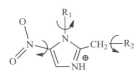

图 16-4 硝基咪唑类药物分子离子 MRM 模式下的裂解示意图

用蠕动泵以 10 μL/min 注入 1 μg/mL 的混合标准溶液来确定各化合物的最佳质谱条件，包括选择特征离子对，优化电喷雾电压、鞘气、辅助气、碰撞能量等质谱分析条件。分析物的混标液和内标混合液进入 ESI 电离源，在正、负离子扫描方式下分别对分析物进行一级全扫描质谱分析，得到分子离子峰。5 种分析物及 3 种内标均在正模式下有较高的响应，负模式下信号值很低。然后对各分子离子峰进行二级质谱分析（多反应监测 MRM 扫描），得到碎片离子信息，各化合物的[M+H]离子碎裂机理可用图 16-4 表示。

16.2.1.8 线性范围和测定低限

根据每种硝基咪唑类药物的灵敏度，用水配成一系列标准工作溶液，牛奶、奶粉样品空白溶液配成一系列基质标准工作溶液，在选定的色谱条件和质谱条件下进行测定，进样量 15 μL，用分析物峰面积与选定内标的峰面积比率对基质标准工作溶液中被测组分的浓度作图，其线性范围（相对于牛奶样品为 MNZOH 0～20 μg/kg、HMMNI 0～50 μg/kg，其余 0～10 μg/kg，相对于奶粉为 MNZOH 0～100 μg/kg、HMMNI 0～250 μg/kg，其余 0～50 μg/kg）、线性方程和线性相关系数见表 16-5。由不同基质的线性方程可知基质对 MNZOH 和 RNZ 的测定影响不大，对 HMMNI、MNZ 和 DMZ 有一定的干扰，方法采用基质添加标准来校对样品的含量以消除基质的干扰。

表 16-5 硝基咪唑类药物不同基质溶液的线性范围、线性方程和相关系数

化合物	线性范围/(ng/mL)	牛奶基质		奶粉基质		水溶液	
		线性方程	R^2	线性方程	R^2	线性方程	R^2
MNZOH	0～100	$Y=0.196+0.164X$	0.9975	$Y=0.014+0.187X$	0.9978	$Y=0.0057+0.179X$	0.9975
HMMNI	0～250	$Y=0.657+0.574X$	0.9961	$Y=1.25+1.58X$	0.9980	$Y=0.173+0.869X$	0.9965
MNZ	0～50	$Y=-0.022+0.330X$	0.9979	$Y=0.129+0.262X$	0.9968	$Y=-0.178+0.173X$	0.9980
RNZ	0～50	$Y=0.097+0.305X$	0.9973	$Y=0.012+0.467X$	0.9945	$Y=0.0071+0.324X$	0.9971
DMZ	0～50	$Y=-0.080+0.303X$	0.9959	$Y=0.0781+1.11X$	0.9951	$Y=0.060+0.540X$	0.9975

根据最终样液所代表的试样量，定容体积，进样量和进行测定时所受的干扰情况，以添加法确定本方法牛奶中甲硝哒唑、洛硝哒唑、二甲硝咪唑检测低限为 0.5 μg/kg，羟基甲硝唑检测低限为 1 μg/kg，1-甲基-2-羟甲基-5-硝基咪唑为 2.5 μg/kg；奶粉中甲硝哒唑、洛硝哒唑、二甲硝咪唑检测低限 2.5 μg/kg，羟基甲硝唑为检测低限 5 μg/kg，1-甲基-2-羟甲基-5-硝基咪唑检测低限为 10 μg/kg。

16.2.1.9 方法回收率和精密度

用不含甲硝哒唑、洛硝哒唑、二甲硝咪唑及其代谢物的牛奶和奶粉样品进行添加回收率和精密度实验，样品中添加不同浓度标准后，摇匀，使样品充分吸收，然后按本方法进行提取和净化，用液相色谱-串联质谱测定，其回收率和精密度见表 16-6 和表 16-7。实验数据表明，本方法回收率数据全部在 88.3%～104.4%之间，室内四个水平相对标准偏差均在 3.67～9.61%以内。

16.2.1.10 重复性和再现性

在重复性试验条件下，获得的两次独立测试结果的绝对差值不超过重复性限（r），如果差值超过重复性限（r），应舍弃试验结果并重新完成两次单个试验的测定。在再现性试验条件下，获得的两次独立测试结果的绝对差值不超过再现性限（R）。被测物的含量范围、重复性和再现性方程见表 16-8 和表 16-9。

表 16-6 牛奶室内验证数据

化合物添加水平	MNZOH				MNZ				HMMNI				RNZ				DMZ			
	1	2	4	10	0.5	1	2	5	2.5	5	10	25	0.5	1	2	5	0.5	1	2	5
1	1.08	1.99	3.97	9.87	0.48	1.10	2.02	4.81	2.70	5.09	10.32	24.96	0.49	1.01	2.03	4.80	0.45	0.97	1.88	4.91
2	1.08	2.16	4.23	9.35	0.44	1.04	1.91	5.21	2.64	5.39	9.43	26.32	0.43	0.91	2.14	5.12	0.41	0.91	2.02	5.20
3	0.99	2.13	4.24	9.97	0.44	0.94	2.04	5.14	2.43	4.91	9.46	26.57	0.47	1.05	2.16	5.13	0.45	0.83	1.98	4.74
4	1.01	2.08	3.96	8.62	0.46	0.90	1.76	5.02	2.66	5.39	10.12	24.60	0.43	1.04	2.00	4.79	0.47	0.89	2.01	5.21
5	1.08	2.08	3.64	8.38	0.51	0.92	1.71	5.01	2.52	5.19	9.54	22.99	0.51	1.03	1.87	4.41	0.49	0.86	1.72	5.01
6	0.94	2.20	3.68	9.50	0.49	0.97	1.94	5.30	2.63	5.05	10.51	25.96	0.45	0.96	2.11	4.46	0.48	0.95	1.96	4.88
7	0.89	2.11	3.97	9.59	0.44	1.03	1.96	5.09	2.39	5.19	11.20	25.95	0.46	0.96	2.11	4.80	0.42	0.92	1.77	5.01
8	1.04	2.09	4.23	10.10	0.41	1.08	2.30	5.04	2.37	5.49	9.21	23.49	0.41	0.86	1.91	5.12	0.49	0.86	1.91	5.31
9	0.93	1.99	4.24	9.68	0.46	0.99	1.98	4.80	2.43	5.01	10.47	22.39	0.46	1.01	1.82	5.13	0.44	0.80	1.91	4.84
10	0.95	1.96	3.96	10.47	0.48	0.92	2.14	4.74	2.40	5.50	11.02	23.00	0.42	1.10	1.87	4.79	0.43	0.86	1.94	5.31
平均值	1.00	2.08	4.01	9.55	0.46	0.99	1.98	5.02	2.52	5.22	10.13	24.62	0.45	0.99	2.00	4.85	0.45	0.88	1.91	5.04
平均回收率/%	99.9	104.0	100.3	95.5	92.1	98.9	98.8	100.3	100.7	104.4	101.3	98.5	90.7	99.1	100.1	97.1	90.7	88.3	95.5	100.8
SD	0.07	0.08	0.22	0.64	0.03	0.07	0.17	0.18	0.13	0.21	0.69	1.56	0.03	0.07	0.127	0.27	0.03	0.05	0.10	0.20
RSD/%	7.02	3.80	5.59	6.44	6.04	7.10	8.52	3.67	5.16	4.21	6.98	6.24	6.41	7.05	6.34	5.41	5.87	5.24	4.94	4.06

表 16-7 奶粉室内验证数据

化合物添加水平	MNZOH				MNZ				HMMNI				RNZ				DMZ			
	5	10	20	50	2.5	5	10	25	12.5	25	50	125	2.5	5	10	25	2.5	5	10	25
1	4.94	11.07	21.81	49.06	2.13	5.19	9.77	20.92	12.26	23.44	53.98	128.5	2.29	5.03	9.42	20.78	2.15	4.22	9.46	25.16
2	4.42	10.62	21.85	49.16	2.32	4.84	10.50	22.75	13.43	25.08	49.81	124.9	2.07	5.14	8.54	22.33	2.31	5.15	8.96	26.15
3	4.51	10.51	20.43	45.96	2.07	5.81	10.33	20.37	12.96	26.02	51.02	118.3	2.08	5.34	9.18	22.41	2.30	5.08	9.56	21.93
4	4.84	10.37	18.78	42.26	2.11	4.83	10.47	20.74	12.61	25.49	53.08	134.8	2.19	4.48	9.22	22.73	2.06	4.41	8.26	26.70
5	4.53	10.08	20.92	46.62	2.48	4.98	8.87	24.36	11.93	26.20	51.03	117.9	2.05	5.45	9.35	24.32	2.60	4.60	8.03	23.69
6	4.16	10.27	19.55	43.64	2.34	5.10	10.11	24.74	13.60	24.42	55.60	128.4	2.41	4.84	9.74	21.57	2.53	5.17	10.33	23.97
7	4.24	10.40	17.98	40.03	2.14	4.59	9.17	25.32	11.79	20.60	59.89	138.3	2.13	4.89	8.42	21.83	2.36	4.80	8.87	24.19
8	5.24	10.34	18.19	40.78	2.50	5.50	9.86	22.82	12.09	25.15	50.18	124.4	2.62	4.94	8.18	22.77	2.10	4.86	9.59	24.22
9	4.80	8.74	19.57	50.48	2.24	4.59	9.89	27.31	11.90	25.30	49.51	121.9	2.32	4.95	9.28	20.64	2.38	4.96	8.45	20.41
10	4.41	10.53	20.88	46.27	2.28	5.31	10.03	22.81	13.03	25.95	43.51	125.3	2.09	5.06	9.36	20.76	2.31	4.78	8.45	21.29
平均值	4.61	10.29	20.00	45.43	2.26	5.08	9.90	23.21	12.56	24.77	51.76	126.3	2.22	5.01	9.07	22.01	2.31	4.80	9.00	23.77
平均回收率%	92.2	102.9	100.0	90.9	90.5	101.5	99.0	92.9	100.5	99.1	103.5	101.0	89.0	100.2	90.7	88.1	92.4	96.1	90.0	95.1
SD	0.34	0.61	1.40	3.64	0.15	0.39	0.53	2.23	0.66	1.68	4.32	6.56	0.18	0.27	0.50	1.15	0.17	0.32	0.73	2.04
RSD/%	7.38	5.89	7.01	8.00	6.70	7.71	5.37	9.61	5.27	6.77	8.35	5.20	8.31	5.40	5.57	5.23	7.42	6.57	8.07	8.58

表 16-8 牛奶样品五种分析物的含量范围及重复性和再现性方程

化合物	含量范围/(μg/kg)	重复性限 r	再现性限 R
羟基甲硝唑	1～10	$r = 0.2259 m - 0.1764$	$R = 0.1812 m + 0.0496$
1-甲基-2-羟甲基-5-硝基咪唑	2.5～25	$\lg r = 0.929 \lg m - 0.836$	$\lg R = 1.009 \lg m - 0.692$
甲硝唑	0.5～5	$\lg r = 0.952 \lg m - 0.902$	$\lg R = 0.898 \lg m - 0.680$
洛硝哒唑	0.5～5	$\lg r = 0.873 \lg m - 0.670$	$\lg R = 0.854 \lg m - 0.665$
二甲硝唑	0.5～5	$r = 0.200 m - 0.0548$	$R = 0.193 m + 0.0356$

注: m 为两次测定结果的算术平均值

表 16-9　奶粉样品五种分析物的含量范围及重复性和再现性方程

化合物	含量范围/(μg/kg)	重复性限 r	再现性限 R
羟基甲硝唑	5~50	lg$r$=1.2597 lg$m$−1.1738	lg$R$=1.0540 lg$m$−0.6542
1-甲基-2-羟甲基-5-硝基咪唑	12.5~125	r=0.133 m+1.190	R=0.137 m+3.694
甲硝唑	2.5~25	lg$r$=1.033 lg$m$−0.811	lg$R$=0.985 lg$m$−0.622
洛硝哒唑	2.5~25	lg$r$=0.928 lg$m$−0.687	lg$R$=0.924 lg$m$−0.553
二甲硝唑	2.5~25	lg$r$=1.133 lg$m$−0.916	lg$R$=0.980 lg$m$−0.562

注：m 为两次测定结果的算术平均值

16.2.2　蜂蜜中甲硝唑、洛硝哒唑、二甲硝咪唑残留量的测定　液相色谱-串联质谱法[46]

16.2.2.1　适用范围

适用于蜂蜜中甲硝唑、洛硝哒唑、二甲硝咪唑残留量的液相色谱-串联质谱测定。方法检出限：甲硝唑检出限为 0.1 μg/kg；洛硝哒唑和二甲硝咪唑检出限均为 0.2 μg/kg。

16.2.2.2　方法原理

蜂蜜中三种硝基咪唑类药物残留用乙酸乙酯提取，提取液浓缩后，经过 BAKERBOND Carboxylic Acid 固相萃取柱净化，液相色谱-串联质谱仪测定，外标法定量。方法检出限：甲硝唑检出限为 0.1 μg/kg；洛硝哒唑和二甲硝咪唑检出限均为 0.2 μg/kg。

16.2.2.3　试剂和材料

甲醇、乙腈、乙酸乙酯：色谱纯；甲酸：优级纯；无水硫酸钠：分析纯。在 650℃马弗炉中灼烧 6 h，储存于干燥器中。

洗脱剂：甲醇+乙腈+0.1%甲酸水（40+18+42，v/v/v）。

甲硝唑、洛硝哒唑、二甲硝咪唑标准物质：纯度≥98%。

甲硝唑、洛硝哒唑、二甲硝咪唑标准储备溶液：1.0 mg/mL。准确称取适量的甲硝唑、洛硝哒唑、二甲硝咪唑标准物质，分别用甲醇配成标准储备液。储备液在低于 4℃可保存 2 个月。

甲硝唑、洛硝哒唑、二甲硝咪唑混合标准工作溶液 A 和 B：根据需要吸取适量甲硝唑、洛硝哒唑、二甲硝咪唑标准储备溶液，用甲醇稀释成甲硝唑为 1.0 μg/mL，洛硝哒唑和二甲硝咪唑均为 2.0 μg/mL 的混合标准工作溶液 A。再吸取适量混合标准工作溶液 A 用甲醇稀释成甲硝唑为 0.010 μg/mL，洛硝哒唑和二甲硝咪唑均为 0.020 μg/mL 的混合标准工作溶液 B。混合标准工作溶液 A 和 B 应现用现配。

甲硝唑、洛硝哒唑、二甲硝咪唑混合基质标准工作溶液：根据需要吸取适量甲硝唑、洛硝哒唑、二甲硝咪唑混合标准工作溶液 A 和 B，用空白样品提取液稀释成浓度分别为 0.25 ng/mL、0.50 ng/mL、1.00 ng/mL、5.00 ng/mL 的混合基质标准工作溶液。混合基质标准工作溶液应现用现配。

BAKERBOND Carboxylic Acid 固相萃取柱或相当者：500 mg，3 mL。使用前用 4 mL 乙酸乙酯预处理，保持柱体湿润。

16.2.2.4　仪器和设备

液相色谱-串联质谱仪：配有电喷雾离子源；分析天平：感量 0.1 mg 和 0.01 g；液体混匀器；固相萃取真空装置；振荡器；具塞玻璃离心管：50 mL；真空泵：真空度应达到 80 kPa；离心机；旋转蒸发器；刻度样品管：5 mL；梨形瓶：150 mL；筒型漏斗。

16.2.2.5　样品前处理

（1）试样制备

对无结晶的实验室样品，将其搅拌均匀。对有结晶的样品，在密闭情况下，置于不超过 60℃的水浴中温热，振荡，待样品全部融化后搅匀，迅速冷却至室温。分出 0.5 kg 作为试样。制备好的试样置于样品瓶中，密封，并做上标记。将试样于常温下保存。

（2）提取

称取 10 g 试样（精确到 0.01 g）置于 50 mL 具塞玻璃离心管中，加入 10 mL 水，在液体混匀器上混匀，加 20 mL 乙酸乙酯，于振荡器上振荡 20 min，以 3000 r/min 离心 5 min，取上清液过盛有 25 g

无水硫酸钠筒形漏斗至梨形瓶中。再用 20 mL 乙酸乙酯提取一次，过无水硫酸钠筒形漏斗，合并上清液，用旋转蒸发器于 45℃水浴上减压蒸发至约 2 mL，待净化。

（3）净化

将上述浓缩液移至 Carboxylic Acid 固相萃取柱中，再分别用 4 mL 乙酸乙酯和 4 mL 乙腈洗涤梨形瓶和萃取柱，弃去全部流出液。在 65 kPa 的负压下，减压抽干萃取柱 2 min，用 2 mL 洗脱剂以≤3 mL/min 流速洗脱，收集洗脱液于 5 mL 刻度样品管中，用洗脱剂定容至 2 mL，过 0.20 μm 滤膜，供液相色谱-串联质谱仪测定。

16.2.2.6 测定

（1）液相色谱条件

色谱柱：Atlantis dC$_{18}$，3 μm，150 mm×2.1 mm（内径）或相当者；流动相：乙腈+0.1%甲酸水（30+70）；流速：200 μL/min；柱温：30℃；进样量：20 μL。

（2）质谱条件

离子源：电喷雾离子源（ESI）；扫描方式：正离子扫描；检测方式：多反应监测；电喷雾电压：5500 V；雾化气压力：0.069 MPa；气帘气压力：0.069 MPa；辅助气流速：6 L/min；离子源温度：700℃；定性离子对，定量离子对，去簇电压和碰撞能量见表 16-10。

表 16-10 三种硝基咪唑药物的质谱参数

化合物	定性离子对(m/z)	定量离子对(m/z)	去簇电压/V	碰撞能量/V
甲硝唑	172.1/128.1 172.1/82.1	172.1/128.1	30 30	19 34
洛硝哒唑	201.1/140.2 201.1/110.1	201.1/140.2	26 26	14 20
二甲硝咪唑	142.2/96.1 142.2/81.2	142.2/96.1	40 40	22 40

（3）液相色谱-串联质谱测定

在仪器最佳工作条件下，用甲硝唑、洛硝哒唑、二甲硝咪唑混合基质标准工作溶液分别进样，以峰面积为纵坐标，混合基质标准工作溶液浓度为横坐标绘制标准工作曲线，用标准工作曲线对样品进行定量，样品溶液中甲硝唑、洛硝哒唑、二甲硝咪唑的响应值均应在仪器测定的线性范围内。甲硝唑、洛硝哒唑、二甲硝咪唑标准物质总离子流图见图 16-5。在上述色谱条件和质谱条件下，甲硝唑、洛硝哒唑、二甲硝咪唑的保留时间分别为 2.80 min、3.12 min、3.57 min。

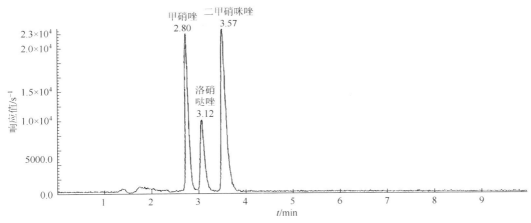

图 16-5 甲硝唑、洛硝哒唑、二甲硝咪唑标准物质总离子流图

16.2.2.7 分析条件的选择

（1）提取净化条件的优化

在文献[67]的基础上，蜂蜜称样量由 6 g 增加至 10 g，提取剂仍为乙酸乙酯，并对提取效率进

行了实验。在两份 10 g 蜂蜜样品中分别添加浓度分别为甲硝唑 1.0 μg/mL，洛硝哒唑和二甲硝咪唑均为 2.0 μg/mL 的混合标准工作溶液 10 μL 后，用 10 mL 水充分溶解，再用 2×20 mL 乙酸乙酯提取两次，每次在振荡器上振荡 20 min。然后按照本方法规定的操作步骤进行净化和测定，同时将提取后的蜂蜜溶液再用 20 mL 乙酸乙酯提取一次并进行测定。结果表明，用 2×20 mL 乙酸乙酯提取两次，就可以将三种硝基咪唑类药物提取完全，第三次提取液中未检测到三种硝基咪唑类药物。结果见表 16-11。

表 16-11　提取剂效率的实验结果

体积/mL	甲硝唑/%		洛硝哒唑/%		二甲硝咪唑/%	
	1	2	1	2	1	2
20×2	82.1	78.4	73.2	71.5	82.4	84.7
20×1	N.D.	N.D.	N.D.	N.D.	N.D.	N.D.

　　在本方法的研究中，省略了文献[67]净化步骤中的 Oasis HLB 固相萃取柱，直接用 Carboxylic Acid 固相萃取柱净化，以减少三种硝基咪唑类药物的损失，特别是洛硝哒唑的损失。经过实验发现，只用 Carboxylic Acid 固相萃取柱净化，完全可以将影响三种硝基咪唑类药物测定的杂质净化干净。对 Carboxylic Acid 固相萃取柱的冲洗剂、洗脱剂的确定和用量进行了试验。将浓度分别为甲硝唑 1.0 μg/mL，洛硝哒唑和二甲硝咪唑均为 2.0 μg/mL 的混合标准工作溶液 10 μL 加入到 2 mL 乙酸乙酯中，移入 Carboxylic Acid 固相萃取柱中，分别用乙酸乙酯、乙腈、甲醇和水进行洗脱实验。试验发现，5～10 mL 乙酸乙酯、乙腈均不能将三种硝基咪唑类药物冲洗下来，而甲醇和水会不同程度地冲洗下来。所以，本方法采用乙酸乙酯和乙腈作为冲洗剂。洗脱剂的试验，对照了甲醇、水和流动相分别做洗脱剂的洗脱效果，通过实验发现，它们单独做洗脱剂的效果都不好，三种硝基咪唑类药物的回收率均不理想。而采用流动相与甲醇二者结合的洗脱效果非常好，但甲醇的比例一定要恰当。对流动相与甲醇的比例进行了试验，试验发现，随着甲醇的加入，回收率逐渐变好，在甲醇+流动相为 4+6 时，回收率达到最佳，随着甲醇的进一步加入，回收率又逐步降低。结果见表 16-12。洗脱剂确定后，对洗脱剂的用量进行了试验，结果见表 16-13。经过试验表明，只用 2 mL 洗脱剂就可将三种硝基咪唑类药物洗脱完全。

表 16-12　洗脱剂对回收率（%）的影响

洗脱剂	甲硝唑/%	洛硝哒唑/%	二甲硝咪唑/%
流动相	17.2	18.6	5.3
甲醇+流动相（1+9）	35.6	36.5	12.3
甲醇+流动相（2+8）	62.3	64.8	40.6
甲醇+流动相（3+7）	88.6	87.9	78.4
甲醇+流动相（4+6）	92.5	94.7	89.6
甲醇+流动相（5+5）	90.4	92.8	87.5
甲醇+流动相（6+4）	77.2	76.4	71.6
甲醇+流动相（7+3）	57.3	55.7	41.6

表 16-13　Carboxylic Acid 固相萃取柱洗脱剂用量对回收率（%）的影响

体积	甲硝唑/%	洛硝哒唑/%	二甲硝咪唑/%
第 1 毫升	82.6	84.5	80.8
第 2 毫升	11.7	13.4	9.7
第 3 毫升	0	0	0
第 4 毫升	0	0	0
第 5 毫升	0	0	0

（2）质谱条件的优化

采用注射泵直接进样方式，以 5 μL/min 流速将甲硝唑、洛硝哒唑、二甲硝咪唑标准溶液分别注入离子源中，在正离子检测方式下对三种硝基咪唑类药物进行一级质谱分析（Q1 扫描），得到每种硝基咪唑类药物的分子离子峰，对每种硝基咪唑类药物的分子离子峰进行二级质谱分析（子离子扫描），得到碎片离子信息，获到三种硝基咪唑类药物的二级质谱图，见图 16-6。然后对去簇电压（DP）、碰撞气能量（CE）进行优化，使分子离子与特征碎片离子对强度达到最佳。将质谱仪与液相色谱联机，优化雾化气、气帘气、辅助加热气，离子源温度，电喷雾电压，使每种硝基咪唑类药物离子化效率达到最佳。

16.2.2.8　线性范围和测定低限

根据每种硝基咪唑类药物的灵敏度，用蜂蜜样品空白溶液配成一系列基质标准工作溶液，在选定的色谱条件和质谱条件下进行测定，进样量 20 μL，用峰面积对基质标准工作溶液中被测组分的浓度作图，其线性范围、线性方程和线性相关系数见表 16-14。

根据最终样液所代表的试样量，定容体积，进样量和进行测定时所受的干扰情况，以信噪比大于 10 为原则，确定本方法甲硝唑检出限为 0.1 μg/kg，洛硝哒唑、二甲硝咪唑检出限均为 0.2 μg/kg。

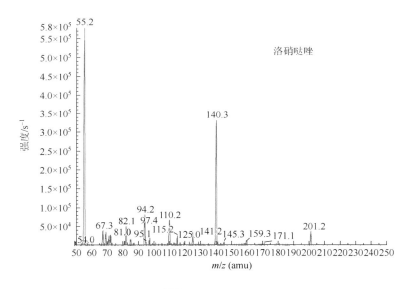

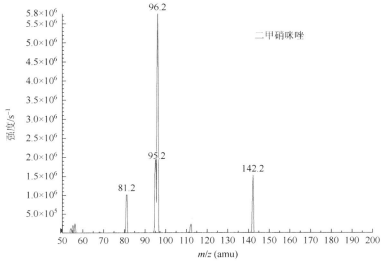

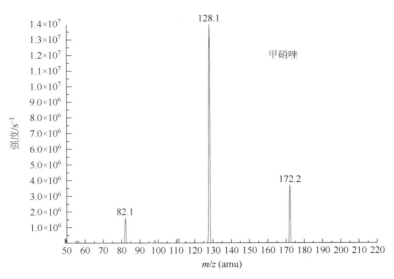

图 16-6　甲硝唑、洛硝哒唑、二甲硝咪唑二级质谱图

表 16-14　甲硝唑、洛硝哒唑、二甲硝咪唑线性方程和相关系数

化合物	线性范围/ng	线性方程	相关系数
甲硝唑	0.005~0.1	$Y=6770X+424$	0.9999
洛硝哒唑	0.010~0.2	$Y=3380X+644$	0.9994
二甲硝咪唑	0.010~0.2	$Y=7150X+341$	0.9999

16.2.2.9　方法回收率和精密度

用不含甲硝唑、洛硝哒唑、二甲硝咪唑的蜂蜜样品进行添加回收率和精密度实验，样品中添加不同浓度标准后，摇匀，使样品充分吸收，然后按本方法进行提取和净化，用液相色谱-串联四极杆质谱测定，其回收率和精密度见表 16-15。从表 16-15 中回收率及精密度数据可以看出，本方法回收率数据全部在 60%~96% 之间，室内四个水平相对标准偏差均在 12% 以内。

表 16-15　添加回收率（%）实验数据

添加水平/(μg/kg)	甲硝唑				洛硝哒唑				二甲硝咪唑			
	0.05	0.1	0.2	1.0	0.1	0.2	0.4	2.0	0.1	0.2	0.4	2.0
1	79.4	77.6	83.8	75.5	75.7	79.4	76.9	74.5	71.4	77.3	83.4	79.8
2	78.5	74.2	78.4	95.5	72.0	74.6	67.8	60.5	77.2	64.3	78.8	84.8
3	73.0	77.2	74.4	94.5	69.7	71.6	77.8	79.0	76.5	78.0	74.0	83.0
4	71.5	72.8	79.0	75.0	71.5	75.0	79.2	76.5	74.9	77.7	75.2	82.8
5	79.0	88.4	75.4	79.5	68.8	79.4	78.1	72.5	69.7	78.0	75.8	80.2
6	71.0	89.2	77.6	75.0	71.8	88.6	67.6	74.5	73.1	65.7	75.8	74.4
7	75.5	78.4	74.0	91.5	66.5	79.2	80.1	72.5	87.3	76.0	69.6	88.8
8	80.5	74.2	73.2	72.5	60.1	80.4	63.7	63.5	74.9	82.0	70.4	79.4
平均回收率/%	76.0	79.0	77.0	82.4	69.5	78.5	73.9	71.7	75.6	74.9	75.4	81.7
标准偏差/%	3.81	6.35	3.49	9.74	4.66	5.11	6.43	6.40	5.34	6.34	4.42	4.27
相对标准偏差/%	5.01	8.04	4.54	11.83	6.70	6.51	8.70	8.92	7.07	8.47	5.86	5.22

16.2.2.10　重复性和再现性

在重复性试验条件下，获得的两次独立测试结果的绝对差值不超过重复性限（r），如果差值超过重复性限（r），应舍弃试验结果并重新完成两次单个试验的测定。在再现性试验条件下，获得的两次独立测试结果的绝对差值不超过再现性限（R）。被测物的含量范围、重复性和再现性方程见表 16-16。

表 16-16　含量范围及重复性和再现性方程

化合物	含量范围/(μg/kg)	重复性限 r	再现性限 R
甲硝唑	0.05～1.0	lg r=0.8439 lg m-0.9316	lg R=0.9502 lg m-0.7466
洛硝哒唑	0.1～2.0	lg r=1.2008 lg m-0.5954	lg R=1.1100 lg m-0.5884
二甲硝咪唑	0.1～2.0	r=0.1519 m+0.0003	lg R=0.9557 lg m-0.7881

注：m 为两次测定结果的算术平均值

16.2.3　蜂王浆及冻干粉中 9 种硝基咪唑类药物残留量的测定　液相色谱-串联质谱法[68]

16.2.3.1　适用范围

适用于蜂王浆及冻干粉中甲硝唑、地美硝唑、替硝唑、洛硝哒唑、特尼哒唑、异丙硝唑，以及羟基化甲硝唑、羟基化异丙硝唑、2-羟甲基-1-甲基化-5-硝咪唑 9 种硝基咪唑类药物残留的液相色谱-串联质谱法测定。蜂王浆检出限：0.5 μg/kg，冻干粉检出限：1.0 μg/kg。

16.2.3.2　方法原理

蜂王浆及冻干粉中甲硝唑、地美硝唑、替硝唑、洛硝哒唑、特尼哒唑、异丙硝唑，以及羟基化甲硝唑、羟基化异丙硝唑、2-羟甲基-1-甲基化-5-硝咪唑 9 种硝基咪唑类药物残留，用乙酸钠缓冲液溶解，乙酸乙酯进行液-液萃取，经过旋转蒸干后，加入四氯化碳和含酸水溶液，离心后取上层溶液，液相色谱-串联质谱测定。

16.2.3.3　试剂和材料

乙腈、甲醇、乙酸乙酯、甲酸：色谱纯；四氯化碳、乙酸钠：分析纯

甲硝唑、地美硝唑、替硝唑、洛硝哒唑、特尼哒唑、异丙硝唑，以及羟基化甲硝唑、羟基化异丙硝唑、2-羟甲基-1-甲基化-5-硝咪唑标准物质纯度≥98%。内标物为氘代 2-羟甲基-1-甲基化-5-硝咪唑（HMMNI-D^3；CAS：8061-52-7）、氘代羟基化异丙硝唑（IPZ-OH-D^3；CAS：8061-52-7）；氘代物质纯度≥95%。

标准储备溶液：1000 μg/mL。准确称取 10.0 mg±0.05 mg 各标准物质，用甲醇溶解于 10 mL 棕色容量瓶中（可放置于超声波清洗器数分钟促进溶解），定容后配成为 1000 μg/mL 浓度的标准储备液；将储备液置于-20℃冰箱中保存备用。

标准中间溶液：100 ng/mL。可将标准储备溶液室温下放置 5 min，使用时用乙腈稀释至所需浓度，临用临配。

乙酸钠缓冲溶液：0.1 mol/L。准确称取 8.204 g 无水乙酸钠，加入 5.83 mL 冰乙酸定容到 1000 mL 容量瓶中，超声混合并脱气 15 min 后，于液相色谱流动相瓶中备用。

甲酸水溶液：0.1%。准确移取 1 mL 甲酸，用水定容到 1000 mL 容量瓶中，超声混合并脱气 15 min 后，于液相色谱流动相瓶中备用。

基质混合标准工作液：根据标准物质的灵敏度和仪器线性范围，吸取一定量的中间浓度混合标准液，用空白样品提取液配制成系列浓度的基质混合标准工作液。临用临配。

16.2.3.4　仪器和设备

液相色谱-串联杆质谱仪：配有大气压化学电离源（或与之等效电离源）；高效液相色谱配有在线脱气机、低残留自动进样器、可控温柱温箱和高精度混合泵；电子分析天平：感量 0.1 mg 和 10 mg；冷冻离心机：速度可达 4000 r/min 和 13000 r/min；氮吹仪：水浴和加热控温；台式分散仪；旋转浓缩仪：带真空蒸发和循环冷却水；超纯水器；超声波清洗器；多功能食品粉碎机；旋涡混合仪；鸡心瓶：125 mL；离心管：15 mL 和 50 mL；聚四氟乙烯材质；容量瓶：10 mL 和 1000 mL。

16.2.3.5 样品前处理

（1）试样制备

将液体、浆状、粉状的样品充分混合均匀；将低温保存的固样品进行粉碎磨细后供检测。必要时将实验室样品用四分法进行缩分。根据样品的性状和保存要求将样品保存在适当的环境中避免变质。将试样于－20℃冰箱中保存备用。

（2）提取

称取约 2.5～5.0 g 试样（蜂王浆称量 5.0 g±0.2 g；冻干粉称量 2.5 g±0.2 g）于 50 mL 离心管中，分别添加氘代标示物 HMMNI-D^3、IPZ-OH-D^{3}100 μL，加入 20 mL 乙酸钠溶液充分涡旋振荡提取 1 min。再加入 20 mL 乙酸乙酯，经过涡旋、液液萃取，将乙酸乙酯层全部移入鸡心旋蒸瓶，重复上述操作，合并三次乙酸乙酯提取液于鸡心旋蒸瓶，在 40℃ 以下浓缩近干，除去溶剂。

（3）净化

鸡心旋蒸瓶残渣用 1 mL 四氯化碳和 1 mL 甲酸水溶液溶解，充分涡旋 1 min。吸取上层水溶液，用微孔过滤膜（0.2 μm）过滤，此为试验溶液。

16.2.3.6 测定

（1）液相色谱条件

色谱柱：Waters Sunfire ODS C$_{18}$，5 μm，250 mm×4.6 mm（内径）或相当者；柱温：30℃；流动相：0.1%甲酸水溶液；液相梯度见表 16-17；流速：800 μL/min；进样量：10 μL。

表 16-17 液相色谱流动相梯度表

时间/min	A：甲酸水溶液/%	B：乙腈溶液/%	流速/(μL/min)
0.00	95	5	800
2.00	95	5	800
6.00	65	35	800
12.00	10	90	800
14.00	10	90	800
15.00	95	5	800
20.00	95	5	800

（2）质谱条件

离子源：大气压化学电离源（或与之等效电离源）；扫描方式：正离子扫描（+）；检测方式：多反应离子监测（MRM）；电喷雾电压（IS）：5250 V；雾化气（NEB）相对开放流量：14.00 mL/min；气帘气（CUR）相对开放流量：7.00 mL/min；离子源温度（TEM）：500℃；碰撞池出口电压/V（CXP）：11 V；选择离子驻留时间：50 msec；碰撞池入口电压（EP）：10.0 V；碰撞气（CAD）相对开放流量：8 mL/min；辅助气流压力：60 PSI；去簇电压（DP）：35 V；焦环聚焦电压（FP）：200 V；喷雾器放电针电流（Nebulizer Current，NC）：2 μA；其他仪器参数：DF：－200.0 V；CEM：2300.0 V。定性离子对、定量离子对、碰撞能量、保留时间见表 16-18。

表 16-18 硝基咪唑类药物的定性离子对、定量离子对、碰撞能量、保留时间

化合物	定性离子对(m/z)	定量离子对(m/z)	碰撞能量/V	保留时间/min
羟基化甲硝咪唑	188.0/125.9；188.0/144.0	188.0/125.9	25 20	9.01
甲硝唑	172.0/128.0；172.0/82.10	172.0/128.0	22 35	9.48
2-羟甲基-1-甲基化-5-硝咪唑	158.0/140.0；158.0/55.1	158.0/140.0	20 33	9.67

续表

化合物	定性离子对(m/z)	定量离子对(m/z)	碰撞能量/V	保留时间/min
氘代 2-羟甲基-1-甲基化-5-硝咪唑	161.0/143.1; 161.0/58.0	161.0/143.1	24 32	9.63
特尼哒唑	186.0/128.1; 186.0/82.2	186.0/128.1	24 40	9.90
洛硝哒唑	201.0/140.0; 201.0/110.0	201.0/140.0	18 25	10.21
地美硝唑	142.0/96.1; 142.0/81.1	142.0/96.1	25 37	10.32
替硝唑	248.0/121.0; 248.0/93.1	248.0/121.0	25 28	11.06
羟基化异丙硝唑	186.0/168.0; 186.0/122.1	186.0/168.0	20 28	11.40
氘代羟基化异丙硝唑	189.0/171.0; 189.0/125.0	189.0/171.0	25 35	11.40
异丙硝唑	170.0/124.1; 170.0/109.1	170.0/124.1	25 35	12.79

（3）定性测定

被测组分选择 1 个母离子，2 个以上子离子，在相同实验条件下，样品中待测物保留时间与标准溶液中保留时间偏差在±2.5%之内；且样品中各组分定性离子的相对丰度与浓度接近的标准溶液中对应的定性离子的相对丰度进行比较，若偏差不超过表 1-5 规定的范围，则可判断为样品中存在对应的待测物。

（4）定量测定

在仪器正常工作条件下，对基质混合标准工作溶液进样，以标准溶液中被测组分峰面积为纵坐标，标准溶液中被测组分浓度为横坐标绘制工作曲线，用标准工作曲线对样品进行定量，样品溶液中待测物的响应值均应在仪器测定的线性范围内，超过线性范围则应适当稀释后再进行分析。方法采用外标法定量。9 种硝基咪唑类药物和 2 种氘代内标物的多反应监测（MRM）色谱图见图 16-7。

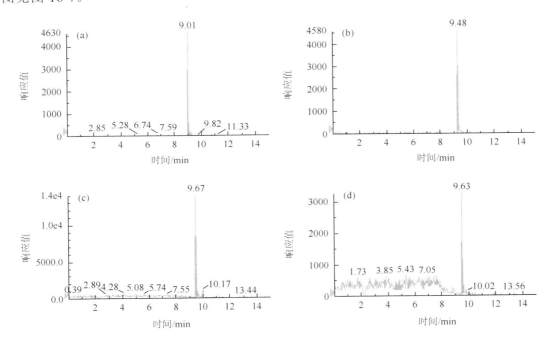

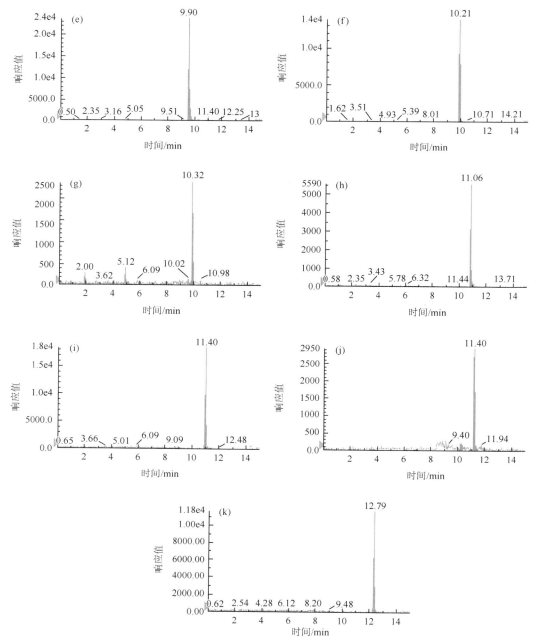

图16-7　9种硝基咪唑类药物和2种氘代内标物的多反应监测色谱图

（a）羟基化甲硝咪唑；（b）甲硝唑；（c）2-羟甲基-1-甲基化-5-硝咪唑；（d）氘代 2-羟甲基-1-甲基化-5-硝咪唑；（e）特尼哒唑；（f）洛硝哒唑；（g）地美硝唑；（h）替硝唑；（i）羟基化异丙硝唑；（j）氘代羟基化异丙硝唑；（k）异丙硝唑

16.2.3.7　分析条件的选择

（1）色谱分离条件研究

1）色谱柱的选择

本方法选择了 Waters 公司的 Sunfire-dC$_{18}$ 柱（ϕ4.6 mm×250 mm；5 μm）和资生堂公司的 UG120（ϕ4.6 mm×250 mm；5 μm）和 MG-II C$_{18}$柱（ϕ4.6 mm×250 mm；5 μm）等色谱柱进行了比较。前者 Sunfire-dC$_{18}$柱对于多数碱性化合物保留都比较合适，pH 适用范围广，在相同的流动相设置条件下，Waters Sunfire-dC$_{18}$ 柱（ϕ4.6 mm×250 mm；5 μm）的保留时间、响应峰的尖锐程度（信噪比 S/N）以及分离度相对更优异、适合。

2）流动相的选择与优化

LC-MS/MS 实验的流动相一般是甲酸、乙酸水溶液以及乙酸铵（挥发性盐）或者低浓度的乙酸铵盐溶液、乙酸-乙酸铵离子对缓冲盐（需要时调节 pH）等。对于多数正离子模式下的分析，按照实验工作和仪器工程师经验推荐，一般需要少量的酸[H]⁺离子，利于正离子化和[M+H]⁺准分子离子峰的生成；而在负离子电离模式下，低浓度的乙酸铵盐溶液能够起到参与增强和活化离子化过程作用（比如氯霉素的 LC-MS/MS 方法下的流动相为 2 mmol/L 的乙酸铵和乙腈混合梯度）。当然，如果梯度选择不当或者不优化，造成峰形不是很好，峰尖不够尖锐，甚至保留时间有较大漂移，原因不详。采用 0.1%的甲酸溶液作为流动相，峰形优异，响应较好，也非常稳定。

（2）质谱测定条件的研究

1）质谱测定条件的优化

首先采用 1 mg/L 的目标化合物的标准溶液分别以流动注射的方式在正/负离子模式下分别进行 ESI 源或者 APCI 源的母离子全扫描。

大气压电离源（atmospheric pressure chemical ionisation，APCI）是由 ESI（电喷雾电离源）派生出，用大气压下电晕放电产生反应离子，既而再与溶液中样品分子发生离子分子反应，从而产生样品的质子化分子（[M+H]⁺）或加合离子。APCI 在小分子分析中与 ESI 相比，是一种温和的电离方式；目前，国内虽然大部分 LC 质谱实验室配备了 APCI，但是实际使用和开展的应用非常少。本次实验中，首先尝试使用 ESI 源摸索质谱条件，效果并不理想：总离子流较低，Q1 全扫描特征母离子响应不明显；通过改变方式，将连续推注针阀 PEEK 管端与 HPLC 接色谱柱的 PEEK 管端以三通的连接方式共同导入所使用的 APCI 源 LC 入口，进行质谱条件实验：设定 HPLC 四元泵以 200 μL/min 左右且适合硝基咪唑化合物液相等度分离的流动相比例运行，同时，配吸有 Nitroimidazoles 各主要分析物单标（浓度 5～10 ppm 左右均可）的连续推注针阀仍按常规方式以 5 μL/min 的速度工作。由于解决了单标药物溶液的持续供给（ESI 方式不存在这个矛盾），并通过提供适量且连续流动液，再辅助以 150℃左右的雾化加热，使得 APCI 电离方式得到极至发挥。

经过试验确定：在 APCI 源正离子模式下硝基咪唑类的准分子离子峰响应信号更优越；以硝基咪唑类正离子模式下的准分子离子为母离子，对其子离子进行全扫描，初步选取丰度较强、干扰较小的两至三对子离子为定性离子。

2）样品基质效应的消除

电喷雾电离离子源（ESI 和 APCI）容易受到样品基质的影响。试验中发现，样品基质对离子化有比较大的抑制作用（气相色谱和气质色谱多表现为增强），不同样品基质对目标化合物离子化的抑制情况存在显著差异。为消除样品基质效应，以空白样品提取液作为标准溶液的稀释溶液，可以使标准和样品溶液具有同样的离子化条件，从而消除或者大大降低样品基质效应的不一致影响。

（3）提取和净化条件的选择

本方法最后确定的提取过程中，称取约 2.5～5.0 g 蜂产品样品（蜂王浆、蜂蜜称量 5.0 g±0.2 g；冻干粉称量 2.5 g±0.2 g）于 50 mL 离心管中，分别添加氘代标示物 HMMNI-D3、IPZ-OH-D3（100 ng/mL）100 μL，加入 20 mL 乙酸铵（0.1 mol/L）溶液充分涡旋提取 1 min。再加入 20 mL 乙酸乙酯，经过涡旋、液液萃取，将乙酸乙酯层全部移入鸡心旋蒸瓶，重复上述操作，合并三次乙酸乙酯提取液于鸡心旋蒸瓶，在 40℃以下浓缩近干，除去溶剂。

本方法最后确定的净化过程中，鸡心旋蒸瓶残渣用 1 mL 四氯化碳和 1 mL 甲酸水溶液（0.1%）溶解，充分涡旋 1 min。吸取上层水溶液，用微孔过滤膜（0.2 μm）过滤，此为试验溶液。

（4）前处理选择和讨论

蜂王浆样品含有大量蛋白质的均匀胶体，要从蜂王浆中提取抗生素和目标化合物，必须破坏其胶体状态。文献中有的选择 2%三氯乙酸和 2%柠檬酸沉淀蛋白，经实验，沉淀蛋白质时间短，效果理想，但是沉淀后的上清液经乙酸乙酯提取后，由于有酸性溶液存在，乙酸乙酯溶液难浓缩干。还有的实验采用文献方法，选 10%偏磷酸溶液沉淀蛋白质，但是这些处理手段效果都一般。

本实验前期的工作主要采用称取约 5.0～10 g ±0.2 g 左右的蜂产品样品（包括蜂王浆、蜂蜜、冻干粉等）于 250 mL 锥形瓶中，依次加入多种硝基咪唑类药物、氘代标示物 HMMNI-D3、IPZ-OH-D3 后，分别加入 18 mL、5～10 mL、10 mL 的 2 mol/L 氢氧化钠溶液、20 mmol/L 乙酸铵溶液、2 mol/L 盐酸溶液。

其中氢氧化钠溶液和乙酸铵溶液加入后需要及时对样品进行涡旋、溶解，样品进一步均匀化后用 2 mol/L 盐酸进行 pH 调节。

随后将充分涡旋的样品均匀的平分到两个 50 mL 的塑料离心管中，分别加入 15 mL 乙腈、15 mL 乙酸乙酯。对样品进行涡旋、液液萃取。

每个独立样品需要收集平分到两个 50 mL 的塑料离心管中的有机相提取液，旋涡混合仪充分混匀 2 min，放入高速冷冻离心机离心（时间 10 min，转速 5000 r/min）；吸取有机层；合并到一个鸡心旋蒸瓶中；并分别再次加入 5 mL 乙腈、5 mL 乙酸乙酯；对样品进行涡旋、液液萃取后合并提取液。

合并后的提取液，于旋转蒸发仪浓缩近干（可能会有 2～4 mL 水相），再次加入 0.2 mol/L 的盐酸溶液 15 mL，充分混匀，备用供 SPE 柱净化。

用 OASIS MCX C_{18} SPE 柱净化（先用 5 mL 水、5 mL 甲醇活化，上样后分别 10 mL 水、10 mL 甲醇淋洗），经 10%氨水甲醇溶液 5 mL 洗脱，收集至 15 mL 离心管中，于氮吹仪氮吹挥至近干，加入 1 mL 流动相，充分旋涡混合，经 0.22 μm 滤膜过滤，供 HPLC-MS/MS 分析。

这一处理过程结果相对较为复杂繁琐，实验结果中替硝哒唑和洛硝唑回收率不理想，所以最后选择了加入 20 mL 的 0.1 mol/L 乙酸铵、乙酸乙酯，液液萃取，浓缩近干，除去溶剂后残渣用 1 mL 四氯化碳和 1 mL 甲酸水溶液（0.1%）溶解，充分涡旋 1 min，吸取上层水溶液进样的方案。

16.2.3.8　线性范围和测定低限

在本方法所确定的实验条件下，取硝基咪唑类药物一系列标准溶液，以峰面积（Y 轴）对相应的硝基咪唑类药物的浓度（X 轴）作图，结果表明：所测定硝基咪唑类药物浓度与对应的峰面积呈现良好的线性关系，见表 16-19 和表 16-20。

表 16-19　蜂王浆样品基质中硝基咪唑类药物的线性关系

化合物	线性范围/(μg/kg)	定量离子	相关系数	线性方程
羟基化甲硝咪唑	0.5～25.0	188.0/125.9	0.9966	$Y=0.0199X+0.00305$
甲硝唑	0.5～25.0	172.0/128.0	0.9994	$Y=0.142X+0.0945$
2-羟甲基-1-甲基化-5-硝咪唑	0.5～5.0	158.0/140.0	0.9993	$Y=0.0925X+0.0839$
特尼哒唑	0.5～25.0	186.0/128.1	0.9995	$Y=0.139X+0.123$
洛硝哒唑	0.5～25.0	201.0/140.0	0.9994	$Y=0.218X+0.0888$
地美硝唑	0.5～25.0	142.0/96.1	0.9984	$Y=0.115X+0.0667$
替硝唑	0.5～25.0	248.0/121.0	0.9962	$Y=0.0651X+0.094$
羟基化异丙硝唑	0.5～25.0	186.0/168.0	0.9981	$Y=0.165X+0.0313$
异丙硝唑	0.5～25.0	170.0/124.1	0.9932	$Y=0.0348X+0.066$

表 16-20　冻干粉样品基质中硝基咪唑类药物的线性关系

化合物	线性范围/(μg/kg)	定量离子	相关系数	线性方程
羟基化甲硝咪唑	0.5～25.0	188.0/125.9	0.9991	$Y=0.0166X+0.00442$
甲硝唑	0.5～25.0	172.0/128.0	0.9987	$Y=0.149X-0.0434$
2-羟甲基-1-甲基化-5-硝咪唑	0.5～25.0	158.0/140.0	0.9984	$Y=0.0885X+0.102$
特尼哒唑	0.5～25.0	186.0/128.1	0.9985	$Y=0.106X+0.0603$
洛硝哒唑	0.5～25.0	201.0/140.0	0.9996	$Y=0.136X+0.0552$

续表

化合物	线性范围/(μg/kg)	定量离子	相关系数	线性方程
地美硝唑	0.5~25.0	142.0/96.1	0.9997	$Y=0.11X+0.0147$
替硝唑	0.5~25.0	248.0/121.0	0.9997	$Y=0.0733X-0.0418$
羟基化异丙硝唑	0.5~25.0	186.0/168.0	0.9989	$Y=0.168X-0.0759$
异丙硝唑	0.5~25.0	170.0/124.1	0.9997	$Y=0.0499X+0.00484$

以不含硝基咪唑类（nitroimidazoles）药物残留的蜂王浆及冻干粉为样品基质，分别进行添加实验。经过测定方法的室内实验，确定本方法对硝基咪唑类药物的测定低限均可以达到 0.5~1.0 μg/kg。标准品添加样品基质液分析的测定低限能够较容易达到 0.25 μg/kg（S/N＞10 计）。

16.2.3.9　方法回收率和精密度

本方法进行了三个浓度水平室内回收率和精密度实验，每个浓度水平进行 10 次重复实验，测试结果的回收率和精密度汇总于表 16-21 和表 16-22。

表 16-21　蜂王浆样品基质中 9 种硝基咪唑类药物的添加浓度、平均回收率、变异系数等试验数据（$n=10$）

化合物	加标水平/(μg/kg)	测定样品批次数										平均测定值/(μg/kg)	标准偏差/(μg/kg)	平均回收率/%	相对标准偏差/%
		1	2	3	4	5	6	7	8	9	10				
羟基化甲硝咪唑	0.5	0.345	0.321	0.361	0.412	0.329	0.299	0.457	0.345	0.338	0.471	0.368	0.059	73.6	15.95
	1.0	0.842	0.815	0.872	0.798	0.903	0.856	0.789	0.779	0.769	0.864	0.829	0.045	82.9	5.44
	2.0	1.76	1.79	1.86	1.77	1.87	1.69	1.91	1.82	1.90	2.01	1.838	0.092	91.9	4.98
甲硝唑	0.5	0.412	0.438	0.399	0.456	0.471	0.389	0.472	0.433	0.466	0.511	0.445	0.038	88.9	8.50
	1.0	0.878	0.896	0.899	0.863	0.926	1.10	0.981	0.941	0.887	0.865	0.924	0.072	92.4	7.79
	2.0	1.91	1.79	1.85	1.67	2.20	1.78	1.81	1.86	1.89	2.13	1.889	0.161	94.5	8.53
2-羟甲基-1-甲基化-5-硝咪唑	0.5	0.441	0.456	0.411	0.423	0.378	0.478	0.378	0.514	0.436	0.491	0.441	0.045	88.1	10.32
	1.0	0.877	0.856	0.894	0.789	0.845	0.869	0.872	0.954	0.776	1.03	0.876	0.074	87.6	8.43
	2.0	1.87	1.96	1.79	1.86	1.82	1.91	1.78	1.84	1.88	2.24	1.895	0.133	94.8	7.00
特尼哒唑	0.5	0.489	0.476	0.452	0.507	0.488	0.475	0.446	0.449	0.498	0.520	0.480	0.025	96.0	5.26
	1.0	0.887	0.845	0.893	1.10	0.987	0.942	0.923	0.889	0.910	0.942	0.932	0.071	93.2	7.59
	2.0	2.01	1.95	1.86	1.94	1.82	1.79	1.87	1.93	2.03	2.14	1.934	0.106	96.7	5.48
洛硝哒唑	0.5	0.396	0.346	0.385	0.367	0.395	0.331	0.476	0.412	0.377	0.456	0.394	0.045	78.8	11.43
	1.0	0.781	0.764	0.712	0.815	0.856	0.769	0.699	0.783	0.782	0.774	0.774	0.045	77.4	5.81
	2.0	1.78	1.82	1.69	1.72	1.74	1.77	1.68	1.71	1.56	1.78	1.725	0.073	86.3	4.24
地美硝唑	0.5	0.441	0.458	0.478	0.469	0.387	0.472	0.514	0.479	0.432	0.477	0.461	0.034	92.1	7.45
	1.0	0.814	0.823	0.878	0.789	0.769	0.899	0.942	0.812	0.752	0.884	0.836	0.062	83.6	7.38
	2.0	1.87	1.76	1.75	1.69	1.78	1.85	1.87	1.78	1.88	2.25	1.848	0.155	92.4	8.37
替硝唑	0.5	0.354	0.369	0.345	0.378	0.357	0.396	0.344	0.358	0.318	0.399	0.362	0.025	72.4	6.82
	1.0	0.787	0.754	0.765	0.898	0.789	0.895	0.768	0.871	0.689	0.781	0.800	0.067	80.0	8.44
	2.0	1.54	1.89	1.68	1.39	1.78	1.69	1.87	1.76	1.79	1.91	1.730	0.163	86.5	9.45
羟基化异丙硝唑	0.5	0.451	0.369	0.389	0.41	0.369	0.344	0.441	0.512	0.369	0.377	0.403	0.051	80.6	12.68
	1.0	0.787	0.984	0.774	0.855	0.841	0.799	0.866	0.761	0.881	0.845	0.839	0.065	83.9	7.79
	2.0	1.59	1.78	1.65	1.87	1.90	1.76	1.74	1.69	1.54	1.71	1.723	0.113	86.2	6.58
异丙硝唑	0.5	0.319	0.333	0.364	0.398	0.456	0.322	0.397	0.412	0.369	0.378	0.375	0.043	75.0	11.53
	1.0	0.754	0.698	0.798	0.881	0.698	0.785	0.693	0.644	0.872	0.740	0.756	0.078	75.6	10.35
	2.0	1.59	1.91	1.56	1.86	1.69	1.78	1.88	1.77	1.80	1.77	1.761	0.117	88.1	6.64

表 16-22　冻干粉样品基质中 9 种硝基咪唑类药物的添加浓度、平均回收率、变异系数等试验数据（n=10）

| 化合物 | 加标水平 /(μg/kg) | 测定样品批次数 | | | | | | | | | | 平均测定值 /(μg/kg) | 标准偏差 /(μg/kg) | 平均回收率/% | 相对标准偏差/% |
		1	2	3	4	5	6	7	8	9	10				
羟基化甲硝咪唑	0.5	0.311	0.356	0.387	0.375	0.369	0.441	0.436	0.481	0.414	0.458	0.403	0.052	80.6	12.9
	1.0	0.745	0.756	0.694	0.785	0.689	0.780	0.741	0.756	0.711	0.703	0.736	0.035	73.6	4.73
	2.0	1.46	1.59	1.53	1.76	1.52	1.69	1.74	1.63	1.71	1.78	1.641	0.112	82.1	6.82
甲硝唑	0.5	0.369	0.412	0.436	0.358	0.345	0.361	0.336	0.347	0.411	0.362	0.374	0.034	74.7	9.04
	1.0	0.699	0.756	0.741	0.753	0.681	0.781	0.769	0.812	0.774	0.701	0.747	0.042	74.7	5.56
	2.0	1.887	1.914	1.745	1.845	1.820	1.764	1.823	1.698	1.702	1.804	1.800	0.073	90.0	4.05
2-羟甲基-1-甲基化-5-硝咪唑	0.5	0.403	0.456	0.412	0.369	0.378	0.480	0.411	0.478	0.501	0.493	0.438	0.049	87.6	11.2
	1.0	0.789	0.872	0.778	0.791	0.845	0.872	0.822	0.871	0.805	0.799	0.824	0.038	82.4	4.55
	2.0	1.78	1.85	1.69	1.85	1.96	1.77	1.80	1.74	1.81	1.78	1.803	0.073	90.2	4.05
特尼哒唑	0.5	0.411	0.369	0.456	0.478	0.412	0.444	0.452	0.447	0.412	0.489	0.437	0.036	87.4	8.24
	1.0	0.877	0.787	0.745	0.879	0.785	0.885	0.922	0.781	0.921	0.803	0.839	0.065	83.9	7.74
	2.0	1.78	1.85	1.96	1.88	1.84	1.74	1.80	1.72	1.82	1.83	1.822	0.069	91.1	3.79
洛硝哒唑	0.5	0.302	0.311	0.396	0.345	0.368	0.341	0.333	0.399	0.365	0.341	0.350	0.032	70.0	9.21
	1.0	0.645	0.704	0.688	0.747	0.721	0.645	0.781	0.752	0.732	0.701	0.712	0.044	71.2	6.25
	2.0	1.51	1.64	1.68	1.72	1.49	1.60	1.75	1.69	1.58	1.70	1.636	0.089	81.8	5.42
地美硝唑	0.5	0.422	0.362	0.312	0.385	0.324	0.336	0.380	0.316	0.325	0.367	0.353	0.036	70.6	10.2
	1.0	0.741	0.659	0.680	0.732	0.741	0.645	0.687	0.735	0.706	0.711	0.704	0.035	70.4	4.95
	2.0	1.59	1.66	1.69	1.74	1.54	1.66	1.70	1.76	1.68	1.73	1.675	0.068	83.8	4.04
替硝唑	0.5	0.360	0.301	0.331	0.342	0.380	0.356	0.302	0.344	0.322	0.341	0.338	0.025	67.6	7.38
	1.0	0.657	0.702	0.826	0.735	0.748	0.766	0.787	0.658	0.699	0.705	0.728	0.055	72.8	7.52
	2.0	1.71	1.78	1.65	1.66	1.59	1.71	1.67	1.55	1.71	1.64	1.667	0.066	83.4	3.95
羟基化异丙硝唑	0.5	0.321	0.369	0.357	0.359	0.411	0.368	0.378	0.322	0.301	0.364	0.355	0.032	71.0	9.05
	1.0	0.645	0.688	0.742	0.756	0.705	0.732	0.687	0.735	0.674	0.756	0.712	0.038	71.2	5.31
	2.0	1.58	1.61	1.72	1.66	1.71	1.69	1.73	1.78	1.68	1.66	1.682	0.058	84.1	3.48
异丙硝唑	0.5	0.432	0.398	0.471	0.336	0.358	0.432	0.412	0.388	0.339	0.410	0.398	0.043	79.5	10.9
	1.0	0.689	0.702	0.765	0.645	0.659	0.687	0.745	0.766	0.780	0.741	0.718	0.048	71.8	6.65
	2.0	1.70	1.69	1.58	1.77	1.68	1.71	1.69	1.78	1.80	1.74	1.715	0.063	85.8	3.69

16.2.3.10　重复性和再现性

在重复性试验条件下，获得的两次独立测试结果的绝对差值不超过重复性限（r），如果差值超过重复性限（r），应舍弃试验结果并重新完成两次单个试验的测定。在再现性试验条件下，获得的两次独立测试结果的绝对差值不超过再现性限（R）。被测物的含量范围、重复性和再现性方程见表 16-23 和表 16-24。

表 16-23　蜂王浆样品基质含量范围及重复性和再现性方程

化合物	含量范围/(μg/kg)	重复性限 r	再现性限 R
羟基化甲硝咪唑	0.5～25.0	$\lg r = 0.9570 \lg m - 0.8176$	$\lg R = 0.7115 \lg m - 0.5829$
甲硝唑	0.5～25.0	$\lg r = 1.0922 \lg m - 0.8648$	$\lg R = 0.7225 \lg m - 0.6263$
2-羟甲基-1-甲基化-5-硝咪唑	0.5～25.0	$\lg r = 0.9930 \lg m - 0.7742$	$\lg R = 0.6444 \lg m - 0.5471$
特尼哒唑	0.5～25.0	$\lg r = 0.9067 \lg m - 0.6989$	$\lg R = 0.6619 \lg m - 0.5039$
洛硝哒唑	0.5～25.0	$\lg r = 0.9814 \lg m - 0.7682$	$\lg R = 0.6001 \lg m - 0.5009$

续表

化合物	含量范围/(μg/kg)	重复性限 r	再现性限 R
地美硝唑	0.5～25.0	$\lg r = 1.1072 \lg m - 0.8606$	$\lg R = 0.7425 \lg m - 0.5632$
替硝唑	0.5～25.0	$\lg r = 0.9894 \lg m - 0.7646$	$\lg R = 0.9261 \lg m - 0.5917$
羟基化异丙硝唑	0.5～25.0	$\lg r = 0.8991 \lg m - 0.7968$	$\lg R = 0.4805 \lg m - 0.4978$
异丙硝唑	0.5～25.0	$\lg r = 1.1057 \lg m - 0.8666$	$\lg R = 0.6861 \lg m - 0.5668$

注：m 为两次测定值的平均值

表 16-24　冻干粉样品基质含量范围及重复性和再现性方程

化合物	含量范围/(μg/kg)	重复性限 r	再现性限 R
羟基化甲硝咪唑	0.5—25.0	$\lg r = 1.2426 \lg m - 0.9564$	$\lg R = 0.7642 \lg m - 0.5940$
甲硝唑	0.5—25.0	$\lg r = 0.9895 \lg m - 0.9262$	$\lg R = 0.7042 \lg m - 0.5970$
2-羟甲基-1-甲基化-5-硝咪唑	0.5—25.0	$\lg r = 1.0877 \lg m - 0.9873$	$\lg R = 0.7378 \lg m - 0.6479$
特尼哒唑	0.5—25.0	$\lg r = 1.0276 \lg m - 0.8149$	$\lg R = 0.6698 \lg m - 0.5866$
洛硝哒唑	0.5—25.0	$\lg r = 0.9215 \lg m - 0.9994$	$\lg R = 0.7365 \lg m - 0.6546$
地美硝唑	0.5—25.0	$\lg r = 0.8742 \lg m - 0.9267$	$\lg R = 0.4042 \lg m - 0.5805$
替硝唑	0.5—25.0	$\lg r = 0.9059 \lg m - 0.8606$	$\lg R = 0.6250 \lg m - 0.6097$
羟基化异丙硝唑	0.5—25.0	$\lg r = 0.8332 \lg m - 0.8668$	$\lg R = 0.6240 \lg m - 0.6499$
异丙硝唑	0.5—25.0	$\lg r = 0.4642 \lg m - 0.8126$	$\lg R = 0.1605 \lg m - 0.6116$

注：m 为两次测定值的平均值

参 考 文 献

[1] European agency for the evaluation of medicinal products. Veterinary medicine evaluation unit. Committee for veterinary medicine products metronidazole（EMEA/MRL/173/96-FINAL0），1997. http: //www. ema. europa. eu/docs/enGB/documentlibrary/MaximumResidueLimits-Report/2009/11/WC500015087. pdf

[2] Rosenkranz H J，Speck W T，Stambaugh J E. Mutagenicity of metronidazole：Structure-activity relationships. Mutation Research，1976，38（3）：203-206

[3] Britzi M，Gross M，Lavy E，Soback S，Steinman A. Bioavailability and pharmacokinetics of metronidazole in fed and fasted horses. Journal of Veterinary Pharmacology and Therapeutics，2010，33（5）：511-514

[4] Sekis I，Ramstead K，Rishniw M，Schwark W S，McDonough S P，Goldstein R E，Papich M，Simpson K W. Single-dose pharmacokinetics and genotoxicity of metronidazole in cats. Journal of Feline Medicine & Surgery，2009，11（2）：60-68

[5] Pargal A，Rao C，Bhopale K K，Pradhan K S，Masani K B，Kaul C L. Comparative pharmacokinetics and amoebicidal activity of metronidazole and satranidazole in the golden hamster，Mesocricetus auratus. Journal of Antimicrobial Chemotherapy，1993，32（3）：483-489

[6] Mustofa，Suryawati S，Santoso B. Pharmacokinetics of metronidazole in saliva. International Journal of Clinical Pharmacology，Therapy，and Toxicology，1991，29（12）：474-478

[7] Martin C，Sastre B，Mallet M N，Bruguerolle B，Brun J P，De Micco P，Gouin F. Pharmacokinetics and tissue penetration of a single 1，000-milligram，intravenous dose of metronidazole for antibiotic prophylaxis of colorectal surgery. Antimicrobial Agents and Chemotherapy，1991，35（12）：2602-2605

[8] Loft S，Nielsen A J，Borg B E，Poulsen H E. Metronidazole and antipyrine metabolism in the rat：clearance determination from one saliva sample. Xenobiotica，1991，21（1）：33-46

[9] Lau A H，Emmons K，Seligsohn R. Pharmacokinetics of intravenous metronidazole at different dosages in healthy subjects. International Journal of Clinical Pharmacology，Therapy，and Toxicology，1991，29（10）：386-390

[10] Loft S. Metronidazole and antipyrine as probes for the study of foreign compound metabolism. Pharmacology and Toxicology，1990，66（S6）：1-31

[11] Meering P G，Gonzalez D G，Maes R A A，Van Peperzeel H A. Kinetic aspects of misonidazole and its major metabolite in radiotherapy. Human & Experimental Toxicology，1985，4（4）：425-434

[12] Tally F P，Sullivan C E. Metronidazole：*In vitro* activity，pharmacology and efficacy in anaerobic bacterial infections.

Pharmacotherapy，1981，1（1）：28-38

[13] Speck W T，Stein A B，Rosenkranz H S. Mutagenicity of metronidazole：presence of several active metabolites in human urine. Journal of the National Cancer Institute，1976，56（2）：283-284

[14] Dobiáš L，Černá M，Rössner P，Šrám R. Genotoxicity and carcinogenicity of metronidazole. Mutation Research，1994，317（3）：177-194

[15] Authority A P V M. The reconsideration of registrations of products containing dimetridazole and their associated approved labels. 2007

[16] Haneke E，Gebhart E. Mutagenicity and carcinogenicity of metronidazole. Hautarz，1983，34（6）：259-260

[17] Chacko M，Bhide S V. Carcinogenicity，perinatal carcinogenicity and teratogenicity of low dose metronidazole（MNZ）in Swiss mice. Journal of Cancer Research and Clinical Oncology，1986，112（2）：135-140

[18] Polzer J，Stachel C，Gowik P. Treatment of turkeys with nitroimidazoles：Impact of the selection of target analytes and matrices on an effective residue control. Analytica Chimica Acta，2004，521（2）：189-200

[19] Polzer J，Gowik P. Validation of a method for the detection and confirmation of nitroimidazoles and corresponding hydroxy metabolites in turkey and swine muscle by means of gas chromatography-negative ion chemical ionization mass spectrometry. Journal of Chromatography B，2001，761（1）：47-60

[20] Wang J H. Determination of three nitroimidazole residues in poultry meat by gas chromatography with nitrogen-phosphorus detection. Journal of Chromatography A，2001，918（2）：435-438

[21] Xia X，Li X，Ding S，Zhang S X，Jiang H Y，Li J C，Shen J Z. Determination of 5-nitroimidazoles and corresponding hydroxy metabolites in swine kidney by ultra-performance liquid chromatography coupled to electrospray tandem mass spectrometry. Analytica Chimica Acta，2009，637（1-2）：79-86

[22] Lin Y，Su Y，Liao X，Yang N，Yang X，Choi M M F. Determination of five nitroimidazole residues in artificial porcine muscle tissue samples by capillary electrophoresis. Talanta，2012，88：646-652

[23] Sun H W，Wang F C，Ai L F. Simultaneous determination of seven nitroimidazole residues in meat by using HPLC-UV detection with solid-phase extraction. Journal of Chromatography B，2007，857（2）：296-300

[24] Cannavan A，Kennedy D G. Determination of dimetridazole in poultry tissues and eggs using liquid chromatography-thermospray mass spectrometry. Analyst，1997，122（9）：963-966

[25] Mottier P，Huré I，Gremaud E，Guy P A. Analysis of four 5-nitroimidazoles and their corresponding hydroxylated metabolites in egg，processed egg，and chicken meat by isotope dilution liquid chromatography tandem mass spectrometry. Journal of Agricultural and Food Chemistry，2006，54（6）：2018-2026

[26] Cronly M，Behan P，Foley B，Malone E，Martin S，Doyle M，Regan L. Rapid multi-class multi-residue method for the confirmation of chloramphenicol and eleven nitroimidazoles in milk and honey by liquid chromatography-tandem mass spectrometry（LC-MS）. Food Additives and Contaminants，2010，27（9）：1233-1246

[27] Hurtaud-Pessel D，Delepine B，Laurentie M. Determination of four nitroimidazole residues in poultry meat by liquid chromatography-mass spectrometry. Journalof Chromatography A，2000，882（1-2）：89-98

[28] Zhou J，Shen J，Xue X，Zhao J，Li Y，Zhang J，Zhang S. Simultaneous determination of nitroimidazole residues in honey samples by high-performance liquid chromatography with ultraviolet detection. Journal of AOAC International，2007，90（3）：872-878

[29] Sorensen L K，Hansen H. Determination of metronidazole and hydroxymetronidazole in trout by a high-performance liquid chromatographic method. Food Additives and Contaminants，2000，17（3）：197-203

[30] Thompson C S，Traynor I M，Fodey T L，Crooks S R H. Improved screening method for the detection of a range of nitroimidazoles in various matrices by optical biosensor. Analytica Chimica Acta，2009，637（1-2）：259-264

[31] Sun H W，Wang F C，Ai L F，Guo C H，Chen R C. Validated method for determination of eight banned nitroimidazole residues in natural casings by LC/MS/MS with solid-phase extraction. Journal of AOAC International，2009，92（2）：612-621

[32] Zeleny R，Harbeck S，Schimmel H. Validation of a liquid chromatography-tandem mass spectrometry method for the identification and quantification of 5-nitroimidazole drugs and their corresponding hydroxy metabolites in lyophilised pork meat. Journal of Chromatography A，2009，1216（2）：249-256

[33] 黎翠玉，吴敏，严丽娟，曾三妹，徐敦明，周昱. 高效液相色谱-串联质谱测定动物源性食品中硝基咪唑类药物及其代谢物残留量. 食品安全质量检测学报，2012（1）：17-22

[34] 刘玉芳，朱万燕，吴淑秀，刘冰. 高效液相色谱-质谱联用测定盐渍羊肠衣中硝基咪唑类残留量. 现代农业科技，2010（19）：14-15

[35] Sakamoto M，Takeba K，Sasamoto T，Kusano T，Hayashi H，Kanai S，Kanda M，Nagayama T. Determination of dimetridazole，metronidazole and ronidazole in salmon and honey by liquid chromatography coupled with tandem mass spectrometry. Journal of the Food Hygienic Society of Japan，2011，52（1）：51-58

[36] 丁涛，徐锦忠，沈崇钰，蒋原，陈惠兰，吴斌，赵增运，李公海，张婧，刘飞. 高效液相色谱-串联质谱联用测定蜂王浆中的三种硝基咪唑类残留. 色谱，2006，24（4）：331-334

[37] 高小龙. 鸡可食组织和蜂产品中硝基咪唑类药物残留检测的 HPLC 研究. 武汉：华中农业大学硕士学位论文，2005

[38] GB/T 21318--2007 动物源食品中硝基咪唑残留量检验方法. 北京：中国标准出版社，2007

[39] Semeniuk S，Posyniak A，Niedzielska J，Zmudzki J. Determination of nitroimidazole residues in poultry tissues，serum and eggs by high-performance liquid chromatography. Biomedical Chromatography，1995，9（5）：238-242

[40] Shen J，Yhang Y，Zhang S，Ding S，Xiang X. Determination of nitroimidazoles and their metabolites in swine tissues by liquid chromatography. Journal of AOAC International，2003，86（3）：505-509

[41] Gaugain M，Abjean J P. High-performance thin-layer chromatographic method for the fluorescence detection of three nitroimidazole residues in pork and poultry tissue. Journal of Chromatography A，1996，737（2）：343-346

[42] Cronly M，Behan P，Foley B，Malone E，Regan L. Rapid confirmatory method for the determination of 11 nitroimidazoles in egg using liquid chromatography tandem mass spectrometry. Journal of Chromatography A，2009，1216（46）：8101-8109

[43] Sams M J，Barnes K A，Damant A P，Rose M D，Strutt P R. Determination of dimetridazole，ronidazole and their common metabolite in poultry muscle and eggs by high performance liquid chromatography with UV detection and confirmatory analysis by atmospheric pressure chemical ionisation mass spectrometry. Analyst，1998，123（12）：2545-2549

[44] Xia X，Li X，Zhang S，Ding S，Jiang H，Shen J. Confirmation of four nitroimidazoles in porcine liver by liquid chromatography-tandem mass spectrometry. Analytica Chimica Acta，2007，586（1-2）：394-398

[45] 王扬，郑重莺，何丰，叶磊海. 高效液相色谱法测定罗非鱼肌肉中硝基咪唑类多组分残留量. 食品科学，2011（20）：197-199

[46] GB/T 20744—2006 蜂蜜中甲硝唑、罗硝唑和地美硝唑测定. 北京：中国标准出版社，2006

[47] Ho C，Sin D W M，Wong K M，Tang H P O. Determination of dimetridazole and metronidazole in poultry and porcine tissues by gas chromatography-electron capture negative ionization mass spectrometry. Analytica Chimica Acta，2005，530（1）：23-31

[48] Huang X，Lin J，Yuan D. Simple and sensitive determination of nitroimidazole residues in honey using stir bar sorptive extraction with mixed mode monolith followed by liquid chromatography. Journal of Separation Science，2011，34（16-17）：2138-2144

[49] 李义坤. 水和鸡组织中硝基咪唑单滴微萃取 GC/MS 检测方法建立. 武汉：华中农业大学硕士学位论文，2009

[50] Mohamed R，Mottier P，Treguier L，Richoz-Payot J，Yilmaz E，Tabet J C，Guy P A. Use of molecularly imprinted solid-phase extraction sorbent for the determination of four 5-nitroimidazoles and three of their metabolites from egg-based samples before tandem LC-ESIMS/MS analysis. Journal of Agricultural and Food Chemistry，2008，56（10）：3500-3508

[51] Zelnickova H，Rejtharova M. Determination of 5-nitroimidazoles in various types of matrices using molecular imprinted polymer purification. Food Additives and Contaminants，2013，30（6）：1123-1127

[52] Meshram D B，Bagade S B，Tajne M R. Simultaneous determination of metronidazole and miconazole nitrate in gel by HPTLC. Pakistan journal of pharmaceutical sciences，2009，22（3）：323-328

[53] Hernandez-Mesa M，Garcia-Campana A M，Cruces-Blanco C. Novel solid phase extraction method for the analysis of 5-nitroimidazoles and metabolites in milk samples by capillary electrophoresis. Food Chemistry，2014，145C：161-167

[54] Wood N F. GLC analysis of metronidazole in human plasma. Journal of Pharmaceutical Sciences，1975，64（6）：1048-1049

[55] Bhatia S C，Shanbhag V D. Electron-capture gas chromatographic assays of 5-nitroimidazole class of antimicrobials in blood. Journal of Chromatography B，1984，305（2）：325-334

[56] 汪纪仓. 猪可食组织中硝基咪唑类药物多残留的 HPLC 法和 GC-MS/MS 法研究. 武汉：华中农业大学硕士学位论文，2005

[57] 高小龙. 鸡可食组织和蜂产品中硝基咪唑类药物残留检测的 HPLC 研究. 华中农业大学硕士学位论文，2005

[58] 殷居易，谢东华，陈杰，章再婷. SPE 净化 HPLC-APCI（+）-MS/MS 分析肉类食品中硝基咪唑类药物原药及代谢物残留量. 质谱学报，2009（4）：193-200

[59] Xia X，Li X，Shen J，Zhanc S，Ding S，Jiang H. Determination of four nitroimidazoles in poultry and swine muscle and

eggs by liquid chromatography/tandem mass spectrometry. Journal of AOAC International，2006，89（1）：94-99

[60] Cronly M，Behan P，Foley B. Rapid confirmatory method for the determination of 11 nitroimidazoles in egg using liquid chromatography tandem mass spectrometry. Journal of Chromatography A，2009，1216（46）：8101-8109

[61] Fraselle S，Derop V，Degroodt J M，Van Loco J. Validation of a method for the detection and confirmation of nitroimidazoles and the corresponding hydroxy metabolites in pig plasma by high performance liquid chromatography-tandem mass spectrometry. Analytica chimica acta，2007，586（1-2）：383-393

[62] Cronly M，Behan P，Foley B. Development and validation of a rapid method for the determination and confirmation of 10 nitroimidazoles in animal plasma using liquid chromatography tandem mass spectrometry. Journal of Chromatography B，2009，877（14-15）：1494-1500

[63] Xia X，Li X，Shen J，Zhang S，Ding S，Jiang H. Determination of nitroimidazole residues in porcine urine by liquid chromatography/tandem mass spectrometry. Journal of AOAC International，2006，89（4）：1116-1119

[64] Wang Y，He F，Wan Y，Meng M，Xu J，Zhang Y，Yi J，Feng C，Wang S，Xi R. Indirect competitive enzyme-linked immuno-sorbent assay（ELISA）for nitroimidazoles in food products. Food Additives and Contaminants，2011，28（5）：619-626

[65] Huet A，Mortier L，Daeseleire E，Fodey T，Elliott C，Delahaut P. Development of an ELISA screening test for nitroimidazoles in egg and chicken muscle. Analytica Chimica Acta，2005，534（1）：157-162

[66] Connolly L，Thompson C S，Haughey S A，Traynor I M，Tittlemeier S，Elliott C T. The development of a multi-nitroimidazole residue analysis assay by optical biosensor via a proof of concept project to develop and assess a prototype test kit. Analytica Chimica Acta，2007，598（1）：155-161

[67] GB/T 22982—2008 牛奶和奶粉中甲硝唑、洛硝哒唑、二甲硝唑及其代谢物残留量的测定 液相色谱-串联质谱法. 北京：中国标准出版社，2008

[68] GB/T 22949—2008 蜂王浆及冻干粉中硝基咪唑类药物残留量的测定 液相色谱-串联质谱法. 北京：中国标准出版社，2008

17 苯并咪唑类药物

17.1 概　　述

苯并咪唑类药物（benzimidazoles，BMZs），是人工合成的一类多环芳香杂环化合物，广泛应用于动物和水产养殖业，用于预防和治疗寄生虫感染。部分该类药物还用于农作物收获前后控制真菌感染[1]。噻苯咪唑（thiabendazole，TBZ）是第一个上市的 BMZs，主要用于控制胃肠道线虫、肺线虫感染[1]。随后，一系列具有相似生物学活性的药物，如丁苯咪唑（parbendazole，PAR）、坎苯达唑（cambendazole，CAM）、甲苯咪唑（mebendazole，MBZ）和奥苯达唑（oxibendazole，OXI）等相继上市[2]。

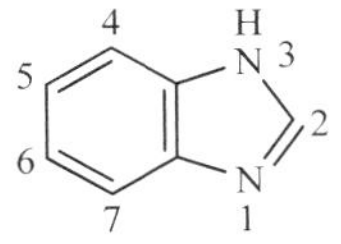

除前体药物苯硫脲（febantel，FEB）、硫苯脲酯（thiophanate）等外，BMZs都具有相同的母核结构（见图 17-1）。根据 2 位取代基的不同大致可以分为三类：第一类 2 位被氨基甲酸酯取代，包括阿苯达唑（albendazole，ABZ）、芬苯达唑（fenbendazole，FBZ）、奥芬达唑（oxfendazole，OFZ）及其砜（—SO_2）、亚砜（—SO）等；第二类为 2 位被噻唑取代，如 CAM、TBZ 及 5-羟基噻苯咪唑等；第三类为其他类，如三氯苯达唑（triclabendazole，TCB）、MBZ 等。

图 17-1　BMZs 母核结构

17.1.1　理化性质与用途

17.1.1.1　理化性质

BMZs 抗寄生虫药物结构中均含有苯并咪唑结构母核，多为白色或黄白色结晶性粉末，遇生物碱显色剂呈显色反应，熔点在 200～300℃之间，熔化常伴随分解。BMZs 类药物为中等极性，在纯水中难溶，但结构中的咪唑环上有酸性和碱性氮原子，多数呈弱碱性，通常在 pK_a 5～6 时为质子态，pK_a 12 时为分子态，溶于稀无机酸、甲酸、乙酸溶液；BMZs 在 pH 1～2 的水溶液中溶解度最高（如 TBZ 接近 1%），在 pH 8～10 的水溶液中溶解度最低，水溶液 pH 大于 12 时溶解度又升高；在大多数有机溶剂（特别是低极性溶剂）中难溶，但在碱性条件下易溶于乙酸乙酯、氯仿等有机溶剂。BMZs 的氨基甲酸酯类结构在强酸、强碱和加热条件下可发生水解，生成 2-氨基衍生物；同时，含硫的药物易被氧化生成含亚砜和砜的代谢物。BMZs 结构中苯并咪唑共轭体系的存在使其在紫外区有很强的光吸收，在酸性溶液中有 225～252 nm 和 285～315 nm 两个吸收峰，并随着溶液 pH 的升高（结构中负电荷增加），吸收峰波长增加，发生红移。

常用 BMZs 的理化性质见表 17-1。

表 17-1　常用 BMZs 的理化性质

化合物	CAS 号	分子式	分子量	结构式	分子态 pH 范围	理化性质
阿苯达唑（albendazole，ABZ）	54965-21-8	$C_{12}H_{15}N_3O_2S$	265.33	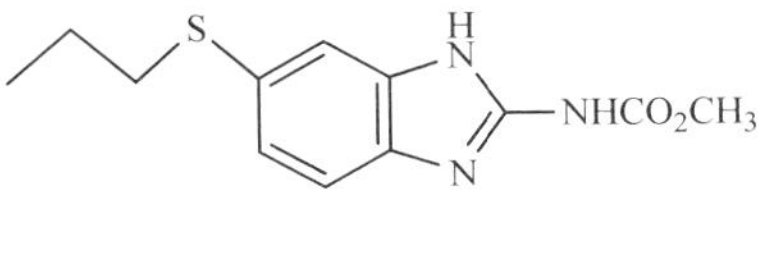	7.7～11.2	白色或类白色粉末，无臭，无味；不溶于水，微溶于丙酮或氯仿；熔点 208～210℃
阿苯达唑亚砜（albendazole sulfoxide，ABZ-SO）	54029-12-8	$C_{12}H_{15}N_3O_3S$	281.33	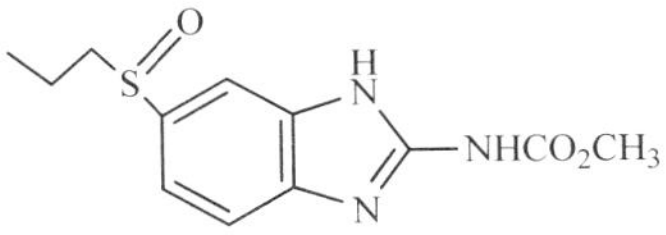	7.6～11.2	ABZ 活性代谢产物；密度 1.40；熔点 218～220℃

续表

化合物	CAS 号	分子式	分子量	结构式	分子态 pH 范围	理化性质
阿苯达唑砜（albendazole sulfone，ABZ-SO₂）	75184-71-3	$C_{12}H_{15}N_3O_4S$	297.33		5.5～9.2	ABZ 无活性代谢产物
阿苯达唑氨基砜（aminoalbendazole sulfone，ABZ-NH₂-SO₂）	80983-34-2	$C_{10}H_{13}N_3O_2S$	239.29		7.9～11.3	ABZ 代谢产物
芬苯达唑（fenbendazole，FBZ）	432310-67-9	$C_{15}H_{13}N_3O_2S$	299.35		7.1～9.8	类白色结晶性粉末，无臭，无味；熔点 233℃（分解）；不溶于水，微溶于有机溶剂，易溶于二甲基亚砜；毒性低
奥芬达唑（oxfendazole，OFZ）	53716-50-0	$C_{15}H_{13}N_3O_3S$	315.35		6.1～9.8	白色或类白色粉末，有轻微的特殊气味；在甲醇、丙酮、氯仿、乙醚中微溶，在水中不溶
芬苯达唑砜（fenbendazole sulfone，FBZ-SO₂）	54029-20-8	$C_{15}H_{13}N_3O_4S$	331.35		5.4～9.2	FBZ 代谢物；熔点＞300℃
苯硫脲（febantel，FEB）	58306-30-2	$C_{20}H_{22}N_4O_6S$	446.48		—	粉末；熔点 129～130℃；可溶于丙酮、三氯甲烷、四氢呋喃和二氯甲烷，不溶于水和乙醇
奥苯达唑（oxibendazole，OXI）	20559-55-1	$C_{12}H_{15}N_3O_3$	249.27		8.2～11.8	熔点 230～231℃
氟苯哒唑（flubendazole，FLU）	31430-15-6	$C_{16}H_{12}FN_3O_3$	313.28		6.1～9.8	密度 1.444 g/cm³；熔点 290℃
氨基氟苯哒唑（amino flubendazole，FLU-HMET）	82050-13-3	$C_{14}H_{10}FN_3O$	255.25		6.5～11.9	FLU 代谢物

化合物	CAS 号	分子式	分子量	结构式	分子态 pH 范围	理化性质
羟基氟苯哒唑（hydroxy flubendazole，FLU-RMET）	82050-12-2	$C_{16}H_{14}FN_3O_3$	315.30		7.6～11.2	FLU 代谢物
甲苯咪唑（mebendazole，MBZ）	31431-39-7	$C_{16}H_{13}N_3O_3$	295.29		6.1～9.8	熔点 288.5℃
氨基甲苯咪唑（amino mebendazole，MBZ-NH$_2$）	52329-60-9	$C_{14}H_{11}N_3O$	237.26		—	MBZ 代谢物
羟基甲苯咪唑（hydroxy mebendazole，MBZ-OH）	60254-95-7	$C_{16}H_{15}N_3O_3$	297.3		7.6～11.2	MBZ 代谢物
噻苯咪唑（thiabendazole，TBZ）	148-79-8	$C_{10}H_7N_3S$	201.25		7.2～10.9	白色或米黄色结晶或粉末，味微苦，无臭；熔点 304～305℃；在水中溶解度随 pH 而改变
5-羟基噻苯咪唑（thiabendazole-5-hydroxy，TBZ-5-OH）	948-71-0	$C_{10}H_7N_3OS$	217.25		—	TBZ 的代谢物
5-氨基噻苯咪唑（thiabendazole-5-amino，TBZ-5-NH$_2$）	25893-06-5	$C_{10}H_8N_4S$	216.26		—	TBZ 的代谢物
坎苯达唑（cambendazole，CAM）	26097-80-3	$C_{14}H_{14}N_4O_2S$	302.38		7.4～13.1	密度（1.4±0.1）g/cm³
丁苯咪唑（parbendazole，PAR）	14255-87-9	$C_{13}H_{17}N_3O_2$	247.29		7.9～11.6	密度 1.234 g/cm³；熔点 255～257℃；水溶性＜0.1 g/100 mL
三氯苯达唑（triclabendazole，TCB）	68786-66-3	$C_{14}H_9Cl_3N_2OS$	359.66		7.3～11.0	白色致类白色结晶性粉末，无臭；溶于甲醇和乙酸乙酯等有机溶剂中；熔点 175～176℃；密度 1.59 g/cm³
三氯苯达唑亚砜（triclabendazole sulfoxide，TCB-SO）	100648-13-3	$C_{14}H_9Cl_3N_2O_2S$	375.66		5.0～9.0	TCB 代谢物

化合物	CAS 号	分子式	分子量	结构式	分子态 pH 范围	理化性质
三氯苯达唑砜（triclabendazole sulfone，TCB-SO₂）	100648-14-4	$C_{14}H_9Cl_3N_2O_3S$	391.66		3.8～8.0	TCB 代谢物
奈托比胺（netobimin，NETO）	88255-01-0	$C_{14}H_{20}N_4O_7S_2$	420.46		—	密度 1.48 g/cm³
硫苯脲酯（thiophanate）	23564-06-9	$C_{14}H_{18}N_4O_4S_2$	370.45		—	无色晶体；不溶于水、苯、二甲苯，溶于环己酮、二甲基甲酰胺等；熔点195℃

17.1.1.2　用途

17.1.1.2.1　作用机理

一种理论认为，BMZs 药物主要通过抑制线虫的延胡索酸还原酶而发挥杀虫作用。高继国等[3]通过试验来测定阿苯达唑和奥芬达唑对猪囊尾蚴组织匀浆中延胡索酸还原酶活性的抑制作用，结果表明两种药物均能抑制延胡索酸还原酶活性，非竞争性抑制延胡索酸还原酶复合体活性，从而导致虫体因能量耗竭而死亡。Sharma 等[4]报道了甲苯咪唑能引起鸡异刺线虫和鸡蛔虫的苹果酸脱氢酶活性降低，推测其观察到的现象可能与甲苯咪唑抑制延胡索酸还原酶活性而引起苹果酸脱氢酶活性被反馈抑制有关。Wani 等[5]研究了缩小膜壳绦虫体内与苹果酸代谢有关的酶类，包括延胡索酸还原酶、NADH氧化酶、苹果酸酶、琥珀酸脱氢酶、延胡索酸酶和 NADPH、NAD⁺转氢酶，以及甲苯咪唑、芬苯达唑等 BMZs 对这些酶活性的影响。结果发现这些药物可显著抑制上述酶的活性（除苹果酸酶外），由此推测甲苯咪唑、芬苯达唑等可能抑制延胡索酸还原酶复合体活性，引起复合体中有关酶活性下降。

另一种理论认为，BMZs 药物作用机制的本质是抑制蠕虫线粒体的电子传递体系和与电子传递体系偶联的磷酸化反应，抑制与微管形成有关的葡萄糖转运系统，从而使 ATP 的合成反应受到抑制，达到杀虫目的。Lacey 等[6]通过研究 BMZs 药物对哺乳动物微管的抑制作用和对寄生蠕虫虫卵的杀灭作用，认为药物对哺乳动物微管的强抑制作用可能会抑制虫卵孵化，由此推测 BMZs 药物对寄生蠕虫虫卵作用的基本模式是抑制微管的虫卵发育过程。Geary 等[7]克隆了捻转血矛线虫 β-微管蛋白的cDNA，研究认为 BMZs 药物的抗性可能与 β-微管蛋白基因的差异有关。Kwa 等[8]和 Beech 等[9]也发现了该类药物的抗性大小与 β-微管蛋白基因的突变程度有关。

此外，也有观点认为 BMZs 同时作用于多种代谢途径，共同发挥作用，因而真正阐明此类药物的作用机理仍需进一步研究。

17.1.1.2.2　临床应用

BMZs 具有驱虫谱广、驱虫效果好、毒性低等特点，并且还具有一定的杀灭幼虫和虫卵作用，是目前应用最多、最广的抗寄生虫药物之一，广泛用于控制猪、牛、羊的消化道寄生虫病。BMZs 主要以饲料添加剂的形式应用，多数情况下需要连续用药才能起到抑制和杀灭虫体的作用。目前应用较多的 BMZs 主要有阿苯达唑、芬苯达唑、奥芬达唑和噻苯咪唑等。

阿苯达唑对动物线虫、吸虫、绦虫均有驱除作用。芬苯达唑不仅对胃肠道线虫成虫及幼虫有高度驱虫活性，而且对网尾线虫、片形吸虫和绦虫亦有良好效果，还有极强的杀虫卵作用。奥芬达唑驱虫谱与芬苯达唑相同，但其作用效果比芬苯达唑强 1 倍。噻苯咪唑主要用来治疗由蛔虫、蛲虫、鞭虫、旋毛虫和粪类圆线虫所引起的寄生虫病，是治疗粪类圆线虫的首选药物，但毒性比阿苯达唑大。噻苯咪唑不仅对大多数胃肠道线虫均有高效，而且还能杀灭排泄物中虫卵及抑制虫卵发育。

17.1.2 代谢和毒理学

17.1.2.1 体内代谢过程

研究 BMZs 抗寄生虫药物的药代动力学对于确定其药物活性意义重大。大多 BMZs 经胃肠道后被血液吸收，然后转运到体内不同器官，主要在肝脏进行代谢，最后经过粪便与尿液排出。由于 BMZs 在水中不易溶解，因此，其在胃肠道的吸收速率与化合物的种类、动物品种、给药剂量和途径、剂型、溶解度等因素有关。

内服噻苯咪唑，在肠道中易吸收，其血液中药物峰值出现在给药后 4～5 h，体内分布广，组织代谢快，其代谢物 5-羟基噻苯咪唑可与硫酸或葡萄糖醛酸结合，在 3 天内几乎完全由尿排出。阿苯达唑的体内过程与噻苯咪唑相似，但内服后仅部分药物在胃肠道内被吸收，多数以原型由粪便排出。被吸收的药物，体内分布广，组织代谢也快，其羟化代谢物主要由尿排出，也有少量由乳汁排出。芬苯达唑内服仅少量吸收，在体内的代谢活性产物为磷氧苯咪唑亚砜和砜，犊牛和马的血药峰值浓度分别为 0.11 μg/mL 和 0.07 μg/mL，在家畜体内，44%～50% 以原型从粪便排泄。奥芬达唑从胃肠道吸收较迅速，药物峰值集中在 6～30 h，在绵羊和山羊体内的半衰期分别为 7.5 h 和 5.2 h，在体内代谢为有活性的亚砜和砜代谢物。Rose[10] 研究了牛体内芬苯达唑和奥芬达唑的代谢动力学，发现口服或者肌肉注射的给药方式对奥芬达唑的代谢动力学无明显影响，芬苯达唑在体内可以转化为奥芬达唑，而奥芬达唑在体内也可转化为芬苯达唑。Oukessou 等[11] 测定了奥芬达唑、芬苯达唑、芬苯达唑砜在绵羊血清中的含量，并推测出了芬苯达唑的转化规律即贫瘠的干草能够延长药物滞留时间从而增加驱虫活性。Hennessy 等[12] 对奥芬达唑治疗山羊和绵羊捻转血矛线虫、毛圆线虫感染的代谢动力学进行了研究，发现山羊在体内代谢及排泄奥芬达唑的速度比绵羊更快。奥苯达唑在消化道难吸收，吸收后 24～72 h 约有 34% 随尿排出，6 天后测不到原型药。氟苯达唑的吸收主要发生在给药后的 2～7 h。Gokbulut 等[13] 比较了芬苯达唑、奥芬达唑和阿苯达唑在狗血液中的分布，发现奥芬达唑及其代谢物在血液中的浓度远高于其他两种药物，维持时间较芬苯达唑和阿苯达唑时间长。

试验表明，不同 BMZs 在不同种类动物、不同组织之间代谢和残留差异很大。

Iosifidou 等[14] 通过口饲和药浴进行虹鳟鱼体内芬苯达唑的代谢试验。FBZ 通过口服 6 mg/kg 体重剂量和 12℃下药浴 1.5 mg/L 剂量 12 h 两种途径给药，间隔 12 h、24 h 采集肌肉和皮肤样品检测 FBZ、FBZ-SO、FBZ-SO$_2$。试验证明，在虹鳟鱼中，FBZ 代谢成 FBZ-SO，而且在皮肤中会有 FBZ 和 FBZ-SO 的积累。在口饲和药浴途径下，FBZ 在虹鳟鱼的体内残留时间分别为 96 h 和 24 h。牛、羊使用 ABZ、ABZ-SO 或 NETO 后，ABZ-SO 和 ABZ-SO$_2$ 很容易超过残留限量，而 ABZ-NH$_2$-SO$_2$ 持续时间最长，但通常都低于残留限量。绵羊给予 FBZ 后，OFZ 是组织中的主要残留物，很少发现有 FBZ 单独在动物组织中残留。牛给予 FEB 和 FBZ 后，在消除早期发现有低浓度的 OFZ 和 FBZ-SO$_2$。对于大多数 BMZs 药物而言，其残留标示物为药物原形和主要的或持久的代谢物总和。动物使用 BMZs 相关药物后，组织中残留情况视所使用药物种类（ABZ、ABZ-SO 或 NETO）、给药途径、靶组织及停药时间而定。在消除期早期，组织中主要残留为 ABZ-SO 和 ABZ-SO$_2$，随着消除期的延长，最大的残留标示物就变为 ABZ-NH$_2$-SO$_2$。所以，残留标示物就是 ABZ-SO、ABZ-SO$_2$ 和 ABZ-NH$_2$-SO$_2$ 的总和。

17.1.2.2 毒理学与不良反应

虽然 BMZs 是广谱、高效、低毒的抗寄生虫药物，但不合理的用药也会引起严重的不良反应，长期使用不仅可能引起某些寄生虫耐药,产生交叉耐药性,而且会导致动物性食品中药物残留累积。

BMZs 达到推荐剂量的 20～30 倍以内被认为是安全的,很难产生急性毒性。但一些药物,如 TBZ 和 FBZ 的 LD$_{50}$ 值很难确定,有关该类药物急性毒性报道也很少。需要特别注意的是,某些 BMZs 的代谢物比药物原型的毒性更大,比如在小鼠身上发现,羟基甲苯咪唑比甲苯咪唑毒性更大[15]。

动物试验证明,部分 BMZs 具有一定的胚胎毒性及致畸作用。对妊娠 24 周的绵羊给予小剂量的 ABZ,可诱发各种胚胎畸形,应用较大剂量[30 mg/(kg·d)]时,会造成雌大白鼠和雌兔胎儿骨骼畸形等;奥芬达唑治疗量虽对妊娠母羊无胎毒作用,但在妊娠 17 天时,22.5 mg/kg 用量对胚胎有毒且有致畸影响;在有 OXI 的培养基中,人工培养仓鼠卵巢细胞,发现了多倍体。通常如果在怀孕早期必须使用 BMZs,需要有确实的理由,并且使用最低推荐剂量。

BMZs 还会引起动物产生不良反应。在蛋鸡饲料中添加 FLU 会造成蛋鸡短暂的腹泻,但对其产蛋率、受精率和孵化率没有影响;狗长期使用 TBZ 会出现贫血;母牛使用甲苯咪唑,在一些情况下会出现致命的肺水肿和淋巴结坏死。

滥用 BMZs 可能引起寄生虫产生耐药性。阿苯达唑、噻苯咪唑能使寄生蠕虫产生耐药性,而且有可能对其他 BMZs 驱虫药产生交叉耐药现象。

17.1.3 最大允许残留限量

为了保证消费者食用动物性食品的安全,包括欧盟、美国、日本和中国在内的大多数国家和地区都已经制定了 BMZs 及其代谢物的最大允许残留限量(maximum residue limit,MRL)。目前,世界主要国家和组织制定的 BMZs 的 MRLs 见表 17-2。

表 17-2　主要国家和组织规定的 BMZs 的 MRLs(μg/kg)

药物	残留标示物	动物类别	组织	中国	欧盟	美国	日本	CAC[a]
ABZ	ABZ、ABZ-SO$_2$、ABZ-SO 和 ABZ-NH$_2$-SO$_2$ 的总量	牛/羊	肌肉	100	100			100
			脂肪	100	100	50		100
			肝	5000	1000			5000
			肾	5000	500	250		5000
			奶	100	100			100
NETO	ABZ、ABZ-SO$_2$、ABZ-SO 和 ABZ-NH$_2$-SO$_2$ 的总量	牛/绵羊	肌肉		100			
			脂肪		100			
			肝		1000			
			肾		500			
			奶		100			
FBZ	FBZ-SO$_2$	牛/马/猪/羊	肌肉	100	50			100
			脂肪	100	50	400		100
			肝	500	500			500
		牛/羊	肾	100	50	800		100
			奶	100	10	600		
OFZ/Fenbantel	FBZ-SO$_2$	牛/马/猪/羊	肌肉	100	50			100
			脂肪	100	50	840		100
			肝	500	500	2500		500
		牛/羊	肾	100	50	1700		100
			奶	10				100
OXI	OXI	猪	肌肉	100	100			
			皮+脂	500	500			
			肝	200	200			
			肾	100	100			
TBZ	TBZ 和 TBZ-5-OH 的总量	牛/猪/绵羊/山羊	肌肉	100	100	100	100	100
			脂肪	100	100	100	100	100
			肝	100	100	100	100	100
		牛/山羊	肾	100	100	100	100	100
			奶	100		50	100	100
MBZ	MBZ、MBZ-OH 和 MBZ-NH$_2$ 的总量	羊/马(产奶期禁用)	肌肉	60	60			
			脂肪	60	60			
			肝	400	400			
			肾	60	60			

药物	残留标示物	动物类别	组织	中国	欧盟	美国	日本	CAC[a]
MBZ	MBZ、MBZ-OH 和 MBZ-NH$_2$ 的总量	牛	肌肉	200			200	
			脂肪	100	100		100	
			肝	300	100		300	
			肾	300	1000		300	
TCB	TCB、TCB-SO 和 TCB-SO$_2$ 的总和	羊	肌肉	100			100	
			脂肪	100	500		100	
			肝	100	100		100	
			肾	100			100	
FLU	FLU 和 FLU-HMET 的总量	猪	肌肉	10			10	
			肝	10			10	
		禽	肌肉	200			200	
			肝	500			500	
			蛋	400			400	

a：CAC（Codex Alimentarius Commission）为食品法典委员会

17.1.4 残留分析技术

17.1.4.1 前处理方法

药物残留检测方法建立过程中前处理方法至关重要，样品净化的好坏不仅直接影响到方法的灵敏度和回收率，而且影响整个分析方法的用时和工作量。一般样品前处理过程包括提取和净化两个环节。BMZs 属于弱碱性，在碱性条件下易溶于有机溶剂，所以对于常规的检测方法，样品前处理过程经常采用碱化的有机溶剂进行提取，经过正己烷除脂净化，然后过固相萃取柱再净化，此外也有使用离子对、基质固相分散技术、超临界流体萃取技术进行萃取净化的报道。

（1）水解方法

水解是为了让与蛋白或共轭物上结合的 BMZs 残留物释放出来，或者使其变成其通常的分子结构。在 BMZs 残留分析中，绝大多数都采用了水解轭合物步骤。水解方法主要包括酶水解和酸水解等。酶水解时间较长，一般需过夜；酸水解加热数小时即可水解完全。

1）酶水解

酶水解通常将酶加到样品中，混匀，置于 37℃水浴锅或摇床上，缓慢震荡过夜酶解，然后再进行提取。依据不同的组织样品，常用的酶有 β-葡萄糖醛酸酶、硫酸酯酶和蛋白酶等。酶解的操作比较简单，只是对温度有要求，一般需要过夜酶解，耗时较长。

Chuckwudebe 等[16]对蛋鸡和泌乳羊体内 TBZ 的代谢进行了详细研究。采用酶解的方法，发现排泄物、蛋、奶及其他可食用组织中 TBZ 轭合物主要以硫酸盐的形式存在。蜗牛酶水解法在 0.1 mol/L pH 5 的醋酸钠缓冲液中进行，硫酸酯酶水解法在 0.05 mol/L pH 7 的 Tris 缓冲液中进行，β-葡萄糖醛酸酶水解法在 0.5 mol/L pH 7 的磷酸钾缓冲液中进行。TBZ 的代谢物 TBZ-5-OH 邻硫酸盐是在无 β-葡萄糖醛酸酶的情况下，由其他两种酶水解而来。Vandenheuvel 等[17]在蓝腮太阳鱼研究中采用酶解的方法把 TBZ-5-OH 从轭合物中解离出来。用蜗牛酶和硫酸酯酶活性比为 13.5∶1，加入每个样品中，再加入一滴甲苯，37℃孵育过夜，然后将样品加热到 60℃维持 5 min，用 0.1 mol/L 乙酸钠溶液调至 pH 6.3，然后用乙酸乙酯提取鱼可食组织和内脏中的药物，两种组织中药物的回收率基本相同，均大于 90%。Tocco 等[18]发现尿中 TBZ 代谢物主要以葡萄糖醛酸和硫酸盐结合的 TBZ-5-OH 的形式存在。因此，轭合物通常采用 β-葡萄糖醛酸酶或葡萄糖苷酶水解方法，将 1000 单位的 β-葡萄糖醛酸酶溶解到 10 mL pH 6.5 的索伦森缓冲液中，37℃孵育 18 h，再用乙酸乙酯提取水相中的 TBZ-5-OH。酶解法证明了 TBZ 分子上一定有糖部分。Caprioli 等[19]采用蛋白酶对牛肝脏组织进行酶解。5 g 牛肝组织匀浆加 15 mL pH 3.0 的磷酸缓冲液，然后再加 1.5 mL 蛋白酶涡动混匀，用盐酸调至 pH 3.78，37℃过夜酶解。从结果来看，对于牛肝添加样品，酶解方法的回收率普遍没有不酶解的方法高。对于阿苯达唑等 14 种 BMZs 药物和代谢物中只有 TBZ-5-OH 的回收率为 98%，大于没有酶解方法的 95%；其余药物的回收率都没有不酶解方法的高，当然该方法的提取溶剂与不酶解的不同，所以对于酶解效果很难进行比较。

· 672 · 兽药多组分残留分析技术

2）酸水解

与酶水解相比，酸水解往往需要较高的温度（80～100℃），但酸解的时间较短，一般约需数小时。许多残留检测方法都采用了酸解方法。

Markus 等[20]提取肝脏组织中 ABZ 代谢物时，采用酸解的方法使组织中的代谢物转化成 $ABZ-NH_2-SO_2$。采用 6 mol/L HCl 在 110℃±4℃，15 psi 大气压下水解 30 min，1 h 后取出样品，室温冷却约 5 min。此方法回收率为 101.7%±5.2%。Arenas 等[21]将 5 mL 奶样用浓盐酸在 85～90℃酸解 4 h，释放出与硫酸盐结合的 TBZ-5-OH，酸解物用 NaOH 中和并调节 pH 至 8.0，然后用乙酸乙酯提取，提取物用 PRS 阳离子交换柱净化，高效液相色谱（HPLC）检测。TBZ、TBZ-5-OH 和与硫酸盐结合的 TBZ-5-OH 回收率分别大于 87%、98%和 96%。Tocco 等[18]也采用 6 mol/L HCl 回馏 1 h，水解尿中硫酸盐结合的 TBZ-5-OH，中和至 pH 6.0，然后再用乙酸乙酯提取。Chu 等[22]用阿苯达唑主要代谢产物 $ABZ-NH_2-SO_2$ 作为残留标示物，建立了检测奶中 ABZ 代谢物残留的方法。奶样加磷酸于 100℃水解 1 h，接着用 SCX SPE 柱净化。在这个过程中，酸解使 $ABZ-NH_2-SO_2$ 游离出来。用反相 HPLC 定量检测残留标示物。该方法适用于 $ABZ-SO_2$、$ABZ-NH_2-SO$ 和 $ABZ-NH_2-SO_2$ 结合物的检测，但不适用于 ABZ、NETO 或 ABZ-SO 的检测。结果显示，该方法能够检测奶牛给药后 36～120 h 内奶中大于 40%的 ABZ 残留；添加水平为 25～200 ng/mL 时的回收率在 91%～105%之间，重复分析试验的相对标准偏差（RSD）小于 5%。

（2）提取方法

1）液液萃取（liquid liquid extraction，LLE）

LLE 是 BMZs 残留分析中经常采用的提取方法。由于 BMZs 以及其代谢物的极性和 pK_a 不同，不仅多种药物同时检测非常困难，而且个别药物及其代谢产物的检测也比较困难。一些研究者采用单一溶剂如乙腈来提取残留物；或者在中性条件下采用水-有机溶剂二元溶液来提取 BMZs 和代谢物；也有少数研究者在需要水解时，或者只检测少数几个代谢物时，采用酸化溶剂提取 BMZs 和代谢物。常见的提取溶剂有乙酸乙酯、乙腈、二甲亚砜（DMSO）、二甲基甲酰胺（DMF）、乙醚和二氯甲烷等。

乙酸乙酯是采用较多的有机溶剂。Capece 等[23]用硼砂-HCl 缓冲液调 pH 至 8.0 后用乙酸乙酯从肌肉、脂肪和肾组织中提取残留的 FBZ。该方法基于将 FBZ 及其亚砜代谢物氧化成砜代谢物（$FBZ-SO_2$）。提取物无需净化，直接用 HPLC 测定。在猪肝脏、肌肉、肾脏和脂肪组织中的添加回收率大于 69.8%，变异系数（CV）小于 15%。De Ruyck 等[24]在碱性条件下（加入 5 mL 0.1 mol/L NaOH）用乙酸乙酯从鸡蛋和肌肉中提取 FLU、FLU-HMET 和 FLU-RMET。蒸干提取液，用甲醇-正己烷液液分配净化后，液相色谱-质谱/质谱（LC-MS/MS）分析。FLU、FLU-HMET 和 FLU-RMET 在鸡蛋和肌肉中的回收率大于 70%。该作者[25]测定绵羊肝组织中 MBZ 的残留标示物。在样品中加入 1 mL 1 mol/L NaOH 碱化样品，然后用乙酸乙酯提取 MBZ、$MBZ-NH_2$ 和 MBZ-OH。MBZ 残留标示物的回收率大于 85%。Shaikh 等[26]用乙酸乙酯提取三文鱼、罗非鱼和鳟鱼组织中的 ABZ、ABZ-SO、$ABZ-SO_2$ 和 $ABZ-NH_2-SO_2$，其回收率分别大于 82%、78%、75%和 63%。研究发现，提取液中加入 DMSO 可以提高 ABZ 回收率；加入偏亚硫酸氢钠能够抑制 ABZ-SO 氧化为 $ABZ-SO_2$，提高 ABZ-SO 的回收率；使用碳酸钾溶液调 pH 至 9、10 和 11 时，ABZ 及其残留标示物的提取效率存在差异但并不显著。Fletouris 等[27]发现在 pH 9.8 时，用乙酸乙酯能够很好的从奶样中提取 ABZ、ABZ-SO 和 $ABZ-SO_2$，回收率分别为 81%、78%和 100%。Alvinerie 等[28]在不调节血浆 pH 的情况下，直接用乙酸乙酯提取 TCB、TCB-SO 和 $TCB-SO_2$。提取液经离心，氮气吹干，复溶后，供 HPLC 分析。三种化合物的回收率分别为 89.5%、83.1%和 82.2%，RSD 分别为 3.1%、3.5%和 4.9%，方法检测限（LOD）为 50 ng/mL。Galtier 等[29]用乙酸乙酯提取血浆中的 TBZ 和 TBZ-5-OH，蒸干有机相，残渣溶于流动相采用 HPLC 分析。Tocco 等[30]用 0.3 mol/L 焦磷酸钠将奶样调至 pH 6.0，用乙酸乙酯提取后转移到 0.1 mol/L HCl 中，用荧光检测器（FLD）检测。在添加浓度为 0.1～5 μg/g 时，TBZ 和 TBZ-5-OH 的回收率为 95%±6%。Fletouris 等[31]还比较了 pH 在 3～11.5 范围内，用乙酸乙酯提取奶样中 10 种 BMZs 的效率。发现在 pH 10 时大多数药物的回收率最好，平均回收率在 79%～100%之间，但 FBZ 的回收率较低，在 56%～66%之间；整体 RSD 在 2.0%～5.8%之间。

研究发现乙腈也是有效的动物组织中 BMZs 的提取溶剂。Fletouris 等[32]用乙腈在 pH 2～9 的条件下提取奶中 FBZ，回收率均接近 100%。试验还表明，用乙腈提取样品时，pH 变化对回收率的影响不大。刘洪斌等[1]用含 5%乙酸的乙腈提取牛奶中的 12 种 BMZs 及其代谢物残留，用 LC-MS/MS 检测，平均回收率在 71.4%～101.5%之间，CV 小于 9.63%。Su 等[33]调 pH 10 后用乙腈提取肌肉和肝脏组织中 6 种 BMZs，加入二丁基苯甲醇（BHT）防止 TBZ-5-OH 氧化，用 C_{18} 柱净化，HPLC 测定。BMZs 的 LOD 在用二极管阵列检测器（DAD）检测时为 0.005～0.03 mg/kg，用 FLD 检测时为 0.004～0.02 mg/kg；回收率在 71%～101%之间，日内和日间 CV 分别为 1.92%和 7.22%。夏崇菲[34]用 pH 2.5 的柠檬酸缓冲液和乙腈提取猪肉、猪肝、水产品、牛奶和鸡蛋中多种兽药残留物，其中 14 种 BMZs 及其代谢物的回收率在 60.6%～115.1%之间。

也有采用其他溶液提取 BMZs 的报道。Brandon 等[35]用 DMSO-H_2O（10+90，v/v）从牛肝脏中提取 TBZ，用酶联免疫（ELISA）检测。方法 LOD 小于 20 μg/kg，提取回收率可达 97%。该作者[36]还建立了一种从肝脏组织中提取 FBZ 的方法。用 DMF-H_2O（10+90，v/v）提取样品，增加 FBZ 的溶解量。加入 DMF 后，能将 FBZ 的 LOD 从 640 μg/kg 降至 29 μg/kg，但没有说明回收率的变化。Hoaksey 等[37]先用乙腈沉淀血浆样品中的蛋白后，再用二氯甲烷提取 ABZ 和 ABZ-SO。提取液用氮气吹干，流动相复溶后，供色谱分析。ABZ 和 ABZ-SO 的平均回收率分别为 97%和 75%；ABZ 的日内、日间 CV 分别在 6.7%～9.5%和 5.9%～8.9%范围内，ABZ-SO 为 9.0%～9.4%和 7.4%～8.4%。研究发现，尽管用正己烷、乙酸乙酯、乙酸乙酯-正己烷（9+1，v/v）提取 ABZ 的回收率均大于 70%，但是 ABZ-SO 的回收率均没有超过 70%。Bogan 等[38]用磷酸缓冲液调节血浆和胃肠液至 pH 7.4，再用乙醚提取 FBZ、OFZ 和 ABZ 残留。提取液用氮气吹干后，用甲醇复溶，HPLC 检测，三种药物的添加回收率在 70%～103%之间。Blanchflower 等[39]用甲醇-水（20+7，v/v）提取肝脏和肌肉组织中的 FBZ 和 OFZ，提取液用石油醚洗涤，经磷酸缓冲液稀释后，再用二乙醚-乙酸乙酯（60+40，v/v）萃取。FBZ 和 OFZ 的回收率分别超过了 80%和 70%。Kinabo 等[40]建立了检测牛奶中 TCB 及其代谢物的方法。用丙酮提取奶样中的药物，提取液用等量水稀释后，过 C_{18} 固相萃取柱净化，HPLC 测定。对 TCB-SO_2、TCB-SO 和 TCB 的 LOD 分别为 20 μg/L、40 μg/L 和 40 μg/L，回收率在 76%～92%之间。

2）超临界流体萃取（supercritical fluid extraction，SFE）

SFE 是一种将超临界流体作为萃取剂，把一种萃取物从基质中分离出来的技术。二氧化碳（CO_2）是最常用的超临界流体。Danaher 等[41]用未修饰的超临界 CO_2（60 L，690 bar，80℃）从肝脏样品中提取添加的 14 种 BMZs。提取物用中性氧化铝柱和 SCX 柱净化，再用 HPLC 检测。除 TBZ、CAM 和 TCB-SO_2 不能定量外，其余 11 种 BMZs 的平均回收率在 51%～113%之间。

3）加压溶剂萃取（pressurized liquid extraction，PLE）

PLE 也叫加速溶剂萃取（ASE），是在较高的温度（50～200℃）和压力（1000～3000 psi）下，用有机溶剂萃取固体或半固体的自动化方法。提高温度能极大地减弱由范德华力、氢键、目标物分子和样品基质活性位置的偶极吸引所引起的相互作用力。液体的溶解能力远大于气体的溶解能力，因此增加萃取池中的压力使溶剂温度高于其常压下的沸点。该方法的优点是有机溶剂用量少、快速、基质影响小、回收率高和重现性好。Chen 等[42]建立了一种测定猪、牛、羊、鸡的肌肉和肝脏中 11 种 BMZs 和 10 种丙硫咪唑、苯硫哒唑和甲苯咪唑代谢物的 LC-MS/MS 方法。样品处理采用自动化 PLE 技术，以乙腈/正己烷作为提取溶剂，选用 11 mL 的萃取池对提取条件进行优化，LC-MS/MS 检测。添加水平为 0.5 μg/kg 时，回收率为 70.1%～92.7%，日间 RSDs 均低于 10%；定量限（LOQ）为 0.02～0.5 μg/kg。

（3）净化方法

最初的组织样品的处理方法是采用多重液液分配和/或固相萃取净化。一些研究者选择通过液液分配和固相萃取综合净化措施，通常采用 HPLC 紫外检测；另外一些研究者倾向于采用单一的液液分配净化，采用更具选择性的荧光检测和 LC-MS/MS 检测。此外，常用的净化方法还有基质固相分散、透析及超滤等。这些简单的净化步骤更适用于分离 BMZs 混合物，而采用综合净化措施很难同时净化这些药物。

1）液液分配（liquid liquid partition，LLP）

提取 BMZs 药物后，根据 BMZs 与样品中其他成分在互不相溶的溶剂相中的溶解度不同，可通过 LLP 对样品进行净化。有的研究者采用单一溶剂净化，有的研究者采用多种溶剂进行净化。

Marti 等[43]用乙腈和乙腈-水溶液从肌肉、肝脏和肾脏组织中两次提取 8 种 BMZs。提取液用正己烷脱脂后，采用一系列 LLP 净化措施，包括先加入正己烷、氯化钠，出现三相分层后弃去正己烷层，再加入二氯甲烷 LLP，取乙腈层，干燥浓缩后进一步采用 C_{18} 和 Florisil 柱净化浓缩，用 HPLC-紫外检测器（UVD）检测或气相色谱-质谱（GC-MS）确证分析。除 OFZ 外，其余 BMZs 的回收率均大于 65%，OFZ 在肝和肾的回收率分别为 45% 和 39%，LOD 在 20～50 ng/g 范围内。Blanchflower 等[39]用甲醇-水（2+7，v/v）从肝脏和肌肉组织中提取 FBZ 和 OFZ，提取液用石油醚洗涤，磷酸缓冲液稀释，再用乙醚-乙酸乙酯（60+40，v/v）萃取。该方法 FBZ 和 OFZ 的平均回收率分别为 91% 和 86%，LOD 分别为 0.05 μg/g 和 0.1 μg/g。Fletouris 等[44]在酸性条件下，用辛烷磺酸盐离子对从肌肉、肝脏、肾脏和脂肪组织中分离提取 ABZ-SO、$ABZ-SO_2$ 和 $ABZ-NH_2-SO_2$。提取液用 pH 8.5 的磷酸缓冲液和乙酸乙酯 LLP 净化，再用高度敏感的离子对 HPLC 检测。方法回收率均在 76% 以上，RSD 小于 7.3%，ABZ-SO、$ABZ-SO_2$ 和 $ABZ-NH_2-SO_2$ 的 LOQ 分别为 20 ng/g、0.5 ng/g 和 1 ng/g。

2）固相萃取（solid phase extraction，SPE）

SPE 是残留分析中常用的净化手段。由于 BMZs 的理化性质存在差异，多种类型填料的 SPE 柱都可以被选用。对于非极性或弱极性药物，常采用 C_{18}、C_2 柱；对于极性药物，常采用 CN 柱；离子型药物可采用离子交换柱；此外，还可使用聚合柱。

A. C_{18} 柱

Su 等[33]调 pH 10 后用乙腈提取肌肉和肝脏组织中 6 种 BMZs，加入 BHT 防止 TBZ-5-OH 氧化，提取物再用 C_{18} SPE 柱净化，HPLC 测定。DAD 检测时，LOD 在 0.005～0.03 μg/mL 之间，FLD 检测时在 0.004～0.02 μg/mL 之间；回收率在 71%～101% 之间，日内和日间 CV 分别为 1.92% 和 7.22%。Allan 等[45]用酸稀释血浆后直接过 C_{18} 柱，SPE 柱用 20 mL 水、0.5 mL 甲醇-水（40+50，v/v）和 0.4 mL 甲醇洗涤，再用 1.6 mL 甲醇洗脱，HPLC 检测。MBZ 及其主要代谢物的回收率均大于 80%；等度洗脱时，MBZ 的 LOD 为 20 ng/mL，梯度洗脱时，LOD 为 10 ng/mL。Rouan 等[46]采用 ASPEC 系统对血浆中的 TCB 及其代谢物进行自动液-固提取和净化。采用 C_{18} 一次性萃取柱富集，甲醇洗脱后，再进行色谱分析。对于有限的样品，该试验条件下的回收率大于 96%。Hennessy 等[47]用饱和碳酸氢钠将胆汁样品调节至 pH 8.8，再用乙酸乙酯提取，在氮气下吹干，复溶后，过预先用甲醇和水活化的 C_{18} SPE 柱，然后用 10 mL 水洗脱，TCB 代谢物收集到 3 mL 甲醇中，氮气吹至约 0.5 mL，HPLC 测定。该方法 TCB 的 LOD 为 20 ng/mL，提取效率约在 85%～90% 之间。Moreno 等[48]用乙腈沉淀奶中的蛋白，然后将上清液过预先活化的 C_{18} SPE 柱，用水洗涤，甲醇洗脱，再用 HPLC-UVD 检测。ABZ、FBZ 及其代谢物的平均回收率在 77%～97% 之间。Takeba 等[49]用乙腈从奶中提取 TCB、TCB-SO 和 $TCB-SO_2$，然后用正己烷脱脂，乙腈相用碳酸缓冲液调节后，用二氯甲烷萃取，再用 C_{18} SPE 柱净化，用 2 mL 纯水洗涤 SPE 柱，3 min 抽干，用 2 mL 乙腈洗脱 TCB 及其代谢物，HPLC-UVD 检测。方法平均回收率在 89%～95% 之间。

B. C_2 柱

Wilson 等[50]用乙酸乙酯从绵羊、牛和猪的肝脏和肌肉组织中提取 8 种 BMZs，接着采用酸化甲醇-正己烷 LLP 净化，再用 C_2 SPE 柱净化。分别用 6 mL 乙酸乙酯、3 mL 乙醇和 3 mL 去离子水洗涤 SPE 柱，并保持柱床水分不能干，向 300 μL 乙醇-盐酸溶液中加 2 mL 2% 碳酸氢钾溶液，混匀，过柱，让其自然流出，用 1 倍柱体积的水洗涤 SPE 柱 2 次，抽干，用 900 μL 乙酸乙酯洗脱药物及其代谢物，40℃ 氮气吹干，用 300 μL 流动相复溶，HPLC-UVD 检测。该研究发现，C_2 SPE 是最有效的吸附剂，能够比其他 SPE 吸附剂更好地除去极性基质干扰物，同时能够获得较高的 BMZs 回收率，所有药物及其代谢物的回收率大于 80%。

C. CN 柱

Cannavan 等[51]在 pH 7.0 条件下，用乙酸乙酯从肝脏、肾脏和肌肉组织中提取 TBZ 和 TBZ-5-OH，然后用 CN SPE 柱净化。萃取柱预先用 4 mL 正己烷活化，并保持柱床不能干，提取液过柱，抽干 10 min，然后用 2 mL 含有 0.2%（v/v）三乙胺-甲醇溶液 2 次洗脱，70℃下氮气吹干，用 200 μL 甲醇-乙腈-水（2+1+7，v/v）复溶，混匀，液相色谱-质谱（LC-MS）测定。采用氘代 TBZ 作为内标，从而提高了方法重复性。TBZ 和 TBZ-5-OH 的回收率分别在 96%～103%和 70%～85%之间，LOD 均小于 10 μg/kg。

D. 中性氧化铝柱

田德金等[52]用乙酸乙酯做提取剂，提取动物组织中的 FLU、FBZ、ABZ 和 MBZ，提取液浓缩后，用乙腈复溶，正己烷脱脂，然后过中性氧化铝小柱净化，用乙酸乙酯-无水乙醇（4+1，v/v）溶液洗脱，40℃蒸干，残渣用 1 mL 乙腈-水（3+7，v/v）复溶，超高效液相色谱-串联质谱（UPLC-MS/MS）测定。方法回收率为 60%～85%，平均 CV 小于 15%，LOQ 为 1 μg/kg。

E. 氨丙基柱

Hajee 等[53]用 pH 7.5 的乙酸乙酯提取鳗鱼肌肉中 MBZ、MBZ-NH$_2$ 和 MBZ-OH 残留物，加正己烷净化，再过氨丙基 SPE 柱。用 5 mL 甲醇活化萃取柱，不能流干，分别用 2 mL 乙酸乙酯和 2 mL 乙酸乙酯-正己烷（4+5，v/v）预洗，并保持柱床不能干，加上储液器，将提取液加入储液器，用 5 mL 乙酸乙酯-正己烷（4+5，v/v）洗涤提取液容器并加到储液器过柱，控制流速在 2 mL/min，用 2 mL 异辛烷洗涤 SPE 柱，再让 SPE 柱流干，氮气吹干 SPE 柱 20 min，用 2 mL 甲醇洗脱药物到 5 mL 玻璃试管，37℃氮气吹干，1.0 mL 流动相复溶，涡动混匀，3800 g 离心 5 min，上清液 HPLC 分析。该方法对 MBZ-OH 的 LOD 和 LOQ 分别为 0.7 μg/kg 和 1.1 μg/kg，对 MBZ 分别为 1.4 μg/kg 和 2.3 μg/kg，对 MBZ-NH$_2$ 分别为 1.5 μg/kg 和 2.1 μg/kg；日间和日内 CV 均小于 5.8%；MBZ、MBZ-NH$_2$ 和 MBZ-OH 的平均回收率分别为 90%、74%和 92%。

F. 离子交换柱

Rose 等[10]采用乙腈从肝组织中提取 9 种 OFZ 代谢物，用乙酸处理后，过强阳离子交换（SCX）柱净化，用丙酮、甲醇和乙腈洗涤，用含有 5%氨水的乙腈溶液洗脱，HPLC-UVD 测定。药物的回收率在 28%～117%之间，FBZ、OFZ、TBZ、TBZ-5-OH 的 LOD 均为 5 μg/kg。Arenas 等[21]测定了牛奶中的 TBZ 和 TBZ-5-OH。乙酸乙酯提取物用 PRS 阳离子交换柱净化，用含有 0.1 mol/L KH$_2$PO$_4$ 的乙腈-水（30+70，v/v）溶液洗脱，HPLC-FLD 分析。TBZ、TBZ-5-OH 和与硫酸盐结合的 TBZ-5-OH 回收率分别大于 87%、98%和 96%，CV 小于等于 61%。

G. 聚合柱

Balizs 等[54]用 1 mL 甲醇-0.1 mol/L 乙酸铵溶液（50+50，v/v）溶解肌肉提取物，再过聚苯乙烯-二乙烯基-苯（SDB）SPE 柱，用 3 mL 甲醇-乙酸乙酯（1+4，v/v）溶液洗脱，LC-MS/MS 检测。15 种 BMZs 的回收率在 36%～117%之间，但 FEB 的回收率仅为 8%；方法 LOD 均低于 6 μg/kg，LOQ 大多数低于 10 μg/kg。杜红鸽等[55]建立了动物肌肉组织中 ABZ 及其代谢物 ABZ-SO、ABZ-SO$_2$ 的 HPLC 分析方法。用乙酸乙酯提取肌肉组织样品中的药物，提取液浓缩后用酸性乙醇复溶，正己烷除脂，过 HLB 柱净化。SPE 柱依次用 5 mL 甲醇、5 mL 水活化，加入样品提取液，以较慢的速度流过后，加入 3 mL 水淋洗，吹干柱内滞留的液体。用 6 mL 甲醇洗脱药物至 10 mL 试管中，50℃氮气吹干，加入 1 mL 流动相溶解残渣，过 0.45 μm 微孔滤膜后，进 HPLC 检测。肌肉样品中平均回收率为 86.4%，平均 CV 为 1.96%，3 种药物的 LOD 均为 5 μg/kg，LOQ 均为 20 μg/kg。

H. 复合用柱

Sorensen 等[56]用乙腈从鳟鱼肌肉和皮肤中提取 FBZ 残留标示物，提取物用正己烷洗涤，然后过 C$_{18}$ 和 CN SPE 柱净化。C$_{18}$ 萃取柱预先用 10 mL 甲醇、5 mL 水和 5 mL pH 11.0 的磷酸缓冲液活化，提取液过柱，控制流速在 2～4 mL/min，然后用 2 mL pH 11.0 的磷酸缓冲液洗涤，再用 2 mL 10%甲醇洗涤 3 次，抽干 15 min，用 5.0 mL 乙腈洗脱样品，洗脱液在 40～45℃下氮气吹干，残渣复溶于 50 μL DMSO 和 2.0 mL 乙酸乙酯和 6.0 mL 正己烷混合液中。CN SPE 柱用 10 mL 1%乙酸甲醇洗涤，接着用

5 mL 甲醇洗涤，抽干 2 min，接着用 8 mL 乙酸乙酯-正己烷混合液（1+3，v/v）活化，将样品溶液过柱，控制流速在 2～4 mL/min，用 2.0 mL 乙酸乙酯-正己烷混合液（1+3，v/v）洗涤 5 次，抽干 5 min，化合物用 6 mL 1%乙酸甲醇洗脱，在 40～45℃下氮气吹干，残渣复溶于 0.2 mL DMF 并用流动相稀释至 0.8 mL，不过滤，HPLC-UVD 检测。对于 FBZ、FBZ-SO 和 FBZ-SO$_2$ 的 LOD 分别为 4.0 μg/kg、4.5 μg/kg 和 3.8 μg/kg；两种组织中药物的平均回收率均大于 86%，RSD 低于 9.2%。Danaher 等[41]用未修饰的超临界 CO$_2$ 从肝脏添加样品中提取 14 种 BMZs，用中性氧化铝柱和 SCX 柱净化提取物，将储液器与 MCX 萃取柱相连，萃取柱预先用 5 mL 甲醇-水-冰乙酸（54+36+10，v/v）活化，18 mL 样品提取液（甲醇-水）加 2 mL 冰乙酸酸化混匀后加到储液器上样，分别用 2.5 mL 丙酮、5 mL 甲醇和 5 mL 乙腈洗涤萃取柱，5 mL 乙腈-氨水（95+5，v/v）洗脱药物及其代谢物，60℃氮气吹干，加 400 μL 甲醇-水（50+50，v/v）复溶，再用 HPLC-UVD 检测。除 TBZ、CAM 和 TCB-SO$_2$ 不能定量外，其余 11 种 BMZs 的平均回收率在 51%～113%之间，LOD 为 50 μg/kg，日内及日间 CV 分别小于 10%和 32%。

　　3）磁性固相萃取（magnetic solid phase extraction，MSPE）

　　磁性纳米材料常作为 MSPE 的吸附剂，与常规的 SPE 柱填料相比，纳米粒子的比表面积大、扩散距离短，只需使用少量的吸附剂和较短的平衡时间就能实现分离，因此具有较高的萃取能力和效率。经功能化修饰，磁性吸附剂有望实现对分析物的选择性萃取；另外，磁性吸附剂经适当的处理之后可以循环使用。MSPE 仅通过施加一个外部磁场即可实现相分离，因此操作简单，省时快速，无需离心过滤等繁琐操作，避免了传统 SPE 吸附剂需装柱和样品上样等耗时问题，而且在处理生物、环境样品时不会存在 SPE 中遇到的柱堵塞的问题。Hu 等[57]建立了同时测定动物组织样品中 10 种 BMZs 残留的分析方法。使用磁体/二氧化硅/聚（甲基丙烯酸-co-乙二醇二甲基丙烯酸酯）（Fe/SiO/聚（MAA-co-EGDMA））磁性微球进行 MSPE 净化，再用毛细管区带电泳（CZE）检测。为了提高方法的灵敏度，采用场强放大样品堆积技术（FASS）进行电动进样，以 Berbine 溶液作为内标以减少分析结果的波动。在最佳条件下，10 种 BMZs 的线性相关系数在 0.9920 以上；在猪肉和猪肝中的 LOD 范围分别为 1.05～10.42 ng/g 和 1.06～12.61 ng/g；添加样品的回收率范围为 81.1%～105.4%，RSD 均小于 9.3%。

　　4）基质固相分散萃取（matrix solid phase dispersion，MSPD）

　　MSPD 法处理样品时，使用较多填料的是 C$_{18}$，通常将样品与填料按 1∶4 的比例混合后，样品均匀地分散于固定相颗粒的表面，洗脱操作与 SPE 类似。用该法处理样品时使用溶剂少、速度快。Long 等[58]将奶样和 C$_{18}$ 填料混合，装柱，压实，用正己烷洗涤、吹干，用 8 mL 二氯甲烷-乙酸乙酯（1+2，v/v）洗脱。BMZs 在 62.5～2000 μg/kg 浓度范围内线性良好；回收率在 81%～108%之间，但 FBZ 的回收率偏低，为 69%；批间 CV 在（4%±1%）～（9%±7%）之间，批内 CV 为 3%～6%。De Liguoro 等[59]建立了一种用 MSPD 从奶酪中提取净化 ABZ 残留物的方法。奶酪样品与 C$_{18}$ 填料混合装入 10 mL 注射筒制成萃取柱，用正己烷洗涤，空气干燥，甲醇-乙酸（97+3，v/v）洗脱，洗脱液经正己烷脱脂后，再过 C$_{18}$ 柱净化，HPLC 检测。ABZ 代谢物的回收率为 77%～86%；液态样品的 LOD 低于 60 μg/kg，固态样品低于 150 μg/kg。Long 等[60]还建立了一种从肝组织中净化 5 种 BMZs 残留的 MSPD 方法。将肝脏样品和 C$_{18}$ 填料一起混合，装入 SPE 柱，用正己烷洗涤，乙腈洗脱，HPLC-UVD 检测。BMZs 的回收率在 55%～93%之间，批间 CV 在（7.0%±4.1%）～（12.9%±10.2%）之间，批内 CV 在 2.2%～4.0%之间。Keegan 等[61]用乙腈提取肝脏组织中的 11 种氨基甲酸酯类 BMZs 后，提取液中加入 C$_{18}$ 吸附剂做分散净化，表面等离子共振技术（SPR）测定。氨基甲酸酯类 BMZs 的 LOD 为 32 μg/kg，检测能力（CC$_\beta$）为 50 μg/kg，平均回收率为 77%～132%。

　　5）透析（dialysis）

　　透析又称渗析，是膜分离技术中的一种，样品一般为液态。小分子的 BMZs 可透过半透膜，从而与样品溶液中的蛋白质、酶等大分子物质分离，达到净化的目的。Chiap 等[62]建立了一种基于透析原理，净化血浆中 ABZ 及其代谢物的自动处理程序。该处理程序包括透析净化步骤、前置柱的富集步骤与 HPLC 分离和检测步骤。样品的所有处理操作过程都是借助自动序列渗析/痕量富集系统（ASTED

XL）自动完成的。痕量富集柱（TEC）由十八烷基硅烷填充。系统向血浆样品中自动加入含聚乙二醇辛基苯基醚的蛋白质释放剂（1 mol/L HCl），再将样品载入供体通道，在静态-脉冲模式下通过乙酸纤维膜透析净化，透析液为 pH 2.5 的磷酸缓冲液。透析液流过 TEC，待测物被富集。系统通过开关阀技术利用流动相（乙腈和 pH 6.0 的磷酸缓冲液）将分析物从 TEC 上洗脱下来，转移至由辛烷基硅填充的分析柱，进行 HPLC 在线测定。血浆中 ABZ 及其主要代谢物的平均回收率分别为 70%和 65%，LOQ 分别为 10 ng/mL 和 7.5 ng/mL。

6）超滤（ultrafiltration）

超滤也是膜分离技术中的一种，一般通过氮气或真空泵使膜两侧产生一定的压力差，待测组分透过超滤膜，从而与大分子物质分离。Negro 等[63]采用蛋白沉淀和超滤方式从血清和尿样中分离 TCB-SO 和 TCB-SO$_2$。采用分子量范围 30000 的滤器对样品进行超滤后，注入 HPLC-UVD 检测。TCB-SO 和 TCB-SO$_2$ 在血清中的回收率分别为 91.7%和 91.6%，在尿样中的回收率分别为 90.3%和 90.2%；LOD 均为 10 ng/mL。与传统离线净化步骤相比，该方法大大缩短了样品处理时间。

17.1.4.2　测定方法

BMZs 的测定方法主要有生物学方法、免疫检测法和仪器检测法。生物学方法和免疫检测方法快捷、简便、灵敏，但易产生较高的假阳性率，仅作为筛选方法。仪器检测法主要是色谱技术与通用检测器，如紫外检测器（UVD）、荧光检测器（FLD）或质谱（MS）联用，是目前 BMZs 残留分析的主要技术手段。其中，MS 是欧盟 2002/657/EC 决议中规定使用的确证方法，可进行定性、定量检测。

（1）生物学方法

生物学测定 BMZs 的方法主要用于日常评估食品中潜在的驱虫药。生物学测定通常的做法是，首先在薄层色谱（TLC）平板上分离残留物，然后在平板上依次喷上营养琼脂和含有指示生物的溶液，若 TLC 平板上出现抑制带，则表明有 BMZs 残留，抑制带的大小与 BMZs 残留的浓度相关。Rew 等[64]建立了一种用猪蛔虫幼虫多孔筛选分析 TBZ、ABZ、ABZ-SO、ABZ-SO$_2$ 和 MBZ 的方法。不同的药物和浓度对不同发育阶段（L2～L4）幼虫的作用不同，L2 确定为幼虫的虫卵孵化阶段，L3 为第一次蜕皮，L4 为第二次蜕皮。所有药物残留物在 10 ng/mL 时能够抑制 L2～L3 阶段的幼虫，L3～L4 阶段的幼虫也能被 BMZs 抑制。这种幼虫抑制与 BMZs 的类型和浓度高度相关。ABZ、MBZ、TBZ、ABZ-SO 和 ABZ-SO$_2$ 的抑制浓度分别为 10 ng/mL、10 ng/mL、100 ng/mL、100 ng/mL 和 1000 ng/mL。生物分析方法作为食品中 BMZs 残留检测的筛选方法是较廉价的，但试验生物对 BMZs 代谢物或残留标示物敏感性的变化是关键问题，还需要进一步研究。

（2）免疫分析法（immunoassay，IA）

免疫分析方法简单、灵敏、选择性好，常用于测定生物基质中 BMZs 残留。在某些情况下，采用免疫学方法分析血浆、血清和牛奶等样品，可以直接测定或稀释后测定。目前采用的免疫分析主要有放射免疫分析法、酶联免疫法和免疫传感器方法。

1）放射免疫分析法（radioimmunoassay，RIA）

RIA 早期被用于测定动物组织中 BMZs 残留。Nerenberg 等[65]建立了测定血浆中 OFZ 残留的 RIA 分析法。在水溶性碳化二亚胺偶联剂（EDC·HCl）中，将 OFZ 通过碳化二亚胺反应偶联到聚赖氨酸载体，免疫兔子，制备多克隆抗体。将缓冲液、标记物、标准品、未知物、抗血清等加入试管中漩涡混合，密封后在水浴 40℃下过夜孵化，降温后进行添加，离心，取上清液转移至闪烁瓶，加入闪烁液，用闪烁光谱仪进行液体闪烁计数。该方法的 LOD 为 200 pg/mL，重复试验的标准误差（SD）为 5%。

2）酶联免疫分析法（enzyme linked immunosorbent assay，ELISA）

近年来，ELISA 逐渐取代了 RIA，在 BMZs 残留分析中得到了广泛应用。Brandon 等[35]将 TBZ 和 TBZ-5-OH 偶联到牛血清白蛋白（BSA）上制备免疫原，免疫小鼠产生单克隆抗体，建立了测定肝组织中 TBZ 的竞争性 ELISA 法。虽然用 TBZ-5-OH 偶联物制备的抗体特异性低，但对 CAM 和 TBZ-NH$_2$ 显示出很好的交叉反应性能；研究发现抗体对 BMZs 的交叉反应性并不在噻唑环上，所以对 ABZ、

MBZ 和 FBZ 交叉反应较小。该方法 LOD 小于 20 ng/mL，平均回收率为 97%，CV 为 17%。随后，该作者[36]又用琥珀酰胺连接 ABZ 到 BSA 载体蛋白，免疫小鼠，制备出了单克隆抗体，对 11 种氨基甲酸酯类 BMZs 显示出很好的交叉反应性，包括 ABZ、FBZ、OXI、MBZ、FLU、MBZ 和一些代谢物，但对噻唑类 BMZs（TBZ、CAM 和 TBZ-5-OH）没有交叉反应。该 ELISA 方法对 ABZ 及其代谢物的 LOD 为 58 μg/kg。Moran 等[66]采用新的免疫原（5-苯并咪唑-羧酸）偶联到脂肽 $Pam_3Cyst-T_H$ 制备出鼠单克隆抗体，这种抗体能够用来建立测定组织中与蛋白结合的 TBZ 代谢物的 ELISA 方法，但没有实际应用的介绍。陈飞等[67]应用竞争 ELISA 技术，建立了一种快速检测动物组织中 BMZs 多残留的方法，并对其技术性能进行了评价。该方法的半数抑制浓度（IC_{50}）浮动范围为 0.9～1.5 μg/L，动物组织样本的 LOD 为 8 μg/kg；样本添加回收率为 79.8%～100.5%，CV 为 7.2%～9.5%。

　　3）表面等离子体共振技术（surface plasmon resonance，SPR）

　　表面等离子共振技术是 20 世纪 90 年代发展起来的一种生物分子检测技术，是基于 SPR 检测生物传感芯片上配体与受体相互作用的一种传感器技术，是利用金属膜/液面界面光的全反射引起的物理光学现象来分析分子相互作用。SPR 传感器与传统检测手段比较，具有无标记，实时监测，灵敏度高等突出优点。所以，在医学诊断，生物监测，生物技术，药品研制和食品安全检测等领域有广阔的应用前景。

　　Keegan 等[61]建立了牛奶中 11 种氨基甲酸酯类 BMZs 残留的 SPR 检测方法。该方法采用多克隆抗体建立，该抗体是由 5（6）-羧戊基硫基-2-苯并咪唑氨基甲酸酯蛋白偶联物制备的。前处理方法采用改进的 QuEChERS 方法。该方法的 LOD 为 2.7 μg/kg，11 种药物的平均回收率为 81%～116%。该作者[68]还建立了两种 SPR 筛选方法，检测肝脏组织中 11 种氨基甲酸酯类 BMZs 和 4 种氨基 BMZs 兽药残留。方法基于羊多克隆抗体，样品用乙腈提取，氨基甲酸酯类 BMZs 用 C_{18} 吸附剂净化，氨基 BMZs 直接用环己烷除脂净化，SPR 测定。氨基甲酸酯类 BMZs 的 LOD 为 32 μg/kg，平均回收率为 77%～132%；氨基 BMZs 的 LOD 为 41 μg/kg，平均回收率为 103%～116%。Johnsson 等[69]也将 5(6)-羧戊基硫基-2-苯并咪唑氨基甲酸酯蛋白偶联物制备的多克隆抗体用于 SPR 分析，测定牛血清中 BMZs 残留。该方法显示对 ABZ、$FBZ-SO_2$、MBZ、FBZ 和 OXI 等 5 种 BMZs 具有较好的交叉反应性（>74%）。用 20 个空白血清样品测定的 LOD 和 LOQ 分别为 2.6 和 4.8 μg/kg。研究评估了不同样品处理方法对传感器响应的影响，发现用没有沉淀蛋白的血清制备的标准曲线，同用缓冲溶液制备的标准曲线并不一致。

　　（3）高效液相色谱法（high performance liquid chromatography，HPLC）

　　BMZs 及其代谢物理化性质不同，HPLC 同时分离多种 BMZs 有一定的困难，需要解决包括分辨率、峰形、峰锐度和合理运行时间等一系列问题。BMZs 残留检测的 HPLC 方法主要采用反相色谱柱（C_8 或 C_{18}）、硅胶柱或阳离子交换柱，使用醋酸铵缓冲液-乙腈-甲醇混合液等作为流动相体系。BMZs 有强的紫外发色团，适用于 UVD 检测；ABZ、FLU、TBZ 及其代谢物还有荧光发色团，适于进行高灵敏和高选择性的 FLD 检测。Le Boulaire 等[70]测定组织中 TBZ、MBZ 时，发现 TBZ 荧光信号比紫外信号灵敏 20 倍，但是其余 BMZs 不具有天然荧光发色团，因此 FLD 不如 UVD 应用广泛。

　　1）紫外检测器（ultraviolet detector，UVD）

　　A. 组织

　　张素霞等[71]建立了牛肝中 3 种 BMZs 的 HPLC 法。牛肝组织样品经乙酸乙酯提取，正己烷除脂，然后 C_{18} SPE 净化，甲醇-磷酸二氢铵缓冲液（60+40，v/v）为流动相，C_{18} 柱分离，UVD 检测，检测波长为 295 nm。牛肝中 4 个添加水平的平均回收率为 78.8%，平均 CV 为 2.18%，3 种药物的 LOD 为 8 μg/kg，LOQ 为 25 μg/kg。Danaher 等[41]用 UVD 在 298 nm 检测了肝组织中 14 种 BMZs 残留。用未修饰的超临界 CO_2 从添加样品中提取 BMZs，用中性氧化铝柱和 SCX 柱净化提取物，再用 HPLC-UVD 检测。用 C_{18} 色谱柱分离，流动相为 pH 6.8 磷酸二氢铵-甲醇-乙腈混合液梯度洗脱。除 TBZ、CAM 和 $TCB-SO_2$ 不能定量外，其余 11 种 BMZs 的平均回收率在 51%～113% 之间，LOD 为 50 μg/kg，日内及日间 CV 分别小于 10% 和 32%。Rose 等[10]用乙腈提取肝组织中 9 种 OFZ 代谢物，经乙酸处理后，过

SCX 柱净化，HPLC-UVD 测定。用 C$_8$ 柱分离，0.1 mol/L 碳酸铵-甲醇（80+20，v/v）和 0.1 mol/L 碳酸铵-甲醇（20+80，v/v）为流动相，梯度洗脱，运行时间少于 35 min，检测波长为 290 nm。药物回收率在 28%～117%之间，FBZ、OFZ、TBZ、TBZ-5-OH 的 LOD 为 5 μg/kg。陈毓芳等[72]建立了同时测定动物肾脏中 OFZ、CAM、ABZ 及 FBZ 等 4 种 BMZs 残留量的反相 HPLC 方法。色谱柱为 Discovery C$_{18}$柱，甲醇-0.02 mol/L pH 7.0 磷酸二氢钾缓冲液（65+35，v/v）为流动相，等度或梯度洗脱，紫外二极管阵列检测器（PDA）检测，检测波长为 294 nm 和 316 nm。方法 LOD 为 0.01 mg/kg；相关系数大于 0.9999；在 0.05～10.0 mg/L 的范围内的添加回收率为 74.8%～90.25%，精密度为 2.1%～7.3%。

杜红鸽等[55]建立了动物肌肉组织中 ABZ 及其代谢物 ABZ-SO、ABZ-SO$_2$ 的 HPLC 分析方法。用乙酸乙酯提取肌肉组织样品中的药物，提取液浓缩后用酸性乙醇复溶，正己烷除脂，过 HLB 柱净化，以水-乙腈-0.1%甲酸为流动相，梯度洗脱，C$_{18}$柱分离，UVD 检测，检测波长为 291 nm。肌肉样品中平均回收率为 86.4%，平均 CV 为 1.96%，3 种药物的 LOD 均为 5 μg/kg，LOQ 均为 20 μg/kg。Hajee 等[53]在波长 289 nm 检测了鳗鱼肌肉中 MBZ、MBZ-NH$_2$ 和 MBZ-OH 残留。用 pH 7.5 的乙酸乙酯提取肌肉组织中的药物，加正己烷净化，再过氨丙基 SPE 柱，浓缩定容后，HPLC 分析。用 ChromSpher B LC 柱分离，流动相为 pH 6.2 的磷酸盐缓冲液-乙腈（7+3，v/v），等度洗脱分析。该方法对 MBZ-OH 的 LOD 和 LOQ 分别为 0.7 μg/kg 和 1.1 μg/kg，对 MBZ 分别为 1.4 μg/kg 和 2.3 μg/kg，对 MBZ-NH$_2$ 分别为 1.5 μg/kg 和 2.1 μg/kg；日间和日内 CV 均小于 5.8%；MBZ、MBZ-NH$_2$ 和 MBZ-OH 的平均回收率分别为 90%、74%和 92%。严寒等[73]建立了猪肉中 7 种 BMZs 残留的 HPLC 方法。采用碱性乙酸乙酯提取，提取浓缩后用正己烷脱脂，经 HLB 柱净化，以乙腈-乙酸铵缓冲液为流动相，用 ZORBAX Eclipse Plus C$_{18}$柱分离，进行梯度洗脱，UVD 检测。该方法的平均回收率为 60.3%～104.5%，LOD 为 7～12 μg/kg。孙作刚等[74]采用 HPLC-UVD 测定羊肌肉组织中三氯苯唑及代谢物。用 C$_{18}$ 色谱柱分离，0.2 mol/L 乙酸铵溶液-乙腈（40+60，v/v）为流动相，检测波长 296 nm。三氯苯唑酮回收率大于 78.3%，批内 RSD 小于 4.6%；三氯苯唑回收率大于 73.7%，批内 RSD 小于 3.8%。

B. 体液

Karlaganis 等[75]用 pH 11 的氯仿提取血浆中的 MBZ 及内标物环苯达唑，HPLC 测定时采用 LiChrosorb SI 60 硅胶色谱柱分离，乙腈-饱和氯仿水溶液-甲酸（75+92.5+0.25，v/v）为流动相，等度洗脱，307 nm 波长处检测。MBZ 及环苯达唑的回收率在 70%-83%之间，MBZ 在 20～200 ng/mL 浓度范围内再现性的 CV 在 3%～10%之间。Alvinerie 等[28]直接用乙酸乙酯提取血浆中的 TCB、TCB-SO 和 TCB-SO$_2$，离心，氮气吹干，复溶后供 HPLC 分析。色谱柱为硅胶柱，正己烷-乙醇-冰醋酸（500+50+0.6，v/v）为流动相，运行时间 15 min，UVD 检测波长为 215 nm。三种化合物的回收率分别为 89.5%、83.1%和 82.2%，RSD 分别为 3.1%、3.5%和 4.9%，方法的 LOD 为 50 ng/mL。Allan 等[45]用酸直接稀释血浆，过 C$_{18}$ SPE 柱净化后，HPLC 检测。色谱柱为 LiChrosorb RP-8 C$_{18}$反相柱，以甲醇-蒸馏水（55+45，v/v）和甲醇-0.05 mol/L pH 5.5 磷酸铵溶液（55+45，v/v）为流动相，等度或梯度洗脱，UVD 检测，检测波长 254 nm。MBZ 及其主要代谢物的回收率大于 80%，MBZ 的 LOD 在等度洗脱时为 20 ng/mL，梯度洗脱时为 10 ng/mL。

Bogan 等[38]建立了一种测定体液中 8 种 BMZs 的 HPLC-UVD 方法。用磷酸缓冲液调节血浆 pH 7.4，再用乙醚提取，提取液在氮气下吹干后用甲醇复溶，HPLC 测定。色谱柱为 ODS-Hypersil C$_{18}$柱，流动相为甲醇-碳酸铵混合液（65+35，v/v），等度洗脱，运行时间为 14 min，检测波长为 292 nm。血浆和胃肠液中药物的 LOD 为 20 ng/mL，FBZ、OFZ 和 ABZ 的平均回收率在 70%～112%之间。Negro 等[63]建立了采用离子对色谱分离血浆和尿中 TCB-SO 和 TCB-SO$_2$ 的方法。采用蛋白沉淀和超滤方式从血清和尿样中提取 TCB-SO 和 TCB-SO$_2$ 后，注入 C$_{18}$ 色谱柱，流动相为 pH 7.0 的 0.05 mol/L 磷酸缓冲液-乙腈（55+45，v/v），再加入 0.001 mol/L 癸烷磺酸钠，等度洗脱，UVD 检测波长为 312 nm。TCB-SO 和 TCB-SO$_2$ 在血清中的回收率分别为 91.7%和 91.6%，尿样中的回收率分别为 90.3%和 90.2%，两种代谢物在血清和尿样中的 LOD 均为 10 ng/mL。作者还对 pH、有机试剂含量、直链烷基磺酸钠链长、离子对试剂对色谱的影响等进行了研究。

C. 牛奶

De Ruyck 等[76]建立了牛奶中 FBZ、TBZ、ABZ、OXI 等药物的离子对 HPLC 方法。奶样中加入乙腈和乙酸乙酯后，用异辛烷除脂，再通过二氯甲烷 LLP 净化，HPLC 测定。色谱柱为 C_{18} 柱，0.01 mol/L 正辛烷磺酸钠正磷酸缓冲液（pH 3.5）-乙腈-水为流动相，梯度洗脱，UVD 检测，检测波长为 295 nm。方法平均回收率在 68%～85% 之间，LOD 小于 3.8 ng/mL，LOQ 小于 6.9 ng/mL，日内和日间 CV 小于 12.7%。Macri 等[77]建立了牛奶中 8 种 BMZs 的 HPLC-UVD 残留分析方法。色谱柱为 RP C_{18} 柱，流动相含有 0.01 mol/L 戊烷磺酸盐和 5% 三乙胺（pH 3.5）。方法 LOD 为 10 μg/L，回收率在 63.4%±5% 至 97.0%±3% 之间。Tai 等[78]采用 HPLC 双波长法测定了奶中 FBZ、OFZ、TBZ 和 TBZ-5-OH 残留。流动相为甲醇-pH 7.0 的磷酸铵缓冲液，TBZ 和 TBZ-5-OH 采用 Lichrosorb RP-18 色谱柱（25 cm×4.6 mm，10 μm）分离，流动相比例为（70+30，v/v）；FBZ 和 OFZ 采用 Hypersil ODS 色谱柱（25 cm×4.6 mm，5 μm）分离，流动相比例为（53+47，v/v）或 Lichrosorb RP-18 色谱柱分离，流动相比例为（40+60，v/v），流速 1.0 mL/min。FBZ 和 OFZ 在 298 nm 波长处检测，TBZ 和 TBZ-5-OH 在 318 nm 波长处检测。FBZ、OFZ 和 TBZ 在 10 μg/L 添加浓度水平下的回收率大于等于 80%，试验室内 CV 小于等于 11%。Fletouris 等[31]建立了一种简单、快速、灵敏的 HPLC 方法定量追踪分析牛奶中 10 种 BMZs。样品在碱性条件下用乙酸乙酯萃取蒸干，流动相再溶解，反相色谱分析。色谱柱为 C_{18} 柱，流动相为含 5 mmol/L 四丁铵的乙腈-0.01 mol/L 磷酸溶液（20+80，v/v），等度洗脱，UVD 检测，检测波长为 292 nm。在 5.3～200 μg/L 浓度范围内，线性良好；除 FBZ 的 LOD 为 40 μg/L 外，其他 9 种药物均小于 10 μg/L；平均回收率为 79%～100%，RSD 为 2.0%～5.8%。

D. 鸡蛋

Kan 等[79]建立了测定鸡蛋中 FLU 及其代谢物的 HPLC-UVD 方法。用 0.1 mol/L pH 9.3 的硼砂溶液溶解样品，乙酸乙酯提取三次，在蛋黄样品提取液中再加 1 g 硫酸钠以减少乳化，60℃ 条件下，氮气吹干有机相，残渣用流动相复溶，再用异辛烷脱脂，过膜后，进 HPLC 分析。色谱柱为 Purosphere RP-18 柱，pH 5.2 醋酸铵缓冲液-乙腈（72+28，v/v）为流动相，等度洗脱，UVD 检测，检测波长为 250 nm。鸡蛋中 FLU 的 LOD 为 0.012 mg/kg，其水解代谢物（FLU-HMET）的 LOD 为 0.007 mg/kg，降解代谢物（FLU-RMET）的 LOD 为 0.028 mg/kg；蛋白和蛋清中 FLU 及其代谢物的平均回收率均大于 77.7%，RSD 均低于 10%。

2）荧光检测器（fluorescence detector，FLD）

A. 组织

Shaikh 等[26]建立了选择性的 HPLC-FLD 方法，检测三文鱼、罗非鱼和鳟鱼肌肉组织的 ABZ 残留标示物。样品处理不需要 SPE 净化，直接 HPLC 分析。色谱柱为反相 Luna C_{18} 柱，乙腈-甲醇-缓冲液为流动相，梯度洗脱，激发波长 290 nm，发射波长 330 nm。ABZ、ABZ-SO、ABZ-SO_2 和 ABZ-NH_2-SO_2 的 LOQ 分别为 20 μg/kg、1.5 μg/kg、0.5 μg/kg 和 5 μg/kg，LOD 分别为 6 μg/kg、1 μg/kg、0.1 μg/kg 和 2 μg/kg，回收率分别大于 82%、78%、75% 和 63%。Wilson 等[50]建立了绵羊、牛和猪的肝脏和肌肉组织中 8 种 BMZs 的 HPLC-FLD 分析方法。液相色谱分离柱为 Whatman Partisphere C_{18}（12.5 cm×4.6 mm，5 μm），流动相为含有 10 mmol/L 三乙胺的甲醇-$NH_4H_2PO_4$ 缓冲液（53+47，v/v），流速 0.75 mL/min，检测波长 298 nm，进样量 20 μL。8 种 BMZs 的 LOD 均为 50 μg/kg；在 100 μg/kg 的添加水平下，肝脏组织的平均回收率为 92%，CV 为 8%，肌肉组织的平均回收率为 88%，CV 为 5%。采用 FLD 检测时，可以大大减少干扰，简化净化环节，提高方法的回收率和重现性。

B. 牛奶

Kinabo 等[40]建立了检测牛奶中 TCB 及其代谢物的 HPLC-FLD 方法。用丙酮提取奶样中的药物，提取液用等量水稀释后，过 C_{18} Sep-Pak SPE 柱净化，甲醇洗脱，HPLC 测定。分析柱为 ODS-Hypersil 柱（10 cm×5 mm，5 μm），流动相为 0.13 mol/L pH 6.7 醋酸铵缓冲液-甲醇（30+70，v/v），等度洗脱，流速 1.5 mL/min，FLD 检测，激发波长 300 nm，发射波长 676 nm。对 TCB-SO_2、TCB-SO 和 TCB 的 LOD 分别为 20 μg/L、40 μg/L 和 40 μg/L，回收率在 76%～92% 之间。Arenas 等[21]测定牛奶中的 TBZ

和 TBZ-5-OH，将 5 mL 奶样用浓盐酸在 85~90℃酸解 4 h，释放出与硫酸盐结合的 TBZ-5-OH，酸解物用 NaOH 调节 pH 8.0，然后用乙酸乙酯提取，提取物用 PRS 阳离子交换柱净化后，HPLC 分析。色谱柱为 PartiSphere SCX 阳离子交换柱，流动相为 0.05 mol/L KH$_2$PO$_4$-ACN（20+80，v/v），用磷酸调节 pH 至 3.8，等度洗脱，FLD 检测，激发波长为 308 nm，发射波长为 345 nm。TBZ、TBZ-5-OH 和与硫酸盐结合的 TBZ-5-OH 回收率分别大于 87%、98%和 96%，CV 小于等于 61%，LOQ 为 0.05 μg/mL。

3）UVD 与 FLD 串联

Su 等[33]建立了测定肌肉和肝脏组织中 6 种 BMZs 残留的 UVD 和 FLD 串联分析方法。研究发现 290 nm 波长适合测定 ABZ-SO、ABZ-SO$_2$、ABZ-NH$_2$-SO$_2$ 和 TBZ，而 TBZ-5-OH 和 MBZ 更适合在 320 nm 波长处检测；FLD 检测法（激发波长 290 nm，发射波长 320 nm）适合测定 ABZ-SO、ABZ-SO$_2$、ABZ-NH$_2$-SO$_2$ 和 TBZ，而 TBZ-5-OH 和 MBZ 不适合用 FLD 检测。该方法用 pH 10 的乙腈提取肌肉和肝脏组织中的药物，加入 BHT 防止 TBZ-5-OH 氧化，提取物用 C$_{18}$ 柱净化，HPLC 测定。分析柱为 Cosmosil 5C$_{18}$-MS-II 柱，流动相为乙腈和 0.02 mol/L 磷酸二氢钠（pH 3.3），梯度洗脱。UVD 的 LOD 在 0.005~0.03 μg/mL 之间，FLD 在 0.004~0.02 μg/mL 之间；回收率在 71%~101%之间，日内和日间 CV 分别为 1.92%和 7.22%。Rummel 等[80]报道了用 HPLC 测定小鼠血浆中 ABZ、ABZ-SO、ABZ-SO$_2$、FBZ、FBZ-SO 和 FBZ-SO$_2$ 的方法。小鼠血浆用碳酸钾使其呈碱性，再用乙酸乙酯萃取，将萃取液蒸发，重新溶解在流动相中，用反相 HPLC 分析，乙腈-甲醇-缓冲液作为流动相。FBZ 及其代谢物用 UVD 在 290 nm 下进行检测，ABZ 及其代谢物用 FLD 在激发波长 290 nm 和发射波长 330 nm 检测。ABZ、ABZ-SO 和 ABZ-SO$_2$ 的回收率分别为 95%、82%和 92%，FBZ、FBZ-SO 和 FBZ-SO$_2$ 的回收率分别为 64%、90%和 94%，平均 CV 小于等于 15%。

（4）液相色谱-质谱法（liquid chromatography-mass spectrometry，LC-MS）

LC-MS 是近年来迅速发展起来的一种痕量监测分析技术，它将 HPLC 的高效分离能力与质谱的准确定性、鉴别能力结合在一起，实现多种组分的同时分离测定，可以大大缩短分析时间，提高分析测定的灵敏度和准确性。尤其是逐步发展起来的超高效液相色谱-串联质谱（UPLC-MS/MS）能在取得良好的分析效果的同时，进一步减少溶剂用量，缩短分析时间。

1）液相色谱-单四极杆质谱法（LC-MS）

早期测定动物组织中 BMZs 残留多采用液相色谱-单四极杆质谱仪（LC-MS），其常为热喷雾电离（TSP）接口、选择离子（SIM）模式。这种设备的缺点是其应用局限于有一定挥发性、分子量较小的分子，而且需要质谱诊断的离子数量多，TSP 的质谱图化学噪声高。Blanchflower 等[39]建立了 LC-TSP-MS 测定组织中 FBZ 和 OFZ 残留的方法。用甲醇-水（2+7，v/v）从肝脏和肌肉组织中提取 FBZ 和 OFZ，提取液用石油醚洗涤，磷酸缓冲液稀释，乙醚-乙酸乙酯（60+40，v/v）萃取，萃取液蒸干，流动相复溶后，LC-TSP-MS 测定。分析柱为 LiChrosorb RP18 反向柱（125 mm×4 mm），OFZ 流动相为含有 0.05 mol/L 乙酸铵的乙腈-四氢呋喃-水（5+1+4，v/v），FBZ 流动相为含有 0.05 mol/L 乙酸铵的乙腈-四氢呋喃-水（3+1+6，v/v），流速为 1.0 mL/min，SIM 模式监测，选择离子为[M+H]$^+$。FBZ 和 OFZ 的平均回收率分别为 91%和 86%，LOD 分别为 0.05 μg/g 和 0.1 μg/g。研究发现，与梯度洗脱相比，等度洗脱能提供更多可重复的 MS 结果。Cannavan 等[51]用 LC-TSP-MS 测定了牛肉中 TBZ 和 TBZ-5-OH 残留。色谱柱为 Prodigy 5 ODS 3（150 mm×4.6 mm，2 μm），采用 0.1 mol/L 乙酸铵和乙腈作为流动相，梯度洗脱，流速 1.0 mL/min。用氘代 TBZ 为内标，SIM 模式监测，选择离子为[M+H]$^+$，分别扫描 m/z 为 202、206 和 218 的离子对，测定 TBZ、D$_4$-TBZ 和 TBZ-5-OH。该方法能够确证 50 μg/kg 的 TBZ 和 TBZ-5-OH，TBZ 和 TBZ-5-OH 的回收率分别在 96%~103%和 70%~85%之间，CV 分别为 0.7%~4.8%和 3.1%~11.5%。该作者还采用大气压化学电离（APCI）方式进行确证，发现 APCI 能产生四个特征离子，更适合于确证。

2）液相色谱-四极杆串联质谱法（LC-MS/MS）

最近十多年来，串联质谱（MS/MS）的应用极大提高了生物样品中 BMZs 残留检测和确证的能力，大多采用三重四极杆质谱，多反应监测（MRM）模式监测。

陈莹等[81]采用 UPLC-MS/MS 建立了同时测定动物组织中噻苯哒唑、奥芬哒唑、甲苯咪唑、三氯苯哒唑和氟苯哒唑等 5 种 BMZs 的残留检测方法。色谱柱为 C_{18} 柱，流动相为含 0.1%甲酸的乙腈溶液和 0.1%甲酸，梯度洗脱，流速为 0.3 mL/min，电喷雾（ESI）电离，MRM 模式监测。方法 LOD 为 0.1～0.5 μg/kg，LOQ 为 0.2～0.7 μg/kg。田德金等[52]采用 UPLC-MS/MS 方法检测动物组织中的 FLU、FBZ、ABZ 和 MBZ。采用乙酸乙酯做提取剂，提取液浓缩后，用乙腈复溶，正己烷脱脂，然后过中性氧化铝柱净化，UPLC-MS/MS 测定。色谱柱为 C_{18} 柱，水和乙腈为流动相，梯度洗脱，流速 0.25 mL/min，ESI 正离子、MRM 模式监测。方法回收率为 60%～85%，平均 CV 小于 15%，LOQ 为 1 μg/kg。郭强等[82]建立了可食性动物组织中阿苯达唑、阿苯达唑-2-氨基砜、阿苯达唑亚砜、阿苯达唑砜、噻苯咪唑、5-羟基噻苯咪唑、奥芬达唑砜等 7 种 BMZs 药物及其代谢物的多残留检测的 LC-MS/MS 法。分析过程中以保留时间和 2 个 MRM 离子对（母离子和 2 个子离子）进行定性，以峰形好和响应值高的离子进行定量。结果表明，该方法的 LOD 为 2 ng/mL，LOQ 为 10 ng/mL，准确度和精密度都能满足残留检测的要求。De Ruyck 等[83]采用 LC-MS/MS 方法检测羊肝脏中 MBZ 及其水解产物（MBZ-OH）和次级代谢物（MBZ-NH$_2$）。色谱柱为反相 C_{18} 柱，流动相为 0.1%甲酸水溶液和乙腈，梯度分离，ESI$^+$电离，以[M+H]$^+$离子作为检测目标，采用 MRM 定量。方法 LOD 低于 1 μg/kg，回收率高于 90%，RSD 在 5%～11%之间。刘琪等[84]建立了猪肝中 14 种 BMZs 及其代谢物的 LC-ESI-MS/MS 检测方法。用碱性乙酸乙酯提取，蒸干后用乙醇-0.1 moL/L 盐酸溶液（2+l，v/v）复溶，MCX SPE 柱净化，LC-MS/MS 测定。用 Waters Xterra C_{18}（2.1 mm×150 mm，5 μm）色谱柱分离，以 0.1%甲酸乙腈溶液和 0.1%甲酸溶液为流动相，梯度洗脱，流速 0.2 mL/min，ESI$^+$、MRM 模式检测。14 种 BMZs 及其代谢物的标准溶液在 10～1000 μg/L 浓度范围内线性关系良好，R^2 均大于 0.99；方法 LOD 为 5 μg/kg，LOQ 为 10 μg/kg；在 10～200 μg/kg 添加浓度范围内，回收率均在 70%～120%之间，批内、批间 RSD 均小于 20%。

De Ruyck 等[24]建立了鸡蛋中 FLU 及其代谢物（FLU-HMET 和 FLU-RMET）的 LC-MS/MS 检测方法。用碱化的乙酸乙酯作为提取液，提取液在 60℃蒸至 4～5 mL，转至刻度试管，氮气吹干，残渣溶于 600 μL 甲醇，混匀后在 60℃水浴中加热 5 min，用 2 mL 正己烷脱脂 1～2 次，溶液再用甲醇定容至 1 mL，并在 60℃水浴中加热 2 min，过 0.2 μm 聚四氟乙烯滤膜，LC-MS/MS 测定。色谱柱为 RP-C_{18} 柱，乙酸铵缓冲液和乙腈为流动相，梯度洗脱，流速 0.25 mL/min，进样量 10 μL，ESI$^+$电离，以[M+H]$^+$离子作为检测目标，采用 MRM 确证，以氯苯并咪唑作为内标，制作基质加标标准曲线定量。方法 LOQ 约为 1 μg/kg，总体平均回收率大于 77%。

De Ruyck 等[85]还建立了检测牛奶中 8 种驱虫药（包括 TBZ、OFZ、FBZ、OXI、ABZ、FEB 和 TCB）的 LC-ESI-MS/MS 多残留检测方法。色谱柱为 C_{18} 柱，0.1%甲酸和乙腈为流动相，梯度洗脱，ESI 电离，监测[M+H]$^+$离子，用 MRM 确证，并计算了 1 μg/kg（禁用药）和 MRL 值（限用药）添加水平的检测限（CC_α）和检测能力（CC_β）。方法 LOD 小于 0.6 μg/kg，回收率在 89.6%～102.0%之间，CV 在 5.4%～11.6%之间。汤娟等[86]建立了 LC-MS/MS 测定全脂和脱脂奶粉中奥芬达唑、阿苯达唑和芬苯达唑 3 种 BMZs 残留的方法。通过比较不同溶液的提取效率，最终选择含 1%乙酸的甲醇作为提取溶液，正己烷和阳离子 SPE 两步净化，有效去除奶粉基质中的抑制干扰物。以乙腈和含 0.5 mmol/L 醋酸铵及 0.1%甲酸的水溶液为流动相，C_{18} 作为分析色谱柱，采用梯度洗脱方式进行 LC 分离。脱脂奶粉和全脂奶粉 3 个添加水平的回收率范围为 70.0%～85.8%，RSD 均小于 7.5%，方法 LOD 为 10 μg/kg，能满足现有各国残留限量要求。

Wojnicz 等[87]开发了一种简单快速的 LC-MS/MS 方法测定血浆中的 ABZ 及其代谢物 ABZ-SO$_2$。样品经 SPE 提取净化后，以 1%乙酸溶液-甲醇（4+6，v/v）为流动相，在 Zorbax XDB-CN 柱上等度洗脱，ESI 电离，MRM 模式监测。ABZ 和 ABZ-SO$_2$ 的 LOQ 分别为 5 和 10 ng/mL，在 LOQ 添加水平下，RSD 不超过 20%。

Whelan 等[88]采用 LC-MS/MS 在 MRL 水平对 TCB 残留进行了定量和定性分析。采用改进的 QuEChERS 方法提取 TCB 残留，ESI 质谱分析。常见流动相添加物由于 pK_a 值小于 2，造成电离不充分，从而导致线性较差，而使用含有三氟乙酸（pK_a 0.3）的流动相，形成了 TCB 代谢产物的质子化准分子离子[M+H]$^+$，可以对肝脏、肌肉和牛奶中 TCB 残留在欧盟 MRL（分别为 250 µg/kg、225 µg/kg 和 10 µg/kg）下进行确证分析。所有待测物在 2.23 min 内出峰；牛奶和组织中动态线性范围分别为 1～100 µg/kg 和 5～1000 µg/kg；肝脏、肌肉和牛奶中 CC_α 范围分别为 250.8～287.2 µg/kg、2554.9～290.8 µg/kg 和 10.9～12.1 µg/kg。

3）液相色谱-离子阱质谱法（LC-MS^n）

从 20 世纪 80 年代中期开始，离子阱开始成为有机质谱的质量分析器。单一的离子阱在空间上用于较大范围内不同质荷比离子的检测，在时间上又可以用于串联质谱，灵敏度较四极杆质量分析器高 10～1000 倍。与四极杆串联质谱的不同之处在于四极杆串联质谱是"空间上"的串联，而离子阱质谱是"时间上"的串联。Kai 等[89]建立了检测动物组织中 ABZ、FBZ、ABZ-NH$_2$-SO$_2$、MBZ、OXI、TBZ、TBZ-5-OH、TCB 和 5-氯-6-（2, 3-二氯-苯氧基）-苯并咪唑-2-环戊酮等 9 种 BMZs 的 LC-MS^n 方法。用 Discovery HS F5 五氟苯基键和相色谱柱分离，流动相为 0.2%甲酸-乙腈（50+50，v/v），等度洗脱，流速 0.2 mL/min；LC-MS^n 在 ESI 电离、增强离子扫描（EPI）、MRM 模式下监测。该方法的 LOD 为 0.005～0.05 ng/g。

（5）气相色谱法（gas chromatography，GC）

GC 是一种以气体做流动相的柱色谱分离分析方法，具有分离效率高、灵敏度高、分析速度快及应用范围广等特点。随着科学技术的不断进步，研究者陆续开发了一些高选择性、高特异性的检测器；同时，快速 GC 和全二维 GC 等分离技术也相继出现，使得气相色谱技术得到了不断发展与完善。由于 BMZs 极性较高，挥发性较低，且热稳定性较差，BMZs 一般都需要经衍生化后再测定。

Marti 等[43]建立了 GC 方法测定动物组织中 ABZ、FBZ、FLU、MBZ、OFZ、OXI、TBZ 和 TCB 等 8 种 BMZs 残留。用乙腈提取肌肉组织中的药物，正己烷脱脂，分别用 C$_{18}$ SPE 柱和硅藻土柱净化样品，洗脱液蒸干后，置于 40℃装有五氧化二磷的真空器中干燥 8 h，残渣用 2 mL 丙酮复溶，过膜，加入 30 µL 30%（m/v）碳酸钠和 50 µL 10%（v/v）碘甲烷丙酮溶液，涡动混匀，密封，置于 60℃石蜡浴器中衍生化 30 min，冷却后，混合物用氮气吹干，残渣加 1 mL 乙酸乙酯和 1 mL 水，涡动混匀，取出乙酸乙酯，再用 1 mL 乙酸乙酯萃取 2 次，混合乙酸乙酯提取液，氮气吹干至 0.1 mL，再用硫酸钠脱水后，进 GC 分析。气相色谱条件：色谱柱为 OV-1-CB 石英玻璃毛细管柱（10 m×0.25 mm，膜厚 0.25 µm），载气为氦气，升温程序：60℃持续 0.5 min，以 30℃/min 从 60℃升至 150℃，再以 6℃/min 速度从 150℃升至 300℃，进样口温度 270℃，检测器温度 350℃，不分流，进样量 1 µL。甲基化衍生物分别用氮磷检测器（NPD）和电子捕获检测器（ECD）测定，研究发现，NPD 较 ECD 测定的杂质干扰少；采用 ECD 只能检测到 TBZ 衍生物，而 NPD 可检测所有 BMZs 衍生物。该方法的 LOD 在 20～50 µg/kg 之间。

（6）气相色谱-质谱法（gas chromatography-mass spectrometry，GC-MS）

GC-MS 将 GC 的高分离效率、高灵敏度与 MS 的高选择性集为一体，通过分析质谱图和气相保留值，能对多组分混合物进行定性鉴定和分子结构的准确判断；并通过峰匹配法、总离子流质量色谱法、选择离子检测法，对待测物进行定量分析。GC-MS 已经成为痕量物质分析的重要手段之一，广泛地应用于食品分析、石油化工、医药卫生等许多领域。GC-MS 分析 BMZs 一般要经甲硅烷基化、甲基化、苄基化等衍生作用后再测定。

Wilson 等[50]采用 GC-MS 确证了肝脏和肌肉组织中的 TBZ、TBZ-5-OH、ABZ-NH$_2$-SO$_2$、FBZ、CAM、MBZ 和 OFZ 等 BMZs 残留。组织提取物采用两步法衍生化：首先用 2 mol/L HCl 在 110℃反应 1 h，将氨基甲酸酯水解为氨基；水解产物再与 N-甲基-（叔丁基二甲基硅烷基）三氟乙酰铵（MTBSTFA）反应，使一级和二级胺硅烷化，而 TBZ-5-OH 的苯酚功能团转化成甲硅烷基。GC 采用 Hewlett-Packard（12 m×0.20 mm，0.33 µm 膜厚度）气相色谱柱，进样口温度 260℃，起始柱温为 150℃，保持 2 min，然后以 6℃/min 的速度升温至 300℃，平衡 0.5 min，清除时间 1.5 min，质谱参数为接口温度 300℃，驻留时间 100 ms，采用电子电离（EI），SIM 方式监测。在 100 µg/kg 的添加水平下，肝脏组织平均回收率为 92%，CV 为 8%，肌肉组织平均回收率为 88%，CV 为 5%。该方法不适用于 CAM，因为当注入三乙基氢氧化铵甲醇后，该药物会在进样口（260℃）快速烷化。Markus 等[90]建立了肝脏中 ABZ 的 GC-MS 测定方法。将 0.4 mL 肝脏提取样品，于 35℃±5℃蒸干，加入 50 μL MTBSTFA，涡动混匀，于 100℃±4℃衍生化，每半小时取出涡动混匀一次，2 h 衍生完全后，用 GC-MS 分析。进样口温度 260℃，升温程序：起始温度 200℃，最终温度 300℃，升温速度 20℃/min，不分流，通风口流速 100 mL/min，载气为氦气，30～40 psi，进样体积 1.0～3.0 μL，EI 离子源温度 140℃，分离器和传输线 275℃±5℃，倍增器电压 2000～2400 eV，电子能量 70 eV，SIM 模式监测。ABZ 的 LOD 和 LOQ 分别为 25 μg/kg 和 50 μg/kg。

Marti 等[43]建立了确证动物组织中 8 种 BMZs 残留的 GC-MS 方法。用乙腈提取肌肉组织中的药物，净化后，置于 40℃装有五氧化二磷的真空器中干燥 8 h，残渣用 2 mL 丙酮复溶，过膜，加入 30 μL 30%（m/v）碳酸钠和 50 μL 1%（v/v）五氟苄基溴（PFB-Br）溶液，涡动混匀，密封，置于 60℃石蜡浴器中衍生化 30 min，冷却后，混合物用氮气吹干，残渣加 1 mL 乙酸乙酯和 1 mL 水，涡动混匀，取出乙酸乙酯，再用 1 mL 乙酸乙酯萃取 2 次，混合乙酸乙酯提取液，氮气吹干至 0.1 mL，再用硫酸钠脱水后，进 GC-MS 分析。气相色谱柱为 DB-1 石英玻璃毛细管柱（30 m×0.25 mm，膜厚 0.25 μm），载气为氦气，升温程序：60℃持续 0.5 min，以 30℃/min 从 60℃升至 150℃，再以 6℃/min 速度从 150℃升至 300℃，进样口温度 270℃，接口炉温为 300℃，进样体积 1 μL，直接接口，离子化电压为 70 eV，源温度 250℃，质量范围为 50～750 amu/s，EI 和正离子化学电离源（PCI）电离。该研究评估了用氨基功能团衍生化的范围，发现用 PFB-Br 酰化和碘甲烷甲基化均能获得较满意的结果，而甲基化产物用 EI 和 PCI 电离测定时能提供对定量有用的结构信息，但在进样和分析过程中由于高温易降解，使得定量很困难。

17.2 公定方法

17.2.1 牛奶和奶粉中 5 种苯并咪唑类药物残留量的测定 液相色谱-串联质谱法[91]

17.2.1.1 适用范围

适用于牛奶和奶粉中噻苯达唑、阿苯达唑、芬苯达唑、奥芬达唑和苯硫氨酯残留液相色谱-串联质谱法测定。方法检出限：牛奶中噻苯达唑、阿苯达唑、芬苯达唑、奥芬达唑和苯硫氨酯的检出限为 0.01 mg/kg；奶粉中噻苯达唑、阿苯达唑、芬苯达唑、奥芬达唑和苯硫氨酯的检出限为 0.08 mg/kg。

17.2.1.2 方法原理

牛奶和奶粉试样中噻苯达唑、阿苯达唑、芬苯达唑、奥芬达唑和苯硫氨酯残留，经乙腈提取，C18 固相萃取柱净化，液相色谱-串联质谱仪测定，外标法定量。

17.2.1.3 试剂和材料

乙腈、甲醇：色谱纯；正丙醇、碳酸氢钠（NaHCO₃）、碳酸钠（Na₂CO₃）：分析纯。

碳酸氢钠溶液：0.1 mol/L。称取 8.4 g 碳酸氢钠，用水溶解，定容至 1000 mL；碳酸钠溶液：0.1 mol/L。称取 1.06 g 碳酸钠，用水溶解，定容至 100 mL；碳酸盐缓冲溶液（pH 为 9.1）：将 0.1 mol/L 碳酸氢钠溶液 900 mL 与 0.1 mol/L 碳酸钠溶液 100 mL 混合。

噻苯达唑、阿苯达唑、芬苯达唑、奥芬达唑和苯硫氨酯标准物质纯度均≥99%。

标准储备溶液：1.0 mg/mL。准确称取适量的五种苯并咪唑类药物标准物质，分别用甲醇配制成浓度为 1.0 mg/mL 的标准储备液。于 0～4℃保存。

混合标准储备溶液：100 μg/mL。吸取适量五种苯并咪唑类药物标准储备溶液，用甲醇稀释成 100 μg/mL 的混合标准溶液，于 0～4℃保存。

基质混合标准工作溶液：根据每种标准的灵敏度和仪器线性范围，吸取一定量的混合标准储备溶液，用空白样品提取液配成系列浓度的基质混合标准工作溶液，当天配制。

C18固相萃取柱：500 mg，6 mL。使用前依次用 5 mL 甲醇、5 mL 水和 2 mL 碳酸盐缓冲液预处理，同时保持柱体湿润。

17.2.1.4 仪器和设备

液相色谱-串联四极杆质谱仪，配有电喷雾离子源；分析天平：感量 0.01 g 和 0.1 mg；固相萃取装置；旋转蒸发仪；离心机：转速 4000 r/min 以上；涡旋混匀器；超声波清洗器。

17.2.1.5 样品前处理

（1）试样制备

取代表性样品约 500 g，混匀，装入洁净容器，密封，标明标记。在抽样及制样的操作过程中，应防止样品受到污染或发生残留物含量的变化。将试样于 0～4℃保存。

（2）提取

牛奶样品：称取 10 g 牛奶试样，精确至 0.01 g，置于 100 mL 具塞离心管中。加入 30 mL 乙腈，涡旋混匀 3 min，超声 30 min，以 4000 r/min 离心 5 min，取上清液加入 10 mL 正丙醇，40℃水浴旋转蒸发除去有机溶剂，用碳酸盐缓冲溶液定容至 10 mL。

奶粉样品：称取 12.5 g 奶粉试样于烧杯中，加适量35～45℃水将其充分溶解，待冷却至室温后，加水至 100 g，混匀，准确称取 10 g 试样，精确至 0.01 g，置于 100 mL 具塞离心管中，按上述步骤进行处理。

（3）净化

移取 5 mL 提取液，注入预处理过的 C18固相萃取柱，调节流速为 1.0 mL/min，用 5 mL 水淋洗，弃去全部流出液后抽干。用 6 mL 乙腈洗脱被测物，流速 1.0 mL/min，40℃水浴氮气吹干，再用甲醇溶液（1+4，v/v）溶解并定容至 1.0 mL，过 0.2 μm 滤膜，供液相色谱-串联质谱测定。

17.2.1.6 测定

（1）液相色谱条件

色谱柱：BEH C18，1.7 μm，50 mm×2.1 mm（内径）或相当者；柱温：40℃；进样量：10 μL；流动相及流速见表 17-3。

表 17-3 液相色谱梯度洗脱条件

时间/min	流速/（μL/min）	甲醇/%	0.1%甲酸水溶液/%
0.0	200	5	95
12.0	200	90	10
12.1	200	5	95
14.0	200	5	95

（2）质谱条件

离子源：电喷雾离子源；扫描方式：正离子扫描；检测方式：多反应监测；电离电压：2.0 kV；离子源温度：110℃；锥孔反吹气流量：80 L/h；脱溶剂气温度：380℃；脱溶剂气流量：700 L/h；五种苯并咪唑类药物定性离子对、定量离子对、锥孔电压及碰撞能量质谱参数见表 17-4。

表 17-4 五种苯并咪唑类药物的质谱参数

化合物	母离子(m/z)	子离子(m/z)	锥孔电压/V	碰撞能量/eV
噻苯达唑	202.0	174.7[a]	46	25
		130.7	46	31
阿苯达唑	266.0	233.9[a]	34	19
		190.9	34	33
芬苯达唑	300.0	267.9[a]	34	21
		158.7	34	34

化合物	母离子(m/z)	子离子(m/z)	锥孔电压/V	碰撞能量/eV
奥芬达唑	316.0	158.7[a]	38	34
		190.8	38	21
苯硫氨酯	447.0	382.9[a]	26	18
		414.9	26	14

a. 定量离子

（3）定性测定

每种被测组分选择一个母离子，两个以上子离子，在相同试验条件下，样品中待测物质的保留时间与标准溶液中相对应物质的保留时间偏差在±2.5%之内；且样品谱图中各组分定性离子的相对丰度与浓度接近的基质标准溶液谱图中对应的定性离子的相对丰度进行比较，若偏差不超过表1-5规定的范围，则可判定为样品中存在对应的待测物。

（4）定量测定

用基质混合标准工作溶液分别进样，以标准溶液浓度为横坐标，峰面积为纵坐标，绘制标准工作曲线，用标准工作曲线对待测样品进行定量，样品溶液中的待测物的响应值均应在仪器测定的线性范围内。在上述色谱条件和质谱条件下，五种苯并咪唑类药物标准物质多反应监测（MRM）色谱图见图17-2。

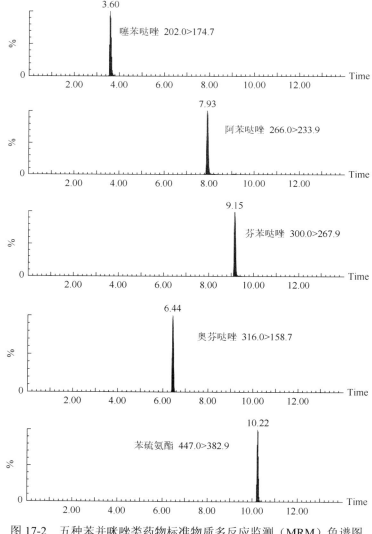

图17-2　五种苯并咪唑类药物标准物质多反应监测（MRM）色谱图

17.2.1.7　分析条件的选择

（1）提取方法的优化

1）提取溶液的选择

在 10 g 牛奶中加入 0.2 mL 2.5 g/mL 的五种苯并咪唑类药物混标，分别用 30 mL 乙腈、甲醇、丙酮、乙酸乙酯提取，旋至除去有机溶剂后用水定容至 10 mL，液质检测，结果见表 17-5。

表 17-5　不同提取溶液对回收率的影响

化合物	甲醇	乙腈	丙酮	乙酸乙酯
噻苯达唑	53.0	100.6	55.9	62.6
阿苯达唑	51.8	95.7	25.7	16.4
芬苯达唑	24.2	85.5	15.5	15.9
奥芬达唑	70.8	109.0	84.0	66.1
苯硫氨酯	30.0	85.6	16.8	27.3

由结果可知，当使用甲醇、丙酮、乙酸乙酯作为提取剂时，各组分的回收率均偏低，而当使用乙腈作为提取剂时，待测物的回收率均较为理想。因此，选择乙腈作为提取剂。

2）提取液用量的选择

在 10 g 牛奶中加入 0.2 mL 2.5 g/mL 的五种苯并咪唑类药物混标，分别用 10 mL、30 mL、50 mL 乙腈提取，旋至除去有机溶剂后用水定容至 10 mL，液质检测，结果见表 17-6。

表 17-6　提取液用量对回收率的影响（%）

化合物	10 mL	30 mL	50 mL
噻苯达唑	70.7	105.1	100.3
阿苯达唑	74.3	100.1	99.6
芬苯达唑	61.9	92.6	90.5
奥芬达唑	64.2	99.8	98.6
苯硫氨酯	58.9	85.1	82.6

由结果可知，用 10 mL 乙腈提取，五种苯并咪唑类药物的回收率均偏低，用 30 mL 和 50 mL 乙腈提取，回收率无明显差别，为节省溶剂使用量，采用 30 mL 乙腈提取。

3）正丙醇用量的选择

在 10 g 牛奶中加入 0.2 mL 2.5 g/mL 的五种苯并咪唑类药物混标，用 30 mL 乙腈提取，旋转蒸发前分别加入 0 mL、10 mL 正丙醇，旋至除去有机溶剂后用水定容至 10 mL，液质检测，结果见表 17-7。

表 17-7　正丙醇用量对回收率的影响

化合物	0 mL	10 mL
噻苯达唑	85.1	100.6
阿苯达唑	92.6	95.7
芬苯达唑	70.1	85.5
奥芬达唑	79.8	109.0
苯硫氨酯	62.4	85.6

由结果可知，蒸发除去有机溶剂前加入正丙醇，浓缩时间缩短，浓缩损失明显降低，因此，在蒸发前加入 10 mL 正丙醇。

（2）净化方法的确定

1）固相萃取柱预处理

将固相萃取柱先用甲醇润洗，再用水洗，再用 2 mL 碳酸盐缓冲液洗，充分活化。试验中比较了甲醇和水不同用量时，柱子的活化效果。甲醇和水的用量分别为：10∶5、5∶5、5∶10，在 5 mL 碳酸盐缓冲液/水（1+1，v/v）中加入 0.2 mL 2.5 g/mL 的五种苯并咪唑类药物混标，注入用上述溶液预处理过的固相萃取柱，用 5 mL 水淋洗，用乙腈洗脱，同样品处理，液质检测，结果见表 17-8。

表 17-8 固相萃取柱的预处理对回收率的影响

化合物	10∶5	5∶5	5∶10
噻苯达唑	88.2	93.9	89.7
阿苯达唑	80.3	94.0	89.3
芬苯达唑	85.9	96.1	101.8
奥芬达唑	84.6	94.6	93.5
苯硫氨酯	61.9	100.1	102.2

试验结果表明，先用 5 mL 甲醇润洗，再用 5 mL 水洗，固相萃取柱的活化效果最好，柱子能有效吸附待测物，五种苯并咪唑类药物的回收率均较高，因此，确定使用 5 mL 甲醇和 5 mL 水来活化固相萃取柱。

2）洗脱液的选择

在 5 mL 碳酸盐缓冲液/水（1+1，v/v）中加入 0.2 mL 2.5 g/mL 的五种苯并咪唑类药物混标，按上述条件直接过柱，用水淋洗，再分别用甲醇、乙腈、丙酮、乙酸乙酯洗脱，同样品处理，液质检测，结果见表 17-9。

表 17-9 不同洗脱液对回收率的影响

化合物	甲醇	乙腈	丙酮	乙酸乙酯
噻苯达唑	89.3	89.2	87.8	84.8
阿苯达唑	89.2	94.5	89.2	78.4
芬苯达唑	81.0	96.0	87.4	73.2
奥芬达唑	91.6	88.0	85.4	93.4
苯硫氨酯	88.0	97.1	90.2	78.5

试验结果表明，乙腈作为洗脱液时洗脱效果最好，能很好地洗脱五种苯并咪唑类药物。

3）洗脱速度的选择

在 5 mL 碳酸盐缓冲液/水（1+1，v/v）中加入 0.2 mL 2.5 g/mL 的五种苯并咪唑类药物混标，按上述条件直接过柱，用 6 mL 乙腈洗脱，控制洗脱速度分别为 0.5 mL/min、1.0 mL/min、1.5 mL/min、2.0 mL/min，收集洗脱液，同样品处理，液质检测，结果见表 17-10。

表 17-10 不同洗脱速度对回收率的影响

化合物	0.5 mL/min	1.0 mL/min	1.5 mL/min	2.0 mL/min
噻苯达唑	93.5	93.9	91.7	85.1
阿苯达唑	103.5	94.0	88.2	79.3
芬苯达唑	94.4	96.1	86.2	80.3
奥芬达唑	90.3	94.6	90.3	81.1
苯硫氨酯	100.7	100.1	88.3	77.2

试验结果表明，洗脱速度大于 1.0 mL/min 时，洗脱速度偏快，待测物的回收率有下降趋势，因此，经比较确定洗脱速度为 1.0 mL/min。

4）洗脱体积的确定

在 5 mL 碳酸盐缓冲液/水（1+1，v/v）中加入 0.2 mL 2.5 g/mL 的五种苯并咪唑类药物混标，按上述条件直接过柱，用 12 mL 乙腈洗脱，控制洗脱速度为 1.0 mL/min，分 6 次收集洗脱液，每次收集 2 mL，吹干定容后液质检测，结果见表 17-11。

表 17-11 洗脱体积对回收率的影响

化合物	第一次	第二次	第三次	第四次	第五次	第六次
噻苯达唑	80.3	13.2	2.8	0.1	0.0	0.0
阿苯达唑	78.6	14.9	3.4	0.1	0.1	0.0
芬苯达唑	70.4	24.6	6.5	0.0	0.0	0.0
奥芬达唑	71.0	22.5	2.3	0.1	0.0	0.0
苯硫氨酯	85.7	12.7	2.6	0.0	0.0	0.0

试验结果表明，洗脱溶剂的体积达到 6 mL 以后，五种苯并咪唑类药物均完全洗脱下来，因此，确定洗脱体积为 6 mL。

5）浓缩温度的选择

在 8 mL 乙腈中加入 0.2 mL 2.5 g/mL 的五种苯并咪唑类药物混标，混匀后在以下温度旋干，液质检测，结果见表 17-12。

表 17-12 浓缩温度对回收率的影响

化合物	35℃	40℃	45℃
噻苯达唑	106.7	108.5	114.3
阿苯达唑	110.6	113.5	117.1
芬苯达唑	110.7	104.4	116.5
奥芬达唑	93.7	98.3	102.3
苯硫氨酯	110.3	102.7	116.9

试验结果表明，浓缩温度在考察范围内对回收率无显著影响，综合考虑，确定浓缩温度为 40℃。

（3）仪器条件的优化

1）色谱条件

该类药物可用反相液相色谱柱进行分离测定，采用色谱柱 C_{18} 柱（50 mm×2.1 mm i.d.，1.7 m）。苯并咪唑类药物易溶于甲醇，故选择甲醇和水的混合体系作为流动相。又考虑到苯并咪唑类药物在结构中含有氨基，故在流动相中加入甲酸，以增加其离子化效率。调节水相中甲酸的含量分别为 0.0%，0.1%，0.2%，0.3%，考察苯并咪唑类药物的测定情况。试验结果表明，水相中甲酸含量为 0.1% 时，待测药物的离子化效率最高，检测灵敏度最高。故确定流动相体系组成为甲醇和 0.1% 的甲酸水溶液。此外，为了节省检测时间，选择了梯度洗脱的模式。试验结果表明，该方法可使待测五种苯并咪唑类药物在短时间内得到有效的分离，便于药物的快速、准确定性及定量。五种苯并咪唑类药物的总离子流色谱图和多反应监测（MRM）色谱图见图 17-3 和图 17-2。

2）质谱条件

首先采用 1 g/mL 的各种苯并咪唑类药物单标溶液以流动注射的方式，在正离子模式下进行母离子全扫描，调节电离电压和锥孔电压，确定各苯并咪唑类药物的分子离子，然后对其子离子进行全扫描，优化子离子及碰撞能量，确定其中丰度最强的两个子离子作为监测离子，见表 17-4。

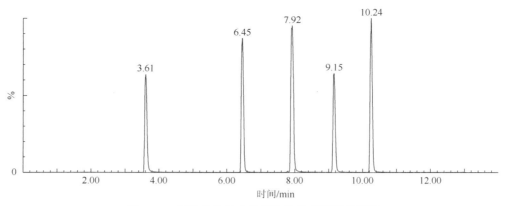

图 17-3　五种苯并咪唑类药物的总离子流色谱图

噻苯达唑，3.61 min；奥芬达唑，6.45 min；阿苯达唑，7.92 min；芬苯达唑，9.15 min；苯硫氨酯，10.24 min

17.2.1.8　线性范围和测定低限

移取苯并咪唑类药物混合标准储备液，用空白样品提取液稀释制备成浓度分别为 0.010 g/mL，0.025 g/mL，0.05 g/mL，0.1 g/mL，0.5 g/mL，1.0 g/mL，5.0 g/mL 的溶液。按上述仪器条件进行分析，进样量均为 10 L。以各药物的峰面积（Y）对浓度（C）作线性回归分析，得到回归方程及相关系数见表 17-13，结果表明各药物在 0.010～5.0 g/mL 范围内线性关系良好。

空白样品中加入已知浓度的标准工作液，按上述方法进行制样检测，结果表明牛奶中五种苯并咪唑类药物的检出限可达 0.01 mg/kg，奶粉中五种苯并咪唑类药物的检出限可达 0.08 mg/kg，满足各国对五种苯并咪唑类药物的最高残留限量（MRL）要求。

表 17-13　线性回归方程

化合物	线性回归方程	相关系数（r）
噻苯达唑	$y=1.77\times10^6x+3.02\times10^5$	0.9985
阿苯达唑	$y=4.98\times10^6x+4.07\times10^5$	0.9978
芬苯达唑	$y=5.26\times10^6x+4.65\times10^5$	0.9970
奥芬达唑	$y=1.82\times10^6x+3.83\times10^5$	0.9947
苯硫氨酯	$y=1.87\times10^6x+4.53\times10^5$	0.9952

17.2.1.9　方法回收率和精密度

在牛奶和奶粉样品中添加五种苯并咪唑类药物的混合标准溶液，按上述试验方法操作，同时做空白对照。所得到的样品中各苯并咪唑类药物的添加回收率、相对标准偏差和精密度见表 17-14。五种苯并咪唑类药物的相对标准偏差分别为：噻苯达唑 3.44%～8.65%，阿苯达唑 2.20%～11.04%，芬苯达唑 5.62%～9.70%，奥芬达唑 5.90%～8.95%，苯硫氨酯 4.94%～10.1%，结果表明：该方法同样符合苯并咪唑类药物残留分析方法对精密度的要求。

表 17-14　五种苯并咪唑类药物在中不同添加水平下的回收率（$n=6$）

化合物	0.01 mg/kg		0.1 mg/kg		0.5 mg/kg	
	回收率%	RSD%	回收率%	RSD%	回收率%	RSD%
			牛奶			
噻苯达唑	72.5	8.65	80.4	4.52	82.4	3.44
阿苯达唑	80.2	11.04	85.0	7.81	92.7	7.73
芬苯达唑	81.0	9.70	85.2	8.88	83.0	6.76
奥芬达唑	78.5	8.95	81.6	6.95	83.6	5.90
苯硫氨酯	71.2	8.64	80.1	4.94	81.1	9.86

续表

化合物	0.01 mg/kg		0.1 mg/kg		0.5 mg/kg	
	回收率%	RSD%	回收率%	RSD%	回收率%	RSD%
	奶粉					
噻苯达唑	71.4	7.10	81.2	6.04	83.3	5.01
阿苯达唑	82.6	4.66	87.4	5.56	93.6	2.20
芬苯达唑	79.1	7.86	86.2	7.19	90.2	5.62
奥芬达唑	75.2	7.95	80.7	7.33	83.9	7.85
苯硫氨酯	70.8	10.1	80.5	8.09	82.8	7.42

17.2.1.10 重复性和再现性

在重复性试验条件下，获得的两次独立测试结果的绝对差值不超过重复性限（r），如果差值超过重复性限（r），应舍弃试验结果并重新完成两次单个试验的测定。在再现性试验条件下，获得的两次独立测试结果的绝对差值不超过再现性限（R）。被测物的含量范围、重复性和再现性方程见表 17-15。

表 17-15　牛奶和奶粉中五种苯并咪唑类药物添加浓度及重复性限和再现性限方程

化合物	含量范围/(mg/kg)	样品基质	重复性限 r	再现性限 R
噻苯达唑	0.01～0.50	牛奶	lg r=0.9199 lg m−1.1233	lg R=0.9995 lg m−0.8861
		奶粉	lg r=1.1086 lg m−0.8097	lg R=1.0845 lg m−0.8136
阿苯达唑	0.01～0.50	牛奶	lg r=1.0017 lg m−1.1712	lg R=0.9836 lg m−1.0378
		奶粉	lg r=0.9819 lg m−1.1588	lg R=0.9537 lg m−1.1316
芬苯达唑	0.01～0.50	牛奶	lg r=0.9508 lg m−1.1002	lg R=0.9474 lg m−1.0888
		奶粉	lg r=1.1370 lg m−0.8373	lg R=1.0626 lg m−0.8758
奥芬达唑	0.01～0.50	牛奶	lg r=0.9737 lg m−1.0712	lg R=1.02851 g m−0.9771
		奶粉	lg r=0.9493 lg m−1.0959	lg R=0.9309 lg m−1.0786
苯硫氨酯	0.01～0.50	牛奶	lg r=0.9074 lg m−1.1761	lg R=0.8887 lg m−1.1820
		奶粉	lg r=1.0003 lg m−1.0081	lg R=0.9771 lg m−0.9930

注：m 为两次测定结果的算术平均值

17.2.2　河豚鱼、鳗鱼和烤鳗中 16 种苯并咪唑类药物残留量的测定　液相色谱-串联质谱法[92]

17.2.2.1　适用范围

本方法适用于液相色谱-串联质谱法测定河豚鱼、鳗鱼、烤鳗中奥芬达唑、芬苯达唑及它们的代谢物奥芬达唑砜，阿苯达唑及其代谢物阿苯达唑-2-氨基砜、阿苯达唑亚砜、阿苯达唑砜，甲苯咪唑及其代谢物氨基甲苯咪唑、羟基甲苯咪唑，氟苯咪唑及其代谢物 2-氨基氟苯咪唑，噻苯咪唑及其代谢物 5-羟基噻苯咪唑，噻苯咪唑酯，氧苯达唑残留量。方法检出限：均为 0.010 mg/kg。

17.2.2.2　方法原理

试样在碱性条件下以乙酸乙酯提取、离心、浓缩后，残渣以乙腈-0.1 mol/L 盐酸溶液溶解，正己烷脱脂，经 MCX 固相萃取柱净化。样品溶液供液相色谱-串联质谱仪检测，外标峰面积法定量。

17.2.2.3　试剂和材料

乙酸乙酯、正己烷、2, 6-二叔丁基对甲酚（BHT）、盐酸、氢氧化钾、乙酸铵：分析纯；甲醇、乙腈：色谱纯；甲酸：优级纯；25%氨水；无水硫酸钠：经 650℃灼烧 4 h，置于干燥器内备用。

1% BHT 溶液：称取 1.0 g BHT，乙酸乙酯溶解并稀释至 100 mL，临用前配制。

0.1 mol/L 盐酸溶液：量取浓盐酸 9 mL，加水稀释至 1000 mL。

0.005 mol/L 甲酸溶液：准确吸取 188μL 甲酸，加水稀释至 1000 mL。

50%氢氧化钾溶液：50 g 氢氧化钾溶解于 100 mL 水中，冷却至室温后待用。

10%氨乙腈溶液：量取 10 mL 25%氨水，乙腈稀释至 100 mL，临用前配制。

0.025 mol/L 乙酸铵溶液：1.93 g 乙酸铵溶解于 1000 mL 水中。

标准品纯度均在 98%以上，5-羟基噻苯咪唑标准溶液浓度为 10 mg/L。

标准储备液：准确称取按其纯度折算为 100%质量的苯亚砜咪唑、苯硫达唑、苯亚砜咪唑砜、阿苯达唑、阿苯达唑-2-氨基砜、阿苯达唑亚砜、阿苯达唑砜、甲苯咪唑、氨基甲苯咪唑、羟基甲苯咪唑、氟苯咪唑、2-氨基氟苯咪唑、噻苯咪唑、噻苯咪唑酯、氧苯达唑标准品各 10 mg（精确至 0.1 mg），分别用甲醇溶解并定容至 100 mL，配成标准储备溶液浓度为 100 μg/mL。

混合标准工作溶液：根据需要，用乙腈-水（1+4，v/v）将标准储备液及 5-羟基噻苯咪唑标准溶液配成适用浓度的混合标准工作溶液。混合标准工作溶液使用前配制。

固相萃取柱：阳离子交换固相萃取柱 MCX 柱或相当者，150 mg/6 mL。使用前依次用 5 mL 甲醇活化，5 mL 0.1 mol/L 盐酸平衡。

17.2.2.4 仪器和设备

液相色谱-串联质谱仪：配有电喷雾离子源；组织捣碎机；匀浆机：转速大于或等于 8000 r/min。

涡旋振荡器；离心机：转速大于或等于 4000 r/min；减压旋转蒸发仪；超声波水浴；分析天平：感量 0.1 mg，0.01 g。

17.2.2.5 样品前处理

（1）试样制备

从所取全部样品中取出有代表性样品的可食部分约 500 g，用组织捣碎机充分捣碎均匀，装入洁净容器中，密封，并做标记，于–18℃以下冷冻存放。制样操作过程中必须防止样品受到污染或发生残留物含量的变化。

（2）提取

称取 2 g 样品（准确至 0.01 g），于 50 mL 离心管中，加入 20 mL 乙酸乙酯、0.15 mL 50%氢氧化钾溶液、1 mL 1%BHT 溶液置超声波水浴中振荡 5 min，匀浆机上 8000 r/min 均质 30 s，加入 1 g 无水硫酸钠，混匀，4000 r/min 离心 5 min，清液转移至 100 mL 梨形瓶中；另取一离心管，加入 20 mL 乙酸乙酯、0.15 mL 50%氢氧化钾溶液和 1 mL 1%BHT 溶液洗涤匀浆机刀头；用玻棒捣碎离心管中的沉淀，加入上述洗涤匀浆机刀头的碱性乙酸乙酯溶液，在涡漩振荡器上振荡 2 min，置超声波水浴中振荡 5 min，4000 r/min 离心 5 min，清液合并至 100 mL 梨形瓶中，38℃减压旋转蒸发至干。

（3）净化

上述残渣马上用 1.5 mL 乙腈溶解，涡旋混匀，超声 5 min，加入 1.5 mL 0.1 mol/L 盐酸，涡旋混匀，转移到 15 mL 离心管，加 5 mL 正己烷洗涤梨形瓶，合并转移到离心管中，涡旋混匀，4000 r/min 离心 5 min，弃上层正己烷层，加入 3 mL 正己烷重复操作一次。

脱脂后的样液加入 3 mL 0.1 mol/L 盐酸，涡旋混匀，注入已活化处理的 MCX 固相萃取柱，依次用 5 mL 0.1 mol/L 盐酸、5 mL 甲醇淋洗，15 mL 10%氨乙腈溶液洗脱，洗脱液 38℃减压旋转蒸发至干，残渣加入 0.5 mL 乙腈，置于超声波水浴中振荡 5 min，加入 1.5 mL 0.025 mol/L 乙酸铵，涡旋混匀，吸取 100 μL 该样液，加入 1900 μL 乙腈-水（1+4，v/v）混匀后过 0.2 μm 滤膜，供液相色谱-串联质谱仪测定。

17.2.2.6 测定

（1）液相色谱条件

色谱柱：YMC C$_{18}$，3 μm，150 mm×2.1 mm（内径）或相当者；流动相：乙腈-0.005 mol/L 甲酸溶液，梯度洗脱；乙腈：15%～80%（7 min 内线性增加），80%保持 2 min，80%～15%（0.01 min 内线性递减），15%保持 11 min；流速：0.25 mL/min；柱温：40℃；进样量：5 μL。

（2）质谱条件

离子化模式：电喷雾电离正离子模式（ESI$^+$）；质谱扫描方式：多反应监测（MRM）；分辨率：单位分辨率；雾化气、气帘气、辅助加热气、碰撞气均为高纯氮气或其他合适气体；使用前应调节各气体流量以使质谱灵敏度达到检测要求；喷雾电压、去集簇电压、碰撞能等电压值应优化至最佳灵敏度；16 种苯并咪唑类药物的定性离子对、定量离子对和去簇电压、碰撞气能量、参考保留时间见表 17-16。

表 17-16 16 种苯并咪唑类药物和代谢物的参考保留时间、参考质谱参数

化合物	定性离子对(m/z)	定量离子对(m/z)	去簇电压/V	碰撞气能量/V	参考保留时间/min
奥芬达唑	316/159 316/191	316/159	38	55 35	7.9
芬苯达唑	300/159 300/268	300/268	37	50 35	10.3
奥芬达唑砜	332/159 332/300	332/159	31	60 35	8.8
阿苯达唑	266/191 266/234	266/234	32	50 30	9.2
阿苯达唑-2-氨基砜	240/133 240/198	240/133	35	45 35	2.4
阿苯达唑亚砜	282/191 282/208	282/208	31	55 40	6.7
阿苯达唑砜	298/224 298/159	298/159	55	40 30	7.8
甲苯咪唑	296/105 296/264	296/264	40	50 35	9.1
氨基甲苯咪唑	238/105 238/133	238/105	70	37 51	6.8
羟基甲苯咪唑	298/160 298/266	298/266	56	50 31	7.1
噻苯咪唑	202/131 202/175	202/175	58	50 40	3.3
5-羟基噻苯咪唑	218/147 218/191	218/191	47	40 30	2.0
氟苯咪唑	314/123 314/283	314/123	43	55 40	9.4
2-氨基氟苯咪唑	256/95 256/123	256/95	65	58 39	7.0
噻苯咪唑酯	303/217 303/261	303/217	40	45 30	7.4
氧苯达唑	250/176 250/218	250/218	44	40 30	7.6

（3）定性测定

被测组分选择 1 个母离子，2 个子离子，在相同试验条件下，样品中待测物质的保留时间与标准溶液中对应的保留时间偏差在±2.5%之内；当样品谱图中被测组分监测离子的相对离子丰度与浓度接近的标准溶液谱图中对应的监测离子的相对离子丰度进行比较，偏差不超过表 1-5 规定的范围，则可判定为样品中存在对应的待测物。

（4）定量测定

在仪器最佳工作条件下，将混合标准工作溶液进样，以峰面积为纵坐标，混合标准工作溶液浓度为横坐标绘制标准工作曲线。用标准工作曲线对样品进行定量，样品溶液中待测物的响应值均应在仪

器测定的线性范围内。16 种苯并咪唑类药物和代谢物标准物质的多反应监测（MRM）色谱图见图 17-4。

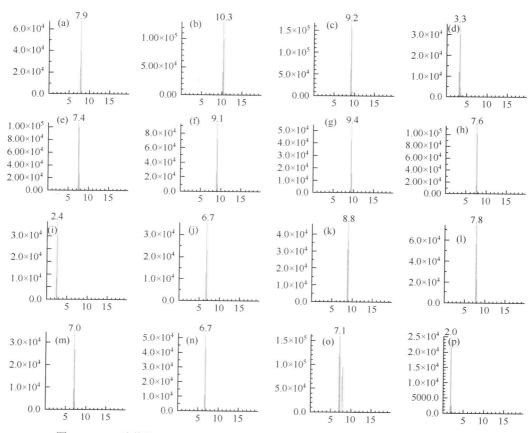

图 17-4　16 种苯并咪唑类药物和代谢物标准物质的多反应监测（MRM）色谱图

（a）奥芬达唑；（b）芬苯达唑；（c）阿苯达唑；（d）噻苯咪唑；（e）噻苯咪唑酯；（f）甲苯咪唑；（g）氟苯咪唑；（h）氧苯达唑；（i）阿苯达唑-2-氨基砜；（j）阿苯达唑亚砜；（k）奥芬达唑砜；（l）阿苯达唑砜；（m）2-氨基氟苯咪唑；（n）氨基甲苯咪唑；（o）羟基甲苯咪唑；（p）5-羟基噻苯咪唑；

17.2.2.7　分析条件的选择

（1）提取条件的优化

1）提取剂

苯并咪唑类药物分子基本上是中等极性分子，其水溶性很差，考虑到乙酸乙酯和二氯甲烷的极性与 BZs 接近，BZs 在其中溶解能力较强，分别对乙酸乙酯、二氯甲烷、DMF（二甲基甲酰胺）、DMSO（二甲亚砜）等有机溶剂提取 BZs 的提取效率进行试验。

试验结果表明采用二氯甲烷提取 BZs，回收率均低于 50%；与采用单纯的乙酸乙酯作提取剂相比，DMSO 与乙酸乙酯混合溶剂对苯并咪唑的提取无明显帮助，且给后续的处理带来麻烦；

DMF 与乙酸乙酯混合溶剂对 2AA、ASOX、THI-OH 三种极性较大的代谢物的回收率有明显的负影响，回收率下降至只有 10%～20%，而采用碱性乙酸乙酯提取 BZs，回收率可稳定在理想水平。

2）提取剂 pH

BZs 是弱碱性化合物，pH 对具有弱碱性的物质的溶解性或分配系数影响很大，调节 pH 使组分在水相中处于中性分子状态，或达到两性分子的等电点，水溶性降低，易被有机溶剂萃取。分别以不加碱液、0.5 mL 1 mol/L KOH、0.2 mL 50%KOH、0.4 mL 50%KOH 作对比试验考察提取溶剂 pH 对苯并咪唑药物在动物组织中提取效率的影响，试验结果表明提取剂的 pH 高低对 ALB、OXI 的回收率无明显影响，CAM、FEN、FLU、MEB、OXFSUL、THI、THI-OH 在较高碱液浓度（0.4 mL 50%KOH）时回收率明显下降一半，2AA、ASOX、ASF 的回收率下降至 10% 以下。

基于以上试验结果，当同时测定 16 种苯并咪唑药物残留时综合考虑极性较大的几种代谢物受 pH

影响明显的现象，以 0.15 mL 50%的氢氧化钾-乙酸乙酯作提取剂。

　　3）抗氧化剂

　　一些苯并咪唑药物在样品前处理过程中易发生氧化反应而致损失，所以试验过程中在样品提取及随后的蒸发浓缩过程中加入抗氧化剂以保护分析物，分别试验了不同浓度的 BHT（丁基化羟基甲苯）、BHA，试验结果表明加入 1%BHT 或 BHA 可明显提高 OXF、OXFSUL、ASOX、ASF 的回收率，对 THI、MEB 的回收率也有好的影响，BHT 对分析物的保护作用稍好于 BHA。

　　（2）净化条件的优化

　　样品用碱性乙酸乙酯提取，由于乙酸乙酯属中等极性溶剂，有可能提取出类脂物，因此提取浓缩后需去除类脂物。脱脂溶剂选择了对类脂物有良好溶解度而对苯并咪唑类药物溶解度最小的正己烷。为保证部分水溶性较小的苯并咪唑类药物组分在脱脂时的回收率，采用乙腈-0.1 mol/LHCL-正己烷萃取脱脂。

　　试验中选择了国内外目前最常用的 WATERS Oasis MCX®固相萃取柱进行试验，考虑到动物样品成分复杂，特别是动物肝脏样品较脏，为防止样品过载导致回收率下降，选用了 150 mg/6 mL 的 MCX 柱。根据 MCX 柱的保留特性，应在酸性条件下上柱，使待测物呈阳离子键合吸附，所以采用 0.1 mol/L HCL 稀释样液上柱，保证样品在柱上有强保留。

　　洗涤是除去不需要的组分或杂质，所用溶剂的极性一般略强于或等于样品溶剂的极性。试验结果表明酸性条件下用 100%甲醇溶液洗涤 SPE 柱，组分无损失，故选用 5 mL 0.1 mol/L HCL，5 mL 甲醇溶液作为洗涤溶剂。

　　氨水-乙腈溶液对于 MCX 固相萃取柱是强溶剂。试验中依次增加氨水含量的乙腈溶剂体系进行洗脱试验，试验结果表明采用 10%氨水乙腈作为洗脱试验液可保证所测组分的充分洗脱，同时进行 10%氨水乙腈洗脱液的体积淋洗试验，结果表明大于 12 mL 时可以淋洗完全。最后选择 15 mL 10%氨水乙腈溶液作为洗脱溶剂。

　　（3）仪器条件的优化

　　试验了不同有机溶剂（甲醇、乙腈）对苯并咪唑分子的离子化影响，试验结果表明大部分苯并咪唑类药物分子采用乙腈作为流动相中的有机溶剂时，较之采用甲醇作为流动相能得到更强的质谱信号，表明乙腈比甲醇更有利于苯并咪唑类分子的离子化。

　　根据文献的描述，选定了 16 种苯并咪唑类驱虫药的二级质谱产物离子各二对共计三十二个，进行质谱离子源参数的优化，包括电压参数：去簇电压（DP），聚焦电压（FP），入口电压（EP），碰撞能（CE）、碰撞池出口电压（CXP），电离电压（IS）；气流参数：雾化气（NEB），气帘气（CUR），辅助气（AUX），碰撞气（CAD）；辅助气温度（TEM）。

　　研究了苯并咪唑类药物的二级质谱离子产生途径，研究结果表明苯并咪唑类驱虫药的母核是一个相对稳定的共轭体系，在通常的碰撞能量范围内（CE15-60 V）较少发生开环重排反应，苯并咪唑驱虫药的碰撞裂解反应大部分是发生在取代基位置。苯并咪唑类药物从结构上可细分为氨基甲酸酯类和噻苯咪唑二个亚类，在所研究的十多种苯并咪唑类药物和代谢物中，氨基甲酸酯类和噻苯咪唑类药物的质谱碎裂途径各有其特点。根据十五课题的研究成果，选定了十六个苯并咪唑类药物和代谢物的定性离子对。

17.2.2.8　线性范围和测定低限

　　配制混合标准工作液，在选定的色谱和质谱条件下进行测定，以标准工作溶液被测组分峰面积对标准溶工作液被测组分浓度作线性回归曲线。在 0.5～10 μg/L 范围内，16 种苯并咪唑类药物的响应线性关系良好。本方法 16 种苯并咪唑类的测定低限（LOQ）均为 10 μg/kg。

17.2.2.9　方法回收率和精密度

　　用不含苯并咪唑类药物的空白河豚鱼肌肉、鳗鱼肌肉、烤鳗样品，在 10 μg/kg、20 μg/kg、50 μg/kg、100 μg/kg 四个水平上进行回收率和精密度试验，结果见表 17-17。从表 17-17 中可见方法的回收率和精密度符合残留检测对回收率和精密度的要求。

表 17-17　16 种苯并咪唑室内添加试验结果（$n=10$）

化合物	添加水平 /(μg/kg)	河豚鱼肌肉		鳗鱼肌肉		烤鳗	
		平均回收率/%	RSD/%	平均回收率/%	RSD/%	平均回收率/%	RSD/%
奥芬达唑	10	108.9	2.85	108.9	2.85	99.1	3.45
	20	98.5	3.68	98.5	3.68	96.5	7.33
	50	98.7	2.42	98.7	2.42	96.8	4.68
	100	99.9	3.93	99.9	3.93	101	4.16
芬苯达唑	10	87.9	5.5	87.9	5.5	99	3.4
	20	78.7	1.7	78.7	1.7	91.4	2.11
	50	82.1	1.84	82.1	1.84	87	3.14
	100	85.6	3.74	85.6	3.74	90.8	4.49
阿苯达唑	10	92.6	3.65	92.6	3.65	96.5	2.7
	20	89.4	2.29	89.4	2.29	92.8	4.3
	50	90.9	1.81	90.9	1.81	93.6	3.49
	100	92.9	3.99	92.9	3.99	95.5	4.68
噻苯咪唑	10	102.9	3.83	102.9	3.83	92.5	3.68
	20	94.7	2.54	94.7	2.54	95.5	3.94
	50	95.9	1.63	95.9	1.63	96	3.89
	100	98.6	3.82	98.6	3.82	99.7	4.8
噻苯咪唑酯	10	86.5	4.01	86.5	4.01	81.9	3.22
	20	82.8	1.98	82.8	1.98	81.3	4.78
	50	84.1	3.24	84.1	3.24	85.1	5.82
	100	87.5	4.53	87.5	4.53	89.4	6.12
甲苯咪唑	10	91.5	4.1	91.5	4.1	96.3	6.27
	20	87.6	3.74	87.6	3.74	90.5	4.75
	50	86.6	2.21	86.6	2.21	90.6	3.34
	100	86.9	4.6	86.9	4.6	92.5	4.64
氟苯达唑	10	103	2.09	103	2.09	106.5	5.52
	20	94.5	3.96	94.5	3.96	98.1	5.37
	50	96	2.4	96	2.4	97	4.87
	100	96.2	4.67	96.2	4.67	99.5	4.09
氧苯达唑	10	98.5	4.29	98.5	4.29	104	3.5
	20	90.3	2.41	90.3	2.41	94.3	6.18
	50	90.6	2.26	90.6	2.26	91	3.61
	100	90.1	4.36	90.1	4.36	90.9	4.48
5-羟基噻苯咪唑	10	76.7	5.54	76.7	5.54	73.6	4.67
	20	98.3	6.87	98.3	6.87	80.4	16.44
	50	94.8	8.78	94.8	8.78	96.8	2.27
	100	116	2.37	116	2.37	94.5	7.15
阿苯达唑-2-氨基砜	10	111.8	4.42	111.8	4.42	102.8	3.69
	20	92.8	3.6	92.8	3.6	97.3	10.46
	50	94.7	5.56	94.7	5.56	94.8	3.39
	100	102.9	3.62	102.9	3.62	106.5	4.95
阿苯达唑亚砜	10	93.4	2.76	93.4	2.76	99.3	5.55
	20	90.2	3.37	90.2	3.37	86.8	10.28
	50	91.3	3.77	91.3	3.77	92.5	4.5
	100	101.2	4.93	101.2	4.93	103.9	4.66

续表

化合物	添加水平/(μg/kg)	河豚鱼肌肉		鳗鱼肌肉		烤鳗	
		平均回收率/%	RSD/%	平均回收率/%	RSD/%	平均回收率/%	RSD/%
奥芬达唑砜	10	105.4	3.58	105.4	3.58	112.3	2.22
	20	97.9	3.81	97.9	3.81	105.4	6.05
	50	101	2.98	101	2.98	105.1	4.38
	100	102.3	4.29	102.3	4.29	105.6	5.36
阿苯达唑砜	10	99.7	3.12	99.7	3.12	114.4	2.77
	20	97.7	2.86	97.7	2.86	103.3	6.83
	50	99.7	1.93	99.7	1.93	100.1	3.45
	100	102.1	3.66	102.1	3.66	103.3	5.2
2-氨基氟苯达唑	10	80.3	4.01	80.3	4.01	79.4	7.13
	20	93.6	2.32	93.6	2.32	87.4	7.74
	50	99.2	1.89	99.2	1.89	90.4	2.92
	100	97.3	3.89	97.3	3.89	99.3	6.15
2-氨基甲苯咪唑	10	92.8	5.28	92.8	5.28	90	7.2
	20	88	8.44	88	8.44	103.4	11.06
	50	91.3	6.84	91.3	6.84	90.2	4.41
	100	88.8	2.83	88.8	2.83	92.5	4.66
5-羟基甲苯哒唑	10	106.7	2.34	106.7	2.34	88.6	4.62
	20	95.2	1.92	95.2	1.92	87	6.01
	50	94.7	1.49	94.7	1.49	100.6	4.32
	100	96.2	3.98	96.2	3.98	99.4	3.05

17.2.2.10　重复性和再现性

在重复性试验条件下，获得的两次独立测试结果的绝对差值不超过重复性限（r），如果差值超过重复性限（r），应舍弃试验结果并重新完成两次单个试验的测定。在再现性试验条件下，获得的两次独立测试结果的绝对差值不超过再现性限（R）。被测物的含量范围、重复性和再现性方程见表17-18。

表 17-18　含量范围及重复性和再现性方程

化合物	含量范围/(μg/kg)	河豚鱼肌肉		鳗鱼肌肉		烤鳗	
		重复性限 r	再现性限 R	重复性限 r	再现性限 R	重复性限 r	再现性限 R
阿苯达唑-2-氨基砜	10～100	$r=0.8329\,m-0.6193$	$R=0.8492\,m-0.4245$	$r=0.8091\,m-0.5417$	$R=0.7975\,m-0.3126$	$r=1.2481\,m-1.4254$	$R=1.0128\,m-0.8278$
2-氨基氟苯咪唑	10～100	$r=0.7803\,m-0.6827$	$R=0.9737\,m-0.6774$	$r=0.9609\,m-0.8060$	$R=1.1055\,m-0.8544$	$r=0.9616\,m-0.9686$	$R=0.7423\,m-0.4116$
阿苯达唑	10～100	$r=0.7525\,m-0.8178$	$R=0.5695\,m-0.1925$	$r=0.9873\,m-1.0219$	$R=0.8939\,m-0.7496$	$r=0.9571\,m-0.9049$	$R=0.9271\,m-0.5523$
阿苯达唑砜	10～100	$r=1.0899\,m-1.1719$	$R=1.0509\,m-0.7256$	$r=1.1634\,m-1.1932$	$R=0.9510\,m-0.5360$	$r=0.9906\,m-1.0955$	$R=1.0094\,m-0.9235$
阿苯达唑亚砜	10～100	$r=0.8330\,m-0.5811$	$R=0.9659\,m-0.5545$	$r=0.8279\,m-0.5333$	$R=0.8965\,m-0.5186$	$r=0.8921\,m-0.8058$	$R=0.8531\,m-0.5708$
噻苯咪唑酯	10～100	$r=0.9086\,m-1.0547$	$R=1.1101\,m-0.8576$	$r=0.9017\,m-0.8756$	$R=0.7925\,m-0.6531$	$r=1.1936\,m-1.2815$	$R=0.8004\,m-0.4719$
芬苯达唑	10～100	$r=1.1481\,m-1.4297$	$R=0.7007\,m-0.2852$	$r=1.0009\,m-1.1233$	$R=0.9725\,m-0.8093$	$r=1.2481\,m-1.4254$	$R=1.0128\,m-0.8278$
氟苯咪唑	10～100	$r=1.2024\,m-1.3592$	$R=0.9866\,m-0.7560$	$r=1.0432\,m-0.9395$	$R=1.0924\,m-0.9387$	$r=0.8573\,m-0.9145$	$R=0.8977\,m-0.7178$
氨基甲苯咪唑	10～100	$r=0.6880\,m-0.6037$	$R=0.5558\,m-0.0608$	$r=0.7567\,m-0.5987$	$R=0.5169\,m-0.0400$	$r=0.6628\,m-0.5212$	$R=0.7976\,m-0.5901$
甲苯咪唑	10～100	$r=1.0866\,m-1.155$	$R=1.0739\,m-0.8610$	$r=1.1505\,m-1.1776$	$R=1.0411\,m-0.7837$	$r=0.8195\,m-0.7543$	$R=0.9955\,m-0.7825$
奥芬达唑	10～100	$r=0.8728\,m-0.8434$	$R=0.7654\,m-0.3605$	$r=0.8963\,m-0.7079$	$R=0.7653\,m-0.3645$	$r=1.2137\,m-1.3933$	$R=1.0636\,m-0.9992$

续表

化合物	含量范围/(μg/kg)	河豚鱼肌肉 重复性限 r	再现性限 R	鳗鱼肌肉 重复性限 r	再现性限 R	烤鳗 重复性限 r	再现性限 R
奥芬达唑砜	10~100	r=1.1447 m−1.3226	R=1.1366 m−0.9689	r=1.1808 m−1.2341	R=0.9940 m−0.6858	r=0.9378 m−0.9399	R=0.8649 m−0.5510
氧苯达唑	10~100	r=0.9103 m−1.1427	R=0.7586 m−0.4368	r=1.3296 m−1.5650	R=0.9166 m−0.6611	r=0.6214 m−0.5385	R=0.7547 m−0.5536
羟基甲苯咪唑	10~100	r=0.9928 m−1.1341	R=1.1255 m−0.8329	r=1.0942 m−1.0545	R=0.8541 m−0.3941	r=0.7681 m−0.6829	R=0.7005 m−0.4387
噻苯咪唑	10~100	r=1.2691 m−1.5069	R=1.0470 m−0.8076	r=1.3717 m−1.5337	R=1.0299 m−0.7676	r=0.9745 m−1.1009	R=0.7704 m−0.6037
5-羟基噻苯咪唑	10~100	r=1.1320 m−1.0951	R=1.0769 m−0.7882	r=1.2262 m−1.2094	R=0.8472 m−0.4269	r=0.7981 m−0.8052	R=0.9111 m−0.8015

注：m 为两次测定结果的算术平均值

参 考 文 献

[1] 刘洪斌. 苯并咪唑类兽药残留 LC-MS/MS 方法及 ELISA 方法的建立. 北京：中国农业科学院硕士学位论文，2011
[2] Danaher M，De Ruyck H，Crooks SRH，Dowling G，O'Keeffe M. Review of methodology for the determination of benzimidazole residues in biological matrices. Journal of Chromatography B，2007，845（1）：1-37
[3] 高继国，高学军，郝艳红. 阿苯达唑和奥芬达唑对猪囊尾蚴延胡索酸还原酶的抑制作用. 黑龙江畜牧兽医，2002，（8）：8-9
[4] Sharma R K，Singh K，Saxena R，Saxena K K. Effect of some anthelmintics on malate dehydrogenase activity and mortality in two avina Nematodes *Ascaridia galli* and *Heterakis gallinae*. Angew parasitol，1986，27（3）：175-180
[5] Wani J H，Srivastava V M. Effect of cations and antihelmintics Oll enzymes of respiratory chains of the cestode Hymenolepis diminuta. Biochemistry and Molecular Biology International，1994，34（2）：239-250
[6] Lacey E，Gill J H. Biochemistry of benzimidazole resistance. Acta Tropica，1994，56（2-3）：245-262
[7] Geary T G，Nulf S C，Favreau M A，Tang L，Prichard R K，Hatzenbuhler N T，Shea M H，Alexander S J，Klein R D. Three beta-tubulin cDNAs from the parasitic nematode Haemonchus contortus. Molecular and Biochemical Parasitology，1992，50（2）：295-306
[8] Kwa M S，Kooyman F N，Boersema J H，Roos M H. Effect of selection for benzimidazole resistance in Haemonchus contortus on beta-tubulin isotype l and isotype 2 genes. Biochemical and Biophysical Research Communications，1993，191（2）：413-419
[9] Beech R N，Prichard R K，Scott M E. Genetic variability of the beta-tubulin genes in benzimidazole-susceptible and resistant strains of Haemonchus contortus. Genetics，1994，138（1）：103-110
[10] Rose M D. A Method for the Separation of Residues of Nine Compounds in Cattle Liver Related to Treatment with Oxfendazole. Analyst，1999，124（7）：1023-1026
[11] Oukessou M，Chkounda S. Effect of diet variations on the kinetic disposition of oxfendazole in sheep. Intenational Journal for Parasitology，1997，27（11）：1347-1351
[12] Hennessy D R，Sangster N C，Steel J W，Collins G H. Comparative Kinetic Disposition of Oxfendazole in Sheep and Goats Before and During Infection with Haemonchus Contortus and Trichostrongylus Colubriformis. Journal of Veterinary Pharmacology and Therapeutics，1993，16（3）：245-253
[13] Gokbulut C，Bilgili A，Hanedan B，McKellar Q A. Comparative plasma disposition of fenbendazole，oxfendazole and albendazole in dogs. Veterinary Parasitology，2007，148（3-4）：279-287
[14] Iosifidou E G，Haagsma N，Tanck M W T，Boon J H，Olling M. Depletion study of fenbendazole in rainbow trout（*Oncorhynchus mykiss*）after oral and bath treatment. Aquaculture，1997，154（3）：191-199
[15] Seiler JP. Toxicology and genetic effects of benzimidazole compounds. Mutation Research/Fundamental and Molecular Mechanisms of Mutagenesis，1975，32（2）：151-167
[16] Chukwudebe A C，Wislocki P G，Sanson D R，Halls T D J，Vandenheuvel W J A. Metabolism of thiabendazole in laying hen and lactating goats. Journal of Agricultural and Food Chemistry，1994，42（12）：2964-2969
[17] Vandenheuvel W J A，Wislocki P G，Hirsch M P，Porter N K，Ambrose R T，Robillard K A. Bioconcentration and metabolism of thiabendazole [2-（4-thiazolyl）-1*H*-benzimidazole] in bluegill sunfish，lepomis macrochirus. Journal of Agricultural and Food Chemistry，1997，45（3）：985-989

[18] Tocco D J, Buhs R P, Brown H D, Matzuk A R, Mertel H E, Harman R E, Trenner N R. The Metabolic Fate of Thiabendazole in Sheep. Journal of Medicinal Chemistry, 1964, 7 (4): 399-405

[19] Caprioli G, Cristalli G, Galarini R, Giacobbe D, Ricciutelli M, Vittori S, Zuo YT, Sagratini G. Comparison of two different isolation methods of benzimidazoles and their metabolites in the bovine liver by solid-phase extraction and liquid chromatography-diode array detection. Journal of Chromatography A, 2010, 1217 (11): 1779-1785

[20] Markus J, Sherma J. Method-I-liquid-chromatographic fluorescence quantitative—Determination of albendazole residues in cattle liver. Journal of AOAC International, 1992, 75 (6): 1129-1134

[21] Arenas R V, Johnson N A. Liquid chromatographic fluorescence method for multiresidue determination of thiabendazole and 5-hydroxythiabendazole in milk. Journal of AOAC International, 1995, 78 (3): 642-646

[22] Chu P S, Wang R Y, Brandt T A, Weerasinghe C A. Determination of albendazole-2-aminosulfone in bovine milk using high-performance liquid chromatography with fluorometric detection. Journal of Chromatography, 1993, 620 (1): 129-135

[23] Capece B P, Perez B, Castells E, Arboix M, Cristofol C. Liquid chromatographic determination of fenbendazole residues in pig tissues after treatment with medicated feed. Journal of AOAC International, 1999, 82 (5): 1007-1016

[24] De Ruyck H, Daeseleire E, Grijspeerdt K, De Ridder H, Van Renterghem R. Determination of flubendazole and its metabolites in eggs and poultry muscle with liquid chromatography-tandem mass. Journal of Agricultural and Food Chemistry, 2001, 49 (2): 610-617

[25] De Ruyck H, Daeseleire E, De Ridder H, Van Rentergem R. Liquid Chromatographic-Electrospray Tandem Mass Spectrometric Method for the Determination of Mebendazole and its Hydrolysed and Reduced Metabolites in Sheep Muscle. Analytica Chimica Acta, 2003, 483 (1-2): 111-123

[26] Shaikh B, Rummel N, Reimschuessel R. Determination of Albendazole and its Major Metabolites in the Muscle Tissues of Atlantic Salmon, Tilapia, and Rainbow Trout by High Performance Liquid Chromatography with Fluorometric Detection. Journal of Agricultural and Food Chemistry, 2003, 51 (11): 3254-3259

[27] Fletouris D J, Botsoglou N A, Psomas I E, Mantis A I. Trace analysis of albendazole and its sulphoxide and sulphone metabolites in milk by liquid chromatography. Journal of Chromatography B, 1996, 687 (2): 427-435

[28] Alvinerie M, Galtier P. Assay of Triclabendazole and its Main Metabolites in Plasma by High-Performance Liquid Chromatography. Journal of Chromatography B, 1986, 374 (2): 409-414

[29] Galtier P, Coulet M, Sutra JF, Biro-Sauveur B, Alvinerie M. Fasciola Hepatica: Mebendazole and Thiabendazole Pharmacokinetics in Sheep. Experimental Parasitology, 1994, 79 (2): 166-176

[30] Tocco D J, Egerton J R, Bowers W, Christensen V W, Rosenblum C. Absorption Metabolism and Elimination of Thiabendazole in Farm Animals and a Method for its Estimation in Biological Materials. Journal of Pharmacology and Experimental Therapeutics, 1965, 149 (2): 263-271

[31] Fletouris D, Botsoglou N, Psomas I, Mantis A. Rapid Quantitative Screening Assay of Trace Benzimidazole Residues in Milk by Liquid Chromatography. Journal of AOAC International, 1996, 79 (6): 1281-1287

[32] Fletouris D J, Botsoglou N A, Psomas I E, Mantis A I. Rapid ion-pair liquid chromatographic method for the determination of fenbendazole in cows'milk. Analyst, 1994, 119 (12): 2801-2804

[33] Su SC, Chang CL, Chang PC. Simultaneous determination of albendazole, thiabendazole, mebendazole and their metabolites in livestock by high performance liquid chromatography. Journal of Food and Drug Analysis, 2003, 11 (4): 307-319

[34] 夏崇菲. 动物源性食品中 76 种碱性药物残留量检测方法液相色谱质谱法. 上海海洋大学硕士学位论文, 2010

[35] Brandon D L, Binder R G, Bates A H, Montague W C. A monoclonal antibody-based ELISA for thiabendazole in liver. Journal of Agricultural and Food Chemistry, 1992, 40 (9): 1722-1726

[36] Brandon D L, Binder R G, Bates A H, Montague W C. Monoclonal-antibody for multiresidue ELISA of benzimidazole anthelmintics in liver. Journal of Agricultural and Food Chemistry, 1994, 42 (7): 1588-1594

[37] Hoaksey P E, Awadzi K, Ward S A, Coventry P A, Orme M L, Edwards G. Rapid and sensitive method for the determination of albendazole and albendazole sulphoxide in biological fluids. Journal of Chromatography B, 1991, 566 (1): 244-249

[38] Bogan J A, Marriner S. Analysis of benzimidazoles in body fluids by high-performance liquid chromatography. Journal of Pharmaceutical Sciences, 1980, 69 (4): 422-423

[39] Blanchflower W J, Cannavan A, Kennedy D G. Determination of fenbendazole and oxfendazole in liver and muscle using liquid-chromatography mass-spectrometry. Analyst, 1994, 119 (6): 1325-1328

[40] Kinabo L D，Bogan J A. Pharmacokinetics and efficacy of triclabendazole in goats with induced fascioliasis. Journal of Veterinary Pharmacology and Therapeutics，1988，11（3）：254-259

[41] Danaher M，O'Keeffe M，Glennon J D. Development and optimisation of a method for the extraction of benzimidazoles from animal liver using supercritical carbon dioxide. Analytica Chimica Acta，2003，483（1-2）：313-324

[42] Chen D，Tao Y，Zhang H，Pan Y，Liu Z，Huang L，Wang Y，Peng D，Wang X，Dai M，Yuan Z. Development of a liquid chromatography-tandem mass spectrometry with pressurized liquid extraction method for the determination of benzimidazole residues in edible tissues. Journal of Chromatography B，2011，879（19）：1659-1667

[43] Marti A M，Mooser A E，Koch H. Determination of benzimidazole anthelmintics in meat samples. Journal of Chromatography A，1990，498（1）：145-157

[44] Fletouris D J，Papapanagiotou E P，Nakos D S，Psomas I E. Highly sensitive ion pair liquid chromatographic determination of albendazole marker residue in animal tissues. Journal of Agricultural and Food Chemistry，2005，53（4）：893-898

[45] Allan R J，Goodman H T，Watson T R. 2 High-performance liquid-chromatographic determinations for mebendazole and its metabolites in human-plasma using a rapid sep pak C_{18} extraction. Journal of Chromatography，1980，183（3）：311-319

[46] Rouan M C，Le Duigou F，Campestrini J，Lecaillon J B，Godbillon J. Fast liquid chromatography for the determination of drugs in plasma and combination with liquid-solid extraction in a fully automated system. Journal of Chromatography B，1992，573（1）：59-64

[47] Hennessy D R，Lacey E，Steel J W，Prichard R K. The kinetics of triclabendazole disposition in sheep. Journal of Veterinary Pharmacology and Therapeutics，1987，10（1）：64-72

[48] Moreno L，Imperiale F，Mottier L，Alvarez L，Lanusse C. Comparison of milk residue profiles after oral and subcutaneous administration of benzimidazole anthelmintics to dairy cows. Analytica Chimica Acta，2005，536（1-2）：91-99

[49] Takeba K，Fujinuma K，Sakamoto M，Miyazaki T，Oka H，Itoh Y，Nakazawa H. Simultaneous determination of triclabendazole and its sulphoxide and sulphone metabolites in bovine milk by high-performance liquid chromatography. Journal of Chromatography A，2000，882（1-2）：99-107

[50] Wilson R T，Groneck J S，Henry A C. Multiresidue assay for benzimidazole anthelmintics by liquid chromatography and confirmation by gas chromatography/selected-ion monitoring electron impact mass spectrometry. Journal of AOAC International，1991，74（1）：56-67

[51] Cannavan A，Haggan S A，Kennedy D G. Simultaneous determination of thiabendazole and its major metabolite，5-hydroxythiabendazole，in bovine tissues using gradient liquid chromatography with thermospray and atmospheric pressure chemical ionisation mass spectrometry. Journal of Chromatography B，1998，718（1）：103-113

[52] 田德金，娄喜山，郭海霞，陈军. 超高效液相色谱-串联质谱法测定动物组织中苯并咪唑类药物的残留量. 食品工业科技，2008，29（9）：277-278

[53] Hajee C A J，Haagsma N. Liquid chromatographic determination of mebendazole and its metabolites，aminomebendazole and hydroxymebendazole in eel muscle tissue. Journal of AOAC International，1996，（79）：645-651

[54] Balizs G. Determination of benzimidazole residues using liquid chromatography and tandem mass spectrometry. Journal of Chromatography B，1999，727（1）：167-177

[55] 杜红鸽，谭旭信，方忠意，朱红继. 高效液相色谱法测定动物肌肉中的阿苯达唑及其代谢物. 中国兽药杂志，2010，44（1）：52-55

[56] Sorensen L K，Hansen H. Determination of fenbendazole and its metabolites in trout by a high-performance liquid chromatographic method. Analyst，1998，123（12）：2559-2562

[57] Hu X，Chen M，Gao Q，Yu Q，Feng Y. Determination of benzimidazole residues in animal tissue samples by combination of magnetic solid-phase extraction with capillary zone electrophoresis. Talanta，2012，89（）：335-341

[58] Long A R，Hsieh L C，Malbrough M S，Short C R，Barker S A. Multiresidue method for isolation and liquid chromatographic determination of seven benzimidazole anthelmintic in milk. Journal of AOAC，1989，72（5）：739-741

[59] De Liguoro M，Longo F，Brambilla G，Cinquina A，Bocca A，Lucisano A. Distribution of the anthelmintic drug albendazole and its major metabolites in ovine milk and milk products after a single oral dose. Journal of Dairy Research，1996，63（4）：533-542

[60] Long A R，Malbrough M S，Hsieh L C，Short C R，Barker S A. Matrix solid phase dispersion isolation and liquid chromatographic determination of five benzimidazole anthelmintics in fortified beef liver. Journal of AOAC，1990，73（6）：860-863

[61] Keegan J，O'Kennedy R，Crooks S，Elliott C，Brandon D，Danaher M. Detection of benzimidazole carbamates and amino metabolites in liver by surface plasmon resonance-biosensor. Analytica Chimica Acta，2011，700（1-2）：41-48

[62] Chiap P，Evrard B，Bimazubute M A，de Tullio P，Hubert P，Delattre L，Crommen J. Determination of albendazole and its main metabolites in ovine plasma by liquid chromatography with dialysis as an integrated sample preparation technique. Journal of Chromatography A，2000，870（1-2）：121-134

[63] Negro A，Alvarez-Bujidos M L，Ortiz A I，Cubría J C，Méndez R，Ordóñez D. Reversed-phase ion-pair high-performance liquid-chromatographic determination of triclabendazole metabolites in serum and urine. Journal of Chromatography—Biomedical Applications，1992，576（1）：135-141

[64] Rew R S，Urban J F，Douvres F W. Screen for anthelmintics，using larvae of Ascaris suum. American Journal of Veterinary Research，1986，47（4）：869-873

[65] Nerenberg C，Runkel R A，Matin S B. Radioimmunoassay of oxfendazole in bovine，equine，or canine plasma or serum. Journal of Pharmaceutical Sciences，1978，67（11）：1553-1557

[66] Moran E，O'Keeffe M，O'Connor R，Larkin A M，Murphy P，Clynes M. Methods for generation of monoclonal antibodies to the very small drug hapten，5-benzimidazolecarboxylic acid. Journal of Immunological Methods，2002，271（1-2）：65-75

[67] 陈飞，万宇平，冯静，刘春雪. 动物组织中苯并咪唑类药物多残留 ELISA 方法的建立. 中国酿造，2013，32（8）：144-147

[68] Keegan J，Whelan M，Danaher M，Crooks S，Sayers R，Anastasio A，Elliott C，Brandon D，Furey A，O'Kennedy，R. Benzimidazole carbamate residues in milk：detection by surface plasmon resonance-biosensor，using a modified QuEChERS（quick，easy，cheap，effective，rugged and safe）method for extraction. Analytica Chimica Acta，2009，654（2）：111-119

[69] Johnsson L，Baxter G A，Crooks S R H，Brandon D L，Elliott C T. Reduction of sample matrix effects：The analysis of benzimidazole residues in serum by immunobiosensor. Food and Agricultural Immunology，2002，14（3）：209-216

[70] Le Boulaire S，Bauduret JC，Andre F. Veterinary drug residues survey in meat：An HPLC method with a matrix solid phase dispersion extraction. Journal of Agricultural and Food Chemistry，1997，45（6）：2134-2142

[71] 张素霞，沈建忠，丁双阳，沈张奇. 牛肝中苯并咪唑类药物残留的高效液相色谱检测方法. 中国兽药杂志，2005，39（6）：18-21

[72] 陈毓芳，彭肖颜. 反相高效液相色谱法同时测定动物组织中苯并咪唑类兽药残留量. 光谱试验室，2001，18（5）：563-567

[73] 严寒，曾艳兵，罗林广. 高效液相色谱法测定动物源性食品中苯并咪唑类药物残留的研究. 黑龙江畜牧兽医，2012，（10）：68-71

[74] 孙作刚，赵晓凤. 高效液相色谱法测定羊肌肉组织中三氯苯唑及代谢物残留量. 新疆畜牧业，2013，（7）：27-28

[75] Karlaganis G，Munst G J，Bircher J. High-pressure liquid-chromatographic determination of the anthelmintic drug mebendazole in plasma. Journal of High Resolution Chromatography，1979，2（3）：141-144

[76] De Ruyck H，Van Renterghem R，De Ridder H，De Brabander D. Determination of anthelmintic residues in milk by high performance liquid chromatography. Food Control，2000，11（3）：165-173

[77] Macri A，Brambilla G，Civitareale C. Multiresidue method for isolation and determination of eight benzimidazole anthelmintics in cow milk. Italian Journal of Food Science，1993，5（3）：239-245

[78] Tai S S C，Cargile N，Barnes C J. Determination of thiabendazole，5-hydroxythiabendazole，fenbendazole，and oxfendazole in milk. Journal of the Association of Official Analytical Chemists，1990，73（3）：368-373

[79] Kan C A，Keukens H J，Tomassen M. Flubendazole residues in eggs after oral administration to laying hens：Determination with reversed phase liquid chromatography. Analyst，1998，123（12）：2525-2527

[80] Rummel N，Chung I，Shaikh B. Determination of albendazole，fenbendazole，and their metabolites in mouse plasma by high performance liquid chromatography using fluorescence and ultraviolet detection. Journal of Liquid Chromatography and Related Technologies，2011，34（18）：2211-2223

[81] 陈莹，吴文凡. 超高效液相色谱-质谱联用法快速检测苯并咪唑类药物在组织中的多组分残留. 生命科学仪器，2007，5（4）：26-28

[82] 郭强，常孝勇. 动物组织中苯并咪唑类药物检测的 LC-MS/MS 法研究. 河南农业科学，2012，41（2）：152-156

[83] De Ruyck H，Daeseleire E，De Ridder H. Development and validation of a liquid chromatography-electrospray tandem mass spectrometry method for mebendazole and its metabolites hydroxymebendazole and aminomebendazole in sheep liver. Analyst，2001，126（12）：2144-2148

[84] 刘琪，朱馨乐，孙雷，王树槐，汪霞. 高效液相色谱-串联质谱法检测猪肝中苯并咪唑类药物及其代谢物的残留量. 中国兽药杂志，2010，44（2）：1-6

[85] De Ruyck H，Daeseleire E，De Ridder H，Van Renterghem R. Development and validation of a liquid chromatographic-electrospray tandem mass spectrometric multiresidue method for anthelmintics in milk. Journal of Chromatography A，2002，976（1-2）：181-194

[86] 汤娟，吴斌，景苏，蒋原，陈惠兰，丁涛，沈崇钰. 高效液相色谱-串联质谱测定奶粉中 3 种苯并咪唑类药物残留. 质谱学报，2012，33（1）：13-17

[87] Wojnicz A，Cabaleiro-Ocampo T，Román-Martínez M，Ochoa-Mazarro D，Abad-Santos F，Ruiz-Nuño A. A simple assay for the simultaneous determination of human plasma albendazole and albendazole sulfoxide levels by high performance liquid chromatography in tandem mass spectrometry with solid-phase extraction. Clinica Chimica Acta：International Journal of Clinical Chemistry，2013，426（1）：58-63

[88] Whelan M，O'Mahony J，Moloney M，Cooper KM，Furey A，Kennedy D G，Danaher M. Maximum residue level validation of triclabendazole marker residues in bovine liver，muscle and milk matrices by ultra high pressure liquid chromatography tandem mass spectrometry. Journal of Chromatography A，2013，1275（1）：41-47

[89] Kai S，Akaboshi T，Kishi M，Kanazawa H，Kobayashi S. Analysis of benzimidazole anthelmintics in livestock foods by HPLC/MS/MS. Bunseki Kagaku. 2005，54（9）：775-782

[90] Markus J，Sherma J. Method-II-Gas chromatographic/mass spectrometric confirmatory method for albendazole residues in cattle liver. Journal of AOAC International，1992，75（6）：1135-1137

[91] GB/T 22972—2008 牛奶和奶粉中噻苯达唑、阿苯达唑、芬苯达唑、奥芬达唑、苯硫氨酯残留量的测定 液相色谱-串联质谱法. 北京：中国标准出版社，2008

[92] GB/T 22955—2008 河豚鱼、鳗鱼和烤鳗中苯并咪唑类药物残留量的测定 液相色谱-串联质谱法. 北京：中国标准出版社，2008

18 咪唑骈噻唑类药物

18.1 概 述

　　咪唑骈噻唑类药物主要有噻咪唑（tetramisole，TMS）和左旋咪唑（levamisole，LMS），属广谱、高效、低毒的驱线虫药。两种药物结构式、分子量相同，但噻咪唑为混旋体，左、右旋体各占一半，而左旋咪唑仅为左旋体。左旋体是驱虫的有效成分，其活性约为噻咪唑的1～2倍，且毒副作用更低。因此，大多国家多应用左旋咪唑，而逐渐将噻咪唑淘汰[1]。

18.1.1 理化性质与用途

18.1.1.1 理化性质

　　噻咪唑和左旋咪唑从化学特性上看，都是6-苯基-2,3,5,6-四氢咪唑骈（2,1-b），具有相同的化学结构（见图18-1），在一般条件下，两者的理化性质相同[2]。

　　左旋咪唑又称左咪唑、左噻咪唑，常用盐酸盐，化学式：$C_{11}H_{12}N_2S \cdot HCl$，分子量：240.757；为白色或微黄色结晶性粉末，无臭，味苦；极易溶于水，易溶于乙醇，微溶于氯仿，极微溶于丙酮；旋光度（a）为−124±2（20℃），熔点：225～230℃；在碱性溶液中易分解变质，在酸性溶液中稳定；Rose等[3]发现左旋咪唑在100℃的开水中稳定，在260℃油中的半衰期为5 min。

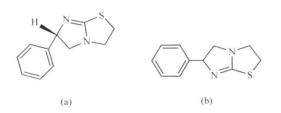

(a)　　　　　　　　　(b)

图 18-1　左旋咪唑和噻咪唑结构式

（a）左旋咪唑；（b）噻咪唑

18.1.1.2 用途

　　（1）作用机理

　　左旋咪唑对多种虫体（猪蛔虫、鸡蛔虫、猫弓首蛔虫、胎生网尾线虫、捻转血矛线虫等）的延胡索酸还原酶有抑制作用。药物通过虫体表皮吸收，迅速到达相应酶的作用部位，药物分子发生水解，形成不溶于水的化合物，与酶活性中的一个或数个—SH相互作用，使延胡索酸还原酶失去活性，形成稳定的S—S链，从而影响能量产生。左旋咪唑对线虫酶的作用是在无氧条件下进行的，而哺乳动物的代谢与虫体不同，因此，该药对哺乳动物的酶系不起作用。

　　近年来，实验还证实，左旋咪唑是一种神经节兴奋剂，即该药能使虫体处于静息状态的神经肌肉去极化，引起肌肉持续收缩而导致麻痹。此外，该药物的拟胆碱作用亦有利于麻痹虫体的迅速排出。

　　噻咪唑作用机理同左旋咪唑。

　　（2）临床应用

　　左旋咪唑对反刍动物皱胃中的血矛属、奥斯特他属线虫、小肠的古柏属、毛圆属、仰口属线虫，大肠食道口属、毛首属线虫及牛的蛔虫，羊丝状网属线虫的成虫均有良好效果。具有用量小，疗效高，毒性低，副作用小，驱线虫范围广等优点。Andrews等[4]给人工接种捻转血矛线虫和普通奥斯特线虫的绵羊口服给予7.5 mg/kg的左旋咪唑，与对照组相比，保护率大于99%。Kudo等[5]研究了噻苯达唑、甲苯咪唑和左旋咪唑对体内、外食道蠕虫-美丽筒线虫的驱虫效果，结果发现左旋咪唑在体内对美丽筒线虫显示出良好的效果。Mohammed 等[6]进行了伊维菌素和左旋咪唑对自然感染匙状细颈毛样线虫的阿拉伯沙瞪羚和阿拉伯山地瞪羚的驱虫效果，结果两种药物对阿拉伯山地瞪羚都显示出良好的驱虫效果，二者之间没有差异。Botura 等[7]进行了用剑麻废料的水提取物治疗山羊胃肠道线虫的试验。剑麻废料的水提取物剂量为 1.7 g/kg，连用 8 天，阳性对照组单次给予 6.3 g/kg 的磷酸左旋咪唑，结果显示粪虫卵计数结果分别下降了 50.3%和 93.6%，L3 期幼虫数分别下降 80%和 85.6%。

左旋咪唑不但有杀虫剂作用，而且还是一种免疫调节剂，能使免疫缺陷或免疫抑制的动物恢复其免疫功能，但对正常机体的免疫功能作用并不显著。比如，它能使老龄动物和患慢性病动物的免疫功能低下状态恢复到正常，并能使巨噬细胞数增加，吞噬功能增强。虽无抗微生物作用，但可提高患畜对细菌及病毒感染的抵抗力，但应使用低剂量（1/4～1/3 驱虫量），因剂量过大，反能引起免疫抑制效应。

噻咪唑目前已被左旋咪唑替代，几无应用。

18.1.2 代谢和毒理学

18.1.2.1 体内代谢过程

左旋咪唑口服后易从肠道吸收，大鼠在 1～2 h 可达血中高峰浓度，反刍动物如羊或牛则需 3 h 左右达血中高峰浓度。大鼠口服后，半数药物可经肾脏排出，半数由粪便排出。反刍动物牛、羊口服药物后，多数药物及代谢产物随尿排出，粪便排出极少。以放射性标记的左旋咪唑按 15 mg/kg 剂量给大鼠内服后，其吸收及排泄均很迅速，12 h 内经尿排泄约 40%。在此后 8 天内，排泄量仅为 8%。在为期 8 天时间内，由粪便排泄的占给药量 41%，其中大部分在 12～24 h 内排出，极少量由呼出气体排出（在 48 h 内排出量仅占给药量 0.2%）。动物肌肉注射后，半小时血药达峰值（10 μg/mL），比内服峰值高 2 倍。动物试验表明，左旋咪唑静脉注射的表观分布容积：猪为 2.5 L/kg，山羊为 3.1 L/kg；排泄半衰期：猪 5～6 h，山羊 3～4 h，牛 4～6 h，犬 3～4 h。林居纯等[8]给山羊经皮给予复方左旋咪唑浇注剂（0.1 mL/kg）后，左旋咪唑血药浓度经-时过程符合一级吸收一室模型。达峰时间（T_{max}）为 4.326 h，峰浓度（C_{max}）为 0.916 μg/mL，药-时曲线下面积（AUC）为 11.015 μg/(mL·h)。Pereda 等[9]给新西兰大白兔颈动脉给予左旋咪唑，左旋咪唑符合二室开放模型，左旋咪唑在兔体内分布广泛，血药浓度下降迅速，AUC 随剂量增加而增加，而清除率则变化不大。

左旋咪唑的组织残留不多，用药后 12～24 h，组织中残留仅占给药量的 0.9%，而且主要存在于如肝、肾这些排泄和降解器官内。大鼠及其他动物试验证实，给药 7 天后，肌肉、肝、肾、脂肪、血液及尿液中已无药物残留。目前已确证左旋咪唑代谢产物的毒性远低于母体药物。因此，组织残留只要分析左旋咪唑母体药物即可[2]。El-Kholy 等[10]对肉鸡口服 40 mg/kg 体重左旋咪唑后，鸡组织、鸡蛋和血浆中左旋咪唑的残留量进行了研究。结果显示，肝脏是药物残留量最大和残留时间最长的组织。给药 3 天后，血浆中检测不到左旋咪唑残留；9 天后，鸡蛋中药物残留量为 0.096 μg/g；18 天后，所有组织中药物残留量下降到 0.06 μg/g 或以下，低于推荐的最大残留限量。

噻咪唑体内代谢过程与左旋咪唑类似。

18.1.2.2 毒理学与不良反应

左旋咪唑的毒性较小。小鼠口服左旋咪唑的 LD_{50} 为 210 mg/kg，静脉注射的 LD_{50} 为 22 mg/kg，腹腔注射的 LD_{50} 为 43 mg/kg，皮下注射的 LD_{50} 为 84 mg/kg；兔口服的 LD_{50} 为 700 mg/kg，静脉注射的 LD_{50} 为 15 mg/kg；大鼠皮下注射的 LD_{50} 为 120 mg/kg，静脉注射的 LD_{50} 为 24 mg/kg，口服的 LD_{50} 为 480 mg/kg。

投服本药，反刍动物牛、羊中毒时，动物兴奋性增强，流涎、舐唇；马中毒表现不安，惊恐倒地不起，全身肌颤，角弓反张；猪、犬出现呕吐、咳嗽。肌内注射给药产生中毒时，猪、犬极快死亡。左旋咪唑对宿主动物产生这些症状，可能与左旋咪唑产生乙酰胆碱的烟碱样作用，使神经肌肉系统的神经冲动传递作用，先兴奋后阻断，最后引起呼吸肌麻痹所致。左旋咪唑对骆驼非常敏感，绝对禁止使用。禽类安全范围大，即使给予 10 倍治疗量也未见死亡。

目前，国内外对于左旋咪唑特殊毒性方面的研究报道很少。张辉等[11]根据我国新药审批的有关要求对盐酸左旋咪唑的致突变作用进行了研究。该实验通过诱发 CHL 细胞染色体畸变的体外试验和小鼠骨髓细胞染色体的体内试验这两条途径来检测。实验结果表明，盐酸左旋咪唑的体内、体外试验显示阴性，说明其没有致突变性。

噻咪唑会引起肾上腺髓质释放儿茶酚胺，也会影响中枢神经系统功能。Mohammad 等[12]首次定量研究了噻咪唑对小鼠神经行为的影响。研究结果表明噻咪唑会引发神经的急性毒性，小鼠均表现为趋地性行为和变化，两脚张开，主要是运动机能的改变。

18.1.3　最大允许残留限量

食品动物残留避免数据库（SFARAD）和联合国粮农组织（FAO）都没有左旋咪唑在家禽使用残留风险、代谢和休药期的相关资料。欧盟规定左旋咪唑在牛、绵羊、猪和禽的肌肉、脂肪（猪、鸡的皮肤+脂肪）、肝脏和肾脏中的最大允许残留限量（maximum residue limit，MRL）分别为 10 μg/kg、10 μg/kg、100 μg/kg 和 10 μg/kg，且不得用于生产牛奶和蛋的食品动物[13]。美国规定的在牛、羊、山羊和猪可食组织中的 MRLs 为 0.1 μg/g，休药期因动物品种不同而不同，详见表 18-1[10]。我国农业部规定[14]左旋咪唑在牛、羊、猪和禽肌肉、肾脏和脂肪组织中的 MRLs 为 10 μg/kg，肝脏为 100 μg/kg，食品动物休药期为 7 天[15]。世界主要国家和组织制定的左旋咪唑的 MRLs 见表 18-2[16, 17]。由于噻咪唑几无应用，目前国际上没有制定右旋体的 MRL。

表 18-1　左旋咪唑在不同品种动物使用剂量和休药期

动物品种	剂量/(mg/kg)	休药期/天
牛	8	5
山羊	11.8	9
绵羊	8	3
猪	6	6
禽	28	0（蛋） 7（组织）

表 18-2　主要国家和组织规定的左旋咪唑的 MRLs

国家/组织	动物种类	靶组织	残留限量/(μg/kg)
欧盟	牛、绵羊、猪、禽	肌肉	10
		脂肪	10
		肝脏	100
		肾脏	10
美国	牛、猪、绵羊	可食用组织	100
日本	牛、猪、绵羊、鸡、鸭、火鸡	肌肉	10
		脂肪	10
		肝脏	100
		肾脏	10
CAC	牛、猪、绵羊、禽	肌肉	10
		脂肪	100
		肝脏	10
		肾脏	10
中国	牛、猪、绵羊、禽	肌肉	10
		脂肪	10
		肝	100
		肾	10

18.1.4　残留分析技术

关于动物源基质中噻咪唑残留分析的文献几乎没有，本方法主要介绍左旋咪唑的残留分析技术。左旋咪唑可以用乙腈、乙酸乙酯、正己烷-异戊醇等有机试剂从动物组织（血液）中提取出来，然后采用液液分配、固相萃取等方法净化，最后采用生物法、免疫法以及仪器方法等进行测定。

18.1.4.1　前处理方法

（1）提取方法

1）液液萃取（liquid liquid extraction，LLE）

左旋咪唑可以用乙腈、乙酸乙酯、正己烷-异戊醇、氯仿等有机试剂提取，且常用盐酸盐，在碱性条件下提取效率更高。

Crooks 等[18]直接采用乙腈提取牛肝脏和奶中的左旋咪唑残留，提取液用免疫生物传感器测定。肝脏组织和奶中的检测限（LOD）分别为 6.8 μg/kg 和 0.5 μg/kg；肝脏在 100 μg/kg 添加浓度水平，奶在 2 μg/L 添加浓度水平的批间变异系数（CV）分别为 6.7%和 2.4%，但没有介绍回收率。Whelan 等[19]采用含有硫酸镁和氯化钠的乙腈提取牛乳中的左旋咪唑，方法的检测限（CC_α）为 0.83 μg/kg，检测能力（CC_β）为 1.4 μg/kg，回收率在 94%～104%范围内。

徐静等[20]在 KOH 碱性溶液中将左旋咪唑盐酸盐转化为左旋咪唑，以乙酸乙酯进行提取。分别以 HCl 溶液、KOH-二氯甲烷体系进行两次液液分配净化，依次消除提取液中的脂溶性杂质和水溶性杂质，最后进入气相色谱-质谱（GC-MS）检测。方法的定量限（LOQ）为 5 μg/kg；鸡肝、鸭肝、兔肝和猪肝样品中的加标回收率范围为 76%～106%，相对标准偏差（RSD）小于 9%。曾勇等[21]在碱性碳酸盐缓冲液条件下用乙酸乙酯提取左旋咪唑。在猪、鸡的肌肉、脂肪和肾脏中的 LOD 均为 2 μg/kg，LOQ 均为 5 μg/kg；在猪、鸡的肝脏中的 LOD 为 2 μg/kg，LOQ 为 10 μg/kg；在不同添加浓度水平下进行添加回收试验，各组织平均回收率在 70%～110%之间。

Baere 等[22]采用正己烷-异戊醇混合溶液（95+5，v/v），在氢氧化钠碱性溶液条件下对猪血浆中左旋咪唑进行了提取。液相色谱-串联质谱（LC-MS/MS）和高效液相色谱-紫外检测法（HPLC-UV）的 LOD 分别为 9 μg/L 和 77 μg/L，LOQ 分别为 25 μg/L 和 100 μg/L；回收率大于 90.9%。Cherlet 等[23]也采用正己烷-异戊醇（95+5，v/v）提取猪组织中的左旋咪唑，LC-MS/MS 检测。猪肌肉、肾脏、脂肪和皮肤样品的 LOQ 为 5 μg/kg，猪肝脏为 50 μg/kg，LOD 在 2～4 μg/kg 范围内；在 10 μg/kg 和大于 10 μg/kg 浓度时，方法准确度的范围分别为–30%～+30%和–20%～+10%，精密度在最大 RSD 范围内。

De Ruyck 等[24]建立了牛奶中驱虫药残留的高效液相色谱（HPLC）检测方法。在磷酸氢二钠碱性溶液环境下用氯仿提取左旋咪唑，方法的回收率在 68%～85%范围内，LOD 为 0.5 μg/L，LOQ 为 1.4 μg/L。

2）超声辅助萃取（ultrasonic-assisted extraction，UAE）

UAE 是利用超声波的空化效应增加溶剂穿透力，提高药物溶出速度和溶出次数，从而增加物质成分的扩散，缩短提取时间，加速提取过程。薄海波等[25]建立了牛奶和奶粉中左旋咪唑残留量的测定方法。在氢氧化钠碱性溶液环境下，用乙酸乙酯超声波提取试样中的左旋咪唑，超高效液相色谱-串联质谱（UPLC-MS/MS）检测，牛奶和奶粉中 LOQ 分别为 0.4 μg/kg 和 2 μg/kg，回收率为 64.5%～102%。

3）加电中空纤维膜萃取（electromembrane extraction）

近年来，中空纤维膜萃取技术作为一种样品前处理方法，被广泛应用于环境分析、药物分析以及食品和饮料检测等领域。中空纤维膜萃取技术具有样品无需处理即可直接进样，对分析物具有预富集作用，基体消除，成本低廉，易与气相色谱、高效液相色谱和离子色谱联用等优点。但分析物穿透中空纤维膜膜孔内支撑液膜的运输机理是基于被动扩散，因此，常常需要 30～60 min 才能达到萃取平衡。为了克服传统中空纤维膜萃取技术耗时的缺点，加电中空纤维膜萃取的新型样品前处理方法得以出现。电动力迁移在加电中空纤维膜萃取中起到了主导作用，因此在很短的时间内就能取得良好的萃取效果。Seidi 等[26]建立了 HPLC-UV 测定生物体液中左旋咪唑的分析方法。4 mL 不同酸化生物基质中的左旋咪唑，通过固定在多孔中空纤维孔中的含 5% 三-（2-乙基己基）磷酸酯的 2-硝基苯基辛基醚的薄层迁移出来，进入存在于纤维内腔的 20 μL 酸性水受体溶液。作者对影响电迁移的参数进行了调查和优化，200 V 操作 15 min，不同生物基质中左旋咪唑的回收率在 59%～65% 之间，这相当于富集因素在 118～130 的范围内，RSD 在 5.6%～9.7% 之间；血浆、尿液和唾液的校准曲线线性范围分别为 0.5～10 μg/mL、0.2～10 μg/mL 和 0.1-10 μg/mL，LOD 分别为 0.1 μg/mL、0.07 μg/mL 和 0.05 μg/mL，LOQ 为 0.5 μg/mL、0.2 μg/mL 和 0.1 μg/mL。

（2）净化方法

左旋咪唑残留分析常用的净化方法主要包括液液分配（LLP）、固相萃取（SPE）、基质固相分散（MSPD）等技术。

1）液液分配（liquid liquid partition，LLP）

LLP 是目前左旋咪唑残留分析中最常用的净化手段。通过调节提取液的 pH，使左旋咪唑呈分子或离子状态，再采用有机溶剂或溶液分配提取，达到去除杂质的目的。

徐静等[20]建立了一种以 LLP 为净化手段的左旋咪唑的残留分析方法。从动物肝脏中提取的左旋咪唑分别以 HCl 溶液、KOH-二氯甲烷体系进行两次 LLP 净化，GC-MS 定量检测及结构确证。方法 LOQ 为 5 μg/kg；鸡肝、鸭肝、兔肝和猪肝样品中的加标回收率范围为 76%～106%，RSD 小于 9%。张丛兰[27]将猪、鸡羊的肌肉、肝脏、脂肪和肾脏组织的乙酸乙酯提取液用 0.5 mol/L 的 HCl 溶液反萃后，再用 50% KOH 溶液 1 mL 调节 pH，用三氯甲烷 LLP 萃取净化。各组织回收率在（69.7%±4.3%）～（90.7%±6.4%）范围内；LOQ 为 5 μg/kg。Tyrpenou 等[28]建立了绵羊肌肉组织中左旋咪唑残留的 HPLC-二极管阵列（DAD）检测方法。采用乙酸乙酯提取，并 LLP 净化，KOH 碱性溶液条件下再用氯仿二次提取。在 1/2 倍、1 倍、2 倍和 4 倍 MRL 添加浓度的平均回收率为 75.65%±2.74%，CV 为 10.4%；LOD 和 LOQ 分别为 2.0 μg/kg 和 5.0 μg/kg。Jedziniak 等[29]在测定牛奶中左旋咪唑时，用正己烷和酸化乙醇对提取液进行 LLP 净化，回收率在 84%～89% 之间，LOD 在 0.1～1.0 μg/kg 之间，LOQ 在 0.5～2.0 μg/kg 之间。

2）固相萃取（solid phase extraction，SPE）

SPE 是左旋咪唑残留分析中较为常用的净化方法。主要采用的 SPE 类型包括硅胶柱、阳离子交换柱、氰基柱和 C_{18} 柱等。

Dreassi 等[30]用氯仿提取绵羊、猪和禽组织中的左旋咪唑，提取液用 Supelco 硅胶柱净化。SPE 柱先用氯仿-环己烷（1+3，v/v）预处理，上样，再以相同的氯仿-环己烷溶液淋洗，抽干后，用甲醇洗脱，氮气吹干，再用流动相复溶，HPLC-UV 检测。方法的 LOQ 为 4 μg/kg，肝、肾、肌肉和脂肪组织的平均回收率分别为 84%、85%、89% 和 84%。

曾勇等[21]用乙酸乙酯提取猪、鸡组织中左旋咪唑残留，提取液用 MCX 混合型阳离子固相萃取小柱净化，HPLC 检测，回收率在 70%～110% 之间。坂本美穗等[31]用碱性乙酸乙酯提取牛、猪、禽的肌肉、肝、肾和脂肪组织中的左旋咪唑残留，并用 0.1 mol/L 盐酸溶液反萃，提取液采用 SCX 强阳离子交换 SPE 柱净化，HPLC 检测。方法的 LOD 为 5 μg/kg，平均回收率在 78.3%～99.8% 之间。薄海波等[25]用乙酸乙酯超声波提取牛奶和奶粉中的左旋咪唑，用 SCX 强阳离子交换 SPE 柱净化，UPLC-MS/MS 检测，回收率为 64.5%～102%。Cherlet 等[23]也采用 SCX 柱对猪组织中左旋咪唑的提取液进行净化，LC-MS/MS 检测。方法准确度的范围为 –30%～+30%，精密度在最大 RSD 范围内。Stubbings 等[32]研究建立了动物源食品中包括左旋咪唑在内的多种类药物多残留分析净化程序。组织/生物液体样品首先采用乙腈提取，再用无水硫酸钠除去水分，并用冰醋酸酸化，然后过 SCX 柱净化，HPLC 分析。方法回收率在 53%～104% 范围内。

Cannavan 等[33]采用 Bakerbond CN 固相萃取柱对绵羊肝、肾和肌肉中左旋咪唑乙酸乙酯提取液进行净化，氯仿-己烷洗涤，甲醇洗脱，液相色谱-质谱（LC-MS）检测。方法 LOD 为 5 μg/kg，各组织平均回收率为 79%～93%。

林维宣等[34]测定牛乳中左旋咪唑残留量时，牛乳样品通过调节 pH 和加甲醇沉淀蛋白质，提取液用 Sep-Pak C$_{18}$ 柱净化，HPLC-UV 检测。方法 LOD 为 10 μg/kg，添加回收率为 80.1%～84.2%，CV 为 7.2%～9.6%。

　　3）分散固相萃取（dispersive solid phase extraction，DSPE）

　　DSPE 是美国农业部于 2003 年起提出使用的一种新的样品前处理技术。该技术的核心在于选择对不同种类的农药都具有良好溶解性能的乙腈作为提取剂，净化吸附剂直接分散于待净化的提取液中，吸附基质中的干扰成分，具有操作简便，处理快速等优点，在多农残分析中大量应用，目前也开始在兽残分析中使用。与 SPE 相比，DSPE 更加简便和快速，以此发展起来的 QuEChERS（Quick，Easy，Cheap，Rugged，Safe）技术也已在残留分析中大量采用。Whelan 等[19]建立了牛乳中包括左旋咪唑等 38 种驱虫药物的残留分析方法。采用乙腈提取，加入硫酸镁和氯化钠进行 DSPE 净化，将萃取液浓缩到二甲基亚砜中，UPLC-快速极性切换-MS/MS 检测。方法的 CC$_\alpha$ 为 0.83 μg/kg，CC$_\beta$ 为 1.4 μg/kg，回收率在 94%～104% 范围内。

18.1.4.2　测定方法

　　目前有关动物源基质中左旋咪唑的残留检测方法主要有快速检测法和仪器检测方法。快速检测方法主要为生物传感器法，仪器方法主要包括气相色谱法（GC）、气相色谱-质谱联用法（GC-MS）、高效液相色谱法（HPLC）和液相色谱-质谱联用法（LC-MS）等。

　　（1）生物传感器法（biosensor）

　　生物传感器是以固定化的生物成分（如酶、蛋白质、DNA、抗体、抗原）或生物体本身为敏感材料，与适当的化学换能器相结合，用于快速检测物理、化学、生物量的新型器件。与其他方法相比，其精密度高，可做到小型化、自动化、方便现场检测。Crooks 等[18]报道了采用免疫生物传感器测定牛肝脏和奶中左旋咪唑残留的检测方法。将左旋咪唑衍生为氨基左旋咪唑，并连接牛血清载体蛋白，制得纯化抗原，并用其来制备兔多克隆抗体。将药物衍生物固定在 CM 5 传感器芯片上，抗体可结合在传感器芯片表面，从而得到检测。反应物在芯片表面能够稳定再生几百次，单个分析过程（包括加样、芯片再生和系统清洗）只需要 6 min 就能完成。样品采用乙腈提取，肝脏样品需要额外的过滤，采用 Biacore® 生物传感器检测。肝脏组织的 LOD 为 6.8 μg/kg，牛奶为 0.5 μg/L；肝脏在 100 μg/kg 添加水平的 CV 为 6.7%，牛奶在 2 μg/L 添加水平的 CV 为 2.4%。McGarrity 等[35]开发了基于竞争性化学发光免疫分析的生物芯片阵列试剂盒用于左旋咪唑等 20 多种驱虫药物的筛选检测。固体支持物和容器中的生物芯片包含的离散点的阵列，该法适用于半自动台式分析仪。左旋咪唑的 LOD 为 2 μg/L（牛奶）、6.5 μg/kg（组织）；方法回收率在 71%～135% 之间。

　　（2）电化学发光分析法（electrochemiluminescence）

　　电化学发光分析法具有灵敏度高、仪器设备简单、操作方便、易于实现自动化等特点，广泛地应用于生物、医学、药学、临床、环境、食品、免疫和核酸杂交分析和工业分析等领域。Xiao 等[36]开发了血清中左旋咪唑的电化学发光检测方法。该方法基于由 Ru（bpy）$_3^{2+}$引导的电化学发光信号增强，在 12 mmol/L 的硼酸缓冲液（pH 9）中，该离子在铂电极上与左旋咪唑的叔胺基团反应。发光强度和左旋咪唑的浓度在 0～1×10^{-7} mol/L 之间呈良好线性，方法 LOD 为 1.76×10^{-11} mol/L。

　　（3）气相色谱法（gas chromatography，GC）

　　GC 具有操作简单、分析速度快、高效能、高选择性、高灵敏度、分析速度快和应用广泛等优点。目前国内已有采用 GC 检测动物组织中左旋咪唑残留量的报道。

　　张丛兰[27]建立了猪、鸡、羊可食用组织中左旋咪唑残留的 GC 检测方法。取匀质样品，KOH 溶液碱化，乙酸乙酯提取，盐酸溶液反萃取，KOH 溶液中和酸，再用三氯甲烷萃取，取三氯甲烷层进样分析。采用 HP-6890 气相色谱仪，氮磷检测器（NPD），HP-5 毛细管柱（30 m×0.32 mm）分离，氮气为载气，流速 2 mL/min。结果显示，在 0.05～3.2 μg/mL 时，浓度与峰面积呈良好的线性关系，相关系数 R 为 0.9996；各组织中左旋咪唑的 LOD 为 5 μg/kg；在添加浓度为 5 μg/kg、10 μg/kg、20 μg/kg 时，各组织的回收率分别为：肌肉大于 83.1%，肝脏大于 81.4%，脂肪大于 70.9%，肾脏大于 81.8%；日内、日间 CV 均小于 12.5%。Casale 等[37]通过采用手性毛细管柱，开发了 GC-火焰离子化检测器（FID）

测定尿中左旋咪唑/右旋咪唑对映体的方法。

（4）高效液相色谱法（high performance liquid chromatography，HPLC）

HPLC 是兽药残留定量、定性分析的有效手段，具有检测灵敏度高、选择性好、定性定量同时进行、结果可靠等优点。目前，动物源基质中左旋咪唑残留检测方法报道最多的就是 HPLC 方法，常用的检测器有紫外检测器（UVD）和二极管阵列检测器（PDA/DAD）等。

曾勇等[21]建立了猪、鸡组织中左旋咪唑残留的 HPLC-UVD 检测方法。样液经混合型阳离子固相萃取小柱净化后，采用 Agilent TC-C$_{18}$（5 μm，250 mm×4.6 mm i.d.）色谱柱分离，流动相由 0.02 mol/L 磷酸二氢钠-二乙胺缓冲液和乙腈按体积比 7：3 比例配制，HPLC 在 220 nm 波长处测定，外标法定量。左旋咪唑的保留时间为 12～13 min；在 10～1000 μg/L 时，浓度与峰面积呈良好的线性关系，r 为 0.9999；在肌肉、脂肪和肾脏中的 LOD 为 2 μg/kg，LOQ 为 5 μg/kg；在肝脏中 LOD 为 2 μg/kg，LOQ 为 10 μg/kg；在不同添加浓度水平下，平均回收率在 70%～110%之间，批内 CV 在 10%以内，批间 CV 在 15%以内。Tyrpenou 等[28]建立了绵羊肌肉组织中左旋咪唑残留的 HPLC-PDA 检测方法。采用乙酸乙酯提取并 LLP 净化，氢氧化钾碱性溶液条件下再用氯仿二次提取。采用 Zarbax®SB-C$_{18}$色谱柱分离，柱温 50℃，流动相为体积分数 0.1%的三氟乙酸（pH 2.0）和乙腈-甲醇（3+2，v/v）按体积比 30：70 的比例配制而成，流速为 1.0 mL/min，检测波长为 220 nm。在 1/2 倍、1 倍、2 倍和 4 倍 MRL 添加浓度的平均回收率为 75.65%±2.74%，CV 为 10.4%；LOD 和 LOQ 分别为 2.0 μg/kg 和 5.0 μg/kg。用该方法测定肾脏、肝脏和脂肪组织中左旋咪唑残留，平均回收率分别为 70.25%±1.07%、72.37%±3.6%和 69.44%±2.22%，CV 分别为 1.52%、4.97%和 3.19%。坂本美穂等[31]也建立了畜产品中左旋咪唑残留的 HPLC 检测方法。用碱性乙酸乙酯提取牛、猪、禽的肌肉、肝、肾和脂肪组织中的左旋咪唑，并用 0.1 mol/L 盐酸溶液反萃取，提取液采用 SCX 柱净化，HPLC 检测。色谱柱为 ODS-80Ts（4.6 mm×150 mm，5 μm），流动相为 0.02 mol/L KH$_2$PO$_4$-二乙胺（299+1，v/v，pH 7.5）与乙腈按体积比 7：3 混合，流速 1.0 mL/min，柱温 40℃，PDA 检测波长 220 nm，进样量 20 μL。该方法 LOD 为 5 μg/kg，平均回收率在 78.3%～99.8%之间。

林维宣等[34]建立了牛乳中左旋咪唑残留量的 HPLC 测定方法。采用 Spherisorh C$_{18}$色谱柱分离，流动相由甲醇、0.05 mol/L 磷酸缓冲液、二乙胺按体积比 70：30：1 比例配制而成，流速 0.8 mL/min，UVD 在 230 nm 处检测，外标法定量。该方法 LOD 为 10 μg/kg；在添加 10 μg/kg、50 μg/kg、200 μg/kg 时，方法回收率为 80.1%～84.2%，CV 为 7.2%～9.6%。De Ruyck 等[24]建立了牛奶中左旋咪唑等驱虫药残留的 HPLC 检测方法。采用离子对液相色谱，色谱柱为 Alltima C$_{18}$（5 μm，150 mm×3.2 mm i.d.），以 0.01 mol/L 1-辛烷磺酸钠离子对试剂（正磷酸调 pH 3.0）-甲醇-水为流动相，梯度洗脱，DAD 检测，左旋咪唑检测波长为 225 nm。该方法平均回收率在 68%～85%之间，左旋咪唑 LOD 为 0.5 μg/L，LOQ 为 1.4 μg/L，CV 为 12.7%。

El-Kholy 等[38]建立了测定鸡蛋和血浆中左旋咪唑的 HPLC-UVD 检测方法。以 Luna® C$_{18}$（150 mm×4.6 mm i.d.，5 μm）作为色谱分离柱，2%乙酸水溶液-甲醇（50+50，v/v）作为流动相，同时加入低 UV 反应的庚烷磺酸钠（Pic-B7）离子对化合物，并用氢氧化铵调节 pH 7.31，流速为 1.0 mL/min，波长 225 nm 处检测，以甲基左旋咪唑作为内标定量。该方法的 LOD 均为 1 μg/kg（L）；血浆的 LOQ 为 3 μg/L，其他组织为 25 μg/kg。Chiadmi 等[39]报道了血浆中左旋咪唑的 HPLC 分析方法。采用 C$_{18}$色谱柱分离，磷酸盐缓冲液-乙腈溶液等度洗脱，DAD 在 235 nm 测定。该方法在 50～2000 ng/mL 范围呈良好线性，LOQ 为 28 ng/mL，日内和日间 CV 均小于 7%。

（5）超临界流体色谱法（supercritical fluid chromatography，SFC）

SFC 是一种介于 GC 和 HPLC 之间的色谱技术。揉合了 GC 的高速度、高效率和 HPLC 的选择性强、分离效能高等优点，是一种有力的分离和检测手段。Perkins 等[40]建立了同时检测猪组织中左旋咪唑等药物的 SFC 和 SFC-MS 方法。采用氨基键合固定相，以二氧化碳与甲醇改性剂作为流动相，对药物分离条件进行了摸索，结果显示尽管使用较高比例的改性剂，左旋咪唑仍然吸附在氰基键合、ODS2 和硅基等酸性固定相上；同时研究了改性剂特性变化的影响，发现较低比例的改性剂能使左旋咪唑与内在的化合物及溶剂峰分离,同时也对采用传送带(MB)接口技术和改进后的热喷雾(TSP)接口技术的填充柱 SFC-MS 法进行了研究,发现蒸发器温度在 80℃时左旋咪唑能够产生大的响应值。

（6）气相色谱-质谱法（gas chromatography-mass spectrometry,GC-MS）

GC-MS 是残留分析中常用的确证技术。目前也有用于左旋咪唑残留分析的报道。徐静等[20]建立了测定动物组织中左旋咪唑残留的 GC-MS 方法。以乙酸乙酯进行提取,分别以 HCl 溶液、KOH-二氯甲烷体系进行两次 LLP 净化,依次消除提取液中的脂溶性杂质和水溶性杂质,最后进入 GC-MS,采用电子轰击源（EI）电离检测。在选择离子监测（SIM）模式下,以 m/z 148、176、204 为定性离子,m/z 204 为定量离子进行结构确证和定量检测。结果表明,左旋咪唑含量在 0.25～3.0 mg/L 范围内,方法的线性关系良好,相关系数为 0.999;方法 LOQ 为 5 μg/kg;鸡肝、鸭肝、兔肝和猪肝样品中的加标回收率在 76%～106%范围内,RSD 小于 9%。Trehy 等[41]报道了采用 GC-MS 测定尿液中左旋咪唑残留的方法,并用于因使用可卡因导致中性粒细胞减少或粒细胞缺乏症的评价中。该方法在两个不同的实验室进行了验证测试,当取样量为 5 mL 时,方法 LOD 为 1 ng/mL。Bertol 等[42]也采用 GC-MS 方法测定尿液中的左旋咪唑,并对左旋咪唑在马、犬和人中的代谢进行了研究。样品经 LLE 后,进 GC-MS 分析,3 个碎片离子定性,LOQ 为 0.15 ng/mL。

（7）液相色谱-质谱法（liquid chromatography-mass spectrometry,LC-MS）

与 LC 的常规检测器如 UVD、PDA 等相比较,质谱检测器（MSD）选择性好、灵敏度高、定性能力强,因而可以简化实验步骤,减少样品预处理过程。

1）单极四极杆质谱（LC-MS）

Cannavan 等[33]建立了绵羊组织中左旋咪唑残留的 LC-热喷雾（TSP）-MS 检测方法。色谱柱为 Li-Chrospher 60 RP-select B（125 mm×4 mm i.d.,5 μm）,流动相为含 0.1 mol/L 醋酸铵的乙腈-四氢呋喃-三乙胺-水（350+50+2+598,v/v）,等度洗脱,流速 1.0 mL/min,TSP 电离,选择离子监测（SIM）模式下检测,以[M+H]+离子（m/z 205）定量。方法的 LOD 为 5 ng/g,在肝脏、肾脏和肌肉组织的平均回收率分别为 93%、85%和 79%。

Jedziniak 等[29]建立了牛奶中左旋咪唑等 20 种咪唑类药物的筛查方法。采用乙酸乙酯提取,正己烷和酸化乙醇 LLP 净化,LC-MS 测定。采用 XTerra MS C18（150 mm×2.1 mm,3.5 μm）色谱柱分离,柱温 30℃,流动相为乙腈和 0.025 mol/L 的乙酸铵溶液（乙酸调 pH 5.0）,梯度洗脱,流速 0.2 mL/min,在电喷雾正离子（ESI+）、SIM 模式下检测,以[M+H]+离子（m/z 205）定量。在添加浓度 5 μg/kg、10 μg/kg、15 μg/kg 范围内,回收率在 84%～89%之间,CV 小于 9.8%;LOD 在 0.1～1.0 μg/kg 之间,LOQ 在 0.5～2.0 μg/kg 之间。

2）串联四极杆质谱（LC-MS/MS）

Baere 等[22]采用 LC-MS/MS 测定动物血浆中的左旋咪唑。以 LiChrospher® 60 RP-select B（125 mm×34 mm i.d. 5 μm）作为分离柱,含有 7.7%（体积比）四氢呋喃和 0.3%（体积比）三乙胺的 0.1 mol/L 乙酸铵溶液-乙腈（60+40,v/v）作为流动相,流速 0.2 mL/min,MS/MS 在 ESI+、多反应监测（MRM）模式下检测,以甲基左旋咪唑作为内标定量。在 0～0.5 μg/mL 范围内线性关系良好,r 大于 0.99;LOQ 为 0.025 μg/mL,LOD 为 0.009 μg/mL;日内、日间 CV 在欧盟要求的范围之内。Tong 等[43]建立了人血浆中左旋咪唑的 LC-MS/MS 检测方法。采用 HC-C8（150 mm×4.6 mm,5 μm）分离柱,40℃分离,流动相为乙腈-10 mmol/L 乙酸铵（70+30,v/v）,流速为 0.5 mL/min,ESI+、MRM 模式检测,以甲苯咪唑为内标定量。在 0.1～30 ng/mL 范围内线性良好,LOQ 为 0.1 ng/mL,CV 小于 8.5%。

De Ruyck 等[44]建立了牛奶中左旋咪唑等驱虫药多残留的 LC-ESI-MS/MS 检测方法。采用 Alltima C18（15 mm×2.1 mm,5 μm）作为分离柱,0.1%甲酸溶液-乙腈为流动相,梯度洗脱,流速为 0.25 mL/min,在 ESI+、MRM 模式下检测,以甲苯咪唑为内标定量。左旋咪唑回收率在 89.6%～102.9%之间,RSD 在 6.1%～8.3%之间,LOD 为 0.5 μg/kg。薄海波等[25]建立了 UPLC-MS/MS 测定牛奶和奶粉中左旋咪唑残留量的方法。采用 BEH C18 超高效液相色谱柱,以乙腈-0.1%甲酸（15+85,v/v）为流动相,流速为 0.25 mL/min，在 ESI$^+$、MRM 模式下进行质谱分析。结果表明，在 2.0～100.0 μg/L 浓度范围内，呈良好的线性关系，相关系数 r 为 0.997；在低、中、高 3 个添加水平下，回收率为 64.5%～102.0%，RSD 小于 13.1%；牛奶中的 LOD 为 0.4 μg/kg，奶粉为 2.0 μg/kg。Whelan 等[19]报道了牛奶中驱虫药残留的 UPLC-快速极性切换-MS/MS 检测方法。分析柱为 HSS T3（100 mm×2.1 mm，1.8 μm），流动相为 0.01%冰醋酸-乙腈（90+10，v/v）和含 5 mmol/L 甲酸铵的甲醇溶液-乙腈（75+25，v/v），梯度洗脱，流速为 0.6 mL/min，质谱用 ESI、MRM 模式检测，以氘代药物作为内标定量。该方法使用电离子化的快速极性切换技术、单针进样就可同时检测正、负离子，运行时间为 13 min，能够检测包括左旋咪唑在内的几乎所有驱虫药。方法的 CC_α 为 0.83 μg/kg，CC_β 为 1.4 μg/kg，回收率在 94%～104%之间。

Garrido Frenich 等[45]采用 UPLC-MS/MS 方法同时测定鸡蛋中包括咪唑类驱虫药在内的多种药物残留。分析柱为 Acquity UPLC BEH C$_{18}$（100 mm×2.1 mm，1.7 μm），流动相为甲醇和 0.05%的甲酸溶液，流速为 0.3 mL/min，进样量 5 μL，柱温 30℃，毛细管电压 3.0 kV，源温度 120℃，脱溶剂温度 350℃，锥孔气流量 80 L/h，脱溶剂气流量 600 L/h，ESI$^+$模式监测。在 10 μg/kg 和 100 μg/kg 两个浓度水平下，左旋咪唑回收率分别为 118.5%和 94.8%，日间 CV 为 14.6%，方法 LOQ 为 0.1 μg/kg。

Cherlet 等[23]建立了猪组织中左旋咪唑残留的 LC-大气压化学电离（APCI）-MS/MS 检测方法。采用正己烷-异戊醇（95+5，v/v）提取猪组织中的左旋咪唑，以 LiChrospher® 60 RP-select B（125 mm×34 mm，5 μm）为色谱分离柱，含有 7.7%（体积比）四氢呋喃和 0.3%（体积比）三乙胺的 0.1 mol/L 乙酸铵溶液和乙腈为流动相，梯度洗脱，流速为 1.0 mL/min。质谱在正离子模式电离，对左旋咪唑主要离子产物 m/z 178.0 进行选择反应监测（SRM）模式检测，用甲基左旋咪唑为内标定量。在猪肌肉、肾脏、皮肤+脂肪组织中的 LOQ 为 5 μg/kg，肝脏为 50 μg/kg；LOD 在 2～4 μg/kg 之间；日内 CV 小于 20.1%，日间 CV 小于 11.7%。Lopes 等[46]开发了同时检测金头鲷中左旋咪唑等 32 种兽药残留的方法。采用改进的 QuEChERS 方法提取，乙腈-甲醇（75+25，v/v）作为提取溶剂，UPLC-MS/MS 测定。在 10 μg/kg、25 μg/kg、50 μg/kg 和 100 μg/kg 添加浓度，方法平均回收率在 69%～125%之间，日内和日间 RSD 分别小于 20%和 30%；LOD 和 LOQ 分别为 7.5 μg/kg 和 25 μg/kg，CC_α 为 16.7 μg/kg，CC_β 为 23.5 μg/kg。

3）离子阱质谱（LC-MS^n）

Gallo 等[47]报道了采用 LC-MS^n 测定饲料中左旋咪唑的分析方法。样品经 LLE 提取后，直接进仪器检测。采用反相色谱分离，ESI 电离，MS^n 测定。利用 MS^n 可做多级质谱分析的特点，监测 2 个子离子。该方法按照欧盟法规 882/2004/EC 对重现性、耐用性、特异性和定量限进行实验室内验证，结果表明该方法可靠，适用于猪、牛、兔子和家禽饲料。该方法平均回收率超过 92%，RSD 小于 15.2%；LOQ 为 2.0 mg/kg。

4）飞行时间质谱（LC-QTOF/MS）

Hess 等[48]报道了尿液中左旋咪唑及其代谢物阿米雷司的 LC-QTOF/MS 分析方法。该方法在 2.5～250 ng/mL 范围呈良好线性；左旋咪唑和阿米雷司的 LOD 分别为 0.51 ng/mL、0.65 ng/mL，LOQ 为 1.02 ng/mL 和 0.76 ng/mL；方法准确度为 -1.96%～-14.3%（左旋咪唑）、-11.9%～-18.5%（阿米雷司），日间精密度为 8.36%～10.9%（左旋咪唑）、5.75%～11.0%（阿米雷司），日内精密度为 10.9%～16.9%（左旋咪唑）、7.64%～12.7%（阿米雷司）。

18.2 公 定 方 法

18.2.1 牛奶和奶粉中左旋咪唑残留量的测定 液相色谱-串联质谱法[49]

18.2.1.1 适用范围

适用于液态奶（包括原料奶、纯牛奶、脱脂牛奶）和奶粉（包括纯奶粉、脱脂奶粉和婴幼儿配方奶粉）中左旋咪唑残留量的测定。牛奶中左旋咪唑检测限为 0.4 μg/kg；奶粉中左旋咪唑检测限为 3.2 μg/kg。

18.2.1.2　方法原理

在碱性环境下用乙酸乙酯提取牛奶和奶粉试样中的左旋咪唑残留，用稀盐酸将提取液中左旋咪唑转化为盐酸左旋咪唑并反提到盐酸层，强阳离子交换固相萃取柱净化，液相色谱-串联质谱仪测定，外标法定量。

18.2.1.3　试剂和材料

乙酸乙酯、乙腈、甲醇：色谱纯；氢氧化钠、浓盐酸、氨水、氯化钠：分析纯；甲酸：优级纯；无水硫酸钠：用前在 650℃灼烧 4 h，置于干燥器中冷却后备用。

0.1%甲酸溶液：取 1 mL 甲酸，用水定容至 1000 mL。当天配制；0.2 mol/L 盐酸溶液：取 18 mL 盐酸，用水定容至 1000 mL；10 mol/L 氢氧化钠溶液：称取 40 g 氢氧化钠，用水溶解并定容至 100 mL；氨水-甲醇溶液（1+3，v/v）：量取 50 mL 氨水与 150 mL 甲醇混合，摇匀。

盐酸左旋咪唑标准品（levamisole hydrochloride，CAS 16595-80-5）：纯度≥98%。

标准储备溶液：准确称取适量的标准品，用甲醇溶解、转移至 50 mL 棕色容量瓶中并定容至刻度。该溶液浓度为 1 mg/mL。储备液贮存在－18℃冰柜中，有效期为半年。

标准中间溶液：吸取 1.00 mL 标准储备溶液，移入 100 mL 棕色容量瓶，用水定容，该溶液浓度为 10 μg/mL。0～4℃冰箱保存。

标准工作溶液：根据需要吸取适量标准中间溶液，用流动相稀释至所需浓度，使用前配制。

强阳离子交换固相萃取柱或相当者：3 mL，500 mg。使用前依次用甲醇 3 mL、水 3 mL 和 0.2 mol/mL 盐酸 1 mL 活化，保持柱体湿润。

18.2.1.4　仪器和设备

液相色谱-串联质谱联用仪：配有电喷雾离子源（ESI）；固相萃取净化装置；分析天平：感量 0.1 mg，0.01 g；旋涡混匀器；超声波清洗器；离心机：带有 50 mL 螺口聚丙烯离心管；移液器：1 mL，2 mL；氮气吹干仪；样品瓶：2 mL。

18.2.1.5　样品前处理

（1）试样制备

从全部样品中取出有代表性样品约 1 kg，充分混匀，均分成两份，分别装入洁净容器内。密封后作为试样，标明标记。在抽样和制样的操作过程中，应防止样品受到污染或发生残留物含量的变化。将试样于 4℃保存。

（2）提取

a. 牛奶样品　称取 10 g 混匀的试样（精确至 0.01 g）于 50 mL 聚丙烯离心管中，加入 10 mol/mL 氢氧化钠 0.1 mL、氯化钠约 5 g 和乙酸乙酯 20 mL，涡旋混匀 1 min，振荡 10 min，以 4000 r/min 离心 10 min。取上层乙酸乙酯 10 mL 于另一个 50 mL 聚丙烯离心管中，加 0.2 mol/L 盐酸 20 mL，振荡 10 min，以 2000 r/min 离心 5 min。取下层盐酸溶液 10 mL，待净化。

b. 奶粉样品　称取 12.5 g 奶粉于烧杯中，加适量 35～50℃水将其溶解，待冷却至室温后，用水定容至 100 mL，充分混匀。量取 10 mL 溶液于 50 mL 聚丙烯离心管中，按牛奶样品提取步骤操作。

（3）净化

将所得的提取液 10 mL 加载到 SCX 小柱，依次用水 3 mL、0.2 mol/L 盐酸 1 mL 和甲醇 3 mL 淋洗，用氨水-甲醇溶液 4.0 mL 洗脱。用氮气吹干仪将洗脱液吹干，用流动相定容至 1 mL，过 0.2 μm 滤膜。供液相色谱-串联质谱测定。

18.2.1.6　测定

（1）液相色谱条件

色谱柱：BEH C_{18}，50 mm×2.1 mm，1.7 μm 或相当者；流动相：乙腈-0.1%甲酸溶液（3+17，v/v）；流速 0.25 mL/min；柱温：35℃；进样量：5.0 μL。

（2）质谱条件

电离模式：ESI^+；检测方式：多反应监测（MRM）；毛细管电压：2.5 kV；离子源温度：110℃；

去溶剂气温度：380℃；去溶剂气（氮气）流量：600 L/h；椎孔气（氮气）流量（N₂）：40 L/h；碰撞气（氩气）流量：0.1 L/h；定性离子对、定量离子对和碰撞能量等参数见表18-3。

表18-3 定量离子对、定性离子和对碰撞能量等参数

化合物	定性离子对(m/z)	定量离子对(m/z)	碰撞能量/V	驻留时间/ms	锥孔电压/V
左旋咪唑	205/92	205/92	38	300	40
	205/179		20	300	40

（3）定性测定

样品溶液按照液相色谱-串联质谱分析条件进行测定时，如果检出的色谱峰保留时间与标准溶液中左旋咪唑的保留时间偏差在±2.5%之内，在扣除背景后的样品质谱图中，所选择的两对定性对均出现，而且离子对丰度比与浓度接近的标准溶液谱图中离子相对丰度比偏差不超过规定的范围（见表1-5），则可以判断样品中存在左旋咪唑。

（4）定量测定

用混合标准工作溶液进样，以工作溶液浓度为横坐标，峰面积为纵坐标，绘制标准工作曲线。待测样液等体积进样测定。用标准工作曲线对样品进行定量，样品溶液中左旋咪唑的响应值应在检测的线性范围内。在上述液相色谱-串联质谱分析条件下，左旋咪唑的参考保留时间约为1.2 min。左旋咪唑标准物质多反应监测（MRM）色谱图见图18-2。

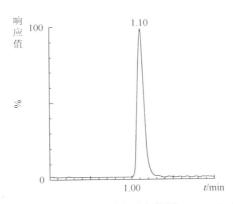

图18-2 左旋咪唑标准物质多反应监测（MRM）色谱图

18.2.1.7 分析条件的选择

（1）提取条件的优化

1）提取溶剂选择

对比了用乙酸乙酯，乙腈作为提取溶剂在碱性环境下提取，和用甲醇作为提取溶剂在酸性环境下提取的回收率。具体实验内容如下：

用甲醇作为提取溶剂：量取10 mL牛乳样品于50 mL聚丙烯离心管中，滴加5 mol/L盐酸调至pH约为4.6。加入10 mL甲醇，涡旋混匀1 min，置于50℃水浴15 min，超声波提取10 min，以4000 r/min离心10 min。移取上清液用滤纸过滤，弃去初滤液，取5 mL滤液过经过活化的强阳离子交换固相萃取柱（SCX柱）净化。用5 mL纯水淋洗净化柱，最后用4 mL甲醇洗脱盐酸左旋咪唑，收集的流出液中加入1∶1氨水2滴，于50℃水浴上氮气吹干。加2 mL流动相溶解残渣，0.22 μm膜过滤，进样分析。

用乙腈作为提取溶剂：量取10 mL牛乳样品于50 mL聚丙烯离心管中，加入10 mol/L氢氧化钠0.1 mL，氯化钠约5 g和乙腈10 mL，旋紧盖子，涡旋混匀1 min，振荡10 min，以4000 r/min离心10 min。移取上层乙腈5 mL于另一个50 mL聚丙烯离心管中，50℃水浴上氮气吹干。加入正己烷10 mL和0.05 mol/L盐酸10 mL，旋紧盖子，振荡10 min，以2000 r/min的转速离心5 min。收集下层盐酸

溶液，用于 SCX 柱 SPE 净化。

用乙酸乙酯作为提取溶剂：量取 10 mL 牛乳样品于 50 mL 聚丙烯离心管中，加入 10 mol/L 氢氧化钠 0.1 mL，氯化钠约 5 g 和乙酸乙酯 10 mL，旋紧盖子，涡旋混匀 1 min，振荡 10 min，以 4000 r/min 的转速离心 10 min。移取上层乙腈 5 mL 于另一个 50 mL 聚丙烯离心管中，加入 0.2 mol/L 盐酸 10 mL，旋紧盖子，振荡 10 min，以 2000 r/min 的转速离心 5 min。收集下层盐酸溶液 5 mL，用于 SCX 柱 SPE 净化。

按照上述三种提取方法测定添加浓度为 10 μg/L 的牛奶样品中左旋咪唑回收率，每种方法做 3 个平行测定。对比试验结果（见表 18-4）表明，用乙酸乙酯作为提取溶剂，基质背景相对干净，基线噪音低，对提高检测灵敏度效果明显，提取效率最高，回收率最为稳定，故选用乙酸乙酯作为提取溶剂。

表 18-4   三种提取方法的回收率（%）比较（添加浓度为 10 μg/L）

提取溶剂	乙酸乙酯	乙腈	甲醇
1	98.5	68.4	57.5
2	96.0	50.0	66.6
3	87.9	70.1	67.0
平均	93.0	68.0	67.0

2）提取方法的选择

对比了以乙酸乙酯作为提取溶剂，用超声波和振荡方法提取不同时间的回收率。在加入饱和氯化钠的条件下，涡旋混匀后，用超声波提取 10 min，乙酸乙酯与水相分层快，获得稳定、满意的回收率。

3）氢氧化钠溶液的浓度和加入体积的优化

左旋咪唑经常以盐酸左旋咪唑的形式存在，用氢氧化钠将样品中的盐酸左旋咪唑转化为左旋咪唑，有利于提高其在有机溶剂中的提取效率。用 1 mol/L 氢氧化钠 1 mL 和 10 mol/L 氢氧化钠 0.1 mL 做碱化牛奶样品的对比实验。结果表明，在加入氢氧化钠总量相同的前提下，加入小体积大浓度的氢氧化钠溶液，样品的乳化程度较低，有利于提高左旋咪唑的提取效率。故选用 10 mol/L 氢氧化钠碱化样品。然后，分别加入 10 mol/L 氢氧化钠 0.1 mL、0.2 mL 和 0.5 mL，对比了氢氧化钠溶液加入体积对，结果表明，加入 0.1 mL 和加入 0.2 mL 对回收率无明显影响，加入 0.5 mL 的回收率则略有下降趋势，故选择氢氧化钠溶液的加入体积为 0.2 mL。

（2）净化方法选择和条件优化

试验对比研究了液-液萃取法、用 silica 固相萃取柱、Envi-C$_{18}$ 柱、强阳离子交换（SCX）柱和 GPC 的净化效果。采用液-液萃取法初步去除脂溶性杂质后，再用 SCX 柱净化，去除干扰效果最好，基线噪音降低，提高检测灵敏度，并获得稳定、满意的回收率。

1）液-液萃取法初步净化

左旋咪唑易溶于有机溶剂，而盐酸左旋咪唑溶于水。初步净化利用了左旋咪唑和盐酸左旋咪唑的这种溶解性差异，将乙酸乙酯提取液用稀盐酸酸化，将左旋咪唑转化为盐酸左旋咪唑，使其溶于水相，弃去留有脂溶性共提干扰物质的乙酸乙酯层，实现提取溶液的初步净化。该溶液用于下一步的 SCX 固相萃取柱净化。

2）盐酸溶液浓度的优化

做了盐酸溶液浓度对左旋咪唑反提效率的优化实验，结果表明，在加入盐酸体积相同的前提下，选用 0.05 mol/L，0.1 mol/L，0.2 mol/L，0.5 mol/L 盐酸做反提效率的对比实验。结果表明，加入 0.1 mol/L 比加入 0.05 mol/L 的平均回收率明显提升，加入 0.2 mol/L 盐酸，平均回收率略有提升，加入 0.5 mol/L 的回收率则略有下降趋势，故选择盐酸溶液的浓度为 0.2 mol/L。

3）强阳离子交换固相萃取柱净化

实验优化了 SPE 小柱的淋洗条件和洗脱体积。一组用 3 mL 水，0.05 mol/L 盐酸 1 mL 和甲醇 3 mL

淋洗 SCX 小柱，另一组用 3 mL 水和甲醇 3 mL 淋洗 SCX 小柱，结果发现，前一组回收率平均高 2 个百分点。用 2 mL、3 mL、4 mL、5 mL 氨水-甲醇（1+3，v/v）洗脱左旋咪唑。洗脱曲线见图 18-3。确定用 4 mL 洗脱液洗脱。

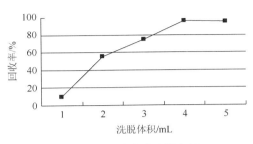

图 18-3　左旋咪唑洗脱曲线

（3）液相色谱-串联质谱测定

1）液相色谱分析条件优化

选择 BEH C_{18} 柱为分离柱，柱温 30℃，比较了甲醇/水体系作流动相和乙腈/水体系作流动相对牛奶和奶粉样品的分离分析，发现分离效果优劣顺序为用乙腈-0.1%甲酸（15+85，v/v）、乙腈-水（15+85，v/v）、甲醇-0.1%甲酸（15+85，v/v）、甲醇-水（15+85，v/v）；即用乙腈-0.1%甲酸（15+85，v/v）时左旋咪唑与干扰峰分离较好，峰形对称。所以本方法选择乙腈-0.1%甲酸（97+3，v/v）作流动相。以 0.25 mL/min 的流速等度洗脱，左旋咪唑的保留时间为 1.12 min。

2）质谱条件的优化

采用注射泵直接进样方式，以 10 μL/min 将左旋咪唑的标准溶液注入串联质谱的离子源中。采用正离子扫描方式进行一级质谱分析，在选定的质谱条件下，左旋咪唑的产生稳定的强峰（见图 18-4），确定了准分子离子峰$[M+H]^+$（m/z 205.6）为母离子，优化了电离电压。对被测物的准分子离子碰撞后，进行二级质谱分析，优化了碰撞能量，得到子离子质谱图（见图 18-5），选择 m/z 91.9 和 m/z 178.9 为监测离子，子离子丰度比为 4：3，其中 m/z 91.9 为定量离子。此外，还对离子源温度、脱溶剂气温度、脱溶剂气流量、锥孔反吹气流量等参数进行了优化。

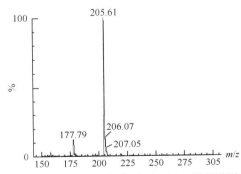

图 18-4　左旋咪唑标准溶液一级扫描质谱图

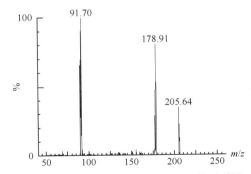

图 18-5　左旋咪唑标准溶液二级扫描质谱图

3）液相色谱-串联质谱分析

采用多反应监测模式的超高效液相色谱-串联质谱仪进行分析。在选定的仪器条件下，左旋咪唑标准品的超高效液相色谱-串联质谱图见图 18-6。

18.2.1.8　线性范围和测定低限

分别用流动相和基质提取液稀释，配制 2.0 ng/mL、5.0 ng/mL、10.0 ng/mL、20.0 ng/mL、100.0 ng/mL 系列浓度的左旋咪唑标准溶液，在本方法所确定的仪器分析条件下进样测定。以仪器响应峰面积 Y 对左旋咪唑的浓度 X 进行线性回归，二者无显著差异，所以本方法选择用流动相液稀释左旋咪唑标准溶液。在 2.0～100.0 ng/mL 范围内线性良好，线性方程为 $Y=12.424 X+1.815$，$r=0.997$。

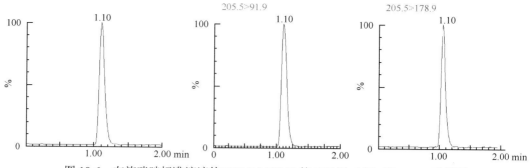

图 18-6　左旋咪唑标准溶液的 UPLC-MS/MS 的 TIC 图（左）和 MRM 质谱图

　　检测限：取左旋咪唑适量，在空白牛奶中添加 0.4 μg/L、在空白奶粉样品溶液中添加 3.2 μg/L 的水平，经提取、净化后测定，左旋咪唑响应信号的信噪比（S/N）大于 10，表明左旋咪唑在牛奶和奶粉中检测限分别为 0.4 μg/kg 和 3.2 μg/kg。

18.2.1.9　方法回收率和精密度

　　采用标准添加法，在空白样品中，按添加 3 个浓度水平的左旋咪唑标准品溶液，按照本方法进行测定，每个添加水平平行测定 10 次，测定结果见表 18-5。

表 18-5　左旋咪唑添加回收与精密度试验结果（n=10）

牛奶			奶粉		
添加浓度/(μg/kg)	测定值/(μg/kg)	回收率/%	添加浓度/(μg/kg)	测定值/(μg/kg)	回收率/%
0.5	0.410	82.00	2.0	1.454	72.70
	0.348	69.60		2.310	115.50
	0.366	73.20		1.360	68.00
	0.332	66.40		1.732	86.60
	0.327	65.40		2.027	101.35
	0.386	77.20		1.863	93.15
	0.406	81.20		1.496	74.80
	0.331	66.20		2.219	110.95
	0.487	97.40		1.487	74.35
	0.518	103.60		1.518	75.90
平均回收率/%	78.22		平均回收率/%	87.33	
RSD/%	13.27		RSD/%	17.08	
添加浓度/(μg/kg)	测定值/(μg/kg)	回收率/%	添加浓度/(μg/kg)	测定值/(μg/kg)	回收率/%
5.0	3.962	79.24	10.0	9.015	90.15
	4.731	94.62		8.231	82.31
	3.914	78.28		9.047	90.47
	4.073	81.46		10.056	100.56
	4.938	98.76		9.78	97.80
	4.327	86.54		8.972	89.72
	3.822	76.44		9.685	96.85
	4.790	95.80		10.414	104.14
	4.669	93.38		7.344	73.44
	5.304	106.08		8.737	87.37
平均回收率/%	89.06		平均回收率/%	91.28	
RSD/%	10.08		RSD/%	9.09	

续表

牛奶			奶粉		
添加浓度/(μg/kg)	测定值/(μg/kg)	回收率/%	添加浓度/(μg/kg)	测定值/(μg/kg)	回收率/%
20.0	19.411	97.06	100.0	92.632	92.63
	16.742	83.71		82.175	82.18
	19.052	95.26		101.332	101.33
	14.387	71.94		84.258	84.26
	15.615	78.08		93.191	93.19
	19.183	95.92		97.437	97.44
	18.640	93.20		80.649	80.65
	17.198	85.99		98.557	98.56
	19.744	98.72		92.842	92.84
	18.447	92.24		101.808	101.81
平均回收率/%	89.21		平均回收率/%	92.49	
RSD/%	8.95		RSD/%	7.76	

18.2.1.10　重复性和再现性

在重复性试验条件下，获得的两次独立测试结果的绝对差值不超过重复性限（r），如果差值超过重复性限（r），应舍弃试验结果并重新完成两次单个试验的测定。在再现性试验条件下，获得的两次独立测试结果的绝对差值不超过再现性限（R）。被测物的含量范围、重复性和再现性方程见表 18-6。

表 18-6　左旋咪唑含量范围及重复性和再现性方程

化合物	含量范围/(μg/kg)	重复性限 r	再现性限 R
左旋咪唑	0.4～20 3.2～160	$\lg r = 1.1339 \lg m - 0.5680$	$\lg R = 1.5791 \lg m - 0.8882$

注：m 为两次测定结果的平均值

参 考 文 献

[1] 沈建忠，谢联金. 兽医药理学. 北京：中国农业大学出版社，2008

[2] 彭莉，胡大方. 盐酸左旋咪唑制剂中盐酸噻咪唑检测方法的研究. 四川畜牧兽医，2000，（27）：15-18

[3] Rose M D，Argent L C，Shearer G，Farrington W H. The effect of cooking on veterinary drug residues in food：2. levamisole. Food Additives and Contaminants，1995，12（2）：185-194

[4] Andrews S J. The efficacy of levamisole，and a mixture of oxfendazole and levamisole，against the arrested stages of benzimidazole-resistant Haemonchuscontortusand Ostertagiacircumcinctain sheep. Veterinary Parasitology，2000，88（1-2）：139-146

[5] Kudo N，Kubota H，Gotoh H，Ishida H，Ikadai H，Oyamada T. Efficacy of thiabendazole，mebendazole，levamisole and ivermectin against gullet worm，Gongylonemapulchrum：*In vitro* and *in vivo* studies. Veterinary Parasitology，2008，151（1）：46-52

[6] Mohammed O B，Omer S A，Sandouka M A. The efficacy of Ivermectin and Levamisole against natural Nematodiruss-pathiger infection in the Arabian sand gazelle（Gazellasubgutturosamarica）and the Arabian mountain gazelle（Gazellagazella）in Saudi Arabia. Veterinary Parasitology，2007，150（1）：170-173

[7] Botura M B，Silva G D，Lima H G，Oliveira J V A，Souza T S，Santos J D G，Branco A，Moreira E L T，Almeida M A O，Batatinha M J M. *In vivo* anthelmintic activity of an aqueous extract from sisal waste（*Agave sisalana* Perr.）against gastrointestinal nematodes in goats. Veterinary Parasitology，2011，177（1）：104-110

[8] 林居纯，杨少华，张福华. 复方左旋咪唑浇注剂在山羊体内的药代动力学研究. 四川农业大学学报，2003，21（1）：47-48

[9] Pereda P，García J J，Sierra M，Fernández N，Sahagun A M，Diez M J. Intra-arterial pharmacokinetics and pulmonary first-pass of levamisole in rabbits. Pharmacological Research，2002，45（4）：285-289

[10] El-Kholy H，Kemppainen B W. Levamisole residues in chicken tissues and eggs. Poultry Science，2005，84（1）：9-13

[11] 张辉. 盐酸左旋咪唑和甲苯咪唑的致突变性试验研究. 华西药学杂志，1992，7（3）：156-159

[12] Mohammad F K，Faris G A M，Rhayma M S H，Ahmed K. Neurobehavioral effects of tetramisole in mice. Neurotoxicology，2006，27（2）：153-157

[13] On pharmacologically active substances and their classification regarding maximum residue limits in foodstuffs of animal origin.（EU）No 37/2010

[14] 动物性食品中兽药最高残留限量. 农业部第235号公告，2002

[15] 赵文成，吕金国，杨维仁，宋彦. 左旋咪唑在兽医临床中的应用. 养殖技术顾问，2011，7（2）：160

[16] 国家食品安全信息中心. 中国食品安全资源数据库/农兽药数据库/农兽药的限量/左旋咪唑，2012

[17] Maximum Residue Limits for Veterinary Drugs in Foods. Updated as at the 35th Session of the Codex Alimentarius Commission，CAC/MRL 2-2012，p24

[18] Crooks S R H，McCarney B，Traynor I M，Thompson C S，Floyd S，Elliott C T. Detection of levamisole residues in bovine liver and milk by immunobiosensor. Analytica Chimica Acta，2003，483（1）：181-186

[19] Whelan M，Kinsella B，Furey A，Moloney M，Cantwell H，Lehotay S J，Danaher M. Determination of anthelmintic drug residues in milk using ultra high performance liquid chromatography-tandem mass spectrometry with rapid polarity switching. Journal of Chromatography A，2010，1217（5）：4612-4622

[20] 徐静，肖珊珊，董伟峰，隋凯，曹际娟，刁文婷，张静. 两次液液萃取-气相色谱-质谱联用法测定动物肝脏中左旋咪唑残留. 色谱，2012，30（9）：922-925

[21] 曾勇，卢芳，舒金秀，陈向丹. 动物性食品中左旋咪唑残留方法的研究——高效液相色谱法. 首届中国兽药大会动物药品学暨中国畜牧兽医学会动物药品学分会2008学术年会论文集，2008：275-281

[22] Baere S D，Cherlet M，Croubels S，Baert K，De Backer P. Liquid chromatographic determination of levamisole in animal plasma：ultraviolet versus tandem mass spectrometric detection. Analytica Chimica Acta，2003，483（4）：215-224

[23] Cherlet M，Baere S D，Croubels S，Backer P D. Quantitative analysis of levamisole in porcine tissues by high-performance liquid chromatography combined with atmospheric pressure chemical ionization mass spectrometry. Journal of Chromatography B，2000，742（2）：283-293

[24] De Ruyck H，Van Renterghem R，De Ridder H，De Brabander D. Determination of anthelmintic residues in milk by high performance liquid chromatography. Food Control，2000，11（1）：165-173

[25] 薄海波，庞国芳，雒丽丽，曹彦忠. 超高效液相色谱-串联质谱法测定牛奶和奶粉中残留的左旋咪唑. 色谱，2009，27（2）：149-152

[26] Seidi S，Yamini Y，Saleh A，Moradi M. Electromembrane extraction of levamisole from human biological fluids. Journal of Separation Science，2011，34（5）：585-593

[27] 张丛兰. 猪、鸡、羊可食用组织中左旋咪唑残留检测气相色谱法的建立. 武汉：华中农业大学硕士学位论文，2004

[28] Tyrpenou A E，Xylouri-Frangiadaki E M. Determination of levamisole in sheep muscle tissue by high-performance liquid chromatography and photo diode array detection. Chromatographia，2006，63（7）：321-326

[29] Jedziniak P，Szprengier-Juszkiewicz T，Olejnik M. Determination of benzimidazoles and levamisole residues in milk by liquid chromatography-mass spectrometry：Screening method development and validation. Journal of Chromatography A，2009，1216（46）：8165-8172

[30] Dreassi E，Corbini G，La Rosa C，Politi N，Corti P. Determination of levamisole in animal tissues using liquid chromatography with ultraviolet detection. Journal of Agriculture and Food Chemistry，2001，49（12）：5702-5705

[31] 坂本美穂，竹葉和江，藤沼賢司. 高速液体クロマトグラフィーによる畜産物中のレバミゾールの分析. 食品衛生学雑誌，2002，43（6）：6-9

[32] Stubbings G，Tarbin J，Cooper A，Sharman M，Bigwood T，Robb P. A multi-residue cation-exchange clean up procedure for basic drugs in produce of animal origin. Analytica Chimica Acta，2005，547（1）：262-268

[33] Cannavan A，Blanchflower W J，Kennedy D G. Determination of levamisole in animal tissues using liquid chromatography-thermospray mass spectrometry. Analyst，1995，120（）：331-333

[34] 林维宣，田苗，隋凯，王玫. 高效液相色谱法测定牛乳中的左旋咪唑. 中国乳品工业，2001，29（1）：24-26

[35] McGarrity M，McConnell R I，Fitzgerald S P，Porter J，O'Loan N，Mahoney J，Bell B. Development of an Evidence biochip array kit for the multiplex screening of more than 20 anthelmintic drugs. Analytical and bioanalytical chemistry，2012，403（10）：3051-3056

[36] Xiao Y，Li J，Fu C. A sensitive method for the determination of levamisole in serum by electrochemiluminescence. Luminescence：The journal of biological and chemical luminescence，2014，29（2）：183-187

[37] Casale J F， Colley V L， Legatt D F. Determination of phenyltetrahydroimidazothiazole enantiomers （Levamisole/Dexamisole）in illicit cocaine seizures and in the urine of cocaine abusers via chiral capillary gas chromatography-flame-ionization detection：clinical and forensic perspectives. Journal of Analytical Toxicology，2012，36（2）：130-135

[38] El-Kholy H，Kemppainen B W. Liquid chromatographic method with ultraviolet absorbance detection for measurement of levamisole in chicken tissues，eggs and plasma. Journal of Chromatography B，2003，796（2）：371-377

[39] Chiadmi F，Schlatter J. Determination of levamisole in the plasma of patients with falciparum malaria using high-performance liquid chromatography. Clinical laboratory，2013，59（3/4）：439-444

[40] Perkins J R，Games D E，Startin J R，Gilbert J. Analysis of veterinary drugs using supercritical fluid chromatography and supercritical fluid chromatography-mass spectrometry. Journal of Chromatography A，1991，540（1）：257-270

[41] Trehy M L，Brown D J，Woodruff J T，Westenberger B J，Nychis W G，Reuter N，Schier J G，Vagi S J，Hwang R J. Determination of levamisole in urine by gas chromatography-mass spectrometry. Journal of Analytical Toxicology，2011，35（8）：545-550

[42] Bertol E，Mari F，Milia M G，Politi L，Furlanetto S，Karch S B. Determination of aminorex in human urine samples by GC-MS after use of levamisole. Journal of Pharmaceutical and Biomedical Analysis，2011，55（5）：1186-1189

[43] Tong L，Ding L，Li Y，Wang Z，Wang J，Liu Y，Yang L，Wen A. A sensitive LC-MS/MS method for determination of levamisole in human plasma：Application to pharmacokinetic study. Journal of chromatography B，2011，879（5/6）：299-303

[44] De Ruyck H， Daeseleire E， De Ridder H， Van Renterghem R. Development and validation of a liquid chromatographic-electrospray tandem mass spectrometric multiresidue method for anthelmintics in milk. Journal of Chromatography A，2002，976（1-2）：181-194

[45] Garrido Frenich A，Aguilera-Luiz M M，Martínez Vidal J L，Romero-González R. Comparison of several extraction techniques for multiclass analysis of veterinary drugs in eggs using ultra-high pressure liquid chromatography-tandem mass spectrometry. Analytica Chimica Acta，2010，661（2）：150-160

[46] Lopes R P，Romero-González R，Vidal J L M，Frenich A G，Reyes R C. Multiresidue determination of veterinary drugs in aquaculture fish samples by ultra high performance liquid chromatography coupled to tandem mass spectrometry. Journal of Chromatography B，2012，895（1）：39-47

[47] Gallo P，Fabbrocino S，Serpe L. Determination of levamisole in feeds by liquid chromatography coupled to electrospray mass spectrometry on an ion trap. Rapid Communications in Mass Spectrometry：RCM，2012，26（7）：733-739

[48] Hess C，Ritke N，Broecker S，Madea B，Musshoff F. Metabolism of levamisole and kinetics of levamisole and aminorex in urine by means of LC-QTOF-HRMS and LC-QqQ-MS. Analytical and Bioanalytical Chemistry，2013，405（12）：4077-4088

[49] GB/T 22994—2008 牛奶和奶粉中左旋咪唑残留量的测定 液相色谱-串联质谱法. 北京：中国标准出版社，2008

[50] GB 29681—2013 食品安全国家标准 牛奶中左旋咪唑残留量的测定 高效液相色谱法. 北京：中国标准出版社，2013

19 硫脲嘧啶类药物

19.1 概　述

19.1.1 理化性质和用途

硫脲嘧啶类药物（thioureas，TUs）是最常用的甲状腺抑制剂，主要有硫氧嘧啶类（thiouracils）和咪唑类（imidazoles）两类。前者包括甲基硫脲嘧啶（methylthiouracil，MTU）、丙基硫脲嘧啶（proplythiouracil，PrTU）和苯基硫脲嘧啶（phenylthiouracil，PhTU），后者包括甲巯咪唑（tapazole，TAP）、卡比马唑（carbimazole，CBM）和巯基苯并咪唑（mercaptobenzimidazole，MBI）。

19.1.1.1　理化性质

TUs 通常为白色或淡黄色结晶，部分药物微有异臭。兽医临床上常用药物的理化性质见表 19-1。

19.1.1.2　用途

硫脲嘧啶类药物的基本作用是抑制甲状腺过氧化物酶所中介的酪氨酸的碘化及偶联，而药物本身则作为过氧化物酶的底物而被碘化，使氧化碘不能结合到甲状腺球蛋白上，从而抑制甲状腺激素底物合成，达到治疗甲亢的目的。

（1）甲状腺激素的作用机制

甲状腺激素（thyroid hormone）由甲状腺球蛋白（thyroglobulin，TG）的酪氨酸残基经碘化、耦联而成，是维持机体正常代谢、促进生长发育所必需的激素。1891 年 Murray 尝试将绵羊甲状腺提取物用于黏液性水肿病人的治疗，为甲状腺疗法即用甲状腺素治疗甲状腺激素分泌过少所致疾病拉开了序幕。1914 年 Kendall 提得结晶化的甲状腺素（thyroxine），又名四碘甲状腺原氨酸（3, 5, 3′, 5′-tetraiodothyronine，T4）；1926 年 Harington 确定了 T4 的分子结构，1952 年 Gross 和 Pitt-Rivers 报道了另一种活性更强的三碘甲状腺原氨酸（3, 5, 3′-triiodothyronine，T3）。至此，甲状腺激素的组成得到阐明。

甲状腺激素的作用机制与甲状腺激素受体（thyroid hormone receptor，TR）介导的效应有关。TR 是具有 DNA 结合能力的非组蛋白，分子量为 52 kDa，分布在细胞膜、线粒体、细胞核内等。近年研究表明，TR 属核受体超家族的成员，来源于 *c-erb Aα* 和 *c-erb Aβ* 两类基因，有多种异构体，其中 *TRα1* 和 *TRβ1* 在多种组织中广泛表达，而其他异构体的分布则有组织特异性，如 *TRβ2* 仅在垂体前叶有表达。TR 对 T3 的亲和力比 T4 大 10 倍，因此又被称为 T3 受体。很多因素可以影响其数目，如肥胖、糖尿病时受体数目减少。T3、T4 可与膜上受体结合，也可被动转运进入胞内，与胞浆结合蛋白（cytosol binding protein，CBP）结合并与游离的 T4、T3 形成动态平衡。

目前认为在细胞核内，甲状腺激素受体与本身或其他核受体形成同源二聚体或异源二聚体，在无激素的情况下，该二聚体因与辅助抑制因子结合而处于失活状态，一旦 T3 进入细胞核与甲状腺激素受体结合，辅助抑制因子就与甲状腺激素受体分离，这样甲状腺激素受体就能接纳辅助激活子并发生构型改变，从而启动靶基因的转录过程，通过翻译合成新的蛋白酶，进一步产生生物效应（图 19-1）[1]。

（2）硫脲嘧啶类药物药理作用与机制

1）抑制甲状腺激素的合成

硫脲嘧啶类通过抑制甲状腺过氧化物酶催化的酪氨酸的碘化及耦联，使氧化碘不能结合到甲状腺球蛋白上，从而抑制甲状腺激素的生物合成。进一步的研究认为，硫脲嘧啶类如甲巯咪唑对甲状腺过氧化物酶并没有直接的抑制作用，其抑制甲状腺激素合成的机制是夺去碘化反应中的活性氧（本身被氧化），从而影响酪氨酸的碘化及耦联。但该类药物不影响碘的摄取，对已合成的甲状腺激素无效，须待已合成的激素被消耗后才能完全生效，常需用药 2～3 周后才能使症状改善，基础代谢率恢复正常需 1～2 个月。

表19-1 常见 TUs 的理化性质

化合物	CAS号	结构式	分子式	分子量	密度/(g/cm³)	熔点/℃	沸点/℃	折光率	闪点/℃	蒸气压/mmHg	溶解性	类型
硫脲嘧啶 (thiouracil, TU)	141-90-2		$C_4H_4N_2OS$	128.15	1.46	340	337.2	1.677	157.7	5.45×10^{-5}	溶于碱溶液、不溶于乙醇、醚及酸类，微溶于水（1:2000）	硫氧嘧啶类
甲基硫脲嘧啶 (methylthiouracil, MTU)	56-04-2		$C_5H_6N_2OS$	142.18	1.36	—	342.3	1.638	160.8	3.83×10^{-5}	易溶于醇和水	硫氧嘧啶类
丙基硫脲嘧啶 (propylthiouracil, PrTU)	51-52-5		$C_7H_{10}N_2OS$	170.23	1.252	218~221	—	1.609	—	—	易溶于水。略溶于乙醇，极微溶于水	硫氧嘧啶类
苯基硫脲嘧啶 (phenylthiouracil, PhTU)	36822-11-4		$C_{10}H_8N_2OS$	204.25	1.37	—	462.3	1.702	233.4	3.62×10^{-9}	—	硫氧嘧啶类
甲硫咪唑 (tapazole, TAP)	60-56-0		$C_4H_6N_2S$	114.16	—	140~145	280	—	—	—	溶于水、乙醇、氯仿，微溶于乙醚和苯	咪唑类
卡比马唑 (carbimazole, CBM)	22232-54-8		$C_7H_{10}N_2O_2S$	186.23	1.31	32	240.4	1.611	99.2	0.038	可溶于500份水、50份乙醇、330份醚、3份氯仿、17份丙酮	咪唑类
巯基苯并咪唑 (mercaptobenzimidazole, MBI)	583-39-1		$C_7H_6N_2S$	150.20	1.339	301~305	290.412	1.714	129.437	0.002	溶于甲醇和乙醇，稍溶于水	咪唑类

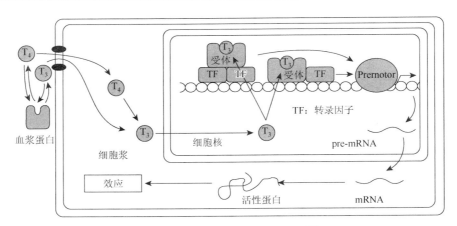

图 19-1 甲状腺激素的作用机制[1]

2）控制 T3 的水平

丙基硫脲嘧啶还能抑制外周组织的 T4 转化为 T3，迅速控制血清中生物活性较强的 T3 水平，因此在重症甲亢、甲亢危象时该药可列为首选。

3）减弱 β 受体介导的糖代谢活动

用硫氧嘧啶类处理的大鼠，其心肌和骨骼肌内 β 肾上腺素受体数目减少，腺苷酸环化酶活性降低，故可使由 β 受体介导的糖代谢活动减弱。

4）抑制免疫球蛋白的生成

硫脲嘧啶类药物尚有免疫抑制作用，能轻度抑制免疫球蛋白的生成，降低血循环中甲状腺刺激性免疫球蛋白（thyroid stimulating immunoglobulin，TSI）的水平，因此对甲亢患者除能控制高代谢症状外，还有一定的对因治疗作用。

19.1.2　代谢和毒理学

19.1.2.1　体内代谢过程

硫氧嘧啶类药物口服吸收迅速，20～30 min 开始出现于血中，达峰时间为 2 h。生物利用度约为 80%，血浆蛋白结合率约为 75%。在体内分布较广，易进入乳汁和通过胎盘屏障，但在甲状腺浓集较多。主要在肝脏代谢，约 60% 被破坏，部分结合葡萄糖醛酸后排出，$t_{1/2}$ 为 2 h。甲巯咪唑的血浆 $t_{1/2}$ 约为 4.7 h，但在甲状腺组织中药物浓度可维持 16～24 h，主要通过尿液排出。卡比马唑为甲巯咪唑的衍生物，在体内逐渐水解成甲巯咪唑后发挥作用，故作用缓慢，疗效维持时间较长，$t_{1/2}$ 约为 9 h。

19.1.2.2　毒理学与不良反应

（1）不良反应

1）变态反应

最常见，多为瘙痒、药疹等，多数情况下不需停药也可消失。少数伴有发热。

2）消化道反应

有厌食、味觉减退、恶心、呕吐、腹泻、腹痛等。

3）粒细胞缺乏症

为严重不良反应，发生率约 0.3%～0.6%。一般发生在治疗后的 2～3 个月内，故应定期检查血象，若用药后出现咽痛或发热，应立即停药进行相应检查。特别要注意与甲亢本身所引起的白细胞总数偏低相区别。

4）甲状腺肿

长期应用后，可使血清甲状腺激素水平显著下降，反馈性增加 TSH 分泌而引起腺体代偿性增生，腺体增大、充血，严重者可产生压迫症状。

还可能出现再生障碍性贫血；关节痛、头晕头痛、脉管炎、红斑狼疮样综合征；罕致肝炎、间质性肺炎、肾炎和累及肾脏的血管炎，少见致血小板减少、凝血酶原减少或因子Ⅶ减少。因该类药物易进入乳汁和通过胎盘屏障，妊娠时慎用或不用，哺乳期妇女禁用；结节性甲状腺肿合并甲亢及甲状腺癌病人禁用。

（2）毒理学

1）硫脲嘧啶

硫脲嘧啶对人体是一种可能的致癌物（Group 2B）。目前，没有足够证据证明硫脲嘧啶对人的致癌性，但有充足的证据证明对实验动物的致癌性。

小鼠的 LD_{50} 为 999.6 mg/kg。口服硫脲嘧啶后，小鼠甲状腺结滤泡细胞增生，肝细胞肿瘤发生几率增加，在几个品系小鼠中发现了甲状腺肿瘤。鱼中没有发现明显的致癌效应。猫、狗、猴中没有足够数据表明存在致癌效应。

硫脲嘧啶从 20 世纪 40 年代开始应用，目前，没有足够案例或流行病学研究提供对人的致癌效应评估。美国和英国有关于使用硫脲嘧啶类药物的女性甲亢患者的癌症发病率群组分析报道。早期研究表明，接受药物治疗患者的恶性甲状腺肿瘤的发生率要高于接受手术或 ^{131}I 治疗的患者。后来又发现，只接受药物治疗的甲亢患者癌症死亡概率有小幅升高，主要是口腔癌和脑癌，但没有报告提供使用硫脲嘧啶类药物的类型、数量和时间的信息。

遗传毒性试验表明不会造成培养的哺乳动物细胞 DNA 链的断裂。

没有繁殖毒性和致突变性试验方面的数据。

2）甲巯咪唑

甲巯咪唑是一种可能的致癌物。

在小鼠 2 年饲养试验中，饲喂甲巯咪唑的高剂量组发现了甲状腺增生、甲状腺瘤和甲状腺癌。但没有动物中甲巯咪唑半数致死量或半数致死浓度的信息。

兔子上没有发现致畸效应。

甲巯咪唑会造成胎儿和新生儿甲状腺肿大、甲状腺功能低下，皮肤发育不良。但没有足够证据表明具有致畸性。

19.1.3 最大允许残留限量

硫脲嘧啶类药物运用于食品动物，具有增进动物蛋白质代谢的作用，加强水分在体内保留而起到增重目的，曾被作为动物饲料添加剂使用。使用硫脲嘧啶类药物后的肉食品，品质明显降低；同时，导致该类药物在食品中残留，危害人体健康。因此，欧盟最早禁止在食用性动物中使用硫脲嘧啶类药物，并规定其最大允许残留限量（MRL）为不得检出（ND）[2]。随后，我国等许多国家也纷纷将硫脲嘧啶类药物列入食用动物禁用药物，并开展该类药物的监控工作，研究开发残留检测方法。

19.1.4 残留分析技术

19.1.4.1 样品处理方法

硫脲嘧啶类药物由硫脲嘧啶和巯基咪唑衍生而来，均为极性杂环两性化合物，分子量小，提取、净化和分析都是挑战。首先，要从生物基质中把它的互变异构体提取出来；其次，要利用合理净化手段，有效去除生物基质中的干扰杂质；再次，要改善分子结构，降低化学极性，增强检测特异性和灵敏度。

（1）提取方法

硫脲嘧啶类药物极性较强，动物基质中残留的硫脲嘧啶类药物可以采用乙酸乙酯、甲醇、乙腈和二氯甲烷等多种有机溶剂提取，而乙酸乙酯是采用最多的有机试剂。

Buick 等[3]用乙酸乙酯直接提取牛甲状腺和血清中的甲巯咪唑、硫脲嘧啶、甲基硫脲嘧啶、丙基硫脲嘧啶、苯基硫脲嘧啶。提取甲状腺时，加入 0.1 mol/L EDTA；提取血清时，加入 15 μL 巯基乙醇。高效液相色谱（HPLC）测定，甲状腺中 5 种药物的回收率在 18.0%～75.4% 之间，日间变异系数（CV）

不超过 25.88%，检测灵敏度为 2.45～4.52 ng/g；血清中 5 种药物的回收率在 40.0%～92.6%之间，日间 CV 不超过 26.67%，检测灵敏度为 16.98～35.25 ng/mL。Blanchflower 等[4]开发了甲状腺中的甲巯咪唑、硫脲嘧啶、甲基硫脲嘧啶、丙基硫脲嘧啶、苯基硫脲嘧啶的液相色谱-质谱（LC-MS）检测方法。3 g 样品中加入 50 μL 0.1 mol/L EDTA、15 μL 巯基乙醇和 1 g 无水硫酸钠，再加入 10 mL 乙酸乙酯均质提取。该方法添加回收率在 48.1%～95.8%之间，检测灵敏度在 25 ng/g 左右。我国国家标准 GB/T 20742—2006[5]规定了牛甲状腺和牛肉中硫脲嘧啶、甲基硫脲嘧啶、正丙基硫脲嘧啶、它巴唑、巯基苯并咪唑残留量的液相色谱-串联质谱（LC-MS/MS）测定方法。采用 10 mL 乙酸乙酯、3 g 无水硫酸钠、20 μL 巯基乙醇和 30 μL 0.1 mol/LEDTA 提取。该方法回收率在 82.8%～92.9%之间，CV 在 5.23%～9.48%之间，定量限（LOQ）均为 2 μg/kg。GB/T 21310—2007[6]也采用了类似的提取方法，规定了动物源性食品中硫脲嘧啶、甲巯咪唑、甲基硫氧嘧啶、丙硫氧嘧啶、苯基硫氧嘧啶和 2-巯基苯并咪唑等 6 种甲状腺拮抗剂残留量的 LC-MS/MS 检测方法。研究发现，用乙酸乙酯提取时，加入 EDTA、巯基乙醇可以破除蛋白结合，提高硫脲嘧啶类药物的回收率，而无水硫酸钠盐析作用可使极性化合物由水相转入有机溶液；同时，超声波水浴在提取中的广泛使用，可以保证样品中的硫脲嘧啶类药物被充分提出。

Zakrzewski 等[7]报道了测定血清中 3 种硫脲嘧啶类药物的薄层色谱（TLC）方法。采用甲醇稀释、提取后 TLC 测定，检测灵敏度在 0.75～2.5 nmoL/mL 之间。Pinel 等[8]采用甲醇在超声波水浴中提取冻干组织（肌肉、肝脏和甲状腺）中的 8 种硫脲嘧啶类药物，经净化后用 LC-MS/MS 测定。该方法检测限（CCα）为 0.1～5.2 μg/L，检测能力（CCβ）为 2.6～23.2 μg/L，满足欧盟 100 μg/L 的临时最低要求的性能极限（the provisional minimum required performance limit，MRPL）要求。De Wasch 等[9]采用甲醇提取甲状腺中的巯基苯并咪唑、硫脲嘧啶、甲基硫脲嘧啶、丙基硫脲嘧啶、苯基硫脲嘧啶和甲巯咪唑，经固相萃取净化和衍生化后，用 LC-MS 测定。6 种药物的 CCβ 均为 20 μg/kg。

Yu 等[10]采用乙腈提取牛肉中的硫脲嘧啶、甲基硫脲嘧啶、丙基硫脲嘧啶、苯基硫脲嘧啶，经净化和衍生化后用气相色谱-质谱（GC-MS）测定。该方法回收率在 50%～90%之间，CV 小于 10%；硫脲嘧啶的 LOQ 为 25 μg/kg，其他药物为 15 μg/kg。Liu 等[11]采用乙腈提取动物组织中的巯基苯并咪唑、硫脲嘧啶、甲基硫脲嘧啶、丙基硫脲嘧啶和苯基硫脲嘧啶，并对乙酸乙酯、乙腈、丙酮、氯仿、甲醇的提取效率进行了比较。结果表明，采用乙腈提取三次后回收率近 100%，并且乙腈还可以有效沉淀动物蛋白。

研究发现，硫脲嘧啶类药物在生物基质中处于互变异构的平衡转化中（图 19-2）[12]。酸性基团巯基、羟基，碱性基团叔胺基的存在，也可以采用碱性或酸性溶剂提取。

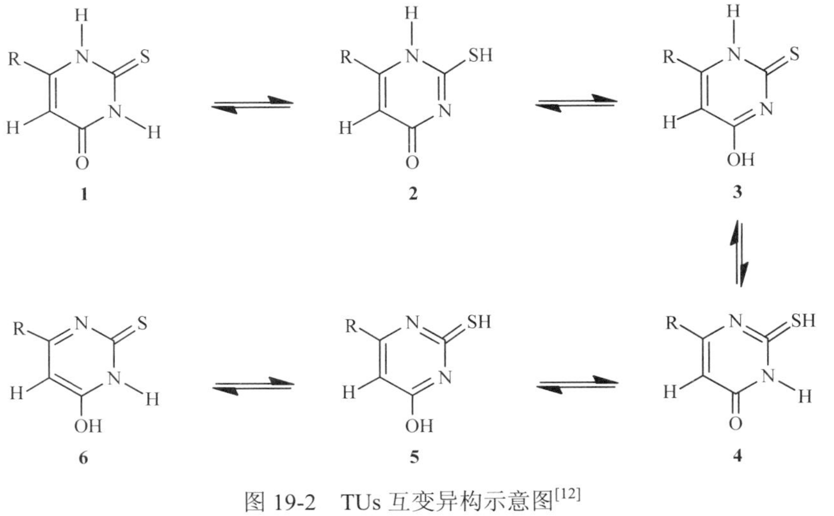

图 19-2　TUs 互变异构示意图[12]

1 为主要的互变异构体

Wei 等[13]用 10% HCl 将血清样品调至 pH 6，再加入二氯甲烷提取样品中的甲基硫脲嘧啶和丙基硫脲嘧啶，HPLC 测定。该方法的检出限（LOD）为 0.03 μg/mL，LOQ 为 0.1 μg/mL；回收率在 90%～110% 之间，相对标准偏差（RSD）小于 5%。Pérez-Ruiz 等[14]采用甲醇-1 mol/L 氢氧化钠（80+20，v/v）提取饲料和尿液中的硫脲嘧啶和苯基硫脲嘧啶，经衍生化后，用毛细管电泳（CE）测定。方法回收率在 75%～92% 之间，RSD 小于 3%。Le Bizec 等[15]建立了甲状腺中 6 种硫脲嘧啶类药物的 GC-MS 检测方法。采用 0.1 mol/L 氢氧化钠直接提取，经衍生化和净化后测定，方法回收率在 40%～70% 之间，灵敏度可以达到 ng/g 水平。

（2）净化方法

硫脲嘧啶类药物传统的净化方法主要包括液液分配（LLP）、固相萃取（SPE）、基质固相萃取（MSPD）和凝胶渗透色谱（GPC）等。

1）液液分配（liquid liquid partition，LLP）

液液分配净化方法主要是通过调节 pH，使分析物在水相-有机相中分配，或根据硫脲嘧啶类药物化学极性的特点，采用非极性的正己烷或石油醚液液分配去除非极性杂质。

Le Bizec 等[15]采用 0.1 mol/L 氢氧化钠提取甲状腺中 6 种硫脲嘧啶类药物，经五氟溴化苄（PFBBr）衍生化后，用冰乙酸调至 pH 3，再加入二氯甲烷 LLP，取有机相进一步净化和甲酯化衍生后，GC-MS 检测，方法回收率在 40%～70% 之间。Pinel 等[8]采用甲醇提取冻干组织（肌肉、肝脏和甲状腺）中的 8 种硫脲嘧啶类药物，提取液氮气吹干后，用 pH 8 磷酸盐缓冲液溶解，衍生化，用 35% HCL 调节 pH 2～3 后，再用乙醚 LLP 提取净化，进一步用 SPE 净化后，用 LC-MS/MS 测定。该方法 $CC_α$ 为 0.1～5.2 μg/L，$CC_β$ 为 2.6～23.2 μg/L。Yu 等[10]采用乙腈提取牛肉中的 4 种硫脲嘧啶类药物，乙腈提取液用正己烷 LLP 净化去除脂肪，再用 SPE 净化和衍生化后用 GC-MS 测定。该方法回收率在 50%～90% 之间，CV 小于 10%。

2）固相萃取（solid phase extraction，SPE）

SPE 是硫脲嘧啶类药物残留分析中运用最为广泛和有效的净化方法。最早采用的是汞化树脂净化方法[16]，巯基可以被汞有效吸附，而在 SPE 柱上保留。但汞化树脂对巯基苯并咪唑和苯基硫脲嘧啶的回收率不好，可能是由于结构中含有苯环，与树脂中的芳环相互作用，使保留增强。

采用最多的 SPE 柱是硅胶柱。Blanchflower 等[4]用乙酸乙酯提取甲状腺中的 5 种硫脲嘧啶类药物，提取液氮气吹干后，用氯仿溶解，过氯仿平衡后的 Sep-Pak 硅胶 SPE 柱，氯仿洗涤，甲醇-氯仿（15+85，v/v）洗脱，洗脱液氮气吹干，用 25% 甲醇溶解后，LC-MS 检测。该方法添加回收率在 48.1%～95.8% 之间，检测灵敏度在 25 ng/g 左右。Pinel 等[8]采用硅胶柱对肌肉、肝脏和甲状腺中 8 种硫脲嘧啶类药物的 3IBBr 衍生物进行净化。衍生产物用二氯甲烷-环己烷（1+3，v/v）溶解，硅胶柱用环己烷平衡，上样后用环己烷洗涤，正己烷-乙酸乙酯（40+60，v/v）洗脱，洗脱液氮气吹干后用流动相溶解，LC-MS/MS 测定，方法 $CC_α$ 为 0.1～5.2 μg/L，$CC_β$ 为 2.6～23.2 μg/L。Abuin 等[17]用甲醇提取甲状腺中的苯基硫脲嘧啶和硫脲嘧啶，氮气吹干后，用 600 μL 二氯甲烷-环己烷（1+1，v/v）溶解，过已用环己烷平衡的硅胶柱净化，5 mL 环己烷淋洗，5 mL 环己烷-乙酸乙酯（4+6，v/v）洗脱，洗脱液吹干后用去离子水复溶，超高效液相色谱-串联质谱（UPLC-MS/MS）测定。方法回收率在 40%～79% 之间；$CC_α$ 为 4.3～16.1 μg/kg，$CC_β$ 为 8.7～20.7 μg/kg；RSD 在 5.6%～10.3% 之间。

Guzman 等[18]采用甲醇提取饲料中的甲基硫脲嘧啶、硫脲嘧啶和苯基硫脲嘧啶，过已用甲醇洗涤的 Florisil 固相萃取柱净化，接收流出液，对豌豆粉样品还要在 SPE 柱上加 1.7 g 无水 Na_2SO_4 去除水分，再使用流动注射-碳纤维微电极安培检测器检测。方法回收率高于 80%，甲基硫脲嘧啶的 LOD 为 2.6×10^{-7} mol/L。

根据硫脲嘧啶类药物极性强的特点，采用正相 SPE 柱可以对分析物有效保留，但反相 SPE 柱同样可以达到净化的目的。对组织和饲料样品，Pinel 等[8]在硅胶柱净化前先用 C_{18} 固相萃取柱净化。衍生产物用甲醇-水（10+90，v/v）溶解，C_{18} 固相萃取柱依次用甲醇、水平衡，上样后，用甲醇-水（50+50，v/v）洗涤，甲醇-水（90+10，v/v）洗脱，洗脱液氮气吹去甲醇后，用 35% HCL 调节 pH 2～3 后，再用乙醚 LLP 提取净化，进一步用硅胶 SPE 柱净化后，用 LC-MS/MS 测定，方法 $CC_α$ 为 0.1～5.2 μg/L，$CC_β$ 为 2.6～23.2 μg/L。我国国家标准 GB/T 21310—2007[6]采用 Oasis HLB 固相萃取柱对 6 种硫脲嘧啶类药物进行了净化。提取残留物用 2.5 mmol/L 磷酸溶解，HLB 固相萃取柱依次用甲醇、水预淋洗，上样，先用水进行淋洗，再用甲醇洗脱，洗脱液用氮气吹干、复溶后，用 LC-MS/MS 检测，内标法定量。方法回收率在 80%～110% 之间，CV 小于 10%。而 GB/T 20742—2006[5]也采用 Oasis HLB 固相萃取柱对硫脲嘧啶类药物的 NBD-Cl 衍生产物进行净化。衍生液用 0.2 mol/L 盐酸调节 pH 3～4，过 Oasis HLB 固相萃取柱，用水洗涤，负压下抽干 SPE 柱 10 min，再用乙酸乙酯洗脱，氮气吹干，复溶后 LC-MS/MS 测定。方法回收率在 82.8%～92.9% 之间，CV 在 5.23%～9.48% 之间。

由于硫脲嘧啶类药物结构中巯基和羟基上活泼氢的存在，也使其可以采用阴离子交换柱净化。Yu 等[10]采用阴离子交换树脂 AG MP-1 净化，分析物替换树脂中的氯离子，被很好地吸附。乙腈提取液用氮气吹至约 2 mL，加入 0.1 mol/L NaOH 至 10 mL，过 AG MP-1 阴离子交换柱，3 mL 水、3 mL 甲醇洗涤，抽干 15 min，加入 0.3 mL 0.5 mol/L 碘甲烷乙腈溶液，铝箔避光反应 1 h 后，用 1 mL 乙腈洗脱，GC-MS 测定。方法回收率在 50%～90% 之间，CV 小于 10%。GB/T 20742—2006[5]用 0.5 mL 三氯甲烷溶解提取残余物，再加入 3 mL 正己烷，涡旋混匀，过 Sep-Park Amino Propyl 固相萃取柱，待样液全部通过固相萃取柱后用 10 mL 正己烷洗涤，用 5 mL 3% 乙酸甲醇溶液-三氯甲烷（15+85，v/v）洗脱，氮气吹干，再用 HLB 净化后，LC-MS/MS 检测。方法回收率在 82.8%～92.9% 之间，CV 在 5.23%～9.48% 之间。

同时，由于硫脲嘧啶类药物结构中含有碱性的叔胺基，也可以采用阳离子交换柱净化。Hollosi 等[19]建立了鱼肉中甲巯咪唑、甲硫脲、甲脲乙醇酸酐和巯基咪唑的残留分析方法。鱼肉样品用 4 倍质量的水在 4℃匀浆，离心，取 1 mL 上清液，加入 10 μL 50% 磷酸，再过 Oasis MCX 柱（已依次用甲醇和水平衡），3 mL 90% 甲醇溶液（氨水调 pH 12）洗脱，洗脱液氮气吹干，用水复溶后 HPLC 检测，方法回收率在 85.2%～97.6% 之间。

3）基质固相分散萃取（matrix solid phase dispersion，MSPD）

MSPD 的原理是将固相萃取材料与样品一起研磨，得到半干状态的混合物并将其作为填料装柱，然后用不同的溶剂淋洗柱子，将各种待测物洗脱下来。其优点是浓缩了传统的样品前处理中的样品匀化、组织细胞裂解、提取、净化等过程，不需要进行组织匀浆、沉淀、离心、pH 调节和样品转移等操作步骤，避免了样品的损失，适用于多种药物的残留分析。

Zou 等[20]建立了一种基于 MSPD 的快速分析牛奶与尿液中硫脲嘧啶、甲基硫脲嘧啶、丙基硫脲嘧啶、苯基硫脲嘧啶和甲巯咪唑的残留分析方法。样品与硅胶混合均匀，装入 SPE 柱中，室温干燥 40 min，用 10 mL 甲醇-氯仿（5+95，v/v）洗涤，6 mL 甲醇-氯仿（20+80，v/v）洗脱，洗脱液氮气吹干，经衍生化后用 GC-MS 测定。5 种药物的回收率在 70% 以上，RSD 在 2.1%～7.9% 之间；甲巯咪唑的 LOD 为 0.004 μg/g，其他药物为 0.0016 μg/g。Zhang 等[21]也采用类似的硅胶 MSPD 提取动物组织中的 5 种硫脲嘧啶类药物，再用硅胶柱净化其 PFBBr 衍生物，GC-MS 测定。硫脲嘧啶、甲基硫脲嘧啶和丙基硫脲嘧啶的 LOD 为 10 μg/kg，苯基硫脲嘧啶为 20 μg/kg，甲巯咪唑为 50 μg/kg；方法回收率超过 70%，RSD 在 4.5%～8.7% 之间。

4）凝胶渗透色谱（gel permeation chromatography，GPC）

GPC 柱中可供分子通行的路径有粒子间的间隙（较大）和粒子内的通孔（较小）。当混合物溶液流经色谱柱时，较大的分子被排除在粒子的小孔之外，只能从粒子间的间隙通过，速率较快；而较小的分子可以进入粒子中的小孔，通过的速率要慢得多。经过一定长度的色谱柱，分子根据相对分子质量被分开，相对分子质量大的在前面（即淋洗时间短），相对分子质量小的在后面（即淋洗时间长）。以此原理，可以将药物分子与脂肪等生物大分子分离，达到净化目的。

Abuín 等[22]建立了甲状腺中 6 种硫脲嘧啶类药物的 UPLC-MS/MS 分析方法。样品用乙酸乙酯提取，采用凝胶渗透色谱（GPC）净化，Waters Envirogel GPC 柱（19 mm×300 mm），乙酸乙酯-环己烷（1+1，v/v）洗脱，流速 5 mL/min，254 nm 处观测，收集 15～21 min 的流出液，氮气吹干后用去离子水复溶，UPLC-MS/MS 测定。该方法 LOQ 在 50～500 μg/kg 之间，CC_α 为 1～15 μg/kg，CC_β 为 6～25 μg/kg，RSD 在 2%～14% 之间。同时，与硅胶 SPE 净化进行了比较，硅胶 SPE 柱的回收率在 40%～79% 之间，GPC 的回收率在 80%～109% 之间。

（3）衍生化方法

硫脲嘧啶类药物结构相对简单，紫外吸收在较低波段，残留检测中往往容易受到基质干扰；同时，由于分子量小（100～200 u），极性强，反相液相色谱保留差，气相色谱不能直接检测，而直接运用质谱检测受噪声影响大，灵敏度低。为提高残留检测的特异性和灵敏度，研究者将特异性衍生化反应运用于硫脲嘧啶类药物检测中，利用化学发光、荧光等检测器提高特异性；化学衍生化反应增大分子结构，降低化合物极性，提高色谱保留效果，提高质谱检测的灵敏度。

1）化学发光检测衍生化

酸化高锰酸钾是化学发光反应中最为常用的氧化剂，但是，Wei 等[13]在研究中发现，用酸化高锰酸钾氧化苯基硫脲嘧啶或甲基硫脲嘧啶只能得到弱的化学发光信号，应用到液相色谱-化学发光（HPLC-CL）检测中灵敏度很差。然而，甲醛的加入，可以使化学发光强度增大约 15 倍（图 19-3）。可能是甲醛的存在加速了酸性环境中高锰酸钾与硫脲嘧啶类硫脲嘧啶类药物的反应，增大了发光效率。

反应机理如下：

$$MnO_4^- + H^+ + formaldehyde + PTU(MTU) \longrightarrow 1O_2(^1\Delta g) + H_2O + Mn(II) + products$$

$$2^1O_2(^1\Delta g) \longrightarrow {}^1O_2{}^1O_2(^1\Delta g^1\Delta g)$$

$${}^1O_2{}^1O_2(^1\Delta g^1\Delta g) \longrightarrow 2^3O_2(^3\textstyle\sum g) + h\nu(\lambda_{max} = 630nm)$$

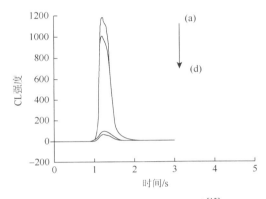

图 19-3　化学发光动力学曲线[13]

（a）KMnO₄-H₂SO₄-PTU-HCHO；（b）KMnO₄-H₂SO₄-MTU-HCHO；（c）KMnO₄-H₂SO₄-H₂O-PTU；（d）KMnO₄-H₂SO₄-H₂O-MTU

硫代咪唑类化合物甲巯咪唑和卡比马唑可以与 Cu（II）形成稳定的复合物，导致 Cu（II）催化的发光氨与过氧化氢之间的化学发光反应（图 19-4）被抑制，反应抑制的程度与样品中药物的浓度有关。Economou 等[23]利用这种特异反应作为化学发光检测的理论基础。他开发了一种检测甲巯咪唑和卡比马唑的间接流动注射-化学发光检测方法（FL-CL）。通过在线诱导化学发光反应，样品注入后产生负峰，峰的高度与样品中的药物浓度成比例。该方法甲巯咪唑的线性范围为 2～100 mg/L，卡比马唑为 3～120 mg/L；回收率为 100%±4%，甲巯咪唑的 RSD 为 1.9%，卡比马唑为 2.1%。

2）荧光检测衍生化

Pérez-Ruiz 等[14]在强碱条件下用 5-碘代乙酰胺基荧光素（5-iodoacetamidofluorescein，5-IAF）对硫脲嘧啶类药物进行衍生化反应，产生荧光物质后（图 19-5），采用激光介导的荧光检测器（LIFD）检测。作者对硼酸盐缓冲液、碳酸盐缓冲液和磷酸盐缓冲液在 pH 8.0～13.0 条件下的衍生化效率进行比较发现，硫脲嘧啶、苯基硫脲嘧啶衍生物的荧光强度均随着 pH 的增高而增强，并且没有观测到平高线。选择 pH 12.5 作进一步研究，发现硼酸盐缓冲液对硫脲嘧啶和苯基硫脲嘧啶的衍生化最佳。接着对 50～500 mmol/L 浓度的硼酸盐缓冲液进行比较，300 mmol/L 硼酸盐缓冲液对两种分析物的衍生效果最佳。作者还对 25 μL 衍生化试剂 5-IAF 在 1×10^{-3}～1 mmol/L 浓度范围的衍生化效率进行了比较，当 5-IAF 浓度超过 0.45 mmol/L 后，衍生化效率随着浓度的增加而降低（图 19-6）。同时，25 μL 4 mmol/L 的 5-IAF 具有较低的背景值。衍生反应 30 min 后，两种分析物的峰强度开始缓慢下降。此时衍生化效率接近 42%。

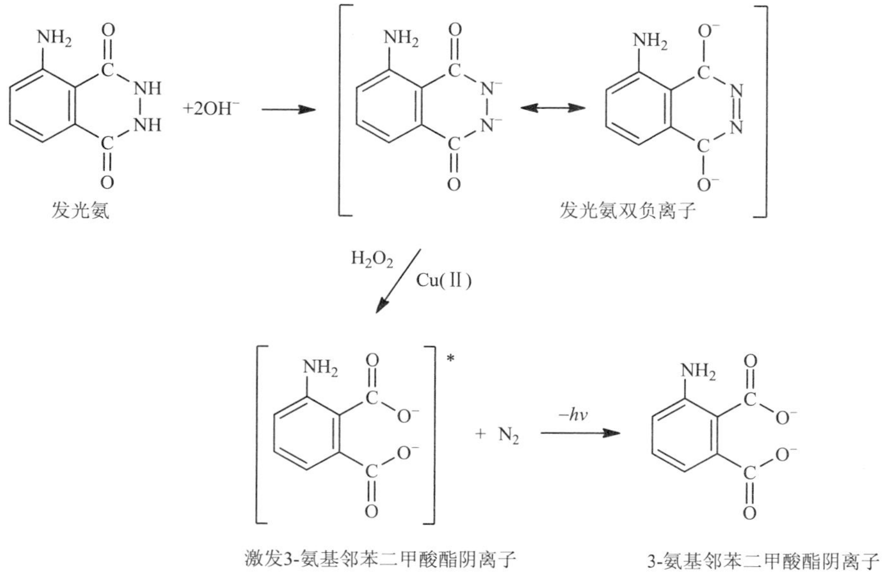

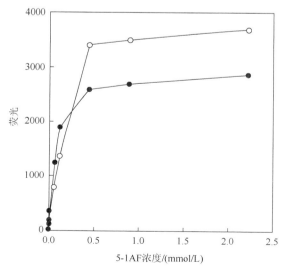

图 19-4　Cu（Ⅱ）催化的发光氨与双氧水之间的化学发光反应示意图[22]

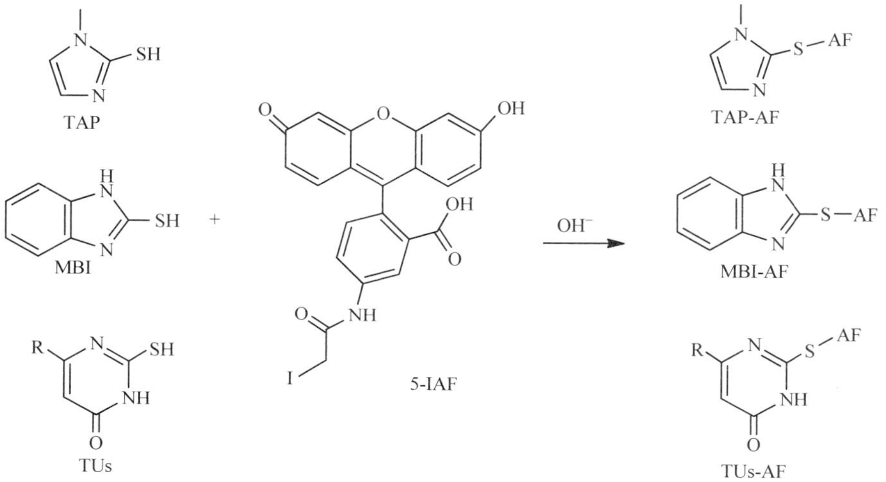

图 19-5　5-IAF 与硫脲嘧啶类药物衍生化反应示意图[14]

图 19-6　5-IAF 浓度对衍生化反应的影响[14]

（○）TU；（●）PhTU

3）气相色谱-质谱检测衍生化

①甲基化（图 19-7）

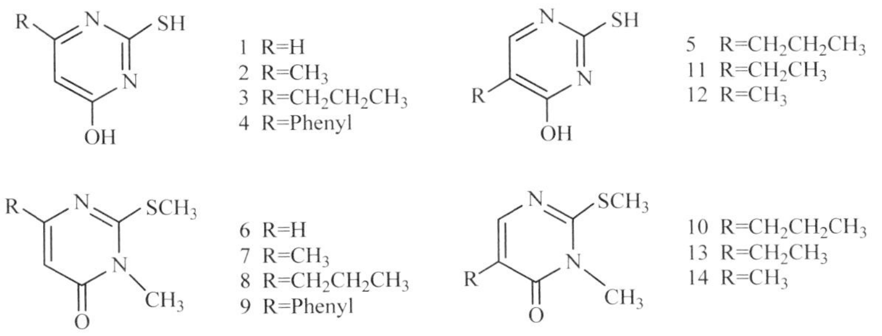
R
N
SH
N
OH
1 R=H
2 R=CH3
3 R=CH2CH2CH3
4 R=Phenyl
N
SH
N
R
OH
5 R=CH2CH2CH3
11 R=CH2CH3
12 R=CH3
R
N
SCH3
N
CH3
O
6 R=H
7 R=CH3
8 R=CH2CH2CH3
9 R=Phenyl
N
SCH3
R
N
O
CH3
10 R=CH2CH2CH3
13 R=CH2CH3
14 R=CH3

图 19-7　硫脲嘧啶类药物甲基化示意图[10]

Yu 等[10]在阴离子交换树脂 AG MP-1 SPE 柱上，用碘甲烷对硫脲嘧啶类药物进行甲基化（图 19-7）。乙腈提取液用氮气吹至约 2 mL，加入 0.1 mol/L NaOH 至 10 mL，过 AG MP-1 阴离子交换柱，用 3 mL 水、3 mL 甲醇洗涤，抽干 15 min，加入 0.3 mL 0.5 mol/L 碘甲烷乙腈溶液，铝箔避光反应 1 h 后，用 1 mL 乙腈洗脱，再用 GC-MS 测定。同时，作者对乙腈和超临界 CO_2 作为反应溶剂的效果进行了比较。在乙腈中，室温下 1 h，采用 50 mg 树脂就可以很好地吸附和甲基化硫脲嘧啶类药物标准物质；在超临界 CO_2 中，200 bar 压力下 80℃ 20 min 可以获得与在乙腈中相似的衍生化效果。试验发现，随着吸附树脂量的增加，分析物的二甲基衍生物量减少，特别是在低浓度时分析物与树脂间存在少量的不可逆结合。加入适量的固定浓度的结构类似物“伴侣分子”——5-乙基-2-硫脲嘧啶，可以使标准品和样品的回收率保持稳定。当“伴侣分子”的量少于 25 μg 时，二甲基衍生物量非常少；当“伴侣分子”的量逐步增加到 200 μg 时，二甲基衍生物和结果重现性均逐步增强，但超过 100 μg 后增加并不明显，因此实验采用 100 μg 的 5-乙基-2-硫脲嘧啶。

②氟化硅烷化

Le Bizec 等[15]用 10 mL 0.1 mmol/L NaOH 提取甲状腺中的硫脲嘧啶类药物，提取液用冰醋酸调 pH 8 后，加入 250 μL 五氟溴化苄（PFBBr）与硫脲嘧啶类药物反应。超声波水浴混合 5 min 后，40℃加热反应 1 h。碱性条件下，硫脲嘧啶类药物分子中的—SH 和—OH 均与 PFBBr 反应，生成 di-PFB 衍生物（图 19-8）。

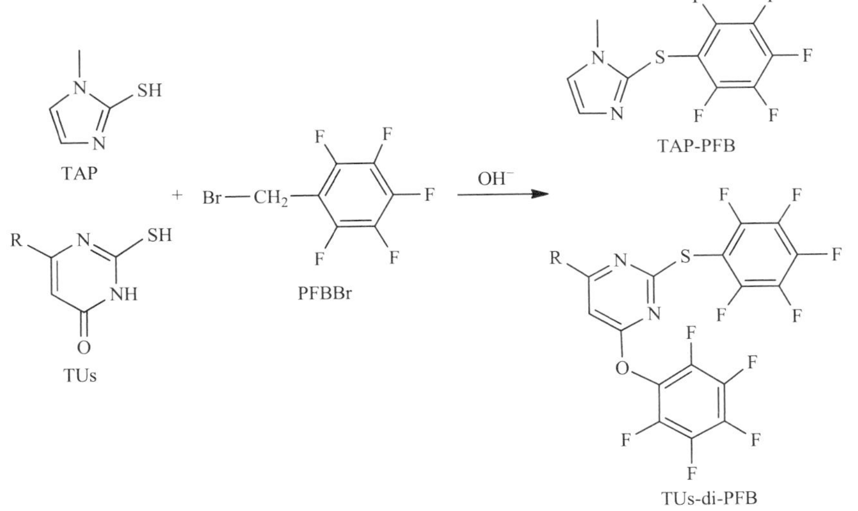
TAP
TUs
PFBBr
OH⁻
TAP-PFB
TUs-di-PFB

图 19-8　硫脲嘧啶类药物氟化示意图[15]

用冰醋酸调到酸性（pH 3）后，-O-PFB 衍生物被水解为—OH，而-S-PFB 不变，生成 mono-PFB 衍生物。再加入 25 μL N-甲基-N-（三甲基硅烷）三氟乙酰胺（MSTFA），60℃加热反应 30 min，—OH 与 MSTFA 反应，生成最终衍生物（图 19-9），用 GC-MS 检测。

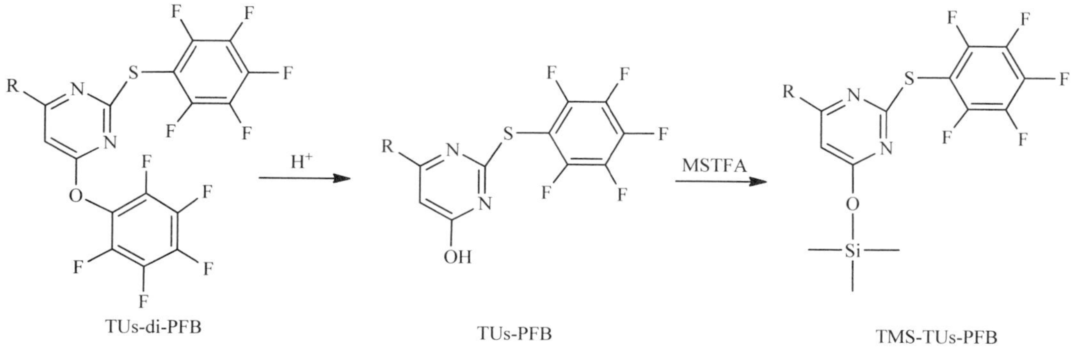

图 19-9　硫脲嘧啶类药物硅烷化示意图[15]

Liu 等[11]也采用 PFBBr 和 MSTFA 进行衍生化。0.5 mL 0.1 mol/L NaOH 乙醇溶液和 25 μL PFBBr 加入到提取物中，涡旋混匀后于 25℃水浴中反应 10 min。再用 0.2 mol/L HCl 调 pH 3，用 3×1.0 mL 二氯甲烷将衍生化产物萃取出来，氮气吹干后，再加入 50 μL 二氯甲烷和 50 μL MSTFA，60℃反应 30 min，加入 200 μL 正己烷后，GC-MS 测定。作者发现，MBI 与其他硫脲嘧啶类药物衍生化产物不一致。MBI 没有—OH，但有 N—H，在碱性条件下与 PFBBr 反应也会生成 MBI-di-PFB 衍生物。但在酸性条件下，N-PFB 衍生物不会被水解，因此最终反应生成的是 MBI-di-PFB 衍生物（图 19-10）。

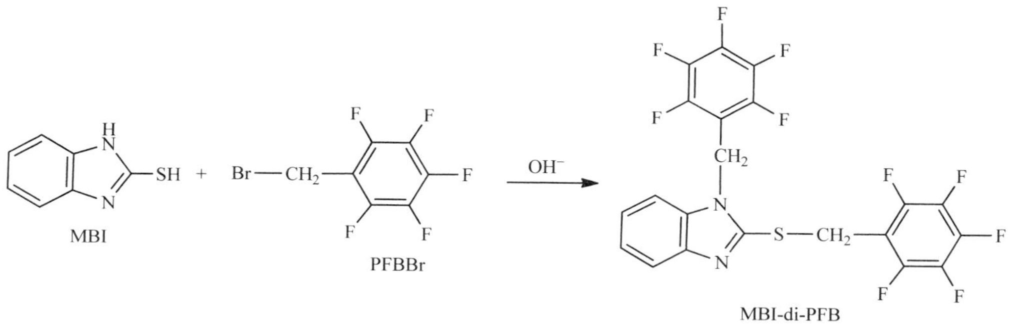

图 19-10　MBI 氟化示意图[11]

4）液相色谱-质谱检测衍生化

De Wasch 等[9]将提取物用磷酸盐缓冲液调节 pH 8，加入 4-氯-7-苯并呋咱（4-chloro-7-nitrobenzo-2-furazan，NBD-Cl）的甲醇溶液，于 40℃避光反应 1 h（图 19-11），再用 6 mol/L HCl 调 pH 3～4，衍生化产物用乙醚萃取，氮气吹干乙醚，复溶后用 LC-MS 检测。GB/T 20742—2006[5]也采用了类似的衍生化方法，不过衍生反应是在 50℃避光反应 3 h。

Pinel 等[8]用磷酸盐缓冲液调节样品至 pH 8，加入 3-碘溴化苄（3IBBr）的甲醇溶液，超声波水浴反应 10 min，再 40℃避光反应 1 h（图 19-12），用 35% HCL 调节 pH 2～3，乙醚萃取，经硅胶 SPE 柱净化后，用 LC-MS/MS 检测硫脲嘧啶类药物的 3IBBr-衍生物。

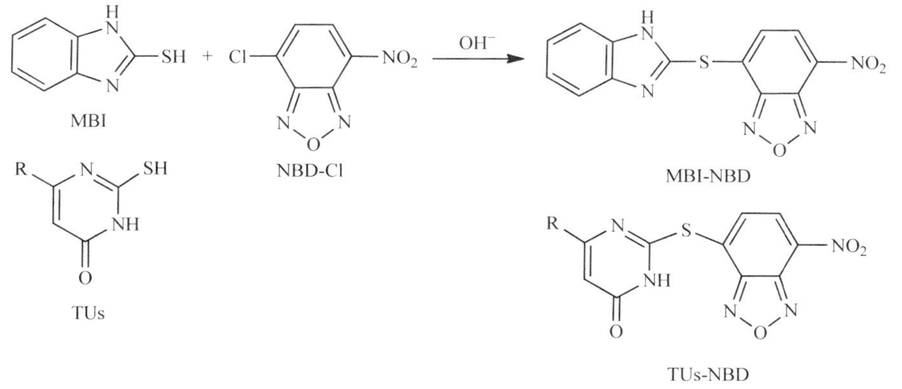

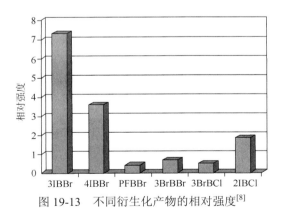

图 19-11 NBD-Cl 衍生化示意图[9]

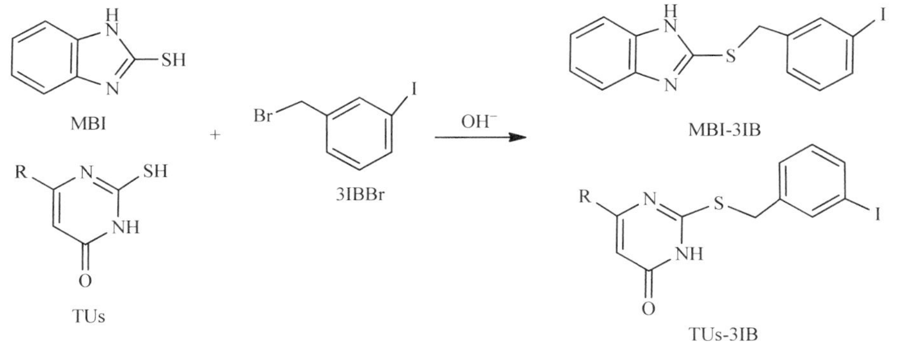

图 19-12 3IBBr 衍生化示意图[8]

Pinel 等[8]还对 3-碘溴化苄（3IBBr）、4-碘溴化苄（4IBBr）、五氟溴化苄（PFBBr）、3-溴溴化苄（3BrBBr）、3-溴氯化苄（3BrBCl）和 2-碘氯化苄（2IBCl）的衍生化效果进行了比较，结果表明 3IBBr 的衍生效果最佳（图 19-13）。同时，可以在提取之前，将硫脲嘧啶类药物的互变异构体稳定为一种形式；衍生物可稳定 1 周，强于 NBD-Cl 的 1 天；NBD-Cl 衍生物有颜色，而无色的 3IBBr-衍生物不会污染离子源；降低了分析物的极性，加强了在反相色谱上的保留；增大分子量（+215u），提高检测灵敏度和特异性。

图 19-13 不同衍生化产物的相对强度[8]

19.1.4.2 测定方法

与其他药物的测定方法相比，硫脲嘧啶类药物的检测方法并不多。从发表和公布的方法来看，主要经历了从称重法、化学比色法、分光光度法到色谱方法，再到色-质联用方法的发展阶段。

（1）称重法

最早采用间接测定方法，即利用甲状腺的组织学和重量变化来判断是否使用了硫脲嘧啶类药物[24]。组织学研究发现，使用了硫脲嘧啶类药物的动物在形态上会发生一定的变化，主要是甲状腺、肌肉组织和胃肠束中水分含量的明显增加，导致上述器官的体积和重量的增加。研究表明，牛甲状腺重量的异常增加与使用了硫脲嘧啶类药物有关，超过 60 g 即表明可疑。实际生产中，常常利用对比甲状腺重量的方法来判断是否使用了硫脲嘧啶类药物。到目前为止，甲状腺称重法是监测屠宰牛是否非法使用了硫脲嘧啶类药物最快、最便宜和最有效的手段。然而，利用该方法快速判断存在较高的假阳性。

（2）比色法（colorimetry）

比色法主要利用巯基或者硫酮基团与特异性化学试剂反应，产生显色反应来测定硫脲嘧啶类药物。Chesley[25]建立了血液中硫脲类化合物的化学比色法。用 2/3 N 的钨酸沉淀蛋白，滤液与显色试剂（含硝基铁钠、盐酸羟胺、碳酸氢钠、溴、苯酚）反应，反应生成物在 580 mμ 处用光度计检测。在浓度范围 0.4～4 mg/100 mL 时，硫脲类化合物浓度与反应生成物的光强度呈线性相关。van Genderen 等[26]以此建立了动物组织和血液中甲基硫脲嘧啶的比色检测方法。用含 20%乙醇的氯仿或二氯甲烷提取，再用酸溶液 LLP 净化，用 Grote 试剂比色检测。Beheshti 等[27]开发了分光光度法测定了动物组织中的硫脲嘧啶和巯基苯并咪唑，并将偏最小二乘（PLS）和主成分回归（PCR）应用于数据分析。浓度模型基于 25 个不同的硫脲嘧啶和巯基苯并咪唑混合物在 200～350 nm 的吸收光谱建立。硫脲嘧啶和巯基苯并咪唑分别在 1.5～15 μg/mL 和 1～10 μg/mL 呈线性相关。

（3）流动注射法（flow injection，FI）

Economou 等[23]扩展了化学比色法的范畴，利用甲巯咪唑和卡比马唑可以抑制 Cu（Ⅱ）催化的发光氨与过氧化氢之间的化学发光反应，开发了流动注射-化学发光检测（FI-CL）（图 19-14）。通过在线诱导化学发光反应，样品注入后产生负峰，峰的高度与样品中的药物浓度成比例。该方法甲巯咪唑的线性范围为 2～100 mg/L，卡比马唑为 3～120 mg/L；回收率为 100%±4%，甲巯咪唑的 RSD 为 1.9%，卡比马唑为 2.1%。该类方法简单、快速，但反应受干扰较大，灵敏度不高。

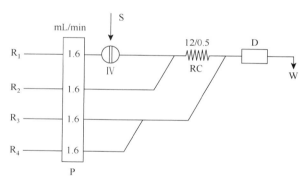

图 19-14　硫脲嘧啶类药物的 FI-CL 检测示意图[23]

R_1：H_2O；R_2：10 mg/L Cu（Ⅱ）in 3 mmol/L H_2SO_4；R_3：2 mmol/L 过氧化氢；R_4：2 mmol/L 发光氨 in 0.05 mol/L NaOH；P：蠕动泵；
IV：进样体积；S：样品；RC：反应管；D：检测器；W：废物

另外，Guzman 等[18]采用流动注射-碳纤维微电极安培检测器测定了饲料中的甲基硫脲嘧啶、硫脲嘧啶和苯基硫脲嘧啶。该方法回收率高于 80%，甲基硫脲嘧啶的 LOD 为 2.6×10^{-7} mol/L。

（4）薄层色谱法（thin layer chromatography，TLC）

Brüggemann 等[28]在化学比色法的基础上将 TLC 结合进来检测硫脲嘧啶类药物。硫脲嘧啶类药物与 2,6-二氯醌氯亚胺（2,6-dichloroquinone-chloroimide）特异性显色反应，通过 TLC 初步分离，显色测定。在随后的研究中，该方法又得到了改进。De Brabander 等[24]用甲醇均质提取组织样品后，用 NBD-Cl 与硫脲嘧啶类药物衍生反应，反应产物再采用二维高效薄层色谱（2D-HPTLC）分离，碱性半胱氨酸试剂对斑点显色，出现荧光斑点。该方法灵敏度可以降低到 10 ppb。1984 年，De Brabander 等[16]又在该方法中增加了汞基柱的净化步骤，成为欧盟硫脲嘧啶类药物残留检测官方方法的制定依据。

（5）气相色谱法（gas chromatography，GC）

硫脲嘧啶类药物极性较强，用 GC 测定是往往需要先进行衍生化，再采用氮磷检测器（NPD）、火焰光度检测器（FPD）或电子捕获检测器（ECD）检测。

Pensabene 等[29]建立了组织中 4 种硫脲嘧啶类药物的 GC-NPD 测定方法。组织样品用乙腈-水（10+1，v/v）提取，石油醚 LLP 除去脂肪，再用硅胶 SPE 柱净化后，提取物加入 MSTFA 于 55℃衍生反应 30 min，用丙酮定容后 GC-NPD 测定。采用 DB-5MS 毛细管柱（30 m×0.25 mm i.d.，0.25 μm）程序升温分离。方法检出限（S/N=2∶1）为 0.05 μg/g；硫脲嘧啶回收率为 93.5%±2.9%，甲巯咪唑为 90.3%±3.0%，甲基硫脲嘧啶为 87.5%±2.9%，丙基硫脲嘧啶为 85.1%±5.8%。

Laitem 等[30]开发了动物组织中甲基硫脲嘧啶的 GC-FPD 检测方法。乙酸乙酯提取物在 50℃用氮气吹干，用 0.5 mL 苯-甲醇（85+15，v/v）复溶，过 Sephadex 柱净化，苯-甲醇（85+15，v/v）洗脱，弃去前 3 mL，收集 4-7 mL。氮气吹干后，加入 1 mL 0.1 mol/L 醋酸钾的乙醇溶液和 50 μL 碘甲烷，55℃衍生化反应 70 min，再吹干，固体残留物用 1 mL 双蒸水复溶，再用 3×1 mL 苯萃取，浓缩至 1 mL 后，进 GC 检测。NPD 检测器配置 394 nm 滤光片，玻璃管柱（1.8 m×4 in[①] i.d.）用含 3% OV-1 的担体 W HP（SO-100 目）填充，以氮气为载气，流速 35 mL/min，氢气流速 40 mL/min，空气流速 170 mL/min，进样口温度 200℃，炉温 180℃，检测器温度 175℃。该方法检测灵敏度为 10 ppb，回收率在 50%左右。

De Brabander 等[16]介绍了一种采用 GC-ECD 检测硫脲嘧啶类药物的残留分析方法。样品溶液（奶、血液、尿或含水提取物）用醋酸苯汞环己烷溶液一步提取和净化，药物与汞形成复合物进入环己烷层，蒸干后，用 PFB-Cl 衍生化反应，形成五氟氯化苄衍生物，GC-ECD 检测。方法检测限为 0.2 ppb。

（6）高效液相色谱法（high performance liquid chromatography，HPLC）

硫脲嘧啶类药物主要采用反相高效液相色谱（RP-HPLC），配备紫外检测器（UVD/DAD）和化学发光检测器（CLD）测定。

Buick 等[3]建立了甲状腺和血清中的甲巯咪唑、硫脲嘧啶、甲基硫脲嘧啶、丙基硫脲嘧啶和苯基硫脲嘧啶的 HPLC-DAD 检测方法。采用 RP-18 色谱柱（250 mm×4 mm，10 μm）分离，乙腈和 0.025 mol/L 磷酸盐缓冲液（pH 3）为流动相，梯度洗脱，甲巯咪唑在 258 nm 处检测，其他药物在 276 nm 检测。甲状腺中 5 种药物的回收率在 18.0%～75.4%之间，日间 CV 不超过 25.88%，检测灵敏度为 2.45～4.52 ng/g；血清中 5 种药物的回收率在 40.0%～92.6%之间，日间 CV 不超过 26.67%，检测灵敏度为 16.98～35.25 ng/mL。Hollosi 等[19]建立了鱼肉中甲巯咪唑、甲硫脲、甲脲乙醇酸酐和巯基咪唑的 HPLC-UVD 检测方法。用 Atlantis dC18 色谱柱（150 mm×4.0 mm，5 μm）分离，甲醇和 pH 6.7 磷酸盐缓冲液为流动相，梯度洗脱，流速 1 mL/min，甲巯咪唑和巯基咪唑在 255 nm 检测，甲硫脲和甲脲乙醇酸酐在 220 nm 检测。该方法回收率在 85.2%～97.6%之间；甲巯咪唑、甲硫脲、甲脲乙醇酸酐和巯基咪唑的 LOD（S/N=3∶1）分别为 0.06 μg/mL、0.10 μg/mL、0.43 μg/mL 和 0.06 μg/mL。Asea 等[31]也用 HPLC-UVD 测定了动物甲状腺和肌肉中的甲巯咪唑和巯基苯并咪唑。采用 C18 色谱柱分离，甲巯咪唑和巯基苯并咪唑分别在 255 nm 和 300 nm 处检测。Chernov'yants 等[32]用 HPLC-UVD 检测了尿液中的丙基硫脲嘧啶、甲基咪唑硫酮和甲基咪唑硫酮乙酯。采用 Diasfer-110-C18 反相色谱柱（5 μm，150 mm×4.0 mm）分离，流动相为乙腈-pH 6.86 磷酸盐缓冲液（25+75，v/v），流速 1 mL/min，检测波长为：甲基咪唑硫酮 254 nm，丙基硫脲嘧啶 275 nm，甲基咪唑硫酮乙酯 292 nm。甲基咪唑硫酮、丙基硫脲嘧啶和甲基咪唑硫酮乙酯的检测限分别为 0.29 mg/L、0.26 mg/L 和 0.24 mg/L。

Wei 等[13]开发一种利用 HPLC-柱后-CLD 测定血清中丙基硫脲嘧啶和甲基硫脲嘧啶的分析方法（图 19-15）。分析柱为 Nucleosil C18（250 mm×4.6 mm i.d.，5 μm），流动相为甲醇-水（40+60，v/v），等度洗脱，流速 1 mL/min。柱后流出物先与甲醛反应，再与 KMnO4 溶液在混合线圈中反应，柱后反应溶液流速为 2 mL/min。反应所发射的光由光电倍增管（−800 V）监测。该方法 LOD 为 0.03 μg/mL，

---

① 1 in=2.54 cm

LOQ 为 0.1 μg/mL；回收率在 90%～110%之间，RSD 小于 5%。

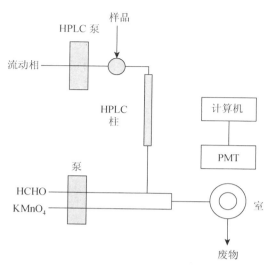

图 19-15　HPLC-CLD 检测示意图[13]

（7）毛细管电泳法（capilliary electrophoresis，CE）

CE 作为一种常见的色谱方法也被应用于动物基质或饲料中硫脲嘧啶类药物的检测，通常配备激光介导荧光检测器（LIFD）和电化学检测器（ECD）等，但是，其特异性和灵敏度尚不能满足有效监控的要求。

Pérez-Ruiz 等[14]采用 CE 测定了饲料和尿液中的硫脲嘧啶和苯基硫脲嘧啶。分析物在强碱条件下经 5-IAF 衍生化后，采用 CE-LIFD 检测。样品采用高压注射（0.5 psi，5 s）进样，常规电极分析，电压 12 kV，电流约 50 mA。分离采用未涂层的熔融石英毛细管（75 μm i.d.，375 μm o.d.），长 57 cm（有效长度 50 cm），柱温 25℃，运行缓冲液为 20 mmol/L 磷酸盐缓冲液（pH 10）。LIFD 系统包括一个空气冷却的 3 mW 氩离子激光（激发波长 488 nm），一个陷波滤波器（488 nm）和一个选择性检测产生荧光的带通滤波器（520 nm）。该方法线性范围为 0.1～11 μmol/L，回收率在 75%～92%之间，RSD 小于 3%。Kong 等[33]采用 CE-ECD 建立了同时检测饲料中 5 种硫脲嘧啶类药物的分析方法。采用自制的壁射流 ECD 检测器，铂盘工作电极（300 μm i.d.），检测分析物氧化电流。在优化实验条件下，5 种药物可在 15 min 内，在电压 16 kV 下，由 20 mmol/L 硼酸钠缓冲液（pH 9.2）有效分离。甲巯咪唑的 LOD 为 7.6 μg/kg，丙基硫脲嘧啶为 25 μg/kg，苯基硫脲嘧啶为 15 μg/kg，硫脲嘧啶为 18 μg/kg，甲基硫脲嘧啶为 20 μg/kg。

（8）气相色谱-质谱法（gas chromatography-mass spectrometry，GC-MS）

色-质联用技术的飞速发展有力地促进了硫脲嘧啶类药物残留分析方法的进步。色谱技术保证硫脲嘧啶类药物高效分离的同时，质谱技术为阳性样品的确证提供了丰富的结构信息。衍生化后的硫脲嘧啶类药物，GC-MS 的检测灵敏度可以降低到 50 ng/g 以下，气相色谱-串联质谱法（GC-MS/MS）更可以降低到 25 ng/g 以下。电子轰击电离（EI）、化学电离（CI）技术均有应用。

Yu 等[10]开发了牛肉中的硫脲嘧啶、甲基硫脲嘧啶、丙基硫脲嘧啶和苯基硫脲嘧啶的 GC-MS 分析方法。甲酯化衍生物进 GC-MS 分析，HP Ultra 2 毛细管柱程序升温分离，初始炉温 70℃，保持 0.5 min，以 10℃/min 升至 90℃，再以 20℃/min 升至 280℃，保持 2.5 min，250℃不分流进样，载气为氦气，流速 1 mL/min，质谱温度 280℃，EI 源电力，以选择离子模式（SIM）模式监测。该方法回收率在 50%～90%之间，CV 小于 10%；硫脲嘧啶的 LOQ 为 25 μg/kg，其他药物为 15 μg/kg。Liu 等[11]建立了动物组织中 5 种硫脲嘧啶类药物的残留分析方法。PFBBr 和 MSTFA 衍生产物用 GC-MS 测定，DB-5 ms 毛细管柱程序升温分离，氦气为载气，流速 1 mL/min，初始炉温 100℃，保持 2 min，以 15℃/min 升至 260℃，再以 10℃/min 升至 290℃，保持 5 min，250℃进样，EI 电离源，70 eV 电离能量，离子源温度 200℃，接口温度 250℃，SIM 模式监测。组织中的平均回收率在 71.5%～96.9%之间，RSD 低于 10%；巯基苯并咪唑的 LOD 为 10 mg/kg，苯基硫脲嘧啶为 5 mg/kg，硫脲嘧啶、甲基硫脲嘧啶和丙基硫脲嘧啶为 2 mg/kg。Zou 等[20]建立了牛奶与尿液中硫脲嘧啶、甲基硫脲嘧啶、丙基硫脲嘧啶、苯基硫脲嘧啶和甲巯咪唑的残留分析方法。PFBBr 和 MSTFA 衍生产物用 GC-MS 测定，DB-5MS 毛细管柱程序升温分离，载气为高纯氦气，流速 1 mL/min，不分流进样，进样口温度 250℃，离子源温度 200℃，接口温度 250℃，EI 电离源，70 eV，SIM 模式监测。5 种药物的回收率在 70%以上，RSD 在 2.1%～7.9%之间；甲巯咪唑的 LOD 为 0.004 μg/g，其他药物为 0.0016 μg/g。陈华宜等[34]建立了 GC-MS 测定猪肾中硫脲嘧啶类药物的筛选方法，不需要衍生化，直接进样检测。采用 HP-5MS 弹性石英毛细管柱分离，进样口温度 250℃，柱温 70℃保持 0.6 min，以 25℃/min 的速度升至 200℃，保持 5.2 min，不分流进样，载气为高纯氦气，柱流量 1.0 mL/min；质谱接口温度 280℃，EI 源电子能 70 eV，电子倍增器电压 2094 V，全扫描方式（full scan），扫描范围 35～550 分子量。结果在一份猪肾样品中检出了 N,N-二甲基硫脲和甲巯咪唑。

Batjoens 等[35]建立了一种测定尿液中 4 种硫脲嘧啶类药物的气相色谱-离子阱质谱（GC-MS"）分析方法，即使在提取和净化的损失较大的情况下，灵敏度仍可以达到 50 ppb。采用 HP Ultra 2 毛细管色谱柱，初始柱温 100℃，以 15℃/min 升到 200℃，再以 30℃/min 升到 300℃，保持 3 min，进样温度 260℃，传输线温度 300℃，载气为氦气，扫描范围 80～400 分子量，EI 电离。MSTFA 衍生化产物通过一级质谱全扫描筛查；发现可以结果时，再采用二级质谱查找子离子确证。Pensabene 等[29]也建立了组织中 4 种硫脲嘧啶类药物的 GC-MS" 确证方法。MSTFA 衍生物采用 Rtx-5MS 毛细管柱（30 m×0.25 mm i.d.，0.25 μm）程序升温分离，EI 电离，二级质谱确证，确证浓度可以达到 0.1 μg/g。

Le Bizec 等[15]报道了甲状腺中 6 种硫脲嘧啶类药物的 GC-MS 分析方法。PFBBr 和 MSTFA 衍生产物用 GC-MS 检测，传输线温度 280℃，进样口温度 250℃，HP-1 毛细管柱程序升温分离，氦气为载气，流速 1 mL/min，采用负化学源电离（NCI），氨气为反应气，SIM 模式监测，检测限优于 1 ng/g，方法回收率在 40%～70%之间。该研究还同时在 EI 电离和正化学源电离（PCI）模式下，进行了特异性分析。

（9）液相色谱-质谱法（liquid chromatography-mass spectrometry，LC-MS）

LC-MS 技术，特别是液相色谱-串联质谱（LC-MS/MS）技术的完善，有效地促进了硫脲嘧啶类药物残留测定方法的进步，目前已成为硫脲嘧啶类药物残留分析的主要手段。常用的接口技术有大气压化学电离源（APCI）和电喷雾电离源（ESI）。

Blanchflower 等[4]率先报道利用 LC-MS 技术测定了牛尿和甲状腺中的 5 种硫脲嘧啶类药物。Prodigy ODS3 反相色谱柱（150 mm×4.6 mm i.d.）分离，含 0.1%七氟丁酸的去离子水和 55%甲醇溶液（含 0.1%七氟丁酸）为流动相，梯度洗脱，流速 1 mL/min，采用 APCI 源，源温 150℃，APCI 探针温度 450℃，鞘气和干燥气流速分别为 50 L/h 和 200 L/h，SIM 模式监测[M+H]+。该方法添加回收率在 48.1%～95.8%之间，检出限在 25 ng/g 以下。

De Wasch 等[9]运用液相色谱-离子阱质谱（LC-MS"）测定了甲状腺和肉中 6 种硫脲嘧啶类药物的 NBD-Cl 衍生物。用 Symmetry C_{18} 色谱柱（5 μm，150 mm×2.1 mm）分离，甲醇和 0.73%乙酸溶液为流动相，线性梯度洗脱，ESI+电离源，MS" 监测二级子离子。该方法 CC_β 为 20 ng/g。

Pinel 等[8]运用 LC-MS/MS 技术，将牛尿中硫脲嘧啶类药物 3IBBr 衍生物的检测限降低到 ng/g 级别。采用 Nucleosil C_{18} AB 色谱柱（5 μm，2.5 mm×50 mm）分离，甲醇-0.5%乙酸为流动相梯度洗脱，流速 0.3 mL/min，ESI-电离源，毛细管电压 3 kV，锥孔电压 40 V，源温 120℃，去溶剂温度 300℃，氮气为雾化气和辅助气，流速分别为 90 L/h 和 600 L/h，氩气为碰撞气，碰撞电压 40 eV，选择反应监测（SRM）模式检测。方法 CC_α 在 0.1～5.2 μg/L 之间，CC_β 在 2.6～23.2 μg/L 之间。邱元进等[36]建立了牛奶中甲巯咪唑、硫脲嘧啶、甲基硫氧嘧啶、丙基硫氧嘧啶、苯基硫氧嘧啶和 2-巯基苯并咪唑 6 种硫脲嘧啶类药物残留的 LC-MS/MS 分析方法。4-碘苄溴衍生物用 Luna C_{18} 色谱柱分离，乙腈和 5 mmol/L 乙酸铵溶液（含 0.2%甲酸）进行梯度洗脱，ESI+、多反应监测（MRM）模式检测，内标法定量。结果表明：牛奶中 6 种目标物在优化条件下分离良好，响应值高，峰形尖锐对称，在 5～100 μg/kg 范围内呈良好的线性关系，相关系数 r^2 均大于 0.99；检出限为 0.14～0.32 μg/kg，定量限为 0.48～1.1 μg/kg；10 μg/kg、20 μg/kg 和 50 μg/kg 添加水平的平均回收率为 82.8%～113.6%，RSD 为 2.4%～14.3%。

Lohmus 等[37]首先报道了采用 UPLC-MS/MS 测定尿液和甲状腺中甲巯咪唑、硫脲嘧啶、甲基硫氧嘧啶、丙基硫氧嘧啶、苯基硫氧嘧啶和 2-巯基苯并咪唑的 3IBBr 衍生物的残留分析方法。衍生后的硫脲嘧啶类药物用 Acquity UPLC^{TM} BEH C₁₈ 色谱柱（1.7 μm，2.1 mm×100 mm）分离，水-乙腈-乙酸溶液（80+20+0.1，v/v）和水-乙腈-乙酸溶液（10+90+0.1，v/v）为流动相，梯度洗脱，流速 0.5 mL/min，ESI 电离源，正负离子切换，SRM 模式监测，内标法定量。方法 $CC_α$ 和 $CC_β$ 均低于 10 μg/kg。Vanden Bussche 等[38]也采用 UPLC-MS/MS 测定尿液中的 8 种硫脲嘧啶类药物。净化后的该类药物不用衍生，直接 UPLC-MS/MS 测定。用 Acquity UPLC HSS T3 柱（1.8 μm，100 mm×2.1 mm）分离，0.1%甲酸和含 0.1%甲酸的甲醇溶液为流动相梯度洗脱，流速 0.3 mL/min，三重四极杆质谱分析，ESI⁺ 电离源，喷雾电压 3.5 kV，雾化和毛细管温度分别为 370℃和 300℃，SRM 模式监测。方法线性系数在 0.982～0.999 之间；$CC_α$ 在 1.1～5.5 μg/L 之间，$CC_β$ 在 1.7～7.5 μg/L 之间；RSD 小于 15.5%。

19.2　公　定　方　法

19.2.1　牛甲状腺和牛肉中 5 种硫脲嘧啶类药物残留量的测定　液相色谱-串联质谱法[5]

19.2.1.1　适用范围

适用于牛甲状腺和牛肉中硫脲嘧啶、甲基硫脲嘧啶、正丙基硫脲嘧啶、它巴唑、巯基苯并咪唑残留量的液相色谱-串联质谱测定。方法检出限均为 2 μg/kg。

19.2.1.2　方法原理

目标物残留用乙酸乙酯提取，Sep-Park Amino Propyl 固相萃取柱净化，用 4-氯-7-苯并呋咱衍生化，再用 Oasis HLB 固相萃取柱净化，液相色谱-串联质谱检测。

19.2.1.3　试剂和材料

甲醇、乙腈、乙酸乙酯均为：色谱纯；磷酸氢二钠（Na₂HPO₄·12H₂O）、磷酸二氢钾（KH₂PO₄）、乙酸、浓盐酸、氢氧化钠、三氯甲烷、正己烷、乙二胺四乙酸二钠（C₁₀H₁₄N₂O₈Na₂·2H₂O）均为优级纯；巯基乙醇为分析纯。

4-氯-7-苯并呋咱（4-Chloro-7-nitrobenzo-2-furazan，NBF-Cl），C₆H₂ClN₃O₃：含量≥99%。

无水硫酸钠：使用前 650℃灼烧 4 h。

磷酸盐缓冲溶液：pH=8，0.2 mol/L。称取 67.7 g 磷酸氢二钠和 1.5 g 磷酸二氢钾，用水溶解，定容至 1000 mL。

盐酸溶液：0.2 mol/L。量取 17 mL 浓盐酸，用水定容至 1000 mL。

氢氧化钠溶液：1 mol/L。称取 40 g 氢氧化钠，用水溶解，定容至 1000 mL。

衍生剂：5 mg/mL。称取 0.05 g 4-氯-7-苯并呋咱（NBF-Cl）溶于 10 mL 甲醇，现用现配。

乙二胺四乙酸二钠溶液：0.1 mol/L。称 37.2 g 乙二胺四乙酸二钠溶于 1000 mL 水中。

洗脱液：含 3%乙酸的甲醇和三氯甲烷（15+85，v/v）混合溶液。吸取 3 mL 乙酸于 100 mL 容量瓶中，用甲醇定容至刻度，混匀。吸取该溶液 15 mL 于 100 mL 容量瓶中，用三氯甲烷定容至刻度，混匀。

定容液：含 0.3%乙酸的乙腈水溶液。吸取 0.3 mL 乙酸和 15 mL 乙腈于 100 mL 容量瓶中，用水定容至刻度，混匀。

标准物质：硫脲嘧啶、甲基硫脲嘧啶、正丙基硫脲嘧啶、它巴唑、巯基苯并咪唑，纯度≥99%。

内标标准物质：甲基巯基苯并咪唑（2-methoxethox-mercaptobenzimidazole，MEMBI），纯度≥99%。

标准贮备溶液：1.0 mg/mL。称取适量的硫脲嘧啶、甲基硫脲嘧啶、正丙基硫脲嘧啶、它巴唑、巯基苯并咪唑标准物质，分别用甲醇配成 1.0 mg/mL 的标准贮备液。避光－18℃保存，可使用 6 个月。

混合标准工作溶液：0.1 μg/mL。吸取每种适量标准贮备溶液，用甲醇稀释成 0.1 μg/mL 的混合标准工作溶液，避光－18℃保存，可使用 3 个月。

内标标准贮备溶液：1.0 mg/mL。称取适量的甲基巯基苯并咪唑标准物质，用甲醇配成 1.0 mg/mL 的标准贮备液，避光－18℃保存，可使用 6 个月。

内标标准工作溶液：0.1 μg/mL。吸取内标标准贮备溶液，用甲醇稀释成 0.1 μg/mL 的内标标准工作溶液，避光－18℃保存，可使用 3 个月。

Sep-Park Amino Propyl 固相萃取柱或相当者：500 mg，3 mL。使用前用 20 mL 正己烷预处理，保持柱体湿润。Oasis HLB 固相萃取柱或相当者：60 mg，3 mL。使用前分别用 5 mL 甲醇和 10 mL 水预处理，保持柱体湿润。

19.2.1.4 仪器和设备

液相色谱-串联四极杆质谱仪，配有电喷雾离子源；分析天平：感量 0.1 mg 和 0.01 g；液体混匀器；固相萃取装置；氮气吹干仪；恒温振荡水浴；真空泵：真空度应达到 80 kPa；微量注射器：25 μL，100 μL；棕色具塞离心管：25 mL，50 mL；pH 计：测量精度±0.02 pH 单位；储液器：50 mL；离心机：转速大于 4000 r/min。

19.2.1.5 样品前处理

（1）试样制备

牛甲状腺样品的制备：取 50～100 g 阴性牛甲状腺组织，加入 3 倍重量的干冰，用组织捣碎机绞碎后，使干冰在室温下蒸发，备用。牛肌肉组织用组织捣碎机绞碎，分出 0.5 kg 作为试样备用。试样置于－18℃冰柜中避光保存。

（2）样品称取

称取 5 份阴性样品，每份样品为 1 g（精确到 0.01 g），将上述样品分别置于 50 mL 棕色离心管中，加入不同量混合标准工作溶液，使各被测组分的浓度均为 1.0 ng/mL、2.0 μng/mL、5.0 ng/mL、10 ng/mL、20 ng/mL。再分别加入适量内标标准工作溶液，使其浓度均为 2.0 ng/mL。

（3）提取和初次净化

上述离心管中分别加入 10 mL 乙酸乙酯，3 g 无水硫酸钠，20 μL 巯基乙醇，30 μL 0.1 mol/L 乙二胺四乙酸二钠溶液，均质 15 s，再用 5 mL 乙酸乙酯洗涤均质器刀头，二者合并，4000 r/min 离心 5 min，取上清液于 50℃水浴氮气吹干。用 2 mL 乙腈溶解残余物，加入 3 mL 正己烷振荡 1 min，4000 r/min 离心 5 min，吸取并弃掉正己烷，再加 3 mL 正己烷重复一次。剩余溶液在氮气吹干仪上 50℃水浴吹干。用 0.5 mL 三氯甲烷溶解残余物，边摇边在超声波水浴中停留几秒钟，加入 3 mL 正己烷，涡旋混匀，倒入下接预处理好的 Sep-Park Amino Propyl 固相萃取柱的贮液器中，在固相萃取装置上使样液以小于 2 mL/min 的流速通过固相萃取柱，待样液全部通过固相萃取柱后用 10 mL 正己烷淋洗固相萃取柱，弃去全部流出液。用 5 mL 洗脱液将目标物洗脱到 25 mL 棕色离心管中，用 50℃水浴氮气吹干。

（4）衍生化和再次净化

用 5 mL 0.1 mol/L pH=8 的磷酸盐缓冲溶液溶解上述残留物，加入 0.3 mL 衍生剂，涡旋混合 1 min，在 50℃恒温振荡水浴避光反应 3 h。衍生液放至室温，用 0.2 mol/L 盐酸调节 pH 在 3～4 之间，溶液倾入下接 Oasis HLB 固相萃取柱的贮液器中，在固相萃取装置上使样液以小于 2 mL/min 的流速通过 Oasis HLB 柱，待样液全部通过固相萃取柱后用 10 mL 水洗固相萃取柱，弃去全部流出液。用真空泵在 65 kPa 负压下抽干 Oasis HLB 固相萃取柱 10 min。再用 5 mL 乙酸乙酯洗脱被测物于 25 mL 棕色离心管中，在氮气吹干仪上 50℃水浴吹干，残余物加 300 μL 无水乙醇溶解，再加 700 μL 定容液定容，混匀后过 0.2 μm 滤膜供液相色谱-串联质谱测定。

（5）实测样品溶液的制备

称取待测样品 1 g（精确到 0.01 g）于 50 mL 棕色离心管中，加入内标工作溶液，使其含量均为 2.0 μg/kg，按上述提取和净化步骤操作。

（6）空白基质溶液的制备

称取阴性样品 1 g（精确到 0.01 g）于 50 mL 棕色离心管中，按上述提取和净化步骤操作。

19.2.1.6　测定

（1）液相色谱条件

色谱柱：Atlantis C$_{18}$，3.5 μm，150 mm×2.1 mm（内径）或相当者；柱温：45℃；进样量：20 μL；流动相及流速见表 19-2。

表 19-2　液相色谱梯度洗脱条件

时间/min	流速/(μL/min)	0.3%乙酸水溶液/%	0.3%乙酸乙腈溶液/%
0.00	200	85	15
1.00	200	85	15
1.01	200	50	50
12.00	200	10	90
12.01	200	85	15
20.00	200	85	15

（2）质谱条件

离子源：电喷雾离子源（ESI）；扫描方式：正离子扫描；检测方式：多反应监测（MRM）；电喷雾电压（IS）：4500 V；辅助气（AUX）流速：7 L/min；辅助气温度（TEM）：450℃；聚焦电压（FP）：140 V；碰撞室出口电压（CXP）：12 V；定性离子对、定量离子对，采集时间、簇电压及碰撞能量见表 19-3。

表 19-3　硫脲嘧啶、甲基硫脲嘧啶、正丙基硫脲嘧啶、它巴唑、巯基苯并咪唑的质谱参数

化合物	定性离子对(m/z)	定量离子对(m/z)	采集时间/ms	去簇电压/V	碰撞能量/V
硫脲嘧啶衍生物	292/229	292/229	100	55	29
	292/216				29
甲基硫脲嘧啶衍生物	306/243	306/243	100	55	29
	306/230				31
正丙基硫脲嘧啶衍生物	334/271	334/271	100	55	30
	334/258				31
它巴唑衍生物	278/202	278/202	100	50	32
	278/232				26
巯基苯并咪唑衍生物	314/238	314/238	100	52	36
	314/268				28
甲基巯基苯并咪唑衍生物（内标）	344/268	344/268	100	55	34
	344/281				35

（3）定性测定

每种被测组分选择 1 个母离子，2 个以上子离子，在相同实验条件下，样品中待测物质和内标物的保留时间之比，也就是相对保留时间，与混合基质标准校准溶液中对应的相对保留时间偏差在±2.5%之内；且样品谱图中各组分定性离子的相对丰度与浓度接近的混合基质标准校准溶液谱图中对应的定性离子的相对丰度进行比较，偏差不超过表 1-5 规定的范围，则可判定为样品中存在对应的待测物。

（4）定量测定

内标法定量：用仪器软件中的内标定量法定量。

　　外标法定量：在仪器最佳工作条件下，对基质混合标准校准溶液进样，以峰面积为纵坐标，基质混合校准溶液浓度为横坐标绘制标准工作曲线，用标准工作曲线对样品进行定量，样品溶液中待测物的响应值均应在仪器测定的线性范围内。五种硫脲嘧啶的标准物质和内标物衍生物的多反应监测（MRM）色谱图见图 19-16。

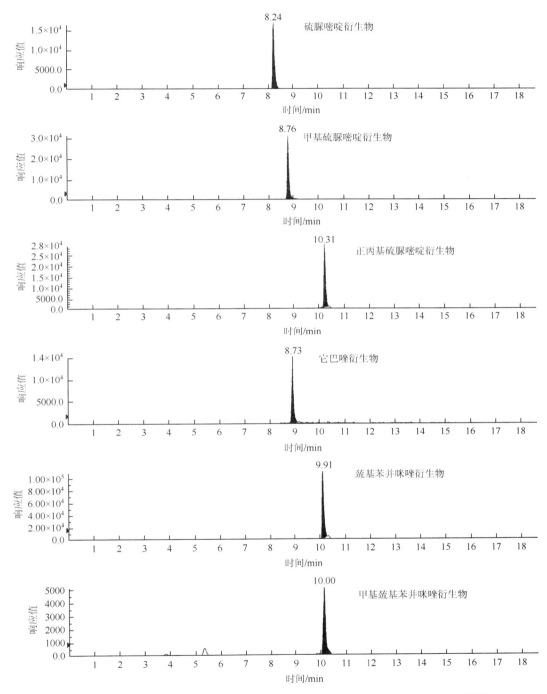

图 19-16　五种硫脲嘧啶标准物质及内标物衍生物的多反应监测（MRM）色谱图

19.2.1.7　分析条件的选择

　　（1）初次净化条件的选择

　　5 种硫脲嘧啶在衍生之前，需要进行净化。如果净化的效果不好，会直接影响衍生化效果。本方法对比了硅胶固相萃取柱（Bond Elut SI 500 mg，3 mL）和氨基固相萃取柱（NH₂ 500 mg，3 mL

Waters）两种萃取柱的净化效果。试验表明，氨基固相萃取柱净化效果更好一些，因此选择氨基固相萃取柱为净化柱。

（2）衍生化条件的选择

对比了不同衍生剂用量对测定结果的影响。取一定浓度的 5 种硫脲嘧啶标准溶液，衍生剂加入量分别为 0.25 mg，0.5 mg，0.75 mg，1.0 mg，1.5 mg，2 mg，进行衍生反应并进行测定，响应值和衍生剂用量的关系结果见表 19-4。

表 19-4　衍生剂用量对测定结果（响应信号峰面积）的影响

衍生剂用量/mg	硫脲嘧啶响应信号（峰面积×10⁴）				
	NBF-Cl-TU	NBF-Cl-MTU	NBF-Cl-PrTU	NBF-Cl-TAP	NBF-Cl-MBI
0.25	1.22	65	276	1.31	2.31
0.5	1.44	173	325	64.8	87.5
0.75	76.3	212	765	194	45.3
1	101	233	944	674	89.3
1.5	113	225	1190	657	137
2	110	212	1170	585	74.5

从表 19-6 中看出，当衍生剂加入量少于 1.0 mg 时，可能使被测物衍生不完全，产生比较小的响应信号，本方法选择衍生剂用量为 1.5 mg。

（3）提取稳定剂的选择

本方法对比实验了三种提取稳定剂及其组合对测定结果的影响，结果见表 19-5。

表 19-5　不同的提取稳定剂对测定结果（响应信号峰面积）的影响

提取稳定剂类型	硫脲嘧啶响应信号（峰面积×10⁴）				
	NBF-Cl-TU	NBF-Cl-MTU	NBF-Cl-PrTU	NBF-Cl-TAP	NBF-Cl-MBI
不加任何稳定剂	67.9	111	645	54.4	55.1
二硫苏糖醇	53.8	108	346	7.93	12.8
巯基乙醇	105	226	1080	82.2	105
EDTA-Na₂ 溶液	112	196	1190	87.7	85.4
巯基乙醇+二硫苏糖醇	67.2	180	359	53.3	48.1
EDTA-Na₂ 溶液+二硫苏糖醇	42	87.6	227	7.53	11.4
EDTA-Na₂ 溶液+二硫苏糖醇+巯基乙醇	38.8	119	128	41	30.2
巯基乙醇+EDTA-Na₂ 溶液	113	197	1190	90	104
干扰情况	无	无	无	无	无

从表 19-7 中可看出，当提取溶液中加入巯基乙醇和 EDTA-Na₂ 溶液作为稳定剂时，五种硫脲嘧啶都有较好的回收率，并且对测定没有干扰。

（4）二次净化条件的选择

一是衍生溶液调 pH 后用乙醚提取两次，离心合并乙醚层氮气吹干定容。这种方式操作步骤比较复杂，而且乙醚层不能全部移取，影响回收率。有时还会出现乙醚和水相分层不彻底的情况而产生干扰，从而影响结果的准确性。二是采用 Oasis HLB（500 mg，3 mL Waters）固相萃取柱净化，这种方法提取效率和净化效果都较为理想，操作步骤也比较简单，适合于大批量样品的检测。因此，选择 Oasis HLB（60 mg，3 mL Waters）萃取柱作为样品净化柱。表 19-6 是乙醚提取和固相萃取柱净化两种方法的净化效果对比。

表 19-6 乙醚和固相萃取净化效果的对比（响应信号峰面积）

净化方式	硫脲嘧啶响应信号（峰面积×10⁴）				
	NBF-Cl-TU	NBF-Cl-MTU	NBF-Cl-PrTU	NBF-Cl-TAP	NBF-Cl-MBI
乙醚萃取	4.53	4.03	18.9	3.14	24.7
Oasis HLB 固相柱净化	1.31	8.64	9.71	1.65	32.5

从表 19-9 中可以看出，用 HLB 固相萃取柱净化能获得比乙醚萃取更好得响应值。

（5）测定条件的选择

1）液相色谱条件的选择

本方法选取 ZORBAX SB-C$_{18}$（3.5 μm，150 mm×2.1 mm），Atlantis-C$_{18}$（3 μm，150 mm×2.1 mm）和 Symmetry-C$_{18}$（3 μm，150 mm×2.1 mm）三种液相分析柱进行实验，三种柱子对五种硫脲嘧啶及内标的检测灵敏度和分离效果进行比较，结果发现，Atlantis-C$_{18}$分析柱，灵敏度和分离度都较理想。因此，选择该柱为分析柱。

为了优化流动相，对比了甲醇+乙酸水溶液、乙腈+乙酸水溶液做流动相的色谱效果，实验表明，0.1%甲酸乙腈溶液+0.1%甲酸水溶液作为流动相并采用梯度洗脱时，被测物分离度和灵敏度较高。

2）质谱条件的选择

取五种硫脲嘧啶和内标标准溶液 20 μg/mL，用 NBF-Cl 衍生化，分别得到 NBF-Cl-TU，NBF-Cl-MTU，NBF-Cl-PRTU，NBF-Cl-TAP，NBF-Cl-MBI 和 NBF-Cl-MEMBI 标准衍生溶液。以 5 μL/min 流速分别将净化后的衍生物注入离子源。在正离子检测方式下分别对其进行一级质谱分析（Q1 扫描）得到分子离子峰。再对分子离子进行二级质谱分析（子离子扫描），得到二级质谱图。然后再对去簇电压（DP）、聚焦电压（FP）、碰撞气能量（CE）及碰撞室出口电压（CXP）等参数进行优化，使分子离子与特征碎片离子强度达到最大，确定最佳质谱参数。将液相色谱与质谱联机，对雾化气流量，雾化室温度，喷雾针位置等参数进一步优化，使各种参数达到最佳。

19.2.1.8 线性范围和测定低限

按照本方法制备五种硫脲嘧啶衍生物浓度分别为 1.0 ng/mL、2.0 ng/mL、5 ng/mL、10 ng/mL 和 20 ng/mL 的基质混合标准溶液，在选定的条件下进行测定，进样量为 40 μL，用峰面积对标准溶液中各被测组分的浓度作图，五种硫脲嘧啶的绝对量在 0.04～0.8 ng 范围内呈线性关系，符合定量要求，其线性方程和校正因子见表 19-7。

表 19-7 五种硫脲嘧啶线性方程和校正因子

化合物	检测范围/ng	线性方程	校正因子 R
NBF-Cl-TU	0.04～0.8	Y=9960X−1520	0.9998
NBF-Cl-MTU	0.04～0.8	Y=16400X−292	0.9989
NBF-Cl-PrTU	0.04～0.8	Y=3020X−1510	0.9996
NBF-Cl-TAP	0.04～0.8	Y=8100X+213	0.9996
NBF-Cl-MBI	0.04～0.8	Y=8500X−999	0.9993

由此可见，在方法规定的操作条件下，样品中五种硫脲嘧啶的添加浓度为 2 μg/kg 时，所测谱图的信噪比大于 10，高于仪器最小检知量。因此，本方法五种硫脲嘧啶的测定低限均为 2 μg/kg。

19.2.1.9 方法回收率和精密度

用阴性样品做添加回收和精密度实验，样品添加不同浓度标准后，按本方法进行提取、衍生化、净化和测定，分析结果见表 19-8。从表 19-8 中看出，两个添加水平回收率在 86.3%～89.3%之间，变异系数在 6.54%～9.78%之间，说明方法的回收率和精密度良好。牛甲状腺和牛肉样品中五种硫脲嘧啶的添加回收率及精密度分析结果见表 19-9。从表 19-9 中看出，两种样品添加回收率在 82.8%～92.9%之间，变异系数在 5.23%～9.48%之间，说明方法的适用性良好。

表 19-8　五种硫脲嘧啶添加回收率实验数据（$n=10$）

化合物	NBF-Cl-TU		NBF-Cl-MTU		NBF-Cl-PrTU		NBF-Cl-TAP		NBF-Cl-MBI	
测定次数	2 μg/kg	10 μg/kg	2 μg/kg	10 μg/kg	2 μg/kg	10 μg/kg	2 μg/kg	10 μg/kg	2 μg/kg	10 μg/kg
1	91.2	78.4	85.3	85.0	93.2	97.4	86.5	90.7	97.4	95.6
2	86.0	87.7	79.8	87.0	90.6	88.6	92.5	91.0	79.0	76.2
3	90.1	90.2	82.4	99.0	88.2	93.4	73.5	77.2	91.9	92.5
4	93.8	93.9	92.4	81.0	78.6	78.8	81.2	97.7	88.1	97.8
5	85.6	82.4	89.6	78.0	83.3	82.5	94.0	91.7	76.3	91.0
6	77.4	94.0	76.8	89.0	91.5	93.4	96.6	93.4	94.7	82.2
7	83.6	88.5	92.2	94.8	85.3	86.2	78.3	94.0	86.1	74.2
8	96.6	79.0	84.2	94.0	96.8	98.1	96.6	87.9	95.6	96.4
9	84.4	82.2	91.9	85.4	86.8	80.6	88.0	75.4	89.6	97.1
10	74.0	86.6	98.3	77.5	79.6	86.5	93.2	85.8	85.0	89.7
平均回收率/%	86.27	86.29	87.29	87.07	87.39	88.55	88.04	88.48	88.77	89.27
标准偏差 SD	7.01	5.64	6.68	7.24	5.86	6.84	8.06	7.20	6.98	8.73
变异系数 CV/%	8.13	6.54	7.65	8.31	6.71	7.73	9.15	8.14	7.89	9.78

表 19-9　不同样品中五种硫脲嘧啶添加回收率实验数据（$n=10$）

基质	NBF-Cl-TU		NBF-Cl-MTU		NBF-Cl-PrTU		NBF-Cl-TAP		NBF-Cl-MBI	
	平均回收率/%	变异系数 CV/%	平均回收率/%	变异系数 CV/%	平均回收率/%	变异系数 CV/%	平均回收率/%	变异系数 CV/%	平均回收率/%	变异系数 CV/%
牛甲状腺	83.6	9.48	82.3	9.28	84.1	5.79	89.6	6.34	82.8	5.23
牛肉	91.2	6.56	92.9	7.13	90.6	8.28	88.9	8.10	90.6	7.28

19.2.1.10　重复性和再现性

在重复性试验条件下，获得的两次独立测试结果的绝对差值不超过重复性限（r），如果差值超过重复性限（r），应舍弃试验结果并重新完成两次单个试验的测定。在再现性试验条件下，获得的两次独立测试结果的绝对差值不超过再现性限（R）。被测物的含量范围、重复性和再现性方程见表 19-10。

表 19-10　五种硫脲嘧啶的含量范围及重复性和再现性方程

化合物	含量范围/(μg/kg)	重复性限 r	再现性 R
硫脲嘧啶衍生物	2～20	lg r=0.8797 lg m−0.8542	lg R=0.7701 lg m−0.6505
甲基硫脲嘧啶衍生物	2～20	lg r=0.8320 lg m−0.8572	lg R=1.0239 lg m−0.8446
正丙基硫脲嘧啶衍生物	2～20	lg r=1.1093 lg m−1.0710	lg R=1.0348 lg m−0.8900
它巴唑衍生物	2～20	r=0.1327 m−0.0009	lg R=1.0130 lg m−0.7885
巯基苯并咪唑衍生物	2～20	lg r=1.0599 lg m−0.9321	lg R=1.0539 lg m−0.8078

注：m 为两次测定结果的算术平均值

19.2.2　动物源性食品中 8 种甲状腺拮抗剂残留量的测定　高效液相色谱-串联质谱法[6]

19.2.2.1　适用范围

适用于牛肉、牛奶、猪肉、鸡肉、鸡肝、鸡蛋、兔肉、兔肝中硫脲嘧啶、甲巯咪唑、甲基硫氧嘧啶、丙硫氧嘧啶、苯基硫氧嘧啶和 2-巯基苯并咪唑残留的液相色谱-串联质谱测定。本方法的测定低限为：硫脲嘧啶、甲巯咪唑 50 μg/kg；甲基硫氧嘧啶、2-巯基苯并咪唑 30 μg/kg；丙硫氧嘧啶、苯基硫氧嘧啶 5 μg/kg。

19.2.2.2 方法原理

采用乙酸乙酯提取试样中残留的硫脲嘧啶、甲巯咪唑、甲基硫氧嘧啶、丙硫氧嘧啶、苯基硫氧嘧啶和 2-巯基苯并咪唑，提取液经液液分配和 HLB 固相萃取柱净化后，采用高效液相色谱-串联质谱定性检测，内标法定量。

19.2.2.3 试剂和材料

甲醇、甲酸、乙酸乙酯、正己烷、乙腈：高效液相色谱级；磷酸、巯基乙醇、二水乙二胺四乙酸二钠：分析纯；无水硫酸钠：650℃灼烧 4 h，置于干燥器中备用。

0.1 mol/L 乙二胺四乙酸二钠溶液：准确称取 37.2 g 二水乙二胺四乙酸二钠，用水溶解并定容至 1 L；乙腈饱和的正己烷：量取正己烷 80 mL 于 100 mL 分液漏斗中，加入适量乙腈后，剧烈振摇，待分配平衡后，弃去乙腈层；0.1%甲酸水溶液：准确量取 1 mL 甲酸，用水定容至 1 L；0.0025 mol/L 磷酸：准确量取 0.2 mL 磷酸，用水定容至 1 L；溶解液：90 mL 0.1%甲酸水溶液中加入 10 mL 甲醇。

标准物质：硫脲嘧啶（2-thiouracil，TU）、甲巯咪唑（methimazole，TAP）、甲基硫氧嘧啶（methyl thiouracil，MTU）、丙硫氧嘧啶（propyl thiouracil，PTU）、苯基硫氧嘧啶（phenyl thiouracil，PhTU）、2-巯基苯并咪唑（2-mercaptobenzimidazole，MBI），纯度均≥99%。

内标物质：5,6-二甲基硫氧嘧啶（5,6-dimethyl-2-thiouracil，DMTU），纯度≥99%。

标准储备溶液：准确称取适量标准品（精确至 0.0001 g），用甲醇溶解，配制成浓度为 100 μg/mL 的标准储备溶液，−18℃冷冻避光保存，有效期 3 个月。

混合中间标准溶液：准确移取各 1 mL 标准储备液于 10 mL 容量瓶中，用甲醇定容至刻度，配制成浓度为 10 μg/mL 的混合中间标准溶液，4℃冷藏避光保存，有效期 1 个月。

混合标准工作溶液：根据需要用甲醇把混合中间标准溶液稀释成适合浓度的混合标准工作溶液，现用现配。

内标标准储备液：准确称取适量 5,6-二甲基硫氧嘧啶（精确至 0.0001 g），用甲醇溶解，配制成浓度为 100 μg/mL 的内标标准储备溶液，−18℃冷冻避光保存，有效期 3 个月。

内标标准工作溶液：准确移取 0.1 mL 内标标准储备液于 10 mL 容量瓶中，用甲醇定容至刻度，配制成浓度为 1 μg/mL 的内标标准工作溶液，4℃冷藏避光保存，有效期 1 个月。

氮气：纯度≥99.999%。氩气：纯度≥99.999%。

HLB 固相萃取柱：200 mg，6 mL，或相当者。

微孔滤膜：0.20 μm，有机相。

19.2.2.4 仪器和设备

液相色谱/串联质谱仪：配备电喷雾离子源（ESI）；组织捣碎机；分析天平：感量 0.0001 g，0.01 g；均质器：10000 r/min；振荡器；离心机：10000 r/min；氮吹仪；旋涡混合器；超声波水浴；减压浓缩仪；梨形瓶：100 mL；具塞塑料离心管：50 mL；刻度试管：10 mL；移液枪：5 mL，1 mL，200 μL；分液漏斗：50 mL。

19.2.2.5 样品前处理

（1）试样制备

a. 肌肉和内脏：从原始样品取出有代表性样品约 500 g，用组织捣碎机充分捣碎混匀，均分成两份，分别装入洁净容器作为试样，密封，并标明标记。将试样置于−18℃冷冻避光保存。

b. 奶：从原始样品取出有代表性样品约 500 g，充分搅拌混匀，均分成两份，分别装入洁净容器作为试样，密封，并标明标记。将试样置于 4℃冷藏避光保存。

c. 蛋：从原始样品取出有代表性样品约 500 g，去壳后用组织捣碎机搅拌充分混匀，均分成两份，分别装入洁净容器作为试样，密封，并标明标记。将试样置于 4℃冷藏避光保存。

注：在制样的操作过程中，应防止样品污染或发生残留物含量的变化。

（2）提取

称取约 5 g 试样（精确至 0.01 g）于 50 mL 塑料离心管中，依次加入 150 μL 内标标准工作液、50 μL 巯基乙醇、30 μL 0.1 mol/L 的乙二胺四乙酸二钠溶液和适量无水硫酸钠，吸去样品中的水分，再加入 20 mL 乙酸乙酯，用均质器以 10000 r/min 均质 1 min 后，振荡提取 20 min，再以 4000 r/min 离心 5 min，收集上清液于 100 mL 梨形瓶中。残渣用 20 mL 乙酸乙酯再提取一次，合并上清液，在 40℃ 水浴中减压浓缩至近干。残留物用 10 mL 乙腈溶解，并转移至 50 mL 分液漏斗中，用 30 mL 乙腈饱和后的正己烷分三次液液分配，去除油脂。收集乙腈层，在 40℃ 水浴中减压浓缩至近干，残留物用 10 mL 0.0025 mol/L 磷酸溶解，超声波水浴助溶 5 min 后，待净化。

（3）净化

HLB 固相萃取柱依次用 5 mL 甲醇、5 mL 水预淋洗后，转入 10 mL 样品提取液。先用 5 mL 水进行淋洗，弃去；再用 5 mL 甲醇进行洗脱，收集洗脱液于 10 mL 刻度试管中。整个固相萃取净化过程控制流速不超过 2 mL/min。洗脱液在 40℃ 下用 N_2 吹干。残留物用 1 mL 溶解液溶解，涡动 1 min 后，过 0.2 μm 微孔滤膜，供仪器检测。

（4）混合基质标准溶液的制备

称取 5 份约 5 g 阴性试样（精确至 0.01 g）于 50 mL 塑料离心管中，按照标准曲线最终定容浓度分别加入混合中间标准溶液或混合标准工作溶液，再加入 150 μL 内标标准工作液，余下操作按上述提取步骤操作。

19.2.2.6　测定

（1）液相色谱条件

色谱柱：Waters ACQUITY UPLC^{TM} BEH C$_{18}$ 50×2.1 mm（i.d.），1.7 μm，或相当者；柱温：30℃；流速：0.2 mL/min；进样量：5 μL；流动相及洗脱条件见表 19-11。

表 19-11　流动相及梯度洗脱条件

时间/min	流动相 A（甲醇）	流动相 B（0.1%甲酸水溶液）
0	10%	90%
1.00	10%	90%
4.00	90%	10%
6.00	90%	10%
7.00	10%	90%
10.00	10%	90%

（2）串联质谱条件

毛细管电压：3.0 kV；源温度：120℃；去溶剂温度：350℃；锥孔气流：氮气，流速 50 L/h；去溶剂气流：氮气，流速 600 L/h；碰撞气：氩气，碰撞气压 2.60×10^{-4} Pa；扫描方式：正离子扫描；检测方式：多反应监测（MRM），详见表 19-12。

表 19-12　多反应监测条件

化合物	母离子(m/z)	子离子(m/z)	驻留时间/s	锥孔电压/V	碰撞能量/eV
甲巯咪唑 TAP	115	57[a]	0.1	30	15
		88	0.1	30	15
硫脲嘧啶 TU	129	112[a]	0.1	30	13
		70	0.1	30	15
甲基硫氧嘧啶 MTU	143	84[a]	0.1	30	15
		126	0.1	30	15
2-巯基苯并咪唑 MBI	151	93[a]	0.1	35	20
		65	0.1	35	25

化合物	母离子(m/z)	子离子(m/z)	驻留时间/s	锥孔电压/V	碰撞能量/eV
5,6-二甲基硫氧嘧啶 DMTU（内标）	157	140	0.1	30	15
丙硫氧嘧啶 PTU	171	154ᵃ	0.1	30	15
		112	0.1	30	18
苯基硫氧嘧啶 PhTU	205	103ᵃ	0.1	30	23
		188	0.1	30	15

a. 子离子用于定量

（3）定性测定

按照上述条件测定样品和混合基质标准溶液，如果样品的质量色谱峰保留时间与混合基质标准溶液一致；定性离子对的相对丰度与浓度相当混合基质标准溶液的相对丰度一致，相对丰度偏差不超过表 1-5 的规定，则可判断样品中存在相应的被测物。混合基质标准溶液的液相色谱-串联质谱色谱图见图 19-17。

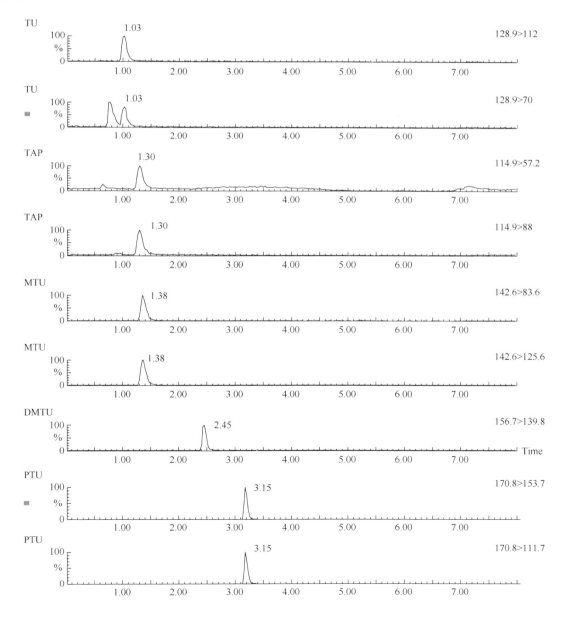

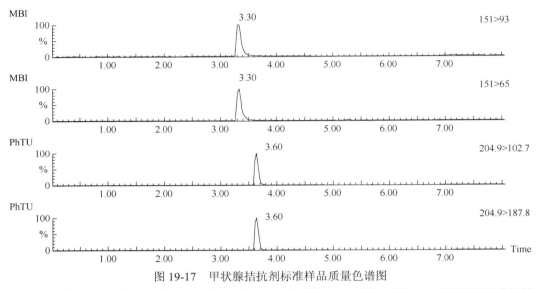

图 19-17　甲状腺拮抗剂标准样品质量色谱图

按保留时间先后依次为：硫脲嘧啶、甲巯咪唑、甲基硫氧嘧啶、5,6-二甲基硫氧嘧啶、丙硫氧嘧啶、2-巯基苯并咪唑和苯基硫氧嘧啶

（4）定量测定

按照内标法进行定量计算。

19.2.2.7　方法回收率和精密度

表 19-13　8 种动物源性食品中甲状腺拮抗剂添加回收率（$n=10$）

基质	化合物	添加浓度/(μg/kg)	平均测定值/(μg/kg)	回收率/%	相对标准偏差/%	基质	化合物	添加浓度/(μg/kg)	平均测定值/(μg/kg)	回收率/%	相对标准偏差/%
鸡肉	TU	50	49.8	96.9～105.8	3.5	牛肉	TU	50	51.3	96.9～105.8	5.7
		100	102.7	98.7～108.9	4.7			100	98.5	92.7～102.2	4.1
		200	209.8	99.0～107.8	5.3			200	190.2	92.0～98.7	5.7
	TAP	50	50.9	98.9～105.8	2.7		TAP	50	47.9	91.9～98.5	2.5
		100	98.7	90.8～101.5	9.3			100	97.3	94.7～102.7	5.2
		200	191.6	92.0～98.9	3.2			200	205.9	95.7～108.9	4.7
	MTU	30	31.1	98.9～104.5	4.1		MTU	30	31.2	91.9～108.9	8.8
		100	97.8	90.7～101.9	3.5			100	98.6	96.6～103.1	3.1
		200	192.8	88.2～109.4	9.4			200	202.2	98.2～109.7	3.7
	MBI	30	28.3	92.2～99.3	3.8		MBI	30	31.1	100.2～108.4	4.7
		100	105.2	98.2～108.6	4.8			100	97.5	95.2～101.6	2.8
		200	192.7	93.9～100.9	3.9			200	198.4	94.9～103.2	5.2
	PTU	5	4.2	81.3～89.1	4.5		PTU	5	4.7	93.2～99.1	3.7
		50	51.5	97.4～108.2	5.8			50	51.2	94.2～106.2	4.4
		100	102.2	94.7～108.8	4.8			100	107.2	101.7～109.8	4.6
	PhTU	5	4.5	88.2～95.5	6.1		PhTU	5	5.2	98.2～109.5	3.4
		50	49.1	95.7～105.2	5.7			50	51.7	95.3～109.2	2.7
		100	98.9	97.0～105.4	3.3			100	103.4	97.0～108.7	4.8
兔肉	TU	50	50.3	97.9～103.8	2.9	兔肝	TU	50	47.8	92.9～103.8	5.5
		100	97.7	92.7～102.9	4.5			100	100.7	92.7～102.2	3.5
		200	192.7	91.0～107.8	6.8			200	193.8	91.0～98.7	4.4

续表

基质	化合物	添加浓度/(μg/kg)	平均测定值/(μg/kg)	回收率/%	相对标准偏差/%	基质	化合物	添加浓度/(μg/kg)	平均测定值/(μg/kg)	回收率/%	相对标准偏差/%
兔肉	TAP	50	48.9	93.9～102.8	4.7	兔肝	TAP	50	48.5	95.9～106.8	3.8
		100	101.2	94.8～107.5	7.4			100	98.2	93.8～102.5	7.2
		200	201.6	95.0～108.9	3.9			200	198.8	95.7～108.9	4.6
	MTU	30	27.9	88.9～104.5	6.2		MTU	30	32.2	100.9～109.5	3.2
		100	98.7	90.7～101.9	5.8			100	105.6	96.6～108.9	4.5
		200	198.9	97.2～101.7	4.8			200	205.5	98.2～109.7	3.4
	MBI	30	32.3	100.2～109.3	4.7		MBI	30	31.5	100.2～108.4	6.8
		100	101.2	97.2～103.6	4.3			100	96.7	95.2～101.6	2.9
		200	199.7	93.9～105.9	6.1			200	198.7	94.9～103.2	4.5
	PTU	5	5.1	98.2～109.1	6.9		PTU	5	4.7	93.2～99.1	3.3
		50	49.5	91.2～106.5	9.3			50	48.8	94.2～106.2	2.5
		100	102.2	100.7～106.8	2.2			100	103.4	101.7～109.8	4.7
	PhTU	5	4.8	87.2～99.5	6.7		PhTU	5	5.3	98.2～109.5	3.3
		50	48.9	95.3～103.2	5.6			50	53.2	95.3～109.2	2.5
		100	102.9	99.0～105.4	3.4			100	102.7	97.0～107.4	5.7
	TU	50	48.7	92.9～103.8	6.1		TU	50	48.4	92.9～103.8	3.5
		100	102.2	98.7～104.2	3.5			100	99.6	98.7～102.2	3.6
		200	198.8	91.0～102.7	4.7			200	201.5	91.0～108.7	6.7
猪肉	TAP	50	51.9	95.9～106.8	3.7	鸡肝	TAP	50	51.8	95.9～106.8	4.5
		100	98.2	93.8～102.5	5.1			100	95.9	93.8～102.5	4.5
		200	210.6	95.6～108.9	4.8			200	199.6	95.6～108.9	9.7
	MTU	30	28.9	93.9～99.5	3.2		MTU	30	26.8	82.9～99.5	5.5
		100	105.6	96.7～108.9	4.7			100	104.2	96.6～108.9	3.7
		200	207.7	98.2～109.7	2.3			200	212.4	95.2～108.4	8.8
	MBI	30	31.7	100.2～109.4	5.1		MBI	30	31.3	100.2～108.4	5.3
		100	98.6	95.2～101.6	4.1			100	97.6	95.2～101.6	5.7
		200	198.7	94.9～105.3	3.9			200	203.2	94.9～103.2	3.9
	PTU	5	4.8	93.2～103.1	4.1		PTU	5	5.1	95.2～107.1	4.3
		50	48.9	94.2～106.2	4.8			50	47.7	93.8～106.5	3.5
		100	102.9	101.7～105.8	3.3			100	96.7	95.0～99.8	6.7
	PhTU	5	5.3	98.2～109.5	3.9		PhTU	5	4.3	83.2～99.5	4.8
		50	48.9	95.3～101.2	4.7			50	48.3	95.5～103.5	4.9
		100	103.7	97.0～108.4	6.3			100	102.8	96.9～105.7	5.1
	TU	50	51.8	98.4～105.4	2.8		TU	50	50.2	95.9～105.8	3.9
		100	98.8	94.6～101.5	4.3			100	97.9	94.7～104.9	4.2
牛奶		200	193.4	92.0～99.8	6.8	鸡蛋		200	201.7	97.8～107.8	3.3
	TAP	50	48.8	96.9～105.8	4.4		TAP	50	48.7	93.8～99.8	5.5
		100	103.7	98.7～108.9	5.1			100	103.5	94.3～106.2	6.1
		200	209.2	99.0～107.8	3.8			200	205.6	97.0～108.8	4.9

基质	化合物	添加浓度/(μg/kg)	平均测定值/(μg/kg)	回收率/%	相对标准偏差/%	基质	化合物	添加浓度/(μg/kg)	平均测定值/(μg/kg)	回收率/%	相对标准偏差/%
	MTU	30	28.8	92.2～98.3	4.2		MTU	30	30.7	98.7～104.4	4.5
		100	104.2	98.2～108.8	5.5			100	98.5	91.7～105.9	4.9
		200	192.8	93.2～100.2	2.7			200	200.3	97.2～103.8	3.3
	MBI	30	29.5	96.6～103.5	4.8		MBI	30	31.8	100.2～109.3	4.3
		100	95.9	90.7～101.9	3.2			100	103.2	96.2～106.6	7.7
		200	192.7	93.2～109.4	6.8			200	199.4	93.9～104.7	2.9
	PTU	5	4.4	86.1～94.3	6.9		PTU	5	5.3	98.2～109.1	3.7
		50	49.6	95.7～105.9	6.1			50	47.5	92.8～106.5	7.8
		100	98.8	97.0～104.6	2.2			100	98.7	95.0～102.8	2.9
	PhTU	5	5.3	90.2～108.1	6.6		PhTU	5	4.5	87.2～99.5	5.7
		50	51.9	97.4～108.2	7.6			50	49.7	95.5～103.5	4.5
		100	104.8	101.7～108.8	3.3			100	102.5	96.9～105.8	3.2

参 考 文 献

[1] 岳振峰. 食品中兽药残留检测指南. 北京：中国标准出版社，2010

[2] EC. Council directive 81/602，Official Journal of European Community，1981，32，L222

[3] Buick R K，Barry C，Traynor I M，McCaughey W J，Elliott C T. Determination of thyreostat residues from bovine matrices using high-performance liquid chromatography. Journal of Chromatography B，1998，720：71-79

[4] Blanchflower W J，Hughes P J，Cannavan A，McCoy M A，Kennedy D G. Determination of thyreostats in thyroid and urine using high-performance liquid chromatography-atmospheric pressure chemical ionisation mass spectrometry. Analyst，1997，122：967-972

[5] GB/T 20742—2006 牛甲状腺和牛肉中硫脲嘧啶、甲基硫脲嘧啶、正丙基硫脲嘧啶、它巴唑、巯基苯并咪唑残留量的测定方法 液相色谱-串联质谱法. 北京：中国标准出版社，2006

[6] GB/T 21310—2007 动物源性食品中甲状腺拮抗剂残留量检测方法 高效液相色谱/串联质谱法. 北京：中国标准出版社，2007

[7] Zakrzewski R，Ciesielski W. Application of improved iodine-azide procedure for the detection of thiouracils in blood serum and urine with planar chromatography. Journal of Chromatography B，2003，784：283-290

[8] Pinel G，Bichon E，Pouponneau K，Maume D，Andre F，Le Bizec B. Multi-residue method for the determination of thyreostats in urine samples using liquid chromatography coupled to tandem mass spectrometry after derivatisation with 3-iodobenzylbromide. Journal of Chromatography A，2005，1085：247-252

[9] De Wasch K，Be Brabander H F，Impens S，Vandewiele M，Courtheyn D. Determination of mercaptobenzimidazol and other thyreostat residues in thyroid tissue and meat using high-performance liquid chromatography-mass spectrometry. Journal of Chromatography A，2001，912：311-317

[10] Yu G Y F，Murby E J，Wells R J. Gas chromatographic determination of residues of thyreostatic drugs in bovine muscle tissue using combined resin mediated methylation and extraction. Journal of Chromatography B，1997，703：159-166

[11] Liu Y，Zou Q H，Xie M X，Han J. A novel approach for simultaneous determination of 2-mercaptobenzimidazole and derivatives of 2-thiouracil in animal tissue by gas chromatography/mass spectrometry. Rapid Communications in Mass Spectrometry，2007，21：1504-1510

[12] Rostkowska H，Szczepaniak K，Nowak M J，Leszczynski R，Kubulat K，Person W B. Tautomerism and infrared spectra of thiouracils. Matrix isolation and *ab initio* studies. Journal of the American Chemical Society，1990，112（6）：2147-2160

[13] Wei Y，Zhang Z J，Zhang Y T，Sun Y H. Determination of propylthiouracil and methylthiouracil in human serum using high-performance liquid chromatography with chemiluminescence detection. Journal of Chromatography B，2007，854：239-244

[14] Pérez-Ruiz T，Martínez-Lozano C，Sanz A，Galera R. An ultrasensitive method for the determination of thiouracil and phenylthiouracil using capillary zone electrophoresis and laser-induced fluorescence detection. Electrophoresis，2005，26：2384-2390

[15] Le Bizec B，Montreau F，Maume D，Montrade M P，Gade C，Andre F. Detection and identification of thyreostates in the thyroid gland by gas chromatography-mass spectrometry. Analytica Chimica Acta，1997，340：201-208

[16] De Brabander H F，Verbeke R. Analysis of anti-hormones. Trends in Analytical Chemistry，1984，3：162-165

[17] Abuin S，Centrich F，Rubies A，Companyo R，Prat M D. Analysis of thyreostatic drugs in thyroid samples by ultra-performance liquid chromatography tandem mass spectrometry detection. Analytica Chimica Acta，2008，617（1）：184-191

[18] Guzman A，Agui L，Pedrero M，Yariez-Sedefio P，Pingarron J M. Carbon fiber cylindrical microelectrode-based detector for the determination of antithyroid drugs. Talanta，2002，56（3-4）：577-584

[19] Hollosi L，Kettrup A，Schramm K W. MMSPE-RP-HPLC method for the simultaneous determination of methimazole and selected metabolites in fish homogenates. Journal of Pharmaceutical and Biomedical Analysis，2004，36：921-924

[20] Zou Q H，Liu Y，Xie M X，Han J，Zhang L. A rapid method for determination and confirmation of the thyreostats in milk and urine by matrix solid-phase dispersion and gas chromatography-mass spectrometry. Analytica Chimica Acta，2005，551：184-191

[21] Zhang L，Liu Y，Xie M X，Qiu Y M. Simultaneous determination of thyreostatic residues in animal tissues by matrix solid-phase dispersion and gas chromatography-mass spectrometry. Journal of Chromatography A，2005，1074（1-2）：1-7

[22] Abuín S，Companyó R，Centrich F，Rúbies A，Prat M D. Analysis of thyreostatic drugs in thyroid samples by liquid chromatography tandem mass spectrometry：Comparison of two sample treatment strategies. Journal of Chromatography A，2008，1207（1-2）：17-23

[23] Economou A，Tzanavaras P D，Notou M，Themelis D G. Determination of methimazole and carbimazole by flow-injection with chemiluminescence detection based on the inhibition of the Cu（II）-catalysed luminol-hydrogen peroxide reaction. Analytica Chimica Acta，2004，505：129-133

[24] De Brabander HF，Verbeke R. Detection of antithyroid residues in meat and some organs of slaughtered animals. Journal of Chromatography，1975，108：141-151

[25] Chesley L C. A method for the determination of thiourea. Journal of Biological Chemistry，1944，152：571-578

[26] van Genderen H，van Lier K L，de Beus J. The determination of 4-methyl-2-thiouracfl in animal tissue and blood. Biochimica et Biophysica Acta，1948，2：482-486

[27] Beheshti A，Riahi S，Pourbasheer E，Reza Ganjali M，Norouzi P. Simultaneous spectrophotometric determination of 2-thiouracil and 2-mercaptobenzimidazole in animal tissue using multivariate calibration methods：Concerns and rapid methods for detection. Journal of Food Science，2010，75（2）：135-139

[28] Brüggemann J，Schole J. Nachweis und quantitative Bestimmung von Thiouracilderivaten in Futtermitteln. Landwirtschaftl Forsch Sonderheft Nr，1967，21：134

[29] Pensabene J W，Lehotay S J，Fiddler W. Method for the analysis of thyreostats in meet tissue using gas chromatography with nitrogen phosphorus detection and tandem mass spectrometric confirmation. Journal of Chromatographic Science，2001，39：195-199

[30] Laitem L，Gaspar P. Gas chromatographic determination of methylthiouracil residues in meat and organs of slaughtered animals. Journal of Chromatography，1977，140：266-269

[31] Asea P E，MacNeil J D，Boison J O. An analytical method to screen for six thyreostatic drug residues in the thyroid gland and muscle tissues of food producing animals by liquid chromatography with ultraviolet absorption detection and liquid chromatography/mass spectrometry. Journal of AOAC International，2006，89（2）：567-575

[32] Chernov'yants M S，Dolinkin A O，Khokhlov E V. HPLC Determination of Antithyroid Drugs. Journal of Analytical Chemistry，2009，64（8）：850-853

[33] Kong D X，Chi Y W，Chen L C，Dong Y Q，Zhang L，Chen G N. Determination of thyreostatics in animal feeds by CE with electrochemical detector. Electrophoresis，2009，30（19）：3489-3495

[34] 陈华宜，古有婵，梁建平. 气相色谱-质谱联用测定猪肾中的甲状腺抑制剂. 中国卫生检验杂志，2002，12（4）：432

[35] Batjoens P，De Brabander H F，De Wasch K. Rapid and high-performance analysis of thyreostatic drug residues in urine using gas chromatography-mass spectrometry. Journal of Chromatography A，1996，750：127-132

[36] 邱元进，林永辉，杨方，张琼，苏芝娇. 液相色谱-串联质谱法测定牛奶中 6 种甲状腺拮抗剂残留. 分析化学，2013，41（2）：253-257

[37] Lohmus M，Kallaste K，Le Bizec B. Determination of thyreostats in urine and thyroid gland by ultra high performance liquid chromatography tandem mass spectrometry. Journal of Chromatography A，2009，1216（46）：8080-8089

[38] Vanden Bussche J，Vanhaecke L，Deceuninck Y，Verheyden K，Wille K，Bekaert K，Le Bizec B，De Brabander H F. Development and validation of an ultra-high performance liquid chromatography tandem mass spectrometry method for quantifying thyreostats in urine without derivatisation. Journal of Chromatography A，2010，1217（26）：4285-4293

20 聚醚类药物

20.1 概 述

聚醚类抗生素（polyether antibiotics，PEs）是 20 世纪 50 年代首次诞生，由链霉菌属发酵分离产生[1]，70 年代用作兽药应用于畜产养殖业的一类具有载体性质的抗生素，具有高效广谱、作用方式独特、耐药性形成缓慢、低残留等特点，是预防肉鸡球虫病的重要药物[2]。此类化合物与化学合成药物的作用机理不同，两类药物之间不会产生交叉耐药性，可以交替使用或结合使用。作为广谱抑制球虫的抗生素比一般的抗生素类（如四环素、螺旋霉素等）抗球虫活性高，在生产中得到了广泛的应用[3]。但是，过量地使用这种抗生素会导致在动物产品中残留，甚至会造成畜禽动物的中毒或死亡。

20.1.1 理化性质和用途

PEs 是从金色链霉菌（streptomyces aureofaciens）发酵产物中分离得到的一类具有离子载体性质的抗生素，主要有莫能菌素（monensin，MON）、盐霉素（salinomycin，SAL）、拉沙洛菌素（lasalocid，LAS）、马杜霉素（maduramicin，MAD）、甲基盐霉素（narasin，NAR）、赛杜拉霉素（semduramicin，SEM）、尼日利亚菌素（nigericin，NIG）和腐霉素（carriomycin）等。PEs 为具有多环醚结构的有机酸，基本骨架为由一定数目的含氧杂环（四氢呋喃和四氢吡喃）连接而成的开链结构，一端连接有羧基，另一端含仲羟基或叔羟基，骨架上连接有众多的甲基、乙基和若干羟基，个别结构中含有不饱和键、羰基、半缩醛、螺旋缩酮、糖苷或芳环。

20.1.1.1 理化性质

PEs 为白色结晶，分子量一般在 600～900 之间，熔点 140～270℃。PEs 呈酸性，pK_a 6～8。PEs 虽然结构中有众多的含氧基团，但由于烷基位于分子的周边，PEs 仍属极性较低的化合物。PEs 分子的特殊构象决定了其游离酸和相应的盐具有相似的溶解性：难溶于水，但在绝大多数有机溶剂（包括饱和碳氢溶剂）中有很高的溶解性，如异辛烷、苯、氯仿、乙醚、乙酸乙酯、丙酮或甲醇等。

PEs 具有中等稳定性，其分子中的环状半缩酮、缩酮和糖苷结构对酸性条件敏感，β-羟基酮结构对热及碱性敏感。PEs 酸根与碱金属离子形成的电中性络合物较游离酸稳定，因此临床上一般用其钠盐。在溶液中或结晶状态下，PEs 的游离酸或盐借分子内氢键和疏水亲脂作用的驱动力自卷呈环状构象存在：PEs 分子两端的羧基与羟基靠分子内氢键相互吸引靠近，骨架一侧众多的含氧基团向中心簇集形成一亲核性的离子陷阱，可以螯合阳离子，疏水的烷基则构成亲脂性的外壳，所以，PEs 既可结合阳离子又可沿生物膜扩散，具有离子载体性质，这是 PEs 抗球虫等其他生物学作用的重要基础。不同 PEs 对各种金属离子的亲和性有差异，但绝大多数 PEs 仅选择性结合单价离子，主要是碱金属离子，如 Na^+、K^+。LAS 具有形成二聚物的倾向，能结合二价阳离子，如 Ca^{2+}、Mg^{2+}[4]。

常见 PEs 的理化性质见表 20-1。

20.1.1.2 用途

PEs 对革兰氏阳性菌有高度的抗菌活性，但对革兰氏阴性菌和真菌则无活性。PEs 抗球虫谱广，且不易产生耐药性，是目前最主要的抗球虫药物之一。PEs 对鸡的各种致病艾美尔球虫以及防治羔羊、绵羊、犊牛、兔子等家畜的球虫病均有很好的效果。除此之外，PEs 还用作牛和猪的促生长剂，提高饲料利用率与增重速度[5]。2009 年报道了 SAL 的抗癌作用[6]，其杀死小鼠乳腺癌干细胞的效力比普通抗癌药（紫杉醇）高 100 倍，而且还能抑制新生肿瘤细胞和减缓肿瘤生长速度。2010 年 Fuchs 等[7]发表了 SAL 抗白血病干细胞的最新研究。白血病干细胞能表达一种 ABC 的转运蛋白，它可以把细胞内的化学治疗药物转运出胞外，但是 SAL 对表达 ABC 转运蛋白的这种癌细胞具有很强的抑制作用，阻止其增殖。

表 20-1 常见 PEs 的理化性质

序号	中文名称	英文名称	分子式	分子量	CAS 号	结构式	溶解性	熔点/℃	外观
1	拉沙洛菌素	lasalocid LAS/LAS A	$C_{34}H_{54}O_8$	590.88	25999-31-9		微溶于水，溶于大部分有机溶剂	110～114	无色结晶性粉末
2	莫能菌素	monensin MON/MON A	$C_{36}H_{62}O_{11}$	670.85	17090-79-8		难溶于水，易溶于有机溶剂	103～105	白色或几乎白色结晶性粉末
3	尼日利亚菌素	nigericin NIG	$C_{40}H_{68}O_{11}$	724.96	28380-24-7		溶于 DMSO 和甲醇	245～255	白色固体粉末
4	盐霉素	salinomycin SAL	$C_{42}H_{70}O_{11}$	751.01	53003-10-4		几乎不溶于水	140～142	白色或淡黄色结晶性粉末，微有特异味
5	甲基盐霉素	narasin NAR	$C_{43}H_{72}O_{11}$	765.15	55134-13-9		不溶于水，溶于大部分有机溶剂	195～200	白色或浅黄色结晶性粉末

续表

序号	中文名称	英文名称	分子式	分子量	CAS 号	结构式	溶解性	熔点/℃	外观
6	马杜霉素	maduramicin MAD	$C_{47}H_{80}O_{17}$	917.14	61991-54-6		不溶于水，可溶于大部分有机溶剂	165~167	白色结晶粉末
7	聚杜拉霉素	semduramicin SEM	$C_{45}H_{75}O_{16}$	873.08	113378-31-7		几乎不溶于水，易溶于有机溶剂	175~176	浅褐色或褐色粉末，其钠盐为白色或淡黄色的结晶性粉末
8	腐霉素	carriomycin	$C_{47}H_{80}O_{15}$	885.13	65978-43-0		在甲醇、乙醇等有机溶剂中易溶，在石油醚、正己烷中极微溶解，在水中几乎不溶	149~155	白色结晶粉末

20.1.2　代谢和毒理学

20.1.2.1　体内代谢过程

除了 SAL 的生物利用度为 73%，其他 PEs 的生物利用度都很低，只有 1%～30%。PEs 在动物体内分布广泛，其中，肝脏和蛋的残留物浓度最高，其次为皮/脂肪、肾脏和肌肉[8]。Tkacikova 等[9]用含 100 mg/kg LAS 的饲料饲喂肉鸡，在 5 天停药期后，检测其可食用组织中 LAS 的残留水平。结果表明，肝脏中含量最高，其次是心脏、皮肤/脂肪、肾、大腿肌肉和肌胃，胸肌中残留最低。

PEs 在体内消除很快，血浆半衰期 $t_{1/2\beta}$ 为 0.2～12 h。绝大部分药物及其代谢产物（>90%）随粪便排出体外，小部分（<5%）随尿排出[8]。一般，肝脏中主要以代谢物形式存在，脂肪中主要以原形药物形式存在。绝大部分被吸收的 PEs 在肝组织内被迅速代谢并失去活性，随胆汁排泄。主要代谢方式是脱甲基，其他包括羟化、脱羧、氧化（成酮）及葡萄糖醛酸结合等[4]。口服的 MON 首先被吸收，然后随胆汁排出，最后经粪便排出体外，并不在组织中蓄积。通过对 ^{14}C 标记的 MON 的代谢试验研究结果表明，饲喂推荐剂量的 MON，在牛和鸡的可食组织中没有检测出 MON（<0.05 mg/kg）。对环境因素的研究也证实，排泄到土壤中的 MON 能很快进行生物降解。各种 PEs 抗球虫药原型药物在不同停药时间、不同种属动物组织中的比例差异较大，但通常仅为一小部分，如停药 0 d，鸡肝组织中 MON 为 7%，鸡脂肪组织中为 70%；牛肝组织中 MON 低于 10%；猪肝组织中 SAL 低于 1%[4]。

离子载体抗球虫药（如 MON、MAD 等）在体内能够广泛地代谢，一些代谢物的结构甚至非常复杂。相比之下，非离子载体物质（如盐酸氯苯胍、癸氧喹酯等）的在体内的结构基本不改变[8]。

20.1.2.2　毒理学与不良反应

PEs 毒性较大，安全范围窄，使用剂量过大、药物在饲料中混合不均匀、应用于非靶动物或与其他药物联合应用均可产生中毒。MON、SAL、LAS 和 MAD 的小鼠经口 LD_{50} 分别为 44 mg/kg、50 mg/kg、146 mg/kg 和 35 mg/kg[10]。

高剂量的 PEs 主要通过干扰动物细胞的离子平衡和能量代谢而产生细胞毒性作用，使细胞出现变性或坏死[11]。静脉注射小剂量的 MON 可产生选择性的冠状血管扩张效应，剂量加大时能引起心收缩率加快及收缩强度加大[12]。这种效应部分是由于内源性的儿茶酚胺的释放增加所致，PEs 中毒时动物的超急性死亡可能是由这种心血管效应引起[13]。PEs 可引起宿主细胞内 Na^+ 升高，进而继发 Ca^{2+} 升高，LAS 可直接引起 Ca^{2+} 升高，细胞 Ca^{2+} 升高可能是组织细胞坏死的重要原因，因为 Ca^{2+} 升高可引起细胞的脂质过氧化增加。目前已有研究报道 PEs 中毒时能引起肉鸡组织脂质过氧化增加，表现为组织的脂质过氧化物含量增加，以及清除脂质过氧化自由基的酶的活性升高[14-16]。对 PEs 中毒时普遍出现腿无力及麻痹症状，Van Vleet 等[17]认为可能与外周神经的功能异常有关。因为有研究表明，PEs 可使神经肌肉接头处神经递质乙酰胆碱开始大量释放，后来由于贮存的乙酰胆碱排空，其释放减少[18]，乙酰胆碱是运动神经和副交感神经的兴奋性神经递质，其释放的改变会导致神经功能的改变。

PEs 在治疗剂量时所引起的中毒是与某些抗菌药物合用所致。许多研究已报道 MON、SAL、NAR 与泰妙灵（tiamulin fumarate premix，TFP）有配伍禁忌[19-21]，这是由于 TFP 降低了离子载体抗生素在肝脏的代谢转化[22]，从而使体内离子载体抗生素浓度升高所致。除此之外，还发现 MON、SAL 等与红霉素、氯霉素、竹桃霉素及某些磺胺药（如磺胺喹恶啉、磺胺氯哒嗪、磺胺二甲氧嘧啶）有配伍禁忌。

20.1.3　最大允许残留限量

最大允许残留限量（maximum residue limit，MRL）又称最大残留限量，指食物中容许残留有害物质的最高限量。中国、美国、日本、加拿大、欧盟等国家的 PEs 在动物组织中的 MRLs 见表 20-2。

表 20-2　PEs 在动物组织中的 MRLs

化合物	残留标示物	动物品种	靶组织	MRLs（mg/kg）				
				中国[23]	美国[24]	日本[25]	加拿大[26]	欧盟[27]
LAS	LAS/LAS A	牛	肝	0.7	0.7	0.02	0.65	
			肌肉			0.02		
			脂肪			0.02		
			肾			0.02		
			内脏			0.02		
			奶			0.01		
		鸡	皮肤和脂肪	1.2	1.2	0.01	0.35	0.1
			肝	0.4	0.4	0.01		0.1
			肌肉			0.01		0.02
			肾			0.01		0.05
			内脏			0.01		—
			蛋			0.005		0.15
		火鸡	皮和脂	0.4	0.4			0.1
			肝	0.4	0.4			0.1
		羊	肝	1.0	1.0			
		兔	肝	0.7	0.7			
		猪	肌肉			0.05		
			脂肪			0.05		
			肝			0.7		
			肾			0.7		
			内脏			0.7		
		其他哺乳动物	肌肉			0.05		
			脂肪			0.05		
			肝			0.9		
			肾			0.7		
		其他家禽	肌肉			0.2		0.02
			脂肪			2		0.1
			肝			0.3		0.1
			肾			0.4		0.05
			内脏			0.4		—
			蛋			0.05		0.15
		蜜蜂	蜂蜜			0.005		
MAD	MAD	鸡	肌肉	0.24		0.1		
			脂肪	0.48		0.4	0.4	
			皮	0.48	0.38			
			肝	0.72		0.8		
			肾			1.0		
			内脏			1.0		
		其他家禽	肌肉			0.1		
			脂肪			0.1		
			肝			0.8		
			肾			1.0		
			内脏			1.0		
MON	MON/MON A	羊/牛/猪/其他哺乳动物	可食组织	0.05	0.05		0.05	
			肌肉		0.05	0.05		
			脂肪		0.05	0.05		
			肾		0.05	0.05		
			肝		0.05	0.05		
			牛奶		0.1	0.01	0.01	
		鸡/火鸡/其他家禽	肌肉			0.5	0.05	
			皮和脂	1.5		0.5		
			肝	3.0		0.5		
			肾	4.5		0.5		
			内脏			0.5		
		牛	肌肉					0.002
			脂肪					0.01
			肝脏					0.03
			肾脏					0.002
			奶					0.002

续表

化合物	残留标示物	动物品种	靶组织	MRLs（mg/kg）				
				中国[23]	美国[24]	日本[25]	加拿大[26]	欧盟[27]
NAR	NAR	鸡	肌肉	0.6		0.1	0.05	
			皮和脂	1.2	480	0.5	0.5	
			肝	1.8		0.3		
			肾			0.3		
			内脏			0.3		
		牛	肌肉			0.05		
			脂肪			0.05		
			肝			0.05		
			肾			0.05		
			内脏			0.05		
		猪	肌肉				0.05	
			肝				0.05	
		其他家禽	肌肉			0.1		
			脂肪			0.5		
			肝			0.3		
			肾			0.3		
			内脏			0.3		
SAL	SAL	牛	肌肉			0.02		
			脂肪			0.02		
			肝			0.4	0.35	
			肾			0.5		
			内脏			0.5		
		猪	肌肉			0.1		
			脂肪			0.1		
			肝			0.2	0.35	
			肾			0.1		
			内脏			0.1		
		鸡	肌肉	0.6		0.1		
			皮和脂	1.2		0.4	0.35	
			肝	1.8		0.5		
			肾			0.5		
			内脏			0.5		
			蛋			0.02		
		其他家禽	肌肉			0.1		
			脂肪			0.1		
			肝			0.5		
			肾			0.5		
			内脏			0.5		
			蛋			0.02		
SEM	SEM	鸡	肌肉	0.13	0.13	0.09		
			肝	0.4	0.4	0.5		
			脂肪			0.5		
			肾			0.2		
			内脏			0.03		
		其他家禽	肌肉			0.09		
			脂肪			0.5		
			肝			0.5		
			肾			0.5		
			内脏			0.5		

20.1.4 残留分析技术

20.1.4.1 前处理方法

在残留分析中，进行样品前处理的最终目的是将待测组分从样品基质中分离出来，并达到残留分析能够检测的状态[28]。其主要作用是将分析物从样品中释放出来，除去样品中的干扰物质。因为生物样品十分复杂，含有成千上万种化合物，这些化合物中任何一种的含量可能是分析物组分的数百倍至数万倍以上。这些样品基质的存在不仅干扰待测物的检测，而且会污染检测仪器和降低设备的使用寿命，因此，样品前处理相当重要。

（1）提取方法

1）液液萃取（liquid liquid extraction，LLE）

PEs 的提取多采用传统的 LLE 方法。常用的提取剂主要有甲醇、乙腈、异辛烷、丙酮等。

潘蕴慈等[29]测定肉鸡肌肉、肝脏、肾脏和脂肪组织中的 SAL 残留，组织样品加甲醇匀浆并提取，再加四氯化碳液液分配，经硅胶层析柱净化后进行测定。方法检测限（LOD）可以达到 0.22 mg/kg，回收率为 69.82%～75.79%。Moran 等[30]测定牛可食性组织中的 MON，组织样品用甲醇-水（850+150，v/v）提取，离心后，用二氯甲烷液液分配，再用 Sep-Pak 硅胶柱净化，液相色谱-柱后衍生化检测。可食性组织的定量限（LOQ）为 25 μg/kg，回收率在 80%～88%之间。

Matabudul 等[31]检测动物肝脏和鸡蛋中 5 种 PEs 残留，向组织中加入无水硫酸钠脱水后，用乙腈提取，再过硅胶柱净化，液相色谱-串联质谱分析。禽肝脏和蛋中药物的平均回收率分别在 92%～118%和 86%～110%之间，方法 LOD 为 1 μg/kg，LOQ 为 2.5 μg/kg。吴荔琴等[32]测定鸡组织中的 MAD，皮肤/脂肪样品用乙腈提取，经弗罗里硅土固相萃取小柱净化，丹磺酰肼溶液衍生化后，用高效液相色谱-荧光检测器分析。方法线性范围为 0.15～7.2 μg/mL，组织添加回收率均大于 70%，LOQ 为 0.03 mg/kg。

张素霞等[33]用异辛烷提取肉鸡肌肉、肝脏和脂肪中的 MON 和 SAL 残留，再用硅胶柱净化，高效液相色谱-柱后衍生化法检测。MON 和 SAL 的 LOD 分别为 0.05 μg/g 和 0.1 μg/g；MON 和 SAL 在肌肉、肝脏和脂肪组织中的平均回收率分别为 97.7%、91.1%、92.1%和 94.1%、85.4%、90.7%，变异系数（CV）在 2.7%～16.8%范围内。

项新华等[34]检测兔肝脏中 MAD 残留，以丙酮-水（9+1，v/v）为提取液，经免疫亲和层析柱纯化后，用高效液相色谱检测。该方法的 LOQ 为 0.05 μg/kg，MAD 在 0.05 μg/kg、0.1 μg/kg 和 0.5 μg/kg 添加水平的平均回收率分别为 75.30%、79.63%和 82.0%，CV 分别为 14.66%、9.33%和 8.49%。陈运勤等[35]用丙酮提取动物组织中的 MAD，过滤，必要时进行浓缩并用丙酮定容，再用薄层色谱检测。方法 LOD 在 0.8 g 以下，线性范围为 1～8 g，相关系数在 0.97 以上。

2）超声辅助萃取（ultrasonic-assisted extraction，UAE）

UAE 是利用超声波的空化效应增加溶剂穿透力，提高药物溶出速度和溶出次数，从而增加物质成分的扩散，缩短提取时间，加速提取过程。

陈笑梅[36]等测定鸡肉中 MON 残留，样品采用甲醇-水（85+15，v/v）搅拌，超声波辅助萃取 5 min，提取液过滤后，再用二氯甲烷液液分配和固相萃取柱进一步净化，采用高效液相色谱-柱后衍生法测定。方法回收率为 88.1%～101.3%，LOQ 为 0.02 mg/kg。Jerez 等[37]建立了检测牛奶中 LAS 的方法。向牛奶样品中加入甲醇后，超声波辅助萃取 30 s，离心取上清液，再加入 NaCl 溶液（10%，w/v）和二氯甲烷进行液液分配净化，取下层溶液，氮气吹干并用流动相复溶后，供液相色谱检测。方法标准曲线的线性范围为 0.5～3.0 μg/mL，日内和日间精密度分别为 7.2%和 7.0%，准确度在 75%～115%之间，LOD 和 LOQ 分别为 0.03 μg/mL 和 0.5 μg/mL。

3）固相微萃取（solid phase microextraction，SPME）

固相微萃取技术是 20 世纪 90 年代兴起的一项新颖的样品前处理与富集技术。将纤维头浸入样品溶液中或顶空气体中一段时间，同时搅拌溶液以加速两相间达到平衡的速度，待平衡后将纤维头取出插入检测仪器热解吸涂层上吸附的物质，完成提取、分离、浓缩的全过程。Park 等[38]开发了使用实验室构建的激光诱导荧光显微镜（LIFM）纳米粒子测定肉及肉制品中 SAL 的高灵敏度和选择性的分析方法。CyS 掺杂的核壳型二氧化硅纳米粒子作为探针，磁性纳米颗粒（MNPs）作为吸附材料，从样品中提取 SAL，并对粒子合成和修饰的化学和酶结合条件进行了优化。该方法可用于火腿、鸡和肉样品中 SAL 的定量测定。方法线性范围为 48～590 pg/mL，灵敏度是酶联免疫分析方法的 100 倍。

（2）净化方法

PEs 的净化方法主要有固相萃取（SPE）、液液分配（LLP）、基质固相分散（MSPD）、和免疫亲和层析（IAC）等，而 SPE 是采用最多的方法。

1）液液分配（liquid liquid partition，LLP）

LLP 是一种根据待测组分与非待测组分在互不相溶的两相溶剂中溶解性不同而进行分离的经典净化方法。溶剂、pH 以及加入的离子对试剂的不同都会影响 LLP 净化的效果。Moran 等[30]建立了牛可食性组织中 MON 的检测方法。组织样品用甲醇-水（850+150，v/v）提取，提取液中再加入 50 mL NaCl 溶液（0.1 g/mL），与二氯甲烷进行 LLP 净化，收集二氯甲烷层，再经 Sep-Pak 硅胶柱净化后，高效液相色谱-柱后衍生化检测。可食性组织的 LOQ 为 25 μg/kg，回收率在 80%～88% 之间。Blanchflower 等[39]采用甲醇提取家禽肌肉、肝脏和鸡蛋中 MON、SAL 及 NAR，超声 10 min，离心后取上清液，加入 0.1 mol/L 氢氧化钠溶液 4 mL，再向混合提取液中加入等体积的甲苯-己烷（1+2，v/v）再次提取药物，取有机层在 60℃ 下氮气吹干，乙腈-水溶液复溶，供液相色谱-质谱分析。方法回收率在 77%～113% 之间，CV 小于 15%；线性范围在 1～400 ng/mL 之间，LOD 低于 1 ng/g。

2）固相萃取（solid phase extraction，SPE）

SPE 用途广泛，而且越来越受残留分析工作者的青睐。SPE 法的关键在于选择合适的吸附剂类型及各种溶剂的用量。PEs 净化常用的 SPE 吸附剂有硅胶、弗罗里硅土（Florisil）、石墨化碳黑、HLB 共聚物和 C_{18} 等。

A. 硅胶柱

Matabudul 等[31]建立了检测动物肝脏和鸡蛋中 5 种 PEs 的残留的方法。向组织中加入无水硫酸钠脱水后，乙腈作为提取剂提取，提取液在重力作用下过硅胶 SPE 柱净化，再用 2 mL 乙腈洗涤，收集全部留出液，40℃ 下蒸发浓缩至 1 mL，0.45 μm 滤膜过滤后，供液相色谱-串联质谱分析。禽肝脏和蛋中药物的平均回收率分别在 92%～118% 和 86%～110% 之间，方法 LOD 为 1 μg/kg，LOQ 为 2.5 μg/kg。Ward 等[40]用异辛烷-乙酸乙酯（90+10，v/v）提取鸡可食性组织（肝脏、肌肉、肾脏、皮肤+脂肪）中的 NAR，提取液经无水硫酸钠脱水后，过硅胶 SPE 柱净化，用二氯甲烷洗涤，二氯甲烷-甲醇（90+10，v/v）洗脱，洗脱液氮气吹干后，用甲醇-水（90+10，v/v）复溶，过滤后，再用液相色谱检测。方法线性范围在 0.125～1.0 μg/mL 之间，所有组织平均回收率在 80.7%～89.0% 之间，方法 LOD 为 2.85 ng/g，LOQ 为 7.04 ng/g。张素霞等[33]建立了肉鸡肌肉、肝脏和脂肪中 MON 和 SAL 的高效液相色谱-柱后衍生-可见光检测方法。样品组织经异辛烷提取后，用硅胶 SPE 柱净化，淋洗液为二氯甲烷，洗脱液为二氯甲烷-甲醇（90+10，v/v），收集洗脱液浓缩后，用甲醇-水溶解，高效液相色谱测定。MON 和 SAL 的 LOD 分别为 0.05 μg/g 和 0.1 μg/g，MON 和 SAL 在肌肉、肝脏和脂肪组织中的平均回收率分别为 97.7%、91.1%、92.1% 和 94.1%、85.4%、90.7%，CV 在 2.7%～16.8% 范围内。陈笑梅[36]等测定鸡肉中 MON 残留，样品采用甲醇-水（85+15，v/v）搅拌，超声波辅助萃取 5 min，提取液过滤到分液漏斗中，再用二氯甲烷-NaCl 溶液 LLP，下层溶液通过无水硫酸钠柱收集到平底磨口烧瓶中，45℃ 下浓缩至干，用二氯甲烷复溶后过 Sep-Pak 硅胶小柱进一步净化（预先用 3 mL 二氯甲烷浸润），洗脱液为 5 mL 二氯甲烷-甲醇（95+5，v/v）。采用高效液相色谱-柱后衍生法测定。方法回收率为 88.1%～101.3%，LOQ 为 0.02 mg/kg。我国农业部于 2001 年发布了动物源食品中 MON 和 SAL 的残留检测方法标准[41]，采用高效液相色谱-柱后衍生-紫外法测定鸡肌肉、脂肪、肝脏和肾脏中 MON 和 SAL 的残留。试样用异辛烷提取，过硅胶 SPE 柱净化，洗脱液为二氯甲烷-甲醇（90+10，v/v），高效液相色谱测定。MON 和 SAL 的 LOD 分别为 50 μg/kg 和 100 μg/kg；在 100 μg/kg 添加浓度水平的回收率为 80%～110%，批内 CV≤10%，批间 CV≤15%。

B. 弗罗里硅土柱

吴荔琴等[32]建立了鸡组织中 MAD 的高效液相色谱-荧光检测法。肌肉、肝脏样品用异辛烷提取，皮肤/脂肪样品用乙腈提取，提取液在（40±2）℃ 水浴下蒸干，异辛烷复溶，用经异辛烷活化的弗罗里硅土 SPE 柱净化，二氯甲烷淋洗，甲醇-二氯甲烷（1+9，v/v）洗脱，洗脱液在氮气下吹干后，用乙腈复溶，衍生化后，供高效液相色谱分析。方法线性范围为 0.15～7.2 μg/mL，组织添加回收率均大于 70%，LOQ 为 30 μg/kg。

C. 石墨化碳黑柱

毕言锋等[42]建立了同时测定了鸡肉中 MON 和 SAL 残留的超高效液相色谱-串联质谱方法。乙腈提取液过预先经二氯甲烷和乙腈活化的石墨化碳黑 SPE 柱净化，提取液上柱后保持滴下速度为 2～3 mL/min，用二氯甲烷-甲醇（80+20，v/v）洗脱，40℃下氮气吹干，乙腈-水（90+10，v/v）复溶，用超高效液相色谱-串联质谱测定。MON 和 SAL 的 LOD 为 0.2 μg/kg，LOQ 为 0.5 μg/kg；回收率为71.9%～95.1%，批内和批间 CV 均小于 15%。

D. HLB 柱

Nász 等[43]建立并验证了牛奶中 11 种抗球虫药的液相色谱-串联质谱检测法。样品用乙腈提取，提取液用预先经乙腈和水活化的 Oasis HLB 柱净化，用水洗涤，乙腈洗脱，液相色谱-串联质谱测定。其中，LAS 回收率在 93.2%～113.9% 之间，LOD 和 LOQ 分别为 0.05 μg/kg 和 0.5 μg/kg。Olejnik 等[44]建立了检测鸡蛋中抗球虫药的液相色谱-串联质谱验证方法，验证的分析物有 LAS、MAD、MON、NAR、SAL、SEM 等抗球虫药。样品用乙腈提取，提取液在 50℃下氮吹至约 1 mL，加水稀释并离心后，将上清液过 Oasis HLB SPE 柱（预先用 2 mL 甲醇和 2 mL 水活化）净化，甲醇洗脱，50℃吹干后用乙腈-水（50+50，v/v）复溶，液相色谱-串联质谱检测。该方法符合欧盟要求，检测限（CC$_\alpha$）在2.92～178 μg/kg 范围，实验室内再现性 CV 在 6.1%～29.3% 之间；LOD 和 LOQ 分别为 0.04～2.62 μg/kg和 0.12～7.54 μg/kg，回收率在 90.4%～111.7% 之间。

E. C18 柱

Aguilar-Caballos 等[45]建立了鸡肝脏中 LAS 的铽（Ⅲ）增敏发光检测法。组织样品用乙醇-36%盐酸溶液超声辅助萃取，过滤提取液后用水稀释，过 C$_{18}$ 柱净化，70%乙醇洗脱。采用 SLM-AmincoMiliflow 停流装置连接 SLM-Aminco Model 8100 光子计数荧光光谱仪检测。鸡肝脏中 LAS 的回收率在 95.9%～104.9% 之间，LOD 达 2 ng/g。Rosén[46]建立了鸡肝脏和鸡蛋中 PEs 离子载体抗生素类药物的液相色谱-串联质谱检测法。样品用 87%甲醇提取后，采用自动净化步骤，SPE 柱为 Isolute MF C$_{18}$（100 mg，预先用甲醇和水活化），80%甲醇洗涤，洗脱液为甲醇，液相色谱-串联质谱分析。鸡蛋中LAS 精确度在 94%～108% 之间，相对标准偏差（RSD）在 4%～10% 之间，LOD 为 0.026 μg/kg。

F. 复合用柱

Martinez 等[47]建立了牛肝脏组织中 MON、SAL、NAR 和 LAS 的液相色谱定量检测方法。用甲醇-水（8+2，v/v）作为提取液，过氧化铝 SPE 柱净化，用甲醇-水（8+2，v/v）洗涤，收集所有流出液与 5% NaCl 溶液混合，用二氯甲烷进行 LLE 提取，收集下层二氯甲烷溶液，48～50℃旋转蒸干，再用甲醇-水（8+2，v/v）复溶后过 Sephadex LH-20 柱（预先用甲醇-水提取液活化），收集流出液，氮吹至干。用 9-蒽基重氮甲烷（ADAM）衍生化后再用硅胶柱净化（预先用己烷湿润，洗脱液为甲醇），高效液相色谱-荧光检测。方法 LOD 为 0.15 mg/kg，线性范围为 0.5～5.0 mg/kg，平均回收率除 LAS为 57%外，其他均在 70%～90% 之间。宫川弘之等[48]建立了同时检测鸡组织中 MON 和 SAL 的残留分析方法。用乙腈提取，提取液过滤后，用乙酸乙酯和水进行 LLP 净化，乙酸乙酯层在氮气下吹干后用氯仿复溶，再过 Sep-pak 硅胶 SPE 柱净化，淋洗液为 10 mL（肝脏 20 mL）氯仿-乙酸乙酯（9+1，v/v），用 5 mL 氯仿-甲醇（9+1，v/v）洗脱，洗脱液氮气吹干，用 1-溴乙酰芘（1-BAP）使 SAL 和MON 生成荧光衍生物，氯仿溶解，再过 Sep-pak 弗罗里硅土柱净化，用乙酸乙酯淋洗，丙酮-水（9+1，v/v）洗脱，洗脱液氮气吹干后，用甲醇复溶，高效液相色谱-荧光检测器测定。方法添加回收率在66.2%～96.2% 之间，LOD 为 50 μg/kg。Olejnik 等[49]建立了同时检测禽肝脏中 12 种抗球虫药（包括LAS、SAL、MON、NAR、MAD 和 SEM）的液相色谱-串联质谱方法。用乙腈提取，向提取液中加入 1 mL 水，混合液用预先经 1 mL 乙腈冲洗活化后的中性氧化铝柱脱脂净化，再过经 2 mL 甲醇和 2 mL水活化的 Oasis HLB 柱净化，用 1 mL 水淋洗，真空抽干 30 s，再用 2 mL 己烷淋洗，真空抽干 10 min后，用 2 mL 己烷淋洗，2×2.5 mL 甲醇洗脱，供液相色谱-串联质谱测定。方法回收率在 81.2%～120.1%之间；除 LAS 的 LOD 为 10.9 μg/kg 外，其他 5 种 PEs 的 LOD 在 0.27～2.77 μg/kg 之间。由于 LAS在氧化铝柱上非重现性保留，LAS 的重现性低于 50%，这一现象 Vincent 等[50]也有提及。

3）基质固相分散萃取（matrix solid phase dispersion，MSPD）

MSPD 是 20 世纪 80 年代末兴起的一种样品处理技术。将固态或液态的样品直接与适量的反相键合硅胶混合并研磨，使样品均匀地分散于固相颗粒的表面后，制成半固态装柱，再对其进行与普通 SPE 类似的淋洗或洗脱等操作，以实现提取和净化一步进行。MSPD 技术具有处理样品速度快、溶剂用量少等特点。Nász 等[43]建立并验证了牛奶中 11 中抗球虫药的液相色谱-串联质谱检测方法。MSPD 所用吸附剂为 Isolute C_{18}（EC），将 2 g 吸附剂与 0.5 mL 牛奶样品混合匀浆，装入一个底部带滤器的注射器筒，洗脱后将洗脱液收集并在氮气下吹干，用 500 μL 乙腈-水（50+50，v/v）复溶，用液相色谱-串联质谱检测。经比较，LAS、MAD、MON 和 NAR 洗脱液为乙酸乙酯时效果最好，其次为甲醇。方法回收率在 77.1%～118.2%之间，经验证满足欧盟委员会决议 2002/657/EC 要求。

4）免疫亲和色谱（immunoaffinity chromatography，IAC）

IAC 根据与惰性固定相连接的抗体对某种或某类残留组分的选择性吸附的原理，对复杂基质样品进行有效净化的一种方法，现已广泛应用于多种药物残留的测定。Ra 等[51]建立了鸡肉中 SAL 和 NAR 的液相色谱分析法。鸡肉样品用乙腈提取，提取液用 PBS 稀释后，过偶联抗 SAL 抗体的 IAC 柱进行净化。在重力下，滴速保持 1 滴/s，先后用 PBS 和水洗涤，甲醇-水（90+10，v/v）洗脱，洗脱液氮气吹干后用 500 μL 甲醇复溶，再用液相色谱-柱后衍生化检测。SAL 和 NAR 日内平均回收率分别在 87.5%～93.1%和 86.2%～94.3%之间，CV 分别为 4.7%～6.2%和 2.4%～5.7%；日间平均回收率分别在 86.0%～93.0%和 86.0%～92.1%之间，CV 分别为 4.8%～6.5%和 5.8%～7.4%；方法 LOD 均为 2.5 ng/g。Godfrey 等[52]通过酶水解作用从鸡组织中提取 MON。首先将 1 mL 木瓜蛋白酶加入均质后的组织中，旋涡混合 5 s，37℃下孵育 16 h，60℃下再孵育 1 h，离心后取上清 4℃贮存；再用 IAC 净化，该免疫吸附剂由 MON 抗血清固定于多孔硅上制备，净化前用 PBS、乙醇和洗脱液灌注 IAC 柱，真空辅助溶液流下，上样后用 PBS 和 1%乙醇淋洗，洗脱液为含 0.03 mol/L 盐酸和 1%（v/v）乙醇的饱和 Na_2EDTA 溶液，最后用化学发光酶联免疫吸附定量测定。鸡不同组织中 MON 的 LOD 范围在 0.09 μg/kg（肝脏）和 1.99 μg/kg（皮肤）之间，肝脏和皮肤的回收率分别为 101.05%±10.67%和 80.99%±0.19%。该 IAC 柱可以重复灌注再次使用。

20.1.4.2　测定方法

目前已报道的 PEs 残留检测方法主要有微生物法（MA）、免疫分析法（IA）、薄层色谱法（TLC）、气相色谱-质谱法（GC-MS）、高效液相色谱法（HPLC）和液相色谱-质谱联用法（LC-MS）等。

（1）微生物法（microbiological analysis，MA）

微生物法具有试样前处理简单、快速、样品容量大、仪器化程度及分析成本低的优点，常作为筛选方法应用在 PEs 残留分析中。PEs 的微生物分析法常用管碟琼脂扩散法，即将敏感试验菌均匀涂布于琼脂培养基表面，向有一定体积的牛津杯（小钢管）加入一定量含抗生素的溶液，使其在培养基上进行扩散渗透，从而产生透明抗生素抑菌圈。在一定浓度范围内，抗生素总量的对数与抑菌圈直径的平方呈线性关系，从而对抗生素进行定量分析。潘蕴慈等[29]用高敏感的嗜热脂肪芽孢杆菌（C-953）作为实验用菌对肉鸡肌肉、肝脏、肾脏和脂肪组织中的 SAL 残留进行测定。用双碟平板培养敏感菌，通过细菌的抑制效应对药物进行检测，用标准曲线定量。组织样品加甲醇匀浆并提取，加四氯化碳 LLP 净化，再经硅胶层析柱净化后进行测定。标准溶液效价浓度的线性范围为 0.05～0.2*r*，回收率为 69.82%～75.79%，方法 LOD 可以达到 0.22 mg/kg。李娜[53]建立了鸡组织中 SAL、MON 和 MAD 的微生物检测方法。向匀浆后组织加入 PBS，振荡 30 min 后，100℃水浴 3 min，冷却后离心提取组织中的药物，采用管碟法进行检测。试验筛选出 MON 的敏感菌为金黄色葡萄球菌和枯草芽孢杆菌，SAL 的敏感菌为枯草芽孢杆菌，MAD 的敏感菌为短小芽孢杆菌和枯草芽孢杆菌。该方法回收率均大于 60%，RSD 在 15%以内；MON、SAL 和 MAD 在各组织中的 LOD 范围分别为 1.25～1.5 μg/g、0.4～0.6 μg/g 和 1.75～2.0 μg/g。

（2）免疫分析法（immunoanalysis，IA）

免疫分析法是以抗原与抗体的特异性、可逆性结合为基础的新型分析技术。目前应用于 PEs 分析的主要有酶联免疫吸附测定法（ELISA）和荧光免疫分析法（FIA）等。

1）酶联免疫分析法（enzyme-linked immuno sorbent assay，ELISA）

ELISA 是基于抗原或抗体的固相化及其酶标记技术的一种免疫测定方法。底物通过与酶反应催化成为有色产物，产物的量与试样中待测物的量直接相关，从而对待测物进行定性或定量分析。Elissalde 等[54]建立了快速 ELISA 法，用以测定畜禽肝组织中 SAL 和 NAR 残留。用 SAL-小牛血清蛋白（BSA）制备了 16 种抗 SAL 的单克隆抗体，这 16 种单克隆抗体在 10 μg/kg 范围内用于识别 SAL 及与其结构相似的 NAR。用筛选出的抗体"SAL05"建立了一种竞争性 ELISA 方法进行检测。样品处理用 pH 7.2 的 Tris-HCl 缓冲液匀浆提取，提取液用上述 ELISA 法检测。该方法平均添加回收率为 87%，标准曲线线性相关系数为 0.9838，SAL 和 NAR 的 IC_{50} 值分别为（0.33±0.10）ng/孔和（0.52±0.62）ng/孔，LOD 为 1000 ng/孔。Muldoon 等[55]采用 ELISA 技术建立了鸡肝组织中 SAL 的检测方法。用免疫蛋白 G 柱纯化腹水中的抗 SAL 单克隆抗体，建立了竞争性抑制 ELISA 方法。组织样品提取缓冲液（pH 7.75）包括水、Tris-HCl、Tris 碱、氯化钠、NFDM 和吐温 20，离心提取液后再用该缓冲液稀释，供 ELISA 检测。方法添加回收率为 83%，LOQ 为 50 μg/kg；与高效液相色谱方法的相关性高（$p<0.0001$），且更为灵敏。Godfrey 等[52]建立了鸡组织中 MON 的化学发光酶联免疫吸附（cELISA）定量测定方法。通过酶水解从鸡组织中提取 MON，再用 IAC 净化，最后用 cELISA 定量测定。鸡不同组织中 MON 的 LOD 范围在 0.09 μg/kg（肝脏）和 1.99 μg/kg（皮肤）之间，肝脏和皮肤的回收率分别为 101.05%±10.67%和 80.99%±0.19%。

2）荧光免疫分析法（fluorescence immunoassay，FIA）

FIA 常用标记免疫测定法，以荧光物质或潜在的荧光物质作为标记物，结合免疫反应和标记物的发光分析，通过荧光检测器检测抗原-抗体复合物中特异性荧光强度，从而对待测物进行定性或定量分析。Peippo 等[56]建立了鸡肉和鸡蛋中 NAR 和 SAL 残留的时间分辨荧光免疫测定法（time-resolved fluoroimmunoassay，TR-FIA）。鸡蛋试样用乙腈提取一次并蒸干，复溶；肌肉试样需要再增加硅胶 SPE 净化，洗脱液为乙腈。用镧系元素铕标记 NAR-转铁蛋白结合物，竞争性 TR-FIA 检测定量。NAR 和 SAL 的平均回收率分别为 81.1%和 91.0%，LOD 分别为 0.28 μg/kg 和 0.56 μg/kg。TR-FIA 同时检测荧光波长和时间两个参数进行信号分辨，有利于排除非特异荧光的干扰，而且镧系元素螯合物 Stokes 位移较大、发射光谱带窄、荧光寿命长，极大地提高了分析灵敏度和特异性。Wang 等[57]建立并优化了用特异性多克隆抗血清检测 MAD 的荧光偏振免疫测定（FPIA）的方法。MAD-BSA 作为免疫原，荧光标记 MAD 用活化酯法合成，标记物为异硫氰酸荧光素乙二胺（EDF），薄层色谱纯化。鸡组织样品和全蛋样品用甲醇提取 MAD，离心后除去脂滴，900 μL 硼酸缓冲液（BB）中加入 100 μL 鸡组织甲醇上清液，或者 800 μL BB 中加入 200 μL 全蛋甲醇上清液，稀释后 FPIA 测定。该方法动态范围在 0.01～5.6 μg/mL 之间，IC_{50} 为 0.16 μg/mL，LOD 为 0.002 μg/mL；鸡肌肉、脂肪和蛋组织在 0.25 μg/g、5 μg/g 和 10 μg/g 添加水平的回收率在 82%～130%之间。

（3）薄层色谱法（thin layer chromatography，TLC）

TLC 是在经典柱色谱和纸色谱的基础上发展起来的一种色谱技术，到 20 世纪 60 年代才得广泛的应用。PEs 残留的 TLC 检测法通常使用硅胶做固定相，展开剂主要有四氯化碳-甲醇、氯仿-甲醇和苯-甲醇等体系，由于 PEs 的极性较低，低极性溶剂的比例一般在 80%～90%以上，用香草醛显色进行结果判断。陈运勤等[35]运用 TLC 法测定动物组织中 MAD 的含量。样品经丙酮提取，过滤，收集滤液，必要时进行浓缩并用丙酮定容，供 TLC 检测。TLC 使用硅胶 GF254 薄层板，展开剂为乙酸乙酯-氯仿（2+1，v/v），用香草醛-浓硫酸-甲醇溶液（3+1+100，v/v）显色，在薄层扫描仪上对斑点进行扫描定量。方法 LOQ 在 0.8 μg 以下，线性范围为 1～8 μg，相关系数在 0.97 以上。Heil 等[58]建立了兔组织中 SAL 钠盐残留的 TLC 半定量检测法。用丙酮提取组织中的药物，石油醚净化，TIC 使用硅胶板，展开剂为己烷-乙醚-甲醇-乙酸（70+30+1+0.5，v/v），生物自显影检测所用的试验生物为嗜热脂肪芽孢杆菌。该方法灵敏度为 10 μg/kg，回收率在 50%～100%之间。

（4）气相色谱-质谱法（gas chromatography-mass spectrometry，GC-MS）

由于 PEs 分子量大，难气化，热稳定性差，用 GC 测定非常困难，灵敏度低，除 LAS 外，其他 PEs 采用 GC 分析的相关资料极少。Weiss 等[59]建立了牛肝脏中 LAS 的热解 GC-MS 检测方法。用乙腈提取均质组织中的 LAS，再用等体积的己烷洗涤提取液，弃去己烷层，取 20 mL 乙腈提取液在 60℃下氮气吹干，加 50 μL Regisil 衍生化试剂在 60℃下反应 1 h。Regisil 试剂含 N, O-双（三甲基硅烷基）三氟乙酰胺（BSTFA）和 1%三甲基氯硅烷（TMCS）。衍生化后，供 GC-MS 分析。GC 分析柱为 Whatman Partisil M910/25 玻璃柱，填充物为 3% SE-30，120-140 网格硅藻土型色谱载体 Q，电离源为化学电离源（CI），质谱检测器为四极杆质谱，选择离子（SIM）模式检测。方法的 LOD 为 50 μg/kg。

（5）高效液相色谱法（high performance liquid chromatography，HPLC）

HPLC 是 PEs 最常用的残留检测方法，该方法具有较高的灵敏度和特异性。PEs 的 HPLC 法可分为直接检测法和衍生化检测法。

1）直接检测法

直接检测法即未经衍生化步骤的分析方法。LAS 含酚甲酸荧光基团，可直接使用荧光检测器（FLD）测定，也可用紫外检测器（UVD）测定，但由于灵敏度的原因，UVD 多用于饲料和预混剂的测定。Weiss 等[60]首次建立了动物组织中 LAS 的 HPLC-FLD 测定法。取 10 g 肝脏组织，用乙腈提取，转移部分提取上清液，用己烷洗涤脱脂后，在氮气下吹干，用经 1 mL 流动相饱和的水复溶，再用 2 mL 流动相提取，供 HPLC-FLD 分析。色谱分析柱为 Whatman Partisil 10 PXS 10/25 柱（25 cm×4.6 mm，10 μm），流动相为四氢呋喃-甲醇-氢氧化铵-己烷（150+30+10+810，v/v）的上清液和四氢呋喃-甲醇-己烷（150+30+820，v/v）按体积比 3：1 组成，等度洗脱，流速 2 mL/min，FLD 测定的激发波长为 310 nm，发射波长为 430 nm。该方法 LOD 为 25 μg/kg，回收率在 70%以上。Kaykaty 等[61]建立了牛、鸡、狗、大鼠及小鼠血液中 LAS 的 HPLC-FLD 直接检测方法。用乙酸乙酯提取 LAS，60℃下氮气吹干提取液，HPLC 流动相复溶，HPLC 分析柱为 Partisil PXS 5/25 硅胶柱（25 cm，5 μm），流动相为己烷-四氢呋喃-甲醇-三乙胺-氨水（810+140+20+20+10，v/v），流速为 0.9 mL/min，FLD 激发波长为 310 nm，发射波长为 430 nm。在 5 μg/kg～5 mg/kg 范围内，平均添加回收率为 84%，CV 为 4%～8%，线性范围为 3.0～500 ng/mL。

2）柱前衍生法

除 LAS 外，其他 PEs 均无发色基团，在紫外吸收光谱中呈末端吸收（210～220 nm），用常规 HPLC 法难以直接测定。但其结构中含有众多的活性基团，如羧基、羟基、酮基、缩醛和半缩醛等，可供紫外或荧光衍生化。紫外衍生化方法常采用吡啶重铬酸盐（PDC）衍生化法，荧光衍生化方法常采用 9-蒽重氮甲烷（ADAM）衍生化法和 1-溴乙酰芘（1-BAP）衍生化法。

A. 吡啶重铬酸盐（pyridinium dichromate，PDC）衍生化

Dimenn 等[62]采用柱前衍生 HPLC 法测定了鸡皮肤、脂肪中 SAL 残留。用甲醇提取，提取液中加入四氯化碳 LLP 净化，再用硅胶柱和 C18 柱净化，净化后的 SAL 洗脱液在氮气下吹干，用二氯甲烷复溶后与 10 mg PDC 混合，室温振荡 30 min 进行衍生化反应，加入 1 mL 5%碳酸氢钠和 1 mL 二氯甲烷，振荡，去除水层，将二氯甲烷层用 1 mL 5%碳酸氢钠洗涤 4 次，用 1 mL 水洗 1 次。将二氯甲烷层用无水硫酸钠干燥后，过硅胶柱（0.2 g）净化，HPLC 测定。流动相为水-四氢呋喃-磷酸-乙腈（60+40+0.1+900，v/v），色谱分析柱为 Altex Ultrasphere ODS 柱（25 cm×4.6 cm），流速为 2.0 mL/min，UVD 在 225 nm 检测。该方法 LOD 为 0.1 mg/kg，回收率在 94%～102.1%之间。

B. 9-蒽重氮甲烷（9-anthryldiazomethane，ADAM）衍生化

Takatsuki 等[63]建立了鸡组织中 MON 的 HPLC-FLD 检测法。用甲醇-水（8+2，v/v）提取鸡组织中的 MON，用氯仿和水 LLP 净化，经硅胶 SPE 柱净化后，40～45℃下旋转蒸干，2 mL 甲醇复溶，将其加入 30 mL 0℃的 0.1 mol/L KH2PO4（pH 3.0）溶液中混合，酸化处理 5 min 后再用氯仿 LLE 溶液中的药物，40～45℃下旋转蒸干有机层，2 mL 甲醇复溶。加 0.5 mL 10 μmol/mL 的 ADAM 溶液，室温、避光、过夜进行衍生化反应，40℃旋转蒸干后用 2 mL 二氯甲烷复溶，过硅胶柱净化后，用正

相 HPLC-FLD 测定。色谱分析柱为 Nova-Pak C$_{18}$ 柱（30 cm×3.9 mm），流动相为二氯甲烷-甲醇（19+1，v/v），流速 1.0 mL/min，激发波长 365 nm，发射波长 412 nm。方法的添加回收率在 47%～78% 之间，CV 在 1.8%～7.1% 之间，LOD 为 1 μg/kg。

C. 1-溴乙酰芘（1-bromoacetylpyrene，1-BAP）衍生化

宫川弘之等[48]建立了同时检测鸡组织中 MON 和 SAL 的残留分析方法。组织中的 SAL 和 MON 用乙腈提取，提取液用乙酸乙酯和水进行 LLP 净化，取乙酸乙酯层，氮气吹干后用氯仿复溶，再过硅胶 SPE 柱净化，洗脱液氮气吹干，加 2 mL 0.2% 的 1-BAP 乙腈溶液，再加 100 μL 2% 的 Kryptofix 222 乙腈溶液催化，在 50℃ 下反应 90 min，使 SAL 和 MON 生成荧光衍生物，再加入 10 mL 氯仿，过 Sep-pak 弗罗里硅土柱净化后，用 HPLC-FLD 测定。色谱柱为 L-column ODS（250 nm×4.6 mm），流动相为甲醇-水（96+4，v/v），柱温 40℃，流速 1.0 mL/min，激发波长 360 nm，发射波长 450 nm。方法添加回收率在 66.2%～96.2% 之间，LOD 为 50 μg/kg。

3）柱后衍生法

尽管 PEs 有多种衍生化方法，但由于灵敏度不够、过程繁琐等原因使其应用受到一定限制，而柱后衍生法具有一定的优势，在动物源基质中 PEs 的柱后衍生 HPLC 检测中主要为芳香醛衍生化法。Gerhardt 等[64]建立了动物组织中 MON、SAL 和 NAR 的 HPLC 检测法。用异辛烷-乙酸乙酯（9+1，v/v）提取药物，过硅胶 SPE 柱净化后，HPLC 检测。色谱分析柱为 Intersil ODS-2 柱（250 mm×3.2 mm，5 μm），流动相为甲醇-0.01 mol/L 乙酸铵（94+6，v/v，pH4.0），流速为 0.5 mL/min。柱后衍生化试剂香草醛当日配制，将 9.5 g 99% 的香草醛溶于 127.5 mL 冷甲醇-硫酸（125+2.5，v/v）中配成。衍生反应温度为 100℃，流速 0.3 mL/min。UVD 检测波长为 520 nm。NAR、SAL 的 LOD 为 5 μg/kg，MON 为 2 μg/kg，所有药物的 LOQ 均为 5 μg/kg；MON、SAL 和 NAR 的平均回收率分别为 94.3%、97.2% 和 94.1%。Moran 等[30]建立了牛可食性组织和奶中 MON 的 HPLC-UVD 方法。用甲醇-水（850+150，v/v）作为提取液，过 Sep-Pak 硅胶 SPE 净化。色谱分析柱为 Whatman Partisil ODS-3 柱（25 cm×4.6 mm），流动相为甲醇-水-乙酸（940+60+1，v/v），甲醇-硫酸-香草醛（95+2+3，v/v/w）进行柱后衍生化（防止紫外照射），流动相和衍生化试剂的流速均为 0.7 mL/min，衍生反应温度为 98℃。产物在 520 nm 处检测。奶和可食性组织的 LOQ 分别为 5 μg/kg 和 25 μg/kg，回收率在 80%～88% 之间。我国农业部于 2001 年发布的动物源食品中 MON 和 SAL 的残留检测方法标准[41]，采用 HPLC-柱后衍生-UVD 法测定鸡肌肉、脂肪、肝脏和肾脏中 MON 和 SAL 的残留。试样用异辛烷提取，经硅胶 SPE 柱净化后，HPLC 测定。色谱柱为 C$_{18}$ 柱（250 mm×4.6 mm，5 μm），流动相为甲醇-冰乙酸-水（94+3+3，v/v），衍生液为香草醛溶液，流动相和衍生液流速均为 0.7 mL/min，衍生反应温度为 95℃，UVD 检测波长为 520 nm。MON 和 SAL 的 LOD 分别为 50 μg/kg 和 100 μg/kg；在 100 μg/kg 添加浓度水平的回收率为 80%～110%，批内 CV≤10%，批间 CV≤15%。

（6）液相色谱-质谱法（liquid chromatography-mass spectrometry，LC-MS）

20 世纪 90 年代以来，LC-MS 随着电喷雾（ESI）技术的逐渐成熟，为 PEs 残留的确证分析提供了强有力的工具。同时，LC-MS 具有很高的选择性和灵敏度，大大简化了前处理步骤。

1）液相色谱-单极四极杆质谱法（LC-MS）

Blanchflower 等[39]建立了同时测定家禽肌肉、肝脏和鸡蛋中 MON、SAL 及 NAR 的 LC-MS 检测方法。采用甲醇提取，甲苯-己烷 LLP 净化，浓缩后用 LC-MS 分析。流动相为乙腈-甲醇-四氢呋喃-水-三氟乙酸（67+10+10+13+0.1，v/v），分析柱为 Intersil ODS-2 反相柱（150 mm×4.6 mm，5 μm），流速 1 mL/min，质谱电离模式为电喷雾（ESI）正离子，SIM 模式检测。方法回收率在 77%～113% 之间，CV 在 4.4%～15% 之间，线性范围在 10～400 ng/mL 之间，LOD 为 0.5～1 ng/g。Hormazábal 等[65]使用 LC-MS 分析了鸡脂肪、肝脏、肌肉、血液和蛋中包括 MON、LAS、SAL 和 NAR 在内的 6 种抗球虫药残留。提取液为丙酮-四氢呋喃，两相分离后，将有机相蒸干，用己烷复溶，硅胶 SPE 柱纯化，供 LC-MS 分析。色谱分析柱为 C$_{18}$ 柱（250 mm×4.6 mm，5 μm），流动相为甲醇-10 mmol/L 醋酸铵（85+15，v/v），前 15 min 流速为 0.8 mL/min，后 10 min 为 1 mL/min，分流比为 1:20，单四极杆质

谱，ESI+电离，SIM 监测模式。上述 4 种 PEs 在鸡脂肪、肝脏、肌肉、蛋组织中 LOD 为 1-7 ng/g，血浆为 4～10 ng/g，回收率在 61%～121%之间。

2）液相色谱-串联四极杆质谱法（LC-MS/MS）

毕言锋等[42]采用超高效液相色谱（UPLC）-MS/MS 同时测定了鸡肉中 MON 和 SAL 残留。采用乙腈提取，石墨化碳黑 SPE 柱净化，然后用 UPLC-MS/MS 测定。色谱柱为 ACQUITY UPLC^{TM} BEH C$_{18}$ 柱（50 mm×2.1 mm，1.7 μm），0.1%甲酸乙腈溶液-0.1%甲酸（9+1，v/v）为流动相，流速 0.2 mL/min，ESI 电离，多反应监测（MRM）模式检测。MON 和 SAL 的 LOD 为 0.2 μg/kg，LOQ 为 0.5 μg/kg；在 0.5 μg/kg、1.0 μg/kg、2.0 μg/kg 三个浓度水平，回收率为 71.9%～95.1%，批内和批间 CV 均小于 15%。Olejnik 等[49]建立了同时检测鸡肝中包括 LAS、SAL、MON、NAR、MAD 和 SEM 在内的 12 种抗球虫药的 LC-MS/MS 方法。用乙腈提取，过氧化铝柱和 Oasis HLB 固相萃取柱净化，LC-MS/MS 测定。分析柱为 PhenylHexyl 柱（150 mm×2.0 mm，3 μm），流动相为乙腈、甲醇和 0.01 mol/L 甲酸铵缓冲液（pH 4.0），梯度洗脱，流速 0.2 mL/min，ESI 电离，源温 450℃，MRM 扫描模式检测。方法回收率在 81.2%～120.1%之间；除 LAS 的 LOD 为 10.9 μg/kg 外，其他 5 种 PEs 的 LOD 在 0.27～2.77 μg/kg 之间。梁春来等[66]建立了鸡肉和鸡肝中 LAS、SAL、MON、NAR 和 MAD 的 LC-MS/MS 检测方法。采用甲醇提取，经硅胶柱净化，以 0.1%甲酸乙腈-0.1%甲酸（97+3，v/v）为流动相，Symmetry Shield RP18 色谱柱（150 mm×2.1 mm，5 μm）分离，ESI 正离子扫描，MRM 方式检测。鸡肉和鸡肝中 5 种 PEs 的 LOQ 为 0.1～1.0 μg/kg，平均回收率在 71.6%～99.1%之间。蓝丽丹等[67]建立了动物肌肉组织中 6 种 PEs（MON、MAD、SAL、LAS、NAR 和 NIG）的 LC-MS/MS 快速测定法。样品经乙腈提取，并以乙腈饱和的正己烷净化，采用甲酸水溶液-甲醇体系为流动相，梯度洗脱，ESI 正离子，MRM 模式进行质谱分析。各抗生素的回收率为 88.0%～108.7%，RSD 为 2.3%～6.1%；6 种待测物在 1.0～150 ng/mL 范围内均呈线性，线性回归系数 R^2 均大于 0.99，LOD 为 0.05～0.2 μg/kg。

Mortier 等[68]建立了鸡蛋中 NAR、MON、LAS 和 SAL 的 LC-MS/MS 测定方法。用乙腈超声提取，蒸干，用乙腈-水（90+10，v/v）复溶，过滤后直接 LC-MS 测定。分析柱为 C$_{18}$ 柱（150 mm×2.1 mm，5 μm），柱温 40℃，流动相为 0.1%甲酸溶液-0.1%甲酸乙腈溶液（90+10，v/v），流速 0.25 mL/min，ESI 正离子电离，MRM 监测模式，以 NIG 作为内标物定量。方法 CC$_α$ 为 1 μg/kg，LOD 为 2 μg/kg，所有药物回收率在 90.3%～112.7%之间。Heller 等[69]开发了一种适用于快速检测鸡蛋中多种非极性药物（包括 LAS、MON、SAL 和 NAR）残留的方法。样品经过简单的前处理及硅胶 SPE 净化后，用 LC-MS/MS 分析。反相分析柱为 YMC 苯基柱（50 mm×4 mm，3 μm），乙腈和 0.1%甲酸为流动相，梯度洗脱，流速 700 μL/min。质谱为 ESI$^+$电离，MRM 模式监测。4 种 PEs 的 LOD 为 1 μg/kg，回收率在 60%～85%之间。Dubreil-Chéneau 等[70]建立了同时测定鸡蛋中 LAS、SAL、MON、NAR、MAD 和 SEM 等 10 种抗球虫药的 LC-MS/MS 方法。用乙腈提取，蒸干，用乙酸钠-乙腈（50+50，v/v）溶解，LC-MS/MS 检测。用 Zorbax Ecliose XDB-C$_8$ 色谱柱（150 mm×3 mm，5 μm）分离，水、甲醇和乙腈为流动相，梯度洗脱，流速 0.6 mL/min，不分流，ESI$^+$电离，脱溶剂温度 350℃，毛细管电压 4500 V，MRM 模式检测，以 NIG 作为内标定量。方法的 CC$_α$ 为 0.27～0.98 μg/kg，回收率可达 90%。

Matabudul 等[71]建立了 LC-MS/MS 法同时检测动物肝脏和蛋中的 4 种 PEs。先加入无水硫酸钠脱水，乙腈提取，再过硅胶 SPE 柱净化，蒸干洗脱液至 1 mL，过滤，供 LC-MS/MS 分析。流动相为乙腈-水-甲醇-四氢呋喃-三氟乙酸（67+13+10+10+0.1，v/v），分析柱为水杨酸苯酯 Luna C$_{18}$ 柱（150 mm×2.1 mm，3 μm），流速 0.3 mL/min，ESI$^+$电离，MRM 模式检测。动物肝脏中 LAS、MON、NAR、SAL 的添加回收率分别为 93%～103%、96%～103%、93%～102%、97%～106%，鸡蛋中平均添加回收率分别为 101%、103%、98%、102%；LOD 均为 1 ng/mL，LOQ 为：LAS 50 ng/g，MON 25 ng/g，NAR 和 SAL 10 ng/g。Rokka 等[72]建立了鸡蛋和鸡肉中 LAS、MON、SAL 和 NAR 的定量分析方法。用乙腈提取，硅胶柱净化，LC-MS/MS 分析。分析柱为 Luna C$_{18}$ 柱（150 mm×3 mm，5 μm），流动相为含 2%乙酸的乙腈-2 mmol/L 氨基乙酸（95+5，v/v），流速 0.5 mL/min，ESI$^+$电离，MRM 模式监测。鸡蛋中药物回收率为 64%～99%，鸡肉为 62%～100%；鸡蛋中 CC$_α$ 为 0.9～2.0 μg/kg，检测能力

（CC_β）为 $1.7\sim3.2\ \mu g/kg$；鸡肉中 CC_α 为 $0.8\sim1.4\ \mu g/kg$，CC_β 为 $1.5\sim2.5\ \mu g/kg$。Shao 等[73]报道了鸡蛋和鸡肉中 14 种抗球虫药物（包括 PEs）的 LC-MS/MS 分析方法。样品用乙腈提取，经浓缩复溶后，直接进 LC-MS/MS 测定。C_{18} 色谱柱分离，ESI 在正负切换模式扫描，MRM 检测，采用基质添加标准曲线定量。方法 LOQ 在 $0.1\sim0.2\ \mu g/kg$ 之间，添加回收率为 $78.0\%\sim125.2\%$。张骏等[74]也建立了可同时检测动物源食品中 SAL、NAR、MAD、MON 和 LAS 多残留的 LC-MS/MS 方法。色谱柱为 Sunfire C_{18} 柱（$100\ mm\times2.1\ mm$，$3\ \mu m$），柱温 25℃，流动相为乙腈-0.1%甲酸水（$90+10$，v/v），进样量 $25\ \mu L$，流速 $0.4\ mL/min$，ESI 离子化，正离子、MRM 扫描。方法 LOD 为 SAL $0.002\ mg/kg$，其余 4 种为 $0.005\ mg/kg$，平均加标回收率在 $83.8\%\sim99.2\%$ 之间，RSD 在 $3.8\%\sim10.3\%$ 之间。

20.2　公　定　方　法

20.2.1　牛奶和奶粉中 6 种聚醚类抗生素残留量的测定　液相色谱-串联质谱法[75]

20.2.1.1　适用范围

适用于液态奶（包括原料奶、纯牛奶、脱脂牛奶）和奶粉（包括纯奶粉、脱脂奶粉和婴幼儿配方奶粉）中拉沙洛菌素、莫能菌素、尼日利亚菌素、盐霉素、甲基盐霉素、马杜霉素残留量的液相色谱-串联质谱法测定。方法检测限：牛奶中拉沙洛菌素、莫能菌素、尼日利亚菌素、盐霉素、甲基盐霉素、马杜霉素检测限均为 $0.2\ \mu g/L$；奶粉中拉沙洛菌素、莫能菌素、尼日利亚菌素、盐霉素、甲基盐霉素、马杜霉素检测限均为 $1.6\ \mu g/kg$。

20.2.1.2　方法原理

用乙腈提取，固相萃取柱净化，高效液相色谱-串联质谱仪测定，外标法定量。

20.2.1.3　试剂和材料

乙腈、甲醇、正己烷：色谱纯；甲酸、乙酸铵：优级纯。

乙腈饱和的正己烷：取少量乙腈加入正己烷中，充分混匀。静止分层后，取上层正己烷。

无水硫酸钠：用前在 650℃灼烧 4 h，置于干燥器中冷却后备用。

水系流动相：1 mL 甲酸与 0.385 g 乙酸铵溶于 1000 mL 水，混匀。当天配制。

甲醇溶液（$1+1$，v/v）：100 mL 甲醇与 100 mL 水混合均匀。

拉沙洛菌素、莫能菌素、尼日利亚菌素、盐霉素、甲基盐霉素、马杜霉素标准品：纯度≥95%。

标准储备溶液：准确称取适量的每种标准物质，分别用甲醇配制成浓度为 1 mg/mL 标准储备溶液。储备液贮存在 -18℃冰柜中；标准工作溶液：吸取 1.00 mL 标准储备溶液，移入 100 mL 棕色容量瓶，用甲醇定容，该溶液浓度为 10 μg/mL，贮存在 $0\sim4$℃冰箱中。

Oasis HLB 固相萃取小柱或相当者：3 mL，60 mg。使用前依次用 3 mL 甲醇和 5 mL 水活化小柱，保持柱体湿润。

20.2.1.4　仪器和设备

液相色谱-串联质谱联用仪：配有电喷雾离子源（ESI 源）；分析天平：感量 0.1 mg 和 0.01 g；旋涡混匀器；振荡器；离心机：最大转速不低于 5000 r/min；移液器：1 mL；自动浓缩仪或相当者；浓缩瓶：50 mL；固相萃取装置；氮气吹干仪。

20.2.1.5　样品前处理

（1）试样制备

从全部样品中取出有代表性样品约 1 kg，充分混匀，均分成两份，分别装入洁净容器内。密封后作为试样，标明标记。在抽样和制样的操作过程中，应防止样品受到污染或发生残留物含量的变化。将试样于 4℃保存。

（2）提取

牛奶样品：称取 10.0 g 混匀的试样于 50 mL 聚丙烯离心管中，加无水硫酸钠约 10 g 和乙腈 2×20 mL，涡旋混匀 1 min，振荡 10 min，以 3000 r/min 离心 3 min。合并上清液，加 10 mL 乙腈饱和的正己烷，涡旋 1 min，弃去正己烷，减压浓缩至近干。用 4 mL 甲醇溶液溶解残渣，待净化。

奶粉样品：称取 12.5 g 奶粉于烧杯中，加适量 35～50℃水将其溶解，待冷却至室温后，用水定容至 100 mL，充分混匀。量取 10.0 g 样品溶液于 50 mL 聚丙烯离心管中，按以上提取步骤操作。

（3）净化

将所得的样品溶液加载到固相萃取柱中，并用 2 mL 甲醇溶液淋洗浓缩瓶，并入固相萃取柱，依次用 5 mL 水和 3 mL 甲醇溶液淋洗柱体，4 mL 甲醇洗脱。用氮气吹干仪将洗脱液吹干，用 1.0 mL 甲醇溶解，过 0.2 μm 滤膜，供液相色谱-串联质谱测定。

（4）基质标准工作溶液的制备

称取 6 份阴性样品各 10.0 g，置于 50 mL 具塞的聚丙烯管中，分别加入不同体积的六种聚醚类抗生素的标准工作溶液，按上述步骤操作。制备成浓度为 1.0 ng/mL、5.0 ng/mL、10.0 ng/mL、20.0 ng/mL、50.0 ng/mL、100.0 ng/mL 的基质标准工作溶液。

20.2.1.6　测定

（1）液相色谱条件

色谱柱：BEH C$_{18}$（50 mm×2.1 mm，1.7 μm）或相当者；柱温：40℃；进样量：5.0 μL；流动相：流动相 A：甲醇，流动相 B：水系流动相。洗脱程序及流速见表 20-3。

表 20-3　流动相梯度程序及流速

时间/min	流速/(μL/min)	A/%	B/%
0.00	250	90.0	10.0
2.00	250	70.0	30.0
2.01	250	90	10.0
2.50	250	90	10.0

（2）串联质谱条件

离子源：电喷雾离子源；扫描方式：正离子扫描；检测方式：多反应监测；毛细管电压：2.8 kV；离子源温度：110℃；去溶剂气温度：380℃；去溶剂气（氮气）流量：600 L/h；锥孔气（氮气）流量：50 L/h；碰撞气流量：0.1 L/h；锥孔电压、碰撞能量和驻留时间等质谱参数及母离子和子离子见表 20-4。

表 20-4　六种聚醚类抗生素的质谱参数和保留时间

化合物	保留时间/min	母离子(m/z)	定量离子(m/z)	定性离子(m/z)	碰撞能量/V	驻留时间/ms	锥孔电压/V
拉沙洛菌素	1.48	613.5	377.1	377.1	28	50	72
				595.3	38		
莫能菌素	1.23	693.5	675.6	675.6	51	50	65
				479.3	40		
尼日利亚菌素	1.76	742.7	657.6	657.6	30	50	42
				461.4	25		
盐霉素	1.55	773.6	431.1	773.6	50	50	65
				531.5	48		
甲基盐霉素	1.85	787.6	431.5	787.6	45	50	70
				531.3	48		
马杜霉素	1.38	939.6	877.4	877.4	30	50	38
				896.3	30		

（3）定性测定

样品溶液按照液相色谱-串接质谱分析条件进行测定时，如果检出的质量色谱峰保留时间与基质标准溶液中对应物质的保留时间一致，并且在扣除背景后的样品质谱图中，子离子的相对丰度与浓度接近的、相同条件下所得到的基质标准溶液谱图相比，误差不超过表 1-5 规定的范围，则可以判断样品中存在对应的被测物质。

（4）定量测定

　　根据样品中被测物质的含量情况，选取峰面积相近的标准工作溶液一起进行液相色谱－串接质谱分析。标准工作溶液和待测样液中聚醚类抗生素的响应值均应在检测的线性范围内。对标准工作溶液和待测样液等体积参插进样测定。在上述液相色谱-串接质谱分析条件下，6 种被测物质的保留时间见表 20-4。其标准品的多反应离子监测色谱图见图 20-1 至图 20-6。

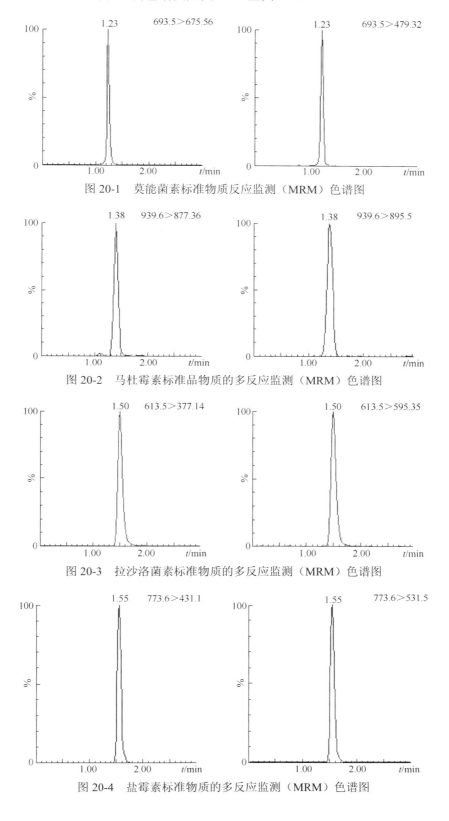

图 20-1　莫能菌素标准物质反应监测（MRM）色谱图

图 20-2　马杜霉素标准品物质的多反应监测（MRM）色谱图

图 20-3　拉沙洛菌素标准物质的多反应监测（MRM）色谱图

图 20-4　盐霉素标准物质的多反应监测（MRM）色谱图

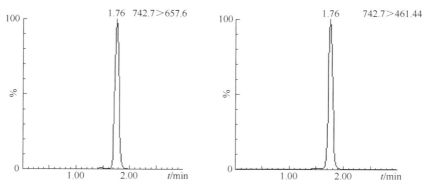

图 20-5　尼日利亚菌素标准物质的多反应监测（MRM）色谱图

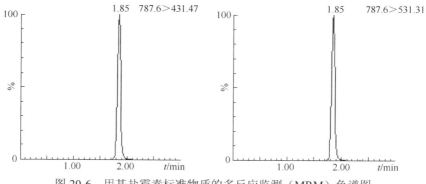

图 20-6　甲基盐霉素标准物质的多反应监测（MRM）色谱图

20.2.1.7　分析条件的选择

（1）提取方法选择

本方法对比了用甲醇、乙腈、乙酸乙酯作为提取溶剂的回收率。

1）用甲醇作为提取溶剂

称取 5.0 g（精确至 0.01 g）牛乳样品于 50 mL 离心管中，滴加 5 mol/L 盐酸调至 pH 约为 4.6，并记录盐酸消耗量。加入 15 mL 甲醇，涡旋混匀 1 min，置于 50℃水浴 30 min，超声波提取 10 min，以 4000 r/min 离心 10 min。取上清液 10 mL，待净化。

2）用乙腈作为提取溶剂

称取 5.0 g（精确至 0.01 g）牛乳样品于 50 mL 离心管中，加无水硫酸钠约 3 g 和乙腈 15 mL，旋紧盖子，涡旋混匀 1 min，振荡 10 min，以 3000 r/min 离心 3 min。移取上层乙腈 10 mL，40℃水浴减压浓缩近干，用 5 mL 甲醇-水（1+1，v/v）溶解残渣，待净化。

3）用乙酸乙酯作为提取溶剂

称取 5 g（精确至 0.01 g）牛乳样品于 50 mL 离心管中，无水硫酸钠约 3 g 和乙酸乙酯 15 mL，旋紧盖子，涡旋混匀 1 min，振荡 10 min，以 5000 r/min 离心 10 min。移取上层乙酸乙酯层于圆底烧瓶中，再加入乙酸乙酯 10 mL，重复上述步骤，合并乙酸乙酯层 40℃水浴减压浓缩近干，用于 SPE 净化。

按照上述三种提取方法测定添加浓度为 10 μg/kg 的牛奶样品中聚醚类抗生素回收率，每种方法做 3 个平行测定，见表 20-5。对比试验结果表明，用乙腈作为提取溶剂，基质背景相对干净，基线噪音低，对提高检测灵敏度效果明显，提取效率高稳定，故选用乙腈作为提取溶剂。在加入无水硫酸钠的条件下，涡旋混匀后，用超声波提取 10 min，获得稳定、满意的回收率。

（2）净化方法的选择

牛奶和奶粉样品提取溶液的净化，文献方法主要是固相萃取法，也有未净化直接进样的。本试验对比研究了用正己烷液-液萃取除脂法、SPE 法和 GPC 的净化效果。牛奶类样品基质复杂，尤其是配方奶粉中，存在多种维生素等添加成分，采用液-液萃取法净化，不足以去除奶粉中的干扰物质；聚醚类抗生素分子量分布范围较宽（MW 612-934），采用 GPC 净化的收集时间长，与脂肪有共流出时段，净化效果不够理想；本方法采用正己烷除脂后，Oasis HLB 固相萃取柱净化，有效去除了杂质干扰，回收率均在 85%～105% 之间。

表 20-5　比较三种提取方法的回收率（添加浓度为 10 μg/kg）

化合物	甲醇	乙腈	乙酸乙酯
拉沙洛菌素	50.54	91.8	65.14
莫能菌素	55.10	98.05	55.35
尼日利亚菌素	53.43	91.08	67.12
盐霉素	29.10	93.88	45.18
甲基盐霉素	19.31	89.82	53.10
马杜霉素	15.15	97.87	50.87

（3）液相色谱-串联质谱分析条件的确定

1）优化质谱分析条件、确定母离子和监测离子

采用注射泵直接进样方式，以 10 μL/min 将聚醚类抗生素的标准溶液注入串联质谱的离子源中。采用正离子扫描方式进行一级质谱分析，在选定的质谱条件下，聚醚类抗生素的产生稳定的强峰，确定了母离子（尼日利亚菌素母离子为[M+NH$_4$]$^+$，其余 5 种抗生素母离子均为[M+Na]$^+$），优化了电离电压。对被测物的准分子离子碰撞后，进行二级质谱分析，得到子离子质谱图，选择了监测离子，确定子离子丰度，优化了碰撞能量。还对离子源温度、脱溶剂气温度、脱溶剂气流量、锥孔反吹气流量等参数进行了优化。锥孔电压、碰撞能量和驻留时间等质谱参数及母离子和子离子详见表 20-2。六种聚醚类抗生素的一级质谱图和二级质谱图见图 20-7 至图 20-12。

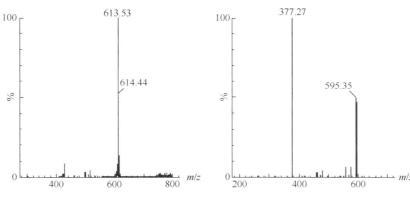

图 20-7　拉沙洛菌素一级质谱（左）和二级质谱（右）图

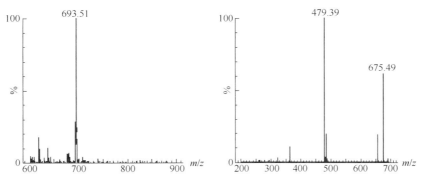

图 20-8　莫能菌素一级质谱图（左）和二级质谱图（右）

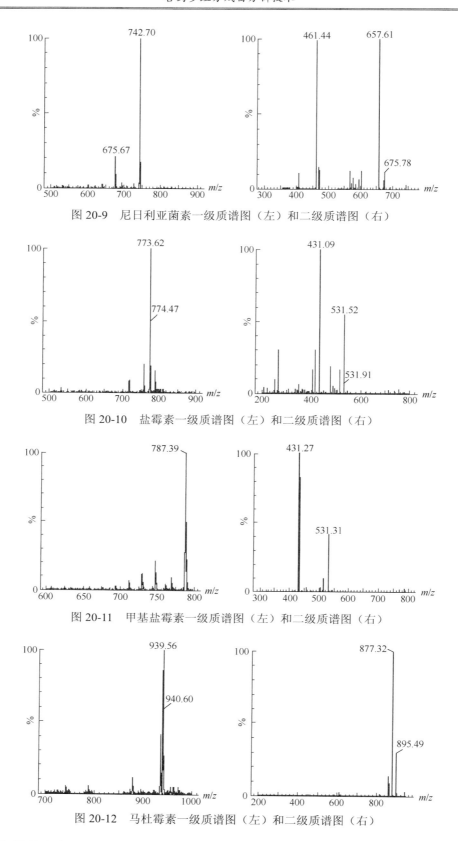

图 20-9 尼日利亚菌素一级质谱图（左）和二级质谱图（右）

图 20-10 盐霉素一级质谱图（左）和二级质谱图（右）

图 20-11 甲基盐霉素一级质谱图（左）和二级质谱图（右）

图 20-12 马杜霉素一级质谱图（左）和二级质谱图（右）

2）色谱条件的确定

根据文献报道，选用通用性较强的 BEH C$_{18}$（1.7 μm，50 mm×2.1 mm）色谱柱，对混合标样进行梯度洗脱，六种成分能得到很好的分离。用甲醇＋水（含 0.1%甲酸）为流动相，采用简单的梯度洗脱模式，能使六种成分得到较好的分离，但峰型不对称，有些拖尾，在水系流动相中加入 5 mmol/L

乙酸铵后，峰形得到有效改善。确定的流动相组成为：A 为甲醇，B 为 0.1%甲酸+5 mmol/L 乙酸铵水溶液，梯度洗脱。

20.2.1.8 线性范围和测定低限

采用流动相稀释标准溶液进样做标准曲线。添加样品中莫能菌素、尼日利亚菌素和马杜霉素回收率均可达到 80%～120%，而拉沙洛菌素和盐霉素回收率在 20%以下，甲基盐霉素回收率为 50%～65%。采用空白基质配制标准工作液做标准曲线，低水平添加样品中拉沙洛菌素和盐霉素的回收率在仍在 50%～65%之间。为了保证定量准确，把标准溶液添加到基质中，按照样品提取、净化操作步骤同步操作，最终样液作为基质校准标准溶液。

在本方法所确定的仪器分析条件下，配制 1.0 ng/mL、2.0 ng/mL、5.0 ng/mL、10.0 ng/mL、20.0 ng/mL 系列浓度的聚醚类抗生素标准基质溶液，以仪器响应峰面积 Y 对的聚醚类抗生素浓度 X 进行线性回归，六种被测物质的线性良好，标准曲线图见 20-13 至图 20-18，线性回归结果见表 20-6。如果样品检测时如果所测物质含量超出线性范围，应当对提取液进行稀释，使得检测的响应在线性范围之内。

表 20-6 聚醚类抗生素的回归方程、相关系数和线性范围

化合物	回归方程	相关系数	线性范围/(ng/mL)
拉沙洛菌素	$Y=82.5x+17.55$	0.990	1.0～20.0
莫能菌素	$Y=981.9x+83.37$	0.999	1.0～20.0
尼日利亚菌素	$Y=1067.9x+245.96$	0.999	1.0～20.0
盐霉素	$Y=153.7x+20.53$	0.993	1.0～20.0
甲基盐霉素	$Y=720.8x+98.18$	0.994	1.0～20.0
马杜霉素	$Y=156.7x+16.51$	0.999	1.0～20.0

注：x 表示定量离子对峰面积，Y 表示标准溶液浓度

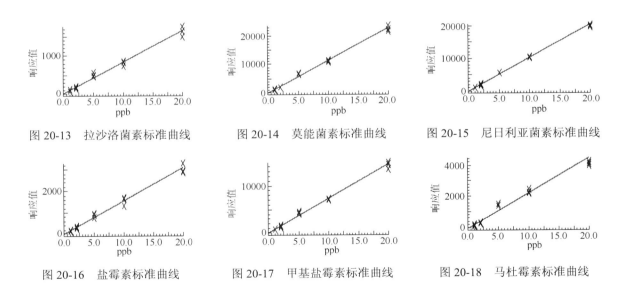

图 20-13 拉沙洛菌素标准曲线   图 20-14 莫能菌素标准曲线   图 20-15 尼日利亚菌素标准曲线

图 20-16 盐霉素标准曲线   图 20-17 甲基盐霉素标准曲线   图 20-18 马杜霉素标准曲线

根据 10 倍信噪比，并计入试样称样量及最终定容体积后，得出 6 种聚醚类抗生素在牛奶和奶粉中的检测限。牛奶中莫能菌素、甲基盐霉素、尼日利亚菌素、拉萨洛菌素、盐霉素和马杜霉素的检测限均为 0.2 μg/kg；奶粉中莫能菌素、甲基盐霉素、尼日利亚菌素、拉萨洛菌素、盐霉素和马杜霉素的检测限均为 1.6 μg/kg。

20.2.1.9 方法回收率和精密度

采用标准添加法，在空白样品中，添加四个浓度水平的聚醚类标准品溶液，每个添加水平平行测定 5 次，测定结果见表 20-7。牛奶样品：回收率为 85.8%～98.5%，相对标准偏差为 2.95%～10.19%；奶粉样品：回收率为 85.8%～97.0%，相对标准偏差为 2.32%～11.38%。

表 20-7 六种聚醚类物质在牛奶和奶粉中的添加回收率和精密度实验结果（n=5）

化合物	牛奶			奶粉		
	添加浓度/(μg/kg)	平均回收率/%	RSD/%	添加浓度/(μg/kg)	平均回收率/%	RSD/%
拉沙洛菌素	1	97.6	3.24	2	87.6	10.36
	2	92.3	2.95	4	92.3	5.85
	5	95.8	4.49	10	85.8	4.79
	10	87.6	6.12	20	95.5	6.69
莫能菌素	0.5	94.0	6.74	1	86.0	11.38
	2	91.7	8.83	2	91.7	8.50
	5	92.4	6.57	5	92.4	8.26
	10	89.9	6.68	10	89.9	9.28
尼日利亚菌素	0.5	88.3	7.23	1	88.3	6.98
	2	94.4	4.98	2	94.4	8.73
	5	97.0	7.59	5	97.0	4.67
	10	95.5	9.10	10	87.5	2.32
盐霉素	1	87.8	10.06	2	87.6	10.29
	2	92.3	4.75	4	92.3	7.08
	5	85.8	8.39	10	85.8	3.09
	10	97.5	9.27	20	95.5	7.00
甲基盐霉素	0.5	86.6	7.78	1	86.0	5.40
	2	91.7	6.31	2	91.7	7.98
	5	92.4	9.95	5	92.4	7.74
	10	89.8	10.19	10	89.9	7.73
马杜霉素	1	88.9	5.00	2	88.3	11.38
	2	94.8	8.83	4	94.4	8.52
	5	97.0	6.57	10	97.0	7.81
	10	98.5	8.00	20	87.5	9.25

20.2.1.10 重复性和再现性

在重复性试验条件下，获得的两次独立测试结果的绝对差值不超过重复性限（r），如果差值超过重复性限（r），应舍弃试验结果并重新完成两次单个试验的测定。在再现性试验条件下，获得的两次独立测试结果的绝对差值不超过再现性限（R）。被测物的含量范围、重复性和再现性方程见表 20-8。

表 20-8 六种聚醚类抗生素添加浓度及重复性限和再现性限方程

化合物	基质	含量范围/(μg/kg)	重复性限 r	再现性限 R
拉沙洛菌素	牛奶	0.2~4	$\lg r = 1.0148\,\lg m - 0.5230$	$\lg R = 0.9584\,\lg m - 0.5858$
	奶粉	1.6~32		
莫能菌素	牛奶	0.2~4	$\lg r = 1.1903\,\lg m - 0.5961$	$\lg R = 1.3408\,\lg m - 0.5902$
	奶粉	1.6~32		
尼日利亚菌素	牛奶	0.2~4	$\lg r = 0.9507\,\lg m - 0.5201$	$\lg R = 0.8905\,\lg m - 0.5728$
	奶粉	1.6~32		
盐霉素	牛奶	0.2~4	$\lg r = 0.9679\,\lg m - 0.5258$	$\lg R = 0.9683\,\lg m - 0.9527$
	奶粉	1.6~32		
甲基盐霉素	牛奶	0.2~4	$\lg r = 1.0899\,\lg m - 0.5782$	$\lg R = 1.0254\,\lg m - 0.6140$
	奶粉	1.6~32		
马杜霉素	牛奶	0.2~4	$\lg r = 1.0860\,\lg m - 0.6474$	$\lg R = 1.0523\,\lg m - 0.6765$
	奶粉	1.6~32		

注：m 为两次测定结果的算术平均值

参 考 文 献

[1] Berger J，Rachlin A I，Scott W E，Sternbach L H，Goldberg M W. The isolation of three new crystalline antibiotics from Streptomyces. Journal of the American Chemical Society，1951，73（11）：5295-5298

[2] 杨桂香，曾振灵，陈杖榴. 聚醚类抗生素对肉鸡的毒性作用及其合理应用. 养禽与禽病防治，2001，（2）：13-14

[3] 吕爱军，穆阿丽，宋小敬，张关东. 聚醚类抗生素的作用机理及应用研究进展. 吉林畜牧兽医，2004，（5）：22-24

[4] 李俊锁，邱月明，王超. 兽药残留分析. 上海：上海科学技术出版社，2002

[5] 佟建民，沈建忠. 饲用抗生素研究与应用. 北京：中国农业大学出版社，2000

[6] Fuchs D，Heinold A，Opelz G，Daniel V，Naujokat C. Salinomycin induces apoptosis and overcomes apoptosis resistance in human cancer cells. Biochemical and Biophysical Research Communications，2009，390（3）：743-749

[7] Fuchs D，Daniel V，Sadeghi M，Opelz G，Naujokat C. Salinomycin overcomes ABC transporter-mediated multidrug and apoptsis resistance in human leukemia stem cell-link KG-1a cells. Biochemical and Biophysical Research Communication，2010，394（4）：1098-104

[8] Dorne J L C M，Fernandez-Cruz M L，Bertelsen U，Renshaw D W，Peltonen K，Anadon A，Feil A，Sanders P，Wester P，Fink-Gremmels J. Risk assessment of coccidostatics during feed cross-contamination: Animal and human health aspects. Toxicology and Applied Pharmacology，2011，270（3）：196-208

[9] Tkacikova S，Kozarova I，Macanga J，Levkut M. Determination of lasalocid residues in the tissues of broiler chickens by liquid chromatography-tandem mass spectrometry. Food Additives and Contaminants，2012，29（5）：761-769

[10] Dowling L. Ionophore toxicity in chickens: a review of pathology and diagnosis. Avian Pathology，1992，21（3）：355-368

[11] Hatch R C. Poisons causing lameness or visible disfigurement: Veterinary pharmacology and therapeutics. 6th ed. Nicholas H，Booth L E M. Lowa State University Press，1988：1126-1131

[12] Fahim M，Pressman B C. Cardiovascular effects and pharmacokinetics of the carboxylic ionophore monensin in dogs and rabbits. Life Sciences，1981，29（19）：1959-1966

[13] Bergen W G，Bates D B. Ionophores: their effect on production efficiency and mode of action. Journal of Animal Science，1984，58（6）：1465-1483

[14] Khan M Z，Szarek J，Marchaluk E，Macig A，Bartlewski P M. Effects of concurrent administration of monensin and selenium on erythrocyte glutathione peroxidase activity and liver selenium concentration in broier chickens. Biological Trace Element Research，1995，49（2-3）：129-138

[15] Mézes M，Sályi G，Bánhidi G，Szeberényi S. Effect of acute salinomycin-tiamulin toxicity on the lipid peroxide and antioxidant status of broiler chicken. Acta Veterinaria Hungarica，1992，40（4）：251-257

[16] Sályi G，Mézes M，Bánhidi G. Changes in the lipid peroside status of broiler chickens in acute monensin poisoning. Acta Veterinaria Hungarica，1990，38（4）：263-270

[17] Van Vleet J F，Runnels L J，Cook J R，Scheidt A B. Monensin toxicosis in swine: potentiation by tiamulin administration and ameliorative effect of treatment with selenium and/or vitamin E. American Journal of Veterinary Research，1987，48（10）：1520-1524

[18] Charlton M P，Thompson C S，Atwood H L，Farnell B. Synaptic transmission and intracellular sodium: ionophore induced sodium loading of nerve terminals. Neuroscience Letters，1980，16（2）：193-196

[19] Umemura T，Nakamura H，Goryo M，Itakura C. Ultrastructural changes of monensin-oleandomycin myopathy inbroiler chicks. Avian Pathology，1984，13（4）：743-751

[20] Weisman Y，Hera A，Yegana Y，Egyed M N，Shlosberg A. The effect of tiamulin administered by different toutes and atdifferent ages to turkeys receiving monensin in their feed. Veterinary Research Communications，1983，6（3）：189-198

[21] Weisman Y，Schlocher A，Egyed M N. Acute monensin poisoning in turkeys caused by incompatibility of monensin and tiamulin. Veternary Research Communications，1980，4（1）：231-235

[22] Meingassner J G，Schmook F P，Czok R，Mieth H. Enhancement of the anticoccidial activity of polyether antibiotics in chickens by tiamulin. Poultry Science，1979，58（2）：308-313

[23] 农业部关于发布《饲料药物添加剂使用规范》的通知. 农牧发[2001]第20号，2001

[24] Tolerances for residues of new animal drugs in food. Code of Federal Regulations，Title 21-Food and Drugs，Chapter 1，Part 556. US FDA，2008

[25] Positive list system for agricultural chemical residues-Provisional MRLs list. Department of Food Safety，Standards and

Evaluation Division，MHLW，2007

[26] Administrative maximum residue limits（AMRLs）and maximum residue limits（MRLs）set by Canada Health. Veterinary Drugs Directorate，Health Canada，2008

[27] On pharmacologically active substances and their classification regarding maximum residue limits in foodstuffs of animal origin. Commission Regulation（EU）No 37/2010，2009

[28] 王立，汪正范. 色谱分析样品处理. 第 2 版. 北京：化学工业出版社，2006

[29] 潘蕴慈，董金芝，边景荣，刘印阁. 盐霉素对肉鸡残留量的测定. 科学试验与研究，1992，（9）：8-9

[30] Moran J W，Turner J M，Coleman M R. Determination of monensin in edible bovine-tissues and milk by liquid-chromatography. Journal of AOAC International，1995，78（3）：668-673

[31] Matabudul D K，Lumley I D，Points J S. The determination of 5 anticoccidial drugs（nicarbazin，lasalocid，monensin，salinomycin and narasin）in animal livers and eggs by liquid chromatography linked with tandem mass spectrometry （LC-MS-MS）. Analyst，2002，127（6）：760-768

[32] 吴荔琴，方炳虎，肖田安，邓国东. 鸡组织中马杜霉素残留的高效液相色谱法测定. 中国兽药杂志，2010，44（7）：19-22

[33] 张素霞，沈建忠，吕亚滨，黄智珍. 莫能菌素和盐霉素在鸡组织中的残留分析方法研究. 畜牧兽医学报，2000，31（6）：530-535

[34] 项新华，涂晓明，贾明宏，沈建忠，吴珍龄，尹香君. 高效液相色谱法检测动物组织中马杜霉素残留. 中国公共卫生，2002，18（1）：101-102

[35] 陈运勤，李跃龙，伍绍登，肖田安，罗道栩，曾平. 用薄层扫描法测定马杜霉素残留. 中国动物保健，2003，（7）：21-23

[36] 陈笑梅，施旭霞. 柱后衍生高效液相色谱法测定鸡肉中莫能菌素残留量. 色谱，1999，17（1）：77-79

[37] Jerez A，Chihuailaf R，Gai M N，Noro M，Wittwer F. Development and validation of an HPLC method to determine lasalocid in raw milk samples from dairy cows. Revista Científica，2013，23（6），537-542

[38] Park J，Lim H B. Sample treatment platform using nanoparticles to determine salinomycin in flesh and meat. Food Chemistry，2014，160（1）：112-117

[39] Blanchflower W J，Kennedy D G. Determination of monensin，salinomycin and narasin in muscle，liver and eggs from domestic fowl using liquid chromatography-electrospray mass spectrometry. Journal of Chromatography B，1996，675（2）：225-233

[40] Ward T L C，Moran J W，Turner J M，Coleman M R. Validation of a method for the determination of narasin in the edible tissues of chickens by liquid chromatography. Journal of AOAC International，2005，88（1）：95-101

[41] 农业部畜牧兽医局. 动物源食品中莫能菌素和盐霉素残留检测方法-高效液相色谱法. 中国兽药杂志，2002，36（8）：9-10

[42] 毕言锋，仲锋，吴启，王树槐，汪霞. UPLC-MS/MS 法同时测定鸡肉中的莫能菌素和盐霉素残留. 中国兽药杂志，2008，42（12）：23-26

[43] Nász S，Debreczeni L，Rikker T，Eke Z. Development and validation of a liquid chromatographic-tandem mass spectrometric method for determination of eleven coccidiostats in milk. Food Chemistry，2012，133（2）：536-543

[44] Olejnik M，Szprengier-Juszkiewicz T，Jedziniak P. Confirmatory method for determination of coccidiostats in eggs. Bulletin-Veterinary Institute in Pulawy，2010，54（1）：327-333

[45] Aguilar-Caballos M P，Gómez-Hens A，Perez-Bendito D. Determination of lasalocid with sensitized terbium（III）luminescence detection. Talanta，1999，48（1）：209-217

[46] Rosén J. Efficient and sensitive screening and confirmation of residues of selected polyether ionophore antibiotics in liver and eggs by liquid chromatography-electrospray tandem mass spectrometry. Analyst，2001，126（11）：1990-1995

[47] Martinez E E，Shimoda W. Liquid-chromatographic determination of multiresidue luorescent derivatives of ionophore compounds，monensin，salinomycin，narasin，and lasalocid，in beef-liver tissue. Journal of the Association of Official Analytical Chemists，1986，69（4）：637-641

[48] 宫川弘之，堀井昭三，小久保彌太郎. HPLC による鶏肉中のサリノマイシン，モネンシンの同時分析法. 食品衛生学雑誌，1995，36（6）：725-730

[49] Olejnik M，Szprengier-Juszkiewicz T，Jedziniak P. Multi-residue confirmatory method for the determination of twelve coccidiostats in chicken liver using liquid chromatography tandem mass spectrometry. Journal of Chromatography A，2009，1216（46）：8141-8148

[50] Vincent U，Chedin M，Yasar S，von Holst C. Determination of ionophore coccidiostats in feedingstuffs by liquid

chromatography-tandem mass spectrometry: Part I. Application to targeted feed. Journal of pharmaceutical and biomedical analysis, 2008, 47 (4): 750-757

[51] Ra Y K, Li C, Jiang H Y, Zhang S X, Zhao S J, Li X W, Shen J Z. Immunoaffinity chromatography clean-up and LC for analysis of salinomycin and narasin in chicken muscle. Chromatographia, 2008, 68 (9): 701-706

[52] Godfrey M A J, Luckey M F, Kwasowski P. IAC/cELISA detection of monensin elimination from chicken tissues, following oral therapeutic dosing. Food Additives and Contaminants, 1997, 14 (3): 281-286

[53] 李娜. 鸡组织中三种聚醚类抗生素残留的微生物法检测研究. 合肥: 安徽农业大学硕士学位论文, 2007

[54] Elissalde M H, Beier R C, Rowe L D, Stanker L H. Development of a Monoclonal-based enzyme-linked immunosorbent assay for the coccidiostat salinomycin. Journal of Agricultural and Food Chemistry, 1993, 41 (11): 2167-2171

[55] Muldoon M T, Elissalde M H, Beier R C, Stanker L H. Development and validation of a monoclonal antibody-based enzyme-linked immunosorbent assay for salinomycin in chicken liver tissue. Journal of Agricultural and Food Chemistry, 1995, 43 (6): 1745-1750

[56] Peippo P, Hagren V, Lövgren T, Tuomola M. Rapid time-resolved fluoroimmunoassay for the screening of narasin and salinomycin residues in poultry and eggs. Journal of Agricultural and Food Chemistry, 2004, 52 (7): 1824-1828

[57] Wang Z, Zhang S, Murtazina N R, Eremin S A, Shen J. Determination of the veterinary drug maduramicin in food by fluorescence polarisation immunoassay. International Journal of Food Science and Technology, 2008, 43 (1): 114-122

[58] Heil K, Peter F, Cieleszky V. Thin-layer bioautographic assay for the detection of salinomycin sodium in rabbit tissues. Journal of Agricultural and Food Chemistry, 1984, 32 (5): 997-998

[59] Weiss G, Kaykaty M, Miwa B. A pyrolysis gas chromatographic-mass spectrometric confirmatory method for lasalocid sodium in bovine liver. Journal of Agricultural and Food Chemistry, 1983, 31 (1): 78-81

[60] Weiss G, Felicito N R, Kaykaty M, Chen G, Caruso A, Hargroves E. Tissue residue regulatory method for the determination of lasalocid sodium in cattle liver using high-performance liquid chromatographic with fluorometric detection. Journal of Agricultural and Food Chemistry, 1983, 31 (1): 75-78

[61] Kaykaty M, Weiss G. Lasalocid determination in animal blood by high-performance liquid chromatography fluorescence detection. Journal of Agricultural and Food chemistry, 1983, 31 (1): 81-84

[62] Dimenna G P, Creegan J A, Turnbull L B, Wright G J. Determination of sodium salinomycin in chicken skin/fat by high-performance liquid chromatography utilizing column switching and UV detection derivatisation. Journal of Agricultural and Food Chemistry, 1986, 34 (5): 805-810

[63] Takatsuki K, Suzuki S, Ushizawa I. Liquid chromatographic determination of monensin in chicken tissues with fluorometric detection and confirmation by gas chromatography-mass spectrometry. Journal—Association of Official Analytical Chemists, 1986, 69 (3): 443-448

[64] Gerhardt G C, Salisbury C D C, Campbell H M. Determination of ionophores in the tissues of food animals by liquid chromatography. Food Additives and Contaminants, 1995, 12 (6): 731-737

[65] Hormazábal V, Yndestad M. Determination of amprolium, ethopabate, lasalocid, monensin, narasin, and salinomycin in chicken tissue, plasma, and egg using Liquid Chromatography-mass Spectrometry. Journal of Liquid Chromatography and Related Technologies, 2000, 23 (10): 1585-1598

[66] 梁春来, 程林丽, 沈建忠, 张玉洁, 张素霞. 液相色谱-电喷雾串联质谱法检测鸡组织中 5 种聚醚类药物残留. 色谱, 2009, 27 (6): 815-819

[67] 蓝丽丹, 黄永辉, 周鹏. HPLC-MS/MS 快速测定动物肌肉中 6 种聚醚类抗生素. 食品与机械, 2011, 27 (06): 139-143

[68] Mortier L, Daeseleire E, Peteghem C V. Determination of the ionophoric coccidiostats narasin, monensin, lasalocid and salinomycin in eggs by liquid chromatography/tandem mass spectrometry. Rapid Communications in Mass Spectrometry, 2005, 19 (4): 533-539

[69] Heller D N, Nochetto C B. Development of multiclass methods for drug residues in eggs: silica SPE cleanup and LC-MS/MS analysis of ionophore and macrolode residues. Journal of Agricultural and Food Chemistry, 2004, 52 (23): 6848-6856

[70] Dubreil-Chéneau E, Bessiral M, Roudaut B, Verdon E, Sanders P. Validation of a multi-residue liquid chromatography-tandem mass spectrometry confirmatory method for 10 anticoccidials in eggs according to Commission Decision 2002/657/EC. Journal of Chromatography A, 2009, 1216 (46): 8149-8157

[71] Matabudul D K, Conway B, Lumley I, Sumar S. The simultaneous determination of ionophore antibiotics in animal tissues and eggs by tandem electrospray LC-MS-MS. Food Chemistry, 2001, 75 (3): 345-354

[72] Rokka M, Peltonen K. Simultaneous determination of four coccidiostats in eggs and broiler meat: validation of an

　　　　 LC-MS/MS method. Food Additives and Contaminants，2006，23（5）：470-478

[73] Shao B，Wu X，Zhang J，Duan H，Chu X，Wu Y. Development of a rapid LC-MS-MS method for multi-class determination of 14 coccidiostat residues in eggs and chicken. Chromatographia，2009，69（9）：1083-1088

[74] 张骏，王硕，郑文杰，许泓，林安清. 动物源食品中聚醚类多残留液质联用检测技术研究. 食品研究与开发，2013，34（7）：99-104

[75] GB/T 22983—2008 牛奶和奶粉中六种聚醚类抗生素残留量的测定　液相色谱-串联质谱法. 北京：中国标准出版社，2008

21 阿维菌素类药物

21.1 概　　述

阿维菌素类药物（avermectins，AVMs）是由链霉菌（*Streptomyces avermitilis* 和 *S. Cyanneogrisens noncyanogenus*）产生的一类十六元大环内酯类抗生素。AVMs 具有很强的驱虫和杀虫活性，并且抗寄生虫机制独特，与其他抗寄生虫药物无交叉耐药性。AVMs 的开发，大大提高了线虫和外寄生虫的防治水平，是迄今发现最有效的杀昆虫剂、杀螨虫剂和杀寄生虫剂之一，使抗蠕虫药的作用剂量由 mg/kg 级下降到 μg/kg 级，并诞生了新名词"内外杀虫药（endectocide）"。

21.1.1 理化性质与用途

21.1.1.1 理化性质

1976 年美国 Merck 公司的研究者从一份来源于日本的土样中分离到除虫链霉菌，该菌可产生阿维菌素（avermectin，AVM），是一组由十六元环内酯与一个二糖齐墩果糖所生成的苷，在十六元环内酯周围还有一个含两个六元环的螺缩酮系及六氢苯并呋喃环系。其野生菌发酵液中通常有 8 种组分：A1a、A2a、B1a、B2a、A1b、A2b、B1b、B2b。根据 C-5 位上取代基的不同分为"A"、"B"组分，C-22 和 C-23 之间单双键的差异分为"1"、"2"组分；C-25 位上取代基的不同分为"a"、"b"组分。只有 B1a 和 B1b 可以用作药物，B1a 活性最高。该药物的主要成分（＞90%）为 B1a 的形式。AVM 纯品为白色或浅黄色结晶，可溶于甲苯、乙酸乙酯和乙醇等溶剂，在水中溶解度极低。AVM 对酸敏感，用稀酸处理，可引起 C-13 位上第一糖基的断开。此外，该化合物对光敏感，如用紫外线照射，则可导致 8、9 和 10、11 之间双键的异构化。

为了得到结构更稳定，杀虫活性更强，作用更安全的 AVMs，研究者对 AVM 结构修饰进行了大量的研究，并且一些结构的修饰使其具有了新的性能。其中，最成功的例子是对 B1 组分 C-22 和 C-23 位双键选择性的还原形成伊维菌素（ivermectin，IVM）；多拉菌素（doramectin，DOR）是通过在 AVM 的 C-25 上接六元环而合成；埃普利诺菌素（eprinomectin，EPR）通过 AVM 的 4″端引入了乙酰氨基，可采用糖苷化或直接合成来完成。IVM、DOR、EPR 同样为 B1a 和 B1b 的混合物形式。在 DOR 的 C-22 和 C-23 上加氢又合成了塞拉菌素（selamectin，SEL），其安全性显著提高。该几种药物的理化性质与 AVM 类似。

莫西菌素（moxidectin，MOX）是由 *S. Cyanneogrisens noncyanogenus* 发酵产生的半合成单一成分的大环内酯类抗生素。其在 C-23 引入了＝N—OCH₃ 基团，C-13 少一个二糖基，因而具有更高的脂溶性，并且其水溶性为 4.3 mg/L，也比其他 AVMs 大。

AVMs 理化结构图见表 21-1。

21.1.1.2 用途

AVMs 虽然对细菌与霉菌无活性，但具有很强的驱虫和杀虫活性，并且抗寄生虫机制独特，与其他抗寄生虫药物无交叉耐药性。其作用机理其中一种解释是通过干扰线虫和节肢动物体内神经生理活动，刺激虫体产生 γ-氨基丁酸（GABA），从而阻断中枢神经及神经-肌肉间传导，使害虫中央神经系统的信号不能被运动神经元接受，从而切断运动神经和肌肉的联系，使害虫在几小时内迅速麻痹、拒食、缓动或不动，24 天后即死亡；另一原因是药物引起谷氨酸控制的 Cl⁻通道的开放，从而导致膜对 Cl⁻通透性增加，带负电荷的 Cl⁻引起神经元休止电位的超极化，使正常的电动电位不能释放，神经传导受阻，最终引起虫体麻痹死亡或被排出体外。

表 21-1 常见阿维菌素类药物的理化性质

序号	化合物	CAS 号	结构式[1]	X	R₁	R₂
1	阿维菌素 (avermectin B₁a, AVM)	86753-29-9		—CH=CH—	$CH(CH_3)CH_2CH_3$	OH
	伊维菌素 (ivermectin B₁a, IVM)	70288-86-7		—CH₂CH₂—	$CH(CH_3)CH_2CH_3$	OH
	多拉菌素 (doramectin, DOR)	117704-25-3		CH=CH—	环己烷基 (cyclohexyl)	OH
	埃普利诺菌素 (eprinomectin B₁a, EPR)	123997-26-2		—CH=CH—	$CH(CH_3)CH_2CH_3$	$NHCOCH_3$
2	塞拉菌素 (selamectin, SEL)	220119-17-5				

续表

序号	化合物	CAS 号	结构式[1]	X	R₁	R₂
3	莫西菌素 (moxidectin, MOX)	113507-06-5				

AVMs 广泛应用于治疗多种家畜体内外寄生虫病,主要用于治疗胃肠道线虫病、牛皮蝇蛆、羊鼻蝇蛆、羊痒螨和猪羊疥螨病。AVM 对牛、绵羊、猪、马的消化道线虫、肺线虫和体外寄生虫都有较好的杀虫效果,但对绦虫和吸虫无作用。IVM 与 AVM 具有同样的驱虫和杀虫效果,但比 AVM 更安全、稳定。DOR 比 IVM 维持药效时间长 30%左右,虽然抗虫谱上没有太大区别,但对猪鞭虫驱虫效果要优于 IVM。EPR 的活性要强于其他 AVMs,同时,其奶/血分配系数低,在奶中残留低,对泌乳期奶牛无休药期,对牛的寄生虫防止尤为重要。SEL 的安全性显著提高,尤其是对 IVM 敏感的 Collies 犬,SEL 比 IVM 安全性提高 10 倍。在宠物抗螨虫和抗体外寄生虫用药,SEL 是最为安全的[2]。MOX 能与多种赋形剂制成各类制剂,有着不同的给药方式和药动学行为,安全性也比 IVM 更强。

21.1.2　代谢和毒理学

21.1.2.1　体内代谢过程

AVMs 为高脂溶性生物抗生素,口服、皮下和肌肉注射以及体表给药均可广泛分布全身。在体内,肝、脂肪中含量高,排出慢。排出方式主要为原药的粪便排泄,其余为尿液和乳汁(泌乳动物)排出。

放射性标记 IVM 代谢研究表明,其生物转化主要在肝脏和脂肪进行。上述两处组织的药物浓度含量最高,停留时间最长。肝脏代谢产物较原药极性略强。在牛、绵羊和大鼠体内的主要代谢产物为 2′′-羟甲基-H_2B_{1a} 和 H_2B_{1b},在猪体内为 2′′-O-去甲基-H_2B_{1a},在猪体内为 3′′-O-去甲基代谢产物。脂肪中的代谢则不同,代谢产物较原药极性略低,脂肪中的非极性代谢产物经化学/生物转化为与肝代谢产物相同的极性产物。表明肝极性代谢物可能源于脂肪非极性代谢物。

DOR 在动物体内具有分布广、组织排除缓慢的特点。其药物动力学特性受给药途径、药物剂型、动物种类和个体差异的显著影响。张继瑜等[3]报道,猪以 300 μg/kg 体重剂量通过肌肉注射给药,血浆药物浓度可测至 25 天,药物浓度-时间曲线符合二室开放模型,结果显示 DOR 在猪体内具有吸收分布迅速、体内分布容积大、消除缓慢和生物利用度相对较高的特点,表现为药物显著的长效性。

EPR 代谢特点与其他 AVMs 相似,但与 IVM 完全不同的是,其代谢主要在肝脏的微粒体中进行,N-脱乙酰作用是主要代谢途径。EPR 的奶/血分配系数($K_{M/P}$)很低,如奶牛的 $K_{M/P}$ 为 0.102~0.170[4],远低于 IVM 的 $K_{M/P}$ 值。

由于 MOX 的高脂溶性,脂肪组织内药物含量最高,其次经乳腺分泌到乳汁中的药物约占 5%[5]。

21.1.2.2　毒理学与不良反应

由于 AVMs 物通过增加 GABA 而阻断机体神经-肌肉间的信号传递产生驱虫作用,哺乳动物外周神经的传导递质为乙酰胆碱,GABA 主要分布于中枢神经系统内,在正常使用剂量下,由于血脑屏障的作用,AVMs 进入中枢神经系统的数量很少,且 AVMs 作为 GABA 的激动剂所需浓度较高,因此,AVMs 对畜禽的毒性较小,安全性较好,在一般剂量下,不会引起畜禽中毒。但对于幼龄畜禽,由于其血脑屏障尚未发育健全,较成年畜禽的毒性大。此外,大剂量使用时,也常常会引起动物的急性中毒反应。因此,在兽医临床上,也有出现羊、牛、犬等动物发生 AVMs 中毒的报道[6]。

药理试验表明,AVMs 的毒性反应存在明显的种间和品系间差异。AVM 对驴和骡表现出较强毒性,加倍剂量即可出现死亡。口服 IVM 的半数致死量(LD$_{50}$),小鼠为 25 mg/kg,大鼠为 5025 mg/kg,Beagle 犬为 8025 mg/kg,Collies 犬仅仅为 0.01~2.5 mg/kg。EPR 对大鼠的急性经口毒性 LD$_{50}$,雌性为 35.90 mg/kg,雄性为 38.30 mg/kg。EPR 对大鼠的急性经皮毒性 LD$_{50}$,雌性为 316 mg/kg,雄性为 464 mg/kg[7]。DOR 对畜禽的毒性较小,安全性较好,在一般剂量下,不会引起畜禽中毒,但个别品种犬对本品敏感[8]。MOX 与 IVM 的毒性反应基本相似,但比 IVM 有更大的安全范围,对 IVM 敏感的犬、小马驹用了相同剂量的 MOX,无明显异常反应。

通过致畸试验发现,在给予超高剂量时(接近母体中毒剂量),IVM 可产生胚胎毒性。通过 Ames 试验、哺乳动物细胞染色体畸变分析及非程序 DNA 合成试验的结果表明,无遗传毒性。对 AVMs 的致癌试验表明,该类药物不具有潜在的致癌性。

21.1.3 最大允许残留限量

AVMs 已成为当前兽医最常用的抗寄生虫药，虽然其对哺乳动物的安全性较高，但大剂量使用时，也常常会引起动物，特别是幼龄畜禽的急性中毒反应。近几年来，在世界上许多国家相继出现抗 AVMs 的虫株，主要集中发现于绵羊和山羊体内。频繁用药和亚剂量用药可能是导致抗药性产生的两大主要因素。另外，该类药物脂溶性较强，药代动力学研究表明，AVMs 具有较大的分布容积和较缓慢的消除过程，在机体内的动力学过程具有线性动力学特征，在动物体内残留的时间较长，属于休药期长的药物。在使用不当的情况下，动物组织中残留的过量 AVMs 会对人体健康造成严重危害。因此，从保护人体健康的角度，目前多数国家和组织均已制定了严格的最大允许残留限量（maximal residue limits，MRLs）要求[9]。主要国家和组织的 MRLs 见表 21-2。

表 21-2 AVMs 的 MRLs（μg/kg）

化合物	动物	组织	CAC	中国	欧盟	美国	日本
AVM	牛	奶	5	ND		5	5
		肌肉	10			20	10
		肾	50	50		20	50
		脂肪	100	100	10	15	100
		肝	100	100	20	20	100
	羊	奶	5	ND		5	
		肌肉	10	25	20	20	10
		脂肪	100	50	50	20	40
		肝	100	25	25	20	100
		肾		20	20	20	100
	猪	肌肉				20	10
		肝				20	20
		肾				20	10
		脂肪				20	20
	禽	肌肉				20	10
		肝				20	20
		肾				20	20
		脂肪					10
		蛋					10
	水产品	水产品					50
	蜜蜂	蜂蜜					50
DOR	牛	肾	30	30	60		30
		肝	100	100	100	100	100
		脂肪	150	150	150		150
		肌肉	10	10	40	30	10
		奶	15	ND			30
	猪	肌肉	5	20	40		5
		肾	30	30	60		30
		脂肪		100	150		150
		肝		50	100	160	100
	羊	肌肉		20	40		20
		脂肪		100	150		100
		肝		50	100		50
		肾		30	60		40

化合物	动物	组织	CAC	中国	欧盟	美国	日本
		奶					30
	鹿	肌肉		20	40		20
		脂肪		100	150		100
		肝		50	100		50
		肾		30	60		40
	蜜蜂	蜂蜜					5
IVM	牛	奶	10	10			
		肝	100	100	100	100	
		脂肪	40	40	100		
		肌肉		10		10	
		肾			30		
	猪	肝	15	15	100	20	
		脂肪	20	20	100		
		肌肉		20		20	
		肾			30		
	羊	肝	15	15	100	30	
		脂肪	20	20	100		
		肌肉		20			
		肾			30		
EPR	牛	肌肉	100			100	10
		肾	300				50
		肝	2000			4800	50
		奶	20			12	10
		脂肪	250				10
	禽	肌肉					20
		脂肪					20
		肾					20
		肝					20
		蛋					20
MOX	牛	肾	50		50		50
		肝	100		100	200	100
		肌肉	20		50	50	20
		脂肪	500		500	900	500
		奶			40	40	40
	羊	脂肪	500		500	900	500
		肌肉	50		50	50	50
		肝	100		100	200	100
		肾	50		50		50
	鹿	肾	50		50		50
		肝	100		100		100
		肌肉	20		50		20
		脂肪	500		500		500

21.1.4　残留分析技术

21.1.4.1　前处理方法

动物源食品基质主要包括动物组织、牛奶、水产品等,成分复杂,在对残留 AVMs 进行分析测定前，一般需要进行样品前处理，将痕量 AVMs 从复杂基质中富集出来。

（1）提取方法

在样品提取前，必须进行充分的均一化，以保证样品的代表性。在加入溶剂提取时，多数是使用均质器进行提取，以保证提取效率。AVMs 常用的提取方法主要有液液萃取（LLE）、加压溶剂萃取（PLE）、分散液液微萃取（DLLME）和超临界流体萃取（SFE）。

1）液液萃取（liquid liquid extraction，LLE）

鉴于 AVMs 的高脂溶性，可用多种有机溶剂进行提取，水溶性的有机溶剂如乙腈、甲醇，与基质的互溶性较好；乙酸乙酯、异辛烷也有采用。

杨君宏等[10]采用乙腈振荡提取牛肌肉组织中的 AVM、IVM 和 EPR，酶联免疫（ELISA）试剂盒测定。空白牛肌肉组织中以 5 ng/g、10 ng/g 和 20 ng/g 浓度添加时，AVMs 回收率为 70.9%~108.6%，变异系数（CV）为 3.7%~17.1%。王亮[11]用乙腈高速（10000 r/min）匀浆提取牛肉中 IVM 残留，沉淀物用乙腈重复提取，经固相萃取净化后，高效液相色谱法（HPLC）测定。方法检出限（LOD）为 0.05 μg/mL，在 1~100 μg/mL 范围内，回收率在 75.9%~96.3%之间。郑卫东等[12]建立了猪肝脏中 AVM 和 IVM 残留量的检测方法。猪肝样品均质后用乙腈提取，固相萃取柱净化后，采用液相色谱-串联质谱（LC-MS/MS）检测。该方法 LOD 均为 2.0 μg/kg，定量限（LOQ）为 5.0 μg/L；在添加水平 2~20 μg/kg 范围，AVM 和 IVM 的平均回收率分别为 77.0%~83.3%和 76.9%~79.8%，相对标准偏差（RSD）分别小于 12.1%和 13.0%。卢志晓等[13]采用乙腈提取冻虾中 AVM、IVM、DOR 和 EPR 残留，超高效液相色谱-串联质谱法（UPLC-MS/MS）测定。4 种分析物在 2 μg/kg、10 μg/kg、20 μg/kg 加标水平的平均回收率为 75.1%~92.5%，RSD 为 6.78%~9.89%；四种 AVMs 的 LOD 均可达到 0.5 μg/kg。贾方等[14]用乙腈提取牛筋样品中的 AVM 和 IVM，经固相萃取柱净化和衍生化后，用 HPLC 分析。AVM 和 IVM 的 LOD 分别为 2.5~4.0 ng/g；在 3 个加标浓度水平下，AVM 和 IVM 的回收率在 81.6%~101.0% 和 101.5%~102.4%之间，RSD 均不大于 2.0%。

程林丽等[15]用乙腈提取牛奶中残留的 AVM、IVM、DOR 和 EPR，加水和微量三乙胺稀释，固相萃取柱净化，氮气吹干并衍生化后，用 HPLC 测定。在 2~1000 μg/kg 添加范围，各药物的回收率为 70.2%~110.4%，批内 CV 为 3.9%~8.2%，批间为 5.1%~8.2%；EPR、AVM、DOR 和 IVM 的 LOD 依次为 0.5 μg/kg、0.5 μg/kg、0.4 μg/kg 和 0.2 μg/kg，LOQ 依次为 1.8 μg/kg、1.6 μg/kg、1.3 μg/kg 和 0.8 μg/kg。石艳丽等[16]用乙腈作为血浆中蛋白质的沉淀剂和 DOR 的提取剂，离心后上清液旋转蒸干，固相萃取净化后，HPLC 测定。方法 LOD 为 0.1 ng/mL；样品的回收率为 89.5%~95.67%，不同浓度水平的日内 CV 和日间 CV 分别小于 4%和 5%。汪芳等[17]建立了犬血浆中 SEL 含量的检测方法。用乙腈作为血浆蛋白沉淀剂，固相萃取柱进行净化，HPLC 检测。方法的 LOD 为 0.25 ng/mL，CV 为 1.47%~3.31%，样品平均回收率为 94.0%。

张文娟等[18]建立了 10 种食品基质中 AVM、IVM、DOR、EPR、MOX 和 SEL 的残留分析方法。采用乙腈提取，经固相萃取净化后，UPLC-MS/MS 测定。3 个添加水平下，6 种药物的回收率在 60%~99%之间，RSD 为 0.2%~8.9%；6 种药物的 LOQ 均达 5.0 μg/kg。张睿等[19]建立了同时检测动物源性食品中的 AVM、IVM、DOR、MOX 残留量的方法。样品经乙腈提取，固相萃取小柱净化和衍生后，再用 HPLC 进行检测。方法 LOD 达到 0.001 mg/kg，回收率在 92%~101%之间。

杨君宏等[10]采用甲醇震荡提取牛肝中的 AVM、IVM 和 EPR，ELISA 试剂盒测定。空白牛肝脏组织中以 20 ng/g、50 ng/g 和 100 ng/g 浓度添加时，AVMs 回收率为 53.8%~80.4%，CV 为 3.4%~17.9%。Massarollo 等[20]建立了蜂蜜中 AVM 的测定方法，采用甲醇-乙酸乙酯-正己烷提取，固相萃取净化后，HPLC 测定。方法回收率为 73.4%~97.45%，RSD 在 0.91%~13.7%之间；LOD 和 LOQ 分别为 0.002 和 0.007 mg/kg。

徐英江等[21]研究了水产品中 IVM、AVM、EPR、DPR 的分析方法。样品用异辛烷进行提取，经液液萃取净化和衍生后，HPLC 检测。所有药物的 LOD 均能达到 1.0 μg/kg。在添加 1~50 μg/kg 浓度范围，平均回收率为 78.9%～106%，RSD 为 5.8%～11.2%。Hino 等[22]采用异辛烷提取牛组织中的 AVM 及其代谢物、IVM、EPR、DOR 和 MOX 残留，LC-MS/MS 测定，基质匹配标准曲线定量。方法回收率在 87.9%～99.8%之间，日内精密度为 1.5%～7.4%，日间为 1.5%～8.4%。

2）加压溶剂萃取（pressurized liquid extraction，PLE）

PLE 是指在较高的温度（50～200℃）和压力（1000～3000 psi 或 10.3～20.6 MPa）下，用溶剂萃取固体或半固体样品的新颖的样品前处理方法。与传统提取方式相比，PLE 速度快、溶剂用量少、萃取效率高、待测组分回收率好，可实现全自动安全操作。Xia 等[23]采用加压溶剂萃取（PLE）提取牛组织中的 4 种 AVMs。以乙腈-水（40+60，v/v）为提取溶剂，在 100℃、10 MPa 下两个静态周期提取 3 分钟，提取液经固相萃取净化和衍生后，HPLC 检测。该方法回收率为 84.8%～101.8%，RSD 小于 10.8%；LOD 和 LOQ 分别为 0.1～0.2 μg/kg 和 0.5～0.6 μg/kg。

3）分散液液微萃取（dispersive liquid liquid microextraction，DLLME）

DLLME 是 2006 年才问世的一种新型微萃取技术。它基于使用微量注射器将微升级萃取剂快速注入样液内，在分散剂-水相内形成萃取剂微珠，很大地扩展了有机萃取剂和水样之间相接触面，大大加快了萃取平衡的速度，使目标化合物迅速萃入萃取剂微珠内，提高了萃取效率和富集倍数。Campillo 等[24]采用 DLLME 提取奶中的 EPR、AVM、DOR、MOX 和 IVM。样品采用三氯乙酸溶液沉淀蛋白，再用 2 mL 乙腈-氯仿（9+1，v/v）提取，HPLC 和 LC-MS/MS 测定。HPLC 方法的 LOQ 为 1.0～4.7 ng/g，LC-MS/MS 为 0.1～2.4 ng/g；在 0.5～50 ng/g 添加浓度范围，方法回收率为 89.5%～105%，RSD 小于 9%。

4）超临界流体萃取（supercritical fluid extraction，SFE）

SFE 是 20 世纪 70 年代末发展起来的一种新型物质分离技术，它是一种利用超临界状态下的流体作为提取剂进行萃取的方法，与传统萃取法相比离效率高，可通过改变温度、压力或添加少量的有机溶剂，优化萃取过程，提高提取效率。超临界流体 CO_2 的使用相对较多，具有低毒、低成本、易处理、化学稳定性好、易于达到临界参数（临界温度 31℃，临界压力 74 bar）等特点。SFE 能同时完成萃取和分离，其分离效率高，操作周期短，传质速度快，溶解力强，选择性高，且不污染环境。Danaher 等[25]报道了采用 SFE 技术提取净化动物肝脏中 AVM、IVM、EPR、DOR 和 MOX 残留的分析方法。将 2.5 g 匀浆后的样品与 4 g 硅藻土混匀，脱水干燥后，放入两端封有聚丙烯棉和 2 g 碱性氧化铝的萃取池。在 100℃、300 bar 下用超临界 CO_2 萃取，流速 5 L/min。AVMs 被在线碱性氧化铝阱吸附，再用 4 mL 甲酸-乙酸乙酯（70+30，v/v）洗脱，60℃下氮气浓缩，衍生后，用 HPLC 测定。在 4 μg/kg 和 20 μg/kg 添加浓度，该方法平均回收率为 76%和 97%，日内和日间 RSD 分别小于 10%和 16%；LOQ 达到 2 μg/kg。该方法还被用于猪肝和羊肝的分析。Brooks 等[26]采用 SFE 方法提取动物组织中的 AVM 时，在超临界流体 CO_2 中加入 9%改性剂-乙二醇甲醚（2-methoxyethanal，EGMME），以提高萃取效率。在 22 ng/g 添加浓度下，没有发现干扰物。

（2）净化方法

1）液液分配（liquid liquid partition，LLP）

LLP 法通过 AVMs 在不相溶的两相中的溶解度的不同而达到净化目的，但 LLP 操作麻烦，且净化效果不佳，采用越来越少，常作为其他净化方法的辅助手段。徐英江等[21]研究了水产品中 IVM、AVM、EPR、DPR 的 LLP-HPLC 分析方法。样品用异辛烷进行提取，蒸干后用正己烷溶解，再用乙腈进行反萃取净化，用 N-甲基咪唑和三氟乙酸酐进行衍生后，HPLC 检测。所有药物的 LOD 均能达到 1.0 μg/kg；在添加浓度 1～50 μg/kg 范围，平均回收率为 78.9%～106%，RSD 为 5.8%～11.2%。在测定动物组织时，较其他基质的食品，净化的要求更高，有时需要采用异辛烷或正己烷进行 LLP 除脂。

2）固相萃取（solid phase extraction，SPE）

SPE 是目前应用最为广泛的 AVMs 残留分析净化技术，C_8、C_{18}、HLB、硅胶、氧化铝等 SPE 柱均有用于 AVMs 残留分析的报道。

A. HLB 柱

卢志晓等[13]建立了冻虾中 AVM、IVM、DOR、EPR 的残留检测方法。试样经乙腈提取、浓缩，用 HLB 固相萃取小柱净化，UPLC-MS/MS 测定。4 种分析物在 2 μg/kg、10 μg/kg、20 μg/kg 加标水平的平均回收率为 75.1%～92.5%，RSD 为 6.78%～9.89%；4 种药物的 LOD 均可达到 0.5 μg/kg。

B. C_8 柱

Cerkvenik-Flajs 等[27]报道了奶中 IVM、AVM、DOR、MOX、EPR 及代谢物甲氨基阿维菌素和基奈马克丁的残留检测方法。样品用乙腈提取，过 C_8 固相萃取柱净化，衍生化后用 HPLC 测定。方法回收率在 78%～98%之间，室内 CV 为 4.6%～13.4%，室间 CV 为 6.6%～14.5%；EPR 的方法检测限（CCα）为 24.8 μg/kg，MOX 为 50.6 μg/kg，其他药物在 0.1～0.2 μg/kg 之间。

C. C_{18} 柱

贾方等[14]用乙腈提取牛筋中的 AVM 和 IVM，再用 C_{18} 固相萃取柱净化，净化液经衍生化后，用 HPLC 分析。AVM 和 IVM 的 LOD 分别为 2.5～4.0 ng/g；在 3 个加标浓度水平下，AVM 和 IVM 的回收率在 81.6%～101.0%和 101.5%～102.4%之间，RSD 均不大于 2.0%。Kolberg 等[28]用乙腈提取牛奶中的 AVM 和 IVM，提取液过 C_{18} 固相萃取柱净化，经衍生后用 HPLC 测定。AVM 的 LOD 和 LOQ 分别为 0.10 μg/L、0.18 μg/L，IVM 分别为 0.14 μg/L、0.36 μg/L；方法回收率在 75%～101%之间，RSD 小于 10%。石艳丽等[16]用乙腈作为血浆中蛋白质的沉淀剂和 DOR 的提取剂，离心后上清液旋转蒸干，C_{18} 固相萃取柱净化后，HPLC 测定。方法 LOD 为 0.1 ng/mL；样品的回收率为 89.5%～95.67%，不同浓度水平的日内 CV 和日间 CV 分别小于 4%和 5%。汪芳等[17]用乙腈提取犬血浆中 SEL 后，过 C_{18} 固相萃取柱进行净化，HPLC 检测。方法的 LOD 为 0.25 ng/mL，CV 为 1.47%～3.31%，样品平均回收率为 94.0%。程林丽等[15]用乙腈提取牛奶中残留的 AVM、IVM、DOR 和 EPR，加水和微量三乙胺稀释，C_{18} 固相萃取柱净化，氮气吹干并衍生化后，用 HPLC 测定。在 2～1000 μg/kg 添加范围，各药物的回收率为 70.2%～110.4%，批内 CV 为 3.9%～8.2%，批间为 5.1%～8.2%；EPR、AVM、DOR 和 IVM 的 LOD 依次为 0.5 μg/kg、0.5 μg/kg、0.4 μg/kg 和 0.2 μg/kg，LOQ 依次为 1.8 μg/kg、1.6 μg/kg、1.3 μg/kg 和 0.8 μg/kg。Xia 等[23]以乙腈-水为提取剂，采用 PLE 提取牛组织中的 4 种 AVMs，提取液经 C_{18} 固相萃取净化和衍生后，HPLC 检测。该方法回收率为 84.8%～101.8%，RSD 小于 10.8%；LOD 和 LOQ 分别为 0.1～0.2 μg/kg 和 0.5～0.6 μg/kg。

D. 碱性氧化铝柱

王亮[11]用乙腈提取牛肉中 IVM，提取液过碱性氧化铝柱，再用乙腈洗脱，蒸干衍生后，HPLC 测定。方法 LOD 为 0.05 μg/mL，在 1～100 μg/mL 范围内，回收率在 75.9%～96.3%之间。郑卫东等[12]用乙腈提取猪肝脏中 AVM 和 IVM，过碱性氧化铝柱净化后，采用 LC-MS/MS 检测。该方法 LOD 均为 2.0 μg/kg，LOQ 为 5.0 μg/L；在添加水平 2～20 μg/kg 范围，AVM 和 IVM 的平均回收率分别为 77.0%～83.3%和 76.9%～79.8%，RSD 分别小于 12.1%和 13.0%。杨君宏等[10]用乙腈提取牛肌肉组织中的 AVM、IVM 和 EPR，过碱性氧化铝柱，收集乙腈洗脱液，吹干并复溶后，ELISA 试剂盒测定。空白牛肌肉组织中以 5 ng/g、10 ng/g 和 20 ng/g 浓度添加时，AVMs 回收率为 70.9%～108.6%，CV 为 3.7%～17.1%。

E. 中性氧化铝柱

张睿等[19]用乙腈提取动物源食品中的 AVM、IVM、DOR、MOX，提取液过中性氧化铝固相萃取小柱净化，经衍生后，再用 HPLC 进行检测。方法 LOD 达到 0.001 mg/kg，回收率在 92%～101%之间。

F. 硅胶柱

Massarollo 等[20]采用甲醇-乙酸乙酯-正己烷提取蜂蜜中 AVM，提取液过硅胶固相萃取柱净化后，HPLC 测定。方法回收率为 73.4%～97.45%，RSD 在 0.91%～13.7%之间；LOD 和 LOQ 分别为 0.002 mg/kg 和 0.007 mg/kg。

G. 复合柱

张文娟等[18]采用乙腈提取 10 种食品基质中 AVM、IVM、DOR、EPR、MOX 和 SEL 的残留，经

PEP-C$_{18}$混合固相萃取净化后，UPLC-MS/MS 测定。3 个添加水平下，6 种药物的回收率在 60%～99%之间，RSD 为 0.2%～8.9%；6 种药物的 LOQ 均达 5.0 μg/kg。Wang 等[29]采用乙腈提取动物源基质中的 AVM、IVM、DOR 和 EPR，提取液过 C18 和中性氧化铝串联固相萃取小柱净化后，用 UPLC-MS/MS 测定。4 种 AVMs 的 LOD 和 LOQ 分别为 0.05～0.68 μg/kg 和 0.17～2.27 μg/kg；方法回收率在 62.4%～104.5%之间。

3）免疫亲和色谱（immunoaffinity chromatography，IAC）

IAC 是基于免疫反应的基本原理，利用色谱的差速迁移理论，实现分离和分析。首先，将特异性抗体固定在担体上，制成免疫亲和担体，然后填柱。分析时，样品中的待测化合物与吸附剂上的抗体发生抗原-抗体结合反应而被保留在柱上，其他成分被洗脱。随后，通过洗脱溶剂将待测化合物洗脱下来，洗脱液可进行后续分析。抗体制备、担体材料选择、抗体的固定化方式为 IAC 的关键技术。目前，该方法在残留分析中得到应用。

Li 等[30]采取 AVM 的特异抗体制备了 IAC 净化柱，用于牛血浆、牛肌肉中 AVM 的净化处理。经 HPLC 测定，在 6 μg/kg、60 μg/kg 添加水平下，回收率为 80%～86%，RSD 在 5%～14%之间，方法 LOD 为 2 μg/kg。Li 等[31]又利用 IVM 的多克隆抗体与 Sepharose CL-4B 偶联，制备 IAC 柱，对猪肝样品进行净化。甲醇提取液过 IAC 柱净化后，HPLC 检测，IVM 的 LOD 为 2 μg/kg，5～10 μg/kg 添加水平下，回收率为 85%～102%，CV 为 6%～12%。

Wu 等[32]利用 AVM 的多克隆抗体制备了 IAC 柱，用于净化猪肝中 AVM 和 IVM 后，LC-MS 检测。在 5～100 μg/kg 添加水平，AVM 和 IVM 的回收率分别为 74%～94%和 65%～87%，LOD 为 5 μg/kg。He 等[33]将 AVM 的多克隆抗体与 Sepharose CL-4B 偶联，制备 IAC 柱，用于牛肝中 AVM、IVM、DOR 和 EPR 的残留检测。针对该 4 种 AVMs，此 IAC 柱的动态柱容量分别为 3531 ng/mL gel、3542 ng/mL gel、3543 ng/mL gel、3284 ng/mL gel。净化液经衍生后用 HPLC 测定，方法回收率为 79.3%～115.9%，CV 为 1.1%～19.4%，LOQ 为 2 ng/g。Hou 等[34]也利用 AVM 的多克隆抗体与 Sepharose CL-4B 偶联，制备了 IAC 柱，用于牛肉和牛肝中 AVM、IVM、DOR 和 EPR 的分析。洗脱液经 LC-MS/MS 测定，方法 LOD 为 2.5 ng/g，LOQ 为 5 ng/g，在添加浓度 5～50 ng/g，方法回收率为 62.93%～84.03%，RSD 在 6.02%～17.39%之间。杨君宏等[35]用甲醇提取牛肌肉组织中的 AVM、IVM、DOR 和 EPR，经 IAC 柱净化，衍生后，用 HPLC 测定。在 5 ng/g、10 ng/g、50 ng/g、100 ng/g 添加水平下，4 种药物的回收率为 77.3%～119.5%，CV 为 1.5%～18.9%，方法 LOD 为 0.8 ng/g。

4）基质固相分散萃取（matrix solid phase dispersion，MSPD）

MSPD 是一种基于 SPE 的样品前处理技术，可直接处理固体、半固体和黏性液体样品，提取、净化一步完成。其原理是将固相萃取吸附剂与样品一起研磨，得到半干状态的混合物并将其作为填料装柱，然后用不同的溶剂淋洗柱子，将各种待测物洗脱下来。它的独特之处在于样品分离分散在固体表面键合的机相中，成为整个层析系统的一部分，提供样品分离新空间，可以避免样品均化、沉淀、离心、转溶、乳化、浓缩等造成的被测物的损失，节约了分析时间，减少了溶剂用量，操作简单，分析结果相同或优于传统方法。Garcia-Mayor 等[36]开发了基于 MSPD 净化技术，检测羊奶中包括 IVM 在内 7 种大环内酯类药物的残留分析方法。将样品与吸附剂混匀装柱，通过筛选吸附剂材料和洗脱条件，试验发现以海砂为分散吸附剂，正己烷洗脱除脂，甲醇-乙酸乙酯（1+1，v/v）洗脱可以获得理想的净化效果和良好的回收率。净化液用 HPLC 测定，在 96.5 μg/kg 和 482.6 μg/kg 添加浓度，方法回收率为 74%和 97%，RSD 为 1.6%～9.0%。

5）分散固相萃取（dispersive solid phase extraction，DSPE）

DSPE 是一种新的样品前处理技术，该技术的核心在于选择对不同种类的药物都具有良好溶解性能的乙腈作为提取剂，净化吸附剂直接分散于待净化的提取液中，吸附基质中的干扰成分，具有操作简便，处理快速等优点，在多残留分析中大量应用。与 SPE 相比，DSPE 更加简便和快速，以此发展起来的 QuEChERS（Quick，Easy，Cheap，Rugged，Safe）技术也已在残留分析中广泛采用。Rafidah 等[37]开发了采用 DSPE 技术净化鱼肉中 AVM、IVM、DOR、MOX 和甲氨基阿维菌素的残留分析方法。

匀浆后的样品加入无水硫酸镁和氯化钠，再用乙腈振荡提取，上清液进行 DSPE 净化。加入氧化铝、PSA 和 C$_{18}$ 吸附剂，充分振荡，去除基质干扰，再离心，蒸干上清液后，LC-MS/MS 测定。在添加浓度 5 μg/kg，对吸附剂的净化效果、准确度和精密度进行考察，发现联合使用 PSA 和 C$_{18}$ 对于鱼肉的净化效果最佳。验证实验表明，该方法 LOD 为 0.3～0.4 μg/kg，LOQ 为 1 μg/kg；线性范围为 1～15 μg/kg；回收率在 91.9%～102.5% 之间，RSD 小于 19%。

21.1.4.2　测定方法

目前有关动物源基质中 AVMs 的残留检测方法主要有免疫学方法（IA）、薄层色谱法（TLC）、气相色谱-质谱联用法（GC-MS）、高效液相色谱法（HPLC）和液相色谱-质谱联用法（LC-MS）等，而 HPLC 和 LC-MS 是国际上应用最广泛的 AVMs 残留分析方法。

（1）薄层色谱法（thin layer chromatography，TLC）

TLC 系将适宜的固定相涂布于玻璃板、塑料或铝基片上，成一均匀薄层。待点样、展开后，根据比移值（Rf）与适宜的对照物按同法所得的色谱图的 Rf 作对比，用以进行药品的鉴别、杂质检查或含量测定的方法。Malaníková 等[38]运用 TLC 方法测定了 AVMs 含量。将样品点样在涂有一层荧光指示物质的硅胶板上，硅胶板用正己烷-丙酮-乙腈溶液或正己烷-异丙醇-甲醇展开 30～40 min 后，在 254 nm 波长下进行扫描仪定量检测。AVM B$_{1a}$、B$_{1b}$ 与同族的 B$_2$、A$_1$、A$_2$ 合并成同一个峰被检测出来。该方法的 LOD 小于 4 μg/kg。Høy 等[39]报道了一种用于研究大西洋鲑鱼中 IVM 体内分布的 TLC 快速筛选测定方法。硅胶板涂有荧光指示物质，展开剂为氯仿-乙酸乙酯-甲醇-二氯甲烷，在波长 254 nm 下，用紫外检测器进行检测。

（2）气相色谱-质谱法（gas chromatography-mass spectrometry，GC-MS）

GC-MS 是残留分析中常用的确证技术。但由于 AVMs 分子量大，极难气化，所以要采用 GC 分析，就必须先进行衍生化。实际检验中采用 GC 分析的文献非常少。Sanbonsuge 等[40]报道了采用 GC-MS 测定马肉中 IVM 的残留分析方法。提取的分析物用四氯化碳溶解，室温下以 1-甲基咪唑为催化剂，与 N, O-双（三甲硅烷基）三氟乙酰胺（BSTFA）衍生化反应 5 min，生成 IVM 的三甲基硅（TMS）衍生物（IVM-TMS），再进 GC-MS 分析。采用电子轰击电离（EI）源，选择离子监测（SIM）模式，检测 m/z 185 离子，以氯代二苯甲酮为内标定量。该方法 LOD 为 0.67 ng/g，回收率与 LC-MS 方法相近。同时，EPR 和 MOX 也可以采用类似方法检测，其 LOD 分别为 3.72 ng/g 和 5.44 ng/g。

（3）高效液相色谱法（high performance liquid chromatography，HPLC）

AVMs 属于低极性化合物，利用反相-高效液相色谱（RP-HPLC）能获得较好的选择性。在 AVMs 残留分析中采用 HPLC 的方法报道较多，主要利用紫外检测器（UVD）、二极管阵列检测器（PDA/DAD）和荧光检测器（FLD）测定。

1）紫外检测器（UVD）

AVMs 的共轭二烯结构在 240～250 nm 处有强烈的紫外吸收，利用此特点，可建立紫外检测法，但在此光谱区域存在着皮质激素、维生素、脂类、核酸等众多内源性物质，会严重干扰检测。另外，AVMs 在体内的最小有效浓度很低，如 IVM 在血浆中的最小有效浓度为 0.5～1.0 ng/mL[41]，而在报道的 HPLC-UVD 方法中，灵敏度一般很难低于 2 μg/kg，难以满足分析要求。因此，采用 UVD 测定的方法并不多。

曹红等[42]建立了 HPLC-UVD 法测定绵羊血浆中 AVM 的残留量。样品经乙酸乙酯提取后直接进 HPLC 测定。分离色谱柱为 SHIMPAVKCLC-ODS 柱，乙腈-含 0.1% 磷酸的磷酸二氢钾缓冲液（65+35，v/v）为流动相，流速 1.0 mL/min，检测波长 245 nm。该方法 LOD 为 4 ng/mL。Massarollo 等[20]报道了采用 HPLC-UVD 检测蜂蜜中 AVM 的残留分析方法。样品经 LLE 提取，SPE 净化后，进 RP-HPLC 测定。以乙腈-甲醇-水为流动相，245 nm 检测。方法 LOD 和 LOQ 分别为 0.002 mg/kg 和 0.007 mg/kg，回收率在 73.4%～97.45% 之间，RSD 为 0.91%～13.7%。Li 等[31]建立了猪肝中 IVM 的 HPLC-UVD 测定方法。样品用甲醇提取，经 IAC 柱净化后进 RP-HPLC 检测，UVD 在 245 nm 下定量。方法 LOD 为 2 μg/kg，回收率在 85%～102% 之间，CV 为 6%～12%。Garcia-Mayor 等[36]报道了采用 HPLC 检测羊奶中 IVM 的残留分析方法。样品经 MSPD 技术处理后，进 HPLC 检测。色谱柱为 Hypersil ODS 柱（5 μm，250 mm×4.6 mm），柱温 60℃，25 mmol/L KH_2PO_4（pH 7）和乙腈为流动相，梯度洗脱，流速 1.2 mL/min，在 245 nm 检测。该方法回收率为 74%～97%，RSD 在 1.6%～9.0% 之间。

2）二极管阵列检测器（PDA/DAD）

二极管阵列检测器（PDA/DAD）能实现对流出的色谱峰进行瞬间的全光谱扫描，同时得到色谱峰保留值、纯度和吸收光谱方面的信息。由于 AVMs 残留的确证方法一般比较复杂，当样品中药物残留水平较高时，PDA/DAD 可以成为一种选择。通过对峰保留时间、吸收光谱形状与标准品的相似性，做出初步确证。Campillo 等[24]报道了检测奶中 AVM、IVM、DOR、EPR 和 MOX 的 HPLC 分析方法。样品经 DLLME 技术提取后，用 HPLC-DAD 检测，基质添加标准曲线定量，方法 LOQ 在 1.0～4.7 ng/g 之间。

3）荧光检测器（FLD）

由于 AVMs 本身没有对称共轭结构，不能直接用 FLD 检测，只有经衍生化后，生成具有对称共轭的苯环结构才能发射荧光，故选择适宜的荧光衍生化试剂及反应条件显得非常重要。AVMs 的荧光衍生一般遵循酰化、脱水然后成芳香环的机制（图 21-1），但荧光衍生物存在不稳定性的问题尚有待解决。FLD 使检测的选择性和灵敏度显著提高，灵敏度较 UVD 约低 1～2 个数量级，可满足 AVMs 残留分析的要求。

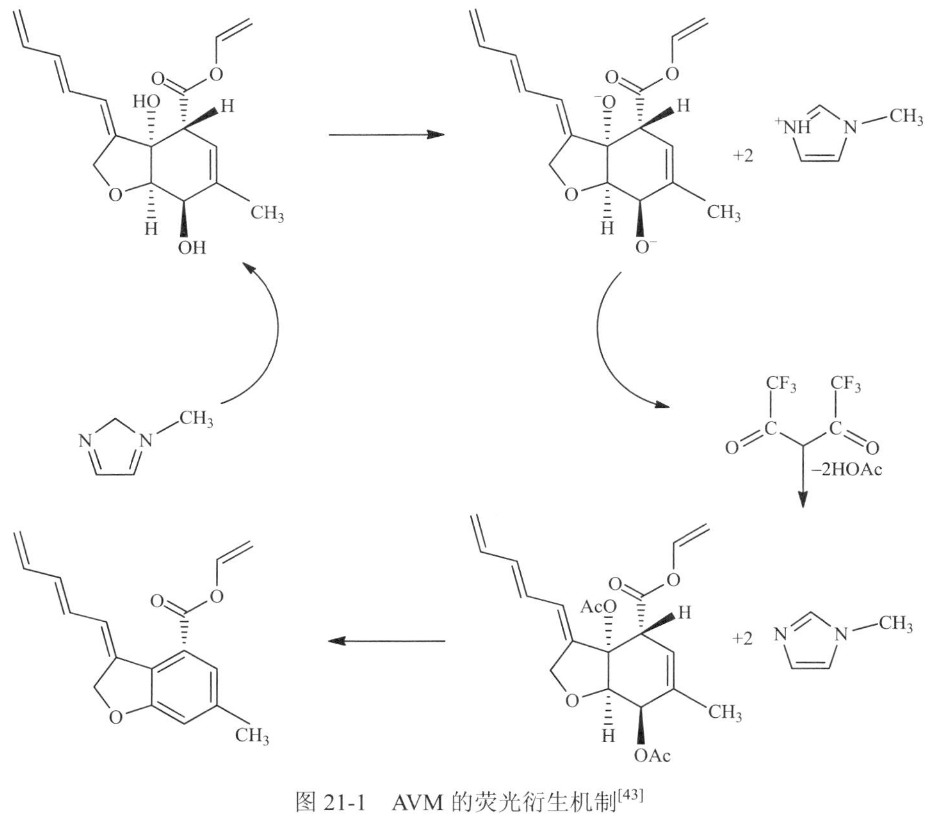

图 21-1　AVM 的荧光衍生机制[43]

Tolan 等[44]建立了血浆中 IVM 的分析方法。干燥后的提取物使用吡啶做催化剂，以醋酸酐为脱水剂，在 105～110℃反应 22～24 h，荧光衍生反应产物经硅胶柱净化后，用 RP-HPLC-FLD 测定。激发波长和发射波长分别为 364 nm 和 480 nm，方法的 LOD 为 0.5 μg/kg，RSD 小于 8%。Tway 等[45]报道了牛羊肝脏、脂肪和肌肉组织中 IVM 的 HPLC-FLD 测定方法。提取物在 90℃温度下，用强亲核催化剂（N-甲基咪唑）和溶剂 DMF 衍生化反应 1 h，衍生产物进 HPLC 分析。方法回收率为 83%，LOD 可达 1～2 μg/kg。Norlander 等[46]检测猪肝脏中的 IVM，采用类似的衍生化方法和 FLD 检测条件，方法平均回收率为 87%，LOD 为 0.5～1 μg/kg。De Montigny 等[47]采用强酰化剂三氟醋酸酐（TFAA）代替醋酸酐，以乙腈做溶剂，反应条件和操作步骤简单快速，不需要进一步的净化步骤。将动物血浆提取物中的溶剂吹干，加入 100 μL TFAA-乙腈（1+2，v/v）溶解残留物，再加入 150 μL N-甲基咪唑-乙腈（1+1，v/v）后，立即密闭（产生大量白雾并放热），待白雾消失后，反应溶液可直接 HPLC-FLD 测定。该方法 IVM 的 LOD 可达到 20 pg/mL，同时衍生副产物减少。Rabel 等[48]用激光诱导荧光检测器（LIFD）测定血浆中 IVM 残留。窄径 HPLC 梯度洗脱与传统的荧光检测对血浆中 IVM 的 LOQ 为 0.01 ng/mL 左右，而等度色谱条件与 LIFD 结合也能够达到 0.01 ng/mL 的灵敏度。同时，自动衍生化进样操作可以减少手动操作，并消除潜在分析物/内标物的降解。

Payne 等[49]采用 HPLC-FLD 测定牛组织中的 EPR。由于 AVMs 的荧光衍生试剂不太稳定，在 2 h 内将损失 50%，作者开发了一种自动化的衍生化过程。在这一过程中，样品提取液重新在甲基咪唑-乙腈溶液中再生，然后转移至进样瓶中供 HPLC 系统分析。在进样前利用自动进样器的混合功能，再往进样瓶中加入适量 TFAA 充分混匀。该方法 LOD 为 1 ng/g，LOQ 为 2 ng/g；回收率为 87%～100%，CV 小于 13%。Flajs 等[50]在对奶和血浆中 DOR 残留分析时，将干燥浓缩的提取物在室温下加入 100 μL N-甲基咪唑的乙腈溶液（1+1，v/v）和 150 μL TFAA（1+2，v/v）进行衍生化，再进 HPLC-FLD 分析。色谱柱为 Supelcosil LC-8-DB 柱（150 mm×4.6 mm，5 μm），流动相为乙腈-甲醇-水（470+470+60，v/v），流速 1.1 mL/min，激发波长 364 nm，发射波长 470 nm。分析结果表明，奶中 DOR 的 LOD 为 0.04 μg/kg，CC_α 为 0.1 μg/kg，检测能力（CC_β）为 0.13 μg/kg。Sutra 等[51]报道了检测狗血浆中 SEL 的 HPLC-FLD 方法。提取物经自动 SPE 净化后，用 TFAA 和 N-甲基咪唑衍生，进 HPLC 测定，激发波长 355 nm，发射波长 465 nm。该方法 LOD 为 0.1 ng/mL。

Rupp 等[52]测定大西洋鲑鱼肌肉组织中的 IVM 和 DOR，提取物用 C8 和硅胶柱净化后，用 TFAA 和 N-甲基咪唑脱水处理，衍生形成荧光产物，该产物随后用乙酸铵-甲醇溶液溶解转换形成稳定的醇形式，该反应在 50～55℃下需要 15 min。再用 HPLC-FLD 检测，色谱柱为 Hypersil C18 柱，流动相为乙腈-水（90+10，v/v），柱温 65℃，激发波长 272 nm，发射波长 465 nm。IVM 和 DOR 的回收率分别为 75%～89% 和 73%～85%，RSD 小于 7%；LOD 为 0.25 ppb。Knold 等[53]报道了采用乙腈提取，TFAA 柱后衍生，AVM 为内标，以 HPLC-FLD 法测定猪肝中的 IVM 和 DOR。样品用乙腈提取，上清液浓缩至近干，加 110 μL 1-甲基咪唑溶解，室温反应 2 min 后，进 HPLC 检测。色谱柱为 Hypersil ODS 柱，水-乙腈（6+94，v/v）为流动相，柱温 30℃，梯度洗脱，激发波长 365 nm，发射波长 470 nm。添加浓度为 15 μg/kg 时，IVM 和 DOR 的回收率分别为 75% 和 70%，LOD 为 0.8 μg/kg，LOQ 为 1.6 μg/kg。

Ali 等[54]采用 HPLC-FLD 测定牛肝脏中的 AVM、IVM、DOR、EPR 和 MOX 残留时，AVM、IVM、DOR 和 MOX 的衍生化产率瞬间可达到峰值，而 EPR 的产率则需要 7 h 才能达到峰值。加热到 65℃，EPR 反应速度快，90 min 时产率最高，其他药物的产率亦增加 10%～15%。方法回收率大于 70%，CV 小于 20%。侯晓林等[55]采用 HPLC 分离，FLD 检测，建立了 SPE 分析牛组织中 EPR、AVM、DOR 和 IVM 残留的方法。样品用乙腈提取，碱性氧化铝和 C18 柱净化，用乙酸酐和 1-甲基咪唑的乙腈溶液作衍生化试剂，在 96℃条件下，完全衍生化需要 100 min。4 种药物的平均回收率为 70.02%～88.75%，日内 CV 小于 8.52%，日间 CV 小于 7.13%。EPR、AVM、DOR 和 IVM 的 LOD 为 0.4～0.5 μg/kg，LOQ 为 2 μg/kg。Roudaut 等[56]报道了检测肝脏组织中 AVM、IVM、DOR 和 MOX 的 HPLC 方法。样品用乙腈提取，C18 柱净化，TFAA 衍生化后进 HPLC-FLD 检测，激发波长 361 nm，发射波长 465 nm。方法 LOQ 满足欧盟的 MRLs 要求，回收率在 77.5%～90.8% 之间，RSD 为 2.7%～7.7%。Hou 等[57]检测牛肝和牛肉中 EPR、AVM、DOR 和 IVM 残留。样品用乙腈提取，C18 柱净化，衍生化反应后，用 HPLC-FLD 测定。牛肝中的回收率为 70.31%～87.11%，牛肉为 79.57%～93.65%，RSD 分别小于 17.84% 和 14.68%；方法 LOD 为 0.5～1.0 ng/g，LOQ 为 1～2 ng/g。

（4）液相色谱-质谱法（liquid chromatography-mass spectrometry，LC-MS）

由于检测器选择性的限制，HPLC 方法存在灵敏度相对较低的缺点。随着电喷雾电离（ESI）及大气压化学电离（APCI）技术的快速发展，单四极杆（MS）、离子阱（MSⁿ）、三重四极杆（MS/MS）、飞行时间（TOF）等分析器的相继出现，不仅使 AVMs 的检测灵敏度提高，而且能方便地对 AVMs 多残留组分进行同时检测。同时，根据 MS 提供的离子信息，能够进行结构确证。$[M-H]^-$、$[M+H]^+$ 和 $[M+Na]^+$ 加合离子是 LC-MS 分析中常选用的监测离子。IVM 的裂解方式（图 21-2）代表了 AVMs 的分子裂解机理。LC-MS 已成为目前 AVMs 残留分析的首选。

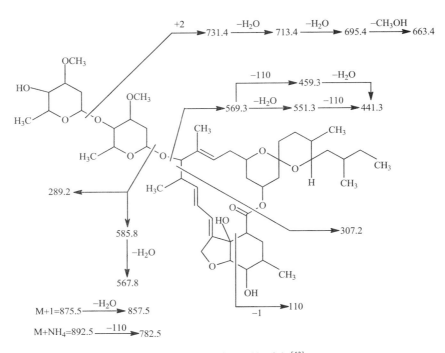

图 21-2　IVM 的主要裂解途径[43]

1）液相色谱-单级质谱法（LC-MS）

早期报道的 AVMs 确证技术主要采用 LC-MS 方法，且主要选用 APCI 源。Heller 等[58]采用 LC-粒子束电离源（PBI）-MS 在负离子化学电离（NCI）方式下检测牛奶和牛肝中的 IVM。样品提取液经在线碱性氧化铝柱净化后，进 LC-MS 测定，用小孔径的 C18 色谱柱分离，梯度洗脱，流动相中加入适量的醋酸铵提高离子化效率。选择离子监测（SIM）模式下，检测 IVM 母离子和 4 个碎片离子进行确证。由于存在一定的基质效应，采用基质匹配标准曲线定量。该方法的 LOD 为 4 ng。Wu 等[32]报道了猪肝中 AVM 和 IVM 的检测方法。样品提取液用 IAC 柱净化后，进 LC-MS 检测。色谱柱为 Zorbax Eclipse XDB-C_8 柱，甲醇-水（85+15，v/v）为流动相，流速 0.5 mL/min，采用 APCI 源，在负离子模式下监测 $[M-H]^-$ 离子。添加水平在 5～100 μg/kg 时，AVM 和 IVM 的平均回收率分别为 74%～94%，65%～87%。其 LOD 均为 5 μg/kg。Ali 等[59]开发了牛肝中 EPR、MOX、AVM、DOR 和 IVM 的多残留检测方法。样品的乙腈提取液用 C_8 柱和碱性氧化铝柱净化后进 LC-MS 测定。采用 APCI 源，正离子模式监测，通过与标准溶液或阳性添加样品的保留时间和离子丰度的比较来定性。采用该方法对添加浓度为 25 ppb 的阳性控制样品进行了确证。Turnipseed 等[60]采用 LC-非放电 APCI（ND-APCI）-MS 来检测 AVM。采用商业化的 LC-APCI 源，但关掉了电晕放电。与常规 ESI 和 APCI 源相比，该电离方式是利用药物在溶液中形成的阳离子或 Na 加合离子，对某些化合物而言，ND-APCI 源具有更高的灵敏度和选择性。作者采用该技术成功分析了牛奶中的 AVM。

2）液相色谱-串联质谱法（LC-MS/MS）

LC-MS/MS 可以采用 APCI、ESI 和 APPI 三种电离源。

A. APCI 源

Howells 等[61]建立了牛肝脏中 AVMs 的定量和确证方法。为便于阴离子的形成，分析物在碱性 pH 下进行 LC 分离，APCI 电离负离子模式监测，MS^n 多级质谱分析，每个母离子各监测 2 个子离子。

EPR、AVM、DOR、MOX 和 IVM 的 CCβ 分别为 3.1 ng/g、3.2 ng/g、2.2 ng/g、4.0 ng/g 和 3.2 ng/g，平均回收率分别为 70.9%、69.1%、65.9%、69.7% 和 73.2%，RSD 为 11.6%、3.9%、6.4%、9.3% 和 10.5%。Campillo 等[24]报道了牛奶中 EPR、AVM、DOR、MOX 和 IVM 的分析方法。样品提取液进 LC-MS^n，采用 APCI 源电离，负离子模式，多级质谱检测。方法 LOQ 为 0.1~2.4 ng/g，回收率在 89.5%~105% 之间，RSD 小于 9%。

B. ESI 源

ESI 是目前 AVMs 的 LC-MS 分析中最常采用的电离方式。

Hino 等[22]在 ESI 正离子模式下检测牛肝中 AVM、IVM、EPR、DOR 和 MOX 残留。分析物用 TSK-GEL ODS 100 V 色谱柱分离，乙腈和含 0.1% 甲酸的 0.1 mmol/L 甲酸铵溶液为流动相，梯度洗脱，流速 0.2 mL/min，多反应监测模式（MRM）检测，基质匹配标准曲线定量。方法回收率在 87.9%~99.8% 之间，日内精密度为 1.5%~7.4%，日间为 1.5%~8.4%。郑卫东等[12]采用 LC-MS/MS 同时测定猪肝脏中 AVM 和 IVM 的残留量。样品提取净化后，进仪器分析。ESI 电离正离子，MRM 模式检测，以保留时间和子离子比定性，外标法定量。方法 LOD 均为 2.0 μg/kg，LOQ 为 5.0 μg/kg；添加水平在 2~20 μg/kg 范围内，AVM 和 IVM 的平均回收率分别为 77.0%~83.3% 和 76.9%~79.8%，RSD 分别小于 12.1% 和 13.0%。Rubensam 等[62]报道了采用 LC-MS/MS 确证分析牛肉中 AVMs 的残留分析方法。样品经溶剂提取，低温冷冻除脂后，LC-MS/MS 确证检测。方法平均回收率为 88.9%~100.7%，重复性 CV 为 0.78%~5.1%，重现性 CV 为 0.28%~9.0%；方法灵敏度满足 MRLs 要求。Hernando 等[63]开发了鲑鱼肌肉中 AVM、IVM、DOR 的 LC-MS/MS 测定方法。样品用乙腈提取，氧化铝柱净化后进样分析。采用粒径 1.8 μm 的小颗粒填料色谱柱分离，再进混合四极杆/线性离子阱（QqQ（LIT））系统，ESI 电离，通过线性加速（LINAC）高压碰撞室，允许 MS 在 MRM 模式下快速扫描采集。作者对减少驻留时间对谱图质量和灵敏度的影响进行了评估，当驻留时间由 50 ms 减小到 10~20 ms，谱峰面积和信噪比都有增加。方法灵敏度优于 μg/kg 级别，样品处理中不需要浓缩，仪器的定量限（ILQ）为 0.15~5 ppb；采用基质匹配标准曲线定量，方法回收率为 80%~95%。

Dahiya 等[64]建立了牛奶中 IVM、DOR 和 MOX 的分析方法。LC-MS/MS 采用 ESI 正离子、MRM 模式，检测碎片离子：892.71>569.6、892.71>551.5（IVM），916.88>593.83、916.88>331.40（DOR），640.85>199.03、640.85>498.61（MOX）。IVM、DOR 和 MOX 的 LOD 分别为 0.1、0.1 和 0.2 μg/kg，LOQ 分别为 0.2、0.2 和 0.5 μg/kg。Sheridan 等[65]报道了快速检测牛奶中 AVM、IVM、DOR、EPR 和 MOX 的多残留分析方法。样品用乙腈提取后，LC-MS/MS 进行定性、定量分离检测，质谱选用 ESI 正离子监测。该方法 LOD 为 0.016~0.117 μg/kg。Durden 等[66]采用 LC-MS/MS 测定了牛奶中的 AVM、DOR、EPR、IVM 和 MOX。AVM、DOR 和 IVM 结构中只含有 C、H、O 元素，可以用 ESI 负离子模式监测；其他药物含有 N 元素，可以用 ESI 正离子模式监测。作者对正、负两种电离方式进行了比较。在负离子模式下，采用三乙胺-乙腈为流动相，以 SEL 为内标，AVM、DOR、IVM、EPR 和 MOX 的线性范围为 1~60 μg/kg，方法 LOD 为 0.19~0.38 μg/kg；当以甲酸-甲酸铵-乙腈为流动相，正离子模式下检测时，具有最佳的灵敏度，线性范围为 0.5~60 μg/kg，方法 LOD 为 0.06~0.32 μg/kg；但负离子监测的线性更好，更稳定。Frenich 等[67]报道了采用超高效液相色谱-电喷雾-串联质谱（UPLC-ESI-MS/MS）方法检测鸡蛋中 IVM 的残留分析方法。方法回收率在 60%~119% 之间，RSD 小于 25%，LOQ 低于 5 μg/kg。

Wang 等[29]建立了猪肉、猪肝、鱼肉和牛奶中 AVM、IVM、DOR 和 EPR 的测定方法。分析物用 UPLC 分离，在 ESI 电离、正离子、MRM 模式下检测，整个分析时间在 3.5 min 以内。采用基质匹配标准曲线定量，4 种 AVMs 的 LOD 和 LOQ 分别为 0.05~0.68 μg/kg 和 0.17~2.27 μg/kg；方法回收率在 62.4%~104.5% 之间。

C. APPI 源

Turnipseed 等[68]报道了采用 LC-MS^n 多级质谱技术检测牛奶中 EPR、IVM、DOR、MOX 的残留分析方法。样品用乙腈提取，C$_{18}$ 柱净化后，LC-MS^n 检测。作者对大气压光化电离源（APPI）电离、

APPI/APCI 复合电离和 ESI 电离的响应强度进行了比较,发现与药物性质和流动相构成有关。当监测负离子时,使用紫外灯可以增加 MS 的响应;然而,采用 APPI/APCI 复合电离源,正离子监测,且关掉电晕放电电流,无论是否打开紫外灯时,能够获得最佳响应值。采用 MS^n 多级技术确证。当 EPR 和 IVM 在添加水平 1~20 μg/kg,DOR 和 MOX 在 5~20 μg/kg 时,方法回收率大于 60%,RSD 小于 20%。

　　(5)免疫分析法(immunoassay,IA)

　　IA 与仪器方法不同,它具有高度的选择性和灵敏度,可使分析过程简化,适合复杂基质中痕量组分的分析,它的基本原理是利用抗原-抗体的特异性反应,AVMs 分析中主要有酶联免疫分析法(ELISA)、免疫传感器法(immunosensor)等。

　　Schmidt 等[69]制备了抗 IVM 的单克隆抗体,可以同时识别 IVM 和 AVM,标准曲线的 50%抑制率时的待测物浓度 IC_{50} 分别为 3 μg/kg 和 7 μg/kg,然而该抗体并没有作进一步的研究。Crooks 等[70]用结构改造后的 IVM 免疫兔子,制备了抗 IVM 的多克隆抗体,并以此建立了竞争 ELISA 方法,用于牛肝样品中 IVM 的检测。该方法 LOD 为 1.6 ng/g,批内和批间 RSD 分别为 8.8%和 14.6%。该 ELISA 方法与 HPLC 分析结果高度符合(r=0.99)。杨君宏等[10]建立了一种间接竞争 ELISA 方法,检测牛组织中的 AVMs 残留。该方法可同时检测牛肝脏和肌肉中的 AVM、IVM 和 EPR 残留。该方法 IC_{50} 为 4.8 ng/mL,线性范围为 1.1~21.9 ng/mL;以 20 ng/mL、50 ng/mL 和 100 ng/g 浓度添加时,回收率为 53.8%~80.4%,CV 为 3.4%~17.9%;以 5 ng/mL、10 ng/mL 和 20 ng/g 浓度添加时,回收率为 70.9%~108.6%,CV 为 3.7%~17.1%。

　　Samsonova 等[71]利用 IVM 的单克隆抗体研制了基于表面等离子体共振(SPR)的光学生物传感器,并用于牛奶中 IVM 的检测。样品用乙腈提取后,经 C_8 柱净化后,用该免疫传感器检测。该方法 LOD 为 16.2 ng/mL;在 100 和 50 ng/mL 添加浓度的回收率分别为 102.6%和 103%。McGarrity 等[72]研发了一种基于竞争性化学发光免疫分析的生物芯片,并用于 EPR、AVM、IVM 和 DOR 等的筛查。该芯片固体支持物和容器是包含离散测试位点的生物芯片阵列,点样后可用半自动的台式分析仪检测。牛奶中该方法的 LOD 为 0.3~2 ppb,组织为 0.15~6.5 ppb;回收率在 71%~135%之间。

21.2　公　定　方　法

21.2.1　牛肝和牛肉中 4 种阿维菌素类药物残留量的测定　液相色谱-串联质谱法[73]

21.2.1.1　适用范围

　　适用于牛肝和牛肉中伊维菌素、阿维菌素、多拉菌素和爱普瑞菌素残留量的液相色谱-串联质谱测定。伊维菌素、阿维菌素、多拉菌素和爱普瑞菌素均为 4 μg/kg。

21.2.1.2　方法原理

　　牛肝和牛肉中伊维菌素、阿维菌素、多拉菌素和爱普瑞菌素残留,用乙腈提取后,用中性氧化铝柱净化。液相色谱-串联质谱检测。

21.2.1.3　试剂和材料

　　乙腈:色谱纯;冰乙酸、三乙胺:分析纯;中性氧化铝:Brockmann 活度 1 级或相当者;无水硫酸钠:经 650℃灼烧 4 h,置于干燥器中备用。

　　中性氧化铝净化柱:取一空的固相萃取柱管,下部填入少量脱脂棉,装入 2 g 中性氧化铝,上部再填充 4 g 无水硫酸钠,使用前装填。

　　伊维菌素、阿维菌素、多拉菌素、爱普瑞菌素标准物质:纯度≥99%。

　　标准储备溶液:100 μg/mL。准确称取适量的伊维菌素、阿维菌素、多拉菌素和爱普瑞菌素标准物质,用乙腈分别配制成 100 μg/mL 的标准储备溶液,−18℃贮存,爱普瑞菌素标准储备溶液可使用 3 个月,伊维菌素、阿维菌素、多拉菌素储备溶液可使用 1 年。

　　混合标准储备溶液:0.5 μg/mL。准确吸取 0.5 mL 伊维菌素、阿维菌素、多拉菌素和爱普瑞菌素标准储备溶液至 100 mL 容量瓶中，以乙腈稀释并定容。–18℃贮存，可使用 3 个月。

基质混合标准工作溶液：根据需要，吸取不同体积的混合标准储备溶液，用空白样品提取液配成不同浓度的基质混合标准工作溶液。当天配制。

21.2.1.4 仪器和设备

液相色谱-串联四极杆质谱仪：配有大气压化学电离源（APCI）；分析天平：感量 0.1 mg 和 0.01 g；组织捣碎机；匀质机；离心机：转速大于 4000 r/min；超声波；液体混匀器；KD 浓缩瓶：25 mL；固相萃取装置；旋转蒸发器。

21.2.1.5 样品处理

（1）试样制备

取样品约 500 g 用组织捣碎机捣碎，装入洁净容器作为试样，密封，并标明标记。将试样于–18℃冰箱中保存。

（2）提取

准确称取 2 g 试样，精确至 0.01 g。置于 50 mL 离心管中，加入 8 mL 乙腈，以 8000 r/min 均质 20 s，4000 r/min 离心 5 min，上清液转移至 50 mL 比色管中，另取一 50 mL 离心管加入 8 mL 乙腈，洗涤匀质刀头 10 s，洗涤液移入前一离心管中，用玻棒捣碎离心管中的沉淀，在液体混匀器上涡旋 30 s，4000 r/min 离心 5 min，上清液合并至 50 mL 比色管，离心管中的沉淀再加入 5 mL 乙腈，用玻棒捣碎离心管中的沉淀，于液体混匀器上涡旋 30 s，4000 r/min 离心 5 min，上清液合并至 50 mL 比色管，待净化。

（3）净化

将中性氧化铝净化柱安置在固相萃取装置上，将上清液小心倒入中性氧化铝净化柱中，控制流速在 1~2 mL/min，待样液完全流出后，再向净化柱中加入 2 mL 乙腈淋洗净化柱，收集全部流出液，流出液转移至 KD 浓缩瓶中，于 40℃旋转蒸发至干，用 1.0 mL 乙腈溶解残渣，超声 10 min，过 0.45 μm 滤膜后，供液相色谱-串联质谱测定。

称取 2 g 阴性样品，按上述提取净化步骤制备空白样品提取液，用于配制系列基质混合标准工作溶液。

21.2.1.6 测定

（1）液相色谱条件

色谱柱：Intersil C_8-3 色谱柱，5 μm，150 mm×4.6 mm（内径）或相当者；柱温：40℃；流动相：甲醇+水=9+1（v/v），每 1 L 该溶液加入 1 mL 三乙胺；流速：1.0 mL/min；进样量：50 μL。

（2）质谱条件

离子源：大气压化学电离源；扫描方式：负离子扫描；检测方式：多反应监测（MRM）；雾化气、气帘气、辅助加热气、碰撞气均为高纯氮气及其他合适气体；使用前应调节各气体流量以使质谱灵敏度达到检测要求；喷雾电压、去集簇电压、碰撞能等电压值应优化至最佳灵敏度；定性离子对、定量离子对、去簇电压和碰撞能量见表 21-3。

表 21-3 四种阿维菌素类药物的质谱参数

化合物	定性离子对(m/z)	定量离子对(m/z)	采集时间/ms	去簇电压/V	碰撞能量/V
伊维菌素	873.7/567.2	873.7/567.2	200	–44	–28
	873.7/837.5				–28
阿维菌素	871.7/565.2	871.7/565.2	200	–47	–36
	871.7/853.5				–31
多拉菌素	897.6/591.2	897.6/591.2	200	–44	–38
	897.6/879.4				–28
爱普瑞菌素	912.5/876.6	912.5/876.6	200	–47	–23
	912.5/565.3				–38

（3）定性测定

每种被测组分选择 1 个母离子，2 个以上子离子，在相同实验条件下，样品中待测物质的保留时间与标准溶液中对应的保留时间偏差在±2.5%之内；且样品中各组分定性离子的相对丰度与浓度接近的标准溶液中对应的定性离子的相对丰度进行比较，偏差不超过表 1-5 规定的范围，则可判定为样品中存在对应的待测物。

（4）定量测定

在仪器最佳工作条件下，对混合标准工作溶液进样，以峰面积为纵坐标，混合标准溶液浓度为横坐标绘制标准工作曲线，用标准工作曲线对样品进行定量，样品溶液中待测物的响应值均应在仪器测定的线性范围内。外标法定量。四种阿维菌素的标准物质的多反应监测（MRM）色谱图见图 21-3。

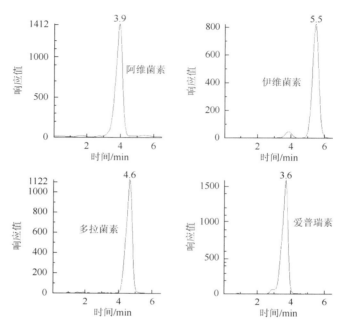

图 21-3　四种阿维菌素标准物质的多反应监测（MRM）色谱图

21.2.1.7　分析条件的选择

（1）提取净化条件的选择

1）样品提取液的选择

阿维菌素类易溶于乙酸乙酯、乙腈，许多文献报道选用乙酸乙酯、乙腈作为提取溶剂，考虑到采用乙酸乙酯作提取溶剂时会引入大量的动物组织中的脂溶性杂质，试验表明，采用乙腈提取阿维菌素类，回收率理想，因此本实验选用乙腈作为提取溶剂。

2）固相萃取净化条件的选择

动物组织中含有大量的脂肪，如带入液相色谱中会严重影响色谱的分离，在多数的兽药残留检测中会采用正己烷脱脂的方式，但由于阿维菌素类药物在正己烷中有一定的溶解度，若用正己烷脱脂会造成损失，因此考虑采用中性氧化铝进行样品提取液的净化处理。市售的中性氧化铝其活性难以控制，活性不同其净化效果相关较大，使用时需通过控制填料中的水分来调节活性，担任较繁琐，采用固定活性的中性氧化铝有利于保证样品提取的一致性。

（2）仪器条件的优化

1）质谱条件的优化

阿维菌素的质谱测定文献报道有采用 ESI 源和 APCI 源，实验中发现试验介质为甲醇-水体系时，阿维菌素的 ESI 谱中主要的离子峰是加合峰，即阿维菌素药物分子与流动相中的杂质离子（钠、铵等）形成加合离子，当改用 APCI 源时所研究的四个阿维菌素类药物均获得稳定的分子离子峰，采用负离子监测方式可获得很好的信噪比，基线噪声几近为零。

蠕动泵以 10 μL/min 的流速连续注射 0.1 mg/L 的阿维菌素类标准溶液入 APCI 电离源中，在负离子检测方式下对四种阿维菌素类类进行一级质谱分析（Q1 扫描），得到分子离子峰，对各准分子离子峰进行二级质谱分析（子离子扫描），得到碎片离子信息。确定定性用的各离子对。

2）色谱条件的优化

APCI 源可允许使用较大的流动相流速，色谱柱也可采用较为常规的确 4.6 口径柱；流动相中加入少量的三乙胺有助于提高阿维菌素类药物的离子化效率，从而提高检测灵敏度。

21.2.1.8 线性范围和测定低限

用乙腈配成 0 μg/L、5.00 μg/L、10.0 μg/L、20.0 μg/L 和 50.0 μg/L 的混合标准工作液，在选定的色谱和质谱条件下进行测定，以标准工作溶液被测组分峰面积对标准溶工作液被测组分浓度作线性回归曲线。其线性方程、相关系数见表 21-4。本方法对阿维菌素类药物残留的测定低限（LOQ）为 4.0 μg/kg。

表 21-4 阿维菌素类的定量离子对、线性方程、相关系数

化合物	定量离子对	线性方程	相关系数
伊维菌素	873.7→567.2	$Y=250X+143$	0.9961
阿维菌素	871.7→565.2	$Y=566X+362$	0.9961
多拉菌素	897.6→591.2	$Y=302X+410$	0.9923
爱普瑞菌素	912.5→876.6	$Y=1.21\times10^3 X+1.53\times10^3$	0.9946

21.2.1.9 方法回收率和精密度

用不含阿维菌素类的动物肌肉和肝脏样品进行添加回收和精密度实验。添加回收率和精密度结果见表 21-5 和表 21-6。

表 21-5 动物肌肉中阿维菌素类添加回收率室内验证结果

化合物	伊维菌素				阿维菌素				多拉菌素				爱普瑞菌素			
添加浓度/(μg/kg)	2.00	4.00	8.00	16.0	2.00	4.00	8.00	16.0	2.00	4.00	8.00	16.0	2.00	4.00	8.00	16.0
1	62.3	64.5	70.6	69.4	73.0	76.3	94.4	92.5	79.0	81.0	78.8	89.4	70.0	85.5	78.8	90.0
2	99.8	80.3	75.0	79.4	66.3	77.3	115.0	103.8	89.3	81.3	86.3	73.8	82.0	83.0	95.6	78.1
3	76.8	75.3	102.5	66.9	99.5	63.3	114.4	100.6	116.3	72.5	121.3	78.1	96.8	73.8	100.0	108.1
4	75.0	76.5	71.9	103.1	69.5	83.3	115.6	101.3	72.3	86.0	105.6	85.6	64.3	95.0	50.6	108.1
5	56.3	73.8	79.4	98.1	61.5	82.8	102.5	110.0	77.0	72.3	106.3	82.5	64.8	99.0	66.3	95.6
回收率/% 6	75.5	85.5	69.4	104.4	90.0	85.3	86.3	86.9	88.3	80.5	91.9	69.4	94.8	79.0	68.1	82.5
7	60.5	81.3	69.4	101.9	68.8	87.5	103.1	90.0	71.5	80.8	101.3	70.0	53.0	77.8	75.6	89.4
8	60.0	80.0	60.9	99.4	57.3	83.0	73.8	95.6	68.0	77.0	69.4	80.0	60.5	73.0	54.6	84.4
9	64.5	82.3	63.1	80.6	81.3	89.5	68.8	95.6	82.3	78.8	73.1	71.9	53.5	79.3	56.5	91.3
10	60.5	64.8	64.4	122.5	67.5	73.8	91.3	91.9	60.3	79.3	101.3	75.6	53.0	77.0	66.9	92.5
平均回收率%	69.1	76.4	72.7	92.6	73.5	80.2	96.5	96.8	80.4	78.9	93.5	77.6	69.3	82.2	71.3	92.0
相对标准偏差 RSD/%	18.9	9.3	16.3	19.1	17.9	9.7	17.4	7.3	19.2	5.3	17.7	8.7	23.9	10.6	23.2	10.8

表 21-6 动物肝脏中阿维菌素类添加回收率室内验证结果

化合物	伊维菌素				阿维菌素				多拉菌素				爱普瑞菌素			
添加浓度/(μg/kg)	2.00	4.00	8.00	16.0	2.00	4.00	8.00	16.0	2.00	4.00	8.00	16.0	2.00	4.00	8.00	16.0
1	99.0	76.5	91.4	90.6	86.0	86.3	91.9	98.8	87.0	92.0	74.8	83.1	101	109	102	101
回收率% 2	97.5	88.5	77.1	90.6	89.0	66.5	95.5	106.9	87.0	72.5	83.4	86.9	95	116	111	95
3	78.5	90.0	88.5	81.9	66.0	77.0	87.8	95.0	74.0	77.8	79.0	81.9	94	100	103	94
4	81.5	85.8	90.0	90.6	55.5	81.0	80.8	87.5	74.5	79.0	86.6	85.6	96	101	111	96

化合物	伊维菌素				阿维菌素				多拉菌素				爱普瑞菌素			
添加浓度/(μg/kg)	2.00	4.00	8.00	16.0	2.00	4.00	8.00	16.0	2.00	4.00	8.00	16.0	2.00	4.00	8.00	16.0
回收率% 5	77.0	88.8	83.5	87.5	79.0	86.3	90.5	85.6	70.0	73.0	76.8	81.3	114	112	109	114
6	89.0	79.0	87.3	87.5	79.5	74.5	82.9	87.5	74.0	74.3	76.4	86.3	124	114	114	124
7	81.5	87.8	87.0	81.9	68.5	75.5	87.4	86.9	65.5	76.5	81.9	84.4	101	116	113	101
8	72.5	80.0	85.3	87.5	73.0	86.3	83.0	95.0	87.0	86.0	83.1	86.9	116	117	108	116
9	70.5	82.5	85.4	87.5	68.5	79.5	87.6	90.0	82.0	80.5	80.9	86.3	111	118	116	111
10	75.5	82.8	79.8	93.1	85.0	84.3	89.9	95.6	75.0	80.3	77.8	85.0	120	117	111	120
平均回收率%	82.3	84.2	85.5	87.9	75.0	79.7	87.7	92.9	77.6	79.8	80.1	84.8	96.6	107	112	110
相对标准偏差 RSD/%	12.0	5.6	5.2	4.2	14.1	8.1	5.2	7.2	9.9	8.1	4.7	2.4	12.9	10.3	5.9	4.1

从表 21-5 和表 21-6 中可见：动物肌肉中阿维菌素类在添加水平 2.0～16 μg/kg，其平均回收率在 73.5%～96.8%，相对标准偏差在 9.70%～17.9%之间；伊维菌素在添加水平 2.0～16 μg/kg，其平均回收率在 69.1%～92.6%，相对标准偏差在 9.30%～19.1%之间；多拉菌素在添加水平 2.0～16 μg/kg，其平均回收率在 77.6%～93.5%，相对标准偏差在 5.30%～19.2%之间。爱普瑞菌素在添加水平 2.0～16 μg/kg，其平均回收率在 69.3%～92.0%，相对标准偏差在 10.6%～23.9%之间。

动物肝脏中阿维菌素类在添加水平 2.0～16 μg/kg，其平均回收率在 75.0%～92.9%，相对标准偏差在 5.20%～14.1%之间；伊维菌素在添加水平 2.0～16 μg/kg，其平均回收率在 82.3%～87.9%，相对标准偏差在 4.20%～12.0%之间；多拉菌素在添加水平 2.0～16 μg/kg，其平均回收率在 77.6%～84.8%，相对标准偏差在 7.40%～9.90%之间。爱普瑞菌素在添加水平 2.0～16 μg/kg，其平均回收率在 96.6%～112%，相对标准偏差在 4.10%～12.9%之间。

21.2.1.10　重复性和再现性

在重复性条件下，获得的两次独立测试结果的绝对差值不超过重复性限（r），在再现性条件下，获得的两次独立测试结果的绝对差值不超过再现性限（R），被测物的含量范围、重复性和再现性方程见表 21-7、表 21-8。如果差值超过重复性限，应舍弃试验结果并重新完成两次单个试验的测定。

表 21-7　含量范围及重复性和再现性方程（基质为肌肉）

化合物	含量范围/(μg/kg)	重复性限 r	再现性限 R
伊维菌素	2～16	$\lg r = 0.85 \lg m - 0.506$	$\lg R = 0.999 \lg m - 0.511$
阿维菌素	2～16	$r = 0.419 m$	$\lg R = 0.865 \lg m - 0.306$
多拉菌素	2～16	$r = 0.152 m + 0.38$	$\lg R = 0.813 \lg m - 0.291$
爱普瑞菌素	2～16	$r = 0.471 m$	$\lg R = 0.826 \lg m - 0.328$

注：m 为两次测定结果的算术平均值

表 21-8　含量范围及重复性和再现性方程（基质为肝脏）

化合物	含量范围/(μg/kg)	重复性限 r	再现性限 R
伊维菌素	2～16	$\lg r = 0.656 \lg m - 0.499$	$R = 0.184 m + 0.222$
阿维菌素	2～16	$r = 0.0562 m + 0.390$	$R = 0.053 m + 0.726$
多拉菌素	2～16	$r = 0.0979 m + 0.236$	$\lg R = 0.833 \lg m - 0.492$
爱普瑞菌素	2～16	$r = 0.116 m + 0.293$	$R = 0.351 m$

注：m 为两次测定结果的算术平均值

21.2.2　牛奶和奶粉中 4 种阿维菌素类药物残留量的测定　液相色谱-串联质谱法[74]

21.2.2.1　适用范围

适用于牛奶和奶粉中伊维菌素、阿维菌素、多拉菌素和乙酰氨基阿维菌素残留量的液相色谱-串联质谱测定。牛奶中伊维菌素、阿维菌素、多拉菌素和乙酰氨基阿维菌素均为 5 µg/kg，奶粉中伊维菌素、阿维菌素、多拉菌素和乙酰氨基阿维菌素均为 40 µg/kg。

21.2.2.2　方法原理

牛奶中伊维菌素、阿维菌素、多拉菌素和乙酰氨基阿维菌素残留，用乙腈-二氯甲烷提取（奶粉：用乙腈提取），正己烷脱脂，液相色谱-串联质谱检测，外标峰面积法定量。

21.2.2.3　试剂和材料

乙腈：色谱纯；二氯甲烷、甲醇、氯化钠、正己烷：分析纯，使用前以乙腈饱和；乙腈-二氯甲烷溶液（4+1）：分别量取 80 mL 乙腈、20 mL 二氯甲烷，混合均匀；饱和氯化钠水溶液；标准物质：伊维菌素、阿维菌素、多拉菌素、乙酰氨基阿维菌素，纯度≥99%；100 µg/mL 标准储备液：准确称取适量的伊维菌素、阿维菌素、多拉菌素和乙酰氨基阿维菌素标准品（精确至 0.1 mg），用乙腈分别配制成 100 µg/mL 的标准贮备液，在−18℃储存；0.500 µg/mL 混合标准工作液：准确吸取 0.500 mL 伊维菌素、阿维菌素、多拉菌素和乙酰氨基阿维菌素标准储备液至 100 mL 容量瓶中，以乙腈稀释并定容，此混合工作液的浓度为 0.500 µg/mL。在−20℃储存；基质混合标准工作溶液：根据需要，吸取不同体积的混合标准工作液，用空白样品提取液配制成不同浓度的基质混合标准工作溶液，使用前配制。

21.2.2.4　仪器和设备

液相色谱-串联质谱仪：配有电喷雾电离源；分析天平：感量 0.1 mg 和 0.01 g；离心机：转速大于或等于 4000 r/min；超声波水浴；涡旋混匀器；氮吹浓缩仪。

21.2.2.5　样品前处理

（1）试样制备

牛奶：取均匀样品约 250 g 装入洁净容器作为试样，密封置 4℃下保存，并标明标记。奶粉：取均匀样品约 250 g 装入洁净容器作为试样，密封，并标明标记。制样操作过程中应防止样品受到污染或残留物含量发生变化。

（2）提取

a. 牛奶准确称取 2 g 样品（准确至 0.01 g），置于 25 mL 离心管中，加入 5 mL 饱和氯化钠溶液，涡旋混匀 1 min，加入 7.5 mL 乙腈-二氯甲烷混合溶液涡旋混匀 1 min，4000 r/min 离心 5 min，上清液转移至 50 mL 氮吹管中，离心管中再加入 7.5 mL 乙腈-二氯甲烷混合溶液，涡旋混匀 1 min，4000 r/min 离心 5 min，上清液合并至 50 mL 氮吹管中，45℃氮气吹干。准确加入 2.00 mL 乙腈至氮吹管中，涡旋混匀 1 min，加入 3 mL 乙腈饱和正己烷，涡旋混匀 1 min，静置 30 min，取下层溶液过 0.2 µm 滤膜后，供液相色谱-串联质谱测定。

b. 奶粉准确称取 0.5 g 样品（准确至 0.001 g），置于 10 mL 离心管中，加入 3 mL 乙腈，超声振荡 5 min，4000 r/min 离心 5 min，上清液转移至 15 mL 带盖离心管中，残渣再用 2.0 mL 乙腈提取一次，离心后的清液合并至 15 mL 带盖离心管中，用乙腈定容至 5.0 mL 刻度，混匀，加入 3 mL 乙腈饱和正己烷，涡旋混匀 1 min，静置 30 min，取下层溶液过 0.2 µm 滤膜后，供液相色谱-串联质谱测定。

21.2.2.6　测定

（1）液相色谱条件

色谱柱：Intersil C_8-3，5 µm，150 mm×4.6 mm（内径）或相当者；柱温：40℃；进样量：25 µL；流速：0.8 mL/min；流动相：甲醇+水，梯度洗脱程序见表 21-9。

表 21-9　梯度洗脱程序

时间/min	甲醇/%	水/%
0.00	75	25
3.00	100	0
10.00	100	0
10.01	75	25
15.00	75	25

（2）质谱条件

离子源：电喷雾电离源（ESI）；扫描方式：负离子扫描；检测方式：多反应监测 MRM；雾化气、气帘气、辅助加热气、碰撞气均为高纯氮气或其他合适气体；使用前应调节各气体流量以使质谱灵敏度达到检测要求；定性离子对、定量离子对、采集时间、去簇电压和碰撞能量见表 21-10。

表 21-10　伊维菌素、阿维菌素、多拉菌素、乙酰氨基阿维菌素参考质谱参数

化合物	定性离子对(m/z)	定量离子对(m/z)	采集时间/ms	去簇电压/V	碰撞能量/V
伊维菌素	873.7/567.8	873.7/229.2	100	−75	−37
	873.7/229.2				−50
阿维菌素	871.7/565.2	871.7/565.2	100	−80	−40
	871.7/229.3				−54
多拉菌素	897.6/591.4	897.6/591.2	100	−70	−38
	897.6/229.0				−51
乙酰氨基阿维菌素	912.5/270.0	912.5/565.4	100	−82	−49
	912.5/565.4				−37

（3）定性测定

每种被测组分选择 1 个母离子，2 个以上子离子，在相同实验条件下，样品中待测物质的保留时间与标准溶液中对应的保留时间偏差在 ±2.5% 之内；且样品谱图中各组分定性离子的相对丰度与浓度接近的标准溶液谱图中对应的定性离子的相对丰度进行比较，偏差不超过表 1-5 规定的范围，则可判定为样品中存在对应的待测物。

（4）定量测定

外标法定量：在仪器最佳工作条件下，对基质混合标准工作溶液进样，以峰面积为纵坐标，基质混合标准工作溶液浓度为横坐标绘制标准工作曲线。用标准工作曲线对样品进行定量，样品溶液中待测物的响应值均应在仪器测定的线性范围内。伊维菌素、阿维菌素、多拉菌素和乙酰氨基阿维菌素的标准溶液的多反应监测（MRM）色谱图见图 21-4。

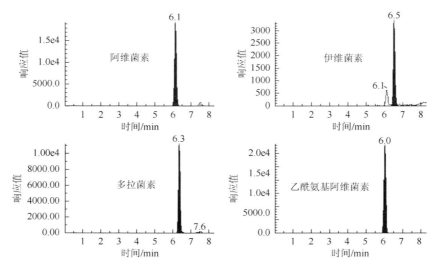

图 21-4　被测物标准溶液的多反应监测（MRM）色谱图

21.2.2.7　分析条件的选择

（1）提取净化条件的选择

阿维菌素类易溶于乙酸乙酯、乙腈，许多文献报道选用乙酸乙酯、乙腈作为提取溶剂。从奶粉生产工艺特点，可以认为同一生产批奶粉中的阿维菌素类药物残留是均匀的，直接采用乙腈提取阿维菌素类，辅以乙腈饱和的正己烷脱脂，提取简便，回收率理想。

对于牛奶样品，由于基质含水率大，无法直接采用乙腈提取，采用乙腈-二氯甲烷混合溶剂提取，并加入饱和氯化钠溶液，促进水相与有机相的分离，可将样品中的阿维菌素残留转移至有机相中。

（2）仪器条件的优化

1）质谱条件的优化

阿维菌素的质谱测定文献报道有采用 ESI 源和 APCI 源，GB/T 20748-2006 中是采用 APCI 源，但实验中发现当质谱的离子源喷雾结构为垂直喷雾结构时（近年来各质谱仪器公司大多采用此类结构，以减少早期直喷式结构带来的易污染缺点），阿维菌素的 ESI 谱中常见的加合峰相对强度会降低，转而以分子离子峰为主，考虑到 ESI 源应用的普遍性，本方法中采用 ESI 源作为阿维菌素类药物的离子化源。

蠕动泵以 10 μL/min 的流速连续注射 0.1 mg/L 的阿维菌素类标准溶液入 ESI 电离源中，在负离子检测方式下对四种阿维菌素类类进行一级质谱分析（Q1 扫描），得到分子离子峰，对各准分子离子峰进行二级质谱分析（子离子扫描），得到碎片离子信息。确定定性用的各离子对。采用 MRM 模式采集数据，选择驻留时间为 200 ms，优化各离子对的去簇电压（DP），碰撞气能量（CE），聚焦电压（FP），入口电压（EP），碰撞池出口电压（CXP）。

2）色谱条件的优化

采用梯度洗脱可有效改善色谱峰形，从而提高检测灵敏度。

21.2.2.8　线性范围和测定低限

用乙腈配成 0 μg/L、5.00 μg/L、10.0 μg/L、20.0 μg/L、50.0 μg/L 的混合标准工作液，在选定的色谱和质谱条件下进行测定，以标准工作溶液被测组分峰面积对标准溶工作液被测组分浓度作线性回归曲线。其线性方程、相关系数见表 21-11 和表 21-12。

表 21-11　阿维菌素类的定量离子对、线性方程、相关系数（牛奶基质）

化合物	定量离子对	线性方程	相关系数
伊维菌素	873.7/229.2	$Y=1.31\times10^3X-1.17\times10^3$	0.9991
阿维菌素	871.7/565.2	$Y=4.79\times10^3X+1.42\times10^3$	0.9985
多拉菌素	897.6/591.2	$Y=3.22\times10^3X+1.46\times10^3$	0.9996
乙酰氨基阿维菌素	912.5/565.4	$Y=4.08\times10^3X+1.50\times10^3$	0.9985

表 21-12　阿维菌素类的定量离子对、线性方程、相关系数（奶粉基质）

化合物	定量离子对	线性方程	相关系数
伊维菌素	873.7/229.2	$Y=2.60\times10^3X-1.46\times10^3$	0.9939
阿维菌素	871.7/565.2	$Y=7.26\times10^3X+3.88\times10^3$	0.9968
多拉菌素	897.6/591.2	$Y=5.81\times10^3X+7.61\times10^3$	0.9928
乙酰氨基阿维菌素	912.5/565.4	$Y=7.32\times10^3X+8.30\times10^3$	0.9928

21.2.2.9　方法回收率和精密度

用不含阿维菌素类的新鲜牛奶和奶粉样品进行添加回收和精密度实验。添加回收率和精密度结果见表 21-13 和表 21-14。

表 21-13　牛奶中阿维菌素类添加回收率室内验证结果

化合物		伊维菌素				阿维菌素				多拉菌素				乙酰氨基阿维菌素		
添加浓度/(μg/kg)		5.00	10.0	20.0	50.0	5.00	10.0	20.0	50.0	5.00	10.0	20.0	50.0	5.00	10.0	20.0	50.0
回收率/%	1	103.2	85.2	101.5	106.0	76.2	77.0	95.0	87.6	90.4	92.4	97	99	77.4	77.0	101.0	95.6
	2	94.4	79.2	95.0	103.2	66.6	77.1	111.5	110.6	75.0	77.1	113.5	109.8	70.0	78.2	114.5	114.0
	3	82.8	113.0	105.0	83.0	93.2	108.0	89.0	86.2	101.0	114	105	98	101.8	109.0	95.0	87.0
	4	111.2	108.0	104.0	79.1	90.0	110.0	80.5	78.6	83.4	98.9	98.5	89	83.6	108.0	82.5	80.2

续表

化合物	伊维菌素				阿维菌素				多拉菌素				乙酰氨基阿维菌素			
添加浓度/(μg/kg)	5.00	10.0	20.0	50.0	5.00	10.0	20.0	50.0	5.00	10.0	20.0	50.0	5.00	10.0	20.0	50.0
回收率/% 5	111.8	109.0	104.5	99.0	82.6	104.0	76.5	88.2	96.0	97.7	91.5	94.8	86.2	104.0	79.0	91.0
6	104.6	112.0	100.0	100.9	103.6	90.9	72.0	99.2	107.8	86	92	104	115.0	92.9	74.0	104.8
7	96.2	110.0	94.5	82.7	81.4	84.0	103.5	74.4	77.8	84	95.5	82	75.0	83.9	97.5	74.6
8	114.8	96.7	107.0	104.1	88.8	114.0	90.5	83.4	107.0	112	105.5	90.6	91.4	97.5	92.5	84.2
9	95.8	84.1	110.5	85.3	72.8	110.0	86.0	67.0	70.6	91.8	96.5	79	75.6	111.0	90.0	67.8
10	90.8	75.0	107.5	94.2	68.6	97.2	72.5	107.4	67.4	83.5	87.5	107.2	69.0	98.9	76.0	102.2
平均回收率/%	100.6	97.2	103.0	93.8	82.4	97.2	87.7	88.3	87.6	93.7	98.3	95.3	84.5	96.0	90.2	90.1
相对标准偏差 RSD/%	10.3	15.4	5.1	11.0	14.2	14.5	14.9	15.8	17.1	13.0	7.9	10.8	17.4	13.2	14.0	15.9

表 21-14 全脂奶粉中阿维菌素类添加回收率室内验证结果

化合物	伊维菌素				阿维菌素				多拉菌素				乙酰氨基阿维菌素			
添加浓度/(μg/kg)	40.00	80.00	160.0	400.0	40.00	80.00	160.0	400.0	40.00	80.00	160.0	400.0	40.00	80.00	160.0	400.0
回收率/% 1	110.4	112	87.5	90.6	90.2	99.3	91.0	93.4	116.4	114	99.5	95.4	106.2	100	94.5	94.4
2	106.0	107	85.5	92.6	88.6	70.3	78.0	83.4	100.0	71.2	80.0	89.8	98.6	73.6	87.0	83.2
3	102.2	97.5	83.5	91.4	87.4	76.6	89.5	83.8	97.0	89.7	105.5	91.2	86.2	87.3	97.5	91.0
4	101.8	110	85.5	83.8	84.0	97.8	82.0	78.4	91.4	100	85.0	90.4	90.8	98.1	87.5	84.4
5	109.0	101	89.0	87.2	90.0	76.6	85.5	76.6	97.4	83.7	89.0	84.2	97.4	78.9	87.0	81.8
6	81.2	102	86.5	78.8	72.8	72.9	88.0	75.4	81.4	77.9	93.5	82.2	77.0	76.1	88.5	84.0
7	94.8	105	86.0	79.8	75.4	91.3	84.0	75.2	79.0	94.7	87.0	83.2	75.8	93.3	89.0	83.2
8	89.2	107	87.0	89.2	73.6	89.2	84.0	91.2	74.6	88.8	85.0	93.8	77.4	90.4	87.0	92.2
9	71.0	102	85.0	86.8	76.0	88.8	89.5	72.6	69.6	95.3	92.5	81.4	77.0	92.5	91.0	80.4
10	101.0	106	84.0	86.0	80.0	70.1	77.5	75.6	82.2	75.8	80.0	81.8	80.0	77.2	81.0	80.2
平均回收率/%	96.7	105.0	86.0	86.6	81.8	83.3	84.9	80.6	88.9	89.1	89.7	87.3	86.6	86.7	89.0	85.5
相对标准偏差 RSD/%	13.2	4.2	1.9	5.4	8.6	13.5	5.6	8.9	15.9	14.3	9.2	6.1	12.7	11.1	5.1	6.0

从表 21-13 和表 21-14 中可见：牛奶中阿维菌素类在添加水平 5～50 μg/kg，其平均回收率在 93.8%～103.0%，相对标准偏差在 4.2%～15.4%之间；阿维菌素在添加水平 5～50 μg/kg，其平均回收率在 82.4%～97.2%，相对标准偏差在 14.2%～15.8%之间；多拉菌素在添加水平 5～50 μg/kg g，其平均回收率在 87.66%～98.3%，相对标准偏差在 7.9%～17.1%之间。爱普 4 瑞菌素在添加水平 5～50 μg/kg，其平均回收率在 84.5%～96.0%，相对标准偏差在 13.2%～17.0%之间。

奶粉中阿维菌素类在添加水平 40～400 μg/kg，其平均回收率在 86.0%～105.0%，相对标准偏差在 1.9%～13.2%之间；阿维菌素在添加水平 40～400 μg/kg，其平均回收率在 80.6%～84.9%，相对标准偏差在 5.6%～13.5%之间；多拉菌素在添加水平 40～400 μg/kg，其平均回收率在 87.3%～89.7%，相对标准偏差在 6.1%～15.9%之间。乙酰氨基阿维菌素在添加水平 40～400 μg/kg，其平均回收率在 85.5%～89.0%，相对标准偏差在 5.1%～12.7%之间。

21.2.2.10 重复性和再现性

在重复性实验条件下，获得的两次独立测试结果的绝对差值不超过重复性限 r，在再现性实验条件下，获得的两次独立测试结果的绝对差值不超过再现性限（R），被测物的添加浓度范围、重复性和再现性方程见表 21-15、表 21-16。如果差值超过重复性限，应舍弃试验结果并重新完成两次单个试验的测定。

表 21-15　添加浓度范围及重复性和再现性方程（基质为牛奶）

化合物	添加浓度范围/（μg/kg）	重复性限 r	再现性限 R
伊维菌素	5～50	r=0.332 m−0.971	R=0.346 m+0.182
阿维菌素	5～50	r=0.271 m−0.318	R=0.272 m+0.323
多拉菌素	5～50	r=0.259 m−0.015	R=0.308 m+0.599
乙酰氨基阿维菌素	5～50	r=0.230 m+0.085	R=0.408 m−1.24

注：m 为两次测定结果的算术平均值

表 21-16　含量范围及重复性和再现性方程（基质为奶粉）

化合物	添加浓度范围/（μg/kg）	重复性限 r	再现性限 R
伊维菌素	40～400	r=0.215 m−0.662	R=0.188 m−0.262
阿维菌素	40～400	r=0.220 m+0.113	R=0.266 m+0.333
多拉菌素	40～400	r=0.229 m−0.122	R=0.196 m+0.026
乙酰氨基阿维菌素	40～400	r=0.111 m+0.437	R=0.147 m+0.179

注：m 为两次测定结果的算术平均值

21.2.3　河豚鱼、鳗鱼和烤鳗中 4 种阿维菌素类药物残留量的测定　液相色谱-串联质谱法[75]

21.2.3.1　适用范围

适用于河豚鱼肌肉、鳗鱼肌肉、烤鳗中伊维菌素、阿维菌素、多拉菌素和乙酰氨基阿维菌素残留量的液相色谱-串联质谱测定。方法检出限：河豚鱼肌肉、鳗鱼肌肉、烤鳗中伊维菌素、阿维菌素、多拉菌素和乙酰氨基阿维菌素均为 5 μg/kg。

21.2.3.2　方法原理

河豚鱼、鳗鱼和烤鳗中阿维菌素类药物伊维菌素、阿维菌素、多拉菌素和乙酰氨基阿维菌素残留，用乙腈提取后，正己烷脱脂，中性氧化铝柱净化。样品溶液供液相色谱-串联质谱仪检测，外标峰面积法定量。

21.2.3.3　试剂和材料

乙腈：色谱纯；甲醇：分析纯；正己烷：分析纯，使用前以乙腈饱和；中性氧化铝：活度Ⅰ级；无水硫酸钠：经 650℃灼烧 4 h，置于干燥器中备用；中性氧化铝净化柱：取一空的固相萃取柱管，下部填入少量脱脂棉，装入 2 g 中性氧化铝，上部再填充 4 g 无水硫酸钠，使用前装填；伊维菌素、阿维菌素、多拉菌素、乙酰氨基阿维菌素标准物质：纯度≥99%；100 μg/mL 标准储备液：准确称取适量的伊维菌素、阿维菌素、多拉菌素和乙酰氨基阿维菌素标准品（精确至 0.1 mg），用乙腈分别配制成 100 μg/mL 的标准贮备液，−18℃储存；0.500 μg/mL 混合标准工作液：准确吸取 0.500 mL 伊维菌素、阿维菌素、多拉菌素和乙酰氨基阿维菌素标准储备液至 100 mL 容量瓶中，以乙腈稀释并定容，此混合工作液的浓度为 0.500 μg/mL。−20℃储存；基质混合标准工作溶液：根据需要，吸取不同体积的混合标准工作液，用空白样品提取液配制成不同浓度的基质混合标准工作溶液，使用前配制。

21.2.3.4　仪器和设备

液相色谱-串联四极杆质谱仪，配有电喷雾电离源；分析天平：感量 0.1 mg 和 0.01 g；组织捣碎机；匀浆机：转速大于或等于 8000 r/min；离心机：转速大于 4000 r/min；超声波水浴；液体混匀器；固相萃取装置；氮吹仪。

21.2.3.5　样品前处理

（1）试样制备

取样品约 500 g 用组织捣碎机捣碎，装入洁净容器作为试样，密封，并标明标记，于−18℃冰箱中保存。制样操作过程中应防止样品受到污染或残留物含量发生变化。

（2）提取

准确称取 2 g 组织样品（准确至 0.01 g）至 50 mL 离心管中，加入 8 mL 乙腈，匀浆机上 8000 r/min

均质 20 s，4000 r/min 离心 5 min，上清液转移至 50 mL 离心管中；另取一 50 mL 离心管加入 8 mL 乙腈，洗涤匀浆刀头 10 s，洗涤液移入前一离心管中，用玻棒捣碎离心管中的沉淀，液体混匀器上振荡 30 s，4000 r/min 离心 5 min，上清液合并至 50 mL 离心管，离心管中的沉淀再加入 6 mL 乙腈，用玻棒捣碎离心管中的沉淀，液体混匀器上振荡 30 s，4000 r/min 离心 5 min，上清液合并至 50 mL 离心管中，乙腈定容至 25.0 mL 刻度，混匀备用。

（3）净化

向上述装有样品提取液的 50 mL 离心管中加入 10 mL 乙腈饱和的正己烷脱脂，涡旋振荡 1 min，4000 r/min 离心 5 min，弃去上层正己烷，重复此操作一次，下层乙腈溶液待用。

将中性氧化铝净化柱安置在固相萃取装置上，准确移取 10.0 mL 已脱脂的样品提取液至中性氧化铝净化柱中，控制流速在 1～2 mL/min，用 2 mL×2 乙腈淋洗净化柱，收集全部流出液，流出液转移至吹氮管中，50℃下氮气吹至干，用 1.00 mL 乙腈溶解残渣，并置超声波水浴中超声振荡 10 min，0.2 μm 滤膜过滤，供液相色谱-串联质谱测定。

21.2.3.6 测定

（1）液相色谱条件

色谱柱：Intersil C$_8$-3 柱，5 μm，150 mm×4.6 mm（内径）或相当者；柱温：40℃；进样量：25 μL；流速：0.8 mL/min；流动相：甲醇+水，梯度洗脱，见表 21-17。

表 21-17 梯度洗脱程序

时间/min	甲醇/%	水/%
0.00	75	25
3.00	100	0
10.00	100	0
10.01	75	25
15.00	75	25

（2）质谱条件

离子源：电喷雾电离源（ESI）；扫描方式：负离子扫描；检测方式：多反应监测 MRM；雾化气、气帘气、辅助加热气、碰撞气均为高纯氮气及其他合适气体；使用前应调节各气体流量以使质谱灵敏度达到检测要求，喷雾电压、去集簇电压、碰撞能等电压值应优化至最佳灵敏度；监测离子对和相应的参考质谱参数，见表 21-18。

表 21-18 伊维菌素、阿维菌素、多拉菌素和乙酰氨基阿维菌素的监测离子对和相应的参考质谱参数

化合物	定性离子对(m/z)	定量离子对(m/z)	采集时间/ms	去簇电压/V	碰撞能量/V
伊维菌素	873.7/567.8	873.7/229.2	100	−75	−37
	873.7/229.2				−50
阿维菌素	871.7/565.2	871.7/565.2	100	−80	−40
	871.7/229.3				−54
多拉菌素	897.6/591.4	897.6/591.2	100	−70	−38
	897.6/229.0				−51
乙酰氨基阿维菌素	912.5/270.0	912.5/565.4	100	−82	−49
	912.5/565.4				−37

（3）定性测定

每种被测组分选择 1 个母离子，2 个以上子离子，在相同实验条件下，样品中待测物质的保留时间与标准溶液中对应的保留时间偏差在±2.5%之内；且样品谱图中各组分定性离子的相对离子丰度与浓度接近的标准溶液谱图中对应的定性离子的相对离子丰度进行比较，偏差不超过表 1-5 规定的范围，

则可判定为样品中存在对应的待测物。

（4）定量测定

外标法定量：在仪器最佳工作条件下，对基质混合标准工作溶液进样，以峰面积为纵坐标，基质混合标准溶液浓度为横坐标绘制标准工作曲线。用标准工作曲线对样品进行定量，样品溶液中待测物的响应值均应在仪器测定的线性范围内。四种阿维菌素的标准物质的多反应监测（MRM）色谱图见图21-4。

21.2.3.7 分析条件的选择

（1）提取净化条件的选择

1）样品提取液的选择

阿维菌素类易溶于乙酸乙酯、乙腈，许多文献报道选用乙酸乙酯、乙腈作为提取溶剂，考虑到采用乙酸乙酯作提取溶剂时会引入大量的动物组织中的脂溶性杂质，试验表明，采用乙腈提取阿维菌素类，回收率理想，因此本实验选用乙腈作为提取溶剂。

2）净化条件的选择

与禽畜肌肉相比，河豚鱼、鳗鱼及其制品（指烤鳗）中含有大量的脂肪，尤其是鳗鱼，如带入液相色谱中会严重影响色谱的分离并污染质谱的离子源，试验中发现单以中性氧化铝梯形净化后的样品溶液放置在冰箱中过夜，会产生大量的沉淀，因此必须在固相萃取柱净化前增加常规的脱脂处理，由于阿维菌素类药物在正己烷中有一定的溶解度，因此使用的正己烷先以乙腈饱和，降低正己烷脱脂可能造成的损失，试验结果表明这种前处理方式既保证了样品中的杂质去除，又保证了阿维菌素类药物的回收率。

（2）仪器条件的优化

1）质谱条件的优化

阿维菌素的质谱测定文献报道有采用 ESI 源和 APCI 源，GB/T 20748—2006[73]中是采用 APCI 源，但实验中发现当质谱的离子源喷雾结构为垂直喷雾结构时（近年来各质谱仪器公司大多采用此类结构，以减少早期直喷式结构带来的易污染缺点），阿维菌素的 ESI 谱中常见的加合峰相对强度会降低，转而以分子离子峰为主，考虑到 ESI 源应用的普遍性，本方法中采用 ESI 源作为阿维菌素类药物的离子化源。

蠕动泵以 10 μL/min 的流速连续注射 0.1 mg/L 的阿维菌素类标准溶液入 ESI 电离源中，在负离子检测方式下对四种阿维菌素类类进行一级质谱分析（Q1 扫描），得到分子离子峰，对各准分子离子峰进行二级质谱分析（子离子扫描），得到碎片离子信息。确定定性用的各离子对。采用 MRM 模式采集数据，选择驻留时间为 200 ms，优化各离子对的去簇电压（DP），碰撞气能量（CE），聚焦电压（FP），入口电压（EP），碰撞池出口电压（CXP）。各监测离子对的质谱参数和保留时间见表21-20。

2）色谱条件的优化

采用梯度洗脱可有效改善色谱峰形，从而提高检测灵敏度。

21.2.3.8 线性范围和测定低限

用乙腈配成 0 μg/L、5.00 μg/L、10.0 μg/L、20.0 μg/L 和 50.0 μg/L 的混合标准工作液，在选定的色谱和质谱条件下进行测定，以标准工作溶液被测组分峰面积对标准溶工作液被测组分浓度作线性回归曲线。其线性方程、相关系数见表 21-19。本方法对阿维菌素类药物残留的测定低限（LOQ）为 5.0 μg/kg。

表 21-19 阿维菌素类的定量离子对、线性方程、相关系数

化合物	定量离子对	线性方程	相关系数
伊维菌素	873.7/229.2	$Y=1.46\times10^3X+878$	0.9996
爱比菌素	871.7/565.2	$Y=1.03\times10^4X-21.32\times10^3$	0.9987
多拉菌素	897.6/591.2	$Y=6.63\times10^3X+661$	0.99999
乙酰氨基阿维菌素	912.5/565.4	$Y=1.22\times10^4X-5.96\times10^3$	0.9997

21.2.3.9　方法回收率和精密度

用不含阿维菌素类的河豚鱼肌肉、鳗鱼肌肉、烤鳗样品进行添加回收和精密度实验。添加回收率和精密度结果见表 21-20 至表 21-22。

表 21-20　河豚鱼肌肉中阿维菌素类添加回收率室内验证结果

化合物		伊维菌素				阿维菌素				多拉菌素				乙酰氨基阿维菌素		
添加浓度/(μg/kg)	5.00	10.0	25.0	50.0	5.00	10.0	25.0	50.0	5.00	10.0	25.0	50.0	5.00	10.0	25.0	50.0
回收率/% 1	114.2	104.0	108.4	100.2	112.8	94.0	97.6	96.4	98.4	94.0	105.6	104.2	100.4	83.7	81.6	96.2
2	101.8	115.0	105.6	102.0	114.4	93.6	97.6	103.8	99.8	93.6	91.6	92.8	86.8	77.1	80.8	95.2
3	83.6	98.9	108.0	85.8	107.6	93.3	106.8	104.4	84.8	93.3	98.8	90.6	111.8	86.3	86.0	95.4
4	99.2	107.0	116.0	96.2	106.6	98.0	103.2	117.6	94.4	98.0	80.0	88.8	99.6	87.9	87.6	97.8
5	102.8	116.0	105.6	103.4	103.4	97.1	108.4	104.4	92.4	97.1	94.8	83.4	107.4	86.0	90.4	97.2
6	108.4	96.9	90.4	112.2	117.6	98.1	103.6	97.8	94.0	98.1	100.0	109.6	100.2	87.2	86.0	94.2
7	112.0	104.0	110.4	105.0	109.6	92.5	108.0	111.6	91.0	92.5	93.2	91.6	107.8	87.9	90.0	85.8
8	86.6	107.0	116.4	96.0	107.2	103.0	105.2	105.6	95.4	103.0	84.4	91.6	95.2	88.5	86.4	87.6
9	106.0	99.4	90.8	88.4	83.6	96.3	108.8	92.0	76.2	96.3	96.4	102.0	114.2	86.4	88.8	75.8
10	97.4	92.8	78.8	108.2	86.0	98.1	104.8	93.4	95.8	98.1	87.2	106.2	93.2	85.6	86.0	74.2
平均回收率/%	101.2	104.1	103.0	99.7	104.9	96.4	103.4	102.7	92.2	96.4	93.2	96.1	101.7	85.7	86.4	89.9
相对标准偏差 RSD/%	9.9	7.2	12	8.3	11	3.3	3.9	7.8	7.6	3.3	8.3	9.1	8.5	3.9	3.7	9.8

表 21-21　鳗鱼肌肉中阿维菌素类添加回收率室内验证结果

化合物		伊维菌素				阿维菌素				多拉菌素				乙酰氨基阿维菌素		
添加浓度/(μg/kg)	5.00	10.0	25.0	50.0	5.00	10.0	25.0	50.0	5.00	10.0	25.0	50.0	5.00	10.0	25.0	50.0
回收率/% 1	116.2	107.0	100.0	44.1	109.4	103.0	111.2	49.6	85.2	106.0	95.6	50.0	99.4	101.0	87.2	52.5
2	81.8	112.0	106.0	46.1	82.2	94.1	100.0	42.4	75.0	99.4	105.6	47.9	79.8	94.3	91.2	48.2
3	90.0	95.2	86.8	57.1	77.8	93.7	92.4	50.2	81.8	90.7	100.0	41.7	75.4	96.3	82.4	41.4
4	88.0	104.0	102.0	58.3	87.0	94.0	87.6	45	78.0	88.2	105.2	48.5	76.8	88.4	89.6	48.3
5	95.4	96.2	92.0	49.8	86.0	106.0	105.6	54.6	75.6	99.5	97.2	44.3	78.8	97.3	81.2	48.4
6	91.8	88.0	110.4	53.4	79.6	93.2	98.8	57.1	88.6	93.0	103.6	45.9	77.6	86.6	88.8	44.7
7	111.8	96.7	95.6	52.4	103.0	112.0	84.8	53.5	79.4	94.4	98.4	41.6	78.6	93.3	80.8	52.3
8	84.2	105.0	112.8	56.4	95.4	108.0	95.6	46.1	77.4	100.0	108.4	47.5	82.0	88.2	89.2	48.4
9	102.8	101.0	101.6	50.0	115.2	113.0	102.8	51.9	88.2	91.3	98.8	52.7	89.0	93.3	80.0	51.8
10	95.4	86.8	95.2	55.5	116.0	101.0	114.8	57.7	71.8	110.0	106.8	44.7	94.4	87.0	90.4	47.6
平均回收率/%	95.7	99.2	100.0	104.6	95.2	102.0	99.4	101.6	80.1	97.3	102.0	93.0	83.2	92.6	86.1	96.8
相对标准偏差 RSD/%	11.9	8.2	8.1	9.1	15.5	7.7	9.7	10.1	7.1	7.2	4.4	7.6	9.9	5.3	5.2	7.1

表 21-22　烤鳗中阿维菌素类添加回收率室内验证结果

化合物		伊维菌素				阿维菌素				多拉菌素				乙酰氨基阿维菌素		
添加浓度/(μg/kg)	5.00	10.0	25.0	50.0	5.00	10.0	25.0	50.0	5.00	10.0	25.0	50.0	5.00	10.0	25.0	50.0
回收率% 1	115.6	10.5	111.6	100.0	100.6	10.8	106.0	95.6	67.6	10.0	103.6	87.4	79.2	8.82	89.2	105.8
2	90.0	9.43	87.2	100.8	115.6	10.5	110.0	110.6	82.2	8.50	82.8	114.8	91.4	10.8	92.4	94.6
3	91.2	9.68	85.2	108.0	91.6	9.64	108.8	97.2	80.8	8.35	97.6	101.6	78.4	10.3	94.0	113.6
4	111.8	10.4	82.0	99.4	117.8	9.06	102.0	110.8	87.4	8.58	84.0	84.6	99.4	8.14	86.4	96.2
5	92.4	9.93	104.4	107.2	98.0	10.5	110.4	104.4	81.2	9.40	98.8	103.6	78.6	8.16	93.6	113.8
6	97.4	9.91	81.6	100.8	118.4	8.50	102.8	112.8	88.0	10.6	82.4	115.4	96.0	9.14	87.2	98.2
7	84.0	10.7	101.6	108.4	97.8	10.6	107.6	103.4	98.6	11.3	98.4	102.0	80.8	7.99	92.0	114.6

续表

化合物	伊维菌素				阿维菌素				多拉菌素				乙酰氨基阿维菌素			
添加浓度/(μg/kg)	5.00	10.0	25.0	50.0	5.00	10.0	25.0	50.0	5.00	10.0	25.0	50.0	5.00	10.0	25.0	50.0
回收率% 8	91.0	10.9	82.0	98.8	108.4	8.42	104.0	112.6	89.0	8.52	81.6	86.0	97.0	9.44	86.4	94.8
9	99.4	10.8	93.6	105.4	97.0	9.49	109.2	102.2	89.4	10.0	102.0	100.8	81.6	9.17	90.0	114.4
10	94.4	11.8	90.8	98.0	109.0	10.8	99.6	109.2	89.2	11.7	82.0	116.6	96.4	8.20	86.8	94.6
平均回收率/%	96.7	104.0	92.0	103.0	105.0	98.3	106.0	106.0	85.3	97.0	91.3	101.0	87.9	90.2	89.8	104.0
相对标准偏差 RSD/%	10.3	6.7	11.5	4.0	9.2	9.5	3.5	5.9	9.5	12.7	10.3	12.0	10.1	10.7	3.4	8.9

21.2.3.10　重复性和再现性

在重复性实验条件下，获得的两次独立测试结果的绝对差值不超过重复性限（r），在再现性实验条件下，获得的两次独立测试结果的绝对差值不超过再现性限（R），被测物的添加浓度范围及重复性方程见表 21-23 至表 21-25。

表 21-23　添加浓度范围及重复性和再现性方程（基质为河豚鱼肌肉）

化合物	添加浓度范围/(μg/kg)	重复性限 r	再现性限 R
伊维菌素	5～50	$r=0.243m-0.242$	$R=0.273m$
阿维菌素	5～50	$r=0.325m-0.76$	$R=0.26172m+0.277$
多拉菌素	5～50	$r=0.228m+0.072$	$\lg R=0.965\lg m-0.591$
乙酰氨基阿维菌素	5～50	$\lg r=1.39\log m-1.05$	$R=0.376m-1.43$

注：m 为两次测定结果的算术平均值

表 21-24　添加浓度范围及重复性和再现性方程（基质为鳗鱼肌肉）

化合物	添加浓度范围/(μg/kg)	重复性限 r	再现性限 R
伊维菌素	5～50	$r=0.109m+0.367$	$R=0.217m-0.188$
阿维菌素	5～50	$r=0.234m-0.702$	$R=0.191m+0.149$
多拉菌素	5～50	$r=0.229m-0.363$	$R=0.262m-0.587$
乙酰氨基阿维菌素	5～50	$r=0.199m-0.563$	$R=0.203m-0.240$

注：m 为两次测定结果的算术平均值

表 21-25　添加浓度范围及重复性和再现性方程（基质为烤鳗）

化合物	添加浓度范围/(μg/kg)	重复性限 r	再现性限 R
伊维菌素	5～50	$\lg r=0.883\lg m-0.583$	$\lg R=1.15\lg m-0.875$
阿维菌素	5～50	$r=0.252m-0.771$	$R=0.288m-0.775$
多拉菌素	5～50	$r=0.239m-0.020$	$R=0.232m+0.214$
乙酰氨基阿维菌素	5～50	$r=0.295m-1.200$	$R=0.248m-0.478$

注：m 为两次测定结果的算术平均值；如果差值超过重复性限，应舍弃试验结果并重新完成两次单个试验的测定

参　考　文　献

[1] Lespine A，Martin S，Dupuy J，Roulet A，Pineau T，Orlowski S，Alvinerie M. Interaction of macrocyclic lactones with P-glycoprotein：structure affinity relationship. European Journal of Pharmaceutical Sciences，2007，30（1）：84-94

[2] Bishop B F，Bruce C I，Evans N A，Goudie A C，Gration K A F，Gibson S P，Pacey M S，Perry D A，Walshe N，Witty M. Selamectin：A novel broad-spectrum endectocide for dogs and cats. Veterinary Parasitology，2000，91（3-4）：163-176

[3] 张继瑜，李剑勇，周绪正，李金善，张梅，徐忠赞，李宏胜，胡俊杰. 猪肌肉注射多拉菌素的药物动力学研究. 动物医学进展，2005，26（8）：83-86

[4] Alvinerie M，Lacoste E，Sutra JF，Chartier C. Some pharmacokinetic parameters of eprinomectin in goats following pour-on administration. Veterinary Research Communications，1999，23（7）：449-455

[5] 刘开永，李英伦，周岷江，刘光林. 驱虫抗生素莫西菌素的研究应用进展. 兽药与饲料添加剂，2003，8（4）：13-16

[6] 张庆茹. 兽用阿维菌素类药物剂型研究进展. 中国兽医寄生虫病，2004，12（1）：41-43

[7] 潘保良. 埃普利诺菌素注射液的研究. 北京：中国农业大学博士学位论文，2003

[8] Yas N E，Shamir M，Kleinbart S，Aroch I. Doramectin toxicity in a collie. The Veterinary Record，2004，153（23）：718-720

[9] 岳振峰，周乃元，叶卫翔. 国内外食品安全限量标准实用手册. 北京：中国劳动社会保障出版社，2010

[10] 杨君宏，何继红，侯晓林，齐鹏，吴家鑫. ELISA 方法检测牛组织中的阿维菌素类药物残留. 中国兽医杂志，2014，50（9）：70-72

[11] 王亮. 高效液相色谱法测定牛肉中伊维菌素残留量. 河北化工，2012，35（2）：28-29

[12] 郑卫东，胡江涛，阴文娅，盛毅，武志雄. 高效液相色谱-串联质谱测定猪肝中阿维菌素、伊维菌素残留. 食品科学，2011，32（4）：185-188

[13] 卢志晓，鞠溯，刘培海，杨立明. Oasis HLB 净化和超高效液相色谱-电喷雾串联质谱检测冻虾中阿维菌素类药物残留. 现代仪器，2011，17（6）：66-69

[14] 贾方，杨霖，孙雷，孙宝山，周海鹏，刘颖. 柱前衍生-高效液相色谱法测定牛筋中阿维菌素和伊维菌素. 理化检验-化学分册，2011，47（11）：1302-1304

[15] 程林丽，安洪泽，沈建忠，曹斌斌，黄兴华. 牛奶中 4 种阿维菌素类药物的高效液相色谱快速测定. 中国农业大学学报，2010，15（4）：95-98

[16] 石艳丽，韩彩霞，张子群，李晓云，宋铭忻，李巍. 绵羊血浆中多拉菌素的高效液相色谱检测. 中国兽医杂志，2014，50（1）：73-78

[17] 汪芳，李冰，周绪正，张继瑜，李剑勇，李金善，牛建荣，魏小娟，杨亚军. 犬血浆中塞拉菌素含量的高效液相色谱-荧光检测方法的建立. 畜牧兽医学报，2011，42（9）：1346-1350

[18] 张文娟，连庚寅，郭晓喜，杨小兰，宋欢. 超高效液相色谱-串联质谱法测定 10 种食品中的阿维菌素类药物残留. 食品科学，2012，3（18）：226-231

[19] 张睿，王海涛，姚燕林，段宏安. 柱前衍生高效液相色谱法检测动物源性食品中 4 种阿维菌素类药物残留. 检验检疫科学，2008，18（4）：30-32

[20] Massarollo E，Santanna E S. The development of a method for determining avermectin B1a residues in honey by high performance liquid chromatography. Italian Journal of Food Science，2006，18（4）：377-386

[21] 徐英江，任传博，刘慧慧，宫向红，张秀珍，邹荣婕，李佳蔚，于召强. 液相色谱荧光法测定水产品中伊维菌素、阿维菌素、莫能菌素、埃普里诺菌素和多拉菌素含量. 中国渔业质量与标准，2011，1（1）：70-74

[22] Hino T，Oka H，Inoue K，Yoshimi Y. Simultaneous determination of avermectins in bovine tissues by LC-MS/MS. Journal of separation science，2009，32（21）：3596-3602

[23] Xia X，Xiao Z，Huang Q，Xia L，Zhu K，Wang X，Shen J，Ding S. Simultaneous determination of avermectin and milbemycin residues in bovine tissue by pressurized solvent extraction and LC with fluorescence detection. Chromatographia，2010，72（11/12）：1089-1095

[24] Campillo N，Vias P，Férez-Melgarejo G，Hernández-Córdoba M. Dispersive liquid-liquid microextraction for the determination of macrocyclic lactones in milk by liquid chromatography with diode array detection and atmospheric pressure chemical ionization ion-trap tandem mass spectrometry. Journal of Chromatography A，2013，1282（1）：20-26

[25] Danaher M，O'Keeffe M，Glennon J D. Extraction and isolation of avermectins and milbemycins from liver samples using unmodified supercritical CO_2 with in-line trapping on basic alumina. Journal of Chromatography B，2001，761（1）：115-123

[26] Brooks M W，Uden P C. The determination of abamectin from soil and animal tissue by supercritical fluid extraction and fluorescence detection. Pesticide Science，1995，43（2）：141-146

[27] Cerkvenik-Flajs V，Milcinski L，Sussinger A. Trace analysis of endectocides in milk by high performance liquid chromatography with fluorescence detection. Analytica chimica acta，2010，663（2）：165-171

[28] Kolberg D I S，Presta M A，Wickert C，Adaime M B，Zanella R. Rapid and accurate simultaneous determination of abamectin and ivermectin in bovine milk by high performance liquid chromatography with fluorescence detection. Journal of the Brazilian Chemical Society，2009，20（7）：1220-1226

[29] Wang F，Chen J，Cheng H，Tang Z，Zhang G，Niu Z，Pang S，Wang X，Lee F. Multi-residue method for the confirmation of four avermectin residues in food products of animal origin by ultra-performance liquid chromatography-tandem mass

spectrometry. Food Additives & Contaminants，2011，28（5）：627-639

[30] Li J，Qian C. Determination of avermectin B1 in biological samples by immunoaffinity column cleanup and liquid chromatography with UV detection. Journal of AOAC International，1996，79（5）：1062-1067

[31] Li J S，Li X W，Hu H B. Immunoaffinity column cleanup procedure for analysis of ivermectin in swine liver. Journal of Chromatography B，1997，696（1）：166-171

[32] Wu Z，Li J，Zhu L，Luo H，Xu X. Multi-residue analysis of avermectins in swine liver by immunoaffinity extraction and liquid chromatography-mass spectrometry. Journal of Chromatography B，2001，755（1-2）：361-366

[33] He J，Hou X，Jiang H，Shen J. Multiresidue analysis of avermectins in bovine liver by immunoaffinity column cleanup procedure and liquid chromatography with fluorescence detector. Journal of AOAC International，2005，88（4）：1099-1103

[34] Hou X，Li X，Ding S，He J，Jiang H，Shen J. Simultaneous analysis of avermectins in bovine tissues by LC-MS-MS with immunoaffinity chromatography cleanup. Chromatographia，2006，63（11/12）：543-550

[35] 杨君宏，何继红，侯晓林，齐鹏，吴家鑫. 牛肌肉中阿维菌素类药物残留的免疫亲和色谱-高效液相色谱荧光检测方法的研究. 中国畜牧兽医，2014，41（1）：243-245

[36] Garcia-Mayor M A，Gallego-Pico A，Fernandez-Hernando P，Durand-Alegria J S，Garcinuno R M. Matrix solid-phase dispersion method for the determination of macrolide antibiotics in sheep's milk. Food Chemistry，2012，134（1）：553-558

[37] Rafidah I，Ghanthimathi S，Fatimah A B. Effectiveness of different cleanup sorbents for the determination of avermectins in fish by liquid chromatography tandem mass spectrometry. Analytical Methods，2013，5（16）：4172-4178

[38] Malaníková M，Malaník V，Marek M. Use of thin-layer chromatography for the testing of avermectins produced by Streptomyces avermitilis strains. Journal of Chromatography A，1990，513（1）：401-404

[39] Høy T，Horsberg T E，Nafstad I. The Disposition of ivermectin in atlantic salmon（salmo salar）. Pharmacology & Toxicology，1990，67（4）：307-312

[40] Sanbonsuge A，Takase T，Shiho D. Gas chromatograpliy-mass spectrometrlc determination of ivermectin following trimethylsilylation with application to residue analysis in biological meat tissue samples. Analytical methods，2011，3（9）：2160-2164

[41] Lifschitz A，Virkel G，Pis A，Imperiale F，Sanchez S，Alvarez L，Kujanek R，Lanusse C. Ivermectin disposition kinetics after subcutaneous and intramuscular administration of an oil based formulation to cattle. Veterinary Parasitology，1999，86（3）：203-215

[42] 曹红，陈坚，刘红. 绵羊血浆中阿维菌素的高效液相色谱法测定. 伊犁教育学院学报，2003，16（3）：120-122

[43] 岳振峰. 食品中兽药残留检测指南. 北京：中国标准出版社，2010

[44] Tolan J W，Eskola P，Fink D W，Mrozik H，Zimmerman L A. Determination of avermectins in plasma at nanogram levels using high performanceliquid chromatography with fluorescence detection. Journal of Chromatography A，1980，190（2）：367-376

[45] Tway P C，Woods J S，Dowing G V. Determination of ivermectin in cattle and sheep tissues using high-performance liquid chromatography with fluorescence detection. Journal of Agricultural and Food Chemistry，1981，29（5）：1059-1063

[46] Norlander I，Johnsson H. Determination of ivermectin residues in swine tissues-an improved clean-up procedure using solid-phase extraction. Food Additives and Contaminants，1990，7（1）：79-82

[47] De Montigny P，Shim J S，Pivnichny J V. Liquid chromatographic determination of ivermectin in animal plasma with trifluoroacetic anhydride and N-methylimidazole as the derivatization reagent. Journal of Pharmaceutical and Biomedical Analysis，1990，8（6）：507-511

[48] Rabel S R，Stobaugh J F，Heinig R，Bostick J M. Improvements in detection sensitivity for the determination of ivermectin in plasma using chromatographic techniques and laser-induced fluorescence detection with automated derivatization. Journal of Chromatography B，1993，617（1）：79-86

[49] Payne L D，Mayo V R，Morneweck L A，Hicks M B，Wehner T A. HPLC-fluorescence method for the determination of eprinomectin marker residue in edible bovine tissue. Journal of Agricultural and Food Chemistry，1997，45（9）：3501-3506

[50] Flajs V C，Grabnar I，Eržen N K，Marc I，Požgan U，Gombac M. Pharmacokinetics of doramectin in lactating dairy sheep and suckling lambs. Analytica Chimica Acta，2005，529（1-2）：353-359

[51] Sutra J F，Cadiergues M C，Dupuy J，Franc M，Alvinerie M. Determination of selamectin in dog plasma by high performance liquid chromatography with automated solid phase extraction and fluorescence detection. Veterinary Research：A Journal on Animal Infection，2001，32（5）：455-461

[52] Rupp H S，Turnipseed S B，Walker C C，Roybal J E，Long A R. Determination of ivermectin in salmon muscle tissue by liquid chromatography with fluorescence detection. Journal of AOAC International，1998，81（3）：549-553

[53] Knold L，Reitov M，Mortensen A B，Hansen-Møller J. Validation of a simple liquid chromatographic method for determination and quantitation of residual ivermectin and doramectin in pig liver. Journal of AOAC International，2002，85（2）：365-368

[54] Ali M S，Sun T，McLeroy G E，Phillippo E T. Simultaneous determination of eprinomectin，moxidectin，abamectin，doramectin，and ivermectin in beef liver by LC with fluorescence detection. Journal of AOAC International，2000，83（1）：31-38

[55] 侯晓林，何继红，杜向党，沈建忠. 牛肝中阿维菌素类药物残留的高效液相色谱荧光检测方法的研究. 畜牧兽医学报，2006，37（5）：500-503

[56] Roudaut B. Multiresidue method for the determination of avermectin and moxidectin residues in the liver using HPLC with fluorescence detection. Analyst，1998，123（1）：2541-2544

[57] Hou X，Wu Y，Shen J，Wang L，Ding S. Multi-residue analysis of avermectins in bovine liver and muscle by liquid chromatography-fluorescence detector. Chromatographia，2007，65（1）：77-80

[58] Heller D N，Schenck F J. Particle beam liquid chromatography/mass spectrometry with negative ion chemical ionization for the confirmation of ivermectin residue in bovine milk and liver. Biological Mass Spectrometry，1993，22（3）：184-193

[59] Ali M S，Sun T，McLeroy G E，Phillippo E T. Confirmation of eprinomectin，moxidectin，abamectin，doramectin，and ivermectin in beef liver by liquid chromatography/positive ion atmospheric pressure chemical ionization mass spectrometry. Journal of AOAC International，2000，83（1）：39-52

[60] Turnipseed S B，Andersen W C，Karbiwnyk C M，Roybal J E，Miller K E. No-discharge atmospheric pressure chemical ionization：Evaluation and application to the analysis of animal drug residues in complex matrices. Rapid Communications in Mass Spectrometry，2006，20（8）：1231-1239

[61] Howells L，Sauer M J. Multi-residue analysis of avermectins and moxidectin by ion-trap LC-MS^n. Analyst，2001，126（2）：155-160

[62] Rubensam G，Barreto F，Barcellos Hoff R，Mara Pizzolato T. Determination of avermectin and milbemycin residues in bovine muscle by liquid chromatography-tandem mass spectrometry and fluorescence detection using solvent extraction and low temperature cleanup. Food Control，2013，29（1）：55-60

[63] Hernando M D，Suarez-Barcena J M，Bueno M J M，Garcia-Reyes J F，Fernandez-Alba A R. Fast separation liquid chromatography-tandem mass spectrometry for the confirmation and quantitative analysis of avermectin residues in food. Journal of Chromatography A，2007，1155（1）：62-73

[64] Dahiya M，Dubey N，Singh P. Development and validation of LC-MS/MS method to determine the residue of veterinary drugs ivermectin，doramectin and moxidectin in milk. Indian Journal of Chemistry，2013，52（10）：1313-1317

[65] Sheridan R，Desjardins L. Determination of abamectin，doramectin，emamectin，eprinomectin and moxidectin in milk by liquid chromatography electrospray tandem mass spectrometry. Journal of AOAC International，2006，89（4）：1088-1094

[66] Durden D A. Positive and negative electrospray LC-MS-MS methods for quantitation of the antiparasitic endectocide drugs，abamectin，doramectin，emamectin，eprinomectin，ivermectin，moxidectin and selamectin in milk. Journal of Chromatography B，2007，850（1-2）：134-146

[67] Frenich A G，Aguilera-Luiz M M，Vidal J L M. Comparison of several extraction techniques for multiclass analysis of veterinary drugs in eggs using ultra-high pressure liquid chromatography-tandem mass spectrometry. Analytica chimica acta，2010，661（2）：150-160

[68] Turnipseed S B，Roybal J E，Andersen W C，Kuck L R. Analysis of avermectin and moxidectin residues in milk by liquid chromatography-tandem mass spectrometry using an atmospheric pressure chemical ionization atmospheric pressure photoionization source. Analytica Chimica Acta，2005，529（1-2）：159-165

[69] Schmidt D J，Clarkson C E，Swanson T A，Egger M L，Carlson R E，van Emon J M，Karu A E. Monoclonal antibodies for immunoassay of avermectins. Journal of Agricultural and Food Chemistry，1990，38（8）：1763-1770

[70] Crooks S R H，Bacter A，McCaughey W J. Detection of ivermectin residues in bovine liver using an enzyme immunoassay. Analyst，1998，123（2）：355-358

[71] Samsonova J V，Baxte G A R，Crooks S R H，Elliott C T. Biosensor immunoassay of ivermectin in bovine milk. Journal of AOAC International，2002，85（4）：879-882

[72] McGarrity M，McConnel R I，Fitzgerald S P，Porter J，O'Loan N，Mahoney J，Bell B. Development of an evidence biochip array kit for the multiplex screening of more than 20 anthelmintic drugs. Analytical and Bioanalytical Chemistry，

2012，403（10）：3051-3056

[73] GB/T 20748—2006 牛肝和牛肉中阿维菌素类药物残留量的测定方法 液相色谱-串联质谱法. 北京：中国标准出版社，2006

[74] GB/T 22968—2008 牛奶和奶粉中伊维菌素、阿维菌素、多拉菌素和乙酰氨基阿维菌素残留量的测定 液相色谱-串联质谱法. 北京：中国标准出版社，2008

[75] GB/T 22953—2008 河豚鱼、鳗鱼和烤鳗中伊维菌素、阿维菌素、多拉菌素和乙酰氨基阿维菌素残留量的测定液相色谱-串联质谱法. 北京：中国标准出版社，2008

22 兽药多类别多组分残留

22.1 概　述

动物源食品基质复杂，含有蛋白质、脂肪、糖类等多种成分，加之残留的兽药含量甚微、极性差别大，成为兽药多残留高通量分析的难点。传统的兽药检测方法以液相色谱结合紫外和荧光检测器为主，只能满足单一或一类兽药的检测，缺乏一定的通用性和准确性。因此，高通量样品前处理方法和测定方法的开发和应用成为当前研究的热点。

样品前处理是样品分析过程中耗时最长、劳动强度最大，同时也是产生误差最多的一个环节，是实现兽药残留高通量快速检测必须要突破的瓶颈之一。目前报道的多类别兽药残留前处理方法，主要有固相萃取（solid phase extraction，SPE）、分散固相萃取（dispersed solid phase extraction，DSPE）、基质固相分散技术（matrix solid-phase dispersion，MSPD）、加速溶剂萃取（accelerated solvent extraetion，ASE）、免疫亲和色谱（immunoaffinity chromatography，IAC）、在线自动净化（automate online cleanup）等。而一次分析完成多类别、多组分兽药的高通量检测，是随着液质联用技术（LC-MS）的发展，特别是高分辨质谱（HRMS）的应用得以实现。LC-MS 技术主要包括三重四极杆质谱[1]，离子肼质谱[2]，以及 Orbitrap，飞行时间质谱和四极杆串联飞行质谱[3-6]等高分辨质谱。在这些检测方法中，LC-MS/MS 在灵敏度和选择性上的优势，以及其在多反应监控（MRM）下的抗干扰能力，使得其成为农兽药多残留检测中的重要工具，但 LC-MS/MS 作为低分辨质谱只能提供 4～5 个定性点，较少的定性点会对化合物的定性造成潜在误差[7,8]。高分辨质谱则弥补了低分辨质谱在定性能力上的缺陷，适合于大量目标化合物的筛查。All Ions 模式基于精确质量数，保留时间，母离子和子离子的共流出轮廓匹配来对目标化合物进行定性。并且其优点在于无需设置母离子，保证了数据的可追溯能力。此外，样品也无需重复测定，从而大大提高了检测效率，节省了时间和成本。

本章概述了多类别兽药残留分析常用前处理技术和液相色谱-质谱联用测定技术，简述了兽药精确质量数据库的建立与碎裂机理研究，并列举了作者团队建立的 SPE 和改良 QuEChERS 技术结合液相色谱-质谱联用技术，测定肉类、蜂蜜、奶粉中 40～100 种兽药多残留的高通量方法。

22.1.1　前处理方法

（1）固相萃取（solid phase extraction，SPE）

固相萃取的原理是通过选择性的吸附，从而对样品进行富集、分离和纯化，可近似的认为是一种简单的色谱分离，如图 22-1 所示。自 1978 年商品化 SPE 产品问世以来，这项技术已经得到了迅速的发展[1]。SPE 吸附剂主要分为三大类：无机氧化物、通用性吸附剂和专属性吸附剂[9]。

该技术广泛用于兽药检测中，如牛奶中磺胺、喹诺酮和苯并咪唑类兽药[10]，鱼虾中孔雀石绿等兽药[11]，蜂蜜中喹诺酮类兽药[12]。Li 等[13]采用 HLB 柱结合 LC-MS 检测技术对虾中 18 种兽药残留（包括四环素、磺胺、喹诺酮等）进行了测定，在添加和污染样品中方法均表现出良好的结果。Kaufmann 等[14]以 HLB 柱作为前处理 SPE 柱，LC-TOF/MS 测定了肌肉、肝和肾中 100 种兽药残留，60%的化合物回收率大于 80%。Stolker 等[15]对牛奶中多类兽药残留进行了测定，方法采用 StrataX SPE 柱进行前处理，LC-TOF-MS 进行测定，回收率在 80%～120%之间的药物占总数的 88%。Koesukwiwat 等[16]采用 HLB 柱进行净化，对牛奶中磺胺和四环素类兽药进行了检测，方法回收率范围为 72.0%～97.4%，定量限为 0.6～8.6 ng/mL。SPE 方法具有富集能力强，基质干扰小等特点，是目前兽药检测中最为常用的前处理方法。

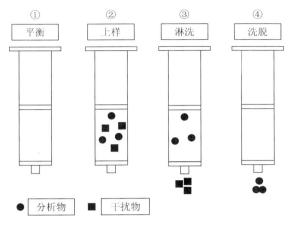

图 22-1　固相萃取程序示意图

（2）分散固相萃取（dispersive solid phase extraction，DSPE）

分散固相萃取是将固相萃取吸附剂分散到提取液中，从而起到吸附提取液杂质的作用。其具有操作简便、省时省力等特点。在此基础上开发的 QuEChERS 技术是 DSPE 最典型的应用，其操作过程如图 22-2 所示，样品由乙腈或酸乙腈溶液进行提取，经盐析分配后，采用固相吸附剂对提取液中的共提物进行净化，最后由仪器进行检测。

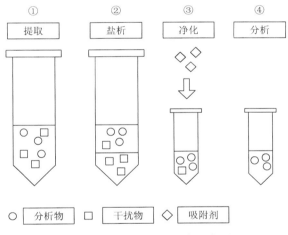

图 22-2　QuEChERS 程序示意图

QuEChERS 技术作为一种多残留分析的新技术主要用于果蔬中农药多残留检测过程中[17]，AOAC 和欧盟先后发布了基于此技术的方法标准（AOAC 2007.01 和 EN 15662：2008）[18, 19]，Agilent、Waters 等多个公司也相继推出了基于该项技术的产品。由于 QuEChERS 技术具有简便，快速，高效等特点，近年来也开始应用于兽药残留检测领域。但与农药残留检测基质不同，动物源食品中色素相对含量较低，而脂类，蛋白等杂质含量较高。因此，针对动物源性食品，常用的净化吸附剂有 PSA[20]，C_{18}[21]，NH_2[22]等，也有部分方法没有涉及净化步骤，如 Aguilera-Luiz 等[23]对牛奶中 18 种兽药残留的测定，Gomez Perez 等[24]对奶酪中 17 种兽药残留的测定。该技术也被应用至不同的动物源性食品中，包括肉类（猪、牛、羊、鸡）、鱼类、乳制品、婴幼儿食品等。Posyniak 等[25]利用 C_{18} 吸附剂对样品进行分散固相萃取，通过液相色谱对鸡肌肉组织中的磺胺类药物残留进行了测定，方法回收率在 90%以上，检出限在 1～5 μg/kg 之间，方法简单、快速、高效。Stubbings 等[26]采用 QuEChERS 方法对动物组织中 41 种兽药残留进行了测定，方法采用 1%醋酸乙腈溶液提取，500 mg NH_2 作为吸附剂进行净化，方法平均回收率为 74.3%。Frenich 等[27]对鸡蛋中 25 种兽药残留进行了测定，方法对 SPE，MSPD 和 QuEChERS 等前处理技术进行了比较，实验结果表明 SPE 净化效果较好，但 QuEChERS 方法过程简单快速。Vidal 等[28]采用 QuEChERS 技术对牛奶中的 21 种兽药残留进行了测定,回收率在 65.9%～122.3%之间,检出限在 0.1～4 μg/kg 之间。QuEChERS 方法具有前处理步骤简单,检测成本低廉,可实现样品的批量化处理等特点。

(3)基质固相分散萃取(matrix solid phase dispersion,MSPD)

基质固相分散萃取是一种集提取、净化和富集技术于一体的前处理技术,该技术于 1989 年首先由 Baker 等提出[29]。如图 22-3 所示,方法将样品与固相萃取填料混合研磨,研磨过程破坏样品的组织结构,将样品研磨成更小的部分,键合的有机相将样品组分更好地分散在载体表面,将混合物装柱,采用不同淋洗液对目标化合物进行洗脱。该技术适用于固体、半固体及黏稠样品的萃取。Wang 等[30]采用 MSPD 作为前处理测定猪组织中喹诺酮类,有机磷类及氨基甲酸酯类残留,回收率在 60.1%～107.7%之间,精密度符合方法标准要求,检出限在 9～22 μg/kg 之间。Yu 等[31]采用 MSPD 结合 LC-DAD 对猪肉中喹诺酮类、磺胺类和四环素类兽药进行了测定,方法采用正己烷除去脂肪,乙腈和二氯甲烷混合溶液洗脱目标化合物,方法回收率在 80.6%～99.2%之间,RSD 低于 6.1%,定量限在 7～34 μg/kg 之间。此外,该技术还在四环素类[32]、氯霉素类[33]、苯并咪唑类[34]等兽药残留的检测中得到了应用。

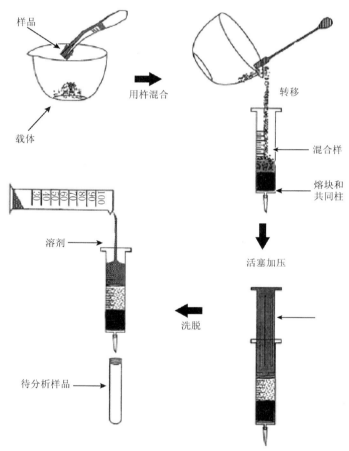

图 22-3 基质固相分散萃取流程图[30]

(4)加速溶剂萃取(accelerated solvent extraction,ASE)

加速溶剂萃取是一种全新的提取技术,其基本原理是在温度和压力的作用下,采用有机溶剂对固态或半固态样品进行萃取的方法。在温度和压力的双重作用下降低了溶剂进入固体样品的阻力,增加了溶剂的扩散和目标化合物的溶解,从而提高了目标化合物的提取效率。ASE 具有快速,高效,可批量自动化提取等特点,因此被广泛应用于固体样品或半固体样品的提取过程中。Chen 等[35]建立了一种测定猪、牛、羊、鸡肌肉和肝脏中 11 种苯并咪唑类和 10 种丙硫咪唑类兽药,以及苯硫哒唑和甲苯咪唑代谢物的 ASE 萃取方法。样品处理采用自动化 ASE 技术,以乙腈和正己烷混合溶液作为提取溶剂。添加水平为 0.5 μg/kg 时,回收率为 70.1%~92.7%,日间相对标准偏差均低于 10%,定量限为 0.02~0.5 μg/kg。结果表明该方法适合对动物性食品中苯并咪唑类,丙硫咪唑类兽药的确认和定量分析。Carretero 等[36]采用 ASE 提取方法对肉类中 31 种抗菌药,萃取压力为 1500 psi,萃取温度为 70℃,方法平均回收率在 75%~99%之间,RSD 低于 18%,方法检出限在 3~15 μg/kg 之间。

（5）免疫亲和色谱（immunoaffinity chromatography，IAC）

免疫亲和色谱是一种利用抗原抗体的特异性结合作用,起到从复杂的基质中富集目标化合物的目的。其原理是将抗体与琼脂糖,纤维素或聚丙烯酰胺凝胶等载体共价结合,然后将制备好的材料装入柱中,将含抗原的溶液加入免疫亲和柱,使得抗原与抗体结合,最后用洗脱缓冲液洗脱。此外,该技术还具有可再生,并反复使用,以及提纯效率高等特点。Li 等[37]采用免疫亲和柱对动物组织中的 13 中喹诺酮和 6 种磺胺类兽药进行了测定,免疫亲和柱制备采用抗喹诺酮和磺胺特异性单克隆抗体与琼脂糖 4B 进行结合,19 种抗生素类药物的回收率在 72.6%~107.6%,日内和日间相对标准偏差分别为 11.3%和 15.4%。方法检出限在 0.5~3.0 ng/g 之间。Heering 等[38]采用免疫亲和柱净化测定蜂蜜中的链霉素和磺胺噻唑,方法检出限分别为 10 μg/kg 和 50 μg/kg,回收率在 100%~117%之间。

（6）在线自动净化（automate online cleanup）

在线自动净化技术室将传统的前处理技术步骤模块化,并与检测设备相结合,形成净化的全自动处理技术。在线自动净化技术具有节省时间,高效可靠,分析物损失小等特点,并且减少了操作者与有毒试剂的接触。Tang 等[39]采用在线 SPE 净化技术结合 LC-MS/MS 对动物组织中 13 种目标化合物进行了测定,其中包括大环内酯类,喹诺酮类等。在简单的提取后,采用高聚物填料进行在线净化,并可在 6 min 内完成,所有目标化合物的检测。Stolker 等[40]采用湍流色谱结合串联四极杆质谱对牛奶中多类兽药进行了测定,线性范围为 50~500 μg/L,重复性 RSD 低于 12%,方法检出限在 50~500 μg/L,远低于相关限量要求,并且检测过程中没有假阳性或假阴性结果产生。Bousova 等[41]对鸡肉中 7 类 36 种抗生素类兽药进行了测定,方法采用湍流色谱进行在线净化,方法回收率在 80%~120%之间,重复性 RSD 为 3%~28%之间相比传统样品净化技术,该方法能够满足大批量样品检测的要求。

22.1.2 测定方法

（1）低分辨质谱法

随着 LC-MS 技术的出现及不断发展,其已成为目前残留分析领域必不可少的检测工具。此技术将液相色谱的有效分离和质谱的准确定性定量检测相结合,大大提高检测的灵敏度和准确性,并且降低了假阳性结果产生的可能。根据离子化方式的不同,其可以分为电喷雾离子源（ESI）,大气压化学离子化（APCI）。其中以 ESI 源应用最为广泛,如图 22-4 所示,ESI 源属于温和的软电离方式,主要通过电喷雾形成离子,即液滴表面电荷达到瑞利极限时发生库仑爆炸,从而使化合物发生离子化而带电[42]。此外,根据质量分析器的不同又可分为四极杆质谱（MS）,串联四极杆质谱（MS/MS）,离子肼质谱（IT-MS）等[43]。在兽药检测领域中以 LC-MS/MS 的应用最为广泛,由于软电离是极为温和的离子化方式,因此大多数化合物往往以准分子离子峰形式出现。对于 LC-MS/MS,其具有两个串联的四极杆,以及一个碰撞池,碰撞池可使准分子离子峰进一步碎裂,形成多个碎片离子,通过四极杆的筛选,可最大程度的减弱了干扰离子的影响,降低背景和噪声的干扰,从而提高了方法的灵敏度。Huo 等[10]采用 LC-MS/MS 同时对牛奶中的 38 种抗生素类药物进行了测定,检测方法采用选择离子监控模式,方法灵敏度低至 0.01 μg/kg。Tang 等[44]对牛奶中 23 种兽药进行了测定,方法通过 LC-MS/MS 在选择离子监控模式下对样品进行检测,每个目标化合物对应两对监控离子,保证了检测方法的选择性和特异性,方法的定量限均低于 5 ng/mL。Xia 等[45]提出了一种测定猪肉、猪肝和猪肾脏中 23 种兽药及其代谢物的多残留检测方法,这些兽药及其代谢物属于硝基咪唑、苯并咪唑和氯霉素三类。依次用乙酸乙酯和碱性乙酸乙酯萃取后,用正己烷脱脂,然后用 Oasis MCX 固相萃取柱进一步纯化。采用超高效液相色谱-电喷雾串联质谱法进行快速测定。同时用正极和负极方式进行数据采集。猪肉、猪肝和猪肾脏样品中,经过基质匹配校准后的回收率在 50.6%~108.1%。该方法的定量限为 3~100 ng/kg。

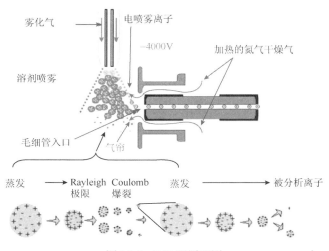

图 22-4　ESI 源原理图

（2）高分辨质谱法

　　与低分辨质谱相区别，高分辨质谱是指能够提供高质量分辨率＞10000 半峰宽（FWHM），高质量准确度＜5 ppm 和高扫描速率的质谱检测技术。常见的高分辨质谱包括傅里叶变换离子回旋共振谱（FTICR），傅里叶变换静电场轨道阱质谱（Orbitrap），飞行时间质谱（TOF-MS），四极杆-飞行时间质谱（Q-TOF-MS）等[46]。飞行时间质谱早在 1948 年由 Stephan 等开发[47]，并不断发展成为目前较为常用的高分辨检测技术。其主要原理是通过不同质荷比的离子在飞行管中飞行时间的不同来对目标化合物加以区分的。如图 22-5 所示，目标化合物在离子源中电离后，经过传输进入飞行管，在脉冲电场的作用下对离子施加相同的电势能，并转化为离子的动能，从而使得离子在飞行管中飞行。由于施加电势能相同，因此离子的质荷比与其在飞行管中的飞行时间的平方成正比关系[48]。通过计算飞行时间最终可确定离子的质荷比。此外，飞行时间质谱也可与四极杆等组件进行串联，从而起到对目标离子进行过滤和筛选的目的，并可进一步通过碰撞碎裂获得相应的碎片离子信息。此外，1999 年 Makarov 首先报道了一种基于静电场轨道阱技术的高分辨质量检测器[49]。2000 年由 Thermo Fisher 公司推出了商业化的 Orbitrap 高分辨质谱仪，其主要由一个纺锤状中心电极和一个筒状外电极构成，通过两个轴电极上附加的直流电压来产生一个以中心电极为轴心的非线性对数电场，保证离子沿轴线运动[50]。通过测量离子旋转振荡产生的镜像电流，由傅里叶转换器转化成离子的频率从而计算出离子的质荷比[51]。

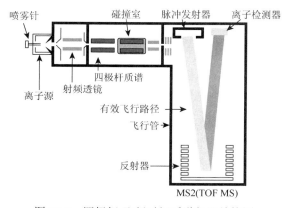

图 22-5　四极杆-飞行时间质谱仪器结构图

　　由于高分辨质谱具有同时筛查大量目标化合物的能力，并且在全扫描模式下无需考虑目标化合物的数量[52]。因此被广泛应用于农兽药多残留筛查与检测中。目前，在兽药残留领域 LC-Orbitrap，LC-TOF/MS，LC-Q-TOF/MS 等技术的应用最为广泛。对于高分质谱，其应用于多残留筛查主要有以下几种方式，一种方式是基于精确质量数、色谱保留时间和同位素分布等条件对目标化合物进行定性测定[53]。Van der Heeft 等[54]采用 LC-TOF-MS 和 LC-Orbitrap 对激素类药物的检测进行了评估，结果发现在 LC-Orbitrap 在 60000 FWHM 的高分辨模式下能够在低浓度下检出全部 14 种激素类药物，但对于 LC-Orbitrap 低分辨模式与 LC-TOF/MS 在较强的干扰离子的影响下，未能将所有目标化合物检出。Hurtaud-Pessel 等[55]采用 LC-Orbitrap 对肉类组织中的抗生素类兽药残留进行了测定，在 MS 全扫描模式进行数据采集，通过精确质量数和保留时间对添加样品中的目标化合物进行定性，并可进一步对非目标化合物进行侦测。Wang 等[56]采用 LC-Q-TOF/MS 对牛奶和蜂蜜中多类兽药残留进行了检测，采用 MS 全扫描模式对数据进行采集，通过精确质量测定和同位素分布对目标化合物进行定性，方法检出限低至 1 μg/kg。另一种方式是采用源内碎裂离子作为辅助定性的依据。Hermo 等[57]采用 LC-TOF/MS，LC-MS 和 LC-MS/MS 三种仪器对猪肝中 8 种喹诺酮类兽药残留测定进行了评价，LC-TOF/MS 采用源内碎裂离子对目标化合物进行定性，通过碎裂电压的优化使 8 种喹诺酮类兽药均获得了满意的源内碎裂离子，并且其质量偏差在 0～5 ppm 之间，方法定量限为 0.5～2 μg/kg，与其他两种检测技术相比，LC-TOF/MS 在定性确证方面具有明显的优势。第三种思路是通过使用四极杆或线性离子阱的过滤和筛选功能，由碰撞池产生目标化合物的全扫描碎片离子信息，用于最终的定性确认。全扫描碎片离子信息的使用使得化合物获得更多的定性信息和结构信息，从而使化合物确证更加准确可靠[58]。Abdallah 等[59]采用 Orbitrap 对动物组织中 22 种磺胺类药物进行了测定，目标化合物采用保留时间和精确质量偏差对目标化合物进行筛查，多级精确质量质谱用于最终确证，方法检出限在 3～26 μg/kg。Geis-Asteggiante 等[60]采用 LC-Q-TOF/MS 对食品中 62 种兽药残留进行了评估和测定，目标通过碎裂后获得了更多的定性和结构信息，从而有效的降低了假阳性和假阴性结果产生的可能性。Turnipseed 等[61]建立了青蛙腿和其他水产中 8 种兽药残留 LC-Q-TOF/MS 筛查方法，分别采用 MS 数据和 MS/MS 数据对目标化合物进行定性识别，并应以建立的检测方法在进口水产样品中发现多种兽药残留。

22.2　兽药精确质量数据库的建立与碎裂机理研究

动物源食品中兽药的种类呈逐年递增的趋势，如此众多的兽药检测种类和项目，往往需要同一样品进行反复测定，这不仅延长了检测时间，增加了仪器损耗，而且提高了检测成本。此外，如要购买所有兽药标准品，则需要花费大量的资金和成本。不仅如此，每种兽药标准品都有一定的有效期限制，这使得各实验室还必须定期对其进行更新。这几方面的因素综合起来，加重了检测实验室的负担，也造成了资源上的重叠和浪费。与此同时，目前的检测方法仅可对已知目标化合物进行定量检测，而对于未知目标物的检测缺乏筛查能力，并且检测数据的可追溯性差。因此，建立具有推广性的精确质量数据库，并通过其对目标化合物进行无标准品对照下的定性筛查，成为解决这一问题的有效手段。

目前，气相色谱质谱标准数据库已经被广泛建立，并成功应用在农药以及其他环境污染物中，为农药多残留的定性检测提供了可靠的依据。其中美国国家科学技术研究院质谱库（NIST）应用最为广泛[62]，如鱼中 143 种农药的测定[63]，葡萄和葡萄酒中 160 种农药和 25 种持久性有机污染物的测定[64]，蔬菜中 16 种有机氯农药[65]等。此外还有 Wiley 谱库，日本 SDBS，中国科学院化学专业数据库等[66,67]。但对于兽药，由于其多为难挥发性物质，在没有衍生的条件下很难采用气相色谱质谱技术对其进行测定。因此，目前的兽药检测方法普遍采用液相色谱质谱技术，也有相关研究建立了基于液相色谱质谱技术的数据库，如高馥蝶等[68]建立了 42 种农药和兽药的保留时间和质谱信息数据库并将其应用到牛奶样品的检测过程中。

本章工作对常用兽药进行了准分子离子和碎片离子质谱信息的采集，对获得的质谱信息进行归纳，从而形成精确质量数据库，包括化合物的英文名、分子式、保留时间，离子化模式及不同能量下的碎片离子质谱图。在此基础上，根据药物的碎片离子对此类药物的质谱裂解规律进行探讨。为兽药化合物的定性提供依据，也为类似化合物的结构推断提供参考。

22.2.1　试剂和材料

表 22-1　实验材料

试剂与材料	级别	产地
兽药标准品	纯度≥95%	德国 Dr. Ehrenstorfer 公司
乙腈	色谱纯	美国 Fisher 公司
甲醇	色谱纯	美国 Fisher 公司
甲酸	色谱纯	韩国 Tedia 公司
冰醋酸	分析纯	北京化学试剂厂
二甲亚砜	分析纯	北京化学试剂厂
乙酸铵	分析纯	北京化学试剂厂
Purine（参比溶液）		美国 Agilent 公司
HP-0921（参比溶液）		美国 Agilent 公司
校正溶液		美国 Agilent 公司

22.2.2　标准品和储备溶液

单标储备溶液的配制：所有兽药标准物质的纯度≥95%（Dr. Ehrenstorfer GmbH）；分析天平称取约 10 mg 标准品于 10 mL 容量瓶中，甲醇定容至刻度，个别不溶标准品需加 1～2 mL 二甲亚砜（DMSO）；所有标准品均置于冰箱内，避光 4℃下保存。

参比溶液配制：对于仪器的实时校正，方法采用由 Agilent 公司提供的参比溶液，分别移取 1.0 mL Purine，1.0 mL HP-0921，用乙腈：水（95+5，v/v）溶液稀释到 1 L，将配制后溶液加入参比溶液瓶中，供仪器测定过程使用。

调谐溶液配制：对于仪器的精确质量的全面校正，方法采用由 Agilent 公司提供的标准溶液，但对于 ESI^+ 和 ESI^- 调谐溶液的配制有所不同，具体配制方法如表 22-2 所示。

表 22-2　调谐溶液配制表

离子源	ESI^+	ESI^-
未稀释调谐液	10 mL	2.5 mL
乙腈	88.5 mL	95.6 mL
水	1.5 mL	1.9 mL
0.1 mM HP-0321	5 μL	—

22.2.3　仪器与设备

本实验所需的主要仪器，见表 22-3。

表 22-3　实验仪器

仪器名称	规格型号	产地
液相色谱-四极杆飞行质谱仪	Agilent 1290-6550	美国 Agilent 公司
氮吹浓缩仪	EVAP 112	美国 Organomation Associates 公司
涡旋混合器	TRIO TM-1N	日本 AS ONE 公司
Milli-Q 高纯水发生器		美国 Millipore 公司
电子天平	PL602-L	德国 Mettler-Toledo 公司

22.2.4　液相色谱条件

色谱柱：Agilent ZORBAX SB-C$_{18}$柱（2.1 mm×100 mm，3.5 μm），流动相 A 为 0.1%甲酸水（含 5 mmol/L 乙酸铵），流动相 B 为乙腈；梯度洗脱，程序见表 22-4；流速为 0.3 mL/min；柱温：40℃；进样量：10 μL。

表 22-4　梯度洗脱程序表

时间/min	流动相 A/%	流动相 B/%
0	95	5
6	85	15
20	70	30
26	20	80
30	5	95
35	5	95
36	95	5
40	95	5

22.2.5　质谱条件

电喷雾电离正离子模式（ESI$^+$）；毛细管电压：4000 V；脱溶剂气温度：225℃，脱溶剂气流量 10 L/min。鞘气温度：325℃，鞘流气流速 11 L/min。锥孔电压和碎裂电压分别为 65 V 和 400 V。参比离子为 m/z 121.0509 和 m/z 922.0098，用于正离子模式下的实时校正。数据采集采用棒状图数据采集模式，扫描范围为 50～1700 m/z，扫描速率为 3 spectra/s。数据采集与处理通过 Agilent MassHunter Workstation Software（version B.04.00），包括数据采集，定性分析，定量分析软件。

22.2.6　兽药种类的确定

由于兽药种类繁多，此次研究针对性地选择了常用兽药品种，建立精确质量数据库，兽药种类包括四环素类（5 种）、喹诺酮类（18 种）、磺胺类（23 种）、大环内酯类（9 种）、苯并咪唑类（16 种）、硝基咪唑类（6 种）、β-受体激动剂类（15 种）、激素类（14 种）、镇静剂类（6 种）、共计 112 种。涉及兽药用途包括抗生素、合成抗菌药、抗寄生虫药、激素等。

22.2.7　数据库的构建

（1）MS 数据的采集

向仪器注入浓度为 1000 μg/L 的标准溶液，由 LC-Q-TOF-MS 在 MS 模式下进行测定，在"Find by Formula"功能中对实验数据进行处理，当目标化合物得分超过 90，精确质量偏差低于 5 ppm 时，认为化合物被识别。并记录下该峰在色谱分离条件下的保留时间，母离子的精确分子量以及离子化形式（[M+H]$^+$，[M+NH$_4$]$^+$和[M+Na]$^+$）。

将化合物名称，CAS 号，分子式，精确分子量，保留时间等信息，输入 PCDL 软件。如恩诺沙星的英文名称 Enrofloxacin，CAS 号 93106-60-6，分子式 C$_{19}$H$_{22}$FN$_3$O$_3$ 和精确质量数 359.1645（见图 22-6）。此外，通过数据处理确定了环丙沙星[M+H]$^+$峰为主，精确质量数为 360.1718，因此，选定其为母离子，进行碎片离子信息的采集。

（2）MS/MS 数据的采集

对于碎片离子谱库，如图 22-7 所示，在 Targeted MS/MS 采集界面输入兽药的母离子，保留时间和不同的碰撞能量，对其进行数据采集。数据先由"Find by Formula"进行检索，处理结果得分超过 90，精确质量偏差低于 5 ppm；然后，采用"Find by targeted MS/MS"对数据进行处理，并导出 CEF

文件；最后，将 CEF 文件导入 PCDL 软件中，与对应的兽药信息相对应并保存。碎片离子谱库中每种兽药含有不同碰撞能量下的碎片离子信息。仍以恩诺沙星为例，输入其保留时间（8.5 min）和母离子（m/z 360.1718），采集其在不同碰撞能量下的碎片离子信息（见图 22-8），将其导入 PCDL 软件中。

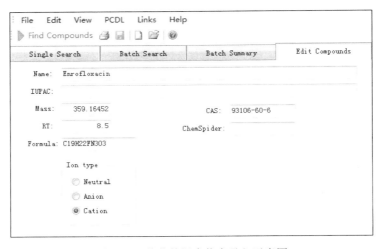

图 22-6　兽药数据库信息录入示意图

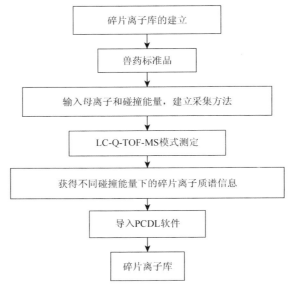

图 22-7　碎片离子采集流程图

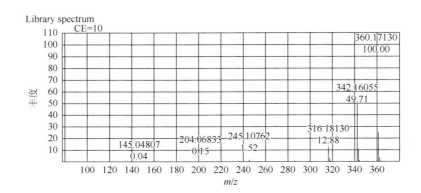

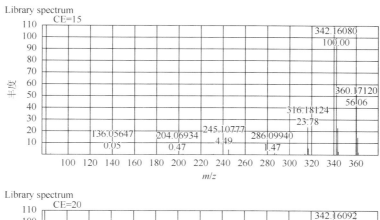

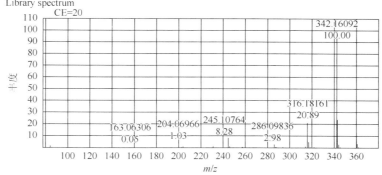

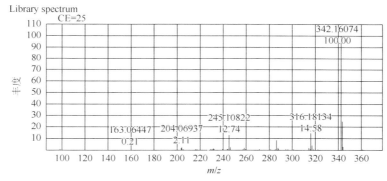

图 22-8　不同碰撞能量下恩诺沙星碎片离子质谱图

22.2.8　质谱解析及裂解规律

（1）喹诺酮类兽药

喹诺酮类兽药本身具有的氨基和羧基使得其易于形成[M+H]⁺的正离子，从而在 ESI⁺模式下取得良好的响应。与此同时，其由于流动相中 NH₄⁺和 Na⁺的存在使得其在正离子模式下也存在[M+NH₄]⁺和[M+Na]⁺离子峰，但其响应均低于[M+H]⁺峰，如图 22-9 所示。此外，喹诺酮类兽药元素组成以 C，H，O，N，F 为主，根据各元素对化合物同位素的贡献判断，其同位素峰主要以 A+1 峰为主。A+1 主要来自于 C，N 元素的同位素贡献。

通过对喹诺酮类药物的主要碎片离子进行分析，如图 22-10 所示，发现此类药物的碎裂主要以中性丢失为主，这种中性丢失主要变现为两种形式，第一种是脱水（[M+H-H₂O]⁺），其主要由羧基中的 C—O 键断裂形成，如诺氟沙星碎片离子 m/z 302.1299，氧氟沙星碎片离子 m/z 344.1405，沙拉沙星碎片离子 m/z 368.1205 等，在所有喹诺酮类兽药中均发现此类脱水离子，且相对响应较高。第二种中性丢失是脱羧（[M+H-CO₂]⁺），其主要由羧基中的 C—C 键断裂形成，如诺氟沙星碎片离子 m/z 276.1507，氧氟沙星碎片离子 m/z 318.1612，沙拉沙星碎片离子 m/z 342.1412 等。但在西诺沙星，氟甲喹，萘啶酸三种化合物的碎片子离子中没有发现脱羧中性丢失。这两种碎片离子的生成与喹诺酮类药物中羧基普遍存在相关。此外，还有脱羧后哌嗪环断裂重排生成的产物（[M+H-CO₂-C₂H₅N]⁺），如诺氟沙星碎片离子 m/z 233.1085，沙拉沙星碎片离子 m/z 299.0990。

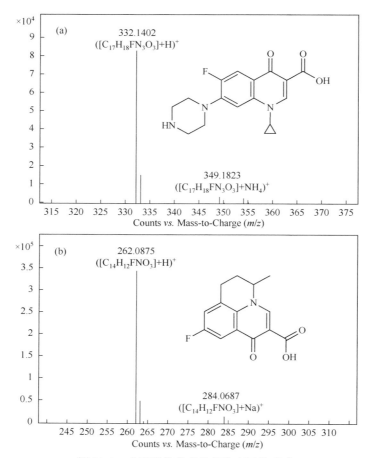

图 22-9　喹诺酮类代表性药物离子化形式

（a）环丙沙星；（b）氟甲喹

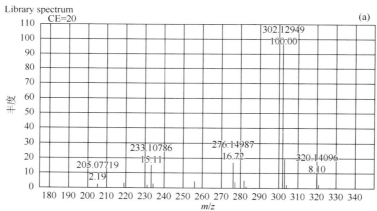

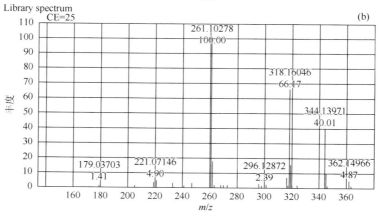

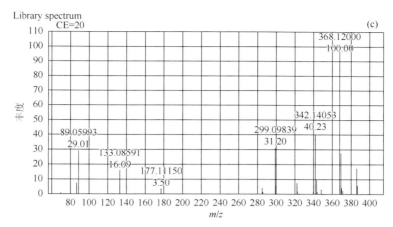

图 22-10　喹诺酮类代表性药物碎片离子质谱图

（a）诺氟沙星；（b）氧氟沙星；（c）沙拉沙星

（2）磺胺类兽药

磺胺类兽药本身具有的氨基使得其易于形成[M+H]$^+$的正离子，从而在 ESI$^+$ 模式下取得良好的响应。同时发现有[M+Na]$^+$离子峰存在，特别是磺胺醋酰[M+Na]$^+$离子峰响应高于[M+H]$^+$峰，但[M+NH$_4$]$^+$离子峰响应较低，见图 22-11。此外，磺胺类兽药元素组成以 C，H，O，N，S 为主，根据各元素对化合物同位素的贡献判断，其同位素峰主要以 A+1 峰为主，如图 22-12 所示。A+1 主要来自于 C，N 和 S 元素的同位素贡献。

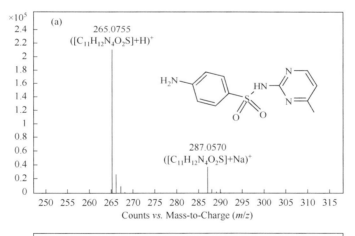

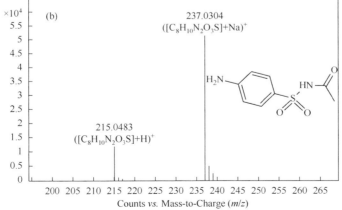

图 22-11　磺胺类代表性药物离子化形式

（a）磺胺甲基嘧啶；（b）磺胺醋酰

由于磺胺类兽药普遍含有对氨基苯磺酰胺结构，因此，此类药物的质谱裂解碎片中均含有 m/z 156.0114，108.0444，92.0495，见图22-12。m/z 156.0114 为磺胺类药物 S—N 键碎裂后，脱掉氨基和取代基后形成的对氨基苯磺酰胺母核（通过$[M+H-RNH_2]^+$）。在氨基苯磺酰胺母核的基础上进一步碎裂，一方面失去 SO 形成 m/z 108.0444（$[M+H-RNH_2-SO]^+$），另一方面失去为 SO_2 形成 m/z 92.0495（$[M+H-RNH_2-SO_2]^+$）。

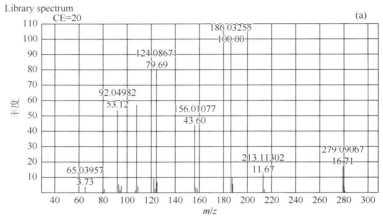

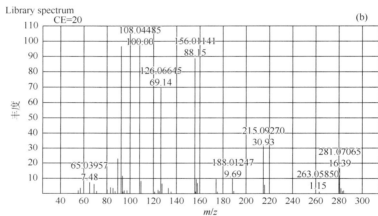

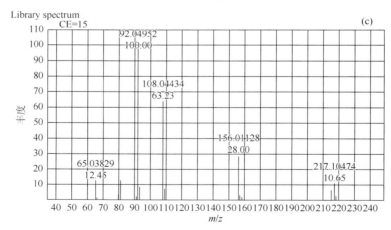

图 22-12　磺胺类代表性药物碎片离子质谱图
（a）磺胺二甲嘧啶；（b）磺胺甲噁唑；（c）磺胺醋酰

（3）四环素类兽药

四环素类兽药本身羟基和氨基使得其易于形成$[M+H]^+$正离子，从而在 ESI$^+$模式下取得良好的响应。与此同时，也存在$[M+NH_4]^+$和$[M+Na]^+$离子峰，但其响应较低，如图22-13所示。此外，四环素类兽药元素组成以 C，H，O，N 为主，此外，金霉素和地美环素还含有 Cl 元素。因此，对于金霉素和地美环素，其同位素峰主要以 A+1 和 A+2 峰为主，A+1 主要来自于 C，N 元素的同位素贡献，而 A+2 峰主要来自于 Cl 元素的贡献。而对于不含 Cl 元素的四环素，土霉素和强力菌素其同位素峰主要以 A+1 峰为主。A+1 主要来自于 C，N 元素的同位素贡献。

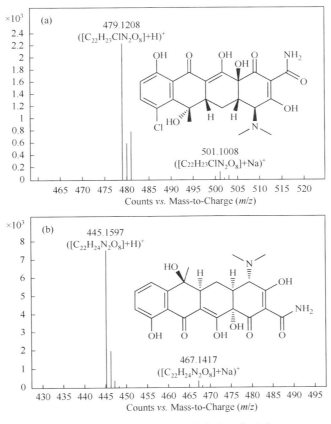

图 22-13 四环素类代表性药物离子化形式
（a）金霉素；（b）四环素

四环素类兽药含有较多的羟基，其在碰撞碎裂的过程中，可能发生中性丢失，从而脱去一份子的水（$[M+H-H_2O]^+$），如四环素碎片离子 m/z 427.1500，土霉素碎片离子 m/z 443.1449。此外，碰撞过程中 C—N 键也会发生断裂，从而丢失氨基（$[M+H-NH_3]^+$），如金霉素碎片离子 m/z 462.0950，地美环素碎片离子 m/z 448.0794。也可能同时丢失氨基和水（$[M+H-H_2O-NH_3]^+$），如四环素碎片离子 m/z 410.1234，土霉素碎片离子 m/z 426.1183，见图 22-14。

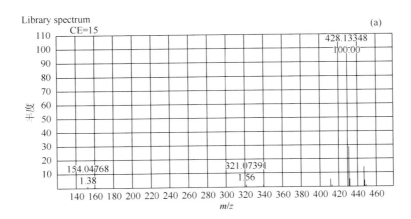

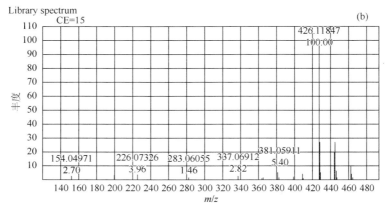

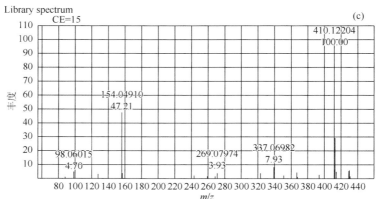

图 22-14　四环素类代表性药物碎片离子质谱图

（a）强力霉素；（b）土霉素；（c）四环素

（4）大环内酯类兽药

大环内酯类兽药具有的氨基和羟基使得其易于形成[M+H]⁺正离子，从而在 ESI⁺模式下取得良好的响应。与此同时，也发现[M+Na]⁺离子峰存在，但其响应较低，几乎没有发现[M+NH₄]⁺的存在，见图 22-15。此外，大环内酯类兽药元素组成以 C，H，O，N 为主，其同位素峰主要以 A+1 峰为主。A+1 主要来自于 C，N 元素的同位素贡献。

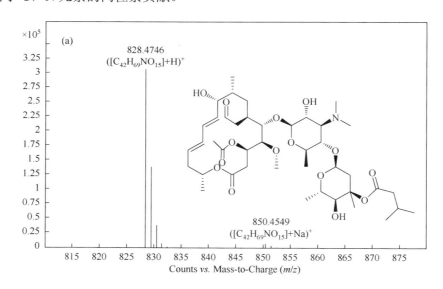

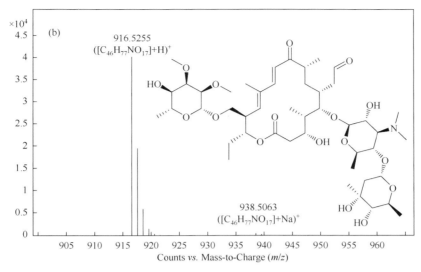

图 22-15　大环内酯类代表性药物离子化形式

（a）交沙霉素；（b）泰乐菌素

　　大环内酯类兽药由内酯环通过糖苷键与糖胺相连，其在碰撞碎裂的过程中，碎裂主要发生在糖苷键处，从而产生了对应的去氧糖苷碎片离子，如 m/z 174.1125 存在于交沙霉素，螺旋霉素和泰乐菌素的碎片离子中；m/z 158.1176 存在于阿奇霉素，红霉素和罗红霉素的碎片离子中，见图 22-16。

　　（5）苯并咪唑类兽药

　　苯并咪唑类兽药本身具有的氨基使得其易于形成$[M+H]^+$正离子，从而在 ESI^+ 模式下取得良好的响应。与此同时，其由于流动相中 NH_4^+ 和 Na^+ 的存在使得其在正离子模式下也存在$[M+NH_4]^+$和$[M+Na]^+$离子峰，但其响应均低于$[M+H]^+$峰，如图 22-17 所示。此外，苯并咪唑类兽药元素组成以 C，H，O，N，S 为主，其同位素峰主要以 A+1 峰为主。A+1 主要来自于 C，N 元素的同位素贡献。

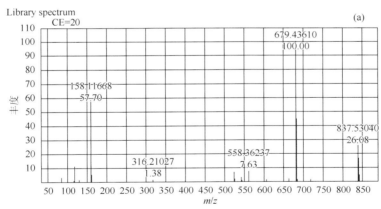

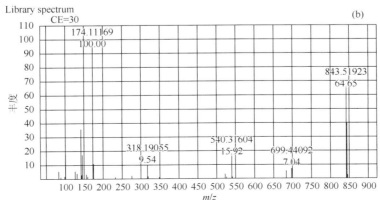

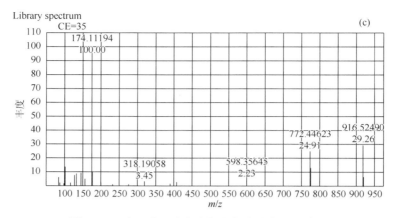

图 22-16　大环内酯类代表性药物碎片离子质谱图

（a）罗红霉素；（b）螺旋霉素；（c）泰乐菌素

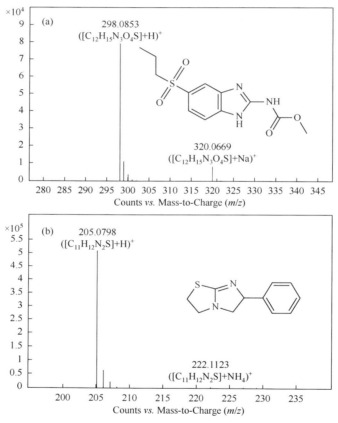

图 22-17　苯并咪唑类代表性药物离子化形式

（a）阿苯达唑砜；（b）左旋咪唑

　　由于苯并咪唑类兽药具有苯并咪唑母核，结构较为稳定，因此，其碎裂一般发生在不同的取代基部位。如图 22-18 所示，大部分苯并咪唑类兽药含有氨基甲酸酯结构，此类结构中的 C—O 容易碎裂，从而生成[M+H-CH₃OH]⁺碎片离子，如阿苯达唑中的 *m/z* 234.0696，甲苯哒唑中的 *m/z* 264.0768 等。此外，还有一类苯并咪唑类兽药具有噻唑取代基，此类化合物在碎裂碰撞过程中，噻唑中的 N—C 与 C—S 键断裂，丢失掉 HCN，如噻苯咪唑碎片离子中的 *m/z* 175.0324，左旋咪唑碎片离子中的 *m/z* 178.0685。

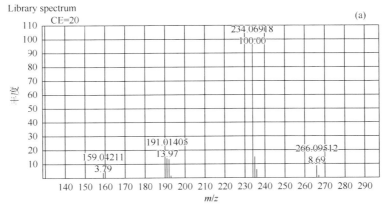

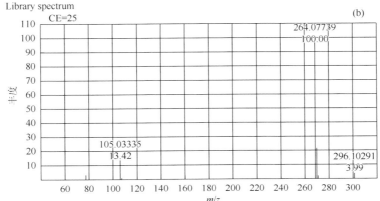

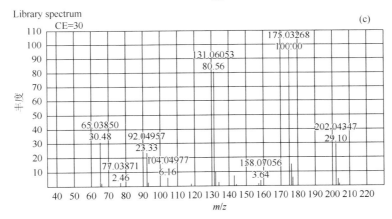

图22-18　苯并咪唑类代表性药物碎片离子质谱图

（a）阿苯达唑；（b）甲苯哒唑；（c）噻苯咪唑

（6）β-受体激动剂类兽药

　　β-受体激动剂类兽药本身具有的氨基和羟基使得其易于形成[M+H]⁺正离子,从而在ESI⁺模式下取得良好的响应。与此同时,其由于流动相中NH_4^+和Na^+的存在使得其在正离子模式下也存在[M+NH₄]⁺和[M+Na]⁺离子峰,但其响应均低于[M+H]⁺峰,如图22-19所示。此外,β-受体激动剂类兽药元素组成以C,H,O,N,F,Cl,Br为主,其中含Cl化合物,如克仑特罗,克仑塞罗等,其同位素峰主要以A+2峰为主,主要由Cl元素贡献;含Br化合物溴布特罗,其同位素峰主要以A+2峰为主,主要由Br元素贡献;其他化合物,如莱克多巴胺,沙丁胺醇等,其同位素峰主要以A+1峰为主。A+1主要来自于C,N元素的同位素贡献。

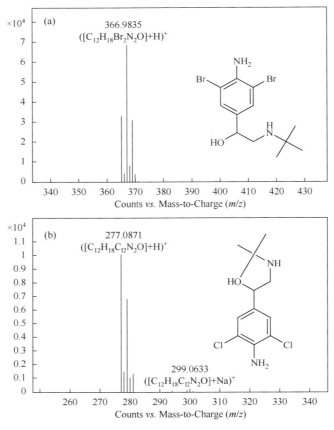

图 22-19　β-受体激动剂类代表性药物离子化形式
（a）溴布特罗；（b）克仑特罗

　　通过对 β-受体激动剂类药物的主要碎片离子进行分析，如图 22-20 所示，β-受体激动剂类兽药本身具有苯乙醇胺结构母核结构，羟基的存在使得其容易裂解，从而脱去一份子的水（[M+H-H$_2$O]$^+$），如克仑特罗碎片离子 *m/z* 259.0763，莱克多巴胺碎片离子 *m/z* 284.1645 等。第二种碎裂是在脱水的基础上，N—C 键碎裂从而失去叔丁基，异丙基或其他取代基而形成（[M+H-H$_2$O-R]$^+$），如溴布特罗的碎片离子 *m/z* 290.9127（[M+H-H$_2$O-C$_4$H$_8$]$^+$），克仑塞罗碎片离子 *m/z* 203.0137（[M+H-H$_2$O-C$_6$H$_{10}$O]$^+$）。此外，在此基础上还有可能进一步碎裂而失去苯环上的 Cl，如克仑特罗的碎片离子 *m/z* 168.0449 和 *m/z* 133.076。

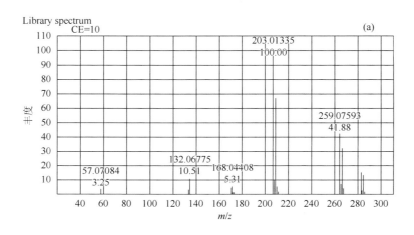

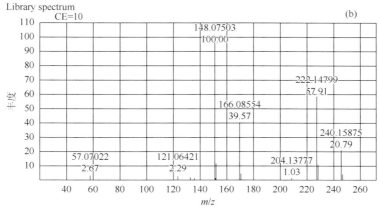

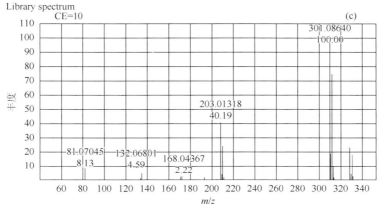

图 22-20 β-受体激动剂类代表性药物碎片离子质谱图
（a）克仑特罗；（b）沙丁胺醇；（c）克仑塞罗

（7）硝基咪唑类兽药

硝基咪唑类兽药本身具有的羟基和硝基使得其易于形成[M+H]$^+$正离子，从而在 ESI+模式下取得良好的响应。与此同时，其由于流动相中 NH$_4^+$和 Na$^+$的存在使得其在正离子模式下也存在[M+NH$_4$]$^+$和[M+Na]$^+$离子峰，但其响应较低，如图 22-21 所示。此外，硝基咪唑类兽药元素组成以 C，H，O，N，S 为主，根据各元素对化合物同位素的贡献推断，其同位素峰主要以 A+1 峰为主。A+1 主要来自于 C，N，S 元素的同位素贡献。

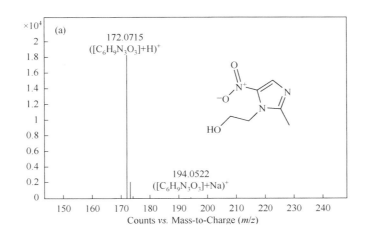

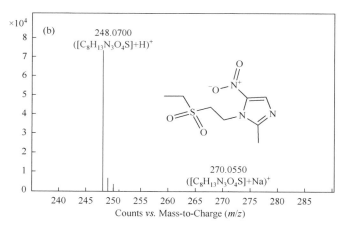

图 22-21　硝基咪唑类代表性药物离子化形式

（a）甲硝唑；（b）替硝唑

　　对于硝基咪唑类兽药，除氯苯胍外，其他兽药均含有硝基咪唑母核，因此碎片离子主要发生在其取代基上，C—N 键在碰撞下进行断裂，分别丢失乙醇基和丙醇基生成 m/z 128.0455，如甲硝唑和特硝唑；此外，硝基咪唑母核可进一步碎裂，C—N 键碎裂，丢失掉硝基生成 1-甲基咪唑或 1, 2-二甲基咪唑，如异丙硝唑和二甲硝咪唑。氯苯胍在碰撞过程中 C—N 发生断裂生成 m/z 155.0371 和 m/z 178.0167，此外，N—N 也可发生碎裂生成了 m/z 138.0105，见图 22-22。

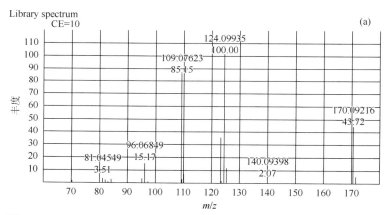

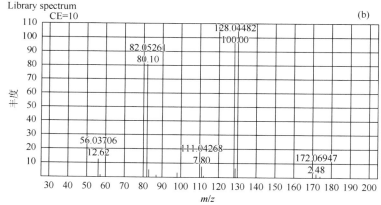

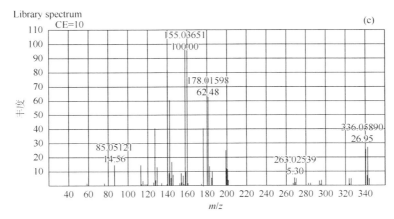

图 22-22　硝基咪唑类代表性药物碎片离子质谱图

（a）异丙硝唑；（b）甲硝唑；（c）氯苯胍

（8）镇静剂类兽药

镇静剂类兽药本身具有的羟基和胺基使得其易于形成[M+H]⁺正离子，从而在 ESI⁺模式下取得良好的响应。与此同时，也存在少量的[M+Na]⁺离子峰，没有发现[M+NH₄]⁺离子峰的存在。如图 22-23 所示。此外，镇静剂类兽药元素组成以 C，H，O，N，S 为主，根据各元素对化合物同位素的贡献推断，其同位素峰主要以 A+1 峰为主。A+1 主要来自于 C，N，S 元素的同位素贡献。而氯丙嗪由于含有 Cl 元素，其同位素峰主要以 A+2 峰为主。

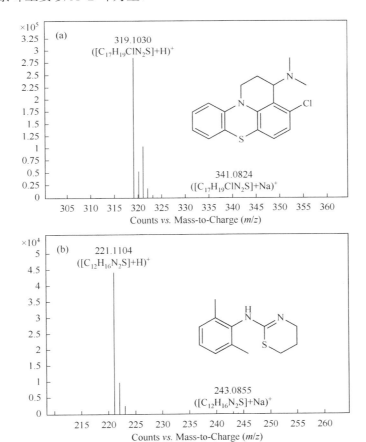

图 22-23　镇静剂类代表性药物离子化形式

（a）氯丙嗪；（b）甲苯噻嗪

对于氯丙嗪和乙酰丙嗪由于具硫氮杂蒽母核，因此，其碰撞碎裂主要发生在取代基上，如 C—N 键断裂生成 m/z 86.0964（[$C_5H_{11}N+H$]$^+$）或 C—C 键断裂生成 m/z 58.0651（[C_3H_7N+H]$^+$）。阿扎哌醇碎片离子来自嘧啶-哌嗪结构的碎裂，如 m/z 121.0769（[$C_7H_8N_2+H$]$^+$），或者脱水形成 m/z 312.1871（[$M+H-H_2O$]$^+$）。咔唑心安的碎片离子主要来自咔唑取代基中 C—O 的断裂，生成 m/z 116.1070（[$C_6H_{13}NO+H$]$^+$），此外，m/z 222.0913 离子由脱水和脱异丙氨基形成（[$M+H-H_2O-C_3H_8N$]$^+$），见图 22-24。

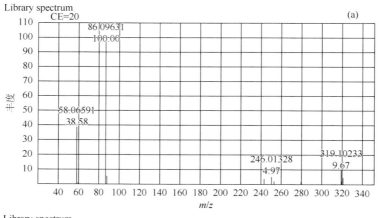

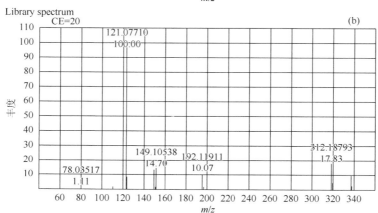

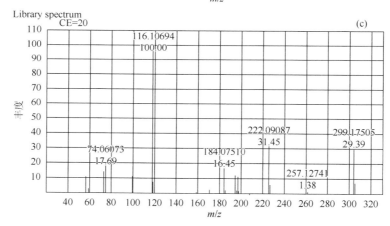

图 22-24　镇静剂类代表性药物碎片离子质谱图
（a）氯丙嗪；（b）阿扎哌醇；（c）咔唑心安

（9）激素类兽药

大多数激素类兽药具有的羟基使得其易于形成[$M+H$]$^+$正离子，从而在 ESI$^+$模式下取得良好的响应。与此同时，也存在少量的[$M+Na$]$^+$和[$M+NH_4$]$^+$离子峰。如图 22-25 所示。此外，激素类兽药元素组成以 C，H，O，F 为主，根据各元素对化合物同位素的贡献推断，其同位素峰主要以 A+1 峰为主。

A+1 主要来自于 C 元素的同位素贡献。而倍氯米松由于含有 Cl 元素，其同位素峰主要以 A+2 峰为主。

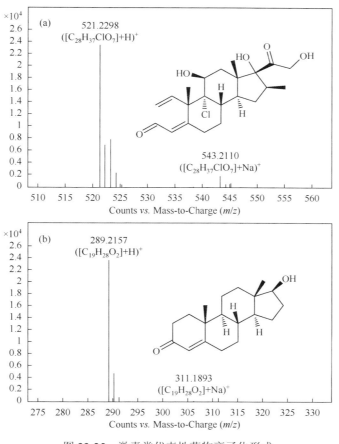

图 22-25　激素类代表性药物离子化形式

（a）倍氯米松；（b）睾酮

对激素类药物的主要碎片离子进行分析，如图 22-26 所示，大多数激素类兽药含有羟基，其在碰撞碎裂的过程中发生中性丢失，脱去一份子的水（[M+H-H₂O]⁺），如泼尼松龙碎片离子 m/z 343.1904，倍氯米松碎片离子 m/z 503.2195。由于泼尼松龙具有多个羟基，其可进一步脱水，生成 m/z 325.1798（[M+H-2H₂O]⁺）和 m/z 307.1693（[M+H-3H₂O]⁺）。此外，甾核也可发生碎裂，如泼尼松龙碎片离子 m/z 147.0804（[C₁₀H₁₀O+H]⁺）和 m/z 171.0804（[C₁₂H₁₀O+H]⁺），以及孕酮碎片离子 m/z 97.0648（[C₆H₈O+H]⁺）和 m/z 109.0648（[C₇H₈O+H]⁺）。对于含 F 的倍他米松和地塞米松，其可碎裂失去 F 取代基，生成 m/z 373.2010（[M+H-HF]⁺）的碎片离子。

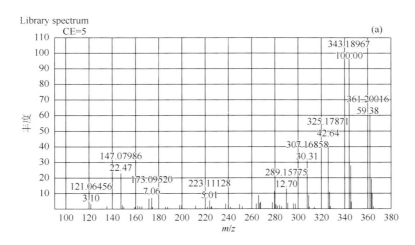

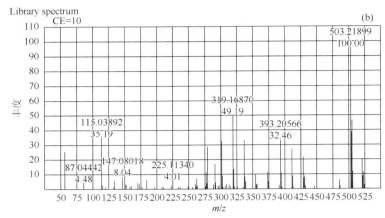

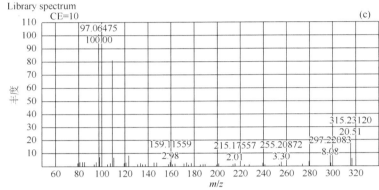

图 22-26　激素类代表性药物碎片离子质谱图

（a）泼尼松龙；（b）倍氯米松；（c）孕酮

22.2.9　小结

（1）利用 LC-Q-TOF/MS 采集了 9 类 112 种兽药的碎片离子信息，将这些信息导入 PCDL 软件，成功建立了基于高分辨质谱的兽药精确质量数数据库，数据库可用于兽药残留无需标准品定性筛查和验证。

（2）对 9 类兽药的质谱进行解析，并对其裂解规律进行归纳和总结，结果发现喹诺酮类药物主要以脱水，脱羧，以及哌嗪环断裂重排等碎裂方式为主；磺胺类药物碎裂主要发生在对氨基苯磺酰胺母核上，从而形成常见的 m/z 156.0114，108.0444，92.0495 等离子；四环素类兽药主要以脱水和脱氨形成离子为主；大环内酯类兽药碎裂主要发生在糖苷键上；苯并咪唑类兽药碎裂发生在苯并咪唑母核的取代基上，同时有些药物伴有噻唑环断裂与重排。β-受体激动剂类兽药碎裂主要以脱水为主，并在此基础上伴随着烃基和苯环上 Cl 的丢失；硝基咪唑类兽药碎裂发生在硝基咪唑母核的醇基取代基上，形成的母核可进一步脱硝基形成咪唑类化合物；镇静剂类兽药主要碎片离子进行分析，发现氯丙嗪和乙酰丙嗪的碎裂发生在硫氮杂蒽母核取代基上，阿扎哌醇碎片离子来自嘧啶-哌嗪结构的碎裂，咔唑心安的碎裂发生在咔唑取代基上；激素类兽药碎裂主要以脱水为主，同时伴随着 F 取代基的丢失，及甾核的碎裂。

22.3　实验室内部方法

22.3.1　猪肉、牛肉和羊肉中 55 种兽药多组分残留测定　液相色谱-串联质谱法

22.3.1.1　适用范围

适用于猪肉、牛肉和羊肉中 55 种兽药液相色谱-串联质谱（LC-MS/MS）的测定。89.1% 的化合物回收率在 70%～120% 之间，94.1% 的化合物重复性相对标准偏差≤20%，90.3% 的化合物重现性相对标准偏差≤20%，表明方法的重复性和重现性良好。标准曲线相关系数≥0.99 的化合物占到 86.7%。方法检出限：猪肉、牛肉和羊肉中定量限分别为 0.1～18.4 μg/kg，0.1～20.0 μg/kg，0.1～18.4 μg/kg。

22.3.1.2 方法原理

肉类中多类药物残留用酸乙腈提取，离心后，上清液用 C_{18} 吸附剂净化，氮吹浓缩至近干，残渣用甲酸水和乙腈混合溶液，样品溶液供液相色谱-串联质谱仪测定，外标法定量。

22.3.1.3 试剂和材料

乙腈、甲醇、乙酸乙酯、二氯甲烷、甲酸、异丙醇、正己烷：色谱纯；冰醋酸、二甲亚砜、氯化钠、乙酸铵、无水硫酸钠、无水硫酸镁：分析纯。

阿苯达唑、阿苯达唑砜、阿苯达唑亚砜、阿苯达唑氨砜、非班太尔、氟苯达唑氨基代谢产物、左旋咪唑、甲苯哒唑羟基代谢产物、甲苯哒唑氨基代谢产物、奥芬达唑、奥苯达唑、噻苯咪唑、5-羟基-噻苯咪唑、克林霉素、交沙霉素、林可霉素、罗红霉素、泰妙菌素、泰乐菌素、环丙沙星、二氟沙星、依诺沙星、恩诺沙星、氟罗沙星、氟甲喹、洛美沙星、麻保沙星、萘啶酸、氧氟沙星、奥比沙星、沙拉沙星、司帕沙星、磺胺二甲嘧啶、苯甲酰磺胺、磺胺醋酰、磺胺氯哒嗪、磺胺嘧啶、周效磺胺、磺胺异噁唑、磺胺甲基嘧啶、磺胺对甲氧嘧啶、磺胺甲二唑、磺胺甲噁唑、磺胺间甲氧嘧啶、磺胺苯吡唑、磺胺吡啶、磺胺喹噁啉、磺胺噻唑、磺胺二甲异噁啶、甲氧苄啶、西马特罗、克仑特罗、马普特罗、莱克多巴胺、沙丁胺醇标准物质：纯度≥99%。

55 种兽药标准储备溶液：准确称取适量的每种兽药标准物质，用甲醇配成 10 mg/mL 的标准储备溶液，该溶液在 4℃保存。

基质混合标准工作溶液：根据每种兽药的灵敏度和仪器线性范围用空白样品提取液配成不同浓度的基质混合标准工作溶液，基质混合标准工作溶液在 4℃保存。

22.3.1.4 仪器和设备

液相色谱-串联质谱仪：配有电喷雾离子源。匀质器；振荡器；涡旋混合器；低速离心机；氮吹浓缩仪；超声波清洗器。分析天平：感量 0.1 mg，0.01 g。移液器：0.2 mL，1 mL，2 mL。样品瓶：2 mL，带聚四氟乙烯旋盖。

22.3.1.5 样品前处理

（1）试样制备与保存

从全部样品中取出有代表性样品约 1 kg，充分搅碎，混匀，均分成两份，分别装入洁净容器内。密封作为试样，标明标记。在抽样和制样的操作过程中，应防止样品受到污染或发生残留物含量的变化。将试样于–18℃冷冻保存。

（2）样品提取和净化

称取 4.0 g 肉类样品，精确至 0.01 g，于 80 mL 离心管中，加入 16 mL 5%醋酸乙腈提取剂，同时加入 4.0 g 无水硫酸钠和 2.0 g 氯化钠匀浆提取 1 min，4200 r/min（3155 g）离心 5 min，将上清液移入 50 mL 含 400 mg C_{18} 吸附剂的具塞离心管中，水平振荡 5 min，使吸附剂和提取液充分接触，相同条件下离心 5 min，取 4 mL 上清液（相当于 1.0 g 样品）于 10 mL 试管中，40℃下氮气浓缩至干。加入 1 mL 0.1%甲酸水∶乙腈（9∶1，v/v）的定容液，漩涡混匀后，经 0.22 μm 尼龙滤膜过滤，供 LC-MS/MS 测定。

22.3.1.6 测定

（1）液相色谱条件

色谱柱：Agilent ZORBAX SB-C_{18}柱（2.1 mm×100 mm，3.5 μm），流动相 A 为 0.1%甲酸水，流动相 B 为乙腈，流速为 0.3 mL/min；梯度洗脱程序见表 22-5；柱温：40℃；进样量：10 μL。

表 22-5 梯度洗脱程序表

时间/min	流动相 A/%	流动相 B/%
0	95	5
6	85	15
20	70	30
26	20	80

时间/min	流动相 A/%	流动相 B/%
30	0	100
35	0	100
36	95	5
40	95	5

（2）质谱条件

电喷雾电离正离子模式（ESI$^+$）；多反应离子监测（MRM）；毛细管电压：4000 V；脱溶剂气温度：350℃；脱溶剂气流速 10 L/min；鞘流气温度为 350℃；鞘流气流速 11 L/min，兽药质谱参数见表 22-6。数据采集与处理通过 Agilent MassHunter Workstation Software（version B.04.00），包括数据采集，定性分析，定量分析软件。

22.3.1.7　分析条件的选择

（1）样品前处理方法的优化

对于传统的 QuEChERs 方法，其普遍采用振荡提取的方式。这种提取方式便于样品的批量处理，从而提高前处理效率。但通过实验结果发现，肉类基质本身含脂量较高，振荡提取后，基质呈球状未能充分分散，从而影响了提取效率。因此，实验进一步比较了匀浆和超声提取，结果发现匀浆提取取得了最好的结果，回收率在 70%～120% 兽药占总数的 94.5%。实验最终选择匀浆提取作为本方法的提取方式。

对于水果蔬菜样品，原始的 QuEChERs 前处理普遍采用 NaCl 作为盐析剂，MgSO$_4$ 作为吸水剂。由于本方法采用有机溶剂直接提取，NaCl 在本方法中的作用主要是辅助细胞破碎和目标物溶出。此外，NaCl 的另一个作用是将样品中的水分充分析出，从而有利于吸水剂的吸附。而原始方法选择 MgSO$_4$ 作为吸水剂主要是由于 MgSO$_4$ 具有更强的吸水能力[17]。但实验表明 MgSO$_4$ 的使用会明显降低部分兽药的回收率，特别是喹诺酮类药物，见图 22-27。因此，实验选择 Na$_2$SO$_4$ 来替代 MgSO$_4$ 作为吸水剂。实验结果表明 Na$_2$SO$_4$ 获得了较高的回收率结果。

对于兽药残留检测，文献报道的提取溶剂主要有乙腈、醋酸乙腈、乙酸乙酯、二氯甲烷和甲醇等溶液。实验对这些常用提取溶剂的提取效率进行了比较。结果发现乙酸乙酯、二氯甲烷溶液提取了更多的脂类物质，提取液不易净化及后续操作。此外，甲醇溶液也未取得理想的提取效果，其提取液在氮吹浓缩步骤不能完全吹干，这主要与甲醇沉淀蛋白的效果欠佳有关[69]。而采用乙腈和醋酸乙腈溶液时，共提物较少，并且通过测定发现，醋酸乙腈溶液取得了最好的提取效果。

实验进一步对乙腈溶液中醋酸的比例进行摸索，考察不同条件下其对回收率影响。如图 22-28 所示，结果表明采用 5% 醋酸乙腈溶液提取时，55 种兽药的平均回收率获得了最优的结果，回收率在 70%～120% 兽药占比为 92.7%，大多数兽药回收率随酸度的升高而升高，特别是对于喹诺酮类药物；与之相反，也有少数兽药的回收率随之降低，如大环内酯类药物，但其回收率仍高于 70%。因此最终确定 5% 醋酸乙腈溶液为本方法的提取溶剂。对提取体积进行优化，结果表明当提取剂体积为 16 mL 时，取得了最好的结果，平均回收率为 93.8%。

比较了十八烷基键合硅胶（C18）、聚苯乙烯/二乙烯苯（PEP）、季铵盐键合聚合物（PAX）、磺酸基键合聚合物（PCX）和乙二胺-N-丙基硅烷（PSA）5 种吸附剂对于肉类基质的净化效果并进行了回收率测定。如图 22-29 所示，从回收率角度看，C$_{18}$ 吸附剂取得最好的效果，净化样品平均回收率为 94.5%，PAX 和 PEP 净化的样品平均回收率分别为 78.8% 和 86.6%。PSA 和 PCX 对喹诺酮和磺胺类药物产生了吸附，因此未得到理想的结果。并且 C$_{18}$ 吸附剂有利于去除肉类基质中的脂肪。考虑回收率和净化效果这两方面原因，最终选择 C$_{18}$ 作为方法的吸附剂。实验对 C$_{18}$ 吸附剂的用量进行了优化，当吸附剂用量为 400 mg 时，得到了最优的结果，回收率在 70%～120% 之间的占比为 92.7%。因此，最终确定 C$_{18}$ 吸附剂的用量为 400 mg。

表 22-6 55种兽药质谱参数及检出限

序号	化合物英文名称	化合物中文名称	类别	EU MRLs a)/(μg/kg)	RT c)/min	离子对 (CE)	碰撞电压/V	LOQ f)/(μg/kg) 猪肉	牛肉	羊肉
1	阿苯达唑	Albendazole	Benzimidazole	100^c, 100^d	17.1	266.1>234.1 (20)*; 266.1>191.1 (35)	160	5	5	5
2	阿苯达唑砜	Albendazole sulfone	Benzimidazole	100^c, 100^d	11.1	298.1>159.1 (60)*; 298.1>224.1 (35)	140	2.4	2.4	2.4
3	阿苯达唑亚砜	Albendazole sulfoxide	Benzimidazole	100^c, 100^d	8.1	282.1>240.1 (15)*; 282.1>208.1 (40)	80	2.8	2.8	1.4
4	阿苯达唑氨砜	Albendazole-2-amino sulfone	Benzimidazole	100^c, 100^d	4.4	240.1>133.1 (35)*; 240.1>198.1 (10)	140	1	1	1
5	非班太尔	Febantel	Benzimidazole	50^b, 50^c, 50^d	26.2	447.2>383.1 (10)*; 447.2>415.1 (15)	100	1.8	3.6	1.8
6	氟苯达唑氨基代谢产物	Flubendazole-amine	Benzimidazole	50^b	10.7	256.1>95.1 (60)*; 256.1>123.1 (40)	160	2	2	2
7	左旋咪唑	Levamisole	Benzimidazole	10^c, 10^d	4	205.1>178.1 (20)*; 205.1>91.1 (45)	140	1	1	1
8	甲苯咪唑羟基代谢产物	Mebendazole-5-hydroxy	Benzimidazole	60^d	9.8	298.1>266.1 (15)*; 298.1>79.1 (40)	100	2	2	2
9	甲苯哒唑氨基代谢产物	Mebendazole-amine	Benzimidazole	60^d	9.6	238.2>77.1 (40)*; 238.2>105.1 (20)	160	2.4	1.2	1.2
10	奥芬达唑	Oxfendazole	Benzimidazole	50^b, 50^c, 50^d	12	316.1>159.1 (25)*; 316.1>191.1 (10)	160	1	1	1
11	奥苯达唑	Oxibendazole	Benzimidazole	100^b	11.7	250.2>218.1 (15)*; 250.2>176.1 (30)	80	10	10	10
12	噻苯咪唑	Thiabendazole	Benzimidazole	100^c	5.78	202.1>175.0 (30)*; 202.1>131.1 (35)	100	10	10	10
13	5-羟基噻苯咪唑	Thiabendazole-5-hydroxy	Benzimidazole	100^c, 100^d	3.9	218.1>147.1 (30)*; 218.1>191.1 (40)	120	1.7	1.7	1.7
14	克林霉素	Clindamycin	Macrolide	—	12.4	425.2>126.1 (40)*; 425.2>377.1 (10)	120	0.8	0.8	0.8
15	交沙霉素	Josamycin	Macrolide	—	24.2	828.5>174.1 (30)*; 828.5>109.1 (55)	200	0.6	0.6	0.3
16	林可霉素	Lincomycin	Macrolide	100^b, 100^c, 100^d	4.7	407.2>126.1 (30)*; 407.2>359.1 (15)	160	10	10	10
17	罗红霉素	Roxithromycin	Macrolide	—	23.4	837.6>158.1 (35)*; 837.6>680.1 (5)	140	1	1	1
18	泰妙霉素	Tiamulin	Macrolide	100^b	21.9	494.3>192.1 (20)*; 494.3>119.1 (45)	160	4	4	4
19	泰乐菌素	Tylosin	Macrolide	100^b, 100^c, 100^d	21.5	916.5>174.1 (30)*; 916.5>773.1 (50)	240	5	5	5
20	环丙沙星	Ciprofloxacin	Quinolone	100^b, 100^c, 100^d	6.7	332.2>314.2 (15)*; 332.2>231.2 (35)	120	8	8	8
21	二氟沙星	Difloxacin	Quinolone	400^b, 400^c, 400^d	9.7	400.1>382.1 (20)*; 400.1>356.1 (15)	140	5.6	2.8	2.8
22	依诺沙星	Enoxacin	Quinolone	—	6.2	321.2>303.1 (10)*; 321.2>232.1 (30)	120	3.6	3.6	3.6
23	恩诺沙星	Enrofloxacin	Quinolone	100^b, 100^c, 100^d	7.9	360.2>342.1 (10)*; 360.2>316.1 (10)	140	2	4	2
24	氟罗沙星	Fleroxacin	Quinolone	—	6.4	370.2>326.1 (10)*; 370.2>269.1 (40)	140	2.6	2.6	2.6
25	氟甲喹	Flumequine	Quinolone	200^b, 200^c, 200^d	18.5	262.1>244.1 (15)*; 262.1>202.1 (35)	100	18.4	18.4	18.4
26	洛美沙星	Lomefloxacin	Quinolone	—	7.4	352.2>308.1 (10)*; 352.2>265.1 (40)	140	2.6	2.6	1.3
27	麻保沙星	Marbofloxacin	Quinolone	150^b, 150^c	6.3	363.2>72.1 (40)*; 363.2>320.1 (15)	120	1.7	1.7	1.7
28	萘啶酸	Nalidixic acid	Quinolone	—	17.2	233.1>215.1 (10)*; 233.1>104.1 (50)	80	3	3	3
29	氧氟沙星	Ofloxacin	Quinolone	—	6.6	362.2>318.2 (10)*; 362.2>261.1 (40)	140	4	2	2

续表

序号	化合物英文名称	化合物中文名称	类别	EU MRLs[a]/(μg/kg)	RT[e]/min	离子对（CE）	碰撞电压/V	LOQ[f]/(μg/kg) 猪肉	LOQ[f]/(μg/kg) 牛肉	LOQ[f]/(μg/kg) 羊肉
30	Orbifloxacin	奥比沙星	Quinolone	—	8.2	396.2>352.1 (10)*；396.2>295.1 (5)	140	0.7	1.4	1.4
31	Sarafloxacin	沙拉沙星	Quinolone	—	9.5	386.1>342.1 (10)*；386.1>299.1 (35)	140	4	2	2
32	Sparfloxacin	司帕沙星	Quinolone	—	10	393.2>349.1 (15)*；393.2>292.1 (20)	120	1.4	2.8	1.4
33	Sulfamethazine	磺胺二甲嘧啶	Sulfonamide	100^b,100^c,100^d	7	280.0>186.0 (10)*；280.0>156.1 (10)	80	2	2	4
34	Sulfabenzamide	苯甲酰磺胺	Sulfonamide	100^b,100^c,100^d	12.4	277.1>156.1 (10)*；277.1>92.1 (35)	80	10	20	10
35	Sulfacetamide	磺胺醋酰	Sulfonamide	100^b,100^c,100^d	3.1	215.0>92.1 (5)*；215.0>156.1 (20)	60	5.6	5.6	5.6
36	Sulfachlorpyridazine	磺胺氯哒嗪	Sulfonamide	100^b,100^c,100^d	8.6	285.0>156.1 (10)*；285.0>92.1 (40)	80	4	4	8
37	Sulfadiazine	磺胺嘧啶	Sulfonamide	100^b,100^c,100^d	3.8	251.0>156.1 (15)*；251.0>92.1 (40)	100	2.4	2.4	4.8
38	Sulfadoxine	周效磺胺	Sulfonamide	100^b,100^c,100^d	13.8	311.1>156.1 (10)*；311.1>92.1 (10)	100	2	4	4
39	Sulfafurazole	磺胺异噁唑	Sulfonamide	100^b,100^c,100^d	10.9	268.1>113.1 (15)*；268.1>156.1 (15)	100	3.6	3.6	7.2
40	Sulfamerazine	磺胺甲基嘧啶	Sulfonamide	100^b,100^c,100^d	5.3	265.1>156.1 (10)*；265.1>65.1 (50)	80	2.4	2.4	4.8
41	Sulfameter	磺胺对甲氧嘧啶	Sulfonamide	100^b,100^c,100^d	7	281.1>156.1 (10)*；281.1>92.1 (35)	100	1.3	2.6	2.6
42	Sulfamethizole	磺胺甲噻二唑	Sulfonamide	100^b,100^c,100^d	7.2	271.0>156.1 (15)*；271.0>92.1 (40)	80	4.6	4.6	9.2
43	Sulfamethoxazole	磺胺甲噁唑	Sulfonamide	100^b,100^c,100^d	9.6	254.1>92.1 (40)*；254.1>108.1 (40)	100	2.2	4.4	4.4
44	Sulfamonomethoxine	磺胺间甲氧嘧啶	Sulfonamide	100^b,100^c,100^d	6.9	281.0>156.1 (10)*；281.0>65.1 (50)	100	1.5	3	6
45	Sulfaphenazole	磺胺苯吡唑	Sulfonamide	100^b,100^c,100^d	14.2	315.1>158.1 (30)*；315.1>131.1 (50)	120	4	4	4
46	Sulfapyridine	磺胺吡啶	Sulfonamide	100^b,100^c,100^d	4.8	250.0>92.1 (35)*；250.0>156.1 (30)	80	2	4	4
47	Sulfaquinoxaline	磺胺喹噁啉	Sulfonamide	100^b,100^c,100^d	14.3	301.1>156.1 (10)*；301.1>92.1 (30)	80	2	2	2
48	Sulfathiazole	磺胺噻唑	Sulfonamide	100^b,100^c,100^d	4.5	256.0>156.1 (15)*；256.0>92.1 (40)	80	2	4	4
49	Sulfisomidin	磺胺二甲异嘧啶	Sulfonamide	100^b,100^c,100^d	3.5	279.1>186.1 (10)*；279.1>124.1 (5)	120	1.4	2.8	1.4
50	Trimethoprim	甲氧苄啶	Sulfonamide	50^b,50^c,50^d	5.6	291.1>230.1 (20)*；291.1>123.1 (25)	120	5	5	5
51	Cimaterol	西马特罗	β-agonist	—	2.4	220.1>160.1 (10)*；220.1>143.1 (40)	80	0.1	0.1	0.1
52	Clenbuterol	克仑特罗	β-agonist	0.1^b	9.7	277.2>203.0 (15)*；277.2>132.1 (30)	120	0.2	0.2	0.2
53	Mabuterol	马普特罗	β-agonist	—	11.1	311.1>237.1 (10)*；311.1>293.1 (5)	100	0.1	0.1	0.1
54	Ractopamine	莱克多巴胺	β-agonist	—	6.9	302.2>107.1 (35)*；302.2>121.1 (20)	120	1	1	1
55	Salbutamol	沙丁胺醇	β-agonist	—	2.4	240.1>148.1 (10)*；240.1>166.1 (15)	80	0.1	0.1	0.1

a. MRL: 欧盟兽药最大残留限量（Regulation 37/2010）；b. 猪肉中最大残留限量；c. 牛肉中最大残留限量；d. 羊肉中最大残留限量；e. RT: 保留时间；f. LOQ: 检出限；—: 无相关最大残留限量标准；*: 定量离子

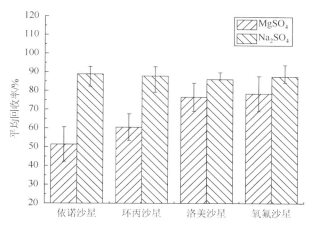

图 22-27　$MgSO_4$ 和 Na_2SO_4 对喹诺酮类药物回收率的影响（$n=3$，Mean±SD）

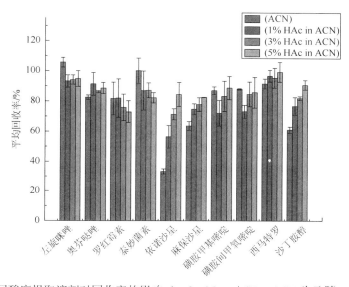

图 22-28　不同酸度提取溶剂对回收率的影响（$n=3$，Mean±SD；ACN 为乙腈，HAc 为醋酸）

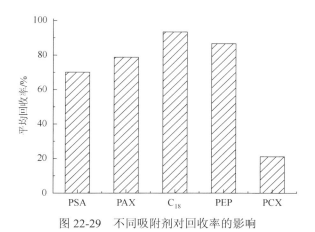

图 22-29　不同吸附剂对回收率的影响

（2）质谱条件的优化

在农药和兽药多残留方法中，通常采用 0.1%的甲酸水溶液和乙腈溶液作为液相流动相[70]。0.1%的甲酸水溶液可以保证化合物在色谱分离下保证良好的峰形，并且能够提供质谱离子化所需的 H^+ 离子，保证化合物在质谱下的离子化。兽药主要以极性化合物为主，对于前 20 min 的梯度洗脱程序，需要缓慢增加乙腈的比例，保证极性化合物的分离。20 min 之后，只有 5 个化合物出现在这一区域，快速提高乙腈的比例用于洗脱目标化合物，并缩短检测时间。经过流动相梯度配比使得不同种类的兽药得到充分分离，液相梯度变化趋势见图 22-30。

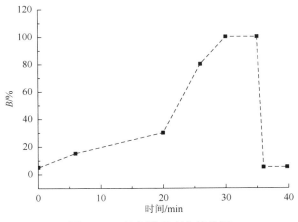

图 22-30　液相梯度变化趋势图

对于选择离子监控模式，监测参数需要在实验前进行优化，以获得最高的灵敏度和足够的定性点。在直接进样模式下获得化合物的全扫描质谱图。结果表明[M+H]⁺获得了最高的离子强度。在此之后，碰撞能量被优化用以获得响应最高的碎片离子，一些典型的碎片离子在优化的过程中获得，如喹诺酮类失水后产生的碎片离子，大环内酯类产生的典型的质核比为 m/z 174 的离子，以及磺胺产生的 m/z 92 和 156 离子等。此外，基于化合物保留时间的分时间段离子监测模式，可以确保每个化合物具有足够的驻留时间。55 种兽药 MRM 色谱图见图 22-31。

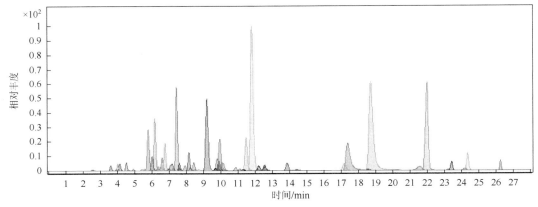

图 22-31　55 种兽药 MRM 色谱图

22.3.1.8　线性范围和测定低限

实验分别在猪肉、牛肉和羊肉空白样品中建立基质匹配外标标准曲线，标准曲线方程通过目标化合物在基质中的峰面积和浓度建立。结果表明标准曲线的线性相关良好，猪肉、牛肉和羊肉基质中相关系数≥0.99 分别占 98.2%，85.5%和 76.4%。以 3 倍信噪比计算方法检出限（LOD），以 10 倍信噪比计算方法定量限（LOQ）。如表 22-7 所示，猪肉、牛肉和羊肉中方法的 LOQ 范围分别为 0.1～18.4 μg/kg，0.1～20.0 μg/kg 和 0.1～18.4 μg/kg。除氟甲喹和苯甲酰磺胺两种化合物外，其他化合物的 LOQ 均低于 10 μg/kg，占总数的 97.6%。图 22-32 为 LOQ 添加水平下猪肉、牛肉和羊肉中部分兽药的 MRM 色谱图。

22.3.1.9　基质效应评估

在分析过程中，复杂基质中的共提取干扰物如脂肪，蛋白和碳水化合物不可避免。它们能够影响化合物在离子源中的离子化，使化合物在仪器上的响应发生增强或抑制，这种影响被称为基质效应。在 LC-MS/MS 分析过程中，基质效应的存在是影响测定准确性的重要问题，因此需要对各个药物在不同基质中的基质效应进行评价，并根据评价结果选择适合的方法对其进行抵消[71]。因此，研究对

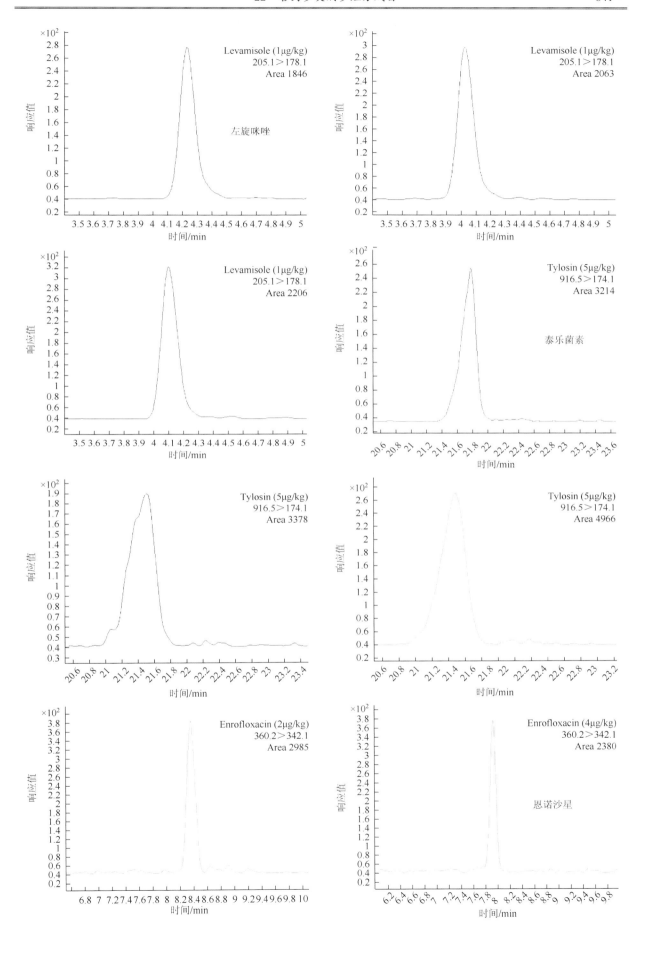

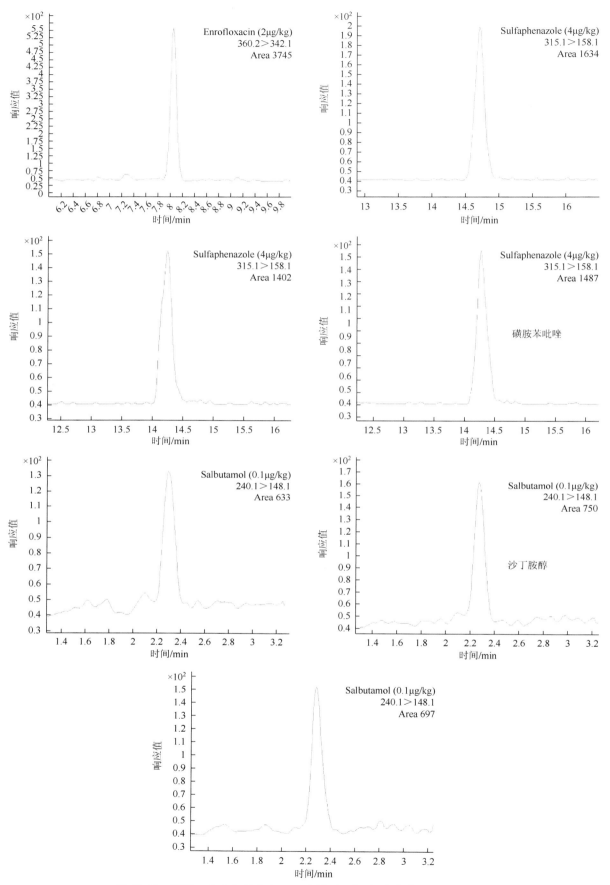

图 22-32 猪肉、牛肉和羊肉中 LOQ 添加水平下部分兽药 MRM 色谱图

55 种兽药在猪肉、牛肉和羊肉中的基质效应进行了评价，分别在猪肉、牛肉和羊肉空白基质中加入浓度为 0.25，0.5，1，2.5，5 和 10 倍添加水平的混合标准溶液，建立外标标准曲线，分别计算每种化合物在基质标准曲线和溶剂标准曲线中的斜率比[24]。实验结果表明，只有 23.6%的化合物表现出弱基质效应，斜率比在 0.8～1.2 之间，大多数化合物表现出基质抑制的结果。由于基质效应较为明显，实验最终采用基质匹配标准曲线来对样品中的兽药残留进行定量，用以抵消基质效应的影响。

22.3.1.10 室内方法效率评价

为了评估方法的准确性，进行了三个水平的添加回收实验，实验在猪肉、牛肉和羊肉中进行，添加量分别为 0.5，1.0 和 1.5 倍的添加水平，每个水平进行 6 个平行实验。如图 22-33 所示，回收率在 70%～120%范围内的兽药占总数的 89.1%，说明方法对大多数目标化合物取得了良好的回收率结果。此外，一些化合物在低浓度添加水平下回收率偏低，如羊肉中的沙丁胺醇回收率为 58.9%，牛肉中的交沙霉素回收率为 53%，这可能与基质干扰的存在有关。此外，对不同基质之间的回收率的差异进行了考察，发现不同基质间差异并不明显。这些结果表明，方法回收率结果良好。

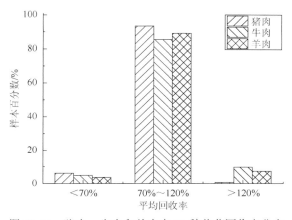

图 22-33　猪肉、牛肉和羊肉中 55 种兽药回收率分布

方法的精密度通过日内精密度和日间精密度来进行考察。浓度水平与回收率实验相同，每个水平进行 6 个平行实验，以平行测定结果的相对标准偏差（RSD）表示。对日内精密度评价，结果如图 22-34 所示，94.1%的 RSD 结果低于 20%。对于日间精密度，在中浓度添加水平下进行连续三天重现性实验，结果表明 90.3%的 RSD 结果低于 20%，其结果略低于日内精密度。以上实验数据说明，方法具有良好的重复性和重现性。具体数据见表 22-7。

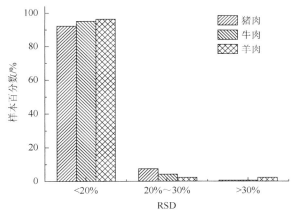

图 22-34　猪肉、牛肉和羊肉中 55 种兽药的 RSD 分布

22.3.1.11 实际样品测定

为评估方法的适用性，对 6 种购自超市的猪肉、牛肉和羊肉样品进行测定。为了保证测定结果

的准确性，外标标准曲线，基质空白和空白添加样品也同时进行制备。根据欧盟 2002/657 标准，保留时间和产物离子离子丰度比用于对检出结果进行定性确证。在一例牛肉样品中检出氧氟沙星，其保留时间的差异低于 0.2 min，丰度比偏差低于 20%，结果均符合欧盟定性标准的要求。氧氟沙星浓度为 2.5 μg/kg，接近于方法定量限水平。空白，添加和实际污染样品中氧氟沙星的 MRM 色谱图见图 22-35。

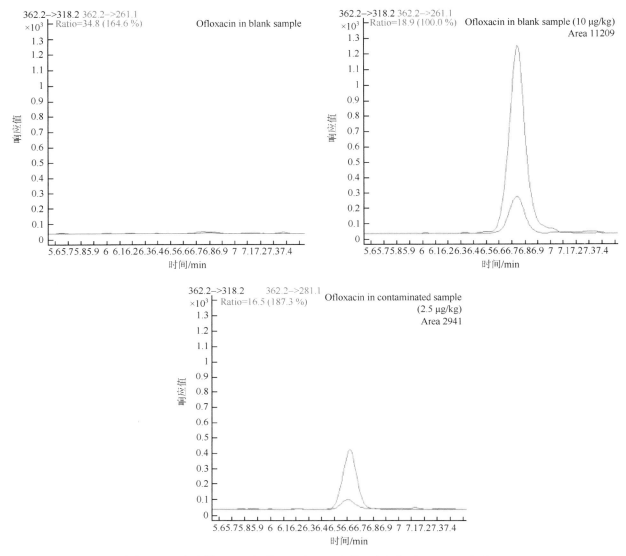

图 22-35　空白样品、添加样品和实际污染样品中氧氟沙星 MRM 色谱图

22.3.2　蜂蜜中 40 种兽药多组分残留测定　液相色谱-四极杆-飞行质谱法

22.3.2.1　适用范围

适用于蜂蜜样品中 40 种抗生素类兽药液相色谱-四极杆-飞行质谱（LC-Q-TOFMS）的测定。86.9% 的化合物回收率在 70%～120% 之间，并且在不同种类蜂蜜中回收率结果无明显差异。方法重复性和重现性均低于 20%。

22.3.2.2　方法原理

蜂蜜样品中抗生素类药物残留用 Na₂EDTA-Mcllvaine 缓冲溶液稀释，5%醋酸乙腈提取，离心后，上清液用 NH₂ 吸附剂净化，氮吹浓缩至近干，残渣用甲酸水和乙腈混合溶液溶解，样品溶液供液相色谱-四极杆-飞行质谱仪测定，外标法定量。

表 22-7 55种兽药在三种基质下的回收率、重复性和重现性

序号	化合物中文名称	化合物英文名称	SL^a (μg/kg)	回收率 (rs^b) (猪肉) (%) 低	中	高	Rs^c/%	回收率 (rs^b) (牛肉) (%) 低	中	高	Rs^c/%	回收率 (rs^b) (羊肉) (%) 低	中	高	Rs^c/%
1	阿苯达唑	Albendazole	50	95 (16)	65 (21)	81 (28)	48	71 (14)	107 (18)	119 (7)	29	101 (30)	124 (20)	91 (15)	24
2	阿苯达唑砜	Albendazole sulfone	6	78 (10)	92 (3)	113 (5)	9	86 (4)	115 (7)	111 (5)	12	111 (5)	91 (6)	106 (3)	8
3	阿苯达唑亚砜	Albendazole sulfoxide	7	85 (10)	82 (7)	120 (6)	10	82 (8)	127 (12)	114 (5)	15	111 (9)	100 (8)	129 (6)	7
4	阿苯达唑氨基砜	Albendazole-2-amino sulfone	10	67 (6)	88 (4)	89 (6)	4	76 (6)	101 (3)	95 (5)	14	83 (6)	83 (7)	96 (2)	7
5	非班太尔	Febantel	18	69 (12)	61 (25)	87 (24)	31	73 (18)	77 (19)	107 (12)	22	87 (34)	111 (30)	95 (4)	30
6	氟苯达唑氨基代谢产物	Flubendazole-amine	10	74 (22)	71 (21)	69 (32)	36	73 (9)	119 (33)	100 (8)	19	87 (22)	132 (13)	105 (4)	21
7	左旋咪唑	Levamisole	10	78 (6)	98 (4)	105 (4)	4	90 (6)	116 (2)	108 (3)	15	82 (4)	92 (3)	107 (12)	4
8	甲苯咪唑羟基代谢产物	Mebendazole-5-hydroxy	20	84 (15)	130 (4)	97 (8)	26	83 (16)	115 (11)	108 (3)	20	126 (10)	100 (9)	109 (5)	10
9	甲苯咪唑氨基代谢产物	Mebendazole-amine	12	76 (17)	65 (20)	70 (26)	30	79 (10)	106 (24)	101 (8)	32	136 (19)	122 (12)	94 (4)	14
10	奥芬达唑	Oxfendazole	10	80 (6)	88 (2)	102 (5)	5	81 (7)	106 (6)	114 (3)	7	129 (11)	96 (8)	114 (5)	8
11	奥苯达唑	Oxibendazole	100	97 (13)	84 (12)	90 (14)	18	82 (11)	114 (15)	111 (5)	18	112 (15)	117 (10)	108 (7)	7
12	噻苯咪唑	Thiabendazole	100	102 (6)	86 (6)	109 (3)	11	117 (7)	107 (7)	111 (4)	7	100 (14)	82 (10)	108 (6)	15
13	5-羟基-噻苯咪唑	Thiabendazole-5-hydroxy	17	78 (5)	84 (12)	87 (8)	13	76 (9)	101 (18)	102 (8)	18	102 (13)	77 (7)	81 (7)	9
14	克林霉素	Clindamycin	8	73 (18)	73 (4)	84 (12)	13	78 (4)	79 (6)	94 (3)	8	81 (12)	87 (11)	92 (16)	14
15	交沙霉素	Josamycin	3	105 (14)	72 (12)	88 (10)	16	53 (20)	75 (8)	90 (7)	8	114 (20)	109 (8)	130 (12)	11
16	林可霉素	Lincomycin	100	43 (14)	44 (2)	50 (6)	16	45 (6)	44 (5)	52 (6)	6	36 (8)	41 (10)	51 (10)	15
17	罗红霉素	Roxithromycin	10	83 (11)	84 (15)	84 (11)	14	71 (13)	78 (11)	99 (8)	10	119 (14)	123 (7)	109 (5)	16
18	泰妙菌素	Tiamulin	40	101 (7)	87 (12)	89 (17)	20	90 (11)	94 (11)	118 (7)	15	137 (17)	129 (8)	105 (3)	16
19	泰乐菌素	Tylosin	50	88 (17)	69 (5)	78 (11)	27	66 (20)	72 (11)	91 (7)	9	74 (22)	82 (9)	100 (13)	12
20	环丙沙星	Ciprofloxacin	20	105 (9)	91 (9)	96 (7)	11	122 (9)	96 (17)	126 (3)	15	107 (8)	119 (11)	127 (10)	13
21	二氟沙星	Difloxacin	14	90 (12)	95 (2)	107 (7)	9	99 (11)	106 (8)	116 (6)	14	100 (12)	104 (9)	99 (4)	11
22	依诺沙星	Enoxacin	9	80 (12)	80 (6)	86 (4)	11	66 (25)	84 (6)	97 (6)	10	71 (13)	90 (9)	83 (2)	11
23	恩诺沙星	Enrofloxacin	20	100 (15)	97 (2)	101 (6)	7	94 (8)	94 (10)	105 (16)	7	90 (8)	101 (7)	94 (4)	10
24	氟罗沙星	Fleroxacin	13	96 (15)	98 (3)	101 (2)	3	94 (6)	95 (6)	111 (2)	10	84 (6)	94 (6)	106 (8)	7
25	氟甲喹	Flumequine	184	97 (12)	101 (5)	112 (6)	7	104 (7)	102 (7)	126 (2)	12	116 (10)	111 (5)	101 (6)	11
26	洛美沙星	Lomefloxacin	13	95 (11)	92 (4)	96 (6)	6	82 (3)	97 (9)	117 (4)	11	85 (10)	90 (9)	99 (4)	9
27	麻保沙星	Marbofloxacin	17	84 (12)	93 (3)	100 (4)	3	92 (3)	95 (5)	109 (3)	9	79 (5)	93 (5)	83 (7)	7
28	萘啶酸	Nalidixic acid	30	101 (11)	100 (5)	118 (9)	6	107 (6)	98 (9)	118 (9)	8	107 (5)	108 (4)	101 (6)	14

续表

序号	化合物中文名称	化合物英文名称	SL^a /(μg/kg)	回收率 (rs^b) (猪肉) (%)			Rs^c/%	回收率 (rs^b) (牛肉) (%)			Rs^c/%	回收率 (rs^b) (羊肉) (%)			Rs^c/%
				低	中	高		低	中	高		低	中	高	
29	氧氟沙星	Ofloxacin	20	100 (12)	91 (3)	99 (5)	5	86 (9)	96 (5)	111 (2)	7	85 (9)	94 (5)	97 (5)	8
30	奥比沙星	Orbifloxacin	7	94 (13)	101 (3)	104 (4)	5	103 (5)	101 (5)	115 (7)	9	76 (4)	94 (7)	97 (4)	7
31	沙拉沙星	Sarafloxacin	10	82 (12)	91 (7)	94 (9)	11	82 (23)	97 (11)	113 (5)	13	89 (11)	96 (14)	94 (3)	15
32	司帕沙星	Sparfloxacin	14	86 (14)	90 (7)	96 (11)	7	94 (12)	101 (8)	116 (6)	8	88 (10)	94 (10)	96 (3)	9
33	磺胺二甲嘧啶	Sulfamethazine	10	103 (7)	102 (4)	102 (4)	20	85 (9)	95 (6)	106 (6)	15	85 (5)	87 (7)	96 (2)	11
34	苯甲酰磺胺	Sulfabenzamide	100	83 (23)	85 (15)	99 (12)	11	99 (5)	95 (19)	120 (5)	20	77 (10)	106 (13)	103 (6)	12
35	磺胺醋酰	Sulfacetamide	14	71 (18)	113 (11)	106 (7)	17	69 (17)	84 (17)	112 (5)	16	84 (12)	104 (14)	106 (10)	17
36	磺胺氯哒嗪	Sulfachlorpyridazine	20	85 (8)	93 (9)	99 (11)	10	106 (9)	94 (17)	130 (7)	13	99 (9)	103 (13)	109 (5)	11
37	磺胺嘧啶	Sulfadiazine	12	86 (13)	102 (10)	103 (9)	15	90 (11)	96 (18)	126 (8)	19	96 (10)	91 (8)	104 (4)	9
38	周效磺胺	Sulfadoxine	10	71 (16)	96 (15)	105 (14)	13	110 (15)	95 (20)	135 (8)	21	82 (15)	103 (15)	97 (6)	12
39	磺胺异噁唑	Sulfafurazole	18	96 (14)	92 (10)	105 (9)	7	77 (29)	109 (16)	132 (7)	12	92 (13)	90 (10)	82 (18)	11
40	磺胺甲基嘧啶	Sulfamerazine	12	77 (16)	85 (13)	93 (6)	13	82 (13)	88 (15)	117 (6)	16	75 (11)	92 (8)	113 (6)	8
41	磺胺对甲氧嘧啶	Sulfameter	13	83 (15)	92 (9)	108 (5)	10	95 (13)	89 (18)	128 (6)	19	70 (9)	93 (10)	113 (5)	9
42	磺胺甲二唑	Sulfamethizol	23	82 (12)	92 (12)	103 (11)	15	73 (14)	92 (21)	130 (8)	18	89 (14)	92 (10)	111 (9)	10
43	磺胺甲噁唑	Sulfamethoxazole	11	98 (14)	92 (9)	104 (9)	7	93 (10)	95 (12)	132 (5)	14	107 (27)	100 (10)	119 (3)	8
44	磺胺间甲氧嘧啶	Sulfamonomethoxine	15	89 (14)	96 (7)	96 (7)	8	87 (14)	104 (14)	125 (4)	11	70 (9)	93 (8)	111 (7)	7
45	磺胺苯吡唑	Sulfaphenazole	10	80 (29)	84 (20)	94 (15)	10	109 (14)	102 (23)	136 (7)	20	78 (20)	116 (13)	95 (6)	15
46	磺胺吡啶	Sulfapyridine	10	79 (15)	100 (12)	96 (9)	12	96 (12)	91 (19)	131 (7)	19	85 (6)	103 (8)	100 (9)	8
47	磺胺喹噁啉	Sulfaquinoxaline	10	71 (26)	72 (22)	87 (25)	20	114 (16)	97 (28)	112 (9)	27	77 (34)	104 (22)	104 (9)	18
48	磺胺噻唑	Sulfathiazole	10	85 (14)	87 (15)	94 (11)	21	85 (10)	97 (20)	131 (10)	19	95 (10)	84 (14)	112 (6)	12
49	磺胺二甲异嘧啶	Sulfisomidin	14	90 (10)	88 (10)	94 (7)	9	89 (8)	89 (20)	122 (8)	17	64 (13)	79 (10)	100 (14)	11
50	甲氧苄啶	Trimethoprim	50	94 (15)	87 (1)	101 (5)	7	83 (18)	108 (5)	106 (3)	10	106 (20)	88 (7)	98 (1)	8
51	西马特罗	Cimaterol	0.2	109 (4)	97 (5)	97 (4)	6	107 (20)	101 (5)	110 (7)	6	85 (7)	89 (6)	95 (6)	9
52	克仑特罗	Clenbuterol	0.4	118 (8)	108 (6)	96 (11)	11	71 (8)	102 (7)	92 (7)	17	92 (17)	91 (17)	117 (12)	19
53	马普特罗	Mabuterol	0.2	74 (17)	93 (9)	103 (7)	8	89 (16)	108 (12)	101 (2)	18	91 (12)	100 (8)	112 (6)	11
54	莱克多巴胺	Ractopamine	10	74 (4)	88 (7)	99 (6)	9	78 (11)	112 (5)	106 (6)	25	90 (15)	99 (7)	96 (6)	9
55	沙丁胺醇	Salbutamol	0.2	83 (8)	87 (10)	84 (6)	11	61 (16)	89 (8)	89 (9)	15	59 (15)	64 (6)	85 (4)	11

a. SL: 添加水平; b. rs: 重复性, 以日内相对标准偏差表示 (n=6); c. Rs (%): 重现性, 以日间 (连续 3 天) 相对标准偏差表示 (n=6)

22.3.2.3　试剂和材料

乙腈、甲醇、甲酸、异丙醇、正己烷：色谱纯；冰醋酸、二甲亚砜、氯化钠、无水硫酸钠、无水硫酸镁、乙酸铵：分析纯。

克林霉素、交沙霉素、罗红霉素、泰妙菌素、泰乐菌素、环丙沙星、达氟沙星、二氟沙星、依诺沙星、恩诺沙星、氟罗沙星、氟甲喹、洛美沙星、麻保沙星、萘啶酸、诺氟沙星、氧氟沙星、奥比沙星、吡哌酸、司帕沙星、苯甲酰磺胺、磺胺氯哒嗪、磺胺嘧啶、磺胺二甲氧嗪、磺胺甲基嘧啶、磺胺对甲氧嘧啶、磺胺二甲嘧啶、磺胺甲二唑、磺胺甲噁唑、磺胺间甲氧嘧啶、磺胺苯吡唑、磺胺吡啶、磺胺喹噁啉、磺胺噻唑、磺胺二甲异唑、金霉素、地美环素、强力霉素、土霉素、四环素标准物质：纯度≥99%。

40 种兽药标准储备溶液：准确称取适量的每种兽药标准物质，用甲醇配成 10 mg/mL 的标准储备溶液，该溶液在 4℃保存。

基质混合标准工作溶液：根据每种兽药的灵敏度和仪器线性范围用空白样品提取液配成不同浓度的基质混合标准工作溶液，基质混合标准工作溶液在 4℃保存。

22.3.2.4　仪器和设备

液相色谱-四极杆-飞行质谱仪：配有电喷雾离子源。振荡器；涡旋混合器；高速冷冻离心机；氮吹浓缩仪；超声波清洗器。分析天平：感量 0.1 mg，0.01 g。移液器：0.2 mL，1 mL，2 mL。样品瓶：2 mL，带聚四氟乙烯旋盖。

22.3.2.5　样品前处理

（1）试样制备与保存

对无结晶的实验室样品，将其搅拌均匀。对有结晶的样品，在密闭情况下，置于不超过 60℃的水浴中温热，振荡，待样品全部融化后搅匀，冷却至室温。分出 0.5 kg 作为试样。制备好的试样置于样品瓶中，密封，并做上标记。将试样于常温下保存。

（2）样品提取和净化

称取 1.0 g（精确至 0.01 g）蜂蜜样品，加入 6 mL Na$_2$EDTA-Mcllvaine 缓冲溶液（pH=4）稀释涡旋混匀，之后加入 18 mL 5%醋酸乙腈提取液涡旋混匀 30 s，2.0 g NaCl 和 4.0 g Na$_2$SO$_4$ 加入离心管中摇匀，振荡提取 2 min，10℃ 10000 r/min（10397 g）下离心 5 min，将 9 mL 上清液移入 15 mL 具塞离心管中（内含 200 mg NH$_2$ 吸附剂），振荡 2 min，相同条件下离心 5 min，转移 4.5 mL 上清液至 10 mL 玻璃管中，在 40℃水浴条件下，氮吹浓缩至干，加入 1 mL 0.1%甲酸水：乙腈（9∶1，v/v）的定容液，涡旋混匀 30 s 后，由 0.22 μm 尼龙滤膜过滤，LC-Q-TOF/MS 进行测定。

22.3.2.6　测定

（1）液相色谱条件

色谱柱：Agilent ZORBAX SB-C$_{18}$柱（2.1 mm×100 mm，3.5 μm），流动相 A 为 0.1%甲酸水（含 5 mmol/L 乙酸铵），流动相 B 为乙腈；梯度洗脱，程序见表 22-8；流速为 0.3 mL/min；柱温：40℃；进样量：10 μL。

表 22-8　梯度洗脱程序表

时间/min	流动相 A/%	流动相 B/%
0	95	5
6	85	15
20	70	30
26	20	80
30	0	100
35	0	100
36	95	5
40	95	5

表22-9　40种兽药保留时间、元素组成、碰撞能量和产物离子信息

序号	化合物中文名称	化合物英文名称	类别[a]	t_R[b]/min	元素成分	精确质量	产物离子1			产物离子2		IPs[d]
							CE	元素成分	理论质量（m/z）	元素成分	理论质量（m/z）	
1	克林霉素	Clindamycin	Ma	13.4	$C_{18}H_{33}ClN_2O_5S$	424.1799	20	$C_8H_{15}N$	126.1277	$C_{17}H_{29}ClN_2O_5$	377.1838	6
2	交沙霉素	Josamycin	Ma	24.2	$C_{42}H_{69}NO_{15}$	827.4667	35	C_7H_8O	109.0648	$C_8H_{15}NO_3$	174.1125	12
3	罗红霉素	Roxithromycin	Ma	23.5	$C_{41}H_{76}N_2O_{15}$	836.5246	20	$C_{33}H_{62}N_2O_{12}$	679.4376	$C_8H_{15}NO_2$	158.1176	14
4	泰妙菌素	Tiamulin	Ma	22.7	$C_{28}H_{47}NO_4S$	493.3226	15	$C_8H_{17}NO_2S$	192.1053	$A+1$[c]	193.1082	8
5	泰乐菌素	Tylosin	Ma	22.2	$C_{46}H_{77}NO_{17}$	915.5192	35	$C8H15NO3$	174.1125	$C_{39}H_{65}NO_{14}$	772.4478	12
6	环丙沙星	Ciprofloxacin	Qu	7.5	$C_{17}H_{18}FN_3O_3$	331.1332	20	$C_{17}H_{16}FN_3O_2$	314.1299	$C_{16}H_{18}FN_3O$	288.1507	10
7	达氟沙星	Danofloxacin	Qu	8.3	$C_{19}H_{20}FN_3O_3$	357.1489	20	$C_{19}H_{18}FN_3O_3$	340.1456	$A+1$	341.1487	6
8	二氟沙星	Difloxacin	Qu	10.7	$C_{21}H_{19}F_2N_3O_3$	399.1395	20	$C_{21}H_{17}F_2N_3O_2$	382.1362	$C_{20}H_{19}F_2N_3O$	356.1569	10
9	依诺沙星	Enoxacin	Qu	6.7	$C_{15}H_{17}FN_4O_3$	320.1285	15	$C_{15}H_{15}FN_4O_2$	303.1252	$A+1$	304.1281	6
10	恩诺沙星	Enrofloxacin	Qu	8.7	$C_{19}H_{22}FN_3O_3$	359.1645	20	$C_{19}H_{20}FN_3O_3$	342.1612	$C_{18}H_{22}FN_3O$	316.182	10
11	氟罗沙星	Fleroxacin	Qu	7.0	$C_{17}H_{18}F_3N_3O_3$	369.13	20	$C_{16}H_{18}F_3N_3O$	326.1475	$C_{17}H_{16}F_3N_3O_2$	352.1267	12
12	氟甲喹	Flumequine	Qu	18.8	$C_{14}H_{12}FNO_3$	261.0801	20	$C_{14}H_{10}FNO_2$	244.0768	$C_{11}H_4FNO_2$	202.0299	6
13	洛美沙星	Lomefloxacin	Qu	8.1	$C_{17}H_{19}F_2N_3O_3$	351.1395	20	$C_{14}H_{14}F_2N_2O$	265.1147	$C_{17}H_{17}F_2N_3O_2$	334.1362	18
14	麻保沙星	Marbofloxacin	Qu	6.6	$C_{17}H_{19}FN_4O_4$	362.139	20	C_4H_9N	72.0808	$C_{17}H_{17}FN_4O_3$	345.1357	12
15	萘啶酸	Nalidixic Acid	Qu	17.4	$C_{12}H_{12}N_2O_3$	232.0848	10	$C_{12}H_{10}N_2O_2$	215.0815	$C_{10}H_6N_2O_2$	187.0502	10
16	诺氟沙星	Norfloxacin	Qu	7.2	$C_{16}H_{18}FN_3O_3$	319.1332	15	$C_{16}H_{16}FN_3O_2$	302.1299	$C_{15}H_{18}FN_3O$	276.1507	8
17	氧氟沙星	Ofloxacin	Qu	7.1	$C_{18}H_{20}FN_3O_4$	361.1438	20	$C_{17}H_{20}FN_3O_2$	318.1612	$C_{18}H_{18}FN_3O_3$	344.1405	12
18	奥比沙星	Orbifloxacin	Qu	9.0	$C_{19}H_{20}F_3N_3O_3$	395.1457	20	$C_{15}H_{13}F_3N_3O$	295.1053	$C_{18}H_{20}F_3N_3O$	352.1631	20
19	吡哌酸	Pipemidic acid	Qu	5.4	$C_{14}H_{17}N_5O_3$	303.1331	20	$C_{14}H_{15}N_3O_2$	286.1299	$C_{11}H_{12}N_4O$	217.1084	10
20	司帕沙星	Sparfloxacin	Qu	10.8	$C_{19}H_{22}F_2N_4O_3$	392.166	25	$C_{15}H_{15}F_2N_3O$	292.1256	$C_{12}H_{10}F_2N_3O$	251.0865	32
21	苯甲酰磺胺	Sulfabenzamide	Su	12.2	$C_{13}H_{12}N_2O_3S$	276.0569	10	$C_6H_5NO_2S$	156.0114	C_6H_5NO	108.0444	6
22	磺胺氯哒嗪	Sulfachloropyridazine	Su	8.7	$C_{10}H_9ClN_4O_2S$	284.0135	10	$C_6H_5NO_2S$	156.0114	C_6H_5NO	108.0444	10
23	磺胺嘧啶	Sulfadiazine	Su	4.0	$C_{10}H_{10}N_4O_2S$	250.0525	15	$C_6H_5NO_2S$	156.0114	C_6H_5NO	108.0444	14
24	磺胺二甲氧嗪	Sulfadimethoxine	Su	14.1	$C_{12}H_{14}N_4O_4S$	310.0736	20	$C_6H_5NO_2S$	156.0114	$C_6H_9N_3O_2$	156.0768	12
25	磺胺甲基嘧啶	Sulfamerazine	Su	5.3	$C_{11}H_{12}N_4O_2S$	264.0681	20	C_5H_5N	92.0495	C_6H_5NO	108.0444	14
26	磺胺对甲氧嘧啶	Sulfameter	Su	6.9	$C_{11}H_{12}N_4O_3S$	280.063	20	$C_6H_5NO_2S$	156.0114	C_6H_5NO	108.0444	18

续表

序号	化合物中文名称	化合物英文名称	类别 [a]	t_R [b]/min	元素成分	精确质量	CE	产物离子 1		产物离子 2		IPs [d]
								元素成分	理论质量 (m/z)	元素成分	理论质量 (m/z)	
27	磺胺二甲嘧啶	Sulfamethazine	Su	7.0	$C_{12}H_{14}N_4O_2S$	278.0838	20	$C_6H_7N_3O_2S$	186.0332	$C_6H_9N_3$	124.0869	14
28	磺胺甲二唑	Sulfamethizole	Su	6.9	$C_9H_{10}N_4O_2S_2$	270.0245	15	$C_6H_5NO_2S$	156.0114	C_6H_5NO	108.0444	8
29	磺胺甲噁唑	Sulfamethoxazole	Su	9.7	$C_{10}H_{11}N_3O_3S$	253.0521	15	$C_6H_5NO_2S$	156.0114	C_6H_5N	92.0495	18
30	磺胺间甲氧嘧啶	Sulfamonomethoxine	Su	8.6	$C_{11}H_{12}N_4O_3S$	280.063	20	C_6H_5NO	108.0444	C_6H_5N	92.0495	16
31	磺胺苯吡唑	Sulfaphenazole	Su	14.4	$C_{15}H_{14}N_4O_2S$	314.0838	25	$C_9H_7N_3$	158.0713	$C_9H_9N_3$	160.0869	14
32	磺胺吡啶	Sulfapyridine	Su	5.0	$C_{11}H_{11}N_3O_2S$	249.0572	20	C_6H_5N	92.0495	C_6H_5NO	108.0444	16
33	磺胺喹噁啉	Sulfaquinoxaline	Su	14.4	$C_{14}H_{12}N_4O_2S$	300.0681	15	$C_6H_5NO_2S$	156.0114	C_6H_5NO	108.0444	10
34	磺胺噻唑	Sulfathiazole	Su	4.7	$C_9H_9N_3O_2S_2$	255.0136	15	$C_6H_5NO_2S$	156.0114	C_6H_5NO	108.0444	8
35	磺胺二甲异噁唑	Sulfisoxazole	Su	11.0	$C_{11}H_{13}N_3O_3S$	267.0678	15	$C_6H_5NO_2S$	156.0114	$C_5H_8N_2O$	113.0709	10
36	金霉素	Chlortetracycline	Te	11.5	$C_{22}H_{23}ClN_2O_8$	478.1143	15	$C_{22}H_{18}ClNO_7$	444.0845	$C_{22}H_{20}ClNO_8$	462.095	12
37	地美环素	Demeclocycline	Te	9.1	$C_{21}H_{21}ClN_2O_8$	464.0986	15	$C_{21}H_{18}ClNO_8$	448.0794	$C_{21}H_{19}ClNO_7$	430.0688	12
38	强力霉素	Doxycycline	Te	12.5	$C_{22}H_{24}N_2O_8$	444.1533	15	$C_{22}H_{21}NO_8$	428.134	A+1	429.1373	4
39	土霉素	Oxytetracycline	Te	6.8	$C_{22}H_{24}N_2O_9$	461.1558	15	$C_{22}H_{19}NO_8$	426.1183	$C_{22}H_{21}NO_9$	444.1289	8
40	四环素	Tetracycline	Te	7.6	$C_{22}H_{24}N_2O_8$	444.1533	15	$C_{22}H_{19}NO_7$	410.1234	$C_7H_9NO_3$	154.0499	6

a. 编号：喹诺酮类（Qu），磺胺类（Su），大环内酯类（Ma），四环素类（Te）；b. t_R: 保留时间；c. A+1: 同位素峰；d. IPs: 定性点。

（2）质谱条件

电喷雾电离正离子模式（ESI+）；毛细管电压：4000 V；脱溶剂气温度：225℃，脱溶剂气流量 14 L/min；鞘气温度：325℃，鞘流气流速 11 L/min；雾化气压力 40 psi；锥孔电压和碎裂电压分别为 65 V 和 400 V；参比离子为 m/z 121.0509 和 m/z 922.0098，用于正离子模式下的实时校正。数据采集采用棒状图数据采集模式，扫描范围为 50～1700 m/z，扫描速率为 4 spectra/s。产物离子数据在 Target MS/MS 模式下设置固定的保留时间，母离子，碰撞能量等信息进行采集，具体参数见表 22-9。采集与处理通过 Agilent MassHunter Workstation Software（version=B.04.00），包括数据采集，定性分析和定量分析软件。

22.3.2.7　分析条件的选择

（1）样品前处理方法的优化

蜂蜜是一种富含大量糖类，色素和其他物质的复杂基质。因此在 LC-Q-TOF/MS 检测前，萃取，净化和浓缩等步骤必不可少。而由于蜂蜜是一种过饱和的糖溶液，因此样品的稀释和溶解对前处理方法尤为重要。0.1 mol/L Na₂EDTA-Mcllvaine 缓冲盐溶液是一个较为理想的选择，这是由于其可以避免大环内酯类和四环素类药物与金属离子结合，从而提高前处理方法的回收率[72]。Na₂EDTA-Mcllvaine 缓冲盐溶液被广泛用于四环素和喹诺酮类药物的萃取过程中[73, 74]。实验对 Na₂EDTA-Mcllvaine 缓冲盐溶液的 pH 进行了探讨，结果发现在 pH=4 时取得了最优的结果，平均回收率为 86.4%。

此外，乙腈由于具有共提物低和蛋白沉降作用好的等特点，被广泛应用于 QuEChERs 方法中，此外酸性条件下的乙腈可以进一步改善萃取的效率[75]。实验对 0%～5%醋酸乙腈溶液进行了考察，结果表明 5%酸乙腈溶液取得了最好的回收率结果，特别是对于喹诺酮类和四环素类兽药。如图 22-36 所示，随着酸度的提高，回收率也呈增加的趋势。例如，四环素的回收率从 39.7%增加到 79.5%，依诺沙星的回收率从 51.7%增加到 72.1%。

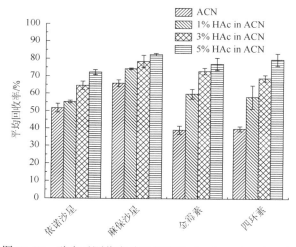

图 22-36　酸度对回收率结果的影响（n=3，Mean±SD）

对于目标化合物在水相和有机相之间的分配，QuEChERS 方法主要通过盐析过程来实现。在农药残留检测中，MgSO₄ 被用于吸附样品中大量的水。然而，实验结果表明 MgSO₄ 会显著降低喹诺酮类，四环素类和大环内酯类兽药的回收率。如图 22-37 所示，四环素类，喹诺酮类和大环内酯类兽药的回收率分别降低了 24.8%、7.9%和 10.6%。因此，相比而言，Na₂SO₄ 是一个更好选择。

在 QuEChERS 方法中，石墨化碳用于去除色素类共提物，PSA、氨丙基（NH₂）常用于吸附极性有机酸、糖类等，而 C18 用于去除肉类和鱼等基质中的脂类等非极性共提物。对于蜂蜜基质，其含有较高浓度的糖，有机酸等干扰物质，因此，PSA、NH₂ 更为适合作为本研究的吸附剂，通过添加回收率实验发现，采用 NH₂ 吸附剂的回收率效果较好。特别是对于四环素类兽药，其回收率结果明显高于

PSA 吸附剂，见图 22-38。因此，最终确定吸附剂为 NH_2。

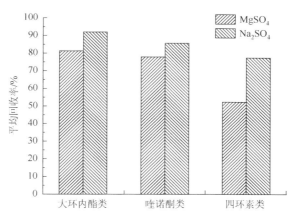

图 22-37　$MgSO_4$ 和 Na_2SO_4 对回收率结果的影响

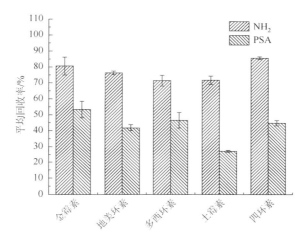

图 22-38　NH_2 和 PSA 对回收率结果的影响（n=3，Mean±SD）

　　此外，实验还进一步考察了吸附剂用量对回收率结果的影响，实验在 100～400 mg 条件下进行了考察。如图 22-39 所示，在吸附剂用量为 200 mg 时达到了最好的回收率结果，之后随着吸附剂用量的增加，回收率呈现降低的趋势。

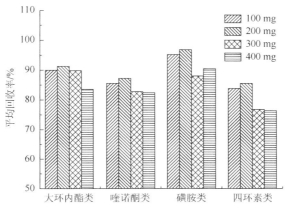

图 22-39　不同吸附剂用量对回收率的影响

（2）检索参数的优化

　　筛查参数包括质量偏差窗口，保留时间窗口，离子化形式。合适的参数设置可以避免假阳性和假阴性结果，提高筛查方法的准确性[76]。

　　精确质量偏差指仪器实际测定精确质量数与理论精确质量数之间的差异。精确质量数的偏差是化合物定性的重要依据,因此需要对精确质量数据的偏差范围进行限定。因此,实验在 20,50 和 100 μg/kg 三个添加水平下,对蜂蜜样品中目标化合物的精确质量数偏差进行了考察,实验结果发现,除四环素类兽药在 20 μg/kg 响应较低而未能检出外,92.5%的目标化合物的质量偏差低于 5 ppm,所有化合物的质量偏差均低于 10 ppm,见图 22-40。

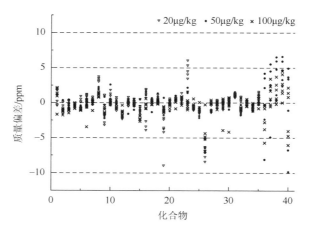

图 22-40　40 种兽药在三个添加水平（$n=6$）下的质量偏差分布

　　在蜂蜜基质中进行保留时间限定参数的评估,保留时间的限定范围分别为 0.1 min,0.25 min,0.5 min,1 min 和无保留时间限定。实验结果表明,过宽或过窄的保留限定范围会引起检索的误差,出现假阳性或假阴性结果。如图 22-41 所示,在保留时间限定为 0.1 min,1 min 和无保留时间限定的条件下,检测结果出现定性偏差的占比分别为 8.3%,2.5% 和 16.7%。此外,同分异构体化合物由于具有相同的元素组成,因此其不能由精确质量数进行区分,例如磺胺间甲氧嘧啶和磺胺对甲氧嘧啶,四环素和强力菌素。因此,保留时间是一个重要的参数用于区分同分异构化合物。

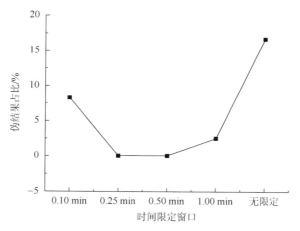

图 22-41　不同时间限定窗口下伪结果的占比

　　此外,实验通过目标化合物保留时间的重复性（$n=6$）和重现性（$n=6$）,来对保留时间的稳定性进行了考察,实验结果表明日内保留时间最大标准偏差低于 0.14 min,日间保留时间最大标准偏差低于 0.24 min。因此,保留时间的限定参数被设置为 0.25 min。

　　离子化形式：由于 LC-MS 具有多种离子化形式（$[M+H]^+$,$[M+NH_4]^+$和$[M+Na]^+$）,因此,须对离子化形式的选择进行考察。对于本次研究的 40 种兽药,响应最高的离子化形式是$[M+H]^+$形式。$[M+Na]^+$峰在大多数化合物中也能检测到,但除磺胺类化合物外,其响应均低于$[M+H]^+$峰的 20%,例如磺胺甲二唑,见图 22-42。此外,$[M+NH_4]^+$峰在所有化合物中都较难发现。因此,基于离子化峰的响应,选择[M+H]⁺形式适合于数据库检索。

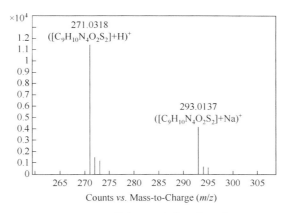

图 22-42　磺胺甲二唑离子化形式

（3）定性确证能力评估

对于筛查方法，目标化合物的确证基于 TOF 得分和产物离子的匹配，TOF 得分与质量偏差，保留时间和同位素信息相关。质量偏差和保留时间在之前的检索参数优化中已经加以限定。同位素簇信息（包括同位素的分布和占比）同样可以作为定性的重要工具。40 种兽药的元素组成主要是 C，H，O，N，S，F 和 Cl。其中 A+1 同位素峰主要由 ^{13}C 提供，A+2 同位素峰主要由 ^{34}S 和 ^{37}Cl 提供。实验在空白蜂蜜样品中添加三个浓度水平（20 µg/kg，50 µg/kg 和 100 µg/kg，n=6），对 TOF 得分的稳定性进行了考察，TOF 得分≥70 和≥90 的占比分别为 96.5%和 78.9%。TOF 得分的 RSD 低于 10%和 20%的占比分别为 90.5%和 96.5%。但对于四环素类，其在 20 µg/kg 浓度下响应较低，得分未能超过 70。

此外，对方法在不同蜂蜜品种间的准确性进行了考察，在优化的检索参数条件下，没有明显的假阳性结果的产生。然而，在椴树蜜和荆条蜜中发现了假阴性结果，总计 12 个约占总检测结果的 1%，这主要是由于基质中干扰离子的影响。尽管在蜂蜜样品的检测结果中没有假阳性结果的产生，但只基于 TOF 得分，不能满足欧盟 EC/2002/657 对于质谱方法 4 个定性点的规定。因此，为了提高方法的准确定性能力，碎片离子匹配被用于筛查方法的最终确认。目标化合物产物离子匹配在"targeted MS/MS"模式下进行数据采集。选择[M+H]⁺作为母离子，CE 的选择基于选择响应超过基峰 10%的产物离子的数量进行优化，目标化合物的碎片离子与溶剂中目标化合物的碎片离子进行匹配。实验结果表明所有化合物均能获得了 4 个以上的定性点，并且质量偏差低于 10 ppm，相对丰度偏差低于 20%。

此外，40 种目标化合物的定性点根据 EC/2002/657 进行计算，化合物定性点见表 22-9。计算结果表明，在优化的条件下 70.0%的兽药定性点在 10 以上。此外，有部分兽药的定性点超过 30，如司帕沙星。然而，也有部分兽药，其定性点为 4~8，如氟甲喹和苯甲酰磺胺，虽然这些化合物定性点偏少，但其仍能满足定性准则的要求。与低分辨质谱只能获得 4~5 个定性点相比，高分辨质谱在定性确证上具有明显的优势。

22.3.2.8　线性范围和测定低限

在蜂蜜空白样品中添加兽药标准溶液，在 5~500 µg/kg 浓度范围下建立基质匹配外标标准曲线。对于研究的 40 种兽药，其线性相关系数（r^2）均大于 0.99。但对于一些化合物，如四环素类药物，由于在低浓度下未能获得理想的响应。此外，对于氟甲喹，磺胺二甲氧嘧啶和泰妙菌素，由于其较低的线性动态区间，其线性范围只能达到 5~200 µg/kg。40 种兽药的线性区间见表 22-10。

方法筛查限（LOC）和定量限（LOQ）采用空白蜂蜜基质添加标准溶液进行计算，添加浓度分别为 1 µg/kg，2.5 µg/kg，5 µg/kg，10 µg/kg，20 µg/kg，50 µg/kg 和 100 µg/kg。对于筛查限，采用优化的筛查方法和定性准则进行判定，目标化合物所能检测的最小浓度被定义为筛查限。结果表明蜂蜜中

40 种兽药的方法筛查限范围在 1~50 μg/kg，筛查限低于 10 μg/kg 的兽药占总数的 82.5%，见表 22-6。由于响应较低，一些兽药不能在较低的浓度水平进行检测（如四环素类）。筛查限水平的目标化合物的提取离子和碎片离子匹配质谱图，见图 22-43。定量限表明方法所能定量的最低浓度，以 10 倍信噪比计算方法定量限，结果表明方法定量限范围在 5~50 μg/kg。

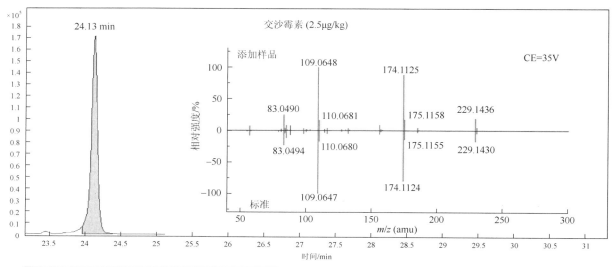

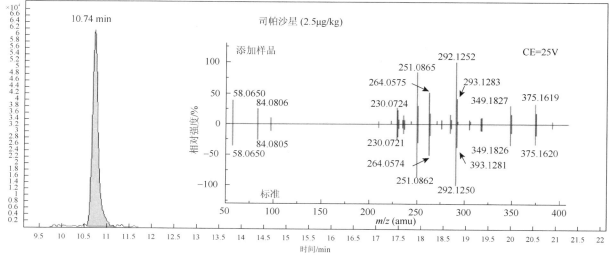

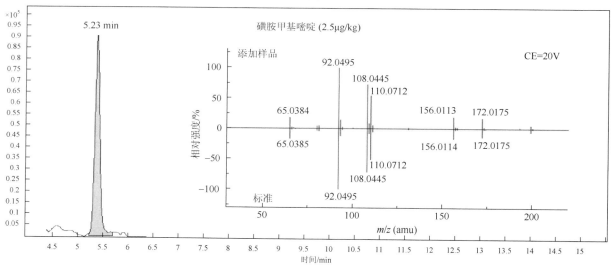

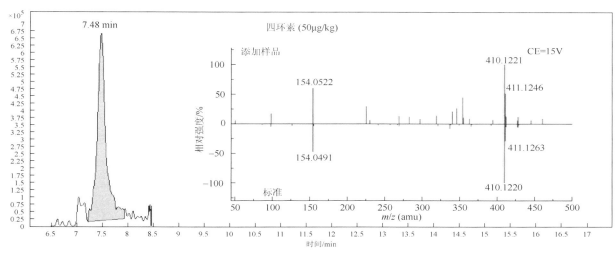

图 22-43　蜂蜜空白样品在筛查限浓度水平下提取离子图和碎片离子图

22.3.2.9　基质效应评估

对于液相色谱质谱检测方法，基质效应不可避免。基质效应主要来源于基质中的共提取物质，这些共提物在离子源中与目标化合物形成竞争，从而使化合物在仪器上的响应发生增强或抑制。通过实验发现 40 种兽药中 92.5% 的化合物表现出较弱的基质效应，斜率比在 0.8～1.2 之间。但也有少数兽药表现出一定的基质抑制效应，如吡哌酸（0.74），克林霉素（0.75）和土霉素（0.78）。在不同的基质（荆条，枣花，椴树，洋槐和紫云英）中没有明显的基质效应差异。除泰乐菌素外，基质效应的相对标准偏差均低于 20%。尽管基质效应并不明显，但基质匹配外标标准曲线仍然使用，用以降低基质效应对定量产生的影响。

22.3.2.10　室内方法效率评价

在蜂蜜空白样品中添加 40 种兽药标准，添加浓度为 4 个水平（5 μg/kg，20 μg/kg，50 μg/kg 和 100 μg/kg）。统计分析结果表明回收率在 70%～120% 占 86.9%，见表 22-6。在 5 μg/kg 浓度水平下，有 11 种化合物由于响应较低，而未能被检出，例如四环素类，部分磺胺兽药。在其他三个添加水平下，除四环素类药物在 20 μg/kg 添加水平下响应较低外，所有的化合物均能检出。此外，个别化合物的回收率低于 70%，例如金霉素在 50 μg/kg 添加水平下回收率为 67.8%，诺氟沙星在 20 μg/kg 添加水平回收率为 69.8%。实验进一步对不同蜂蜜品种间的回收率差异进行了考察，添加水平为 50 μg/kg。实验结果表明不同蜂蜜品种间的回收率差异并不明显，回收率范围为 71.6%～101.2%，不同蜂蜜品种间回收率 RSD ≤ 20%。但对于枣花蜜，磺胺类兽药的回收率接近 70%，明显低于其他蜂蜜品种。方法精密度通过重复性（日内）和重现性（日间）实验来进行评价，日内和日间 RSD（$n=6$）均低于 20%。

22.3.2.11　实际样品测定

筛查方法被应用于 12 个蜂蜜样品的检测过程中。蜂蜜样品在当地市场随机购买，包括 2 个荆条蜜，2 个枣花蜜，2 个椴树蜜，4 个洋槐蜜和 2 个紫云英蜜。采用实验室内部质量控制，来确保测定结果的准确性，包括基质匹配标准溶液，空白溶剂和空白添加样品（50 μg/kg）。12 个蜂蜜样品进行前处理后，分别由 LC-Q-TOF/MS 和 LC-MS/MS 进行测定。在其中一个蜂蜜样品中检出环丙沙星残留，确证结果和检测浓度见图 22-44。对于 LC-Q-TOF/MS，环丙沙星的疑似残留在 TOF-MS 模式下首先检出，其得分为 96.2。碎片离子全扫面用于进一步确证，碎片离子的质量偏差在 −4.1 ppm 到 −0.6 ppm 之间，相对丰度偏差在 −13.4%～14.5%，没有超出 ±20% 的要求，但发现目标化合物的同位素峰（$C_{17}H_{16}FN_3O_2$，A+1）较理论值偏高，这种偏差可能与检测过程中的离子干扰相关。对于 LC-MS/MS，同时测定目标化合物的定性离子（m/z 314）和定量离子（m/z 231），这两个离子与 LC-Q-TOF/MS 所产生的碎片离子完全一致。此外，相对丰度偏差为 4.6%，符合化合物定性确认的要求，两种检测技术得到了一致的定性确证结果。此外，在环丙沙星的确证结果中，LC-Q-TOF/MS 获得了 10 个定性点，而 LC-MS/MS 仅能获得 4 个定性点，因此，在化合物确证方面，LC-Q-TOF/MS 具有明显的优势。对蜂蜜样品中环丙沙星的检测浓度进行比较后，两台仪器的检测结果也没有明显差别，检测浓度分别为 99.7 μg/kg 和 93.2 μg/kg。

表 22-10 蜂蜜中 40 种兽药的线性、准确度、精密度和灵敏度

序号	化合物中文名称	化合物英文名称	线性范围 /(μg/kg)	r^2	SR[a]	筛查限 /(μg/kg)	定量限 /(μg/kg)	平均回收率（相对标准偏差）/%（n=6）					
								日间				日内	不同蜜种
								5 μg/kg	20 μg/kg	50 μg/kg	100 μg/kg	50 μg/kg	50 μg/kg
1	克林霉素	Clindamycin	5~500	0.9997	0.75	1	5	85.2 (2.0)	83.7 (7.5)	77.9 (3.8)	75.1 (3.3)	78.2 (7.1)	78.2 (3.9)
2	交沙霉素	Josamycin	5~500	0.9985	0.97	2.5	5	92.1 (1.2)	95.0 (1.3)	91.9 (2.5)	97.7 (2.7)	94.9 (4.5)	99.9 (7.4)
3	罗红霉素	Roxithromycin	5~500	0.9998	0.99	1	5	97.1 (2.1)	95.4 (1.4)	95.4 (1.5)	89.9 (2.2)	91.3 (3.7)	93.0 (4.0)
4	泰妙菌素	Tiamulin	5~200	0.9987	0.93	2.5	5	93.0 (2.1)	94.3 (0.9)	93.9 (2.5)	91.3 (1.5)	94.0 (2.3)	95.4 (2.8)
5	泰乐菌素	Tylosin	5~500	0.9999	1.04	2.5	5	88.7 (3.7)	100.0 (1.9)	90.0 (2.9)	101.8 (3.1)	97.2 (7.7)	101.2 (11.9)
6	环丙沙星	Ciprofloxacin	5~500	0.9997	0.91	5	5	74.8 (4.4)	77.1 (2.3)	80.7 (0.8)	81.2 (1.9)	79.1 (8.5)	90.5 (8.0)
7	达氟沙星	Danofloxacin	5~500	0.9999	0.99	5	5	87.0 (2.4)	85.1 (2.5)	85.1 (1.1)	82.0 (2.6)	85.4 (5.1)	89.2 (2.7)
8	二氟沙星	Difloxacin	5~500	0.9997	0.97	5	5	87.4 (11.3)	103.5 (6.8)	92.3 (3.4)	92.4 (3.2)	94.0 (3.9)	100.5 (12.5)
9	依诺沙星	Enoxacin	5~500	0.9996	0.97	2.5	5	75.0 (2.4)	73.9 (4.6)	77.7 (1.8)	73.8 (2.2)	77.7 (9.8)	79.1 (4.0)
10	恩诺沙星	Enrofloxacin	5~500	0.9998	0.98	1	5	87.1 (4.9)	85.8 (3.0)	85.7 (2.6)	90.4 (3.9)	95.5 (11.4)	97.4 (6.9)
11	氟罗沙星	Fleroxacin	5~500	0.9975	0.95	2.5	5	85.2 (2.0)	88.3 (0.6)	87.2 (3.2)	86.5 (8.9)	89.6 (6.2)	89.1 (10.3)
12	氟甲喹	Flumequine	10~200	0.9930	1.08	10	10	N.D.[b]	102.4 (7.0)	95.1 (1.0)	93.6 (3.4)	94.8 (4.0)	95.8 (2.5)
13	洛美沙星	Lomefloxacin	5~500	0.9992	0.94	5	5	87.5 (3.4)	84.7 (4.2)	84.7 (10.5)	91.1 (5.9)	88.5 (5.3)	90.7 (3.7)
14	麻保沙星	Marbofloxacin	5~500	0.9969	0.91	2.5	5	88.4 (2.7)	84.0 (2.8)	83.0 (2.9)	83.5 (2.3)	84.4 (5.4)	88.1 (4.1)
15	萘啶酸	Nalidixic Acid	5~500	1.0000	1.04	2.5	5	88.7 (4.8)	103.7 (8.2)	82.9 (5.9)	94.6 (9.5)	95.8 (8.9)	96.6 (3.5)
16	诺氟沙星	Norfloxacin	5~500	0.9999	0.97	5	5	79.9 (3.5)	69.8 (4.2)	75.0 (3.4)	74.8 (3.8)	76.5 (11.4)	80.9 (3.9)
17	氧氟沙星	Ofloxacin	5~500	0.9999	0.95	2.5	5	82.9 (2.4)	90.6 (4.3)	89.3 (1.7)	86.2 (2.8)	89.6 (4.1)	89.7 (4.0)
18	奥比沙星	Orbifloxacin	5~500	0.9998	0.95	1	5	90.8 (1.3)	91.8 (1.7)	90.7 (2.9)	89.5 (2.3)	91.6 (4.2)	93.5 (2.7)
19	吡哌酸	Pipemidic acid	10~500	0.9999	0.74	10	10	N.D.	67.6 (1.1)	70.1 (1.1)	66.4 (2.6)	71.9 (9.8)	72.6 (9.6)
20	司帕沙星	Sparfloxacin	5~500	0.9989	0.91	2.5	5	91.0 (3.5)	94.5 (6.3)	85.0 (2.0)	88.0 (3.6)	88.5 (4.1)	93.6 (3.8)
21	苯甲酰磺胺	Sulfabenzamide	5~500	0.9991	0.89	5	5	73.5 (23.2)	116.7 (16.4)	81.5 (3.0)	92.7 (6.6)	93.9 (10.3)	93.0 (19.7)
22	磺胺氯哒嗪	Sulfachloropyridazine	5~500	0.9998	0.94	5	5	89.4 (5.2)	110.7 (16.0)	81.3 (3.0)	88.9 (6.9)	90.8 (10.4)	91.1 (15.9)
23	磺胺嘧啶	Sulfadiazine	20~500	0.9999	0.96	20	20	N.D.	114.9 (15.0)	78.0 (2.8)	81.5 (6.0)	86.7 (11.6)	85.9 (14.9)
24	磺胺二甲氧嗪	Sulfadimethoxine	5~200	0.9999	0.94	5	5	83.8 (4.6)	76.6 (13.8)	72.9 (8.4)	96 (17.9)	95.3 (19.6)	89.7 (14.1)
25	磺胺甲基嘧啶	Sulfamerazine	5~500	0.9995	0.96	5	5	84.9 (5.6)	121.2 (18.7)	74.2 (3.8)	80.7 (8.0)	86.4 (14.5)	86.4 (15.5)

续表

序号	化合物中文名称	化合物英文名称	线性范围/(μg/kg)	r^2	SRª	筛查限/(μg/kg)	定量限/(μg/kg)	平均回收率（相对标准偏差）/% (n=6)					
								日间				日内	不同畜种
								5 μg/kg	20 μg/kg	50 μg/kg	100 μg/kg	50 μg/kg	50 μg/kg
26	磺胺对甲氧嘧啶	Sulfameter	10~500	1.0000	0.98	10	10	N.D.	110.5（15.5）	82.1（3.5）	88.6（5.7）	86.9（12.2）	86.8（16.1）
27	磺胺二甲嘧啶	Sulfamethazine	5~500	0.9964	0.95	5	5	86.9（3.8）	119.6（19.2）	73.9（7.7）	79.5（7.7）	85.4（16.9）	88.3（14.4）
28	磺胺甲二唑	Sulfamethizole	5~500	1.0000	0.96	5	5	72.4（12.1）	115.3（17.2）	76.4（3.3）	86.6（8.7）	88.6（12.2）	91.7（19.1）
29	磺胺甲噁唑	Sulfamethoxazole	5~500	0.9997	0.86	5	5	89.5（8.1）	108.5（14.5）	86.9（3.0）	88.4（6.0）	93.8（8.7）	88.3（17.1）
30	磺胺间甲氧嘧啶	Sulfamonomethoxine	20~500	1.0000	0.95	20	20	N.D.	83.8（11.3）	79.8（7.2）	83.8（10.9）	96.6（19.2）	89.3（14.8）
31	磺胺苯吡唑	Sulfaphenazole	5~500	0.9997	0.84	5	5	87.2（5.0）	117.7（16.8）	80.1（2.4）	96.8（8.5）	96.1（12.5）	90.2（18.2）
32	磺胺吡啶	Sulfapyridine	10~500	0.9998	1.04	10	10	N.D.	71.8（7.9）	70.6（4.7）	77.4（8.9）	82.9（15.7）	88.0（15.6）
33	磺胺喹噁啉	Sulfaquinoxaline	5~500	0.9977	0.88	5	5	86.6（7.3）	112.9（18.9）	79.9（3.2）	91.6（9.1）	94.6（12.7）	90.3（16.1）
34	磺胺噻唑	Sulfathiazole	5~500	1.0000	0.94	5	5	77.6（6.7）	115.8（19.7）	73.5（5.8）	78.9（9.2）	85.4（14.0）	86.5（18.8）
35	磺胺二甲异噁唑	Sulfisoxazole	5~500	0.9998	0.89	5	5	91.1（4.0）	116.3（16.0）	79.1（3.6）	89.0（6.8）	90.5（10.4）	90.4（14.6）
36	金霉素	Chlortetracycline	50~500	0.9987	0.81	50	50	N.D.	N.D.	67.8（3.4）	83.6（7.9）	101.2（12.3）	84.3（9.0）
37	地美环素	Demeclocycline	50~500	0.9993	1.11	50	50	N.D.	N.D.	75.5（4.8）	84.4（6.2）	84.0（16.1）	80.7（11.2）
38	强力霉素	Doxycycline	50~500	0.9987	0.87	50	50	N.D.	N.D.	77.1（15.6）	73.2（12.8）	83.4（18.0）	76.8（7.7）
39	土霉素	Oxytetracycline	50~500	0.9966	0.78	50	50	N.D.	N.D.	73.6（4.3）	79.0（15.6）	75.4（10.3）	71.6（6.0）
40	四环素	Tetracycline	50~500	0.9910	0.89	50	50	N.D.	N.D.	85.6（5.4）	85.1（4.6）	77.8（8.8）	77.7（10.5）

a. SR: 斜率比（基质/溶剂）；b. N.D.: 添加样品中未检出

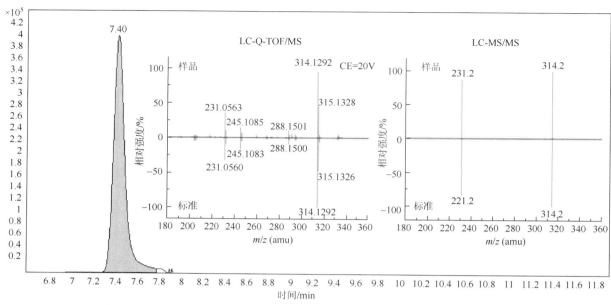

图 22-44　LC-Q-TOF/MS 和 LC-MS/MS 对比验证蜂蜜实际样品中的环丙沙星

22.3.3　奶粉中 100 种兽药多组分残留测定　液相色谱-四极杆-飞行质谱法

22.3.3.1　适用范围

适用于奶粉样品中 100 种兽药残留液相色谱-四极杆-飞行质谱（LC-Q-TOFMS）的测定，92.9% 的检测结果其回收率在 70%～120% 之间。方法重复性和重现性在 1.1%～20.1% 之间，标准曲线相关系数≥0.995。方法定量限在 0.1～25 μg/kg 之间，93.0% 的化合物能够在 10 μg/kg 或更低水平检出。

22.3.3.2　方法原理

奶粉样品中兽药残留用 Na_2EDTA-Mcllvaine 缓冲溶液溶解，酸乙腈提取，离心后，上清液用 C18 吸附剂净化，氮吹浓缩至近干，残渣用甲酸水和乙腈混合溶液重溶，样品溶液供液相色谱-四极杆-飞行质谱仪测定，外标法定量。

22.3.3.3　试剂和材料

乙腈、甲醇、乙酸乙酯、二氯甲烷、甲酸：色谱纯；冰醋酸、二甲亚砜、异丙醇、正己烷、乙酸铵、氯化钠、无水硫酸钠，无水硫酸镁：分析纯。

阿奇霉素、克林霉素、红霉素、交沙霉素、罗红霉素、螺旋霉素、泰妙菌素、泰乐菌素、苯甲酰磺胺、磺胺醋酰、磺胺喹噁啉、磺胺氯哒嗪、磺胺氯吡嗪、磺胺嘧啶、磺胺二甲氧嗪、周效磺胺、磺胺甲基嘧啶、磺胺对甲氧嘧啶、磺胺二甲嘧啶、磺胺甲二唑、磺胺甲噁唑、磺胺甲氧哒嗪、磺胺间甲氧嘧啶、磺胺苯吡唑、磺胺吡啶、柳氮磺胺吡啶、磺胺噻唑、磺胺二甲异嘧啶、磺胺二甲异唑、甲氧苄啶、西诺沙星、环丙沙星、达氟沙星、二氟沙星、依诺沙星、恩诺沙星、氟罗沙星、氟甲喹、洛美沙星、麻保沙星、诺氟沙星、氧氟沙星、奥比沙星、培氟沙星、吡哌酸、沙拉沙星、司帕沙星、金霉素、地美环素、强力霉素、土霉素、四环素、异丙硝唑、甲硝唑、特硝唑、替硝唑、阿苯达唑、阿苯达唑砜、阿苯达唑亚砜、阿苯达唑氨砜、坎苯达唑、非班太尔、芬苯哒唑、氟苯达唑氨基代谢产物、左旋咪唑、甲苯哒唑、甲苯哒唑羟基代谢产物、甲苯哒唑氨基代谢产物、奥芬达唑、奥苯达唑、噻苯咪唑、5-羟基-噻苯咪唑、班布特罗、溴布特罗、克仑特罗、克仑塞罗、克仑潘特、马普特罗、马喷特罗、喷布洛尔、莱克多巴胺、妥布特罗、四烯雌酮、α-去甲雄三烯醇酮、倍氯米松、倍他米松、地塞米松、氟轻松、甲地孕酮、美仑孕酮乙酸酯、甲基强的松龙、泼尼松龙、孕酮、康力龙、睾酮、群勃龙乙酸酯、乙酰丙嗪、咔唑心安、氯丙嗪、甲苯噻嗪标准物质：纯度≥99%。

100 种兽药标准储备溶液：准确称取适量的每种兽药标准物质，用甲醇配成 10 mg/mL 的标准储备溶液，该溶液在 4℃保存。

基质混合标准工作溶液：根据每种兽药的灵敏度和仪器线性范围用空白样品提取液配成不同浓度

的基质混合标准工作溶液，基质混合标准工作溶液在 4℃保存。

22.3.3.4　仪器和设备

液相色谱-四极杆-飞行质谱仪：配有电喷雾离子源。振荡器；涡旋混合器；低速离心机；氮吹浓缩仪；超声波清洗器。分析天平：感量 0.1 mg，0.01 g。移液器：0.2 mL，1 mL，2 mL。样品瓶：2 mL，带聚四氟乙烯旋盖。

22.3.3.5　样品前处理

（1）试样制备与保存

奶粉常温避光保存。

（2）样品提取和净化

称取 1.0 g（精确至 0.01 g）奶粉样品于 50 mL 具塞离心管中，加入 5 mL 0.1 mmol/L Na₂EDTA-Mcllvaine 缓冲溶液（pH=4）稀释，50℃超声溶解 10 min，之后加入 10 mL 5%醋酸乙腈提取液，再加入 1.0 g NaCl 和 4.0 g Na₂SO₄，振荡提取 10 min，10℃ 10000 r/min（10397 g）下离心 5 min，5 mL 上清液移入 15 mL 含 200 mg C18 吸附剂的具塞离心管中，振荡 2 min，相同条件下离心 5 min，取 2 mL 上清液于 10 mL 玻璃管中，40℃水浴氮吹浓缩至干，加入 1 mL 0.1%甲酸水：乙腈（8+2，v/v）的定容液重溶，过 0.22 μm 尼龙滤膜，供 LC-Q-TOF/MS 测定。

22.3.3.6　测定

（1）液相色谱条件

色谱柱：Agilent ZORBAX SB-C18 柱（2.1 mm×100 mm，3.5 μm），流动相 A 为 0.1%甲酸水（含 5 mmol/L 乙酸铵），流动相 B 为乙腈；梯度洗脱，程序见表 22-11；流速为 0.3 mL/min；柱温：40℃；进样量：10 μL。

表 22-11　梯度洗脱程序表

时间/min	流动相 A/%	流动相 B/%
0	95	5
6	85	15
20	70	30
26	20	80
30	5	95
35	5	95
36	95	5
40	95	5

（2）质谱条件

电喷雾电离正离子模式（ESI⁺）；毛细管电压：4000 V；脱溶剂气温度：225℃，脱溶剂气流量 10 L/min。鞘气温度：325℃，鞘流气流速 11 L/min。锥孔电压和碎裂电压分别为 65 V 和 400 V。参比离子为 m/z 121.0509 和 m/z 922.0098，用于正离子模式下的实时校正。数据采集采用棒状图数据采集模式，扫描范围为 50～1700 m/z；扫描速率为 3 spectra/s。在 All Ions MS/MS 模式下，在高碰撞能量（20 V）和低碰撞能量（0 V）下进行数据采集。目标化合物参数列于表 22-12。数据采集与处理通过 Agilent MassHunter Workstation Software（version B.04.00），包括数据采集，定性分析和定量分析软件。

22.3.3.7　分析条件的选择

（1）样品前处理方法的优化

乳制品是一种具有高脂肪和高蛋白的复杂基质，其中奶粉基质尤其复杂。样品前处理有利于降低基质干扰，提高方法灵敏度，因此，在 LC-Q-TOF/MS 检测之前，前处理过程必不可少，其主要包括提取，净化和浓缩等过程。前处理条件的优化通过空白基质添加回收率实验进行，向空白全脂奶粉中添加 100 种兽药的混合标准溶液，添加浓度为 1 倍的添加水平，并进行三个样品的平行重复实验。以 [M+H]⁺离子的峰面积计算回收率。

表 22-12　100 种兽药的保留时间、元素组成和碎片离子信息

序号	化合物中文名称	化合物英文名称	类别 a	t_R b/min	元素成分	精确质量	产物离子 1		产物离子 2	
							元素成分	理论质量 (m/z)	元素成分	理论质量 (m/z)
1	阿奇霉素	Azithromycin	Ma	13.4	$C_{38}H_{72}N_2O_{12}$	748.5085	$C_{30}H_{58}N_2O_9$	591.4215	$C_8H_{15}NO_2$	158.1176
2	克林霉素	Clindamycin	Ma	13.1	$C_{18}H_{33}ClN_2O_5S$	424.1799	$C_8H_{15}N$	126.1277	$C_{17}H_{29}ClN_2O_5$	377.1838
3	红霉素	Erythromycin	Ma	20.1	$C_{37}H_{67}NO_{13}$	733.4612	$C_8H_{15}NO_2$	158.1176	$C_{29}H_{53}NO_{10}$	576.3742
4	交沙霉素	Josamycin	Ma	24.0	$C_{42}H_{69}NO_{15}$	827.4667	C_7H_8O	109.0648	$C_8H_{15}NO_3$	174.1125
5	罗红霉素	Roxithromycin	Ma	23.5	$C_{41}H_{76}N_2O_{15}$	836.5246	$C_{33}H_{62}N_2O_{12}$	679.4376	$C_8H_{15}NO_2$	158.1176
6	螺旋霉素	Spiramycin	Ma	13.5	$C_{43}H_{74}N_2O_{14}$	842.5140	$C_8H_{15}NO_3$	174.1125	$C_8H_{15}NO$	142.1226
7	泰妙菌素	Tiamulin	Ma	22.5	$C_{28}H_{47}NO_4S$	493.3226	$C_{28}H_{47}NO_2S$	192.1053	A+1 c	193.1082
8	泰乐菌素	Tylosin	Ma	22.1	$C_{46}H_{77}NO_{17}$	915.5192	$C_{39}H_{65}NO_{14}$	772.4478	$C_8H_{15}NO_3$	174.1125
9	苯甲酰磺胺	Sulfabenzamide	Su	12.2	$C_{13}H_{12}N_2O_3S$	276.0569	C_6H_5N	92.0495	C_6H_5NO	108.0444
10	磺胺醋酰	Sulfacetamide	Su	3.1	$C_8H_{10}N_2O_3S$	214.0412	C_6H_5NO	108.0444	C_6H_5N	92.0495
11	磺胺喹噁啉	Sulfachinoxaline	Su	14.4	$C_{14}H_{12}N_4O_2S$	300.0681	$C_6H_5NO_2S$	156.0114	C_6H_5NO	108.0444
12	磺胺氯吡哒嗪	Sulfachloropyridazine	Su	8.7	$C_{10}H_9ClN_4O_2S$	284.0135	$C_6H_5NO_2S$	156.0114	C_6H_5NO	108.0444
13	磺胺氯吡嗪	Sulfaclozine	Su	13.0	$C_{10}H_9ClN_4O_2S$	284.0135	C_6H_5NO	108.0444	C_6H_5N	92.0495
14	磺胺嘧啶	Sulfadiazine	Su	4.0	$C_{10}H_{10}N_4O_2S$	250.0525	C_6H_5N	92.0495	C_6H_5NO	108.0444
15	磺胺二甲氧嗪	Sulfadimethoxine	Su	14.1	$C_{12}H_{14}N_4O_4S$	310.0736	$C_6H_5NO_2S$	156.0114	$C_6H_9N_3O_2$	156.0768
16	周效磺胺	Sulfadoxine	Su	10.0	$C_{12}H_{14}N_4O_4S$	310.0736	$C_6H_5NO_2S$	156.0114	C_6H_5NO	108.0444
17	磺胺甲基嘧啶	Sulfamerazine	Su	5.5	$C_{11}H_{12}N_4O_2S$	264.0681	$C_6H_5NO_2S$	156.0114	C_6H_5NO	108.0444
18	磺胺对甲氧嘧啶	Sulfameter	Su	6.9	$C_{11}H_{12}N_4O_3S$	280.0630	$C_6H_5NO_2S$	156.0114	C_6H_5NO	108.0444
19	磺胺二甲嘧啶	Sulfamethazine	Su	7.0	$C_{12}H_{14}N_4O_2S$	278.0838	$C_6H_5N_3O_2S$	186.0332	C_6H_5N	124.0869
20	磺胺甲二唑	Sulfamethizole	Su	6.9	$C_9H_{10}N_4O_2S_2$	270.0245	$C_6H_5NO_2S$	156.0114	C_6H_5NO	108.0444
21	磺胺甲噁唑	Sulfamethoxazole	Su	9.7	$C_{10}H_{11}N_3O_3S$	253.0521	$C_6H_5NO_2S$	156.0114	C_6H_5N	92.0495
22	磺胺甲氧哒嗪	Sulfamethoxypyridazine	Su	7.2	$C_{11}H_{12}N_4O_3S$	280.0630	C_6H_5NO	108.0444	C_6H_5N	92.0495
23	磺胺间甲氧嘧啶	Sulfamonomethoxine	Su	8.4	$C_{11}H_{12}N_4O_3S$	280.0630	C_6H_5NO	108.0444	C_6H_5N	92.0495
24	磺胺苯吡唑	Sulfaphenazole	Su	14.4	$C_{15}H_{14}N_4O_2S$	314.0838	$C_9H_7N_3$	158.0713	$C_9H_9N_3$	160.0869
25	磺胺吡啶	Sulfapyridine	Su	5.0	$C_{11}H_{11}N_3O_2S$	249.0572	C_6H_5N	92.0495	C_6H_5NO	108.0444
26	柳氮磺吡啶	Sulfasalazine	Su	17.1	$C_{18}H_{14}N_4O_5S$	398.0685	$C_{18}H_{12}N_4O_4S$	381.0652	A+1	382.0680

续表

序号	化合物中文名称	化合物英文名称	类别^a	t_R^b/min	元素成分	精确质量	产物离子 1		产物离子 2	
							元素成分	理论质量（m/z）	元素成分	理论质量（m/z）
27	磺胺噻唑	Sulfathiazole	Su	4.7	$C_9H_9N_3O_2S_2$	255.0136	$C_9H_5NO_2S$	156.0114	C_6H_5NO	108.0444
28	磺胺二甲异嘧啶	Sulfisomidin	Su	3.7	$C_{12}H_{14}N_4O_2S$	278.0838	$C_9H_9N_3$	124.0869	$C_6H_7N_3O_2S$	186.0332
29	磺胺二甲异噁唑	Sulfisoxazole	Su	11.0	$C_{11}H_{13}N_3O_3S$	267.0678	$C_9H_9N_3O_2S$	156.0114	$C_5H_8N_2O$	113.0709
30	甲氧苄啶	Trimethoprim	Su	6.1	$C_{14}H_{18}N_4O_3$	290.1379	$C_{12}H_{13}N_4O$	230.1162	$C_5H_6N_4$	123.0665
31	西诺沙星	Cinoxacin	Qu	10.6	$C_{12}H_{10}N_2O_5$	262.0590	$C_{11}H_8N_2O_3$	217.0608	$C_{12}H_8N_2O_4$	245.0557
32	环丙沙星	Ciprofloxacin	Qu	7.3	$C_{17}H_{18}FN_3O_3$	331.1332	$C_{17}H_{16}FN_3O_2$	314.1299	$C_{16}H_{18}FN_3O$	288.1507
33	达氟沙星	Danofloxacin	Qu	8.0	$C_{19}H_{20}FN_3O_3$	357.1489	$C_{19}H_{18}FN_3O_2$	340.1456	A+1	341.1487
34	二氟沙星	Difloxacin	Qu	10.4	$C_{21}H_{19}F_2N_3O_3$	399.1395	$C_{21}H_{17}F_2N_3O_2$	382.1362	$C_{20}H_{19}F_2N_3O$	356.1569
35	依诺沙星	Enoxacin	Qu	6.7	$C_{15}H_{17}FN_4O_3$	320.1285	$C_{15}H_{15}FN_4O_2$	303.1252	A+1	304.1281
36	恩诺沙星	Enrofloxacin	Qu	8.4	$C_{19}H_{22}FN_3O_3$	359.1645	$C_{19}H_{20}FN_3O_2$	342.1612	$C_{18}H_{22}FN_3O$	316.1820
37	氟罗沙星	Fleroxacin	Qu	6.7	$C_{17}H_{18}F_3N_3O_3$	369.1300	$C_{16}H_{18}F_3N_3O$	326.1475	$C_{17}H_{16}F_3N_3O_2$	352.1267
38	氟甲喹	Flumequine	Qu	18.6	$C_{14}H_{11}FNO_3$	261.0801	$C_{14}H_{10}FNO_2$	244.0768	$C_{11}H_4FNO_2$	202.0299
39	洛美沙星	Lomefloxacin	Qu	7.8	$C_{17}H_{19}F_2N_3O_3$	351.1395	$C_{14}H_{14}F_2N_2O$	265.1147	$C_{17}H_{17}F_2N_3O_2$	334.1362
40	麻保沙星	Marbofloxacin	Qu	6.6	$C_{17}H_{19}FN_4O_4$	362.1390	C_4H_9N	72.0808	$C_{17}H_{17}FN_3O_3$	345.1357
41	诺氟沙星	Norfloxacin	Qu	7.0	$C_{16}H_{18}FN_3O_3$	319.1332	$C_{16}H_{16}FN_3O_2$	302.1299	$C_{15}H_{18}FN_3O$	276.1507
42	氧氟沙星	Ofloxacin	Qu	7.1	$C_{18}H_{20}FN_3O_4$	361.1438	$C_{17}H_{20}FN_3O_2$	318.1612	$C_{18}H_{18}FN_3O_3$	344.1405
43	奥比沙星	Orbifloxacin	Qu	9.0	$C_{19}H_{20}F_3N_3O_3$	395.1457	$C_{15}H_{13}F_3N_3O_2$	295.1053	$C_{18}H_{20}F_3N_3O$	352.1631
44	培氟沙星	Pefloxacin	Qu	7.1	$C_{17}H_{20}FN_3O_3$	333.1489	$C_{17}H_{18}FN_3O_2$	316.1456	$C_{16}H_{20}FN_3O$	290.1663
45	吡哌酸	Pipemidic acid	Qu	5.4	$C_{14}H_{17}N_5O_3$	303.1331	$C_{14}H_{15}N_5O_2$	286.1299	$C_{11}H_{12}N_4O$	217.1084
46	沙拉沙星	Sarafloxacin	Qu	10.1	$C_{20}H_{17}F_2N_3O_3$	385.1238	$C_{20}H_{15}F_2N_3O_2$	368.1205	$C_{19}H_{17}F_2N_3O$	342.1412
47	司帕沙星	Sparfloxacin	Qu	10.6	$C_{19}H_{22}F_2N_4O_3$	392.1660	$C_{18}H_{22}F_2N_4O$	349.1834	$C_{19}H_{20}F_2N_4O_2$	375.1627
48	金霉素	Chlorotetracycline	Te	11.1	$C_{22}H_{23}ClN_2O_8$	478.1143	$C_{22}H_{18}ClNO_7$	444.0845	$C_{22}H_{20}ClNO_8$	462.0950
49	地美环素	Demeclocycline	Te	8.8	$C_{21}H_{21}ClN_2O_8$	464.0986	$C_{21}H_{18}ClNO_8$	448.0794	$C_{21}H_{16}ClNO_7$	430.0688
50	强力霉素	Doxycycline	Te	12.1	$C_{22}H_{24}N_2O_8$	444.1533	$C_{22}H_{21}N_3O_8$	428.1340	A+1	429.1373
51	土霉素	Oxytetracycline	Te	6.8	$C_{22}H_{24}N_2O_9$	460.1482	$C_{22}H_{19}N_2O_8$	426.1183	$C_{22}H_{21}NO_9$	444.1289

续表

序号	化合物中文名称	化合物英文名称	类别 [a]	t_R [b]/min	元素成分	精确质量	产物离子 1 元素成分	产物离子 1 理论质量（m/z）	产物离子 2 元素成分	产物离子 2 理论质量（m/z）
52	四环素	Tetracycline	Te	7.4	$C_{22}H_{24}N_2O_8$	444.1533	$C_{22}H_{19}NO_7$	410.1234	$C_7H_7NO_3$	154.0499
53	异丙硝唑	Ipronidazole	Ni	10.4	$C_7H_{11}N_3O_2$	169.0851	$C_7H_{10}N_2$	123.0917	$C_6H_8N_2$	109.0760
54	甲硝唑	Metronidazole	Ni	3.3	$C_6H_9N_3O_3$	171.0644	$C_4H_9N_3O_2$	128.0455	$C_4H_5N_2$	82.0525
55	特硝唑	Ternidazole	Ni	4.5	$C_7H_{11}N_3O_3$	185.0800	$C_4H_9N_3O_2$	128.0455	$C_4H_5N_2$	82.0525
56	替硝唑	Tinidazole	Ni	5.7	$C_8H_{13}N_3O_4S$	247.0627	$C_4H_8O_2S$	121.0318	$C_4H_5N_3O_2$	128.0455
57	阿苯达唑	Albendazole	Be	21.0	$C_{12}H_{15}N_3O_2S$	265.0885	$C_{11}H_{11}N_3OS$	234.0696	A+1	235.0722
58	阿苯达唑砜	Albendazole sulfone	Be	11.8	$C_{12}H_{15}N_3O_4S$	297.0783	$C_{11}H_{11}N_3O_3S$	266.0594	$C_8H_5N_3O_3S$	224.0124
59	阿苯达唑亚砜	Albendazole sulfoxide	Be	9.1	$C_{12}H_{15}N_3O_3S$	281.0834	$C_8H_5N_3O_2S$	208.0175	$C_9H_9N_3O_3S$	240.0437
60	阿苯达唑氨砜	Albendazole-2-aminosulfone	Be	4.7	$C_{10}H_{13}N_3O_2S$	239.0729	$C_7H_7N_3O_2S$	198.0332	$C_7H_6N_3$	133.0634
61	坎苯达唑	Cambendazole	Be	13.0	$C_{14}H_{14}N_4O_2S$	302.0838	$C_{11}H_8N_4O_2S$	261.0441	$C_{10}H_8N_4S$	217.0542
62	非班太尔	Febantel	Be	25.2	$C_{20}H_{22}N_4O_6S$	446.1260	$C_{18}H_{14}N_4O_4S$	383.0809	$C_{16}H_{13}N_3O_2S$	312.0801
63	芬苯哒唑	Fenbendazole	Be	23.5	$C_{15}H_{13}N_3O_2S$	299.0729	$C_{14}H_9N_3OS$	268.0539	A+1	269.0567
64	氟苯达唑氨基代谢产物	Flubendazole-amine	Be	11.5	$C_{14}H_{10}FN_3O$	255.0808	C_7H_3FO	123.0241	C_6H_3F	95.0292
65	左旋咪唑	Levamisole	Be	4.4	$C_{11}H_{12}N_2S$	204.0721	$C_{10}H_{11}NS$	178.0685	C_7H_6S	123.0263
66	甲苯咪唑	Mebendazole	Be	19.1	$C_{16}H_{13}N_3O_3$	295.0957	$C_{15}H_9N_3O_2$	264.0768	A+1	265.0797
67	甲苯咪唑羟基代谢产物	Mebendazole-5-hydroxy	Be	11.8	$C_{16}H_{15}N_3O_3$	297.1113	$C_{15}H_{11}N_3O_2$	266.0924	A+1	267.0954
68	甲苯咪唑氨基代谢产物	Mebendazole-amine	Be	10.3	$C_{14}H_{11}N_3O$	237.0902	C_7H_4O	105.0335	C_6H_4	77.0386
69	奥芬达唑	Oxfendazole	Be	13.2	$C_{15}H_{13}N_3O_3S$	315.0678	$C_9H_8N_3O_2$	191.0689	$C_{14}H_9N_3O_2S$	284.0488
70	奥苯达唑	Oxibendazole	Be	14.0	$C_{12}H_{15}N_3O_3$	249.1113	$C_{11}H_{11}N_3O_2$	218.0924	$C_8H_5N_3O_2$	176.0455
71	噻苯咪唑	Thiabendazole	Be	5.8	$C_{10}H_7N_3S$	201.0361	$C_9H_6N_2S$	175.0324	$C_8H_6N_2$	131.0604
72	5-羟基-噻苯咪唑	Thiabendazole-5-hydroxy	Be	4.2	$C_{10}H_7N_3OS$	217.0310	$C_9H_6N_2OS$	191.0274	$C_8H_6N_2O$	147.0553
73	班布特罗	Bambuterol	Ba	12.3	$C_{18}H_{29}N_3O_5$	367.2107	$C_{14}H_{19}N_3O_4$	294.1448	C_3H_5NO	72.0444
74	溴布特罗	Brombuterol	Ba	10.7	$C_{12}H_{18}Br_2N_2O$	363.9786	$C_8H_8Br_2N_2$	290.9127	A+2	292.9107
75	克仑特罗	Clenbuterol	Ba	8.9	$C_{12}H_{18}Cl_2N_2O$	276.0796	$C_8H_8Cl_2N_2$	203.0137	A+2	205.0108
76	克仑塞罗	Clencyclohexerol	Ba	5.6	$C_{14}H_{20}Cl_2N_2O_2$	318.0902	$C_8H_8Cl_2N_2$	203.0137	A+2	205.0108

续表

序号	化合物中文名称	化合物英文名称	类别 a	tR b/min	元素成分	精确质量	产物离子1 元素成分	理论质量 (m/z)	产物离子2 元素成分	理论质量 (m/z)
77	克仑潘特	Clenpenterol	Ba	11.8	$C_{13}H_{20}Cl_2N_2O$	290.0953	$C_8H_{14}Cl_2N_2$	203.0137	A+2	205.0108
78	马普特罗	Mabuterol	Ba	12.0	$C_{13}H_{18}ClF_3N_2O$	310.1060	$C_9H_8ClF_3N_2$	237.0401	$C_9H_7ClF_2N_2$	217.0339
79	马喷特罗	Mapenterol	Ba	15.2	$C_{14}H_{20}ClF_3N_2O$	324.1216	$C_9H_8ClF_3N_2$	237.0401	A+2	239.0373
80	喷布洛尔	Penbutolol	Ba	22.8	$C_{18}H_{29}NO_2$	291.2198	$C_{14}H_{22}NO_2$	236.1645	C_3H_7NO	74.0600
81	莱克多巴胺	Ractopamine	Ba	7.6	$C_{18}H_{23}NO_3$	301.1678	$C_{10}H_{13}NO$	164.1070	C_7H_9O	107.0491
82	妥布特罗	Tulobuterol	Ba	9.1	$C_{12}H_{18}ClNO$	227.1077	C_8H_8ClN	154.0418	A+2	156.0390
83	四烯雌酮	Altrenogest	Ho	25.2	$C_{21}H_{26}O_2$	310.1933	$C_{16}H_{18}O$	227.1430	$C_{18}H_{20}O_2$	269.1536
84	a-去甲雄三烯醇酮	a-trenbolone	Ho	22.8	$C_{18}H_{22}O_2$	270.1620	$C_{18}H_{20}O$	253.1587	$C_{14}H_{14}O$	199.1117
85	倍氯米松	Beclomethasone	Ho	26.4	$C_{28}H_{37}ClO_7$	520.2228	C_3H_4O	57.0335	$C_{22}H_{22}O_2$	319.1693
86	倍他米松	Betamethasone	Ho	20.6	$C_{22}H_{29}FO_5$	392.1999	$C_{20}H_{22}O$	279.1743	$C_{10}H_{10}O$	147.0804
87	地塞米松	Dexamethasone	Ho	21.0	$C_{22}H_{29}FO_5$	392.1999	$C_{10}H_{10}O$	147.0804	$C_{14}H_{17}FO_2$	237.1285
88	氟轻松	Fluocinolone acetonide	Ho	22.6	$C_{24}H_{30}F_2O_6$	452.2011	$C_{21}H_{29}O_4$	337.1434	$C_{17}H_{16}O_2$	253.1223
89	甲地孕酮	Megestrol acetate	Ho	26.1	$C_{24}H_{32}O_4$	384.2301	$C_{19}H_{22}O$	267.1743	$C_{22}H_{28}O_2$	325.2162
90	美仑孕酮乙酸酯	Melengestrol acetate	Ho	26.3	$C_{25}H_{32}O_4$	396.2301	$C_{20}H_{22}O$	279.1743	$C_{23}H_{28}O_2$	337.2162
91	甲基强的松龙	Methylprednisolone	Ho	20.2	$C_{22}H_{30}O_5$	374.2093	$C_{11}H_{12}O$	161.0961	$C_9H_{10}O$	135.0804
92	泼尼松龙	Prednisolone	Ho	17.2	$C_{21}H_{28}O_5$	360.1937	$C_{10}H_{10}O$	147.0804	$C_{12}H_{10}O$	171.0804
93	孕酮	Progesterone	Ho	26.3	$C_{21}H_{30}O_2$	314.2246	C_6H_8O	97.0648	C_6H_8O	109.0648
94	康力龙	Stanozolol	Ho	25.0	$C_{21}H_{32}N_2O$	328.2515	C_7H_{10}	95.0855	C_8H_{10}	107.0855
95	睾酮	Testosterone	Ho	23.9	$C_{19}H_{28}O_2$	288.2089	C_6H_8O	97.0648	C_6H_8O	109.0648
96	群勃龙乙酸酯	Trenbolone acetate	Ho	26.1	$C_{20}H_{24}O_3$	312.1725	$C_{18}H_{20}O$	253.1587	A+1	254.1621
97	乙酰丙嗪	Acepromazine	Tr	20.2	$C_{19}H_{22}N_2OS$	326.1453	$C_5H_{11}N$	86.0964	C_3H_7N	58.0651
98	咔唑心安	Carazolol	Tr	12.9	$C_{18}H_{22}N_2O_2$	298.1681	$C_6H_{13}NO$	116.1070	$C_{15}H_{11}NO$	222.0913
99	氯丙嗪	Chlorpromazine	Tr	23.0	$C_{17}H_{19}ClN_2S$	318.0958	$C_5H_{11}N$	86.0964	C_3H_7N	58.0651
100	甲苯噻嗪	Xylazine	Tr	8.3	$C_{12}H_{16}N_2S$	220.1034	C_3H_7NS	90.0372	C_9H_9NS	164.0528

a. 分类: 喹诺酮类 (Qu)、磺胺类 (Su)、大环内酯类 (Ma)、四环素类 (Te)、苯并咪唑类 (Be)、β-受体激动剂类 (Ba)、激素类 (Ho)、镇静剂 (Tr); b. tR: 保留时间; c. A+1 和 A+2: 同位素峰。

由于奶粉样品含水量较低，因此需要适当的溶液进行稀释。实验对水和 0.1 mol/L Na$_2$EDTA-McIlvaine 缓冲盐溶液（pH=4）进行了比较，结果发现 Na$_2$EDTA-McIlvaine 缓冲盐溶液获得了较好的结果，特别是对于四环素类类药物，这是由于其能够防止四环素类药物与金属离子发生络合，从而提高了此类化合物的回收率。

此外，乙腈蛋白沉降也是提取过程中的重要步骤，并且文献表明在酸性条件下更有利于提高萃取效率。实验结果表明在 5%的酸乙腈条件下获得了较好的回收率结果，回收率在 70%～120%的目标化合物占总数的 95.0%。

对于 QuEChERS 方法，Na$_2$SO$_4$ 和 MgSO$_4$ 是两种常用的吸水剂，其中 MgSO$_4$ 具有更强的吸水能力，因此其被广泛采用。但通过实验比较发现 Na$_2$SO$_4$ 得到了较好的回收率结果，特别是对于喹诺酮类，大环内酯类和四环素类兽药，平均回收率增加了 15.7%，因此，Na$_2$SO$_4$ 被用于替代 MgSO$_4$。

最后，三种吸附剂（C$_{18}$，PSA 和 NH$_2$）被用于净化过程。C$_{18}$ 填料获得了最好的回收率结果，平均回收率为 82.0%。同时，C$_{18}$ 能吸附奶粉中的脂类物质，降低其对检测过程的影响。因此，考虑到回收率和净化两方面的因素，C$_{18}$ 填料被最终确定为本实验的净化吸附剂。

（2）质谱条件的优化

优化液相条件用以获得更好的分离度和峰形，液相流动相选择 0.1%的甲酸水溶液和乙腈溶液，这两种溶液被广泛应用于农药和兽药多残留检测过程中。混合流动相有助于保持化合物具有良好的峰形，并且提供离子化所需的 H$^+$，从而保证化合物的离子化效率。此外，梯度洗脱程序被优化保证了化合物的有效分离。奶粉样品中 0.1 倍添加水平下的总离子流图和典型化合物的提取离子流图见图 22-45。

在 All Ions MS/MS 模式下，需要具有不同碰撞能量的多采集通道（至少 2 个）。实验结果表明，两个采集通道能满足定性和定量结果的同时采集，过多的采集通道会降低目标化合物的响应。此外，实验对不同的碰撞能量进行了比较（10～40 V）用以获得最多的碎片离子，实验结果表明 20 V 适合于大多数目标化合物的测定，碎片离子的数量均超过 2，从而满足 EC/2002/657 的要求。但也有部分化合物，如沙丁胺醇和西马特罗，因为较低的响应不能满足定性定量检测的需要，因此其不包含在本次研究中。

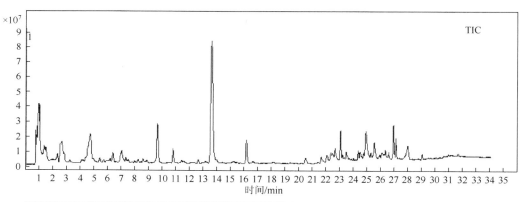

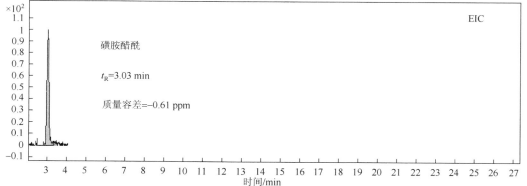

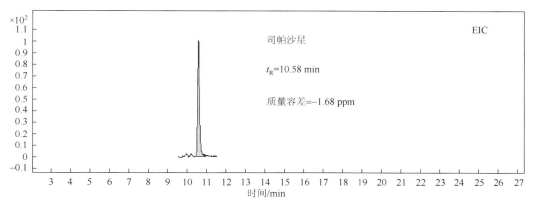

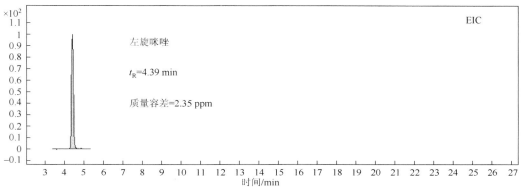

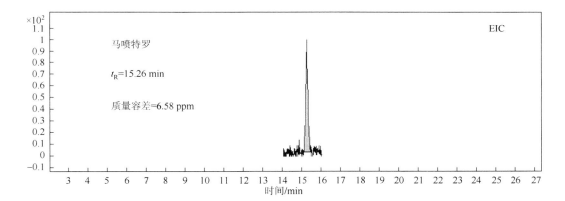

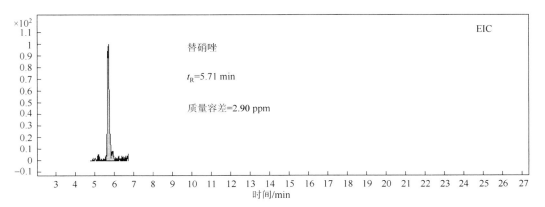

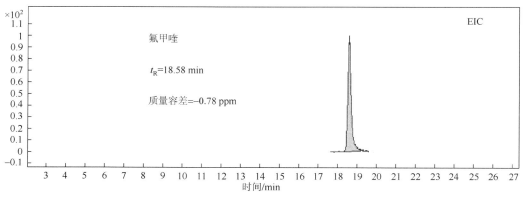

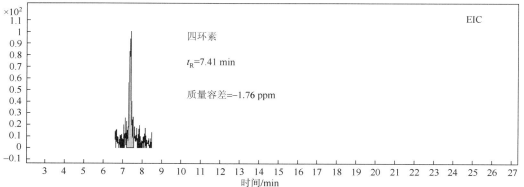

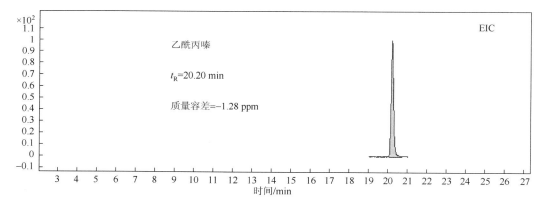

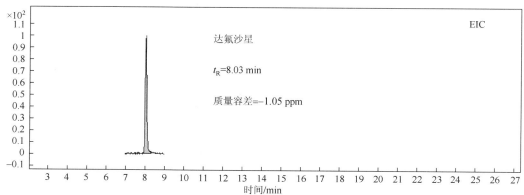

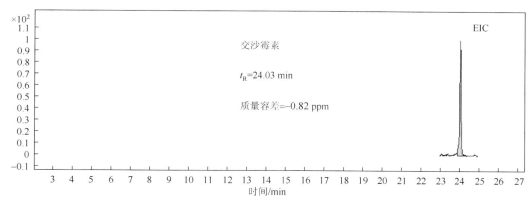

图 22-45　0.1 倍添加水平下奶粉样品中化合物总离子流图和典型提取离子流图

（3）定性确证能力评估

对于筛查方法而言，关键在于最大限度地降低假阳性和假阴性结果的产生。因此，筛查参数必须被加以限定，如保留时间窗口，质量偏差和离子化形式。这些筛查参数采用空白基质添加目标化合物实验来加以考察，添加浓度分别为 0.2，0.5 和 1.0 倍的添加水平，每个水平 6 个平行样品，三天重复性实验。

首先，对于保留时间窗口而言，三天重复性实验中，目标化合物保留时间的日内最大标准偏差为 0.117 min，日间最大标准偏差为 0.125 min。在整个考察过程中，没有发现明显的保留时间偏移。与此同时，实验结果发现在较宽的时间窗口下（0.5 min 或 1.0 min），出现了部分的假阳性结果，如倍他米松和地塞米松。因此，一个较窄的时间窗口能够防止假阳性结果的产生。

第二，对于质量窗口而言，除了个别化合物在低添加水平未能检出外，大多数目标化合物的质量偏差均低于 10 ppm，占总数的 97.7%。并且在不同浓度和不同时间下的检测结果中，没有发现明显的质量偏差。然而，由于基质干扰的存在，有 2.3% 的结果质量偏差高于 10 ppm，例如康立龙和特硝唑。

第三，在 ESI+ 模式下，多种离子化形式同时存在，如$[M+H]^+$，$[M+NH_4]^+$和$[M+Na]^+$。实验发现，98% 的兽药$[M+H]^+$模式的响应最高。然而，$[M+NH_4]^+$和$[M+Na]^+$形式也存在于其他兽药中，例如磺胺类和 β-受体激动剂类。因此，考虑到广泛的适用性，本方法同时采用$[M+H]^+$，$[M+NH_4]^+$和$[M+Na]^+$方式对数据进行检索。

（4）定性确证能力评估

对于筛查方法，目标化合物的定性确证主要依靠 TOF 得分和共流出得分。采用空白基质添加目标化合物实验来加以考察，添加浓度分别为 0.2，0.5 和 1.0 倍的添加水平，每个水平 6 个平行样品，三天重复性实验。

TOF 得分由保留时间，质量偏差和同位素比例和分布进行计算。实验结果表明在奶粉样品中 98.8% 的结果 TOF 得分≥70，并且 RSD 值低于 15%。如果筛查方法只基于 TOF 得分对化合物进行定性不能满足 EC/2002/657 规定的 4 个定性点的要求，因此，母离子和碎片离子的共流出匹配用于提高筛查方法的定性准确性。至少 2 个碎片离子应表现出于母离子一致或相似的共流出轮廓（共流出得分高于 70）。实验结果发现，95.5% 的检测结果达到了这一定性准则。少数化合物的产物离子由于干扰离子的存在，使得其保留时间发生了偏移，如图 22-46 所示，磺胺对甲氧嘧啶的两个碎片离子的保留时间由 6.86 min 漂移至 6.91 min 和 6.90 min，这使得共流出得分降低至 50。在这种情况下，需要采用手动方式对化合物进行鉴别。通过手动和自动鉴别过程，定性偏差的结果被控制在一个可接受的水平（共发现了 20 个定性偏差的结果，只占总数的 0.3%）

22.3.3.8　基质效应

在 LC-MS 分析过程中，基质效应不可避免，基质效应由标准曲线斜率进行计算，标准曲线添加水平为 0.02～5 倍的添加水平。含有不同脂肪含量的三种奶粉样品（全脂，半脱脂，脱脂）被用于评价基质效应。$[M+H]^+$离子的峰面积与化合物浓度被用于建立线性方程。溶剂和基质标准曲线的线性相关系数（r^2）需要高于 0.995，基质标准曲线的斜率和溶剂标准的斜率用于计算每种化合物的斜率[77]。如图 22-47 所示，85.0% 的化合物表现出较低的基质效应，斜率比范围在 0.8～1.2 之间。然而，部分化合物体现出较强的基质效应，如倍氯米松（0.56），螺旋霉素（0.62），见表 22-9。并且在不同的奶粉样品中没有体现出明显的基质效应差异，不同基质建立的标准曲线斜率比的 RSD 均低于 20%，并且 96.0%的化合物的 RSD 低于 10.0%。结果表明，前处理过程在降低基质效应中起到了明显的作用，并且可以由一种空白奶粉建立基质匹配标准曲线来对其他奶粉样品进行定量测定。尽管对于大多数化合物方法的基质效应并不明显，但基质匹配标准曲线仍然被用于降低其对定量结果产生的影响。

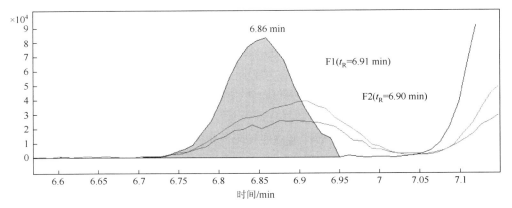

图 22-46　干扰离子对化合物定性的影响

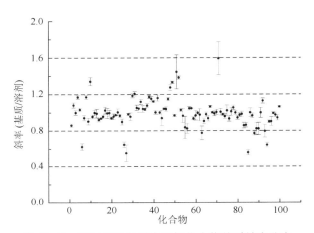

图 22-47　不同奶粉基质中目标化合物基质效应分布

22.3.3.9　线性范围和测定低限

基质匹配标准曲线的添加浓度为 0.02～5 倍添加水平。实验结果表明线性相关良好，所有化合物的线性相关系数均在 0.995 以上，线性范围在 0.2～500 μg/kg 之间。筛查限（LOC）是目标化合物的准确定性的最低浓度。实验在基质标准中进行，添加在 0.005～1 倍添加水平，根据定性准则计算目标化合物的最低浓度。如表 22-13 所示，奶粉中的筛查的范围在 0.05～25 μg/kg，93.0%的目标化合物的筛查限低于 10 μg/kg，但个别化合物由于响应较低，从而造成其筛查限高于 10 μg/kg，如金霉素，红霉素等。定量限（LOQ）表明定量的最低浓度，定量限由 10 倍信噪比进行计算，定量限范围在 0.1～25 μg/kg。

22.3.3.10　室内方法效率评价

回收率实验在空白奶粉样品中进行，日内回收率为四个添加水平（0.05，0.2，0.5 和 1 倍的添加水平），每个添加水平六个平行样品。日间回收率添加水平与日内回收率相同，并进行连续三天的重复性实验。回收率采用[M+H]$^+$的峰面积来进行计算。日内回收率在 70%～120%之间的占比为 92.9%，日间回收率的占比为 94.9%。部分化合物由于添加水平低于定量限而未能获得回收率结果，如倍他米松，地塞米松，甲基泼尼松龙等。此外，个别化合物的回收率低于 70%，如土霉素，磺胺二甲基异嘧啶和吡哌酸。

对于精密度，实验也进行考察，添加水平与回收率实验相同。对于日内重现性实验来说，如表 22-13 所示，除个别化合物在低浓度添加水平下不能被检出外，所有目标化合物的 RSD 均低于 20%，91.7%

表 22-13　奶粉中 100 种兽药线性、准确度、精密度和灵敏度

序号	化合物中文名称	化合物英文名称	筛查限/(μg/kg)	定量限/(μg/kg)	ME^a/(RSD%)	线性范围/(μg/kg)	r²	SL^b/(μg/kg)	平均回收率（相对标准偏差）/%（n=6）							
									日内				日间（连续3天）			
									0.05×SL	0.2×SL	0.5×SL	1×SL	0.05×SL	0.2×SL	0.5×SL	1×SL
1	阿奇霉素	Azithromycin	2.5	2.5	0.86 (2.1)	2.5~250	0.9999	50	93.0 (5.4)	92.6 (2.3)	88.3 (2.0)	84.0 (3.0)	88.1 (7.4)	89.8 (5.3)	90.5 (5.0)	93.0 (7.8)
2	克林霉素	Clindamycin	1	1	1.08 (2.6)	1~250	0.9996	50	75.2 (4.5)	78.1 (2.0)	76.0 (1.9)	71.9 (2.0)	73.3 (11.6)	78.2 (2.8)	77.5 (3.2)	80.3 (8.4)
3	红霉素	Erythromycin	25	25	1.00 (2.6)	25~250	0.9988	50	N.D.^c	N.D.	90.8 (4.5)	91.7 (5.4)	N.D.	N.D.	94.9 (7.0)	100.0 (7.8)
4	交沙霉素	Josamycin	0.5	1	1.17 (1.6)	1~100	0.9999	50	92.6 (6.6)	96.0 (5.2)	90.4 (1.3)	85.7 (2.4)	88.5 (6.9)	92.8 (5.7)	93.1 (3.8)	97.8 (10.6)
5	罗红霉素	Roxithromycin	0.5	1	1.03 (1.8)	1~100	0.9999	50	82.3 (3.6)	95.6 (2.4)	88.8 (1.6)	85.6 (3.0)	82.5 (5.0)	91.9 (4.3)	90.3 (2.3)	95.3 (8.0)
6	螺旋霉素	Spiramycin	1	1	0.62 (5.8)	1~250	0.9989	50	82.5 (7.8)	94.5 (8.0)	78.3 (8.1)	88.7 (17.1)	82.8 (6.6)	86.7 (11.4)	85.1 (9.5)	91.5 (12.0)
7	泰妙菌素	Tiamulin	0.25	0.25	0.94 (3.0)	1~100	0.9987	50	89.8 (5.8)	92.9 (2.5)	89.0 (1.3)	86.3 (2.0)	88.3 (10.2)	90.6 (4.4)	90.3 (2.1)	97.3 (9.2)
8	泰乐菌素	Tylosin	1	2.5	1.17 (1.9)	2.5~250	0.9986	50	77.5 (7.8)	94.8 (3.5)	89.6 (1.6)	84.3 (5.4)	86.8 (15.0)	91.8 (4.7)	90.6 (3.6)	94.0 (8.7)
9	苯甲酰磺胺	Sulfabenzamide	1	2	0.90 (4.0)	2~200	0.9996	100	78.4 (7.4)	80.3 (3.1)	75.9 (2.3)	70.4 (19.6)	77.2 (6.9)	77.8 (4.7)	79.2 (5.0)	83.2 (14.9)
10	磺胺醋酰	Sulfacetamide	10	10	1.34 (3.3)	10~200	0.9996	100	N.D.	80.4 (5.8)	78.8 (2.1)	81.1 (4.7)	N.D.	79.3 (4.8)	80.1 (3.8)	88.2 (8.3)
11	磺胺喹噁啉	Sulfachinoxaline	5	10	0.95 (2.1)	10~200	0.9997	100	N.D.	84.7 (5.2)	79.4 (3.7)	78.0 (4.8)	N.D.	83.0 (3.8)	80.6 (4.6)	86.7 (10.4)
12	磺胺氯哒嗪	Sulfachloropyridazine	5	10	1.00 (2.7)	10~500	0.9998	100	N.D.	82.3 (3.6)	74.6 (2.6)	73.4 (2.1)	N.D.	79.9 (4.8)	77.9 (5.0)	83.9 (9.7)
13	磺胺氯吡嗪	Sulfaclozine	20	20	0.99 (4.7)	20~500	0.9999	100	N.D.	82.4 (10.4)	83.5 (3.4)	79.7 (2.1)	N.D.	83.1 (7.4)	86.0 (4.9)	88.4 (8.6)
14	磺胺嘧啶	Sulfadiazine	5	5	0.92 (2.1)	5~500	0.9997	100	76.2 (7.3)	74.9 (2.5)	70.6 (2.0)	71.4 (3.4)	73.4 (7.2)	74.6 (3.5)	72.7 (3.9)	79.2 (8.7)
15	磺胺二甲氧嗪	Sulfadimethoxine	0.5	0.5	0.94 (0.5)	2~200	0.9993	100	81.8 (4.6)	87.0 (3.7)	82.5 (2.6)	79.0 (2.4)	81.7 (5.3)	84.7 (5.1)	85.2 (3.6)	89.2 (8.7)
16	周效磺胺	Sulfadoxine	2	2	0.96 (1.9)	2~200	0.9999	100	78.1 (4.0)	84.6 (3.0)	79.1 (2.4)	76.3 (2.4)	77.2 (5.0)	82.2 (5.0)	82.1 (4.2)	86.6 (9.0)
17	磺胺甲基嘧啶	Sulfamerazine	1	2	1.02 (3.7)	2~500	0.9999	100	69.7 (7.1)	73.4 (2.4)	70.7 (2.5)	67.7 (2.8)	68.8 (5.8)	72.6 (3.7)	72.4 (3.4)	77.6 (9.8)
18	磺胺对甲氧嘧啶	Sulfameter	20	20	0.99 (5.6)	20~200	0.9997	100	N.D.	80.6 (2.8)	79.7 (2.0)	75.4 (2.3)	N.D.	80.3 (4.6)	80.2 (2.6)	84.4 (8.4)
19	磺胺二甲嘧啶	Sulfamethazine	1	2	1.00 (3.2)	2~200	0.9995	100	67.2 (5.4)	71.2 (2.4)	69.7 (2.5)	70.5 (3.1)	68.4 (5.3)	70.2 (4.5)	72.2 (3.7)	78.3 (7.8)
20	磺胺甲二唑	Sulfamethizole	20	20	0.94 (0.9)	20~200	0.9999	100	N.D.	82.0 (2.4)	71.9 (1.4)	72.8 (4.0)	N.D.	78.2 (5.6)	76.2 (5.4)	80.9 (8.2)
21	磺胺甲噁唑	Sulfamethoxazole	2	5	0.96 (3.1)	5~200	0.9993	100	76.8 (5.9)	81.4 (2.9)	78.4 (2.8)	79.4 (2.0)	78.9 (6.1)	80.9 (4.6)	81.2 (4.6)	87.9 (7.5)
22	磺胺甲氧哒嗪	Sulfamethoxypyridazine	5	5	0.97 (0.1)	5~200	0.9997	100	73.0 (3.9)	75.1 (3.0)	71.6 (1.9)	72.2 (3.2)	71.7 (4.1)	74.1 (3.8)	74.0 (3.6)	80.3 (8.1)
23	磺胺间甲氧嘧啶	Sulfamonomethoxine	2	5	1.00 (3.7)	5~200	1.0000	100	75.7 (4.5)	80.9 (1.9)	74.9 (2.5)	73.6 (2.3)	75.7 (7.3)	78.6 (5.0)	77.6 (3.7)	82.6 (8.4)
24	磺胺苯吡唑	Sulfaphenazole	2	5	0.97 (1.8)	5~200	1.0000	100	81.6 (7.4)	104.0 (12.3)	90.5 (11.9)	86.1 (15.3)	77.2 (7.6)	90.2 (15.9)	91.6 (14.1)	94.5 (16.5)

续表

序号	化合物中文名称	化合物英文名称	筛查限 /(μg/kg)	定量限 /(μg/kg)	ME[a] /(RSD%)	线性范围 /(μg/kg)	r^2	SL[b] /(μg/kg)	平均回收率（相对标准偏差）/% (n=6)							
									日内				日间（连续3天）			
									0.05×SL	0.2×SL	0.5×SL	1×SL	0.05×SL	0.2×SL	0.5×SL	1×SL
25	磺胺吡啶	Sulfapyridine	2	2	0.90 (3.7)	2~200	0.9999	100	71.3 (5.8)	72.9 (3.7)	70.6 (2.5)	66.9 (4.0)	69.3 (5.6)	70.9 (6.5)	72.7 (5.0)	79.5 (12.7)
26	柳氮磺胺吡啶	Sulfasalazine	5	10	0.65 (5.0)	10~200	0.9999	100	N.D.	89.3 (11.5)	74.2 (10.9)	83.0 (5.5)	N.D.	81.2 (12.9)	83.3 (11.7)	89.6 (7.7)
27	磺胺噻唑	Sulfathiazole	5	5	0.55 (17.1)	5~500	1.0000	100	68.1 (4.2)	71.3 (2.1)	68.1 (3.2)	68.6 (3.0)	70.0 (7.5)	71.3 (3.2)	71.5 (4.8)	76.7 (9.0)
28	磺胺二甲异嘧啶	Sulfisomidin	2	5	0.98 (1.1)	5~500	0.9999	100	61.1 (6.0)	65.0 (3.0)	59.8 (1.6)	58.5 (2.9)	60.1 (4.1)	63.5 (4.4)	62.0 (4.0)	67.1 (9.9)
29	磺胺二甲异恶唑	Sulfisoxazole	5	10	0.96 (4.3)	10~500	0.9999	100	N.D.	77.1 (1.7)	74.6 (1.8)	75.0 (2.3)	N.D.	78.7 (3.0)	76.7 (3.2)	82.7 (7.5)
30	甲氧苄啶	Trimethoprim	1	2	1.18 (1.9)	2~100	0.9998	100	81.6 (1.4)	88.1 (2.2)	84.3 (1.3)	81.5 (2.3)	79.2 (3.9)	86.1 (4.1)	85.3 (3.0)	90.8 (8.6)
31	西诺沙星	Cinoxacin	0.5	0.5	1.21 (1.9)	2~200	0.9997	100	83.9 (4.7)	91.5 (3.3)	88.8 (5.1)	81.3 (10.0)	85.8 (6.1)	90.7 (3.3)	91.6 (5.6)	96.5 (13.4)
32	环丙沙星	Ciprofloxacin	2	5	1.05 (2.8)	5~500	0.9999	100	71.3 (5.4)	77.9 (4.2)	75.2 (2.5)	72.9 (3.2)	76.5 (7.5)	75.5 (4.1)	76.8 (4.4)	80.1 (8.2)
33	达氟沙星	Danofloxacin	0.5	0.5	1.04 (3.8)	2~200	0.9994	100	75.0 (3.5)	83.1 (3.8)	80.4 (5.3)	78.2 (3.3)	73.9 (5.0)	79.9 (4.3)	82.1 (4.9)	86.8 (8.0)
34	二氟沙星	Difloxacin	0.5	0.5	1.12 (2.6)	2~500	0.9999	100	76.3 (2.7)	92.2 (2.9)	89.6 (2.9)	83.2 (4.5)	81.2 (5.6)	89.4 (4.3)	91.2 (4.4)	93.9 (9.2)
35	依诺沙星	Enoxacin	1	2	1.04 (3.4)	2~500	0.9996	100	73.3 (7.0)	74.6 (4.2)	70.9 (3.7)	66.5 (3.4)	67.2 (8.7)	72.2 (4.5)	72.7 (4.2)	75.7 (9.8)
36	恩诺沙星	Enrofloxacin	0.5	0.5	1.03 (1.4)	2~200	0.9996	100	81.3 (2.8)	89.7 (3.1)	85.8 (4.9)	80.0 (5.5)	79.8 (2.7)	87.4 (3.6)	88.4 (4.7)	92.1 (10.5)
37	氟罗沙星	Fleroxacin	2.5	5	1.08 (2.1)	5~500	0.9999	100	77.2 (6.0)	87.0 (2.4)	83.4 (4.9)	79.2 (2.8)	79.4 (5.3)	84.1 (4.5)	85.0 (4.4)	88.3 (8.2)
38	氟甲喹	Flumequine	0.5	0.5	1.17 (1.3)	2~200	0.9999	100	88.9 (5.0)	92.6 (2.5)	89.5 (3.8)	83.6 (2.5)	87.5 (3.4)	89.3 (5.1)	91.0 (4.1)	93.9 (8.6)
39	洛美沙星	Lomefloxacin	0.5	0.5	1.15 (2.2)	2~200	0.9998	100	78.1 (5.2)	85.4 (2.3)	84.7 (3.2)	80.9 (2.7)	74.9 (5.3)	83.5 (3.4)	85.1 (3.5)	89.3 (7.9)
40	麻保沙星	Marbofloxacin	2.5	5	1.12 (0.8)	5~200	1.0000	100	75.8 (2.9)	81.1 (2.8)	81.5 (2.8)	79.3 (2.9)	72.6 (5.4)	80.0 (3.5)	82.0 (3.2)	86.2 (7.3)
41	诺氟沙星	Norfloxacin	0.5	1	1.00 (2.0)	2~200	0.9998	100	69.2 (4.1)	72.6 (3.4)	71.3 (4.3)	68.7 (2.8)	69.3 (8.5)	69.4 (5.0)	73.2 (4.4)	75.2 (7.0)
42	氧氟沙星	Ofloxacin	0.5	0.5	1.16 (2.9)	2~200	0.9997	100	73.5 (2.5)	81.3 (3.0)	80.1 (5.1)	78.3 (3.1)	74.1 (3.3)	79.3 (4.4)	84.1 (5.5)	85.3 (6.6)
43	奥比沙星	Orbifloxacin	0.5	1	1.00 (1.7)	2~200	1.0000	100	84.4 (2.1)	92.7 (2.3)	87.7 (1.6)	84.0 (2.6)	82.4 (3.2)	89.9 (4.6)	89.0 (2.6)	94.2 (8.9)
44	培氟沙星	Pefloxacin	0.5	1	0.94 (8.9)	2~200	0.9996	100	72.5 (3.7)	83.2 (3.7)	80.1 (3.8)	76.2 (3.1)	74.3 (3.2)	80.1 (4.4)	81.6 (4.4)	85.4 (8.4)
45	吡哌酸	Pipemidicacid	2	2	1.04 (1.0)	2~500	1.0000	100	61.2 (4.9)	65.2 (2.7)	61.7 (2.5)	59.9 (2.7)	63.5 (5.3)	62.7 (4.6)	62.1 (3.0)	66.2 (8.0)
46	沙拉沙星	Sarafloxacin	0.5	0.5	1.04 (2.2)	2~500	0.9999	100	76.9 (5.5)	92.1 (3.1)	86.4 (4.1)	81.5 (3.1)	80.5 (7.8)	88.7 (3.8)	88.5 (4.6)	93.4 (10.1)
47	司帕沙星	Sparfloxacin	0.5	1	1.15 (1.4)	2~500	0.9993	100	72.3 (10.8)	88.7 (2.5)	89.8 (1.5)	83.5 (9.3)	80.9 (14.0)	87.3 (4.3)	90.0 (2.9)	92.2 (9.1)
48	金霉素	Chlorotetracycline	20	20	1.27 (2.6)	20~500	0.9991	100	N.D.	81.2 (19.3)	90.6 (13.9)	86.4 (14.2)	N.D.	81.6 (20.1)	78.2 (16.3)	90.5 (13.0)

续表

序号	化合物中文名称	化合物英文名称	筛查限/(μg/kg)	定量限/(μg/kg)	ME[a]/(RSD%)	线性范围/(μg/kg)	r^2	SL[b]/(μg/kg)	平均回收率（相对标准偏差）/%（n=6）							
									日内				日间（连续3天）			
									0.05×SL	0.2×SL	0.5×SL	1×SL	0.05×SL	0.2×SL	0.5×SL	1×SL
49	地美环素	Demeclocycline	10	20	1.33 (0.9)	20~500	0.9995	100	N.D.	74.7 (15.6)	79.4 (6.1)	65.6 (5.6)	N.D.	73.3 (11.0)	77.1 (8.6)	76.7 (12.2)
50	强力霉素	Doxycycline	20	20	0.97 (0.9)	20~500	0.9996	100	N.D.	81.2 (18.0)	79.5 (8.0)	70.8 (13.9)	N.D.	69.0 (16.6)	81.9 (13.1)	77.8 (12.5)
51	土霉素	Oxytetracycline	10	20	1.44 (12.8)	20~500	0.9995	100	N.D.	44.3 (14.8)	49.1 (5.4)	43.4 (7.2)	N.D.	50.1 (14.0)	47.1 (6.7)	51.2 (13.6)
52	四环素	Tetracycline	10	20	1.38 (1.2)	20~500	0.9999	100	N.D.	81.7 (14.1)	73.1 (6.7)	71.2 (4.0)	N.D.	72.6 (15.7)	71.1 (6.1)	70.5 (10.7)
53	异丙硝唑	Ipronidazole	25	25	1.03 (1.6)	25~250	0.9991	50	N.D.	N.D.	94.7 (3.3)	97.6 (5.7)	N.D.	N.D.	95.1 (3.7)	100.3 (6.5)
54	甲硝唑	Metronidazole	5	10	0.96 (7.7)	10~100	0.9998	50	N.D.	91.8 (2.9)	83.8 (2.8)	79.8 (2.3)	N.D.	85.1 (6.6)	84.4 (3.0)	86.4 (7.1)
55	特硝唑	Ternidazole	10	10	0.84 (14.6)	10~100	0.9990	50	N.D.	88.7 (3.3)	84.3 (1.4)	79.5 (3.9)	N.D.	84.9 (6.0)	85.2 (2.6)	88.8 (8.5)
56	替硝唑	Tinidazole	5	5	0.82 (6.4)	5~250	0.9993	50	N.D.	90.8 (2.9)	89.9 (2.2)	89.0 (2.4)	N.D.	89.5 (4.5)	89.7 (2.4)	94.4 (6.5)
57	阿苯达唑	Albendazole	1	1	1.05 (1.8)	1~250	0.9999	50	82.0 (6.8)	89.8 (5.2)	89.0 (1.9)	82.3 (3.0)	80.1 (5.7)	88.4 (4.4)	90.2 (3.5)	89.9 (6.8)
58	阿苯达唑砜	Albendazolesulfone	2.5	2.5	1.05 (0.8)	2.5~250	0.9996	50	95.4 (3.9)	91.9 (1.9)	90.1 (1.7)	84.4 (3.1)	90.6 (6.1)	88.9 (3.6)	92.0 (4.0)	94.8 (8.6)
59	阿苯达唑亚砜	Albendazolesulfoxide	1	2.5	0.94 (1.7)	2.5~250	0.9993	50	92.9 (3.3)	97.4 (1.9)	101.9 (1.6)	82.1 (3.3)	85.1 (9.6)	90.6 (7.0)	94.2 (6.4)	93.1 (9.3)
60	阿苯达唑氨基氨砜	Albendazole-2-aminosulfone	5	10	0.97 (5.3)	10~250	0.9993	50	N.D.	75.6 (2.5)	75.9 (2.7)	74.3 (3.4)	N.D.	74.3 (3.8)	78.1 (3.4)	82.3 (7.9)
61	坎苯达唑	Cambendazole	1	1	1.00 (1.5)	1~250	0.9999	50	83.2 (7.0)	90.7 (5.7)	89.0 (1.9)	83.7 (3.1)	88.4 (10.9)	89.0 (4.9)	90.6 (3.9)	92.4 (7.7)
62	非班太尔	Febantel	0.13	0.25	0.98 (6.6)	1~50	0.9990	50	80.1 (6.3)	92.0 (5.5)	87.0 (3.2)	88.3 (3.0)	82.2 (4.6)	90.2 (5.1)	90.0 (4.4)	95.3 (6.2)
63	芬苯达唑	Fenbendazole	2.5	5	0.77 (9.7)	1~100	1.0000	50	80.1 (8.5)	88.6 (9.9)	86.7 (2.9)	82.0 (5.2)	84.8 (6.5)	88.6 (6.4)	90.3 (5.4)	92.5 (9.7)
64	氟苯达唑氨基谢产物	Flubendazole-amine	2.5	5	0.91 (3.4)	5~100	0.9999	50	N.D.	76.5 (3.8)	75.7 (5.3)	68.6 (14.9)	N.D.	78.8 (5.2)	78.6 (6.0)	83.2 (15.4)
65	左旋咪唑	Levamisole	0.25	0.25	0.98 (2.4)	1~25	0.9959	50	83.5 (1.4)	90.9 (1.1)	89.2 (2.1)	93.9 (1.1)	81.3 (3.4)	88.7 (3.7)	90.8 (3.0)	94.5 (2.0)
66	甲苯咪唑	Mebendazole	2.5	5	0.94 (3.3)	5~250	1.0000	50	N.D.	91.9 (4.2)	92.5 (2.8)	88.0 (8.5)	N.D.	92.9 (7.3)	88.6 (8.9)	96.0 (7.9)
67	甲苯咪唑羟基谢产物	Mebendazole-5-hydroxy	0.5	1	1.06 (1.1)	1~100	1.0000	50	81.7 (10.9)	92.8 (2.5)	89.4 (2.0)	87.9 (2.4)	91.2 (18.7)	92.0 (3.7)	91.1 (3.1)	95.4 (7.4)
68	甲苯咪唑氨基谢产物	Mebendazole-amine	1	2.5	1.00 (1.0)	2.5~100	1.0000	50	72.4 (8.4)	85.5 (5.6)	86.0 (1.1)	85.6 (2.9)	77.5 (8.7)	85.5 (3.3)	86.4 (3.2)	92.1 (8.1)
69	奥芬达唑	Oxfendazole	1	2.5	0.99 (2.6)	2.5~100	0.9999	50	95.4 (4.9)	94.2 (3.6)	89.6 (1.9)	83.1 (4.1)	89.8 (5.7)	93.0 (4.4)	89.8 (3.8)	94.9 (10.7)
70	奥苯达唑	Oxibendazole	0.5	1	1.00 (2.6)	1~100	0.9998	50	79.7 (2.6)	92.5 (4.2)	88.2 (2.2)	83.6 (3.6)	85.2 (5.6)	91.2 (4.0)	88.9 (3.8)	94.8 (9.8)
71	噻苯咪唑	Thiabendazole	0.5	1	1.59 (11.3)	1~100	0.9999	50	82.8 (1.7)	90.0 (2.0)	86.4 (1.7)	84.5 (1.7)	81.4 (2.3)	87.7 (3.7)	87.5 (2.8)	92.3 (7.3)

续表

序号	化合物中文名称	化合物英文名称	筛查限 /(μg/kg)	定量限 /(μg/kg)	ME[a] /(RSD%)	线性范围 /(μg/kg)	r^2	SL[b] /(μg/kg)	平均回收率（相对标准偏差）/% ($n=6$)							
									日内				日间（连续3天）			
									0.05×SL	0.2×SL	0.5×SL	1×SL	0.05×SL	0.2×SL	0.5×SL	1×SL
72	5-羟基-噻苯咪唑	Thiabendazole-5-hydroxy	1	2.5	1.01 (3.6)	2.5~250	0.9992	50	87.7 (5.2)	76.2 (2.8)	78.9 (2.1)	85.7 (2.5)	86.9 (4.7)	81.8 (8.2)	80.6 (3.1)	85.9 (3.7)
73	班布特罗	Bambuterol	0.2	0.2	0.98 (1.3)	0.2~50	1.0000	10	94.1(10.6)	96.4 (1.9)	89.9 (1.7)	83.0 (4.1)	90.6 (8.5)	92.6 (3.7)	91.7 (3.9)	93.6 (8.9)
74	溴布特罗	Brombuterol	0.2	0.5	0.96 (2.5)	0.5~50	0.9999	10	90.6 (4.7)	91.8 (4.1)	89.2 (2.6)	84.3 (3.4)	86.3 (6.1)	91.9 (4.8)	91.6 (4.1)	94.6 (8.7)
75	克仑特罗	Clenbuterol	2	2	1.02 (5.8)	2~50	1.0000	10	N.D.	94.6 (9.8)	93.8 (8.1)	75.2 (11.4)	N.D.	92.6(11.0)	89.5 (8.6)	92.9 (17.1)
76	克仑塞罗	Clencyclohexerol	1	2	0.93 (3.1)	2~50	0.9998	10	N.D.	79.9 (7.1)	77.4 (2.7)	78.1 (5.1)	N.D.	83.3 (8.1)	81.6 (5.3)	85.4 (7.4)
77	克仑潘特	Clenpenterol	0.5	0.5	1.01 (4.3)	0.5~50	1.0000	10	74.3 (9.2)	96.7 (3.4)	92.4 (2.6)	89.2 (3.5)	73.4 (8.2)	92.8 (5.5)	91.6 (4.2)	97.6 (8.2)
78	马普特罗	Mabuterol	0.5	0.5	1.05 (2.3)	0.5~50	0.9995	10	71.5 (6.6)	92.0 (3.0)	90.1 (2.1)	86.8 (2.8)	82.5(19.0)	90.5 (7.8)	92.4 (3.8)	95.6 (7.5)
79	马喷特罗	Mapenterol	0.5	0.5	1.00 (2.3)	0.5~50	0.9999	10	86.6 (6.3)	95.2 (3.5)	90.9 (2.9)	86.9 (2.2)	98.0(14.0)	92.5 (5.1)	92.5 (4.3)	95.6 (8.0)
80	喷布洛尔	Penbutolol	0.5	0.5	0.94 (2.2)	0.5~20	0.9999	10	89.9 (6.0)	93.5(12.0)	91.9 (3.2)	85.1 (3.7)	88.9 (5.8)	93.0 (7.1)	93.2 (5.8)	95.1 (8.8)
81	莱克多巴胺	Ractopamine	2	2	0.97 (2.0)	2~50	0.9997	10	N.D.	96.3 (7.4)	84.0 (4.1)	79.9 (7.1)	N.D.	91.9(12.1)	89.0 (5.7)	93.6 (12.5)
82	妥布特罗	Tulobuterol	0.1	0.2	0.98 (2.7)	0.2~50	0.9996	10	87.8(17.3)	102.7(3.3)	90.6 (6.9)	82.1 (4.3)	89.0(12.1)	98.5 (6.3)	92.1 (6.3)	94.0 (10.7)
83	四烯雌酮	Altrenogest	2	2	0.86 (3.7)	2~50	0.9996	10	N.D.	101.3 (15.0)	89.1 (4.4)	82.2 (3.3)	N.D.	93.3(12.5)	91.5 (4.4)	91.6 (8.2)
84	a-去甲雄三烯醇酮	a-trenbolone	1	2	0.86 (3.0)	2~50	0.9998	10	N.D.	98.9 (9.3)	85.5 (4.4)	80.5 (3.6)	N.D.	89.7(10.5)	87.7 (5.0)	88.9 (7.9)
85	倍氯米松	Beclomethasone	2	5	0.56 (5.1)	5~50	0.9999	10	N.D.	N.D.	86.2 (5.0)	87.8 (5.2)	N.D.	N.D.	91.8(11.4)	94.1 (8.1)
86	倍他米松	Betamethasone	5	5	1.00 (4.7)	5~50	0.9996	10	N.D.	N.D.	89.9 (5.7)	82.1 (7.9)	N.D.	N.D.	85.3(13.1)	93.5 (12)
87	地塞米松	Dexamethasone	5	5	0.96 (2.7)	5~50	0.9999	10	N.D.	N.D.	90.2 (5.1)	86.9 (4.0)	N.D.	N.D.	91.5 (7.4)	94.1 (6.9)
88	氟轻松	Fluocinoloneacetonide	5	5	0.77 (2.7)	5~50	0.9995	10	N.D.	N.D.	84.1 (2.5)	76.0 (9.0)	N.D.	N.D.	88.4 (6.3)	92.6 (14.9)
89	甲地孕酮	Megestrolacetate	2.5	5	0.82 (7.9)	5~50	0.9983	10	N.D.	N.D.	90.4 (11.3)	83.5 (4.2)	N.D.	N.D.	88.8 (9.4)	90.3 (7.1)
90	美仑孕酮乙酸酯	Melengestrolacetate	2	2	0.82 (8.3)	2~50	0.9999	10	N.D.	93.3 (3.5)	84.2 (3.1)	78.7 (7.7)	N.D.	90.3(13.3)	80.7 (10.6)	91.2 (15.5)
91	甲基强的松龙	Methylprednisolone	5	5	1.00 (5.5)	5~50	0.9999	10	N.D.	N.D.	78.8 (7.2)	82.4 (4.3)	N.D.	N.D.	84.6 (6.7)	93.5 (10.0)
92	泼尼松龙	Prednisolone	5	5	1.13 (2.5)	5~50	0.9976	10	N.D.	N.D.	91.3 (6.8)	84.9 (5.7)	N.D.	N.D.	91.4 (9.7)	97.3 (10.5)
93	孕酮	Progesterone	1	2	0.79 (8.4)	2~50	1.0000	10	N.D.	93.4 (5.2)	91.7 (2.2)	86.4 (2.9)	N.D.	93.1 (3.7)	92.7 (2.6)	91.7 (5.0)
94	康力龙	Stanozolol	2	2	0.64 (4.2)	5~50	0.9997	10	N.D.	69.4(12.1)	84.6 (5.3)	76.2 (6.1)	N.D.	82.7(17.1)	88.4(15.7)	87.1 (11.9)

续表

序号	化合物中文名称	化合物英文名称	筛查限/(μg/kg)	定量限/(μg/kg)	ME^a/(RSD%)	线性范围/(μg/kg)	r^2	SL^b/(μg/kg)	平均回收率（相对标准偏差）/% ($n=6$)							
									日内				日间（连续3天）			
									0.05×SL	0.2×SL	0.5×SL	1×SL	0.05×SL	0.2×SL	0.5×SL	1×SL
95	睾酮	Testosterone	5	5	0.90 (1.6)	5~50	0.9998	10	N.D.	N.D.	86.3 (2.5)	81.9 (3.9)	N.D.	N.D.	89.3 (4.3)	89.6 (7.1)
96	群勃龙乙酸酯	Trenboloneacetate	1	1	0.90 (5.3)	1~20	0.9997	10	N.D.	92.2 (5.7)	88.4 (5.1)	82.7 (5.4)	N.D.	91.3 (7.2)	89.5 (5.7)	91.9 (9.3)
97	乙酰丙嗪	Acepromazine	0.05	0.1	0.99 (1.1)	0.2~20	0.9991	10	85.1 (3.2)	95.0 (6.6)	91.4 (2.1)	86.8 (2.9)	86.4 (4.4)	92.3 (5.0)	92.8 (3.6)	97.4 (9.4)
98	卡唑心安	Carazolol	0.2	0.2	0.97 (2.5)	0.2~50	0.9998	10	82.1(10.1)	88.7 (6.8)	89.6 (1.9)	87.2 (1.7)	85.2 (7.4)	89.9 (5.0)	92.2 (4.4)	94.3 (6.5)
99	氯丙嗪	Chlorpromazine	0.5	1	0.94 (3.1)	1~50	0.9999	10	N.D.	88.0(16.2)	92.3 (1.3)	86.4 (2.1)	N.D.	87.8 (9.7)	95.1 (6.5)	93.5 (6.2)
100	甲苯噻嗪	Xylazine	2	2	1.06 (0.8)	2~50	0.9999	10	N.D.	102.0(5.8)	101.7(3.1)	99.2 (4.9)	N.D.	93.8 (8.3)	100.9 (8.0)	113.2 (12.5)

a. ME: 基质效应斜率比（基质标准曲线/溶剂标准曲线）；b. SL: 添加水平；c. N.D.: 在添加样品中没有检测到

的化合物 RSD 均低于 10%。日间重现性进行连续三天的重复性实验。实验结果表明，目标化合物回收率的 RSD 在 20% 和 10% 以下的占比分别为 99.7% 和 83.7%。结果表明方法的重复性和重现性良好。

22.3.3.11 实际样品测定

应用本方法对市售的 10 个奶粉样品（包括全脂，半脱脂和脱脂）中的兽药残留进行筛查。采用外标标准曲线定量测定，空白样品和空白样品添加回收率用于检测的质量控制。所有样品经前处理后，由 LC-Q-TOF/MS 进行检测。奶粉样品检出结果见图 22-48。

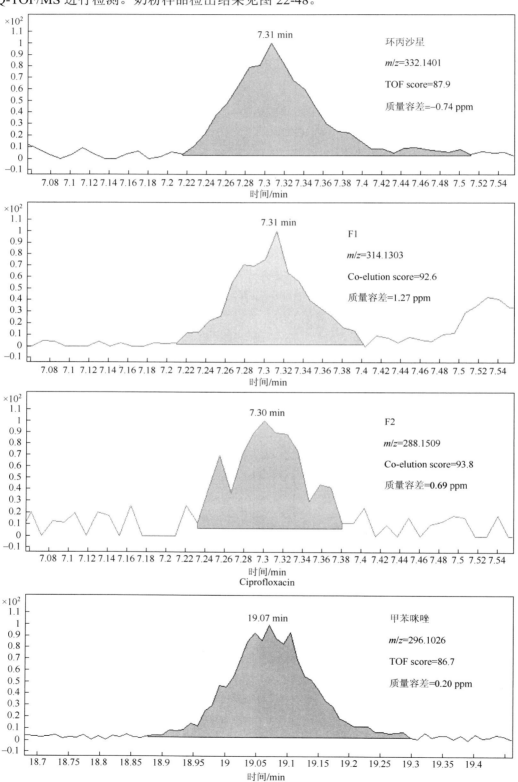

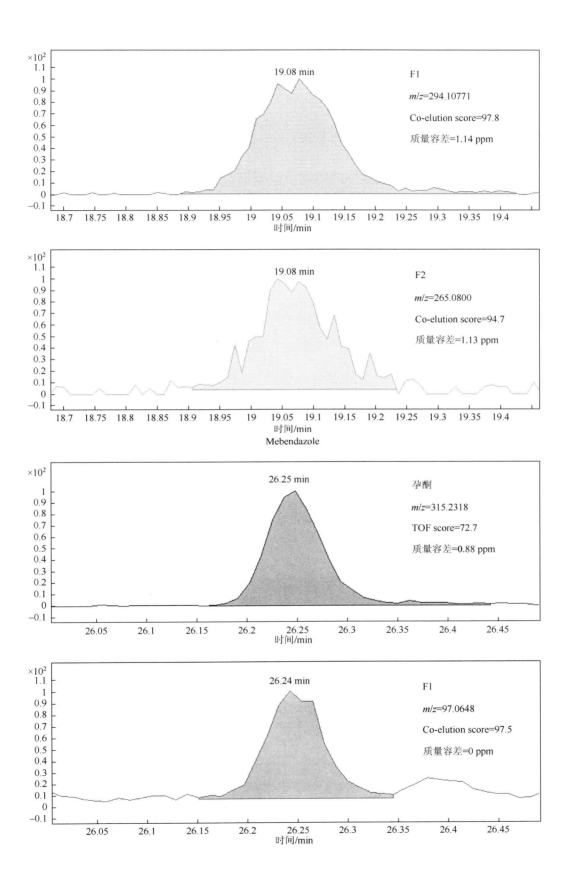

Mebendazole

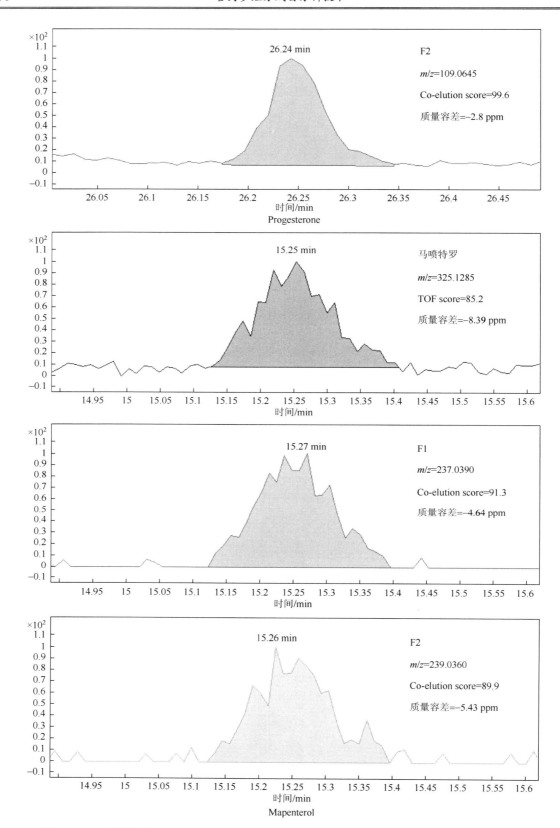

图 22-48　奶粉样品中环丙沙星、甲苯咪唑、孕酮、马喷特罗 LC-Q-TOF/MS 检出和确证结果

　　奶粉样品检测结果发现了 4 种兽药残留，如环丙沙星，马喷特罗，孕酮和甲苯咪唑。其中环丙沙星检测结果低于定量限，马喷特罗，孕酮和甲苯咪唑检测结果分别为 0.5 μg/kg，7.5 μg/kg 和 7.1 μg/kg。检测结果中目标化合物母离子和碎片离子质量偏差均低于 10 ppm，TOF 得分和共流出得分均高于 70。

此外，在其他奶粉样品中也检出少量的孕酮，这是由于孕酮为奶牛体内代谢自然产生。

参 考 文 献

[1] Martinez Vidal J L，Garrido Frenich A，Aguilera-Luiz M M，et al. Development of fast screening methods for the analysis of veterinary drug residues in milk by liquid chromatography-triple quadrupole mass spectrometry. Analytical and Bioanalytical Chemistry，2010，397（7）：2777-2790

[2] Smith S，Gieseker C，Reimschuessel R，et al. Simultaneous screening and confirmation of multiple classes of drug residues in fish by liquid chromatography-ion trap mass spectrometry. Journal of Chromatography A，2009，1216（46）：8224-8232

[3] Kaufmann A，Walker S. Post-run target screening strategy for ultra high performance liquid chromatography coupled to Orbitrap based veterinary drug residue analysis in animal urine. Journal of Chromatography A，2013，1292：104-110

[4] Leon N，Roca M，Igualada C，et al. Wide-range screening of banned veterinary drugs in urine by ultra high liquid chromatography coupled to high-resolution mass spectrometry. Journal of Chromatography A，2012，1258：55-65

[5] Peters R J，Bolck Y J，Rutgers P，et al. Multi-residue screening of veterinary drugs in egg，fish and meat using high-resolution liquid chromatography accurate mass time-of-flight mass spectrometry. Journal of Chromatography A，2009，1216（46）：8206-8216

[6] Ortelli D，Cognard E，Jan P，et al. Comprehensive fast multiresidue screening of 150 veterinary drugs in milk by ultra-performance liquid chromatography coupled to time of flight mass spectrometry. Journal of Chromatography B，2009，877（23）：2363-2374

[7] Hernandez F，Ibanez M，Sancho J V，et al. Comparison of different mass spectrometric techniques combined with liquid chromatography for confirmation of pesticides in environmental water based on the use of identification points. Analytical Chemistry，2004，76（15）：4349-4357

[8] Micheal J，Thomas F，Glynn Chaney. Forensic and Clinical applications of Solid Phase Extraction. 2004

[9] Poole C F. New trends in solid-phase extraction. Trends in Analytical Chemistry，2003，22（6）：362-373

[10] Hou X L，Chen G，Zhu L，et al. Development and validation of an ultra high performance liquid chromatography tandem mass spectrometry method for simultaneous determination of sulfonamides，quinolones and benzimidazoles in bovine milk. Journal of Chromatography B，2014，962：20-29

[11] Ascari J，Dracz S，Santos F A，et al. Validation of an LC-MS/MS method for malachite green（MG），leucomalachite green（LMG），crystal violet（CV）and leucocrystal violet（LCV）residues in fish and shrimp. Food Additives and Contaminants Part A—Chemistry Analysis Control Exposure Risk Assessment，2012，29（4）：602-608

[12] 丁涛，沈东旭，徐锦忠，等. 高效液相色谱-串联质谱法测定蜂蜜中残留的 19 种喹诺酮类药物. 色谱，2009，27（1）：34-38

[13] Li H，Kijak P J，Turnipseed S B，et al. Analysis of veterinary drug residues in shrimp：A multi-class method by liquid chromatography-quadrupole ion trap mass spectrometry. Journal of Chromatography B，2006，836（1-2）：22-38

[14] Kaufmann A，Butcher P，Maden K，et al. Quantitative multiresidue method for about 100 veterinary drugs in different meat matrices by sub 2-μm particulate high-performance liquid chromatography coupled to time of flight mass spectrometry. Journal of Chromatography A，2008，1194（1）：66-79

[15] Stolker A A，Rutgers P，Oosterink E，et al. Comprehensive screening and quantification of veterinary drugs in milk using UPLC-ToF-MS[J]. Analytical and Bioanalytical Chemistry，2008，391（6）：2309-2322

[16] Koesukwiwat U，Jayanta S，Leepipatpiboon N. Validation of a liquid chromatography-mass spectrometry multi-residue method for the simultaneous determination of sulfonamides，tetracyclines，and pyrimethamine in milk. Journal of Chromatography A，2007，1140（1-2）：147-156

[17] Anastassiades M，Lehotay S J，Stajnbaher D，et al. Fast and easy multiresidue method employing acetonitrile extraction/partitioning and "dispersive solid-phase extraction" for the determination of pesticide residues in produce. Journal of AOAC international，2003，86（2）：412-431

[18] Lehotay S J，Tully J，Garca A V，et al. Determination of pesticide residues in foods by acetonitrile extraction and partitioning with magnesium sulfate：collaborative study. Journal of AOAC International，2007，90（2）：485-520

[19] British Standards Institution. BS EN 15662：2008 Foods of plant origin-determination of pesticide residues using GC-MS and/or LCMS/MS following acetonitrile extraction/partitioning and cleanup by dispersive SPE-QuEChERS-method. London：BSI group，2008

[20] Zhang G J，Fang B H，Liu Y H，et al. Development of a multi-residue method for fast screening and confirmation of 20 prohibited veterinary drugs in feedstuffs by liquid chromatography tandem mass spectrometry. Journal of Chromatography B，2013，936：10-17

[21] Vaclavik L，Krynitsky A J，Rader J I. Targeted analysis of multiple pharmaceuticals，plant toxins and other secondary metabolites in herbal dietary supplements by ultra-high performance liquid chromatography-quadrupole-orbital ion trap mass spectrometry. Analytica Chimica Acta，2014，810：45-60

[22] 李锋格，苏敏，李晓岩，等. 分散固相萃取-超高效液相色谱-串联质谱法测定鸡肝中磺胺类、喹诺酮类和苯并咪唑类药物及其代谢物的残留量. 色谱，2011，29（2）：120-125

[23] Aguilera-Luiz M M，Vidal J L，Romero-Gonzalez R，et al. Multi-residue determination of veterinary drugs in milk by ultra-high-pressure liquid chromatography-tandem mass spectrometry. Journal of Chromatography A，2008，1205（1-2）：10-16

[24] Gomez Perez M L，Romero-Gonzalez R，Martinez Vidal J L，et al. Analysis of veterinary drug residues in cheese by ultra-high-performance LC coupled to triple quadrupole MS/MS. Journal of Separation Science，2013，36（7）：1223-1230

[25] Posyniak A，Zmudzki J，Mitrowska K. Dispersive solidphase extraction for the determination of sulfonamides in chicken muscle by liquid chromatography. Journal of Chromatography A，2005，1087（1-2）：259-264

[26] Stubbings G，Bigwood T. The development and validation of a multiclass liquid chromatography tandem mass spectrometry（LC-MS/MS）procedure for the determination of veterinary drug residues in animal tissue using a QuEChERS（Quick，Easy，Cheap，Effective，Rugged and Safe）approach. Analytica Chimica Acta，2009，637（1-2）：68-78

[27] Garrido Frenich A，Aguilera-Luiz M d M，Martínez Vidal J L，et al. Comparison of several extraction techniques for multiclass analysis of veterinary drugs in eggs using ultra-high pressure liquid chromatography-tandem mass spectrometry. Analytica Chimica Acta，2010，661（2）：150-160

[28] Vidal J L M，Frenich A G，Aguilera-Luiz M M，et al. Development of fast screening methods for the analysis of veterinary drug residues in milk by liquid chromatography-triple quadrupole mass spectrometry. Analytical and Bioanalytical Chemistry，2010，397（7）：2777-2790

[29] Barker S A. Matrix solid-phase dispersion. Journal of Chromatography A，2000，885：115-121

[30] Wang S，Mu H，Bai Y，et al. Multiresidue determination of fluoroquinolones，organophosphorus and N-methyl carbamates simultaneously in porcine tissue using MSPD and HPLC-DAD. Journal of Chromatography B，2009，877（27）：2961-2966

[31] Yu H，Mu H，Hu Y M. Determination of fluoroquinolones，sulfonamides，and tetracyclines multiresidues simultaneously in porcine tissue by MSPD and HPLC-DAD. Journal of Pharmaceutical Analysis，2012，2（1）：76-81

[32] Bogialli S，Coradazzi C，Di Corcia A，et al. A rapid method based on hot water extraction and liquid chromatography-tandem mass spectrometry for analyzing tetracycline antibiotic residues in cheese. Journal of AOAC international，2007，90：864-871

[33] Long A R，Hsieh L C，Bello A C，et al. Method for the isolation and liquid chromatographic determination of chloramphenicol in milk. Journal of Agricultural and Food Chemistry，1990，38：427-429

[34] 张素霞，李俊锁，钱传范. 牛肌肉组织中苯并咪唑类药物的基质固相分散-高效液相色谱多残留分析法[J]. 中国兽医学报，2000，11：569-571

[35] Chen D，Tao Y，Zhang H，et al. Development of a liquid chromatography-tandem mass spectrometry with pressurized liquid extraction method for the determination of benzimidazole residues in edible tissues. Journal of Chromatography B，2011，879（19）：1659-1667

[36] Carretero V，Blasco C，Picó Y. Multi-class determination of antimicrobials in meat by pressurized liquid extraction and liquid chromatography-tandem mass spectrometry. Journal of Chromatography A，2008，1209（1-2）：162-173

[37] Li C，Wang Z，Cao X，et al. Development of an immunoaffinity column method using broad-specificity monoclonal antibodies for simultaneous extraction and cleanup of quinolone and sulfonamide antibiotics in animal muscle tissues. Journal of Chromatography A，2008，1209（1-2）：1-9

[38] Heering W，Usleber E，Dietrich R.，et al. Immunochemical screening for antimicrobial drug residues in commercial honey. Analyst，1998，123（12）：2759-2762

[39] Tang H P，Ho C，Lai S S. High-throughput screening for multi-class veterinary drug residues in animal muscle using liquid chromatography/tandem mass spectrometry with on-line solid-phase extraction. Rapid Communications in Mass Spectrometry，2006，20（17）：2565-2572

[40] Stolker A M，Peters R B，Zuiderent R，et al. Fully automated screening of veterinary drugs in milk by turbulent flow chromatography and tandem mass spectrometry. Analytical and Bioanalytical Chemistry，2010，397（7）：2841-2849

[41] Bousova K，Senyuva H，Mittendorf K. Quantitative multi-residue method for determination antibiotics in chicken meat using turbulent flow chromatography coupled to liquid chromatography-tandem mass spectrometry. Journal of Chromatography A，2013，1274：19-27

[42] Balizs G，Hewitt A. Determination of veterinary drug residues by liquid chromatography and tandem mass spectrometry. Analytica Chimica Acta，2003，492（1-2）：105-131

[43] Tong L，Li P，Wang Y，et al. Analysis of veterinary antibiotic residues in swine wastewater and environmental water samples using optimized SPE-LC/MS/MS. Chemosphere，2009，74（8）：1090-1097

[44] Tang Y Y，Lu H F，Lin H Y，et al. Multiclass analysis of 23 veterinary drugs in milk by ultraperformance liquid chromatography-electrospray tandem mass spectrometry. Journal of Chromatography B，2012，881-882：12-19

[45] Xia X，Wang Y，Wang X，et al. Validation of a method for simultaneous determination of nitroimidazoles，benzimidazoles and chloramphenicols in swine tissues by ultra-high performance liquid chromatography-tandem mass spectrometry. Journal of Chromatography A，2013，1292：96-103

[46] Marshall A G，Hendrickson C L. High-resolution mass spectrometers. Annual Review of Analytical Chemistry，2008，1：579-599

[47] Mirsaleh Kohan N，Robertson W D，Compton R N. Electron ionization time-of-flight mass spectrometry：Historical review and current applications. Mass Spectrometry Reviews，2008，27（3）：237-285

[48] Lacorte S，Fernandez Alba A R. Time of flight mass spectrometry applied to the liquid chromatographic analysis of pesticides in water and food. Mass Spectrometry Reviews，2006，25（6）：866-880

[49] Makarov A. In The Orbitrap：A novel high-performance electrostatic trap. Proceedings of the 48th ASMS conference on mass spectrometry and allied topics，Dallas，TX，1999

[50] Xian F，Hendrickson C L，Marshall A G. High resolution mass spectrometry. Analytical Chemistry，2012，84（2）：708-719

[51] 王勇为. LTQ-Orbitrap Velos 双分压线性阱和静电场轨道阱组合式高分辨质谱性能及应用[J]. 现代仪器，2010，5：15-19

[52] Turnipseed S B，Storey J M，Clark S B，et al. Analysis of veterinary drugs and metabolites in milk using quadrupole time-of-flight liquid chromatography-mass spectrometry. Journal of Agricultural and Food Chemistry，2011，59（14）：7569-7581

[53] Kaufmann A，Butcher P，Maden K，et al. Development of an improved high resolution mass spectrometry based multi-residue method for veterinary drugs in various food matrices. Analytica Chimica Acta，2011，700（1）：86-94

[54] Van der Heeft E，Bolck Y J C，Beumer B，et al. Full-scan accurate mass selectivity of ultra-performance liquid chromatography combined with time-of-flight and orbitrap mass spectrometry in hormone and veterinary drug residue analysis. Journal of the American Society for Mass Spectrometry，2009，20（3）：451-463

[55] Hurtaud-Pessel D，Jagadeshwar-Reddy T，Verdon E. Development of a new screening method for the detection of antibiotic residues in muscle tissues using liquid chromatography and high resolution mass spectrometry with a LC-LTQ-Orbitrap instrument. Food Additives and Contaminants Part A-Chemistry Analysis Control Exposure Risk Assessment，2011，28（10）：1340-1351

[56] Wang J，Leung D. The challenges of developing a generic extraction procedure to analyze multi-class veterinary drug residues in milk and honey using ultra-high pressure liquid chromatography quadrupole time-of-flight mass spectrometry. Drug Testing and Analysis，2012，4 Suppl 1：103-111

[57] Hermo M P，Barron D，Barbosa J. Determination of multiresidue quinolones regulated by the European Union in pig liver samples. High-resolution time-of-flight mass spectrometry versus tandem mass spectrometry detection[J]. Journal of Chromatography A，2008，1201（1）：1-14

[58] Aguilera-Luiz M M，Romero-González R，Plaza-Bolaños P，et al. Rapid and semiautomated method for the analysis of veterinary drug residues in honey based on turbulent-flow liquid chromatography coupled to ultrahigh-performance liquid chromatography-orbitrap mass spectrometry（TFC-UHPLC-Orbitrap-MS）. Journal of Agricultural and Food Chemistry，2013，61（4）：829-839

[59] Abdallah H，Arnaudguilhem C，Jaber F，et al. Multiresidue analysis of 22 sulfonamides and their metabolites in animal tissues using quick，easy，cheap，effective，rugged，and safe extraction and high resolution mass spectrometry（hybrid linear ion trap-Orbitrap）. Journal of Chromatography A，2014，1355：61-72

[60] Geis-Asteggiante L，Nunez A，Lehotay S J，et al. Structural characterization of product ions by electrospray ionization and

quadrupole time-of-flight mass spectrometry to support regulatory analysis of veterinary drug residues in foods. Rapid Communications in Mass Spectrometry，2014，28（10）：1061-1081

[61] Turnipseed S B，Clark S B，Storey J M，et al. Analysis of veterinary drug residues in frog legs and other aquacultured species using liquid chromatography quadrupole time-of-flight mass spectrometry. Journal of Agricultural and Food Chemistry，2012，60（18）：4430-4439

[62] NIST Chemistry WebBook，NIST Standard Reference Database Number 69. 2012-04-02

[63] Sapozhnikova Y. Evaluation of low-pressure gas chromatography-tandem mass spectrometry method for the analysis of＞140 pesticides in fish. Journal of Agricultural and Food Chemistry，2014，62（17）：3684-3689

[64] Dasgupta S，Banerjee K，Patil S H，et al. Optimization of two-dimensional gas chromatography time-of-flight mass spectrometry for separation and estimation of the residues of 160 pesticides and 25 persistent organic pollutants in grape and wine. Journal of Chromatography A，2010，1217（24）：3881-3889

[65] Yenisoy-Karakaş S. Validation and uncertainty assessment of rapid extraction and clean-up methods for the determination of 16 organochlorine pesticide residues in vegetables. Analytica Chimica Acta，2006，571（2）：298-307

[66] Spectral Database for Organic Compounds SDBS. 2012-04-08

[67] 中国科学院化学专业数据库. 2012-04-03

[68] 高馥蝶，赵妍，邵兵. 超高效液相色谱-四极杆-飞行时间质谱法快速筛查牛奶中的农药和兽药残留. 色谱，2012，30（6）：560-567

[69] 徐维海，林黎明，朱校斌等. 水产品中 14 种磺胺类药物残留的 HPLC 法同时测定. 分析测试学报，2004，23（5）：122-124

[70] Kmellár B，Fodor P，Pareja L，et al. Validation and uncertainty study of a comprehensive list of 160 pesticide residues in multi-class vegetables by liquid chromatography-tandem mass spectrometry. Journal of Chromatography A，2008，1215（1-2）：37-50

[71] Shao B，Jia X，Wu Y，et al. Multi-class confirmatory method for analyzing trace levels of tetracyline and quinolone antibiotics in pig tissues by ultra-performance liquid chromatography coupled with tandem mass spectrometry. Rapid Communications in Mass Spectrometry，2007，21（21）：3487-3496

[72] Yang S，Cha J，Carlson K. Trace analysis and occurrence of anhydroerythromycin and tylosin in influent and effluent wastewater by liquid chromatography combined with electrospray tandem mass spectrometry. Analytical and Bioanalytical Chemistry，2006，385（3）：623-636

[73] Samanidou V F，Nikolaidou K I，Papadoyannis I N. Development and validation of an HPLC confirma-tory method for the determination of tetracycline antibiotics residues in bovine muscle according to the European Union regulation 2002/657/EC. Journal of Separation Science，2005，28（17）：2247-2258

[74] Kanda M，Kusano T，Kanai S，et al. Rapid determination of fluoroquinolone residues in honey by a microbiological screening method and liquid chromatography. Journal of AOAC international，2010，93（4）：1331-1339

[75] Lombardo-Agui M，Garcia-Campana A M，Gamiz-Gracia L，et al. Determination of quinolones of veterinary use in bee products by ultra-high performance liquid chromatography-tandem mass spectrometry using a QuEChERS extraction procedure. Talanta，2012，93：193-199

[76] Mezcua M，Malato O，Martinez-Uroz M A，et al. Evaluation of relevant time-of-flight-MS parameters used in HPLC/MS full-scan screening methods for pesticide residues. Journal of AOAC international，2011，94：1674-1684

[77] Pérez M L G，Romero-González R，Vidal J L M，et al. Analysis of veterinary drug residues in cheese by ultra-high-performance LC coupled to triple quadrupole MS/MS. Journal of Separation Science，2013，36（7）：1223-1230.

（O-6381.01）

销售分类建议：食品工业/分析技术
　　　　　　　化学/分析化学

ISBN 978-7-03-047731-6

9 787030 477316 >

定价：298.00元